DICTIONNAIRE TOPOGRAPHIQUE

DU

DÉPARTEMENT DU CANTAL

COMPRENANT

LES NOMS DE LIEU ANCIENS ET MODERNES

RÉDIGÉ SOUS LES AUSPICES

DE LA SOCIÉTÉ D'ÉMULATION DE L'AUVERGNE

PAR M. ÉMILE AMÉ

ARCHITECTE, MEMBRE DE CETTE SOCIÉTÉ

ANCIEN CORRESPONDANT DU MINISTÈRE DE L'INSTRUCTION PUBLIQUE POUR LES TRAVAUX HISTORIQUES

ANCIEN ARCHITECTE EN CHEF DU DÉPARTEMENT DU CANTAL

OFFICIER D'ACADÉMIE

PARIS

IMPRIMERIE NATIONALE

M DCCC XCVII

DICTIONNAIRE TOPOGRAPHIQUE

DE

LA FRANCE

COMPRENANT

LES NOMS DE LIEU ANCIENS ET MODERNES

PUBLIÉ

PAR ORDRE DU MINISTRE DE L'INSTRUCTION PUBLIQUE

ET SOUS LA DIRECTION

DU COMITÉ DES TRAVAUX HISTORIQUES

Par arrêté en date du 27 janvier 1892, M. le Ministre de l'instruction publique et des beaux-arts, sur la proposition de la Section d'histoire et de philologie, a ordonné la publication du *Dictionnaire topographique du département du Cantal*, par M. Émile AMÉ.

M. A. BRUEL, membre du Comité des travaux historiques et scientifiques, a été chargé de suivre l'impression de cette publication en qualité de commissaire responsable.

SE TROUVE À PARIS

À LA LIBRAIRIE ERNEST LEROUX

RUE BONAPARTE, 28.

DICTIONNAIRE TOPOGRAPHIQUE

DU

DÉPARTEMENT DU CANTAL

COMPRENANT

LES NOMS DE LIEU ANCIENS ET MODERNES

RÉDIGÉ SOUS LES AUSPICES

DE LA SOCIÉTÉ D'ÉMULATION DE L'AUVERGNE

PAR M. ÉMILE AMÉ

ARCHITECTE, MEMBRE DE CETTE SOCIÉTÉ
ANCIEN CORRESPONDANT DU MINISTÈRE DE L'INSTRUCTION PUBLIQUE POUR LES TRAVAUX HISTORIQUES
ANCIEN ARCHITECTE EN CHEF DU DÉPARTEMENT DU CANTAL
OFFICIER D'ACADÉMIE

PARIS
IMPRIMERIE NATIONALE

—

M DCCC XCVII

INTRODUCTION.

I. DESCRIPTION PHYSIQUE.

LE SOL.

Le département du Cantal a fait partie de l'ancienne province d'Auvergne, dont il est la région méridionale; on la désignait autrefois sous le nom de *Haute-Auvergne*. Le niveau général de son territoire est, en effet, supérieur à celui du Puy-de-Dôme qui formait la Basse-Auvergne, quoiqu'il renferme des sommets plus élevés : les monts d'Or et le pic de Sancy. Le département qui nous occupe a pris le nom de la plus haute de ses montagnes, le *Plomb-du-Cantal*.

Dans la division géographique du territoire français, ce département n'occupe pas une position absolument centrale. Il est, à la vérité, presque à égale distance des frontières de l'Est et de l'Ouest, mais il s'éloigne beaucoup moins de la frontière Sud que de la frontière Nord.

La latitude moyenne de cette contrée étant le 46°26', le Cantal se trouve compris entre le 45°40'36" et le 44°36'48"; ses longitudes extrêmes sont 0°43'12" et 0°10'48" Ouest.

La forme générale du département du Cantal est celle d'un polygone irrégulier oblong de l'est à l'ouest et dont les côtés sont extrêmement dentelés. Au midi, ce polygone dessine un angle rentrant très profond dans lequel pénètre le département de l'Aveyron, et, par la commune de Thérondels qui forme le sommet de cet angle, il touche presque au centre du Cantal.

Des deux côtés de cet angle se prolongent deux fragments considérables du territoire cantalien, comprenant plusieurs communes qui ne peuvent communiquer entre elles qu'en traversant le département enclavé. Le fragment occidental est celui des deux qui s'avance davantage vers le sud, et l'on doit considérer la commune de Montmurat, située à l'extrémité de cette partie, comme la plus méridionale du département.

Sa plus grande largeur du nord au sud-ouest, depuis la commune de Beaulieu jusqu'à celle de Montmurat est de 124 kilomètres. Dans sa plus grande longueur, de l'est à l'ouest, depuis le point où la rivière de la Cère sort du département, jusqu'à l'extrémité de la commune de Clavières, on compte 128 kilomètres. Enfin de Challet, commune de Massiac, aux environs du Venal, commune de Montmurat, la distance est de 132 kilomètres.

Le département du Cantal est borné : au nord, par le département du Puy-de-Dôme; à l'est, par celui de la Haute-Loire; au sud-est, par celui de la Lozère; au sud, par l'Aveyron, et à l'ouest, par ceux du Lot et de la Corrèze.

Le périmètre du département est d'environ 656 kilomètres.

Sa superficie est de 577,769 hectares et sa population, d'après le recensement de 1886, est de 241,752 habitants.

Certaines parties du territoire de ce département ont été et sont encore désignées sous les noms suivants :

L'Artense, contrée s'étendant sur les départements du Cantal et du Puy-de-Dôme et située, quant à celui du Cantal, dans l'arrondissement de Murat.

Le Cantalès, petite contrée située dans les arrondissements d'Aurillac et de Mauriac.

Le Carladès s'étend sur les deux rives de la Cère, depuis le Plomb-du-Cantal qui la domine au nord-est, jusque vers la petite ville de Maurs au sud-ouest. La rivière de la Jordanne la limite au nord-ouest et celle de la Truyère au sud-est. Une partie de cette contrée s'étendait dans le Rouergue (Aveyron).

Le Castagnal est une contrée formée par une partie des cantons de Maurs, Montsalvy et Saint-Mamet-la-Salvetat, et, comme son nom l'indique, elle est couverte de châtaigneraies.

Le Cheyladès, petit pays situé dans la vallée de Falcimagne, arrondissement de Murat.

La Daille; cette contrée était comprise entre les vallées et rivières de la Rhue, de la Sumène et le ruisseau de Soulou, dans l'arrondissement de Mauriac.

Le Limon, contrée située entre les vallées de la Rhue et de la Santoire et s'étendant sur les communes d'Apchon, Cheylade, Dienne et Ségur; elle est divisée en Limon bas et haut.

Le Luguet s'étend sur les départements du Cantal et du Puy-de-Dôme; cette contrée limitait, au nord, les terres du marquisat d'Aubijoux.

Le Muradès, petit pays arrosé par la rivière de la Sumène, dans l'arrondissement de Mauriac.

La Planèze, partie de l'arrondissement de Saint-Flour, située entre les rivières de

INTRODUCTION.

l'Alagnon et de la Truyère; elle a environ 16 kilomètres de largeur sur 20 kilomètres de longueur et se divise en Basse et Haute-Planèze.

Le Veinazès, petite contrée située dans le canton de Montsalvy et comprenant les communes de la Besserette, de Junhac et de Sansac-Veinazès.

II. OROGRAPHIE.

La hauteur moyenne du département du Cantal peut être évaluée à 800 mètres au-dessus du niveau de la mer; le sommet le plus élevé, le Plomb-du-Cantal, atteint 1,858 mètres, tandis qu'à Saint-Projet, commune de Vieillevie, sur les rives du Lot, l'altitude n'est que de 212 mètres. En considérant ces différences de niveau, on voit que la pente générale du département se dirige du nord-est au sud-ouest. Ce fait s'explique facilement : les coulées volcaniques couvrant la partie nord-est, tandis qu'elles disparaissent au sud-ouest.

Le Cantal est traversé par la grande chaîne de montagnes appelée *système Gallo-Francique* ou *Cévenno-Pyrénéen* qui y pénètre sous le nom de *montagne de la Margeride* par les communes de Lorcières et de Clavières, canton de Ruines. Après avoir dessiné pendant 25 kilomètres environ une croupe continue dirigée du sud-est au nord-ouest, cette chaîne se replie vers l'ouest, aux environs de Talizat, s'incline et se fond dans le grand plateau de la Planèze, remonte ensuite jusqu'au Plomb-du-Cantal, tourne brusquement au nord-nord-ouest, forme les escarpements du Puy-de-Bataillouze, se brise de nouveau, court au nord-est pour sortir du département, descend vers les longs et hauts plateaux de Murat et d'Allanche, et, ondulant dans la direction du nord, se relève près de Marcenat, puis détermine ensuite les montagnes du Cézalier.

Cette chaîne se divise donc en trois massifs principaux : le groupe de la Margeride; celui du Cantal, le plus remarquable du département, et enfin celui du Cézalier. Les sommets les plus élevés qui en dépendent sont :

	ALTITUDE.
Le Plomb-du-Cantal	1,858 mètres.
Le Puy-Brunet	1,806
Le Puy-Mary	1,787
Le Puy-de-Griou	1,694
Le Puy-de-Peyre-Gary	1,654
Le Puy-Violent	1,594
Le Suc-de-Rond	1,582
Le Puy-Chavaroche	1,496
Le Puy-de-la-Tourte	1,371

La chaîne du Cézalier comprend :

Le Pic de Chamaroux	1,361 mètres.
La chaîne du Luguet	1,250 à 1,350
Les montagnes de l'Artense	1,000
La Margeride forme pour ainsi dire un vaste plateau dont le point culminant est à	1,383

III. HYDROGRAPHIE.

1° COURS D'EAU.

Le département du Cantal est compris dans trois bassins : ceux de l'Allier, de la Dordogne et du Lot. Ces bassins ont leur point unique de contact au Plomb-du-Cantal, dans les environs duquel naissent les principales rivières qui arrosent ce département.

Bassin de l'Allier. — Ce bassin ne reçoit qu'une seule rivière un peu importante : l'Alagnon, dont les principaux affluents sont l'Alagnonet, la rivière d'Allanche, le ruisseau de Bournantel, la Sionne et la Voyrèze.

La Cronce, autre affluent de l'Allier qui prend sa source à la Margeride (Haute-Loire) et reçoit les eaux des ruisseaux du Cros, de l'Hergne, de la Serre et du Soulagit.

Bassin de la Dordogne. — Cette rivière reçoit les eaux de sept rivières ou ruisseaux qui donnent lieu à sept bassins inférieurs; les affluents sont fort nombreux. Les rivières principales sont : l'Auze, la Cère, qui a la Jordanne pour affluent, le Labiou, la Maronne, la Rhue, la Sumène et la Tialle.

Bassin du Lot. — L'affluent le plus considérable du Lot est la rivière de la Truyère. Parmi les nombreux cours d'eau qui s'y rendent sur la rive droite, il faut citer : le Morle, la rivière d'Ande, le Jurol, la Près, le Vezou, la rivière de Brezons, le Sinic et le Goul; sur la rive gauche, elle reçoit les eaux de l'Arcomie, du Bex, du Remontalou, de l'Hyrisson ou Levandès et du ruisseau de Réols.

Les cours d'eau principaux qui se jettent dans le Lot, sont : le ruisseau de Combenouse, l'Auze, le Célé, la Rance, la Ressègue et la Veyre.

2° LACS ET ÉTANGS.

Les principaux lacs sont ceux de Châteauneuf, de Coindes, de la Cousteix, de la Crégut, du Fayet, des Granges, le Lac-Noir, les lacs de la Pignol, de Menet et de

INTRODUCTION.   v

Madic. On ne peut guère citer comme étangs que ceux des Bondes, de Mont-de-Belier, du Sauvage et de Veyrières.

Les rivières et les ruisseaux ont creusé des vallées, des vallons et des gorges suivant l'étendue et l'ampleur des bassins arrosés par eux. Entre les divers bassins sont situés des plateaux plus ou moins considérables dont l'altitude varie. Nous en citons quelques-uns :

	ALTITUDE.
L'immense plateau de la Planèze, dont la superficie est d'environ 320 kilomètres carrés	1,000 à 1,050 mètres.
Les plateaux de Chalinargues, Chavagnac, Landeyrat et Vernols	1,100 à 1,200
Le Limon-Haut	1,350
Le Limon-Bas	1,150
Les plateaux d'Anglards-de-Salers, de Mauriac et du Vigean.	750 à 850
Le plateau de Salers	1,350
Celui d'Ourzeaux	870
Ceux de Saint-Santin-Cantalès et de Rouffiac	600 à 630
Les Camps de Saint-Paul-des-Landes	540 à 560
Ceux de la Grillère	650
Le plateau de la Capelle-del-Fraisse	700 à 800
Les Camps de Monedières	660

IV. GÉOLOGIE.

La configuration générale du département du Cantal, le relief et la forme de ses montagnes, les directions de ses vallées se dessinent par des caractères très saillants, et, malgré ses sites variés et pittoresques, les accidents en nombre infini du sol, ces caractères impriment à la structure du pays un remarquable degré de simplicité. Les formes diverses correspondent à des terrains de nature, d'origine et presque toujours aussi d'époques géologiques diverses.

Les terrains primitifs, roches granitiques et roches à structure schisteuse, occupent presque toute la circonférence du département et constituent ce pays à formes arrondies et à sol stérile qui existe autour de la région des plateaux. Ceux-ci sont partout environnés de sol primitif, excepté au nord-ouest, où ils se joignent aux montagnes du Cézalier.

Le terrain houiller, dans les environs de Saignes et de Mauriac, s'étend, sans discontinuité, depuis la Dordogne, au nord de Madic, jusqu'à Jaleyrac, présentant une faible largeur par rapport à cette longueur. On le retrouve sur les bords de la Dordogne et au nord des montagnes de Bort, dans les communes de Beaulieu et de Lanobre. Enfin, toujours sur la même ligne, qui passerait par Madic et Jaleyrac, sont de très petits lambeaux de ce terrain au Pont-d'Auze, près de Mauriac, de Pleaux et de Saint-Christophe.

Le terrain tertiaire s'observe en beaucoup de points à la limite des plateaux et des roches primitives, formant généralement les assises inférieures des collines que les plateaux surmontent et couronnent. Il se montre avec quelque développement aux environs d'Aurillac et de Saint-Paul-des-Landes. Un dépôt tertiaire, tout à fait distinct des précédents et enclavé dans le terrain primitif, existe à l'extrémité sud-ouest du département, dans les communes de Maurs, Saint-Santin-de-Maurs et de Montmurat.

Le terrain volcanique constitue la région des grands plateaux et des montagnes centrales. Il forme, en outre, des buttes et quelques plateaux isolés des masses principales et couvre les montagnes de la Guiolle et de Saint-Urcize. Il s'étend sur plus de la moitié de la surface du département. La formation volcanique est celle qui offre le plus d'intérêt, au point de vue scientifique, aussi bien qu'au point de vue pittoresque et artistique; c'est à elle que le Cantal doit surtout son originalité, la beauté de ses sites et la fertilité d'une partie de son territoire.

Dépôts d'alluvions. — Enfin, les dépôts d'alluvions, d'origine récente et dont la formation se continue souvent de nos jours, recouvrent quelques plaines et s'observent dans le fond de certaines vallées.

Malgré cette variété dans la nature du sol, le Cantal présente une grande lacune dans la série des époques géologiques. Il ne s'y trouve aucun vestige des terrains déposés pendant l'immense période qui s'est écoulée entre la formation des couches houillères et celles des couches tertiaires, période caractérisée en d'autres pays par les couches de grès rouge, du grès des Vosges, du trias, du Jura et de la craie. (TOURNAIRE, *ingénieur des mines.*)

V. TOPOGRAPHIE.

1° VOIES ROMAINES INDIQUÉES DANS LES ITINÉRAIRES.

Voie romaine de Limoges à Clermont. — Cette voie empruntait, à partir de Figeac, jusqu'au-dessous d'Aurillac, la voie de Figeac à Massiac par le Col-de-Cabre; à cet endroit elle bifurquait à droite, traversant les communes de Naucelles, Reilhac, Jussac, Saint-Cernin, Saint-Chamant, Saint-Martin-Valmeroux, Drugeac, et atteignait Mauriac en suivant l'ancien chemin rectifié depuis plusieurs années. A 4 kilomètres environ de Mauriac, elle coupait la voie d'Arches au Mas-de-Jordanne, passait à Barbary, commune du Vigean, à Romananges, commune de Méallet, Auzers, Sauvat, à Cheyssac et la Garde, commune d'Ydes, à Bort (Corrèze), à la Bastide, ensuite continuait dans le Cantal par les communes de Lanobre et de Beaulieu; entrait dans le département du Puy-de-Dôme par la commune de Labessette, puis, parvenue à Briffont, elle se dirigeait sur Clermont par le Col-de-Ceyssac.

Voie romaine de Rodez à Saint-Paulien. — Cette voie empruntait celle de Toulouse à Clermont, par Rodez, jusqu'à Anterrieux où elle bifurquait à droite, et traversait, après un cours trajet dans le Cantal, la partie nord de l'arrondissement de Mende (Lozère), et de là se dirigeait sur Saint-Paulien (*Revessio*) dans la Haute-Loire.

Voie romaine de Toulouse à Clermont par Anterrieux et Brioude. — Cette voie venait de la Lozère, pénétrait dans le département du Cantal et traversait le ruisseau du Tailladis au moulin du Temple; elle entrait dans la commune de Jabrun, passait à Chaudesaigues, Anterrieux, Maurines, Sarrus, Mallet, Faverolles, franchissait la Truyère au Pont-de-l'Échelle, passait à la Gazelle, commune d'Anglards-de-Saint-Flour, puis à Saint-Georges, Vabres, Montchamp, Védrines-Saint-Loup, Soulages, Rageade, Celoux, et pénétrait dans la Haute-Loire pour rejoindre Brioude.

2° VOIES ROMAINES(?) NON INDIQUÉES DANS LES ITINÉRAIRES.

Quelques-unes de ces voies, que nous avons toutes parcourues, sont peut-être d'anciennes voies celtiques qui ont été utilisées par les Romains et refaites en partie suivant leur mode. En général, elles ont toujours une largeur de 6 mètres et sont parfois élevées de plus de 1 mètre au-dessus du sol; alors des murs en pierres sèches, de 1 mètre environ d'épaisseur, maintiennent la chaussée; quelquefois aussi cette chaussée se trouve au niveau du sol. En général, ces voies sont revêtues de fortes dalles ou bien de pierres d'une grosseur moyenne formant pavage; nous avons trouvé très souvent des débris de tuiles romaines dans l'intérieur de la chaussée.

Voie d'Arches au Mas-de-Jordanne. — Cette voie, venant de la Corrèze, traversait la Dordogne vers la Nau, sur un pont aujourd'hui ruiné, passait dans les communes d'Arches, Sourniac, le Vigean, Salins, Saint-Bonnet-de-Salers à Tougouse, Salers, Saint-Paul-de-Salers près de Longevialle, le Fau à la Jarrige, et rejoignait, au Mas, commune de Mandailles, la voie de Figeac à Massiac par le Col-de-Cabre.

Voie de Belbex à Argentat. — Cette voie s'embranchait à Belbex, près d'Aurillac, sur la voie de Figeac à Massiac, traversait les communes d'Ytrac, Saint-Paul-des-Landes sur une faible partie, la Capelle-Viescamp à la Vieille, Saint-Étienne-Cantalès, Saint-Gerons, Laroquebrou et Montvert. Elle pénétrait ensuite dans le département de la Corrèze, où nous l'avons retrouvée sur un long parcours, et se dirigeait sur Argentat. Cette voie paraît s'être bifurquée près de Laroquebrou pour aller rejoindre Pleaux.

Voie de Cistrières à Massiac. — A Cistrières, sur la voie de Toulouse à Clermont, s'embranchait une voie qui se dirigeait sur Massiac en traversant les communes de Montchamp, Lastic, Celoux, Rageade, Saint-Poncy, la Chapelle-Laurent et Massiac; elle pénétrait ensuite dans la Haute-Loire, où elle rejoignait la voie de Toulouse à Clermont.

Voie de Dienne à la Roche-Canillac. — Cette voie s'embranchait dans la commune de Dienne sur celle de Figeac à Massiac par le Col-de-Cabre; elle traversait la commune de Chastel-sur-Murat et longeait, à Murat, le rocher de Bonnevie, franchissait l'Alagnon, puis se dirigeait par les communes de Bredon, Laveissenet, Valuéjols et Paulhac sur Pont-Ferrand où elle traversait la rivière de la Cépie, continuait sur les communes de Cezens, Gourdièges, Pierrefort et Sainte-Marie où elle franchissait la Truyère au Pont-de-Tréboul, entrait ensuite dans la commune de Lieutadès, puis traversait le ruisseau du Tailladis au moulin du Temple — ainsi que la voie romaine de Toulouse à Clermont par Rodez — se continuait sur les communes de Jabrun, la Trinitat, Saint-Remy-de-Chaudesaigues et arrivait à la Roche-Canillac. Cette voie devait se prolonger dans la direction de Recoules d'Aubrac (Lozère).

Voie de Figeac à Massiac par le Col-de-Cabre. — Cette voie, en quittant le département du Lot, traversait les communes de Saint-Constant, Maurs, Saint-Étienne-de-Maurs, Boisset, Vitrac, Saint-Mamet-la-Salvetat, Roannes-Saint-Mary, Sansac-de-Marmiesse, Aurillac, Saint-Simon, Velzic, Marmanhac, Laroquevieille, Lascelle, Saint-Julien-de-Jordanne, Mandailles au Mas, Saint-Jacques-des-Blats, le Col-de-Cabre (1,539 mètres d'altitude), Lavigerie, Dienne, Chalinargues, Vernols, Allanche, Peyrusse, Charmensac, Molompize, Auriac et Massiac, où elle se bifurquait et se dirigeait soit sur Clermont, soit sur Brioude.

Voie de Ruines à Aubijoux par Allanche. — En sortant de Ruines, cette voie traversait la voie romaine de Toulouse à Clermont par Brioude, puis les communes de Vabres, Tiviers, Mentières, Coren, Talizat, Moissac aujourd'hui Neussargues, Chalinargues, Sainte-Anastasie, Allanche, Pradiers et Marcenat; arrivait alors à Aubijoux et se continuait probablement jusqu'à la voie romaine de Clermont au Mont-Dore.

Voie de Viellevie à la Naute. — Cette voie venait du département du Lot, et, après avoir franchi la rivière de ce nom, entrait dans le Cantal par la commune de Viellevie, traversait celles de Montsalvy, Ladinhac, Leucamp, Teissières-les-Bouliès, Carlat à

INTRODUCTION.

Puy-Basset, Saint-Étienne-de-Capels, Polminhac près des Huttes, Vic-sur-Cère près d'Olmet, Saint-Clément, Thiézac, Saint-Jacques-des-Blats à la Pourtoune du Cantal (1,806 mètres d'altitude), au péage de Pradebouc, commune de Brezons, à Valuéjols, au péage de la Ganne, où elle croisait la voie de Dienne à la Roche-Canillac, à Ussel, Coltines, Talizat, Vieillespesse, où elle franchissait la rivière d'Arcueil sur le pont de Leyris, passait à la Naute, commune de Saint-Poncy, et rejoignait, au-dessous de la Bastide, commune de Lastic, la voie de Cistrières à Massiac. Cette voie devait se prolonger sur Lavoûte-Chilhac et rejoindre la voie romaine de Toulouse à Clermont.

3° VOIES ET CHEMINS MENTIONNÉS DANS LES MANUSCRITS.

Voie d'Argentat à Allanche. — Cette voie venait d'Argentat; en quittant la Corrèze, elle pénétrait dans le Cantal par la commune de Pleaux, traversait celles de Barriac, Chaussenac, Ally, Escorailles, franchissait la rivière d'Auze, passait à ou près de Mauriac, à Barbary, commune du Vigean, traversait ensuite la rivière de Mars, puis les communes de Moussages, Trizac, Colandres, Saint-Hippolyte, Cheylade, Saint-Saturnin, Ségur, Vernols et Allanche, où elle rejoignait la voie de Ruines à Aubijoux.

Voie de Dienne à Trémouille-Marchal. — Cette voie, qui était probablement la continuation de celle de la Roche-Canillac à Dienne, s'embranchait, dans cette localité, sur la voie de Figeac à Massiac par le Col-de-Cabre et se dirigeait, par les communes de Ségur, Cheylade, Saint-Hippolyte et Apchon, sur celle de Riom-ès-Montagnes, où elle traversait la Vérone, se continuait ensuite sur la commune de Saint-Amandin, où elle franchissait la Rhue sur un pont dont on voit encore les vestiges, puis passait dans la commune de Trémouille-Marchal à Coindes et au Viallard. De là elle allait rejoindre la voie romaine de Clermont au Mont-Dore.

Voie de Massiac à Saint-Flour. — En sortant de Massiac, cette voie traversait les communes de Bonnac, Saint-Mary-le-Plain près de Courcoules, Rezentières (autrefois Fournols), Vieillespesse à la Fageolle (1,100 mètres d'altitude), Coren, et atteignait ensuite Saint-Flour.

Voie du Mur-de-Barrez à Aurillac, par Raulhac. — Cette voie suivait la crête des montagnes du Mur-de-Barrez, passait à Poulhès, commune de Raulhac, au Volcamp, commune de Badailhac, à Carlat et à Vézac, franchissait la Cère sur le pont d'Arpajon et arrivait ensuite à Aurillac.

Voie du Mur-de-Barrez au Plomb du Cantal, par Raulhac. — Cette voie, après avoir suivi la crête des montagnes du Mur-de-Barrez, traversait la commune de Raulhac à la Calsade et à la Peyre, celles de Jou-sous-Montjou, Pailhérols et Saint-Clément, où elle rejoignait la voie de Vieillevie à la Naute, entre les péages de Curebourse et de la Tuillière.

Voie de Puy-Basset à Figeac (Lot). — Cette voie s'embranchait sur la voie de Figeac à Massiac, traversait les communes du Trioulou, Saint-Constant, Mourjou, Leynhac, Saint-Antoine, Marcolès, limitait celles de Roannes-Saint-Mary, la Capelle-del-Fraisse et la Capelle-en-Vézie, se continuait sur la commune de Prunet et rejoignait à Labrousse la voie de Vieillevie à la Naute, qu'elle suivait jusqu'à Puy-Basset.

Voie de Saint-Flour à Aurillac. — Ce chemin, en quittant Saint-Flour, traversait les communes de Roffiac, Tanavelle, Valuéjols à Jarry et à Saint-Maurice, et rejoignait au-dessous du péage des Ontuls la voie de Vieillevie à la Naute, qu'elle suivait en descendant sur Aurillac.

Voie de Salers à Pleaux. — A la sortie de Salers, cette voie traversait les communes de Saint-Martin-Valmeroux en partie, Sainte-Eulalie au Vialard et à Frédevialle, Loupiac, Saint-Christophe à Beaujaret et Pleaux par Enroussou, après avoir franchi la rivière d'Incon, au Pont-Blanchal.

Voie de Saint-Flour à Chaudesaigues. — En quittant Saint-Flour, cette voie traversait les communes de Villedieu, Sériers, Alleuze, Lavastrie, Neuvéglise, franchissait la Truyère au pont de la Nau et arrivait à Chaudesaigues, d'où elle se dirigeait sur la Guiolle (Aveyron), après avoir traversé la voie romaine de Rodez à Clermont.

Voie de Molompize à Allanche. — Ce chemin empruntait une partie de la voie de Figeac à Massiac par le Col-de-Cabre, traversait les communes de Molompize, Charmensac, Peyrusse et une partie de celle d'Allanche.

Voie de Talizat à Saint-Flour. — Ce chemin s'embranchait sur la voie de Vieillevie à la Naute, traversait les communes de Coltines et d'Andelat et arrivait à Saint-Flour.

Ces diverses voies sont encore appelées dans les localités qu'elles traversent : *Chemin Farrat, Chemin Ferrat, Chemin ferré, l'Estrade, Voie romaine, Chemin de la Reine Marguerite*[1].

VI. ÉTENDUE DU TERRITOIRE DE LA HAUTE-AUVERGNE.

Jusqu'à la fin du IXe siècle, la Haute-Auvergne était confondue avec la province entière, et il n'existe aucun document constatant qu'elle eût même une administration distincte. Elle était bornée à trois de ses aspects par les provinces du Gévaudan, du Rouergue, du Quercy et du Limousin, et, du côté de la Basse-Auvergne, par les paroisses

---

[1] Voir le corps du Dictionnaire au mot *Voie*, où l'on a relevé les diverses formes de ces noms.

de Védrines-Saint-Loup, Soulages, Lastic, Vieillespesse, Fournols (aujourd'hui Rézentières), Valjouze, Peyrusse, Allanche, Vernols, Landeyrat, Marcenat, Saint-Amandin (Condat), Trémouille-Marchal, Champs et Madic.

VII. SUBDIVISIONS DU TERRITOIRE.

ÉPOQUES MÉROVINGIENNE ET CAROLINGIENNE.

1° PAGUS ALVERNICUS.

Ce *pagus* comprenait la province d'Auvergne entière, sans distinction de Basse et Haute-Auvergne, car ces divisions sont relativement récentes.

Cette province occupait les deux versants du plateau de montagnes partant du Mont-Lozère pour séparer les bassins de la Loire et de la Garonne. Le versant Nord forme le haut bassin de l'Allier, et le versant Sud est à peu près compris entre la rive gauche de la Dordogne et la rive droite du Lot. (Farges, art. *Auvergne, Nouvelle Encyclopédie.*)

2° AICIS.

L'expression *Aicis*, *Aix* ou *in Aice* ne nous paraît devoir s'appliquer qu'à des circonscriptions territoriales et n'être autre chose qu'une des subdivisions des *Pagi*. En effet :

L'*Aix Carlacensis*, dont les limites sont parfaitement connues, était un pays d'une vaste étendue et ne devait pas renfermer qu'une seule viguerie. Carlat était une viguerie, mais il devait en exister d'autres que nous ne connaissons pas par suite de la pénurie des documents.

Dans les cartulaires de Brioude et de Sauxillanges, les noms *Vicaria* et *Aicis* sont employés indifféremment. Nous pensons, contrairement à l'opinion de Chabrol et de plusieurs auteurs, que l'*Aicis* comprend seulement l'étendue territoriale, la contrée, tandis que le mot *Vicaria* exprime l'étendue du ressort de ces circonscriptions judiciaires.

3° VIGUERIES.

Les viguiers étaient des juges subalternes et n'avaient pas l'autorité de prononcer des jugements de mort; ils ne pouvaient connaître ni de l'état des personnes, ni de la propriété des serfs, ni même du désistement des immeubles. Les viguiers étaient subordonnés aux ducs et aux comtes, qui pouvaient, au besoin, les relever de leurs fonctions.

Quoique les viguiers ne pussent, suivant Chabrol, prononcer des jugements de mort, et que leur mission se bornât à arrêter les criminels et à les juger en première instance, on a vu, en 1264, Astorgue VI d'Aurillac, viguier, pendre de ses propres mains un voleur nommé Bertrand Nicholaï.

Mais alors, et jusqu'en 1789, les vigueries n'étaient plus guère, dans la Haute-Auvergne, que des juridictions seigneuriales dépendant généralement d'un abbé ou d'un prieur, parmi lesquelles on peut citer celles de Saint-Flour, Arpajon, Drugeac, Salers et Vic.

Voici la liste des vigueries que nous avons recueillies :

NOMS DES VIGUERIES.		DATES DE LA MENTION.	LOCALITÉS.
Vicaria Arpajonensis	Viguerie d'Arpajon	923	Arpajon.
Carlacencis vicaria	Viguerie de Carlat *ou*	927	Carlat *ou*
Aicis Carlacensis	Viguerie du Carladès	//	Le Carladès.
Vicaria Calariensis	Viguerie de Chaliers	924	Chaliers.
Jordanensis vicaria	Viguerie de Jordanne	x° s°	//
Luppiac vicaria	Viguerie de Loupiac	923	Loupiac.
Maciacensis vicaria	Viguerie de Massiac	896	Massiac.
Mariacensis vicaria	Viguerie de Mauriac	x° s°	Mauriac.
Moisaciensis vicaria	Viguerie de Moissac	922	Neussargues.
Nova Ecclesia vicaria	Viguerie de Neuvéglise	928	Neuvéglise.
Vicaria de Rogades	Viguerie de Rageade	x° s°	Rageade.
Vicaria Sancti Flori	Viguerie de Saint-Flour	xi° s°	Saint-Flour.
Vicaria Salensis	Viguerie de Salins	846	Salins.
Vicaria [de] Talaisago	Viguerie de Talizat	963	Talizat.
Vicaria Avoloiolensis	Viguerie de Valuéjols	1011	Valuéjols.
Vicaria Vebritensis	Viguerie de Vebret	922	Vebret.

Nous n'avons trouvé aucune mention de *Centaines* dans les pièces et titres que nous avons compulsés.

4° COMPTOIRIES.

Nous ne connaissons que les cinq comptoiries suivantes :
Apchon, Escorailles, Gioux, Neuvéglise et Saignes.

VIII. ÉTABLISSEMENTS HOSPITALIERS.

DISTRIBUTION TOPOGRAPHIQUE.

Les établissements hospitaliers sont maintenant centralisés dans les villes. Il a existé des hospices de fondation plus ou moins ancienne à Aurillac, Brezons, Chaudesaigues, Laroquebrou, Mauriac, Murat, Salers, Saint-Flour, Saint-Urcize, etc.

On en voit aussi dans quelques villages; ils sont peu importants et ne renferment guère que de deux à cinq lits.

Au moyen âge, les refuges, pour les malades surtout, étaient répandus sur toutes les parties du territoire, ouverts et entretenus par la charité publique.

Quelques-uns dépendaient des commanderies du Temple, de Saint-Jean de Jérusalem, de Saint-Lazare et de Saint-Antoine.

Il y avait aussi des maladreries qui étaient de fondation royale, seigneuriale ou commune, et des léproseries, établissements spécialement réservés aux lépreux.

1° COMMANDERIES DU TEMPLE* OU DE SAINT-JEAN DE JÉRUSALEM ET MEMBRES EN DÉPENDANT.

NOMS.	SITUATION.
COMMANDERIE DE CARLAT*........................	Carlat.
MEMBRES ANNEXES.	
Estadieu..	Trioulou (Le).
L'Hôpital-Barbary..................................	Vigean (Le).
L'Hôpital de Chaufranche........................	Saint-Chamant.
L'Hôpital de Pierrefitte uni à la commanderie de Carlat......	Giou-de-Mamou.
Giou-de-Mamou, membre de l'Hôpital de Pierrefitte..........	Giou-de-Mamou.
L'Hôpital de Saint-Cirgues......................	Saint-Cirgues-de-Malbert.
L'Hôpital d'Huquefont............................	Nieudan.
Le Monteil..	Vigean (Le).
Ortigiers et son annexe Jarry....................	Vigean (Le).
Saint-Jean-de-Donnes, uni à la commanderie de Carlat......	Saint-Simon.
La Salvetat......................................	Saint-Mamet-la-Salvetat.
Villedieu..	Trioulou (Le).
COMMANDERIE DE CELLES*........................	Celles.

INTRODUCTION.

MEMBRES ANNEXES.

Auriac, en partie...............................	Auriac.
Coltines, en partie..............................	Coltines.
Croûtes.......................................	Bonnac.
Narnhac, en partie..............................	Narnhac.
Pradels.......................................	Valuéjols.
Tempel.......................................	Bonnac.

COMMANDERIE DE MONTCHAMP........................ Montchamp.

MEMBRES ANNEXES.

Loubeysargues.................................	Valuéjols.
Lagat..	Bredon.
Pignou, membre dépendant de Loubeysargues........	Bredon.

COMMANDERIE DE LA GARDE-ROUSSILLON*, mandement de la commanderie de Montchamp....................... Lieutadès.

MEMBRES ANNEXES.

Bennès.......................................	Oradour.
Brusquet (Le).................................	Jabrun.
Bussières.....................................	Lieutadès.
Jabrun, en partie..............................	Jabrun.
Moulin du Temple (Le).........................	Jabrun.
Sauvelat (La).................................	Lieutadès.

COMMANDERIE DE SAINT-JEAN-DE-DONNES*, membre de la commanderie du Temple d'Ayen, unie à la commanderie de Carlat.. Saint-Simon.

MEMBRE ANNEXE.

Ourzeaux.....................................	Saint-Cernin.

COMMANDERIE DE LONZANGE, membre de la commanderie de Pont-Vieux (Puy-de-Dôme)............................ Lanobre.

MEMBRE ANNEXE.

Vallat..	Lanobre.

COMMANDERIE D'YDES*, membre de la commanderie de Pont-Vieux. Ydes.

MEMBRES ANNEXES.

Courtilles....................................	Vebret.
L'Hôpital.....................................	Vebret.
Longuevergne.................................	Vebret.

INTRODUCTION.

2° COMMANDERIE DE SAINT-LAZARE.

NOM.	SITUATION.
COMMANDERIE D'ENROUSSOU. Cette commanderie a été fondée par la Maison de Merle, ainsi qu'il a été reconnu par Thomas de Souville, grand maître de l'ordre, dans un chapitre tenu à Bougny en 1282..	Pleaux.

3° COMMANDERIES DE SAINT-ANTOINE.

NOMS.	DATES DE LA MENTION.	LOCALITÉS.
COMMANDERIE DE SAINT-ANTOINE DE LA CHARITÉ, unie au monastère de Montsalvy en 1703...................	1221	Saint-Antoine.
COMMANDERIE DE SAINT-ANTOINE DE LA FEUILLADE, dépendait de la commanderie de Saint-Antoine de Montferrand...	1522	Vernols.
COMMANDERIE DE SAINT-ANTOINE.....................	1494	Lavastrie.

4° HÔPITAUX AVANT 1789.

NOMS.	DATES DE LA MENTION.	LOCALITÉS.
Hôpital (L').................................	1683	Allanche.
Hôpital de la Trinité........................	1280	Aurillac.
Hôpital de Saint-Gerand.....................	1248	
Hôpital de Saint-Jean.......................	1319	
Hôpital vieux...............................	1649	
Hôtel-Dieu de Brezons.......................	1622	Brezons.
Hôpital de Saint-Juéry......................	1603	Chaudesaigues.
Hospice de Chaudesaigues....................	1752	
Hôpital (L')................................	1751	Laroquebrou.
Hôpital (L')................................	1752	Marcenat.
Hôpital de Roquenatou (L')..................	1295	Marmanhac.
Hospice (L')................................	1755	Mauriac.
Hôpital (L')................................	1751	Maurs.
Hôpital (L'), dépendance de l'abbaye de Feniers........	1658	Montboudif.
Hôpital (L')................................	XII° s°	Murat.
Hospice (L')................................	"	Saint-Flour.
Hôpital-des-Landes..........................	1551	Saint-Paul-des-Landes.
Hôpital (L')................................	1750	Vic.

INTRODUCTION.

5° MALADRERIES.

NOMS.	DATES DE LA MENTION.	LOCALITÉS.
Maladrerie de fondation royale...................	1277	Aurillac.
Maladrerie de fondation commune................	1549	Chalvignac.
Idem..	1322	Glénat.
Maladrerie de fondation seigneuriale..............	1459	Laroquebrou.
Maladrerie de fondation commune................	"	Mauriac.
Idem..	"	Maurs.
Idem..	1256	Murat.
Idem..	"	Paulhenc.
Idem..	"	Roffiac.
Maladrerie de fondation royale...................	1677	Saint-Flour.
Maladrerie de fondation commune................	1230	Saint-Georges.
Idem..	"	Saint-Marc.
Idem..	XIVᵉ sᵉ	Saint-Martin-de-Valois.
Idem..	1550	Saint-Paul-des-Landes.
Idem..	"	Saint-Poncy.
Idem..	1279	Saint-Thomas.
Idem..	"	Saint-Urcize.

6° LÉPROSERIES.

NOMS.	DATES DE LA MENTION.	LOCALITÉS.
Léproserie (La).................................	1277	Aurillac.
Maladet..	1494	Faverolles.
Mestries (Les)..................................	1322	Glénat.
Anders (Les)...................................	1248	Jaleyrac.
Léproserie de Saint-Gal..........................	1268	Murat.

7° RECLUSERIES.

NOMS.	DATES DE LA MENTION.	LOCALITÉS.
Recluserie inférieure (La)........................	1277	Aurillac.
Recluserie supérieure (La).......................	1344	Aurillac.
Recluserie de Champiol (La).....................	1199	Faverolles.
Chapelle du Reclus (La).........................	1435	Laroquebrou.
Chapelle du Reclus (La).........................	1759	Montsalvy.
Maison de la Recluse (La).......................	1370	Saint-Flour.

IX. GRANDS FIEFS.

Malgré les changements qui s'opérèrent dans la Basse-Auvergne de 1209 à 1230, le haut pays ne changea rien à sa constitution territoriale et féodale.

La Haute-Auvergne se trouva divisée, en partie, au xiii° siècle, en quatre grands fiefs :

1° *Le comté d'Auvergne,* donné en apanage au comte Alphonse, frère de saint Louis, érigé ensuite en duché en 1360, concédé de nouveau en apanage à Jean, duc de Berry et d'Auvergne, et qui fit retour à la couronne en 1530.

2° *Le duché de Mercœur,* composé, avant son démembrement, de 9 mandements, dont 3 dans la Haute-Auvergne :

1° Lastic et Cistrières; 2° Ruines et Corbières; 3° Tanavelle et Tagenac.

Le prince de Conti avait fait ériger en duché-pairie ce qui restait du duché de Mercœur et dont une partie avait été aliénée, puis le vendit au Roi. Par un édit de 1773, Louis XV en forma l'apanage du comte d'Artois, puis, par un autre édit de 1778, cet apanage fut supprimé et le duché réuni au domaine royal.

3° *Le comté de Carladès,* composé de 10 mandements, dont 7 dans le haut pays d'Auvergne :

Carlat, Boisset, Calvinet, Cromières, Turlande, Vic et Vigouroux.

La terre de Carlat fut réunie à la couronne en 1531, après la mort de Louise de Savoie et y resta jusqu'en 1643. A cette époque, le roi en disposa en faveur d'Honoré de Grimaldi, prince de Monaco.

4° *La vicomté de Murat,* composée de 10 mandements, avant son démembrement en 1643 :

Murat, Albepierre, Anglards, Barrès (le), Bros (les), Châteauneuf, Mallet, Turlande, Védrines-Saint-Loup et Vigouroux.

Dans le principe, la vicomté de Murat était un fief mouvant de Carlat auquel il fut réuni vers 1398.

La terre de Murat avait été confisquée sur Jacques d'Armagnac, par arrêt du 4 août 1476. Louis XI en fit don à Jean Dumas de Lile. Pierre de Bourbon, duc d'Auvergne, en fit l'acquisition, puis, après la défection du connétable, François Ier en disposa en faveur de la duchesse d'Angoulême, sa mère. Elle revint à la couronne en 1531 et fut donnée en partie seulement au prince de Monaco en 1643 avec le Carladès[1].

Ces grands fiefs, lorsqu'ils étaient donnés en apanage, relevaient toujours du roi.

Le nombre des autres fiefs était considérable; nous ne mentionnerons que les principaux : Apchon, Brezons, Cropières, Laroquebrou, Nozières, Pierrefort, Saignes, Sailhans (le), Saint-Christophe, Saint-Martin-Valmeroux, Salers, etc.

X. JURIDICTIONS AVANT 1789.

SÉNÉCHAUSSÉE D'AUVERGNE. — SÉNÉCHAUSSÉE DE CLERMONT. — BAILLIAGES. PRÉVÔTÉS. — JUSTICES ROYALES ET LOCALES.

On ne faisait, dans les premiers temps, aucune distinction entre les pouvoirs judiciaire et administratif. Toute autorité était l'apanage de la haute justice.

L'établissement du pouvoir judiciaire, dans la Haute-Auvergne, ne se fit pas sans rencontrer des résistances.

En 1288, Philippe le Bel avait établi, dans la Haute-Auvergne et dans une partie de la Basse, trois prévôtés : Saint-Flour, Aurillac et Mauriac; elles avaient la même circonscription que les trois archiprêtrés de ce nom. Ces prévôtés étaient des districts ou des divisions territoriales plutôt que des juridictions royales, car on ne voit nulle part qu'il ait existé de prévôté royale à Aurillac, Mauriac et Saint-Flour. La tradition veut que dans les temps où l'évêché de Clermont comprenait toute l'Auvergne, avant l'établissement de l'évêché de Saint-Flour, les évêques avaient divisé cette partie de la province en quatre prévôtés : Aurillac, Maurs, Mauriac et Saint-Flour (Chabrol, t. I, p. LXXI).

Lorsque le comte Alphonse de Poitiers eut été revêtu de l'apanage du comté d'Auvergne, ce fut au château de Crèvecœur, le seul domaine qu'il possédait dans la Haute-Auvergne, qu'il établit le siège du bailliage des montagnes d'Auvergne, de 1241 à 1271. De 1271 à 1360, ce bailliage fut le siège de la justice royale, et enfin de la justice du duc d'Auvergne de 1360 à la fin du XVIe siècle.

La Haute-Auvergne posséda donc un petit bailliage à part, mais dépendant du

---

[1] Sur les dix mandements dont se composait la vicomté, trois seulement, ceux de Vigouroux, Barrès et Turlande, entrèrent dans l'apanage du prince de Monaco. Les autres furent engagés par le roi à différentes personnes, notamment à la maison de Lastic.

grand bailliage d'Auvergne, dont le siège était à Riom. Toutefois le bailli ou gardien des montagnes d'Auvergne (*custos montanarum Arverniæ*) n'exerçait aucune juridiction sur la ville d'Aurillac et les terres de l'abbaye de Saint-Geraud.

Dès 1277, le roi avait tenté d'établir son bailliage à Aurillac, mais ce ne fut pas sans difficultés et sans une grande lenteur qu'il put réussir, l'abbé de Saint-Geraud opposant une vive résistance. Enfin en 1330, ce bailliage, alors définitivement établi, eut pour ressort les terres de la Haute-Auvergne qui étaient exemptes de la juridiction du duché, et, en 1366, toutes les exemptions lui furent attribuées, sauf l'appel à Saint-Pierre-le-Moustier. Le bailliage de Saint-Flour, qui en avait été distrait en 1523, et celui de Vic-en-Carladès, y ressortissaient. Enfin en vertu de l'édit de Henri II de 1551, qui étendait la compétence de quelques bailliages qualifiés de sièges présidiaux, le bailliage d'Aurillac devint présidial.

Cet état de choses se maintint jusqu'en 1789, sauf quelques légères modifications. A cette époque, il y avait donc dans la Haute-Auvergne et les parties de la Basse-Auvergne qui ont contribué à former le département du Cantal, les bailliages et les prévôtés suivants.

PRÉSIDIAL D'AURILLAC
ET COUR D'APPEAUX DE VIC-EN-CARLADÈS.

BAILLIAGES ROYAUX.	BAILLIAGES SEIGNEURIAUX.
Andelat (cour royale de Murat).	Aubijoux.
Aurillac.	Nouix.
Saint-Flour.	Ruines.
Salers.	Saint-Urcize.
Vic-en-Carladès.	Vaulmier (Le).

PRÉVÔTÉS ROYALES.	PRÉVÔTÉS.
Boisset.	Aurillac.
Calvinet.	Mauriac.
Chaudesaigues.	Maurs.
Mardogne.	Saint-Flour.
Murat.	Brioude. } Basse-Auvergne.
Vic (réuni au bailliage).	Roche-Sanadoire (La). }

1° SÉNÉCHAUSSÉE D'AUVERGNE.

JUSTICES ROYALES.	PAROISSES ET LIEUX QUI EN DÉPENDENT.
Boisset.................	La paroisse.
Calvinet................	La paroisse.

INTRODUCTION.

JUSTICES ROYALES.	PAROISSES ET LIEUX QUI EN DÉPENDENT.
Chaudesaigues...............	La paroisse.
Crèvecœur.................	La châtellenie dans Saint-Martin-Valmeroux.
Mardogne.................	Les paroisses de Joursac, Moissac-le-Chastel, Valjouze, quelques villages dans Bonnac, Chalinargues, Coltines, Fournols, Peyrusse, Saint-Mary-le-Cros, Saint-Mary-le-Plain et Talizat.

JUSTICES LOCALES.	PAROISSES ET LIEUX QUI EN DÉPENDENT.
Albanies..................	La seigneurie dans Menet.
Allanche..................	La paroisse d'Allanche, partie de celles de Peyrusse, Sainte-Anastasie, Ségur, deux villages dans Dienne.
Alleret...................	La seigneurie dans Saint-Poncy.
Andelat..................	Le lieu paroissial.
Anglards.................	La paroisse, partie de celle de Vabres.
Anval....................	Les villages de Chazeloux et de Védrines dans Bonnac.
Apché....................	La paroisse de Landeyrat en partie.
Aubijoux..................	La paroisse de Marcenat, celles d'Allanche, Cheylade, Landeyrat, Lugarde, Marchastel, Saint-Amandin et Saint-Bonnet en partie.
Aubrac...................	Six villages dans Maurines.
Auriac...................	Les paroisses de Charmensac, Laurie et Peyrusse en partie.
Aurouze..................	La paroisse de Molompize en partie.
Auzers...................	L'église et le château, la paroisse de Sauvat en partie.
Avenaux..................	La paroisse de Saint-Mary-le-Plain en partie, un village dans Bonnac.
Bac (Le).................	La seigneurie dans Allanche.
Baladour (Le).............	La seigneurie dans Chaliers.
Beau-Castel...............	La seigneurie dans la Chapelle-Laurent.
Beau-Clair................	La seigneurie dans Fontanges.
Bégoules.................	La seigneurie dans Molompize.
Bégus...................	La seigneurie dans Vabres.
Bellestat.................	La seigneurie dans Saint-Illide.
Belinay..................	Les paroisses de Cezens et de Paulhac en partie.
Belvès...................	La seigneurie dans Saint-Martin-de-Valois.
Besse....................	La seigneurie dans Jabrun.
Bézaudun.................	La seigneurie dans Tournemire.
Billières..................	La seigneurie dans Drugeac.
Blesle....................	Les paroisses d'Auriac, Charmensac, Laurie, Leyvaux, Molèdes et Peyrusse en partie.
Bonnac...................	Le lieu paroissial et le village du Massadour.

JUSTICES LOCALES.	PAROISSES ET LIEUX QUI EN DÉPENDENT.
Bournazel..................	La seigneurie dans Saint-Cernin.
Branzac...................	La paroisse de Loupiac, celle de Salins en partie.
Bredon....................	Le lieu du prieuré, les villages d'Auzolles, Auzolles-Bas, Auzolles-Haut et Autebesse.
Broussadel................	La seigneurie dans Saint-Georges.
Brousse, cne de Champs........	La seigneurie dans Champs.
Brousse...................	La seigneurie dans Chaliers.
Calvinet (La prévôté de).......	Les paroisses de Calvinet, Cassaniouze, Junhac et Vieillevie; partie des paroisses de la Capelle-del-Fraisse, la Capelle-en-Vézie, la Besserette, Fournoulès, Leynhac, Marcolès, Montsalvy, Mourjou, Saint-Antoine, Saint-Étienne-de-Maurs, Sansac-Veinazès et Sénezergues.
Cassaniouze	La paroisse.
Castel-d'Oze (Le)............	La châtellenie dans Sénezergues.
Cayre (Le).................	La seigneurie dans Cheylade.
Celles.....................	La paroisse de Celles en grande partie, celles de Bonnac et de Coltines en faible partie, trois maisons dans la ville de Massiac.
Chaliac....................	Trois villages dans la Chapelle-Laurent.
Chaliers...................	La paroisse en très grande partie, le village du Mazès dans Saint-Marc.
Chambernon................	La seigneurie dans Chaliers.
Champagnac................	La seigneurie du prieuré dans la paroisse.
Charmensac................	La seigneurie dans la paroisse et deux maisons dans le bourg.
Châteauvieux, cne de Maurines...	La paroisse de Magnac en partie.
Châteauvieux	La paroisse de Maurines en partie.
Chaumeil (Le)..............	La paroisse de Saint-Étienne-de-Chaumeil en partie.
Chaumette (La)	La seigneurie dans Neuvéglise.
Chaumont	La seigneurie dans Sauviat.
Chavagnac.................	Les paroisses de Laurie, Leyvaux et Molèdes en partie.
Chavanon..................	La seigneurie dans Allanche.
Cheylanne	La paroisse de Laveissenet.
Clavières..................	La paroisse en partie.
Coffinhal...................	La seigneurie dans Montsalvy.
Colombier (Le).............	La seigneurie dans Saint-Flour.
Colombines................	La seigneurie dans Molèdes.
Coltines	La paroisse en partie.
Colzac	La seigneurie dans Andelat.
Conquans..................	La seigneurie dans Boisset.
Conques (Le chapitre de)......	Quelques villages dans Vieillevie.

INTRODUCTION.

JUSTICES LOCALES.	PAROISSES ET LIEUX QUI EN DÉPENDENT.
Coren	La paroisse et quelques villages voisins.
Couffour (Le)	La paroisse de Chaudesaigues en partie.
Courdes	Les villages de Chabrespine, Silholet et Sournac dans Méallet.
Cousiniac	La seigneurie dans Calvinet.
Cumines	La seigneurie dans Cheylade.
Curières	La seigneurie dans Cheylade.
Cussac	La paroisse en partie.
Custrat	La seigneurie dans Drugeac.
Cuzol (Le)	La seigneurie dans Lavastrie.
Daille (La)	Quatorze villages dans Vebret.
Domerie d'Aubrac (La)	La paroisse de Maurines en partie.
Doyen de Brioude (Le)	La paroisse de Faverolles en partie, le village de Mouret dans Chalinargues.
Dron (Le)	La seigneurie dans Sainte-Eulalie.
Drugeac	Quatre villages dans la paroisse.
Estang	La seigneurie dans Marmanhac.
Falcimagne	Les paroisses de Cheylade et de Marchastel en partie.
Farreyrolles	La seigneurie dans Saint-Remy-de-Chaudesaigues.
Fau (Le)	La seigneurie dans Marmanhac.
Faverolles	La paroisse en partie.
Fayet (Le)	La seigneurie dans la Chapelle-Laurent.
Feniers (Abbaye de)	Les paroisses de Condat, celles de Montboudif et de Peyrusse en partie.
Feydit (Le)	La seigneurie dans Chanet.
Fleurac	La seigneurie dans Ydes.
Fontanges	La paroisse et partie de celle de Salins.
Fontbonne	La seigneurie dans Lavastrie.
Fournols	La paroisse en partie.
Ganne (La)	La seigneurie dans Menet.
Garde-Roussillon (La)	La paroisse de Lieutadès en partie.
Junhac	La paroisse en partie.
Laroquevieille	Le château et quelques maisons dans la paroisse.
Lastic	Les paroisses de Lastic, Celoux et Soulages en grande partie, quelques villages dans les paroisses de Montchamp, Rageade, Saint-Poncy, Védrines-Saint-Loup et Vieillespesse.
Laurie	La paroisse en partie.
Laval	La seigneurie dans Chaliers.
Lavaur	La paroisse de Sauvat en partie.
Lescure	La seigneurie dans Valuéjols.
Leybros	La paroisse de Saint-Bonnet en grande partie.

JUSTICES LOCALES.	PAROISSES ET LIEUX QUI EN DÉPENDENT.
Leynhac.	La paroisse par moitié environ.
Ligonès	La seigneurie dans Ruines.
Lorcières	La paroisse en partie.
Loubarcet.	La seigneurie dans la Chapelle-Laurent.
Loubaresse, cne de la Chap. Laurent	La seigneurie dans la Chapelle-Laurent.
Loubaresse, cno du con de Ruines..	La seigneurie dans Chaliers.
Luc	La seigneurie dans Saint-Poncy.
Lugarde.	La paroisse, celle de Saint-Amandin en partie, quelques villages dans Cheylade et Marchastel.
Madic.	La seigneurie dans Madic.
Magnac	La paroisse en partie.
Maillargues	La seigneurie dans Allanche.
Malfaras.	La seigneurie dans Saint-Cirgues-de-Malbert.
Mallet	La paroisse, trois maisons à Barbaranges dans Maurines.
Marchastel.	La paroisse en partie.
Margeride (La).	La seigneurie dans Védrines-Saint-Loup.
Marmanhac.	La paroisse en partie.
Marmiers	La seigneurie dans Saint-Saturnin.
Marzes	Les paroisses de Saint-Cernin et de Saint-Martin-de-Valois en partie.
Menet-Bas	La paroisse.
Mentières	Les paroisses de Mentières et de Tiviers en partie.
Mirabel.	La seigneurie dans Sarrus.
Moissac.	La paroisse en partie.
Molette (La).	La seigneurie dans Lieutadès.
Molompize	La paroisse en partie.
Montbrun, cne de Lavastrie	La seigneurie dans Lavastrie.
Montbrun, cno de Méallet.	Les paroisses d'Anglars, Auzers, Méallet, Moussages et Ydes en partie.
Montcelles.	La paroisse de Montgreleix.
Montchamp.	Les paroisses d'Anglards, Jabrun, Montchamp et Tiviers en partie.
Montchanson.	Les paroisses de Saint-Just et de Saint-Marc en partie.
Montclar.	Longevergne et la Trémolière dans Anglards.
Montel (Le), cne de Massiac.	La ville de Massiac en partie.
Montel (Le), cne de Soulages.	La seigneurie dans Soulages.
Montel (Le), cne de Saint-Cernin.	Quatre maisons à Altérines, dans Saint-Cernin.
Montfol.	La seigneurie dans la Trinitat.
Montsalvy (Prévôt de).	La paroisse, huit villages dans celle de Vieillevie.
Montsuc.	Les paroisses de Rageade et de Soulages en partie.
Montvallat.	Les paroisses de Chaudesaigues et d'Espinasse en partie, les villages du Chaffol et de Lavaur dans Neuvéglise.

JUSTICES LOCALES.	PAROISSES ET LIEUX QUI EN DÉPENDENT.
Morle (Le)	La paroisse en partie, les villages du Drillet, Estubartes et Masset dans Clavières.
Mornac	Les paroisses de Chaudesaigues et d'Espinasse en partie.
Mothe (La), c^{ne} de Calvinet	La seigneurie dans Calvinet.
Mothe (La), c^{ne} de Saint-Urcize	La seigneurie dans Saint-Urcize.
Moulette (La)	La seigneurie dans Jabrun.
Mourjou	Quelques villages dans la paroisse.
Moustier (Le)	La seigneurie dans Moissac.
Murat-la-Rabe	Les paroisses de Menet et de Vignonnet en partie.
Nastrac	La seigneurie dans Marchastel.
Neufont	La seigneurie dans Cezens.
Neyrebrousse	La seigneurie dans Cezens.
Nouix (Bailliage de)	La seigneurie de Graule dans Saint-Saturnin.
Nozières	La seigneurie dans Saint-Martin-Valmeroux.
Nubieux	La seigneurie dans Fournols.
Orceyrolles	La seigneurie dans Anglards.
Paulhac	Les villages du Chambon, le Meynial, la Peyre et moitié de Jarry dans Paulhac.
Pébrac (Abbaye de)	Les paroisses de Lorcières et de Saint-Marc en partie.
Peyre-Besse	La seigneurie dans Cheylade.
Peyrusse	Les paroisses de Charmensac, Joursac, Peyrusse, Sainte-Anastasie, Saint-Mary-le-Cros et Valjouze en partie.
Pierrefort	La paroisse et celle de Sainte-Marie.
Planche (La)	La seigneurie dans Ruines.
Pompignac	La seigneurie dans Chaliers.
Pouzols	La seigneurie dans Marchastel.
Prades	La seigneurie dans Landeyrat.
Puy-Francon (Le)	La ville de Massiac en partie.
Recoux	Les paroisses de Faverolles, Saint-Just et Saint-Marc en partie.
Renoux (Le)	La ville de Massiac en partie.
Requistat	Le lieu paroissial et trois villages, partie de Jabrun.
Rochain (Le)	La seigneurie dans Andelat, le village de Grèzes dans Molèdes.
Roche (La)	Les paroisses de Champs et de Trémouille-Marchal.
Roche-Canillac (La)	Les paroisses de Saint-Remy-de-Chaudesaigues et de la Trinitat en partie.
Rochefort (Le prieuré de)	La paroisse de Saint-Poncy en partie, le village de Chaumaresse dans Massiac.
Rochegonde	Quelques villages dans Paulhac, la paroisse de Neuvéglise en grande partie, le village de Rueyre-des-Bins-de-Qui dans Oradour.
Rocherousse	La seigneurie dans Marcenat.

INTRODUCTION.

JUSTICES LOCALES.	PAROISSES ET LIEUX QUI EN DÉPENDENT.
Romaniargues...............	La seigneurie dans Allanche.
Roquelaure.................	La seigneurie dans Magnac.
Roquemaurel	La seigneurie dans Cassaniouze.
Rousse.....................	La seigneurie dans Chaliers.
Ruines.....................	La paroisse, le village du Pouget dans Anglards, ceux du Chiral, la Grave et la Renaldie dans Clavières.
Saignes....................	Les paroisses de Saignes, Champagnac, Chastel-Marlhac, Vebret et Ydes, en partie.
Saillans (Le)..............	La paroisse d'Andelat moins le lieu paroissial, partie des paroisses de Rofliac, Saint-Maurice, Talizat, Ussel et Valuéjols.
Saint-Angeau	La paroisse de Menet-Haut, la seigneurie dans Riom.
Saint-Chamant	La paroisse.
Saint-Christophe (Le prieuré)...	Quelques villages dans la paroisse.
Saint-Christophe............	La paroisse en grande partie, plusieurs villages dans Ally, Barriac, Chaussenac, Jussac, Loupiac, Pleaux, Sainte-Eulalie, Saint-Cirgues-de-Malbert, Saint-Illide, Saint-Saturnin, Sourniac, Tourniac et Reilhac.
Saint-Cirgues-de-Malbert......	La paroisse moins le village de l'Hôpital.
Saint-Étienne-de-Chaumeil.....	La paroisse en partie.
Saint-Flour (Évêque).........	La paroisse en grande partie.
Saint-Flour (Chapitre).......	La paroisse des Ternes, en partie.
Saint-Georges...............	La paroisse en partie.
Saint-Juéry.................	Quatre villages dans Anterrieux, le lieu paroissial et Pradastier dans Maurines.
Saint-Martial...............	La paroisse en partie.
Saint-Martin-Valmeroux.......	La paroisse en partie.
Saint-Mary-le-Plain..........	Partie du lieu paroissial, Auzolles et Jammaniargues.
Saint-Maurice, cⁿᵉ de Cheylade...	La seigneurie dans Cheylade.
Saint-Maurice, cⁿᵉ de Valuéjols..	La paroisse en partie.
Saint-Michel................	La paroisse de Saint-Georges en partie, le village du Pic dans Anglards.
Saint-Paul-des-Landes........	Quelques villages dans la paroisse.
Saint-Poncy.................	La paroisse en partie.
Saint-Projet................	La paroisse.
Saint-Projet (Monastère de)...	La paroisse de Vieillevie par moitié environ.
Saint-Remy..................	La paroisse.
Saint-Saturnin..............	La paroisse en partie.
Saint-Urcize................	La paroisse, celle de Saint-Remy-de-Chaudesaigues en partie.
Salers......................	La paroisse, celle de Saint-Paul, le village d'Aurières dans Saint-Santin-de-Maurs.

JUSTICES LOCALES.	PAROISSES ET LIEUX QUI EN DÉPENDENT.
Salle (La)	La seigneurie dans la Besserette.
Salle (Le prieuré de la)	La paroisse de Ladinhac en partie.
Sansac-Veinazès	La paroisse en partie.
Sargier (Le)	La seigneurie dans Cheylade.
Sedaiges	La seigneurie dans Marmanhac.
Ségur	Les paroisses de Ségur et de Saint-Saturnin en partie.
Sénezergues	La paroisse, quatre maisons et trois villages dans Fournoulès.
Serre	La seigneurie dans Alleuze.
Sévérac	La paroisse de Lieutadès en partie.
Sieujac	La seigneurie dans Neuvéglise, la paroisse de Lavastrie en partie.
Soubrevèze	La seigneurie dans Marchastel.
Tagenac	La seigneurie dans Neuvéglise.
Tanavelle	Le lieu paroissial et le village de la Rode, trois villages dans Roffiac.
Ternes (Les)	La paroisse en partie.
Touls (Prieuré de)	La paroisse de Coltines en partie.
Tour d'Ally (La)	La ville de Massiac en partie.
Tour d'Auvergne (La)	Sept villages dans la paroisse de Clavières.
Tournemire	La paroisse, celle de Saint-Martin-de-Valois en partie, quelques villages dans Girgols.
Toursac	La paroisse de Saint-Julien-de-Toursac en partie.
Trémolière (La)	La paroisse de Vabres en partie, le village de la Gazelle dans Anglards (de Saint-Flour).
Trémolière (La)	La seigneurie dans Anglards (de Salers).
Trizac	La paroisse.
Valans	Le village de Navaste dans Saint-Bonnet (de Salers).
Valence	Le lieu paroissial en partie, sept villages dans Peyrusse.
Valentines	La seigneurie dans Ségur.
Vareillettes	La seigneurie dans Saint-Georges.
Vaulmier (Le)	La paroisse et celle de Saint-Vincent.
Veissenet (La)	La paroisse.
Vendage	La seigneurie dans Védrines-Saint-Loup.
Vergne (La)	La seigneurie dans Saint-Saturnin.
Vernols	La paroisse, partie de celle de Ségur, un faubourg d'Allanche.
Verteserre	La seigneurie dans la Chapelle-Laurent.
Vèze	La paroisse et un village dans Dienne.
Vieillevie	La paroisse par moitié environ.
Voûte (La)	La seigneurie dans Marmanhac.
Ydes	La paroisse en partie.

INTRODUCTION.

2° SÉNÉCHAUSSÉE DE CLERMONT.

JUSTICES LOCALES.	PAROISSES ET LIEUX QUI EN DÉPENDENT.
Claviers	La paroisse de Moussages, celle de Sauvat en partie.
Feniers (Abbaye de)	Le quartier d'Artense dans Condat.
Gimmazannes	La seigneurie dans Lanobre.
Jailhac	La seigneurie dans Moussages.
Lanobre	La paroisse en partie.
Rignac	La paroisse de Riom-ès-Montagnes en partie.
Saint-Christophe	La paroisse en partie.
Saint-Martin-Cantalès	La paroisse.
Thinières	Les paroisses de Beaulieu et de Lanobre en grande partie.
Val	La châtellenie dans Lanobre.
Valans	La seigneurie dans Moussages.

3° BAILLIAGE D'AURILLAC.

JUSTICE ROYALE.	PAROISSES QUI EN DÉPENDENT.
Aurillac	Les paroisses d'Ayrens, Crandelles, Lascelle, Mandailles, Naucelles, Nieudan, Omps et Saint-Simon; et en partie celles de Giou-de-Mamou, Prunet et Reilhac.

JUSTICES LOCALES.	PAROISSES ET LIEUX QUI EN DÉPENDENT.
Ally	La paroisse.
Ambials	Les paroisses de Loupiac et de Saint-Martin-Valmeroux en partie.
Apchon	Les paroisses d'Apchon et de Saint-Hippolyte, celles de Colandres, Cheylade, Marchastel et Riom-ès-Montagnes, en partie.
Arnac	La paroisse en partie.
Auzers	La paroisse, moins l'église et le château.
Bassignac	La paroisse en partie.
Belmont	La seigneurie dans Roannes.
Berbezou	La seigneurie dans Mourjou.
Besserette (La)	La paroisse en partie.
Brageac	La paroisse en partie.
Brezons	La paroisse, celle de Cezens en partie.
Buis (Monastère du)	Le faubourg du Buis (ville d'Aurillac).
Capelle-del-Fraisse (La)	La paroisse.
Capelle en Vézie (La)	La paroisse.

INTRODUCTION.

JUSTICES LOCALES.	PAROISSES ET LIEUX QUI EN DÉPENDENT.
Carbonnat	La seigneurie dans Arpajon.
Carbonières (Corrèze)	La paroisse de Rouffiac.
Cayrols	La paroisse.
Chalvignac	La paroisse en partie.
Chambres	La châtellenie dans le Vigean.
Charlus	Les paroisses d'Auzers, Bassignac et Moussages en partie.
Chaumeils	La seigneurie dans Saint-Étienne (de Riom).
Chaussenac	Les paroisses de Chaussenac et de Tourniac en partie.
Clavières	La seigneurie dans Saint-Simon.
Clidelle (La)	La seigneurie dans Menet.
Conros	La paroisse d'Arpajon, quelques villages dans Aurillac, Prunet, Roannes et Vezac.
Cropières	Les paroisses de Badailhac, Jou-sous-Montjou, Pailhérols et Raulhac en partie.
Cussac	La seigneurie dans Chaussenac.
Dat (Le)	La seigneurie dans Labrousse.
Drugeac	La paroisse moins quatre villages, celle de Salins en partie.
Escalmels	La paroisse de Siran en partie, celle de Saint-Saury.
Escorailles	La paroisse, celle de Brageac en partie.
Espinadel	La paroisse.
Foulioles	La seigneurie dans Vézac.
Freluc	La châtellenie dans Moussages.
Garde-de-Saignes (La)	La paroisse de Parlan.
Giou-de-Mamou	La paroisse en partie.
Glénat	La châtellenie dans la paroisse de Glénat.
Jaleyrac	La paroisse en partie.
Jou-sous-Montjou	La paroisse en partie.
Junhac	La paroisse en partie.
Jussac	La paroisse en partie.
Labrousse	La paroisse en partie.
Laroquevieille	Les paroisses de Laroquevieille, Girgols, Saint-Cernin, Saint-Martin-de-Valois en partie.
Leucamp	La paroisse en grande partie.
Leynhac	La paroisse par moitié environ.
Lhinars	La seigneurie dans Jaleyrac.
Lignerac	La paroisse de Pleaux, la ville en partie, les paroisses de Saint-Santin-Cantalès et de Sainte-Eulalie en partie.
Marmanhac	La paroisse en partie.
Mauriac (Doyen de)	Les paroisses de Mauriac, Arches et Jaleyrac, celles de Chalvignac, Sourniac et le Vigean en partie.

JUSTICES LOCALES.	PAROISSES ET LIEUX QUI EN DÉPENDENT.
Maurines	La paroisse en partie.
Maurs	Les paroisses de Maurs, Saint-Antoine et Saint-Étienne, quelques villages dans Alleuze, Andelat, Cezens, Marcolès, Neuvéglise, Paulhac, Roffiac, Saint-Mamet, Tanavelle et Ussel.
Méallet	La paroisse de Fournoulès.
Miremont	Les paroisses de Chalvignac et de Jaleyrac en partie, trois villages dans Mauriac et dans Sourniac, sept au Vigean.
Montal	La paroisse de Laroquebrou, celles d'Arnac, Ayrens, Pers, Roufiac, Saint-Gerons, Saint-Victor, Saint-Santin-Cantalès, Siran et Ytrac en partie.
Montlogis	La seigneurie dans Ladinhac.
Montmurat	La paroisse.
Montsalvy (Le prévôt de)	La paroisse, partie de celles de Junhac, Ladinhac, la Capelle-del-Fraisse, la Capelle-en-Vézie, cinq villages dans Marcolès, quatre dans Teissières-les-Bouliès, un dans Leucamp.
Montvert	La paroisse.
Mourjou	La paroisse.
Naucaze	La paroisse de Saint-Julien-de-Toursac en partie.
Neyrestang	La seigneurie dans Jussac.
Nieudan	La paroisse.
Nozières	La paroisse de Jussac, celles de Marmanhac, Saint-Cernin, Saint-Martin-de-Valois en partie.
Penières	La paroisse de Cros-de-Montvert.
Pestels	La paroisse de Polminhac, celle de Vézac en partie.
Peyre (La)	La paroisse de Saint-Julien-de-Jordanne, Lascelle en partie.
Pleaux	La ville et la paroisse en partie.
Quézac	La paroisse.
Reilhac	La paroisse en partie.
Rignac	La seigneurie dans Riom-ès-Montagnes.
Roannes	Les paroisses de Roannes et de Saint-Mary.
Roumégoux	La paroisse.
Rouziers	La paroisse en partie.
Saint-Christophe	La paroisse en partie.
Saint-Cirgues-de-Jordanne	La paroisse.
Saint-Constant	La paroisse.
Saint-Étienne-Cantalès	La paroisse.
Saint-Étienne-de-Chaumeil	La paroisse en partie.
Saint-Illide	La paroisse en partie.
Saint-Mamet	La paroisse.
Saint-Santin-de-Maurs	La paroisse.

JUSTICES LOCALES.	PAROISSES ET LIEUX QUI EN DÉPENDENT.
Saint-Victor	La paroisse.
Sales	La paroisse de Vézac en partie.
Salle (La)	La paroisse de Ladinhac en grande partie.
Salvetat (La)	La paroisse.
Sansac-de-Marmiesse	La paroisse.
Sansac-Veinazès	La paroisse en partie.
Sartiges	La seigneurie dans Sourniac.
Ségalassière (La)	La paroisse.
Trioulou (Le)	La paroisse.
Ventalhac	La seigneurie dans Sourniac.
Viescamp	La paroisse de la Capelle-Viescamp.
Vitrac	La paroisse.
Yolet	La paroisse en grande partie.
Ytrac	La paroisse.

4° BAILLIAGE DE SAINT-FLOUR.

JUSTICES LOCALES.	PAROISSES ET LIEUX QUI EN DÉPENDENT.
Alleuze	La paroisse moins les villages de Chabriol, Noux et Salès.
Anterrieux	La paroisse en partie.
Buisson (Le)	La seigneurie dans Alleuze.
Celles	Six villages dans la paroisse.
Chambon (Le)	Les paroisses de Cezens et de Paulhac en partie.
Chapitre de Saint-Flour	Le village du Meynial dans Paulhac, celui de Peyrelade dans Neuvéglise.
Cheylade	La paroisse en partie.
Coltines	La paroisse en partie.
Coren	La paroisse, celles de Talizat et Tiviers en partie.
Courtines	La seigneurie dans les Ternes et Valuéjols.
Faverolles	La paroisse en partie.
Fressanges	La seigneurie dans Neuvéglise.
Gourdièges	La paroisse.
Loudières	La seigneurie dans Faverolles.
Pierrefort	La paroisse.
Recoux	Les paroisses de Faverolles, Saint-Just, Saint-Marc en partie.
Roffiac	La paroisse en grande partie.
Sailhans (Le)	La paroisse d'Andelat, moins le lieu paroissial, celles de Talizat, et Ussel en partie, deux villages dans Valuéjols.
Sériers	La paroisse en partie.

JUSTICES LOCALES.	PAROISSES ET LIEUX QUI EN DÉPENDENT.
Tanavelle	La paroisse, moins le lieu paroissial et les villages de Latga-Soutro et de la Rode; dans Roffiac, les villages de Mons, Rivet et le Saillans.
Ternes (Les)	La paroisse en partie.
Villedieu	La paroisse.
Voûte (La)	La paroisse des Ternes en partie.

5° BAILLIAGE DE VIC-EN-CARLADÈS.

JUSTICES ROYALES.	PAROISSES ET LIEUX QUI EN DÉPENDENT.
Boisset	La paroisse, moins le château et le moulin de Conquans.
Châteauneuf	Les paroisses d'Anglards et de Mallet en partie.
Murat	Les paroisses de Murat, la Chapelle-d'Alagnon, Chastel-sur-Murat; celle de Virargues en petite partie, Albepierre et les Bros dans Bredon.
Thiézac	Les paroisses de Thiézac et de Saint-Jacques-des-Blats.
Turlande	Les paroisses de Paulhenc et Védrines-Saint-Loup.
Vic-en-Carladès	La paroisse.
Vigouroux	Les paroisses de la Capelle-Barrez, Malbo, Narnhac et Saint-Martin-sous-Vigouroux.

JUSTICES LOCALES.	PAROISSES ET LIEUX QUI EN DÉPENDENT.
Alleuze	Les villages de Chabriol, Noux et Salès, dans la paroisse.
Anglards	La châtellenie dans Anglards (de Saint-Flour).
Besserette (La)	La paroisse en partie.
Boisset	La paroisse, moins le château et le moulin de Conquans.
Bredon	La paroisse de Virargues en faible partie.
Carlat	La paroisse de Carlat et quelques châteaux et villages dans les paroisses voisines.
Carlat (Commanderie)	La paroisse de Carlat en petite partie, les membres de la commanderie dans Jaleyrac, Saint-Chamant, Saint-Cirgues-de-Malbert, Saint-Mamet, Saint-Remy (de Salers), Saint-Simon, le Trioulou et le Vigean.
Carrière (La)	La seigneurie dans le Trioulou.
Caylus	La paroisse de Roussy.
Chalinargues	La paroisse en partie.
Châteauneuf	La paroisse de Lavastrie en partie.
Châteauneuf	La paroisse de Saint-Étienne-de-Chaumeil en partie.

JUSTICES LOCALES.	PAROISSES ET LIEUX QUI EN DÉPENDENT.
Chaylar (Le)................	La seigneurie dans Chalinargues.
Combrelles.................	La seigneurie dans Bredon.
Confolent..................	La seigneurie dans Saint-Clément.
Conros.....................	La paroisse d'Arpajon, celles de Prunet, Roannes, Vézac et Vic-en-Carladès en partie.
Cromières.................	La seigneurie dans Raulhac.
Cropières..................	Les paroisses de Badailhac, Jou-sous-Montjou, Pailhérols et Raulhac en partie.
Cros-de-Montamat...........	La paroisse.
Cros-de-Montvert............	La seigneurie dans la paroisse.
Curières...................	La seigneurie dans Cheylade.
Dienne.....................	La paroisse, moins quelques villages.
Farges.....................	La seigneurie dans Virargues.
Fonnostre..................	La seigneurie dans Chavagnac.
Jou-sous-Montjou............	La paroisse en partie.
Junhac.....................	La paroisse en partie.
Mallet.....................	La paroisse de Méallet et celle de Sarrus en partie.
Marmiesse	La paroisse de Sansac-de-Marmiesse.
Messilhac..................	La seigneurie dans Raulhac.
Montamat..................	La paroisse.
Montbrun..................	La seigneurie dans Méallet.
Mourèze...................	La seigneurie dans Saint-Clément.
Muret.....................	La seigneurie dans Thiézac.
Paulhac	La paroisse en partie.
Penières...................	La seigneurie dans Cros-de-Montvert.
Peschaud (La)	Les paroisses de Chalinargues, Chavagnac et Virargues en partie.
Polminhac	La paroisse en partie.
Puechmourier...............	La seigneurie dans Saint-Clément.
Roque (La).................	La seigneurie dans Saint-Clément.
Roquevieille (La)............	La seigneurie dans Saint-Clément.
Roussière (La).............	La seigneurie dans Saint-Clément.
Saint-Clément...............	La paroisse en partie.
Saint-Étienne-de-Capels.......	La paroisse en partie.
Sansac-Veinazès............	La paroisse en partie.
Teissières-de-Cornet.........	La paroisse en partie.
Teissières-les-Bouliès........	La paroisse en partie.
Thiézac....................	Les paroisses de Thiézac et de Saint-Jacques-des-Blats.

6° BAILLIAGE DE MONTPENSIER,
À AIGUEPERSE.

JUSTICES LOCALES.	PAROISSES ET LIEUX QUI EN DÉPENDENT.
Challet................	La seigneurie dans Massiac.
Massiac................	La ville de Massiac et la paroisse en partie, deux villages dans Bonnac.
Vernières..............	Quatre maisons dans Massiac, deux villages dans la Chapelle-Laurent.
Vernols................	L'église paroissiale.
Vieillespesse..........	La paroisse en partie.

Les lieux qui dépendaient des justices royales ou locales dont nous venons de donner la nomenclature étaient régis soit par le droit écrit, soit par le droit coutumier purement et simplement, ou bien encore moitié ou partie par le droit écrit et par la coutume.

XI. GRENIERS À SEL.

Il a existé deux greniers à sel, l'un à Saint-Flour, pour les sels du Languedoc, l'autre à Murat, pour ceux de la Guyenne et du Poitou. La rivière d'Alagnon et deux de ses affluents, ainsi que la Jordanne, formaient les limites de ces deux sels.

Philippe de Valois établit, en 1344, le premier impôt connu sur le sel, mais le roi Charles VI, par lettres patentes du 3 mars 1383, affranchit l'Auvergne de cet impôt.

Il fut ensuite rétabli d'après son ancienne assiette. Par suite des réclamations des habitants de la Haute-Auvergne, Charles VII consentit à un accord et, par une ordonnance de 1453, il commua la gabelle de sel en un équivalent fixé à 200 livres et ordonna que les rivières d'Alagnon et de Jordanne serviraient de bornes pour séparer les fermes du sel du Languedoc et celles du sel de Brouage ou du Poitou.

Des exemptions furent cependant accordées à vingt paroisses qui étaient rédimées : Allanche, Bredon, Chalinargues, la Chapelle-Laurent, Chastel-sur-Murat, Chavagnac, Cheylade, Dienne, Landeyrat, Lugarde, Marchastel, Moissac, Murat, Saint-Amandin, Sainte-Anastasie, Saint-Bonnet, Saint-Saturnin, Ségur, Vernols et Virargues. Les limites de ces paroisses ayant été contestées, Louis XIV, par l'article 16 de l'ordonnance des gabelles de 1680, confirma les exemptions accordées, et le Conseil d'État, par arrêt du 26 février 1697, maintint le pays rédimé dans ses privilèges.

Cantal.

INTRODUCTION.

Le 21 avril 1705, le roi dut rendre une nouvelle ordonnance, et le 10 juin 1723 de nouvelles lettres patentes concernant la police du commerce du sel furent encore données.

Par suite de la division en pays gabellé ou rédimé, les treize paroisses suivantes de la prévôté de Brioude : Auriac, Blesle, Chanet, Charmensac, Joursac, Laurie, Leyvaux, Molèdes, Molompize, Peyrusse, Saint-Étienne, Saint-Victor et Vèze se trouvèrent rédimées, et celles de la prévôté d'Aurillac, au nombre de vingt-trois, furent comprises dans le pays gabellé : Arpajon, Badailhac, Carlat, Cros, Giou-de-Mamou, Jou-sous-Montjou, Lascelle, Leucamp, Mandailles, Pailhérols, Polminhac, Prunet, Raulhac, Ronesque, Roussy, Saint-Cirgues, Saint-Clément, Saint-Étienne, Saint-Simon, Thiézac, Vézac, Vic-en-Carladès et Yolet.

Un arrêt du 4 septembre 1620 autorisa les treize paroisses de la prévôté de Brioude à user et à se servir indifféremment du sel de Guyenne ou du Poitou.

Précédemment, les habitants de la prévôté de Saint-Flour et ceux des seigneuries d'Apchon, Aubijoux, du Luguet, Mercœur, Montcelles et Charbonnières avaient obtenu la même autorisation de se servir, à leur choix, du sel du Languedoc ou du Brouage.

Cet état de choses s'est maintenu, sauf de légères modifications, jusqu'en 1789.

XII. ÉLECTIONS ET SUBDÉLÉGATIONS.

Dans l'origine, lorsque les États ou les provinces votaient des subsides, ils chargeaient des personnes choisies par eux et nommées élus, de veiller à l'établissement de l'impôt. Charles VII organisa d'une manière stable les sièges des élus et leur juridiction. Sous son règne la ville de Saint-Flour fut choisie pour siège de l'élection de la Haute-Auvergne. Comme son ressort était très étendu, les élus avaient des lieutenants à Aurillac, Mauriac et Salers.

Par édit du mois de décembre 1629, il fut établi deux nouveaux sièges d'élection, l'un à Aurillac, l'autre à Salers. Ce dernier fut supprimé le 3 avril 1630 et rétabli en 1639. Il fut de nouveau supprimé en 1664 et l'édit qui ordonnait cette suppression créait une élection particulière à Mauriac.

Les élus ne jugeaient qu'en premier ressort, et les appels étaient portés devant la Cour des Aides, à Clermont.

Les élections et les subdélégations qui s'étendaient sur la Haute-Auvergne ont été ainsi réparties jusqu'en 1789.

ÉLECTIONS.

L'élection d'Aurillac s'étendait sur...............................	102 collectes.
L'élection de Mauriac..	60
L'élection de Saint-Flour..	105

SUBDÉLÉGATIONS.

La subdélégation d'Aurillac s'étendait sur.......................	102 collectes.
La subdélégation de Mauriac.....................................	59
La subdélégation de Saint-Flour.................................	102
La subdélégation de Murat, sur la paroisse seulement........	1
La subdélégation de Chaudesaigues, sur la paroisse et la Foraine........	2

La paroisse de Sélins, quoique renfermée dans l'élection de Mauriac, faisait partie de l'élection de Saint-Flour.

XIII. ASSEMBLÉES PROVINCIALES.

Par un édit du mois de juin 1787, le roi Louis XVI ordonna la création d'assemblées provinciales pour toutes les provinces de France.

L'Administration de la province d'Auvergne fut alors divisée en trois sortes d'assemblées : une provinciale, une d'élection et une municipale.

L'Assemblée provinciale devait se réunir à Clermont; celle d'élection à son chef-lieu, et enfin les assemblées municipales dans les villes et paroisses qu'elles représentaient.

La Haute-Auvergne fut divisée en trois élections : Aurillac, Mauriac et Saint-Flour, qui se subdivisèrent en arrondissements. Les élections d'Aurillac et de Mauriac comprirent quatre arrondissements, et celle de Saint-Flour, cinq.

ÉLECTION D'AURILLAC.

Aurillac, Laroquebrou, Maurs et Vic.

ÉLECTION DE MAURIAC.

Mauriac, Menet, Pleaux et Salers.

ÉLECTION DE SAINT-FLOUR.

Saint-Flour, Chaudesaigues, Murat, Pierrefort et Ruines.

Par décret de l'Assemblée nationale des 9 janvier, 16 et 26 février 1790, la France fut divisée en quatre-vingt-trois départements. Le Cantal fut un des deux formés par la province d'Auvergne.

La Haute-Auvergne comprenait seulement l'étendue des trois premières prévôtés créées en 1319, ou bien celle des trois archiprêtrés anciens. On ajouta donc à cette étendue les paroisses suivantes, qui furent distraites de la Basse-Auvergne, pour composer le département du Cantal.

Auriac.	Condat.	Molèdes.
Beaulieu.	Fournols.	Molompize.
Bonnac.	Lanobre.	Montgreleix.
Celoux.	Laurie.	Pradiers.
Champs.	Leyvaux.	Rageade.
Chanet.	Marcenat.	Saint-Mary-le-Plain.
Chapelle-Laurent (La).	Marchal.	Trémouille-Marchal.
Charmensac.	Massiac.	

Le département du Cantal fut alors constitué dans ses limites actuelles et partagé en quatre districts déterminés par le nombre des citoyens électeurs :

Aurillac........	13,900 électeurs.	Murat............	6,500 électeurs.
Mauriac.........	8,600	Saint-Flour........	11,800

Ce qui donne pour la totalité des électeurs à cette époque, le nombre de 39,800.

Chacun de ces quatre districts fut ensuite subdivisé en cantons, et chaque canton en collectes, qui prirent le nom de *municipalités*.

Nous donnons le tableau de la réorganisation faite en 1792, car il n'y eut que des modifications peu importantes apportées dans l'organisation du département établie conformément à la loi du 4 mars 1790.

XIV. RÉORGANISATION DU DÉPARTEMENT EN 1792.

DISTRICT D'AURILLAC.

1° CANTON D'AURILLAC. — 23 municipalités.

Aurillac, Arpajon, Crandelles, Giou-de-Mamou, Jussac, Laroquevieille, Lascelle, Mandailles, Marmanhac, Naucelles, Prunet, Reilhac, Roannes, Saint-Cirgues-de-Jordanne, Saint-Mamet, Saint-Mary, Saint-Paul des-Landes, Saint-Simon, Sansac-de-Marmiesse, Teissières-de-Cornet, Vézac, Yolet et Ytrac.

INTRODUCTION.

2° Canton de Laroquebrou. — 18 municipalités.

Arnac, Ayrens, Capelle-Viescamp (La), Cros-de-Montvert, Espinadel, Glénat, Laroquebrou, Montvert, Nieudan, Omps, Pers, Rouffiac, Roumégoux, Saint-Étienne-Cantalès, Saint-Saury, Saint-Victor, Ségalassière (La) et Siran.

3° Canton de Maurs. — 17 municipalités.

Boisset, Cayrols, Fournoulès (Le), Leynhac, Maurs, Montmurat, Mourjou, Parlan, Quézac, Rouziers, Saint-Constant, Saint-Étienne-de-Maurs, Saint-Julien-de-Toursac, Saint-Santin-de-Maurs, Salvetat (La), Trioulou (Le) et Vitrac.

4° Canton de Montsalvy. — 14 municipalités.

Besserette (La), Calvinet, Capelle-del-Fraisse (La), Capelle-en-Vézie (La), Cassaniouze, Junhac, Ladinhac, Leucamp, Marcolès, Montsalvy, Sansac-Veinazès, Sénezergues, Teissières-les-Bouliès et Vieillevie.

5° Canton de Saint-Cernin. — 5 municipalités.

Girgols, Saint-Cernin, Saint-Cirgues-de-Malbert, Saint-Martin-de-Valois et Tournemire.

6° Canton de Vic. — 15 municipalités.

Badailhac, Carlat, Cros-de-Montamat, Jou-sous-Montjou, Labrousse, Pailhérols, Polminhac, Raulhac, Ronesque, Roussy, Saint-Clément, Saint-Étienne-de-Capels, Saint-Jacques-des-Blats, Thiézac et Vic.

DISTRICT DE MAURIAC.

1° Canton de Champs. — 6 municipalités.

Beaulieu, Champs, Lanobre, Marchal, Trémouille-Marchal et Saint-Thomas.

2° Canton de Mauriac. — 11 municipalités.

Arches, Auzers, Chalvignac, Drugeac, Jaleyrac, Mauriac, Méallet, Moussages, Salins, Sourniac et Vigean (Le).

3° Canton de Pleaux. — 12 municipalités.

Ally, Barriac, Bragéac, Chaussenac, Drignac, Escorailles, Loupiac, Pleaux, Saint-Christophe, Sainte-Eulalie, Saint-Martin-Cantalès et Tourniac.

4° Canton de Riom-ès-Montagnes. — 12 municipalités.

Albanies, Apchon, Arbres (Les), Châteauneuf, Colandres, Gane (La), Menet, Riom-ès-Montagnes, Saint-Étienne, Saint-Hippolyte, Selins et Trizac.

5° CANTON DE SAIGNES. — 13 municipalités.

Bassignac, Champagnac, Chastel-Marlhac, Madic, Muradès (Le), Saignes, Salsignac, Sauvat, Prodelles, Vebret, Veyrières, Vigean (Le) et Ydes.

6° CANTON DE SALERS. — 11 municipalités.

Anglards, Falgoux (Le), Fontanges, Saint-Bonnet, Saint-Chamant, Saint-Paul, Saint-Projet, Saint-Remy, Saint-Martin-Valmeroux, Saint-Vincent et Salers.

DISTRICT DE MURAT.

1° CANTON D'ALLANCHE. — 13 municipalités.

Allanche, Anzat, Chanet, Charmensac, Joursac, Landeyrat, Peyrusse, Pradiers, Sainte-Anastasie, Saint-Saturnin, Vernols et Vèze.

2° CANTON DE CONDAT. — 7 municipalités.

Condat, Lugarde, Marcenat, Marchastel, Montgreleix, Saint-Amandin et Saint-Bonnet.

3° CANTON DE MURAT. — 12 municipalités.

Bredon, Celles, Chalinargues, Chavagnac, Chapelle-d'Alagnon (La), Chastel-sur-Murat, Cheylade, Dienne, Laveissenet, Murat et Virargues.

DISTRICT DE SAINT-FLOUR.

1° CANTON DE CHAUDESAIGUES. — 14 municipalités.

Anterrieux, Chaniès, Chaudesaigues, Deux-Verges (Les), Espinasse, Jabrun, Lieutadès (Le), Magnac, Mallet, Maurines, Saint-Martial, Saint-Remy, Saint-Urcize et Trinitat (La).

2° CANTON DE MASSIAC. — 16 municipalités.

Auriac, Bonnac, Chapelle-Laurent (La), Foraine de Massiac (La), Laurie, Leyvaux, Lussaud, Massiac, Molèdes, Molompize, Saint-Étienne-sur-Massiac, Saint-Mary-le-Cros, Saint-Mary-le-Plain, Saint-Poncy, Saint-Victor et Valjouze.

3° CANTON DE PIERREFORT. — 12 municipalités.

Brezons, Capelle-Barrès (La), Cezens, Foraine de Pierrefort (La), Gourdièges, Malbo, Narnhac, Oradour, Paulhenc, Pierrefort, Sainte-Marie et Saint-Martin.

INTRODUCTION.

4° CANTON DE RUINES. — 16 municipalités.

Anglards, Bournoncles, Celoux, Chaliers, Clavières, Faverolles, Foraine de Ruines (La), Lorcières, Morle (Le), Rageade, Ruines, Saint-Just, Saint-Marc, Soulages, Vabres et Védrines-Saint-Loup.

5° CANTON DE SAINT-FLOUR. — 16 municipalités.

Alleuze, Andelat, Coren, Foraine de Saint-Flour (La), Fournols, Lastic, Mentières, Montchamp, Roffiac, Saint-Flour, Talizat, Ternes (Les), Tiviers, Vieillespesse et Villedieu.

6° CANTON DE TANAVELLE. — 10 municipalités.

Coltines, Cussac, Lavastrie, Neuvéglise, Paulhac, Sériers, Saint-Maurice, Tanavelle, Ussel et Valuéjols.

On apporta par la suite quelques modifications à cette réorganisation de 1792 : le canton de Condat fut transporté à Marcenat, celui de Tanavelle fut supprimé ainsi que plusieurs municipalités. Tous ces changements ont été indiqués dans le Dictionnaire.

La loi du 28 pluviôse an VIII créa les quatre arrondissements actuels.

XV. ÉTAT ECCLÉSIASTIQUE AVANT 1789.

La Haute-Auvergne, comme nous l'avons dit au § XIII, se composait seulement des archiprêtrés de Saint-Flour, Aurillac et Mauriac, et encore ce dernier dépendait-il en partie de la Basse-Auvergne.

Ces archiprêtrés étaient évidemment bien antérieurs au XIIe siècle et leurs circonscriptions avaient été, sans doute, établies d'après d'anciennes divisions territoriales sur lesquelles nous n'avons point de renseignements.

Lorsque le prieuré de Saint-Flour fut érigé en évêché en 1317 par le pape Jean XXII, 295 paroisses environ furent distraites du diocèse de Clermont et réunies à ce nouvel évêché, qui fut divisé en cinq archiprêtrés : Saint-Flour, Aurillac, Blesle, Brioude et Langeac.

Le nouvel évêché, suivant la bulle d'érection, devait être en tout conforme aux mœurs, aux statuts et à la manière d'officier qu'avait celui de Clermont, qui conserva toutefois sa priorité de privilèges. L'évêque de Clermont était le premier doyen de la première Aquitaine, celui de Saint-Flour le second doyen.

Ce diocèse relevait de l'archevêché de Bourges sa métropole.

XVI. DIVISIONS ECCLÉSIASTIQUES DEPUIS LE CONCORDAT.

Le diocèse de Saint-Flour comprend le département du Cantal seulement. Le siège de l'évêché est à Saint-Flour; il est suffragant de l'archevêché de Bourges.

Il renferme 24 cures et 288 succursales.

ARCHIPRÊTRÉ DE SAINT-FLOUR.

Premier doyenné de Saint-Flour. — 16 paroisses.

Église de Saint-Vincent de Saint-Flour, Alleuze, Bélinay, Cussac, Fressanges, Lavastrie, Lescure, Neuvéglise, Paulhac, Sériers, Tagenac, Tanavelle, Ternes (Les), Ussel, Valuéjols et Villedieu.

Deuxième doyenné de Saint-Flour. — 15 paroisses.

Église de Sainte-Christine à Saint-Flour, Andelat, Anglards-de-Saint-Flour, Coltines, Coren, Mentières, Montchamp, Rezentières, Roffiac, Saint-Georges, Talizat, Tiviers, Vabres et Vieillespesse.

Doyenné de Chaudesaigues. — 13 paroisses.

Chaudesaigues, Anterrieux, Deux-Verges (Les), Espinasse, Fridefont, Jabrun, Lieutadès (Le), Maurines, Requistat, Saint-Martial, Saint-Remy-de-Chaudesaigues, Saint-Urcize et Trinitat (La).

Doyenné de Massiac. — 17 paroisses.

Massiac, Auriac, Bonnac, Chapelle-Laurent (La), Chazeloux, Ferrières-Saint-Mary, Laurie, Leyvaud, Lusclade, Lussaud, Molèdes, Molompize, Saint-Mary-le-Cros, Saint-Poncy, Saint-Victor-sur-Massiac et Valjouze.

Doyenné de Pierrefort. — 14 paroisses.

Pierrefort, Bourguet (Le), Brezons, Capelle-Barrez (La), Cezens, Gourdièges, Malbo, Narnhac, Oradour, Paulhenc, Rueyre (La), Sainte-Marie, Saint-Martin et Vigouroux.

Doyenné de Ruines. — 16 paroisses.

Ruines, Besseire (La), Bournoncles, Geloux, Chaliers, Chazelles, Clavières, Faverolles, Lorcières, Loubaresse, Montchanson, Rageade, Saint-Just, Saint-Marc, Soulages et Védrines-Saint-Loup.

ARCHIPRÊTRÉ D'AURILLAC.

Premier doyenné d'Aurillac. — 13 paroisses.

Église de Saint-Geraud d'Aurillac, Boussac, Gion-de-Mamou, Laroquevieille, Lascelle, Man-

INTRODUCTION.

dailles, Marmanhac, Saint-Cirgues-de-Jordanne, Saint-Jean-de-Donnes, Saint-Julien-de-Jordanne, Saint-Simon, Velzic et Yolet.

Deuxième doyenné d'Aurillac. — 15 paroisses.

Église de Notre-Dame-des-Neiges, Arpajon, Bex (Le), Crandelles, Jussac, Labrousse, Naucelles, Prunet, Reilhac, Saint-Paul-des-Landes, Sansac, Senilles, Teissières-de-Cornet, Vézac et Ytrac.

Doyenné de Laroquebrou. — 16 paroisses.

Laroquebrou, Alex, Arnac, Ayrens, Balbarie (La), Capelle-Viescamp (La), Cros-de-Montvert, Glénat, Montvert, Nieudan, Rouffiac, Saint-Étienne-Cantalès, Saint-Gerons, Saint-Santin-Cantalès, Saint-Victor et Siran.

Doyenné de Maurs. — 14 paroisses.

Maurs, Boisset, Fournoulès (Le), Leynhac, Montmurat, Mourjou, Quézac, Rouziers, Saint-Antoine, Saint-Constant, Saint-Étienne-de-Maurs, Saint-Julien-de-Toursac, Saint-Santin-de-Maurs et Trioulou (Le).

Doyenné de Montsalvy. — 19 paroisses.

Montsalvy, Aubespeyres, Besserette (La), Calvinet, Capelle-en-Vézie (La), Capelle-del-Fraise (La), Cassaniouze, Chourlie (La), Junhac, Ladinhac, Leucamp, Peyrugue (La), Prat (Le), Roussy, Saint-Projet, Sansac-Veinazès, Sénezergues, Teissières-les-Bouliès et Vieillevie.

Doyenné de Saint-Cernin. — 10 paroisses.

Saint-Cernin, Besse, Bountat (La), Freix-Anglards, Girgols, Hôpital (L'), Rieu (Le), Saint-Cirgues-de-Malbert, Saint-Illide et Tournemire.

Doyenné de Saint-Mamet. — 13 paroisses.

Saint-Mamet, Cayrols, Marcolès, Omps, Parlan, Pers, Roumégoux, Roannes, Saint-Mary, Saint-Saury, Salvetat (La), Ségalassière (La) et Vitrac.

Doyenné de Vic-sur-Cère. — 15 paroisses.

Vic-sur-Cère, Badailhac, Barriac, Carlat, Cros-de-Montamat, Jou-sous-Montjou, Pailhérols, Polminhac, Raulhac, Ronesque, Saint-Clément, Saint-Étienne-de-Carlat, Saint-Jacques-des-Blats, Salilhes et Thiézac.

ARCHIPRETRÉ DE MAURIAC.

Doyenné de Mauriac. — 12 paroisses.

Mauriac, Arches, Auzers, Chalvignac, Chambres, Drugeac, Jaleyrac, Méallet, Moussages, Salins, Sourniac et Vigean (Le).

Cantal.

Doyenné de Champs. — 5 paroisses.

Champs, Beaulieu, Lanobre, Marchal et Trémouille-Marchal.

Doyenné de Pleaux. — 13 paroisses.

Pleaux, Ally, Barriac, Brageac, Chaussenac, Drignac, Enchanet, Escorailles, Loupiac, Saint-Christophe, Sainte-Eulalie, Saint-Martin-Cantalès et Tourniac.

Doyenné de Riom-ès-Montagnes. — 9 paroisses.

Riom, Apchon, Chassagne (La), Colandres, Menet, Saint-Étienne-de-Riom, Saint-Hippolyte, Trizac et Valette.

Doyenné de Saignes. — 12 paroisses.

Saignes, Antignac, Bassignac, Champagnac, Chastel-Marlhac, Madic, Monselie (La), Saint-Pierre-du-Peil, Sauvat, Vebret, Veyrières et Ydes.

Doyenné de Salers. — 14 paroisses.

Salers, Anglards-de-Salers, Espinassolles, Falgoux (Le), Fau (Le), Fontanges, Saint-Bonnet-de-Salers, Saint-Chamant, Saint-Martin-Valmeroux, Saint-Paul-de-Salers, Saint-Projet-de-Salers, Saint-Remy-de-Salers, Saint-Vincent et Vaulmier (Le).

ARCHIPRÊTRÉ DE MURAT.

Doyenné de Murat. — 19 paroisses.

Murat, Albepierre, Bredon, Celles, Chalinargues, Chapelle-d'Alagnon (La), Chastel-sur-Murat, Chavagnac, Cheylade, Claux (Le), Dienne, Fortuniès, Laveissenet, Laveissière, Lavigerie, Moissac, Mouret, Neussargues et Virargues.

Doyenné d'Allanche. — 14 paroisses.

Allanche, Charmensac, Feydit (Le), Joursac, Landeyrat, Marchastel, Peyrusse, Pradiers, Recoules, Sainte-Anastasie, Saint-Saturnin, Ségur, Vernols et Vèze.

Doyenné de Condat. — 1 paroisse.

Condat.

Doyenné de Marcenat. — 7 paroisses.

Marcenat, Chanterelle, Lugarde, Montboudif, Montgreleix, Saint-Amandin et Saint-Bonnet-de-Marcenat.

XVII. ÉTAT INDIQUANT PAR NATURE DE TERRAIN
LA SUPERFICIE DU DÉPARTEMENT DU CANTAL.

Terres labourables	173,126 hectares.
Prés et montagnes à vacheries	227,816
Vignes	353
Bois	67,907
Châtaigneraies	13,030
Vergers, jardins	2,663
Mares	35
Étangs et lacs	219
Landes, bruyères, terres vaines	76,679
Chènevières	305
Propriétés bâties	1,504
Propriétés non imposables	14,132
Superficie totale du département	577,769

XVIII. TABLEAU DE LA DIVISION ACTUELLE
DU DÉPARTEMENT DU CANTAL.

DÉNOMBREMENT DE L'ANNÉE 1886.

ARRONDISSEMENT D'AURILLAC.

(Superficie : 194,232 myriares; 8 cantons, 95 communes, 92,722 habitants.)

CANTON NORD D'AURILLAC.
(11 communes, 13,306 habitants.)

Aurillac (nord), Giou-de-Mamou, Laroquevieille, Lascelle, Mandailles, Marmanhac, Saint-Cirgues-de-Jordanne, Saint-Julien-de-Jordanne, Saint-Simon, Velzic et Yolet.

CANTON SUD D'AURILLAC.
(13 communes, 19,934 habitants.)

Aurillac (sud), Arpajon, Crandelles, Jussac, Labrousse, Naucelles, Prunet, Reilhac, Sansac-de-Marmiesse, Saint-Paul-des-Landes, Teissières-de-Cornet, Vézac et Ytrac.

CANTON DE LAROQUEBROU.

(14 communes, 10,824 habitants.)

Arnac, Ayrens, Capelle-Viescamp (La), Cros-de-Montvert, Glénat, Laroquebrou, Montvert, Nieudan, Rouffiac, Saint-Étienne-Cantalès, Saint-Gerons, Saint-Santin-Cantalès, Saint-Victor et Siran.

CANTON DE MAURS.

(14 communes, 12,371 habitants.)

Boisset, Fournoulès, Leynhac, Maurs, Montmurat, Mourjou, Quézac, Rouziers, Saint-Antoine, Saint-Constant, Saint-Étienne-de-Maurs, Saint-Julien-de-Toursac, Saint-Santin-de-Maurs et Trioulou (Le).

CANTON DE MONTSALVY.

(15 communes, 10,047 habitants.)

Calvinet, Capelle-del-Fraisse (La), Capelle-en-Vézie (La), Cassaniouze, Junhac, Labesserette, Ladinhac, Leucamp, Montsalvy, Peyrugue (La), Roussy, Sansac-Veinazès, Sénezergues, Teissières-les-Bouliès et Vieillevie.

CANTON DE SAINT-CERNIN.

(6 communes, 6,724 habitants.)

Freix-Anglards, Girgols, Saint-Cernin, Saint-Cirgues-de-Malbert, Saint-Illide et Tournemire.

CANTON DE SAINT-MAMET-LA-SALVETAT.

(11 communes, 8,941 habitants.)

Cayrols, Marcolès, Omps, Parlan, Pers, Roannes-Saint-Mary, Roumégoux, Saint-Mamet-la-Salvetat, Saint-Saury, Ségalassière (La), Vitrac.

CANTON DE VIC-SUR-CÈRE.

(12 communes, 10,575 habitants.)

Badailhac, Carlat, Cros-de-Ronesque, Jou-sous-Montjou, Pailhérols, Polminhac, Raulhac, Saint-Clément, Saint-Étienne-de-Carlat, Saint-Jacques-des-Blats, Thiézac et Vic-sur-Cère.

ARRONDISSEMENT DE MAURIAC.

(Superficie : 128,121 myriares; 6 cantons, 61 communes, 61,137 habitants.)

CANTON DE CHAMPS.

(5 communes, 5,120 habitants.)

Beaulieu, Champs, Lanobre, Marchal et Trémouille.

INTRODUCTION.

CANTON DE MAURIAC.
(11 communes, 12,958 habitants.)

Arches, Auzers, Chalvignac, Drugeac, Jaleyrac, Mauriac, Méallet, Moussages, Salins, Sourniac et Vigean (Le).

CANTON DE PLEAUX.
(12 communes, 10,779 habitants.)

Ally, Barriac, Brageac, Chaussenac, Drignac, Escorailles, Loupiac, Pleaux, Saint-Christophe, Sainte-Eulalie, Saint-Martin-Cantalès et Tourniac.

CANTON DE RIOM-ÈS-MONTAGNES.
(8 communes, 10,613 habitants.)

Apchon, Colandres, Menet, Riom-ès-Montagnes, Saint-Étienne-de-Riom, Saint-Hippolyte, Trizac et Valette.

CANTON DE SAIGNES.
(12 communes, 10,196 habitants.)

Antignac, Bassignac, Champagnac, Chastel-Marlhac, Madic, Monselie (La), Saignes, Saint-Pierre-du-Peil, Sauvat, Vebret, Veyrières et Ydes.

CANTON DE SALERS.
(13 communes, 11,471 habitants.)

Anglards-de-Salers, Falgoux (Le), Fau (Le), Fontanges, Saint-Bonnet-de-Salers, Saint-Chamant, Saint-Martin-Valmeroux, Saint-Paul-de-Salers, Saint-Projet, Saint-Remy-de-Salers, Saint-Vincent, Salers et Vaulmier (Le).

ARRONDISSEMENT DE MURAT.
(Superficie : 85,327 myriares; 3 cantons, 36 communes, 34,440 habitants.)

CANTON D'ALLANCHE.
(12 communes, 9,407 habitants.)

Allanche, Chanet, Charmensac, Joursac, Landeyrat, Peyrusse, Pradiers, Sainte-Anastasie, Saint-Saturnin, Ségur, Vernols et Vèze.

CANTON DE MARCENAT.
(9 communes, 11,009 habitants.)

Chanterelle, Condat, Lugarde, Marcenat, Marchastel, Montboudif, Montgreleix, Saint-Amandin et Saint-Bonnet-de-Marcenat.

CANTON DE MURAT.
(15 communes, 14,024 habitants.)

Bredon, Celles, Chalinargues, Chapelle-d'Alagnon (La), Chastel-sur-Murat, Chavagnac, Cheylade, Claux (Le), Dienne, Laveissenet, Laveissière, Lavigerie, Murat, Neussargues et Virargues.

ARRONDISSEMENT DE SAINT-FLOUR.

(Superficie : 166,353 myriares; 6 cantons, 75 communes, 53,443 habitants.)

CANTON DE CHAUDESAIGUES.

(12 communes, 6,855 habitants.)

Anterrieux, Chaudesaigues, Deux-Verges (Les), Espinasse, Jabrun, Lieutadès, Maurines, Saint-Martial, Saint-Remy-de-Chaudesaigues, Saint-Urcize, Sarrus et Trinitat (La).

CANTON DE MASSIAC.

(12 communes, 9,362 habitants.)

Auriac, Bonnac, Chapelle-Laurent (La), Ferrières-Saint-Mary, Laurie, Leyvaux, Massiac, Molèdes, Molompize, Saint-Mary-le-Plain, Saint-Poncy et Valjouze.

CANTON DE PIERREFORT.

(11 communes, 7,720 habitants.)

Brezons, Capelle-Barrez (La), Cezens, Gourdièges, Malbo, Narnhac, Oradour, Paulhenc, Pierrefort, Sainte-Marie et Saint-Martin-sous-Vigouroux.

CANTON DE RUINES.

(14 communes, 7,210 habitants.)

Bournoncles, Celoux, Chaliers, Chazelles, Clavières, Faverolles, Lorcières, Loubaresse, Rageade, Ruines, Saint-Just, Saint-Marc, Soulages et Védrines-Saint-Loup.

CANTON NORD DE SAINT-FLOUR.

(15 communes, 10,240 habitants.)

Andelat, Anglards-de-Saint-Flour, Coltines, Coren, Lastic, Mentières, Montchamp, Rezentières, Roffiac, Saint-Flour (nord), Saint-Georges, Talizat, Tiviers, Vabres et Vieillespesse.

CANTON SUD DE SAINT-FLOUR.

(12 communes, 12,056 habitants.)

Alleuze, Cussac, Lavastrie, Neuvéglise, Paulhac, Saint-Flour (sud), Sériers, Tanavelle, Ternes (Les), Ussel, Valuéjols et Villedieu.

LISTE ALPHABÉTIQUE

DES SOURCES

OÙ L'ON A PUISÉ LES RENSEIGNEMENTS CONTENUS DANS CE DICTIONNAIRE.

I. — Collections et fonds manuscrits.

Accord entre Amauri de Montal et les manans et habitants de la baronie de Laroquebrou, 1486. — Communication de M. Destanne de Bernis, d'Aurillac.

Alleret (Baronnie d'). Terrier de 1782 à 1784. — Arch. du Cantal. — Terrier de 1783; communication de M. le marquis de Saint-Poney.

Andrieu, notaire à Saint-Flour, minutes de 1594 à 1597. — Arch. du Cantal.

Anteroche (Seigneurie d'). Terriers réunis en un seul cahier de 1289, 1478 et XVIIe s. — Lièvé confinée du XVIIe s. — Arch. du Cantal.

Apchon (Marquisat d'). Terrier de 1512 à 1543 avec table de 1719. — Étude de Me Lescure, n^{re} à Salers.

Archives départementales du Cantal. — A la préfecture.

Archives municipales d'Aurillac. — A la mairie.

Archives municipales des communes de: Cassaniouze, Glénat, Jussac, Laroquebrou, Polminhac, Naucelles, Saint-Paul-des-Landes, Saint-Santin-de-Maurs, Thiézac, Trizac, Vic-sur-Cère. — Aux mairies.

Archives municipales de Saint-Flour. Pièces de 1249 à 1764. — A la mairie.

Artense (Lièvé du quartier d'). — Voir Condat et Artense.

Assises générales tenues à Brezons par la cour royale de Murat, 1636; — à Cézens, de 1623 à 1633. — Greffe du trib. civ. de Murat.

Aurillac (Consulat d'). Terrier de 1548 à 1553. — Communication de Me Delzons, avocat à Aurillac.

Aurillac (Église N.-D.). Terriers de 1579 et 1642. — Communication de Me Delzons, avocat à Aurillac.

Aurillac (Église N.-D.). Obituaire. Livre de 1408 à 1465. — Arch. mun. d'Aurillac.

Aurouse (Baronnie d'). Terrier de 1526. — Arch. du Cantal.

Auvergne (Duchesse d'). Terrier de 1504. — Arch. du Cantal.

Auxillac et Mons (Seigneuries). Terrier de 1457. — Arch. du Cantal.

Avenaux (Baronnie d'). Terriers des seign. d'Avenaux, Coussargues, Fournols et Andelat de 1610. — Arch. du Cantal.

Aveu au Roy par Jean de Pestels, du 15 janvier 1610. — Communication de M. Bonnefons, ancien président du trib. civ. d'Aurillac.

Aveu et dénombrement au Roi par G. de la Croix de Castries, comte de Charlus et de Saignes, 1783. — Arch. du chât. d'Auzers.

Bailliage d'Andelat (Registres des insinuations du), de 1665 à 1672. — Arch. du Cantal.

Bailliage de Saint-Flour (Registre des insinuations du), de 1596 à 1678. — Greffe du trib. civ. de Saint-Flour.

Bailliage de Salers (Registre des insinuations du), de 1655 à 1665. — Greffe du trib. civ. de Mauriac.

Barret (Seigneurie de), lièvé confinée de 1655. — Arch. du Cantal.

Beauclair (Baronnie de). Terrier de 1717. — Étude de Me Delpeut, avoué à Mauriac.

Bégoules (Seigneurie de). Terrier de 1690. — Communication de M. Berthuy, instituteur à Saint-Mary-le-Plain.

Blats (Chapellenie des). Acte de fondation de 1378. Vidimus de 1658. Terriers de 1573 et 1670. — Arch. du Cantal. Lièvé confinée de 1676. — Cabinet de M. Amé, architecte à Clermont-Ferrand.

Boissonnade, notaire à Montsalvy, minutes de 1564. — Étude de Me Martin, n^{re} à Montsalvy.

Bonnac (Prieuré de). Terrier de 1771. — Arch. du chât. de Bonnac.

Boygues, notaire à Montsalvy, minutes de 1548 à 1552. — Étude de Me Martin, n^{re} à Montsalvy.

Bredon (Prieuré de). Terriers du XVe s., 1527, 1575 et 1664. Lièvé de 1740. — Arch. du Cantal.

Bressanges (Seigneurie de). Terriers de 1542, 1591 et 1594. — Arch. du Cantal.

Bressolles (Seigneurie de). Terrier de la fin du XVIIe s. — Arch. du Cantal.

Brezons (Baronnie de). Terrier de 1670. — Arch. du Cantal.

INTRODUCTION.

Bros (Châtellenie des). Terrier de 1680. — Arch. du Cantal.

Broussette (Châtellenie de la). Terrier de 1773. — Communication de M. le baron Delzons.

Cadastre (Ancien) ou arpentements des biens-fonds des paroisses de : Arpajon, 1739 à 1745, à la mairie. — Boisset, 1745 à 1753, à la mairie. — Cassaniouze, 1740 à 1749, à la mairie. — Crandelles, 1741 à 1768, à la mairie. — Giou-de-Mamou, 1740 à 1749, à la mairie. — Glénat, 1750, à la mairie. — Junhac, 1749, à la mairie. — Ladinhac, 1750, à la mairie. — Maurs, 1742 à 1774, à la mairie. — Montsalvy, 1749, arch. dép. — Parlan, 1748, arch. dép. — Polminhac, 1750, à la mairie. — Roussy, 1750, arch. dép. — Saint-Cerniu, 1744 à 1768, à la mairie. — Saint-Constant, 1746 à 1762, à la mairie. — Saint-Mamet, 1739 à 1749, à la mairie. — Saint-Santin-Cantalès, 1742 à 1744, à la mairie. — Saint-Santin-de-Maurs, 1749, à la mairie. — Teissières-les-Bouliès, 1750, arch. dép. — Thiézac, 1746, à la mairie. — Vic-en-Carladès, 1769, à la mairie. — Ytrac, 1739 à 1741, à la mairie.

Calvinet(Baronnie de). Terrier de 1670. — Étude de M° Darsses, n" à Calvinet.
Liève de 1786. — Arch. du Cantal.

Carlat (Commanderie de). Terrier de 1476. — Arch. du Cantal.
Terriers de 1695 à 1696, 1735 à 1736. — Communication de M. Rengade, juge à Aurillac.

Cassaniouze (Seigneurie de). Terrier 1414 à 1432. — Arch. mun. de Cassaniouze.

Cavado (Seigneurie de la). Terrier de 1673. — Communication de M. l'abbé Delmas, curé de Vic-sur-Cère.

Caylus (Comté de). Terrier de 1535. — Cabinet de M. Amé, architecte à Clermont-Ferrand.

Celles (Commanderie de). — Terriers de 1581 et de 1644. Lièves de 1581, 1615, 1704 et 1752. — Arch. du Cantal.
Terriers de 1581, 1690 à 1700. — Arch. mun. de Celles.

Chaliers (Baronnie de). Terrier de la fin du XVII° s°. — Arch. du Cantal.

Chalvignac, notaire à Trizac, anciennes minutes de 1627 à 1758.

Chambeuil (Seigneurie de). Terriers du XV° s°, de 1490 et de 1569. — Arch. du Cantal.

Chambon (Seigneurie du). Liève de 1612. — Arch. du Cantal.

Charbonnel (Noble homme François). Terrier de 1509. — Arch. du Cantal.

Charte dite de Clovis (Copie de la), XII° s°. — Bréquigny, *Diplomata, chartæ*, I, 6, n. 3.

Chavagnac (Marquisat de). Terrier de 1451. — Arch. du Cantal.

Cheylade (Vicomté de). Terriers de 1514 et 1539. Vente de la terre de Cheylade, 1592.— Arch. du Cantal.

Cheylanne (Vicomté de). Terrier de 1605. Liève de 1594. — Arch. du Cantal.

Circonscriptions paroissiales, au 31 décembre 1843. — Arch. du Cantal.

Cluzels (Seigneurie des). Terrier de 1518. — Arch. du Cantal.

Coffinhal (Seigneurie de). Terrier de 1427 à 1545. — Étude de M° Martin, n" à Montsalvy.

Coltines (Prieuré de). Terrier de 1652. — Arch. du Cantal.

Combrelles (Seigneurie de). Terrier de 1500. Lièves de 1603 et du XVII° s°. — Arch. du Cantal.

Commanderies de la Basse et Haute-Auvergne (Table des), 7 vol. grand in-f°. — Arch. du Puy-de-Dôme.

Comptes rendus au doyen de Mauriac, de 1505 et 1515. — Arch. mun. de Mauriac.

Condat et Artense (Quartiers de). Lièves de 1658 et 1725. — Arch. du Cantal.

Cour royale de Murat (Registre des insinuations de la), de 1622 à 1625. — Greffe du trib. civ. de Murat.
De 1665 à 1682. — Arch. du Cantal.

Cussac (Seigneurie de). Terrier de 1502 à 1505.— Communication de la fam. Perrier, de Mauriac.

Danty, notaire à Murat, minutes de 1606 à 1665. — Étude de M° Combarel, n" à Murat.

Destaing, Jean, notaire à Marcolès, minutes de 1537 à 1599. — Communication de M. l'abbé Delmas, curé de Vic-sur-Cère.

Dienne (Comté de). Contrat de mariage de Louis de Dienne en 1412. — Terriers de 1551, 1600 et 1618. — Lièves de 1348, 1489, 1618 et 1667. — Arch. du Cantal.

Dumas, notaire à Polminhac, minutes de 1637 à 1644. — Communication de M. Lacassagne, greffier de paix à Aurillac.

Échange par Jean de Montal et Antoine de Pouzols, 1403. — Communication de M. Destanne de Bernis.

Enquête sur les droits des seigneurs de Montal, 1449. — Communication de M. Destanne de Bernis. d'Aurillac.

Escalmels (Prieuré d'). Terrier de 1550 à 1551. — Mairie de Saint-Paul-des-Landes.

État des rivières du Cantal, 1837. — A la préfecture du Cantal.

États civils antérieurs à 1789. — Dans une grande partie des communes, à la mairie.

États de sections de toutes les communes du département du Cantal. — A la direction des contributions directes.

État statistique des cours d'eau du Cantal, 1879. — A la préfecture du Cantal.

Farges (Vicomté de). Terriers de 1446, 1491 à 1492, 1552, 1675 et 1686. — Lièves de 1617, 1683 et 1707. — Arch. du Cantal.

Feniers (Abbaye de). Terriers de 1650, 1654 et XVII° s°. — Liève confinée du XVI° s°. — Lièves de 1561 et 1720. — Arch. du Cantal.

Fer (Seigneurie du). Terrier de 1542. — Lièves de 1542 à 1737.— Arch. du Cantal.

Feydit (Baronnie du). Terriers de 1471, 1515 à 1517. — Lièves de 1521, 1591 à 1592. — Confins de la terre et baronnie du Feydit, XVI° s°. — Arch. du Cantal.

Fracor (Seigneurie de). Terrier de 1594 à 1595. — Arch. du Cantal.

Frégéac, notaire à Laroquebrou, minutes de 1668. — Étude de M° Lavériel, n" à Laroquebrou.

Froquières, notaire à Raulhac, minutes de 1642 à 1646. — Étude de M° Pagès, n" à Vic-sur-Cère.

Garde-Roussillon (Commanderie de la).

INTRODUCTION.

Terriers de 1508, 1662, 1686 et 1730. — Arch. du Puy-de-Dôme.

Gouttes (Fief de las). Terrier de 1771. — Arch. du Cantal.

Grand livre de l'Hôtel-Dieu de Salers, de 1591 à 1693. — Arch. mun. de Salers.

Granle (Seigneurie de), membre de l'abbaye d'Obazine (Corrèze). — Terrier de 1585. — Arch. du Cantal.

Gros, notaire à Saint-Martin-Valmeroux, minutes de 1637 à 1691. — Étude de M⁰ Rivière, nʳᵉ à Salers.

Guy de Vayssieyra, notaire à Montsalvy, minutes de 1548 à 1550. — Table de ces minutes de 1767. — Étude de M⁰ Martin, nʳᵉ à Montsalvy.

Hommage au Roy par les prestres de Polminhac, de 1609. — Communication de M. Traînier, ancien adjoint au maire de Polminhac.

Hommages aux évêques de Clermont, de 1206 à 1506. — Arch. du Puy-de-Dôme.

Hommages aux seigneurs de Montal, de 1322 à 1403. — Communication de M. Destanne de Bernis.

Hôpital d'Aurillac. Pièces diverses. — Arch. de cet hôpital.

Hôpital de la Trinité d'Aurillac, donation, 1435. — Arch. de l'hôpital d'Aurillac.

Inventaire des archives de la maison d'Humières d'Escorailles, 1778. — Communication de la fam. Perrier de Mauriac.

Inventaire des biens de l'hôpital de Laroquebrou, 1750. — Arch. mun. de Laroquebrou.

Inventaire des titres de la cure de Jussac, de 1622 à 1642. — Arch. mun. de Jussac.

Inventaire des titres de l'église collégiale de Notre-Dame de Murat, de 1559. — Arch. du Cantal.

Inventaire des titres du consulat de la ville d'Aurillac, de 1517 à 1525. — Arch. mun. d'Aurillac.

Inventaire général des titres de l'hôpital d'Aurillac, de 1693 et 1747. — Arch. de l'hôpital d'Aurillac.

Investisions de l'hôpital de la Trinité d'Aurillac, de 1340, 1466 et 1528. — Arch. de l'hôpital d'Aurillac.

La Laubie (De), papiers et titres de cette famille.

Lanusse, notaire à Murat, minutes de 1559. — Étude de M⁰ Coutarel, nʳᵉ à Murat.

Lascombes, notaire à Saint-Illide, minutes de 1586 à 1597. — Étude de M⁰ Chapelle, nʳᵉ à Saint-Illide.

Liber vitulus. Livre du chapitre de l'église collégiale de Notre-Dame de Saint-Flour, de 1400 à 1512. — Arch. mun. d'Aurillac.

Lièves. — Voyez au nom de lieu ou de personne.

Ligonnès (Comté de). Terrier de 1624. — Étude de M⁰ X..., nʳᵉ à Saint-Flour, aujourd'hui supprimée (fam. de Ligonnès).

Livre des achaps d'Anthoine de Naucaze, seigneur de Cayrols et prieur dudict lieu, de 1565 à 1590. — Arch. mun. d'Aurillac.

Louboysargues (Commanderie de). Terriers de 1508, 1661 à 1663, 1687. — Arch. du Puy-de-Dôme.

Terrier de 1644. — Arch. du Cantal.

Loudières (Seigneurie de). Terrier de 1607. — Arch. du Cantal.

Maillargues (Seigneurie de). Terrier de 1508. — Arch. du Cantal.

Mallot, Châteauneuf et Anglards (Mandements de). Terrier de 1493 à 1494. — Arch. du Cantal.

Marambal, nʳᵉ à Thinières, minutes de 1789 à 1790. — Étude de M⁰ Laurent, nʳᵉ à Bort.

Marcolès (Prieuré de). Terrier de 1437. — Communication de M. Delmas, curé de Vic-sur-Cère.

Terrier de 1694. — Communication de M. Rengado, juge à Aurillac.

Mardogne (Marquisat de). Fragments d'un terrier de 1457. — Lièves de 1702, 1755 et 1771. — Arch. du Cantal.

Marvaud (Quartier de). Lièves du XVIᵉ s., de 1658 et 1755. — Arch. du Cantal.

Massiac (Cure de). Pièces de 1200 à 1600. — Arch. de la cure.

Mauriac (Monastère de). Lièves de 1381. — Terriers de 1473 à 1475, 1680. — Arch. mun. de Mauriac.

Maurs (Seigneurie de). Terrier de 1510 à 1511. — Arch. du Puy-de-Dôme.

Menet (Prieuré de). Dénombrement de 1783. — Arch. du chât. d'Auzers.

Miremont (Seigneurie de). Terrier de

1549. — Communication de M. Robert, avocat à Mauriac.

Molompize (Prieuré de). Lièves confinée de 1559. — Arch. du Cantal.

Montchamp (Commanderie de). Terriers de 1508, 1629 à 1633, 1661 à 1668. — Arch. du Puy-de-Dôme. Reconnaissances de 1348. — Terriers de 1730 et 1762. — Arch. du Cantal.

Montsalvy (Abbaye de). Lièves de 1724. — Étude de M⁰ Martin, nʳᵉ à Montsalvy.

Murat (Collégiale de Notre-Dame de). Terriers de 1518, 1542 et 1591. — Arch. du Cantal.

Murat (Notre-Dame-de-Pitié de). Terrier de 1528. — Arch. du Cantal.

Murat (Prieuré du château de). Terrier du XVIᵉ s. — Arch. du Cantal.

Murat (Vicomté de). Terriers de la vᵗᵉ de 1535 à 1536. — Lièves confinée de 1580. — Lièves de 1585, 1617, 1624, 1637 et 1769. — Terrier du Roi, XVIIᵉ s. — Arch. du Cantal.

Murat (Ville de). Terrier de 1680. — Arch. mun. de Murat.

Murat-la-Rabe (Baronnie de). Terriers de 1560 à 1562, 1637 à 1638. — Arch. du chât. d'Auzers.

Nommée au Roy par dame Gabrielle de Foix, comtesse douairière d'Apcher, dame de Mardogne, Lastic, Montsuc, Lanobre, de 1635. — Arch. du Cantal.

Nommées au seigneur de Charlus et de Monfort, en 1240 et 1582. — Arch. mun. de Mauriac.

Nommées et dénombrements rendus en faveur de monseigneur le prince de Monaco, par les vassaux de son comté de Carladès, de 1668 à 1673, deux volumes in-f⁰. — Arch. du Cantal.

Nozières (Châtellenie de). Terrier de 1552. — Communication de M. le baron Delzons, d'Aurillac.

Nubieux (Seigneurie de). Terrier de 1613. — Étude de M⁰ X..., nʳᵉ à Saint-Flour, auj. supprimée (fam. de Ligonnès).

Papiers de la famille de Montal. — Communication de M. Destanne de Bernis.

Partage entre Guillot et Louis de Dienne, en 1447. — Arch. du Cantal.

Pièces diverses de toutes dates. Collections de MM. Aimé, architecte à Clermont-Ferrand; — Barthommeuf,

INTRODUCTION.

propriétaire à Bonnac; — Berthuy, instituteur à Saint-Mary-le-Plain; — Bonnefons, ancien président du trib. civil d'Aurillac; — Delmas, curé-doyen de Vic-sur-Cère; — Destanne de Bernis, propriétaire à Aurillac; — Lacassagne, greffier de paix à Aurillac.
Plan cadastral de la ville de Saint-Flour. — A la mairie.
Plan de la baronnie de Saint-Mary-le-Plain. — Communication de M. Berthuy, instituteur à Saint-Mary-le-Plain.
Plan de la ville d'Aurillac. — A la mairie.
Plans cadastraux de toutes les communes du département. — A la direction des contributions directes.
Polminhac (Seigneurie de). Terrier de 1580 à 1584. — Communication de M. Prax, juge de paix à Aurillac.
Pont et Rageaux (Châtellenies de). Liève confinée de 1636 à 1637. — Cabinet de M. E. Amé, architecte à Clermont-Ferrand.
Pouzols (Seigneurie de). Lièves de 1600, 1626 et 1684. — Arch. du Cantal.
Procès au doyen d'Aurillac, par le seigneur du Claux (vidimus, en 1756, de chartes de 1338 à 1474). — Arch. mun. de Naucelles.
Procès au seigneur de Dienne par ses tenanciers, en 1441. — Arch. du Cantal.
Procès-verbal concernant les murs et les fossés de la ville d'Aurillac, de 1684. — Communication de M. le baron Delzons.
Recensement de la population de la ville d'Aurillac, en 1793. — Arch. mun. d'Aurillac.
Recette des cens de la vicomté de Dienne, en 1778. — Arch. du Cantal.
Reconnaissance à dame Jehanne de Balzac, de 1347. — Arch. de l'hôpital d'Aurillac.
— *à Guillaume de Podio,* de 1339. — Étude de Me Martin, nre à Montsalvy.
— *à l'abbesse du monastère de Saint-Jean-du-Buis,* de 1456. — Arch. mun. de Glénat.
— *à la maison de Clavières,* de 1595. — Arch. de l'hôpital d'Aurillac.
— *à Louis de Bressolles, hôtelier du monastère de Saint-Géraud,* de 1540.
— Arch. mun. de Saint-Paul-des-Landes.
Reconnaissance à noble homme Johan de Montamat, de 1485. — Communication de M. Trainier, ancien adjoint au maire de Polminhac.
— *au baron de Calvinet,* de 1323. — Communication de M. Bonnefons, ancien président du trib. civ. d'Aurillac.
— *au curé de l'hôpital de la Trinité d'Aurillac,* pièces de 1330 à 1600. — Arch. de l'hôpital d'Aurillac.
— *au doyen de Mauriac,* pièces de 1240 à 1561. — Arch. mun. de Mauriac.
— *au prieur de Saint-Constant,* du xviie se. — Communication de M. Lacassagne, greffier de paix à Aurillac.
— *au roy par les consuls d'Albepierre,* de 1598. — Arch. du Cantal.
— *au roy pour les habitants d'Albepierre,* de 1598. — Arch. du Cantal.
— *au seigneur de Montmurat,* en 1740. — Communication de M. Lacassagne.
— *au seigneur de Murat-la-Rabe,* de 1401. — Arch. mun. de Mauriac.
— *aux prêtres de Naucelles,* pièces de 1564 à 1588. — Arch. mun. de Naucelles.
— *aux seigneurs de Montal,* pièces de 1265 à 1489. — Communication de M. Destannes de Bernis.
— *de Bertrand d'Aubusson, à l'hôpital d'Aurillac,* de 1330. — Arch. de l'hôpital d'Aurillac.
Rentes dues au monastère de Mauriac, de 1639. — Arch. mun. de Mauriac.
Riom-ès-Montagnes (Seigneurie de). Terrier de 1506. — Arch. du Cantal.
Rochefort (Prieuré de). Terrier de 1556 à 1558. — Communication de M. Chevalier, propriétaire à la Bessière, cne de Bonnac.
Saignes (Comté de). Terrier de 1441. — Arch. du Cantal.
Sailhans (Marquisat du). Terrier de 1654. — Arch. du Cantal.
Saint-Angeau (Baronnie de). Liève de 1780. — Arch. du Cantal.
Saint-Christophe (Baronnie de). Terriers de 1464 à 1473 et de 1566 à 1567. — Arch. mun. de Mauriac.
Saint-Flour (Chapitre Notre-Dame de).
Terrier du xviie se. — Arch. du Cantal.
Saint-Geraud d'Aurillac (Abbaye de). Bulle de sécularisation de cette abbaye de 1561 (vidimus de 1576). — Communication de M. le baron Delzons.
Terrier de la Célérerie unie à la mense du chapitre, de 1692. — Communication de Mgr Bouange, évêque d'Autun.
Liève de 1673. — Cabinet de M. E. Amé, architecte à Clermont-Ferrand.
Saint-Projet (Monastère de). Terrier de 1760. — Arch. du Cantal.
Saint-Vincent (Prieuré de). Lièves de 1322 et 1589. — Arch. mun. de Mauriac.
Sarrauste (Jean), notaire à Laroquebrou, minutes de 1626 à 1669. — Étude de Me Lavériel, nre à Laroquebrou.
Ségur (Prieuré de). Terrier de 1629. — Communication de M. Berthuy, instituteur à Saint-Mary-le-Plain.
Séponse (Le fief de la). Terrier de 1732. — Communication de M. Robert, avocat à Mauriac.
Sériers (Seigneurie de). — Terrier de 1618. — Arch. du Cantal.
Soubrevèze (Seigneurie de). Terrier de 1578. — Lièves de 1601, 1618, 1622, 1678 et 1744. — Arch. du Cantal.
Teissières de Cornet (Prieuré de). Terrier de 1772. — Communication de M. Rongado, juge à Aurillac.
Tempel, membre de la commanderie de Celles. Terriers de 1558. — Liève confinée de 1518. — Liève de 1558. — Arch. du Cantal.
Ternes (Baronnie des). Terrier de 1636. — Étude de Me X..., nre à Saint-Flour, aujourd'hui supprimée (fam. de Ligonnès).
Testaments de Bertrand de Montal, de 1275; — *de Gerard de Montal,* de 1297; — *d'Aymeric de Montal,* de 1472. — Communication de M. Destanne de Bernis, d'Aurillac.
Testament de Guillaume de Cueilhe, de 1554. — Arch. de l'hôpital d'Aurillac.
Testament de Grillaume de Sedaigos, de 1454. — Arch. mun. d'Aurillac.
Testament de Jean de Podio, de 1339.

INTRODUCTION.

— Étude de M° Martin, n° à Montsalvy.
Testament de Pierre Delmas, prêtre, de 1462. — Communication de M. Delmas, curé de Vic-sur-Cère.
Testament de sainte Théodechilde, de 519. Copies des x° et xvi° s°°. — Arch. de l'Yonne. — Communication de M. Quantin, ancien archiviste de l'Yonne.
Teyssendier (Agnès), notaire à Cheylade, minutes de 1520 à 1552. — Greffe du trib. civ. de Saint-Flour.
Thiézac (Seigneurie de). Terrier de 1674. — Arch. du Cantal.
Touls (Prieuré de). Terrier de 1533. — Arch. du Cantal.
Transaction des habitants d'Auriol avec l'hôpital de la Trinité d'Aurillac,

pièces de 1600. — Arch. de l'hôpital d'Aurillac.
Trémolieyra (L'ostal de la). Terrier de 1346 à 1350. — Arch. du Cantal.
Trizac et Cheyrouze (Baronnies de). Terrier de 1607. — Étude de M° Lescure, n° à Salers.
Ussel (Seigneurie d'). — Terrier de 1595. — Arch. du Cantal.
Valrus (Seigneurie de). Lièvre confinée de 1646. — Arch. du Cantal.
Vente par Guillaume de Treyssac à Jean de Casis, archiprêtre d'Aurillac. Pièce de 1464. — Étude de M° Genoste, n° à Aurillac.
Vente par Hector de Montjou à Pierre de Vic, prêtre d'Aurillac. Pièce de 1361. — Arch. de l'hôpital d'Aurillac.

Ventes diverses à l'hôpital de la Trinité d'Aurillac. Pièces de 1333 à 1476. — Arch. de l'hôpital d'Aurillac.
Vieillespesse (Enquête concernant la justice seigneuriale de). [La Fageole,] 1329. — Cabinet de M. Amé, architecte à Clermont-Ferrand.
Vieillespesse (Baronnie de). Terriers de 1526 à 1527 et de 1662. — Lièvre confinée du xv° s°. — Arch. du Cantal.
Vigean (Prieuré du). Lièvre de 1310. — Arch. mun. de Mauriac.
Vigery, n° à Aurillac, minutes de 1521 à 1531. — Cabinet de M. Amé, architecte à Clermont-Ferrand.
Villedieu (Chapitre de). Terrier de 1537 à 1551. — Arch. du Cantal.

II. — OUVRAGES IMPRIMÉS.

Annales scientifiques de l'Auvergne, in-8°, 1855.
Annotations sur l'histoire d'Aurillac, par M. Raulhac, 1 vol. in-8°, 1820. Voy. Raulhac.
Archives généalogiques de la maison de Sartiges, in-4°, 1865, Clermont-Ferrand. (Communication de M. de Sartiges-d'Angles.)
Baluze, Histoire généalogique de la maison d'Auvergne, 2 vol. in-f°, édition de 1708.
Basmaison-Pougnet (Jean de), Paraphrases sur les coutumes du bas et haut pays d'Auvergne, de 1590 (imp. en 1628).
Bouillet (J.-B.), Nobiliaire d'Auvergne, 7 vol. in-8°, Clermont-Ferrand, 1846-1853.
Bouquet (Dom), Recueil des Historiens de la Gaule et de la France, in-f°, édition de 1738, t. I-VI.
Breve chronicon Aureliacensis abbatiæ, xii° s°, dans Mabillon, Vetera Analecta, t. II, p. 237, in-8°.
Bruel (A.), Pouillés des diocèses de Clermont et de Saint-Flour, du xiv° au xvii° s°. In-4°, Paris, Imprimerie nationale, 1886.
Cartulaire de Brioude. Voy. Doniol.
Cartulaire de Conques. Voy. Desjardins.

Cassini, Cartes de la France, pour le département du Cantal. In-f°.
Chabrol, Coutumes locales de la Haute et Basse-Auvergne, 1784-1786, 4 vol. in-4°.
Chaix de Lavarène (L'abbé A.), Monumenta pontificia Arverniæ, ix°-xii° sæculis. Clermont-Ferrand. Impr. F. Thibaud. 1880. xxi, 550 pages. — Continuation manuscrite du même ouvrage, communiquée par le neveu de l'auteur.
Chassaing (Augustin), Spicilegium Brivatense. Recueil de documents historiques relatifs au Brivadois et à l'Auvergne. In-4°, Paris, Imprimerie nationale, 1886.
Déribier-du-Châtelet, Dictionnaire statistique et historique du département du Cantal. 5 vol. in-8°, publiés de 1852 à 1857.
Dictionnaire des Postes, éditions de 1859 et 1876, in-4°.
Desjardins (G.), Cartulaire de Conques, 1879. 1 vol. in-8°. (Documents historiques publiés par la Société de l'École des chartes.)
Doniol (H.), Cartulaire de Brioude. Édition de 1869, 1 vol. in-4°.
État-major. Carte de France, pour le département du Cantal.

Gallia christiana, in-f°, 1716, 1720, t. I et II.
Gregorii Turonensis episcopi opera, édition de 1512 et édition Bordier, 1836. In-8°, 4 vol.
Havet (J.), OEuvres de Gerbert, 1 vol. in-8°, Paris, 1889.
Longnon (A.), Atlas historique de la France, in-f°, et texte explicatif des planches, in-4°, 1884, 1888.
Notitia provinciarum et civitatum Galliæ, dans Duchesne, Hist. Fr. Script.
Olleris (A.), OEuvres de Gerbert, 1 vol. in-4°, Clermont-Ferrand, 1867.
Ordonnances de Jean Pouget (religieux de l'observance d'Aurillac). Anno 1435.
Pardessus, Diplomata, chartæ, in-f°, 1843.
Pouillés de Clermont et de Saint-Flour. Voy. Bruel (A.).
Ramos (J.-B.), Géogénie du Cantal, 1 vol. in-12, Aurillac, 1873.
Raulhac (Ch. J. François), Discours sur les hommes de l'arrondissement d'Aurillac qui dans les temps connus se sont distingués, etc. In-8°, Aurillac, 1820. Voy. Annotations.
Rochemonteix (Ad. de Chalvet de), Histoire de l'abbaye de Feniers, 1882, vol. in-8°.

Rochemonteix (Ad. de Chalvet de), *La maison de Graule*, 1 vol. in-8°, Paris, 1888.
Sidonius Apollinaris, édition de 1497.
Taxe du don gratuit du diocèse de Clermont, 1535. — Voy. *Les Pouillés de Clermont*, par A. Bruel.

Testament de Théodechilde. — Ce texte est imprimé dans le *Cartulaire général de l'Yonne*, publié par M. Quantin, t. I, p. 2, d'après D. Cotteron, *Chronicon S. Pauli-vivi*, ms. de la Bibliothèque d'Auxerre, n° 107. Voy. aux manuscrits.
Viallanes, *Étrennes ecclésiastiques*, vol. in-24, Clermont-Ferrand, 1766.
Walckenaër, *Recherches sur la géographie ancienne*, in-4°, 1814.

INTRODUCTION.   I.

EXPLICATION

DES

ABRÉVIATIONS EMPLOYÉES DANS LE DICTIONNAIRE.

abb.	abbaye, abbé, abbesse.	c^{nal}.	communal.
adminis.	administration.	c^{ne}.	commune.
alim.	alimentant.	col.	colonne.
altit.	altitude.	coll.	collège, collégial.
anc.	ancien, ancienne.	collat.	collation.
anc. cad.	ancien cadastre.	comm.	commanderie.
anc. min.	anciennes minutes.	commun.	communauté.
appart.	appartenait, appartenances.	comp.	composé.
appl.	application.	c^{on}.	canton.
arch.	archives.	concern.	concernant.
arch. dép.	archives départementales.	conf.	confiné, confinée.
arch. généal.	archives généalogiques.	confl.	confluent.
archid.	archidiaconé, archidiacre.	cons.	consulat, consuls.
archip.	archiprêtré, archiprêtre.	contes.	contestait.
arch. mun.	archives municipales.	cout.	coutume.
arr.-f.	arrière-fief.	C. R.	cour royale.
arrond.	arrondissement.	c^{te}, c^{té}.	comte, comté.
ass. gén. ten.	assises générales tenues.	c^t, com^t.	commencement.
au-dess.	au-dessus.	déclar.	déclarations.
auj.	aujourd'hui.	défr.	défriché.
autref.	autrefois.	délib.	délibération.
Auv.	Auvergne.	départ.	département.
baill.	bailliage.	dépend.	dépendait, dépendant.
baronn., b^{on}.	baronnie, baron.	Dict. Cantal.	Dictionnaire statistique du Cantal
biblioth.	bibliothèque.	dioc.	diocèse.
c.	carton.	div.	divisé, division.
cab.	cabinet.	doc., d^r.	docteur.
cad.	cadastre.	dom.	domaine.
cathéd.	cathédrale.	don.	donation.
centig.	centigrade.	droit cout.	droit coutumier.
chap^{le}.	chapelle.	ecclés.	ecclésiastique.
chapell.	chapellenie.	édit.	édition.
chap.	chapitre.	élect.	élection.
chât.	château.	empl.	emplacement.
châtaign.	châtaignernie.	enq.	enquête.
châtell.	châtellenie.	état civ.	registre état civil.
ch.-lieu.	chef-lieu.	État-maj.	État-major.

INTRODUCTION.

év.	évêque, évêché.	pât., pâtur.	pâture, pâturage.
fam.	famille.	p^ce.	prince.
f°.	ferme.	pièc.	pièces.
f°.	folio.	popul.	population.
fond.	fondation.	plan cad.	plan cadastral.
font.	fontaine.	port.	portefeuille.
font. min.	fontaine minérale.	préfect.	préfecture.
Gall. christ.	Gallia christiana.	présent.	présentation.
hab.	habitants.	prév.	prévôté.
ham.	hameau.	prév. roy.	prévôté royale.
haut.	hauteur.	p^ré.	prieuré.
homm.	hommage.	procès-verb.	procès-verbal.
hôp.	hôpital.	q^r, q^rs.	quartier, quartiers.
huil.	huilerie.	qq.	quelque.
isol.	isolé, isolée.	recens.	recensement.
instr.	instrumenta.	réclam.	réclamait.
inv.	inventaire.	reconn.	reconnaissance.
invest.	investiture.	reg.	registre.
just.	justice.	reg. ins. baill.	registres des insinuations au bailliage.
l.	liasse.		
liève conf.	liève confinée.	reg. ins. C. R.	registres des insinuations à la Cour royale.
lim.	limitait, limite.		
long^t.	longtemps.	relev.	relevait, relevant.
m.	mètre.	ressort.	ressortissait, ressortissant.
mais.	maison.	riv.	rivière.
mand.	mandement.	roy.	royal, royale.
m. de camp.	maison de campagne.	ruiss.	ruisseau.
m^in.	moulin.	s.	série.
min.	minéral, minérale.	s^e.	siècle.
min.	minutes.	seign.	seigneur, seigneurie.
m^is, m^isat.	marquis, marquisat.	sénéch.	sénéchaussée.
monast.	monastère.	s^on.	section.
mont.	montagne.	source min.	source minérale.
mont. à vach.	montagne à vacherie.	s^t, s^te.	saint, sainte.
mouv.	mouvait, mouvant.	subdél.	subdélégation.
moy.	moyenne.	sup.	superficie.
N. D.	Notre-Dame.	t.	tome.
nobil. d'Auv.	nobiliaire d'Auvergne.	temp.	température.
nom.	nomination, nommait.	tén^t, ténem^t.	tènement.
nomm. au seign.	nommée au seigneur.	terr.	terrier.
n^re.	notaire.	territ.	territoire.
ordonn.	ordonnance.	therm.	thermal, thermale.
p.	page.	v.	volume.
pap. fam.	papiers de famille.	vach.	vacherie.
paraphr.	paraphrases.	vill.	village.
parois.	paroisse.	voc.	vocable.
part.	particulier, particulière.	v^te, v^té.	vicomte, vicomté.

DICTIONNAIRE TOPOGRAPHIQUE

DU

DÉPARTEMENT DU CANTAL

DICTIONNAIRE TOPOGRAPHIQUE
DE
LA FRANCE.

DÉPARTEMENT
DU CANTAL.

A

Abbaye-du-Broc, abb. et chât. détruit, auj. f^{me}, c^{ne} de Menet. — *Mansus de Moniliaco*, 1401 (reconn. au seign. de Murat-la-Rabe). — *Domus de Broco*, 1535 (pouillé de Clermont). — *L'abbeye de Broc*, 1637 (terr. de Murat-la-Rabe). — *Lou Moutier*, 1780 (liève de Saint-Angeau). — *Château de Broc* (Cassini).
L'abbaye du Broc, de l'ordre de Cîteaux, fut abandonnée de bonne heure.

Abcède, mⁱⁿ ruiné, c^{ne} d'Auriac.

Abiauradou (L'), ruiss., affluent de la Cère, c^{ne} de Saint-Jacques-des-Blats; cours de 1,000 m.

Abrialots (Les), écart et mont. à vacherie, c^{ne} de la Trinitat. — *Les Abrialots* (Cassini). — *Les Abralots*, 1857 (Dict. stat. du Cantal). — *Jabrialots*, 1886 (états de sections). — *Les Abriolots*, 1886 (états de recens.).

Abriols (Les), ham., c^{ne} de la Trinitat. — *Les Jabriols*, 1886 (états de sections).

Abro (Le Bois d'), dom. ruiné et lieu-dit, c^{ne} de Faverolles. — *Boy-de-Broha; Boy-de-Brohe; afar de Boy de la Broha*, 1494 (terr. de Mallet).

Abuels (Le Puy des), mont. à vacherie, c^{ne} de Saint-Remy de Chaudesaigues.

Achard, mⁱⁿ, c^{ne} de Vieillespesse.

Adrait (L'), mont. à vacherie, c^{ne} de Leyvaux.

Adraux (Les), mont. à burons, c^{ne} de Marcenat. — *Audrel* (Cassini).

Affa, dom. ruiné, c^{ne} de Menet. — *Mansus d'Affa*, 1411 (terr. de Saignes).

Affau (L'), mont. à vacherie, c^{ne} de Lavigerie.

Affres (Les), dom. ruiné, c^{ne} de Saint-Constant. — *Le village des Affres*, xviie s^e (reconn. au prieur de Saint-Constant).

Agadis, dom. ruiné, c^{ne} de Leynhac. — *Capmansus vocatus d'Agadis*, 1301 (pièces de l'abbé Delmas).

Aganel (Le Mas-), dom. ruiné, c^{ne} de Mauriac. — *Mansus del Mas-Aganel*, 1475 (terr. de Mauriac).

Agarandic, mⁱⁿ, ville d'Aurillac, auj. détruit. — *El mole d'Agarandic*, xiiie s^e (arch. mun. d'Aurillac, s. HH, p. 21).

Agassi, dom. ruiné, c^{ne} de Cassaniouze. — *Affar appelé d'Agassi*, 1760 (terr. de Saint-Projet).

Agat (L'), ham., c^{ne} de Thiézac. — *L'Agat*, 1668 (nommée au p^{ce} de Monaco). — *Lagone*, 1702 (état civ. de Saint-Clément). — *Agat* (Cassini).

Agat Inférieur (L'), mⁱⁿ, c^{ne} de Thiézac, auj. détruit. — *Moulin d'Agat inférieur*, 1746 (anc. cad.).

Agats (Les), écart, c^{ne} de Valette.

Agé (L'), ruiss., affl. du ruisseau de Roannes, c^{ne} de Roannes-Saint-Mary; cours de 2,300 m. — Il porte aussi les noms de *Fons*, *Las Vayssières* et *Vernols*.

Agnats (Les), dom. ruiné, c^{ne} de Labrousse. — *Affar delz Agnatz*, 1606 (terr. de N.-D. d'Aurillac).

Agneaux (Le Puy des), mont. à vacherie, c^{ne} de Chaudesaigues.

AGNON (L'), ham., cⁿᵉ de Riom-ès-Montagnes, et m¹ⁿ auj. détruit. — *Domus sita à l'Agno*, 1512; — *A l'Aignon*, 1543 (terr. d'Apchon). — *Moulin d'Alagnon*, 1719 (table de ce terrier). — *Lagnon* (État-major).

AGRAILLOU, fⁿᵉ, cⁿᵉ de Colandres.

AGRELLE, ham., cⁿᵉ de Condat-en-Feniers. — *Gorrey*, 1673; — *Grelles*, 1682 (état civ.). — *Grelex* (Cassini).

AGULIER (L'), dom. ruiné, cⁿᵉ de la Capelle-Viescamp. — *Affar de l'Agulier*, 1733 (arch. mun. d'Aurillac, s. II, reg. 15).

AGUT, vill., cⁿᵉ de Sauvat. — *Gut*, 1664 (ins. du baill. de Salers). — *Agut*, 1687 (état civ. de Saignes).

AIGADE (L'), mont. à burons, cⁿᵉ de Saint-Martin-Valmeroux.

AIGALINE, buron, cⁿᵉ de Saint-Urcize.

AIGLÉ, vill. détruit, cⁿᵉ d'Anglards-de-Salers. — *Villaige de l'Aiglé*, 1654 (état civ.).

AIGLINE (L'), dom. ruiné, cⁿᵉ de Murat. — *Mansus d'Ayglina*, 1389 (arch. dép. s. E).

AIGONIES (LAS), ham., cⁿᵉ de Méallet. — *Las Igounies*, 1670 (état civ. du Vigean). — *Aygonies* (Cassini). — *Eygonies*, 1856 (Dict. hist. et stat. du Cantal).

AIGONIES (LES), ham., cⁿᵉ du Vigean. — *Las Igonias*, 1310 (liève du prieuré du Vigean). — *Las Hugonias*, 1473 (terr. de Mauriac). — *Las Hughenias*, 1549 (terr. de Miremont). — *Las Ugonias*, 1632; — *Les Ingoirnias*, 1635; — *Les Ygounyes*, 1637; — *Les Egounies*, 1649 (état civ.).

AIGOUGE (L'), dom. ruiné, cⁿᵉ de Labrousse. — *Affar appelé de l'Aigouge; de l'Aigouye*, 1583 (terr. de N.-D. d'Aurillac).

AIGUALDIE (L'), m¹ⁿ détruit, cⁿᵉ de Saint-Christophe. — *Molendinum antiquum de l'Aygualdie*, 1464 (terr. de Saint-Christophe).

AIGUALDIE-HAUTE (L'), m¹ⁿ détruit, cⁿᵉ de Saint-Christophe. — *Molendinum de l'Aygualdia-Aussa*, 1464 (terr. de Saint-Christophe).

AIGUAYRES (LES), écart, cⁿᵉ de Chastel-Marlhac.

AIGUE (LE BOS DE L'), dom. ruiné, cⁿᵉ de Menet. — *Ténement appelé d'Ayes*, 1783 (dénomb. du prieuré de Murat-la-Rabe).

AIGUE (L'), écart, cⁿᵉ de Saint-Hippolyte. — *Mansus de las Aguas*, 1512 (terr. d'Apchon). — *Lou Aigue; l'Aigue*, 1585 (id. de Graule). — *L'Aygue*, 1589 (table du terr. d'Apchon).

AIGUE (L'), dom. ruiné, cⁿᵉ de Sansac-de-Marmiesse. — *Affar de las Laigue*, 1668 (nommée au pᶜᵒ de Monaco).

AIGUEBONNE, ruiss., affl. du ruisseau de Combal, cⁿᵉ de Montsalvy; cours de 2,000 m.

AIGUES-PARSES, ruiss., affl. de l'Ande, cⁿᵉ de Saint-Georges; cours de 3,000 m.

AIGUES-PARSES, ham., et mont. à vacherie, cⁿᵉ de Saint-Saury. — *Aygues-parsses*, 1671 (état civ.). — *Aygue-parces* (Cassini). — *Ayguesparces* (État-major).

AIGUES-PARSES, ruiss., affl. du ruisseau de Brassac, cⁿᵉ de Saint-Saury; cours de 1,600 m.

AIGUES-PARSES, vill., cⁿᵉ de Saint-Simon. — *Aiguas parses*, 1540 (arch. dép. s. E). — *Aigues parssas*, 1588 (id. s. H). — *Aygues parsses*, 1626 (état civ. d'Aurillac). — *Agas parsses*, 1632 (id. de Reilhac). — *Aygues parses*, 1692 (terr. du monast. de Saint-Geraud). — *Aiges parsses*, 1700 (état civ.). — *Aigues parsses*, 1703 (ibid.). — *Aigueparse* (Cassini).

AIGUES-VIVES, écart, cⁿᵉ de Jaleyrac. — *Villa Aqua viva*, xııᵉ s⁰ (charte dite *de Clovis*). — *Aygas vivas*, 1310 (liève du prieuré du Vigean). — *Aygues vives*, 1505 (comptes au doyen de Mauriac). — *Aygues-Vives Sobranes*, 1549 (terr. de Miremont). — *Aigues vives*, 1680 (id. de Mauriac).

AIGUES-VIVES-BASSES, dom. ruiné, cⁿᵉ de Jaleyrac. — *Aygues-vives Sotranes*, 1549 (terr. de Miremont).

AIGUILLE (L'), ruiss., affl. de l'Alagnon, cⁿᵉ de Laveissière.

AIGUILLETTE (L'), mont. à vacherie, cⁿᵉ de Pradiers. — *Léguillète* (états de sections).

AIGUMONTEL, vill. détruit, cⁿᵉ de Laveissière. — *Acutus Mons*, 1357 (arch. dép. s. E). — *Acutus Montelh*, 1366 (id. s. G). — *Agut-Montelh*, 1403 (id. s. E). — *Guy-Monteylh*, 1490; *Aguymonteilh; Agumonteilh*, xvᵉ s⁰ (terr. de Chambeuil). — *Aigumontel*, 1665 (état civ. de Murat). — *Agumonteil*, 1680 (terr. de Murat).

AIMONIE (L'), dom. ruiné, cⁿᵉ de Jussac. — *Mansus de Aymoynia*, 1369 (arch. mun. d'Aurillac, s. GG. p. 19).

AINAC, dom. ruiné, cⁿᵉ de Murat. — *Mansus d'Ainaco*, 1403 (arch. dép. s. E).

AIR (L'), fⁿᵉ, cⁿᵉ de Faverolles. — *Mansus de Lerm*, 1338 (spicil. Brivat.). — *Ol Herm; Lherm; Lerm de Faveirolles*, 1494 (terr. de Mallet). — *Ler*, 1784 (Chabrol, t. IV). — *Lair* (Cassini). — *L'Her*, 1855 (Dict. stat. du Cantal).

AIR (L'), vill., cⁿᵉ de Laurie. — *Mansus de Lerm*, 1375 (arch. dép. s. E). — *Lers*, 1784 (Chabrol, t. IV). — *Lair* (Cassini).

AIR (L'), ruiss., affl. de la Sionne, cⁿᵉ de Laurie, cours de 1,950 m.

Ain (L'), vill., cne de Loubaresse. — *Mansus del Germ*, 1437 (arch. dép. s. G). — *Lherm; Lherm de Chaleyres*, 1494 (terr. de Mallet). — *Ler*, 1624 (*id.* de Ligonnès).

Ain (L'), vill., cne de Saint-Poncy. — *Lern*, 1556 (terr. du prieuré de Rochefort). — *Lert*, 1676 (état civ. de Saint-Mary-le-Plain). — *Lair*, 1784 (Chabrol, t. IV).

Ain-de-Bournoncles (L'), vill. détruit, cne de Bournoncles. — *Lerm de Borloncles*, 1494 (terr. de Mallet).

Ainives, mont. à vacherie, cne de Badailhac.

Aisse, vill., cne de Thiézac. — *Mansus vocatus d'Aussa*, 1373 (hôp. de la Trinité d'Aurillac). — *Usse*, 1597 (reconn. au curé de la Trinité d'Aurillac). — *Eysse*, 1674 (terr. de Thiézac). — *Aysse; Aisse*, 1746 (anc. cad.). — *Aixe* (Cassini). — *Aix*, 1857 (Dict. stat. du Cantal).

Aix, vill., cne de Cezens. — *Mansus de Ays*, 1435 (liber vitulus). — *Aix*, 1614 (état civ. de Pierrefort).

Aizengues, vill., cne de Pierrefort. — *Les Achiegues*, 1606; — *Les Ayzergues*, 1615; — *Exeysergues*, 1619; — *Bayselgues*, 1622; — *Aizergues*, 1636; — *L'Aysergues*, 1640; — *Eysergues*, 1652; — *Eysseysergues*, 1653 (état civ.). — *Baissergues*, 1671 (ins. du baill. de Saint-Flour). — *Ayzesergue* (Cassini).

Ajoux, dom. ruiné, cne de Menet. — *Mansus d'Ayoulx*, 1441 (terr. de Saignes). — *Ayoulx*, 1506 (*id.* de Riom).

Ajussiens, min détruit, cne de Montchamp. — *Molin des Moles*, 1508; — *Molin appellé de l'Ajassier; de l'Ajassié*, 1633; — *Mollin des Astriers*, 1662; — *Mollin appellé des Molines, sive des Ajassiers, à Pierre Migne* 1663; — *Moulin à bled appellé des Ajussiers*, 1730; — *Moulin des Azassiers*, 1762 (terr. de Montchamp).

Alac (Le Puy d'), mont. à burons, cne du Vaulmier. — *Vrie du Puy d'Allac* (État-major).

Alagnon, vill., cne de Molèdes. — *Alagnon*, 1784 (Chabrol, t. IV.) — *Allagnon* (Cassini).

Alagnon (L'), riv. formée par les ruiss. de las Chabasses et de Combenègre, traverse l'arrond. de Murat et une partie de celui de Brioude (Haute-Loire) et se jette dans l'Allier, en amont de la gare du Saut-du-Loup (Puy-de-Dôme); cours, dans le Cantal, de 54,500 m. — *Ad Alanionem*, 1095 (Gall. christ., t. II, c. 222). — *Alahan*, 1252; — *Lanhon*, 1264; — *Flumen dictum Alanho*, 1288 (spicil. Brivat.). — *Aqua Alanhionis*, 1357 (arch. dép. s. E). — *Alanio*, 1388 (*id.* s. G). — *Valanhio*, 1408; — *Alanho*, 1434 (*id.* s. H). — *Alalio; Alagnio*, 1465 (pièces de la cure de Massiac). — *Le Valanhon; Alagnhon*, XVe se (terr. de Chambeuil). — *Le Valaignon*, 1500 (*id.* de Combrelles). — *Alaignon*, 1518; — *Allanhon*, 1535 (*id.* de Murat). — *Alanyon*, 1559 (min. Lanusse, nre). — *Le Vallanhon; Alanhon; Allaignon*, 1575 (terr. de Bredon). — *La rivière dal Anhon; dal Anho*, 1581 (*id.* de Celles). — *Alaignihon*, 1594 (*id.* collég. de N.-D. de Murat). — *Allagnon*, 1613 (terr. de Nubieux). — *Alleygnon*, 1635 (nommée par Glle de Foix). — *Alanion*, 1664 (terr. de Bredon). — *Alhangnon; Alhanion*, 1664 (*id.* de Celles). — *Alaignon; Alaignhon; Ailaghnon*, 1668 (nommée au pce de Monaco). — *Le Lagnon*, 1683 (terr. de la châtell. des Bros). — *Allagnion*, 1690 (terr. de Bégoules). — *Allagnon* (Cassini).

Alagnonet (L'), ruiss., affl. de l'Alagnon, coule aux finages de Lastic, Saint-Poncy, la Chapelle-Laurent et Massiac; cours de 20,000 m. — *Allagnonot; Aillaignonot*, 1556 (terr. du prieuré de Rochefort). — *Alligounet; Ailigounet; Ailliagounet; Ailhagounet; Allagniou*, 1783 (terr. de la bar. d'Alleret). — Ce ruisseau porte également les noms d'*Alagnolo* et d'*Alagnou*.

Alainat, mont. à vacherie, cne de Tournemire.

Alan, lieu détruit, cne de Tournemire.

Alardie (L'), ruiss., affl. de la Ressègue, cne de Saint-Saury; cours de 1,100 m.

Alars, dom. ruiné, cne de Saint-Cirgues-de-Jordanne. — *Affaria de Alars*, 1522 (min. Vigery, nre à Aurillac).

Alary ou La Gazane (L'), ruiss., affl. de la Sionne, cne de Chanet; cours de 4,000 m. — *Rivus de Guasana*, 1451 (terr. de Chavagnac). — *La Gazana; Guazana*, 1471 (*id.* du Feydit). — *Ruisseau d'Ollary*, 1855 (Dict. stat. du Cantal).

Alary, fme, cne de Saint-Martin-Valmeroux.

Alauvie, dom. ruiné, cne du Vigean. — *Mansus d'Alauvie*, 1310 (liève du prieuré du Vigean).

Alba, dom. ruiné, cne de Raulhac. — *La granche de l'Alba; l'Al-ba*, 1668 (nommée au pce de Monaco).

Albagnac, vill., cne de Saint-Étienne-de-Riom. — *Albinhac*, 1357 (arch. dép. s. G). — *Albanhac*, 1553 (*id.* s. H). — *Albaniac*, 1744 (*id.* s. E). — *Albagnac* (Cassini).

Albanies, vill., cne de Menet. — *Albanie*, 1688 (pièces du cab. Bonnefons). — Ancienne cne réunie à celle de Menet, par ord. roy. du 16 mai 1836.

Albanies était, avant 1789, le siège d'une just. seign. régie par le droit écrit, et ressort. à la sénéch. d'Auvergne, en appel du bailliage de Salers.

ALBARÈZES, dom. ruiné, c^ne de Sourniac. — *Mansus d'Albarezas*, 1315 (arch. généal. de Sartiges). — *Albarèzes*, 1857 (Dict. stat. du Cantal).

ALBARS, dom. ruiné, c^ne de Chalvignac. — *Mansus d'Albars*, 1284 (homm. à l'évêque de Clermont). — *Albares*, 1473; — *Affar de l'Albares*, 1680 (terr. de Mauriac).

ALBARS, chât. détruit, c^ne de Jaleyrac. — *Reparium d'Albars, quod situm est in parrochia Jelayrat*, 1296 (homm. à l'évêque de Clermont).

ALBARS, chât. et m^ons détruits, c^ne de Saint-Christophe. — *Castrum inferius Sancti Christofori, vocatum d'Albars*, 1464 (terr. de Saint-Christophe).

ALBARS, vill., c^ne de Saint-Illide. — *Mansus d'Elbars*, 1522 (min. Vigery, n^ro à Aurillac). — *Albardz*, 1597; — *Albars*, 1598 (min. Lascombes, n^re à Saint-Illide). — *Daubart* (Cassini). — *Albart* (État-major). — Le château d'Albars prit le nom de Barriac lorsqu'il entra dans les possessions de la famille de ce nom.

ALBEPIERRE, vill., c^ne de Bredon. — *Alba Petra*, fin du XIIIe s^e (arch. dép. s. H). — *Albapierre*, 1498 (reconn. aux consuls d'Albepierre). — *Albapeyra*; *Albapayra*, XVe s^e; — *Albepeire*; *Albapeire*, 1527; — *Albaperre*, XVIe s^e (terr. de Bredon). — *Albepierre*, 1559 (inv. des titres de la collégiale de N.-D. de Murat). — *Albœpierre*, 1575 (terr. de Bredon). — *Albapieres*, 1597 (insin. du baill. de Saint-Flour). — *Agapère*, 1612; — *Aguepeyre*, 1618; — *Alapierre*, 1633 (état civ. de Thiézac). — *Albapière*, 1654 (terr. de Murat). — *Albepeyre*, 1664 (terr. de Bredon). — *Albe-Pierre*, 1668 (nommée au p^ce de Monaco). — *Aubepeire*, 1682; — *Albe-Peyre*, 1684 (terr. de Murat). — *Albepaire*, 1697 (état civ. de la Chapelle-d'Alagnon). — *Aubepeyre*, 1703 (id. de Saint-Paul-des-Landes). — *Aubepeire*, 1704 (arch. dép. s. E). — *Aube-Peyres*, 1708 (état civ. de Saint-Paul-des-Landes). — *Aubepeyre-des-Broz*, 1784 (Chabrol, t. IV).

Église, sous le voc. de saint Timothée, érigée en succursale par ordonnance roy. du 5 janvier 1820.

ALBEROCHE, vill., c^ne de Colandres. — *Albaroche*, 1471 (arch. dép. s. E). — *Albarocha*, 1515 (terr. d'Apchon). — *Auberoche*, 1671 (reg. ins. de la cour roy. de Murat). — *Alberoche*, 1683; — *Auberroche*, 1746 (terr. de la châtell. des Bros).

ALBET, dom. ruiné et mont. à vacherie, c^ne de Chaudesaigues. — *Albene*, 1508; — *Albenc où il y avoit anciennement chazaux de maisons*, 1730 (terr. de la Garde-Roussillon).

ALBEX, dom. ruiné, c^ne de Siran. — *Affarium d'Albetz*, 1346 (arch. dép. s. G).

ALBIAC, seigneurie, c^ne de Cassaniouze. — *La seigneurie d'Albiac*, 1557 (cab. Delmas).

ALBIGNAC (LE PUECH D'), dom. ruiné, c^ne d'Ayrens. — *Podium de Albinhaco*, 1491 (arch. mun. d'Aurillac, s. HH, c. 21). — *Le lieu d'Albinhac*, 1627 (cab. Lacassagne).

ALBINEL, dom. ruiné, c^ne de Nieudan. — *Affar d'Albinelh*, 1396 (pap. de la fam. de Montal).

ALBINET, dom., c^ne de Chaudesaigues. — *Albinhes*, 1329 (enq. sur la just. de Vieillespesse). — *Albinhac, sive Poujouly*, 1730; — *Albiniac*, 1762 (terr. de la command. de Montchamp).

ALBINHAC, chât. détruit, c^ne de Laroquebrou. — *La Sala d'Albinhac*, 1375 (arch. dép. s. G).

ALBO, vill., c^ne de Mauriac. — *Abolo*; *Albolus*, x^e s^e (test. de Théodechilde). — *Mansus d'Alboni*, 1310 (lièv. du prieuré du Vigean). — *Albo*, 1473; — *Elbo*, 1475 (terr. de Mauriac). — *Albosas*, 1505 (comptes au doyen de Mauriac). — *Aubou*, 1637 (état civ. du Vigean). — *Abmau*, 1645; — *Aubo*, 1655 (id. de Mauriac). — *Albe*, 1778 (inv. des arch. de la m^on d'Humières).

ALBORN, dom. ruiné, c^ne de Saint-Gerons. — *Mansus vocatus d'Alborni*, 1295 (arch. dép. s. E).

ALBOS, vill., et m^in, c^ne du Vaulmier. — *Albotz*, 1589 (lièv. du prieuré de Saint-Vincent). — *Aubol*, 1681; — *Albotz*, 1684 (état civ.). — *Aubex*, 1742 (id. de Saint-Bonnet-de-Salers). — *Albot* (Cassini).

ALBOS, ruiss., affl. de la rivière de Mars, c^ne du Vaulmier; cours de 1,000 m.

ALBOSPEYRE, vill., c^ne de Raulhac. — *Albes-Peyres*, 1599 (état civ. de Vic-sur-Cère). — *Albaspeyres*, 1644 (min. Froquières, n^re à Raulhac). — *Albaspeyre*, 1669 (nommée au p^ce de Monaco). — *Albespeire*, 1692; — *Albespayre*, 1695 (état. civ.). — *Aubespeyrres*, 1695; — *Aubespeires*, 1696 (terr. de la command. de Carlat). — *Galbospeires* (Cassini).

ALBOURG, f^me et m^in occupé auj. par une teinturerie, c^ne de Leynhac. — *Mansus vocatus d'Albort; d'Alborc superior; d'Alborc inferior*, 1301 (cab. Delmas). — *Le Bourg* (Cassini). — *Alboury*, 1856 (Dict. stat. du Cantal).

ALBUGHAS, chât. détruit, c^ne de Valjouze. — *Chasteau d'Albegard; d'Albegards*, 1635 (nommée au roi par G^ile de Foix). — *Albeghas*, 1702 (lièv de Mardogne). — *Albeghars*; *Aubughat*; *Albezars*, 1784 (Chabrol, t. IV).

ALBUGIE (L'), dom. ruiné, c^ne de Saint-Poncy. — *Al-*

bugye; Aubigeyre; Albugeyre, 1556 (terr. du prieuré de Rochefort).

ALBUSSAC, ham., c^ne d'Ytrac. — *Mansus d'Albussac*, 1297 (test. de Geraud de Montal). — *Albussacum*, 1327 (pap. de la fam. de Montal). — *Albuchac*, 1550 (terr. de l'Hôpital).

ALDIÈRES (LES), vill., c^ne d'Anglards-de-Salers. — *Las Aldières*, 1652 (état civ.). — *Las Aldieyres*, 1655 (id. de Salers). — *Las Aldeyres*, 1668 (état civ.). — *Las Audayres*, 1690 (id. de Saignes). — *Las Audières*, 1700 (id. de Saint-Martin-Valmeroux). — Aldeire (Cassini).

ALDIÈRES (LES), vill., c^ne de Saint-Chamant. — *Les Aldières*, 1671 (état civ.).

ALDIÈRES (LES), m^in, c^ne de Saint-Vincent. — *Lo mas Auzeraldeyras*, 1332 (lièvre du prieuré de Saint-Vincent). — *Las Aldières*, 1662 (insin. du baill. de Salers). — Aldeire (Cassini). — *Las Oudeires* (patois).

ALDIÈRES (LES), ruiss., affl. de la rivière de Mars, c^ne de Saint-Vincent; cours de 900 m.

ALDIES (LES), dom. ruiné, c^ne de Glénat. — *Affarium de las Locs Aldias*, 1357 (arch. mun. d'Aurillac, s. HH, c. 21).

ALDIQUIER (L'), dom. ruiné, c^ne de Sénezergues. — *Affar de l'Aldiquier*, 1668 (nommée au p^cé de Monaco).

ALDIT, dom. ruiné, c^ne de Mauriac. — *Domaine d'Aldy*, 1743; — *Ardit*, 1782 (arch. dép. s. C).

ALDIT, dom. ruiné, c^ne de Trizac. — *Tènement d'Aldix*, 1607 (terr. de Trizac).

ALÈGRES, dom. ruiné, c^ne de Chaliers. — *Affar appelé d'Alègres*, 1494 (terr. de Mallet).

ALÉGRIE (L'), dom. ruiné, c^ne de Siran. — *Mansus de la Alegria*, 1328 (arch. mun. d'Aurillac, s. HH, c. 21).

ALEGRIL, dom. ruiné, c^ne de Siran. — *Villaige d'Alegril*, 1600 (pap. de la fam. de Montal).

ALETZ, dom. ruiné, c^ne de Siran. — *Villaige d'Aletz*, 1664 (min. Sarrauste, n^re).

ALEUX (LES), dom. ruiné, c^ne de Saint-Santin-Cantalès. — *Affarium dels Alos*, 1443 (pap. de la fam. de Montal).

ALEX, vill., c^ne de Saint-Victor. — *Aletz*, 1443 (reconn. au seign. de Montal). — *Alleetz*, 1551 (terr. de l'Hôpital). — *Alletz*, 1639 (min. Sarrauste, n^re). — *Alexst*, 1676 (état civ. d'Ayrens). — Alex (Cassini). — *Alais*, 1857 (Dict. du Cantal).

Eglise, sous le voc. de saint Alexis, érigée en succursale par ordonnance royale du 21 février 1845.

ALÈZE, chapelle détruite, c^ne de Raulhac. — *La chapelle d'Alèze*, 1695 (terr. de la command. de Carlat).

ALFARIC, écart, c^ne de Montmurat. — *Aufaric*, 1682; — *Alfaric*, 1706; — *Alfarij*, 1728 (arch. dép. s. C, l. 3). — Alfarie (État-major).

ALFAU, écart, c^ne de Marcolès.

ALGAIRES, dom. ruiné, c^ne de Nieudan. — *Mansus del Agaires*, 1510 (vente au seign. de Montal).

ALGAYRIE (L'), dom. ruiné, c^ne de Polminhac. — *Affaria vocata de l'Algayria*, XVe s^e (arch. mun. d'Aurillac, s. HH, c. 21). — *Nemus vocatum de Puech-Blanc, sive de la Falgayria*, 1487 (reconn. à J. de Montamat).

ALGÈRE, ham., c^ne de Chaussenac.

ALGÈRE, ruiss., affl. de la rivière d'Auze, c^nes de Chaussenac et de Tourniac; cours de 8,500 m.

ALGÈRES, f^me, c^ne de Moussages. — *Algères*, 1714; — *Algères-en-Roumigoux*, 1716 (état civ.). — *Algère*, 1856 (Dict. stat. du Cantal).

ALGÈRES (LE BOIS D'), forêt, c^ne de Saint-Étienne-de-Riom. — *Forêt d'Algeyre*, 1783 (aveu par G. de la Croix).

ALGÈRES-DE-FENIERS (LES), forêt domaniale, c^ne de Riom-ès-Montagnes. — *Affarium d'Algeiras*, 1284 (arch. nat. J. 271). — *Nemus d'Algeira*, 1309 (Hist. de l'abb. de Féniers).

ALGIÉ, vill. détruit, c^ne de Marcenat. — *Le villaige d'Algié*, 1508 (terr. de Maillargues).

ALGOUX, écart, c^ne de Parlan. — *Algoux*, 1645; — *Augous*, 1661 (état civ.). — *Agoux*, 1748 (anc. cad.).

ALGOUX, ruiss., affl. de la rivière de Veyre, c^ne de Parlan; cours de 2,300 m.

ALGOUX, mont. à burons, c^ne de Saint-Paul-de-Salers. — *Montaigne d'Aloux; d'Auloux*, 1591; — *Mons d'Aulous*, 1606 (grand livre de l'Hôtel-Dieu de Salers). — V^rie Dargoule (Cassini). — Bon du Gouy (État-major).

ALGRUIEYRE (L'), dom. ruiné, c^ne de Teissières-de-Cornet. — *Mansus vocatus Algruieyra*, 1351 (pap. de la fam. de Montal).

ALGUEIRIE (L'), dom. ruiné, c^ne de Siran. — *Mansus del Alquieira*, 1265; — *Alquieyra; Aygueyras*, 1444 (reconn. au seign. de Montal).

ALGUÉRIE (L'), dom. ruiné, c^ne d'Aurillac. — *Affarium vocatum Alguier*, 1269 (arch. mun. d'Aurillac, s. FF, p. 15). — *Mansus de l'Algeuria; l'Algueyria*, 1465 (obit. de N.-D. d'Aurillac).

ALLANCHE, chef-lieu de canton, arrond. de Murat, anc. chât. — *Alancha*, 1332 (lièvre du prieuré de Saint-Vincent). — *Alanchia*, 1358 (arch. dép. s. G). — *Allanche*, 1358; — *Alencha*, 1401 (spicil. Brivat.).

— *Allanchia*, 1445 (ordonn. de J. Pouget). — *Alanchya*, 1471 (terr. du Feydit). — *Lanche; Alanche*, 1580 (lièvc conf. de la v^té de Murat). — *Allanches*, 1666; — *Alenche*, 1687 (état civ. de Murat). — *Allenche*, 1690 (id. de Saint-Flour). — *Alanche*, 1692 (id. de Moissac).

Allanche était, avant 1789, de la Basse-Auvergne, du dioc. de Clermont, de l'élect. de Saint-Flour, de la subdél. de Bort; siège d'une justice seign., régie par le droit cout., et ressort. à la sénéch. d'Auv., en appel de la prév. de Saint-Flour.

L'église, dédiée à saint Jean, était un prieuré dépend. de l'abb. de la Chaise-Dieu; elle a été érigée en cure par la loi du 18 germinal an x (8 avril 1802).

ALLANCHE, dom. ruiné et mont. à vacherie, c^ne de Laveissière. — *Lo mas d'Alanchia*, 1490; — *Allanche; Alancho; lo suc de Lense*, xve s^e (terr. de Chambeuil). — *Allancha*, 1575 (id. de Bredon).

ALLANCHE, riv., prend sa source au finage de Marcenat, traverse ceux de Pradiers, Vernols, Landeyrat, Allanche, Sainte-Anastasie et Neussargues, et se jette dans l'Alagnon en amont du Pont-du-Vernet, après un cours de 25,700 m. — *Allanche*, 1575 (terr. de Bredon). — *Rivière de Lanche*, 1591 (id. de Bressanges). — *Alanche*, 1635 (nommée par G^lle de Foix).

ALLERET, anc. dom., c^ne de Celoux. — *Terroir d'Ailliares; d'Ailliayret, alias de Viel-Alleret*, 1783 (terr. d'Alleret).

ALLERET, vill. et m^in à vent, c^ne de Saint-Poncy. — *Allere; Alleret*, 1610 (terr. d'Avenaux). — *Allaret*, 1613 (id. de Nubieux). — *Aillairé*, 1653 (id. du Sailhans). — *Alaret* (Cassini).

ALLEUZE, c^on sud de Saint-Flour. — *Castrum Helodie*, 1252 (arch. dép. s. H). — *Aleuza*, 1388; — *Aloiza*, 1391 (spicil. Brival.). — *Aleuyza*, xive s^e (Guill. Trascol). — *Helovia*, xive s^e (pouillé de Saint-Flour). — *Alloize*, 1410 (Gall. christ. t. II, c. 97). — *Allodia*, 1493 (arch. dép. s. H). — *Alueise; Alueyse; Halueysa; Haluersa; Halverse; Alveyse*, 1494 (terr. de Mallet). — *Loyse*, 1497 (arch. dép. s. E). — *Aveise*, 1506 (terr. de Riom). — *Alveysa*, 1508 (terr. de Montchamp). — *Aloysa; Ablodia*, 1510 (terr. de Maurs). — *Aloisa*, 1511 (ibid.). — *Alleyse*, 1552 (arch. dép. s. G). — *Alasel; Aloisel*, 1594 (min. Andrieu, n^re). — *Aloyse*, 1611 (état civ. de Saint-Flour). — *Aleuse*, 1618 (terr. de Sériers). — *Aleuize*, 1622 (ins. du baill. de Saint-Flour). — *Alluise*, 1624 (ibid.). — *Alouze*, 1624 (terr. de Ligonès). — *Aleuze*, 1632; — *Allauze*, 1662 (terr. de Montchamp). — *Alleuzel*, 1677; — *Eleuze*, 1680 (état civ. de Murat). — *Aleughe*, 1685 (arch. dép. s. E). — *Alleuze*, 1730 (terr. de Montchamp). — *Aleuzes*, 1739 (état civ. de Saint-Flour). — *Alleuse*, 1784 (Chabrol, t. IV).

Alleuze était, avant 1789, de la Haute-Auvergne, du dioc., de l'élect. et de la subdél. de Saint-Flour. Cette paroisse régie en partie par le droit cout., dépend. de la justice seign. d'Alleuze et ressort. au bailliage de Saint-Flour, en appel de sa prév. part.; partie par le droit écrit, dépend. de la justice seign. de Châteauneuf, et ressort. au bailliage de Vic, en appel de la cour roy. de Murat. — Église dédiée à saint Illide, érigée en succursale par décret du 28 août 1808. — Le château d'Alleuze était autref. le siège d'une des cinq comptoiries de la Haute-Auvergne.

ALLEUZET, vill., c^ne des Ternes. — *Aloyset*, 1570 (arch. mun. de Saint-Flour). — *Aleuzet*, 1636 (terr. des Ternes). — *Aleuzets*, 1645; — *Alleuzet*, 1646 (lièvc des Ternes). — *Aleuizet*, 1672; — *Alluzet*, 1678 (ins. du baill. de Saint-Flour).

ALLEVAL, chât. détruit, c^ne de la Capelle-Barrez. — *Chasteau d'Auteval; seigneur d'Autheval*, 1669 (nommée au p^ce de Monaco).

ALLIÈS, vill., c^ne de Menet. — *Lo mas Alluiz*, 1332 (lièvc du prieuré de Saint-Vincent). — *Allyer*, 1596 — *Allier*, 1600; — *Alier*, 1601 (état civ.).

ALLIX, dom. ruiné, c^ne de Chalvignac. — *Village d'Alix*, 1623 (état civ. du Vigean).

ALLODIER, dom. ruiné, c^ne de Sourniac. — *Mansus d'Allodier*, 1323 (arch. généal. de Sartiges).

ALLOZIERS, f^me, c^ne de Roffiac. — *Mansus de Alaizier*, 1510 (terr. de Maurs). — *Aloziers*, 1526 (arch. dép. s. H). — *Alouziers*, 1596 (ins. du baill. de Saint-Flour). — *Alozier* (Cassini). — *Allauzier* (État-major).

ALLY, c^on de Pleaux. — *Alys*, 1653; — *Aly*, 1659; — *Ali*, 1671 (état civ. de Pleaux). — *Haly*, 1674 (id. d'Aurillac). — *Aliy*, 1675 (état civ. de Chaussenac). — *Alix*, 1698 (id. de Saint-Martin-Valmeroux). — *Ally*, 1763 (lièvc de la seign. d'Ally).

Ally était, avant 1789, de la Haute-Auvergne, du dioc. de Clermont, de l'élect. et de la subdél. de Mauriac, et siège d'une justice seign. ressort. au bailliage d'Aurillac, en appel de la prév. de Mauriac. — Son église paroissiale, dédiée à saint Ferréol, était comprise dans l'archipr. de Mauriac. Elle a été érigée en succursale par ordonnance royale du 5 janvier 1820.

ALMEYRAC, ham., c^{ne} de Carlat. — *Affar appellé d'Olmeyrac*, 1668 (nommée au p^{ré} de Monaco).

ALOS (LE), dom. ruiné, c^{ne} de Vic-sur-Cère. — *Affar de Lala*, 1668 (nommée au p^{ré} de Monaco).

ALOUX, ham., c^{ne} de Talizat. — *Allouæ*, 1563 (arch. dép. s. C). — *Aloux*, 1654 (terr. du Sailhans). — *Halon*, 1784 (Chabrol, t. IV). — *Louta* (Cassini).

ALQUIER, vill., c^{ne} de Marmanhac. — *Affarium da Chier*, 1378 (arch. dép. s. G). — *Apchié*; 1552 (terr. de Nozières). — *Altié*, 1659 (état civ. de Murat). — *Alquier*, 1659 (id. de Marmanhac). — *Alquié*, 1743 (arch. dép. s. C, l. 21). — *Acquiets* (Cassini).

ALQUIER, mont. à burons, c^{ne} de Marmanhac.

ALQUIER, écart et m^{in}, c^{ne} de Vic-sur-Cère. — *Al Quier*, 1605; — *Alicquier*, 1633; — *Alliquier*, 1642 (état civ.). — *Aliquier*, 1668 (nommée au p^{re} de Monaco). — *Alquier*, 1769 (anc. cad.). — *Aliquié* (Cassini).

ALQUIER, dom. ruiné, c^{ne} de Vitrac. — *Mansus vocatus d'Alquier*, 1301 (pièces de l'abbé Delmas).

ALSAC, vill., c^{ne} d'Auzers.

ALSSAU, m^{in} détruit, c^{ne} de Madic. — (Cassini.)

ALTAYRAC, vill. détruit, c^{ne} d'Anterrieux. — *Altayrac*, 1410; — *Allairac*, 1506 (arch. dép. s. H).

ALTAYRIE (L'), dom. ruiné, c^{ne} de Cassaniouse. — *L'Altayrie; affar de la Barthe, sive de l'Aldayrie*, 1760 (terr. de Saint-Projet).

ALTAYRIE (L'), dom. ruiné, c^{ne} de Saint-Martin-Cantalès. — *Mansus de l'Altayria*, 1464 (terr. de Saint-Christophe).

ALTEBESSE, dom. ruiné, c^{ne} d'Ussel. — *Altebesa*, xve s^e (terr. de Bredon). — *Alta-besse; mansus seu affarium d'Altabesse*, 1511 (id. de Maurs).

ALTÉRINES, vill., c^{ne} de Saint-Cernin. — *Affarium d'Alterias*, 1269 (arch. mun. d'Aurillac, s. FF, p. 15). — *Alterinas*, xvie s^e (id. s. GG, p. 21). — *Enterines*, 1628 (paraphr. sur les cout. d'Auv.). — *Altérines*, 1658 (insin. du baill. de Salers). — *Autorines*, 1659; — *Altarines*, 1662; — *Authérines*, 1663; — *Altaries*, 1665; — *Alterrines*, 1701 (état civ.).

ALTEYRIE (L'), ham., c^{ne} de Marcolès. — *Affaria de la Alteyria*, 1529 (pièces de l'abbé Delmas). — *Lalteyrie* (Cassini).

ALTGRIN, dom. ruiné, c^{ne} de Roffiac. — *Villa que vocatur Altgrin*, 943 (Gall. christ., t. II, inst., col. 73).

ALTOURET, écart, c^{ne} de Carlat.

AMBELUGE, vill., c^{ne} de Paulhac. — *Les Meluges* (Cassini).

AMBIALS, vill., c^{nes} de Sainte-Eulalie et de Saint-Martin-Valmeroux. — *Villa Ambils*, xiie s^e (charte dite de Clovis). — *De Ambilis*, 1289 (Annot. sur l'hist. d'Aurillac, p. 61). — *Ambilias*, 1561 (bulle de sécul. de l'abb. de Saint-Geraud d'Aurillac). — *Ambralz*, 1648 (état civ. de Mauriac). — *Ambion*, 1651 (id. d'Aurillac). — *Ambials*, 1673 (id. de Saint-Chamant). — *Ambialz*, 1684 (min. Gros, n^{re}). — *Ambial* (État-major).

Ambials était, avant 1789, de la Haute-Auvergne, du dioc. de Clermont, de l'élect. et de la subdél. de Mauriac. Siège d'une justice seign., régie par le droit écrit, appart. au prieur du lieu, et ressort. au bailliage d'Aurillac, en appel de la prév. de Mauriac. — Prieuré dépend. du chap. d'Aurillac.

AMBIALS, ruiss., affl. de la Maronne, c^{ne} de Sainte-Eulalie; cours de 1,250 m.

AMBLARD (LE PUECH D'), mont. à vacherie, c^{ne} de la Besserette.

AMBLARDIE (L'), écart, c^{ne} de la Besserette. — *L'Amblardia*, 1549 (min. Boygues, n^{re} à Montsalvy). — *L'Amblairdia*, 1549; — *L'Ambeyiodia*, 1550; — *L'Amblyardya*, 1551; — *L'Amblyaidia*, 1552; — *L'Ambladia*, 1554 (min. Guy de Vayssieyra, n^{re} à Montsalvy). — *L'Amblardie*, 1670; — *L'Emblardie*, 1671 (nommée au p^{re} de Monaco).

AMBLARDIE (L'), ham., c^{ne} de Montmurat. — *L'Amblardie*, 1629 (état civ. de Saint-Santin-de-Maurs). — *L'Amblardies*, 1682 (arch. dép. s. C, i. 3).

AMBLARDOU (L'), écart, c^{ne} d'Apchon. — *L'Amblardou* (État-major).

AMBORT, vill., c^{ne} de Champs. — *Ambort*, 1608 (min. Danty, n^{re}). — *Enborn*, 1614; — *Den Born*, 1615; — *Denberc*, 1620; — *De Born*, 1623; — *Embort*, 1656; — *Embor*, 1662 (état civ.). — *Embert* (Cassini).

AMERIDIC, m^{in} détruit, c^{ne} de Vieillespesse. — *Lo mole Ameridic*, 1526 (terr. de Vieillespesse).

AMÉRIQUE (L'), écart, c^{ne} d'Ytrac.

AMOGUDES (LES), dom. ruiné, c^{ne} de Vézac. — *Affars de las Mogudas*, 1580 (terr. de Polminhac). — *Las Amogudas*, 1736 (id. de la command. de Carlat).

AMONT (LE PRAT D'), dom. ruiné, c^{ne} de Giou-de-Mamou. — *Affars appellés de Pradamon*, 1695 (terr. de la command. de Carlat). — *Buge de Pradalmon*, 1741 (anc. cad.).

AMOURETTES (LES), dom. ruiné, c^{ne} de Chaliers. — *Les Amourettes*, xviie s^e (terr. de Chaliers).

AMOUR-MEYRE (LE PUECH DE L'), mont. à vacherie, c^{ne} de Lanobre.

AMOUROU (L'), écart, c^{ne} de Lanobre. — *Lamouroux* (État-major). — *L'Amourouv*, 1856 (Dict. stat. du Cantal).

Amourouze (L'), ruiss., afll. du Bex, c^{ne} de Maurines; cours de 1,900 m. — *Rieuf de Contractz*, 1494 (terr. de Mallet). — *Le rial des Amoures*, 1558 (terr. du prieuré de Rochefort).

Amoutes (Le Suc des), mont. à vacherie, c^{ne} de Saint-Bonnet-de-Salers.

Anan, m^{in} détruit, c^{ne} de Leucamp. — *Molendinum Johannis Candoratz, vocatum lou mole d'Anan ou de Candorats*, 1535 (terr. de Caylus). — *Candouras* (Cassini).

Anans, ham., c^{ne} de Joursac. — *Anans*, 1693 (état civ.).

Ancavanoche, écart, c^{ne} de Vitrac.

Ancilhac, dom. ruiné, c^{ne} de Bredon. — *Mansus d'Ancilhas*, 1297 (arch. dép. s. E). — *Rancilhiac*, 1664 (terr. de Bredon).

Ande (L'), riv., prend sa source au terr. de la c^{ne} de Valuéjols, traverse les c^{nes} d'Ussel, Roffiac, Andelat, Saint-Flour, Saint-Georges, Alleuze et Anglards-de-Saint-Flour, et se jette dans la Truyère, après un cours de 35,600 m. — *Fluviolus Adia*, 996 (Gall. christ., t. II, inst., col. 420). — *Lenda*, 1249 (arch. mun. de Saint-Flour). — *Rif de la Vialavelha*, 1508 (terr. de Loubeysargues). — *Freyt-bes; Lande*, 1511 (id. de Maurs). — *Lempde*, 1534 (arch. dép. s. H). — *Ruisseau del Molé; rif de Villevelhe*, 1575 (terr. de Bredon). — *Ruisseau de Viallaveilhe*, 1644 (id. de Loubeysargues). — *Ruisseau appellé des Landes*, 1662 (id. de Montchamp). — *Lende*, 1664 (ibid.). — *Ruisseau de Villevielle*, 1664 (id. de Bredon). — *Rivière d'Ussel*, 1670 (id. de Brezons). — *Rivière de Razonnet*, 1672 (ins. du baill. de Saint-Flour). — *Ruisseau de Maniargues*, 1683 (terr. des Bros).

Andel (L'), mont. à vacherie, c^{ne} de Dienne.

Andelat, c^{on} nord de Saint-Flour. — *Andalacum*, 1303 (homm. à l'évêque de Clermont). — *Andelat*, 1344 (Gall. christ., t. II, col. 95). — *Audalac*, xive s^e (pouillé de Saint-Flour). — *Andalatum*, 1420; *Andalat*, 1512 (liber vitulus). — *Andelas; Andelac lez Sainct-Flour*, 1526 (terr. de Vieillespesse). — *Andellac*, 1567 (arch. dép. s. E). — *Endelat*, 1584; — *Andellat*, 1673 (id. s. G).

En 1360, le roi Jean établit à Andelat le siège du lieutenant du bailli des Montagnes d'Auvergne, primitivement fixé à Saint-Flour; mais, jusqu'en 1450, il tint ses assises à Roffiac. En 1490, il fut transféré à Murat tout en conservant son nom d'Andelat, et lors de la réunion de la v^{té} de Murat à la couronne, en 1531, il devint bailliage royal.

Le ressort du baill. d'Andelat avait une grande étendue et comprenait toute la prév. de Saint-Flour, moins la ville qui temporellement apparl. à l'évêque. Les principales justices en relevant étaient celles-ci : Andelat, la domerie d'Aubrac, Bélinay, Bomron (?), le prieuré de Bredon, la commanderie de Celles, Chaudesaigues, la vic^{té} de Cheylanne, Condat, le Couffour, les Deux-Verges, Espinasse, la baronn. de Falcimagne, Joursac, le Lieutadès, la command. de Loubeysargues, Lugarde, Marchastel, Maurines, Moissac, Montbrun, la command. de Montchamp, Montchanson, le Monteil, Montvallat, Narnhac, Neuvéglise, Neussargues, Peyrusse, la Roche-Canillac, Rochegonde, Roffiac, Rutialac (?), le Sailhans, Saint-Amandin, Sainte-Anastasie, Saint-Bonnet, Saint-Juéry, Saint-Just, Saint-Marc, Saint-Martial, Saint-Maurice, Saint-Saturnin, Saint-Urcize, Ségur, Sieujac, Talizat, Ussel, la command. de Vabres, Vabres et l'abb. de la Voûte.

Andelat était, avant 1789, de la Haute-Auvergne, du dioc., de l'élect. et de la subdél. de Saint-Flour. Régi par le droit cout., il dépend. de la justice seign. du Sailhans et ressort. à la sénéch. d'Auvergne, en appel de la prév. de Saint-Flour. — L'église, dédiée à saint Cirgues, était jadis à la collation du chap. cathéd. de Saint-Flour. Elle a été érigée en succursale par décret du 28 août 1808.

Andes (Les), f^{me} et bois, c^{ne} de Neuvéglise. — *Las Handas; las Andas; les Andes*, 1494 (terr. de Mallet). — *Lesandes* (État-major).

Andiergues, écart, c^{ne} de Chaudesaigues. — *Enteniergues*, 1669 (état civ. de Pierrefort). — *Andiergues* (Cassini).

Andral, dom. ruiné, c^{ne} de Menet. — *Mansus del Andral*, 1441 (terr. de Saignes).

Andral, écart, c^{ne} de Saint-Étienne-de-Maurs.

Andraud, mont. à burons, c^{ne} de Colandres.

André, écart, c^{ne} de Vézac. — *Mansus d'Andreas*, 1485 (reconn. à J. de Montamat). — *André*, 1610 (aveu de J. de Pestels). — *Andrès*, 1680 (arch. dép. s. C).

Andreit, dom. ruiné, c^{ne} de Saint-Gerons. — *Mansus d'Andraet*, 1295; — *Affarium d'Andreyt*, 1354 (arch. dép. s. E).

Andrelou, m^{in}, c^{ne} de Saint-Paul-de-Salers.

Andrenat, vill., c^{ne} de Saint-Martin-Valmeroux, auj. détruit. — *Mansus de Mandenhat*, 1464 (terr. de Saint-Christophe). — *Andressat*, 1784 (Chabrol, t. IV).

Andrieu, m^{in}, c^{ne} de Claviers.

Andrieu, m^{in} détruit, c^{ne} de Ruines.

Andrieu, écart, c^{ne} de Saint-Étienne-de-Maurs. — *Andrieu*, 1748 (état civ.). — *L'Andrieu*, 1761 (id. de Maurs).

ANDRIEUX (Les), vill., c^{ne} d'Arches. — *Les Andrieux*, 1680 (état civ.).

ANDRIEUX (Les), vill. détruit, c^{ne} de Jaleyrac. — *Le villaige des Andrieux*, 1734 (état civ.).

ANDRIEUX, m^{in}, c^{ne} de Leucamp. — *Moulin d'Andrière*, 1693 (état civ.). — *Andrieu*, 1856 (Dict. stat. du Cantal).

ANDRIEUX (Le Prat d'), mont. à vacherie, c^{ne} de Saint-Bonnet-de-Salers.

ANE (Le Puech de l'), mont. à vacherie, c^{ne} d'Allanche.

ANÉ, m^{in} détruit, c^{ne} de Valuéjols. — *Le mole d'Ané*, 1606 (min. Danty, n^{re} à Murat).

ANÈS (L'), ruiss., prend sa source dans la c^{ne} de Roumégoux, traverse celles de Parlan, Rouziers, Saint-Julien-de-Toursac et Saint-Étienne-de-Maurs, et se jette dans la Rance après un cours de 15,000 m. — Il est aussi nommé *Maurian*, *Morandel* et *Ols*.

ANÈS, écart, c^{ne} de Rouziers.

ANÈS, m^{in}, c^{ne} de Rouziers. — *Molin appelé d'Anès, alias del Douhart*, 1668 (nommée au p^{cé} de Monaco).

ANGEAU (L'), ruiss., c^{ne} de Saint-Santin-de-Maurs, se jette dans le Célé, à la limite des c^{nes} du Trioulou et de Montredon (Lot), après un cours de 8,600 m. — On le nomme aussi *Néguebonc* et de *Saint-Santin-de-Maurs*.

ANGEL (L'), écart, c^{ne} de Saint-Urcize.

ANGELAS, ham., c^{ne} de la Capelle-Barrez. — *Jouat* (Cassini). — *Enjelat* (État-major).

ANGELAS, mont. à burons, c^{ne} de la Capelle-Barrez. — *Montagnhe appelée d'Angelatz*, 1669; — *Montagnhe des Jalactz*, 1670 (nommée au p^{cé} de Monaco). — *Buron de Jouat* (Cassini). — *Grange Denjalat* (État-major).

ANGELIÈRE (L'), f^{me}, c^{ne} d'Espinasse. — *Angeliers* (Cassini). — *L'Auzardié*, 1855 (Dict. stat. du Cantal).

ANGENARS (Le Suc des), mont. à vacherie, c^{ne} de Massiac.

ANGENOLLES, f^{me} et m^{in} détruit, c^{ne} de Jaleyrac. — *Albierolas*, x^{e} s^{e} (test. de Théodechilde). — *Algeirolas*, xiie s^{e} (charte dite *de Clovis*). — *Algairolas*, 1298 (vente au doyen de Mauriac). — *Angeyrolas*, 1505; — *Angeiroille; Angeyrole*, 1515 (comptes au doyen de Mauriac). — *Angeyrolles*, 1549 (terr. de Miremont). — *Auzerolles*, 1637 (état civ. du Vigean). — *Angeirolles*, 1680 (terr. de Mauriac). — *Angeyrogues*, 1719 (état civ. d'Arches).

ANGLADE (L'), vill., c^{ne} d'Ally. — *Mansus de Langlada*, 1464 (terr. de Saint-Christophe). — *Languade*, 1631 (état civ. de Loupiac). — *L'Anglade* (Cassini).

ANGLADE (L'), m^{in} et huilerie, c^{ne} d'Ally.

ANGLADE (L'), ruiss., aff. du ruisseau d'Incon, c^{nes} d'Ally et de Barriac; cours de 2,150 m.

ANGLADE (L'), dom. ruiné, c^{ne} de Laveissière. — *Affar de l'Anglade*, 1668 (nommée au p^{cé} de Monaco).

ANGLADE (L'), dom. ruiné, c^{ne} de Saint-Hippolyte. — *L'Affar de Langlade*, 1719 (table du terr. d'Apchon).

ANGLADE (L'), écart, c^{ne} d'Ussel. — *Le barry de l'Anglade*, 1595 (terr. d'Ussel).

ANGLADE (L'), m^{in} détruit, c^{ne} d'Ussel. — *Molin de l'Anglade*, 1654 (terr. du Sailhans).

ANGLAIS (L'), dom. ruiné, c^{ne} de Badailhac. — *Tènement des Anglez, ou autrement de la Pesse-migière, ou de la Trémolière*, 1695 (terr. de la command. de Carlat).

ANGLARDS, écart, c^{ne} de Coren. — *Anglards*, 1508 (terr. de Montchamp). — *Anglardz*, 1585 (arch. dép. s. G). — *Anglards*, 1711 (état civ. de Saint-Mary-le-Plain). — *Anglard*, 1745 (arch. dép. s. C, l. 43).

ANGLARDS, vill., c^{ne} de Lanobre. — *Anglard*, 1790 (min. Marambal, n^{re} à Thinières). — *Englard* (Cassini).

ANGLARDS, seign., c^{ne} de Paulhac.

ANGLARDS, vill., c^{ne} de Rouffiac. — *Anglard*, 1640 (état civ. de Cros-de-Montvert). — *Anglars*, 1668 (id. de Laroquebrou). — *Anglar*, 1782 (arch. dép. s. C, l. 51).

ANGLARDS (Le Puech d'), mont. à vacherie, c^{ne} de Ruines.

ANGLARDS, ruiss., aff. de la Dore, c^{ne} de Saint-Cernin; cours de 860 m.

ANGLARDS, dom. ruiné, c^{ne} de Vic-sur-Cère. — *L'Affar appelé d'Anglardz*, 1668 (nommée au p^{cé} de Monaco).

ANGLARDS-DE-SAINT-FLOUR, c^{ne} nord de Saint-Flour. — *Castrum Anglarense*, 926 (Baluze, t. II). — *Anglars*, 1286 (Gall. christ., t. II, col. 272). — *Anglare*, xive s^{e} (pouillé de Saint-Flour). — *Anglards*, 1406 (liber vitulus). — *Anglartz*, 1470 (arch. dép. s. G). — *De Anglaribus*, 1458 (pap. de la fam. de Montal). — *Anglars; Anglart*, 1494 (terr. de Mallet). — *De Anglaris*, 1499 (liber vitulus). — *Anglardz*, 1622; — *Anglartz*, 1623 (état civ. de Murat). — *Anglard*, 1731 (état civ.). — *Anglars près Saint-Urcize*, 1784 (Chabrol, t. IV).

Anglards était, avant 1789, de la Haute-Auvergne, du dioc., de l'élect. et de la subdél. de Saint-

Flour. Régi par le droit écrit, il dépend. de la justice de Châteauneuf, et ressort. au bailliage de Vic, en appel de la cour royale de Murat. — L'église, dédiée à saint Pierre, était un prieuré dépendant du chap. de Saint-Flour; elle a été érigée en succursale par décret du 28 août 1808. — Le château d'Anglards était le siège d'un mandement de la v^{té} de Murat, qui, avant son démembrement en 1643, comprenait les paroisses d'Anglards et de Saint-Georges.

ANGLARDS-DE-SALERS, c^{on} de Salers. — *Ecclesie duæ Agglars*, XIIe s^e (charte dite *de Clovis*). — *Anglars*, 1269 (homm. à l'évêque de Clermont). — *Anglardz*, 1646 (état civ. de Mauriac). — *Enghlar*, 1650 (id. de Pleaux). — *Anglaz*, 1652 (id. d'Anglards). — *Anglars-près-Salers*, 1784 (Chabrol, t. IV).

Anglards était, avant 1789, de la Haute-Auvergne, du dioc. de Clermont, de l'élect. et de la subdél. de Mauriac. Régi par le droit cout., il dépend. de la justice seign. de Montbrun, et ressort. à la sénéch. d'Auvergne, en appel du bailliage de Salers. — L'église, dédiée à saint Thyrse, était un prieuré uni à l'archipr. de Mauriac. Elle a été érigée en succursale par décret du 28 août 1808.

ANGLANDS-HAUT, ham., c^{ne} de Lanobre. — *Anglard haut*, 1790 (min. Marambal, n^{re}).

ANGLARDS-LE-POMMIER, vill., c^{ne} de Saint-Cernin. — *Anglards-al-Pomier*, 1297 (arch. mun. d'Aurillac, s. HH, c. 21). — *Anglardz-lou-Pommier*, 1660; — *Anglardz-lou-Pomier*, 1662; — *Anglardz-lou-Poumier*; *Anglars-lou-Poumié*, 1703 (état civ.). — *Anglars-lou-Poumyé*; *Anglars-lou-Paumier*, 1744 (anc. cad.). — *Anglars-le-Pomier*, 1753 (état civ.). — *Anglar-le-Pommier* (Cassini).

ANGLANET, écart et mont. à vacherie, c^{ne} de Condat-en-Feniers. — *Anglards ou Anglairieux*, 1855 (Dict. stat. du Cantal).

ANGLE (L'), écart, c^{ne} de Montsalvy.

ANGLE (L'), mont. à burons, c^{ne} du Vaulmier. — *Langle* (Cassini).

ANGLES (LES), forêt défrichée, c^{ne} de Chanet. — *Nemus dictum delz Angles*, 1451 (terr. de Chavagnac).

ANGLES (LES), écart, c^{ne} de Chaudesaigues. — *Les Angles*, 1784 (Chabrol).

ANGLES (LES), vill., c^{ne} de Faverolles. — *Lez Anghalatz*, 1536 (terr. de Vieillespesse).

ANGLES (LES), écart, c^{ne} de Jabrun. — *Les Angles*, 1508 (terr. de la Garde-Roussillon).

ANGLES (LES), mont. à vacherie, c^{ne} de Jabrun. — *Al peuchx dels Angles*, 1662 (terr. de la Garde-Roussillon).

ANGLES (LES), vill. détruit, c^{ne} de Montboudif. — *Mansus dels Angles*, 1278 (Hist. de l'abb. de Feniers).

ANGLÈS (L'), ham., c^{ne} de Montsalvy.

ANGLÈS (LES), ruiss., prend naissance au terr. de Saint-Mamet-la-Salvetat, et se jette dans la Cère sur le territ. des c^{nes} de la Capelle-Viescamp et de Pers, après un cours de 6,500 m. — *Ruisseau de la Carbonieyra; de la Carbonyeyre*, 1574 (livre des achaps d'A. de Naucaze). — *Ruisseau d'Angle*, 1837 (état des riv. du Cantal). — Ce ruisseau porte aussi le nom de *Pers*.

ANGLEZ (LES), vill., c^{ne} du Vigean. — *Mansus d'Angles*, 1310 (liève du prieuré du Vigean). — *Les Angles*, 1505 (arch. mun. de la ville de Mauriac). — *Anglez*, 1648; — *Anglès*, 1652 (état civ.). — *Angle*, 1708 (état civ. d'Arches).

ANGOULÊME, écart, c^{ne} de Ladinhac.

ANGOUSTE (L'), vill., c^{ne} d'Ayrens. — *L'Angouste*, 1668; — *L'Angouste-Deifon*, 1676 (état civ.).

ANGUDE (L'), écart, c^{ne} de Lascelle.

ANISSOU (L'), ruiss., affl. du ruisseau des Angles, prend sa source à la limite des c^{nes} de la Ségalassière et de Pers; cours de 3,000 m.

ANJALIAC, maison dans le bourg de Jaleyrac. — *Anjalhac; Anjulhac*, 1599; — *Julhac*, 1637 (arch. généal. de Sartiges).

ANJALIERGUES, dom. ruiné, c^{ne} de Saint-Constant. — *D'Anjaliergues*, 1672; — *Anjalègues*, 1692 (état civ.).

ANJONI, f^{me}, c^{ne} d'Aurillac. — *En Joiana*, 1269 (arch. mun. d'Aurillac, s. FF, p. 15). — *Mansus de la boria de Iammio; Boria d'Anjoni*, 1465 (obit. de N.-D. d'Aurillac). — *Anjoni*, 1636; — *Angeni*, 1649 (état civ.). — Cette ferme a porté pendant un certain temps le nom de *Conthe*.

ANJONI, chât., c^{ne} de Tournemire. — *Anjohanim*, 1446 (spicil. Brivat.). — *Anjainy; chasteau Den Jenny*, 1664 (insin. du baill. de Salers). — *Angeuny*, 1682 (état civ. de Saint-Projet). — *Anjony*, 1759 (arch. dép. s. C, l. 19). — Le château d'Anjoni faisait partie des fortifications du château de Tournemire.

ANJONI-BAS, écart, c^{ne} de Saint-Cernin. — *Augeny*, 1730. (arch. dép. s. C, l. 32). — *Enjony-Basse* (Cassini). — *Enjoigny*, 1886 (états de recens.).

ANNEAU (L'), mont. à vacherie, c^{ne} de Mandailles.

ANONIN (L'), ruiss., affl. de l'Arcomie, c^{ne} de Bournoncles; cours de 1,550 m.

ANNICOU (L'), ruiss., affl. de la rivière de Mars, c^{ne} du Falgoux; cours de 2,400 m.

ANTALERGUES, dom. ruiné, c^{ne} de Saint-Constant. — *Villaige d'Antalergues*, 1641 (état civ.).

ANTÉNOCHE, f^me et manoir, c^ne de Murat. — *Oncterrochas*, 1360 (arch. dép. s. E). — *Anterrochas*, 1366 (id. s. G). — *Entarochas*, 1383 (id. s. E). — *Autarochas*, 1386; — *Antarroches*, xve s^e (id. s. G). — *Antharochas*, 1455 (terr. d'Anteroche). — *Interrupes*, 1478 (ibid.). — *Antarochias; Antaroch*, 1490 (id. de Chambeuil). — *Interrupia; Entre las Rochas*, 1491 (id. de Farges). — *Altarocha*, 1526 (id. de Vieillespesse). — *Entaroche*, 1536 (id. de la v^té de Murat). — *Enterroches*, 1591 (id. de Bressanges). — *Enteroches*, 1598 (reconn. au roi par les cons. d'Albepierre). — *Anterroches*, 1626 (arch. dép. s. E). — *Enteroche*, 1636 (état civ.).

ANTERRIEUX, c^on de Chaudesaigues. — *Ecclesia de Enter Rios*, xive s^e (reg. de Guill. Trascol). — *Interrivia*, 1507; — *Interrivos*, 1508 (arch. dép. s. H). — *Antarrieux*, 1596 (insin. du baill. de Saint-Flour). — *Entrerieux*, 1618 (paraphr. sur les cout. d'Auv.). — *Enterieux*, 1672 (insin. du baill. d'Andelat). — *Enterieux*, 1697 (arch. dép. s. G). — *Antérieux*, 1784 (Chabrol, t. IV).

Anterrieux était, avant 1789, de la Haute-Auvergne, du dioc., de l'élect. et de la subdél. de Saint-Flour. Régi par le droit écrit, il dépend. de la just. du chap. de Saint-Flour, et ressort au baill. de Saint-Flour, en appel de la prév. part. — L'église, sous le voc. de N.-D. et de sainte Anne, était à la nom. de l'évêque. Elle a été érigée en succursale par décret du 28 août 1808.

ANTERRIEUX, écart, c^ne de Ladinhac.

ANTERRIEUX, vill., c^ne de Mandailles. — *Enterieux* (Cassini).

ANTERRIEUX, vill., c^ne de Saint-Julien-de-Jordanne. — *Anterrioux*, 1671 (insin. de la cour royale de Murat). — *Anterieux*, 1679 (arch. dép. s. C, l. 1). — *Anterrieus; Antrerieus; Antrerieux*, 1692 (terr. du monastère de Saint-Geraud). — *Antarieu*, 1717 (arch. dép. s. C, l. 1). — *Enterieux* (Cassini).

ANTERRIEUX, ruiss., affl. de la Jordanne, c^ne de Saint-Julien-de-Jordanne; cours de 1,800 m. — *Ruisseau del Rieu*, 1692 (terr. de Saint-Geraud). — Il porte aussi le nom de *Felgeadou*.

ANTERRIEUX, vill. et m^in, c^ne de Thiézac. — *Enterieulx*, 1607; — *Antarieux*, 1610 (état civ.). — *Anterrieux*, 1668; — *Enteirieux*, 1671 (nommée au p^ce de Monaco). — *Esterrieu; Antérieux*, 1674 (terr. de Thiézac). — *Enterrieu*, 1746 (anc. cad.).

ANTERRIEUX, vill. détruit, c^ne de Tiviers. — *Villaige d'Enterrieux*, 1622 (état civ. de Pierrefort).

ANTIFAILLES, vill. détruit, c^ne de Valuéjols. — *Antiffalhas; Antiffalhes; Antifalhas; Antiffalhias*, 1508 (terr. de Loubeysargues). — *Antifailles*, 1584 (arch. dép. s. E). — *Antifailhes*, 1606 (min. Danty, n^re à Murat). — *Antifalhe; Antiphalles; Antiphalies*, 1644; — *Antifalhes*, 1661 (terr. de Loubeysargues). — *Antiffailles; Antiffailhes*, 1683 (terr. de la châtell. des Bros). — *Antefaille*, 1784 (Chabrol, t. IV).

ANTIGNAC, m^in, c^ne de Madic.

ANTIGNAC, c^ne de Saignes. — *Antinhac*, 1561 (terr. de Murat-la-Rabe). — *Anthinat; Anthinac*, 1637; — *Anthiniac*, 1638 (état civ.). — *Antignac*, 1664 (insin. du baill. de Salers). — *Antiniac*, 1675 (état civ. de Saignes).

Antignac était, avant 1789, de la Haute-Auvergne, du dioc. de Clermont, de l'élect. et de la subdél. de Mauriac. Régi par le droit cout., il dépend. de la just. seign. de la Daille, et ressort. à la sénéch. d'Auv., en appel du baill. de Salers. — L'église, sous le voc. de saint Pierre-ès-Liens était une annexe du prieuré de Vignonnet. Elle a été érigée en succursale par décret du 28 août 1808.

ANTONIE (L'), ham., c^ne de Fontanges. — *Antonie*, 1855 (Dict. stat. du Cantal).

ANTOURNET, dom. ruiné, c^ne de Saint-Constant. — *Ténement d'Antournet*, 1747; — *Autounet; Antounel*, 1750 (anc. cad.).

ANTRAIGUES, ham. avec manoir, c^ne de Boisset. — *Antrayguas*, 1663 (état civ. de Parlan). — *Antraygues; Entraigues; Entraiges*, 1668 (nommée au p^ce de Monaco).

ANTRAIGUES, m^in, c^ne de Boisset. — *Le molin d'Antrayguas*, 1658 (état civ. de Saint-Étienne-de-Maurs).

ANTRAIGUES, anc. q^r de la paroisse de Condat-en-Feniers. — *Seigneurie d'Entragues*, xviie s^e (terr. de l'abb. de Feniers). — *Entrègues*, 1770 (Michel Cohendy). — *Antraigues*, 1776 (arch. dép. s. G). — *Entragues*, 1784 (Chabrol, t. IV).

ANTRAYGUES, vill., c^ne de Saint-Constant. — *Antraygues*, 1636 (état civ. de Saint-Étienne-de-Maurs). — *Antraiges*, 1677 (id. de Saint-Constant). — *Antraigues*, 1747 (inv. des titres de l'hôp. d'Aurillac). — *Entrayguas*, 1748 (anc. cad.).

ANTRUZAC, dom. ruiné, c^ne de Mauriac. — *Antruzac*, 1660 (état civ.).

ANTUÉJOUL, f^me, c^ne d'Ytrac. — *Anthueghou*, 1684; — *Lantuejoul*, 1713 (arch. dép. s. C).

ANVAL, ham. avec manoir, c^ne de Saint-Mary-le-Plain. — *Enval; En-Val*, 1610 (terr. d'Avenaux). — *Anval*, 1672 (état civ. de Bonnac).

ANVAL, m^in, c^ne de Saint-Mary-le-Plain.

Anvers (Le Puech d'), mont. à vacherie, c̄ⁿᵉ de Chaudes-aigues.

Anvieux (Les), dom. ruiné, cⁿᵉ de Cheylade. — *Le mas des Anvieufz*, 1539 (terr. de Cheylade).

Apché, vill. et chât., cⁿᵉ de Landeyrat. — *Apcherium*, 1297 (Gall. christ., t. II, inst., col. 461). — *Apch*, 1329 (enq. sur la just. de Vieillespesse). — *Archeyr*, 1386; — *Apcher*, 1395 (terr. d'Anteroche).

Apché, avant 1789, était le siège d'une justice seign. moyenne et basse régie par le droit cout., et ressort. à la sénéch. d'Auvergne, en appel du baill. d'Aubijoux.

Landeyrat n'existe plus et Apché est le chef-lieu de la commune.

Apcher, vill., cⁿᵉ de Drugeac. — *Achyer*, 1671 (état civ. du Vigean). — *Chese*, 1678 (*id.* de Tourniac). — *Le Chier*, 1684 (min. Gros, nʳᵉ à Saint-Martin-Valmeroux). — *Acher*, 1693 (état civ. d'Ally). — *Chers*, 1743 (arch. dép. s. C, l. 38). — *Cher* (Cassini). — *Aucher*, 1855 (Dict. stat. du Cantal).

Apcher, vill., cⁿᵉ de Madic.

Apcher, vill., cⁿᵉ de Saint-Cernin. — *Apchier*, 1554 (terr. de Nozières). — *Achier*, 1660; — *Acher*, 1662 (état civ.). — *Acher*, 1665; — *Lou Cher*, 1700 (état civ. de Jussac). — *Apcher; Apciès*, 1703 (état civ.).

Apcher, ham., cⁿᵉ de Saint-Paul-de-Salers. — *Apchier*, 1635 (état civ. de Salers). — *Apché*, 1743 (arch. dép. s. C, l. 14).

Apchier, vill. détruit, cⁿᵉ d'Ydes. — *Acher*, 1671 (état civ. de Saignes). — *Apchier*, 1688 (*id.* de Chastel-Marlhac). — *Apcher*, 1781 (arch. dép. s. C, l. 45).

Apchon, cᵒⁿ de Riom-ès-Montagnes. — *Castellum Apjone*, xiiᵉ s (charte dite *de Clovis*). — *Apchonium*, 1297 (Gall. christ., t. II, col. 92). — *Apchonia*, 1310 (Hist. de l'abb. de Feniers). — *Apchonium*, 1329 (enq. sur la justice de Vieillespesse). — *Apchonum; Apchonium*, 1441 (terr. de Saignes). — *Apchou*, 1558 (arch. mun. d'Aurillac, s. GG, p. 10). — *Apchon*, 1585 (terr. de Graule). — *Achon*, 1596 (insin. du baill. de Saint-Flour). — *Achom*, 1683 (état civ. de Trizac). — *Apchont*, 1741 (*id.* d'Apchon).

Apchon était, avant 1789, de la Haute-Auvergne, du dioc. de Clermont, de l'élect. et de la subdél. de Mauriac. Siège d'une just. seign. régie par le droit cout., il ressort. au baill. d'Aurillac, en appel de la prév. de Mauriac. — L'église, dédiée à saint Blaise, était à la nomination de l'archipr. de Mauriac. Elle a été érigée en succursale par décret du 28 août 1808. — Le château d'Apchon était le siège d'une des cinq comptoiries de la Haute-Auvergne.

Apchon (La Forêt d'), dom. ruiné et mont. à vacherie, cⁿᵉˢ d'Apchon et de Riom-ès-Montagnes. — *Affarium vocatum d'Achonas*, 1441 (terr. de Saignes). — *Nemus domini de Apchonio*, 1512 (*id.* d'Apchon).

Aqueduc (L'), écart, cⁿᵉ de la Ségalassière.

Aquilion (L'), écart, cⁿᵉ de Saint-Urcize. — *La Gulion* (Cassini).

Arboret, dom. ruiné, cⁿᵉ de Saint-Étienne-Cantalès. — *Affars appelés d'Auboret*, 1606 (terr. de N.-D. d'Aurillac).

Arbre (L'), ham., cⁿᵉ de Bournoncles.

Arbre (L'), dom. ruiné, cⁿᵉ de Lavastrie. — *Villaige de l'Abre-du-Chastelet*, 1618 (terr. de Seriers).

Arbre (L'), mⁱⁿ, cⁿᵉ de Neuvéglise. — *Molin de l'Arbre-de-Rochegonde*, 1667 (insin. du baill. d'Andelat).

Arbre (L'), prieuré dont le site n'est pas connu; il était voisin peut-être de Neuvéglise. — *Le seigneur prieur de l'Arbre*, xviiᵉ s (terr. de la rente d'Anteroche).

Arbre (L'), dom. ruiné, cⁿᵉ de Vic-sur-Cère. — *Villaige de l'Arbre*, 1671 (nommée au pʳᵉ de Monaco).

Arbre-Cabane (L'), écart, cⁿᵉ de Marcenat.

Arbres (Les), ham., cⁿᵉ de Riom-ès-Montagnes. — *Molendinum de Leva-Arboras*, 1441 (terr. de Saignes). — *Mansus des Arbres*, 1512 (*id.* d'Apchon). — *Les Arbres*, 1719 (table de ce terrier).

Arbres (Les), ruiss., affl. de la Véronne, cⁿᵉ de Riom-ès-Montagnes; cours de 4,000 m. — *Riperia de Mealet*, 1512 (terr. d'Apchon).

Arcambe (L'), ruiss., prend sa source au terr. de Quézac, traverse les cⁿᵉˢ de Saint-Étienne-de-Maurs et de Maurs, et se jette dans la Rance, après un cours de 6,900 m. — *Orcamba*, 1331 (pièces du cab. de l'abbé Delmas). — *Arcamba*, 1358 (arch. dép. s. G). — *Arcambe*, 1583 (arch. mun. d'Aurillac, s. HH, c. 21). — *Arcambat*, 1500 (terr. de Maurs). — *Arcambes*, 1837 (état des riv. du Cantal). — *Arcambre ou Arcombe*, 1879 (état stat. des cours d'eau du Cantal). — Ce ruisseau porte aussi les noms de la *Galtayrie* et du *Rouget*.

Arche (L'), dom. ruiné, cⁿᵉ de Maurs. — *Ténement de l'Arche*, 1752 (anc. cad.).

Arches, cᵒⁿ de Mauriac, chât. et forêt. — *Arcas; Areas*, xᵉ s (test. de Théodechilde). — *Archas*, 1290 (vente au doyen de Mauriac). — *Archiarinium*, 1516 (arch. mun. de Mauriac). — *Arches*, 1743 (arch. dép. s. C, l. 41). — *Archers* (Cassini).

Arches était, avant 1789, de la Haute-Auvergne,

du dioc. de Clermont, de l'élect. et de la subdél. de Mauriac. Régi par le droit écrit, l'appel verbal excepté, il dépend. de la just. du doyen de Mauriac et ressort. au baill. d'Aurillac, en appel de la prév. de Mauriac. — L'église, dédiée à saint Julien, était à la nomination du doyen de Mauriac. Elle a été érigée en succursale par décret du 28 août 1808.

Arches, dom. ruiné, c^{ne} de Jaleyrac. — *Mas de l'Archa*, 1263 (arch. généal. de la m^{on} de Sartiges). — *Archas*, 1475; — *L'Arche, domaine*, 1680 (terr. de Mauriac).

Arches, vill., c^{ne} de Saint-Poncy. — *Arches*, 1610 (terr. d'Avenaux). — *Arche* (Cassini).

Archette (Le Suc de l'), dom. ruiné, c^{ne} d'Arches. — *Domaine d'Archèses*, 1505; — *Archètes*, 1515 (comptes au doyen de Mauriac).

Arcimbal, dom. ruiné, c^{ne} de la Monsélie. — *Le tènement d'Arcimbail*, 1561 (terr. de Murat-la-Rabe).

Arcomie (L'), riv., prend sa source au-dessus d'Arcomie (Lozère), traverse dans le Cantal les c^{nes} de Saint-Just, Saint-Marc, Bournoncles, Chaliers, Faverolles, et se jette dans la Truyère, en aval du pont de Garaby, après un cours de 28,500 m. — *Avronne; Avronnye; Arquomye; Arcomye; Arcomie*, 1494 (terr. de Mallet). — *Arcomio*, 1675 (id. de Celles).

Arcueil (L'), riv., prend sa source aux mont. de la Margeride, traverse les c^{nes} de Montchamp, Vieillespesse, Rézentières, Saint-Mary-le-Plain, Bonnac et Massiac, et se jette dans l'Alagnon à 1,500 m. en amont de Massiac, après un cours de 26,000 m. — *Arcueig; Arcueg*, 1508 (terr. de Montchamp). — *Rivot-Amendys; Arqueutz; Arqueux; Arqueuth*, 1526 (id. de Vieillespesse). — *Argueux*, 1571 (ibid.). — *Arqueulx; Arqueulh; Arqueulh*, 1610 (terr. d'Avenaux). — *Arqueil; Arqueul*, 1613 (id. de Nubieux). — *Le rif d'Argueil*, 1633 (id. de Montchamp). — *Arquelx; Arqueul*, 1644 (pap. de la fam. Barthomeuf). — *Arcœur; Arcueul*, 1666 (terr. de Montchamp). — *Rivière del Gros*, XVIIe s^e (id. de Vieillespesse). — *Rivière d'Argueul*, 1701 (pièces du cab. Berthuy). — *Arqueur*, 1730; — *Arcœur; Arcours*, 1762 (terr. de Montchamp). — *Arqueuil*, 1771 (id. de Bonnac).

Ardènes (Le Bois d'), futaie, c^{ne} de Virargues. — *Nemus d'Ardena*, 1446; — *Boix d'Ardène*, 1686 (terr. de Farges).

Ardenne (L'), forêt défrichée, c^{ne} d'Alleuze. — *Nemus de Ardena*, 1437 (arch. dép. s. G). — *Boys appelez de Dardenne*, 1494 (terr. de Mallet).

Ardenne (L'), vill., c^{ne} de Naucelles.

Ardenne, dom. ruiné, c^{ne} de Saint-Santin-Cantalès. — *Mansus d'Ardena*, 1487 (arch. mun. d'Aurillac, s. HII, c. 21).

Ardennes, écart, c^{ne} de Saint-Constant. — *Darde..* 1613; — *D'Ardène*, 1623 (état civ. de Saint-Santin-de-Maurs). — *Arden*, 1641; — *Ordènes*, 1662; — *Ardenne*, 1693 (id. de Saint-Constant).

Ardit, vill. et bois, c^{ne} de Sauvat. — *Ardit*, 1671 (état civ. d'Ydes). — *Arthitte* (Cassini). — *Hardit*, 1886 (états de recens.).

Ardrec, dom. ruiné, c^{ne} de Siran. — *Le villaige d'Ardrec*, 1505 (pap. de la fam. de Montal).

Arfeuille, vill., c^{ne} de la Monsélie. — *Afreulhes*, 1560; — *Arfeulhère*, 1637 (terr. de Murat-la-Rabe). — *Arfeuilles*, 1672 (état civ. de Saignes). — *Arfeilles*, 1688 (id. de Trizac). — *Arfeuille*, (Cassini).

Arfeuille, mⁱⁿ, c^{ne} de la Monsélie. — *Le molin d'Arfeulhe appelé des Julhardz; Arfeulhes*, 1561 (terr. de Murat-la-Rabe).

Arfeuille, vill. détruit, c^{ne} de Montchamp. — *Villa que vocatur Aurfolia, in vicaria Marciacensi*, x^e s^e (cart. de Brioude). — *Arfuolha; Arfuelha*, 1508 — *Arfeulhe*, 1633; — *Arpheulle*, 1662 (terr. de Montchamp).

Arfeuille, chapelle détruite, c^{ne} de Roffiac. — *Ecclesia de Arfolio, quæ ad castellum de Montibus pertinet*, 1131 (mon. pontif. Arv.).

Arimon (Le Puy d'), mont. à vacherie, c^{ne} de Chaussenac.

Aris, vill., c^{ne} de Vic-sur-Cère. — *Avis*, 1476 (terr. de Polminhac). — *Aris*, 1609 (homm. au roi par les prêtres de Polminhac). — *Arie*, 1610 (aveu de Jean de Pestels). — *Aries*, 1668 (nommée au p^{re} de Monaco).

Anjalès (L'), ruiss., affl. de la Truyère, c^{ne} d'Espinasse; cours de 6,000 m.

Anjalet, écart, c^{ne} de Chaudesaigues. — *Arghalet*, 1784 (Chabrol, t. IV). — *Arjalet* (Cassini). — *Arjallet*, 1855 (Dict. stat. du Cantal).

Anjalie (L'), dom. ruiné, c^{ne} de Cezens. — *L'Arzalie*, 1623 (ass. gén. ten. à Cezens).

Anjaliès (Les), ham., c^{ne} de Saint-Martin-sous-Vigouroux.

Anjaloux, ham., c^{ne} de Cezens. — *Arzialous*, 1511; — *Arzialoux*, 1512 (terr. de Maurs). — *Arziloux* (Cassini). — *Arjaloux* (État-major).

Arla, dom. ruiné, c^{ne} de Saint-Santin-Cantalès. — *Nemus l'Arla*, 1442; — *Le Arlle*, 1505 (pap. de la fam. de Montal).

Arlandès, ham., c^{ne} de Chaudesaigues.

Arlésie, dom. ruiné, c^{ne} d'Aurillac. — *Platea del Arzilier sita a Leprosiam*, 1277 (arch. mun. d'Aurillac, s. EE, p. 14). — *L'affar dal Arlezie*, 1692 (terr. du monast. de Saint-Geraud).

Arling, ruiss., affl. de l'Arcomie, c^ne de Faverolles; cours de 5,500 m. — *Russeau appellé d'Arlenc*, 1494 (terr. de Mallet). — *Ruisseau de Chauvelie*, 1837 (état des riv. du Cantal).

Armalière (L'), mont. à vacherie, c^ne de Celles.

Armand, m^in et huilerie, c^ne de Pleaux.

Armand, mais. de camp., c^ne de Saint-Étienne-de-Maurs. — *Armant* (états de sections).

Armand, m^in, c^ne de Saint-Paul-de-Salers.

Armandie (L'), vill. et m^in, c^ne de Mandailles. — *Mansus del Armandia*, 1522 (min. Vigery, n^re à Aurillac). — *Armandias*, 1634 (pièces du cab. Lacassagne). — *L'Armandou*, 1677 (état civ. de Chastel-sur-Murat). — *Armandies; l'Armandie*, 1692 (terr. du monast. de Saint-Geraud). — *L'Armandies*, 1724 (arch. dép. s. C, l. 9).

L'Armandie était, avant 1789, régie par le droit écrit, et ressort. au bailliage de Vic, en appel de sa prév. part. La cure était à la nomination du célérier du monast. de Saint-Geraud.

Armandie (L'), ruiss., affl. de la Jordanne, c^ne de Mandailles, se jette dans la Jordanne, sur le territ. de la même c^ne; cours de 1,800 m. On le nomme aussi *le Biquez*.

Armandie (L'), ham., c^ne de Thiézac. — *Armandias*, 1618 (état civ.). — *Armandiels*, 1668 (nommée au p^ce de Monaco). — *Armandies*, 1746 (anc. cad.). — *Armadies* (Cassini).

Armandie (L'), m^on forte détruite, c^ne de Tournemire; elle faisait partie des fortifications avancées du château féodal le Fortanier. — *Seigneur de Lermandis*, 1446 (spicil. Brivat.).

Arman-l'Ancien, f^me avec manoir, c^ne de Saint-Étienne-de-Maurs. — *Bastida d'Almon*, 1443 (arch. mun. d'Aurillac, s. HH, c. 21). — *Arman*, 1690 (arch. dép. s. E). — *Arman*, 1694 (terrier de Marcolès).

Armars (Les), dom. ruiné, c^ne de Chaussenac. — *Les Armars*, 1778 (inv. des arch. d'Humières).

Armazo, dom. ruiné, c^ne de Cheylade. — *Le mas del Armazo*, 1539 (terr. de Cheylade).

Armence (L'), écart, c^ne de Champs. — *Armance* (État-major).

Armimalz, dom. ruiné, c^ne de Cheylade. — *Le mas des Armimalz*, 1513 (terr. de Cheylade).

Armont, ham., c^ne de Pleaux.

Arnac, c^on de Laroquebrou. — *Arnac*, 1275 (test. de Bertrand de Montal). — *Arnacum*, 1329 (arch. dép. s. G). — *Arnatum*, 1465 (reconn. au seign. de Montal). — *Arnad*, 1632 (état civ. de Loupiac).

— *Arniac*, 1648 (état civ. de Saint-Christophe). — *Arnat*, 1671 (*id.* d'Arnac).

Arnac était, avant 1789, de la Haute-Auvergne, du dioc. de Saint-Flour, de l'élect. et de la subdél. d'Aurillac. Régi par le droit écrit, il était le siège d'une justice seign. et ressort. en appel au bailliage d'Aurillac. — L'église, placée jadis sous le vocable de la Nativité de N.-D., ensuite sous celui de saint Laurent, était à la nomination de l'évêque.

Elle a été érigée en succursale, par décret du 28 août 1808.

Arnac, ruiss., affl. de la Maronne, c^nes d'Arnac et de Saint-Santin-Cantalès; cours de 4,700 m. On le nomme aussi *le Fayet*.

Arnac, dom. ruiné, c^ne de Glénat. — *Mansus d'Arnhac*, 1322 (reconn. aux seign. de Montal). — *L'Ernhat; Ernhac*, 1357 (arch. mun. d'Aurillac, s. HH, c. 21).

Arnal (Le Puy d'), dom. ruiné et mont. à vacherie, c^ne d'Arpajon. — *La calm de la bordarie d'Arghac; Arghat*, 1585 (terr. de N.-D. d'Aurillac). — *L'affar de Puecharnal*, 1670 (nommée au p^ce de Monaco). — *Le Puech-d'Arnat*, 1740 (anc. cad.).

Arnal, séchoir à châtaignes, c^ne de Maurs. — *Le séchoir d'Arnal*, 1753 (état civ.).

Arnals (Les), dom. ruiné, c^ne de Mauriac. — *Les Arnalhz; les Araailhz*, 1549 (terr. de Miremont).

Arnals (Les), dom. ruiné, c^ne de Saint-Gerons. — *Village des Arnals*, 1750 (inv. des biens de l'hôp. de Laroquebrou).

Arnaud, m^in détruit, c^ne de Soulages. — *Le molin d'Arnaud*, 1610 (terr. d'Avenaux).

Arnaudie (L'), dom. ruiné, c^ne d'Arches. — *Boria del Arnalda*, 1473; — *L'Anardia*, 1475; — *Domaine de l'Arnada*, 1680 (terr. de Mauriac).

Arobels (Les), dom. ruiné, c^ne de Mauriac. — *Domaine des Arobels*, 1505; — *Acorbels*, 1515 (comptes au doyen de Mauriac).

Aron, f^me, c^ne d'Aurillac. — *Aran*, 1646; — *Haron*, 1679 (état civ.). — *Aron*, 1679 (arch. mun. d'Aurillac, s. CC, p. 31). — *Daron*, 1693 (*ibid.*, p. 8). — *Orons* (états de sections).

Arone, mont. à vacherie, c^ne d'Alleuze. — *Podium de Barons*, 1510 (terr. de Maurs).

Arpajon, c^on sud d'Aurillac. — *Vicaria Arpajonensis*, 923 (annot. sur l'hist. d'Aurillac). — *Arpaio*, 1269 (arch. mun. d'Aurillac, s. FF, p. 15). — *Le Paio*, 1297 (test. de Geraud de Montal). — *Le Pagou; Le Pago*, 1465 (obit. de N.-D. d'Aurillac). — *Arpajon*, 1480 (reconn. à J. de Montamat). — *Arpaghone*, xve s^e (*ibid.*). — *Arppaio*, 1503 (reconn. à l'hôp. d'Aurillac). — *Le Pajou*, 1545 (arch. mun.

d'Aurillac, s. FF, p. 15). — *Arpaghon*, 1548 (min. Boygues, n° à Montsalvy). — *Arpaioye*, 1561 (*ibid.*). — *Arpaghoniou*, 1588 (arch. mun. de Crandelles). — *Arpajou*, 1606 (état civ. de Montsalvy). — *Arpauze*, 1621 (*id.* d'Arpajon). — *Arpahion*, 1622 (*ibid.*). — *Alpaion*, 1622 (état civ. d'Aurillac). — *Arpaghou*, 1628 (paraphr. sur les cout. d'Auv.). — *Arpaion*, 1629 (état civ. de Laroquebrou). — *Arpasion*, 1630 (*id.* d'Arpajon). — *Arpaioun*, 1636 (*id.* de Naucelles). — *Le Paion*, 1643 (*id.* de Vic-sur-Cère). — *Arpazou*, (nommée au p^{ce} de Monaco). — *Arpageon*, 1668 (état civ. de Saint-Mamet). — *Arpazon*, 1668 (*id.* de Jussac). — *Le Paiou*, 1669 (*ibid.*). — *Arpason*, 1683 (*id.* de Crandelles). — *Arpajon*, 1744 (arch. dép. s. C, l. 4). — *Arpaghoux*, 1784 (Chabrol, t. IV).

Arpajon, ch.-l. d'une viguerie carlovingienne, était, avant 1789, de la Haute-Auvergne, du dioc. de Saint-Flour, de l'élect. et de la subdél. d'Aurillac; régi par le droit écrit, il dépend. de la just. seign. de Conros et ressort. au baill. de Vic, en appel de la prév. d'Aurillac. — Son église, dédiée à saint Vincent, était un prieuré qui fut uni, en 1481, à la communauté des prêtres d'Aurillac; elle a été érigée en succursale par décret du 28 août 1808.

Arpent-du-Baldrie (L'), écart, c^{ne} de Boisset. — *La Baldrie*, 1748 (anc. cad.).

Arquet (Le Peuch d'), mont. à vacherie, c^{ne} de Virargues. — *Le Peuch-Jurquet*, 1518 (terr. de la coll. de N.-D. de Murat).

Arrestetout, écart, c^{ne} de Saint-Julien-de-Toursac. — C'est un ancien péage auquel on avait donné ce surnom dérisoire.

Arsac, dom. ruiné, c^{ne} d'Anglards-de-Salers. — *Villaige d'Arsac*, 1477 (arch. généal. de Sartiges).

Arsac, vill., c^{ne} d'Auzers. — *Mansus de la Darsac*, 1479; — *Arsac*, 1581 (nomm. au seign. de Charlus). — *Alghac*, 1664 (anc. min. Chalvignac, n^{re} à Trizac).

Arses, ham., c^{ne} de Junhac. — *Mansus de Darsas*, 1324 (arch. dép. s. E). — *Arsses*, 1668 (nommée au p^{ce} de Monaco). — *Arses*, 1749 (anc. cad.).

Arsoulier, dom. ruiné, c^{ne} de Saint-Santin-Cantalès. — *L'affar d'Arsolier*, 1345 (arch. dép. s. G).

Artense (L'), contrée divisée auj. entre le départ. du Cantal et celui du Puy-de-Dôme. — *Terra Artencha*, 1250 (spicil. Brivat.).

Artiges, dom. ruiné, c^{ne} d'Arnac. — *Affar appelé de Sartigas*, 1470 (arch. mun. d'Aurillac, s. HH, c. 21). — *Affar appelat de Artigas*, 1471; — *Affarium de Sertiges*, 1472 (pap. de la fam. de Montal).

Artiges, dom. ruiné, c^{ne} de Chalvignac. — *Tenementum d'Artigas*, 1296 (homm. à l'évêque de Clermont).

Artiges, ruiss., affl. du ruisseau de l'Inquirade, c^{nes} de Marcenat et de Saint-Bonnet-de-Marcenat; cours de 2,000 m.

Artiges, vill., c^{ne} de Mauriac. — *Artigias; Cartigias*, x^e s^e (test. de Théodechilde). — *Artinhac*, 1288 (homm. au doyen de Mauriac). — *Artigas*, 1295 (vente au doyen de Mauriac). — *Artighas*, 1464 (terr. de Saint-Christophe). — *Artiges*, 1505 (comptes au doyen de Mauriac). — *Artigos*, 1666 (état civ. d'Anglards-de-Salers).

Artiges, ruiss., affl. du ruisseau de Verlhac, c^{ne} de Mauriac; cours de 1,560 m.

Artiges, vill., c^{ne} de Saint-Bonnet-de-Marcenat.

Artiges, vill., c^{te} de Tourniac. — *Artigias*, xiie s^e (charte dite *de Clovis*). — *Artigiæ*, 1329 (enq. sur la just. de Vieillespesse). — *Artighas*, 1464 (terr. de Saint-Christophe). — *Artiges*, 1503 (*id.* de Cussac).

Artiges, ruiss., affl. du ruisseau de Cussac, c^{ne} de Tourniac; cours de 1,000 m. — *Rivus de las Broas*, 1502 (terr. de Cussac).

Artigues, écart, c^{ne} de Laroquevieille. — *Lortigues*, 1552 (terr. de Nozières). — *Artigues*, 1639 (pièces du cab. Lacassagne). — *Artigues*, 1696 (arch. dép. s. C, l. 10).

Artis, ruiss., affl. de la rivière du Jurol, c^{ne} d'Alleuze; cours de 1,250 m.

Anzailliès, vill., c^{ne} de Brezons. — *L'Arzalié*, 1623 (ass. gén. ten. à Cezens). — *L'Arzalier*, 1670 (ins. du baill. de Saint-Flour). — *Les Azaliers*, 1701; — *L'Arzulliers*, 1702 (état civ.). — *Larzilliers* (Cassini). — *Les Arzaliers* (État-major).

Aspelizéos, écart, c^{ne} de Fournoulès.

Aspénières, mont. à burons, c^{ne} d'Anglards-de-Salers.

Aspieuch, écart, c^{ne} de Fontanges. — *Lou Puex*, 1672 (état civ. de Saint-Chamand). — *Lou Peus-del-Puech*, 1736 (*id.* de Fontanges). — *Aspiech* (État-major).

Aspolives (Les), mont. à burons, c^{ne} de Saint-Urcize.

Aspolives, ruiss., affl. du ruisseau de la Morte, c^{ne} de Saint-Urcize; cours de 850 m.

Asprat, vill. et m^{in}, c^{ne} de Saint-Cirgues-de-Jordanne. — *Lespras*, 1700; — *Lespraz*, 1717 (arch. dép. s. C, l. 1°). — *Lesprat* (État-major).

Asprat, ham., c^{ne} de Thiézac, et chapelle en ruines.

Aspre (L'), ruiss., affl. de la Maronne, c^{nes} du Fau, de Fontanges, et de Saint-Remy-de-Salers; cours de 13,830 m. — *Rivière d'Aspré*, 1717 (terr. de Beauclair).

Asprières, dom. ruiné, c^ne de la Capelle-del-Fraisse. — *Domaine d'Asprières*, 1760; — *Arpière*, 1772 (arch. dép. s. C, l. 49).

Assac, ham., c^be de Pierrefort. — *Asassac*, 1643; — *Alzalsac*, 1653; — *Alzassac*, 1666 (état civ.). — *Asac*, 1673 (id. de Murat). — *Assac* (Cassini).

Assier-Bas, écart, c^ne de Montmurat.

Assier-Haut, écart, c^ne de Montmurat.

Astorg, m^in détruit, c^ne de Bredon. — *Lou molle d'Astorg*, 1598 (reconn. au roi par les consuls d'Albepierre).

Astourgie (L'), dom. ruiné, c^ne de Saint-Vincent. — *Mas de l'Astorgia*, 1332; — *L'Astorguya*, 1589 (lièvede du prieuré de Saint-Vincent).

Astrapas, ruiss., affl. de l'Alagnon, c^ne de Laveissière; cours de 2,300 m.

Astrapas, mont. à vacherie, c^ne de Pradiers.

Astriac, ham., c^ne de la Besserette.

Astruels, vill. détruit, c^ne de Cassaniouze. — *Villaige d'Astruels*, 1740; — *Villaige des Tralh*, 1745 (anc. cad.). — *Estruels*, 1760 (terr. de Saint-Projet). — *Estressial*, 1785 (arch. dép. s. C, l. 49).

Asturgie (L'), ham., c^ne de Maurs. — *L'Astourgie*, 1771 (état civ.). — *L'Esturgie*, 1773 (anc. cad.).

Attrappe (L'), écart, c^ne de Sénezergues.

Aubac, écart, c^ne de Mentières.

Aubaguet, vill., c^ne de Cezens. — *Obaguetz; Oubaguetz*, 1527 (arch. dép. s. G). — *Aubaguex*, 1591 (lièvede de la baronn. du Feydit). — *Aubaguetz*, 1607 (terr. de Loudières). — *Aubaguetcz*, 1612 (lièvede du Chambon). — *Aubagues*, 1664 (état civ. de Murat). — *Aubaguez; Le Baguet*, 1670 (terr. de Brezons). — *Aubaguet* (Cassini).

Aubars (Les), ham., c^ne du Claux. — *Affar d'Albardz*, 1539 (terr. de Cheylade). — *Heybrard*, XVIIe s^e (arch. dép. s. E). — *Aubal* (Cassini). — *Auban* (État-major).

Aubars (Les), écart, c^ne de Ladinhac.

Aubars, dom. ruiné, c^ne du Vigean. — *Affarium d'Albars*, 1310 (lièvede du prieuré du Vigean).

Aubax, vill., c^ne de Cezens. — *Pagesia vocata d'Obax*, 1427 (arch. dép. s. G). — *Aubax*, 1591 (lièvede de la baronn. du Feydit). — *Aubag*, 1855 (Dict. stat. du Cantal).

Aubax, m^in, c^ne de Cussac.

Aubax, f^me, c^ne de Mentières. — *Hobax*, 1570 (arch. mun. de Saint-Flour). — *Auzac*, 1601 (terr. du Luguet). — *Aubax*, 1745 (arch. dép. s. C). — *Albaze*, 1784 (Chabrol, t. IV).

Aubégéat, vill., c^ne de Peyrusse. — *Castrum Albergarias*, 1034 (Baluze, t. II, p. 48). — *Castrum d'Albinhas; Albughes*, 1329 (enq. sur la just. de Vieillespesse). — *Aulbeghars*, 1561 (terr. de l'abb. de Feniers). — *Albughars*, 1628 (paraphr. sur les cont. d'Auv.). — *Aubégéac*, 1672; — *Aubégat*, 1696 (état civ. de Massiac). — *Aubeghoac*, 1702 (id. de Joursac). — *Albeghas*, 1702 (lièvede de Mardogne). — *Albeghart; Albezars*, 1784 (Chabrol, t. IV). — *Aubégéas* (Cassini). — *Aubéjas*, 1857 (Dict. stat. du Cantal).

Aubèle, dom. ruiné et grange, c^ne du Fau. — *Grange d'Aubol*, 1681 (état civ. de Saint-Vincent).

Aubepeyre, f^me avec manoir, c^ne de Laurie. — *Aubepère*, 1784 (Chabrol, t. IV). — *Aubepe* (Cassini). — *Albepeire* (État-major). — *Aubesseyre*, 1856; — *Aubepeyre*, 1861 (Dict. stat. du Cantal).

Aubenoque, vill., c^ne de Ladinhac. — *Albaroque*, 1548 (min. Boygues, n^re à Montsalvy). — *Albaroeque*, 1552 (min. Guy de Vayssieyra, n^re id.). — *Aubarocque*, 1643 (min. Froquières, n^re à Raulhac). — *Auberocque*, 1668; — *Auberoque*, 1670 (nommée au p^ce de Monaco). — *Auboroque*, 1676 (terr. de Calvinet). — *Auberroque; Auberroques*, 1750 (anc. cad.). — *Amberroque*, 1752 (arch. dép. s. C). — *Auberoques* (Cassini). — *Auburoque* (états de sections).

Aubesagne, faubourg de la ville d'Allanche. — *Quartier d'Alanche appellé Alassal*, 1717 (terr. de la baronn. du Feydit).

Aubespeyres, vill., c^ne de Junhac. — *Albaspeyras*, 1549 (min. Boygues, n^re à Montsalvy). — *Albespeyras*, 1564 (id. Boissonnade, n^re id.). — *Aubespeires*, 1638 (état civ. de Naucelles). — *Albespeyre*, 1670 (nommée au p^ce de Monaco). — *Albospeyres*, 1675 (état civ. de Montsalvy). — *Aubespeyre*, 1677; — *Oxbespeyres*, 1705 (id. d'Aurillac). — *Aubespeyres*, 1724 (lièvede de Montsalvy). — *Albaspayres; Albospayres; Albes Peyres*, 1767 (table des min. de Guy de Vayssieyra). — *Aubespayre* (Cassini).

Par décret du 2 janvier 1851, l'église d'Aubespeyres a été érigée en succursale.

Aubespeyres, ruiss., affl. de la rivière d'Authre, c^ne de Laroquevieille; cours de 4,000 m.

Aubespeyrès, vill., c^ne de Marmanhac. — *Albaspeyras; Albespeyras*, 1552 (terr. de Nozières). — *Aubaspeyras*, 1553 (procès-verb. Veny). — *Aubespeires*, 1620 (état civ. de Reilhac). — *Albaspeyres*, 1668; — *Albespeyris*, 1669; — *Albas-Peyres*, 1670; — *Albapeire*, 1671 (état civ. de Marmanhac). — *Albespeyres*, 1685; — *Aubespeires*, 1728; — *Aubespeyre*, 1739 (arch. dép. s. C, l. 21). — *Vaspeyre* (Cassini). — *Bospeyres* (états de sections).

AUBESPEYRES, ruiss., affl. de la riv. d'Authre, c^ne de Marmanhac; cours de 4,800 m. — *Rivus de Cuzou*, 1494 (terr. de Sédaiges). — *Ruisseau de Bospeyres* (plan cadast.).

AUBESSEYRE, f^me avec manoir, c^ne de Laurie.

AUBESSEYRE, m^in, c^ne de Laurie.

AUBEVIDAYRE, ham., c^ne de la Chapelle-Laurent. — *Aubevidaire*, 1669 (état civ. de Massiac). — *Aubevidières* (Cassini). — *Aubevydeyre* (État-major).

AUBEVIO, vill., c^ne de Vèze. — *Aubevio* (Cassini). — *Aubevion* (État-major). — *Aubevioux*, 1857 (Dict. stat. du Cantal).

AUBIJOUX, vill., c^ne de Marcenat. — *Castrum d'Albujos*, 1262 (Baluze, t. II). — *Albughor; Albujous; Albughous*, 1278 (Hist. de l'abb. de Feniers). — *Albughos*, 1342 (arch. dép. s. E). — *Albugios*, 1386; — *Albugias*, 1395 (terr. d'Antéroche). — *Aubighoux*, 1508 (id. de Maillargues). — *Aubijous*, 1558 (arch. mun. d'Aurillac, s. CC). — *Albughoux; Aubnjoux*, 1585 (terr. de Graule). — *Aubejoux*, 1592 (vente de la terre de Cheylade). — *Aubighous; Aubioux*, 1660 (terr. de l'abb. de Feniers). — *Aubijoux*, 1668 (état civ.). — *Aubijoux*, 1744 (arch. mun. d'Aurillac, s. CC). — *Aux Bijoux* (Cassini).

Aubijoux était, avant 1789, de la Basse-Auvergne, du dioc. et de l'élect. de Clermont. Régi par le droit cout., il était le siège d'un baill. seign. ressort. en appel à la sénéch. d'Auvergne.

AUBIJOUX, ruiss., affl. du Doujou, c^ne de Marcenat; cours de 3,700 m.

AUBIN, vill., c^ne de Marmanhac. — *Hospicium focale vocatum del Albret*, 1494 (test. de Sédaiges). — *Albas*, 1552 (terr. de Nozières). — *Aubin*, 1669; — *Albin*, 1670 (état civ.). — *Aubain*, 1739 (arch. dép. s. C, l. 21).

AUBIN, m^in détruit, c^ne de Marmanhac.

AUBIN, écart, c^ne de Rouziers.

AUBOIS, écart, c^ne de Trémouille-Marchal.

AUBOS, ruiss., affl. du Rieutord, c^ne de Barriac, près de Loudiès; cours de 240 m.

AUBRAGUET (L'), mont. à vacherie, c^ne de Jabrun. — *Le peuch d'Albraguet*, 1508; — *Le peuchx dou Braquet*, 1662; — *Le peuch d'Albracquet*, 1686 (terr. de la Garde-Roussillon).

AUBRÉGÉAC (L'), écart, c^ne de Maurs. — *L'Aubrejac*, 1762 (état civ.).

AUBRESPIC (L'), dom. ruiné, c^ne de Crandelles. — *Affar de l'Aubrespic*, 1669 (nommée au p^ce de Monaco).

AUBRESPIC (L'), dom. ruiné, c^ne de Saint-Étienne-Cantal.

 — *Affar del Aubrespic; affar de Corbaresse; alias de l'Aubrespic; l'Arbrespic; Courbaresse*, 1692 (terr. de Saint-Gerand).

AUBRET (L'), oratoire, c^ne de Narnhac. — *La croix de l'Aubret*, 1695 (terr. de Celles).

AUBUGUES, ham., c^ne de Prunet. — *Aubugues*, 1630 (état civ. d'Arpajon).

AUBUSSON, vill., c^ne de Saint-Julien-de-Jordanne. — *Albusso*, 1561 (obit. de N.-D. d'Aurillac). — *Albusse*, 1573 (terr. de la chapell. des Blats). — *Aubusson*, 1632 (état civ. de Vic-sur-Cère). — *Albussas*, 1672 (id. de Polminhac). — *Aubuson* (Cassini).

AUBUSSON, ruiss., affl. de la Jordanne, c^nes de Saint-Projet et de Saint-Cirgues-de-Jordanne; cours de 2,000 m. — *Rif d'Albusso*, 1561 (fonds de l'église N.-D. d'Aurillac).

AUBUSSON, écart, c^ne de Sansac-de-Marmiesse.

AUCHER, vill., c^ne de Vernols. — *Auchey* (Cassini). — *Enchay*, 1857 (Dict. stat. du Cantal).

AUCHER, ruiss., affl. de la rivière d'Allanche, c^ne de Vernols; cours de 1,000 m. — *Dauché*, 1837 (état des riv. du Cantal).

AUDEYRE, ham., c^ne de Massiac. — *Oudeyre*, 1886 (états de recens.).

AUGAYRES, écart, c^ne de Chastel-Marlhac.

AUGERADE (L'), fief, c^ne de Condat-en-Feniers. — 1788 (arch. dép. s. C).

AUGERETTE, vill., c^ne de Trémouille-Marchal. — *Augerette*, 1732 (terr. du fief de la Sépouze). — *Auzerette* (états de sections).

AUGEROLLES, ham., c^ne de Jaleyrac.

AUGERS, ham., c^ne de Condat-en-Feniers.

AUGET, ham., c^ne de Chanterelle.

AUGIAL, dom. ruiné, c^ne de Roannes-Saint-Mary. — *Affar de l'Augial*, 1668 (nommée au p^ce de Monaco).

AUGIER, mont. à vacherie, c^ne de Marmanhac.

AUGON, m^in, c^ne de Colandres.

AUGOULES, vill., c^ne de Menet. — *Aigoulas; Augoulas; Auguolas; Angelas*, 1504 (terr. de la duchesse d'Auvergne). — *Engoules*, 1601; — *Ongoulet*, 1606; — *Augoulles*, 1608; — *Ougolles*, 1609; — *Ongoulles*, 1613 (état civ.). — *Oujouges*, 1675 (id. de Trizac). — *Augoules*, 1783 (dénombr. du prieuré de Menet). — *Augoulles* (Cassini).

AUJOU (L'), ruiss., affl. du Célé, prend sa source à Saint-Julien-de-Piganiol (Aveyron), arrose les c^nes de Saint-Santin-de-Maurs et du Trioulou; cours, dans le Cantal, de 4,030 m. — *Ruisseau du Pesquier*, XVIIe s^e (reconn. au prieur de Saint-Constant). — *R. de Roudié*, 1740 (reconn. au baron de Montmurat). — *R. d'Aujou; r. de Lestang*,

1749; — R. d'Aiyou, 1753 (anc. cad. de Saint-Constant). — R. de Nequebouc (État-major).

AULHAC, dom. ruiné, c^{ne} de Saint-Cirgues-de-Malbert. — Le villaige d'Aulhac, 1679 (arch. dép. s. C, l. 16).

AULHAC, vill., c^{ne} de Siran. — Mansus da Olhat, 1324 (reconn. au seign. de Montal). — Affarium da Olhat, 1346 (arch. dép. s. G). — Aulhiat, 1600 (pap. de la fam. de Montal). — Aulliac, 1616 (état civ.). — Auliaga, 1617 (id. de Glénat). — Aulhac, 1661 (état civ.). — Oüillac, 1667 (id. de Glénat). — Auliac, 1685 (état civ. de Laroquebrou).

AULHAC, f^{me}, c^{ne} de Vic-sur-Cère. — Orlhac, 1599; — Auliac, 1633 (état civ.). — Aulhac; Olliac; affar d'Olhac, 1668 (nommée au p^{té} de Monaco). — Aulhiac (Cassini).

AULIAC, m^{in}, c^{ne} de Vic-sur-Cère. — Le moulin d'Aulhac, 1769 (anc. cad.).

AULHAC, mont. à vacherie, c^{ne} de Vic-sur-Cère. — Montaignhe d'Auliac, 1668 (nommée au p^{ca} de Monaco).

AULHADET, ruiss., affl. de l'Alagnon, c^{ne} de Peyrusse; cours de 2,000 m. — Ruisseau de Cuze-Val, 1558 (terr. de Tempel).

AULIAC, dom. ruiné, c^{ne} de Glénat. — Affar appellé d'Aulhac, 1669 (nommée au p^{té} de Monaco).

AULIAC, vill., c^{ne} de Jabrun. — Aulhac, 1508; — Auliac, 1662 (terr. de la Garde-Roussillon). — Auliat, 1784 (Chabrol, t. IV).

AULIAC, vill., c^{ne} de Laurie. — Aulhac, 1784 (Chabrol, t. IV). — Auliac (Cassini).

AULIAC, vill., c^{ne} de Marchastel. — Aulhiac, 1601; — Aulhac, 1618; — Auliac, 1678 (lièvе de Soubrevèze).

AULIAC, vill., c^{ne} de Saignes. — Affarium d'Olhat, 1441 (terr. de Saignes). — Olliac, 1681; — Holiac, 1693 (état civ.). — Oléac (Cassini).

AULIAC, vill., c^{ne} de Talizat. — Aulhac; Auliac, 1559 (lièvе du prieuré de Molompize). — Villaige d'Auliat, 1635 (nommée par G^{lle} de Foix). — Aulliac, 1720 (état civ. de Saint-Mary-le-Plain).

AULIADET (LE RASA D'), torrent, affl. de l'Alagnon, c^{ne} de Ferrières-Saint-Mary.

AULIADET, dom. ruiné, c^{ne} de Jabrun. — La métharie d'Aulhadet, 1508; — Aulhiadet, 1662; — Auliadet, 1686 (terrier de la Garde-Roussillon).

AULIADET, vill., c^{ne} de Massiac. — Aulhiadet, 1558 (terr. de Tempel). — Aulhadet, 1581 (id. de Celles). — Orlhaguet, 1608 (état civ. de Pierrefort). — Auliadez, 1744 (id. de Saint-Étienne-sur-Massiac). — Oliadoux; Oliadeix, 1784 (Chabrol, t. IV). — Auliade (Cassini).

AULIADET, vill., c^{ne} de Peyrusse. — Aulhadet, 1559 (lièvе du prieuré de Rochefort). — Alliadet, 1635 (nommée par G^{lle} de Foix). — Oliadet, 1699 (état civ. de Joursac). — Auliadet, 1702 (lièvе de Mardogne). — Ouliadet, 1784 (Chabrol, t. IV).

AULOU, mont. à vacherie, c^{ne} de Brezons. — Montagne des Loups, 1852 (Dict. stat. du Cantal).

AUMA (L'), mont. à vacherie, c^{ne} de Laroquevieille. — Dauma (État-major).

AUMA (L'), ruiss., affl. de la rivière d'Authre, c^{ne} de Laroquevieille; cours de 2,500 m. — On le nomme aussi Ruisseau de Tidernat.

AUMONT, écart, c^{ne} de Saint-Victor. — Daumont, 1857 (Dict. stat. du Cantal).

AUNIMAY, écart, c^{ne} de Saint-Santin-de-Maurs.

AURADOU (L'), ham., c^{ne} de Marmanhac. — Auriolo, 1613 (état civ. de Naucelles).

AURAT (LE PRAT D'), mont. à vacherie, c^{ne} de Colandres.

AURELLE-DE-COLOMBINES, dom. ruiné, c^{ne} de Chanet. — Aurelhe de Collombines, XVIe s^e (confins de la terre du Feydit).

AURIAC, c^{on} de Massiac. — Auriacum, XIVe s^e (pouillé de Saint-Flour). — Auriat, 1526 (terr. d'Aurouze). — Auriac-l'Église (Cassini).

Auriac était, avant 1789, de la Basse-Auvergne, du dioc. de Clermont, de l'élect. et de la subdél. de Lempdes. Régi par le droit écrit, il était le siège d'une just. seign. ressort. à la sénéch. d'Auvergne, en appel de la prév. de Brioude. — L'église, sous le voc. de saint Nicolas, était une cure à la nomination du prieur de la Voûte. Elle a été érigée en succursale par décret du 28 août 1808.

AURIAC, vill., c^{ne} de Faverolles. — Mansus d'Auriac; Auriacum, 1323; — Auriat, 1401 (arch. mun. de Saint-Flour). — Auriayc, 1494 (terr. de Mallet). — Auryac, 1508 (id. de Montchamp).

AURIAC-BAS, vill., c^{ne} d'Auriac. — Auriac-le-Bas, 1784 (Chabrol, t. IV). — Auriac-Soutro, 1852 (Dict. stat. du Cantal).

AURIACOMBE, vill., c^{ne} de Marmanhac. — Auriacombe, 1669; — Auriecombe, 1728 (état civ.). — Auria Combes (états de sections).

AURIAL, lieu détruit, c^{ne} d'Ydes. — (Cassini.)

AURIÈRE, dom. ruiné, c^{ne} de Girgols. — Auriez, 1600 (reconn. des hab. d'Auriol). — Auriers, 1655 (ins. du baill. de Salers). — Aurière, 1679 (arch. dép. s. C, l. 46). — Auries, 1693 (inv. des titres de l'hôp. de la Trinité d'Aurillac).

AURIÈRES (LES), vill., c^{ne} de Maurs. — Las Orieyras, 1470 (arch. mun. d'Aurillac, s. HH, c. 21). — Las

Aurieyres, 1548 (min. Guy de Vayssieyra, n^re à Montsalvy). — *Lacassaurières*, 1662; — *Les Aurières*, 1665; — *Las Aurierez*, 1667; — *Lazaurières*, 1757 (état civ.). — *Lasaurières* (Cassini).

Aurières (Les), écart, c^ne de Saint-Santin-de-Maurs. — *Aurieyres*, 1612; — *Auryeyres*, 1613 (état civ.). — *Aurières*, 1747 (inv. des titres de l'hôp. d'Aurillac).

Aurillac, ch.-lieu du département. — *Aureliacus*, 984 (Gerbert, édit. Havet, n° 91). — *Orlhac*, 1280 (annot. sur l'hist. d'Aurillac, p. 55). — *Aureliecum*, 1296 (arch. mun. d'Aurillac, s. FF, p. 15). — *Orliac*, xiiie s^e (ibid.). — *Aorllhac*, xiiie s^e (id. s. HH, p. 14). — *Aurellyacum*, 1366 (Chabrol, t. I). — *Aurillac*, 1380 (arch. mun. d'Aurillac, s. HH, p. 14). — *Aurilliacum*, 1398 (spicil. Brivat.). — *Aorlhat*, 1400 (arch. mun. de Saint-Flour). — *Aurillacus*, 1408 (obit. de N.-D. d'Aurillac). — *Aorlhac*, 1419 (arch. mun. de Saint-Flour). — *Aurelhiacus*, 1435 (donat. à l'hôp. de la Trinité d'Aurillac). — *Orllac; Orliac*, 1449 (enq. sur les droits des seign. de Montal). — *Orilhac*, 1465 (pièces de l'abbé Delmas). — *Orillac*, 1480 (reconn. à J. de Montamat). — *Aurelliacum*, 1481 (obit. de N.-D. d'Aurillac). — *Orilhat*, 1484 (arch. mun. d'Aurillac, s. AA, l. 7). — *Auriliacum*, 1529 (reconn. au curé de l'hôp. de la Trinité d'Aurillac). — *Aurelhacus*, 1535 (terr. de la seign. de Caylus). — *Orilhat*, 1536 (pièces d'E. Amé). — *Horilac*, 1548 (poids, collect. Durif). — *Aureilhiac; Orlhiac*, 1544 (min. Guy de Vayssieyra, n^re). — *Ourilhac*, 1554 (ibid.). — *Aurilhac*, 1566 (terr. de Saint-Christophe). — *Aourlhac; Aourlhiac; Aurlhac*, 1567 (ibid.). — *Aurelhiac*, 1574 (livre des achaps d'Ant. de Naucaze). — *Orilhiac*, 1585 (id. de Graule). — *Auriliahc*, 1607 (état civ. de Montsalvy). — *Auryac*, 1613 (id. de Naucelles). — *Haurilhac*, 1617 (id. de Thiézac). — *Aurilihac*, 1621 (id. d'Arpajon). — *Auriac*, 1622 (id. d'Aurillac). — *Aureliac*, 1627 (ibid.). — *Aurihac*, 1629 (id. de Saint-Santin-de-Maurs). — *Aurelilac*, 1630 (ibid.). — *Aurillat*, 1630 (id. de Thiézac). — *Aurelhac*, 1632 (id. de Saint-Santin-Cantalès). — *Aurilliac*, 1634 (id. de Salers). — *Aorillac*, 1668 (id. de Cassaniouze). — *Aurilheac*, 1670 (id. de Saint-Constant). — *Aurelac; Aurilac*, 1693 (inv. des titres de l'hôp. d'Aurillac). — *Auriliac*, 1711 (état civ. de Saint-Paul-des-Landes). — *Aurileac*, 1713 (ibid.).

Aurillac était, avant 1789, de la Haute-Auvergne, du dioc. de Saint-Flour, siège d'une élection et d'une subdélégation. Régi par le droit écrit, il ressort. au bailliage y établi, en appel de sa prévôté particulière.

Dès 1277, Aurillac était le siège du bailliage des Montagnes d'Auvergne (*Ballivia Montanarum Alvernie*). En 1330, ce bailliage eut pour ressort les terres de la Haute-Auvergne qui étaient exemptes de la juridiction de l'ancien comté, plus tard duché, et en 1366, toutes les exemptions de la Haute-Auvergne lui furent attribuées, sauf l'appel à Saint-Pierre-le-Moustier; ce ressort fut confirmé par lettres patentes du 10 août 1372. Un présidial fut créé dans cette ville en 1551 et établi en 1552; les bailliages de Vic et de Saint-Flour y ressortissaient; ce dernier avait été démembré de celui d'Aurillac, en 1523.

Aurillac, dom. ruiné, c^ne de Vézac. — *Affarium d'Aorilhac*, 1269 (arch. mun. d'Aurillac, s. FF, p. 15). — *L'Afar d'en Aorllhac*, xiiie s^e (id. s. HH, p. 14).

Auriol, f^me, c^ne de la Capelle-Viescamp. — *Villaige d'Auriol*, 1687 (état civ.).

Auriol, mont. à vacherie, c^ne de Gezens. — *Pratum d'Auriol*, 1511 (terr. de Maurs).

Auriol, f^me et mont. à vacherie, c^ne de Girgols. — *Aurias*, 1600 (trans. entre les hab. d'Auriol et l'hôp. de la Trinité d'Aurillac). — *Auriols*, 1782 (arch. dép. s. C, l. 46).

Auriol (D'), mont. à vacherie, c^ne de Montchamp. — *Le terroir de Auriola*, 1508 (terr. de Montchamp).

Aurouze, vill., c^ne de Molompize. — *Aurozu*, 1370 (arch. dép. s. E). — *Aurouze*, 1526 (terr. d'Aurouze). — *Auroze*, 1559 (id. de Molompize). — *Auroze-près-Massat*, 1628 (paraphr. sur les cout. d'Auv.). — *Ourouze*, 1690 (état civ. de Murat).

Aurouze, avant 1789, était le siège d'une just. seign. régie par le droit cout., et ressort. à la sénéch. d'Auvergne, en appel de la prév. de Brioude.

Aurouze, m^in, c^ne de Molompize. — *Aurosa*, 1465 (pièces de la cure de Massiac). — *Aurouse*, 1526 (terr. d'Aurouze).

Aurussès, dom. ruiné, c^ne de Reilhac. — *Domaine d'Aurussès*, 1773 (terr. de la châtell. de Broussette).

Ausard (L'), ruiss., affl. de l'Alagnonet, c^nt de la Chapelle-Laurent; cours de 780 m.

Auselle, écart, c^ne de Saint-Étienne-de-Riom. — *Aussaire*, 1671 (état civ. de Saignes).

Autenesse, vill. détruit et mont. à vacherie, c^ne de Bredon. — *Altabessa*, 1450 (arch. dép. s. H). — *Affar d'Altebesse*, 1536 (terr. de Bredon). — *Assapèce*, 1784 (Chabrol, t. IV).

Auteil, ham., c^ne d'Apchon. — *Alteil*, 1719 (tabl. du terr. d'Apchon). — *Auteil*, 1739 (état civ.).

3.

Authre (L'), riv., prend sa source au territ. de la c^{ne} de Lascelle, traverse les c^{nes} de Laroquevieille, Marmanhac, Jussac, Reilhac, Naucelles, Saint-Paul-des-Landes, Ytrac et la Capelle-Viescamp, et se jette dans la Cère, après un cours de 37,500 m. — *Aqua d'Autra,* 1314 (arch. dép. s. E). — *D'Aussa,* 1408 (id. s. G). — *Altra,* 1482 (arch. mun. d'Aurillac, s. HH, c. 21). — *Aultre,* 1567 (terr. de Saint-Christophe). — *Autre,* 1695 (id. de la command. de Carlat).

Autrelaigues, faubourg de la ville d'Allanche. — *Outrelaigue; Aultrelaygue,* 1515; — *Oultrelaygue d'Alanche,* 1517 (terr. du Feydit).

Autreval, ham., c^{ne} de Lanobre. — *Autrevial* (Cassini). — *Hautevialle* (État-major).

Autreval, mⁱⁿ, c^{ne} de Lanobre. — *Autravail* (Cassini). — *Autraval* (État-major).

Autrières, vill., c^{ne} de Saint-Chamant. — *Aultrières,* 1655 (ins. du baill. de Salers). — *Altrières; Autrières,* 1662 (état civ. de Saint-Cernin). — *Oultrières,* 1671; — *Les Ausdrières; Autrerio,* 1672 (id. de Saint-Chamant).

Autrières (Le Pont d'), mⁱⁿ, c^{ne} de Saint-Chamant.

Auvergne (L'), anc. province qui a formé les départ. du Cantal et du Puy-de-Dôme. *Civitas* sous la domination romaine et *pagus* durant la 1re moitié du moyen âge, l'Auvergne était divisée, avant 1789, en Basse et Haute-Auvergne. — Ἀρουερνιδα, m^e s^e (Dion Cassius, l. 40). — *Arvernum; Arvernum territorium; terminus Arvernus; Arverna urbs; territorium Arvernicum; Arverna regio,* vi^e s^e (Gregorii Turonensis, Hist. Franc.). — *Arvernicum,* 760 (contin. de Frédégaire, apud Dom Bouquet, t. V, p. 4). — *In Arvernis territorio,* 801 (vita S. Benedicti, apud Dom Bouquet, t. V, p. 458). — *Plaga Avernica,* 882 (cart. de Brioude). — *Arvernensis comitatus,* 886 (Baluze, Histoire d'Auvergne, t. II, p. 3). — *Pagus Arvernensis,* 895; — *Alvernia,* 926 (cart. de Brioude). — *Patria Arvernica,* 956 (cart. de Brioude). — *Territorium Arvernense,* 1017 (chap. cathéd. de Clermont). — *In Arvernia,* 1366 (Baluze, Hist. d'Auvergne, t. II, p. 345). — *Auvergne,* 1386 (Douët d'Arcq, Sceaux, n° 394). — *Alveygues,* 1534; — *Auvernhe,* 1535; — *Aulvergne,* 1536 (terr. de Coffinbal). — *Alvergne,* 1671 (état civ. de Pierrefort).

L'Auvergne comprenait la partie du centre de la France occupant les deux versants du plateau de montagnes qui part du mont Lozère pour séparer les bassins de la Loire et de la Garonne. Le versant nord forme le haut bassin de l'Allier et de ses affluents, la Dore à droite, l'Alagnon et la Sioule à gauche. Le versant sud est à peu près compris entre la rive droite de la Dordogne et la rive gauche du Lot.

Auxillac, vill., c^{ne} de Virargues. — *Ancilhac,* 1293 (arch. dép. s. H). — *Aussilhat,* 1386 (id. s. G). — *Ansilhacum; Ansilhat,* 1403; — *Aucilhac,* 1418 (id. s. E). — *Aucilhacum,* 1478 (terr. d'Antéroche). — *Aucilhacum,* 1491 (id. de Farges). — *Aussilhac,* 1518 (id. des Cluzels). — *Auxilhac,* 1542 (arch. dép. s. G). — *Auchiliac,* 1609; — *Ausiliac,* 1621 (état civ. de Trizac). — *Auxilac,* 1675 (id. de Chastel-sur-Murat). — *Auxilhiac,* 1680 (insin. de la cour royale de Murat). — *Auxilliat,* 1680 (terr. des Bros). — *Auxilliac,* 1756 (id. coll. de N.-D. de Murat).

Auzalat, buron, c^{ne} de la Capelle-Barrez.

Auzan, fief, c^{ne} d'Andelat.

Auzanges, vill., c^{ne} de Champs. — *Auganges; Alganges; Algenges,* 1615; — *Augenges,* 1668 (état civ.). — *Auzange* (Cassini).

Auzarie (L'), ham., c^{ne} de Lanobre.

Auze (L'), riv., prend sa source au territ. d'Anglards-de-Salers, traverse les c^{nes} de Salers, Drugeac, Salins, le Vigean, Drignac, Escorailles, Ally, Mauriac, Brageac, Chalvignac et Tourniac, et se jette dans la Dordogne, après un cours de 44,640 m. — *Flumen Ausa,* xiie s^e (charte dite *de Clovis*). — *Ausa,* 1221 (Gall. christ., t. II, inst. col. 382). — *Riperia de Chambre,* 1310 (liève du prieuré du Vigean). — *Aux; Auze,* 1549 (terr. de Miremont). — *Auzo,* 1778 (inv. des arch. de la m^{on} d'Humières).

Auze (L'), mⁱⁿ, c^{ne} d'Anglards-de-Salers.

Auze (L'), mⁱⁿ, c^{ne} de Cassaniouze. — *Le moulin d'Auze,* 1740 (anc. cad.).

Auze (L'), ruiss., prend sa source au territ. de Montsalvy, traverse les c^{nes} de la Besserette, Junhac, Sénezergues, Cassaniouze, et se jette dans le Lot, sur le territ. de Vieillevie, après un cours de 18,460 m. Il porte aussi les noms de *las Planques* et de *la Forêt.* — *Rivus d'Auzol; Auzel,* 1537; — *Auzo,* 1539 (min. Destaing, n^{re} à Marcolès). — *Auzot,* 1558 (id. Guy de Vayssieyra, n^{re} à Montsalvy). — *Auzé; Auze; Ruisseau de las Planques,* 1760 (terr. de Saint-Projet).

Auze (L'), ruiss., affl. de la Cère, coule sur les territ. de Saint-Paul-des-Landes, de Saint-Étienne-Cantalès, de Saint-Gerons; cours de 10,800 m. Il porte aussi les noms de *Lacamp* et de *Saint-Paul.* — *Aqua d'Ausa,* 1414 (arch. dép. s. E).

Auzel, dom. ruiné, c^{ne} de Lascelle. — *Mansus d'Auzel,* 1352 (reconn. à l'hôp. de la Trinité d'Aurillac).

Auzel (L'), mont. à vacherie, c^{ne} de Tanavelle. — *Montana de Bausel*, 1510 (terr. de Maurs).
Auzelaret, vill., c^{ne} de Molompize. — *Auzellaret; Auzellerect*, 1558 (lièvc conf. de Tempel). — *Ouzeleret*, 1690 (terr. de Bégoules). — *Auzeleret; Auzerellet*, 1703 (état civ. de Saint-Victor-sur-Massiac). — *Auzeralathe*, 1740 (id. de Saint-Étienne-sur-Massiac). — *Auzeret*, 1741 (id. de Saint-Victor-sur-Massiac). — *Ouzarelet*, 1747; — *Ouzalerel*, 1750 (état civ. de Saint-Victor-sur-Massiac). — *Auzarolet* (Cassini).
Auzeleyre (L'), ham., c^{ne} de Mauriac. — *Las Oleyras*, 1381 (lièvc de Mauriac). — *L'Auzeleira*, 1473 (terr. de Mauriac). — *L'Ausolière; las Oleyrias, l'Auzelier*, 1505; — *L'Auzeleire; Auzeleyres*, 1515 (comptes au doyen de Mauriac). — *La Holeyria; la Sauleyra*, 1549 (terr. de Miremont). — *L'Auzeclaire*, 1651 (état civ.). — *L'Auzelaire*, 1680 (terr. de Mauriac).
Auzels, dom. ruiné, c^{ne} de Chalvignac. — *Tenementum del Ausset*, 1296 (homm. à l'évêque de Clermont). — *Auzels*, 1549 (terr. de Miremont).
Auzeral, dom. ruiné, c^{ne} de Freix-Anglards. — *L'Afar d'Auzeral*, 1627 (terr. de N.-D. d'Aurillac).
Auzeral, vill., c^{ne} de Saint-Chamant. — *Auzeralz*, 1628 (terr. de N.-D. d'Aurillac). — *Enseral*, 1664 (ins. du baill. de Salers). — *Auzeral*, 1668 (id.). — *Auzerel*, 1671; — *Auzereil*, 1677 (état civ.). — *Auzejal*, 1784 (Chabrol, t. IV). — *Augeral* (Cassini).
Auzeral (L'), ruiss., affl. du ruisseau de Roupeyroux, c^{ne} de Saint-Chamant; cours de 1,200 m.
Auzeral (L'), dom. ruiné, c^{ne} de Saint-Martin-Cantalès. — *Affarium del Auseral*, 1399 (arch. dép. s. E).
Auzeral, dom. ruiné, c^{ne} d'Ytrac. — *Affarium vocatum dal Auzeral*, 1408 (arch. dép. s. G).
Auzers, c^{on} de Mauriac. — *Vozers*, xiie s^e (charte dite de Clovis). — *Vauzers*, 1493 (arch. généal. de Sartiges). — *Vousers*, 1503 (terr. de Cussac). — *Vouzert*, 1505 (nommée au c^{te} de Charlus). — *Vezers*, 1520 (terr. d'Apchon). — *Auzer*, 1535 (don gratuit, pouillé de Clermont). — *Auserres*, 1635 (état civ. du Vigean). — *Vouzer*, 1668 (id. de Chastel-Marlhac). — *Ausers*, 1671 (id. de Menet). — *Vauzers*, 1784 (Chabrol, t. IV). — *Auzers*, 1785 (arch. dép. s. C, l. 41).

Auzers était, avant 1789, de la Haute-Auvergne, du dioc. de Clermont, de l'élect. et de la subdél. de Mauriac. Régi par le droit cout., il était le siège d'une just. seign. ressort. partie à la sénéch. d'Auvergne en appel du baill. de Salers, partie au baill. d'Aurillac en appel de la prév. de Mauriac. — L'église, dédiée à saint Pierre, était une cure à la nomin. de l'archipr. de Mauriac. Elle a été érigée en succursale par décret du 28 août 1808.
Auzers, m^{in}, c^{ne} d'Auzers.
Auzet, ham., c^{ne} de Molompize.
Auzet, mont. à burons, c^{ne} de Saint-Bonnet-de-Salers. — *Vacherie d'Auzet* (État-major).
Auzet, mont. à burons, c^{ne} de Saint-Paul-de-Salers. — *Boriage de l'Auzet*, 1591 (grand livre de l'Hôtel-Dieu de Salers). — *V^{rie} Lazerme* (Cassini). — *Lazernie* (État-major).
Auzien-Bas, buron, c^{ne} de Chanterelle.
Auzit, f^{me}, c^{ne} de Molompize. — *Auzit*, 1559 (lièvc du prieuré de Molompize).
Auzolle, vill., c^{ne} de Vézac. — *Ausola*, 1521 (min. Vigery, n^{re} à Aurillac). — *Auzolla*, 1580; — *Auzolle*, 1581 (terr. de Polminhac). — *Auzolles*, 1668 (nommée au p^{ce} de Monaco).
Auzolle, vill., c^{ne} de Vic-sur-Cère. — *Auzola*, 1485 (reconn. à J. de Montamat). — *Auzolle*, 1599 (état civ.). — *Auzolles*, 1668 (nommée au p^{ce} de Monaco). — *Ausolle*, 1674 (état civ. de Polminhac).
Auzolle, ruiss., affl. du ruisseau de Velzic, c^{ne} de Vic-sur-Cère; cours de 2,250 m. — *Ruisseau de Bussalel*, 1594 (terr. de Fracor).
Auzolle-Haut, dom. et m^{in} ruinés, c^{ne} de Vic-sur-Cère. — *Villaige d'Auzolle-Soubeyra, Auzolles*, 1673 (terr. de la Cavade).
Auzolles (Le Roc d'), mont. à vacherie, c^{ne} de Bredon. — *Le Puech-Auzolle*, 1575 (terr. de Bredon).
Auzolles, vill., c^{ne} d'Espinasse. — *Auzolles* (Cassini). — *Auzolles-Haut*, 1855 (Dict. stat. du Cantal).
Auzolles, chât., c^{ne} de Neussargues.
Auzolles, dom. ruiné, c^{ne} de Saint-Illide. — *Le villaige d'Auzolles*, 1664 (ins. du baill. de Salers).
Auzolles, écart, c^{ne} de Saint-Mamet-la-Salvetat.
Auzolles, vill., c^{ne} de Saint-Mary-le-Plain. — *Auzolles*, 1535 (nommée par G^{lle} de Foix). — *Ouzole*, 1585 (terr. de Graule). — *Auzolle*, 1610; — *Auzole*, 1674 (terr. d'Avenaux). — *Auxolles*, 1771 (lièvc de Mardogne). — *Aujolles*, 1771 (terr. du prieuré de Bonnac).
Auzolles, ruiss., affl. de la Jordanne, c^{ne} de Saint-Simon; cours de 3,600 m. Il porte aussi le nom de *Ruisseau des Riailles*. — *Ruisseau d'Ayguesparsses*, 1692; — *Lou rieu d'Auzole*, 1696 (terr. du monast. de Saint-Geraud).
Auzolles, vill., c^{ne} de Velzic. — *Affar appellé d'Auzolles et de Nalaure; Ausole*, 1692 (terr. de Saint-Geraud).

Auzolles, vill., c^ne de Villedieu. — *Auzola*, 1535 (liber vitulus). — *Osseolz*, 1618 (terr. de Sériers). — *Auzolles*, 1672 (ins. du baill. de Saint-Flour). — *Auzolle*, 1784 (Chabrol, t. IV).

Par ord. roy. du 11 février 1824, le vill. d'Auzolles a été distrait de la c^ne d'Alleuze et réuni à celle de Villedieu.

Auzolles-Bas, vill., c^ne de Bredon. — *Ausola-Sotra; lo Mas-Sotra*, xve s^e; — *Le villaige Soutra*, 1527; — *Auzolle-Sotra alias Touchy*, 1575; — *Auzolla-Sotra alias Tochy*, xvie s^e (terr. de Bredon). — *Auzolles-Soutra*, 1606 (min. Danty, n^re à Murat). — *Auzolles-Soubtra*, 1643 (état civ. de Murat). — *Auzolles-Soutro*, 1664 (terr. de Bredon). — *Auzolle-Sutro*, 1682 (insin. de la cour royale de Murat). — *Auzolles-Soutre*, 1784 (Chabrol, t. IV).

Auzolles-Bas, m^in, c^ne de Bredon. — *Lo molin d'Auzolles-soutro*, 1664 (terr. de Bredon).

Auzolles-Bas, ham., c^ne d'Espinasse.

Auzolles-Haut, vill., c^ne de Bredon. — *Auzola Superior*, 1237; — *Auzola*, 1393 (arch. dép. s. H). — *Ausola-Sobra; Auzolles-Soubra; lo mas sobra d'Ausola*, xve s^e; — *Auzola-lou-Sobra*, 1527; — *Auzolle-Soubra; Auzolla-Sobra*, 1575; — *Auzolles-Soubro*, 1664 (terr. de Bredon). — *Ouzole-Soubro*, 1691 (état civ. de Murat). — *Auzoles*, 1740 (lièvre de Bredon). — *Auzolle-Soubre*, 1784 (Chabrol, t. IV).

Auzolles-le-Miech, dom. ruiné, c^ne de Bredon. — *Ausola-lo-Mech; lou mas-del-Mech*, xve s^e; — *Auzolle-lo-Mech; Auzzollo-lo-Meth*, 1575; — *Auzolles-le-Miech*, 1664 (terr. de Bredon).

Auzon, dom. ruiné, c^ne de Junhac. — *Domaine appelé d'Ausson*, 1668 (nommée au p^ce de Monaco).

Avenaux, chât. détruit, c^ne de Bonnac. — *Avenalz*, 1558 (terr. de Tempels). — *Avenaulx*, 1581; — *Avenau*, 1700 (lièvre de la command. de Celles). — *Venaulx; Avenalx*, 1610 (terr. d'Avenaux).

Avenaux, avant 1789, était régi par le droit cout., et siège d'une just. seign. ressort. à la sénéch. d'Auvergne, en appel de la prév. de Brioude.

Avenaux, m^in, c^ne de Molèdes.

Avenaux, mont. à vacherie, c^ne de Molompize. — *Boix d'Avenalx*, 1610 (terr. d'Avenaux). — *Rocher de Venaux; Rocher del Sengle appellé d'Avenaut; Roche Pleut des Avenau*, 1698 (id. de Bégoules).

Avenaux, vill., c^ne de Saint-Poncy. — *Avenals*, 1511 (arch. dép. s. G). — *Avenaulx*, 1558 (lièvre conf. de Tempels). — *Venaulx*, 1558 (terr. du prieuré de Rochefort). — *Venaux*, 1628 (paraphr. sur les cout. d'Auvergne). — *Avenaux*, 1787 (arch. dép. s. E). — *Avono* (Cassini). — *Avenaud* (État-major).

Avenaux, avant 1789, était régi par le droit cout. et siège d'une just. seign. ressort. à la sénéch. d'Auvergne, en appel de la prév. de Brioude.

Avenaux, m^in détruit, c^ne de Saint-Poncy. — *Molin d'Avenaulx*, 1610 (terr. d'Avenaux).

Avenède, dom. ruiné, c^ne de Montboudif. — *Mansus d'Avenedo*, 1278 (Hist. de l'abb. de Feniers).

Avignou (La Roche d'), rocher, c^ne de Chavagnac.

Avillac, dom. ruiné, c^ne de Chastel-Marlhac. — *Domaine d'Avilhac*, 1781 (arch. dép. s. C, l. 45).

Avise-toi, f^me, c^ne de Saint-Étienne-Cantalès. C'était jadis un péage, auquel on avait donné ce nom burlesque.

Avit, buron, c^ne de Saint-Urcize.

Avocat (L'), mont. à vacherie, c^ne de Pailhérols.

Aybre (L'), ham., c^ne de Girgols. — *Mansi d'Eybra*, 1531 (min. Vigery, n^re à Aurillac). — *Eibre*, 1600 (trans. des hab. d'Auriol avec l'hôp. de la Trinité d'Aurillac). — *Eybres*, 1600 (reconn. des hab. d'Auriol audit hôp.). — *Exbros*, 1679; — *Eybre*; 1697; — *Eybros*, 1782 (arch. dép. s. C, l. 16). — *Aybre* (État-major).

Ayes, dom. ruiné, c^ne de Menet. — *Villaige d'Elphes*, 1635 (état civ.). — *Ténement d'Albaron ou d'Ayes*, 1783 (dénombr. du prieuré de Menet).

Aygade-du-Bancarel (La Font de l'), mont. à vacherie, c^ne de Lascelle.

Aygades (Les), mont. à vacherie, c^ne d'Allanche.

Aygharie (La), dom. ruiné, c^ne de Saint-Paul-des-Landes. — *Mansus de la Aygharia*, 1455 (arch. mun. d'Aurillac, s. HH, c. 21).

Aygo (Lou Prat de l'), mont. à vacherie, c^ne de Trizac.

Aygou, dom. ruiné, c^ne de Saint-Mamet-la-Salvetat. — *Villaige d'Aygou*, 1662 (état civ. de Roumégoux).

Aygue (La Fon de l'), font., c^ne de Bredon. — *La fon de las Agues; la fon de l'Aigue; la fon des Egues*, 1580 (lièvre conf. de la v^té de Murat).

Aygue (L'), écart, c^ne de Roussy. — *L'Aigue*, 1750 (anc. cad.).

Aygue-Bonne, f^me avec manoir, c^ne de Montsalvy. — *Eiguebonne*, 1647; — *Ayggebonne*, 1666 (état civ.). — *Ayggubonne*, 1681; — *Ayggebone*, 1703 (arch. dép. s. C). — *Eigue-bonne*, 1759; — *Ayggubonnes*, 1761 (anc. cad.).

Aygue-Doux, vill., c^ne de Fournoulès. — *Aiguedoulz*, 1671 (état civ. de Saint-Constant). — *Aiguedoux*, 1748; — *Ayggudoux*, 1749 (anc. cad. de Saint-

Constant). — *Les Aiguadoux*, 1855 (Dict. stat. du Cantal).

AYGUES (LES), dom. ruiné, c ne du Vigean. — *Villaige des Aiges de la Roche*, 1685 (anc. min. Chalvignac).

AYGUES-PANCES, ruiss., affl. du ruisseau de Freyssinet, c nes de Chavagnac et de Chalinargues; cours de 4,700 m. — *Rivus vocatus d'Aygas*, 1491 (terr. de Farges). — *Ruisseau d'Aiguespersses, Aiguesparses*, 1598 (reconn. au roi par les cons. d'Albepierre). — *Ruisseau d'Aiguesparsses*, 1680 (terr. des Bros). — *Rifz d'Aiguesperses*, xvii e s e (rente d'Anteroche).

AYGUES-PARSES, vill., c ne de Leucamp. — *Ayguesparces*, 1549 (min. Guy de Vayssieyra, n re à Montsalvy). — *Aygues-parssas*, 1549 (*id.* Boygues, n re à Montsalvy). — *Ayguspersses*, 1649; — *Aiguesparsses; Aygasparsses*, 1654 (état civ.). — *Villaige d'Aiguesparsses*, 1670 (nommée au p ce de Monaco). — *Ayguesparses*, 1679; — *Aiηesperces*, 1687 (état civ.). — *Ayguspasses*, 1767 (table des min. de Guy de Vayssieyra, n re).

AYLAC-FUMADE, mont. à vacherie, c ne du Claux.

AYLAS, mont. à burons, c nes de Laveissière et de Lavigerie. — *Montaigne des Laitz*, 1551; — *Montaigne des Lacx*, 1618 (terr. de Dienne). — *La montaignhe des Laclz*, 1673 (nommée au p ce de Monaco).

AYMALLE, vill. détruit, c ne de Montsalvy. — *Villaige d'Aymalle*, 1541 (terr. de Coffinhal). — *Aimalles*, 1670 (état civ.). — *Aymalhe*, 1767 (table des min. de Guy de Vayssieyra, n re).

AYMAS, mont. à burons, c ne de Landeyrat.

AYMAS, vill., c ne de Ségur. — *Mansus Aymas*, 1329 (enq. sur la just. de Vieillespesse). — *Mas de Segur*, 1531 (terr. de Cheylade). — *Esmas*, 1559 (min. Lanusse, n re à Murat). — *Les Mas*, 1595 (terr. de Dienne).

AYMAS, mont. à vacherie, c ne de Thiézac. — *Montaigne des Mars*, 1597 (hôp. d'Aurillac). — *Montagne d'Aymars; d'Aimars*, 1674 (terr. de Thiézac). — *Montaigne de las Mas; de la Margue*, 1693 (hôp. d'Aurillac).

AYMOND (LE PUY D'), mont., à vacherie, c ne de Champs.

AYMONS, vill., c nes de Chalvignac et de Mauriac. — *Mons*, 1549 (terr. de Miremont). — *Les Montz*, 1635 (état civ. du Vigean). — *Eymons*, 1664 (*id.* de Mauriac). — *Aymons*, 1680 (état civ.). — *Esmons*, 1743; — *Mons*, 1782; — *Aymont*, 1784 (arch. dép. s. C).

AYNÈS, vill., c ne de Chalvignac. — *Aynès*, 1505 (comptes au doyen de Mauriac). — *Eynès*, 1549 (terr. de Miremont). — *Ayηnès*, 1610 (état civ. de Tourniac).

AYNÈS, vill., c ne de Vieillevie. — *Aynès*, 1551 (min. Boygues, n re à Montsalvy). — *Aynez*, 1693 (état civ.).

AYNÈS (L'), ruiss., affl. du Lot, c ne de Vieillevie; cours de 1,500 m. — *Ainès*, 1879 (état stat. des cours d'eau du Cantal).

AYRAL (L'), dom. ruiné, c ne de Polminhac. — *Le puy des Ayraux appelé del Grangio*, 1584 (terr. de Polminhac). — *Le mas del Ayral*, 1692 (*id.* de Saint-Geraud).

AYRENS, c on de Laroquebrou. — *Eren*, 1316 (pap. de la fam. de Montal). — *Ayren*, 1378 (fond. de la chapell. des Blats). — *Ayrenh*, xiv e s e (pouillé de Saint-Flour). — *Aeren*, 1449 (enq. sur les droits du seign. de Montal). — *Ayrentum, Ayrentis*, 1522 (min. Vigery, n re à Aurillac). — *Airens*, 1630 (état civ. d'Aurillac). — *Airans*, 1663 (*id.* de Saint-Cernin). — *Ayram*, 1666 (*id.* de Jussac). — *Eyrens*, 1678 (état civ. d'Aurillac). — *Airen*, 1680 (*id.* d'Ayrens). — *Eyren*, 1680 (*id.* de Laroquebrou). — *Ayrein*, 1684 (*id.* d'Ayrens). — *Eyrem*, 1698 (*id.* de Crandelles). — *Airain*, 1712 (*id.* de Saint-Paul-des-Landes). — *Ayrin*, 1756 (*id.* de Naucelles). — *Ayrens*, 1772 (*id.* de Teissières-de-Cornet). — *Ayrems*, 1784 (Chabrol, t. IV).

Ayrens était, avant 1789, de la Haute-Auvergne, du dioc. de Saint-Flour, de l'élect. et de la subdél. d'Aurillac. Régi par le droit écrit, il ressortissait au bailliage d'Aurillac, en appel de sa prévôté particulière. — L'église, dédiée à saint Christophe et à saint Genès, était un prieuré à la nomination du chapitre de Saint-Geraud. Elle a été érigée en succursale par décret du 28 août 1808.

AYRENS, m in et forêt, c ne d'Ayrens.

AYRENS, ruiss., affl. du ruisseau du Meyrou, c ne d'Ayrens; cours de 6,250 m.

AYRES, vill., c ne d'Arches. — *Arcas*, x e s e (test. de Théodechilde). — *Aires*, 1473 (terr. de Mauriac). — *Ayres*, 1686 (état civ.).

AYRES, ruiss., affl. de la Dordogne, c ne d'Arches; cours de 800 m. — *Rivus de las Ralias*, 1473 (terr. du monast. de Mauriac).

AYRES, dom. ruiné, c ne de Jaleyrac. — *Mansus d'Ayras*, 1475; — *Ayres*, 1680 (terr. de Mauriac).

AYROLLES, vill., c ne de Calvinet. — *Ayrolas*, 1432 (terr. de Cassaniouze). — *Eyrole*, 1652 (état civ. de Cassaniouze). — *Ayrols*, 1760 (arch. dép. s. C, l. 49). — *Ayrolles*, 1786 (lièvre de Calvinet). — *Airolle* (Cassini).

AYROLLES, écart, c ne de Saint-Constant. — *Ayroles*,

xvıı° s° (reconn. au prieur de Saint-Constant). — *Ayrolles*, 1692 (état civ. de Saint-Constant). — *Airoles*, 1747 (inv. des titres de l'hôp. d'Aurillac). — *Aurolles*, 1749 (anc. cad.).

Ayrolles-Vieille, f^{me} avec manoir, c^{ne} de Cassaniouze. — *Eyrolles-Vielles*, 1670 (terr. de Calvinet). — *Ayroles-Vieille*, 1743 (anc. cad.). — *Ayrollevieille*, 1760 (arch. dép. s. C, l. 49). — *Ayrolles*, 1786 (lièvе de Calvinet).

Ayssalle, dom. ruiné, c^{ne} de Saint-Flour. — *Mansus Ayssala*, 1400 (arch. mun. de Saint-Flour).

Ayvals, ham. et f^{me}, c^{ne} de Jussac. — *Mansus de Val*, 1469 (terr. de Saint-Christophe). — *Val*, 1642 (inv. des titres de la cure de Jussac). — *Esvalz*, 1684; — *Envals*, 1718; — *Vals*, 1739 (arch. dép. s. C. l. 14).

Azeyac, dom. ruiné, c^{ne} de Laroquebrou. — *Mansus d'Azeyac*, 1337 (pap. de la fam. de Montal).

B

Bac (Le), vill., c^{ne} d'Allanche. — *Mansus del Bat*, 1329 (enq. sur la just. de Vieillespesse). — *Le Bac*, 1508 (terr. de Maillargues). — *Le Bars*, 1784 (Chabrol, t. IV).

Le Bac, avant 1789, était régi par le droit cout., et siège d'une justice seign. ressort. à la sénéch. d'Auvergne, en appel du bailliage d'Aubijoux.

Bac (Le), ham., c^{ne} de Barriac. — *Mansus del Bac*, 1274 (vente au doyen de Mauriac). — *Albac*, 1654 (état civ. d'Ally). — *Lou Bac*, 1657 (id. de Pleaux).

Bac (Le), ham., c^{ne} de la Besserette.

Bac (Le Puech del), mont. à vacherie, c^{ne} de la Capelle-Viescamp.

Bac (Le), ruiss., affl. de la rivière d'Auze, coule aux finages des c^{nes} de Chalvignac et de Mauriac; cours de 1,000 m.

Bac (Le), vill., c^{ne} de Chanterelle. — *Le Bac*, 1672; *le Bacq*, 1695 (état civ. de Condat).

Bac (Le), écart, c^{ne} de Fontanges.

Bac (Le), ham., c^{ne} de Leynhac. — *Le Bax*, 1540 (min. Destaing, n^{re} à Marcolès). — *Le Bac* (Cassini).

Bac (Le), chât. détruit, c^{ne} de Maurs. — *Repaire del Bac*, 1669 (état civ. de Saint-Étienne-de-Maurs).

Bac (Le), dom. ruiné, c^{ne} de Riom-ès-Montagnes. — *Affarium dal Bac; dal Bat*, 1441 (terr. de Saignes). — *Affar del Bac*, 1506 (id. de Riom).

Bac (Le), ham., jadis vill., c^{ne} de Saint-Cernin. — *Lou Bac*, 1659; — *Albac*, 1701 (état civ.).

Bac (Le), dom. ruiné, c^{ne} de Saint-Étienne-de-Carlat. — *Affar del Bac*, 1692 (terr. de Saint-Geraud).

Bac (Le), vill., c^{ne} de Saint-Martin-Cantalès. — *Mansus del Bac*, 1464 (terr. de Saint-Christophe). — *Le Bar*, 1598 (min. Lascombes, n^{re} à Saint-Illide).

Bac (Le), vill., c^{ne} de Saint-Paul-des-Landes. — *Mansus del Bac*, 1403 (échange avec J. de Montal). — *Lou Bar*, 1632 (min. Sarrauste, n^{re} à Laroquebrou). — *Lo Bauc*, 1682; — *Le Bac*, 1760 (arch. dép. s. C).

Bac (Le), chapelle détruite, c^{ne} de Saint-Simon.

Bac (Le), mⁱⁿ détruit, c^{ne} de Velzic. — *Molin appellé de Laubat*, 1692 (terr. de Saint-Geraud).

Baccala, ham., c^{ne} de Glénat. — *Baccala*, 1617; — *Bacala*, 1669 (état civ.).

Baccalerie (La), vill., c^{ne} de Vitrac. — *Mansus de la Baccalharia; Baccalaria*, xve s^e (pièces du cab. de l'abbé Delmas). — *Lu Baccalarie*, 1668 (nommée au p^{ce} de Monaco). — *La Baraterie* (Cassini).

Baccas (Sous le), mont. à vacherie, c^{ne} de Cheylade.

Bac-du-Pourtou (Le), écart, c^{ne} de Condat-en-Feniers.

Bachalone, dom. ruiné, c^{ne} de Riom-ès-Montagnes. — *Les chazeaux et affar de Bachalone*, 1719 (table du terr. d'Apchon de 1512).

Bachas (Les), ham., c^{ne} de Condat-en-Feniers. — *Lous Bachas*, 1650; — *Les Vachas*, 1654 (terr. de l'abb. de Feniers). — *Le Pachat* (Cassini).

Bacheruse, vill., c^{ne} de Moussages. — *Barchères*, 1613; — *Barcherres; Boscheruses*, 1714; — *Barcheruses; Bacharuses; Boscheireles*, 1717; — *Bascheruses; Bascharuses*, 1719 (état civ.). — *Bachères* (Cassini). — *Bacheruze* (État-major).

Bachy (Le), mont. à vacherie, c^{ne} de Védrines-Saint-Loup.

Bacle (Le Puech de), mont. à vacherie, c^{ne} de Sainte-Marie.

Bacogne (La), mont. à vacherie, c^{ne} de la Chapelle-d'Alagnon.

Badabec, vill., c^{ne} de Cussac. — *Mansus de Badabec*, 1352 (homm. à l'évêque de Clermont). — *Badabcet* (Cassini). — *Ratabec* (État-major).

Badailhac, c^{on} de Vic-sur-Cère. — *Badailhac; Badailhan*, 1583 (terr. de Polminhac). — *Badalhiac*, 1610 (aveu de J. de Pestels). — *Badailhat; Va-*

dailhac, 1668 (nommée au p^ce de Monaco). — *Vadalhiac*, 1677 (état civ. de Jou-sous-Montjou). — *Badaliac*, 1692; — *Badalhac*, 1693 (id. de Raulhac). — *Badaillac; Bedaillac*, 1784 (Chabrol, t. IV).

Badailhac, avant 1789, était de la Haute-Auvergne, du dioc. de Saint-Flour, de l'élect. et de la subdél. d'Aurillac. Il dépend de la justice seign. de Cropières, et ressort. au bailliage d'Aurillac, en appel de sa prév. part. — Son église, dédiée à saint Jean-Baptiste, était autref. une annexe de la paroisse de Raulhac; elle a été érigée en succursale par ordonn. roy. du 5 janvier 1820.

Par décision du conseil général du 23 août 1876, les lieux de Bassignac, la Doux, Morzières, le Pajou et la Rivière ont été distraits de la c^ne de Badailhac et annexés à celle de Cros-de-Ronesque.

BADAILLE (LA), ham., c^ne de Saint-Amandin.
BADALHAC, vill., c^ne de Cassaniouze. — *Vadaillac*, 1666; — *Badailliac*, 1674 (état civ.). — *Badalhac*, 1760 (terr. de Saint-Projet).
BADALHAC, vill., c^ne de Saint-Mamet-la-Salvetat. — *Badalhas*, 1623; — *Badaliac*, 1635; — *Baduniac*, 1637 (état civ.). — *Badalhac*, 1743 (arch. dép. s. C, l. 4). — *Badailla* (Cassini).
BADALS (Les), dom. ruiné, c^ne de Jaleyrac. — *Affarium des Badals*, 1475 (terr. de Mauriac).
BADE (LA), vill., c^ne de Colandres. — *Mansus de la Bade*, 1519 (terr. d'Apchon). — *Labado*, 1742 (état civ.). — *Labadu* (Cassini).
BADE-DE-LA-CROZE (LA), ham. détruit, c^ne de Colandres. — *Mansus de la Bade de la Croza*, 1519 (terr. d'Apchon).
BADISSIE (LA), vill. détruit, c^ne de Lieutadès. — *Villaige de la Badisse*, 1508 (terr. de la Garde-Roussillon).
BADOUILLE, ham., c^ne de Lorcières. — *Badouille* (Cassini). — *Badouille* (État-major). — *Badouillé*, 1856 (Dict. stat. du Cantal). — *Badoly* (patois).
BADOULIE (LA), m^in, c^ne de Védrines-Saint-Loup.
BADUEL, m^in détruit, c^ne de Saint-Étienne-de-Carlat. — *Le molin de Baduel*, 1692 (terr. du monast. de Saint-Geraud).
BADUEL, dom. ruiné, c^ne d'Ytrac. — *Affar del Badelh*, 1733 (arch. mun. d'Aurillac, s. II, reg. 15).
BAGIL, vill., c^ne de Saint-Amandin. — *Bagy*, 1685 (état civ. d'Ydes). — *Bazil*, 1685 (id. de Saignes). — *Bayel*, 1784 (Chabrol, t. IV).
BAGILET, vill., c^ne de Marchastel. — *Mansus de Blazilia*, 1329 (enq. sur la justice de Vieillespesse). — *Bagillet*, 1411 (arch. dép. s. E). — *Bagilet*, 1425 (id. s. H).

BAGILET, m^in détruit, c^ne de Riom-ès-Montagnes. — *Molendinum vocatum de Bagelet*, 1441 (terr. de Saignes). — *Molin de la Bagillet; la Bagilet; la Bagille*, 1506 (id. de Riom).
BAGILET (LA RAVINE DE), ruiss., affluent de la rivière de Grolles, c^ne de Saint-Amandin; cours de 1,200 m.
BAGNAC, vill., c^ne d'Anglards-de-Salers. — *Banhac*, 1648 (état civ. du Vigean). — *Bagnac*, 1650; — *Bainact*, 1654; — *Baignac*, 1656; — *Boinnac*, 1657; — *Boinac*, 1658; — *Baniac*, 1660; — *Bainnac*, 1665 (état civ. d'Anglards).
BAGNAC, dom. ruiné, c^ne de Mauriac. — *Mansus de Bennac*, 1473 (terr. de Mauriac). — *Domaine de Baniac*, 1743 (arch. dép. s. C).
BAGNÈRE, m^in détruit, c^ne de Celoux.
BAGNES, seign., c^ne d'Ussel. — *Bagnes*, 1652 (terr. du prieuré de Coltines).
BAGNIARD (El), vill., c^ne de Marcenat. — *Baniardz*, 1658 (liève du q^r de Condat). — *Banniard*, 1720; — *Les Banniards*, 1725; — *Bammiard*, 1740 (id. de Feniers).
BAGNIARD, vill., c^ne de Montboudif. — *Mansus de Bahars; Banharz*, 1310 (Hist. de l'abb. de Feniers). — *Baniardz*, 1658 (liève du q^r d'Artense). — *Baniards*, 1673 (état civ. de Condat). — *Baniard*, xviie s^e (terr. de Feniers). — *Banniards*, 1725; — *Banniard*, 1740 (liève d'Artense). — *Bagnard* (État-major).
BAGNIARD, dom. ruiné et mont. à burons, c^ne de Montboudif. — *Nemus de Banhars, tenementum de Banhac*, 1309 (Hist. de l'abb. de Feniers).
BAILALDMÈGES, dom. ruiné, c^ne de Roumégoux. — *Villaige de Bailaldmèges*, 1643 (état civ. de Saint-Mamet).
BAILE, m^in détruit, c^ne de Rageade.
BAILLADIS, mont. à burons, c^ne du Falgoux. — V^ie de *Balladise* (Cassini). — *Bailladis* (État-major).
BAILLE (LE BOIS DE LA), dom. ruiné, c^ne de Riom-ès-Montagnes. — *Tenementum del Bayo*, 1309 (Hist. de l'abb. de Feniers).
BAILLÉ (LE), dom. ruiné, c^ne de Valuéjols. — *Le domaine de Baillé*, xviie s^e (arch. dép. s. E).
BAILLÈS, mont. à vacherie, c^ne de Polminhac. — *Montaigne de Balhez*, 1692 (terr. de Saint-Geraud).
BAILLI (LE PUECH DEL), mont. à vacherie, c^ne de Neuvéglise.
BAILONE, camp retranché, c^ne de Salins. — *Castrum Bailone*, xiie s^e (charte dite *de Clovis*).
BAINÉ (LE COMMUN DE), mont. à vacherie, c^ne de Brezons.
BAINS (LES), ham., c^ne de Laroquebrou.

Cantal. 4

BAISSE (LE CHAMP DE LA), mont. à vacherie, c^{ne} de Saint-Mamet-la-Salvetat.

BAISSE (LA), ruiss., affl. de la rivière d'Authre, coule aux finages des c^{nes} de Saint-Simon, Reilhac et de Naucelles; cours de 6,000 m. On le nomme aussi *Reilhac* et *Reilhaguet*. — *Rivus de Reilhac*, 1522 (min. Vigery, n^{re} à Aurillac). — *La Vaysse*, 1879 (état stat. des cours d'eau du Cantal).

BAISSE (LA), mont. à vacherie, c^{ne} de Vabres.

BAISSIÈRE (LA), mont. à vacherie, c^{ne} de Salins.

BAISSIÈRES (LES), dom. ruiné, c^{ne} d'Arpajon. — *Boys de Bessieira*, 1585; — *Affar et bois de la Vaissière*, 1606 (terr. de N.-D. d'Aurillac).

BALADE (LA), dom. ruiné, c^{ne} de Chalvignac. — *La Valade*, 1505; — *La Vallade*, 1515 (comptes au doyen de Mauriac). — *La Balade*, 1549 (terr. de Miremont).

BALADIE (LA), vill. détruit, c^{ne} de Saint-Simon. — *Villaige de la Basladie*, 1625 (état civ. d'Aurillac).

BALADOU (LE), écart, c^{ne} de Chanet.

BALADOUR (LE), ruiss., affl. de la Truyère, c^{ne} de Chaliers; cours de 1,600 m. — *Riou del Lavado*; *russeau del Lavador*, 1494 (terr. de Mallet). — *Riou Lavadour*, 1536 (id. de Vieillespesse).

BALADOUR (LE), vill. détruit, c^{ne} de Champs. — *Villaige du Baladour*, 1618 (état civ.).

BALADOUR (LE), ham., c^{ne} de Loubaresse. — *Le Baladou*, 1599 (min. Andrieu, n^{re} à Saint-Flour). — *Balax* ou *Balasse*, 1784 (Chabrol, t. IV). — *Valadour* (Cassini).

Le Baladour, avant 1789, était le siège d'une justice seign. régie par le droit cout., dépend. de la justice de Chaliers et ressort. à la sénéch. d'Auvergne, en appel du bailliage de Ruines.

BALADOUN (LE), vill., c^{ne} de Sainte-Anastasie. — *Mansus de Balador*, 1354 (homm. à l'év. de Clermont). — *Le Baladour*, 1561 (lièvre de Feniers). — *Lou Balladour*, 1615 (terr. de Nubieux). — *Le Baladoux*, 1635 (nommée par G^{lle} de Foix). — *Le Baladou*, 1690 (état civ. de Murat).

BALAGNIE (LA), seign., c^{ne} de Saint-Étienne-de-Maurs. — 1696 (terr. de la command. de Carlat).

BALAIN (LE), ruiss., affl. de la Sionne, coule aux finages des c^{nes} de Laurie et d'Auriac; cours de 2,000 m.

BALAIRIE (LA), dom. ruiné, c^{ne} de Saint-Santin-Cantalès. — *Affarium de la Balaria*, 1443 (pap. de la fam. de Montal).

BALAS (LE), ruiss., affl. de la Chaleire, c^{ne} de Lorcières; cours de 3,000 m.

BALAT (LA), écart, c^{ne} de Cassaniouze. — *Le Balat*, 1655; — *Lou Valat*, 1675 (état civ.).

BALBARIE (LA), vill., c^{ne} de Siran. — *Mansus de la Balbaria*, 1437 (reconn. au seign. de Montal). — *La Basbarie*, 1617; — *La Balbarie*, 1618 (état civ.). — *La Valbarie*, 1652 (min. Sarrauste, n^{re}). — *La Baubarie*, 1660 (état civ.).

L'église de la Balbarie, construite en 1742, dédiée à saint Joseph, était une annexe de Siran. Elle a été érigée en annexe vicariale par ordonn. roy. du 4 mai 1828, puis en succursale par une autre ordonn. du 23 juin 1842.

BALBARIE (LA), ruiss., affl. du ruisseau de la Ressègue, c^{ne} de Siran; cours de 3,600 m.

BALDEILLE (LA), seign., c^{ne} de Reilhac. — *La Baldelha*, 1522 (min. Vigery, n^{re}).

BALDEMIE (LA), dom. ruiné, c^{ne} de Cassaniouze. — *Villaige de la Baldemie*, 1760 (terr. de Saint-Projet).

BALDESQUE, ruiss., affl. du ruisseau de Bréjouan, c^{ne} de Saint-Cirgues-de-Jordanne.

BALDEYROU, dom. ruiné, c^{ne} de Laroquebrou. — *Le domaine de Baldeyrou*, 1669 (nommée au p^{ce} de Monaco).

BALDIES (LAS), écart, c^{ne} de Marcolès. — *Mansus vocatus Beldene*, 1301 (pièces de l'abbé Delmas). — *La Badia*, 1437 (terr. du prieuré de Marcolès). — *Las Badias*, 1539; — *Las Baldras*, 1555 (min. Destaing, n^{re} à Marcolès). — *Las Baldies* (État-major).

BALDO (LA), dom. ruiné, c^{ne} de Brezons. — *Villaige de la Baldo*, 1535 (terr. de la v^{té} de Murat).

BALDOUIRE (LA), dom. ruiné, c^{ne} de Vitrac. — *Villaige de la Baldouire*, 1668 (nommée au p^{ce} de Monaco).

BALDUTES, dom. ruiné, c^{ne} de Jou-sous-Monjou. — *Villaige de Baldutes*, 1669 (nommée au p^{ce} de Monaco).

BALESTIE (LA), écart, c^{ne} de Mourjou.

BALESTRIE, m^{in} détruit, c^{ne} de Chanet. — *Molendinum de Balestrye*, 1471 (terr. de la baronnie du Feydit).

BALGAIRIE (LA), vill., c^{ne} de Maurs. — *La Balgueyries*, 1666; — *La Baygreyries*, 1668; — *La Valgayrie*, 1670 (état civ.). — *La Balgayrie*, 1750 (anc. cad.). — *La Valgayries*, 1754; — *La Balgueyrie*, 1762 (état civ.).

BALGUIÈRE (LA), dom. ruiné, c^{ne} de Saint-Paul-des-Landes. — *Villaige de Baye-Balguieyre*, 1669 (nommée au p^{ce} de Monaco).

BALIERGUE, ruiss. affl. de la rivière d'Ande, coule aux finages des c^{nes} de Mentières, Tiviers, Vabres et de Saint-Georges; cours de 7,000 m. — *Ruisseau de Valhergues*, 1663 (terr. de la command. de Montchamp).

BALIERGUES, vill., c^{ne} d'Anglards-de-Salers. — *Bais-*

lergues; Bailllergues, 1652; — Bailliergues; Bailergues, 1653; — Baliergues; Beillergues, 1654; — Beilergues, 1655; — Baillegues, 1658; — Bayliergues, 1668 (état civ.). — Bolliergues, 1886 (états de recens.).

BALLADOUR (LE), f^{me}, c^{ne} de Chanet. — Lo Baladour, 1471 (terr. de la baronnie du Feydit). — Lou Ballador, 1521 (lièvre id.). — Balladour (Cassini). — Le Valladour, 1856 (Dict. stat. du Cantal). — Valadou (État-major).

BALLADOUR (LE), mont. à vacherie, c^{ne} de Chanet.

BALLARIE (LA), dom. ruiné, c^{ne} de Cassaniouze. — La Ballarie, 1786 (lièvre de Calvinet).

BALLAT (LE), écart, c^{ne} de la Besserette.

BALLE (LE PUECH DE LA), mont. à vacherie, c^{ne} de Mentières.

BALLET (LE), écart, c^{ne} de Champagnac.

BALLEVO (LE PUECH DE), mont. à vacherie, c^{ne} de Siran.

BALLIT, bois défriché, c^{ne} de Jaleyrac. — Nemus Ballit, 1473 (terr. de Mauriac).

BALMES (LES), dom. ruiné, c^{ne} de Saint-Mamet-la-Salvetat. — Domaine des Balmes, 1668 (nommée au p^{cé} de Monaco).

BALMISSE (LA), seigneurie, c^{ne} de Saint-Mamet-la-Salvetat. — La Balmissa, 1462 (testament de Pierre Dalmas).

BALOU (LE), ham., c^{ne} du Trioulou.

BALOUNE (LA), mont. à vacherie, c^{ne} de Montboudif.

BALSAMAS, dom. ruiné, c^{ne} de Leynhac. — Factum de Balsamas, 1500 (terr. de Maurs).

BALSANIAS (LAS), dom. ruiné, c^{ne} de Tourniac. — Affarium de las Balsanias, 1503 (terr. de Cussac).

BALTEYRIE (LA), dom. ruiné, c^{ne} de Saint-Martin-Cantalès. — Mansus de la Baltayria, 1464 (terr. de Saint-Christophe).

BALTIE (LE PUY DE LA), mont. à vacherie, c^{ne} de Saint-Remy-de-Chaudesaigues.

BANCAREL (LE), écart, c^{ne} de Badailhac.

BANCAREL, vill., c^{ne} de Leucamp. — Bancquarelz, 1549 (min. Guy de Vayssieyra, n^{re} à Montsalvy). — Bancarelz, 1564 (id. Boissonnade, n^{re} ibid.). — Bancarel-en-Jurol, 1658; — Bancarel, 1665 (état civ.). — Banquarel, 1668 (nommée au p^{cé} de Monaco). — Banquarels, 1676; — Bancarels, 1690 (état civ.).

BANCAREL (LE), écart, c^{ne} d'Omps.

BANCAREL (LE), ruiss., affl. du ruisseau du Pouget, c^{ne} de Saint-Cirgues-de-Jordanne.

BANCAREL (LE), ham., c^{ne} de Saint-Santin-de-Maurs. — Le Banguarel, 1616; — Le Banqueral, 1632 (état civ.).

BANCARELS (LES), dom. ruiné, c^{ne} de Thiézac. — Affar des Bancarels, 1674 (terr. de Thiézac).

BANCHAREL (LE), écart, c^{ne} de Chastel-Marlhac. — Lou Bancharel, 1668 (état civ. de Trizac). — Banchard (État-major).

BANCHAREL (LE), vill., c^{ne} de Saint-Vincent. — Lou Bancharel, 1589 (lièvre du prieuré de Saint-Vincent). — Lou Bencherel, 1682 (état civ.). — Bencherol (Cassini). — Bercherol (État-major).

BANCOU, vill., c^{ne} de Giou-de-Mamou. — Bancou, 1658 (état civ. d'Aurillac). — Valette alias Bancou, 1670 (nommée au p^{cé} de Monaco). — Valète, 1693 (inv. des titres de l'hôp. d'Aurillac). — Vallette, 1696 (arch. dép. s. C).

BANCOU, mont. à vacherie, c^{ne} de Mandailles.

BANDOU (LE), écart, c^{ne} de Labrousse.

BANE (LA), mont. à vacherie, c^{nes} de Pailhérols et de Thiézac. — Montana de Bano, XVe s^e (arch. mun. d'Aurillac, s. HH, c. 21). — Bancs, 1627 (pièces du cab. Lacassagne). — Bannes, 1668; — Banne, 1670 (nommée au p^{cé} de Monaco). — Enbane, 1674 (terr. de Thiézac). — La Basse, 1693 (arch. de l'hôp. d'Aurillac). — Banou, 1736 (terr. de la command. de Carlat). — Buron de Vanne (Cassini).

BANE-BAS, mont. à burons, c^{ne} de Pailhérols. — Buron de Vanne (Cassini). — Bannes-Bas (État-major).

BANE-HAUT, mont. à vacherie, c^{ne} de Pailhérols. — Bane-Nal (états de sections).

BANHARS, dom. ruiné, c^{ne} de Sansac-de-Marmiesse. — Bordaria vocata de Banhars, 1295 (arch. dép. s. E).

BANIADOU (LE), mont. à burons, c^{ne} de Malbo.

BANIAT, mont. à vacherie, c^{ne} d'Allanche.

BANICAUDIE (LA), écart, c^{ne} de Lugarde.

BANIÉGÈRES, dom. ruiné, c^{ne} de Saint-Christophe. — Villaige de Baniégères, 1628 (état civ.).

BANILLES, vill., c^{ne} de Loupiac. — Mansus de Banihas, 1329 (enq. sur la just. de Vieillespesse). — Valhelhas, 1464 (terr. de Saint-Christophe). — Vaneilles, 1632 (état civ.). — Vanelhs, 1651; — Vanellhes, 1655 (id. de Saint-Christophe). — Vanelhes, 1654 (id. de Pleaux). — Banilhes, 1659 (id. de Salers). — Banelhe, 1659 (insin. du baill. de Salers). — Baneilles, 1664 (état civ.). — Vanilles, 1680; — Banilles, 1690 (état civ. de Pleaux). — Vanilhes, 1700; — Bancilhes, 1736; — Vaneilhes, 1739 (id. de Saint-Martin-Valmeroux).

BANILLES, ruiss., affl. de la Maronne, c^{ne} de Loupiac; cours de 980 m.

BANNAT (LA), mⁱⁿ, c^{ne} de Trémouille-Marchal.

BANNE (LE PUY DE), mont. à vacherie, c^{ne} d'Andelat.

4.

On remarque dans cette montagne les vestiges d'une chapelle taillée dans le roc.

Bannut (Le), ham., c^{ne} de Védrines-Saint-Loup. — *Le Banet*, 1857 (Dict. stat. du Cantal).

Bannut (Le), mⁱⁿ, c^{ne} de Védrines-Saint-Loup.

Bannut (Le), ruiss., affl. de l'Hergne, c^{ne} de Védrines-Saint-Loup; cours de 2,540 m.

Banou, mont. à vacherie, c^{ne} de Narnhac. — *Le couderc del Bannou*, 1687 (terr. de Loubeysargues).

Banou (Le), écart, c^{ne} de Saint-Martin-sous-Vigouroux.

Banoux, écart, c^{ne} de Paulhenc. — *Le Banou* (Cassini).

Bans (Le Roc des), écart, c^{ne} de Saint-Paul-de-Salers. — *Les Bancs* (État-major).

Banut (La), vill., c^{ne} de Marchal. — *La Bame* (Cassini). — *Bannut*, 1857 (Dict stat. du Cantal).

Banut (Le), mⁱⁿ, c^{ne} de Trémouille-Marchal. — *Le moulin de la Bannut*, 1857 (Dict. stat. du Cantal).

Bar (Le Puech de), mont. à vacherie, c^{ne} de Saint-Mamet-la-Salvetat. — *Lou puech de Barc*, 1739 (anc. cad.).

Bar (Le), ham., c^{ne} de Saint-Mary-le-Plain.

Barade (La), écart, c^{ne} de Trémouille-Marchal.

Baradel, écart, c^{ne} d'Aurillac. — *La boria Varadel*, 1269 (arch. mun. d'Aurillac, s. FF, p. 15). — *Mansus de Baradel*, 1465 (obit. de N.-D. d'Aurillac). — *Barabel*, 1625 (état civ. d'Arpajon). — *Baradel*, 1631 (id. d'Aurillac).

Barades (Les), écart, c^{ne} de Riom-ès-Montagnes. — *Les Bagues* (Cassini).

Baragade (La), dom. ruiné, c^{ne} de Chanet. — *Lo mas de Baragadda; de Varagadde; Barrogada*, xvie s^e (confins de la terre du Feydit).

Barande (La), mont. à vacherie, c^{ne} de Menet.

Barandie (La), f^{me}, c^{ne} d'Ydes. — *La Baraudie*, 1744 (arch. dép. s. C, l. 45).

Barane (La), dom. ruiné, c^{ne} de Paulhenc. — *L'affar de Barane*, 1671 (nommée au p^{ce} de Monaco).

Baraque (La), écart, c^{ne} d'Anterrieux.

Baraque (La), dom. ruiné, c^{ne} d'Arpajon. — *Ténement de la Barraque*, 1739 (anc. cad.)

Baraque (La), ham., c^{ne} d'Ayrens.

Baraque (La), écart, c^{ne} de Boisset.

Baraque (La), écart, c^{ne} de Chaliers. — *La Barraque*, 1730 (terr. de la command. de Montchamp).

Baraque (La), écart, c^{ne} de Clavières.

Baraque (La), écart, c^{ne} des Deux-Verges.

Baraque (La), écart, c^{ne} de Lorcières.

Baraque (La), écart, c^{ne} de Molompize. — *Baraque de la Pinatelle* (État-major).

Baraque (La), écart, c^{ne} de Peyrusse.

Baraque (La), ham., c^{ne} de Saint-Mary-le-Plain.

Baraque (La), écart, c^{ne} de Saint-Poncy.

Baraque (La), ham., c^{ne} d'Ydes. — *La Barraquette* (Cassini).

Baraque-Basse (La), écart, c^{ne} de Tiviers.

Baraque-Brûlée (La), écart, c^{ne} de Saint-Pierre-du-Peil.

Baraque-Chambalberth (La), f^{me}, c^{ne} de Lorcières. — *La Baraque* (État-major).

Baraque-de-Ballone (La), écart, c^{ne} de Tiviers.

Baraque-de-Baptistou (La), anc. poste aux chevaux, c^{ne} de Saint-Mary-le-Plain. — *La Barraque*, 1771 (terr. du prieuré de Bonnac). — *Baraque de Batistou* (État-major).

Baraque-de-Bardol (La), écart, c^{ne} de Loubaresse.

Baraque-de-Bélair (La), écart, c^{ne} de Saint-Georges.

Baraque-de-Belle-Garde (La), écart, c^{ne} de Saint-Georges.

Baraque-de-Belle-Vue (La), écart détruit (?), c^{ne} de Loubaresse. — (Décret du 28 août 1808.)

Baraque-de-Belou (La), écart, c^{ne} de Peyrusse.

Baraque-de-Bonjou (La), écart, c^{ne} de Marcenat.

Baraque-de-Boudelles (La), écart détruit, c^{ne} de Loubaresse. — (Décret du 28 août 1808.)

Baraque-de-Boudonnat (La), écart, c^{ne} de Chaliers.

Baraque-de-Boyer (La), écart, c^{ne} de Saint-Flour.

Baraque-de-Chabernon (La), écart, c^{ne} de Neuvéglise.

Baraque-de-Crozatier (La), f^{me}, c^{ne} de Saint-Georges.

Baraque-de-Duranton (La), écart, c^{ne} de Neuvéglise.

Baraque-de-Fon-Blade (La), écart, c^{ne} de Loubaresse, auj. détruit.

Baraque-de-Guenly (La), ham., c^{ne} de Chaliers. — *La Baraque de Guilli* (Cassini). — *La Baraque de Guerli* (État-major). — *La Barraque de Guillet*, 1855 (Dict. stat. du Cantal).

Baraque-de-l'Ain (La), ham., c^{ne} de Loubaresse.

Baraque-de-la-Pelle (La), écart, c^{ne} de Tiviers.

Baraque-de-la-Plaine (La), écart, c^{ne} d'Anglards-de-Saint-Flour.

Baraque-de-l'Étrille (La), écart, c^{ne} de Tiviers.

Baraque-de-l'Évêque (La), écart, c^{ne} de Saint-Just. Voir Baraque-du-Roc (La).

Baraque-de-Liaran (La), écart, c^{ne} de Saint-Pierre-du-Peil.

Baraque-del-Prat (La), ham., c^{ne} de Chaliers.

Baraque-de-Mauret (La), ham., c^{ne} de Neussargues.

Baraque-de-Mons (La), écart, c^{ne} de Saint-Georges.

Baraque-de-Mouneyrou (La), écart, c^{ne} de Chaliers.

Baraque-de-Peyralade (La), écart, c^{ne} de Neuvéglise. — *Peyralade*, 1494 (terr. de Mallet).

Baraque-de-Peyralade (La), vill., c^{ne} de Sériers.

Baraque-de-Piendet (La), écart, c^{ne} de Tiviers.

Baraque-de-Rescue (La), ham., c^{ne} de Saint-Mary-le-Plain.
Baraque-de-Senilhes (La), écart, c^{ne} d'Arpajon.
Baraque-de-Simon (La), écart, c^{ne} de Chaliers.
Baraque-de-Trazil (La), écart, c^{ne} de Chaliers. — *La Baraque de Trajic* (État-major).
Baraque-de-Vendèze (La), écart, c^{ne} de Saint-Flour.
Baraque-d'Oudaire (La), ham., c^{ne} de Massiac. — *Audery*, 1669 (état civ.). — *Oudery*, 1703 (id. de Saint-Étienne-sur-Massiac). — *Aulery* (Cassini).
Baraque-du-Bois-Noir (La), scierie mécanique, c^{ne} du Fau.
Baraque-du-Diable (La), écart, c^{ne} de Peyrusse.
Baraque-du-Faure (La), ham., c^{ne} de Saint-Mary-le-Plain.
Baraque-du-Maréchal (La), écart, c^{ne} de Saint-Mary-le-Plain.
Baraque-du-Pont de Chalès (La), écart, c^{ne} de Saint-Georges.
Baraque-du-Pont de Viadeyre (La), écart, c^{ne} de Saint-Georges.
Baraque-du-Prince (La), écart, c^{ne} de Peyrusse.
Baraque-du-Roc (La), écart, c^{ne} de Saint-Just. Cet écart porte aussi le nom de *Baraque de l'Évêque* (La).
Baraque-du-Serre (La), écart, c^{ne} de Viellespesse.
Baraque-Haute (La), écart, c^{ne} de Tiviers.
Baraque-Neuve (La), écart, c^{ne} de Saint-Just.
Baraque-Noire (La), ham., c^{ne} de Loubaresse.
Baraque-Noire (La), vill., c^{ne} de Saint-Just.
Baraque-Perdue (La), écart, c^{ne} des Ternes.
Baraques (Les), vill., c^{ne} d'Arpajon. — *Les Baraques* (plan cad.).
Baraques (Les), ham., c^{ne} d'Ayrens.
Baraques (Les), ham., c^{ne} de Cros-de-Montvert.
Baraques (Les), ham., c^{ne} du Falgoux.
Baraques (Les), écart, c^{ne} de Joursac.
Baraques (Les), cambuses, c^{ne} de Loubaresse.
Baraques (Les), écart, c^{ne} de Peyrusse.
Baraques (Les), vill., c^{ne} de Saint-Constant.
Baraques (Les), ham., c^{ne} de Saint-Pierre-du-Peil.
Baraques (Les), écart, c^{ne} de Velzic.
Baraques-Basses (Les), ham., c^{ne} d'Anglards-de-Saint-Flour.
Baraques-de-Cambian (Les), vill., c^{ne} d'Ytrac, auj. détruit.
Baraques-de-la-Plaine (Les), ham., c^{ne} d'Anglards-de-Saint-Flour.
Baraquette (La), ham., c^{ne} de Madic. — *La Barraquette* (Cassini).

Barasol, m^{in}, c^{ne} de Saint-Amandin. — *M^{in} de Barajol* (État-major).
Barasquie (La), dom. ruiné, c^{ne} de Mourjou. — *Villaige de la Barrasquie*, 1609 (état civ. de Saint-Étienne-de-Maurs).
Baraterie (La), dom. ruiné, c^{ne} de Boisset. — (Cassini.)
Barathe, m^{in}, c^{ne} de Giou-de-Mamou.
Barathe-Bas, f^{me}, c^{ne} de Giou-de-Mamou. — *Baratte*, 1610 (aveu de J. de Pestels). — *Barratte*, 1670 (nommée au p^{ce} de Monaco). — *Affar de la Baraterie*, 1695 (terr. de la command. de Carlat). — *Barathe-Bas*, 1756 (arch. dép. s. C). — *Barathe* (Cassini).
Barathe-Haut, écart, c^{ne} de Giou-de-Mamou. — *Barate*, 1721 (arch. dép. s. C).
Baratier, mont., c^{ne} de Saint-Amandin. — *Montaigne de Baratier*, 1650 (terr. de Feniers).
Baratou (Le), dom. ruiné, c^{ne} de Vic-sur-Cère. — *Le domaine de Baratou*, 1671 (nommée au p^{ce} de Monaco).
Barbadoire (La), dom. ruiné, c^{ne} de Saint-Martin-Cantalès. — *Mansus de la Barbadeyria*, 1464 (terr. de Saint-Christophe). — *La Barbadoyre*, 1778 (inv. des arch. d'Humières).
Barbance, écart, c^{ne} de Champs.
Barbance, écart, c^{ne} de Mourjou.
Barbance (La), écart, c^{ne} de Trémouille-Marchal. — *Barbat*, 1732 (terr. du fief de la Sépouse).
Barbanelles (Les), ruiss., affl. de la Maronne, coule aux finages des c^{nes} de Saint-Projet, Saint-Remy-de-Salers et de Saint-Martin-Valmeroux; cours de 6,400 m.
Barbarange, vill., c^{ne} de Maurines. — *Barbaranghas*, 1338 (spicil. Brivat.). — *Barbaranges*, 1494 (terr. de Mallet). — *Barbarange*, 1665 (ins. de la cour roy. de Murat). — *Barberanges*, 1784 (Chabrol, t. IV). — *Barbarauges*, 1856 (Dict. stat. du Cantal).
Barbarange, ruiss., affl. du Chalivet, c^{ne} de Maurines; cours de 1,600 m. — *Barbarauge*, 1856 (Dict. stat. du Cantal).
Barbarou (Le), lieu détruit, c^{ne} de Condat-en-Feniers. — *Mas de Barbaro*, 1278 (Hist. de l'abb. de Feniers). — *Bois de Barbarou*, 1650 (terr. de Feniers).
Barbary, vill., c^{ne} du Vigean. — *Villa Barbarorum?* x.^{e} s^e (test. de Théodechilde). — *Mansus de Barbari*, 1310 (lièvre du prieuré du Vigean). — *Barbary*, 1632 (état civ.). — *Barbarie*, 1661 (id. d'Anglards-de-Salers). — *Barbry*, 1684 (id. de Chaussenac). — *Barbarzy; Barbarrys*, 1735 (terr. de la command. de Carlat).

Barbassac, écart, c^ne de Saint-Illide. — *Barbazac*, 1855 (Dict. stat. du Cantal).

Barbasse (La), ruiss., affl. de la Truyère, c^ne de Sarrus, se forme au confluent des ruisseaux du Fraisse et du Peuch; cours de 1,880 m. — *Russeau de la Brassa de Truyère*, 1494 (terr. de Mallet).

Barbaste, lieu détruit, c^ne d'Antignac. — 1852 (Dict. stat. du Cantal).

Barbaste (La), dom. ruiné, c^ne de Bredon. — *Affar appellé de Barbaste*, 1527; — *Affar de Barbasse*, 1575; — *Affar de Barabaste*, 1664 (terr. de Bredon).

Barbaste (Le Suc de), mont. à burons, c^ne de Saint-Vincent.

Barbayro, dom. ruiné, c^ne de Saint-Mamet-la-Salvetat. — *Affar de Barbayro*, 1449 (arch. dép. s. E).

Barbelat, dom. ruiné, c^ne de Giou-de-Mamou. — *El mas de Barbelat de Cavanhac*, 1223 (lièvre de Carbonnat).

Barbes, dom. ruiné, c^ne de Mandailles. — *L'affar de Barbes*, 1692 (terr. de Saint-Geraud).

Barboutes, ruiss., affl. de l'Alagnon, c^nes de Virargues et de la Chapelle-d'Alagnon; cours de 2,300 m. — Ce ruisseau porte aussi le nom de *Faufoulioux*. — *Riparia sive rivus de Valz*, 1491 (terr. de Farges). — *Rif de Barbetas; de Berbotes; de Barbotes*, 1535 (id. de la v^té de Murat). — *Ruisseau de Barboutes*, 1680 (id. de la ville de Murat).

Barcelière (La), écart, c^ne de Chaliers.

Barda (Le Bois de la), dom. ruiné, c^ne de Jussac. — *Mansus de las Bordas*, 1466; — *Les Bordes*, 1567 (terr. de Saint-Christophe).

Bardalauque, ruiss., affl. de l'Alagnonet, c^ne de la Chapelle-Laurent; cours de 800 m.

Bardeaux (Les), dom. ruiné et mont. à burons, c^ne de Saint-Vincent. — *Lo fach al Bernones*, 1332 (lièvre du prieuré de Saint-Vincent). — *Le Bardeaus*, 1680 (état civ.). — *V^rie Bardeau* (Cassini). — *In Bardoa* (patois).

Bardelieu, vill. détruit, c^ne de Menet.

Bardet, m^in détruit, c^ne d'Aily.

Bardet, dom. ruiné, c^ne de Laroquebrou. — *Boria de Bardeto*, 1377 (arch. dép. s. E). — *Mansus de Bardet*, 1401 (id. s. G).

Bardet (Le), ham., c^ne de Sansac-de-Marmiesse. — *Affarium de Bardeto*, 1374 (arch. dép. s. E).

Bardie (La), vill. détruit, c^ne de Saint-Mamet-la-Salvetat. — *La Bardie*, 1595 (arch. mun. d'Aurillac, s. HH, c. 21). — *Le Bardit*, 1638; — *La Bardye*, 1664 (état civ.). — *Bardies*, 1667 (id. de Cayrols). — *Lou Bardie*, 1697; — *Lou Bordy*, 1743 (arch. dép. s. C, l. 4).

Bardier (Le), dom. ruiné, c^ne de Vitrac. — *Affarium de Bardier*, 1301 (pièces de l'abbé Delmas).

Bardinès, f^me, c^ne de Saint-Étienne-de-Maurs.

Bardities (Les), vill., c^ne de Saint-Martin-Cantalès. — *Lo Bardite* (Cassini). — *Les Bardeties*, 1856 (Dict. stat. du Cantal).

Bardon, ham., c^ne de Coltines. — *Bardou*, 1581 (terr. de Celles). — *Bardon*, 1669 (ins. du baill. d'Andelat).

Bardon, m^in, c^ne de Coltines. — *Le molin de Bardou*, 1654 (terr. du Sailhans).

Bardon (Le), ruiss., affl. du Sailhans, c^ne de Coltines; cours de 1,200 m. — *Ruiss. del Bardon*, 1654 (terr. du Sailbans).

Bardou (Le), dom. ruiné, c^ne de Leucamp. — *Domayne de Bardou*, 1670 (nommée au p^ce de Monaco).

Bardouly, ham., c^ne de Menet.

Barduguet, vill., c^ne de Mandailles. — *Bardhuguet*, 1856 (Dict. stat. du Cantal).

Bardy, ham., c^ne de Saint-Étienne-de-Maurs. — *Lou Berdye*, 1610; — *Le Bardy*, 1635; — *Le Bardi*, 1746 (état civ.).

Bandy (Le Puech de), mont. à vacherie, c^ne de Saint-Antoine.

Barès (Le), ham., c^ne de Saint-Mary-le-Plain.

Barésie (La), vill., c^ne de Mourjou. — *Lo Barezialès*, 1523 (ass. de Calvinet). — *La Barezias*, 1553 (procès-verbal Vény). — *La Barrisie*, 1616; — *La Borrisie*, 1618 (état civ. de Saint-Santin-de-Maurs). — *La Barezie*, 1784 (Chabrol, t. IV). — *La Barrésie* (Cassini).

Bareyrie (La), ham., c^ne de Vebret. — *La Barrerie* (État-major). — *La Barreyre*, 1857 (Dict. stat. du Cantal).

Bareyrou, mont. à burons, c^ne de Saint-Projet. — *Montaigne de Vesseyrous; Vesseyron*, 1717 (terr. de Beauclair). — *V^rie de Barrierou* (État-major).

Bargaire (La), dom. ruiné et mont. à vacherie, c^ne de Chanterelle. — *Ténement de la Vergorie*, xviie s^e (terr. de Feniers).

Bargaires (Les), écart, c^ne de Saint-Bonnet-de-Marcenat. — *Les Barguaires*, 1886 (état de recens.).

Bargaynes (Les), ruiss., affl. du Tac, c^ne de Marchal; cours de 3,880 m.

Barge (La), vill. et chapelle de secours, c^ne d'Alleuze. — *Mansus de la Barja*, 1252 (arch. dép. s. H). — *La Barga*, 1279 (homm. à l'év. de Clermont). — *La Bergho; Bargha; Barge; Bargha*, 1510 (terr. de Maurs). — *Barze; la Barge*, 1596 (min. Andrieu, n^re à Saint-Flour). — *La Barges*, 1670 (insin. du baill. de Saint-Flour).

Ce village est auj. le chef-lieu de la c^ne d'Alleuze.

Barge (La), vill. détruit, c^{ne} de Saint-Poncy. — *La Barghe*, 1557 (terr. du prieuré de Rochefort).
Barge (La), mⁱⁿ, c^{ne} de Vieillespesse.
Barghe (La), dom. ruiné, c^{ne} de Chastel-Marlhac. — *Affarium vocatum de Bargho*, 1441 (terr. de Saignes).
Bargues, vill., c^{ne} de Saint-Cernin. — *Bargas*, 1269 (arch. mun. d'Aurillac, s. FF, p. 15). — *Barguas*, 1322 (*id.* s. HH, c. 21). — *Berguas*, 1636 (lièvre de Poul). — *Bargues*, 1658 (insin. du baill. de Salers). — *Barge*, 1784 (Chabrol, t. IV).
Bargues (La Chapelle de), écart et chapelle, c^{ne} de Sansac-de-Marmiesse. — *Bargues*, 1761 (arch. dép. s. C, l. 2). — *Bargnes* (Cassini).
La chapelle de Bargues a été convertie en écurie.
Bargues, mⁱⁿ, c^{ne} de Sansac-de-Marmiesse. — *Moulin de Bargues*, 1761 (arch. dép. s. C, l. 2).
Bargues, vill., c^{ne} d'Ytrac. — *Barges*, 1629 (état civ. d'Arpajon). — *Bargues*, 1684; — *Bargue*, 1741 (arch. dép. s. C).
Barguières (Les), mont. à vacherie, c^{ne} de Saint-Paul-de-Salers.
Barguroux (Le Suc de), mont. à vacherie, c^{ne} de Saint-Vincent.
Bariniac, dom. ruiné, c^{ne} de Naucelles. — *Le villaige de Bariniac*, 1613 (état civ.).
Baritoux (Ei-), ham., c^{ne} du Claux.
Barnade (La), bois, c^{ne} de Riom-ès-Montagnes. — *Nemus vocatum de la Barnade*, 1512 (terr. d'Apchon).
Barnaudie (La), dom. ruiné, c^{ne} de Glénat. — *La Barnaudia*, XVIIIe s^e (pap. de la fam. de Montal).
Barnèze (La), ruiss., affl. du Chabrillac, c^{nes} de Vabres et de Saint-Georges; cours de 16,500 m. — On l'appelle aussi *Bégus* et *Vabres*.
Barnezio, dom. ruiné, c^{ne} de la Chapelle-Laurent. — *Locus de Barnezio*, 1406 (liber vitulus).
Barnière (La), mont. à vacherie, c^{ne} de Saint-Remy-de-Salers.
Barnut (La), mont. à vacherie, c^{ne} de Celles. — *Boix appelé Barnue; Barnuz; le Suc-Barnas*, 1581; — *Barnus*, 1644 (terr. de la command. de Celles).
Barochis, bois défriché, c^{ne} de Dienne. — *Le boix de Barochys; Barechy; Barrorchys*, 1551 (terr. de Dienne).
Baronde (La), mont. à burons, c^{ne} de Montboudif. — *Montaigne appellée la Biaradou; la Biarradonne*, XVIe s^e (liève conf. de Feniers).
Baronèse (La), dom. ruiné, c^{ne} d'Ytrac. — *Affarium da las Baronesas*, 1408 (arch. dép. s. G).
Baronne (La), ham., c^{ne} de Montboudif.

Baronne (La), dom. ruiné, c^{ne} de Saint-Christophe. — *La Barone*, 1625 (état civ.).
Baronne-Basse (La), ham., c^{ne} de Montboudif.
Barra (Le), f^{me}, c^{ne} d'Aurillac, auj. remplacée par des baraquements militaires. — *Affarium vocatum de la Barrayria*, 1471 (arch. dép. s. E). — *Le domayne del Barrac*, 1578 (terr. du cons. d'Aurillac). — *Lou Barry*, 1630; — *Lou Barra*, 1672 (état civ.). — *Le Berrat*, 1710 (arch. mun. s. CC, p. 3).
Barra (Le), dom. ruiné, c^{ne} de Saint-Mamet-la-Salvetat. — *Affar de la Barra*, 1574 (livre des achaps d'Ant. de Naucaze). — *Ténement de lou Gua-de-Barras*, 1739 (anc. cad.).
Barrabaste (Le Puy de), mont. à vacherie, c^{ne} de Coren.
Barrabous (Les), mont. à vacherie, c^{ne} de Champagnac.
Barrade (La), ham., c^{ne} de Trémouille-Marchal.
Barradine (La), ham., c^{ne} de Rouffiac. — *Basradein*, 1857 (Dict. stat. du Cantal).
Barrairade (La), écart, c^{ne} de Cros-de-Ronesque.
Barrairie (La), dom. ruiné, arrond. d'Aurillac. — *Cum terra de la Barrairia*, 1350 (arch. mun. d'Aurillac, s. HH, c. 21).
Barral (Le), ruiss., affl. de la Rance, c^{ne} de Saint-Étienne-de-Maurs; cours de 2,000 m.
Barrat (Le), bois défriché, c^{ne} de Teissières-les-Bouliès. — *Nemus del Barras*, 1531 (min. Vigery, n^{re} à Aurillac).
Barrats (Les), mont. à vacherie, c^{ne} de Colandres.
Barray (Le), grange isolée, c^{ne} du Falgoux.
Barré (Le Suc de), mont. à vacherie, c^{ne} de Charmensac.
Barre (La), mont. à burons, c^{ne} de Cheylade. — *Le Suc-de-la-Bade*, 1514 (terr. de Cheylade). — *Le Suc-de-la-Bode*, 1539 (arch. dép. s. E). — *Le Suc-de-la-Baude*, 1585 (terr. de Graule). — *La Barre* (Cassini).
Barre (La), ruiss., affl. de l'Alagnon, c^{ne} de Laveissière; cours de 4,000 m. — *Lo rieu de Chamboyral*, 1490; — *Chamboyrol; Chambeul; ruysseau d'Allanche; l'Aigue-de-Quellia; Chamboyroul*, XVe s^e; — *Ruisseau de Mollèdes; de Molleidos*, 1569 (terr. de Chambeuil).
Barre (Le), q^r du vill. des Maisons, c^{ne} de Vabres. — *Mansus de la Baria*, 1256 (arch. départem., s. G).
Barreau, mⁱⁿ, c^{ne} de Marmanhac.
Barrecarte, écart, c^{ne} de Valjouze.
Barredin (La), ham., c^{ne} de Rouffiac.
Barrel, vill. détruit, c^{ne} de Lavastrie. — *Le villaige*

du *Barrel*, 1599 (min. Andrieu, n^{re} à Saint-Flour).

BARRÈS, m^{in} détruit, c^{ne} de Rezentières. — *Le molin de Barrez; de Barretz*, 1610 (terr. d'Avenaux). — *Barret*, 1675 (état civ. de Saint-Mary-le-Plain).

BARRÈS, ham. et m^{in}, c^{ne} de Saint-Martin-sous-Vigouroux. — *Barre* (Cassini).

BARRÈS-BAS, m^{in}, c^{ne} de Saint-Mary-le-Plain.

BARRÈS-HAUT, m^{in}, c^{ne} de Saint-Mary-le-Plain. — *Molin appellé de Barres ou de Barras*, 1610 (terr. d'Avenaux).

BARRET, vill., c^{ne} d'Andelat. — *Barretum*, 1531; — *Barrel; Barretz*, 1583; — *Baret*, 1584; — *Barres*, 1634 (arch. dép. s. G). — *Barret*, 1654 (terr. du Sailhans). — *Barrey*, 1655 (lièvre conf. de Barret). — *Borret*, 1689 (état civ. de Saint-Flour). — *Barrest*, 1784 (Chabrol, t. IV).

BARREYRIE (LA), ham., c^{ne} de Roumégoux. — *La Barrayrie*, 1590 (livre des achaps d'Ant. de Naucaze). — *La Barreyrie*, 1648 (état civ. de Parlan). — *La Bareirie*, 1660; — *La Barreyre*, 1667 (id. de Roumégoux). — *La Barreirye*, 1668 (nommée au p^{ce} de Monaco). — *La Barrerie*, 1857 (Dict. stat. du Cantal).

BARREYRIE (LA), écart, c^{ne} de Vebret.

BARRIAC, c^{ne} de Pleaux. — *In villa Beriacq; in villa et ecclesia Beriaco*, XIIe s^e (charte dite *de Clovis*). — *Berriac*, 1274 (vente au doyen de Mauriac). — *Berriacum; Beriacum*, 1474 (terr. de Saint-Christophe). — *Barriacum*, 1535 (pouillé de Clermont, don gratuit). — *Bériac*, 1654; — *Berriac*, 1666; — *Bariac*, 1667 (état civ. d'Ally). — *Barriach*, 1673 (id. du Vigean). — *Barrious en Auvergne*, 1687 (id. de Pleaux). — *Barriac*, 1746; — *Barriat*, 1784 (arch. dép. s. C, l. 38).

Barriac, avant 1789, était de la Haute-Auvergne, du dioc. de Clermont, de l'élect. et de la subdél. de Mauriac. Régi par le droit cout., il dépend. de la justice seign. de Saint-Christophe, et ressort. au bailliage d'Aurillac, en appel de la prév. de Mauriac.

Son église, dédiée à saint Martin, était un prieuré-cure à la nomination de l'archiprêtre de Mauriac. Elle a été érigée en succursale par ordonn. royale du 5 janvier 1820.

BARRIAC, vill., c^{ne} de Pailhérols. — *Mansus de Berriat*, 1476 (terr. de la command. de Carlat). — *Bariac*, 1645 (min. Froquières, n^{re}). — *Barriac*, 1695 (terr. de la command. de Carlat).

L'église de Barriac, anc. annexe de celle de Pailhérols, a été érigée en succursale par ordonn. royale du 15 février 1843.

BARRIAC, m^{in}, c^{ne} de Saint-Illide. — *Molin de Bauriac*, 1597; — *Barriac*, 1598 (min. Lascombes, n^{re} à Saint-Illide).

BARRIAL, écart, c^{ne} de Marmanhac.

BARRI-CONTE (LE), écart détruit, c^{ne} de Valjouze.

BARRIÈRE (LA), dom. ruiné, c^{ne} d'Arpajon. — *Les Barrieirres*, 1628 (état civ.). — *Les Barrières*, 1679 (arch. dép. s. C, l. 5).

BARRIÈRE (LA), dom. ruiné, c^{ne} de Barriac. — *Domaine de la Barrière*, 1784 (arch. dép. s. C, l. 48).

BARRIÈRE (LA), vill. et m^{on} forte détruite, c^{ne} de Beaulieu. — *Barrias*, 1620 (état civ. de Champs).

BARRIÈRE (LA), f^{me} avec manoir, c^{ne} de Saint-Santin-Cantalès. — *La Barieyra*, 1442; — *La Bareira*, 1443 (pap. de la fam. de Montal). — *La Bévole*, 1449 (enq. sur les droits des seign. de Montal). — *La Barrieyra*, 1510 (vente aux seign. de Montal). — *Arrerias*, 1553 (procès-verbal Vény). — *La Barrueyre*, 1635 (état civ.). — *La Barreyre*, 1669 (nommée au p^{ce} de Monaco). — *Ayrerias*, 1784 (Chabrol, t. IV). — *La Barrière*, 1786 (arch. dép. s. C, l. 51).

BARRIÈRE (LA), vill., c^{ne} du Trioulou.

BARRIÈNES (LES), mont. à vacherie, c^{ne} d'Allanche.

BARRIEYRE (LA), mont. à vacherie, c^{ne} de Condat-en-Feniers.

BARRIGALDET, ham., c^{ne} de Mourjou.

BARRIOL (LA FONT DE), forêt, c^{ne} de la Capelle-en-Vézie.

BARRIOL, m^{in}, c^{ne} de Paulhac.

BARROUL (LE), f^{me}, c^{ne} de Saint-Santin-de-Maurs. — *Villaige de la Barloul*, 1613 (état civ.). — *Le Barroul*, 1698 (id. de Saint-Constant).

BARRY, vill., c^{ne} d'Alleuze. — *Mansus de Barri*, 1470 (arch. dép. s. E). — *Barre*, 1510 (terr. de Maurs). — *Barry*, 1668 (insin. de la cour roy. de Murat).

BARRY (LE), dom. ruiné, c^{ne} d'Arpajon. — *Ténement del Barry*, 1739 (anc. cad.).

BARRY (LE), dom. ruiné, c^{ne} de Saint-Paul-des-Landes. — *Lou Barry*, 1550 (terr. d'Escalmels).

BARRY (LA SAIGNE DEL), mont. à vacherie, c^{ne} de Salins.

BARRY (LE), écart, c^{ne} de Ségur. — *La Baria*, 1341 (arch. dép. s. E). — *Loubarry*, 1784 (Chabrol, t. IV). — *Le Barry* (Cassini).

BARTARIBOS, mont. à vacherie, c^{ne} de Marcenat.

BARTAS (LAS), fief, c^{ne} de Cheylade. — 1514 (terr. de Cheylade).

BARTASONNE (LA), marais desséché, c^{ne} de Chastel-sur-Murat). — *Los mezes appellées de la Bartassona*, 1535 (terr. de la v^{té} de Murat). — *La Bachassoune*, 1680 (id. ville de Murat).

BARTASSE (LA), dom. ruiné, c^{ne} de Saint-Constant. — *Bos de lou Bartax*, 1746; — *Barthasse; la Bartasse*, 1748; — *Las Barthasses; las Bartasses*, 1750 (anc. cad.).
BARTASSES (LES), dom. ruiné, c^{ne} de Lorcières. — *Ténement de las Bartassesses*, 1730 (terr. de Montchamp).
BARTASSIÈRE (LA), ham., c^{ne} de Thiézac. — *La Bartasière*, 1746 (anc. cad.).
BARTASSON (LE), dom. ruiné, c^{ne} de Lavastrie. — *Domaine de Las Bartasson*, 1618 (terr. de Sériers).
BARTASSOU (LE), ruiss., affl. du ruisseau de Ruols, c^{ne} de Montsalvy; cours de 1,300 m. — On le nomme aussi *le Châtaignal*.
BARTASSOU (LE), dom. ruiné, c^{ne} de Saint-Poncy. — *Buge appellée du Barthas*, 1700 (lièvre de Celles).
BARTE (LA), dom. ruiné, c^{ne} de Saint-Julien-de-Toursac. — *L'affar de la Bartha*, 1587 (livre des achaps d'Ant. de Naucaze).
BARTE (LA), m^{in} détruit, c^{ne} de Saint-Saury. — *Le molin de la Barthe*, 1668 (min. Frégéac, n^{re}). — *La Barte* (Cassini).
BARTEIRE (LE COMMUN DE LA), mont. à vacherie, c^{ne} d'Alleuze. — *Nemus vocatum la Font des Barteyras*, 1510 (terr. de Maurs).
BARTES (LES), ham., c^{ne} de Cayrols.
BARTES (LES), mont. à vacherie, c^{ne} de Vieillespesse. — *Nemus vocatum lo Barthas*, 1526; — *Lo Bartas*, 1527; — *Le Barthas dels Sailhens*, 1662 (terr. de Vieillespesse).
BARTHALANE (LA), seign., c^{ne} de Saignes. — *La Barthalana*, 1441 (terr. de Saignes).
BARTHAS (LE), f^{me}, c^{ne} de Faverolles.
BARTHE (LA), écart, c^{ne} de Cayrols. — *Le villaige de la Barthe*, 1587 (livre des achaps d'Ant. de Naucaze).
BARTHE (LA), ham., c^{ne} de Condat-en-Feniers.
BARTHE (LA), écart, c^{ne} de Marcenat.
BARTHE (LA), f^{me}, c^{ne} de Quézac.
BARTHE (LA), ham. et chât. détruit, c^{ne} de Saint-Gerons. — *La Barthe*, 1704 (état civ. de la Capelle-Viescamp). — *La Barte* (Cassini).
BARTHE-DEL-CHAPEL (LA), dom. ruiné, c^{ne} de Chavagnac. — *Affar. de la Bartha*, 1535 (terr. de la v^{té} de Murat). — *La Barthe*, 1680 (id. des Bros).
BARTHE-DE-SERRE (LA), écart, c^{ne} de Marcenat.
BARTHES (LES), ham., c^{ne} de Leynhac.
BARTHES (LES), écart, c^{ne} de Montmurat.
BARTHES (LES), mont. à burons, c^{ne} de Pailhérols. — *Montaignhe appellée de las Bartes*, 1669; — *Las Barthes*, 1671 (nommée au prince de Monaco).

BARTHES (LES), écart, c^{ne} de Riom-ès-Montagnes. — *Bartet*, 1719 (table du terr. d'Apchon de 1512).
BARTHES (LAS), écart, c^{ne} de Saint-Antoine.
BARTHOLE (LA), dom. ruiné, c^{ne} d'Arpajon. — *Ténement de la Bartole*, 1745 (anc. cad.).
BARTHOLET, m^{in} détruit, c^{ne} de Vieillespesse. — *Molendinum de Bartholet*, 1526; — *Le moulin de Barthollet*, 1662 (terr. de Vieillespesse).
BARTHOMIO (LA), ham., c^{ne} de Dienne. — *La Bertoumio*, 1778 (cens de Dienne).
BARTHOUET (LE), ruiss., affl. de la Sionne, prend sa source dans la c^{ne} d'Anzat-le-Luguet, départ. du Puy-de-Dôme, coule aux finages des c^{nes} de Leyvaux et de Saint-Étienne-sur-Blesle (Haute-Loire). Le cours de ce ruisseau dans le Cantal est de 4,500 m. — On le nomme aussi *la Chassagne*.
BARTIOLES (LAS), ham., c^{ne} de Junhac. — *Las Bartioles*, 1749 (anc. cad.). — *Las Bartholes; las Bartiolles; las Bartiales*, 1760 (terr. de Saint-Projet). — *Bariolas*, 1784 (Chabrol, t. IV).
BAS (LE), écart, c^{ne} de la Besserette.
BASAYGUES, écart, c^{ne} de Roussy. — *Besrel*, 1625 (état civ. d'Arpajon). — *Basaygue*, 1750; — *Embazaygues*, 1753 (anc. cad.).
BASBOURLÈS, vill., c^{ne} d'Arpajon. — *Basboulin*, 1670 (nommée au p^{ce} de Monaco). — *Basbourles*, 1740 (anc. cad.). — *Babourles*, 1744 (arch. dép. s. C, l. 5).
BASSAC, ham. c^{ne} de Ladinhac.
BASSADE (LE ROC DE LA), mont. à vacherie, c^{ne} d'Alleuze. — *Baissado*, 1493; — *Boissado*, 1494 (terr. de Mallet). — *Las Vayssadas*, 1510; — *Campus a las Bessadas*, 1511 (terr. de Maurs).
BASSE (LA), ham., c^{ne} de Fournoulès.
BASSET (LES CLAUSELS DE), dom. ruiné, c^{ne} de Virargues. — *Affar des Clouzelz-de-Basset*, 1580 (lièvre conf. de la v^{té} de Murat). — *Affar des Clouzelz-de-Basset*, 1598 (reconn. des cons. d'Albepierre).
BASSIGNAC, c^{on} de Salers. — *Bassiniacus*, XIIe s^e (charte dite *de Clovis*). — *Bassinhac*, 1275 (test. de Bertrand de Montal). — *Bassiniacum*, 1473 (terr. de Mauriac). — *Bassinhacum*, 1485 (homm. au seign. de Charlus). — *Bassignac*, 1635 (état civ. du Vigean). — *Bassignhac*, 1660 (id. de Mauriac). — *Bassiniac*, 1680 (id. de Pleaux). — *Bassignat*, 1785 (arch. dép. s. C, l. 45).

Bassignac était, avant 1789, de la Haute-Auvergne, du dioc. de Clermont, de l'élect. et de la subdél. de Mauriac. Régi par le droit cout., il dépendait de la justice seign. de Charlus, et ressort. au bailliage d'Aurillac, en appel de la prév. de Mauriac. — Son église, dédiée à sainte Radegonde, était un prieuré dépendant du doyen de Mauriac. Elle a été érigée en succursale par ordonn. royale du 5 janvier 1820.

Bassignac, f^{me} avec manoir, c^{ne} de Cros-de-Ronesque. — *Bassinhac*, 1668 (nommée au p^{cé} de Monaco). — *Bassiniac*, 1695 (terr. de la command. de Carlat).

Par décision du conseil général du 23 août 1876, Bassignac a été distrait de la c^{ne} de Badailhac et annexé à celle de Cros-de-Ronesque.

Bassignac, écart, c^{ne} de Loupiac.

Bassignac, ham., c^{ne} de Saint-Mamet-la-Salvetat. — *Bassinhas*; *Bassinhac*, 1623 (état civ.). — *Bassiniac*, 1659 (*id.* de Parlan). — *Bassinhiac*, 1665 (état civ.).

Bassignat, burons, sur la montagne d'Exclaux, c^{ne} de Saint-Clément.

Bassiniac, vill., c^{ne} de Freix-Anglards. — *Bassinhacum*, 1403 (pap. de la fam. de Montal). — *Bassinhac*, xvie s^e (arch. mun. d'Aurillac, s. GG, p. 21). — *Bassignact*, 1659; — *Bassiniac*, 1662 (état civ. de Saint-Cernin). — *Basinhac*, 1667 (*id.* de Jussac). — *Bassinihac*, 1669 (nommée au p^{cé} de Monaco). — *Bacinihac*, 1700; — *Bassigniact*, 1701 (état civ. de Saint-Cernin).

Bassolières (Las), dom. ruiné, c^{ne} de Sansac-de-Marmiesse. — *Affarium de las Bassolicyras*, 1544 (pièces du cab. de l'abbé Delmas).

Bast (Le), mⁱⁿ, c^{ne} de Saint-Pierre-du-Peil. — *Moulin de Barra* (État-major).

Bastid, buron, c^{ne} de Marmanhac.

Bastide (La), ruiss., affl. du Jurol, c^{ne} d'Alleuze; cours de 1,620 m. — *Lou rieu de la Bastida*, 1494 (terr. de Mallet).

Bastide (La), vill. détruit, c^{ne} d'Andelat. — *Villatge de la Bastide*, 1654 (terr. du Sailhans).

Bastide (La), vill., c^{ne} d'Anglars-de-Salers. — *La Bastide*, 1652; — *La Bastidie*, 1667; — *La Bastide sive Marcat*, 1670 (état civ.).

Bastide (La), chât. détruit, c^{ne} d'Arpajon. — *Castrum de la Bastida*, 1340 (reconn. à l'hôp. d'Aurillac). — *La Bastido*, 1465 (obit. de N.-D. d'Aurillac). — *La Bastide*, 1669 (nommée au p^{cé} de Monaco).

Bastide (La), vill., c^{ne} d'Auriac. — *La Bastide* (État-major).

Bastide (La), chât. détruit, c^{ne} d'Aurillac. — *Castrum de la Bastida*, 1269 (homm. à l'évêque de Clermont).

Bastide (La), vill., c^{ne} de Carlat. — *La Bastide*, 1692 (état civ. de Raulhac).

Bastide (La), vill., c^{ne} de Chanterelle. — *Las Bastidas*, 1309 (Hist. de l'abb. de Feniers). — *La Bastide*, 1682 (état civ. de Condat).

Bastide (La), chât. détruit, c^{ne} de la Chapelle-d'Alagnon. — *La Bastide*, 1535 (terr. de la v^{té} de Murat). — *La tour del Monge*, xviie s^e (*id.* d'Antéroche).

Bastide (La), vill., c^{ne} de la Chapelle-Laurent.

Bastide (La), vill. détruit, c^{ne} de Colandres. — *Le villaige de la Bastide*, 1519 (terr. d'Apchon).

Bastide (La), dom. ruiné, c^{ne} de Cros-de-Montamat. — *Mansus de la Bastida*, 1323 (reconn. au baron de Calvinet).

Bastide (La), vill., c^{ne} du Fau. — *La Bastide*, 1646 (état civ. de Loupiac).

Bastide (La), f^{me}, c^{ne} de Faverolles. — *Mansus de la Bastida*, 1260 (arch. dép. s. G). — *La Bastide*, 1494 (terr. de Mallet).

Bastide (La), dom. ruiné, c^{ne} de Ferrières-Saint-Mary. — *La Bastida*, 1551 (terr. de Villedieu).

Bastide (La), vill., c^{ne} de Girgols. — *Mansus de la Bastida*, 1531 (min. Vigery, n^{re} à Aurillac). — *Labastide*, 1682 (état civ. de Saint-Projet). — *La Bastide*, 1782 (arch. dép. s. C, l. 50).

Bastide (La), dom. ruiné, c^{ne} de Ladinhac. — *Mansus de la Bastida*, 1464 (vente par Guill. de Treyssac).

Bastide (La), ruiss., affl. de la Santoire, c^{nes} de Landeyrat et de Marcenat; cours de 11,200 m.

Bastide (La), vill., c^{ne} de Lastic. — *Mansus de la Bastida*, 1329 (cnq. sur la just. de Vieillespesse). — *La Bastide*, 1508 (terr. de Montchamp).

Bastide (La), vill., c^{ne} de Laveissière. — *La Bastida*, 1291 (arch. dép. s. E). — *La Bastyda*, 1490; — *La Bastyde*, xve s^e (terr. de Chambeuil). — *La Bastide*, 1691 (état civ. de Murat).

Bastide (Le Bois de la), dom. ruiné, c^{ne} de Lavigerie. — *La Bastida*, 1348 (liève de Dienne). — *La Bastide*, 1618 (terr. de Dienne).

Bastide (La), vill., c^{ne} de Marcenat. — *Villa de las Bastidas*, 1309 (Hist. de l'abb. de Feniers). — *Labastide* (Cassini).

Bastide (La), vill., c^{ne} de Molèdes. — *La Bastide*, 1784 (Chabrol, t. IV).

Bastide (La), vill., c^{ne} de Molompize. — *La Bastide*, 1558 (terr. de Tempel). — *La Bastide-las-Oulle*, 1690 (*id.* de Bégoules).

Bastide (La), vill., c^{ne} de Neuvéglise. — *Mansus de la Bastida*, 1510 (terr. de Maurs). — *La Bastide*, 1730 (terr. de Montchamp).

Bastide (La), dom. ruiné, c^{ne} de Rouziers. — *Domayne de Bastide*, 1670 (nommée au p^{cé} de Monaco).

Bastide (La), vill., c^{ne} de Saint-Hippolyte. — *Mansus* de la Bastida, 1512 (terr. d'Apchon). — *La Bastide*, 1784 (arch. dép. s. C, l. 46).

Bastide (La), vill., c^ne de Saint-Julien-de-Toursac. — *La Bastid*, 1886 (états de recens.).

Bastide (La), ham. avec manoir, c^ne de Saint-Simon. — *Mansus de la Bastida*, 1340 (reconn. à l'hôp. d'Aurillac). — *Labastide*, 1692 (arch. dép. s. C, l. 12). — *La Bastide*, 1701 (état civ.).

Bastide (La), vill., c^ne de Sansac-de-Marmiesse.

Bastide (La), ham., c^ne de Sarrus. — *La Bastide*, 1494 (terr. de Mallet).

Bastide (La), vill., c^ne des Ternes.

Bastide (La), f^me, c^ne de Thiézac. — *La Bastide*, 1620 (état civ.).

Bastide (La), vill., c^ne de Trémouille-Marchal.

Bastide-Basse (La), écart, c^ne de Thiézac.

Bastide-Haute (La), écart, c^ne de Thiézac.

Bastides (Les), dom. ruiné, c^ne de Lieutadès. — *Affar de las Bastidas*, 1508 (terr. de la Garde-Roussillon).

Bastidès, écart, c^ne de Parlan. — *La Bastide*, 1748 (anc. cad.).

Bastidou (Le), écart, c^ne de Thiézac. — *L'affar de Bastidou*, 1674 (terr. de Thiézac).

Bastit (Le), vill., c^ne de Saint-Julien-de-Toursac. — *Lou Bastit*, 1740 (état civ. de Quézac). — *Le Bastid* (État-major).

Bastno (Le), torrent, affl. de la Jordanne, c^ne de Saint-Cirgues-de-Jordanne.

Bataillère (La), ruiss., affl. de la rivière de Mars, c^ne du Falgoux; cours de 2,000 m.

Bataillou (Le Turon de), m^in détruit, c^ne de Vieillespesse. — *Molendinum de Batalhos; Bataillos*, 1526 (terr. de Vieillespesse). — *Bathalhioux*, 1558 (lièvre conf. de Tempels).

Batarel (Le), ruiss., affl. de l'Ande, c^nes de Coltines et de Talizat; cours de 6,000 m.

Batarel (Le), ruiss., affl. de l'Hirondelle, c^ne de Narnhac, cours de 750 m. — *Ruisseau des Crozes*, 1508 (terr. de Loubeysargues).

Batarial (Le), ruiss., affl. de l'Alagnonet, c^ne de la Chapelle-Laurent; cours de 800 m.

Batifoil, vill. et m^in, c^ne de Marcenat. — *Batifoy*, 1776; — *Le Batifol*, 1777 (arch. dép. s. C).

Batin (Le), ruiss., affl. de l'Alagnon, c^ne de Joursac; cours de 10,000 m.

Batitan, m^in et carderie, c^ne de Laroquebrou.

Bats (La Fon des), mont. à vacherie, c^ne de Champs.

Bats (La Rage des), mont. à vacherie, c^ne de Leyvaux.

Battu (Le), écart, c^ne d'Anglards-de-Salers.

Battu (Le), dom. ruiné, c^ne de Riom-ès-Montagnes.

— *Bughia vocata dels Batuts*, 1512 (terr. d'Apchon).

Battude (La), vill., c^ne de Sansac-de-Marmiesse. — *La Battude*, 1681; — *Labatude*, 1734 (arch. dép. s. C, l. 2). — *La Batude* (État-major).

Battut (Le), dom. ruiné et mont. à vacherie, c^ne de Dienne. — *Affar de Battut*, 1489 (lièvre de Dienne).

Battut (Le), dom. ruiné, c^ne du Falgoux. — *Lo fach del Batut*, 1332 (lièvre du prieuré de Saint-Vincent).

Battut (Le), vill., c^ne de Paulhenc. — *Lou Battut*, 1625 (état civ. de Pierrefort). — *Lou Batut*, 1668 (nommée au p^ce de Monaco). — *Le Ballax*, 1784 (Chabrol, t. IV). — *Le Ballut*, 1857 (Dict. stat. du Cantal).

Battut (Le), vill. détruit, c^ne de Peyrusse. — *Combattu* (Cassini).

Battut, vill. et m^in, c^ne de Saint-Cirgues-de-Malbert. — *Mansus del Batut*, 1403 (échange avec J. de Montal). — *Lou Battud*, 1679; — *Le Batut*, 1703; — *Le Battut*, 1728 (arch. dép. s. C, l. 16). — *Le Batud*, 1782 (id. l. 50).

Battut (Le Bois du), dom. ruiné, c^ne de Saint-Constant. — *Mansus del Batut*, 1480 (reconn. à J. de Montamat).

Battut (Le), dom. ruiné, c^ne de Saint-Simon. — *Affar del Battut; del Batut*, 1692 (terr. de Saint-Geraud).

Battut (Le), dom. ruiné, c^ne de Saint-Vincent. — *Lou Batut*, 1332 (lièvre du prieuré de Saint-Vincent).

Batul (Le), écart, c^ne de Maurs.

Bau (Le), ruiss., affl. de la rivière de Brezons, c^ne de Brezons; cours de 4,000 m.

Baucazel, ruiss., affl. du ruisseau de Salilhes, c^ne de Thiézac; cours de 1,600 m.

Baudou, grange isolée, c^ne d'Arpajon. — *Bois de la Brandou*, 1740; — *Bois de Braudou; Baudou*, 1741 (anc. cad.).

Baufets (Les), dom. ruiné, c^ne de la Chapelle-d'Alagnon. — *Affar des Bauffectz*, 1536 (terr. de la v^té de Murat). — *Les Baufets*, XVIe s^e (arch. dép. s. G). — *Grange des Boufitz*, 1683 (terr. des Bros).

Baufets (Les), dom. ruiné, c^ne de Riom-ès-Montagnes. — *Affarium vocatum des Bausets; Bausels; Baufets*, 1441 (terr. de Saignes). — *Tènement des Baufetz*, 1506 (id. de Riom).

Baure (La), dom. ruiné, c^ne de Chaliers. — *Mansus de Bavre*, 1437 (arch. dép. s. G).

Baux (Les), dom. ruiné, c^ne d'Ytrac. — *Le domayne des Baulx*, 1669 (nommée au p^ce de Monaco).

BAYLIE (LA), dom. ruiné, cne de Dienne. — *Villaige de la Baylia*, 1600 (terr. de Dienne).
BAYLIE (LA), ham., cne de Ladinhac. — *La Baylia*, 1464 (vente par Guill. de Treyssac). — *La Bayllia*, 1540; — *La Bayllya*, 1549 (min. Guy de Vayssieyra, nre). — *La Baylya*, 1549; — *La Bailia*; *Baliya*, 1550 (id. Boygues, nre). — *La Belye*, 1747 (arch. dép. s. C). — *La Beylie*, 1750 (anc. cad.). — *La Beilye*, 1752 (arch. dép. s. C). — *La Beilie*, 1752; — *La Baylie*, 1753 (anc. cad.).
BAYOND, vill. détruit, cne de Saint-Paul-des-Landes. — *Lou Boyerol*, 1554 (test. de Guill. de Cueilhes). — *Bayort*, 1642 (min. Sarrauste, nre à Laroquebrou). — *Bajort*, 1711 (état civ.).
BAYROUMODAN, dom. ruiné, cne de Valette. — *Mansus de Bayroumodan*, 1352 (homm. à l'évêque de Clermont).
BAYSE (LA), dom. ruiné, cne du Trioulou. — *Villaige de la Bayse*, 1629 (état civ. de Saint-Constant).
BAYSSAT (LE), écart, cne de Ladinhac. — *Le Vaizard*, 1710 (anc. cad.). — *Le Balat* (État-major).
BAZARTE, étang cultivé, cne du Vigean. — *Stagnum de Bazarte, in aqua de Labieu*, 1474 (terr. de Mauriac).
BAZELGES, dom. ruiné, cne de Saint-Martin-Cantalès. — *Affarium de Baselyas*, 1464 (terr. de Saint-Christophe).
BÉAL (LE), dom. ruiné, cne de Saint-Flour.
BÉALE (LA), dom. ruiné, cne de Rouziers. — *Boys et affar de la Béalle*, 1590 (livre des achaps d'Ant. de Naucaze).
BÉALE-DE-RIEY-ROUMÈS (LA), ruiss., affl. de la Cère, cne de Sansac-de-Marmiesse; cours de 1,500 m.
BÉALE-NÈGRE (LA), ruiss., affl. de la Moulègre, cne de Saint-Mamet-la-Salvetat; cours de 1,600 m.
BÉATE (LA), dom. ruiné, cne de Murat. — *Affar de Labéate*, 1535 (terr. de la vté de Murat). — *La Béate*, 1552 (id. de Farges).
BEAU (LA), chât., cne de Saint-Simon. — *La Beaulté*, 1673 (état civ. de Saint-Chamant). — *Labeau*, 1692 (id. de Saint-Simon). — *Labeu*, 1692; — *La Beau*, 1701; — *Labuau*, 1718 (arch. dép. s. C, l. 12).
BEAU (LA), min détruit, cne de Saint-Simon.
BEAUCASTEL, chât. détruit, cne de la Chapelle-Laurent. *Beauchateil*; *Beau-Chateil*; *Bouschasteil*, 1730 (terr. de la command. de Montchamp). — *Beau-Castel*, 1784 (Chabrol, t. IV).
Beaucastel était, avant 1789, le siège d'une justice seign. haute, moyenne et basse, régie par le droit cout., et ressort. à la sénéch. d'Auvergne, en appel de la prév. de Brioude.

BEAUCLAIR, fme et chât. féodal détruit, cne du Fau. — *Castrum de Bel Clar*, 1240 (homm. à l'évêque de Clermont). — *Bello Clari*, 1378 (arch. dép. s. G). — *Bello Claro*, 1454 (test. de Sedaiges). — *Belclar*, 1507 (nommée au seign. de Charlus). — *Beauclair*, 1717 (terr. de Beauclair).
Beauclair était, avant 1789, le siège d'une justice seign. régie par le droit coutumier, et ressort. à la sénéch. d'Auvergne, en appel du bailliage de Salers.
BEAUJARRET, vill., cne de Saint-Christophe. — *Mansus de las Bangarassias*, 1464 (terr. de Saint-Christophe). — *Baugharet*, 1615; — *Baugarret*, 1625; — *Baugeret*, 1627; — *Baugeauret*, 1629 (état civ.). — *Baugaret*, 1653; — *Bougharet*, 1667 (id. d'Ally). — *Baugeretz*, 1673 (id. de Loupiac). — *Baujazet*; *Beaujaret*, 1673 (id. d'Arnac). — *Beaugearet*, 1683 (id. de Chaussenac). — *Beaujaret*, 1768; — *Beauzaret*, 1770 (arch. dép. s. C, l. 40). — *Boujaret* (État-major).
BEAUJARRET D'ARMANDE, écart, cne de Saint-Christophe. — *Beaujarret d'Armende*, 1855 (Dict. stat. du Cantal, t. III, p. 199).
BEAULIEU, con de Champs. — *Bellus Locus*, 1458 (pap. de la fam. de Montal). — *Beauliou*, 1661 (état civ. de Champs).
Beaulieu, avant 1789, était de la Haute-Auvergne, du dioc. et de l'élect. de Clermont, de la subdél. de Bort. Régi par le droit cout., il dépend. de la justice seign. de Thinières, et ressort. à la sénéch. de Clermont, en appel du baill. de Thinières. — Son église, dédiée à sainte Madeleine et à saint Sébastien, était une cure à la nomination de l'évêque de Clermont. Elle a été érigée en succursale par décret du 28 août 1808.
BEAULIEU, fme, cne de Saint-Martin-sous-Vigouroux. — *Beaulieu* (Cassini).
BEAULIEU, écart, cne de Sauvat.
BEAULIEU-BAS, écart, cne de Ruines.
BEAULIEU-HAUT, écart, cne de Ruines. — *Prior Belli Loci*, xive sc (pouillé de Saint-Flour). — *Belliou*, 1401 (spicil. Brivat.). — *Beaulet*, 1498 (arch. dép. s. E). — *Beau Lieu*, 1624 (terr. de Ligonnès).
Beaulieu était un prieuré dépendant de l'ordre du Mont-Carmel.
BEAUMAJOU, écart, cne de Maurines.
BEAUMAS (LE), ham., cne d'Anterrieux. — *Lo Bomas*, 1410 (arch. dép. s. H). — *Lou Baumas*, xvie se — *Lou Bosmas*, 1640; — *Loube au Mas*, 1645 (arch. dép. s. H). — *Le Bomat*, 1784 (Chabrol, t. IV).
BEAUMES (LES), écart, cne de Boisset.

DÉPARTEMENT DU CANTAL.

Beau-Monge, lieu détruit, c^{ne} de Lanobre. — *Beau-Monge* (Cassini). — *Beau Mongéal* (État-major).

Beau-Montel, seign., c^{ne} de Murat. — *Beaumonteilh*, 1535 (terr. de la v^{té} de Murat). — *Beau-Monteil*, 1687 (id. de Loubeysargues). — *Beaumonteil*, xvii° s° (terr. du roi).

Beaunom, écart, c^{ne} de Boisset. — *Bois de Bounon*, 1745 (anc. cad.).

Beau-Pré (Le), mont. à burons, c^{ne} de Lugarde.

Beauregard, ham., c^{ne} de Condat-en-Feniers. — *Beauregard*, 1650; — *Bel-Regard*, xvii° s° (terr. de Feniers).

Beau-Regard, dom. ruiné, c^{ne} de Maurs. — *Village de Beauregard*, 1749 (anc. cad.).

Beauregard, vill., c^{ne} de Ruines. — *Beauregart*, 1624 (terr. de Ligonnès). — *Beauregard*, 1739 (état civ. de Saint-Flour).

Beauregard, ham., c^{ne} de Saint-Urcize.

Beauté (La), ruiss., affl. du ruisseau de la Bonnetie, c^{ne} de Pailhérols; cours de 3,000 m. — *Ruisseau appelé de la Beaulz*, 1668; — *La Baulte*, 1669 (nommée au p^{ce} de Monaco).

Beauviret, dom. ruiné, c^{ne} de Ladinhac. — *Villaige de Beauviret*, 1668 (nommée au prince de Monaco).

Bec (Le), mont. à burons, c^{ne} de Dienne. — *Montaigne appellée de Bec*, 1618 (terr. de Dienne). — *La Becque*, 1618 (min. Danty, n^{re} à Murat). — *Embec* (états de sections).

Bec (Le Puech du), mont. à vacherie, c^{ne} de Gioude-Mamou.

Bécarel (Le Puy de), mont. à vacherie, c^{ne} de Salins.

Beccarie (La), chât. et vill. auj. détruits, c^{ne} d'Arnac.

Beccarie (La), f^{me}, c^{ne} de Cassaniouze. — *La Bécarie*, 1651 (état civ.). — *La Béquarie*, 1785 (arch. dép. s. C, l. 49).

Beccoire, fort détruit, c^{ne} de Bredon. — *Le puech de Beccoiro; la roche de Becoiro*, 1527; — *Becouire; Beccouire*, 1664 (terr. de Bredon). — *Beaucoire* ou *Becoire*, 1852 (Dict. stat. du Cantal).

Becescua, dom. ruiné, c^{ne} de Brezons. — *Affarium de Becescha*, 1239 (arch. dép. s. E).

Béchadoire, vill., c^{ne} de Saint-Hippolyte. — *Bechadoires*, 1516 (terr. d'Apchon). — *Béchadoire*, 1777 (lièves d'Apchon).

Béchagol, dom. ruiné, c^{ne} de Riom-ès-Montagnes. — *Affar de Béchagol*, 1506 (terr. de Riom).

Béchet, bois défriché, c^{ne} de Saint-Hippolyte. — *Nemus del Becheit*, 1512 (terr. d'Apchon). — *Béchet*, 1719 (table de ce terr.).

Béchol, dom. ruiné, c^{ne} de Saint-Simon. — *Le Mas Béchol*, 1692 (terr. de Saint-Geraud).

Bedaine (La), ruiss., affl. de la Maronne, coule aux finages des c^{nes} de Montvert, Rouffiac et de Goulles (Corrèze); cours de 12,120 m. — Ce ruisseau, qui porte aussi le nom de *Vialore*, prend, dans la c^{ne} de Montvert, les noms de *Vialle* et de *Vialle-Grande*, et dans la c^{ne} de Rouffiac, ceux de *Ruisseau-Long* et de *Pachevie*.

Bedaine (La), mⁱⁿ, c^{ne} de Rouffiac. — *Bedent*, 1659 (min. Sarrauste, n^{re} à Laroquebrou). — *La Bedaine*, 1782 (arch. dép. s. C, l. 51).

Bedantes, ruiss., affl. du ruisseau de Levandès, c^{nes} de la Trinitat et de Jabrun; cours de 6,000 m.

Bédèche (La), mont. à burons, c^{ne} d'Anglards-de-Salers.

Bedesse (La), écart, c^{ne} de Badailhac.

Bedice (La), mont. à vacherie, c^{ne} de Cheylade.

Bédissie (La), dom. ruiné, c^{ne} de Saint-Mamet-la-Salvetat. — *Ténement appellé del Bedissye*, 1668 (nommée au p^{ce} de Monaco).

Bedou, vill., c^{ne} de Quézac. — *Bodou*, 1736 (état civ.). — *Lou Bessou*, 1746 (id. de Saint-Étienne-de-Maurs). — *Bedou* (Cassini). — *Bedon*, 1857 (Dict. stat. du Cantal).

Bedoussac, ham., c^{ne} de Saint-Mamet-la-Salvetat. — *Bedoulhas*, 1623 (état civ.). — *Bedoussac*, 1668 (nommée au p^{ce} de Monaco).

Bedrines (Les), ham., c^{ne} de Parlan. — Ce hameau porte aussi le nom de *Grand-Affeuille*.

Bédrune (La), f^{me}, c^{ne} de Maurs. — *Mansus de la Vedrinia*, 1510 (arch. dép. s. H). — *La Beidrane*, 1668 (état civ.). — *La Bédrune*, 1748 (anc. cad.). — *La Védrine* (Cassini).

Bédrune, ruiss., affl. de l'Arcambe, c^{ne} de Maurs; cours de 900 m.

Beffrieu, vill., c^{ne} de Mourjou. — *Beffrieu*, 1760 (terr. de Saint-Projet). — *Raffieu*, 1784 (Chabrol, t. IV).

Bégonie (La), dom. ruiné, c^{ne} de Saint-Santin-Cantalès. — *Mansus da la Begonia*, 1345 (arch. dép. s. E).

Bégot, dom. ruiné, c^{ne} de Polminhac. — *Le domayne de Bégot*, 1641 (min. Dumas, n^{re}).

Bégoules, chât., c^{ne} de Molompize. — *Begola*, 1370 (arch. départem. s. E). — *Bégoules*, 1610 (terrier d'Avenaux). — *Bégoulles*, 1690 (terrier de Bégoules).

Le chât. de Bégoules était, avant 1789, le siège d'une justice seign. régie par le droit cout., et ressort. à la sénéch. d'Auvergne, en appel de la prév. de Brioude.

Bégoule-Bas, m^in, c^ne de Molompize. — *Molin de Bégoulle*, 1690 (terr. de Bégoules).

Bégoules-Haut, vill., c^ne de Molompize. — *Bégolle*, 1559 (lièvre du prieuré de Molompize). — *Bégoulle*, 1610 (terr. d'Avenaux). — *Bégoulles*, 1690 (id. de Bégoules). — *Bégoule*, 1784 (Chabrol, t. IV).

Bégounal (Le), dom. ruiné, c^ne de Saint-Martin-sous-Vigouroux. — *Lou Bégounal*, XVIe s^e; — *Lou Bégounat*, 1640 (arch. dép. s. H).

Bégus, ham. avec manoir, c^ne de Vabres. — *Mansus de Betghus*, 1406 (liber vitulus). — *Begus*, 1449 (arch. mun. de Saint-Flour). — *Betgus*, 1645 (arch. dép. s. H). — *Belgus*, 1745; — *Betgu*, 1782 (id. s. C, l. 43). — *Begut*, 1784 (Chabrol, t. IV). — *Brutus*; *Brittus*, 1788 (arch. dép. s. C, l. 48).

Bégus était, avant 1789, le siège d'une justice seign. régie par le droit cout., et ressort. à la sénéch. d'Auvergne, en appel de la prév. de Saint-Flour.

Beil (Le), vill., c^ne de Madic. — *Embelle* (Cassini).

Beinaguet, dom. ruiné, c^ne d'Aurillac. — *Mansus de Baynaguet*, 1478 (arch. dép. s. E). — *Veinagues*, 1629 (état civ. d'Arpajon). — *Beynaguet*, 1669 (nommée au p^ce de Monaco).

Beissière (La), vill., c^ne de Saint-Marc. — *La Besseyre*, 1681 (ins. de la cour roy. de Murat). — *La Bessaire* (Cassini). — *La Bessèire* (État-major).

Beix (Le), vill. et m^in, c^ne d'Antignac. — *Lou Boetz*, 1627 (anc. min. Chalvignac, n^ro à Trizac). — *Elbet*; *Elbec*, 1638 (terr. de Murat-la-Rabe). — *Leheche* (Cassini).

Beix (Le), vill., c^ne de Drignac. — *Lerver*, 1635 (état civ. du Vigean). — *Lou Bex-del-Peuts*, 1778 (inv. des arch. d'Humières).

Beix (Le), m^in, c^ne de Marchastel.

Béoul (Le), écart, c^ne de Saint-Saturnin.

Béladie (La), dom. ruiné, c^ne de Valette. — *Affarium vocatum de la Boladia*, 1441 (terr. de Saignes).

Bel-Air, écart, c^ne d'Anglards-de-Salers.

Bel-Air, ham., c^ne d'Aurillac.

Bel-Air, dom. ruiné, c^ne de Brezons. — *Bel-Air* (Cassini).

Bel-Air, écart, c^ne de Calvinet.

Bel-Air, écart, c^ne de Condat-en-Feniers.

Bel-Air, écart, c^ne de Crandelles.

Bel-Air, écart, c^ne de Ladinhac.

Bel-Air, écart, c^ne de Laroquebrou.

Bel-Air, écart, c^ne de Leynhac.

Bel-Air, f^me, c^ne de Marcenat. — Cette ferme est également appelée *le Domaine-des-Pauvres*.

Bel-Air (Le), ham., c^ne de Massiac.

Bel-Air, ham., c^ne de Maurs.

Bel-Air, ham., c^ne de la Peyrugue.

Bel-Air, mont. à burons, c^ne de Pradiers.

Bel-Air (Le Château du), écart, c^ne de Sainte-Eulalie.

Bel-Air, écart, c^ne de Saint-Georges.

Bel-Air, ham., c^ne de Saint-Illide.

Bel-Air, f^me, c^ne de Saint-Martin-sous-Vigouroux. — *Bel-Air* (Cassini).

Bel-Air, f^me, c^ne de Saint-Martin-Valmeroux.

Bel-Air, écart, c^ne de Saint-Martin-Cantalès. — *L'Air*, 1633; — *Lair*, 1641 (min. Sarrauste, n^ro à Laroquebrou).

Bel-Air, écart, c^ne de Saint-Santin-de-Maurs.

Bel-Air, écart, c^ne de Saint-Simon.

Bel-Air, écart, c^ne de Thiézac.

Bélaubné, ham. et m^in, c^ne de Parlan. — *Bellaubre*, 1643; — *Bel-Aubre*, 1650 (état civ.). — *De Laubre*; *Bélaubré*, 1748 (anc. cad.).

Belbès, écart, c^ne de Saint-Cernin. — *Belveyr*; *Bel-Veyr*; *Belvezeys*, 1628 (paraphr. sur les coul. d'Auv.). — *Bédeches*, 1674 (état civ. de Saint-Chamant). — *Belbac*, 1726; — *Belbès*, 1730; — *Belbex*, 1759 (arch. dép. s. C, l. 19). — *Belvet*, 1782 (id., l. 50).

Belbex, vill. et chât. fort détruit., c^ne d'Aurillac. — *Castrum de Bellovidere*, 1277 (arch. mun. d'Aurillac, s. FF, p. 15). — *Castrum de Bello vide*, 1466 (inv. de l'hôp. d'Aurillac). — *Bel bé*, 1626 (état civ. d'Arpajon). — *Belbé*, 1627 (id. d'Aurillac). — *Belve*, 1679 (arch. mun. d'Aurillac, s. GG, c. 15). — *Belbès*, 1747; — *Belbex*, 1759 (inv. de l'hôp. d'Aurillac).

Belbex, écart et mont. à vacherie, c^ne de Tournemire. — *Belbec*, 1857 (Dict. stat. du Cantal).

Belbezeix, chât. détruit, c^ne de Landeyrat. — *Belbezet*, 1648 (état civ. d'Allanche). — *Belvezet* (Cassini).

Belbezet, f^me et chât. détruit, c^ne de Brezons. — *Mansus de Balusset*, 1495 (arch. dép. s. E). — *Belvèze*, 1623 (ass. gén. tenues à Cezens). — *Belvezé*, 1702; — *Belbeset*, 1720 (état civ.). — *Belbezet* (Cassini).

Belbezet, séchoir à châtaignes, c^ne de Saint-Étienne-de-Maurs.

Bel-Catra, dom. ruiné, c^ne d'Arpajon. — *Affarium de Bel Catra*, 1269 (arch. mun. d'Aurillac, s. FF, p. 15).

Beldrad, m^in détruit, c^ne de Leynhac.

Beler, écart, c^ne de Mauriac.

Beler, ruiss., affl. de l'Arcomie, c^nes de Saint-Just et de Saint-Marc; cours de 4,500 m.

Belestat, f^me avec manoir, c^ne de Saint-Illide. — *Domus*

DÉPARTEMENT DU CANTAL.

de *Belle Strade*, 1465 (obit. de N.-D. d'Aurillac). — *Belhestar*, 1586; — *Bellesthat; Belhestat*, 1597 (min. Lascombes, n^ro à Saint-Illide). — *Belcstat*, 1626 (état civ. de Laroquebrou). — *Domaine de Baptistat*, 1787 (arch. dép. s. C, l. 50).

Belestat était, avant 1789, le siège d'une justice seign. régie par le droit coutumier, et ressort. à la sénéchaussée d'Auvergne, en appel du bailliage de Salers.

BELETTE (LA), ruiss., affl. du ruisseau de la Celouze, c^nes de Bonnac et de Saint-Mary-le-Plain; cours de 1,800 m. — *Rif de la Bellete; le razas de la Belette*, 1557 (terr. du prieuré de Rochefort).

BELETTE (LA), mont. à vacherie, c^ne de Condat-en-Feniers.

BELGUIRAL (LE), vill., c^ne de Saint-Constant. — *Lou Belguiral*, 1605 (état civ. de Saint-Étienne-de-Maurs). — *Belguirel*, 1643; — *Lou Velquiret*, 1677 (id. de Saint-Constant). — *Lou Belguyral; lou Belgrival*, 1747 (état civ. de Saint-Étienne-de-Maurs). — *Bel-Guiral*, 1749 (anc. cad.).

BÉLIE (LA), vill., c^ne de Ladinhac.

BÉLIE (LA), vill., c^ne de Parlan. — *La Baillia; la Babie*, 1589 (livre des achaps d'Ant. de Naucaze). — *La Bailhe*, 1647; — *La Bailhie*, 1650; — *La Baillio*, 1653; — *La Bailhé; la Veilhe*, 1657; — *La Bayllie*, 1661; — *La Beilhie; la Baylhe*, 1662; — *La Beylhie*, 1663 (état civ.). — *La Beytie; la Boylie; la Bayli; la Belye*, 1748 (anc. cad.).

BÉLIE (LA), vill., c^ne de Saint-Julien-de-Toursac. — *La Bailhe*, 1583 (livre des achaps d'Ant. de Naucaze). — *La Baylie*, 1668 (nommée au p^ce de Monaco). — *La Bélie* (Cassini).

BÉLINAY, vill., avec chât., c^ne de Paulhac. — *Belinays*, 1272 (homm. à l'évêque de Clermont). — *Bélinay*, xve s^e (terr. de Bredon). — *Bélinaix*, 1670 (insin. du baill. d'Andelat). — *Le Linay* (Cassini). — *Bélinai* (État-major).

Bélinay était, avant 1789, le siège d'une justice seign. régie par le droit cout., et ressort. à la sénéch. d'Auvergne, en appel de la prév. de Saint-Flour.

L'église de Bélinay, dédiée à saint Vincent de Paul, a été érigée en annexe vicariale, par ordonn. royale du 7 décembre 1838, puis en succursale, par une autre ordonn. du 29 juin 1841.

BÉLINAY, mont. à burons, c^ne de Paulhac. — *Prati de Bellinays*, 1511 (terr. de Maurs).

BÉLISSE (LA), écart et mont. à vacherie, c^ne d'Anglards-de-Salers.

BÉLISSE (LA), mont. à burons, c^ne de Trizac. — V^rie *de la Béliche* (Cassini).

BELLANDIE (LA), dom. ruiné, c^ne de Naucelles. — *Affarium vocatum de la Bellandia, situm in pertinenciis loci Naucelle*, 1442 (arch. mun. de Naucelles).

BELLAURIDE, vill. et m^in, c^ne de Chalvignac. — *Belloride*, 1550 (terr. de Miremont). — *Belouride*, 1710 (état civ. d'Arches). — *Bellouride*, 1782; — *Belle-Ouride*, 1784 (arch. dép. s. C, l. 41).

BELLE (LA), vill., c^ne de Sainte-Marie. — *La Belle*, 1655 (état civ. de Pierrefort). — *La Basle* (Cassini).

BELLE-COMBE (LE PUY DE), mont. à vacherie, c^ne de Thiézac. — *Bellecombe*, 1668 (nommée au prince de Monaco). — *Bèle-Combe*, 1674 (terrier de Thiézac).

BELLE-FONT (LA), ruiss., affl. du ruisseau de Bournabel, c^ne de Glénat; cours de 1,980 m.

BELLE-FONT (LA), écart, c^ne de Saint-Saturnin. — *Bellefon*, 1857 (Dict. stat. du Cantal).

BELLE-FONTAINE (LA), ham., c^ne de Drugeac.

BELLE-FONTAINE (LA), vill., c^ne de Maurs.

BELLE-FONTAINE (LA), écart, c^ne de Ségur.

BELLE-GARDE, vill., c^ne de Saint-Georges.

BELLE-ÎLE, écart, c^ne de Sansac-Veinazès. — *Belille*, 1857 (Dict. stat. du Cantal).

BELLES-EAUX (LES), ruiss., affl. de l'Alagnon, c^ne de Laveissière. — *Ruisseau de las Belles-Aygues; las Belles-Aigues*, xve s^e (terr. de Chambeuil).

BELLES-EAUX (LES), écart, c^ne de Marcolès.

BELLE-VISTE, mont. à burons, c^ne de Brezons.

BELLE-VISTE, écart, c^ne de Junhac. — *La Vista*, 1548 (min. Guy de Vayssieyra, n^ro à Montsalvy). — *Las Tensouzes*, 1764 (état civ.).

Belle-Viste porte aussi le nom de *las Tensouses*.

BELLEVISTE, mont. à vacherie, c^ne de Saint-Clément. Cette montagne fait partie de la chaîne du Cantal. — *Betesca*, xve s^e (arch. mun. d'Aurillac, s. HH, c. 21). — *Beleviste*, 1645 (min. Danty, n^re à Murat). — *Belle-Viste*, 1668 (nommée au p^ce de Monaco). — *Belbe*, 1669 (état civ. de Polminhac).

BELLE-VISTE, écart, c^ne de Saint-Constant.

BELLEVISTE, écart, c^ne de Saint-Martin-sous-Vigouroux.

BELLEVISTE-BAS, mont. à vacherie, c^ne de Saint-Clément. — *Affarium de Betesca Inferiori*, xve s^e (arch. mun. d'Aurillac, s. HH, c. 21).

BELLE-VUE, écart, c^ne d'Arpajon.

BELLE-VUE, ham., c^ne de Boisset.

BELLE-VUE, écart, c^ne de Chaliers.

BELLE-VUE (LA), écart, c^ne de Chanterelle.

BELLE-VUE, ham., c^ne de Chaussenac.

BELLE-VUE, écart, c^ne de Cros-de-Montvert.

BELLE-VUE, écart et taillis, c^ne de Laveissière.

BELLE-VUE, écart, c^ne de Maurines.

BELLE-VUE, écart, c^ne de Pierrefort.
BELLE-VUE, écart, c^ne de Roumégoux.
BELLE-VUE, écart, c^ne de Saignes.
BELLE-VUE, écart, c^ne de Saint-Étienne-de-Maurs.
BELLE-VUE, écart, c^ne de Saint-Flour.
BELLE-VUE, vill., c^ne de Saint-Georges.
BELLE-VUE, écart, c^ne de Siran.
BELLE-VUE, écart, c^ne de Trizac.
BELLE-VUE, écart, c^ne d'Ytrac.
BELLIAC, vill., c^ne de Saint-Simon. — *Velhacum*, 1481 (arch. dép. s. E). — *Beilhac*, 1522 (min. Vigery, n^re à Aurillac). — *Velhac*; *Velliac*, 1588 (arch. dép. s. E). — *Volhiac*, 1631; — *Vellac*, 1647 (id. de Thiézac). — *Vilhac*, 1675 (état civ. d'Aurillac). — *Belliac*, 1692 (terr. de Saint-Geraud). — *Beilliac*; *Veilhac*, 1700; — *Bilhat*, 1701; — *Belhac*, 1729 (état civ.). — *Beillac* (états de sections).
BELLIAC (LE MOULIN DE), anc. papeterie, c^ne de Saint-Simon.
BELLIER, vill. et m^in, c^ne de Saint-Étienne-de-Riom. — *Billier*, 1753 (arch. dép. s. C, l. 46). — *Beillier* (Cassini). — *Belier* (État-major). — *Bellières*, 1855 (Dict. stat. du Cantal).
BELLIÈRES, vill. et m^in, c^ne de Saint-Cernin. — *Bilheyras*, 1522 (min. Vigery, n^re). — *Belhieyres*, 1627 (terr. de N.-D. d'Aurillac). — *Beillères*, 1628 (paraphr. sur les cout. d'Auv.). — *Beilhières*, 1636 (lièvc de Poul). — *Belieyres*, 1652 (état civ. de Naucelles). — *Villières*, 1659 (id. de Saint-Cernin). — *Bellières*, 1671 (id. de Saint-Martin-de-Valois). — *Vilieyres*, 1675 (id. d'Aurillac). — *Belrères*, 1675 (id. de Saint-Chamant). — *Vilières*, 1676 (id. de Jussac). — *Bilhères*, 1680 (id. de Saint-Projet). — *Belhères*, 1703; — *Beilleires*, 1704 (état civ. de Saint-Cernin). — *Bilières*, 1730; — *Bélières*, 1753 (arch. dép. s. C, l. 32).
BELLONIE (LA), vill., c^ne de Saint-Santin-de-Maurs. — *La Belonne*, 1613; — *La Bélonie*, 1614; — *La Bellonic*, 1615; — *Labellonie*, 1627 (état civ.). — *La Belounye*, 1749; — *La Velounye*, 1750; — *La Belonie*; *Labelonie*, 1753 (anc. cad.).
BELLOT, vill., c^ne d'Antignac.
BELLOT, m^in. c^ne de Neussargues.
BELMAURE, dom. ruiné, c^ne de Saint-Mamet-la-Salvetat. — *Affar appellé de Bel-Maure*, 1668 (nommée au p^ce de Monaco).
BELMONT, mont. à vacherie, c^ne de Malbo. — *Belmon*, 1620 (min. Danty, n^re à Murat). — *Belmont* (État-major).
BELMONT, écart, c^ne de Narnhac. — *Mansus de Bellomonte*, 1329 (enq. sur la just. de Vieillespesse). — *Belmont* (Cassini).

BELMONT, ham., c^ne de Roannes-Saint-Mary. — *Belmont*, 1269; — *Bellus-Mons*, 1342 (arch. mun. d'Aurillac, s. FF, p. 15). — *Beaumont*, 1645 (min. Froquières, n^re à Raulhac). — *Belmon*, 1668; — *Belmont*, 1669 (nommée au p^ce de Monaco).
BEL-MONTEL, mont. à vacherie, c^ne de Saint-Poncy. — *Terroir de Bel-Monteilh*, 1558 (terr. du prieuré de Rochefort).
BELONES (LES), mont. à vacherie, c^ne de Landeyrat.
BELOU, ham., c^ne du Trioulou. — *Velou*, 1744; — *Veloux*, 1747 (état civ.).
BELOUSE (LE PUY DE LA), dom. ruiné et mont. à vacherie, c^ne de Saint-Saury. — *Mansus de Valselosa*; *la Veloza*, 1357 (arch. mun. d'Aurillac, s. HH, c. 21).
BEL-REGARD, dom. ruiné, c^ne de Parlan. — *Bel-Regard*, 1589 (livre des achaps d'Ant. de Naucaze).
BELVÈZE, dom. ruiné, c^ne de Celles. — *Belvèze*, 1580; — *Beluge*, 1644; — *Domaine de Belvezen*, 1700 (terr. de la command. de Celles).
BELVEZEIX, chât., c^ne d'Anterrieux. — *Belevezer*, 1580 (arch. dép. s. G). — *Belvèze*, 1610 (terr. d'Avenaux).
BELVEZET, vill., c^ne de Tiviers. — *Belvezer*, 1508 (terr. de Montchamp). — *Brevèze*, 1597 (min. Andrieu, n^re à Saint-Flour). — *Verbesen*, 1616 (état civ. de Saint-Flour). — *Belvezeix*, 1662; — *Belvezaix*; *Belvezeys*, 1663; — *Belvèze*; *Belvezes*, 1666; — *Belbezet*, 1730; — *Berbezet*, 1739 (terr. de Montchamp). — *Belvezat*, 1745 (arch. dép. s. C, l. 43). — *Verbezet* (Cassini). — *Belvezès*, 1857 (Dict. stat. du Cantal).
BELVEZIN, f^me avec manoir, c^ne de Saint-Saturnin.
BELVEZIN, mont. à burons, c^ne de Saint-Saturnin.
BEMBENAC, dom. ruiné, c^ne d'Aurillac. — *Bembenac*, 1636; — *Embenac*; *Enbenac*, 1673; — *Embonac*, 1675 (état civ.).
BEMINDRE, dom. ruiné, c^ne du Vigean. — *Villaige de Bemindre*, 1549 (terr. de Miremont).
BÉMONTEIL, dom. ruiné, c^ne de Colandres. — *Mansus de Bemontels*; *Bemonteils*, 1513 (terr. d'Apchon). — *Bémontel*, 1719 (table de ce terrier).
BÉMONTEIL, m^in détruit, c^ne de Colandres. — *Molendinum de Bemonteils*; *Bémontels*, 1513 (terr. d'Apchon). — *Bémontel*, 1719 (table de ce terrier).
BENAC, dom. ruiné, c^ne d'Aurillac. — *Villaige de Benac*, 1630; — *Venac*, 1649; — *Vernac*, 1650 (état civ.).
BÉNAGES, écart, c^ne de la Capelle-en-Vézie. — *Menaiges*, 1611 (terr. de N.-D. d'Aurillac). — *Benaguet*, 1670 (nommée au p^ce de Monaco). — *Benagès*,

DÉPARTEMENT DU CANTAL. 41

1716 (état civ.). — *Benages* (Cassini). — *Benage* (État-major).

BÉNASSAC, ham., c^{ne} de Leucamp. — *Menassac*, 1622 (état civ. d'Arpajon). — *Baressac*, 1661; — *Benassac*, 1665 (*id.* de Leucamp). — *Benazac*, 1667 (*id.* de Montsalvy). — *Benassac*, 1670 (nommée au p^{ce} de Monaco). — *Benessac*, 1696 (terr. de Marcolès).

BÉNECH, vill., c^{ne} de Mandailles. — *Benech*, 1681 (arch. dép. s. C, l. 9). — *Benech sive Rieu-Premier*, 1692 (terr. du monast. de Saint-Geraud). — *Benet*, 1724; — *Bench*, 1760 (arch. dép. s. C, l. 9). — *Benex* (Cassini).

BÉNÉCHIE (LA), dom. ruiné, c^{ne} d'Arnac. — *Villaige de la Benechia*, 1470; — *La Venechie*, 1472 (arch. mun. d'Aurillac, s. HH, c. 21).

BÉNÉCHIE (LA), dom. ruiné, c^{ne} de Mourjou. — *Villaige de la Bénéchie*, 1616 (état civ. de Saint-Santin-de-Maurs).

BENENC, dom. ruiné, c^{ne} de Mauriac. — *Mansus del mas Benenc*, 1475 (terr. de Mauriac).

BÉNESCHE, dom. ruiné, c^{ne} de Marcolès. — *Villaige de Beneilh*, 1559 (min. Destaing, n^{re} à Marcolès). — *Las Veneshes*, 1668 (nommée au p^{ce} de Monaco).

BENET (LE), ruiss., affl. de l'Alagnon, c^{nes} de Bredon et de Murat; cours de 800 m. — *Aqua vocata de Avena*, 1457 (arch. dép. s. H). — *Ruisseau del Salyans*, xve s^e (terr. de Chambeuil). — *Rivière del Sailhems, sive d'Avene; rif du Salhens; ruisseau del Salhiens*, 1536 (terr. de la v^{té} de Murat). — *L'eau del Salens*, 1536 (*id.* de N.-D. de Murat). — *L'eau d'Avena; la rivière d'Avenas*, 1575 (*id.* de Bredon). — *Rivière d'Albapières; l'eau d'Avennet*, 1580 (liève conf. de Murat). — *La rivière d'Avenne*, 1598 (reconn. des hab. d'Albepierre). — *Lou rieu Avenel*, 1598 (reconn. des cons. d'Albepierre). — *L'eau d'Avenet*, 1680 (terr. de la ville de Murat).

BENETON (LE), ruiss., affl. de l'Alagnon, c^{nes} de Laveissière, de Bredon et de Murat; cours de 12,500 m. — *Riperia de Auzola*, 1393 (arch. dép. s. H). — *La ribeyra d'Ausola*, xve s^e (terr. de Bredon). — *Lou riou Bredons*, 1518; — *La ribeyre de Pinhou*, 1575 (terr. de Dienne). — *Le riou Chault; lou riou d'Auzolle*, 1580 (terr. de la v^{té} de Murat). — *Le rieu Bredoux*, 1608 (*id.* de Dienne).

BENFICADE (LA), dom. ruiné, c^{ne} de Glénat. — *Affarium de la Bensigade*, 1323; — *La Bensiguada*, 1343 (arch. mun. d'Aurillac, s. HH, c. 21). — *La Benficada*, 1364 (homm. au seign. de Montal). — *La Binfigade*, xviiie s^e (pap. de la fam. de Montal).

BENNAC, vill., c^{ne} de Lavastrie. — *Bennat*, 1494 (terr. de Mallet). — *Bennaiz*, 1671; — *Bennac*, 1676 (insin. de la cour royale de Murat). — *Bennal*, 1784 (Chabrol, t. IV).

BENNAC (LE PUY DE), mont. à vacherie, c^{ne} de Lavastrie. — *Le Puech de Bennac* (Cassini).

BENNÈS, ham. et chât. ruiné, c^{ne} d'Oradour. — *Rennes* (Cassini). — *Bennes* (État-major).

BENNÈS, ruiss., affl. de la Truyère, c^{ne} d'Oradour; cours de 1,000 m.

BÉNOMIE (LA), dom. ruiné, c^{ne} de Roannes-Saint-Mary. — *Affar de la Bénomie*, 1692 (terr. de Saint-Geraud).

BEQUET (LE), ruiss., affl. de la Truyère, c^{nes} de Lavastrie et de Neuvéglise; cours de 4,500 m. — *Rieu de Becquet; Russeu appelé de Fageyrol; Fagerol; Fageirol*, 1494 (terr. de Mallet).

BÉRAL, dom. ruiné, c^{ne} de Polminhac. — *Lou mas Beral*, 1692 (terr. de Saint-Geraud).

BÉRALDET, chât. fort en ruines, c^{ne} de Saint-Projet.

BÉRAUDE (LA), écart, c^{ne} de Saint-Pierre-du-Peil.

BERBEZOU, f^{me} avec manoir, c^{ne} de Mourjou. — *Burbuzo*, 1557 (pièces du cab. de l'abbé Delmas). — *Vefreou*, 1632 (état civ. de Saint-Santin-de-Maurs). — *Burbussou*, 1760 (terr. de Saint-Projet). — *Berbejoux*, 1786 (liève de Calvinet). — *Burbuzon* (État-major).

BERBIS, dom. ruiné, c^{ne} d'Arnac. — *Le villaige de Berbis*, 1654 (min. Sarrauste, n^{re}).

BERC (LE), vill., c^{ne} d'Anglards-de-Salers. — *Villa Bertz*, xiie s^e (charte dite de Clovis). — *Mas de Berc*, 1439 (arch. général. de Sartiges).

BERC (LE), f^{me}, c^{ne} de Fontanges. — *Le Bert*, 1677 (état civ. de Saint-Chamant). — *Le Berc*, 1855 (Dict. stat. du Cantal).

BERCANTIÈRES, dom. ruiné, c^{ne} de Leucamp. — *Verquantueyra*, 1549 (min. Boygues, n^{re} à Montsalvy). — *Bergantières*, 1696; — *La Borcantière*, 1736 (terr. de la command. de Carlat). — *Berquantière* (états de sections).

BERFOUR (LE MONT), mont. à vacherie, c^{ne} d'Allanche.

BERGASSOUSE, ham., c^{ne} d'Omps.

BERGERON, mⁱⁿ abandonné, c^{ne} de Méallet.

BERGHADOL, métairie détruite, c^{ne} de Menet. — *Grangia de Berghadol*, 1441 (terr. de Saignes).

BENGSO, ruiss., affl. du Bouscatel, c^{ne} de Saint-Cirgues-de-Jordanne.

BERGON, dom. ruiné, c^{ne} de Cassaniouze. — *Domaine de Bergon*, 1760 (arch. dép. s. C, l. 49).

BERGONIE (LA), écart, c^{ne} de Parlan. — *La Vergenie*,

6

IMPRIMERIE NATIONALE.

1643; — *La Vergonie*, 1647; — *Las Bergouse*, 1652 (état civ.). — *La Bergoumie; la Bergounie; la Bessounie*, 1748 (anc. cad.).

BERGOUMIE (LA), dom. ruiné, c^{ne} de Saint-Saury. — *Domaine de la Bergoumie*, 1771 (arch. dép. s. C).

BERGOUX, dom. ruiné, c^{ne} de Salers. — *Affar de Bregos*, 1508 (arch. mun. de Salers). — *Bergoux*, 1781 (arch. dép. s. C, l. 44).

BÉRIÉ (LE), dom. ruiné, c^{ne} de Saint-Étienne-de-Maurs. — *Lou Bérié*, 1602 (état civ.).

BERINGER, vill., c^{ne} de Champagnac. — *Béringer*, 1770 (arch. dép. s. C, l. 45). — *Béringier*, 1784 (Chabrol, t. IV). — *Béringes* (Cassini).

BERMONT, écart, c^{ne} de Saint-Santin-de-Maurs. — *Boria vocata de Bermon*, 1470 (arch. mun. d'Aurillac, s. HH, c. 21).

BERNADET, vill., c^{ne} de Sainte-Marie. — *Bournadet*, 1671 (insin. du baill. de Saint-Flour).

BERNARDÈS (LE), dom. ruiné, c^{ne} de Colandres. — *Domaine de Bernardès*, 1719 (table du terr. d'Apchon).

BERNARDIE (LA), dom. ruiné, c^{ne} de Glénat. — *Affarium de la Bernardia*, 1444 (reconn. à J. de Montal).

BERNARDIE (LA), dom. ruiné, c^{ne} de Siran. — *Affarium de la Bernardia*, 1346 (arch. dép. s. G).

BERNAT (LE), écart, c^{ne} de Saint-Santin-Cantalès.

BERNAT, mⁱⁿ détruit, c^{ne} de Saint-Simon. — *Molin de Bernat*, 1692 (terr. de Saint-Geraud).

BERNEILLE (LA), écart, c^{ne} de Rouziers.

BERNEILLE (LA), écart, c^{ne} de Saint-Étienne-de-Maurs.

BERNET (LE SUC DE), dom. ruiné, c^{ne} de Mauriac. — *Boria vocata de Bernal*, 1473; — *Bernac*, 1475; — *Mansus de Barnac*, 1483 (terr. de Mauriac).

BERNIS, écart, c^{ne} de Freix-Anglards.

BERNIS (LE), ham. et f^{me}, c^{ne} de Laroquebrou. — *Vernhes*, 1408 (arch. mun. d'Aurillac, s. HH, c. 21). — *Vernys*, 1471 (pap. de la fam. de Montal). — *Vernis* (Cassini).

BERNOUS, écart, c^{ne} de Saint-Étienne-de-Maurs.

BERNOY, m^{on} forte détruite, c^{ne} de Ladinhac. — *La maison ancienne appellée de Bernoy, à quatre estaiges, proche du chasteau de Mont-Lauzy*, 1668 (nommée au p^{ce} de Monaco).

BERQUÈZE (LA), ham., c^{ne} de Maurs. — *Bois de Bequèze*, 1774 (anc. cad.).

BERSAGOL, vill., c^{ne} de Maurs. — *Bersaguol*, 1623; — *Versagol*, 1626 (état civ.). — *Barsagol*, 1636; — *Barsiegol*, 1639; — *Viesagol*, 1642 (id. de Saint-Constant). — *Bersagot*, 1667; — *Bersagol*, 1669; — *Berségol*, 1771 (état civ.).

BERSAGOL, f^{me} et briqueterie, c^{ne} de Saint-Étienne-de-Maurs. — *Bersegol*, 1617; — *Bissalmoz*, 1660; — *Bersagol*, 1746 (état civ.).

BERSAGOL, ruiss., affl. de la Rance, c^{nes} de Saint-Santin-de-Maurs et de Maurs; cours de 1,200 m.

BERSAIRES (LES), ruiss., affl. du ruisseau de Lavaret, c^{ne} de Pradiers; cours de 4,000 m.

BERSE (LA), écart, c^{ne} de Saint-Cernin.

BENSOLIÈRE (LA), ham., c^{ne} de Chaliers. — *La Barsolière* (État-major).

BERTANE, vill. et mⁱⁿ détruits, c^{ne} de Saint-Martin-Cantalès. — *Molin de Berthane*, 1599 (min. Lascombes, n^{re} à Saint-Illide).

BERTHOT, ham., c^{ne} de Saint-Urcize. — *Berthol*, 1857 (Dict. stat. du Cantal).

BERTHOU, f^{me}, c^{ne} d'Aurillac.

BERTHOU, mⁱⁿ détruit, c^{ne} de la Chapelle-Laurent.

BERTHOU, mⁱⁿ détruit, c^{ne} de Roannes-Saint-Mary.

BERTOUIRE, mont. à vacherie, c^{ne} de Saint-Julien-de-Jordanne.

BERTRAND, mont. à burons, c^{ne} de Malbo.

BERTRAND, buron, c^{ne} de Mandailles, sur la montagne du Glisiou. — *V^{rie} de Bertrande* (État-major).

BERTRAND, dom. ruiné, c^{ne} de Marcolès. — *Affarium vocatum da Bertrand*, 1529 (pièces du cab. de l'abbé Delmas).

BERTRAND (LE), écart détruit, c^{ne} de Thiézac.

BERTRANDE (LA), dom. ruiné et mont. à vacherie, c^{ne} de Saint-Cirgues-de-Jordanne.

BERTRANDE (LA), mont. à burons, c^{ne} de Saint-Projet. — *Montaigne de Bertrande*, 1717 (terr. de Beauclair).

BERTRANDE (LA), riv., affl. de la Maronne, coule aux finages des c^{nes} de Saint-Projet, Saint-Chamant, Saint-Cirgues-de-Malbert, Saint-Illide, Saint-Martin-Cantalès et Arnac; cours de 19,500 m. — *Aqua de Berthana*, 1464 (terr. de Saint-Christophe). — *Rivière de Berthane*, 1598 (min. Lascombes, n^{re} à Saint-Illide).

BERTRANDIE (LA), dom. ruiné, c^{ne} de Glénat. — *Affarium de la Bertrandia*, 1323 (arch. mun. d'Aurillac, s. HH, c. 21).

BERTRANDIE (LA), écart, c^{ne} de Mourjou. — *Las Bertrandies*, 1669 (nommée au p^{ce} de Monaco).

BERTRANDIE (LA), dom. ruiné, c^{ne} de Saint-Vincent. — *La Bertrandia*, 1332; — *La Bertrandie*, 1589 (liève du prieuré de Saint-Vincent).

BERTY, vill., c^{ne} de Roannes-Saint-Mary. — *Berty*, 1637; — *Brety*, 1639 (état civ. de Saint-Mamet). — *Berthy*, 1857 (Dict. stat. du Cantal).

BÈS (LE RABOUISSOU DEL), mont. à vacherie, c^{ne} de Montchamp. — *La croix del Bès*, 1666 (terr. de Montchamp).

Besal (Le), mⁱⁿ détruit, c^{ne} d'Ussel. — *Lou molin del Bézal*, 1654 (terr. du Sailhans).
Besaudie (La), lieu détruit, c^{ne} de Saint-Saury. — (État-Major).
Bescajaux (Les), dom. ruiné, c^{ne} de Thiézac. — *Affar appelé des Bescajaux*, 1674 (terr. de Thiézac).
Bespatière (La), écart, c^{ne} de Leynhac.
Besque (Le Bois de), dom. ruiné, c^{ne} d'Arpajon. — *Affarium de Bexas*, 1286 (arch. mun. d'Aurillac, s. GG, c. 16). — *Le Bex*, 1585 (terr. de N.-D. d'Aurillac). — *Lou Besq*, 1679 (arch. dép. s. C, l. 5). — *Lou puech de Bex*, 1692 (terr. de Saint-Géraud).
Bessa, mⁱⁿ détruit, c^{ne} de Montchamp. — *Molin de Bessa; de Besse*, 1508 (terr. de Montchamp).
Bessade (La), ham., c^{ne} de la Besserette.
Bessade (La), écart, c^{ne} de Champs. — *La Bessadoux* (État-major).
Bessade (La), mont. à vacherie, c^{ne} de la Chapelle-Laurent.
Bessade (La), écart, c^{ne} de Marcolès. — *La Bissade*, 1649 (état civ. de Leucamp).
Bessade (La), ruiss., affl. du ruisseau de Lentat, c^{ne} de Prunet; cours de 2,000 m.
Bessade (La), écart, c^{ne} de Saint-Étienne-de-Maurs.
Bessade (La), écart détruit, c^{ne} de Saint-Urcize. — *La Beissade* (Cassini).
Bessade (La), mont. à vacherie, c^{ne} de Salers.
Bessade (La), grange isolée, c^{ne} du Vigean.
Bessadoune (La), écart, c^{ne} de Saint-Christophe.
Bessaire (La), vill., c^{ne} de Champs. — *La Besseyre*, 1613; — *La Besseire*, 1652; — *La Beyssira*, 1654; — *La Beysseyre*, 1672 (état civ.).
Bessaire (La), mⁱⁿ, c^{ne} de Lavigerie. — *Le molin de la Vezeyre; la Vesseyre; la Vezère; la Veysseyra*, 1551; — *Le Veseyra*, 1600; — *Le Vezeire*, 1618 (terr. de Dienne). — *Le molin de Sainct-Thoire*, 1673 (nommée au p^{ce} de Monaco).
Bessaire (La), mⁱⁿ, c^{ne} de Parlan. — *Lou moulin de lou Beyssayre; Bessayré; Bessayre*, 1748 (anc. cad.).
Bessaire (La), ruiss., affl. de la Veyre, c^{nes} de Rouméjoux et de Parlan; cours de 6,000 m. On le nomme aussi *Gas, Parlan* et *Sylvestre*. — *Rivus de Vayssairos*, 1357 (arch. mun. d'Aurillac, s. HH, c. 21).
Bessaires (Les), ham., c^{ne} de Paulhenc.
Bessanès, vill. et chât. détruit, c^{ne} d'Ytrac. — *Affarium de Bessanès*, 1483 (reconn. au seign. de Montal). — *Bressangès*, 1652 (min. Sarrauste, n^{re} à Laroquebrou). — *Bessariès*, 1654 (état civ. de Glénat). — *Bayssanez; Bayssenetz*, 1668 (nommée au p^{ce} de Monaco). — *Betsanés*, 1713 (état civ. de Saint-Paul-des-Landes). — *Bessanez*, 1713 (arch.

dép. s. C). — *Enbessanès*, 1715 (état civ. d'Espinadel). — *Bessanet*, 1739 (anc. cad.). — *Bessaunès*, 1857 (Dict. stat. du Cantal).
Bessardie (La), dom. ruiné, c^{ne} de Glénat. — *Villaige de la Bessardie*, 1632; — *La Vaisardie*, 1666 (état civ.). — *La Beisserdie*, 1678 (id. d'Espinadel).
Bessanès, ham., c^{ne} de Saint-Étienne-de-Maurs. — *Mansus de Bessarès*, 1443 (arch. mun. d'Aurillac, s. HH, c. 21).
Bessataire (La), bois, c^{ne} d'Alleuze. — *La Borsateyra*, 1510 (terr. de Maurs).
Besse (La), vill. détruit, c^{ne} d'Andelat. — *Mansus de Bessa*, 1455 (arch. dép. s. G). — *Besse*, 1485 (arch. mun. de Saint-Flour). — *Baz*, 1615 (état civ. de Saint-Flour).
Besse (Le Puech de), mont. à vacherie, c^{ne} d'Andelat. — *In territorio de Podio de Bessa*, 1510; — *Lou Puech de Boyssa*, 1511 (terr. de Maurs).
Besse (La), vill., c^{ne} de Chaliers. — *Bessa*, 1337 (spicil. Brivat., p. 322). — *La Besse*, 1624 (terr. de Ligonnès). — *Besses*, 1740 (état civ. de Saint-Flour). — *La Besse grande* (Cassini).
Besse (La), dom. ruiné, c^{ne} de Chastel-sur-Murat. — *Villaige de la Besse*, 1535 (terr. de la v^{té} de Murat).
Besse, vill., c^{ne} de Chaudesaigues. — *La Basse*, 1662 (terr. de la Garde-Roussillon).
Besse (La), dom. ruiné, c^{ne} de Colandres. — *Mansus de Bessa*, 1513 (terr. d'Apchon). — *La Besse*, 1719 (table de ce terrier).
Besse, ham., c^{ne} du Falgoux. — *Villaige Daubesse*, 1680 (terr. des Bros). — *Besse* (Cassini).
Besse (La), ruiss., affl. de la rivière de Mars, c^{ne} du Falgoux; cours de 2,500 m.
Besse (La), vill. avec manoir, c^{ne} de Jabrun. — *Bessa*, 1437 (arch. dép. s. G). — *La Baissa*, 1508; — *La Besse*, 1730 (terr. de la Garde-Roussillon).
La Besse, avant 1789, était le siège d'une justice seign. régie par le droit écrit, et ressort. à la sénéch. d'Auvergne, en appel de la prév. de Saint-Flour.
Besse (La), bois, c^{ne} de Jaleyrac. — *Nemus de la Besse*, 1473 (terr. de Mauriac).
Besse (La), vill., c^{ne} de Mauriac. — *La Bessa*, 1310 (liève du prieuré du Vigean). — *Labesse*, 1505 (comptes au doyen de Mauriac). — *La Besse*, 1743 (arch. dép. s. C).
Besse (La), vill., c^{ne} de Peyrusse. — *La Bessa*, 1329 (enq. sur la just. de Vieillespesse). — *Bisse*, 1635 (nommée par G^{lle} de Foix). — *La Besse*, 1702 (liève de Mardogne).

Besse (La), ruiss., affl. du ruisseau de la Bouzeire, c^{ne} de Peyrusse; cours de 2,150 m.

Besse, ham., c^{ne} de Saint-Cernin. — *Affarium da Vessi*, 1322 (arch. mun. d'Aurillac, s. HH, c. 21). — *Lou Puez-de-Bessa*, 1649 (état civ.). — *Besse*, 1676 (*id.* de Saint-Chamant).

Besse, vill., c^{ne} de Saint-Cirgues-de-Malbert. — *Bessa*, 1350 (arch. mun. d'Aurillac, s. HH, l. 21).

L'église de Besse a été érigée en succursale par ordonn. royale du 31 mars 1844.

Besse (La), ruiss., affl. de la rivière de Bertrande, c^{ne} de Saint-Cirgues-de-Malbert; cours de 7,600 m. — On le nomme aussi *l'Hôpital*.

Besse (La), dom. ruiné, c^{ne} de Saint-Julien-de-Jordanne. — *Affar de la Besse; la Bessie*, 1573 (terr. de la chapell. des Blats).

Besse (La), ham., c^{ne} de Saint-Julien-de-Toursac.

Besse (La), lieu détruit, c^{ne} de Saint-Just. — (Cassini.)

Besse (La), vill. et mⁱⁿ, c^{ne} de Saint-Mamet-la-Salvetat.

Besse, vill., c^{ne} de Saint-Martial.

Besse (La), dom. ruiné, c^{ne} de Sarrus. — *Affar appellé de la Besse*, 1494 (terr. de Mallet).

Besse (Le Puech de), dom. ruiné et mont. à vacherie, c^{ne} de Valuéjols. — *Affarium sive Frau del Puech-Besso*, 1511 (terr. de Maurs).

Besse, vill., c^{ne} de Vic-sur-Cère. — *Vaisses*, 1584 (terr. de Polminhac). — *Besse*, 1598 (état civ.). — *Aubesse*, 1610 (aveu de J. de Pestels). — *Lou Bex*, 1671 (état civ. de Polminhac).

Besse (La), mⁱⁿ détruit, c^{ne} de Vic-sur-Cère. — *Mollin de la Besse*, 1668 (nommée au p^{cé} de Monaco).

Besse, vill., c^{ne} d'Ytrac. — *Mansus de Bessa*, 1328 (arch. dép. s.'[E). — *Besse*, 1654 (arch. mun. d'Aurillac, s. CC, p. 8).

Besse-Basse (La), écart, c^{ne} d'Andelat. — *La Besse-Basse*, 1566 (arch. dép. s. G). — *Belles-Barres*, 1675 (*id.* s. H).

Besse-Basse (La), dom. ruiné, c^{ne} de Mauriac. — *Mansus de la Boyssa-Sotrana*, 1310 (lièvre du prieuré du Vigean).

Besse-Basse (La), ham., c^{ne} de Saint-Julien-de-Toursac. — *La Besse*, 1743 (état civ. de Quézac).

Bessède (La), vill., c^{ne} de Cezens. — *La Besseile*, 1596 (ins. du baill. de Saint-Flour). — *La Besede*, 1616 (état civ. de Pierrefort). — *La Bessede*, 1663 (ass. gén. ten. à Cezens).

Besse-Haute (La), écart, c^{ne} d'Andelat. — *La Besse-Haute*, 1566 (arch. dép. s. G). — *Besse-Haute* (Cassini).

Besse-Haute (La), dom. ruiné, c^{ne} de Mauriac. — *Mansus de la Boyssa-Sobrana*, 1310 (lièvre du prieuré du Vigean).

Besse-Haute (La), écart, c^{ne} de Saint-Julien-de-Toursac.

Besseine (La), dom. ruiné, c^{ne} de Jaleyrac. — *Affarium de las Veisseiras*, 1473; — *Laveissière; lous Vessiers*, 1680 (terr. de Mauriac). — *La Besseyre*, 1639 (rentes dues au doyen de Mauriac).

Besseire (La), mⁱⁿ détruit, c^{ne} de Loubaresse.

Besseine (La), écart, c^{ne} de Sarrus. — *La Besseire; Besseyre; Bessière*, 1494 (terr. de Mallet). — *La Bessère*, 1784 (Chabrol, t. IV). — *La Bessaire* (État-major).

Besseire-de-l'Air (La), vill. et chât. détruit, c^{ne} de Loubaresse. — *La Besseyre-de-Ler*, 1624 (terr. de Ligonnès). — *La Besseyre*, 1681 (insin. de la cour royale de Murat). — *La Bessaire-de-Lair* (Cassini). — *La Bessière-de-Lair* (État-major).

Par décret du 6 août 1859, l'église de la Besseire-de-l'Air a été érigée en succursale.

Besseire-des-Fabres (La), vill. et chât. détruit, c^{ne} de Chaliers. — *La Besseyra-dels-Fabres; la Besseira-dels-Fabres*, 1508 (terr. de Montchamp). — *La Besseyre-des-Fabres*, 1624 (*id.* de Ligonnès). — *La Bessière-des-Fabres*, fin du XVIIe s^e (*id.* de Chaliers).

Besseire-de-Saint-Mary (La), vill. détruit, c^{ne} de Chaliers. — *Le village de la Besseire-de-Sainct-Mary*, 1700 (état civ. de Saint-Flour).

Besseires (Les), mont. à vacherie, c^{ne} d'Allanche.

Besseirette (La), dom. ruiné, c^{ne} de Saint-Poncy. — *Le mas de la Besseyrette*, 1558 (terr. du prieuré de Rochefort).

Bessel, dom. ruiné, c^{ne} de Vitrac. — *Mansus vocatus de Bessels*, 1301 (pièces du cab. de l'abbé Delmas).

Besse-Petite (La), écart, c^{ne} de Chaliers. — *Le petit domaine de la Besse*, 1745 (arch. dép. s. C, l. 43). — *La Petite-Besse*, 1784 (*id.* l. 48).

Besserette (La), c^{ne} de Montsalvy. — *La Bessayreta*, 1528; — *La Besseyrete-en-Auvergne*, 1536 (terr. de Coffinhal). — *Bessarète*, 1542 (min. Destaing, n^{re} à Marcolès). — *La Bessaireta*, 1545 (terr. de Coffinhal). — *La Bessairete*, 1564 (min. Boyssonnade, n^{re} à Montsalvy). — *La Bessayrette*, 1607; — *Lubessarette*, 1610 (état civ. de Montsalvy). — *Labiésérète*, 1628 (*id.* d'Arpajon). — *La Vessairète*, 1632 (état civ. de Montsalvy). — *La Vaisserette*, 1635 (*id.* d'Aurillac). — *La Besseyrette*, 1667 (*id.* de Cassianiouze). — *La Vesserette*, 1670 (nommée au p^{cé} de Monaco). — *La Veysserette*, 1682 (état civ. de Montsalvy). — *La Vesserète* (Cassini).

La Besserette, avant 1789, était de la Haute-Auvergne, du dioc. de Saint-Flour, de l'élect. et de la subdél. d'Aurillac. Régie par le droit écrit, elle était le siège d'une justice seign. ressort. au bailliage d'Aurillac, en appel de la prév. de Maurs. — Son église, dédiée à la Nativité de la Vierge, était un anc. prieuré dépendant de l'abbaye de Saint-Geraud. Elle a été érigée en succursale par décret du 28 août 1808.

BESSERETTE (LA), ham., c^{ne} de Mourjou.

BESSERETTE (LA), ham., c^{ne} de Saint-Flour. — *Beseyreta*, 1345 (arch. mun. de Saint-Flour). — *Besseyreta*, 1494 (liber vitulus). — *Besseyretes*, 1494 (terr. de Mallet). — *Besseyrettes*, 1677 (insin. de la cour royale de Murat). — *La Besserette*, 1739 (état civ.). — *Besseret* (Cassini).

BESSERETTE (LA), vill. détruit, c^{ne} de Saint-Santin-Cantalès. — *Mansus de Bessayreta*, 1442 (pap. de la fam. de Montal). — *La Besseyrète*, 1449 (enq. sur les droits du seign. de Montal). — *Las Bessayras*, 1491 (pap. de la fam. de Montal). — *La Besseyrette*, 1669 (nommée au p^{ce} de Monaco).

BESSES, vill. et mⁱⁿ, c^{ne} de Saint-Mamet-la-Salvetat. — *Besset*, 1623 ; — *Besses*, 1624 (état civ.). — *Bessect*, 1626 (terr. de N.-D. d'Aurillac). — *Beysec*, 1662 (état civ. de Saint-Mamet). — *Besse*, 1697 (arch. dép. s. C, l. 4).

BESSETTE (LA), ham., c^{ne} de Jabrun. — *La Basseta*, 1508 ; — *La Bessette*, 1662 ; — *La Bassete*, 1730 (terr. de la Garde-Roussillon). — *La Besserette*, 1780 (Chabrol, t. IV).

BESSETTE (LA), dom. ruiné, c^{ne} de Saint-Gerons. — *Affarium de la Besseta de Sancto Geroncio*, 1354 (arch. dép. s. E).

BESSEYRE (LA), vill., c^{ne} de Bonnac.

BESSEYRE (LA), ham. et mⁱⁿ, c^{ne} de Brezons. — *La Besseire*, 1623 (ass. gén. ten. à Cezens). — *La Besseyre*, 1653 ; — *La Besieyra*, 1660 (état civ. de Pierrefort). — *La Bessière*, 1720 (id. de Brezons). — *Besseyres-les-Chantal*, 1562 (Dict. stat. du Cantal).

BESSEYRE (LA), ham., c^{ne} de Chalvignac. — *La Besseyra*, 1505 (comptes au doyen de Mauriac). — *La Besseyre*, 1549 (terr. de Miremont).

BESSEYRE (LA), écart, c^{ne} de Champs.

BESSEYRE (LA), vill., c^{ne} de Lanobre.

BESSEYRE (LA), vill., c^{ne} de Molèdes. — *La Bessière* (Cassini). — *La Besseire* (État-major).

BESSEYRE (LA), ham., c^{ne} de Saint-Georges. — *La Besseyra*, 1326 (arch. dép. s. G). — *La Besseire*, 1494 (terr. de Mallet).

BESSEYRE (LA), écart, c^{ne} de Saint-Saturnin.

BESSEYRE (LA), écart, c^{ne} de Sarrus.

BESSEYRE (LA), vill., c^{ne} de Vebret. — *La Vaysseyra*, 1441 (terr. de Saignes). — *La Bessayre* (État-major).

BESSEYRE (LA), ruiss., affl. du ruisseau de Treygleyse, coule aux finages des c^{nes} de Védrines-Saint-Loup, Soulages, Rageade et Chazelles, et se jette dans le ruisseau de Treygleyse, sur le départ. de la Haute-Loire, après un cours, dans le Cantal, de 12,000 m.

BESSEYRE-CHEZ-DUNIF (LA), écart, c^{ne} de Trizac.

BESSEYRE-CHEZ-LE-COUDERC (LA), écart, c^{ne} de Trizac.

BESSEYRES (LES), ham., c^{ne} de Jaleyrac. — *Affarium de las Veisseiras*, 1473 (terr. de Mauriac). — *La Beyssere*, 1639 (rentes dues au doyen de Mauriac). — *Lous Vessiers ; Laveissière*, 1680 (terr. de Mauriac).

BESSEYRE-SOUDRONNE (LA), écart et mont. à burons, c^{ne} de Trizac. — *Montaigne de la Besseyre*, 1607 (terr. de Trizac). — *La Beyssière* (Cassini).

BESSEYRE-SOUTRONNE (LA), écart et mont. à burons, c^{ne} de Trizac.

BESSEYROLLES, vill., c^{ne} de Roannes-Saint-Mary. — *Beceyrolas*, 1509 (pièces du cab. de l'abbé Delmas). — *Besseyrolles*, 1555 (min. Destaing, n^{re} à Marcolès). — *Vescirolles*, 1621 (état civ. d'Arpajon). — *Bessairolles*, 1624 ; — *Bessayroles*, 1636 (id. de Saint-Mamet). — *Besciroles*, 1694 (id. de Leucamp). — *Bessayrolles*, 1739 (id. de la Capelle-en-Vézie). — *Besserols* (Cassini).

Besseyrolles était le chef-lieu de la c^{ne} de Saint-Mary, avant sa réunion avec celle de Roannes.

BESSIÈRE (LA), vill., c^{ne} de Bonnac. — *La Besseyre*, 1610 (terr. d'Avenaux). — *La Beceire*, 1624 (état civ. de Saint-Étienne-sur-Massiac). — *La Bosseyre*, 1662 (id. de Saint-Victor-sur-Massiac). — *La Bessière*, 1693 ; — *La Bessayre*, 1702 (état civ. de Saint-Étienne-sur-Massiac). — *La Bessaire*, 1753 (état civ. de Saint-Victor-sur-Massiac). — *La Baissayre* (Cassini). — *La Veyssère* (État-major).

BESSIÈRE (LA), écart, c^{ne} de Leynhac. — *La Bessieyra*, 1600 (terr. de Maurs). — *La Beissière* (Cassini).

BESSIÈRE (LE PUECH DE), mont., c^{ne} de Parlan.

BESSIÈRE (LA), vill., c^{ne} de Saint-Marc.

BESSIÈRE (LA), mⁱⁿ détruit, c^{ne} de Trizac. — *Lou molin de la Besseyre*, 1607 (terr. de Trizac). — *Moulin de la Vaissière* (états de sections).

BESSIÈRE-BASSE (LA), vill., c^{ne} de Saint-Marc.

BESSIÈRE-ESPESSE (LA), bois, c^{ne} d'Alleuze. — *Las Bessyras*, 1510 (terr. de Maurs).

BESSIÈRES (LAS), dom. ruiné, c^{ne} de Junhac. — *Las Bessieyras*, 1550 ; — *Las Bessieyres*, 1552 (min.

Guy de Vayssieyra, n^re). — *La Vissieyre; la Vayssieyra; las Bissieyres*, 1767 (tabl. de ces min.).

BESSIÈRES (LES), mont. à vacherie, c^ne d'Oradour.

BESSIÈRES, ham., c^ne de Parlan. — *Beisaire*, 1649; — *La Baissayre*, 1651 (état civ.). — *Lou Bessayre*, 1748 (anc. cad.). — *Bessière; Besseyre* (états de sections).

BESSIÈRES (LES), vill., c^ne de Paulhenc. — *Mansus de las Besseyras*, 1366 (arch. dép. s. G). — *Eybesseyres*, 1652; — *Les Besseyres*, 1653 (état civ. de Pierrefort). — *Las Vayssières; las Bessieyres*, 1668 (nommée au p^cé de Monaco). — *Les Bessières* (Cassini).

BESSIÈRES (LES), dom. ruiné, c^ne de Sanzac-Veinazès. — *Affar appellé de las Bessieyres*, 1668 (nommée au p^cé de Monaco).

BESSIÈRES-BASSES (LES), vill., c^ne de Lieutadès.

BESSOLADE (LA), dom. ruiné, c^ne de Lascelle. — *La bugha des Bessolades*, 1595 (terr. de Fracor).

BESSOLS, vill., c^ne d'Alleuze. — *Bessols*, 1595 (min. Andrieu, n^re à Saint-Flour). — *Bessolz*, 1677 (insin. de la cour royale de Murat). — *Bessol*, 1727 (état civ. de Saint-Mary-le-Plain).

BESSON (LE), ham., c^ne de Saint-Remy-de-Salers.

BESSONIE (LA), dom. ruiné, c^ne de Cheylade. — *Mas de las Bessonhas; Bessonias*, 1514 (terr. de Cheylade).

BESSONIE (LA), dom. ruiné, c^ne de Saint-Santin-Cantalès. — *Affarium de las Bessonias*, 1449 (enq. sur les droits du seign. de Montal).

BESSONIES (AUX), écart, c^ne de Sansac-Veinazès.

BESSONIES (LES), ham., c^ne de Trizac. — *La Beyssonies; las Bessouines*, 1668; — *La Bessonix*, 1681; — *Las Beisonnies*, 1692 (anc. min. Chalvignac, n^re à Trizac). — *Las Buissonies*, 1744; — *Les Bessonies*, 1782 (arch. dép. s. C). — *Les Bessonnies* (Cassini).

BESSONS (LES), dom. ruiné, c^ne d'Apchon. — *Affar appellé de Bessons*, 1719 (tabl. du terr. de 1512).

BESSOU, m^in, c^ne d'Apchon. — *Le moulin de Bessous, sous Apchon*, 1719 (tabl. du terr. d'Apchon de 1512).

BESSOU, vill., c^ne de Jussac. — *Bessolh*, 1466 (terr. de Saint-Christophe). — *Bessel*, 1624; — *Bessoul*, 1628 (état civ. de Reilhac). — *Bessou*, 1718 (arch. dép. s. C, l. 14).

BESSOUGADE (LE BOIS DE LA), bois, c^ne d'Arpajon. — *Boix de la Bessaliada*, 1535; — *Boix de la Bessolada*, 1545 (arch. mun. d'Aurillac, s. GG, c. 6). — *Bois de la Bessouade*, 1739 (anc. cad.).

BESSOUGIÈRE (LA), dom. ruiné, c^ne de Parlan. — *Villaige de la Bessouguière*, 1646 (état civ.).

BESSOUILLE (LA), vill., c^ne de Marmanhac. — *La Bessolie*, 1669; — *La Bessoulhe*, 1670; — *La Bessoulie*, 1671; — *La Bessoulhie*, 1676 (état civ.). — *La Bessouille*, 1740 (arch. dép. s. C, l. 21). — *La Bessoule* (Cassini).

BÉTAILLES, vill., c^ne de Saint-Christophe. — *Betalha*, 1464 (terr. de Saint-Christophe). — *Bétathalies*, 1623; — *Bétaille*, 1626; — *Batalie*, 1628; — *Béthalit*, 1630; — *Bétalles*, 1652 (état civ.) — *Bétailles*, 1654 (id. de Loupiac). — *Bétailhes*, 1670 (id. de Pleaux). — *Bélailles* (État-major).

BÉTALIOLE (LA), dom. ruiné, c^ne de Saint-Santin-Cantalès. — *Affarium de la Betalhola*, 1443; — *Mansus de Bethathola*, 1485; — *La Betaillolle*, xve s^e (arch. mun. d'Aurillac, s. HH, c. 21).

BÉTALIOLE (LA), ruiss., affl. de la Soulane-Grande, c^ne de Saint-Santin-Cantalès; cours de 1,200 m. — Ce ruisseau se nomme aussi *le Bez*. — *Rivus de Betalhola*, 1444 (arch. mun. d'Aurillac, s. HH, c. 21).

BÉTALIOLE, ruiss., affl. de la Coënne, c^ne de Teissières-de-Cornet; cours de 3,800 m.

BÉTASEL, dom. ruiné, c^ne de Saignes. — *Affarium vocatum de Bethazel*, 1441 (terr. de Saignes).

BÉTEIL, vill., c^ne de Chanet. — *Letel*, 1521 (lièvre de la baronnie du Feydit). — *Belbet* (Cassini). — *Bélis* (État-major). — *Beteils*, 1855 (Dict. stat. du Cantal).

BÉTEIL, mont. à vacherie, c^ne de Chanet.

BÉTEIL, dom. ruiné, c^ne de Roannes-Saint-Mary. — *Affar appelé de Béteille*, 1692 (terr. de Saint-Geraud).

BÉTEILLE (LA), écart, c^ne de Sansac-Veinazès. — *La Vétille* (État-major).

BÉTEILLES, ruiss., affl. du ruisseau de Roannes, c^nes de la Capelle-en-Vézie et de Prunet; cours de 3,410 m. — On le nomme aussi *Prunet*. — *Ruisseau de Malepeyre*, 1692 (terr. de Saint-Geraud).

BÉTEILLES, ham. et m^in, c^ne de Prunet. — *Bethel*, xve s^e (arch. dép. s. E). — *Betelha*, 1553 (procès-verbal Veny). — *Beteilhes; Besteille*, 1670 (terr. de Calvinet). — *Bettelho*, 1709; — *Betulhes*, 1727 (arch. dép. s. C, l. 18). — *Beteilh*, 1739; — *Lou moulin de Bétillies*, 1741; — *Le moulin de Beteille*, 1744 (état civ. de la Capelle-en-Vézie). — *Betilhes*, 1761 (arch. dép. s. C, l. 18). — *Bétilles* (Cassini).

BÉTEL (LE), ruiss., affl. de la Dordogne, coule aux finages des c^nes de Jaleyrac, Sourniac et d'Arches; cours de 4,930 m. — On le nomme aussi *Sourniac*. — *Rivus Boisset*, 1472; — *Boucet; Bouca*, 1473; — *Boucer*, 1475 (terr. de Mauriac).

BÉTÉSI, dom. ruiné, c^{ne} de Saint-Flour. — *Mansus de Bethesy*, 1400 (arch. mun. de Saint-Flour).

BETH, vill., c^{ne} de Pleaux. — *Becz*, 1274 (vente au doyen de Mauriac). — *Betz*, 1464 (terr. de Saint-Christophe). — *Bez*, 1646 (état civ.). — *Bechz*, 1651 (*id.* de Saint-Christophe). — *Bech*, 1664; — *Beth*, 1671; — *Bets*, 1686 (état civ.). — *Bet*; *Bex*, 1776; — *Betx*, 1782 (arch. dép. s. C, l. 40). *Betch* (Cassini).

BÉTHEL, ruiss., affl. de la Sumène, coule aux finages des c^{nes} d'Arches et de Sourniac; cours de 4,800 m. — *Ruisseau de Bételle* (État-major).

BEURADOU (LE PUECH DE LA), mont. à vacherie, c^{ne} de Saint-Antoine.

BEURIÈRES, ham., c^{ne} de Ladinhac. — *Beuveyras*, 1500 (terr. de Maurs). — *Brevieyres*, 1551 (min. Boygues, n^{re} à Montsalvy). — *Beurriers*, 1658 (état civ. de Leucamp). — *Baurières*, 1669 (nommée au p^{ce} de Monaco). — *Barieyres*, 1744 (état civ. de la Capelle-en-Vézie). — *Bourrières*, 1747 (arch. dép. s. C). — *Beurières*, 1750 (anc. cad.). — *Bourières*, 1756 (arch. dép. s. C). — *Biourières* (Cassini).

BEVINH, dom. ruiné, c^{ne} d'Omps. — *Mas del Bevinh*, 1624 (état civ. de Saint-Mamet).

BEX (LE), vill. détruit, c^{ne} d'Alleuze. — *Lo Bes*, 1338 (spicil. Brivat.). — *Besse*, 1494 (terr. de Mallet). — *Betz*; *Beiz*, 1510; — *Bex*, 1511 (terr. de Maurs). — *Les chazeaulx des maisons du villaige del Bès*, 1632 (*id.* de Montchamp).

BEX (LE), dom. ruiné, c^{ne} de Badailhac. — *Villaige del Bech*, 1669 (nommée au p^{ce} de Monaco). — *L'affar del Bex*, 1695 (terr. de la command. de Carlat).

BEX (EI-), vill., c^{ne} du Claux. — *Mansus dals Betz*, 1365 (arch. dép. s. E). — *Lou Bès*, 1539 (terr. de Cheylade). — *Eybix* (État-major). — *Eibets*, 1855 (Dict. stat. du Cantal).

BEX (LE), dom. ruiné, c^{ne} de Junhac. — *Affar appellé del Bex, auparavant del Puech, et encore auparavant de la Pendarie*, 1760 (terr. de Saint-Projet).

BEX (LE), écart, c^{ne} de Ladinhac.

BEX (LE), écart, c^{ne} de Laroquebrou.

BEX (LE), écart, c^{ne} de Marcolès. — *Affarium dal Bet*, 1301 (pièces de l'abbé Delmas). — *Boria dal Betz*, 1437 (terr. du prieuré de Marcolès). — *Becz*, 1668 (nommée au p^{ce} de Monaco). — *Bex* (Cassini).

BEX (LE), mont. à vacherie, c^{ne} de Narnhac.

BEX (LE), vill. détruit, c^{ne} de Polminhac. — *Lou Bex*, 1583 (arch. dép. s. E). — *Besse*, 1668 (nommée au p^{ce} de Monaco).

BEX (LE), vill., c^{ne} de Roannes-Saint-Mary. — *Vaxia*, 1072 (Gall. christ., t. II, col. 442). — *Lou Beux*, 1623; — *Le Becx*, 1627 (état civ. d'Arpajon). — *Abectz*, 1654 (arch. mun. d'Aurillac, s. CC, p. 8). — *Le Betz*; *Le Bech*, 1668 (nommée au p^{ce} de Monaco). — *Mas dal Bex de Roana*; *Avex*; *Davex*; *Avetz*, 1692 (terr. de Saint-Geraud). — *Bets*, 1708 (arch. dép. s. C). — *Le Bex*, 1739 (état civ. de la Capelle-en-Vézie).

BEX (LE), dom. ruiné, c^{ne} de Rouziers. — *Affar del Beetz*, 1592 (livre des achaps d'Ant. de Naucaze).

BEX (LE), vill., c^{ne} de Saint-Cernin. — *Mansus dal Bes*, 1350 (arch. mun. d'Aurillac, s. HH, c. 21). — *Lou Vex*, 1631 (état civ. d'Aurillac). — *Lou Betz*, 1636 (lièvre de Poul). — *Lou Bex*, 1650 (état civ. de Naucelles). — *Lou Betz*, 1659; — *Lou Bectz*, 1663 (*id.* de Saint-Cernin). — *Villaige Delbex*, 1668 (nommée au p^{ce} de Monaco). — *Lou Bech*, 1701 (état civ. de Saint-Cernin). — *Lou Beize*, 1730; — *Le Bex*, 1753 (arch. dép. s. C, l. 32).

BEX (LE), ruiss., affl. de la Soulane-Petite ou Veillan, c^{nes} de Saint-Cernin et de Saint-Cirgues-de-Malbert; cours de 5,600 m. — On le nomme aussi *la Garde*.

BEX (LE), écart, c^{ne} de Saint-Constant.

BEX (LE), riv., affl. de la Truyère, prend sa source à la montagne d'Aubrac (Lozère), traverse dans le Cantal, les c^{nes} de Saint-Urcize, Saint-Rémy-de-Chaudesaigues, Anterrieux, Maurines, Méallet, Faverolles et Sarrus; cours de 33,700 m. — *Rivière de Becz*; *Bez*; *Betz*; *Bejtz*; *ruisseau de la Besse*, 1494 (terr. de Mallet). — *In riparia Bessi*, 1506 (arch. dép. s. H). — *Bès* (État-major).

BEX (LE), mⁱⁿ détruit, c^{ne} de Sarrus. — *Molin appellé molin du Bez, assiz sur la rivière du Bez*, 1494 (terr. de Mallet).

BEX (LE), vill., c^{ne} d'Ytrac. — *Lou Belx*, 1648 (état civ. d'Aurillac). — *Lou Bexé*, 1668 (min. Sarrauste, n^{re} à Laroquebrou). — *Lou Bex*, 1684 (arch. dép. s. C).

L'église du Bex a été érigée en succursale par ordonn. royale du 31 mars 1844.

BEYLIE (LA), vill., c^{ne} de Saint-Constant. — *La Bailha*, 1622 (état civ.). — *La Beylio*, 1638 (*id.* de Naucelles). — *La Vailhe*, 1671; — *La Bailio*, 1677; — *Le Baillier*, 1683; — *La Boilie*, 1693 (état civ.). — *La Belhe*, 1748; — *La Beilhie*, 1749; — *La Bellie*, 1762 (anc cad.).

BEYNAC, vill. et chât., c^{ne} de Celles. — *Beinac*; *Beynat*, 1535 (terr. de la v^{té} de Murat). — *Beynac*;

Beynant; Beyna, 1654 (*id.* du Sailhans). — *Bignac*, 1666 (insin. de la cour royale de Murat). — *Baynac*, 1668 (*id.* d'Andelat). — *Beynat*, 1697 (terr. de la command. de Celles).

BEYNAC, mont. à vacherie, c^{ne} de Celles. — *Al Lac-Beynat*, 1508 (terr. de la command. de Montchamp).

BEYNAGES, dom. ruiné, c^{ne} d'Ayrens. — *Mansus seu affarium vocatum de Venneige*, 1378 (fond. de la chapell. des Blats).

BEYNAGUET, vill., c^{ne} de Freix-Anglards. — *Baynaguet*, 1403 (pap. de la fam. de Montal). — *Beinagues*, 1522 (min. Vigery, n^{re} à Aurillac). — *Beinegus*, 1617 (état civ. de Naucelles). — *Beinaguet*, 1653 (min. Sarrauste, n^{re} à Laroquebrou). — *Erbeinagest*, 1695; — *Veynagues*, 1660; — *Beynagos*, 1661; — *Beynagues*, 1662; — *Beynaguet*, 1666 (état civ. de Saint-Cernin). — *Veynaguet*, 1666 (*id.* de Jussac). — *Veinaguet*, 1676 (liève conf. des Blats). — *Bainaguet*, 1703 (état civ. de Saint-Cernin). — *Cunaguet*, 1730 (arch. dép. s. C, l. 32).

BEYSSEIROU, mont. à vacherie, c^{ne} de Malbo.

BÉZAUDUN, mont. à vacherie, c^{ne} de Girgols. — *Montagne de Bézaudun*, 1782 (arch. dép. s. C, l. 6).

BEZAUDUN, vill., c^{ne} de Tournemire. — *Bazoues?* 1663 (état civ. de Saint-Cernin). — *Bezaudun*, 1759 (arch. dép. s. C, l. 6).

Bezaudun, avant 1789, était régi par le droit cout. et siège d'une justice seign. ressort. à la sénéchaussée d'Auvergne, en appel du bailliage de Salers.

BEZENCHAT, vill., c^{ne} de Sarrus. — *Bezenchat*, 1494 (terr. de Mallet). — *Vezenchat*, 1677 (insin. de la cour royale de Murat). — *Besenchat; Benechat*, 1784 (Chabrol, t. IV). — *Bezenchate* (Cassini). — *Bevenchal*, 1587 (Dict. stat. du Cantal).

BEZONS (LE BOIS DE), dom. ruiné, c^{ne} de Boisset. — *Village de Vezen; de Vezanc; de Vezam*, 1668; — *Bois de Bezou*, 1669 (nommée au p^{ce} de Monaco). — *Bois de Bezan; Beson; Bezon*, 1746; — *Vezons*, 1748 (anc. cad.).

BEZONS, vill., c^{ne} de Saint-Julien de-Toursac. — *Vezons; Bezons*, 1736 (état civ. de Quézac). — *Lou Besan*, 1746; — *Bozon*, 1750 (*id.* de Saint-Étienne-de-Maurs). — *Bezon* (Cassini). — *Bessons* (État-major).

BEZOUT (LE), écart, c^{ne} de Saint-Saturnin.

BIAGOUROU, buron, c^{ne} de Saint-Paul-de-Salers.

BIAGUARET (LE), mⁱⁿ, c^{ne} de Lorcières.

BIAISSE (LA), écart et mⁱⁿ, c^{ne} de Sansac-Veinazès. — *Biaiise*, 1857 (Dict. stat. du Cantal).

BIARDS (LES PLACES DE), mont. à vacherie et taillis, c^{ne} de Drignac.

BIAUDE (LA), f^{me} avec manoir, c^{ne} de Teissières-les-Bouliès. — *Bials*, 1535; — *Lieude*, 1669 (arch. mun. d'Aurillac, s. GG, c. 6). — *Lou Bieu*, 1678; — *Lou Viendé*, 1685 (état civ. de Leucamp). — *Bieude* (Cassini).

BIAUDE, ruiss., affl. du ruisseau de Maurs, c^{ne} de Teissières-les-Bouliès; cours de 4,600 m.

BIAUX (LES), ham., c^{ne} de Rouffiac.

BIAUX (LES), dom. ruiné, c^{ne} de Saint-Mamet-la-Salvetat. — *Ténement des Vyaux*, 1740 (anc. cad.).

BIAUX (LES), écart, c^{ne} de Trizac.

BICONDE, ham., c^{ne} de Saint-Cernin.

BIESSE (LA), dom. ruiné, c^{ne} de Saint-Mamet-la-Salvetat. — *Ténement de la Bieysse*, 1739; — *La Biesse*, 1745 (anc. cad.).

BIETMAT, dom. ruiné, c^{ne} de Sansac-de-Marmiesse. — *Mansus de Bietmat*, 1330 (reconn. de Bertrand d'Albussac à l'hôp. d'Aurillac).

BIEU (LE SUC DE), mont. à vacherie, c^{ne} de Champs.

BIEYSSE (LE BOS DE), dom. ruiné, c^{ne} de la Besserette. — *Affar del bos de Bieyses*, 1669 (nommée au p^{ce} de Monaco).

BILAL, ham. et mⁱⁿ, c^{ne} de la Trinitat. — *Moulin de Bical* (État-major).

BILGEAC, vill., c^{ne} de Sourniac. — *Bilghacum; Bilgac*, 1473 (terr. de Mauriac). — *Vilgat*, 1505 (comptes au doyen de Mauriac). — *Bilghac*, 1549 (terr. de Miremont). — *Hilgeac*, 1680 (état civ. du Vigean). — *Bilgeac*, 1680 (terr. de Mauriac). — *Vilgeac*, 1750 (état civ.).

BILGEAC, ruiss., affl. du ruisseau de Labiou, c^{ne} de Sourniac; cours de 600 m.

BILLIÈRE (LE PUY DE), mont. à vacherie, c^{ne} de Saint-Saury.

BILLIÈRES, ruiss., affl. de la Cère, c^{ne} de Vic-sur-Cère; cours 1,500 m.

BILLE (LE SUC DE LA), mont. à burons, c^{ne} de Bassignac.

BILLÈS, vill., c^{ne} de Saint-Martin-sous-Vigouroux. — *Billiez* (Cassini). — *Billiès*, 1856 (Dict. stat. du Cantal).

BILLIÈRES, vill., c^{ne} de Chastel-Marlhac. — *Bellieyres; Bilhières; Bellières*; 1607 (terr. de Trizac). — *Bilieires*, 1631 (état civ. de Mauriac). — *Viliers*, 1664 (insin. du baill. de Salers). — *Billière*, 1679 (état civ. de Trizac). — *Bilyeyre*, 1684 (anc. min. Chalvignac, n^{re} à Trizac). — *Billeyre*, 1685 (état civ. d'Ydes). — *Billieyre*, 1688; — *Bellieyre*, 1736 (*id.* de Chastel-Marlhac). — *Billières*, 1744; —

Bilyeres, 1783 (arch. dép. s. C, l. 45). — *Bellier* (Cassini). — *Belière* (État-major).

BILLIÈRES (LE MONT DE), mont. à burons, c^{ne} de Chastel-Marlhac.

BILLIÈRES, écart, c^{ne} de Marcolès. — *Vilières* (Cassini). — *Villières* (État-major).

Cet écart porte aussi le nom de *la Mort*.

BILLIÈRES, ruiss., affl. de la Rance, c^{ne} de Marcolès; cours de 4,200 m. — Il porte aussi le nom de *la Mort*. — *Rivus de Cusas*, 1515; — *Rivus de Rieu-Belie*, 1520 (pièces de l'abbé Delmas).

BILLIÈRES, dom. ruiné, c^{ne} de Saint-Simon. — *Belieyre*; *Bilieyre*; *Vilieyres*; *le mas de Bilieyres*, 1692 (terr. du monast. de Saint-Geraud).

BILLOUX, vill., c^{ne} de Saint-Pierre-du-Peil. — *Bilioux* (Cassini).

BINELH, dom. ruiné, c^{ns} d'Escorailles. — *Mansus del Binelh*, 1464 (terr. de Saint-Christophe).

BINIAL (LE BOIS DE), dom. ruiné, c^{ne} de Méallet. — *Affarium de Vinhals*, 1437 (arch. génèal. de Sartiges).

BIOSAC, dom. ruiné, c^{ne} de Polminhac. — *Affarias vocatas de Biozac*, XVe s^e (arch. mun. d'Aurillac, s. HH, col. 21).

BIOUDATELLE (LA), f^{me}, c^{ne} de Junhac. — Elle porte aussi le nom de *la Fontanelle*.

BIOUDE, écart, c^{ne} de Teissières-lès-Bouliès.

BIOURADOU (LA), mont. à burons, c^{ne} de Saint-Projet. — *Montaigne de Labeuradou*, 1717 (terr. de Beauclair).

BIOURAUX (LES), dom. ruiné, c^{ne} de Thiézac. — *Affar appelé des Biouraux*, 1674 (terr. de Thiézac).

BIRADE (LA), dom. ruiné, c^{ne} d'Aurillac. — *Affarium appellatum de la Bira*, 1270 (archives municipales d'Aurillac, s. GG, p. 20). — *La Birade*, 1738 (id. p. 4).

BIRONDET (LE), ruiss., prend sa source à la Vaysse, c^{ne} de Glénat, et, après un cours de 1,900 mètres, forme, par sa réunion avec le ruisseau de la Mauve, le ruisseau du Pontal.

BIROU (LE), m^{in}, c^{ne} de Paulhenc.

BISADE (LE ROCHER DE LA), dom. ruiné, c^{ne} de Saint-Clément. — *Affar de la Visade*, 1670 (nommée au p^{ce} de Monaco).

BISE (LA), vill., c^{ne} de Saint-Santin-Cantalès.

BITARELLE (LA), vill., c^{ne} de Parlan. — *La Vitarelle*, 1645 (état civ.).

BITARELLE-DE-POGIÈS (LA), écart et mont. à vacherie, c^{ne} de Saint-Santin-Cantalès. — *Las Bitarelles* (lièvre de Poul). — *La Bitarelle-de-Pogiès*, 1857 (Dict. stat. du Cantal).

BITARELLE-D'UZOLS (LA), écart et mont. à vacherie,

c^{ne} de St-Santin-Cantalès. — *La Bitarelle-d'Uzeols* (État-major).

BITOURESQUE, écart détruit, c^{ne} de Prunet.

BITTINIERGUES, m^{in} détruit, c^{ne} de Calvinet. — *Molin de Bettiniergues ou de Bittiniergues, entre Calvinet et la Balmatie*, 1670 (terr. de Calvinet).

BLADADE (LA), écart et forêt, c^{ne} de Sansac-de-Marmiesse. — *La forêt de la Bladade-de-Marmieysse*, 1668 (nommée au p^{ce} de Monaco).

BLADADE (LA), ruiss., affl. de la rivière d'Authre, c^{ne} de Sansac-de-Marmiesse; cours de 2,500 m. — Il porte aussi le nom de *Leignac*. — *Ruisseau de la Bladade*, 1739 (anc. cad. d'Ytrac).

BLAICHIE (LA), dom. ruiné, c^{ne} de Saint-Santin-Cantalès. — *Bordaria de la Blaichia*, 1470 (arch. mun. d'Aurillac, s. HH, c. 21).

BLAISE-BLANC, écart, c^{ne} de Malbo.

BLANADET, vill., c^{ne} de Vieillevie. — *Bladanet*, 1672 (état civ. de Montsalvy). — *Blanadet*, 1688 (id. de Vieillevie). — *Blavadet*, 1724 (lièvre de Montsalvy). — *Bladenat*, 1784 (Chabrol, t. IV).

BLANC (LE), dom. ruiné, c^{ne} de Saint-Martin-Cantalès. — *Affarium del Blanc*, 1464 (terr. de Saint-Christophe).

BLANCHAREL (LE), dom. ruiné, c^{ne} de Lavastrie. — *Affar appellé le Costal de Bancherel*, 1494 (terr. de Mallet).

BLANCHIE (LA), dom. ruiné, c^{ne} de Mauriac. — *Le villaige de la Blanchie*, 1549 (terrier de Miremont).

BLANCHOU (LE), dom. ruiné, c^{ne} de Rouziers. — *Affar appelé de Blanchou*, 1668 (nommée au p^{ce} de Monaco).

BLANCOU (LE RASA DU), torrent, affl. de l'Alagnon, c^{ne} de Ferrières-Saint-Mary.

BLANCOU, écart, c^{ne} de Joursac.

BLANCOU, vill., c^{ne} de Marcolès. — *Blanquo*, 1509; — *Blanco*, 1515 (pièces de l'abbé Delmas). — *Blangou*, 1739 (état civ. de la Capelle-en-Vézie). — *Blancou* (Cassini).

BLANDIGNAC, écart et m^{in}, c^{ne} de Mauriac. — *Mansus de Baldinha*, 1381 (lièvre de Mauriac). — *Blandinhac*, 1505 (comptes au doyen de Mauriac). — *Blandignac*, 1639 (rentes dues au doyen de Mauriac).

BLANET, dom. ruiné, c^{ne} de Roannes-Saint-Mary. — *Le villaige de Blanect*, 1692 (terr. de Saint-Geraud).

BLANINHAC, dom. ruiné, c^{ne} de Sarrus. — *Vilaige de Blaninhac*, 1493 (terr. de Mallet).

BLANQUEFORT (LE PUECH DE), mont. à vacherie, c^{ne} de la Besserette.

Cantal.

BLANQUET (LE), ruiss., afll. du ruisseau des Ondes, c^{nes} de Pradiers et de Landeyrat; cours de 1,000 m.

BLANQUETTE (LA), écart, c^{ne} de Roussy. — *Blanquet* (Cassini).

BLANQUIE (LA), vill., c^{ne} de Leynhac. — *La Blanquie* (Cassini).

BLANQUIE (LA), m^{in}, c^{ne} de Leynhac. — *Le Moulin de la Blanquie*, 1750 (état civ. de Saint-Étienne-de-Maurs).

BLANQUIE (LA), ham., c^{ne} de Saint-Étienne-de-Maurs. — *La Blanquia*, 1601; — *La Blancquie*, 1607; — *La Blangie*, 1612 (état civ.). — *La Blanquie*, 1694 (terr. de Marcolès).

BLANQUIE (LA), ham., c^{ne} de Saint-Santin-de-Maurs. — *La Blanquie*, 1613 (état civ.).

BLAT (LE), vill. et chât. détruit, c^{ne} de Junhac.

BLAT (LE), écart, c^{ne} de Montsalvy. — *Lou Blat*, 1536 (terr. de Coffinhal). — *Lou Blatz*, 1552 (min. Guy de Vayssieyra, n^{re} à Montsalvy). — *Lou Blad*, 1705 (état civ.). — *Le Blas*, 1749 (anc. cad. de Junhac).

BLAT-CLAR (LE), écart, c^{ne} de Boisset.

BLATE (LA), écart, c^{ne} de Girgols. — *La Blat* (Cassini).

BLATE (LA), dom. ruiné, c^{ne} de Laroquevieille. — *Affaria mansorum de la Blata*, 1531 (min. Vigery, n^{re} à Aurillac).

BLATE (LA), mont. à vacherie, c^{ne} de Saint-Paul-de-Salers.

BLATEL, m^{on} inconnue, c^{ne} de Thiézac, au vill. de Vaurs. — *Mayson appellée de Blatel*, 1671 (nommée au p^{ce} de Monaco).

BLATÈRE (LA), dom. ruiné, c^{ne} de Chanet. — *La Blateyria; la Blateyra*, 1451 (terr. de Chavagnac).

BLATES (LES), mont. à burons, c^{ne} de Condat-en-Feniers.

BLATES (LAS), dom. ruiné, c^{ne} de Mandailles. — *Affar appellé de las Blattes*, 1692 (terr. de Saint-Geraud).

BLATIS (LA), dom. ruiné, c^{ne} de Saint-Hippolyte. — *Affar appellé de Lablatis*, 1719 (table du terr. d'Apchon de 1512).

BLATOUNES (LES), ruiss., afll. de la rivière de Mars, c^{ne} du Falgoux; cours de 2,700 m.

BLATS (LES), mont. à burons, c^{ne} de Malbo.

BLATS (LE COMMUNAL DES), mont. à burons, c^{ne} de Saint-Jacques-des-Blats.

BLAT-SOUTRO (LES), ham., c^{ne} de Saint-Jacques-des-Blats. — *Les Blatz*, 1612; — *Les Blatz-Soutras*, 1638 (état civ. de Thiézac). — *Les Blats-Bas*, 1674 (terr. de Thiézac).

BLATTE (LE SUC DE LA), mont. à burons, c^{nes} du Claux et du Falgoux.

BLATTE (LA), écart, c^{ne} de Colandres. — *Las Blatos; Blattos*, 1513 (terr. d'Apchon). — *Ténement de la Blatte dans la paroisse de Colandres appartenant au Roy*, 1681 (id. des Bros). — *Les Blates*, 1719 (table du terr. d'Apchon).

BLATTE (LA), m^{in}, c^{ne} du Falgoux.

BLATTE (LA), écart, c^{ne} d'Omps. — *La Blotte*, 1856 (Dict. stat. du Cantal).

BLATTE (LA), f^{me} et mont. à vacherie, c^{ne} de Tournemire. — *La Platte*, 1670 (état civ. de Saint-Martin-de-Valois). — *La Blatte*, 1680; — *La Blate*, 1701; — *Las Blates*, 1759 (arch. dép. s. C, l. 6).

BLATTES (LES), vill. détruit, c^{ne} de Chastel-Marlhac.

BLATTES (AUX), écart, c^{ne} de Lavigerie.

BLATTES (LES), mont. à vacherie, c^{ne} de Lavigerie. — *Bois de las Blathes*, 1600 (terr. de Dienne). — *Montaignhe de la Blatte*, 1673 (nommée au p^{ce} de Monaco).

BLATTES (LES), vill., c^{ne} de Riom-ès-Montagnes. — *Las Blatos*, 1513 (terr. d'Apchon). — *Les Blates*, 1719 (table de ce terr.).

BLATTES (LES), dom. ruiné, c^{ne} de Thiézac. — *Affar del Blattet; del Bluttet*, 1671 (nommée au p^{ce} de Monaco). — *Moulin et domaine de las Blattes*, 1769 (anc. cad. de Vic-sur-Cère).

BLATTES (LES), ham., c^{ne} de Vic-sur-Cère. — *Las Blattes*, 1610 (aveu de Jean de Pestels). — *Les Blates* (états de sections).

BLATTES (LES), mont. à burons, c^{ne} de Vic-sur-Cère. — *Montagne de las Blattes*, 1769 (anc. cad.).

BLATVEISSIÈRE, vill. et mont. à burons, c^{ne} de Ségur. — *Mansus de Platabayssia*, 1329 (enq. sur la just. de Vieillespesse). — *Blatenerère*, 1784 (Chabrol, t. IV). — *Bladevessière*, 1857 (Dict. stat. du Cantal).

BLATVEISSIÈRE, ruiss., afll. de la Santoire, c^{ne} de Ségur; cours de 1,200 m.

BLAU (LE), dom. ruiné, c^{ne} de Boisset. — *Affar del Blaux*, 1670 (nommée au p^{ce} de Monaco).

BLAU (LA), dom. ruiné, c^{ne} de Saint-Flour. — *La Blau*, 1540 (terr. de Villedieu).

BLAUD (LA), dom. ruiné, c^{ne} d'Apchon. — *Affar appellé de la Blau*, 1719 (table du terr. d'Apchon de 1512).

BLAUD (LE), m^{in}, c^{ne} de Ferrières-Saint-Mary.

BLAUD, écart et m^{in}, c^{ne} de Roffiac. — *Molendinum del Beauf*, 1510; — *Lou Blau, sive del Pont*, 1511 (terr. de Maurs). — *La Blau*, 1537 (id. de Villedieu). — *Le Bleau* (Cassini).

BLAVADIE (LA), dom. ruiné, c^ne de Glénat. — *La Blavadia*, 1345 (reconn. aux seign. de Montal).
BLAVADIE (LA), ham., c^ne du Vigean. — *La Bluadia; mansus de la Blavadia*, 1310 (liève du prieuré du Vigean). — *La Blavadie*, 1505 (arch. mun. de Mauriac). — *La Blavadye*, 1635 (état civ.).
BLAVAT, f^me, c^ne de Saint-Paul-de-Salers. — *Blabat* (Cassini).
BLAZY, ham., c^ne du Trioulou. — *Village de Blazy*, 1746 (état civ.).
BLEAU (LE), dom. ruiné, c^ne de Villedieu. — *Al Blau*, 1537 (terr. de Villedieu).
BLEAUX, mont. à burons, c^nes du Fau et de Saint-Projet. — *Bois et montaigne de Blau*, 1717 (terr. de Beauclair). — *V^rie de Blaux* (État-major).
BLEAUX, ruiss., affl. de l'Aspre, c^ne du Fau; cours de 5,040 m. — *Rivière de Blau*, 1717 (terr. de Beauclair).
BLEISE, dom. ruiné, c^ne de Rezentières. — *Le villaige de Bleize*, 1610 (terr. d'Avenaux).
BLEYLANT (LE), écart, c^ne de Bonnac. — *Bleylan*, 1771 (liève du prieuré de Bonnac). — *Bleylac* (Cassini).
Bo, m^in, c^ne de Saint-Poncy.
BOAL (LA), f^me et chât., c^ne de Brezons. — *La Boual*, 1701; — *La Bonal*, 1702 (état civ.). — *Le Brouels* (Cassini). — *La Boyle*, 1852 (Dict. stat. du Cantal).
BOAL (LA), dom. ruiné, c^ne de Mauriac. — *Mansus da la Boal*, 1310 (liève du prieuré du Vigean). — *La Bral*, 1515 (comptes au doyen de Mauriac).
BOBES (LES), mont. à burons, c^ne du Falgoux. — *V^rie de la Bare* (Cassini). — *La Bobe* (État-major).
BOBIGIOU (LOU), dom. ruiné, c^ne de la Capelle-del-Fraisse. — *Villaige del Bobigiou*, 1668 (nommée au p^ce de Monaco).
BOBO, m^in, c^ne de Massiac. — *Le molin de Bobo*, 1613 (dîmes dues au chap. de Saint-André-de-Massiac). — On le nomme aussi *le Moulin-Petit*.
BOCHE (LE BOIS DE), dom. ruiné, c^ne de Mauriac. — *Mansus de Vache*, 1473 (terr. de Mauriac).
BOCHE (LA), dom. ruiné, c^ne de Talizat. — *Villaige de Boscha*, 1526 (terr. de Vieillespesse).
BOCHE-CONQUE, dom. ruiné, c^ne de Roumégoux. — *Boshe-Conque*, 1668; — *Domaine de Boche-Conque*, 1669 (nommée au p^ce de Monaco).
BODET (LE SUC DE), mont. à vacherie, c^ne d'Allanche.
BOEUFS (LE REPASTIL DES), mont. à vacherie, c^ne de Crandelles.
BOGÈS, ruiss., affl. de l'Alagnon, c^nes de Talizat et de Joursac; cours de 2,000 m.

BOGIS (LE SUC DE), mont. à vacherie, c^ne de Chastel-Marlhac.
BOIGUE (LA), dom. ruiné, c^ne de Roufliac. — *Affarium da la Boy*, 1332 (pap. de la fam. de Montal). — *La Boyga*, 1350 (arch. mun. d'Aurillac, s. HH, c. 21). — *Affar de la Boigue*, 1600 (pap. de la fam. de Montal).
BOIGUE (LA), dom. ruiné, c^ne de Siran. — *Mansus de la Beyga*, 1357 (arch. mun. d'Aurillac, s. HH, c. 21).
BOIGUE-HAUTE (LA), dom. ruiné, c^ne de Roufliac. — *Affarium de la Boyga Exalta*, 1359 (pap. de la fam. de Montal).
BOIGUE-HAUTE (LA), dom. ruiné, c^ne de Saint-Saury. — *Mansus da la Boyga Exalta*, 1357 (arch. mun. d'Aurillac, s. HH, c. 21).
BOIGUES (LES), dom. ruiné, c^ne de Saint-Urcize. — *Las Boighas; las Boyghas*, 1508; — *Les Boighes*, 1686 (terr. de la Garde-Roussillon).
BOIRE (LE), dom. ruiné, c^ne de Lieutadès. — *Le Boyre, ténement auquel entiennement il y avoit maisons, granches et estables*, 1662 (terr. de la Garde-Roussillon).
BOIS (LE), dom. ruiné, c^ne d'Anglards-de-Saint-Flour). — *Affar appellé le Boix*, 1494 (terr. de Mallet).
BOIS (LE), vill., c^ne de Cassaniouze.
BOIS (LE MAS DU), dom. ruiné, c^ne de Chanet. — *Le mas du Bois*, XVIe s^e (confins de la terre du Feydit).
BOIS (LE), ruiss., affl. de la Chaleire, c^ne de Lorcières; cours de 4,500 m. — *Le Sal* (État-major).
BOIS (LE), dom. ruiné, c^ne de Marmanhac. — *Le villaige del Bos*, 1552 (terr. de Nozières). — *Affar appellé del Bos de la fon*, 1639 (id. du prieuré de Teissières-de-Cornet).
BOIS (LE), écart, c^ne de Moussages.
BOIS (LE DOMAINE DU), f^me, c^ne de Neussargues. — *La Meserie*, 1693; — *La Borie du Cheilard*, 1696 (état civ.). — *Domaine du Bois* (Cassini).
BOIS (LE), buron, c^ne de Paulhac.
BOIS (AU), écart, c^ne de Saignes.
BOIS (LE), m^in détruit, c^ne de Saint-Flour. — *Molendinum del Bos*, 1459 (arch. mun. de Saint-Flour).
BOIS-ABBATIAL (LE), mont. à burons et futaie, c^ne du Falgoux.
BOIS-BOUQUIT (LE), mont. à vacherie, c^ne d'Alleuze. — *Pasturalis communalis et brughæ vocatæ de Bougasso*, 1510 (terr. de Maurs).
BOIS-D'AMBONT (LE), écart, c^ne de Champs.
BOIS-DE-CHAVAGNAC (LE), vill., c^ne de Saint-Amandin.
BOIS-DE-FLORY (LE), écart, c^ne de Junhac.

Bois-de-Fransècue (Le), ham., c^{ne} de Champs.
Bois-de-Galtier (Le), écart, c^{ne} de Champs.
Bois-de-Garry (Le), écart, c^{ne} de Maurs. — *Bois de Garrig*, 1748 (anc. cad.).
Bois-de-Gimet (Le), ruiss., affl. de la Rhue, c^{ne} de Marchastel; cours de 2,000 m.
Bois-de-la-Bombe (Le), écart, c^{ne} de Maurs.
Bois-de-la-Cure (Le), m^{in} détruit, c^{ne} de Valjouze.
Bois-de-Largue (Le), écart, c^{ne} de Boisset.
Bois-de-la-Roche (Le), chantiers, c^{ne} de Valette.
Bois-de-Lavaur (Le), f^{me}, c^{ne} de Madic.
Bois-de-Lempre (Le), vill., c^{ne} de Champagnac.
Bois-de-Louis (Le), écart, c^{ne} de Maurs.
Bois-de-Queuille (Le), écart, c^{ne} de Champs. — *Bois de Queille* (Cassini).
Bois-d'Escorailles (Le), lieu détruit, c^{ne} de Brageac. — (Cassini.)
Bois-de-Vabre (Le), écart, c^{ne} de Maurs.
Bois-du-Guet (Le), écart, c^{ne} de Junhac.
Bois-du-Soc (Le), scierie, c^{ne} de Lanobre. — Elle porte aussi le nom de *Galoche*.
Bois-Grand (Le), dom. ruiné, c^{ne} d'Arpajon. — *Mansus de Grand-Bos*, 1522 (min. de Vigery).
Bois-Grand (Le), écart, c^{ne} de Carlat. — *Bois del Fau ou del Bois-Grand*, 1695 (terr. de la command. de Carlat). — *Le Bois* (Cassini).
Bois-Grand (Le), ham., c^{ne} de Marcenat.
Bois-Grand (Le), mont. à vacherie, c^{ne} de Montboudif. — *Boix appellé le Boix-Grand; le Bos-Grand*, 1654 (terr. de Feniers). — *Le Bois-Grand*, xviie s^e (*ibid.*).
Bois-Grand (Le), ruiss., affl. de la rivière d'Ande, c^{ne} de Saint-Flour; cours de 750 m.
Bois-Levat (Le), ancien camp, c^{ne} de Chastel-Marlhac.
Bois-Majau (Le), écart, c^{ne} de Boisset. — *Le Bois-Mazal*, 1668 (nommée au p^{ce} de Monaco).
Bois-Migier (Le), dom. ruiné, c^{ne} de Vic-sur-Cère. — *Affar del Bos Mégié*, 1584 (terr. de Polminhac).
Bois-Petit (Le), ruiss., affl. de l'Arcueil, c^{ne} de Rezentières; cours de 4,000 m.
Bois-Petit (Le), mont. à vacherie, c^{ne} de Saint-Martin-Cantalès.
Boissadel, vill., c^{ne} de Boisset. — *Boyssadel*, 1623; — *Boysadel*, 1639 (état civ. de Saint-Mamet). — *Boissadel*, 1668 (nommée au p^{ce} de Monaco). — *Bos del Boyssadel*, 1746 (anc. cad.). — *Boissadet* (Cassini).
Boissadel, dom. ruiné, c^{ne} de Cayrols. — *Lo Bouriaige delz Boysadolz*, 1577; — *L'affar dels Boissadelz*, 1578 (livre des achaps d'Ant. de Naucaze).

Boissadel, ham. et m^{in}, c^{ne} de Maurs.
Bois-Sarra (Le), dom. ruiné, c^{ne} de Villedieu. — *Bois de la Buge-Sarrade*, 1618 (terr. de Sériers).
Boisse (La), ham., c^{ne} de Cayrols. — *L'Affar de la Vaycha*, 1449 (arch. dép. s. H). — *Laboysse*, 1646 (état civ. de Parlan). — *La Boysse; la Boisse*, 1668 (nommée au p^{ce} de Monaco).
Boisse, vill., c^{ne} de Salins. — *Boisse*, 1633 (état civ. du Vigean). — *Boueix*, 1784 (Chabrol, t. IV). — *Bouisse* (État-major).
Boisse (La), dom. ruiné et mont. à vacherie, c^{ne} de Sansac-Veinazès. — *Affar nommé de la Basse*, 1545 (min. Destaing, n^{ro} à Marcolès). — *Boissa* (État-major).
Boisseli, mont. à vacherie, c^{ne} de Condat-en-Feniers.
Boisserie (La), dom. ruiné, c^{ne} de Saint-Santin-de-Maurs. — *Le ténement de la Boisserie*, 1749 (anc. cad.).
Boisses (Les), dom. ruiné, c^{ne} de Jussac. — *Mansus de Boyssas*, 1521 (min. Vigery, n^{re}).
Boisset, c^{ne} de Maurs. — *Boyssetum*, xive s^e (pouillé de Saint-Flour). — *Boysset*, 1449 (enq. sur les droits du seign. de Montal). — *Bouesset*, 1636 (état civ. de Saint-Étienne-de-Maurs). — *Bouyset*, 1644; — *Voysset*, 1646 (id. de Parlan). — *Paroisse de Boysses*, 1668 (nommée au p^{ce} de Monaco).

Boisset, avant 1789, était de la Haute-Auvergne, du dioc. de Saint-Flour, de l'élect. et de la subdél. d'Aurillac. Régi par le droit écrit, il était le siège d'une prév. royale ressort. en appel au bailliage de Vic. — Son église, dédiée à saint Martin, était une cure à la nomination de l'évêque. Elle a été érigée en succursale par décret du 28 août 1808.

Boisset, ham., c^{ne} de Maurs. — *Boyscet*, 1626 (état civ.). — *Boisset-lou-Couqui* (nom patois).
Boissières, vill., c^{ne} de Chaudesaigues. — *Bussières*, 1784 (Chabrol, t. IV). — *Boissières* (Cassini).
Boissières, vill., c^{ne} de Jaleyrac. — *Villa Buyseiras*, xiie s^e (charte dite *de Clovis*). — *Boyserias*, 1310 (lièvre du prieuré du Vigean). — *Boissieras; Boisseiras*, 1473; — *Boisseyras; Boeysseyras*, 1475 (terr. de Mauriac). — *Boysseyres*, 1549 (id. de Miremont). — *Bouyssières*, 1670; — *Bouyssaries; Bouyssères*, 1673 (état civ. du Vigean). — *Boissières; Boyssières*, 1680 (terr. de Mauriac).
Boissières, ham. et chap. détruite, c^{ne} de Teissières-de-Cornet. — *Boissières*, 1680 (arch. dép. s. G, l. 20).
Boissines-Basses et Hautes (Les), vill., c^{ne} de Saint-Jacques-des-Blats. — *Boissines*, 1604; — *Boys-*

DÉPARTEMENT DU CANTAL.

sines, 1609; — *Les Bouissines*, 1621 (état civ. de Thiézac). — *Las Boissinos* (Cassini).

Boissolle (La), ham., c^ne de Rouziers. — *Bugolbes*, 1645 (état civ. de Parlan). — *Bouessole; la Boussole*, 1668; — *La Vouyssolle; la Voissolle; la Voissalle; la Bouyssolla*, 1670 (nommée au p^cᵉ de Monaco). — *Boissol* (État-major). — *La Boisse*, 1857 (Dict. stat. du Cantal).

Boissonelles (Les), mont. à vacherie, c^ne de Colandres. — *Bossanelles*, 1506 (homm. à l'évêque de Clermont). — *Bossanolles*, 1518 (terr. d'Apchon). — *Boussanelles*, 1607 (id. de Trizac). — *La Boissune*, 1629 (id. du prieuré de Ségur). — *La Broussonnette* (Cassini).

Boissonelles, dom. ruiné, c^ne de Mauriac. — *Affarium de Boissenillas*, 1475 (terr. de Mauriac). — *Boissoneles*, 1505; — *Boyssonelles*, 1515 (comptes au doyen de Mauriac). — *Boisoneles*, 1680 (terr. de Mauriac).

Boissonie (La), chât. et vill. détruits, c^ne de Vic-sur-Cère. — *La Boissonhie; la Boissounhe*, 1634 (pièces du cab. Lacassagne). — *La Boissounie*, 1668; — *La Boissonie*, 1669 (nommée au p^cᵉ de Monaco). — *Boissonis*, 1769 (anc. cad.).

Boissonnade (La), dom. ruiné, c^ne de Chaliers. — *Buge de la Boissonade*, 1630 (terr. de Montchamp).

Boissonnade (La), mont. à vacherie, c^ne de Roffiac. — *Pasturalis de la Boyssonada*, 1510 (terr. de Maurs).

Boissonnade (La), ruiss., affl. de la Cère, c^ne de Saint-Jacques-des-Blats; cours de 1,500 m. — On le nomme aussi *les Grouffaldes*.

Boissonnie (La), dom. ruiné, c^ne de Nieudan. — *Affarium de la Boyssonia*, 1332 (pap. de la fam. de Montal).

Boissonnie (La), dom. ruiné, c^ne de Saint-Santin-Cantalès). — *Affarium de la Boysonia*, 1443 (pap. de la fam. de Montal).

Boissonnière (La), vill., c^ne de Chavagnac. — *La Boissonneyre*, 1498 (reconn. au roi par les consuls d'Albepierre). — *La Boyssonneyre; la Boissonneyro*, 1535 (terr. de la v^té de Murat). — *La Boissonnayre*, 1552 (id. de Farges). — *La Boyssouneyra*, 1591 (id. de Bressanges). — *La Boissounière*, 1671 (état civ. de Marmanhac). — *La Boissounaire*, 1672 (insin. de la cour royale de Murat). — *La Boussouneyre*, 1673 (état civ. de Chastel-sur-Murat). — *La Boussaunayre*, 1682; — *La Boussounière*, 1689 (terr. de la châtell. des Bros).

Boissonnière (La), dom. ruiné et mont. à vacherie, c^ne de Chavagnac. — *Affar de la Boissoneyra*, 1535 terr. de la v^té de Murat). — *Affar sive paghezia*

de la Boyssoneyra, 1580 (liève conf. de la v^té de Murat). — *La Boissonneyre*, 1598 (reconn. au roi par les cons. d'Albepierre).

Boissou (Le), séchoir à châtaignes, c^ne de Maurs. — 1761 (état civ.).

Boissou (Le), fief, c^ne de Saint-Simon. — 1747 (inv. des arch. de l'hôp. d'Aurillac).

Boissou (Le), ham., c^ne de Sansac-Veinazès.

Boissou (Le), lieu détruit, c^ne d'Ydes. — (Cassini.)

Bois-Soutro (Le), écart, c^ne de Champs.

Boissy, m^in détruit, c^ne de la Chapelle-d'Alagnon. — *Molin Boisse*, 1535 (terr. de la v^té de Murat). — *Molin à blé appelé le molin Boissy*, 1683 (id. des Bros).

Boistibarbe, dom. ruiné, c^ne de Marcolès. — *Affaria de la Boysebarla*, 1454; — *Affaria de la Boystibarba*, 1478 (pièces de l'abbé Delmas).

Bois-Vert (Le), dom. ruiné, c^ne de Boisset. — *Affar de Bois-bert*, 1668 (nommée au p^cᵉ de Monaco).

Bois-Vert (Le), écart, c^ne de Ladinhac.

Bois-Vieil (Le), écart, c^ne du Falgoux. — *Lo Bosviel*, 1729 (état civ.). — *Le Bosvieil* (Cassini). — *Besse vieille*, 1855 (Dict. stat. du Cantal).

Bois-Vieil, ham., c^ne de Roannes-Saint-Mary.

Bois-Vieux (Le), mont. à vacherie et futaie, c^ne de Saint-Urcize.

Boital (Le), petit ruiss., affl. de l'Alagnon, ville de Murat. — *Ruisseau del Boytal*, 1518; — *Rif del Poytal*, 1536; — *Ruisseau de Bidoine, autrement le Boital*, 1668 (terr. de la v^té de Murat). — *Ruisseau de Tidoine*, 1675 (id. de Farges). — *Le ruisseau de Bidoyne*, 1680 (id. de la ville de Murat). — *Le rif del Boytat*, xviie s^e (id. d'Antéroche).

Boldac, écart, c^ne de Brezons.

Boluzat, dom. ruiné, c^ne de la Capelle-en-Vézie. — *Mansus de Bolmuzac*, 1339 (reconn. à Guill. de Podio). — *Boulousac*, 1670 (nommée au p^cᵉ de Monaco). — *Domaine de Voluzat*, 1772 (arch. dép. s. G, l. 49).

Bolzac, vill., c^ne de Talizat. — *Bouzat*, 1610 (terr. d'Avenaux). — *Bohat*, 1635 (nomm. par G^lle de Foix). — *Volzac*, 1636 (terr. de la baronn. des Ternes). — *Bauzac*, 1671 (état civ. de Bonnac). — *Bolza*, 1702; — *Bolzac*, 1771 (liève de Mardogne).

Bomay (Le), écart détruit, c^ne d'Aurillac. — *Villaige du Bomay*, 1608 (état civ.).

Bombal, m^in, c^ne de Prunet.

Bombarre, vill., c^ne de Saint-Vincent.

Bombe (La), dom. ruiné, c^ne de Cassaniouze. — *Affar de la Bombe, sive del Mas*, 1760 (terr. de Saint-Projet).

Bombos, vill., c^ne de Montboudif. — *Mansi de Bombois*, 1310 (Hist. de l'abb. de Feniers). — *Bombe*, xvie s^e (lièvc du q^r de Marvaud). — *Bom-Bos; Bonbos*, 1634 (terr. de Feniers). — *Mombois*, 1673; — *Mombos*, 1678 (état civ. de Condat). — *Combos*, 1720 (lièvc de Feniers). — *Bonbos*, 1725 (lièvc des q^rs de Condat et d'Artense).

Bompart, m^in, c^ne de Rageade.

Bon (Le Puech-le-), mont. à vacherie, c^ne de Lieutadès.

Bonal (Le Mazuc de), mont. à vacherie, c^ne de Malbo.

Bonarme, vill., c^ne de Molèdes. — *Bonnarme*, 1561 (lièvc de Feniers). — *Bonerme*, 1568 (arch. dép. s. H). — *Bonarme* (Cassini).

Bonas (La), vill. détruit, c^ne de Saint-Martin-Valmeroux. — 1784 (Chabrol, t. IV).

Bondes (Les), ham., c^ne de Riom-ès-Montagnes. — *Mansus de Bombos; Bombaux*, 1512 (terr. d'Apchon). — *Les Bondes*, 1777 (lièvc d'Apchon).

Bonelhie (La), dom. ruiné, c^ne d'Aurillac. — *Mansus de la Bonelhia*, 1327 (pap. de la fam. de Montal).

Bonesque, écart, c^ne de la Peyrugue.

Bonevide, dom. ruiné, c^ne de Lieutadès. — *Affar de Bonavide*, 1508; — *Terroir de Connavide*, 1662; — *Bonnevide*, 1686 (terr. de la Garde-Roussillon). — *Bonevido* (états de sections).

Bonis, vill., c^ne de Montmurat. — *Bony*, 1682; — *Bonis*, 1706; — *Bonij*, 1728 (arch. dép. s. G, l. 3). — *Bouis* (État-major).

Bonjou, écart, c^ne du Fau. — *Boigiou*, 1737 (état civ. de Fontanges).

Bonnac, c^on de Massiac. — *Abulnacus*, 944; — *Albuniacum*, 999 (mon. pont. Arv.). — *Bonnat*, xive s^e (reg. de Guill. Trascol, n° 152). — *Bonnacum*, xve s^e (pouillé de Saint-Flour). — *Bonat*, 1439 (pièces de la cure de Massiac). — *Bonnac*, 1610 (terr. d'Avenaux). — *Bonnat*, 1690 (id. de Bégoules).

Bonnac, avant 1789, était de la Basse-Auvergne, du dioc. de Saint-Flour, de l'élect. de Brioude et de la subdél. de Lempdes. Régi par le droit écrit, il était le siège de la justice du prieuré de Bonnac et ressort. à la sénéch. d'Auvergne, en appel de la prév. de Brioude.

Son église, dédiée à Saint-Maurice, était un prieuré de l'ordre de Cluny, qui fut donné, en 944, au monast. de Sauxillanges, par Étienne II, évêque de Clermont. — Elle a été érigée en succursale par décret du 28 août 1808.

Bonnac (Le Moulin du Couderc de), m^in détruit, c^ne de Bonnac.

Bonnal, vill., c^ne de Rouffiac. — *Bonal*, 1275 (test. de Bertrand de Montal). — *Brual*, 1648 (min. Sarrauste, n^re à Laroquebrou). — *Bonnal*, 1774; — *Bonal*, 1782 (arch. dép. s. C, l. 51).

Bonnassac, f^me avec manoir, c^ne de Leucamp.

Bonnaves, vill. et chât. ruiné, c^ne de Saint-Projet. — *Bonaves*, 1680 (état civ.). — *Bonauls*, 1684 (min. Gros, n^re à Saint-Martin-Valmeroux). — *Bonnaves*, 1783 (arch. dép. s. C, l. 44). — *Embonnaves*, 1857 (Dict. stat. du Cantal).

Bonnefons, vill., c^ne d'Ayrens. — *Bonnaffons*, 1443 (reconn. au seign. de Montal). — *Bonasfons*, 1623; — *Bonnefons*, 1670; — *Bannesfons*, 1671; — *Boune Fons*, 1676; — *Bonosfonts*, 1679; — *Bonnesfons*, 1683 (état civ.).

Bonnefons, mont. à burons, c^ne de Colandres. — *Decimæ de Bono fonte*, 1227 (homm. à l'évêque de Clermont). — *Montaigne de Bennafont; de Bonnefont; de Bonefont*, 1506 (terr. de Riom). — *V^rie de Bonnefons* (Cassini).

Bonnefont, dom. ruiné, c^ne de Menet. — *Mansus de Bonnefont*, 1441 (terr. de Saignes).

Bonnefosse, chât. détruit, c^ne de Montvert.

Bonnefoucie (La), vill., c^ne de Montvert. — *La Bonne Fousie*, 1706 (état civ.). — *La Bonne-Foucie* (Cassini). — *La Bonnefoucie* (État-major). — *La Bonnefosse*, 1856 (Dict. stat. du Cantal).

Bonnemayoux, vill., c^ne de Boisset. — *Mansus de Bonis-Domibus*, 1462 (pièces de l'abbé Delmas). — *Bonnesmaisous*, 1657 (état civ. de Cayrols). — *Bonnesmajoulz*, 1662 (état civ. de Saint-Mamet). — *Bonnesmazous*, 1662; — *Bonnesmayous*, 1664 (arch. mun. d'Aurillac, s. GG, c. 7). — *Bonnemajous; Bonnemayous; Bounamayous*, 1668 (nommée au p^co de Monaco). — *Bonnemayou; Bonnemajon; Bornemajon*, 1746 (anc. cad.). — *Bonnemayoux* (Cassini).

Bonnenozière, dom. ruiné, c^ne d'Apchon. — *Affarium de Bona-Nozeyras*, 1518 (terr. d'Apchon). — *Bonnenosière*, 1719 (table de ce terr.).

Bonnenuit, vill., c^ne de Condat-en-Feniers. — *Mansus de Bonne-Nuyt; grangia de Bona-Nocte*, 1278; — *Bonanuyt; Bonanuyt*, 1320 (Hist. de l'abb. de Feniers). — *Bonneneuf*, 1550 (terr. du q^r de Marvaud). — *Bonneneut*, 1561 (lièvc de Feniers). — *Bonneneul*, 1578 (terr. de Soubrevèze). — *Bonneneult*, xvie s^e (lièvc conf. de Feniers). — *Bonneneute; Bonnaneuf*, 1650 (terr. de Feniers). — *Bonnaneuld*, 1658 (lièvc du q^r de Marvaud). — *Bonneneut*, 1672; — *Bonneniet; Bonneud*, 1777 (état civ. de Condat).

Bonne-Prade (La), dom. ruiné, c^ne de Laveissière. — *Affar de Bonaprada*, xve s^e (terr. de Chambeuil).

BONNESTRADE, vill., c^{ne} d'Oradour. — *Bonestrade*, 1645 (arch. dép. s. G). — *Bonnestrades* (Cassini). — *Bonnestrade* (État-major).

BONNET, écart, c^{ne} de Montvert.

BONNET (LA), vill., c^{ne} de Riom-ès-Montagnes. — *Labonnet*, 1689 (état civ. de Chastel-Marlhac). — *La Bonet*, 1744 (arch. dép. s. E).

BONNET (LE), dom. ruiné, c^{ne} de Saint-Étienne-de-Carlat. — *Le villaige de Bonnet*, 1671 (nommée au p^{ce} de Monaco).

BONNET, vill., c^{ne} de Trioulou. — *Bonnet*, 1746 (état civ.).

BONNET-DEL-PONT (LE), dom. ruiné, c^{ne} de Saint-Simon. — *Affar de Bonnet-Dalpon*, 1692 (terr. de Saint-Geraud).

BONNÉTIE (LA), vill., c^{ne} de Champs. — *La Boneytio*, 1614; — *La Boneythie*, 1615; — *La Boneytie*, 1616; — *La Bonneytie*, 1619; — *La Bonnetie*, 1653; — *La Bounestye*, 1672 (état civ.).

BONNÉTIE (LA), vill., c^{ne} de Pailherols. — *La Bounetia*, 1600; — *La Bounitie*, 1639 (état civ. de Vic). — *La Bonnettie*, 1668; — *La Bonnethie*, 1670; — *La Bounetye*, 1671 (nommée au p^{ce} de Monaco). — *La Bounelie*, 1692 (état civ. de Raulhac). — *La Bonitie*, 1701 (id. de Saint-Clément). — *La Bonétie* (Cassini).

BONNÉTIE (LA), ruiss., affl. de la rivière de Pleaux, coule aux finages des c^{nes} de Pailherols, la Capelle-Barrez et Raulhac; cours de 6,000 m.

BONNETS (LES), ham., c^{ne} de Paulhenc.

BONNETS (LES), écart, c^{ne} de Saint-Martin-sous-Vigouroux. — *Les Bonnets* (Cassini). — *Esbonnets*, 1886 (états de recens.).

BONNEUR (LA), mont. inconnue, c^{ne} de Laveissière. — *Montaignhe appellée de la Bonneur*, xve s^e (terr. de Chambeuil).

BONNEVAL, dom. ruiné et mont. à vacherie, c^{ne} de Saint-Urcize. — *La borie de Bonneval* (Cassini).

BONNEVIDE, écart, c^{ne} de la Trinitat. — *Bonneride* (Cassini).

BONNEVIE, c^{ne} de Murat, chât. féodal rasé en 1634 par ordre de Louis XIII.

BONOU (LE), mont. à vacherie, c^{ne} de Malbo.

BONS (LES), dom. ruiné et mont. à vacherie, c^{ne} de Marchastel). — *Ténement appellé des Bauctz*, 1578 (terr. de Soubrevèze).

BONTAT (LA), mont. à vacherie, c^{ne} de Girgols. — *V^{ie} de la Bontat* (État-major).

BONTAT (LA), vill. et chât., c^{ne} de Saint-Illide. — *La Bonnia*, 1403 (échange avec J. de Montal). — *La Bontat*, 1434 (arch. mun. d'Aurillac, s. HH, c. 21). — *La Boutat*, 1669 (nommée au p^{ce} de Monaco). —

Labontat, 1787 (arch. dép. s. C, l. 50). — *La Pouta* (Cassini).

L'église de la Bontat a été érigée en succursale par ordonn. du 2 septembre 1850.

BON-VENT (LE), dom. ruiné, c^{ne} de la Ségalassière. — *Lou Véon-Béon*, 1616 (état civ. de Glénat).

BOPALTIE (LA), dom. ruiné, c^{ne} de Glénat. — *Affarium de la Bopaltia*, 1344 (arch. mun. d'Aurillac, s. HH, c. 21).

BORBOLERGUES, dom. et m^{in} ruinés, c^{ne} de Siran. — *Affarium de Borbolergias*, 1346 (arch. dép. s. G). — *Borbolergas*, 1350 (terr. de l'Ostal de la Tremolieyra). — *Borbolerguas*, 1437; — *Borboleiguas*, 1444 (reconn. au seign. de Montal). — *Borbolergues*, 1449 (enq. sur les droits du seign. de Montal). — *Borboliergues*; *Borbolhiergues*, 1505; — *Bourboulergues*, 1600 (pap. de la fam. de Montal).

BORDE (LA), f^{me}, c^{ne} de Faverolles.

BORDE (LA), f^{me} et m^{in}, c^{ne} de Jabrun. — *La Boule ou la Borie*, 1784 (Chabrol, t. IV). — *La Borde* (Cassini).

BORDE (LE PUY DE LA), écart et mont. à vacherie, c^{ne} d'Omps. — *Puy de la Barde* (État-major). — *Le puech de Bordes*, 1856 (Dict. stat. du Cantal).

BORDE (LA), vill., c^{ne} d'Oradour.

BORDE (LA), dom. ruiné, c^{ne} de Saint-Santin-Cantalès. — *Mansus de Bordas*, 1345 (arch. dép. s. E).

BORDERIE (LA), dom. ruiné, c^{ne} d'Auzers. — *Affarium de la Bordaria*, 1479 (nommée au seign. de Charlus).

BORDERIE (LE PUECH DE LA), dom. ruiné et mont., c^{ne} de Rouméguoux. — *Mansus de las Bordarias*, 1350 (arch. mun. d'Aurillac, s. HH, c. 21). — *Les Bourdaries de Rouméguoux*, 1669 (nommée au p^{ce} de Monaco).

BORDERIE (LA), vill., c^{ne} de Saint-Martin-Cantalès. — *Mansus de la Bordayria*, 1463; — *La Bordarie*, 1567 (terr. de Saint-Christophe). — *La Borye*, 1597 (min. Lascombes, n^{re} à Saint-Illide). — *La Bourderie*, 1659 (insin. du bailliage de Salers). — *La Bouierie*, 1688; — *La Borderie*, 1690 (état civ. de Loupiac). — *La Baudie* (Cassini). — *La Bulgarie*, 1856 (Dict. stat. du Cantal).

BORDERIE (LA), dom. ruiné, c^{ne} de Siran. — *Bordaria vocata la Bordaria de Ciran*, 1324 (arch. mun. d'Aurillac, s. HH, c. 21). — *Mansus de la Bordaria*, 1437 (reconn. au seign. de Montal).

BORDES (LES), dom. ruiné, c^{ne} de Celles. — *Bughe appellée du Pic-des-Bordes*, 1581 (terr. de la command. de Celles).

BORDES (LES), vill., c^{ne} de Freix-Anglards. — *Las*

Bordas, 1403 (pap. de la fam. de Montal). — *Les Bordès*, 1663 (état civ. de Saint-Cernin).

Bondes (Les), écart, c^{ne} de Ladinhac.

Bondes (Las), f^{me}, c^{ne} de Rouffiac. — *Domaine de las Borde*, 1782 (arch. dép. s. C, l. 51). — *Lasborde* (Cassini).

Bondes (Las), dom. ruiné, c^{ne} de Rouziers. — *Le villaige de las Bordes*, 1624 (état civ. de Saint-Clément).

Bondes (Las), vill., c^{ne} de Siran. — *Las Bordas*, 1265 (reconn. au seign. de Montal). — *Las Bordos*, 1617 (état civ.).

Bondes (Las), ruiss., affl. de la Cère, c^{ne} de Siran; cours de 2,500 m.

Bondes (Las), vill., c^{ne} du Vigean. — *La Borde*, 1695 (état civ. d'Ally). — *Les Bordes*, 1784 (Chabrol, t. IV). — *Lasbordes* (états de sections).

Bondes (Las), mⁱⁿ détruit, c^{ne} du Vigean.

Bondes (Les), vill. et mⁱⁿ, c^{ne} de Vitrac. — *Las Bordes*, 1668 (nommée au p^{ce} de Monaco).

Bordigats, mⁱⁿ détruit, c^{ne} de Tourniac. — *Molendinum Bordigatz*, 1503 (terr. de Cussac).

Borel (Le), dom. ruiné, c^{ne} de Rouffiac. — *Tenementum de Boaral*, 1332; — *Affarium del Boarel*, 1350; — *Affar de Borel*, 1600 (pap. de la fam. de Montal).

Borie (La), vill., c^{ne} d'Andelat. — *La Boria*, 1531; — *La Borya*, 1575; — *La Borio*, 1583 (arch. dép. s. G). — *La Borye*, 1583 (lièvre de la v^{té} de Murat). — *La Borie*, 1669 (insin. de la cour royale de Murat). — *Basborie* (Chabrol, t. IV).

Borie (La), écart, c^{ne} d'Anterrieux.

Borie (La), dom. ruiné, c^{ne} d'Arches. — *Boria de la Boiria*, 1475; — *Domaine de la Boria*, 1680 (terr. de Mauriac).

Borie (La), dom. ruiné, c^{ne} d'Arpajon. — *Affar de Laborie*, 1741 (anc. cad.).

Borie (La), écart, c^{ne} de la Besserette.

Borie (La), écart et mⁱⁿ, c^{ne} de Bonnac. — *Laborio* (État-major).

Borie (Le Petit Moulin de), mⁱⁿ détruit, c^{ne} de Bonnac.

Borie (La), dom. ruiné, c^{ne} de Bredon. — *Laborio*, xvie s^e (arch. dép. s. G). — *La Borye* 1661 (terr. de Loubeysargues). — *La Borie, paroisse de Bredon*, xviie s^e (terr. du Roi).

Borie (La), vill., c^{ne} de Brezons.

Borie (La), dom. ruiné, c^{ne} de Carlat. — *Mansus de lo Boria*, 1522 (min. Vigery, n^{re}). — *Domaine de Laborie; la Borie*, 1669 (nommée au p^{ce} de Monaco). — *La Borie de la Chaux* (Cassini).

Borie (La), f^{me}, c^{ne} de Cassaniouze.

Borie (La), écart, c^{ne} de Champagnac.

Borie (La), vill., c^{ne} de la Chapelle-d'Alagnon. — *La Borye*, 1585 (lièvre de la v^{té} de Murat). — *La Borya*, xvie s^e (terr. de Bredon). — *Laborie*, 1683 (id. des Bros). — *La Borio*, 1697 (état civ.).

Borie (La), mⁱⁿ, c^{ne} de la Chapelle-d'Alagnon. — *Molendinum vulgariter dictum lo Vescontal*, 1434 (arch. dép. s. H). — *Molendinum Delaboria*, 1491 (terr. de Farges). — *La Boyrie*, 1518; — *La Borrie*, 1536 (id. de la v^{té} de Murat). — *La Boria*, 1591 (id. de Bressanges). — *Moulin bannier anciennement appelé le Moulin-Viscomtal, à présent de la Borie*, 1683 (id. des Bros). — *La Borye*, xviie s^e (id. d'Antéroche).

Borie (La), dom. ruiné, c^{ne} de Cheylade. — *La Borie*, 1513 (terr. de Cheylade).

Borie (La), dom. ruiné, c^{ne} de Dienne. — *La Boria*, 1348 (lièvre de Dienne). — *Mansus de la Bouyria*, 1441 (arch. dép. s. E).

Borie (La), dom. ruiné, c^{ne} de Ferrières-Saint-Mary. — *La Boria du prieur de Sainct-Mary*, 1551 (terr. de Villedieu).

Borie (La), ham., c^{ne} de Fontanges.

Borie (La), chât. détruit, c^{ne} de Glénat. — *Repairium de la Boria*, 1403 (arch. mun. d'Aurillac, s. HH, c. 21). — *Le Bory*, 1632 (état civ.). — *La Borie*, 1682 (id. de Laroquebrou).

Borie (La), dom. ruiné, c^{ne} de Jaleyrac. — *Affarium de Borrias*, 1473 (terr. de Mauriac). — *La Bouyrie*, 1639 (rentes dues au doyen de Mauriac). — *Barrias; las Boirias; Laboyrie*, 1680 (terr. de Mauriac). — *La Boyrie*, 1697 (état civ. d'Arches).

Borie (La), ham., c^{ne} de Landeyrat.

Borie (Las), écart, c^{ne} de Laroquevieille.

Borie (La), f^{me}, c^{ne} de Laveissenet.

Borie (La), écart, c^{ne} de Leucamp.

Borie (La), écart, c^{ne} de Leynhac. — *La Boria*, 1500 (terr. de Maurs).

Borie (La), vill. et château ruiné, c^{ne} de Lieutadès. — *Les terres de la Boyria; la Boiria*, 1508; — *La Borie*, 1662; — *La Boirye*, 1686; — *La Boyrie*, 1730 (terr. de la Garde-Roussillon).

Borie (La), f^{me}, c^{ne} de Loupiac. — *La Borio*, 1632; — *La Borie*, 1653 (état civ.). — *Laborie*, 1786 (arch. dép. s. C, l. 40).

Borie (La), f^{me}, c^{ne} de Marcenat.

Borie (La), écart, c^{ne} de Marmanhac.

Borie (La), dom. ruiné, c^{ne} de Mauriac. — *La Boria de Merceuil*, 1483; — *La Borie de Merceuil*, 1680 (terr. de Mauriac). — *Laborio* (états de sections).

Borie (La), vill. et chât., c^{ne} de Maurs. — *La Voyrie* 1623; — *La Boryo*, 1626; — *La Boyrie*, 1667 (état civ.). — *Château de la Borie*, 1741 (id. de Quézac). — *La Borio*, 1743 (id. du Trioulou).

Borie (La), écart, c^{ne} de Montboudif. — *Boix appellé de la Borye*, xvie s^e (lièvre conf. de Feniers).

Borie (La), lieu détruit, c^{ne} d'Oradour. — (Cassini.)

Borie (La), vill., c^{ne} de Parlan. — *La Boerie*, 1644, — *La Borie*, 1654 (état civ.). — *Laborie*, 1748 (anc. cad.).

Borie (La), vill. et écart, c^{ne} de Paulhenc. — *La Borie* (Cassini).

Borie (La), vill., c^{ne} de la Peyrugue. — *La Bouyria*, 1620; — *La Boirye*, 1632 (état civ. de Montsalvy). — *La Borie*, 1703 (id. de la Besserette).

Borie (Le Puex la), lieu détruit, c^{ne} de Quézac. — (Cassini.)

Borie (La), dom. ruiné, c^{ne} de Rezentières. — *Mansus de la Boria*, 1502 (liber vitulus).

Borie (La), écart, c^{ne} de Roussiac.

Borie (La), ham., c^{ne} de Roumégoux. — *La Boris*, 1653 (état civ. de Cayrols). — *La Borie*, 1668 (nommée au p^{ce} de Monaco).

Borie (La), dom., c^{ne} de Rouziers. — *La Borieblanque*, 1668 (nommée au p^{ce} de Monaco).

Borie (La), f^{me}, c^{ne} de Saint-Cernin. — *La Boria*, 1297 (arch. mun. d'Aurillac, s. HH, c. 21). — *La Borie* (Cassini).

Borie (La), ham., c^{ne} de Saint-Clément. — *Mansus de la Boria*, 1476 (terr. de la command. de Carlat). — *La Borze ou la Borje*, 1668 (nommée au p^{ce} de Monaco). — *La Borie*, 1696 (terr. de la command. de Carlat).

Borie (Le Puy de la), dom. ruiné et mont. à burons, c^{ne} de Saint-Clément. — *Montagnhe appellée de Laborie avec plusieurs chazals*, 1669; — *Affar de las Bories où souloit estre un villaige*, 1671 (nommée au p^{ce} de Monaco).

Borie (La), écart, c^{ne} de Saint-Constant. — *Laborie*, 1749 (anc. cad.).

Borie (La), dom. ruiné, c^{ne} de Saint-Étienne de Carlat. — *Villaige de la Borie*, 1671 (nommée au p^{re} de Monaco).

Borie (La), f^{me}, c^{ne} de Saint-Étienne-de-Maurs. — *La Bouirie*, 1607; — *La Boyrie*, 1608; — *La Bourie*, 1634 (état civ.). — *La Bouyrie*, 1696 (terr. de la command. de Carlat). — *La Boria*, 1740; — *La Bouirie; la Borie; la Boiria*, 1746 (état civ. de Quézac).

Borie (La), dom. ruiné, c^{ne} de Saint-Gerons. — *Boria rocata de la Boria*, 1322 (arch. mun. d'Aurillac, s. HH, c. 21). — *Affarium de la Bordarie*, 1354 (arch. dép. s. E).

Borie (La), ham., c^{ne} de Saint-Jacques-des-Blats. — *La Borie* (Cassini).

Borie (La), dom. ruiné, c^{ne} de Saint-Mamet-la-Salvetat. — *Villaige de la Boria*, 1590 (livre des achaps d'Ant. de Naucase).

Borie (Le Champ de la), dom. ruiné, c^{ne} de Saint-Mamet-la-Salvetat. — *Tènement de lou camp de la Boire*, 1744 (anc. cad.).

Borie (La), ham., c^{ne} de Saint-Martin-Valmeroux. — *La Borye*, 1684 (min. Gros, n^{re} à Saint-Martin-Valmeroux). — *La Borie*, 1697 (état civ.). — *Laborie* (État-major).

Borie (La), ruiss., affl. de la Maronne, c^{nes} de Saint-Martin-Valmeroux et de Sainte-Eulalie; cours de 1,500 m.

Borie (La), vill., c^{ne} de Saint-Paul-des-Landes. — *La Boria*, 1455 (arch. mun. d'Aurillac, s. HH, c. 21). — *La Borie*, 1669 (id. Sarrauste, n^{re} à Laroquebrou). — *Laborie*, 1682 (arch. dép. s. G).

Borie (La), ham. et m^{in}, c^{ne} de Saint-Santin-Cantalès. — *La Borie*, 1505 (pap. de la fam. de Montal). — *La Borye*, 1597 (min. Lascombes, n^{re} à Saint-Illide). — *Laborie*, 1644 (id. Sarrauste, n^{re} à Laroquebrou).

Borie (La), ham., c^{ne} de Saint-Santin-de-Maurs. — *La Borie*, 1613; — *Laborit*, 1616 (état civ.). — *Laborie*, 1749 (anc. cad.).

Borie (La), vill., c^{ne} de Saint-Saturnin. — *La Boria*, 1618 (terr. de Dienne). — *La Bosrie*, 1784 (Chabrol, t. IV).

Borie (La), f^{me}, c^{ne} de Saint-Saury.

Borie (La), dom. ruiné, c^{ne} de Saint-Simon. — *Mas de la Borie; affar de Laborie*, 1692 (terr. du monast. de Saint-Geraud).

Borie (La), vill., c^{ne} de Saint-Victor. — *La Boria*, 1404 (arch. mun. d'Aurillac, s. HH, c. 21). — *La Borie*, 1449 (enq. sur les droits du seign. de Montal).

Borie (La), f^{me} et m^{in}, c^{ne} de Saint-Vincent. — *La Borye*, 1659 (insin. du baill. de Salers). — *La Boirye*, 1681 (état civ.). — *Laborie* (Cassini).

Borie (La), ruiss., affl. du ruisseau de Saint-Vincent, c^{ne} de Saint-Vincent; cours de 1,700 m.

Borie (La), dom. ruiné, c^{ne} de Salers. — *Laboria*, 1508 (arch. mun. de Salers).

Borie (La), vill., c^{ne} de Sénezergues. — *La Borie*, 1777 (arch. dép. s. C, l. 49).

Borie (Le Puy de la), écart, c^{ne} de Siran. — *Mansus dal Poih*, 1269 (reconn. au seign. de Montal). — *Mansus del Puc Asiran*, 1328; — *Lou Poih Asiran*, 1357; — *Mas Alpuech*, 1443 (arch. mun. d'Aurillac, s. HH, c. 21). — *Borie nommée du Puech*,

1449 (enq. sur les droits du seign. de Montal). — *Lou Puch*, 1600 (pap. de la fam. de Montal). — *Lou Puech*, 1661 (état civ.).

Borie (La). ham., c^{ne} de Sourniac. — *La Boyrie*, 1549 (terr. de Miremont). — *Laborie*, 1857 (Dict. stat. du Cantal).

Borie (La), écart, c^{ne} de Thiézac.

Borie (La), dom. ruiné, c^{ne} de Tournemire. — *La Boiria; la Roiria*, xvı^e s^e (arch. mun. d'Aurillac, s. GG, p. 21).

Borie (La), écart, c^{ne} de la Trinitat.

Borie (La), ham., c^{ne} de Vieillevie.

Borie (La), ruiss., afll. du Lot, c^{ne} de Vieillevie; cours de 1,500 m.

Borie (La), f^{me} avec manoir, c^{ne} de Vitrac. — *Boria vocata de Lestrada, sive de Boria*, xve s^e (pièces de l'abbé Delmas). — *La Borie*, 1668 (nommée au p^{ce} de Monaco).

Borie (La), dom. ruiné, c^{ne} d'Yolet. — *La Boria*, 1522 (min. Vigery, n^{re}). — *Laborie; la Borie*, 1692 (terr. de Saint-Geraud).

Borie-Basse (La), f^{me}, c^{ne} d'Aurillac.

Borie-Basse (La), vill., c^{ne} de Condat-en-Feniers. *La Borio-basse-de-Feniers*, 1674; — *Boria-basse ou métairie Basse-de-Feniers*, 1683 (état civ. de Condat).

Borie-Basse (La), écart, c^{ne} des Deux-Verges.

Borie-Basse (La), écart, c^{ne} de Ladinhac. — *La Bouje de Bernoy*, 1668 (nommée au p^{ce} de Monaco). — *Métairie-Basse* (Cassini).

Borie-Basse (La), ham., c^{ne} de Saint-Cirgues-de-Jordanne. — *La Borie basse* (Cassini).

Borie-Basse (La), dom. ruiné, c^{ne} de Sénezergues. — *La Borie-Basse*, 1668 (nommée au p^{ce} de Monaco).

Borie-Blaise (La), écart, c^{ne} de Saint-Urcize. — *Blaise*, 1857 (Dict. stat. du Cantal).

Borie-de-Canet (La), f^{me}, c^{ne} de Marcolès. — *La Boyria; la Beyria; la Veyria*, 1437 (terr. du prieuré de Marcolès). — *La Borria*, 1515; — *La Boria*, 1522 (pièces de l'abbé Delmas). — *La Borie de Canel* (Cassini). — *La Borie-de-Canet* (État-major).

Borie-de-Chanson (La), f^{me}, c^{ne} de Chaudesaigues.

Borie-de-Ferrand (La), écart, c^{ne} de Montboudif.

Borie-de-Garnier (La), dom. ruiné, c^{ne} de la Capelle-en-Vézie. — *Boria Garneríi*, 1339 (reconn. à Guill. de Podio).

Borie-de-la-Géraude (La), dom. ruiné, c^{ne} de Condat-en-Feniers. — *La Borie de la Giraude; de la Géraude*, 1654 (terr. de Feniers).

Borie-de-l'Église-de-Nieudan (La), dom. ruiné, c^{ne} de Nieudan. — *La Boria de la glieyga d'Annoudom*, 1332 (pap. de la fam. de Montal).

Borie-del-Suc (La), f^{me}, c^{ne} de Saint-Jacques-des-Blats.

Borie-de-Maubert (La), dom. ruiné, c^{ne} de Vieillevie. — *Affar appellé las Bories-de-Malbert*, 1760 (terr. de Saint-Projet).

Borie-des-Bouhats (La), dom. ruiné, c^{ne} de Condat-en-Feniers. — *La Borie-del-Bouhatz; des Bouhates; la Borye des Bohas*, 1654; — *La Borie des Bohats; des Bouliats; des Bouliatz*, xvıı^e s^e (terr. de Feniers).

Borie-des-Puechs (La), vill., c^{ne} de Junhac. — *Boria prope Montissalvium*, 1455 (terr. de Coffinhal). — *La Boria-des-Peeths*, 1549; — *La Boria-des-Puehs; la Boria-des-Puechs*, 1550 (min. Boygues, n^{re}). — *La Bory-des-Puech; la Borye-des-Puechs*, 1564 (id. Boyssonnade, n^{re}). — *La Borie-des-Puechz*, 1648; — *La Borie-del-Puechx*, 1666; — *La Borie-des-Puhs*, 1667 (état civ. de Montsalvy). — *La Borie-des-Puhes; la Borie-des-Puchs*, 1667 (id. de Cassanionze). — *La Borie-des-Puech*, 1670 (nommée au p^{ce} de Monaco). — *Laborie-des-Puech*, 1749 (anc. cad.).

Borie-des-Taules (La), vill., c^{ne} de Condat-en-Feniers. — *La Borie-des-Taules*, 1550; — *La Borie-des-Taulles*, 1658 (terr. de Marvand). — *La Borio-des-Taules*, 1673 (état civ.).

Borie-du-Cuer (La), écart, c^{ne} de Saint-Jacques-des-Blats.

Borie-du-Chiniard (La), écart, c^{ne} de Saint-Jacques-des-Blats.

Borie-du-Pourtou (La), écart, c^{ne} de Condat-en-Feniers.

Borie-Grande (La), écart, c^{ne} d'Auriac.

Borie-Grande (La), f^{me}, c^{ne} de Raulhac. — *La Borie-Grande*, 1668 (nommée au p^{ce} de Monaco). — *Laborie-de-Goul*, 1736 (terr. de la command. de Carlat).

Borie-Grande (La), f^{me}, c^{ne} de Saint-Urcize.

Borie-Haute (La), f^{me}, c^{ne} d'Aurillac. — *La Boria*, 1503 (reconn. des hab. de Maussac, à l'hôp. d'Aurillac). — *La Borie-Haute*, 1679 (arch. mun. d'Aurillac, s. GG, p. 3).

Borie-Haute (La), dom. ruiné, c^{ne} de Condat-en-Feniers. — *La métério-haulte-de-Feniers*, 1681 (état civ.).

Borie-Haute (La), écart, c^{ne} des Deux-Verges.

Borie-Haute (La), écart, c^{ne} de Ladinhac. — *La Boria*, 1464 (vente par Guill. de Treyssac). — *La Boria-del-Montlausi*, 1548; — *La Boria-lez-Montlauzi*, 1550 (min. Guy de Vayssieyra, n^{re}). — *La Borias*, 1554 (procès-verbal Vény). — *La Borie-*

Haute, 1750 (anc. cad.). — *Métairie-Haute* (Cassini).

Borie-Haute (La), écart, c^ne de Saint-Cirgues-de-Jordanne. — *La Borie-Haute* (Cassini).

Borie-Petite (La), écart et mont. à vacherie, c^ne de Saint-Urcize.

Bories (Les Aygades de las), mont. à burons, c^ne de la Capelle-Barrez.

Bories (Les), mont. à vacherie, c^ne de Landeyrat.

Bories (Las), ham., c^ne de Marmanhac. — *Lasbories* (Cassini). — *Lasborios* (états de sections).

Bories (Les), mont. à vacherie, c^ne de Pailherols.

Bories (Les), dom. ruiné, c^ne de Saint-Christophe. — *Affarium de la Boria*, 1464 (terr. de Saint-Christophe).

Bories (Las), dom. ruiné, c^ne de Saint-Clément. — *Affar de las Bories*, 1674 (terr. de Thiézac).

Bories (Les), écart, c^ne de Saint-Mamet-la-Salvetat.

Bories d'Enteroche (Les), dom. ruinés, c^nes de Chalinargues et de Virargues. — *Les Bories d'Entaroches*, 1535 (terr. de la v^té de Murat). — *Bories d'Enterroches*, 1580 (liève de la v^té de Murat).

Borie-sous-Buffier (La), écart, c^ne de Condat-en-Feniers.

Boriette (La), écart, c^ne de Jabrun. — *La Bouriette*, 1784 (Chabrol, t. IV).

Boriette (La), m^in, c^ne de Jabrun. — *Moulin de Baltezac* (État-major).

Boriette (La), écart, c^ne de Saint-Urcize.

Borie-Vieille (La), écart, c^ne de Condat-en-Feniers.

Borie-Vieille (La), ham., c^ne de Maurs.

Borie-Vieille (La), écart, c^ne de Saint-Jacques-des-Blats.

Borio (La), vill., c^ne de Brezons. — *La Borie*, 1623 (ass. gén. ten. à Cezens). — *La Borio*, 1647 (état civ. de Pierrefort). — *La Borye*, 1668 (nommée au p^ce de Monaco). — *La Borre*, 1720 (état civ. de Brezons).

Borje (La), dom. ruiné, c^ne de Brezons. — *Villaige de la Borze*, 1669 (nommée au p^ce de Monaco).

Borlie (La Sogne de), mont. à vacherie, c^ne de Montchamp.

Borme (La), écart et m^in détruit, c^ne de Marcolès. — *La Borma*, 1407; — *La Broma*, 1529 (pièces de l'abbé Delmas). — *Laborma*, 1539; — *Lo molyn de la Vorma*, 1545 (min. Destaing, n^re). — *La Borme*, 1668 (nommée au p^ce de Monaco). — *La Vorme* (Cassini).

Borme (La), dom. ruiné, c^ne de Mourjou. — *Le villaige de la Borme*, 1523 (ass. de Calvinet).

Bormes (Les), dom. ruiné, c^ne de Saint-Constant. — *Bois de las Borbes*, 1746; — *Ténement de las Vormes*, 1748 (anc. cad.).

Born (Le), f^mc, c^ne de Glénat. — *Mansus dal Born*, 1322 (homm. au seign. de Montal). — *Lou Born*, 1626 (min. Sarrauste, n^re). — *Lou Vor*, 1660; — *Lou Ber*, 1667 (état civ.). — *Lou Bort*, 1671 (nommée au p^té de Monaco). — *Le Bord*, 1750 (anc. cad.).

Born (Le), dom. ruiné, c^ne de Pers. — *Bordaria vocata del Born*, 1364 (pap. de la fam. de Montal).

Born (Le), dom. ruiné, c^ne d'Ytrac. — *Villaige del Born*, 1601 (arch. mun. d'Aurillac, s. II, r. 15). — *Lou Bort*, 1684 (arch. dép. s. C).

Bornantel, dom. ruiné, c^ne de Murat. — *Mansus de Bornantello*, 1463 (arch. dép. s. H). — *Bornateih*, 1500 (arch. mun. de Mauriac). — *Bronantelh*, 1535 (terr. de la v^té de Murat). — *Bomentel*, 1575 (id. de Bredon). — *Bourg-nantel*; *Bournatel*, xviiie s^e (id. du roy).

Le nom de Bornantel est demeuré à deux moulins mentionnés dès le xve siècle; l'un d'eux est aujourd'hui remplacé par une brasserie.

Born-Bas (Le), dom. ruiné, c^ne de Glénat. — *Mansus dal Born-Soteyra*, 1322 (homm. au seign. de Montal). — *Ol Bor Souteyro*, xviiie s^e (pap. de la fam. de Montal).

Borne (La), ruiss., affl. de l'Alagnon, c^ne de Bredon; cours de 2,500 m. — *Al riou de la Borna*, xve s^e (terr. de Bredon). — *Rif de Borne*, 1580 (liève conf. de la v^té de Murat). — *Rieu de Bourne*, 1598 (reconn. des cons. d'Albepierre). — *Rif de las Bornes*, 1618 (terr. de Dienne).

Bornes (Les), ruiss., affl. de la Sumène, c^nes de Jaleyrac et d'Arches; cours de 4,610 m.

Born-Haut (Le), dom. ruiné, c^ne de Glénat. — *Mansus dal Born-Sobeyra*, 1357 (arch. mun. d'Aurillac, s. HH, p. 21).

Bort, ruiss., affl. de la Jordanne, c^ne de Mandailles; cours de 2,000 m. — On le nomme aussi *le Puy-Mary*. — *Le Bos*, 1879 (état stat. des rivières du Cantal).

Bort, dom. ruiné, c^ne de Tiviers. — *La buge del Bort*, 1762 (terr. de Montchamp).

Bortouno (La), mont. à vacherie, c^ne de Laveissière.

Bory, m^in, c^ne de Narnhac. — *Borie*, 1856 (Dict. stat. du Cantal).

Bos (Le), taillis, c^ne d'Antignac. — *Forêt de Boisgrand*, 1783 (aveu par G^l de la Croix).

Bos (Le), ham., c^ne d'Ayrens.

Bos (Le), ruiss., affl. de la Truyère, c^nes de Bournoncles et de Faverolles; cours de 7,800 m.

Bos (Le), vill. et m^in, c^ne de Calvinet. — *Lou Boes*,

1670 (terr. de Calvinet). — *Le Bos*, 1760 (arch. dép. s. C, l. 49).

Bos (Le), mont. à vacherie, c^ne de Chanterelle.

Bos (Le), vill. détruit, c^ne de Cheylade. — *Le Bos*, 1504 (homm. à l'évêque de Clermont). — *Affar et ténement des Boix*, 1539 (arch. dép. s. E). — *Le Boys*, 1514 (terr. de Cheylade). — *Loubos*, 1646 (liève conf. de Valrus).

Bos (Le), dom. ruiné, c^ne de Jussac. — *Lou Bos*, 1552 (terr. de Nozières). — *Villaige Delbos*, 1662 (invent. des titres de la cure de Jussac).

Bos (Le), f^me et mont. à vacherie, c^ne de Lascelle. — *Affar del Bos, alias de Planzettes*, 1594 (terr. de Fracor). — *Lou Boz; lou Botz*, 1668 (nommée au p^ce de Monaco). — *Loubos*, 1712 (arch. dép. s. C).

Bos (Le), ruiss., affl. du ruisseau d'Auzolles, c^ne de Lascelle; cours de 1,560 m.

Bos (Le), ham., c^ne de Leynhac. — *Mansus del Bos*, 1500 (terr. de Maurs). — *Le Bos* (Cassini).

Bos (Le), dom. ruiné, c^ne de Mauriac. — *Boria vocata del Bos*, 1475 (terr. de Mauriac).

Bos (Le), ham., c^ne de Montmurat.

Bos (Le), écart, c^ne d'Omps. — *Loubos* (Cassini).

Bos (Le), écart, c^ne de Parlan. — *Boz*, 1645; — *Lou Bos*, 1646 (état civ.). — *Aubos*, 1748 (anc. cad.).

Bos (Le), ham., c^ne de la Peyrugue. — *Affar appellé del Bos-de-Bieyses*, 1669 (nommée au p^ce de Monaco). — *Lou Bos*, 1734 (lièvre de Montsalvy).

Bos (Le), dom. ruiné, c^ne de Polminhac. — *Affar du seign. de Comblat appellé des Bos*, 1583 (terr. de Polminhac).

Bos (Le), ruiss., affl. du Deviroux, c^ne de Rezentières; cours de 860 m.

Bos (Le), taillis, c^ne de Roffiac. — *Nemus vocatum lo Bos-Grand*, 1526 (terr. de Vieillespesse).

Bos (Le), ruiss., affl. du ruisseau de Serres, c^ne de Saint-Cirgues-de-Jordanne; cours de 2,500 m.

Bos (Le), f^me, c^ne de Saint-Clément. — *Domaine del Bos*, 1668 (nommée au p^ce de Monaco).

Bos (Le), ruiss., affl. du Goul, c^nes de Saint-Clément et de Jou-sous-Montjou; cours de 1,300 m. — *Ruisseau de Cantevaur*, 1642 (pièces du cab. Lacassagne).

Bos (Les Blattes del), mont. à burons, c^ne de Saint-Projet. — *V^rie de la Blatte-del-Bos* (État-major).

Bos (Le), vill., c^ne de Saint-Victor. — *Mansus des Bes*, 1327 (pap. de la fam. de Montal). — *Albos*, 1693 (inv. des titres de l'hôp. d'Aurillac). — *Loubos* (Cassini). — *Le Bosc*, 1855 (Dict. stat. du Cantal).

Bos (Le), vill., c^ne de Teissières-les-Bouliès. — *Mansus del Bosquet-del-Lebolie*, 1531 (min. Vigery, n^re). — *Le Bos*, 1670 (nommée au p^ce de Monaco). — *Bort*, 1750 (anc. cad.). — *Delbos*, 1749 (arch. dép. s. C, l. 49).

Bos (Le), ruiss., affl. du ruisseau de Maurs, c^ne de Teissières-les-Bouliès; cours de 1,500 m.

Bos (Le), ham., c^ne de Thiézac. — *Lou Bos*, 1646 (anc. cad.).

Bos (La Buge del), dom. ruiné, c^ne de Tiviers. — *Bois de la Buge-del-Bos*, 1666; — *Las Buges-del-Bos*, 1730; — *La Buge-del-Bou*, 1762 (terr. de la command. de Montchamp).

Bos-Banni (Le), écart, c^ne de Jou-sous-Montjou. — *Lou-Bos-banny*, 1668 (nommée au p^ce de Monaco). — *Bos-Bonet* (État-major).

Bos-Bas (Le), écart, c^ne de Montmurat. — *Bosbouzes*, 1618; — *Lou Bos-Bas*, 1706 (état civ. de Saint-Santin-de-Maurs).

Bosc (Le), dom. ruiné, c^ne d'Ayrens. — *Mansus de Bosco*, 1453 (arch. mun. d'Aurillac, s. HH, c. 21).

Bosc (Le), ham. et chât. détruit, c^ne de Saint-Victor. — *Boscus ville*, 1411 (arch. dép. s. E).

Boscas (Le), dom. ruiné, c^ne de Vézac. — *Affar appelé del Boscas*, 1581 (terr. de Polminhac).

Boschatel (Al), dom. ruiné, c^ne de Lorcières. — *Villaige al Boschatel*, 1508 (terr. de Montchamp).

Bos-del-Perre (Le), dom. ruiné, c^ne de Polminhac. — *Affar appellé le Bos-del-Perre*, 1583 (terr. de Polminhac).

Bos-del-Pont (Le), écart, c^ne de Sansac-Veinazès.

Bos-Haut (Le), écart, c^ne de Montmurat. — *Lou Bos*, 1682 (arch. dép. s. C, l. 3).

Bosignau, mont. à vacherie, c^ne de Ségur. — *V^rie de Bassignac* (Cassini). — *Bosignac* (État-major).

Bos-Levat (Le), dom. ruiné, c^ne de Vézac. — *Bois et affar du Bos-Levatz*, 1580 (terr. de Polminhac). — *Affar del Bos*, 1670 (nommée au p^ce de Monaco).

Bos-Magné (Le), dom. ruiné, c^ne de Boissel. — *Bois noble appellé Bois-Mazal*, 1668 (nommée au p^ce de Monaco). — *Bois-Mayau; Bois-Mazau; Bos Mazeaux*, 1746; — *Bois-Mazaud*, 1747; — *Boismièghe*, 1748 (anc. cad.).

Bosméjo, vill., c^ne de Saint-Paul-des-Landes. — *Bosmeghe*, 1522 (min. Vigery, n^re à Aurillac). — *Bos Méja*, 1669 (nommée au p^ce de Monaco). — *Bos Mège*, 1682 (arch. dép. s. C). — *Bosméjo*, 1702; — *Bosmège*, 1708; — *Bosmégie*, 1713; — *Bosmégio*, 1719 (état civ.). — *Bosnejo*, 1856 (Dict. stat. du Cantal).

Bos-Nègre (Le), ham., c^ne de Roannes-Saint-Mary.

Bos-Noir (Le), seign., c^ne de Chalinargues. — *Le Bos-Noir*, 1675 (état civ. de Saint-Mary-le-Plain).

Bos-Obscur (Le), mont. à vacherie, c^ne de Paulhac.
Bosques (Les), écart, c^ne de la Ségalassière.
Bosquet (Le), ham., c^ne de Laroquebrou.
Bosquet (Le), ham., c^ne de Mauriac.
Bosquet (Le), écart, c^ne de Saint-Anastasie.
Bosquet-de-la-Combe (Le), écart, c^ne de Marcenat.
Bosquets (Les), écart et m^in, c^ne de Saint-Martin-sous-Vigouroux.
Bosredon, ham., c^ne de Boisset. — *Le Boredon*, 1668 (nommée au p^ce de Monaco).
Bos-Redon (Le), dom. ruiné, c^ne de Riom-ès-Montagnes. — *Le villaige del Bos-Redon*, 1512 (terr. d'Apchon).
Bos-Redon (Le), mont. à burons, c^ne de Saint-Projet. — *Le Bos-Redon* (État-major).
Bos-Revel (Le), dom. ruiné, c^ne de Saint-Gerons. — *Mansus del Boscrevel*, 1323; — *Affarium del Bos-Revel*, 1401 (arch. mun. d'Aurillac, s. HH, c. 21). — *Affar de Bos-Bebel*, 1660 (pap. de la fam. de Montal).
Bos-Revel-Vieil (Le), dom. ruiné, c^ne de Saint-Gerons. — *Mansus dal Boscenc-Vielh*, 1364; — *Affar del Bos-Revel-Vieilh*, xviiie s^e (pap. de la fam. de Montal).
Bossegal, dom. ruiné, c^ne de Glénat. — *Villaige de Bossegnal*, xviiie s^e (pap. de la fam. de Montal).
Bosseyre (Le Bois de la), dom. ruiné, c^ne de Dienne. — *Lo affar de la Besseyre; la Besseyra; la Beisseira*, 1489 (lièvre de Dienne).
Bossier-Grand (Le), dom. ruiné, c^ne de Vieillespesse. — *Le villaige del Bossier-Grand*, 1751 (terr. de Vieillespesse).
Bossonnerich, dom. ruiné, c^ne de Vic-sur-Cère. — *Affar appellé del Boissonnerich*, 1583 (terr. de Polminhac).
Bos-Vert (Le), ham., c^ne de Montmurat. — *Le Bosbert*, 1613 (état civ. de Saint-Santin-de-Maurs). — *Bos-Vert* (État-major).
Bos-Vieil (Le), dom. ruiné, c^ne de Condat-en-Feniers. — *Affarium vocatum de Bos-Veilh*, 1451 (arch. dép. s. E).
Bos-Vieil (Le), écart, c^ne de Roannes-Saint-Mary.
Bos-Vieil (Le), ham. et f^me, c^ne de Saint-Gerons. — *Le Bosvieil*, 1681 (état civ. de Laroquebrou).
Bor (Le), ruiss., affl. du Réols; cours de 14,500 m. — *Rif appellé del Evot*, 1508; — *Levot*, 1662; — *Levat*, 1686; — *Levol*, 1730 (terr. de la Garde-Roussillon). — *Ruisseau de Lebon* (État-major).
Boual (La), écart, c^ne de Brezons.
Boual (La), écart, c^ne de Montmurat. — *La Boal*, 1620 (état civ. de Saint-Santin-de-Maurs). — *La Bouat*, 1728 (arch. dép. s. C, l. 3). — *Lavoual* (État-major).
Boual (La), vill. et m^in, c^ne de Saint-Mamet-la-Salvetat. — *La Boual*, 1623; — *La Bozal*, 1624; — *La Boal*, 1634; — *La Bol*, 1644 (état civ.). — *Labohal*, 1668 (nommée au p^ce de Monaco). — *Laboiral*, 1728 (arch. dép. s. C, l. 4). — *Lavoual*, 1739 (anc. cad.).
Bouay (La), ham., c^ne de Molèdes.
Bouayas, dom. ruiné, c^ne de Menet. — *Affarium vocatum de Bouayas*, 1441 (terr. de Saignes).
Boubals, dom. ruiné, c^ne de Saint-Martin-sous-Vigouroux. — *Bobalz*, xvie s^e (arch. dép. s. H).
Bouboulie (La), vill., c^ne d'Antignac. — *Boubonlye*, 1664 (insin. du baill. de Salers). — *Labouboulie* (Cassini). — *La Bouboulie* (État-major).
Boucastel (Le), écart, c^ne de Cassaniouze. — *Villaige del Bouscatel*, 1760 (terr. de Saint-Projet).
Boucharat (Le), vill., c^ne de Saint-Poncy. — *Lo Boscharat*, 1427 (spicil. Brivat.). — *Bouschat; Bouschibat*, 1672 (état civ. de Saint-Poncy). — *Bouscharat*, 1675 (id. de Saint-Mary-le-Plain). — *Boucheyral*, 1785 (arch. dép. s. C, l. 47). — *Bouchera* (Cassini).
Boucharel (Le), écart, c^ne de Mauriac. — *Bouscharel*, 1473; — *Boucharel*, 1474; — *Lou Boscharel*, 1475; — *Le Bocharal*, 1680 (terr. de Mauriac).
Bouchat (Le), dom. ruiné, c^ne de Dienne. — *Mansus del Bosthat*, 1361 (arch. dép. s. E). — *Affar du Bouschat*, 1618 (terr. de Dienne).
Bouchat (Le), mont. à vacherie, c^ne de Landeyrat.
Bouchâtel (Le), écart, c^ne de Saint-Urcize. — *Le Bouchatel* (Cassini).
Bouchers (Les), dom. ruiné, c^ne de Faverolles. — *Affar du Bosset*, 1494 (terr. de Mallet).
Bouchet (Le), vill., c^ne d'Auriac. — *Boschetum*, 1338 (spicil. Brivat.). — *Le Bouchet*, 1784 (Chabrol, t. IV).
Bouchet (Le), ruiss., affl. du Chabrillac, c^nes de Coren, de Mentières et de Tiviers; cours de 6,000 m. — On le nomme aussi *l'Étang*.
Bouchet (Le), mont., c^ne de Massiac.
Bouchet (Le), vill., c^ne de Mentières. — *Mansus dal Boschet*, 1466 (arch. dép. s. G). — *Le Bourchet*, 1596 (min. Andrieu, n^re). — *Le Bouchet*, 1781 (arch. dép. s. G).
Bouchet (Le), vill. et chât., c^ne de Rageade. — *Lo Boschet*, 1508 (terr. de Montchamp). — *Le Bouschet*, 1538 (arch. dép. s. E). — *Le Bouchet* (Cassini). — *Lo Bouchet Bougnoux*, 1857 (Dict. stat. du Cantal).
Bouchet (Le), vill., c^ne de Vebret.

Bouchy (Le), écart, c^ne de Condat-en-Feniers.
Boucs (La Vergne des), dom. ruiné, c^ne de Valette. — *Affarium vocatum de Bougielz; Bougez; Bouquelz*, 1441 (terr. de Saignes).
Boudange, ham. et mont. à burons, c^ne de Valette. — *Lou suc de la Baldona*, 1481 (arch. dép. s. E). *Baudanges*, 1506 (terr. de Riom). — *Baldanges*, 1520 (id. d'Apchon). — *Baildanges; Boudanges*, 1607 (id. de Trizac). — *Brodanges*, 1782 (arch. dép. s. C). — *Vacherie de Vaudange* (Cassini).
Boudèches, vill. détruit, c^ne de Valuéjols. — *Mansus de Bouteches*, 1329 (enq. sur la just. de Vieillespesse). — *Boudesches*, XVIIe s^e (archives départ. s. E).
Boudenche (La), écart, c^ne de Dienne. — *Bouteches*, 1329 (enq. sur la just. de Vieillespesse). — *Bourdenche; Boudenche*, 1740 (lièv. de Bredon).
Boudergues, m^in détruit, c^ne de Cassaniouze. — *Moulin de Boudergue*, 1760 (terr. de Saint-Projet).
Boudet, dom. ruiné, c^ne de Carlat. — *Affar de Boudet*, 1671 (nommée au p^ce de Monaco).
Boudet, dom. ruiné, c^ne de Jaleyrac. — *Affar del Boudet*, 1680 (terr. de Mauriac).
Boudet, ham., c^ne de Saint-Martial. — *Voude*, 1622 (insin. de la cour royale de Murat). — *Bougette* (Cassini).
Boudie (La), dom. ruiné, c^ne d'Arches. — *Boria de la Boudia*, 1473; — *Domaine de la Boudie*, 1680 (terr. de Mauriac).
Boudie (La), dom. ruiné, c^ne d'Arpajon. — *Le ténement appellé de Montlausi, sive de Boudieu*, 1670 (nommée au p^ce de Monaco). — *Ténement de Boudiau*, 1741 (anc. cad.).
Boudie (La), vill., c^ne de Mandailles. — *La Boudie*, (Cassini).
Boudie (La), dom. ruiné, c^ne de Marcolès. — *Mansus de la Bodia*, 1335 (arch. mun. d'Aurillac, s. HH, c. 21).
Boudie (La), f^me, c^ne de Pleaux.
Boudie (La), ham., c^ne de Saint-Julien-de-Jordanne. — *La Boudies*, 1613 (état civ. de Naucelles). — *La Boudie*, 1679 (arch. dép. s. C, l. 1). — *La Bodie; la Bodia; la Boulye*, 1592 (terr. du monast. de Saint-Geraud). — *La Boudie* (Cassini).
Boudie (La), ruiss., affl. de la Jordanne, c^ne de Saint-Julien-de-Jordanne; cours de 1,560 m.
Boudie (La), dom. ruiné, c^ne de Vic-sur-Cère. — *Ayrailh de la Bodia; Chazal appellé de la Boudye*, 1584 (terr. de Polminhac).
Boudier, ham. et m^in, c^ne de Vic-sur-Cère.
Boudieu, ham., c^ne d'Aurillac. — *Boudet*, 1623 (état civ.). — *Boudj*, 1628 (id. d'Arpajon). — *Boudy*, 1632; — *Boudieu*, 1646 (état civ.). — *Boudière*, 1693 (inv. des titres de l'hôp. d'Aurillac).
Boudieu (Le Puech de), mont. à vacherie, c^ne de Gioude-Mamou.
Boudieu, mont. à burons, c^ne de Pailhérols.
Boudieu, vill., c^ne d'Yolet. — *Mansus da Bodieu*, 1378 (fond. de la chapell. des Blats). — *Bodier*, 1485 (reconn. à J. de Montamat). — *Bialieu; Viallou*, 1610 (aveu de Jean de Pestels). — *Boudin*, 1623 (état civ. d'Arpajon). — *Boudiou*, 1670 (nommée au p^ce de Monaco). — *Boudieu*, 1681 (arch. dép. s. C, l. 11).
Boudigos, dom. ruiné, c^ne de Laroquebrou. — *Mansus de Boudigos*, 1449 (enq. sur les droits du seign. de Montal).
Boudinière (La), m^on forte détruite, c^ne de Tournemire. — La Boudinière faisait partie des fortifications avancées du château féodal le Fortanier.
Boudio (La), f^me, c^ne de Lavigerie. — *Las Bodias*, 1279; — *La Bodia*, 1392 (arch. dép. s. E). — *La Bodaya*, 1618 (terr. de Dienne). — *La Boudiou* (Cassini).
Boudou, vill., c^ne de Saint-Projet. — *Boudier*, 1662 (état civ. de Saint-Cernin). — *Boudou*, 1671 (id. de Saint-Chamant). — *Emboudou*, 1857 (Dict. stat. du Cantal).
Boudou (Le), ruiss., affl. de la Bertrande, c^ne de Saint-Projet; cours de 3,520 m. — *Ruisseau de Legat*, 1837 (état des riv. du Cantal).
Boudre (Le), dom. ruiné, c^ne de Saint-Étienne-de-Carlat. — *Affar del Bodre*, 1692 (terr. de Saint-Geraud).
Boudy, ham., c^ne de Rouziers.
Bouéro (Le Suc de), mont. à vacherie, c^ne de Cheylade.
Bouesque (La), écart, c^ne de la Peyrugue.
Bouey (La), ham., c^ne de Molèdes.
Bouffe (La), dom. ruiné, c^ne de Colandres. — *Le villaige de la Boffe*, 1513 (terr. d'Apchon).
Bouffefiol, dom. ruiné, c^ne de Vieillespesse. — *Terres appellées d'Aurelha de la Bessa*, 1508; — *Ténement appellé de Bousde-Fiot, qu'anciennement estoit appelé d'Aureilhe de la Besso*, 1662; — *Ténement appellé de Bouffefieue, anciennement étoit appelé d'Aureille-de-la-Besse*, 1730 (terr. de Montchamp).
Bouffi, dom. ruiné, c^ne de Mauriac. — *Mansus del mas-Bossi*, 1473; — *Mansus del mas-Boffi*, 1475 (terr. de Mauriac).
Bouffier, seign., c^ne de Saint-Mary-le-Plain. — *Bouffier*, 1610 (terr. d'Avenaux). — *Buffières*, 1640 (arch. mun. d'Aurillac, s. CC, p. 8).

BOUFFIES (LAS), dom. ruiné, cne de Cassaniouze. — *Affar de Las-Bouffies*, 1760 (terr. de Saint-Projet).

BOUGE, mlin détruit, cne de Bredon. — *Mollin de Boye*, 1580 (lièvc de la vté de Murat). — *Molin de Bouje; molin qu'a esté de Bouge*, 1598 (reconn. des consuls d'Albepierre). — *Le molin de Bouze*, 1624 (lièvc de la vté de Murat).

BOUGEARD (LE), ham., cne de Fontanges. — *Lou Boyghou*, 1717 (terr. de Beauclair). — *Bougiar*, 1736 (état civ.). — *Boujar* (État-major).

BOUGÉOL (LE), ruiss., afll. de la riv. d'Auze, cne d'Anglards-de-Salers et de Salins; cours de 2,100 m.

BOUGES (LES), mont. à vacherie, cne d'Espinasse.

BOUGUE (LA FONT DE LA), mont. à vacherie, cne de Thiézac.

BOUGUERAS (LE REPASTIL DE), mont. à vacherie, cne d'Anglards-de-Salers.

BOUGUES (LE PUECH DES), mont. à vacherie, cne de Saint-Christophe.

BOUGUISSE (LA), écart, cne d'Apchon.

BOUHON, écart, cne de Boisset.

BOUIGE (LA), écart, cne de Chalvignac.

BOUIGES, ham., cne de Tourniac.

BOUIGUE (LA), vill. et min, cne de Lascelle.

BOUIGUE (LA), dom. ruiné, cne de Naucelles. — *Affarium vocatum a la Boyga*, 1341 (arch. mun. d'Aurillac, s. GG, c. 19).

BOUIGUE (LA), vill., cne de Saint-Gerons. — *La Boygua*, 1295 (arch. dép. s. E). — *La Boyga*, 1297 (test. de Géraud de Montal). — *La Bouigua*, 1354 (arch. dép. s. E). — *La Boigue*, 1635 (min. Sarrauste, nre à Laroquebrou). — *La Boygue*, 1651 (état civ. d'Espinadel). — *Labouigio*, 1758 (arch. dép. s. C, l. 51).

BOUIGUE (LE CAP DE LA), dom. ruiné, cne de Velzic. — *Lou Capmas de Boiga*, 1692 (terr. de Saint-Geraud).

BOUIGUE-DEL-BOS (LA), dom. ruiné, cne de Vézac. — *Bois de la Boigua-del-Bos*, 1580 (terr. de Polminhac).

BOUIGUE-DEL-PÉRIÈS (LA), dom. ruiné, cne d'Yolet. — *Boys de la Boygue del Périé*, 1692 (terr. de Saint-Geraud).

BOUIJOU (LE), vill., cne du Fau.

BOUISSE, vill, cne d'Anglards-de-Salers. — *Boisse*, 1651; — *Boysse*, 1652; — *Bouisse*, 1654; — *Bousse*, 1667; — *Bouysse*, 1668 (état civ.). — *Boysses*, 1671 (id. du Vigean). — *Boisses*, 1701 (id. de Saint-Martin-Valmeroux).

BOUISSETOU (LE), ruiss., afll. de la Rance, cne de Marcolès; cours de 2,800 m.

BOUISSETOU (LE), ruiss., afll. de la Rance, coule aux finages des cnes de Saint-Mamet-la-Salvetat, Marcolès et de Vitrac; cours de 1,800 m. — *Le Boissetou*, 1837 (état des riv. du Cantal).

BOUISSONNADE (LA), mont. à vacherie, cne du Claux.

BOUISSOU (LE), dom. ruiné, cne de la Capelle-Viescamp. — *Dom. du Bouissou*, 1702 (état civ.).

BOUISSOU (LE), ham., cne de Champagnac. — *Boissous* (Cassini). — *Bouissou* (État-major). — *Boyssou*, 1855 (Dict. stat. du Cantal).

BOUISSOU (LE), ham., cne de Maurs. — *Le Bouyssou*, 1750; — *Le Bouissou*, 1751 (état civ.). — *Le Bouyssou*, 1756 (anc. cad.).

BOUISSOU (LE), vill., cne de Saint-Illide. — *Lou Boysso*, 1466 (terr. de Saint-Christophe). — *Lou Boyssou*, 1597 (min. Lascombes, nre à Saint-Illide). — *Lou Boisson*, 1659; — *Lou Bousson*, 1662 (état civ. de Saint-Cernin). — *Lou Bouyssou*, 1693 (id. d'Arnac). — *Le Boissou*, 1787 (arch. dép. s. C, l. 50).

BOUISSOU-BAS (LE), dom. ruiné, cne de Polminhac. — *Lou Boissou-Bas*, 1670 (nommée au pce de Monaco).

BOUISSOU-FERRAT (LE), écart, cne de Saint-Bonnet-de-Marcenat.

BOUISSOU-HAUT (LE), dom. ruiné, cne de Polminhac. — *Lou Bouissou-Hault*, 1670 (nommée au pté de Monaco).

BOUISSOUNOT, ham., cne de Cros-de-Montvert.

BOUIX (LE), vill., cne d'Anglards-de-Salers.

BOUIX (LE), vill., cne de Salins. — *Boys*, 1310 (lièvc du prieuré du Vigean). — *Boix*, 1473; — *Bouisse*, 1474 (terr. de Mauriac). — *Lo Bos*, 1549 (id. de Miremont). — *Lou Bois*, 1634; — *Lou Boys*, 1669 (état civ. du Vigean). — *Lou Bouisses*, 1669 (id. de Saint-Martin-Valmeroux). — *Lou Boix*, 1741; — *Lou Bouix*, 1749 (id. de Sourniac).

BOUJAT (LA MONTAGNE DU), mont. à burons, cne de Fontanges.

BOULAN, vill. et min, cnes de Mauriac et du Vigean. — *Bolon*, xe so (testament de Théodechilde). — *Bolom*, 1310 (lièvc du prieuré du Vigean). — *Volan*, 1473 (terr. de Mauriac). — *Boulan*, 1633; — *Boullan*, 1637 (état civ. de Mauriac). — *Bolan*, 1680 (terr. de Mauriac). — *Boulant*, 1782 (arch. dép. s. G, l. 39).

BOULANNE (LA), dom. ruiné, cne de Saint-Constant. — *Village de Boulane*, 1749 (anc. cad. de Saint-Constant).

BOULAT, dom. ruiné, cne de Saint-Mamet-la-Salvetat. — *Affar de Boulles*, 1574 (livre des achaps d'Ant. de Naucaze). — *Le bos de Boulet*, 1749 (anc. cad.).

BOULDOIRE (LA), ham., cne de Saint-Constant. — *Bla-*

daur, 1549 (min. Boygues, n^re). — *Las Boldaries; la Boldayres; les Poldoyres; Boldoyres*, XVIIe s^e (reconn. au prieur de Saint-Constant). — *Bouldoyré*, 1748 (anc. cad. de Saint-Constant).

BOULE, m^in, c^ne de Saint-Urcize.

BOULEILLE, écart, c^ne de Cros-de-Ronesque. — *Boulelhes*, 1855 (Dict. stat. du Cantal).

BOULEYRE (LA), vill., c^ne de Saint-Saturnin. — *La Bouteyre*, 1513 (terr. de Cheylade). — *La Bolère*, 1784 (Chabrol, t. IV). — *La Boulaire*, 1857 (Dict. stat. du Cantal).

BOULIAC, dom. ruiné, c^ne d'Arpajon. — *Affarium de Voilhac*, 1269 (arch. mun. d'Aurillac, s. FF, p. 15). — *L'Affartz-de-Boulhac*, 1670 (nommée au p^ce de Monaco).

BOULIAIRE (LA), mont. à vacherie, c^ne de Condat-en-Feniers.

BOULIÈRES (LES), dom. ruiné, c^ne de Saint-Paul-de-Salers. — *Las Bolieyres*, 1663 (insin. du baill. de Salers).

BOULOGNE (LA), écart, c^ne de Condat-en-Feniers.

BOULZAC, vill., c^ne de Junhac. — *Bolsac*, 1324 (arch. dép. s. E). — *Bolzac*, 1550 (min. Boygues, n^re). — *Boulsac; Boulhac*, 1668 (nommée au p^ce de Monaco). — *Boulzac*, 1749 (anc. cad.). — *Balzac*, 1760 (terr. de Saint-Projet). — *Bouzac*, 1784 (Chabrol, t. IV).

BOULZAGUET, dom. ruiné, c^ne de Junhac. — *Affarium seu nemus de Bolsaguet*, 1324 (arch. dép. s. E).

BOUMAJOU (LE), ruiss., affl. du Chalivet, c^ne de Maurines; cours de 1,300 m.

BOUMET (LA), dom. ruiné, c^ne de Saint-Martin-Cantalès. — *Village de la Boumet*, 1770 (arch. dép. s. C, l. 40).

BOUNETOU (LE), ruiss., affl. du ruisseau de Rastheine, c^ne de Cros-de-Ronesque; cours de 2,500 m. — *Ruisseau de la Paièze*, 1643 (min. Froquières, n^re à Raulhac).

BOUNOU, dom. ruiné, c^ne de Condat-en-Feniers. — *Villaige de Bounou*, 1650 (terr. de Feniers).

BOUQUIÈS, dom. ruiné, c^ne de Saint-Constant. — *Villaige de Bocquiès*, 1672; — *Boucquiès*, 1693 (état civ.). — *Bosquerey*, 1749 (anc. cad.).

BOURBAU (LA), mont. à vacherie, c^ne de Celles. — *Al lac del Borbal*, 1508; — *El lac Bourbal*, 1664; — *Le lac de Bourbau*, 1700 (terr. de Celles).

BOURBONÈCHE (LA), écart, c^ne de Riom-ès-Montagnes. — *Bobanesches; Bobonesches*, 1512 (terr. d'Apchon). — *Bourbounèche*, 1857 (Dict. stat. du Cantal).

BOURBOULEIRE (LA), m^in et dom. ruiné, c^ne de Montboudif. — *Villa de Borboleira*, 1309 (Hist. de l'abb. de Feniers). — *La Bourbalayre*, 1654 (terr. de Feniers). — *La Bourbouleyre*, 1658 (lièvre du q^r d'Artense). — *Moulin de la Bourbouleyre*, 1725 (id. de Marvaud).

BOURBOULOUX, dom. ruiné, c^ne de Saignes. — *Affarium dels Borbolos; dels Borboloux*, 1441 (terr. de Saignes).

BOURBOUX, f^me, c^ne de Saint-Paul-des-Landes. — *Bourbou* (Cassini).

BOURBOUZE, vill., c^ne de Cros-de-Montvert. — *Bourbuye*, 1634; — *Bourbuge*, 1643 (état civ.). — *Bourbouju*, 1649 (min. Sarrauste, n^re à Laroquebrou). — *Bourbouze; Bourbouje*, 1782 (arch. dép. s. C, l. 51).

BOURCENAC, vill., c^ne de Saint-Cirgues-de-Malbert. — *Bousenac*, 1655 (insin. du baill. de Salers). — *Bourcenac*, 1662 (état civ. de Saint-Cernin). — *Brossenact; Brosenac*, 1662 (id. d'Ayrens). — *Bouvariac*, 1664 (insin. du baill. de Salers). — *Broussenac*, 1671 (état civ. de Marmanhac). — *Borsenac*, 1674 (id. de Saint-Chamand).

BOURDANE (LA), dom. ruiné, c^ne de Glénat. — *Mansus de la Bordana*, 1444 (reconn. au seign. de Montal).

BOURDARIE (LA), vill., c^ne d'Omps. — *La Bordaria*, 1585 (terr. de N.-D. d'Aurillac). — *La Bourdario*, 1610 (état civ. de Tourniac). — *La Borderie* (Cassini). — *La Boudarie*, 1856 (Dict. stat. du Cantal).

BOURDELLE, m^in détruit, c^ne de Saint-Poncy. — *Moulin de Bordeille; Bordeilles*, 1783 (terr. d'Alleret).

BOURDETTE (LE PUECH DE LA), mont. à vacherie, c^ne de Saint-Simon.

BOURDIER (LE), dom. ruiné, c^ne de Boisset. — *Ténement del Bourdyer*, 1748 (anc. cad.).

BOURDRE, dom. ruiné, c^ne de Cros-de-Montvert. — *Mas de Bourdre*, 1449 (enq. sur les droits du seign. de Montal).

BOURÉ (LA), écart, c^ne de Vieillevic. — *La Bove*, 1678; — *La Bore*, 1687; — *La Bouré*, 1693 (état civ.).

BOUREL, mont., c^ne de Vézac. — C'est l'une des quatre montagnes au pied desquelles le bourg est situé.

BOURES (LES), dom. ruiné, c^ne de Jabrun. — *Affar de Peuch-leurs*, 1508; — *Le Peuchx-le-Bour*, 1662; — *Le Peuch-Lebours*, 1686; — *Le Peuch-le-Bours*, 1730 (terr. de la Garde-Roussillon).

BOURES (LES), ham., c^ne de Paulhac. — *Mansi de Berna*, 1352 (homm. à l'évêque de Clermont). — *La Bora*, 1510 (terr. de Maurs).

BOURES (LES), mont. à burons, c^ne de Paulhac et de Valuéjols. — *Nemus de la Bora*, 1511 (terr. de

DÉPARTEMENT DU CANTAL.

Maurs). — *Montaigne del Bourg*, 1591; — *Montaigne du Bourc*, xvii° s° (*id.* de Bressanges). — *Buron du Bouc* (Cassini).

Bouret (Le), vill., c^ne de Crandelles. — *Mansus d'Arboret*, 1342 (arch. mun. d'Aurillac, s. GG, p. 17). — *Lou Boret*, 1525 (*id.* s. H, reg. 8, fol. 83 v°). — *Lou Boruet*, 1635 (état civ. d'Aurillac). — *Lou Bourret*, 1665 (*id.* de Polminhac). — *Le Vouret*, 1733 (arch. mun. d'Aurillac, s. HH, reg. 15).

Bourg (Le), écart et m^in, c^ne de Saint-Antoine.

Bourgade (La), vill., c^ne de Boisset. — *Villaige de la Borgade; la Bourgade*, 1668 (nommée au p^ce de Monaco). — *Bourgeade*, 1745 (anc. cad.).

Bourgade (La), f^me, c^ne de Maurs. — *Bois de la Borgue*, 1748; — *La Bourguade*, 1749; — *Bois de la Bourgade*, 1774 (anc. cad.). — *La Bourjade* (Cassini).

Bourgade (La), dom. ruiné, c^ne de Saint-Vincent. — *El mas de la Bourgada*, 1332 (lième du prieuré de Saint-Vincent).

Bourgadou (Le), mont. à vacherie, c^ne de Dienne. — *Montaigne de Bourghadou*, 1600 (terr. de Dienne).

Bourg-de-Ladouze (Le), écart, c^ne du Falgoux. — *Lo fach de las Borgadas*, 1332 (lième du prieuré de Saint-Vincent).

Bourgéade (La), vill., c^ne de Laveissière. — *Lo mas de la Bourgiada*, 1490 (terr. de Chambeuil). — *La Bourghade*, 1603 (lième de Combrelles). — *La Bourgheade*, 1618; — *La Borjade*, 1619 (min. Danty, n^re). — *Bourgeade* (Cassini).

Bourgéade (La), vill., c^ne de Pleaux. — *La Bourgade*, 1630 (état civ. de Laroquebrou). — *La Borghade*, 1637 (*id.* de Braghac). — *La Bourghade*, 1646 (*id.* de Pleaux). — *La Bourghad*, 1666 (*id.* de Saint-Christophe). — *La Bourjade*, 1667 (*id.* de Pleaux). — *La Bourgeade*, 1743 (arch. dép. s. G, l. 40).

Bourget (Le), dom. ruiné, c^ne de Chaussenac. — *Villaige de Bourget*, 1696 (état civ. d'Ally).

Bourgie, m^in détruit, c^ne de Peyrusse.

Bourg-Mercier (Le), vill. détruit, c^ne de Champs. — *Le villaige del Bourgmercier*, 1615 (état civ.).

Bourguet (Le), vill., c^ne de Brezons. — *Lou Bourguier*, 1604 (état civ. de Vic). — *Lou Bourge*, 1609 (*id.* de Thiézac). — *Le Bourguet*, 1623 (ass. gén. tenues à Cezens). — *Lou Bourguel*, 1701 (état civ. de Brezons).

L'église du Bourget a été érigée en succursale par ordonn. royale du 15 avril 1829.

Bourguet (Le), dom. ruiné, c^ne de Montchamp. — *Al mas Borguet*, 1508 (terr. de Montchamp).

Bourianes, dom. ruiné, c^ne de Dienne. — *Mansus de Borrianos*, 1348 (lième de Dienne).

Bourianes, vill., c^ne de Jaleyrac. — *Mansus de la Boriana*, 1288 (vente au doyen de Mauriac). — *Bouriano; Bourianes*, 1473 (terr. de Mauriac). — *Borriano*, 1515 (comptes au doyen de Mauriac). — *Borriana*, 1549 (terr. de Miremont). — *Bourrianne*, 1637 (état civ. du Vigean). — *Bourriane*, 1655 (*id.* de Mauriac). — *Bouraines*, 1680 (terr. de Mauriac).

Bouriasses (Les), ham., c^ne de Condat-en-Feniers.

Bouriate (La), vill., c^ne de Saint-Constant. — *La Bruate*, xvii° s° (reconn. au prieur de Saint-Constant). — *La Bouathe*, 1642; — *La Bouriate*, 1692; — *La Bourriatte*, 1693; — *La Boriate*, 1697 (état civ.).

Bouriatte (La), écart, c^ne de la Besserette.

Bourières (Les), dom. ruiné, c^ne de Thiézac. — *Affar de las Bourières*, 1674 (terr. de Thiézac).

Bourinquie (La), ham., c^ne de Boisset.

Bouriote (La), affl. du ruisseau de Combenouse, c^ne de Junhac; cours de 3,500 m. — Il porte aussi le nom de *les Coucyres*.

Bouriotte (La), ham., c^ne de Laroquebrou. — *La Boriotte*, 1683 (état civ. de Laroquebrou). — *La Bouriotte*, 1781 (arch. dép. s. C, l. 51). — *La Bouriole*, 1857 (Dict. stat. du Cantal).

Bouriotte (La), écart, c^ne de Mourjou.

Bouriotte (La), ham. et écart, c^ne de Saint-Antoine.

Bouriotte (La), écart, c^ne de Vieillevie.

Bouriottes (Les), écart, c^ne de Cassaniouze. — *Lou cap de la Bourienque*, 1706 (terr. de Saint-Projet).

Bourite (La), écart, c^ne de Cassaniouze.

Boulanges, ham., c^ne de Drignac. — *Broulangy*, 1657; — *Troulonges*, 1690; — *Broulanges*, 1692 (état civ. d'Ally). — *Bourlanges*, 1706 (*id.* de Saint-Martin-Valmeroux). — *Brolange; Breaulanges*, 1778 (inv. des arch. d'Humières).

Bourlès (Le), vill., c^ne d'Ytrac. — *Mansus d'Arboret*, 1342 (arch. mun. d'Aurillac, s. CC, l. 19). — *Borieles; Borreles*, 1504 (arch. dép. s. G). — *Boullez; las Bourrilhes; Bourlie*, 1668 (nommée au p^ce de Monaco). — *Lou Bourlès*, 1684 (arch. dép. s. C). — *Lou Bourlèze*, 1695 (terr. de la command. de Carlat). — *Lasbourlies*, 1697 (état civ. de la Capelle-Viescamp). — *Lou Bourlez*, 1713 (arch. dép. s. C). — *Borelles*, 1747 (inv. des titres de l'hôp. d'Aurillac). — *Lou Bourrelez*, xviii° s° (arch. dép. s. G).

Bourliette, ham., c^ne de Ruines. — *Bourliètes*, 1624 (terr. de Ligonnès). — *Bourliettes* (Cassini). — *Bourliète* (État-major).

Cantal.

BOURMAJOUX, écart, c^{ne} de Maurines. — *Beaumajou*, 1784 (Chabrol, t. IV). — *Boumagou* (Cassini). — *Bournajou* (État-major). — *Bourmajoux*, 1856 (Dict. stat. du Cantal).

BOURNADEL (LE), ruiss., affl. du ruisseau du Pontal, c^{ne} de Glénat; cours de 8,000 m.

BOURNANTEL, dom. ruiné, c^{ne} d'Aurillac. — *Affarium vocatum de Bornatel*, 1269 (arch. mun. s. FF, p. 15). — *Domaine de Bournatel*, 1679 (id. s. GG, p. 3).

BOURNAREL, ham., c^{ne} de Quézac. — *Bornarel*, 1611 (état civ. de Saint-Étienne-de-Maurs). — *Bournarel*, 1748 (anc. cad. de Parlan). — *Bournazel*, 1857 (Dict. stat. du Cantal).

BOURNAREL, vill., c^{ne} du Trioulou. — *Benatel*, 1743; — *Bournarel*, 1746; — *Bournarel*, 1748 (état civ.).

BOURNAT (LE), écart, c^{ne} d'Ally.

BOURNAZEL, dom. ruiné, c^{ne} de Menet. — *Mansus de Bornazel prope Tantal*, 1441 (terr. de Saignes).

BOURNAZEL, écart, c^{ne} de Saint-Bonnet-de-Salers. — *Bournazel*, 1695 (état civ. de Saint-Martin-Valmeroux). — *Bournasel*, 1743 (arch. dép. s. C, l. 44).

BOURNAZEL, f^{me} et chât. détruit, c^{ne} de Saint-Cernin. — *Bornazel*, 1297 (arch. mun. d'Aurillac, s. HH, c. 21). — *Bournazel*, 1659 (état civ. de Mauriac). — *Broniazol*, 1676 (id. d'Ayrens). — *Bournazet*, 1784 (Chabrol, t. IV).

Bournazel, avant 1789, était régi par le droit cout., et siège d'une justice seign. ressort. à la sénéchaussée d'Auvergne, en appel du bailliage de Salers.

BOURNAZEL, vill., c^{ne} de Saint-Martin-Valmeroux. — *Bornasel*, 1674 (état civ. de Saint-Chamant). — *Bournasel*, 1689 (id. de Saint-Bonnet-de-Salers). — *Bournazel*, 1695 (id. de Saint-Martin-Valmeroux).

BOURNEDAL, ruiss., affl. du ruisseau du Pontal, c^{nes} de Glénat et de Roumégoux; cours de 1,800 m.

BOURNET (LE), écart et mⁱⁿ, c^{ne} de Bonnac.

BOURNET (LE), ravine, affl. de l'Arcueil, c^{ne} de Bonnac; cours de 820 m. — *Ruisseau de Bournet*, 1771 (terr. du prieuré de Bonnac).

BOURNIÈRE (LA), vill., c^{ne} de Parlan. — *La Bronière*, 1587; — *La Bormeyrio; la Bornière*, 1589 (livre des achaps d'Ant. de Naucaze). — *La Bonouyère*, 1645; — *La Bournieyre*, 1646; — *La Borniar*, 1647; — *La Boirnière*, 1649; — *La Braunieyre*, 1653; — *La Bourgnieyre; la Bourgnhieyre*, 1661; — *La Bournhieyre*, 1662; — *La Brounhieyre*, 1664 (état civ.). — *La Bournieire; la Bournière; lou bos du puech de la Brunière; la Burnière*, 1748 (anc. cad.).

BOURNIONNE (LA), écart, c^{ne} de la Peyrugue. — *La Brougnonne* (Cassini). — *Brounionne*, 1852 (Dict. du Cantal).

BOURNIONNET (LE), écart, c^{ne} de Montsalvy. — *Lou Bournionnez*, 1648; — *Lou Brouhionnet*, 1659 (état civ.). — *Lou Bourniounet*, 1668; — *Lou Bournionnet*, 1671 (nommée au p^{ce} de Monaco). — *Lou Bor-Nionet*, 1675 (état civ.). — *Lou Bournhounet*, 1681 (arch. dép. s. C). — *Lou Bournionet*, 1702; — *Lou Brounionet*, 1718 (état civ.). — *Le Brounionnet*, 1760; — *Le Bournyounet*, 1763 (anc. cad.).

BOURNIOT (LE), mⁱⁿ, c^{ne} de Mandailles.

BOURNIOU (LE SUC DE), mont. à vacherie, c^{ne} d'Auzers.

BOURNIOU (LE), dom. ruiné, c^{ne} de Roffiac. — *Affaria des Bornhoux*, 1510 (terr. de Maurs).

BOURNIOU (LA CHAPELLE DU), ham. et chap., c^{ne} de Roumégoux. — *La chapelle du Bronhou*, 1750 (anc. cad. de Glénat).

La chapelle est dédiée à Notre-Dame-des-Grâces.

BOURNIOUX, vill., c^{ne} de Chastel-Marlhac. — *Lo Bouilho; Bornho*, 1441 (terr. de Saignes). — *Lou Bourniou*, 1658 (insin. du baill. de Salers). — *Le Bournion*, 1688 (état civ.). — *Le Bourgnou*, 1744 (arch. dép. s. C, l. 45). — *Bourgnoux* (Cassini).

BOURNIOUX, vill., c^{ne} de Ladinhac. — *Mansus de Bornio; Bornho*, 1464 (vente par Guill. de Treyssac). — *Lo Bornho*, 1535 (terr. de Coffinhal). — *Bronho*, 1546 (min. Destaing, n^{re}). — *Le Bornhe*, 1549 (id. de Boygues, n^{re}). — *Bournhious*, 1610 (aveu de Jean de Pestels). — *Bourhou*, 1655 (état civ. de Leucamp). — *Bourniou*, 1668 (nommée au p^{ce} de Monaco). — *Lou Bournhoux*, 1747 (arch. dép. s. C). — *Lou Bournioux*, 1750 (anc. cad.). — *Lou Brounioux*, 1752 (arch. dép. s. C). — *Bourgnoux* (Cassini).

BOURNIOUX, vill. et mⁱⁿ, c^{ne} de Saint-Jacques-des-Blats. — *Bornhios*, 1620; — *Les Borniouls*, 1631; — *Les Bornhios*, 1633; — *Bourguox*, 1635; — *Bournioux*, 1637 (état civ. de Thiézac). — *Bournoux*, 1674 (terr. de Thiézac). — *Les Bournhous* (Cassini). — *Les Bournious* (État-major).

BOURNIOUX (LE), ruiss., affl. de la Cère, c^{ne} de Saint-Jacques-des-Blats; cours de 1,750 m. — *Ruisseau de Bournhoux*, 1872 (état stat. des cours d'eau du Cantal).

BOURNIQUE (LA), écart, c^{ne} de Boisset.

BOURNON, grange, c^{ne} de Chastel-sur-Murat. — *Mansus de Bornan*, 1279 (arch. dép. s. E). — *Abornan*, 1348 (lièvre de Dienne). — *Bornant*, 1407 (arch. dép. s. G). — *Bonruant*, 1492; — *Bornand*, 1495 (*id.* s. E). — *Bournans*, 1618 (lièvc de Dienne).

Bournoncles, c⁰ⁿ de Ruines. — *Burnunculum*, 999 (mon. pontif. Arv.). — *Bornhoncles*, 1293 (arch. dép. s. H). — *Bornhoncle*, xiv° s° (reg. de Guill. Trascol). — *Borlhoncle; Borlhoncles*, 1338 (spicil. Brivat.). — *Bornoncles*, 1413; — *Berloncle*, 1455 (liber vitulus). — *Borloncles; Bernoncles*, 1494 (terr. de Mallet). — *Beurnoncles*, 1612 (état civ. de Saint-Flour. — *Bournouncle*, 1688 (pièces du cab. de Bonnefons). — *Bourg-l'Oncle; Bournoncle*, 1784 (Chabrol, t. IV).

Bournoncles, avant 1789, était de la Haute-Auvergne, du dioc., de l'élect. et de la subdél. de Saint-Flour. Il était régi, partie par le droit cout., et ressort. à la sénech. d'Auvergne, en appel de la prév. de Saint-Flour; partie par le droit écrit, et ressort. au bailliage de Saint-Flour, en appel de sa prév. part. — Son église, dédiée aux saints Innocents et à Notre-Dame-de-l'Assomption, était anciennement un prieuré dont les revenus avaient été donnés à l'église de Saint-Flour.

Par ordonn. royale du 2 mars 1821, l'église de Bournoncles a été érigée en chapelle vicariale, puis en succursale par une autre ordonn. du 27 février 1840.

Bournr, écart, cⁿᵉ de Leynhac.

Bournet (Le), dom. ruiné, cⁿᵉ d'Aurillac. — *Affarium de Arboreto*, 1437 (arch. mun. s. GG, c. 17). — *Le villaige de Boret*, 1530 (terr. du consulat d'Aurillac). — *Villaige de Bouret*, 1613 (arch. mun. d'Aurillac, s. HH, r. 15).

Bournet (Le), vacherie, cⁿᵉ de Coltines.

Bournet (Le), écart détruit, cⁿᵉ de Marcolès.

Bournet (Le), mⁱⁿ, cⁿᵉ de Peyrusse.

Bournet (Le), ham. détruit, cⁿᵉ de Saint-Poncy.

Bournie (La), ruiss., affl. de l'Alagnon, cⁿᵉˢ de Talizat et de Joursac; cours de 2,000 m. — Il porte aussi le nom de *le Béal*.

Bournière (La), mont. à burons, cⁿᵉ de Saint-Projet. — *Montaigne de Laborie*, 1684 (min. Gros, nʳᵉ). — Vʳⁱᵉ *de Bourrière* (État-major).

Bourniengues, vill., cⁿᵉ de Saint-Mamet-la-Salvetat. — *Bourriergues*, 1623; — *Bourriegues; Bourrierges*, 1636; — *Bouriergues*, 1642 (état civ.). — *Bourriergue*, 1697 (arch. dép. s. C, l. 4). — *Bourrierges* (Cassini).

Bournieu (Le), écart, cⁿᵉ de Montvert. — *Barau*, 1654; — *Bourrieu*, 1668 (min. Sarrauste, nʳᵉ à Laroquebrou). — *Bonrieu*, 1702 (état civ.). — *Bourieux* (Cassini).

Bournieu (Le), ham. et mⁱⁿ, cⁿᵉ de Saint-Gerons. — *Les Bourrières*, 1354 (arch. dép. s. E). — *Lou Bourriou*, 1642 (min. Sarrauste, nʳᵉ à Laroquebrou). — *Lou Bourrieu*, 1682 (état civ. de Laroquebrou). — *Bourrieux* (Cassini).

Bourniotte (La), fᵐᵉ, cⁿᵉ de Marcolès. — *Affar de la Bourriotte*, 1668 (nommée au p°° de Monaco).

Bourniotte (La), fᵐᵉ, cⁿᵉ de Vieillevie.

Bourniottes (Las), écart, cⁿᵉ de la Besserette.

Bournot, mⁱⁿ, cⁿᵉ du Claux.

Boursol, vill., cⁿᵉ d'Arpajon.

Boursolet, ham., cⁿᵉ d'Arpajon.

Boursolet, ruiss., affl. du Mourquairols, cⁿᵉˢ d'Arpajon et de Roannes-Saint-Mary; cours de 5,200 m. — Ce ruisseau porte aussi les noms de *Toulle* et de *Sous-le-Bois*.

Bouscailioux (Les), ham., cⁿᵉ de la Capelle-del-Fraisse.

Bouscaillac, dom. ruiné, cⁿᵉ de Saint-Santin-Cantalès. — *Affarium da Buscalhac*, 1345 (arch. dép. s. E).

Bouscaille (La), écart, cⁿᵉ de Saint-Étienne-de-Maurs.

Bouscaillou (Le), ham., cⁿᵉ de la Capelle-del-Fraisse.

Bouscaillou (Le), fᵐᵉ, cⁿᵉ de Junhac. — Ce domaine porte aussi le nom de *le Cap-del-Bos*.

Bouscal (Le), vill., cᵇᵉ de Sénezergues. — *Lou Boscal*, 1667 (nommée au p°° de Monaco). — *Lou Bousquel*, 1671; — *Lou Bouscal*, 1695 (état civ. de Montsalvy). — *Douscal* (État-major).

Bouscal (Le), ruiss., affl. de l'Auze, coule aux finages des cⁿᵉˢ de Sansac-Veinazès, Sénezergues et de Junhac; cours de 7,200 m. — A sa source, ce ruisseau est nommé *Caylet*; il prend ensuite le nom de *Goudergues*, et, dans la cⁿᵉ de Sénezergues, il est appelé *Bouscal*, *Boussoroque* et *Sénezergues*.

Bouscaliou, mont. à burons, cⁿᵉ de la Capelle-Barrez. — Vʳⁱᵉ *de Bouscailloux* (État-major).

Bouscaliou (Le), ruiss., affl. du Nivoly, cⁿᵉ de Quézac; cours de 800 m.

Bouscaliou (Le), écart, cⁿᵉ de Sansac-Veinazès.

Bouscatel (Le), écart, mⁱⁿ et mont. à burons, cⁿᵉ de Saint-Cirgues-de-Jordanne. — *Le Boscatel*, 1855 (Dict. stat. du Cantal).

Bouscatel (Le), ruiss., affl. de la Jordanne, cⁿᵉ de Saint-Cirgues-de-Jordanne; cours de 6,000 m.

Bouscatel (Le), dom. ruiné, cⁿᵉ de Saint-Gerons. — *Mansus vocatus dal Buscatel*, 1295 (arch. dép. s. E). — *Lou Bousquet*, 1669 (nommée au p°° de Monaco).

Bouscatel (Le), écart et mⁱⁿ, cⁿᵉ de Saint-Projet. — *Lou Boscatel*, 1600 (reconn. des hab. d'Auriols à

9.

l'hôpital d'Aurillac). — *Lou Bouscatel*, 1666 (état civ. de Saint-Martin-de-Valois). — *Lou Bouscharel*, 1670 (insin. du baill. de Salers). — *Le Bouchatel*, 1680; — *Le Banchatel*, 1685 (état civ.).

Bouscatel-Bas (Le), dom. ruiné, c^{ne} de Saint-Gerons. — *Affarium des Bousquatel-Soutayra*, 1354 (arch. dép. s. E).

Bouscatel-Haut (Le), dom. ruiné, c^{ne} de Saint-Gerons. — *Affarium del Bousquatel-Soubayra*, 1354 (arch. dép. s. E).

Bouslerie, dom. ruiné, c^{ne} de Sansac-Veinazès. — *Villaige de Bouslerie*, 1696 (état civ.).

Bousquens, vill., c^{na} de Siran. — *Al Bosquenc*, 1350 (terr. de l'ostal de la Trémolieyra). — *Lo Bosquenc*, 1402; — *Lou Bosquenc*, 1423 (arch. mun. d'Aurillac, s. HH, c. 21). — *Lou Bosquens*, 1648 (min. Sarrauste, n^{re} à Laroquebrou). — *Le Bousquin* (Cassini). — *Bousquen* (Dict. statist. du Cantal).

Bousquens, ruiss., affl. de la Cère, c^{ne} de Siran; cours de 1,100 m.

Bousques (Les), mⁱⁿ détruit, c^{ne} de Saint-Martin-sous-Vigouroux. — *Molin de las Bosques*, 1671 (nommée au p^{ce} de Monaco).

Bousquet (Le), vill., c^{ne} d'Arpajon. — *Lo Bosquet*, 1269 (arch. mun. d'Aurillac, s. FF, p. 15). — *Las Bousquetas*, 1465 (obit. de N.-D. d'Aurillac). — *Delbosquet*, 1522 (min. Vigery, n^{re}). — *Le Bousquet*, 1621 (état civ.).

Bousquet (Le), mⁱⁿ, c^{ne} de Barriac.

Bousquet (Le), dom. ruiné, c^{ne} de Bassignac. — *Villaige del Bousquet*, 1656 (état civ. de Pleaux).

Bousquet (Le), dom. ruiné, c^{ne} de Chalvignac. — *Le Mas del Bousquet*, 1549 (terr. de Miremont).

Bousquet (Le), dom. ruiné, c^{ne} de Chaussenac. — *Lou Bosquet*, 1778 (inv. des arch. d'Humières).

Bousquet (Le), dom. ruiné, c^{ne} de Coltines. — *Lou Bosquet*, fin du xviie s^e (terr. de Bressolles). — *Le Bousquet*, 1652 (id. du prieuré de Coltines).

Bousquet (Le), ham., c^{ne} de Junhac. — *Villaige de Vosgues*, 1549 (min. Boygues, n^{re}). — *Lou Bousquet*, 1686 (état civ. de Vieillevie).

Bousquet (Le), vill., c^{ne} de Malbo. — *Lou Bousquet*, 1609 (état civ. de Pierrefort). — *Le Bousquet*, 1669 (nommée au p^{ce} de Monaco).

Bousquet (La Coste du), mont. à vacherie, c^{ne} de Marcenat.

Bousquet (Le), vill., c^{ne} de Marcolès. — *Le Bosquet*, 1784 (Chabrol, t. IV). — *Le Bousquet* (État-major).

Bousquet (Le), vill. détruit, c^{ne} de Pailhérols. —

Mansus dal Bosquet, xve s^e (arch. mun. d'Aurillac, s. HH, c. 21). — *Bousques*, 1675 (état civ. de Jou-sous-Montjou).

Bousquet (Le), bois, c^{ne} de Polminhac. — *Nemus del Bosquet*, 1489 (reconn. à Jean de Montamat). — *Bosquetz*, 1583 (terr. de Polminhac). — *Bousquet*, 1695 (id. de la command. de Carlat).

Bousquet (Le), vill., c^{ne} de Prunet. — *Mansus del Bosquet*, 1531 (min. Vigery, n^{re}). — *Lou Bosqua*, 1564 (min. Boyssonnade, n^{re}). — *Lou Bousquet*, 1662 (état civ. de Leucamp).

Bousquet (Le), vill. détruit, c^{ne} de Saint-Étienne-de-Maurs. — *Lou Bousquet*, 1636 (état civ.).

Bousquet (Le), écart, c^{ne} de Saint-Martin-Valmeroux.

Bousquet (La Coste du), mont. à vacherie, c^{ne} de Saint-Paul-de-Salers.

Bousquet (Le), vill. et mⁱⁿ en ruines, c^{ne} de Saint-Projet. — *Al Bosquos*, 1284 (arch. nat. J 271). — *Lou Bousquet*, 1680 (état civ.).

Bousquet (Le), dom. ruiné, c^{ne} de Saint-Santin-Cantalès). — *Mansus del Bosquas*; *del Bosqual*, 1322 (pap. de la fam. de Montal).

Bousquet (Le), dom. ruiné, c^{ne} de Tournemire. — *Lo Bosquet*, xvie s^e (arch. mun. d'Aurillac, s. GG, p. 21).

Bousquets (Les), bois défriché, c^{ne} de Murat. — *Los Bosquetz*, 1419 (arch. dép. s. G).

Bousqueville, mont. à vacherie, c^{ne} de Thiézac.

Boussac, ham., c^{ne} d'Arpajon. — *La Galbertia*(?); *la Gaubertia*(?), 1223 (liève de Carbonnat). — *Lo Roubertia*, 1465 (obit. de Notre-Dame d'Aurillac). — *La Robertia*, 1531 (min. Vigery, n^{re}). — *Bossac sive la Robertia*, 1583; — *Boussac sive la Robertia*, 1592 (terr. de Notre-Dame d'Aurillac). — *La Robertie*; *la Robertye*, 1692 (terr. de Saint-Geraud). — *Roussac*, 1740 (anc. cad.).

Boussac, mⁱⁿ, c^{ne} de Junhac.

Boussac, vill. avec chap., c^{ne} de Pierrefort. — *Bossac*, xvie s^e (pouillé de Saint-Flour). — *Boussac* (Cassini).

Boussac, ruiss., affl. de la rivière de Brezons, c^{ne} de Pierrefort; cours de 1,400 m.

Boussac, mont. à vacherie, c^{ne} de Polminhac. — *Montaigne de Bossac*, 1692 (terr. de Saint-Geraud).

Boussac, vill., c^{ne} de Saint-Bonnet-de-Salers. — *Villa Bociacus*, xiie s^e (charte dite *de Clovis*). — *Boussat*, 1508 (arch. dép. s. E). — *Boussac*, 1685; — *Bousac*, 1742 (état civ.). — *Baissac*, 1743 (arch. dép. s. C, l. 44).

Boussac, vill., c^{ne} de Saint-Simon. — *Bosacum*, 1338 (arch. mun. de Naucelles). — *Bossacum*, 1521 (min. Vigery, n^{re}). — *Bossac*, 1546 (arch. dép.

s. E). — *Boussat*, 1615 (pièces de l'abbé Delmas). — *Boussac*, 1629 (état civ. d'Aurillac). — Son église, dédiée à la Nativité de la Vierge, a été érigée en succursale par décret du 9 mai 1849.

Boussac, ruiss., affl. de la Jordanne, c^{ne} de Saint-Simon; cours de 1,500 m. — *Ruisseau de Bossac*, 1692; — *Ruisseau de Revelhac; ruisseau de Mazeyrac*, 1696 (terr. de Saint-Geraud).

Boussagol, vill., c^{ne} de Pierrefort. — *Bosaguol*, 1596 (insin. du baill. de Saint-Flour). — *Boussaguol*, 1608; — *Bousagoul*, 1618 (état civ.). — *Boushagol*, 1672 (insin. du baill. de Saint-Flour). — *Boussagol* (Cassini). — *Boussagot* (État-major).

Boussanet, dom. ruiné, c^{ne} de Montboudif. — *Mansus de Bossanet*, 1309 (Hist. de l'abb. de Feniers).

Boussaroque, vill. avec manoir et mⁱⁿ, c^{ne} de Sansac-Veinazès. — *Bousserocque; Bossarocque*, 1668 (nommée au p^{ce} de Monaco). — *Bousseroca*, 1693 — *Bousseroque*, 1736 (état civ.). — *Boussaroque*, 1739 (arch. dép. s. C). — *Boussarigue*, 1784 (Chabrol, t. IV).

Bousseleuf (La), vill., c^{ne} d'Auriac. — *La Boussouleuf*, 1713; — *La Bousseleu*, 1719; — *La Boussoulay*, 1720 (état civ. de Saint-Victor-sur-Massiac). — *La Bousseloeuf* (Cassini). — *Labousseloeuf* (État-major).

Busselorgues, vill., c^{ne} de Massiac. — *Boussollorgues*, 1558 (lièvre conf. de Tempel). — *Bossolorgues*, 1581 (id. de Celles). — *Bousselorgues*, 1670 (état civ.). — *Boussoulorgues; Boussolergues*, 1703; — *Bousselargues*, 1741 (état civ. de Saint-Victor-sur-Massiac). — *Boussonorgues*, 1771 (terr. du prieuré de Bonnac). — *Bousselargue* (Cassini).

Bousseyre (La), bois, c^{ne} de Bredon. — *Lo bos de Bosseyra*, xve s^e (terr. de Bredon). — *Boys de la Besseira*, 1508 (id. de Loubeysargues). — *Boix de Busseira*, 1527 (id. de Bredon). — *La Boureyre*, 1662 (id. de Loubeysargues). — *Boix de la Besseyre; de la Besseire*, 1664 (id. de Bredon).

Boussifarat, écart et mont. à vacherie, c^{ne} de Saint-Bonnet-de-Marcenat.

Boussiran, dom. ruiné, c^{ne} de Saint-Santin-Cantalès. — *Affar de Boussiran*, 1636 (lièvre de Poul).

Boussols, écart, c^{ne} des Deux-Verges. — *Boussols* (Cassini). — *Bouxols*, 1855 (Dict. stat. du Cantal).

Boussonine (La), ruiss., affl. du Bex, c^{ne} de Sarrus; cours de 2,000 m. — *Ruisseau appellé la Bousso*, 1493; — *Ruisseau de Bossadyne; Boissadyne; Boyssadine*, 1494 (terr. de Mallet).

Boutailloux (Le), écart, c^{ne} de Sarrus.

Boutain (Le), dom. ruiné et mont. à vacherie, c^{ne} de Mauriac. — *Podium de Botole*, 1743 (terr. de Mauriac). — *Boutain*, 1784 (arch. dép. s. C).

Boutanègre, écart, c^{ne} de Leynhac.

Boutanègre, écart, c^{ne} de Prunet.

Boutanègre, écart, c^{ne} de Saint-Antoine.

Boutange (La), dom. ruiné, c^{ne} de Saint-Étienne-Cantalès. — *Villa de la Boutanga*, 1255 (vente au doyen de Mauriac).

Boutardy, ham., c^{ne} de Rouziers. — *La Boytardie*, 1590 (livre des achaps d'Ant. de Naucaze).

Boutaric, écart, c^{ne} de Saint-Santin-de-Maurs.

Bout-de-la-Côte (Le), dom. ruiné, c^{ne} de Cassaniouze. — *Domaine du Bout-de-la-Côte*, 1785 (arch. dép. s. C, l. 49).

Bout-de-la-Côte (Le), écart, c^{ne} de Saint-Santin-Cantalès.

Bout-du-Lieu (Le), vill., c^{ne} de Marmanhac.

Bouteille (La), écart, c^{ne} de Saint-Urcize.

Boutelière (Las), dom. ruiné, c^{ne} de Tessières-de-Cornet. — *Domayne de las Boutelière*, 1673 (lièvre du chap. de Saint-Geraud).

Boutelongue (La), écart, c^{ne} de Junhac.

Boutelongue (La), écart, c^{ne} de Montsalvy. — *La Boutte-Longue*, 1668; — *La Boutolongue*, 1670 (nommée au p^{ce} de Monaco). — *La Boutelongue*, 1724 (lièvre de l'abb. de Montsalvy).

Boutenègre (La), écart, c^{ne} de Leucamp.

Boutenègre (La), écart, c^{ne} de Marcolès. — *Boulanègre* (État-major). — *Boutanègre*, 1852 (Dict. stat. du Cantal).

Boutenègre (La), écart, c^{ne} de Saint-Antoine.

Boutet, ham., c^{ne} de Saint-Martin-sous-Vigouroux. — *Baton-la-Sobeyra*, 1410; — *Boutansoubeiza*, xvie s^e (arch. dép. s. H). — *Bouttet*, 1657 (état civ. de Pierrefort). — *Boutet* (Cassini).

Boutet (Le), vill. détruit, c^{ne} de Valuéjols. — *Villaige de Bouttet*, 1671 (nommée au prince de Monaco).

Boutetou (Le), écart et mⁱⁿ, c^{ne} de Saint-Martin-sous-Vigouroux. — *Boutan-Souteyra*, xvie s^e; — *Boutonbas*, 1640 (arch. dép. s. H). — *Boutetou* (État-major). — *Boutetou*, 1856 (Dict. stat. du Cantal).

Bouteyre (La), mont. à burons, c^{ne} de Saint-Saturnin. — *Montana vocata la Botheyra*, 1425 (la maison de Graule). — *La Botleyra*, 1425 (arch. dép. s. H). — *La Bouteyra*, 1474; — *Bulagia*, 1492 (id. s. E). — *La Boteyre*, 1514 (terr. de Cheylade). — *Bouteyre*, 1585 (id. de Graule).

Bouteyre-Soutronne (La), mont. à burons, c^{ne} de Saint-Saturnin. — *La Bouteyra*, 1474 (arch. dép. s. E).

Bouteyroune (La), mont. à burons, c^{ne} de Saint-Saturnin.

Boutier (Le), mⁱⁿ détruit, c^{ne} de Montchamp. — *Chazal de molin à mouldre le blé, appellé de Boutier*, 1633 (terr. de Montchamp).

Boutifar, écart, c^{ne} de Fontanges. — *Boutifare*, 1855 (Dict. stat. du Cantal).

Boutifare, mont. à burons, c^{ne} de Saint-Saturnin. — *Le peschier de Botiffare*, 1514 (terr. de Cheylade). — *Botiffaire*, 1608 (min. Danty, n^{re}). — V^{rie} *Boutifar* (Cassini). — *Boutifard* (État-major).

Boutifare-Soutro, mont. à burons, c^{ne} de Saint-Saturnin.

Boutinet (Le), ruiss., affl. du Remontalou, c^{ne} de Chaudesaigues; cours de 2,000 m.

Boutonnet, vill. et chât. fort détruit, c^{ne} d'Ayrens. — *Boutonet*, 1676 (état civ.). — *Boutonet*, 1686 (id. de Crandelles). — *Boutounet*, 1692 (id. de Laroquebrou). — *Boutonnet*, 1707 (id. de Saint-Paul-des-Landes). — *Boutonnat*, 1852 (Dict. stat. du Cantal).

Boutouna (Lou), mont. à vacherie, c^{ne} de Montgreleix.

Boutounière (La), dom. ruiné, c^{ne} de Saint-Mamet-la-Salvetat. — *Ténement de la Boutonnière*, 1745 (anc. cad.).

Bouval, vill., c^{ne} de Barriac. — *Boubals*, 1640 (état civ. de Brageac). — *Boubalz*, 1649; — *Bobalz*, 1662 (id. de Pleaux). — *Beauval*, 1743; — *Bouval*, 1782 (arch. dép. s. C, l. 40). — *Boutal*, 1784 (id. l. 38).

Bouvat, mont. à vacherie, c^{ne} de Saint-Urcize. — *La borie de Bouvat* (Cassini).

Bouxols, vill., c^{ne} de Saint-Urcize. — *Vozols; Botghols*, 1508; — *Bouxols; Bouxolz*, 1686; — *Bouxolles; Bouzols*, 1730 (terr. de la Garde-Roussillon).

Bouyges (Les), mont. à burons, c^{ne} de Saint-Bonnet-de-Salers.

Bouygotte (La), f^{me}, c^{ne} de Junhac. — *La Boigotte*, 1765 (état civ. de Junhac). — *La Boigote* (Cassini). — *La Boigote* (État-major).

Bouygue (La), vill., c^{ne} d'Arpajon. — *La Boiga*, 1269 (arch. mun. d'Aurillac, s. FF, p. 15). — *La Boygua*, 1462 (reconn. à l'hôp. d'Aurillac). — *La Bayga*, 1465 (obit. de N.-D. d'Aurillac). — *La Boigue*, 1595 (reconn. à la maison de Clavières). — *La Bosgue*, 1621 (état civ.). — *Laboigue*, 1679; — *Laboygue*, 1704 (arch. dép. s. C, l. 5).

Bouygue (La), vill., c^{ne} de Crandelles. — *Mansus de la Boiga*, 1521; — *La Boyga*, 1522 (min. Vigery, n^{re}). — *La Bouigua*, 1540 (reconn. à l'hôtelier de l'abb. de Saint-Geraud). — *La Boigue*, 1630 (état civ. d'Aurillac). — *La Boygue*, 1674; — *La Bougue*, 1675 (id. d'Ayrens). — *La Bouque*, 1686 (id. de Crandelles). — *La Boigue*, 1716; — *Laboygue*, 1743 (arch. dép. s. C, l. 7). — *La Bouigue* (Cassini).

Bouygue (La), vill., c^{ne} de Freix-Anglards. — *La Boygua*, 1322 (arch. mun. d'Aurillac, s. HH, c. 21). — *La Boigua*, XVIe s^e (id. s. GG, p. 21). — *La Boigue*, 1579 (terr. de N.-D. d'Aurillac). — *La Bouigues*, 1700; — *Laboigue*, 1704 (état civ. de Saint-Cernin). — *La Bouigue*, 1730 (arch. dép. s. C, l. 21). — *La Boygue*, 1744 (anc. cad. de Saint-Cernin). — *La Bouige* (Cassini).

Bouygue (La), écart avec manoir, c^{ne} de Leynhac. — *La Boyga*, 1545 (min. Destaing, n^{re} à Marcolès). — *La Boygue*, 1607 (état civ. de Saint-Étienne-de-Maurs). — *La Boygu*, 1640 (id. de Saint-Constant). — *La Boigue*, 1762 (pouillé de Saint-Flour). — *La Boyque* (Cassini).

Bouygue (La), vill. et mⁱⁿ, c^{ne} de Marcolès. — *La Boiga*, 1515; — *La Boyga*, 1516; — *La Boygua*, 1529 (pièces de l'abbé Delmas). — *La Boigue*, 1670 (terr. de Calvinet). — *La Boygues* (Cassini). — *Moulin de la Boygues* (État-major).

Bouygue (La), f^{me}, c^{ne} de Raulhac. — *La Boigue*, 1635 (état civ. de Vic-sur-Cère). — *Las Boigues*, 1675 (id. d'Aurillac). — *Las Boygues*, 1692; — *Las Bouigues*, 1693 (id. de Raulhac).

Bouygue (La), ruiss., affl. de la Cère, c^{nes} de Roannes-Saint-Mary et d'Arpajon; cours de 2,000 m.

Bouygue (La), vill. détruit, c^{ne} de Saint-Urcize. — *Villaige de Boighas; Boyghas*, 1508; — *Boighes*, 1686 (terr. de la Garde-Roussillon).

Bouygue (La), vill., c^{ne} de Vitrac. — *La Boygue*, 1668 (nommée au p^{cc} de Monaco). — *La Bouigue* (État-major).

Bouygue-al-Bos (La), vill., c^{ne} de Leynhac. — *La Boygua-al-Bos*, 1542 (min. Destaing, n^{re} à Marcolès). — *La Bougue-al-Bos*, 1640; — *La Bouygue-del-Bos*, 1746 (état civ. de Saint-Étienne-de-Maurs). — *La Boygue-Albos* (Cassini). — *La Bouygue-Albos*, 1856 (Dict. stat. du Cantal).

Bouygue-al-Bos-Grand (La), vill. détruit, c^{ne} de Leynhac. — *Villaige de la Boygua-al-Bos-Grand*, 1542 (min. Destaing, n^{re} à Marcolès).

Bouygue-Jeune (La), dom. ruiné, c^{ne} de Freix-Anglards. — *Affarium vocatum la Boygua-jone*, 1410 (arch. mun. d'Aurillac, s. HH, c. 21).

Bouygue-Mégière (La), dom. ruiné, c^{ne} de Freix-Anglards. — *Affar de Boigue-Mégheyre*, 1627 (terr. d'Aurillac).

Bouygues (La), vill., cne de Glénat. — *La Boigas*, 1269 (reconn. au seign. de Montal). — *La Boyga*, 1297 (test. de Geraud de Montal). — *Las Boygas*, 1616 (état civ.). — *Las Birgues*, 1626 (min. Sarrauste, nre). — *Las Bougues*, 1634 (état civ.). — *Las Boigues*, 1642 (min. Sarrauste, nre). — *Las Bouigues* (Cassini).

Bouygues, vill., cne de Jou-sous-Montjou. — *Las Bouigues*, 1680 (état civ.).

Bouygues, vill., cne de Lascelle. — *Boigues*, 1594 (terr. de Fracor). — *Boygues*, 1633; — *Boigue*, 1640 (pièces du cabinet Lacassagne). — *Lou Boighou*, 1680 (état civ. de Saint-Projet). — *Boygas*, 1692 (terr. de Saint-Geraud). — *Bouigues* (Cassini).

Bouygues (Las), ham., cne de Saint-Mamet-la-Salvetat. — *La Boygua*, 1411 (pap. de la fam. de Montal). — *Las Boygues*, 1638 (état civ.). — *La Boigne*, 1668 (nommée au pcé de Monaco). — *Las Boigues*, 1697 (arch. dép. s. C, l. 4).

Bouygue-Verte (La), dom. ruiné, cne d'Arpajon. — *Ténement de la Boygue-Verde*, 1739 (anc. cad.).

Bouygue-Vieille (La), dom. ruiné, cne de Freix-Anglards. — *Affarium de la Boygua-Veteris*, 1322; — *Affarium vocatum la Boygua-Veilha*, 1410 (arch. mun. d'Aurillac, s. HH, c. 21).

Bouyole, dom. ruiné, cne de Mauriac. — *Affar de Bouhola*, 1474; — *Affar de Bouhole*, 1475 (terr. de Mauriac).

Bouyolles, fme, cne de Maurs. — *Gohalas*, 1331 (pap. de l'abbé Delmas). — *La Bouisolle*, 1668 (état civ.). — *Bouyolle*, 1749 (anc. cad.). — *Bouzoles*, 1752; — *Bouyolles*, 1754; — *Bouyoles*, 1755 (état civ.).

Bouyoulou (Le), fme, cne de Maurs. — *Bouyoles-Bashes*, 1753; — *Boujoulou*, 1754; — *Le Petit-Bouyoles*, 1757 (état civ.). — *Bouycou* (Cassini).

Bouyssou (Le), ham., cne de Crandelles. — *Lou Boysso*, 1521 (min. Vigery, nro à Aurillac). — *Boyhac*, 1632 (état civ. d'Aurillac). — *Lou Boisse*, 1635 (id. de Saint-Santin-Cantalès). — *Bouyssou*, 1647 (min. Sarrauste, nre à Laroquebrou). — *Lou Boussou*, 1676 (état civ. d'Ayrens). — *Lou Boissou*, 1679 (arch. dép. s. C, l. 7). — *Lou Boyssac*, 1680 (état civ. d'Aurillac).

Bouyssou (Le), dom. ruiné et mont. à burons, cne de Pailhérols. — *Boyssas*, 1400 (arch. mun. de Saint-Flour). — *Lou Boyssou*, 1627 (pièces du cab. Lacassagne). — *Lou Bouestou; lou Boissou*, 1668; — *Lou Bouissou*, 1671 (nommée au pcé de Monaco). — *Buron de Boissous* (Cassini). — *Bouyssou, vacherie* (État-major).

Bouyssou (Le), ham., cne de Saint-Cernin. — *Lou Boissou*, 1700 (état civ.). — *Lou Bouissou*, 1744 (anc. cad.). — *Le Boysson*, 1782 (arch. dép. s. C, l. 50).

Bouyssou (Le), vill., cne de Sansac-Veinazès. — *Lou Boysso*, 1551 (min. Boygues, nre à Montsalvy). — *Le Bouissou*, 1669 (nommée au pcé de Monaco). — *Elbouissou*, 1760 (terr. du monast. de Saint-Projet). — *Le Boysson*, 1764 (état civ.). — *Delboissou*, 1784 (Chabrol, t. IV). — *Le Boissou* (Cassini).

Bouyssous (Le), ham. et min, cne de Rouffiac. — *Boulsou*, 1673 (état civ. de Laroquebrou). — *Lou Boassou*, 1704 (id. de Saint-Paul-des-Landes). — *Le Bouisson*, 1747 (inv. des titres de l'hôp. d'Aurillac. — *Bouisson* (Cassini). — *Bouissou*, 1857 (Dict. stat. du Cantal).

Bouzaïs, écart, cne de Boisset. — *Le bois de Bouzaix; le bois de Bouzais*, 1746 (anc. cad.).

Bouzal (Le), ruiss., affl. de la Moulègre, cnes de Saint-Mamet-la-Salvetat et de Boisset; cours de 1,500 m. — On le nomme aussi *Boulzat; Bouzel; Bouzaïs* et *Rieu-Frais*. *Ruisseau de Bouzay*, 1740 (anc. cad. de Saint-Mamet). — *Ruisseau de Bouzaïe*, 1879 (état stat. des cours d'eau du Cantal).

Bouzayre (La), ruiss., affl. de l'Alagnon, cnes d'Allanche, de Peyrusse et de Ferrières-Saint-Mary; cours de 11,000 m. — *Rivus vocatus de Bolzeyres*, 1471 (terr. du Feydit). — *Rif appellé de Bolieyre*, 1568 (arch. dép. s. H).

Bouzenjat, fme, cne de Saint-Flour. — *Bosonhat; Bosenghat; Bolonhac*, 1470 (arch. dép. s. G). — *Vorgenghas*, 1486 (liber vitulus). — *Vozenghac*, 1494 (arch. dép. s. E). — *Vosenghat*, 1570 (arch. mun. de Saint-Flour). — *Vozenzat*, 1621 (état civ.). — *Bezenchat*, 1670 (insin. de la cour royale de Murat). — *Volinghat*, 1672 (insin. du baill. de Saint-Flour). — *Vozengeat*, 1689 (état civ.). — *Bouzenjat* (Cassini). — *Bouzenjac* (État-major).

Bouzentès, vill., cne de Villedieu. — *Villa Vosentes*, 1223; — *Bozente*, 1398 (homm. à l'évêque de Clermont). — *Vozantès; Bozantès*, 1508 (terr. de Montchamp). — *Bozentès*, 1537 (id. de Villedieu). — *Vezenté*, 1636 (id. des Ternes). — *Vesentès; Vouzentès; Vosentès*, 1662 (id. de Montchamp). — *Vezenté*, 1670 (insin. du bailliage de Saint-Flour). — *Bouzenthez*, 1787 (arch. départ. s. E).

Bovenie (La), écart, cne de Saint-Paul-de-Salers. — *La Beverie*, 1680 (état civ. de Saint-Projet). — *Laubenie* (Cassini). — *La Rauvinie* (État-major).

BOYEN (LE), écart, cne d'Espinasse. — *Boyer* (Cassini).
— *Boyez*, 1886 (états de recens.).
BOYETAN, dom. ruiné, cne d'Arpajon. — *El mas da Boyetan*, 1293 (lièvre de Carbonnat).
BOYGUE (LA), min détruit, cne de Saint-Projet. — *Le moulin de la Boygue en ruines*, 1717 (terr. de Beauclair).
BOYLIXT (LE), dom. ruiné, cne de Saint-Paul-de-Salers. — *Villaige de lou Boylixt*, 1638 (état civ. de Salers).
BOYSSE (LA), écart, cne d'Apchon.
BOYSSES (LAS), dom. ruiné, cne de Cheylade. — *Affar de Boyssos, alias de Bousat*, 1520 (min. Teyssendier, nre à Cheylade). — *La Bessoye*, 1784 (Chabrol, t. IV).
BRACON, fme et chât. fort détruit, cne de Paulhac. — *Braco*, 1492 (arch. dép. s. E). — *Bracon*, 1527 (id. s. G).
BRACONAT, vill., cne de Pers. — *Mansus de Braconac*, 1265 (reconn. au seign. de Montal). — *Bordaria de Braconeto, vocata del Born*, 1364; — *Braconat*, 1486 (pap. de la fam. de Montal). — *Braconnac*, 1647 (min. Sarrauste, nre à Laroquebrou). — *Brapconna*, xviiie se (pap. de la fam. de Montal). — *Braconnat*, 1857 (Dict. stat. du Cantal).
BRACONAT-HAUT, dom. ruiné, cne de Pers. — *Mansus sobeyra de Braconac*, 1295 (arch. dép. s. E).
BRACONNET-BAS, vill. détruit, cne de Velzic. — *Mansus de Braconet-Soteyra*, 1456 (reconn. à l'abbesse de Saint-Jean-du-Buis). — *Boix de Braconet-Soteyra*, 1541 (terr. des consuls d'Aurillac).
BRADEL, fme, cne d'Aurillac.
BRAGEAC, cne de Pleaux. — *Bragach*, 1475 (terr. de Mauriac). — *Braghacum*, 1502 (id. de Cussac). — *Bragheat*, 1535 (don gratuit). — *Braiac*, 1595; — *Brayac*, 1596; — *Brageac*, 1620 (état civ.). — *In cœnobio Brageacensi*, 1626 (Gall. christ., t. II, col. 384). — *Breghat*, 1628 (paraphr. sur les cout. d'Auv.). — *Brahac*, 1650; — *Droghac*, 1651 (état civ. de Pleaux). — *Bragach*, 1671; — *Brayac*, 1672 (id. du Vigean). — *Brayhac*, 1675; — *Brajhac*, 1682; — *Brageac*, 1703 (id. de Chaussenac). — *Broghac*, 1784 (Chabrol, t. I). — *Brajac; Broghat* (id. t. IV).

Brageac était, avant 1789, de la Haute-Auvergne, du dioc. de Clermont, de l'élect. et de la subdél. de Mauriac. Régi par le droit écrit, il dépend. de la justice de l'abbesse de Brageac, et ressort. au bailliage d'Aurillac, en appel de la prév. de Mauriac.

Brageac avait un monast. d'hommes, de l'ordre de Saint-Benoît, fondé au viie se par saint Théau (*Tillo*) et transformé depuis en une abbaye de femmes du même ordre. — L'église était dédiée à Notre-Dame de l'Assomption, ainsi qu'à saint Côme et saint Damien. Elle a été érigée en succursale par décret du 28 août 1808.
BRAGEAC, vill. et min, cne de Valuéjols. — *Brughac; Braghac*, xve se; — *Breighac*, 1575 (terr. de Bredon). — *Brajac*, 1584 (arch. dép. s. E). — *Bragheac*, xviie se (terr. de Brezons). — *Braghat*, 1784 (Chabrol, t. IV). — *Brajeac*, 1857 (Dict. stat. du Cantal).
BRAGEAC, dom. ruiné, cne de Valuéjols. — *L'Affar de Braghac*, xve se (terr. de Bredon).
BRAGES (LES), mont. à vacherie, cne de Saint-Georges.
BRAGNE, écart, cne de Fontanges. — *Bragnes*, 1855 (Dict. stat. du Cantal).
BRAILLES (LES), min détruit, cne de Molompize. — *Le moulin des Bralhes*, 1559 (lièvre du prieuré de Molompize).
BRAIRIES (LAS), vill. cne de Siran. — *Ebraydia*, 1350 (terr. de l'ostal de la Tremolieyra). — *Las Ebrarias*, 1357; — *La Hebrardia*, 1402; — *La Ebrardia*, 1458; — *Del Arbradia*, 1460 (arch. mun. d'Aurillac, s. HH, c. 21). — *Leilraydie*, 1617 (état civ.). — *Lou Hobraydit*, 1626; — *Lobraydie*, 1629 (min. Sarrauste, nre à Laroquebrou). — *Las Brayries*, 1682 (état civ. de Laroquebrou). — *Las Braidies* (Cassini).
BRAMAGE, écart, cne de Saint-Antoine.
BRAMAPAU, écart, cne de Tessières-de-Cornet.
BRAMARIE, dom. ruiné, cne de Ladinhac. — *Villaige de Bramarie*, 1548 (min. Guy de Vayssieyra, nre). — *Bramarie*, 1549 (id. Boygues, nre). — *Bramaries*, 1670 (nommée au pce de Monaco).
BRAMARIE, vill., cne de Sansac-Veinazès. — *Bramarie*, 1559 (min. Boygues, nre à Montsalvy). — *Bramarie*, 1749; — *Brammarie*, 1758 (état civ.). — *Bromarie*, 1784 (Chabrol, t. IV). — *Bramorie* (Cassini).
BRAMARIE, ruiss., affl. du Bouscal, cne de Sansac-Veinazès; cours de 1,200 m. — *Ruisseau de Bramarie*, 1760 (terr. de Saint-Projet).
BRAMEFOND, ruiss., affl. de la Jordanne, cne de Saint-Julien-de-Jordanne; cours de 2,000 m.
BRAMEFONT, ruiss., affl. du Goul, cnes de Montsalvy et de Saint-Hippolyte (Aveyron), après un cours, dans le Cantal, de 6,500 m. — On le nomme aussi *Trempelone*.
BRAMMAT, dom. ruiné, cne d'Ytrac. — *Villaige de Broumat*, 1634 (état civ. de Reilhac). — *Bremac*, 1739 (arch. dép. s. C). — *Brammat*, 1695 (terr. de Carlat).

Branche-de-Cuzol (La), écart, c^{ne} de Saint-Martial. — *La Branche* (État-major).

Brande (La), dom. ruiné, c^{ne} de Saint-Martin-sous-Vigouroux. — *Villaige de la Brande*, 1664 (terr. du prieuré de Bredon).

Brandesques (Les), écart, c^{ne} de Parlan. — *Las Brandesques*, 1748 (anc. cad.).

Brandesques (Las), dom. ruiné, c^{ne} de Rouziers. — *Affar appelé de Las-Brandesques*, 1670 (nommée au p^{ce} de Monaco).

Brandidou (Le Castel de), écart, c^{ne} de Saint-Julien-de-Toursac.

Branges (Les), ham., c^{ne} de Maurs. — *Les Brangies*, 1748; — *Brauzes*, 1749; — *Draughues*, 1756; — *Draughes; Drunghes*, 1757 (anc. cad.). — *Branches*, 1759 (état civ.). — *Brauges*, 1774 (anc. cad.). — *Les Branges* (Cassini).

Branse, mⁱⁿ, c^{ne} de Chaudesaigues.

Branuges, vill. avec manoir, c^{ne} de Nieudan. — *Branuga*, 1487 (arch. mun. d'Aurillac, s. HH, c. 21). — *Brannugue*, 1626; — *Braunugut*, 1630 (min. Sarrauste, n^{re}). — *Bronugue*, 1647 (état civ.). — *Bramuges*, 1653 (min. Sarrauste, n^{re}). — *Bronugues*, 1665 (état civ.). — *Braunuque*, 1679; — *Braunages*, 1681 (id. de Laroquebrou). — *Brenugue* (Cassini).

Branuges, ruiss., affl. de la Cère, c^{nes} de Saint-Santin-Cantalès, Nieudan et de Laroquebrou; cours de 7,500 m. — On le nomme aussi *Caldairou* et *Rodier*. — *Rivus de Brannuga*, 1345; — *Brannugua*, 1368 (arch. dép. s. G). — *Ruisseau de Branuque*, 1616 (pap. de la fam. de Montal). — *Branhugues*, 1879 (état statist. des cours d'eau du Cantal).

Branviel, f^{me}, c^{ne} d'Ytrac. — *Brambiel*, 1648 (état civ. de Naucelles). — *Enbranbiès*, 1678 (id. d'Aurillac). — *Branviel*, 1723 (archives départementales, s. C).

Branzac, vill., mⁱⁿ et chât. en ruines, c^{ne} de Loupiac. — *Vicaria de Varanzaco* (?), 1150 (Dict. stat. du Cantal). — *Varanzac*, 1464 (terr. de Saint-Cristophe). — *Vranzac*, 1580 (id. de Polminhac). — *Branzac*, 1610 (aveu de J. de Pestels). — *Vranzat*, 1627; — *Brenzac*, 1687; — *Brensac*, 1690; — *Bransac*, 1736 (état civ.).

Branzac était, avant 1789, le siège d'une justice seign. régie par le droit cout., et ressort. à la sénéch. d'Auvergne, en appel du bailliage de Salers.

Branzac, écart, c^{ne} de Loupiac. — *La Borye de Vranzac*, 1628; — *La Borye de Branzac*, 1736 (état civ.).

Branzac, ruiss., affl. de la Maronne, c^{ne} de Loupiac; cours de 750 m.

Branze, dom. ruiné, c^{ne} de Saint-Poncy. — *Villaige de Branze*, 1610 (terr. d'Avenaux).

Branzelles, écart, c^{ne} de Saint-Martin-Valmeroux. — *Brauzelle*, 1693 (état civ.). — *Branzet* (Cassini). — *Breauzelles* (État-major).

Braque (Le Puech de la), mont. à vacherie, c^{ne} de Drugeac.

Braqueville, f^{me}, c^{ne} d'Aurillac. — *Domaine de Bracqueville*, 1679; — *Broqueville; Braquebille*, 1710 (arch. mun. s. CC, p. 3).

Braqueville, écart, c^{ne} de Leynhac.

Braqueville, mont. à vacherie, c^{ne} de Thiézac.

Brascou, vill., c^{ne} de Siran. — *Mansus del Barasco*, 1265 (reconn. au seign. de Montal). — *Albarasco*, 1350 (terr. de l'ostal de la Tremolieyra). — *Barascos*, 1357 (arch. mun. d'Aurillac, s. HH, c. 21). — *Barascou*, 1449 (enq. sur les droits du seign. de Montal). — *Brescou* (Cassini).

Brasquies (Las), f^{me}, c^{ne} de Saint-Étienne-de-Maurs. — *La Brasquie*, 1612; — *Las Brasquies*, 1746 (état civil). — *Les Branyes*, 1756 (état civil de Maurs).

Brassac, vill. et mⁱⁿ, c^{ne} de Saint-Saury. — *Brassac*, 1650 (état civ. de Parlan). — *Prassac* (Cassini).

Brassac, ruiss., c^{ne} de Saint-Saury, forme, à sa réunion avec le ruisseau de Font-Belle, le ruisseau d'Escalmels; cours de 2,500 m. — *Ruisseau Negré*, 1771 (arch. dép. s. G).

Brassagie (La), dom. ruiné, c^{ne} de Champagnac. — *Affar de la Brassagie*, 1411 (arch. général. de Sartiges).

Brassiers (Les), dom. ruiné, c^{ne} de la Capelle-Viescamp. — *Le village des Brassiers*, 1705 (état civ.).

Brassiliou, mⁱⁿ détruit, c^{ne} de Celles. — *Molin à blé appellé de Brassilhioux*, 1644 (terr. de Celles).

Brau, vill., c^{ne} de la Ségalassière. — *Brou*, 1689 (état civ. de la Capelle-Viescamp).

Braucause, vill., c^{ne} de Saint-Étienne-de-Maurs. — *Braucause*, 1600; — *Breucaisse*, 1610; — *Breucause*, 1617; — *Breuquasse*, 1633; — *Breucausse*, 1644; — *Bracause*, 1645; — *Bracausse*, 1648 (état civ.).

Braule (La), riv., affl. de la Bertrande, coule aux finages des c^{nes} de Jussac, d'Ayrens, Saint-Victor, Saint-Santin-Cantalès et de Saint-Illide; cours de 22,400 m. — Elle porte aussi le nom de *Saint-Victor*. — *Aqua de Braula*, 1443 (pap. de la fam. de Montal).

Braulinges, vill., cne de Saint-Cernin. — *Braulinges*, 1586 (min. Lascombes, nre). — *Braulingres*, 1657 (insin. du baill. de Salers). — *Braullinges*, 1659; — *Bourlinges*, 1662; — *Braulinge*, 1701 (état civ.). — *Brossinges*, 1714; — *Brolinges*, 1717 (*id.* de Saint-Paul-des-Landes). — *Brolanges*, 1784 (Chabrol, t. IV). — *Brolinge* (Cassini).

Brauzeils, dom. ruiné, cue d'Arches. — *Affarium de Chabbrosiis*, 1475; — *Domaine de Chabbrosiès*, 1680 (terr. de Mauriac).

Bravedier, dom. ruiné, con sud d'Aurillac. — *El mas de Bravedier*, 1223 (liève de Carbonnat).

Brayat, vill. et min, cne de Boissct. — *Brayat*, 1635 (état civ. de Saint-Mamet). — *Bréyat*, 1657 (*id.* de Cayrols). — *Bragat; Bruyat; Mollin de Brayac*, 1668 (nommée au pcé de Monaco).

Braye, dom. ruiné, cne de Saint-Santin-de-Maurs. — *Villaige de Braye*, 1614 (état civ.).

Brebe, dom. ruiné, cne de Vic-sur-Cère. — *Affar appelé de Brebe*, 1671 (nommée au pcé de Monaco).

Bréchailles (Les), vill., cne d'Apchon. — *Mansus des Breschailles*, 1517 (terr. d'Apchon). — *Les Bréchailles*, 1750 (état civ.). — *Lesbrechailles*, 1777 (table du terr. d'Apchon). — *La Bréchalle* (Cassini).

Bréchailles (La), vill., cne de Saint-Hippolyte. — *Las Brachalhas*, 1425 (la mais. de Graule). — *Las Bruchallias*, 1425 (arch. dép. s. H). — *Les Brechalies*, 1543 (la mais. de Graule). — *Verchailles*, 1784 (arch. dép. s. C, l. 46).

Breco, dom. ruiné, cne de Tourniac. — *Breco lou Mas*, 1743 (arch. dép. s. C, l. 38).

Bredon, con de Murat. — *Bredonium*, 1095 (Gall. christ., t. II, c. 263). — *Bredomium*, 1275 (arch. départ. s. H). — *Bredonzium*, 1303 (*id.* s. E). — *Bredom*, 1470 (terr. de Chambeuil). — *Bredonnium*, 1477 (liber vitulus). — *Bredan*, 1703; — *Bredam*, 1708 (état civ. de Saint-Paul-des-Landes). — *Bredom*, 1790 (liève du prieuré de Bredon).

Bredon était, avant 1789, de la Haute-Auvergne, du dioc., de l'élect. et de la subdél. de Saint-Flour. Régi par le droit cout., il était le siège d'une justice seign. ressort. à la sénéch. d'Auvergne, en appel de la prév. de Saint-Flour.

Bredon était le siège d'un prieuré de l'ordre de Saint-Benoît, fondé en 1050 et dépend. de l'abbaye de Moissac, au dioc. de Cahors. Par ordonn. royale du 22 mai 1822, l'église de Bredon a été érigée en succursale.

Bredons, ruiss., affl. du ruisseau du Cheylat, cne de Riom-ès-Montagnes; cours de 1,190 m.

Bredou, vill., cne de Riom-ès-Montagnes. — *Bridou*, 1857 (Dict. stat. du Cantal).

Brégeal (Le), vill., cne de Saint-Martin-sous-Vigouroux. — *Esbréghal*, 1368 (arch. civ. état. dép. s. E). — *Lebrezac-sous-Vigourous*, 1621 (état civ. de Trizac). — *Lou Viégal*, 1624; — *Lebrégal*, 1653 (*id.* de Pierrefort). — *Le Brégeal; Lebréjal*, 1668 (nommée au pcé de Monaco). — *Les Bréjal* (Cassini).

Bregoliou, vacherie, cne de Saint-Bonnet-de-Salers.

Breisse, fme, cne d'Aurillac. — *Breisse*, 1623; — *Vreisse*, 1625; — *Breysse*, 1627 (état civ.). — *Breisses*, 1636 (liève de Poul). — *Brasse*, 1669 (nommée au pcé de Monaco).

Breisse, vill. avec manoir, cne de Jussac. — *Breyssas; Breyssas dal Perier*, 1522 (min. Vigery, nre). — *Breysses*, 1616 (état civ. de Naucelles). — *Breyssade; lou Perrier, alias de Breissas*, 1622 (inv. des titres de la cure de Jussac). — *Breïsses*, 1634 (état civ. de Naucelles). — *Breysse*, 1634 (*id.* de Reilhac). — *Braisses*, 1668; — *Braysses*, 1676 (état civ.). — *Breisses*, 1773 (terr. de la Broussette).

Breisse, dom. ruiné, cne de Saint-Christophe. — *Villaige de Vreisse; Vroisse*, 1632 (état civ. de Saint-Santin-Cantalès).

Breisse, dom. ruiné, cne de Sainte-Eulalie. — *Mansus de Bressa*, 1464 (terr. de Saint-Christophe).

Breisse, mont. à vacherie, cne de Saint-Simon. — *Vacherie de Buisse* (État-major).

Bréjouan (Le), ruiss., affl. du Bouscatel, cne de Saint-Cirgues-de-Jordanne.

Bremmarou, dom. ruiné, cne d'Ytrac. — *Villaige de Bremmarou*, 1684 (arch. dép. s. C).

Bressac, dom. ruiné, cne d'Alleuze. — *Mansus de Bressac*, 1470 (arch. dép. s. G).

Bressanges, vill. et chât., cne de Paulhac. — *Barssangiæ*, 1491 (terr. de Farges). — *Brassangas*, 1508 (*id.* de Montchamp). — *Vearcenges; Barsanges; Bercenges; Barcenges*, 1511 (*id.* de Maurs). — *Bressanghes*, 1542; — *Brasanges*, 1594 (*id.* de Bressanges). — *Bresanges*, 1606 (min. Danty, nre). — *Bresange*, 1608; — *Bressenges*, XVIIe se (arch. dép. s. E). — *Bressanges*, 1612 (liève du Chambon).

Bressol (Le Puech de), mont. à vacherie, cne de Bredon. — *Lou puech de Bouzols*, 1575 (terr. de Bredon). — *Le puech Bressou*, 1580 (liève de la vté de Murat). — *Le puech de Boutzolz*, 1664 (terr. de Bredon).

Bressol, vill. détruit, cne de Saint-Mary-le-Plain.

Bressole, vill., cne de Molèdes. — *Bressol* (Cassini). — *Bressole* (État-major).

BRESSOLES, ham., c^{ne} de Chaudesaigues. — *Bressoles* (Cassini). — *Brissouly* (patois).
BRESSOLLES, ham., c^{ne} de Marchastel. — *Mansus de Brussolas; Brassolas,* 1441 (arch. dép. s. E). — *Bressolles,* 1578 (terr. de Soubrevèze). — *Broussoles,* 1585 (*id.* de Graule).
BRESSONIE (LA), vill. détruit, c^{ne} de Laveissière. — *Mas de la Bressonzias,* xve s^e (terr. de Chambeuil). — *Villaige et affar de la Bressonye,* 1668 (nommée au p^{es} de Monaco).
BRESSOULY (LE), ruiss., affl. du Remontalou, c^{ne} de Chaudesaigues; cours de 4,000 m.
BRET (LE), m^{ln} détruit, c^{ne} d'Aurillac. — *Molin appellé de Bret,* 1525 (arch. mun. s. II, r. 8, f° 71).
BREUGE (LE PUECH DE), ham., c^{ne} de Tourniac. — *Affarium del Puetz,* 1503 (terr. de Cussac).
BREUIL (LE), vill., c^{ne} d'Ally. — *Mansus dal Bruelh,* 1464 (terr. de Saint-Christophe). — *Lou Breul,* 1655; — *Lou Brel,* 1658 (état civ.). — *Lou Breuilh,* 1677 (*id.* de Pleaux). — *Lou Breuil,* 1687 (*id.* de Loupiac). — *Lou Bruel,* 1697; — *Lou Broël,* 1698 (état civ.). — *Breuil,* 1769 (arch. dép. s. G). — *Lou Breu,* 1778 (inv. des arch. d'Humières).
BREUIL (LE) vill., c^{ne} d'Anglards-de-Salers. — *Le Breuil,* 1636 (état civ. de Salers). — *Le Breur,* 1652; — *Lou Breul,* 1654; — *Lou Bruel,* 1665 (*id.* d'Anglards).
BREUIL (LE), dom. ruiné, c^{ne} de Bredon. — *Le tènement del Breuilh,* 1508 (terrier de Loubeysargues).
BREUIL (LE), dom. ruiné et mont. à vacherie, c^{ne} de Chastel-sur-Murat. — *Al Breuilh,* 1535; — *Al Breulh,* 1536 (terr. de la v^{té} de Murat). — *Affar del Breilh,* 1591 (*id.* de Bressanges). — *Le Breul,* 1680 (*id.* de la ville de Murat).
BREUIL (LE), écart, c^{ne} de Colandres.
BREUIL (LE), f^{me}, c^{ne} de Condat-en-Feniers. — *Le Breul,* 1571 (terr. de Vieillespesse). — *Le Breuil* (Cassini).
BREUIL (LE), vill. détruit, c^{ne} de Cussac. — *Mansi del Brolhet,* 1352 (homm. à l'évêque de Clermont). — *Le Breulh,* 1537 (terr. de Villedieu).
BREUIL (LE), dom. ruiné, c^{ne} de Jaleyrac. — *Affarium vocatum lo Breuil,* 1413 (archives généal. de Sartiges).
BREUIL (LE), vill., c^{ne} de Leyvaux. — *Le Bruel; le Breuls; le Breuil,* 1623; — *Lebreul,* 1624 (état civ. de Bonnac). — *Le Breuil* (Cassini).
BREUIL (LE), écart détruit, c^{ne} de Montchamp. — *Lou Breuilh,* 1508 (terr. de Montchamp).
BREUIL (LE), ruiss., affl. du Nivoly, c^{ne} de Quézac;

cours de 1,200 m. — *Le Bruel,* 1879 (état stat. des cours d'eau du Cantal).
BREUIL (LE), vill., c^{ne} de Saint-Cernin. — *Mansus del Brelh,* 1312 (reconn. au seign. de Montal).
BREUIL (LE), ruiss., affl. de la rivière du Pont-Blanchal, coule aux finages des c^{nes} de Sainte-Eulalie, Drignac, Ally, Saint-Christophe, Barriac et Pleaux; cours de 11,160 m.
BREUIL (LE), dom. ruiné, c^{ne} de Saint-Gerons. — *Mansus dal Bruelh,* 1265 (reconn. au seign. de Montal). — *Le Breuil,* 1758 (arch. dép. s. E).
BREUIL (LE), écart, c^{ne} d'Ydes. — *Le Breuil,* 1686 (état civ.). — *Le Breul,* 1744 (arch. dép. s. C, l. 45).
BREUILI, mont. à vacherie, c^{ne} de Charmensac.
BREUVET (LA), écart, c^{ne} de Landeyrat.
BREVIS (LE), mont. à vacherie, c^{ne} de Landeyrat.
BREZONS, c^{on} de Pierrefort, chât. féodal détruit. — *Brezoms,* xive s^e (reg. de Guill. Trascol). — *Brezons,* 1422 (liber vitulus). — *Bresonis,* 1428 (arch. dép. s. H). — *Brezonnium,* 1445 (ordonn. de J. Pouget). — *Brisons, Bresons,* xve s^e (terr. patois de Bredon). — *Brezens,* 1502 (arch. dép. s. E). — *Bresoms,* 1511 (terr. de Maurs). — *Brizons,* 1542 (*id.* de Bressanges). — *Bresom,* 1610; — *Bressans,* 1618 (état civ. de Thiézac). — *Bressan en Planesse,* 1622; — *Brezan en Planesse,* 1624 (*id.* d'Arpajon). — *Bréchons,* 1628; — *Bressons,* 1660 (*id.* de Pierrefort). — *Bresens,* 1670 (*id.* d'Aurillac). — *Breson,* 1688 (*id.* de Saint-Flour). — *Brezon,* 1691 (*id.* de Murat). — *Bresans,* 1697 (état civ. de Saint-Clément). — *Château de Bresous* (Cassini).
Brezons, avant 1789, était de la Haute-Auvergne, du dioc., de l'élect. et de la subdél. de Saint-Flour. Régi par le droit écrit, il était le siège d'une justice ressort. au bailliage d'Aurillac, en appel de la prév. de Saint-Flour. — Son église, dédiée à saint Hilaire, était autrefois celle d'un prieuré dépendant de l'abbaye de Saint-Flour. Elle a été érigée en succursale par décret du 28 août 1808.
BREZONS, riv., affl. de la Truyère, coule aux finages des c^{nes} de Brezons, Saint-Martin-sous-Vigouroux, Pierrefort et Paulhenc; cours de 26,300 m.
BRIAC, vill. détruit, c^{ne} de Vieillespesse. — *Mansus de Brivaca,* 1329 (enq. sur la just. de Vieillespesse). — *Certains chezals ou à présent en cros, que antiquement se appeloit le vilaige de Briac,* 1508; — *Certains chazaux estant en creux ou anciennement il y avoit un villaige appellé de Brizac,* 1731 (terr. de Montchamp).
BRIANÇON, dom. ruiné, c^{ne} de Vic-sur-Cère. — *Brians-*

son, 1610 (aveu de J. de Pestels). — *Brianso*, 1668 (nommée au p^(ce) de Monaco). — *Affar de Briansoune*, 1769 (anc. cad.). — *Bois de la Briançone* (états de sections).

BRIDAOU, vill. détruit, c^(ne) de Colandres.

BRIDOU (LE), ruiss., affl. du ruisseau du Viouroux, c^(ne) de Chastel-Marlhac; cours de 5,000 m.

BRIEU, usine, c^(ne) d'Aurillac.

BRIEU, dom. ruiné, c^(ne) de Saint-Simon. — *Mas de Brieux*, 1338 (arch. mun. de Naucelles).

BRIEU (LE), vill., c^(ne) de Tourniac. — *Villa Ebrio*, XIIe s^e (charte dite *de Clovis*). — *Brieu*, 1635 (état civ.). — *Abrieu*, 1676 (id. de Pleaux). — *Brieus*, 1705; — *Brieuf*, 1712 (id. de Chaussenac).

BRIEULAR, dom. ruiné, c^(ne) d'Ytrac. — *Bois et affar del Brieular*, 1695 (terr. de la commanderie de Carlat).

BRIFOL (LA), écart, c^(ne) de Saint-Étienne-de-Riom. — *La Bryfol*, 1671 (état civ. de Menet). — *La Briffol* (Cassini). — *Abrifol* (État-major).

BRIGOTTES (LES), écart, c^(ne) de Champs.

BRIGOUNEYRE (LA), ham., c^(ne) de Menet.

BRIONNET (LE), ruiss., affl. du ruisseau de Laigne, c^(ne) de Vieillespesse; cours de 1,250 m. — *Rieuf de Briennot; rieuf de Brionnet*, 1526; — *Rif de Brennot*, 1662 (terr. de Vieillespesse).

BRIOUDE, écart, c^(ne) d'Arpajon.

BRIOUDE (LOU SUC DE), mont. à vacherie, c^(ne) de Champs.

BRIOUDE (LE BOIS DE), mont. à vacherie, c^(ne) de Saint-Mary-le-Plain. — *Le bois de Brioude*, 1771 (terr. de Bonnac).

BRIOUDE, ravine, affl. de l'Arcueil, c^(nes) de Saint-Mary-le-Plain et de Bonnac; cours de 1,030 m. — Elle porte aussi le nom de *Pontel*. — *Russeau de Ponteilh; del Pontet*, 1610 (terr. d'Avenaux). — *Ruisseau du Ponteil*, 1771 (id. du prieuré de Bonnac).

BRIOULAC, dom. ruiné, c^(ne) de Saint-Paul-des-Landes. — *Mansus de Brioulayc*, 1314 (arch. dép. s. E).

BRIQUETERIE (LA), tuilerie, c^(ne) de Mauriac.

BRIQUETERIE-BASSE (LA), ham., c^(ne) de Maurs.

BRIQUETERIE-HAUTE (LA), ham. et tuilerie, c^(ne) de Maurs.

BRISE (LE PUECH DE LA), dom. ruiné, c^(ne) de Saint-Mamet-la-Salvetat. — *Lou puech de las Brizes*, 1739; — *Ténement de las Brises*, 1743 (anc. cad.).

BRO (LA), écart, c^(ne) de Fontanges.

BRO (LA), dom. ruiné, c^(ne) de Mauriac. — *Mas de la Broha*, 1381 (lièvre de Mauriac).

BRO (LA), dom. ruiné, c^(ne) de Saint-Étienne-de-Carlat.

— *Mas de Labrohas*, 1692 (terrier de Saint-Geraud).

BRO (LA), écart, c^(ne) de Sériers.

BROC (LE), dom. ruiné, c^(ne) d'Arpajon. — *Mansus de Broc*, 1522 (min. Vigery, n^(re)).

BROC (LE), vill., c^(ne) de Menet. — *Lou Broc*, 1595 (état civ.). — *Enbroc*, 1607 (terr. de Trizac). — *Embroc*, 1637 (id. de Murat-la-Rabe). — *Lou Brocq*, 1642; — *Le Broa*, 1662 (état civ.). — *Le Broq*, 1680 (id. de Trizac). — *Le Broc-Soubre*, 1783 (dénomb. du prieuré de Menet).

BROC (LE MOULIN DU), f^(me), c^(ne) de Menet. — *Lou moliz de Brocq*, 1664 (insin. du baill. de Salers).

BROC (LE), ruiss., affl. du ruisseau du Vioulou, c^(nes) de Menet et de Chastel-Marlhac; cours de 6,750 m.

BROCATEL, seign., c^(ne) d'Arpajon. — *Dominus de Brocatelh*, 1522 (min. Vigery, n^(re)).

BROCHALIER (LE), dom. ruiné, c^(ne) de Marchastel. — *Villaige del Brochalier*, 1610 (lièvre de Pouzols).

BROCONIE (LA), écart, c^(ne) d'Antignac. — *Labraconie* (Cassini). — *La Broconie* (État-major). — *La Broconnie*, 1852 (Dict. stat. du Cantal).

BROHA (LA), dom. ruiné, c^(ne) d'Aurillac. — *Le villaige de Labroha*, 1670 (nommée au p^(ce) de Monaco).

BROHA (LA), dom. ruiné, c^(ne) de la Capelle-del-Fraisse. — *Lasbros*, 1724 (état civ. de la Capelle-en-Vézie).

BROHA (LA), chât. détruit, c^(ne) de Jussac. — *Affarium de la Broa*, 1464 (terr. de Saint-Christophe). — *Las Broas*, 1464 (arch. mun. de Naucelles). — *Labroa*, 1504 (arch. dép. s. G). — *Labro*, 1739 (id. s. C, l. 14).

BROHA (LA), dom. ruiné, c^(ne) de Saint-Simon. — *Mansus de Labroha*, 1474 (arch. dép. s. E). — *Mansus de la Broa*, 1522 (min. Vigery, n^(re)). — *Affar de las Brohas*, 1692 (terr. de Saint-Geraud).

BROISE, f^(me) avec manoir et mont. à vacherie, c^(ne) de Marmanhac. — *Boresia*, 918 (Gall. christ., t. II, col. 439). — *Bourièzes*, 1671; — *Brouzes*, 1673 (état civ.). — *Borèzes*, 1728 (arch. dép. s. C, l. 21). — *Brouèze* (états de sections). — *Broize*; *Vacherie Brouèze* (État-major).

BROL (LA), écart, c^(ne) de Saint-Santin-de-Maurs.

BROLANGE, dom. ruiné, c^(ne) d'Arnac. — *Brolangue*, 1648 (état civ. de Saint-Christophe).

BROM (LE), dom. ruiné, c^(ne) de Rouziers. — *L'affar del Brom*, 1670 (nommée au p^(ce) de Monaco).

BROMESTERIE (LA), vill., c^(ne) de Clavières. — *La Broumesterie*, XVIIe s^e (terr. de Chaliers). — *La Broumesterie*; *la Broumeterie*, 1784 (Chabrol, t. IV).

BROMMET, vill. et m^(in), c^(ne) de Pailhérols. — *Brommet*,

1627 (pièces du cab. Lacassagne). — *Bromet sive de la Goulesque*, 1669 (nommée au p^{cé} de Monaco). — *Bromet*, 1679 (état civ. de Raulhac). — *Brommes*, 1695 (terr. de Carlat). — *Bromel* (Cassini).

Bron, vill. détruit, c^{ne} de Saint-Étienne-de-Riom. — *Bron*, 1784 (Chabrol, t. IV, p. 846).

Bron, ham., c^{ne} de Saint-Georges.

Brons, vill., c^{ne} de Saint-Georges. — *Brons*, 1599 (min. Andrieu, n^{re} à Saint-Flour). — *Brom*, 1784 (Chabrol, t. IV).

Bros (Las), ham., c^{ne} de la Besserette. — *Las Bruas*, 1551 (min. Boygues, n^{re}). — *Las Broa*, 1632; — *Las Bros*, 1633 (état civ. de Montsalvy). — *Las Brohes*, 1670; — *Las Brohas*, 1671 (nommée au p^{cé} de Monaco). — *Lasbros*, 1715 (état civ. de Cassaniouze).

Bros (Les), chât. fort. détruit, c^{ne} de Chastel-sur-Murat. — *Castrum de Breo*, 1354 (homm. à l'évêque de Clermont). — *Les Brohees; les Brohas*, 1535; — *Les Brohies*, 1536 (terr. de la v^{té} de Murat). — *La Broa*, 1592 (*id.* de Cheylade). — *Les Broz*, 1628 (paraphr. sur les cout. d'Auvergne). — *Les Brohes*, 1680 (terr. des Bros). — *Le Broc*, xviie s^e (*id.* du roi). — *Les Bros*, 1784 (Chabrol, t. IV, p. 647). — *Château de Lesbros*, 1856 (Dict. stat. du Cantal).

Les Bros étaient un mandem. de la v^{té} de Murat démembré en 1643 et comprenant originairement les paroisses de Chastel-sur-Murat, la Chapelle-d'Alagnon, Chalinargues, Chavagnac, Virargues et Valuéjols en partie. — Justice seign. ressort. au bailliage de Vic, en appel de la prév. de Murat.

Bros (Las), vill., c^{ne} de Sourniac. — *Mansus de la Broha*, 1293 (arch. généal. de Sartiges). — *La Brohas*, 1493 (terr. de Mauriac). — *La Broa*, 1655; — *Las Bros*, 1658 (état civ. de Mauriac). — *Las Broas*, 1680 (terr. de Mauriac). — *Bro* (État-major).

Brose (La Petite), dom. ruiné, c^{ne} de Lorcières. — *Domaine de la petite Brose*, 1760 (arch. dép. s. G, l. 48).

Brossalanie (La), dom. ruiné, c^{ne} de Marchastel. — *Mansus de la Brossalayria*, 1329 (enq. sur la just. de Vieillespesse).

Brossié (Le), mont. à vacherie, c^{ne} de Drignac.

Brossier (Le), dom. ruiné, c^{ne} de Velzic. — *Mansus de Tale*, 1394 (pièces de l'abbé Delmas). — *Mansus de Talo*, 1456 (reconn. à l'abbesse de Saint-Jean-du-Buis). — *Affar appellé de Talo sive de Brossier*, 1592 (terr. de N.-D. d'Aurillac).

Brossière (La), dom. ruiné, c^{ne} de la Capelle-en-Vézie. — *Affarium de la Brosseyra*, 1590 (pièces de l'abbé Delmas).

Brossière (La), écart, c^{ne} de Roussy.

Brot (Le), vill., c^{ne} de Chanterelle. — *La Broha*, 1672 (état civ. de Condat). — *La Brot*, 1776 (arch. dép. s. C). — *La Broc* (Cassini). — *La Broth* (État-major).

Brou, anc. paroisse de la ville de Laroquebrou. — *Brou*, 1297 (test. de Geraud de Montal). — *Braou*, 1449 (enq. sur les droits du seign. de Montal).

Brou, chapelle domestique, c^{ne} de Saint-Georges. — 1843 (état des succursales du départ. du Cantal).

Brouches (Las), dom. ruiné, c^{ne} de Jaleyrac. — *Villaige de la Brochas*, 1680 (terr. de Mauriac).

Broucue (La), écart, c^{ne} de Colandres. — *Affarium de la Broc, cum grangiis*, 1513 (terr. d'Apchon). — *Labroh*, 1719 (table de ce terrier).

Brounihuac, dom. ruiné, c^{ne} d'Ytrac. — *Villaige de Brounihuac*, 1636 (état civ. de Saint-Mamet).

Brounioux (Le), ham., c^{ne} de Cassaniouze. — *Bronho*, 1546 (pièces de l'abbé Delmas).

Brousaldies (Las), dom. ruiné, c^{ne} de Glénat. — *Affarium de las Boxaldias*, 1332 (homm. au seign. de Montal). — *Las Brousaldies*, 1632 (état civ.). — *Las Boucheyldies*, xviiie s^e (pap. de la fam. de Montal).

Broussac, dom. ruiné, c^{ne} de Jaleyrac. — *Affarium voc. de Broussac*, 1743 (terr. de Mauriac).

Broussade (La), écart, c^{ne} de Saint-Georges.

Broussadel, f^{me} et chât. féodal détruit, c^{ne} de Saint-Georges. — *Castrum de Brossadol*, 1237 (arch. dép. s. H). — *Brossadolh*, 1384; — *Brossadols*, 1386 (arch. mun. de Saint-Flour). — *Brossadel*, 1419; — *Brossadelz*, 1476; — *Bressadolz*, 1486 (liber vitulus). — *Brossadels*, 1494 (terr. de Mallet). — *Broussadels*, 1739 (état civ. de Saint-Flour). — *Broussades*, 1784 (Chabrol, t. IV).

Broussadel était, avant 1789, le siège d'une justice seign. régie par le droit cout., et ressort. à la sénéch. d'Auvergne, en appel de la prév. de Saint-Flour.

Broussal, ham., c^{ne} de Leynhac. — *Brossier*, 1301 (pièces de l'abbé Delmas). — *Brossa*, 1544 (min. Destaing, n^{re} à Marcolès). — *Brouse*, 1617 (état civ. de Saint-Étienne-de-Maurs). — *Brousat* (Cassini). — *Broussat*, 1856 (Dict. stat. du Cantal).

Brousse, mⁱⁿ, c^{ne} d'Arnac. — *Brousses*, 1707 (état civ.).

Brousse, vill., c^{ne} de Bassignac. — *Brousse*, 1550 (terr. de Miremont). — *Brosses*, 1648 (état civ. du Vigean).

Brousse, vill. et chât. en ruine, c^{ne} de Champs. — *Broussolles*, 1585 (terr. de Graule). — *Brosses*, 1665; — *Brousses*, 1669 (état civ.).

Brousse (La), ham., c^{ne} de Coren. — *La Bresse; la Brosse*, 1584; — *Labrousse*, 1585 (arch. dép. s. G). — *Brous*, 1599 (min. Andrieu, n^{re}). — *Labrousse*, 1676 (état civ. de Saint-Mary-le-Plain). — *La Brousse* (Cassini).

Brousse (La), ham. et m^{in}, c^{ne} de Glénat.

Brousse (La), m^{in} détruit, c^{ne} de Labrousse. — *Molendinum de Brucia*, 1531 (min. Vigery, n^{re}).

Brousse, ham. et chât. en ruine, c^{ne} de Loubaresse. Le château de Brousse était, avant 1789, le siège d'une justice seign. basse régie par le droit cout., et ressort. à la sénéch. d'Auvergne, en appel du bailliage de Ruines.

Brousse, ruiss., affl. de la Truyère, c^{ne} de Loubaresse; cours de 1,800 m.

Brousse, vill., c^{ne} de Massiac. — *Brousses*, 1669 (état civ.).

Brousse (La), dom. ruiné, c^{ne} de Maurs. — *Le village de Labrousse*, 1773 (anc. cad.).

Brousse (La), vill., c^{ne} d'Omps. — *La Brossa*, 1559 (min. Destaing, n^{re} à Marcolès). — *La Brousse* (Cassini).

Brousse, vill., c^{ne} de Quézac. — *Brousses*, 1634 (état civ. de Saint-Mamet). — *Brousse*, 1739 (id. de Quézac).

Brousse, vill., c^{ne} de Reilhac. — *Mansus de Brosso*, 1521 (min. Vigery, n^{re} à Aurillac). — *Brosse*, 1626 (état civ. d'Aurillac). — *Brousse* 1773 (terr. de la châtell. de la Broussette).

Brousse (La), vill., c^{ne} de Rouffiac. — *La Brousse*, 1637 (min. Sarrauste, n^{re} à Laroquebrou). — *Labrousse*, 1782 (arch. dép. s. C, l. 51).

Brousse (Le Puech de), dom. ruiné, c^{ne} de Saint-Christophe. — *Villaige de Brosses*, 1632; — *Las Bros*, 1675 (état civ. de Saint-Santin-Cantalès). — *Broushes*, 1679 (id. d'Arnac).

Brousse, vill. détruit, c^{ne} de Saint-Mary-le-Plain.

Brousse (Le Suc de), mont. à vacherie, c^{ne} de Saint-Mary-le-Plain.

Brousse (La), ham., c^{ne} de Sansac-de-Marmiesse. — *La Brosse*, 1649 (état civ. de Reilhac). — *Labrousse*, 1689 (id. de la Capelle-Viescamp). — *La Brousse* (Cassini).

Brousse (La), dom. ruiné, c^{ne} de Vitrac. — *Affarium vocatum de la Brossa*, 1462 (pièces de l'abbé Delmas).

Brousse-Basse (La), m^{in}, c^{ne} de Glénat. — *La Brosse-Basse*, 1616; — *La Brousse-Basse*, 1632 (état civ.). — *Labrousse*, 1669 (nommée au p^{ce} de Monaco).

Broussedour, dom. ruiné, c^{ne} de Jaleyrac. — *Mansus del Broussedour*, 1473 (terr. de Mauriac).

Brousse-Haute (La), écart, c^{ne} de Glénat. — *La Brossa*, 1364 (homm. au seign. de Montal). — *La Brosse*, 1650 (état civ.). — *Labrousse*, 1669 (nommée au p^{ce} de Monaco). — *La Brousse*, 1750 (anc. cad.).

Brousses, dom. ruiné, c^{ne} de Loupiac. — *Brossas*, 1464 (terr. de Saint-Christophe). — *Lasbros*, 1660 (état civ.).

Brousses, dom. ruiné, c^{ne} de Saint-Santin-Cantalès. — *Mansus de Brossas*, 1442 (arch. mun. d'Aurillac, s. HH, c. 21). — *Embrosses; Embrousses*, 1636 (lièvre de Poul). — *Brousses*, 1671 (état civ. d'Arnac).

Broussetie (La), vill. détruit, c^{ne} de Reilhac. — *Affarium dels Broussetz*, 1307 (arch. mun. d'Aurillac, s. HH, c. 21). — *La Brosse*, 1550 (reconn. à l'hôtelier du monast. de Saint-Geraud, arch. mun. de Saint-Paul-des-Landes). — *La Brossitie*, 1682; — *La Brossetie*, 1683 (état civ.). — *La Brossete*, 1683 (id. d'Aurillac). — *La Broussetie*, 1685 (état civ.). — *Laboussetye*, 1716; — *Labroussetie*, 1743 (arch. dép. s. G, l. 7).

Broussette (La), écart, c^{ne} de Cassaniouze.

Broussette (La), ham., c^{ne} de Fournoulès.

Broussette (La), mont. à vacherie, c^{ne} de Girgols. — *Montagne de la Broussette*, 1782 (arch. dép. s. C, l. 50).

Broussette (La), vill. et m^{in}, c^{ne} de Parlan. — *La Brosete; la Bressete*, 1643; — *La Brocete*, 1646; — *La Brossette*, 1647; — *La Broussète*, 1650 (état civ.). — *La Broussette*, 1670 (nommée au p^{ce} de Monaco).

Broussette (La), ruiss., affl. du ruisseau de Maurian, c^{ne} de Parlan; cours de 1,250 m.

Broussette (La), m^{on} de camp. et m^{in}, c^{ne} de Reilhac. — *Castrum de Brosseta*, 1478 (arch. dép. s. E). — *Brossette*, 1595 (reconn. à la mais. de Clavières). — *Broussettes*, 1624 (état civ. d'Aurillac). — *La Broussette*, 1683 (id. de Crandelles). — *Brousset* (Cassini).

Broussette (La), écart, c^{ne} de Saint-Étienne-de-Maurs.

Broussette (La), dom. ruiné, c^{ne} de Saint-Victor. — *Affarium de la Brosseta*, 1327; — *Affar de Laboussette*, 1600 (pap. de la fam. de Montal).

Broussettes (Las), écart, c^{ne} de Sénezergues. — *La Brossa*, 1546 (min. Destaing, n^{re} à Marcolès).

Broussiens (Les), dom. ruiné, c^{ne} de Chalvignac. — *Affar des Brossozes*, 1549 (terr. de Miremont).

Broussoles, dom. ruiné, c^{ne} de Barriac. — *Villaige*

de Brossoles, 1629 (état civ. de Saint-Christophe). — *Broussoles*, 1784 (archives départementales, s. C, l. 38).

BROUSSOLLES, chât. détruit, c^ne d'Allenze. — *Brossoles*, 1455 (spicil. Brivat.).

BROUSSOLLES, vill., c^ne de Lorcières. — *Broussolles*, 1624 (terr. de Ligonnès). — *Boursolles*, 1697; — *Boursolle*, 1702 (état civ. de Joursac). — *Broussolle*, 1745 (arch. dép. s. C, l. 48).

BROUSSOLLES, vill. et m^in, c^ne de Sauvat. — *Villa Brociolis*, xiie s^e (charte dite *de Clovis*). — *Brousoles*, 1674 (état civ. de Menet). — *Broussoles*, 1686 (*id.* d'Ydes). — *Broussolles*, 1690 (*id.* de Chastel-Marlhac).

BROUSSOUS (LE), mont., c^ne de Parlan. — *Le Puech-Broussous*, 1748 (anc. cad.).

BROUSSOUS (LE), vill., c^ne de Velzic. — *Brossos*, 1456 (reconn. à l'abbesse de Saint-Jean-du-Buis d'Aurillac). — *Puech-Broussos*, 1485; — *Affarium de Brosses*, 1486 (*id.* à J. de Montamat). — *Affar de Brossas*, 1592 (terr. de N.-D. d'Aurillac). — *Villaige de Brossos; de Broussous*, 1594; — *Brossous*, 1595 (*id.* de Fracor). — *Broussoux*, 1695 (arch. dép. s. C, l. 8).

BROUSSOUZE, vill., c^ne du Vaulmier. — *La Brossola*, 1332; — *Broussouze*, 1589 (lièves du prieuré de Saint-Vincent). — *Brousouse*, 1671 (état civ. de Menet). — *Broussouze*, 1683 (*id.* de Saint-Vincent).

BROUSSOUZE, ruiss., affl. de la rivière de Mars, c^ne du Vaulmier; cours de 1,460 m.

BROUTY, vill. détruit, c^ne de Mentières. — 1784 (Chabrol, t. IV).

BROUZAC, vill., c^ne d'Arpajon. — *Brassac*, 1269 (arch. mun. d'Aurillac, s. FF, p. 15). — *Las Brozatz*, 1340 (arch. de l'hôp. d'Aurillac). — *Embrouzac; Brouzat*, 1465 (obit. de N.-D. d'Aurillac). — *Brosat*, 1522 (min. Vigery, n^re). — *Brouszact*, 1629 (état civ.). — *Brizac*, 1665 (*id.* de Jussac). — *Brozat*, 1668 (nommée au p^ce de Monaco). — *Brouzac*, 1704 (arch. dép. s. C).

BROUZAC, écart, c^ne d'Aurillac. — *La chalm de Brozat*, 1525 (arch. mun. s. II, t. VIII, f° 71). — *Mansus de la Calm*, 1531 (min. Vigery, n^re). — *Brouzat*, 1674 (état civ.).

BROUZAC, vill., c^ne de Vézac. — *Brozacum*, 1485 (reconn. à J. de Montamat). — *Brosatum*, 1522; — *Brosac*, 1531 (min. Vigery, n^re). — *Brozat*, 1583 (terr. de N.-D. d'Aurillac). — *Bruzat*, 1668 (nommée au p^ce de Monaco). — *Vrouzan*, 1670 (insin. du baill. d'Andelat). — *Brouzat*, 1680; — *Bronzac*, 1728; — *Brouzac*, 1760 (arch. dép.

s. C). — *Brouzat* (Cassini). — *Brousac*, 1857 (Dict. stat. du Cantal).

BROUZADET, vill., c^ne d'Arpajon. — *Brossadet*, 1269 (arch. mun. d'Aurillac, s. FF, p. 15). — *Brouzadet*, 1465 (obit. de N.-D. d'Aurillac). — *Brouszadet*, 1629 (état civ.). — *Brozadet*, 1679 (arch. dép. s. C, l. 5).

BROUZOLLE, ruiss., affl. de la Siorne, coule aux finages des c^nes de Saint-Bonnet-de-Salers, Saint-Martin-Valmeroux et de Drugeac; cours de 8,500 m. — *Ruisseau de Brouzotte*, 1837 (état des rivières du Cantal).

BROZADOUTTE (LA), mont. à vacherie, c^ne de Celoux.

BRU (LE), dom. ruiné, c^ne de Boisset. — *Villaige del Bru*, 1666 (état civ. de Maurs).

BRU (LE), vill. avec chapelle, c^ne de Charmensac. — *Mansus del Bru*, 1471 (terr. du Feydit).

BRU (LE), vill., c^ne de Leynhac. — *Le Bru* (Cassini).

BRU (LE), dom. ruiné, c^ne d'Ytrac. — *Affarium vocatum dal Bru*, 1402 (arch. mun. d'Aurillac, s. HH, c. 21). — *Affar appelé de Burc*, 1732; — *Burg*, 1736 (*id.* s. II, t. XV).

BRUC (LE), vill., c^ne de Vieillevie. — *Lou Brut*, 1549; — *Lou Bruc*, 1550 (min. Boygues, n^re). — *Lou Bouc*, 1767 (table des min. de Guy de Vayssieyra, n^re).

BRUEILLE (LA), mont. à vacherie, c^ne de Saint-Bonnet-de-Marcenat.

BRUÉJOUL, écart, c^ne de Roumégoux. — *Mansus de Brugal*, 1323 (pap. de la fam. de Montal). — *Bruégol*, 1638 (état civ. de Saint-Mamet). — *Bruégou*, 1667 (état civ. de Roumégoux). — *Bruégoul; Bruéjoul; Bruéyoul*, 1668; — *Bruégéol*, 1669 (nommée au p^ce de Monaco). — *Brézous*, 1767 (état civ. de Junhac). — *Bruéjouls*, 1857 (Dict. stat. du Cantal).

BRUEL (LE), m^in détruit, c^ne de Cayrols. — *Le molin del Bruelh*, 1570 (livre des achaps d'Ant. de Naucaze).

BRUEL (LE), ham., c^ne de Crandelles. — *Lou Bruelh*, 1540 (reconn. à l'hôtelier du monast. de Saint-Geraud, arch. mun. de Saint-Paul-des-Landes). — *Lou Bruel*, 1688 (état civ.). — *Le Bruet* (État-major). — *Le Brueil*, 1855 (Dict. stat. du Cantal).

BRUEL (LE), vill. et m^in, c^ne de Girgols. — *Lou Bruelh*, 1620; — *Lou Bruel*, 1626 (état civ. de Thiézac). — *Lou Breuil*, 1679; — *Loubruel*, 1697; — *Loubreuil*, 1717 (arch. dép. s. C, l. 15).

BRUEL (LE), dom. ruiné, c^ne de Laroquebrou. — *Lo Bruelh*, 1459 (arch. dép. s. G).

BRUEL (LE), vill., c^ne de Marcolès. — *Lo Bruelh*, 1407 (pièces de l'abbé Delmas). — *Lou Bruelh*,

1540 (min. Destaing, nᵣᵉ). — *Le Bruel* (État-major).

Bruel (Le), dom. ruiné, cⁿᵉ de Mourjou. — *Affar del Bruel,* 1760 (terr. de Saint-Projet).

Bruel (Le), ham., cⁿᵉ de Naucelles. — *Lou Bruelh,* xvᵉ s° (pièces de l'abbé Delmas). — *Lou Bruel,* 1564 (nommée au curé et prêtres de Naucelles). — *Lou Brueilh,* 1650 (état civ. d'Aurillac).

Bruel (Le), ham., cⁿᵉ de Nieudan. — *Broho,* 1341 (arch. dép. s. E). — *Brolium,* 1347 (id. s. G). — *Bruelh,* 1443 (reconn. au seign. de Montal). — *Lou Breuil,* 1650; — *Lou Brael,* 1663 (état civ.). — *Domaine du Bruel,* 1770; — *Le Brunt,* 1787 (arch. dép. s. G, l. 51).

Bruel (Le), vill., cⁿᵉ de Quézac. — *Lou Bruelh,* 1574; — *Lou Brual,* 1577 (livre des achaps d'Ant. de Naucaze). — *Lou Bruel,* 1645 (état civ.). — *Le Breuil,* 1857 (Dict. stat. du Cantal).

Bruel (Le), ham. et mⁱⁿ, cⁿᵉ de Quézac. — *Le Bruel,* 1670 (état civ. de Maurs).

Bruel (Le), ham., cⁿᵉ de Saint-Constant. — *Mas del Breulh,* xvɪɪᵉ s° (reconn. au prieur de Saint-Constant.) — *Lou Bruelh,* 1643; — *Le Bruel,* 1700 (état civ.).

Bruel (Le), ruiss., affl. du Célé, cⁿᵉ de Saint-Constant; cours de 2,920 m. — *Ruisseau de Sougueroux,* 1746; — *Rivière de Souleyroux,* 1749 (anc. cad. de Saint-Constant).

Bruel (Le), ruiss., affl. de la Rance, cⁿᵉ de Saint-Étienne-de-Maurs; cours de 2,500 m.

Bruel (Le), écart, cⁿᵉ de Saint-Illide. — *Le Bruel,* 1787 (arch. dép. s. C, l. 50).

Bruel (Le), dom. ruiné, cⁿᵉ de Saint-Paul-des-Landes. — *Affar del Bruel,* 1733 (arch. mun. d'Aurillac, s. II, reg. 15).

Bruel (Le), mont. à burons, cⁿᵉ de Saint-Projet.

Bruel (Le), écart, cⁿᵉ de Sansac-de-Marmiesse.

Bruel (Le), ham., cⁿᵉ de Vieillevie.

Bruel-Bas et Haut (Le), villages, cⁿᵉˢ de Saint-Étienne-de-Maurs.

Bruerchie (La), dom. ruiné, cⁿᵉ d'Arnac. — *Affar apelat de la Bruerchia,* 1471 (pap. de la fam. de Montal).

Bruge, mⁱⁿ et scierie, cⁿᵉ de Védrines-Saint-Loup.

Brugéas-Grand (Le), dom. ruiné, cⁿᵉˢ de la Chapelle-Laurent et de Saint-Poncy. — *Ténement de la Brugueyre,* 1610 (terr. d'Avenaux).

Brugeire (La), vill., cⁿᵉ de Chastel-Marlhac. — *La Brugeyre,* 1507 (terr. de Trizac). — *La Brugheyre,* 1668 (état civ. de Menet). — *La Brugière,* 1672 (id. de Menet). — *La Brugerre,* 1673; — *La Brugeire,* 1686 (id. de Trizac). — *Labrugère,*
1688 (id. de Chastel-Marlhac). — *La Brugère,* 1744 (arch. dép. s. C, l. 45).

Brugeire (La), vill., cⁿᵉ de Clavières. — *La Brugeire,* xvɪɪᵉ s° (état civ. de Chaliers). — *La Brugère,* 1745 (arch. dép. s. C, l. 43). — *La Brugière,* 1784 (Chabrol, t. IV). — *La Brugeyre,* 1855 (Dict. stat. du Cantal).

Brugeire (La), ham., cⁿᵉ de Lavastrie.

Brugeire (La), ham., cⁿᵉ de Sarrus. — *La Brugière,* 1494 (terr. de Mallet). — *La Brugeyre,* 1665 (insin. de la cour royale de Murat). — *La Brugerre* (Cassini). — *La Brugeire* (État-major).

Brugeires (Les), vill. détruit, cⁿᵉ de Laveissière. — *Villaige et affar de las Brugheyres; las Brugheyre,* 1668 (nommée au pᶜᵉ de Monaco).

Brugeires (Les), écart, cⁿᵉ de Saint-Étienne-Cantalès.

Brugeiroux, vill., cⁿᵉ de Chastel-sur-Murat. — *Brugayres,* 1285; — *Brugheyros,* 1409; — *Brugeyros,* 1441 (arch. dép. s. E). — *Brugeyrous,* 1535 (terr. de la vᵗᵉ de Murat). — *Brugheyroux,* 1580 (lièvе conf. de la vᵗᵉ de Murat). — *Brugoyrous,* 1598 (reconn. des consuls d'Albepierre). — *Brugeyroux; Breugeyroux,* 1600; — *Brugeirous,* 1618 (terr. de Dienne). — *Bregeyroux,* 1660 (état civ.). — *Brugeyroux,* 1668 (insin. de la cour roy. de Murat). — *Brugirroux,* 1689 (état civ.). — *Bregayroux,* 1695; — *Bregeroux,* 1696 (id. de la Chapelle-d'Alagnon). — *Brugerou,* 1704 (arch. dép. s. E). — *Brugeirou,* 1707 (état civ. de Murat). — *Brugairou* (Cassini). — *Brugeroux* (État-major).

Brugère (La), vill., cⁿᵉ de Joursac. — *La Brugeyre,* 1615 (terr. de Nubieux). — *La Prugeire,* 1702; — *La Brugière,* 1771 (lièvе de Mardogne).

Brugère (La), ham., cⁿᵉ de Lavastrie. — *La Breugeire,* 1494 (terr. de Mallet). — *Las Brugeiras,* 1618 (id. de Sériers). — *La Bougeyro,* 1680 (arch. dép. s. C). — *La Brugère,* 1740 (état civ. de Saint-Flour). — *La Brugière,* 1784 (Chabrol, t. IV). — *La Brugeire* (Cassini).

Brugerette (La), dom. ruiné, cⁿᵉ de Clavières. — *Villaige de la Brugueyrette,* 1686 (terr. de la Garde-Roussillon).

Brugerette (La), écart, cⁿᵉ de Maurines. — *Broighaireta,* 1338 (spicil. Brivat.). — *Brugeyrete; Bougeyrete; Brugierete,* 1494 (terr. de Mallet). — *Brugerettes; Bruguette,* 1784 (Chabrol, t. IV). — *Bugerette* (Cassini). — *La Brugerette* (État-major).

Bruget (Le), écart et mⁱᵒ, cⁿᵉ de Vic-sur-Cère. — *Lo Brughat,* 1353 (arch. dép. s. E). — *Le Bruget,* 1599 (état civ.). — *Bruzet,* 1671 (nommée au p^{ce} de Monaco). — *Le Brujet*, 1700 (état civ. de Saint-Clément). — *Le Brughet*, 1857 (Dict. stat. du Cantal).

BRUGET (LE), dom. ruiné et mont. à burons, c^{ne} de Vic-sur-Cère. — *La montagnhe de Bruget*, 1668; — *Affar de Bru-Dezier*, 1671 (nommée au p^{ce} de Monaco). — *Montagne de Bruzet*, 1769 (anc. cad.). — *Buron de Bruger* (états de sections).

BRUGEYRE (LA), vill., c^{ne} de Bournoncles. — *La Brugière*, 1494 (terr. de Mallet). — *La Brugère* (Cassini).

BRUGEYRE (LA), vill., c^{ne} de Faverolles. — *La Brugeyria*, 1323 (arch. mun. de Saint-Flour). — *La Bougeyre*, 1494 (terr. de Mallet). — *La Brugère*, 1784 (Chabrol, t. IV). — *La Brugaire* (Cassini). — *La Brugeaire* (État-major).

BRUGEYROUX (LA FON DE), mont. à vacherie, c^{ne} de Saint-Saturnin. — *Fons vocata del suc de Brugeyros*, 1366 (arch. dép. s. H).

BRUGIER (LE), dom. ruiné, c^{ne} de Mauriac. — *Le village de Brugier*, 1505 (comptes au doyen de Mauriac).

BRUGIER, bois défriché, c^{ne} de Vebret. — *Nemus vocatum de Brugier*, 1441 (terr. de Saignes).

BRUJALÈNES, vill. et m^{ins}, c^{ne} de Chastel-sur-Murat. — *Mansus de Brugalenas*, 1386 (arch. dép. s. G). — *Brugelas; Brughalenas*, 1403 (id. s. E). — *Brugialenas*, 1456; — *Brugelenas*, 1478 (terr. d'Antéroche). — *Brughala; Brughale; Brughalas*, 1491 (id. de Farges). — *Brugallenes*, 1518 (id. des Cluzels). — *Brughalenes*, 1535 (id. de la v^{té} de Murat). — *Breughalènes*, 1542 (arch. dép. s. G). — *Brugalenes*, 1559 (inv. des titres de la coll. de N.-D. de Murat). — *Brughalences*, 1591 (terr. de Bressanges). — *Brughalonnes*, 1598 (reconn. des cons. d'Albepierre). — *Brughallènes*, 1624 (lièvc de Murat). — *Brughalene*, 1653 (terr. du Saillant). — *Brugéalene*, 1664 (id. de Bredon). — *Brujalenes*, 1680 (terr. de la v^{té} de Murat). — *Brugéalenes*, 1686 (id. de Farges). — *Brugelenes*, 1690 (état civ. de Murat). — *Brugealene*, 1704 (arch. dép. s. E). — *Brughalaines*, 1706 (état civ. de Murat). — *Brugalhenes*, 1707 (lièvre de Farges). — *Bourgalene*, 1740 (id. de Bredon). — *Brujalaine* (Cassini).

BRULIÈRE (LA), ruiss., affl. de l'Arcomie, c^{ne} de Saint-Just; cours de 2,600 m. — *Buillière*, 1856 (Dict. stat. du Cantal).

BRUNETS (LES), mont. à vacherie, c^{ne} de Saint-Amandin. — *Montaigne des Brunetz*, 1650 (terr. de Feniers).

BRUNEVILLE, écart, c^{ne} de Marcenat.

BRUNIE (LA), ham., c^{ne} de Boisset. — *La Brunie*, 1668 (état civ. de Maurs). — *La Brunhe*, 1668 (nommée au p^{ce} de Monaco). — *La Brugne*, 1748 (anc. cad.).

BRUNIE (LA), vill. et m^{in}, c^{ne} de Freix-Anglards. — *La Brunia*, 1464 (terr. de Saint-Christophe). — *La Brunha*, 1522 (min. Vigery, n^{re}). — *La Burnhe*, 1659; — *La Brounhio*, 1662; — *La Brugnie*, 1663; — *La Brunho*, 1696; — *La Brunhe*, 1700; — *La Burgie*, 1701 (état civ. de Saint-Cernin). — *Labrunhe*, 1730; — *Labrunie*, 1753 (arch. dép. s. C, l. 32). — *La Brunie* (Cassini).

BRUNIE (LA), dom. ruiné, c^{ne} de Laroquevieille. — *Affar de la Brunhie, alias Delpon*, 1552 (terr. de Nozières).

BRUNIE (LA), écart, c^{ne} de Leynhac.

BRUNIE (LA), f^{me}, c^{ne} de Naucelles. — *Affar de Labrunie*, 1692 (terr. de Saint-Geraud).

BRUNIE (LA), écart, c^{ne} de Saint-Constant. — *La Brunha appellée Guisbert*, 1641; — *La Brunhie*, 1697 (état civ.). — *La Brunhe*, 1714 (pièces du cab. Lacassagne). — *Labrunie*, 1747 (anc. cad.).

BRUNIE (LA), vill., c^{ne} de Saint-Saury. — *La Brunhe*, 1671 (état civ.). — *Labrunie; Labrunhe*, 1771 (arch. dép. s. C). — *La Brunhie*, 1857 (Dict. stat. du Cantal).

BRUNIE (LA), vill., c^{ne} de Vitrac.

BRUNIE (LA), f^{me}, c^{ne} d'Ytrac. — *La Brunia*, 1636 (état civ. de Naucelles). — *La Brunio*, 1637 (lièvc de Poul). — *La Brunhio*, 1640 (état civ. de Naucelles). — *La Brunha*, 1658 (état civ. d'Aurillac). — *La Brunhe*, 1668 (nommée au p^{ce} de Monaco). — *La Brunhie*, 1739 (anc. cad.). — *La Brunie*, 1750 (arch. dép. s. C).

BRUNIE-BASSE (LA), ham., c^{ne} de Vitrac.

BRUNIE-HAUTE (LA), vill., c^{ne} de Vitrac. — *Las Brunias*, 1462 (pièces de l'abbé Delmas). — *La Brunia*, 1541 (min. Destaing, n^{re}). — *La Brulhe*, 1668 (nommée au p^{ce} de Monaco). — *La Brunie* (Cassini).

BRUNO, écart détruit, c^{ne} de Bonnac.

BRUNOBRÉ, f^{me}, c^{ne} de Saint-Mamet-la-Salvetat.

BRUNOBRE, ruiss., affl. de la Cère, c^{ne} de Saint-Mamet-la-Salvetat; cours de 4,370 m. — On le nomme aussi *Bonak* et *Riou-Frais*.

BRUNON, dom. ruiné, c^{ne} de Thiézac. — *Affar de Breunon; de Breuréon, et enciennement nommé de Font-Brunet*, 1674 (terr. de Thiézac).

BRUSQUET (LE), ham., c^{ne} de Jabrun. — *Al Brusquet*, 1508; — *Le Brusquel*, 1730 (terr. de la Garde-Roussillon).

BRUSQUET (LE), ruiss., affl. du Tailladès, c^{ne} de Jabrun; cours de 2,000 m. — *Ruisseau de las Lavades*, 1686 (terr. de la Garde-Roussillon).

Brussol (Le), dom. et m¹ⁿ détruits, cⁿᵉ d'Arpajon. — *Domaine appellé de Brussol; chazal de molin appellé de Brussolz*, 1586 (terr. de N.-D. d'Aurillac).

Bruyère (La), f^{me}, cⁿᵉ de Chalvignac.

Bruyère-Grosse (La), mont. à vacherie, cⁿᵉ d'Alleuze. — *Pasturalis vocatus de las Bruchas*, 1510 (terr. de Maurs).

Buchanie (La), dom. ruiné, cⁿᵉ de Paulhac. — *Affarium de la Buschania*, 1341 (homm. à l'évêque de Clermont).

Budiès, vill., cⁿᵉ de Neuvéglise. — *Bildy*, 1784 (Chabrol, t. IV).

Buel (Le), mont. à burons, cⁿᵉ de Malbo. — *Le Buel*, 1627 (pièces du cab. Lacassagne). — *Le Buel, alias le Castelhou*, 1668; — *Le Bueil*, 1669; — *Lesbuel*; *Lebuel*, 1670 (nommée au p^{cé} de Monaco). — *Buron de Buelle* (Cassini).

Bueyre (La), dom. ruiné, cⁿᵉ de Saint-Julien-de-Jordanne. — *Affar appelé de la Bueyre*, 1573 (terr. de la chapell. des Blats).

Bueysse, dom. ruiné, cⁿᵉ de Thiézac. — *Affar appellé de Bueysse*, 1670 (nommée au p^{cé} de Monaco).

Buffe-Froid, écart, cⁿᵉ de Saint-Mamet-la-Salvetat.

Buffier (Le), vill., cⁿᵉ de Condat-en-Feniers. — *Le Buffier*, 1550 (lièvre du q^r de Marvaud). — *Le Bufier*, xvie s^e (lièvre conf. de Feniers). — *Buffey*, 1673; — *Bufey*, 1674; — *Bufay*, 1681; — *Bussey*, 1683 (état civ.).

Buffiérettes, ham., cⁿᵉ de Lieutadès. — *Buffeiretas*; *Buffieretas*, 1508; — *Buffeyrettes*, 1662; — *Buffieyrettes*, 1730 (terr. de la Garde-Roussillon). — *Buffierettes* (Cassini).

Buge (La), mont. à vacherie, cⁿᵉ de Celles. — *Lo Bughe Redonde*, 1681 (terr. de Celles).

Buge (La), mont. à vacherie, cⁿᵉ de Chastel-sur-Murat. — *La Bughe*, 1535 (terr. de la v^{té} de Murat). — *La Buge*, 1680 (id. des Bros).

Buge (La), vill., cⁿᵉ de Cheylade. — *Mansus de la Buygha*, 1365; — *La Buge*, xviie s^e (arch. dép. s. E). — *La Bugi*, 1618 (terr. de Dienne). — *La Bugo*, 1646 (lièvre conf. de Valrus). — *La Bugy*, 1784 (Chabrol, t. IV).

Buge (La), ruiss., affl. du ruisseau de Chamalières, cⁿᵉ de Cheylade; cours de 3,200 m. — *L'eau appellée Laguaygue del Cros*, 1520 (min. Teyssendier, n^{re} à Cheylade).

Buge (La), vill., cⁿᵉ de Lavigerie. — *La Boyga*, 1279; — *La Buygha*, 1441; — *La Bugia*, 1455 (arch. dép. s. E). — *La Bugha*, 1489 (lièvre de Dienne).

— *La Buge*, 1551 (terr. de Dienne). — *La Bugy*, 1672 (état civ. de Murat).

Par ordonn. royale du 24 octobre 1821, l'église de la Buge a été réunie à celle de Lavigerie, érigée en succursale par la même ordonnance.

Buge (La), écart, cⁿᵉ de Saint-Flour.

Buge (La), écart, cⁿᵉ de Veyrières.

Buge (La), mont. à vacherie, cⁿᵉ de Vieillespesse.

Buge-Blanche (La), mont. à vacherie, cⁿᵉ de Landeyrat.

Buge-Cairade (La), mont. à burons, cⁿᵉ de Saint-Saturnin.

Bugelescas, dom. ruiné, cⁿᵉ de Saint-Cernin. — *Tènement appellé de Bugelescas*, 1636 (lièvre de Poul).

Buge-Longue (La), mont. à vacherie, cⁿᵉ d'Anglards-de-Salers.

Bugeonne (La), mont. à vacherie, cⁿᵉ de Chastel-sur-Murat. — *Montaigne de la Bughona*, 1535 (terr. de la v^{té} de Murat).

Bugeotte-Grande (La), mont. à vacherie, cⁿᵉ de Valuéjols. — *La Bughote-Grande*, 1687 (terr. de Loubeysargues).

Buge-Redonde (La), dom. ruiné, cⁿᵉ de Valuéjols. — *Bugha vocata la Buge-Redonda; la Boygha-Redonda*, 1511 (terr. de Maurs).

Buge-Rouge (La), mont. à vacherie, cⁿᵉ d'Allanche.

Buges (Les), vill., cⁿᵉ de Menet.

Buges (Les), mont. à vacherie, cⁿᵉ de Saint-Bonnet-de-Salers.

Buges (Les), vill., cⁿᵉ de Saint-Urcize. — *La Bugie*, 1494 (terr. de Mallet). — *Buges* (Cassini).

Buge-Soutronne (La), mont. à burons, cⁿᵉ de Pradiers.

Bugeste (La), mont. à burons, cⁿᵉ de Narnhac.

Bugie (La), dom. ruiné, cⁿᵉ de Saint-Martin-Valmeroux. — *Affar del Mas de la Bugha*, 1665 (terr. de N.-D. d'Aurillac).

Bugosche (La), écart, cⁿᵉ d'Apchon.

Buis (Le), monast. détruit, cⁿᵉ d'Aurillac. — *Buxum*, 1162 (Gall. christ., t. II, c. 456). — *Bussum*, 1297 (test. de Geraud de Montal). — *Buyum*, 1306 (arch. dép. s. H). — *Le Buys*, 1340 (invest. de l'hôp. de Saint-Jean-du-Buis). — *Locus de Buxo*, 1392 (arch. dép. s. H). — *Buxe*, 1397 (pièces de l'abbé Delmas). — *Buxocetum*, 1456 (reconn. à l'abbesse du Buis). — *Buexum*, 1485 (arch. dép. s. E). — *Sainct-Jean du Boix-lès-Aurillac*, 1573 (id. s. H). — *Sainct-Jean del Boys*, 1669 (nommée au p^{cé} de Monaco). — *Lou Bouix*, 1681 (arch. mun. d'Aurillac, s. CC, p. 3). — *Le Buys*, 1684 (état civ.).

Le couvent du Buis était, avant 1789, le siège

DÉPARTEMENT DU CANTAL.

d'une justice seign. régie par le droit écrit, et ressort. au bailliage d'Aurillac, en appel de sa prév. part.

Buis (Le Puy du), dom. ruiné, c^{ne} d'Aurillac. — *Affar del Puech-lou-Bos; mas del Puech-du-Boys; mas dal Puech-du-Boyx*, 1528 (terr. du consulat d'Aurillac).

Buisson (Le), écart, c^{ne} de Saint-Étienne-de-Carlat.

Buisson (Le), ham. et chât. fort ruiné, c^{ne} de Villedieu.

Par ordonn. royale du 11 février 1824, le Buisson a été distrait de la c^{ne} d'Alleuze et réuni à celle de Villedieu.

Buisson-de-Moustaune (Le), écart, c^{ne} d'Omps.

Buldour (Le), vill., c^{ne} de Riom-ès-Montagnes. — *Le Buldour*, 1673 (état civ. de Menet). — *Le Burdou*, 1783 (dénombr. du prieuré de Menet). — *Bulhom*, 1784 (Chabrol, t. IV). — *Le Turdou* (Cassini). — *Le Bredou* (État-major).

Bulits (Ei-), écart, c^{ne} du Claux. — *Les Bulitz*, 1513; — *Les Bulictz*, 1539 (terr. de Cheylade). — *Les Galits; les Galats*, 1592 (vente de la terre de Cheylade). — *Les Bullit*, 1656 (lièvre conf. de Valrus). — *Les Bullerts*, xviie s^e (arch. dép. s. E). — *Les Bulits*, xviie s^e (table du terr. de Cheylade). — *Ebulit* (Cassini). — *Ezbalis*, 1855 (Dict. stat. du Cantal).

Buratou, m^{in}, c^{ne} de Cezens.

Burc, ham. avec manoir, c^{ne} de Barriac. — *Burc*, 1746 (arch. dép. s. C, l. 18). — *Burc* (Cassini).

Burdou (Le), vill., c^{ne} de Jaleyrac. — *Lou Boudouc*, 1473 (terr. de Mauriac). — *Le Brugdor*, 1549 (id. de Miremont). — *Le Brudou*, 1668 (état civ. de Massiac).

Burdou (Le), ruiss., affl. de la Rieulière, c^{nes} du Vigean et de Jaleyrac; cours de 2,535 m.

Burgassou (Le), mont. à vacherie, c^{ne} d'Allanche.

Burgeire (La), mont. à vacherie, c^{ne} de Cussac.

Burgerettes (Les), vill., c^{ne} de Lieutadès. — *Las Burgerettes* (Cassini). — *Las Burgairettes* (État-major).

Burgeyrettes-Basses (Les), dom. ruiné, c^{ne} de Lieutadès. — *La Brugeireta-Soteirane; la Brugerète-Soteyrane*, 1508; — *Las Brugeyrettes-Soutoyranes*, 1662 (terr. de la Garde-Roussillon).

Burgeyrettes-Hautes (Les), dom. ruiné, c^{ne} de Lieutadès. — *La Brugueireta-Soberaine; la Bruguete-Soberane; la Bruguerète-Sobeirane*, 1508; — *Affard dudit village qu'estoit entienement les Brugueyrettes-Soubeyranes, où il y avoit maisons, granges estables et, à présent, sont chazaulx*, 1662; — *La Brugueyrette-Soubeyrane*, 1686 (terr. de la Garde-Roussillon).

Burlaines (Les), dom. ruiné et mont. à vacherie, c^{nes} de Dienne et de Lavigerie. — *Mansus de Brugano*, 1279 (arch. dép. s. E). — *Bois appellés de las Brugeires*, 1618 (terr. de Dienne).

Burnesiol, dom. ruiné, c^{ne} de Freix-Anglards. — *Villaige de Burnesiol*, 1660; — *Burnesiol*, 1662 (état civ. de Saint-Cernin).

Buron-Nord (Le), mont. à vacherie, c^{ne} de Saint-Projet.

Buron-Sud (Le), mont. à vacherie, c^{ne} de Saint-Projet.

Busange, dom. ruiné, c^{ne} de Lanobre. — *Villaige de Busange*, 1690 (état civ. de Chastel-Marlhac).

Busanges, vill., c^{ve} de Saint-Pierre-du-Peil. — *Buzanges*, 1655 (insin. du bailliage de Salers). — *Busange* (Cassini). — *Buzange* (État-major).

Busquet (Le), écart, c^{ne} de Cassaniouze.

Bussac, vill., c^{ne} de Massiac. — *Buffar*, 1656; — *Bussac*, 1666 (état civ. de Saint-Victor-sur-Massiac). — *Bussat*, 1784 (Chabrol, t. IV).

Bussières, vill. détruit, c^{ne} de Lieutadès.

Bussinie (La), f^{me}, m^{in} et mont. à burons, c^{ne} de Saint-Saturnin. — *La Bessonhas; la Bussanhe*, 1513; — *La Bussinhe*, 1514 (terr. de Cheylade). — *La Bussonia; la Bussunye*, 1543 (arch. dép. s. G). — *La Bussinie*, 1543 (la mais. de Graule). — *La Bessonge; la Bussignie*, xviie s^e (table du terr. de Cheylade).

Bussy (La), écart, c^{ne} d'Apchon. — *La Bessy*, 1518 (terr. d'Apchon). — *La Bussy*, 1777 (table de ce terr.). — *La Bussie* (Cassini).

Butaine (La), ruiss., affl. de la Rieulière, c^{nes} du Vigean et de Jaleyrac; cours de 3,630 m. — On le nomme aussi *Jaleyrac*. — *Rivus de las Boudelcas*, 1473; — *Rivus d'Angeirollas*, 1474 (terr. de Mauriac). — *Ruisseau de Bethane; russeau d'Angerollos; la rivière de Jaleyrac*, 1549 (terr. de Miremont).

Buzers (Le), vill., c^{ne} de Saint-Martin-sous-Vigouroux. — *Busies*, 1661 (état civ. de Pierrefort). — *Buserelz*, 1668 (nommée au p^{ce} de Monaco). — *Buzers* (Cassini). — *Bugerts* (État-major).

C

Cabanac, m^{in} détruit, c^{ne} de Leynhac. — *Moulin de Cavaniac*, 1865 (Dict. stat. du Cantal).

Cabañat, vill. détruit, c^{ne} de Montboudif. — *Mansus de Cabasnat*, 1270 (Hist. de l'abb. de Feniers).

Cabane (La), écart, c^{ne} d'Arches.

Cabane (La), écart, c^{ne} d'Ayrens.

Cabane (La), ham., c^{ne} de Glénat.

Cabane (La), écart, c^{ne} de Junhac. — *Cabanes*, 1668 (nommée au p^{ce} de Monaco). — *La Cabane*, 1749 (anc. cad.).

Cabane (La), vill. détruit, c^{ne} de Ladinhac. — *La Cabane* (Cassini).

Cabane (La), écart, c^{ne} de Lanobre. — *La Cabanne*, 1856 (Dict. stat. du Cantal).

Cabane (La), écart, c^{ne} de Leynhac. — *Cabane* (Cassini). — *La Cabanne*, 1856 (Dict. du Cantal).

Cabane (La), ham., c^{ne} de Maurs.

Cabane (La), écart, c^{ne} de Mourjou.

Cabane (La), écart, c^{ne} de Parlan. — *La Cabane*, 1645; — *La Cabanes*, 1647 (état civ.). — *Lascabanes*, 1748 (anc. cad.).

Cabane (La), f^{me}, c^{ne} de Prunet. — *La Cabane*, 1671 (nommée au p^{ce} de Monaco). — *La Cavane* (Cassini).

Cabane (La), écart, c^{ne} de Quézac. — *La Cabanne*, 1857 (Dict. stat. du Cantal).

Cabane (La), écart, c^{ne} de Rouziers. — *La Cabane*, 1590 (livre des achaps d'Ant. de Naucaze).

Cabane (La), écart, c^{ne} de Sénezergues.

Cabane (La), ham., c^{on} de Trémouille-Marchal. — *La Chabanne*, 1732 (terr. du fief de la Sépouse). — *La Chabane* (Cassini).

Cabane (La), écart, c^{ne} de Veyrières.

Cabaneaux (Les), écart, c^{ne} de Vic-sur-Cère.

Cabane-d'Aumont (La), ham., c^{ne} de Fournoulès. — *La Cabanne d'Aumont*, 1855 (Dict. du Cantal).

Cabane-de-Bruzon (La), écart, c^{ne} de Calvinet. — *Burbuzou-Haut* (Cassini).

Cabane-de-Carry (La), écart, c^{ne} de Sénezergues.

Cabane-de-Falissard (La), écart, c^{ne} de Mourjou.

Cabane-de-Garriguet (La), écart, c^{ne} de Mourjou.

Cabane-de-Labro (La), écart détruit, c^{ne} de Cassaniouze. — *Lou Cabanou*, 1670 (état civ.). — *La Cabane-de-Labro*, 1740 (anc. cad.).

Cabane-de-la-Coste-Vert (La), écart, c^{ne} de Sansac-Veinozès.

Cabane-des-Sabotiers (La), écart, c^{ne} de Bonnac.

Cabane-du-Bousquet (La), écart, c^{ne} de Marcolès.

Cabanelle (La), ham., c^{ne} de Rouziers.

Cabanelles (Les), écart, c^{ne} de Marmanhac.

Cabanes, chât., c^{ne} de Carlat. — *Chabanctum*, 1470 (pap. de la fam. de Montal). — *Chabannet*, 1498 (arch. dép. s. E). — *Chabanel*, 1646 (état civ. de Naucelles).

Cabanes, f^{me} avec manoir, c^{ne} de Carlat. — *Cabanas*, 1485 (reconn. à J. de Montamat). — *Cabane*, 1522 (min. Vigery, n^{re} à Aurillac). — *Cabanes*, 1668 (nommée au p^{ce} de Monaco).

Cabanes, dom. ruiné, c^{ne} de Freix-Anglards. — *Affarium de Cabanas*, 1522 (min. Vigery, n^{re}).

Cabanes, vill., c^{ne} de Polminhac. — *Cabanas*, 1485 (reconn. à J. de Montamat). — *Cabanes*, 1583 (terr. de Polminhac). — *Cabannes*, 1671 (nommée au p^{ce} de Monaco).

Cabanes, vill. et chât. détruit, c^{ne} de Siran. — *Cabanas*, 1350 (terr. de l'Ostal de la Trémolieyra). — *Cabanes*, 1616 (état civ.). — *Cabane* (Cassini). — *Cabannes*, 1857 (Dict. du Cantal).

Cabanusse, vill., c^{ne} de Polminhac. — *Cabanussas*, 1485 (reconn. à J. de Montamat). — *Cabanusses*, 1583 (terr. de Polminhac). — *Cabannusses*, 1609 (homm. au roi par les prêtres de Polminhac). — *Cabanus*, 1626 (min. Sarrauste, n^{re} à Laroquebrou). — *Cabanuses*, 1665 (état civ.). — *Cabanusse*, 1668 (nommée au p^{ce} de Monaco). — *Cavanusse*; *Cabannesusse*, 1670 (état civ.).

Cabanusse, écart et m^{in}, c^{ne} de Vic-sur-Cère. — *Mansus de Cabanussas*, 1487 (reconn. à J. de Montamat). — *Cabanusses*, 1600 (état civ.). — *Le petit moulin de Cabanusse*, 1769 (anc. cad.).

Cabanusse, ruiss., affl. de la Cère, c^{nes} de Vic-sur-Cère et de Polminhac; cours de 1,100 m.

Cabarnac, vill. et m^{in}, c^{ne} d'Arnac. — *Cabarnas*, 1316 (arch. mun. d'Aurillac, s. HH, c. 21). — *Cabarnacum*, 1442 (reconn. au seign. de Montal). — *Cabernac*, 1550 (terr. de l'Hôpital). — *Cavarnac*, 1638 (état civ. de Saint-Santin-Cantalès). — *Carbanat*, 1672 (id. d'Arnac). — *Cavernac*, 1743 (anc. cad. de Saint-Santin-Cantalès).

Cabarnac, vill., c^{ne} de Saint-Santin-Cantalès. — *Cabarnac* (Cassini).

Cabauf, m^{in} détruit, c^{ne} de Trémouille-Marchal. — — *Le moulin de Cabauf*, 1732 (terr. du fief de la Sépouse).

CABILLÈRE, m^{in} détruit, c^{ne} de Maurines.
CABORCHOLES (LES), dom. ruiné, c^{ne} de Saint-Mamet-la-Salvetat. — *Cabarcholes*, 1745 (anc. cad.).
CABORLINCAS, dom. ruiné, c^{ne} de Junhac. — *Affar appellé Caborlincas*, 1669 (nommée au p^{ce} de Monaco).
CABOT (LE Bos DE), dom. ruiné, c^{ne} de Boisset. — *L'affar de Cabot*, 1668 (nommée au p^{ce} de Monaco). — *Lo bos de Cobot* (états de sections).
CABOUTIE (LA), ham., c^{ne} de Boisset. — *La Caboussie*, 1668 (nommée au p^{ce} de Monaco). — *La Caboutie; la Couboulie; la Caboulie*, 1748 (anc. cad.). — *La Calboutie* (Cassini).
CABRE (LA), ruiss., affl. du ruisseau de Levandès, c^{nes} de la Trinitat et de Jabrun; cours de 7,000 m. — *Rif de la Cabra*, 1508; — *Ruisseau de la Cabre*, 1686 (terr. de la Garde-Roussillon).
CABRELIÈRE (LA), dom. ruiné, c^{ne} de Giou-de-Mamou. — *Affar appellé de Cabrelieyres; Cabrelière*, 1692 (terr. du monast. de Saint-Geraud). — *Buge de Cabrilieyre*, 1740 (anc. cad.).
CABRESPINE, écart, c^{ne} d'Arpajon.
CABRESPINE, m^{in} détruit, à d'Aurillac. — 1684 (procès-verbal pour les murs et fossés de la ville).
CABRESPINE, écart, c^{ne} de Cassaniouze. — *Affar de Cabrespine*, 1760 (terr. de Saint-Projet).
CABRESPINE, dom. ruiné, c^{ne} de Faverolles. — *Territorium de Chabra Espina*, 1294 (arch. dép. s. H).
CABRESPINE, vill., c^{ne} de Leynhac. — *Mansus de Cabrespinas*, 1301 (pièces de l'abbé Delmas). — *Cabrespines*, 1555 (min. Destaing, n^{re} à Montsalvy). — *Cabrespine*, 1668 (nommée au p^{ce} de Monaco).
CABRESPINE (LA CHAPELLE DE), chapelle détruite, c^{ne} de Marcolès. Elle était dédiée à Notre-Dame.
CABRESPINE, ruiss., affl. de la Cère, c^{nes} de Montvert et de Laroquebrou; cours de 3,400 m. — On le nomme aussi *Lestancou*.
CABRESPINE, écart, c^{ne} de Roussy.
CABRESPINE, mont. à burons, c^{ne} de Saint-Projet. — V^{rie} *de Cabrespine* (État-major).
CABRIAC, écart, c^{ne} de Carlat. — *Cabriol*, 1854 (Dict. stat. du Cantal).
CABRIÈRES, écart, c^{ne} d'Arpajon. — *Cabrières*, 1670 (nommée au p^{ce} de Monaco). — *Cabrière*, 1740 (anc. cad.).
CABRIEU, écart, c^{ne} de Carlat. — *Cabrols*, 1668 (nommée au p^{ce} de Monaco). — *Cabrials*, 1695 (terr. de la command. de Carlat). — *Cabriol*, 1855 (Dict. stat. du Cantal).
CABRILLADE (LA), vill. et m^{in} détruit, c^{ne} de Lieutadès. — *La Cabrilhade*, 1508; — *Chabrelhade; Chabrilhade*, 1662; — *Chabrellade*, 1686; — *Cabrel-*lade, 1730 (terr. de la Garde-Roussillon). — *Cabrillades* (Cassini). — *Cabrillade* (État-major).
CABROL, chât. détruit, c^{ne} d'Arpajon. — *Le ripère de Cabrolle*, 1670 (nommée au p^{ce} de Monaco).
CABROL, écart, c^{ne} de Parlan, auj. réuni au bourg. — *Cabrols*, 1748 (anc. cad.).
CABROL, dom. ruiné, c^{ne} d'Yolet. — *Le villaige de Cabrol*, 1692 (terr. de Saint-Geraud).
CABROLS, dom. ruiné, c^{ne} de Saint-Mamet-la-Salvetat. — *Las Cabrolles*, 1739 (anc. cad.).
CABROLS, dom. ruiné, c^{ne} de Saint-Martin-sous-Vigouroux. — *Villaige de Cabrolz*, 1668 (nommée au p^{ce} de Monaco).
CABROLS (A), écart, c^{ne} de Saint-Simon.
CABROLS, m^{in}, c^{ne} de Saint-Simon. — *Molin de Cabrol*, 1692 (terr. du monast. de Saint-Geraud).
CACHEBEURRE, vill., c^{ne} de Saint-Étienne-de-Riom. — *Cachebeurre*, 1744 (arch. dép. s. E). — *Cache-Burre*, 1768 (id. s. C, l. 46). — *Cache-Beure* (Cassini).
CACHEBROCHE, ruiss., affl. du ruisseau de Landeyrat, c^{nes} de Vernols et d'Allanche; cours de 1,500 m.
CACHEBROSSE, mont. à vacherie, c^{ne} de Vernols.
CACHE-FÈVE, m^{in} détruit, c^{ne} de Saignes. — *Molendinum vocatum de Cacha-Fava, sive de Fraysser*, 1441 (terr. de Saignes).
CADÉRIOU, m^{in}, c^{ne} de Bonnac.
CAHOUET, écart, c^{ne} d'Ayrens.
CAILAT, vill., c^{ne} de Lascelle. — *Le Caylar*, 1594 (terr. de Fracor). — *Caillar*, 1639 (pièces du cab. Lacassagne). — *Lou Cailar*, 1695; — *Loucaylar*, 1720 (arch. dép. s. C).
CAILAT (LE), m^{in}, c^{ne} de Saint-Cirgues-de-Jordanne.
CAILAT-BICTOR (LE), écart, c^{ne} de Lascelle.
CAILHAC, ham. et chât., c^{ne} de Vézac. — *Calhac*, 1485 (reconn. à J. de Montamat). — *Calacium*, 1522 (min. Vigery, n^{re}). — *Calhiac*, 1610 (aveu de J. de Pestels). — *Cailhac*, 1668 (nommée au p^{ce} de Monaco). — *Caliat*, 1747 (inv. des titres de l'hôp. d'Aurillac). — *Caillac* (Cassini).
CAILLAC, mont. à burons, c^{ne} de Pailhérols.
CAILLENAIRE, m^{in}, c^{ne} de Védrines-Saint-Loup.
CAÏRE (LE), écart, c^{ne} de Cezens. — *Lou Cayre*, 1459 (arch. dép. s. G). — *Lou Caire*, 1608 (terr. de Sériers). — *La Cayre* (Cassini).
CAÏRE (LA), ruiss., affl. de la Près, c^{ne} de Cezens; cours de 3,000 m. — *Cayre*, 1855 (Dict. stat. du Cantal).
CAÏRE (LE), vill. à manoir, c^{ne} de Cheylade. — *Cayre*, 1519 (terr. d'Apchon). — *Lou Quaire*, 1585 (id. de Graule). — *Le Quayre*, 1784 (Chabrol, t. IV).
Le Caire était, avant 1789, le siège d'une jus-

tice seign. régie par le droit cout., et ressort. à la sénéch. d'Auvergne, en appel de la prév. de Saint-Flour.

CAIRE (LE), écart, c^{ne} du Fau.

CAIRE (LE), vill. détruit, c^{ne} de Lavastrie. — *Villaige de lou Caire*, 1618 (terr. de Sériers).

CAIRE (LA), vill., c^{ne} de Riom-ès-Montagnes. — *Las Cayras*, 1441 (terr. de Saignes). — *La Caire*, 1512 (id. d'Apchon). — *La Cayre* (État-major). — *Las Cayres*, 1857 (Dict. stat. du Cantal).

CAIRE (LE), ham., c^{ne} de Saignes.

CAIRE (LE), dom. ruiné, c^{ne} de Sansac-de-Marmiesse. — *Affarium dal Cayre*, 1295 (arch. dép. s. E).

CAIRE (LE), mont. à burons, c^{ne} de Vèze.

CAIRONIÈRE (LA), dom. ruiné, c^{ne} de Tessières-les-Bouliès. — *La Cayronieyre; la Queyronieyre*, 1692 (terr. de Saint-Geraud).

CAIROUSES (LES), dom. ruiné, c^{ne} de Velzic. — *Bugha de las Queyrouzes*, 1594 (terr. de Fracor).

CAISSIOL, ham., c^{ne} de Laroquebrou. — *Cayssials*, 1333 (arch. mun. d'Aurillac, s. HH, c. 21). — *Caysials*, 1368 (arch. dép. s. G). — *Mansus de Caysiale*, 1471 (pap. de la fam. de Montal). — *Cayssialz*, 1669 (nommée au p^{ce} de Monaco). — *Cayssiols* (Cassini).

CAIZAL, ruiss., affl. de la Rasthène, c^{ne} de Badailhac; cours de 2,000 m.

CAIZAC, vill. et chât., c^{ne} de Saint-Étienne-de-Carlat. — *Cayssacum*, 1469 (terr. de Saint-Christophe). — *Queyzacum*, 1486 (reconn. à J. de Montamat). — *Quaisiac*, 1610 (aveu de J. de Pestels). — *Caigeac*, 1611 (état civ. de Thiézac). — *Queygiac*, 1630; — *Cazziac*, 1674 (id. d'Aurillac). — *Coigeat*, 1668 (nommée au p^{ce} de Monaco). — *Caissaie*, 1669 (état civ. de Marmanhac). — *Caighac*, 1669; — *Cayzac*, 1671 (id. de Polminhac). — *Caysac*, 1675 (id. de Leucamp). — *Queyhac; Cayghac; Caniac*, 1692 (id. du monast. de Saint-Geraud). — *Queygeac*, 1695; — *Queygheac; Queigheuc*, 1696; — *Queigeac*, 1736 (id. de la command. de Carlat). — *Caizac* (Cassini).

CALAMÈNE, dom. ruiné, c^{ne} de Marcolès. — *Locus de Calamena*, 1522 (min. Vigery, n^{re} à Aurillac).

CALAU, vill. et mⁱⁿ abandonné, c^{ne} de Pleaux. — *Calau*, 1650 (état civ.). — *Calon*, 1743 (arch. dép. s. C, I. 40).

CALAUX (LONG), dom. ruiné, c^{ne} de Reilhac. — *Villaige de Long Calaux*, 1634 (état civ.).

CALDAYROU, mⁱⁿ, c^{ne} de Ladinhac.

CALDEMAISONS, vill., c^{ne} de Siran. — *Caldasmaygos*, 1406 (reconn. au seign. de Montal). — *Mansus de Caldis Domibus*, 1428; — *Caldas-Mayghos*, 1443 (arch. mun. d'Aurillac, s. HH, c. 21). — *Caldesmaisons*, 1617 (état civ.). — *Caldemaison* (Cassini).

CALDEYRAC, dom. ruiné, c^{ne} de Cayrols. — *Villaige de Caldeyrac*, 1653 (état civ.).

CALDEYROU, vill., c^{ne} de Boisset. — *Caldairou*, 1624 (état civ. de Saint-Mamet). — *Caldeyrou*, 1663 (id. de Cayrols).

CALENX, dom. ruiné, c^{ne} de Laroquebrou. — *Mansus de Calenx*, 1405 (pap. de la fam. de Montal).

CALETTE (LA), écart, c^{ne} de Saint-Pierre-du-Peil.

CALFOUR (LE), dom. ruiné, c^{ne} de Crandelles. — *Affarium delz Calforn*, 1307 (arch. mun. d'Aurillac, s. HH, c. 21).

CALFOUR, mⁱⁿ, c^{ne} de Giou-de-Mamou.

CALHAC, vill., c^{ne} de Mourjou. — *Caliac; Cailac*, 1553 (procès-verbal Veny). — *Calhac*, 1670 (terr. de Calvinet).

CALHAC-BAS, écart, c^{ne} de Mourjou.

CALHAC-HAUT, dom. ruiné, c^{ne} de Mourjou.

CALLAS, dom. ruiné, c^{ne} de Cros-de-Montvert. — *Villaige de Callas*, 1618 (état civ.).

CALM (LA), dom. ruiné, c^{ne} de Glénat. — *La Calm*, 1597 (min. Lascombes, n^{re}).

CALM (LA), dom. ruiné, c^{ne} de Junhac. — *Villaige de Calme*, 1670 (nommée au p^{ce} de Monaco).

CALM (LA), dom. ruiné, c^{ne} de Laroquebrou. — *Mansus da la Calm*, 1308 (arch. dép. s. G).

CALM (LA), écart, c^{ne} de Reilhac.

CALMÉJANE, f^{me}, c^{ne} de Badailhac. — *Calm-Meiana*, 1369 (arch. mun. d'Aurillac, s. FF, p. 15). — *Camp-Méjane*, 1669 (nommée au p^{ce} de Monaco). — *Calméghane; Calmegéane; Cam-Méghane*, 1692 (terr. du monast. de Saint-Geraud). — *Calmégeanes*, 1695; — *Cammigeane*, 1736 (id. de la command. de Carlat). — *Les Calmes* (Cassini).

CALMÉJANE, mont. à vacherie, c^{ne} de Montchamp. — *Buge appellée Chammesana*, 1508 (terr. de la command. de Montchamp).

CALMEL, écart, c^{ne} de Thiézac.

CALMEL, mont. à vacherie, c^{ne} de Thiézac. — *Le Calmeil*, 1668 (nommée au p^{ce} de Monaco).

CALMELS (LES), ruiss., limite les c^{nes} de Ladinhac (Cantal) et Lapeyrugue (Lot), et se jette dans le ruisseau du Lac, à la limite des mêmes c^{nes}; cours de 1,900 m.

CALMELS (LE PUY DES), mont., c^{ne} de Ladinhac.

CALMELS (LES), dom. ruiné, c^{ne} de Reilhac. — *Affar des Caumels*, 1642 (inv. des titres de la cure de Jussac).

CALMELS (LES), dom. ruiné, c^{ne} de Roumégoux. — *Las bourdairies des Calmels*, 1765 (arch. dép. s. G).

Calmels (Les), dom. ruiné, c^{ne} de Saint-Étienne-de-Carlat. — *Affar des Caumelz*, 1670 (nommée au p^{ce} de Monaco). — *La roque des Caumeilz*, 1695 (terr. de la command. de Carlat).

Calmels (Les), dom. ruiné, c^{ne} de Sénezergues. — *Affar des Caumelz*, 1668 (nommée au p^{ce} de Monaco).

Calmère (La), mont. à vacherie, c^{ne} de Ladinhac. — *Podium de Calmeyra*, 1464 (vente par Guill. de Treyssac).

Calmet, ham., c^{ne} de Thiézac. — *Lou Calmelh*, 1617; — *Lou Caumel*, 1618; — *Lou Calmel*, 1619; — *Lo Calmailh*, 1622 (état civ.). — *Le Calmeil*, 1668 — *Le Calmenc; le Calmens*, 1669 (nommée au p^{ce} de Monaco). — *Le Caumet; le Calmet*, 1746 (anc. cad.).

Calmetoune (La), ham., c^{ne} de Teissières-de-Cornet.

Calmette (La), écart, c^{ne} de la Besserette. — *La Calmeta*, 1534 (terr. de Coffinhal). — *La Calmète*, 1549 (min. Boyssonnade, n^{re} à Montsalvy). — *Les Calmelz*, 1670 (nommée au p^{ce} de Monaco). — *La Calmette* (Cassini).

Calmette (La), dom. ruiné, c^{ne} de Cassaniouze. — *Affar de la Calmette*, 1670 (terr. de Saint-Projet).

Calmette (La), ham., c^{ne} de Mourjou. — *La Calmette* (Cassini).

Calmette (La), vill., c^{ne} de Saint-Cernin. — *La Calmeta*, 1403 (échange par J. de Montal). — *La Calamet; la Caulmète*, 1628 (paraphr. sur les cout. d'Auvergne). — *La Calmète*, 1644 (état civ.). — *La Calmette*, 1683; — *Localmette*, 1726; — *Lacalmette*, 1782 (arch. dép. s. C, l. 19). — *La Caulmette* (Cassini).

Calmette (La), vill., c^{ne} de Saint-Mamet-la-Salvetat. — *La Calmeta*, 1588; — *La Calmète*, 1590 (livre des achaps d'Ant. de Naucaze). — *La Calmette*, 1668 (nommée au p^{ce} de Monaco).

Calmette (La), écart, c^{ne} de Saint-Martin-sous-Vigouroux. — *La Chalmeta*, 1521 (arch. dép. s. G).

Calmette, ham. avec manoir, c^{ne} de Teissières-de-Cornet. — *La Calmète*, 1595 (reconn. à la mais. de Clavières). — *La Calmette*, 1684 (état civ. de Crandelles).

Calmette (La), dom. ruiné, c^{ne} d'Yolet. — *La Calmeta*, 1223 (lièvre de Carbonnat). — *La Calmette*, 1670 (nommée au p^{ce} de Monaco).

Calmettes (Les), dom. ruiné, c^{ne} d'Ytrac. — *Ténement des Calmettes*, 1739 (anc. cad.).

Calm-Haute (La), dom. ruiné, c^{ne} de Carlat. — *Affar de Lacalm-Nauto*, 1643 (min. Froquières, n^{re}).

Calmontie (La), f^{me}, c^{ne} de Saint-Étienne-de-Maurs.

— *La Calmontie*, 1601; — *La Calmontia*, 1610 (état civ.).

Calmontie (La), écart, c^{ne} de Vitrac.

Calms (Las), dom. ruiné, c^{ne} de la Capelle-en-Vézie. — *Affar de las Calms*, 1590 (pièces de l'abbé Delmas).

Calsaci, f^{me}, c^{ne} de Maurs. — *Calzacy*, 1669 (état civ. de Saint-Étienne-de-Maurs). — *Calsacy*, 1748 (anc. cad.). — *Colseyni*, 1756 (état civ.). — *Calsac* (Cassini).

Calsade (La), vill., c^{ne} de Badailhac. — *La Calsade*, 1668 (nommée au p^{ce} de Monaco). — *Lacalsade*, 1694 (état civ. de Raulhac).

Caluche, ham., c^{ne} de Saint-Simon. — *Coluge*, 1692 (arch. dép. s. C, l. 12). — *Caluze*, 1708; — *Colluge*, 1718; — *Colluche*, 1747 (état civ.). — *Caluge*, 1756 (arch. dép. s. G). — *Coluches*, 1759 (id. s. C, l. 12).

Calvaire (La), chapelle, ville de Saint-Flour.

Calvaire (Le), mont. à vacherie, c^{ne} de Trizac.

Calvanhac, vill., c^{ne} de la Capelle-Viescamp. — *Calvinhac*, 1403 (pap. de la fam. de Montal). — *Calvagnac*, 1688 (état civ.). — *Calvanhac*, 1704 (id. de Saint-Paul-des-Landes). — *Calvaignac*, 1705 (état civ.).

Calvaronis, dom. ruiné, c^{ne} de Laroquebrou. — *Mansus de Calvaronis*, 1337 (pap. de la fam. de Montal).

Calveries (Las), vill. détruit, c^{ne} de Reilhac.

Calves, vill. et m^{in}, c^{ne} de Carlat. — *Calbe*, 1645 (min. Froquières, n^{re}). — *Calvé*, 1606 (état civ. d'Aurillac). — *Calvet*, 1668 (nommée au p^{ce} de Monaco).

Calves, vill., c^{ne} de Roannes-Saint-Mary. — *Caivié*, 1682 (arch. dép. s. C). — *Affar de Cabié*, 1692 (terr. de Saint-Geraud). — *Calvé*, 1708 (arch. dép. s. C). — *Calves* (Cassini).

Calvétie (La), écart, c^{ne} du Trioulou. — *La Calbetie*, 1744; — *La Cabitie*, 1748; — *La Calvétie*, 1752 (état civ.).

Calvinet, forêt, c^{ne} de Marcolès.

Calvinet, c^{on} de Montsalvy. — *Calvinetum*, 1323 (reconn. au baron de Calvinet). — *Calvynet*, xve s^{e} (terr. de Chambeuil). — *Calamet*, 1628 (paraphr. sur les cout. d'Auvergne). — *Calvinet* (Chabrol, t. IV).

Calvinet était, avant 1789, de la Haute-Auvergne, du dioc. de Saint-Flour, de l'élect. et de la subdél. d'Aurillac. Régi par le droit écrit, il était le siège d'une prév. royale ressort. en appel à la sénéch. d'Auvergne. — Son église, dédiée à saint Barthélemy, était une cure à la nomination du chapitre de Saint-Geraud d'Aurillac. Elle a été érigée en succursale par décret du 28 août 1808.

Cam (La), vill., c^{ne} d'Arnac. — *La Calm*, 1402 (arch. mun. d'Aurillac, s. HH, c. 21).

Cam (La), écart, c^{ne} de Cayrols.

Cam (La), ham., c^{ne} de Cros-de-Montvert. — *La Calm*, 1356 (arch. dép. s. E). — *La Cam*, 1628; — *Lacam*, 1644 (état civ.). — *La Calm*, 1648 (min. Sarrauste, n^{re} à Laroquebrou).

Cam (La), dom. ruiné, c^{ne} de Laroquevieille. — *Le puech de Lacam*, 1740 (arch. dép. s. C, l. 10).

Cam (La), écart, c^{ne} de Leynhac.

Cam (La), écart, c^{ne} de Mourjou. — *Lacamp* (Cassini).

Cam (La), écart, c^{ne} de Parlan.

Cam (La), vill., c^{ne} de la Peyrugue.

Cam (La), écart, c^{ne} de Prunet.

Cam (La), ruiss., affl. du ruisseau de Longayroux, c^{ne} de Prunet; cours de 3,000 m.

Cam (La), écart, c^{ne} de Reilhac.

Cam (La), dom. ruiné, c^{ne} de Roumégoux. — *L'affar de Lacam*, 1668 (nommée au p^{ce} de Monaco).

Cam (La), écart, c^{ne} de Saint-Illide. — *La Cam* (État-major).

Cam (La), ham., c^{ne} de Saint-Mamet-la-Salvetat. — *La Cam*, 1485 (reconn. à J. de Montamat). — *La Calm*, 1574 (livre des achaps d'Ant. de Naucaze). — *La Camp*, 1636; — *Lacamp*, 1654 (état civ.).

Camarre (Le Puech de la), mont. à vacherie, c^{ne} de Saint-Antoine.

Cambefort, martinet à forger le cuivre, c^{ne} d'Aurillac.

Cambère, écart, c^{ne} de Mourjou.

Cambian, vill., c^{ne} d'Ytrac. — *Cambipu*, 1343; — *Cambion*, 1404 (arch. dép. s. G). — *Cambiacum*, 1531 (min. Vigery, n^{ro}). — *Cambuou*, 1592 (pièces du cab. E. Amé). — *Lou Cambii*, 1613 (état civ. de Naucelles). — *Cabanihac* (?), 1669 (nommée au p^{ce} de Monaco). — *Cambian*, 1739 (arch. dép. s. C). — *Couvian*, 1750 (inv. des biens de l'hôp. de Laroquebrou). — *Cambien*, 1759 (arch. dép. s. C).

Cambon (Le), vill. et mⁱⁿ détruit, c^{ne} d'Arpajon. — *Lo Cambo*, 1465 (obit. de N.-D. d'Aurillac). — *Lou Cambon*, 1634 (état civ. de Salers).

Cambon (Le), vill., c^{ne} de Labrousse.

Cambon (Le), m^{on} de campagne et mⁱⁿ, c^{ne} de Saint-Cernin. — *Cambo*, 1403 (échange par J. de Montal). — *Cambon*, 1627 (terr. de N.-D. d'Aurillac).

Cambon (Le), vill., c^{ne} de Saint-Santin-Cantalès.

Cambon (Le), dom. ruiné, c^{ne} de Vézac. — *Affarium vocatum del Cambo, situm in pertinensibus mansi de Rivo*, 1522; — *Cambos*, 1531 (min. Vigery, n^{re} à Aurillac).

Cambon (Le), dom. ruiné, c^{ne} de Vitrac. — *Villaige du Cambon*, 1668 (nommée au p^{ce} de Monaco).

Cambon-Bas (Le), écart, c^{ne} de Montsalvy.

Cambonès, dom. ruiné, c^{ne} de Badailhac. — *L'affar de Cambonez*, 1692 (terr. de Saint-Geraud).

Cambon-Haut (Le), écart, c^{ne} de Montsalvy.

Cambonis (Les), écart détruit, c^{ne} de Jussac.

Cambons (Les), écart, c^{ne} de Cassaniouze. — *Les Cambous*, 1740 (anc. cad.). — *Le Cambon*, 1760 (terr. de Saint-Projet).

Cambou (Le), écart, c^{ne} de Paulhenc. — *Le Chambon* (État-major).

Cambou (Le Bois de), dom. ruiné, c^{ne} de Saint-Simon. — *Mansus del Cambo*, 1522 (min. Vigery, n^{ro}). — *Affar de Cambou*, 1692 (terr. de Saint-Geraud).

Cambou-Negre (Le), dom. ruiné, c^{ne} de Saint-Santin-Cantalès. — *Affarium vocatum lo Cambo-Negre*, 1452 (arch. mun. d'Aurillac, s. HH, c. 21).

Cambourieu (Le), dom. ruiné, c^{ne} de Giou-de-Mamou. — *Affar appellé de Cabourieu*, 1692 (terr. de Saint-Geraud).

Cambourieu, vill., c^{ne} de Saint-Cernin. — *Cambouriu*, 1660; — *Cambouriou*, 1662 (état civ.). — *Cambouri*, 1666 (id. de Saint-Martin-de-Valois). — *Combarieu*, 1668 (nommée au p^{ce} de Monaco). — *Camboriou, Camboriou*, 1671 (état civ. de Saint-Martin-de-Valois). — *Cambourieus*, 1703 (état civ.). — *Cambourieu*, 1730 (arch. dép. s. C, l. 32). — *Cambourieu autrefois Camphorieu*, 1784 (Chabrol, t. IV).

Cambourieu, ruiss., affl. de la Doire, c^{ne} de Saint-Cernin; cours de 1,400 m. — *Combourieu*, 1879 (état stat. des cours d'eau du Cantal).

Cambous (Le Moulin des), écart, c^{ne} de Labrousse.

Cambous (Les), dom. ruiné, c^{ne} de Maurs. — *Ténement des Ascambous*, 1773 (anc. cad.).

Cambous (Les), mⁱⁿ détruit, c^{ne} de Saint-Constant.

Cambous (Les), dom. ruiné, c^{ne} de Saint-Mamet-la-Salvetat. — *Tènement des Cambous*, 1744; — *Les Cambounes*, 1745 (anc. cad.).

Cambre (La), écart, c^{ne} de Cassaniouze.

Cambres (Las), q^r du bourg, c^{ne} de Sénezergues. — *Las Cambros*, 1668 (nommée au p^{ce} de Monaco). — *Las Cambres-del-Noyé*, 1670 (terr. de Calvinet). — *Las Cambres*, 1741 (anc. cad. de Cassaniouze).

Cambret (Le), mⁱⁿ, c^{ne} de Roussy.

CAMBUSE (LA), écart, c⁰ⁿᵉ de Maurs.
CAMBUSES (LES), ham., cⁿᵉ d'Andelat.
CAMBUSES (LES), ham., cⁿᵉ de Saint-Étienne-Cantalès.
CAM-DE-JURLES (LA), écart, cⁿᵉ de Prunet.
CAM-DEL-SARTRE (LA), dom. ruiné, cⁿᵉ de Saint-Étienne-de-Carlat. — *Villaige appellé de la Cam-del-Sartre*, 1692 (terr. de Saint-Geraud).
CAMELADE (LA), dom. ruiné, cⁿᵉ de Pailhérols. — *Affar de la Camellade*, 1695; — *Affar de Camelade*, (terr. de la command. de Carlat).
CAMENADE (LA), dom. ruiné, cⁿᵉ de Rouziers. — *Villaige ds la Caminade*, 1668 (nommée au pᶜᵉ de Monaco).
CAMINADE (LA), presbytère, cⁿᵉ de Saint-Étienne-de-Carlat. — *Maison appellée de la Caminade*, 1671 (nommée au pᶜᵉ de Monaco).
CAMINADE (LA), dom. ruiné, cⁿᵉ du Trioulou. — *Villaige de l'ancienne Caminado*, 1746 (état civ.).
CAMIO (LE), écart, cⁿᵉ de Saint-Flour. — *Le Camiol*, 1886 (états de recens.).
CAMIO (LE), mⁱⁿ, cⁿᵉ de Saint-Flour. — *Les Moulins* (Cassini). — *Moulin de Camio* (états de sections).
CAMMAS, vill. et mⁱⁿ détruit, cⁿᵉ de Sénezergues. — *Cammas*, 1767 (état civ. de Junhac). — *Capmas*, 1786 (lièvre de Calvinet). — *Camp-Mas* (états de sections).
CAMMAS-HAUT, vill. détruit, cⁿᵉ de Sénezergues. — *Villaige de Campas-Hault*, 1668 (nommée au pᶜᵉ de Monaco).
CAMMAY (LE), fᵐᵉ, cⁿᵉ de Saint-Santin-de-Maurs. — *Ténement appellé de Capmay*, 1749; — *Le Cap-May*, 1750 (anc. cad.).
CAMP (LA), écart, cⁿᵉ de la Capelle-Viescamp.
CAMP (LA), écart, cⁿᵉ de Junhac.
CAMP (LE), vill., cⁿᵉ de Maurs. — *Al Camp*, 1473 (arch. dép. s. H). — *Lou Camps*, 1665; — *Lou Camp-de-Boisset*, 1754; — *Lou Can-de-Boisset*, 1762 (état civ.). — *Le Camp*, 1773 (anc. cad.).
CAMP (LA), écart, cⁿᵉ de Raulhac. — *La Chalm*, 1537 (terr. de Villedieu). — *Affar de Camptravers*, 1695 (terr. de la command. de Carlat).
CAMP (LA), écart, cⁿᵉ de Roannes-Saint-Mary. — *La Cam*, 1692 (terr. de Saint-Geraud).
CAMP (LE PUECH DU), dom. ruiné, cⁿᵉ de Saint-Mamet-la-Salvetat. — *Ténement del Phuex del Camp*, 1739 (anc. cad.).
CAMP (LE), mont. à vacherie, cⁿᵉ de Saint-Santin-Cantalès.
CAMP (LA), écart, cⁿᵉ de Saint-Saury. — Cet écart porte aussi le nom de *le Cayrou-Blanc*. — *La Cam*, 1857 (arch. mun. d'Aurillac, s. HH, c. 21).

CAMP (LA), mⁱⁿ détruit, cⁿᵉ de Saint-Saury. — *Moulin de Lacam* (Cassini).
CAMP (LOU), dom. ruiné, cⁿᵉ de Saint-Simon. — *Affar del Camp; Montaigne de la Cam; des Camps*, 1692 (terr. du monast. de Saint-Geraud).
CAMPAGNE (LA), ham. et mⁱⁿ, cⁿᵉ de Marmanhac.
CAMPAGNES (LES), dom. ruiné, cⁿᵉ de Vic-sur-Cère. — *Affar de las Campaignhas*, 1584 (terr. de Polminhac).
CAMPAN, fᵐᵉ avec manoir, cⁿᵉ d'Ytrac. — *El Capmas*, 1517 (pièces de l'abbé Delmas). — *Canpan*, 1674 (état civ. d'Aurillac). — *Lou Cammas*, 1696 (id. de Crandelles). — *Campan*, 1739 (arch. dép. s. C). — *Encampan*, 1739 (anc. cad.).
CAMP-BALLOU (LE BOIS DE), dom. ruiné, cⁿᵉ de Gioude-Mamou. — *Buge de Cam-Valou*, 1741 (anc. cad.).
CAMP-DE-BRANVIEL (LA), écart, cⁿᵉ d'Ytrac.
CAMP-DEL-MAS (LES), écart, cⁿᵉ de Roannes-Saint-Mary.
CAMP-DEL-PAPUX (LA), écart, cⁿᵉ de la Ségalassière. — *Lacam* (État-major). — *Le Camp-del-Papus*, 1857 (Dict. stat. du Cantal).
CAMP-DE-PROGIÈS (LA), ham., cⁿᵉ de Saint-Santin-Cantalès.
CAMP-DE-RUEYRE (LA), écart, cⁿᵉ de Cassaniouze.
CAMP-DE-SANSAC (LA), ruiss., affl. du ruisseau de la Bladade; cours de 2,000 m. — *Ruisseau de Cadaret*, 1739 (anc. cad. d'Ytrac).
CAMP-DE-SERIÈS (LA), écart, cⁿᵉ de Vitrac.
CAMP D'UZOLS (LE), vill., cⁿᵉ de Saint-Santin-Cantalès.
CAMPEL (LE), dom. ruiné, cⁿᵉ d'Yolet. — *Villaige du Campel*, 1692 (terr. de Saint-Geraud).
CAMPELEINE (LA), ham., cⁿᵉ de Fournoulès.
CAMPÉNIÈS, ham., cⁿᵉ de Pers. — *Campine*, 1717 (état civ. d'Espinadel). — *Camperié* (Cassini). — *La Campérie* (État-major). — *Campérier*, 1857 (Dict. stat. du Cantal).
CAMP-ROMEUF (LE), écart, cⁿᵉ de Condat-en-Feniers.
CAMPS (LES), ham., cⁿᵉ de Cassaniouze.
CAMPS (LES), dom. ruiné, cⁿᵉ de Polminhac. — *Affar des Camps*, 1692 (terr. de Saint-Geraud).
CAMPS (LA FON DES), mont. à vacherie, cⁿᵉ de Saint-Simon. — *Bois appellé de la Fon-des-Cams*, 1692 (terr. de Saint-Geraud). — *Le Camp de la Lobie* (État-major).
CAMPS (LAS), vill., cⁿᵉ de Vitrac. — *Lacam* (État-major).
CAMPS-LÈS-MARCOLÈS (LES), dom. ruiné, cⁿᵉ de Marcolès. — *Affar des Camps-lès-Marcollès*, 1668 (nommée au pᶜᵉ de Monaco).

CAMUNHAC, dom. ruiné, c^ne d'Arpajon. — *Affarium de Camunhac*, 1269 (arch. mun. d'Aurillac, s. FF, p. 15).

CAN (LA), dom. ruiné, c^ne de Boisset. — *Lou Camp*, 1746 (anc. cad.). — *Lacam*, 1752 (état civ. de Maurs).

CAN (LA), écart, c^ne de Jou-sous-Montjou. — *La Cam*, 1669 (nommée au p^cé de Monaco). — *Las Canes*, 1695; — *Las Camhes*, 1696; — *Las Caves*, 1736 (terr. de la command. de Carlat).

CAN (LA), écart, c^ne de Junhac.

CAN (LA), f^me, c^ne de Mourjou.

CAN (LA), mont. à vacherie, c^ne de Naucelles.

CAN (LA), ham. avec manoir, c^ne de Saint-Constant. — *Lacam*, xviie s^e (reconn. au prieur de Saint-Constant). — *Lacam*, 1671 (état civ.). — *La Cam*, 1694 (terr. de Marcolès). — *Lacamp* (id. de la command. de Carlat).

CAN (LA), écart, c^ne de Saint-Paul-des-Landes.

CAN (LA), dom. ruiné, c^ne de Tournemire. — *Le mas de la Camp; la Calm*, 1636 (lièvé de Poul).

CANABAUX (LAS), écart, c^ne de Vic-sur-Cère. — *Les Canabayrals*, 1485 (reconn. à J. de Montamat). — *Las Canabalz*, 1673 (terr. de la Cavade).

CANALS (LA), f^me, c^ne de Saint-Santin-de-Maurs.

CANAUGUE, écart, c^ne de Saint-Santin-Cantalès.

CANAUX (LAS), ham., c^ne d'Aurillac. — *Las Canalz*, 1649 (état civ. de Naucelles). — *Las Cananx*, 1660 (état civ.). — *Las Canals*, 1705 (état civ. de Montsalvy).

CANAUX (LAS), ruiss., affl. du ruisseau de Veyrières, c^ne d'Aurillac; cours de 4,400 m. — On le nomme aussi *Cucilhes*.

CANAVAL (LAS), écart, c^ne de Velzic.

CANAVAUX (LES), mont. à vacherie, c^ne de Laroquevieille.

CANCELADE, vill., c^ne de Prunet. — *Cancelade*, 1709 (arch. dép. s. C). — *Canselade*, 1761 (id. l. 18). — *Camsalade*, 1857 (Dict. stat. du Cantal).

CANCELADE, ruiss., affl. du ruisseau de Béteilles, prend sa source dans la c^ne de Prunet; cours de 3,500 m.

CANCES, vill. et m^in, c^ne de Ladinhac. — *Cances*, 1549 (min. Boygues, n^re). — *Cance*, 1610 (aveu de J. de Pestels). — *Canches*, 1671 (nommée au p^cé de Monaco). — *Cancez*, 1747 (arch. dép. s. C). — *Cancès*, 1750 (anc. cad.). — *Cansies*, 1767 (table des min. de Guy de Vayssieyra).

CANCES, vill. détruit, c^ne de Marcolès. — *Mansus de Cansas*, 1529 (pièces de l'abbé Delmas). — *Villaige de Cans*, 1668 (nommée au p^cé de Monaco).

CANDEVAL, écart, c^ne de Sénezergues. — *Candebols* (Cassini). — *Candevat* (État-major). — *Capdeval*, 1857 (Dict. stat. du Cantal).

CANDÈZE, écart, c^ne de Saint-Clément.

CANDOULAS, dom. ruiné, c^ne d'Aurillac. — *Le boriaige de Candolatz*, 1525 (arch. mun. s. II, l. 8).

CANDOULAS, écart, c^ne de Teissières-les-Bouliès. — *Candauraux*, *Candoireax*, 1668; — *Camdoireax*, 1669; — *Candouras*, 1671 (nommée au prince de Monaco). — *Cambouras*, 1750 (anc. cad. de Roussy). — *Campdoura*, 1782 (arch. dép. s. C, l. 49).

CANET (LA COSTE DE), lieu détruit, c^ne de Charmensac.

CANET, vill., c^ne de Marcolès. — *Banet*, 1618 (état civ. de Naucelles).

CANGÉATS (LES), dom. ruiné, c^ne de Vézac. — *Casale vocatum des Canghatz*, 1522 (min. Vigery, n^re à Aurillac).

CANHAC, vill., c^ne de Marcolès. — *Canihac*, 1269 (arch. mun. d'Aurillac, s. FF, p. 15). — *Canhac*, 1437 (terr. de Marcolès). — *Cornac*, 1687 (état civ. de Cassaniouze). — *Caniac*, 1754 (id. de Sansac-Veinazès). — *Canhac* (État-major).

CANHAC, ruiss., affl. de la Rance, c^ne de Marcolès; cours de 1,700 m. — On le nomme aussi *la Caze*.

CANHIER, dom. ruiné, c^ne d'Aurillac. — *Canhier*, 1650 (état civ.).

CANIARD (LE), écart, c^ne de Chastel-Marlhac.

CANINES, vill., c^ne de Teissières-lès-Bouliès. — *Canyas*, 1522 (min. Vigery, n^re). — *Canynas*, 1535 (arch. mun. d'Aurillac, s. GG, c. 6). — *Canynes*, 1610 (aveu de J. de Pestels). — *Caninas*, 1643 (min. Froquières, n^re). — *Canines*, 1655; — *Cannies*, 1665 (état civ. de Leucamp). — *Caniches*, 1668 (nommée au p^cé de Monaco).

CANJAC, dom. ruiné, c^ne de Naucelles. — *Affarium vocatum de Camzac*, 1369 (arch. mun. d'Aurillac, s. GG, p. 19).

CANJOHA, dom. ruiné, c^ne de Sansac-de-Marmiesse. — *Bordaria vocata des Canjoha*, 1295 (arch. dép. s. E).

CANNAT, dom. ruiné, c^ne de Teissières-lès-Bouliès. — *Villaige de Cannat*, 1610 (aveu de J. de Pestels).

CANNE (LE), écart, c^ne de Mourjou. — *Causse* (Cassini).

CANOGUE (LA), écart, c^ne de Saint-Santin-Cantalès.

CANON (LE), écart, c^ne de Polminhac.

CANROUX, ham., c^ne de Jou-sous-Montjou. — *Carrit*, 1681 (état civ.). — *Camroux* (État-major).

CANS, écart, c^ne de Calvinet.

CANS, vill., c^ne de Saint-Illide. — *Le Cal*, 1473; — *Lous Camps*, 1566 (terr. de Saint-Christophe). —

DÉPARTEMENT DU CANTAL.

Can, 1640 (min. Sarrauste, n^re à Laroquebrou). — *Cans* (Cassini). — *Caus*, 1855 (Dict. stat. du Cantal).

CANT (LE), mont. à vacherie, c^ne de Saint-Bonnet-de-Marcenat.

CANTAGREL, écart, c^ne de Leynhac. — *Cantagrel*, 1301 (pièces de l'abbé Delmas). — *Chanta*, 1540 (min. Destaing, n^re à Marcolès). — *Cantagret* (Cassini). — *Cantagreil*, 1856 (Dict. stat. du Cantal).

CANTAGREL, écart, c^ne de Naucelles. — *Cantegrel* (états de sections).

CANTAL (LE PLOMB DU), mont. à la limite des c^nes de Bredon, Brezons et Saint-Jacques-des-Blats.

Cette montagne, la plus haute du départ., borne également les arrond. d'Aurillac, Murat et Saint-Flour. — *Ad montes Celticos*, 1445 (ordonn. de J. Pouget). — *Versus Celticam*, 1485 (reconn. à J. de Montamat). — *Chantal*, 1542 (terr. de Bressanges). — *Chantail*, 1578 (reconn. au roi par les hab. d'Albepierre). — *Montagnhe du Cantal*, 1668 (nommée au p^ce de Monaco).

CANTAL (LA CHAPELLE DU), chapelle, c^ne de Pailhérols, auj. détruite. — *Ecclesia de Chers*, XIVe s^e (reg. de Guill. Trascol). — *La Gleise*, 1697 (état civ. de Saint-Clément). — *La chapelle du Cantal* (plan cadastral, s^on E, n° 74 *bis*).

CANTAL (LES ROCHES DU), mont. à vacherie, c^ne de Saint-Paul-de-Salers.

CANTALÈS (LE), petite contrée, arrond. d'Aurillac et de Mauriac. — *Cantalas*, 1324; — *Cauthalesis*, 1442 (reconn. au seign. de Montal). — *Cantalezium*, 1442 (pap. de la fam. de Montal). — *Conthaleis*, 1452 (arch. mun. d'Aurillac, s. HH, c. 21). — *Cantelesium*, 1483 (id. s. GG, l. 18). — *Cantales*, 1489 (reconn. au seign. de Montal). — *Monchatalès*, 1504 (terr. de la duchesse d'Auvergne). — *Chantallez*, 1586 (min. Lascombes, n^re à Saint-Illide). — *Cantalez*, 1638 (état civ. de Laroquebrou). — *Cantallès*, 1645 (min. Sarrauste, n^re à Laroquebrou). — *Chantalès*, 1647 (état civ. de Pleaux). — *Chantelez*, 1652 (id. de Loupiac). — *Chantellès*, 1652 (insin. du baill. de Salers). — *Chantallès*, 1655 (état civ. de Saint-Christophe). — *Chantaletz*, 1660 (id. de Saint-Cernin). — *Chantely*, 1664 (id. d'Ally). — *Monchantallès*, 1666; — *Mons-Chantallès*, 1667 (id. de Saint-Christophe). — *Chantallex*, 1667 (id. d'Ally). — *Cantelès*, 1672 (id. de Loupiac). — *Cantalex*, 1703 (id. de Saint-Martin-Valmeroux). — *Chantelais*, 1746; — *Cantalet*, 1770 (arch. dép. s. C, l. 40).

CANTALOU (LE PUY DE), mont. à vacherie, c^nes de Brezons et de Saint-Jacques-des-Blats.

CANTAREL, ham., c^ne de Saint-Constant. — *Villaige de Cantarel*, 1699 (état civ.).

CANTEGREIL, écart, c^ne d'Ayrens.

CANTELOUBE, ham., c^ne de Narnhac. — *Cantalosa*, 1508; — *Canteloube*, 1662 (terr. de Loubeysargues). — *Canteloure* (Cassini). — *Cantalouve* (État-major). — *Canteloube*, 1856 (Dict. stat. du Cantal).

CANTELOUP, dom. ruiné, c^ne de Polminhac. — *Domaine de Cantelou*, 1735 (terr. de la command. de Carlat).

CANTELOUP, f^me, c^ne d'Yolet. — *Cantalouba*, 1465 (obit. de N.-D. d'Aurillac). — *Cantelou* (Cassini).

CANTE-PERDRIX, écart, c^ne de Marmanhac.

CANTOURNET, dom. ruiné, c^ne d'Arpajon. — *La Calm de Cantournet*, 1739 (anc. cad.).

CANTOURNET, vill., c^ne de Prunet. — *Cantornet*, 1583 (terr. de N.-D. d'Aurillac). — *Cantournet*, 1670 (nommée au p^ce de Monaco). — *Cantournal* (Cassini).

CANTUEL, f^me, c^ne d'Aurillac. — *Cantuel*, 1628; — *Cantuer*, 1629; — *Cantuern*, 1673; — *Canté*, 1676 (état civ.).

CANTUEL, f^me, c^ne de Giou-de-Mamou. — Elle porte aussi le nom de *Pays-Haut*.

CANTUEL, vill., c^ne de Prunet. — *Cantuern*, 1489 (reconn. à J. de Montamat). — *Canturium*, 1522 (min. Vigery, n^re). — *Canthuern*, 1549 (id. Boygues, n^re). — *Cantueil*, 1621 (état civ. d'Arpajon). — *Cantuès*, 1630; — *Cantuère*, 1634 (id. de Cassaniouze). — *Cantuer*, 1670 (nommée au p^ce de Monaco). — *Cantuel*, 1679 (arch. dép. s. C, l. 18).

CANTUEL, m^in détruit, c^ne d'Yolet. — *Molin de Cantuer*, 1692 (terr. de Saint-Geraud).

CAPACITÉ (LA), écart, c^ne de Maurs.

CAPAT (LE), f^me, c^ne de Malbo. — *Le Capot*, 1856 (Dict. stat. du Cantal).

CAP-BLANC (LE MOULIN DE), filature, c^ne d'Aurillac. — *Molin de Capblanc*, 1681 (arch. mun. s. CC, p. 3). — *Moulin de Cablanc* (états de sections).

CAP-D'ARGENT, m^in détruit, c^ne de Lastic. — *Le molin de Capdargent*, 1508; — *Cap-Dargent*; *Capt Dargent*; *Chambe-de-Gos*, 1662; — *Moulins appellés de Chambe-des-Gos, autrement de Cad'Argent, moulin à chié, l'autre à bled*; *Casdargen*; *Cas d'Argen*; *Cadargent*, 1730; — *Terroir appellé Chambodigue et à présent le moulin de Cap d'Argent*, 1762 (terr. de Montchamp).

CAP-DE-COSTE (LE), écart, c^ne de Cassaniouze.

CAP-DE-LA-CAMP (LE), écart, c^ne de Naucelles. — *Cap mansus al Capmas*, 1342 (arch. mun. d'Aurillac, s. GG, p. 19).

CAP-DE-LA-CÔTE (LE), écart, c^ne de Saint-Antoine.

CAP-DEL-BOS (LE), ham., c^ne de la Besserette. — *Lou Cap-del-Bos-de-Vaurs*, 1669 (état civ. de Montsalvy). — *Lou Camp-de-Pon*, 1669 (nommée au p^ce de Monaco). — *Lou Cap-del-Bos*, 1724 (lièvc de Montsalvy). — *Le Cap-d'Elbos* (Cassini).

CAP-DEL-COUDERC (LE), ham., c^ne de Reilhac.

CAP-DEL-LYOC (LE), ham., c^ne de Saint-Antoine.

CAP-DEL-MAS (LE), dom. ruiné, c^ne de Labrousse. — *Mansus de Cap Delmas*, 1522 (min. Vigery, n^re).

CAP-DEL-PRAT (LE), ham., c^ne de Leucamp. — *Lou Cap-del-Prat*, 1548 (min. Guy de Vayssieyra, n^re). — *Lou Capdeyrat*, 1659 (état civ.). — *Le Cap-de-Prat*, 1670 (nommée au p^ce de Monaco).

CAP-DEL-PUECH (LE), écart, c^ne de Cassaniouze.

CAP-DEL-PUECH (LE), écart, c^ne de Maurs.

CAP-DE-MONTEL (LE), écart, c^ne de Fournoulès.

CAP-DE-PLEAUX (LE), buron, c^ne de la Capelle-Barrez.

CAP-DE-VAL (LE), écart, c^ne de Sénezergues.

CAPELLE (LA), mont. à vacherie, c^ne de Badailhac.

CAPELLE (LA), m^in, c^ne de la Capelle-en-Vézie. — *Molin de la Chappelle-Envezie*, 1551 (min. Boygues, n^re à Montsalvy). — *Molin de la Capelle; lo Molin-Banal*, 1670 (nommée au p^ce de Monaco). — *Molin de la Cappelle-en-Vezie*, 1725 (état civ.).

CAPELLE (LA), ruiss., affl. du ruisseau de Bétcilles, prend sa source dans la c^ne de la Capelle-en-Vézie; cours de 2,000 m. — On le nomme aussi *ruisseau mitoyen*, *Peyrot* et *Cayrou*.

CAPELLE (LE PRAT DE LA), mont. à vacherie, c^ne de Cros-de-Montvert.

CAPELLE (LAS), écart, c^ne de Leynhac. — *Las Capelles* (Cassini).

CAPELLE (LA), ruiss., affl. du ruisseau de l'Hirondelle, c^nes de Malbo, Narnhac et de Thérondels (Lozère); cours de 5,600 m. dans le Cantal.

CAPELLE (LA), ham., c^ne de Marcolès. — *Cappelez*, 1669 (nommée au p^ce de Monaco). — *La Capele* (Cassini).

CAPELLE (LA), f^me, c^ne de Reilhac. — *Besse sive de Capelle*, 1595 (reconn. à la mais. de Clavières). — *La Capelle*, 1633 (état civ.). — *Besse*, 1654 (arch. mun. d'Aurillac, s. CC, p. 8). — *La Capelle*, 1773 (terr. de la châtell. de la Broussette).

CAPELLE (LE CHAMP DE LA), mont. à vacherie, c^ne de Saint-Amandin.

CAPELLE (LA), ham., c^ne de Saint-Constant. — *Le mas de la Capelle*, XVIIe s^e (reconn. au prieur de Saint-Constant).

CAPELLE (LA), mont. à burons, c^ne de Vic-sur-Cère.

CAPELLE-BARREZ (LA), c^on de Pierrefort, et m^in. — *Capella de Berres*, XIVe s^e (reg. de Guill. Trascol). — *Barres*, XIVe s^e (pouillé de Saint-Flour). — *La Capelle Barrest*, 1669 (nommée au p^co de Monaco). — *La Chapelle Barrès*, 1688 (pièces du cab. Bonnefons). — *La Capelle-Barreys*, 1784 (Chabrol, t. IV).

La Capelle-Barrez était un mandem. de la v^té de Murat, avant son démembrement vers 1643, et comprenait les paroisses de Malbo, Narnhac et la Capelle-Barrez. Avant 1789, cette paroisse était de la Haute-Auvergne, du dioc., de l'élect. et de la subdél. de Saint-Flour. Régie par le droit écrit, elle dépend. de la justice du mandem. de la Capelle-Barrez et ressort. en appel soit au bailliage de Vic, soit à celui d'Aurillac, suivant le cas. — Son église, dédiée à saint Julien, était un prieuré à la présentation de l'archiprêtre de Saint-Flour et à la nomination de l'évêque; elle a été érigée en succursale par une ordonnance royale du 5 janvier 1820.

CAPELLE-DE-LA-CAM (LA), f^me et chapelle détruite, c^ne de Saint-Mamet-la-Salvetat. — *La Capelle-de-la-Calm*, 1588 (livre des achaps d'Ant. de Naucaze). — *La Chapelle-de-la-Calm*, 1624 (état civ.).

CAPELLE-DEL-FRAISSE (LA), c^on de Montsalvy. — *Fraxininas*, 918 (Gall. christ. t. II, col. 439). — *Capella del Frayeer*, 1324 (arch. dép. s. E). — *Fraxinum*, 1339 (reconn. à J. de Podio). — *La Capella del Frayssa*, 1549 (min. Guy de Vayssieyra, n^re). — *La Chapelle de Fraisse*, 1628 (paraphr. sur les cout. d'Auvergne). — *La Capelle-del-Fraissé*, 1629 (état civ. d'Aurillac). — *La Cappelle del Frayshe*, 1633; — *Le Frayssy*, 1639 (id. de Montsalvy). — *Le Fraysse*, 1724 (lièvc de Montsalvy). — *Le Fraissé*, 1738 (état civ. de la Capelle-en-Vézie). — *Lou Fraysi*, 1764 (id. de Sansac-Veinazès). — *Frayssey*, 1765 (id. de Junhac). — *La Capelle del Fraisse*, 1784 (Chabrol, t. IV). — *La Capelle du Fraisse* (Cassini).

La Capelle-del-Fraysse, avant 1789, était de la Haute-Auvergne, du dioc. de Saint-Flour, de l'élect. et de la subdél. d'Aurillac. Cette paroisse était régie, partie par le droit écrit, partie par le droit cout.; elle était le siège d'une justice seign. ressort. soit au bailliage d'Aurillac, en appel de la prév. de Maurs, soit à la sénéch. d'Auvergne, en appel de la prév. de Calvinet. — Son église, dédiée à saint Pierre-ès-Liens, était une cure à la nomination du chapitre de Saint-Geraud. Elle a été érigée en succursale par décret du 28 août 1808.

Capelle-en-Vézie (La), c^on de Montsalvy, et chât. fort détruit. — *La Chapella-la-Vexia*, 1269 (arch. mun. d'Aurillac, s. FF, p. 15). — *Capella-Visiani*, 1328 (*id.* s. HH, c. 21). — *Capella-Vesiani*, 1339 (test. de Guill. de Podio). — *Capella-dan-Vezia*, 1339 (reconn. à Guill. de Podio). — *Capella-en-Vezia*, 1516; — *Cappelle-en-Veziani*, 1528 (pièces de l'abbé Delmas). — *La Chappelle-en-Vézie-en-Alveygues*, 1534; — *La Chapella-en-Vesia-en-Auvernho*, 1535; — *La Chappelle-en-Vesye-en-Aulvergne*, 1535 — *La Cappele-Denvesie*, 1540 (terr. de Coffinhal). — *La Chapelle-Envezie*, 1549 (min. Boygues, n^ro à Montsalvy). — *La Chapelle-Enezie*, 1628 (paraphr. sur les cout. d'Auvergne). — *La Cappelle-en-Vieghe*, 1630 (état civ. d'Aurillac). — *La Capelle-Vesian*, 1649 (*id.* de Montsalvy). — *La Cappelle-Ombegie*, 1668 (nommée au p^co de Monaco). — *La Capelle-en-Veghe*, 1669 (état civ. de Ladinhac). — *La Capelle-Envezie*, 1670; — *La Cappelle-Envegha*, 1671 (nommée au p^co de Monaco). — *La Capelle-Megie*, 1685 (état civ. de Crandelles). — *La Capelle-Meghe*, 1688 (pièces du cab. Bonnefons). — *La Capelle-en-Visie*, 1692 (terr. du monast. de Saint-Geraud). — *La Chapelle-Megio*, 1695; — *La Capelle-Emmejo*, 1706 (état civ. d'Arpajon). — *La Capelle-en-Vézie*, 1717 (*id.* de la Capelle-en-Vézie). — *La Capelle-en-Bezie*, 1724 (lièvre de l'abb. de Montsalvy). — *La Capelle-en-Vizie*, 1764 (état civ. de Sansac-Veynazès). — *La Capelle-en-Visi*, 1765 (*id.* de Junhac). — *La Capelle-Embesie*, 1784 (Chabrol, t. IV). — *La Capelle-en-Vézie* (Cassini).

La Capelle-en-Vézie était, avant 1789, de la Haute-Auvergne, du dioc. de Saint-Flour, de l'élect. et de la subdél. d'Aurillac. Elle était le siège d'une justice seign. régie par le droit écrit, et ressort. au bailliage d'Aurillac, en appel de la prév. de Maurs.

L'église, dédiée à saint Remy, était un prieuré à la nomination du prévôt de Montsalvy. — Par ordonnance royale du 2 mars 1821, l'église de la Capelle-en-Vézie a été érigée en chapelle vicariale, et en succursale par une autre ordonnance du 30 janvier 1839.

Capelles (Le Champ des), dom. ruiné, c^ne de Saint-Mamet-la-Salvetat. — *Affarium de la Capela*, 1344 (homm. à l'évêque de Clermont). — *Ténement de la Capelle*, 1743 (anc. cad.).

Capelle-Viescamp (La), c^on de Laroquebrou. — *Parrochia de Campis; de Veteribus Campis*, 1297 (test. de Geraud de Montal). — *Cappella Veteribus campis*, 1403 (échange avec J. de Montal). — *Vielhs-Camps*, 1485 (reconn. à J. de Montamal). — *La Chapelle-Biesquan*, 1626 (état civ. d'Arpajon). — *La Chapelle-Vieuxcamps*, 1628 (paraphr. sur les cout. d'Auvergne). — *La Capele-Viescans*, 1632 (état civ. de Glénat). — *La Capelle-Vieulxcamp*, 1668 (nommée au p^co de Monaco). — *La Cappelle-Viescamp*, 1675 (état civ. de Laroquebrou). — *La Capelle-Viescamps*, 1688 (pièces du cab. Bonnefons). — *La Capelle-de-Viescam*, 1784 (Chabrol, t. IV).

La Capelle-Viescamp était, avant 1789, de la Haute-Auvergne, du dioc. de Saint-Flour, de l'élect. et de la subdél. d'Aurillac. Régie par le droit écrit, elle dépend. de la justice seign. de Viescamp, et ressort. au bailliage d'Aurillac, en appel de sa prév. part. — Son église, dédiée à sainte Madeleine, était un prieuré à la nomination de l'archiprêtre d'Aurillac. Elle a été érigée en succursale par décret du 28 août 1808.

Capelo (Le), f^me, c^ne de Marcolès. — *Lou Cappelot*, 1668 (nommée au p^co de Monaco). — *Capelot* (État-major).

Capelotte (La), ham., c^ne de Sansac-de-Marmiesse. — Près de cet écart se trouve une chapelle dédiée à Notre-Dame-de-la-Compassion. — *Notre-Dame-de-Pitié* (Cassini). — *La Capellotte*, 1857 (Dict. stat. du Cantal).

Capelotte (La), vill., c^ne de Siran.

Capelrent, seigneurie inconnue, arrond. d'Aurillac. — *Le seigneur de Capelrent*, xviie s^v (reconn. au prieur de Saint-Constant).

Capels, ham. et mont. à burons, c^ne de Jou-sous-Montjou. — *Cappels*, 1627 (pièces du cab. Lacassagne). — *Cappeilz*, 1668; — *Villaige de Cappelz*, 1669 (nommée au p^eo de Monaco). — *Capels*, 1674 (état civ.).

Capie (La), ruiss., affl. du Célé, c^ne de Mourjou; cours de 3,200 m. — Ce ruisseau porte aussi le nom de *Mourjou*.

Capitaine (Le Moulin du), teinturerie, c^ne de Saint-Christophe.

Cap-Long (Le), ham., c^ne de Saint-Mamet-la-Salvetat. — *La Calmon*, 1587 (livre des achaps d'Ant. de Naucaze). — *Cap-lon*, 1623 (état civ.). — *Aplong*, 1668 (nommée au p^eo de Monaco). — *Caplong*, 1728 (arch. dép. s. C, l. 4).

Capmaï (Le), vill., c^ne de Maurs. — *Le Campmay*, 1669; — *Lou Capmax*, 1670 (état civ.). — *Lou Cammay*, 1747 (*id.* de Saint-Étienne-de-Maurs). — *Le Capmay*, 1748 (anc. cad.). — *Le Capmai*, 1760 (état civ.).

Cap-Mas (Le), dom. ruiné, c^ne de Freix-Anglards. — *Affar appellé del Capmas*, 1679 (terr. de Notre-

Dame d'Aurillac). — *Domaine Delcamp-del-Mas*, 1782 (arch. dép. s. C, l. 50).

CAPMAS (LE), dom. ruiné, c^{ne} de Leynhac. — *Villaige du Capmas*, 1668 (nommée au p^{cé} de Monaco).

CAP-MAS (LE), ham., c^{ne} de Sénezergues.

CAP-MAS-DURAND (LE), dom. ruiné, c^{ne} de Saint-Cernin. — *Villaige del Capmasdurand*, XVIe s^e (arch. mun. d'Aurillac, s. GG, p. 21).

CAP-MAU (LE), vill., c^{ne} de Boisset. — *Capmau*, 1554 (min. Destaing, n^{re}). — *Caumaux*; *Capmou*, 1668 (nommée au p^{cé} de Monaco). — *Bois de Cap-Mais*, 1739 (anc. cad. de Saint-Mamet). — *Capmays*, 1746; — *Capmas*, 1747 (id. de Boisset).

CAP-MAY (LE), écart, c^{ne} de Quézac. — *Capmay* (Cassini).

CAP-MAY, ruiss., affl. du ruisseau d'Arcambe, c^{ne} de Quézac; cours de 1,400 m. — *Capmax*, 1857 (Dict. stat. du Cantal). — *Cammay*, 1879 (état stat. des cours d'eau du Cantal).

CAP-MAY (LE), écart, c^{ne} de Saint-Santin-de-Maurs.

CAPONIES (LES), dom. ruiné, c^{ne} de Saint-Santin-de-Maurs. — *Villaige de las Caponies*, 1628 (état civ.).

CAPOULET (LE), écart, c^{ne} de Sériers.

CAPOULINS (LES), dom. ruiné, c^{ne} de Prunet.

CAPOUNEL (LE), écart, c^{ne} d'Omps. — *Granges de Capounelle* (État-major).

CAPOUYÈS, f^{me}, c^{ne} de Prunet. — *Capolich*, 1540 (min. Destaing, n^{re}). — *Capanulhieh*, 1631 (état civ. de Montsalvy). — *Capauliex*, 1671 (nommée au p^{cé} de Monaco). — *Caponhes*, 1679; — *Capouillé*, 1709; — *Capoulié*, 1727 (arch. dép. s. C, l. 18). — *Capouyé*, 1747 (état civ. de la Capelle-en-Vézie). — *Cappoulies* (Cassini). — *Capoulhés*, 1857 (Dict. stat. du Cantal).

CAPRADET, dom. ruiné, c^{ne} de Giou-de-Mamou. — *Villaige de Capradetz; Capradet*, 1670 (nommée au p^{cé} de Monaco).

CAPSENROUX, f^{me}, c^{ne} de Saint-Mamet-la-Salvetat. — *Cassenroux*, 1624; — *Capcenroux*, 1634; — *Capsenrous*, 1638 (état civ.). — *Capsenroux*, 1697; — *Capsendrous*, 1743 (arch. dép. s. C, l. 14).

CAPUT (LA), écart, c^{ne} de Malbo.

CARABIN, m^{in}, c^{ne} de Montvert.

CARAIZAC, vill., c^{ne} d'Ytrac. — *Careyghac*, 1525 (arch. mun. d'Aurillac, s. II, r. VIII). — *Careighat*, 1531 (min. Vigery, n^{re}). — *Corregeau ou Alte-Serre*, 1613 (arch. mun. d'Aurillac, s. II, r. XV). — *Careygiac*, 1629; — *Careyghac*, 1651 (min. Sarrauste, n^{re}). — *Encareigac*, 1667 (état civ. de Jussac). — *Carneghac*, 1668 (nommée au p^{cé} de Monaco). — *Cariegheac*, 1679 (arch. mun. d'Aurillac, s. GG, c. 15). — *Careighac*, 1684 (arch. dép. s. C). — *Careyggeac*, 1688; — *Caressac*, 1693 (état civ. de la Capelle-Viescamp). — *Caraijat*, 1710; — *Caraigeac*, 1713 (id. de Saint-Paul-des-Landes). — *Carreyggeac*, 1713; — *Careigeac*, 1741; — *Careyzac*, 1759 (arch. dép. s. C).

CARALDIE (LA), vill., c^{ne} de Saint-Saury. — *La Guarraldia*, 1357 (arch. mun. d'Aurillac, s. HH, c. 21). — *La Caraldje*, 1672 (état civ.). — *La Corraldie* (Cassini).

CARALDIE-HAUTE (LA), dom. ruiné, c^{ne} de Saint-Saury. — *Mansus da la Guarraldia Exalta*, 1357 (arch. mun. d'Aurillac, s. HH, c. 21).

CARAYOL, dom. ruiné, c^{ne} de Boisset. — *Ténement de Carayol*, 1668 (nommée au p^{cé} de Monaco).

CARAYS, dom. ruiné, c^{ne} de Giou-de-Mamou. — *Villaige de Carays*, 1652 (arch. mun. d'Aurillac, s. GG, c. 6).

CARAYS, vill., c^{ne} de Quézac. — *Carais*, 1616; — *Carays*, 1746 (état civ. de Saint-Étienne-de-Maurs). — *Carays-le-lou-Roq*, 1749 (anc. cad. de Maurs). — *Carois*, 1751 (état civ. de Saint-Étienne-de-Maurs). — *Carais* (Cassini).

CARBONIER (LE), lieu détruit, c^{ne} de la Capelle-en-Vézie. — (Cassini).

CARBONIÈRE (LA), dom. ruiné, c^{ne} de Roannes-Saint-Mary. — *Affar appelé le puech de la Carbonieyre*, 1692 (terr. de Saint-Géraud).

CARBONIÈRES, chât. féodal et vill. détruits, c^{ne} de Rouffiac. — *Capella de Carboriis*, 1275 (test. de Bertrand de Montal). — *Charboneyra*, 1295 (arch. dép. s. E). — *Carborriiæ*, 1323 (homm. au seign. de Montal). — *Carbonieyræ*, 1347 (reconn. à Jeanne de Balzac). — *Carboneria; Charbonie*, 1442 (arch. mun. d'Aurillac, s. HH, c. 21). — *Carbonières*, 1449 (enq. sur les droits du seign. de Montal). — *Carbonieyrum*, XVIe s^e (arch. dép. s. G). — *Carbounières*, 1653 (état civ. d'Espinadel).

Carbonières, régi par le droit écrit, était le siège d'une justice seign. ressort. au bailliage d'Aurillac, en appel de sa prév. part.

CARBONNAT, vill. avec manoir et m^{in}, c^{ne} d'Arpajon. — *Carbonat*, 1232 (arch. mun. d'Aurillac, s. BB, c. 2). — *Carbonacum; Carbonnacum*, 1465 (obit. de N.-D. d'Aurillac). — *Carbonatum*, 1522 (min. Vigery, n^{re} à Aurillac). — *Carbonhac*, 1550 (id. Guy de Vayssicyra, n^{re}). — *Carbonnac*, 1610 (aveu de J. de Pestels). — *Caurbounat*, 1624; — *Carbounat*, 1625 (état civ.). — *Carbonnat*, 1671 (nommée au p^{cé} de Monaco).

Carbonnat était, avant 1789, régi par le droit écrit. Siège d'une justice moyenne et basse, il ressort. au bailliage d'Aurillac, en appel de sa prév. part.

CARBONNAT, dom. ruiné, c^{ne} d'Arpajon. — *El mas da la Montanha da Carbonat*, 1223 (lièvc de Carbonnat).

CARBONNAT, dom. ruiné, c^{ne} de Vic-sur-Cère. — *Affar appelé de Carbonnat* 1670 (nommée au p^{ce} de Monaco).

CARBONNIER (LE), écart, c^{ne} de Mourjou. — *Carbonnière*, 1523 (ass. de Calvinet).

CARBONNIÈRE (LA), dom. ruiné, c^{ne} de Saint-Mamet-la-Salvetat. — *Affar de Carboneyra*, 1574; — *La Carbonieyre*, 1575; — *La Carbonnère*, 1576 (livre des achaps d'Ant. de Naucaze). — *Ténement de las Carbounières*, 1744; — *Lou Carbonié*, 1745; — *Las Carbonnières*, 1749 (anc. cad.).

CARBONNIÈRE (LA), m^{in} et carderie, c^{ne} de Thiézac. — *Carbonnière*, 1614 (état civ.). — *Carbonières*, 1674 (terr. de Thiézac). — *Carbonière*, 1746 (anc. cad.).

CARCALDE, dom. ruiné, c^{ne} de Siran. — *Villaige de Carcalde*, 1660 (état civ.).

CARDAILHAC, écart, c^{ne} de Marmanhac.

CARDAILHAC, dom. ruiné, c^{ne} de Saint-Victor. — *Villaige de Cardaliac*, 1653 (min. Sarrauste, n^{re}).

CARDAILHAC, vill., c^{ne} de Vézac. — *Cardalat*, 1486 (reconn. à J. de Montamat). — *Cardalac*, 1522 (min. Vigery, n^{re}). — *Cardalhat*, 1580 (terr. de Polminhac). — *Cardallac*, 1610 (aveu de J. de Pestels). — *Cardailhes*, 1668; — *Cardailhac*, 1671 (nommée au p^{ce} de Monaco). — *Cardalhac*, 1695 (terr. de la command. de Cariat).

CARDAILLAC, écart, c^{ne} de Maurs.

CARDALIAGUET, vill., c^{ne} de Parlan. — *Cardagaliet*, 1645; — *Cardalhiaguet; Cardagallet; Cardaliaguet*, 1646; — *Cardagalhet*, 1647; — *Cardalhaguet*, 1649; — *Cardaguallect*, 1654; — *Cardalyaguet*, 1655; — *Cardayrialhiet*, 1656; — *Carcailhaguet*, 1657; — *Cardlhaguet*, 1658; — *Cardagalhiet*, 1663 (état civ.). — *Cardalliaguet*, 1670 (nommée au p^{ce} de Monaco). — *Cardaillaguet*, 1748 (anc. cad.).

CARDERIE (LA), usine, ville d'Aurillac. — *Molendinum de las Cledas*, 1441 (arch. mun. s. HH, c. 21). — *Molin appellé des Clèdes, autrement du Sainct-Sperit*, 1528 (terr. des consuls d'Aurillac). — *Moulin des Fargues*, 1692 (terr. de Saint-Geraud). — *Moulin de las Clède*, 1710 (arch. mun. s. CC, p. 3).

CARDIANNE, dom. ruiné, c^{ne} de Menet. — *Ténement Decros-Dyane; Deyrodianne; de Cardyane*, 1506 (terr. de Riom).

CARDONIE (LA), dom. ruiné, c^{ne} de Glénat. — *Affa-*

rium de la Cardonia, 1403 (homm. au seign. de Montal). — *La Courdounie*, xviie s^e (pap. de la fam. de Montal).

CARDOUNES (LES), mont. à burons, c^{ne} de Saint-Saturnin.

CARÈGUES, ham. et m^{in}, c^{ne} du Trioulou. — *Carigos*, 1743; — *Carègues*, 1744 (état civ.). — *Moulin de Carègue* (états de sections). — *Carrègues*, 1857 (Dict. stat. du Cantal).

CAREYVIS (LE), dom. ruiné, c^{ne} de Cheylade. — *Villaige de Careyvis*, 1669 (insin. du baill. d'Andelat).

CARGRES, dom. ruiné, c^{ne} de Cheylade. — *Villaige de Cargres*, xviie s^e (arch. dép. s. E).

CARIGNAC, écart et m^{in}, c^{ne} de Saint-Martin-Cantalès.

CARISSES (LES), dom. ruiné, c^{ne} de Jussac. — *Villaige des Carisses*, 1642 (inv. des titres de Jussac).

CARLADÈS (LE), contrée située partie dans la Haute-Auvergne, partie dans le Rouergue. — *Aicis Carlacensis; Carlacensis vicaria*, 927 (Chabrol, t. I, p. LVII). — *Ministerio Cartladense*, 927 (cartul. de Conques, p. 8). — *Carladensis comes*, xiie s^e (Breve chronic. Aurelic. abbat.). — *Vicecomitatus Carlatensis*, 1307 (Baluze, t. II, p. 561). — *Quarladès*, 1354 (arch. dép. s. E). — *Cardeloys*, 1410; — *Carladesium*, 1429; — *Vicomté de Cardelat*, 1475 (arch. mun. d'Aurillac, s. AA, l. 47). — *Carladois*, 1628 (paraphr. sur les cout. d'Auvergne). — *Le pays de Carladat*, 1639; — *Le Carladez*, 1684 (arch. mun. d'Aurillac, s. AA, l. 47). — *Carladgium*, 1694 (inscript. dans l'église de Vic-sur-Cère).

Le Carladès, l'une des vigueries de l'Auvergne à l'époque carolingienne, constitua plus tard un franc-alleu s'étendant sur les deux rives de la Cère, depuis le plomb du Cantal qui le domine au N. E., jusque vers la ville de Maurs au S. O.; la Jordanne le limitait au N. O. et la Truyère au S. E.

CARLADIE (LA), écart détruit, c^{ne} de Vitrac. — *Domus vocata de la Carlada sita apud Vitracum*, 1301 (pièces de l'abbé Delmas).

CARLAT, c^{ne} de Vic-sur-Cère. — *Castrum quod vulgo Cartilatum dicitur*, 839 (Ann. Bertiniani). — *Carlacum*, 1279 (arch. dép. s. E). — *Carlac*, 1380 (arch. mun. de Saint-Flour). — *Carlatum*, 1382 (id. d'Aurillac, s. EE, p. 14). — *Carilat*, 1610 (aveu de J^n de Pestels). — *Carlat*, 1671 (nommée au p^{ce} de Monaco).

Carlat était, à l'époque carolingienne, le chef-lieu d'une viguerie, et dès 1252 le siège d'un bailliage auquel fut adjointe, en 1414, une cour d'appeaux. Ce bailliage fut ensuite définitivement fixé à Vic. — Son église, dédiée à saint Avit, était à la nomination du commandeur de Carlat. Elle a été érigée en succursale par décret du 28 août 1808.

CARLAT, dom. ruiné, c^{ne} de Thiézac. — *Affar appellé da Carlat*, 1668 (nommée au p^{cé} de Monaco).

CARLATIÈRE (LA), mⁱⁿ détruit, c^{ne} de Thiézac. — *Molin de Carlatières*, 1674 (terr. de Thiézac).

CARLUCET, f^{me}, c^{ne} de Cheylade. — *Carlusset*, 1855 (Dict. stat. du Cantal).

CARMANTRAN, mont. à burons, c^{ne} de Dienne. — *Montaigne de Caramantraud*, 1600; — *Montaigne de Garamantraud*, 1618 (terr. de Dienne).

CARMENAÏNE (LE PUY DE), mont. à vacherie, c^{ne} de Mandailles.

CARMENTRAIRE (LE), écart et mⁱⁿ, c^{ne} de Marcolès. — *Le Carmentrayre* (Cassini). — *Le Carmentraire* (État-major).

CARMONTE, vill. et mⁱⁿ, c^{ne} de Saint-Illide. — *Carmonta*, 1327 (pap. de la fam. de Montal). — *Caramonta*, 1464 (terr. de Saint-Christophe). — *Carmonte*, 1597 (min. Lascombes, n^{re} à Saint-Illide).

CARNADÈS, dom. ruiné, c^{ne} de Saint-Constant. — *Tenement de Carnadex*, 1747 (anc. cad.).

CARNEJAC, dom. ruiné, c^{ne} d'Arpajon. — *Laboria de Carnegac*, 1223 (lièvc de Carbonnat). — *Carneghacum*, 1522 (min. Vigery, n^{re}). — *Carnegehac*, 1621; — *Carnogac*, 1627; — *Carnégiac*, 1629; — *Carnesiat*, 1631 (état civ.).

CARNEJAC, vill., c^{ne} de Giou-de-Mamou. — *Carneghacum*, 1378 (fond. de la chapellenie des Blats). — *Carnejacum*, 1491 (reconn. à J. de Montamat). — *Carneghac*, 1610 (aveu de J. de Pestels). — *Carnegehao*, 1621; — *Carnegheu*, 1625; — *Carnegat*, 1626 (état civ. d'Arpajon). — *Carnezac*, 1643 (id. de Vic-sur-Cère). — *Carnegeac*, 1646 (id. d'Aurillac). — *Carnegiac*, 1686; — *Carnegac*, 1721 (arch. dép. s. C). — *Carnougeac*, 1736 (terr. de la command. de Carlat). — *Carnejac* (Cassini).

CARNIER (LE), lieu détruit, c^{ne} de Teissières-lès-Bouliès. — (Cassini).

CAROUCHES (LES), dom. ruiné, c^{ne} de Valuéjols. — *Affar appellé de Carouches*, 1671 (nommée au p^{cé} de Monaco).

CAROUELLES (LAS), écart, c^{ne} de Marcolès.

CARRAIROUX (LE), ravine, affl. de l'Auze, c^{ne} de Mauriac; cours de 500 m.

CARRAL (LA), vill., c^{ne} d'Ayrens.

CARRAL (LAS), écart, c^{ne} de Rouzièrs. — *Las Carrals*, 1857 (Dict. stat. du Cantal).

CARRALS (LES), ham. et écart, c^{ne} d'Omps. — *La Carral* (Cassini). — *Lascarral* (État-major).

CARRALS (LES), écart, c^{ne} de Rouzières.

CARRAU (LAS), écart, c^{ne} de Prunet. — *Las Caraux*, 1761 (arch. dép. s. C, l. 18). — *Les Carreaux*, 1857 (Dict. stat. du Cantal).

CARRAU (LE PUY DE LAS), mont. à vacherie, c^{ne} de Prunet.

CARRAUX (LAS), vill., c^{ne} de Cayrols.

CARRAYS (LE), mⁱⁿ, c^{ne} de Boisset. Ce moulin porte aussi le nom de *la Guine*.

CARREAUX (LAS), écart, c^{ne} de Cayrols.

CARREFOUR (LE BOIS DE), dom. ruiné, c^{ne} de Saint-Simon. — *Carrefous*, 1692; — *Affar des Carefous*, 1696 (terr. de Saint-Geraud).

CARREYRE (LA), écart, c^{ne} de Maurs. — *Lacarrière*, 1750 (anc. cad.).

CARRIER, mⁱⁿ en ruine, c^{ne} de Maurs.

CARRIÈRE (LE MOULIN DE), mⁱⁿ détruit, c^{ne} d'Aurillac. — *Molen da Carreir*, XIIIe s^e (arch. mun. s. HH, c. 21). — *Molins anciennement appellés de Malapellia et de présent de Carrière*, 1509 (id. s. DD, c. 4). — *Moulin et jardins appellés de la Carrière, au bas de la porte Sainct-Marcel*, 1684 (procès-verbal pour les murs et fossés de la ville).

CARRIÈRE (LA), ham. avec manoir, c^{ne} de Boisset. — *La Carrière*, 1668 (nommée au p^{cé} de Monaco). — *Lacarrière*, 1747 (anc. cad.).

CARRIÈRE (LA), dom. ruiné, c^{ne} de Jussac. — *Mansus de la Carriera*, 1369 (arch. mun. d'Aurillac, s. GG, p. 19).

CARRIÈRE (LA), vill., c^{ne} de Pers. — *La Carrieyra*, 1312 (arch. mun. d'Aurillac, s. HH, c. 21). — *La Carieyra*, 1411 (pap. de la fam. de Montal). — *La Carrie*, 1624 (état civ. de Saint-Mamet). — *La Carrière*, 1717 (id. d'Espinadel).

CARRIÈRE (LA), ham., c^{ne} de Saint-Simon. — *Lacarrière*, 1747 (arch. dép. s. C, l. 12).

CARRIÈRE (LA), dom. ruiné, c^{ne} de Saint-Victor. — *Affarium de la Carrieyra*, 1327 (pap. de la fam. de Montal).

CARRIÈRE (LA), écart, c^{ne} de Ségur.

CARRIÈRE (LA), ham. avec manoir, c^{ne} du Trioulou. — *Lacarrière*, 1745; — *La Carrière*, 1762 (état civ.).

CARRIÈRE (LA), vill. et mⁱⁿ, c^{ne} d'Ytrac. — *La Carreyria*, 1411 (vente au seign. de Montal). — *La Carrieyra*, 1492 (arch. mun. d'Aurillac, s. HH, c. 21). — *La Carreyra*, 1531 (min. Vigery, n^{re}). — *La Carrière*, 1669 (nommée au p^{cé} de Monaco). — *Lacarrière*, 1684 (arch. dép. s. C).

Carrière-Basse (La), écart détruit, c^{ne} du Trioulou. — *Villaige de la Carieyre-basse*, 1616; — *La Carrieyre-basse*, 1628 (état civ. de Saint-Santin-de-Maurs).

Carrière-du-Monteil (La), écart, c^{ne} de Ségur.

Carrières (Les), dom. ruiné, c^{ne} de Crandelles. — *Ténement de las Carrières*, 1773 (terr. de la châtell. de la Broussette).

Carrières (Las), écart avec manoir, c^{ne} de Rouziers. — *Las Carrieyres*, 1590 (livre des achaps d'Ant. de Naucaze). — *Las Carrières*, 1668 (nommée au p^{ce} de Monaco).

Carrofol (Le), dom. ruiné, c^{ne} d'Aurillac. — *Mansus de Carrofoul*, 1465 (obit. de N.-D. d'Aurillac). — *Mansus de Carroffol, alias de Massagua; Carroffolh*, 1531 (min. Vigery, n^{re}). — *Affar de Carrofol*, 1565 (arch. mun. s. II, r. VIII, f° 71). — *Domaine du Carrefoul*, 1681 (*id.* s. CC, p. 3).

Carrofol (Le), dom. ruiné, c^{ne} de Pailhérols. — *Villaige de Carrofoul*, 1669 (nommée au p^{ce} de Monaco).

Carrol (Le), ham. et mⁱⁿ, c^{ne} de Thiézac. — *Moulin du Carol; Carrol*, 1674 (terr. de Thiézac).

Carsac, vill., c^{ne} d'Arpajon. — *Caersac*, 1232 (arch. mun. d'Aurillac, s. BB, c. 2). — *Carsacum*, 1465 (obit. de N.-D. d'Aurillac). — *Quiersac*, 1531 (min. Vigery, n^{re}). — *Carsac*, 1668 (nommée au p^{ce} de Monaco). — *Carssat*, 1679 (arch. dép. s. C, l. 5). — *Carsat*, 1696 (état civ. de Leucamp). — *Carssac*, 1744 (arch. dép. s. C, l. 5).

Carsac, écart et mⁱⁿ, c^{ne} de Pers. — *Carssac*, 1654 (arch. mun. d'Aurillac, s. CC, p. 8). — *Quersac*, 1656 (état civ. de Parlan). — *Carsac* (Cassini).

Carsac, ruiss., affl. du ruisseau d'Angles, c^{ne} de Pers; cours de 2,250 m.

Cartagades (Las), mont. à vacherie, c^{ne} de Marchastel.

Cartal, mⁱⁿ, c^{ne} de Neuvéglise.

Cartalade (La), mont. à vacherie, c^{ne} de Bredon.

Cartalade (La), dom. ruiné, c^{ne} de Chastel-sur-Murat. — *Ténement de la Cartallade*, 1600 (terr. de Dienne).

Cartayrou (Le), mont. à burons, c^{ne} de Pailhérols. — *Montaigne appellée lou Carteyrou-hault*, 1612; — *Lou Carteyrou*, 1627 (pap. du cab. de Lacassagne). — *Lou Barteyrou*, 1671 (nommée au p^{ce} de Monaco). — *Buron du Carterou* (Cassini).

Carté (Le), mⁱⁿ détruit, c^{ne} de Chastel-Marlhac.

Cartelade (La), mⁱⁿ, c^{ne} de Bournoncles.

Cartelade (La), vill. et mⁱⁿ, c^{ne} de Chastel-Marlhac. — *La Cartallade*, 1607 (terr. de Trizac). — *La Cartal*, 1674 (état civ. de Menet). — *La Cartalade*, 1682 (*id.* de Trizac). — *La Cartelade*, 1783 (arch. dép. s. C, l. 45).

Cartelade (La), ruiss., affl. du ruisseau de Civière, c^{nes} de Chastel-Marlhac et d'Anzers; cours de 4,000 m.

Cartelade (La), mont. à burons, c^{nes} de Condat et de Montboudif. — *Cartalada; Cartalado*, 1310 (Hist. de l'abb. de Feniers). — *Cartellad; Cartellard*, xvie s^e (liève conf. de Feniers). — *Cartelade; Cartelado; Quartellade*, 1654 (terr. de Feniers).

Cartelade (La), f^{me}, c^{ne} de Montboudif.

Cartelade (La), ruiss., affl. de la Santoire, c^{ne} de Montboudif. — *Ruisseau de Cartalade*, xviie s^e (terr. de Feniers).

Cartelade-Haut (La), écart, c^{ne} de Montboudif.

Carteyret (Le), écart et mont. à burons, c^{ne} de Saint-Urcize. — *Borie de Carteyret* (Cassini).

Carteyron (Le), mont. à burons, c^{ne} de Saint-Saturnin. — *Lo Carteyron*, 1514 (terr. de Cheylade). — *Le Carteiron*, 1646 (liève conf. de Valrus).

Carteyrou (Le), dom. ruiné, c^{ne} de Mauriac. — *Casalia vocata del Carteiroux*, 1474 (terr. de Mauriac).

Carteyroux (Le), mont. à burons, c^{ne} de Saint-Urcize.

Cartonie (La), dom. ruiné, c^{ne} de Saint-Gerons. — *Affarium de la Cartonia*, 1322 (pap. de la fam. de Montal).

Carviales, ham., c^{ne} de Marmanhac. — *Carvialle*, 1598 (min. Lascombes, n^{re}). — *Caravihac*, 1624 (état civ. d'Arpajon). — *Carvielle*, 1669 (*id.* de Marmanhac). — *Carviale*, 1685; — *Carvialles*, 1728; — *Carviales*, 1740; — *Carvialez*, 1744 (arch. dép. s. C, l. 21). — *Carvial* (Cassini). — *Corvialles* (états de sections).

Carvila, dom. ruiné, c^{ne} de Laroquevieille. — *Affarium de Carvila*, 1269 (arch. mun. d'Aurillac, s. FF, p. 15). — *Carvial* (Cassini).

Carzilhas, vill. détruit, c^{ne} de Paulhac. — *Mansi del Carzilhas*, 1352 (homm. à l'évêque de Clermont).

Cas, vill., c^{ne} de Saint-Santin-Cantalès. — *La Cole*, 1449 (enq. sur les droits du seign. de Montal). — *Cas*, 1510 (vente au seign. de Montal). — *Cah*, 1632 (état civ.). — *Fas*, 1651 (min. Sarrauste, n^{re}). — *Lou Clas*, 1653 (état civ. de Nieudan). — *Encas*, 1674 (*id.* d'Ayrens).

Cas, dom. ruiné, c^{ne} de Siran. — *Mansus dals Cas*, 1402 (arch. mun. d'Aurillac, s. HH, c. 21).

Casalent, mont. à vacherie, c^{ne} de Saint-Vincent.

CASALETTE, dom. ruiné, c[ne] de Massiac. — *Casalette*, 1784 (Chabrol, t. IV).

CASALOUX, ruiss., affl. de la Sionne, c[ne] de Chanet.

CASCADE (LA), vill. et scierie, c[ne] de Salins.

CASCARÈDE, dom. ruiné, c[ne] de Saint-Santin-Cantalès. — *Mansus de Caracereda*, 1329 (arch. mun. d'Aurillac, s. HH, c. 21). — *Cèrecede*, 1449 (enq. sur les droits du seign. de Montal). — *Sucède* (Cassini).

CASCEYRAC, dom. ruiné, c[ne] de Crandelles. — *Mansi de Casseyrac*, 1522 (min. Vigery, n[re] à Aurillac).

CASE (LA), chât. et dom. ruinés, c[ne] d'Arpajon. — *El Mas da la Casa*, 1223 (lièvo de Carbonnat).

CASE (LA), m[in] détruit, c[ne] d'Aurillac. — *Lo mole da la Caza*, XIIIe s[e] (arch. mun. s. GG, p. 20). — *Molendinum de la Casa*, 1412 (id. c. 17). — *Moulin de Cases; de la Case*, 1692 (terr. de Saint-Geraud).

CASE (LAS), écart, c[ne] de Glénat.

CASE (LA), ham., c[ne] de Leucamp. — *La Case*, 1654 (état civ.). — *La Caze*, 1670 (nommée au p[ce] de Monaco).

CASE-BASSE ET HAUTE (LA), dom. ruinés, c[ne] de Leucamp. — *La Caza-bassa*, 1550 (min. Guy de Vayssieyra, n[re] à Montsalvy). — *La Caze-basse, à présent appellée de Capdeval; la Caze-haulte, à présent appellée de Capdeval*, 1670 (nommée au p[ce] de Monaco).

CASELIE (LA), dom. ruiné, c[ne] de Glénat. — *Affarium vocatum la Cazelia*, 1444 (reconn. à J. de Montal).

CASERNE (LA), écart, c[ne] de Saignes.

CASES (LES), vill. et m[in], c[ne] de Marcolès. — *La Caza*, 1301; — *Casas*, 1515 (pièces de l'abbé Delmas). — *Cazes* (Cassini).

CASES (LES), dom. ruiné, c[ne] de Roannes-Saint-Mary. — *Villaige des Cazes*, 1692 (terr. de Saint-Geraud).

CASES (LES), vill., c[ne] du Trioulou.

CASE-VIEILLE (LA), dom. ruiné, c[ne] de Laveissière. — *Lo mas de Casua-vella*, 1490 (terr. de Chambeuil).

CASE-VIEILLE (LA), dom. ruiné, c[ne] de Saint-Victor. — *Mansus la Caza*, 1322 (arch. mun. d'Aurillac, s. HH, c. 21). — *Mansus de Belhascazas*, 1443 (reconn. au seign. de Montal). — *La Caze*, 1597 (min. Lascombes, n[re]). — *La Case*, 1693 (inv. des titres de l'hôp. d'Aurillac).

CASOFIES (LES), dom. ruiné, c[ne] de Ladinhac. — *Villaige de las Casofies*, 1633 (état civ. de Montsalvy).

CASSAC (LE), dom. ruiné, c[ne] de la Chapelle-d'Alagnon. — *Village de Cassac*, 1712 (état civ. de Murat).

CASSAGNE (LA), écart, c[ne] de Badailhac. — *Cassagnhes*, 1669 (nommée au p[ce] de Monaco).

CASSAGNE (LA), vill., c[ne] de la Besserette. — *La Cassanhia*, 1549 (min. Boygues, n[re] à Montsalvy). — *La Cassanhe*, 1549 (id. Guy de Vayssieyra, n[re]). — *Lacassaignhe*, 1668; — *Lacassanhe*, 1670 (nommée au p[ce] de Monaco). — *La Cassaigne*, 1724 (lièvo de l'abb. de Montsalvy). — *Cassaniouze*, 1784 (Chabrol, t. IV).

CASSAGNE (LA), vill. et chap. détruite, c[ne] de Jou-sous-Montjou. — *Cassagnhes*, 1669 (nommée au p[ce] de Monaco). — *Cassanhes; Cassaignes*, 1702 (état civ. de Saint-Clément). — *Cassagne* (Cassini).

CASSAGNE (LA), dom. ruiné, c[ne] de Junhac. — *Villaige de la Cassanhe*, 1630 (état civ. de Montsalvy).

CASSAGNE (LA), f[me], c[ne] de Maurs. — *La Cassagne*, 1759 (état civ.). — *La Cassayne* (Cassini).

CASSAGNE, ruiss., affl. du Nivoly, c[ne] de Quézac; cours de 3,300 m.

CASSAGNE (LA), écart, c[ne] de Roannes-Saint-Mary. — *Cassaignhes*, 1668 (nommée au p[ce] de Monaco). — *La Cassanhe*, 1682 (arch. dép. s. C). — *Mas del Cassan*, 1692 (terr. de Saint-Geraud). — *Lacassagne*, 1761 (arch. dép. s. C).

CASSAGNE (LA), f[me], c[ne] de Saint-Saury. — *La Cassanha*, 1357 (arch. mun. d'Aurillac, s. HH, c. 21).

CASSAGNOL (LE), f[me], c[ne] de Marcolès. — *Lou Cassahol; Cassanhol*, 1437 (terr. du prieuré de Marcolès). — *Cazan*, 1542 (min. Destaing, n[re]). — *Cassaniol* (Cassini).

CASSAGNOUS, dom. ruiné, c[ne] de Saint-Santin-Cantalès. — *Affarium de Cassanhos*, 1442 (arch. mun. d'Aurillac, s. HH, c. 21). — *Cassagnos*, 1449 (enq. sur les droits du seign. de Montal). — *Mas de Chassanhos*, 1470 (arch. mun. d'Aurillac, s. HH, c. 21).

CASSAÎRÉ (LE), mont. à vacherie, c[ne] de Saint-Julien-de-Jordanne.

CASSAN (LE), dom. ruiné, c[ne] de la Chapelle-en-Vézie. — *Mansus del Cassanh*, 1339 (reconn. à Guill. de Podio).

CASSAN (LE), vill., c[ne] de la Capelle-Viescamp. — *Lo Cassanh*, 1362 (arch. mun. d'Aurillac, s. HH, c. 21). — *Lou Cassang*, 1628 (min. Sarrauste, n[re] à Laroquebrou). — *Lou Cassan*, 1687 (état civ.).

CASSAN (LE), vill. et m[in] ruiné, c[ne] de Cayrols. —

Lou Cassanh, 1574; — Le Cassan, 1648 (état civ.).

Cassan (Le), ham. et m^in, c^ne de Cros-de-Montvert. — Le Cassan, 1633 (état civ.). — Le Cassang, 1648 (min. Sarrauste, n^re à Laroquebrou).

Cassan (Le), écart, c^ne de Cros-de-Roncsque.

Cassan (Le), m^in et teinturerie, c^ne de Glénat.

Cassan (Le), ham. et m^in détruit, c^ne de Ladinhac. — Cassang, 1505; — Cassamh, 1536 (terr. de Coffinhal). — Village des Cassans, 1549 (min. Boygues, n^re). — Lou Castan, 1668; — Lou Cassan, 1670 (nommée au p^ce de Monaco).

Cassan (Le), dom. ruiné, c^ne de Laroquevieille. — Domaine du Cassah; affar del Cassand; del Cassaing, 1552 (terr. de Nozières).

Cassan (Le), ham., c^ne de Leucamp. — Cassang, 1668 (nommée au p^ce de Monaco). — Lou Cosson, 1686 (état civ.). — Le Cassan (Cassini).

Cassan (Le), dom. ruiné, c^ne de Saint-Étienne-Cantalès. — Affarium del Cassanh, 1414 (arch. dép. s. E).

Cassan (Le), écart, c^ne de Saint-Étienne-de-Maurs. — Lou Cassan, 1605; — Lou Casan, 1620 (état civ.).

Cassan (Le), écart, c^ne de Saint-Illide. — Le Caussan, 1586 (min. Lascombes, n^re à Saint-Illide).

Cassan (Le), dom. ruiné, c^ne de Saint-Mamet-la-Salvetat. — Lou bos del Castat, 1739; — Ténement del Casson, 1745 (anc. cad.).

Cassan (Le), dom. ruiné, c^ne de Siran. — Mansus dal Cossanh, 1357 (arch. mun. d'Aurillac, s. HH, c. 21). — Mansus del Cassanch, 1444 (reconn. au seign. de Montal).

Cassan-Haut (Le), écart, c^ne de Glénat. — Lo Cassanh, 1322 (reconn. au seign. de Montal). — Cassaign, 1449 (enq. sur les droits du seign. de Montal). — Le Cassan, 1632 (état civ.). — Lou Cassang, 1675 (id. de Laroquebrou). — Lou Casan, 1689 (id. de la Capelle-Viescamp).

Cassanue, lieu détruit, c^ne de Roannes-Saint-Mary. — (Cassini.)

Cassaniol, dom. ruiné, c^ne d'Arpajon. — Cap-mas de Carsac appellé Cassanhols, 1692 (terr. de Saint-Geraud).

Cassaniol, ham., c^ne de Marcolès.

Cassaniol, écart, c^ne de Siran. — Affarium del Cassanhol, 1534 (archives mun. d'Aurillac, s. HH, c. 21).

Cassaniouse, ham., c^ne de Roannes-Saint-Mary. — Cassanhoza, 1327 (pap. de la fam. de Montal). — Cassaniosse, 1625 (état civ. d'Arpajon). — Cassanhouzes, 1669 (nommée au p^co de Monaco). — Cassanhouze, 1682; — Cassaniouze, 1761 (arch. dép. s. C). — Cassaniouses (Cassini).

Cassaniouse, dom. ruiné, c^ne de Saint-Constant. — Cassagnouse, 1749 (anc. cad.). — Cassanhouze, 1749 (id. de Saint-Santin-de-Maurs).

Cassaniouze, c^on de Montsalvy. — Cassanhosa, 1269 (arch. mun. d'Aurillac, s. FF, p. 15). — Chassanhoza, xive s^e (pouillé de Saint-Flour). — Cassanihose, 1492 (arch. dép. s. E). — Cassanioze, 1536 (terr. de Coffinhal). — Cassanhioze, 1552 (min. Guy de Vayssieyra, n^re). — Cassenhoze, 1564 (id. Boyssonnade, n^re). — Cassanjol, 1608 (état civ. de Montsalvy). — Cassimeuse, 1628 (paraphr. sur les cout. d'Auvergne). — Cassaniosa, 1631 (état civ. de Maurs). — Cassaniouze, 1658 (id. de Laroquebrou). — Cassaghnouze, 1659; — Cassaignouse, 1666 (id. de Cassaniouze). — Cassaigniouzes, 1668 (nommée au p^ce de Monaco). — Cassanhouze; Cassaniouze, 1670 (terr. de Calvinet). — Cassanuse, 1672 (état civ. de Ladinhac). — Cassanieuse, 1675 (id. d'Aurillac). — Cassanhiouse, 1688 (id. de Vieillevie). — Cassaniouze, 1694 (terr. de Marcolès). — Cassaniouses, 1740; — Cassagniouse, 1741 (anc. cad.). — Cassagnouse, 1745 (état civ. de la Capelle-en-Vézie). — Castaniouse, 1760 (arch. dép. s. C). — Castanhouze, 1763 (état civ. de Junhac). — Cassagnouze, 1764 (id. de Sansac-Veynazès).

Cassaniouze était, avant 1789, de la Haute-Auvergne, du dioc. de Saint-Flour, de l'élect. et de la subdél. d'Aurillac. Siège d'une justice seign. régie par le droit écrit, et ressort. à la sénéch. d'Auvergne, en appel de la prév. de Calvinet. — L'église, dédiée à N.-D. de la Purification, était, dès le commencement du xiiie siècle, un prieuré dépend. de l'abbaye de Saint-Geraud d'Aurillac. Elle a été érigée en succursale par décret du 28 août 1808.

Cassanode, dom. ruiné, c^ne de Junhac. — Cassanode, 1550 (min. Guy de Vayssieyra, n^re). — Cassonode, 1767 (table desdites min.).

Casse, mont. à vacherie, c^ne de Giou-de-Mamou.

Cassefict (Le Champ de), mont. à vacherie, c^ne de Narnhac.

Cassenode, écart, c^ne de la Besserette. — Cassanode, 1670 (nommée au p^ce de Monaco).

Casses, m^in, c^ne de Roussy.

Casses, dom. ruiné, c^ne de Saint-Étienne-de-Carlat. — Villaige de Casses, 1692 (terr. de Saint-Geraud).

Casseures, dom. ruiné, c^ne de Saint-Mamet-la-Salvetat. — Casseures, 1555 (min. Destaing, n^re).

Cassidou, m¹ⁿ détruit, cⁿᵉ de Narnhac. — *Calsidou; Cassidou*, 1695 (terr. de Celles).
Cassidoux (Le), écart, cⁿᵉ de Cayrols.
Cassié (Les Costes de), dom. ruiné, cⁿᵉ de Glénat. — *Affarium de las costas da Cassielh*, 1322; — *Affarium de las costas da Cassieh*, 1403 (homm. au seign. de Montal). — *La coste de Cassiech*, xvııı° s° (pap. de la fam. de Montal).
Cassié-Bas et Cassié-Haut, écart, cⁿᵉ de Glénat. — *Cassiech*, 1460 (reconn. au seign. de Montal). — *Cassials*, 1652 (min. Sarrauste, nʳᵉ). — *Cassieh*, 1665; — *Faubourg de Cassiex*, 1666 (état civ.). — *Catiets*, 1750 (anc. cad.).
Cassiès, vill., cⁿᵉ de Saint-Victor. — *Cassiech*, 1327 (pap. de la fam. de Montal). — *Cassieh*, 1625 (état civ. de Laroquebrou). — *Coffuth*, 1629; *Cassiex*, 1635; — *Cassiect*, 1653 (min. Sarrauste, nʳᵉ). — *Cassiez*, 1684 (état civ. d'Ayrens). — *Carsiès*, 1758; — *Cassiès*, 1782 (arch. dép. s. C, l. 51).
Cassiès-Haut, dom. ruiné, cⁿᵒ de Montsalvy. — *Cassier-le-hault*, 1668; — *Village de Cassère-le-hault*, 1669 (nommée au pᶜᵉ de Monaco). — *Coisques-hautes*, 1698 (état civ.).
Cassine (La), dom. ruiné, cⁿᵉ de Freix-Anglards. — *Affarium vocatum de la Cassinha*, 1522 (min. Vigery, nʳᵉ).
Castagnal (Le), petite contrée, arrond. d'Aurillac. — Elle comprend une partie des cantons de Maurs, Montsalvy et Saint-Mamet-la-Salvetat.
Castagne (La), dom. ruiné. — *Boys de Castanhes-del-Camp*, 1590 (livre des achaps d'Ant. de Naucaze). — *Affar de las Castaignes*, 1670 (nommée au pᶜᵉ de Monaco).
Castaniairau (Le), écart, cⁿᵉ de Cassaniouze.
Castanial (Le), écart, cⁿᵉ de Cassaniouze. — *La Castanhal*, 1414 (terr. de Cassaniouze). — *La Castanial*, 1660 (état civ.). — *Le Castagnal*, 1786 (lièvе de Calvinet).
Castanié (Le), écart, cⁿᵉ de Junhac. — *La Castaine*, 1669 (nommée au pᶜᵉ de Monaco). — *Le Castanial*, 1760 (terr. de Saint-Projet). — *Le Castanié*, (Cassini). — *La Castagne* (État-major).
Castanier (Le), ham., cⁿᵒ de Boisset. — *La Castanieyre*, 1668 (nommée au pᶜᵉ de Monaco). — *Lou Castanié*, 1703 (état civ. de la Capelle-Viescamp).
Castanier (Le), ham., cⁿᵉ de Cayrols. — *La Castanie*, 1647; — *Le Castanié*, 1667 (état civ.).
Castanier (Le), vill., cⁿᵉ de Saint-Illide. — *Le Castannay*, 1597 (min. Lascombe, nʳᵉ à Saint-Illide). — *Lou Castanié*, 1659 (état civ. de Saint-Cernin).

— *Lou Castagné*, 1671 (*id.* de Saint-Chamant). — *Lou Castanier*, 1679 (*id.* d'Ayrens).
Castanier (Le), vill., cⁿᵉ de Sansac-Veinazès. — *Lou Castanier*, 1739 (arch. dép. s. C). — *Lou Castanié*, 1742; — *Lou Castagno*, 1754 (état civ.).
Castanier-Bas (Le), écart, cⁿᵉ de Marcolès. — *Lo Castanhier*, 1301; — *Lo Castanher*, 1478 (pièces de l'abbé Delmas). — *Lou Castanié*, 1668 (nommée au pᶜᵉ de Monaco). — *Castanié-bas* (Cassini).
Castanier-Haut (Le), ham., cⁿᵉ de Marcolès. — *Mansus dal Castanhier-Superiori*, 1301 (pièces de l'abbé Delmas). — *Lou Castanié*, 1662 (nommée au pᶜᵉ de Monaco). — *Castanié-haut* (Cassini).
Castanisol (Le), écart, cⁿᵉ de Saint-Santin-de-Maurs. — *Le Castanissol* (état de recens. de 1886).
Castel (Le), dom. ruiné, cⁿᵉ de Labrousse. — *Le villaige del Castel*, 1671 (nommée au pᶜᵉ de Monaco).
Castela, dom. ruiné, cⁿᵉ de Saint-Paul-des-Landes. — *Villaige de Castela*, 1550 (terr. du prieuré d'Escalmels).
Castel-de-Prades (Le), lieu détruit, cⁿᵉ de Tourniac. — 1857 (Dict. stat. du Cantal).
Castel d'Oze (Le), chât. féodal détruit, cⁿᵉ de Sénezergues. — *Castel d'Auzol; castel d'Auzo*, 1380 (arch. mun. d'Aurillac, s. EE, p. 14). — *Castrum d'Auzol*, 1539 (min. Destaing, nʳᵉ à Marcolès). — *Chasteau estant à présent en mazières appellé d'Auson; Castel d'Auze; d'Auzeil*, 1668 (nommée au pᶜᵉ de Monaco). — *Castel d'Auzou*, 1784 (Chabrol, t. IV).
Castelet (Le), écart, cⁿᵉ de la Capelle-del-Fraisse.
Castelinet, écart, cⁿᵉ de Thiézac. — *Castillinet*, 1608; *Castaltinet*, 1610; — *Casteltinet*, 1616 (état civ.). — *Castel-Tinet*, 1668 (nommée au pᶜᵉ de Monaco). — *Castantinet*, 1746 (anc. cad.). — *Castellinet* (État-major).
Casteltinet, ruiss., affl. du ruiss. de Niérevèze, cⁿᵉ de Thiézac; cours de 1,000 m. — *Castel-Quinet*, 1870 (état stat. des cours d'eau du Cantal).
Castel-Vieil (Le), dom. ruiné, cⁿᵉ d'Arpajon. — *Ténement del Castel-vieil*, 1741 (anc. cad.).
Castillan, écart, cⁿᵉ de Cassaniouze.
Castillère (La), mont. à vacherie, cⁿᵉ de Laveissière.
Castonous, dom. ruiné, cⁿᵉ de Valette. — *Mansus de Castonous*, 1401 (arch. mun. de Mauriac).
Catalo (Le), ham., cⁿᵉ de Cassaniouze. — *Lou Catalo*, 1670 (terr. de Calvinet). — *Catole*, 1760 (*id.* de Saint-Projet). — *Catelot* (État-major).
Catobus (Le), écart, (?), cⁿᵉ de Maurs. — 1808 (décret

du 28 août érigeant en succursale l'église de Quézac).

Catonnière, dom. ruiné, cⁿᵉ de Reilhac. — *Bois de las Catonières; las Catonnières; affar de Catonière*, 1773 (terr. de la châtell. de la Broussette).

Catugières, ham., cⁿᵉ de Junhac. — *Catuceriæ*, 918 (Gall. christ., t. II, col. 439). — *Catugulières*, 1550 (min. Guy de Vayssieyra, nʳᵉ). — *Catuguyres*, 1552 (*id.* Boygues, nʳᵉ). — *Catujuer*, 1670 (terr. de Calvinet). — *Catugières*, 1670 (nommée au pᵉᵉ de Monaco). — *Catuzières*, 1749 (anc. cad.). — *Caltusières*, 1753 (état civ. de Sansac-Veinazès). — *Cathuzières*, 1765 (*id.* de Junhac). — *Cathugieyres*, 1767 (table des min. Guy de Vayssieyra, nʳᵉ). — *Catuyère* (Cassini).

Catugières, dom. ruiné, cⁿᵉ de Mauriac. — *Villaige de Chatugières*, 1505; — *Chatugeyres; Catugieyres*, 1515 (comptes au doyen de Mauriac).

Catusse (La), dom. ruiné, cⁿᵉ de Saint-Constant. — *Affar appellé de Catusse*, xvɪɪᵉ sᵉ (reconn. au prieur de Saint-Constant).

Catusses (Le Puy de), mont. à vacherie, cⁿᵉ de Ladinhac.

Catusses (Les), dom. ruiné, cⁿᵉ de Roannes-Saint-Mary. — *Affarium de las Catussas*, 1269 (arch. mun. d'Aurillac, s. FF, p. 15).

Caucadis, dom. ruiné, cⁿᵉ de Ladinhac. — *Affar appellé del Caucadis*, 1669 (nommée au pᶜᵉ de Monaco).

Caudels, dom. ruiné, cⁿᵉ de Cros-de-Montvert. — *Villaige de Caudels*, 1628 (état civ.).

Cauffeyt, vill., cⁿᵉ de Mourjou. — *Caufreyt*, 1523 (assises de Calvinet). — *Caufeire*, 1553 (procès-verbal Vény). — *Caufeyt*, 1670 (terr. de Calvinet). — *Caufayt; Cau-fayt*, 1696 (*id.* de Carlat). — *Caufait*, 1740 (anc. cad. de Cassaniouze).

Caulus, ham., cⁿᵉ de Cros-de-Montvert. — *Cailutz*, 1637; — *Caulech*, 1640; — *Caulah*, 1642 (état civ.). — *Cauluts*, 1653 (min. Sarrauste, nʳᵉ).

Caumon (Le), vill. détruit, cⁿᵉ de Sarrus.

Caumon, vill., cⁿᵉ d'Ytrac. — *Caumon*, 1668 (nommée au pᶜᵉ de Monaco).

Caumont, dom. ruiné, cⁿᵉ d'Arnac. — *Mansus de Caumon*, 1510 (vente au seign. de Montal).

Caumont, dom. ruiné, cⁿᵉ de Freix-Anglards. — *Affarium vocatum de Calamon*, 1522 (min. Vigery).

Caumont, fᵐᵉ avec manoir, cⁿᵉ de Saint-Étienne-de-Maurs.

Caupel, mⁱⁿ, cⁿᵉ de Labrousse.

Causceyca, dom. ruiné, cⁿᵉ de Saint-Mamet-la-Salvetat. — *Affarium de la Causceyca*, 1344 (homm. à l'évêque de Clermont).

Caussac, ham., cⁿᵉ d'Aurillac. — *Cayssacum*, 1457 (arch. dép. s. H). — *Le Puy-de-Calsac*, 1528 (terr. du consulat d'Aurillac). — *Caussac*, 1695 (*id.* de Carlat).

Caussac, vill., cⁿᵉ de Jussac. — *Calsacum*, 1466 (terr. de Saint-Christophe). — *Calsac*, 1552 (*id.* de Nozières). — *Camsac*, 1583 (arch. dép. s. E). — *Calssac*, 1622 (inv. des titres de la cure de Jussac). — *Lou Calsap*, 1623 (état civ. d'Arpajon). — *Caussac*, 1663; — *Causac*, 1666 (*id.* de Jussac). — *Causact*, 1669 (*id.* d'Ayrens).

Causse (Le Puy de), mont. à vacherie, cⁿᵉ de Jabrun.

Caussé (Le), mont. à vacherie, cⁿᵉ de Lieutadès. — *La devèze des Caulse; dels Caulces*, 1508; — *Es appartenances del Causse, autrement de la Poughade*, 1662; — *Le Caussé; le Cauzé*, 1686; — *Las roques del Causse*, 1730 (terr. de la Garde-Roussillon).

Caussé (Le), mⁱⁿ, cⁿᵉ de Quézac.

Causses (Les), vill., cⁿᵉ de Montmurat.

Caussin, vill. et mⁱⁿ, cⁿᵉ de Saint-Illide. — *Caussin*, 1599 (min. Lascombes, nʳᵉ à Saint-Illide).

Cautrune, vill., cⁿᵉ de Jussac. — *Caltruna*, 1369 (arch. mun. d'Aurillac, s. GG, p. 19). — *Caltrina*, 1464 (terr. de Saint-Christophe). — *Caltrunes*, 1552 (terr. de Nozières). — *Caltrunas*, xvɪᵉ sᵉ (arch. mun. d'Aurillac, s. GG, p. 21). — *Caultrunes*, 1622 (inv. des titres de la cure de Jussac). — *Cautrunes*, 1664; — *Caultrune*, 1665 (état civ.).

Cautrunes, ruiss., affl. de la rivière d'Authre, cⁿᵉˢ de Girgols, de Saint-Cernin et de Jussac; cours de 11,000 m. — On le nomme aussi *Gapier*.

Cauyon, dom. ruiné et mont. à vacherie, cⁿᵉ de Gioude-Mamou. — *Affarium de Cahon*, 1269 (arch. mun. d'Aurillac, s. FF, p. 15). — *Calhion*, 1670 (nommée au pᶜᵉ de Monaco). — *Cayon*, 1692 (terr. de Saint-Géraud). — *Les Cayons*, 1695 (*id.* de la command. de Carlat). — *Buge de Coyalion*, 1741 (anc. cad.).

Cavade (La), chât. détruit. et mont. à vacherie, cⁿᵉ de Polminhac. — *Chasteau et montagnhe de la Cavade*, 1668 (nommée au pᶜᵉ de Monaco). — *Lacavade*, 1750 (anc. cad.).

Cavade (La), dom. ruiné, cⁿᵉ de Saint-Mamet-la-Salvetat. — *Ténement appelé de la Cavade*, 1744 (anc. cad.).

Cavaignac, ham., cⁿᵉ de Crandelles. — *Cavanhac*, 1522; — *Cavanhaeum*, 1531 (min. Vigery, nʳᵉ à Aurillac). — *Cavanhac*, 1595 (reconn. à la mᵐᵃ de Clavières). — *Cavagnac*, 1682; — *Cavaygnac*, 1690; — *Cavaniac*, 1701 (état civ.).

CAVAILLAC, ham., c^no de la Capelle-del-Fraisse. — *Cavalhac*, 1548 (min. Boygues, n^re à Montsalvy). — *Cavalat*, 1668 (nommée au p^ce de Monaco). — *Cavaliac*, 1746 (état civ. de la Capelle-en-Vézie). — *Cavaillac*, 1760; — *Cavaillat*, 1772 (arch. dép. s. C, l. 49). — *Cavaliat* (Cassini).

CAVAILLAC (LE), ruiss., affl. du Quayrillier, c^ne de la Capelle-del-Fraisse; cours de 1,900 m. — *Cavaliac*, 1879 (état stat. des cours d'eau du Cantal).

CAVAILLES (LES), écart, c^ne de Raulhac.

CAVAILLES (LES), écart, c^ne de Siran.

CAVALÉTIE (LA), dom. ruiné, c^no de Pers. — *Mansus da la Cavalaytia*, 1324 (arch. mun. d'Aurillac, s. HH, c. 21).

CAVALIOU (LE), q^r du bourg de Vézac. — *Lou Coulhou de Cabrials*, 1668 (nommée au p^ce de Monaco). — *Le Coualiou* (État-major).

CAVANAC, ham., c^ne de Vitrac. — *Cavanac*, 1301 (pièces de l'abbé Delmas). — *Cavanhacum*, 1465 (obit. de N.-D. d'Aurillac). — *Cabanal*, 1655 (état civ. de Laroquebrou). — *Cabanac*, 1669 (nommée au p^ce de Monaco). — *Cavaniac* (Cassini).

CAVANHAC, vill. et m^in, c^ne de Giou-de-Mamou. — *Cavanhac*, 1223 (liève de Carbonnat). — *Cabanhac; Cabanac*, 1610 (aveu de J. de Pestels). — *Cavaniac*, 1623; — *Cabanihac*, 1624 (état civ. d'Arpajon). — *Cavagnac*, 1692 (terr. de Saint-Geraud).

CAVANIAC, écart, c^ne de Leynhac.

CAVANIÈRE (LA), ham. avec manoir, c^ne de Cayrols. — *La Cabanières*, 1647 (état civ. de Parlan). — *La Cabanière*, 1668 (état civ.). — *La Cabanieyre*, 1670 (nommée au p^ce de Monaco). — *La Cavanière* (Cassini).

CAVANIÈRE (LA), dom. ruiné, c^ne de Laroquebrou. — *Bordaria da las Cavanieyras*, 1402 (arch. mun. d'Aurillac, s. HH, c. 21).

CAVANIÈRE (LA), mont., c^ne de Vézac, l'une des quatre montagnes au pied desquelles le bourg est situé. — *Bois appellé de Cavaineyres*, 1670 (nommée au p^ce de Monaco).

CAVANIÈRES (LES), dom. ruiné, c^ne de Nieudan. — *Mansus de las Cavanieyras*, 1488 (arch. mun. d'Aurillac, s. HH, c. 21).

CAVANIÈRES, dom. ruiné, c^ne de Saint-Gerons. — *Villaige de Cavaineyres*, 1669 (nommée au p^ce de Monaco).

CAVANIOL (LE), écart, c^ne de Cassaniouze.

CAVANIOL, ham. et écart, c^ne de Siran.

CAVARACHE, écart, c^ne de Saint-Étienne-de-Riom.

CAVAROC, dom. ruiné, c^ne d'Arpajon. — *El mas da Cavaroc*, 1223 (liève de Carbonnat).

CAVAROC (LA PARRA DE), dom. ruiné, c^ne de Vic-sur-Cère. — *Costal appellé del Verdier*, 1584 (terr. de Polminhac). — *Affar del Verdier, à présent appellé la Parra-de-Cavaroc*, 1669 (nommée au p^ce de Monaco).

CAVAROQUE, dom. ruiné, c^ne de Boisset. — *Villaige de Cavaroc*, 1668 (nommée au p^ce de Monaco). — *Bois de Cabaroc*, 1746; — *Bois de Cavaroque*, 1747 (anc. cad.).

CAVAROQUE, ham. et f^me avec manoir, c^ne de Laroquebrou. — *Calvaroca*, 1324 (reconn. au seign. de Montal). — *Calvaroqua*, 1337 (pap. de la fam. de Montal). — *Caverocque*, 1603 (arch. dép. s. E). — *Cavarocque*, 1625 (état civ.). — *Caiverogue*, 1668 (min. Sarrauste, n^re à Laroquebrou). — *Caveroque*, 1680 (état civ.). — *Chateau de Cabaroc*, 1770 (arch. dép. s. C, l. 51). — *Cavaroc*, 1857 (Dict. stat. du Cantal).

CAVE (LA), écart, c^ne de Saint-Hippolyte.

CAVEIGEANE (LA), écart détruit, c^ne de Polminhac. — *La Caveigeane*, 1695 (terr. de la command. de Carlat).

CAVEROUNE (LA), dom. ruiné, c^ne de Mauriac. — *Mansus de Caverrono*, 1475 (terr. de Mauriac).

CAVES (LES), mont. à burons, c^ne de Saint-Saturnin.

CAVOUNE (LA), mont. à burons, c^ne de Colandres.

CAVY, m^in, c^ne de Marchal.

CAYAN (L'AYGADE DU), mont. à burons, c^nes de Polminhac, Velzic et Vic-sur-Cère. — *Affarium de Cahon*, 1269 (arch. mun. d'Aurillac, s. FF, p. 15). — *Podium de Cuzenc*, 1489 (reconn. à J. de Montamat). — *Montainghe de Calion; Calhonc; Cailhon*, 1668; — *Calhion*, 1670; — *Cailhol*, 1671 (nommée au p^ce de Monaco). — *Calhon*, 1673 (terr. de la Cavade). — *Coyan*, 1769 (anc. cad. de Vic). — *Le Couyan* (états de sections).

CAYAN (LE), vill., c^ne de Teissières-les-Bouliès. — *Calhon*, 1668; — *Cailhon*, 1671 (nommée au p^ce de Monaco). — *Cayan*, 1750 (anc. cad.). — *Calhot*, 1782 (arch. dép. s. C, l. 49). — *Caillon* (Cassini).

CAYAN-BAS ET HAUT (LE), écarts, c^ne de Saint-Antoine. — *Mansus vocatus de Caato-Inferiori; mansus vocatus de Caato*, 1301 (pièces de l'abbé Delmas). — *Cayans* (Cassini). — *Cayau; Cayau-haut*, 1852 (Dict. stat. du Cantal).

CAYENNE, f^me, c^ne de Saint-Étienne-de-Maurs.

CAYÈRES (LES), écart, c^ne de Boisset. — *Cogeire; Cavieire*, 1746; — *Encayère; Caquaires; Cayère*, 1747; — *Coyère; Cayeires; Cayères*, 1748 (anc. cad.).

CAYOUDE (LA), dom. ruiné, c^ne de Siran. — *Affarium*

de *Cayguada*, 1328 (arch. mun. d'Aurillac, s. HH, c. 21).

CAYLA (LE), dom. ruiné, c^ne de Cassaniouze. — *Le villaige du Cayla*, 1741 (anc. cad.).

CAYLA (LE), dom. ruiné, c^ne de Lascelle. — *Affar del Claux-del-Caylar*, 1594 (terr. de Fracor).

CAYLA (LE), f^me, c^ne de Leynhac.

CAYLA (LE), ham., c^ne de Montsalvy.

CAYLA (LE), mont. à burons, c^ne de Saint-Clément. — *Caylat* (État-major).

CAYLA (LE), ruiss., affl. du ruisseau de la Goulèze, c^ne de Saint-Clément; cours de 750 m.

CAYLANES, vill., c^ne de Thiézac. — *Queylanne*, 1634 (état civ.). — *Queillanes*, 1639 (id. de Vic-sur-Cère). — *Caylannes*, 1668; — *Queylanes*, 1671 (nommée au p^ce de Monaco). — *Caylanes*, 1746 (anc. cad.). — *Queylane* (Cassini). — *Cailane* (État-major). — *Caylanne*, 1857 (Dict. stat. du Cantal).

CAYLANES, ruiss., affl. du ruisseau de Salilhes, c^ne de Thiézac; cours de 2,100 m. — *Queylanne*, 1879 (état stat. des riv. du Cantal).

CAYLAR (LE), dom. ruiné, c^ne de Labrousse. — *Affarium del Caylar*, 1531 (min. Vigery, n^re). — *Lou Caylar-de-Drulhie*, 1606 (terr. de N.-D. d'Aurillac). — *Lou Cailar*, 1696 (id. de la command. de Carlat).

CAYLAT (LE), ham., c^ne d'Aurillac. — *Lo Cayllar*, 1620; — *Lou Caylar*, 1627; — *Lou Cailac*, 1659; — *Lou Caila*, 1672 (état civ.). — *Lou Caixlac*, 1679 (arch. mun. d'Aurillac, s. CC, p. 3). — *Le Cailar*, 1738 (id. p. 4).

CAYLAT (LE), dom. ruiné, c^ne de Carlat. — *Affar del Caylat, à présent appellé de Picogalenc*, 1668 (nommée au p^ce de Monaco).

CAYLAT (LE), vill., c^ne de Sansac-de-Marmiesse. — *Caslat*, 1330 (recom. de Bertrand d'Albussac à l'hôp. d'Aurillac). — *Caylar*, 1634; — *Le Cayla*, 1638 (état civ. de Saint-Mamet). — *Queylar*, 1668 (nommée au p^ce de Monaco). — *Lou Cailar*, 1681 (arch. dép. s. C, l. 2). — *Lou Cailat*, 1720 (état civ. de Saint-Paul-des-Landes). — *Loucaila*, 1734 (arch. dép. s. C, l. 2). — *Caila* (Cassini).

CAYLUS, ham., c^ne de Boisset. — *Caylus*, 1661 (état civ. de Cayrols). — *Quaylus*, 1663 (id. de Parlan). — *Caylous*, 1667 (id. de Cayrols). — *Cailluce*, 1667 (id. de Cassaniouze).

CAYLUS, écart, c^ne de Roussy. — *Caylutz*, 1535 (terr. de Caylus). — *Quailus*, 1610 (aveu de J. de Pestels). — *Coilut*, 1631 (état civ. d'Arpajon). — *Caylais*, 1663 (id. de Leucamp). — *Cailluce*, 1665 (id. de Cassaniouze). — *Caylus*, 1668 (nommée au p^ce de Monaco). — *Queylus*, 1670 (pièces du cab. Lacassagne). — *Cailus*, 1750 (anc. cad.).

Le château de Caylus était, avant 1789, le siège d'une justice seign. régie par le droit écrit, et ressortissant au bailliage de Vic, en appel de la prévôté de Maurs.

CAYLUS, dom. ruiné, c^ne de Saint-Victor. — *Le villaige de Calutz*, 1583 (arch. dép. s. G).

CAYLUS-BAS, ham., c^ne de Roussy.

CAYNIAC (LE BOIS DE), dom. ruiné, c^ne de Saint-Mamet-la-Salvetat. — *Affar appellé de Canhac*, 1668 (nommée au p^ce de Monaco).

CAYOLLOT (LE), dom. ruiné, c^ne d'Yolet. — *Affar del Cayollot*, 1670 (nommée au p^ce de Monaco).

CAYRADE (LA), mont. à vacherie, c^ne de Landeyrat.

CAYRAU (LE), mont. à vacherie, c^ne d'Allanche.

CAYRE (LE), ham., c^ne d'Anglards-de-Salers. — *Lou Cayré*, 1652; — *Caires*, 1667; — *Lou Cairé*, 1669 (état civ.).

CAYRE (LE PUECH DE LA), mont. à vacherie, c^ne de Cezens. — *Campus del Quayrot*, 1511 (terr. de Maurs).

CAYRE (LE), f^me avec manoir, c^ne de Cheylade. — *Le Qayre*, 1784 (Chabrol, t. IV).

CAYRE (LE), écart, c^ne de Laroquebrou.

CAYRE (LE), ham., c^ne de Nieudan. — *Laqueyres*, 1659; — *Loqueires*, 1661; — *Loqueirez*, 1666 (état civ.).

CAYRE (LE), dom. ruiné et mont. à burons, c^ne de Pailhérols. — *Le domaine de Gourlougourdou sive de Cayre*, 1668 (nommée au p^ce de Monaco). — *Métairie de la Caire*, 1695 (état civ.).

CAYRE (LE), mont. à vacherie, c^ne de Peyrusse.

CAYRE (LE), m^in, c^ne de Quézac. — *Le Caire*, 1736 (état civ.). — *Le Cayré*, 1748 (id. de Saint-Étienne-de-Maurs). — *Le Cayre*, 1757 (état civ.).

CAYRE (LE), écart, c^ne de Rouffiac.

CAYRE (LE), écart, c^ne de Teissières-les-Bouliès.

CAYRE (LE), écart, c^ne de la Trinitat. — *Le Cayre*, 1508; — *Les Cayres*, 1686; — *Ténement des Caires*, 1730 (terr. de la Garde-Roussillon).

CAYREL (LE), écart, c^ne de Pleaux.

CAYREL (LE), f^me, c^ne de Tournemire. — *Lou Quayrel*, 1701; — *Le Cayrel*, 1759 (arch. dép. s. C, l. 6).

CAYRELET (LE), ruiss., affl. de la rivière d'Auze, c^nes de la Capelle-del-Fraisse et de la Besserette; cours de 2,800 m. — On le nomme aussi *Gal* et la *Besserette*. — *Aqua de Gel*, 1500 (terr. de Maurs).

CAYRELETTE (LA), ruiss., affl. de l'Auze, c^nes de la Capelle-del-Fraisse, Sansac-Veynazès et de Junhac; cours de 9,950 m.

CAYRELLE (LA), écart, c^{ne} de Pierrefort.
CAYRELLE (LA), écart, c^{ne} de Saint-Urcize. — *La Carelle* (Cassini). — *La Cayrelle* (État-major).
CAYRES (LAS), vill., c^{ne} de Riom-ès-Montagnes.
CAYRIE (LA), mont. à burons, c^{ne} de Pailhérols. — *Montagnhe de Lacayrie*, 1669 (nommée au p^{ce} de Monaco).
CAYRILLIER (LE), ham., c^{ne} de Sansac-Veinazès. — *Lou Queyrellé*, 1668 (nommée au p^{ce} de Monaco). — *Cayrelier* (Cassini).
CAYRILLIER (LE), m^{in}, c^{ne} de Sansac-Veinazès. — *Lou Cayrié*, 1642; — *Lou Keyzelié*, 1693; — *Lou Cayrilié*, 1736; — *Lou Cayrillié*, 1757 (état civ.).
CAYROLLE (LA), f^{me}, c^{ne} de Pierrefort. — *La Queyrolle*, 1567 (arch. dép. s. E). — *La Quayrolle*, 1615 (état civ. de Saint-Flour). — *La Cayrole* (Cassini). — *La Cayrelle*, 1857 (Dict. stat. du Cantal).
CAYROLS, dom. ruiné, c^{ne} de Champs. — *Affarium de Cayrols*, 1341 (arch. dép. s. G).
CAYROLS, c^{on} de Saint-Mamet-la-Salvetat, et chât. détruit. — *Cayrols*, 1289 (bulle de Nicolas IV, annot. sur l'hist. d'Aurillac, p. 61). — *Coyrols*, XIVe s^e (pouillé de Saint-Flour). — *Cayroz*, 1570; — *Cayrolz*, 1577 (livre des achaps d'Ant. de Naucaze). — *Queirois*, 1628 (paraphr. sur les cout. d'Auvergne). — *Caxrolz*, 1639 (état civ. de Saint-Mamet). — *Queyrols*, 1645; — *Cairolz*, 1647 (id. de Parlan). — *Cayralz*, 1650; — *Quayrols*, 1661 (id. de Cayrols). — *Queyrol*, 1668 (nommée au p^{ce} de Monaco). — *Quayrolz*, 1688 (pièces du cab. de Bonnefons). — *Cairols*, 1748 (anc. cad. de Parlan). — *Cayrol*, 1774 (Chabrol, t. IV). — *La ville blanche* (Dict. stat. du Cantal, t. III, p. 62).
Cayrols était, avant 1789, de la Haute-Auvergne, du dioc. de Saint-Flour, de l'élect. et de la subdél. d'Aurillac. Régi par le droit écrit, il était le siège de la justice du prieuré, et ressort. au bailliage d'Aurillac, en appel de la prév. de Maurs. — Son église, dédiée à N.-D. de l'Assomption et à sainte Anne, était un prieuré dépend. de l'abbaye de Saint-Geraud d'Aurillac et à la nomination du seigneur de Cayrols. Elle a été érigée en succursale par décret du 28 août 1808.
CAYROLS, ruiss., affl. de la Moulègre, c^{ne} de Saint-Mamet-la-Salvetat; cours de 2,400 m.
CAYRONS (LES), dom. ruiné, c^{ne} de Saint-Mamet-la-Salvetat. — *Ténement de las Carraux*, 1749 (anc. cad.).
CAYROU (LE), vill., c^{ne} de Cros-de-Monvert. — *Lou Cayrou*, 1649 (min. Sarrauste, n^{re} à Laroquebrou). — *Le Queyrou*, 1651 (état civ.). — *Le Cairou*, (Cassini). — *Lou Quayrou*, 1782 (arch. dép. s. C, l. 51).

CAYROU (LE), écart, c^{ne} de Junhac.
CAYROU (LE), ham. et écart, c^{ne} de Leynhac. — *Le Cayrou* (Cassini).
CAYROU (LE), ham., c^{ne} de Rouziers. — *Le Queirou*, 1660 (état civ. de Parlan).
CAYROU (LE MOULIN DU), m^{in} détruit, c^{ne} de Salins.
CAYROU-BAS (LE), m^{in}, c^{ne} de Cros-de-Montvert.
CAYROU-BLANC (LE), écart, c^{ne} de Saint-Saury. — Cet écart porte aussi le nom de *Lacamp*.
CAYROU-GRAND (LE), mont. à burons, c^{ne} de Trizac. — *Lou Queyrou*, 1607 (terr. de Trizac). — *Lou Cayrou*, 1777 (lièv d'Apchon). — *Le Cayrousoubro*, 1782 (arch. dép. s. C).
CAYROU-HAUT (LE), m^{in}, c^{ne} de Cros-de-Montvert.
CAYROUNEL (LE), mont. à burons, c^{ne} de Trizac. — *Montagne du Cairounel*, 1782 (arch. dép. s. C).
CAYROUZES (LES), ruiss., affl. du ruisseau de Béteilles, c^{ne} de Prunet; cours de 1,900 m.
CAYROUZES (LAS), dom. ruiné, c^{ne} de Saint-Paul-des-Landes. — *Ténement de Lascombes, alias de las Queirouzes, où il y a des masures d'édifices*, 1695; — *Affar de las Queyrouses*, 1736 (terr. de la command. de Carlat).
CAYTIVIÈS (LES), dom. ruiné et mont. à vacherie, c^{ne} de Lieutadès. — *Affar de Caytivel*, 1508; — *Villaige Decaytivel, auquel entiennement y avoit maisons à présent démolies*, 1662 (terr. de la Garde-Roussillon).
CAZAL (AU), écart, c^{ne} de Rouffiac.
CAZAL (LA), m^{in}, c^{ne} de Laroquebrou.
CAZAL (LE), écart, c^{ne} de Thiézac.
CAZALAT (LE), ruiss., affl. du ruisseau d'Embenne, c^{ne} de Carlat; cours de 1,800 m.
CAZALAT, ham., c^{ne} de Saint-Étienne-de-Carlat. — *Cazeda*, 1530; — *Casialat*, 1531 (min. Vigery, n^{re}). — *Cagialat*, 1610 (aveu de J. de Pestels). — *Cascalat*, 1654 (arch. mun. d'Aurillac, s. CC, p. 8). — *Cazellat*, 1668; — *Cayellat*, 1670; — *Cazalhat; Cayalhac*, 1671 (nommée au p^{ce} de Monaco). — *Mas de Cazialac*, 1692 (terr. de Saint-Geraud). — *Cajalac*, 1695 (id. de la command. de Carlat). — *Cuzialat*, 1706 (état civ. de Saint-Clément). — *Cajalat* (Cassini).
CAZALAT, vill., c^{ne} de Saint-Mamet-la-Salvetat. — *Cazelat* (Cassini). — *Cazalat* (État-major).
CAZALOUX, écart, c^{ne} de Cassaniouze.
CAZARET, vill. et m^{in}, c^{ne} de Saint-Santin-Cantalès. — *Cazaretum*, 1427 (pap. de la fam. de Montal). —

DÉPARTEMENT DU CANTAL.

Casaret, 1345 (arch. dép. s. G). — *Cazaret*, 1443 (arch. mun. d'Aurillac, s. HH, c. 21). — *Cazeret*, 1636 (état civ.). — *Cagergues*, 1636 (lièvre de Poul). — *Cajaret*, 1642 (min. Sarrauste, n^{re} à Laroquebrou).

Cazau, mont. à burons, c^{ne} de Saint-Projet.

Caze (La), écart et m^{in} auj. détruit, c^{ne} de Boisset. — *La Caze*, 1668 (nommée au p^{cc} de Monaco). — *La Casze*, 1669 (état civ. de Cayrols). — *Le bos de la Case*, 1746 (anc. cad.).

Caze (La), mont. à burons, c^{ne} de la Capelle-Barrez.

Caze (La), vill., c^{ne} de la Capelle-del-Fraisse. — *La Caza*, 1548 (min. Boygues, n^{re}). — *La Casse*, 1628 (état civ. d'Arpajon). — *La Case*, 1631 (id. de Montsalvy). — *La Caze*, 1748 (id. de la Capelle-en-Vézie).

Caze (La), ham., c^{ne} de la Capelle-en-Vézie. — *Las Cazas*, 1269 (arch. mun. d'Aurillac, s. FF, p. 15). — *La Case*, 1668 (nommée au p^{cc} de Monaco). — *Lacaze*, 1717 (état civ.).

Caze (La), vill., c^{ne} de Maurs. — *La Casa*, xve s^e (arch. dép. s. H). — *La Caza*, 1500 (terr. de Maurs). — *La Case*, 1666; — *La Quases*, 1667; *La Caze*, 1750 (état civ.). — *Lacaze*, 1748 (anc. cad.).

Caze (La), écart, c^{ne} de Maurs.

Caze (La), ruiss., affl. du ruisseau d'Infargues, c^{ne} de Maurs; cours de 1,100 m.

Caze (La), dom. ruiné, c^{ne} d'Yolet. — *Villaige de la Caze*, 1692 (terr. de Saint-Geraud).

Cazeau (Le), écart, c^{ne} de Thiézac. — *Les Casaulz*, 1611 (état civ.). — *Les Cazaus*, 1746 (anc. cad.). — *Cazal* (Cassini).

Cazeaux (Les), vill., c^{ne} de Sansac-Veinazès. — *Les Cazaux*, 1857 (Dict. stat. du Cantal).

Cazelles (Les), dom. ruiné, c^{ne} de Junhac. — *Le villaige des Cazelles*, 1670 (nommée au p^{cc} de Monaco).

Cazelles (Las), vill., c^{ne} de Saint-Mamet-la-Salvetat. — *Cazols*, 1268 (homm. à l'évêque de Clermont). — *Las Cazalles; las Cazelles*, 1623; — *Las Cazeles*, 1635; — *Las Quoselles*, 1668 (état civ.). — *Lasazelles*, 1743 (arch. dép. s. C, l. 4). — *Lascazel* (Cassini).

Cazelles, ham., c^{ne} de Sansac-Veinazès. — *Cazelles*, 1552 (min. Boygues, n^{re} à Montsalvy). — *Les Cazals*, 1693; — *Casslles*, 1764 (état civ.). — *Escazeles*, 1765 (id. de Junhac). — *Cazelle* (État-major).

Cazes (Las), vill., c^{ne} de Glénat. — *La Caza*, 1269 (reconn. au seign. de Montal). — *Las Casas*, 1323; — *Lacaza*, 1357; — *Lascasas*, 1401 (arch. mun. d'Aurillac, s. HH, c. 21). — *Las Cazas*, 1444 (reconn. au seign. de Montal).

Cazes (Las), ham., c^{ne} du Trioulou. — *Las Caze*, 1744 (état civ.).

Cazette (La), écart, c^{ne} de Cros-de-Ronesque.

Cazillac, ham., c^{ne} de la Besserette. — *Villaige de Cazilhac*, 1549 (min. Boygues, n^{re}).

Cazinac, écart, c^{ne} de Montsalvy.

Cazolat, vill. et m^{in} détruit, c^{ne} de Roannes-Saint-Mary. — *Cazillac*, 1269 (arch. mun. d'Aurillac, s. FF, p. 15). — *Casilac*, 1342 (id. s. GG, p. 19). — *Caziallac*, 1522 (min. Vigery, n^{re}). — *Casalac*, 1682; — *Cajalat*, 1708; — *Cazalac*, 1766 (arch. dép. s. C).

Cazottes (Las), vill. et m^{in}, c^{ne} de Ladinhac. — *Las Cazotas*, 1549 (min. Boygues, n^{re}). — *Las Cazotes*, 1740 (anc. cad.). — *Las Cazottes*, 1747 (arch. dép. s. C). — *Lascasote* (Cassini). — *Cazotte* (État-major).

Cébairie (La), dom. ruiné, c^{ne} d'Arpajon. — *El mas Cebariot*, 1223 (lièvre de Carbonnat).

Cébélie (La), dom. ruiné, c^{ne} de Lavigerie. — *Affarium de Cebelia*, 1489 (lièvre de Dienne).

Cébiaux (Les), dom. ruiné, c^{ne} de Dienne. — *Affar des Chebiaulx*, 1618 (terr. de Dienne). — *Los Chabraux*, 1667 (lièvre de Dienne).

Cède (La), vacherie, c^{ne} de Brezons.

Cédou (Le), mont. à burons, c^{ne} du Fau. — *Lou Cédou*, 1717 (terr. de Beauclair).

Ceibos, dom. ruiné, c^{ne} de Crandelles. — *Affaria mansorum de Ceibocz*, 1522 (min. Vigery, n^{re} à Aurillac).

Cela-Béou, dom. ruiné, c^{ne} de Marmanhac. — *Mansus de Cela-Beou*, 1517 (arch. dép. s. E).

Célé (Le Bois du), dom. ruiné, c^{ne} de Saint-Constant. — *Lou bos de Selé; ténement du Célé*, 1747 (anc. cad.).

Célé (Le), riv., affl. du Lot, coule aux finages des c^{nes} de Sénezergues, Cassaniouze, Calvinet, Mourjou, Fournoulès, Saint-Constant, le Trioulou, d'une partie de l'arrond. de Figeac; cours dans le Cantal de 29,800 m. — *Aqua Sileris*, 1456; — *Cele*, 1470 (arch. mun. d'Aurillac, s. HH, c. 21). — *Le Célé*, 1696 (terr. de Carlat). — *Rivière de Sainct-Constans; ruisseau del Suel; del Seilhou; del Sulh; del Sulhiou; del Sulher*, xviie s^e (reconn. au prieur de Saint-Constant). — *Ruisseau de Merle*, 1749 (anc. cad.). — *Le Scellé*, 1837 (état des riv. du Cantal). — *Le Célès*, 1879 (état stat. des cours d'eau du Cantal).

Gélès (Le), écart, c^{ne} de Saint-Constant. — *Le Célé*,

1671 (état civ.). — *Le Cellé*, 1749; — *La Cèle*, 1760 (anc. cad.).

CÉLEYROUX (LE), ruiss., affl. du Célé, c^{ne} de Calvinet; cours de 3,000 m. Il porte aussi le nom de *Girondels*. — *Ruisseau des Thérondels*, 1760 (terr. de Saint-Projet).

CELLERIER (LE), dom. ruiné, c^{ne} de Vic-sur-Cère. — *Affar appellé del Celaryé; del Cellarier*, 1584 (terr. de Polminhac).

CELLES, vill. et chât., c^{ne} de Carlat. — *Celles*, 1668 (nommée au p^{cc} de Monaco). — *Selles*, 1736 (terr. de la command. de Carlat).

CELLES, c^{on} de Murat. — *Cella*, 1293 (spicil. Brivat.). — *Celas*, 1388 (arch. dép. s. G). — *Selas*, xive s^e (reg. de Guill. Trascol). — *Cellæ*, 1445 (ordonn. de J. Pouget). — *Selles*, 1511 (terr. de Maurs). — *Cellas*, xvie s^e (arch. dép. s. G). — *Collat*, 1618 (état civ. de Sériers). — *Cèles*, 1669 (id. de Bonnac). — *Sèles*, 1689 (id. de Murat). — *Celau*, 1721 (id. de Saint-Mary-le-Plain).

Celles, avant 1789, était de la Haute-Auvergne, du dioc., de l'élect. et de la subdél. de Saint-Flour. Siège d'une justice seign. régie par le droit cout., il ressort. à la sénéch. d'Auvergne, en appel de la prév. de Saint-Flour. — L'église de Celles a été érigée en succursale par décret du 28 août 1808.

En 1212, une commanderie de l'ordre du Temple fut fondée en ce lieu par Dalmas de Celles.

CELLES (LE MOULIN DE), vill., c^{ne} de Celles. — *Lou Mole; lou molin; lou Mole-de-Celles*, 1581; — *Molin de Celles ou molin de la Bigalenne*, 1644 (terr. de la command. de Celles).

CELLES, vill., c^{ne} de Moussages. — *Villa Cella*, xiie s^e (charte dite *de Clovis*). — *Celle*, 1714; — *Celles*, 1716 (état civ.). — *Cèles* (Cassini).

CELLIER (LE), dom. ruiné, c^{ne} de Leucamp. — *Le village du Cellier*, 1670 (nommée au p^{cc} de Monaco).

CELOUX, c^{on} de Ruines. — *Celos*, xive s^e (pouillé de Saint-Flour). — *Celloux*, 1401 (spicil. Brivat.). — *Cellouze*, 1556 (terr. du prieuré de Rochefort). — *Esclous*, 1724 (état civ. de Saint-Mary-le-Plain). — *Celoux* (Cassini).

Celoux, avant 1789, était de la Basse-Auvergne, du dioc. de Saint-Flour, de l'élect. de Brioude. Régi par le droit écrit, il dépend. de la justice seign. de Lastic, et ressort. à la sénéch. d'Auvergne, en appel de la prév. de Saint-Flour. — Son église, dédiée à saint Roch, était un prieuré à la nomination de l'abbé de la Voûte. Elle a été érigée en succursale par décret du 28 août 1808.

CELOUZE (LA), ruiss., affl. de l'Alagnonet, coule aux finages des c^{nes} de Saint-Poncy, Bonnac et de Massiac; cours de 10,000 m. — *Rif de Cellouza*, 1556; — *Rif de Celouze*, 1557 (terr. du prieuré de Rochefort). — *L'eau de Cellouze*, 1610 (id. d'Avenaux). — *Ruisseau de Selouze*, 1837 (état des riv. du Cantal).

CELS, vill. et m^{in}, c^{ne} d'Ayrens. — *Cels*, 1316 (pap. de la fam. de Montal). — *Secals, Cals*, 1522 (min. Vigery, n^{re}). — *Selz*, 1663 (état civ. de Saint-Cernin). — *Seliez*, 1668; — *Acelx*, 1675; — *Celzst*, 1676; — *Celz*, 1678; — *Sel*, 1680 (id. d'Ayrens). — *Sels* (État-major).

CELS, dom. ruiné, c^{ne} de Jussac. — *Domus scita apud Jussiacum vocata Cels*, 1464 (terr. de Saint-Christophe).

CENDECAMBON, dom. ruiné, c^{ne} d'Arpajon. — *Affarium de Cendecan-Bon*, 1269 (arch. mun. d'Aurillac, s. FF, p. 15).

CENDRIE (LA), m^{in}, c^{ne} de Riom-ès-Montagnes. — *Le moulin de la Senderie*, 1857 (Dict. stat. du Cantal).

CÈPE (LA), lieu détruit, c^{ne} de Colandres. — *Villa Cepa*, xiie s^e (charte dite *de Clovis*). — *La Ceppe*, 1513 (terr. d'Apchon).

CÈPE (LA), mont. à burons, c^{ne} de Colandres. — *Montana vocata de Ceppe*, 1513 (terr. d'Apchon). — *Vacherie la Seppe* (Cassini).

CÉPIE (LA), riv., affl. de la Truyère, coule aux finages des c^{nes} de Brezons, Cezens, Paulhac, Cussac, Gourdièges, Neuvéglise et Oradour; cours de 28,600 m. Elle porte aussi les noms de *Pont-Ferrand* et de *Près*. — *Ryvière des Hepye; de l'Epie; de l'Hiepye; de l'Epye*, 1542; — *Rivière d'Eppie; d'Oppie; d'Eppye*, 1594 (terr. de Bressanges).

CEPPE (LA), ham., c^{ne} de Champs. — *La Sèpe*, 1666 (état civ.).

CEPPE (LA), f^{me}, c^{ne} de Lugarde.

CÈRE, dom. ruiné, c^{ne} d'Arpajon. — *El mas de Cera*, 1223 (lièvre de Carbonnat). — *Affarium de Sera*, 1232 (arch. mun. d'Aurillac, s. BB, c. 2). — *Ténement de la Serre*, 1670 (nommée au p^{cc} de Monaco).

CÈRE (LA), riv., affl. de la Dordogne, c^{ne} de Saint-Jacques-des-Blats, traverse l'arrond. d'Aurillac, et se jette dans la Dordogne près de Bretenoux (Lot), après un cours dans le Cantal de 74,000 m. — *Aqua de Cera*, 1295 (arch. dép. s. E). — *Cerra*, 1434 (arch. mun. d'Aurillac, s. HH, c. 21). — *Serre; Sère*, 1750 (anc. cad. de Thiézac).

CÈRE (LA), vill., c^{ne} de Thiézac. — *Cère*, 1674 (terr. de Thiézac).

CÈRE (LES CÔTES DE), dom. ruiné, c^{ne} d'Ytrac. — *Bois*

DEPARTEMENT DU CANTAL.

et tènement appellé de la Coste de Serre, 1695 (terr. de la command. de Carlat).

Ceneis, lieu détruit, c^ne de Montboudif. — *Cereirs*, 1310 (hist. de l'abb. de Feniers).

Cenoux (Le), m^in détruit, c^ne de la Chapelle-Laurent.

Cenoux (Le), riv., affl. de l'Allier, c^nes de Rageade, Celoux et de la Chapelle-Laurent, pénètre ensuite dans le départ. de la Haute-Loire, traverse une partie de l'arrond. de Brioude, et se jette dans l'Allier, à Vieille-Brioude; cours de cette rivière dans le Cantal de 8,000 m. Dans sa partie supérieure, elle porte le nom de *Ruisseau de la Picardie*.

Certe (La), m^in détruit, c^ne d'Ally.

Cervel (Le), ham., c^ne de Maurs.

Césins (Le Suc de), mont. à vacherie, c^ne de Cheylade.

Cevilhac, dom. ruiné, c^ne de Laroquevieille. — *Affarium des Cevilhac*, 1269 (arch. mun., s. FF, p. 15).

Ceyrac, vill., c^ne de Brageac. — *Villa Sidrac* (?), xiie s^e (charte dite *de Clovis*). — *Seyrac*, 1601; — *Ceyrac*, 1619 (état civ. de Brageac). — *Cairac*, 1650 (id. de Tourniac). — *Corat*, 1682 (id. de Chaussenac). — *Cayrac*, 1778 (inv. des arch. de la mais. d'Humières).

Cézary, dom. ruiné, c^ne de Saint-Mamet-la-Salvetat. — *L'affar de Cézary*, 1574 (livre des achaps d'Ant. de Naucaze).

Cezens, c^on de Pierrefort. — *Ceziacum*, 1289 (annot. sur l'hist. d'Aurillac, p. 61). — *Cezens*, 1435 (liber vitulus). — *Cezenum*, 1445 (ordonn. de J. Pouget). — *Cesentis*, 1499; — *Cezentis*, 1507 (liber vitulus). — *Sezens*, 1511 (terr. de Maurs). — *Cosens*, 1540 (id. de Villedieu). — *Cezains*, 1652 (min. Danty, n^re à Murat). — *Cezeins-en-Planèze*, 1674 (état civ. d'Aurillac). — *Sezins*, 1689 (id. de Murat). — *Césens-en-Planaize*, 1757 (id. de Maurs). — *Cezins* (Cassini).

Cezens, avant 1789, était de la Haute-Auvergne, du dioc., de l'élect. et de la subdél. de Saint-Flour. Régi par le droit écrit, il dépend. : partie des justices seign. de Brezons et de Neyrebrouse, partie de la justice du Chambon, et ressort. à la sénéch. d'Auvergne, en appel de la prév. de Saint-Flour. Son église, dédiée à saint Germain d'Auxerre, était un prieuré dépendant de la mense épiscopale. Elle a été érigée en succursale par décret du 28 août 1808.

Cezens (Le), ruiss., affl. de la Près, c^nes de Cezens et de Gourdièges; cours de 6,700 m.

Cézerat, vill., c^ne de Vernols. — *Sazarat*, 1329 (enq. sur la just. de Vieillespesse). — *Sézerac*, 1508 (terr. de Maillargues). — *Ravcirac*, 1618 (id. de Dienne). — *Cézerat*, 1673 (insin. de la cour royale de Murat). — *Cézerac*, 1675 (terr. de Farges). — *Cézerat-de-Vernolz*, 1707 (lièvc de Farges).

Chabades (Les), mont. à vacherie, c^ne de Landeyrat. — *Vte de Chaubasse* (Cassini).

Chabadières, vill., f^me et m^in, c^ne de Sauvat. — *Chabadeyras*, 1479 (nommée au seign. de Charlus). — *Las Chaladeires*, 1680 (état civ. de Trizac). — *Las Chabadeyre*, 1689 (id. de Chastel-Marlhac). — *Chabadière* (Cassini). — *Chavadières* (État-major).

Chabanau, mont. à vacherie, c^ne de Montboudif. — *Bois appellé de Chabanos*, xviie s^e (terr. de Feniers).

Chabane (La), écart, c^ne d'Ydes.

Chabanes (Les), ham., c^ne d'Auglards-de-Salers.

Chabanes, dom. ruiné, c^ne de Brezons. — *Villaige de la Saigne de Chabanes*, 1658 (min. Danty, n^re).

Chabanes (Les), vill., c^ne de Cezens.

Chabanes (Les), mont. à vacherie, c^ne du Claux.

Chabanes, dom. ruiné, c^ne de Jaleyrac. — *Mansus de Chabanas*, 1475; — *Chabanes*, 1580 (terr. de Mauriac).

Chabanes (Las), vill., c^ne de Méallet. — *Chabanes*, 1680 (état civ. de Trizac). — *Las Chabannes*, 1684; — *La Chabane*, 1687 (anc. min. Chalviguac, n^re à Trizac).

Chabanes (Les), mont. à vacherie, c^ne de Pradiers.

Chabanes (Les), f^me, c^ne d'Oradour. — *La Chabane* (État-major).

Chabannes (Les), dom. ruiné, c^ne de Jaleyrac. — *Affarium de Chabanetas*, 1317 (arch. général. de Sartiges).

Chabanne (La), ham., c^ne de Méallet. — *Chabanes* (Cassini). — *Las Chabannes* (État-major).

Chabanne (La), mont. à vacherie, c^ne de Valette. — *Montaigne de Chabannes*, 1506 (terr. de Riom).

Chabanes, vill., c^ne d'Arches. — *Chabanas*, 1381 (lièvc du monast. de Mauriac). — *Chabanias*, 1505 (comptes au doyen de Mauriac). — *Chabanes*, 1639 (rentes dues au monast. de Mauriac). — *Chabannes*, 1681 (état civ. d'Arches).

Chabannes, écart, c^ne de Cheylade.

Chabannes, vill. avec chapelle, c^ne de Massiac. — *Villaige de Chabanes*, 1656; — *Chabans*, 1741 (état civ. de Saint-Victor-sur-Massiac). — *Chabanes*, 1861 (Dict. stat. du Cantal).

Chabanole, dom. ruiné, c^ne de Naucelles. — *Chavanoles*, 1639 (état civ.). — *Chavanel*, 1650 (id.

14.

de Reilhac). — *Chabanel*, 1737 (arch. dép. s. C, l. 17).

CHABANOLLE (LE PUECH DE), mont. à vacherie, c^ne de Vieillespesse. — *Lou Pic de Chabanolas*, 1526; — *Le suc de Chabanolles*, 1662 (terr. de Vieillespesse).

CHABANOLLES, vill., c^ne de Lorcières. — *Chabanolles*, fin du XVIIe s^e (terr. de Chaliers). — *Chambanoles*, 1745; — *Chabanolle*, 1760 (arch. dép. s. C, l. 48). — *Chabanelles* (Cassini).

CHABARTIE (LA), dom. ruiné, c^ne de Polminhac. — *Affar de la Chabartha*, 1584 (terr. de Polminhac).

CHABASSAIRE, vill. et m^in, c^ne de Peyrusse. — *Planavarena-Chabasseyres*, 1471 (terr. du Feydit). — *Chabasseires; Chabasseyres*, 1561 (id. de Feniers). — *Chabasseyre*, 1568 (arch. dép. s. H). — *Chabassaire*, 1713 (état civ. de Saint-Victor-sur-Massiac). — *Chabassière*, 1857 (Dict. stat. du Cantal).

CHABASSE (LA), mont. à burons, c^ne de Cezens.

CHABASSES (LES), vill., c^ne de Cezens. — *Les Chabasse* (Cassini).

CHABASSES (LAS), ruiss., c^ne de Laveissière, forme, à son confluent avec le ruisseau de Combenègre, la rivière d'Alagnon.

CHABAUCLES (LES), dom. ruiné, c^ne d'Oradour. — *Chabaucles*, 1595 (min. Andrieu, n^re).

CHABAURY-BAS ET HAUT, écarts, c^ne de Trémouille-Marchal. — *Chabourie* (Cassini).

CHABENAS, dom. ruiné, c^ne de Saint-Cirgues-de-Jordanne. — *Affar appelé de Chabenas*, 1692 (terr. de Saint-Geraud).

CHABESSAG (LES), mont. à vacherie, c^ne de Celles.

CHABIÉ (LA FON DE), mont. à vacherie, c^ne de Chanterelle.

CHABLANC, f^me, c^ne de Saint-Paul-de-Salers. — *Chaplant* (Cassini).

CHABLAT, vill., c^ne de Saint-Martin-Cantalès. — *Chapblat*, 1464; — *Chablat*, 1566 (terr. de Saint-Christophe). — *Chapplatz*, 1586; — *Chaplat*, 1598 (min. Lascombes, n^re à Saint-Illide). — *Chapblad*, 1651 (état civ. de Saint-Christophe). — *Chablac*, 1652 (id. de Pleaux). — *Chapbbat*, 1655; — *Chablac de la Courendie*, 1658 (état civ. de Saint-Christophe).

CHABLAT, m^in, c^ne du Vigean.

CHABONNE (LA), ruiss., affl. de l'Alagnonet, c^ne de la Chapelle-Laurent; cours de 870 m.

CHABONOS (LES), mont. à burons, c^ne de Cheylade.

CHABOURLIOUX, vill., c^ne de Riom-ès-Montagnes. — *Charrolhou*, 1512 (terr. d'Apchon). — *Enchabrouliou*, 1682 (état civ. de Murat). — *Chabroulhou; Charoulhou*, 1719 (table du terr. d'Apchon). — *Chabourliou*, 1777 (lièvre d'Apchon). — *Chabourlieu* (Cassini).

CHABOUSSOU, écart, c^ne de Pleaux. — *Chabranua*, 1316; — *Chabeuna*, 1470 (arch. mun. d'Aurillac, s. HH, c. 21). — *Chabruna*, 1471 (reconn. au seign. de Montal).

CHABREGUERLIE, ham., c^ne de Vieillespesse. — *Chabraguerlha; Chabraguelha*, 1526; — *Chabreguerlhe; Chabragueilha*, 1527 (terr. de Vieillespesse). — *Chabreguiolle*, 1613 (id. de Nubieux). — *Chabreugéol*, 1628 (paraphr. sur les cout. d'Auvergne). — *Chabre-Guexhe*, XVIIe s^e (lièvre du chap. de Saint-Flour). — *Chaireguerle* (Cassini). — *Chabreguerly*, 1857 (Dict. stat. du Cantal).

CHABRES (LE SUC DE LAS), mont. à vacherie, c^ne d'Apchon.

CHABRESPIC, écart, c^ne d'Arches. — *Chabbrospi*, 1473; — *Chabbrespic*, 1680 (terr. de Mauriac).

CHABRESPINE, vill., c^ne de Méallet. — *Cabrespine villa*, XIIe s^e (charte dite *de Clovis*). — *Chabrepine*, 1784 (Chabrol, t. IV). — *Chavrespine* (Cassini). — *Cabrespine*, 1785 (arch. dép. s. C, l. 45).

CHABREVIEILLE, dom. ruiné, c^ne de Ruines. — *Mansus de Chabraveilha*, 1294 (arch. dép. s. G).

CHABREYRE (LE CHAMP DE), mont. à vacherie, c^ne de Condat-en-Feniers.

CHABRIAL, ham., c^ne de Ferrières-Saint-Mary.

CHABRIAL (LE), ruiss., affl. de la Truyère, c^ne de Lavastrie; cours de 980 m. — *Rieu de Chabriales; rieu del Salt-del-Pyrol; rieu del Soil-del-Pyrol; rieu del Salt; rieu del Sailh*, 1494 (terr. de Mallet).

CHABRIEU, vill. détruit, c^ne de Chavagnac.

CHABRIER, seign., c^ne de Laveissenet. — *Chabrier*, 1559 (terr. de Chambeuil). — *Chabriès*, 1605 (id. de Cheylanne).

CHABRIERS (LES), dom. ruiné, c^ne de Champagnac. — *Mas Chabrier*, 1414 (arch. général. de Sartiges).

CHABRILLAC (LE), ruiss., affl. de la rivière d'Ande, coule aux finages des c^nes de Mentières, Tiviers, Saint-Flour et Saint-Georges; cours de 10,700 m. On le nomme aussi *les Vareillettes*. — *Lou rieu de Chabriales, lou rieufz de Charbriac*, 1494 (terr. de Mallet). — *Rif de Chabrilhaud*, 1663 (id. de Montchamp). — *Ruisseau del Ventadour ou Chabrilhau*, 1669 (terr. de Montchamp). — *Chabrillac* (Cassini). — *Ruisseau de l'Étang* (État-major).

CHABRILLAC, vill., c^ne de Tiviers. — *Chabrelhat*, 1400 (arch. mun. de Saint-Flour). — *Chabrelhac*, 1526; — *Chebrelhac; Chaberlhas*, 1527 (terr. de Vieillespesse). — *Chabrilhac*, 1535 (*id.* de la v¹ᵈ de Murat). — *Chabreliac*, 1666 (*id.* de Montchamp). — *Chabriliac*, 1739 (état civ. de Saint-Flour). — *Chabrilliac*, 1762 (terr. de Montchamp). — *Chabrillac* (Cassini).

CHABRILLAC, lieu-dit, cⁿᵉ de Virargues. — *Chabrilhat*, 1535 (terr. de la v¹ᵈ de Murat). — *Chabrilhac*, 1580 (lièvc conf. de Murat).

CHABRIN, écart, cⁿᵉ de Montboudif. — *Chabra*, 1309 (Hist. de l'abb. de Feniers). — *Chabrol*, 1658 (lièvc du quartier de Marvaud). — *Chabreu*, 1673 (état civ. de Condat). — *Chabrein; Chabrien*, 1861 (Dict. stat. du Cantal).

CHABRIOL, écart, cⁿᵉ d'Alleuze. — *Chabrialx; Chabrialz*, 1494 (terr. de Mallet). — *Chabrial*, 1584 (arch. dép. s. E). — *Charbrial*, 1679 (insin. de la cour royale de Murat). — *Charbriat; Chobriat*, 1784 (Chabrol, t. IV). — *Chabriol* (Cassini).

CHABRO (LE SUC DE LA), mont. à vacherie, cⁿᵉ de Condat-en-Feniers.

CHABROL, dom. ruiné et mont. à vacherie, cⁿᵉ de Montboudif. — *La borye de Chabrot*, xvɪɪᵉ sᵒ (terr. de Feniers).

CHABROUGOL, dom. ruiné, cⁿᵉ d'Alleuze. — *Villaige de Chabrougol*, 1645 (arch. dép. s. E).

CHABUS, vill., cⁿᵉ de Saint-Christophe. — *Chabus*, 1464 (terr. de Saint-Christophe). — *Chabuz*, 1627; — *Chabuce*, 1648; — *Chabutz*, 1650; — *Chabux*, 1652 (état civ.).

CHACHIMAN, mont. à vacherie, cⁿᵉ de Vernols.

CHACOUL, dom. ruiné, cⁿᵉ de Saint-Cirgues-de-Malbert. — *Affarium de Chatcul*, 1350 (arch. mun. d'Aurillac, s. HH, c. 21).

CHADECOL, dom. ruiné, cⁿᵉ de Massiac. — *Villaige de Chadecolz*, 1581 (lièvc de la command. de Celles). — *Chade-Col*, 1668 (état civ.).

CHADEFAUX (LES), fᵐᵉ, cⁿᵉ de Laveissière. — *Les Chadaffaux*, xvᵉ sᵉ (terr. de Chambeuil). — *Chadefaulx*, 1506 (*id.* de Riom).

CHADELAT, ham., cⁿᵉ de Coren. — *Chaladat*, 1329 (enq. sur la just. de Vieillespesse). — *Chadalac*, 1596 (min. Andrieu, nʳᵉ). — *Chadelat*, 1730 (terr. de la command. de Montchamp).

CHAFFOL (LE), fᵐᵉ, cⁿᵉ de Chaudesaigues.

CHAFFOL (LE), écart, cⁿᵉ de Neuvéglise. — *Uchafol*, 1633 (ass. gén. ten. à Cezens). — *Uchaffol*, 1645 (arch. dép. s. H). — *Uchofol*, xvɪᵉ sᵉ (*id.* s. G). — *Le Chaffol*, 1784 (Chabrol, t. IV). — *Le Shaffol*, 1886 (états de recens.).

CHAFOL (LE), ham. et mont. à burons, cⁿᵉ de Valette. — *Uchafol*, 1518 (terr. d'Apchon). — *Uschafol; Uchafols*, 1607 (*id.* de Trizac). — *Chaffol*, 1717

(arch. dép. s. G). — *Le Chafol*, 1777 (lièvc d'Apchon).

CHAGRASSE (LA), mont. à vacherie, cⁿᵉ de Montchamp. — *Chambadegos*, 1508; — *Cabassy*, 1730 (terr. de Montchamp).

CHAGOUZE, vill., cⁿᵉ de Saint-Flour. — *Chaguosa*, 1345 — *Chagoza*, 1400; — *Chagosa*, 1433 (arch. mun.). — *Chaguosum*, 1436 (liber vitulus). — *Changouse*, 1485 (arch. mun.). — *Chaousa; Chagousa*, 1527 (terr. de Vieillespesse). — *Chagouze*, 1677 (insin. de la cour royale de Murat). — *Chagouzes*, 1739 (état civ.). — *Chajouze*, 1747 (arch. dép. s. H).

CHAGRAVOUX, mont. à burons, cⁿᵉ de Dienne. — Vᵉ de *Chagraboue* (État-major).

CHAÏE (LA), vill. détruit, cⁿᵉ de Colandres.

CHAILA (LE), vacherie, cⁿᵉ de Molèdes.

CHAILAT (LE), dom. ruiné, cⁿᵉ de Ferrières-Saint-Mary. — *Le Chela* (Cassini).

CHAIROUZE (LA), lieu détruit, cⁿᵉ de Cezens. — *Campus de las Cheyrouses*, 1511 (terr. de Maurs).

CHAISE (LA), vill. détruit, cⁿᵉ de Chavagnac.

CHAISES (LES), vill. détruit, cⁿᵉ de Champagnac. — *Mas de las Chiezas; de la Chèze*, 1445 (arch. généal. de Sartiges). — *La Chiese*, 1452; — *La Chieze*, 1475 (arch. dép. s. E). — *Les Chezes*, 1784 (Chabrol, t. IV). — *La Chaise* (Cassini).

CHAISSAC, vill., cⁿᵉ de Saint-Pierre-du-Peil. — *Chayrac* (Cassini). — *Cheissac* (État-major).

CHAISSIAL (LE), écart, cⁿᵉ de Pierrefort. — *Le Chaissal* (Cassini). — *Chaissials*, 1886 (états de recensement).

CHALAGNAC, vill., cⁿᵉ de Bonnac. — *Challanhac; Challainac; Challanat*, 1610 (terr. d'Avenaux). — *Chalaniac*, 1640; — *Chalanac*, 1672 (état civ.). — *Chalagnac* (Cassini).

CHALAYRARGUES, lieu détruit, cⁿᵉ de Vernols. — *Mansus Chalayrargues de Vernops*, 1329 (enq. sur la just. de Vieillespesse).

CHALCADIEU, vill. détruit, cⁿᵉ de Maurines. — *Lo Chalchadiu*, 1338 (spicil. Brivat.). — *Chalcadieux; Chalcadins; Chalchadieu; Chalchadieux; Chalchadins*, 1494 (terr. de Mallet).

CHALCADIEU, dom. ruiné, cⁿᵉ de Saignes. — *Locus dictus del Chalchadieu*, 1441; — *Territorium de la Bonafossa, sive del Chalchadieu*, 1442 (terr. de Saignes).

CHALDEYRE (LA), vill. détruit, cⁿᵉ de Chalvignac. — *Villaige de la Chaldeyra*, 1549 (terr. de Miremont).

CHALEILLES, vill., cⁿᵉ de Lorcières. — *Chaleyres*, 1494 (terr. de Mallet). — *Châlelle; Chaleyles*, 1760;

— *Chaleles*, 1763 (arch. dép. s. C, l. 48). — *Chaleilhes*, 1784 (Chabrol, t. IV). — *Chalelles* (Cassini).

CHALEIRE (LA), ruiss., affl. de la Truyère, coule aux finages des c^{nes} de Clavières, de Lorcières et de Chaliers; cours de 11,500 m. — On le nomme aussi *Combelonge*. — *Rif de Coste-Chaude*, 1662 (terr. de Montchamp). — *Ruisseau de Combelonge*, 1837 (état des rivières du Cantal).

CHALÈS, dom. ruiné, c^{ne} de Jaleyrac. — *Mansus de Challez*, 1484 (arch. généal. de Sartiges).

CHALÈS, dom. ruiné, c^{ne} de Riom-ès-Montagnes. — *Affarium vocatum de Chales*, 1441 (terr. de Saignes).

CHALÈS, écart, c^{ne} de Saint-Georges. — *Chales* (Cassini).

CHALÈTRE (LA), ruiss., affl. de la Truyère, coule aux finages des c^{nes} de Clavières, Lorcières et de Chaliers; cours de 7,000 m. — On le nomme aussi *Caillade* et *Chamazelle*. — *Ruisseau de la Foulhouse ou de Chaumazelles*, 1662 (terr. de Montchamp). — *La Chaleire* (Cassini). — *La Ribeyre; la Caillade* (État-major).

CHALEYRA, mont. à vacherie, c^{ne} de Girgols.

CHALGÉ (LE BOIS DE), lieu détruit, c^{ne} de Chaliers.

CHALIAC, vill. et chât. détruit, c^{ne} de la Chapelle-Laurent. — *Chalhac*, 1558 (terr. du prieuré de Rochefort). — *Chapniat*, 1635 (nommée par G^{lle} de Foix). — *Chaliat*, 1784 (Chabrol, t. IV). — *Chalia* (Cassini). — *Chaliac* (État-major).

Chaliac était, avant 1789, le siège d'une justice seign. haute, moyenne et basse, régie par le droit cout., et ressort. à la sénéch. d'Auvergne, en appel de la prév. de Brioude.

CHALIERS, c^{on} de Ruines. — *Vicaria Calariensis*, 924 (cart. de Brioude). — *Chalerium*, 1338 (spicil. Brivat.). — *Challier*, 1380 (arch. mun. de Saint-Flour). — *Chalers*, 1381; — *Chailher*, 1391 (spicil. Brivat.). — *Chaleyrum; Chaleyrium*, XIVe s^e (reg. de Guill. Trascol). — *Chalier*, XIVe s^e (pouillé de Saint-Flour). — *Chaleyres*, 1494 (terr. de Mallet). — *Chaliès; Challiers*, 1624 (id. de Ligonnès). — *Chaliès en Alvergne*, 1671 (état civ. de Pierrefort). — *Chaliers*, XVIIe s^e (terr. de Chaliers).

Chaliers, chef-lieu d'une viguerie carolingienne, était, avant 1789, de la Haute-Auvergne, du dioc., de l'élect. et de la subdél. de Saint-Flour. Siège d'une justice seign. régie par le droit cout., il relevait de la justice de Ruines et ressort. à la sénéch. d'Auvergne, en appel du bailliage de Ruines. — Son église, dédiée à saint Martin et autref. à saint Blaise, était une cure dépend. du monast. de la Chaise-Dieu et dont le titulaire était à la nomination de l'abbé. Elle a été érigée en succursale, par décret du 28 août 1808.

CHALIERS, c^{ne} de Tournemire, tour détruite, qui faisait partie des fortifications du château de Fortanier.

CHALINA, mont. à vacherie, c^{ne} de Vèze.

CHALINARGUES, c^{on} de Murat. — *Chalnihargues*, 1285 (arch. dép. s. E). — *Chaminargues*, 1329 (enq. sur la justice de Vieillespesse). — *Chanilhargæ*, XIVe s^e (reg. de Guill. Trascol). — *Challinargues*, XIVe s^e (pouillé de Saint-Flour). — *Chanihargues*, 1414 (arch. dép. s. G). — *Challergues; Chalinargues*, 1441 (id. s. E). — *Chalinergiæ*, 1443 (id. s. H). — *Chalinarguum*, 1445 (ordonn. de J. Pouget). — *Charnihargues*, 1473 (arch. de p. s. E). — *Charninhargues*, 1491 (terr. de Farges). — *Charniargue*, 1497 (arch. dép. s. G). — *Chalinhargues; Chalinyhargues*, 1518 (terr. des Cluzels). — *Chalinargiæ*, 1556 (arch. dép. s. G). — *Challinargues*, 1597 (insin. du baill. de Saint-Flour). — *Calinargues*, 1600 (terr. de Dienne). — *Chalinargues*, 1628 (paraphr. sur les cout. d'Auvergne). — *Chalinarous*, 1698 (état civ. de Joursac).

Chalinargues était, avant 1789, de la Haute-Auvergne, du dioc., de l'élect. et de la subdél. de Saint-Flour. Siège d'une justice seign. régie par le droit écrit, il ressort. au bailliage de Saint-Flour, en appel de sa prév. part. — Son église, dédiée à saint Martin de Tours, fut unie en 1414, par le pape Jean XXIII au chapitre de Notre-Dame de Murat. Elle a été érigée en succursale par décret du 28 août 1808.

CHALISSART (LE), ruiss., affl. de l'Alagnonet, c^{ne} de la Chapelle-Laurent; cours de 2,000 m.

CHALAVET (LE), ruiss., affl. de la Truyère, coule aux finages des c^{nes} de Maurines, Saint-Martial et Sarrus; cours de 7,400 m. — On le nomme aussi *le Chabbel*. — *Rieu de Chevreur; de Monclergue; de Chalveilh; de Chaliveuch; de Chalyveuf; de Chalyveuch*, 1494 (terr. de Mallet). — *Rivus de Chalvel*, 1511 (id. de Maurs). — *Chalibeouf* (Cassini).

CHALLÈRE (LA), dom. ruiné, c^{ne} d'Auzers. — *Mansus de la Challera*, 1479 (nommée au seign. de Charlus).

CHALLET, vill. et chât. en ruines, c^{ne} de Massiac. — *Chalès*, 1161 (spicil. Brivat.). — *Chaleix*, 1445 (ordonn. de J. Pouget). — *Challes*, 1653 (état civ. de Bonnac). — *Chalez-Haut*, 1676 (id. de Saint-Mary-le-Plain). — *Chalis*, 1706 (id. de

Saint-Étienne-sur-Massiac). — *Chaleiz*, 1734 (*id.* de Saint-Victor-sur-Massiac). — *Chalet* (État-major).

CHALM (LE LAC DE LA), mont. à vacherie, c^{ne} d'Anglards-de-Saint-Flour. — *Le lac de la Chalm*, 1494 (terr. de Mallet).

CHALM (LA), dom. ruiné, c^{ne} de Joursac. — *Villaige de la Chalm; ténement de la Chat*, 1635 (nommée par G^{lle} de Foix).

CHALM (LA), écart détruit, c^{ne} de Menet. — *Villaige de la Chalm; la Chalis*, 1637 (terr. de Murat-la-Rabe).

CHALMAS, dom. ruiné, c^{ne} de Saint-Poncy. — *Terroir appellé del Chalmas*, 1558 (terr. du prieuré de Rochefort).

CHALM D'AUZON (LA), dom. ruiné, c^{ne} de Crandelles. — *Villaige de la Chalm d'Aulzon*, 1525 (arch. mun. d'Aurillac, s. II, r. 8, f° 83 v°).

CHALM DU MONTEIL (LA), dom. ruiné, c^{ne} de Chalvignac. —*Villaige de la Chalm-del-Montet*, 1549 (terr. de Miremont).

CHALMERC, dom. ruiné, c^{ne} du Claux. — *Mas Chalmerc*, 1514 (terr. de Cheylade).

CHALMETTE (LA), m^{ius} et huilerie, c^{ne} de Pleaux.

CHALNARYE (LA), dom. ruiné, c^{ne} d'Auzers. — *La Chalnarye*, 1541 (nommée au seign. de Charlus).

CHALRIOU (LE), ruiss., afll. du ruisseau de la Mèze-Sole; cours de 800 m.

CHALSIDIEU, dom. ruiné, c^{ne} de Jaleyrac. — *Affarium de Chalsidieu*, 1473 (terr. de Mauriac).

CHALVANAS, dom. ruinés, c^{ne} de Veyrières. — *Affars dels Chalvanas*, 1479 (nommée au seign. de Charlus).

CHALVIGNAC, c^{on} de Mauriac. — *Villa Calviniacus*, xiie s^e (charte dite *de Clovis*). — *Chalvinhac*, 1284 (homm. à l'évêque de Clermont). — *Chavveneschum*, 1473; — *Chavinniacum*, 1475 (terr. de Mauriac).— *Chelviniac*, 1595 (état civ. de Brageac). — *Chalvinihac*, 1633; — *Chauvinhac*, 1635 (id. du Vigean). — *Chalvinhac*, 1650 (*id.* de Mauriac). — *Chalviniac*, 1689 (*id.* de Pleaux). — *Chalaignac*, 1697 (*id.* d'Ally). — *Chalvignat; Chalugnac*, 1784 (Chabrol, t. IV).

Chalvignac, avant 1789, était de la Haute-Auvergne, du dioc. de Clermont, de l'élect. et de la subdél. de Mauriac. Régi par le droit écrit, l'appel verbal excepté, il dépend. de la justice moyenne et basse de Chalvignac, qui appartenait au doyen de Mauriac, et ressort. au bailliage d'Aurillac, en appel de la prév. de Mauriac. — L'église, dédiée à saint Pierre, était une cure à la présentation de l'abbesse de Beaumont. Elle a été érigée en succursale par décret du 28 août 1808. — La haute justice appartenait au seigneur de Chalvignac, qui avait obtenu l'autorisation, en 1328, d'établir des fourches patibulaires dans ce bourg.

CHALZETTE (LA), ruiss., afll. de la Truyère, c^{ne} de Lorcières; cours de 800 m. — On le nomme aussi *les Planchettes*.

CHAM (LA), mont. à vacherie, c^{ne} de Brezons.

CHAM (LA), lieu détruit, c^{ne} de Riom-ès-Montagnes. — *Mansi de la Chalm*, 1310 (Hist. de l'abb. de Feniers).

CHAM (LA), vill. détruit, c^{ne} d'Ussel. — *La Chalm*, 1595 (terr. d'Ussel). — *La Cham*, 1654 (*id.* du Sailhans). — *La Champ*, 1707 (état civ. de Murat). — *Lachamp*, 1784 (Chabrol, t. IV).

CHAMA, mont. à vacherie, c^{ne} de Montboudif.

CHAMALIÈRE, vill., c^{ne} du Claux. — *Chamalières*, 1504 (homm. à l'évêque de Clermont). — *Chamaleyres*, 1520 (min. Teyssendier, n^{re}). — *Chamalière*, xviie s^e (table du terr. d'Apchon de 1513). — *Chamaleyre*, xviie s^e (arch. dép. s. E). — *Chomalières* (Cassini).

CHAMALIÈRE, ruiss., afll. de la Rhue, c^{nes} du Claux et de Cheylade; cours de 6,500 m. — *Riparia de Valrus*, 1352 (homm. à l'évêque de Clermont). — *Rivière du Valrutz*, 1539 (terr. de Cheylade).

CHAMALIÈRE, vill., c^{ne} de Lavastrie. — *Chamalicras*, 1494 (terr. de Mallet). — *Chamaleyras*, 1510; — *Chamaleyres*, 1511 (*id.* de Maurs). — *Chamalières*, 1595 (min. Andrieu, n^{re}). — *Chamalière; Samalhères; Chamalhères*, 1618 (terr. de Sériers). — *Chamallières*, 1624; — *Chennaliers*, 1668 (insin. de la cour royale de Murat).

CHAMALIÈRE, mont. à burons. c^{ne} de Vèze.

CHAMALIÈRES, forêt, c^{ne} de Bredon. — *Boix de Chamallyères; de Chamalières*, 1580 (lieve conf. de la v^{té} de Murat). — *Boix de Chamallière; de Chamaleyre*, 1598 (reconn. des hab. d'Albepierre). — *Chamalières*, 1681 (terr. d'Albepierre).

CHAMARIER, dom. ruiné, c^{ne} de Riom-ès-Montagnes. — *Le village de Chamarier*, 1782 (aveu par G^l de la Croix).

CHAMAROUX (LE PIC DE), mont. à burons, c^{ne} de Montgreleix. — *Vte de Chamaurou* (Cassini).

La partie supérieure de ce pic porte le nom de *l'Hort de las Fadas* (le jardin des Fées).

CHAMAYRAC, vill., c^{ne} de Barriac. — *Chamayracum*, 1466 (terr. de Saint-Christophe). — *Chammayrac*, 1597; — *Champmayrac*, 1625 (état civ. de Brageac). — *Chameyrac*, 1636 (*id.* de Loupiac). — *Champmeyrac*, 1663; — *Chameirac*, 1687 (*id.* de Pleaux).

Chambal (Le), ruiss., affl. de la Truyère, c^ne de Lavastrie; cours de 1,430 m.

Chambaron, ham. et chât. détruit, c^ne de Loubaresse. — *Chambaron*, 1745 (arch. dép. s. C, l. 43). — *Camboron* (Cassini).

Le château de Chambaron était, avant 1789, le siège d'une justice seign. régie par le droit cout., et ressort. à la sénéch. d'Auvergne, en appel du bailliage de Ruines.

Chambaud, dom. ruiné, c^ne de Bonnac. — *Villaige de Chambaud*, 1657 (état civ.).

Chambe (La), écart et mont. à burons, c^ne de Montgreleix.

Chambe (Le Puy de la), mont. à burons, c^nes de Saint-Jacques-des-Blats et de Thiézac. — *La Chambe*, 1627 (pièces du cab. Lacassagne).

Chambeirac, vill., c^ne de Valuéjols. — *Chambairac; Champbeyracum; Chambayrat*, 1317 (arch. dép. s. E). — *Chambeyrac*, 1334 (id. s. H). — *Chambeyras; Chaberiat*, 1348 (reconn. au command. de Montchamp). — *Champmayrac; Champmeyrac*, 1511 (terr. de Maurs). — *Chambeyrat*, 1644 (id. de Loubeysargues). — *Champ-Beyrac; Chambeyral*, xviie s^e (arch. dép. s. E). — *Chamberat*, 1784 (Chabrol, t. IV). — *Chamberac* (État-major).

Chambelaire, m^in, c^ne d'Oradour.

Chambelaire, ruiss., affl. du ruisseau de Malbec, c^ne d'Oradour; cours de 2,500 m.

Chambellandrieu, mont. à vacherie, c^ne de Faverolles. — *Montaigne de Chamboulan?* 1664 (terr. de Montchamp).

Chambernon, vill., c^ne de Neuvéglise. — *Chambaron*, 1494 (terr. de Mallet). — *Lioubarnou?* 1668 (état civ. de Montsalvy). — *Chambarnon*, 1671 (insin. du baill. de Saint-Flour).

Chambernon était, avant 1789, le siège d'une justice moyenne et basse régie par le droit cout., dépend. de la justice ordin. de Ruines, et ressort. à la sénéch. d'Auvergne, en appel du bailliage de Ruines.

Chambeuil, vill. et chât. féodal détruit, c^ne de Laveissière. — *Chamboir; Combeir*, 1237 (arch. dép. s. H). — *Chambuer*, 1403 (id. s. E). — *Chambeur*, 1446 (terr. de Farges). — *Chambous*, 1455 (id. d'Antéroche). — *Chamborium*, 1463 (arch. dép. s. H). — *Chabreul*, 1475 (id. s. E). — *Chamber*, xve s^e (terr. de Bredon). — *Chambeul*, 1518; — *Chanbeur*, 1535 (id. de la v^té de Murat). — *Cheinebeur*, 1542 (id. de la coll. de N.-D. de Murat). — *Chambeulh*, 1569 (arch. dép. s. E). — *Chambreur*, 1580 (terr. des Bros). — *Chanbour*, 1580 (lièv conf. de la v^té de Murat). — *Chambeuil*, 1591 (terr. de Bressanges). — *Chamboul*, 1598 (reconn. des consuls d'Albepierre). — *Molin de Chamboulh*, 1620 (min. Danty, n^re). — *Chambeuille*, xviie s^e (terr. du roi).

Chambeuil était, avant 1789, régi par le droit écrit. Siège de la justice seign. de Chambeuil, il ressort. au bailliage de Vic, en appel de la cour royale de Murat.

Chambeyrol, m^in détruit, c^ne de Freix-Anglards. — *Molin de Cambeyrol*, 1627 (terr. de N.-D. d'Aurillac).

Chambeyrolles, m^in détruit, c^ne de Laveissière. — *Molin à bled appellé de Chamboyrol*, 1609 (min. Danty, n^re).

Chamblat, vill., c^ne de Trizac. — *Champlat*, 1292 (homm. à l'évêque de Clermont). — *Chamblac*, 1611 (min. Danty, n^re). — *Chamblin*, 1663 (insin. du baill. de Salers). — *Chamblat*, 1668 (état civ.). — *Chamblard* (états de sections).

Chambon (Le), mont. à vacherie, c^ne d'Anglards-de-Saint-Flour. — *Boix appellé lo Chambo*, 1494 (terr. de Mallet).

Chambon (Le), vill., c^ne d'Anglards-de-Salers. — *Lou Chambon*, 1651; — *Lou Chamon*, 1657 (état civ.).

Chambon (Le), vill., c^ne d'Antignac.

Chambon (Le), ham., c^ne de Chaudesaigues. — *Le Chambon*, 1596 (min. Andrieu, n^re à Saint-Flour).

Chambon (Le), f^me, c^ne de Cheylade.

Chambon (Le), mont. à vacherie, c^ne de Condat-en-Feniers.

Chambon (Le), écart, c^ne de Laveissière. — *Chambo*, 1403 (arch. dép. s. E). — *Le Chambon*, 1668 (nommée au p^ce de Monaco).

Chambon (Le), dom. ruiné, c^ne de Mauriac. — *Affar de lou Chambo*, 1505 (comptes au doyen de Mauriac).

Chambon (Le), vill., c^ne de Paulhac. — *Lo Chambo*, 1232 (homm. à l'évêque de Clermont). — *Le Chambon*, 1612 (lièv de Chambon).

Le Chambon était, avant 1789, le siège d'une justice seigneuriale. Régie par le droit cout. et écrit en ce qui concernait les testaments et les successions, elle dépend. de la justice de la cathédrale de Saint-Flour et ressort. au bailliage de Saint-Flour, en appel de sa prévôté particulière.

Chambon (Le), écart, c^ne de Paulhenc.

Chambon (Le), m^in en ruines, c^ne de Pleaux.

Chambon (Le), usine, c^ne de Saint-Christophe.

Chambon (Le), ham., c^ne de Saint-Martial.

Chambon (Le), écart, c^ne de Trémouille-Marchal.

Chambon (Le), vill., c^ne de Valuéjols. — *Cambo*, xie s^e

DÉPARTEMENT DU CANTAL.

(cart. de Brioude). — *Chambon*, 1256 (arch. dép. s. H). — *Lo Chambo*, 1457 (terr. d'Auxillac).

CHAMBON (LE), ruiss., affl. du ruisseau de Latga, c^{nes} de Valuéjols et de Tanavelle; cours de 5,500 m. — *L'Aiga de Sant-Maurise*, xve s^e (terr. de Bredon). — *Rebieyra de Chambon*, 1511 (id. de Maurs).

CHAMBON (LE), écart, c^{ne} du Vaulmier.

CHAMBONNE (LA), écart, c^{ne} de Cros-de-Ronesque.

CHAMBRE, dom. ruiné, c^{ne} d'Arches. — *Mansus dal Chassanh-de-Chambre*, 1310 (lièvre du prieuré du Vigean).

CHAMBREL (LE), écart, c^{ne} de Menet.

CHAMBRES, vill. avec manoir, c^{ne} du Vigean. — *Villa Chambras*, 1265 (hommage à l'évêque de Clermont). — *Chambre*, 1310 (lièvre du prieuré du Vigean). — *Chambres*, 1550 (terr. de Miremont). — *Chembre*, 1670 (état civ.).

Chambres était, avant 1789, le siège d'une justice seign. régie par le droit écrit, et ressort. au bailliage d'Aurillac, en appel de la prév. de Mauriac. — Son église, dédiée au Cœur Immaculé de Marie, a été érigée en succursale par ordonn. royale du 11 juillet 1845.

CHAMBUTEYO, mⁱⁿ et foulon, c^{ne} de Neuvéglise.

CHAMES, mont. à vacherie, c^{ne} de Mandailles.

CHAMEYRAC, dom. ruiné, c^{ne} d'Ally. — *Villaige de Chameyrac*, 1636 (état civ. de Loupiac).

CHAM-GRANDE (LA), mont. à vacherie, c^{ne} de Rageade.

CHAMONEL, mont. à vacherie, c^{ne} de Pradiers.

CHAMOUS, mont. à vacherie, c^{ne} de Condat-en-Feniers.

CHAMP (LA), mont. à vacherie, c^{ne} d'Allanche.

CHAMP (LA), mont. à vacherie, c^{ne} d'Andelat. — *Le Champ-meghaur*, 1508 (terr. de Montchamp).

CHAMP (LA), écart, c^{ne} d'Apchon.

CHAMP (LA), dom. ruiné, c^{ne} de Barriac. — *La Chau*, 1696 (état. civ. d'Ally). — *La Camp*, 1700 (id. d'Arches). — *Grange de la Chalm*, 1778 (inv. des arch. de la mais. d'Humières).

CHAMP (LE), ham., c^{ne} de Bassignac.

CHAMP (LE), mⁱⁿ, c^{ne} de Bredon. — *Lou molin de Champ*, xve s^e; — *Molin de Cham*, 1575 (terr. de Bredon).

CHAMP (LE), dom. ruiné, c^{ne} de Cayrols. — *Le villaige de la Camp*, 1652 (état civ.).

CHAMP (LA), vill., c^{ne} de Celles. — *La Cham*, 1508 (terr. de Montchamp). — *La Chalm*, 1511 (id. de Maurs). — *La Champt; la Chaslin*, 1661 (id. de Montchamp). — *La Chalis*, 1668 (insin. du baill. d'Andelat). — *La Champs*, 1704 (lièvre de Celles). — *La Champ*, 1730 (terr. de Montchamp). — *La Chant*, 1740 (état civ. de Saint-Flour). — *Laschamp*, 1784 (Chabrol, t. IV).

CHAMP (LA), vill., c^{ne} de Chaliers.

CHAMP (LE), mont. à vacherie, c^{ne} de Champagnac.

CHAMP (LA), ham., c^{ne} du Claux.

CHAMP (LA), mont. à vacherie, c^{ne} de Colandres. — *Vacherie de la Campos* (Cassini).

CHAMP (LA), vill., c^{ne} de Ferrières-Saint-Mary. — *La Chalm*, 1537 (terr. de Villedieu). — *La Challin*, 1558 (id. de Tempels). — *La Chau*, 1610 (id. d'Avenaux). — *La Chaslin*, 1635 (nommée par G^{lle} de Foix). — *La Chaux*, 1752; — *La Chaud*, 1784 (arch. dép. s. C, l. 47).

CHAMP (LA), ruiss., affl. du ruisseau de Mandillac, c^{ne} de Gourdièges; cours de 1,800 m.

CHAMP (LA), dom. ruiné, c^{ne} de Mauriac. — *Mansus de la Chalm*, 1473; — *Villaige de la Chalm*, 1680 (terr. de Mauriac).

CHAMP (LA), ham., c^{ne} de Menet.

CHAMP (LA), mont. à vacherie, c^{ne} de Moussages. — *Montagne de la Champ*, 1718 (état civ.). — *Laschamp* (Cassini).

CHAMP (LA), mont. à vacherie, c^{ne} de Roffiac. — *La Chalm*, 1510 (terr. de Maurs). — *La Champ*, 1581 (id. de Celles).

CHAMP (LA), f^{me}, c^{ne} de Saint-Étienne-de-Riom. — *La Cham* (État-major). — *Le Champs*, 1855 (Dict. stat. du Cantal).

CHAMP (LE), f^{me}, c^{ne} de Saint-Julien-de-Jordanne. — *Le Champ*, 1700 (arch. dép. s. C, l. 1). — *Le Cham* (Cassini).

CHAMP (LE), ruiss., affl. de la Jordanne, c^{nes} de Saint-Julien et de Saint-Cirgues-de-Jordanne; cours de 1,800 m. On le nomme aussi *le Béquet*.

CHAMP (LA), écart et mont. à vacherie, c^{ne} de Saint-Vincent. — *Laschamp* (Cassini). — *La Chant*, 1886 (états de recens.).

CHAMP (LE), ham., c^{ne} de Sarrus. — *La Chalm; la Champ*, 1494 (terr. de Mallet). — *Lacan*, 1784 (Chabrol, t. IV). — *Lachamp* (Cassini). — *Les Champs*, 1857 (Dict. stat. du Cantal).

CHAMP (LA), vill., c^{ne} de Vebret. — *La Chan*, 1671 (état civ. de Saignes). — *Lachamp* (Cassini). — *Champs*, 1857 (Dict. stat. du Cantal).

CHAMP (LA), vill., c^{ne} de Veyrières. — *Villa Calm*, xiie s^e (charte dite *de Clovis*). — *Lachamp* (Cassini). — *La Champ* (État-major).

CHAMP (LA), écart, c^{ne} d'Ydes.

CHAMPAGNAC, c^{on} de Saignes. — *Campaniacus*, xiie s^e (charte dite *de Clovis*). — *Champanhazes*, 1254 (homm. à l'évêque de Clermont). — *Champanhat*, xive s^e (reg. de Guill. Trascol). — *Champanhac*,

Cantal.

15

1410 (arch. généal. de Sartiges). — *Champanhacum*, 1441 (terr. de Saignes). — *Champaignac*, 1485 (nommée au c^te de Charlus). — *Champanihac*, 1634 (état civ. du Vigean). — *Champaniac*, 1655 (insin. du baill. de Salers). — *Champagniac*, 1740 (état civ. de Moussages). — *Champagnat*, 1747; *Champagnac*, 1770 (archives départ. s. C, l. 45).

Champagnac, avant 1789, était de la Haute-Auvergne, du dioc. de Clermont, de l'élect. et de la subdél. de Mauriac. Régi par le droit cout., il dépend. de la justice seign. de Saignes et ressort. à la sénéch. d'Auvergne, en appel du bailliage de Salers. — Son église, dédiée à saint Martin, était un prieuré à la nomination de l'abbesse de Bonnesaigne. Elle a été érigée en succursale par décret du 28 août 1808.

CHAMPAGNAC (LE SUC DE), mont. à vacherie, c^ne de Chastel-sur-Murat.

CHAMPAGNAC, f^me, c^ne de Paulhenc. — *Champaignhac*, 1671 (nommée au p^cé de Monaco).

CHAMPAGNAC-LES-MINES, vill., c^ne de Champagnac. — *Les Houlières* (État-major).

CHAMPAILLER, m^in, c^ne de Champs.

CHAMP-ALBERT (LE), f^me, c^ne de Lorcières.

CHAMPARNAT, m^in, c^ne de Cheylade. — *Champernat*, 1592 (vente de la terr. de Cheylade). — *Champ-Arnal*, 1618 (terr. de Dienne). — *Chapournat*, 1646 (lièvre conf. de Valrus). — *Champanet*, 1855 (Dict. stat. du Cantal).

CHAMPASSIS, vill., c^ne de Vebret. — *Champany*, 1663 (insin. du baill. de Salers). — *Champassio* (Cassini). — *Champasey* (État-major). — *Champassy*, 1857 (Dict. stat. du Cantal).

CHAMPAY, m^ins, c^ne de Laveissenet. — *Le molin Champès*, 1594 (lièvre de Cheylanne). — *Moulins de Champ* (État-major).

CHAMP-BAS (LE), écart, c^ne de Beaulieu.

CHAMP-BOUCHY (LE), mont. à vacherie, c^ne de Vieillespesse. — *Nemus de las Chalm*, 1526 (terr. de Vieillespesse).

CHAMPCEL, ham., c^ne de Saint-Bonnet-de-Marcenat. — *Champsel* (État-major).

CHAMP-COURT (LE), dom. ruiné, c^ne d'Arpajon. — *Mansus de Campcours*, 1465 (obit. de N.-D. d'Aurillac).

CHAMP-CROS (LE), dom. ruiné, c^ne d'Aurillac. — *Mansus de Camp-Crop*, 1531 (min. Vigery, n^re).

CHAMP-D'AUGÈRE (LE), ham., c^ne de Massiac. — *Le Champ-Augeire*, 1613 (relevé des dîmes dues au chapitre de Saint-André de Massiac).

CHAMP-D'AVIGNON (LE), écart, c^ne de Menet.

CHAMP-DE-CLAVEYROUX (LE), écart et chapelle ruinée, c^ne de Saignes. — *Claveroux* (Cassini).

CHAMP-DE-GRAULE (LE), dom. ruiné, c^ne de Condaten-Feniers. — *Villaige de Champ-de-Grolles*, 1693 (état civ.).

CHAMP-DE-LA-GANNE (LE), écart, c^ne de Brageac.

CHAMP-DEL-CHIER (LE), dom. ruiné, c^ne de Cezens. — *La Chalm-del-Chier; territorium de la Champ-del-Chier*, XVIe s^e (arch. dép. s. G).

CHAMP-DE-MOLÈDES (LA), dom. ruiné, c^ne d'Andelat. — *Villaige de la Chm de la Molède*, 1654 (terr. du Sailhans).

CHAMP-DE-PAILLE (LA), dom. ruiné, c^ne d'Andelat. — *Villaige de lo Chalin-de-Paille; lo Chalin-de-Pallie; lo Chalin-des-Palhies; lo Chalin-de-Paliot*, 1654 (terr. du Sailhans).

CHAMP-DIAL, dom. ruiné, c^ne de Chalvignac. — *Villaige de Chandiale*, 1549 (terr. de Miremont).

CHAMPDIOT, f^me, c^ne de Saint-Martin-Valmeroux. — *Lou Champ de Guiot*, 1693; — *Lou Champderot*, 1696; — *Le Chiandijot*, 1698; — *Le Champdeiots*; *le Champdejot*, 1701 (état civ.).

CHAMP-DU-COTEAU (LA), dom. ruiné, c^ne d'Andelat. — *Villaige de lo Chalin-del-Coustel*, 1654 (terr. du Sailhans).

CHAMP-DU-COTEAU (LE), dom. ruiné, c^ne de Vézac. — *Affar appellé lou Champ-del-Costal*, 1580 (terr. de Polminhac).

CHAMP-DU-PUECH (LE), dom. ruiné, c^ne de Mourjou. — *Affar apelé del Champ del puech*, 1557 (pièces de l'abbé Delmas).

CHAMPEIL, vill., c^ne de Drignac. — *Champelz*, 1648 (état civ. du Vigean). — *Champetz*, 1653 (id. d'Ally). — *Champeilh*, 1655 (id. de Mauriac). — *Champeilz*, 1660; — *Champeils*, 1688 (id. de Loupiac). — *Champeillez*, 1692 (id. d'Ally). — *Champels*, 1743 (arch. dép. s. G).

CHAMPEIX (LE), écart, c^ne de Laveissière.

CHAMPEL (LE), dom. ruiné, c^ne de Bredon. — *Villaige de Champel*, XVIIe s^e (terr. du roi). — *Champeix*, 1664 (id. de Bredon).

CHAMPEL (LE), dom. ruiné, c^ne de Jussac. — *Mansus dels Champels*, 1466 (terr. de Saint-Christophe).

CHAMPELAT (LE), ruiss., affl. de la rivière d'Allanche, c^ne de Vernols; cours de 2,500 m. — *Ruisseau de Champellac*, 1837 (état des riv. du Cantal).

CHAMPELS, dom. ruiné, c^ne de Saint-Martin-Cantalès. — *Mansus de Champelhs*, 1464 (terr. de Saint-Christophe).

CHAMP-FROID (LE), écart, c^ne de Mauriac.

CHAMP-GRAND (LE), dom. ruiné, c^ne de Paulhac. —

L'afar appellé del *Champ-Grand*, 1594 (terr. de Bressanges).

CHAMPIOL, ham., c^{ne} de Faverolles. — *Champiols*, 1675 (Dict. stat. du Cantal, t. III, p. 295).

CHAMPLEIX, f^{me}, c^{ne} de Moussages.

CHAMPLÈS, dom. ruiné, c^{ne} de Jaleyrac. — *Lo villaige de lo Champlez*, 1549 (terr. de Miremont).

CHAMPLONDE, mont. à vacherie, c^{ne} de Rageade.

CHAMP-LONG (LE), mont. à vacherie, c^{ne} de Landeyrat.

CHAMP-LONG (LE), dom. ruiné, c^{ne} de Naucelles. — *Affarium de la Roca, vocatum lo Camp-Long*, 1498 (arch. dép. s. E).

CHAMP-LONG (LE), écart, c^{ne} de Saint-Vincent.

CHAMPMET, dom. ruiné, c^{ne} de Menet. — *Affar del Champmet*, 1506 (terr. de Riom).

CHAMP-PERTUS, m^{in} détruit, c^{ne} de Mauriac. — *Molendinum de Champ-Pertus*, 1493 (terr. de Mauriac).

CHAMP-PEYROU (LE), dom. ruiné, c^{ne} de Mourjou. — *L'affar du Champ-Peyros*, 1557 (pièces de l'abbé Delmas).

CHAMP-POMMADOUR (LE), écart, c^{ne} de Méallet. — *Pomedou* (État-major).

CHAMPREDONDE, vill., c^{ne} de Trémouille-Marchal. — *Champredonde* (Cassini). — *Champ-Redonde* (État-major).

CHAMPRIUM, ham., c^{ne} de Marchal. — *Chante-Pinson*, (Cassini). — *Champriaume* (État-major).

CHAMPROJET, dom. ruiné, c^{ne} de Faverolles. — *Affar appellé Champ-Prosier*; *Champ-Prosier*, 1494 (terr. de Mallet). — *Terroir de Champ-Prougier*, 1695 (id. de Celles).

CHAMPS, chef-lieu de c^{on} de l'arrond. de Mauriac. — *Campi*, 1341 (arch. dép. s. G). — *Castreriæ*, 1366 (Baluze, t. II, p. 345). — *Champs-de-Bort*, 1784 (Chabrol, t. IV).

Champs, avant 1789, était de la Basse-Auvergne, du dioc. et de l'élect. de Clermont, de la subdél. de Bort. Régi par le droit cout., il dépend. de la justice seign. de Thinières, et ressort. à la sénéch. d'Auvergne, en appel du bailliage de Thinières. — Son église, dédiée à saint Remy, avait titre de prieuré. Elle a été érigée en cure en exécution de la loi du 18 germinal an x (8 avril 1802).

CHAMPS, ruiss., affl. de la Tarentaine, c^{ne} de Champs; cours de 3,565 m.

CHAMPS (LE BOIS DES), mont. à vacherie, c^{ne} de Chanterelle.

CHAMPS (LA FON DES), mont. à vacherie, c^{ne} de Coltines. — *La Champ; la Cham; la Chalin; la Challin; la Chalin de Coltines*, 1652 (terr. du prieuré de Coltines).

CHAMPS (LES), mont. à vacherie, c^{nes} de Condat-en-Feniers et de Montboudif.

CHAMPS, vill., c^{ne} de Drugeac. — *Champs-Custrat*, 1689 (état civ. de Drugeac). — *Champs*, 1786 (arch. dép. s. C, l. 41).

CHAMPS, chât. détruit, c^{ne} d'Escorailles. — *Château de Champts*, 1778 (inv. des arch. de la mais. d'Humières).

CHAMPS (LES), écart, c^{ne} de Pailhérols.

CHAMPS (LES), écart, c^{ne} de Sarrus.

CHAMPS (LA), ham., c^{ne} d'Ydes. — *La Champ* (État-major).

CHAMP-SARRA (LE), écart, c^{ne} de Bonnac.

CHAMPSEL (LA), écart, c^{ne} de Chalinargues.

CHAMPS-JEUNES (LES), ham., c^{ne} de Marcenat.

CHAMP-SOUBEIRE (LE), mont. à burons, c^{ne} de Saint-Urcize. — *Buron de Cham-Souveyrou* (État-major).

CHAMPT (LA), mont. à vacherie, c^{ne} du Claux.

CHAMPVIRIAL, dom. ruiné, c^{ne} de Saint-Georges. — *Chanabairilz*, 1318; — *Chanabavrials*, 1325; — *Mansus del Chabanayrils*, 1326; — *Chabannyrials*, 1336; — *Affar de Chanabayrialz*, 1470 (arch. dép. s. G). — *Affar de Chanabeyrials*; *Chanabeirials*, 1494 (terr. de Mallet).

CHAMUSELLE, grange isolée, c^{ne} de Paulhac. — *Chalmeseles*, xve s^e (terr. de Bredon).

CHAN (LA), mont. à vacherie, c^{ne} d'Anglards-de-Salers.

CHANAL (LA), dom. ruiné, c^{ne} de Riom-ès-Montagnes. — *Affarium vocatum de Chanailha*, 1441 (terr. de Saignes).

CHANAUX (LES), ham., c^{ne} de Lanobre. — *Les Channaux*, 1789 (min. Marambal, n^{re} à Thinières). — *Chanau* (État-major).

CHANAVEYRE, dom. ruiné, c^{ne} de Neuvéglise. — *Ténement de Chabancyre*, 1730 (terr. de la command. de Montchamp).

CHANAYRAC, dom. ruiné, c^{ne} de Tourniac. — *Mansus de Chanayrac*, 1464 (terr. de Saint-Christophe).

CHANBERT, dom. ruiné, c^{ne} de la Capelle-del-Fraisse. — *Village de Chanbert*, 1724 (lièvre de Montsalvy).

CHANCHE (LA), mont. à vacherie, c^{ne} de Chavagnac.

CHANDÈZE (LA), ruiss., affl. de la rivière d'Arcueil, coule aux finages des c^{nes} de Saint-Mary-le-Plain, de Bonnac et de Massiac; cours de 6,000 m. — Il porte aussi le nom de *Bousselorgue*. — *Rivus de Chandeza*, 1451 (terr. de Chavagnac). — *Rif de Chandèze*, 1558 (id. du prieuré de Rochefort).

CHANE (LA), dom. ruiné, c^{ne} de Drugeac. — *Villaige de Chane*, 1650 (état civ. de Saint-Christophe).

Chanelle (La), ruiss., affl. de la rivière d'Arcueil, c^{ne} de Saint-Mary-le-Plain; cours de 960 m.

Chanet, c^{on} d'Allanche. — *Chanet*, 1185 (spicil. Brivat.). — *Chaniert; Chanerium*, xive s^e (pouillé de Saint-Flour). — *Channet*, 1401 (spicil. Brivat.). — *Chanyet*, xvie s^e (confins de la terre du Feydit). Chanet était, avant 1789, de la Basse-Auvergne, du dioc. de Clermont, de l'élect. et de la subdél. de Saint-Flour. Régi par le droit cout., il dépend. de la justice seign. du Feydit, et ressort. à la sénéch. d'Auvergne, en appel de la prév. de Brioude.

Chanet (Le Puech de), mont. à vacherie, c^{ne} de Vèze.

Chanis, mont. à burons, c^{ne} de Saint-Paul-de-Salers. — *Bon de Chanil* (État-major).

Chanleix, f^{me}, c^{ne} de Moussages. — *Le Chalet* (Cassini). — *Chamleit* (État-major). — *Chauleix*, 1856 (Dict. stat. du Cantal).

Chan-Longue (La), mont. à vacherie, c^{ne} d'Alleuze. — *La Chalm-Longha*, 1510 (terr. de Maurs). — *Chapt-Longe*, 1632 (*id.* de Montchamp).

Channe, dom. ruiné, c^{ne} de Jaleyrac. — *Mansus de Channe*, 1473 (terr. de Mauriac).

Channuz, seign., c^{ne} de Polminhac. — *Channuz*, 1583 (terr. de Polminhac).

Chanrousse, écart, c^{ne} de Montgreleix.

Chansel, f^{me} et mont. à burons, c^{ne} de Saint-Hippolyte. — *Mansus et montana de Chansel*, 1515 (terr. d'Apchon). — *Cancel*, 1719 (table de ce terr.). — *Le Chansel*, 1776 (arch. dép. s. C, l. 46).

Chanson (Le), écart, c^{ne} de Chaudesaigues. — *Chanson* (Cassini).

Chan-Soutro (Le Prat de), mont. à burons, c^{ne} de Colandres.

Chant (La), mont. à vacherie, c^{ne} de Marchastel.

Chantal, vill. avec manoir, c^{ne} de Paulhenc. — *Chantal*, 1647 (arch. dép. s. G).

Chantal (Le), ruiss., affl. de la Truyère, coule aux finages des c^{nes} de Pierrefort, Paulhenc et de Sainte-Marie; cours de 2,600 m.

Chantal (Le Puech de), mont. à vacherie, c^{ne} de Saint-Martin-Cantalès. — *Als peus de Chantal; Cantal*, 1465 (pap. de la fam. de Montal). — *Le plon du Chantal*, 1636 (lièvre de Poul).

Chantal, ruiss., affl. de la Maronne, c^{ne} de Saint-Martin-Cantalès; cours de 2,800 m.

Chantal, écart, c^{ne} de Saint-Urcize.

Chantal-la-Vialle, vill., c^{ne} de Saint-Martin-Cantalès. — *Lou Peus-de-Cantal*, 1449 (enq. sur les droits du seign. de Montal). — *Chantal*, 1586 (min. Lascombes, n^{re} à Saint-Illide). — *Les Castanhes*, 1669 (nommée au p^{ce} de Monaco). — *Chantal-la-Viale* (Cassini).

Chantal-Péricot, vill., c^{ne} de Saint-Martin-Cantalès. — *Chantal de Perricot*, 1586 (min. Lascombes. n^{re} à Saint-Illide). — *Les Castanhes*, 1669 (nommée au p^{ce} de Monaco). — *Chantal-Périer* (Cassini).

Chantavy, dom. ruiné, c^{ne} de Sansac-Veinazès. — *Villaige de Chantavy*, 1669 (nommée au p^{ce} de Monaco).

Chante-Allouette, lieu-dit, c^{ne} de Bonnac. — *Terroir Chantealoette*, 1771 (terr. de Bonnac).

Chante-Allouette, écart, c^{ne} de Champs. — *Chante-Alluette* (états de sections).

Chantecoguol, dom. ruiné, c^{ne} de Chaliers. — *Mansus de Chantecoguol*, 1492 (terr. de Mallet).

Chante-Géal, vill., c^{ne} de la Chapelle-d'Alagnon. — *Chanteughol*, 1784 (Chabrol, t. IV).

Chante-Greil, écart, c^{ne} de Teissières-les-Bouliès.

Chante-Grel, dom. ruiné, c^{ne} de Chaliers. — *Chantegrel*, 1624 (terr. de Ligonnès). — *Charnegreil*, 1669 (insin. de la cour royale de Murat).

Chante-Gris, vill. et m^{in} abandonné, c^{ne} de Beaulieu. — *Chantearil* (Cassini). — *Chantegriel* (État-major). — *Chantegreil*, 1852 (Dict. statist. du Cantal).

Chantegnis, ruiss., affl. de la Tialle, c^{ne} de Beaulieu; cours de 860 m.

Chanteil, vill., c^{ne} de Brezons. — *Chantelz*, 1623 (ass. gén. tenues à Cezens). — *Chantolz*, 1643; — *Chanteils*, 1655 (état civ. de Pierrefort). — *Chanteilz*, 1658 (min. Danty, n^{re} à Murat). — *Chanteile*, 1703; — *Chantel; Chantels*, 1724 (état civ.). — *Chanteil* (Cassini). — *Chantal*, 1852 (Dict. statist. du Cantal).

Chante-Lauze, écart, c^{ne} de Ladinhac.

Chante-Loube, vill., c^{ne} de Chaudesaigues. — *Chantalauba; Chantaloba*, 1494 (terr. de Mallet). — *Chanteloube*, 1618 (*id.* de Sériers). — *Chantaloube*, 1671 (insin. du baill. de Saint-Flour).

Chante-Loube, mont. à vacherie, c^{ne} de Dienne.

Chante-Louve, vill., c^{ne} de Saint-Martial. — *Chanteloube* (État-major).

Chante-Louve, ruiss., affl. du ruisseau des Éverses, c^{ne} de Saint-Martial; cours de 1,000 m.

Chante-Mialou, écart et mont. à burons, c^{ne} de Montgreleix.

Chantène (La), seign., c^{ne} de Saignes. — *Dominus de Chantena*, 1441 (terr. de Saignes).

Chantenet, dom. ruiné, c^{ne} de Montboudif. — *Mansus de Chantenet*, 1278 (Hist. de l'abbaye de Feniers).

Chantepie, dom. ruiné, c^{ne} de Saint-Poncy. — *Chantepic*, 1571 (terr. de Vieillespesse).

Chante-Rave, m^{in} ruiné, c^{ne} de Paulhac. — *Molin*

appellé de Chanta-Rava, sive del Mole-Sobra, 1542 (terr. de Bressanges).

CHANTERELLE, c^on de Marcenat et chât. féodal détruit. — *Chantarelas*, 1302 (Baluze, t. II, p. 566). — *Chanterelle*, 1672; — *Chanterelles*, 1673; — *Chantarelles*, 1777; — *Chantarelle*, 1778 (état civ. de Condat).

Chanterelle, avant 1789, était de la Basse-Auvergne, du dioc. et de l'élect. de Clermont, de la subdél. de Bort. Régi par le droit cout., il dépend. de la justice seign. de l'abbaye de Feniers, et ressort. à la sénéch. de Clermont, en appel de la prév. de la Roche-Sanadoire. — Son église, dédiée à saint Fabien, était jadis une annexe de Condat; elle a été distraite de la succursale de Condat, par ordonn. royale du 29 juin 1841, et érigée en succursale. — Séparée de la c^ne de Condat, Chanterelle est devenue une commune distincte, en exécution de la loi du 11 juin 1847.

CHANTERELLE, f^me avec manoir, c^ne de Saint-Vincent. — *Chantarelha*, 1332 (liève du prieuré de Saint-Vincent). — *Chanterelle*, 1683 (état civ.). — *Le Cantarès*, 1717 (id. d'Arches).

CHANTERONNE, écart avec m^ins, c^ne de Celles.

CHANTIERS (LES), mont. à burons, c^ne de Moussages.

CHANUGIÈRES (LES), dom. ruiné, c^ne de Marchastel. — *Pagesia de Chanuzeyras*, XIVe s^e (arch. dép. s. E).

CHANUSCLADE, ham. et mont. à vacherie, c^ne de Vèze. — *Chanudade* (Cassini). — *Chanusclade* (État-major). — *Chenusclade* (états de sections).

CHANUSSOLLES, dom. ruiné, c^ne de Champagnac. — *Chanussolles* (Cassini). — *Chanussoles*, 1788 (arch. dép. s. C, l. 45).

CHANUT, dom. ruiné, c^ne d'Arpajon. — *Le ténement de Limaignehe appellé de Chanut*, 1670 (nommée au p^ce de Monaco).

CHANY (LE PUY DE), mont. à vacherie et dom. ruiné, c^ne de Jabrun. — *Vilaige de Chany*, 1508; — *Channy, autrefois vilaige*, 1686 (terr. de la Garde-Roussillon).

CHANY, écart et m^in, c^ne de Sainte-Marie. — *La Cheny*, 1656 (état civ. de Pierrefort). — *Chanis*, 1856 (Dict. stat. du Cantal).

CHANY, ruiss., affl. de la Truyère, c^ne de Sainte-Marie; cours de 1,100 m.

CHANZAC (LE), vill., c^ne de Sainte-Anastasie. — *Chanzac*, 1575 (terr. de Bredon). — *Chagniat*, 1635 (nommée par G^lle de Foix). — *Jansac*, 1670 (état civ. de Murat). — *Janzac*, 1697 (id. de Joursac). — *Jarsac*, 1698 (id. de Murat).

CHAOU (LE PRAT DEL), mont. à burons, c^ne de Colandres.

CHAOURCE-BAS ET HAUT, dom. ruinés, c^ne de Chalvignac. — *Tenementum de Chaorcha*, 1296 (homm. à l'évêque de Clermont). — *Chaorcha-Sobrana*, 1549 (terr. de Miremont).

CHAPEL, chât. détruit, c^ne de Chavagnac. — *Seigneur des Chapelz*, 1518 (terr. des Cluzels). — *Chasteau des Chappelz*, 1535 (id. de la v^té de Murat).

CHAPELLE (LA), écart, c^ne d'Apchon. — *La Chazelle* (État-major).

CHAPELLE (LA), écart et chapelle détruits, c^ne du Claux. — *La Chapelle* (Cassini).

CHAPELLE (LA), écart, c^ne de Labrousse. — Il existe en ce lieu un oratoire dédié à Notre-Dame des Sept-Douleurs.

CHAPELLE (LA), vill., c^ne de Lavigerie.

CHAPELLE (RUISSEAU DE LA), affl. de la rivière de Mars, c^nes de Moussages et d'Anglards-de-Salers; cours de 2,500 m.

CHAPELLE (LA), dom. ruiné, c^ne de Nieudan. — *Affarium de la Capela*, 1332 (pap. de la fam. de Montal).

CHAPELLE (LE BOIS DE LA), bois et chapelle en ruines, c^ne de Veyrières.

CHAPELLE-D'ALAGNON (LA), c^on de Murat. — *Capella-Alanhonis*, 1275; — *Alanho*, 1289; — *Capella-Alamonis*, 1368; — *Capella Alanihonis*, 1434; — *Capella de Lanho*, 1443 (arch. dép. s. H). — *Capella d'Allagnon*, 1445 (ordonn. de J. Pouget). — *La Chapella d'Alagnhon*, 1490 (terr. de Chambeuil). — *La Chapelle d'Alaighon*, 1518 (id. des Cluzels). — *La Chapelle d'Allanhon*, 1535; — *La Chapelle d'Allanihon*, 1536 (id. de la v^té de Murat). — *La Chapelle du Valeugnon*, 1559 (terr. de la coll. de N.-D. de Murat). — *La Chapelle d'Alanhon* (id. de la command. de Celles). — *La Chapelle Lanhion* (id. de Bressanges). — *La Chapelle*, XVIe s^e (id. de Bredon). — *La Chapelle d'Allanho*, XVIe s^e (arch. dép. s. G). — *La Chapelle d'Allaignion*, 1624; — *La Chapelle d'Allanion*, 1625; — *La Chapelle d'Allagnon*, 1626 (insin. de la cour royale de Murat). — *La Chapelle; la Chappelle d'Allaignon*, 1644 (terr. de Loubeysargues). — *La Chapelle de Laignon*, 1655 (état civ. de Saint-Étienne-de-Maurs). — *La Chapelle du Valanion*, 1664 (terr. de Bredon). — *La Chapelle de Lanhon*, 1682 (état civ. de Murat). — *La Chapelle du Lagnon; la Chapelle du Laignon*, 1683 (terr. des Bros). — *La Chapelle-de-Murat*, 1684 (état civ. de Murat). — *La Chapelle d'Alaignon*, 1692 (état civ.). — *La Chapelle-Alagnon*, 1752 (liève de la command. de Celles).

La Chapelle-d'Alagnon, avant 1789, était de

la Haute-Auvergne, du dioc., de l'élect. et de la subdél. de Saint-Flour. Régie par le droit écrit, les actes judiciaires exceptés, elle dépend. de la justice seign. du mandem. des Bros, et ressort. au baill. de Vic, en appel de la prév. de Murat. — Son église, dédiée à la Nativité de la Vierge, était, en 1762, une cure dépendant du prieuré de Bredon, et à la présentation du chapitre cathédral de Saint-Flour. Actuellement sous le voc. de saint Laurent, elle a été érigée en succursale par décret du 28 août 1808.

CHAPELLE-DE-CLAVIERS (LA), ruiss., affl. de la rivière de Mars, c^{nes} de Moussages et d'Anglards-de-Salers; cours de 2,500 m.

CHAPELLE-DU-PONT (LA), écart, c^{ne} de Leynhac.
La Chapelle-du-Pont, dépend. jadis du prieuré de ce nom et a été convertie en auberge. — *Prior de Ponte, ordinis de Corona*, XIVe s^e (pouillé de Saint-Flour). — *Le Pont* (Cassini).

CHAPELLE-DU-PONT-DES-TAULES (LA), écart, c^{ne} de Condat-en-Feniers et chapelle sous le voc. de Notre-Dame de l'Assomption.

CHAPELLE-LAURENT (LA), c^{nn} de Massiac. — *Capella del Laurenc*, 1250 (spicil. Brivat.). — *Capella de Laurenco; Laurens*, XIVe s^e (pouillé de Saint-Flour). — *Cappella Laurenti*, 1401 (liber vitulus). — *Parroisse Sainct Laurens*, 1538 (arch. dép. s. E). — *La Chapelle du Laurens*, 1610 (terr. d'Avenaux). — *La Chapelle-Laurens*, 1675 (état civ. de Saint-Mary-le-Plain). — *La Chapelle Lauren*, 1783 (terr. d'Alleret). — *Saint-Laurent*, 1784 (Chabrol, t. IV). — *La Chapelle Saint-Laurent* (État-major).
La Chapelle-Laurent, avant 1789, était de la Basse-Auvergne, du dioc. de Saint-Flour, de l'élect. et de la subdél. de Brioude. Régie par le droit cout., elle dépendait de six justices seign.: Beaucastel, Chaliac, le Fayet, Loubarcet, Loubaresse et Verteserre, et ressort. à la sénéch. d'Auvergne, en appel de la prév. de Brioude. — Son église, dédiée à Notre-Dame de l'Assomption, était une cure à la présentation du seigneur de Montgon. Elle a été érigée en succursale par décret du 28 août 1808.

CHAPELLENIE (LA), écart, c^{ne} de Montmurat.

CHAPELLE-NOTRE-DAME (LA), écart avec chapelle, c^{ne} de Chaudesaigues. — *La Chapelle* (Cassini).

CHAPELLES (LES), dom. ruiné, c^{ne} d'Arpajon. — *Mansus de las Capellos*, 1465 (obit. de N.-D. d'Aurillac).

CHAPELLES (LES), vill. détruit, c^{ne} d'Auzers.

CHAPEYRET (L'AYGADE DE), mont. à burons, c^{ne} de Saint-Paul-de-Salers. — B^{on} du *Chapeyret* (État-major).

CHAPITRE (LE), vill., c^{ne} de Saint-Chamant. — *Collegium Sancti-Amancii*, 1535 (pouillé de Clermont, don gratuit).

CHAPITRE (LE), mont. à burons, c^{ne} du Vaulmier.

CHAPITRE (LE), ruiss., affl. de la rivière de Mars, c^{ne} du Vaulmier; cours de 1,380 m.

CHAPON (LE LAC), mont. à vacherie, c^{ne} de Celles. — *Le lac Chapou; le lac Chappo*, 1644; — *Le lac Chapon*, 1697 (terr. de Celles).

CHAPON (LA FON DE), mont. à vacherie, c^{ne} de Marcenat.

CHAPOULIÈGE, écart, c^{ne} de Saint-Martial. — *Chamfoleysa*, 1227 (homm. à l'évêque de Clermont). — *Chapoulheges*, XVIe s^e (arch. dép. s. G). — *Chapoulièges*, 1645 (id. s. H). — *Chapoulayres*, 1666 (insin. du baill. d'Andelat). — *Chapolièges*, 1784 (Chabrol, t. IV). — *Chapuyège* (État-major).

CHAPOULIÈGE, ruiss., affl. de la Truyère, c^{ne} de Saint-Martial; cours de 1,250 m.

CHAPPE (LE CLOS DE), mont. à burons, c^{ne} de Saint-Vincent. — *Clos de Sape* (État-major).

CHAPPUS, lieu détruit, c^{ne} de Brezons. — (Cassini.)

CHAPSADIEU, dom. ruiné, c^{ne} de Paulhenc. — *Village de Chapsadieu*, 1607 (terr. de Loudières).

CHAPSERRE, ham., c^{ne} de Saint-Cirgues-de-Jordanne. — *Chapseou*, 1654 (min. Sarrauste, n^{re} à Laroquebrou). — *Chapserre*, 1679 (arch. dép. s. C, l. 1).

CHAPSIÈRE, vill., c^{ne} d'Anglards-de-Salers. — *Chapseires*, 1653; — *Chapsières*, 1654; — *Chapsicres*, 1655; — *Chasseires*, 1667; — *Chapseyres*, 1670; — *Chapsseyres*, 1671 (état civ.). — *Chassière*, 1742; — *Chassières*, 1743 (id. de Saint-Bonnet-de-Salers).

CHAPUS, f^{me}, c^{ne} de Saint-Martin-sous-Vigouroux. — *Chappus*, 1604 (état civ. de Vic).

CHAR (LE), ruiss., affl. du ruisseau de Cances, c^{ne} de la Capelle-en-Vézie; cours de 3,000 m.

CHARABASSIE (LA), dom. ruiné, c^{ne} d'Anglards-de-Salers. — *Le fach da la Charabassia*, 1332 (lièvre du prieuré de Saint-Vincent).

CHARAFRAGE, vill., c^{ne} de Brageac. — *Casa fracta*, 1140 (Gall. christ., t. II, inst. col. 217). — *Charafrache*, 1595; — *Charafrasche*, 1631 (état civ. de Brageac). — *Ainchalafrache*, 1647 (id. de Tourniac). — *Charefrache*, 1656 (id. de Brageac). — *Enchalafraché*, 1662 (id. de Tourniac). — *Enchalafrage*, 1687 (id. de Pleaux). — *Charefrage*, 1704 (id. de Chaussenac). — *Charefraige*, 1744 (arch. dép. s. C, l. 38). — *Charafracha; Chara-Frage*, 1778 (inv. des arch. de la mais. d'Humières).

CHARAIRE, vill., cⁿᵉ de Condat-en-Feniers. — *Charreyres*, 1550; — *Charreyrre*, xvⁱⁱ s° (lièvre du qʳ de Marvaud). — *Charreyre*, xvⁱ s° (lièvre conf. de Feniers). — *Chareyres*, 1684; — *Charayre*, 1696 (état civ.). — *Chareires*, 1755 (lièvre du qʳ de Marvaud).

CHARAMOULIADE (LA), mont., cⁿᵉ d'Alleuze. — *La costa de Charal Molades*, 1510; — *Communalis vocatus Charral Meliaude*, 1511 (terr. de Maurs).

CHARBIAC, ham., cⁿᵉ de Saint-Georges. — *Charbriac; Charbyac; Cherbriat; Charbriat*, 1494 (terr. de Mallet). — *Charliat*, 1784 (Chabrol, t. IV). — *Charbiac* (Cassini). — *Barbiac*, 1855 (Dict. stat. du Cantal).

CHARBONAIRE (LA), mont. à vacherie, cⁿᵉ de Saint-Bonnet-de-Marcenat.

CHARBONNEL, buron, cⁿᵉ du Claux, sur la montagne de Font-Rouge. — *Boix de Carbonnet*, 1539 (terr. de Cheylade).

CHARBONNEL, mⁱⁿ, cⁿᵉ de Paulhac.

CHARBONNEYRE (LA), ruiss., affl. de la Sionne, cⁿᵉ de Charmensac; cours de 1,608 m.

CHARBONNIER (LE), mⁱⁿ, cⁿᵉ de Chaudesaigues.

CHARDAILLAC, écart, cⁿᵉ d'Ydes. — *Chardaliac* (Cassini).

CHARDONÈCHE, mⁱⁿ détruit, cⁿᵉ de Neuvéglise. — *Molin de Chardonesche*, 1630; — *Molin de Chasdournesses; Chardonesses*, 1662 (terr. de Montchamp).

CHARDONNIÈRE (LA), dom. ruiné, cⁿᵉ d'Anglards-de-Saint-Flour. — *Affar de la Chardonneyra*, 1494 (terr. de Mallet).

CHANGÉ (LE SUC DE), écart, cⁿᵉ du Falgoux.

CHARIER, dom. ruiné, cⁿᵉ de Jaleyrac. — *Ténement de Charier; de Charière*, 1680 (terr. de Mauriac).

CHARLAN, vill. détruit, cⁿᵉ de Bonnac. — *Bois de Charlan*, 1771 (terr. du prieuré de Bonnac). — *Charlant* (plan cad. sⁿ C, nᵒˢ 281-282).

CHARLAR (LE), dom. ruiné, cⁿᵉ de Mauriac. — *Affarium del Charlar*, 1290 (reconn. au doyen de Mauriac).

CHARLAT, dom. ruiné, cⁿᵉ de Chaussenac. — *Villaige de Charlat*, 1692 (état civ. d'Ally).

CHARLAT (LE), ruiss., affl. de l'Auze, cⁿᵉ de Tourniac; cours de 2,760 m.

CHARLEBOS, dom. ruiné, cⁿᵉ de Saint-Étienne-de-Riom. — *Ténement de Charloubos*, 1783 (aveu au roi par Gˡ de la Croix).

CHARLET (LE), dom. ruiné, cⁿᵉ de Ruines. — *Lo Charlet*, 1338 (spicil. Brivat.).

CHARLEY, mont. à burons, cⁿᵉ de Trizac.

CHARLUS, vill. et chât. féodal en ruines, cⁿᵉ de Bassignac. — *Castrum Carlucium; Caslucium*, xⁱⁱᵉ s° (charte dite *de Clovis*). — *Chasluts*, 1280; — *Chasluz*, 1354 (homm. à l'évêque de Clermont). — *Charlucium*, 1413 (nommée au cᵗᵉ de Charlus). — *Charlus-Champanhac*, 1416; — *Charlutz*, 1516 (arch. général. de Sartiges). — *Chaslus*, 1784 (Chabrol, t. IV).

Charlus, avant 1789, était le siège d'une justice seign. régie par le droit cout., et ressort. au bailliage d'Aurillac, en appel de la prév. de Mauriac.

CHARLUS (LE MAS DE), écart, cⁿᵉ du Vigean. — *Charleux*, 1653 (état civ.).

CHARMÈGE, scierie, cⁿᵉ de Clavières.

CHARMENSAC, cᵒⁿ d'Allanche et chât. féodal détruit. — *Charmensac*, 1401 (spicil. Brivat.). — *Charmensacum*, 1443 (arch. dép. s. H). — *Charmensatum*, 1445 (ordonn. de J. Pouget). — *Charminhat*, 1628 (paraphr. sur les cout. d'Auv.). — *Charmensat*, 1635 (nomm. au roi par Gˡˡᵉ de Foix). — *Charmenssac*, 1666 (état civ. de Saint-Victor-sur-Massiac). — *Charmenssat*, 1784 (Chabrol, t. IV).

Charmensac, avant 1789, était de la Basse-Auvergne, du dioc. de Clermont, de l'élect. et de la subdél. de Brioude. Régi par le droit cout., il dépend. de la justice seign. ressort. à l'abbesse de Blesle et ressort. à la sénéch. d'Auvergne, en appel de la prév. de Brioude. — Son église, dédiée à saint Cirgues et sainte Julitte, était une cure à la nomination de l'évêque. Elle a été érigée en succursale par décret du 28 août 1808.

CHARMENSAC, vill., cⁿᵉ de Loubaresse. — *Charmenssac*, 1621 (état civ. de Saint-Flour). — *Charmensac*, 1624 (terr. de Ligonnès).

CHARMENSAC, vill., cⁿᵉ de Saint-Just.

CHARMES, vill., cⁿᵉ du Vigean. — *Carmina*, xᵉ s° (test. de Théodechilde). — *Charme*, 1310 (lièvre du prieuré du Vigean). — *Incharmes* (états de sections).

CHARNEY, mont. à vacherie, cⁿᵉ de la Chapelle-Laurent.

CHARNIDES (LES), ham., cⁿᵉ de Brezons. — *Les Charmes*, 1623 (ass. gén. tenues à Cezens). — *Les Charinde* (Cassini).

CHARNIÈRE (LA), dom. ruiné, cⁿᵉ de Valette. — *Affarium vocatum de la Charneyra*, 1441 (terr. de Saignes).

CHARPILLES (LE SUC DES), mont. à vacherie, cⁿᵉ du Falgoux.

CHARRAL (LA), dom. ruiné, cⁿᵉ de la Monsélie. —

Ténement de la Charral, 1561; — *Ténement de Charrau*, 1638 (terr. de Murat-la-Rabe).

CHARREAU, ham., c^ne du Vigean. — *Villaige de la Charral*, 1632; — *Charralz*, 1633; — *Charreaus*, 1654 (état civ.). — *Charreau*, 1750 (id. de Sourniac).

CHARRETEY (LE), ruiss., affl. de la rivière d'Arcueil, c^nes de Saint-Mary-le-Plain et de Bonnac; cours de 4,500 m.

CHARREYRE (LA), dom. ruiné, c^ne de Valuéjols. — *Le pic de la Charreira*, 1508 (terr. de Loubeysorgues). — *Mansus de la Charreyra; la Charreyria; la Charrieyra*, 1511 (terr. de Maurs).

CHARREYRE (LA), vill., c^ne du Vigean. — *La Charieyra; Charrieyra*, 1310 (lièvre du prieuré du Vigean). — *La Charrayria*, 1322 (id. de Saint-Vincent). — *La Charreyra*, 1549 (terr. de Miremont). — *La Charreyra*, 1632; — *La Chareyrre*, 1635 (état civ.). — *La Charrier*, 1639 (rentes dues au doyen de Mauriac). — *La Charreire*, 1673; — *La Charrieyre*, 1676 (état civ. de Pleaux).

CHARROU, mont. à burons, c^ne de Cezens.

CHARSIOU, dom. ruiné, c^ne de Sainte-Eulalie. — *Villaige de Coursiou*, 1646 (état civ. d'Aurillac).

CHARTROU (LE), écart, c^ne de Fournoulès.

CHARVALEYRE (LA), vacherie, c^ne de Chastel-Marlhac.

CHARVASSEYRE (LA), mont. à vacherie, c^ne du Vaulmier.

CHAS (LE), seign., c^ne de Ruines. — *Le seigneur de Chas*, 1654 (terr. du Sailhans).

CHASLUSSET, dom. ruiné, c^ne de Saint-Flour. — *Mansus de Chaslusset*, 1400 (arch. mun.).

CHASSAGNE (LA), vill., c^ne de Chaliers. — *La Chassaigne*, 1624 (terr. de Ligonnès).

CHASSAGNE, vill., c^ne de Chaudesaigues. — *Nemus dich Chassanh*, 1483; — *Domus de Chastania*, 1502 (arch. dép. s. G).

CHASSAGNE (LA), vill. et chât., c^ne de Coltines. — *La Chassanha*, 1490 (arch. dép. s. E). — *Le Chassang*, 1652 (terr. du prieuré de Coltines). — *La Chassaigne*, 1666 (état civ. de Murat).

CHASSAGNE (LA), ham. et m^in, c^ne de Cussac. — *La Chassanhe*, 1542 (terr. de Bressanges). — *La Chassaigne*, xviie s^e (arch. dép. s. E).

CHASSAGNE (LA), écart, c^ne de Jaleyrac. — *La Chassaigne*, 1549 (terr. de Miremont). — *La Chassagnie*, 1673 (état civ. du Vigean). — *Las Chassaignes*, 1680 (terr. de Mauriac).

CHASSAGNE, vill., c^ne de Lanobre. — *Chassanières*, 1659 (insin. du baill. de Salers). — *Chassaigne*, 1790 (min. Marambal, n^re). — *Chassagnes* (Cassini). — *Chassaignes* (État-major).

CHASSAGNE (LA), vill., c^ne de Laveissière. — *Mansus de la Chassanhe*, 1403; — *La Chassanhia*, 1404; — *La Chassanha*, 1427 (arch. dép. s. E). — *La Chassaha*, 1478 (id. d'Antéroche). — *La Chassania*, 1490 (id. de Chambeuil). — *La Chassaigne*, 1500 (id. de Combrelles). — *La Chassanhie*, 1603 (lièvre de Combrelles). — *La Chassagnie*, 1609 (min. Danty, n^re). — *La Chassagnhe*, 1668 (nommée au p^ce de Monaco). — *La Chassagne*, 1672 (insin. du baill. d'Andelat).

CHASSAGNE (LA), dom. ruiné, c^ne de Mauriac. — *Chassaigne*, 1473 (terr. de Mauriac). — *La Chassagnie*, 1695 (état civ. d'Aily).

CHASSAGNE (LA), écart, c^ne de Montboudif. — *Villa de Chassanhas*, 1309 (Hist. de l'abb. de Feniers).

CHASSAGNE (LA), vill., c^ne de Neuvéglise. — *La Chassanha*, 1484 (terr. de Farges). — *Chassaignes; Chassanhes*, 1494 (id. de Mallet). — *La Chassaignes*, 1680 (insin. de la cour royale de Murat).

CHASSAGNE (LA), ham. et m^in, c^ne de Pierrefort. — *La Chassaigne*, 1677 (insin. du baill. de Saint-Flour).

CHASSAGNE (LA), dom. ruiné, c^ne de Riom-ès-Montagnes. — *Tenementum de Chassanhas*, 1309 (Hist. de l'abb. de Feniers).

CHASSAGNE (LA), vill., c^ne de Saint-Étienne-de-Riom. — *Enchassagnes*, 1671 (état civ. de Menet). — *Las Chassaignes*, 1744 (arch. dép. s. E). — *Chassagne*, 1753; — *Chassaigne*, 1768 (id. s. C, l. 46). — *Chasseigne* (Cassini).

CHASSAGNE (LA), f^me avec manoir, c^ne de Saint-Georges. — *Lou Chassanh*, 1322; — *La Chassania; la Chassanha*, 1470 (arch. dép. s. E). — *La Chassaigne; la Chassanhe*, 1494 (terr. de Mallet).

CHASSAGNE (LA), vill. et m^in, c^ne de Saint-Just.

CHASSAGNE (LA), ruiss., affl. de l'Arcomie, c^ne de Saint-Just; cours de 1,580 m.

CHASSAGNE (LA), vill., c^ne de Saint-Martial. — *La Chassanhe; la Chassaigne*, 1494 (terr. de Mallet).

CHASSAGNE (LA), dom. ruiné, c^ne de Saint-Poncy. — *Village de la Chassaigne*, 1783 (terr. d'Alleret).

CHASSAGNE (LA), vill. et m^in, c^ne de Trizac. — *La Chassanye*, 1607 (terr. de Trizac). — *La Chassaigna*, 1655 (insin. du baill. de Salers). — *La Chasaigne*, 1668; — *La Chassage*, 1686 (état civ.). — *La Chassagne*, 1744 (arch. dép. s. C). — *Lachassagne* (états de sections).

Par décret du 7 août 1849, l'église de la Chassagne a été érigée en succursale.

CHASSAGNES, vill., c^ne de Champagnac. — *Chassanhe*, 1434 (arch. génél. de Sartiges). — *Chassaignes*, 1658 (état civ. de Mauriac). — *Chassagne*

DÉPARTEMENT DU CANTAL.

(Cassini). — *Chassaigne*, 1855 (Dict. stat. du Cantal).

CHASSAGNEMOURET (LA), vill. disparu. — *Mansus de la Chassanhamouret*, 1352 (homm. à l'év. de Clermont).

CHASSAGNETTE (LA), vill., cne de Coltines. — *Mansus de Chassanhetas*, 1400 (arch. mun. de Saint-Flour). — *Chassaigniettes; Chassagnetes*, 1533 (terr. du prieuré de Touls). — *Chassanhetes*, 1535 (id. de Murat). — *Chassanyetes; Chasshinettes; Chassanholles*, 1581 (id. de Celles). — *Chassaniettes*, 1581 (lièvre de Celles). — *Chassainetes*, 1597 (min. Andrieu, nre à Saint-Flour). — *Chassaniettas*, 1615 (lièvre de Celles). — *Chassanittes*, 1654 (terr. de la baronnie du Sailhans). — *Chassanitte*, 1671 (insin. du baill. d'Andelat). — *Chassanites*, 1673 (id. de la cour royale de Murat). — *Chassenittes*, 1692; — *Chassanise*, 1698 (état civ. de Moissac). — *Chassanyetas*, fin du XVIIe s (terr. de Bressolles). — *Chassagnettes*, 1704; — *Chassagnette*, 1752 (lièvre de Celles).

CHASSAGNETTE (LA), écart, cne de Pierrefort.

CHASSAGNETTE, écart, cne de Ruines. — *Chassanietes*, 1624 (terr. de Ligonnès). — *Chassaniettes*, 1739 (état civ. de Saint-Flour).

CHASSAGNY, vill., cne de Saint-Amandin. — *Chassany*, 1601; — *Chastny*, 1678 (lièvre de Soubrevèze). — *Le Chasseilly* (Cassini).

CHASSAIGNE, dom. ruiné, cne d'Anglards-de-Salers). — *Villaige de Chassaigne*, 1743 (arch. dép. s. C).

CHASSAING (LE), écart, cne de Montboudif.

CHASSAN (LE), écart, cne de Beaulieu. — *Le Chassan*, 1661 (état civ. de Champs). — *Lachassagne* (Cassini).

CHASSAN (LE), ham. avec manoir, cne de Faverolles. — *Mansus del Chassayn*, 1294 (arch. dép. s. H). — *Lo Chassanh*, 1338 (spicil. Brivat.). — *La Chassanhe*, 1494 (terr. de Mallet). — *Lou Chassan*, 1625 (insin. de la cour royale de Murat).

CHASSAN (LE), dom. ruiné, cne de Jaleyrac. — *Lo Chassang*, 1549 (terr. de Miremont).

CHASSAN, mn, cne de Lorcières.

CHASSAN, seign., cne de Marmanhac. — *La seigneurie du Chassein*, 1669 (état civ. de Saint-Martin-Valmeroux).

CHASSAN (LE), dom. ruiné, cne de Mauriac. — *Grangia vocata del Chassan*, 1473; — *Grange del Chassang*, 1680 (terr. de Mauriac).

CHASSAN (LE), vill. détruit, cne de Mentières. — *Mansus de Chassanh*, 1480 (arch. dép. s. G). — *Le Chassaing*, 1570 (arch. mun. de Saint-Flour). — *Le Chassang* (Cassini).

CHASSANG (LE), écart, cne de Menet. — *Le Chazaz*, 1594; — *Lous Chanzals*, 1597 (état civ.).

CHASSANG (LE), vill., cne de Tiviers. — *Chassanh*, 1480; — *Le Chassaing*, 1570 (arch. dép. s. G). — *Chassang*, 1731 (terr. de Montchamp).

CHASSANG (LE), dom. ruiné, cne d'Ytrac. — *Le villaige du Chassan*, 1525 (arch. mun. d'Aurillac, s. GG, l. 8).

CHASSANIADE (LA), ruiss., affl. de la Truyère, cne de Sarrus; cours de 1,480 m.

CHASSANIOL (LE), dom. ruiné, cne de Jaleyrac. — *Villaige de Chassaniols*, 1505 (comptes au doyen de Mauriac).

CHASSANT (LE), ruiss., affl. du ruisseau du Broc, cne de Menet; cours de 1,930 m.

CHASSANT-BAS ET HAUT, lieux détruits, cne de Saint-Amandin. — (Cassini.)

CHASSEGUÈRE, mont. à vacherie, cne de Condat-en-Feniers.

CHASSIÈRES, écart, cne d'Anglards-de-Salers.

CHASSON (LE), dom. ruiné, cne de Mauriac. — *Affarium del Chason*, 1473; — *Le Chasson, domaine*, 1680 (terr. de Mauriac).

CHASSONNIÈRE (LA), dom. ruiné, cne de Loubaresse. — *La Chayssoneyra*, 1411 (liber vitulus). — *La Chassonière* (états de sections).

CHASTAIL, dom. ruiné, cne de Saint-Victor. — *Mansus de Chastails*, 1449 (enq. sur les droits du seign. de Montal).

CHASTAILLAC, dom. ruiné, cne de Tourniac. — *Affarium vocatum da Chastalhac*, 1503 (terr. de Cussac).

CHASTANAT, vill. et chât. détruit, cne de Chastel-Marlhac. — *Chastanac*, 1670 (état civ. de Saignes). — *Chastenat*, 1688 (id. de Chastel). — *Chaternac*, 1744; — *Chastrenac*, 1783 (arch. dép. s. C, l. 45). — *Chastenac* (Cassini). — *Chastanal* (État-major).

CHASTANG (LE), dom. ruiné, cne de Saint-Amandin. — *Villaige del Chastang*, 1684 (lièvre de Pouzols).

CHASTANG (LE), mont. à burons, cne de Ségur.

CHASTEAU (LA), ham., cne de Saint-Hippolyte. — *Mansus de la Chastang*, 1517 (terr. d'Apchon). — *La Chastan*, 1719 (table de ce terr.). — *La Chasto*, 1777 (lièvre d'Apchon). — *La Chasteau* (Cassini). — *Le Chastot*, 1855 (Dict. stat. du Cantal).

CHASTEL (LE MOULIN DE), mn, cne de Chastel-sur-Murat. — *Molendinum de Castro*, 1491 (terr. de Farges). — *Molin de Chastel*, 1591 (id. de Bressanges).

CHASTEL (LE PUECH DEL), baronnie relevant de Crèvecœur, cne de Saint-Martin-Valmeroux. — (Dict. stat. du Cantal).

CHASTEL-DE-RINHAC (LE), chât. détruit, c^{ne} de Colandres.
CHASTELET (LE), ham., c^{ne} de Condat-en-Feniers. — *Chastelles*, XVIe s^e (lièvc du q^r de Marvaud). — *Chastelles de Lissaut, ténement composé de maisons, granges et estables*, 1650 (terr. de Feniers). — *Les Chastelais* (Cassini). — *Chatelnay*, 1855 (Dict. stat. du Cantal).
CHASTELIE (LA), dom. ruiné, c^{ne} de Saint-Julien-de-Jordanne. — *L'affar de la Chastelie*, 1692 (terr. de Saint-Géraud.
CHASTELLANEY, vill., c^{ne} de Montboudif. — *Chastellaneir*, 1309 (Hist. de l'abb. de Feniers). — *Chastailhanez*, 1654 (terr. de Feniers). — *Chastelanier*, 1658 (lièvc de Condat et Artense). — *Chatalanex*, 1673; — *Chastelanay; Chaste-la-Nay*, 1696 (état civ. de Condat). — *Chastelaney; Chastellancey; Chastalanay; Chastellanay*, XVIIe s^e (terr. de Feniers). — *Chastellaney*, 1725; — *Chastellanez*, 1740 (lièvc de Condat et Artense). — *Chastelanei* (Cassini).
CHASTELLOUX (LE), écart, c^{ne} de Saint-Bonnet-de-Marcenat.
CHASTEL-MARLIAC, c^{on} de Saignes. — *Meroliacense castrum*, VIe s^e (Gregorii Turon. Histor. franc., l. III, c. 13). — *Chastel Marlac*, 1185; — *Castelt Marlat*, 1218 (spicil. Brivat.). — *Chastel Marlhac; Castrum Marlhatum*, 1441 (terr. de Soignes). — *Castrum Marthaci*, 1535 (pouillé de Clermont, don gratuit). — *Chastel Marilhac*, 1607 (terr. de Trizac). — *Marlhat*, 1628 (paraphr. sur les cout. d'Auvergne). — *Chastel Marlliac*, 1658 (anc. min. Chalvignac, n^{re}). — *Chastel Marliac*, 1668; — *Chastel Merliac*, 1686 (état civ. de Trizac). — *Chastel Marlhat*, 1744; — *Chastel Marlat*, 1786 (arch. dép. s. C, l. 45). — *Chastel Marsiac* (Cassini). — *Chastel* (État-major). — *Chastel-Merlhac*, 1855 (Dict. stat. du Cantal).

Chastel-Marlhac, avant 1789, était de la Haute-Auvergne, du dioc. de Clermont, de l'élect. et de la subdél. de Mauriac. Régi par le droit cout., il dépend. de la justice seign. de Saignes et ressort. à la sénéch. d'Auvergne, en appel du bailliage de Salers. — Son église, dédié à sainte Madeleine et à saint Victor, était un prieuré de filles, à la présentation de l'abbesse de Blesle. Elle a été érigée en succursale par décret du 28 août 1808.

CHASTELNADIE (LA), dom. ruiné, c^{ne} de Valette. — *In manso de la Chastanadia*, 1441 (terr. de Saignes). — *Domaine de la Chastenadie; Chastelnadie*, 1506 (id. de Riom).
CHASTELOU (LE), mont. à vacherie, c^{ne} de Vernols.

CHASTELOUX, chât. détruit, c^{ne} de Chavagnac. — *Chasteau appellé des Chastoloux*, 1635 (nommée par G^{lle} de Foix).
CHASTEL-SUR-MURAT, c^{on} de Murat. — *Chastel*, 1306 (arch. dép. s. E). — *Castrum*, 1361; — *Parrochia Sancti Anthoni super Muratum*, 1395; — *Castrum super Murannum*, 1403; — *Castrum prope Muratum*, 1437 (id. s. G.). — *Castrum super Muratum*, 1441 (arch. dép. s. E). — *Castellum*, 1457 (terr. d'Auxillac). — *Chastel-près-Murat-le-Viscomtal*, 1508 (arch. dép. s. G). — *Sainct-Anthoine-du-Chastel*, 1559 (inv. des titres de la coll. de N.-D. de Murat). — *Castel*, 1602 (état civ. de Vic-sur-Cère). — *Chastelz-soubz-Murat*, 1628 (paraphr. sur les cout. d'Auvergne). — *Chasteil-sur-Murat*, 1668 (insin. de la cour royale de Murat).

Chastel-le-Murat était, avant 1789, de la Haute-Auvergne, du dioc., de l'élect. et de la subdél. de Saint-Flour. Régi par le droit écrit, il dépend. de la justice seign. des Bros et ressort. au bailliage de Vic, en appel de la prév. de Murat. — Son église, dédiée à saint Antoine, était autrefois la chapelle du château des Bros; elle fut unie en 1350 au chapitre de Notre-Dame de Murat. Elle a été érigée en succursale par décret du 28 août 1808.

CHASTERNAC, vill., c^{ne} de Saint-Bonnet-de-Salers. — *Villa Castreniacus*, XIIe s^e (charte dite *de Clovis*). — *Chastranat*, 1504 (terr. de la duchesse d'Auvergne). — *Chastrenac*, 1655 (insin. du bailliage de Salers). — *Chassenac*, 1656 (état civ. d'Anglards). — *Chestrenat*, 1742 (id. de Saint-Bonnet). — *Chasternac* (Cassini).
CHASTEYROL, vill., c^{ne} de Saint-Martin-Cantalès.
CHASTRADE, vill., c^{ne} de Fontanges. — *Chastrodes; Chastraddes*, 1597 (min. Lascombes, n^{re} à Saint-Illide). — *Chastrades*, 1650 (état civ. de Pleaux). — *Chastrade*, 1690 (id. de Loupiac).
CHASTREIX, mont. à vacherie, c^{ne} de Cheylade.
CHASTRES, vill., c^{ne} de Chanet. — *Chastres*, 1471 (terr. de la baronnie du Feydit). — *Chastras*, 1521 (lièvc du Feydit). — *Chastrach*, 1688 (pièces du cab. Bonnefons). — *Chastre* (État-major).
CHASTRIS (LE ROCHER DE), rocher et anc. refuge, c^{ne} de Cheylade.
CHAT (LE), mont. à vacherie, c^{ne} de Condat-en-Feniers.
CHÂTAIGNAL (LE), écart, c^{ne} de Ladinhac. — *Castanhale*, 1464 (vente par Guill. de Treyssac). — *Chastanhac*, 1549 (min. Boygues, n^{re}).
CHÂTEAU (LE), écart, c^{ne} de Dienne.
CHÂTEAU (LE), chât., c^{ne} de Glénat.
CHÂTEAU (LE), mont. à vacherie, c^{ne} de Landeyrat.

Château (Le), vill., c^{ne} de Laroquebrou.
Château (Le), dom. ruiné, c^{ne} de Parlan. — *Le domaine du Château*, 1748 (anc. cad.).
Château (Le), mⁱⁿ, c^{ne} de Roumégoux. — *Moullin de Roumégoux*, 1668 (nommée au p^{ce} de Monaco).
Château (La), ham., c^{ne} de Saint-Chamant.
Château (Le Moulin du), mⁱⁿ, c^{ne} de Sénezergues.
Château-Bas (Le), chât. ruiné, c^{ne} de Saint-Christophe. — *Castrum inferius Sancti Christophori*, 1464 (terr. de Saint-Christophe). — *Le Chasteau-Bas-Nostre-Dame*, 1625; — *Le Chataubas-Nostre-Dame*, 1651 (état civ.). — *Le Château-Bas*, 1770 (arch. dép. s. C, l. 40).
Château-de-Sapin (Le), mais. de camp., c^{ne} du Falgoux.
Château-Neuf, chât. détruit, c^{ne} de Lavastrie. — *Castrum Novum*, 1333 (arch. dép. s. G). — *Chasteauneuf*, 1494 (terr. de Mallet). — *Chastelneu; Chastelnou*, 1508 (id. de Montchamp). — *Chastouneuf*, 1402 (arch. dép. s. G).

Châteauneuf était un mandement de la v^{té} de Murat, avant son démembrement vers 1643. Il comprenait les paroisses d'Alleuze, Lavastrie, Neuvéglise, Tanavelle, les Ternes et Villedieu. Il était en outre le siège d'une justice seign. régie par le droit écrit, et ressort. au bailliage de Vic, en appel de la cour royale de Murat.

Château-Neuf, vill., c^{ne} de Riom-ès-Montagnes. — *Castrum-Novum*, 1297 (test. de Geraud de Montal). — *Chasteau-Neuf-sur-Murat*, 1784 (Chabrol, t. IV). — *Tour du Château-Neuf* (Cassini).

Château-Neuf, ancien mandement de la v^{té} de Murat avant son démembrement, était, avant 1789, le siège d'une justice régie par le droit écrit et ressort. au bailliage de Vic, en appel de la cour royale de Murat. — La commune de Château-Neuf a été réunie à celle de Riom-ès-Montagnes par ordonnance royale du 4 mars 1836.

Château-Vieux (Le), chât. détruit, c^{ne} de Maurines. — (Plan cad. s. B, n°s 115 et 116.)

Château-Vieux, avant 1789, était le siège d'une justice seign. régie par le droit cout., et ressort. à la sénéch. d'Auvergne, en appel de la prév. de Saint-Flour.

Château-Vieux, ruines, c^{ne} de Saint-Projet.
Château-Vieux, chât. détruit, c^{ne} de Saint-Simon. — *Bois del Castel-Viel*, 1692 (terr. de Saint-Geraud).
Château-Vieux, chât. détruit, c^{ne} de Sarrus. — *Castrum Vetulum*, 996 (Gall. christ., t. II, instr. c. 129). — *Château-Vieux*, 1784 (Chabrol, t. IV). — *Fort-ruiné* (Cassini).

Châtelet (Le), ham. et chât. en ruines, c^{ne} d'Antignac. — *Villaige del Chastal*, 1504 (terr. de la duchesse d'Auvergne).
Châtelet (Le), lieu détruit, c^{ne} de Saint-Mary-le-Plain. — (Plan cad. s. E.)
Châtelet (Le), écart, c^{ne} de Tourniac.
Châtelet (Le), manoir, c^{ne} d'Ydes.
Châtelus, dom. ruiné, c^{ne} de Lorcières. — *Le domaine de Châtelus*, 1783 (arch. dép. s. C, l. 48).
Chatengès, dom. ruiné, c^{ne} de Saint-Cirgues-de-Jordanne. — *Affar de Chatengez*, 1692 (terr. de Saint-Géraud).
Chat-Miaule, vill. détruit, c^{ne} de Peyrusse.
Chatonière (La), écart, c^{ne} de Barriac.
Chatonière (La), dom. ruiné et mont. à burons, c^{ne} de Colandres. — *Mansus de la Chatoneyra*, 1441 (terr. de Saignes). — *Montana de la Chatonieyra*, 1441 (arch. dép. s. E). — *La Chatoneyre*, 1506 (homm. à l'évêque de Clermont). — *La Chatonière*, 1717 (tabl. du terr. d'Apchon). — *La Chatonaire*, 1777 (lièvre d'Apchon). — *Chatonnière* (Cassini).
Chatonnière (La), f^{me}, c^{ne} de Saint-Projet.
Chatouns, vill. et mont. à burons, c^{ne} de Malbo. — *Chatour*, 1617; — *Chiatoux*, 1638 (état civ. de Thiézac). — *Chattours*, 1640 (min. Dumas, n^{re} de Polminhac). — *Lou Chatoux*, 1643; — *Lou Chattour*, 1651 (état civ. de Pierrefort). — *Chatours; Chatoures*, 1668 (nommée au p^{ce} de Monaco).
Chat-Redonde, mont. à vacherie, c^{ne} de Chastel-sur-Murat. — *Boix appelé de Charny-Redonda*, 1535 (terr. de la v^{té} de Murat). — *Boix del Clarnius*, 1598 (reconn. des consuls d'Albepierre).
Chat-Soubro, mont. à burons, c^{ne} de Saint-Bonnet-de-Salers. — *V^{ie} Charsaubrotte* (Cassini). — *V^{ie} Charsoubro* (État-major).
Chatus (La Croix de), mont. à vacherie, c^{ne} de Chanet. — *Boix de Chatusse; le suc de Chatusse; la roche del bos de Chatuza*, XVIe s^e (confins de la terre du Feydit).
Chatusse, mont. et mⁱⁿ détruit, c^{ne} de Vieillespesse. — *Molendinum de Clatera; de Clatussa*, 1526; — *Le molin de Chatussa*, 1527; — *La costa de Chattusse; molin de Chatusse*, 1662 (terr. de Vieillespesse). — *Molin de Chatusse*, XVIIe s^e (lièvre du chap. de N.-D. de Saint-Flour).
Chau (La), écart et mⁱⁿ, c^{ne} d'Anglards-de-Salers.
Chau (La), vill., c^{ne} de Beaulieu. — *La Chaud* (Cassini). — *Lachaux* (État-major).
Chau (La), dom. ruiné, c^{ne} de Chalinargues. — *Villaige de la Chaulx*, 1518 (terr. des Cluzels).
Chau (La), mont. à vacherie, c^{ne} de Drugeac.

Chau (La), vill., cne de Mauriac. — *Mansus de la Chalm*, 1310 (lièvre du prieuré du Vigean). — *La Chaulm*, 1646; — *La Chau*, 1650 (état civ.). — *La Chaud*, 1744 (arch. dép. s. C).

Chau (La), vill., cne de Saint-Martin-Cantalès.

Chau (La), ham., cne de Saint-Martin-Valmeroux. — *La Chaux* (État-major).

Chat-Albinèse (La), dom. détruit, cne de Murat. — *Bois appelé de la Cham-Albinesa; de la Cham-Albinèse*, 1536 (terr. de la vté de Murat). — *La Chalm-Albinèze des Holdebalz*, 1592 (arch. dép. s. G). — *La Chalm-Albinesa*, xvie se; — *Lachaut-Albinèze*, 1756 (terr. de la coll. de N.-D. de Murat).

Chaubasse (La), fme et mont. à vacherie, cne de Pradiers.

Chaubert, mont. à vacherie, cne de Mandailles.

Chaubert, ham., cne de Sénezergues. — *Chaubert*, 1741 (état civ. de la Capelle-en-Vézie). — *Les Auberts* (Cassini).

Chaucouderc, vill., cne de Cheylade. — *Chaucoudercq*, 1513 (terr. de Cheylade). — *Chaucodere*, 1521 (min. Tessandier, nre à Cheylade). — *Chacoudere*, 1539 (terr. de Cheylade). — *Chaucoderc*, 1592 (vente de la terre de Cheylade). — *Chalcoudère*, 1595; — *Chalcouderc*, 1618 (terr. de Dienne). — *Chaucouderc*, 1646 (lièvre conf. de Valrus). — *Champ-Courdet*, xviie se (arch. dép. s. E).

Chaud (La), fme avec manoir, cne de Carlat. — *La borie de la Chaux* (Cassini).

Chaud (La), vill., cne de Loupiac.

Chaud (Le), vill., cne de Saint-Martin-Cantalès. — *Mansus del Chau*, 1464 (terr. de Saint-Christophe). — *Le Chau* (Cassini).

Chaud (La), ham., cne de Saint-Poncy. — *La Chaulm*, 1610 (terr. d'Avenaux). — *Montchal*, 1613 (id. de Nubieux). — *La Chaud* (Cassini). — *Lachaud*, 1857 (Dict. stat. du Cantal).

Chaudagayres (Les), ham., cne de Colandres. — *Mansus de Chandeleyras*, 1520 (terr. d'Apchon). — *Les Chandeleyres*, 1719 (table de ce terr.). — *Chaudegaire* (états de sections).

Chaude-Oreille, dom. ruiné, cne de Paulhac. — *Ténement de Chaude-Saurelhie; Chaude-Aurelhie; Chaudeaurrelhie; Chaudeaurilhie*, 1594 (terr. de Bressanges).

Chaudesaigues, chef-lieu de canton de l'arrond. de Saint-Flour. — *Calentes Baiæ*, ve se (Sidoine Apollinaire, l. V, ép. 14). — *Calidæ aquæ*, 1131 (mon. pontif. Arvern., p. 471). — *Aquæ Calidæ*, 1293 (spicil. Brival.). — *Chaudasayggas*, 1303 (arch. dép. s. G). — *Qualidæ aquæ*, xive se (Pouillé de Saint-Flour, no 96). — *Caledesaguæ*, 1506 (arch. dép. s. H). — *Chauldesaigues*, 1526; — *Chaldesaigues*, 1536 (terr. de Vieillespesse). — *Chaudesaigues*, 1609 (état civ. de Pierrefort). — *Chaudesaigues*, 1618 (terr. de Sériers). — *Chaudesaygues*, 1619 (état civ. de Pierrefort). — *Chaudezaygues*, 1650 (id. d'Aurillac). — *Chaudesaigues*, 1653 (id. de Pierrefort). — *Chaudes-Aigues*, 1673; — *Chaudezaigues*, 1676 (ins. de la cour royale de Murat). — *Caudezaygues*, 1680 (état civ. d'Aurillac). — *Chaudesaigue*, 1688 (pièces du cab. Bonnefons). — *Chaudezagues*, 1730 (terr. de la command. de Montchamp).

Chaudesaigues, avant 1789, était de la Haute-Auvergne, du dioc., de l'élect. et de la subdél. de Saint-Flour. Régi par le droit écrit, il était le siège d'une prév. royale établie en 1781, surnommée *la Foraine de Chaudesaigues*, et ressort. en appel à la sénéch. d'Auvergne. — Son église, dédiée à saint Martin, fut donnée en 1053 au monastère de Saint-Flour. Le curé était à la nomination de l'évêque. Elle a été érigée en cure par la loi du 18 germinal an x.

Chaudes-Aigues, anc. quartier de la paroisse, cne de Marcenat. — *Chaudesaigues*, 1744; — *Chaudezaigues*, 1751 (arch. dép. s. C).

Chauffour, vill., cne de Drugeac. — *Chaufour* (État-major).

Chauffour (Le), four à chaux, cne de Pierrefort.

Chaufour (Le), écart, cne de Chalvignac.

Chaufour, mn détruit, cne de Laveissière. — *Lou molenou del Chauffour; lou molenou del chaufour de la Chalm*, xve se (terr. de Chambeuil).

Chaufour, vill., cne de Marcenat. — *Chaufour*, 1744; — *Chauffour dans la montagne de Roche-Rousse*, 1776 (arch. dép. s. C).

Chaufour (Le), dom. ruiné, cne de Vézac. — *Affar et bois del Calfour*, 1580 (terr. de Polminhac). — *Affar del Caufour*, 1692 (id. de Saint-Geraud).

Chau-Grande (La), vacherie, cne de Saint-Poncy.

Chaule, dom. ruiné, cne de Laroquevieille. — *Affarium de Chaula*, 1269 (arch. mun. d'Aurillac, s. FF, p. 15).

Chaule, vill., cne de Leynhac. — *Chieule*, 1500 (terr. de Maurs). — *Chaula*, 1540 (min. Destaing, nre à Marcolès). — *Chaulo*, 1637 (état civ. de Saint-Santin-de-Maurs). — *Chaulle* (Cassini).

Chaule (Le Puech de), écart, cne de Leynhac.

Chaule, mn et ruines d'un chât. fort, cne de Saint-Constant. — *Chauche*, 1616 (état civ. de Saint-Santin-de-Maurs). — *Chaule*, 1698 (id. de Saint-Constant).

Chauleix, ham., cne de Bassignac.

Chauleix, écart, c^ne de Moussages.
Chaule-Merle, chât. fort ruiné, c^ne de Saint-Constant.
Chauliaguet, vill., c^ne de Chaliers. — *Chauliaguet*, 1624 (terr. de Ligonnès). — *Chaulhaguet*, 1671 (insin. de la cour royale de Murat).
Chauliaguet, ruiss., affl. du ruisseau de la Roche, c^ne de Chaliers; cours de 2,300 m.
Chaulier (Le), dom. ruiné, c^ne de Junhac. — *Affar del Chaulier*, 1760 (terr. de Saint-Projet).
Chaumadou, écart détruit, c^une de Champs.
Chaumages (Les), mont. à vacherie, c^ne de Beaulieu.
Chaumaresse, écart, c^ne de Massiac. — *Chamaresse* (État-major).
Chaumaselles (Les), dom. ruiné, c^ne de Dienne. — *Affarium de Chasmeselas*, 1328; — *Affarium vocatum lo Cartayro de Chalmezelas, alias del Poyt*, 1334; — *Mansus de Chalmazillas*, 1441 (arch. dép. s. E). — *Chamazilles*, 1600; — *Chaumazelles*; *Choumazelles*, 1618 (terr. de Dienne). — *Chaumazilles*, 1664 (id. de Bredon).
Chaumeil (Le), écart, c^ne de Champs. — *Le Chomail*, 1668 (état civ.).
Chaumeil, mont. à vacherie, c^ne de Colandres.
Chaumeil (Le), mont. à vacherie, c^ne de Condat-en-Feniers. — *Les Choumelz*, 1654; — *Les Choumes*, xviie s^e (terr. de Feniers).
Chaumeil, dom. ruiné, c^ne de Loupiac. — *Mansus de Chalmelhs*, 1464 (terr. de Saint-Christophe). — *Chomeilz*, 1628 (paraphr. sur les coutumes d'Auvergne).
Chaumeil (Le), vill., c^ne de Saint-Cirgues-de-Jordanne. — *Lou Chaumeilh*, 1610 (aveu de J. de Pestels). — *Lou Chaumel*, 1626 (état civ. d'Arpajon). — *Lou Chaumil*, 1629 (id. d'Aurillac). — *La Chaulmette*, 1632 (id. de Reilhac). — *Lou Choumeil*, 1679 (arch. dép. s. C, l. 1). — *La Chaum*, 1712 (état civ. de Saint-Paul-des-Landes). — *Le Chaumeil*, 1717; — *Le Chaumel*, 1760 (arch. dép. s. C, l. 1).
Chaumeil (Le), ruiss., affl. de la Jordanne, c^ne de Saint-Cirgues-de-Jordanne; cours de 2,500 m.
Chaumeil, vill. et m^in, c^ne de Sainte-Eulalie. — *Chaumeilz*, 1664 (insin. du baill. de Salers). — *Lous Chaumeils*, 1670 (état civ. du Vigean). — *Les Chaumelz*, 1680 (id. de Pleaux). — *Les Chaumels*; *Chaumeilh*, 1684 (min. Gros, n^re à Saint-Martin-Valmeroux). — *Chomeils*, 1784 (Chabrol, t. IV). *Chomeil*, 1786 (arch. dép. s. C, l. 40). — *Chaunial*, 1855 (Dict. stat. du Cantal).
Chaumeil (Le), ruiss., affl. de la Maronne, c^ne de Sainte-Eulalie; cours de 1,600 m.
Chaumeil (Le), écart et mont. à vacherie, c^ne de Saint-Paul-de-Salers. — *Le Chomeil*; V^rie *de Chomeil* (Cassini). — *Le Chaumeil* (État-major).
Chaumeil, vill., c^ce de Saint-Pierre-du-Peil. — *Le Chaneil*, 1788 (arch. dép. s. C, l. 45). — *Chaumes* (Cassini). — *Le Chaumeil* (État-major).
Chaumeil (Le), ham., c^ne de Tourniac.
Chaumeilles (Les), écart, c^ne de Condat-en-Feniers. — *Les Choumelz*, 1654 (terr. de Feniers).
Chaumeils, vill. et mont. à vacherie, c^ne de Dienne. — *Los Calmelhs*, 1279 (arch. dép. s. E). — *Los Chameils*, 1348 (lièvre de Dienne). — *Los Chalmeylhs*, 1372; — *Los Chalmelhs*, 1409 (arch. dép. s. E). — *Lous Choumilz*, 1551; — *Les Chaumelhz*, 1595; — *Les Choumeilz*; *les Choumelz*; *montaigne appellée Chomelz*; *la Caumillié*, 1600 (terr. de Dienne). — *Les Chaumeilhes*, 1606 (min. Danty, n^re). — *Les Chaumeilh*; *Eschoumeilhs*; *Chaumeilhs*; *Lous Choumeilhs*, 1618 (terr. de Dienne). — *Les Chalmel*, 1664 (id. de Bredon). — *Les Chaumeilz*, *les Chaumeiles*, 1667 (cens de Dienne). — *Chaumerles*; *Chaumel*, 1673 (nommée au p^ce de Monaco). — *Les Chaumeils*, 1704 (arch. dép. s. E).
Chaumeils (Les), ruiss., affl. de la Santoire, c^ne de Dienne; cours de 2,120 m. — *Rif des Choumels*; *rif de Lymanhes*, 1551; — *Rif de Gounou*; *rif de las Mosseyres*; *rif des Choumelz*, 1600; — *Rif des Choumeilhs*; *rif de Gonnou*; *rif de las Mosseires*, 1618 (terr. de Dienne).
Chaumeils (Les), mont. à vacherie, c^ne de Marcenat.
Chaumel (Le), mont. à vacherie, c^ne de Saint-Cirgues-de-Jordanne.
Chaumenchal, ham., c^ne de Saint-Urcize. — *Chalmenchal*, 1508; — *Chalmensal*, 1730 (terr. de la Garde-Roussillon). — *Soumenchal* (Cassini). — *Chaumenchat* (État-major).
Chaumet (Le), mont. à burons, c^ne de Saint-Projet. — *Montaigne del Chaumet*; *Chaumeil*, 1717 (terr. de Beauclair). — V^rie *du Chaumet* (État-major).
Chaumette (La), ham. et m^in, c^ne du Claux.
Chaumette (La), dom. ruiné, c^ne d'Escorailles. — *Mansus de la Chalmeta*, 1464; — *La Chalmette*, 1566 (terr. de Saint-Christophe).
Chaumette (La), vill. et m^in à vent, c^ne de Lastic.
Chaumette (La), vill. avec manoir, c^ne de Neuvéglise. — *Chalmel*, 1598 (min. Andrieu, n^re à Saint-Flour). — *La Chalmette*, 1636 (terr. des Ternes). — *La Chaumettonne* (Cassini).
Chaumette (La), ham., c^ne d'Oradour. — *La Chaumette*, 1610 (état civ. de Pierrefort).
Chaumette (La), vill., c^ne de Paulhac. — *La Chalmeta*, 1511 (terr. de Maurs). — *La Chaulmette alias Charreyria*, 1575 (id. de Bredon). — *La*

Chaumète; la Chamète; la Chaulmète, 1594 (terr. de Bressanges). — *La Chumette*, 1670 (*id.* de Brezons). — *La Chaumette*, 1737 (lièvc du Fer). — *La Chomette; la Chalmette*, 1784 (Chabrol, t. IV).

La Chaumette était, avant 1789, le siège d'une justice seign., régie par le droit cout. et ressort. à la sénéch. d'Auvergne, en appel de la prév. de Brioude.

CHAUMETTE (LA), vill., c^{ne} de Paulhenc. — *La Chalmeta*, 1370 (arch. dép. s. G). — *La Chamette*, 1653 (état civ. de Pierrefort). — *La Chaumette*, 1668 (nommée au p^{er} de Monaco).

CHAUMETTE (LA), f^{me} avec manoir, c^{ne} de Saint-Flour. — *La Chalmetta*, 1410 (liber vitulus). — *La Chaumète*, 1570 (arch. mun. de Saint-Flour). — *La Chomète*, 1695 (arch. dép. s. H). — *La Chaumette* (Cassini).

CHAUMETTE (LA), vill. et chapelle en ruines, c^{ne} de Saint-Saturnin. — *La Chaumetta; la Chaumette*, 1585 (terr. de Graule).

CHAUMETTE (LA), vill. et m^{in} à vent, c^{ne} de Tiviers. — *La Chalmeta*, 1508 (terr. de Montchamp). — *Chalmele*, 1594 (min. Andrieu, n^{re}). — *La Choumette*, 1662; — *La Chaumette*, 1663; — *La Chaumettel*, 1730; (terr. de Montchamp). — *La Chomette*, 1745 (arch. dép. s. C. l. 43).

CHAUMETTE (LA), lieu détruit, c^{ne} de Vieillespesse. *La Chaumette*, 1784 (Chabrol, t. IV).

CHAUMETTE-DE-FRAISSE (LA), ham., c^{ne} du Claux.

CHAUMEZELLES, mont. à vacherie, c^{ne} de Valuéjols. — *Chaumeselles; Chammeselles*, 1508; — *Terroir de Choumezelles; Chaumezelles*, 1661; — *Chamassilies*, 1664; — *Chamezeilles; Chammuzelles; Chamezelles*, 1687 (terr. de Loubeysargues).

CHAUMIÈRE (LA), écart détruit, c^{ne} de Bonnac.

CHAUMON-DE-BESSE, f^{me}, c^{ne} d'Ytrac. — *Chalmon; Chaumont*, 1526 (arch. mun. d'Aurillac, s. II, r. 8). — *Chaumon de Bessa*, 1531 (min. Vigery, n^{re}). — *Chaumon*, 1669 (nommée au p^{er} de Monaco). — *Chaumon-de-Besse*, 1739 (anc. cad.).

CHAUMON-DE-BRANVIEL, ham., c^{ne} d'Ytrac. — *Chaumon*, 1517 (pièces de l'abbé Delmas). — *Chaulmon*, 1567 (terr. de Saint-Christophe). — *Chaumon-de-Bran-Viel*, 1624 (état civ. de Saint-Paul-des-Landes).

CHAUMONT (LE), vill., c^{ne} de Fontanges. — *Chaumon*, 1683 (état civ. de Saint-Projet).

CHAUMONT, ham., c^{ne} de Mourjou.

CHAUMONT, seign., c^{ne} de Sauvat. — Siège, avant 1789, d'une justice basse et moyenne, régie par le droit cout., et ressort. à la sénéch. d'Auvergne, en appel du bailliage de Salers. La haute justice appartenait aux barons de la Tour.

CHAUMOUNE (LA), dom. ruiné et mont. à vacherie, c^{ne} de Celles. — *Bughe appellée de Champgaudes*, 1581; — *Buge de la Chaumona*, 1644; — *Buge de Chambounes*, 1700 (terr. de Celles).

CHAUMOUNE (LA), mont. à vacherie, c^{ne} de Condat-en-Feniers.

CHAURIEU (LE), ruiss., affl. de la Cère, c^{ne} de Pers; cours de 1,260 m. — *Aqua vocata Corborn*, 1295 (arch. dép. s. E).

CHAUSSADE (LE BOIS DE LA), mont. à vacherie, c^{ne} de Riom-ès-Montagnes. — *Nemus vocatum de la Chalsadisse*, 1512 (terr. d'Apchon).

CHAUSSADE (LA), écart, c^{ne} de Trémouille-Marchal. — *La Chaussade; la Chaffaude*, 1732 (terr. du fief de la Sépouse).

CHAUSSAGOUX, écart, c^{ne} de Trémouille-Marchal. — *Chassaynoux* (État-major).

CHAUSSE (LE), vill. détruit, c^{ne} de Bonnac. — (Plan cad., s^{on} A, n° 301.)

CHAUSSE (LA CHAU DE), mont. à vacherie, c^{ne} de Celoux.

CHAUSSE (LE), ham., c^{ne} de Marchal.

CHAUSSE (LE), écart, c^{ne} de la Monsélie.

CHAUSSE (LE), m^{in} détruit, c^{ne} de Montchamp. — *Molin de Ressa assis au lieu del Caulse; molin de Resse*, 1508; — *Molin de Chausse*, 1730 (terr. de Montchamp).

CHAUSSE (LE), vill., c^{ne} de Saint-Poncy. — *Le Chaulsse; le Sausson*, 1558 (terr. de Tempel). — *Lou Chausse*, 1613 (*id.* de Nubieux). — *Le Chaussé*, 1783 (*id.* d'Alleret).

CHAUSSEDICO, mont. à burons, c^{ne} du Vaulmier.

CHAUSSÉE (LES MOULINS DE LA), m^{ins}, c^{ne} de Parlan. — Ils portent aussi le nom de *les Moulins de la Prade*.

CHAUSSE-LOUP, écart, c^{ne} de Champs. — *Chausselou* (État-major).

CHAUSSENAC, c^{on} de Pleaux. — *Caucenacus*, XIIe s^e (charte dite *de Clovis*). — *Caussenacum; Chausenac*, 1464 (terr. de Saint-Christophe). — *Parrochia Chaussenacus*, 1502 (*id.* de Cussac). — *Chossenat*, 1628 (paraphr. sur les cout. d'Auvergne). — *Chaussenat*, 1694 (état civ. de Chaussenac). — *Chaussenac*, 1769 (arch. dép. s. C).

Chaussenac, avant 1789, était de la Haute-Auvergne, du dioc. de Clermont, de l'élect. et de la subdél. de Mauriac. Il était le siège d'une justice seign. régie par le droit écrit, et ressort. au bailliage d'Aurillac, en appel de la prév. de Mauriac. — Son église, dédiée à saint Étienne, était un prieuré à la nomination de l'abbesse de Brageac.

Elle a été érigée en succursale par décret du 28 août 1808.

Chausses (Les), dom. ruiné et mont. à vacherie, c^{ne} de Montchamp. — *Vilaige appellé le Caulse; le Chaulse*, 1508; — *Ténement appellé le Chausse, où il y avoit anciennement un villaige appellé le Chausse, à présent converti en chazaux, consiste ledict ténement auxdicts chazaux et en mollin à bled et chazal de mollin à sie*, 1668 (terr. de Montchamp).

Chaussidert, vill., c^{ne} de Trémouille-Marchal.

Chaussidier, ham., c^{na} de Montgreleix.

Chaussidier, mont. à burons, c^{ne} du Vauimier. — *Chausidier* (Cassini). — V^{rie} *Chaussedier* (Étatmajor).

Chaussigué, mont. à burons, c^{ne} de Montgreleix. — V^{rie} *du Chausidet* (Cassini).

Chaussines, vill., et mⁱⁿ, c^{ne} de Lavastrie. — *Chaurcyrnes; Chaursines; Chaursynes*, 1494 (terr. de Mallet). — *Chausinos; Chousines*, 1618 (id. de Sériers). — *Chaussines*, 1676 (insin. de la cour royale de Murat). — *Chausines*, 1680 (arch. dép. s. G). — *Chersignes*, 1784 (Chabrol, t. IV).

Chaussols, dom. ruiné, c^{ne} de Champagnac. — *Domaine de Chaussols*, 1788 (arch. dép. s. C, l. 45).

Chausson (Le), ruiss., affl. du Remontalou, c^{ne} de Chaudesaigues; cours de 2,300 m.

Chaussonet, vill., c^{ne} de Saint Bonnet-de-Marcenat.

Chausy, vill. et mⁱⁿ, c^{ne} de la Besserette. — *Chausi*, 1564 (min. Boyssonnade, n^{re}). — *Chaussy*, 1629; — *Chausy*, 1634; — *Enchousy*, 1667 (état civ. de Montsalvy). — *Chauzy*, 1670 (nommée au p^{cé} de Monaco). — *Enchauzy; Ensaugy*, 1767 (table des min. de Guy de Vayssieyra, n^{re}). — *Choisy* (Cassini).

Chaut (La), mont. à vacherie, c^{ne} de Dienne.

Chauvaire (La), ham., c^{ne} de Montgreleix.

Chauvel, vill. et mⁱⁿ, c^{na} de Cezens. — *Chalvel*, 1351 (homm. à l'évêque de Clermont). — *Chauvel*, 1760 (état civ. de Pierrefort). — *Chabel* (Cassini).

Chauvel (Le), ham., c^{ne} de Faverolles. — *Le Chalvel*, 1494 (terr. de Mallet). — *Le Chauvel* (Cassini).

Chauvel, vill., c^{ne} de Trizac. — *Chaviel*, 1663 (anc. min. Chalvignac, n^{re}). — *Chauvel*, 1668; — *Chalvel*, 1669; — *Chavel*, 1673 (état civ.). — *Chaurels*, 1782 (arch. dép. s. C).

Chauvet, mⁱⁿ en ruines, c^{ne} de Pleaux.

Chauvet (Le Lac de), mont. à vacherie, c^{ne} de Saint-Cirgues-de-Malbert.

Chauveyres (Les), mont. à burons, c^{ne} de Montgreleix.

Chauvier, écart, c^{ne} de Cheylade. — *Sursier*, 1504

(homm. à l'évêque de Clermont). — *Chouvies*, 1513; — *Sarzier*, 1539 (terr. de Cheylade). — *Choviers*, 1559 (inv. des titres de la coll. de N.-D. de Murat). — *Chouviès*, 1592 (vente de la terre de Cheylade). — *Ceulières*, xviie s^e (arch. dép. s. E). — *Surgier*, 1784 (Chabrol, t. IV). — *Chorier* (Cassini). — *Chouvier*, 1855 (Dict. stat. du Cantal).

Chaux (La), vill. et mⁱⁿ, c^{ne} de Ferrières-Saint-Mary.

Chaux (La), ham., c^{ne} de Loupiac. — *La Chalm*, 1464 (terr. de Saint-Christophe). — *La Chau*, 1629; — *La Chalm*, 1634; — *La Chaud*, 1739 (état civ.).

Chaux (La), mont. à vacherie, c^{ne} de Saint-Bonnet-de-Salers. — V^{rie} *Lachat* (Cassini).

Chaux (La), vill. avec manoir et mⁱⁿ, c^{ne} de Tourniac. — *La Chal*, 1502; — *La Chalm*, 1503 (terr. de Cussac). — *La Chau*, 1611 (état civ. de Brageac). — *La Chaln*, 1654 (id. de Pleaux). — *La Chaux*, 1701 (id. de Chaussenac). — *La Chaud*, 1743 (arch. dép. s. C, l. 38).

Chaux (Le Suc de la), mont., c^{ne} de Tourniac.

Chaux-de-Revel (La), écart, c^{na} de Saint-Martin-Valmeroux.

Chauzier (Le), écart, c^{ne} de Laveissière. — *Chaugier*, 1309; — *Cheugier*, 1447 (arch. dép. s. E). — *Chaurgier*, 1490 (terr. de Chambeuil). — *Chausier*, 1500 (id. de Combrelles). — *Chaugier*, 1609 (min. Danty, n^{re}). — *Chauzies; Chauzies*, 1668 (nommée au p^{cé} de Monaco). — *Cheirtier*, 1679 (état civ. de la Chapelle-d'Alagnon). — *Enchauzer* (État-major).

Chauzier (Le), ruiss., affl. de l'Alagnon, c^{ne} de Laveissière; cours de 5,000 m. — *Lo rieu de Guy-Montrilh*, 1490; — *Ruysseau d'Agumonteilh*, xve s^e (terr. de Chambeuil). — *Ruisseau de Agut-Monteil*, 1500 (id. de Combrelles). — *Ruisseau du Choyer*, 1837 (état des rivières du Cantal).

Chavade (La), dom. ruiné et grange isolée, c^{ne} de Cheylade. — *Mansus de la Chavada*, 1451 (terr. de Chavagnac). — *La Chavade*, 1514 (id. de Cheylade). — *La Chevade*, xviie s^e (table de ce terr.). — *Villaige de la Chavas*, xviie s^e (arch. dép. s. E).

Chavade (La), mont. à burons, c^{ne} de Trizac.

Chavades (Les), dom. ruiné, c^{ne} d'Anglards-de-Salers. — *Les Chavades*, 1443 (arch. dép. s. E).

Chavagnac, c^{on} de Murat et chât. du xve s^e. — *Chavanhacum*, 1443 (arch. dép. s. H). — *Chavaniacum*, 1445 (ordonn. de J. Pouget). — *Chavanhac*, 1447 (arch. dép. s. E). — *Chavahacum*, 1484 (terr. de la v⁺ᵉ de Farges). — *Chavanhas*, 1518 (*id.* de la seign. des Chazels). — *Chaivenhiat*, 1559 (lièvede du prieuré de Molompize). — *Chavagnacq*, 1665; — *Chavaignat*, 1672 (insin. de la cour royale de Murat). — *Chevaignac*, 1672 (insin. du baill. de Saint-Flour). — *Chavagnac*, 1675 (terr. de la v⁺ᵉ de Farges). — *Chavaignac*, 1676 (état civ. de Murat). — *Chavvaniac*, 1677 (insin. de la cour royale de Murat). — *Chavaniat*, 1686 (terr. de la v⁺ᵉ de Farges). — *Chavagnhac*, 1696 (état civ. de Moissac). — *Chavanhiac; Chavainac*, 1756 (terr. de la coll. de N.-D. de Murat). — *Chavaniac*, 1771 (insin. du baill. d'Andelat).

Chavagnac était, avant 1789, de la Basse-Auvergne, du dioc., de l'élect. et de la subdél. de Saint-Flour. Il était le siège d'une justice seign. régie par le droit écrit, et ressort. au bailliage de Vic, en appel de la cour royale de Murat. — Son église, dédiée à saint Étienne, fut unie en 1405 au chapitre des chanoines de Murat. Elle a été érigée en succursale par décret du 28 août 1808.

CHAVAGNAC, vill., cⁿᵉ d'Auriac. — *Chavanhacum*, 1491 (terr. de Farges). — *Chavaniag*, 1726 (état civ. de Saint-Mary-le-Plain). — *Chavagnat*, 1784 (Chabrol, t. IV).

Chavagnac était, avant 1789, le siège d'une justice seign. régie par le droit cout., et ressort. à la sénéch. d'Auvergne, en appel de la prév. de Brioude.

CHAVAGNAC (LE BOIS DE), dom. ruiné, cⁿᵉ de Chalvignac. — *Affarium de Chavaniac*, 1475 (terr. de Mauriac).

CHAVAGNAC (LE), ruiss., affl. du ruisseau de la Pille, cⁿᵉˢ de Chavagnac et de Virargues; cours de 3,700 m.

CHAVAGNAC, ruiss., affl. de l'Alagnon, cⁿᵉ de Laveissière.

CHAVAGNAC (LE BOIS DE), forêt, cⁿᵉ de Saint-Amandin.

CHAVAGNAC, vill. et chât. ruiné, cⁿᵉ de Sauvat. — *Villa Cavagnac*, XIIᵉ sᵉ (charte dite *de Clovis*). — *Lo Chavainhac*, 1612 (état civ. de Menet). — *Chalvagnac*, 1784 (Chabrol, t. IV). — *Chavagnac* (Cassini). — *Chavaniac*, 1857 (Dict. statist. du Cantal).

CHAVAILLAC, vill., cⁿᵉ de Saint-Étienne-de-Riom. — *Chavaniac*, 1638 (terr. de Murat-la-Rabe).— *Chavasliac*, 1753; — *Chavaisiac*, 1768 (arch. dép. s. C, l. 46). — *Chamailhac*, 1784 (Chabrol, t. IV). — *Chavailliac* (Cassini). — *Chavaliac* (État-major).

CHAVANE (LA), ruiss., affl. de la rivière d'Allanche, cⁿᵉ d'Allanche, cours de 1,750 m.

CHAVANON, vill., chât. détruit et mont. à vacherie, cⁿᵉ d'Allanche. — *Mansus de Chavano*, 1443 (arch. dép. s. E). — *Chavanou*, 1508 (terr. de Maillargues). — *Chavanon*, 1515 (id. du Feydit). — *Chabanon*, 1669 (état civ. de Murat).

Chavanon était, avant 1789, le siège d'une justice seign. régie par le droit cout., et ressort. à la sénéch. d'Auvergne, en appel de la prév. de Saint-Flour.

CHAVANON, vill., cⁿᵉ de Cheylade. — *Chamano*, 1514 (terr. de Cheylade). — *Chavanou*, 1618 (min. Danty, nʳᵉ à Murat). — *Charamon* (Cassini).

CHAVARDIE (LA), dom. ruiné, cⁿᵉ de Saint-Vincent. — *Lo mas de la Chavardia*, 1332; — *La Chavardye*, 1589 (lièvede du prieuré de Saint-Vincent).

CHAVARIVIÈRE, ruiss., affl. de la rivière d'Auze, coule aux finages des cⁿᵉˢ de Saint-Bonnet-de-Salers, Saint-Martin-Valmeroux, Drugeac, Drignac et Escorailles; cours de 13,500 m.

CHAVARIVIÈRE, dom. ruiné, cⁿᵉ de Salers. — *Affar de Chaveribieyra*, 1508 (arch. mun. de Salers). — *Chabreuviet* (Cassini).

CHAVAROCHE, écart, cⁿᵉ de Chastel-Marlhac.

CHAVAROCHE, fᵐᵉ, cⁿᵉ de Cheylade. — *Chavarroches*, 1592 (vente de la terre de Cheylade). — *Chavaroche*, 1685 (état civ. de Trizac). — *Checaroche* (État-major).

CHAVAROCHE, ruiss., affl. de l'Aspre, cⁿᵉ du Fau; cours de 3,340 m.

CHAVAROCHE (SOUS LE ROC), mont. à vacherie, cⁿᵉ du Fau.

CHAVAROCHE, mont. à burons, cⁿᵉ de Saint-Projet. — *Chavaroche*, 1717 (terr. de Beauclair).

CHAVAROCHE, vill. et chât., cⁿᵉ de Trizac. — *Chavaroche*, 1668 (état civ.). — *Chavorroche*, 1669 (id. du Vigean). — *Charoroche*, 1671 (insin. de la cour royale de Murat). — *Chavarroche*, 1671; — *Chaveroche*, 1672 (état civ.). — *Château-Chavaroche* (Cassini).

CHAVAROCHE-BAS, dom. ruiné, cⁿᵉ de Trizac. — *Chavaroche-soustro*, 1782 (arch. dép. s. C).

CHAVARIVIÈRE, fᵐᵉ et chât. détruit, cⁿᵉ de Saint-Bonnet-de-Salers). — *Chabreuviet* (Cassini). — *Chabrevières* (État-major).

CHAVARY (LE), ruiss., affl. de la rivière de Grolles, cⁿᵉˢ de Saint-Saturnin et de Marchastel; cours de 4,580 m. — *Aqua vocata Grauleta*, 1366 (arch. dép. s. H).

CHAVASPRE, mont. à burons, cⁿᵉ du Fau. — *Montagne de Chavaspré*, 1717 (terr. de Beauclair). — *Chavapre* (État-major).

CHAVASPRE, torrent, affl. de l'Aspre, cⁿᵉ du Fau; cours de 1,500 m.

Chavassolhias, lieu détruit, cne de Trizac. — *Villa de Chavassolhias*, 1292 (homm. à l'évêque de Clermont).

Chavayer, dom. ruiné, cne de Laveissière. — *Mas de Chavayer*, 1490 (terr. de Chambeuil).

Chave-Charreyre, dom. ruiné, cne d'Apchon. — *Affar de Chavecharreyre*, 1719 (table du terr. d'Apchon de 1512).

Chaveirel, dom. ruiné, cne de Lieutadès. — *Ténement de Chavieyret*, 1662; — *Ténement de Chaveyret*, 1686; — *Chaveyrel*, 1730 (terr. de la Garde-Roussillon).

Chavergne, vill., cne d'Ally. — *Villa Capvernas*, xiie se (charte dite *de Clovis*). — *Chapvergnes*, 1654; — *Chapvergnez*, 1692 (état civ. d'Ally). — *Chavergnie*, 1769; — *Chavernie*, 1770; — *Chaverine*, 1777 (arch. dép. s. C). — *Chavergnhe*; *Chap-Vernhe*; *Chavergnes*, 1778 (inv. des titres de la mais. d'Escorailles). — *Chavergne* (Cassini).

Chaves (Les), mont. à vacherie, cne de Champs.

Chavestras, écart et mont. à burons, cne de Saint-Urcize. — *Chabestras*, 1562 (arch. mun. de Saint-Flour). — *Chavestrat* (états de sections).

Chavestras, ruiss., affl. du Rioumau, cne de Saint-Urcize; cours de 1,580 m.

Chavet (Le), mont. à vacherie, cne de Bredon. — Elle porte aussi le nom d'*Olloupas*.

Chavette (La), min détruit, cne de la Chapelle-Laurent.

Chavette (La), ruiss., affl. de l'Alagnonet, cne de la Chapelle-Laurent; cours de 2,500 m.

Chavial, dom. ruiné, cne de Cheylade. — *Villaige del Chavial*, 1513 (terr. de Cheylade).

Chaviale, dom. ruiné, cne d'Anglards-de-Salers. — *Villaige de Chavialle*, 1655 (état civ.).

Chaviolle, écart, cne de Montvert. — *Javialle* (État-major). — *Chavialle*, 1856 (Dict. statist. du Cantal).

Chay (La), mont. à vacherie, cne d'Allanche.

Chay (Le), ham., cne d'Arches. — *Lo Chier*, 1473 (terr. de Mauriac). — *Lo Cher*, 1515 (comptes au doyen de Mauriac). — *Le Chier-de-Chabanus*, 1655 (état civ. de Mauriac). — *Le Chié*, 1681 (id. d'Arches).

Chay-Bas (Le), ham. et chât. détruit, cne de Thiézac.

Chay-de-Carry (Le), vill., cne de Condat-en-Feniers. — *Le Chier-de-Carre*, xvie se (liève du quartier de Marvaud). — *Chier-Locarre*; *Cher-de-Carre*, 1672; — *Chey-de-Quare*, 1681 (état civ.). — *Le Chey-de-Carry*, xviie se (terr. de Feniers). — *Le Chez-de-Carre*, 1720 (liève de l'abb. de Feniers). — *Le Chey-de-Carre*, 1725 (id. de Condat et Artense).

— *Cheir-de-Caro*, 1777 (état civ.). — *Chari-de-Cary*; *Cheix-Cary*, 1788 (arch. dép. s. A). — *Chedecari* (État-major).

Chaylar (Le), chât. fort détruit, cne de Chalinargues. — *Chaslar*, 1287 (arch. dép. s. H). — *Chaslat*, 1290; — *Lo Chaylat*, 1334; — *Lo Chaylar*, 1441; — *Le Chayllar*, 1447; — *Le Chailar*, 1474 (id. s. E). — *Le Cheillar*, 1497 (id. s. G). — *Le Chellat*, 1502 (id. s. E). — *Le Cheilard*, 1542 (terr. de la coll. de N.-D. de Murat). — *Le Cheylard-en-Auvergne*, 1561 (arch. dép. s. E). — *Le Cheilad*, 1677 (id. s. G). — *Le Cheylat*, 1683 (terr. des Bros). — *Le Chailard*, 1784 (Chabrol, t. IV).

Le château du Chaylar était, avant 1789, le siège d'une justice seign. régie par le droit écrit, et ressort. au bailliage de Vic, en appel de la cour royale de Murat.

Chaylat (Le), écart, cne de Chalinargues.

Chaylat (Le), fme et chât. ruiné, cne de Rezentières. — *Lou Chaylar*, 1571 (terr. de Vieillespesse). — *Lou Cheyllard*, 1610 (id. d'Avenaux). — *Le Cheylat*, 1771 (liève de Mardogne).

Chaylat (Le), mont. à vacherie, cne des Ternes.

Chaylet (Le), fme et min, cne de Faverolles. — *Le Chaylet*; *Chailet*; *la Chaillet*; *Cheillet*, 1494 (terr. de Mallet). — *Le Chanet*, 1784 (Chabrol, t. IV). — *Cheyllet* (Cassini). — *Cheylé* (État-major). — *Le Cheylet*, 1855 (Dict. stat. du Cantal).

Chayrols (Les), mont. à burons, cne de Laveissenet. — *Podium des Cheyrolz*, 1511 (terr. de Maurs). — *Montaigne de Chervol*, 1597 (insin. du baill. de Saint-Flour). — *Cheyroz*, xviie se (terr. de la rente d'Antéroche).

Chazagous (Les), dom. ruiné, cne de Riom-ès-Montagnes. — *Grangia vocata de Chasalos*, 1512 (terr. d'Apchon). — *Les Chaselous*, 1719 (table de ce terrier).

Chazagous (Le Puech des), mont. à vacherie, cne de Saint-Urcize.

Chazal (Le Moulin du), scierie, ville d'Aurillac. — *Molendinum Sancti Stephani*, 1277 (arch. mun. s. FF, p. 15). — *Guanes*, 1681 (id. s. CC, p. 3). — *Ganc*, 1738 (id. p. 4). — *Moulin de Ganes*, 1747 (inv. des titres de l'hôp. d'Aurillac). — *Moulin de l'Hôpital*, 1842 (vente de ce moulin).

Chazal (Le), écart, cne de la Besserette.

Chazal (Le), vill., cne de Maurines. — *Chazalos*, 1410; — *Chazals*, 1416; — *Chezalz*, 1507; — *Chazalz*, 1648 (arch. dép. s. H). — *Le Chazal* (Cassini).

Chazal (Le Suc de), mont. à vacherie, cne de Molèdes.

CHAZAL (LE), écart, c"º de Saint-Bonnet-de-Marcenat.
CHAZAL (LE), dom. ruiné, c"º de Saint-Georges. — *Affar del Chazal*, 1494 (terr. de Mallet).
CHAZAL (LE), vill. détruit, c"º de Saint-Mary-le-Plain. — (Plan cad. sº" B, nº 36.)
CHAZALS (LES), ham., c"º d'Anterrieux. — *Chisols ou Chazal ou Chafaux*, 1784 (Chabrol, t. IV).
CHAZALS (LES), vill. détruit, c"º de Bonnac. — *Chasalu*, 1784 (Chabrol, t. IV). — *Les Chazals* (Plan cad. sº" 6, nº 723).
CHAZAUX (LES), vill. et m"º, c"º de Saint-Saturnin. — *Les Chazaux*, 1401 (spicil. Brivat.). — *La Chazalis*, 1413; — *Mansus dels Chasals*, 1441 (arch. dép. s. E). — *Les Chazals*, 1518; — *Lou Chazaulx*, 1585 (terr. de Dienne). — *Les Chaux*, 1784 (Chabrol, t. IV). — *Les Chazeaux*, 1857 (Dict. stat. du Cantal).
CHAZE (LA), vill., c"º du Falgoux. — *La Chase*, 1728 (état civ.). — *La Chaze* (Cassini).
CHAZE (LA), dom. ruiné, c"º de Jaleyrac. — *Mansus de la Cheza*, 1240 (vente au doyen de Mauriac). — *La Chasa*, 1381 (lièvre du monast. de Mauriac). — *La Chaza*, 1473; — *La Chaze*, 1680 (terr. de Mauriac). — *La Chase*, 1684 (id. d'Arches).
CHAZE (LA), vill. et mont. à vacherie, c"º de Saint-Chamant. — *La Chaze; la Chœze*, 1671; — *La Chase*, 1674 (état civ.). — *La Chaise*, 1784 (Chabrol, t. IV). — *Burons de la Chaze* (État-major).
CHAZE (LA), ham., c"º de Souriac. — *La Chaza*, 1315 (arch. génér. de Sartiges). — *Lachaze* (Cassini).
CHAZEAUX (LES), dom. ruiné, c"º d'Aurillac. — *Mansus des Cazals*, 1531 (min. Vigery, nʳᵉ).
CHAZEAUX (LES), dom. ruiné, c"º de Carlat. — *Bois appellé des Hors ou des Cazaux, où il y avoit autresfois des édifices*, 1695; — *Les Cazaux-des-Orts*, 1736 (terr. de la command. de Carlat).
CHAZEAUX (LES), m"ⁱⁿˢ, c"º de Chaudesaigues.
CHAZEAUX (LES), dom. ruiné, c"º de Giou-de-Mamou. — *Ténement des Casaux*, 1735 (terr. de la command. de Carlat). — *La buge des Cazaux*, 1759 (anc. cad.).
CHAZEAUX (LES), dom. ruiné, c"º de Mauriac. — *Mas de la Chazal*, 1473; — *Les Chazaulx*, 1680 (terr. de Mauriac). — *Les Chazals* (Plan cad. sº" C).
CHAZEAUX (LES), ruiss., affl. du Jurol, c"ᵉˢ de Neuveglise et des Ternes; cours de 6,500 m.
CHAZEAUX (LES), vill., c"º de Paulhac. — *Mansi dels Chasalos*, 1295 (arch. dép. s. H). — *Les Chezals*, 1511 (terr. de Maurs). — *Lous Chaizaulx*, 1542 (lièvre du Fer). — *Lous Chazauls; les Chazals*, 1594 (terr. de Bressanges). — *Les Chasaulx; les Chazalz*, 1603 (arch. dép. s. H). — *Les Chazaux*, 1615 (id. s. G). — *Les Chaizeaux*, 1671 (insin. du baill. de Saint-Flour). — *Les Charreils*, 1784 (Chabrol, t. IV).

CHAZEAUX (LES), dom. ruiné, c"º de Saint-Amandin. — *Lous Chazeaux*, 1678 (lièvre du quartier de Marvaud).

CHAZEAUX (LES), m"ⁱⁿ détruit, c"º de Saint-Simon. — *Molin des Cazalz; Casalz*, 1692 (terr. de Saint-Geraud).

CHAZEAUX (LES), ruiss., affl. du Labiou, c"ᵉˢ de Souriac et de Chalvignac; cours de 900 m.

CHAZEAUX (LES), vill., c"º des Ternes. — *Les Chasalz*, 1570 (arch. mun. de Saint-Flour). — *Les Chazalz*, 1594 (min. Andrieu, nʳᵉ à Saint-Flour). — *Les Chazaulx*, 1645 (lièvre des Ternes). — *Le Chazeau* (Cassini).

CHAZEAUX (LES), mont. à vacherie, c"º de Valuéjols. — *Montaigne des Chesaulz*, 1508 (terr. de Loubeysargues).

CHAZELLE (LA), ham., c"º de Chaudesaigues. — *La Chazelle*, 1784 (Chabrol, t. IV). — *La Chazette*, 1855 (Dict. stat. du Cantal).

CHAZELLES, vill. et chât. détruits, c"º d'Auriac.

CHAZELLES, f"º, c"º de Chastel-sur-Murat. — *Thiazelos*, 1478 (terr. d'Antéroche). — *Chazelas; de Chazelles*, 1490 (id. de Chambeuil). — *Chaselles*, xvɪ.ᵉ sº (id. du prieuré du chât. de Murat). — *Chazel* (État-major).

CHAZELLES, ham., c"º de Chaudesaigues.

CHAZELLES (LA RASA DES), torrent, affl. de l'Alagnon, c"º de Ferrières-Saint-Mary.

CHAZELLES, vill., c"º de la Monselie. — *Chassaignes*, 1665 (min. Chalvignac, nʳᵉ à Trizac). — *Chazelle* (nouv. cad.).

CHAZELLES, f"º, c"º de Murat. — *Chazelas*, 1490 (terr. de Chambeuil). — *Chasalas; Chazellas*, 1491 (id. de Farges). — *Chasellas*, 1500; — *Chassellas*, 1502 (arch. mun. de Mauriac). — *Chaselles*, 1518 (terr. de la coll. de Notre-Dame de Murat). — *La Chazainhe*, 1634 (état civ. de Thiézac). — *La Gazelle*, 1668 (nommée au pⁿº de Monaco). — *Chaselle*, 1682 (insin. de la cour royale de Murat). — *Chazelles*, 1756 (terr. de la coll. de Notre-Dame de Murat).

CHAZELLES, mont. à vacherie, c"º de Murat. — *Chazelles*, 1535; — *Chaizelles*, 1536 (terr. de la v"ᵗᵉ de Murat). — *Chasellas*, 1680 (id. des Bros).

CHAZELLES, c"º de Ruines. — *Chasalia*, 1322 (arch.

dép. s. G). — *Chaselæ*, xiv° s° (Pouillé de Saint-Flour). — *Chazellas sur Croanssa*, 1401 (spicil. Brivat., p. 475). — *Chazelles* (Cassini).

Chazelles, avant 1789, était de la Haute-Auvergne, du dioc., de l'élect. et de la subdél. de Saint-Flour. Régi par le droit cout., il dépend. de la justice seign. de Lastic, et ressort. à la sénéch. d'Auvergne, en appel de la prév. de Saint-Flour. — L'église, jadis sous le voc. de saint Laurent, et maintenant sous celui de la Nativité de la Vierge, était une cure à la nomination du prieur de la Voûte. Elle a été érigée en succursale par décret du 28 août 1808.

Chazelles, écart, c^{ne} de Saint-Urcize.

Chazleoux, vill., c^{ne} de Bonnac. — *Chazalouz*, 1537 (terr. de Villedieu). — *Chazalloux*, 1610 (id. d'Avenaux). — *Chazalous*, 1640 (état civ. de Bonnac). — *Chazelloux*, 1702 (lièye de Mardogne). — *Chazelous*, 1714 (état civ. de Saint-Étienne-sur-Massiac). — *Chalazoux*, 1771 (lièye de Mardogne). — *Chazelou*, 1784 (Chabrol, t. IV).

Une ordonnance royale du 23 novembre 1828 érigea Chazeloux en annexe vicariale et une autre ordonnance du 31 mars 1844 en fit une succursale.

Chazeloux, écart, c^{ne} de Saint-Flour. — *Chazaloux*, 1636 (terr. des Ternes). — *Chazelloux* (État-major).

Chazeloux, vill., c^{ne} de Vèze. — *Chazelou* (Cassini). — *Chazeloup* (État-major).

Chazeloux (Le), ruiss., affl. du ruisseau de Saint-Martin, c^{ne} de Vèze; cours de 1,500 m.

Chazes (Les), vill., c^{ne} de Clavières. — *Les Chazes*, xvii° s° (terr. de Chaliers).

Chazes (Las), mⁱⁿ détruit, c^{ne} de Jaleyrac. — *Molendinum Chazas*, 1473 (terr. de Mauriac).

Chazes (Les), vill. et mⁱⁿ, c^{ne} de Saint-Jacques-des-Blats. — *Les Chazes*, 1608; — *Les Chiazes*, 1618; — *La Chiaze*, 1621 (état civ. de Thiézac).

Chazes-Basses (Les), vill., c^{ne} de Coren. — *Les Chazes bas* (Cassini).

Chazes-Basses (Les), écart, c^{ne} de Saint-Jacques-des-Blats. — *Les Chazes-Petites* (État-major).

Chazes-Hautes (Les), vill., c^{ne} de Coren. — *Les Chasses*, 1543; — *Les Chazes*, 1585 (arch. dép. s. G). — *Les Chazes-Haut* (Cassini).

Chazette (La), écart, c^{ne} du Fau. — *Las Chazettes*, 1717 (terr. de Beauclair).

Chazette, ruiss., affl. de l'Aspre, c^{ne} du Fau; cours de 1,000 m.

Chazette (La), dom. ruiné, c^{ne} de Loupiac. — *Village de Chazetes*, 1648 (état civ. de Salers).

Chazettes (Les), f^{me}, c^{ne} de Cezens. — *Las Chazetas*, 1495; — *Les Chazetes*, 1527 (arch. dép. s. G); — *Las Chazettes*, 1623 (ass. gén. tenues à Cezens). — *Sagettes* (Cassini).

Che (Le), ravine, affl. de la Cère, c^{ne} de Saint-Jacques-des-Blats; cours de 1,200 m.

Cheibrol, lieu détruit, c^{ne} de Saint-Hippolyte. — (Cassini).

Cheine (La), lieu détruit, c^{ne} de Siran. — (Cassini.)

Cheirals, dom. ruiné, c^{ne} de Saint-Simon. — *Village de Chérals*, 1756 (arch. dép. s. H).

Cheirol (Le), mⁱⁿ détruit, c^{ne} de Bredon. — *Molin de Cheirol, assis à la rivière d'Avène, sous le pont de Pinhou*, 1508 (terr. de Loubeysargues).

Cheirouses (Les), dom. ruiné, c^{ne} de Colandres. — *Mansus de Chayrozas*, 1520 (terr. d'Apchon). — *Affar de la Cheyrouze*, 1719 (table de ce terr.).

Cheissac, dom. ruiné, c^{ne} de Saint-Simon. — *Village de Cheizac*, 1702 (état civ.).

Cheix (Le), vill., c^{ne} d'Arches.

Cheix (Le), vill., c^{ne} de Chalvignac. — *Lou Chier appellé de la Prouca*, 1549 (terr. de Miremont). — *Lou Chié*, 1652 (état civ. de Mauriac). — *Le Cher*, 1743 (arch. dép. s. C, l. 41).

Cheix (Le), vill., c^{ne} de Cheylade. — *Lo Chier*, 1296 (arch. dép. s. E). — *Le Chèr*, 1777 (lièye d'Apchon).

Chemin (La Montagne sous le), mont. à vacherie, c^{ne} de Landeyrat.

Cheminade (La), mⁱⁿ, c^{ne} d'Anglards-de-Saint-Flour. — *Moulin de Cheminade à quatre meules*, 1745 (arch. dép. s. C, l. 43).

Cheminade (La), écart, c^{ne} de Saint-Hippolyte.

Chemin-Ferrat (Le), dom. ruiné, c^{ne} de Celles. — *Bugho del Chamy-Ferrat*, 1581 (terr. de la command. de Celles).

Chemin-Ferrat (Le), mont. à vacherie, c^{ne} de Laveissenet. — *Communi du Chemin-Ferrat*, 1508 (terr. de Loubeysargues).

Chemin-Ferré (Le), mont. à vacherie, c^{ne} de Trémouille-Marchal.

Chenac, seign., c^{ne} de Vabres.

Chenal (La), mont. à burons, c^{ne} de Colandres. — *La Chenal*, 1520 (terr. d'Apchon).

Chenes (Les), ruiss., affl. de l'Arcueil, c^{ne} de Rezentières; cours de 1,250 m.

Chenuscle, vill., c^{ne} de Champagnac. — *Chaynuscle*, 1409 (arch. général. de Sartiges). — *Chanuscle* (État-major).

Chenuscle, ruiss., affl. de la Dordogne, c^{ne} de Champagnac; cours de 2,000 m.

Cher (Le), vill., c^{ne} d'Anglards-de-Salers. — *Lou*

17.

Chier, 1648; — *Lou Cher*, 1651 (état civ.). — *Lou Chié*, 1700 (*id.* d'Arches). — *Lou Ché*, 1743 (*id.* de Saint-Bonnet-de-Salers).

Cher (Le), mont. à vacherie, c de Chanterelle.

Cher (Le), vill., c de Chastel-Marlhac. — *Le Cher*, 1607 (terr. de Trizac). — *Lou Chier*, 1652 (anc. min. Chalvignac, n). — *Lou Ciel*, 1680; — *Lou Cier*, 1682 (état civ. de Trizac). — *Lecher*, 1744 (arch. dép. s. C, l. 45). — *Laché* (Cassini).

Cher (Le), vill., c de Saint-Jacques-des-Blats. — *Le Chay* (Cassini). — *Le Chey* (État-major).

Cher (Le), écart, c de Saint-Urcize.

Cher (Le), mont. à vacherie, c de Saint-Urcize.

Cher (Le Puech grand du), mont. à burons, c de Saint-Urcize.

Cher (Li), écart, c de Thiézac. — *Lou Chier*, 1608 (état civ.). — *Lou Chier-Haut*, 1636 (*id.* de Vic-sur-Cère). — *Lou Cheix*, 1668 (nommée au p de Monaco). — *Affar Delchier*, 1674 (terr. de (Thiézac).

Cher (Le), vill. et m , c de Valuéjols. — *Apchier*, xv s (terr. de Chambeuil). — *Le Chier*, xv s (*id.* de Bredon). — *Apchié*, 1646 (min. Danty, n). — *Le Ché*, 1664 (terr. de Bredon). — *Chièze*, 1665; — *Archier*, 1666 (insin. du baill. d'Andelat). — *Achier*, 1666 (*id.* de la cour royale de Murat). — *Acchier*, 1673; — *Acher*, 1684 (état civ. de Chastel-sur-Murat). — *Apcher*, 1686 (*id.* de Murat).

Cher (Le), f , c du Vaulmier. — *Les Chères* (Cassini).

Cher-Bas (Le), dom. ruiné, c de Thiézac. — *Le village du Cher-Bas*, 1746 (anc. cad.).

Cher-Blanc (Le), écart, c d'Apchon. — *Chierblanc*, 1471 (arch. dép. s. E). — *Lou Chablanc*, 1784 (*id.* s. C, l. 46). — *Lecherblanc* (Cassini).

Cher-Blanc, vill. et mont. à vacherie, c de Marcenat. — *Le Cher blanc*, 1765 (lièvr du q de Marvaud). — *Le Chez*, 1776 (archives départementales, s. C). — *Cherblan* (Cassini). — *Charblanc* (État-major).

Cher-Gauthier (Le), écart, c d'Apchon.

Cher-Laigue (Le), écart, c d'Apchon. — *Le Chey-Lar*, 1719 (table du terr. d'Apchon). — *Laigne*, 1777 (lièvr d'Apchon). — *Laigue* (Cassini). — *Chez-Lègue* (État-major).

Chermette (La), m détruit, c de Roannes-Saint-Mary. — *Le molin de Chermète*, 1692 (terr. de Saint-Geraud).

Cher-Soubro (Le), vill., c du Falgoux. — *Lo fach dal Chier*, 1332 (lièvr du prieuré de Saint-Vincent). — *Le Chier-Soubro*, 1728; — *Chez-Soubre*, 1729; — *Le Cher-Soubro*, 1731 (état civ.). — *Cher-Haut* (Cassini). — *Cherhaut* (État-major).

Cher-Soubro (Le), ruiss., affl. de la rivière de Mars, c du Falgoux; cours de 1,800 m.

Cher-Soutro (Le), ham. et m , c du Falgoux. — *Le Cher-Soutra*, 1682 (état civ. de Saint-Projet). — *Cher-Soutro*, 1729; — *Chers Soustro*, 1733 (*id.* du Falgoux). — *Cher-le-Bas* (Cassini). — *Chersoutre* (État-major). — *Chier-Soutro*, 1855 (Dict. stat. du Cantal).

Chervigieux, vill., c d'Ussel. — *Charvizie*, 1595 (terr. d'Ussel). — *Charingier*, 1652 (*id.* de Coltines). — *Charvigier*, 1670 (*id.* de Brezons). — *Charnigier*, xvii s (arch. dép. s. E). — *Charvigne*, 1784 (Chabrol, t. IV).

Cheule, ham., c de Lascelle. — *Chieule*, 1594 (terr. de Fracor). — *Cheulze*, 1640 (pièces du cab. Lacassagne). — *Chieules*, 1682 (état civ. de Saint-Projet). — *Cheule*, 1712; — *Chaule*, 1720 (arch. dép. s. C). — *Cheulles* (Cassini).

Cheule (La), ruiss., affl. de la Jordanne, c de Lascelle; cours de 1,250 m.

Chevade (La), vill., m et mont. à vacherie, c de Chastel-sur-Murat. — *Chevaps*, 1279; — *Chayral*, 1306 (arch. dép. s. E). — *Achanalp*, 1348 (lièvr de Dienne). — *Chayralb*, 1361; — *Chayralm*, 1398; — *Chazals, Casalia*, 1410 (arch. dép. s. G). — *Chayralx*, 1441 (*id.* s. E). — *La Chavada*, 1457 (terr. d'Aurillac). — *Cheyrol*, 1491 (*id.* de Farges). — *La Chavade*, 1535 (*id.* de la v de Murat). — *Chayrals, seu Chevade*, 1597 (arch. dép. s. E). — *La Cavade*, 1600 (terr. de Dienne). — *La Chabade*, 1680 (*id.* de la ville de Murat). — *La Chabado*, 1692 (état civ. de Murat). — *La Chavades*, 1704 (archives départementales, s. E).

Chevade (La), ruiss., affl. de l'Alagnon, c de Chastel-sur-Murat et de Murat; cours de 7,500 m. — Il porte aussi le nom de *le Bornantel*. — *Aqua de Bornantello*, 1463 (arch. dép. s. H). — *Rifz de Bornant*, 1489 (lièvr de Dienne). — *Aqua de Bornantel*, 1491 (terr. de Farges). — *Riparia de Bornateih*, 1500 (arch. mun. de Mauriac). — *Bornans*, 1551 (terr. de Dienne). — *Bornentel*, 1575 (*id.* de Bredon). — *Bournantel*, 1600; — *Bournans*, 1618 (*id.* de Dienne). — *Rif de Bournant*, xvii s (terr. de la rente d'Antéroche).

Chevade (La), f , c de Talizat. — *La Chavade*, 1625 (état civ. de Saint-Flour). — *La Chevade*, 1654 (terr. du Sailbans). — *La Cabade*, 1686 (état civ. de Murat). — *La Chanade*, 1784 (Chabrol, t. IV).

DÉPARTEMENT DU CANTAL.   133

Chevade (La), ruiss., affl. du ruisseau du Saillans, c^{ne} de Talizat; cours de 4,000 m.

Chevalerie (La), dom. ruiné, c^{ne} de Mauriac. — *Mansus vocatus de Chevalario*, 1473; — *La Cavalarie*, 1680 (terr. de Mauriac).

Chevalerie-d'Artiges (La), dom. ruiné, c^{ne} de Jaleyrac. — *Mansus vulgariter appellatus Sancti Petri d'Ortigas*, 1289 (vente au doyen de Mauriac). — *Affar de la Chavalayria d'Artigas; la Chavalairia d'Artigas*, 1290 (vente au doyen de Mauriac). — *In calmo de Sartiges*, 1473; — *In affario de la Chavalaria*, 1475; — *La Chavalarie*, 1680 (terr. de Mauriac).

Chevaley, vill., c^{ne} de Massiac. — *Cazalette*, 1784 (Chabrol, t. IV). — *Chazalet* (Cassini). — *Chevaley* (État-major).

Chevalier (Le), dom. ruiné, c^{ne} d'Arches. — *Mansus del mas Chevalier*, 1335 (arch. généal. de Sartiges).

Chevalier, mont. à burons, c^{ne} de Fontanges.

Chevalier, mⁱⁿ, c^{ne} de Menet.

Chevalier, mⁱⁿ, c^{ne} de Saint-Bonnet-de-Salers.

Chevalous (Les), mont. à vacherie, c^{ne} de Lugarde.

Chevande (La), ruiss., affl. de la Truyère, c^{nes} de Jabrun, d'Espinasse et de Chaudesaigues; cours de 14,000 m.

Chevialle, dom. ruiné, c^{ne} de Bassignac. — *Villaige de Chevialle*, 1651 (min. Sarrauste, n^{re}). — *Chaveole*, 1665 (état civ. de Mauriac).

Chevilles (Les), mont. à vacherie, c^{ne} de Condat-en-Feniers.

Chèvre (Le Suc de la), mont. à vacherie, c^{ne} de Saint-Mary-le-Plain.

Chey (Le), ham. détruit, c^{ne} de Massiac. — *Villaige d'Achier*, 1623 (état civ. de Bonnac). — *Lou Cher*, 1657 (id. de Saint-Victor-sur-Massiac).

Chey-de-Vergne (Le), vill., c^{ne} de Chanterelle. — *Cheis*, 1278; — *Mansi de Cheirs*, 1310 (Hist. de l'abb. de Feniers). — *Le Chey de Vergne*, 1691; — *Le Cheir de Vergne*, 1696 (état civ. de Condat). — *Chez de Vergne* (Cassini).

Cheyla (Le), f^{me} et mⁱⁿ, c^{ne} de Chalinargues. — *Le Chaulat*, 1518 (terr. des Cluzels). — *Le Cheilar*, 1580 (lièvre conf. de la v^{té} de Murat). — *Le Cheyla*, 1589; — *Le Cheylad*, 1681 (arch. dép. s. E). — *Le Cheylat*, 1683 (terr. de la châtell. des Bros). — *Le Cheylard*, 1690 (arch. dép. s. E). — *Le Chailard*, 1784 (Chabrol, t. IV).

Cheyla (Le), mont. à burons, c^{ne} de Colandres. — *Le Chaslar*, 1333 (homm. à l'évêque de Clermont). — *Montana de Cheylat*, 1513 (terr. d'Apchon). — *Le Chailard*, 1777 (lièvre d'Apchon).

Cheylade, c^{on} de Murat. — *Chaslada*, 1173; — *Chailada*, 1296 (la mais. de Graule). — *Challada*, 1296 (arch. dép. s. E). — *Chaylada*, 1330 (homm. à l'évêque de Clermont). — *La Chaida*, 1441 (arch. dép. s. E). — *Chelados*, 1445 (ordonn. de J. Pouget). — *Cheylata*, 1468 (homm. à l'évêque de Clermont). — *Chaylade*, 1498 (arch. dép. s. E). — *Chayllade, Chaillade*, 1514; — *Cheylaide*, 1539 (terr. de Cheylade). — *Cheylade*, 1559 (inv. des titres de N.-D. de Murat). — *Chalade*, 1614 (arch. dép. s. E). — *Cheilade*, 1618 (terr. de Dienne). — *Cheillade*, 1680 (état civ. de Trizac). — *Chayllades*, 1699 (id. de la Chapelle-d'Alagnon). — *Cheslade*, xviie s^e (arch. dép. s. E).

Cheslade était, avant 1789, de la Haute-Auvergne, du dioc. de Clermont, de l'élect. et de la subdél. de Saint-Flour. Régi par le droit cout., il était le siège d'une justice seign. ressort. au bailliage de Saint-Flour, en appel de sa prév. part. — Son église, dédiée à saint Léger, évêque d'Autun, était un prieuré à la nomination du prieur de la Voûte. Elle a été érigée en succursale par décret du 28 août 1808.

Cheylade, vill. et mⁱⁿ, c^{ne} de Lanobre. — *Cheylade*, 1790 (min. Marambal, n^{ro} à Thinières). — *Cheyllade* (État-major).

Cheylade, vill., c^{ne} de Saint-Poncy. — *Chaillade; Challade*, 1556 (terr. du prieuré de Rochefort). — *Cheylade*, 1784 (Chabrol, t. IV). — *Cheylades* (Cassini). — *Chailade* (État-major). — *Chaylade*, 1857 (Dict. stat. du Cantal).

Cheyladet (Le), dom. ruiné, c^{ne} de Marcenat. — *Tenementum de Chaslhada*, 1309 (Hist. de l'abb. de Feniers). — *Chaylada*, 1409 (arch. dép. s. E). — *Le Cheiladet*, 1672 (état civ. de Trizac). — *Le domaine de Cheyladet*, 1744 (arch. dép. s. C).

Cheyladez (Le), petite contrée formée dans l'anc. paroisse de Cheylade, dans la vallée de Falcimagne, où coule la Rhue; elle comprenait deux seigneuries : Falcimagne à l'est et Valrus à l'ouest.

Cheylanne, vill., mont. à vacherie et chât. détruit, c^{ne} de Laveissenet. — *Chaslana*, 1308 (arch. dép. s. H). — *Cheilane*, 1352 (id. s. E). — *Cheyllana; Chayllana*, xve s^e; — *Chellana*, xve s^e (terr. de Bredon). — *Cheylane*, 1554 (arch. dép. s. E). — *Cheylanne; Cheylanna; Cheylana*, 1575 (terr. de Bredon). — *Cheilanne*, 1605 (terr. de la v^{té} de Cheylanne). — *Challane*, 1614 (arch. mun. d'Aurillac, s. CC, p. 10). — *Chey-Lane*, 1617 (lièvre de Murat). — *Chélanne*, 1665 (insin. du baill. d'Andelat). — *Chey-Lanne*, 1668 (id. de la cour royale de Murat). — *Chaylanne*, 1687 (terr. de Loubeysargues).

— *Chaylanes*, 1697 (état civ. de la Chapelle-d'Alagnon). — *Chelanès*, 1784 (Chabrol, t. IV). — *Chailanes* (État-major).

Cheylanne était, avant 1789, le siège d'une justice seign. régie par le droit cout., et ressort. à la sénéch. d'Auvergne, en appel de la prév. de Saint-Flour.

CHEYLAT (LE), ham., c^{ne} d'Auzers. — *Le Cheylar*, 1611 (terr. de la baronnie de Trizac). — *Le Chailla*, 1639 (anc. min. Chalvignac, n^{re} à Trizac). — *Le Chaylat*, 1659; — *Le Chayla*, 1660 (insin. du baill. de Salers). — *Cheylas* (Cassini).

CHEYLAT (LE), dom. ruiné, c^{ne} de Chastel-sur-Murat. — *Villaige de la Cheyla*, 1600 (terr. de Dienne).

CHEYLAT (LE), ruiss., affl. de la Sumène, coule aux finages des c^{nes} du Falgoux, Colandres, Riom-ès-Montagnes et Menet; cours de 18,410 m. — On le nomme aussi *Tautal*.

CHEYLAT (LE), m^{in}, c^{ne} de Lavastrie. — *Molin de Cheylard*, 1618 (terr. de Sériers).

CHEYLAT (LE), dom. ruiné, c^{ne} de Laveissière. — *Chaslar*, 1237 (arch. dép. s. H). — *Mansus del Chaylar*, 1403 (id. s. E). — *Lo mas de lo Chaylat*, 1490 (terr. de Chambeuil). — *Villaige et affar del Caylardz; affar del Cheylar*, 1668 (nommée au p^{ce} de Monaco).

CHEYLAT (LE), m^{in}, c^{ne} de Neussargues.

CHEYLAT (LE), ruiss., affl. de l'Alagnon, c^{nes} de Neussargues et de Celles; cours de 2,000 m.

CHEYLAT (LE), ham., c^{ne} de Trémouille-Marchal. — *Le Cheylard; le Cheylat*, 1732 (terr. du fief de la Sépouse). — *Le Chaylat*, 1857 (Dict. stat. du Cantal).

CHEYRANGE, vill., c^{ne} de Saint-Étienne-de-Riom. — *Cheranges; Cheyranges*, 1504 (terr. de la duchesse d'Auvergne). — *Cheyrouge; Cheyrouze*, 1585 (id. de Graule). — *Cherange*, 1768 (arch. dép. s. C, l. 46). — *Cheyrange* (Cassini). — *Chayrouge* (État-major).

CHEYRE (LA), f^{me} et chât. détruit, c^{ne} de Chalvignac. — *Affarium de Charies*, 1475 (terr. de Mauriac). — *La Cheyre*, 1549 (id. de Miremont). — *Las Cheyres*, 1782 (arch. dép. s. C, l. 41).

CHEYREL (LE), ruiss., affl. de la Santoire, c^{ne} de Dienne; cours de 1,560 m. — *Le rif de Bec*, 1551; — *Rif de las Bornes*, 1600; — *Le Rieugrand; rif de la Rauseyra; rif du Chaufour; ruisseau de Vazelles*, 1618 (terr. de Dienne).

CHEYRELLE (LA), f^{me} avec manoir, c^{ne} de Dienne. — *La Charesza*, 1279; — *Chayralz*, 1495 (arch. dép. s. E). — *La Cheirlier*, 1679 (état civ. de Chastel-sur-Murat).

CHEYRIER (LE), vill., c^{ne} de Menet. — *Lou Cheirer* 1235 (Gall. christ., t. II, inst. col. 220). — *Lo Cheyrier*, 1506 (terr. de Riom). — *Le Cheiriel*, 1561 (terr. de Murat-la-Rabe). — *Lou Cheyryer*, 1604; — *Lou Cheiryer*, 1638 (état civ.). — *Cheyrous*, 1659 (insin. du baill. de Salers). — *Le Cheyrié* (État-major).

CHEYRIO (LA), dom. ruiné, c^{ne} de Saint-Martin-Valmeroux. — *Le domaine de la Cheyrio*, 1743 (arch. dép. s. C, l. 44).

CHEYROL (LE), dom. ruiné, c^{ne} de Riom-ès-Montagnes. — *Affarium vocatum del Chayrol*, 1441 (terr. de Saignes).

CHEYROL (LE), écart, c^{ne} de Saint-Saturnin.

CHEYROUSE (LA), dom. ruiné, c^{ne} de Ferrières-Saint-Mary. — *Villaige de la Chirouze; la Cheyrouze*, 1613 (terr. de Nubieux).

CHEYROUSE, écart, c^{ne} de Mauriac. — *Carise* (?) x^e s^e (test. de Théodechilde). — *Cheiroux*, 1474 (terr. de Mauriac). — *Cheyrosse*, 1505; — *Chairoze; Chayroze*, 1515 (comptes au doyen de Mauriac). — *Cheyrouze*, 1633 (état civ. du Vigean). — *Le Puech-Cheyrous*, 1680 (terr. de Mauriac). — *Cheyrouse*, 1784 (arch. dép. s. C).

CHEYROUSE, vill. et chât. fort en ruines, c^{ne} de Trizac. — *Cheyrozæ*, 1520 (terr. d'Apchon). — *Cheyrouzes*, 1632 (grand livre de l'Hôtel-Dieu de Salers). — *Cheyrouje*, 1668; — *Cheirouse*, 1674 (état civ.). — *Cheyrouse*, 1686 (id. d'Arches). — *Cherouze*, 1718 (id. de Moussages). — *Cheirouze*, 1719 (table du terr. d'Apchon). — *Cheyroux* (Cassini). — *Chafrouse* (État-major).

CHEYROUSES (LES), ham., c^{ne} de Laveissière. — *Affar de la Chairosa*, 1309 (arch. dép. s. E). — *Las Cheyrossas*, 1463 (id. s. H). — *Las Chayrouzas*, 1490 (terr. de Chambeuil). — *Las Cheyrosas*, 1494 (arch. dép. s. E). — *Las Cheyrousas; la Cheyrouse; las Cheyrouzes; las Jeyrouzas*, xve s^e (terr. de Chambeuil). — *Los Cheyrouse; la Cheyrouze; 1500* (id. de Combrelles). — *Las Cheirouzes*, 1603 (lièvé de Combrelles). — *Las Cheyrouses*, 1606 (min. Danty, n^{re}). — *Las Cheirouses*, 1626 (arch. dép. s. E). — *Las Cheyroutes*, 1666 (insin. du baill. d'Andelat). — *Las Cheyroazes*, 1668 (nommée au p^{ce} de Monaco). — *La Cherouses*, 1686 (état civ. de Murat). — *Chairouge* (Cassini). — *Chayrousses* (État-major).

CHEYROUSES (LES), dom. ruiné, c^{ne} de Saint-Saturnin. — *Mansi de Cheyrouse*, 1278 (Hist. de l'abb. de Feniers). — *Les Chirouzes*, 1784 (Chabrol, t. IV).

CHEYROUZE (LE BOIS DE), dom. ruiné, c^{ne} de Chaliers. — *Villaige de Chirouze*, 1613 (terr. de Nubieux). — *La Cheyrouze*, 1613 (table des mand^{ts} de Nubieux).

CHEYSSAC, vill., c^{re} de Saint-Pierre-du-Peil.

CHEYSSAC, vill., c^{ne} de Vebret. — *Caisiacum*, fin du xe s^e (Gall. christ., t. II, inst. c. 73). — *Cheyssat*, 1688 (état civ. de Chastel-Marlhac). — *Cheyssac*, 1696 (*id.* d'Arches). — *Cheissac* (Cassini).

CHEYSSIOL, vill. et mont. à vacherie, c^{ne} de Chaussenac. — *Chayssials*, 1502 (terr. de Cussac). — *Chayssiols*, 1597 (état civ. de Brageac). — *Chaissiale*, 1651 (*id.* de Tourniac). — *Chesial*, 1675 (*id.* de Chaussenac). — *Chayssiolz*, 1677 (*id.* de Pleaux). — *Chaissials*, 1680 (*id.* de Chaussenac). — *Chaisiols*, 1688 (*id.* de Pleaux). — *Chaissial*, 1701 (état civ. de Chaussenac). — *Chéyssol; Cheissol*, 1769 (arch. dép. s. C). — *Chaissiols*, 1778 (inv. des arch. de la mais. d'Humières). — *Cheyssiols*, 1780 (arch. dép. s. C).

CHEYSSIOL-BAS, dom. ruiné, c^{ne} de Chaussenac. — *Chayssials-Soutro*, 1675 (état civ.). — *Chaissiols-Soutre*, 1778 (inv. des arch. de la mais. d'Humières).

CHEYTE (LA), ruiss., affl. de la Rhue, c^{ne} de Saint-Étienne-de-Riom; cours de 9,000 m. — On le nomme aussi *le Lac*.

CHEZAL (LE), f^{me}, c^{ne} de Saint-Bonnet-de-Marcenat. — *Le Chazal-Alanche*, 1595; — *Le Chazal; les Chazalz*, 1618 (terr. de Dienne). — *Les Chasaux*, 1695 (état civ. de Chastel-sur-Murat). — *Chezat* (État-major).

CHEZ-BALIT, écart, c^{ne} de Champs.

CHEZ-BANON, écart, c^{ne} de Champs. — *Chez-Bassout*, 1855 (Dict. stat. du Cantal).

CHEZ-BIARRE, buron, c^{ne} de Saint-Saturnin.

CHEZ-BILLOT-BAS, ham., c^{ne} de Lanobre. — *Jubilot* (État-major). — *Billot-Bas*, 1856 (Dict. stat. du Cantal).

CHEZ-BILLOT-HAUT, ham., c^{ne} de Lanobre. — *Chabillot* (Cassini). — *Billot-Haut*, 1856 (Dict. stat. du Cantal).

CHEZ-BLANC, écart, c^{ne} d'Apchon.

CHEZ-BONAYGUES, ham., c^{ne} de Riom-ès-Montagnes. — *Chez-Bounaïgues*, 1857 (Dict. statist. du Cantal).

CHEZ-BONNAVE, écart, c^{ne} de Chalinargues.

CHEZ-BROQUIN, écart, c^{ne} de Riom-ès-Montagnes.

CHEZ-CHAUDIÈRE, écart, c^{ne} de Lanobre. — *Cougau* (État-major).

CHEZ-CLAVEYROUX, écart, c^{ne} de Saignes. — *Clavaroux* (Cassini).

CHEZ-CROUZIL, écart, c^{ne} de Saint-Saturnin.

CHÈZE (LA), dom. ruiné, c^{ne} du Vigean. — *Mansus de la Chieza*, 1493; — *Domaine de la Chièze*, 1680 (terr. de Mauriac).

CHEZ-FIANE (LE DÉPART DE), dom. ruiné, c^{ne} de Marmanhac. — *Villaige du Départ de Chefiane*, 1552 (terr. de Nozières).

CHEZ-GARDY, écart, c^{ne} de Champs.

CHEZ-LA-CROIX-SOUBRO, écart, c^{ne} de Champs.

CHEZ-LA-CROIX-SOUTRO, écart, c^{ne} de Champs.

CHEZ-LADE, écart détruit, c^{ne} de Champs. — *Cheylade* (Cassini).

CHEZ-LAVERGNE, ham., c^{ne} de Lanobre.

CHEZ-LA-VOLPILLAGUE, écart, c^{ne} de Boisset.

CHEZ-LE-GANTIER, écart, c^{ne} d'Apchon. — *Chès-le-Gantier*, 1777 (lièvre d'Apchon). — *Chez-le-Gautier* (Cassini).

CHEZ-LE-PRUSSIEN, écart, c^{ne} d'Auzers.

CHEZ-LE-ROUX, écart, c^{ne} de Lanobre. — *Chez Leroux* (État-major).

CHEZ-LE-TOUTOU-D'OLBARI, écart, c^{ne} de Boisset.

CHEZ-LEYZA, écart, c^{ne} de Lanobre.

CHEZ-LOUISON, écart, c^{ne} de Vebret.

CHEZ-MALCUIT, buron, c^{ne} de Saint-Amandin.

CHEZ-MALICE, dom. ruiné, c^{ne} de Cheylade. — *Affar appellé de Chemalice*, 1539 (terr. de Cheylade).

CHEZ-MARAN, écart détruit, c^{ne} de Trémouille-Marchal. — *Chemaran* (Cassini).

CHEZ-MARIO, ham., c^{ne} de Riom-ès-Montagnes.

CHEZ-MARION, ham., c^{ne} de Lanobre.

CHEZ-MARJOU, écart, c^{ne} de Champs.

CHEZ-MENET, vill., c^{ne} de Champs. — *Chesmenet*, 1653; — *Chès-Menet*, 1669 (état civ.). — *Chemenet* (Cassini).

CHEZ-MOLES, écart, c^{ne} de Mauriac.

CHEZ-MOUGUEYRE, ham., c^{ne} de Riom-ès-Montagnes. — *Chamougaire* (État-major). — *Chez-Mouqueyre*, 1857 (Dict. stat. du Cantal).

CHEZ-NIVET, écart, c^{ne} de Champs.

CHEZ-PETIO, écart, c^{ne} de Champs.

CHEZ-POTHE, écart, c^{ne} de Riom-ès-Montagnes. — *Chez-Pote* (État-major).

CHEZ-POULOT, ham., c^{ne} de Lanobre.

CHEZ-RANVIER, ham., c^{ne} de Lanobre.

CHEZ-RAYMOND, f^{me}, c^{ne} de Colandres. — *La Raimondie*, 1719 (table du terr. d'Apchon).

CHEZ-REYNAL, mⁱⁿ détruit, c^{ne} de Saint-Hippolyte. — *Molendinum de Chier-Reynailh*, 1517 (terr. d'Apchon). — *Moulin de Chier-Raynal, ou de Coutail*, 1719 (table de ce terr.).

CHEZ-ROUSSILLON, écart, c^{ne} de Lanobre.

CHEZ-TOURNADRE, écart, c^{ne} de Champs.

CHEZ-TRAPENARD, écart, c^{ne} de Champs.

CHIBRET, m^in, c^ne de Saint-Jacques-des-Blats.
CHICANAU, mont. à burons, c^ne de Thiézac.
CHICOURLES, mont. à burons, c^ne de Saint-Paul-de-Salers.
CHIER (LE), mont. à vacherie, c^ne de Cezens. — *Montana de Chier*, 1511 (terr. de Maurs).
CHIER (LE), dom. ruiné et vacherie, c^ne de Cheylade. — *Chier-Leo*, 1296 (la maison de Graule).
CHIER (LE), vill., c^ne de Laveissenet. — *Lou Chier*, 1594 (terr. de la v^té de Cheylanne).—*Le Ché*, 1664 (id. de Bredon). — *Le Cher* (État-major).
CHIER (LE PUECH DEL), dom. ruiné, c^ne de Salers. — *Affar appelé le Peuch-del-Chier*, 1508 (arch. mun.).
CHIER (LE), dom. ruiné, c^ne de Sarrus. — *Lo Chier*, 1494 (terr. de Mallet). — *Lachalin*, 1784 (Chabrol, t. IV).
CHIER (LE SUC DU), mont. à vacherie, c^ne de Vieillespesse.
CHIER-GROS (LE), vill. détruit, c^ne de la Monsélie. — *Villaige de Chier-Gros ; Chiergros*, 1561 ; — *Le Chier*, 1638 (terr. de Murat-la-Rabe). — *Chier gros*, 1783 (aveu au roi par G. de la Croix).
CHILIAC, dom. ruiné, c^ne de Murat. — *Locus de Chiliaco*, 1446 (terr. de Farges).
CHINA, mont. à vacherie, c^ne de Sainte-Anastasie.
CHINIARDES (LES), vill., c^ne de Saint-Jacques-des-Blats. — *Les Chiniards*, 1610 ; — *Les Chiniardes*, 1618 (état civ. de Thiézac).
CHINSE (LA), mont. à burons, c^ne de Landeyrat.
CHIRAC, vill. détruit, c^ne de Montchamp. — *La metterie de Chirac*, 1508 ; — *La metterie de Chirat*, 1662 (terr. de Montchamp).
CHIRAC, m^in détruit, c^ne de Montchamp. — *Molin de Gibal dict la Véelle*, 1508 ; — *Molin des Gibertz*, 1662 ; — *Moulin de Chirac*, 1730 ; — *Moulin de Mallet*, 1762 (terr. de Montchamp). — *Moulin de Charloux* (Cassini).
CHIRAL (LE), dom. ruiné, c^ne de Valuéjols. — *Lou puech des Cheyrolz*, 1559 (min. Lanusse, n^re). — *Lou peulx del Chizal ; Les Chiralz*, 1664 (terr. de Loubeysargues). — *Le champ du Cheirier, anciennement appellé Cheyleiro, ou il y a une mazure de maison ainsi appellée*, 1683 (id. des Bros). — *Les Cheyrols ; les Cheirols*, 1687 (id. de Loubeysargues).
CHIRALTAT, f^me, c^ne de Neussargues. — *Chayraltar*, 1400 (arch. mun. de Saint-Flour). — *Chirautard*, 1533 (terr. du prieuré de Touls). — *Chiraulta*, 1581 (id. de Mallet). — *Chyralta ; Chyraulta*, 1581 (id. de Celles). — *Chirauta*, 1615 (lièvre de Celles). — *Chiralta, fin du* XVIIe s^e (terr. de Bressolles). — *Chiraltat*, 1752 (lièvre de Celles). — *Chiraltar* (État-major).

CHIRCOULES, buron, c^ne de Saint-Paul-de-Salers, sur le plateau du Violent.
CHIROL (LE), écart, c^ne de Chaudesaigues.— *Le Cheirol* (Cassini).
CHIROL, vill., c^ne de Clavières. — *Chirol*, XVIIe s^e (terr. de Chaliers). — *Chirolz*, 1624 (id. de Ligonnès). — *Chirols*, 1731 ; — *Chérols*, 1762 (id. de Monchamp).
CHIROLS, vill., c^ne de Peyrusse. — *Chayrolz*, 1451 (arch. dép. s. H). — *Chirolz*, 1551 (lièvre de Feniers). — *Chirols*, 1702 (id. de Mardogne). — *Chirol*, 1725 (pièces du cab. Berthuy). — *Chirouze*, 1771 (lièvre de Mardogne).
CHIRY (LE), dom. ruiné, c^ne de Cheylade. — *Le Chiry*, 1592 (vente de la terre de Cheylade).
CHISSIAU (LES), vacherie, c^ne de Condat-en-Feniers. — *La Chissade* (État-major).
CHIZOLET, vill. et m^in, c^ne de Saint-Just. — *Chizoulet*, 1763 ; — *Chizoulles ; Tizoute*, 1787 (arch. dép. s. C, l. 48). — *Chirelet ; Chiffontel*, 1855 (Dict. stat. du Cantal).
CHIZOURLE, mont. à burons, c^ne de Saint-Saturnin.
CHOBROS, mont. à burons, c^ne de Lascelle.
CHOMBY, m^in détruit, c^ne de Laveissenet.
CHOMELIS, dom. ruiné, c^ne de Massiac.
CHOS (LE), m^in détruit, c^ne de Lascelle. — *Lou molena du Chos*, 1626 (pièces du cab. Lacassagne).
CHOUGRE (EN), mont. à vacherie, c^ne du Claux.
CHOULOU (LA), vill., c^ne de Celles. — *La Choulo*, 1535 (terr. de la v^té de Murat). — *Villaige de la Chaulo ; la Chaulou*, 1581 (id. de Celles). — *Pachoulou*, 1624 ; — *La Choullou*, 1637 (lièvre de la v^té de Murat). — *La Choulou*, 1689 (état civ. de Murat). — *Collat*, 1787 (Chabrol, t. IV).
CHOUMANOU, vill. et m^in, c^ne du Vigean. — *Mansus da Chaumano-Sobra*, 1310 (lièvre du prieuré du Vigean). — *Chaumano*, 1473 (terr. de Mauriac). — *Chaumanon*, 1632 ; — *Chalmanou*, 1637 (état civ.). — *Choumanou*, 1658 (id. de Mauriac). — *Chaumanou*, 1680 (terr. de Mauriac).
CHOUMANOU-BAS, dom. ruiné, c^ne du Vigean. — *Mansus da Chaumano-Sotra*, 1310 (lièvre du prieuré du Vigean).
CHOUMELS (LA ROCHE DES), mont. à vacherie, c^ne de Condat-en-Feniers.
CHOURLIE (LA), vill., c^ne de Sénezergues. — *La Charouille*, 1629 (état civ. de Montsalvy). — *La Chorille*, 1668 ; — *La Chorelle ; la Charreilhe*, 1670 (nommée au p^te de Monaco). — *La Torlie*, 1741

(anc. cad. de Cassaniouze). — *La Chorellie*, 1760 (terr. du monast. de Saint-Projet). — *La Chovelie; la Clervillie; la Choreillie*, 1777 (arch. dép. s. C, l. 49). — *La Sourlie* (Cassini).

L'église de la Chourlic a été érigée en succursale, par décret du 17 janvier 1851.

Choursy, dom. ruiné, c^{ne} de Bredon. — *L'affar de Chourssy sive dessoubz l'Ostau*, 1661 (terr. de Loubeysargues).

Choursy, ham., c^{ne} de Thiézac. — *Choursi*, 1627 (état civ.). — *Chourcy; Chourcy*, 1668; — *Choursy*, 1671 (nommée au p^{cé} de Monaco). — *Chourchy*, 1674 (terr. de Thiézac).

Choutagnoune (La), mont. à vacherie, c^{ne} de Laveissière.

Ciasoiriol, dom. ruiné, c^{ne} de Leynhac. — *Mansus vocatus de Ciasoiriol*, 1301 (pièces de l'abbé Delmas).

Cibial (Le), ham., c^{ne} des Deux-Verges. — *Le Civial*, 1886 (états de recens.).

Cibial (Le), ham. et mont. à burons, c^{ne} de Paulhac. — *Labial*, 1352 (homm. à l'év. de Clermont). — *Al Sebial; al Cebial*, 1511 (terr. de Maurs). — *Lou Cebier*, 1612 (lièvre du Chambon). — *Lou Cabial*, 1645 (arch. dép. s. G). — *Lo Cibiel*, 1664 (état civ. de Murat). — *Scibiel*, 1762 (terrier de Montchamp).

Cibieux (Les), dom. ruiné, c^{ne} de Saint-Étienne-de-Carlat. — *Affar de Sibieux*, 1670 (nommée au p^{ré} de Monaco). — *Affar de Cebials*, 1692 (terr. de Saint-Géraud).

Cimetière (Le), écart et chapelle, c^{ne} d'Aurillac.

Cimetière (Le Vieux-), ham., c^{ne} de Murat.

Cimetière (Le), écart, c^{ne} de Saint-Flour.

Ciniq (Le), riv., affl. de la Truyère, coule aux finages des c^{nes} de Malbo et de Narnhac et traverse ensuite le c^{nt} de Mur-de-Barrez (Aveyron); cours dans le Cantal de 11,500 m. — Il porte aussi le nom de *Siniq*. — *Rivière de Seniq*, 1620 (min. Danty, n^{re} à Murat). — *Rivière de Sinic*, 1646 (min. Froquières, n^{re} à Raulhac). — *Ruisseau du Senic*, 1668 (nommée au p^{cé} de Monaco). — *Snicq*, 1879 (état stat. des cours d'eau du Cantal).

Cinq-Arbres, vill., c^{ne} de Cros-de-Montvert. — *Sinq Arbres*, 1449 (enq. sur les droits du seign. de Montal). — *Cin-Quarbres*, 1636 (état civ.). — *Cinaubry*, 1651; — *Cinqualbres*, 1652 (id. de Saint-Christophe). — *Cinq Albres*, 1663 (min. Sarrauste, n^{re} à Laroquebrou). — *Cinqarbre*, 1782 (arch. dép. s. C, l. 51). — *Cinqarbres* (Cassini). — *Cinq Arbres* (État-major).

Cipeau, mont., c^{ne} de Valjouze.

Cipière (La), ham., c^{ne} de la Besserette.

Cipière (La), écart, c^{ne} de Fontanges.

Cipière (La), mont. à vacherie, c^{ne} de Pailhérols. — *La Sipière* (états de sections).

Cipière (La), écart, c^{ne} de Sénezergues.

Cipières (Las), dom. ruiné, c^{ne} de Thiézac. — *Affar de las Cipieyres*, 1668 (nommée au p^{re} de Monaco).

Circoules, ruiss., affl. de la Cère, c^{ne} de Laroquebrou; cours de 2,600 m. — Il porte aussi le nom de *le Manhal*. — *Chirgoule*, 1879 (état stat. des cours d'eau du Cantal).

Ciricis, mⁱⁿ détruit, c^{ne} de Mauriac. — *Quoddam molendinum in prato de Ciricis*, 1474 (terr. de Mauriac).

Cissé, dom. ruiné, c^{ne} de Dienne. — *Affarium vocatum de Cisse*, 1279 (arch. dép. s. E).

Cisternes, ham., c^{ne} de Sainte-Eulalie. — *Inscernes; Cisternas*, 1464 (terr. de Saint-Christophe). — *Cisternes*, 1665 (insin. du baill. de Salers). — *Cisternez*, 1706 (état civ. de Saint-Martin-Valmeroux). — *Cisterne*, 1768 (arch. dép. s. C, l. 40). — *Eysternes* (Cassini).

Cistraières, vill., c^{ne} de Montchamp. — *Cistreres*, 1339 (spicil. Brivat.). — *Cistreiras; Sistreyras; Cistreyras; Sistrieras*, 1508; — *Cistrières*, 1666 (terr. de Montchamp). — *Cestrières*, 1685; — *Cestrière*, 1762 (état civ. de Saint-Flour). — *Sistrières* (Cassini).

Cistraièras, dom. ruiné, c^{ne} de Montsalvy. — *Mansus de Cistreyras*, 1418 (liber vitulus).

Civière (La), ruiss., affl. de la rivière de Marliou, c^{nes} de Trizac et d'Auzers; cours de 9,720 m. — Il porte aussi le nom de *Manclaux*. — *Ruisseau de Syveyres*, 1607; — *Ruisseau de Siveyres; Sivieyres*, 1609 (terr. de Trizac). — *Sivières*, 1652 (anc. min. Chalvignac, n^{re}). — *Sivière* (Cassini). — *Ruisseau de Civier* (État-major).

Clamagiran, f^{me}, c^{ne} de Glénat. — *Clau-Magiran*, 1444 (arch. mun. d'Aurillac, s. HH, c. 21). — *Le Claux-Magiran*, 1447 (enq. sur les droits des seign. de Montal). — *Claumegiran*, 1486 (pap. de la fam. de Montal). — *Chaumagiran*, 1486 (accord entre Amaury de Montal, etc.). — *Clamagirand*, 1645 (état civ. d'Espinadel). — *Clamagiran*, 1665 (id. de Glénat). — *Clameziran*, 1669 (nommée au p^{cé} de Monaco). — *Claumagiran*, 1709; — *Camagiran*, 1717 (état civ. d'Espinadel). — *Clamagirand* (Cassini).

Clamoux, vill., c^{ne} de Pleaux. — *Lou Lamous*, 1649; — *Lou Clamoux*, 1653 (état civ.). — *Clamone*, 1654 (id. de Saint-Christophe). — *Clamout*

(Cassini). — *Clamons*, 1857 (Dict. statistique du Cantal).

Clamouzet (Le), affl. du Ricutord, c^nes de Pleaux et de Saint-Julien-au-Bois (Corrèze); cours dans le Cantal de 550 m. — Il est aussi nommé *la Combe de l'Estang*.

Clapier (Le), écart, c^ne de Cassaniouze. — *Le Clapier*, 1740 (anc. cad.). — *Le Clapié*, 1760 (terr. de Saint-Projet).

Clapier (Le), m^in, c^ne de Lieutadès.

Clapier (Le), dom. ruiné, c^ne de Valuéjols. — *Las Perneyras, alias Clapiès*, 1664 (terr. de Bredon). — *Villaige de las Peyreyas, alias Clapier*, xviie s^e (*id.* de Brezons).

Claris (Le), dom. ruiné, c^ne de Sourniac. — *Affarium vocatum delz Clariz*, 1473; — *Affar des Claris*, 1680 (terr. de Mauriac). — *Jarric*, 1857 (Dict. stat. du Cantal).

Clarsinou, m^in, c^ne d'Ussel.

Clas (Las), dom. ruiné, c^ne de Saint-Étienne-Cantalès. — *La mettairie de las Clas*, 1653 (état civ.).

Clas-Salas, dom. ruiné, c^ne de Siran. — *Lou bouriaige de Clas-Salas*, 1449 (enq. sur les droits des seign. de Montal).

Clastres (Les), mont. à burons, c^ne de Saint-Projet. — *Montaigne de las Claustres; las Clastres*, 1717 (terr. de Beauclair). — V^rie *de Castres* (État-major).

Clau (Le), mont. à vacherie, c^ne de Condat-en-Feniers.

Clau (Le), dom. ruiné, c^ne de Maurs. — *Affarium vocatum del Claus*, 1445; — *Territorium del Claux*, 1473 (arch. dép. s. H). — *Le Clacu* (états de sections).

Clau (Le), écart, c^ne de Roumégoux.

Clau (Le Bos del), dom. ruiné, c^ne de Saint-Mamet-la-Salvetat. — *Affar appellé del Claus*, 1668 (nommée au p^ce de Monaco).

Clau (Le), m^in, c^ne de Valjouze.

Claud (Le), mont. à burons, c^ne de Naucelles.

Clause (Las), dom. ruiné, c^ne de Champs. — *Affarium da las Clausa*, 1341 (arch. dép. s. G).

Clause (Las), ruiss., affl. du ruisseau de Revel, c^ne de Lavastrie; cours de 2,400 m. — *Lo rieu de Lesclauza*, 1494 (terr. de Mallet).

Clausel (Le), grange isolée, c^ne du Fau. — *La grange del Clauzel*, 1717 (terr. de Beauclair).

Clausel (Le), dom. ruiné, c^ne de Saint-Mamet-la-Salvetat. — *Affar appellé del Clausel*, 1668 (nommée au p^ce de Monaco).

Clauselou (Le), dom. ruiné, c^ne de Montboudif. — *Ténement appelé lou Clauzeloux*, xviie s^e (terr. de Feniers).

Clausels (Les), montagne à burons, c^ne de Vic-sur-Cère.

Clauses (Las), dom. ruiné, c^ne de Colandres. — *Mansus de las Clauzas*, 1512 (terr. d'Apchon). — *Affar de las Clauses*, 1719 (table de ce terr.).

Clauses (Las), dom. ruiné, c^ne de Sainte-Anastasie. — *Villaige de las Clauzes*, 1664 (terrier de Bredon).

Clauses (Las), dom. ruiné, c^ne de Saint-Étienne-de-Carlat. — *Affar de la Clause*, 1692 (terr. de Saint-Géraud).

Clausets (Les), écart, c^ne de Roussy. — *Le Clauset*, 1487 (reconn. à J. de Montamat). — *Le Clot*, 1535 (terr. de Caylus). — *Lou Cloud*, 1610 (aveu par J. de Pestels). — *Moulin del Clout ou de Caylus*, 1668 (nommée au p^ce de Monaco). — *Affar appellé de Queylus et à présent des Clauzels*, 1670 (pièces du cab. Lacassagne). — *Clausel* (État-major). — *Clauzet*, 1857 (Dict. stat. du Cantal).

Clausier (Le), vill., c^ne de Sainte-Anastasie. — *Le Claugiel*, 1666 (insin. de la cour royale de Murat). — *Le Claugié*, 1702 (lièvo de Mardogne). — *Le Claugieu*, 1756 (terr. de la coll. de N.-D. de Murat). — *Le Claugier*, 1771 (lièvo de Mardogne). — *Clozier* (Cassini).

Clausier (Le), ruiss., affl. de la rivière d'Allanche, c^nes de Sainte-Anastasie et de Neussargues; cours de 4,500 m.

Claut (Le), mont. à vacherie, c^ne de Marcenat.

Claux (Le), c^ne de Murat. — *Le Claux*, 1504 (homm. à l'évêque de Clermont). — *Lou Clau*, 1670 (insin. du bailliage d'Andelat). — *Le Clos*, 1784 (Chabrol, t. IV). — *Le Claus* (Cassini).

Le Claux, avant 1789, était de la Haute-Auvergne, du dioc. de Clermont, de l'élect. et de la subdél. de Saint-Flour. Régi par le droit cout., il dépend.: partie de la justice seign. de Cheylade et ressort. au bailliage de Saint-Flour, en appel de sa prév. part.; partie de la justice seign. de Falcimagne, et ressort. à la sénéch. d'Auvergne, en appel de la prév. de Saint-Flour. — Son église, dédiée à saint Philippe, était une annexe de la paroisse de Cheylade; elle a été érigée en succursale par ordonnance royale du 5 janvier 1820. — Une autre ordonnance royale du 15 février 1835, démembrant le Claux de la commune de Cheylade, en fit une commune distincte.

Claux (Le), dom. ruiné, c^ne d'Apchon. — *Affar del Claux*, 1719 (table du terr. d'Apchon de 1512).

Claux (Le), écart, c^ne de Boissel. — *Lou Claux*, 1747 (état civ. de Saint-Étienne-de-Maurs).

CLAUX (LE), mont. à vacherie, c^{ne} de Brezons. — *Las Clausies*, 1677 (insin. du baill. de Saint-Flour).

CLAUX (LE), dom. ruiné, c^{ne} de Champagnac. — *Affar de Lesclaut*, 1433; — *Lecleaux*, 1561 (arch. généal. de Sartiges).

CLAUX (LE), écart, c^{ne} de Champs.

CLAUX (LE), mont. à vacherie, c^{ne} de Chanterelle.

CLAUX (LE), ruiss., affl. de la Rhue, c^{ne} du Claux; cours de 2,100 m.

CLAUX (LE), dom. ruiné, c^{ne} du Falgoux. — *Lo Fach als Claus*, 1332 (lièvé du prieuré de Saint-Vincent).

CLAUX (LE), dom. ruiné, c^{ne} de Junhac. — *Bois del Claux*, 1759 (anc. cad. de Montsalvy). — *Bois de Lesclaux*, 1760 (terr. de Saint-Projet).

CLAUX (LES), mont. à vacherie, c^{ne} de Landeyrat.

CLAUX (LE), dom. ruiné, c^{ne} de Marcolès. — *Quoddam affarium dictum del Claus*, 1454 (pièces de l'abbé Delmas).

CLAUX (LE), mont. à vacherie, c^{ne} de Montboudif. — *Bois appellé lou Clauf*, 1650 (terr. de Feniers). — *Montainhie de l'Escluze*; *de l'Esclauze*, 1778 (inv. des arch. de la mais. d'Humières). — *Les Clauses* (Cassini).

CLAUX (LE), écart, c^{ne} de Montmural.

CLAUX (LE), ham. et mont. à vacherie, c^{ne} de Naucelles. — *Castrum del Claux*, 1442 (arch. mun.). — *Lou Claus*, 1613; — *Lou Claux*, 1637 (état civ.).

Le château du Claux était le siège d'une justice seign. dépend. du chapitre de Saint-Geraud et ressort. au bailliage d'Aurillac, en appel de sa prév. part.

CLAUX (LE), ham., c^{ne} de Roumégoux.

CLAUX (LE), mont. à vacherie, c^{ne} de Saint-Étienne-de-Riom.

CLAUX (LE), écart, c^{ne} de Saint-Urcize. — *Le Claux* (Cassini). — *Le Clau* (État-major).

CLAUX (LE), vill., c^{ne} de Saint-Victor. — *Lo Claus*, 1327 (pap. de la fam. de Montal). — *Las Cluas*, 1510 (vente au seign. de Montal). — *Le Claux*, 1586 (min. Lascombes, n^{re}).

CLAUX (LE), mont. à vacherie, c^{ne} de Veyrières.

CLAUX (LE), dom. ruiné, c^{ne} d'Ydes. — *Le domaine du Claux*, 1744 (arch. dép. s. C, l. 45).

CLAUX-DU-PLANO (LE), mont. à burons, c^{ne} de Colandres. — *Le Clop*, 1719 (table du terr. d'Apchon).

CLAUX-DU-PLANO-SOUTRO (LE), dom. ruiné et mont. à burons, c^{ne} de Colandres. — *Mansus del Clot-infra*, 1416 (arch. mun. de Mauriac).

CLAUZADES (LAS), vill., c^{ne} de Raulhac. — *Las Clau-zades*, 1645 (min. Froquières, n^{re}). — *Las Clausade*, 1696; — *Las Clausades*, 1698 (état civ.).

CLAUZEL (LE), écart, c^{ne} de Cheylade. — *Lou Clausel*, 1618 (terr. de Dienne). — *Le Clauzel*, 1671 (insin. du bailliage de Saint-Flour).

CLAUZEL (LE), f^{me}, c^{ne} de Clavières.

CLAUZEL (LE), mⁱⁿ détruit, c^{ne} de Ladinhac. — *Molendinum del Clauzel*, 1500 (terr. de Maurs).

CLAUZEL (LE), dom. ruiné, c^{ne} de Lorcières. — *Tènement des Clausels*, 1730 (terr. de Montchamp).

CLAUZEL (LE), écart, c^{ne} de Menet. — *Lous Clauzels*; *lous Clauzelz*, 1604; — *Le Clauzel*, 1613; — *Lous Esclauzelz*, 1614 (état civ.). — *L'Esclausel* (État-major).

CLAUZEL (LE), dom. ruiné, c^{ne} de Saint-Projet. — *La grange du Clauzel*, 1717 (terr. de Beauclair).

CLAUZELLES (LES), ruiss., affl. de la Santoire, c^{nes} de Saint-Bonnet-de-Marcenat et de Marcenat; cours de 5,000 m.

CLAUZELS, mont. à vacherie, c^{ne} de Chavagnac. — *La roche dels Clausels*, 1535 (terr. de la v^{té} de Mural). — *Les Clauzels*, 1683 (terr. des Bros).

CLAUZET (LE), dom. ruiné et mont. à vacherie, c^{ne} de Paulhac. — *Boigia apellata delz Clauzelz*, 1511 (terr. de Maurs). — *Montaigne des Clauzels*, XVIIe s^e (arch. dép. s. E).

CLAUZET (LE), ham., c^{ne} de Roussy.

CLAVESQUE (LA), dom. ruiné, c^{ne} de Saint-Simon. — *Affar appelé de la Clavenque*, 1692 (terr. de Saint-Geraud).

CLAVERETTE, écart, c^{ne} de Sainte-Marie. — *Clavierette* (État-major). — *Claveyrette*, 1856 (Dict. stat. du Cantal).

CLAVEYRES, vill., c^{ne} de Méallet.

CLAVEYROLLES, mont. à vacherie, c^{ne} de Saint-Martin-sous-Vigouroux.

CLAVEYROU (LE), écart, c^{ne} de Saignes.

CLAVIÈRES, c^{on} de Ruines. — *Villa Claverias, in aice Caterinsi*, vers 939 (cart. de Brioude). — *Claveiras*, 1185; — *De Claveris*, 1218 (spicil. Brival.). — *Claveyr*; *Chavers seu Clavers*, XIVe s^e (reg. de Guill. Trascol). — *Claveyras*, XIVe s^e (Pouillé de Saint-Flour). — *Clavières-la-Montagne*, 1624 (terr. de Ligonnès). — *Chaviers*, 1686 (id. de la Garde-Roussillon). — *Clavières*, 1745 (arch. dép. s. C, l. 45).

Clavières, avant 1789, était de la Haute-Auvergne, du dioc., de l'élect. et de la subdél. de Saint-Flour. Il était le siège d'une justice seign. régie par le droit cout., et ressort. à la sénéch. d'Auvergne, en appel du bailliage de Ruines. — Son église, dédiée à sainte Madeleine, était un prieuré de filles, à la présentation de l'abbesse de Blesle. Elle a été érigée en succursale par décret du 28 août 1808.

Clavières, f^{me} et chât. détruit, c^{ne} d'Ayrens.

Clavières, dom. ruiné, c^{ne} de Joursac. — *Villaige de Claveyras*, fin du xviie s^e (terr. de Bressolles).

Clavières, vill., c^{ne} de Landeyrat. — *Clavières*, 1623 (insin. de la cour royale de Murat. — *Clavière* (Cassini).

Clavières, dom. ruiné, c^{ne} de Laroquebrou. — *Mansus de Clavieyras*, 1324 (arch. dép. s. G).

Clavières, vill., c^{ne} de Méallet. — *Clavières*, 1645 (état civ. de Mauriac). — *Claveyres*, 1687 (anc. min. Chalvignac, n^{re}). — *Claviès*, 1688 (pièces du cab. de Bounefous).

Clavières, mⁱⁿ, c^{ne} de Montvert.

Clavières, ham. avec manoir, c^{ne} de Polminhac. — *Claveiras*, 1230 (arch. dép. s. E). — *Claveyras*, 1487 (reconn. à J. de Montamat). — *Clavières*, 1671 (nommée au p^{re} de Monaco). — *Clavier* (État-major).

Clavières, dom. ruiné, c^{ne} de Saint-Cirgues-de-Malbert. — *Mansus de la Clavetia*, 1464 (terr. de Saint-Christophe).

Clavières, dom. ruiné, c^{ne} de Saint-Étienne-de-Carlat. — *Le villaige de Clavières*, 1692 (terr. de Saint-Géraud).

Clavières, vill., c^{ne} de Saint-Étienne-de-Riom. — *Claveyres*, 1553 (arch. dép. s. H). — *La Claveyrie*, 1561 (terr. de Murat-la-Rabe). — *Clavière*, 1753 (arch. dép. s. C, l. 46).

Clavières, vill., c^{ne} de Sainte-Marie. — *Claveyres*, 1656 (état civ. de Pierrefort). — *Clavière* (État-major).

Clavières (En-), écart, c^{ne} de Saint-Vincent. — *Inclabeires* (états de sections).

Clavières, dom. ruiné, c^{ne} de Sarrus. — 1784 (Chabrol, t. IV).

Clavières, vill., c^{ne} de Velzic. — *Claveriæ*, 1347; — *Claveyras*, 1357 (arch. mun. d'Aurillac, s. HH, c. 21). — *Clavieyræ*, 1394 (pièces de l'abbé Delmas). — *Claviyras*, 1456 (reconn. à l'abbesse de Saint-Jean-du-Buis). — *Clavyeires*, 1606; — *Clavières*, 1627 (terr. de Notre-Dame d'Aurillac). — *Claviyres* (état civ. de Thiézac). — *Clavières-en-Jourdanne*, 1632 (id. d'Arpajon).

Clavières, avant 1789, était régi par le droit écrit, et siège d'une justice seign. ressort. au bailliage d'Aurillac, en appel de sa prév. part.

Clavières, vill., c^{ne} de Virargues. — *Claveyras*, 1293 (arch. dép. s. H). — *Clavayras*, xve s^e (terr. de Bredon). — *Claveiras*, 1518 (id. des Cluzels).

Claveyrre, 1518 (lièvre de la v^{té} de Murat). — *Claveyres*, 1535 (terr. de la v^{té} de Murat). — *Claveyras*; *Clavyras*; *Clavières*, 1581 (id. de Celles). — *Claveires*, 1624 (insin. de la cour royale de Murat).

Clavières-d'Outre, vill. et chât. en ruines, c^{ne} de Lonbaresse. — *Clavières*, 1679 (insin. de la cour royale de Murat).

Clavières-les-Baraques, écart, c^{ne} de Saint-Simon.

Claviers, chât. féodal détruit, c^{ne} de Moussages. — *Castrum Claveris* [pour *Claveris*], 1109 (Gall. christ., t. II, col. 267). — *Clavière* (Cassini). — *Claveyres* (État-major).

Le château de Claviers était, avant 1789, le siège d'une justice seign. régie par les droits cout. et écrit, et ressort.: partie au bailliage d'Aurillac, en appel de la prév. de Mauriac; partie à la sénéch. de Clermont, en appel du bailliage de Salers.

Claviers-de-Lauricuesse, chât. détruit, c^{ne} de Trizac.

Clayroune (La), écart, c^{ne} de Montmural.

Clédart, vill., c^{ne} de Fontanges. — *Cledan* (État-major).

Clède (Le Bois de la), dom. ruiné, c^{ne} de Glénat. — *Mansus da la Cleda*, 1322 (homm. au seign. de Montal). — *Affar de la Clède*, 1669 (nommée au p^{re} de Monaco).

Clède (La), f^{me} et mont. à burons, c^{ne} de Marcenat. — *La Clède*, 1744 (arch. dép. s. C). — *Claide* (Cassini).

Clédou (Le), dom. ruiné, c^{ne} de Jaleyrac. — *Ténement de la Clède*, 1680 (terr. de Mauriac).

Clémence (La), f^{me}, c^{ne} de Montsalvy.

Clengial (Le), écart et chât. détruit, c^{ne} de Paulhac. — *Le chastel del Cleigian*, 1518 (terr. de Dienne). — *Lous Claiziels*, 1610 (lièvre du Chambon). — *Lo Clergian*, 1618 (terr. de Dienne).

Le Clergial, avant 1789, était le siège d'une justice seign. régie par le droit cout., et ressort. à la sénéch. d'Auvergne, en appel de la prév. de Saint-Flour.

Clergue (Le Puech del), dom. ruiné, c^{ne} de Tourniac. — *Affarium del Puetz-del-Clergue*, 1502 (terr. de Cussac).

Clergues (Le Puech de), mont. à vacherie, c^{ne} de Chastel-sur-Murat. — *Le Peuch delz Clergnes*, 1518 (terr. des Cluzels). — *Le Puech del chastel del Clergiau*, 1618 (id. de Dienne).

Cley (Le), mⁱⁿ, c^{ne} de Saint-Mary-le-Plain.

Cliau, dom. ruiné et mont. à vacherie, c^{ne} de Montboudif. — *Le ténement de lou Claus-del-Lavadou*, xviie s^e (terr. de Feniers).

Clidelle (La), ham., mⁱⁿ et chât., c^{ne} de Menet. —

La Clede, 1426 (arch. généal. de Sartiges). — La Clidelle, 1562; — La Clindelle, 1638 (terr. de Murat-la-Rabe). — La Clydelle, 1640 (état civ.). — La Clidelle, 1783 (aveu au roi par G. de la Croix). — La Cladelle, 1784 (Chabrol, t. IV).

La Clidelle, avant 1789, était le siège d'une justice seign. régie par le droit écrit, et ressort. au bailliage d'Aurillac, en appel de la prév. de Mauriac.

CLIDELLES (LAS), vill. détruit, c^{ne} de Trizac.

CLIDOU (LE), m^{in}, c^{ne} de Paulhac.

CLIMÈNE, m^{in}, c^{ne} de Tournemire.

CLOS (LE BOIS DU), dom. ruiné, c^{ne} de Riom-ès-Montagnes. — *Affarium vocatum lo Claux, situm in riperia de Mealet, in quo sunt grangia, stabula, domus*, 1512 (terr. d'Apchon).

CLOS (LE RISA DES), torrent, affl. de l'Alagnon, c^{ne} de Ferrières-Saint-Mary.

CLOU (LE), écart, c^{ne} de Roumégoux. — *Le Clouq* (états de sections). — *Le Claux*, 1857 (Dict. stat. du Cantal).

CLOUD (LE), dom. ruiné, c^{ne} de Lieutadès. — *Lou Cloud*, 1663 (état civ. de Pierrefort).

CLOUMOUSE, écart, c^{ne} de Riom-ès-Montagnes. — *Cloumonze*, 1886 (états de recens.).

CLOUQUES (LES), dom. ruiné, c^{ne} de Sénezergues. — *Affar de las Clousques*, 1668 (nommée au p^{re} de Monaco).

CLOUSET (LOU), écart, c^{ne} de Saint-Cirgues-de-Jordanne.

CLOUSSOU, ham., c^{ne} de Champs.

CLOUT (LE), dom. ruiné, c^{ne} de Cassaniouze. — *Affar appelté de Clouts*, 1760 (terrier de Saint-Projet).

CLOUT (LE), m^{in}, c^{ne} de Fournoulès. — *M^{in} du Clou*, (État-major).

CLOUT (LE), ham. et mont. à vacherie, c^{ne} de Thiézac. — *Lou Clout*, 1610; — *Lou Clous*, 1611 (état civ.). — *Les Clocqs*, 1640 (id. de Vic-sur-Cère). — *Les Clous; montaigne des Claux*, 1668 (nommée au p^{re} de Monaco). — *Le Clou* (État-major).

CLOUX (LES), mont. à burons, c^{ne} de Brezons. — *V^{ic} d'Encloux* (État-major).

CLOUX (LES), ham. et m^{in}, c^{ne} d'Espinasse. — *Le Clout* (Cassini).

CLOUX (LES), mont. à vacherie, c^{ne} de Valuéjols. — *Montaigne des Clouch*, 1645; — *Montaigne des Cloux*, 1649; — *Montaigne des Clout*, 1652 (min. Danty, n^{re}). — *Terroir des Couclz*, 1661 (terr. de Loubeysargues). — *Montaigne des Cloutz*, 1665 (min. Danty, n^{re}). — *Les Couez; les Couctz*, 1683 (terr. des Bros).

CLOUZIEN, écart, c^{ne} de Ladinhac.

CLUSE (LA), écart, c^{ne} de Brezons.

CLUSE (LA), dom. ruiné, c^{ne} de Mandailles. — *Affar de la Cluza; Clusa*, 1692 (terr. de Saint-Geraud).

CLUZE (LA), vill., c^{ne} de Saint-Constant. — *La Cluse*, xviie s^e (reconn. au prieur de Saint-Constant). — *La Cluze*, 1697; — *Lacluse*, 1700 (état civ.).

CLUZELS (LES), chât. détruit, c^{ne} de Neussargues. — *Cluzellum*, 1397 (arch. dép. s. E). — *Les Clusas*, 1468 (homm. à l'évêque de Clermont). — *Les Cluzels*, 1518 (terr. des Cluzels).

CLUZIERS (LES), écart, c^{ne} de Ladinhac.

COCHARIC, dom. ruiné, c^{ne} de Saint-Georges. — *Affarium de Cocharic*, 1470 (arch. dép. s. G). — *Les Cosches*, 1513 (id. s. E).

COCHONIES (LES), dom. ruiné, c^{ne} de Saint-Étienne-de-Riom. — *Village de las Cochonies; las Cochoines*, 1504 (terr. de la duchesse d'Auvergne).

COCINHOLS, dom. ruiné, c^{ne} de Freix-Anglards. — *Mansus dictus de Cocinhols*, 1357 (arch. mun. d'Aurillac, s. HH, c. 21).

COCINHOLS, dom. ruiné, c^{ne} de Saint-Saury. — *Mansus dictus de Cocinhols*, 1357 (arch. mun. d'Aurillac, s. HH, c. 21).

COCURAL, m^{in}, c^{ne} de Paulhac.

CODEBESSOU, vill., c^{ne} du Claux. — *Cadebos*, 1678 (insin. du bailliage de Saint-Flour). — *Codebessous* (Cassini). — *Codebesson* (État-major).

CODEBOS-SOUBRO, écart, et CODEBOS-SOUTRO, vill., c^{ne} de Cheylade. — *Lou Bos*, 1513 (terr. de Cheylade). — *Codebos* (Cassini).

CODERNAT, ham., c^{ne} du Claux. — *Coderenard* (Cassini). — *Codornac* (État-major).

COËNNE (LA), ruiss., affl. du Meyrou, c^{ne} de Teissières-de-Cornet; cours de 7,500 m. — On le nomme aussi *le Bruel*.

COFFINHAL, écart, c^{ne} de Cassaniouze.

COFFINHAL, f^{me}, m^{in} et chât. détruit, c^{ne} de Montsalvy. — *Coffinhal*, 1416 (contrat de mariage de Guill. de Montsalvy). — *Coffinal prope Montem Salvium*, 1429; — *Coffanhal*, 1528; — *Coffinhial*, 1533; — *Cophinihal*, 1536; — *Couffinhal*, 1539; — *Couffiunhal*, 1541 (terr. de Coffinhal). — *Couffinhial*, 1548 (min. Guy de Vayssicyra, n^{re}). — *Cofinhal*, 1558 (terr. de Coffinhal), — *Couffinial*, 1627 (état civ.). — *Moulin de Coufinial*, 1759 (anc. cad.). — *Coffinhat* (Cassini). — *Cotinals* (État-major).

Coffinhal, avant 1789, était régi par le droit écrit, et siège d'une justice seign. ressort. à la sénéch. d'Auvergne, en appel de la prév. de Calvinet.

Coffinhal (Le), affl. de l'Auze, c^nes de Montsalvy et de Labesserette; cours de 3,400 m. — On le nomme aussi *Gaston*.

Coffres (Les), ruiss., affl. du Céroux, c^ne de la Chapelle-Laurent; cours de 1,250 m.

Cofolin, écart, c^ne de Thiézac. — *Coffin*, 1600 (état civ. de Vic-sur-Cère).

Coguenie (La), dom. ruiné, c^ne de Cassaniouze. — *Village de la Coguenie; de la Coguentrie*, 1760 (anc. cad.).

Coguclam, dom. ruiné, c^ne d'Yolet. — *Affar de Cogulcam*, 1692 (terr. de Saint-Geraud).

Couarde (La), vill., c^ne de Laurie. — *La Couharde*, 1784 (Chabrol, t. IV).

Couarde-Basse (La), vill. réuni à la pop. agglomérée, c^ne de Laurie. — *La Couharde-Basse*, 1784 (Chabrol, t. IV).

Couarde-Haute (La), vill., c^ne de Molèdes. — *La Coharde-Haute* (Cassini).

Cohs (Las), dom. ruiné, c^ne de Saint-Victor. — *Village de las Cohs*, 1693 (inv. des titres de l'hôp. d'Aurillac).

Coilou (Le), m^in détruit, c^ne de Saint-Projet. — *Le moulin del Coylou, sive del Moulé*, 1717 (terr. de Beauclair).

Coin (Le), m^in détruit, c^ne de la Chapelle-d'Alagnon. — *Molin à draptz, appellé du Coing*, 1535 (terr. de la v^té de Murat). — *Molin à chanvre appellé du Coin*, 1683 (id. des Bros).

Coin (Le), ham., c^ne du Falgoux. — *Le Coin*, 1730 (état civ.). — *Le Coien* (Cassini). — *Le Coi*, 1855 (Dict. stat. du Cantal).

Coin (Le), dom. ruiné, c^ne de Saint-Georges. — *Affar del Coing*, 1494 (terr. de Mallet).

Coin (Le Bois du), dom. ruiné, c^ne de Laveissière. — *Le Coin*, 1500 (terr. de Combrelles). — *Le doumayne del Cohen*, 1618; — *Coinq*, 1619 (min. Danty, n^re). — *Villaige et affar del Coing*, 1668 (nommée au p^ce de Monaco).

Coinde, vill., c^ne de Trémouille-Marchal. — *Coin* (Cassini). — *Coindes*, 1857 (Dict. stat. du Cantal).

Coinde-Bas et Coinde-Haut, vill., c^nes de Trémouille-Marchal. — *Coinde-Bas; Coinde-Haut*, 1732 (terr. du fief de la Sépouse). — *Bas-Coin; Haut-Coin* (Cassini).

Coindes, vill., c^ne de Saint-Amandin. — *Haut-Coin* (Cassini). — *Coinde-Haut* (État-major).

Coindes-Bas et Coindes-Mitoyen, ham., c^ne de Saint-Amandin. — *Bas-Coin* (Cassini). — *Coinde-Bas* et *Coin-de-Mitoyen* (État-major).

Coindes-Soubro et Coindes-Soutro, ham., c^ne de Saint-Amandin. — *Coin-de-Soubro* et *Coin-de-Soutro* (État-major).

Coindon (Le), f^me, c^ne de Marchastel. — *Le bois de Couendor* (états de sections).

Coins (Les), mont. à vacherie, c^ne de Marcenat.

Coins (Les), ruiss., affl. de la Santoire, c^ne de Marcenat; cours de 1,030 m.

Coin-Soubro (Le), m^in détruit, c^ne de Bredon. — *Molin de Porra-Dentis*, 1508; — *Molin del Coing-Soubro, à foulon*, 1661; — *Le moulin-soubré*, 1687 (terr. de Loubeysargues).

Coin-Soutro (Le), m^in détruit, c^ne de Bredon. — *Molin del Coing-Soutro, à chanvre*, 1661; — *Le molin-soutré*, 1687 (terr. de Loubeysargues).

Col (Las), ruiss., affl. du ruisseau de Chamalière, c^ne du Claux; cours de 2,500 m.

Col (Le), f^me, c^ne de Lavigerie.

Col, vill., c^ne de Moussages.

Col (Le Puy de), mont. à vacherie, c^ne de Moussages.

Col, vill., c^ne de Saint-Christophe.

Col (Las), ruiss., affl. du ruisseau de la Merlie, c^ne de Saint-Projet; cours de 3,000 m.

Colandres, c^on de Riom-ès-Montagnes. — *Colandre*, 1333 (homm. à l'évêque de Clermont). — *Calandre*, 1443 (arch. mun. de Saint-Flour). — *Colandres*, 1513 (terr. d'Apchon). — *Collandrez*, 1608 (min. Danty, n^re). — *Collandres*, 1663 (état civ. de Salers). — *Coulandres*, 1673 (id. de Menet). — *Collandre*, 1687 (id. de Murat).

Colandres, avant 1789, était de la Haute-Auvergne, du dioc. de Clermont, de l'élect. et de la subdél. de Mauriac. Régi par le droit cout., il dépend. de la justice seign. d'Apchon, et ressort. au bailliage d'Aurillac, en appel de la prév. de Mauriac. — Son église, dédiée à saint Martin, était une cure à la nomination de l'archiprêtre de Mauriac. — Un décret du 28 août 1808 l'a érigée en succursale.

Colandres-Soutro, vill., c^ne de Colandres. — *Colandres-Soutra*, 1513 (terr. d'Apchon). — *Coulandre-Souterre*, 1739 (état civ.). — *Collandres-Soutro*, 1777 (lièue d'Apchon). — *Colandres-Petit* (Cassini).

Colange (La), vill., c^ne de Champagnac. — *Colonges*, 1410 (arch. généal. de Sartiges). — *La Coulanges*, 1689 (état civ. de Chastel-Marlhac). — *La Collandre*, 1788 (arch. dép. s. G, l. 45). — *Lacolange* (Cassini).

Colange (La), dom. ruiné, c^ne de Cheylade. — *Affar de la Colange*, 1520 (min. Teyssandier, notaire à Cheylade).

COLANGE (La), m^{in} détruit, c^{ne} de Trizac. — *Le molin de la Colange*, 1607 (terr. de Trizac).

COLCOSSAC, vill., c^{ne} de Paulhenc. — *Courgairssac*, 1570 (arch. mun. de Saint-Flour). — *Cougoussac*, 1671 (insin. du bailliage de Saint-Flour). — *Courcoussac* (Cassini). — *Colcoussou*, 1857 (Dict. stat. du Cantal).

COL-DE-CABRE (LE), ruiss., prend sa source aux montagnes de Vassivière et de Peyre-Arche, c^{ne} de Lavigerie et forme la rivière de Santoire à son confluent avec le ruisseau de Pradines, après un cours de 4,200 m. — *Rivière de Trescoilh; rivière del Coilh*, 1551; — *Rivière de Trescoelh; Trescoih; Trescoil*, 1600; — *Rivière de Trescol*, 1618 (terr. de Dienne).

COL-DE-CABRE (LE), mont. à vacherie, c^{ne} de Valuéjols. — *Lou col de Chabro* (états de sections).

COLDRE, dom. ruiné, c^{ne} de Mourjou. — *Villaige de Coldre*, 1523 (ass. de Calvinet).

COLIN, vill., c^{ne} d'Ayrens. — *Colen*, 1435 (don. à l'hôp. d'Aurillac). — *Coley*, 1550 (terr. de l'hôp. d'Albinhac). — *Colien*, 1676; — *Coulein*, 1683 (état civ.). — *Coulen*, 1690 (id. de la Capelle-Viescamp). — *Colin*, 1712; — *Collin*, 1716 (id. de Saint-Paul-des-Landes).

COLIN, m^{in} détruit, c^{ne} de Trizac. — *Lou molly de Collin*, 1632 (anc. min. Chalvignac, notaire à Trizac).

COLINETTE, vill. c^{ne} de Naucelles. — *Colenheta*, 1342 (arch. mun. d'Aurillac, s. GG, p. 19). — *Colenhetum*, 1517 (pièces de l'abbé Delmas). — *Coligneta; Cologneta; Coloigneta*, 1522 (min. Vigery, n^{re}). — *Coleniète; Colenite*, 1528 (terr. des cons. d'Aurillac). — *Collinheta*, 1531 (min. Vigery, n^{re}). — *Colenhette*, 1564; — *La Colynette*, 1588 (reconn. aux curé et prêtres de Naucelles). — *Collinette; Couloignette*, 1613 (état civ.). — *Coulinètes*, 1679 (arch. dép. s. C, l. 17). — *Courchettes*, 1699 (état civ. de Saint-Clément). — *Colonhete*, 1733 (arch. mun. d'Aurillac, s. II, r. 15). — *Colinet* (Cassini).

COLLANGES, vill. et m^{in}, c^{ne} de Dienne. — *Colonjas*, 1279; — *Colonghas*, 1334 (arch. dép. s. E). — *Colongas*, 1348 (liève de Dienne). — *Colongias; Colontghas; la Colongia*, 1441; — *Colangias*, 1495 (arch. dép. s. E). — *Coullonges; Coulanges*, 1551 (terr. de Dienne). — *Sollanges; Collangas*, 1608 (min. Danty, n^{re}). — *La Collangia*, 1667 (liève de Dienne). — *Colanges*, 1668 (nommée au p^{ce} de Monaco). — *Collanges* (État-major).

COLLANGES (LES), écart, c^{ne} de Riom-ès-Montagnes. — *Las Colanges*, 1512 (terr. d'Apchon). — *Les Colanges*, 1719 (table de ce terrier). — *Aucollange* (Cassini).

COLNAT, dom. ruiné, c^{ne} de Mourjou. — *Villaige de Colnat*, 1523 (ass. de Calvinet). — *Cornac*, 1619 (état civ. de Saint-Santin-de-Maurs).

COLOGNE, ham. avec manoir, c^{ne} de Naucelles. — *Castrum de Colenha*, 1342 (arch. mun. d'Aurillac, s. GG, p. 19). — *Coloigna; Coloigna; Coloigne*, 1522 (min. Vigery, n^{re}). — *Coulonhe*, 1679 (arch. dép. s. C, l. 17). — *Cologne*, 1733 (arch. mun. d'Aurillac, s. II, r. 15). — *Colognes*, 1737 (arch. dép. s. G, l. 17). — *Collognes* (Cassini).

COLOMBES (LES), écart et m^{in}, c^{ne} de Saint-Jacques-des-Blats.

COLOMBIER (LE), m^{in} détruit, c^{ne} de Bredon. — *Molin del Combis*, 1508; — *Molin del Colombis*, 1644 (terr. de Loubeysargues).

COLOMBIER (LE), vill., c^{ne} de Calvinet.

COLOMBIER (LE), dom. ruiné, c^{ne} de la Capelle-Viescamp. — *Lou Colombrié de la Frescaldie*, 1668 (min. Sarrauste, n^{re} à Laroquebrou). — *Lou Coulombié*, 1689 (état civ.).

COLOMBIER (LE), écart, c^{ne} de Chalinargues.

COLOMBIER (LE PONT DU), ham., c^{ne} de Faverolles. — *Lou pont del Coluber; Colonber*, 1400 (arch. mun. de Saint-Flour). — *Le pont de Columbier*, 1494 (terr. de Mallet). — *Le pont de Collombier*, 1636 (id. des Ternes).

COLOMBIER (LE), vill., c^{ne} de Marchal. — *Lou Colonbier*, 1654 (état civ. de Champs).

COLOMBIER (LE), ham., c^{ne} de Maurs.

COLOMBIER (LE), vill., c^{ne} de Mourjou. — *Le Colombier*, 1784 (Chabrol, t. IV).

COLOMBIER (LE), dom. ruiné, c^{ne} de Paulhenc. — *La Colombie* (Cassini).

COLOMBIER (LE), vill., c^{ne} de Pierrefort. — *Le Colombiers*, 1610; — *Couloumbiès*, 1618; — *Couloumbière*, 1620; — *Le Colombiès*, 1653 (état civ.).

COLOMBIER (LE), f^{me}, c^{ne} de Saint-Flour. — *Lou Colouber; lou Columbier*, 1400 (arch. mun. de Saint-Flour). — *Le Colombier*, 1740 (état civ.).

COLOMBIER (LE), mont. à burons, c^{ne} de Saint-Projet. — *Montaigne et bois de Colombieyre*, 1717 (terr. de Beauclair).

COLOMBIER (LE), seign., c^{ne} de Talizat.

COLOMBIER (LE), écart, c^{ne} du Trioulou.

COLOMBIÈRES, fort détruit, c^{ne} de Saint-Simon.

COLOMBIERS (LES), écart, c^{ne} de Trémouille-Marchal. — *La seigneurie du Colombiès*, 1608 (min. Danty, n^{re}).

COLOMBINES, chât., c^{ne} de Molèdes. — *Colomines*, 1628

(paraphr. sur les cout. d'Auvergne). — *Colombines*, 1784 (Chabrol, t. IV). — *Colombine* (Cassini). — *Tour de Colombine* (État-major).

Colombines, avant 1789, était le siège d'une justice seign. régie par le droit cout., et ressort. à la sénéch. d'Auvergne, en appel de la prév. de Brioude.

Colom (Le), dom. ruiné, c^{ne} de la Capelle-Viescamp. — *Villaige de Colom*, 1669 (nommée au p^{cé} de Monaco).

Cols, ruiss., aff. de la rivière d'Auze, coule aux finages des c^{nes} de la Capelle-del-Fraisse, Sansac-Veynazès et de Junhac; cours de 8,600 m. Il porte le nom de *Restaure* à sa source, puis celui de *Cayrillier*, après avoir atteint le moulin de ce nom. — *Ruisseau du Vialle de Roque-Fontet*; *ruisseau del Pon*, 1760 (terr. de Saint-Projet).

Cols (Las), ham., c^{ne} de Cayrols. — *Las Cobz*, 1636 (état civ. de Saint-Mamet). — *Las Colz*, 1645 (*id.* de Cayrols). — *Lascolz*; *Lascol* (nommée au p^{cé} de Monaco). — *Las Cols*, 1748 (anc. cad. de Parlan).

Cols, dom. ruiné, c^{ne} de Freix-Anglards. — *Affar de Colz*, 1579 (terr. de Notre-Dame d'Aurillac).

Cols, ham. avec manoir, c^{ne} de Junhac. — *Cols*, 1324 (arch. dép. s. E). — *Colz*, 1628 (état civ. de Montsalvy).

Cols (Las), mont. à vacherie, c^{ne} de Laveissière. — *Boix del Coilh*, 1551 (terr. de Dienne).

Cols, ham., c^{ne} de Marcolès. — *Mansus de Cols*, 1529 (pièces de l'abbé Delmas). — *Cols* (Cassini).

Cols, vill., c^{ne} de Moussages. — *Lou Col*, 1674 (état civ. de Trizac). — *Cols*, 1716; — *Col-de-Besse*, 1719 (*id.* de Moussages).

Cols, vill., c^{ne} de Saint-Christophe. — *Col*, 1464 (terr. de Saint-Christophe). — *Mas dels Cals*, 1471 (reconn. au seign. de Montal). — *Cols*, 1768 (arch. dép. s. C, l. 40).

Cols, écart., c^{ne} de Saint-Constant. — *Cols*, xviie s^e (reconn. au prieur de Saint-Constant). — *Colz*, 1699 (état civ.). — *Col*, 1748 (anc. cad.).

Cols, ham., c^{ne} de Vic-sur-Cère. — *Colz*, 1597; — *Col*, 1603 (état civ.). — *Cols*, 1610 (aveu de J. de Pestels).

Cols, ravine, aff. de la Cère, c^{ne} de Vic-sur-Cère; cours de 700 m.

Coltines, c^{on} nord de Saint-Flour. — *Coltinæ*, 1258 (Gall. christ., t. II, inst., col. 141). — *Cultinæ*, 1445 (ordonn. J. Pouget). — *Coultines*, 1508 (terr. de la command. de Montchamp). — *Coltines*, 1511 (terr. de Maurs). — *Cultynes*, 1535 (*id.* de la v^{té} de Murat). — *Coultynes*, 1581 (*id.* de la command. de Celles). — *Coutines*, 1615 (lièvre de la command. de Celles). — *Coltynes*, fin du xviie s^e (terr. de Bressolles).

Coltines, avant 1789, était de la Haute-Auvergne, du dioc., de l'élect. et de la subdél. de St-Flour. Régi par le droit écrit, il dépend. de la justice de la command. de Celles, et ressort. au bailliage de Saint-Flour, en appel de sa prév. part. — Son église, dédiée à saint Vincent, était une cure à la présentation du doyen de Brioude. — Un décret du 28 août 1808 l'a érigée en succursale.

Coltoyirit, dom. ruiné, c^{ne} de Saint-Gerons. — *Mansus du Coltoyirit*, 1345 (arch. dép. s. E).

Coltryon, dom. ruiné, c^{ne} de Saint-Gerons. — *Affar de Coltryon*, 1424 (arch. mun. d'Aurillac, s. HH, c. 21).

Colture, vill. et mⁱⁿ, c^{ne} de Saint-Vincent. — *Coltures*, 1589 (lièvre du prieuré de Saint-Vincent). — *Colture*, 1720 (état civ. de Moussages). — *Coutures*, 1736 (*id.* de Fontanges). — *Coltures* (Cassini). — *Colture* (État-major).

Colture, ruiss., aff. de la rivière de Mars, c^{ne} de Saint-Vincent; cours de 850 m.

Colzac, ham. avec manoir, c^{ne} d'Andelat.

Colzac, avant 1789, était le siège d'une justice seign., régie par le droit écrit, et ressort. au bailliage de Saint-Flour, en appel de sa prév. part.

Colzac (Le), ruiss., aff. de la rivière de l'Ande, coule aux finages des c^{nes} de Coren, d'Andelat et de Saint-Flour; cours de 9,700 m. On le nomme aussi *Coren*, *la Fage* et *Vendèze*. — *Rif de la Fagha*, 1508 (terr. de Montchamp). — *Ruisseau de Vendèze*, 1534 (arch. dép. s. H). — *Ruisseau de la Fage*, 1630; — *Ruisseau de Soleeru*, 1662 (terr. de Montchamp).

Comador, vill. détruit, c^{ne} de Lanobre. — 1856 (Dict. stat. du Cantal).

Comandri (La Plaine de), mont. à burons, c^{ne} de Colandres.

Combadière (La), écart., c^{ne} de Brezons. — *La Combadière*, 1622 (état civ. d'Arpajon). — *Las Combadières*, 1623 (ass. gén. tenues à Cezens). — *Combadeires*, 1710 (état civ. de Brezons). — *Combadiers* (Cassini).

Combadou (Le Moulin de), foulon, c^{ne} de Pleaux.

Combadou (Le), écart. détruit, c^{ne} du Vigean.

Combadour (Le), mⁱⁿ détruit, c^{ne} de Riom-ès-Montagnes. — *Molendinum Combador*, 1512 (terr. d'Apchon).

Combairies (Les), domaine ruiné, c^{ne} de Glénat. — *Affarium dictum de Combayci*; *de Combayri*, 1322 (homm. au seign. de Montal). — *Combeysi*, xviii° s° (pap. de la fam. de Montal).

COMBAL (LE), écart, c^ne de Saint-Urcize. — *Lou Combaize*, xvi° s° (arch. dép. s. H).

COMBALADE (LA), dom. ruiné, c^ne de Sarrus. — *Affar appellé de la Conbalade*, 1494 (terr. de Mallet).

COMBAL-BAS (LE), écart, c^ne de Junhac. — *Combelles*, 1670 (nommée au p^ce de Monaco).

COMBAL-BAS (LE), écart, c^ne de Montsalvy.

COMBALDIE (LA), vill., c^ne de Saint-Mamet-la-Salvetat. — *La Combaldie*, 1623; — *La Conbaldio*, 1624; — *La Coumbaldie*, 1638; — *Las Combaldies*, 1643 (état civ.). — *La Cambaldye*, 1668 (nommée au p^ce de Monaco). — *La Combalétie* (Cassini).

COMBAL-HAUT (LE), écart, c^ne de Junhac.

COMBAL-HAUT (LE), écart, c^ne de Montsalvy.

COMBALIBEUF, vill., c^ne de Leyvaux. — *Conbelibeuf*, 1623; — *Combelibeuf*, 1694 (état civ. de Bonnac). — *Combelebœuf* (Cassini).

Ce village a été détaché de la c^ne d'Anzat-le-Luguet (Puy-de-Dôme) et réuni à la c^ne de Leyvaux, en exécution de la loi du 9 août 1847.

COMBALIÈS, ham., c^ne de Montsalvy.

COMBALIMON, écart, c^ne de Saint-Urcize. — *Combe-Lamon* (Cassini). — *Combe-Limon* (État-major). — *Combalinoux*, 1857 (Dict. stat. du Cantal).

COMBALOU-DE-LA-VIGNE (LE), écart, c^ne de Mourjou.

COMBALUT, ham., c^ne d'Allanche. — *Combaluc*, 1521 (lièv. du Feydit). — *Combalut*, xvi° s° (confins de la terre du Feydit). — *Conbelu*, 1701 (état civ. de Joursac). — *Combatu* (Cassini).

COMBANEYRE, écart, c^ne de Beaulieu. — *Bois de Combanaire* (états de sections). — *Combarrière* (État-major).

COMBARELLE (LA), dom. ruiné, c^ne d'Anglards-de-Saint-Flour. — *Affar appellé de la Fon-de-la-Cambarelle-del-Bos*, 1494 (terr. de Mallet). — *Terroir de Combarelles*, 1629 (id. de la command. de Montchamp).

COMBART, f^me, c^ne de Maurs. — *Combart*, 1668 (état civ. de Saint-Étienne-de-Maurs). — *Cambartz*, 1748 (anc. cad.). — *Combard*, 1753 (état civ.).

COMBAU (LE), écart détruit, c^ne de Junhac.

COMBE (LA), vill., c^ne d'Andelat. — *La Cumba*, 1511 (terr. de Maurs). — *La Comba*, 1531; — *La Combo*, 1583 (arch. dép. s. G). — *La Combe*, 1654 (terr. du Sailhans).

COMBE (LA), ruiss., affl. du ruisseau du Sailhans, c^ne d'Andelat; cours de 1,800 m. — *Rif de la Cumba*, 1508 (terr. de Montchamp). — *Rivus de la Comba*, 1538 (arch. dép. s. G). — *Razas de Lacombe*, 1664 (terr. de Montchamp). — *Ruisseau de la Combe*, 1673 (arch. dép. s. G).

COMBE (LA), écart, c^ne d'Anterrieux.

COMBE (LA), dom. ruiné, c^ne d'Ayrens. — *Mansus de la Comba*, 1531 (min. Vigery, n^re). — *La Combe*, 1772 (terr. du prieuré de Teissières-de-Cornet).

COMBE (LA), écart et m^in, c^ne de la Besserette.

COMBE (LA), dom. ruiné, c^ne de Boisset. — *Mansus de las Cumbas*, 1454; — *Mansus de las Combas*, 1478 (pièces de l'abbé Delmas).

COMBE (LA), ruiss., affl. de la Celouze, c^ne de Bonnac; cours de 860 m. — *Ruisseau de la Comba; de la Combe*, 1558 (terr. de Tempel).

COMBE (LA), dom. ruiné, c^ne de Calvinet. — *La Coumbe, affar avec maison et séchoir*, 1670 (terr. de Calvinet).

COMBE (TRAS-LA), écart, c^ne de Calvinet.

COMBE (LA), dom. ruiné, c^ne de la Capelle-Barrez. — *Affar de la Combe*, 1669 (nommée au p^ce de Monaco).

COMBE (LA), écart, c^ne de Cayrols.

COMBE (LA), écart, c^ne de Chaliers.

COMBE (LA), dom. ruiné, c^ne de Chalvignac. — *Mansus de Combas*, 1284 (homm. à l'évêque de Clermont). — *Mansus de la Comba*, 1473 (terr. de Mauriac). — *Lacombe*, 1540 (id. de Miremont).

COMBE (LA), ham., c^ne de Colandres. — *Mansus de las Combas*, 1512 (terr. d'Apchon). — *La Combe*, 1719 (table de ce terr.).

COMBE (LA), f^me, c^ne de Cros-de-Montvert. — *La Combo*, 1449 (enq. sur les droits des seign. de Montal). — *La Combe*, 1628; — *La Cumbe*, 1640 (état civ.).

COMBE (LA), ham., c^ne du Falgoux. — *La Combe* (Cassini).

COMBE (LA), écart, c^ne de Fournoulès.

COMBE (LA), dom. ruiné, c^ne de Giou-de-Mamou. — *Ténement de la Combe*, 1740 (anc. cad.). — *Domaine de las Combes*, 1756 (arch. dép. s. C).

COMBE (LA), ham. et m^in, c^ne de Jabrun. — *La Cumbe*, 1508; — *La Combe*, 1662 (terr. de la Garde-Roussillon).

COMBE (LA), ruiss., affl. du Levandès, c^ne de Jabrun; cours de 1,680 m. — *Rif de la Morralhe*, 1508 (terr. de la Garde-Roussillon).

COMBE (LA), ruiss., affl. du ruiss. de la Roche, c^ne de Joursac; cours de 800 m.

COMBE (LA), écart, c^ne de Junhac. — *La Cumba*, 1435 (terr. de Coffinhal). — *Las Combs*, 1672 (état civ. de Montsalvy). — *La Combe*, 1760 (terr. de Saint-Projet).

COMBE (LA), f^me, c^ne de Junhac.

Combe (La), vill. détruit, c^{ne} de Leynhac. — *Villaige de Combas*, 1544 (min. Destaing, n^{re} à Marcolès).

Combe (La), écart, c^{ne} de Loupiac.

Combe (La), écart, c^{ne} de Marcenat.

Combe (La), ham., c^{ne} de Marchal. — *La Combe* (Cassini).

Combe (Le Bois de la), dom. ruiné, c^{ne} de Mauriac. — *Mansus de Combas*, 1284 (homm. à l'évêque de Clermont).

Combe (La), vill., c^{ne} de Maurs. — *Las Combes*, 1668; — *La Combe de Boisset*, 1752; — *La Combe-Boisset*, 1760; — *La Combe*, 1772; — *Las Combes-Basses et Hautes*, 1774 (état civ.).

Combe (La), dom. ruiné, c^{ne} de Montchamp. — *La boria de la Comba*, 1508 (terr. de Montchamp).

Combe (La), mⁱⁿ, c^{ne} de Montgreleix.

Combe (La), vill., c^{ne} de Montsalvy.

Combe (La), ham., c^{ne} d'Omps. — *La Combe* (Cassini). — *Lascombes*, 1856 (Dict. stat. du Cantal).

Combe (La), écart, c^{ne} de Parlan. — *Las Combes*, 1748 (anc. cad.).

Combe (La), vill. et mⁱⁿ, c^{ne} de Paulhac. — *La Comba*, 1352 (homm. à l'évêque de Clermont). — *La Combe*, 1672 (état civ. de Polminhac).

Combe (La), écart, c^{ne} de Paulhenc.

Combe (La), dom. ruiné, c^{ne} de Prunet. — *Affar de la Combe*, 1692 (terr. de Saint-Geraud).

Combe (La), mⁱⁿ détruit, c^{ne} de Roannes-Saint-Mary. — *La Cumba*, 1522 (min. Vigery, n^{re} à Aurillac). — *Molin de la Combe*, 1692 (terr. de Saint-Geraud).

Combe (La), dom. ruiné, c^{ne} de Rouffiac. — *Mansus de la Comba*, 1327 (arch. mun. d'Aurillac, s. HH, c. 22).

Combe (La), vill., c^{ne} de Roussy. — *La Comba*, 1485 (reconn. à J. de Montamat). — *La Combe de Guailux*, 1610 (aveu de J. de Pestel). — *La Combe*, 1668 (nommée au p^{cé} de Monaco).

Combe (La), vill., c^{ne} de Saint-Antoine. — *Lascombes*, 1852 (Dict. stat. du Cantal).

Combe (La), dom. ruiné, c^{ne} de Saint-Clément. — *Villaige de la Combe*, 1668 (nommée au p^{cé} de Monaco).

Combe (La), dom. ruiné, c^{ne} de Saint-Flour. — *Mansus de las Combas*, 1345 (arch. mun.).

Combe (La), ham., c^{ne} de Saint-Jacques-des-Blats.

Combe (La), dom. ruiné, c^{ne} de Saint-Martin-Cantalès. — *Affarium de la Comba*, 1399 (arch. dép. s. E).

Combe (La), ruiss., affl. de l'Arcueil, c^{nes} de Saint-Mary-le-Plain et de Bonnac; cours de 1,500 m. — *Razas de la Combe*, 1557 (terr. du prieuré de Rochefort). — *Ruisseau de la Comba*, 1558 (id. de Tempel).

Combe (La), f^{me}, c^{ne} de Saint-Paul-de-Salers.

Combe (La), dom. ruiné, c^{ne} de Saint-Santin-Cantalès. — *Mansus de la Cumba*, 1345 (arch. dép. s. E). — *La Combe*, 1672 (état civ.).

Combe (La), écart et mont. à burons, c^{ne} de Ségur. — *Combes*, 1857 (Dict. stat. du Cantal).

Combe (La), vill., c^{ne} de Teissières-de-Cornet. — *La Conbe*, 1669; — *La Combe*, 1676 (état civ. d'Ayrens). — *La Combe-del-Malpas-de-Madières*, 1693 (inv. des titres de l'hôp. d'Aurillac).

Combe (La), écart, c^{ne} de Thiézac.

Combe (La), dom. ruiné, c^{ne} de Velzic. — *Boys de la Rocque de la Comba*, 1594 (terr. de Fracor). — *Affar des Combas; affar de la Combe*, 1692 (terr. de Saint-Geraud).

Combe (La), grange isolée, c^{ne} de Vic-sur-Cère. — *Affar de las Combes*, 1673 (terr. de la Cavade).

Combe (La), écart, c^{ne} de Vieillevie.

Combe-Bas (Las), vill. détruit, c^{ne} de la Capelle-del-Fraisse.

Combe-Basse (La), mⁱⁿ détruit, c^{ne} de Cheylade.

Combe-Bernard (La), dom. ruiné, c^{ne} de Ruines. — *Le villaige de la Combe-Bernard*, 1624 (terr. de Ligonnès).

Combe-Bernard (La), dom. ruiné, c^{ne} de Saint-Mamet-la-Salvetat. — *Ténement de la Combe-Bernard*, 1739 (anc. cad.).

Combe-Bernouze (La), mont. à vacherie, c^{ne} de Rezentières. — *La roche de Combe-Varnouze*, 1610 (terr. d'Avenaux).

Combebesse, f^{me}, c^{ne} de Calvinet. — *Coumbebesse*, 1674 (état civ. de Cassaniouze). — *Combabesse*, 1741 (anc. cad. de Cassanionze). — *Combelou* (Cassini).

Combe-Boulenc (La), dom. ruiné, c^{ne} d'Anglards-de-Saint-Flour. — *Affar de la Comba*, 1494 (terr. de Mallet).

Combe-Boulenque (La), dom. ruiné, c^{ne} de Saint-Simon. — *Affar de Combeboulenque; Combe-Bouenque*, 1692 (terr. de Saint-Geraud).

Combe-Brandide (La), dom. ruiné, c^{ne} de Rouziers. — *L'afar de Combebrandide*, 1670 (nommée au p^{cé} de Monaco).

Combe-Carrugue (La), écart, c^{ne} de Siran.

Combe-Cave, écart, c^{ne} de Cayrols.

Combe-Cave, écart, c^{ne} de la Peyruguc.

Combe-Cave (La), dom. ruiné, c^{ne} de Saint-Mamet-la-Salvetat. — *Ténement de la Combe-Cave*, 1749 (anc. cad.).

COMBE-CUABRES, écart, c^{ne} de Saignes. — *Combechave*, 1781 (arch. dép. s. C). — *Combechaves* (Cassini). — *Combes-Chabes*, 1857 (Dict. statist. du Cantal).

COMBE-CHALDE, vill., c^{ne} de Ruines. — *Combe-Chalde*, 1624 (terr. de Ligonnet). — *Combechalde*, 1678 (insin. du baill. de Saint-Flour). — *Combelchade* (Cassini).

COMBE-CUAVE (LA), écart, c^{ne} de Saignes.

COMBE-COUELLE (LA), dom. ruiné, c^{ne} de Saint-Mamet-la-Salvetat. — *Ténement de la Combe-Couelle*, 1739 (anc. cad.).

COMBECNOSE, écart détruit, c^{ne} de Cassaniouze.

COMBE-D'AUZE (LA), dom. ruiné, c^{ne} de Cassaniouze. — *Affar appellé las Combes d'Auze, ou del travers de Palacy, alias de Vaillan*, 1760 (terr. de Saint-Projet).

COMBE-DE-LA-PARRA (LA), dom. ruiné, c^{ne} de Teissières-les-Bouliès. — *Villaige de la Combe de la Parra*, 1669 (nommée au p^{ce} de Monaco).

COMBE-DEL-BOUISSOU (LA), dom. ruiné, c^{ne} d'Anglards-de-Saint-Flour. — *Affar appellé Acombe-del-Boissou;* — *La Comba-del-Boisso*, 1494 (terr. de Mallet).

COMBE-DEL-CROS (LA), écart, c^{ne} de Boisset. — Il porte également le nom de *Chez-la-Volpillague*.

COMBE-DE-L'ESTANG (LA), mⁱⁿ détruit, c^{ne} de Pleaux.

COMBE-DES-LIEUX (LA), écart, c^{ne} de Junhac. — *La Combe-lès-Lieux*, 1764 (état civ.).

COMBE-DES-PUECHS (LA), écart, c^{ne} de Montsalvy. — *La Combe-des-Puexs*, 1693 (état civ.). — *La Combe-del-Puech*, 1749 (anc. cad. de Junhac). — *La Combe-des-Puechs*, 1764 (état civ. de Junhac).

COMBE-D'ISSART (LA), dom. ruiné, c^{ne} de Saint-Étienne-de-Carlat. — *Mas d'Issartz à Caighac; la Combe-d'Yssartz*, 1692 (terr. de Saint-Geraud).

COMBE-DU-BEX (LA), écart, c^{ne} de la Besserette.

COMBE-DU-FABRE (LA), écart, c^{ne} de Vieillevie.

COMBE-DU-VINIAL (LA), dom. ruiné, c^{ne} de Cassaniouze. — *Lacombe del Vinhal*, 1760 (terr. de Saint-Projet).

COMBE-GALMÉ (LA), dom. ruiné, c^{ne} de Saint-Mamet-la-Salvetat. — *Ténement de la Combe-Galme*, 1744 (anc. cad.).

COMBEGINAIRE (LA), ruiss., affl. de l'Arcueil, c^{nes} de Ferrières-Saint-Mary et de Rezentières; cours de 1,200 m.

COMBE-GODE (LA), dom. ruiné, c^{ne} de Saint-Mamet-la-Salvetat. — *Affar appellé de Combe-Gode*, 1668 (nommée au p^{ce} de Monaco).

COMBE-GRANDE (LA), ruiss., affl. de l'Alagnon, c^{ne} de Joursac; cours de 1,500 m.

COMBE-GRANDE (LA), ruiss., affl. du ruisseau de Peyse, c^{nes} de Prunet et de Roannes-Saint-Mary; cours de 1,200 m.

COMBE-GRANDE (LA), dom. ruiné, c^{ne} de Velzic. — *Bugha del serre de Comba Grande*, 1594 (terr. de Fracor).

COMBE-GROFUEIRE (LA BRUYÈRE DE LA), mont. à vacherie, c^{ne} d'Alleze.

COMBEL (LE), dom. ruiné, c^{ne} de Prunet. — *Affar appelé del Combel*, 1692 (terr. de Saint-Geraud).

COMBEL, écart, c^{ne} de Saint-Santin-Cantalès.

COMBEL-DEL-LAVADOU (LE), dom. ruiné, c^{ne} de Parlan. — *Village du Combel del Lavadou*, 1748 (anc. cad.).

COMBELLE, ruiss., affl. de la Maronne, c^{ne} de Cros-de-Montvert; cours de 2,700 m. — On le nomme aussi l'*Étang-de-Pénières*.

COMBELLE (LA), f^{me}, c^{ne} de Vic-sur-Cère. — *La Combellie*, 1601; — *Combelles*, 1630 (état civ.). — *La Combelle*, 1671 (nommée au p^{ce} de Monaco).

COMBELLÈRE (LA), dom. ruiné, c^{ne} de Vic-sur-Cère. — *Villaige de Combellère*, 1668; — *Combellève*, 1669 (nommée au p^{ce} de Monaco).

COMBELLES (LES), vill., c^{ne} d'Arpajon. — *Les Combelles*, 1621; — *Les Coumbettes*, 1624; — *Coumbello*, 1629; — *Coubella*, 1632 (état civ.). — *Combèles*, 1740 (anc. cad.). — *Combelle* (états de sections).

COMBELLES (LES), écart, c^{ne} de Boisset.

COMBELLES (LES), vill. détruit vers 1668 environ, c^{ne} de Carlat. — *Villaige ou affar de Combelles, à présent en ruine, les habitants d'jcelluy s'estant retirés ès villaiges circonvoisins, savoir ès villaiges de Montamat, las Lattes et Grinihac*, 1668 (nommée au p^{ce} de Monaco).

COMBELLES (LES), dom. ruiné, c^{ne} de Saint-Étienne-de-Carlat. — *Affar de los Combelles-des-Brossars*, 1692 (terr. de Saint-Geraud).

COMBELLES (LAS), ham., c^{ne} de Saint-Mamet-la-Salvetat.

COMBELLES (LES), dom. ruiné, c^{ne} de Saint-Simon. — *Affar de Combèles*, 1692 (terr. de Saint-Geraud).

COMBELLES (LAS), f^{me}, c^{ne} de Sansac-Veinazès. — *Las Combelles*, 1696 (état civ.). — *Combelle*, 1724 (lièvre de l'abb. de Montsalvy).

COMBELLES (LES), mⁱⁿ détruit, c^{ne} de Sansac-Veinazès. — *Le molin de las Combelles*, 1669 (nommée au p^{ce} de Monaco).

COMBELLES (LES), dom. ruiné, c^{ne} de Teissières-lès-Bouliès. — *Le villaige de Combelles*, 1692 (terr. de Saint-Geraud).

COMBE-LONGE (LA), écart, c[ne] de Ladinhac.
COMBELOU (LE), écart, c[ne] de Mourjou. — *Lou Cabanou*, 1670 (état civ. de Cassaniouze). — *Combelou* (Cassini).
COMBELOU (LE), écart, c[ne] de Rouziers.
COMBELOUS (LES), dom. ruiné, c[ne] de Roannes-Saint-Mary. — *L'affar appelé des Combelous*, 1692 (terr. de Saint-Geraud).
COMBE-MAURY (LA), ham., c[ne] de Labrousse.
COMBE-MAURY (LA), dom. ruiné, c[ne] de Roumégoux. — *L'afar appelé de la Combe-Maury*, 1668 (nommée au p[ce] de Monaco).
COMBE-MOUJÉ (LA), dom. ruiné, c[ne] de Boisset. — *Affar de la Combe-Migeyre*, 1668 (nommée au p[ce] de Monaco). — *Bois de la Combe-Mégère; Combe-Mégière*, 1746 (anc. cad.).
COMBE-NÈGRE (LA), dom. ruiné, c[ne] d'Arpajon. — *Ténement de la Combe-Nègre*, 1745 (anc. cad.).
COMBE-NÈGRE (LA), dom. ruiné, c[ne] d'Aurillac. — *Affar appellé de la Combe-Nègre*, 1692 (terr. de Saint-Geraud).
COMBE-NÈGRE (LA), mont. à vacherie, c[ne] de Colandres.
COMBENÈGRE, ruiss., prend sa source dans la forêt du Lioran, c[ne] de Laveissière, et forme, à son confluent avec le ruisseau de Las Chabasses, la rivière d'Alagnon.
COMBE-NÈGRE (LA), dom. ruiné, c[ne] de Saint-Étienne-de-Capels. — *Affar de Combenegré*, 1692 (terr. de Saint-Geraud).
COMBE-NEIRE (LA), dom. ruiné, c[ne] de Chanet. — *Le mas de Combenayre*, XVIe s[e] (confins de la terre du Feydit).
COMBE-NEYRE (LA), mont. à burons, c[ne] de Saint-Projet. — *Montaigne et bois de Combenieyre*, 1717 (terr. de Beauclair).
COMBENOUSE, ruiss., affl. du Lot, c[nes] de Junhac, Sénezergues, Cassaniouze et de Vieillevie; cours de 11,300 m. Il porte aussi les noms de *la Croix* et du *Molinier*. — *Combenouze*, 1879 (état stat. des cours d'eau du Cantal).
COMBE-ROMIGUIÈRE (LA), dom. ruiné, c[ne] de Saint-Mamet-la-Salvetat. — *Ténement de la Roumeguière; Roumiguière*, 1739 (anc. cad.).
COMBE-ROUBERT, vill., c[ne] de Neussargues. — *Comberobrer; Combe-Robert*, 1533 (terr. du prieuré de Touls). — *Combarobbert*, 1581 (id. de Celles). — *Combaroubert; Combarobert*, 1652 (id. du prieuré de Coltines). — *Comberaben*, fin du XVIIe s[e] (id. de Bressolles). — *Comberoubert*, 1752 (lièvre de Celles).
COMBERT, dom. ruiné, c[ne] de Siran. — *Affarium del Comberto*, 1444 (reconn. au seign. de Montal).

COMBES, écart, c[ne] d'Allanche.
COMBES (LES), dom. ruiné, c[ne] d'Ally. — *Le village de las Combes*, 1778 (inv. des arch. de la mais. d'Humières).
COMBES (LAS), dom. ruiné, c[ne] d'Aurillac. — *Grangia vocata de las Combas*, 1371 (arch. dép. s. H).
COMBES (LAS), vill., c[ne] d'Auzers. — *Lascombas*, 1581 (nommée au seign. de Charlus). — *Las Combes*, 1852 (Dict. stat. du Cantal).
COMBES (LAS), ruiss., affl. du ruisseau de Mardarel, c[ne] d'Auzers; cours de 2,000 m.
COMBES (LAS), mont. à vacherie, c[ne] de Bredon.
COMBES (LAS), ham., c[ne] de la Capelle-del-Fraisse. — *Las Combas*, 1551 (min. Boygues, n[ro]). — *Villaige haut de Lascombes*, 1668 (nommée au p[ce] de Monaco). — *Las Combes*, 1724 (lièvre de Montsalvy). — *Lascombe* (Cassini).
COMBES (LAS), vill., c[ne] de Chanterelle. — *Los Combos*, 1658 (lièvre du quartier de Marvaud). — *Lascombes*, 1686 (état civ. de Condat). — *Combe* (Cassini).
COMBES (LAS), écart détruit, c[ne] de Chanterelle. — *Villaige de Lascombe*, 1673 (état civil de Condat).
COMBES (LAS), ruiss., affl. de la Rue, c[nes] de Chanterelle et de Condat-en-Feniers; cours de 9,000 m. — *Ruisseau de Lascombes* (État-major).
COMBES (LAS), vill. détruit, c[ne] de Cheylade. — *Mansus de Comba*, 1395 (terr. d'Anteroche). — *Villaige de Cumbas*, 1504 (homm. à l'évêque de Clermont). — *Villaige del Comp*, 1513; — *Affar de Comb*, 1514; — *Affar de las Combes*, 1539 (terr. de Cheylade).
COMBES (LAS), dom. ruiné, c[ne] de Condat-en-Feniers. — *Bois appellé des Combes*, XVIe s[e] (lièvre conf. de Feniers). — *Ténement de la Combe*, 1650 (terr. de Feniers).
COMBES (LAS), ruiss., affl. de la Rue, c[ne] de Condat-en-Feniers; cours de 6,500 m.
COMBES (LAS), écart, c[ne] de Dienne. — *Mansus de Combas*, 1391 (arch. dép. s. E). — *La Combe*, 1518 (terr. de Dienne). — *Las Combes*, 1740 (lièvre de Bredon).
COMBES (LES), dom. ruiné, c[ne] de Freix-Anglards. — *Boria de Cumbas*, 1434 (arch. mun. d'Aurillac, s. HH, c. 21).
COMBES (LAS), vill., c[ne] de Ladinhac. — *Mansus de Las Cumbas*, 1206 (homm. à l'év. de Clermont). — *Las Combes*, 1750 (anc. cad.). — *Lascombe* (Cassini).
COMBES (LAS), ham., c[ne] d'Omps.
COMBES (LAS), ham., m[in] et chât. détruit, c[ne] de Pers.

— *Las Cumbas*, 1295; *Las Combas*, 1337 (arch. dép. s. E). — *Las Combes*, 1600 (pap. de la fam. de Montal).

Combes (Les), dom. ruiné, c^ne de Saignes. — *Villaige de Combes*, 1670 (état civ.).

Combes (Las), vill., c^ne de Saint-Antoine.

Combes (Las), dom. ruiné, c^ne de Saint-Cernin. — *Mansus de las Combas*, 1403 (échange entre J. de Montal).

Combes (Las), écart, c^ne de Saint-Constant.

Combes (Las), dom. ruiné, c^ne de Saint-Gerons. — *Affarium de las Cumbas*, 1423 (arch. mun. d'Aurillac, s. HH, c. 21).

Combes (Las), mont. à vacherie, c^ne de Saint-Julien-de-Jordanne.

Combes (Las), ham., c^ne de Saint-Mamet-la-Salvetat. — *Las Combas*, 1574 (livre des achaps d'Ant. de Naucaze). — *Las Coumbes*, 1649 (état civ. de Cayrols). — *Las Combes*, 1668 (nommée au p^ce de Monaco).

Combes, vill., c^ne de Saint-Poncy. — *Combes*, 1613 (terr. de Nubieux). — *Combe*, 1670 (état civ. de Massiac).

Combes, ham. et chât. en ruines, c^ne de Saint-Saturnin. — *Las Combas*, 1514 (terr. de Cheylade). — *Combes*, 1584 (*id.* de Graule).

Combes (Las), f^me, c^ne de Talizat. — *Las Combas*, 1581 (terr. de Celles). — *Las Combes*, 1704 (lièvre de Celles). — *Lascombe* (Cassini). — *Lascombes* (État-major).

Combes (Les), ham., c^ne de Thiézac. — *Les Combes-les-Thiézac*, 1668 (nommée au p^ce de Monaco). — *Encombes*, 1746 (anc. cad.).

Combes (Las), vill., c^ne de Tourniac. — *Las Combes*, 1600 (état civ.). — *La Combe*, 1784 (arch. dép. s. C, l. 38). — *Lascombes* (Cassini).

Combes (Las), écart, c^ne de Trizac.

Combes (Les), mont. à burons, c^ne de Valuéjols. — *Las Combas*, 1508 (terr. de Loubeysargues). — *Montaigne de la Combe de la Saure; Combe de la Faure*, 1646 (min. Danty, n°). — *Las Combes*, 1664 (terr. de Bredon). — *Los Combos* (états de sections).

Combes-Barrès (Les), dom. ruiné, c^ne de Rouméjoux. — *Affar de Combes-Barrez*, 1668 (nommée au p^ce de Monaco).

Combes-Basses (Las), vill., c^ne de Saint-Mamet-la-Salvetat. — *Las Coumbes-Basses*, 1650 (état civ. de Cayrols). — *Las Combeir-Basses*, 1668 (nommée au p^ce de Monaco). — *Las Combes-Basses*, 1697 (arch. dép. s. C, l. 4). — *La Combebasse*, 1748 (anc. cad.).

Combes-Hautes (Les), écart, c^ne de Saint-Mamet-la-Salvetat.

Combes-Soubro (Les), mont. à burons, c^ne de Dienne. — *Encombes-Soubro* (états de sections).

Combe-Torte (La), dom. ruiné, c^ne de Cassaniouze. — *Affar de Combetorle*, 1760 (terr. de Saint-Projet).

Combette (La), dom. ruiné, c^ne de Bonnac. — *Mansus de Combetas*, 1329 (enq. sur la just. de Vieillespesse). — *Bois de las Combettes*, 1671 (pap. de la fam. Barthomeuf). — *Bois de la Combette*, 1771 (terr. du prieuré de Bonnac).

Combette (La), dom. ruiné, c^ne de Jabrun. — *Affar de Conbetes*, 1493 (terr. de Mallet).

Combette (La), ruiss., affl. de l'Arcueil, c^ne de Rezentières; cours de 1,200 m.

Combe-Vallée, ruiss., affl. du ruisseau de Chandèze, c^ne de Saint-Mary-le-Plain; cours de 3,000 m. — *Ruisseau de Combe-Valley; de Combavalley*, 1610 (terr. d'Avenaux).

Combe-Vialèse (La), dom. ruiné, c^ne de Saint-Mamet-la-Salvetat. — *Le ténement de la Combe-Vialèze*, 1740 (anc. cad.).

Combe-Vieille (La), dom. ruiné, c^ne de Cassaniouze. — *Affar appellé de la Combevieille*, 1760 (terr. de Saint-Projet).

Combeyrol, dom. ruiné, c^ne de Saint-Santin-Cantalès. — *Affar appellé de Combeyrol*, 1636 (lièvre de Poul).

Combières, écart, c^ne de Cassaniouze. — *Ténement de la Courbière*, 1760 (terr. de Saint-Projet).

Combiliou (Le), dom. ruiné, c^ne de Saint-Mamet-la-Salvetat). — *Ténement de Combiliou*, 1739 (anc. cad.).

Comblat-le-Château, vill. et chât., c^ne de Vic-sur-Cère. — *Comblatum*, 1485 (reconn. à J. de Montamat). — *Comblat*, 1583 (terr. de Polminhac). — *Comblact-le-Chasteau*, 1635 (état civ.).

Comblat-le-Pont, vill., c^ne de Vic-sur-Cère. — *Comblat-le-Pon*, 1600 (état civ.). — *Comblat-le-Pont*, 1668 (nommée au p^ce de Monaco). — *Comblat-de-Pon*, 1670 (état civ. de Polminhac).

Comblat-le-Pont, ruiss., affl. de la Cère, c^ne de Vic-sur-Cère; cours de 300 m.

Comblat-l'Ombrage, dom. ruiné, c^ne de Vic-sur-Cère. — *Mansus de Comblat l'Ombratge*, 1489 (reconn. à J. de Montamat). — *L'Ombratge*, 1583; — *Comblat-Ombraghe; Comblat-Omtbrage*, 1584 (terr. de Polminhac). — *Comblat-l'Onbraige*, 1609 (état civ. de Thiézac). — *Comblat-Loubratgy*, 1610 (aveu de J. de Pestels). — *Comblat-l'Ombratgi*, 1623 (état civ. d'Arpajon). — *Comblat-l'Ombraige; Com-*

blatz-l'Ombragestz, 1668 (nommée au p⁰⁰ de Monaco). — Comblat-l'Ombragé, 1677 (état civ. de Polminhac). — Comblat-l'Ombraitge, 1697 (id. de Saint-Clément).

COMBLAT-SOLEILIAGE, dom. ruiné, c^ne de Vic-sur-Cère. — Le Souquetliatge, 1583; — Combat-le-Sougueliatge, 1584 (terr. de Polminhac). — Comblat-le-Solleliatge, 1598; — Comblat-le-Soleliatge; Comblat-le-Salilhar, 1599 (état civ.). — Comblat Soutelyagy; Comblat-Lessoleliagy, 1610 (aveu de J. de Pestels). — Comblat-de-Soleliatge, 1619 (état civ. de Thiézac).

COMBOURIEU (LE), dom. ruiné, c^ne de Glénat. — Affarium vulgariter appellatum de Colbornia, 1323 (arch. mun. d'Aurillac, s. HH, c. 21). — Affarium de Colboriu; de Colborieu, 1343 (arch. dép. s. G).

COMBOURIEU, vill., c^ne de Raulhac. — Comborieu, 1644 (min. Froquières, n^re). — Combourieu, 1669; — Combarieu, 1671 (nommée au p⁰⁰ de Monaco). — Comboury, 1691 (état civ. de Saint-Clément). — Conborieu, 1693; — Comberiou, 1695 (id. de Raulhac). — Courbourieu, 1857 (Dict. stat. du Cantal).

COMBRAILLE, dom. ruiné, c^ne de Valette. — Affarium vocatum de Combralha; de Comba-Bralha, 1441 (terr. de Saignes).

COMBRAILLE, chât. détruit, c^ne du Vaulmier.

COMBRASSE, mont. à vacherie, c^ne de Pradiers.

COMBRELLES, écart, m^in et chât. détruits, c^ne de Laveissière. — Conberas, 1329 (enq. sur la just. de Vieillespesse). — Combrelas, 1370 (arch. dép. s. G). — Combrellæ, 1396; — Cumbrelæ; Conbrelæ, 1442; — Combreliæ, 1447 (id. s. E). — Combrellium, 1500 (arch. dép. s. E). — Conbrelles; Combrelhes, XVe s^e (terr. de Chambeuil). — Sombrellas, 1606; — Molin de Combrellas assiz sur le ruysseau de Chamboyrol, 1620 (min. Danty, n^re). — Combrelles, 1668 (nommée au p⁰⁰ de Monaco).

Combrelles, avant 1789, était régi par le droit écrit, et siège d'une justice seign. ressort. au bailliage de Vic, en appel de la cour royale de Murat.

COMBRES, dom. ruiné, c^ne de Sourniac. — Capomansus de Combres, 1263 (arch. généal. de Sartiges).

COMBRET (LE), ruiss., affl. de la Dordogne, c^nes de Champagnac et de Saint-Pierre-du-Peil; cours de 1,160 m. On le nomme aussi Savernolles.

COMBRET, vill. et m^in, c^ne de Labrousse. — Villaige de Combret, 1583 (terr. de N.-D. d'Aurillac).

COMBRET, ruiss., affl. du ruisseau de Maurs, c^nes de Labrousse et de Teissières-les-Bouliès; cours de 1,600 m.

COMBRET, vill., c^ne de Lavastric. — Combret, 1494 (terr. de Mallet). — Combres, 1623 (insin. de la cour royale de Murat). — Combort, 1680 (arch. dép. s. G).

COMBRET, dom. ruiné, c^ne de Marcolès. — Affar appelé de Combret, XVe s^e (pièces de l'abbé Delmas).

COMBRET, ruines, c^ne d'Oradour. — Ces ruines, d'un ancien village sans doute, avoisinent Pierrefitte.

COMBRET, écart, c^ne de Saint-Antoine.

COMBRET, ham., c^ne de Saint-Christophe. — Combret, 1612 (état civ.).

COMBRET, vill., c^ne de Saint-Pierre-du-Peil. — Combret, 1655 (insin. du baill. de Salers).

COMBRET, ham., c^ne de Saint-Santin-Cantalès. — Combret; Cumbret, 1345 (arch. dép. s. G). — Combrut, 1668 (min. Sarrauste, n^re à Laroquebrou). — Combrect, 1695 (état civ. d'Arnac).

COMBRET, écart, c^ne de Thiézac. — Combret, 1674 (terr. de Thiézac).

COMBRONES, dom. ruiné, c^ne de Boisset. — Le villaige de Combrones, 1668 (nommée au p⁰⁰ de Monaco).

COMBROUS, ham., c^ne de Saint-Mamet-la-Salvetat. — Combrour, 1574; — Combros, 1586 (livre des achaps d'Ant. de Naucaze). — Coumbrous, 1662 (état civ. de Cayrols). — Combroux, 1665 (id. de Saint-Mamet). — Combrous, 1668 (nommée au p⁰⁰ de Monaco).

COMBROUS, m^in détruit, c^ne de Saint-Mamet-la-Salvetat. — Lou molin de Combros, 1587 (livre des achaps d'Ant. de Naucaze).

COMMUN (LE), mont. à vacherie, c^ne de Chavagnac.

COMMUNAL (LE), écart, c^ne de Champs.

COMMUNAL (LE), dom. ruiné, c^ne de Cheylade. — Mas des Comunalz, 1514 (terr. de Cheylade). — Mas des Communaulx de Maurie, 1539 (arch. dép. s. E).

COMMUNIAL (LE), ruiss., affl. du ruisseau du Labiou, c^ne du Vigean; cours de 2,160 m.

COMMUNS (LES), mont. à vacherie, c^ne de Saint-Paul-de-Salers.

COMOISSOUS (LES), dom. ruiné, c^ne de Dienne. — Affar appelé des Comoyssous, 1600 (terr. de Dienne).

COMOLET (LA), dom. ruiné, c^ne d'Apchon. — Croumalier, 1559 (min. Lanusse, n^re). — La Comolet, 1585 (terr. de Graule). — La Comollet-lès-le-bourg d'Apchon, 1609 (min. Danty, n^re). — La Comol, 1618 (terr. de Dienne). — Le Cheylar appelé la Commolet, 1719 (table du terr. d'Apchon). — La Comoulet, 1777 (lièvе d'Apchon).

COMP (LE), mont. à vacherie, c^ne de Landeyrat.

COMPAIN, ham., c^ne de Saint-Jacques-des-Blats. —

Compens, 1668 (nommée au p^ce de Monaco). — *Compen*, 1746 (anc. cad. de Thiézac). — *Grompin* (État-major).

Compaleine, vill., c^ne de Fournoulès. — *Compalène*, 1785 (Chabrol, t. IV). — *Campalène* (État-major).

Compaleine, ruiss., afll. du Célé, c^nes de Fournoulès et de Mourjou; cours de 1,000 m. — Il porte aussi le nom de *Levert*.

Comparonie (La), vill., c^ne de Leucamp. — *La Companhonia*, 1549; — *La Companhonia*, 1552 (min. Boygues, n^re). — *La Campanhoune*, 1560 (id. Boyssonnade, n^re). — *La Comparine*, 1649 (état civ.). — *La Comparonie; la Comparonié; la Companie; la Comparenche*, 1668; — *La Comparointe*, 1670 (nommée au p^ce de Monaco). — *La Comparounhe*, 1675; — *La Compargne*, 1685 (état civ.). — *La Comparonye*, 1696 (terr. de la command. de Carlat). — *La Camparonnie* (Cassini). — *La Campanne*, 1856 (Dict. stat. du Cantal).

Comperie, écart, c^ne de Reilhac.

Comperie (La), dom. ruiné, c^ne de Pers. — *Village de la Comperie*, 1703 (état civ. de la Capelle-Viescamp).

Compen (Le Bois de), dom. ruiné, c^ne de Vic-sur-Cère. — *Affar appellé de Compens*, 1583 (terr. de Polminhac). — *Bois de Compins*, 1769 (anc. cad.).

Compens, ham., c^ne de Lascelle. — *Compens*, 1695; — *Compains*, 1720 (arch. dép. s. C).

Compeyre, ruiss., afll. de l'Alagnonet, c^nes de Saint-Mary-le-Plain et de Saint-Poncy; cours de 1,150 m.

Compie (Le Suc de), mont. à vacherie, c^ne de Saint-Étienne-de-Riom.

Compier (Le), m^in, c^ne de Saint-Étienne-de-Riom.

Compissat (Le), ruiss., afll. du ruisseau de Saint-Étienne, c^ne de Saint-Étienne-de-Carlat; cours de 5,700 m. — *Ruisseau de Campissat*, 1692 (terr. de Saint-Geraud).

Complexio, dom. ruiné, c^ne de Sénezergues. — *Affar de Complexio*, 1668 (nommée au p^ce de Monaco).

Compostie (La), écart, c^ne de Prunet. — *Campostie* (Cassini).

Comps (Les), vill., c^ne de Vitrac.

Coms (Le Puech des), mont. à vacherie, c^ne de la Capelle-Barrez.

Coms (Les), dom. ruiné, c^ne de Chalvignac. — *Tenementum Conz*, 1296 (homm. à l'évêque de Clermont).

Coms (Les), m^in détruit, c^ne de Cheylade. — *Molin de Comb*, 1514; — *Molin du Comp*, 1539 (terr. de Cheylade).

Comtie (La), ham., c^ne de Marmanhac. — *La Comtia*,

1469 (terr. de Saint-Christophe). — *La Contitie*, 1552; — *La Conlitie; La Conlitia*, 1554; — *La Contitie nommée del Adarrieu*, 1558 (id. de Nozières). — *La Contie*, 1668; — *La Contio*, 1671 (état civ.). — *Lacontie*, 1685; — *Lacontye*, 1740; — *La Contye*, 1745 (arch. dép. s. C, l. 21).

Concasty, ham., c^ne de Roisset. — *Concasty*, 1668 (nommée au p^ce de Monaco). — *Concasti*, 1746 (anc. cad.). — *Concasty* (Cassini). — *Concastiq*, 1852 (Dict. stat. du Cantal).

Conche (La), écart, c^ne de Chanet.

Conche-la-Pyronée (La), ham., c^ne de Chanet. — *Les hautes Conches* (Cassini). — *Conche* (État-major).

Conches, ruiss., afll. de la Sionne, c^ne de Molèdes; cours de 1,800 m.

Conches, vill., c^ne de Saint-Projet. — *Couches*, 1655 (état civ. de Salers). — *Conchers*, 1659 (insin. du bailliage de Salers). — *Coucher*, 1680 (état civ. de Saint-Projet).

Conches-Bas et Conches-Haut, hameaux, c^ne de Molèdes. — *Couschou; Cousches*, 1654 (terr. du Sailhans). — *Conche*, 1664 (id. de Bredon). — *Les Hautes-Conches* (Cassini). — *Conche-Bas et Conche-Haut* (État-major).

Condamine (La), ham. et m^in détruit, c^ne d'Aurillac. — *La Condamina*, 1223 (lièvre de Carbonnat). — *La Coundamine*, 1623 (état civ. d'Arpajon). — *Las Condamines*, 1670 (nommée au p^ce de Monaco). — *La Condamine*, 1674 (état civ.). — *La Condamine-Basse*, 1738 (arch. mun. d'Aurillac, s. CC, p. 4).

Condamine (La), montagne à burons, c^ne de Paillhérols.

Condamine (La), dom. ruiné, c^ne de Saint-Étienne-de-Carlat. — *Affar de la Codamine*, 1692 (terr. de Saint-Geraud).

Condamine (La), vill., c^ne de Siran.

Condamine (La), ruiss., afll. de l'Alagnon, c^nes de Talizat et de Joursac; cours de 2,000 m. — *Ruisseau de Condamine*, 1837 (état des rivières du Cantal).

Condamine (La), dom. ruiné, c^ne de Vic-sur-Cère. — *Villaige de la Coudamine*, 1670 (nommée au p^ce de Monaco).

Condamine (La Côte de la), mont. à vacherie, c^ne de Vieillespesse. — *La cousta de la Condamina*, 1632 (terr. de Vieillespesse).

Condamine (La), ham., c^ne de Vieillevie. — *La Condamyna*, 1550 (min. Boygues, n^re). — *La Condamine*, 1674 (état civ.). — *La Condamine*, 1763 (état civ. de Junhac). — *La Coundamine*, 1767 (table des min. Guy de Vayssieyra, n^re).

Condamine (La), dom. ruiné, c^ne de Virargues. —

Domayne de la Condamyne, 1535 (terr. de la v^té de Murat).

CONDAMINE-HAUTE (LA), ham., c^ne d'Aurillac. — Il porte aussi le nom de *Mirabel*.

CONDAMINES, vill. et m^in, c^ne de Saint-Vincent. — *Condaminas*, 1332; — *Condamines*, 1589 (lièvе du prieuré de Saint-Vincent). — *Condanimes* (Cassini).

CONDAT-EN-FENIERS, c^on de Marcenat. — *Parrochia Condatensis*, 1202; — *Condacum*, 1304 (homm. à l'év. de Clermont). — *Condat*, 1310; — *Compdatum; Condatum*, 1320 (Hist. de l'abbaye de Feniers). — *Conda*, 1345 (arch. dép. s. G). — *Condatum en Feniers*, 1535 (Pouillé de Clermont, don gratuit). — *Comdat*, 1550 (lièvе du q^r de Marvaud). — *Condac ès Feniers*, 1671 (état civ.). — *Condat-en-Feniers*, 1784 (Chabrol, t. IV).

Condat-en-Feniers était, avant 1789, de la Basse-Auvergne, du dioc. et de l'élect. de Clermont, de la subdél. de Bort. Régi par le droit cout., il dépend. de la justice de l'abbaye de Feniers, et ressort. à la sénéch. d'Auvergne, en appel de la prév. de la Roche-Sanadoire. — Son église, dédiée à saint Nazaire, était une cure à la nomination du chapitre cathédral de Clermont, alternativement avec celui de Vic-le-Comte. Elle a été érigée en succursale par décret du 28 août 1808.

CONDEVAL, vill., c^ne de Marcenat. — *Condeval*, 1684 (état civ.). — *Cordenat*, 1776 (arch. dép. s. G). — *Conval*, 1856 (Dict. stat. du Cantal).

CONDOUR (LE), vill. et mont. à vacherie, c^ne d'Allanche. — *Condoues; Condours*, 1515 (terr. du Feydin). *Coudoux*, 1699 (état civ. de Joursac). — *Codors*, XVIIe s^e (arch. dép. s. E). — *Coudour* (Cassini). — *Condour* (État-major).

CONDOUS (LE), ravine, affl. de la Jordanne, c^ne de Saint-Cirgues-de-Jordanne; cours de 3,000 m.

CONE (LA), ruiss., affl. de la Soulane-Grande, c^nes de Saint-Santin-Cantalès et de Nieudan; cours de 1,600 m. On le nomme aussi *le Fournet*. — *Aqua vocata de Conne*, 1341 (arch. dép. s. E). — *Rivus de Erisso*, 1443; — *Aqua de Coune*, 1510 (pap. de la fam. de Montal).

CONFINHOU, dom. ruiné, c^ne de Saint-Amandin. — *Tènement de Confiniou*, 1650 (terr. de l'abbaye de Feniers).

CONFOLENS (LE), ruiss., affl. de la Veronne, c^nes du Falgoux et de Colandres; cours de 5,680 m. On le nomme aussi *Marinet*. — *Aqua de Marinet*, 1513 (terr. d'Apchon).

CONFOLENT, vill., c^ne de Chazelles. — *Confolant* (État-major).

CONFOLENT, écart, c^ne de Ferrières-Saint-Mary. — *Confolan* (état de sections F).

CONFOLENT, f^me, chât. et m^in détruits, c^ne de Saint-Clément. — *Mansus superior et inferior de Confuili; Confuilii*, 1269 (arch. mun. d'Aurillac, s. FF, p. 15). — *Conffoullenc*, 1627 (pièces Lacassagne). — *Confoulenq; moulin de Confoulenq; Confolan*, 1668; — *Couffolez; Couffoulen*, 1669; — *Couffoulan*, 1671 (nommée au p^ce de Monaco). — *Confoulen*, 1675 (arch. dép. s. H). — *Confoulens*, 1700 (état civ.).

Confolent, avant 1789, était le siège d'une justice seign. régie par le droit écrit, et ressort. au bailliage de Vic, en appel de sa prév. part.

CONFOLENT, écart, c^ne de Thiézac. — *Confoulins*, 1886 (états de recens.).

CONFONEYRE (LA), écart détruit, c^ne de Champs. — *La Confoueyre*, 1855 (Dict. stat. du Cantal).

CONNÉ, vill., c^ne de Saint-Saury. — *Couné*, 1633 (état civ. de Glénat). — *Conne*, 1654 (id. d'Espinadel). — *Cogne*, 1771 (arch. dép. s. G).

CONNÉ (LE PEUCH DE), mont. à vacherie, c^ne de Siran.

CONNOU, dom. ruiné, c^ne de Pers. — *Affarium de Connou*, 1423 (arch. mun. d'Aurillac, s. HH, c. 21).

CONNUXAL (LE), écart, c^ne de Sansac-Veinazès.

CONORT, m^in, c^ne de Peyrusse.

CONONT, dom. ruiné, c^ne de Tournemire. — *Domaine de Conort*, 1701 (arch. dép. s. C, l. 6).

CONORTIES (LAS), dom. ruiné, c^ne d'Ytrac. — *Factum vocatum de las Conortias*, 1457 (arch. mun. d'Aurillac, s. HH, c. 21).

CONQUANS (DE), carderie, c^ne d'Aurillac. — *Le moulin de Salesses*, 1692 (terr. de Saint-Geraud). — *Le moulin Deconquans* (états de sections).

CONQUANS, vill., chât. et m^in, c^ne de Boisset. — *Conquans*, 1668 (nommée au p^ce de Monaco). — *Concans*, 1784 (Chabrol, t. IV). — *Conquand* (Cassini).

Le château de Conquans était, avant 1789, le siège d'une justice seign. régie par le droit écrit, et ressort. à la sénéch. d'Auvergne, en appel de la prév. de Calvinet.

CONQUANS (LA VIE DE), dom. ruiné, c^ne de Boisset. — *Villaige de la Vie-de-Conquans*, 1668 (nommée au p^ce de Monaco).

CONQUES, écart, c^ne de Pailhérols. — *La Conque* (État-major).

CONQUESTE, chapelle détruite, bourg de Cassaniouze. — *La Sainte-Vierge et Saint-Geraud-de-Conquieste*, 1762 (Pouillé de Saint-Flour).

CONQUET (LE), écart, c^ne de Leynhac.

CONREIX, seign., arrond. de Murat. — *Seigneurie de*

Conreix, 1635 (nommée au roi par G^lle de Foix).

CONRIEU, écart, c^ne de Saint-Victor.

CONROS, vill. et chât., c^ne d'Arpajon. — *Conrrotez; Conroetz*, 1269 (arch. mun. d'Aurillac, s. FF, p. 15). — *Conrotz*, 1287 (*id.* s. GG, c. 16). — *Conroz*, 1465 (*id.* s. II, c. 17). — *Conrocium*, 1465 (obit. de N.-D. d'Aurillac).

Conros, avant 1789, était le siège d'une justice seign. régie par le droit écrit, et ressort. au bailliage de Vic, en appel de la prév. d'Aurillac.

CONROS, vill., c^ne de Loupiac. — *Conortum*, 1464 (terr. de Saint-Christophe). — *Conroetz*, 1631; — *Conrotz*, 1650 (état civ.). — *Conroch*, 1665; — *Conros*, 1689 (*id.* de Pleaux). — *Conrots*, 1690 (état civ.). — *Conroc* (nouv. cad.).

CONRUT, vill., c^ne du Vigean. — *Conrrutum*, 1474 (terr. de Mauriac). — *Conrut*, 1549 (terr. de Miremont). — *Conruts*, 1639 (rentes dues au monast. de Mauriac). — *Conrrut*, 1649 (état civ.). — *Conroux*, 1670 (*id.* d'Anglards-de-Salers). — *Conruch*, 1672; — *Conruc*, 1710 (*id.* de Trizac).

CONSTANCIE (LA), dom. ruiné, c^ne du Vigean. — *Mansus de la Constancia*, 1310 (lièvedu prieuré du Vigeau).

CONSTANTIE (LA), lieu détruit, c^ne de Leynhac. — *La Constantias*, 1784 (Chabrol, t. IV).

CONTANT (LE), ruiss., affl. de la Santoire, c^ne de Ségur; cours de 1,400 m. — *Ruisseau du Comptant*, 1837 (état des rivières du Cantal).

CONTEN (LE), mont. à burons, c^ne de Colandres. — *Montana de Toten*, 1586 (homm. à l'évêque de Clermont). — *Le Contin*, 1518 (terr. d'Apchon). — *Le Conten*, 1719 (table de ce terrier). — *Le Conteil*, 1777 (lièved'Apchon). — *Montagne del Comte*, 1783 (aveu au roi par G^t de la Croix).

CONTENS (LE), mont. à vacherie, c^ne de Laveissenet.

CONTENSOU (LE), mont. à burons, c^ne de Vernols.

CONTENSOUS, vill., c^ne de Rouffiac. — *Contenssos*, 1346 (arch. dép. s. G). — *Contensous*, 1628 (état civ. de Cros-de-Montvert). — *Contensou*, 1774; — *Contenssou; Contenssoux*, 1782 (arch. dép. s. C, l. 51). — *Contansou* (Cassini).

CONTENSOUS (LES), dom. ruiné, c^ne de Saint-Julien-de-Jordanne. — *Affar des Cottenses; des Contenso*, 1573 (terr. de la chapell. des Blats).

CONTERIE (LA), lieu détruit, c^ne d'Ydes. — (Cassini.)

CONTEROLLE (A), ham., c^ne d'Aurillac.

CONTHE, f^me, c^ne d'Aurillac.

CONTIN (LE), ravine, c^ne de Laveissenet.

CONTIVAL, écart, c^ne de Parlan.

CONTRANTO (LE), dom. ruiné, c^ne de Licutadès. — *Villaige de la Contraria*, 1508; — *Tènement de la Cantal.*

Contrarie, 1686 (terr. de la Garde-Roussillon). — *Le Countrario* (états de sections).

CONTRAT (LE), dom. ruiné, c^ne de Saint-Constant. — *Le tènement du Contrat*, 1747 (anc. cad.).

CONTRAT (LE), dom. ruiné, c^ne de Vézac. — *Affarium de Contrast*, 1522 (min. Vigery, n^re).

CONTRE, vill. et oratoire, c^ne de Chaussenac. — *Conte*, 1592; — *Contre*, 1600 (état civ. de Brageac). — *Constre*, 1769 (arch. dép. s. C).

CONTURIES (LAS), dom. ruiné, c^ne de Siran. — *Las Conturie*, 1656 (min. Sarrauste, n^re).

COPIAC, f^me, mais. fort. et m^in détruits, c^ne de Coren. — *Coupiat*, 1730 (terr. de Montchamp). — *Copiac*, 1745; — *Copiat*, 1780 (arch. dép. s. C, l. 43). — *Coppiat* (Cassini).

COQUELLE (LA), écart, c^ne de Saint-Julien-de-Toursac. — *La Coquette*, 1855 (Dict. stat. du Cantal).

CORBEIL (LE BOIS DE), briqueterie, c^ne de Mauriac. — *Courbels*, 1473 (terr. de Mauriac). — *Corbeulx*, 1505; — *Courbeulx*, 1515 (comptes au doyen de Mauriac).

CORBEIL, ruiss., affl. de la rivière d'Auze, c^ne de Mauriac; cours de 1,750 m.

CORBETTES (LES), écart, c^ne du Claux.

CORBEYRE, vill. détruit, c^ne de Moussages.

CORBIÈRE, ham. et m^in, c^ne de Saint-Clément. — *Corbières*, 1669 (nommée au p^ce de Monaco). — *Corbier*, 1683 (état civ. de Jou-sous-Montjou). — *Corbiers*, 1694 (*id.* de Saint-Clément). — *Crobière* (Cassini).

CORBIÈRES, vill. et chât. féodal détruit, c^ne de Chaliers. — *Corberia*, 996 (Gall. christ., t. II, inst. col. 129). — *Corbeiæ*, xive s^e (reg. de Guill. Trascol). — *Corbieyra*, 1445 (arch. dép. s. E). — *Corbières*, 1624 (terr. de Ligounès). — *Corbière* (État-major).

L'église de Corbières, dédiée à saint Barthélemy, était une annexe de la paroisse de Chaliers en 1451.

CORBIÈRES, dom. ruiné, c^ne de Saint-Santin-Cantalès. — *Affarium de Corbeira*, 1345 (arch. dép. s. G). — *Corbieyra*, 1416 (pap. de la fam. de Montal). — *Corbaria; Corberia*, 1442 (nommée au seign. de Montal). — *Domaine de Corbières*, 1669 (nommée au p^ce de Monaco).

CORBOR, dom. ruiné, c^ne de Glénat. — *Boria appellata de Corbor*, 1357 (arch. mun. d'Aurillac, s. HH, c. 21).

CORCHINOS, dom. ruiné, c^ne de la Capelle-en-Vézie. — *Mansus de Corchinos*, 1339 (reconn. à Guill. de Podio).

CORDESSE, vill., c^ne de Neuvéglise. — *La Cordosia*,

1232 (homm. à l'évêque de Clermont). — *Cordessas*, 1508 (terr. de Montchamp). — *Courdesses*, 1510 (*id.* de Maurs). — *Cordesses*, 1636 (*id.* des Ternes). — *Cordesse* (Cassini).

CORDESSE-PETIT, ham., c^{ne} de Neuvéglise.

COREN, c^{on} nord de Saint-Flour. — *Coren*, 1185 (spicil. Brivat.). — *Corent*, xive s^o (Guill. Trascol). — *Corentz; de Corenh*, 1329 (enq. sur la just. de Vieillespesse). — *Corentum*, 1441 (arch. dép. s. E). — *Core*, 1508 (terr. de Montchamp). — *Couren*, 1584 (arch. dép. s. E). — *Le molin de Corem*, 1631 (terr. de Montchamp). — *Couritz*, 1640 (arch. mun. d'Aurillac, s. CC, p. 8). — *Corain*, 1660 (arch. dép. s. E). — *Corein*, 1664 (terr. de Montchamp). — *Corin*, 1784 (Chabrol, t. IV).

Coren, avant 1789, était de la Haute-Auvergne, du dioc., de l'élect. et de la subdél. de Saint-Flour; il était le siège d'une justice régie par le droit cout., et ressort. à la sénéch. d'Auvergne, en appel de la prév. de Saint-Flour. — Son église, dédiée à saint Pierre, était un prieuré de filles dépendant de l'abbaye de Blesle et à la nomination de l'abbesse. Elle a été érigée en succursale par décret du 28 août 1808.

CORMON, dom. ruiné, c^{ne} de Pers. — *Affarium de Cormon*, 1402 (arch. mun. d'Aurillac, s. HH, c. 21).

CORNALE, dom. ruiné, c^{ne} d'Omps. — *La Cornale*, 1640 (état civ. de Saint-Mamet).

CORNARD (LE PUY-), dom. ruiné et mont. à vacherie, c^{ne} de Roffiac. — *Boria de Corchat in territorio del Puy*, 1510; — *Podium de Cornac*, 1511 (terr. de Maurs).

CORNÉLIAN, dom. ruiné, c^{ne} de Marmanhac. — *Villaige de Corneilhan*, 1646 (terr. du prieuré de Teissières-de-Cornet).

CORNÉLIE (LA), écart, c^{ne} de Rouziers. — *La Corneilhe; la Cournilhie; la Cournillic*, 1668; — *La Cournilhe*, 1670 (nommée au p^{ce} de Monaco). — *La Cornélie* (Cassini). — *La Cornalie*, 1857 (Dict. stat. du Cantal).

CORNÉLIOU, ham. et forêt, c^{ne} de Montboudif.

CORNET, vill., c^{ne} de Teissières-de-Cornet. — *Cornetum*, 1521 (min. Vigery, n^{re} à Aurillac). — *Cornacum*, 1556 (arch. dép. s. H). — *Cornetz*, 1595 (reconn. à la mais. de Clavières). — *Cornet-de-Teyssière*, 1637 (état civ. de Reilhac). — *Cornec*, 1673 (lièvre du chap. de Saint-Geraud). — *Cournet*, 1674 (état civ. d'Aurillac). — *Cornet*, 1772 (lièvre du prieuré de Teissières-de-Cornet). — *Cornect*, 1866 (délibération du conseil municipal).

CORNIL, dom. ruiné, c^{ne} de Colandres. — *Affarium vocatum de Cornilh*, 1441 (terr. de Saignes). — *Cournil* (états de sections).

CORNOZIÈRES, vill., c^{ne} de Lascelle. — *Cronogieyra*, 1361 (vente par Hector de Montjou). — *Cornozal*, 1626 (état civ. de Thiézac). — *Cornizières*, 1640; — *Cornoizières*, 1646 (pièces du cab. de Lacassagne). — *Cournozières*, 1671 (état civ. de Marmanhac). — *Cornugières*, 1690; — *Cornozières*, 1693 (inv. des titres de l'hôpital d'Aurillac).

CORNOZIÈRES, ruiss., affl. de la Jordanne, c^{ne} de Lascelle; cours de 2,000 m. Il porte aussi le nom de *le Tible*.

CORNUÉJOL, ham. et m^{in}, c^{ne} de Leucamp. — *Conhuegol*, 1548 (min. Guy de Vayssieyra, n^{re}). — *Cornuéghol*, 1552 (*id.* Boygues, n^{re}). — *Cornuégiol*, 1610 (aveu de J. de Pestels). — *Crobiliou*, 1616 (état civ. de Montsalvy). — *Courniégiol; Cournuégiol*, 1665 (*id.* de Leucamp). — *Cornuezoul* (Cassini). — *Cornuéjouls*, 1856 (Dict. stat. du Cantal).

CORPE (LE PUECH DE LA), mont., c^{ne} de Calvinet.

CORRIGIEN, écart, c^{ne} de Cassaniouze.

CORS (LES), chapelle détruite, c^{ne} de la Chapelle-d'Alagnon. — *La chapelle des Cortz*, 1536 (terr. de la v^{té} de Murat).

CORS, vill., c^{ne} de Saint-Cernin. — *Corum*, 1403 (échange avec J. de Montal). — *Cory*, 1586 (min. Lascombes, n^{re}). — *Core*, 1628 (paraphr. sur les cout. d'Auvergne). — *Corn*, 1636 (lièvre de Poul). — *Cur*, 1654; — *Cours*, 1659; — *Corz*, 1660; — *Cros*, 1666 (état civ.). — *Cor*, 1668 (*id.* de Jussac). — *Cors* (Cassini).

CORS, ruiss., affl. de la Doire, c^{ne} de Saint-Cernin; cours de 3,800 m.

CORS, vill., c^{ne} de Saint-Chamant. — *Cors*, 1671; — *Corn*, 1674 (état civ.). — *Cers*, 1700 (état civil de Saint-Martin-Valmeroux). — *Cor* (État-major).

CORSAC, ham. et m^{in}, c^{ne} de Vitrac.

CORTS (LAS), mont. à vacherie, c^{ne} de Saint-Paul-de-Salers.

COSCILHES (LAS), dom. ruiné, c^{ne} de Chanet. — *Mansus de las Coscilhas*, 1451 (terrier de Chavagnac).

COSSEIGUES, dom. ruiné, c^{ne} de Laroquevieille. — *Mansus de Cosseiguas*, 1509 (reconn. à l'hôp. d'Aurillac).

COSSON (LE), lieu détruit, c^{ne} de Leynhac. — (Cassini.)

COSTE (LA), mont. à vacherie, c^{ne} d'Allanche.

Coste (La), grange et mont. à vacherie, c⁻ᵉ de Badailhac.

Coste (La), vill., cⁿᵉ de Boisset.

Coste (La), dom. ruiné, cⁿᵉ de Chastel-sur-Murat. — *Mansus de la Costa*, 1403 (arch. dép. s. E).

Coste (La), mont. à vacherie, cⁿᵉ du Claux.

Coste (La), écart, cⁿᵉ de Condat-en-Feniers. — *La Coste*, 1658 (lièvo du qᵣ de Condat et Artense). — *La Coste-à-Sandrin*, 1674 (état civ.). — *Lacoste*, xvıɪᵉ sᵉ (terr. de Feniers). — *La Coste-Sandron*, 1725 (état civ.).

Coste (La), dom. ruiné et mont. à vacherie, cⁿᵉˢ de Dienne et de la Vigerie. — *Affaria de la Costa*, 1334 (arch. dép. s. E). — *Bois appellé de las Costes*, 1600; — *Bois de la Coste*, 1618 (terr. de Dienne).

Coste (La), dom. ruiné, cⁿᵉ du Fau. — *L'affar de Lacoste*, 1717 (terr. de Beauclair).

Coste (La), dom. ruiné et mont. à vacherie, cⁿᵉˢ de Jaleyrac. — *Mansus de la Costa*, 1345 (reconn. au doyen de Mauriac).

Coste (La), écart, cⁿᵉ de Junhac.

Coste (La), mont. à vacherie, cⁿᵉ de Landeyrat.

Coste (La), vill., cⁿᵉ de Lascelle. — *Las Costas*, 1594 (terr. de Fracor). — *Las Costes*, 1633 (pièces du cab. de Lacassagne). — *La Coste*, 1695 (arch. dép. s. C, l. 8).

Coste (La), vill. et mont. à burons, cⁿᵉ de Lascelle. — *Bughe appellée del-Costat-del-Pradel*, 1594 (pièces du cab. de Lacassagne).

Coste (La), dom. ruiné et mont. à vacherie, cⁿᵉˢ de Laveissière et de Lavigerie. — *Boix des Costats*, 1600 (terr. de Dienne). — *Villaige et affar de la Coste*, 1668 (nommée au pᶜᵉ de Monaco).

Coste (La), écart, cⁿᵉ de Leucamp.

Coste (La), vill. et mⁱⁿ, cⁿᵉ de Leynhac. — *La Coste* (Cassini).

Coste (La), ham., cⁿᵉ de Mandailles. — *La Coste*, 1692 (terr. du monast. de Saint-Geraud).

Coste (La), écart, cⁿᵉ de Marcenat.

Coste (La), dom. ruiné, cⁿᵉ de Marcolès. — *Affarium vocatum de la Costa*, 1301 (pièces de l'abbé Delmas). — *Affar de las Costes*, 1668 (nommée au pᶜᵉ de Monaco).

Coste (La), mont. à vacherie, cⁿᵉ de Pailhérols.

Coste (La), dom. ruiné, cⁿᵉ de Reilhac. — *Affar de la Costa*, 1573 (terr. de la chapell. des Blats).

Coste (La), mⁱⁿ, cⁿᵉ de Roannes-Saint-Mary.

Coste (La), écart, cⁿᵉ de Saint-Antoine.

Coste (La), écart, cⁿᵉ de Saint-Cernin.

Coste (La), vill., cⁿᵉ de Saint-Martin-Valmeroux. — *La Costa*, 1284 (arch. nat. J 271). — *La Coste*, 1672 (état civ. de Saint-Chamant). — *Lacoste*, 1693 (état civ.).

Coste (La), montagne à vacherie, cⁿᵉ de Saint-Projet.

Coste (La), écart, cⁿᵉ de Saint-Santin-Cantalès.

Coste (La), écart, cⁿᵉ de Sénezergues. — *Las Costes*, 1857 (Dict. stat. du Cantal).

Coste (La), vill., cⁿᵉ de Teissières-lès-Bouliès. — *Boix del Pastural de las Coustas*, 1535 (arch. mun. d'Aurillac, s. GG, c. 6). — *Affar de la Coste*, 1692 (terr. de Saint-Geraud).

Coste (La), dom. détruit, cⁿᵉ de Tiviers. — *Les chazals de las Costas*, 1508; — *Les chazaulx de las Costes*, 1662; — *Les chazaux de la Coste*, 1669 (terr. de Montchamp).

Coste (La), écart, cⁿᵉ de Tournemire.

Coste (La), écart, cⁿᵉ de Trizac. — *La Coste*, 1672 (état civ.).

Coste (La), dom. ruiné, cⁿᵉ de Valudjols. — *Tènement de la Costa*, 1508; — *Terroir de la Coste, autrement de l'Espinasseyre de la Vialleveille*, 1662 (terr. de Loubeysargues).

Coste (Le Bois de la), dom. ruiné, cⁿᵉ de Velzic. — *Affar de las Costes*, 1485 (reconn. à J. de Montamat). — *Affar de la Coste-Mousser*, 1584 (terr. de Polminhac). — *Bois de la Costo* (états de sections).

Coste (La), dom. ruiné, cⁿᵉ de Vézac. — *Bois et affar de la Costa*, 1580 (terr. de Polminhac).

Coste-Aigre (La), mont. à vacherie, cⁿᵉ de Chanet.

Coste-Basse (La), ham., cⁿᵉ de Cassaniouze.

Coste-Basse (La), dom. ruiné, cⁿᵉ de Mandailles. — *Affar de la Coste-Soutegnone*, 1692 (terr. du monast. de Saint-Geraud).

Coste-Calde (La), dom. ruiné, cⁿᵉ de Jabrun. — *Affar de Costacalda*, 1508; — *Costecalde, vilaige, ténement et pagésie, auquel il y a chazaulx de maisons, granges et estables*, 1662 (terr. de la Garde-Roussillon).

Coste-Chiagade (La), mont. à vacherie, cⁿᵉ de Neuvéglise. — *Roche de la Chizade*, 1630; — *Roch de la Chizaze*, 1662; — *Roche de Jezade*, 1730 (terr. de Montchamp).

Coste-de-Fontalard (La), dom. ruiné, cⁿᵉ de Condat-en-Feniers. — *La Coste de Fontallard*, 1687; — *La borio de Fontalard*, 1688 (état civ.).

Coste-de-Serre (La), fⁿᵉ, cⁿᵉ de Marcenat.

Coste-des-Fieux (La), dom. ruiné, cⁿᵉ de Saint-Étienne-de-Carlat. — *Affar appellé de la Coste-des-Fieux*, 1692 (terr. de Saint-Geraud).

Coste-d'Estève (La), écart, cⁿᵉ de Boisset. — *La Couste*, 1590 (livre des achaps d'Ant. de Naucaze).

— *La Coste-d'Est*, 1746 (anc. cad.). — *La Côte d'Estèbe* (Cassini).

Coste-Granier (La), ham., c^{ne} de Dienne. — *La Costa*, 1279 (arch. dép. s. E). — *La Cousta*, 1489 (lièvre de Dienne). — *Las Coste*, 1618 (terr. de Dienne). — *La Costre*, 1667 (cens de Dienne).

Coste-Guite (La), dom. ruiné, c^{ne} de Saint-Flour. — *Mansus de Cost-Guits*, 1740 (arch. dép. s. G).

Coste-Haute (La), écart, c^{ne} de Cassaniouze.

Coste-Haute (La), dom. ruiné, c^{ne} de Mandailles. — *Villaige de la Coste-Sobrenne; la Coste-Sobrenne de Mandalhes*, 1692 (terr. du monast. de Saint-Geraud).

Costel (Le), m^{in}, c^{ne} de Saint-Bonnet-de-Salers.

Coste-Lade (La), dom. ruiné, c^{ne} de Rouziers. — *Affar appellé de Costelade*, 1670 (nommée au p^{ce} de Monaco).

Costelaze (La), dom. ruiné, c^{ne} de Jaleyrac. — *Domaine de Costalaze*, 1549 (terr. de Miremont).

Costelaze-Basse et Haute (La), dom. ruinés, c^{ne} de Jaleyrac. — *Domaine de Costalaze-Sotra et Costalaze-Sobra*, 1549 (terr. de Miremont).

Coste-Méjanne (La), dom. ruiné, c^{ne} de Cassaniouze. — *Affar de Coste-Mézanne; Coste-Méjanne*, 1760 (terr. de Saint-Projet).

Coste-Naute (La), dom. ruiné, c^{ne} de Giou-de-Mamou. — *Ténement de la Coste*, 1740 (anc. cad.).

Coste-Plane (La), vacherie, c^{ne} de Trémouille-Marchal.

Coste-Puégane (La), mont. à vacherie, c^{ne} de Dienne. — *Montaigne de la Costepuegane*, 1618 (terr. de Dienne).

Costeraut (Le), ruiss., affl. du ruisseau de Montchavet, c^{ne} de la Chapelle-Laurent; cours de 1,500 m.

Coste-Rouge (La), ham., c^{ne} de Saint-Mamet-la-Salvetat. — *La Coste-Rousse*, 1668 (nommée au p^{ce} de Monaco).

Costerousse, mont. à vacherie, c^{ne} de Girgols. — *V^{ie} de Costerousse* (État-major).

Coste-Rousse (La), écart, c^{ne} de Jou-sous-Montjou.

Coste-Rousse (La), écart, c^{ne} de Junhac.

Coste-Rousse, écart, c^{ne} de Leynhac. — *Costa-Rosso*, 1500 (terr. de Maurs). — *Costerousse*, 1747 (état civ. de Saint-Étienne-de-Maurs).

Coste-Rousse (La), bois défriché, c^{ne} de Naucelles. — *Nemus de Costar-rossa*, 1531 (min. Vigery, n^{re}).

Coste-Rousse (La), dom. ruiné, c^{ne} de Saint-Étienne-de-Carlat. — *Villaige de Coste-Rousse*, 1692 (terr. de Saint-Geraud).

Costes (Las), écart, c^{ne} d'Ayrens.

Costes (Las), dom. ruiné, c^{ne} de Badailhac. — *Affar de las Costes*, 1669 (nommée au p^{ce} de Monaco). — *La Coste*, 1695 (terr. de la command. de Carlat).

Costes (Las), écart, c^{ne} de Beaulieu.

Costes (Las), ruiss., affl. du Bencton, c^{ne} de Bredon; cours de 850 m. — *Las Costas de Rieublanquet*, xve s^e; — *Le Rial-Blanquet*, 1527; — *Le ruisseau de la Coste*, 1664 (terr. de Bredon).

Costes (Las), m^{in}, c^{ne} de Chanterelle.

Costes (Las), mont. à vacherie, c^{ne} de Cheylade.

Costes (Las), ham. et chât. détruit, c^{ne} de Clavières.

Costes (Las), mont. à vacherie, c^{ne} du Falgoux.

Costes (Le Commun de las), mont. à vacherie, c^{ne} du Fau. — *Montagne de las Costes*, 1717 (terr. de Beauclair).

Costes (Les), mont. à vacherie, c^{ne} de Faverolles.

Costes (Las), dom. ruiné, c^{ne} de Jabrun. — *Affar appellé Las Costas; la Costa*, 1494 (terr. de Mallet).

Costes (Las), m^{in}, c^{ne} de Leynhac. — *Moulin de la Coste*, 1856 (Dict. stat. du Cantal).

Costes (Las), ruiss., affl. de la Santoire, c^{nes} de Marcenat et de Saint-Bonnet-de-Marcenat; cours de 4,200 m.

Costes (Les), vill., c^{ne} de Polminhac. — *Costas*, 1531 (min. Vigery, n^{re} à Aurillac). — *Las Costas-de-Murat; la Coste*, 1583 (terr. de Polminhac). — *Les Costes*, 1610 (aveu de J. de Pestels).

Costes (Les), écart, f^{me} et m^{in}, c^{ne} de Saint-Cernin. — *Las Costes*, 1666; — *Les Costes*, 1669 (état civ. de Saint-Martin-de-Valois).

Costes (Las), mont. à vacherie, c^{ne} de Saint-Chamant.

Costes (Las), ruiss., affl. de la rivière d'Ande, c^{ne} de Saint-Flour; cours de 830 m.

Costes (Les), mont. à vacherie, c^{ne} de Saint-Paul-de-Salers.

Costes (Las), écart, c^{ne} de Saint-Simon. — *La Costa*, 1338 (arch. mun. de Naucelles). — *Las Costes*, 1692 (terr. de Saint-Geraud). — *La Cotte; La Coste*, 1756 (arch. mun. de Naucelles).

Costes (Les), dom. ruiné, c^{ne} de Sarrus. — *Affar de las Coustas*, 1494 (terr. de Mallet).

Costes (Les), ruiss., affl. du ruisseau de la Milis, c^{ne} de Sarrus; cours de 700 m.

Costes (Les), mont. à vacherie, c^{ie} de Velzic. — *Boigne de las Costas sive de Cayon rouge*, 1592 (terr. de Notre-Dame d'Aurillac).

Costes (Las), dom. ruiné, c^{ne} d'Ytrac. — *Bois*

appellé del Coustat; de la Costa, 1573 (terr. de la chapell. des Blats). — *Bois de las Costes* (id. de la command. de Carlat). — *Ténement des Costaux*, 1739 (anc. cad.).

Costes-Basses (Les), écart, c^{ne} de Clavières. — *Les Costes*, 1745 (arch. dép. s. C, l. 43).

Costes-Hautes (Les), écart, c^{ne} de Clavières. — *Las Costes* (Cassini).

Costes-Maissau (Las), mont. à vacherie, c^{ne} de Saint-Bonnet-de-Marcenat.

Coste-Soubrouze (La), mont. à burons, c^{ne} de Joursac.

Coste-Verse (La), mont. à vacherie, c^{ne} de Marcenat.

Costevert, ham., c^{ne} de la Capelle-del-Fraisse.

Costevert (Le), ravine, affl. du Cayrillier, c^{ne} de la Capelle-del-Fraisse; cours de 1,350 m.

Coste-Vieille (La), écart, c^{ne} de Marmanhac.

Costeyrac, vill., c^{ne} de Neuvéglise. — *Cortara*, 1407 (liber vitulus). — *Coustairac* (Cassini). — *Costeirac* (État-major). — *Costeyras*, 1856 (Dict. stat. du Cantal).

Costo-Laboro (Lo), mont. à vacherie, c^{ne} de Pradiers.

Côte (La), dom. ruiné, c^{ne} de Bredon. — *Affar appellé de la Costa*, 1575 (terr. de Bredon). — *La Coste*, 1580 (lièvre conf. de Murat). — *Quartier de Lacoste*, 1681 (terr. d'Albepierre).

Côte (La), ruiss., affl. de la Rhue, c^{ne} de Marchastel; cours de 1,050 m.

Côte (Le Bois de la), dom. ruiné et mont. à vacherie, c^{ne} de Riom-ès-Montagnes. — *Affarium de la Cousta*, 1441 (terr. de Saignes). — *Boix de la Couste*, 1506 (id. de Riom).

Côte (La), ruiss., affl. de l'Arcueil, c^{ne} de Saint-Mary-le-Plain; cours de 730 m.

Côteau (La Côte du), dom. ruiné, c^{ne} de Virargues. — *Affar de la Coste-del-Costel*, 1535 (terr. de la v^{té} de Murat).

Côte-Chabude (La), dom. ruiné, c^{ne} de Bredon. — *Affar de la Costa Chabude; la Coste-Chabide; la Coste-Chabude*, 1535 (terr. de la v^{té} de Murat). — *La Coste-Chobude*, 1589 (lièvre conf. de Murat). — *La Coste-Chabus*, 1598 (reconn. des cons. d'Albepierre). — *Cartier de la Coste-Chabade*, 1680 (terr. de la ville de Murat).

Côte-Charride (La), mont. à vacherie, c^{ne} de Brezons. — *V^{ie} de Côte-Charide* (État-major).

Côte-Chaude (La), mont. à vacherie, c^{ne} d'Anglards-de-Saint-Flour.

Côte-de-Cère (La), m^{in} détruit, c^{ne} de Badailhac. — *Molin de la Coste-del-Serre*, 1695 (terr. de la commaund. de Carlat).

Côte-d'Or (La), mont., c^{ne} de Laveissière.

Côte-du-Bancarel (La), écart, c^{ne} d'Omps.

Côte-du-Peyrou-Bas (La), m^{in}, c^{ne} d'Omps.

Côte-du-Rodoux (La), ham., c^{ne} d'Omps. — *La Côte-du-Radoul*, 1856 (Dict. stat. du Cantal).

Coteuge, vill. détruit, c^{ne} de Saint-Vincent. — *Mansus de Colteja, in parrochia Sancti-Vincentii*, 1268; — *Colteje*, 1312; — *Coltegeyr*, 1338; — *Coltegeol*, 1402 (homm. à l'évêque de Clermont). — *Coteuge*, 1857 (Dict. stat. du Cantal, t. V, p. 603).

Couainoux (Le), ruiss., affl. du Deviroux, coule aux finages des c^{nes} de Rezentières, Ferrières-Saint-Mary, Talizat et Valjouse; cours de 2,800 m. — *Ruiss. de Regentière* (État-major).

Couale (Las), écart, c^{ne} de Saint-Saturnin.

Coualiou (Le), ruiss., affl. du ruiss. de Couffins, c^{ne} de Vézac; cours de 500 m. — *Rivus de las Aigassas*, 1531 (min. Vigery, n^{re} à Aurillac).

Coualles (Les), écart, c^{ne} de Saint-Saturnin.

Couanniers (Les), ruiss., affl. de l'Alagnon, c^{ne} de Celles; cours de 2,000 m. — *Ruisseau de Coleyrie; Coheyries; Coleyries; Cohefryc; Coheyrias*, 1581; — *Rif de Congeyrie; del Congeyre; del Congye; de Coueyrie; de Coseyrie; de Coheyres*, 1664; — *Ruisseau des Coheiriés; de Coueyric*, 1697; — *Ruisseau de Couleyriez; Couheirie; Couheyrié*, 1700 (terr. de Celles).

Couasse (Le Puy de), ham., c^{ne} de Fournoulès. — *La Quasse* (État-major).

Couasse (La), ravine, affl. du Célé, c^{ne} de Fournoulès; cours de 900 m.

Couchal, vill. et m^{in}, c^{ne} de Vebret. — *Villa Coschial*, xiie s^{e} (charte dite de *Clovis*). — *Couschal* (Cassini). — *Couchat* (État-major).

Couchand, écart, c^{ne} de Saint-Urcize. — *Conchard*, 1857 (Dict. stat. du Cantal).

Couchens, ruiss., affl. du ruisseau de Fraissinet, c^{nes} de Villedieu et de Saint-Flour; cours de 4,150 m. On le nomme aussi Volzac. — *Aqua de Vosaps*, 1336; — *Rivus de Frideyra*, 1444 (arch. mun. de Saint-Flour).

Coucou (Le Pied de), mont. à burons, c^{ne} de Paulhac.

Coudaix, mont. à vacherie, c^{ne} de Landeyrat.

Coudenas, écart, c^{ne} de Veyrières.

Couderc (Le), écart, c^{ne} d'Arpajon.

Couderc (Le), dom. ruiné, c^{ne} de Carlat. — *Villaige del Couderc ou del Carreyrou*, 1668 (nommée au p^{ce} de Monaco).

Couderc (Le Rieu del), dom. ruiné, c^{ne} de Cayrols. — *L'Affar del Rieu-del-Coderc*, 1587 (livre des achaps d'Ant. de Naucaze).

Couderc (Le), mont. à vacherie, c^{ne} de la Chapelle-Laurent.
Couderc (Le), mont. à vacherie, c^{nes} de Cheylade et du Claux.
Couderc (Le), écart, c^{ne} du Fau.
Couderc (Le), écart, c^{ne} de Joursac.
Couderc (Le), ham., c^{ne} de Laroquebrou. — *Lou Codercq*, 1644 (min. Sarrauste, n^{re} à Laroquebrou). — *Le Couderc*, 1657 (état civ.). — *Les Couderes*, 1669 (nommée au p^{ce} de Monaco). — *Couder* (Cassini).
Couderc (Le), mont. à vacherie, c^{ne} de Malbo.
Couderc (Le), ham., c^{ne} de Marmanhac. — *Lou Coderc*, 1521 (arch. mun. d'Aurillac, s. GG, p. 20). — *Les Couders*, 1704 (état civ. de Saint-Cernin)
Couderc (Le), vill., c^{ne} de Maurs. — *Le Couderc*, 1635 (état civ. de Saint-Étienne-de-Maurs). — *Les Couderes*, 1752 (anc. cad.). — *Le Coudère* (Cassini).
Couderc (Le), ruiss., affl. du ruisseau de Drulhe, c^{ne} de Maurs; cours de 1,600 m.
Couderc (Le), écart, c^{ne} de Montmurat.
Couderc (Le), séchoir à châtaignes, c^{ne} de Pers.
Couderc (Le), écart, c^{ne} de Roannes-Saint-Mary.
Couderc (Le), mont. à vacherie, c^{ne} de Roffiac.
Couderc (Le), vill., c^{ne} de Saint-Illide. — *Lou Coderc*, 1669 (min. Sarrauste, n^{re} à Laroquebrou). — *Lou Coudert*, 1679 (état civ. d'Arnac). — *Le Couderc*, 1787 (arch. dép. s. G, l. 50).
Couderc (Le), écart, c^{ne} de Saint-Julien-de-Toursac. — *Le Couderc* (Cassini).
Couderc (Le), vill. et m^{in} en ruines, c^{ne} de Saint-Paul-de-Salers.
Couderc (Le), mont. à vacherie, c^{ne} de Saint-Poncy.
Couderc (Le), dom. ruiné, c^{ne} de Saint-Santin-Cantalès. — *Mansus vocatus dal Coderc*, 1342 (reconn. au seign. de Montal).
Couderc (Le), dom. ruiné, c^{ne} de Siran. — *Le Codercq*, 1660 (min. Sarrauste, n^{re} à Laroquebrou).
Couderc (Le), vill., c^{ne} de Trémouille-Marchal. — *Coudert* (Cassini). — *Couderc* (État-major). — *Le Couder*, 1857 (Dict. stat. du Cantal).
Couderc (Le), ruiss., affl. de la Rue, prend sa source au Mont-Dore, départ. du Puy-de-Dôme, coule aux finages des c^{nes} de Trémouille et de Condat-en-Feniers; cours, dans le Cantal, de 8,500 m.
Couderc (Le), ham., c^{ne} de Trizac.
Couderc (Le), mont. à vacherie, c^{ne} de Trizac.
Couderc (Le), vill. et m^{in} en ruines, c^{ne} d'Yolet. — *Lou Couderc*, 1560 (réconn. aux prêtres de la Trinité, de l'hôp. d'Aurillac). — *Les Couders*, 1654 (arch. mun. d'Aurillac, s. GG, p. 8). — *Le Couderc-d'Yolet; le mas del Coderc*, 1692 (terr. de Saint-Geraud).
Couderc (Le), dom. ruiné, c^{ne} d'Ytrac. — *Affar de Couderc*, 1573 (terr. de la chapell. des Blats).
Couderc-de-la-Rode (Le), dom. ruiné, c^{ne} de Salers. — *Lou Coderc-de-la-Roda*, 1508 (arch. mun.).
Couderc-du-Lac (Le), écart, c^{ne} de Junhac.
Couderc-Grand (Le), écart, c^{ne} de Pailhérols.
Couderc-Grand (Le), vacherie, c^{ne} de Sauvat.
Couderc-Payrou (Le), mont. à vacherie, c^{ne} de Malbo.
Couderc-Redon (Le), mont. à vacherie, c^{ne} de Velzic.
Coudère (La), mont. à vacherie, c^{ne} de Cezens.
Coudert (Le), ruiss., affl. de la riv. d'Authre, c^{nes} de Crandelles et de Reilhac; cours de 1,240 m.
Coudert (Le), dom. ruiné, c^{ne} de Polminhac. — *Grangia vocata del Coderc, in pertinentibus de Fraisso Sobeira*, 1531 (min. Vigery, n^{re} à Aurillac). — *Domaine de Couderc*, 1735 (terr. de la command. de Carlat).
Coudert (Le), écart, c^{ne} de Reilhac. — *Le Cap-del-Couderc*, 1857 (Dict. stat. du Cantal).
Couderts (Les), dom. ruiné, c^{ne} de Saint-Paul-des-Landes. — *Village Les Couders*, 1654 (arch. mun. d'Aurillac, s. GG, port. 8).
Coudet (Le), mont. à vacherie, c^{ne} de Cezens.
Coudonnier (Le), ham. et scierie, c^{ne} de Saint-Vincent. — *Au Codonié*, 1685 (état civ.). — *Coudonnies* (Cassini).
Coudonnier (Le), ruiss., affl. de la riv. de Mars, c^{ne} de Saint-Vincent; cours de 850 m.
Coudournats (Les), vill., c^{ne} de la Trinitat. — *Coudournas* (Cassini). — *Les Coudournats* (État-major).
Coueilles (Les), mont. à burons, c^{ne} du Fau. — *Montagne de las Coeilhès; las Coeilhès*, 1717 (terr. de Beauclair). — *Couecilles* (État-major).
Coueilles, ruiss., affl. de l'Aspre, c^{ne} du Fau; cours de 2,000 m.
Couel (Le), mont. à vacherie, c^{ne} d'Anglards-de-Saint-Flour.
Couennou (Le), écart, c^{ne} de Boisset.
Couets (Les), dom. ruiné, c^{ne} de Colandres. — *Le village des Coytes; la montaigne des Coyles*, 1506 (terr. de Riom).
Couette (La), mont. à vacherie, c^{ne} de Pradiers.
Coufeyt, dom. ruiné, c^{ne} de la Capelle-Barrez. — *Domaine de Coufeyt*, 1670 (nommée au p^{ce} de Monaco).
Couffeux, m^{in} détruit, c^{ne} de Riom-ès-Montagnes. — *Molendinum de Coffeux*, 1515 (terr. d'Apchon).
Couffiguet, dom. ruiné, c^{ne} de Sarrus. — *Village de Couffiguet; Coffiguiet*, 1494 (terr. de Mallet).

Couffins, vill., et mⁱⁿ, c^{ne} d'Arpajon. — *Cofin*, 1235; — *Coffinh*, 1286 (arch. mun. d'Aurillac, s. BB, c. 2). — *Couffins*, 1465 (obit. de N.-D. d'Aurillac). — *Coffinz*, 1522 (min. Vigery, n^{re}). — *Coufin*, 1625 (état civ.). — *Couffin; Coffin*, 1740 (anc. cad.). — *Coufins* (états de sections). — *Coussin* (État-major).

Couffins, ruiss., affl. de la Cère, c^{nes} de Vézac et d'Arpajon; cours de 7,900 m. — On le nomme aussi *Granges* et *Lapeyrusse*. — *Rivus de Manguies*, 1521; — *Rivus de Mauro*, 1522 (min. Vigery, n^{re} à Aurillac). — *Rif d'Auzou*, 1627 (terr. de N.-D. d'Aurillac). — *Ruisseau de Mierieu*, 1668 (nommée au p^{cé} de Monaco). — *Ruisseau Danissa; Danissou; Danysse; Danyssou; Danyso; Daniso; Darnisso; Danisolz; Darnhou; Danysou*, 1692 (terr. du monast. de Saint-Geraud). — *Ruisseau de Lagaget; Lajoge; Denizou; de Nizou; de Merieux; del Vialenq*, 1695; — *Ruisseau de Negrerieu; de Nisou; rivière de Vialane*, 1733 (terr. de la command. de Carlat).

Couffour (Le), chât. et f^{me}, c^{ne} de Chaudesaigues. — *Cufurcos*, 1310; — *Cufurcum*, 1322; — *Cofore*, 1404 (arch. dép. s. G). — *Cuffurio*, 1414 (id. s. E). — *Cuffurcum*, 1502; — *Coufore*, 1504 (id. s. G). — *Le Couffour*, 1686 (terr. de la Garde-Roussillon). — *Le Coufour*, 1784 (Chabrol, t. IV).

Le Couffour était, avant 1789, le siège d'une justice seign. régie par le droit écrit, et ressort. à la sénéch. d'Auvergne, en appel de la prév. de Chaudesaigues.

Couffrouge, vill., c^{ne} de la Capelle-Barrez. — *Coufrouxe*, 1643 (min. Froquières, n^{re} à Raulhac). — *Couffroughe*, 1669 (nommée au p^{cé} de Monaco). — *Couferouge* (Cassini). — *Couffrouge*, 1855 (Dict. stat. du Cantal).

Coufi-nègre (Le), écart et bois, c^{ne} d'Anglards-de-Salers. — *Le bois de Coufin-nègre* (états de sections).

Coufre (La), dom. ruiné, c^{ne} de Pailhérols. — *Tènement de la Coufre*, 1696 (terr. de Saint-Geraud).

Cougaire (La), mont. à vacherie, c^{ne} de Celles. — *Boys appellé de la Coueyra-de-Chabasse; la Coheyra-de-Chabassa; la Crouheyra-de-la-Chama*, 1581; — *Boix de la Coheyra; bois en patu appellé la Coheyre-de-Chabasse; la lac Chappo, le lac Chapou*, 1644; — *Le lac de Chapon, sive des Coheires*, 1697; — *Bois de la Coheyre; des Couheirie*, 1700 (terr. de Celles).

Cougayra (La), mont. à vacherie, c^{ne} de Cheylade.

Cougnaguet, f^{me}, c^{ne} de Saint-Paul-des-Landes. — *Cogniaguet* (État-major). — *Cognaguet*, 1856 (Dict. stat. du Cantal).

Cougourlet, mont. à burons, c^{ne} de Fontanges. — *Montaigne de Cougourlet*, 1717 (terr. de Beauclair). — *Encourlet* (État-major).

Cougoussac, vill. détruit, c^{ne} d'Andelat. — *Cogossacum*, 1473; — *Villaige de Coguossac*, 1512 (liber vitulus). — *Cogossac*, 1526 (terr. de Vieillespesse). — *Cougoussac*, 1583; — *Couhoussac*, 1673 (arch. dép. s. G).

Couhet, écart, c^{ne} d'Aurillac. — *Coulet*, 1653 (arch. dép. s. E).

Couissy, f^{me} et four à chaux, c^{ne} d'Aurillac. — *Coussy*, 1625 (état civ. d'Arpajon). — *Coissy*, 1679 (arch. mun. s. GG, p. 3).

Coujon (Le Bès de), dom. ruiné, c^{ne} de Chaudesaigues. — *Vilaige de Cognol*, 1508; — *Affard appellé del Cougnol; villaige et ténement de lo Couyoul, auquel enciennement il y avoit des maisons lesquelles sont à présent chazaulx*, 1662; — *Le Coujoul*, 1730 (terr. de la Garde-Roussillon).

Coulaire (La), ruiss., affl. du Chabrillac, c^{nes} de Vabres et de Saint-Georges; cours de 6,500 m. — *Ruiss. de la Coulède*, 1837 (État des riv. du Cantal).

Coulanges, mont. à vacherie, c^{ne} de Saint-Bonnet-de-Salers.

Couliagnie (La), dom. ruiné, c^{ne} de Cassaniouze. — *Affar de la Cauliagnie*, 1668 (nommée au p^{cé} de Monaco).

Coulioule (La), dom. ruiné, c^{ne} de Saint-Cirgues-de-Malbert. — *Boyga de la Colhola*, 1350 (arch. mun. d'Aurillac, s. HH, c. 21).

Coulon-Bas et Haut (Le), écarts, c^{ne} de Boisset. — *Le Colom*, 1852 (Dict. stat. du Cantal).

Coumbo-cavo, écart, c^{ne} de Saint-Constant.

Coumbo-de-Bourbouzo (La), mont. à vacherie, c^{ne} de Saint-Cirgues-de-Jordanne.

Counilière (La), mont. à vacherie, c^{ne} d'Anglards-de-Saint-Flour. — *La roche appellée de la Conilhiera*, 1494 (terr. de Mallet).

Countiade (La), maison isolée, c^{ne} de Saint-Flour. — Cette maison est aujourd'hui réunie au village de Roueyre.

Couos (La Fumade de las), mont. à vacherie, c^{ne} du Claux.

Couos (Les), dom. ruiné et mont. à burons, c^{nes} de Lavigerie et de Laveissière. — *Nemus vocatum de las Coas*, 1491 (terr. de Farges). — *Les habitants des Groas*, xve s^e (id. de Chambeuil). — *Boix del Couves*, 1535 (id. de la v^{té} de Murat).

Coupelis, maison isolée, c^{ne} de Valuéjols, auj. détruite.

— *Es Couppelis; maison à présent chazal appellée des Coupelis*, 1661 (terr. de Loubeysargues).

COUPERLE, f^ne, c^ne de Saint-Jacques-des-Blats.

COUPIAC, ham. et chât. détruit, c^ne de Ladinhac. — *Copiac*, 1548 (min. Boygues, n^re). — *Coppiac*, 1552 (id. Guy de Vayssieyra, n^re). — *Coupiac*, 1752; — *Coupial*, 1756 (arch. dép. s. C). — *Couppiac* (Cassini).

COUPONAT (LA PLAINE DE), mont. à vacherie, c^ne du Falgoux.

COUPRAT, dom. ruiné, c^ne de Montsalvy. — *Villaige de Couprat*, 1671 (nommée au p^ce de Monaco). — *Le Coupent* (Cassini).

COURBALÈS, dom. ruiné, c^ne de Saint-Simon. — *Affar de Courbarosse; de Corbaresse*, 1692 (terr. de Saint-Geraud). — *Rocher de Courbarisse*, 1756 (arch. dép. s. H).

COURBAPEYRE (LA), écart, c^ne de Maurs.

COURBASSES (LES), dom. ruiné, c^ne de Paulhenc. — *Affar de Courbasses*, 1671 (nommée au p^ce de Monaco).

COURBATIÈRE (LA), vill., c^ne de Lavigerie. — *Corbater*, 1279 (arch. dép. s. E). — *Corbateira*, 1348 (lièv. de Dienne). — *Corbateyra*, 1420 (arch. dép. s. E). — *La Corabateyre*, 1489 (lièv. de Dienne). — *La Courbateyre*, 1518; — *La Curbateyre*, 1551; — *La Courbateire*, 1595 (terr. de Dienne). — *La Cor-Bateyre*, 1596 (insin. du baill. de Saint-Flour). — *La Corbateyre*, 1600 (terr. de Dienne). — *La Corbatyre*, 1608 (min. Danty, n^re). — *La Courbatieyre*, 1673 (nommée au p^ce de Monaco).

COURBATURADE (LA), ham., c^ne de Rageade. — *Combarteirade*, 1784 (Chabrol, t. IV). — *Coubartoivade* (Cassini). — *Courbatairade* (État-major). — *Courbetuérade*, 1857 (Dict. stat. du Cantal).

COURBEBAISSE, dom. ruiné, c^ne de Cassaniouze. — *Domaine de Courbebesse*, 1760 (arch. dép. s. C).

COURBEBAISSE, écart, c^ne de Gio-de-Mamou. — *Courbabaisse*, 1560 (reconn. aux prêtres de l'hôp. d'Aurillac). — *Corbebaisse*, 1644 (arch. mun. d'Aurillac), s. GG, c. 6). — *Courbevaisse*, 1670 (nommée au p^ce de Monaco). — *Courbebaisse*, 1686 (arch. dép. s. C). — *Bois de Courbebaysse*, 1741 (anc. cad.). — *Courbe-Vaisse*, 1756 (arch. dép. s. C).

COURBELIMAGNE, f^me, c^ne de Raulhac. — *Courbelimanhe*, 1668 (nommée au p^ce de Monaco). — *Courbelimagne*, 1693 (état civ.).

COURBESERRE, ruiss., affl. du Célé, c^nes de Calvinet et de Mourjou; cours de 1,600 m.

COURBESERRE, vill., c^ne de Carlat. — *Corbassira*, 1531; — *Corbasyra*, 1532 (min. Vigery, n^re). — *Corbasserre*, 1643; — *Corbaserre*, 1646 (min. Froquières, n^re). — *Courbe-Serre*, 1668 (nommée au p^ce de Monaco). — *Courbessère* (Cassini).

COURBESERRE, vill., c^ne de Cassaniouze. — *Corbaserra*, 1414 (terr. de Cassaniouze). — *Comba-Serre*, 1636 (état civ. de Saint-Étienne-de-Maurs). — *Courbassières*, 1652; — *Courbaseres*, 1654 (id. de Cassaniouze). — *Courbeserre*, 1670 (terr. de Calvinet). — *Courboserro*, 1741 (anc. cad.). — *Combeserre*, 1786 (lièv. de Calvinet).

COURBESERRE, vill., c^ne de la Peyrugue. — *Corbaserra*, 1504; — *Corbaserra*, 1536 (terr. de Coffinhal). — *Courbeserro*, 1610 (aveu de J. de Pestels). — *Corbasseyre*, 1629; — *Courbaserre*, 1648 (état civ. de Montsalvy). — *Courbasserre*, 1760 (terr. de Saint-Projet).

COURBETTES (LES), écart, c^ne du Claux.

COURBEYRE (LA), ruiss., affl. du ruisseau de Bouzal, c^ne de Saint-Mamet-la-Salvetat; cours de 1,800 m.

COURBEYRETTE, ham., c^ne de Saint-Mamet-la-Salvetat. — *Corbayrettes*, 1634; — *Cour-Bayrettes*, 1662 (état civ.). — *Courbeyrettes*, 1668 (nommée au p^ce de Monaco). — *Courbeyrètes*, 1743 (arch. dép. s. C, l. 4).

COURBIAC, ham., c^ne de Barriac. — *Courbiac*, 1626 (état civ. de Brageac). — *Courbiat*, 1784 (arch. dép. s. C, l. 38).

COURBIÈRE (LA), ruiss., affl. de la Goulèze, c^ne de Saint-Clément; cours de 1,300 m.

COURBIÈRES, vill. et m^in, c^ne de Pradiers. — *Courbeyras; Corbeyras*, 1515 (terr. du Feydit). — *Courbeyres*, 1559 (inv. des titres de N.-D. de Murat). — *Corbieyras*, xviie s^e (arch. dép. s. E). — *Courbière* (Cassini). — *Courbières* (État-major).

COURBIÈRES, ham., c^ne de Saint-Mamet-la-Salvetat. — *Courbières*, 1639; — *Courbyers*, 1665 (état civ.). — *Les Courbeir*, 1668 (nommée au p^ce de Monaco). — *Courbieyres*, 1697 (arch. dép. s. C, l. 4).

COURBIÈRES-BAS, dom. ruiné, c^ne de Saint-Mamet-la-Salvetat. — *Les Courbeir-Basses*, 1668 (nommée au p^ce de Monaco).

COURBINE, mont. à vacherie, c^ne de Chavagnac. — *Buron de Courbine* (État-major).

COURBINES, chât. détruit, c^ne de Chavagnac. — *Corbinas*, 1456 (inv. d'Anteroche).

COURCELLES, écart, c^ne de Massiac. — *Courcelles*, 1613 (dîmes dues au chapitre de Saint-André-de-Massiac).

COURCOULE, vill., c^ne de Saint-Mary-le-Plain. — *Corcorol; Corcoral; Corcoroh; Cocorolz*, 1610 (terr.

d'Avenaux). — *Courcoulle*, 1675 (état civ.). — *Coutcourol; Courcourol*, 1706 (pièces du cab. Berthuy). — *Cour-Coulle*, 1719 (état civ.). — *Courcoulé* (État-major).

Courdes, vill., chât. et m^in ruinés, c^ne de Méallet. — *Corde villa*, xiie s° (charte dite *de Clovis*). — *Cordès*, 1784 (Chabrol, t. IV). — *Courdet* (Cassini).

Courdes, avant 1789, était le siège d'une justice régie par le droit cout., et ressort. à la sénéch. d'Auvergne, en appel du bailliage de Salers.

Courdou (La), f^me, c^ne de Ségur. — *Cordons*, 1329 (enq. sur la just. de Vieillespesse). — *La Cordey*, 1485 (arch. dép. s. E). — *La Courdhuy*, 1595; — *La Couredhuy*, 1600; — *La Courdon*, 1618 (terr. de Dienne). — *La Courdny*, xviie s° (arch. dép. s. E). — *La Cordou appellée de Lespinasseyre*, 1768 (*id.* s. G). — *La Cordoue*, 1857 (Dict. stat. du Cantal).

Courgnole (La), écart, c^ne de Thiézac.

Courgoulière (La), dom. ruiné, c^ne de Saint-Simon. — *Affar de la Corgolieyre*, 1692 (terr. de Saint-Geraud).

Courige (La), écart, c^ne de Champs.

Courmon, dom. ruiné, c^ne de Saint-Mamet-la-Salvetat. — *Affarium de Cormon*, 1449 (arch. dép. s. H).

Cournil, vill., c^ne de la Chapelle-Laurent. — *Cornil*, 1611 (terr. de Nubieux). — *Cournil* (État-major).

Courniol (Le), écart, c^ne de Thiézac.

Cournllo, lieu détruit, c^ne de Reilhac. — 1634 (état civ.).

Couronne (Le Puy de la), mont. à vacherie, c^nes de Champagnac et de Saint-Pierre-du-Peil.

Courone (Les), lieu détruit, c^ne de Maurines. — (Cassini).

Courpou-Sauvage (Le), mont. à vacherie, c^nes de Saint-Julien-de-Jordanne et de Thiézac. — *Montaigne de Sellon*, 1668 (nommée au p^cé de Monaco). — *Le Courpou-Sauvage* (État-major).

Courrejade (La), dom. ruiné, c^ne d'Arnac. — *Affarium de la Corregada*, 1470 (arch. mun. d'Aurillac, s. HH, c. 21).

Courrieu (Le), dom. ruiné, c^ne de Rouziers. — *Ténement de Corriout; du Courrieu*, 1668; — *Villaige de Courrioux*, 1670 (nommée au p^cé de Monaco).

Cours, dom. ruiné, c^ne de la Capelle-del-Fraisse. — *Le villaige de Cours*, 1724 (lièvre de Montsalvy).

Cours (Le Suc de), mont. à vacherie, c^ne de Chanet. — *Le suc del Cours*, xvie s° (confins de la terre du Feydit).

Cours, écart détruit, c^ne de Massiac. — *Cour-Metterie*, 1708 (état civ. de Saint-Étienne-sur-Massiac).

Cours, vill. et chât., c^ne de Sénezergues. — *Cortz*, 1548 (min. Destaing, n^re à Marcolès). — *Coures*, 1670 (terr. de Calvinet). — *Cours*, 1675 (état civ. de Cassaniouze).

Coursavy, vill., c^ne de Cassanionze. — *Coursaby*, 1659; — *Courssaby*, 1666 (état civ.). — *Coursaux*, 1668; — *Coursavi*, 1670 (nommée au p^ce de Monaco). — *Courssavy*, 1674; — *Courssavys*, 1676 (état civ.). — *Coursavy*, 1740 (anc. cad.). — *Coursaly*, 1785 (arch. dép. s. C, l. 49).

Courses (Les), dom. ruiné, c^ne de Saint-Projet. — *Villaiges des Courses*, 1671; — *La Coursio*, 1673 (état civ. de Saint-Chamant).

Coursières (Les), écart, c^ne des Deux-Verges.

Courtade (La), vill., c^ne de Sauvat. — *La Courtade*, 1420 (arch. généal. de Sartiges). — *Coustade*, 1857 (Dict. stat. du Cantal).

Courteuge, vill., c^ne de Leyvaux. — *Courtegon*, 1694 (état civ. de Bonnac). — *Courteuge* (Cassini).

Courtial (Le), écart, c^ne de Maurines. — *La Courtiole* (Cassini).

Courtial (Le), dom. ruiné, c^ne de Valuéjols. — *Casalia de las Cortials*, 1511 (terr. de Maurs).

Courtials (Les), dom. ruiné, c^ne de Naucelles. — *Affarium vocatum als Cortials*, 1342 (arch. mun. d'Aurillac, s. GG, p. 19).

Courtil (Le), écart, c^ne de Cassaniouze.

Courtille (La), vill., c^ne de Condat-en-Feniers. — *Courtilles*, 1665 (état civ. de Champs). — *Courtilhe*, 1673; — *Courthiles*, 1674; — *Courtilhies*, 1684; — *Cortilhes*, 1777 (*id.* de Condat). — *Courtelles* (Cassini).

Courtilles (Les), mont. à vacherie, c^ne de Chanterelle. — *Montaigne de Courtilhe*, 1654; — *Courtilhes*, xviie s° (terr. de Feniers).

Courtilhas (Las), f^me, c^ne de Saint-Flour. — *Las Cortilhas*, 1345 (arch. mun.). — *Courtille* (Cassini). — *Coutilles* (états de sections).

Courtilles, vill. et m^in détruit, c^ne de Vebret. — *Courtilhas; molendinum vocatum de la Vaysseyra, sive de Cortilhas*, 1441 (terr. de Saignes). — *Courtille*, 1688 (état civ. de Chastel-Marlhac). — *Courtilles* (Cassini).

Courtils (Les), écart, c^ne de Saint-Clément.

Courtin (Le), dom. ruiné, c^ne de Faverolles. — *Le ténement de Courtin*, 1695 (terr. de Celles).

Courtines (Las), vill., c^ne de Menet. — *Las Courtinas*, 1441 (terr. de Saignes). — *Las Cortines*, 1601; — *Las Courtines*, 1608 (état civ.).

Courtines (Las), f^me avec manoir, c^ne de Polminhac.

Cantal.   21

— *Podium vocatum de Cotines*, 1489 (reconn. à J. de Montamat). — *Las Cortinas*, 1522 (min. Vigery, n° à Aurillac). — *Las Cortynes*, 1637 (*id.* Dumas, n° à Polminhac). — *Las Courtynes,* 1668; — *Les Courtines*, 1671 (nommée au p^ce de Monaco).

Courtines, vill. et chât. détruit, c^ne des Ternes. — *Cortinæ*, 1288 (spicil. Brivat.). — *Curtinæ*, xiv° s° (Pouillé de Saint-Flour). — *Cortines*, 1599 (min. Andrieu, n^re). — *Cortynes*, 1636 (terr. des Ternes). — *Coltynes*, 1645 (lièvc des Ternes). — *Courtines* (Cassini).

Courtines était, avant 1789, le siège d'une justice seign. régie par le droit écrit, et ressort. au bailliage de Saint-Flour, en appel de sa prév. part.

Courtines-Basses (Las), dom. ruiné, c^ne de Polminhac. — *Village de Courtines-Basse*, 1735 (terr. de la command. de Carlat).

Courtou-Mourou (Le), mont. à vacherie, commune de Murat.

Courty, dom. ruiné, c^ne de Vic-sur-Cère. — *Doumaine de Corty*, 1584 (terr. de Polminhac).

Coursiniac, seign., c^ne de Calvinet, auj. inconnue. — *La justice de Cousiniac*, 1784 (Chabrol, t. IV).

Coursiniac, avant 1789, était le siège d'une justice seign. régie par le droit écrit, et ressort. à la sénéch. d'Auvergne, en appel de la prév. de Calvinet.

Coussargue, ham. et chât. détruit, c^ne de Bonnac. — *Cossargues*, 1610 (terr. d'Avenaux). — *Cou-Sargues*, 1690 (id. de Bégoules).

Coussargue, ruiss., affl. de l'Alagnon, c^nes de Ferrières-Saint-Mary et de Molompize; cours de 4,100 m. On le nomme aussi *Bégoules*. — *Russeau de Cossargues; des Grèzes; de las Trémoleyres; rif de Fontanilhe*, 1610 (terr. d'Avenaux). — *Rif de Bégoulle*, 1690 (id. de Bégoules).

Coussergues, ham., c^ne de Marmanhac. — *Les Coussigues*, 1654 (arch. mun. d'Aurillac, s. CC, p. 8). — *Coussergues*, 1665 (état civ. de Jussac). — *Cousserges*, 1669 (id. de Marmanhac). — *Court-Serre*, 1671 (nommée au p^ce de Monaco). — *Couserque* (Cassini).

Coussergues, vill., c^ne de Saint-Georges. — *Gosergnos; Cosiragues; Cosargues*, 1470 (arch. dép. s. G). — *Crosergues*, 1476 (liber vitulus). — *Cousygues; Couzergues*, 1494 (terr. de Mallet). — *Cosergues*, 1526 (id. de Vieillespesse). — *Couzergues*, 1672 (insin. de la cour royale de Murat). — *Couzergues*, 1684 (état civ. de Saint-Flour). — *Cousargues*, 1784 (Chabrol, t. IV).

Cousseros (Les), mont. à vacherie, c^ne de Valuéjols.

Coussou, vill., c^ne de Condat-en-Feniers. — *Coussou*, 1550; — *Coustou*, 1658 (lièvc du quartier de Marvaud).

Coustag, mont. à vacherie, c^ne de Chalinargues.

Coustal, dom. ruiné, c^ne d'Arpajon. — *Le ténement del Coustalo*, 1739 (anc. cad.).

Coustal (Le), dom. ruiné, c^ne de la Capelle-del-Fraisse. — *Domayne de lou Coustal*, 1668 (nommée au p^ce de Monaco).

Coustal (Le), mont. à vacherie, c^ne de Laveissenet.

Coustal (Le), ruiss., affl. du Tac, c^ne de Marchal; cours de 1,880 m.

Coustal (Le), dom. ruiné, c^ne de Saint-Constant. — *L'affar del Coustal*, xv° s° (arch. mun. de Saint-Santin-de-Maurs).

Coustalade (La), écart, c^ne de Rouziers.

Coustalou (Le), dom. ruiné, c^ne de Carlat. — *Affar de Coustalou avec chazals de granges*, 1695 (terr. de la command. de Carlat).

Coustalou (Le), écart, c^ne de Montmurat.

Coustas (Les), dom. ruiné, c^ne d'Arches. — *Affarium de las Costas*, 1475 (terr. de Mauriac).

Coustatet (Le), vacherie, c^ne de Chaudesaigues.

Coustau (Le), mont. à vacherie, c^ne de Marchal.

Cousteau (Le), écart détruit, c^ne de Marcolès. — *Maison et granche appellées del Costalles,* 1546 (min. Destaing, n^re).

Cousteaux (Les), mont. à vacherie, c^ne de Brezons.

Cousteix (La), vill., c^ne de Trémouille-Marchal. — *La Coustès*, 1732 (terr. du fief de la Sépouse). — *Le Couteix* (Cassini).

Coustèle (La), écart, c^ne de Mourjou.

Coustex, mont. à vacherie, c^ne de Marchastel.

Coustie (La), vill., c^ne de Riom-ès-Montagnes. — *La Cousty*, 1658 (insin. du bailliage de Salers). — *La Coustil* (Cassini).

Coustilles (Les), écart, c^ne de Pailhérols.

Coustils (Les), ham., c^ne de Calvinet. — *Coustils* (Cassini). — *Les Coustets* (État-major). — *Les Coussels*, 1852 (Dict. stat. du Cantal).

Coustils (Les), écart, c^ne de Cassanionze.

Coustils (Les), écart, c^ne de Mourjou. — *La Castilhe*, 1784 (Chabrol, t. IV). — *Coustelle* (État-major).

Coustou (Le), ham. et m^in, c^ne de Sénezergues.

Coustouli (La Grange de), dom. détruit, c^ne d'Arpajon. — *La grange de Coustouly*, 1670 (nommée au p^ce de Monaco).

Coustoune (La), ham., c^ne d'Anglards-de-Salers.

Coustoune (La), écart, c^ne de Montboudif.

Coustoux (Les), écart, c^ne de Sénezergues.

Cousty (La), vill., c^ne de Riom-ès-Montagnes. —

Boix de la Cousty, 1658 (insin. du bailliage de Salers).

Coût (La), ruiss., affl. du ruisseau de Rasthène, c^{ne} de Labrousse; cours de 1,100 m.

Coût (La), dom. ruiné et mont. à burons, c^{ne} de Pailherols. — *Montagnhe appellée de la Coût*, 1668 (nommée au p^{cé} de Monaco). — *Ténement de las Couts*, 1736 (terr. de la command. de Carlat). — *Buron de la Coudre* (Cassini).

Coût (La), ham., c^{ne} de Quézac. — *La Coût*, 1740 (état civ.).

Coût (Le), vill. détruit, c^{ne} de Raulhac.

Coutarel, mⁱⁿ détruit, c^{ne} de Bonnac.

Coutarelle (La), mⁱⁿ détruit, c^{ne} de la Chapelle-Laurent.

Coutarelle, mⁱⁿ détruit, c^{ne} de Loubaresse.

Coutayon, dom. ruiné, c^{ne} de Saint-Urcize. — *Villaige de Coutayon*, 1686 (terr. de la Garde-Roussillon).

Coutel, seigneurie, c^{ne} de Thiézac. — *Le seigneur de Coutel*, 1674 (terr. de Thiézac).

Coutelier (Le), carderie et filature, c^{ne} de Saint-Georges.

Coutelivie (La), dom. ruiné, c^{ne} de Cassaniouze. — *Le domaine de la Coutelivie*, 1749 (anc. cad.).

Coutelles (Las), dom. ruiné, c^{ne} de la Capelle-del-Fraisse. — *Le villaige de las Coutelles*, 1668 (nommée au p^{ce} de Monaco).

Couterdie (La), dom. ruiné, c^{ne} de Sénezergues. — *L'Afar de la Couterdye*, 1668 (nommée au p^{ce} de Monaco).

Coutenées (Les), ruiss., affl. de l'Alagnon, c^{ne} de Celles; cours de 1,700 m. — *Racze de las Saniolles; la Rasc-del-Dyme*, 1644 (terr. de Celles).

Coutil (Le), écart, c^{ne} d'Anglards-de-Salers. — *Lou Collix*, 1670 (état civ.). — *Lou Coltige*, 1672 (id. du Vigean). — *Le Caulich*, 1672 (id. de Pleaux).

Couty (La), écart, c^{ne} de Junhac.

Couvent (Le), écart, c^{ne} de Saignes.

Couvente (La), dom. ruiné, c^{ne} de Siran. — *Bordaria vocata Cuberta*, 1428 (arch. mun. d'Aurillac, s. HH, c. 21).

Couvet, mont. à burons, c^{ne} de Malbo. — *Montaigne du Charot*, 1645; — *Le Charrot*, 1652; — *Montaigne de Charrocq*, 1659 (min. Danty, n^{re} à Murat). — *Buron de Couvet* (État-major).

Couyne (La), ruiss., affl. du ruisseau de Leynhac, c^{nes} de Marcolès et de Leynhac; cours de 11,000 m. On le nomme aussi *la Roque* et *la Morétie*. — *Coynes*, 1879 (état statist. des cours d'eau du Cantal).

Couzans, vill., avec manoir et mⁱⁿ, c^{ne} de Vebret. — *Cousans* (Cassini). — *Moulin de Cousans* (État-major).

Covaissal (Le), dom. ruiné, c^{ne} de Cassaniouze. — *Villaige de lou Covaissal*, 1670 (terr. de Cassaniouze).

Coyère (La), ruiss., affl. du Deviroux, c^{ne} de Rezentières; cours de 1,650 m.

Coynies (Les), dom. ruiné, c^{ne} de Cassaniouze. — *Affar de las Coynnies*, 1760 (terr. de Saint-Projet).

Cozenet, dom. ruiné, c^{ne} de Coren. — *Villaige de Cozenet*, 1646 (min. Danty, n^{re}).

Crandelle, écart, c^{ne} de Leynhac.

Crandelle, dom. ruiné, c^{ne} de Saint-Santin-Cantalès. — *Affar, mas et bordarie de Crandelles siz en la parroisse de Sainct-Santin*, 1636 (liève de Poul).

Crandelles, c^{on} sud d'Aurillac. — *Carendellæ*, 1277 (arch. mun. d'Aurillac, s. FF, p. 15). — *Crandella*, 1289 (annot. sur l'hist. d'Aurillac, p. 61). — *Carandela*, 1354 (arch. mun. d'Aurillac, s. HH, c^{on} 21). — *Carandele*, 1445 (reconn. à l'hôp. d'Aurillac). — *Crandelle*, 1521; — *Crandele*, 1522 (min. Vigery, n^{re} à Aurillac). — *Carrandelle*, 1550 (terr. de l'hôp. d'Albinhac). — *Guarandelle*, 1628 (paraphr. sur les cout. d'Auvergne). — *Carandelles*, 1625 (état civ. d'Aurillac). — *Carandelle*, 1642 (id. de Naucelles). — *Carandelle*, 1647 (id. d'Aurillac). — *Crendelle; Crendèle*, 1676 (id. d'Ayrens). — *Crandèle*, 1685 (id. de Laroquebrou). — *Crandelles*, 1743 (arch. dép. s. C, l. 7). — *Crantelle*, 1772 (terr. du prieuré de Teissières-de-Cornet).

Crandelles, avant 1789, était de la Haute-Auvergne, du dioc. de Saint-Flour, de l'élect. et de la subdél. d'Aurillac. Régi par le droit écrit, il dépend. de la justice royale d'Aurillac, et ressort. au bailliage d'Aurillac, en appel de la prév. part. — Son église, dédiée à saint Barthélemy, était un prieuré dépend. du chapitre de Saint-Géraud et à sa nomination. Elle a été érigée en succursale par décret du 28 août 1808.

Crépos (Le), écart et mont. à vacherie, c^{ne} de Marcenat.

Crégut (La), vill., mⁱⁿ et lac, c^{ne} de Trémouille-Marchal. — *La Crégut* (Cassini).

Crégut (La), ruiss., affl. de la Rhue, prend sa source au lac de ce nom, c^{nes} de Trémouille-Marchal et de Champs; cours de 6,910 m. — *Ruisseau de la Crégul*, 1837 (état des rivières du Cantal).

Crenac, dom. ruiné, c^{ne} de Laroquevielle. — *Affarium da Crernac*, 1269 (arch. mun. d'Aurillac, s. FF, p. 15).

CRÉPOU (LE), dom. ruiné, cne de Chaliers. — *Domaine de Crepou*, xvii° s° (terr. de Chaliers).

CRESCAM, dom. ruiné, cne d'Yolet. — *Affar de Crescam*, 1592 (terr. de Saint-Geraud).

CRESPIAT, vill., cne d'Arpajon. — *Crespiac*, 1269 (arch. mun. d'Aurillac, s. FF, p. 15). — *Crespiacum*, 1465 (obit. de N.-D. d'Aurillac). — *Crespihac*, 1621; — *Crispiac*, 1624; — *Crespihat*, 1625; — *Crayspiac*, 1628 (état civ.).

CRESPONÈS, fme, cne de Murat. — *Cresponès*, 1443 (arch. dép. s. E). — *Cresponnez*, 1535 (terr. de la vté de Murat). — *Cresponnés*, 1585; — *Crespounce*, 1624 (lièvo de la vté de Murat). — *Trisponet* (État-major).

CRESPONNET, écart détruit, cne de Saint-Jacques-des-Blats.

CRESSENSAC, fme, cne de Mauriac. — *Cresensac*, 1473 (terr. de Mauriac). — *Craissensac*, 1505; — *Graissensac*, 1515 (comptes au doyen de Mauriac). — *Greyssensac*, 1549 (terr. de Miremont). — *Creisensac*, 1621 (état civ.). — *Creissenssac*, 1743; — *Creyssenssac*, 1782; — *Cressonssac*, 1784 (arch. dép. s. C). — *Cressenac* (Cassini). — *Crezensac* (État-major).

CRESTARD, dom. ruiné, cne de Mourjou. — *Villaige de Crestard*, 1523 (ass. de Calvinet).

CRESTE, ham., cne de Cros-de-Montvert.

CRESTE (LE), ruiss., affl. du Lot, cnes de Montsalvy, Junhac et de Vieillevie; cours de 6,800 m. On le nomme aussi *le Combal*. — *Ruisseau des Crestes*, 1837 (état des rivières du Cantal).

CRESTELS, chât. détruit, cne de Thiézac. — *Encrestelz*, 1670 (nommée au pce de Monaco). — *Chasteau de Crestels-Barta*, 1674 (terr. de Thiézac).

CRESTES (LAS), dom. ruiné et mont. à burons, cnes du Claux et de Cheylade. — *Affar de Crestas*, 1514 (terr. de Cheylade). — *Le Christ*, 1855 (Dict. stat. du Cantal).

CRÊTES, dom. ruiné, cne de Menet. — *Mansus de Cretas*, 1441 (terr. de Saignes).

CREUX-DU-LOUP (LE), écart, cne de Condat-en-Feniers. — *Le Cros du Loup* (états de sections).

CREUX-DU-VEYSSET (LE), mont. à vacherie, cne de Chanterelle. — *Montaigne du Vaisset*, 1654; — *Le Veisset*, xvii° s° (terr. de Feniers).

CREUX-DU-VEYSSET (LE), fme, cne de Condat-en-Feniers. — *Grange du Veisset* (Cassini).

CRÈVE-CŒUR, chât. ruiné, cne de Saint-Martin-Valmeroux. — *Crevecuer*, 1269 (arch. nat. J. 319). — *Crebecuer*, 1277 (arch. mun. d'Aurillac, s. FF, p. 15). — *Crivecuer*, 1294; — *Crebacor*, 1299 (spicil. Brivat.). — *Crebacorium*, 1312 (Olim, t. IV, p. 810). — *Crevequer*, 1364 (spicil. Brivat.). — *Crèvecœur*, 1784 (Chabrol, t. IV).

C'est au château de Crève-Cœur que fut établi le siège du bailliage des Montagnes d'Auvergne, c'est-à-dire la justice des comtes d'Auvergne, de 1241 à 1271, puis de la justice royale, de 1271 à 1360, et enfin celle des ducs d'Auvergne, de 1360 jusqu'à la fin du xv° s°.

CREVET (LA), ham., cne d'Apchon.

CREYSSAC, vill., cne de Menet. — *Creyssacum; Creyssac*, 1441 (terr. de Saignes). — *Cressac*, 1598; — *Creysahac*, 1604; — *Croysahac*, 1606; — *Crasac*, 1662; — *Craisac*, 1671; — *Creissac*, 1679 (état civ.).

CRÈZE (LA), ruiss., affl. du Jurol, cne des Ternes; cours de 4,300 m. On le nomme aussi *le Croizet*.

CRISTOUFET, min détruit, cne de Vieillespesse.

CROGES (LES), dom. ruiné, cne de Lieutadès. — *Mansus de lo Cros*, 1232 (homm. à l'évêque de Clermont). — *Affar de la Crosa*, 1508; — *Tènement appelé la Crose; la Croze-soub-Font-Freyde*, 1662; — *Las Crozes*, 1730 (terr. de la Garde-Roussillon).

CROGES (LES), dom. ruiné, cne de Paulhenc. — *Affar appelé de las Crozes*, 1671 (nommée au pce de Monaco).

CROISADE (LA), fme, cne de Pleaux. — *La Croizade*, 1675; — *La Crouzade*, 1677 (état civ.).

CROISADES (LES), vill., cne de Saint-Martin-Cantalès. — *La Crozade* (Cassini).

CROISET (LE), écart, cne de Saint-Martial. — *Crozetz*, 1483 (arch. dép. s. G). — *Les Crozets*, 1640 (id. s. H). — *Le Crouzet* (État-major). — *Le Croyset*, 1886 (états de recens.).

CROIX (LA), écart, cne d'Allanche.

CROIX (LA), dom. ruiné, cne de Brezons. — *Villaige del Croz*, 1619 (min. Danty, nre).

CROIX (LA), écart, cne de Cayrols. — *La Crot*, 1403; — *La Crotz*, 1423 (arch. mun. d'Aurillac, s. HH, c. 21). — *Les Cazalz, jadis villaige de Lacrotz*, 1575 (livre des achaps d'Ant. de Naucaze).

CROIX (LA), mont. à vacherie, cne de Condat-en-Feniers. — *Montaigne de la Crois*, 1654 (terr. de l'abb. de Feniers).

CROIX (LA), ruiss., affl. de l'Alagnon, cne de Laveissière; cours de 1,120 m. — *Ruysseau appelé del Cros; de la Croux*, xv° siècle (terrier de Chambeuil).

CROIX (LA), mont. à vacherie, cne de Paulhac. — *Beuge de la Croix de la pierre*, 1662; — *La buge de la Croix de la Peyre*, 1762 (terr. de Montchamp).

CROIX (LA), écart, cne de Pleaux.

Croix (La), ham., c^ne de Saint-Cirgues-de-Malbert. — *La Croix* (Cassini).

Croix (La), dom. ruiné et mont. à vacherie, c^nes de Saint-Clément et de Vic-sur-Cère. — *Affars de la Crotz-de-Morèze*, 1584 (terr. de Polminhac). — *La metterie de la Croux*, 1668; — *L'affar de la Cros*, 1671 (nommée au p^te de Monaco). — *Montagne des Croux*, 1769 (anc. cad. de Vic).

Croix (La), m^in, c^ne de Saint-Mamet-la-Salvetat.

Croix (La), écart, c^ne de Saint-Santin-de-Maurs.

Croix (La), écart, c^ne de Vieillevie. — *La Croux*, 1683; — *La Croix*, 1689 (état civ.).

Croix-Blanche (La), lieu détruit, c^ne de Chaliers. — (Cassini.)

Croix-Blanche (La), ham., c^ne de Madic.

Croix-Blanche (La), écart, c^ne de Saint-Constant. — *La Croix-Blanche*, 1697 (état civ.).

Croix-Blanche (La), dom. ruiné et mont. à vacherie, c^ne de Saint-Urcize. — *La borie de la Croix-Blanche* (Cassini).

Croix-Blanche (La), écart, c^ne d'Ydes.

Croix d'Astric (La), ruiss., affluent du ruisseau de Charretey, c^ne de Saint-Mary-le-Plain; cours de 860 m.

Croix-de-Béal (La), écart, c^ne de Vebret.

Croix-de-Biard (La), ham., c^ne de Pleaux.

Croix-de-Fargues (La), écart, c^ne de Cros-de-Montvert.

Croix-de-Fourcal (La), ham., c^ne de Saint-Constant. — *La Croux-de-Fourcal*, 1670 (état civ.).

Croix-de-la-Borie (La), vill., c^ne de Roumégoux.

Croix-de-la-Danse (La), écart, c^ne de Saint-Étienne-de-Maurs.

Croix-de-l'Arbre (La), écart, c^ne de Saint-Simon. — *Affar de la Croux*, 1692 (terrier de Saint-Geraud).

Croix-del-Lac (La), écart, c^ne de Roussy. — *La Crout Dellac* (État-major).

Croix-del-Suc (La), ham. et teinturerie, c^ne de Boisset. — *La Croix del Suc*, 1746 (anc. cad.).

Croix-de-Pénard (La), écart, c^ne de Saint-Mamet-la-Salvetat.

Croix-de-Pierre (La), dom. ruiné, c^ne de Saint-Étienne-de-Carlat. — *Affar appellé de la Croux-de-Peyres*, 1692 (terr. de Saint-Geraud).

Croix-de-Pierre (La), écart, c^ne de Sansac-Veinazès.

Croix-de-Saint-Pierre (La), ham., c^ne de Labrousse.

Croix-des-Andels (La), ham., c^ne de Jaleyrac. — *Apud los Andals*, 1473; — *Apud fontem des Andels*, 1475 (terr. de Mauriac). — *La Croix del Gorgi* (?), 1549 (id. de Miremont).

Croix-des-Chans (La), écart, c^ne de la Peyrugue.

Croix d'Escladines (La), écart et croix, c^ne de Chaussenac. — *La grange Duscladines*, 1778 (inv. des arch. de la mais. d'Humières).

Croix-de-Servières (La), écart, c^ne de Montvert.

Croix-des-Ols (La), écart, c^ne de Parlan. — *La Crotz de Bessons*, 1587 (livre des achaps d'Ant. de Naucaze). — *La Croux*, 1748 (anc. cad.).

Croix-du-Baron (La) ou les Quatre-Chemins, ham., c^ne de Saint-Martin-Valmeroux.

Croix-du-Bés (La), mont. à vacherie, c^ne de Saint-Saturnin. — *La Croix-del-Bés* (états de sections).

Croix-du-Cambon (La), écart, c^ne d'Omps.

Croix-du-Cros (La), ham., c^ne de Teissières-les-Bouliès.

Croix du Faisan (La), écart, c^ne de Calvinet.

Croix-du-Theil (La), ham., c^ne de Saint-Mamet-la-Salvetat.

Croix-du-Tiple (La), écart, c^ne de Saint-Constant.

Croix-d'Uzols (La), écart, c^ne de Saint-Mamet-la-Salvetat.

Croix-Longue (La), vill., c^ne d'Ayrens.

Croix-Neuve (La), vill., c^ne de Condat-en-Feniers. — *Tènement de la Croix*, XVIe s^e (lièvre conf. de Feniers). — On le nomme aussi *la Montagne*.

Croix-Rouge (La), écart, c^ne de Lanobre. — *La Maison rouge* (État-major).

Croizet (Le), écart, c^ne d'Arpajon. — *Lou Croset*; *Crozet*, 1293 (lièvre de Carbonnat). — *Lou Crosset*, 1616 (arch. mun. d'Aurillac, s. GG, c. 6). — *Lou Crouzet*, 1621; — *Lou Crozets*, 1622 (état civ.). — *Le Crouzès*, 1679 (arch. dép. s. C, l. 5). — *Le mas de la Croux*, 1692 (terr. de Saint-Geraud).

Croizet (Le Champ du), dom. ruiné, c^ne d'Arpajon. — *Tènement de la Cam del Crouzet*, 1741 (anc. cad.).

Croizet (Le), ham., c^ne d'Aurillac. — *Crozet*, 1371 (arch. dép. s. H). — *Crozum*, 1592 (min. Vigery, n^re). — *Les Crozes*, 1561 (obit. de Notre-Dame-d'Aurillac). — *Le Couzet*, 1613; — *Lou Crozet*, 1626; — *Les Croses*, 1635 (état civ. de Naucelles). — *Le Crouzet*, 1693 (invent. des titres de l'hôpital d'Aurillac).

Croizet (Le), écart, c^ne d'Aurillac, est aujourd'hui réuni à la population agglomérée. — *Lou Crosset*, 1621; — *Lou Crozel*, 1623 (état civ. d'Arpajon). — *Lou Crosetz*, 1635 (id. de Naucelles).

Croizet (Le), f^me, c^ne de Chaliers. — *Le Crouzex*, 1630 (terr. de Montchamp). — *Le Crouzet*, fin du XVIIe s^e (id. de Chaliers). — *Le Crozet* (État-major).

Croizet (Le), f^me, c^ne de Saint-Projet. — *Escrozet*,

1742 (état civ. de Saint-Bonnet-de-Salers). — *Le Croizet* (Cassini).

CROIZET (LE), dom. ruiné, c^{ne} de Teissières-les-Bouliès. — *Affar del Crosetz; des Croses*, 1535 (arch. mun. d'Aurillac, s. GG, c^{on} 6).

CROIZET (LE), vill. et m^{in}, c^{ne} des Ternes. — *Les Croses*, 1595 (min. Andrieu, n^{re}). — *Crouzex; Crouzetz*, 1636 (terr. des Ternes). — *Crouzet*, 1645 (lième des Ternes). — *Excrosex*, 1659 (état civ. de Pierrefort). — *Les Crozes*, 1671 (insin. du bailliage de Saint-Flour). — *Le Crouzet* (Cassini).

CROIZET (LE CHAMP DU), dom. ruiné, c^{ne} des Ternes. — *Vilaige de la Chalm-de-Crouzex*, 1636 (terr. des Ternes).

CROIZET (LE), vill., c^{ne} de Thiézac. — *Lou Crouzet*, 1609; — *Lou Crozet*, 1618 (état civ.). — *Le Croizet*, 1746 (anc. cad.).

CROIZET (LE), dom. ruiné, c^{ne} du Vigean. — *Lou Crozet*, 1310 (lième du prieuré du Vigean). — *La Croge* (états de sections).

CROIZETTE (LA), dom. ruiné, c^{ne} de Lieutadès. — *Vilaige de la Crozeta*, 1508 (terr. de la Garde-Roussillon).

CROIZETTES (LES), écart, c^{ne} de la Besserette.

CROMASSE, vill., c^{ne} de Ruines. — *Cormasse*, 1624 (terr. de Ligonnès). — *Cromat*, 1743 (arch. dép. s. C, l. 48). — *Cromasse*, 1745 (id. l. 43). — *Cromas*, 1782 (id. l. 48).

CROMIÈRES, f^{me}, c^{ne} de Chaudesaigues. — *Cromières*, 1784 (Chabrol, t. IV).

CROMIÈRES, chât. fort. détruit, c^{ne} de Raulhac. — *Cromeriæ*, XIVe s^e (arch. mun. d'Aurillac, s. HH, c. 21). — *Cromières*, 1668; — *Cormières*, 1669 (nommée au p^{ce} de Monaco). — *Courmières; Croumières*, 1695 (terr. de la command. de Carlat). — *Crommières*, 1857 (Dict. stat. du Cantal).

Cromières était, avant 1789, le siège d'une justice seign. régie par le droit écrit, et ressort. au bailliage de Vic, en appel de sa prév. part.

CROMIGUIÈRE (LA), dom. ruiné, c^{ne} de Ladinhac. — *Affar de la Cromiquieyra*, 1669 (nommée au p^{ce} de Monaco).

CROSCHES (DE)? lieu inconnu, c^{ne} de Valette. — Décret du 22 mai 1857.

CROPIÈRES, mont. à burons, c^{ne} de Pailhérols. — *Montanhe de la Copierra*, 1668 (nommée au p^{ce} de Monaco).

CROPIÈRES, ham., m^{in} et chât., c^{ne} de Raulhac. — *Crosapeyra*, 1324; — *Cropier*, 1498 (arch. dép. s. E). — *Croppié*, 1638 (pièces du cab. de Lacassagne). — *Cropières; Croppières*, 1643 (min. Froquières, n^{re}). — *Cropière*, 1669 (nommée au p^{ce} de Monaco). — *Croupières*, 1678 (état civ. de Saint-Clément). — *Cropiers*, 1693 (id. de Raulhac). — *Cropières-Toude; Croupière*, 1695 (terr. de la commaud. de Carlat).

CROQUANT (LE), ham., c^{ne} de Menet. — *Le Crocant-Sire* (Cassini).

CROQUÈS, m^{in} détruit, ville d'Aurillac. — *Moulin estant en ruine appellé de Croquès, sciz sur l'agal passant par ladite ville et monastère, confrontant avec le Moulin-Neuf*, 1692 (terr. de Saint-Geraud).

CROQUET (LE), f^{me}, c^{ne} de Sauvat.

CROS (LE), ham., c^{ne} d'Anglards-de-Saint-Flour. — *Le Cros*, 1494 (terr. de Mallet).

CROS (LE), dom. ruiné, c^{ne} de Badailhac. — *Le villaige del Cros*, 1692 (terr. de Saint-Gerand).

CROS (LE), écart, c^{ne} de Chastel-Marlhac.

CROS (LES), mont. à vacherie, c^{ne} de Cheylade. — *Boys de l'Aigue-del-Croz*, 1520 (min. Teyssandier, n^{re}).

CROS (LE), mont. à vacherie, c^{ne} de Colandres. — *Vacherie la Crosse* (Cassini).

CROS (LE), mont. à vacherie, c^{ne} de Dienne.

CROS, ham., c^{ne} de Fournoulès. — *Cros-des-Isserts*, 1784 (Chabrol, t. IV).

CROS (LE), ravine, affl. du ruisseau de l'Hôpital, c^{ne} de Fournoulès; cours de 600 m.

CROS (LE), dom. ruiné, c^{ne} de Ladinhac. — *L'afar del Cros*, 1669 (nommée au p^{ce} de Monaco).

CROS (LE), écart, c^{ne} de Leynhac. — *Le Cuit*, 1784 (Chabrol, t. IV).

CROS (LE), écart, c^{ne} de Marchastel.

CROS (LE), écart, c^{ne} de Paulhenc.

CROS (LE), dom. ruiné, c^{ne} de Polminhac. — *L'affar Delcros*, 1583 (terr. de Polminhac).

CROS (LE), vill., c^{ne} de Rageade. — *Le Cros*, 1672 (état civ. de Bonnac). — *Le Croc*, 1784 (Chabrol, t. IV).

CROS (LE), dom. ruiné, c^{ne} de Reilhac. — *Le Crou*, 1650 (état civ. d'Aurillac). — *Tènement appellé des Cros et de Fromatgier, et à présent des Cros et des Ponteissous*, 1773 (terr. de la châtell. de la Broussette).

CROS (LE), écart, c^{ne} de Riom-ès-Montagnes.

CROS, vill., c^{ne} de Saint-Cernin. — *Lou Cros*, 1269 (arch. mun. d'Aurillac, s. FF, p. 15). — *Le Puy-del-Cros*, 1566 (terr. de Saint-Christophe). — *Le Crou*, 1649; — *Croa*, 1650 (état civ. d'Aurillac). — *Le Cros*, 1666 (id. de Saint-Martin-de-Valois).

CROS (LE), dom. ruiné, c^{ne} de Saint-Étienne-Cantalès. — *La métayrie del Cros*, 1653 (état civ.).

Cros (Le), vill. et m^{in}, c^{ne} de Sainte-Eulalie. — *Lou Cros*, 1654 (état civ. de Saint-Christophe).

Cros (Le), vill., c^{ne} de Saint-Saury. — *Cortz*, 1297 (test. de Geraud de Montal). — *Cros*, 1357 (arch. mun. d'Aurillac, s. HH, c. 21). — *Lou Crou*, 1626 (min. Sarrauste, n^{re} à Laroquebrou).

Cros (Le Bos de las), dom. ruiné, c^{ne} de Saint-Simon. — *Mas apellé lou Croa*, 1692 (état civ. de Glénat). — *Mas dal Cros*, 1692 (terr. de Saint-Geraud). — *Olcros* (états de sections).

Cros (Le), ruiss., affl. de l'Hère, c^{ne} de Saint-Urcize; cours de 1,300 m.

Cros (Le), vill., c^{ne} de Sansac-de-Marmiesse. — *Le Cros*, 1734 (arch. dép. s. C, l. 2).

Cros (Le), lieu détruit, c^{ne} de Tournemire — (Cassini.)

Crosarie (La), dom. ruiné, c^{ne} de Saint-Constant. — *Affar de la Crossarie*; *Crosarie*; *Rossarie*, xviie s^e (reconn. au prieur de Saint-Constant).

Crosatier (Le), dom. ruiné, c^{ne} d'Arpajon. — *El mas da Croscatier*, 1223 (liève de Carbonnat).

Cros-Bas (Le), vill., c^{ne} de Brezons. — *Lou Cros*, 1623 (ass. gén. tenues à Cezens). — *Lou Crosbas*, 1670 (état civ. d'Aurillac). — *Le Cros-bol*, 1701 (*id.* de Brezons). — *Les basses Croches* (Cassini).

Cros-Bas (Le), écart détruit, c^{ne} de Champs.

Cros-de-Boulan (Le), grange isolée, c^{ne} de Mauriac. — *Mansus del mas del Cros*, 1475 (terr. de Mauriac).

Cros-de-Calix (Le), dom. ruiné, c^{ne} de Crandelles. — *Le domaine de la Crouse-de-Calix*, 1773 (terr. de la châtell. de la Broussette).

Cros-de-Chaumeil (Le), mont. à burons, c^{nes} du Claux et de Cheylade. — *V^{le} Grochomey* (Cassini). — *Cros Chaumet* (État-major).

Cros-de-Chaumeil (Le), ruiss., affl. du ruisseau de Chamalière, c^{ne} du Claux; cours de 2,350 m.

Cros-de-la-Voûte (Le), m^{in} détruit, c^{ne} de Fontanges. — *Le moulin appellé Cros-de-la-Vaute*, 1767 (terr. de Beauclair).

Cros-de-Montamat, vill., c^{ne} de Cros-de-Ronesque. — *Montamatum sive Cros*, 1289 (annot. sur l'hist. d'Aurillac, p. 61). — *Cros*, 1308 (arch. dép. s. G). — *Crozum subtus Montamat*, 1561 (bulle de sécul. de l'abb. de Saint-Geraud). — *Cros de Marmainhat*, 1628 (paraphr. sur les cout. d'Auvergne). — *Cros-de-Monthamat*, 1643; — *Cros de Monthemat*, 1644 (min. Froquières, n^{re}). — *Cros-de-Montamat*, 1784 (Chabrol, t. IV).

Cros-de-Montamat était, avant 1789, de la Haute-Auvergne, du dioc. de Saint-Flour, de l'élect. et de la subdél. d'Aurillac. Régi par le droit écrit, il dépend. de la justice du prieuré de Cros, et ressort. au bailliage de Vic, en appel de sa prév. part. — Son église, dédiée à saint Hilaire, était un prieuré dépend. du monast. de Saint-Geraud, et la cure était à la nomination du chapitre. Elle a été érigée en succursale par décret du 28 août 1808.

Cros-de-Montvert, c^{on} de Laroquebrou. — *Cros*, 1275 (test. de Bertrand de Montal). — *Crosum Montisviridi*, xive s^e (Pouillé de Saint-Flour). — *Crossoubz-Montvert*, 1628 (état civ.). — *Cros-de-Peignières*, 1697 (*id.* de la Capelle-Viescamp).

Cros-de-Montvert, avant 1789, était de la Haute-Auvergne, du dioc. de Saint-Flour, de l'élect. et de la subdél. d'Aurillac. Régi par le droit écrit, il dépend. de la justice seign. de Pénières, et ressort. au bailliage de Vic, en appel de sa prév. part. — Son église, dédiée à sainte Madeleine, était un prieuré dépendant de l'archidiacre d'Aurillac. Elle a été érigée en succursale par décret du 28 août 1808.

Cros-de-Ronesque, c^{on} de Vic-sur-Cère et château fort auj. détruit. — *Ronesca*, xive s^e (Pouillé de Saint-Flour). — *Romesques*, 1628 (paraphr. sur les cout. d'Auvergne). — *Saint-Jacques-de-Ronesque*, 1662 (Pouillé de Saint-Flour). — *Ronesque*, 1669 (nommée au p^{ce} de Monaco). — *Romesque*, 1756 (arch. mun. de Naucelles). — *Ronnesques* (Cassini).

Ronesque était, avant 1789, régi par le droit écrit, dépend. de la justice seign. de Montamat, et ressort. au bailliage de Vic, en appel de la prév. d'Aurillac. — Son église, dédiée à saint Jacques, était un prieuré à la nomination du chapitre de Saint-Geraud. Elle a été érigée en chapelle vicariale par l'ordonn. royale du 2 mars 1821. Une autre ordonnance royale du 15 septembre 1846 l'a érigée en succursale.

En exécution de la loi du 17 mai 1846, les c^{nes} de Cros-de-Montamat et de Ronesque ont été réunies en une seule commune, sous le nom de Cros-de-Ronesque. — Par décision du Conseil général du 23 août 1876, les lieux de Bassignac, la Doux, Morzières, le Pajou et la Rivière ont été distraits de la c^{ne} de Badailhac et annexés à la c^{ne} de Cros-de-Ronesque.

Cros-du-Coin (Le), m^{in}, c^{ne} de Bredon. — *Molin de Coing* ou *de François de Sainct-Jailh*, 1508 (terr. de Loubeysargues). — *Molin appellé del Cros-del-Cong*; *Cros-del-Con*, 1580 (liève. conf. de la v^{té} de Murat). — *Molin du Coingt du sieur Grégoire*, 1661 (terr. de Loubeysargues). — *Moulin du Cros-du-Coing*, 1681 (*id.* d'Albepierre).

CROS-DU-RIEU (LE), mⁱⁿ détruit, c^{ne} de Vézac. — *Lou mole de Cros-del-Rieu*, 1580; — *Molin del mole-del-Cros*, 1583 (terr. de Polminhac).

CROSE (MOULIN DE), foulon détruit, c^{ne} de Bredon. — *Molin del Crose*, 1508; — *Molin del Croze*, 1644; — *Molin des Crosis*, 1661; — *Molin des Crozes*, 1687 (terr. de Loubeysargues).

CROSE (LA), f^{me} avec manoir, c^{ne} de Colandres. — *La Croza*, 1519 (terr. d'Apchon). — *La Crose*, 1740 (état civ.). — *La Croze*, 1777 (liève d'Apchon). — *La Crosse* (Cassini).

CROSE (LA), écart, c^{ne} de Vieillevie.

CROSE-COMBE (LA), dom. ruiné, c^{ne} de Cassaniouze. — *Affar de Croze-Combe, alias las Touganhes, alias des Cambous*, 1760 (terr. de Saint-Projet).

CROSE-GOUTTE (LA), dom. ruiné, c^{ne} de Laroquebrou. — *Mansus de Croza-Gota*, 1343 (arch. dép. s. E). — *Crosa-Gota*, 1403 (pap. de la fam. de Montal). — *Territorium de Rosso sive de Crosaguota*, 1435; — *Crosegoute*, 1574 (arch. dép. s. E). — *Villaige de Croze-Goutte*, 1669 (nommée au p^{ce} de Monaco).

CROSELIAS, dom. ruiné, c^{ne} de Saint-Vincent. — *Lo mas de las Crouselias*, 1332 (liève du prieuré de Saint-Vincent).

CROSE-PEYRE (LA), dom. ruiné, c^{ne} de Saint-Santin-Cantalès. — *Domaine de Croze-Peyre*, 1778 (inv. des arch. de la mais. d'Humières).

CROSES (LES), lieu détruit, c^{ne} de Chaudesaigues. — *Crosas*, 1784 (Chabrol, t. IV).

CROSES (LES), ruiss., affl. du Bex, c^{ne} de Sarrus; cours de 1,170 m. — *Russeau de la Croza*, 1493; — *La Croze*, 1494 (terr. de Mallet).

CROS-FUECH-MARTRUES (LE), vill. détruit, c^{ne} de Cros-de-Montvert. — *Le villaige de Cros-fuech-Martrues*, 1635 (état civ.).

CROS-HAUT (LE), ham., c^{ne} de Brezons. — *Lou Cros-souboira*, 1623 (ass. gén. tenues à Cezens). — *Lou Cros-souboyro*, 1636 (id. à Brezons). — *Lou Cros*, 1707 (état civ. de Murat). — *Le Cros-Haut*, 1710 (id. de Brezons). — *Les Hauts-Croche* (Cassini).

CROS-HAUT (LE), écart, c^{ne} de Champs.

CROSTEULAT, vill. détruit, c^{ne} de la Capelle-del-Fraisse.

CROUBAS, ruiss., affl. de la rivière d'Ande, c^{nes} de Valuéjols et d'Ussel; cours de 2,500 m. — *Ruisseau appellé del Troubat*, 1663; — *Le Troubas; le Trouval*, 1687 (terr. de Loubeysargues).

CROUCON (LE), dom. ruiné, c^{ne} de Saint-Mamet-la-Salvetat. — *Ténement du Croucon*, 1745 (anc. cad.).

CROUPON (LE), dom. ruiné, c^{ne} du Fau. — *L'affar appelé del Croupon*, 1717 (terr. de Beauclair).

CROUSI, vill., c^{ne} de Mauriac. — *Crausi*, 1549 (terr. de Miremont). — *Crausy*, 1595 (état civ. de Brageac). — *Crouzy*, 1744 (arch. dép. s. C).

CROUSI-SOUBRO, vill., c^{ne} de Mauriac. — *Crausinus Superior*, x^e s^e (test. de Théodechilde). — *Crausi-Sobro*, 1515 (comptes au doyen de Mauriac). — *Crausi-Sobra*, 1549 (terr. de Miremont). — *Crausy-Soubro*, 1645; — *Crausy-Soubre*, 1668 (état civ.).

CROUSI-SOUTRO, vill., c^{ne} de Chalvignac. — *Crauzi*, 1296 (homm. à l'évêque de Clermont). — *Crausi Soutre*, 1515 (comptes au doyen de Mauriac). — *Crausi Sotra*, 1549 (terr. de Miremont). — *Crausy-Bas*, 1622; — *Crosy-Soutre*, 1682 (id. de Mauriac). — *Crausy-Soutro*, 1695 (id. d'Ally).

CROUTAL, mont. à burons, c^{ne} de Marchastel.

CROÛTES, écart, c^{ne} de Marcolès. — *Crotas*, 1437 (terr. du prieuré de Marcolès). — *Crotes*, 1545 (min. Destaing, n^{re}). — *Croûtes*, 1668 (nommée au p^{ce} de Monaco). — *Crotas ou le Saulcet*, 1784 (Chabrol, t. IV).

CROÛTES, vill., c^{ne} de Saint-Martin-sous-Vigouroux. — *Crotas*, 1368 (arch. dép. s. E). — *Croüses*, 1671 (état civ. de Pierrefort). — *Les Cartes*, 1671 (nommée au p^{ce} de Monaco). — *Crouttes* (Cassini).

CROUTTES, vill. et mⁱⁿ, c^{ne} de Bonnac. — *Crottes; Crotes*, 1558 (terr. de Tempel). — *Crouttes*, 1640 (état civ.). — *Croüttes*, 1708 (id. de Saint-Étienne-sur-Massiac). — *Croutte*, 1771 (terr. du prieuré de Bonnac). — *Croûte* (Cassini).

Crouttes était un membre de la command. de Celles.

CROUX (LA), écart, c^{ne} de Lascelle.

CROUX (LAS), écart, c^{ne} de Leynhac. — *La Croix*, 1784 (Chabrol, t. IV).

CROUX (LA), mont. à vacherie, c^{ne} de Montboudif.

CROUX (LA), ruiss., affl. du Bouscatel, c^{ne} de Saint-Cirgues-de-Jordanne.

CROUX (LA), vill. c^{ne} de Saint-Clément. — *La Crotz*, 1476 (terr. de la command. de Carlat). — *La Croux*, 1611; — *La Croix*, 1613 (état civ. de Thiézac). — *La Croutz*, 1669; — *La Crouz*, 1671 (nommée au p^{ce} de Monaco). — *La Crousse* (Cassini).

CROUX (LAS), écart, c^{ne} de Saint-Étienne-de-Maurs. — *La Croux*, 1632; — *La Croix*, 1748 (état civ.). — *La Crous-la-Peyre*, 1750 (id. de Maurs).

CROUX (LAS), écart, c^{ne} de Saint-Just. — *La Croix* (État-major).

CROUX (LE CON DE LA), dom. ruiné, c^{ne} de Saint-

DÉPARTEMENT DU CANTAL. 169

Mamet-la-Salvetat. — *Affarium de la Crox*, 1449 (arch. dép. s. H). — *Bois de la Craust*, 1668 (nommée au p^ce de Monaco). — *Le Camp de la Croux*, 1739 (anc. cad.).

Croux (Le Puy de la), mont. à vacherie, c^ne de Saint-Remy-de-Chaudesaigues.

Croux (Les), écart, c^ne de Saint-Santin-de-Maurs.

Croux (La), écart, c^ne de Vieillevie.

Croux-del-Mas (La), écart, c^ne de Saint-Santin-de-Maurs.

Croux-Mali (L'Arbre de), ham., c^ne d'Aurillac, construit depuis quelques années seulement. — *L'Arbre de Croumali*, 1886 (états de recens.).

Ce hameau est voisin de la croix de ce nom, qui avait elle-même donné son nom à l'arbre dit de *Croux-Mali*, anciennement nommé arbre de *Mongausi*, d'après les textes suivants : *Usque ad arbores de Monte-gauze*, 1277 (arch. mun. s. FF, p. 15). — *Versus arborem de Montgausi*, 1344 (id. s. GG, p. 21). — *Subtus tiliam seu arborem de Mongausi*, 1471 (arch. dép. s. E). — *Et au chemin que l'on va de la ville vers l'arbre de Montgausy*, 1525 (arch. mun. s. II, reg. VIII, f° 63). — *La Croix Mallet*, 1684 (procès-verbal concern. les murs et fossés de la ville). — *La Croix-Malhis; l'Aubré de Montgausy, sive de la Combe-Marty; l'Arbre de Montgausi*, 1692 (terr. de Saint-Gerand).

Croux-Saint-Pierre (La), écart, c^ne de Labrousse.

Crouyes, seign., c^ne de Saint-Santin-Cantalès. — *Le seigneur de Crouyes*, 1669 (nommée au p^ce de Monaco).

Crouzade (La), dom. ruiné, c^ne de Saint-Victor. — *La Crozade*, 1693 (inv. des titres de l'hôp. d'Aurillac).

Crouzades (Les), dom. ruiné, c^ne de Cassaniouze. — *Métairie appellée de las Crouzades, alias de l'Estrade*, 1760 (terr. de Saint-Projet).

Crouzat (Le), dom. ruiné, c^ne de Saint-Christophe. — *Le Crouzat*, 1615; — *Crouzal*, 1617; — *Crouzac*, 1650; — *Crozat*, 1667 (état civ.). — *Domaine du Croisat*, 1768 (arch. dép. s. C, l. 40). — *La Crozado* (Cassini).

Crouzels (Les), dom. ruiné, c^ne de Prunet. — *Tènement des Crouzels*, 1670 (nommée au p^ce de Monaco).

Crouzet (Le), m^in, c^ne de Lorcières.

Crouzet (Le), dom. ruiné, c^ne de Pers. — *Affarium de Croseto*, 1403 (arch. mun. d'Aurillac, s. HH, c. 21).

Crouzet (Le), écart et mont. à burons, c^ne de Saint-Projet. — *V^rie du Croizet* (État-major).

Crouzettes (Las), écart, c^ne de la Peyrugue.

Crouzettes (Les), écart, c^ne de Saint-Bonnet-de-Marcenat.

Crouzit, buron, c^ne de Saint-Paul-de-Salers, sur le plateau du Violent. — *Vacherie du Crouset* (Cassini).

Crouzol, vill., c^ne du Trioulou. — *Lou Croutot*, 1744; — *Cruzol*, 1745; — *Crouzol*, 1752 (état civ.). — *Crousol*, 1857 (Dict. stat. du Cantal).

Crozat, vill. et m^in, c^ne de Saint-Christophe.

Crozat (Le), écart, c^ne de Saint-Martin-Cantalès.

Croze (La), mont. à vacherie, c^ne d'Allanche.

Croze (La), vill. et m^in abandonné, c^ne d'Auriac. — *La Croze*, 1721 (état civ. de Saint-Étienne-sur-Massiac). — *Lacroze* (État-major).

Croze (La), mont. à vacherie, c^ne de Cezens.

Croze (La), écart, c^ne de Fontanges. — *La Croze*, 1717 (terr. de Beauclair).

Croze (La), mont. à vacherie, c^ne de Molèdes.

Crozes (Les), dom. ruiné, c^ne d'Arpajon. — *Mansus de las Crozes*, 1469; — *Los Crozas*, 1545 (arch. mun. d'Aurillac, s. GG, c. 6). — *Le Crozat*, 1585 (terr. de N.-D. d'Aurillac). — *Les Croses*, 1739 (anc. cad.).

Crozes (Les), écart, c^ne de Boisset.

Crozes (Les), dom. ruiné, c^ne de Carlat. — *Tènement de las Croses*, 1736 (terr. de la command. de Carlat).

Crozut, m^in détruit, c^ne de Roffiac. — *Molendinum dictum Crosutz, in ribeyra de Lenda*, 1526 (terr. de Vieillespesse).

Crugalbras, dom. ruiné, c^ne de Rouffiac. — *Villaige de Crugalbras*, 1648 (min. Sarrauste, n^re).

Crusse (La), dom. ruiné, c^ne de Riom-ès-Montagnes. — *Villaige de la Crusset*, 1658 (insin. du bailliage de Salers). — *Affar de Crussolet*, 1719 (table du terr. d'Apchon).

Crusses (Les), mont. à burons, c^ne de Thiézac. — *Montaigne des Crusses*, 1674 (terr. de Thiézac).

Cuades (Les), écart, c^ne de Saint-Saturnin.

Cube (Le Puech de la), mont. à vacherie, c^ne de Saint-Cirgues-de-Jordanne.

Cudol, dom. ruiné, c^ne de Mandailles. — *Villaige de Cudol*, 1665 (état civ. de Murat).

Cueilhes, f^ns, c^ne d'Aurillac. — *Cueylar*, 1522 (min. Vigery, n^re). — *Cueilhe*, 1554 (test. de Guil. de Cueilhe). — *Crubghe*, 1626; — *Cueille*, 1628; — *Cueillie*, 1631 (état. civ.).

Cueilles (Las), dom. ruiné, c^ne de Saignes. — *Las Cueilhas; la Cueilha; la Cuelha*, 1441 (terr. de Saignes).

Cueilles (Les), écart, c^ne de Valuéjols.

Cuelhac, dom. ruiné, c^ne de Siran. — *Cuelhac*, 1654 (min. Sarrauste, n^re).

Cuelues, vill., c^ne de Jussac. — *Cuelha*, 1469; — *Cuelhe*, 1567 (terr. de Saint-Christophe). — *Cuelle*, 1629 (état civ. de Reilhac). — *Cueilhe*, 1673 (terr. de la Cavade). — *Cueilles*, 1717 (état civ. de Saint-Paul-des-Landes). — *Cuelhes*, 1773 (terr. de la Broussette).

Cuelles (Les), écart, c^ne de Saint-Saturnin.

Cueygues, ham., c^ne de Junhac.

Cueygues, ruiss., affl. du ruisseau de Combenouze, c^ne de Junhac; cours de 3,900 m.

Cugasse, dom. ruiné, c^ne de Marcolès. — *Affarium de Cugassas*, 1499 (pièces de l'abbé Delmas).

Cuissot, m^in, c^ne d'Ussel.

Cuju (Le Bois de), mont. à vacherie, c^ne de Sarrus.

Cumbiot, seign., c^ne de Laveissière. — *Dominus de Cumbiot*, 1398 (arch. dép. s. E).

Cumel, dom. ruiné, c^ne de Mourjou. — *Capmas de Cumel*, 1557 (pièces de l'abbé Delmas).

Cumenget, vill., c^ne de Saint-Mary-le-Plain. — *Cumeget*, 1526; — *Cumenges*, 1571 (terr. de Vieillespesse). — *Cumenghet*, 1610 (id. d'Avenaux). — *Cumenyet*, 1657; — *Cumenget*, 1667 (état civ. de Saint-Victor-sur-Massiac). — *Cumenjet*, 1723 (id. de Saint-Mary-le-Plain). — *Cumengé* (État-major).

Cumines, dom. avec manoir détruit, c^ne de Cheylade. — *Villaige des Cuminaullz*, 1513; — *Cuminaulx*, 1514; — *Mas des Commobrulz*, 1539 (terr. de Cheylade). — *Cumineaulx*, xviie s^e (table de ce terr.). — *Cumines*, 1784 (Chabrol, t. IV).

Cumines était, avant 1789, le siège d'une justice seign. régie par le droit coût., et ressort. à la sénéch. d'Auvergne, en appel de la prév. de Saint-Flour.

Cuminial, f^me, c^ne de Chastel-Marlhac. — *Communal* (État-major).

Cunascle, vill. détruit, c^ne du Vigean. — *Mansus de Cunascle*, 1310 (lièvre du prieuré du Vigean). — *Mansus de Cumascle*, 1473 (terr. de Mauriac). — *Villaige de Cunascle*, 1639 (rentes dues au monast. de Mauriac).

Cunes (Las), mont. à vacherie, c^ne de Bredon. — *Las Cunes*, 1609 (min. Danty, n^re). — *Las Cambes*, 1668 (nommée au p^ce de Monaco). — *Costeau de Lascunes*, 1680 (terr. de la ville de Murat).

Cunine (La), mont. à vacherie, c^ne de Saint-Paul-de-Salers.

Curade (La), m^in détruit, c^ne de Lieutadès. — *Molin de la Curada, aujourd'hui chézal*, 1508; — *Mollin appellé lo Curade*, 1662 (terr. de la Garde-Roussillon).

Curade (La), bois défriché, c^ne de Roussy. — *Nemus de la Curada*, 1535 (terr. de Caylus).

Curadis (Le), ruiss., affl. de la Jordanne, c^ne de Mandailles; cours de 1,500 m. — Il porte aussi le nom de Béral. — *Curedis*, 1879 (état stat. des cours d'eau du Cantal).

Curadit (Le), écart, c^ne de Saint-Julien-de-Jordanne.

Curalbès, mont. à vacherie, c^ne de Saint-Étienne-de-Carlat. — *Comalbas*, 1583; — *Caralbez; de Curalbez; Curallez; affar de la Roca d'Auboynes de Curalbez*, 1584 (terr. de Polminhac).

Cure (Le Bois de la), mont. à vacherie, c^ne de Tiviers. — *Bois appellé de la Cuve*, 1669; — *Bois de la Cure*, 1730 (terr. de Montchamp).

Cure (La), m^in, c^ne de Valjouze. — *Moulin du Bois de la Cure* (État-major).

Curebourse, écart, c^ne de Saint-Clément. — *Curaboursa*, 1485 (reconn. à J. de Montamat). — *Curabourse*, 1584 (terr. de Polminhac). — *Curebourse*, 1644 (min. Dumas, n^re). — *Curbourse* (Cassini). — *Curbourse* (État-major).

Curières, vill. avec manoir, c^ne de Cheylade. — *Curières*, 1504 (homm. à l'évêque de Clermont). — *Curieras*, 1513; — *Cureyras*, 1514; — *Cureyres*, 1539 (terr. de Cheylade). — *Currières*, 1592 (vente de la terre de Cheylade). — *Curaire*, xviie s^e (table du terr. de Cheylade). — *Cusières* (Cassini).

Curières, avant 1789, était le siège d'une justice seign. régie par le droit coût., et ressort. à la sénéch. d'Auvergne, en appel de la prév. de Saint-Flour.

Curières, ham., c^ne de Saignes. — *Chez-Curière* (Cassini). — *Chez-Carières*, 1857 (Dict. stat. du Cantal).

Curières, dom. ruiné, c^ne de Saint-Cirgues-de-Malbert. — *Villaige de Curieyres*, 1655 (état civ. de Pleaux).

Cluses (Les), m^in, c^ne de Marcolès.

Cussac, c^on sud de Saint-Flour. — *Cuciacum*, 996 (Gall. christ. t. II, inst. col. 130). — *Cussac*, 1352 (homm. à l'évêque de Clermont). — *Cussacum*, 1442 (liber vitulus). — *Cusacum*, 1445 (ordonn. de J. Poujet). — *Cussait*, 1542 (terr. de Bressanges). — *Custiat*, 1628 (paraphr. sur les cout. d'Auvergne). — *Cussat*, 1665 (insin. du bailliage d'Andelat).

Cussac, avant 1789, était de la Haute-Auvergne, du dioc., de l'élect. et de la subdél. de Saint-Flour. Régi par le droit écrit, il était le siège d'une justice seign., ressort. à la sénéch. d'Auvergne, en appel de la prév. de Saint-Flour. — Son église,

DÉPARTEMENT DU CANTAL.

dédiée à saint Amand, avait été donnée au monast. de Saint-Flour, en 1010, par Pons de Turlande; elle était unie à la mense épiscopale. Elle a été érigée en succursale par décret du 28 août 1808.

Cussac, m^{in}, c^{ne} d'Anglards-de-Saint-Flour.

Cussac, m^{in}, c^{ne} de Chaliers.

Cussac, vill. et chât. détruit, c^{ne} de Chaussenac. — *Villa Cuciac*, xiie s^e (charte dite *de Clovis*). — *Cussa*, 1466 (terr. de Saint-Christophe). — *Cussacum*, 1503 (id. de Cussac). — *Cussac*, 1649 (état civ. de Pleaux). — *Cussach*, 1673 (id. du Vigean). — *Cussat*, 1769; — *Cuszac*, 1780 (arch. dép. s. G).

Cussac, ruiss., prend sa source dans la c^{ne} de Chaussenac, et forme, à son confluent avec celui d'Ostenac, sur le territ. de la c^{ne} de Tourniac, le ruisseau d'Escorailles, après un cours de 3,220 m. — *Rivus de Cussaco*, 1502 (terr. de Cussac).

Cussac (Le Puech de), écart, c^{ne} de Mourjou.

Cussac, ham. et m^{in}, c^{ne} de Saint-Georges. — *Cussacum*, 1470 (arch: dép. s. G). — *Cuesac*, 1494 (terr. de Mallet).

Cussaguet, ham., c^{ne} de Saint-Georges. — *Cussaget*; *Cussaguet*, 1494 (terr. de Mallet). — *Coussagol*, 1656 (état civ. de Pierrefort).

Custine, vill. détruit, c^{ne} de Saint-Mamet-la-Salvetat. — *Affaria de Custine*, 1411 (pap. de la fam. de Montal).

Custrac, vill., c^{ne} de Drugeac. — *Custrac*, 1664 (état civ. de Pleaux). — *Cussac*, 1687 (id. de Loupiac).

Cuves (Les), ham., c^{ne} de Saint-Bonnet-de-Salers.

Cuzaloux (Le), ruiss., affl. de l'Alagnon, c^{nes} de Charmensac et de Molompize; cours de 7,500 m. — On le nomme aussi *Condat*. — *Ruisseau de Cuzoloux*, 1559 (liève de Molompize).

Cuzé (Le), vill., c^{ne} de Charmensac. — *Le Cuzol*, 1537 (terr. de Villedieu). — *Le Cuzu*, 1668; — *La Cuze*, 1702 (état civ. de Massiac). — *Le Cuzou*, 1725 (pap. du cab. Berthuy). — *La Cusse*, 1784 (Chabrol, t. IV). — *Le Cuzé* (Cassini).

Cuze (La), dom. ruiné, c^{ne} de Cheylade. — *Affar appellé del Cuzol*, 1524 (min. Teyssandier, n^{re}). — *Affar del Cuze*, 1539 (terr. de Cheylade).

Cuze, m^{ins} détruits, c^{ne} de Saint-Martial.

Cuzol (Le), écart avec manoir, c^{ne} de Lavastrie. — *Lo Cuzol*, 1494 (terr. de Mallet). — *Le Cuzou*, 1784 (Chabrol, t. IV). — *Le Cusol*, 1857 (Dict. stat. du Cantal).

Le Cuzol était, avant 1789, régi par le droit cout., et siège d'une justice seign., ressort. à la sénéch. d'Auvergne, en appel de la prév. de Saint-Flour.

Cuzol (Le), écart, c^{ne} de Saint-Martial. — *Lo Cuzol*, 1494 (terr. de Mallet).

Cuzols (Le), ruiss., affl. de l'Aspre, c^{ne} de Fontanges; cours de 700 m.

Cuzols-Bas (Le), vill., c^{ne} de Fontanges. — *Lou Cuzou*, 1682 (état civ. de Saint-Projet). — *Baz-Cuzols* (État-major).

Cuzols-Haut (Le), ham., c^{ne} de Fontanges. — *Culol*, 1653 (état civ. du Vigean). — *Le Cuzou*, 1717 (terr. de Beauclair). — *Haut-Seilhols* (État-major).

Cuzou (Le), écart, c^{ne} du Falgoux. — *Ceilhoz*, 1589 (liève du prieuré de Saint-Vincent). — *Le Cuzou*, 1633 (état civ. de Loupiac). — *Le Croupou*, 1855 (Dict. stat. du Cantal).

Cuzouet (Le), ruiss., affl. de la rivière de Mars, c^{ne} du Falgoux; cours de 1,700 m.

Cuzy (Le), dom. ruiné, c^{ne} de Sainte-Anastasie. — *Lo Cuzy*, xvie s^e (terr. de Bredon).

Cychynis, mont. à burons, c^{ne} de Saint-Paul-de-Salers.

Cyprieynes, vill. en ruines, c^{ne} du Vaulmier.

D

Dactos, dom. ruiné, c^{ne} de Saint-Cernin. — *Affarium Dactos*, 1269 (arch. mun. d'Aurillac, s. FF, p. 15).

Daguech, dom. ruiné, c^{ne} de Raulhac. — *L'affar appellé Daguech*, 1695 (terr. de la command. de Carlat).

Daidier, m^{in}, c^{ne} de Sourniac.

Daille (La), contrée comprise entre les rivières de la Rhue, de la Sumène et le ruisseau du Soulou, aux territoires d'Antignac et de Salsignac.

La Daille, avant 1789, était régie par le droit cout., et la justice seign. de ce nom ressort. à la sénéch. d'Auvergne, en appel du bailliage de Salers.

Dailles (Las), f^{me}, c^{ne} de Calvinet.

Daisses, vill. et m^{in}, c^{ne} de Vic-sur-Cère. — *La Calm de Deysses*, 1485 (reconn. à J. de Montamat). — *Daysses*, 1583; — *Vaysses*, 1584 (terr. de Polminhac). — *Deisses*, 1599 (état civ.). — *Eysses*, 1668; — *Daissez*, 1671 (nommée au p^{te} de Monaco). — *Deissès*, 1697 (état civ. de Saint-Clément). — *Essès* (Cassini).

DALASHAT, dom. ruiné, c^{ne} de Sainte-Eulalie. — *Mansus Dalashat*, 1464 (terr. de Saint-Christophe).

DALLAC, dom. ruiné, c^{ne} de Saint-Cernin. — *La borie appellée Dallac*, XVIe s^e (arch. mun. d'Aurillac, s. GG, p. 21).

DALLAX (LE), dom. ruiné, c^{ne} de Chaliers. — *Le domaine du Dallax*, 1745 (arch. dép. s. C, l. 43).

DALMAGIES (LAS), vill., c^{ne} de Lascelle. — *Las Dalmaigies*, 1635; — *Las Dalmaizies*, 1640 (pièces du cab. Lacassagne). — *Las Domeizies*, 1668; — *Las Dolmagies*, 1669 (nommée au p^{cé} de Monaco). — *Las Doumagies*, 1695; — *Las Dolmagios*, 1712; — *Las Dalmagie*, 1720 (arch. dép. s. C, l. 8). — *Las Dolmagie* (Cassini).

DALPE-DALROT, dom. ruiné, c^{ne} de Teissières-les-Bouliès. — *Affar appellé Dalpe-Dalrot*, 1522 (min. Vigery, n^{re}).

DALYSCINH, dom. ruiné, c^{ne} de Saint-Gerons. — *Affarium seu mansus Dalyscinh*, 1368 (arch. dép. s. G.).

DAMAS (LE PUECH DE), mont. à vacherie, c^{ne} de la Capelle-en-Vézie.

DAME (LA), dom. ruiné, c^{ne} de Montboudif. — *Mansus de la Dama, prope Monte Vodin*, 1309 (Hist. de l'abbaye de Feniers).

DAMES (LE PUY DES), mont. à vacherie, c^{ne} de Nieudan.

DAMINOU DE GRENIER, atelier de tissage, c^{ne} de Bonnac.

DANCHASEFFRADAS, dom. ruiné, c^{ne} de Brageac. — *Terra quam habebat in Casa fracta, quæ vocatur Danchaseffradas*, 1140 (Gall. christ., t. II, instr. col. 217).

DANGUÈBRE, vill., c^{ne} de Sauvat. — *Douguèbre*, 1857 (Dict. stat. du Cantal).

DANREL, mⁱⁿ détruit, c^{ne} de Peyrusse. — *Molendinum vocatum del Danrel*, 1451 (arch. dép. s. E).

DANTY, écart, c^{ne} de Condat-en-Feniers.

DANDÈNE, dom. ruiné, c^{ne} de Laroquebrou. — *Affarium Dardena*, 1423 (reconn. au seign. de Montal). — *Affar appelé Dardene*, 1669 (nommée au p^{cé} de Monaco).

DARNIS, vill., c^{ne} de Boisset. — *Darnix*, 1576 (livre des achaps d'Ant. de Naucaze). — *Dernix*, 1640 (état civ.).

DARNIS (LOU BOS DE), dom. ruiné, c^{ne} de Cayrols. — *Le villaige de Dernix*, 1646; — *Darnix*, 1650 (état civ.).

DARNIS, vill. et mⁱⁿ, c^{ne} de Saint-Illide. — *Darnitz*, 1464 (terr. de Saint-Christophe). — *Arnytz*, 1586 (min. Lascombes, n^{re}). — *Darnis*, 1652 (état civ. de Pleaux). — *Arnist*, 1704 (id. de Saint-Cernin). — *D'Arnis* (Cassini). — *Darnise*, 1855 (Dict. stat. du Cantal).

DARNIS, ruiss., affl. de la Bertrande, c^{ne} de Saint-Illide; cours de 3,250 m. — On le nomme aussi *Fau* et *Coutouli*.

DARNIS, dom. ruiné, c^{ne} de Saint-Simon. — *Affar appellé de Darnitz*, 1692 (terr. de Saint-Geraud).

DARSE (LA), vill., c^{ne} du Trioulou. — *Darsas*, 1324 (arch. dép. s. E). — *La Darsse*, 1743; — *La Darse*, 1752 (état civ.).

DASCOLS (LA), vill., c^{ne} de Saint-Martin-sous-Vigouroux. — *La Dascolz*, 1643 (état civ. de Pierrefort). — *La Descolz*, 1668 (nommée au p^{cé} de Monaco). — *La Descos* (Cassini).

DAT (LE PUECH DEL), mont. à vacherie, c^{ne} de Carlat.

DAT (AU), vill. avec manoir, c^{ne} de Labrousse. — *La Dotz*, 1487 (reconn. à J. de Montamat). — *Datum*, 1522 (min. Vigery, n^{re}). — *Le Das*, 1623 (état civ. d'Arpajon). — *Chasteau del Dat*, 1668 (nommée au p^{cé} de Monaco).

Le Dat était, avant 1789, le siège d'une justice seign. régie par le droit écrit, et ressort. au bailliage d'Aurillac, en appel de la prév. de Maurs.

DAT (LE), mⁱⁿ, c^{ne} de Labrousse. — *Datum inferius*, 1522 (min. Vigery, n^{re}). — *Lou Dat-Soubstoyra*; *Deldat-Soubtoyra*, 1668; — *Lou Dat-Soubrebas*; *lou Dat-Souteyra*, 1669; — *Lou Dac-Bas*; *lou Dat-Bas*, 1671 (nommée au p^{cé} de Monaco).

DAT-SOUBEYROL (LE), vill., c^{ne} de Carlat. — *Al Dat-Sobeyra*, 1531 (min. Vigery, n^{re}). — *Lou Dac-Hault appellé Soubeyra*; *lou Dat-Sobeyra*; *Dat-Soubeyra*, 1668; — *Lou Dat-Soubeyre*, 1669 (nommée au p^{cé} de Monaco). — *Le Dat-Souliciere*, 1695 (terr. de la command. de Carlat).

DAT-ZIEU (LE), dom. ruiné, c^{ne} de Carlat. — *Villaige du Dat-Zieu*, 1621 (état civ. d'Arpajon).

DAUDÉ, ham., c^{ne} d'Omps. — *Daudé*, 1616 (état civ. de Glénat). — *Deldou*, 1668 (nommée au p^{cé} de Monaco).

DAUMONT, écart et mont. à vacherie, c^{ne} de Saint-Victor.

DAUPHINE (LA), mⁱⁿ détruit, c^{ne} d'Aurillac. — *Le moulin de la Daufine*, 1626 (état civ. d'Arpajon). — *Le molin de la Dauphine*, 1649; — *Le molin de la Dauphini*, 1659 (id. d'Aurillac).

DAUZAN (LE), vill., c^{ne} de Paulhac. — *Auzent*, fin du XVIIe s^e (terr. de Chaliers). — *Le Doran*, 1784 (Chabrol).

DAUZAN (LE), riv., affl. de la rivière d'Ande, coule aux finages des c^{nes} de Valuéjols, Paulhac, les Ternes et Tanavelle; cours de 17,500 m. On le nomme aussi *Laty*. — *Aqua de l'Auzel*, 1626 (terr. de Vieillespesse). — *Rivière de l'Auzes*, 1654 (id. du Sailhans). — *Le Rioux* (État-major).

DAVINES, vill., c^{ne} de Saint-Jacques-des-Blats. — *Las Davines* (Cassini).

DAYMAS, vill., c^{ne} de Trémouille-Marchal. — *La Deymard*, 1732; — *La Deymas*, 1733 (terr. du fief de la Sépouse). — *Daymat*, 1857 (Dict. stat. du Cantal).

DÉBAUCHE (LA), mⁱⁿ, c^{ne} de Védrines-Saint-Loup.

DEBEIS (LA), mont. à vacherie, c^{ne} de Roffiac.

DÉBOULADE (LA), écart, c^{ne} de Laroqueville. — *La Déboulade*, 1740 (arch. dép. s. C, l. 10). — *Desboulade* (Cassini). — *Indéboulade* (états de sections).

DÉCHARGE (LA), dom. ruiné, c^{ne} de Saint-Gerons. — *Boria da la Descarga*, 1368 (arch. dép. s. G).

DEFFERAIDES (LES), mont. à vacherie, c^{ne} de Marchastel.

DEGOUCHADE (LA), mont. à vacherie, c^{ne} du Claux.

DELBEIX, mⁱⁿ, c^{ne} de Marchastel. — *Lou Bex*, 1744 (lièvé de Soubrevèze). — *Le Beyre*, 1856 (Dict. stat. du Cantal).

DELDOS, ruiss., affl. de la Rhue, c^{ne} de Saint-Amandin; cours de 3,200 m.

DELÈRE, mⁱⁿ en ruines, c^{ne} de Rezentières.

DELETS (LES), dom. ruiné, c^{ne} de Drugeac. — *Le village des Delectz*, 1734 (état civ.).

DELMAS, mⁱⁿ, c^{ne} de Lorcières.

DELMET, mⁱⁿ, c^{ne} de Cezens.

DELORT, écart, c^{ne} d'Aurillac, réuni à la population agglomérée.

DELRIEU, ruiss., affl. du ruisseau d'Angle, c^{nes} de la Ségalassière et de Pers; cours de 5,400 m.

DELRIEUX, ruiss., affl. de la Sumène, c^{nes} de Chastel-Marlhac et d'Ydes; cours de 4,800 m.

DELRON, mⁱⁿ, c^{ne} de Ladinhac.

DEMIGOU, écart, c^{ne} de Montmurat. — *Migou*, 1682 (arch. dép. s. C, l. 3).

DEMNOLS, dom. ruiné, c^{ne} de Sansac-de-Marmiesse. — *Mansus Demnols*, 1295 (arch. dép. s. E).

DEMOR, dom. ruiné, c^{ne} de Cros-de-Montamat. — *Mas-Demor*, 1323 (reconn. au baron de Calvinet).

DENAC, dom. ruiné, c^{ne} de Giou-de-Mamou. — *Village de Denac*, 1747 (inv. des arch. de l'hôp. d'Aurillac).

DENTERIE (LA), vill. et mont. à vacherie, c^{ne} de Chastel-sur-Murat. — *La Denseyria*, 1480 (arch. dép. s. E). — *La Denteyria*, 1491 (terr. de Farges). — *La Dentarie*, 1535 (id. de la v^{té} de Murat). — *La Dentyria*, 1600; — *La Denteiria*, 1618; — *La Denteyria*, 1660 (état civ.). — *La Denteyrie*, 1673 (nommée au p^{cé} de Monaco). — *La Denteria*, 1691 (état civ. de Murat). — *La Deynthériau*, 1855 (Dict. stat. du Cantal).

DENTILLOUSE (LA), dom. ruiné, c^{ne} de Chastel-sur-Murat. — *Villaige appellé la Dentilhosa; la Dentilhose*, 1535 (terr. de la v^{té} de Murat). — *La Denteliouze*, 1680 (id. des Bros).

DESCHARGE (LA), écart, c^{ne} de la Capelle-Viescamp. — *La Descarga*, 1354; — *In territorio de la Trelha, sive de la Descargua*, 1435 (arch. dép. s. G).

DESCOUSTILLES, écart, c^{ne} de Pailhérols.

DESGUERO-DE-CORCE, dom. ruiné, c^{ne} de Rouziers. — *Villaige de Desguero-de-Corce*, 1590 (livre des achaps d'Ant. de Naucaze).

DESLATIER, ruiss., affl. du Célé, prend sa source à Montredon (Lot), coule aux finages des c^{nes} de Montmurat, Saint-Santin-de-Maurs et du Trioulou (Cantal); cours de 4,000 m.

DESPAYES, ham., c^{ne} de Pailhérols.

DESPRATS, mⁱⁿ, c^{ne} de Saint-Jacques-des-Blats.

DESSUS-LE-BOIS, mont. à vacherie, c^{ne} de Chavagnac.

DESTEBENENC, dom. ruiné, c^{ne} de Labrousse. — *Affar appellé Destebenenc*, 1671 (nommée au p^{cé} de Monaco).

DEUNES, chât. fort détruit, c^{ne} d'Oradour.

DEUX-VERGES (LES), c^{ne} de Chaudesaigues. — *Duæ Virgiæ*, 1347 (arch. mun. d'Aurillac, s. CC, p. 9). — *Duæ Virgæ*, xive s^e (Pouillé de Saint-Flour). — *Les Doux-Verges*, 1628 (paraphr. sur les cout. d'Auvergne). — *Les Dosverges*, 1640 (arch. mun. d'Aurillac, s. CC, p. 8). — *Deux-Verges* (Cassini).

Les Deux-Verges, avant 1789, étaient de la Haute-Auvergne, du dioc., de l'élect. et de la subdélég. de Saint-Flour. Régies par le droit écrit, elles dépend. des justices seign. du chapitre de Chaudesaigues, du Couffour et de Saint-Juéry, et ressort. à la sénéch. d'Auvergne, en appel de la prév. de Saint-Flour. Leur église, dédiée à saint Médard, était un prieuré dépendant du monast. de Saint-Flour, auquel il avait été donné en 1274. Elle a été érigée en chapelle vicariale par ordonnance royale du 27 juillet 1821, puis en succursale par une autre ordonnance royale du 15 février 1843.

DEUZE (LE), écart, c^{ne} de la Chapelle-Laurent.

DEVANNIDE (LA), ruiss., affl. du ruisseau de Griffoulaire, c^{ne} de Rageade; cours de 1,500 m.

DEVENT (LE), vill., c^{ne} de Maurs. — *Le Delver* (Cassini).

DEVÈS (LE), dom. ruiné, c^{ne} de Chalvignac. — *Le villaige del Devès*, 1549 (terr. de Miremont).

DEVÈS (LE), dom. ruiné, c^{ne} de Saint-Cernin. — *Affarium del Deves*, 1269 (arch. mun. d'Aurillac, s. FF, p. 15).

Devesottes (Les), dom. ruiné, c^ne d'Yolet. — *Affar de las Devezottes*, 1641 (terr. de Notre-Dame d'Aurillac).

Devez (Le), dom. ruiné, c^ne de Colandres. — *Affarium del Devez*, 1513 (terr. d'Apchon).

Devez (Le), écart, c^ne des Deux-Verges.

Devez (La), ham., c^ne de Leynhac. — *La Deveza-de-Clermont*, 1500 (terr. de Maurs). — *Le Devez* (Cassini).

Devez (Le), écart, c^ne de Roussy.

Devez (Le), écart, c^ne de Saint-Étienne-de-Maurs.

Devez (Le), m^in détruit, c^ne de Saint-Simon. — *Le molin appellé del Devez*, 1692 (terr. du monast. de Saint-Geraud).

Devez (La Fon du), écart, c^ne de Sansac-de-Marmiesse.

Devezal (Le), dom. ruiné, c^ne de Labrousse. — *Affar appellé de Devezal*, 1671 (nommée au p^ce de Monaco).

Devèze (La), mont. à vacherie, c^ne d'Allanche.

Devèze (La), f^me, c^ne de Calvinet.

Devèze (La), écart, c^ne de Cassaniouze.

Devèze (La), ruiss., affl. du ruisseau d'Anès, coule aux finages des c^nes de Cayrols, de Parlan et de Rouziers; cours de 8,250 m.

Devèze (La), mont. à vacherie, c^ne de Chastel-sur-Murat. — *Nemus del Deves*, 1454 (arch. dép. s. E). — *Boix appellé del Devès*, 1598 (reconn. des cons. d'Albepierre). — *Le Devez*, 1680 (liève conf. de la v^té de Murat). — *La Devèze*, 1680 (terr. de la ville de Murat).

Devèze (La), mont. à vacherie, c^ne de Dienne et de Lavigerie.

Devèze (La Sagne de la), mont. à vacherie, c^ne de Landeyrat.

Devèze (La), mont. à vacherie, c^ne de Paulhac.

Devèze (La), vill., c^ne de Paulhenc.

Devèze (La), ruiss., affl. du ruisseau des Bersaires, c^ne de Pradiers; cours de 2,000 m.

Devèze (La), écart et mont. à vacherie, c^ne de Saint-Bonnet-de-Marcenat.

Devèze (La), écart, c^ne de Saint-Constant.

Devèze (La), f^me avec manoir, c^ne de Saint-Étienne-de-Maurs. — *Chasteau de la Devèze*, 1674 (arch. dép. s. E).

Devèze (La), mont. à burons, c^ne de Saint-Projet-de-Salers. — *V^rie du Devez* (État-major).

Devèze (La), écart, c^ne de Saint-Saturnin.

Devèze (La), dom. ruiné, c^ne de Valuéjols. — *Affaria de la Deveza*, 1511 (terr. de Maurs).

Devèze (La), dom. ruiné et mont. à vacherie, c^ne de Vic-sur-Cère. — *Affar de la Devèze, sive Cazornhe*, 1669 (nommée au p^ce de Monaco).

Devèze-Basse (La), mont. à vacherie, c^ne de Saint-Martin-sous-Vigouroux.

Devèze-Brugeiroux (La), dom. ruiné et mont. à vacherie, c^ne de Chastel-sur-Murat. — *Affar de la Deveza-de-Brugeyros; de Brugeyroux*, 1535 (terr. de la v^té de Murat). — *V^rie de Brugairoù* (Cassini).

Devèze-Haute (La), mont. à vacherie, c^ne de Saint-Martin-sous-Vigouroux.

Devèzes (Les), écart, c^ne de Parlan.

Devèzes (Les), dom. ruiné, c^ne de Polminhac. — *Affar de las Devezas*, 1583 (terr. de Polminhac). — *Affar de las Devèzes*, 1695; — *Affar de las Devèses*, 1735 (id. de la command. de Carlat).

Devézoune (La), mont. à vacherie, c^nes de Dienne et de Saint-Saturnin.

Deviroux (Le), ruiss., affl. de l'Alagnon, c^nes de Rezentières et de Valjouze; cours de 7,500 m. — *Russeau de Valghouza; Valghouze*, 1581 (terr. de Celles). — *Ruisseau de Regentières; de Valjouse* (État-major). — On le nomme aussi *ruisseau de Valjouze*.

Deyme (La), écart, c^ne de Chalinargues.

Deyme (La), dom. ruiné, c^ne de Paulhenc. — *Affar de la Deyme*, 1671 (nommée au p^ce de Monaco).

Dèze (La Côte de), écart, c^ne de Saint-Étienne-de-Maurs. — *Mansus Dezas*, 1443 (arch. mun. d'Aurillac, s. HH, c. 21). — *Dèzes*, 1617 (état civ.).

Dèzes, vill., c^ne de Quézac. — *Lou Deukt*, 1602 (état civ. de Saint-Étienne-de-Maurs). — *Dèzes*, 1741 (id. de Quézac).

Dhaotsha (?), dom. ruiné, c^ne de Chalvignac. — *Mansus de Dhaotsha*, 1289 (homm. à l'évêque de Clermont).

Diahas, mont. à vacherie, c^ne de Coren.

Diane (La), ruiss., affl. de la Sionne, c^té de Chanet; cours de 1,150 m.

Dices (Les), dom. ruiné, c^ne de Ruines. — *Villaige des Dices*, 1624 (terr. de Ligonnès).

Dices (Les), dom. ruiné, c^ne de Sainte-Eulalie. — *Villaige de Dicz*, 1656 (min. Gros, n^re).

Dienne, c^ne de Murat, m^in et chât. en ruines. — *Dyana*, 1293 (spicil. Brivat.). — *Diana*, 1348 (lièvre de Dienne). — *Diena*, 1370 (Gall. christ., t. II, col. 494). — *Diane*, 1460 (spicil. Brivat.). — *Dyenne*, 1474 (arch. dép. s. H). — *Dianne*, 1497 (arch. dép. s. H). — *Diène*, 1518; — *Dyène*, 1551 (terr. de Dienne). — *Dienne*, 1673 (nommée au p^ce de Monaco).

Dienne était, avant 1789, de la Haute-Auvergne, du dioc., de l'élect. et de la subdél. de

Saint-Flour; il dépend. de la justice seign. du lieu. Régi par le droit écrit, il ressort. au bailliage de Vic, en appel de la cour royale de Murat. — Son église, dédiée à saint Cyr et à sainte Juliette, fut donnée avec les dîmes, en 1009, à l'abbaye de Blesle; les abbesses nommaient à cette cure. Elle a été érigée en succursale par décret du 28 août 1808.

Diffort, écart, c^{ne} de Maurines. — *Le Fort; Durfort*, 1784 (Chabrol, t. IV). — *Diffort*, 1856 (Dict. stat. du Cantal).

Dignouguet (Le), mⁱⁿ, c^{ne} de Lorcières.

Diguerie (La), ham., c^{ne} de Marcolès. — *La Aldegayria*, 1407; — *L'Aldegairia*, xve s^e (pièces de l'abbé Delmas). — *La Degueyrie*, 1668 (nommée au p^{ce} de Monaco). — *La Degayrie*, 1784 (Chabrol, t. IV). — *La Diguerie* (État-major).

Dijon, vill., c^{ne} de Chastel-Marlhac. — *Digon*, 1659 (anc. min. Chalvignac, n^{re}). — *Dighon*, 1666 (état civ. de Mauriac). — *Dighoy*, 1688 (id. de Trizac). — *Dijon*, 1744 (arch. dép. s. C, l. 45). — *Digeon*, 1855 (Dict. stat. du Cantal).

Dilhac, vill., c^{ne} de Montvert. — *Dilhac*, 1345 (arch. dép. s. E). — *Delhac*, 1656 (min. Sarrauste, n^{re} à Laroquebrou). — *Dillac* (Cassini).

Dime (La), mⁱⁿ détruit, c^{ne} de Vieillespesse. — *Unum molendinum vocatum lo mole Daymes*, 1526; — *Lou moulin Dayme*, 1662 (terr. de Vieillespesse). — *Moulin Deyme* (Cassini).

Diochaine, ruiss., affl. de la Dordogne, c^{nes} de Champagnac et de Saint-Pierre-du-Peil; cours de 1,040 m.

Dissar, seigneurie, c^{ne} de Vabres.

Diurelle, chât. fort détruit, c^{ne} de Molompize.

Divinoux, mⁱⁿ, c^{ne} de Saint-Poncy.

Dixain (Le), écart, c^{ne} de Saint-Projet.

Dix-Maisons, vill. et mⁱⁿ abandonné, c^{ne} de Pleaux. — *Damaison*, 1646 (état civ. de Tourniac). — *Les Maisons*, 1650; — *Dix-Maisons*, 1665; — *Deux-Maisons*, 1687 (id. de Pleaux). — *Dimeson*, 1743; — *Dimaison*, 1782 (arch. dép. s. C, l. 4).

Dody, écart, c^{ne} de Trémouille-Marchal. — *Daudy*, 1857 (Dict. stat. du Cantal).

Doignon (Le), vill. et chât. féodal détruit, c^{ne} de Pleaux. — *Donho; Dompnhon*, 1274 (titres de Mauriac, dans le Dict. stat. du Cantal). — *Lou Dognon*, 1650; — *Ognoux*, 1654; — *Lou Doignon*, 1670; — *Lou Dounion*, 1688 (état civ. de Pleaux).

Doire (La), riv., affl. de la rivière de la Bertrande, coule aux finages des c^{nes} de Saint-Projet, Girgols, Tournemire, Saint-Cernin et de Saint-Cirgues-de-Malbert; cours de 22,700 m. — *Aqua de Euie*, 1369 (arch. mun. d'Aurillac, s. GG, p. 19). — *Riparia des Euies*, 1379 (fond. de la chapell. des Blats). — *La rivière Doire; Dhoiré; de Royré*, 1744 (anc. cad. de Saint-Cernin). — *Rivière de Doire*, 1759; — *Ruisseau Doyre*, 1782 (arch. dép. s. G). — *Rivière d'Oyre*, 1837 (état des rivières du Cantal).

Dolbadinche (La), ham., c^{ne} de Brezons. — *La Debaudenche*, 1620 (état civ. de Thiézac). — *La Vebaudenche*, 1623 (ass. gén. tenues à Cezens). — *La Devaudenche*, 1649 (min. Dauly, n^{re}). — *La Doubalheinche*, 1649; — *La Doulbaldenche*, 1652 (état civ. de Pierrefort). — *La Delbadenche*, 1702; — *La Doulvaldenche*, 1794 (id. de Brezons). — *La Dolvadenche* (Cassini). — *La Debaldenche*, (État-major). — *La Doulvadenche*, 1852 (Dict. stat. du Cantal).

Dom (Le), écart, c^{ne} de Sénezergues. — *Le Don*, 1857 (Dict. stat. du Cantal). — Non loin de cet écart se trouve un oratoire en ruines sous le vocable de N.-D. du Dom.

Domaine du Bois (Le), dom., c^{ne} de Chalinargues.

Domal, vill., c^{ne} de Saint-Martin-Cantalès. — *Domral*, 1464; — *Domal*, 1566 (terr. de Saint-Christophe). — *Doumal*, 1647 (état civ. de Pleaux). — *Domet*, 1659 (insin. du bailliage de Salers). — *Doumail*, 1668; — *Domailh*, 1675 (état civ. de Pleaux). — *Domas* (Cassini).

Domal, ruiss., affl. de la Maronne, c^{ne} de Saint-Martin-Cantalès; cours de 3,400 m.

Domal-Bas, écart, c^{ne} de Saint-Martin-Cantalès. — *Domas-Bas*, 1856 (Dict. stat. du Cantal).

Domengal (Le Mas-), dom. ruiné, c^{ne} de Cros-de-Montamat. — *Affar et mas Domengal*, 1323 (reconn. au baron de Calvinet).

Domergue-du-Ver, séchoir à châtaign. détruit, c^{ne} de Maurs. — 1759 (état civ.).

Domergues, séchoir à châtaign., c^{ne} de Saint-Étienne-de-Maurs.

Domerguie (La), vill., c^{ne} du Trioulou. — *La Doumerguie*, 1743; — *La Doumerquie*, 1745; — *La Domerguie*, 1750; — *La Doumergie*, 1752 (état civ.).

Domingé, écart, c^{ne} de Saint-Paul-des-Landes. — *Domigie*, 1710; — *Domengi*, 1712; — *Domenge*, 1715; — *Domanie*, 1717 (état civ.).

Donazat, écart, c^{ne} d'Arpajon.

Dondes, étang en culture, c^{ne} de Virargues. — *Le peschier de Dondes*, 1536 (terr. de la v^{té} de Murat). — *Le peschier de Dondas*, 1542 (id. de la collégiale de N.-D. de Murat). — *Le paschier de*

Dondas, 1606 (min. Danty, n^re à Murat). — *Estang appellé Domdes, ci-devant desséché et converti en pré*, 1680 (terr. des Bros).

DONDES, ruiss., aff. de la Pille, c^ne de Virargues; cours de 2,800 m. — *Aqua de Dondas*, 1491; — *Aqua de Donda*, 1492 (terr. de Farges). — *Rif sortant du peschier de Dondes*, 1536 (id. de la v^te de Murat). — *L'eau des Térons*, xviie s^e (id. d'Anteroche).

DONNADIEU, ham., c^ne de Maurs. — *Donnadieu*, 1667 (état civ.). — *Donadyeu*, 1750; — *Donadieu*, 1751 (anc. cad.).

DONNE (LA), mont. à vacherie, c^ne de Sainte-Anastasie. — *La Donno* (états de sections).

DONNENUIT, écart, c^ne de Chanet. — *Donaneut; Donaneuc; Doneneuc*, 1471 (terr. de la baronn. du Feydit). — *Donneneut*, 1521 (lièvé de la baronn. du Feydit). — *Donnenuit* (Cassini).

DONNES, vill., c^ne de Saint-Simon. — *Dona*, 1397 (pièces de l'abbé Delmas). — *Donna*, 1522 (min. Vigery, n^re). — *Sainct-Jean-de-Donne*, 1636 (état civ. de Naucelles). — *Dounes*, 1729; — *Endonne*, 1747 (état civ.). — *Saint-Jean-de-Dones* (recens. de 1886).

Donnes a formé une commune et une paroisse qui furent supprimées par un décret de 1812.

L'église de Saint-Jean-de-Donnes a été érigée en succursale par décret du 6 janvier 1869.

DONNES, f^me, c^ne d'Ytrac. — *Donhas*, 1289 (arch. mun. d'Aurillac, s. GG, p. 16). — *Dona*, 1296 (id., c. 16). — *Donne*, 1584; — *Dounes*, 1739 (arch. dép. s. E). — *Doune*, 1739 (anc. cad.). — *Done*, 1741 (arch. dép. s. E).

DONDE-PONTERY, dom. ruiné, c^ne de Saint-Vincent. *Villaige Dorde-Pontery*, 1410 (arch. général. de Sartiges).

DORDOGNE (LA), riv., prend sa source au Mont-Dore (Puy-de-Dôme). Elle est formée par les ruisseaux de la Dore et de la Dogne qui descendent du Puy de Sancy. En sortant du Puy-de-Dôme, cette rivière limite les départements de la Corrèze et du Cantal, baigne sur l'arrondissement de Mauriac les c^nes de Beaulieu, Madic, Champagnac, Saint-Pierre-du-Peil, Veyrières, Arches, Sourniac, Chalvignac et Tourniac. Après avoir arrosé quelques cantons du Lot, elle traverse le département de la Dordogne et celui de la Gironde où elle se jette dans la Garonne au bec d'Ambez. Cours sur la limite du Cantal : 51,150 m. — *Duranius*, v^e s^e (Sidoine Apollinaire). — *Doronoria fluvius*, vi^e s^e (Grégoire de Tours, l. VII, chap. 22). — *Dornomia*, mil. du viiie s^e (Isidore de Beja, apud Bouquet, t. II, p. 721). — *Dornonia*, 769 (Eginhardi Annales). — *Dordonia*, 889 (Justel, Hist. de la mais. de Turenne, p. 12). — *Durnonia*, xiie s^e (copie de la charte de Clovis). — *Dordonha*, 1240 (nommée au seign. de Charlus). — *Dordona*, 1279 (Justel, Hist. de la mais. d'Auvergne). — *Dourdoigne*, 1446 (spicil. Brivat.). — *Dourdounia*, 1472; — *Aqua Dourdonniere; Dordonium*, 1475 (terr. de Mauriac). — *Rivière de Dordonque*, 1520 (arch. mun. de Saint-Flour). — *Dordonhe*, 1541 (nommée au seign. de Charlus). — *Dordoigne*, 1549 (terr. de Miremont). — *La Dourdogne*, xvie s^e (Dict. hist. du Puy-de-Dôme).

DONNIÈRES, m^in, ville d'Aurillac. — *Molendinum de Revel*, 1277 (arch. mun. d'Aurillac, s. EE, p. 14). — *Molin vulgairement appellé de Coqualuche, aultrement de Maury*, 1528 (terr. des cons. d'Aurillac). — *Molin de Calcalveye*, 1632; — *Le foulon des Prades*, 1738 (état civ.).

DOUANT (LE), ham., c^ne de Saint-Julien-de-Toursac. — *Lou Douhart*, 1668 (nommée au p^ce de Monaco). — *Lou Doücart*, 1743 (état civ. de Quézac).

DOUAY, mont. à vacherie, c^ne de Leyvaux.

DOUBLETTE (LA), écart, c^ne de Cassaniouze.

DOUHET, m^in, c^ne de Saint-Bonnet-de-Salers.

DOUIGUES, dom. ruiné, c^ne de Teissières-les-Bouliès. — *Mas Douigas; l'affar Duesgas*, 1692 (terr. de Saint-Geraud).

DOUJON, m^in, c^ne de Siran. — *Douzon*, 1857 (Dict. stat. du Cantal).

DOUJOU (LE), ruiss., aff. de la Santoire, coule aux finages des c^nes d'Anzat-le-Luguet (Puy-de-Dôme), de Marcenat et de Condat-en-Feniers (Cantal); cours de 12,500 m. — *Ruisseau de Boujon*, 1837 (état des rivières du Cantal).

DOULOUX (LAS), f^me avec manoir, c^ne de Jou-sous-Montjou. — *Las Doulouts*, 1668; — *Les Doulouz; les Doulloutz*, 1669 (nommée au p^ce de Monaco). — *Las Dolous; las Doulous*, 1675 (état civ.). — *Las Douloux*, 1692 (id. de Raulhac). — *Lasdebouix* (Cassini).

DOULOUX (LAS), mont. à burons, c^ne de Vic-sur-Cère. — Elle porte aussi le nom de *Casse*. — *La montagnhe de Cazournhes; la montagnhe de Cazornhes appellée de Casses*, 1669 (nommée au p^ce de Monaco). — *Montagne de Casse*, 1769 (anc. cad.). — *Buron de Cas* (Cassini).

DOUMERGUES (LE PUECH DE), mont. à vacherie, c^ne de la Ségalassière.

DOUMIS, vill. et mont. à vacherie, c^ne de Chalvignac. — *Villa Domiscum*, xiie s^e (charte dite *de Clovis*). —

Domys, 1549 (terr. de Miremont). — *Domis*, 1595 (état civ. de Brageac). — *Doumie*, 1633; — *Domie*, 1649 (*id.* du Vigean). — *Doumitz*, 1655 (état civ. de Mauriac). — *Douny*, 1743 (arch. dép. s. C, l. 41).

Doumis, dom. ruiné, c^{ne} de Chaussenac. — *Affar appellé Domis*, 1778 (inv. des arch. de la mais. d'Humières).

Dourdel, mⁱⁿ, c^{ne} d'Ydes.

Dousques, mⁱⁿ détruit, c^{no} d'Arpajon. — *Moulin de Dousques*, 1741 (anc. cad.).

Dousques, dom. ruiné, c^{ne} de Crandelles. — *Affarium de las Dousques*, 1307; — *Affarium vocatum de Jouques*, 1354 (arch. mun. d'Aurillac, s. HH, c. 21).

Dousques (Le Moulin de), ham., c^{ne} de Labrousse.

Dousques, ham. avec manoir, c^{ne} de Vézac. — *Doscal*, 1232 (arch. mun. d'Aurillac, s. BB, c. 2). — *Dos Cas*, 1286 (*id.* s. GG, c. 16). — *Dosous*, 1343 (arch. de l'hôp. d'Aurillac). — *Doscas*, 1521; — *Dosques*, 1531 (min. Vigery, n^{re}). — *Villaige Dousjouquet*, 1668; — *Dousques*, 1669 (nommée au p^{cé} de Monaco).

Doux (La), vill., c^{ne} de Cros-de-Ronesque. — *La Drouyse*, 1609; — *La Doux*, 1631 (état civ. de Thiézac). — *La Douctz*, 1645 (min. Froquières, n^{re}).

Par décision du conseil général du 23 août 1876, le village de la Doux a été distrait de la commune de Badailhac et réuni à celle de Cros-de-Ronesque.

Doux (Le), dom. ruiné, c^{ne} de Rezentières. — *Villaige del Doux*, 1610 (terr. d'Avenaux).

Doux (Las), ham., c^{ne} de Trizac. — *Mansus del Douet*, 1269; — *Villa del Deones*, 1292 (homm. à l'évêque de Clermont). — *Las Douctz; las Douch*, 1611 (terr. de Trizac). — *Las Doux*, 1658 (insin. du bailliage de Salers). — *Lasdouts* (états de sections).

Doux (Le), chât. et mⁱⁿ détruit, c^{no} d'Yolet. — *Lou Doux*, 1669 (nommée au p^{cé} de Monaco). — *Chasteau del Dous*, 1679 (état civ. de Jou-sous-Montjou).

Douze, vill., c^{ne} de Paulhac. — *Douza*, 1508 (terr. de Montchamp). — *Doze*, 1537 (*id.* de Villedieu). — *Douze*, 1630 (*id.* de Montchamp). — *Le Doux*, 1686 (état civ. de Murat). — *Lons*, xviie s^e (arch. dép. s. E).

Douzon, mⁱⁿ, c^{ne} de Siran.

Dragonniens (La Faction des), dom. ruiné, c^{ne} de Sourniac. — 1614 (arch. généal. de Sartiges).

Dragonnières (Les), dom. ruiné, c^{ne} de Rouziers. — *Affar de Dragounieyres*, 1670 (nommée au p^{ce} de Monaco).

Draye (La), écart, c^{ne} de Sénezergues.

Dreil (Le), vill., c^{ne} de Marcenat. — *Landreil; Andrey; Andreil*, 1550; — *Audreil*, 1658 (lièvе du quartier de Marvaud). — *Le Dreil*, 1668 (état civ.). — *Le Dret*, 1744; — *Le Drel*, 1776 (arch. dép. s. C).

Dreillet (Le), dom. ruiné, c^{ne} de Valuéjols. — *Territoire du Drelhet*, 1508; — *Le Drelliet; le Dreliet; le Drelliet-del-Serre, sive de Bastide*, 1661; — *Le Drellier*, 1662; — *Le Dreilliect; le Dreillier*, 1687 (terr. de Loubeysargues).

Dreit (La), dom. détruit, c^{ne} de Cassaniouze. — *Affar de Ladrech; la Drech*, 1670 (terr. de Saint-Projet).

Dreit (La Fon de la), mont. à vacherie, c^{ne} de Saint-Georges.

Drellier (Le), mⁱⁿ détruit, c^{ne} de Lascelle. — *Le moullain du pré du Dreillié*, 1711 (arch. dép. s. E).

Drellier (Le), écart et mont. à burons, c^{ne} de Saint-Urcize. — *Borie de Dreilles* (Cassini).

Dressac, dom. ruiné, c^{ne} de Roffiac. — *Mansus Dressaci, versus mansum Maseraci*, 1510 (terr. de Maurs).

Dressière (La), ham., c^{ne} de Calvinet.

Dret (La), futaie, c^{ne} de Chavagnac. — *Boys des Adreytz; Adreyctz; Adret*, 1580 (lièvre de la v^{té} de Murat). — *La Dreyt; la Drayt*, 1680 (terr. de la châtell. des Bros).

Dret (La), écart, c^{ne} de Laroquevieille. — *La Drectz*, 1671 (nommée au p^{ce} de Monaco).

Drignac, c^{on} de Pleaux. — *Drinhacus*, 1464; — *Drinhiac*, 1567 (terr. de Saint-Christophe). — *Driniac*, xvie s^e (arch. mun. de Mauriac). — *Driniac*, 1639 (arch. de Mauriac). — *Drigniac*, 1653 (état civ. de Salers). — *Drigniach*, 1673 (*id.* du Vigean). — *Drignac*, 1688 (pièces du cab. Bonnefons). — *Drignhat*, 1688 (état civ. de Loupiac).

Drignac était, avant 1789, de la Haute-Auvergne, du dioc. de Clermont, de l'élect. et de la subdél. de Mauriac. Régi par le droit écrit, il dépend. de la justice seign. de Drugeac, et ressort. au bailliage d'Aurillac, en appel de la prév. de Mauriac. — Son église, dédiée à saint Babylas, était une cure à la nomination du prieur de Drugeac. Elle a été érigée en succursale par ordonnance royale du 25 juin 1826.

Drillien (Le), vill., c^{ne} de Clavières. — *Le Drilier*, xviie s^e (terr. de Chaliers). — *Le Drillier* (Cassini). — *Le Drelier*, 1855 (Dict. stat. du Cantal).

DRILLIER (LE), dom. ruiné et mont. à vacherie, c^ne de Colandres. — *Affarium del Drilhier*, 1512 (terr. d'Apchon). — *Affar du Drelier*, 1719 (table de ce terr.).

DRILLIER (LE), vill. et mont. à vacherie, c^ne de Lascelle. — *Lou Drelhié-en-Jordane*, 1619 (état civ. de Thiézac). — *Lou Drelié*, 1636; — *Lou Drelhié*, 1640 (pièces du cab. Lacassagne). — *Le Drelher; le Dreillé*, 1666 (arch. dép. s. E). — *Le Drelier; le Drilier*, 1681 (état civ. de Saint-Projet). — *Lou Drelhet*, 1695; — *Le Drillié*, 1712 (arch. dép. s. C, l. 8).

DRILLIER (LE), ruiss., affl. de la Jordanne, c^ne de Lascelle; cours de 2,000 m.

DRILS, vill., c^ne de Dienne. — *Drels*, 1279 (arch. dép. s. E). — *Drelhs*, 1489 (lièvre de Dienne). — *Drelz*, 1551; — *Dreilh; Drelh; Dreil*, 1600; — *Dreilz; Dreils; Dreilhe; Dreih*, 1618 (terr. de Dienne). — *Drilz*, 1681 (état civ. de Chastel-sur-Murat). — *Drèles*, 1778 (cens de Dienne).

DRILS, ruiss., affl. de la Santoire, c^ne de Dienne; cours de 6,400 m. — *Rif del Rieu-Grand; le Rif-Grand*, 1551; — *Lou Rieu-Putou; ruisseau de la Combe; ruisseau de Bernardye*, 1600; — *Lou rieu de la Linhe; de la Lynhe; Ruisseau-Grand; Riu-Grand; ruisseau de Monit; Monis; Monys*, 1618 (terr. de Dienne).

DRILS, mont. à vacherie, c^ne de Lavigerie. — *Montaigne de Drelz*, 1551; — *Montaigne de Drelh; Dreils*, 1600; — *Dreilz*, 1618 (terr. de Dienne). — *Degril* (Cassini). — *Degred* (État-major).

DROM, vill. et mont. à vacherie, c^ne de Sainte-Eulalie. — *Drom*, 1464 (terr. de Saint-Christophe). — *Drox*, 1641 (état civ. de Brageac). — *Arom*, 1680 (id. de Pleaux). — *Drom*, 1684 (min. Gros, n^re). — *Drost*, 1768 (arch. dép. s. C, l. 40).

DROM (LE), mont. à burons, c^ne de Saint-Projet. — *V^rin du Drom* (État-major).

DROUILLAU (LE), dom. ruiné, c^ne de Saint-Santin-de-Maurs. — *Ténement appelé du Droulhau*, 1749 (anc. cad.).

DRUGEAC, c^on de Mauriac, ham. et m^in, chât. féodal détruit. — *Drutgiacus*, XIIe s^e (charte dite *de Clovis*). — *Drughacum*, 1464 (terr. de Saint-Christophe). — *Drugalum*, 1473 (id. de Mauriac). — *Drugat*, 1628 (paraphr. sur les cout. d'Auvergne). — *Drughac*, 1632 (état civ. du Vigean). — *Druzac*, 1633 (id. de Loupiac). — *Druchac*, 1652 (id. de Saint-Christophe). — *Druhac*, 1653 (id. d'Ally). — *Drugiac*, 1654 (id. de Chaussenac). — *Drugach*, 1670 (id. du Vigean). — *Drugac*, 1680 (terr. de Mauriac). — *Drugeac*, 1688 (pièces du cab. Bonnefons). — *Drugheac*, 1689 (état. civ.). — *Durgeac*, 1695 (id. de Saint-Martin-Valmeroux). — *Drougeac*, 1753 (état civ.). — *Drageac*, 1784 (Chabrol, t. IV).

Drugeac était, avant 1789, de la Haute-Auvergne, du dioc. de Clermont, de l'élect. et de la subdél. de Mauriac. Régi par les droits cout. et écrit, il relevait de deux justices seign., l'une appart. à la baronnie, et ressort. à la sénéch. d'Auvergne, en appel du bailliage de Salers, l'autre au prieuré, et ressort. au bailliage d'Aurillac, en appel de la prév. de Mauriac. — Son église, dédiée à saint Geraud, était un prieuré dépend. de l'abbaye de Saint-Geraud d'Aurillac. Elle a été érigée en succursale par décret du 28 août 1808.

DRULU, vill. et m^in, c^ne d'Antignac. — *Driel* (Cassini). — *Druls* (État-major).

DRULHE (LA), vill., c^ne de Maurs. — *La Droullie*, 1662; — *La Drullie*, 1665; — *La Drulie*, 1667; — *La Drollie*, 1669 (état civ.). — *La Druille*, 1743 (id. de Saint-Étienne-de-Maurs). — *La Drulhe*, 1748 (anc. cad.). — *La Druilhe*, 1750 (état civ.).

DRULHE (LA), ruiss., affl. du ruisseau de l'Estrade, c^ne de Maurs; cours de 1,400 m.

DRULHE (LA), ham., mont. et taillis, c^ne de Parlan. — *La Drulhie*, 1644; — *La Drulhe*, 1645; — *La Drueilhe*, 1651; — *La Drullei*, 1652; — *La Drullie*, 1668 (état civ.). — *La Druille*, 1748 (anc. cad.).

DRULHE (LA), écart, c^ne de Saint-Santin-de-Maurs. — *Druilles*, 1886 (états de recens.).

DRULHES (BOIS DE), dom. ruiné, c^nes de Brageac et de Chaussenac. — *Affar de la Drulhe*, 1778 (inv. des arch. de la mais. d'Humières).

DRULHES, vill. et m^in détruit, c^ne de Labrousse. — *Mansus de Drulha; molendinum de Drulhe*, 1522 (min. Vigery, n^re à Aurillac). — *Dreulhe*, 1669; — *Drielhe*, 1671 (nommée au p^ce de Monaco). — *Druilhes*, 1736 (terr. de la command. de Carlat).

DRULHES, ruiss., affl. du ruisseau de Maurou, c^ne de Labrousse; cours de 1,250 m.

DRULHES, vill., c^ne de Méallet. — *Drulles*, 1667; — *Drulhe*, 1687 (anc. min. Chalvignac, n^re à Trizac). — *Druilles* (Cassini). — *Druilhes* (État-major).

DRULHES, dom. ruiné, c^ne de Prunet. — *Affaria de Drulhia*, 1465 (obit. de Notre-Dame d'Aurillac).

DRULHES, écart, c^ne de Saint-Santin-de-Maurs. — *Droulle*, 1623 (état civ.). — *Droulhau*, 1749; — *Drouille*, 1750 (anc. cad.).

DÉPARTEMENT DU CANTAL.

Duc (Le), vill., c^{ne} de Saint-Julien-de-Toursac.

Duc (Le), mont. à burons, c^{ne} de Trizac.

Duchat, lieu détruit, c^{ne} d'Alleuze. — *Domus Duchat vocata del Evesque*, 1511 (terr. de Maurs).

Dudoire, vill. détruit, c^{ne} de Lavastrie. — *Villaige del Dudoire*, 1625 (insin. de la cour royale de Murat).

Dumo, vill. détruit, c^{ne} de Villedieu.

Dumoire, dom. ruiné, c^{ne} de Sainte-Anastasie. — *Villaige de Dumoire*, 1635 (nommée par G^{lle} de Foix).

Duprat, ruiss., affl. du Quitivier, c^{ne} d'Aurillac; cours de 3,200 m. — On le nomme aussi *Paradis* et *Veyrines*.

Durancie (La), dom. ruiné, c^{ne} de Siran. — *Affarium da la Durancia*, 1346 (arch. dép. s. G).

Durand, écart, c^{ne} de Loupiac. — Il porte aussi le nom de *Mognes*.

Durand, mⁱⁿ détruit, c^{ne} de Valuéjols. — *Molin Durand*, xve s^e; — *Molin de Vidal*, 1664 (terr. de Bredon).

Durantie (La), écart et chât. détruit, c^{ne} de Roumégoux. — *La Durantie*, 1668 (nommée au p^{ce} de Monaco).

Durbac, dom. ruiné, c^{ne} d'Aurillac. — *Affar de Durbac*, 1692 (terr. de Saint-Geraud).

Duron, mⁱⁿ, c^{ne} de Saint-Paul-de-Salers.

Duyrou (Le), mⁱⁿ, c^{ne} de Valjouze.

Duyrou (Le), ruiss., affl. de l'Alagnon, coule aux finages des c^{nes} de Talizat, Valjouze et de Ferrières-Saint-Mary; cours de 8,500 m.

Dye (La), ruiss., affl. de la rivière d'Ande, c^{ne} d'Ussel; cours de 1,000 m.

Dyon, mⁱⁿ détruit, c^{ne} de Montboudif. — *Molendinum Dyo*, 1278 (Hist. de l'abbaye de Feniers).

E

Eau (L'), bois, c^{ne} de Teissières-les-Bouliès. — *Nemus vocatum d'Aysaguetas*, 1521; — *D'Eysaguetas*, 1522 (min. Vigery, n^{re} à Aurillac). — *Le bos de l'Eau*, 1750 (anc. cad.).

Eautels (Les), mont. à vacherie, c^{ne} de Chanterelle.

Écharnide (L'), vill., c^{ne} de Brezons. — *Eschernide*, 1596; — *Escharnide*, 1599 (insin. du bailliage de Saint-Flour). — *La Charnide* (État-major). — *Les Charnides*, 1852 (Dict. stat. du Cantal).

Échau (L'), ruiss., affl. de l'Incon, c^{nes} de Saint-Christophe et de Pleaux; cours de 1,120 m. — On le nomme aussi *Bagnadou*. — *Le Riou Chau*, 1464 (terr. de Saint-Christophe).

Échaudat (L'), ruiss., affl. du ruisseau de Latga, c^{ne} de Paulhac; cours de 825 m. — *Ruysseau appellé de Malsargues; de Malzargues*, 1606 (min. Danty, n^{re} à Murat).

Échaudat (L'), mⁱⁿ, c^{ne} des Ternes.

Échelle (L'), ham., c^{ne} de Marcenat.

Écope (L'), dom. ruiné, c^{ne} de Riom-ès-Montagnes. — *Affarium Escopa sive de Geneys*, 1441 (terr. de Saignes).

Écoute-s'il-pleut, mⁱⁿ, c^{ne} de Vieillevie.

Égaux (Le Suc des), mont. à vacherie, c^{ne} de Condat-en-Feniers.

Église (L'), ruiss., affl. de la Sionne, c^{ne} d'Auriac; cours de 5,800 m.

Église (Le Suc de l'), mont. à vacherie, c^{ne} de Dienne. — *A la Gleiza*, 1348; — *La Gleisa*, 1489 (lièvc de Dienne).

Église (L'), dom. ruiné, c^{ne} de Glénat. — *Mansus de la Gleighia*, 1404 (arch. mun. d'Aurillac, s. HH, c. 21).

Église (Bois de l'), mont. à vacherie, c^{ne} de Saint-Constant. — *Pech appellat de la Gleyza*, xviie s^e (reconn. au prieur de Saint-Constant).

Église (Le Puy de l'), mont. à burons, c^{ne} de Saint-Urcize.

Église (L'), ruiss., affl. du ruisseau de Couffins, c^{ne} de Vézac; cours de 2,000 m.

Église (Bois de l'), bois défriché, c^{ne} de Virargues. — *Nemus vocatum de la Gleysa*, 1446 (terr. de Farges). — *Cum nemore vocato de la Gleyssa*, 1478 (id. d'Anteroche).

Église de Cassou (L'), dom. ruiné et mont. à vacherie, c^{ne} de Valuéjols. — *A la Gleisa-de-Casso; l'Esglise de Casso*, 1508; — *Beughe appellée la Gleise-de-Cassou*, 1661 (terr. de Loubeysargues).

Égocheiros (Les), mont. à vacherie, c^{ne} d'Allanche.

Éguirands (Les), ham., c^{ne} de Jabrun. — *Les Aguirans*, 1508; — *Eguirans; les Eyguirans*, 1662; — *Les Esguirans*, 1686 (terr. de la Garde-Roussillon). — *Les Esquivaux ou Esquirans; les Esguirand; les Anciray*, 1784 (Chabrol, t. IV). — *Les Equirans* (Cassini). — *Les Eguirants* (État-major). — *Les Eguyrans*, 1855 (Dict. stat. du Cantal).

Elbarrat (L'), ruiss., affl. de la Cère, c^{ne} de Saint-Jacques-des-Blats; cours de 3,000 m. — On le nomme aussi *les Gardes*.

Elbert, m^{in}, c^{ne} de Lorcières.
Eldebert (L'), anc. quartier du bourg de Boisset, réuni à la population agglomérée. — *Mansus de la Aldebertia*, xve s^e (arch. mun. d'Aurillac, s. HH, c. 21). — *Lou Debeut*, 1747; — *Eldebert*, 1749 (état civ. de Saint-Étienne-de-Maurs).
Eldy, dom. ruiné, c^{ne} de Faverolles. — *L'affar d'Eldy*, 1494 (terr. de Mallet).
Elgines, vill., c^{ne} de Joursac. — *El Gines*, 1677 (insin. de la cour royale de Murat). — *Elgines*, 1693 (état civ.). — *Elgine* (Cassini).
Embals, écart détruit, c^{ne} de Saint-Constant.
Embarre, f^{me} et m^{in}, c^{re} de Carlat. — *Embarre*, 1668 (nommée au p^{ce} de Monaco).
Embelle, vill. détruit, c^{ne} d'Ydes. — *Ambal; Embal*, 1683 (état civ.). — *Embelle* (Cassini).
Embenne (L'), ruiss., affl. du Goul, coule aux finages des c^{nes} de Saint-Étienne-de-Carlat, Carlat, Labrousse, Cros-de-Ronesque et de Roussy; cours de 14,300 m. — On le nomme aussi *Carlat* et *Escazeaux*. — *Rivière d'Aubène*, 1668; — *Ruisseau d'Ambène; ruisseau d'Ambène*, 1670 (nommée au p^{ce} de Monaco). — *Aubène; Anbene*, 1695 (terr. de la command. de Carlat). — *Embarre*, 1879 (état stat. des cours d'eau du Cantal).
Embesse, f^{me}, c^{ne} de Colandres. — *Mansus d'Ambessas*, 1512 (terr. d'Apchon). — *Embesse*, 1777 (lièvre d'Apchon).
Embesse, vill., c^{ne} de Riom-ès-Montagnes. — *Bessa*, 1441 (terr. de Saignes). — *Enbesse*, 1506 (id. de Riom). — *Ambesse*, 1783 (aveu au roi par G. de la Croix). — *Embesses*, 1857 (Dict. stat. du Cantal).
Embesse (L'), ruiss., affl. de la Sumène, c^{nes} de Riom-ès-Montagnes et de Saint-Étienne-de-Riom; cours de 6,160 m.
Embordes, ham., c^{ne} de Parlan. — *Les Bordes*, 1644 — *Enbordes*, 1651; — *Le villaige Den-Bordes*, 1652 (état civ.). — *Embordes; las Bordes*, 1748 (anc. cad.).
Embouisque (L'), ruiss., affl. du Goul, c^{ne} de la Besserette; cours de 2,500 m.
Embounelle (L'), mont. à burons, c^{ne} de Saint-Paul-de-Salers.
Embrassac, vill., c^{ne} de Jaleyrac. — *Brassac*, 1712 (état civ. d'Arches). — *Embrassac*, 1733 (id. de Sourniac).
Embrousse, écart, c^{ne} de Naucelles. — Il porte aussi le nom de *Cante-Perdrix*. — *Affar de Brosses*, 1622 (état civ. de Jussac).
Embrousse, écart, c^{ne} de Sansac-Veinazès. — *La Brohe*, 1632 (état civ. de Reilhac). — *Brousso*, 1688; — *Brosso*, 1690; — *Lou Brosse*, 1693 (état civ.).

Embrozel, f^{me}, c^{ne} de Saint-Martin-Valmeroux. — *Entreuxelles*, 1701 (état civ.).
Emmillard, mont. à burons, c^{ne} d'Anglards-de-Salers.
Emoulayrads (Le Suc des), mont. à vacherie, c^{ne} de Saint-Amandin.
Empailleret, écart, c^{ne} de Saint-Martin-Valmeroux.
Empalat, écart, c^{ne} de Laveissière. — *Palat*, 1535; — *Empalat*, 1580 (terr. de la v^{té} de Murat). — *Pallat*, 1598 (reconn. des hab. d'Albepierre). — *Empalut* (État-major).
Empenty, écart, c^{ne} de Sénezergues.
Emperol (L'), écart, c^{ne} de Montsalvy.
Empeyre (L'), mont. à vacherie, c^{ne} de Saint-Amandin.
Empeyrou, écart, c^{ne} de Jussac. — Il porte aussi le nom de *Gratacrap*.
Empradel, f^{me}, c^{ne} de Carlat. — *Lou Pradeilz*, 1668 (nommée au p^{ce} de Monaco). — *Lou Pradal*, 1695 (terr. de la command. de Carlat). — *Pradels* (Cassini). — *Pradel*, 1855 (Dict. stat. du Cantal).
Empradelles, écart, c^{ne} de Sansac-Veinazès.
Encanvet, mont. à burons, c^{ne} de la Capelle-Barrez. — *Buron du Couvet* (État-major).
Encastel, ham. avec manoir, c^{ne} de Paulhenc. — *Encatel*, 1861 (Dict. stat. du Cantal).
Encazou-Bas, m^{in}, c^{ne} de Saint-Illide.
Encazou-Haut, vill., c^{ne} de Saint-Illide. — *Incajre* (État-major). — *Encajou*, 1855 (Dict. stat. du Cantal).
Enchabanobe (L'), mont. à burons, c^{ne} d'Anglards-de-Salers.
Enchabaud, mont. à burons, c^{ne} de Saint-Bonnet-de-Salers. — *V^{ie} Enchafaut* (Cassini). — *Enchabaud* (État-major).
Enchanet, vill., m^{in} et huilerie, c^{ne} de Pleaux. — *Enclaus*, 1647; — *Enchanes*, 1653; — *Anchanet*, 1655; — *Enchane*, 1656 (état civ.). — *Enchanet*, 1672; — *Jonchanet*, 1673 (id. d'Arnac). — *Enchanot*, 1743 (arch. dép. s. C, l. 40). — *Enchanel* (Cassini).
L'église d'Enchanet a été érigée en succursale par décret du 8 octobre 1850.
Enchapoumay, mont. à vacherie, c^{ne} de Saint-Bonnet-de-Salers.
Encharillou (L'), ruiss., affl. de la Dordogne, c^{nes} de Champagnac et de Saint-Pierre-du-Peil; cours de 940 m. — On le nomme aussi *Pradines*.
Enclavade (L'), f^{me}, c^{ne} de Condat-en-Feniers. — *L'Enclarade* (Cassini).
Enclos-du-Roi (L'), écart, c^{ne} de Lanobre.
Encloses (Le Rasa des), ravine, affl. de l'Alagnon, c^{ne} de Ferrières-Saint-Mary.
Enclous (L'), ruiss., affl. de la rivière de Brezons,

DÉPARTEMENT DU CANTAL. 181

c^{ne} de Brezons; cours de 3,000 m. — Il porte aussi le nom d'*Encloutoux*.

Encombrun, dom. ruiné et mont. à burons, c^{ne} d'Anglards-de-Salers et du Vaulmier. — *In villa Combru*, XIIe s^e (charte dite *de Clovis*). — V^{rie} *d'en Combrun* (État-major).

Encoumbo (Bois d'), dom. ruiné, c^{ne} de Vic-sur-Cère. — *Affar des Cambos*, 1485 (reconn. à J. de Montamat). — *Bois appellé del Cambo*, 1583 (terr. de Polminhac).

Encoupiac, écart, c^{ne} de Paulhenc.

Encoyroublanc, buron, c^{ne} de Marmanhac.

Encuraine (L'), ruiss., affl. de la rivière de Brezons, c^{ne} de Brezons; cours de 3,800 m.

Enfer (L'), dom. ruiné, c^{ne} de Bonnac. — *Villaige de l'Enfer*, 1717 (état civ. de Saint-Étienne-sur-Massiac).

Enfer (L'), mont. à vacherie, c^{ne} de Chanterelle.

Enfer (L'), ruiss., affl. de la Jordanne, c^{ne} de Lascelle; cours de 1,125 m. — *Ruisseau del Salens*, 1634 (pièces du cab. Lacassagne).

Enfiguière, mont. à burons, c^{ne} de Saint-Bonnet-de-Salers. — V^{rie} *du Figuier* (Cassini).

Enfour, vill., c^{ne} de Parlan. — *Four*, 1645; — *Enfour*, 1648 (état civ.). — *Enfours*, 1748 (anc. cad.).

Enfourcade, écart, c^{ne} de Pers. — *Fourcade*, 1857 (Dict. stat. du Cantal).

Enfourchoux, écart, c^{ne} de Boisset. — *Ennafous*, 1852 (Dict. stat. du Cantal).

Enfrus (La Talve des), dom. ruiné, c^{ne} de Marchastel. — *Le ténement appellé de la Taulve-del-Enfrust*, 1578 (terr. de Soubrevèze).

Engendres, mont. à burons, c^{ne} de Saint-Bonnet-de-Salers. — V^{ie} *Ingendre* (Cassini).

Engout, mont. à vacherie, c^{ne} de Saint-Bonnet-de-Salers. — V^{ie} *d'Ingout* (Cassini).

Engrange, écart, c^{ne} d'Anglards-de-Salers.

Enguinot, vill. et m^{in}, c^{ne} de Roannes-Saint-Mary. — *Enguinou*, 1635; — *Anguinot*, 1636 (état civ. de Saint-Mamet). — *Anguins*, 1668 (nommée au p^{ce} de Monaco). — *Enguinot*, 1682 (arch. dép. s. C).

Enjanhac, ham. et bois, c^{ne} de Saignes.

Enjulié (Le Puech d'), mont. à vacherie, c^{ne} de Saint-Constant. — *Bois del Puech d'Enjulien*, 1748; — *Le Puech de Juilhen*, 1750 (anc. cad.).

Enrouire, écart, c^{ne} de Moussages. — *Lo fac de Enreugol*, 1332 (lièv du prieuré de Saint-Vincent).

Enroussou, écart et chât. détruit, c^{ne} de Pleaux. — *Preceptoria de Rosson*, 1535 (Pouillé de Clermont, don gratuit). — *Le Rousson* (Cassini).

Enroux (Le Commun d'), mont. à vacherie, c^{ne} de Laveissière. — *Enroux*, 1680 (terr. de la ville de Murat).

Ensalers, vill., c^{ne} de Menet. — *Ensalers*, 1601; — *Ensallez*, 1628; — *Ensaler*, 1662 (état civ.). — *En-Saler*, 1717 (arch. dép. s. G.). — *Salers*, 1783 (dénomb. du prieuré de Menet).

Enseigne (L'), ham., c^{ne} de Marcolès.

Enseigne (L'), ruiss., affl. du ruisseau de Garrouste, c^{nes} de Marcolès et de Roannes-Saint-Mary; cours de 3,800 m. — Il porte aussi le nom de *Boissetout*.

Enseignes (Les), écart, c^{ne} de Naucelles.

Ensioumont, mont. à vacherie, c^{ne} de Saint-Bonnet-de-Salers.

Enteroches, bois, c^{ne} de Polminhac. — *Nemus vocatum Entrerocas*, 1489 (reconn. à J. de Montamat). — *Bois appellé d'entre-Rocquas*, 1583 (terr. de Polminhac).

Entourde, écart, c^{ne} d'Arpajon. — *Tourde*, 1622 (état civ.). — *Tourdes*, 1665 (id. de Saint-Mamet). — *Enatourde* (états de sections).

Entraygues, ham, c^{ne} de Laroquebrou. — *Antraye*, 1857 (Dict. stat. du Cantal).

Entre-deux-Rieux, vill., c^{ne} de Marmanhac. — *Entredouxrieux*, 1378 (fond. de la chapellenie des Blats). — *Autredos-Reus; d'Autresdosrieus*, 1378 (arch. dép. s. G). — *Dantredurif*, 1646 (terr. du prieuré de Teissières-de-Cornet). — *Entre-deux-Rieux*, 1648; — *Entredeuxrifs*, 1649 (état civ. de Reilhac). — *Entre-deux-Rieu*, 1676 (lièv de la mais. des Blats). — *Entre-deux-Rieux*, 1685 (arch. dép. s. C, l. 21). — *Entre-deux-Rifz*, 1686 (état civ. de Jussac). — *Entredourieux*, 1728 (arch. dép. s. C, l. 21). — *Entredeuxrieux* (Cassini).

Entremont, vill. détruit, c^{ne} de Chalvignac. — *In villa Autremontis*, XIIe s^e (charte dite *de Clovis*).

Entremont, f^{me} et mont. à vacherie, c^{ne} de Chastel-sur-Murat. — *Entremons*, 1279 (arch. dép. s. E). — *Autremons*, 1348 (lièv de Dienne). — *Entremonts; Antremontz; Entrementz*, 1618 (terr. de Dienne). — *Entremoux*, 1662 (état civ.). — *Antremons*, 1673 (nommée au p^{ce} de Monaco). — *Entremon*, 1693 (état civ. de Murat).

Entremont, écart et m^{in}, c^{ne} de Vic-sur-Cère. — *Entremons*, 1604; — *Antremons*, 1635 (état civ.). — *Entremont*, 1668 (nommée au p^{ce} de Monaco).

Entremont-Bas, écart, c^{ne} de Chastel-sur-Murat.

Enval, dom. ruiné, c^{ne} de Loupiac. — *Le villaige d'Envales*, 1690 (état civ.).

Envidal, écart, c^{ne} de Paulhenc.

Environnades (Les), forêt, c^{ne} de Vebret.

ÉPIGUIAL (L'), dom. ruiné, c^{ne} de Saint-Santin-de-Maurs. — *Villaige de lou Épiguial*, 1652 (état civ. de Cassaniouze).

ÉPINAL (LA ROCHE D'), mont., c^{ne} de Rageade.

ÉPINET (L'), vill. détruit, c^{ne} de Valuéjols. — *Villaige d'Épivet*, 1666 (insin. de la cour royale de Murat).

ÉPINETTE (L'), buron, c^{ne} de Saint-Amandin.

ERMADES (LAS), dom. ruiné, c^{ne} d'Ytrac. — *Ténement de las Lermades*, 1739 (anc. cad.).

ERMIC, dom. ruiné, c^{ne} de Saint-Santin-de-Maurs. — *Villaige del Ermic*, 1612 (état civ.).

ERMITAGE (L'), écart, c^{ne} de Paulhenc.

ERMITAGE (L'), église et presbytère isolés, c^{ne} de Roannes-Saint-Mary. — *Lhermitage*, 1692 (terr. de Saint-Geraud). — Le presbytère porte aussi le nom d'*Ermite*.

ERMITAGE (L'), chapelle, c^{ne} de Sainte-Marie, auj. ruinée.

ERMITAGE (L'), chapelle ruinée, c^{ne} de Thiézac.

ESBANS, vill., c^{ne} d'Ytrac. — *Ebrart*, 1342 (arch. mun. d'Aurillac, s. GG, p. 19). — *Esbaux*, 1522 (min. Vigery, n^{re} à Aurillac). — *Les Bans*, 1684; — *Es-bans*, 1750; — *Esbans*, 1759 (arch. dép. s. C).

ESCABROLLES (LE PUECH D'), mont. à vacherie, c^{ne} de Saint-Saury.

ESCAÏRES, f^{me}, c^{ne} du Falgoux. — *Escaires* (Cassini). — *Les Caires* (État-major). — *La Cayre*, 1855 (Dict. stat. du Cantal).

ESCALMEL, ham. avec manoir, c^{ne} de Jou-sous-Montjou. — *Scalmels*, 1522 (min. Vigery, n^{re} à Aurillac). — *Caumeiler*, 1635 (état civ. de Vic). — *Calmeilz, chasteau à deux estaiges, avec un petit gabion à chasque angle et une tour à vix sur le frontispice*, 1669; — *Calmelz*, 1670 (nommée au p^{ce} de Monaco). — *Escalmels*, 1675 (état civ.). — *Les Calmes* (Cassini).

ESCALMELS, écart, c^{ne} de Ladinhac. — *Les Calmelhs*, 1464 (vente par Guill. de Treyssac). — *Lous Calmels*, 1536 (terr. de Coffinhal). — *Escalmelz*, 1551 (min. Boygues, n^{re} à Montsalvy). — *Les Caumels*, 1747 (arch. dép. s. C). — *Les Caumels* (Cassini).

ESCALMELS, mont. à burons, c^{ne} de Pailhérols. — *Les Calmels* (État-major).

ESCALMELS, ham. avec chapelle et mⁱⁿ, c^{ne} de Saint-Saury. — *Les Chalmeils*, 1275 (test. de Bertrand de Montal). — *Escalmelhs*, 1288 (homm. à l'évêque de Clermont). — *Escalmelhs*, 1307 (pap. de la fam. de Montal). — *Carmels*, 1367 (arch. mun. d'Aurillac, s. HH, c. 21). — *Calmels*, XIVe s^e (Pouillé de Saint-Flour). — *Carmelhs*, 1506 (homm. à l'évêque de Clermont). — *Nostre-Dame d'Es-calmeils; des Scalmelz*, 1550 (terr. du prieuré d'Escalmels). — *Escalmels*, 1654 (min. Sarrauste, n^{re}). — *Escalmes*, 1781 (arch. dép. s. G). — *Les Caumels* (Cassini).

Le prieuré d'Escalmels, fondé au XIe s^e, était de l'ordre des Augustins, et à la nomination de l'abbé de la Couronne d'Angoulême. Il était régi par le droit écrit et siège d'une just. ressort. au bailliage d'Aurillac, en appel de la prév. de Maurs.

ESCALMELS, ruiss. formé par la réunion des ruisseaux de Brassac et de Font-Belle, c^{ne} de Saint-Saury, traverse la c^{ne} de Siran, et se jette dans la Cère, sur le territ. de la c^{ne} de la Mativie (Lot), après un cours dans le Cantal de 11,500 m. — *Ruisseau des Calmel*, 1771 (arch. dép. s. G). — *Escaumels* (État-major). — *Escaumeille*, 1879 (état stat. des cours d'eau du Cantal).

ESCAMPET (L'), écart, c^{ne} de Saint-Santin-de-Maurs.

ESCAMPET (L'), ruiss., prend sa source à l'étang de la Fon, c^{ne} de Saint-Santin-d'Aveyron, et se jette dans le ruisseau d'Aujou, sur le territ. de la c^{ne} de Saint-Santin-de-Maurs, après un cours de 1,200 m. — *Ruisseau de Sennac*, 1740 (reconn. au m^{is} de Montmurat). — *Ruisseau de Cennac; Sounac; Sennaco*, 1749 (anc. cad. de Saint-Santin-de-Maurs).

ESCANIS, vill., c^{ne} d'Aurillac. — *Canis*, 1624; — *Canix*, 1627; — *Escanis*, 1636; — *Asconis*, 1660 (état civ.). — *Escanits* (états de sections).

ESCANIS, vill., c^{ne} de Calvinet. — *Canis*, 1415 (terr. de Cassaniouze). — *Canix*, 1652; — *Lous Canys*, 1659 (état civ. de Cassaniouze). — *Es Canis*, 1670 (terr. de Calvinet). — *Excanix*, 1741 (anc. cad. de Cassaniouze). — *Escanis*, 1785 (arch. dép. s. C, l. 49). — *Les Conits* (Cassini).

ESCANIS, dom. ruiné, c^{ne} de Montsalvy. — *Domaine de Canis*, 1759; — *Domaine d'Ascanis*, 1761 (anc. cad.).

ESCANIS, ham., c^{ne} de Roannes-Saint-Mary. — *Escanis*, 1521 (min. Vigery, n^{re} à Aurillac). — *Les Canis*, 1761 (arch. dép. s. G). — *Esconis* (Cassini).

ESCARBAGIEUX, écart, c^{ne} de Saint-Illide.

ESCARVACHÈRES, ham., c^{ne} de Saint-Mamet-la-Salvetat. — *Escarvachières*, 1587 (livre des achaps d'Ant. de Naucaze). — *Escarbachières*, 1623; — *Escarbaches; Escarbachères*, 1624; — *Escorbossières*, 1635; — *Escarbachiés*, 1636; — *Des Carbachières*, 1638 (état civ.). — *Escarbacheires*, 1668; — *Carbassières*, 1669 (nommée au p^{ce} de Monaco). — *Escarbassières*, 1728; — *Escarbassière*, 1743 (arch. dép. s. C. l. IV). — *Escarbachère* (Cassini).

ESCATEL (L'), mont. à vacherie, c^{ne} de Saint-Paul-de-Salers.

Escazals, écart, c^{ne} de Laroquebrou. — *Las Estayons*, 1374 (arch. dép. s. E). — *Las Escayrias*, 1401 (*id*. s. G). — *Lous Cazalz*, 1670; — *Lous Casals*, 1680 (état civ.).

Escazals, vill. et mⁱⁿ, c^{ne} de Siran. — *La Condamina*, 1350 (terr. de l'Ostal de la Trémolicyra). — *Los Cazals*, 1423 (arch. mun. d'Aurillac, s. HH, c. 21). — *La Condamine ou Les Cazalz*, 1449 (enq. sur les droits des seign. de Montal). — *Escajas*, 1644; — *Escalact*, 1652; — *Les Cassalz*, 1660 (état civ.). — *Les Casalz*, 1708 (état civ. de Saint-Paul-des-Landes). — *Scazals* (Cassini). — *L'Escazals* (État-major). — *Escajels*, 1857 (Dict. stat. du Cantal).

Escazals, ruiss., afll. du ruisseau de la Balbarie, c^{ne} de Siran; cours de 1,250 m.

Escazeaux, vill. et mⁱⁿ, c^{ne} de Saint-Étienne-de-Carlat. — *Los Casals apud Carlatum*, 1487 (reconn. à J. de Montamat). — *Les Cazals*, 1522 (min. Vigery, n^{re} à Aurillac). — *Les Cazalz*, 1610 (aveu de J. de Pestels). — *Les Cazaux*, 1670; — *Escazalz*, 1671 (nommée au p^{ce} de Monaco). — *Les Casaux; les Casaus; les Cazaus*, 1692 (terr. du monast. de Saint-Géraud). — *Seigneurie des Cazales*, 1756 (arch. mun. de Naucelles).

Escazeaux, vill., c^{ne} de Sanzac-Veinazès. — *Les Cazaux*, 1739 (arch. dép. s. C). — *Escazeaux*, 1765 (état civ. de Junhac).

Escazeaux, écart, c^{ne} de Thiézac.

Eschamps (Les), vill., c^{ne} de Paulhac. — *Les Eschamps*, 1352 (homm. à l'év. de Clermont). — *Les Eschamz*, 1420 (liber vitulus). — *Les Échaux*, 1784 (Chabrol, t. IV).

Esclache (L'), dom. détruit et mont. à vacherie, c^{ne} de Lieutadès. — *Pasturaiges de l'Esclache*, 1508; — *Villaige de las Clarques; ténement des Clacques*, 1662; — *Las Esclaques; ténement de l'Esclaque*, 1686; — *Le lac de las Esclaques*, 1730 (terr. de la Garde-Roussillon).

Esclades (Les), ruiss., afll. du Menou, c^{ne} de Saint-Illide; cours de 800 m.

Escladines, ruiss., afll. du ruiss. d'Incon, c^{nes} d'Ally, Chaussenac et de Barriac; cours de 5,010 m. — Il porte aussi le nom de *Chapvergne*.

Escladines, vill., c^{ne} de Chaussenac. — *In villa Uscladinas*, xiie s^e (charte dite *de Clovis*). — *Escladines*, 1601 (état civ. de Brageac). — *Cladines*, 1657; — *Uscladines*, 1665; — *Escladine*, 1675; — *Eucladines*, 1686 (id. de Pleaux). — *Escladinez*, 1693 (*id*. d'Ally).

Esclairargues, ham., c^{ne} d'Apchon. — *Escleyrargues*, 1520 (terr. d'Apchon). — *Esclairargues*, 1777 (lièvre d'Apchon). — *Esclarargues* (Cassini). — *Sclairargues* (État-major).

Esclause (L'), dom. ruiné, c^{ne} de la Capelle-Viescamp. — *Affarium da las Clausa*, 1341 (arch. dép. s. G). — *L'Esclause*, 1449 (enq. sur les droits des seign. de Montal). — *Mansus d'Escluas*, 1489 (reconn. à J. de Montamat).

Esclause (L'), dom. ruiné, c^{ne} de Maurs. — *Villaige d'Esclausa*, 1626 (état civ.). — *Villaige d'Esclouts*, 1670 (pièces du cab. Lacassagne).

Esclausels, mont. à vacherie, c^{ne} de Badailhac.

Esclaux, mont. à burons, c^{ne} de Thiézac. — *Descoux* (État-major).

Esclauze (L'), mont. à vacherie, c^{ne} de Saint-Bonnet-de-Salers. — *Montaigne de l'Esclauze*, xvie s^e (lièvre de Feniers). — *V^{ie} Lesclauges* (État-major).

Esclauzels, vill., mⁱⁿ et huilerie, c^{ne} de Jussac. — *Lo Clos*, 1464 (terr. de Saint-Christophe). — *Les Clausels*, 1642 (état civ. de Naucelles). — *Les Clauselz*, 1649 (*id*. de Reilhac). — *Esclauzels*, 1649 (*id*. d'Aurillac). — *Molin de Nieyrestang, alias des Clauzels*, 1665 (état civ.). — *Les Clauzez*, 1665 (*id*. de Jussac). — *Clauzeles*, 1674 (*id*. d'Aurillac).

Esclauzets, vill., c^{ne} de Lieutadès. — *Las Esclausas*, 1508; — *Lous Clauzels*, 1662 (terr. de la Garde-Roussillon). — *Le Clauzel*, 1671 (insin. du baill. de Saint-Flour). — *Los Clauzets*, 1686 (terr. de la Garde-Roussillon). — *Les Clausets* (Cassini).

Esclots, ruiss., afll. de la Maronne, c^{ne} de Cros-de-Montvert; cours de 1,500 m.

Escloupier (L'), écart, c^{ne} de Laroquebrou. — *Esclopiers* (Cassini). — *Esclopier* (État-major). — *Escloupié*, 1857 (Dict. stat. du Cantal).

Escloupier (L'), ruiss., afll. de la Cère, c^{ne} de Laroquebrou; cours de 1,300 m.

Esclouts (L'), ruiss., afll. du Lot, c^{nes} de Junhac et de Vieillevie; cours de 3,500 m. — On le nomme aussi *le Port*. — *Ruisseau des Clouts*, 1837 (état des riv. du Cantal). — *Esclout*, 1879 (état stat. des cours d'eau du Cantal).

Escloux, écart, c^{ne} de Vieillevie. — *Esclouts*, 1857 (Dict. stat. du Cantal).

Escobe (L'), dom. ruiné, c^{ne} d'Arpajon. — *Lo mas de l'Escoba*, 1692 (terr. de Saint-Géraud).

Escoins, écart, c^{ne} de Méallet.

Escolus, dom. ruiné, c^{ne} de Drugeac. — *Villaige d'Escolus*, 1690 (état civ.).

Escomblat, mⁱⁿ détruit, c^{ne} de Saint-Gérons.

Escompeyre, écart, c^{ne} du Falgoux. — *Lo mas de Crosapeyra*, 1332 (lièvre du prieuré de Saint-Vincent). — *Escousseyre*, 1855 (Dict. stat. du Cantal).

Escompeyre-Soubro et Soutro, écarts, c^ne du Falgoux. — *Crosa-peyra Sobrana; Crosa-peyra Sotrana*, 1332 (lièvre du prieuré de Saint-Vincent). — *Escousseyre-Soubro et Escousseyre-Soutro*, 1855 (Dict. stat. du Cantal).

Escorailles, c^on de Pleaux et chât. féodal converti en bât. d'exploitation rurale. — *Scoralia*, 767 (Annales Francorum, apud Bouquet, t. V, p. 36). — *Scurrallia*, xie s^e; — *Scuriliæ*, 1105; — *Scurralliæ*, 1110 (Gall. christ. t. II, col. 265). — *Scoralium*, xiie s^e (charte dite *de Clovis*). — *Scorralia*, 1240 (vente au doyen de Mauriac). — *Escorillæ*, 1250 (Gall. christ. t. II, inst. c. 89). — *Scorala*, 1320 (Baluze, t. II, p. 586). — *Escoralha*, 1341 (Gall. christ. t. II, inst. c. 94). — *Escorralia*, 1341 (pap. de la fam. de Montal). — *Escorrailha*, 1447 (arch. dép. s. E). — *Scorralhia; Escorrallia*, 1464 (terr. de Saint-Christophe). — *Escourailles*, 1465 (arch. dép. s. E). — *Schorailla*, 1473 (terr. de Mauriac). — *Escouraille*, 1535 (Pouillé de Clermont, don gratuit). — *Escoralhe; Escorraille*, xvie s^e (reconn. au seign. d'Escorailles). — *Escorralye*, 1608; — *Escorralie*, 1612; — *Escorailles*, 1632 (état civ. de Brageac). — *Escourrailhes*, 1640 (id. de Salers). — *Escorailhes; Eschorailhes*, 1654 (id. d'Ally). — *Escorailliers*, 1664 (insin. du bailliage de Salers). — *Eschorailles*, 1665 (état civ. de Salers). — *Escorallies*, 1670 (id. du Vigean). — *Escorrailhes*, 1692; — *Escoraillez*, 1695 (id. d'Ally). — *Escoraille*, 1784 (Chabrol, cout. d'Auvergne, t. IV).

Escorailles a été une des comptoiries de la Haute-Auvergne.

Escorailles était, avant 1789, de la Haute-Auvergne, du dioc. de Clermont, de l'élect. et de la subdélég. de Mauriac. Régi par le droit écrit, il était le siège d'une justice seign. ressort. au bailliage d'Aurillac, en appel de la prév. de Mauriac. — Son église, dédiée à saint Jean-Baptiste, autrefois à saint Blaise, était la chapelle du château. Le curé était à la nomination de l'archiprêtre de Mauriac. Elle a été érigée en succursale par décret du 28 août 1808.

Escorailles, ruiss., c^ne de Tourniac, formé par les ruisseaux de Cussac et d'Ostenac réunis, se jette dans le ruisseau d'Algère; cours de 1,200 mètres. — *Rivus de la Grelheyra*, 1502 (terrier de Cussac).

Escorailles, f^me avec manoir, c^ne de Vézac. — *Escorailla*, 1230 (arch. dép. s. E). — *Escrouzailles*, 1666 (état civ. de Nieudan). — *Escourrailhes*, 1668; — *Escorailhe*, 1669 (nommée au p^ce de Monaco). — *Escourailles*, 1696 (état civ. de Raulhac). — *Les Corailles*, 1756 (arch. mun. de Naucelles).

Esconolle, mont. à burons, c^ne de Colandres. — *Montaigne d'Escorolle*, 1506 (terr. de Riom). — *Montagne d'Escourolles*, 1783 (aveu au roi par G. de la Croix).

Escorolles, ham. avec manoir et mont. à vacherie, c^ne de Cheylade. — *Gorsa Escorolet*, 1237; — *Escorola*, 1371 (arch. dép. s. H). — *Escourolles*, 1513 (terr. de Cheylade). — *Escorolle*, 1518 (id. de Dienne). — *La Roche, alias Escorole*, 1521 (min. Teyssendier, n^re). — *Escorolle sive la Roche-Compouze; Escorole-ès-Roche; Les Escorolles*, 1539 (terr. de Cheylade). — *Escoralles, alias Escorolles*, 1551 (Gall. christ. t. II, col. 432). — *Escourolle*, 1595 (terr. de Dienne). — *Escorol* (Cassini).

Escoualier, vill., m^ie, bois et camp vitrifié, c^ne de Mauriac. — *Escoli*, 1381 (lièvre du monast. de Mauriac). — *Les Collies*, 1473 (terr. de Mauriac). — *Escolier*, 1505; — *Scoulliez; Scroulliers*, 1515 (comptes au doyen de Mauriac). — *Escouliez*, 1639 (rentes dues au monast. de Mauriac). — *Escoualiez*, 1665 (état civ.). — *Escalliès*, 1667; — *Escolyes; Escoloyes*, 1670; — *Escololies*, 1671; — *Escolollhies*, 1673 (id. du Vigean). — *Scuei*, 1697 (id. d'Ally). — *Escououliès*, 1704 (id. de Chaussenac). — *Escoulliers*, 1743 (arch. dép. s. C). — *Escoalier* (plan cadastral).

Escoubeyroux, vill., c^ne de Siran. — *Escobayro*, 1357 (arch. mun. d'Aurillac, s. HH, c. 21). — *Escoubeyrou*, 1449 (enq. sur les droits des seign. de Montal). — *Escombeyrou*, 1634 (min. Sarrauste, n^re à Laroquebrou). — *Escoubeirous*, 1649 (état civ. de Glénat). — *Escoubeyroux*, 1662; — *Escoubeyrous*, 1663 (état civ. de Siran). — *Scoubeyrou*, 1684 (id. de Laroquebrou). — *Scoubeirou* (Cassini).

Escoubiac, vill., c^ne de Cros-de-Ronesque. — *Escobilho*, 1323 (reconn. au baron de Calvinet). — *Escolbiac*, 1642 (min. Froquières, n^re à Raulhac). — *Escobihac*, 1668; — *Escoubiac*, 1669 (nommée au p^ce de Monaco). — *Escobiac*, 1693; — *Escolviac*, 1696 (état civ. de Raulhac).

Escoubrat, dom. ruiné, c^ne de Cros-de-Ronesque. — *Villaige d'Escoubrat*, 1643 (min. Froquières, n^re).

Escouderc (L'), ruiss., affl. de la rivière d'Auze, c^nes de Crandelles et de Saint-Paul-des-Landes; cours de 1,600 m.

Escouderc, vill., c^ne de Saint-Paul-des-Landes. — *Les Coderci; Les Coderez*, 1522 (min. Vigery, n^re à Aurillac). — *Escouderez*, 1668 (nommée au p^ce de

DÉPARTEMENT DU CANTAL.

Monaco). — *Les Couders*, 1682 (arch. dép. s. C). — *Les Couderes*, 1701; — *Escoudères*, 1703 (état civ.). — *Escouders* (Cassini).
Escoullonges, écart, c^{ne} de Saint-Saury.
Escoussouge, f^{me}, c^{ne} de Saint-Saury. — *Corsaigne; Corsanhe*, 1657 (pap. de la fam. de Montal). — *Escoullonges*, 1857 (Dict. stat. du Cantal).
Escout (L'), mont. à vacherie, c^{ne} de Thiézac.
Escouts, f^{me} et chât. détruit, c^{ne} de Saint-Bonnet-de-Salers. — *Mansus d'Escouts*, 1473; — *Escoul*, 1475 (terr. de Mauriac). — *Escoulez*, 1655 (insin. du bailliage de Salers). — *Escoutz*, 1680; — *Escoulse*, 1690; — *Villaige d'Escouls*, 1743 (état civ.). — *Domaine des Louis*, 1743 (arch. dép. s. C, l. 44). — *Escousse* (Cassini).
Escros, vill., c^{ne} de Sourniac. — *Escros*, 1263 (arch. généal. de Sartiges). — *Serots*, 1685 (état civ. d'Arches). — *Cros*, 1730 (*id.* de Sourniac).
Escrous, écart, c^{ne} du Fau. — *Les Cloux*, 1717 (terr. de Beauclair).
Escrouzet, vill. et oratoire, c^{ne} de Molèdes.
Escrouzilles, mⁱⁿ, c^{ne} de Marcenat.
Escrouzoux, écart, c^{ne} du Claux.
Escubalioux, mⁱⁿ, c^{ne} de Riom-ès-Montagnes.
Escubillou (L'), f^{me} ruinée, c^{ne} de Menet. — *Mansus d'Escubillos*, 1401 (reconn. au seign. de Murat-la-Rabe).
Escubilloux, mont. à vacherie, c^{ne} de la Monsélie. — *Les Cubilloux*, 1441 (terr. de Saignes). — *Le lac d'Escubilhoux*, 1561; — *Le lac des Cubilhoux*, 1638 (*id.* de Murat-la-Rabe).
Escudier, mⁱⁿ détruit, c^{ne} de Valuéjols. — *Lo mole del Escudier*, xve s^e (terr. de Bredon).
Escudiers, mont. à vacherie, c^{ne} de Lieutadès. — *Las Scodieras; Scodières*, 1508; — *Les Escoudieyres*, 1662; — *Las Escodieyres*, 1686 (terr. de la Garde-Roussillon).
Escudilier, f^{me}, c^{ne} d'Aurillac. — *Escudilié*, 1648 (état civ.). — *Escudilier*, 1738 (arch. mun. d'Aurillac, s. CC, p. 4).
Escudilien, f^{me} et mont., c^{ne} d'Ytrac.
Escure (L'), écart, c^{ne} du Falgoux.
Escuot (L'), dom. ruiné, c^{ne} de Valuéjols. — *Lou Escuot*, xvie s^e (terr. de Bredon).
Escurade (L'), mont. à vacherie, c^{ne} de Saint-Paul-de-Salers.
Escure (L'), écart, c^{ne} de Cassaniouze. — *Lescure*, 1653 (état civ.).
Escure (Le Puech de l'), mont. à vacherie, c^{ne} de Cros-de-Montvert.
Escure (L'), vill. et mont., c^{ne} de Labrousse. — *Villa que dicitur illa Scura, in aice Carlacensi*, 919 (cart.

de Brioude). — *Escura*, 1522 (min. Vigery, n^{re} à Aurillac). — *Escure*, 1606 (terr. de Notre-Dame d'Aurillac). — *Mas de l'Escure sive de Julhac*, 1692 (*id.* de Saint-Geraud).
Escure (L'), ham., c^{ne} de Ladinhac. — *L'Escure*, 1648 (état civ. de Montsalvy). — *Lesure*, 1752 (arch. dép. s. C).
Escure (L'), écart, c^{ne} de Leynhac.
Escure (L'), f^{me}, c^{ne} de Montsalvy. — *L'Escure ou Cazorne*, 1680; — *Encazornes*, 1681; — *Casornes*, 1709 (état civ.).
Escure (L'), dom. ruiné, c^{ne} de Riom-ès-Montagnes. — *Mansi de las Escuras Velhas*, 1320 (Hist. de l'abbaye de Feniers). — *Nemus vocatum de las Escuras*, 1511 (terr. d'Apchon). — *Affar de las Escures*, 1719 (table de ce terrier).
Escure (L'), f^{me}, c^{ne} de Saint-Flour. — *Mansus del Escura*, 1322 (arch. dép. s. G). — *Lescure* (Cassini).
Escure (L'), f^{me} avec manoir et mⁱⁿ, c^{ne} de Saint-Martin-sous-Vigouroux. — *Chasteau et maison de l'Escure*, 1671 (nommée au p^{te} de Monaco).
Escure (L'), dom. ruiné, c^{ne} de Sarrus. — *Métharie appellée Lescure*, 1493; — *Affars del Escure*, 1494 (terr. de Mallet).
Escure (L'), ham., c^{ne} de Thiézac. — *Domaine de l'Escure*, 1668 (nommée au p^{te} de Monaco).
Escure (L'), ruiss., affl. de la riv. d'Ande, c^{ne} de Valuéjols; cours de 4,500 m. — *Riparia de Selanc*, 1369 (arch. dép. s. E). — *Rivière de Cruxsolet*, 1508 (terr. de Loubeysargues). — *Rieu del Gua de Chambeyrac*, 1511 (*id.* de Maurs). — *Ruisseau de Chambeyrat; ruisseau de Lescure*, 1670 (*id.* de Brezons).
Escure-de-Thiézac (L'), mⁱⁿ, c^{ne} de Thiézac, dans le bourg. — *Molin de Thiézac à deux roues à bled*, 1674 (terr. de Thiézac).
Escurerie (L'), ham., c^{ne} de Cayrols. — *L'Escarrayrie; l'Escureyrie*, 1647; — *Escurayrie*, 1651; — *Les Escurayries*, 1659 (état civ.). — *Les Escureyries*, 1668 (nommée au p^{te} de Monaco).
Escures (Les), vill., c^{ne} de Saint-Mamet-la-Salvetat. — *Escure*, 1301 (pap. de l'abbé Delmas). — *Escuro*, 1486 (reconn. à J. de Montamat). — *Las Escures*, 1623 (état civ.).
Escures (Les), écart et mⁱⁿ, c^{ne} de Saint-Saury. — *Escure* (Cassini).
Escures (Le Glas des), écart, c^{ne} de Sansac-de-Marmiesse. — *Le gué des Escures* (recensement de 1886).
Escuret (L'), écart, c^{ne} de la Capelle-del-Fraisse.
Escuroux, vill., ham. et chât. détruit, c^{ne} de Quézac.

Cantal.

24.

IMPRIMERIE NATIONALE.

— Les *Escuroux*, 1740 (état civ.). — *Les Escurous*, 1746 (*id.* de Saint-Étienne-de-Maurs).

Escuroux (L'), écart, c^{ne} de Rouziers.

Esminades (Les), m^{in} détruit, c^{ne} de Roffiac. — *Molin de las Esminades*, 1654 (terr. du Sailhans).

Esmois (Les), dom. ruiné, c^{ne} de Jussac. — *Le boriage des Esmois*, 1552 (terr. de Nozières).

Esmons; vill., c^{ne} de Polminhac. — *Los Mons*, 1487 (reconn. à J. de Montamat). — *Mouns*, 1623 (état civ. d'Arpajon). — *Aimons*, 1666; — *Esmons*, 1667 (*id.* de Polminhac). — *Les Montz*, 1671 (nommée au p^{ce} de Monaco). — *Esmonds*, 1695 (terr. de la command. de Carlat).

Esmons, ruiss., affl. de la Cère, c^{ne} de Polminhac; cours de 300 m.

Esmoulèdes (Les), montagne à vacherie, c^{ne} d'Allanche.

Esmouletz, vill., c^{ne} d'Arpajon. — *Las Molinieyras; Lo Mole*, 1465 (obit. de Notre-Dame d'Aurillac). — *La Molenayria*, 1476 (vente à l'hôp. d'Aurillac). — *Lou Moulé*, 1621 (état civ.). — *Le Molhé*, 1669 (nommée au p^{ce} de Monaco).

Esnaurat, vill. détruit, c^{ne} de Cussac.

Espagnol (L'), m^{in}, c^{ne} de Roussy.

Espalivet, mont. à burons, c^{ne} de Pailhérols.

Esparpaillats (Les), dom. ruiné, c^{ne} de Riom-ès-Montagnes. — *L'affar des Esparpailhatz*, 1506 (terr. de Riom).

Esparsets, ham. et mont. à burons, c^{ne} de Trizac. — *Esparses; Esparsses*, 1607; — *Esparset, appellée la montaigne de Pallat; Espaiset*, 1611 (terr. de Trizac). — *Esparats* (Cassini). — *Montagne de Sparus*, 1782 (arch. dép. s. C). — *Esparsit* (états de sections).

Esparzeloux, écart, c^{ne} de Lanobre. — *Des-Parzeloux*, 1789; — *Esparzeloux*, 1790 (min. Marambal, n^{re} à Thinières). — *Esparzaloux* (État-major).

Espéau, vill., c^{ne} de Vieillevie. — *Espahou*, 1551 (min. Boygues, n^{re} à Montsalvy). — *Espau*, 1672; — *Espeau*, 1675 (état civ.). — *Espaux*, 1857 (Dict. stat. du Cantal).

Espéau, ravine, affl. du Lot, c^{ne} de Vieillevie; cours de 1,500 m. — *Espau*, 1879 (état stat. des cours d'eau du Cantal).

Espeils, vill. et m^{in}, c^{ne} de Saint-Étienne-de-Carlat. — *Los Pelhs*, 1485 (reconn. à J. de Montamat). — *Les Petz*, 1584; — *Les Pelz*, 1585 (terr. de Polminhac). — *Espelz; Aspelz*, 1610 (aveu de J. de Pestels). — *Despelz; Aspoilz*, 1668; — *Les Peils; Esteilz*, 1669; — *Les Pails*, 1671 (nommée au p^{ce} de Monaco). — *Espels; Lespelz*, 1692 (terr. du monast. de Saint-Géraud). — *Espeilz; Aspeils*, 1695 (terr. de la command. de Carlat). — *Lespels* (Cassini).

Espériès-Bas et Espériès-Haut, écarts, c^{ne} d'Arpajon. — *Esperiès*, 1670 (nommée au p^{ce} de Monaco). — *Elpérié*, 1692 (terr. de Saint-Géraud). — *Aspériers*, 1740 (anc. cad.). — *Périès-nalt; Périès-bas* (états de sections).

Espeyrac, écart et chât. détruit, c^{ne} de Lieutadès. — *Espeyras; Espeyral*, 1730 (terr. de la Garde-Roussillon). — *Espayrat* (Cassini). — *Espeyrac* (État-major).

Espézolette, vill. détruit, c^{ne} de Saint-Mary-le-Plain. — (Plan cad. s^{on} D, n° 175.)

Espézolles, vill. et m^{in}, c^{ne} de Saint-Mary-le-Plain. — *Espesales*, 1329 (enq. sur la just. de Vieillespesse). — *Espezolles; Espozolles*, 1526; — *Espezollas*, 1571 (terr. de Vieillespesse). — *Expézolles*, 1610 (*id.* d'Avenaux). — *Expozolle; Dex-Pezolles*, 1675; — *Expezelle*, 1718 (état civ.). — *Espesoles*, 1710; — *Espézolle*, 1720 (*id.* de Saint-Étienne-sur-Massiac).

Espiècue (L'), ruiss., affl. du ruisseau de Giou, c^{ne} de Giou-de-Mamou; cours de 6,500 m. — *Ruisseau d'Espeysse; d'Espeyce*, 1695; — *Ruisseau d'Espiesse*, 1735 (terr. de la command. de Carlat).

Espinadel, vill., c^{ne} de Glénat. — *Espinadelh*, 1275 (test. de Bertrand de Montal). — *Spinadeylh*, XIVe s^e (Pouillé de Saint-Flour). — *Mas des Pinadeilh*, 1404 (arch. mun. d'Aurillac, s. HH, c. 21). — *Espinadeilh*, 1444 (reconn. au seign. de Montal). — *Espinadel*, 1486 (accord avec Amaury de Montal). — *Spinadel*, 1628 (paraphr. sur les cout. d'Auvergne). — *Sainct-Martin-d'Espinadel*, 1641 (état civ. d'Espinadel).

Espinadel était, avant 1789, de la Haute-Auvergne, du dioc. de Saint-Flour, de l'élect. et de la subdélég. d'Aurillac. Régi par le droit écrit, il était le siège d'une justice seign. ressort. au bailliage d'Aurillac, en appel de sa prév. part. — Son église, dédiée à saint Martin, était un prieuré à la nomination de l'abbé de Maurs. — La c^{ne} d'Espinadel a été réunie à celle de Glénat par ordonnance royale du 25 février 1829.

Espinadel (L'), ruiss., affl. du ruisseau de Pontal, c^{ne} de Glénat; cours de 2,800 m.

Espinal (L'), écart, c^{ne} de Junhac.

Espinas (L'), vill., c^{ne} de Faverolles. — *Lespinas*, 1337 (spicil. Brivat.). — *Espinas*, 1494 (terr. de Mallet). — *Espinais*, 1669 (insin. de la cour royale de Murat). — *Expinax*, 1695 (terr. de Celles). — *Lespinasse*, 1784 (Chabrol, t. IV). — *L'Espinats*, 1855 (Dict. stat. du Cantal).

Espinasse, c^on de Chaudesaigues, et chât. féodal détruit. — *Lespinassa*, xive s^e (Pouillé de Saint-Flour). — *Rocha al Spinassa*, 1418 (liber vitulus). — *Lespinasse*, 1688 (pièces du cabinet Bonnefons). — *Espinasse près Chaudesaigues*, 1784 (Chabrol, t. IV).

Espinasse était, avant 1789, de la Haute-Auvergne, du dioc., de l'élect. et de la subdél. de Saint-Flour. Régi par le droit écrit, il dépend. de la justice seign. de Montvallat, et ressort. à la sénéch. d'Auvergne, en appel de la prév. de Saint-Flour. — Son église, sous le voc. de sainte Croix, était un prieuré du titre de Saint-Gilles, avec un chapitre uni à l'archiprêtré de Saint-Flour, et à la nomination du chapitre cathédral. Elle a été érigée en succursale par décret du 28 août 1808.

Espinasse (L'), vill. et mont. à burons, c^ne de Colandres. — *Villa Spinac*, xiie s^e (charte dite *de Clovis*). — *Espinassa*, 1333 (homm. à l'évêque de Clermont). — *Les Pinasse*, 1506 (terr. de Riom). — *L'Espinasse*, 1719 (table du terr. d'Apchon).

Espinasse (L'), vill. et chât. détruit, c^ne de Coren. — *L'Espinasse*, 1613 (terr. de Nubieux).

Espinasse, lieu détruit, c^ne de Drugeac. — 1784 (Chabrol, t. IV).

Espinasse, dom. ruiné, c^ne du Fau. — *Espinouze*, 1680 (état civ. de Saint-Vincent). — *Lespinasse*, 1717 (terr. de Beauclair). — *Espinouse*, 1733 (état civ. du Falgoux). — *Domaine d'Espinasse*, 1743 (arch. dép. s. C, l. 44).

Espinasse (L'), vill., c^ne de Lavigerie. — *L'Espinassa*, 1279 (arch. dép. s. E). — *Espinasa*, 1348; — *L'Espinasse*, 1489 (lièveu de Dienne). — *L'Espynasse*, 1551 (terr. de Dienne). — *Leypinasse*, 1606 (min. Danty, n^re). — *L'Espinasseyre*, 1618 (terr. de Dienne). — *Expinasse* (Cassini).

Espinasse (L'), m^in, c^ne de Marchal.

Espinasse (L'), vill., c^ne de Saint-Mamet-la-Salvetat. — *Lespinasse*, 1623; — *Lespinacs; Lespinacts* 1635 (état civ.). — *Lespinach*, 1669; — *Lespinach, sive des Rivieyres*, 1671 (nommée au p^ce de Monaco). — *Espinasse*, 1697 (arch. dép. s. C, l. 4).

Espinasse (L'), ham., c^ne de Saint-Paul-de-Salers. — *Spinouse*, 1743 (arch. dép. s. C, l. 44). — *L'Espinas* (Cassini).

Espinasse (L'), f^me et mont. à burons, c^ne de Saint-Projet. — *L'Espinasse de Bonnaves*, 1717 (terr. de Beauclair). — *Espinasse* (Cassini).

Espinasse (L'), bois défriché, c^ne de Salins. — *Nemus vocatum l'Espinas*, 1474 (terr. de Mauriac).

Espinasse (L'), écart et m^in détruit, c^ne de Thiézac. — *Espinasse-de-Murat*, 1618 (état civ.). — *Espinasse*, 1671 (nommée au p^ce de Monaco). — *Espinans*, 1697 (état civ. de Saint-Clément).

Espinasse (L'), vill. et m^in, c^ne du Vaulmier. — *Lo mas du l'Espinassa*, 1332; — *L'Espinasse*, 1589 (lièveu du prieuré de Saint-Vincent).

Espinasse (L'), ruiss., affl. de la rivière de Mars, c^ne du Vaulmier; cours de 3,800 m.

Espinasse (L'), dom. ruiné, c^ne de Vieillevie. — *Affar de l'Espinasse*, 1760 (terr. de Saint-Projet).

Espinasse-Soubro (L'), mont. à burons, c^ne de Colandres. — *Spinassa-la-Sobrana*, 1332 (lièveu du prieuré du Vigean). — *L'Espinasse-Soubro*, 1777 (lièveu d'Apchon). — *V^ie d'Espinasse-haute* (Cassini).

Espinasse-Soutro (L'), mont. à burons, c^ne de Colandres. — *Spinosa-la-Sotrana*, 1332 (lièveu du prieuré du Vigean). — *Montana d'Espinassa-Soutrana alias Sobtrana*, 1518 (terr. d'Apchon). — *L'Espinassète*, 1719 (table de ce terr.). — *L'Espinasse-Soutro*, 1777 (lièveu d'Apchon).

Espinassière (Las), dom. ruiné, c^ne de Saint-Julien-de-Jordanne. — *Affar de las Espinassière*, 1573 (terr. de la chapell. des Blats).

Espinassol, mont. à burons, c^ne de Saint-Projet.

Espinassol, f^me avec manoir, c^ne d'Ytrac. — *Espinassels*, 1342 (arch. mun. d'Aurillac, s. GG, p. 19). — *Espinassol*, 1483 (reconn. au seign. de Montal.) — *Pinassol; Spinassol*, 1531 (min. Vigery, n^re à Aurillac). — *Espinassel*, 1631 (état civ. d'Aurillac). — *Espinasol*, 1719 (état civ. de Saint-Paul-des-Landes). — *Espinassols*, 1750 (arch. dép. s. C).

Espinassolles, vill., c^ne d'Anglards-de-Salers. — *Mansus Espinassola*, 1352 (reconn. au doyen de Mauriac). — *Espinosole*, 1635 (état civ. du Vigean). — *Espinassole*, 1639 (rentes dues au doyen de Mauriac). — *Espinassolles*, 1650; — *Spinassolle*, 1651; — *Spinacolles*, 1669 (état civ. du Vigean).

L'église d'Espinassolles a été érigée en succursale par décret du 14 mai 1864.

Espinassouse, dom. ruiné, c^ne de Cassaniouze. — *L'Espinassouze*, 1760 (terr. de Saint-Projet).

Espinassouse, vill. et mont. à burons, c^ne de Condat-en-Feniers. — *Espinassozes*, 1270 (Hist. de l'abbaye de Feniers, p. 57). — *Espinasouze; Espinassouso*, xive s^e; — *Expinassouze*, xvie s^e (lièveu conf. de Feniers). — *Espinasouze*, 1673; — *Espinasouse*, 1688; — *Spinasousse*, 1696 (état civ.). — *Espinaizouge*, 1776 (arch. dép. s. G, l. 42).

Espinat (L'), écart, c^{ne} d'Arpajon.
Espinat (L'), dom. ruiné, c^{ne} de la Capelle-del-Fraisse. — *Le domaine de Lespinach*, 1668 (nommée au p^{cé} de Monaco).
Espinat (L'), ham., c^{ne} de Saint-Santin-Cantalès. — *L'Espinatz*, 1345 (arch. dép. s. E). — *Espinaz*, 1625 (état civ. de Laroquebrou). — *L'Espinan*, 1669 (nommée au p^{cé} de Monaco). — *Espinasse*, 1721 (état civ. de Montvert). — *Espinats*, 1744 (anc. cad.).
Espinat (L'), ham., c^{ne} du Vigean. — *Lespinat; Lespinatz*, 1310 (lièvre du prieuré du Vigean). — *L'Expinatz*, 1505 (arch. mun. de Mauriac). — *L'Espinach*, 1653 (état civ.). — *Lespinasse*, 1696 (id. d'Ally).
Espinat, vill., c^{ne} d'Ytrac. — *Espinatz*, 1404 (arch. dép. s. G). — *Les Pinatz*, 1517 (pièces du cab. de l'abbé Delmas). — *Espinacz*, 1522 (min. Vigery, n^{re} à Aurillac). — *Espinax*, 1613; — *Les Pinalz*, 1614 (état civ. de Naucelles). — *Espinats*, 1624 (id. de Saint-Paul-des-Landes). — *Espinactz*, 1648 (état civ. de Reilhac). — *Expinatz*, 1669 (état civ. de Marmanhac). — *Espinat*, 1709 (id. de Saint-Paul-des-Landes). — *Les Pinats*, 1733 (arch. mun. d'Aurillac, s. II, r. 15). — *Espinas*, 1739 (état civ. de Marmanhac). — *Expinau; Espinasse*, 1739 (anc. cad.).
Espinats (L'), dom. ruiné, c^{ne} de Giou-de-Mamou. — *Affar appellé de l'Espinax*, 1695 (terr. de la command. de Carlat).
Espinats, dom. ruiné, c^{ne} de Pers. — *Bordaria de Spineto*, 1322 (pap. de la fam. de Montal).
Espinchal, ham. et château fort ruiné, c^{ne} d'Oradour. — *Espinchalin*, 1355 (homm. à l'évêque de Clermont). — *Ecclesia d'Espinchalm*, xive s^e (Guill. Trascol.). — *Espenchalm*, 1511 (arch. dép. s. G). — *Spinas* (Cassini). — *Espinchal* (État-major).
Espinchal, ham., c^{ne} de Saint-Mamet-la-Salvetat.
Espinet (L'), m^{in}, c^{ne} de Rouffiac.
Espinet, vill., c^{ne} de Saint-Gerons. — *Spinetum*, 1322; — *Espinet*, 1337 (reconn. au seigneur de Montal). — *Des Pinet*, 1652 (min. Sarrauste, n^{re} à Laroquebrou). — *Despinet*, 1669 (nommée au p^{cé} de Monaco). — *Espinès*, 1750 (inv. des biens de l'hôp. de Laroquebrou).
Espinet, ham., c^{ne} de Vézac. — *Espinet*, 1232 (arch. mun. d'Aurillac, s. BB, c. 2). — *Mansus des Pineto*, 1522; — *Espinel*, 1527 (min. Vigery, n^{re} à Aurillac). — *Espinats*, 1631; — *Expinaitz*, 1632 (état civ. d'Aurillac).
Espinets, ruiss., affl. du ruisseau de Bedaine, c^{ne} de Rouffiac; cours de 5,000 m.

Espinette (L'), mont. à vacherie, c^{ne} de Montboudif.
Espinolière (L'), écart, c^{ne} de Mourjou. — *Lespinatz*, 1668 (nommée au p^{cé} de Monaco).
Espinouze, vill., c^{ne} du Vaulmier. — *Espinouza*, 1589 (lièvre du prieuré de Saint-Vincent). — *Espinouse*, 1617 (état civ. de Thiézac). — *Espinouze*, 1644 (id. de Mauriac).
Espinouze (L'), torrent, affl. de la rivière de Mars, c^{ne} du Vaulmier; cours de 2,000 m.
Espinouze-Basse, m^{in}, et Espinouze-Haute, dom. ruiné, c^{ne} du Vaulmier. — *Lo mas de Spinosa la Sotrana; Lo mas de Spinosa la Sobrana*, 1332; — *Spinoza-Sobrane*, 1589 (lièvre du prieuré de Saint-Vincent).
Espins, ham., c^{ne} d'Auzers. — *Le Respin* (Cassini).
Espirons, dom. ruiné, c^{ne} de Thiézac. — *Villaige d'Espirons*, 1647 (état civ. de Pierrefort).
Esponts, vill., c^{ne} de Saint-Martin-Cantalès. — *Sanctus Julianus de Pols*, 1381 (spicil. Brivat.). — *Pons Sancti Juliani*, 1464 (terr. de Saint-Christophe). — *Les Pons*, 1599 (min. Lascombes, n^{re} à Saint-Illide). — *Pons, jadis appellé del Crouzet*, 1669 (nommée au p^{cé} de Monaco). — *Espons*, 1682 (état civ. de Pleaux). — *Despont* (Cassini).
Espradels, ham., c^{ne} d'Anglards-de-Salers. — *Espradels*, 1653; — *Espradelz*, 1663 (état civ.).
Espradels, écart, c^{ne} du Claux. — *La Padèle* (État-major).
Espradou (L'), mont. à vacherie, c^{ne} de Condat-en-Feniers.
Esprat, écart, c^{ne} de Brageac. — *Esprats*, 1780 (arch. dép. s. C, l. 38). — *M^{in} d'Espras* (Cassini). — *Les Prats* (État-major).
Esprats-Brunets (Les), écart, c^{ne} d'Apchon.
Esquiers, vill., c^{ne} de Pers. — *Los Quiers*, 1322; — *Quieis*, 1364; — *Lou Quier*, 1411 (pap. de la fam. de Montal). — *Villaige Delzier*, 1669 (nommée au p^{cé} de Monaco). — *Les Quiers*, 1687 (état civ. de la Capelle-Viescamp). — *Esquiez*, 1692 (terr. de Saint-Gerand).
Esquiers-Haut, dom. ruiné, c^{ne} de Pers. — *Bordaria dals Quiers*, 1322; — *Mansus superior dals Quieis*, 1364; — *Bordarie d'Esquiers*, xviiie s^e (pap. de la fam. de Montal).
Esquiès, vill. et m^{in}, c^{ne} de Raulhac. — *Esquiers*, 1646; — *Esquiès*, 1648 (min. Froquières, n^{re} à Raulhac). — *Lesquiès*, 1654 (arch. mun. d'Aurillac, s. CC, p. 8).
Esquinou, dom. ruiné, c^{ne} de Boisset. — *Villaige d'Esquirou*, 1668 (nommée au p^{cé} de Monaco).
Esquinou, vill., c^{ne} de Pers. — *Esquirou*, 1624 (état civ. de Saint-Clément). — *Esquirous*, 1632

(min. Sarrauste, n^rs à Laroquebrou). — *Esquirou*, 1666 (arch. mun. d'Aurillac, s. GG, c. 6).

Esquirou, dom. ruiné, c^ne de Saint-Mamet-la-Salvetat. — *Villaige d'Esquirou*, 1623; — *D'Esquirou*, 1624 (état civ.). — *Lesquirou*, 1647 (*id.* de Perlan).

Esru, dom. ruiné, c^ne de Champs. — *Affarium del Esru*, 1341 (arch. dép. s. G).

Essards (Les), vill., c^ne de Vebret.

Ességadis, mont. à vacherie, c^ne de Roffiac. — *Essegadictz*; *Yssigador*, 1510; — *Essegadis*; *Yssiguaditz*; *L'Exeguaditz*; *Rivus del Essogadictz*, 1511 (terr. de Maurs).

Estable (Le Puy d'), dom. ruiné et mont. à vacherie, c^ne de Murat. — *Las Estubas*, 1484 (arch. dép. s. G). — *Affar et ténement de Peuch-Estable*, 1535; — *Le Puy de Peuch Destable*, 1536; — *Peuchestable*, 1680 (terr. de la v^té de Murat).

Estadieu, dom. ruiné, c^ne d'Aurillac. — *Vistelladii domus*, 1465 (obit. de Notre-Dame d'Aurillac). — *Affar des Estadieus*; *d'Estadieu*, 1692 (terr. du monast. de Saint-Geraud).

Estadieu (L'), dom. ruiné, c^ne Saint-Constant. — *Le ténement de Lestadieu*, 1748 (anc. cad.)

Estadieu (L'), dom. ruiné, c^ne de Saint-Santin-de-Maurs. — *Ténement d'Estadieu*, 1749 (anc. cad.).

Estadieu, ham., c^ne du Trioulou. — *Estadieu*, 1696; — *Stadieu*, 1735 (terr. de la command. de Carlat).

Estadieu était un membre de la commanderie de Carlat.

Estagueilles, vill., c^ne d'Ydes. — *Estaleilles*, 1655 (insin. du bailliage de Salers). — *Essalelhes*, 1672; — *Estaguelle*, 1675; — *Estagaille*, 1682 (état civ.). — *Estaleille*, 1747; — *Estaleiles*, 1781 (arch. dép. s. C, l. 45). — *Estateilles* (Cassini).

Estagueilles, ruiss., affl. du ruisseau de Layterie, c^ne d'Ydes; cours de 960 m.

Estaing, ham., c^ne de Pers. — *Affarium del Estain*, 1269 (arch. mun. d'Aurillac, s. FF, p. 15). — *Estens*, 1639 (état civ. de Saint-Mamet). — *Esteins* (État-major). — *Estaing*, 1857 (Dict. stat. du Cantal).

Estallier (L'), écart, c^ne d'Arnac.

Estampe (L'), vill., c^ne de Riom-ès-Montagnes. — *L'Estampa*, 1333 (homm. à l'évêque de Clermont). — *L'Estampe*, 1512 (terr. d'Apchon).

Estancade (L'), ham. et verrerie, c^ne de Cayrols. — *L'affar de lEstanguo*, 1574; — *L'Estancou*, 1586; — *Lestancou*, 1590 (livre des achaps d'Ant. de Naucaze).

Estanchou (L'), mont. à vacherie, c^ne de la Monsélie.

— *Boix de l'Estanchou*, 1637 (terr. de Murat-la-Rabe).

Estancou (L'), ham., c^ne de Laroquebrou.

Estancou (L'), ham., c^ne de Montvert. — *Estanion*, 1856 (Dict. stat. du Cantal).

Estancou (Le Puech de l'), mont. à vacherie, c^ne de Saint-Antoine.

Estang (L'), ham. avec manoir et m^in, c^ne de Marmanhac. — *Stagnum*, 1277 (arch. dép. s. E). — *Estaing*, 1554 (terr. de Nozières). — *Estang*, 1685 (arch. dép. s. C, l. 21). — *Estangue* (Cassini). — *Estan* (états de sections).

Estang, avant 1789, était le siège d'une justice seign. régie par le droit écrit, et ressort. à la sénéch. d'Auvergne, en appel du bailliage de Salers.

Estang (L'), mont. à vacherie, c^ne de Narnhac. — *Terroir del Estanhet*, 1508; — *Terroir del Polveyreyre sive del Estaniet*, 1661 (terr. de Loubeysargues). — *Terroir de Polverieyres*, 1797 (*id.* de Celles).

Estanquiol (L'), ruiss., affl. du Célé, c^nes de Calvinet et de Mourjou; cours de 5,000 m.

Dans la c^ne de Mourjou, ce ruisseau est appelé de *Vernis* et de *Rouquette*; l'état officiel des cours d'eau de 1837 lui donne le nom de *Ruisseau de la Garenne*.

Esternal, m^in détruit, c^ne de Saint-Étienne-de-Riom. — *Molin de l'Esternal*, 1594 (terr. de la duchesse d'Auvergne).

Esternes, écart. c^ne de Laroquevieille.

Estéron (L'), mont., c^ne de Vézac. — L'Estéron est une des quatre montagnes au pied desquelles le bourg est situé.

Estevenex (Le Puech d'), mont. à vacherie, c^ne de Saint-Christophe. — *Le puech d'Estevenex* (états de sections).

Esteyries (Les), dom. ruiné, c^ne d'Yolet. — *Villaige de las Esteyries*, 1692 (terr. de Saint-Geraud).

Estiade (L'), écart, c^ne de Chastel-Marlhac.

Estiboudona (L'), mont. à vacherie, c^ne de Dienne.

Estieu, écart, c^ne de Marcolès. — *Estiou*, 1668 (nommée au p^ce de Monaco). — *Le puech d'Estieu*, 1670 (terr. de Calvinet).

Estillol, dom. ruiné, c^ne de Sauvat. — *Esteilholz*, 1659 (insin. du bailliage de Salers).

Estillols, vill., c^ne de Jaleyrac. — *Mansus dels Treilhols*, 1473 (terr. de Mauriac). — *Les Teilhols*; *les Teillolz*, 1549 (*id.* de Miremont). — *Les Tilholz*, 1639 (rentes dues au doyen de Mauriac). — *Dessiliau*, 1671; — *Lous Teilhols*, 1680 (état civ. du Vigean). — *Estiliol*, 1727 (*id.* de Sourniac).

Estillols (L'), ruiss., affl. de la Rieulière, c^ne de Jaleyrac; cours de 2,440 m. On le nomme aussi la *Chassagne*. — *Rivus Chazo*, 1473; — *Rivus de Chazas; rivus veniens dels Teilhols*, 1474 (terr. de Mauriac).

Estillols-Bas, dom. ruiné, c^ne de Jaleyrac. — *Mansus dels Teilhols Soutras*, 1473; — *Lous Teilhols-Soustres*, 1680 (terr. de Mauriac).

Estillols-Haut, dom. ruiné, c^ne de Jaleyrac. — *Mansus dels Teilhols Soubras*, 1473; — *Lous Teilholz-Sousbres*, 1680 (terr. de Mauriac).

Estiracuol, mont., c^ne de Virargues, auj. inconnue. — *Le puech d'Estiracuol*, 1518 (terr. des Cluzels).

Estiradie (L'), ham., c^ne du Fau. — *L'Estiradie*, 1717 (terr. de Beauclair). — *Etiradie*, 1855 (Dict. stat. du Cantal).

Estivade (L'), f^me, c^ne d'Apchon. — *Estivales*, 1719 (table du terr. d'Apchon). — *L'Estivade*, 1777 (lièvè d'Apchon).

Estivade (L'), dom. ruiné, c^ne de Dienne. — *La granche de l'Estivade*, 1670 (nommée au p^ce de Monaco).

Estival (L'), dom. ruiné, c^ne d'Arpajon. — *Ténement d'Estival*, 1739; — *Ténement d'Estivaux*, 1741 (anc. cad.).

Estival (L'), vill., c^ne de Brezons. — *L'Estival*, 1623 (ass. gén. tenues à Cezens). — *L'Estivial*, 1672 (insin. du bailliage d'Andelat).

Estival (L'), ham., c^ne de Cayrols. — *L'Estival*, 1684 (état civ. d'Espinadel).

Estival (L'), mont. à vacherie, c^ne de Dienne. — *La montaigne d'Estivals*, 1618 (terr. de Dienne).

Estival (L'), vill. détruit, c^ne de Laveissière. — *Lo mas de Lestival*, xve s^e (terr. de Chambeuil. — *L'Estival*, 1668 (nommée au p^ce de Monaco).

Estival (L'), dom. ruiné, c^ne de Laveissenet.

Estival (L'), vill., c^ne de Marcenat. — *Estival*, 1329 (enq. sur la justice de Vieillespesse). — *Létivail* (Cassini).

Estival (L'), dom. ruiné, c^ne de Roumégoux. — *Vilaige de Lestival*, 1449 (enq. sur les droits des seign. de Montal).

Estival (L'), écart, c^ne de Saint-Julien-de-Jordanne.

Estivalières, dom. ruiné, c^ne de Vézac. — *Affar appellé d'Estyvalières*, 1584 (terr. de Polminhac).

Estivarilles (Les), dom. ruiné, c^ne de Carlat. — *Affar appellé d'Estivarilles*, 1695 (terr. de la command. de Carlat).

Estoupade (L'), écart détruit, c^ne d'Arpajon. — *Boys de las Estrapadas; boys del Estopade*, 1585 (terr. de Notre-Dame d'Aurillac). — *Bois de l'Estoupade*, 1741 (anc. cad.).

Estournel (L'), ham., c^ne d'Alleuze. — *Los Extornels*, 1508; — *Estournel*, 1662 (terr. de la command. de Montchamp). — *L'Estournet*, 1722 (état civ. de Saint-Mary-le-Plain). — *Las Tournels*, 1762 (terr. de la command. de Montchamp). — *Les Tournes*, 1784 (Chabrol, t. IV). — *Lestournels* (Cassini).

Estournal (L'), écart, c^ne d'Andelat.

Estournals (Les), dom. ruiné, c^ne de Saint-Mamet-la-Salvetat — *Ténement des Esteinals*, 1739; — *Ténement d'Estournals*, 1742 (anc. cad.).

Estourneaux (Les), dom. ruiné, c^ne de Rouffiac. — *Le domaine des Estourneaux*, 1782 (arch. dép. s. C, l. 51).

Ce domaine, traversé par la Dordogne, était situé partie en Auvergne, partie en Limousin.

Estournies, vill. et m^in, c^ne de Lieutadès. — *Les Tournies*, 1671; — *Estournies*, 1675 (insin. du bailliage de Saint-Flour). — *Les Tourniers* (Cassini).

Estourniols (Les), ham., c^ne de Ladinhac. — *Les Tornialz*, 1564 (min. Boyssonnade, n^re à Montsalvy). — *Estourniols*, 1697 (état civ. de Leucamp). — *Tourniols*, 1750 (anc. cad.). — *Estournioux*, 1752 (arch. dép. s. C). — *Estournol*, 1753 (anc. cad.). — *Astourniou* (Cassini).

Estours, vill., c^ne de Lanobre. — *Estour*, 1788 (min. Marambal, n^re à Thinières).

Estrade (L'), ham., c^ne de Badailhac.

Estrade (L'), écart, c^ne de Calvinet.

Estrade (L'), dom. ruiné, c^ne de Cassaniouze. — *Métairie appellée de l'Estrade, alias de las Crouzades*, 1760 (terr. de Saint-Projet).

Estrade (L'), écart, c^ne de Labrousse.

Estrade (L'), mont. à vacherie, c^ne de Landeyrat.

Estrade (L'), écart, c^ne de Laroquebrou.

Estrade (L'), m^in détruit, c^ne de Lavigerie. — *Le molin de Lestrade, appellé de la Courbateyro*, 1515; — *Molin de l'Estrade, sur la rivière de Trescolh*, 1551 (terr. de Dienne).

Estrade (L'), mont. à vacherie, c^ne de Marcenat.

Estrade (L'), chât. et m^in, c^ne de Maurs. — *L'Estrade*, 1668 (nommée au p^ce de Monaco). — *Moulin de Lestrade*, 1752 (état civ.).

Estrade (L'), ruiss., affl. de la Rance, c^ne de Maurs; cours de 5,200 m. — *Aqua vocata Venzon*, 1331 (pièces du cab. de l'abbé Delmas). — *Rivus de Venson*, 1442 (arch. mun. d'Aurillac, s. HH, c. 21). — *Ruisseau de l'Estrade*, 1756 (état civ.).

Estrade (L'), mont. à burons, c^ne de Saint-Bonnet-de-Salers. — *V^rie Lestrade* (Cassini). — *V^rie de l'Estrade* (État-major).

ESTRADE (L'), mont. à burons, c^{nes} de Saint-Clément et de Thiézac. — *Montagnhe appellée de l'Estrade*, 1668 (nommée au p^{ce} de Monaco).
ESTRADE (L'), écart, c^{ne} de Saint-Étienne-Cantalès.
ESTRADE (L'), dom. ruiné, c^{ne} de Saint-Julien-de-Jordanne. — *Affar de l'Estrade; de l'Eytradie*, 1692 (terr. du monast. de Saint-Geraud).
ESTRADE (L'), grange détruite, c^{ne} de Saint-Poncy. — *Terroir de Lestrade où il souloit y avoir une masure de grange*, 1783 (terr. d'Alleret).
ESTRADE (L'), écart, c^{ne} de Saint-Projet.
ESTRADE (L'), ham., c^{ne} de Saint-Simon. — *Lestrade de Roffiac*, 1708 (état civ.). — *Lestrades* (Cassini).
ESTRADE (L'), f^{ue} et mⁱⁿ, c^{ne} de Saint-Vincent. — *L'Estrade*, 1589 (lièvre du prieuré de Saint-Vincent).
ESTRADE (L'), écart et mⁱⁿ détruit, c^{ne} de Thiézac. — *Lestrade*, 1668 (nommée au p^{ce} de Monaco). — *L'Estrade*, 1746 (anc. cad.).
ESTRADE (L'), dom. ruiné, c^{ne} d'Yolet. — *Lo mas de l'Estrade*, 1692 (terr. du monast. de Saint-Geraud).
ESTRADE-BASSE (L'), dom. ruiné et mont. à vacherie, c^{ne} de Saint-Poncy. — *L'Estrade où il soulait y avoir une masure*, 1783 (terr. d'Alleret).
ESTRADE DE CABRIÈRES (L'), dom. ruiné, c^{ne} de Vic-sur-Cère. — *Affar appellé de Lestrade-de-Cabrières*, 1670 (nommée au p^{ce} de Monaco).
ESTRADE DE CAUFFEYT (L'), écart, c^{ne} de Mourjou.
ESTRADE-DE-CONQUANS (L'), mont. à vacherie, c^{ne} de Boisset.
ESTRADE-DE-LA-GARRIGUE (L'), mont. à vacherie, c^{ne} de Boisset.
ESTRADE-DE-PRADEYROLS (L'), mont. à vacherie, c^{ne} de Boisset. — *Pradairols* (État-major).
ESTRADE-DE-SERIÈRES (L'), mont. à vacherie, c^{ne} de Boisset.
ESTRADIE (L'), dom. ruiné, c^{ne} d'Aurillac. — *Mansus de l'Estradia*, 1465 (obit. de Notre-Dame d'Aurillac).
ESTRADIOU (L'), ham., c^{ne} de Calvinet. — *L'Estradour* (État-major). — *L'Estriadou*, 1852 (Dict. stat. du Cantal).
ESTRADIOUX, écart, c^{ne} de Marcolès.
ESTRADOTTE (L'), mⁱⁿ, c^{ne} de Maurs.
ESTRAILISSOUS, mont. à burons, c^{ne} de Malbo. — *La barte d'Estrillissou*, 1856 (Dict. stat. du Cantal).
ESTRAIRE (LE PUECH D'), mont. à vacherie, c^{ne} de Cros-de-Montvert.
ESTRÉMIAC, vill., c^{ne} de Saint-Just. — *Estrémial*, 1676 (état civ. de Saint-Mary-le-Plain). — *Estrémiac,* 1763 (arch. dép. s. C, l. 48). — *Estrémihac*, (Cassini). — *Trémiac; Estrémiat*, 1787 (arch. dép. s. C, l. 48). — *Traïniac; Treïnac* ou *Estreynac*, 1855 (Dict. stat. du Cantal).
ESTREPS (L'), f^{me}, c^{ne} de Glénat. — *Mansus dals Ereps*, 1357 (arch. mun. d'Aurillac, s. HH, c. 21). — *Treps*, 1632 (état civ.). — *L'Estrops*, 1646 (min. Sarrauste, n^{re} à Laroquebrou). — *Extreps* (Cassini).
ESTRESSE (L'), ham. avec manoir, c^{ne} de Paulhenc. — *Exstreses*, 1606 (état civ. de Pierrefort). — *Estresses*, 1636 (pièces du cab. Lacassagne). — *Estresse* (Cassini).
ESTRESSES, vill., c^{ne} de Saint-Julien-de-Toursac. — *Estresses* (État-major). — *Estrelle*, 1855 (Dict. stat. du Cantal).
ESTRETS (LES), mont. à vacherie, c^{ne} de Lieutadès. — *Los Strels; als Trels; als Trelhs*, 1508; — *Los Treilz*, 1686 (terr. de la Garde-Roussillon).
ESTRIADOU (L'), écart, c^{ne} de Marcolès.
ESTRIATS (LES), ham., c^{ne} de la Besserette. — *Les Estriats*, 1713 (état civ. de Montsalvy).
ESTRUMEYRE, écart, c^{ne} du Vaulmier. — *Estreymeyre* (Cassini). — *Estremeyre*, 1857 (Dict. stat. du Cantal).
ESTUBERTÈS (L'), vill., c^{ne} de Clavières. — *Estubartes*, XVIIe s^e (terr. de Chaliers). — *Estebarte*, 1741 (état civ. de Saint-Flour). — *Estabartès*, 1784 (Chabrol, t. IV). — *Estubertes* (Cassini). — *Estubartès*, 1855 (Dict. stat. du Cantal).
ESTUVÈCHE (L'), dom. ruiné, c^{ne} de Mauriac. — *Mansus la Estuvecha*, 1381 (lièvre du monast. de Mauriac).
ÉTABLE (LE PUECH DE L'), mont. à vacherie, c^{ne} d'Omps.
ÉTANG (L'), ruiss., affl. du ruisseau de la Molègre, c^{ne} de Cayrols; cours de 4,000 m. — *Ruisseau de l'Estang*, 1577 (livre des achaps d'Ant. de Naucaze).
ÉTANG (L'), ruiss., affl. de la Dordogne, c^{ne} de Chalvignac, cours de 1,680 m.
ÉTANG (LA CLEF DE L'), ham., c^{ne} de Condat-en-Feniers.
ÉTANG (L'), mⁱⁿ ruiné, c^{ne} de Cros-de-Montvert.
ÉTANG (L), f^{me}, c^{ne} de Junhac. — *Estamp*, 1767 (table des min. de Guy de Vayssieyra, n^{re} à Montsalvy).
ÉTANG (L'), ham., c^{ne} de Menlières.
ÉTANG (L'), mⁱⁿ, c^{ne} de la Monsélie. — *Molin de l'Estancho*, 1561; — *Molin de l'Estanchou*, 1638 (terr. de Murat-la-Rabe).
ÉTANG (L'), mⁱⁿ, c^{ne} de Montboudif.

Étang (L'), ruiss., affl. de la Santoire, c^{ne} de Montboudif.
Étang (L'), écart, c^{ne} de Montvert.
Étang (Le Puech de l'), mont. à vacherie, c^{ne} de Pers.
Étang (L'), ruiss., affl. de l'Arcambe, c^{ne} de Quézac; cours de 2,200 m.
Étang (L'), mⁱⁿ, c^{ne} de Saignes. — *Molendinum vocatum lo moli de l'Estang*, 1441 (terr. de Saignes).
Étang (L'), f^{me}, c^{ne} de Saint-Constant. — *Ténement de l'Estang*, 1748 (anc. cad.).
Étang (L'), mont. à vacherie, c^{ne} de Saint-Mamet-la-Salvetat. — *Bos du phuex de l'Estang*, 1739; — *Bos de l'Estan*, 1740 (anc. cad.).
Étang (L'), dom. ruiné, c^{ne} de Sénezergues. — *Affar de Lestang*, 1668 (nommée au p^{ce} de Monaco).
Étang (L'), ruiss., affl. de la Dordogne, c^{ne} de Veyrières; cours de 3,500 m.
Étang (Le Suc de L'), mont. à vacherie, c^{ne} du Vigean.
Étang-de-Murat (L'), mⁱⁿ, c^{ne} d'Antignac.
Étienne, mⁱⁿ, c^{ne} de Saint-Cirgues-de-Jordanne.
Étienne, mⁱⁿ détruit, c^{ne} de Védrines-Saint-Loup.
Étoulie (Le Suc de l'), mont. à vacherie, c^{ne} de Chanterelle.
Eusclades (Les), écart, c^{ne} de Paulhenc.
Eusclades (Les), ruiss., affl. de la Truyère, c^{nes} de Paulhenc et de Pierrefort; cours de 3,800 m. — *Aqua d'Escuayre*, 1357 (arch. dép. s. H).
Évêque (Le Bois de l'), dom. ruiné, c^{ne} d'Alleuze. — *Boix appellez del Evesgue*, 1494 (terr. de Mallet). — *Nemus del Evesque, sive del Chatmonestrel*, 1510 (id. de Maurs).
Éverses (Les), ruiss., affl. de la Truyère, c^{ne} de Saint-Martial, cours de 3,200 m. — On le nomme aussi la Pierre.
Éverses, ruiss., affl. du Bex, c^{ne} de Sarrus; cours de 1,190 m. — *Russeau appellé del Eversse*, 1494 (terr. de Mallet).
Éverses-Basses (Les), dom. ruiné, c^{ne} de Lieutadès. — *Las Eversas-Soteiranas*, 1508; — *Les Eyverses-Basses*, 1662; — *Ténement de las Everses-Basses*, 1686; — *Les Esverses-Souteyranes; les Esverses-Basses*, 1730 (terr. de la Garde-Roussillon).
Éverses-Hautes (Les), dom. ruiné, c^{ne} de Lieutadès. — *Les Eversas-Souveraines; las Eversas-Sobeiranas*, 1508; — *Les Eyverses-Haultes*, 1662; — *Les Everses-Soubeyrannes; ténement de las Everses-Hautes*, 1686; — *Les Esverses-Soubeyranes; les Esverses-Hautes*, 1730 (terr. de la Garde-Roussillon).
Exclaux, mont. à burons, c^{ne} de Saint-Clément. — *Montaigne des Claux*, 1627 (pièces du cab. Lacassagne). — *Esclouch*, 1645; — *Les Cloutz*, 1649; — *Les Cloux*, 1665 (min. Danty, n^{re} à Murat). — *Montaignhe des Escloux*, 1668 (nommée au p^{ce} de Monaco). — *Les landes d'Esclaux*, 1694 (pièces du cab. Lacassagne).
Exclaux-Bas, mont. à burons, c^{ne} de Saint-Clément. — *Montagnhe de Cloux-Bas*, 1668 (nommée au p^{ce} de Monaco). — *Montagnone del Claux*, 1702 (état civ.).
Experte (L'), dom. ruiné, c^{ne} de Sénezergues. — *Domaine de Lexperte*, 1745 (arch. dép. s. C, l. 49).
Exporats-Brunes, écart, c^{ne} de Saint-Hippolyte. — *Esprats-Brunets* (État-major). — *Esporats-Brunets*, 1855 (Dict. stat. du Cantal).
Eyfaudes, vill., c^{ne} de Saint-Chamant. — *Eyffaudes*, 1671; — *Eiffaudes*, 1672 (état civ.). — *Eufenges*, 1687 (id. de Pleaux). — *Orfondes*, 1784 (Chabrol, t. IV). — *Eyfandes* (Cassini). — *Eyfamles* (État-major). — *Ayfaudes*, 1855 (Dict. stat. du Cantal).
Eygolie (Le Bois d'), c^{ne} de Condat-en-Feniers. — *Affarium de las Egolieyras*, 1346 (arch. dép. s. G).
Eygonies (Las), bois défriché, c^{ne} de Naucelles. — *Nemus de las Segonias*, 1531 (min. Vigery, n^{re} à Aurillac).
Eygurandes (Les), ruiss., affl. du Levandès, c^{ne} de Jabrun; cours de 1,500 m.
Eymazet, ham., c^{ne} de Méallet. — *Lermazin* (Cassini). — *Aimazets* (État-major). — *Eymazets*, 1856 (Dict. stat. du Cantal).

F

Fabre (Le), dom. ruiné, c^{ne} d'Anglards-de-Saint-Flour. — *Mansus del Fabre*, 1470 (arch. dép. s. G).
Fabre (Le), ham., c^{ne} de Nieudan. — *Lou Fabré*, 1648 (état civ.). — *Le Fabre*, 1770 (arch. dép. s. C, l. 51).
Fabré, ruiss., affl. de la Jordanne, c^{ne} de Saint-Cirgues de Jordanne; cours de 2,500 m. — On le nomme aussi la Sagne.
Fabre (Le), dom. ruiné, c^{ne} de Saint-Cirgues-de-Malbert. — *Affarium del Fabre*, 1350 (arch. mun. d'Aurillac, s. HH, c. 21).

Fabre (Le Bos del), dom. ruiné, c^ne de Saint-Clément. — *Ténement del Fabré*, 1748 (anc. cad.).

Fabré (Le), m^in détruit, c^ne de Saint-Constant. — *Lo molin del Fabré*, xviie s^e (reconn. au prieur de Saint-Constant).

Fabre, séchoir à châtaignes, c^ne de Saint-Étienne-de-Maurs.

Fabre (Le), m^in, c^ne de Saint-Georges. — *Molin del Fabré*, 1494 (terr. de Mallet).

Fabre (Le Puech du), dom. ruiné, c^ne de Saint-Mamet-la-Salvetat. — *Ténement del Puy-del-Fabré*, 1739 (anc. cad.).

Fabre (Lou), ruiss., affl. du ruisseau de Vaurs, c^ne de Saint-Mamet-la-Salvetat et de Vitrac; cours de 4,360 m.

Fabrègues, mais. de campagne, m^in et bois, c^ne d'Aurillac. — *In Fabriciis manso*, 918 (test. de Saint-Géraud). — *Fabregas*, 1397 (pièces de l'abbé Delmas). — *Fabreguas*, 1501 (arch. dép. s. E). — *Fabregues*, 1517 (pièces de l'abbé Delmas). — *Fabregues-Basses*, 1681 (arch. mun. d'Aurillac, s. CC, p. 3).

Fabrègues, vill., c^ne de Leynhac. — *Fabreguas*, 1542; — *Fabregas*, 1544; — *Fabregues*, 1555 (min. Danty, n^re à Marcolès). — *Fabreghas*, 1553 (procès-verbal Veny).

Fabrègues, mont. à vacherie, c^ne de Thiézac.

Fabrenches (Les), vill., c^ne de Brezons. — *La Fabrenche*, 1671 (nommée au p^co de Monaco). — *Las Falvenches*, 1701; — *Las Fabrenches*, 1710; — *Las Frabainches; las Frabuenches*, 1721 (état civ.). — *Las Fabreinche* (Cassini). — *Les Fabrinches* (État-major).

Fabresses (Les), dom. ruiné, c^ne de Riom-ès-Montagnes. — *La bugha des Fabresses*, 1512 (terr. d'Apchon).

Fabrichounes (Les), écart, c^ne de Brezons. — *Les Fabrechonnes* (État-major).

Fabrie (La), dom. ruiné, c^ne de Chalvignac. — *Tenementum de la Fabria*, 1284 (homm. à l'évêque de Clermont).

Fabrie (La), m^in détruit, c^ne de Saignes. — *Molendinum vocatum de la Fabria*, 1441 (terr. de Saignes).

Fabrie (La), dom. ruiné, c^ne de Saint-Étienne-de-Maurs. — *Mansus et bordaria de la Fabria*, 1443; — *Affar de la Fabrya*, 1555 (arch. mun. d'Aurillac, s. HH, c. 21).

Fabrie (La), f^me, c^ne de Saint-Gerons. — *La Fabria*, 1423 (arch. mun. d'Aurillac, s. HH, c. 21). — *La Fevria*, 1449 (enq. sur les droits des seign. de Montal). — *La Fabrie*, 1677 (état civ. de Laroquebrou).

Fabrie (La), dom. ruiné, c^ne de Thiézac. — *Villaige de la Fabrie*, 1692 (inv. de l'hôp. d'Aurillac).

Fachetoune (La), mont. à burons, c^ne de Cheylade.

Fadar (Le Suc de), écart détruit, c^ne de Champs.

Fage (Le Bois de la), bois, c^ne d'Aurillac, auj. défriché.

Fage (La), ruiss., affl. de l'Estanquiol, c^ne de Calvinet; cours de 1,000 m. — Il porte aussi le nom de *le Feyt*.

Fage (La), mont. à vacherie, c^ne de Carlat. — *Nemus de Faet*, 1489 (reconn. à J. de Montamat).

Fage (La), ham., c^ne de Cezens. — *La Fagha*, 1511 (terr. de Maurs). — *Faurges*, 1591 (lièv. de la baronnie du Feydit). — *La Fages*, 1623 (ass. gén. tenues à Cezens).

Fage (La), mont. à vacherie, c^ne de Charmensac.

Fage (La), vill., c^ne de Coren. — *La Fagha*, 1508 (terr. de Montchamp). — *La Faghe*, 1586 (arch. dép. s. G). — *La Fages; la Falge; la Faige*, 1613 (terr. de Nubieux). — *La Fagie*, 1655 (lièv. conf. de Basset). — *La Fage*, 1745 (arch. dép. s. C).

Fage (La), dom. ruiné, c^ne de Freix-Anglards. — *Affar de las Faghes; las Faghou*, 1627 (terr. de Notre-Dame d'Aurillac).

Fage (La), vill., c^ne de Labrousse.

Fage (La), vill., c^ne de Lorcières. — *La Fage*, 1760 (arch. dép. s. C, l. 48).

Fage (La), vill. et m^in, c^ne de Menet. — *La Fagha*, 1441 (terr. de Saignes). — *La Faghe*, 1506 (id. de Riom). — *La Fage*, 1616 (état civ.). — *La Fage-de-Menet*, 1662 (anc. min. Chalvignac, n^re). — *La Fage-Menet* (Cassini).

Fage (La), vill., c^ne de la Monsélie. — *La Faige*, 1560; — *La Faighe*, 1637 (terr. de Murat-la-Rabe). — *La Fage*, 1655 (insin. du bailliage de Salers). — *La Fage de Murat*, 1673 (état civ. de Menet).

Fage (La), ham. et mont. à vacherie, c^ne de Montgreleix. — *V^ie la Fage* (Cassini).

Fage (La), écart, c^ne de Montsalvy.

Fage (La), vill. et m^in détruit, c^ne de Prunet. — *La Fage*, 1670 (nommée au p^ce de Monaco). — *La Faghe*, 1679 (arch. dép. s. C, l. 18).

Fage (La), vill. et m^in, c^ne de Rouziers. — *La Faghë*, 1573 (livre des achaps d'Ant. de Naucaze). — *La Fage*, 1623 (état civ. de Saint-Mamet). — *La Faghe*, 1644 (état civ. de Parlan). — *La Tage*, 1668 (id. de Maurs).

Fage (La), ruiss., affl. du ruisseau de Roussillon, c^ne de Ruines; cours de 2,500 m.

Fage (La), mont. à vacherie, c^ne de Saint-Cernin. —

Le Puy-la-Faghe-de-Braulinges; le Puy-la-Fagha-de-Braulinges, 1636 (lièvc de Poul).

FAGE (LA), f^me et m^in, c^ne de Saint-Clément. — *Villaige de la Fage*, 1626 (état civ. de Thiézac).

FAGE (LA), vill., c^ne de Saint-Just. — *La Faighe*, 1529 (arch. dép. s. G). — *La Faige*, 1763; — *La Fage*, 1787 (*id.* s. C, l. 48).

FAGE (LA), vill. et oratoire, c^ne de Sainte-Marie. — *La Fage*, 1613 (état civ. de Pierrefort).

FAGE (LA), dom. ruiné, c^ne de Saint-Paul-des-Landes. — *Affarium vocatum de la Fagha*, 1504 (arch. dép. s. G).

FAGE (LE PUY DE), mont. à vacherie, c^ne de Salins.

FAGE (LA), écart, c^ne de Sériers.

FAGE (LA), vill., c^ne de Védrines-Saint-Loup. — *La Fage*, 1777 (arch. dép. s. E).

FAGE (LA), dom. ruiné, c^ne de Vic-sur-Cère. — *Affar appellé de Lafage*, 1670 (nommée au p^cé de Monaco).

FAGE (LA), dom. ruiné, c^ne d'Ytrac. — *Affard appellé de la Fage*, 1668 (nommée au p^cé de Monaco).

FAGÉAS (LE PUY DU), écart et mont. à burons, c^ne de la Trinitat.

FAGEASSOU (LE), mont. à vacherie, c^ne de Landeyrat.

FAGE-BASSE (LA), f^me, c^ne de Saint-Clément.

FAGE-CORNIÈRE (LA), dom. ruiné, c^no de Sourniac. — *Affarium da la Fagha-Corneyra*, 1317 (arch. généal. de Sartiges).

FAGE-HAUTE (LA), f^me, c^ne de Saint-Clément.

FAGÉOL (LE), écart, c^ne de Chastel-Marlhac. — *La Faeda*, 1441 (terr. de Saignes). — *La Fagéole* (État-major).

FAGÉOLE (LA), mont. à vacherie, c^ne de la Trinitat.

FAGÉOLES, vill., c^ne du Vigean. — *Fagido?* x^e s^e (test. de Théodechilde). — *Faiola*, 1310 (lièvc du prieuré du Vigean). — *Fayola*, 1381 (*id.* du monast. de Mauriac). — *Faïoles*, 1473 (terr. de Mauriac). — *Fazolle; Facolle*, 1505 (arch. mun. de Mauriac). — *Faghole*, 1549 (terr. de Miremont). — *Fajolle*, 1632; — *Faiolle*, 1635; — *Fagolle*, 1637 (état civ.). — *Fayholes*, 1648 (*id.* de Mauriac). — *Faiolles*, 1649; — *Fagoles*, 1653 (état civ.). — *Fagéolles*, 1659 (*id.* de Mauriac). — *Fayoles*, 1670; — *Fayolles*, 1672 (état civ.). — *Fageoles*, 1687 (*id.* de Pleaux).

FAGÉOLLE (LA), dom. ruiné, c^nes de Lavastrie et de Lieutadès. — *La Faghole; la Faghola*, 1493; — *La Fagolle; La Fagholla*, 1494 (terr. de Mallet). — *Territoire de la Faiola*, 1508; — *La Fazolla; Las Fagholles*, 1662; — *Ténement de La Fagholle*, 1686; — *Les Fagéolles; la Fagéolle*, 1730 (*id.* de la Garde-Roussillon).

FAGÉOLLE (LA PLENNE DE), dom. ruiné, c^ne de Mauriac. — *Mansus de la Planha da Faiola*, 1300 (arch. mun. de Mauriac). — *Fagéolles*, 1639 (rentes dues au monast. de Mauriac). — *Domaine de Faghéoles*, 1743 (arch. dép. s. C).

FAGÉOLLE (LA), mont. à vacherie et dom. ruiné, c^ne de Paulhac. — *La Fagolle; la Faigolle*, 1542; — *Affar et ténement de la Faigholle; la Faghollhe; la Faghole; la Faighole*, 1594 (terr. de Bressanges). — *Commung appellé de la Fagholle*, 1619 (min. Danty, n^re).

FAGÉOLLE (LA), vill., et m^in détruit, c^ne de Vieillespesse. — *La Faghola; Faighola*, 1526; — *La Faiola*, 1527; — *La Faghola*, 1571 (terr. de Vieillespesse). — *La Fayhole*, 1581 (*id.* de Celles). — *La Faghole*, 1613 (*id.* de Nubieux). — *Fagholles; la Fajolle; la Fayolle*, 1654 (*id.* du Saillhans). — *La Faigeolle*, 1655 (lièvc conf. de Barret). — *La Fageolle*, 1674 (état civ. de Saint-Mary-le-Plain). — *La Fagholle*, xviie s^e (terr. du chapitre de Notre-Dame de Saint-Flour). — *La Fayole*, 1718 (état civ. de Saint-Mary-le-Cros). — *La Fagéole* (Cassini).

FAGÉOLLES, vill., c^ne de Salins. — *Villa Faiola?* xiie s^e (charte dite *de Clovis*). — *Fayole*, 1473 (terr. de Mauriac). — *Faghole*, 1628 (paraphr. sur les cout. d'Auvergne). — *Fagiolles*, 1664 (insin. du bailliage de Salers). — *Fayolles-de-Salins*, 1680 (terr. de Mauriac). — *Fageoles*, 1702; — *Fagholles*, 1706 (état civ. de Saint-Martin-Valmeroux). — *Fayrolles*, 1734 (*id.* de Drugeac). — *Fagholle*, 1784 (Chabrol, t. IV). — *Fagheoles* (Cassini).

En exécution de la loi du 18 janvier 1868, la section de Fagéolles a été distraite de la c^ne de Drugeac et réunie à celle de Salins.

FAGÉONEL (LE), ham., c^ne de Prunet. — *Faghanel*, 1531 (min. Vigery, n^re). — *Fagenel*, 1623 (état civ. d'Arpajon). — *Faganel*, 1670 (nommée au p^cé de Monaco). — *Lou Ganiel*, 1679; — *Lou Fagianel*, 1709; — *Lou Fajanel*, 1727 (arch. dép. s. C, l. 18). — *Fazanel*, 1746 (état civ. de la Capelle-en-Vézie). — *Lou Fagéanel*, 1761 (arch. dép. s. C, l. 18). — *Le Fageanet* (État-major). — *La Fageannel*, 1857 (Dict. stat. du Cantal).

FAGÉONIE (LA), dom. ruiné et mont. à vacherie, c^ne de Ladinhac. — *Boria vocata la Faghana; mansus sive borria vocata la Fagania; la Faghania*, 1515 (pièces de l'abbé Delmas). — *La Faganie*, 1633 (état civ. de Montsalvy). — *La Fagronie*, 1653; — *La Fagionie*, 1654 (*id.* de Leucamp).

FAGÉOUNE (LA), écart, c^ne de Montgreleix.

FAGE-REDONDE (LA), dom. ruiné, c^ne de Mourjou. —

Affar appellé de Lafage-Redonde, 1557 (pièces de l'abbé Delmas).

Fages, vill., c^{ne} de Loupiac. — *Fagha*, 1464 (terr. de Saint-Christophe). — *La Fage*, 1635 (état civ. du Vigean). — *Fages*, 1692; — *Fargez*, 1695 (id. d'Ally). — *Faghes*, 1696 (id. de Saint-Martin-Valmeroux). — *Lou Fayet*, 1778 (inv. des arch. de la mais. d'Humières).

Fages a été distrait de la commune d'Ally et réuni à celle de Loupiac par décret du 27 mai 1876.

Fagette (La), dom. ruiné, c^{ne} d'Ally. — *Mansus de Fagheta*, 1464 (terr. de Saint-Christophe).

Fagette (La), mont. à vacherie, c^{ne} de Lanobre.

Fagette (La), dom. ruiné, c^{ne} de Loupiac. — *Affarium de Fagheta*, 1464 (terr. de Saint-Christophe).

Fagette (La), dom. ruiné, c^{ne} de Ségur. — *Mansus de Fagetas*, 1441 (arch. dép. s. E).

Fagette-Grande (La), mont. à burons, c^{ne} de Cheylade. — *La Fageta*, 1366 (arch. dép. s. H). — *La Fagita*, 1425 (la maison de Graule). — *La Fagete*, 1520 (min. Teyssandier, n^{ro}). — *La Fagetta; la Fayete*, 1539 (terr. de Cheylade). — V^{rie} *de Fagette* (Cassini).

Faghe (La), écart, c^{ne} de Junhac. — *Le Fayet*, 1724 (liève de l'abb. de Montsalvy).

Fagionel (Le), dom. ruiné, c^{ne} de Glénat. — *Mansus dal Faganel*, 1395 (arch. mun. d'Aurillac, s. HH, c. 21). — *Affar de Fagionel*, 1600 (pap. de la fam. de Montal).

Fagionne (La), dom. ruiné, c^{ne} de Riom-ès-Montagnes. — *Affarium vocatum de Faghona*, 1441 (terr. de Saignes).

Fahet, chât. féodal détruit, c^{ne} de Saint-Cirgues-de-Malbert.

Faïce (La), mont. à burons, c^{ne} de Saint-Cirgues-de-Jordanne.

Faïde (La) (?), lieu détruit, c^{ne} de Talizat. — *Villa quæ dicitur Faido*, 963 (cart. de Brioude).

Faïde-Basse (La), écart, c^{ne} de Riom-ès-Montagnes.

Faïde-Haute (La), écart, c^{ne} de Riom-ès-Montagnes. — *La Fayde*, 1512 (terr. d'Apchon). — *La Feïde*, 1719 (table de ce terr.). — *La Feyde* (Cassini).

Faïdes (Les), ham., c^{ne} de Champs.

Faillitoux, ham. et mont. à vacherie, c^{ne} de Thiézac. — *Falitous*, 1609; — *Falletous*, 1613 (état civ.). — *Faletous*, 1668; — *Falestous; Faleytous*, 1672 (nommée au p^{ce} de Monaco). — *Falytous*, 1693 (inv. des titres de l'hôp. d'Aurillac). — *Faillitou* (Cassini). — *Faillitoux* (État-major). — *Falitoux*, 1857 (Dict. stat. du Cantal). — *Falytoux* (états de sections).

Faine (Las), vill., c^{ne} de Champs. — *Las Feyres*, 1613; — *Las Feires*, 1659 (état civ.). — *Lasfaire* (Cassini). — *Lasfayres* (État-major).

Faisan (Le), f^{me}, c^{ne} de Calvinet. — *Le Feizan*, 1741; — *Le Fayçan*, 1743 (anc. cad. de Cassaniouze). — *Fesance*, 1759; — *Le Fayzan*, 1760 (arch. dép. s. C, l. 49). — *Le Faysan* (Cassini).

Faisse (La), mont. à vacherie, c^{ne} de Lascelle.

Faït (Le), écart, c^{ne} de Champs.

Fajal, mⁱⁿ, c^{ne} de Carlat. — *Molin appellé de Fajal*, 1695; — *Moulin de Fazal*, 1736 (terr. de la command. de Carlat).

Fajo (La), buron, c^{ne} de Saint-Cirgues-de-Jordanne, sur la montagne de Pimpadouire.

Fajole (La), mont. à vacherie, c^{ne} de Montchamp. — *La Faiola*, 1508; — *La Fagholle*, 1633; — *Brughas appellé de la Sarlle, alias de la Fagholle*, 1662; — *Terroir de la Fagholle, alias de la Gerle*, 1663; — *Pâtural de la Faghiolle*, 1730 (terr. de Montchamp).

Fajole (La), dom. ruiné, c^{ne} de Raulhac. — *Affar de la Fajole; Fajolle*, 1695; — *Bois de la Fagéole; Fagiolle*, 1736 (terr. de la command. de Carlat).

Fajoune (La), mont. à burons, c^{ne} de Montgreleix.

Fajoux, vill. et mont. à vacherie, c^{ne} de la Trinitat. — *La borie de Fajoux* (Cassini). — *Fayoux*, 1857 (Dict. stat. du Cantal). — *Fageoux*, 1886 (états de recens.).

Falcimagne, vill. et chât. détruit, c^{ne} du Claux. — *Faucimaina*, 1188 (la mais. de Graule). — *Falcymaigne*, 1585 (terr. de Graule). — *Tour et bois de Faushimanhe*, 1673 (nommée au p^{ce} de Monaco). — *Falcimaigne*, XVIIe s^e (arch. dép. s. E). — *Falsimagne*, 1784 (Chabrol, t. IV).

Falcimagne, vill. et mⁱⁿ, c^{ne} de Saint-Just. — *Falvimagnes* (Cassini). — *Falcimagne*, 1787 (arch. dép. s. C, l. 48).

Falgaines (Les), mont. à vacherie, c^{ne} de Colandres.

Falgairoux, écart, c^{ne} de la Besserette. — *Folqueyroux* (Cassini).

Falgairoux, f^{me}, c^{ne} de Chaudesaigues.

Falgayrent (Le), dom. ruiné, c^{ne} de Menet. — *Mansus vocatus lo Falgrayrent*, 1441 (terr. de Saignes).

Falgeadou, lieu détruit, c^{ne} de Mandailles. — (Cassini.)

Falgeires, dom. ruiné, c^{ne} de Drugeac. — *Domanium de Falgeyras alias Cingles*, 1473 (terr. de Mauriac).

Falgeirou, mont. à vacherie, c^{ne} de Neuvéglise. — *Faulgeiras; Falgueiros*, 1508; — *Falgeyrou ou la Plano*, 1630; — *Falgeyroux, anciennement de Lhospital*, 1662 (terr. de Montchamp).

25.

FALGER (LE SUC DE), mont. à vacherie, c^{ne} de Chalvignac.

FALGERAT, écart, c^{ne} de Chaussenac.

FALGÈRE, écart et mⁱⁿ, c^{ne} d'Arches.

FALGÈRE, vill., c^{ne} de Marchastel. — *Fulgières; Fulgyère; Foulgyères; Felgières; Felgeyre; Felgère*, 1578 (terr. de Soubrevèze). — *Felgeyres*, 1601; — *Falgeyres*, 1618; — *Falgieras*, 1622 (lièvc de Soubrevèze). — *Falgières*, 1626 (*id.* de Pouzols). — *Falgeyre*, 1689 (état civ. de Chastel-Marlhac).

FALGÈRE, mont. à vacherie, c^{ne} de Saint-Amandin. — *Montaigne de Fargeyres; de Falgeyres*, 1650 (terr. de Feniers).

FALGÈRES, ham., c^{ne} de Champagnac.

FALGÈRES, écart, c^{ne} de Pleaux.

FALGÈRES, écart, c^{ne} de Saint-Paul-de-Salers.

FALGÈRES, vill., c^{ne} de Saint-Pierre-du-Peil. — *Falgères* (Cassini). — *Falgère* (État-major).

FALGÈRES, vill., c^{ne} de Saint-Remy-de-Salers. — *Falgières*, 1664 (insin. du bailliage de Salers). — *Falgère*, 1743 (état civ. de Saint-Bonnet-de-Salers). — *Falgères* (Cassini).

FALGÈRES (LES), mont. à vacherie, c^{ne} de Saint-Vincent.

FALGÈRES, ruiss., affl. de la Dordogne, c^{nes} de Sourniac et d'Arches; cours de 1,730 m.

FALGIÈRES, mont. à vacherie, c^{ne} de Saint-Paul-de-Salers.

FALGINOUX, ham. et mⁱⁿ, c^{ne} de Joursac. — *Fralguioux*, 1693; — *Fraginoux*, 1698 (état civ.).

FALGOUX (LE), c^{ne} de Salers. — *Lo Falgos*, 1333 (homm. à l'évêque de Clermont). — *Los Faugoux*, 1589 (lièvc du prieuré de Saint-Vincent). — *Le Fougoux*, 1634 (état civ. de Salers). — *Le Falgous*, 1640 (*id.* de Brageac). — *Le Folgoutz*, 1651 (anc. min. Chalvignac, n^{re} à Trizac). — *Le Fourgoux*, 1662 (état civ. d'Anglards-de-Salers). — *Le Furgoux*, 1682; — *Le Faulgoux*, 1683; — *Le Foulgoux*, 1685 (*id.* de Saint-Vincent). — *Le Faugous*, 1717 (terr. de Beauclair). — *Le Falgoux*, 1784 (Chabrol, t. IV).

Le Falgoux, avant 1789, était de la Haute-Auvergne, du dioc. de Clermont, de l'élect. et de la subdél. de Mauriac. Régi par le droit cout., il dépend. du bailliage seign. du Vaulmier, et ressort. à la sénéch. d'Auvergne, en appel du bailliage de Salers. — Son église, dédiée à saint Germain, était un prieuré dépend. du monast. de Mauriac, et à la nomination du doyen. Elle a été érigée en succursale, par décret du 28 août 1808.

FALGOUZET, ham. et mont. à vacherie, c^{ne} de Saint-Paul-de-Salers. — *Felguozet*, 1284 (arch. nat. J. 271). — *Falgouset*, 1591 (grand-livre de l'Hôtel-Dieu de Salers). — *Falgouzet*, 1659 (insin. du bailliage de Salers). — *Faugouse*, 1688 (état civ. de Saint-Bonnet-de-Salers). — *Falgoulès*, 1743 (arch. dép. s. C, l. 44). — *Fagouzet*, V^{rie} *Fogouzet* (Cassini).

FALGUIÈRES, vill., c^{ne} de Teissières-les-Bouliès. — *Falguieyras*, 1522 (min. Vigery, n^{re}). — *Falgueratz; Falguyères*, 1610 (aveu de J. de Pestels). — *Falguyras*, 1668; — *Falguières*, 1670 (nommée au p^{ce} de Monaco). — *Fauyière*, 1750 (anc. cad.). — *Fauyères* (Cassini).

FALGUIÈRES, dom. ruiné, c^{ne} de Teissières-les-Bouliès. — *Affar de la Comba Falqueyrosa*, 1535 (arch. mun. d'Aurillac, s. GG, c. 6).

FALGUIÈRES, vill. et mont. à vacherie, c^{ne} d'Yolet. — *Falguieyras*, 1449 (pap. de la fam. de Montal). — *Falgayria*, 1487 (reconn. à J. de Montamat). — *Falguières*, 1560 (*id.* aux prêtres de l'hôp. de la Trinité d'Aurillac). — *Falgueratz*, 1610 (aveu de J. de Pestels). — *Falguieyras*, 1669 (état civ. de Polminhac). — *Falguoras; Falgueyratz*, 1670; — *Falgueyrac*, 1671 (nommée au p^{ce} de Monaco). — *Fauguilyres*, 1677 (état civ. d'Aurillac). — *Falguière* (Cassini).

FALIÈS, vill., c^{ne} de Badailhac. — *Faliex*, 1668; — *Faliech; Falhiex; Faliez*, 1669 (nommée au p^{ce} de Monaco). — *Falretz*, 1680; — *Falliex*, 1695 (état civ. de Jou-sous-Montjou). — *Falieys*, 1695 (terr. de la command. de Carlat). — *Foliès*, 1701 (état civ. de Jou-sous-Montjou). — *Faliez*, 1736 (terr. de la command. de Carlat).

FALIÈS, ruiss., prend sa source près de la Vernière, c^{ne} de Badailhac, et se jette dans le Goul, sur le territ. de la même commune, après un cours de 1,800 m.

FALIÈS, vill., c^{ne} de Cros-de-Ronesque. — *Falietz*, 1645 (min. Froquières, n^{re} à Raulhac). — *Faliex* (Cassini).

FALIÈRE (LA), écart, c^{ne} de Parlan.

FALIÈRES, vill., c^{ne} de Teissières-les-Bouliès.

FALIÈS, mⁱⁿ, c^{ne} de Rouffiac.

FALIÈS, dom. ruiné, c^{ne} de Saint-Mamet-la-Salvetat. — *Domaine de Faliex*, 1743 (arch. dép. s. C, l. 4).

FALIÈS, ham. et tour en ruines, c^{ne} de Velzic. — *Felieytz*, 1394 (pièces de l'abbé Delmas). — *Salietz*, 1456 (reconn. à l'abbesse de Saint-Jean-du-Buis). — *Falieytz*, 1521; — *Falieyty*, 1522 (min. Vigery, n^{re}). — *Falieietz*, 1528 (terr. des cons. d'Aurillac). — *Falietz-en-Jordane*, 1618 (état civ. de Thiézac). — *Fallieytz*, 1625 (*id.* d'Arpajon). — *Faliez*, 1634 (*id.* de Vic). — *Falietz*, 1640 (pièces du cab. Lacassagne). — *Falich*, 1640 (min. Dumas, n^{re}). — *Falicia*, 1648 (état civ. de Reilhac). — *Falhès; Falhez*, 1692 (terr. de Saint-Geraud). — *Falieys*, 1695 (arch. dép. s. C, l. 8). — *Palieys*, 1701 (état civ. de Saint-Simon). — *Phaliels*, 1712; — *Fallies*, 1720 (arch. dép. s. C, l. 8). — *Faillie* (Cassini).

Faliès (Le Bois de), mont., c^{ne} de Velzic. — *Montaigne de Falich*, 1671 (nommée au p^{cc} de Monaco).

Faliex (Le), ruiss., affl. de la Jordanne, c^{ne} de Lascelle; cours de 2,750 m.

Falipoune, mⁱⁿ en ruines, c^{ne} d'Oradour.

Falissart, ham. et mont. à vacherie, c^{ne} de Mourjou. — *Falissard*, 1553 (procès-verbal Vény). — *Falissiard*, 1856 (Dict. stat. du Cantal).

Falitoux, vill. et mⁱⁿ, c^{ne} de Sainte-Marie. — *Fallitous*, 1645; — *Falittous*, 1653 (état civ. de Pierrefort). — *Faleytoux*, 1671 (insin. du bailliage de Saint-Flour).

Faljou (Le), lieu détruit, c^{ne} de Mourjou. — *Falsjou*, 1553 (procès-verbal Vény).

Fallade, ham., c^{ne} de Riom-ès-Montagnes. — *Fallades*, 1857 (Dict. stat. du Cantal).

Falleix, vill. et mont. à vacherie, c^{ne} de Montboudif. — *Phealleix*, 1654 (terr. de Feniers). — *Phalleix*, 1658 (lièvre du quartier de Condat et d'Artense). — *Faleil*, 1672; — *Falès; Faleis*, 1673; — *Falais*, 1696 (état civ. de Condat). — *Faleix; Fhalesse; Phaleix*, xviie s^e (terr. de Feniers). — *Falleix*, 1725 (lièvre du quartier de Condat et d'Artense). — *Falieys*, 1778 (état civ. de Condat). — *Montainhie de Fialeix; Fialets; Fialeyt*, 1778 (inv. des arch. de la mais. d'Humières). — *Fallet* (État-major).

Falut (Le), écart détruit, c^{ne} de Sénezergues.

Falvelly, f^{me}, c^{ne} de Maurs. — *Felveshey*, 1665; — *Falvelli*, 1672 (état civ.). — *Bois de Favelly*, 1774 (anc. cad.). — *Falvely* (Cassini).

Falvelly, mⁱⁿ, c^{ne} de Saint-Simon.

Fanc (Le), vill., c^{ne} de Chalvignac. — *Lou Fanc*, 1549 (terr. de Miremont). — *Lou Four*, 1609 (état civ. de Brageac). — *Lou Faut*, 1683 (*id.* de Chaussenac).

Fanc (Le), vill., c^{ne} de Jaleyrac. — *Villaige de lo Fanc*, 1549 (terr. de Miremont).

Fangasse (La), écart, c^{ne} de Mourjou.

Fangéas (Le), f^{me}, c^{ne} de Tourniac. — *Fangeas* (État-major). — *Fangeac*, 1857 (Dict. stat. du Cantal).

Fanjolet (Le Puech de), mont. à vacherie, c^{ne} de Veyrières.

Fanjouquet, ham. et mⁱⁿ, c^{ne} de Saint-Jacques-des-Blats. — *Fanguguet*, 1621 (état civ. de Thiézac). — *Jougne*, 1627 (pièces du cab. Lacassagne). — *Faujouques*, 1634 (état civ. de Thiézac). — *Faujouquet; Fanjouquet*, 1634 (pièces du cab. Lacassagne). — *Fauioguet*, 1638 (état civ. de Thiézac). — *Fajours*, 1668; — *Fonyoquet; Fonjoques*, 1671 (nommée au p^{cc} de Monaco). — *Foujouquet* (État-major).

Fanlade (La), ham. et mⁱⁿ, c^{ne} de Riom-ès-Montagnes. — *Fonlado*, 1506 (terr. de Riom). — *Fallade*, 1671 (état civ. de Menet). — *Fallades*, 1857 (Dict. stat. du Cantal). — Ce moulin est aussi appelé *moulin de Sigot*, du nom de l'avant-dernier propriétaire.

Fanostre, vill., c^{ne} d'Ydes. — *Fanostre*, 1663; — *Fannostre*, 1683; — *Fon-Nostre*, 1685; — *Fanostres*, 1686; — *Fontnostre*, 1687 (état civ.).

Fanostre, ruiss., affl. de la Sumène, c^{ne} d'Ydes; cours de 3,770 m. On le nomme aussi *l'Hôpital*.

Fans (La Croix des), mont. à vacherie, c^{ne} de Pradiers.

Fantilles (Les), mont. à vacherie, c^{ne} de Trémouille-Marchal.

Fardillou (Le), écart, c^{ne} d'Anglards-de-Salers.

Fareyre (La), ham., c^{ne} de Lanobre. — *La Fareyre*, 1777 (arch. dép. s. E). — *Faraire* (Cassini). — *Lafareyre*, 1790 (min. Marambal, n^{re} à Thinières). — *La Farreyre* (État-major).

Fareyrolle, vill. et mⁱⁿ, c^{ne} de Lanobre. — *Farrogrolles* (Cassini). — *Fareyrolle*, 1790 (min. Marambal, n^{re}). — *Fareyrol* (État-major). — *Fareyroles*, 1856 (Dict. stat. du Cantal).

Fargausse-Basse (La), dom. ruiné, c^{ne} de Ladignac. — *Affar appellé de la Fargauze-Basse*, 1669 (nommée au p^{cc} de Monaco).

Farge (La), mont. à vacherie, c^{ne} de Montboudif.

Farge (La), vill. et mⁱⁿ, c^{ne} de Saint-Vincent.

Farge (La), écart et mⁱⁿ, c^{ne} du Vaulmier. — *La Faurga*, 1332; — *La Faurghe*, 1589 (lièvre du prieuré de Saint-Vincent).

Fargeiras, taillis et mont. à vacherie, c^{ne} de Marchastel. — *Montaigne de Falgeyres; Fargeyres*, 1659 (terr. de l'abb. de Feniers).

Farges, vill. et mⁱⁿ, c^{ne} de Cussac. — *Faurjas*, 1295 (arch. dép. s. H). — *Faurgiæ*, 1521 (*id.* s. G). — *Faurges*, 1537 (terr. de Villedieu). — *Faurghas*, 1542 (lièvre du Fer). — *Faurghes*, 1542 (terr. de Bressanges). — *Faurgue*, 1625 (état civ. de Pierrefort). — *Fourge ou Farge*, 1784 (Chabrol, t. IV).

Farges (Les), dom. ruiné, c^{ne} de Drignac. — *Village de las Faurghas; la Forge*, 1778 (inv. des arch. de la mais. d'Humières).

Farges, vill., c^ne de Saint-Christophe. — *Villa Faurg?* xiie s^e (charte dite *de Clovis*). — *Faurghas*, 1464 (terr. de Saint-Christophe). — *Faurgie*, 1618; — *Faurgues dict de la Fourniau*, 1650 (état civ.). — *Faurge*, 1654 (id. d'Ally). — *Faurghe*, 1666; — *Faurghes*, 1667; — *Fergaz*, 1692 (état civ.). — *Faurges*, 1707 (id. d'Espinadel). — *Farges*, 1768 (arch. dép. s. C, l. 40).

Farges, écart, c^ne de Saint-Christophe. — Il porte aussi le nom de *Renard*.

Farges, vill., c^ne de Saint-Martin-Cantalès. — *Faurghas*, 1464 (terr. de Saint-Christophe). — *Faurgue*, 1664 (insin. du bailliage de Salers). — *La Fargue*, 1669 (nommée au p^ce de Monaco). — *Farge* (Cassini).

Farges, vill. et chât., c^ne de Virargues. — *Faurghas*, 1289 (terr. d'Anteroche). — *Faurgæ*, 1293 (arch. dép. s. H). — *Fargæ; Faurgiæ; Faurgium; Forgium*, 1329 (enq. sur la justice de Vieillespesse). — *Faurgias; Faurghi*, 1397 (arch. dép. s. E). — *Fargius*, 1410 (terr. d'Anteroche). — *Faurgos*, 1446 (id. de Farges). — *Faurgas*, 1476 (id. de la command. de Carlat). — *Faurges; Faurghes*, 1575 (terr. de Bredon). — *Farges*, 1598 (reconn. des cons. d'Albepierre). — *Frarges*, 1678 (insin. de la cour royale de Murat).

Farges, avant 1789, était le siège d'une justice seign., moyenne et basse, régie par le droit écrit, dépend. de la justice haute de la Peschaud, et ressort. au bailliage de Vic, en appel de la prév. de Murat.

Farges (Les Moulins de), m^ins, c^ne de Virargues. — *Le molin de la Pelha*, 1518 (terr. des Cluzels). — *Deux molins à bled assis sur le ruisseau de Faurges et que, de ancienneté, lesdicts molins se appeloit de la Pelhe, car estoit pousé sur l'eau de la Pelhé; molin baigner de Faurges sive de la Pilhe*, 1535 (id. de la v^té de Murat). — *Molins de la Peilhie; de la Pousa*, 1575 (id. de Bredon). — *Lesdicts molins se appelloient les molins de la Pousse; de la Pouce*, 1580 (lièvre conf. de la v^té de Murat). — *Molin de la Pauze*, 1591 (terr. de Bressanges). — *La Pouse*, 1598 (reconn. des cons. d'Albepierre). — *La Pause*, 1664 (terr. de Bredon). — *Les molins de Farges*, 1683 (id. des Bros). — *Le moly de Lapouce; de Lapilhe*, 1686 (id. de Farges).

Farges, dom. ruiné, c^ne de Virargues. — *Affar de las Costes-de-Faurges*, 1635 (terr. de la v^té de Murat). — *Ténement des Costes-de-Farges*, 1683 (id. des Bros).

Fargette (La), écart et mont. à vacherie, c^no de Lugarde. — *La Fagette*, 1664 (état civ. de Murat).

Fargette (La), dom. ruiné, c^ne de Virargues. — *Mansus de Faurgetas*, 1491 (terr. de Farges).

Fargue (La), dom. ruiné, c^ne d'Arnac. — *Affarium vocatum de la Fargua*, 1442 (arch. mun. d'Aurillac, s. HH, c. 21).

Fargue (La), dom. ruiné, c^ne de Saint-Julien-de-Jordanne. — *Affard appellé de Lafargue*, 1692 (terr. de Saint-Géraud).

Fargue (La), dom. ruiné, c^ne de Saint-Mamet-la-Salvetat. — *Affar appellé de la Combe-de-Fargue*, 1668 (nommée au p^ce de Monaco).

Fargues (Las), écart, c^ne de la Besserette.

Fargues, vill., c^ne de Cros-de-Montvert. — *Fargues*, 1640 (état civ.).

Fargues (Las), ham., c^ne de Saint-Étienne-de-Maurs. — *Lafargue*, 1640; — *La Sargue*, 1747; — *Las Fargues*, 1749 (état civ.).

Fargues, vill., c^ne de Saint-Saury. — *Fargue del Cros*, 1657 (pap. de la fam. de Montal). — *Fargues*, 1668 (min. Frégéac, n^re à Laroquebrou). — *Sergues*, 1673 (état civ.). — *Sargues* (Cassini).

Fargues, ruiss., affl. du ruisseau de la Ressègue, c^ne de Saint-Saury; cours de 2,500 m. — *Ruisseau de la Vialle-Morte; Viale-Male*, 1771 (arch. dép. s. G).

Fargues, dom. ruiné, c^ne de Saint-Victor. — *Villaige de Fargues*, 1600 (pap. de la fam. de Montal).

Fargues (Las), vill., c^ne de Sansac-de-Marmiesse. — *La Fargue*, 1635 (état civ. de Saint-Mamet). — *La Fargues*, 1761 (arch. dép. s. C, l. 2).

Fargues (Las), écart, c^ne de Sénezergues.

Fargues, vill. avec manoir, c^ne de Vitrac. — *La Fargua*, 1454 (pièces de l'abbé Delmas). — *Faurgas*, 1476 (terr. de la command. de Carlat). — *La Farga*, 1478 (pièces de l'abbé Delmas). — *Fargues*, 1668 (nommée au p^ce de Monaco).

Fargues, ruiss., affl. de la Rance, c^ne de Vitrac; cours de 3,000 m.

Farinose, dom. ruiné, c^ne de Saint-Santin-Cantalès. — *Affarium de Farineza*, 1444 (arch. mun. d'Aurillac, s. HH, c. 21). — *Farinoste*, 1449 (enq. sur les droits des seign. de Montal). — *Farinosa*, 1485 (arch. mun. d'Aurillac, s. HH, c. 21).

Farinou, m^in, c^ne d'Alleuze.

Farjairin (Le Suc de), mont. à vacherie, c^ne de Jalayrac.

Farraine-Pouponne (La), m^in, c^ne de Paulhac.

Farrande (Le Puy de), mont. à vacherie, c^ne de Boisset. — *Bois appellé del Farandes*, 1668 (nommée au p^ce de Monaco).

Farrayre, vill., c^ne de Brezons. — *Farreires*, 1623

(ass. gén. tenues à Cezens). — *Farreyres*, 1644 (état civ. de Pierrefort). — *Farreyre*, 1691 (*id*. de Murat). — *Farreire*, 1710; — *Farrières*, 1720; — *Feyreires*; *Fayrières*, 1721 (*id*. de Brezons). — *Farrière* (Cassini).

Farrérole, ruiss., affl. de l'Alagnon, c^{ne} de Joursac; cours de 8,000 m.

Farreyre (Le Couderc de), mont. à vacherie, c^{ne} de Sainte-Anastasie.

Farreyrolles, écart avec manoir, c^{ne} de Saint-Remy-de-Chaudesaigues. — *Ferrairolæ*, 1249 (arch. mun. de Saint-Flour). — *Ferreirolæ*, 1506; — *Ferreiroles*, 1652 (arch. dép. s. H). — *Farreyroles*, 1784 (Chabrol, t. IV). — *Larreyroles* (Cassini).

Farreyrolles, avant 1789, était le siège d'une justice seign. régie par le droit cout., et ressort. à la sénéch. d'Auvergne, en appel de la prév. de Saint-Flour.

Farrouchès, mont. à vacherie, c^{ne} de Vernols.

Fasende (La), dom. ruiné, c^{ne} de Saint-Santin-Cantalès. — *Mansus de la Fasenda*, 1322 (homm. au seign. de Montal).

Fau (Le), c^{on} de Salers. — *Lou Fau*, 1655 (insin. du bailliage de Salers). — *Les Faux* (État-major).

Le Fau, avant 1789, était régi par le droit cout., dépend. de la justice seign. de Fontanges, et ressort. à la sénéch. d'Auvergne, en appel du bailliage de Salers. — L'église du Fau a été érigée en succursale par décret du Président de la République, en date du 29 novembre 1849. — Le Fau, distrait de la c^{ne} de Fontanges, a été érigé en commune distincte par décret du 1er juillet 1870.

Fau (Le), dom. ruiné, c^{ne} d'Arpajon. — *Ténement appellé Lefau*, 1739 (anc. cad.).

Fau (Le), vill., c^{ne} de Bassignac.

Fau (Le), mⁱⁿ et dom. ruiné, c^{ne} de Boisset. Ce moulin porte aussi le nom de *la Pendarie*. — *Moulin du Fau*, 1746 (anc. cad.).

Fau (Le), mont. à vacherie, c^{ne} de Girgols.

Fau (Le), écart, c^{ne} de Jabrun. — *Le Feau*, 1886 (états de recens.).

Fau (Le), écart, c^{ne} de Junhac.

Fau (Le), ham., c^{ne} de Ladinhac.

Fau (Lou), dom. ruiné, c^{ne} de Marchastel. — *Villaige del Fau*, 1601 (lièvo de Soubrevèze).

Fau (Le Bois du), dom. ruiné, c^{ne} de Marcolès. — *Nemus vocatum dal Fau*, 1437 (terr. du prieuré de Marcolès). — *Affar del Bos du Fau*, 1545 (min. Destaing, n^{re}).

Fau (Le), vill., c^{ne} de Marmanhac. — *Affarium vocatum de Fau*, 1378 (arch. dép. s. G). — *Villaige du Fau*, 1552 (terr. de Nozières). — *Enfau*, 1598 (min. Lascombes, n^{re}).

Le Fau, avant 1789, était le siège d'une justice moyenne et basse, ressort. à la sénéch. d'Auvergne, en appel du bailliage de Salers.

Fau (Le Champ du), dom. ruiné, c^{ne} de Mauriac. — *Mansus dal Faus*, 1310 (lièvo du prieuré du Vigean).

Fau (Le), mⁱⁿ, c^{ne} de Maurs. — *Moulin du Fau; le Féau*, 1746 (état civil de Saint-Étienne-de-Maurs).

Fau (La Forge du), haut fourneau, c^{ne} de Maurs. — *Le Fau* (Cassini).

Fau (Le), écart, c^{ne} de Mourjou. — *Le Feit*, 1523 (assises de Calvinet). — *Le Fau* (Cassini).

Fau (Le Bois de), dom. ruiné, c^{ne} de Roumégoux. — *Affar appellé de la Fage*, 1668 (nommée au p^{ce} de Monaco).

Fau (Le), écart, c^{ne} de Saint-Bonnet-de-Salers.

Fau (Le), mⁱⁿ détruit, c^{ne} de Saint-Constant.

Fau (Le), écart, c^{ne} de Saint-Gerons.

Fau (Le), vill., c^{ne} de Saint-Illide. — *Mansus del Fau*, 1466 (terr. de Saint-Christophe). — *Les Faux* (Cassini).

Fau (Le), vill., c^{ne} de Saint-Paul-de-Salers. — *Mansus dal Faus*, 1310 (lièvo du prieuré du Vigean). — *Lou Fau*, 1683 (état civ. de Saint-Projet). — *Lou Faut*, 1698 (*id*. de Saint-Martin-Valmeroux). — *Lou Faud* (Cassini).

Fau (Le), source, c^{ne} de Saint-Santin-de-Maurs, dont les eaux tombent dans le ruisseau d'Escampet.

Fau (Le), c^{ne} de Saint-Urcize. — *Le Fau-de-la-Gabillie*, 1686 (terr. de la Garde-Roussillon). — *Borie d'Elfau* (Cassini). — *Delfau*, 1857 (Dict. stat. du Cantal).

Fau (Le), dom. ruiné, c^{ne} de Saint-Victor. — *Cum manso dal Fau*, 1322 (arch. mun. d'Aurillac, s. HH, c. 21).

Fau (Le), écart, c^{ne} de Sarrus. — *Villaige del Fau; Lefau*, 1494 (terr. de Mallet).

Fau (Le), ham., c^{ne} de Teissières-les-Bouliès.

Fau (Le), ruiss., affl. du ruisseau de Bioude, c^{ne} de Teissières-les-Bouliès; cours de 700 m.

Fau (Le Puech de), mont. à vacherie, c^{ne} de Védrines-Saint-Loup.

Fau-Bas (Le), vill., c^{ne} de Boisset. — *Fau*, 1554 (min. Destaing, n^{re}). — *Faubas*, 1668 (nommée au p^{ce} de Monaco).

Fau-Bas (Le), écart, c^{ne} de Junhac. — *Lou Feau*, 1763 (état civ.).

Fau-Bas (Le), écart, c^{ne} de Saint-Urcize. — *Faubesse*, 1856 (Dict. stat. du Cantal).

FAUBLADIER, m^in en ruines, c^ne de Marmanhac.
FAUCHER (LA), vill., c^ne de Trémouille-Marchal. — *Village de la Fauché*, 1732 (terr. du fief de la Sépouse).
FAUCHER (LA), vill. et bois, c^ne de Trémouille-Marchal. — D'après l'état de recensement de 1886, il y aurait deux villages de ce nom dans la commune.
FAUFOULIOUX, vill. et m^in, c^ne de Virargues. — *Faufolhos*, 1293 (arch. dép. s. H). — *Fauffolhos*, 1410 (terr. d'Anteroche). — *Faulfolhos; Fau Folhios; Faufolhios*, 1491 (id. de Farges). — *Faussoyos*, 1518 (id. de Cluzels). — *Faufoulhoux*, 1518 (id. de Dienne). — *Faufoulhos*, 1535 (id. de la v^té de Murat). — *Faufolhoux*, 1580 (lièvc conf. de Murat). — *Faufoulhioux*, 1595 (terr. de Dienne). — *Faulfoulioux*, 1598 (reconn. des cons. d'Albepierre). — *Faufoulhious*, xvie s^e (terr. du prieuré du chât. de Murat). — *Le Foulhour*, 1600 (arch. dép. s. E). — *Faufoulioux*, 1600 (terr. de Dienne). — *Fauxfouloux*, 1625 (insin. de la cour royale de Murat). — *Faufoullioux*, 1675; — *Faufoullious*, 1686 (terr. de Farges). — *Faufolioux*, 1698 (état civ. de Chastel-sur-Murat).
FAUGE (LA), vill., c^ne de Lavastrie.
FAUGE (LA), vill. et m^in, c^ne de Maurines. — *La Forge*, 1784 (Chabrol, t. IV). — *La Fauge* (État-major).
FAUGÉAC, écart, c^ne de Tourniac.
FAUGOUX, mont. à vacherie, c^ne de Landeyrat.
FAU-HAUT (LE), vill. et m^in, c^ne de Boisset. — *Villaige del Faux-Hault*, 1668 (nommée au p^ce de Monaco).
FAU-HAUT (LE), écart, c^ne de Junhac.
FAULAT (LE), f^me avec manoir, c^ne de Marcolès. — *Faulatum*, 1473 (terr. du prieuré de Marcolès). — *Faulat*, 1478 (pièces de l'abbé Delmas). — *Faullat*, 1670 (état civ. de Saint-Étienne-de-Maurs). — *Fautot* (Cassini). — *Faulat* (État-major).
FAULAT (LE), dom. ruiné, c^ne de Saint-Paul-des-Landes. — *Villaige de Faulat*, 1551 (terr. d'Escalmels).
FAUNAL (LE), écart, c^ne de Saint-Hippolyte.
FAURE (LE), mont. à vacherie, c^ne de Chanterelle.
FAURE (LE), vill., c^ne de Rouffiac. — *Lou Fauré*, 1750 (inv. des biens de l'hôp. de Laroquebrou). — *Fargues*, 1782 (arch. dép. s. C, l. 51).
FAURE (LE), écart, c^ne de Saint-Christophe.
FAURE (LE), m^in, c^ne de Saint-Martin-Cantalès.
FAURGE (LA), dom. ruiné, c^ne de Laroquevieille. — *Villaige de la Faurge*, 1662 (insin. du bailliage de Salers).
FAURGES (LES), dom. ruiné, c^ne de Drignac. — *Las Faurghas; la Forge*, 1778 (inv. des arch. de la mais. d'Humières).

FAURGES, vill., c^ne de Lavastrie. — *Faurghes*, 1493; — *Faughes*, 1494 (terr. de Mallet). — *Faige*, 1618 (terr. de Sériers). — *Faurges*, 1672 (insin. de la cour royale de Murat). — *Fauge* (Cassini).
FAURGES (LES), vill. détruit, c^ne de Mauriac. — *Faria* (?), x^e s^e (test. de Théodechilde). — *Las Faurgas; las Fargas*, 1381 (lièvc du monast. de Mauriac). — *Las Forgas-de-Bouriana*, 1473; — *Las Forges*, 1474 (terr. de Mauriac). — *Las Faurges*, 1505; — *Las Farges*, 1515 (comptes au doyen de Mauriac).
FAURGE (LA), vill., c^ne de Tournemire.
FAU-SOUBRO (LE), f^me, c^ne de Saint-Bonnet-de-Salers. — *Fau-Soubro*, 1690; — *Leffau*, 1743 (état civ.). — *Les Faux* (Cassini).
FAU-SOUTRO (LE), écart, c^ne de Saint-Bonnet-de-Salers. — *Les Faux* (Cassini).
FAUSSANGES, écart avec manoir et m^in, c^ne de Saint-Cernin. — *Mansus de Saussangas*, 1403 (échange entre J. de Montal). — *Sautanges*, 1585 (terr. de Saint-Martin-Cantalès). — *Fausanghas*, xvie s^e (arch. mun. d'Aurillac, s. GG, p. 21). — *Fauxanges*, 1660 (état civ. d'Aurillac). — *Faussanges*, 1669 (id. de Saint-Martin-de-Valois). — *Fausanges* (Cassini).
FAUTOUNE (LA), mont. à vacherie, c^ne de Montboudif.
FAUVELIE (LA), f^me et m^in détruit, c^ne de Saint-Paul-de-Salers. — *La Fovelie; la Fouielie; la Foverlie*, 1743 (arch. dép. s. C, l. 44).
FAUX (LE PUECH DES), mont. à vacherie, c^ne de Celles. — *Lo peuch des Faurs*, 1581; — *Le puech del Faux*, 1697 (terr. de Celles).
FAUX (LE), vill., c^ne de Ladinhac. — *Lou Fau*, 1548; — *Le Fayiet*, 1549 (min. Boygues, n^re). — *Le Faux* (Cassini).
FAUX (LES), écart, c^ne de Pailhérols.
FAVAIROL, dom. ruiné, c^ne de Valette. — *Affarium de Favayrolz*, 1441 (terr. de Saignes).
FAVARS, ham. et m^in, c^ne de Barriac. — *Favars; Favara*, 1464 (terr. de Saint-Christophe). — *Favar*, 1675 (état civ. de Chaussenac).
FAVARS, vill., c^ne de Freix-Anglards. — *Favars*, 1522 (min. Vigery, n^re). — *Favares*, 1662 (état civ. de Saint-Cernin). — *Fabarzt*, 1669 (id. d'Ayrens). — *Fabars*, 1703 (id. de Saint-Cernin). — *Favar*, 1744 (anc. cad. de Saint-Cernin).
FAVASSOU (LE), écart détruit, c^ne de Champs.
FAVEN, écart, c^ne de Cassaniouze. — *Faven*, 1477 (pièces de l'abbé Delmas). — *Favens*, 1741 (anc. cad.). — *Favon* (Cassini).
FAVEROLLES, c^on de Ruines, et chât. féodal ruiné. — *Faveirolæ*, 1011 (Gall. christ., t. II, instr. col. 131

et 133). — *Favayroles*, 1232 (homm. à l'évêque de Clermont). — *Favayrolœ*, 1260 (arch. dép. s. G). — *Favairolœ*, 1338 (spicil. Brivat.). — *Ecclesia de Favayrol*, xiv° s° (pouillé de Saint-Flour). — *Fevayroliœ*, 1437 (arch. dép. s. G). — *Faveirolles*, 1494 (terr. de Mallet). — *Faveyrolles*, 1526 (*id.* de Vieillespesse). — *Fauveyroles*, 1594 (min. Andrieu, n°°). — *Faverolles*, 1665 (insin. de la cour royale de Murat). — *Fabveyrelles*, 1670 (arch. dép. s. E). — *Feveyrolle*, 1688 (pièces du cab. Bonnefons). — *Faveyrolle*, 1730 (terr. de Montchamp). — *Faverole* (État-major).

Faverolles, avant 1789, était de la Haute-Auvergne, du dioc., de l'élect. et de la subdél. de Saint-Flour. Régi par les droits cout. et écrit, il était le siège d'une justice seign. La partie de droit cout. ressort. au bailliage de Saint-Flour, et celle de droit écrit, à la sénéch. d'Auvergne, en appel de la prév. de Saint-Flour. — Son église, sous le voc. de saint Martin, a été érigée en succursale par décret du 28 août 1808.

FAVEROLLES, vill. et m^in, c^ne de Pierrefort. — *Faveyrolles*, 1607 (état civ.). — *Faverolles* (Cassini).

FAVEROLLES, ruiss., affl. du Vezou, c^ne de Pierrefort; cours de 1,100 m.

FAVRIE (LA), écart, c^ne de Saint-Gerons.

FAYDE (LA), écart, c^ne de Marchastel.

FAYDIE (LA), lieu détruit, c^ne d'Ydes. — *Affarium de la Faydia*, 1441 (terr. de Saignes).

FAYDOL, vill., c^ne de Saint-Martin-sous-Vigouroux. — *Feydol*, 1644; — *Faydol*, 1665 (état civ. de Pierrefort). — *Faydolz*, 1668 (nommée au p^ce de Monaco). — *Le Feydou*, 1679 (état civ. de Jousous-Montjou). — *Faydel* (Cassini). — *Feydols*, 1856 (Dict. stat. du Cantal, t. IV, p. 174).

FAYE (LA), ruiss., affl. de la rivière d'Allanche, c^ne de Vernols; cours de 2,500 m. — *Rif de la Feulhade; la Foulhiade*, 1515; — *La Folhade*, 1517 (terr. du Feydit).

FAYET (LA GRANGE DU), dom. ruiné, c^ne d'Allanche. — *La grange del Fayet*, 1509 (terr. de F. Charbonnel).

FAYET (LE), ham., c^ne de Brageac.

FAYET (LE), vill., c^ne de Chalvignac. — *Fact*, 1296 (homm. à l'évêque de Clermont). — *Lo Feyt*, 1381 (lièvre du monast. de Mauriac). — *Fayet*, 1505 (comptes au doyen de Mauriac). — *Lou Fahet*, 1549 (terr. de Miremont). — *Lou Faiect*, 1606 (état civ. de Brageac). — *Lou Feyre*, 1639 (rentes dues au monast. de Mauriac). — *Lou Fayt*, 1644 (état civ. de Mauriac).

FAYET (LE), ham. avec manoir, c^ne de la Chapelle-Laurent. — *Lo Faet*, 1250; — *Le sieur du Fayet*, 1670 (spicil. Brivat.). — *Le Fay* (Cassini).

Le Fayet, avant 1789, était le siège d'une justice seign. régie par le droit cout., et ressort. à la sénéch. d'Auvergne, en appel de la prév. de Brioude.

FAYET (LE), dom. ruiné, c^ne de Glénat. — *Mansus vocatus del Faet*, 1324; — *Faetz*, 1357; — *Mansus Dalfaet*, 1403 (arch. mun. d'Aurillac, s. HH, c. 21).

FAYET (LE), dom. ruiné, c^ne de Jaleyrac. — *Lou Fayet*, 1680 (terr. de Mauriac).

FAYET (LE), vill., c^ne de Marcenat. — *Fahet*, 1320 (Hist. de l'abb. de Feniers).

FAYET (LE), vill., c^ne de Massiac. — *La Fage*, 1623; — *Fraise*, 1624 (état civ. de Bonnac). — *Le Fajet*, 1705; — *La Faye*, 1720; — *Le Fayet*, 1747 (id. de Saint-Victor-sur-Massiac).

FAYET (LE), vill., c^ne de Mentières. — *Le Fayet*, 1536 (arch. dép. s. G). — *Le Foyet*, 1728 (état civ. de Saint-Mary-le-Plain).

FAYET (LE), ham., c^ne de Pierrefort. — *Le Fayet-Apresty*, 1616; — *Le Fayet*, 1651 (état civ.).

FAYET (LE BOIS DU), dom. ruiné, c^ne de Riom-ès-Montagnes. — *Tenementum de Faec*, 1309 (Hist. de l'abb. de Feniers).

FAYET (LE), vill., c^ne de Saint-Flour. — *Lo Faet*, 1345 (arch. mun. de Saint-Flour). — *Faich*, 1470 (arch. dép. s. G). — *Le Faiet*, 1494 (terr. de Mallet). — *Le Fayet*, 1526 (id. de Vieillespesse). — *Le Fais*, 1615; — *Le Fajet*, 1685 (état civ.).

FAYET (LE), ruiss., affl. du ruisseau de Villedieu, c^ne de Saint-Flour.

FAYET (LE), vill., c^ne de Saint-Saturnin.

FAYET (LE), écart, c^ne de la Ségalassière.

FAYET (LE), vill. détruit, c^ne des Ternes. — *Mansus del Fayt*, 1282 (arch. nat. J. 271-272). — *Villaige de la Faige*, 1618 (terr. de Sériers). — *Le Fayet*, 1636 (id. des Ternes).

Il faut vraisemblablement reconnaître le Fayet comme « la Villeneuve » mentionnée dans la charte de 1282 et qui devait être créée sous la condition qu'elle jouirait des franchises et coutumes de Paluel.

FAYET (LE), vill. et chât. en ruines, c^ne de Trizac. — *Le Fahet*, 1269 (homm. à l'évêque de Clermont). — *Lou Fayet-de-Chamblac*, 1618 (min. Danty, n^re). — *Le Fayt*, 1664 (état civ. de Mauriac). — *Lou Fait*, 1670; — *Lou Fayit*, 1675; — *Lou Fajet*, 1679; — *Le Fayet*, 1688 (id. de Trizac).

FAYET (LE), vill. et chapelle détruite, c^ne d'Ydes. — *Lou Fayet*, 1665; — *Lou Fayé*, 1671; — *Lou Fayt*, 1685 (état civ.).

FAYET-FONT-ROUGE (LE), dom. ruiné, cne de Trizac. — *Domaine de Fayet-Fonrouge*, 1782 (arch. dép. s. C).

FAYPRAT, mont. à vacherie, cne de Pailhérols.

FAYRES (LAS), ham. détruit, cne de Champs.

FAZENDE (LA), dom. ruiné, cne de Glénat. — *Affarium del Farancf*, 1323; —*Affarium de la Fazenda*, 1357; — *Mansus de la Fezenda*, 1395 (arch. mun. d'Aurillac, s. HH, c. 21).

FAZENDE (LA), ham., mont. à vacherie et chât. détruit, cne de Saint-Saury. — *La Fazenda*, 1357 (arch. mun. d'Aurillac, s. HH, c. 21). — *La Fazende*, 1665 (état civ. de Rouméjoux). — *La Fazende*, 1748 (anc. cad. de Parlan). — *La Falzinde* (État-major). — *La Juzende* (états de sections).

FÉCHADOUR (LE), écart, cue d'Anglards-de-Saint-Flour.

FÉDIIE (LA), ruiss., affl. de la Véronne, cnes de Saint-Hippolyte et de Colandres; cours de 4,000 m. — On le nomme aussi *la Font-Sainte*.

FEIDE (LA), min détruit, cne de Riom-ès-Montagnes. — 1719 (table du terr. d'Apchon).

FEIDINIE (LA), dom. ruiné, cne de Dienne. — *Mansus de la Faydonia*, 1279 (arch. dép. s. E). — *Affar de la Feydynye*, 1551; — *Las Feidinias*, 1618 (terr. de Dienne). — *La Feydine*, 1619 (min. Danty, nre à Murat). — *Las Faydiniers*, 1667 (lièves de Dienne).

FELGÉADOU, vill., cne de Saint-Julien-de-Jordanne. — *Felghador*, 1522 (min. Vigery, nre à Aurillac). — *Le Folgadou*, 1679 (arch. dép. s. C, l. 1). — *Felghadou*, 1692 (terr. du monast. de Saint-Geraud). — *Falgeadou* (Cassini). — *Feljadou*, 1855 (Dict. stat. du Cantal).

FELGINES, vill., cne de Boisset. — *Felzines*, 1607; *Filhines*, 1640 (état civ. de Saint-Étienne-de-Maurs). — *Falzines*, 1646 (id. de Parlan). — *Felgines*, 1668 (nommée au pce de Monaco). — *Felsines*, 1852 (Dict. statist. du Cantal).

FELGINES, vill. et min, cne de Cassaniouze. — *Filzinas*, 1414 (terr. de Cassaniouze). — *Fezines*, 1655; — *Felsines*, 1658; — *Felzines*, 1659 (état civ.). — *Fezines*, 1741; — *Felgines*, 1745 (anc. cad.). — *Falzines*, 1765 (état civ. de Junhac). — *Felzinnes*, 1785 (arch. dép. s. C, l. 49).

FÉNÉROL, vill. détruit, cne de Saint-Mary-le-Plain. — (Plan cad. son B, n° 46.)

FENERUSE, fme, cne de Saint-Mamet-la-Salvetat.

FENEYROL, vill., cne de Carlat. — *Fenayrols*, 1498 (arch. dép. s. E). — *Fenierolz*; *Feneyrolz*, 1668; — *Faveyrolz*; *Farreirolles*, 1669 (nommée au pce de Monaco). — *Fesseyrols*; *Feveirols*; *Feveyrols*; *Fevayrols*, 1695; —*Feneyral*; *Feneirols*, 1736 (terr.

de la command. de Carlat). — *Feynerols* (Cassini). — *Farreyroles*, 1855 (Dict. stat. du Cantal).

FENEYROLES, dom. ruiné, cne de Saint-Julien-de-Jordanne. — *Feneyrolz*, 1668 (nommée au pce de Monaco).

FENIERS, vill., cne de Condat-en-Feniers, et abbaye auj. en ruines. — *Abbacia de Feners*, 1252 (spicil. Brivat.). — *Vallis-Honesta seu Feniers*; *Feneriæ*, 1278; —*Feneyrs, sive Vallis Honnesta*, 1320; — *Feniers*, 1328; — *Vallis Honesta, alias Vailh Honneste*, 1340 (Hist. de l'abbaye de Feniers). — *Conventus Vallis Honesto, alias Ferrariensis*, 1484 (arch. dép. s. H). — *Couvant du Val Honneste de Feniers*, 1654 (terr. de Feniers). — *Fenerium*; *Ferrariensis seu Vallis Honesta*, xviie s° (Hist. de l'abb. de Feniers, p. 27).

Feniers possédait, avant 1789, une abbaye de moines de l'ordre de Citeaux, fondée vers 1173 par Béraud VII, seign. de Mercœur. Il était le siège d'une justice seign. régie par la cout., et ressort. à la sénéch. d'Auvergne, en appel de la prév. de la Roche-Sanadoire.

FENOUIL (LE MOULIN DE), min détruit, cne de Paulhac.

FER (LE), vill. et min détruit, cne de Paulhac. — *Lo Fer*, 1542; — *Lou Fern*, 1594 (lièves du Fer). — *Le Feyt* (État-major).

FÉRADOR (LE), dom. ruiné, cne de Vézac. — *Mansus del Ferador*, 1531 (min. Vigery, nre à Aurillac).

FERCAMP, dom. ruiné, cne de Ladinhac. — *Affar appellé de Fercamp*, 1669 (nommée au pce de Monaco).

FÉRIF, ham., cne d'Apchon. — *Feyrif*, 1719 (table du terr. d'Apchon). — *Férif*, 1741 (état civ.).

FÉRIF, vill. et min, cne de Saint-Hippolyte. — *Villa Frigidus Rivus*, xiie s° (charte dite *de Clovis*). — *Freyrif*, 1513 (terr. d'Apchon). — *Feyrif*, 1719 (table de ce terr.). — *Ferrif*, 1777 (lièves d'Apchon). — *Froid-Férif* (nom vulgaire).

FERLUC, vill., cne de Laroquevicille. — *Frelluc*, 1485 (reconn. à J. de Montamat). — *Ferlut*, 1594 (terr. de Fracor). — *Ferluc*, 1707 (arch. dép. s. C, l. 10).

FERLUC, vill., cne de Méallet. — *Ferluch*, 1669 (état civ. du Vigean). — *Ferluc* (État-major).

FERLUC, vill., cne de Moussages. — *Freluc*, 1520 (terr. d'Apchon). — *Ferluc*, 1663 (insin. du bailliage de Salers). — *Fruluc*, 1717 (état civ.). — *Frelut*, 1784 (Chabrol, t. IV). — *Ferluc* (État-major).

FERNAUDIE (LA), écart, cne de Tournemire. — *La Ferandie*, 1676 (lièves de la mais. des Blats). — *La Fernaudie*, 1680 (arch. dép. s. C, l. 6). — *La Freiandie*, 1682; — *La Féraudie*, 1683 (état civ. de Saint-Projet). — *La Frescaudie*, 1701 (arch.

dép. s. C, l. 6). — *La Frinaudre*, 1704 (état civ. de Saint-Cernin). — *La Frenaudie*, 1759 (arch. dép. s. C, l. 6). — *La Fernodie* (Cassini).

Ferradou (Le), dom. ruiné, c^{ne} de Badaillac. — *Lo Ferrador*, 1507 (arch. mun. d'Aurillac, s. GG, p. 8). — *La granche du Ferradou*, 1695 (terr. de la command. de Carlat).

Ferragnes, vill., c^{ne} de Riom-ès-Montagnes. — *Ferranhes*, 1512 (terr. d'Apchon). — *Ferragnes*, 1719 (table de ce terrier). — *Ferraignes*, 1780 (lièvre de Saint-Angeau). — *Ferreigne* (Cassini). — *Ferragne* (État-major).

Ferrand (Le), ham., c^{ne} de Lieutadès. — Il porte aussi le nom de *le Pont-de-Tréboul*.

Ferraudie (La), ham., c^{ne} d'Aurillac.

Ferrier, mⁱⁿ, c^{ne} de Saint-Georges.

Ferrière (La), vill., c^{ne} de Tourniac. — *La Ferrière*, 1784 (arch. dép. s. C, l. 38).

Ferrières (Le Moulin de), mⁱⁿ, c^{ne} de Ferrières-Saint-Mary.

Ferrières, mⁱⁿ détruit, c^{ne} de Peyrusse. — *Moulin de Ferrières*, xviiie s^e (terr. de Mardogne). — *Moulin de Fenières*, 1725 (pièces du cab. Berthuy).

Ferrières, vill. et tour en ruines, c^{ne} de Saint-Étienne-de-Maurs. — *Farrières*, 1605; — *Farières*, 1607; — *Farieyre; Farrieyres*, 1634; — *Ferrières*, 1746 (état civ.).

Ferrières, vill. et mⁱⁿ, c^{ne} de Sénezergues. — *Ferrieyres*, 1633 (état civ. de Montsalvy). — *Ferrière*, 1745 (arch. dép. s. C, l. 49). — *Ferrières*, 1786 (lièvre de Calvinet).

Ferrières-Saint-Mary, cⁿ de Massiac, et chât. féodal détruit. — *Ferreriœ; Ferreyriœ*, 1329 (enq. sur la justice de Vieillespesse). — *Ferreyras*, 1354 (homm. à l'évêque de Clermont). — *Farreyris*, 1559 (lièvre du prieuré de Molompize). — *Farrières*, 1613 (terr. de Nubieux). — *Ferrières*, 1670 (état civ. de Bonnac). — *Ferrière*, 1784 (arch. dép. s. C, l. 47).

Ferrières, avant 1789, était régi par le droit cout., dépend. de la justice du prieuré de Molompize, et ressort. à la sénéch. d'Auvergne, en appel de la prév. de Brioude. — Son église a été érigée en succursale par ordonn. royale du 23 juin 1842. — Par décision du conseil général du 25 août 1888, le chef-lieu de la c^{ne} de Saint-Mary-le-Cros a été transféré à Ferrières, qui a pris le nom de *Ferrières-Saint-Mary*.

Fensac, vill. détruit, c^{ne} de Sarrus. — 1784 (Chabrol, t. IV).

Ferval, mⁱⁿ, c^{ne} d'Oradour. — *Molin de Freval*, 1645 (arch. dép. s. G).

Ferval (Le), ham. et mⁱⁿ, c^{ne} de Saint-Jacques-des-Blats. — *Fervailh*, 1618; — *Le Fervalh*, 1620; — *Fervail*, 1637 (état civ. de Thiézac). — *Le Ferval*, 1746 (anc. cad. de Thiézac).

Ferval (Le), ruiss., affl. de la Cère, c^{ne} de Saint-Jacques-des-Blats; cours de 2,500 m.

Fesq (Le), vill., c^{ne} de Leynhac. — *Lo Fol*, 1510 (arch. mun. d'Aurillac, s. HH, c. 21). — *Le Fesc*, 1545 (min. Destaing, n^{re} à Marcolès). — *Le Fesq*, 1756 (état civ. de Maurs). — *Le Fisq* (Cassini).

Fesq (Le), f^{me}, c^{ne} de Saint-Mamet-la-Salvetat. — *Lou Fesc*, 1623 (état civ.). — *Lou Fesq*, 1697 (arch. dép. s. C, l. 4). — *Le Faisq*, 1744 (anc. cad.). — *La Tour-du-Fesq*, 1747 (id. de Boisset).

Feste (Le Lac de), mont. à vacherie, c^{ne} de Celles. — *Le Lac-des-Fesses ou del Feneyrial*, 1644; — *Le Lac-de-Sestes ou del Feneyriaud; de Feneyriau*, 1700 (terr. de Celles).

Fête (La), écart, c^{ne} de Saint-Antoine.

Feuillade (La), mont. à burons, c^{nes} de Dienne et de Vernols. — *Boix appellé dessoubs l'estanche de la Feulhade*, 1515 (terr. du Feydit).

Feuillade-Basse (La), vill., c^{ne} de la Capelle-en-Vézie. — *La Folhada*, 1549 (min. Boygues, n^{re} à Montsalvy). — *La Folhade*, 1590 (pièces de l'abbé Delmas). — *La Foulhada*, 1610 (aveu de J. de Pestels). — *La Foulhade*, 1611 (terr. de Notre-Dame d'Aurillac). — *La Foliade*, 1649 (état civ. de Montsalvy). — *La Feulhade*, 1668; — *La Fouliade*, 1670 (nommée au p^{té} de Monaco). — *La Fouliade*, 1715; — *La Fouilliade*, 1731 (état civ.). — *La Foulliade*, 1736 (terr. de la command. de Carlat). — *La Feulliade*, 1738 (état civ.). — *La Feuillade* (Cassini).

Feuillade-Haute (La), auberge, c^{ne} de la Capelle-en-Vézie.

Feuillade-Haute (La), dom. ruiné et mont. à burons, c^{ne} de Vernols. — *Laffolhada*, 1319 (enq. sur la just. de Vieillespesse). — *Boix appellé de l'Estang de la Folhade; de la Feulhade*, 1515 (terr. du Feydit). — *Ténement de la Sulharade*, 1650 (id. de Feniers).

Feuille (Lou Bos de la), mont. à vacherie, c^{ne} de Loubaresse.

Feuillet (Le), dom. ruiné, c^{ne} de Saint-Julien-de-Jordanne. — *Domaine du Feuillet*, 1692 (terr. de Saint-Geraud).

Féval (Le), vill., c^{ne} de Menet. — *Lo Feval*, 1595; — *Al Fevail*, 1625; — *Lou Fevaih*, 1652 (état civ.). — *Le Feval*, 1717 (arch. dép. s. G).

Féverolles, dom. ruiné, c^{ne} de Saint-Santin-Cantalès. — *Affarium de Fevayrols*, 1346 (arch. dép. s. G).

26.

— *Feverols*, 1449 (enq. sur les droits des seign. de Montal). — *Feveyrolz*, 1669 (nommée au p^{ce} de Monaco).

FEYDEL, ham., c^{ne} de la Capelle-en-Vézie. — *Al Faydel*, 1269 (arch. mun. d'Aurillac, s. FF, p. 15). — *Feydol*, 1670 (nommée au p^{ce} de Monaco). — *Feydel*, 1692 (terr. du monast. de Saint-Geraud). — *Lou Faydels*, 1744 (état civ.).

FEYDEL (LE), ruiss., affl. du ruisseau de Béteilles, c^{nes} de la Capelle-en-Vézie et de Prunet; cours de 1,500 m.

FEYDIE (LA), mais. forte détruite, c^{ne} de Tournemire.

La Feydie faisait partie des fortifications avancées du château féodal le Fortanier.

FEYDIT, vill. et chât. féod. détruit, c^{ne} de Chanet. — *Villa que nominatur Faido*, 976 (cart. de Brioude). — *Faydyt*, 1283 (pièces de la cure de Massiac). — *Faydi*, 1321 (arch. dép. s. E). — *Faydey*, 1451 (terr. de Chavagnac). — *Faydin; Faydy; Faydinum*, 1471 (id. du Feydit). — *Le Feydin*, 1526 (arch. dép. s. E). — *Faydit*, 1535 (pouillé de Clermont, taxe du don gratuit). — *Feindicq*, 1701 (état civ. de Joursac). — *Feydit* (Cassini). — *Feydel* (État-major).

Feydit était, avant 1789, de la Basse-Auvergne, du diocèse de Clermont, de l'élect. et de la subdélég. de Saint-Flour. Régi par le droit cout., il était le siège d'une justice seign. et ressort. à la sénéch. d'Auvergne, en appel de la prév. de Brioude. — Son église, dédiée à saint Julien, était une cure dépend. de l'archiprêtré d'Ardes, et à la nomination de l'abbesse de Blesle. Elle a été érigée en succursale par ordonnance royale du 31 mars 1839.

FEYGUINE (LA), mont. à vacherie, c^{ne} de Saint-Saturnin.

FEYPRAT, f^{me}, c^{ne} de Pailhérols. — *Faiprax*, 1697 (état civ. de Saint-Clément).

FEYROLETTE, vill., c^{ne} de Lorcières. — *Seirollettes*, fin du XVIIe s^e (terr. de Chaliers). — *Feiroulète*, 1741 (état civ. de Saint-Flour). — *Ferolette*, 1745 (arch. dép. s. C, l. 43). — *Feyrolete; Feyrollettes*, 1760 — *Fayrollettes*, 1763 (id. l. 48). — *Fayrolettes* (Cassini). — *Feyrolette*, 1856 (Dict. stat. du Cantal).

FEYROULLE, dom. ruiné, c^{ne} de Marchastel. — *Villaige de Feyroulle*, 1622 (lièvre de Soubrevèze).

FEYSSERGUES, vill., c^{ne} de Pailhérols. — *Feyssergues*, 1627 (pap. du cab. Lacassagne). — *Faissergues*, 1646 (min. Froquières, n^{re}). — *Chasteau de Fayssergues en ruine*, 1669 (nommée au p^{ce} de Monaco). — *Feysergues*, 1692; — *Fey-Sergues*, 1696 (état civ. de Raulhac). — *Fessergues* (Cassini).

FEYSSINES, vill., c^{ne} de Loupiac. — *Fayssinas*, 1464 (terr. de Saint-Christophe). — *Freissines*, 1633; — *Fessineses*, 1635; — *Feissinnes*, 1645 (état civ.). — *Faisines*, 1648; — *Faysines*, 1650 (id. de Saint-Christophe). — *Feyssinure*, 1659; — *Frayssines*, 1690 (insin. du bailliage de Salers). — *Feisines*, 1736; — *Freisenet*, 1763; — *Feyssines*, 1786 (arch. dép. s. C, l. 40). — *Freyssines* (Cassini). — *Fressines* (nouv. cad.). — *Fessines*, 1856 (Dict. stat. du Cantal).

FEYSSINES, ruiss., affl. de la rivière d'Incon, c^{ne} de Loupiac; cours de 2,500 m. — *Rivus de la Fageyra*, 1464 (terr. de Saint-Christophe).

FEYSSINES-DE-LA-ROCHE, f^{me}, c^{ne} de Loupiac. — *La borderie de Feisines*, 1739 (état civ.).

FEYT (LE), écart, c^{ne} de Laroquevieille. — *Nemus vocatum del Feyt*, 1520 (pièces de l'abbé Delmas).

FEYT (LE), dom. ruiné, c^{ne} de Parlan. — *Le villaige del Feyt*, 1748 (anc. cad.).

FEYT (LE), vill., c^{ne} de Saint-Julien-de-Toursac. — *Lou Feict*, 1636 (état civ. de Saint-Étienne-de-Maurs). — *Lou Feyt*, 1743 (id. de Quézac).

FEYT (LE), ham., c^{ne} de la Ségalassière. — *Lo Faet*, 1324 (arch. mun. d'Aurillac, s. HH, c. 21). — *Lou Fayt*, 1600 (pap. de la fam. de Montal). — *Lou Feyt*, 1691 (état civ. d'Espinadel). — *Le Fayet*, 1855 (Dict. stat. du Cantal).

FIAGAN (LE), mont. à vacherie, c^{ne} de Saint-Saturnin.

FIALAINES (LES), écart, c^{ne} de Montsalvy.

FIALAN (LE), mont. à vacherie, c^{ne} d'Allanche. — *La font del Fiallant*, 1517 (terr. du Feydit).

FIALEIX, vill., c^{ne} de Méallet. — *Praletz*, 1635 (état civ. du Vigean). — *Fraleix*, 1646 (anc. min. Chalvignac, n^{re} à Trizac). — *Siollet*, 1784 (Chabrol, t. IV). — *Fialeix* (État-major). — *Fialleix*, 1856 (Dict. stat. du Cantal).

FICHADE (LA), dom. ruiné, c^{ne} de Condat-en-Feniers. — *Affar appellé la Fichade*, 1650 (terr. de Feniers).

FIEUS (LES), dom. ruiné, c^{ne} de Saint-Constant. — *Le ténement des Fieux*, 1748 (anc. cad.).

FIGÉAGOLS, chât. détruit, c^{ne} de Junhac. — *Château de Figéagols*, 1767 (état civ.). — *Fijagol* (états de sections).

FIGNIRAUX (LES), mont. à burons, c^{ne} du Falgoux. — *Buron Figuairol* (État-major).

FIGNIRAUX (LES), ruiss., affl. de la rivière de Mars, c^{ne} du Falgoux; cours de 2,200 m.

FIGRAGINE (LA), dom. ruiné, c^{ne} de Pers. — *Las Figraguière*, 1643; — *Las Figragines*, 1646 (état civ. de Parlan).

DÉPARTEMENT DU CANTAL.   205

Figuas (Las), dom. ruiné, c^{ne} d'Arpajon. — *Affar de las Fignas*, 1668 (nommée au p^{cc} de Monaco).

Filadie (La), vill. détruit, c^{ne} de Saint-Martin-Valmeroux. — *La Fialadie*, 1694; — *La Phialadie*, 1696 (état civ.).

Filhon, f^{me} et mⁱⁿ, c^{ne} de Chaudesaigues. — *Moulin de Filiou*, 1762 (terr. de la command. de Montchamp). — *Filiolanaux*, 1784 (Chabrol, t. IV).

Filiolie (La), dom. ruiné, c^{ne} d'Ytrac. — *Affar de la Philiolia, appelé del Granier; la Phyliolia; la Filiola; la Filiolie; la Philiolie; affar appellé de la Boria, aultrement de la Filiolia*, 1573 (terr. de la chapell. des Blats). — *La Filholie*, 1607 (min. Danty, n^{re}).

Filion, mⁱⁿ détruit, c^{ne} de Neuvéglise. — *Le molin de Filhiou*, 1630; — *Le molin de Filhon*, 1662 (terr. de Montchamp).

Filiot (Le), ruiss., afll. de l'Alagnon, c^{ne} de Joursac; cours de 850 m.

Filibande (La), ruiss., afll. du ruisseau de la Roche, c^{ne} de Joursac; cours de 650 m.

Filles (Le Suc de las), mont. à vacherie, c^{ne} de Pradiers.

Finiac, vill., c^{ne} d'Anglards-de-Salers. — *Finiac*, 1652; — *Finnac*, 1655 (état civ.). — *Finiers*, 1743 (arch. dép. s. C).

Finiols, ham., c^{ne} de Saint-Remy-de-Chaudesaigues. — *Finiols* (Cassini).

Fircazeaux (Les), mont. à vacherie, c^{ne} de Thiézac.

Firmigoux, vill., c^{ne} de Chalvignac. — *Villa Formigous*, xiie s^e (charte dite *de Clovis*). — *Furmigoux*, 1549 (terr. de Miremont). — *Firmigoux*, 1680 (id. de Mauriac).

Fissayes (Les), vill., c^{ne} de Parlan. — *Fighaguyes*, 1589 (livre des achaps d'Ant. de Naucaze). — *Las Figuayes*, 1645; — *Las Figerguies*, 1659; — *Las Figehyes; las Fiolyes*, 1663; — *Las Fisagies*, 1664 (état civ.). — *Las Fizaguier; la Figeaguie; le Figeaguie; las Fizaguies*, 1748 (anc. cad.).

Flagéol, vill., c^{ne} de Colandres. — *La Flaga*, 1519 (terr. d'Apchon). — *Flagéol ou la Flaghe*, 1719 (table de ce terr.). — *Flagéolo*, 1731 (état civ.). — *Flaghol*, 1777 (lièvre d'Apchon). — *Flaséol* (Cassini).

Flamaric, dom. ruiné, c^{ne} d'Arpajon. — *Affarium vocatum de Flamaric*, 1269 (arch. mun. d'Aurillac, s. FF, p. 15).

Flamer, mont. à vacherie, c^{ne} de Marchastel.

Flammargues, vill., c^{ne} de Saint-Georges. — *Flamargues*, 1480 (liber vitulus). — *Flamargues* (Cassini).

Flanc-de-Cartelade (Le), étang, c^{ne} de Montboudif, auj. desséché. — *L'estang du Flanc-de-Cartalade*,

situé aux appartenances de Giolou, xviie s^e (terr. de Feniers).

Flandonnière (La), vill., c^{ne} de Lascelle. — *La Fladonnière* 1621 (état civ. de Thiézac). — *La Saudounière*, 1640 (pièces du cab. Lacassagne). — *Las Landounièze*, 1695; — *La Flandounière*, 1712 (arch. dép. s. C, l. 8). — *La Flandonière* (Cassini).

Flavy (Le), ruiss., afll. de la Truyère, c^{nes} de Paulhenc et de Sainte-Marie; cours de 2,750 m.

Fleiollet, dom. ruiné, c^{ne} de Sansac-Veinazès. — *Fleyollet*, 1548 (min. Guy de Vayssieyra, n^{re}).

Fleis, dom. ruiné, c^{ne} de Marmanhac. — *Affar de Fleix*, 1666 (arch. mun. d'Aurillac, s. HH, c. 7).

Flère (Le Roc de), mont. à vacherie, c^{ne} de Tourniac.

Fleurac, vill., mⁱⁿ et chât. détruit, c^{ne} d'Ydes. — *Floyrac*, 1292 (arch. dép. s. E). — *Floyracum*, 1441 (terr. de Saignes). — *Flenrac*, 1658 (insin. du bailliage de Salers). — *Flenrat*, 1660 (état civ.). — *Florat*, 1784 (Chabrol, t. IV).

Fleurac, avant 1789, était régi par le droit cout., et siège d'une justice basse dépend. de la justice seign. de Saignes, et ressort. à la sénéch. d'Auvergne, en appel du bailliage de Salers.

Fleys (Le), écart, c^{ne} d'Espinasse. — *Fleix* (Cassini).

Fleys (Le), ham., c^{ne} de Vieillevie. — *Lou Fleys*, 1548 (min. Boygues, n^{re}). — *Lou Flech*, 1549 (id. Guy de Vayssieyra). — *Lou Fleis*, 1679 (état civ.). — *Lou Flais*, 1724 (lièvre de l'abb. de Montsalvy). — *Le Flays*, 1767 (table des min. de Guy de Vayssieyra).

Flezadoux (Le), dom. ruiné, c^{ne} de Sarrus. — *Affar appellé del Felghadoun*, 1494 (terr. de Mallet).

Flocart, écart, c^{ne} de Trizac.

Floirac, vill., c^{ne} de Pailhérols. — *Floirac*, 1670 (nommée au p^{ce} de Monaco). — *Floyrac*, 1692 (état civ. de Jou-sous-Montjou). — *Fleirac*, 1693; — *Flourac*, 1701 (id. de Raulhac).

Florac, mont. à vacherie, c^{ne} de Marcenat.

Florédie (La), dom. ruiné, c^{ne} de Cassaniouze. — *Affar, jadis village de la Florédie*, 1760 (terr. de Saint-Projet).

Florencie (La), écart, c^{ne} de Saint-Constant.

Florencie (La), ham., c^{ne} de Saint-Julien-de-Toursac. — *La Florencia*, 1646 (état civ. de Parlan). — *La Florencie*, 1761 (id. de Quézac).

Florencie (La), dom. ruiné, c^{ne} de Siran. — *Villaige de la Florencie*, 1656 (min. Sarrauste, n^{re}).

Floret (La), écart, c^{ne} de Laroquebrou.

Floret (La), ham., c^{ne} de Riom-ès-Montagnes. — *La*

Floret, 1744 (arch. dép. s. E). — *La Flevet* (Cassini).
FLORET (LA), mont. à vacherie, c^{ne} de Saint-Cernin.
FLORETTE (LA), ruiss., affl. du ruisseau d'Embesse, c^{ne} de Riom-ès-Montagnes; cours de 1,410 m.
FLORINS (LES), ruiss., affl. de la rivière de Mars, c^{ne} du Vaulmier; cours de 1,500 m.
FLORY, mⁱⁿ, c^{ne} d'Auzers.
FLORY, écart, c^{ne} de Cassaniouze.
FLORY, écart, c^{ne} de Marcolès.
FLORY, mⁱⁿ, c^{ne} de Mourjou. — *Fory*, 1504 (terr. de Coffinhal).
FLOUGARD, écart et mont. à burons, c^{ne} de Thiézac. — *Montagne de Floucar*, 1744 (arch. dép. s. C).
FLOUQUET (LE), mont. à burons, c^{ne} du Fau. — *Montagne du Flouquet*, 1717 (terr. de Beauclair). — *En-Flouquet* (État-major).
FLOURY, vill., c^{ne} de Thiézac. — *Lou Flury; lou Fluris*, 1746 (anc. cad.). — *Flouri* (État-major).
FLOURY, écart, c^{ne} de Vitrac.
Fó (LE), vill., c^{ne} de Menet. — *Mansi d'Affa*, 1441 (terr. de Saignes). — *Afo*, 1601; — *Lou Faous*, 1602; — *Affo*, 1629; — *Fraoust*, 1661; — *Fo*, 1688 (état civ.). — *Fosse*, 1783 (dénombr. du prieuré de Menet).
FOIRAIL (LE), écart, c^{ne} de Pailhérols.
FOIRAIL (LE), vill., c^{ne} de Saint-Chamant, auj. réuni à la population agglomérée. — *Le Foiral* (Cassini).
FOIX (L'HORT DE), mont. à burons, c^{ne} de Saint-Bonnet-de-Salers. — *Foix* (État-major).
FOLQUOIS-DES-CAZEAUX (LES), dom. ruiné, c^{ne} de Saint-Étienne-de-Carlat. — *Le villaige des Folquoys-des-Cazaus*, 1692 (terr. de Saint-Geraud).
FOMBELOUS (LE), dom. ruiné, c^{ne} de Boisset. — *Tènement des Feombelous*, 1746 (anc. cad.).
FOMEREN, dom. ruiné, c^{ne} de Saint-Simon. — *Affar de Fomeren*, 1692 (terr. de Saint-Geraud).
FON (LA), dom. ruiné, c^{ne} de Boisset. — *Villaige del Fon*, 1554 (min. Destaing, n^{re}).
FON (LA), chapelle détruite au village de Bonnemayoux, c^{ne} de Boisset.
FON (LA), ham. et mⁱⁿ, c^{ne} de la Capelle-en-Vézie. — *Deffonte*, 1515 (min. Destaing, n^{re} à Marcolès). — *Lafon*, 1611 (terr. de N.-D. d'Aurillac). — *La Fon*, 1717 (état civ.).
FON (LA), écart, c^{ne} de Cassaniouze. — *La Fon-Sainct-Père*, 1668 (nommée au p^{ce} de Monaco). — *La Fom*, 1676 (état civ.). — *Las Font*, 1760 (terr. de Saint-Projet). — *Domaine de Laffon*, 1760; — *Lafont*, 1785 (arch. dép. s. C, l. 49).
FON (LA), dom. ruiné, c^{ne} de Cros-de-Montvert. — *Mansus da la Fon*, 1356 (arch. dép. s. E).

FON (LA), mont. à vacherie, c^{ne} de Dienne.
FON (LA), vill. détruit, c^{ne} de Ladinhac. — *Mansus de la Fon-subtus-Bornho*, 1464 (vente par Guill. de Treyssac). — *Font-Balez* (Cassini).
FON (LA), ham., c^{ne} de Leucamp. — *Lou Fau*, 1665 (état civ.).
FON (LA), ham., c^{ne} de Montsalvy. — *La Font de la Comba de Soubriès*, 1549 (min. Guy de Vayssieyra, n^{re}). — *La Fon-Soutoul*, 1705 (état civ.). — *La Fontsoutoul* (Cassini).
FON (LA), dom. ruiné, c^{ne} de Prunet. — *Affarium vocatum da la Fon*, 1404 (arch. mun. d'Aurillac, s. HH, c. 21).
FON (LA), ham., c^{ne} de Saint-Cernin. — *La Fon*, 1566 (terr. de Saint-Christophe). — *Laffon*, 1730 (arch. dép. s. C, l. 32). — *Lafon*, 1784 (Chabrol, t. IV).
FON (LA), vill., c^{ne} de Saint-Illide. — *La Fon*, 1464 (terr. de Saint-Christophe). — *Laffon*, 1586 (min. Lascombes, n^{re}). — *La Fond* (Cassini). — *La Fon-de-Gibanel*, 1855 (Dict. stat. du Cantal).
FON (LE BOIS DE LA), dom. ruiné, c^{ne} de Saint-Mamet-la-Salvetat. — *Affar de la Fon*, 1668 (nommée au p^{ce} de Monaco). — *Bos de Lafon*, 1739 (anc. cad.).
FON (LE PUECH DE LA), dom. ruiné et mont. à vacherie, c^{ne} de Saint-Saury. — *Affarium de la Fon*, 1357 (pap. de la fam. de Montal).
FON (LA), f^{me}, c^{ne} de Ségur. — *La Fon*, 1468 (homm. à l'évêque de Clermont). — *Lasfon* (État-major).
FON (LA), ham., c^{ne} de Sénezergues. — *La Fon*, 1670 (terr. de Calvinet).
FON (LA), ham. et mⁱⁿ, c^{ne} de Thiézac. — *La Fon*, 1671 (nommée au p^{ce} de Monaco). — *Moulin de Riveyrolles*, 1746 (anc. cad.). — *La Font* (Cassini).
FON (LA), écart, c^{ne} de Vitrac. — *Fau* (Cassini). — *La Font* (État-major).
FON-BADE (LA), écart, c^{ne} de Chaliers. — *La Fon-Bona*, 1508; — *La Fon-du-Fourg*, 1638 (terr. de Montchamp). — *Fonbade* (État-major).
FON-BADE DE LA BESSEIRE (LA), écart détruit, c^{ne} de Loubaresse.
FON-BALADE (LA), écart, c^{ne} de Cheylade.
FON-BALÈS (LA), écart, c^{ne} de la Peyrugue. — *Fombalès*, 1852 (Dict. stat. du Cantal).
FON-BAREYRE (LA), mont. à vacherie, c^{ne} de Landeyrat.
FON-BASSE (LA), vill., c^{ne} d'Omps. — *Laffon*, 1624 (état civ. de Saint-Mamet). — *La Fon-Basse* (Cassini). — *La Font-Basse* (État-major).
FON-BASSE (LA), lieu détruit, c^{ne} de Saint-Mamet-la-Salvetat. — (Cassini.)

Fon-Belle (La), écart, c^{ne} de Marcolès.

Fon-Belle (La), ham. et m^{in}, c^{ne} de Saint-Saury. — *La Fombeile*, 1650; — *La Fonbelle*, 1660 (état civ. de Parlan). — *La Fonbellès*, 1672; — *La Fonbelès*, 1679; — *La Fombelle*, 1684 (*id*. de Saint-Saury).

Fon-Belle (La), ruiss., prend sa source à la forêt de Bilière, c^{ne} de Saint-Saury, et forme, à sa réunion avec le ruisseau de Brassac, le ruisseau d'Escalmels, après un cours de 1,560 m. — *Ruisseau de Gaudemontens*, 1771 (arch. dép. s. G).

Fon-Besse (La), mont. à burons, c^{ne} de Landeyrat.

Fon-Blanche (La), vacherie, c^{ne} d'Arpajon. — *La Fonblongue*, 1741 (anc. cad.).

Fon-Blave, vill., c^{ne} de Faverolles. — *Fontblava*, 1338 (spicil. Brivat.). — *Fonblana*, 1494 (terr. de Mallet). — *La Font-Blanc*, 1682 (insin. de la cour royale de Murat). — *Fonblaves* (Cassini). — *La Font Blave* (État-major).

Fon-Bonne (La), mont. à vacherie, c^{ne} de Colandres. — *Vacherie de Fonbon* (Cassini).

Fon-Bruel (La), mont. à vacherie, c^{ne} d'Alleuze. — *Pratum vocatum el Fons-Bruel; Fons-Brueilh*, 1510; — *Bruels*, 1511 (terr. de Maurs).

Fon-Bulin (La), ruiss., affl. du ruisseau de Las Payres, c^{ne} de Cros-de-Montvert.

Fon-Bulin (La), vill., c^{ne} de Saint-Cernin. — *Fonbolhon*, 1269 (arch. mun. d'Aurillac, s. FF, p. 15). — *Font-Bulhen*, 1449 (*id*. de Saint-Flour). — *Fonbulhen*, 1552 (terr. de Nozières). — *Fon-Bullien*, xvie s^e (arch. mun. d'Aurillac, s. GG, p. 21). — *Fontbulhant*, 1628 (paraphr. sur les cout. d'Auvergne). — *Fonbelin*, 1636 (lièvé de Poul). — *Font-Bulhin*, 1640 (état civ. d'Aurillac). — *Font-Bulin*, 1659; — *Faubullin*, 1660; — *Fambelin*, 1662; — *Fonbulin*, 1700; — *Faubulin*, 1702 (*id*. de Saint-Cernin). — *Fontbulhem*, 1784 (Chabrol, t. IV).

Fon-Calcat (La), dom. ruiné, c^{ne} de Saint-Julien-de-Toursac. — *Affar appellé de la Foncalcat*, 1668 (nommée au p^{ce} de Monaco).

Fon-Cane (La), écart, c^{ne} de Saint-Clément. — *Foncans*, 1696 (terr. de la command. de Carlat). — *Foncane*, 1697; — *Foncane*, 1705 (état civ.). — *Foncave* (Cassini).

Fon-Cave (La), ham., c^{ne} de Thiézac.

Fon-Cébine (La), montagne à vacherie, c^{ne} de Pradiers.

Foncèz (Le), ruiss., affl. du ruisseau de Montreisse, c^{nes} de Saint-Mamet-la-Salvetat et d'Omps; cours de 1,000 m.

Fon-Conie (La), mont. à vacherie, c^{ne} d'Alleuze. — *Pasturalis vocatus la Font-Conhas*, 1510 (terr. de Maurs).

Fon-Crose (La), vill., c^{ne} de Saint-Mamet-la-Salvetat.

Fondale (La), dom. ruiné, c^{ne} de Laveissière. — *Affar appellé de Fondala*, 1490 (terr. de Chambeuil).

Fondalmon, écart, c^{ne} de Leynhac.

Fon-d'Août (La), écart, c^{ne} de Boisset.

Fon-Daubat (La), écart, c^{ne} de Teissières-les-Bouliès. — *La Fondauvat*, 1750 (anc. cad.).

Fon d'Auriac (La), m^{in} et huilerie, c^{ne} d'Auriac. — *Le fond d'Auriac* (états de sections).

Fon-d'Ayrolles (La), écart, c^{ne} de Calvinet.

Fon-de-la-Côte (La), ham., c^{ne} de Leynhac. — *Fons de la Coste*, 1691 (état civ. de Saint-Constant). — *Font de la Coste* (Cassini).

Fon-de-Lauressergues (La), écart, c^{ne} de Boisset. — *Lauressergues*, 1852 (Dict. stat. du Cantal).

Fon-de-l'Aze (La), écart et mont. à burons, c^{ne} de Chavagnac. — *La Fon-doir-Azes*, 1664 (terr. de Bredon). — *Fondelaze* (Cassini). — *Burons de la Fons-de-Laze* (État-major).

Fon-del-Fau (La), ruiss., affl. de l'Aujou, c^{nes} de Montmurat et de Saint-Santin-de-Maurs; cours de 1,800 m.

Fon-del-Fraisse (La), dom. ruiné, c^{ne} de Saint-Martin-Valmeroux. — *Mas de la Fon-del-Fraisse*, 1665 (terr. de Notre-Dame d'Aurillac).

Fon-del-Pont (La), dom. ruiné, c^{ne} de la Monsélie. — *Villaige de la Fon-del-Pon*, 1638 (terr. de Murat-la-Rabe).

Fon d'Engarissou (La), écart, c^{ne} d'Ytrac.

Fon-de-Saint-Martin (La), dom. ruiné, c^{ne} de Chastel-sur-Murat. — *Bughe aveccque granche et estable appellée de la Fon-de-Sainct-Martin*, xvie s^e (terr. du prieuré du chât. de Murat).

Fon-de-Salès (La), dom. ruiné, c^{ne} de Cassaniouze. — *L'affar de la Fon-de-Salets*, 1760 (terr. de Saint-Projet).

Fon-des-Vaches (La), buron, c^{ne} de Mandailles, sur la montagne du Puy-de-Griou.

Fon-de-Vesque (La), écart, c^{ne} de Boisset. — *La font d'Evezque; bois de Fond-d'Evezque*, 1746 (anc. cad.). — *La Fon d'Evêque* (états de sections). — *La Font d'Evéqué*, 1852 (Dict. stat. du Cantal).

Fondevialles, vill., c^{ne} de Molèdes. — *Fondevialle*, 1623; — *Fons-de-Vialle*, 1724 (état civ. de Bonnac). — *Fondevial* (Cassini). — *Font-de-Vialle*, 1856 (Dict. stat. du Cantal).

Fondeyre (La), dom. ruiné, c^{ne} de Saint-Mary-le-Plain. — *Affar, pagésie et villaige de la Fondeyra*, xvie s^e (lièvé de Vieillespesse).

FONDIAL, vill., c`ne` de Peyrusse. — *Mansus de Font-Dial*, 1451 (arch. dép. s. H). — *Fondyal; Fondial*, 1561 (liève de Feniers). — *Fontvialle ou Fondial*, 1784 (Chabrol, t. IV).

FONDS (LES), écart et mont. à vacherie, c`ne` de Saint-Remy-de-Chaudesaigues. — *La Fan* (Cassini). — *Les Fonds* (État-major).

FONDS (LES), écart, c`ne` de Saint-Urcize. — *Desfonds*, 1857 (Dict. stat. du Cantal).

FON-DU-PUECH (LA), dom. ruiné, c`ne` de Glénat. — *Affarium appellatum la Fon-dal-Poih*, 1357 (arch. mun. d'Aurillac, s. HH, p. 21).

FONE (LA), dom. ruiné, c`ne` d'Arpajon. — *Affarium vocatum da la Fona*, 1269 (arch. mun. d'Aurillac, s. FF, p. 15).

FON-FÈRE (LA), font., c`ne` d'Andelat. — *La Croux de Fontfère*, 1664 (terr. de Montchamp).

FON-FRAÎCHE (LA), dom. ruiné, c`ne` de Sénezergues. — *Affar appellé de la Fon-Freige*, 1668 (nommée au p`ce` de Monaco).

FON-FRÈDE (LA), écart, c`no` de Marchastel.

FON-FRIDE (LA), mont. à vacherie, c`ne` de Marchastel.

FON-FRIDE (LA), mont. à vacherie, c`ne` de Saint-Bonnet-de-Marcenat.

FON-FROIDE (LA), dom. ruiné, c`ne` de Marcolès. — *Affaria da Fon-Fregha*, 1478 (pièces de l'abbé Delmas).

FON-GRANDE (LA), mont. à vacherie, c`ne` de Chastel-Marlhac.

FONGROS (LE), ruiss., affl. de la rivière de Roannes, c`ne` de Saint-Mamet-la-Salvetat; cours de 1,500 m.

FON-HAUTE (LA), ham., c`ne` d'Omps. — *Laffon*, 1624 (état civ. de Saint-Mamet). — *La Fon-Haute* (Cassini). — *La Font-Haute* (État-major).

FON-HAUTE (LA), lieu détruit, c`ne` de Saint-Mamet-la-Salvetat. — (Cassini).

FON-JADE (LA), mont. à vacherie, c`ne` de Menet. — *Fon appellée de la Fondioulles*, 1606 (min. Danty, n`re`).

FON-MARLIE (LA), mont. à vacherie, c`ne` de Lugarde.

FON-MENETO (LA), dom. ruiné, c`ne` de Chalvignac. — *La Fon-Beneyte*, 1549 (terr. de Miremont).

FONNOSTRE, f`me`, chât. fort détruit et mont. à vacherie, c`ne` de Chavagnac. — *Fon Nostre; Font-Nostre*, 1535 (terr. de la v`té` de Murat). — *Montagne et affar de Fonnostre contenant 212 testes d'herbaige*, 1680 (terr. de la châtell. des Bros).

Fonnostre, avant 1789, était régi par le droit écrit, et siège d'une justice seign. moyenne et basse relevant des Bros, et ressort. au bailliage de Vic, en appel de la cour royale de Murat.

FON-NUZELLE (LA), mont. à vacherie, c`ne` de Celles.

— *La Fon-Nouele; la Fonuhelle; la Fonnoile*, 1680; — *La Fonnouelle; la Fonnoele*, 1683 (terr. des Bros).

FON-PELIÈGE (LA), dom. ruiné, c`ne` de Saint-Étienne-de-Capels. — *Villaige de la Fon-Peliège*, 1692 (terr. de Saint-Geraud).

FON-PÉROUSE (LA), mont. à vacherie, c`ne` d'Alleuze. — *Pasturalis de Font-Petoze*, 1510; — *Pratum de Fonte-Petosa*, 1511 (terr. de Maurs).

FON-RIAU (LA), dom. ruiné, c`ne` de Saint-Mamet-la-Salvetat. — *Ténement de la Fon-Réal*, 1744; — *La Fonvial*, 1745 (anc. cad.).

FON-ROSE, chât. fort et vill. détruits, c`ne` de la Chapelle-d'Alagnon. — *Mansus de Fom-Roser*, 1293 (arch. dép. s. H). — *Crux dicta de Fonrozer*, 1388 (id. s. G). — *Fonroze; de Font-Roze*, 1536 (terr. de la v`té` de Murat). — *Affar de Fonrosier appellat de Boyssy; Fon-Roser*, XVI`e` s`e` (arch. dép. s. G). — *Fornouse*, 1709 (état civ. de Murat).

FON-ROUGE, f`me`, c`ne` d'Aurillac. — *Fonrouga*, 1280 (arch. mun. s. GG, p. 20). — *Fonrouja*, XIII`e` s`e` (id. p. 19). — *Font-Rouge-lès-Orilhac*, 1517 (id. s. H, r. 8, f° 48). — *Fonroghe; Fonroge*, 1528 (terr. des cons. d'Aurillac). — *Fontrouge*, 1611 (id. de Notre-Dame d'Aurillac). — *Fonrouge*, 1658 (état civ.).

FON-ROUGE (LA), dom. ruiné, c`ne` du Fau. — *Affar appellé de Fonrouge*, 1717 (terr. de Beauclair).

FON-ROUGE (LA), vill., c`ne` de Labrousse. — *La Fon-Rouga*, 1606 (terr. de Notre-Dame d'Aurillac).

FON-ROUGE (LA), écart, c`ne` de Saint-Simon. — *Le mas de Lafon*, 1692 (terr. de Saint-Geraud). — *Fonrouge* (états de sections).

FONS (A), écart, c`ne` de Junhac.

FONS, vill. et m`in`, c`ne` de Saint-Mary-le-Plain. — *Fens*, 1610 (terr. d'Avenaux). — *Fonds*, 1670; — *Fond*, 1673 (état civ. de Bonnac).

FONS (DES), écart, c`ne` de Saint-Urcize. — *Borie des Fonds* (Cassini). — *Les Fonds* (État-major). — *Desfonds*, 1857 (Dict. stat. du Cantal).

FON-SAGADE (LA), mont. à vacherie, c`ne` de Madic.

FON-SAINTE (LA), dom. ruiné, c`ne` de Molompize. — *Domaine de la Fonsaincte; la Fontsaincte*, 1526 (terr. d'Aurouse). — *La Fon-Sainte*, 1559 (liève conf. du prieuré de Molompize).

FON-SAINTE (LA), mont. à vacherie, c`ne` de la Monsélie.

FON-SAINTE (LA), ruiss., affl. de la Santoire, c`ne` de Saint-Amandin; cours de 1,500 m. — *Ruisseau de la Fontsainte*, 1650 (terr. de Feniers).

FON-SALADE (LA), vill. détruit, c`ne` de Tournemire.

FONSANGES, vill., c`ne` de la Monsélie. — *Foussanges;*

Fousanges, 1561; — *Fonsanghes*; *Fonsanges*, 1637 (terr. de Murat-la-Rabe). — *Fontanges*, 1658 (insin. du bailliage de Salers). — *Fousange*, 1690 (état civ. de Chastel-Marlhac). — *Foussange* (états de sections).

Fon-sur-Fon, dom. ruiné, c^{ne} de Rouziers. — *Affard appellé de Fon-surfon*, 1670 (nommée au p^{ce} de Monaco).

Font (La Croze de la), mont. à vacherie, c^{ne} de Ferrières-Saint-Mary. — *Fons* (Cassini).

Font (La), mont. à vacherie, c^{ne} de Saint-Christophe.

Font (La), ruiss., affl. du ruisseau de Nièrevèze, c^{ne} de Thiézac; cours de 1,560 m. — *Ruisseau de las Costes*, 1746 (anc. cad.).

Fontaine-des-Bouviers (La), écart, c^{ne} de la Capelle-del-Fraisse.

Fontaine-Minérale (La), écart, c^{ne} de Sainte-Marie.

Fontaine-Minérale (La), écart, c^{ne} de Teissières-les-Bouliès.

Fontaines (Les Neuf-), ruiss., affl. de la rivière de Mars, c^{ne} du Vaulmier; cours de 2,300 m.

Fontaine-Saint-Martin (La), ruiss., affl. du ruisseau de Chamalières, c^{ne} de Pradiers; cours de 8,000 m.

Fontaine-Salée (La), ruiss., affl. du ruisseau de Maurs, c^{ne} de Teissières-les-Bouliès; cours de 1,800 m.

Fontalias, dom. ruiné, c^{ne} d'Arches. — *Affarium de Fontalhier*, 1473; — *Ténement de Fontalier*, 1680 (terr. de Mauriac).

Fontanaire, vill., c^{ne} de Champs. — *Fontaneyre*; *Fontaneyres*, 1614; — *Fontanères*, 1616; — *Fontaneire*, 1672 (état civ.). — *Fontanaire* (Cassini). — *La Fonsalade* (états de sections).

Fontanelle (La), ruiss., affl. de la rivière d'Auze, c^{ne} de Cassaniouze; cours de 2,200 m.

Fontanelles (Les), vill., c^{ne} de Cassaniouze. — *Las Fountanelles*, 1651; — *Las Fontanelles*, 1659 (état civ.). — *Las Fountanèles*, 1741 (anc. cad.). — *Las Fontanilles*, 1785 (arch. dép. s. C, l. 49).

Fontanelles (Les), ham., c^{ne} de Vieillevie. — *Les Fontanelles*, 1674; — *Las Fontanèles*, 1680 (état civ.).

Fontanes, vill., c^{ne} de Paulhenc. — *Fontannes*, 1620; — *Fontanea*, 1643 (état civ. de Pierrefort). — *Fontanes*, 1668 (nommée au p^{ce} de Monaco).

Fontanes, dom. ruiné, c^{ne} de Roffiac. — *Affarium de Fontanes*, 1510 (terr. de Maurs).

Fontanes, dom. ruiné, c^{ne} de Saint-Hippolyte. — *Fontanes*, 1513; — *Fontanet*, 1514 (terr. de Cheylade).

Fontanet, dom. ruiné, c^{ne} de Colandres. — *Villaige de Fontanet*, 1719 (table du terr. d'Apchon).

Cantal.

Fontanges, c^{on} de Salers et château féodal ruiné. — *Fontanges*, 1277; — *Fontangiæ*, 1278 (Gall. christ., t. II, inst. c. 90). — *Fontages de la Jordane*, 1535 (terr. de la v^{ié} de Murat). — *Fontaiges*, 1691 (état civ. de Loupiac).

Fontanges était, avant 1789, de la Haute-Auvergne, du dioc. de Clermont, de l'élect. et de la subdél. de Mauriac. Régi par le droit cout., il était le siège d'une justice seign. ressort. à la sénéch. d'Auvergne, en appel du bailliage de Salers. — Son église, dédiée à saint Vincent, diacre, était un prieuré-cure qui fut uni, en vertu d'une bulle de 1431, à la communauté des prêtres du lieu. Elle a été érigée en succursale par décret du 28 août 1808.

Fontanges, dom. ruiné, c^{ne} du Vigean. — *Affarium de Fontangas*, 1310 (lièvre du prieuré du Vigean).

Fontanges, écart, c^{ne} de Vitrac. — *Fontangas*, 1230 (arch. dép. s. E). — *Funtanges*, 1548 (min. Boygues, n^{re}).

Fontanille (Le Puy de), mont. à vacherie, c^{ne} de Drugeac.

Fontanilles (Las), écart, c^{ne} de Vic-sur-Cère. — *Fontenilhes*, 1638 (pièces du cab. Lacassagne). — *Fontanille*, 1857 (Dict. stat. du Cantal).

Font-Balès, écart, c^{ne} de la Besserette. — *Fontbales*, 1671 (nommée au p^{ce} de Monaco). — *Fambales*, 1724 (lièvre de l'abb. de Montsalvy). — *Fontbalez* (Cassini).

Font-Basse (La), ruiss., affl. de la Sumène, c^{nes} de Riom-ès-Montagnes et de Menet; cours de 1,000 m.

Font-Bélié (La), mont. à vacherie, c^{ne} de Lugarde.

Font-Berline (La), écart, c^{ne} d'Alleuze. — *Fontraurline*, 1677 (insin. de la cour royale de Murat). — *Fonverrines*, 1678 (id. du bailliage de Saint-Flour). — *Fonverline* (Cassini).

Font-Bénu (La), mont. à vacherie, c^{ne} d'Oradour.

Font-Blancouse (La), ruiss., affl. de la Rance, c^{ne} de Maurs; cours de 1,100 m.

Font-Bonne (La), mont. à burons, c^{ne} du Falgoux. — *V^{rie} de Fonbon* (Cassini). — *V^{rie} de Fontbonne* (État-major).

Font-Bonne, vill. et chât. détruit, c^{ne} de Lavastrie. — *Fontbonne*, 1493; — *Fonbonne*, 1494 (terr. de Mallet). — *Fontbone*, 1595 (min. Andrieu, n^{re} à Saint-Flour). — *Fontbones*, 1671 (insin. du bailliage de Saint-Flour). — *Fontbonnes*, 1680 (arch. dép. s. G). — *Fonbonnes*, 1739 (état civ. de Saint-Flour).

Font-Bonne, régi avant 1789 par le droit cout., était le siège d'une justice seign., dépend. partie de la seigneurie de Montbrun, partie de la seigneurie

27

IMPRIMERIE NATIONALE.

. de Sieujac, et ressort. à la sénéch. d'Auvergne, en appel de la prév. de Saint-Flour.

Font-Bonne (La), ruiss., affl. du ruisseau de Revel, c^{ne} de Lavastrie; cours de 1,750 m. — *Ruseau appellé de Fonbona; de Fontbona*, 1494 (terr. de Mallet).

Font-Bonne (La), dom. ruiné, c^{re} de Marcolès. — *Affarium vocatum de Fonbona*, 1520 (pièces de l'abbé Delmas).

Font-Bonne (La), écart, c^{ne} de Rouziers. — *La Fom-boune*, 1668; — *La Fonbonne*, 1669 (nommée au p^{ce} de Monaco). — *Fontbonne* (État-major).

Font-Bonne (La), dom. ruiné, c^{ne} de Saint-Simon. — *Fonbonou; Fontbonnou*, 1692; — *Affar de Fonbonous*, 1696 (terr. de Saint-Geraud).

Font-Bonne (La), dom. ruiné, c^{ne} de Sansac-Veinazès. — *Villaige de la Fonbono*, 1696 (état civ.).

Font-Bulié (La), mont. à vacherie, c^{ne} de Menet. — *La Fon-del-Bout*, 1561 (terr. de Murat-la-Rabe).

Font-Bulin (La), dom. ruiné, c^{ne} de Laveissière. — *La Fonbulien*, 1490 (terr. de Chambeuil). — *Codercum vocatum de Font-bulinii*, 1491 (id. de Farges). — *La Font-bulyen; Font-bulien*, 1542 (terr. de la coll. de Notre-Dame de Murat).

Font-Cnoze (La), dom. ruiné, c^{ne} de Jabrun. — *Fons crosus*, 1307 (reconn. au seign. de Montal).

Font-Cusse (La), séchoir à châtaignes détruit, c^{ne} de Cassaniouze. — *Séchoir de Foncussy; de Foncusse*, 1760 (terr. de Saint-Projet).

Font-da-Besse (La), vill. détruit, c^{ne} de Saint-Maryle-Plain. — *La Fon-del-Bès*, 1610 (terr. d'Avenaux).

Font-d'Ayrolles (La), f^{me}, c^{ne} de Calvinet.

Font-de-l'Arbre (La), écart, c^{ne} de Pleaux.

Font-de-la-Tuile (La), dom. ruiné, c^{ne} de la Monsélie. — *La Font de la Tieula*, 1561; — *La Fon de la Tieulle*, 1638 (terr. de Murat-la-Rabe).

Font-de-l'Homme (La), écart, c^{ne} de la Chapelle-Laurent.

Font-del-Puech (La), écart, c^{ne} de la Besserette.

Fonteille (La), dom. ruiné, c^{ne} de Cassaniouze. — *Le ténement de la Fontelle*, 1760 (terr. de Saint-Projet).

Fonteilles (Les), ham., c^{ne} de Riom-ès-Montagnes. — *Las Fonteilhas; las Fontelhas*, 1441 (terr. de Saignes). — *Las Fonteilhes*, 1585 (id. de Graule). — *Les Fonteilles*, 1717 (arch. dép. s. G). — *La Fonteilhe*, 1784 (Chabrol, t. IV). — *Les Ponteilles* (Cassini).

Fonteilles (Les), dom. ruiné, c^{ne} de Saignes. — *Affarium de las Fontelhas*, 1441 (terrier de Saignes).

Fontenet, mont. à burons, c^{ne} de Saint-Bonnet-de-Salers. — *V^{le} Fontener* (Cassini).

Fontenille, mont. à vacherie, c^{ne} de Girgols.

Fontenille, ham. et f^{me}, c^{ne} de Jussac. — *Fontanelhas*, 1522 (min. Vigery, n^{re}). — *Fontanilhas*, 1522 (terr. de Nozières). — *Fontanelhes*, 1616 (état civ. de Naucelles). — *Fontanilles*, 1629 (id. d'Aurillac). — *Fontanhles*, 1662 (id. de Saint-Cernin). — *Fontaneilles; Fontanvilhes*, 1664 (id. de Jussac). — *Fontanelles*, 1672 (id. de Saint-Martin-de-Valois). — *Fontenilles*, 1747 (inv. des titres de l'hôp. d'Aurillac). — *Fontanilhes*, 1771 (terr. du prieuré de Teissières-de-Cornet).

Fontenilles, vill., c^{ne} de Sainte-Eulalie. — *Fontanilles*, 1663 (insin. du bailliage de Salers). — *Fontaneilles*, 1670 (état civ. de Loupiac). — *Fonteneilles*, 1684 (min. Gros, n^{re} à Saint-Martin-Valmeroux). — *Fontanilhes*, 1685 (état civ. de Saint-Bonnet-de-Salers). — *Fonteneillez*, 1687 (id. d'Ally). — *Fontanelles*, 1695 (id. de Loupiac). — *Fontenilhes*, 1706 (id. de Saint-Martin-Valmeroux). — *Fonteuille; Fontenilles*, 1768 (arch. dép. s. C, I. 40). — *Fontaneilhas; Fontonilhes*, 1778 (inv. des arch. de la mais. d'Humières).

Fontès, ham. et m^{in}, c^{ne} d'Andelat. — *Fontès*, 1654 (terr. du Sailhans). — *Fontès ou Soulargès ou Fontargès*, 1784 (Chabrol, cout. d'Auv. t. IV).

Fontète (La), mont. à vacherie, c^{ne} de Marcenat.

Fontètes (Les), mont. à vacherie, c^{ne} de Celles.

Font-Fave (La), mont. à vacherie, c^{ne} de Chazelles.

Font-Fraîche (La), écart, c^{ne} de Junhac. — *Fontfreide* (État-major).

Font-Freide, lieu détruit, c^{ne} de Pierrefort. — (Cassini.)

Font-Freyde (La), écart, c^{ne} de Marchal.

Font-Grasse (La Sagne de), mont. à vacherie, c^{ne} de Saint-Urcize.

Font-Grison (La), mont. à vacherie, c^{ne} de Marcenat.

Font-Haute (La), écart, c^{ne} d'Omps.

Font-Ival (La), mont. à vacherie, c^{ne} de Neuvéglise. — *La saigne de Font-Yval*, 1510 (terr. de Maurs).

Fontie (La), ham., c^{ne} de Roannes-Saint-Mary. — *La Fontia*, 1478 (pièces de l'abbé Delmas). — *La Fontie*, 1671 (nommée au p^{ce} de Monaco).

Fontille (La), dom. ruiné, c^{ne} de Coltines. — *Las Fontilhas; las Fontilhes*, 1581 (terr. de la command. de Celles).

Fontilles (La Grange de), écart, c^{ne} de Bonnac.

Fontilles (Les), dom. ruiné, c^{ne} de Pers. — *Affar appellé de las Fontilhes*, 1669 (nommée au p^{ce} de Monaco).

DÉPARTEMENT DU CANTAL.

Fontio (La), dom. avec manoir, c^{ne} de Pierrefort.

Font-Juade (La), écart et teinturerie, c^{ne} de Champs. — *Fontjouade*, 1855 (Dict. stat. du Cantal).

Font-Juade-Haut, ham., c^{ne} de Champs. — *La Fonjouade*, 1663; — *La Fonnioude*, 1670; — *La Fontjouade*, 1672 (état civ.). — *Fonjorra* (Cassini).

Font-Louroux (La), ham., c^{ne} de Saint-Illide.

Font-Marliou (La), mont. à burons, c^{nes} de Colandres et du Vaulmier.

Font-Neyre (La), montagne à vacherie, c^{ne} de Faverolles.

Fontolive, vill., c^{ne} du Falgoux. — *Foutoulline*, 1662 (état civ. d'Anglards-de-Salers). — *Fontoliles*, 1729 — *Fontaliles; Fontolibe*, 1730; — *Fontolibes*, 1731; — *Fontalibe*, 1732 (id. du Falgoux). — *Fontalives* (Cassini). — *Fontelive*, 1855 (Dict. stat. du Cantal).

Fontorte (La), écart, c^{ne} de Saint-Clément. — *La Fontorte* (Cassini).

Fontouneyre, ham. et m^{in}, c^{ne} du Claux. — *Fontanet*, 1330 (homm. à l'évêque de Clermont). — *Sitonnières*, XVIIe s^e (arch. dép. s. E). — *Fontonnaires* (Cassini). — *Fontanneyre* (État-major). — *Fontoneyre*, 1855 (Dict. stat. du Cantal).

Font-Pardis (La), mont. à vacherie, c^{ne} d'Alleuze. — *Font-Paradis*, 1510 (terr. de Maurs).

Font-Peyre (La), f^{me}, c^{ne} de la Capelle-Viescamp. — *La Fonperouze* (Cassini).

Font-Peyrouse (La), ham., c^{ne} d'Omps. — *Fonpeyrouju*, 1647 (min. Sarrauste, n^{re} à Laroquebrou). — *Fonperouze* (Cassini).

Font-Pradelle (La), mont. à vacherie, c^{ne} de Crandelles.

Fontpremier, écart, c^{ne} de Fontanges.

Font-Redonde, vill., c^{ne} de Peyrusse. — *Fourdonde*, 1702 (lièvc de Mardogne). — *Font-Redonde*, 1707 (état civ. de Saint-Étienne-sur-Massiac). — *Fonredonde* (Cassini).

Font-Redonde, ruiss., aff. de l'Alagnon, c^{nes} de Peyrusse et de Ferrières-Saint-Mary; cours de 2,135 m. — *Rif de Saigne-Redonde*, 1515 (terr. du Feydit).

Font-Richard (La), dom. ruiné à Solignat, c^{ne} de Molompize. — *La Fon-Richard*, 1558 (lièvc conf. de Tempel). — *La Font-Richard; la Fon Ruchard*, 1695 (terr. de Celles).

Fontrille (La), dom. ruiné, c^{ne} de Marmanhac. — *Affar de Fontelhes*, 1552 (terr. de Nozières).

Font-Rouge (La), mont. à vacherie, c^{nes} de Cheylade et du Claux. — *Fon-Roga*, 1425 (arch. dép. s. H). — *Fon-Roghe*, 1504 (homm. à l'évêque de Clermont). — *Fon-Rogha*, 1514 (terr. de Cheylade). — *Four-Rouge*, 1520 (min. Teyssandier, n^{re}). — *Font-Rouge*, 1539 (terr. de Cheylade). — *V^{rie} de Fonrodde* (Cassini). — *Bon de Fondrouge* (État-major).

Font-Rouge (La), dom. ruiné, c^{ne} de Saint-Projet. — *La Buge de Fontrouge*, 1717 (terr. de Beauclair).

Font-Rouge, f^{me}, c^{ne} de Trizac. — *Fonrouje*, 1669; — *Fonrouges*, 1671 (état civ.). — *Fongerouge*, 1743; — *Fonrouge*, 1744 (arch. dép. s. C). — *Fontrouge* (Cassini).

Fonts (Les), f^{me}, c^{ne} de Saint-Remy-de-Chaudesaigues.

Font-Sainte (La), chapelle et mont. à burons, c^{ne} de Saint-Hippolyte. — *Montana de la Fon-Sainte*, 1515 (terr. d'Apchon). — *La Fonsainte*, 1776 (arch. dép. s. C). — *Notre-Dame de la Fontsainte* (Cassini). — *La Font-Salate* (État-major).

Font-Salade (La), écart, c^{ne} de Jaleyrac. — *Fons-Salade*, 1473; — *Ad Fontem-Salada*, 1475 (terr. de Mauriac).

Font-Salade (La), dom. ruiné, c^{ne} de Laroquebrou. — *Mansus da la Fon*, 1308; — *Domus da la Fon-Salada*, 1368 (arch. dép. s. G).

Font-Salade (La), écart, c^{ne} de Prunet. — *La Font-Solade*, 1857 (Dict. stat. du Cantal).

Font-Salade (La), ruiss., aff. du ruisseau de Maurs, c^{ne} de Teissières-les-Bouliés; cours de 1,200 m.

Font-Salade (La), dom. ruiné, c^{ne} de Vic-sur-Cère. — *Affar de l'Ayga-Salada*, 1485 (reconn. à J. de Montamat). — *La fontaine minérale appellée de la Font-Salade*, 1671 (nommée au p^{ce} de Monaco). — *La Font-Salée*, 1852 (Dict. stat. du Cantal).

Font-Salée (La), écart, c^{ne} d'Apchon.

Font-Saurou (La), mont. à vacherie, c^{ne} de Saint-Projet.

Font-Sève (La), dom. ruiné, c^{ne} de Roffiac. — *Territorium de Fons-Seba*, 1510 (terr. de Maurs).

Font-Soutranne (La), dom. ruiné, c^{ne} de Chastel-Marlhac. — *Villaige de la Font-Soutranne*, 1690 (état civ. de Trizac).

Font-Soutronne (La), mont. à vacherie, c^{ne} de Menet.

Fonturbal, dom. ruiné, c^{ne} de Chalinargues. — *Le villaige de la Fonturval*, 1518 (terr. des Cluzels).

Font-Vacher (La), mont. à vacherie, c^{ne} de Vieillespesse.

Font-Vidal (La), écart, c^{ne} de Dienne.

Font-Vieille (La), dom. ruiné, c^{ne} de Chastel-sur-Murat. — *Las Fontz-Veilhas; fons vocata las Fons-Veilhas*, 1491 (terr. de Farges).

Font-Vieille (La), ham., c^{ne} de Fournoulès.

Font-Vieille (La), mont. à vacherie, c^{ne} de Marchastel.

Font-Vieille (La), mont. à vacherie, c^{ne} de la Monsélie.

Font-Vieille (La), mont. à vacherie, c^{ne} de Saint-Mary-le-Plain.

Fon-Vellane (La), dom. ruiné, c^{ne} de Sansac-Veinazès. — *Affar appellé de Fonvellane*, 1668 (nommée au p^{cé} de Monaco).

Fon-Vieille (La), f^{me}, c^{ne} de Bassignac.

Fon-Vieille (La), mont. à vacherie, c^{ne} de Champs.

Fon-Vitraguèze (La), écart, c^{ne} de Boisset. — *Fon-Vitraguèze*, 1746 (anc. cad.).

Forçat (La Buge de), mont. à vacherie, c^{ne} de Pradiers.

Force (La), f^{me} et chât., c^{ne} et Champs. — *La Force*, 1613 (état civ.). — *La Forsse*, 1725 (lièvre du quartier de Marvaud).

Force (La), manoir, au village de Rouffiac, c^{ne} de Saint-Simon. — *Castrum de la Forsse*, 1534 (terr. des cons. d'Aurillac). — *La Fors*, 1681 (état civ. de Saint-Projet). — *La Force*, 1701; — *Laforce*, 1759 (arch. dép. s. C, l. 12).

Forces (Les), dom. ruiné, c^{ne} de Freix-Anglards. — *Affarium vocatum des Forses*, 1522 (min. Vigery, n^{re}).

Fondamont, ham. et mⁱⁿ, c^{ne} de Saint-Mamet-la-Salvetat. — *Fordemon*, 1623; — *Fordamon*, 1624 (état civ.). — *Fardamond*, 1728 (arch. dép. s. C, l. 4). — *Fort Damon* (états de sections).

Forestanie (La), dom. ruiné, c^{ne} de Jussac. — *Affarium de la Forestania*, 1464 (terr. de Saint-Christophe).

Foresterie (La), dom. ruiné, c^{ne} d'Aurillac. — *Affarium de la Forestaria*, 1455 (arch. dép. s. E). — *Mansus de la Fouresteyriado; la Fourestieyra; la Forestieyra*, 1465 (obit. de N.-D. d'Aurillac). — *La Forestie*, 1630 (état civ. d'Arpajon). — *La Foresteirie*, 1679; — *La Forestejrie*, 1681 (arch. mun. d'Aurillac, s. CC, p. 3).

Foresterie-Basse (La), dom. ruiné, c^{ne} d'Aurillac. — *Domus de la Fourestieyra-Inferius*, 1465 (obit. de Notre-Dame d'Aurillac).

Forestie (La), vill., c^{ne} de Chalvignac. — *La Forestia*, 1549 (terr. de Miremont). — *La Fourestie*, 1646; — *La Fourestio*, 1657 (état civ. de Tourniac). — *La Forestie*, 1782 (arch. dép. s. C, l. 41).

Forestie (La), ham. et mⁱⁿ, c^{ne} de Fournoulès. — *Le moulin Forestier*, 1855 (Dict. stat. du Cantal).

Forêt (La), ruiss., affl. de la rivière d'Auze, c^{ne} de la Besserette; cours de 4,750 m.

Forêt (La), écart, c^{ne} de Boisset. — *Bos de la Forest; de la Forets*, 1753 (anc. cad.).

Forêt (La), ham., c^{ne} de Calvinet.

Forêt (La), dom. ruiné, c^{ne} de Jaleyrac. — *Affarium de la Forest*, 1290 (reconn. au doyen de Mauriac). — *La Foret*, 1473; — *Ténement de la Forest; Laforet-dels-Teilholz*, 1680 (terr. de Mauriac).

Forêt (La), écart, c^{ne} de Labrousse.

Forêt (La), écart, c^{ne} de Laroquebrou.

Forêt (La), ham., c^{ne} de Madic.

Forêt (La), mⁱⁿ et étang desséché, c^{ne} de Marcolès.

Forêt (La), ruiss., affl. de la Ressègue, c^{nes} de Marcolès, Saint-Antoine et Leynhac; cours de 7,500 m.

Forêt (La), f^{me}, c^{ne} de Maurs. — *La Forest*, 1749 (anc. cad.). — *La Forêt*, 1756 (état civ.).

Forêt (La), ham., c^{ne} de Roannes-Saint-Mary.

Forêt (La), ham., c^{ne} de Saint-Antoine. — *La Foresty*, 1557 (pièces de l'abbé Delmas). — *La Forest* (Cassini).

Forêt (La), mⁱⁿ, c^{ne} de Saint-Gerons.

Forêt (La), ruiss., affl. du ruisseau de Combret, c^{nes} de Teissières-les-Bouliès et de Labrousse; cours de 800 m.

Forêt (La), écart, c^{ne} d'Ydes.

Forêt-Basse (La), ham., c^{ne} de Roannes-Saint-Mary.

Forêt d'Algères (La), ham., c^{ne} de Saint-Étienne-de-Riom.

Forêt-Haute (La), ham., c^{ne} de Roannes-Saint-Mary.

Forge (La), vill., c^{ne} de Tournemire. — *La Faurghe*, 1378 (fond. de la chap. des Blats). — *La Faurge*, 1600 (trans. des hab. d'Auriols avec l'hôp. de la Trinité d'Aurillac). — *La Faurges*, 1676 (lièvre de la mais. des Blats). — *La Farges*, 1680; — *La Jarge*, 1701; — *La Farge*, 1759 (arch. dép. s. C, l. 6). — *La Forge* (Cassini). — *Lafaurgue*, 1857 (Dict. stat. du Cantal).

Forgeyrat, mont. à vacherie, c^{ne} de Marcenat.

Fort (Le), tour détruite, c^{ne} de Leynhac.

Fortanien (Le), chât. détruit, c^{ne} de Tournemire.

Fortanière (La), dom. ruiné et mont. à vacherie, c^{ne} de Leynhac. — *Medietas podii et boygho voc. de la Fortanieyra*, 1500 (terr. de Maurs).

Fortet, vill., c^{ne} de Labrousse. — *Fortet*, 1645 (obit. de Notre-Dame d'Aurillac).

Fortétie (La), mⁱⁿ détruit, c^{ne} d'Aurillac. — *Graveria molendini Fortet*, 1277 (arch. mun. d'Aurillac, s. EE, p. 14). — *Le molin de la Fortetie sis à la porte del Bois*, 1679 (id. s. II, r. 15). — *Moulin Fortet*, 1692 (terr. de Saint-Geraud).

Fortuné, mⁱⁿ, c^{ne} de Saint-Poncy.

Fortunien (Le Suc de), mont. à vacherie, c^{ne} de Champs.

Fortunier-Bas et Haut, mont. à burons, c^{ne} de Vèze. — *Boix de Fourtunier*, XVIe s^e (confins de la terre du Feydit).

Fortuniès, écart, c^{ne} d'Arpajon. — *La Fortunière*, 1671 (nommée au p^{cc} de Monaco).

Fortuniès, mont. à vacherie, c^{nes} de Chavagnac et de Dienne. — *Montaigne de Fortuniès*, 1580 (lièvc conf. de la v^{té} de Murat).

Fortuniès, vill., c^{ne} de Dienne. — *Fortunet*, 1329 (enq. sur la just. de Vieillespesse). — *Fortuneyis*, 1334; — *Fortuners*, 1485 (arch. dép. s. E). — *Fortuniers*, 1491; — *Fortuniès*, 1618 (terr. de Farges). — *Fortuniez*, 1619 (min. Danty, n^{re}). — *Fortunier*, 1740 (lièvc de Bredon).

Une ordonnance royale du 15 novembre 1829 érigea l'église de Fortuniès en annexe vicariale; une autre ordonnance du 1er juin 1844 l'éleva au rang de succursale.

Fortuniès, ruiss., affl. de la Santoire, c^{ne} de Dienne; cours de 2,155 m.

Fortuniès, mont. à vacherie, c^{ne} de Landeyrat.

Fortuniès, vill., c^{ne} de Vèze, et chât. détruit. — *Fortuney*, 1262 (Baluze, mais. d'Auvergne, t. II, p. 270). — *Fortuniers*, 1451 (terr. de Chavagnac). — *Fourtuniers*, xviie s^e (arch. dép. s. E). — *Fortunier* (Cassini).

Fosse (La), vill., c^{ne} de Menet. — *La Fosse*, 1601 (état civ.).

Fougadis, fief, c^{ne} de Saint-Simon. — *Focadictz*, 1534 (terr. du cons. d'Aurillac). — *Fogarier; Fogariers*, 1692 (id. de Saint-Geraud). — *Les Fougadis*, 1747 (inv. des titres de l'hôp. d'Aurillac).

Fougéant, mont. à vacherie, c^{ne} du Falgoux.

Fougères, dom. ruiné, c^{ne} de Sourniac. — *Mansus de Fougeyras*, 1311 (arch. généal. de Sartiges).

Fougères, écart, c^{ne} de Trémouille-Marchal.

Fougeret, ham., c^{ne} de Chaussenac.

Fougerie (La), écart, c^{ne} de Saint-Amandin. — *La Frangeire* (État-major).

Fougnou, dom. ruiné, c^{ne} de Saint-Mamet-la-Salvetat. — *Ténement de Fougran*, 1743 (anc. cad.).

Fouillade (La), vill., c^{ne} d'Antignac. — *La Foulhade*, 1658 (insin. du bailliage de Salers). — *La Fouliade*, 1674 (état civ. de Menet) — *Foulhiades* (Cassini). — *La Fouilhade*, 1856 (Dict. stat. du Cantal).

Fouillère (La), dom. ruiné, c^{ne} de Marchastel. — *Ténement appellé de la Foulheyre-del-Anghillier*, 1578 (terr. de Soubrevèze).

Fouillères, vill., c^{ne} de Laurie. — *Fouliher*, 1666; — *Foulher*, 1713; — *Foulier*, 1738 (état civ. de Saint-Victor-sur-Massiac). — *Fouleyra; Fouleyres*, xviie s^e (terr. de Notre-Dame de Saint-Flour). — *Foulière*, 1784 (Chabrol, t. IV).

Fouilleroux, écart, c^{ne} de Marchastel. — *La Fou-*lheyre, 1578 (terr. de Soubrevèze). — *Foulheroux*, 1856 (Dict. stat. du Cantal).

Fouillouge (La), bois, c^{ne} de Lavastrie. — *Boix appellé de la Folhose*, 1493; — *Boys de la Folhoze*, 1494 (terr. de Mallet).

Fouilloux, vill., c^{ne} de Cheylade. — *Le Foulioux*, 1513 (terr. de Cheylade). — *Foulhious*, 1518 (id. de Dienne). — *Foulhoux*, 1520 (min. Teyssandier, n^{re} à Cheylade). — *Foulhioux*, 1561 (arch. dép. s. E). — *Fouilloux*, 1592 (vente de la terre de Cheylade). — *Foulhoux*, 1595 (terr. de Dienne). — *Luloux*, xviie s^e (arch. dép. s. E). — *Le Foulioux*, xviie (table du terr. de Cheylade). — *Foulioux* (Cassini).

Fouinoux, écart, c^{ne} de la Besserette.

Fouissat, mont. à vacherie, c^{ne} de Polminhac.

Fouit (Le), mont. à vacherie, c^{ne} d'Allanche.

Foujal, mont. à vacherie, c^{ne} de Velzic.

Foulan, mont. à vacherie, c^{ne} de Vic sur-Cère.

Foulan, f^{me} et m^{in}, c^{ne} d'Ytrac. — *Solonh*, 1411 (vente au seign. de Montal). — *Foloing*, 1482 (arch. mun. d'Aurillac, s. HH, c. 21). — *Folong*, 1483 (reconn. au seign. de Montal). — *Folhat*, 1626 (min. Sarrauste, n^{re}). — *Foulon*, 1628 (état civ. d'Arpajon). — *Soulan; Foulan*, 1669 (nommée au p^{cc} de Monaco).

Foulezy, ham., c^{ne} de Chavagnac. — *Folesi; Solesi*, 1491 (terr. de Farges). — *Foulizy*, 1498 (reconn. au roi par les cons. d'Albepierre). — *Folezi*, 1518 (terr. des Cluzels). — *Folizy; Folizi; Foulizi*, 1535 (id. de la v^{té} de Murat). — *Follyzy; Folyzy*, 1580. — *Follisy*, 1617 (lièvc de la v^{té} de Murat). — *Foulegi*, 1626 (état civ. d'Aurillac). — *Follizy*, 1634. — *Foullizy*, 1637 (lièvc de la v^{té} de Murat). — *Folisy*, 1669 (état civ. de Murat). — *Foxlizi*, 1677 (insin. de la cour royale de Murat). — *Foulezi*, 1680 (terr. de la châtell. des Bros).

Foulhoux, dom. ruiné, c^{ne} de Freix-Anglards. — *Villaige de Foulhioux*, 1627 (terr. de Notre-Dame d'Aurillac). — *Affar de Foulioux*, 1636 (lièvc de Poul).

Foulhoux, m^{in} abandonné, c^{ne} de Méallet.

Fouliarade (La), dom. ruiné, c^{ne} de Colandres. — *Affarium de la Folharade*, 1519 (terr. d'Apchon). — *Affar de la Fouliarade*, 1719 (table de ce terrier).

Fouliayre (La), ham., c^{ne} de Faverolles. — *La Folheyre*, 1597; — *La Foulieyre*, 1678 (insin. du bailliage de Saint-Flour). — *La Foulyre*, 1784 (Chabrol, t. IV). — *Fouillaire* (Cassini). — *La Foulière*, 1855 (Dict. stat. du Cantal).

Foulière (La), dom. ruiné, c^{ne} de Cayrols. — *Affar*

de la Folhère, 1590 (livre des achaps d'Ant. de Naucaze).

FOULIÈRE (LA), dom. ruiné, c^{ne} de Chaliers. — *La Folheira*, 1494 (terr. de Mallet).

FOULIÈRE (LA), ruiss., afll. de l'Arcueil, c^{ne} de Rezentières; cours de 3,600 m.

FOULIÈRES, vill., c^{ne} de Laurie.

FOULIET (LE), dom. ruiné, c^{ne} de Siran. — *Mansus de Folhet*, 1458 (arch. mun. d'Aurillac, s. HH, c. 21). — *Foulhet*, 1600 (pap. de la famille de Montal).

FOULIO (LA), f^{me} avec manoir, c^{ne} de Pierrefort. — *La Foulie*, 1641; — *La Foulio*, 1659 (état civ.). — *La Foulhio*, 1676 (id. de Jou-sous-Montjou). — *La Fouilhau* (Cassini). — *La Foutio*, 1857 (Dict. stat. du Cantal).

FOULIO (LA), ravine, afll. du Vezou, c^{ne} de Pierrefort; cours de 1,280 m.

FOULIOLES, vill. et chât. en ruines, c^{ne} de Vézac. — *Folhola*, 1307 (pap. de la fam. de Montal). — *Folhiola*, 1480 (reconn. à J. de Montamat). — *Failhola*, 1522; — *Foilhola*, 1531 (min. Vigery, n^{re}). — *Fagholla; de Fogholla; Foliolle*, 1580; — *Afoliolle; Folholla*, 1583 (terr. de Polminhac). — *Folioles*, 1590 (arch. dép. s. G). — *Follioles*, 1610 (aveu de J. de Pestels). — *Foulholes*, 1667 (état civ. de Polminhac). — *Foulholles*, 1668; — *Folholles*, 1671 (nommée au p^{ce} de Monaco). — *Foulioles*, 1680 (arch. dép. s. C). — *Folholes*, 1692 (terr. de Saint-Geraud). — *Fouliada*, 1695 (id. de la command. de Carlat). — *Foulioles*, 1728 (arch. dép. s. C). — *La Foulliade*, 1736 (terr. de la command. de Carlat). — *Fouliole*, 1760 (arch. dép. s. C). — *Fouliols* (Cassini).

FOULIOLES, chât. et mⁱⁿ détruits, c^{ne} d'Yolet. — *Folhola*, 1279 (arch. dép. s. E). — *La Folhosa*, 1469 (terr. de Saint-Christophe). — *Chasteau de Foulioles*, 1668; — *Foulholles*, 1669; — *Foulholes*, 1671 (nommée au p^{ce} de Monaco). — *Folhola*, 1692 (terr. de Saint-Geraud).

FOULIOUSE (LA), dom. ruiné, c^{ne} de Cayrols. — *L'affar de la Folhouse*, 1586 (livre des achaps d'Ant. de Naucaze).

FOULIOUSE (LA), ham., c^{ne} de Chaudesaigues. — *Mansus de la Folhosa*, 1404 (arch. dép. s. G). — *La Foulhouze*, 1664 (terr. de Bredon).

FOULIOUSE (LAS), ruiss., afll. de la Truyère, c^{ne} de Lavastrie; cours de 1,150 m. — *Rieu del Peschier*, 1494 (terr. de Mallet).

FOULIOUSE (LA), dom. ruiné, c^{ne} de Parlan. — *Affar de la Folhouse*, 1588 (livre des achaps d'Ant. de Naucaze).

FOULIOUSE (LA), dom. ruiné, c^{ne} de Ruines. — *Villaige de la Fouliouze*, 1624 (terr. de Ligonnès).

FOULON (LE), foulon et teinturerie, c^{ne} de Jussac.

FOULON (LE), écart et teinturerie, c^{ne} de Saint-Gerons.

FOULOUROUX, ham., c^{ne} de Saint-Illide. — *Fouleron* (Cassini). — *Foulhouroux*, 1855 (Dict. stat. du Cantal).

FOUMIER (LE), dom. ruiné, c^{ne} de Mauriac. — *Villaige del Foumier*, 1639 (rentes dues au doyen de Mauriac).

FOUN (LE), four à fondre l'antimoine, auj. détruit, c^{ne} de Bonnac.

FOUN (LA ROCHE DEL), mⁱⁿ détruit, c^{ne} de Chavagnac. — *La roche del Fourn*, 1535 (terr. de la v^{té} de Murat). — *Molin de la roche del Fourg*, 1598 (reconn. au roi par les cons. d'Albepierre). — *La roche du Four*, 1680 (terr. de la châtell. des Bros).

FOUN (LE), dom. ruiné, c^{ne} de Giou-de-Mamou. — *Le mas dal Four*, 1692 (terr. de Saint-Geraud).

FOUN (LE), ham., c^{ne} de Saint-Martin-Cantalès. — *Lou Four*, 1619 (état civ. de Saint-Christophe). — *Lonfour*, 1770 (arch. dép. s. C, l. 40).

FOUN (LE), dom. ruiné, c^{ne} de Siran. — *Mansus vocatus dal Forn*, 1458 (arch. mun. d'Aurillac, s. HH, c. 21).

FOUN (LE), vill., c^{ne} de Tourniac. — *Lou Four*, 1635 (état civ.). — *Alfour*, 1778 (inv. des arch. de la mais. d'Humières).

FOUN (LA TUILE DU), mont. à vacherie, c^{ne} de Trémouille-Marchal. — *Le rocher de la Tioulle del Four*, 1732 (terr. du fief de la Sépouse).

FOURAN (LE), ruiss., afll. de la rivière de Roannes, c^{ne} de Roannes-Saint-Mary; cours de 3,510 m.

FOURCADE (LA), ham., c^{ne} de Pers. — *Fourcalle*, 1861 (Dict. stat. du Cantal).

FOURCAL (LA CROIX DE), ham., c^{ne} de Saint-Constant. — *Fourcal*, 1670 (état civ.).

FOURCAL, écart, c^{ne} du Trioulou. — *Fourcat*, 1746; — *Fourcal*, 1747; — *Fourcail*, 1750 (état civ.).

FOURCÈS, ham., c^{ne} de Saint-Mamet-la-Salvetat. — *Fourcès*, 1624; — *Forsès*, 1636; — *Foursès*; *Fourssès*; *Forssès*, 1637; — *Forcès*, 1642 (état civ.). — *Lou Foureis*, 1728 (arch. dép. s. C, l. 4). — *Fouries* (Cassini).

FOURCHAIROL, écart, c^{ne} de Sansac-Veinazès. — *Fout-Cheirol* (État-major). — *Fouchàirol*, 1857 (Dict. stat. du Cantal).

FOURCHES (LAS), mont., c^{ne} de Dienne. — *Le champ de la justice appellé de las Forches*, 1551 (terr. de Dienne).

FOURCHES (LES), mont. à vacherie, c^{ne} de Neuvéglise. — *Lo peuch de las Forchas*, 1493 (terr. de Mallet).
FOURCHES (LES), mont. à vacherie, c^{ne} de Sainte-Eulalie.
FOURCHES (LAS), dom. ruiné, c^{ne} de Saint-Georges. — *Affar a las Forchas*, 1494 (terr. de Mallet).
FOURCHES (LES), vill. et mont. à vacherie, c^{ne} de Saint-Remy-de-Chaudesaigues. — *Las Forchas*, 1410; — *Les Fourches*, 1652 (arch. dép. s. H).
FOUNCOUX, vill., c^{ne} de Cassaniouze. — *Frogos; Fraugos*, 1414 (terr. de Cassaniouze). — *Fourguoux*, 1660; — *Fourcoux*, 1663; — *Fousgouts*, 1666; — *Fourguoust*, 1667; — *Four-Guouts*, 1674; — — *Fourquouse*, 1675 (état civ.). — *Fourcous*, 1741 (anc. cad.). — *Fouscous*, 1760; — *Forcou; Fourcou*, 1785 (arch. dép. s. C, l. 49).
FOURCUES (LAS), écart, c^{ne} de Boisset. — *Fourgues*, 1668 (nommée au p^{ce} de Monaco).
FOURGUES (LAS), dom. ruiné, c^{ne} de Marcolès. — *Domaine de las Fourgues, alias de Tréval*, 1668 (nommée au p^{ce} de Monaco).
FOURGUÈS, écart, c^{ne} de Saint-Mamet-la-Salvetat. — *Fourguès*, 1623; — *Forg*, 1663; — *Lou Fourqué*, 1728 (état civ.).
FOURIES, lieu détruit, c^{ne} d'Omps. — (Cassini.)
FOURIOL (LE), dom. ruiné, c^{ne} de Cayrols. — *Fouriol*, 1639 (état civ. de Saint-Mamet). — *Le villaige des Fourries*, 1659; — *Fourriolz*, 1669 (id. de Cayrols).
FOURNAL (LE), écart, c^{ne} de Mandailles. — *Les Fournaux*, 1681; — *Fornals*, 1724 (arch. dép. s. C, l. 9). — *Fournol*, 1856 (Dict. stat. du Cantal).
FOURNAULT, ham., c^{ne} d'Anglards-de-Salers.
FOURNAUX (LES), mont. à vacherie, c^{ne} de Cheylade.
FOURNET, mont. à vacherie, c^{ne} de Lascelle.
FOURNIAL (LE), vill. et mⁱⁿ, c^{ne} de Molèdes.
FOURNIER (LE), ruiss., affl. du Lot, c^{nes} de Montsalvy et de Vieillevie; cours de 8,400 m. — Il porte aussi les noms de *Crête, Garrigues* et de *Fournico*.
FOURNIOL (LE), ham., près de Farges, c^{ne} de Saint-Christophe. — *La Fourniau*, 1618; — *La Forniol*, 1667 (état civ.).
FOURNOLS, vill. avec manoir, c^{ne} d'Anglards-de-Salers. — *Fornols*, 1659 (état civ.). — *Fornolz*, 1670 (insin. du bailliage de Salers).
FOURNOLS, ruiss., affl. de la rivière de Mars, c^{ne} d'Anglards-de-Salers; cours de 1,860 m.
FOURNOLS, dom. ruiné, c^{ne} d'Arpajon. — *Fornolz*, 1585 (terr. de Notre-Dame d'Aurillac). — *Ténement de Fournau*, 1739; — *Fournolz*, 1741 (anc. cad.). — *Fournou; Fourniaux* (états de sections).
FOURNOLS, vill., c^{ne} de Champs. — *Fornolz*, 1613; — *Fournolz*, 1614; — *Fournolx*, 1652 (état civ.). — *Fournol* (Cassini).
FOURNOLS, dom. ruiné, c^{ne} de Laveissière. — *Mansus de Fornols*, 1403 (arch. dép. s. E). — *Fournouls; Fournals-de-Franseza; Fournols-de-Franseza*, 1490; — *Affar Fournolz; Fornolz*, xve s^e (terr. de Chambeuil).
FOURNOLS, vill., c^{ne} de Mandailles. — *Fournols de Jourdane*, 1668 (nommée au p^{ce} de Monaco). — *Fournoles*, 1681 (arch. dép. s. C, l. 9). — *Fornols; Fornolz; Fournolz*, 1692 (terr. du monast. de Saint-Geraud).
FOURNOLS, ham. et chât. féodal détruit, c^{ne} de Rezentières. — *Fornols*, xive s^e (pouillé de Saint-Flour). — *Fournol*, 1401 (spicil. Brivat.). — *Fournouls*, 1490 (terr. de Chambeuil). — *Fornoli*, 1502 (liber vitulus). — *Fournols*, 1584 (arch. dép. s. E). — *Fornolz; Fournolz*, 1613 (terr. de Nubieux). — *Fournals*, 1728 (état civ. de Saint-Mary-le-Plain).

Fournols était, avant 1789, de la Basse-Auvergne, du dioc., de l'élect. et de la subdél. de Saint-Flour; il était le siège d'une justice seign., régie par le droit cout., et ressort. à la sénéch. d'Auvergne, en appel de la prév. de Brioude. — Son église, dédiée à sainte Madeleine, et auj. détruite, était celle du château, et le curé était à la nomination du chapitre cathédral de Saint-Flour. Elle a été érigée en succursale par décret du 28 août 1808. — Fournols était le chef-lieu de la commune de ce nom; il a été transporté à Rezentières, qui, en exécution du décret du 19 mai 1866, a donné son nom à la commune.

FOURNOLS (LES ROCHES DE), mont. à vacherie, c^{ne} de Rezentières. — *Le boix de Fornolz*, 1610 (terr. d'Avenaux).
FOURNOLS, écart, c^{ne} de Vic-sur-Cère. — *Fornolz*, 1600 (état civ.). — *Fournol*, 1609; — *Fornols*, 1611 (id. de Thiézac). — *Fournolz*, 1668; — *Four-Nolz*, 1671 (nommée au p^{ce} de Monaco). — *Fournols*, 1671 (état civ. de Polminhac).
FOURNOULÈS (LE), c^{on} de Maurs. — *Fournolès*, 1672 (état civ. de Cassaniouze). — *Fournollès*, 1784 (Chabrol, t. IV). — *Fournoles* (Cassini).

Le Fournoulès était, avant 1789, de la Haute-Auvergne, du dioc. de Saint-Flour, de l'élect. et de la subdél. d'Aurillac. Régi par le droit écrit, il dépend de la justice seign. de Méallet, et ressort. au bailliage d'Aurillac, en appel de la prév. de Maurs. — Son église, dédiée à la Nativité de la Vierge, était un prieuré à la présentation du doyen d'Aurillac. Elle a été érigée en succursale par décret du 28 août 1808.

FOURNOULÈS, écart, c^{ne} de Quézac.

FOUROULS, dom. ruiné, c^{ne} de Saint-Mamet-la-Salvetat. — *Villaige de Fourouls*, 1663 (état civ.).

FOUROUX (LE), vill. et m^{in}, c^{ne} de Colandres. — *Molendinum de Faurons supra aquam Verone; Fauroux*, 1513 (terr. d'Apchon). — *Faurous*, 1719 (table de ce terr.). — *Fouroux*, 1777 (lièvе d'Apchon). — *Fouraux*, 1780 (id. de la baronnie de Saint-Angeau). — *Sauroux* (Cassini). — *Flauroux* (État-major).

FOURQUES (LAS), ham. et mont., c^{ne} de Boisset.

FOURQUES (LE BOS DE), dom. ruiné, c^{ne} de Cayrols. — *Le villaige des Fourgos*, 1656 (état civ.). — *Le bois de las Fourques*, 1748 (anc. cad. de Parlan).

FOURQUES (LES), écart, c^{ne} de Junhac.

FOURQUES (LAS), écart, c^{ne} de Prunet. — *Las Fourques* (État-major).

FOURS-À-CHAUX (LES), ham., c^{ne} de Laveissière.

FOURTOUAIRE, ruiss., aff. du ruisseau d'Angeau, c^{nes} de Montmurat et de Saint-Santin-de-Maurs; cours de 5,000 m. — Ce ruisseau porte aussi le nom de *Ratier*.

FOUSSANGE (LA COSTE DE), mont. à vacherie, c^{ne} de la Monsélie.

FOUSTY (LE PUY DE), mont. et bois, c^{ne} d'Ydes. — *Forêt de Fousty*, 1781 (arch. dép. s. C, l. 45). — *Frousty* (conservation des Forêts). — Ce bois porte aussi le nom de *Traloubos*.

FOUYSSAT, mont. à vacherie, c^{ne} de Polminhac.

FOYE, mont. à vacherie, c^{ne} de Pradiers.

FOYT (LE), f^{me}, c^{ne} de Saint-Bonnet-de-Salers. — *Le Fayet*, 1508 (arch. mun. de Salers). — *Foyet* (Cassini). — *Foix* (État-major).

FOYT (LE PUECH DE), mont. à vacherie, c^{ne} de Valuéjols. — *Le Peuchx-de-Foichtz*, 1661; — *Le Peuchx-de-Foyt*, 1663; — *Terroir del Moulle, sive de Puech-de-Fouet; terroir de Puech-de-Fouez*, 1687 (terr. de Loubeysargues).

FRACON, f^{me} avec manoir, c^{ne} de Velzic. — *Fraccorye; Fraccory; Fraccorn*, 1594 (terr. de Fracor). — *Fracort* (Cassini).

FRADIN (LE), f^{me}, c^{ne} de Montsalvy.

FRAFANIE (LA), dom. ruiné, c^{ne} de Cayrols. — *Mansus de la Frafania*, 1514 (pièces de l'abbé Delmas).

FRAGETTE (LA), écart, c^{ne} de Quézac. — *La Frajette* (État-major). — *La Fragitte*, 1857 (Dict. stat. du Cantal).

FRAGUBRAU, dom. ruiné, c^{ne} de Talizat. — *Villaige de Fragubrau*, 1673 (état civ. de Bonnac).

FRAICHINES (LES), mont. à vacherie, c^{ne} de Saint-Urcize. — *La Frachine-Rouge*, 1686 (terr. de la Garde-Roussillon).

FRAIRE (LE), dom. ruiné, c^{ne} de Chalinargues. — *Villaige de lou Frayre*, 1667 (état civ. de Murat).

FRAISOUGAIN (LE), ruiss., aff. du ruisseau d'Enfer, c^{ne} de Lascelle; cours de 980 m.

FRAISSE (LE), vill., c^{ne} de Cheylade. — *Le Fraisse*, 1513; — *Le Fraysse*, 1514 (terr. de Cheylade). — *Farses*, XVIIe s^e (arch. dép. s. E).

FRAISSE (LE), vill., c^{ne} du Claux. — *Le Fraisse*, 1670 (insin. du bailliage d'Andelat).

FRAISSE, ruiss., aff. de la Rhue, c^{ne} du Claux; cours de 1,550 m.

FRAISSE (LOU), dom. ruiné, c^{ne} de Faverolles. — *Mansus del Fraysse*, 1437 (arch. dép. s. G).

FRAISSE (LE), dom. ruiné, c^{ne} de Jaleyrac. — *Affaria de Freysel*, 1473 (terr. de Mauriac).

FRAISSE, vill., c^{ne} de Lanobre. — *Le Fraisse*, 1790 (min. Marambal, n^{re}). — *Le Freysse*, 1856 (Dict. stat. du Cantal).

FRAISSE (LE), m^{in} et dom. ruiné, c^{ne} de Laveissière. — *Affarium de las Frayssas*, 1442 (arch. dép. s. E). — *La roche de Fraixe*, XVe s^e (terr. de Chambeuil). — *Le Fraisse*, 1668 (nommée au p^{ce} de Monaco).

FRAISSE (LE), vill. détruit, c^{ne} de Lieutadès. — *Mansus de Fraycer; lo Fraysser*, 1416 (arch. dép. s. H). — *Lo Fraixer*, 1508; — *Affard del Fraisse*, 1662; — *Le Fraissé, auquel enciennement il y avoit chazeaux de maisons*, 1730 (terr. de la Garde-Roussillon).

FRAISSE (LE), dom. ruiné, c^{ne} de Mauriac. — *Mansus del Freissel*, 1475; — *Lou Fraysse*, 1680 (terr. de Mauriac). — *Lo Faysse*, 1632 (rentes dues au doyen de Mauriac).

FRAISSE (LE), f^{me}, c^{ne} de Saint-Clément.

FRAISSE (LE), dom. ruiné, c^{ne} de Saint-Georges. — *Mansus de Fraysser*, 1294 (arch. dép. s. G). — *Lo Fraisse*, 1671 (insin. du bailliage de Saint-Flour).

FRAISSE (LE), ruiss., prend sa source dans la c^{ne} de Sarrus et forme, par sa réunion avec le ruisseau du Puech, le ruisseau de la Barbasse, après un cours de 1,000 m. — *Russeau appellé del Fraysse*, 1493; — *Rieuf del Fraisse*, 1494 (terr. de Mallet).

FRAISSE (LE), écart, c^{ne} du Trioulou. — *Le Fraysse*, 1857 (Dict. stat. du Cantal).

FRAISSE-BAS, vill., c^{ne} de Laveissière. — *Frayssenus Subterior*, 1498 (arch. dép. s. E). — *Fraisse-lo-Soutra; Fraixe-Soubtra*, XVe s^e (terr. de Chambeuil). — *Fraisser-Sobtra*, 1528 (arch. dép. s. E). — *Fraixe-Soutra*, 1535 (terr. de la v^{té} de Murat). — *Fresse-Bas* (Cassini).

FRAISSE-HAUT, vill. et chapelle détruite, c^{ne} de Laveissière. — *Fraice*, 1237 (arch. dép. s. H). — *Fraysser-la-Sobra*, 1403 (id. s. E). — *Fraysse-

Soubra, 1490 (terr. de Chambeuil). — *Frayssenus Superior*, 1498 (arch. dép. s. H). — *Fraixe-Soubra*, 1535 (terr. de la v^té de Murat). — *Fraixe-Sobre*, 1559 (min. Lanusse, n^re). — *Fraisse-Sobra*, 1591 (terr. de Bressanges). — *Fraisse-Soubra*, 1618 (min. Danty, n^re). — *Fraisse-Soubro*, 1756 (terr. de la coll. de Notre-Dame de Murat). — *Haut-Fresse* (Cassini).

FRAISSELADE, m^in, c^ne d'Arches.

FRAISSELADE, ruiss., affl. de la Dordogne, c^ne d'Arches; cours de 970 m.

FRAISSELOUX, mont. à vacherie, c^nes de Condat-en-Feniers et de Montbondif.

FRAISSENOUX, vill. détruit, c^ne de Lieutadès. — *Villaige de Fraissenos*, 1508; — *Rimfrèzes-le-Grand qu'on appelloit antiennement le villaige de Fraissenoux*, 1686 (terr. de la Garde-Roussillon).

FRAISSI (LE), dom. ruiné, c^ne de Giou-de-Mamou. — *Domaine appellé de Frayssy*, 1695 (terr. de la command. de Carlat).

FRAISSI, vill. détruit, c^ne de Polminhac. — *Mansus de Fraxinis*, 1489 (reconn. à J. de Montamat). — *Fraisser*, 1521; — *Mansus de Leyvairia, alias del Fraisse*, 1531 (min. Vigery, n^re à Aurillac). — *Lou Fraysse*, 1630 (état civ. d'Aurillac). — *Lou Fraist*, 1638 (*id.* de Naucelles). — *Le Fraissé*, 1639 (min. Dumas, n^re à Polminhac). — *Lou Fraise*, 1666 (état civ.).

FRAISSI, vill., c^ne de Saint-Cernin. — *Fraysser; Frayssers*, 1464 (terr. de Saint-Christophe). — *Fraisse*, XVIe s^e (arch. mun. d'Aurillac, s. GG, p. 21). — *Fraisene*, 1660 (état civ. d'Ayrens). — *Fraissi*, 1662 (*id.* de Saint-Cernin). — *Fraissy*, 1671 (*id.* de Marmanhac). — *Frayssy*, 1700; — *Fraysse*, 1701; — *Fresse*, 1704 (*id.* de Saint-Cernin). — *Fraissé*, 1730 (arch. dép. s. C, l. 32).

FRAISSI-BAS, vill., c^ne de Polminhac. — *Fraxinus inferior*, 1485 (reconn. à J. de Montamat). — *Fraisse Soteyra*, 1531 (min. Vigery, n^re). — *Fraissé-Souteyre*, 1654 (arch. mun. d'Aurillac, s. CC, p. 8). — *Fraisse-Bas*, 1668 (nommée au p^ce de Monaco). — *Frayssy-Bas*, 1672 (état civ.). — *Fraissé-Bas; Fraysse-Bas; Fraysse-Souteyro*, 1692 (terr. de Saint-Geraud).

FRAISSI-DEL-MIEX, vill., c^ne de Polminhac. — *Fraisse-del-Miech*, 1642; — *Fraissi-del-Miex*, 1643 (min. Dumas, n^re à Polminhac). — *Fraissé-de-Miech*, 1654 (arch. mun. d'Aurillac, s. CC, p. 8). — *Fraisi-del-Mich*, 1670; — *Fraysse-del-Meix*, 1679 (état civ.). — *Fraisse-del-Mietz*, 1692 (terr. de Saint-Geraud). — *Fraissy-Delmiex*, 1750 (anc. cad.).

FRAISSI-HAUT, vill., c^ne de Polminhac. — *Mansus de Fraxinis Altis*, 1489 (reconn. à J. de Montamat). — *Fraysser Sobeyra*, 1521; — *Fraisser Sobeyra*, 1522 (min. Vigery, n^re à Aurillac). — *Fraisse-Hault*, 1610 (aveu de J. de Pestels). — *Fraissi-Hault*, 1643 (min. Dumas, n^re à Polminhac). — *Frayssy-Haut*, 1669; — *Fraise-Haut*, 1670 (état civ.). — *Frayssé-Haut; Frayssé-Soubeyrou; Frayssé-Sobeyro; Fraissé-Haut; Fraisse-Soubeyro*, 1692 (terr. de Saint-Geraud). — *Fraissy-Haut*, 1750 (anc. cad.).

FRAISSINES, dom. ruiné, c^ne de Marcolès. — *Affarium sive mansus de Fraysinas*, 1301 (pièces de l'abbé Delmas).

FRAISSINES, dom. ruiné, c^ne de Saint-Constant. — *Villaige de Fraissing*, 1641; — *Frayssines*, 1698 (état civ.). — *Le Fraisse*, 1786 (lièvre de la baronnie de Calvinet).

FRAISSINET, vill., c^ne d'Oradour. — *Frexannet*, 1559 (min. Lanusse, n^re). — *Fraissanet*, 1559 (inv. des titres de N.-D. de Murat). — *Frayssené*, 1625 (état civ. de Saint-Flour). — *Fraissinet*, 1645 (arch. dép. s. G). — *Fraissinès*, 1646; — *Fraycinet*, 1653; — *Freyssinet*, 1662 (état civ. de Pierrefort). — *Frayssinet* (Cassini).

Ce village a possédé autrefois une chapelle, succursale très ancienne de l'abbaye de Bonneval.

FRAISSINET, vill., taillis, c^ne de Saint-Flour. — *Fraycenetum*, 1322; — *Fraissynetum; Frayssinetum*, 1327 (arch. départ. s. G). — *Fraycenet*, 1354 (homm. à l'évêque de Clermont). — *Fraxinettum*, XVe s^e (arch. dép. s. G). — *Fraissinet*, 1510 (terr. de Maurs). — *Frayssenetum*, 1526 (arch. dép. s. H). — *Fraysenet; Frayssenet*, 1537; — *Fraissonet*, 1540 (terr. de Villedieu). — *Freyscenet*, 1618 (*id.* de Sériers). — *Freissanet*, 1658 (min. Danty, n^re). — *Freyssenet*, 1693 (état civ. de Moissac). — *Frissinet*, 1739 (*id.* de Saint-Flour). — *Fressinet* (Cassini).

FRAISSINET, ruiss., affl. de la rivière d'Ande, c^ne de Saint-Flour; cours de 4,500 m. Il porte à Saint-Flour le nom d'*Escure*. — *Juxta aquam dictam de Pozarot, sive de la Plancheta*, 1312 (arch. dép. s. G).

FRAISSINET, mont. à burons, c^ne de Saint-Projet.

FRAISSINET, vill., c^ne de Veyrières. — *Freyssinet*, 1686 (état civ. de Saignes). — *Freiseinet* (Cassini). — *Fraissinet* (État-major).

FRAISSINET, ruiss., affl. du ruisseau de Veyrières, c^ne de ce nom; cours de 700 m.

FRAISSINETTE (LA), écart., c^ne de Brezons. — *La Fraissinette* (État-major).

FRAISSINETTE (LA), vill., c^ne de Coltines. — *La Fressaneda*, 1581 (terr. de la command. de Celles). —

La Fraysseneto, 1596 (insin. du bailliage de Saint-Flour). — *La Freyssenotte; la Freyssenette; la Freyssenodde*, 1652 (terr. du prieuré de Coltines). — *La Freyssonnette*, 1670 (état civ. de Massiac). — *La Freyssaneda*, fin du XVII° s° (terr. de Bressolles).

FRAISSINOUX, ham., c^{ne} d'Espinasse. — *Freissinoux* (Cassini). — *Fraissinous*, 1855 (Dict. stat. du Cantal).

FRAISSINOUX, vill., c^{ne} de Lorcières. — *Fraycenos*, 1416; — *Fraysenos*, 1418 (arch. dép. s. H). — *Fraissenos*; 1508 (terr. de Montchamp). — *Fraissinous*, XVI° s° (arch. dép. s. H). — *Fraicenoux*, 1624 (terr. de Ligonnès). — *Fraissenou*, 1640; — *Freissenoux*, 1648 (arch. dép. s. H). — *Freyssenoux; Freisenoux; Frayssenoux; Freiseinoux; Fraisse-Noux*, 1662 (terr. de Montchamp). — *Fraissinou*, fin du XVII° s° (id. de Chaliers). — *Fressenoux*, 1730 (id. de Montchamp). — *Fraissenoux*, 1745 (arch. dép. s. C, l. 45). — *Fraissinoux; Freyssinnoux; Fressinou*, 1760; — *Freyssinoux*, 1763 (id. l. 48). — *Fressinoux*, 1784 (Chabrol, t. IV). — *Freyssinouze* (Cassini). — *Fressinouz* (État-major). — *Frayssinous*, 1856 (Dict. stat. du Cantal).

FRAISSY, vill., c^{ne} d'Ally. — *Frayssenet*, 1464 (terr. de Saint-Christophe). — *Frayssie*, 1654; — *Lou Fraissi*, 1693; — *Fraissez*, 1694; — *Fraisser*, 1695 (état civ.). — *Lou Frayssy*, 1769; — *Le Fraisse*, 1769; — *Le Fresse*, 1770 (arch. dép. s. C).

FRAISSY (LE), vill., c^{ne} de Mauriac.

FRALEIX, mont. à vacherie, c^{ne} de Saint-Paul-de-Salers. — *Montaigne appelée de Fraliex*, 1591 (grand livre de l'Hôtel-Dieu de Salers).

FRALEIX, écart, c^{ne} de Saint-Santin-Cantalès.

FRALLE, dom. ruiné, c^{ne} d'Andelat. — *Villaige de Fralle*, 1664 (terr. de Bredon).

FRAMADENGHE, mont. à vacherie, c^{ne} de Brezons.

FRAMARY, dom. ruiné, c^{ne} de Roannes-Saint-Mary. — *L'affar appellé de Framary*, 1692 (terr. de Saint-Geraud).

FRANCATS (LES), dom. ruiné, c^{ne} de Boisset. — *Affar des Francatz*, 1669 (nommée au p^{cc} de Monaco).

FRANCEZADE, ham., c^{ne} des Deux-Verges. — *Fonzezonde* (Cassini). — *Francezade* (État-major). — *Faucezade*, 1855 (Dict. stat. du Cantal).

FRANCHESSE (LA), mont. à vacherie, c^{ne} de Champs.

FRANCIE (LA), dom. ruiné, c^{ne} de Saint-Christophe. — *Mansus de la Francia*, 1442 (arch. mun. d'Aurillac, s. HH, c. 21).

FRANCIO (LA), vill., c^{ne} de Malbo. — *La Francio*, 1653 (état civ. de Pierrefort). — *La Francize*, 1668; — *La Francie*, 1671 (nommée au p^{cc} de Monaco).

FRANCIZE (LA), dom. ruiné, c^{ne} de Brezons. — *Villaige de la Francize*, 1669 (nommée au p^{cc} de Monaco).

FRANCONNÈCHE (LA), vill., c^{ne} du Falgoux. — *La Franconnesche*, 1668 (état civ. de Saint-Martin-de-Valois). — *Franconesche*, 1671 (id. de Salers). — *Francounische*, 1702 (id. de Saint-Martin-Valmeroux). — *Franconèche* (Cassini).

FRANGIOLS, écart, c^{ne} de Siran.

FRANSÈCHE (LA), f^{me}, c^{ne} de Champs.

FRAQUIÉ (LE), dom. ruiné, c^{ne} de Sénezergues. — *Affar de Fraquie*, 1668 (nommée au p^{cc} de Monaco).

FRAQUIER, vill., c^{ne} de Leynhac. — *Fracguyer; Fratguyer*, 1510 (terr. de Maurs). — *Fraquié*, 1613 (état civ. de Saint-Étienne-de-Maurs). — *Fraquier* (Cassini).

FRAQUIERS, vill., c^{ne} de Ladinhac. — *Fracquiez*, 1464 (vente par Guill. de Treyssac). — *Fraquié*, 1536 (terr. de Coffinhal). — *Fratquié*, 1549 (min. Boygues, n^{re}). — *Fratquyé*, 1550 (id. de Vayssieyra, n^{re}). — *Fratguyié*, 1564 (id. Boyssonnade, n^{re}). — *Frasquich*, 1610 (aveu de J. de Pestels). — *Fraquiès*, 1629; — *Fraquier*, 1632 (état civ. de Montsalvy). — *Fraquieir*, 1668 (nommée au p^{cc} de Monaco). — *Fraquier*, 1747 (arch. dép. s. C). — *Fraquiers*, 1750; — *Fracquiers*, 1753 (anc. cad.). — *Franquiès* (Cassini).

FRASELLES, dom. ruiné, c^{ne} de Saint-Mamet-la-Salvetat. — *Villaige de Fraselles*, 1663 (état civ.).

FRAU (LE), mⁱⁿ détruit, c^{ne} de Bredon. — *Lo mollin del Frau*, 1580 (liève de la v^{té} de Murat).

FRAU (LE), dom. ruiné, c^{ne} de Cheylade. — *Villaige du Frau*, 1585 (terr. de Graule).

FRAU (LE), mont. à vacherie, c^{ne} du Claux.

FRAU (LOU), dom. ruiné, c^{ne} de Junhac. — *Villaige de lou Frau*, 1763 (état civ.).

FRAU (LE), f^{me}, c^{ne} de Paulhac. — *Affarium sive Frau del Puech Besso*, 1511 (terr. de Maurs).

FRAU (LE), mont. à vacherie, c^{ne} de Valuéjols. — *Montaigne du Freau de Madame*, 1687 (terr. de Loubeysargues).

FRAUD (LE), mont. à vacherie, c^{nes} de Bredon et de Laveissière.

FRAUGUES (LAS), dom. ruiné, c^{ne} de Ladinhac. — *Villaige de Foeurlhes*, 1548 (min. Boygues, n^{re}). — *Fraurchues*, 1548 (id. Guy de Vayssieyra). — *Fraurches; Freuygues*, 1549 (id. Boygues, n^{re}). — *Fraurlhies*, 1549 (id. Guy de Vayssieyra).

Fraust, écart, cⁿᵉ de Condat-en-Feniers.
Fraust-Bas (Le), ham., cⁿᵉ de Cassaniouze. — *Lo Fraust*, 1414 (terr. de Cassaniouze). — *Lou Fauds*, 1654; — *Lou Fraoust*, 1658 (état civ.). — *Lou Froust*, 1670 (terr. de Calvinet). — *Affar de Labro, jadis appellé del Fraust*, 1760 (terr. de Saint-Projet). — *Le Fraut; le Frau*, 1785 (arch. dép. s. C, l. 49). — *Lou Fraux*, 1786 (liève de Calvinet).
Fraust-Haut (Le), écart, cⁿᵉ de Cassaniouze.
Frau-Teysserenc (Le), dom. ruiné, cⁿᵉ de Polminhac. — *Domaine appellé des Faulh; des Faux*, 1583 (terr. de Polminhac). — *Affar appellé lou Frau-Teysserenc*, 1671 (nommée au pᶜᵉ de Monaco).
Fraux, dom. ruiné, cⁿᵉ de Boisset. — *Affar appellé des Fraus*, 1668 (nommée au pᶜᵉ de Monaco).
Fraux (Les), mont. à vacherie, cⁿᵉ de Brezons. — *Fraudes domini de Bresons*, 1511 (terr. de Maurs).
Fraux (Les), mont. à vacherie, cⁿᵉ de Lavigerie.
Fraux (Les), vill., cⁿᵉ de Neuvéglise. — *Les Fraux*, 1730 (terr. de Montchamp).
Fraux (Les), vill. et forêt, cⁿᵉ de Rouffiac.
Fraux (Les), dom. ruiné, cⁿᵉ d'Yolet. — *Affar appellé des Fraux*, 1668 (nommée au pᶜᵉ de Monaco).
Fraux-Bas (Les), vill., cⁿᵉ de Rouffiac.
Fraux-de-Valuéjols (Les), dom. ruiné et mont. à burons, cⁿᵉ de Valuéjols. — *Métérie appellée del Frau*, 1649; — *Barthas appellé del Pas-del-Freau*, 1658 (min. Danty, nʳᵉ). — *Montaigne du Frau-de-Vallougol*, XVIIᵉ sᵉ (arch. dép. s. E).
Fraux-Hauts (Les), vill., cⁿᵉ de Rouffiac. — *Les Fraus*, 1327 (arch. mun. d'Aurillac, s. HH, c. 21).
Fraysane, chât. ruiné, cⁿᵉ de Freix-Anglards. — *Le chasteau de Fraysane*, 1597 (min. Lascombes, nʳᵉ).
Fraysse (Le), dom. ruiné, cⁿᵉ de Drignac. — *Lou Fraysse*, 1646 (état civ. de Mauriac).
Fraysse (Le), écart, cⁿᵉ de Quézac. — *Lou Fraisse*, 1604; — *Lou Frayssé*, 1748 (état civ. de Saint-Étienne-de-Maurs).
Frayssé (Le), dom. ruiné, cⁿᵉ de Saint-Martin-sous-Vigouroux. — *Lou Fraissé*, 1640 (arch. dép. s. H).
Frayssi (Le), ham., cⁿᵉ de Saint-Victor. — *Lo Fraysse*, 1327 (pap. de la fam. de Montal). — *Lou Fraisse*, 1637 (min. Sarrauste, nʳᵉ). — *Lou Frauty*, 1676; — *Lou Fraici*, 1678 (état civ. d'Ayrens). — *Le Fraissy*, 1857 (Dict. stat. du Cantal).
Frayssinet, vill., cⁿᵉ de Coltines.
Frayssinet, chât. et mⁿ, cⁿᵉ de Saint-Bonnet-de-Marcenat. — *Fressiné* (Cassini). — *Fraissinet* (État-major).
Frayssinhes, vill., cⁿᵉ de Freix-Anglards. — *In Frasines*, 1324; — *Frayssinas*, 1410 (arch. mun. d'Aurillac, s. HH, c. 21). — *Frayssinetz*, 1464 (terr. de Saint-Christophe). — *Freissines*, 1628 (paraphr. sur les coutumes d'Auvergne). — *Passinhes*, 1642 (inv. des titres de la cure de Jussac). — *Fraichines*, 1659; — *Fraissinies*, 1660; — *Freissinies*, 1663; — *Fraissinhes*, 1702 (état civ. de Saint-Cernin). — *Frayssinhes*, 1744 (arch. dép. s. C, l. 32). — *Frayssines*, 1744 (anc. cad. de Saint-Cernin). — *Fressines*, 1784 (Chabrol, t. IV). — *Fraissignes* (État-major).
Fréau (Le), mont. à vacherie, cⁿᵉ de Pailhérols.
Frécaudie (La), vill., cⁿᵉ de Lanobre. — *La Faicodie* (Cassini). — *La Frécodie*, 1790 (min. Marambal, nʳᵉ à Thinières). — *Frécaudie* (État-major).
Frécaudie (La), ruiss., affl. du ruisseau du Pont-de-Poste, cⁿᵉ de Lanobre; cours de 2,300 m.
Frediène (La), vill. détruit, cⁿᵉ de la Chapelle-Laurent.
Frégevialle, dom. ruiné, cⁿᵉ de Saint-Julien-de-Jordanne. — *Affar appellé de Frégevialle*, 1692 (terr. de Saint-Geraud).
Frégevialle, mont. à burons, cⁿᵉ de Saint-Projet.
Frégevialle-Bas, écart, cⁿᵉ de Saint-Projet. — *Freydeval*, 1857 (Dict. stat. du Cantal).
Frégevialle-Haut, fⁿᵉ, cⁿᵉ de Saint-Projet. — *Freghaviala*, 1509 (reconn. à l'hôp. d'Aurillac); — *Freghavialla*, 1642 (état civ. de Pleaux). — *Frigivialle*, 1658 (insin. du bailliage de Salers). — *Frégevialle*, 1676; — *Freyeviala*, 1680 (état civ.). — *Frégivielle* (Cassini). — *Frigivielle* (État-major).
Frégière (La), ham., cⁿᵉ de Cassaniouze. — *La Fregieyra*, 1414 (terr. de Cassaniouze). — *La Frégueyre*, 1668; — *La Fergière*, 1674; — *La Friyères*, 1675 (état civ.). — *La Frigières*, 1740 (anc. cad.). — *La Frégieyre*, 1760 (terr. de Saint-Projet).
Frégière (La), fⁿᵉ, cⁿᵉ de Saint-Simon. — *Las Frégieyres; las Frégières*, 1692 (terr. de Saint-Geraud).
Freidefont, mont. à burons, cⁿᵉ de Trizac. — *Montanæ de Freydefont*, 1506 (homm. à l'évêque de Clermont). — *Freydafo*, 1520 (terr. d'Apchon). — *Freidefon*, 1607 (table de ce terr.). — *Freydefon*, 1783 (aveu par G. de la Croix). — *Freidfont* (Cassini).
Freissarts (Les), dom. ruiné, cⁿᵉ de Saint-Simon. — *Mas appellé des Freysartz*, 1692 (terr. de Saint-Geraud).
Freissigne, écart, cⁿᵉ de Thiézac.
Freissinet, vill., cⁿᵉ d'Auriac. — *Fraissenit*, 1705; —

Fricenet, 1715 (état civ. de Saint-Victor-sur-Massiac). — *Fressenet*, 1784 (Chabrol, t. IV). — *Fraissinet* (État-major).

FREISSINET, ruiss., affl. de la Sionne, c^ne d'Auriac; cours de 3,500 m.

FREISSIVIÈRE, métairie ruinée, c^ne de Marmanhac. — *Grangia de la Frayssiveria*, 1494 (test. de G. de Sédaiges). — *Freyssinières* (états de sections).

FREIX-ANGLARDS, c^on de Saint-Cernin. — *Affarium dals Fraus d'Anglars*, 1297; — *Fragidum Anglars*; *Frays Anglars*, 1316 (arch. mun. d'Aurillac, s. HH, c. 21). — *Frexanglars*, 1378 (fond. de la chapell. des Blats). — *Frech Anglars*, 1410; — *Sieh Anglars*, 1420; — *Frechs Anglars*, 1434 (arch. mun. d'Aurillac, s. HH, c. 21). — *Frectz Anglars*, 1521; — *Freitz Anglars*, 1522 (min. Vigery, n^re). — *Fréchanglardz*, 1598 (id. Lascombes. n^re). — *Frechanglars*, XVIe s^e (arch. mun. d'Aurillac, s. GG, p. 21). — *Frexanglardz*, 1627 (terr. de N.-D. d'Aurillac). — *Frex-Anglard*, 1650 (id. de Saint-Christophe). — *Freisanglard*, 1658 (insin. du bailliage de Salers). — *Fretanglars*, 1662 (état civ. de Saint-Cernin). — *Frès-Anglars*, 1669 (nommée au p^ce de Monaco). — *Anglars-lou-Fraix*, 1692; — *Fraix-Anglars*, 1699; — *Anglars-lou-Frex*, 1700; — *Anglars-lou-Frasse*, 1701 (état civ. de Saint-Cernin). — *Anglars*, 1730 (arch. dép. s. C, l. 32). — *Englars*, 1744 (anc. cad. de Saint-Cernin). — *Anglars-lou-Frech*, 1753; — *Anglars-le-Freix*, 1787 (arch. dép. s. C, l. 32). — *Frex-Anglar* (Cassini).

Freix-Anglards était, avant 1789, régi par le droit écrit, dépend. de la justice seign. de Nozières, et ressort. au bailliage d'Aurillac, en appel de sa prév. part. — Son église, dédiée aux saints Jacques et Philippe, était autrefois desservie par les prêtres de la paroisse de Saint-Cernin, dont elle était une annexe. Elle a été érigée en succursale par ordonnance royale du 5 janvier 1820. — La loi du 20 mai 1839 a formé la commune de Freix-Anglards d'un démembrement de celle de Saint-Cernin.

FRELUC, vill. avec manoir, c^ne de Drugeac. — *Ferlux*, 1690 (état civ.). — *Ferluc*, 1743 (arch. dép. s. C, l. 44). — *Freluc*, 1746; — *Frelut*, 1787 (id. l. 41).

FRELUC, châtell., c^ne de Moussages. — *Frelut*, 1784 (Chabrol, t. IV).

Freluc était, avant 1789, le siège d'une justice seign. moyenne et basse, régie par le droit cout., et ressort. au bailliage d'Aurillac, en appel de la prév. de Mauriac.

FRENHAC, dom. ruiné, c^ne de Neuvéglise. — *Villaige de Freniac*, 1672 (insin. du bailliage de Saint-Flour).

FRENOLIAC, dom. ruiné, c^ne de Ladinhac. — *Le villaige de Frenolhac*, 1549 (min. Boygues, n^re).

FRENONIAS, dom. ruiné, c^ne de Saint-Julien-de-Jordanne. — *Affarium vocatum de la Frenonias*, 1378 (fond. de la chapell. des Blats). — *Affar de la Frontnia*, 1573 (terr. de la chapell. des Blats).

FRESCALDIE (LA), vill., c^ne de la Capelle-Viescamp. — *La Frescaldies*, 1623 (état civ. de Saint-Paul-des-Landes). — *La Frescaldie*, 1669 (min. Sarrauste, n^re). — *La Frescaudie*, 1675 (état civ. de Laroquebrou). — *La Fresquaudie*, 1685 (id. de Crandelles).

FRESCOLANGES, vill., c^ne de Cezens. — *Frescollanges*, 1596 (insin. du bailliage de Saint-Flour). — *Frescrallanges*; *Frescralanges*, 1633; — *Frescolanges*, 1636 (ass. gén. ten. à Cezens).

FRESQUET, mont. à vacherie, c^ne de Malbo.

FRESSANGES, vill., c^ne de Moussages. — *Freilinges*, 1654 (état civ. d'Anglards-de-Salers). — *Freyssenges*, 1659; — *Freisenges*, 1663 (insin. du bailliage de Salers). — *Freyssanges*, 1669 (état civ. de Trizac). — *Fressanges*, 1713; — *Frayssanges*, 1714 (id. de Moussages). — *Fressange*, 1856 (Dict. stat. du Cantal).

FRESSANGES, vill., c^ne de Neuvéglise. — *Fraissenghes*; *Freissenghes*; *Freissenges*, 1494 (terr. de Mallet). — *Frayssenges-Marchal*, 1612 (état civ. de Saint-Flour). — *Freysenghes*, 1618 (terr. de Sériers). — *Freyssenges*, 1636 (id. des Ternes). — *Fraissenges*, 1665 (état civ. de Murat). — *Fraisenges*, 1671; — *Freysenges*, 1677 (insin. du bailliage de Saint-Flour). — *Fraissainges*, fin du XVIIe s^e (lièvre des Ternes). — *Fressanges* (Cassini). — *Fressange*, 1856 (Dict. stat. du Cantal).

Fressanges était, avant 1789, le siège d'une justice seign. moyenne et basse, dépend. de la justice de Rochegonde, et ressort. au bailliage de Saint-Flour, en appel de sa prév. part. — L'église de Fressanges, dédiée à sainte Anne, a été érigée en succursale par ordonnance royale du 19 mars 1838.

FRESSINET, ham., c^ne de Saint-Bonnet-de-Marcenat.

FRESSINÈTE, mont. à vacherie, c^ne de Cheylade.

FNÉVAL, écart, c^ne d'Andelat. — *Fuelvailh*, 1508 (terr. de Montchamp). — *Frévailh*, 1583; — *Métairie du Fervail*, 1673 (arch. dép. s. G).

FRÉVAL (LE), ruiss., affl. de l'Arcomie, c^ne de Bournoncles; cours de 3,800 m. — *Ferval* (État-major).

FRÉVAL, dom. ruiné, c^ne de Velzic. — *Le mas Fréval*, 1692 (terr. de Saint-Geraud).

FRÉVAL, dom. ruiné, c^ne de Virargues. — *Mansus de Fuelh Valh*, 1433 (arch. dép. s. E). — *Affarium Freydabiella*, 1446 (terr. de Farges). — *Frevailh*, 1536 (*id.* de la v^té de Murat).

FREYDEFONT, vill. en ruines, c^ne de Trizac. — *Villaige de Frei-de-Fon*, 1607 (terr. de Trizac).

FREYDEVIALLE, vill., c^ne de Sainte-Eulalie. — *Frigidavilla*, 1464 (terr. de Saint-Christophe). — *Frégheviallo*, 1597 (min. Lascombes, n^re). — *Freydaviolle*, 1632; — *Fredavialle*, 1647 (état civ. de Loupiac). — *Fredevialle*, 1657 (*id.* d'Ally). — *Frixibialey*, 1659 (*id.* de Saint-Cernin). — *Freydevialle*, 1660 (*id.* de Salers). — *Frège Viole*, 1665; — *Freige-Vialle*, 1670 (*id.* de Pleaux). — *Freidevialle*, 1693 (état civ. de Saint-Martin-Valmeroux). — *Frei-de-Vialle*, 1738 (*id.* de Drugeac). — *Freyviale*, 1770 (*id.* de Loupiac). — *Fraidevialle* (Cassini).

FREYDEVIALLE, ham., c^ne de Saint-Paul-de-Salers. — *Freia Villa*, 1269 (arch. mun. d'Aurillac, s. FF, p. 15). — *Freydavila*, 1332 (lièvo du prieuré du Vigean). — *Fraydevialle* (Cassini).

FREYDEVILLE, dom. ruiné, c^ne de Saint-Poncy. — *Lo villaige de Frédeville*, 1613 (terrier de Nubieux).

FREYDEVILLE, dom. ruiné, c^ne de Saint-Vincent. — *Lo mas de Freydavila*, 1332 (lièvo du prieuré de Saint-Vincent). — *Mas de Freydevialle*, 1410 (arch. généal. de Sartiges).

FREYPRAT, m^in, c^ne de Pailhérols. — *Moulin Faiprot* (État-major).

FREYTE (LE), m^in détruit, c^ne d'Allanche. — *Le moulin de Freyre*, 1509 (terr. de F^oi Charbonnel).

FREYSSE (LE), mont. à burons, c^ne de Pailhérols.

FREYSSINET, vill., c^ne de Chalinargues. — *Frayssoneyras*, 1491 (terr. de Farges). — *Freissanctum*, 1497 (arch. dép. s. H). — *Frayxsanet*, 1535 (terr. de la v^té de Murat). — *Fraixennet*, 1580 (lièvo conf. de la v^té de Murat). — *Freyssenet*, 1593 (terr. de Bressanges). — *Freysanet; Freysannet*, 1624 (insin. de la cour royale de Murat). — *Fraissanet*, 1649 (état civ. de Murat). — *Freissenet*, 1668 (insin. de la cour royale de Murat). — *Fraissenet; Fraissennet*, 1677 (arch. dép. s. G). — *Freysset*, 1693 (état civ. de Moissac). — *Freycinet* (État-major).

FREYSSINET, ruiss., afll. de l'Alagnon, c^nes de Chalinargues et de Celles; cours de 2,000 m. Il porte aussi les noms de *Chabezat*, *Chalinargues*, *Cheylat*, *Ratabas* et *Tissonnière*. — *Rivus fluens de Teyssenoyras; rivus vocatus d'Aygas*, 1491 (terr. de Farges). — *Ruiss. de Teyssonneyres; rif del Cheilar*, 1580 (lièvo conf. de la v^té de Murat). — *Ruisseau de Teyssouneyras*, 1591 (terr. d'Anteroche). — *Ruiss. de Teissonneyres*, 1598 (reconn. au roi par les consuls d'Albepierre).

FREYT (LE), f^me, c^ne de Laroquevieille. — *Fraysser*, 1419; — *Flietz sive Roquenatho*, 1509 (reconn. à l'hôp. d'Aurillac). — *Fleys*, 1693 (inv. des titres de l'hop. d'Aurillac). — *La grange de Freyt* (État-major).

FREYTET, vill., c^ne de Riom-ès-Montagnes. — *Freytet*, 1717 (arch. dép. s. C). — *Freytel*, 1780 (lièvo de Saint-Angeau).

FRIDAÏRE (LE SUC DE), mont. à vacherie, c^ne de Saint-Étienne-de-Riom.

FRIDEFONT, vill., c^ne de Sarrus. — *Frigidus Fons*, 1338 (spicil. Brivat.). — *Freidaffon; Freideson; Froidesfont; Froidefont; Freydaffont*, 1494 (terr. de Mallet). — *Fridefon*, 1623; — *Fridessount*, 1624; — *Fredafon*, 1680; — *Freidafont*, 1681 (insin. de la cour royale de Murat). — *Fraydefons*, 1784 (Chabrol, t. IV). — *Fridefent* (État-major). — *Frédefond*, 1857 (Dictionnaire statistique du Cantal).

Fridefont est le chef-lieu de fait de la c^ne de Sarrus. Un décret du 28 août 1808 avait érigé l'église de Sarrus en succursale.

FRIDEIRE (LA), dom. ruiné, c^ne de Saint-Mary-le-Plain. — *Nemus et locus de la Freydeyra*, 1329 (enq. sur la justice de Vieillespesse).

FRIDEYRE (LE PUECH DE), mont., c^ne de Celles.

FRIDIÈRES, f^me et briqueterie, c^ne de Chaudesaigues. — *Frédières*, 1784 (Chabrol, t. IV). — *Frédeire*, 1855 (Dict. stat. du Cantal).

FRIDIÈRES, faubourg, c^ne de Saint-Flour. — *Frideira; Frodeyra*, 1310 (arch. dép. s. G). — *Frideyra*, 1444; — *Freydeyra*, 1459 (arch. mun. de Saint-Flour). — *Fredeyre*, 1494 (terr. de Mallet). — *Chapelle de Notre-Dame de Fridières*, 1740 (état civ.).

FRIDOU, vill. et m^in, c^ne de Saint-Flour. — *Feyrials*, 1570 (arch. mun.). — *Molain du Freydou*, 1678 (insin. du bailliage de Saint-Flour).

FRIGIVIALLE, écart et m^in, c^ne de Lascelle. — *Fagida-Villa*, 1308 (arch. dép. s. G). — *Frégevialle*, 1695; — *Frigiavialle*, 1712 (*id.* s. C, l. 8). — *Frigivialle* (Cassini).

FRIGIVIALLE, ruiss., afll. de la Jordanne, c^ne de Lascelle; cours de 1,700 m. On le nomme aussi *Mazieux*. — *Ruisseau du Drelher*, 1666 (arch. dép. s. E).

FRIPÈS, ham. et m^in, c^ne de Valuéjols. — *Freiches*, 1256 (arch. dép. s. H). — *Fruches*, 1441 (*id.*

s. E). — *Fruva*, 1484 (terr. de Farges). — *Frutbes*, 1508 (id. de Loubeysargues). — *Freyt-Bes*, 1511 (id. de Maurs). — *Frutbez*, 1575 (id. de Bredon). — *Frubis*, 1644; — *Frubbes*, 1661 (terr. de Loubeysargues). — *Frutbex*, 1670 (id. de Brezons). — *Frubes*, 1687 (id. de Loubeysargues). — *Fribes*, xvii° s° (arch. dép. s. E). — *Frupbes*, xviii° s° (id. s. G). — *Froubes*, xviii° s° (terr. de Loubeysargues). — *Frepez* (Cassini).

Frires (Le), ruiss., aff. de la rivière d'Ande, c^{nes} de Valuéjols et d'Ussel; cours de 6,280 m. — *Aqua vocata de Freyt Bes*, 1511 (terr. de Maurs). — *Ruisseau de Frutbex*, 1670 (id. de Brezons). — *Ruisseau del Fabre*, 1687 (id. de Loubeysargues).

Friponget, mont. à vacherie, c^{ne} de Valuéjols. — *Montaigne de Friponget*, 1646 (min. Danty, n^{re}).

Fromagier (Le), dom. ruiné, c^{ne} d'Aurillac. — *Boria vocata de Fromatgier*, 1478 (arch. dép. s. E). — *Fromatgac*, 1669 (nommée au p^{cé} de Monaco). — *Lou Fromagier*, 1692 (terr. de Saint-Geraud).

Fromental (La), dom. ruiné, c^{ne} d'Auzers. — *Mansus de la Fromental*, 1479 (nommée au seign. de Charlus).

Fromental (La), ham. et mⁱⁿ, c^{ne} de Fontanges. — *La Fromentau*, 1699 (état civ. de Saint-Martin-Valmeroux). — *Fromentot* (État-major).

Fromental, ham., c^{ne} de Sauvat. — *La Fromental*, 1688 (état civ. de Chastel-Marlhac). — *La Fromentale* (État-major).

Fromental, ruiss., aff. du ruisseau de Mardarel, c^{ne} de Sauvat; cours de 760 m.

Fromental (Le Moulin de la), mⁱⁿ, c^{ne} de Thiézac, transformé en maison d'école-mairie.

Fromentel, f^{me} avec manoir, c^{ne} de Molompize. — *Castrum del Fromental*, 1329 (enq. sur la justice de Vieillespesse). — *Fromentes*, 1559 (lièvre du prieuré de Molompize). — *Fromentel* (État-major).

Frons, vill. détruit, c^{ne} de Cezens. — *Villaige del Frons*, 1670 (insin. du bailliage de Saint-Flour).

Frons, ham., c^{ne} de Vieillevie.

Fronzade (La), dom. ruiné, c^{ne} de Giou-de-Mamou. — *Ténement de la Fronsade*, 1740 (anc. cad.).

Fronzade (La), écart, c^{ne} de Sénezergues. — *La Fronzade* (État-major).

Froquières, vill., c^{ne} de Badailhac. — *Frocquières*, 1643 (min. Froquières, n^{re}). — *La Fronquieyre*, 1650 (état civ. d'Aurillac). — *Froquières*, 1669 (nommée au p^{cé} de Monaco).

Frorst, dom. ruiné, c^{ne} de Jaleyrac. — *Villaige de Frorst*, 1506 (comptes au doyen de Mauriac).

Frouge (Le), vill., c^{ne} de Rageade. — *Fronges*, 1777 (arch. dép. s. E). — *Fruge* (Cassini).

Frougous, ham., c^{ne} d'Antignac. — *Frougoux*, 1852 (Dict. stat. du Cantal).

Frugène, mⁱⁿ, c^{ne} de Drugeac.

Frugère-Bas, vill., c^{ne} de Drugeac. — *Faugeyras*, 1475 (arch. dép. s. E). — *Brugères-Bas*, 1684 (min. Gros, n^{re} à Saint-Martin-Valmeroux). — *Frougeyras-Bas*, 1689; — *Frougeires*, 1690; — *Frugerez*, 1696 (état civ.). — *Frugères*, 1786 (arch. dép. s. C, 41).

Frugère-Haut, vill., c^{ne} de Drugeac. — *Villa Fargeyres*, xii° s° (charte dite *de Clovis*). — *Frougorre*, 1654 (état civ. du Vigean). — *Brugères-Hault*, 1684 (min. Gros, n^{re} à Saint-Martin-Valmeroux). — *Frougeires-Hault*, 1689; — *Fourgères*, 1690 (état civ.). — *Frugères*, 1697 (id. de Pleaux). — *Fruguières*, 1734 (état civ.). — *Frangieyres*, 1778 (inventaire des archives de la maison d'Humières).

Frugères, vill., c^{ne} de Talizat. — *Frugières*, 1635 (nommée par G^{lle} de Foix). — *Frutgières*; *Frugheyres*, 1654 (terr. du Sailhans). — *Frugère*, 1721 (état civ. de Bonnac). — *Freuzière*; *Frusière*, 1724; — *Fruzière*, 1725; — *Freusière*, 1727 (id. de Saint-Mary-le-Plain). — *Frugères* (Cassini). — *Freugeyre* (État-major).

Frugières, écart, c^{ne} de Cassaniouze.

Frugières, dom. ruiné, c^{ne} de Sainte-Anastasie. — *Village de Frugières*, 1702 (lièvre de Mardogne).

Fumade (La), burons, c^{ne} de Brezons.

Fumade (La), mont. à vacherie, c^{nes} du Claux et de Dienne. — *Montaigne de la Femade*, 1618 (terr. de Dienne).

Fumade (La), écart, c^{ne} de Marcenat.

Fumade (La), ham., c^{ne} de Saint-Saturnin. — *La Fumaille*, 1784 (Chabrol, t. IV).

Fumade (La), dom. ruiné, c^{ne} de Velzic. — *Boygue et boys appellés de Fermade*, 1592 (terr. de N.-D. d'Aurillac). — *Boygue et boy de Fermode*, 1693 (arch. de l'hôp. d'Aurillac).

Fumadou (Le), mont. à burons, c^{ne} du Falgoux. — *Buron de Fumadou* (État-major).

Fumel, f^{me} et chât. fort détruit, c^{ne} de Fontanges.

Furet (La), vill., c^{ne} de Condat-en-Feniers. — *Mansus del Far*, 1310 (Hist. de l'abbaye de Feniers). — *La Furet*, 1550 (terr. de Marvaud). — *La Forêt*, 1672 (état civ.).

Furgoux (Le), f^{me}, c^{ne} du Vaulmier. — *Lo mas Asurgos*, 1332; — *Lous Furgous*, 1589 (lièvre du prieuré de Saint-Vincent). — *Le Fourgoux*, 1857 (Dict. stat. du Cantal).

Furlange, vill., c^{ne} de Veyrières. — *Furlanges* (Cassini).

Furol (Le), dom. ruiné, c^{ne} de Saint-Étienne-de-Carlat. — *Lo mas Furol*, 1692 (terr. de Saint-Geraud).

Fuste (La), ruiss., affl. du ruisseau de Sylvestre, c^{nes} de Parlan et de Rouziers; cours de 1,250 m.

Fustien (Le), écart et m^{in}, c^{ne} d'Anglards-de-Salers.

Fuys, chât. détruit., c^{ne} d'Arpajon. — *Le ripère de Fuyz*, 1670 (nommée au p^{ce} de Monaco).

G

Gaairon (Le), mont. à vacherie, c^{ne} de Sériers.

Gabacuc (Le), ruiss., affl. de la Santoire, prend sa source dans la c^{ne} d'Église-Neuve-d'Entraigues (Puy-de-Dôme), arrose celles de Trémouille-Marchal et de Montboudif; cours de 7,000 m. — On le nomme aussi *Bagniard*. — *Le Gabacut* (État-major).

Gabade, m^{in} détruit, c^{ne} de Neuvéglise. — *Molin de Brémont*, 1662; — *Moulin de Brémon*, 1730; — *Moulin de Gabade*, 1762 (terr. de Montchamp).

Gabanel (Le), écart, c^{ne} d'Omps.

Gabanel, ruiss., affl. du ruisseau de Marbex, c^{ne} d'Omps; cours de 3,200 m. — On le nomme aussi *Le Duyé*.

Gaboeuf, ruiss., affl. de la Santoire, prend sa source dans la c^{ne} d'Église-Neuve-d'Entraigues (Puy-de-Dôme) et limite le département du Cantal sur une partie de la commmune de Montboudif; cours de 9,725 m. — *Rivière de Gasbeufz*, 1598 (insin. de la sénéch. d'Auvergne). — *Ruisseau des Clauzes* (Cassini). — *Ruisseau de Gabacut* (État-major).

Gabouliaga (Le), pont, autref. gué, c^{ne} d'Aurillac. — *Lou Gua-Boulhaga*, 1598 (arch. dép. s. E).

Gabres, écart, c^{ne} de Naucelles. — *Gabre*, 1564 (reconn. aux curé et prêtres de Naucelles). — *Gabré*, 1642 (état civ.).

Gache (La), ruiss., affl. de la rivière de Veyre, c^{ne} de Maurs; cours de 1,200 m.

Gachemille, vill. détruit, c^{ne} de Saint-Gérons. — *Mansi de Gachannula*, 1265 (reconn. au seign. de Montal). — *Guachannula*, 1345 (arch. dép. s. G). — *Guachamula*, 1423 (arch. mun. s. HH, c. 21). — *Guachanula*, 1449 (enq. sur les droits des seign. de Montal). — *Gachemille*, 1669 (nommée au p^{ce} de Monaco).

Gachie (La), f^{me}, c^{ne} d'Omps. — *La Gachie*, 1624 (état civ. de Saint-Mamet). — *La Garrie*, 1668 (nommée au p^{ce} de Monaco). — *La Gachio* (Cassini). — *La Gacie* (État-major).

Gachoires (Les), dom. ruiné, c^{ne} de Cayrols. — *L'affar del Gachoire; la Gachaire*, 1574; — *Gachoyre*, 1575 (livre des achaps d'Ant. de Naucaze).

Gadet, dom. ruiné, c^{ne} de Saint-Constant. — *Mas d'Angadet*, XVIIe s^e (reconn. au prieur de Saint-Constant).

Gaël (Le), dom. ruiné, c^{ne} de Saint-Simon.

Gaffelage, écart, c^{ne} d'Ytrac. Cet écart porte aussi le nom de *Montmège* — *Gaffelaze*, 1713 (arch. dép. s. G).

Gaffelut, mont. à burons, c^{ne} de Saint-Vincent. — *V^{rie} Caffaluc* (Cassini).

Gaffond, dom. ruiné, c^{ne} de Pailhérols. — *Villaige de Gaffond*, 1627 (min. Dumas, n^{re}).

Gagnac, écart et m^{in} détruit, c^{ne} d'Arpajon. — *Gagnacum*, 1465 (obit. de Notre-Dame d'Aurillac). — *Gainhacum*, 1531 (min. Vigery, n^{re}). — *Gaignac; le molin de Gaignhac*, 1670 (nommée au p^{ce} de Monaco). — *Ganhac*, 1704; — *Gagnac*, 1744 (arch. dép. s. C, l. 5).

Gagnoux, vill., c^{ne} de Saint-Christophe. — *Guanomas*, 1464 (terr. de Saint-Christophe). — *Ganio*, 1630 (état civ.). — *Gamou*, 1652 (id. de Pleaux). — *Ganiam*, 1659 (id. de Laroquebrou). — *Ganiou*, 1666 (état civ.). — *Ganjou*, 1674 (id. de Pleaux). — *Gagnoux*, 1768 (arch. dép. s. C, l. 40). — *Ganious* (Cassini). — *Gagnous* 1855 (Dict. stat. du Cantal).

Gaiderie (La), dom. ruiné, c^{ne} d'Aurillac. — *Affarium vocatum de la Gaydaria*, 1465 (obit. de N.-D. d'Aurillac).

Gaie (Le Puy de), mont. à vacherie, c^{ne} de Montchamp.

Gaignes (Las), dom. ruiné, c^{ne} de Pers. — *Affarium de las Gaignas*, 1402 (arch. mun. d'Aurillac, s. HH, c. 21).

Gaillard, f^{me}, c^{ne} de Saint-Antoine. — *Gaillard*, 1668 (nommée au p^{ce} de Monaco).

Gaillard, dom. ruiné, c^{ne} de Saint-Constant. — *Villaige de Gaillard*, XVIIe s^e (reconn. au prieur de Saint-Constant).

Gaillarde (La), dom. ruiné, c^{ne} d'Escorailles. — *La grange de la Gaillarde*, 1778 (inv. des arch. d'Humières).

Gaise (La), ruiss., affl. du Mardaret, c^{nes} de Chastel-Marlhac et de Sauvat; cours de 2,400 m.

Gajou, vill. détruit, c^{ne} d'Ydes. — *Aguzou*, 1655 (insin. du bailliage de Salers). — *Gajou*, 1689 (état civ.). — *Guzou*, 1689 (*id.* de Chastel-Marlhac). — *Gusou*, 1733 (*id.* de Sourniac).

Gal (Le), écart, c^{no} d'Aurillac.

Galabré (Le), mont. à vacherie, c^{ne} de Pers.

Galafons, écart, c^{ne} de Vieillevie.

Galats (Les), dom. ruiné, c^{ne} de Vézac. — *Villaige des Gallatz*, 1630 (état civ. d'Aurillac).

Galdoma, dom. ruiné, c^{ne} de Crandelles. — *Villaige du Galdoma*, 1540 (reconn. à Louis de Bressolles).

Galendie (La), f^{me}, c^{ne} de Saint-Saury. — *La Galaidie*, 1681 (état civ. de Glénat). — *La Galandie* (État-major).

Galès, vill. et mⁱⁿ, c^{ne} de Mourjou. — *Galès*, 1675 (état civ. de Cassaniouze). — *Galats*, 1676 (*id.* de Jou-sous-Montjou). — *Galer* (Cassini). — *Galhez* (État-major).

Gali, écart, c^{ne} de Laroquebrou.

Galine (La), mont. à vacherie, c^{ne} de Colandres.

Galines, mont. à vacherie, c^{ne} de Malbo. — *Montaigne et boix appellé de la Coste-Jaline; la Coste-Gelline*, 1652; — *La Coste-Jalline*, 1659 (min. Danty, n^{re} à Murat).

Galinier (Le), mⁱⁿ détruit, c^{ne} de Roannes-Saint-Mary. — *Molin et martinet contre la rivière de Rohanne, appellé jadis del Galinié*, 1668 (nommée au p^{ce} de Monaco).

Galinière (La), f^{me}, c^{ne} de Vitrac.

Galinières (Les), vill., c^{ne} de Roffiac, auj. détruit. — *Ghalineyras*, 1510 (terr. de Maurs). — *Galinières*, 1671; — *Mas de Galynures*, 1673 (arch. dép. s. E).

Galippe (La), écart, c^{ne} de Junhac.

Galippe (La), écart, c^{ne} de Vieillevie.

Galistrasière (La), dom. ruiné, c^{ne} de Ladinhac. — *Affar appellé de la Galistrasieyre*, 1669 (nommée au p^{ce} de Monaco).

Gallemures, dom. ruiné, c^{ne} de Saint-Illide. — *Villaige de Gallemures*, 1597 (min. Lascombes, n^{re}).

Galle-Pinson, mont. à vacherie, c^{ne} de Cheylade. — *Garapinso*, 1366 (arch. dép. s. H). — *Galinpinson*, 1628 (la maison de Graule).

Galleugue, dom. ruiné, c^{ne} de Laveissenet. — *Villaige de Galleughe*, xviiie s^e (terr. de Loubeysargues).

Gallinades (Les), dom. ruiné, c^{ne} de Polminhac. — *Affar de las Gallinades; Guallenades*, 1584 (terr. de Polminhac).

Galtayrie (La), vill. et mⁱⁿ, c^{ne} de Maurs. — *Les Galteyries*, 1626 (état. civ.). — *La Galteyrie*, 1740 (*id.* de Quézac). — *La Golteyrie*, 1756 (état civ.). — *La Gualteria*, 1757 (*id.* de Quézac). — *La Galterie* (Cassini).

Galtère (La), écart, c^{ne} de Quézac.

Galterie (La), écart, c^{ne} de Valette.

Galteyrenc (Le), dom. ruiné, c^{ne} de Boisset. — *Villaige de Galteyrenc*, 1668 (nommée au p^{ce} de Monaco).

Galteyrie (La), mⁱⁿ, c^{ne} de Quézac. — *La Galterie* (Cassini).

Galteyrie (La), mont. à vacherie, c^{ne} de Riom-ès-Montagnes. — *Montaigne de la Galteyrie*, 1506 (terr. de Riom).

Galtie, dom. ruiné, c^{ne} de Riom-ès-Montagnes. — *Affar appelé de la Galtie*, 1506 (terr. de Riom).

Galusclat, ham. et foulon, c^{ne} de Raulhac. — *Solusclat*, 1645 (min. Froquières, n^{re}). — *Colusclat*, 1669; — *Jolusclat*, 1694 (nommée au p^{ce} de Monaco).

Galuse, vill. et mⁱⁿ, c^{ne} de Valuéjols. — *Galaza; Galuzia; Galusia; Gualasa*, xve s^e (terr. de Bredon). — *Galuza*, 1508 (*id.* de Loubeysargues). — *Gualuze*, 1575 (*id.* de Bredon). — *Galuze*, 1618 (min. Danty, n^{re}). — *Galleuze*, 1661 (terr. de Loubeysargues). — *Galluse*, 1669 (état civ. de Murat). — *Gualluze*, 1670 (terr. de Brezons). — *Galleughe*, xviiie s^e (terr. de Loubeysargues).

Gambène, dom. ruiné, c^{ne} d'Yolet. — *Mas, villaige ou affar de Gambene*, 1692 (terr. de Saint-Gerand).

Gandilhon (La), vill., c^{ne} de la Vigerie. — *La Guandelho*, 1441 (arch. dép. s. E). — *La Gandilho*, 1489 (lièvre de Dienne). — *La Guandilhon*, 1551; — *La Gandillion*, 1600; — *La Gandilhon*, 1618 (terr. de Dienne).

Gane (La), dom. ruiné, c^{ne} d'Andelat. — *Villaige de la Gane*, 1599 (min. Andrieu, n^{re}).

Gane (La), écart, c^{ne} de Barriac.

Gane (La), ruiss., affl. du ruisseau d'Escladines, c^{ne} de Barriac; cours de 1,600 m.

Gane (La), écart, c^{ne} de la Capelle-del-Fraisse.

Gane (La), vill., c^{ne} de Cassaniouze.

Gane (La), dom. ruiné, c^{ne} de Cayrols. — *L'affar de la Gane*, 1587 (livre des achaps d'Ant. de Naucaze).

Gane (La), ruiss., affl. de la rivière d'Allanche, c^{ne} de Chalinargues; cours de 1,800 m. — *Ruiss. de la Gane*, 1608 (min. Danty, n^{re} à Murat).

Gane (La), ham., c^{ne} de Chastel-Marlhac.

Gane (La), ruiss., affl. de la Siorne, c^{ne} de Drugeac; cours de 2,220 m. — *Ruisseau de la Guane*, 1778 (inv. des arch. de la maison d'Humières).

Gane (La), étang et dom. ruinés, c^{ne} de Marcolès. — *Apud crucem de la Gana*, 1522 (pièces de l'abbé

Delmas). — *Affar de la Ganne*, 1671 (nommée au p⁰ᵉ de Monaco). — *L'estang de la Mélie qui s'appelloit de la Gane*, 1694 (terr. de Marcolès).

GANE (LA), ham., cⁿᵉ de Montsalvy.

GANE (LA), mont. à vacherie, cⁿᵉ de Montvert.

GANE (LA), ruiss., affl. de la Cère, cⁿᵉ de Roannes-Saint-Mary; cours de 2,000 m.

GANE (LA), fᵐᵉ, cⁿᵉ de Saignes.

GANE (LA), ruiss., affl. de la Rhue, cⁿᵉ de Saint-Amandin; cours de 3,000 m. — *Rivus Gahanna; aqua Gahana*, 1310 (hist. de l'abb. de Feniers).

GANE (LA), écart, cⁿᵉ de Saint-Clément.

GANE (LA), ruiss., affl. du ruisseau de Goulèze, cⁿᵉ de Saint-Clément; cours de 2,500 m.

GANE (LA), écart, cⁿᵉ de Saint-Julien-de-Toursac. — *La Guane*, 1652 (état civ. de Parlan). — *La Gone*, 1855 (Dict. stat. du Cantal).

GANE (LA), écart, cⁿᵉ de Sanzac-Veinazès.

GANE (LA), écart, cⁿᵉ du Trioulou.

GANE (LA), fᵐᵉ, cⁿᵉ de Vézac. — *La Gane*, 1857 (Dict. stat. du Cantal).

GANE (LA), ruiss., affl. du Labiou, cⁿᵉ du Vigean; cours de 1,050 m.

GANE (LA), dom. ruiné, cⁿᵉ d'Yolet. — *L'affar de Lagana*, 1692 (terr. de Saint-Geraud).

GANE-BASSE (LA), ham., cⁿᵉ de Cassaniouze. — *La Gane-basse*, 1659 (état civ.). — *La Ganne-basse*, 1760 (terr. de Saint-Projet).

GANE-BASSE (LA), écart, cⁿᵉ de Saint-Martin-Cantalès. — *La Guane*, 1566 (terr. de Saint-Christophe). — *La Ganne* (Cassini).

GANE-BASSE (LA), ruiss., affl. du ruisseau de Domal, cⁿᵉ de Saint-Martin-Cantalès; cours de 650 m.

GANE-DE-LA-BRO (LA), dom. ruiné, cⁿᵉ d'Escoraille. — *La grange appellée de la Gana-de-la-Broa*, 1464 (terr. de Saint-Christophe). — *La Gane*, 1778 (inv. des arch. de la mais. d'Humières).

GANE-HAUTE (LA), ham., cⁿᵉ de Cassaniouze. — *La Gane-Haulte*, 1659; — *La Ganne-Haulte*, 1667 (état civ.). — *La Guane-Haute*, 1743 (anc. cad.).

GANE-HAUTE (LA), écart, cⁿᵉ de Saint-Martin-Cantalès.

GANETTE (LA), écart, cⁿᵉ d'Antignac. — *La Gannette*, 1852 (Dict. stat. du Cantal).

GANETTE (LA), écart, cⁿᵉ de Vebret. — *La Ganette ou la Bonnetie*, 1857 (Dict. stat. du Cantal).

GANIE (LA), dom. ruiné, cⁿᵉ de Lavigerie. — *La Gania*, 1348 (lièv. de Dienne). — *La Guanye*, 1551; — *La Gignia; Laginias; Laigaigna; la Gaignya; Laginhe*, 1600; — *La Gaignia*, 1608; — *La Gaigna*, 1618 (terr. de Dienne). — *La Gaigne*, 1664; — *La Guanie*, 1667; — *Lagania*, 1670 (état civ. de Murat).

GANIE (LA), ruiss., affl. du ruisseau de Pradines, cⁿᵉ de Lavigerie; cours de 800 m. — *Rif del Couyassou; Coguyassou*, 1600; — *Rif del Coniassou; lou Mal-riu; lou Malriou; rif de la Barthe; lou Riu-goutat; ruisseau del Seliens*, 1618 (terr. de Dienne).

GANIE-DE-LOUPIAC (LA), dom. ruiné, cⁿᵉ de Loupiac. — *La Guana de Lopiaco*, 1464 (terr. de Saint-Christophe).

GANIETTE (LA), dom. ruiné, cⁿᵉ de Rouziers. — *La Ganiette*, 1669 (nommée au p⁰ᵉ de Monaco).

GANIOLLE (LA), vill., cⁿᵉ de Parlan. — *Ganzolles; Ganholles*, 1589 (livre des achaps d'Ant. de Naucaze). — *Les Ganhiolles*, 1644; — *Ganioles*, 1654; — *Les Gagnoles*, 1662; — *Ganhols; Ganholes*, 1664 (état civ.). — *Gagnolles*, 1748 (anc. cad.).

GANIOUX (LES), dom. ruiné, cⁿᵉ de Saint-Christophe. — *Mansus de la Guana*, 1464 (terr. de Saint-Christophe).

GANNAT, mⁱⁿ, cⁿᵉ de Molompize.

GANNE (LA), ham., cⁿᵉ de Calvinet. — *La Gane*, 1634 (état civ. de Cassaniouze). — *La Gane-haute* (Cassini).

GANNE (LA), ruiss., affl. du Célé, cⁿᵉ de Calvinet; cours de 1,200 m.

GANNE (LA), vill., cⁿᵉ de Menet. — *Laganne*, 1688 (pièces du cab. Bonnefons). — *Lagane*, 1784 (Chabrol, t. IV).

La Ganne était, avant 1789, le siège d'une justice seign. régie par le droit écrit, et ressort. à la sénéch. d'Auvergne, en appel du bailliage de Salers.

La cⁿᵉ de la Ganne a été réunie à celle de Menet, par ordonn. royale du 16 mai 1836.

GANNE (LA), mont. à vacherie, cⁿᵉ de Siran.

GANNES (LES), ruiss., affl. du ruisseau du Longayroux, cⁿᵉ de Prunet; cours de 1,600 m.

GANNETTE (LA), lieu détruit, cⁿᵉ de Trémouille-Marchal. — (Cassini.)

GANOZE (LE MOULIN DE), mⁱⁿ détruit, cⁿᵉ d'Alleuze. — *Molendinum del Ganozes*, 1352 (homm. à l'évêque de Clermont). — *Guanoze; Gua Noze*, 1510; — *Gaynozes*, 1511 (terr. de Maurs).

GANTOU, dom. ruiné, cⁿᵉ de Vieillevie. — *Affar appellé de Ganto*, 1760 (terr. de Saint-Projet).

GARABIE, dom. ruiné, cⁿᵉ de Giou-de-Mamou. — *Le villaige de Garabe*, 1686 (arch. dép. s. G).

GARABY, mont. à vacherie, cⁿᵉ d'Anglards de Saint-Flour. — *Boix appellé de Garrabe; Guarrabe*, 1494 (terr. de Mallet). — *Bois et pont de Garabie* (Cassini). — *Garrabie* (états de sections).

GARABY, mⁱⁿ et scierie, cⁿᵉ de Loubaresse.

GARABY, viaduc en fer, c^{nes} de Ruines et de Chaliers, chemin de fer du Midi, section de Neussargues à Sévérac-le-Château.

GARANIDIE (LA), dom. ruiné, c^{ne} d'Anglards-de-Salers. — *Affar de la Garaindie*, 1322 (arch. général. de Sartiges). — *Affarium de la Teula de la Garanidia*, 1426 (reconn. au seigneur de Montclar). — *Affar de la Garaindie sive de Lavandès*, 1433 (arch. général. de Sartiges).

GARBASSE (LA), dom. ruiné, c^{ne} de Roumégoux. — *Affarium de la Garbassa*, 1357 (arch. mun. d'Aurillac, s. HH, c. 21).

GARBASSIE (LA), dom. ruiné, c^{ne} de Roumégoux. — *Boria dicta de la Guarbassia*, 1360 (arch. mun. d'Aurillac, s. HH, c. 21).

GARD (LE), mⁱⁿ, c^{ne} de Saint-Jacques-des-Blats.

GARDE (LA), ham. et mⁱⁿ, c^{ne} d'Ally. — *La Garde*, 1696 (état civ.).

GARDE (LA), dom. ruiné, c^{ne} d'Aurillac. — *Villaige de Lagarde*, 1595 (reconn. à la mais. de Clavières).

GARDE (LA), écart, c^{ne} de Badailhac. — *Lagarde*, 1720 (arch. dép. s. C).

GARDE (LA), vill. avec mⁱⁿ à vent, c^{ne} de Celoux.

GARDE (LE SUC DE LA), mont. à vacherie, c^{ne} de Chalinargues.

GARDE (LE SUC DE LA), mont. à vacherie, c^{ne} de Chastel-sur-Murat. — *La Guarde*, 1535 (terr. de la v^{té} de Murat). — *La Guarde-de-Giou*, 1580 (lièvre conf. de Murat). — *Cartier de la Garde*, 1680 (terr. des Bros).

GARDE (LA), mont. à vacherie, c^{ne} du Claux. — *V^{rie} de la Garde* (Cassini).

GARDE (LA), ham., chât. en ruines et mⁱⁿ détruit, c^{ne} de Colandres. — *La Garde*, 1287 (Gall. christ., t. II, inst. col. 91).

GARDE (LA), ruiss., affl. de la Véronne, c^{ne} de Colandres; cours de 3,500 m.

GARDE (LA), ham., c^{ne} de Junhac. — *La Guarde*, 1613; — *La Garde*, 1681 (état civ. de Montsalvy).

GARDE (LA), écart, c^{ne} de Lascelle.

GARDE (LA), ham., c^{ne} de Laveissenet. — *La Guarde*, xvie s^e (terr. de Bredon). — *La Garda*, 1508 (id. de Loubeysargues). — *Laguarde*, 1584 (arch. dép. s. E). — *La Garde*, 1644 (terr. de Loubeysargues).

GARDE (LA), ham. et chât. en ruines, c^{ne} de Leucamp.

GARDE (LA), ham., c^{ne} de Leynhac. — *La Garda*, 1301 (pièces de l'abbé Delmas). — *La Garde* (Cassini).

GARDE (LA), vill., c^{ne} de Marchastel. — *La Guarde*, 1585 (terr. de Graule). — *La Garde*, 1719 (table du terr. d'Apchon).

GARDE (LA), dom. ruiné, c^{ne} de Montchamp. — *La Garda*, 1508; — *Ténement de las Gardes*, 1762 (terr. de Montchamp). — *La croix de la Garde* (Cassini).

GARDE (LA), écart, c^{ne} de Montmurat.

GARDE (LA), f^{me}, c^{ne} de Montsalvy. — *La Guarde-lez-Montsalvy*, 1564 (min. Boyssonade, n^{re}).

GARDE (LA), vill. et chât., c^{ne} de Parlan. — *La Garde*, 1643; — *La Guarde*, 1649 (état civ.). — *Lagarde*, 1670 (nommée au p^{cé} de Monaco). — *La Garde-de-Saignes*, 1784 (Chabrol, t. IV).

La Garde, avant 1789, était le siège d'une justice seign. régie par le droit écrit, et ressort. au bailliage d'Aurillac, en appel de la prév. de Maurs.

GARDE (LA), vill. et chât. détruit, c^{ne} de Paulhenc. — *Les ruines d'un chasteau audict villaige de la Garde*, 1671 (nommée au p^{ce} de Monaco).

GARDE (LA), ham., c^{ne} de Raulhac. — *Lagarde*, 1692; — *La Garde*, 1695 (état civ.).

GARDE (LA), vill. et mⁱⁿ, c^{ne} de Reilhac. — *La Garda*, 1522 (min. Vigery, n^{re} à Aurillac). — *La Garda*, 1595 (reconn. à la mais. de Clavières). — *La Guarde*, 1624 (état civ.). — *Lagarde*, 1654 (arch. mun. d'Aurillac, s. CC, p. 8).

GARDE (LA), f^{me} et mⁱⁿ détruit, c^{ne} de Rezentières. — *La Guarde*, 1610 (terr. d'Avenaux). — *Lagarde; mollin rompu de la Garde*, 1613 (id. de Nubieux).

GARDE (LA), vill., c^{ne} de Saint-Cernin. — *La Garda*, 1552 (terr. de Nozières). — *La Garde*, 1586 (min. Lascombes, n^{re}). — *Lagarde*, 1627 (terr. de N.-D. d'Aurillac). — *La Guarde*, 1701 (état civ. d'Arnac). — *Laguarde*, 1744 (anc. cad.).

GARDE (LA), ruiss., affl. de la Maronne, c^{nes} de Saint-Cernin et de Saint-Illide; cours de 2,400 m.

GARDE (LA), dom. ruiné, c^{ne} de Saint-Constant. — *La Garde*, xve s^e (reconn. au prieur de Saint-Constant).

GARDE (LA), écart, c^{ne} de Saint-Étienne-de-Carlat. — *La Garda*, 1488 (reconn. à J. de Montamat). — *Lagarde*, 1606 (terr. de N.-D. d'Aurillac). — *La Garde*, 1610 (aveu de J. de Pestels).

GARDE (LA), ham., c^{ne} de Saint-Mamet-la-Salvetat.

GARDE (LE SUC DE LA), mont. à vacherie, c^{ne} de Saint-Poncy. — *Le suc de la Guarde*, 1558 (terr. du prieuré de Rochefort).

GARDE (LA), dom. ruiné, c^{ne} de Saint-Saury. — *La Garda*, 1552 (terr. de Nozières).

GARDE (LA), mont. à vacherie, c^{ne} de Thiézac. — *La montaighne de los Gardes*, 1668 (nommée au p^{ce} de Monaco).

GARDE (LA), écart, c^{ne} de Vic-sur-Cère. — *La Guarde*, 1610 (aveu de J. de Pestels). — *La Garde*, 1668 (nommée au p^{ce} de Monaco). — *Lagarde*, 1769 (anc. cad.).

GARDE (LA), ham., c^{ne} d'Ydes. — *La Garde*, 1660 (état civ.). — *Lagarde*, 1744 (arch. dép. s. C, l. 45).

GARDE (LA), dom. ruiné, c^{ne} d'Ytrac. — *Le villaige de Lagarde*, 1573 (terr. de la chapell. des Blats).

GARDE-BASSE (LA), écart, c^{ne} de Junhac.

GARDE-HAUTE (LA), écart, c^{ne} de Junhac.

GARDE-HAUTE (LA), écart, c^{ne} de Leynhac.

GARDEIN (LE), m^{in} détruit, c^{ne} de Giou-de-Mamou. — *Le molin de Gardenc*, 1692 (terr. de Saint-Geraud).

GARDEIN (LE), ham., c^{ne} de Saint-Paul-des-Landes. — *La Gardenne*, 1669 (nommée au p^{ce} de Monaco). — *Lestang del Garden*, 1671 (état civ. de Nieudan). — *Lou Gardent*, 1707 (arch. dép. s. C). — *Le Gardain*, 1717 (état civ.). — *Le Gardin*, 1760 (arch. dép. s. C). — *Gardens* (Cassini).

GARDELLE (LA), écart, c^{ne} de Leynhac. — *La Gardela*, 1301 (pièces de l'abbé Delmas).

GARDELLE, m^{in} détruit, c^{ne} de Lorcières. — *Mollin de la Gardelle*, 1662 (terr. de la command. de Montchamp).

GARDELLE (LA), m^{in} détruit, c^{ne} de Riom-ès-Montagnes. — *Molendinum vocatum de Talve*, 1513; — *Moulin de Gardille*, 1719 (terr. d'Apchon).

GARDELLE (LA), mont. à vacherie, c^{ne} de Talizat. — *Boix des Guardelles*, 1559 (lièv. du prieuré de Molompize). — *Bois des Gardilhe*, 1581 (terr. de Celles).

GARDELLES (LES), vill. détruit, c^{ne} de Chaudesaigues. — *Domus dels Gardeles*, 1292; — *Domus dels Gardelas*, 1322 (arch. dép. s. G).

GARDELLES (LES), ham., c^{ne} de Saint-Saturnin.

GARDELLES (LES), dom. ruiné, c^{ne} de Valuéjols. — *Terroir de la Gardela*, 1508; — *La Gardelle*, 1644; — *La Gardelle sive Bramefont*, 1661; — *Gardelle d'Huillet*, 1687 (terr. de Loubeysargues).

GARDE-ROUSSILLON (LA), vill., chapelle et château fort détruit, c^{ne} de Lieutadès. — *La Garda*, 1293 (spicil. Brivat.). — *La Guardia*, xive s^{e} (pouillé de Saint-Flour). — *La Guarde Roussilhon*, 1508; — *La Garde Rossilhon*, 1662; — *La Garde Roussilhon*, 1686; — *La Garde Roussilion*, 1730 (terr. de la Garde-Roussillon). — *La Garde* (Cassini).

La Garde-Roussillon était un mandement de la command. de Montchamp.

GARDÈS (LES), mont. à vacherie, c^{ne} de Marcenat.

GARDES (LES), m^{in} détruit, c^{ne} de Pailhérols. — *Le mollin des Gardes*, 1646 (min. Froquières, n^{re}).

GARDES (LES), vill. et mont. à vacherie, c^{ne} de Saint-Jacques-des-Blats. — *Les Gardes*, 1608 (état civ. de Thiézac). — *La Garde* (Cassini).

GARDET (LE BOIS DE), dom. ruiné, c^{ne} de Saint-Simon. — *Capmas de las Gardes*, 1692 (terr. de Saint-Geraud).

GARDETTE (LA), écart, c^{ne} de Cassaniouze.

GARDETTE (LA), dom. ruiné, c^{ne} de Cheylade. — *Las talves de las Gardetas*, 1514 (terr. de Cheylade).

GARDETTE (LA), dom. ruiné, c^{ne} de Dienne. — *Boix de la Guardète*, 1551 (terr. de Dienne). — *Domaine de la Gardette*, 1706 (état civ. de Murat).

GARDETTE (LA), f^{me} détruite, c^{ne} de Lascelle. — *La Gardette, grange sise au Puech-de-Viers*, 1696 (terr. de Saint-Geraud).

GARDETTE (LA), écart, c^{ne} de Leynhac.

GARDETTE (LA), écart détruit, c^{ne} de Polminhac. — *Maison de la Gardette*, 1583 (terr. de Polminhac).

GARDETTE (LA), vill., c^{ne} de Saint-Cernin. — *Las Gardettas*, 1553 (terr. de Nozières). — *La Guardette*, 1659; — *La Gardète*, 1663 (état civ.). — *La Gardette*, 1730 (arch. dép., s. C, l. 32).

GARDETTE (LA), vill., c^{ne} de Thiézac. — *La Guardette*, 1621 (état civ.). — *La Gardette*, 1668 (nommée au p^{ce} de Monaco). — *La Gardelle*, 1683 (état civ. de Laroquebrou). — *La Gordette*, 1705 (id. de Saint-Clément).

GARDETTE (LA), ruiss., afll. du ruisseau de Vaurs, c^{ne} de Thiézac; cours de 960 m. — *Ruisseau d'Espinasse*, 1674 (terr. de Thiézac). — *Ruisseau del Fau*, 1746 (anc. cad.).

GARDIE (LA), chât. détruit, c^{ne} de Siran.

GARDILLE (LA), écart et châtaign., c^{ne} de Leynhac.

GARDIO (LE), lieu détruit, c^{ne} de Lanobre — *Legardio* (Cassini).

GARDIOU (LE), dom. ruiné, c^{ne} de Champs. — *Legardiou* (Cassini).

GARDONNE (LA), mont. à vacherie, c^{ne} du Claux. — V^{rie} *de Gardonne* (État-major).

GARDONNE (LA), ruiss., afll. du ruisseau du Claux, c^{ne} du Claux; cours de 850 m.

GARDOUNE (LA), mont. à burons, c^{ne} de Colandres.

GARDOUNES (LES), écart, c^{ne} de Sainte-Eulalie. — Cet écart porte aussi, par dérision, le nom de Château de Belle-Garde.

GARE (LA), ham., c^{ne} de la Capelle-Viescamp.

GARE (LA), vill., c^{ne} de Celles.

GARE (LA), ham., c^{ne} de Saint-Jacques-des-Blats.

GARENNE (LA), dom. ruiné, c^{ne} de Dienne. — *Mansus de la Garena*, 1484 (terr. de Farges).

GARENNE (LA), écart, c^{ne} de Saint-Étienne-Cantalès. — *La Garène*, 1671; — *La Garrenne*, 1675 (état civ. d'Arnac).

GARENNE (LA), écart, c^{ne} de Saint-Santin-de-Maurs.

GARENNE (LA), mont. à vacherie, c^{ne} de Saint-Santin-de-Maurs. — *La garène du seigneur de Saint-Santin*, 1749 (anc. cad.).

GARESTEL (LE), dom. ruiné, c^{ne} de Roumégoux. — *Affarium del Garastel*, 1319 (arch. mun. d'Aurillac, s. IIH, c. 21).

GARGAUBE (LA), ruiss., affl. de la Sionne, c^{nes} de Laurie et d'Auriac; cours de 2,000 m. Ce ruisseau porte également le nom de *Bois-des-Chèvres (Le)*.

GARIBAL (LE), écart, c^{ne} de Montsalvy. — *Lou Garibal*, 1681 (arch. dép. s. G). — *Lou Guaribal*, 1697 (état civ.). — *Le Guarival* (Cassini).

GARINE (LA), dom. ruiné, c^{ne} de Saint-Simon. — *Mas appellé Agarus*, 1692 (terr. de Saint-Geraud).

GARINEL, vill. détruit, c^{ne} de Valuéjols. — *Les chazaux de Garinel*, 1663 (terr. de Loubeysorgues).

GARINOT, écart, c^{ne} de Saint-Hippolyte.

GARLANDIS, dom. ruiné, c^{ne} de Chalvignac. — *Villaige de la Garande*, 1549 (terr. de Miremont).

GARNEIRIE (LA), dom. ruiné, c^{ne} de Crandelles. — *Mansus da la Garneyria*, 1307 (arch. mun. d'Aurillac, s. HH, c. 21).

GARNEIRIE (LA), écart, c^{ne} de Saint-Julien-de-Jordanne. — *La Garnieyres*, 1618 (état civ. de Thiézac). — *La Garneyrie*, 1692 (terr. du monast. de Saint-Geraud).

GARNEIRIE (LA), ruiss., affl. de la Jordanne, c^{ne} de Saint-Julien-de-Jordanne; cours de 1,500 m.

GARNEYRIE (LA), ruiss., affl. de la Jordanne, c^{nes} de Mandailles et de Saint-Julien-de-Jordanne; cours de 1,500 m. — *Ruisseau de la Negreyrie*, 1692 (terr. de Saint-Geraud). — *La Garnerie*, 1879 (état stat. des cours d'eau du Cantal).

GARRE (LE), m^{in}, c^{ne} d'Ussel.

GARRES (LAS), écart, c^{ne} de Saint-Saury.

GARREY, vill., c^{ne} de Condat-en-Feniers. — *Garrey*, 1776 (arch. dép. s. C). — *Garray* (Cassini).

GARRIBALDES (LES), écart, c^{ne} de la Peyruge.

GARRIC (LE), ham., c^{ne} d'Aurillac. — *Lou Garric*, 1622 (état civ. d'Arpajon).

GARRIC (LE), vill., c^{ne} de Labrousse.

GARRIC (LE), vill., c^{ne} de Prunet. — *Lou Garric*, 1624 (état civ. d'Arpajon). — *La Garrie* (État-major).

GARRIC (LE), ham., c^{ne} de Vieillevie. — *Le Garricq*, 1886 (état de recens.).

GARRIC-DU-PAUVRE (LE), f^{me}, c^{ne} de la Capelle-del-Fraisse.

GARRIC-PIALAT (LOU), écart, c^{ne} de Sansac-Veinazès. — *Lou Garric-Pialat*, 1739 (arch. dép. s. C). — *Lou Garric-Piaulat*, 1754 (état civ.). — *Garric-Pilié* (État-major). — *Le Garit-Pialat*, 1857 (Dict. stat. du Cantal).

GARRIGAL (LE), écart, c^{ne} de Saint-Étienne-de-Maurs.

GARRIGOL-BAS et HAUT (LE), écarts, c^{ne} de Cassaniouze.

GARRIGOTTE (LE PUY DE LA), mont. à vacherie, c^{re} de Ladinhac.

GARRIGOUS, ham. et m^{in}, c^{ne} de Maurs.

GARRIGOUS, f^{me}, c^{ne} de Mourjou. — *Garrigoux*, 1784 (Chabrol, t. IV).

GARRIGOUX, f^{me}, c^{ne} de Junhac.

GARRIGOUX, dom. ruiné, c^{ne} de Saint-Paul-des-Landes. — *Villaige de la Camyer de Garrigoux*, 1668 (nommée au p^{ce} de Monaco).

GARRIGUE (LA), f^{me}, c^{ne} de Boisset. — *Affar de la Garrigue*, 1668 (nommée au p^{ce} de Monaco). — *Garreigue*, 1746; — *La Garigue*, 1748 (anc. cad.). — *La Guarigue*, 1852 (Dictionnaire stat. du Cantal).

GARRIGUE (LA), vill., c^{ne} de Calvinet.

GARRIGUE (LA), vill., c^{ne} de la Capelle-Viescamp. — *Las Garrigas*, 1403 (pap. de la fam. de Montal). — *Las Garigas*, 1449 (arch. dép. s. G). — *La Garige*, 1626 (état civ. d'Arpajon). — *La Garrigue*, 1688; — *Lagarigue*, 1693 (id. de la Capelle-Viescamp). — *La Guarrige*, 1707 (id. de Saint-Paul-des-Landes).

GARRIGUE (LA), ham. et m^{in}, c^{ne} de Cayrols. — *La Garrigua*, 1575; — *La Garruega*, 1577 (livre des achaps d'Ant. de Naucaze). — *La Garrigue*, 1623 (état civ. de Saint-Mamet). — *La Garrige*, 1663 (id. de Cayrols).

GARRIGUE (LA), vill., c^{ne} de Ladinhac. — *La Garriga*, 1464 (vente par Guill. de Treyssac). — *La Guarrigue*, 1668 (nommée au p^{ce} de Monaco). — *La Garrigue*, 1747; — *Les Guarrigues*, 1752 (arch. dép. s. C). — *Laguarrigue*, 1752 (anc. cad.).

GARRIGUE (LA), dom. ruiné, c^{ne} de Leynhac. — *Mansus vocatus de la Garrigua*, 1301 (pièces de l'abbé Delmas).

GARRIGUE (LA), vill., c^{ne} de Malbo. — *La Guarrigue*, 1658 (état civ. de Pierrefort). — *La Garrigue*, 1668 (nommée au p^{ce} de Monaco). — *La Garigue*, 1856 (Dict. stat. du Cantal).

GARRIGUE (LA), ham., c^{ne} de Mourjou. — *Guarrigues*, 1523 (assises de Calvinet). — *Gariges*, 1553 (procès-verbal Veny). — *La Garigue*, 1670 (terr. de Calvinet).

GARRIGUE (LA), vill. et mont. à vacherie, c^{ne} de Roussy. — *La Jarrigha*, 1603 (état civ. de Vic). — *La Garrigue*, 1669 (nommée au p^{ce} de Monaco).

GARRIGUE (LA), vill. et mont., c^{ne} de Vieillevie. — *La Gariga*, 1539 (min. Destaing, n^{re}). — *La Guérigue*, 1564 (id. Boyssonade, n^{re}). — *La Garrige*, 1669 (état civ. de Cassaniouze). — *La Gar-*

rigue, 1674; — *La Guarigue*, 1676 (état civ. de Vieillevie).

GARRIGUE-DE-MELZAC (LA), ham., c^ne de Ladinhac.

GARRIGUE-DU-PONT (LA), écart et m^in, c^ne de Vieillevie. — *Le Port*, 1677 (état civ.).

GARRIGUES (LES), écart, c^e de la Besserette.

GARRIGUES (LES), écart, c^ne de Montsalvy. — *Las Guerrigues*, 1564 (min. Boyssonnade, n^re). — *Las Garigues*, 1657 (état civ.). — *Las Guarrigues*, 1670 (nommée au p^ce de Monaco). — *Las Gorrigues*, 1681 (arch. dép. s. C). — *Las Garrigues*, 1724 (lièvre de l'abb. de Montsalvy). — *Las Guariques* (Cassini).

GARRIGUES (LAS), ruiss., affl. du ruisseau de Comberousse, c^nes de Montsalvy et de Vieillevie; cours de 10,500 m.

GARRIGUES (LAS), dom., c^ne de Nieudan. — *Las Guarriguas*, 1322 (vente aux seign. de Montal). — *Las Garrigas*, 1406 (reconn. au seign. de Montal). — *Las Guarrigas*, 1458 (vente aux seign. de Montal). — *Las Guarrigues*, 1648 (état civ.). — *Las Garrigues*, 1675 (id. de Laroquebrou). — *La Garrigue*, 1770; — *La Garigue*, 1787 (arch. dép. s. C, l. 51). — *Las Garigues* (Cassini).

GARRIGUES (LES), ruiss., affl. du ruisseau de Meyrou, c^nes de Nieudan et d'Ayrens; cours de 4,000 m.

GARRIGUES (LAS), écart, c^ne de Pers. — *Las Guariguas*, 1269 (reconn. au seign. de Montal). — *Mansus de la Gariga*, 1297 (test. de Geraud de Montal). — *Las Guarriguas*, 1323; — *La Garrigua*, 1324; — *Las Garriguas*, 1401; — *La Garigua*, 1423 (arch. mun. d'Aurillac, s. HH, c. 21). — *Las Garragues*, 1590 (livre des achaps d'Ant. de Naucaze). — *Las Gargoures*, 1666 (état civ. de Saint-Mamet).

GARRIGUES (LES), f^me, c^ne de Saint-Clément. — *Los Garrigues*, 1700 (état civ.). — *Las Garigues* (Cassini).

GARRIGUES (LES), écart, c^ne de Saint-Santin-de-Maurs.

GARRIGUET (LE), ham., c^ne de Ladinhac. — *Le Garriguet*, 1750 (anc. cad.). — *Le Guarriguet*, 1756 (arch. dép. s. C). — *Garrigot* (État-major).

GARRIGUET (LE), vill., c^ne de Mourjou. — *Le Gariget*, 1523 (ass. de Calvinet). — *La borie del Garriguet*, 1760 (terr. de Saint-Projet). — *Gariguette*, 1784 (Chabrol, t. IV).

GARRIGUE-VIEILLE (LA), ham., c^ne de Sénezergues. — *La Garrigavielha*, 1414 (terr. de Cassaniouze). — *La Garrigue-Vieilhe; la Garrigue-Vieilhie*, 1670 (id. de Calvinet). — *La Garrigue-Vieillie*, 1672 (état civ. de Cassaniouze). — *La Guarigue-Vielle*, 1745 (arch. dép. s. C, l. 49). — *La Garrigue-Vieille*, 1760 (terr. de Saint-Projet). — *La Gariguevialle*, 1777 (arch. dép. s. C, l. 49). — *La Guarrigue-Vieille*, 1786 (lièvre de Calvinet). — *La Garrigue-Vieille* (Cassini).

GARRISSOUX, f^me, c^ne de Quézac. — *Ganissou*, 1739; — *Garissous*, 1745; — *Garrissous*, 1756 (état civ.).

GARROU, mont. à vacherie, c^ne de Coltines.

GARROU (LE), ham., c^ne de Saint-Santin-de-Maurs. — *Lou Garro*, 1617 (état civ.). — *Garron*, 1857 (Dict. stat. du Cantal).

GARROU-BAS (LE), écart, c^ne de Saint-Santin-de-Maurs.

GARROUSTE (LA), f^me, c^ne d'Omps.

GARROUSTE (LA), ham., c^ne de Parlan. — *La Garroste*, 1647; — *La Guarouste*, 1655; — *La Guarrouste*, 1658 (état civ.). — *La Garrouste*, 1668 (nommée au p^ce de Monaco).

GARROUSTE (LA), vill., c^ne de Quézac. — *La Garosta*, 1501 (arch. mun. d'Aurillac, s. HH, c. 21). — *La Garrouste*, 1740; — *La Guarrouste*, 1758 (état civ.).

GARROUSTE (LA), dom. ruiné, c^ne de Saint-Constant. — *Bois appellé de las Garroustes, autrefois de Puche-Blanc*, 1696 (terr. de la command. de Carlat). — *Ténement del Garroustel*, 1747 (anc. cad.).

GARROUSTE (LA), ruiss., affl. du ruisseau de Menoire, c^ne de Saint-Santin-Cantalès; cours de 800 m.

GARROUSTE (LA), f^me, c^ne de Sanzac-Veinazès. — *La Garrouste*, 1559 (min. Boygues, n^re à Montsalvy). — *La Guarouste*, 1693 (état civ.).

GARROUSTE (LA), dom. ruiné, c^ne d'Ytrac. — *Affar de Garrosses*, 1573 (terr. de la chapell. des Blats). — *Affar de la Garrousse*, 1733 (arch. mun. d'Aurillac, s. II, r. 15).

GARROUSTELLES (LAS), écart, c^ne de Mourjou. — *Las Garroustelle*, 1760 (terr. de Saint-Projet). — *Les Garoustelles* (État-major).

GARROUSTES (LES), ruiss., affl. du ruiss. de Roannes, c^ne de Marcolès; cours de 5,000 m. — On le nomme aussi *Cazalat*, *Bertis* et *Palat*.

GARROUSTES (LES), ruiss., affl. du ruiss. de Roannes, c^ne de Roannes-Saint-Mary; cours de 2,092 m. — On le nomme aussi *Les Croses*.

GARROUSTES (LES), dom. ruiné, c^ne de Saint-Santin-Cantalès. — *Affar de las Garroustes*, 1636 (lièvre de Poul).

GARROUSTIÈRE (LA), écart, c^ne de Jussac. — *La Garouste*, 1674 (état civ. d'Ayrens).

GARROUSTOU (LE), dom. ruiné, c^ne de Saint-Mamet-la-Salvetat. — *Ténement de Garoustou*, 1739 (anc. cad.).

GARROUSTOU (LE PUECH DE), mont. à vacherie, c^ne

d'Ytrac. — *Lou puech del Garossou; Garoussou*, 1573 (terr. de la chapell. des Blats).

GARYNYOLLE (LA), mais. détruite, c^{ne} de Vic-sur-Cère. — *La Garynyolle, maison de justice appartenant au Roy*, 1584 (terr. de Polminhac).

GAS (LE), dom. ruiné, c^{ne} d'Arches. — *Affarium vocatum del Gac-majour*, 1475; — *Domaine del Gac-major*, 1680 (terr. de Mauriac).

GAS (LE), dom. ruiné, c^{ne} d'Aurillac. — *Affarium vocatum dal Gua*, 1471; — *Affarium del Ga*, 1478 (arch. dép. s. E).

GAS (LE), vill. détruit, c^{ne} de Paulhac. — *Villaige del Ga*, 1515 (arch. dép. s. G).

GAS (LE PUECH DEL), mont. à vacherie, c^{ne} de Saint-Mamet-la-Salvetat.

GAS (LE), écart autref. m^{in}, c^{ne} de Sansac-Veinazès. — *Moulin appellé du Guan*, 1668 (nommée au p^{ce} de Monaco). — *Lou Ga*, 1693; — *Lou Gua*, 1764 (état civ.).

GASCOU, mont. à burons, c^{ne} de Narnhac.

GAS-MINEUR (LE), dom. ruiné, c^{ne} d'Arches. — *Affarium vocatum del Gac-menou*, 1475 (terr. de Mauriac).

GASPARD, vill. et m^{in}, c^{ne} de la Chapelle-d'Alagnon. — *Guaspar*, 1518 (terr. des Cluzels). — *Gueispar*, 1542 (id. de la coll. de N.-D. de Murat). — *Gaspart; Gaspar*, 1581 (lièvc de Celles). — *Gaspard*, 1617 (terr. de Farges). — *Guaspard*, 1624 (lièvre de la v^{té} de Murat). — *Guaspars*, 1695 (état civ.).

GASPEL, ham., c^{ne} de Montgreleix.

GASPEL-BAS et HAUT, mont. à burons, c^{ne} de Montgreleix.

GASPIEN (LE), ruiss., affl. de la rivière d'Authre, c^{ne} de Marmanhac; cours de 2,300 m.

GASPIER (LE), ruiss., affl. de la Doire, c^{ne} de Saint-Cernin; cours de 1,500 m.

GASTAL, m^{in}, c^{ne} de Chaudesaigues.

GASTAT, m^{in} détruit, c^{ne} de Sériers. — *Le molin de Gastat*, 1618 (terr. de Sériers).

GASTIER (LE), f^{me}, c^{ne} de Clavières. — *Gastier*, 1745 (arch. dép. s. C, l. 43).

GASTIER (LE), ruiss., affl. du ruisseau du Pavillon, c^{nes} de Clavières (Cantal) et de Nozeyrolles (Haute-Loire); cours dans le Cantal, 3,500 m.

GASTINIE (LA), dom. ruiné, c^{ne} d'Aurillac. — *Affar appellé de Gastinhas*, 1500 (arch. dép. s. H).

GASTON, dom. ruiné, c^{ne} de Jussac. — *Affar, que souloit nommé de Gaston, et à présent se nomme la Bighe, alias de Gasto, alias de la Gastonne*, 1552 (terr. de Nozières).

GASTON, mont. à vacherie, c^{ne} de Trizac. — *Montaigne du Ciaux-de-Gaston*, 1782 (arch. dép. s. C).

Clos-Gaston (Cassini). — *Clos-Simon* (État-major).

GATEL, m^{in}, c^{ne} de Villedieu.

GATIGUEL (LE), dom. ruiné, c^{ne} de Quézac. — *Lou Gatiguel*, 1741 (état civ.).

GAU (LE), ruiss., affl. du ruisseau de Palat, c^{nes} de Saint-Mamet-la-Salvetat et de Roannes-Saint-Mary; cours de 4,250 m.

GAUBERT, f^{me}, c^{ne} d'Aurillac. On la nomme aussi *Roussy*. — *Affarium de Podio-Gaubert*, 1371 (arch. dép. s. H). — *Gaubert*, 1623 (état civ.).

GAUBERTENC, dom. ruiné, c^{ne} d'Yolet. — *Mas Gaubertenc*, 1692 (terr. de Saint-Geraud).

GAUBERTENQUE (LA), dom. ruiné, c^{ne} de Saint-Simon. — *Affar de la Gaubertenque*, 1692 (terr. de Saint-Geraud).

GAUBERTIE (LA), dom. ruiné, c^{ne} de Colandres. — *Mansus de la Gaubertia*, 1512 (terr. d'Apchon). — *Affar de la Gaubertie*, 1719 (table de ce terr.).

GAUBERTIE (LA), dom. ruiné, c^{ne} de Polminhac. — *Affar de la Galbertia*, 1485 (reconn. à J. de Montamat).

GAUDE (LA), vill., c^{ne} de Marcenat.

GAUDIE (LA), ham., c^{ne} de Saint-Simon. — *La Gaudie*, 1692 (terr. de Saint-Geraud).

GAUDIE (LA), dom. ruiné, c^{ne} de Thiézac. — *Villaige de la Gaudie*, 1624 (état civ.).

GAUDILLE (LA), écart, c^{ne} de Lugarde.

GAUDINES, seigneurie, arrond. d'Aurillac. — *Dominus de Galdinas*, 1230 (arch. dép., s. E).

GAUDY, écart, c^{ne} de Trémouille-Marchal.

GAUGEAC, f^{me}, c^{ne} de Rouffiac. — *Grangeac*, 1643 (min. Sarrauste, n^{re} à Laroquebrou). — *Gougeac*, 1782 (arch. dép. s. C, l. 51). — *Gaujac* (Cassini).

GAUGÈTE (LA), dom. ruiné, c^{ne} de Riom-ès-Montagnes. — *Affarium vocatum de la Gaugeta*, 1441 (terr. de Saignes).

GAULIS, forêt domaniale, c^{ne} de Condat-en-Feniers.

GAUTIER, m^{in} détruit, c^{ne} de Paulhac.

GAUTIER (LE), dom. ruiné, c^{ne} de Sansac-Veinazès. — *Affar appellé de Galtier*, 1669 (nommée au p^{ce} de Monaco).

GAUTIER, dom. ruiné, c^{ne} de Vézac. — *Lo mas Galtier*, 1692 (terr. de Saint-Geraud).

GAVANEL, ham., c^{ne} d'Omps. — *Gabanel* (Cassini). — *Gabonnel*, 1856 (Dict. stat. du Cantal).

GAY (LE PUY DE), mont. à vacherie, c^{ne} de Tiviers. — *Boys appellé le boys del Gay-Gay*, 1508; — *Bois del Bay*, 1662; — *Bois del Gay ou del Costat*, 1730; — *Bois appellé le Gay del Coustas sous las Courbes*, 1762 (terr. de Montchamp).

GAY (LE), f^{me}, c^{ne} de Védrines-Saint-Loup. — *Le Gai* (Cassini).

GAY (Le), ruiss., affl. de l'Hergne, c⁰ de Védrines-Saint-Loup; cours de 2,000 m.
GAYE (La), ruiss., affl. du Levandès, cⁿᵉ de Jabrun; cours de 1,600 m. — *Ruisseau appellé de la Coue*, 1662; — *La Coüe*, 1686 (terr. de la Garde-Roussillon).
GAYMONT, vill. et mⁱⁿ, cⁿᵉ d'Andelat. — *Gaymont*, 1420; — *Mansus de Gaymons*, 1496 (liber vitulus). — *Guaymond*, 1577 (arch. dép. s. G). — *Guaymons*, 1596 (insin. du bailliage de Saint-Flour). — *Gaymond*, 1598 (min. Andrieu, nʳᵉ).
GAYNOU (Le Lac de), mont. à vacherie, cⁿᵉ d'Antignac.
GAYT (Le Bois de), taillis, cⁿᵉ de Neuvéglise. — *Nemus vulgariter dictum de la Gays*, 1399 (arch. dép. s. E). — *Boix ou devèze de Gayet, autrement de Combe-Grand*, 1630; — *Combe-Grand appellé de Malaribe*, 1662 (terr. de Montchamp).
GAZ, ruiss., affl. de la rivière d'Auze, cⁿᵉ de Saint-Paul-des-Landes; cours de 1,200 m.
GAZ (Le), fᵐᵉ, cⁿᵉ de Sénezergues.
GAZAILLE (La), dom. ruiné, cⁿᵉ de Cassaniouze. — *L'affar appelée de la Gazaille*, 1760 (terr. de Saint-Projet).
GAZAIRE (La), mont. à vacherie, cⁿᵉ de Vernols.
GAZAL, ham., cⁿᵉ de Parlan. — *Les Gazals*, 1645; — *Gasalz*, 1648; — *Gazal; Guazal*, 1649; — *Gazard*, 1653; — *Gazail-le-haut*, 1660 (état civ.). — *Gazars*, 1748 (anc. cad.). — *Gazale*, 1755 (état civ. de Quézac).
GAZANNE (La), mont. à vacherie, cⁿᵉ d'Allanche.
GAZANNE (La), ruiss., affl. du ruisseau de Barhouet, coule aux finages des cⁿᵉˢ de Molèdes, Leyvaud, Laurie et de Saint-Étienne-de-Blesle (Haute-Loire). Son trajet dans le Cantal est de 4,200 m. — On le nomme aussi *Roubiarques*.
GAZARD, fᵐᵉ, cⁿᵉ d'Aurillac. — *Usque ad arbores Gazarnes*, 1277 (arch. mun. d'Aurillac, s. FF, p. 15). — *Boria dicta de Guazariis*, 1287 (id. s. GG, c. 16). — *De Gasariis*, 1521; — *De Gazariis*, 1522 (min. Vigery, nʳᵉ). — *Gazard*, 1624; — *Gazala*, 1650; — *Gazars*, 1652 (état civ.).
GAZ-DE-L'HERM (Le), ruiss., affl. de la Ressègue, cⁿᵉ de Glénat; cours de 2,200 m.
GAZEL, mⁱⁿ, cⁿᵒ de Paulhac.
GAZELLAS, mont. à vacherie, cⁿᵉ de Chaudesaigues.
GAZELLE (La), vill., cⁿᵉ d'Anglards-de-Saint-Flour. — *La Guazelle*, 1494 (terr. de Mallet). — *La Gazella*, 1499 (liber vitulus). — *La Gasela*, XVIᵉ s° (arch. dép. s. G) — *La Gazelles*, 1739; — *La Gazelle*, 1745 (état civ. de Saint-Flour).
GAZELLE (La), vill. détruit, cⁿᵉ de Celles. — *Les chazals de la Guazelle*, 1581 (terr. de Celles).

GAZELLE (La), ruiss., affl. de la rivière d'Allanche, cⁿᵉˢ de Chalinargues et de Neussargues; cours de 2,000 m. On le nomme aussi *Richaldra* et *Rechardrate*. — *Rivus vocatus de la Gasela*, 1491 (terr. de la vᵗᵉ de Farges). — *La Gazela*, 1518 (id. des Cluzels). — *Ruisseau de la Guazelle*, 1591 (id. de Bressanges).
GAZELLE (La), mont. à vacherie, cⁿᵉ de Cheylade. — *Montaigne de la Gazelha*, 1520 (min. Teyssandier, nʳᵉ).
GAZELLE (La), dom. ruiné et mont. à vacherie, cⁿᵉ de Laveissière. — *Villaige et affar de la Gazelle*, 1668 (nommée au pᶜᵉ de Monaco).
GAZELLE (La), ruiss., affl. de l'Alagnon, cⁿᵉ de Peyrusse et de Ferrières-Saint-Mary; cours de 2,000 m. — *Rivus de la Gazela*, 1471 (terr. du Feydit).
GAZELLE (La), vill. et mⁱⁿ, cⁿᵉ de Ségur. — *La Guazela*, 1403 (arch. dép. s. E). — *La Gazelle*, 1618 (terr. de Dienne). — *La Guazelle*, 1667 (liève de Dienne).
GAZELLE (La), ruiss., affl. de la Santoire, cⁿᵉˢ de Vernols et de Ségur; cours de 1,800 m. — *Aqua dicta de la Guasela*, 1403 (arch. dép. s. E). — *Cum rivo de la Gasela*, 1491 (terr. de Farges). — *Le riou de la Guazelle*, 1535; — *Ruisseau de la Gazelle*, 1680 (id. de la vᵗᵉ de Murat).
GAZELLES (Les), mⁱⁿ détruit, cⁿᵉ de Saint-Urcize.
GAZES (Les), ruiss., affl. du ruisseau de la Barnèze, cⁿᵉ de Vabres; cours de 4,000 m. On le nomme aussi *La Trémollière*. — *Ruisseau de la Tremouillière*, 1837 (état des riv. du Cantal).
GAZEUZE (La), ruiss., affl. de la Sionne, cⁿᵉ de Chanet; cours de 4,345 m. — *Rif appellé de Buldoyrac; Buldoyre; Buldeyra; Bouldoyre*, 1515 (terr. du Feydit).
GAZONNE (La), ruiss., affl. de la Près, est formé à la jonction des ruisseaux de Mèze-Sole et de la Sagnole, cⁿᵉˢ de Cezens et de Cussac; cours de 4,000 m.
GAZONNE (La), mont. à vacherie, cⁿᵉ de Gourdièges.
GAZONNE (La), écart, cⁿᵉ de Marchastel. — *La Guazonne*, 1578; — *Le Gazane*, 1622 (terr. de Soubrevèze). — *La Gazonne*, 1777 (liève d'Apchon).
GÉAS (Le), ham., cⁿᵉ de Condat-en-Feniers.
GÉATHE (La), écart, cⁿᵉ d'Alleuze. — *La Gat*, 1437 (arch. dép. s. G). — *La Ghat*, 1460; — *La Ghac*, 1511 (liber vitulus). — *Lagat*, 1623 (insin. de la cour royale de Murat). — *Layat*, 1784 (Chabrol, t. IV).
GELIVE-BAS et HAUT, ham. et écart, cⁿᵉ de Champs. — *Gelines*, 1668; — *Gelnies*, 1670; — *Galines*, 1672 (état civ.). — *Gelme-Bas* et *Haut* (Cassini). — *Geline-Haut* (État-major).

GELLONES, mⁱⁿ détruit, cⁿᵉ de Freix-Anglards. — *Molin de Gellones*, 1627 (terr. de N. D. d'Aurillac).

GELY, mⁱⁿ, cⁿᵉ de Peyrusse. — Il porte aussi le nom de *La Vaissade*.

GENDRE (LE), mⁱⁿ détruit, cⁿᵉ de Mandailles.

GENESTE (LA), dom. ruiné, cⁿᵉ de Giou-de-Mamou. — *Tènement de la Gineste*, 1740 (anc. cad.).

GENESTE (LA), vill., cⁿᵉ de Lascelle. — *La Ginesta*, 1522 (min. Vigery, nʳᵉ). — *La Ginestie*, 1594 (terr. de Fracor). — *La Gineste*, 1656 (état civ. d'Aurillac).

GENESTE (LA), ham. et mⁱⁿ, cⁿᵉ de Leucamp.

GENESTE (LA), dom. ruiné, cⁿᵉ de Marcolès. — *Affarium dal Genestet*, 1335 (arch. mun. d'Aurillac, s. HH, c. 21).

GENESTE (LA), dom. ruiné, cⁿᵉ de Saint-Étienne-de-Carlat. — *Affar de la Gineste*, 1692 (terr. de Saint-Geraud).

GENEVRIÉ (LE), mont. à vacherie, cⁿᵉ de Fontanges.

GENEX (LE), ruiss., affl. de la Truyère, cⁿᵉ d'Oradour; cours de 1,000 m.

GENOULIÉ (LA ROCHE DE), mont. à vacherie, cⁿᵉ de Clavières.

GENSAC, dom. ruiné, cⁿᵉ de Cassaniouze. — *Affar appellé de Gensac*, 1760 (terr. de Saint-Projet).

GENTIANE (LA), mont. à burons, cⁿᵉ de Colandres.

GENTIE (LA), dom. ruiné, cⁿᵉ d'Aurillac. — *Affar appellé de la Gentia*, 1692 (terr. de Saint-Geraud).

GENTIE (LA), vill., cⁿᵉ de Polminhac. — *La Gentia*, 1489 (reconn. à J. de Montamat). — *La Gertia; la Bintia; la Gentya*, 1583 (terr. de Polminhac). — *La Gintye*, 1609 (homm. au roi par les prêtres de Polminhac). — *La Guithye; la Guitye*, 1610 (aveu de J. de Pestels). — *La Ginthie*, 1641 (min. Dumas, nʳᵉˢ). — *La Gentie*, 1665; — *La Gintie*, 1666 (état civ.). — *La Guithie; la Guesthie; la Guéthie*, 1668; — *Lagentie*, 1671 (nommée au pᶜᵉ de Monaco).

GENTY, lieu détruit, cⁿᵉ de Saint-Urcize. — (Cassini.)

GÉRAUD-FOND, dom. ruiné, cⁿᵉ de Sauvat. — *Affarium de Geraud Fond*, 1420 (arch. généal. de Sartiges).

GERBAL, écart, cⁿᵉ de Saint-Constant. — *Girbal*, 1642 (état civ.). — *Pech-Girval; Puech-Gerbal*, xvıɪᵉ sᵉ (reconn. au prieur de Saint-Constant).

GERBES, fᵐᵉ, cⁿᵉ de Maurs. — *Gerbe*, 1669 (état civ.). — *Gerbiez*, 1742 (anc. cad.). — *Digerbes*, 1750 (état civ.). — *Girbes*, 1752 (anc. cad.).

GERDIAC, dom. ruiné, cⁿᵉ de Saint-Étienne-de-Carlat. — *Village de Gerdhac*, 1676 (état civ. de Jou-sous-Montjou).

GERMANÈS, vill., cⁿᵉ de Saint-Christophe. — *Germanes*, 1471 (reconn. au seign. de Montal). — *Germanez*, 1630 (état civ.). — *Germanès*, 1667 (id. de Pleaux). — *Girmanel*, 1671; — *Girmanis*, 1674 (id. d'Arnac).

GERMANÈS-HAUT, dom. ruiné, cⁿᵉ de Saint-Christophe. — *Girmanel Soubzines*, 1671 (état civ. d'Arnac).

GERMANIE (LA), dom. ruiné, cⁿᵉ de Saint-Martin-sous-Vigouroux. — *Mansus de la Germania*, 1374 (arch. dép. s. G).

GERME (LA), mont. à vacherie, cⁿᵉ de Pradiers.

GERMÈS, ruiss., affl. de l'Arcambe, cⁿᵉ de Maurs, cours de 2,100 m.

GERMÈS-LA-ROCHE, vill., cⁿᵉ de Maurs. — *Germez*, 1742 (anc. cad.). — *Germès*, 1744 (état civ. de Saint-Étienne-de-Maurs). — *Germès-de-Boisset*, 1754 (id. de Maurs).

GERMÈS-SUD, vill., cⁿᵉ de Maurs. — *Germès*, 1608 — *Germets*, 1749 (état civ. de Saint-Étienne-de-Maurs). — *Germaix*, 1750 (anc. cad.). — *Germez*, 1755 (état civ.).

GERNAUD, dom. ruiné, cⁿᵉ de Paulhenc. — *Affar appellé de Gernaultz*, 1671 (nommée au pᶜᵉ de Monaco).

GÉRONSE (LA), dom. ruiné, cⁿᵉ de Teissières-de-Cornet. — *Capmansus de Geronsa*, 1323 (arch. mun. d'Aurillac, s. HH, c. 21).

GEUSE (LA), mont. à vacherie, cⁿᵉ de Lavigerie.

GEVERS, ruiss., affl. de l'Arcueil, cⁿᵉ de Saint-Mary-le-Plain; cours de 920 m.

GEX (LE), écart, cⁿᵉ de Marcolès. — *Affarium dal Zeth*, 1407; — *Mansus dal Zetz*, xvᵉ sᵉ (pièces de l'abbé Delmas). — *Le Seix*, 1784 (Chabrol, t. IV).

GIBANEL, ham., cⁿᵉ de Saint-Illide. — *Gimonel* (Cassini).

GIBERT, dom. ruiné, cⁿᵉ de Bredon. — *La granche de Gibert*, 1598 (reconn. des hab. d'Albepierre). — *La Grange*, 1644 (terr. de Loubeysargues).

GIBERTARIE, dom. ruiné, cⁿᵉ de Saint-Bonnet-de-Salers. — *Affarium de Gibertaria*, 1475; — *La Gibertarie*, 1680 (terr. de Mauriac).

GIBERTEL, mont. à vacherie, cⁿᵉ de Chavagnac.

GIBERTES (LES), dom. ruiné, cⁿᵉ de Chastel-Marlhac. — *Affarium de las Gisbertas*, 1441 (terr. de Saignes).

GIBERTES (LES), écart détruit, cⁿᵉ de Paulhac. — *Mansus de Liberte*, 1511 (terr. de Maurs).

GIDONNES (LES), lieu détruit, cⁿᵉ de Saint-Saturnin. — 1784 (Chabrol, t. IV).

GIDOUN (LE), ham. et mⁱⁿ, cⁿᵉ de Ruines. — *Villa ad Jutore*, 926 (cart. de Brioude, n° 315). — *Adjudore villa*, 927 (Baluze, mais. d'Auv., t. II, p. 20). — *Aljudour; Judour*, 1624 (terr. de Ligonnès). — *Tudour* (Cassini).

GIEU, dom. ruiné, c^{ne} d'Auzers. — *Mansus del Ghieu*, 1520 (terr. de Riom). — *Lieu* (Cassini).

GIEU, dom. ruiné, c^{ne} de Champagnac. — *Mansus de Giou, parrochie de Champanhaco*, 1441 (terr. de Saignes).

GIGUE (LA), écart, c^{ne} de Roussy.

GILBERT, mⁱⁿ détruit, c^{ne} de Saint-Constant — *Molin de Guibert*, XVIIe s^e (reconn. au prieur de Saint-Constant). — *Moulin de Guilbert*, 1704 (état civ.).

GILBERTIE (LA), dom. ruiné, c^{ne} de Saint-Julien-de-Jordanne. — *Affarium vocatum de las Gilbertios*, 1378 (fond. de la chapell. des Blats). — *La Gilibertie; las Giliberties; la Gilibertias; la Gilibertia; la Gillibertie; la Gallabertie*, 1573 (terr. de la chapell. des Blats).

GILLES, dom. ruiné, c^{ne} de Saint-Santin-de-Maurs. — *Ténement de Giles*, 1747 (anc. cad.).

GIMAX, f^{me}, c^{ne} de Marcolès. — *Gimas*, 1784 (Chabrol, t. IV). — *Gimat* (État-major).

GIMEL, vill., c^{ne} de Marmanhac. — *Ginels*, 1669; — *Gimelz*, 1670; — *Gimels*, 1728; — *Gimel*, 1743 (état civ.).

GIMMAZANNES, chât. féodal détruit, c^{ne} de Lanobre. — *Gimasanes*, 1784 (Chabrol, t. IV). — *Gimazane*, 1790 (min. Marambal, n^{re}).

Gimmazannes, avant 1789, était régi par le droit cout., et siège d'une justice, ressort. à la sénéchaussée de Clermont, en appel du bailliage de Thinières.

GINALUAC, vill. et mⁱⁿ détruit, c^{ne} d'Ally. — *Mansus de Ginalhac*, 1464 (terr. de Saint-Christophe). — — *Genelhiat*, 1666; — *Geneliat*, 1669; — *Genalhiat*, 1680; — *Genelhiac*, 1693; — *Genelliat*, 1696 (état civ.). — *Ginaliac*, 1737 (id. de Sourniac). — *Genaillac*, 1769 (arch. dép. s. G). — *Molin à blé de Ginailhac*, 1778 (inv. des arch. d'Humières).

GINALHAC, vill., c^{ne} de Laroquevieille. — *Genolhac*, 1371; — *Ginolhac*, 1509; — *Geniolhac*, 1560 (reconn. à l'hôp. d'Aurillac). — *Ginolhiac*, 1635 (état civ. de Vic-sur-Cère). — *Ginalhac*, 1669 (id. de Marmanhac). — *Genalhac*, 1693 (inv. des titres de l'hôp. d'Aurillac). — *Ginaillac*, 1696 (arch. dép. s. C, l. 10). — *Ginouliac*, 1747 (inv. des titres de l'hôp. d'Aurillac).

GINALHAC, ham., c^{ne} de Saint-Étienne-de-Maurs. — *Ginalhacum*, 1339 (test. de J. de Podio). — *Jinalhac*, 1605; — *Ginalhac*, 1609; — *Ginaliac*, 1630; — *Gnoulhiac*, 1633; — *Ginolhiac*, 1668; — *Ginolhac*, 1670; — *Genoillac*, 1756 (état civ. de Maurs).

GINASSIÈRE (LA), dom. ruiné, c^{ne} d'Apchon. — *Affa-*

rium de la Ginasserra, 1518 (terr. d'Apchon). — *La Givasseyre*, 1719 (table de ce terr.).

GINEST, ham., c^{ne} d'Omps. — *Ginets* (État-major). — *La Gineste*, 1856 (Dict. stat. du Cantal).

GINESTE (LA), vill., c^{ne} d'Arnac. — *La Guieste*, 1671 (état civ.).

GINESTE (LA), dom. ruiné, c^{ne} de la Capelle-Viescamp. — *Mansus dal Ginest*, 1362 (arch. mun. d'Aurillac, s. HH, c. 21).

GINESTE (LA), vill., c^{ne} de Saignes. — *La Gynestie*, 1680; — *La Gineste*, 1681 (état civ.). — *La Geneste* (Cassini).

GINESTE (LA), vill., c^{ne} de Saint-Santin-Cantalès.

GINESTE (LA), mⁱⁿ, c^{ne} de Tourniac.

GINESTIÈRE (LA), mais. forte détruite, c^{ne} de Vic-sur-Cère. — *La Ginestieyre, roches et chazal où anciennement souloit avoir place et maison forte, avec ses appartenances, sis dans la paroisse de Vic*, 1668 (nommée au p^{ce} de Monaco).

GINESTOU (LE), ham., c^{ne} de Glénat. — *Ginestous*, XVIIIe s^e (pap. de la famille de Montal).

GINESTOU (LE), ham., c^{ne} de Roumégoux. — *Lo Ginesto*, 1319 (arch. mun. d'Aurillac, s. HH, c. 21). — *Lo Ginestros; Ginestos*, 1322 (reconn. au seign. de Montal). — *Lo Ginastos*, 1343 (arch. mun. d'Aurillac, s. HH, c. 21).

GINESTOU (LE), ham. et mont. à vacherie, c^{ne} de Saint-Santin-Cantalès. — *Genestou*, 1857 (Dict. stat. du Cantal).

GINESTOUZE (LA), dom. ruiné, c^{ne} de Faverolles. — *Affar de Ginessouze; Ginestoze*, 1494 (terr. de Mallet).

GINONDÉ (LE), ruiss., affl. du ruisseau de la Mougudo, c^{ne} de Saint-Cirgues-de-Jordanne.

GINOULOU (LE PUY DE), mont. à vacherie, c^{ne} de Riom-ès-Montagnes.

GINSONIE (LA), ham., c^{ne} de Saint-Projet. — *La Gensonia*, 1298 (reconn. au doyen de Mauriac). — *La Gensonnye*, 1664 (insin. du bailliage de Salers). — *La Guisonie*, 1683 (état civ.). — *La Ginzounie*, 1717 (terr. de Beauclair). — *La Gensonie* (Cassini). — *La Gensonnie*, 1857 (Dict. statist. du Cantal).

GIOLLE (LE), dom. ruiné, c^{ne} de Saint-Martial. — *Lou Gioulles; lou Groulles*, XVIe s^e (arch. dép. s. G). — *Lou Giolles*, 1645 (id. s. H).

GIOU, f^{me}, c^{ne} de Murat. — *Jeu*, 1419 (arch. dép. s. G). — *Juou-sur-Murat; Gieu*, 1535 (terr. de la v^{té} de Murat). — *Gieau*, XVIe s^e (id. du prieuré du chât. de Murat). — *Ghieu; Ghiou; Giou; Jeu; Juou*, 1580 (lièvc de la v^{té} de Murat). — *Gyeu*, 1664 (terr. de Bredon).

Giou (Le), ruiss., affl. de la Cère, c^{nes} de Polminhac et de Giou-de-Mamou; cours de 12,200 m. — On le nomme aussi *Fraisse* et *Roquecelier*.

Giou (Le Puy de), mont. à vacherie, c^{ne} de Saignes. — *Calma vocata del Puech de Gieu*, 1441 (terr. de Saignes).

Giou, dom. ruiné, c^{ne} de Valette. — *Affarium del Jove, sive Agnetis del Jove*, 1441 (terr. de Saignes).

Giou-de-Mamou, c^{on} nord d'Aurillac et chât. fort détruit. — *Jovis*, 1378 (fond. de la chapell. des Blats). — *Hiori*, xve s^e (Pouillé de Saint-Flour). — *Jouu*, 1459 (reconn. à l'hôp. d'Aurillac). — *Castrum de Jnous; Juonum*, 1522 (min. Vigery, n^{re}). — *Jou*, 1595 (pièces de l'abbé Delmas). — *Gieu*, 1610 (aveu de J. de Pestels). — *Jeu*, 1623; — *Joieu*, 1624 (état civ. d'Arpajon). — *Mamont*, 1628 (paraphr. sur les cout. d'Auvergne). — *Sainct-Bonnet-de-Giou*, 1628 (état civ. d'Aurillac). — *Giaux*, 1671 (*id.* de Polminhac). — *Jou-de-Mamou*, 1678 (*id.* d'Aurillac). — *Gioux-de-Mamout; Jou-de-Mamout*, 1784 (Chabrol, t. IV).

Giou-de-Mamou était, avant 1789, de la Haute-Auvergne, du dioc. de Saint-Flour, de l'élect. et de la subdél. d'Aurillac. Régi par le droit écrit, il était le siège d'une justice seign., ressort. au bailliage d'Aurillac, en appel de sa prév. part. Son église, dédiée à saint Bonnet, était un prieuré uni, en 1593, à la mense de Saint-Geraud. Elle a été érigée en succursale par décret du 28 août 1808.

Gioux, vill., c^{ne} de Riom-ès-Montagnes. — *Giou*, 1441 (terr. de Saignes). — *Gieu*, 1672 (état civ. de Menet). — *Gioux*, 1717 (arch. dép. s. G). — *Jioux* (Cassini).

Gioux a été le siège d'une comptoirie carolingienne.

Gioux, vill., c^{ne} de Saint-Pierre-du-Peil. — *Aguyen*, 1634 (état civ. du Vigean). — *Jioux* (Cassini). — *Giou* (État-major).

Giraldes, vill. et mont. à vacherie, c^{ne} du Claux. — *Les Géraldes*, 1502 (arch. dép. s. E). — *Girauldez*, 1504 (homm. à l'évêque de Clermont). — *Les Giraldes*, 1513 (terr. de Cheylade). — *Les Girauldes*, 1592 (vente de la terre de Cheylade). — *Lesgiraldes*, 1646 (lièvre conf. de Valrus). — *Montaigne del Girardes*, 1673 (nommée au p^{cs} de Monaco). — *Géroldes*, xviie s^e (arch. dép. s. E). — *La Giralde*, xviie s^e (table du terr. de Cheylade). — *Le Gerardès* (Cassini). — *Giraldeix*, 1855 (Dict. stat. du Cantal).

Giraldès, mont. à vacherie, c^{ne} de Laveissière. — *La fontayne appellée del Térond de Gizarde; le Térond de Gyzardes*, xve s^e (terr. de Chambeuil).

— *Montaigne appellée de Gizardes*, 1608 (min. Danty, n^{re}). — *V^{rie} de Girarosse?* (Cassini).

Giraltat, vill., c^{ne} de Neussargues. — *Chyralta*, 1581; — *Chiraultas; Chiroutas; Chirautat; Chirontat*, 1644 (terr. de Celles). — *Chialtat; Chiraltat*, 1654 (*id.* du Sailhans). — *Chiralla*, 1784 (Chabrol, t. IV). — *Chiralteix*, 1856 (Dict. stat. du Cantal).

Giraoul, vill. et mont. à vacherie, c^{ne} de Velzic. — *Gerogol*, 1549 (terr. de Fracor). — *Girgols*, 1640; — *Girgoul*, 1646 (pièces de Lecassagne). — *Girogou*, 1668 (état civ. de Jussac). — *Montaignhe de Gero-Youl*, 1671 (nommée au p^{cs} de Monaco). — *Girazol*, 1692 (terr. de Saint-Geraud). — *Girogoul*, 1695 (arch. dép. s. C, l. 8).

Giraoul, ruiss., affl. de la Jordanne, c^{ne} de Velzic; cours de 1,800 m.

Giraud, dom. ruiné, c^{ne} de Cassaniouze. — *Affar de Giraud*, 1743 (anc. cad.).

Giraude (La), ham., c^{ne} de Condat-en-Feniers.

Giraude-de-Marvaud (La), écart, c^{ne} de Condat-en-Feniers.

Girazac, dom. ruiné et mont. à burons, c^{ne} de Saint-Vincent. — *Lo fach de Girasac*, 1332 (lièvre du prieuré de Saint-Vincent). — *Buron de Guzat* (Cassini). — *Buron de Girazac* (État-major).

Girazac, ruiss., affl. de la rivière de Mars, c^{nes} du Vaulmier et de Saint-Vincent; cours de 1,200 m.

Girbau, mⁱⁿ, c^{ne} de Saint-Vincent. — *Moulin de Girbaï* (états de sections).

Girbe (Le Puet de la), mont. à vacherie, c^{ne} de Roumégoux.

Girbe (La), c^{ne} de Tournemire. — *La Girbe*, 1659 (insin. du bailliage de Salers). — *La Girma*, 1747 (inv. des titres de l'hôp. d'Aurillac).

Gireuge, ham., c^{ne} de Massiac.

Girgols, c^{ne} de Saint-Cernin, mⁱⁿ et mont. à vacherie. — *Gergolz*, 1269 (arch. mun. d'Aurillac, s. FF, p. 15). — *Girgols*, xive s^e (Pouillé de Saint-Flour). — *De Girgolis*, 1522 (min. Vigery, n^{ro} à Aurillac). — *Girgol*, 1552 (terr. de Nozières). — *Girgolz; Girgoux; Giergoux*, 1628 (paraphr. sur les cout. d'Auvergne). — *Girgoles*, 1679 (arch. dép. s. C, l. 15).

Girgols était, avant 1789, de la Haute-Auvergne, du dioc. de Saint-Flour, de l'élect. et de la subdél. d'Aurillac. Régi par le droit cout., il dépend. de la justice seign. de Tournemire, et ressort. à la sénéchaussée d'Auvergne, en appel du bailliage de Salers. — Son église, dédiée à Notre-Dame de la Nativité, était un prieuré qui fut uni à l'archidiaconé d'Aurillac en 1252, par l'évêque de Clermont; il était à la présent. de l'archidiacre et à la coll. de l'évêque. Elle a été érigée en succursale par décret du 28 août 1808.

GIRMANEL, métairie ruinée, c^{ne} de Chastel-sur-Murat. — *La borha de Girmanhol*, 1535 (terr. de la v^{té} de Murat). — *La borie dessoubz lou Poih de Chastel*, XVIe s^e (terr. du prieuré du chât. de Murat).

GIRODELLE (LA CÔTE DE), mont., c^{ne} de la Chapelle-d'Alagnon. — *Coste commune appellée de la Girol-Dolla; de la Giraldèse*, 1535; — *La costa de la Giraldèle; de la Girodolla*, 1536 (terr. de la v^{té} de Murat). — *La coste des Giraldes*, 1680; — *La coste de Giraldola*, 1683 (*id.* des Bros).

GIRONDE (LA), écart et chât. en ruines, c^{ne} d'Auriac. — *Gironda*, 1329 (enq. sur la just. de Vieillespesse). — *Gironde*, 1559 (liève de Mardogne).

GIRONDE (LA), mont. à burons et taillis, c^{ne} de Saint-Projet.

GIRONDELS, écart, c^{ne} de Calvinet.

GIROU, vill., c^{ne} de Saint-Martin-Valmeroux. — *La Giron*, 1443 (arch. dép. s. E). — *Birou*, 1654; — *Gieu; Giron*, 1655 (état civ. d'Anglards-de-Salers). — *Girou*, 1659 (insin. du bailliage de Salers). — *Gyrou*, 1660 (état civ. de Saint-Cernin). — *Giroux* (État-major).

GIROULDY (LE PUY DE), mont. à vacherie, c^{ne} de Drugeac.

GIROUX, dom. ruiné, c^{ne} de Siran. — *Mansus dels Giros*, 1428 (archives municipales d'Aurillac, s. HH, c. 21).

GISEFOL, mont. à vacherie, c^{ne} de Paulhac. — *Montaigne de Gisefol*, 1591 (terr. de Bressanges).

GISONIE (LA), dom. ruiné, c^{ne} du Vigean. — *Mansus de la Gisonia*, 1310 (liève du prieuré du Vigean).

GIZARS, mⁱⁿ détruit, c^{ne} des Ternes. — *Lo mollin Gizard situé à las Saigniettes*, 1636 (terr. des Ternes).

GIZAT, dom. ruiné, c^{ne} d'Andelat. — *Le villaige de Gizat*, 1654 (terr. du Sailhans).

GLADINES, vill., c^{ne} de Roannes-Saint-Mary. — *Glandinas*, 1269 (arch. mun. d'Aurillac, s. FF, p. 15). — *Gladinas*, 1522 (min. Vigery, n^{re} à Aurillac). — *Gladines*, 1625 (état civ. d'Arpajon). — *Gladin*, 1703 (*id.* de Saint-Paul-des-Landes). — *Glandines*, 1748 (anc. cad. de Parlan). — *Glavines* (Cassini).

GLADINES, ruiss., affl. du ruisseau du Boursolet, c^{ne} de Roannes-Saint-Mary; cours de 600 m.

GLAIJOUNE (LA), vill. détruit, c^{ne} de Laveissenet.

GLAIZE (LA), écart, c^{ne} de Condat-en-Feniers. — *Bois de la Glaize; Gleyre*, 1654. — *Bois de la Gleire*, XVIIe s^e (terr. de Feniers). — *Glaire* (Cassini).

GLAIZE (LA), mont. à burons, c^{ne} de Saint-Projet. — *V^{rie} de la Glaie* (État-major).

GLANDES (LES), dom. ruiné, c^{ne} de Sénezergues. — *Les Glardes*, 1777 (arch. dép. s. C, l. 49).

GLAUGOS, dom. ruiné, c^{ne} de Tournemire. — *Affarium del Glaugos*, 1378 (fond. de la chapell. des Blats).

GLAUZELS (LES), lieu détruit, c^{ne} d'Ally. — 1784 (Chabrol, t. IV).

GLAYAL (LE), vill., et mⁱⁿ, c^{ne} de Mourjou. — *Le Gléiat*, 1523 (assises de Calvinet). — *Le Glécial; le Glayot*, 1553 (procès-verbal Vény). — *Le Gleyal* (Cassini).

GLÉBENDE (LA), mont. à vacherie, c^{ne} de Colandres.

GLÈDE (LA), dom. ruiné, c^{ne} de Glénat. — *Vilaige de la Glède*, 1449 (enq. sur les droits des seign. de Montal).

GLEISIAL (LE), dom. ruiné, c^{ne} de Saint-Gerons. — *Affarium de Glaigial; Gleyzial*, 1354 (arch. dép. s. E).

GLÉNADEL, écart, c^{ne} de Glénat. — *Glenadeil*, 1269 (reconn. au seign. de Montal). — *Glenadeih*, 1460 (nommée au seign. de Montal). — *Glenadel*, 1618 (état civ.). — *Glenadiel*, 1750 (anc. cad.).

GLÉNAT, c^{ne} de Laroquebrou. — (?) *Glaurgo ecclesia*, 918 (Gall. christ., t. II, c. 439). — *Glenat*, 1275 (test. de Bertrand de Montal). — *Glenatum*, 1332. — *Glenac*, 1345 (pap. de la famille de Montal). — *Glenacum*, 1444 (reconn. au seign. de Montal).

Glénat était, avant 1789, de la Haute-Auvergne, du dioc. de Saint-Flour, de l'élect. et de la subdél. d'Aurillac. Régi par le droit écrit, il était le siège d'une justice seign., ressort. au bailliage d'Aurillac, en appel de la prév. de Maurs. Son église, dédiée à saint Blaise, était un prieuré à la nomination de l'évêque de Saint-Flour; elle a été érigée en succursale par décret du 28 août 1808.

GLÉNAT, vill. et mⁱⁿ détruits, c^{ne} du Vigean. — *In villa Glenat*, XIIe s^e (charte dite *de Clovis*). — *Molendinum et mansus Glenati*, 1474; — *Glanat*, 1680 (terr. de Mauriac).

GLÈNE (LA), dom. ruiné, c^{ne} de Dienne. — *Mansus de la Glena*, 1279 (arch. dép. s. E).

GLÈNE (LA), vill., c^{ne} de Faverolles. — *Glebaz*, 1338 (spicil. Brivat.). — *Glena*, 1494 (terr. de Mallet). — *La Glène*, 1695 (*id.* de Celles).

GLEVADE (LA), mont. à burons, c^{ne} de Saint-Bonnet-de-Salers. — *V^{rie} de Glebade* (État-major).

GLÉZIAL (LE), écart, c^{ne} de Chaudesaigues. — *Lou Gleysia*, 1404 (arch. dép. s. G). — *Lou Gleisal; lou Gleisial*, 1508; — *Le Gleysial*, 1662 (terr. de la Garde-Roussillon). — *Le Glézial*, 1784 (Chabrol, t. IV). — *Le Glaigial* (Cassini). — *Le Glaizial*, 1855 (Dict. stat. du Cantal).

GLÉZIOU (LE), mont. à vacherie, c^ne de Laveissenet. — *Lou lac d'Engleizou; las saignes d'Engleisou*, 1662. — *Engleyson*, 1687 (terr. de Loubeysargues).

GLINADE (LA), mont. à vacherie et taillis, c^ne de Colandres.

GLINOUX, f^me, c^ne de Méallet. — *Glanoux*, 1667 (anc. min. Chalvignac, n^re à Trizac). — *La Glaive* (Cassini) et 1784 (Chabrol, t. IV, p. 688).

GLIZIAL (LE PUY DE), mont. à vacherie, c^nes de Mandailles et de Saint-Jacques-des-Blats. — Elle porte aussi le nom de *le Puy du Glizioù*.

GLIZIOU (LE), ruiss., affl. de la Jordanne, c^ne de Mandailles; cours de 2,000 m. — On le nomme aussi *Luc*. — *Glizon*, 1879 (état stat. des cours d'eau du Cantal).

Go (LE), ruiss., affl. du ruisseau de Cazalat, c^nes de Roannes-Saint-Mary et Saint-Mamet-la-Salvetat; cours de 3,500 m. — Il porte aussi le nom de *Fons*.

GOBIAS, dom. ruiné, c^ne de Champagnac. — *Mansus de Gobias*, 1423 (arch. général. de Sartiges).

GODDE, vill., c^ne de Marcenat. — *Goddes*, 1668 (état civ.). — *Le Gode*, 1744 (arch. dép. s. G).

GODIVELLE (LA), lac, c^ne de Chanterelle. — *La Goudivelle* (états de sections).

GOING (LE), mont. à vacherie, c^ne de Paulhac.

GOIRIE (LA), vill., c^ne de Saint-Étienne-de-Maurs.

GOIROU (LE BOIS DE), dom. ruiné, c^ne de Boisset. — *Affar appellé de Girou*, 1668 (nommée au p^ce de Monaco). — *Guion; Girons*, 1746; — *Gouirot; Gouyron*, 1747; — *Goirou; Gouyrons*, 1748 (anc. cad.).

GOLBRAND, tour détruite, c^ne de Tournemire.

GOLFIÈRE (LA), tour détruite, c^ne de Tournemire. Ces deux tours faisaient partie des fortifications du château féodal Le Fortanier.

GOLUSCLAT, ham., c^ne de Raulhac.

GOMBAUD, écart, c^ne de Malbo.

GOMIN, vill. détruit, c^ne de Lanobre. — *Villaige de Gomin*, 1788 (min. Marambal, n^re). — *Jemny* (Cassini).

GONAUD, écart, c^ne de Ladinhac. — *Canau*, 1750 (anc. cad.). — *Gouard* (État-major).

GONDIER (LE), écart, c^ne de Champs.

GONESIOLS, dom. ruiné, c^ne de Ladinhac. — *Affarium de Gonesiols*, 1206 (homm. à l'évêque de Clermont).

GONIE (LA), écart, c^ne de Saint-Constant.

GONIVACHE, ruiss., affl. de la rivière de l'Ande, c^nes de Saint-Georges et de Saint-Flour; cours de 4,000 m. — *Paque-Vache; Gayne-Vache* (plan cad. c^ne de Saint-Flour).

GONNE (LA), ruiss., affl. de la Santoire, c^ne de Ségur; cours de 4,760 m.

GONNEUF, dom. ruiné et mont. à burons, c^ne de Dienne. — *Affarium vocatum de Lonc Nyut*, 1279 (arch. dép. s. E). — *La montaigne de Gouneau*, 1600 (terr. de Dienne). — *Gounou*, 1673 (nommée au p^ce de Monaco). — *Gomeix* (Cassini). — *Gelneuf* (État-major).

GONNO (LE SUC DE), vacherie, c^ne de Montboudif.

GORBE (LA), vill. détruit, c^ne de Colandres. — *Mansus de la Courbe*, 1471 (arch. dép. s. E). — *La Corbe*, 1515 (terr. d'Apchon). — *La Corbe appellée actuellement la Jou-Lobeyre*, 1719 (table du terr. d'Apchon).

GORBE (LA), écart, c^ne d'Omps. — *La Gorbe* (Cassini).

GORBE (LA), ham. et bois, c^ne de Pers. — *La Gorba*, 1309 (arch. mun. d'Aurillac, s. HH, c. 21). — *La Gorbe*, 1644 (état civ. de Naucelles).

GORCE (LA), écart, c^ne de Riom-ès-Montagnes. — *La Gorsa*, 1512 (terr. d'Apchon). — *La Gorce*, 1671 (état civ. de Menet). — *La Gorse*, 1719 (table du terr. d'Apchon). — *La Gorsse*, 1747 (inv. des titres de l'hôp. d'Aurillac).

GORCE (LA), f^me, c^ne d'Ydes. — *La Gorse*, 1682 (état civ.). — *Lagorce*, 1744 (arch. dép. s. C, l. 45). — *La Gorce* (Cassini).

GORCES (LES), dom. ruiné, c^ne de Champagnac. — *Mansus de las Gorces*, 1423 (arch. général. de Sartiges).

GORCES, chât. détruit, c^ne de Laveissenet. — *Chasteau de Gorjes*, 1597 (insin. du bailliage de Saint-Flour). — *Chasteau de Gorse*, 1746 (anc. cad. de Thiézac).

GORGAVIE (LA), dom. ruiné, c^ne de Mandailles. — *Mas de la Gorgavia*, 1692 (terr. du monast. de Saint-Gerard).

GORGE (LA), dom. ruiné, c^ne d'Ytrac. — *Villaige appellé de Gorge*, 1668 (nommée au p^ce de Monaco).

GORGHASSES, mont. à vacherie, anj. inconnue, c^ne d'Alleuze. — *Pasturalis de Las Gorghasses*, 1510 (terr. de Maurs).

GORSSES (LES), mont. à burons, c^ne de Cheylade. — *In montano de Gorsa*, 1237; — *Guorssas*, 1366 (arch. dép. s. H). — *Nemus de las Guorssas, alias de la Fagita*, 1366 (la mais. de Graule). — *Granes*, 1539 (arch. dép. s. E). — *La Gesse* (Cassini). — *Gorse* (État-major).

GORSSES (LES), dom. ruiné, c^ne de Jaleyrac. — *Affarium de Gorsacos*, 1298 (vente au doyen de Mauriac).

GORSSES-SOUBRONNES (LES), mont. à burons, c^ne de Cheylade.

Gory (Lou Bos del), dom. ruiné, c^{ne} de Vic-sur-Cère. — *Buge del Gourrou*, 1769 (anc. cad.).

Gouaines, écart, c^{ne} de Vézac.

Goucellier (La Côte de), mont. à vacherie, c^{ne} d'Alleuze. — *La costa de Gouceller de Taveoria*, 1510 (terr. de Maurs).

Goudal, vill. et mⁱⁿ, c^{ne} de Mourjou. — *Godalh*, 1553 (min. Destaing, n^{re} à Marcolès). — *Goudailh*; *Godailh*, 1557 (pièces de l'abbé Delmas). — *Goudal*, 1670 (terr. de Calvinet).

Goudalie (La), vill., c^{ne} de Ladinhac. — *Affarium dels Godalhs*; *nemus de la Godelhia*, 1464 (vente par Guill. de Treyssac). — *La Godalsia*, 1504 (terr. de Coffinhal). — *La Godailha*, 1521; — *La Godalha*, 1522 (min. Vigery, n^{re}). — *La Godalhie*, 1535 (terr. de Coffinhal). — *La Godachia*, 1548; — *La Godachie*, 1552 (min. Boygues, n^{re}). — *La Gou-Dailhe*, 1668; — *La Goudalie*, 1669; — *La Goudailhe*, 1671 (nommée au p^{ce} de Monaco). — *La Goudallie*, 1678 (état civ. de Leucamp). — *Lagouldalie*, 1747 (arch. dép. s. C). — *La Goudolie* (Cassini).

Goudanges, dom. ruiné, c^{ne} de Drignac. — *Villaige de Godamges*; *Goudamges*, 1567 (terr. de Saint-Christophe).

Goudergues, ham., c^{ne} de Junhac. — *Guodergues*, 1549 (min. Guy de Vayssieyra, n^{re}). — *Gouslègues*, 1551 (*id*. Boygues, n^{re}). — *Goudergues*, 1670 (état civ. de Montsalvy). — *Boudergues*, 1765 (*id*. de Junhac). — *Godognas*, 1784 (Chabrol, t. IV).

Goudinde, f^{me}, c^{ne} de Montmurat.

Goudolie (La), lieu détruit, c^{ne} de Leucamp. — (Cassini.)

Goueyre (Le), ham., c^{ne} de Vézac. — *Lou Goueiro*, 1760 (arch. dép. s. C) — *Le Gouyre* (État-major).

Gouffillon, dom. ruiné, c^{ne} de Lieutadès. — *Vilaige de Gouffilho*, 1508; — *Affard ou village enciennement appellé de Gouffilhon*, 1686 (terr. de la Garde-Roussillon).

Gouge (La), ruiss., affl. du Célé, c^{nes} de Saint-Constant et de Fournoulès; 1,650 m. — *Ruisseau de Gouzes*, 1748; — *Ruisseau de las Lausses*, 1750 (anc. cad. de Saint-Constant).

Gouges (Les), ruiss., affl. du Célé, c^{ne} de Fournoulès; — 1,200 m. On le nomme aussi *le Dragonnier*.

Goul (Le), vill. et mⁱⁿ, c^{ne} de Raulhac. — *Le Goul-sous-Cromière*, 1670 (nommée au p^{ce} de Monaco). — *Goal* (État-major).

Goul (Le), riv., affl. de la Truyère coule aux finages des c^{nes} de Saint-Clément, Pailhérols, Jou-sous-Montjou, Raulhac, Cros-de-Ronesque, Roussy, Leucamp, Ladinhac et Montsalvy; cours de 42,500 m. On la nomme aussi *rivière de Raulhac*. — *Rivus vocatus de Goyran*, 1489 (reconn. à J. de Montamat). — *Aqua de Gel*, 1500 (terr. de Maurs). — *Le Coult*, 1536 (*id*. de Coffinhal). — *La ribieyra de Guol*, 1549 (min. Guy de Vayssieyra, n^{re}). — *Rivière de Gou*, 1671 (nommée au p^{ce} de Monaco). — *Rivière du Goult*, 1675 (arch. dép. s. H).

Goul (Le), ruiss., affl. de la rivière du Goul, c^{ne} de Raulhac; cours de 1,200 m. — *Ruisseau de Goul*, 1668 (nommée au p^{ce} de Monaco). — *Ruisseau de las Moles*, 1695 (terr. de Carlat).

Goulet (Le), ham., c^{ne} de Laroquebrou.

Goulèze (La), vill. et mⁱⁿ, c^{ne} de Saint-Clément.

Goulèze (La), ruiss., affl. du Goul, c^{ne} de Saint-Clément; cours de 4,400 m.; — *Ruisseau de Gouleize*, 1668 (nommée au p^{ce} de Monaco).

Goulmarie, comté, c^{ne} de Raulhac. — *Comté de Guymayres*, 1627 (état civ. de Thiézac). — *Comté de Goulmaries*, 1668 (nommée au p^{ce} de Monaco).

Gounel, dom. ruiné, c^{ne} de Lieutadès. — *Le chier de Gonel*, 1508; — *Ténement appellé de la Rocque-de-Gounel*, 1662; — *Roque de Gonnel*, 1686 (terr. de la Garde-Roussillon).

Gounel, dom. ruiné, c^{ne} de Montchamp. — *Boys de Gonel*; *la Cros de Gonel*, 1508; — *Brughas appellé del Cros de Gounel*, 1633; — *Bois et ténement de Gounel*, 1663; — *Ténement de Gounelle*, 1740 (terr. de Montchamp).

Gounelle, mⁱⁿ détruit, c^{ne} de Laslic.

Gounelles, écart, c^{ne} de Saint-Victor.

Gounou, mⁱⁿ détruit, c^{ne} de Jussac. — *Molly appellé del Gonor à deux meulles*, 1598 (min. Lascombes, n^{re}).

Gounoulès, vill. et mⁱⁿ détruit, c^{ne} de Saint-Illide. — *Gommena*, 1553 (procès-verbal Vény). — *Gounoutz*, 1586; — *Gollones*, 1597 (min. Lascombes, n^{re} à Saint-Illide). — *Goulonnes*, 1636 (lièvre de Poul). — *Gougounes*, 1676 (état civ. d'Ayrens). — *Gounoulès*, 1704 (*id*. de Saint-Cernin). — *Gounolle*, 1784 (Chabrol, t. IV). — *Goulonnes* (Cassini).

Gour (Le), ham., c^{ne} d'Andelat. — *Lou Gour*, 1531; — *Lou Gour*, 1570; — *Lou Gort*, 1583 (arch. dép. s. G). — *Le Gourg*; *les rouchas del Gour*, 1654 (terr. du Sailhans). — *Lou Court*, 1673 (arch. dép. s. G). — *Legourd*, 1784 (Chabrol, t. IV). — *Le Gour* (Cassini).

Gour (Le), mⁱⁿ, c^{ne} de Bredon. — *Molin de Gorro*, 1508; — *Molin de Gorre*, 1661 (terr. de Loubeysargues).

Gour, vill., c^{ne} de Peyrusse. — *Grues; Grins*, 1635 (nommée par G^{lle} de Foix). — *Gours*, 1702 (liève de Mardogne). — *Court*, 1886 (états de recens.).

Gour (Le), ruiss., affl. du ruisseau de la Roche, c^{ne} de Ruines; cours de 5,500 m. Il porte à sa source le nom de *Rastal*, et plus bas ceux de *Cromasse* et de *la Font*. — *Razax de la Font*, 1630 (terr. de Montchamp).

Gourbèche, écart, c^{ne} de Brezons. — *La Grobesche*, 1623 (assises gén. ten. à Cezens). — *La Groubescse*, 1625 (état civ. de Pierrefort). — *La Groubezche*, 1646 (min. Danty, n^{re} à Murat). — *La Gourbesches*, 1652 (état civ. de Pierrefort). — *La Groubesche*, 1701 (état civ.). — *Grobèche* (Cassini).

Gourd (Le), f^{me}, c^{ne} de Valette.

Gourdat, m^{in}, c^{ne} de Labrousse.

Gourdat, m^{in}, c^{ne} de Teissières-les-Bouliès.

Gourdièges, c^{on} de Pierrefort et chât. féodal détruit. — *Gordeuga*, xive s^e (Guill. Trascol). — *Gordegia*, xive s^e (Pouillé de Saint-Flour). — *Gorduje*, 1445 (ordonn. de J. Poujet). — *Gordieges*, 1628 (paraphr. sur les cout. d'Auvergne). — *Gourdiges*, 1640 (arch. mun. d'Aurillac, s. CC, port. 48). — *Gordiege*, 1665 (insin. du bailliage d'Andelat).

Gourdièges était, avant 1789, de la Haute-Auvergne, du dioc., de l'élect. et de la subdél. de Saint-Flour; il était le siège d'une justice seign. régie par le droit écrit, et ressort. au bailliage de Saint-Flour, en appel de sa prév. part. — Son église, dédiée à saint Men, était une cure à la présent. du chapitre de Saint-Flour. Elle a été érigée en succursale par décret du 28 août 1808.

Gourdièges, chât., c^{ne} de Glénat. — *Gordeïa*, 1338 (nommée au v^{te} de Carlat).

Gourgaire (La), mont. à vacherie, c^{ne} de Clavières.

Gourgaire, ruiss., affl. du ruisseau du Pavillon, c^{nes} de Clavières et de Nozeyrolles (Haute-Loire). Cours dans le Cantal : 450 m.

Gourgassou (Le), ruiss., affl. du ruisseau de Montmarty, c^{nes} de Maurs, de Leynhac et de Saint-Constant; cours de 4,000 m.

Gourgassou, m^{in}, c^{ne} de Saint-Étienne-de-Maurs.

Gourgassou (Le), ruiss., affl. du Célé, c^{nes} de Saint-Étienne-de-Maurs et de Saint-Constant; cours de 7,500 m. — *Ruisseau del Gorgasso*; *Gargassou*; *Gorgassou*, xviie s^e (reconn. au prieur de Saint-Constant). — *Ruisseau de Gorgosse*; *de Gourgoussou*, 1747; — *Ruisseau de Gourgoussous*, 1748 cad. de Saint-Constant).

Gourgue (La), écart, c^{ne} de Cassaniouze.

Gourgue (La), mont. à vacherie, c^{ne} de Lascelle.

Gourgue (La), ravine, affl. de la Jordanne, c^{ne} de Saint-Cirgues-de-Jordanne.

Gourguerie (La), ruiss., affl. de la Jordanne, c^{ne} de Mandailles; cours de 1,600 m. — *La Gourgurie*, 1879 (états stat. des cours d'eau du Cantal).

Gournière (La), dom. ruiné, c^{ne} de Rofliac. — *Villaige de Gournyère*, 1652 (terr. du prieuré de Coltines).

Goussets (Les), lieu détruit, c^{ne} de Laveissenet. — *Les Goussetz*, 1580 (terr. de la v^{té} de Murat).

Goustié (Le), mont. à vacherie, c^{ne} de Lieutadès. — *La roche de Goust*, 1508 (terr. de la Garde-Roussillon).

Goustou, m^{in} détruit, c^{ne} de Ladinhac.

Goutaille (La), mont. à vacherie, c^{ne} de Lastic.

Goutaille (La), dom. ruiné, c^{ne} de Parlan. — *L'affar de Goutalh-Redon*, 1590 (livre des achaps d'Ant. de Naucaze). — *La Goutaille*, 1748 (anc. cad.).

Goutal (Le), écart, c^{ne} de Cassaniouze. — *Affar de las Goutelles et de la Pratlette, sive de la Praslette*, 1760 (terr. de Saint-Projet).

Goutal-Long (Le), écart, c^{ne} de Boisset.

Goutals (Les), mont. à burons, c^{ne} de Saint-Urcize.

Goutard, mont. à vacherie, c^{ne} d'Alleuze. — *Las Gotellas*, 1510; *Costa de Guote*, 1511 (terr. de Maurs).

Goutard, dom. ruiné et mont. à vacherie, c^{ne} de Laveissière. — *Affar de las Goutas delz Salietz*, xve s^e (terr. de Chambeuil). — *Affar appellé des Goutals; des Goutalz*, 1500 (id. de Combrelles). — *Affar des Goutailz, sive de Borssou*, 1668 (nommée au p^{ee} de Monaco).

Gouteille (La), m^{in} détruit, c^{ne} de Valette. — *Molin appellé de la Goteilhe; de la Gouteilhe*, 1506 (terr. de Riom).

Gouteilles (Les), écart, c^{ne} de Saint-Urcize. — *Gouteille* (État-major). — *Bouteille*, 1857 (Dict. stat. du Cantal).

Goutelles (Les), vill. détruit, c^{ne} de Leucamp. — *Villaige de Gantelles; Goutelles*, 1670 (nommée au p^{ee} de Monaco).

Goutelles (Les), dom. ruiné, c^{ne} de Saint-Santin-Cantalès. — *Las Gothelhas*, 1442; — *Las Gotelas*, 1489 (pap. de la fam. de Montal).

Goutenègre (La), écart, c^{ne} de Leynhac.

Goutenègre (La), écart, c^{ne} de Saint-Antoine.

Goutenègre, vill. et taillis, c^{ne} de Saint-Illide. — *Gottanègre*, 1597; — *Gouttenègre*, 1599 (min. Lascombes, n^{re} à Saint-Illide). — *La Goutte neige; Gouttinières*, 1784 (Chabrol, t. IV). — *Goutanègre* (Cassini). — *Goutaneyre*, 1855 (Dict. stat. du Cantal).

Gouteneigre, lieu détruit, c^{ne} de Leucamp. — Cassini).

GOUTEHIE (LA), ham., cne de Saint-Amandin.
GOUTEVERT, ham., cne de Vitrac. — *Affarium vocatum de Gotaveuf*, 1462 (pièces de l'abbé Delmas).
GOUTEYRIE (LA), dom. ruiné et mont. à burons, cne de Colandres. — *Montaigne de la Galteyrie*, 1506 (terr. de Riom). — *Montana de Galaudias*, 1518 (id. d'Apchon). — *Affar de las Galaudies*, 1719 (table de ce terr.). — *Vrie de Galterie-haute* (Cassini).
GOUTEYRIE-BASSE (LA), dom. ruiné et mont. à burons, cne de Valette. — *Villaige de la Galterie-Soutrane*, 1780 (lièvc de Saint-Angeau). — *Vrie basse de Galterie* (Cassini).
GOUTILLAN, mont. à vacherie, cne de la Chapelle-d'Alagnon.
GOUTILLE (LA), dom. ruiné, cne de Pailhérols. — *Affar appelé de la Goutille*, 1669 (nommée au pce de Monaco).
GOUTILLES (LES), ruiss., affl. de l'Hère, cne de Saint-Urcize; cours de 1,110 m. — *Ruisseau de la Cabre*, 1730 (terr. de la Garde-Roussillon).
GOUTILLES (LES), dom. ruiné, cne de Teissières-de-Cornet. — *Affar de las Gouteilles; Gouteilhes; las Goutilles; las Goutilhes*, 1673 (lièvc du chapitre de Saint-Geraud).
GOUTILLE-SOUBRANE (LA), mont. à vacherie, cne de Trizac.
GOUTTE (LA), min détruit, cne de Badailhac. — *Molin de la Goutte et de Canalié et autrefois de las Planques*, 1695 (terr. de la command. de Carlat).
GOUTTE (LA), écart, cne de Leynhac. — *Las Gotelas*, 1301 (pièces de l'abbé Delmas). — *La Goutte* (Cassini). — *La Goute*, 1856 (Dict. stat. du Cantal).
GOUTTE (LA), ruiss., affl. de l'Alagnon, cne de Molompize; cours de 750 m. — *Rif de Coste-Amourouse*, 1526 (terr. d'Aurouse). — *Razat de las Gouttes*, 1559 (id. de Molompize).
GOUTTE (LA), écart, cne de la Peyrugue.
GOUTTE (LA), vill., cne de Thiézac. — *La Goute*, 1614 (état civ.). — *Lagoutte*, 1668 (nommée au pce de Monaco). — *La Goutte*, 1674 (terr. de Thiézac). — *La Goutte*, 1701 (état civ. de Saint-Clément).
GOUTTEDIAL, vill., cne de Saint-Cirgues-de-Malbert. — *Goutadial* (Cassini). — *Goute-Dial*, 1855 (Dict. stat. du Cantal).
GOUTTE-FRAUX, ham., cne de Ladinhac. — *Gottaffrau*, 1549 (min. Boygues, nre). — *Guotta-frau*, 1550 (id. de Guy de Vayssieyra, nre). — *Goutefrau*, 1654; — *Gouttefrau*, 1662 (état civ. de Leucamp). — *Goutte-Fraux*, 1670; — *Gouttefreau*, 1671 (nommée au pce de Monaco). — *Goute-fraux*, 1720 (état civ. de la Capelle-en-Vézie). — *Goutefraut*, 1747; — *Gouto-franc*, 1752 (arch. dép. s. C). — *Gouttefraust*, 1753 (anc. cad.). — *Goute-fraust*, 1756 (arch. dép. s. C). — *Goutte-frau*, 1767 (table des min. de Guy de Vayssieyra, nre). — *Boutefraux* (Cassini).

GOUTTE-GUIRAL (LA), dom. ruiné, cne de Saint-Julien-de-Toursac. — *Affard appelé de la Goutte-Guiral*, 1565 (livre des achaps d'Ant. de Naucaze).

GOUTTELADE (LA), bois, cne de Leynhac. — *Gotalade; Guota Lada*, 1500 (terr. de Maurs).

GOUTTE-LONGUE (LA), dom. ruiné, cne de Cassaniouze. — *Affar de Goutte-longue ou de Mazenques*, 1760 (terr. de Saint-Projet).

GOUTTE-LONGUE (LA), ham., cne de Colandres.

GOUTTE-LONGUE (LA), dom. ruiné, cne de Montsalvy, — *Villaige de Guontelongue*, 1658; — *Goutelongue*, 1672 (état civ.).

GOUTTE-LONGUE (LA), fme, cne de Roumégoux. — *La Goutte-longue*, 1641 (min. Sarrauste, nre à Laroquebrou). — *La Boutelongue*, 1660 (état civ.).

GOUTTE-LONGUE (LA), dom. ruiné, cne de Vitrac. — *Affarium vocatum de Gotalonga*, 1301 (pièces de l'abbé Delmas).

GOUTTE-MARTY (LA), écart, cne de Cassaniouze.

GOUTTE-NÈGRE (LA), dom. ruiné, cne de Nieudan. — *Affarium de Gota-negra*, 1423 (arch. mun. d'Aurillac, s. HH, c. 21).

GOUTTE-REDONDE (LA), écart, cne de Laroquevieille. — *La Goute-redonde*, 1740 (arch. dép. s. C, l. 10). — *Gouteronde* (Cassini). — *Goute-redonde*, 1857 (Dict. stat. du Cantal).

GOUTTE-REDONDE, ruiss., affl. de la rivière d'Authre, cne de Laroquevieille; cours de 1,000 m.

GOUTTES (LE BOIS DES), dom. ruiné, cne de Boisset. — *Affar de las Gouttes*, 1668 (nommée au pce de Monaco). — *Bois des Goutes*, 1746 (anc. cad.).

GOUTTES (LES), vill., cne de Colandres. — *La Gota*, 1513 (terr. d'Apchon). — *Las Gouttes*, 1671 (état civ. de Murat).

GOUTTES (LES), mont. à vacherie, cne du Falgoux.

GOUTTES (LES), écart, cne de Ladinhac. — *Las Gouthas*, 1549 (min. Boygues, nre).

GOUTTES (LES), ham., cne de Laveissière.

GOUTTES (LAS), fief, cne de Marmanhac. — *Las Goutes*, 1646; — *Lasgoutes*, 1771 (terr. du prieuré de Teissières-de-Cornet).

GOUTTES (LES), dom. ruiné, cne de Pailhérols. — *Vilaige de las Goutes*, 1668 (nommée au pce de Monaco).

GOUTTES (LES), dom. ruiné, cne de Polminhac. — *Affar de Goutes*, 1671 (nommée au pce de Monaco).

Gouttes (Les), écart, c^{ne} de Prunet. — *Les Goutes* (État-major).

Gouttes (Les), vill. détruit, c^{ne} de Saint-Illide. — *Les Gourtes; les Gouttes*, 1784 (Chabrol, t. IV).

Goutte-Verniol (La Fon de), font. et dom. ruiné, c^{ne} de Badailhac. — *Goutevernhol; affar appellé de Gouttenes-violles*, 1695; *Goutteverniols; Gouttevey-rauls*, 1736 (terr. de la command. de Carlat).

Gouvieille (La), écart, c^{ne} de Junhac.

Gouzan (Le), ruiss., affl. du Céroux, c^{ne} de la Chapelle-Laurent; cours de 3,000 m.

Gouze (La), ham., c^{ne} de Mauriac.

Gouzels (Les), f^{me}, c^{ne} de la Monsélie. — *Les Gouzolz*, 1560 (terr. de Murat-la-Rabe). — *Le Gouzel*, 1783 (aveu au roi par G. de la Croix). — *Les Gouzels* (Cassini).

Gouzet, vill. détruit, c^{ne} de Saint-Paul-des-Landes. — *Le villaige de Gozet*, 1550 (terrier d'Escalmels).

Gouzidou (Le), écart, c^{ne} de Vitrac. — *Gauzidou* (État-major).

Gouzou, vill., c^{ne} de Parlan. — *Gozou*, 1587 (livre des achaps d'Ant. de Naucaze). — *Goussou*, 1616 (état civ. de Glénat). — *Gousou*, 1645 (id. de Parlan). — *Gouzou*, 1748 (anc. cad.).

Goytieu (Le), ruiss., affl. de la rivière de Mars, c^{nes} de Moussages et d'Anglards-de-Salers; cours de 2,700 m.

Gozi (Le Suc de), mont. à vacherie, c^{ne} de Jaleyrac.

Grabos, dom. ruiné, c^{ne} de Quézac. — *Villaige de Grabos*, 1630 (état civ. de Saint-Étienne-de-Maurs).

Graffiade (La), écart, c^{ne} de Saint-Santin-de-Maurs. — *La Graffade*, 1613; — *La Graffiade*, 1614 (état civ.). — *La Grafiade*, 1749; — *Lagraffiade*, 1752 (anc. cad.).

Grafoulière (La), écart, c^{ne} de Champs. — *Grafoulière* (État-major). — *La Graffoulière*, 1855 (Dict. stat. du Cantal).

Graigue (La), f^{me}, c^{ne} de Cayrols. — *L'affar de Grandgru*, 1570 (livre des achaps d'Ant. de Naucaze). — *Graigüe*, 1656 (état civ.).

Graille (La), ruiss., affl. de la Sumène, c^{ne} de Bassignac; cours de 1,630 m.

Graille (La Font de la), mont. à vacherie, c^{ne} de Jaleyrac.

Graille (La), ruiss., affl. de la Sumène, coule aux finages des c^{nes} de la Monsélie, de Menet et d'Antignac; cours de 3,230 m. — *Rif de la Grailhe; de Lagrailhe; rif appellé del Agrailhe*, 1561 (terr. de Murat-la-Rabe).

Graille (La), dom. ruiné, c^{ne} de Montchamp. — *La Gralha*, 1508; — *Ténement de las Grailles*, 1762 (terr. de Montchamp).

Grailloux (La), écart et scierie, c^{ne} de Lanobre. — *La Graillou*, 1789 (min. Marambal, n^{re} à Thinières).

Graive (La), ruiss., affl. de la Rhue, c^{nes} de Cheylade et d'Apchon; cours de 4,000 m. — *Rivière appellé de la Raze; de la Rize*, 1618 (terr. de Dienne).

Grama (Le Suc de), mont. à vacherie, c^{ne} de Chastel-Marlhac.

Gramat, écart, c^{ne} de Boisset.

Grammont, ham., c^{ne} de Giou-de-Mamou. — *Grandis Mons*, 918 (Gall. christ., t. II, pr. col. 439). — *Gramo*, 1686 (arch. dép. s. C). — *Gramac*, 1695 (terr. de la command. de Carlat). — *Grame*, 1721; — *Gramon*, 1756 (arch. dép. s. C).

Grammont, vill., c^{ne} de Leucamp. — *Grandmon*, 1549 (min. Boygues, n^{re}). — *Grandmond*, 1623 (état civ. d'Arpajon). — *Gramon*, 1669; — *Grandmont*, 1670 (nommée au p^{ce} de Monaco). — *Gramond*, 1675; — *Graumon*, 1690; — *Grammond*, 1693 (état civ.). — *Grammon*, 1694 (terr. de Marcolès).

Grammont, ruiss., affl. du ruisseau de Maurs, c^{ne} de Leucamp; cours de 1,800 m.

Grammont, vill., c^{ne} de Rouffiac. — *Gramon*, 1644 (état civ. de Montvert). — *Grammont; Grammons*, 1782 (arch. dép. s. G, l. 51). — *Gramont* (Cassini). — *Grammond* (recens. de 1886).

Grammot, ham., c^{ne} de Fournoulès. — *Gamot*, 1855 (Dict. stat. du Cantal).

Gramon (Le Puy de), mont. à vacherie, c^{ne} de Jaleyrac.

Gramont, écart, c^{ne} du Vaulmier.

Granairie (La), dom. ruiné, c^{ne} de Maurs. — *La Graneyrie*, 1749 (état civ. de Saint-Étienne-de-Maurs).

Granairie (La), vill., c^{ne} de Saint-Constant. — *La Garneyre; la Graneyrie*, xviie s^e (reconn. au prieur de Saint-Constant). — *La Granayria*, 1643; — *La Granairie*, 1659; — *Lagranairye*, 1671; — *Las Graneiries*, 1693 (état civ.). — *Lagranairie*, 1747 (anc. cad.). — *La Graneterie-Basse* (État-major).

Granairie-Haute (La), écart, c^{ne} de Saint-Constant. — *La Graneyrie-haute*, 1748 (anc. cad.). — *La Graneterie-haute* (État-major).

Grancheix (Le), vill. et lac, c^{ne} de Lanobre. — *Granchier*, 1789 (min. Marambal, n^{re} à Thinières). — *Grand Chier* (Cassini).

Grand-Bos (Le), écart, c^{ne} de Prunet. — *Gran-bos*, 1489 (reconn. à J. de Montamat). — *Grand-bos*, 1610 (aveu de J. de Pestels).

GRAND-BOS (LE), mont. à vacherie, c^{ne} de Vernols.
GRANDCAMP, vill., c^{ne} de Cros-de-Montvert. — *Grancamp*, 1633 (état civ.). — *Le grand Calm*, 1641 (min. Sarrauste, n^{re} à Laroquebrou). — *Grand-camp*, 1642 (état civ.). — *Grandcam*, 1750 (inv. des biens de l'hôp. de Laroquebrou). — *Grancan* (Cassini). — *Graucamp* (État-major).
GRAND-CAMP (AU), écart, c^{ne} de Reilhac.
GRAND-CAMP (LE), vill., c^{ne} de Rouffiac. — *Grancamp*; *Grand-camps*, 1782 (arch. dép. s. C, l. 51).
GRAND-CHAMP, f^{me}, c^{ne} de Brédon.
GRAND-CHAMP, écart, c^{ne} de Laveissière. — *Grandchamp*, 1580 (lièvé conf. de la v^{té} de Murat). — *Grand-chalm*, 1609 (min. Danty, n^{re}). — *Grandchant*, 1668 (nommée au p^{cc} de Monaco).
GRAND-CHAMP, mont. à vacherie, c^{ne} de Laveissière. — *Montagnhe de Grandchanc*, 1668 (nommée au p^{cc} de Monaco).
GRAND-CHAMP, dom. ruiné, c^{ne} de Murat. — *L'Affar de Grandchamp*, 1535 (terr. de la v^{té} de Murat).
GRAND'COMBE (LA), ham., c^{ne} de Saint-Jacques-des-Blats.
GRANDINES, dom. ruiné, c^{ne} de la Capelle-del-Fraisse. — *Le villaige de Grandines*, 1668 (nommée au p^{cc} de Monaco).
GRAND-JOLON (LE), vill., c^{ne} de Montboudif. — *Le grand-Gioulon*, 1658 (lièvé du q^r de Condat). — *Le grand-Gerlon*, 1672; — *Le Grand-Geolon*, 1673; — *Geolon-le-grand*, 1676; — *Le grand-Jolon*, 1692 (état civ. de Condat). — *Le grand-Jollon*, 1725 (lièvé d'Artense). — *Le grand-Joulon* (Cassini).
GRANDOS, dom. ruiné, c^{ne} de Sansac-de-Marmiesse. — *Mansus de Grandos*, 1330 (reconn. par Bertrand d'Albussac, à l'hôp. d'Aurillac).
GRAND-VAL, mont. à burons, c^{ne} de Brezons. — *Grand-Val*, 1646; — *Grantval*, 1649; — *Grant-Vail*, 1652; — *Gran-Val*, 1659 (min. Danty, n^{re}). — *Grandval*, 1670 (terr. de Brezons). — *Buron de Granval* (Cassini).
GRAND-VAL, ham., c^{ne} de Lavastrie. — *Grant-Val*, 1410 (arch. dép. s. H). — *Grantval*, 1493; — *Grand-Val*, 1494 (terr. de Mallet).
GRAND-VAL, ruiss., affl. de la Truyère, c^{ne} de Lavastrie; cours de 2,500 m. — *Ruisseau de Grantval*, 1494 (terr. de Mallet).
GRAND-VAL, dom. ruiné et mont. à vacherie, c^{ne} de Saint-Victor. — *Affarium de Val*, 1327 (pap. de la fam. de Montal).
GRANE (LA), vill., c^{ne} de Clavières. — *La Grane*, xviie s^e (terr. de Chaliers). — *La Grone* (Cassini). — *La Granne*, 1855 (Dict. statistique du Cantal).

GRANETTE (LA), écart, c^{ne} de Saint-Étienne-de-Maurs.
GRANGE (LA), dom. ruiné, c^{ne} d'Andelat. — *Villaige de la Granche*, 1583 (arch. dép. s. G).
GRANGE (LA), écart, c^{ne} d'Apchon.
GRANGE (LA), écart, c^{ne} de la Besserette.
GRANGE (LA), écart, c^{ne} de Cassaniouze. — *Les Granges de Laborie*, 1760 (terr. de Saint-Projet).
GRANGE (LA), vill. et mⁱⁿ, c^{ne} de Chastel-Marlhac. — *La Grangé*, 1655 (insin. du bailliage de Salers). — *La Grange*, 1688 (état civ.). — *Lagrange*, 1744 (arch. dép. s. C, l. 45).
GRANGE (LA), ham., c^{ne} de Clavières. — *La Grange* (Cassini).
GRANGE (LA), écart, c^{ne} de Jou-sous-Montjou.
GRANGE (LA), écart, c^{ne} de Junhac. — *La Grange*, 1752 (arch. dép. s. C).
GRANGE (LA), écart, c^{ne} de Ladinhac. — *Lagrange*, 1750 (anc. cad. de Ladinhac).
GRANGE (LA), ham., c^{ne} de Laveissière.
GRANGE (LA), ruiss., affl. de l'Alagnon, c^{ne} de Laveissière.
GRANGE (LA), écart, c^{ne} de Marchastel. — *La Grangeneuve*, 1578 (terr. de Soubrevèze).
GRANGE (LA), f^{me}, c^{ne} de Marcolès. — *Grangia*, 1407 (pièces de l'abbé Delmas).
GRANGE (LA), écart, c^{ne} de Menet.
GRANGE (LA), vill., c^{ne} de Riom-ès-Montagnes. — *Lagranche*, 1585 (terr. de Graule).
GRANGE (LA), écart, c^{ne} de Saint-Bonnet-de-Marcenat.
GRANGE (LA), lieu détruit, c^{ne} de Saint-Gerons. — (Cassini).
GRANGE (LA), vill. détruit, c^{ne} de Sansac-de-Marmiesse. — *Lagrange*, 1761 (arch. dép. s. C, l. 2). — *La Grange* (Cassini).
GRANGE (LA), mⁱⁿ, c^{ne} de Ségur.
GRANGE (LA), dom. ruiné, c^{ne} de Védrines-Saint-Loup. — *Village de la Grange*, 1730 (terr. de Montchamp).
GRANGEASSE (LA), écart, c^{ne} de Marmanhac.
GRANGE-BASSE (LA), dom. ruiné, c^{ne} de Bonnac. — *La Grange-Soutrane*, 1610 (terr. d'Avenaux).
GRANGE-BASSE (LA), dom. ruiné, c^{ne} de Molompize. — *La Grange*, 1526 (terr. d'Aurouse).
GRANGE-BASSE (LA), écart, c^{ne} de Saint-Étienne-de-Carlat.
GRANGE-BASSE (LA), écart, c^{ne} de Thiézac. — *La Grangebasse*, 1746 (anc. cad.).
GRANGE-DE-CHANTAL (LA), écart, c^{ne} de Saint-Urcize.
GRANGE-DE-COURTILLES (LA), vill., c^{ne} de Condat-en-Feniers. — *La Grange*, 1550 (terr. de Feniers). — *Grange de Courtelle* (Cassini).
GRANGE-DE-DURON (LA), écart, c^{ne} de Montsalvy. — *La*

Grange-de-Duran, 1759; — *La Grange de Duron*, 1763 (anc. cad.). — *La Grange de Duren* (Cassini).
GRANGE-DE-GUIRAL (LA), f^me, c^ne d'Omps.
GRANGE-DE-LA-GARDE (LA), écart, c^ne de Marchastel.
GRANGE-DE-MARCEAU (LA), écart, c^ne de la Besserette.
GRANGE-DE-MAUBERT (LA), ham., c^ne de Vieillevie.
GRANGE-DE-PARRET (LA), écart, c^ne de Bonnac.
GRANGE-DE-REGUBERT (LA), ham., c^ne de la Besserette.
GRANGE-DES-BOIS (LA), écart, c^ne de Trémouille-Marchal.
GRANGE-D'HUGOT (LA), ham., c^ne de Saint-Étienne-de-Carlat. — *Dudot* (Cassini).
GRANGE-DU-BEX (LA), écart, c^ne de Chavagnac.
GRANGE-DU-BOIS (LA), écart détruit, c^ne de Junhac.
GRANGE-DU-BOS (LA), écart, c^ne de Jou-sous-Montjou.
GRANGE-DU-PEYROT (LA), écart, c^ne de la Capelle-del-Fraysse. — *La Grange-du-Perrot* (Cassini).
GRANGE-DU-SAILLANT (LA), écart, c^ne de Marcenat.
GRANGE-FIGEAC (LA), écart, c^ne de Fournoulès.
GRANGE-HAUTE (LA), écart, c^ne de Cros-de-Ronesque. — *La Grange-Natte*, 1855 (Dict. stat. du Cantal).
GRANGE-HAUTE (LA), dom. ruiné, c^ne d'Escorailles. — *La Grange-Sobrana*, 1778 (inv. des arch. de la mais. d'Humières).
GRANGE-LALIS (LA), écart, c^ne de Sénezergues.
GRANGE-MORTAL, écart, c^ne de Saint-Antoine.
GRANGE-NEUVE (LA), écart et taillis, c^ne de Champagnac.
GRANGE-NEUVE (LA), écart, c^ne de Chastel-sur-Murat.
GRANGE-NEUVE (LA), dom. ruiné, c^ne de Cheylade. — *La Grange-neuve*, 1592 (vente de la terre de Cheylade).
GRANGE-NEUVE (LA), écart, c^ne de Lugarde.
GRANGE-NEUVE (LA), écart, c^ne de Marcenat.
GRANGE-NEUVE (LA), écart, c^ne de Pierrefort.
GRANGE-NEUVE (LA), écart, c^ne de Riom-ès-Montagnes. — *Grangia vocata Grangia nova*, 1512 (terr. d'Apchon). — *Grange-Neuve*, 1780 (lièvre de Saint-Angeau).
GRANGE-NEUVE (LA), écart, c^ne de Rouziers.
GRANGE-NEUVE (LA), écart, c^ne de Saint-Jacques-des-Blats.
GRANGE-NEUVE (LA), écart, c^ne de Ségur.
GRANGEOUNE (LA), ham., c^ne de Chanterelle. — *La Granjeoune* (État-major).
GRANGEOTTE (LA), écart, c^ne de la Besserette.
GRANGEOTTE (LA), écart, c^ne de Mauriac.
GRANGEOTTE (LA), f^me, c^ne de Montsalvy.
GRANGEOU (LE), écart, c^ne de Marcolès.
GRANGEOUNE (LA), écart, c^ne de Dienne. — *Les Granges*, 1518 (terr. de Dienne).
GRANGEOUNE (LA), écart, c^ne de Lanobre.

GRANGEOUNE (LA), mont. à vacherie, c^ne de Loupiac.
GRANGEOUNE (LA), ham., c^ne de Lugarde.
GRANGEOUNE (LA), ham., c^ne de Menet.
GRANGEOUNE, dom. ruiné, c^ne de Moussages. — *La Granjoune*, 1713 (état civ.).
GRANGEOUNE (LA), écart, c^ne de Saint-Saturnin. — *La Granjoune*, 1886 (états de recens.).
GRANGE-PERRIER (LA), écart, c^ne de Saint-Urcize. — *Périer-la-Souque* (Cassini). — *Périer*, 1857 (Dict. stat. du Cantal).
GRANGE-PRÈS-LA-GARROUSTE (LA), écart, c^ne de Parlan.
GRANGER, m^in détruit, c^ne de Saint-Mary-le-Plain.
GRANGES (LES), écart, c^ne d'Apchon.
GRANGES (LES), vill. et m^in, c^ne d'Arpajon. — *La Grancia*, 1465 (obit. de N.-D. d'Aurillac). — *Las Granghas*, 1522 (min. Vigery, n^re). — *Las Granches*, 1621 (état civ.). — *Les Granges*, 1668 (nommée au p^ce de Monaco).
GRANGES (LES), ham. en ruines, c^ne de la Besserette.
GRANGES (LES), vill., c^ne de Brezons. — *La Grange*, 1623 (ass. gén. ten. à Cezens). — *Les Granges* (État-major).
GRANGES (LES), dom. ruiné, c^ne de Crandelles. — *Mansi de Granges*, 1522 (min. Vigery, n^re à Aurillac).
GRANGES (LES), vill. et m^in, c^ne de Lanobre. — *Villa Grangias*, XIIe s^e (charte dite *de Clovis*). — *Grange*, 1790 (min. Marambal, n^re à Thinières). — *Les Granges* (Cassini).
GRANGES (LES), ruiss., affl. de la Dordogne, c^ne de Lanobre; cours de 3,200 m.
GRANGES (LES), ham., c^ne de Laveissière.
GRANGES (LES), écart, c^ne de Marcenat.
GRANGES (LES), écart, c^ne de Marchastel.
GRANGES (LES), lieu détruit, c^ne de Marmanhac. — (Cassini.)
GRANGES (LES), vill., c^ne de Riom-ès-Montagnes.
GRANGES (LES), écart, c^ne de Roussy.
GRANGES (LES), ruiss., affl. du Goul, c^ne de Roussy; cours de 1,100 m. — *Rebeire de Casteur*, 1644 (min. Froquières, n^re à Raulhac).
GRANGES (LES), écart, c^ne de Saint-Cernin. — *La Grange* (Cassini).
GRANGES (LES), dom. ruiné, c^ne de Saint-Paul-des-Landes. — *Las Granches*, 1550 (terr. d'Escalmels).
GRANGES (LAS), écart, c^ne de Saint-Simon. — *Las Grange*, 1756 (arch. dép. s. H). — *La grange de Rivière* (Cassini).
GRANGES (LES), vill., c^ne de Tournemire.
GRANGE-SAINT-ANTOINE (LA), vill. détruit, c^ne de Leynhac. — *Villaige de la Grange-lez-Sainct-Anthoine*, 1540 (min. Destaing, n^re à Marcolès).

Granges-de-Lascombes (Les), ham., c^ne de Chanterelle.
Granges-de-Loubinoux (Les), ham., c^ne de Chanterelle.
Granges-du-Chansel (Les), burons, c^ne de Saint-Hippolyte. — *Las Granches de Chansel*, 1512 (terr. d'Apchon).
Grangette (La), écart, c^ne d'Anglards-de-Salers.
Grangettes (Les), ham., c^ne de la Peyrugue.
Grange-Tuilée (La), f^me, c^ne de Murat. — *La Grange*, 1756 (terr. de la coll. de N.-D. de Murat).
Grange-Vieille (La), écart, c^ne de Saint-Mamet-la-Salvetat.
Grangiens (Les), vill. détruit, c^ne de Vebret.
Gran-Gueos, dom. ruiné, c^ne de la Capelle-en-Vézie. — *Villaige de Gran-Gueos*, 1548 (min. Boygues).
Granier (Le), écart, c^ne de Cassaniouze. — *La Granière*, 1670 (terr. de Calvinet).
Granière (La), vill., c^ne de Sénezergues. — *La Granière*, 1670 (terr. de Calvinet). — *La Graniaire* (Cassini).
Granière (La), écart, c^ne de la Trinitat.
Granières (Les), écart, c^ne de Thiézac. — *La Garnière*, 1615 (état civ.).
Granierie (La), ham., c^ne de Sénezergues. — *La Graverie*, 1857 (Dict. stat. du Cantal).
Granisier (Le Puy de), mont. à vacherie, c^ne du Fau.
Granit (Le), mont., c^ne de Chaliers. — *Coste appellée del Grunes*, 1630; — *Lou Granet*, 1730 (terr. de Montchamp).
Granjou (Le), écart, c^ne de Marcolès.
Granjou (Le), vill. et m^in, c^ne de Paulhenc. — *Grangou*, 1597 (ins. du bailliage de Saint-Flour). — *Aux Granges*, 1607 (terr. de Loudières). — *Lou Granjou*, 1662 (état civ. de Pierrefort). — *Lou Granzou*, 1668 (nommée au p^ce de Monaco). — *Grangeou*, 1857 (Dict. stat. du Cantal).
Granjou (Le Puech du), buron, c^ne de Saint-Simon.
Granouillère (La), vill., c^ne de la Capelle-en-Vézie. — *Granolhieyras*, 1458 (terr. de Coffinhal). — *Granolieyras*, 1546 (min. Destaing, n^re). — *Granolhuères*, 1547; — *Granolhieyres*, 1548 (id. Boygues). — *Granolieyre*, 1630 (état civ. d'Aurillac). — *Granolières*, 1670; — *Granolhèyres*, 1671 (nommée au p^ce de Monaco). — *La Granoulieyre*, 1685 (état civ. de Crandelles). — *Grenoulières*, 1717 (état civ.). — *Granoulière*, 1724 (lièvre de Montsalvy). — *Granoulières*, 1765 (état civ. de Junhac). — *Lo Gramoulière*, 1772 (arch. dép. s. C, l. 49).
Granous-Bas et Haut, villages, c^ne de Pleaux. — *Granous*, 1647; — *Granoux*, 1669; — *Granous-Soutro*, 1674 (état civ.). — *Grenoux*, 1776 (arch. dép. s. C, l. 40).

Granson, chapelle détruite, c^ne de Faverolles. — *Infra parrochiam prædictam (Favayrol) est capella de Granzons*, xive s^e (pouillé de Saint-Flour).
Granusier (Le), dom. ruiné, c^ne de Brezons. — *Villaige de Granusier*, 1722 (état civ.).
Gras (Le Puy du), mont., c^ne de Boisset.
Grashi, dom. ruiné, c^ne de Montboudif. — *Tenementum de Grashi*, 1309 (Hist. de l'abbaye de Feniers).
Grasserie (La), f^me, c^ne de Quézac. — *La Grasserie*, 1740; — *La Grosserie*, 1741; — *La Gressarrie*, 1757; — *La Grussairie*, 1758 (état civ.).
Gratacap, vill. et mont. à vacherie, c^ne de Saint-Santin-de-Maurs. — *Gratacap*, 1613 (état civ.). — *Grate-Cap*, 1749; — *Gratecapt*, 1753 (anc. cad.).
Gratte-Loup, écart, c^ne de Mourjou.
Gratte-Paille, m^in, c^ne de Neussargues.
Gratte-Paille, ham. avec manoir, c^ne de Saint-Gerons. — *Grata-Palha*, 1295; — *Grate-Palis*, 1354 (arch. dép. s. E). — *Gratapalha*, 1368 (id. s. G). — *Gratepailhe*, 1651; — *Gratepaille*, 1652 (min. Sarrauste, n^re à Laroquebrou). — *Grate-Paille*, 1758 (arch. dép. s. C, 51). — *Gratepaile* (Cassini).
Graule, dom. ruiné, c^ne d'Arpajon. — *Affarium vocatum de Graula*, 1269 (arch. mun. d'Aurillac, s. FF, p. 15).
Graule (La), ruiss., affl. de la Rhue, coule aux finages des c^nes de Cheylade, Saint-Saturnin, Lugarde, Marchastel et Saint-Amandin; cours de 14,000 m. — *Rivière de Grausle; Graule; Graulle; el rieu de Loude*, 1578 (terr. de Soubrevèze). — *Londre* (Cassini). — *Ruisseau de Grolle*, 1879 (état stat. des riv. du Cantal).
Graule (La Maison de), obédience ruinée et mont. à vacherie, c^ne de Saint-Saturnin. — *Molendinum de Greula*, 1174; — *Graula*, 1296 (la maison de Graule). — *Graule*, 1543 (arch. dép. s. H).
Graulines, écart, c^ne de Vieillevie.
Graunon, dom. ruiné, c^ne de Saint-Cirgues-de-Malbert. — *Villaige de Graunon*, 1659 (ins. du baill. de Salers).
Gravaire (La), ruiss., affl. de la Sionne, c^ne de Peyrusse et de Chanet; cours de 2,000 m. — *Rivus de la Graveyra*, 1471 (terr. du Feydit).
Grave (La), écart, c^ne de Quézac. — *La Gravia*, 1461 (arch. dép. s. H).
Graverie (La), écart, c^ne de Sénezergues.
Gravier-Bas (Le), dom. ruiné, c^ne de Chaudesaigues. — *Affar de la Graveyra; de la Graveyra*, 1494 (terr. de Mallet).
Gravière (La), ham., c^ne de Jabrun. — *La Graviera*, 1508; — *La Gravière*, 1662; — *La Gravières*,

1730 (terr. de la Garde-Roussillon). — *La Gratière*, 1784 (Chabrol, t. IV).

GRAVIÈRE (LA), vill., c^{ne} de Lanobre. — *La Gravière*, 1788 (min. Marambal, n^{re} à Thinières). — *Gravières*, 1856 (Dict. stat. du Cantal).

GRAVIÈRE (LA), vill., c^{ne} de Lavigerie. — *La Graveira*, 1279; — *La Graveyra; la Graviera*, 1441 (arch. dép. s. E). — *Graveyras*, 1489 (lièvede Dienne). — *La Graveyre*, 1551 (terr. de Dienne).

GRAVIÈRE (LA), écart, c^{ne} d'Oradour.

GRAVIÈRE (LA), écart, c^{ne} de Saint-Saturnin.

GRAVIÈRE (LA), écart, c^{ne} de Sénezergues. — *La Gravieyra*, 1671 (nommée au p^{ce} de Monaco). — *La Gravière*, 1724 (lièvre de l'abb. de Montsalvy).

GRAVIÈRE (LA), dom. ruiné, c^{ne} de Tournemire. — *Affarium de la Graverya*, 1378 (fond. de la chapell. des Blats).

GRAVIÈRE (LA), écart, c^{ne} de la Trinitat.

GRAVIÈRES (LES), vill. détruit, c^{ne} de Massiac. — *Graveriæ*, 1443 (arch. dép. s. H).

GRAVOUSES (LAS), écart, c^{ne} de Boisset. — *Las Grabourses; Gragouze*, 1746; — *Gravouze; Grovouze*, 1747 (anc. cad.). — *La Gravouse*, 1852 (Dict. stat. du Cantal).

GRAY (LE SUC DEL), mont. à vacherie, c^{ne} de Salins.

GRÉGORIE, f^{me}, c^{ne} du Vigean. — *Guergory*, 1549 (terr. de Miremont). — *Grégory*, 1608 (état civ. de Brageac). — *Griegory*, 1669 (id. du Vigean). — *Raghouil, alias Gregori*, 1680 (terr. de Mauriac).

GREIL (LE), ham., c^{ne} de Ladinhac. — *Gruen*, 1464 (vente par Guill. de Treyssac). — *Le Freil*, 1668 (nommée au p^{ce} de Monaco).

GREIL (LE), vill., c^{ne} de Landeyrat. — *Lo Grel; Gre*, 1329 (enq. sur la justice de Vieillespesse). — *Le Greyl* (Cassini). — *Agreil; Altegreil*, 1855 (Dict. stat. du Cantal).

GREIL (LE), dom. ruiné, c^{ne} de Saint-Constant. — *Le ténement del Greil*, 1749 (anc. cad.).

GREILLE, m^{in}, c^{ne} de Chanterelle.

GREISSAC, dom. ruiné, c^{ne} de Saignes. — *Villaige de Greyssat*, 1672 (état civ.).

GRELADIS, dom. ruiné, c^{ne} de Pleaux. — *Mansus de Greladitz*, 1316 (arch. mun. d'Aurillac, s. HH, c. 21).

GRELARD, écart, c^{ne} de Mourjou. — *Crestard*, 1523 (ass. de Calvinet). — *Grelard*, 1557 (pièces de l'abbé Delmas). — *Grelat*, 1784 (Chabrol, t. IV).

GRELEYRE (LA), mont. à burons, c^{ne} de Colandres. — *Montana de Grelieyras*, 1518 (terr. d'Apchon). — *La Greleyre*, 1719 (table de ce terr.).

GRELLES, écart, c^{ne} de Condat-en-Feniers. — *La Gresle*, 1776 (arch. dép. s. C).

GRELM (LE), dom. ruiné, c^{ne} de Barriac. — *Villaige del Grelm*, 1687 (état civ. de Pleaux).

GRELY, dom. ruiné, c^{ne} de Colandres. — *Domaine de Grely*, 1719 (table du terr. d'Apchon).

GRENIER (LE), f^{me}, c^{ne} de Maurs.

GRENIER, écart, c^{ne} de Saint-Antoine.

GRENIERS (LES), ham. et mont. à vacherie, c^{ne} de Pierrefort. — *Graniers*, 1607; — *Granier*, 1616; — *Granies*, 1653 (état civ.). — *Grentes* (Cassini).

GRENOUILLE (LA), ruiss., affl. du ruisseau de Pontal, c^{ne} de Glénat; cours de 3,200 m. — On le nomme aussi *le Coucu*.

GRENOUILLÈRE (LA), écart, c^{ne} de Maurines. — *La Granoulheyre*, xvie s^e; — *La Granoullière*, 1645 (arch. dép. s. H). — *La Groulière*, 1784 (Chabrol, t. IV). — *La Gremouillette* (Cassini). — *La Granouillère* (État-major).

GRENOUILLÈRE (LA), ham., c^{ne} de Saint-Flour.

GRENOUSTIE (LA), f^{me} et m^{in}, c^{ne} du Vigean. — *La Granoschia*, 1310 (lièvre du prieuré du Vigean). — *La Granuschia*, 1473; — *La Granusche*, 1474 (terr. de Mauriac). — *La Granosche*, 1639 (rentes dues au doyen de Mauriac). — *La Grogouschia*, 1639; — *La Granouschio*, 1669; *La Granourchie*, 1671 (état civ.). — *La Granouschia*, 1743 (arch. dép. s. C, l. 39).

GRESSES, vill., c^{ne} de Saint-Étienne-Cantalès. — *Las Gresanesas*, 1411 (arch. dép. s. E). — *Gresset*, 1631; — *Gressac*, 1643 (min. Sarrauste, n^{re}). — *Gresses*, 1674 (état civ. de Laroquebrou). — *Engraisse*, 1782 (arch. dép. s. C, l. 51).

GRÈZE (LA), dom. ruiné, c^{ne} de la Capelle-del-Fraisse. — *Domaine de la Grèze*, 1772 (arch. dép. s. C, l. 49).

GRÈZE, mont. à vacherie, c^{ne} de Crandelles.

GRÈZES, écart, c^{ne} de Bonnac. — *Grezes*, 1610 (terr. d'Avenaux). — *Gruès*, 1635 (nommée par G^{lle} de Foix). — *Grèze* (Cassini).

GRÈZES, ham., m^{in} et huilerie, c^{ne} de Fontanges.

GRÈZES, vill., c^{ne} de Molèdes. — *Grèges*, 1703; — *Grèze*, 1707 (état civ. de Saint-Victor-sur-Massiac). — *Graize* (Cassini).

GRÈZES, ham., c^{ne} de Molompize.

GREZETTES (LES), vill. et m^{in}, c^{ne} de Saint-Urcize. — *Les Gresettes*, 1857 (Dict. stat. du Cantal).

GREZETTES (LES), ruiss., affl. du ruisseau de Lacassou, c^{ne} de Saint-Urcize; cours de 600 m. — *Rivière de la Guazelle*, 1662; — *La Gazelle*, 1730 (terr. de la Garde-Roussillon).

GRÉZIE (LA), seign., c^{ne} de Vitrac. — *La Grézie*,

1669 (nommée au p^{cé} de Monaco). — *Lagrézie*, 1696 (terr. de la command. de Carlat).

Gribaldes (Las), ham., c^{ne} de la Besserette. — *Las Guirbaldes*, 1670 (nommée au p^{co} de Monaco). — *La Gribolle* (Cassini).

Griffeuille, dom. ruiné, c^{ne} d'Arpajon. — *Affarium da Grefollia*, 1269 (arch. dép. s. FF, p. 15). — *Grefolha*, 1286 (*id.* s. GG, c. 16). — *Arfueilhe; bois d'Aurifreilhia*, 1585 (terr. de N.-D. d'Aurillac). — *Bois de Griffueille*, 1741 (anc. cad.).

Griffeuille, ham., c^{ne} de la Capelle-del-Fraisse. — *Greffuehla*, 1427 (arch. dép. s. H); — *Griffuelhe*, 1633 (état civ. de Montsalvy). — *Grifeuille*, 1740 (id. de la Capelle-en-Vézie). — *Griffeuilhe*, 1760 (terr. de Saint-Projet). — *Griffeule*, 1760 (arch. dép. s. C, l. 49).

Griffeuilles, vill. et bois, c^{ne} de Roannes-Saint-Mary. — *Grefollia*, 1269 (arch. mun. d'Aurillac, s. FF, p. 15). — *Gruffuellie*, 1625 (état civ. d'Arpajon). — *Griffuelhe*, 1682; *Grifueille*, 1708; *Griffueilhe*, 1761 (arch. dép. s. C). — *Griffeuille* (Cassini).

Griffeuilles, ruiss., affl. de la Cère, c^{ne} de Roannes-Saint-Mary; cours de 2,300 m. — Ce ruisseau porte aussi le nom de *Combe-Chaude*.

Griffielo, buron sur la mont. de la Faïce, c^{ne} de Saint-Cirgues-de-Jordanne.

Griffol (La), dom. ruiné, c^{ne} de Saint-Paul-des-Landes. — *Villaige de Gruffol*, 1583 (arch. dép. s. G).

Griffou (La), dom. ruiné, c^{ne} de Mauriac. — *Villaige de la Greffol*, 1505; — *La Griffol*, 1515 (comptes au doyen de Mauriac).

Griffou (La), vill. détruit, c^{ne} de Paulhac. — *Villaige d'Agrifolz*, 1570 (arch. mun. de Saint-Flour). — *La Greffou*, 1649 (état civ. de Pierrefort).

Griffou (La), dom. ruiné, c^{ne} de Roumégoux. — *La Griffoul, où il y avait un villaige*, 1668; — *Tènement appellé de la Griffou*, 1669 (nommée au p^{co} de Monaco).

Griffou (La), dom. ruiné, c^{ne} de Saint-Julien-de-Jordanne. — *Affarium vocatum de la Veiysseyra, alias de la Grissol*, 1378 (fond. de la chapell. des Blats). — *Affar del Griffol; de la Girffol*, 1573 (terr. de la chapell. des Blats).

Griffouilh, prieuré ruiné, c^{ne} de Montvert. — *Domus de Agrifolio; Arifuolha*, 1297 (test. de Geraud de Montal). — *Agriffuelha*, xive s^e (pouillé de Saint-Flour). — *Agriffolium*, 1424 (pap. de la fam. de Montal). — *Griffueilh*, 1632 (état civ. de Saint-Santin-Cantalès). — *Arfueilhe*, 1632; — *Arfueille*, 1644 (id. de Cros-de-Montvert). — *Griffeuille*, 1853 (Dict. stat. du Cantal).

Le prieuré de Griffouille, dédié à saint Jean, fondé vers l'an 1200, était de l'ordre de Saint-Augustin; il dépendit des chanoines réguliers de la congrégation de France, puis, en 1693, de l'abb. de la Couronne, d'Angoulême (Dict. stat. du Cantal).

Griffoul (La), f^{me} et chât. fort détruit, c^{ne} de Brezons. — *La Greffol*, 1600 (état civ. de Vic-sur-Cère). — *La Griffou*, 1623 (ass. gén. ten. à Cezens). — *La Greffe*, 1667 (état civ. de Polminhac). — *La Griffoul*, 1701 (id. de Brezons). — *La Griffol* (Cassini).

Griffoul (La), f^{me} avec manoir, c^{ne} de Cayrols. — *La Griffol*, 1588 (lièv des achaps d'Ant. de Naucaze). — *La Grifou*, 1645 (état civ. de Parlan). — *La Grifoil*, 1648; — *La Grifoul*, 1652 (id. de Cayrols).

Griffoul (La), vill. et m^{in}, c^{ne} de Lugarde. — *La Greffol; molendinum de la Greffol*, xive s^e (arch. dép. s. E). — *La Griffol; la Griffel; la Griffe*, 1578 (terr. de Soubrevèze). — *La Gryffoilh*, 1585 (id. de Graule). — *La Gryfol*, 1601 (lièvr de Soubrevèze). — *La Griffoul*, 1684 (lièv de Pouzols). — *La Griffoux*, 1744 (lièv de Soubrevèze). — *La Griffo*, 1751; — *La Griffoüil*, 1775; — *La Griffouil*, 1780 (arch. dép. s. C, l. 47).

Griffoul (La), vill. et m^{in} détruit, c^{ne} de Pailhérols. — *La Griffoul*, 1668; — *La Greffoul*, 1669 (nommée au p^{ce} de Monaco). — *La Grifou*, 1674 (état civ. de Polminhac). — *La Guffoul*, 1676; — *La Grifoul*, 1681 (id. de Jou-sous-Montjou). — *La Grefoul*, 1705 (id. de Saint-Clément).

Griffoulaire (La), ruiss., affl. de l'Allier, c^{nes} de Rageade et de Lavoûte-Chilhac (Haute-Loire). Cours dans le départ. du Cantal, 1,300 m.

Griffoulet, vill. détruit, c^{ne} d'Alleuze. — *Cum podio de Griffoles*, 1510 (terr. de Maurs).

Griffoulière, séchoir à châtaign., c^{ne} de Saint-Étienne-de-Maurs.

Griffouse (La), dom. ruiné, c^{ne} d'Arpajon. — *Affar de la Grifoulouse*, 1695; — *La Greffouliouse; la Griffouliouze; la Griffouliouse*, 1736 (terr. de la command. de Carlat).

Grignac, vill. et bois, c^{ne} de Teissières-les-Bouliès. — *Grinhacum*, 1531 (min. Vigery, n^{re}). — *Grinhac*, 1583 (terr. de N.-D. d'Aurillac). — *Grunhiac*, 1610 (aveu de J. de Pestels). — *Greignac*, 1629 (état civ. d'Aurillac). — *Grenhac*, 1654 (arch. mun. d'Aurillac, s. CC, p. 8). — *Grinihac*, 1668 (nommée au p^{ce} de Monaco). — *Grignac*, 1692 (terr. de Saint-Geraud). — *Greniac; Griniac*, 1750 (anc. cad.). — *Greniat*, 1782; — *Grignat*, 1787 (arch. dép. s. C, l. 49).

GRIGNAC, ruiss., affl. du ruiss. de Longayroux, c^{ne} de Teissières-les-Bouliès; cours de 1,800 m. — *Rivus de Calfroual*, 1521; — *Rivus de Colferral*, 1531 (min. Vigery, n^{re} à Aurillac). — *Grinhac*, 1879 (état stat. des cours d'eau du Cantal).

GRILLÈRE (LA), écart, c^{ne} de Quézac.

GRILLÈRE (LA), vill., c^{ne} de Tourniac. — *La Grelheyra*, 1503 (terr. de Cussac). — *La Grillière*, 1617; — *La Grellière*, 1638 (état civ.). — *La Grelière*, 1659 (insin. du baill. de Salers). — *La Grilière*, 1675 (état civ. de Chaussenac). — *La Grillère*, 1743 (arch. dép. s. C, l. 38).

GRILLIÈRE (LA), écart, c^{ne} d'Arpajon. — *La Grelieyre*, 1621 (état civ.). — *La Grillière*, 1679; *la Grilière*, 1704 (arch. dép. s. C, l. 5). — *La Grillère* (états de sections).

GRILLIÈRE (LA), écart, c^{ne} de la Capelle-en-Vézie. — *La Greslieyra*, 1564 (min. Boyssonnade, n^{re}). — *La Grelière*, 1590 (pièces de l'abbé Delmas). — *La Groslier*, 1654 (arch. mun. d'Aurillac, s. CC, p. 8). — *La Grelieyre*, 1692 (terr. de Saint-Geraud). — *La Grillière*, 1738 (état civ.). — *La Grilière*, 1764 (id. de Sansac-Veynazès). — *La Grillère* (Cassini).

GRILLIÈRE (LA), chât., c^{ne} de Glénat. — *La Grelieyra*, 1406 (recogn. au seign. de Montal). — *La Grelière*, 1661; — *La Greillère*; *la Grelhière*, 1665 (état civ.). — *La Grelière*, 1668 (nommée au p^{ce} de Monaco).

GRILLIÈRE (LA), dom. ruiné, c^{ne} de Saint-Mamet-la-Salvetat. — *Ténement de la Grelière*, 1668 (nommée au p^{ce} de Monaco).

GRILLIÈRE (LA), vill., m^{in} et mont. à vacherie, c^{ne} de Siran. — *La Grelieyra*, 1406 (recogn. au seigneur de Montal). — *La Greillière*, 1616 (état civ.). — *La Grellière*, 1626 (min. Sarrauste, n^{re} à Laroquebrou). — *La Grelière*, 1662 (état civ.). — *La Grilière*, 1747 (inv. des titres de l'hôp. d'Aurillac). — *La Grillère*, 1857 (Dictionn. statist. du Cantal).

GRILLIÈRE (LA), ruiss., affl. du ruiss. d'Escalmels, c^{nes} de Siran et de Glénat; cours de 1,480 m.

GRILLIÈRE (LA), dom. ruiné, c^{ne} d'Ytrac. — *Affar appellé de la Grilhieyre*, 1668 (nommée au p^{ce} de Monaco).

GRILLO, buron sur la montagne de Pimpadouïre, c^{ne} de Saint-Jacques-des-Blats.

GRIOU, mont. à vacherie, c^{ne} de Mandailles.

GRIOU (LE PUY DE), mont. à vacherie, c^{nes} de Mandailles et de Saint-Jacques-des-Blats. — *Montaigne de Grieu*, 1692 (terr. du monast. de Saint-Geraud).

GRIOUNOT, mont. à vacherie, c^{ne} de Mandailles.

GRISOLS, ruiss., affl. du ruiss. de Gonivache, c^{ne} de Saint-Flour; cours de 2,500 m.

GRISPAILLE, écart, c^{ne} de Sansac-de-Marmiesse.

GRISPAILLES (LES), vill., c^{ne} de Saint-Mamet-la-Salvetat.

GRIZOLS, vill., c^{ne} de Saint-Georges. — *Grizolz; Gresolz; Grisolz*, 1470 (arch. dép. s. G). — *Grozols*, 1784 (Chabrol, t. IV). — *Grizol* (Cassini).

GROFFIADE (LA), ham., c^{ne} de Saint-Santin-de-Maurs.

GROGNÈS, écart, c^{ne} de Leynhac.

GROLET, écart, c^{ne} des Deux-Verges. — *Le Groulés* (Cassini). — *Le Graulès* (État-major). — *Le Groutis*, 1855 (Dict. stat. du Cantal).

GROMIÈRE, vill., c^{ne} de Peyrusse. — *Gourmeyre*, 1635 (nommée par G^{lle} de Foix). — *Gromières*, 1664; — *Groumeyre*, 1676 (état civ. de Bonnac). — *Groumière*, 1699 (id. de Joursac). — *Gromère; Gromière*, 1784 (Chabrol, t. IV). — *Gromière* (Cassini). — *Grommières*, 1857 (Dict. stat. du Cantal).

GROMIÈRE, ruiss., affl. de l'Alagnon, c^{ne} de Peyrusse; cours de 1,600 m.

GROMONT, écart, c^{ne} d'Apchon.

GROMONT, mont. à burons, c^{ne} de Lascelle.

GRONDO-COUMBO (LA), mont. à vacherie, c^{ne} de Saint-Cirgues-de-Jordanne.

GRONET (LE), mont. à vacherie, c^{ne} de Ruines.

GRONIÉ, écart, c^{ne} de Saint-Antoine. — *Grenier*, 1852 (Dict. stat. du Cantal).

GRONJOUNES, buron, c^{ne} de Brezons.

GROPILIAC, dom. ruiné, c^{ne} de Saint-Gerons. — *Mansus de Gropilhac*, 1295 (arch. dép. s. E). — *Croppilhac; Cripiliac*, XVIIIe s^e (pap. de la fam. de Montal).

GROS, vill., c^{ne} de Neuvéglise. — *Gros*, 1630 (terr. de Montchamp).

GROS (LE), ruiss., affl. de la Jordanne; c^{ne} de Saint-Cirgues-de-Jordanne; cours de 5,000 m. — *Lo golet de Grades*, 1522 (min. Vigery, n^{re} à Aurillac).

GROSAC, dom. ruiné, c^{ne} de Teissières-les-Bouliès. — *Villaige de Grosac*, 1667 (état civ. de Polminhac).

GROS-MONT (LE), mont. à burons, c^{ne} de Saint-Saturnin. — *Puy appellé de Supeyros*, 1514 (terr. de Cheylade).

GROS-MONT (LE SUC DE), dom. ruiné et mont. à burons, c^{nes} de Saint-Vincent et du Vaulmier. — *Lo Mas Usmont*, 1332 (lièvre du prieuré de Saint-Vincent). — *Graumon*, 1680; — *Groumon*, 1681 (état civ. de Saint-Vincent). — *Gromon*, 1694; — *Grasmon*, 1701; — *Graumont*, 1702 (id. de Saint-Martin-Valmeroux). — *Gromont* (Cassini).

GROSMONT, vill. et m^{in}, c^{ne} du Vaulmier. — *Lo mas de Gros-mont*, 1332; *Graumon*, 1589 (lièvre du prieuré de Saint-Vincent). — *Groumon, 1660* (anc. min. Chalviguac, n^re à Trizac). — *Gromont* (Cassini). — *Gromon* (État-major).

GROSSALDET, chât. détruit, c^ne de Moussages.

GROTZ, dom. ruiné, c^ne de Loupiac. — *Mansus de Grotz*, 1464 (terr. de Saint-Christophe).

GROUFFALDES (LES), vill. et m^in, c^ne de St-Jacques-des-Blats. — *Groffaldes*, 1610; — *Grouffaldes*, 1618; — *Les Grouffauldes*, 1627; — *Grofaldes*, 1632; — *Groffaldet*, 1635 (état civ. de Thiézac). — *Les Groufsaudes*, 1695 (id. de Saint-Clément). — *Las Gourfaldos* (Cassini). — *Groufaldos* (État-major).

GROULE (LA), m^lu, c^ne de Brageac.

GROULET (LE), écart, c^ne des Deux-Verges.

GROUMEL, m^in détruit, c^ne de Paulhac. — *Molin appellé de Grommel sive del Théron*, 1542; — *Molin de Groumiel, alias le Molin Sotra*, 1594 (terr. de Bressanges).

GROUSSE (PUY DE LA), mont. à burons, c^ne de Malbo.

GROUSSOLE, dom. ruiné, c^ne de Velzic. — *Mansus de Grossolas*, 1456 (reconn. à l'abbesse de Saint-Jean-du-Buis).

GROUSSOLES, ham., c^ne de Barriac. — *Gorsolas*, 1464 (terr. de Saint-Christophe). — *Groussoles*, 1656 (état civ. de Pleaux). — *Groussole*, 1659; — *Grossolles*, 1666 (id. de Loupiac). — *Groussonles*, 1676 (état civ. de Pleaux). — *Gruosoles*, 1686 (id. de Chaussenac). — *Groussolle*, 1697 (id. d'Ally).

GROUSSOLLES, vill. détruit, c^ne d'Aurillac. — *Mansus de Grossolas*, 1531 (min. Vigery, n^re). — *Groussolles*, 1681; — *Grossolles*, 1682 (état civ.). — *Grossoles*, 1692 (terr. de Saint-Geraud).

GRUN, dom. ruiné, c^ne de Cassaniouze. — *Affar de Grun, alias de Mas-Merle*, 1760 (terr.-de Saint-Projet).

GRUSSOUIGUE (LA), dom. ruiné, c^ne de Saint-Projet. — *Villaige de la Grussouigue*, 1658 (insin. du bailliage de Salers).

GRUTO, dom. ruiné, c^ne de Laroquebrou. — *Mansus de Gruto*, 1370 (arch. dép. s. G).

GUA (LE), écart, c^ue de Saint-Constant. — *Bois del Gua*, 1747 (anc. cad.).

GUAMELLET, mont., arrond. de Murat. — *Montaigne appellée de Guamellet*, 1578 (terr. de Soubrevèze).

GUARIGUE (LA), m^in, c^ne de Cassaniouze.

GUARRET, vill., c^ne de Condat-en-Feniers.

GUARRIGUE (LA), écart, c^ne de la Besserette.

GUARRIGUE (LA), ruiss., affl. du ruiss. de Las Garrigues, c^ne de Montsalvy; cours de 1,500 m.

GUDET, ham., c^ne de Lieutadès. — *Agudet*, 1508; — *Agudez*, 1686; — *Agudel*, 1730 (terr. de la Garde-Roussillon).

GUDET, mont. à burons, c^ne de Saint-Urcize.

GUÉ (LE), dom. ruiné, c^ne de Glénat. — *Villaige del Gué*, 1616 (état civ.).

GUÉ-CHABANÈS (LE), dom. ruiné, c^ne de Pleaux. — *Le Gué Chabanès*, 1666 (état civ.).

GUÉ-LARGE (LE), écart, c^ne de Menet.

GUERGUET, f^me, c^ne d'Aurillac.

GUERLY (LE), écart, c^ne de Chaliers. — *Les Gualitz*, 1624 (terr. de Ligonnès). — *Garlis*, 1745 (arch. dép. s. G, I. 43).

GUERLY, m^in, c^ne de Ruines. — *Molin de Guerlies*, 1624 (terr. de Ligonnès). — *Les Guerly* (Cassini). — *Guerli* (État-major). — *Moulin de Guerlis ou de Guilly*, 1857 (Dict. stat. du Cantal).

GUERRE (LA), m^in, c^ne d'Ally.

GUÉTÉ (LE), ruiss., affl. du Fabré, c^ne de Saint-Cirgues-de-Jordanne.

GUEUSE (LA), ruiss., affl. de la riv. de Mars, c^nes du Vigean et de Jaleyrac; cours de 1,220 m. — *Russeau de la Gueza; la Guze*, 1549 (terr. de Miremont).

GUIBERT, dom. ruiné, c^ne d'Yolet. — *Le villaige de Guibert*, 1692 (terr. de Saint-Geraud).

GUILHEM (LA), ham., c^ne de Menet.

GUILHEM, m^in, c^ne de Sériers.

GUILIEN, buron, sur le Puy-Chavaroche, c^ne de Mandailles.

GUILLAUMA (LE), dom. ruiné, c^ne de Glénat. — *Mansus dal Guilhamar*, 1343; — *Lou Guilhalmar*, 1395 (arch. mun. d'Aurillac, s. HH, c. 21).

GUILLAUME (LA), mont. à burons, c^ne de Marchal.

GUILLAUME (LA), ham., c^ne de Montvert.

GUILLAUMENQUE (LA), f^me avec chât. et m^in, c^ne de Cassaniouze. — *La Guilliaumenques*, 1657 (état civil). — *La Guilhaumenque*, 1669 (nommée au p^ce de Monaco). — *La Guilaumenque*, 1720; — *La Guillaumenque*, 1760 (état civ. de la Capelle-en-Vézie); — *La Guillaumenque* (Cassini).

GUILLAUMET (LE BOIS DE), dom. ruiné, c^ne d'Arpajon. — *Ténement appellé de lou Guiliaumez*, 1739; — *de Guillaumet*, 1741; — *de Plou Guiliomenq*, 1745 (anc. cad.). — *Guiliaumets* (états de sections).

GUILLAUMETTE (LA), ham., c^ne de Saignes. — *La Guiliaumette*, 1667; — *La Guyllomette*, 1680 (état civ. d'Ydes). — *La Guilliaumette* (Cassini). — *La Guilhaumette*, 1857 (Dict. stat. du Cantal).

GUILLAUMINE (LA), dom. ruiné, c^ne de Laveissière. — *Villaige la Guilhaumina; la Guilhanima*, 1668 (nommée au p^ce de Monaco).

GUILLET, m^in détruit, c^ne de Ruines. — *Molin de Guillet; Guiliet; Guilhect*, 1624 (terr. de Ligonnès).

GUILLIÈME (LA), écart, c^ne de Cassaniouze. — *La Gilième*, 1660; — *La Guilliesme*, 1662; — *La Guil-*

lène, 1676 (état civ.). — *La Guilième*, 1740; — *La Guillième*, 1741 (anc. cad.). — *La Guillelme* (Cassini).

GUILLOU, dom. ruiné, c^{ne} d'Aurillac. — *Mansus de la Montada, alias da Guylho; da Guilho*, 1531 (min. Vigery, n^{re}). — *Gilliou*, 1630; — *Guilhou*, 1631; — *Guilliou*, 1656 (état civ.). — *Guillou*, 1738; — *Guiliou*, 1740 (arch. mun. d'Aurillac, s. CC, p. 3).

GUINE (LA), mⁱⁿ, c^{ne} de Boisset. — Il porte aussi le nom de *Carrays*.

GUINIE (LA), vill., c^{ne} de la Capelle-Viescamp. — *La Guinia*, 1414 (arch. dép. s. E). — *La Guynhe*, 1606 (terr. de N.-D. d'Aurillac). — *Laguinio*, 1632 (état civ. de Glénat). — *La Guinhe*, 1633 (min. Sarrauste, n^{re} à Laroquebrou). — *La Guignie*, 1685; — *Laguigne*, 1687; — *Laguinhe*, 1689; — *Laguignhe*, 1692 (état civ.). — *La Guigne*, 1708; — *Laguinio*, 1720 (id. de Saint-Paul-des-Landes). — *La Guinie* (Cassini).

GUINJOU, ham., c^{ne} de Sansac-de-Marmiesse. — *Guinzou*, 1857 (Dict. stat. du Cantal).

GUINO, dom. ruiné, c^{ne} de Paulhenc. — *Affar appellé de Guinou*, 1671 (nommée au p^{ce} de Monaco).

GUINO, mⁱⁿ détruit, c^{ne} de Saint-Cirgues-de-Jordanne.

GUINO (LE), ruiss., affl. du ruiss. du Pouget, c^{ne} de Saint-Cirgues-de-Jordanne.

GUINOU (LE), écart, c^{ne} de Sansac-de-Marmiesse. — *Guinau* (Cassini).

GUIRALDE (LA), dom. ruiné, c^{ne} de Marmanhac. — *Affarium vocatum Gunraldene; Gruinldene; Guyraldene*, 1378 (arch. dép. s. G). — *La Guiralde*, 1676 (lièven de la mais. des Blats).

GUIRALDIE (LA), dom. ruiné, c^{ne} de Roumégoux. — *Mansus de la Guiraldia*, 1357 (arch. mun. d'Aurillac, s. HH, c. 21).

GUIRAT, dom. ruiné, c^{ne} d'Arpajon. — *El mas Guirat*, 1223 (lièven de Carbonnat).

GUIRBAL, f^{me}, c^{ne} de Laroquebrou. — *La Guirbaldia*, 1337 (pap. de la fam. de Montal). — *Guirbal*, 1681 (état civ.).

GUIRBALDIE (LA), mⁱⁿ détruit, c^{ne} de Glénat.

GUIRBALDIE (LA), écart, c^{ne} de Parlan. — *La Guirbaldio*, 1574 (livre des achaps d'Ant. de Naucaze). — *La Girbaldie*, 1648 (état civ.). — *La Guirbaldies; la Guirbaldie*, 1748 (anc. cad.).

GUIROLE (LA), dom. ruiné, c^{ne} de Saint-Constant. — *Domaine de la Guirole*, 1749 (anc. cad.).

GUIROUSES (LES), mont. à vacherie, c^{ne} de Roffiac.

GUISBERT, écart, c^{ne} de Saint-Constant.

GUITARDIE (LA), f^{me}, c^{ne} du Fau. — *La Guitardie*, 1680 (état civ. de Saint-Projet). — *La Guittardie*, 1717 (terr. de Beauclair). — *La Guitendac*, 1743 (arch. dép. s. C, l. 44). — *La Guichardie*, 1855 (Dict. stat. du Cantal).

GUITARDIE (LA), écart du bourg, c^{ne} de Marmanhac. — *La Guytardia*, 1607 (état civ.).

GUITTARD, dom. ruiné, c^{ne} de Giou-de-Mamou. — *Village de Guitard*, 1692 (terr. de Saint-Geraud).

GUITTARD, mⁱⁿ détruit, c^{ne} de Thiézac. — *Molin de Guitard à deux rones, sur le Celens*, 1674 (terr. de Thiézac).

GUIZALMON, vill., c^{ne} de Saint-Mamet-la-Salvetat. — *Guizalmon*, 1589 (livre des achaps d'Ant. de Naucaze). — *Guiselmon*, 1663 (état civ. de Cayrols).

GUIZARDE (LE PUY DE LA), mont. à vacherie, c^{ne} de Villedieu.

GUIZARDIES (LES), vill., c^{ne} de Cassaniouze. — *Las Gizardies*, 1652 (état civ.). — *La Guizardie*, 1740; — *Las Gisardies*, 1741 (anc. cad.). — *Las Guiraldie; las Guizaldie*, 1785 (arch. dép. s. C, l. 49).

GUIZARDIES (LES), dom. ruiné, c^{ne} de Marcolès. — *Affarium dictum de las Guysardias; las Gisardias*, 1454; — *Las Guisardias; Gistardiæ*, 1478 (pièces de l'abbé Delmas).

GUIZARDIES (LE PUECH DES), dom. ruiné, c^{ne} de Marcolès. — *Affarium dictum lo puech de las Guysardias*, 1454; — *Las Guisardias*, 1478 (pièces de l'abbé Delmas).

GULIOU (LA), écart, c^{ne} de Saint-Urcize. — *Lagulio*, 1857 (Dict. stat. du Cantal).

GUOILLARD, buron sur la mont. de Tuyguo, c^{ne} de Saint-Cirgues-de-Jordanne.

GUR, dom. ruiné, c^{ne} de Saint-Bonnet-de-Salers. — *Mansus de Gur*, 1366 (arch. dép. s. E).

GURIÈRES, ham., c^{ne} de Lieutadès. — *Grueyras*, 1508; — *Los Grueyres*, 1662 (terr. de la Garde-Roussillon).

GUTTE-GAILLARD (LA), écart, c^{ne} de Cayrols. — *L'affar de la Goutte-Gulhard*, 1668 (nommée au p^{ce} de Monaco).

GUYMONTEL, vill. et château féodal ruiné, c^{ne} de Jou-sous-Montjou. — *Acutusmons*, 1357; — *Agutusmons*, 1446 (arch. dép. s. E). — *Guymontel*, 1669 (nommée au p^{ce} de Monaco). — *Guymonteils*, 1673; — *Guimontels*, 1675; — *Gumontels*, 1676 (état civ.). — *Guymonteil*, 1680 (id. de Laroquebrou). — *Guimonteil*, 1693; — *Guimontheil*, 1694; — *Hymonteil*, 1696 (id. de Raulhac).

GUYPAL, écart, c^{ne} de Saint-Cirgues-de-Jordanne. — *Guipal*, 1855 (Dict. stat. du Cantal).

GUYPAL (LE), ruiss., affl. du ruisseau du Pouget, c^{ne} de Saint-Cirgues-de-Jordanne.

GUZOU, vill., c^{ne} de Madic.

H

Halots (Les), ham., c^{ne} de Marchastel. — *Les Allots; les Allotz*, 1585 (terr. de Graule). — *Les Aloc*, 1600 (lièvc de Pouzols). — *Les Alloctz*, 1618 (*id.* de Soubrevèze). — *Les Allos*, 1778 (*id.* d'Apchon). — *Les Hallots*, 1856 (Dict. stat. du Cantal).

Haray, dom. ruiné, c^{ne} d'Aurillac. — *Domaine d'Haray*, 1671 (état civ.).

Haut-Bagnac (Le), vill., c^{ne} d'Anglards-de-Salers. — *Aubagnac*, 1477 (arch. généal. de Sartiges). — *Aubainhac*, 1632; — *Aubanignac*, 1633 (état civ. du Vigean). — *Albrignac*, 1649; — *Aubaignac*, 1650; *Albanac*, 1651; — *Albainac*, 1652; — *Aubainac*, 1653; — *Auboignac*, 1654; — *Aubainat*, 1655; — *Aubainnac*, 1656; — *Auboinnac*; *Auboinac*, 1657 (*id.* d'Anglards). — *Aubaniac*, 1734 (*id.* de Souriac).

Haut-Bois (La Buge du), mont. à burons, c^{ne} de Lascelle.

Haut-de-Doit (Le), écart détruit, c^{ne} de Junhac.

Haut-de-la-Côte (Au), ham., c^{ne} d'Omps.

Haut-du-Bois-de-Junhac (Le), écart, c^{ne} de Junhac.

Haute-Besse (Le Suc de), dom. ruiné et mont. à vacherie, c^{ne} de Chastel-sur-Murat. — *Alte-Besse*, 1535; — *Aultobesse*, 1580; — *Autebesse*, 1598 (terr. de la v^{té} de Murat). — *Hautabesse*, 1680 (lièvc conf. de Murat). — *Haulte-Besse*, 1680 (terr. de Murat).

Hauterive, chapelle sur la montagne de ce nom, c^{ne} de Jussac. — *Alta-Rispa*, 1312 (homm. à l'évêque de Clermont). — *Alta-Riba*, 1464 (terr. de Saint-Christophe).

Haute-Roche, ham. et chât. détruit, c^{ne} de Champs. — *Haulteroche*, 1608 (min. Danty, n^{re} à Murat). — *Authe-Roche*, 1619; — *Auteroche*, 1620 (état civ.).

Haute-Roche, vill., c^{ne} de Chastel-Marlhac, et chât. détruit. — *Aulteroche*, 1561 (arch. dép. s. E). — *Autheroche*, 1652 (anc. min. Chalvignac, n^{re} à Trizac). — *Auteroche*, 1688 (état civ.). — *Haute-Roche*, 1783 (arch. dép. s. C, l. 45).

Haute-Serre, dom. ruiné, c^{ne} de Roannes-Saint-Mary. — *Forest d'Hautesserre*; *d'Autesserre*; *affar d'Hauteserre*; *d'Alteserre*, 1692 (terr. de Saint-Geraud).

Hautes-Serres, f^{me}, c^{ne} d'Ytrac. — *Altasserra*; *Altaserra*, 1561 (obit. de N.-D. d'Aurillac). — *Alteserre*; *Alte-Serre*, 1695 (terr. de la command. de Carlat). — *Haute-Serre*, 1713 (arch. dép. s. C). — *Autoserre*, 1714 (état civ. de Saint-Paul-des-Landes). — *Aute-Serres*, 1739 (anc. cad.). — *Hautes-Serres*, 1739 (arch. dép. s. C).

Hauteval, écart, c^{ne} de la Capelle-Barrez.

Hauteval, ham., c^{ne} de Maurs.

Hautevaurs, vill. et bois, c^{ne} d'Ytrac. — *Autevaur*, 1378 (fond. de la chapell. des Blats). — *Altevaux*, 1573 (terr. de la chapell. des Blats). — *Autabaurs*, 1621 (état civ. d'Arpajon). — *Autebaures*, 1636 (*id.* de Naucelles). — *Autevaurs*, 1669 (nommée au p^{ce} de Monaco). — *Haute-Vaurs*, 1713 (arch. dép. s. C). — *Village d'Autheverne*; *Autre-Vaurs*; *d'Authevaurs*, 1739 (anc. cad.).

Haute-Vue, f^{me}, c^{ne} de Maurs.

Haute-Vue, écart, c^{ne} de Quézac.

Haut-Puech (Le), écart, c^{ne} de Junhac.

Héails, mont. à vacherie, c^{ne} de Drugeac.

Hélac, mont. à vacherie, c^{ne} du Claux.

Her (L'), vill., c^{ne} de Chaudesaigues.

Her (L'), vill., c^{ne} de Neuvéglise. — *Ler*, 1623 (état civ. de Saint-Flour). — *L'Air* (Cassini). — *Lher*, 1856 (Dict. stat. du Cantal).

Herbe (L'), mont. à burons, c^{nes} de Colandres, du Falgoux et de Trizac. — *L'Erbe-de-Labre*, 1512; *Luchaln de Lerbe*, 1543 (terr. d'Apchon). — *Lucham de Lerbe*, 1719 (table de ce terr.). — *Lherbé*, 1777 (lièvc d'Apchon). — *V^{rie} de Lherbe* (Cassini). — *V^{ie} de l'Herbe* (État-major).

Hercis (Les), mont. à vach., c^{ne} de Saint-Paul-de-Salers.

Hère (L'), ruiss., affl. du Bex, c^{ne} de Saint-Urcize; cours de 7,500 m. — *L'eaue de Lera*, 1508; — *L'eau del Téron et entiennement appellée de Leyre*, 1662; — *L'eau appellée de Layre*, 1730 (terr. de la Garde-Roussillon).

Hergne (Le Puech de l'), mont. à vach., c^{ne} de Prunet.

Hergne (L'), vill. et scierie, c^{ne} de Védrines-Saint-Loup. — *Lherme*, 1751 (arch. dép. s. C, l. 48). — *L'Herne* (Cassini). — *L'Hergue*, 1857 (Dict. stat. du Cantal).

Hergne (L'), ruiss., affl. de la rivière de la Cronce, c^{nes} de Védrines-Saint-Loup et de Chastel (Haute-Loire). Cours, dans le département du Cantal : 10,000 m. — On le nomme aussi *Boutier*.

Hénissous (Les), ham., c^{ne} de Crandelles.

Héritier (L'), vill., c^{ne} de Murat. — *L'Eyretier*, 1491 (terr. de Farges). — *L'Eyritier*, 1500; — *L'Eritier*, 1502 (arch. mun. de Mauriac). — *L'Héritier*, 1551 (min. Lanusse, n^{re}). — *L'Hézetier*, 1585 (lièvc de la v^{té} de Murat). — *L'Heyretier*, 1637 (état civ.). — *L'Eyrittier*, 1668 (insin. de la cour royale de Murat). — *L'Eiritier*, 1692 (état civ. de Chastel-sur-Murat). — *L'Héritier*; *l'Eyritié*, XVIIe s^e

(terr. d'Anteroche). — *L'Eritié*, 1756 (terr. de la collégiale de N.-D. de Murat).

Herm (L'), vill., c^ne de Chalvignac. — *Lerm*, 1296 (homm. à l'évêque de Clermont). — *Lo Herm*, 1549 (terr. de Miremont). — *Ler*, 1663 (état civ. de Tourniac). — *Ley*, 1671 (id. d'Anglards-de-Salers). — *L'Her*, 1743 (arch. dép. s. C, l. 41).

Herm (Le Puech de l'), mont. à vacherie, c^ne de Chalvignac.

Herm (L'), ham., c^ne de Glénat. — *Lerm*, 1322 (reconn. au seign. de Montal). — *Lherm*, 1395 (arch. mun. d'Aurillac, s. HH, c. 21). — *L'Herm*, 1600 (pap. de la famille de Montal). — *L'Hern* (Cassini).

Herm (L'), vill., c^ne de Pleaux. — *L'Herm*, 1640 (état civ. de Saint-Santin-Cantalès). — *Ler*, 1655; — *L'Er*, 1667; — *Lhér*, 1671 (id. de Pleaux). — *Lair*, 1743; — *Lerm*, 1782 (arch. dép. s. C, l. 40).

Herm (L'), ham., c^ne de Sansac-Veinazès. — *Ad illos Ermos*, 918 (Gall. christ., t. II, col. 439). — *Villa ad Hermos*, 918 (annot. sur l'hist. d'Aurillac, p. 58). — *Lairm*, 1682 (état civ. de Montsalvy). — *Lher*, 1752 (état civ.). — *Lherm*, 1760 (terr. du monast. de Saint-Projet). — *Lair*, 1764 (état civ.). — *Lert* (État-major).

Hermes, mont. à vach., c^ne de Saint-Paul-de-Salers.

Hermet (L'), écart, c^ne de Ladinhac.

Hermet (L'), vill. et m^in, c^ne de Licutadès. — *Lemet*, 1508; — *Lermet*, 1662; — *Lhermet*, 1686 (terr. de la Garde-Roussillon).

Hermets (Les), écart détruit, c^ne de Saint-Étienne-de-Maurs. — *Les Hermets*, 1746 (état civ.).

Hermie (L'), écart détruit, c^ne de Montmurat. — *Lhermie*, 1682; — *L'Herme*, 1706 (arch. dép. s. C, l. 3).

Hermies (Les), ham., c^ne de Mourjou. — *Les Hermias*, 1523 (ass. de Calvinet). — *Las Hermies* (Cassini).

Hermitage (L'), f^me, c^ne de Paulhenc.

Hermite (L'), écart, c^ne de Mourjou. — *L'Hermite* (Cassini).

Hernac, dom. ruiné, c^ne de Jaleyrac. — *Mansus d'Hernac*, 1473 (terr. de Mauriac).

Hert (L'), vill., c^ne de Chaudesaigues. — *L'Herm*, 1784 (Chabrol, t. IV). — *Laire* (Cassini). — *L'Her*, 1855 (Dict. stat. du Cantal).

Hert (L'), ruiss., prend sa source dans la c^ne de Chaudesaigues, et forme, à sa jonction avec le Montignac et le Perret, le ruisseau de Nazat, sur le territ. de la même c^ne, après un cours de 2,000 m.

Hestival (L'), f^me, c^ne de Saint-Julien-de-Jordanne. — *L'Estival*, 1692 (terr. de Saint-Geraud).

Hestival (L'), ruiss., affl. de la Jordanne, c^ne de Saint-Julien-de-Jordanne; cours de 1,700 m.

Himméral (L'), dom. ruiné, c^ne de Leynhac. — *Mansus des Herm-Dials*, 1539 (min. Destaing, n^re à Marcolès). — *L'Héméral* (Cassini).

Himméral (L'), ham., c^ne de Saint-Étienne-de-Maurs. — *L'Eméral*, 1608; — *L'Héniéral*, 1748 (état civ.).

Hippodrome (L'), maison de garde, c^ne d'Aurillac.

Hirondelle (Le Roc d'), mont. à vacherie, c^ne d'Arches.

Hirondelle (L'), ruiss., affl. de la rivière de Brezons, coule aux finages des c^nes de Malbo, Narnhac et de Saint-Martin-sous-Vigouroux; cours de 9,750 m. — *Rivière de Guirandelle*, 1668 (nommée au p^ce de Monaco).

Hirondet (Le Puy d'), mont. à vacherie, c^ne de Saint-Urcize.

Hiver (L'), ravine, affl. de l'Arcueil, c^ne de Bonnac; cours de 1,700 m. On la nomme aussi *Escoufour*. — *Ruisseau des Toffours; Courfoures*, 1558 (terr. de Tempel). — *Le Confours*, 1700 (id. de Celles). — *Ruisseau dous Couffours*, 1771 (id. du prieuré de Bonnac).

Hivert (L'), mont. à vacherie, c^ne de Paulhac.

Hivert, m^in, c^ne de Thiézac. — *Moulin de Liver*, 1746 (anc. cad.). — *Moulin de l'Hiver* (État-major).

Hobit (L'), mont. à vacherie, c^ne de Velzic.

Holm (L'), dom. ruiné, c^ne de Chalvignac. — *Tenementum del Ulmo*, 1296 (homm. à l'évêque de Clermont). — *Affar et boriaige de l'Holm*, 1549 (terr. de Miremont).

Homme (Le Suc de l'), mont. à vacherie, c^ne de Paulhac.

Hôpital (L'), vill., c^ne d'Allanche. — *L'Hospital*, 1683 (état civ. de Murat).

Hôpital (L'), scierie mécanique, ville d'Aurillac. — *Molendinum Novum*, 1277 (arch. mun. d'Aurillac, s. EE, p. 14). — *Moulin de Chortolo, apellé le Moulin-Neuf; Moulin-Neuf de Jehan Mercadier*, 1692 (terr. du monast. de Saint-Geraud). — *Moulin del Mercadiel, près la porte de Saint-Étienne*, 1717 (inv. des titres de l'hôp. d'Aurillac).

Hôpital (La Roche de l'), mont. à vacherie, c^ne de Fournoulès.

Hôpital (L'), ruiss., affl. du Célé, c^ne de Fournoulès; cours de 1,850 m.

Hôpital (L'), vill., c^ne de Giou-de-Mamou. — *Petrafixa*, 1293 (spicil. Brivat.). — *Hospital*, 1610 (aveu de J. de Pestel). — *L'hospital de Pierrefiche; de Peyrefiche*, 1692 (terr. de Saint-Geraud). — *L'Hospital de Pierrefitte*, 1735 (id. de la command. de Carlat). — *L'Hôpital*, 1741 (arch. dép. s. C).

L'Hôpital était un membre de la command. de Carlat. Le curé de Giou en était titulaire né, ainsi que de la chapelle dédiée à saint Jean.

Hôpital (L'), ruiss., affl. du ruisseau de Giou, c^ne de Giou-de-Mamou; cours de 1,000 m.

Hôpital (L'), vill., c^ne de Montboudif. — *L'Hospital*, 1658 (lièvre du quartier de Condat et d'Artense). — *L'Ospitail*, 1671; — *L'Ospital*, 1680 (état civ. de Condat).

Hôpital (L'), dom. ruiné, c^ne de Neuvéglise. — *Buge appellée de Gouttabel, anciennement de l'Ospital*, 1630; — *La beughe appellée de l'Hospital, anciennement de Gouttealbel*, 1662 (terr. de Montchamp). — *Lespitau* (patois).

Hôpital (L'), vill. et m^in détruit, c^ne de Saint-Cirgues-de-Malbert. — *Locus de l'Hospital*, 1464 (terr. de Saint-Christophe). — *L'Hôpital*, 1728 (arch. dép. s. C, l. 16).

L'Hôpital était un membre de la command. de Carlat et la chapelle vicariale était dédiée à saint Jean. — Par ordonnance royale du 3 mai 1846, l'église de l'Hôpital a été érigée en succursale

Hôpital (Derrière l'), ham., c^ne de Saint-Flour.

Hôpital (L'), vill. et mont. à vacherie, c^ne de Saint-Paul-des-Landes. — *Mansus hospitalis de Albinhaco*, 1307 (pap. de la famille de Montal). — *Hospicium; Hospias*, 1358; — *La sala d'Albinhiac*, 1375; — *L'Hospital d'Albinhac*, 1583 (arch. dép. s. G). — *Opital d'Alveinhac*, 1669 (nommée au p^ce de Monaco). — *Ospital*, 1682; — *L'Hospital*, 1707; — *L'Hopital d'Albinac*, 1760 (arch. dép. s. C).

Hôpital (L'), ruiss., affl. de la rivière d'Auze, c^ne de Saint-Paul-des-Landes; cours de 1,800 m.

Hôpital (L'), mont. à vacherie, c^ne de Valuéjols. — *Montaigna de Lospital de la Boyssergues*, xve s^e (terr. de Bredon). — *Montaigne de Lospitail*, 1508; — *L'Hospital*, 1644 (terr. de Loubeysargues).

Hôpital (L'), vill., c^ne du Vigean. — *Domus Hospital-Uchafol*, 1220 (arch. mun. de Mauriac). — *Lospital*, 1310 (lièvre du prieuré du Vigean). — *L'Hospital*, 1549 (terr. de Miremont). — *L'Opital*, 1680 (id. de Mauriac). — *L'Hôpital Barbarzy; l'Hôpital Barbarzys*, 1735 (id. de la command. de Carlat).

L'Hôpital était un membre de la command. de Carlat.

Hôpital (L'), vill., c^ne d'Ydes. — *L'Hospital*, 1667; — *L'Hospitail*, 1682 (état civ.). — *L'Hôpital*, 1744 (arch. dép. s. C, l. 45).

L'Hôpital était un membre de la commanderie d'Ydes.

Hôpital (L'), dom. ruiné, c^ne d'Yolet. — *Affar de*

Lhospital de Pierrefiche, 1692 (terr. du monast. de Saint-Geraud).

Hôpital-Chaufranche (L'), anc. command. ruinée, c^ne de Saint-Chamant. — *Chalm Francisca; Chalutz Francesa*, 1293 (spicil. Brivat.). — *La Chalm-Francesa*, xive s^e (Pouillé de Saint-Flour). — *Lhospital*, 1673 (état civ. de Saint-Chamant). — *Lhospitail*, 1696 (id. de Saint-Martin-Valmeroux). — *L'Hôpital Chamfrancesche*, 1735 (terr. de la command. de Carlat).

L'Hôpital-Chaufranche avait été annexé à la command. de Carlat.

Hôpital-des-Landes (L'), anc. maladrerie, c^ne de Saint-Paul-des-Landes, auj. réunie à la population agg. du bourg. — *L'Hospital des Landes*, 1550 (terr. d'Escalmels).

Hortel (L'), dom. ruiné, c^ne de Cassaniouze. — *L'Hortel, éstable et terre ainsi appellées, sis ès appartenances de Cabrespine*, 1760 (terr. de Saint-Projet).

Hortes (Les), dom. ruiné et boulevard, c^ne d'Aurillac. — *Affar appellé dels Hortz-Gallardz*, 1692 (terr. du monast. de Saint-Geraud).

Hortes (Les), écart, c^ne de Saint-Cernin. — *Domaine de Laurte*, 1750 (arch. dép. s. C, l. 44).

Horts (Les), dom. ruiné, c^ne d'Ytrac. — *Villaige des Hors*, 1669 (nommée au p^ce de Monaco).

Hospice (L'), m^in, c^ne de Bournoncles.

Hospital (L'), mont. à vacherie, c^ne de Neuvéglise.

Hoste (L'), écart, c^ne de Fournoulès.

Hostes (Les), m^in détruit, c^ne de Montchamp. — *Mollin de Pierre Dannys, appellé des Hostes*, 1633; — *Moulin des Hotes*, 1730; — *Des Hottes*, 1762 (terr. de la command. de Montchamp).

Houades, vill., c^ne de Lascelle. — *Oadas*, 1371 (reconn. à l'hôp. de la Trinité d'Aurillac). — *Augades*, 1625 (état civ. d'Arpajon). — *Houades*, 1640 (pièces de Lacassagne). — *Ongades*, 1647 (état civ. de Montsalvy). — *Ouades*, 1669; — *Auguades*, 1672 (id. de Marmanhac). — *Houadez*, 1695 (arch. dép. s. C). — *Hougade* (Cassini).

Houles (Les), mont. à vacherie, c^ne de Salins.

Houmenoux (L'), m^in, c^ne de Védrines-Saint-Loup.

Housse (La), dom. ruiné, c^ne de Sainte-Marie. — *Le villaige de la Housse*, 1670 (insin. du bailliage de Saint-Flour).

Huc-Bec, dom. ruiné, c^ne d'Arnac. — *Mansus vocatus da Huc-Bec*, 1442 (reconn. au seign. de Montal).

Hugonenc, dom. ruiné, c^ne de Saint-Chamant. — *Affar appellé d'Hugonenc*, 1628 (terr. de N.-D. d'Aurillac).

Hugot (Le Lac d'), mont. à vacherie, c^ne de Celles.

— *El lac d'Ugon*, 1581; — *El lac d'Ugot*, 1644; — *Le lac d'Hugot*, 1697 (terr. de Celles).

HUGUENOT (LA GROTTE DU), grotte, c^ne de Lascelle.

HUGUES, dom. ruiné, c^ne de Chalvignac. — *Mansus dan Hugues*, 1296 (homm. à l'évêque de Clermont).

HUGUES (LES), vill., c^ne de Saint-Gerons. — *Las Huguas*, 1404 (arch. mun. d'Aurillac, s. HH, c. 21). — *Las Huegnas*, 1486 (accord entre Amauri de Montal). — *Las Hucgues*, 1645 (état civ. d'Espinadel). — *Las Huegues*, 1647 (min. Sarrauste, n^ro à Laroquebrou). — *Las Luques*, 1758; — *Las Huquez; las Usques*, 1781 (arch. dép. s. C, I. 51). — *Lasuques* (Cassini). — *Las Huques* (État-major).

HUIDE-BAS ET HAUT, mont. à burons, c^ne de Marcenat.

HUMBERT, dom. ruiné, c^ne de Pers. — *Bordaria vocata d'Humbert*, 1295 (arch. dép. s. E).

HUQUEFONT, vill. et taillis, c^ne de Nieudan. — *Mansus hospitalis d'Ucafol*, 1322; — *Ucasol*, 1406 (reconn. au seign. de Montal). — *Hucafon*, 1510 (vente au seign. de Montal). — *Ucquefos*, 1624; — *Ucquefon*, 1626 (min. Sarrauste, n^re). — *Hucque-Fon*, 1654; — *Ucofon*, 1661; — *Ucquefon*, 1672 (état civ.). — *Quefont*, 1770; — *Guefont*, 1782; — *Quefon*, 1785; — *Quefons*, 1787 (arch. dép. s. C, I. 51). — *Huquefons* (Cassini). — *Huguesfont*, 1856 (Dict. stat. du Cantal).

L'Hôpital d'Huquefont était un membre de la command. de Carlat.

HUQUET, ruiss., affl. de la Cère, c^ne de Vic-sur-Cère; cours de 3,000 m. — On le nomme aussi *le Guiraillot*.

HURQUETS (LES), vill. et mont. à vacherie, c^ne de Trémouille-Marchal. — *Jurquez*, 1665 (état civ. de Champs). — *Urquets*, 1732 (terr. du fief de la Sépouse). — *Les Hurquets* (Cassini). — *Les Jurquets*, 1886 (états de recens.).

HURQUETS (LES), ruiss., affl. de la Rhue, c^nes de Trémouille-Marchal et de Champs; cours de 8,400 m. — On le nomme aussi *las Tioules*.

HUTTE (LA), écart, c^ne de Condat-en-Feniers.

HUTTES (LES), ham., c^ne de Glénat. — *Les Heutes*, 1632 (état civ.). — *Las Utes*, 1715 (id. d'Espinadel). — *Las Uttes; las Huttes*, 1750 (anc. cad.). — *Lasuttes* (Cassini).

HUTTES (LES), vill. avec manoir, c^ne de Polminhac. — *Las Ettas*, 1485; — *Las Utas*, 1486 (reconn. à J. de Montamat). — *Les Etas*, 1583; — *Les Uttes*, 1584 (terr. de Polminhac). — *Les Utes*, 1609 (homm. au roi par les prêtres de Polminhac). — *Les Uttez*, 1668 (nommée au p^ce de Monaco). — *Lasuttes* (anc. cad.).

HUYÉ (D'), f^me, c^ne d'Omps. — *Duguié*, 1558 (min. Destaing, n^ro à Marcolès). — *Guyé*, 1668 (nommée au p^ce de Monaco). — *Duyé* (Cassini). — *Dayé*, 1856 (Dict. stat. du Cantal).

HYNISSON (L'), vill., c^ne de Lieutadès. — *Hyrissous* (État-major).

I

IGULE (LE CHAMP D'), mont. à vacherie, c^ne de Montboudif.

IMARD (LE PUECH D'), mont. à vacherie, c^ne de Maurs. — *Le Puech-d'Imars*, 1760 (anc. cad.).

IMBAURAT, écart, c^ne de Labrousse.

IMBERT, vill., c^ne d'Arpajon.

IMBERT (L'), ruiss., affl. du ruisseau de Lentat, c^ne d'Arpajon; cours de 900 m.

IMBERT, vill., c^ne de Saint-Gerons.

IMBERT, ruiss., affl. de la Cère, c^ne de Saint-Gerons; cours de 2,900 m. — On le nomme aussi *Saint-Gerons*.

IMBERTIE (L'), écart, c^ne de Siran. — *Imbertie*, 1630 (min. Sarrauste, n^re à Laroquebrou).

IMBRAJAGUE, écart, c^ne de Saint-Bonnet-de-Salers. — *Embrajoux*, 1857 (Dict. stat. du Cantal).

IMBROUZELOU, ham., c^ne de Saint-Bonnet-de-Salers.

IMPERLES, mont. à vacherie, c^ne de Thiézac.

IMPETEYRAC, m^in détruit, c^ne de Rouméegoux. — *Molendinum Inpeteyrac*, 1343 (arch. mun. d'Aurillac, s. HH, p. 21).

INCACHEBROCHE, mont. à burons, c^ne de Saint-Saturnin.

INCALARES (LE CHÂTEAU D'), futaie, c^ne d'Oradour.

INCATET, écart, c^ne de Paulhenc. — *Encatel* (État-major). — *Encastel*, 1857 (Dict. stat. du Cantal).

INCENSENAT, ruiss., affl. de la Bertrande, c^ne de Saint-Illide; cours de 1,500 m.

INCHAIROL, écart, c^ne d'Ally.

INCHASTAN, ham., c^ne de Brezons. — *Le Chastan* (État-major). — *Inchastang*, 1852 (Dict. stat. du Cantal).

INCHAVAROCHE (L'), ruiss., affl. de la rivière d'Auze, c^ne d'Ally; cours de 3,250 m.

INCHIVALA (L'), vill., c^ne de Rouziers. — *Linchivalar*, 1590 (livre des achaps d'Ant. de Naucaze). — *Lenchivala*, 1637 (état civ. de Maurs). — *Enchivola*, 1662 (id. de Parlan). — *Senchivalla; Lenchialla*,

1668; — *Lenchivalat*, 1669; — *Levezivalla; Levezi-balla; Levesiballa*, 1670 (nommée au p de Monaco). —*Linchivala*, 1746 (état civ. de Saint-Étienne-de-Maurs). — *Lenchivallo* (Cassini). — *Inchivallo* (État-major). — *L'Encheval*, 1857 (Dict. stat. du Cantal).

IN-COMBE, écart, c de Reilhac. — *Villaige de Combe*, 1665 (état civ. de Jussac).

INCON, vill., c de Barriac. — *Encon*, 1464 (terr. de Saint-Christophe). — *Encam*, 1661 (état civ. de Pleaux). —*Encomps*, 1770 (arch. dép. s. C, l. 38). — *Incamp* (Cassini).

INCON (L'), ruiss., affl. de la Maronne, coule aux finages des c de Drignac, Loupiac, Ally, Barriac, Saint-Christophe et Pleaux; cours de 16,700 m. — *Aqua d'Encon*, 1464 (terr. de Saint-Christophe). — *Incamp; Encamp* (Cassini).

INCOUPIAT, écart et m , c de Paulhenc.

INCOURNIL, vacherie, c d'Ally.

INFAN (LES ROCHAS D'), mont. à vacherie, c de Saint-Mary-le-Plain.

INFARGUES, ruiss., affl. de la Rance, c de Maurs; cours de 2,000 m.

INFEUILLE (LE PUY D'), mont. à vacherie, c de Saint-Martin-Valmeroux.

INFOURNOL, mont. à burons et bois, c de Colandres.

INGLANDE, mont. à vacherie, c de Marcenat.

INGOUIRE (L'), ruiss., affl. du ruiss. d'Incon, c de Saint-Christophe et de Pleaux; cours de 9,500 m. — *Aqua de Ghorgaco; Gargharo*, 1464 (terr. de Saint-Christophe).

INGRAUBINES, ham., c de Vieillevie.

INGUINADE (L'), ruiss., affl. de la Santoire, c de Landeyrat, Saint-Bonnet-de-Marcenat et de Saint-Saturnin; cours de 4,000 m. — *Ruisseau de Largarade*, 1837 (état des rivières du Cantal).

INGUINADE (L'), f et mont. à vacherie, c de Saint-Bonnet-de-Marcenat. — *Linguerade* (Cassini). — *Lineairade* (État-major).

INGUINADES (LES), ham., c de Saint-Bonnet-de-Marcenat.

INNIVIÈRE, écart, c de Laroquevieille.

INSENNES, ruiss., affl. du ruisseau de Combret, c de Labrousse; cours de 800 m.

INSLAC, vill. détruit, c de Lavastrie. —*Villaige d'Inslac*, 1618 (terr. de Sériers).

INSOULIÈRE (L'), vill. détruit. et mont. à vacherie, c de Girgols. — *Vacherie d'Insoulière* (État-major).

INSUZURE (LA COSTE D'), mont. à vacherie, c du Falgoux.

INTINIERGUES, vill. en ruines, c de Pierrefort.

INTIOUGUET, écart, c de Chalvignac.

INVALAUX, écart, c d'Anglards-de-Salers.

INVIDAL, écart, c de Paulhenc. — *Envidal* (État-major).

IRALIOT (L'), ruiss., affl. de la Cère, c de Vic-sur-Cère; cours de 1,290 m. — *Le Rieumegha*, 1583 (terr. de Polminhac).

IRANE, dom. ruiné, c de Saignes. — *Le villaige d'Irane*, 1672 (état civ.).

IRIEIX, dom. ruiné, c de Girgols. — *Villaige d'Irieix*, 1667 (arch. dép. s. C, l. 46).

IRLANDÈS, f , c de Chaudesaigues. — *En Yrlandès*, 1494 (terr. de Mallet). — *Arlandès*, 1784 (Chabrol, t. IV).

IRLANDÈS (L'), ruiss., affl. de la Truyère, c de Chaudesaigues et de Saint-Martial; cours de 3,000 m.

IRONDE (L'), vill. et mont. à vacherie, c de Sériers. — *La rocha del Yronda*, 1510 (terr. de Maurs). — *Yronde*, 1618 (id. de Sériers). — *Ironde*, 1678 (insin. du bailliage de Saint-Flour).

ISSAC (LE PUECH D'), mont. à vacherie, c de Veyrières.

ISSARD (L'), écart, c de Champs. — *Hissard*, 1855 (Dict. stat. du Cantal).

ISSARD (L'), scierie, c de Montboudif.

ISSARD (L'), écart, c de Thiézac.

ISSARDS (LES), mont. à vacherie, c du Fau. — *Montagne des Issars*, 1717 (terr. de Beauclair).

ISSARDS (LES), ham., c de Montboudif.

ISSARDS (LES), dom. ruiné, c de Roumégoux. — *La bourdarie des Issards*, 1765 (arch. dép. s. G).

ISSARDS (LES), écart, c de Trizac.

ISSARGOUNIÈS, écart, c de Saint-Vincent.

ISSANT (LE SUC DE L'), mont. à vacherie, c de Labrousse.

ISSANT (L'), dom. ruiné, c de Mauriac. — *Cum Lissart affarii de Verlac*, 1473; — *Issaltez*, 1680 (terr. de Mauriac).

ISSANT (L'), f , c de Naucelles. — *Issatz*, 1310 (arch. mun. de Naucelles). — *Eyssartz*, 1498 (arch. dép. s. E). — *Le Puy d'Issartz*, xv s (pièces de l'abbé Delmas). — *Issartz*, 1564 (reconn. au curé et aux prêtres de Naucelles). — *Issars*, 1636; — *Yssars*, 1644 (état civ.). — *Yssartz-Hault; Yssartz*, 1692 (terr. du monast. de Saint-Geraud). — *Les Yssarts*, 1712 (arch. dép. s. C, l. 17).

ISSART (L'), ham., c de Saint-Amandin.

ISSART-BAS (L'), dom. ruiné, c de Naucelles. — *Mansus soteyra vocata d'Issartz*, 1310 (arch. mun. de Naucelles). — *Eyssartz-Soteyra*, 1498 (arch. dép. s. E). — *Yssartz-Bas*, 1692 (terr. du monast. de Saint-Geraud).

ISSARTIAU (L'), bois, c d'Arpajon. — *Boys appellé del Jalyanas et de las Sartial, alias de la Pendaria*,

1585 (terr. de N.-D. d'Aurillac). — *Le bos de la vial d'Issar*, 1739; — *L'Issertiou*, 1741 (anc. cad.).

Issants (Les), mont. à vacherie, c^ne de Moussages.

Issants (Les), dom. ruiné, c^ne de Polminhac. — *Affar des Eyssartz*, 1584 (terr. de Polminhac). — *Les Issartz; l'affar d'Yssarts*, 1692 (id. du monastère de Saint-Géraud).

Issants (Les), dom. ruiné, c^ne de Saint-Mamet-la-Salvetat. — *Capmansus vocatus del Yssart*, 1301 (pièces de l'abbé Delmas). — *Lyzaret*, 1668 (nommée au p^cé de Monaco). — *Lou bos des Issards*, 1749 (anc. cad.).

Issarts (Les), écart, c^ne de Thiézac. — *L'Isard*, 1612 (état civ.). — *Les Issartz*, 1668 (nommée au p^cé de Monaco). — *Les Issars; les Yssards; l'Issard*, 1746 (anc. cad.).

Issaunoux, mont. à vacherie, c^ne de Moussages.

Issels (Les), dom. ruiné, c^ne d'Aurillac. — *Villaige des Issels*, 1658 (état civ.).

Issendoux, vill., c^ne de la Trinitat. — *Les Essendoux* (Cassini). — *Issendous* (État-major).

Issert (L'), ruiss., afll. du ruisseau de l'Hôpital, c^ne de Fournoulès; cours de 1,000 m.

Issertios (L'), taillis, autref. mont. à vacherie, c^ne de Lieutadès. — *Lous Issartialz*, 1508; — *Lous Eyssartialz*, 1662; — *Les Issartiolz*, 1686; — *Lous Issartiols*, 1730 (terr. de la Garde-Roussillon).

Isserts (Les), écart, c^ne de Fournoulès. — *Isserts*, 1784 (Chabrol, t. IV). — *L'Essert* (État-major).

Issiminoux (L'), ruiss., afll. de la Santoire, c^ne de Marcenat; cours de 4,360 m.

Issouradou (Le Roc de l'), mont. à vacherie, c^ne de Saint-Julien-de-Jordanne.

Izaguet, lieu détruit, c^ne de Maurs. — (Cassini.)

J

Jaboyt, écart, c^ne de Saint-Julien-de-Toursac. — *Jagoy* (Cassini).

Jabrun, c^on de Chaudesaigues. — *Jabrun*, xive s^e (Pouillé de Saint-Flour). — *Jabrun*, 1662 (terr. de la Garde-Roussillon).

Jabrun, commanderie de l'ordre de Malte, faisait partie, avant 1789, de la Haute-Auvergne, du dioc., de l'élect. et de la subdél. de Saint-Flour. Régi partie par le droit écrit, partie par le droit cout., il dépend. de la justice seign. de la command. de Montchamp, à cause du mandement de la Garde-Roussillon, et ressort. à la sénéch. d'Auvergne, en appel de la prév. de Saint-Flour. Son église, dédiée à saint Jean, dépend. de la command. de Montchamp comme membre annexe, et le curé était à la nomination du commandeur de Jabrun. Elle a été érigée en succursale par décret du 28 août 1808.

Les villages de la Maison-Neuve et de Moussy ont été distraits de la c^ne de Lieutadès et réunis à celle de Jabrun par ordonn. royale du 24 juillet 1839.

Jacques-Bas, dom. ruiné, c^ne du Falgoux. — *Villaige de Jactz-Soutra*, 1681 (état civ. de Saint-Projet).

Jagude (La), mont. à vacherie, c^ne de Saint-Bonnet-de-Marcenat.

Jailhac, vill. et chât. ruiné, c^ne de Moussages. — *Jalihac*, 1634 (état civ. du Vigean). — *Jaliac*, 1652 (id. d'Anglards-de-Salers). — *Jalhac*, 1671 (id. de Trizac). — *Jailliat; Ialliac*, 1713; — *Iallat; Jallac*, 1714 (id. de Moussages). — *Jalliac*, 1758 (anc. min. Chalvignac, n^re à Trizac).

Jailhac était, avant 1789, le siège d'une justice basse régie par le droit écrit, dépend. de la justice seign. de Claviers et ressort. au bailliage d'Aurillac, en appel de la prév. de Mauriac.

Jaillac (Le Bos de), mont. à vacherie, c^nes d'Anglards-de-Salers et de Moussages.

Jal (Le Prat del), mont. à vacherie, c^ne de Dienne. — *Montaigne appellée le Prat-del-Jail*, 1600; — *Le Prat-del-Jal*, 1618 (terr. de Dienne).

Jaladis, écart, c^ne de Saint-Amandin. — *Jalladis* (Cassini).

Jalaniac, vill., c^ne de Chastel-Marlhac. — *Villa Jalaniacus*, xiie s^e (charte dite *de Clovis*). — *Jalaniac*, 1688; — *Jalagnac*, 1736 (état civ.). — *Jallaniac* (Cassini).

Jaleine (La), mont. à burons, c^ne de Colandres. — *Montaigne de la Jallene*, 1506 (terr. de Riom). — *V^rie de la Jalenne* (Cassini).

Jalène (La), dom. ruiné, c^ne de Laroquebrou. — *Affarium de Ghalena*, 1374 (arch. dép. s. E).

Jalenne (La), f^me avec manoir, c^ne d'Apchon. — *La Ghalena; la Javena*, 1441 (terr. de Saignes). — *La Jallena*, 1506 (id. de Riom). — *La Jalena*, 1517 (id. d'Apchon). — *La Jalène*, 1719 (table de ce terr.). — *La Jalaine* (État-major).

Jalenques, vill. et m^in, c^ne de Mourjou. — *Jalenques*, 1670 (terr. de Calvinet). — *Jalenques-du-Roc*, 1786 (lièvre de Calvinet). — *Jalinques* (Cassini).

JALENQUES, séchoir à châtaignes, c^{ne} de Saint-Étienne-de-Maurs.

JALÈS, vill., c^{ne} de la Capelle-Viescamp. — *Sallès*, 1631 (min. Sarrauste, n^{re} à Laroquebrou). — *Salez*, 1668 (nommée au p^{ce} de Monaco). — *Jallac*, 1669 (min. Sarrauste, n^{re} à Laroquebrou). — *Sallez*, 1669 (nommée au p^{ce} de Monaco). — *Jalais*, 1679 (arch. mun. d'Aurillac, s. GG, c. 15). — *Jallez*, 1686; — *Jallès*, 1687; — *Jalès*, 1688 — *Jalez*, 1693 (état civ.).

JALÈS, m^{in}, c^{ne} de Roufflac.

JALÈS, dom. ruiné, c^{ne} d'Ytrac. — *Affarium vocatum de Jales*, 1504 (arch. dép. s. G). — *Villaige de Jalez*, 1733 (archives municipales d'Aurillac, s. II, r. 15).

JALEYRAC, c^{on} de Mauriac. — *Ecclesia Gelariacus*, XIIe s^e (charte dite *de Clovis*). — *Jalayracus*, 1288 (vente au doyen de Mauriac). — *Jaleyrac*, 1291 (Gall. christ., t. II, inst. col. 92). — *Jelayrat*, 1296 (homm. à l'évêque de Clermont). — *Jalayrac*, 1298 (reconn. au doyen de Mauriac). — *Galeyracum; nemus Jaleiracum*, 1473 (terr. de Mauriac). — *Jaleyrac-la-Gleyze; Jaleyrac-le-Lieu*, 1549 (id. de Miremont). — *Jalerat*, 1628 (paraphr. sur les cout. d'Auvergne). — *Jalleyrac*, 1633 (état civ. du Vigean). — *Jallerac*, 1668 (id. de Trizac). — *Jalerrac*, 1669 (id. de Mauriac). — *Jalleyrat*, 1681 (id. d'Arches). — *Jalerriac*, 1697 (id. d'Ally). — *Jalerac*, 1784 (Chabrol, t. IV).

Jaleyrac était, avant 1789, de la Haute-Auvergne, du dioc. de Clermont, de l'élect. et de la subdél. de Mauriac. Régi par le droit écrit, il était le siège d'une justice seign. appart. aux bénédictins de Mauriac, et ressort. au bailliage d'Aurillac, en appel de la prév. de Mauriac. — Son église, dédiée à saint Martin, avait été unie en 1348 au chapitre de Notre-Dame-du-Port de Clermont. Elle a été érigée en succursale par décret du 28 août 1808.

JALEYRAC-LE-VIEUX, vill. détruit, c^{ne} de Jaleyrac. — *Mansus de Jaleyrac-lou-Viel*, 1473; — *Mansus del Vielh*, 1483 (terr. de Mauriac). — *Jalleyrac-le-Vieulx*, 1515 (comptes au doyen de Mauriac). — *Jaleyrac-lo-Vieilh*, 1549 (terr. de Miremont). — *Jaleirac-lou-Veil*, 1680 (id. de Mauriac).

JALEZOUX, ham., c^{ne} de Védrines-Saint-Loup. — *Jallajoux*, 1777 (arch. dép. s. E). — *Jalezoux* (Cassini). — *Jaladoux ou Jalesoux*, 1857 (Dict. stat. du Cantal).

JALHE (LA), dom. ruiné, c^{ne} d'Anglards-de-Salers. — *Villaige de la Jalhe*, 1661 (état civ.).

JALIÉ, m^{in} abandonné, c^{ne} du Vigean. — *Mansus des Aliers*, 1475; — *Tènement des Alliers; des Essal-*

liers, 1680 (terr. de Mauriac). — On le nomme aussi *moulin des Aliès*.

JALINOUS, mont. à vacherie, c^{ne} de Fontanges.

JALLANDRIEUX, vill., c^{ne} de Marchal. — *Jalandrieux* (Cassini). — *Jallandrieu* (État-major).

JAMANIARGUES, vill., c^{ne} de Saint-Mary-le-Plain. — *Jamaniargues*, 1610 (terr. d'Avenaux). — *Jamaniarguez*, 1676 (état civ.). — *Jamaniarque*, 1704 (id. de Saint-Victor-sur-Massiac). — *Joumaniargues*, 1706 (pièces du cab. Berthuy). — *Giammaniargues*, 1727 (état civ.).

JAMBE (LA), écart et mont. à burons, c^{ne} de Paulhac. — *Montaigne de la Chamber*, 1591 (terr. de Bressanges). — *Montaigne de la Chambe*, 1596 (insin. du bailliage de Saint-Flour). — *Jamble*, 1646 (min. Andrieu, n^{re}).

JAMME, mont. à vacherie, c^{ne} de Saint-Amandin.

JAMMES, vill., c^{ne} d'Ayrens. — *Jamme*, 1648 (état civ. de Naucelles). — *Jame*, 1668. — *Jammes*, 1685 (id. d'Ayrens).

JAMMES, écart, c^{ne} de Saint-Santin de Maurs. — *Jeammes*, 1886 (états de recens.).

JANELLE (LA), écart, c^{ne} de Saint-Julien-de-Toursac.

JANIAC, ham., c^{ne} de Saignes.

JANIÈRES (LES), vill., c^{ne} de Saint-Marc.

JANTET, écart, c^{ne} d'Arpajon.

JAQUETTOU, m^{in}, c^{ne} d'Ally.

JARDIN (LE), ruiss., affl. du ruisseau de l'Église, c^{ne} d'Auriac; cours de 1,260 m.

JARDINS (LES), ham., c^{ne} de Saint-Flour.

JARGOILLE, lieu détruit, c^{ne} de Celoux. — *In villa cujus vocabulum est Jorgoiola*, 893 (cart. de Brioude).

JANJOUNE (LA), mont. à vacherie, c^{ne} de Vieillespesse.

JAROUSSET (LA CÔTE DE), mine d'antimoine abandonnée, c^{ne} de Bonnac.

JARRIC, ham., c^{ne} de Riom-ès-Montagnes. — *Village de Jarriq*, 1780 (lièvé de Saint-Angeau).

JARRIC, dom. ruiné, c^{ne} de Sourniac.

Jarric dépend. d'Ortigiers, annexe de la command. de Carlat.

JARRIGE (LA), vill., c^{ne} d'Arches. — *La Jarrigha*, 1516 (arch. mun. de Mauriac). — *La Jarige*, 1681 (état civ.). — *La Jarrige*, 1743; — *La Jarriges*, 1782 (arch. dép. s. C, l. 41).

JARRIGE (LA), vill. détruit, c^{ne} d'Arnac. — *Villaige de la Jarrigha; la Jarriga-des-Boulles*, 1470 (arch. mun. d'Aurillac, s. HH, c. 21).

JARRIGE (LA), m^{in}, c^{ne} de Brageac. — *La Garrige*, 1656 (état civ.).

JARRIGE (LA), ruiss., affl. de l'Auze, c^{nes} de Brageac et d'Ally; cours de 1,300 m.

JARRIGE (LA), vill., c^{ne} du Claux. — *La Jarrigha*,

1513 (terr. de Cheylade). — *La Jarrige*, 1520 (min. Teyssendier, n^re à Cheylade). — *La Jarrighe*, 1539 (terr. de Cheylade). — *La Jarige*, xviie s^e (table de ce terr.). — *La Garige*, 1784 (Chabrol, t. IV).

JARRIGE (LA), vill. et m^in, c^ne de Cussac. — *La Jarrighe*, 1521 (arch. dép. s. G). — *La Jarrige*, 1665 (insin. du bailliage d'Andelat). — *La Garrige*, 1672 (état civ. de Pierrefort). — *La Jarize* (Cassini).

JARRIGE (LA), dom. ruiné et mont. à vacherie, c^ne de Dienne. — *Affarium de la Jarrija*, 1291; — *Mansus da la Jariga*, 1328 (arch. dép. s. E). — *La montaigne de la Jarrige*, 1600; — *La Jarrighe*, 1618 (terr. de Dienne).

JARRIGE (LA), ham., c^ne du Falgoux. — *La Jarrige* (Cassini).

JARRIGE (LA), ham., c^ne du Fau. — *Lajarrige; la Jarrige*, 1717 (terr. de Beauclair).

JARRIGE, ruiss., affl. de l'Aspre, c^ne du Fau; cours de 1,620 m.

JARRIGE (LA), seigneurie, c^ne de Glénat. — *La Jarrige*, 1522 (min. Vigery, n^re à Aurillac).

JARRIGE (LA), écart et m^in, c^ne de Lanobre. — *La Jarige*, 1789 (min. Marambal, n^re à Thinières). — *La Jarrige* (Cassini).

JARRIGE (LA), ham., c^ne de Mandailles.

JARRIGE (LA), vill., c^ne de Saint-Christophle. — *La Giarrige*, 1612; — *La Garige*, 1620; — *La Jarige*, 1627; — *La Jarrighe*, 1649; — *La Gerrige*, 1651 (état civ.). — *La Jarrige*, 1654 (id. de Pleaux).

JARRIGE, ham. avec manoir en ruines, c^ne de Salers. — *Jarrigha*, 1508 (arch. mun. de Salers). — *Jarry*, 1642; — *La Jarrige*, 1648 (état civ. de Salers). — *Jarriges*, 1857 (Dict. stat. du Cantal).

JARRIGE (LA), écart, c^ne de Thiézac. — *La Garrigue*, 1600 (état civ. de Vic-sur-Cère). — *Le Garrig*, 1617; — *La Garigie*, 1621 (état civ.). — *La Jarrige*, 1671 (nommée au p^ce de Monaco). — *La Jarige*, 1674 (terr. de Thiézac).

JARRIGE (LA), ruiss., affl. du ruisseau de Tourcy, c^ne de Thiézac; cours de 800 m.

JARRIGE (LA), vill., c^ne de Trémouille-Marchal. — *La Jarige*, 1647 (état civ. de Champs).

JARRIGE (LA), vill. et mont. à vacherie, c^ne de Vèze.

JARRIGE (LA), ham. et m^ins détruits, c^ne d'Ydes. — *Affarium sive mansus de la Jarrigua*, 1441 (terr. de Saignes). — *La Jarrige*, 1781 (arch. dép. s. C, l. 45).

JARRIGES, écarts, c^ne du Fau. — *La Garige*, 1674 (état civ. de-Saint-Chamant).

JARRIGES, vill., c^ne de Salers.

JARRIOUX, ham., c^ne de Valuéjols. — *Les Jarrioux*, 1661; — *Les Jarris*, 1662 (terr. de Loubeysargues). — *La Jarrie*, 1670 (insin. du bailliage d'Andelat). — *Escarrioux*, 1706 (état civ. de Chastel-sur-Murat). — *Jarrieux* (Cassini).

JARRO, m^in, c^ne d'Alleuze.

JARROUSSET (LE), chât., c^ne de la Chapelle-d'Alagnon. — *Giarosses*, 1490 (terr. de Chambeuil). — *En Jarrosso; Jarosso; Jarrosse*, 1511 (id. de Maurs). — *Jarrosses*, 1535 (id. de la v^té de Murat). — *Jarrousses*, 1581 (id. de la command. de Celles). — *Jarroussez*, 1644 (lièv. de Celles). — *Jarrouxes*, 1762 (terr. de la command. de Montchamp).

JARRY, vill. et chât., c^ne de Paulhac. — *Jarrie*, xie s^e (cartul. de Brioude, n° 149). — *Jarri*, 1422 (liber vitulus). — *Jarry*, 1511 (terr. de Maurs). — *Garri*, 1628 (état civ. de Pierrefort). — *Les Jarries; les Jarrie*, 1670; — *La Jarrye*, 1671 (insin. de la cour royale de Murat).

Jarry était, avant 1789, régi par le droit cout., et siège d'une justice seign. ressort. à la sénéch. d'Auvergne, en appel de la prév. de Saint-Flour.

JARRY-BAS ET HAUT (LES), ham., c^ne de Riom-ès-Montagnes. — *Le Jarriq*, 1780 (lièv. de la baronnie de Saint-Angeau). — *Le Jarric*, 1857 (Dict. stat. du Cantal).

JAS-DE-PATRAS (LE), mont. à burons, c^ne de Saint-Urcize.

JASSE (LA), mont. à vacherie, c^ne de Cezens.

JASSE, écart, c^ne de Condat-en-Feniers.

JAULHAC, vill., m^in et chât. ruiné, c^ne de Lascelle. — *Jaulhat; Jaulhiat*, 1594 (terr. de Fracor). — *Jaulhiac*, 1594 (pièces du cab. Lacassagne). — *Jaulhac*, 1630 (état civ. d'Aurillac). — *Jaülhac*, 1633 (pièces de Lacassagne). — *Jauliac*, 1650 (état civ. d'Aurillac). — *Jaulhac*, 1655 (insin. du bailliage de Salers). — *Jaulhac*, 1675 (pièces du cab. Lacassagne). — *Anjohac; Anjohat*, xviie s^e (reconn. au prieur de Saint-Constant).

JAULHAC, vill., c^ne de Parlan. — *Jaulhac-lou-Bas*, 1590 (livre des achaps d'Ant. de Naucaze). — *Jaulhiac-le-Bas*, 1649 (état civ.).

JAULHAC-LE-HAUT, mont. à vacherie, c^nes de Parlan et de Saint-Saury. — *Jaulhiac-lou-Hault*, 1649 (état civ.).

JAULIAGUES, dom. ruiné, c^ne de Velzic. — *Affar appellé de Jauliagues*, 1692 (terr. de Saint-Geraud).

JAURIAC, vill. et m^in détruit, c^ne de Pleaux. — *Jauriac*, 1673 (état civ.). — *Jaurial*, 1743 (arch. dép. s. C, l. 40).

JAUSSERAND, dom. ruiné, c^ne de Freix-Anglards. —

DÉPARTEMENT DU CANTAL.

Mansus vocatus Jausseran, 1378 (fond. de la chapell. des Blats).

JAUSSERANDE, dom. ruiné, c^ne de Freix-Anglards. — *Bordaria vocata Jausseranda*, 1378 (fond. de la chapell. des Blats).

JAUTARD, dom. ruiné, c^ne d'Aurillac. — *Affar appellé de Jautard*, 1692 (terr. de Saint-Geraud).

JAVIOLE (LA), écart, c^ne de Montvert.

JEAN (LE PUECH DE), mont. à vacherie, c^ne du Falgoux.

JEAN-DE-GUILHEM, écart, c^ne de Sériers.

JEAN-GARDE, chât. en ruines, ville de Pleaux.

JEAN-GRAND (LE), ham., c^ne de Marmanhac. — *Jon-Grond* (patois).

JEANNAREL (LE), écart, c^ne de Freix-Anglards.

JEANSENET, écart, c^na de Saint-Urcize. — *Gieusanet*, 1594 (min. Andrieu, n^re à Saint-Flour). — *Geusanet*, 1686 (terr. de la Garde-Roussillon). — *Jeansanet* (Cassini). — *Jansanet* (État-major).

JEANSENET, ham., c^ne des Ternes. — *Geusanet*, 1492 (liber vitulus). — *Gieusanet*, 1594 (min. Andrieu, n^re à Saint-Flour). — *Jaussenat; Jaussenet; Jaussanet*, 1618 (terr. de Sériers). — *Gensanet*, 1636 (id. des Ternes). — *Jensanet*, 1645; — *Jeisanet*, 1646; — *Jeussanet*, xviie s^e (lièvc des Ternes). — *Jeancenet* (Cassini). — *Jansonnet* (État-major).

JEANTET, ham., c^ne de Laroquebrou. — *Jeantel*, 1857 (Dict. stat. du Cantal).

JEU (LA FON DU), mont. à vacherie, c^ne de Chalvignac.

JEUNANS, dom. ruiné, c^ne d'Aurillac. — *Villaige de Jeunans*, 1674 (état civ.).

JOANNIE (LA), dom. ruiné, c^ne de Pleaux. — *Mansus de la Johania*, 1274 (reconn. au doyen de Mauriac).

JOANNIE (LA), dom. ruiné, c^ne de Roumégoux. — *La Joanie*, 1624 (état civ. de Saint-Mamet). — *La Joanhie*, 1659 (id. de Roumégoux).

JOANNIE (LA), dom. ruiné, c^ne d'Ytrac. — *Mansus sive affarium vocatum da las Johanias*, 1343; — *Las Joanias*, 1344 (arch. dép. s. G). — *La Joania*, 1692 (terr. de Saint-Geraud).

JOANNY, vill., c^ne du Trioulou. — *Las Jonias*, 1307 (arch. mun. d'Aurillac, s. HH, c. 21). — *La Johanalia*, 1537 (terr. de Coffinhal). — *Le Joniet*, 1744 (état civ.).

JOB-DE-CAMP, dom. ruiné, c^ne de Saint-Illide. — *Le domaine de Job-de-Camp*, 1787 (arch. dép. s. C, l. 50).

JODERGUES, f^me, c^ne d'Arpajon. — *Jordargues*, 1269 (arch. mun. d'Aurillac, s. FF, p. 15). — *Jodergos; la Cam-de-Jodergues*, 1465 (obit. de N.-D. d'Aurillac).

JOHANENCA, dom. ruiné, c^ne de Saint-Santin-Cantalès. — *Affarium vocatum Johanenca*, 1443 (pap. de la famille de Montal).

JOUANNE (LA), dom. ruiné, c^ne de Marcolès. — *Mansus vocatus dan Johannes*, 1301 (pièces de l'abbé Delmas).

JOUANNE (LA), dom. ruiné, c^ne de Roumégoux. — *La Jouhine*, 1660; — *La Joaine*, 1667 (état civ.). — *La Johaine*, 1668 (nommée au p^ce de Monaco).

JOUANNIE (LA), dom. ruiné, c^ne de Mauriac. — *Casalis de la Jounio*, 1473 (terr. de Mauriac). — *Les Ayraulx de la Johanya; de la Johanye*, 1549 (id. de Miremont).

JOHATIE (LA), dom. ruiné, c^ne de Laroquebrou. — *Mas de la Johatia*, 1350 (terr. de l'Ostal de la Tremolieyra).

JOIGNAL, écart, c^ne de Thiézac.

JOIGNÈRES, écart, c^ne de Roussy.

JOIGNOU, mont. à vacherie, c^ne de Laveissière. — *Montaigne de Johanou*, 1580 (liève conf. de la v^té de Murat). — *Gughou; Gugou; Johenniau; Johaniau*, 1598 (reconn. des cons. d'Albepierre au roi). — *Joigniau*, 1598 (reconn. des hab. d'Albepierre). — *Jujou*, 1680 (terr. des Bros). — *Jounhol*, 1681 (id. d'Albepierre).

JOIGNY, vill., c^ne de Méallet.

JOINTY, vill., c^ne de Saint-Amandin. — *Johenty* (Cassini).

JOINTY (LE), ruiss., affl. de la Rhue, c^ne de Saint-Amandin; cours de 4,500 m.

JOLAN (LE), vill., c^ne de Ségur. — *Grolant*, 1329 (enq. sur la justice de Vieillespesse). — *Géolans*, 1600; — *Geoland; Geolland*, 1618 (terr. de Dienne). — *Enjollans; Geolhans*, 1667 (lièvc de Dienne). — *Jeulland*, xviie s^e; — *Enjolam*, 1704 (arch. dép. s. E). — *Enjollan*, 1707 (état civ. de Murat). — *Enjolan*, 1778 (recette des cons de Dienne). — *Le Joland* (Cassini).

JOLIAS, dom. ruiné, c^ne d'Aurillac. — *Affar da Jolias*, 1692 (terr. de Saint-Geraud).

JOLIETTE, m^in détruit, c^ne de Cassaniouze. — *Le molin de la Jaulliette*, 1740 (anc. cad.).

JOLLE (LE ROC DE LA), mont. à vacherie, c^ne de Bonnac.

JOLON, dom. ruiné et mont. à vacherie, c^ne de Montboudif. — *Montaigne de Giolon; le Gioullon-Soutra; montaigne de Gioullon-Soubra*, 1654 (terr. de l'abbaye de Feniers). — *Le Gioulon-Soutra*, 1687 (état civ.). — *Le Giolon-Soubrot; bois appellé Giollon*, xviie s^e (terr. de l'abbaye de Feniers).

JOLON-DE-COUSTOU (LE), dom. ruiné, c^ne de Condat-en-Feniers. — *Le Geolon-de-Coustou*, 1683; — *Le*

Gioulon-de-Coustou, 1687; — *Le Giollon-de-Coustou*, 1777 (état civ.).

Jolon-Haut (Le), vill. détruit, c^ne de Montboudif. — *Mansus de Giolo-Sobeira; Giollo-Sobeira*, 1310 (Hist. de l'abbaye de Feniers). — *Le Giollon-Soubtra*, 1674; — *Le Geolon-Soubra*, 1676; — *Le Gioulon-Soubra*, 1682 (état civ. de Condat). — *Le Giolon-Soubra*, xviie s^e (terr. de Feniers).

Joly (Le Martinet de), martinet à forger le cuivre, maintenant abandonné, c^ne d'Arpajon.

Joncassou, ham., c^ne de Cros-de-Ronesque.

Joncoutou (Le), ruiss., affl. de la rivière d'Allanche, c^nes de Chalinargues et de Sainte-Anastasie; cours de 4,000 m. — On le nomme aussi *Joubertou*.

Joncoux, vill., c^ne d'Anglards-de-Salers. — *Jaucoux*, 1651; — *Raucoux*, 1653 (état civ.). — *Joncoux*, 1659 (id. de Salers). — *Yoncoux*, 1699 (état civ.). — *Joncouse*, 1743 (arch. dép. s. C).

Jonquière (La), écart, c^ne d'Arpajon.

Jonquière (La), écart, c^ne de Raulhac.

Jonquière, ham. et écart, c^ne de Reilhac. — *Jonquieyras*, 1522 (min. Vigery, n^re à Aurillac). — *Joncquieras*, 1620; — *Jonquiers*, 1628; — *Joncquières*, 1650 (état civ.). — *Jonquières*, 1679 (arch. dép. s. C, l. 13). — *Jangrueyres*, 1773 (terr. de la châtell. de la Broussette).

Jonquière, dom. ruiné, c^ne de Saint-Étienne-de-Carlat. — *Affar de Joncquieyres*, 1671 (nommée au p^ce de Monaco). — *Affar de Jonquieyres; de Jonquieyre*, 1692 (terr. de Saint-Geraud).

Jonquière (La), dom. ruiné, c^ne d'Yolet. — *Mas de Jonquière, sive de Puech-de-Bex*, 1692 (terr. de Saint-Geraud).

Jordaine (La), mais. forte détr., c^ne de Tournemire. Elle faisait partie des fortifications avancées du château féodal le Forlanier.

Jordanne (La), mont., c^ne du Fau. — *Montaigne de Jourdane*, 1673 (nommée au p^ce de Monaco). — *La Jourdanne*, 1717 (terr. de Beauclair).

Jordanne (Le Bois de la), dom. ruiné, c^nes de Lascelle et de Mandailles. — *Bois de Jourdane*, 1634 (pièces du cab. Lacassagne). — *Affar de Jordane*, 1692 (terr. de Saint-Geraud).

Jordanne (La), riv., affl. de la Cère, coule aux finages des c^nes de Mandailles, Saint-Cirgues-de-Jordanne, Lascelle, Saint-Simon, Aurillac et Arpajon; cours de 34,000 m. — *Aqua de Jordana*, 1298 (arch. mun. d'Aurillac, s. FF, p. 15). — *Jordeianes*, 1453; — *Riparia Jordanix*, 1500 (arch. dép. s. E). — *Jourdana*, 1529 (arch. dép. s. H). — *Jourdaine*, 1598 (id. s. E). — *Jourdane*, 1610 (aveu de J. de Pestels).

Jors (La Camp des), dom. ruiné, c^ne de Giou-de-Mamou. — *Affar appellé Lacam-des-Jors, aultrement la Cam de Marcou*, 1670 (nommée au p^ce de Monaco).

Joseluco, dom. ruiné, c^ne de Cayrols. — *Villaige de Joseluco*, 1668 (nommée au p^ce de Monaco).

Jou (Le Puech de), mont. à vacherie, c^ne de Montmurat.

Jou (Le Mont de), mont. à vacherie, c^ne de Saint-Vincent.

Joualhac, ham., c^ne de Virargues. — *La Johanlat*, 1491 (terr. de Farges). — *La Jehan-Lac*, 1518 (id. des Cluzels). — *La Johaizlac*, 1535; — *La Johanlac*, 1536 (id. de la v^té de Murat). — *La Jehansac*, 1580 (lièvre conf. de Murat). — *La Janlac*, 1683 (terr. des Bros).

Jouane, dom. ruiné, c^ne de Saint-Étienne-de-Carlat. — *Affar de Joane*, 1671 (nommée au p^ce de Monaco).

Jouanes, dom. ruiné, c^ne de Saint-Simon. — *Mas appellé Joanes*, 1692 (terr. de Saint-Geraud).

Jouanet, buron, c^ne de Bredon, sur la montagne de la Roche-Gude. — *Buron de Joannet* (Cassini).

Jouanet (Le), mont. à vacherie, c^ne du Claux. — *Montaigne del Jounet*, 1539 (terr. de Cheylade). — *Johanet*, 1618 (min. Danty, n^re à Murat). — *V^ie de Jeannet* (État-major).

Jouanial (Le), mont. à vacherie, c^ne de Cussac.

Jouannes, écart, c^ne d'Ydes. — *Joanès*, 1685 (état civ.). — *Jouannes*, 1744 (arch. dép. s. C, l. 45). — *Joannes* (Cassini).

Jouanny, vill., c^ne de Méallet. — *La Jouanis* (Cassini).

Joubertou, m^in, c^ne de Sainte-Anastasie.

Jouche (La), dom. ruiné, c^ne de Roumégoux. — *Villaige de la Jouche*, 1668 (nommée au p^ce de Monaco).

Joueslions, lieu détruit, c^ne de la Capelle-en-Vézie. — *Village de Joueslions*, 1726 (état civ.).

Jourdanie (La), vill., c^ne du Fau. — *La Jourdanie*, 1680; — *La Jourdanie-les-Fontanges*, 1682 (état civ. de Saint-Projet). — *La Jordaine*, 1717 (terr. de Beauclair). — *Lajourdanie*, 1736 (état civ. de Fontanges).

Jourdanie (La), f^me avec manoir et mont. à vacherie, c^ne de Salers. — *La Jordanie*, 1606 (grand livre de l'Hôtel-Dieu de Salers). — *La Jourdanie*, 1664 (insin. du bailliage de Salers).

Jourdes, dom. ruiné, c^ne de Brageac. — *Domaine de Jourdes*, 1750 (arch. dép. s. C, l. 44).

Jourdes-Campagne, écart, c^ne de Saint-Cernin.

Jourdoville, ham., c^ne de Saint-Cernin.

Jourdy, m^{in}, c^{ne} de Sourniac.

Jourgnat (Le Suc de), mont. à vacherie, c^{ne} du Vaulmier.

Journiac, vill. et m^{in} en ruines, c^{ne} de Beaulieu.

Journiac, vill., c^{ne} de Riom-ès-Montagnes. — *Jornac*, 1309 (Hist. de l'abb. de Feniers). — *Journiac*, 1671 (état civ. de Menet). — *Joigeac* (Cassini).

Journiac, m^{in}, c^{ne} d'Ydes.

Journière (La), dom. ruiné, c^{ne} de Parlan. — *Villaige de la Journière*, 1646 (état civ.).

Joursac, c^{on} d'Allanche. — *Jursac*, 1288 (spicil. Brivat.). — *Jursacum*, xive s^e (Pouillé de Saint-Flour). — *Joursac*, 1401 (spicil. Brivat.). — *Jorsacum*, 1443 (arch. dép. s. H). — *Jorcassum*, 1445 (ordonn. de J. Pouget). — *Goursal*, 1635 (nommée par G^{lle} de Foix). — *Joursaac*, 1664 (état civ. de Saint-Étienne-de-Maurs). — *Joursat*, 1693 (*id.* de Moissac). — *Jourssac*, 1700 (*id.* de Murat).

Joursac était, avant 1789, de la Haute-Auvergne, du dioc., de l'élect. et de la subdél. de Saint-Flour. Régi par le droit cout., il dépend. de la justice ordin. de Mardogne, et ressort. à la sénéch. d'Auvergne, en appel de la prévôté de Mardogne. — Son église, dédiée à saint Étienne, était une cure à la nomination du prieur de la Voûte. Elle a été érigée en succursale par décret du 28 août 1808.

Jourset, lieu détruit, arrond. de Saint-Flour. — *Villa Jourset*, x^e s^e (cart. de Brioude).

Jou-sous-Montjou, c^{on} de Vic-sur-Cère. — *Jou*, 1237 (arch. dép. s. H). — *Jou de subtus Monjou*, 1361 (vente par Hector de Montjou). — *Jouz*, 1381 (spicil. Brivat.). — *Jouu de subtus Montjou*, xive s^e (arch. mun. d'Aurillac, s. HH, c. 21). — *Mongho*, 1522 (min. Vigery, n^{ro}). — *Jou Montozou; Jou sur Montzyou*, 1640 (arch. mun. d'Aurillac, s. CC, p. 1). — *Jaou-soubz-Mon-Juou*, 1642 (pièces du cab. Lacassagne). — *Jou-soubz-Mont-Jou*, 1669 (nommée au p^{co} de Monaco). — *Giou-sous-Mongoiu*, 1670 (état civ. de Polminhac). — *Jouu*, 1674 (*id.* de Jou-sous-Montjou). — *Jou-soubz-Montiou*, 1688 (pièces du cab. Bonnefons). — *Juou-soubs-Monjou*, 1696 (terr. de la commanderie de Carlat).

Jou-sous-Montjou était, avant 1789, de la Haute-Auvergne, du dioc. de Saint-Flour, de l'élect. et de la subdél. d'Aurillac. Régi par le droit écrit, il dépend. de la justice seign. de Cropières, et ressort. au bailliage de Vic, en appel de sa prév. part. — Son église, dédiée à Notre-Dame de l'Assomption, était un prieuré annexé à celui de Saint-Julien-du-Pont près Florac, et à la coll. de l'évêque de Saint-Flour. Elle a été érigée en succursale par décret du 28 août 1808.

Jouspine, écart, c^{ne} de Thiézac. — *Affar de Jouspine*, 1674 (terr. de Thiézac).

Jouvin, vill., c^{ne} de Saint-Remy-de-Salers. — *Jouvin* (Cassini). — *Enjouvin*, 1857 (Dict. stat. du Cantal).

Joux, vill. et m^{in}, c^{ne} de Gourdièges. — *Joc*, 1430 (liber vitulus). — *Ajoux*, 1649 (état civ. de Pierrefort). — *Voux*, 1665 (insin. du bailliage d'Andelat). — *Joux*, 1672 (*id.* de Saint-Flour).

Joyeuse (La), vill., c^{nes} de Prunet et de Teissières-les-Boulies. — *La Jouyeyra; Jorrieuje*, 1585 (terr. de N.-D. d'Aurillac). — *La Jouyouze*, 1610 (aveu de J. de Pestels). — *La Jouyeuze*, 1668; — *La Jouyeuse*, 1669; — *La Joueuse*, 1670 (nommée au p^{co} de Monaco). — *La Joyeuse*, 1679; — *La Joyeuse*, 1709 (arch. dép. s. C, l. 18).

Jugadou, écart, c^{ne} de Boisset.

Jugassade (La), m^{in}, c^{ne} de Jabrun. — *Molin de la Salessade*, 1508 (terr. de la Garde-Roussillon). — M^{in} *de Sagassade* (État-major).

Juge (Le Moulin de), foulon abandonné, c^{ne} de Saint-Constant. — *Le moulin del Juge*, 1748 (anc. cad.).

Jugelle, ham., c^{ne} de Carlat. — *Jugelle*, 1668; — *Juseles*, 1669; — *Jugielle*, 1671 (nommée au p^{co} de Monaco). — *Jugelles*, 1695 (terr. de la command. de Carlat).

Juillard, mont. à vacherie, c^{ne} de Montboudif.

Jules, m^{in}, c^{ne} de Saint-Simon.

Julhac, vill., c^{ne} de Labrousse. — *Jalhac; Julhac*, 1606 (terr. de N.-D. d'Aurillac).

Julhac, ruiss., c^{ne} de Labrousse, forme, par sa jonction avec le Naumonteil, le ruisseau de Rimajou, après un cours de 900 m.

Julhes, mont. à vacherie, c^{ne} de Pailhérols.

Julien, ham., c^{ne} d'Aurillac. — *Julien*, 1627 (état civ. d'Arpajon). — *Julhac*, 1658 (*id.* d'Aurillac). — *Julhen*, 1679 (arch. mun. d'Aurillac, s. CC, p. 3).

Julien (Le Puy de), mont. à vacherie, c^{ne} de Saint-Julien-de-Jordanne. — *Le puech del Guilhien; Guillien*, 1573 (terrier de la chapellenie des Blats).

Julien, dom. ruiné, c^{ne} de Saint-Santin-de-Maurs. — *Ténement de Guilhem*, 1750 (anc. cad.).

Junhac, c^{on} de Montsalvy, et château. — *Junhacum*, 1433; — *Julhac*, 1536 (terr. de Coffinhal). — *Juniach*, 1607 (état civ. de Montsalvy). — *Junyhac*, 1621 (*id.* d'Arpajon). — *Juniac; Junhac*, 1659 (*id.* de Cassaniouze). — *Juinhac*, 1759 (anc. cad. de Montsalvy). — *Junhac* (Cassini). — *Jugnac*, 1784 (Chabrol, t. IV).

Junhac était, avant 1789, de la Haute-Auvergne, du dioc. de Saint-Flour, de l'élect. et de la subdél. d'Aurillac. Régi par le droit écrit, il était le siège d'une justice seign., ressort. soit au bailliage de Vic, en appel de la prév. de Maurs, soit à la sénéch. d'Auvergne, en appel de la prév. de Calvinet. — Son église, dédiée à saint Justin, était une cure à la présent. du prévôt de Montsalvy. Elle a été érigée en succursale par décret du 28 août 1808. Une ordonnance royale du 28 novembre 1821 a distrait de la c⁽ⁿᵉ⁾ de Junhac et réuni à celle de Montsalvy les écarts de l'Anglais, du Blot, du Cambon, de la Combe, du Combel, de la Fage, du Lalo, du Mayniol et de la Roque.

Junhac, écart., c⁽ⁿᵉ⁾ de Quézac. — *La Junhie*, 1740 (état. civ.). — *La Junie* (Cassini).

Junie (La), vill., c⁽ⁿᵉ⁾ de Maurs. — *La Goinhe*, 1549 (min. Boygues, nʳᵉ à Montsalvy). — *La Jehanye*, 1560 (arch. dép. s. H). — *La Jonei*, 1665; — *La Jounie*, 1668 (état civ.). — *La Junhe; la Junio*, 1748 (anc. cad.). — *La Junie*, 1750; — *La Jennie*, 1755; — *La Jonio*, 1772 (état civ.).

Junie (La), écart, c⁽ⁿᵉ⁾ de Roumégoux. — *Les Junies*, 1857 (Dict. stat. du Cantal).

Junie (Le Puech de la), mont. à vacherie, c⁽ⁿᵉ⁾ de Roumégoux.

Junie (La), écart, c⁽ⁿᵉ⁾ de Vitrac.

Juniol, mont. à vacherie, c⁽ⁿᵉ⁾ de Molèdes.

Junsac, vill. et chât. détruit, c⁽ⁿᵉ⁾ de Salins. — *Villa Dunciac*, xiiᵉ s⁽ᵉ⁾ (charte dite *de Clovis*). — *Junssach*, 1652 (état civ. du Vigean). — *Jurissac*, 1664; — *Joinsac*, 1668 (id. de Loupiac). — *Junssac*, 1740 (id. de Drugeac).

Par ordonnance royale du 9 novembre 1834, Junsac a été distrait de la c⁽ⁿᵉ⁾ de Drugeac et réuni à celle de Salins.

Juny, ham., c⁽ⁿᵉ⁾ de Faverolles.

Juono, buron sur la montagne de Pimpadouïre, c⁽ⁿᵉ⁾ de Saint-Cirgues-de-Jordanne.

Jureuge, vill., c⁽ⁿᵉ⁾ de Laurie. — *Girange*, 1714 (état civ. de Saint-Victor-sur-Massiac). — *Gereuge*, 1784 (Chabrol, t. IV). — *Jureuse* (État-major). — *Gireuge*, 1856 (Dict. stat. du Cantal).

Jurles, vill., c⁽ⁿᵉ⁾ de Prunet. — *Jarle*, 1679; — *Jourles*, 1709; — *Jourlès*, 1727 (arch. dép. s. C, l. 18). — *Julies* (Cassini).

Junol (Le), riv., affluent de la Truyère, coule aux finages des c⁽ⁿᵉˢ⁾ de Paulhac, Cussac, les Ternes, Villedieu, Sériers et Alleuze; cours de 20,800 m. — Elle porte aussi le nom de *Jansenet* et des *Ternes*. — *L'eau d'Alveise*, 1494 (terr. de Mallet). — *Rif de Gourpontut; rif d'Agourpontut; Gourpontu*, 1618 (id. de Sériers). — *Rivière des Ternes* (État-major).

Junroussel, m⁽ⁱⁿ⁾, c⁽ⁿᵉ⁾ d'Auzers.

Jussac, c⁽ⁿ⁾ sud d'Aurillac, m⁽ⁱⁿ⁾ et huilerie. — *Jussiacum*, 1344 (arch. mun. d'Aurillac, s. GG, c. 17). — *Jussacum*, 1445 (reconn. à l'hôp. de la Trinité d'Aurillac). — *Jessac*, 1598 (min. Lascombes, nʳᵉ). — *Jussahac*, 1623 (état civ. d'Arpajon). — *Jusac*, 1629 (id. d'Aurillac). — *Jussact*, 1669 (id. d'Ayrens). — *Jussat*, 1784 (Chabrol, Cout. d'Auvergne, t. IV).

Jussac était, avant 1789, de la Haute-Auvergne, du dioc. de Saint-Flour, de l'élect. et de la subdél. d'Aurillac; il était le siège d'une justice seign. régie par le droit écrit, et ressort. au bailliage d'Aurillac, en appel de sa prév. part. — Son église, dédiée à saint Martin, était un prieuré dépend. de l'abbaye d'Aurillac. Il y avait deux rectories: l'une à la collation de l'évêque, l'autre à la présentation du prieur. Elle a été érigée en succursale par décret du 28 août 1808.

Jussac (Le Moulin de), atelier de sculpture, ville d'Aurillac. — *Molin apellé de Jussac, seiz audessoubz de celui de Chortolo, apellé le Moulin neuf*, 1692 (terr. du monast. de Saint-Geraud).

Justice (Le Puy de la), mont., c⁽ⁿᵉ⁾ de Sarrus.

K

Kaïne (La Pierre du), anc. borne qui limitait l'*affar de la Boissonnière*, c⁽ⁿᵉ⁾ de Chavagnac. — 1535 (terr. de la v⁽ⁱᵉ⁾ de Murat).

Kal (Le), ruisseau, affluent de la rivière du Goul, c⁽ⁿᵉ⁾ de Raulhac; cours de 500 m. — *Ruisseau de las Lattes*, 1786 (terrier de la commanderie de Carlat).

Kébier (Le), dom. ruiné, c⁽ⁿᵉ⁾ d'Aurillac. — *Le villaige de Kébier*, 1626 (état civ.).

Kigias, mont. à vacherie, c⁽ⁿᵉ⁾ de Talizat.

L

Labeuradour, dom. ruiné, c^{ne} de Mandailles. — *Laborador, et alias d'Aguelieux*, 1573 (terr. de la chapell. des Blats). — *Labieuradou*, 1692 (terr. du monast. de Saint-Géraud).

Labiou, mⁱⁿ, c^{ne} du Vigean.

Labiou (Le), ruiss., affl. de la Dordogne, coule aux finages des c^{nes} du Vigean, de Sourniac, de Chalvignac et d'Arches; cours de 16,560 m. — On le nomme aussi *la Viore*. — *Aqua de Labeuf; Labiou*, 1473; — *Labieu*, 1474; — *La Beou*, 1475 (terr. de Mauriac). — *Rivière de la Beu*, 1549 (*id*. de Mirement). — *La Beau*, 1561 (arch. mun. de Mauriac).

Labiouradou, écart, c^{ne} de Maurines. — *La Brouradom*, 1610 (terr. d'Avenaux). — *La Biouradon* (État-major). — *L'Abiouradou*, 1856 (Dict. stat. du Cantal).

Labory-Marty, écart, c^{ne} de Laveissenet.

Labré, vill., c^{ne} de Lieutadès. — *Chabrey*, 1232 (homm. à l'évèque de Clermont). — *Labre*, 1686 (terr. de la Garde-Roussillon). — *Larbre* (Cassini).

Labrit, dom. ruiné, c^{ne} de Mandailles. — *Affar appellé de Labrit*, 1692 (terr. du monastère de Saint-Géraud).

Labro, vill., c^{ne} d'Ally. — *La Bro*, 1631 (état civ. de Loupiac). — *Labra*, 1650; — *Labroa*, 1653; — *Labroha*, 1654 (*id*. d'Ally). — *Labro*, 1769 (arch. dép. s. C). — *La Broha*, 1778 (inv. des arch. de la mais. d'Humières).

Labro, écart, c^{ne} de Boisset.

Labro, ham., c^{ne} de Brageac. — *La Braha d'Hostenac*, 1606 (état civ.). — *La Brau*, 1615; — *La Broua*, 1646 (*id*. de Tourniac). — *Labros*, 1650 (état civ.). — *La Baud*, 1662; — *La Bru*, 1663; — *La Bau*, 1664 (*id*. de Tourniac). — *La Brohact*, 1682; — *La Broha*, 1683; — *La Brot*, 1684 (*id*. de Chaussenac). — *Labro*, 1744 (arch. dép. s. C, l. 38).

Labro, vill. et mont. à vacherie, c^{ne} de Chanterelle. — *V^{rie} de la Broc* (Cassini).

Labro, ruiss., affl. du ruisseau de Loubinoux, c^{ne} de Chanterelle; cours de 3,500 m.

Labro, dom. ruiné, c^{ne} de Chastel-sur-Murat. — *La Brohe appellée del Couchel*, 1591 (terr. de Bressanges). — *Labrohe sive la Barreyre*, xvie s^e (*id*. du prieuré du chât. de Murat). — *Labro*, 1680 (*id*. des Bros).

Labro, dom. ruiné, c^{ne} de Cheylade. — *La Broa*, 1173 (la maison de Graule, p. 278).

Labro, vill., mⁱⁿ, et mont. à vacherie, c^{ne} de Ferrières-Saint-Mary. — *Labora*, 1537 (terr. de Villedieu). — *La Broha*, 1613 (*id*. de Nubieux). — *Labroa; Labos*, 1672 (état civ. de Bonnac). — *Labbro*, 1698 (*id*. de Joursac). — *La Brohe*, 1702 (lièv e de Mardogne). — *Labro*, 1784 (arch. dép. s. C, l. 47). — *La Bro* (Cassini). — *La Braut* (État-major).

Labro, dom. ruiné, c^{ne} de Freix-Anglards. — *Affar appellé de la Broha*, 1579 (terr. de N.-D. d'Aurillac).

Labro, vill., c^{ne} de Glénat. — *La Broa*, 1357 (arch. mun. d'Aurillac, s. HH, c. 21). — *La Broha*, 1444 (reconn. au seign. de Montal). — *La Broüe*, 1634 (état civ. de Saint-Mamet). — *La Bro*, 1676; — *Labrou*, 1689 (*id*. de Laroquebrou).

Labro, ham., c^{ne} de Leynhac.

Labro, vill., c^{ne} de Malbo. — *La Broha; la Brouha*, 1668; — *Labre*, 1671 (nommée au p^{ce} de Monaco). — *Labro* (État-major).

Labro, ham., c^{ne} de Maurs. — *Labroa*, 1749; — *Labro*, 1773 (anc. cad.).

Labro, ham., c^{ne} de Mourjou. — *La Bro* (Cassini).

Labro, vill., c^{ne} de Moussages. — *Leys Broas*, 1607 (terr. de Trizac). — *La Broa*, 1653 (état civ. d'Anglards-de-Salers). — *Labro*, 1674; — *Labrouc*, 1684 (*id*. de Trizac). — *La Brouhe*, 1713; — *La Broua*, 1716 (*id*. de Moussages). — *La Bro*, 1856 (Dict. stat. du Cantal).

Labro, ham. et mont. à burons, c^{ne} de Paulhac. — *Labroc*, 1508 (terr. de Montchamp). — *La Broha*, 1612 (lièv e du Chambon). — *Méthérie du Broc*, 1662 (terr. de Montchamp).

Labro, vill., c^{ne} de Saint-Étienne-Cantalès. — *La Broa*, 1652 (min. Sarrauste, n^{re}). — *Labros*, 1782; — *Labro*, 1787 (arch. dép. s. C, l. 51). — *La Bro* (Cassini).

Labro, mont. à burons, c^{ne} de Saint-Paul-de-Salers.

Labro, dom. ruiné, c^{ne} de Saint-Projet. — *Labroa*, 1284 (arch. nat. J. 271).

Labro, écart, c^{ne} de Sériers.

Labro, vill., c^{ne} de Siran. — *La Broa*, 1328 (arch. mun. d'Aurillac, s. HH, c. 21). — *Labroa*, 1350 (terr. de l'Ostal de la Trémolieyra). — *Las Broas*, 1486 (accord avec Amaury de Montal). — *Labres*, 1600 (pap. de la fam. de Montal). — *Labro*, 1660 (état civ.). — *La Bro*, 1857 (Diction. statist. du Cantal).

LABRO, m^{in} et dom. ruiné, c^{ne} de Thiézac. — *La Broa*, 1616; — *Le molin de Labroa*, 1629 (état civ.). — *La Brouha*, 1668 (nommée au p^{cc} de Monaco).

LABRO, dom. ruiné, c^{ne} de Virargues. — *L'affar de Labroc*, 1518 (terr. des Cluzels).

LABROA-DES-VANDES, dom. ruiné, c^{ne} de Siran. — *Affarium vocatum de Labroa Desvandes*, 1352 (arch. mun. d'Aurillac, s. HH, c. 21).

LABRO-BASSE, écart, c^{ne} de Thiézac. — *La Broa-Basse*, 1616; — *Labroha-Basse*, 1671 (nommée au p^{ce} de Monaco). — *Labro-Basse*, 1674 (terr. de Thiézac).

LABRO-DE-LUC, dom. ruiné, c^{ne} de Saint-Étienne-de-Carlat. — *Affar de Lasbros-de-Luc*, 1692 (terr. de Saint-Geraud). — *Bois del Luc*, 1736 (id. de Carlat).

LABRO-HAUTE, écart, c^{ne} de Thiézac. — *La Broa-Haut*, 1620; — *La Broa-Haulte*, 1626 (état civ.). — *Labro-Hault*, 1668 (nommée au p^{ce} de Monaco). — *Labro-Haute*, 1674 (terr. de Thiézac). — *La Bro-Haute*, 1857 (Dict. stat. du Cantal).

LABRO-SUR-VELONNIÈRE, dom. ruiné, c^{ne} de Chanet. — *Labroc-sur-Velloneyre*, XVIe s^e (confins de la terre du Feydit).

LABROT, mont. à burons, c^{ne} de Cheylade.

LABROUSSE, c^{on} d'Aurillac. — *Brussia; Bruscia*, 1298 (arch. mun. d'Aurillac, s. FF, p. 15). — *Brossa*, XIVe s^e (Pouillé de Saint-Flour). — *La Broussa*, 1465 (obit. de N.-D. d'Aurillac). — *Brucia*, 1524; — *Breucia*, 1529 (min. Vigery, n^{re}). — *La Brouse*, 1621 (état civ. d'Arpajon). — *La Brosse*, 1628 (paraphr. sur les cout. d'Auvergne). — *La Brousse*, 1784 (Chabrol, t. IV). — *Labrousse* (État-major).

Labrousse était, avant 1789, de la Haute-Auvergne, du dioc. de Saint-Flour, de l'élect. et de la subdélég. d'Aurillac; elle était le siège d'une justice seign. régie par le droit écrit, et ressort. au bailliage d'Aurillac, en appel de la prév. de Maurs. — Son église, dédiée à saint Martin, était un ancien prieuré à la nomination de l'abbé ou du chapitre d'Aurillac. Elle a été érigée en succursale par décret du 28 août 1808.

LABRO-VIFILLE, écart, c^{ne} de Saint-Étienne-Cantalès. — *Labroavielhe; la Broa-Vielhe*, 1606 (terr. de N.-D. d'Aurillac). — *Brobielle*, 1782 (arch. dép. s. C, 51). — *La Brovielle* (Cassini).

LABSEYRE, vill., c^{ne} de Lanobre. — *Labessegue* (Cassini). — *La Beysseyre* (État-major).

LABSEYRE, ruiss., affl. du ruisseau du Pont-de-Poste, c^{nes} de Cros (Puy-de-Dôme) et de Lanobre; cours dans le Cantal de 2,400 m.

LAC (LE), ruiss., affl. du Goul, c^{nes} de la Besserette et de Ladinhac; cours de 3,500 m. — On le nomme aussi *Larmet*.

LAC (LE), mont. à vacherie, c^{ne} de Chalinargues.

LAC (LE), écart, c^{ne} de Chatel-sur-Murat.

LAC (LE BOIS DU), dom. ruiné, c^{ne} de Condat-en-Feniers. — *Ung imanu(?) appellé del Lac, composé de grange et estable, pré et pastural*, 1650 (terr. de Feniers).

LAC (LE), ham., c^{ne} de Junhac.

LAC (LE), m^{in}, c^{ne} de Ladinhac.

LAC (LE), ruiss., affl. du ruisseau de Cances, c^{ne} de Ladinhac; cours de 6,000 m. — *Rivus vocatus de Bolonesa*, 1464 (vente par Guill. de Treyssac).

LAC (LE), vill. et m^{in}, c^{ne} de Lanobre.

LAC (LE PUY DU), mont. à vacherie, c^{ne} de Laroque-brou.

LAC (LE), mont. à vacherie, c^{ne} de Laveissenet. — *Lou Lac de Moledas*, 1508 (terr. de Loubeysargues).

LAC (LE), ham., c^{ne} de Leucamp.

LAC (LE), écart, c^{ne} de Marcolès.

LAC (LE), écart, c^{ne} de Massiac. — *Domus de Lacs*, 1250 (spicil. Brivat.).

LAC (LE), vill., c^{ne} de Montgreleix. — *Le Lac de Montgraleix*, 1668 (état civ. de Marcenat).

LAC (LE), ruiss., affl. de la Rue, c^{nes} de Montgreleix et de Condat-en-Feniers; cours de 3,004 m.

LAC (LE), écart, c^{ne} de Mourjou.

LAC (LE), petit ruiss., affl. de la rivière d'Allanche, c^{ne} de Neussargues; cours de 650 m. — *La raze du Laq; la raze Dellaq*, 1721 (terr. de Neussargues).

LAC (LE), dom. ruiné, c^{ne} de Parlan. — *Le villaige del Lac*, 1648 (état civ.).

LAC (LE PUY DU), mont. à vacherie, c^{ne} de Prunet.

LAC (LE), vill., c^{ne} de Sainte-Anastasie. — *Lou Lac*, 1432 (terr. d'Anteroche). — *Le Lac de Sainct-Ostazie*, 1595; — *Le Lac de Sainct-Hostazie*, 1618 (id. de Dienne). — *Le Lacq*, 1678 (insin. de la cour royale de Murat).

LAC (LE), ruiss., affl. de la rivière d'Allanche, c^{ne} de Sainte-Anastasie; cours de 3,000 m. — *Ruisseau du Lat*, 1837 (état des riv. du Cantal).

LAC (LE PUY DEL), mont. à vacherie, c^{ne} de Saint-Chamant.

LAC (LE), dom. ruiné, c^{ne} de Saint-Étienne-de-Carlat. — *Affar appellé del Lac*, 1670 (nommée au p^{ce} de Monaco). — *Bois appellé des Lacs*, 1695; — *Bois del Luc*, 1736 (terr. de la command. de Carlat).

LAC (LE), ham., c^{ne} de Saint-Gerons. — *Lou Lac*, 1295 (arch. dép. s. E).

Lac (Le), ruiss., affl. de la Rhue, c^{ne} de Trémouille-Marchal; cours de 1,150 m.
Lac (Le Puy del), dom. ruiné et mont. à burons, c^{ne} du Vaulmier. — *Lo fach al Lac*, 1332 (lièvc du prieuré de Saint-Vincent). — *V^{rie} du Puy d'Allac* (État-major).
Lac (Le), vill., c^{ne} de Vèze.
Lac (Le), ruiss., affl. du ruiss. de la Meule, c^{ne} de Vèze; cours de 4,150 m.
Lac (Le), vill. détruit, c^{ne} du Vigean.
Lac (Le), dom. ruiné, c^{ne} d'Yolet. — *El mas da Laca*, 1223 (lièvc de Carbonnat).
Lac (Le), dom. ruiné, c^{ne} d'Ytrac. — *Ténement del Lac*, 1736 (terrier de la commanderie de Carlat).
Lacassou (Le), ruiss., affl. du Rioumau, c^{ne} de Saint-Urcize; cours de 6,000 m.
Lacassou-de-Drulu (Le), petit lac, c^{ne} d'Antignac. — *L'Estancho*, 1561; — *L'Estanchou*, 1638 (terr. de Murat-la-Rabe).
Lac-Boissy (Le), mont. à vacherie, c^{ne} de la Chapelle d'Alagnon. — *Lou Lac-Boissy*, 1683 (terr. de la châtell. des Bros).
Lac-Gibert (Le), mont. à vacherie, c^{ne} de la Chapelle-d'Alagnon. — *Champ del Lac-Guiher*, 1535 (terr. de la v^{té} de Murat). — *Le Lac-Gibert*, 1683 (*id.* des Bros).
Lacual, mⁱⁿ, c^{ne} de Roffiac. — *Molendinum de Luchas*, 1510 (terr. de Maurs).
Lachens, vill., c^{no} de Siran. — *Lachens*, 1265 (reconn. au seign. de Montal). — *La Chens*, 1486 (accord avec Amaury de Montal). — *Lacheux*, 1505 (pap. de la fam. de Montal). — *Lachenes*, 1627 (min. Sarrauste, n^{re} à Laroquebrou). — *Lachen*, 1657 (état civ. de Laroquebrou). — *Laxen*, 1726 (*id.* de Montvert).
Lac-Grand (Le), mont. à vacherie, c^{ne} d'Arnac. — *Le Lac-grond* (états de sections).
Lacis, mont. à vacherie, c^{ne} de Lugarde.
Lacradou (Le), dom. ruiné, c^{ne} de Sansac-Veinazès. — *Villaige de Lacradou*, 1693 (état civ.).
Lac-Résinou (Le), dom. ruiné, c^{ne} de Saint-Constant. — *Affar de Lac-Résinou*, xviie s^e (reconn. au prieur de Saint-Constant).
Lacs (Les), dom. ruiné et mont. à vacherie, c^{ne} de Saint-Clément. — *La buge des Lactz*, 1642 (pap. du cab. Lacassagne).
Laden (Le Moulin de), mⁱⁿ, c^{ne} de Trizac. — *Mollin de Bremon*, 1652 (anc. min. Chalvignac, n^{re}).
Lades (Les), dom. ruiné, c^{ne} de Glénat. — *Villaige de Lalges*, 1600 (pap. de la fam. de Montal). — *Lasdes*, 1638 (état civ. de Saint-Mamet).

Lades, ruiss., affl. du ruiss. du Pontal, c^{ne} de Glénat; cours de 2,500 m.
Ladignac, vill., c^{ne} de Chaudesaigues. — *Ladignac* (Cassini).
Ladignac-Vieille, f^{me} et mont. à vacherie, c^{ne} de Chaudesaigues. — *Ladinhac*, 1292; — *Ladinhiac*, 1322 (arch. dép. s. G).
Ladinhac, c^{on} de Montsalvy. — *Ladinhacum*, 1206 (homm. à l'év. de Clermont). — *Ledinhacum*, 1469 (arch. mun. d'Aurillac, s. GG, c. 6). — *Lidinhacum*, 1500 (terr. de Maurs). — *La Dinhac*, 1536 (terr. de Coffinhal). — *Ladinhiac*, 1548 (min. Guy de Vayssieyra, n^{re}). — *Ladiniat*, 1608 (état civ. de Thiézac). — *Leydinhac*, 1628 (paraphr. sur les cout. d'Auvergne). — *Ladinhat*, 1654 (état civ. de Leucamp). — *Ladiniac*, 1660 (*id.* de Cassaniouze). — *Ladinhiac*, 1697 (*id.* de Leucamp). — *Ladignac*, 1750 (anc. cad.). — *Lodiniac*, 1762 (Pouillé de Saint-Flour). — *Ladignhac*, 1767 (table des min. de Guy de Vayssieyra, n^{re}).

Ladinhac était, avant 1789, de la Haute-Auvergne, du dioc. de Saint-Flour, de l'élect. et de la subdélég. d'Aurillac. Régi par le droit écrit, il dépend. de la justice seign. du prieuré de la Salle, et ressort. à la sénéch. d'Auvergne, en appel de la prév. de Calvinet. — Son église, dédiée à saint Aignan, était un prieuré sous le titre de la Salle, et à la coll. de l'évêque de Saint-Flour. Elle a été érigée en succursale par décret du 28 août 1808.

Ladouse (Le Chanabou de), mont. à vacherie, c^{ne} de Coltines.
Ladret, vill. détruit, c^{ne} de Ladinhac. — *Ladrech*, 1464 (vente par Guill. de Treysac). — *Ladrex*, 1668; — *Ladrès*, 1669; — *Ladreetz*, 1670 (nommée au p^{ce} de Monaco). — *Ladrets*, 1724 (lièvc de l'abb. de Montsalvy). — *Ladries*, 1747; — *Ladreit*, 1752 (arch. dép. s. C). — *Ladret*, 1750 (anc. cad.).
Ladrey, mont. à burons, c^{ne} de Paulhac. — *Les Adreys*, 1662; — *Le champ de Ladreyt*, 1663 (terr. de Loubeysargues).— *Les Adroytz; Adreyctz; Adreyt*, 1683 (*id.* des Bros).
Lagace, ruiss., affl. du ruiss. de Chavagnac, c^{ne} de ce nom; cours de 750 m.
Laga-din-Bos, mont. à vacherie, c^{ne} de Chalinargues.
Lagat, dom. ruiné, c^{ne} de Bredon. — *Laghat*, 1598 (reconn. au roi par les hab. d'Albepierre). — *La Gatee*, 1784 (Chabrol, t. IV).
Lagat, mⁱⁿ en ruines, c^{ne} de Chastel-Marlhac.
Lagat, mⁱⁿ détruit, c^{ne} de Ladinhac.
Lagat, écart, c^{ne} de la Peyrugue.

LAGAT, ham., c^{ne} de Roumégoux. — *Castrum de Latgla*, 1509 (pièces de l'abbé Delmas). — *Lagat*, 1638 (état civ. de Saint-Mamet). — *La Guat*, 1857 (Dict. stat. du Cantal).

LAGAT, ham., c^{ne} de Thiézac.

LAGAT, ruiss., affl. du ruiss. de Thiézac, c^{ne} de Thiézac; cours de 1,820 m.

LAGAT, dom. ruiné, c^{ne} d'Yolet. — *Villaige de Lagat* 1670 (nommée au p^{ce} de Monaco).

LAGNÈS, écart et m^{in}, c^{ne} de Roumégoux. — *Lanié*, 1634 (état civ. de Saint-Mamet). — *Lanio*, 1652 (id. de Cayrols). — *Laniez* (État-major).

LAGNON (LE), ruiss., affl. de l'Alagnon, coule aux finages des c^{nes} de Laveissenet, de Bredon et de la Chapelle-d'Alagnon; cours de 10,000 m.

LAGONE, ruiss., affl. de l'Aubos, c^{ne} de Pleaux; cours de 960 m.

LAGONNE, ruiss., affl. de la Rhue, c^{nes} de Cheylade et d'Apchon; cours de 8,260 m.

LAGOUR (LA COSTE DE), mont. à vacherie, c^{ne} d'Alleuze. — *Nemus vocatum de la Ghac; lo bos de la Costa de Laghac*, 1510; — *Laghat; devezia de la Ghat*, 1511 (terr. de Maurs).

LAGRABIS, lieu détruit, c^{ne} d'Anterrieux. — 1784 (Chabrol, t. IV).

LAGUE (LA), mont. à vacherie, c^{ne} de Paulhac.

LAGUES (DES), dom. ruiné, c^{ne} d'Ytrac. — *Domaine de Lagau*, 1739 (anc. cad.).

LAGUÈZE, mont. à vacherie, c^{ne} de Trizac.

LAI (LE PUECH DE), mont. à vacherie, c^{ne} de Saint-Martin-Cantalès.

LAIDETTE, dom. ruiné, c^{ne} de Vézac. — *Villaige de Laidotte*, 1632 (état civ. d'Aurillac).

LAIGALDIE, dom. ruiné, c^{ne} de Marcolès. — *Affarium de Laigaldia*, 1301 (pièces de l'abbé Delmas).

LAIGNE, ruiss., affl. de la riv. d'Arcueil, c^{nes} de Lastic et de Vieillespesse; cours de 5,750 m. — *Aqua vocata del Pradal; de la Barge; de la Gazella*, 1526; — *Rieuf appellé de la Nauta*, 1527; — *Rif de la Guazelle*, 1662 (terr. de Vieillespesse).

LAIRE, f^{me}, c^{ne} de Saignes. — *Domaine de Layre*, 1781 (arch. dép. s. C).

LAIROU (LA CROIX DU), mont. à vacherie, c^{ne} de Paulhac. — *La Croux del Leiro*, 1508; — *La Croix del Leyrou*, 1661 (terr. de Montchamp). — *La Croix* (État-major).

LAIROUX, vill., c^{ne} de Saint-Clément.

LALANNE, écart, c^{ne} de Marcolès.

LALINIER, ham. détruit, c^{ne} de Lanobre. — *Le hameau de Lalinier*, 1788 (min. Marambal, n^{re}).

LALLIC, écart, c^{ne} de Roumégoux.

LALO, vill., c^{ne} de Cezens. — *L'Alo*, 1374 (arch. dép. s. E). — *Lala*, xvie s^e (id. s. C). — *Lalou*, 1619 (état civ. de Pierrefort). — *Lalo*, xviie s^e (arch. dép. s. E).

LALO, dom. ruiné, c^{ne} de Montsalvy. — *Bois du ténement de Lallo*, 1749 (anc. cad.).

LALO, dom. ruiné, c^{ne} de Pailhérols. — *Villaige de Lalo*, 1669 (nommée au p^{ce} de Monaco).

LALO, dom. ruiné, c^{ne} de Saint-Cirgues-de-Malbert. — *Lalo*, 1464 (terr. de Saint-Christophe).

LALO, dom. ruiné, c^{ne} de Saint-Clément. — *Affar appellé de Lalo*, 1671 (nommée au p^{ce} de Monaco).

LALO, vill., c^{ne} d'Yolet. — *Lala*, 1522 (min. Vigery, n^{re}). — *Lalo*, 1610 (aveu de J. de Pestels).

LALO-BAS et HAUT, écarts, c^{ne} de Montsalvy. — *Alla*, 1548 (min. Guy de Vayssieyra, n^{re}). — *Ala*, 1550 (id. Boygues, n^{re}). — *Lala*, 1668; — *La La*, 1669 (nommée au p^{ce} de Monaco). — *Lalo*, 1724 (lièvre de l'abb. de Montsalvy).

LAMBERT, vill. détruit, c^{ne} de Sarrus. — 1784 (Chabrol, t. IV).

LAMBREDAISSES (LES), dom. ruiné, c^{ne} de Polminhac. — *Les Lambredaisses*, 1583 (terr. de Polminhac).

LAMELU, dom. ruiné, c^{ne} de Chalvignac. — *Tenementum de Lamelh*, 1296 (homm. à l'év. de Clermont).

LAMETTE, verrerie détruite, c^{ne} de Girgols. — *Lamète, verrerie* (Cassini).

LAMISSAU, c^{ne} de Teissières-les-Bouliès.

LAMIT, m^{in}, c^{ne} de Mourjou.

LAMOURE, écart et m^{in}, c^{ne} de Saint-Just. — *La Moure* (Cassini).

LAMOUROUX, dom. ruiné, c^{ne} d'Arpajon. — *Domaine de Lamouroux*, 1744 (arch. dép. s. C, l. 5).

LAMPRE, lieu détruit, c^{ne} de Peyrusse. — (Cassini.)

LAMPRES, ham., c^{ne} d'Allanche.

LAMUT, dom. ruiné, c^{ne} de Tourniac. — *Boria de Lamut*, 1503 (terr. de Cussac).

LANCÉ, écart, c^{ne} de Riom-ès-Montagnes.

LANCHAUMEIL, vill. détruit, c^{ne} de Cezens. — *Le Chaumeil*, 1632 (ass. gén. ten. à Cezens). — *Chaumels*, 1665 (insin. du bailliage d'Andelat).

LANDAS (LE CAMP DES), mont. à burons, c^{ne} de Saint-Urcize.

LANDAT, vill., c^{ne} de Saint-Santin-Cantalès.

LANDE (LA), écart, c^{ne} de Marmanhac.

LANDE (LA), écart, c^{ne} de Nieudan.

LANDE (LE PUECH DE LA), mont. à vacherie, c^{ne} de Nieudan.

LANDE (LA), ham. et mont. à vacherie, c^{ne} de Saint-Illide. — *Las Landas*, 1464; — *La Lande*, 1566 (terr. de Saint-Christophe). — *La Landie*, 1598 (min. Lascombes, n^{re}).

Lande (La), ham., c^{ne} de Saint-Just. — *La Lende* (Cassini).

Lande (Le Bois de la), dom. ruiné, c^{ne} de Saint-Mamet-la-Salvetat. — *Ténement de las Landes*, 1739; — *Las Landa*, 1745 (anc. cad.).

Lande (La), ham., m^{in} et f^{me}, c^{ne} de Sansac-de-Marmiesse. — *La Landa*, 1531 (min. Vigery, n^{re} à Aurillac). — *La Lande à Brossette*, 1648 (état civ.). — *La Lande*, 1669 (nommée au p^{re} de Monaco). — *La Lande-les-Brousses*, 1773 (terr. de la châtell. de la Broussette).

Lande (La), ham., c^{ne} de Sénezergues.

Landebal, lieu détruit, c^{ne} de Sénezergues. — *Village de Lamdebal*, 1753 (état civ. de Sansac-Veinazès).

Landel (Le), écart, c^{ne} de Ségur. — *Landel*, 1676 (insin. de la cour royale de Murat). — *Lander* (Cassini). — *Landal*, 1857 (Dict. stat. du Cantal).

Landel (Le), ruiss., affl. de la Santoire, c^{ne} de Ségur; cours de 550 m. — *Ruisseau del Fault*, 1629 (terr. du prieuré de Ségur).

Landenou (Le), mont. à vacherie, c^{ne} de Ferrières-Saint-Mary.

Landes (Las), f^{me}, c^{ne} de Cassaniouze. — *Las Landas*, 1432 (terr. de Cassaniouze). — *Las Landes*, 1659 (état civ.). — *La Lande*, 1743 (anc. cad.). — *Las Landos*, 1760 (arch. dép. s. C, l. 49).

Landes (Aux), écart, c^{ne} de Junhac.

Landes (Les), écart, c^{ne} de Leucamp. — *Ténement de las Landes*, 1696 (terr. de la command. de Carlat).

Landes (Las), dom. ruiné, c^{ne} de Saint-Paul-des-Landes. — *Affar de la Lande*, 1669 (nommée au p^{re} de Monaco). — *Las Landes*, 1773 (terr. de la Broussette).

Landes (Les), écart détruit, c^{ne} de Saint-Projet. — *Villaige des Landes*, 1680 (état civ.).

Landet (Le), dom. ruiné, c^{ne} de Laroquebrou. — *Affarium vocatum de Landeto*, 1423 (arch. mun. d'Aurillac, s. HH, c. 21).

Landeyrat, c^{on} d'Allanche et mont. à burons. — *Lhandayrat*; *Landayrat*, 1322 (enq. sur la justice de Vieillespesse). — *Landeyracum*, 1386; — *Landayracum*, 1395 (terr. d'Anteroches). — *Landayrac*, xive s^{e} (reg. de Guill. Trascol). — *Landerat*, 1401 (spicil. Brival.). — *Landeriacum*, 1492; — *Landeiracus*, 1556 (arch. dép. s. G). — *Landeyrac*, 1559 (inv. des titres de la coll. de N.-D. de Murat). — *Landeyrat*, 1623 (insin. de la cour royale de Murat). — *Lendyrat*, 1648 (état civ. de Pierrefort). — *Landeirat*, 1677 (insin. du bailliage de Saint-Flour). — *Landeyrat ou Apcher*, 1885 (carte d'Ad. Joanne).

Landeyrat était, avant 1789, de la Basse-Auvergne, du dioc. et de l'élect. de Clermont, de la subdél. de Bort. Régi par le droit cout., il dépend. de la justice seign. d'Apché et ressort. au bailliage de Montpensier, en appel du bailliage d'Aubijoux. — Son église, dédiée à sainte Anne, était un prieuré qui fut donné, en 972, au monast. de Saint-Geraud d'Aurillac. Le chapitre de Murat en fit l'acquisition en 1436, et nommait le prieur. Elle a été érigée en succursale par décret du 28 août 1808. — Le bourg de Landeyrat n'existe plus, mais la commune en a gardé le nom, avec Apché comme chef-lieu.

Landie (La), écart, c^{ne} de Saint-Saury.

Landies (Las), ham., c^{ne} d'Ytrac.

Landonnès, ham., c^{ne} de Brezons. — *Landounes*, 1623 (ass. gén. ten. à Cezens). — *Landonnes*, 1653; — *Laudoumes*, 1658 (état civ. de Pierrefort). — *Landoune*; *Laudounez*, 1701; — *Landouné*, 1704 — *La Donne*, 1720 (id. de Brezons). — *Landonnez* (Cassini).

Landou (Le), écart, c^{ne} de Siran.

Landouze ou Londouze, chât. détruit, c^{ne} de Landeyrat.

Landrech, ravin, affl. du ruisseau de Ruols, limite les départ. de l'Aveyron et du Cantal, c^{ne} de Montsalvy; cours de 1,100 m.

Landrodie, dom. ruiné, c^{ne} de Saint-Projet. — *Landrodie*, 1690 (état civ.). — *Lindrevie*, 1717 (terr. de Beauclair).

Landrodie, dom. ruiné, c^{ne} du Vaulmier. — *Affar de Landrodye*, 1589 (lièvre du prieuré de Saint-Vincent).

Langidiou (La Roche de), mont. à vacherie, c^{ne} de Vieillespesse.

Langoirou, dom. ruiné, c^{ne} de Saint-Mamet-la-Salvetat. — *Affar de Langoyrou, alias las Portes*, 1589 (livre des achaps d'Ant. de Naucaze).

Langouiroux, vill., c^{ne} d'Alleuze. — *Langueyro*; *Langueyre*, 1494 (terr. de Mallet). — *Longoyro*; *Longeyro*, 1510 (id. de Maurs). — *Languères*, 1654 (état civ. de Pierrefort). — *Langourou*, 1671; — *Langouirou*, 1678 (insin. du bailliage de Saint-Flour). — *Langoirous*, 1685 (arch. dép. s. E). — *Langouayroux* (Cassini). — *Languérou* (État-major).

Lanion, ham., c^{ne} de Riom-ès-Montagnes. — *Lanion* (Cassini).

Lanjuies, dom. ruiné, c^{ne} de Leynhac. — *Villaige dol Lanjuies*, 1555 (min. Destaing, n^{re}).

Lanobre, c^{ne} de Champs et chât. détruit. — *La Nobre*, 1535 (don gratuit).

Lanobre était, avant 1789, de la Basse-Auvergne, du dioc. et de l'élect. de Clermont, de la subdélég. de Bort. Régi par le droit cout., il dépend. de la justice seign. de Thinières et ressort. à la sénéch. de Clermont, en appel du baill. de Thinières. — Son église, dédiée à saint Jacques le Majeur, était, depuis 1265, unie au chapitre de N.-D. du Port de Clermont et le curé était à sa nomination; elle a été érigée en succursale par décret du 28 août 1808.

LANONYE, dom. ruiné, c^{ne} de Giou-de-Mamou. — *Mas de Lanoryia*, 1692 (terr. de Saint-Géraud).

LANSEMAN, dom. ruiné, c^{ne} de Saint-Hippolyte. — *Affar de Lanseman*, 1717 (table du terr. d'Apchon de 1519).

LANTERRABE, dom. ruiné, c^{ne} de Rouziers. — *Affar appellé de Lanterrabe*, 1670 (nommée au p^{cé} de Monaco).

LANTUÉJOUL, écart, c^{ne} de Cassaniouze.

LANTUÉJOUL, vill. et m^{in} détruit, c^{ne} de Leynhac. — *Mansus de Lantuegihol*, 1535 (terr. de Caylus). — *Lintriegious*, 1657 (état civ. de Saint-Constant). — *Lanteugol; molin de Lantuejoul*, 1668 (nommée au p^{ce} de Monaco). — *Lantuegoul; Lantuegioul*, 1694 (terr. de Marcolès). — *Lentuegioul*, 1696 (*id.* de Carlat). — *Lentuejoul* (Cassini).

LANTUÉJOUL, fief, c^{ne} de Teissières-les-Bouliès. — *Le fief de Lanteugol*, 1668 (nommée au p^{ce} de Monaco).

LAPELLE, lieu-détruit, c^{ne} de Saint-Pierre-du-Peil. — (Cassini).

LAPHAINA, m^{in} détruit, c^{ne} de Tourniac. — *Molendinum Laphaina*, 1503 (terr. de Cussac).

LAPIADAS, m^{in}, c^{ne} de Védrines-Saint-Loup.

LAPPOLIETZ, dom. ruiné, c^{ne} de la Capelle-en-Vézie. — *Villaige de Lappolietz*, 1611 (terr. de N.-D. d'Aurillac).

LAPSOUS (LE), vill. et mont. à vacherie, c^{ne} de Chastel-sur-Murat. — *Lo Lacsolh*, 1381; — *Lo Lapoilh*, 1410 (arch. dép. s. G). — *Lo Laxol*, 1478 (terr. d'Anteroches). — *Lo Lapoilhs*, 1491 (*id.* de Farges). — *Lo Laxoilh*, 1515 (arch. dép. s. G). — *Lo Laxoil; lo Lapelhs*; 1518 (terr. des Cluzels). — *Lo Lapsoul*, 1518 (*id.* de Dienne). — *Lo Laxolh*, 1535 (*id.* de la v^{té} de Murat). — *Lou Lapxoilh*, 1552 (*id.* de Farges). — *Lo Lapxol*, 1559 (inv. des titres de la coll. de N.-D. de Murat). — *Lo Lapxoulh; lo Lapxolh*, 1580; — *Lo Lapsol*, 1585 (lièvre de la v^{té} de Murat). — *Lo Lapxoul; Lespresle-Lapxol*, 1591 (terr. de Bressanges). — *Lou Lapxou*, 1598 (recon. des cons. d'Albepierre). — *Lou Lachou*, 1626 (arch. dép. s. E). — *Lou Lapsou*, 1673 (nommée au p^{ce} de Monaco). — *Lou*

Lapsoulx, 1688 (état civ.). — *Lou Lassou*, 1691 (*id.* de Murat).

LAQUÉ, mont. à vacherie, c^{ne} de Pradiers.

LAQUET (LE), dom. ruiné, c^{ne} d'Apchon. — *Affar de Laquet*, 1719 (table du terr. d'Apchon).

LAQUET (LE), écart, c^{ne} de Montsalvy.

LAQUET (LA ROCHE DE), mont. à vacherie, c^{ne} d'Oradour.

LARBONNET, grange isol., c^{ne} d'Auzers. — *Grange de Larbonnet* (État-major).

LARBONNET, vill. détruit, c^{ne} de Cheylade. — *Larbonnet*, 1513 (terr. de Cheylade). — *Larbonet*, XVIIe s^e (table de ce terr.).

LARDEIROL, seigneurie, site inconnu. — *La seigneurie de Lardeyrol*, 1535 (arch. dép. s. G).

LARDIE (LA), vill., c^{ne} de Saint-Saury. — *La Lardia*, 1357 (arch. mun. d'Aurillac, s. HH, c. 21). — *La Loardie*, 1633 (état civ. de Glénat). — *Lalardie*, 1663 (*id.* de Parlan). — *La Lardie* (Cassini). — *La Landie*, 1857 (Dict. stat du Cantal).

LARGNAC, vill., c^{ne} d'Ydes. — *In villa Nerniaco?* XIIe s^e (charte dite *de Clovis*). — *Lorniac*, 1667; — *Largniac*, 1683; — *Larniat*, 1684 (état civ. d'Ydes). — *Larignac*, 1744; — *Larniac*, 1781 (arch. dép. s. G, l. 45).

LARGUE, écart, c^{ne} de Boisset.

LARINIER, écart, c^{ne} de Champs. — *Lariner*, 1662; — *Larenier*, 1666 (état civ.). — *Maison de l'Araignée* (Cassini). — *Larinier* (État-major).

LAROQUEBROU, c^{on} de l'arrond. d'Aurillac, et chât. féodal ruiné. — *Castrum de Larocabrou*, 1275 (test. de Bertrand de Montal). — *Ruppesbrou*, 1337 (pap. de la fam. de Montal). — *La Rocabrou; Locabrao*, 1347 (reconn. à Jehanne de Balsac). — *Rappesbrau*, 1370 (arch. dép. s. G). — *Roquebraou; Rupesbraou*, 1449 (enq. sur les droits des seign. de Montal). — *Rupes Brou*, 1471 (pap. de la fam. de Montal). — *Rupesbrou*, 1472 (test. d'Aymeric de Montal). — *Rocabrao; Roquabrou; Ruppesbrao*, 1486 (accord avec Amauri de Montal). — *La Roqua-Brous*, 1531 (min. Vigery, n^{re} à Aurillac). — *La Roqbrou*, 1617 (état civ. de Siran). — *La Rocque Brou*, 1634 (*id.* de Laroquebrou). — *La Rocqplouhi*, 1652; — *Roquebroal en Auvergne*, 1653 (min. Sarrauste, n^{re} à Laroquebrou). — *La Roquebro*, 1666 (état civ. de Pleaux). — *Larocque Bro*, 1669 (nommée au p^{ce} de Monaco). — *La Roqubrau*, 1671 (état civ. d'Aurillac). — *La Roquobrau*, 1675; — *La Roquobreau*, 1676 (*id.* d'Ayrens). — *La Rocquebrou*, 1682 (*id.* de Laroquebrou). — *Rocque*, 1690 (état civ. de la Capelle-Viescamp).

Laroquebrou était, avant 1789, de la Haute-Auvergne, du dioc. de Saint-Flour, de l'élect. et de la subdélég. d'Aurillac. Régi par le droit écrit, il dépend. de la justice seign. de Montal et ressort. au bailliage d'Aurillac, en appel de sa prév. part. — Son église, dédiée à saint Martin, était à la nomin. de l'évêque. Elle a été érigée en cure par la loi du 18 germinal an x (8 avril 1802).

LAROQUEVIEILLE, c^{on} nord d'Aurillac et chât. féodal détruit. — *Castrum de Rupe veteri*, 1269 (arch. mun. d'Aurillac, s. FF, p. 15). — *Ruppes-vetus*, 1371 (reconn. de Bertrand d'Hoades à l'hôp. de la Trinité d'Aurillac). — *Rupes vetus*, 1378 (fond. de la chapell. des Blats). — *Ruppes Belhica*, 1514 (pièces de l'abbé Delmas). — *La Roque-vieilhe; la Roque veilhe*, 1527 (arch. dép. s. G). — *La Rocquavieilhia*, 1549 (min. Guy de Vayssieyra, n^{re} à Montsalvy). — *La Roquavuilha; la Roquevielha; la Roqueveilha*, 1552; — *La Roquevilla*, 1558 (terr. de Nozières). — *La Roquevielhe*, 1612 (état civ. de Thiézac). — *La Rocque veilhe*, 1632; — *La Rocquevieillie*, 1635 (id. de Reilhac). — *La Rucque-vielhe*, 1650 (id. de Salers). — *La Roque vielhie*, 1662 (insin. du bailliage de Salers). — *La Rocquevielhe*, 1664 (état civ. de Jussac). — *Laroquevielle*, 1668 (pièces du cab. Bonnefons). — *Roque Belhac*, xviie s^e (reconn. au prieur de Saint-Constant). — *La Roquevieile*, 1701 (état civ. de Saint-Simon). — *La Roquevielli*, 1702 (id. de Saint-Clément). — *La Roque vieille*, 1707; — *La Roquevielle*, 1740 (arch. dép. s. C, l. 10).

Laroquevieille était, avant 1789, de la Haute-Auvergne, du dioc. de Saint-Flour, de l'élect. et de la subdélég. d'Aurillac; elle était le siège d'une justice seign. régie par le droit écrit et ressort. à la sénéch. d'Auvergne, en appel de la prév. d'Aurillac. — Son église, dédiée à saint Pardoux, était un prieuré uni à l'archidiaconé d'Aurillac et à la nomin. de l'archidiacre. Elle a été érigée en succursale par décret du 28 août 1808.

LARQUET (LE), ruiss., affl. de la rivière d'Auze, c^{ne} de Sénezergues; cours de 1,100 m. — On le nomme aussi *la Sarrette*.

LARS, dom. ruiné, c^{ne} d'Anglards-de-Saint-Flour. — *Mansus de Lars*, 1407 (liber vitulus).

LARTIGUES, écart, c^{ne} de Marcolès.

LARY (LE), dom. ruiné, c^{ne} d'Ytrac. — *Lou Lary*, 1623 (état civ. d'Arpajon).

LARRY, écart, c^{ne} de Roannes-Saint-Mary.

LASANE, dom. ruiné, c^{ne} de Saint-Illide. — *Villaige de Lasane*, 1586 (min. Lascombes, n^{re}).

LASCELLE, c^{on} nord d'Aurillac. — *Cellæ*, 1352 (reconn. à l'hôp. de la Trinité d'Aurillac). — *Las Celas*, 1456 (id. à l'abbesse de Saint-Jean du Buis). — *Cellæ Jordanæ*, 1485 (id. à J. de Montamat). — *Cellas-en-Jourdanne*, 1592 (terr. de N.-D. d'Aurillac). — *Celles-en-Jordanne*, 1594 (id. de Fracor). — *Celles-ès-Jordanne; Celles-ès-Jourdanne*, 1604 (état civ. de Vic-sur-Cère). — *La Selle-en-Jordanne*, 1622 (id. d'Arpajon). — *Cèles-en-Jordane*, 1648 (id. de Reilhac). — *Las Selles-en-Jordanne*, 1655 (insin. du bailliage de Salers). — *Sales; Salles*, 1672; — *La Celle-en-Jordanne*, 1674 (état civ. de Polminhac). — *Selles-en-Jourdanne*, 1680 (id. de Saint-Projet). — *Lascelles*, 1688 (pièces du cab. Bonnefons). — *La Selle*, 1691 (état civ. de Laroquebrou). — *La Celle*, 1695; — *Lacelle*, 1712 (arch. dép. s. C). — *Las Celles*, 1784 (Chabrol, t. IV).

Lascelle était, avant 1789, de la Haute-Auvergne, du dioc. de Saint-Flour, de l'élect. et de la subdélég. d'Aurillac. Régie par le droit écrit, elle ressort. au bailliage d'Aurillac, en appel de sa prév. part. Jusqu'en 1748, cette paroisse a dépendu de la justice du chapitre de Saint-Geraud, et depuis de la justice royale. — Son église, dédiée à saint Remy, était une cure à la nomin. de l'évêque et dépend. du cellérier de l'abbaye de Saint-Geraud. Elle a été érigée en succursale par décret du 28 août 1808.

LASCOLS, vill., c^{ne} de Cussac. — *Lascols*, 1607 (terr. de Loudiers). — *Las Colz*, 1630; — *Lascolz; Lascotz*, 1661 (id. de Montchamp). — *Lascol* (Cassini).

LASCOLS (LA NARSE DE), marais, c^{nes} de Cussac et de Paulhac. — *Pasturalis vocatus la Marce; Las Cols*, 1511 (terr. de Maurs). — *La Lascolz*, 1594 (id. de Bressanges). — *Lascols*, 1607 (id. de Loudiers). — *Commun appellé de la Narse*, 1630 (id. de Montchamp).

LASCOLS, ruiss., affl. de la Morzelle, c^{ne} de Lavastrie; cours de 1,620 m.

LASCOLS, ruiss., affl. de la Rance, coule aux finages des c^{nes} de Parlan, Cayrols, Rouziers et de Saint-Julien-de-Toursac; cours de 10,000 m.

LASCOLS-BAS, dom. ruiné, c^{ne} de Cussac. — *Affarium de las Cols Soteyranas*, 1352 (homm. à l'év. de Clermont). — *Las Sols Soteyranas*, 1442 (liber vitulus).

LASCOMBES, dom. ruiné, c^{ne} de Saint-Paul-des-Landes.

LASCOUR, ham., c^{ne} de Saint-Just. — *Lascou*, 1763; — *Lascoux; Larcoii*, 1787 (arch. dép. s. C, l. 48). — *Lascour* (Cassini). — *Lascous* (État-major).

LASENAIRE, mont. à vacherie, c^{ne} de Champs.

LASTEYRIE, vill., c^{ne} de Mandailles. — *Lasteyrias*, 1655

34.

(insin. du bailliage de Salers). — *Lasteiries*, 1681 (arch. dép. s. C, l. 9). — *Lesteyrie; Lesteyries*, 1692 (terr. du monast. de Saint-Geraud). — *Lasterios*, 1697 (état civ. de Chastel-sur-Murat). — *Lesteiries*, 1724; — *Lasteyries*, 1760 (arch. dép. s. C, l. 9). — *Lesteries* (Cassini). — *Lasteries* (État-major). — *Las Teyries*, 1856 (Dict. stat. du Cantal).

Lastic, c^{on} nord de Saint-Flour. — *Lastic*, 1131 (mon. pontif. arv.). — *Lasticum*, 1329 (enq. sur la justice de Vieillespesse). — *L'Astic*, xive s^e (Guill. Trascol). — *Lasticq*, 1635 (nommée au roi par G^{lle} de Foix). — *Als Astis*, 1662 (terr. de Vieillespesse). — *Lactiqe*, 1725 (état civ. de Saint-Mary-le-Plain). — *Lastiq*, 1730 (terr. de Montchamp).

Lastic était, avant 1789, de la Basse-Auvergne, du dioc., de l'élect. et de la subdélég. de Saint-Flour. Il était le siège d'une justice seign. régie par le droit cout., et ressort. à la sénéch. d'Auvergne, en appel de la prév. de Brioude. — Son église, dédiée à sainte Madeleine, fut donnée en 1131 au monastère de Cluny, dont elle devint un prieuré. Elle a été érigée en succursale par décret du 28 août 1808.

Lastic, écart, c^{ne} de Beaulieu.

Lastiguet, ham., c^{ne} de Vieillespesse. — *Lo Pont de Lastiguet*, 1526; — *Le Pont-del-Astiguet*, 1662 (terr. de Vieillespesse).

Lastiquet, vill. et m^{in}, c^{ne} de Lastic. — *Lastignet*, 1698 (état civ. de Joursac). — *Lastiguette* (Cassini).

Latga, ruiss., affl. de l'Ande, coule aux finages des c^{nes} de Paulhac, Tanavelle et Roffiac; cours de 15,300 m. Il porte aussi les noms de *Riou-Vieux* et de *Louzel*. — *Rivus de Bausel*, 1510 (terr. de Maurs). — *Rivus de Tanavilla*, 1526 (id. de Vieillespesse). — *Le Ruysseau-Vieulx*, 1575; — *Le Rifviel; ruisseau appellé del Ga*, 1664 (id. de Bredon). — *Le Riou-vieux* (État-major).

Latga-Mourelie, écart, c^{ne} de Tanavelle. — *Latgua-Monrelie*, 1857 (Dict. stat. du Cantal).

Latga-Soubro, vill., c^{ne} de Tanavelle. — *Latgua-Sobra*, 1494 (liber vitulus). — *Lughat*, 1510 (terr. de Maurs). — *Latgua*, 1542 (id. de Bressanges). — *Lacga*, 1599 (min. Andrieu, n^{re}). — *Latgues*, 1607 (terr. de Loudiers). — *Latgue*, 1672 (insin. du bailliage d'Andelat). — *Latga-Gibrat* (Cassini).

Latga-Soutro, vill., c^{ne} de Tanavelle. — *Latgua-Soutro*, 1678 (insin. du bailliage de Saint-Flour). — *Latga-Soutrot* (Cassini). — *Laga-Soutra*, 1784 (Chabrol, t. IV).

Latique, f^{me}, c^{ne} de Beaulieu. — *Latiq* (État-major). — *Latic*, 1852 (Dict. stat. du Cantal).

Latte (La), écart, c^{ne} de Leucamp.

Lattes (Les), écart, c^{ne} de Leucamp.

Lattes, m^{in} détruit, c^{ne} de Saint-Poncy.

Lattes (Les), vill., c^{ne} de Teissières-les-Bouliès. — *Las Latas*, 1469 (arch. mun. d'Aurillac, s. GG, c. 6). — *Las Lattes*, 1610 (aveu de J. de Pestels). — *Las Lattez*, 1670 (nommée au p^{ce} de Monaco). — *Laslat*, 1782 (arch. dép. s. C, l. 49).

Lattes (Les), ruiss., affl. du ruisseau de la Fontaine-Salée, c^{ne} de Teissières-les-Bouliès; cours de 1,450 m.

Latzaguyon, dom. ruiné, c^{ne} de Brezons. — *Villaige de Latzaguyon*, 1639 (min. Dumas, n^{re}).

Laubac, vill., c^{ne} de Saint-Cernin. — *Capmansus dal Bac*, 1297 (arch. mun. d'Aurillac, s. HH, c. 21). — *Olhac*, 1369; — *Lalbar*, xvie s^e (id. s. GG, p. 19). — *Laubа*, 1627 (état civ. de Saint-Projet). — *Lambert*, 1628 (paraphr. sur les cout. d'Auvergne). — *Laubus*, 1659 (insin. du bailliage de Salers). — *Laubac*, 1666 (état civ. de Saint-Martin-de-Valois). — *Laubar*, 1680 (id. de Saint-Projet). — *Loubac*, 1753 (arch. dép. s. C, l. 19).

Laubat, écart et mont. à burons, c^{ne} de Saint-Vincent. — *V^{ria} de Laubades* (Cassini).

Laubenie, f^{me}, c^{ne} de Saint-Paul-de-Salers. — *Laubenie* (Cassini).

Laubertie, ham. avec chap., c^{ne} de Sénezergues. — *La Ubertia*, 1542 (min. Destaing, n^{re} à Marcolès). — *Laubertie*, 1670 (terr. de Calvinet). — *Lauvertie*, 1741 (anc. cad. de Cassaniouze). — *La Loubertie*, 1777 (arch. dép. s. C, l. 49). — *Laubertue* (Cassini).

Laubie (La), vill., c^{ne} de Clavières. — *La Laubie*, xviie s^e (terr. de Chaliers). — *La Bobie*, 1784 (Chabrol, t. IV).

Laubie (La), ruiss., affl. de la Chaleire, c^{nes} de Clavières et de Chaliers; cours de 5,500 m.

Laubie (La), écart, c^{ne} du Fau. — *Lalaubie*, 1717 (terr. de Beauclair). — *La Laubie* (État-major).

Laubie (La), ham., c^{ne} de Saint-Étienne-de-Riom. — *La Laubies*, 1663 (insin. du bailliage de Salers). — *La Laubye*, 1744 (arch. dép. s. E). — *Lalaubie*, 1753 (id. s. C, l. 46). — *La Laubie*, 1780 (lièvе de Saint-Angeau). — *La Loubie* (Cassini). — *La Lobie* (État-major).

Laubie (La), f^{me} avec manoir, c^{ne} de Saint-Simon. — *Lalaubie*, 1747 (arch. dép. s. C, l. 12). — *La Laubie*, 1756 (id. s. H). — *La Lobie* (Cassini).

Laubie (La), vill. détruit, c^{ne} du Vigean. — *Mansus da Lauvie*, 1310 (lièvе du prieuré du Vigean).

LAUBRER, écart, c^{ne} de Saint-Antoine.
LAUBRET, écart et m^{in} détruit, c^{ne} de Thiézac. — *Laubre*, 1583; — *Lou Aubre; molin del Aubre; Lalbre*, 1584 (terr. de Polminhac). — *Laubret; Labre*, 1668 (nommée au p^{ce} de Monaco). — *Lasse*, 1746 (anc. cad.).
LAUDERIE, f^{me} détr., c^{ne} de Saint-Constant. — *La ferme de Lauderie*, 1749 (anc. cad.).
LAUDIES (LAS), vill., c^{ne} d'Ytrac. — *Las Laudives*, 1614 (état civ. de Naucelles). — *Las Lardies*, 1689 (id. de la Capelle-Viescamp). — *Las Loudios*, 1715 (id. de Saint-Paul-des-Landes). — *La Laudie*, 1739 (arch. dép. s. C). — *La Landies; la Laudies*, 1739 (anc. cad.).
LAUMEYRE, mont. à vacherie, c^{ne} de Paulhac. — *Montaigne appellée du Teymerie*, 1591 (terr. de Bressanges). — *Montaigne de Lymerie*, 1607 (min. Danty, n^{re}).
LAUMUR, f^{me}, c^{ne} de Chastel-sur-Murat. — *Lalmur*, 1489 (liève de Dienne). — *Mansus de Longo-Muro*, 1491 (terr. de Farges). — *Lommur*, 1518 (id. des Cluzels). — *Laumur*, 1595; — *Laulmur*, 1600 (id. de Dienne).
LAUNAS, mont. à vacherie, c^{ne} de Marcenat.
LAURENS, dom. ruiné, c^{ne} de Saint-Hippolyte. — *Grangia vocata Laurens*, 1520 (terr. d'Apchon).
LAURENT (LE), f^{me}, c^{ne} d'Aurillac. — *Le Laurens*, 1674 (état civ.).
LAURENT (LE), dom. ruiné, c^{ne} de Bassignac. — *Affar del Laurens*, 1416 (arch. général. de Sartiges).
LAURENT (LE), dom. ruiné, c^{ne} de Menet. — *Villaige del Aurens*, 1561 (terr. de Murat-la-Rabe).
LAURENT (LE), f^{me}, c^{ne} de Sansac-de-Marmiesse. — *Ténement du Laurens*, 1761 (arch. dép. s. C, l. 2).
LAURENT (LE), dom. ruiné, c^{ne} d'Ytrac. — *Affar appellé del Laurens*, 1668 (nommée au p^{ce} de Monaco).
LAURESSERGUES, vill., c^{ne} de Boisset. — *Loungue-Sègue*, 1616 (état civ. de Saint-Étienne-de-Maurs). — *Lauressergues; Laurassergues*, 1668 (nommée au p^{ce} de Monaco).
LAURESTIE (LA), dom. ruiné, c^{ne} de Rouziers. — *Villaige de la Laurestie*, 1617 (état civ. de Glénat).
LAURIAC, vill., c^{ne} de Vitrac. — *Lauriacus*, 1462; — *Lauriac*, xve s^e (pièces de l'abbé Delmas). — *Loriac; Louriac*, 1668 (nommée au p^{ce} de Monaco).
LAURIART, dom. ruiné, c^{ne} de Saint-Saury. — *Mansus de Lhoriart*, 1357 (arch. mun. d'Aurillac, s. HH, c. 21).
LAURICHESSE, ham. et chât. en ruines, c^{ne} de Trizac. — *Aureschesse*, 1655; — *Lauresescsse*, 1664 (anc. min. Chalvignac). — *Lauriceche*, 1674 (état civ.).

— *Laurichesse*, 1684 (anc. min. Chalvignac). — *Lorichesse* (Cassini).
LAURIE, c^{on} de Massiac et manoir à tours. — *Laurum*, 1329 (enq. sur la justice de Vieillespesse). — *Aurie*, 1375 (arch. dép. s. E). — *Lauria*, 1401 (liber vitulus). — *Laurie*, 1401 (spicil. Brival.). — *Laurye*, 1559 (liève du prieuré de Molompize).
Laurie était, avant 1789, de la Basse-Auvergne, du dioc. de Clermont, de l'élect. de Brioude. Régi par le droit cout., il était le siège d'une justice basse relevant de celle de Blesle, et ressort. à la sénéch. d'Auvergne, en appel de la prév. de Brioude. — Son église, dédiée à Notre-Dame du Mont-Carmel, dépend. anciennement de l'ordre de Saint-Jean-de-Jérusalem. Elle appartint plus tard à l'abbaye de Chantoin de Clermont, puis, lors de la suppression de cette abbaye, elle fut donnée aux Carmes déchaussés de Clermont. Elle a été érigée en succursale par décret du 28 août 1808.
LAURIE, ruiss., affl. de la Sionne, c^{ne} de Laurie; cours de 1,600 m.
LAURIE (LA), écart, c^{ne} d'Omps. — *La Lauria*, 1559 (min. Destaing, n^{re} à Marcolès). — *La Laurie*, 1624 (état civ. de Saint-Mamet). — *Laurio* (Cassini).
LAURIE (LA), ruiss., affl. du ruisseau de Marbex, c^{nes} de Saint-Mamet-la-Salvetat et d'Omps; cours de 3,500 m. — On le nomme aussi *Monreysse*.
LAURIER (LE), mont. à burons, c^{ne} de Cheylade.
LAURINIE, dom. ruiné, c^{ne} de Maurs. — *Villaige de Laurinhie*, 1668 (état civ.).
LAURIOL, ham., c^{ne} de Cassaniouze. — *Lauriol*, 1659 (état civ.). — *Lauruol*, 1760 (terr. de Saint-Projet).
LAURO, m^{in} détruit, c^{ne} de Rageade.
LAURUS, ham. et mont. à vacherie, c^{ne} de Saint-Bonnet-de-Marcenat.
LAURY, écart, c^{ne} de Lugarde. — *La Laurey*, 1561 (liève de Feniers). — *Languery*, 1578 (terr. de Soubrevèze). — *Languery*, 1585 (id. de Graule). — *Languerie* ou *Laurie*, 1856 (Dict. stat. du Cantal).
LAUSSIER (LE), vill. et m^{in}, c^{ne} de Lieutadès. — *Lausier*, 1508; — *Le Lauzier*, 1661; — *Laussier*, 1686 (terr. de la Garde-Roussillon). — *Le Lousset* (Cassini).
LAUTRE, dom. ruiné, c^{ne} de Sénezergues. — *Village de Lautre*, 1777 (arch. dép. s. C, l. 49).
LAUVA (LE PUECH DE), mont., c^{ne} de Saint-Constant. — *Le puech de Lauralle*, 1749 (anc. cad.).
LAUZARDIE, vill. et mont. à vacherie, c^{ne} de Lieutadès. — *Lausardie*, 1508; — *Lauzardier; les pascages*

de Lauzardie, 1662; — Lauzardies, 1686; — Louzardies, 1730 (terr. de la Garde-Roussillon).

LAUZARDIER, vill., c^ne d'Espinasse. — L'Auzardiè, 1855 (Dict. stat. du Cantal).

LAUZE (LA), écart, c^ne de Laroquebrou.

LAUZEL (LE), ham., c^ne de Fournoulès.

LAUZEL, f^me, c^ne de Montières. — Lauzet, 1688 (pièces du cab. Bonnefons).

LAUZEL, m^in, c^ne de Tanavelle.

LAUZERAL, vill., c^ne de la Monsélie. — Lauzerail, 1561; — Lauzeral, 1637; (terr. de Murat-la-Rabe). — Laugeral (états de sections).

LAVADOU (LE), ruiss., affl. de la Jordanne, c^ne de Mandailles; cours de 2,000 m. On le nomme aussi le Rieu-Bos et Fournol. — Ruisseau del Oradou; ruiss. de Rieu-Chau, 1692 (terr. du monast. de Saint-Géraud).

LAVADOU (LE), ruiss., affl. du ruisseau de Lacassou, c^ne de Saint-Urcize; cours de 1,560 m. — Rif del Levadou, 1508; — Ruisseau del Levadour, 1662; — Ruisseau del Levadour sive de la Sarrette, 1730 (terr. de la Garde-Roussillon).

LAVADOU (LE), écart détruit, c^ne de Sénezergues.

LAVADOU (LE), dom. ruiné, c^ne de Vic-sur-Cère. — Villaige del Lavadoyre, 1583 (terr. de Polminhac).

LAVADOUR (LE PUECH DE), mont., c^ne de Villedieu.

LAVAGARD (LE), m^in, c^ne d'Allanche.

LAVAL, écart et m^in, c^ne d'Alleuze. — Vallis, 1437 (arch. dép. s. G). — Laval, 1737 (lièvе du Fer).

LAVAL, vill., c^ne de la Capelle-Viescamp. — Laval, 1626; — La Val, 1669 (min. Sarrauste, n^re).

LAVAL, f^me, c^ne de Chaliers. — Laval, 1494 (terr. de Mallet).

Laval était, avant 1789, le siège d'une justice seign., régie par le droit cout., et ressort. à la sénéchaussée d'Auvergne, en appel du bailliage de Ruines.

LAVAL, ham. et m^in en ruine, c^ne de Montmurat. — La Bal, 1553 (min. Destaing, n^re à Marcolès). — Laval, 1682 (arch. dép. s. C, l. 3).

LAVAL, ruiss., affl. du ruisseau de Ratier, coule aux finages des c^nes de Montredon (Lot), Montmurat, Saint-Santin-de-Maurs et du Trioulou (Cantal); cours de 2,000 m.

LAVAL, vill., c^ne de Neussargues. — Lavail, 1635 (nommée par G^ille de Foix). — Le Veil, 1694; — La Vail, 1696 (état civ. de Joursac). — Laval, 1771 (lièvе de Mardogne). — La Val (Cassini).

LAVAL, écart, c^ne de Pers. — Labal, 1449 (arch. dép. s. H). — Desabal, 1617 (état civ. de Glénat). — Laval, 1630 (min. Sarrauste, n^re à Laroquebrou). — La Val, 1645 (état civ. de Parlan).

LAVAL, écart et m^in, c^ne de Pleaux. — Métairie Dubal; Laval-les-Pleaux, 1663 (état civ.). — Laval, 1782 (arch. dép. s. C, l. 40).

LAVANDÈS, écart avec manoir, c^ne de Champagnac. — Lavandeys, 1507 (arch. général. de Sartiges). — Lavandez, 1788 (arch. dép. s. G, l. 45).

LAVANDÈS (LE), ruiss., affl. de la Dordogne, c^ne de Champagnac; cours de 2,200 m.

LAVARET (LE), ruiss., affl. de la rivière d'Allanche, c^ne de Pradiers; cours de 5,000 m.

LAVASTRIE, c^on sud de Saint-Flour. — La Vestria, XIVe s^e (Guill. Trascol). — La Bastria, XIVe s^e (pouillé de Saint-Flour). — Vastria, 1433 (liber vitulus). — La Vestrie, 1602 (arch. dép. s. H). — Lavastrye, 1618 (terr. de Seriers). — La Vastre, 1628 (paraphr. sur les cout. d'Auvergne). — La Vastrie, 1665 (insin. du bailliage d'Andelat). — La Vastriez, 1672 (id. de la cour royale de Murat). — Labasterie, 1688 (pièces du cab. Bonnefons).

Lavastrie était, avant 1789, de la Haute-Auvergne, du dioc., de l'élect. et de la subdél. de Saint-Flour. Cette paroisse était régie par les droits écrit et cout.; la partie du droit cout. dépend. de la justice seign. de Montbrun, et ressort. à la sénéch. d'Auvergne, en appel de la prév. de Saint-Flour; quant à la partie de droit écrit, elle dépend. de la justice du mandem. de Châteauneuf, et ressort. au bailliage de Vic, en appel de la cour royale de Murat. — Son église, dédiée à saint Pierre, avait autrefois un chapitre; après 1520, elle devint un prieuré. Elle a été érigée en succursale par décret du 28 août 1808.

LAVAUR, f^me, c^ne de Bassignac. — Lavau (Cassini).

LAVAUR, ruiss., affl. de la Sumène, c^ne de Bassignac; cours de 2,040 m.

LAVAUR, f^me avec manoir, c^ne de Jaleyrac.

LAVAUR (LE BOIS DE), mont. à vacherie, c^ne de Madic.

LAVAUR, vill. détruit, c^ne de Saint-Martin-Cantalès. — Villa de Vaur, 1255 (vente au doyen de Mauriac).

LAVAURS, vill., c^ne de Jaleyrac. — Biaura? X^e s^e (test. de Théodechilde). — La Vaur; la Rocha-en-Latensa, seu affarium de Lavaur, 1310 (lièvе du pr^ré du Vigean). — Lavaurd, 1653 (état civ. du Vigean). — Lavaur, 1680 (terr. de Mauriac). — La Vor, 1739 (état civ. de Drugeac).

LAVAURS, ham. et m^in, c^ne de Saint-Paul-des-Landes. — Las Vaurs, 1307 (pap. de la famille de Montal). — Lavaur Sobeyrane, 1550 (terr. d'Escalmels). — Labaur-Hault; Labaur-Bas, 1583 (arch. dép. s. G). — Labau; la Bau-Soubeyrane, 1669 (nommée au p^ce de Monaco). — Labaour, 1671 (état civ. de Jussac). — Lavaur-Haulte, 1682 (arch. dép. s. G).

— *Lavaurt* (État-major). — *Lavaur*, 1856 (Dict. stat. du Cantal).

Lavaurs, écart, c^{ne} du Vigean, connu aussi sous le nom de *Prat-Faissou*. — *Lavaur*, 1474 (terr. de Mauriac).

Laveissenet, c^{on} de Murat. — *La Vaysenetz*, 1256 (arch. dép. s. H). — *La Vaycenet*, 1348 (reconn. au command. de Montchamp). — *La Bayssenet*, xive s^e (Guill. Troscol). — *Veissenitum*, 1445 (ordonn. de J. Pouget). — *La Vaysenet*, xve s^e (terr. de Bredon). — *La Vaissanet*, 1508 (id. de Loubeysargues). — *La Veissanet*, 1554 (arch. dép. s. H). — *La Voisanet; la Veyssane; la Veyssanet; la Veyssannet*, 1575 (terr. de Bredon). — *La Veyssennet*, 1580 (id. de la v^{té} de Murat). — *La Veicenet*, 1585 (lièvre de la v^{té} de Murat). — *La Vaissenetz*, 1595 (terr. d'Ussel). — *La Verynet*, 1628 (paraphr. sur les cout. d'Auvergne). — *La Veysenet*, 1678; — *La Veisanet*, 1692 (état civ. de Chastel-sur-Murat). — *La Vaissenet*, 1698; — *La Veysanet*, 1700 (id. de la Chapelle-d'Alagnon). — *La Veissinet*, 1740 (lièvre de Bredon). — *La Veissonnet; la Vaissenet*, 1784 (Chabrol, t. IV). — *La Veissenet*, xviiie s^e (arch. dép. s. G).

Laveissenet était, avant 1789, de la Haute-Auvergne, du dioc., de l'élect. et de la subdél. de Saint-Flour. Régie par le droit cout., elle était le siège d'une justice seign., ressort. à la sénéch. d'Auvergne, en appel de la prév. de Saint-Flour. — Son église, dédiée à saint Cirgues, était à la nomination du commandeur de Celles. Elle a été érigée en succursale par décret du 28 août 1808.

Laveissière, c^{on} de Murat. — *La Vaiceira*, 1237 (arch. dép. s. H). — *La Bessoyra*, 1374; — *La Baysseyria*, 1396; — *La Vaysseria*, 1403 (id. s. E). — *La Veysseyra*, 1486 (id. s. G). — *La Vaysseyra*, 1490 (terr. de Chambeuil). — *La Boyssyra*, xve s^e (id. de Bredon). — *La Veyssière; la Vosseyre*, 1500 (id. de Combrelles). — *La Veisseyre*, 1644 (état civ. de Murat). — *La Besseyre*, 1664 (terr. de Bredon). — *La Veysseyre*, 1668 (nommée au p^{ce} de Monaco). — *La Veissaire*, 1669 (insin. de la cour royale de Murat). — *Laveissèire*, 1687; — *La Veyssayre*, 1691 (id. de Murat). — *La Veisseyra*, xviie s^e (terr. de Combrelles).

Laveissière était, avant 1789, de la Haute-Auvergne, du dioc., de l'élect. et de la subdél. de Saint-Flour. Régie par le droit cout., elle dépend. de la justice seign. de Chambeuil, et ressort. au bailliage de Vic, en appel de la cour royale de Murat. — Son église, dédiée à saint Louis, était une annexe de Bredon. Elle a été érigée en succursale par ordonnance royale du 5 janvier 1820.

Laveissière, qui dépendait originairement de la c^{ne} de Bredon, a été érigée en c^{ne} distincte par ordonnance royale du 6 mai 1836.

Laveix, ham., c^{ne} de Veyrières. — *Lavetz*, 1204 (vente au doyen de Mauriac). — *Laveix* (Cassini). — *Lavex* (État-major). — *La Veix*, 1857 (Dict. stat. du Cantal).

Laveix, ruiss., afll. de la Dordogne, c^{ne} de Veyrières; cours de 1,460 m.

Lavenal, seigneurie, ville d'Allanche.

Cette seigneurie se composait d'une partie du Foirail et de quelques maisons voisines.

Lavernier, mont. à vacherie, c^{ne} de Badailhac.

Lavigerie, c^{on} de Murat. — *La Vegairia*, 1279 (arch. dép. s. E). — *La Vigairia*, 1348 (lièvre de Dienne). — *La Viegeiria*, 1441 (arch. dép. s. E). — *La Vegeyria*, 1489 (lièvre de Dienne). — *La Vigeyria*, 1490 (arch. dép. s. E). — *La Vigeyrie*, 1551; — *La Vegeyrie*, 1595; — *Lavigeyria*, 1600 (terr. de Dienne). — *La Vegeria*, 1611 (état civ. de Thiézac). — *La Vigeiria*, 1618 (terr. de Dienne). — *La Veygeyrio*, 1662 (état civ. de Chastel-sur-Murat). — *La Vigneyrie*, 1673 (nommée au p^{ce} de Monaco). — *La Vigeria*, 1778 (cens de Dienne).

Lavigerie était, avant 1789, de la Haute-Auvergne, du dioc., de l'élect. et de la subdél. de Saint-Flour. Régie par le droit écrit, elle dépend. de la justice seign. de Dienne et ressort. au bailliage de Vic, en appel de la cour royale de Murat. — Son église, dédiée à Notre-Dame de la Visitation, était une annexe de Dienne.

Par ordonnance royale du 24 octobre 1821, l'église de Lavigerie, réunie à celle de la Buge, a été distraite de la succursale de Dienne, et érigée en succursale. Lavigerie faisait originairement partie de la c^{ne} de Dienne; il a été érigé en c^{ne} distincte par ordonnance royale du 24 juillet 1839.

Lavinal, dom. ruiné, c^{ne} de Roussy. — *Affar appellé Lavinhal de la Combe del Bosredon et de Peissavit*, 1670 (pièces du cab. Lacassagne).

Lavoux (Le Bois de), dom. ruiné, c^{ne} de Giou-de-Mamou. — *Affar appellé de Lavaur, alias de Cavanhac*, 1692 (terr. du monast. de Saint-Geraud).

Laye (La), f^{me}, c^{ne} de Labrousse.

Laymarie, dom. ruiné, c^{ne} de Polminhac. — *Laymaria; Las Aymarias; las Aymerie; las Emarias; Laymaria alias de la Viale de Fraysse; mas de la Viale sive de la Seveyria; la Seveyrie, sive de la Vialle de Fraysse*, 1692 (terr. de Saint-Geraud).

Layrac, écart, c^{ne} de Tournemire. — *Aleyrac*, 1680;

— *Leyrac*, 1782 (arch. dép. s. C, l. 6). — *Layrat*, 1857 (Dict. stat. du Cantal).

LAYRENOUX, vill., c⁹ᵉ de Soulages. — *Leirona*, 1508 (terr. de Montchamp). — *Téronou*, 1625 (état civ. de Saint-Flour). — *Leyrenoux*, 1784 (Chabrol, t. IV). — *Loyrenoux* (Cassini).

LAYSSALLE, écart, cⁿᵉ de Rouffiac.

LAYSSALLE, ruiss., affl. du ruisseau de la Bedaine, cⁿᵉ de Rouffiac; cours de 1,480 m.

LAYTERIE (LA), fᵐᵉ, cⁿᵉ d'Ydes. — *Lenteyrie*, 1658; — *Leyteyrie*, 1659 (insin. du bailliage de Salers). — *La Lutherie*, 1686 (état civ.). — *La Latterie*, 1744; — *La Létairie*, 1781 (arch. dép. s. C, l. 45). — *La Laiterie* (État-major).

LAYTERIE (LA), ruiss., affl. de la Sumène, cⁿᵉ d'Ydes; cours de 2,200 m.

LAZEROU, écart, cⁿᵉ de Parlan. — Il porte aussi le nom de *la Croix-des-Ols*. — *Lairoux*, 1748 (anc. cad.).

LAZEROUX, vill., cⁿᵉ de Chastel-Marlhac. — *Lazerou*, 1607 (terr. de Trizac). — *Lazens*, 1686 (état civ. de Trizac). — *Lazeron*, 1688 (id. de Chastel-Marlhac). — *Lazeroux*, 1783 (arch. dép. s. C, l. 45). — *Lageron* (État-major).

LAZUEL (LE PUECH DE), mont. à vacherie, cⁿᵉ de la Trinitat.

LEAUSSIN, écart détruit, cⁿᵉ d'Ydes. — *Villaige de Leaussin*, 1659 (insin. du baill. de Salers).

LÉBRALIOL, dom. ruiné, cⁿᵉ de Riom-ès-Montagnes. — *Affar de Lebralioltz*, 1506 (terr. de Riom).

LEBRET, mⁱⁿ, cⁿᵉ de Tourniac.

LEBRINE (LA), vill., cⁿᵉ de Faverolles. — *Lebrive*, 1784 (Chabrol, t. IV). — *La Lebrine* (Cassini).

LEBUEL, mont. à vacherie, cⁿᵉ de Polminhac.

LECADOU, écart, cⁿᵉ de Cheylade. — *Lecadoux* (Cassini).

LECADOU, écart, cⁿᵉ de Saint-Mamet-la-Salvetat.

LECIDES, vill., cⁿᵉ de Saint-Saury. — *Liscide* (État-major).

LÉCOLLE, dom. ruiné, cⁿᵉ de Saint-Santin-Cantalès. — *Affarium da la Lecolanat*, 1345 (arch. dép. s. G). — *La Lecola*, 1416 (pap. de la famille de Montal). — *Lécole*, 1669 (nommée au pᶜᵉ de Monaco).

LEGAL, mont. à burons, cⁿᵉˢ de Girgols et de Saint-Projet). — *Montaigne de Legau*, 1693 (arch. de l'hôp. d'Aurillac). — *Vᵗⁱᵉ de Legal* (État-major).

LEGRENESSE (LA), mont. à vacherie, cⁿᵉ de Tourniac. — *Podium de Longaressas*, 1503 (terr. de Cussac).

LEIGE, vill., cⁿᵉ de Pleaux. — *Leyge*, 1653; — *Leigs*, 1656; — *Laize*, 1657 (état civ.). — *Aigues*, 1662 (id. de Chaussenac). — *Loge*, 1673 (id. d'Arnac). — *Leize*, 1697 (état civ.). — *Leige*, 1782 (arch. dép. s. C, l. 40). — *Leiges* (Cassini).

LEIGONIE, dom. ruiné, cⁿᵉ de Vitrac. — *Villaige de Leigounie*, 1668 (nommée au pᶜᵉ de Monaco).

LEINE, dom. ruiné, cⁿᵉ de Marcolès. — *Mansus vocatus da Leine*, 1301 (pièces de l'abbé Delmas).

LEINHAC, vill., cⁿᵉ d'Ytrac. — *Leyniac*, 1644 (état civ. de Saint-Mamet). — *Laynhac*, 1668 (nommée au pᶜᵉ de Monaco). — *Leynhac*, 1684 (arch. dép. s. C). — *Lainiac*, 1702 (état civ. de la Capelle-Viescamp). — *Lainhac*, 1739 (anc. cad.). — *Leiniac*, 1739; — *Leiynhac*, 1741 (arch. dép. s. C).

LEMBOURA, écart, cⁿᵉ de Labrousse.

LEMMET, ruiss., affl. de la Santoire, cⁿᵉˢ de Dienne et de Saint-Saturnin; cours de 13,700 m.

LEMMET (LE), ruiss., affl. de la Santoire, cⁿᵉ de Saint-Saturnin; cours de 3,500 m. — *Rivus de Lecmet*, 1296 (la maison de Graule).

LÉMOSINIE (LA), dom. ruiné, cⁿᵉ de Siran. — *Mansus de la Lemozinia*, 1442 (arch. mun. d'Aurillac, s. HH, c. 21). — *La Lemozeine*, 1449 (enq. sur les droits des seign. de Montal). — *La Lemozenia*, 1449 (pap. de la famille de Montal). — *La Leymosinies*, 1687 (état civ. de la Capelle-Viescamp).

LEMPRE, ham., cⁿᵉ de Champagnac. — *Lempry*, 1784 (Chabrol, t. IV). — *Lempre* (Cassini). — *Lampre*, 1855 (Dict. stat. du Cantal).

LEMPRET, vill., cⁿᵉ de Champagnac. — *Lempret*, 1697 (état civ. d'Arches). — *Lampret*, 1788 (arch. dép. s. C, l. 45).

LENDENOS (LE PUY DE), mont. à vacherie, cⁿᵉ de Saint-Étienne-de-Maurs.

LENÈS, bois, cⁿᵉ d'Arches. — *Nemus vocatum Lances*, 1475 (terr. de Mauriac).

LENÈS, dom. ruiné, cⁿᵉ de Lavastrie. — *Villaige de Laynetz; Laymetz; Lenetz*, 1618 (terr. de Sériers).

LENTAT, vill., cⁿᵉ d'Arpajon. — *Mansus sive affarium de Lentat*, 1286 (arch. mun. d'Aurillac, s. GG, c. 16). — *Letat*, 1561 (obit. de N.-D. d'Aurillac). — *Lientat*, 1585 (terr. de N.-D. d'Aurillac).

LENTAT (LE), ruiss., affl. du ruisseau de Couflias, cⁿᵉˢ de Vézac et d'Arpajon; cours de 6,100 m. — On le nomme aussi *l'Estrade*. — *Ruishau de Lantat*, 1595 (arch. de l'hôp. d'Aurillac). — *Ruisseau de Lentat*, 1606 (terr. de N.-D. d'Aurillac).

LENTILLAC, dom. ruiné, cⁿᵉ de Saint-Paul-de-Salers. — *Villaige de Lentillac*, 1673 (état civ. d'Aurillac).

LÉONARD, mⁱⁿ, cⁿᵉ de Saint-Hyppolyte. — *Moulin de Lionard*, 1784 (arch. dép. s. C, l. 46).

LER, dom. ruiné, cⁿᵉ de Boisset. — *Villaige de Ler*, 1751 (état civ.).

LERADOU, dom. ruiné, cⁿᵉ de Jaleyrac. — *Villaige de Leradou*, 1684 (état civ. d'Arches).

LÉRALDIE, vill. détruit, c^{ne} de Siran. — *Mansus da Layraldia*, 1265 (reconn. au seign. de Montal). — *Leoradium*, 1297 (test. de Geraud de Montal). — *Villaige de Leyraldies*, 1765 (arch. dép s. G).

LÉRALDIE, vill. détruit, c^{ne} d'Ytrac. — *Mansus de Layraldia*, 1482 (arch. mun. d'Aurillac, s. HH, c. 21). — *Léroldie*, 1633 (état civ. de Reilhac). — *Leraldye*, 1668 (nommée au p^{ce} de Monaco). — *Leyraldie*, 1684; — *Leyraldies*, 1713 (arch. dép. s. G). — *Leyraldis; Leyral-Dies; Liraldies*, 1740 (anc. cad.).

LERC, seign., c^{ne} de Chalinargues. — *Lerc*, 1580 (lièvе conf. de la v^{té} de Murat).

LERGUY, dom. ruiné, c^{ne} de Soulages. — *Domaine de Lerguy*, 1778 (arch. dép. s. C, l. 48).

LERT, ham., c^{ne} de Sansac-Veinazès.

LESBOULIÈRE, ham. et mont. à vacherie, c^{ne} de Saint-Paul-de-Salers. — *La Boulière; vacherie de Laboulière* (Cassini). — *Les Boussières* (État-major).

LESCIVIEIRE, dom. ruiné, c^{ne} de Mourjou. — *Ténement de Lescivieyre*, 1760 (terr. de Saint-Projet).

LESCLOUADE, écart, c^{ne} de Saint-Saturnin.

LESCOT (LA FONT DE), dom. ruiné, c^{ne} de Giou-de-Mamou. — *Ténement appellé la Fon-de-Lescaut; fontaine appellée Lescau*, 1695 (terr. de la command. de Carlat).

LESCOUNIOU, écart, c^{ne} de Saint-Cirgues-de-Jordanne.

LESCURE, écart, c^{ne} de Boisset. — *Lescure*, 1646 (état civ. de Cayrols). — *Escure*, 1852 (Dict. stat. du Cantal).

LESCURE, vill., c^{ne} de la Chapelle-Laurent. — *Lescurette*, 1613 (table des mandem. de Nubieux). — *L'Escure*, 1784 (Chabrol, t. IV). — *Lescurs* (État-major).

LESCURE, f^{me} et mⁱⁿ, c^{ne} de Chaudesaigues. — *Lescura*, 1290 (arch. dép. s. G). — *Lescure*, 1333 (Gall. christ., t. II, col. 423). — *Obscura*, 1338 (spicil. Brivat.). — *Lescure-lez-Chaudesaigues*, 1504 (arch. dép. s. G).

LESCURE, écart, c^{ne} de Mourjou.

LESCURE, écart, c^{ne} de Saint-Antoine.

LESCURE, séchoir à châtaign., c^{ne} de Saint-Étienne-de-Maurs.

LESCURE, ham. et mⁱⁿ, c^{ne} de Saint-Étienne-de-Riom. — *Lescure*, 1504 (terr. de la duchesse d'Auvergne). — *Les Cures* (Cassini).

LESCURE, ruiss., affl. de la Jordanne, c^{ne} de Saint-Julien-de-Jordanne; cours de 1,400 m.

LESCURE, écart, c^{ne} de Saint-Urcize. — *Lescures* (Cassini). — *L'Escure*, 1857 (Dict. stat. du Cantal).

LESCURE, ruiss., affl. de l'Hère, c^{ne} de Saint-Urcize; cours de 2,580 m.

LESCURE, vill. et chât., c^{ne} de Valuéjols. — *Lescura*, 1374 (arch. dép. s. E). — *Las Seuras*, 1508 (terr. de Loubeysargues). — *L'Escure*, 1670 (id. de Brezons). — *Lescure*, 1671 (nommée au p^{ce} de Monaco). — *Lezcure*, 1671 (insin. du baill. d'Andelat). — *Notre-Dame de la Visitation* (carte de Cassini).

Lescure était, avant 1789, le siège d'une justice seign. régie par le droit cout., et ressort. à la sénéch. d'Auvergne, en appel de la prév. de Saint-Flour. L'église de Notre-Dame de Lescure a été érigée en succursale par ordonnance royale du 5 janvier 1820.

LESCURE-BASSE, vill., c^{ne} de Valuéjols. — *Escura*, xve s^e (terr. de Bredon). — *Lescura*, 1508 (id. de Loubeysargues). — *Lescure*, 1667 (insin. du baill. d'Andelat).

LÉSELLIÈRES, lieu dét., c^{ne} de Bournoncles. (Cassini).

LESNEIRES (LE CHANABOU DE), mont. à vacherie, c^{ne} de Coltines.

LESPARANNE, écart, c^{ne} de Freix-Anglards.

LESPINASSE, f^{me}, c^{ne} de Junhac.

LESPINASSE, dom. ruiné, c^{ne} de Roumégoux. — *Affar de Lespinasse*, 1668 (nommée au p^{ce} de Monaco).

LESPINOUX, dom. ruiné, c^{ne} de Soulages. — *Villaige de Lespinoux*, 1747 (arch. dép. s. C, l. 48).

LESPRITE, écart, c^{ne} de Cassaniouze.

LESRUNAL, dom. ruiné, c^{ne} de Saint-Gerons. — *Mansus de Lesrunal*, 1322 (pap. de la famille de Montal).

LESRUVAL, dom. ruiné, c^{ne} de Pers. — *Mansus da Lesruval*, 1322 (pap. de la famille de Montal).

LESSAL, vill., c^{ne} de Mourjou. — *Lessal*, 1671 (nommée au p^{ce} de Monaco). — *Lessac*, 1760 (terr. de Saint-Projet). — *Lissac*, 1784 (Chabrol, t. IV). — *Lessar* (État-major).

LESSARD, écart, c^{ne} de Champs. — *Lissard* (État-major).

LESSARD, vill., c^{ne} de Saint-Bonnet-de-Marconat.

LESSENAT, vill., c^{ne} de Carlat. — *Lussenac*, 1635 (état civ. de Vic). — *Cessenac*, 1646 (id. de Naucelles). — *Lecenac*, 1670 (nommée au p^{ce} de Monaco). — *Lessenac; Lessanau; Les Senat*, 1695; — *Leissenac*, 1736 (terr. de la command. de Carlat).

LESSIMENQUE, dom. ruiné, c^{ne} de Saint-Constant. — *Villaige dé Lessimenque*, xviie s^e (reconn. au prieur de Saint-Constant).

LESTAMPE, ham., c^{ne} de Marchastel. — *Lestampe*, 1578 (terr. de Soubrovèze).

LESTINQUIAU, ruiss., affl. du ruisseau du Mouix, c^{ne} de Cros-de-Montvert.

LESTOGRES, dom. ruiné, c^{ne} de Mandailles. — *Villaige de Lestogres*, 1692 (terr. de Saint-Gerand).

LESTOUBEIRE, vill., c^{ne} de Reilhac.
LESTRADE, écart, c^{ne} de Boisset.
LESTRADE, mⁱⁿ détruit, c^{ne} de Cezens. — *Molendinum nuncupatum de Lestrada*, 1495 (arch. dép. s. G).
LESTRADE, f^{me}, c^{ne} de Cros-de-Montvert. — *Lestrade*, 1628 (état civ. de Cros-de-Montvert). — *L'Estrade* (Cassini).
LESTRADE, écart, c^{ne} de Fournoulès.
LESTRADE, écart, c^{ne} de Leynhac.
LESTRADE, ham., c^{ne} de Sainte-Anastasie.
LESTRADE, ham., c^{ne} de Sénezergues. — *Lestrade*, 1670 (terr. de Calvinet). — *L'Estrade*, 1745 (arch. dép. s. C, l. 49).
LETH, ham., c^{ne} de la Besserette. — *Este*, 1549 (min. Boygues, n^{re}). — *Let* (Cassini).
LEUCAMP, c^{on} de Montsalvy. — *Longus-Campus*, XIVe s^e (Pouillé de Saint-Flour). — *Leucampus*, 1464 (vente par Guill. de Treyssac). — *Lepcons*, 1535 (terr. de Caylus). — *Laucamp*; *Lucamp*, 1548 (min. Guy de Vayssieyra, n^{re}). — *Lecamp*, 1549 (*id.* Boygues, n^{re}). — *Laugang*, 1622; — *Laucam*, 1623 (état civ. d'Arpajon). — *Lacomp*, 1649 (*id.* de Leucamp). — *Leucan*, 1667 (*id.* de Montsalvy). — *Leocamp*, 1685 (*id.* de Leucamp). — *Leucamp*, 1692 (terr. de Saint-Gerand). — *L'Eucamp*, 1695 (état civ. de Montsalvy). — *Locamp*, 1784 (Chabrol, t. IV). — *Leucam* (État-major).

Leucamp était, avant 1789, de la Haute-Auvergne, du dioc. de Saint-Flour, de l'élect. et de la subdél. d'Aurillac. Régi par le droit écrit, il était le siège d'une justice seign. ressort. au bailliage d'Aurillac, en appel de la prév. de Maurs. — Son église, dédiée à saint Amant, était un prieuré dépendant du chapitre de la cathédrale de Clermont. Elle a été érigée en succursale par décret du 28 août 1808.

LEUCAMP, vill., c^{ne} de la Besserette. — *Longum-Camyum*, 1505; — *Leucamp*, 1528; — *Longus-Campus*, 1535 (terr. de Coffinal). — *Leucamp-de-Pont*, 1549 (min. Guy de Vayssieyra, n^{re}). — *Le Cortiac-de-Leocamp*, 1551 (*id.* Boygues, n^{re}). — *Laucamp-Lardence*, 1767 (table des min. Guy de Vayssieyra). — *Leau Camp*, 1768 (état civ. de Sansac-Veynazès). — *Laucamp* (Cassini).
LEUCHET, dom. ruiné, c^{ne} du Vigean. — *Affarium de Leuchel*, 1473; — *Tènement de Leuschet*, 1680 (terr. de Mauriac).
LEUPRADE, écart, c^{ne} de Mourjou. — *La Lobadia*, 1557 (pièces de l'abbé Delmas). — *Lupade* (État-major).
LEURRE, dom. ruiné, c^{ne} de Lavastrie. — *Villaige de Leurre*, 1682 (insin. de la cour royale de Murat).

LEVADE (LA), mⁱⁿ détruit, c^{ne} de Cayrols.
LEVADE (LA), mont. à burons, c^{ne} de Marcenat.
LEVADE (LA), écart, c^{ne} de Trizac.
LEVADES (LES), dom. ruiné, c^{ne} de Boisset. — *Affar de la Levade*, 1668 (nommée au p^{ce} de Monaco). — *Bois de Leilivades*, 1746 (anc. cad.).
LEVADOU (LE), mont. à vacherie, c^{ne} de Dienne. — *Le Lavadour*, 1600; — *Montaigne appellée Levadou*, 1618 (terr. de Dienne).
LEVANDÈS, riv., affl. de la Truyère, coule aux finages des c^{nes} de Jabrun, Chaudesaigues, Espinasse et Lieutadès; cours de 14,500 m. — Elle porte, en la c^{ne} de Jabrun, les noms des *Cayres* et du *Temple*; dans celle d'Espinasse, elle est appellée *Péycaresse*, et dans les autres, *Hyrisson*, *Lavandès* et *Pont-Rouge*. — *Le rif d'Irisso*; *l'eau de Lavande*; *Lavende*, 1508; — *Ruisseau de Yrisson*; *rivière de Louande*, 1662; — *Rivière Dirisson*; *d'Irisson*; *ruisseau de Levaunde*, 1686; — *Rivière de Lesvande*; *ruisseau d'Irissous*, 1730 (terr. de la Garde-Roussillon). — *Levandès* (État-major). — *Yrisson* (nouv. cad.).
LEVERS, ham. et mⁱⁿ, c^{ne} de Lavastrie. — *Levers*, 1618 (terr. de Sériers). — *Leuver*, 1677 (insin. de la cour royale de Murat). — *Le Vers* (Cassini).
LEVERS, vill. et mⁱⁿ, c^{ne} de Saint-Cirgues-de-Jordanne. — *Levers*, 1679 (arch. dép. s. C, l. 1). — *Le Vers* (Cassini).
LEVERS, ruiss., affl. de la Jordanne, c^{ne} de Saint-Cirgues-de-Jordanne; cours de 2,000 m.
LEVERS (LE BAC DE), mont. à burons, c^{ne} de Saint-Projet.
LEVERT, ruiss., affl. de la rivière du Jurol, c^{ne} d'Alleuze; cours de 2,000 m. — *Rieu de Bertha*; *rieu de Berthie*; *rieu appellé a las Alugeyras*; *rieu de las Alugeyres*, 1494 (terr. de Mallet).
LEVERT, vill., c^{ne} de Rezentières. — *Levers*, 1610 (terr. d'Avenaux). — *Levière*, 1613 (*id.* de Nubieux). — *Le Ver* (Cassini). — *Le Vert*, 1855 (Dict. stat. du Cantal).
LEVERT, vill., c^{ne} de Saint-Projet. — *Leurers*, 1658 (insin. du baill. de Salers). — *Levers*, 1680 (état civ.). — *Le Verger* (Cassini).
LEVERT, dom. ruiné, c^{ne} de la Ségalassière. — *Villaige de Levert*, 1688 (état civ. de la Capelle-Viescamp).
LEVETS, dom. ruiné, c^{ne} de Saint-Étienne-Cantalès. — *Villa de Levetz*, 1255 (vente au doyen de Mauriac).
LEXBIAUX, écart, c^{ne} de Trizac.
LEXTREIT, vill. et mⁱⁿ, c^{ne} de Colandres. — *Lestreu*, 1520 (terr. d'Apchon). — *Lestral*; *Lestreil*, 1671 (état civ. de Menet). — *Lestrel*, 1680 (terr. de la châtell. des Bros). — *Lestrez*, 1691 (état civ. de

Saignes). — *Le moulin de Lestreit*, 1719 (table du terr. d'Apchon). — *Estreil*, 1731 ; — *Lastreil*, 1738 (état civ.). — *Les Trails* (Cassini). — *Lestret* (État-major).

Leybros, mont. à vacherie, c^ne de Pailhérols.

Leybros, f^me, tour et mont. à burons, c^ne de Saint-Bonnet-de-Salers. — *Leybros*, 1627 (terr. de N.-D. d'Aurillac). — *Las Brou*, 1665 (insin. du baill. de Salers). — *Leibros*, 1698 (état civ. de Saint-Martin-Valmeroux). — *Les Bros*, 1784 (Chabrol, t. IV).

Leybros était, avant 1789, le siège d'une justice moyenne et basse, régie par le droit cout., dépend. de la haute justice du Vaulmier, et ressort. à la sénéch. d'Auvergne, en appel du bailliage de Salers.

Leybros, écart avec manoir, c^ne de Saint-Santin-Cantalès. — *Mansus de la Broa*, 1327 (pap. de la famille de Montal). — *Las Broas*, 1443 (arch. mun. d'Aurillac, s. HH, c. 21). — *Lair Brohair*, 1627 (min. Sarrauste, n^re à Laroquebrou). — *Las Brohas*, 1632 ; — *Las Bros*, 1670 (état civ.). — *Lesbros*, 1671 (id. d'Arnac). — *Leybros*, 1744 (anc. cad.).

Leybros, vill. et bois, c^ne de Trizac. — *Lous Leoucs*, 1269 (homm. à l'évêque de Clermont). — *Ley-Broas*, 1607 (terr. de Trizac). — *Las Broues*, 1669 ; — *Las Broas*, 1672 ; — *Lasbroux*, 1680 ; — *Las Brouhas*, 1682 (état civ.). — *Lasbrouas*, 1689 ; — *Lesbros*, 1717 (id. de Chastel-Marlhac). — *Lasbros*, 1744 ; — *Leybros*, 1782 (arch. dép. s. C).

Leybros, f^me avec manoir, c^ne d'Ytrac. — *Labroa*, 1483 (pap. de la famille de Montal). — *La Broa*, 1522 (min. Vigery, n^re). — *Las Bros*, 1669 (nommée au p^ce de Monaco). — *Leybros*, 1688 (état civ. de Crandelles). — *Laybros*, 1741 (arch. dép. s. C). — *Las Broas*, 1743 (arch. mun. d'Aurillac).

Leygnerie, ham., c^ne de Marcolès.

Leygonies, ham., c^ne de Marcolès. — *La Hugonia*, 1437 (terr. de Marcolès). — *Leygonia*, 1545 (min. Destaing, n^re). — *Loigounie*, 1668 (nommée au p^ce de Monaco). — *Laivounie*, 1669 (état civ. de Maurs). — *Leygonie* (Cassini).

Leygues, vill., c^ne de Saint-Illide. — *Laigue*, 1597 ; — *Leigue*, 1598 (min. Lascombes). — *Laygue* (Cassini).

Leygues, vill., c^ne de Sénezergues. — *Leygua*, 1539 (min. Destaing, n^re à Marcolès). — *Leygue*, 1552 (id. Boygues, n^re à Montsalvy). — *Leigue*, 1668 (nommée au p^ce de Monaco). — *Laygue*, 1744 (état civ. de la Capelle-en-Vézie). — *Leigne* (Cassini).

Leymanie, ham., c^ne de Saint-Julien-de-Jordanne.

Leynaguet (Le), ruiss., affl. du ruisseau de la Couyne, c^ne de Leynhac ; cours de 3,500 m. — *Rivus vocatus de Leynhaguet*; *Laynhaguet*, 1301 (pièces de l'abbé Delmas).

Leynhac, c^on de Maurs, et chât. féodal ruiné. — *Lainhacum*, 1301 (pièces de l'abbé Delmas). — *Laynhacum*, xive s^e (Pouillé de Saint-Flour). — *Leynihacum*, 1407 ; — *Laynihacum*, 1529 (pièces de l'abbé Delmas). — *Leignhac*, 1554 (min. Destaing, n^re à Marcolès). — *Leyggnhac*, 1607 ; — *Layniac*, 1609 (état civ. de Saint-Étienne-de-Maurs). — *Leinihac*; *Lenihac*, 1632 (id. d'Arpajon). — *Leynihac*, 1640 (id. de Saint-Étienne-de-Maurs). — *Leygniac*, 1673 (id. de Cassaniouze). — *Leynhac*; *Leyniac*, 1694 (terr. de Marcolès). — *Laynihac*, 1720 (état civ. de la Capelle-en-Vézie). — *Leinghac*, 1747 ; — *Lenhac*, 1748 (id. de Saint-Étienne-de-Maurs). — *Leignac*, 1784 (Chabrol, t. IV). — *Leinhac* (État-major).

Leynhac était, avant 1789, de la Haute-Auvergne, du dioc. de Saint-Flour, de l'élect. et de la subdél. d'Aurillac ; il était le siège d'une justice seign. régie par le droit écrit, et ressort. partie au bailliage d'Aurillac, en appel de la prév. de Maurs, partie à la sénéch. d'Auvergne, en appel de la prév. de Calvinet. — Son église, dédiée à Notre-Dame de l'Assomption, était desservie par un chapitre qui avait été réuni au prieuré du Pont ; elle a été érigée en succursale par décret du 28 août 1808.

Leynhac, ruiss., affl. de la Rance, c^ne de Leynhac ; cours de 7,000 m.

Leynhac (Le Puech de), écart, c^ne de Leynhac. — *Mansus vocatus de Podio*, 1301 (pièces de l'abbé Delmas). — *Lo Puech*, 1668 (nommée au p^ce de Monaco).

Leyrenoux, vill., c^ne de Soulages. — *Leyrenoux*, 1618 (terr. de Sériers).

Leynissou (Le Puech de), mont. à vacherie, c^ne de Saint-Simon.

Leyrits, vill., c^ne de Crandelles. — *Layritz*, 1466 (reconn. des hab. de Leyrits à l'hôp. d'Aurillac). — *Leyritz*, 1531 (min. Vigery, n^re à Aurillac). — *Eyrix*, 1635 (état civ. de Reilhac). — *Leyris*, 1667 (id. de Saint-Martin-de-Valois). — *Leyrich*, 1679 (arch. dép. s. C, l. 7). — *Leyrets*, 1686 ; — *Layrix*, 1696 (état civ.). — *Leyrix*, 1716 ; — *Leyrits*, 1743 (arch. dép. s. C, l. 7).

Leyrits, vill., c^ne de Rouffiac. — *Layris*, 1297 (test. de Geraud de Montal). — *Layritz*, 1346 (arch. dép. s. G). — *Layrit*, 1449 (enq. sur les droits des seign. de Montal). — *Leyritz*, 1628 (état civ.

de Cros-de-Montvert). — *Leyrix*, 1774; — *Leyris*, 1782 (arch. dép. s. C, l. 51).

Leyrits (Le Puy-de-), écart, c^{ne} de Rouffiac. — *Le Puech de Leyrits* (État-major).

Leyrou (La Fon de), dom. ruiné, c^{ne} de Saint-Mamet-la-Salvetat. — *Ténement de la Fou-de-Leyrou*, 1739 (anc. cad.).

Leyvaux, c^{on} de Massiac. — *Las Vals*, xive s^e (Guill. Trascol). — *Lesvaulx*, 1401 (spicil. Brivat.). — *Valles*, 1526 (Pouillé de Clermont, don gratuit). — *Layvons*, 1526 (terr. de Vieillespesse). — *Lefvaux*, 1623; — *Leyvaulx*; *Lexvaux*; *Leyvaux*, 1624 (état civ. de Bonnac). — *Leyvau*, 1693 (id. de Moissac). — *Leyvaud* (État-major).

Leyvaux était, avant 1789, de la Basse-Auvergne, du dioc. de Clermont, de l'élect. de Brioude, de la subdél. de Lempdes. Régi par le droit cout., il dépend. de la justice seign. de l'abbesse de Blesle et ressort. à la sénéch. d'Auvergne, en appel de la prév. de Brioude. — Son église, dédiée à saint Saturnin et à saint Blaise, était une cure à la présentation de l'abbesse de Blesle. Elle a été érigée en succursale par décret du 28 août 1808.

Leyvaux, ruiss., aff. du ruisseau de Barthouet, c^{ne} de Leyvaux; cours de 3,200 m.

Leyvaux, ruiss., prend sa source dans la c^{ne} de ce nom, et se jette dans la Voyrèze; cours de 500 m.

Leyvaux-Bas, vill., c^{ne} de Leyvaux.

Lezergues, dom. ruiné, c^{ne} de la Capelle-del-Fraisse. — *Domaine de Lezergues*, 1771 (arch. dép. s. C, l. 49).

Lezien, dom. ruiné, c^{ne} du Claux. — *Villaige de Lezier*, xviie s^e (arch. dép. s. E).

Lhinars, grange, c^{ne} de Jaleyrac. — *Lhinars*, 1335 (arch. général. de Sarliges). — *Linars*, 1473 (terr. de Mauriac). — *Lynars*, 1549 (id. de Miremont).

Lhinars, avant 1789, était le siège d'une justice moyenne et basse, régie par le droit écrit, relevant de la justice haute du doyen de Mauriac et ressort. au bailliage d'Aurillac, en appel de la prév. de Mauriac.

Lhiniac, dom. ruiné, c^{ne} de Chalinargues. — *Lhinacum*, 1358; — *Lhinhac*, 1366 (arch. dép. s. G).

Lholm, dom. ruiné, c^{ne} de Jaleyrac. — *Lolm*, 1310 (lièvre du prieuré du Vigean). — *Lolun*, 1680 (terr. de Mauriac).

Lholm-Haut, dom. ruiné, c^{ne} de Jaleyrac. — *Affarium de Lolm Superius*, 1473 (terr. de Mauriac).

Lhom, vill., c^{ne} de Méallet. — *L'On*, 1649 (état civ. du Vigean). — *Lhom* (Cassini). — *L'hom* (État-major). — *L'Herm*, 1856 (Dictionn. statist. du Cantal).

Lhostelie, dom. ruiné, c^{ne} de Mandailles. — *Villaige de Lhostelie*, 1692 (terr. de Saint-Geraud).

Liadières, vill. et mⁱⁿ détruit, c^{ne} de Brezons. — *Lyadeyre*, 1597 (insin. du baill. de Saint-Flour). — *Aliadyares*, 1618 (état civ. de Thiézac). — *Liadeyres*, 1636 (ass. gén. ten. à Brezons). — *Alciadières*, 1674 (état civ. de Pierrefort). — *Lyadeire*; *Lyadoires*, 1710 (id. de Brezons). — *Lindiers* (Cassini). — *Liadière* (État-major).

Liadières, ham., c^{ne} de Saint-Martin-sous-Vigouroux. — *Liadeires*, 1662; — *Aliadières*, 1664 (état civ. de Pierrefort).

Liadières-Hautes, ham., c^{ne} de Brezons. — *Liadeyres-Haultes*, 1626 (état civ. de Thiézac).

Liadouze, vill., c^{ne} de Mandailles. — *Liadouze*, 1612 (état civ. de Thiézac). — *Liadouse*; *Liadouzes*, 1692 (terr. de Saint-Geraud).

Liaubet, ham., c^{ne} de Sansac-Veinazès. — *Lieubet*, 1542 (min. Destaing, n^{re} à Marcolès). — *Lyaubet*, 1552 (id. Guy de Vayssieyra, n^{re} à Montsalvy). — *Louviel*, 1668 (nommée au p^{ce} de Monaco). — *Liaubette*, 1739 (arch. dép. s. C). — *Liaubet*, 1746 (état civ.). — *Lebin*, 1784 (Chabrol, t. IV).

Liaubet-le-Vieil, écart, c^{ne} de Sénezergues. — *Lyaubet*, 1549 (min. Guy de Vayssieyra, n^{re} à Montsalvy). — *Liaubet* (État-major).

Liaucou (Le Puech de), mont. à vacherie, c^{ne} de Chastel-Marlhac.

Liaumiers, vill., c^{ne} de Saint-Cirgues-de-Jordanne. — *Liaumier*, 1612; — *Lieumies*, 1617; — *Liaunies*, 1618; — *Lieumière*, 1625 (état civ. de Thiézac). — *Liaumiez*, 1679; — *Liaumies*, 1717 (arch. dép. s. C, l. 1).

Liaumiers, ruiss., aff. de la Jordanne, c^{ne} de Saint-Cirgues-de-Jordanne; cours de 2,000 m.

Liaumon, dom. ruiné, c^{ne} de Jussac. — *Affar de Lyaumon*; *Liaumoux*; *Liamon*, 1673 (terr. de la Cavade). — *Affar ou ténement de Liaumon*, 1773 (id. de la Brousselte).

Liaurandès (Le), mont. à vacherie, c^{ne} de Saint-Hippolyte.

Lic (Le Suc de), mont., c^{ne} de Chalvignac.

Licadou (Le), écart, c^{ne} de Cheylade.

Lidard, vill., c^{ne} de Brezons. — *Lidard*, 1623 (ass. gén. ten. à Cezens). — *Lydart*, 1702; — *Lidar*, 1720 (état civ.). — *Les Darts* (Cassini).

Lienbagel, dom. ruiné, c^{ne} de Rouffiac. — *Mansus de Lienbagel*, 1327 (arch. mun. d'Aurillac, s. HH, c. 21).

Liès, dom. ruiné, c^{ne} de Paulhac. — *Bughe appellée del Liès*, 1594 (terr. de Bressanges).

Lieuchy, vill. et chât. en ruines, c^{ne} de Trizac. — *Villa*

Leuchet, xiie s[e] (charte dite *de Clovis*). — *Lauchy*, 1520 (terr. d'Apchon). — *Liauchy*, 1659 (anc. min. Chalvignac, n[re]). — *Lieuchi*, 1668; — *Lieuchy*, 1669 (état civ.).

Lieudize, dom. ruiné, c[ne] de Saint-Flour. — *Villaige de Lieudize*, 1595 (min. Andrieu, n[re]).

Lieurade (La), ham., c[ne] de Marcolès.

Lieurent (Le), mont. à burons, c[ne] de Saint-Urcize.

Lieuriac, vill. et m[in], c[ne] d'Oradour. — *Lieurrac*, 1597 (insin. du baill. de Saint-Flour). — *Lieuriac*, 1654 (état civ. de Pierrefort). — *Liouriac* (Cassini).

Lieuses, dom. ruiné, c[ne] de Mandailles. — *Villaige de Liouzes en Jourdane*, 1633 (état civ. de Thiézac).

Lieutadès, c[on] de Chaudesaigues. — *Lhautades*, 1381 (spicil. Brival.). — *Lhautadez*, xive s[e] (Guill. Trascol). — *Lheutades*, xve s[e] (Pouillé de Saint-Flour). — *Leotadès*, 1628 (paraphr. sur les cout. d'Auvergne). — *Lioutadès*, 1662 (terr. de la Garde-Roussillon). — *Lieutadex*, 1671 (insin. du baill. de Saint-Flour). — *Lieutadé*, 1688 (pièces du cab. Bonnefons). — *Lyoutades*, 1718 (Gall. christ., t. II, col. 467).

Lieutadès était, avant 1789, de la Haute-Auvergne, du dioc., de l'élect. et de la subdél. de Saint-Flour. Régi par le droit écrit, il dépend. des justices seign. de la command. de Montchamp, à cause du mandem. de la Garde-Roussillon, et de Sévérac, et ressort. à la sénéch. d'Auvergne, en appel de la prév. de Saint-Flour. — Son église, dédiée à saint Martin, était un prieuré qui, au xie s[e], dépendait de l'abbaye de la Chaise-Dieu, et qui plus tard fut donné à l'évêque de Saint-Flour. Le curé était à la nomination du prieur du lieu. Elle a été érigée en succursale par décret du 28 août 1808.

Lieutenant, m[in] détruit, c[ne] de Boisset. — *Le molin de Lieutenant*, 1663 (état civ. de Cayrols).

Ligayrie (La), ham., c[ne] de Marcolès. — *La Degayrie*, 1784 (Chabrol, t. IV).

Ligne (La), écart, c[ne] de Lascelle.

Lignerac, chât., aujourd'hui converti en hospice, ville de Pleaux. — *La damoiselle de Linieyrat*, 1659 (état civ. de Saint-Cernin).

Ce château était, avant 1789, le siège d'une justice régie par le droit écrit, et ressort. au bailliage d'Aurillac, en appel de la prév. de Mauriac.

Lignerolles, vill., c[ne] de Saint-Poncy. — *Las Nyrolles*; *las Neyrolles*, 1613 (terr. de Nubieux). — *Lesnirolles*, 1676; — *Leinirolles*, 1679 (état civ. de Saint-Mary-le-Plain). — *Ligneirolles*, 1783 (terr. d'Alleret). — *Lignerolles* (Cassini).

Lignes (Las), dom. ruiné, c[ne] de Coltines. — *Las Linhas*, 1581 (terr. de la command. de Celles).

Lignes (Les), dom. ruiné, c[ne] de Mauriac. — *Podium de la Linha*, 1473; — *Mansus de Linas*, 1475 (terr. de Mauriac).

Lignes (Les), ham., c[ne] de Valette. — *Las Linhars*, 1441 (terr. de Saignes). — *Les Lignes*, 1506 (id. de Riom). — *Liouniay*, 1608 (état civ. de Menet). — *Las Lines*, 1780 (lièvre de Saint-Angeau). — *Les Ligna* (Cassini).

Ligonet, écart et mont. à vacherie, c[ne] d'Allanche. — *La coste appellée de Leganel*, 1515 (terr. du Feydit). — *La masure de Liganey* (états de sections).

Ligonnès, ham. et chât., c[ne] de Ruines. — *Ligons*, 1465 (arch. dép. s. E). — *Ligonès*, 1624 (terr. de Ligonnès). — *Ligounès*, 1645 (arch. dép. s. E).

Ligonnès, avant 1789, était régi par le droit écrit, et siège d'une justice seign. moyenne et basse ressort. à la sénéch. d'Auvergne, en appel du bailliage de Ruines.

Limagne, dom. ruiné, c[ne] d'Arpajon. — *Le ténement de Limaignhe appellé de Chanut*, 1670 (nommée au p[ce] de Monaco).

Limagne, vill., c[ne] d'Aurillac. — *Limainnas*, 123c (arch. dép. s. E). — *Lhimanhas*, 1397; — *Lymanhas-Sobeyranas*; *Limanhas-Altas*, 1517 (pièces de l'abbé Delmas). — *Limanhes*, 1536 (id. d'E. Amé). — *Limanies*, 1621; — *Limanhas*, 1625; — *Limaignhes*, 1630; — *Limangnes*, 1635 (état civ.). — Ce village porte aussi le nom de *Roque*.

Limagne, ham. avec manoir, c[ne] de Jussac. — *Limanhas*, 1466; — *Lou Limanhe*, 1567 (terr. de Saint-Christophe). — *Limanhes*, 1552 (id. de Nozières). — *Limanghes*, 1665 (état civ.).

Limagne, dom. ruiné, c[ne] de Labrousse. — *Affar de la Limanhe*, 1671 (nommée au p[ce] de Monaco).

Limagne, écart, c[ne] de Teissières-les-Bouliès.

Limagne-Bas, anc. quartier du village de Limagne, c[ne] d'Aurillac. — *Affaria de Limanhas Soteyranas*, *Limanhas-Bassas*, 1517 (pièces de l'abbé Delmas).

Limagne-Blanque (La), dom. ruiné, c[ne] de Giou-de-Mamou. — *Buge de la Limanhe Blanque*, 1740 (anc. cad.).

Limbertie, vill. et chât. détruit, c[ne] de Nicudan. — *La Vimbertia*, 1411 (arch. dép. s. E). — *Limbertie*, 1627 (min. Sarrauste, n[re]). — *Limbertye*, 1646; — *L'Immertie*, 1660 (état civ.). — *L'Embertie*, 1662 (min. Sarrauste, n[re]). — *Limberties*, 1770 (arch. dép. s. E). — *Limberty*, 1787 (id. s. C, l. 51).

Limon (Le), plateau situé entre les vallées de la Rhue et de la Santoire et s'étendant sur les c[nes] d'Apchon,

Cheylade, Dienne et Ségur. — *Terra inculta de Lecmun*, 1174 (la maison de Graule). — *Col capri de Lixonio*, 1279; — *Montana dicta Lecmo*, 1290 (arch. dép. s. E). — *Lemno*, 1425 (*id.* s. H). — *Limno*, 1425 (la maison de Graule).

Limon, dom. ruiné, c^ne de Saint-Martin-Cantalès. — *Mansus de Limon*, 1464 (terr. de Saint-Christophe). — *Lymon*, 1504 (*id.* de la duchesse d'Auvergne).

Limon-Bas (Le), quart. du plateau du Limon, c^nes d'Apchon et de Cheylade. — *Montanum vocatum lo Lemno-Sotra*, 1492 (arch. dép. s. E). — *Le Limon-Soutra*, 1673 (nommée au p^ce de Monaco).

Limonès, vill., c^ne de Saint-Christophe. — *Limones*, 1464 (terr. de Saint-Christophe). — *Lymonnes*, 1612; — *Limonet*, 1648 (état civ.). — *Lymounin*, 1649 (insin. du baill. de Salers). — *Lymones*, 1654 (état civ.). — *Limonnes*, 1656 (*id.* de Loupiac).

Limon-Haut (Le), quart. du plateau du Limon, c^nes de Dienne et de Ségur. — *Montana dicta lo Lemno-Sobra*, 1492 (arch. dép. s. E). — *Lo Limon-Soubra*, 1673 (nommée au p^ce de Monaco).

Limonhes, dom. ruiné, c^ne de Laroquebrou. — *Mansus vocatus Limonhes*, 1423 (reconn. au seign. de Montal).

Limouzi (La Roche de), mont. à vacherie, c^ne de Saint-Amandin.

Limouzi, dom. ruiné, c^ne de Saint-Mamet-la-Salvetat. — *Villaige de Limougy*, 1668 (nommée au p^ce de Monaco).

Linclavade, vill., c^ne de Condat-en-Feniers. — *Liclavade*, 1788 (arch. dép. s. C).

Lindas (Le Puech des), mont. à vacherie, c^ne de Saint-Saury.

Liniargues, vill., c^ne de Talizat. — *Leignargas*, 1553 (procès-verbal Veny). — *Lignhac*, 1559 (inv. des titres de N.-D. de Murat). — *Ligniargues*, 1635 (nommée par G^lle de Foix). — *Liniargues*, 1670 (insin. du baill. d'Andelat).

Linols, ham., c^ne de Saint-Gerons. — *Linols*, 1648 (état civ. de Nieudan). — *Lignolz*, 1669 (nommée au p^ce de Monaco). — *Cinols*, 1669 (état civ. de Glénat). — *Liniols*, 1750 (inv. des biens de l'hôp. de Laroquebrou). — *Linels* (Cassini).

Lintillac, ham., c^ne de Saint-Paul-des-Landes. — *Lantilhac*, 1550 (terr. d'Escalmels). — *L'Intilhac*, 1583 (arch. dép. s. E). — *L'Intillac*, 1671 (état civ. de Nieudan). — *Lintilhac*, 1682 (arch. dép. s. C). — *Lintillac*, 1703 (état civ. de Saint-Paul). — *Lentilhac*, 1707 (arch. dép. s. C). — *Dintillac* (Cassini).

Liocamp, vill., c^ne de Menet. — *Licucon*, 1561 (terr. de Murat-la-Rabe). — *Liouquon*, 1601; — *Lioucon*, 1606; — *Liocon*, 1608 (état civ.). — *Liaucant*; *Liocan*, 1638 (terr. de Murat-la-Rabe). — *Liocam*, 1662 (insin. du baill. de Salers). — *Liouco*, 1679 (état civ. de Trizac). — *Lisquon*, 1688 (*id.* de Chastel-Marlhac). — *Lieucam*, 1706 (*id.* de Murat). — *Liaucan* (Cassini).

Liocmontou (Le), dom. ruiné, c^ne de Landeyrat. — *Villaige de Liocmontou*, 1640 (état civ. de Pierrefort).

Lioran (Las Costes du), mont. à vacherie, c^ne de Laveissière. — *Montagnhe de las Costes*, 1668 (nommée au p^ce de Monaco).

Lioran (La Forêt du), mont. à vacherie, c^nes de Laveissière et de Saint-Jacques-des-Blats. — *Le Lyouran*, XVe s^e (terr. de Chambeuil). — *Bois del Lieuran*, 1668; — *Bois del Liauran*, 1671 (nommée au p^ce de Monaco).

Lioran (La Gare du), vill., c^ne de Laveissière.

Lioran (La Pencée du), ham., c^ne de Laveissière.

Lioulat, tannerie, bourg de Fontanges.

Lioutre (La), mont. à vacherie, c^ne de Saint-Bonnet-de-Marcenat.

Liozargues, vill., c^ne de Roffiac. — *Lhauzargues*, 1320 — *Lhuzargues*, 1329 (homm. à l'évêque de Clermont). — *Lieusargues*; *Lieuzargues*, 1510; — *Lyouzargues*; *Lieuzengues*; *Lieuzegues*, 1511 (terr. de Maurs). — *Lieusargios*; *Lieusarguos*, 1526 (*id.* de Vieillespesse). — *Sargues*, 1597 (min. Andrieu, n^ro). — *Liouzargues*, 1654 (terr. du Sailhans). — *Liouzarges*, 1703 (état civ. de Murat). — *Lieuzargues*, 1857 (Dict. stat. du Cantal).

Liozargues, ruiss., afll. de la rivière d'Aude, c^nes de Tanavelle et de Roffiac; cours de 500 m. — *Rivus de Rama*, 1510 (terr. de Maurs). — *Ruisseau de Liouzargues*, 1837 (état des rivières du Cantal).

Liranet, mont. à vacherie, c^ne de Riom-ès-Montagnes.

Lirenière (La), dom. ruiné, c^ne de Saint-Mamet-la-Salvetat. — *Ténement de la Lissinière*, 1739; — *La Lirenière*, 1742 (anc. cad.).

Lischafel, dom. ruiné, c^ne de Glénat. — *Affarium de Listhactelh*, 1364 (homm. au seign. de Montal). — *Lischaffel*, XVIIIe s^e (pap. de la famille de Montal).

Lissac, m^in et mont. à vacherie, c^ne de Laveissière. — *Montaigne appellée de Lyssac; de la Barre*, XVe s^e (terr. de Chambeuil). — *Lissac*, 1668 (nommé au p^ce de Monaco).

Lissard, écart, c^ne d'Anglards-de-Salers.

Lissargues, vill., c^ne de Talizat. — *Lieusargues*, 1526 (terr. de Vieillespesse). — *Lissargues-al-Monteilh*, 1559 (lièvé du prieuré de Molompize). — *Luizargues*; *Liouzargues*, 1595 (terr. du prieuré d'Ussel).

— *Lissargues*, 1610 (terr. du prieuré d'Avenaux). — *Lieusé*, 1635 (nommée par G^{lle} de Foix). — *Lissarguez*, 1676 (état civ. de Saint-Mary-le-Plain).

Lissart, ham. et mⁱⁿ, c^{ne} de Saint-Bonnet-de-Marcenat. — *Lissac*, 1530 (arch. dép. s. H). — *Lessart* (Cassini).

Lissou (Le Bois de), mont. à vacherie, c^{ne} de Condaten-Feniers. — *Montaigne de Lissare*, 1654 (terr. de Feniers).

Livernenc, vill., c^{ne} de Brezons. — *Livernene*, 1623 (ass. gén. ten. à Cezens). — *Livernère*, 1658 (min. Danty, n^{re} à Murat). — *Levernene*, 1670 (nommée au p^{ce} de Monaco). — *Lavarnède*, 1691 (état civ. de Saint-Flour). — *Liveyrnier*, 1721 (*id.* de Brezons). — *Livernens* (État-major). — *Livernaix*, 1852 (Dict. stat. du Cantal).

Liversen, dom. ruiné, c^{ne} de Saint-Mamet-la-Salvetat. — *Tènement del Lyversen*, 1744 (anc. cad.). — *Bois del Lyverssin*, 1746 (*id.* de Boisset).

Lizet, mⁱⁿ, c^{ne} de Champagnac.

Lobi, dom. ruiné, c^{ne} de Neuvéglise. — *Lo costat de Lobi*, 1508; — *Le bois de Louy; de Loby*, 1630; — *Tènement de l'Hobit*, 1730; — *Bois appellé Lobio*, 1762 (terr. de Montchamp).

Locut (Le Plono del), mont. à vacherie, c^{ne} du Falgoux.

Lodières (Le Bois de), f^{me}, c^{ne} de Faverolles. — *Lo bos de Lodières*, 1494 (terr. de Mallet). — *Laudières* (État-major).

Lodières, ruiss., affl. de la Truyère, c^{ne} de Faverolles; cours de 4,000 m. — On le nomme aussi *Lespinasse*. — *Rieuf de Lodières*, 1494 (terr. de Mallet).

Loge (La), écart, c^{ne} de Vitrac.

Loguisse (La Roche de), mont. à vacherie, c^{ne} de Neuvéglise.

Lolière, f^{me} avec manoir et mont. à burons, c^{ne} de Saint-Clément. — *Lolière*, 1642 (pièces du cab. Lacassagne). — *Lolhère*, 1668; — *Lolhière*, 1671 (nommée au p^{ce} de Monaco). — *Louilère*, 1700 (état civ. de Raulhac).

Lolm, dom. ruiné, c^{ne} de Roannes-Saint-Mary. — *Affarium vocatum da Lolm*, 1342 (arch. mun. d'Aurillac, s. GG, p. 19).

Lom, dom. ruiné, c^{ne} de Saint-Illide. — *Mansus da Lon*, 1377 (pap. de la famille de Montal).

Lomandie (La), ham., c^{ne} de Colandres. — *Las Lomandias*, 1517 (terr. d'Apchon). — *Normandias*, 1680 (*id.* des Bros). - *Les Lomandies*, 1719 (table du terr. d'Apchon). — *Las Nomendies*, 1731; — *Las Nouzendie*, 1738 (état civ.). — *Les Lomandiès* (Cassini). — *Lomandier* (État-major).

Lombart, mont. à burons, c^{ne} de Pailhérols.

Lombert, ham., c^{ne} de Naucelles. — *Longbert*, 1415 (arch. mun. de Naucelles). — *Lombert*, 1465 (arch. mun. d'Aurillac, s. GG, p. 20). — *Long-Vernh*, *alias lo Clergue*, 1531 (min. Vigery, n^{re}). — *Lounverh*, 1564 (reconn. aux curé et prêtres de Naucelles). — *Longuernh*, 1616; — *Loungverng*, 1617; — *Longue*, 1632; — *Longeires*, 1635 (état civ.). — *Lomber*, 1668 (*id.* de Jussac). — *Lombert*, 1679 (arch. dép. s. C, l. 17). — *Mas de Long-Bert*, 1756 (arch. mun. de Naucelles).

Londes, écart, c^{ne} de Pers.

Longagne (La), écart auj. réuni à la population agglomérée, c^{ne} de Saint-Paul-des-Landes. — *La Longanie*, 1716; — *La Longaigne*, 1721 (état civ.).

Longaine (La), dom. ruiné, c^{ne} de Saint-Étienne-de-Maurs. — *Affarium de la Longanha*, 1443 (arch. mun. d'Aurillac, s. HH, c. 21).

Longayroux, vill., c^{ne} de Saint-Christophe. — *Longayro*, 1316 (arch. mun. d'Aurillac, s. HH, c. 21). — *Langoyro*, 1350 (reconn. au seign. de Montal). — *Longoyro*, 1442 (arch. mun. d'Aurillac, s. HH, c. 21). — *Longueyro*, 1449 (enq. sur les droits des seign. de Montal). — *Loungourou*, 1626; — *Longirou*, 1627; — *Longouro*, 1648; — *Longoyrou*, 1660; — *Longoirou*, 1667 (état civ.). — *Longouyrou*, 1669 (*id.* de Pleaux). — *Longoayrou*, 1672 (*id.* d'Arnac). — *Longuirou*, 1768; — *Longouyroux*, 1770 (arch. dép. s. C, l. 40). — *Langoueroux*, 1855 (Dictionnaire statistique du Cantal).

Longayroux (Le), ruiss., affl. du Goul, coule aux finages des c^{nes} de Teissières-les-Bouliès, Prunet, Leucamp et Ladinhac; cours de 11,500 m. — On le nomme aussi *Leucamp*. — *Ruysseau d'Ayguayrolles*, 1550 (min. Guy de Vayssieyra, n^{re}). — *Longuoyro; Longoyro*, 1550 (*id.* Boygues, n^{re}). — *Langoyrou; Langoirou*, 1669; — *Longueyrou*, 1671 (nommée au p^{ce} de Monaco). — *Languirou*, 1837 (état des rivières du Cantal).

Long-Camp, écart, c^{ne} de Reilhac.

Longchamp, ham., c^{ne} de Saint-Martial. — *Longchamp*, 1494 (terr. de Mallet).

Longchamp, ruiss., affl. de la Truyère, c^{ne} de Saint-Martial; cours de 600 m.

Longe-Col, dom. ruiné, c^{ne} de Menet. — *Tènement de Longe-Col*, 1637 (terr. de Murat-la-Rabe).

Longe-Lasse, dom. ruiné, c^{ne} de Murat. — *Longha-Laissa*, 1386; — *Affarium de Longhalassa*, 1431 (arch. dép. s. G). — *Longelasse*, xvie s^e (terr. du prieuré du chât. de Murat). — *Longe-Lasse*, 1618 (*id.* des Bros).

LONGE-SAGNE (LA), mont. à vacherie, cne de Moussages.
LONGE-SAGNE, vill., cne de Védrines-Saint-Loup. — *Longesaignhes*, 1739 (état civ. de Saint-Flour). — *Longe-Saigne*, 1751 (arch. dép. s. C, l. 48). — *Longe-Sagne*, 1777 (id. s. E). — *Longuesaigne* (État-major).
LONGESAIGNE, ham., cne de Celles. — *Longe-Sanhe; Longhe-Sanhe*, 1535 (terr. de la v{té} de Murat). — *Longuessaigne; Longhesanhe; Longesanhie*, 1581 (id. de Celles). — *Longessaigne*, 1615 (liève de Celles). — *Longesaigne*, 1644 (terr. de Celles). — *Longessaignes*, 1667 (insin. du baill. d'Andelat). — *Longue-Saigne*, 1678 (état civ. de Murat). — *Longesanie; Longessagne*, 1699 (état civ. de la Chapelle-d'Alagnon). — *Longesaignes*, 1700 (terr. de Celles).
LONGEVAL, f{me} et mont. à vacherie, cne de Pradiers.
LONGEVERGNE, ham. avec manoir, cne d'Anglards-de-Salers. — *Longevergne*, 1651; — *Longevergne*, 1652; — *Lauvergnhe*, 1653 (état civ.). — *Longevergnie*, 1671 (id. du Vigean). — *Longue-Vergnhe*, 1672 (id. de Pleaux). — *Longeviolle*, 1742 (id. de Saint-Bonnet-de-Salers).
Longevergne était une annexe de la commanderie d'Ydes.
LONGEVIALLE, écart, cne de Loubaresse. — *Longavelia*, 1275 (Gall. christ., t. II, inst. col. 91). — *Longevialle*, 1624 (terr. de Ligonnès).
LONGEVIALLE, vill., cne de Saint-Paul-de-Salers. — *Longevialle*, 1663 (insin. du baill. de Salers). — *Longuiale*, 1743 (arch. dép. s. C, l. 44).
LONGEVIALLE, vill., cne de Saint-Rémy-de-Chaudesaigues. — *Longevialle* (Cassini).
LONGEVIALLE, ruiss., affl. de la rivière du Bex, cne de Saint-Remy-de-Chaudesaigues; cours de 2,500 m.
LONGEVIALLE, dom. ruiné, cne de Valette. — *Mansus de la Longha-Viala*, 1441 (terr. de Saignes).
LONGIAIRE (LA), mais. détruite, cne de Montboudif. — *La Longhaire*, 1654 (terr. de Feniers).
LONGIRI, dom. ruiné, cne de Neussargues. — *Villaige de Longiri*, 1635 (nommée par G{lle} de Foix).
LONGOUSE, vill. avec manoir, cne de Saint-Bonnet-de-Salers. — *Longoiro*, 1284 (arch. nat. J. 271). — *Ad Longum*, 1522 (min. Vigery, n{re}). — *Longouse*, 1744 (état civ.).
LONGPUECH, vill., cne de Boisset. — *Longpuech*, 1647 (état civ. de Parlan). — *Loumpuech*, 1650; — *Campuech*, 1653 (id. de Cayrols). — *Long Puech*, 1668 (nommée au p{ce} de Monaco). — *Long Puehx*, 1717; — *Long Puch*, 1753 (état civ. de Saint-Étienne-de-Maurs).

LONG-PUECH (LE), écart, cne de Saint-Santin-de-Maurs. — *Bois de Longpuech*, 1749 (anc. cad.).
LONGUE (LA), ham., cne de Roumégoux. — *La Longue*, 1668 (nommée au p{ce} de Monaco).
LONGUEBROUSSE, seigneurie, cne de Fournoulès. — *Longuebrousse*, 1668 (nommée au p{ce} de Monaco).
LONGUECAM, dom., cne de Marmanhac.
LONGUE-CAM (LA), vill., cne de Saint-Constant. — *Longacalm*, 1510 (arch. mun. d'Aurillac, s. HH, c. 21). — *Longuecalm*, 1642 (état civ.). — *Longue Camp*, 1748 (anc. cad.).
LONGUECAMP, écart, cne de Reilhac. — *Longuecalm*, 1622 (inv. des titres de la cure de Jussac). — *Longuecan*, 1632 (état civ.). — *Longue-Camp*, 1744 (arch. dép. s. C, l. 13).
LONGUE-MÈNE (LA), dom. ruiné, cne d'Ayrens. — *Affarium de Longua-Mena*, 1453 (arch. mun. d'Aurillac, s. HH, c. 21).
LONGUES (LES), dom. ruiné, cne de Polminhac. — *Affar de las Longuas*, 1583 (terr. de Polminhac).
LONGUES-COMBES, vill., cne de Parlan. — *Longuescombes*, 1589 (livre des achaps d'Ant. de Naucaze). — *Longoscombes*, 1650; — *L'Ongascombe*, 1652 (état civ.). — *Longues-Combes*, 1668 (nommée au p{ce} de Monaco). — *Longue-Combe*, 1748 (anc. cad.).
LONGUE-SERRE (LA), écart, cne de Leynhac.
LONGUE-SERRE, dom. ruiné et mont. à vacherie, cne de Paulhenc. — *Affar de Longueserre*, 1671 (nommée au p{ce} de Monaco).
LONGUE-SERRE, vill., cne de Saint-Constant. — *Longueserre*, 1672 (état civ.). — *Longue-Serre*, 1761 (id. de Maurs).
LONGUES-SERRES, ham., cne de Leynhac. — *Longueserre* (Cassini). — *Longue Serre*, 1856 (Dict. stat. du Cantal).
LONGUE-TIRE, ham., cne de Siran.
LONGUE-TIRE, ruiss., affl. de la Cère, cne de Siran; cours de 2,100 m.
LONGUE-VERGNE, vill., cne d'Arnac. — *Longavernha*, 1470 (arch. mun. d'Aurillac, s. HH, c. 21). — *Longuevernhe*, 1634 (état civ. de Saint-Santin-Cantalès). — *Longue-Vergne*, 1673 (id. de Pleaux). — *Longevergnhe*, 1742 (anc. cad. de Saint-Santin-Cantalès). — *Longue-Vernhe* (Cassini).
LONGUE-VERGNE, écart, cne de Junhac.
LONGUE-VERGNE, ham., m{in} et chât. détruit, cne de Saint-Antoine. — *Affarium de Longua-Vernha*, 1335 (arch. mun. d'Aurillac, s. HH, c. 21). — *Longevergne*, 1784 (Chabrol, t. IV). — *Longue-Vergne* (Cassini).
LONGUILARD, lieu détruit, cne d'Auzers. — 1783 (Chabrol, t. IV).

Longuit, ruiss., affl. du ruisseau de la Gazelle; cours de 1,200 m.

Longvergnie, seigneurie, c⁻ⁿᵉ de Pleaux.

Longvial-Delfaux, seigneurie, cⁿᵉ de Laveissière. — 1668 (nommée au p^ce de Monaco).

Lonzange, vill., cⁿᵉ de Lanobre. — *Lungheanges* (Cassini). — *Léonzenge*, 1788; — *Léongenge*, 1790 (min. Marambal, nʳᵉ à Thinières). — *Longenge* (État-major). — *Lauzanges*, 1856 (Dict. stat. du Cantal).

Lonzange était un membre de la commanderie de Saint-Jean-de-Jérusalem de Pont-Vieux.

Loqueyde, dom. ruiné, cⁿᵉ de Saint-Constant. — *Ténement de Loqueyde*, xviiᵉ s^e (recouu. au prieur de Saint-Constant).

Loquiès, écart, cⁿᵉ de Roumégoux.

Lorcières, cⁿ de Ruines. — *In valle Orseria*, 900 (cart. de Brioude). — *Lorciere (?)*, 1315 (Gall. christ. t. II, col. 423). — *Valorseyra*, xive s^e (Guill. Trascol). — *Lorcière*, 1504 (Gall. christ. t. II, col. 430). — *Lorseira; Orseira*, 1508 (terr. de Montchamp). — *Vallis Urseria*, xve s^e (Pouillé de Saint-Flour). — *Lorceyre*, 1613 (terr. de Nubieux). — *Lorsières*, 1697 (état civ. de Joursac). — *Lorcières*, 1745 (arch. dép. s. G, l. 43).

Lorcières était, avant 1789, de la Haute-Auvergne, du dioc., de l'élect. et de la subdél. de Saint-Flour; il était le siège d'une justice seign. régie par le droit cout., et ressort. à la sénéch. d'Auvergne, en appel du bailliage de Ruines. — Son église, dédiée à saint Sébastien, était un prieuré dépendant de l'abbaye de Pébrac, et à la nomination du chapitre. Elle a été érigée en succursale par décret du 28 août 1808.

Lorcières, ruiss., affl. du ruisseau des Bois, cⁿᵉ de Lorcières; cours de 3,500 m. — Il porte aussi le nom de *la Ribeyre*. — *Rif de Lorseira*, 1508; — *Ruiss. de la Ribeyre*, 1730 (terr. de Montchamp).

Lorient, écart, cⁿᵉ de Saint-Bonnet-de-Salers.

Lortigue, f^me, cⁿᵉ de Marcolès. — *Sortigue*, 1564 (min. Boysonnade, n^re). — *Lortigues* (Cassini).

Lorut (Le Puech de), mont. à vacherie, cⁿᵉ de Valuéjols. — *La foz de Leiro*, 1508 (terr. de Loubeysargues).

Lot (Le), riv., n'appartient pas au Cantal, mais sépare seulement ce département de celui de l'Aveyron en baignant la cⁿᵉ de Vieillevie. — *La rivière de Lault*, 1668 (nommée au p^ce de Monaco). — *La rivière d'Ole; du Lhot; d'Olte; d'Olt*, 1760 (terr. de Saint-Projet).

Louayrès, f^me, cⁿᵉ de Nieudan. — *Mansus de Alguayres*, 1473 (pap. de la famille de Montal). — *Lou Al-*

guayrès, 1649; — *Lou Algnayrez*, 1656 (état civ.). — *Logueyrieu*, 1668; — *Logueyrou*, 1669 (min. Sarrauste, n^re). — *Laugaires*, 1681 (état civ. d'Espinadel). — *Longuets; Longueyres*, 1770; — *Longuerres*, 1782; — *Longuet; Languerye*, 1787 (arch. dép. s. C, l. 51).

Loubaire (La), dom. ruiné, cⁿᵉ de Paulhenc. — *Villaige de la Loubeire*, 1607 (terr. de Loudières).

Loubanaire (La), m^in, cⁿᵉ de Chanterelle.

Loubanaire (La), ruiss., affl. de la Rue, cⁿᵉ de Chanterelle; cours de 2,700 m.

Loubarcet, vill. et chât. détruit, cⁿᵉ de la Chapelle-Laurent. — *Lobarces*, 1222; — *Castrum de Lobarsses*, 1262 (spicil. Brivat.). — *Lorbarses*, xive s^e (Pouillé de Saint-Flour). — *Loubarsses*, 1676 (état civ. de Saint-Mary-le-Plain). — *Loubarses* ou *Lourbasay*, 1784 (Chabrol, t. IV). — *Laubarce* (Cassini). — *Loubaret* (État-major).

Loubarcet était, avant 1789, le siège d'une justice seign. régie par le droit cout., et ressort. à la sénéch. d'Auvergne, en appel de la prév. de Brioude.

Loubaresse, cⁿ de Ruines, chât. et m^in auj. détruits. — *Loubaresse*, 1784 (Chabrol, t. IV).

Loubaresse, avant 1789, était régi par le droit écrit, et siège d'une justice seign. ressort. à la sénéch. d'Auvergne, en appel du bailliage de Ruines. — Son église, dédiée à Notre-Dame de l'Assomption, dépend. des Bénédictins de la Chaise-Dieu, comme décimateurs. Un décret du 28 août 1808 l'a élevée au titre de succursale. — La commune de Loubaresse, démembrée de celle de Chaliers, doit son existence à un décret du 5 février 1878.

Loubaresse, vill., cⁿᵉ de la Chapelle-Laurent. — *Lobaressas*, 1556 (terr. du prieuré de Rochefort). — *Lobaresse*, 1628 (paraphr. sur les cout. d'Auvergne). — *Lo Borsses*, 1646 (lièvre des Ternes). — *Loubairesse; Laubaresse*, 1695 (état civ. de Saint-Étienne-sur-Massiac). — *Loubaresse* (État-major).

Loubaresse était, avant 1789, le siège d'une justice seign. régie par le droit cout., et ressort. à la sénéch. d'Auvergne, en appel de la prév. de Brioude.

Loubaresse, ruiss., affl. du Riou-Vernet, cⁿᵉ de Loubaresse; cours de 1,700 m.

Loubatière (La), ruiss., affl. de l'Alagnon, cⁿᵉ de Laveissière.

Loubejac, vill., mont. à vacherie et m^in, cⁿᵉ de Badailhac. — *Lobezat*, 1643 (min. Froquières, n^re). — *Loubeghares*, 1657 (état civ. de Naucelles). — *Laubegeac*, 1668; — *Lou Bejat; Loubejat; Loubegéac*, 1669 (nommée au p^ce de Monaco). — *Lobejac, Lebejac, Lobegeac*, 1692 (terr. de Saint-

Geraud). — *Loubejac*, 1693; — *Lobeiac*, 1695 (état civ. de Raulhac). — *Laubegheac; Laubeghea*, 1695 (terr. de la command. de Carlat). — *Loubeiac*, 1702 (état civ. de Raulhac). — *Laubejac*, 1720; — *Lou Bégéac*, 1728 (arch. dép. s. C). — *Loubegiac*, 1736 (terr. de la command. de Carlat). — *Louvejac* (Cassini). — *Loubezac* (État-major).

Loubéjac, vill., c^{ne} de Carlat. — *Bebesat*, 1498 (arch. dép. s. E). — *Lebrégeac*, 1622 (état civ. de Thiézac). — *Lou Beghac*, 1654 (arch. mun. d'Aurillac, s. CC, p. 8). — *Laubégéac; Laubeghéac*, 1695 (terr. de la command. de Carlat). — *Louvejac* (Cassini).

Loubejac, vill., c^{ne} de Saint-Chamant. — *Loubeghac; lou Begac*, 1655; — *Loubegias; lou Besin*, 1662 (insin. du baill. de Salers). — *Loubeghat; Lhaurerac; Loubegat; Loubegiat*, 1671; — *Lobegiat; Lobegat*, 1672; — *Loubigiat*, 1674; — *Lobegiac*, 1677 (état civ.). — *Louveghac*, 1697 (id. de Saint-Martin-Valmeroux). — *Loubejal*, 1784 (Chabrol, t. IV). — *Loubegens* (Cassini).

Loubergue, lieu détruit, c^{ne} de Chaudesaigues. — (Cassini).

Loubet, mⁱⁿ et scierie, c^{ne} de Védrines-Saint-Loup.

Loubeyre (La), ham., c^{ne} de Cezens. — *La Lobeyra*, 1459 (arch. dép. s. G). — *La Loubhyer*, 1591 (terr. du Feydit). — *La Loubeyre*, 1607 (id. de Loudière). — *La Loubeire*, 1633 (ass. gén. ten. à Cezens). — *Les Loubières*, 1726 (état civ. de Saint-Mary-le-Plain).

Loubeyre (La), vill., c^{ne} de Faverolles. — *Lobière*, 1494 (terr. de Mallet). — *La Lobeyra*, 1536 (id. de Vieillespesse). — *La Loubière*, 1670 (insin. du baill. de Saint-Flour). — *Loubières*, 1748 (état civ. de Saint-Étienne-sur-Massiac). — *La Soubère*, 1784 (Chabrol, t. IV). — *La Loubaire* (Cassini).

Loubeysargues, vill., mⁱⁿ et chât. détruit, c^{ne} de Valuéjols. — *Lobaizargues*, 1296; — *Labaisargues*, 1308; — *Lo Baizargues*, 1319 (arch. dép. s. H). — *Lo Bayzargues*, 1348; — *Lobayzargues*, 1393 (reconn. au commandeur de Montchamp). — *Loveysergues; Lobeyssergues; lo Beyssergues*, xve s^e (terr. de Bredon). — *Lobeisargues; Laubeysargues*, 1508 (id. de Loubeysargues). — *Laubessargues*, 1559 (min. Lanusse, n^{re}). — *Loubeisargues; Lobeizargues*, 1575 (terr. de Bredon). — *Lobezergues*, 1576; — *Lobeysargues; Loubisargues*, 1584 (arch. dép. s. E). — *Loubeysargues*, 1606 (min. Lanusse, n^{re}). — *Loubeyzargues*, 1644; — *Loubessargues; Loubezargues*, 1661 (terr. de Loubeysargues). — *Laubesargues; lou Beisargues*, 1664 (id. de Bredon). — *Loubeijargues*, 1667; — *Loubeizac*, 1668 (insin. du bailliage d'Andelat). — *Loubeizargues*, 1671 (nommée au p^{ce} de Monaco). — *Boissargue*, 1784 (Chabrol, t. IV). — *Loubeissargues* (État-major).

Loubeysargues était une commanderie annexe de celle de Montchamp. Sa chapelle dédiée à saint Jean existe encore.

Loubière (La), f^{me} et mⁱⁿ, c^{ne} de la Besserette. — *La Lobuyrie*, 1549 (min. Boygues, n^{re}). — *La Lobuyra*, 1550 (id. Guy de Vayssieyra). — *La Lobieyre*, 1564 (id. Boyssonnade, n^{re}). — *La Loubieyre*, 1628; — *La Loubière*, 1633 (état civ. de Montsalvy). — *La lou Bière*, 1670; — *Laloubieyre*, 1671 (nommée au p^{ce} de Monaco). — *La Lobière*, 1676 (état civ. de Montsalvy). — *La Louière*, 1794 (lièvre de Montsalvy).

Loubière (La), vill., c^{ne} de Rageade. — *Les Loubayres*, 1689 (état civ. de Saint-Flour). — *Les Lubières*, 1784 (Chabrol, t. IV). — *Les Lubierres* (Cassini). — *Loubières* (État-major).

Loubinet, vill., c^{ne} de Vieillespesse. — *Lobinet* (Cassini). — *Laubinet* (État-major).

Loubinoux, vill. et mont. à vacherie, c^{ne} de Chanterelle. — *Loubinous*, 1673; — *Loubinou*, 1684; — *L'Oubinous*, 1696 (état civ. de Condat). — *Labinoux*, 1776 (arch. dép. s. C). — *Lobinoux*, 1778 (état civ. de Condat). — *Loubinoux* (Cassini).

Loubinoux (Le), ruiss., affl. du ruisseau de las Combes, c^{ne} de Chanterelle; cours de 8,500 m.

Louchaire, vill., c^{ne} de Saint-Amandin. — *Louxoyre*, 1601 (lièvre de Soubrevèze). — *Laucheire* (Cassini). — *La Glaire* (État-major).

Loudeau (La), f^{me}, c^{ne} de Condat-en-Feniers.

Loudeyrettes, vill., c^{ne} de la Chapelle-Laurent. — *Loudeyrettes; Lodeyrette*, 1613 (terr. de Nubieux). — *Louderette* (Cassini).

Loudié (Le Suc de), mont. à vacherie, c^{ne} de Trémouille-Marchal.

Loudière (La), dom. ruiné, c^{ne} de Marcolès. — *Affarium de la Lodieyra*, 1437 (terr. du prieuré de Marcolès). — *Affar de la Lodieyra*, 1668 (nommée au p^{ce} de Monaco).

Loudière (La), vill., c^{ne} de Saint-Étienne-de-Maurs. — *La Lodières*, 1601; — *La Loudeyro*, 1610; — *La Lodyre*, 1613; — *La Laudière*, 1632 (état civ.). — *La Lodière*, 1668 (nommée au p^{ce} de Monaco). — *La Loudière*, 1746 (état civ.).

Loudière-Haute (La), dom. ruiné, c^{ne} de Marcolès. — *Affarium vocatum de la Lodieyra Sobeyrana*, 1437 (terr. du prieuré de Marcolès).

Loudières, vill., c^{ne} de Celoux. — *Loudaire*, 1794 (état civ. de Saint-Mary-le-Plain). — *Lodières* (Cassini). — *Les Loubières-Basses* (État-major).

LOUDIÈRES, écart et chât. féodal ruiné, c^{ne} de Faverolles. — *Loderiœ*, 1338 (spicil. Brivat.). — *Lodières*, 1494 (terr. de Mallet). — *Lodoyras*; *Lodeyras*, 1536 (id. de Vieillespesse). — *Louvie*, 1596 (insin. du baill. de Saint-Flour). — *Loudiès*, 1636 (terr. des Ternes). — *Laudières*, 1695 (id. de Celles). — *Lodières*, 1784 (Chabrol, t. IV).

Loudières était, avant 1789, le siège d'une justice seign. régie par le droit cout., et ressort. au bailliage de Saint-Flour, en appel de sa prév. part.

LOUDIÈRES, vill., c^{ne} de Montchamp. — *Lodeiras*, 1508 — *Lodières*, 1730 (terr. de Montchamp). — *Loudière* (Cassini).

LOUDIÈRES, lieu détruit, c^{ne} de Rageade. — *In villa quœ dicitur Lodaireas, Loderias*, x^e s^e (cart. de Brioude).

LOUDIÈRES-BASSES, vill., c^{ne} de Celoux. — *Loudière-Basse*, 1719 (état. civ. de Saint-Mary-le-Plain).

LOUDIÈRES-HAUTES, vill., c^{ne} de Monchamp. — *La Lodière-Haute*, 1784 (Chabrol, t. IV).

LOUDIERS, vill., c^{ne} de Paulhac. — *Lodiac*; *Lodiat*, 1349; — *Lodier*, 1489 (arch. dép. s. E). — *Loudyers*, 1542 (lièvé du Fer). — *Loudyer*, 1542 (terr. de Bressanges). — *Loudier*, 1591 (lièvé du Feydit). — *Lodyer*; *Lodiers*, 1594 (terr. de Bressanges). — *Loudiès*, 1645 (lièvé des Ternes). — *Lou Loudié*, 1748 (état civ. de Saint-Étienne-de-Maurs).

LOUDIÈS, ham., c^{ne} de Barriac. — Il dépendait, avant la loi du 3 janvier 1846, de la c^{ne} de Pleaux.

LOUDINE, dom. ruiné, c^{ne} de Maurs. — *Village de Loudine*, 1760 (état civ.).

LOUIDENT (LE SUC DE), mont. à vacherie, c^{ne} de Saint-Étienne-de-Riom.

LOUIS, écart, c^{ne} de Saint-Urcize. — *Borie de Louizet* (Cassini).

LOUIZET, vill. et m^{in}, c^{ne} de Saint-Santin-Cantalès. — *Louiset* (État-major).

LOULIER, dom. ruiné, c^{ne} d'Arches. — *Affarium de Lolier*, 1475; — *Domaine de Lollier*, 1680 (terr. de Mauriac).

LOULIER, écart, c^{ne} d'Arpajon. — *Lolier*, 1465 (obit. de N.-D. d'Aurillac). — *Lolier*, 1744 (arch. dép. s. C, l. 5).

LOUN, écart, c^{ne} de Cassaniouze. — *Lhom*, 1740; — *De Lon*, 1741 (anc. cad.). — *Tènement appellé de Lhom, où on a édifié de nouveau une petite maison; mas de Lagane ou mas de Lholm*, 1760 (terr. de Saint-Projet). — *Domaine de Lolm*, 1760 (arch. dép. s. C, l. 49).

LOUP (LE CROS DU), mont. à vacherie, c^{ne} de Condaten-Feniers.

LOUP (LA ROCHE DU), mont. à vacherie, c^{ne} de Sainte-Marie.

LOUPIAC, c^{ne} de Pleaux. — *Luppiac vicaria*, 923 (annot. sur l'hist. d'Aurillac). — *Lupiacus*, xiie s^e (charte dite de Clovis). — *Lopiacum*, 1420 (arch. dép. s. E). — *Lumprat*, 1535 (Pouillé de Clermont, don gratuit). — *Lopiac*, 1567 (terr. de Saint-Christophe). — *Loppiat*, 1628 (paraphr. sur les cout. d'Auvergne). — *Louppiac*, 1652; — *Luppiac*, 1655 (état civ. de Saint-Christophe). — *Loppiac*, 1659 (insin. du baill. de Salers). — *Sainct-Loup-de-Loupiac*, 1666 (état civ.). — *Loupiat*, 1784 (Chabrol, t. IV).

Loupiac a été le siège d'une viguerie carolingienne et était, avant 1789, de la Haute-Auvergne, du dioc. de Clermont, de l'élect. et de la subdél. de Mauriac. Régi par le droit cout., il dépend de la justice seign. de Branzac, et ressort. à la sénéch. d'Auvergne, en appel du bailliage de Salers. — Son église, dédiée à saint Loup, jadis à la nomination de l'évêque de Clermont, a été érigée en succursale par décret du 28 août 1808.

LOUPIAC, ruiss., affl. de la Maronne, c^{ne} de Loupiac: cours de 550 m.

LOUPIAC, ham., c^{ne} de Pers. — *Lopiac*, 1322 (reconu. au seign. de Montal). — *Loupiac*, 1668 (nommée au p^{re} de Monaco). — *Loupia* (Cassini).

LOUPIAGUET, dom. ruiné, c^{ne} de Loupiac. — *Affarium de Lopiaguet*, 1464 (terr. de Saint-Christophe).

LOUQUIÈRES, m^{in}, c^{ne} de Marcolès.

LOURADOU, vill., c^{ne} de Mandailles. — *Loradou*, 1652 (état civ. d'Aurillac). — *Louradou*, 1681 (arch. dép. s. C, l. 9). — *L'Oradour*; *Lhoradou*, 1692 (terr. de Saint-Geraud). — *Lauredou*, 1724 (arch. dép. s. C, l. 9).

LOURADOU, écart, c^{ne} de la Peyrugue.

LOURADOU, vill., c^{ne} de Vézac. — *L'Horador*, 1521 (min. Vigery, n^{re}). — *Loradou*, 1580 (terr. de Polminhac). — *Louradou*, 1670 (nommée au p^{re} de Monaco). — *Leuradou*, 1760 (arch. dép. s. C). — *L'Ouradou*, 1857 (Dict. stat. du Cantal).

LOURDE (LE SUC DE), mont. à vacherie, c^{ne} de Montboudif.

LOURSAIRE, vill., c^{ne} de Champs. — *Lorceyre*, 1614; — *Lourceyre*, 1616; — *Lourceyres*, 1622; — *Lorceire*, 1653 (état civ.). — *Lourseyre* (État-major).

LOUSTAL, écart, c^{ne} de Vitrac.

LOUSTET, dom. ruiné, c^{ne} de Vieillevic. — *Domaine de Loustet*, 1724 (lièvé de l'abbaye de Montsalvy).

Louvatier (Le), mont. à vacherie, cne de Brezons. — Vrie du Louvatier (État-major).

Louvet, min, cne de Védrines-Saint-Loup.

Louvnet, écart, cne de Saint-Antoine.

Louvère (La), mont. à burons, cne de Saint-Projet. — Montaigne de Lauzière, 1717 (terr. de Beauclair).

Louzel, min-et ancienne châtellenie, cne de Tanavelle. — La chastellenie de Louzeux, 1475 (arch. dép. s. E).

Loye-Basse et Haute, écarts, cne de Saint-Jacques-des-Blats.

Lozenal, ham., cne de Colandres.

Luc, vill. et min détruit, cne de Boisset. — Lou Loucs; affar de Luc, 1668 (nommée au pce de Monaco).

Luc (Le Puech del), mont. à vacherie, cne de Celles.

Luc (La), dom. ruiné, cne de Chavagnac. — La Lucaque; la Lucqz; la Lucqs, 1580 (lièvre de la vté de Murat).

Luc, dom. ruiné et mont. à vacherie, cne de Lascelle. — Affar appellé de la Fon-del-Luc, 1692 (terr. de Saint-Geraud).

Luc, dom. ruiné, cne de Mandailles. — Affar appellé de Luc, 1692 (terr. de Saint-Geraud).

Luc, écart, cne de Riom-ès-Montagnes.

Luc, fme et min, cne de Saint-Martin-Cantalès. — Mansus da Luc, 1464 (terr. de Saint-Christophe). — Aluc, 1684 (min. Gros, nre à Saint-Martin-Valmeroux). — Luc, 1739 (état civ. de Loupiac). — Lucq, 1778 (inv. des arch. de la mais. d'Humières).

Luc, fme avec manoir et mont. à vacherie, cne de Saint-Poncy. — Lucus, 1483 (arch. mun. d'Aurillac, s. GG, p. 18).

Luc, avant 1789, était le siège d'une justice seign. régie par le droit cout., et ressort. à la sénéch. d'Auvergne, en appel de la prév. de Brioude.

Luc, mont. à burons, cne de Saint-Projet.

Luc, dom. ruiné, cne de Sourniac. — Mansus de Luc, 1203 (arch. généal. de Sartiges). — Lhuum, 1278 (vente au doyen de Mauriac). — Lhuc, 1338 (reconn. au doyen de Mauriac). — Ulhac, 1381 (lièvre du monast. de Mauriac). — Mansus da Luc, alias da Combarels, 1416 (arch. mun. de Mauriac).

Luc, vill. et min détruit, cne d'Ussel. — Mansus de Lhuc, 1303 (homm. aux évèques de Clermont). — Luc; Lucum, 1511 (terr. de Maurs). — Aluc, 1654 (id. du Sailhans).

Luc, dom. ruiné, cne de Virargues. — Cum casalibus dels Luctz; Lucz, 1491 (terr. de Farges). — Lutz, 1518 (id. des Cluzels). — Deylux; Nux, 1680; — Lux, 1683 (id. des Bros).

Lucenac, vill. et min, cne de Cezens. — Lussenacum,

xvie se (arch. dép. s. G). — Lucenac, 1612 (lièvre de la seign. du Chambon). — Lusenac, 1614; — Lussunac, 1641 (état civ. de Pierrefort). — Lucenat, 1659 (min. Danty, nre à Murat). — Leussenac (Cassini). — Lussenac (État-major).

Luchal, écart, cne de Roffiac. — Nemus vocatum de Lussault, 1510; — Lussal, 1511 (terr. de Maurs).

Luchards, mont. à burons, cne du Falgoux. — Montanum de Luchars, 1513 (terr. d'Apchon). — Vle de Lachaud (Cassini). — Vle de Luchard (État-major).

Ludiès, vill., cne de Champagnac. — Ludier, 1410 (arch. généal. de Sartiges). — Ludiers, 1855 (Dict. stat. du Cantal).

Lueys, ham., cne de Saint-Constant. — Mas Dalueyes, xviie se (reconn. au prieur de Saint-Constant). — Lueys; Aluers, 1693 (état civ.). — D'Alueys, 1749 (anc. cad.).

Lugande, con de Marcenat, et chât. féodal détruit. — Lucgarda, 1247 (spicil. Brivat.). — Lucgardum, xive se (Guill. Trascol). — Lugarda, 1445 (ordonn. de J. Pouget). — Lutgarde, 1535 (Pouillé de Clermont, don gratuit). — Lugarde, 1578 (terr. de Soubrevèze). — Lougarde, 1592 (vente de la terre de Cheylade). — Lugarde, 1622 (lièvre de Soubrevèze). — Lugarde, 1688 (pièces du cab. Bonnefons). — Leugarde, 1698; — Ludgarde, 1706 (état civ. de Murat).

Lugarde était, avant 1789, de la Haute-Auvergne, du dioc. de Clermont, de l'élect. et de la subdél. de Brioude; il était le siège d'une justice seign. régie par le droit cout., et ressort. à la sénéch. d'Auvergne, en appel du bailliage d'Aubijoux. — Son église, dédiée à saint Martin, était une annexe de Saint-Amandin, et dépend. de l'évèque de Clermont et du seign. de Lugarde. Une ordonnance royale du 5 juillet 1820, l'a érigée en succursale.

Lugat, dom. ruiné, cne de Carlat. — Villaige de Lugat, 1696 (terre de la command. de Carlat).

Lugat, dom. ruiné, cne de Leucamp. — Villaige de Lugat, 1668 (nommée au pce de Monaco).

Lugatie (La), dom. ruiné, cne d'Yolet. — Mas de Lalugatie del Périers, 1692 (terr. de Saint-Geraud).

Luguet (Le), contrée située, partie dans le département du Cantal, partie dans celui du Puy-de-Dôme; elle limitait, au nord, les terres du marquisat d'Aubijoux.

Le château du Luguet était situé près d'Anzat-le-Luguet (Puy-de-Dôme).

Luguet (Le), chât., ville de Pleaux.

Luminier (Le), dom. ruiné, cne de la Chapelle-d'Alagnon. — *Affar de la Lamynier*, 1535 (terr. de la v¹⁰ de Murat). — *Ténement de la Luminière; de la Laminier*, 1683 (id. des Bros).

Luminiers (Les), dom. ruiné, cⁿᵉ de Saint-Mamet-la-Salvetat. — *Affar appellé des Alluminiers*, 1668 (nommée au pᶜᵉ de Monaco).

Lunesèche (La), mⁱⁿ, cⁿᵉ de Saint-Amandin.

Lusclade, écart, cⁿᵉ de Chaliers. — *Villaige de l'Usclade*, 1613 (terr. de Nubieux).

Lusclade, vill., cⁿᵉ de Ferrières-Saint-Mary. — *Lusclade*, 1537 (terr. de Villedieu). — *Lesclade*, 1635 (nommée par Gⁱˡᵉ de Foix). — *Lus-Clade*, 1676 (état civ. de Saint-Mary-le-Plain.)

Un décret du 15 avril 1854 a érigé l'église de Lusclade en succursale.

Lusclade (Le Puy de), mont. à vacherie, cⁿᵉ de Mandailles.

Lusclade, ruiss., affl. de la Jordanne, cⁿᵉ de Mandailles; cours de 1,000 m.

Lusclade, écart, cⁿᵉ de Paulhenc. — *Lusclade*, 1370 (arch. dép. s. G).

Lusclade, écart, cⁿᵉ de Saint-Étienne-de-Maurs.

Lusette (La), fᵐᵉ, cⁿᵉ de Saint-Saury. — *Lisette*, 1857 (Dict. stat. du Cantal).

Lussat, mais. forte détruite, cⁿᵉ de Vic-sur-Cère.

Lussaud, vill., cⁿᵉ de Laurie. — *Lupsalt*, 1185; — *Lutssault*, 1401 (spicil. Brivat.). — *Lupsault*, 1535 (Pouillé de Clermont, don gratuit).

Lussaud était une paroisse dès 1185; l'église, dédiée à sainte Marie-Madeleine, était à la nomination de l'abbaye de Blesle. Une ordonnance royale du 14 juillet 1836 a réuni la cⁿᵉ de Lussaud à celle de Laurie, et une autre ordonnance du 21 février 1845 a érigé son église de Lussaud en succursale.

Lussaud, ruiss., affl. du ruisseau de Barthouet, cⁿᵉ de Laurie; cours de 1,150 m.

Lussaud, vill. et mont. à burons, cⁿᵉ de Peyrusse. — *Lussalt*, 1471 (terr. de la baronnie du Feydit). — *Lussauld*, 1561 (lièvre de Feniers). — *Lussault*, 1568 (arch. dép. s. H). — *Lussaud*, xvIᵉ s⁰ (confins de la terre du Feydit). — *Lussand* (Cassini).

Lussiau, mont. à vacherie, cⁿᵉ de Charmensac.

Lustrande, vill., cⁿᵉ de Brezons. — *Lustrande*, 1693 (ass. gén. ten. à Cezens). — *Lustrandes*, 1646 (état civ. de Pierrefort). — *Lustrande*, 1671 (nommée au pᶜᵉ de Monaco).

Luzargues, vill., cⁿᵉ de Molèdes. — *Lousargue*, 1784 (Chabrol, t. IV). — *Louzargue* (Cassini). — *Lusargues* (État-major).

Luzers, ham., cⁿᵉ de Saint-Mary-le-Plain. — *Luzern*, 1557 (terr. du prieuré de Rochefort). — *Buzers*, 1581 (lièvre de Celles). — *Luzer*, 1610 (terr. d'Avenaux). — *Luzers*, 1704 (lièvre de Celles). — *Luzert*, 1749 (état civ. de Saint-Victor-sur-Massiac). — *Luzer*, 1771 (terr. du prieuré de Bonnac).

Luziac, vill. détruit, cⁿᵉ de Faverolles.

Lyricaux, torrent, affluent de la Sumène, coule aux finages des cⁿᵉˢ de Chastel-Marlhac, Saignes, et Ydes; cours de 5,000 m.

M

Mabet, mⁱⁿ détruit, cⁿᵉ de Siran. — *Le mollin de Mabet*, 1662 (état civ.).

Machaux, vill., cⁿᵉ de Clavières. — *Machols*, 1784 (Chabrol, t. IV). — *Machoul* (État-major). — *Machat*, 1855 (Dict. stat. du Cantal).

Machier, dom. ruiné, cⁿᵉ de Vitrac. — *Affarium vocatum de Machier*, 1301 (pièces de l'abbé Delmas).

Machol, dom. ruiné, cⁿᵉ de Chaliers. — *Maschol*, xvIIᵉ s⁰ (terr. de Chaliers).

Maçon (Le), dom. ruiné, cⁿᵉ de Menet. — *Au Masou*, 1626 (état civ.).

Maçons (Le Bois des), dom. ruiné, cⁿᵉ de Condat-en-Feniers. — *Ténement de Massons*, 1650 (terr. de Feniers).

Madame (Le Bois de), dom. ruiné, cⁿᵉ de Saint-Chamant. — *La grange de Madame* (Cassini).

Madeleine (Le Rocher de la), chapelle et grottes, cⁿᵉ de Massiac.

Au moyen âge, une chapelle dédiée à sainte Madeleine a été construite sur ce rocher.

Madeuf (La), écart, cⁿᵉ de Marchal. — *La Madeuf*, 1658 (lièvre du quartier de Condat et d'Artense). — *La Madœuf* (Cassini).

Madic, cⁿᵉ de Saignes, mⁱⁿ et chât. ruinés. — *Villa de Maidico*, vers 970 (Gall. christ., t. II, inst. col. 73). — *Madic*, xIIᵉ s⁰ (charte dite *de Clovis*). — *Madicum*, 1295 (spicil. Brivat.). — *Madiet; Madit*, 1637 (terr. de Murat-la-Rabe). — *Madicq*, 1659 (insin. du baill. de Salers).

Madic était, avant 1789, de la Basse-Auvergne, du dioc. de Clermont, de l'élect. et de la subdel. de Mauriac. Régi par le droit cout., il était le siège d'une justice seign., ressort. à la sénéch. d'Auvergne, en appel du bailliage de Salers.

Une bulle du pape Paul II, de 1470, nous apprend qu'une cure fut fondée à Madic, sous le voc. de saint Quirin. Aujourd'hui l'église de Madic est dédiée à saint Eutrope et à la Nativité de la Vierge; érigée en chapelle vicariale par ordonnance royale du 27 juillet 1821, cette église a été élevée au rang de succursale, par une autre ordonnance du 13 avril 1828.

Madone (Le Puech de), mont. à vacherie, c^{ne} de Saint-Saury.

Madrières, écart, c^{ne} de Chaliers. — *Madreyres*, 1494 (terr. de Mallet). — *Madière*, 1745 (arch. dép. s. C, l. 43). — *Madrières* (Cassini).

Madunhac, écart, c^{ne} de Roannes-Saint-Mary. — *Madinac*, 1668 (nommée au p^{té} de Monaco). — *Madunhac*, 1682 (arch. dép. s. C).

Madverty, écart, c^{ne} de Pers. — *Maverti* (Cassini). — *Malborty*, 1857 (Dict. stat. du Cantal).

Mafet (Le), dom. ruiné, c^{ne} de la Ségalassière. — *Lou Mafet*, 1693 (état civ. de Laroquebrou).

Magès (Le), lieu détruit, c^{ne} de Paulhenc. — (Cassini.)

Mages (Le Puech des), mont. à vacherie, c^{ne} de Saint-Urcize.

Maginiol (Le), dom. ruiné, c^{ne} de Junhac. — *Village de lou Maginhol*, 1767 (état civ.).

Magirondez, lieu détruit, c^{ne} de Saint-Santin-de-Maurs. — *Bois du Mas-Girondès*, 1749 (anc. cad.).

Magis, écart, c^{ne} de Trémouille-Marchal.

Magnac, dom. ruiné, c^{ne} d'Ally. — *Magniacum*, x^e s^e (test. de Théodechilde). — *Mansus de Manhac*, 1464 (terr. de Loupiac).

Magnac, dom. ruiné, c^{ne} du Claux. — *Le mas de Magnat*, xviie s^e (arch. dép. s. E).

Magnac, ham., c^{ne} de Pleaux.

Magnac, vill., c^{ne} de Sarrus. — *Manhac*, 1296 (arch. dép. s. II). — *Maignac; Maymac*, 1494 (terr. de Mallet). — *Manhat*, 1628 (paraphr. sur les cout. d'Auvergne). — *Maignat*, 1665; — *Manial*, 1670; — *Maignhac*, 1676; — *Mainac*, 1682 (insin. de la cour royale de Murat).

Magnac était, avant 1789, de la Haute-Auvergne, du dioc., de l'élect. et de la subdél. de Saint-Flour; il était le siège d'une justice seign. régie par le droit écrit, et ressort. à la sénéch. d'Auvergne, en appel de la prév. de Saint-Flour. Son église, aujourd'hui ruinée, était dédiée à saint Michel. Le titul. était à la présent. du prieur de Saint-Michel, c^{ne} de Saint-Georges. De 1790 à 1831, Magnac a formé une commune particulière.

Magnal (Le Puech de), mont., c^{ne} de Barriac.

Magne, m^{in}, c^{ne} de Champagnac.

Magne (La Roche de), rocher isolé, jadis surmonté d'un fort, c^{ne} de Jou-sous-Montjou.

Magne, écart, c^{ne} de Saint-Illide.

Magne-Combe (La), scierie, c^{ne} de Védrines-Saint-Loup.

Magnotte (La), m^{in}, c^{ne} du Vigean.

Magoux, mont. à burons, c^{ne} de Salers.

Magua-Sarte, chât. détruit, c^{ne} d'Anglards-de-Salers.

Maigne (Le), m^{in}, c^{ne} d'Allanche.

Maigre (Le), vill., c^{ne} de Charmensac. — *Lou Maygre*, 1559 (terr. de Molompize). — *Le Maigre*, 1784 (Chabrol, t. IV).

Maillargues, vill. et chât. détruit, c^{ne} d'Allanche. — *Castrum de Maylhargues*, 1278 (Hist. de l'abbaye de Feniers). — *Malhargues; Matlhargues*, 1329 (enq. sur la justice de Vieillespesse). — *Matlharac*, 1406; — *Malliargas*, 1456 (terr. d'Antéroche). — *Lou Malliard*, 1457 (id. d'Aurillac). — *Maillargues*, 1508 (id. de Maillargues). — *Mailhargues; Mathargues*, 1515 (id. du Feydit). — *Maliargues*, 1707; — *Maliargue*, 1716 (état civ. de Murat). — *Mailliargues* (Cassini).

Maillargues (Le Suc de), mont. à vacherie, c^{ne} de Landeyrat. — *Le suc de Maliargues* (états de sections).

Maillargues, vill., c^{ne} de Saint-Saturnin. — *Malhargues*, 1513 (terr. de Cheylade). — *Malliargues*, 1585 (id. de Graule). — *Maillargues-des-Cousserands*, 1857 (Dict. stat. du Cantal, t. V, p. 285).

Mailleaux (Les), mont. à vacherie, c^{nes} de Paulhac et de Valuéjols. — *Montaigne de Sanhe-Chavalar; Sanhe-Chevalar*, 1508 (terr. de Montchamps). — *Montaigne de Mailhar*, 1594 (id. de Bressanges). — *La Saigne-Chavalard; montaigne de Chavallard, à présent appellée les Malhaux*, 1662; — *Montaigne de Chavalar, à présent appellée les Mailhaux*, 1730; — *Montaigne de Chavasat, à présent appellée des Mailhoux*, 1762 (terr. de Montchamps).

Maillet (Le), dom. ruiné, c^{ne} de Teissières-les-Bouliès. — *Affarium de la Fon dal Mailhet*, 1522 (min. Vigery, n^{re}). — *Al Moliet; Mallit*, 1750 (anc. cad.).

Maiou (La), écart, c^{ne} de la Peyrugue.

Maiouffe (La), dom. ruiné, c^{ne} de Saint-Julien-de-Toursac. — *Village de la Maiouffe*, 1568 (livre des achaps d'Ant. de Naucaze).

Mairoux (Le), ruiss., aff. du ruisseau de Béteilles, c^{ne} de Prunet; cours de 1,600 m.

Maison (La), écart, c^{ne} de la Capelle-en-Vézie.

Maison (Dernière la), m^{in} détruit, c^{ne} de Dienne. — *Ung molin et un molin de drap appellé de darrier l'Ostal*, 1551 (terr. de Dienne).

MAISONADE (LA), vill., c^{ne} de Raulhac. — *Mayghonada*, 1476 (terr. de Carlat). — *La Meysonnade*, 1643 (min. Froquières, n^{re}). — *La Maysounade*, 1669 (nommée au p^{ce} de Monaco). — *La Maisonade*, 1693 (état civ.). — *La Maysonnade*, 1695; — *La Maysonade*, 1696 (terr. de Carlat).
MAISON-AMAGAT (LA), écart, c^{ne} de Saint-Illide.
MAISON-BASSE (LA), dom. ruiné, c^{ne} d'Alleuze. — *Mansus Petitus*, 1252 (arch. dép. s. H).
MAISON-BLANCHE (LA), écart, c^{ne} de Chaudesaigues.
MAISON-BLANCHE (LA), dom. ruiné, c^{ne} de Cheylade. — *Mansus Blanc*, 1174; — *Mansus-Blanc de Graula*, 1186 (la maison de Graule).
MAISON-BLANCHE (LA), écart, c^{ne} de Marcenat.
MAISON-BLANCHE (LA), écart, c^{ne} de Pleaux.
MAISON-BLANCHE (LA), écart, c^{ne} de Vitrac.
MAISON-BLANCHE (LA), vill., c^{ne} d'Yolet.
MAISON-BOMPART (LA), f^{me}, c^{ne} de Vieillespesse.
MAISON-BRÛLÉE (LA), dom. ruiné, c^{ne} de Leynhac. — *Affarium vocatum de Manso Arlat*, 1301 (pièces de l'abbé Delmas).
MAISON-CHANDÈZE (LA), grange, c^{ne} de Bonnac. — *Villaige de Chandèze*, 1675 (état civ.).
MAISON-CHANDON (LA), écart, c^{ne} de Saint-Cirgues-de-Jordanne.
MAISON-CLAUX (LA), écart, c^{ne} de Mauriac.
MAISON-DE-BARGUIÈRE (LA), dom. ruiné, c^{ne} de Thiézac. — *Mazuc de Barguyeire d'Ussanel*, 1597 (reconn. au curé de l'hôp. de la Trinité d'Aurillac).
MAISON-DE-BLANC (LA), écart, c^{ne} de Saint-Étienne-de-Maurs.
MAISON-DE-GARDE (LA), écart, c^{ne} de Loupiac.
MAISON-DE-LA-BRUNIE (LA), écart, c^{ne} de Pleaux.
MAISON-DE-MONTCLAR (LA), ham., c^{ne} de Mauriac.
MAISON-DES-BOIS (LA), écart, c^{ne} de Bonnac.
MAISON-DU-CASTOL (LA), écart, c^{ne} de Mauriac.
MAISON-DU-DIABLE (LA), tour en ruines, c^{ne} de Sainte-Anastasie.
MAISON-DU-MILIEU (LA), dom. ruiné, c^{ne} d'Alleuze. — *Mansus Medius*, 1252 (arch. dép. s. H).
MAISON-DU-SOL (LA), écart, c^{ne} de Velzic. — *Lou domayne del Sol*, 1673 (terr. de la Cavade).
MAISON-FONTANGES (LA), écart, c^{ne} de Mauriac.
MAISON-HAUTE (LA), dom. ruiné, c^{ne} d'Alleuze. — *Mansus Major*, 1252 (arch. dép. s. H).
MAISON-HAUTE (LA), dom. ruiné, c^{ne} de Marmanhac. — *Mansus Maior*, 1469 (terr. de Saint-Christophe).
MAISONIAL (LE), écart, c^{ne} de Prunet. — *Lou Meysounial*, 1679 (arch. dép. s. C, l. 18). — *Le Maysonial; los Maysonials; le Meysonial*, 1692 (terr. de Saint-Geraud). — *Lou Meysouniel*, 1709 (arch. dép. s. C, l. 18).

MAISONIAL (LE), dom. ruiné, c^{ne} de Sénezergues. — *Villaige de le Mahonyal*, 1548 (min. Guy de Vayssieyra, n^{re}).
MAISON-MOINS (LA), ham., c^{ne} de Mauriac.
MAISON-MONESTIER (LA), ham., c^{ne} de Mauriac.
MAISONNADE (LA), écart, c^{ne} de Badailhac. — *La Maisonade*, 1668 (nommée au p^{ce} de Monaco). — *La Maysonade*, 1728 (arch. dép. s. C).
MAISONNETTE (LA), écart, c^{ne} de Lieutadès. — *Mayzonetas*, 1230 (homm. à l'évêque de Clermont). — *Mayonetas*, 1508; — *La Mayonnette*, 1662; — *La Mayonète*, 1686 (terr. de la Garde-Roussillon).
MAISONNETTE (LA), écart, c^{ne} de Nieudan.
MAISONNETTE (LA), écart, c^{ne} de Pers.
MAISONNETTE-D'ALBUSSAC (LA), écart, c^{ne} d'Ytrac.
MAISONNETTE-DE-LA-BLADADE (LA), écart, c^{ne} d'Ytrac.
MAISONNETTE-DE-LEINHAC (LA), écart, c^{ne} d'Ytrac.
MAISONNETTE-DE-MALECOMBE (LA), écart, c^{ne} de Neussargues.
MAISONNETTE-D'ESBANS (LA), écart, c^{ne} d'Ytrac.
MAISONNETTE-DES-BOURIOTTES (LA), écart, c^{ne} d'Ytrac.
MAISONNETTE-D'ESCOUFFORT (LA), écart, c^{ne} de Neussargues.
MAISONNETTE-DU-RIOU-DEL-BOS (LA), écart, c^{ne} de Neussargues.
MAISONNETTES (LES), écarts, c^{ne} de Celles.
MAISON-NEUVE (LA), vill., c^{ne} d'Aurillac.
MAISON-NEUVE (LA), écart, c^{ne} de Badailhac. Deux écarts de cette c^{ne} portent le même nom.
MAISON-NEUVE (LA), f^{me}, c^{ne} de Boisset.
MAISON-NEUVE (LA), écart, c^{ne} de la Capelle-en-Vézie. — *La Maison-Neuve* (Cassini).
MAISON-NEUVE (LA), ham., c^{ne} de Chalvignac.
MAISON-NEUVE (LA), vacherie, c^{ne} de Chastel-Marlhac.
MAISON-NEUVE (LA), f^{me}, c^{ne} de Chastel-sur-Murat. — *La Meizou*, 1580 (lièvre conf. de la v^{té} de Murat).
MAISON-NEUVE (LA), écart, c^{ne} de Chaudesaigues.
MAISON-NEUVE (LA), ham., c^{ne} de Crandelles.
MAISON-NEUVE (LA), f^{me}, c^{ne} de Cros-de-Montvert.
MAISON-NEUVE (LA), écart, c^{ne} de Fournoulès.
MAISON-NEUVE (LA), vill., c^{ne} de Giou-de-Mamou.
MAISON-NEUVE (LA), écart, c^{ne} de Jabrun.
MAISON-NEUVE (LES DEUX MOULINS DE LA), m^{ins}, c^{nes} de Jabrun.
MAISON-NEUVE (LA), vill., c^{ne} de Ladinhac.
MAISON-NEUVE (LA), dom. ruiné, c^{ne} de Landeyrat. — *Affarium vocatum de la Maiso Nova*, 1395 (arch. dép. s. E).
MAISON-NEUVE (LA), écart, c^{ne} de Lanobre.
MAISON-NEUVE (LA), écart, c^{ne} de Marcenat.
MAISON-NEUVE (LA), écart, c^{ne} de Menet.

Maison-Neuve (La), écart, c`ne` de Naucelles. — *Affarium de Domo Nova, scitum in manso Dissatz*, 1338 (arch. mun. de Naucelles). — *Affar de Domo Nova*, 1692 (terr. de Saint-Géraud).

Maison-Neuve (La), écart, c`ne` de Parlan. — *La Maisonnote*, 1644; — *Lo Maysonnobe*, 1654; — *La Mazon-Nove*, 1667 (état civ.).

Maison-Neuve (La), mont. à burons, c`ne` de Pradiers.

Maison-Neuve (La), écart, c`ne` de Quézac. — *La Maison-Neuve-de-Jagoi*, 1857 (Dict. stat. du Cantal).

Maison-Neuve (La), écart, c`ne` de Saignes.

Maison-Neuve (La), vill., c`ne` de Saint-Étienne-de-Maurs.

Maison-Neuve (La), vill., c`ne` de Saint-Saturnin.

Maison-Neuve (La) ou la Vitarelle, ham., c`ne` de Saint-Saury. — *Maison neuve de Mambert*, 1857 (Dict. stat. du Cantal).

Maison-Neuve (La), écart, c`ne` de Siran.

Maison-Neuve (La), lieu détruit, c`ne` de Tournemire. — (Cassini.)

Maison-Neuve (La), écart, c`ne` de Valette.

Maison-Neuve (La), écart, c`ne` de Vebret.

Maison-Neuve (La), écart, c`ne` de Vic-sur-Cère.

Maison-Neuve-du-Pont-de-la-Pierre (La), écart, c`ne` d'Aurillac.

Maison-Neuve-près-Sons (La), écart, c`ne` de Boisset.

Maisonobe, dom. ruiné, c`ne` de Saint-Étienne-de-Carlat. — *Boriaige appellé de Maysonobe*, 1692 (terr. de Saint-Géraud).

Maison-Rouge (La), f`me`, c`ne` de la Besserette.

Maison-Rouge (La), vill., c`ne` de Cros-de-Montvert.

Maison-Rouge (La), écart, c`ne` de Fournoulès.

Maison-Rouge, ruiss., affl. du Célé, c`ne` de Fournoulès; cours de 2,100 m.

Maison-Rouge (La), écart, c`ne` de Freix-Anglards.

Maison-Rouge (La), écart, c`ne` de Mourjou.

Maison-Rouge (La), ham., c`ne` d'Omps.

Maison-Rouge (La), écart, c`ne` de Saint-Saury. — *Maison rouge de la Com*, 1857 (Dict. stat. du Cantal).

Maison-Rouge (La), ham., c`ne` de Sansac-de-Marmiesse.

Maison-Rouge (La) ou la Colonge, écart, c`ne` de Thiézac.

Maison-Rouge (La), écart, c`ne` de Vitrac.

Maison-Rouge (La), écart, c`ne` d'Ytrac.

Maisons (Aux), ham. et m`in`, c`ne` de Lavigerie.

Maisons (Les), écart, c`ne` d'Oradour. — *Les Maisons*, 1596 (min. Andrieu, n`re` à Saint-Flour). — *Le Mas*, 1644 (état civ. de Pierrefort).

Maisons (Les), dom. ruiné, c`ne` de Polminhac. — *Villaige de Maisons*, 1702 (état civ. de Saint-Clément).

Maisons (Les), vill. et chât. détruit, c`ne` de Vabres. — *Las Mayzos*, 1252 (arch. dép. s. H). — *Las Maysos*, 1256 (id. s. G). — *Castrum de Domubuz*, 1290 (id. s. E). — *L'Ostal*, 1400 (arch. mun. de Saint-Flour). — *Mansus*, 1467 (arch. dép. s. E). — *Las Maisos*, 1494 (terr. de Mallet). — *Mezons*, 1610 (id. d'Avenaux). — *Maisons*, 1730 (id. de Montchamp).

Maisons (Les), ruiss., affl. du ruisseau des Gazes, c`ne` de Vabres; cours de 3,500 m.

Maisons-Hautes (Les), vill. détruit, c`ne` de la Monsélie. — *Les Maisons-Soubrines* (plan cadast., s`on` F).

Maisons-Neuves (Les), ham., c`ne` de Sansac-de-Marmiesse.

Maisons-Soubronnes (Les), mont. à burons, c`ne` de Saint-Saturnin. — *Montana de Graula, vulgariter vocata Chapgraula*, 1366; — *Montana vocata vulgariter Chapgraula, alias de Graula Sobrana*, 1425 (arch. dép. s. H). — *Chap Graule*, 1514 (terr. de Cheylade). — *Chagraule*, 1584 (la maison de Graule). — *Chagrane*, 1618 (min. Danty, n`re`). — *Graule-Haut; les Misons*, 1628 (la maison de Graule). — *V`rie` d'Engrane* (Cassini).

C'est sur cette montagne qu'avait été établie l'obédience de Graule, dépendant du monastère d'Obazine (Corrèze).

Maisons-Soutronnes (Les), mont. à burons, c`ne` de Saint-Saturnin. — *Montana de Graula Sotrana*, 1425 (arch. dép. s. H).

Maison-Teyssier (La), écart, c`ne` de Pleaux.

Maison-Vernol (La), écart détruit, c`ne` de Cayrols.

Maison-Vidal (La), ham., c`ne` de Roannes-Saint-Mary.

Maison-Vieille (La), écart détruit, c`ne` de Crandelles.

Maisounette (La), écart, c`ne` de Cayrols.

Maissac, vill., c`ne` de Drignac.

Majades, vill. détruit, c`ne` de Valuéjols. — *Villa que dicitur Majadas*, 929 (cart. de Brioude).

Majaliac, vill., c`ne` de Champagnac. — *Villa Majaliac*, xii`e` s`e` (charte dite *de Clovis*). — *Mas de Majalhac*, 1445 (arch. général. de Sartiges). — *Majaliac* (Cassini). — *Mazaliac* (État-major).

Majets (Les), taillis et dom. ruiné, c`ne` de Jabrun. — *Les chazals del Mazet*, 1662; — *Le ténement des Mazes*, 1686; — *Le Mazel; les Mazès*, 1730 (terr. de la Garde-Roussillon).

Majou (Le Suc de la), mont., c`ne` de Champs.

Majou, dom. ruiné, c`ne` de Sénezergues. — *Affar del Majou*, 1668 (nommée au p`ce` de Monaco). — *Domaine de Majeac*, 1777 (arch. dép. s. C, l. 49).

Majouste (La), ham., c^ne de Quézac. — *La Majouse*, 1752 (état civ.). — *La Majouffle*, 1857 (Dict. stat. du Cantal).

Malabard, m^in détruit, c^ne de Saint-Poncy.

Malabec, chât. féodal détruit, c^ne de Sainte-Marie.

Malacoste (Le Puech de), mont., c^ne de Vieillevie.

Malades (Aux), vill. auj. réuni à la population agglomérée, c^ne d'Aurillac. — *La Prada sita a Leprosia; Leprosaria de Aurehaco; Leprosia vetus*, 1277 (arch. mun. s. EE, p. 14). — *Pratum Leprosie; la Mayso-de-la-Malaudia*, 1522 (min. Vigery, n^re). — *Le pré de la Maladrerie*, 1639 (inv. des arch. de l'hôp. d'Aurillac).

Maladet, vill., c^ne de Faverolles. — *Meladet*, 1494 (terr. de Mallet). — *Mulladet*, 1784 (Chabrol, t. IV). — *Maladet* (Cassini).

Maladrerie (La), léproserie détruite, c^ne de Laroquebrou. — *La Malaudia*, 1459 (arch. dép. s. G).

Malarbe, dom. ruiné, c^ne de Carlat. — *Affar de Malaribe*, 1643 (min. Froquières, n^re).

Malartiges, dom. ruiné, c^ne de Pleaux. — *Villaige de Malartiges*, 1636 (liève de Poul).

Malathèze (La) et la Malathèze-Bas, écarts, c^ne de Saint-Étienne-de-Maurs. — *La Malatès*, 1666 (état civ. de Maurs). — *La Malatèse*, 1746 (id. de Saint-Étienne). — *La Malatèze*, 1751 (id. de Maurs).

Malaucio (La), vill. c^ne de Tanavelle. — *La Maladia*, 1510 (terr. de Maurs). — *La Malaudie; la Malleutie*, 1618 (id. de Seriers). — *La Malautye*, 1636 (id. des Ternes). — *La Malouthio* (Cassini). — *La Mouréthie* (État-major). — *Malautio*, 1857 (Dict. stat. du Cantal).

Malaudes (Les), ham., c^ne d'Aurillac. — *La montada da la Malaudia*, 1230 (arch. dép. s. E).

Malaudie (La), dom. ruiné, c^ne de Boisset. — *Tènement de la Malaudie-de-la-Planque*, 1668 (nommée au p^ce de Monaco).

Malaudie (La), dom. ruiné, c^ne de Jussac. — *Affarium de la Malandia*, 1469 (terr. de Saint-Christophe).

Malaudie (La), dom. ruiné, c^ne de Saint-Constant. — *Mas de la Mortarie*, xviie s^e (reconn. au prieur de Saint-Constant). — *La Malaudie*, 1747; — *La Maladie; las Malaudies*, 1748 (anc. cad.).

Malavaisse, vill., c^ne de Rezentières. — *Malla Vaysse*, 1526 (terr. de Vieillespesse). — *Malavaisse*, 1610 (id. d'Avenaux). — *Malabaisse*, 1721 (état civ. de Saint-Mary-le-Plain). — *Malvaisse*, 1771 (liève de Mardogne). — *Malebaisse* (État-major). — *Mallebaisse*, 1855 (Dict. stat. du Cantal).

Malbec, chât. détruit, c^ne d'Oradour. — *Castrum de Malbec*, 1279; — *Malum Becum*, 1288 (homm. à l'évêque de Clermont).

Malbec, ruiss., affl. de la Truyère, c^nes d'Oradour et de Sainte-Marie; cours de 4,000 m.

Malbert, vill. et chât. détruit, c^ne de Saint-Cirgues-de-Malbert. — *Malvertum*, 1464 (terr. de Saint-Christophe). — *Maulverc*, xvie s^e (arch. mun. d'Aurillac, s. GG, p. 21). — *Malvert*, 1670 (état civ. d'Ayrens). — *Malverc*, 1703; — *Malbert*, 1728 (arch. dép. s. C, f. 16). — *Malver* (Cassini).

Malbert, m^in détruit, c^ne de Saint-Illide. — *Molin de Malberc sur la rivière d'Ethe*, 1599 (min. Lascombes, n^re).

Malbert, vill., c^ne de Saint-Santin-Cantalès. — *Mauhbert*, 1324 (reconn. au seign. de Montal). — *Malbar*, 1597 (min. Lascombes, n^re). — *Malverc*, 1632 (état civ.). — *Malvère*, 1645 (min. Sarrauste, n^re). — *Malvier*, 1669 (nommée au p^ce de Monaco). — *Malverq*, 1744 (anc. cad.). — *Malbert* (Cassini).

Malberty, écart, c^ne de Pers.

Malbet, f^me, c^ne de Thiézac. — *Maubert; Malbec*, 1668; — *Malbes*, 1670; — *Malbe*, 1671 (nommée au p^ce de Monaco). — *Malbert* (État-major).

Malbet, ruiss., affl. de la Cère, c^ne de Thiézac; cours de 2,000 m. — On le nomme aussi *Le Clout*. — *Ruisseau del Chou; ruisseau d'Escoup, sive de Maumontat*, 1746 (anc. cad.).

Malbet-Haut, ham., c^ne de Thiézac.

Malbo, c^ne de Pierrefort et m^in. — *Malbos*, xive s^e (Guill. Trascol). — *Malbo*, 1412 (liber vitulus). — *Maubo*, 1615; — *Malboz*, 1638 (état civ. de Thiézac). — *Malbe*, 1669 (nommée au p^ce de Monaco). — *Mal-Bos*, 1675 (état civ. de Jou-sous-Montjou).

Malbo faisait partie du mandement de Vigouroux, membre de la v^té de Murat.

Avant 1789, Malbo était de la Haute-Auvergne, du dioc., de l'élect. et de la subdélég. de Saint-Flour. Régi par le droit écrit, il dépend de la justice du mandement de Vigouroux qui était du dom. du c^té de Carladès, et ressort. au bailliage de Vic, en appel de sa prév. part. — Son église, dédiée à saint Jean-Baptiste, était un prieuré qui fut donné vers 1367 à l'archid. de la cathéd. de Saint-Flour, et le prieur était à sa nomin. Elle a été érigée en succursale par décret du 28 août 1808.

Malbos, dom. ruiné, c^ne de Condat-en-Feniers. — *Villaige de Malbois*, 1688 (pièces du cab. Bonnefons).

Malboudie (La), vill., c^ne de Marchal.

Malbouet, ruiss., affl. du Sinic, c^ne de Malbo; cours de 4,200 m.

Mal-Canal, dom. ruiné, c^{ne} de Cassaniouze. — *Affar de Malecanal; Malocanal; Malcanal*, 1760 (terr. de Saint-Projet).

Male-Combe (La), ham., c^{ne} de Pleaux.

Male-Combe, dom. ruiné, c^{ne} de Teissières-les-Bouliès. — *Affar de Mala-Comba*, 1535 (arch. mun. d'Aurillac, s. GG, c. 6). — *La Male-Combe; la Maocombe*, 1750 (anc. cad.).

Male-Course (La), mont. à vacherie, c^{ne} de Vernols.

Malefosse, vill., c^{ne} de Neuvéglise. — *A Malasfessas*, 1510 (terr. de Maurs). — *Malefosses*, 1665 (état civ. de Pierrefort). — *Melefosses*, 1762 (terr. de Montchamp). — *Malesfosses* (Cassini). — *Mallefosse*, 1856 (Dict. stat. du Cantal).

Malefosse, vill., c^{ne} d'Oradour. — *Malas Fossas*, 1405 (arch. dép., s. G). — *Malefosses*, 1665 (état civ. de Pierrefort). — *Mallefosse*, 1784 (Chabrol, t. IV). — *Malesfosses* (Cassini). — *Malafosse* (État-major).

Malefosse, ruiss., affl. du ruisseau de Malbec, c^{ne} d'Oradour; cours de 800 m.

Male-Fosse, dom. ruiné, c^{ne} de Saint-Martin-Cantalès. — *Affarium de Malfaus*, 1464 (terr. de Saint-Christophe).

Malemaison, vill., c^{ne} de Cros-de-Montvert. — *Mansus de Malasmujos*, 1275 (test. de Bertrand de Montal). — *Malasmaysens*, 1640 (état civ.). — *Malemaison*, 1702 (id. d'Arnac). — *Malmaison* (Cassini).

Male-Mort (Le Suc de), mont. à vacherie, c^{ne} de Saint-Poncy. — *Le suc de Malmort*, 1784 (terr. d'Alleret).

Male-Peyre (La), mont. à vacherie, c^{ne} de Dienne. — *La montaigne de Malepeyre*, 1600; — *Mallepeyre*, 1618 (terr. de Dienne).

Malepis, f^{me} et mont. à vacherie, c^{ne} de Vic-sur-Cère. — *Malepus*, 1610 (aveu de J. de Pestels). — *Malepie*, 1668 (nommée au p^{ce} de Monaco). — *Malepic*, 1769 (anc. cad.). — *Molapi* (Cassini). — *Mal-Apie; Molopic* (états de sections).

Male-Planche (La), dom. ruiné, c^{ne} de Mourjou. — *Affar de Maleplanche*, 1523 (assises de Calvinet).

Male-Prade, vill. avec église, c^{ne} d'Anglards-de-Salers. — *Malaprade*, 1652; — *Maleprade*, 1653; — *Malleprade*, 1656 (état civ.). — *Male-Prade*, 1717 (id. de Moussages).

Male-Prade, f^{me}, c^{ne} de Marmanhac.

Male-Prade, dom. ruiné, c^{ne} de Saint-Gerons. — *Affarium de Mala-Prada*, 1423 (arch. mun. d'Aurillac, s. HH, c. 21).

Malessagne, vill., c^{ne} des Ternes. — *Malesaignes*, 1598 (min. Andrieu, n^{re}). — *Malessaignes*, 1645 (lièvre des Ternes). — *Mallessaignes* (Cassini).

Malesse, lieu détruit, c^{ne} de Chalvignac. — *La maison de Malesse*, 1549 (terr. de Miremont).

Malesse (La), dom. ruiné, c^{ne} de Mauriac. — *La Malesse*, 1778 (inv. des arch. de la mais. d'Humières).

Malet (Le Puech de), mont. à vacherie, c^{ne} de Celoux.

Malétie (La), vill., c^{ne} de Saint-Cernin. — *La Maléthye*, 1662; — *La Malétie*, 1703 (état civ.). — *La Materie*, 1730; — *La Molétie*, 1753 (arch. dép. s. C, l. 32). — *Malétias*, 1784 (Chabrol, t. IV).

Malétie (La), ham., c^{ne} de Tournemire.

Maleval (Le), ruiss., affl. du Remontalou, c^{ne} de Chaudesaigues; cours de 4,000 m. — *Malleval*, 1837 (état des riv. du Cantal).

Malevergne, écart et m^{in}, c^{ne} de la Capelle-del-Fraisse. — *Moulin de Malavergne; Malavernhe*, 1670 (terr. de Calvinet). — *Malevergne*, 1760 (arch. dép. s. C, l. 49). — *Mallevergne*, 1784 (Chabrol, t. IV). — *Mallevernhes*, 1786 (lièvre de Calvinet).

Malfaras, chât. détruit, c^{ne} de Saint-Cirgues-de-Malbert. — *Malfaras*, 1312 (arch. mun. d'Aurillac, s. HH, c. 21). — *Malfarac*, 1464 (terr. de Saint-Christophe).

Malfaras était, avant 1789, le siège d'une justice seign. régie par le droit cout., et ressort. à la sénéch. d'Auvergne, en appel du bailliage de Salers.

Malgagnet, dom. ruiné, c^{ne} d'Ally. — *Mansus de Malgagnet; Manghaguet; Melghaguet; Melgaguet*, 1464 (terr. de Saint-Christophe).

Malgorce, vill., c^{ne} de Saint-Remy-de-Salers. — *Malgorn*, 1659 (insin. du bailliage de Salers). — *Maloguorse*, 1669 (état civ. de Marmanhac). — *Malegorce*, 1671 (id. de Saint-Chamant). — *Mallegorce*, 1684 (min. Gros, n^{re}). — *Malegorsse*, 1694 (état civ. de Saint-Martin-Valmeroux). — *Malgorse* (Cassini).

Malgrat, écart, c^{ne} de Thiézac. — *Malgrat*, 1607; — *Malgras*, 1614 (état civ.).

Malhet, écart et m^{in}, c^{ne} de Tournemire. — *Malet*, 1701 (arch. dép. s. C, l. 6). — *Moulin de Mailhet*, 1857 (Dict. stat. du Cantal).

Malhivernadie (La), vill. détruit, c^{ne} de Mandailles. — *Affar de la Malivernadie; Malyvernadie; Malivernade*, 1692 (terr. du monast. de Saint-Geraud). — *La Malibernadie* (Cassini).

Malhol, f^{me}, c^{ne} de Leynhac.

Malhols, chât. détruit, c^{ne} de Laroquevieille. — *Malocieum*, 1378 (arch. dép. s. G).

Maliac, dom. ruiné, c^{ne} de Junhac. — *Mansus de Malhac*, 1536 (terr. de Coffinhal).

Malichau (Le Bois de), dom. ruiné, c^{ne} de Saint-

Poncy. — *Ténement et bois de Malechaud*, 1782 (terr. d'Alleret).

MALIENS (LES), dom. ruiné, c^ne de Cheylade. — *Affar appellé des Maliens*, 1539 (terr. de Cheylade).

MALIERGUES, dom. ruiné, c^ne de Saint-Mamet-la-Salvetat. — *Domaine de Maliergues*, 1668 (nommée au p^ce de Monaco).

MALIÉRY, écart, c^ne de Maurs. — *Affarium de la Maletia*, 1518 (arch. mun. d'Aurillac, s. HH, c. 21).

MALIÈS, dom. ruiné, c^ne de Polminhac. — *Affar de Malliès; Maliès*, 1583 (terr. de Polminhac).

MALINEU, écart, c^ne de Neuvéglise. — *Maliney*, 1856 (Dict. stat. du Cantal).

MALIORGUES, dom. ruiné, c^ne d'Anglards-de-Salers. — *Villaige de Maliorgues*, 1670 (état civ. du Vigean).

MALLET, dom. ruiné, c^ne de la Capelle-en-Vézie. — *Villaige de Melet*, 1509 (min. Boygues, n^re).

MALLET (LE COL DE), vill., c^ne de Neussargues.

MALLET, vill. et chât. féodal détruit, c^ne de Sarrus. — *Milata*, 1250 (Gall. christ., t. II, inst. c. 89). — *Melet*, 1337 (spicil. Brivat.). — *Meletum*, XIVe s^e (Pouillé de Saint-Flour). — *Mealetum*, 1458 (pap. de la fam. de Montal). — *Mallet; Mellet; Meslet*, 1494 (terr. de Mallet). — *Méallet*, 1784 (Chabrol, t. IV, p. 725).

Mallet était, avant 1789, de la Haute-Auvergne, du dioc., de l'élect. et de la subdélég. de Saint-Flour. Régi par le droit écrit, il était le siège d'une justice seign. ressort. au bailliage de Vic, en appel de la cour royale de Murat. Avant son démembrement vers 1643, le mandement de Mallet, en la vicomté de Murat, comprenait les paroisses de Faverolles, Mallet, Maurines, Saint-Martial et Sarrus. — Son église, dédiée à saint Nicolas, était un prieuré dépendant de celui de Chanteuges, qui appartenait lui-même à la mense de l'abbé de la Chaise-Dieu; la cure était à la nomin. du roi. — La c^ne de Mallet a été réunie à celles de Faverolles et de Sarrus, par ordonn. royale du 7 août 1839.

MALLET, vill., c^ne de Talizat. — *Melet, alias Miaelleum*, 1441 (liber vitulus). — *Malot*, 1526 (terr. de Vieillespesse). — *Mallet*, 1533 (id. du prieuré de Touls). — *Malet*, 1594 (min. Andrieu, n^re). — *Maillet*, 1635 (nommée par G^lle de Foix).

MALLET, ruiss., affl. du ruisseau du Sailhans, c^ne de Talizat; cours de 5,000 m.

MALLEVAL, ruiss., affl. du Remontalou, c^nes d'Anterrieux et de Chaudesaigues; cours de 5,600 m. — *Maleval* (État-major).

MALLEVIEILLE, vill., c^ne des Deux-Verges. — *Malvieille* (Cassini). — *Malevieille* (État-major).

MALLE-VIEILLE (LA), vill. et m^in, c^ne de Valuéjols. — *Villa-Vetus*, 1308 (arch. dép. s. H). — *La Vialaveilha; Villa-Vieilha; la Malaveilha*, XVe s^e (terr. de Bredon). — *La Vialavetha; la Bialavetha*, 1508 (id. de Loubeysargues). — *La Vallevieille*, 1554 (arch. dép. s. E). — *La Ville-Veilhe*, 1559 (min. Lanusse, n^re). — *La Valle-Vielhie; la Valle-Vielhe; la Valle-Veilhie; la Ville-Vielhie; la Ville-Vielhye; la Ville-Velhe; la Ville-Veilhie*, 1575 (terr. de Bredon). — *La Malle-Veilha*, 1580; — *La Ville-Vieilhe*, 1585 (liève conf. de la v^té de Murat). — *La Vallevelhe*, 1607 (min. Danty, n^re). — *La Valle-Velhe*, 1622 (insin. de la cour royale de Murat). — *La Mallaveilha; la Vallaveilha*, 1644; — *La Vialeveilhe; la Vialleveilhe*, 1661; — *La Vialle-Vilehe*, 1662 (terr. de Loubeysargues). — *La Mallevieille; la Ville-Vielle; la Ville-Veilhie; la Ville-Viellie*, 1664 (id. de Bredon). — *La Vallavielhe*, 1667; — *La Vallavelhe*, 1668 (insin. du bailliage d'Andelat). — *La Mallavieille*, 1668; — *La Malevielha*, 1669 (état civ. de Murat). — *La Valleveille*, 1670 (terr. de Brezons). — *La Valla-Vielhe*, 1680; — *Valleveilhe*, 1683 (id. des Bros). — *La Malevielle*, 1683 (état civ. de Chastel-sur-Murat). — *La Vialle-Vieille*, 1687 (terr. de Loubeysargues). — *La Vallevieille*, XVIIe s^e (archives départementales s. E). — *La Malvielle* (Cassini). — *La Malevieille* (État-major).

L'orthographe de ce nom est vicieuse, il faudrait écrire : *la Ville-Vieille* ou *Vialle-Vieille*.

MALMÉGA, dom., c^ne de Dienne. — *Malméga; pré de Malmégha avec grauche et étables*, 1618 (terr. de Dienne).

MALMOUCHE (LA), ham., c^ne de Marcenat. — *Malmega*, 1518 (terr. de Dienne). — *Malmouche*, 1784 (Chabrol, t. IV). — *Lamalmouche* (Cassini).

MALPAS (LE), écart, c^ne de Montvert. — *Malpas* (État-major).

MALPAS (LE), écart, c^ne de Saint-Mamet-la-Salvetat. — *Le Malebal*, 1576 (livre des achaps d'Ant. de Naucaze).

MALPEIGNÉ, m^in, c^ne de Saignes.

MALPEIRE, m^in détruit, c^ne de Riom-ès-Montagnes. — *Molendinum de Malapeyra*, 1512 (terr. d'Apchon). — *La Malepeyre*, 1719 (table de ce terr.).

MALPELIE (LA), dom. ruiné, c^ne d'Ytrac. — *Affarium vocatum de la Malpelia*, 1402 (arch. mun. d'Aurillac, s. HH, c. 21).

MALPERTUS, dom. ruiné, c^ne de Ladinhac. — *Affarium vocatum de Malpartus*, 1500 (terr. de Maurs).

MALPERTUS, ham., c^ne de Laveissière. — *Malpartus*, 1498 (reconn. des cons. d'Albepierre). — *Mal-*

37.

pertus, xv° s° (terr. de Chambeuil). — *Malpartut*, 1684 (état civ. de Murat). — *Malpertuis* (Cassini).

MALPHO, m^in, c^ne de Roffiac.

MALRIEU (LE), dom. ruiné, c^ne d'Anglards-de-Salers. — *Village du Malrieu*, 1653 (état civ.).

MALRIEU (LE), vill., c^ne de Saint-Paul-de-Salers. — *Maurye-Soubtra*, 1591; — *Maurie*, 1606 (grand livre de l'Hôtel-Dieu de Salers). — *Lou Malrieu*, 1688 (état civ. de Saint-Bonnet-de-Salers). — *Malri*, 1734; — *Malrie*, 1739 (id. de Drugeac). — *Le Mairieu* (Cassini).

MALRIEU (LE), buron sur le plateau du Violent, c^ne de Saint-Paul-de-Salers. — *Maurye-Soubra*, 1591 (grand-livre de l'Hôtel-Dieu de Salers). — *Les V^ries Malrieu* (Cassini).

MALRIEU (LE), ruiss., prend sa source au Puy-Violent, c^ne de Saint-Paul-de-Salers, et forme, par sa réunion avec celui de la Roucheyre, le ruisseau du Rat, après un cours de 1,400 m.

MALRINE (LA), dom. ruiné, c^ne de Saint-Hippolyte. — *Affar de la Malrine*, 1719 (table du terr. d'Apchon de 1512).

MALROUSSIE (LA), f^me, c^ne de Maurs. — *La Malrossia*, 1506 (arch. dép. s. H). — *La Malassonia*, 1623; — *La Malrouliz*, 1628 (état civ.). — *La Malrouzie*, 1748; — *La Malrougie*, 1749 (anc. cad.). — *La Malroussie*, 1750 (état civ.).

MALROUX, dom. ruiné, c^ne de Montmurat. — *Villaige de Malroux*, 1682 (arch. dép. s. C, l. 3).

MALSAC, ham., c^ne d'Anglards-de-Salers.

MALSAL, dom. ruiné, c^ne de Siran. — *Mansus de Malsal*, 1357 (arch. mun. d'Aurillac, s. HH, c. 21).

MALTE (LA), mont. à burons, c^ne de Saint-Urcize.

MALTRANAT, dom. ruiné, c^ne de Murat. — *Mansus de Maltranat*, 1350 (arch. dép. s. E).

MALTRAVEIX, vill., c^ne de Marcenat. — *Maltraves* (Cassini).

MALTRAVERS, dom. ruiné et mont. à vacherie, c^ne de Dienne. — *Mansus de Maltravers*, 1279 (arch. dép. s. E). — *Vacherie de Maltraves*, 1618 (terr. de Dienne).

MALVAISSE, ham., c^ne de Rezentières.

MALVERT, mont. à burons, c^ne de Saint-Projet.

MALVERT, écart, c^ne de Thiézac.

MALVESIN, m^in, c^ne de Junhac.

MALVISINIE (LA), vill., c^ne de Junhac. — *La Malvesinia*, 1540 (min. Destaing, n^re). — *La Malvizinia*, 1549 (id. Boygues, n^re). — *La Malvesinha*, 1549 (id. Guy de Vayssieyra, n^re). — *La Malvezinye; la Malvezynie*, 1564 (id. Boyssonnade, n^re). — *La Malvezinhie*, 1619; — *La Malvesinie*, 1668 (état civ. de Montsalvy). — *La Malvezinhe*, 1670 (nommée au p^ce de Monaco). — *La Malvezinie*, 1749 (anc. cad.). — *La Malvizinie*, 1767 (table des min. de Guy de Vayssieyra, n^re).

MALZARGUES, écart et mont. à vacherie, c^ne de Paulhac. — *Malhargues*, 1542; — *Malzaigues; Malsargues; Malzarghe*, 1594 (terr. de Bressanges). — *Malzargues*, 1673 (nommée au p^ce de Monaco). — *Muzargues*, 1784 (Chabrol, t. IV). — *Mazargue* (Cassini).

MAMOU, vill. détruit, c^ne de Giou-de-Mamou. — *Mamo*, 1573 (arch. dép. s. H). — *Mamou*, 1610 (aveu de J. de Pestels). — *Mamon*, 1692 (terr. de Saint-Geraud). — *Mamont*, 1784 (Chabrol, t. IV).

MAMOU, ruiss., affl. du ruisseau de Giou, coule aux finages des c^nes de Saint-Simon, Giou-de-Mamou, Aurillac et Arpajon; cours de 9,000 m. — *Ruisseau de Mamo*, 1545 (terr. du cons. d'Aurillac). — *Ruisseau de Mamon*, 1692 (id. du monast. de Saint-Geraud).

MAMOU-BAS, vill. et m^in, c^ne de Giou-de-Mamou. — *Mamo-Soteyra*, 1522 (min. Vigery, n^re). — *Mamo-Soteyro*, 1595 (pièces de l'abbé Delmas). — *Mamoubas*, 1654 (arch. mun. d'Aurillac, s. CC, p. 8). — *Mamou-Bas*, 1686 (arch. dép. s. C). — *Mamou-Souteyro*, 1692 (terr. de Saint-Geraud). — *Mamou-Bari*, 1695 (id. de la command. de Carlat).

MAMOU-HAUT, vill. avec manoir, c^ne de Giou-de-Mamou. — *Mamou-Sobeyro*, 1595 (pièces de l'abbé Delmas). — *Mamon-Hault*, 1686 (arch. dép. s. C). — *Mamou-Haut*, 1695 (terr. de la command. de Carlat). — *Mamouhaut*, 1756 (arch. dép. s. C).

MANCHOUS (LE), f^me, c^ne de Boisset. — *Mansoubz*, 1646 (état civ. de Cayrols). — *Lou Marchand*, 1668 (nommée au p^ce de Monaco). — *Mansous*, 1765 (arch. dép. s. G).

MANCLAUX, f^me et mont. à burons, c^ne de Trizac. — *Montaigne de la Maistrau*, 1611 (terr. de Trizac). — *Monclay* (Cassini).

MANDADE (LA), dom. ruiné, c^ne de Riom-ès-Montagnes. — *Affarium de la Mandada*, 1441 (terr. de Saignes).

MANDAILLES, c^on nord d'Aurillac. — *Mandalhas*, 1522 (min. Vigery, n^re). — *Mandalhies*, 1573 (terr. de la chapell. des Blats). — *Mandalias*, 1608; — *Mandailles-en-Jordanne*, 1612; — *Mandalhes-en-Jordaine*, 1621 (état civ. de Thiézac). — *Mandales-en-Jourdanne*, 1631; — *Mandailh*, 1633 (état civ. de Thiézac). — *Mandailhes*, 1652 (id. d'Aurillac). — *Mandailhe-ez-Jourdanne*, 1655 (insin. du bailliage de Salers). — *Mandailhe*, 1677; — *Mandaille*, 1712 (état civ. de Murat). — *Mandelhes*, 1756 (arch. mun. de Naucelles).

Mandailles était, avant 1789, de la Haute-Auvergne, du dioc. de Saint-Flour, de l'élect. et de la subdélég. d'Aurillac. Régi par le droit écrit, il ressort. au bailliage de Vic, en appel de sa prév. part. Jusqu'en 1748, Mandailles a dépendu de la justice du chapitre de Saint-Geraud, et depuis lors de la justice royale. — Son église, dédiée à saint Laurent, était une cure à la nomin. du chapitre de Saint-Geraud. Elle a été érigée en succursale par décret du 28 août 1808.

MANDAILLES, mont. à burons, c^{ne} de Malbo.

MANDENAC, dom. ruiné, c^{ne} de Roumégoux. — *Mansus de Mandenac*, 1298 (arch. mun. d'Aurillac, s. HH, c. 21).

MANDIGOUS, dom. ruiné, c^{ne} de Saint-Santin-Cantalès. — *Villaige de Mandigous*, 1669 (nommée au p^{ce} de Monaco).

MANDILLAC, chât. détruit, c^{ne} de Cezens. — *Mandiniec*, xve s^e (terr. de Chambouil). — *Mandilhac*, 1605 (*id.* de la v^{té} de Cheylanne). — *Mandiliac*, 1664 (*id.* de Bredon).

MANDILLAC (LE), ruiss., affl. du ruisseau du Cezens, c^{nes} de Cezens et de Gourdièges; cours de 2,500 m.

MANDILLAC (LE PUECH DE), mont., c^{ne} de Saint-Constant.

MANDULPHE, anc. chât. ou camp romain, c^{ne} de Montsalvy.

MANELLE, buron sur la montagne de Bouscatel, c^{ne} de Saint-Cirgues-de-Jordanne.

MANELLE, mont. à vacherie, c^{ne} de Saint-Cirgues-de-Jordanne.

MANESSE, dom. ruiné, c^{ne} de Saint-Bonnet-de-Salers. — *Maneste*, 1508 (arch. dép. s. E).

MANEYROL (LE SUC DE), mont. à vacherie, c^{ne} de Mauriac.

MANHAL, ham. et m^{in}, c^{ne} de Laroquebrou. — *Manhal*, 1374 (arch. dép. s. E). — *Manalh*, 1401 (*id.* s. G). — *Manial*, 1653 (min. Sarrauste, n^{re} à Laroquebrou). — *Magnal* (Cassini).

MANHAL (LE), dom. ruiné, c^{ne} de Saint-Paul-des-Landes. — *Mansus de Manii*, 1402 (reconn. au seign. de Montal).

MANHES, ham. et écart, c^{ne} de Saint-Jacques-des-Blats. — *Manhe-Sobro*, 1607; — *Manha-Soubra*, 1617; — *Manhie-Bas*, 1620; — *Manhe-Soutra*, 1624 (état civ. de Thiézac). — *Manhe-Soutre*, 1634 (pièces du cab. Lacassagne). — *Magnihe-Baver; Maninhe-Hault*, 1668; — *Maniabas*, 1671 (nommée au p^{ce} de Monaco). — *Manhe-Bas; Manhe-Haute*, 1674 (terr. de Thiézac). — *Manes-Bas*, 1769 (anc. cad. de Vic). — *Manès-Bas; Manlies-Haut* (État-major).

MANHES, dom. ruiné et mont. à vacherie, c^{ne} de Saint-Jacques-des-Blats. — *Manhe*, 1619 (état civ. de Thiézac). — *Mageinhe; Maginhe; Maghne*, 1668; — *Maigne*, 1671 (nommée au p^{ce} de Monaco). — *Manhes* (Cassini).

MANHÈS, vill., c^{ne} de Saint-Mamet-la-Salvetat. — *Affar del Menye*, 1590 (livre des achaps d'Ant. de Naucaze). — *Mazes*, 1668 (nommée au p^{ce} de Monaco). — *Manhes*, 1728 (arch. dép. s. C, l. 4).

MANIAC, vill., c^{ne} de Pleaux. — *Manhac*, 1651; — *Manhiac*, 1657; — *Maniac*, 1686 (état civ.). — *Mainac*, 1743 (arch. dép. s. C, l. 40). — *Mania* (Cassini).

MANIANIE (LA), dom. ruiné, c^{ne} de Saint-Gerons. — *Mansus de la Manhania*, 1322 (arch. mun. d'Aurillac. s. HH, l. 21).

MANIARGUES, vill. et m^{in}, c^{ne} de Valuéjols. — *Manharguos*, 1428 (arch. dép. s. H). — *Manihargas*, 1484 (terr. de Farges). — *Maniairgues*, 1495 (arch. dép. s. E). — *Manhargues*, xve s^e (terr. de Bredon). — *Maniargues*, 1584 (arch. dép. s. E). — *Manhiargues*, 1617 (liève de la v^{té} de Murat). — *Maniargues*, 1669 (insin. de la cour royale de Murat). — *Magargues* (État-major).

MANICAUDIE (LA), écart et mont. à vacherie, c^{ne} de Lugarde. — *La Manicodie* (états de sections).

MANICAUDIE (LA), vill. et mont. à vacherie, c^{ne} de Saint-Amandin. — *La Bonicaldie*, 1511 (arch. généal. de Sartiges). — *La Banicaudie*, 1550 (liève du quartier de Marvaud). — *La Banicauldie; la Bonnicaudio*, 1650 (terr. de Feniers). — *La Banicaudio*, 1658 (liève du quartier de Marvaud).

L'orthographe de ce nom est vicieuse, il faudrait écrire : *La Banicaudie*.

MANIÉVIE (LA), séchoir ruiné, c^{ne} de Maurs. — *Séchoir de Manhevie*, 1762 (état civ.).

MANINHAC, dom. ruiné, c^{ne} de Junhac. — *Villaige de Maninhac*, 1550 (min. Boygues, n^{re}).

MANINIE (LA), vill., c^{ne} de Marcenat. — *La Marinie*, 1668 (état civ.). — *La Maninie*, 1744 (arch. dép. s. G).

MANISQUE-LABORIE, fief, c^{ne} de Sainte-Eulalie.

MANOUEL (LE), écart, c^{ne} de Pierrefort. — *Le Mas-Noel*, 1610; — *Lou Manouel*, 1653 (état civ.). — *Le Manouil* (Cassini). — *Le Mamonet*, 1857 (Dict. stat. du Cantal).

MANUEL (LE), vill., c^{ne} de la Trinitat. — *Masnouel* (Cassini). — *Le Manouel-Noualhac*, 1861 (Dict. stat. du Cantal).

MANSERGUES, ham., c^{ne} de Saint-Santin-Cantalès. — *Affarium da Manserguas*, 1345 (arch. dép. s. G). — *Manserguez*, 1486 (accord entre Amaury de

Montal). — *Mansergas*, 1489 (reconn. au seign. de Montal). — *Manserges*, 1632 (état civ.). — *Mauzergues*, 1669 (nommée au p^ce de Monaco). — *Mausiliguon*, 1669 (min. Sarrauste, n^re à Laroquebrou).

MANSERGUES-HAUT, dom. ruiné, c^ne de Saint-Santin-Cantalès. — *Mansus delz puech de Mansergues*, 1442; — *Affarium dels puech de Massyguos*, 1444 (arch. mun. d'Aurillac, s. HH, c. 21). — *Mansergues-lo-Sobeyra*, 1505 (pap. de la famille de Montal).

MANSUS PERDITUS (?), dom. ruiné, près de Saint-Flour. — *Mansus perditus*, 1338 (spicil. Brivat.).

MANVAL, ruiss., aff. du ruisseau de Lavaret, c^ne de Pradiers; cours de 6,000 m.

MANYOS, vill., c^ne de Saint-Cernin.

MAOU-RIOU (LE), ruiss., aff. de la Véronne, c^ne de Colandres; cours de 2,400 m.

MAR (LE PUECH DE), mont. à vacherie, c^ne de Siran.

MARAIS-GRAND (LE), marais, c^ne de Chavagnac. — *L'estang de Fonnostre*, 1680 (terr. de la châtell. des Bros).

MARAVAL, dom. ruiné, c^ne de Saint-Martin-Cantalès. — *Mansus de Moneval*, 1464 (terr. de Saint-Christophe). — *Mas de Monebal*, 1778 (inv. des arch. de la mais. d'Humières).

MARBEX, écart et m^in, c^ne d'Omps. — *Marbes*, 1668 (nommée au p^ce de Monaco). — *Marbres* (Cassini). — *Marbé* (État-major). — *Marbès*, 1856 (Dict. stat. du Cantal).

MARBEX, ruiss., aff. de la Cère, c^nes d'Omps et de la Capelle-Viescamp; cours de 6,200 m. — On le nomme également *Omps*.

MARBOEUF, dom. ruiné, c^nes de Mauriac et du Vigean. — *Affaria de Marbeu*, 1473; — *Mansus de la Marbruye*, 1475 (terr. de Mauriac).

MARCENAC, ham., c^ne d'Arnac. — *Marcenac*, 1634 (état civ. de Saint-Santin-Cantalès). — *Marsenac* (Cassini).

MARCENAT, c^on de l'arrond. de Murat. — *Marcenacum*, 1395 (terr. d'Antéroche). — *Marcenat*, 1401 (spicil. Brivat.). — *Marsenac*, 1508 (terr. de Maillargues). — *Mercenacum*, 1535 (Pouillé de Clermont, don gratuit). — *Marsenat*, 1550 (terr. du quartier de Marvaud). — *Marcenats* (Cassini).

Marcenat était, avant 1789, de la Basse-Auvergne, du dioc. et de l'élect. de Clermont, de la subdél. de Bort. Régi par le droit écrit, il dépend. de la justice ordin. d'Aubijoux, et ressort. à la sénéch. d'Auvergne, en appel du bailliage d'Aubijoux. — Son église, dédiée à saint Blaise, était à la nomination de l'archiprêtre d'Ardes. Elle a été érigée en cure, par la loi du 18 germinal an x (8 avril 1802).

MARCENAT, ham. et foulon, c^ne de Saint-Cernin. — *Marcienet*, 1627 (état civ. d'Aurillac). — *Marienac*, 1659 (insin. du bailliage de Salers). — *Marcenac*, 1666 (état civ. de Saint-Martin-de-Valois). — *Marceneat*, 1668; — *Molin de Marcenat*, 1670 (id. de Saint-Cernin).

MARCENAT, vill., c^ne de Saint-Santin-Cantalès. — *Marcenas*, 1655 (min. Sarrauste, n^re à Laroquebrou). — *Marcennat*, 1679 (état civ. d'Arnac). — *Marsenac* (Cassini).

MARCHADIAL (LE), mont. à vacherie, c^ne de Celles. — *Lou Merchadial*, 1581; — *Merchadial*, 1644 (terr. de Celles).

MARCHAL, c^on de Champs, et chât. féodal détruit. — *Castrum de Marchalm*, 1262 (Baluze, t. II, p. 273). — *Marchalus*, xiiie s^e (Dict. stat. du Cantal). — *Marchalin*, 1401 (spicil. Brivat.). — *Marchal*, 1535 (Pouillé de Clermont, don gratuit).

Marchal était, avant 1789, de la Basse-Auvergne, du dioc. et de l'élect. de Clermont, de la subdél. de Bort. Régi par le droit cout., il dépend. de la justice seign. de la Roche, et ressort. à la sénéch. d'Auvergne, en appel du bailliage de Thinières. — Son église, dédiée à saint Georges, était une cure à la nomination du chapitre de Vic-le-Comte. Elle a été érigée en succursale par ordonnance royale du 5 janvier 1820.

MARCHAL, ruiss., aff. du ruisseau du Colombier, c^ne de Champs; cours de 4,210 m.

MARCHAMP, écart, c^ne de Mauriac. — *Mercuant d'Artiges*, 1473; — *Mercant*, 1475 (terr. de Mauriac). — *Marchamps*, 1505; — *Merchamps*, 1515 (comptes au doyen de Mauriac). — *Merchans*, 1639; — *Marchens*, 1673; — *Marchands*, 1743 (état civ. de Brageac). — *Marchanc*, 1744; — *Marchand*, 1788 (arch. dép. s. C).

MARCHAND, vill., c^ne de Vitrac. — *Marchant* (états de sections).

MARCHANDONNE (LA), mais. détruite, c^ne de Bredon. — *L'oustau de la Marchandoune*, 1661 (terr. de Loubeysargues).

MARCHASTEL, c^on de Marcenat. — *Marchastel*, 1425 (arch. dép. s. H). — *Maucascium; Mari Castrum*, 1441 (id. s. E). — *Marcastrum*, 1512 (terr. d'Apchon). — *Marocastrum*, 1535 (Pouillé de Clermont, don gratuit). — *Mal-Chastel*, 1578 (terr. de Soubrevèze). — *Merchastel*, 1585 (id. de Granle). — *Marc-Chastel*, 1784 (Chabrol, t. IV).

Marchastel était, avant 1789, de la Basse-Auvergne, du dioc. de Clermont, de l'élect. et de la subdél. de Saint-Flour; il était le siège d'une justice seign. régie par le droit cout., et ressort. à la sénéch. d'Auvergne, en appel du bailliage d'Aubijoux. — Son église, dédiée à saint Julien, était une cure à la nomination de l'archiprêtre d'Ardes. Elle a été érigée en succursale par décret du 28 août 1808.

Marchastel, ruiss., affl. de la rivière de Grolles, c^{ne} de Marchastel; cours de 1,200 m.

Marchaule, seigneurie de l'arrond. de Murat. — *Marchaule*, 1608 (min. Danty, n^{re}).

Marchedial (Le), vill. détruit, c^{ne} de Drignac. — *Les Marches*, 1697 (état civ. d'Ally). — *Le Marchadial*, 1778 (inv. des arch. de la maison d'Humières).

Marchedial (Le), chât. détruit, c^{ne} de Murat. — *Merchadial*, 1350; — *Marchadial*, 1358 (arch. dép. s. E). — *Marchidial*, 1673 (nommée au p^{re} de Monaco).

Marcillac, vill. et m^{in}, c^{ne} de Lorcières. — *Marsilhac*, 1671 (nommée au p^{re} de Monaco). — *Marcilhiac*, fin du xviie s^e (terr. de Chaliers). — *Marcillac*, 1745 (arch. dép. s. C, l. 43). — *Marcilhac*; *Marcilliac*; *moulin de Marsiliac*, 1760 (id. l. 48). — *Marsillac* (Cassini).

Marcoix, vill. et m^{in} détruit, c^{ne} de Lanobre. — *Marcouyes*, 1667 (état civ. de Champs). — *Marquoix* (Cassini). — *Marcoix*, 1790 (min. Marambal, n^{re} à Thinières). — *Marcoi* (État-major). — *Marcoy*, 1856 (Dict. stat. du Cantal).

Marcolès, c^{ne} de Saint-Mamet-la-Salvetat. — *Castrum de Marcolles*, 1277 (arch. mun. d'Aurillac, s. FF, p. 15). — *Marcoles*, 1289 (Bulle de Nicolas IV, annot. sur l'hist. d'Aurillac, p. 61). — *Marcolohum*, 1339 (test. de J. de Podio). — *Mercolium*, 1382 (arch. mun. d'Aurillac, s. EE, p. 14). — *Marcholezium*, xive s^e (Pouillé de Saint-Flour). — *Marcolesium*, 1403; — *Marecolesium*, 1529 (pièces de l'abbé Delmas). — *Marcollez*, 1549 (min. Guy de Vayssieyra, n^{re}). — *Marcoulès*, 1618; — *Marcoulez*, 1627 (état civ. de Naucelles). — *Marcoullès*, 1630 (min. Sarrauste, n^{re}). — *Marcolez*, 1668 (nommée au p^{ce} de Monaco). — *Marcolès*, 1694 (terr. de Marcolès).

Marcolès était, avant 1789, de la Haute-Auvergne, du dioc. de Saint-Flour, de l'élect. et de la subdél. d'Aurillac. Régi par le droit cout., il était le siège d'une justice seign., ressort. au bailliage d'Aurillac, en appel de la prév. de Maurs. — Son église était un prieuré sous les voc. de saint Martin et de saint Jean-Baptiste, à la nomination du chapitre d'Aurillac. Elle a été érigée en succursale par décret du 28 août 1808.

Marcombe, ruiss., affl. de la Sumène, c^{ne} de Menet; cours de 4,470 m.

Marcombe, dom. ruiné, c^{ne} de Ruines. — *Marcumba*, 1480 (arch. dép. s. G). — *Margonda*, 1624 (terr. de Ligonnès).

Marcombe, vill. et m^{in}, c^{ne} de Valette. — *Marcumbas*, 1441 (terr. de Saignes). — *Marcombes*, 1506 (id. de Riom). — *Marcoumba*, 1596; — *Marcoubes*, 1601; — *Marcoumbas*, 1602 (état civ. de Menet). — *Marcombo*, 1783 (dénomb. du prieuré de Menet).

Marcomp, écart, c^{ne} d'Anglards-de-Salers.

Marcou (Le Puy de), mont. à vacherie, c^{ne} de Paulhac. — *Le Peuch-Marco*, 1508; — *Commung de Marcou*, 1662 (terr. de Montchamp).

Marcou, f^{me}, c^{ne} de Saint-Simon. — *Marco mansus*, 918 (Annot. sur l'hist. d'Aurillac, p. 57). — *Marcou; Marcoul*, 1692 (terr. de Saint-Geraud). — *Mar Cou*, 1701 (arch. dép. s. C, l. 12).

Marcouals, bois et rocher, c^{ne} de Saint-Simon. — *Bois appelé de Marcoal; de Marcoal*, 1692; — *Bois de Marquoal*, 1696 (terr. de Saint-Geraud).

Mardarel (Le), bois défriché, c^{ne} de Menet. — *Nemus vocatum del Merdaurel*, 1441 (terr. de Saignes). — *Bois de Merdonnet*, 1506 (id. de Riom).

Mardarel (Le), ruiss., affl. de la rivière de Marliou, coule aux finages des c^{nes} de Trizac, Auzers, Sauvat et Bassignac; cours de 7,220 m. — *Rivus del Merdaurel*, 1441 (terr. de Saignes). — *Le rif de Mardanel*, 1506 (id. de Riom). — *Lou rif Receans*, 1541 (nommée au seign. de Charlus). — *Ruisseau de Mardaret* (État-major). — *Ruisseau de Mardarel*, 1837 (état des rivières du Cantal). — *Le Merdarel*, 1852 (Dict. stat. du Cantal).

Mardarie, mont. à vacherie, c^{ne} de Clavières.

Mardogne, chât. féodal en ruines, c^{ne} de Joursac. — *Mardonium*, 1290 (vente au doyen de Mauriac). — *Merdonia*, 1313; — *Mar-Donha; Merdonha*, 1326; — *Mardoynha*, 1330 (arch. dép. s. E). — *Mardonia*, 1354 (homm. à l'évêque de Clermont). — *Mardonha*, 1408 (arch. dép. s. E). — *Mardonza*, 1457 (terr. de Mardogne). — *Merdorium*, 1458 (pap. de la famille de Montal). — *Merdonhe; Mer-Donhes*, 1535; — *Mardonhes*, 1536 (terr. de la v^{té} de Murat). — *Mardonie*, 1581 (lièvre de Celles). — *Merdoigne*, 1585; — *Mardoigne*, 1589 (arch. dép. s. E). — *Mardonhe*, 1610; — *Mardoine*, 1615 (terr. d'Avenaux). — *Mardaigne*, 1615 (id. de Nubieux). — *Merdonhes*, 1707 (état civ.). — *Merdogne*, à présent *Mardogne*, 1784 (Chabrol, t. IV). — *Château de Mordogne* (Cassini).

Le château de Mardogne faisait partie, avant

1789, de la Haute-Auvergne, du diocèse et de l'élection de Saint-Flour; il était régi par le droit coutumier et le siège d'une justice royale et d'une prévôté qui y avait été établie en 1781, lesquelles ressort. en appel à la sénéch. d'Auvergne.

MAREFONS, dom. ruiné, c^{ne} de Leyvaux. — *Villaige de Marefons*, 1623 (état civ. de Bonnac).

MARENCUE, dom. ruiné, c^{ne} d'Anglards-de-Saint-Flour. — *Affar appellé de la Marsencha*, 1494 (terr. de Mallet). — *Marcenche*, 1636; — *Maranche*, 1730; — *Muranche*, 1762 (id. de Montchamp).

MARÈNES (Les), dom. ruiné, c^{ne} de Lieutadès. — *Affar de la Marena*, 1508; — *Ténement de la Maraine*, 1662; — *Ténement de Marène*, 1686 (terr. de la Garde-Roussillon).

MARÉOT, dom. ruiné, c^{ne} d'Arpajon. — *L'affar appellé de Maréot*, 1692 (terr. de Saint-Geraud).

MARESQUES (Les), dom. ruiné, c^{ne} de Glénat. — *Bordaria de las Marescas*, 1357 (arch. mun. d'Aurillac, s. HH, c. 21). — *Affarium de la Maresquas*, 1444 (reconn. au seign. de Montal).

MARÉTHIE (La), vill., c^{ne} du Falgoux. — *La Manétie*, 1728; — *La Monétie*, 1729; — *La Marrétio*, 1730; — *La Maréchie*, 1731; — *La Marrétie*, 1732 (état civ.). — *La Maréthie* (Cassini). — *La Marétie* (État-major). — *La Marentie*, 1855 (Dict. stat. du Cantal).

MARÉTIE (LA), f^{me}, c^{ne} de Teissières-les-Bouliès.

MAREUGE (La), dom. ruiné, c^{ne} de Montboudif. — *Villa de la Maregha*, 1309 (Hist. de l'abbaye de Feniers). — *Villaige de la Mareuge*, 1658 (liève du quartier d'Artense).

MARFONS, mont. à vacherie, c^{ne} de Pailhérols.

MARFONS, vill. et m^{in}, c^{ne} de Polminhac. — *Maurifontes*, 930 (Cartul. de Conques, p. 9). — *Marfons*, 1487 (reconn. à J. de Montamat). — *Marfont*, 1673 (nommée au p^{ce} de Monaco).

MARFONS, ruiss., afll. de la Cère, c^{ne} de Polminhac; cours de 250 m.

MARGAN, dom. ruiné, c^{ne} de Polminhac. — *Villaige de Morgan*, 1583 (terr. de Polminhac).

MARGÉ (La), écart, c^{ne} de Chastel-Marlhac.

MARGÉ (La), f^{me}, m^{in} et mont. à burons, c^{ne} de Saint-Projet. — *La Margier*, 1678; — *Lamargire*, 1680; — *La Marger*, 1683 (état civ. de Saint-Projet). — *La Margie*, 1717 (terr. de Beauclair). — *La Margère* (Cassini).

MARGEAT, ham., c^{ne} de Méallet. — *Marghac*, 1659 (insin. du bailliage de Salers). — *Maréjat*, 1687 (anc. min. Chalvignac, n^{re} à Trizac). — *Margéhat* (Cassini). — *Marjac* (État-major). — *Margéal*, 1856 (Dict. stat. du Cantal).

MARGEMONT, mont. à vacherie, c^{ne} de Molèdes.

MARGEN (La), ham., c^{ne} de Marcenat. — *La Margier*, 1668 (état civ.).

MARGERIDE (La), mont. et bois s'étendant entre les vallées de l'Allier et de la Truyère, sur les départements du Cantal (c^{nes} de Clavières, Lorcières, Ruines, Vabres et Védrines-Saint-Loup), de la Haute-Loire et de la Lozère. — *Montaigne et bois de la Margharide*, 1508 (terr. de Montchamp).

MARGERIDE (La), ham. et chât. féodal détruit, c^{ne} de Védrines-Saint-Loup. — *Margarida*, 1241 (Gall. christ., t. II, inst. c. 220). — *Margharida* (lisez *Margharida*), xive s^e (Pouillé de Saint-Flour, n. 307). — *Margerida*, 1463 (spicileg. Brivat.). — *Margeride*, 1559 (terr. du prieuré de Rochefort).

Le château de la Margeride a été le siège d'une justice seign. régie par le droit cout., et ressort. à sénéch. d'Auvergne, en appel du bailliage de Ruines. Après la destruction de ce château, la justice fut réunie à celle de Clavières.

MARGERIE (La), ham. et mont. à vacherie, c^{ne} de Trizac. — *La Margayria*, 1292 (homm. à l'évêque de Clermont). — *La Margerie*, 1682 (état civ.). — *La Margie*, 1782 (arch. dép. s. C).

MARGIDE (La), ham. avec manoir, c^{ne} de Saint-Gerons.

MARGIDE (La), ruiss., afll. de l'Auze, c^{ne} de Saint-Paul-des-Landes; cours de 1,400 m.

MARGIMBAUD, bois et scierie, c^{ne} de Védrines-Saint-Loup.

MARGIMBAUD, ruiss., afll. de l'Hergne, c^{nes} de Védrines-Saint-Loup et de Chastel (Haute-Loire). Cours dans le département du Cantal: 6,500 m.

MARGNAC, vill., c^{ne} de Condat-en-Feniers. — *Marniac*, 1673; — *Marhiat*, 1688 (état civ.). — *Margnac-de-Malbois*, 1688 (pièces du cab. Bonnefons).

MARGOY (Bois de la), bois, c^{ne} de Roffiac. — *Nemus vocatum de Margharit*, 1526 (terr. de Vieillespesse).

MARGOUTTOU, mais. forte détruite, c^{ne} de Ladinhac. — *L'ancienne maison de Margouttou, proche du chasteau de Montlauzi*, 1669 (nommée au p^{ce} de Monaco).

MARGOVIE (La), écart, c^{ne} du Vigean. — *La Marbovia*, 1310 (liève du prieuré du Vigean). — *La Marbruye*, 1473; — *La Margoubie*, 1474 (terr. de Mauriac). — *Laurbovia*, 1505 (comptes rendus au doyen de Mauriac). — *La Marbovye*, 1505; — *La Margovia*, 1510 (arch. mun. de Mauriac). — *La Margouvie*, 1631; — *La Margouvye*, 1634 (état civ.). — *La Margouuies*, 1697 (id. de Saint-Martin-Valmeroux).

MARGUERY (LE), ruiss., affl. du Remontalou, c^{ne} de Chaudesaigues; cours de 2,300 m.

MARI (LE), mont. à vacherie, c^{ne} d'Allanche.

MARIAL (LE PUY DE), mont. à vacherie, c^{ne} de Thiézac.

MARICHAT (LE), dom. ruiné, c^{ne} de Saint-Santin-Cantalès. — *Le villaige de lou Marichat*, 1682 (état civ. d'Arnac).

MARIES (LAS), dom. ruiné, c^{ne} de Dienne. — *Domaine de las Mari*, 1600 (terr. de Dienne).

MARIES (LAS), écart, c^{ne} de Saint-Cernin. — *Las Maries*, 1753 (arch. dép. s. C, l. 32).

MARIOS, f^{me} avec manoir, c^{ne} de Parlan. — *Las Maries*, 1668 (nommée au p^{cé} de Monaco). — *Las Marios*, 1748 (anc. cad.).

MARIOS, mont. à burons, c^{ne} de Trizac. — *Montaigne de Mariolz*, 1607 (terr. de Trizac).

MARISANE (LA), dom. ruiné, c^{ne} du Vigean. — *Mansus de la Marisana*, 1310 (lièvre du prieuré du Vigean).

MARISSOU, buron détruit, c^{ne} de Valuéjols. — *Buron de Marrissou, sur la montaigne de la Mousche*, 1646 (min. Danty, n^{re}).

MARLADET, vill. et mⁱⁿ en ruines, c^{ne} d'Auzers. — *Mansus de Marladet*, 1479 (nommée au seign. de Charlus). — *Marlades*, 1635 (état civ. du Vigean). — *Marcadet*, 1656 (anc. min. Chalvignac, n^{re} à Trizac).

MARLAT (LE), ruiss., affl. du ruisseau de Mardarel, c^{ne} d'Auzers; cours de 1,200 m.

MARLANSON (LE PUY DE), mont. à vacherie, c^{ne} de Mourjou.

MARLAT, vill., mⁱⁿ, bois et tour de guet, c^{ne} d'Auzers. — *Villa Marlat*, XIIe s^e (charte dite *de Clovis*). — *Marlatum*, 1479; — *Merlat*, 1507 (nommée au seign. de Charlus). — *Marlet*, 1682 (état civ. de Trizac). — *Marlac*, 1684 (anc. min. Chalvignac, n^{re}).

MARLAT, vill., c^{ne} de Marcenat. — *Marlat sur Bonneneuld*, 1550 (terr. du quartier de Marvaud). — *Marlat*, 1668 (état civ.). — *Marlac*, 1744 (arch. dép. s. C).

MARLAT, dom. ruiné, c^{ne} de Sourniac. — *Mansus de Marlat*, 1335 (arch. général. de Sartiges). — *Marlhacum*, 1473 (terr. de Mauriac). — *Marlhac*, 1639 (rentes dues au monast. de Mauriac). — *Marlhat*, 1680 (terr. de Mauriac).

MARLÈCHE, ham., c^{ne} de Lastic. — *Marlesches*, 1731 (terr. de Montchamp). — *Marlèche* (Cassini).

MARLET, mont. à burons, c^{ne} de Vernols. — *La Moleta*, 1515 (terr. du Feydit). — *Marlette* (État-major).

MARLHEZ, dom. ruiné, c^{ne} d'Ally. — *Villaige de Marlhez*, 1607 (état civ.).

MARLIOU, dom. ruiné et mont. à burons, c^{nes} de Colandres et de Trizac. — *Mons de Marlo*, 1239 (Gall. christ., t. II, inst. col. 220). — *Affarium del Marlho*, 1269; — *Marlhio*, 1506 (homm. à l'évêque de Clermont). — *Marliou*, 1607 (terr. de Trizac). — *Marlhiou* (administ. des Forêts).

MARLIOU (LE), riv., affl. de la Sumène, coule aux finages des c^{nes} de Colandres, Trizac, Saint-Vincent, Moussages, Auzers, Méallet, Sauvat et Bassignac; cours de 23,210 m. — On la nomme aussi *Chavaroche*. — *Flumen Marlionis*, XIIe s^e (charte dite de Clovis). — *Rivière de Marlhe*, 1541 (nommée au seign. de Chalus). — *Rivière de Marlhou*, 1651; — *Marlhiou*, 1692 (anc. min. Chalvignac, n^{re}). — *Chavaroche* (Cassini).

MARLIOU (LE), écart, c^{ne} de Moussages.

MARLOU (LE PUECH DE), mont. à vacherie, c^{ne} de Paulhac.

MARMANHAC, c^{on} nord d'Aurillac, et chât. détruit. — *Marmanhiacum*, 1435 (donat. à l'hôp. de la Trinité d'Aurillac). — *Marmanhacum*, 1494 (test. de Sédaiges). — *Mamanhac*, 1552 (terr. de Nozières). — *Marmanias*, 1613 (état civ. de Naucelles). — *Marmagnac*, 1627 (id. d'Aurillac). — *Marminhat*; *Marmaignhat*, 1628 (paraphr. sur les cout. d'Auvergne). — *Marmaniac*, 1659 (état civ. de Murat). — *Marmaniat*, 1677 (id. de Saint-Chamant). — *Marmagnhat*, 1771 (terr. du fief de Las Gouttes).

Marmanhac était, avant 1789, de la Haute-Auvergne, du dioc. de Saint-Flour, de l'élect. et de la subdél. d'Aurillac. Régi partie par le droit écrit, partie par le droit cout., il était le siège d'une justice seign., ressort., dans le premier cas, à la sénéch. d'Auvergne, en appel de la prév. de Calvinet, et, dans le second, au bailliage d'Aurillac, en appel de sa prév. part. — Son église, dédiée à saint Saturnin, était un prieuré qui, en 1250, fut réuni à l'archidiaconé d'Aurillac et à sa nomination. Elle a été érigée en succursale par décret du 28 août 1808.

MARMIERS, vill., c^{ne} de Saint-Saturnin. — *Marmers*, 1188 (la maison de Graule). — *Marmier*, 1296 (arch. dép. s. E). — *Marmiers*, 1425 (id. s. H). — *Mas et ténement de Marmiez*, 1514 (terr. de Cheylade).

Marmiers était, avant 1789, le siège d'une justice seign. régie par le droit cout., et ressort. à la sénéch. d'Auvergne, en appel du bailliage d'Aubijoux.

MARMIESSE, f^{me}, c^{ne} d'Aurillac. — *Marmicys*, 1465 (obit. de N.-D. d'Aurillac). — *Marmieysse*, 1629 (état civ.). — *Marmyers*, 1679 (arch. mun. d'Aurillac, s. CC, p. 3).

MARMIESSE, chât. ruiné, c^ne de Sansac-de-Marmiesse. — *Marmieyssa*, 1343 (arch. dép. s. G). — *Marmier*, 1486 (reconn. à J. de Montamat). — *Marmyesse*, 1522 (min. Vigery, n^re à Aurillac). — *Marmieisse*, 1561 (obit. de N.-D. d'Aurillac). — *Marmesse*, 1628 (paraphr. sur les cout. d'Auvergne). — *Marmieyssa*, 1692 (terr. de Saint-Geraud). Marmiesse, ancien membre de la v^té de Carlat, était, avant 1789, le siège d'une justice seign. régie par le droit écrit, et ressort. au bailliage de Vic, en appel de sa prév. part.

MARMIESSE (LA FORÊT DE), dom. ruiné et bois, c^ne d'Ytrac. — *Affarium de Marmieyssa*, 1402 (arch. mun. d'Aurillac, s. HH, p. 21).

MARMONTEIL, vill. et écart, c^ne de Saignes. — *Marmonteil*, 1743; — *Marmontel*, 1781; — *Marmontel-Soubro*, 1785 (arch. dép. s. C).

MARMUSSOLLES, écart, c^ne de Sansac-de-Marmiesse. — *Marmussoles*, 1681; — *Marmussolles*, 1697; — *Marmussole*, 1761 (arch. dép. s. C, l. 2). — *Marmessoles*, 1857 (Dict. stat. du Cantal).

MARONCLES, vill. avec manoir, c^ne de Saint-Gerons. — *Marronclas*, 1627 (min. Sarrauste, n^re à Laroquebrou). — *Marroncles*, 1659 (état civ. de Laroquebrou). — *Marencles*, 1758 (arch. dép. s. C, l. 51). — *Maroncles* (Cassini).

MARONIE (LA), ham., c^ne d'Anglards-de-Salers. — *La Morinha*, 1473 (terr. de Mauriac). — *La Marounie*, 1656; — *La Morounie*, 1659; — *La Maronie*, 1662 (état civ.). — *La Marognie* (Cassini).

MARONIES (LAS), vill. et mont. à vacherie, c^ne de Saint-Paul-de-Salers. — *Las Maronyes*, 1574 (grand livre de l'Hôtel-Dieu de Salers). — *Las Maronies*, 1659 (insin. du bailliage de Salers). — *Las Marounies*, 1660 (état civ. d'Anglards de Salers). — *Las Maronnies*, 1664 (insin. du bailliage de Salers). — *Las Maronies*, 1673 (état civ. du Vigean).

MARONNE (LA), riv., afll. de la Dordogne, coule aux finages des c^nes de Saint-Paul-de-Salers, Fontanges, Saint-Remy-de-Salers, Saint-Martin-Valmeroux, Sainte-Eulalie, Loupiac, Saint-Christophe, Pleaux, Arnac et Cros-de-Montvert; cours de 43,700 m. Elle porte aussi le nom d'*Estourac*. — *Flumen Marona*, xiie s^e (charte dite *de Clovis*). — *Aqua Maronii*, 1464 (terr. de Saint-Christophe). — *Rivière de Marone*, 1684 (min. Gros, n^re). — *La Marône* (Cassini).

MAROT, m^in détruit, c^ne d'Ally. — *Moulin de Marot*, 1778 (inv. des arch. de la maison d'Humières).

MARQUAT (LE), écart, c^ne de Mandailles.

MARQUE (LA), écart, c^ne d'Allanche.

MARQUE (LA), f^me avec manoir, c^ne de Giou-de-Mamou. — *Lamarque*, 1721 (arch. dép. s. C). — *La Marque*, 1743 (anc. cad.).

MARQUET (LE), écart, c^ne de Roannes-Saint-Mary.

MARQUIS (LE MOULIN DU), m^in, c^ne de Ladinhac.

MARQUISAT (LE), f^me, c^ne de Marcenat. — *Domaine de Marquisat*, 1744 (arch. dép. s. C). — *Marquzat* (Cassini).

MARRET (LE), écart, c^ne de Neussargues.

MARROUQUE (LA), dom. ruiné, c^ne d'Anglards-de-Salers. — *Villaige de la Marrouque*, 1650 (état civ.).

MARS (LOU), fief, c^ne de Cheylade. — 1514 (terr. de Cheylade).

MARS, riv., afll. de la Sumène, coule aux finages des c^nes du Falgoux, Vaulmier, Saint-Vincent, Anglards-de-Salers, Moussages, Méallet, Jaleyrac, Sourniac et Bassignac; cours de 33,780 m. — On la nomme aussi *Merle*. — *Flumen Maire*, xiie s^e (charte dite *de Clovis*). — *Aqua dicta de Mar*, 1290 (arch. mun. de Mauriac). — *Aqua de Mare*, 1473 (terr. de Mauriac). — *Rivière de Mas*, 1653 (anc. min. Chalvignac, n^re). — *Ribière Cabade* (nom patois donné à cette rivière dans la c^ne de Saint-Vincent).

MARS, m^in, c^ne de Saint-Poncy.

MARSAL, m^in, c^ne de Massiac.

MARSALOU, f^me, c^ne de Mauriac. — *Massalo*, 1310 (lièv. du prieuré du Vigean). — *Mansus de la Chalm sive de Massalou*, 1473 (terr. de Mauriac). — *Massaloux*, 1744; — *Marssallou*, 1782 (arch. dép. s. C).

MARSASSAIGNE, vill., c^ne de Neussargues. — *Marsassaigne*, 1635 (nommée au roi par G^lle de Foix).

MARSE (LA), dom. ruiné, c^ne de Labrousse. — *Villaige de Marse*, 1670 (nommée au p^ce de Monaco).

MARSEGUR, mont. à burons, c^ne de Marcenat. — *Montagne de Marsegrut*, 1776 (arch. dép. s. C).

MARSEILLE, écart, c^ne de Cassaniouze.

MARSEILLET, m^in, c^ne de Chaudesaigues.

MARSILLAC (LE BOIS DE), bois, c^ne de Virargues. — *Nemus de Marcilhaco*, 1446 (terr. de Farges). — *Marcilhac*, 1518 (id. des Cluzels). — *Marsilhac*, 1535 (id. de la v^té de Murat). — *Marcilhiac*, 1552 (id. de Farges). — *Marcillac*, 1683 (id. des Bros). — *Marsiliac; Marsilliac*, 1686 (id. de Farges). — *Marcillac*, xviie s^e (id. d'Anteroche).

MANSÔ, dom. ruiné, c^ne de Cheylade. — *Mas de la Marsô*, 1514 (terr. de Cheylade).

MANSÔ, vill. et mont. à vacherie, c^ne de Labrousse. — *Marsa*, 1522 (min. Vigery, n^re). — *Marso*, 1622; — *Marjo*, 1624 (état civ. d'Arpajon). — *Marse*, 1670 (nommée au p^ce de Monaco).

MARTAL, vill., c^ne de la Capelle-Viescamp. — *Villaige de Martal*, 1669 (min. Sarrauste, n^re).

MARTEL (LE), écart, c^ne de Paulhenc. — *Le Martel* (Cassini).

MARTENAGUE (LA), écart, c^ne de Coren.

MARTILLE (LA), dom. ruiné, c^ne de Mandailles. — *Le mas de la Martilie*, 1692 (terr. de Saint-Geraud).

MARTINELLE (LA), ham., c^ne de Boisset. — *La Marheille*, 1637 (état civ. de Saint-Mamet). — *La Matinelle*, 1668 (nommée au p^ce de Monaco). — *La Martinèle*, 1746; — *La Martinelle*, 1748 (anc. cad.).

MARTINET (LE), f^me, c^ne du Claux.

MARTINET (LE), usine à cuivre détruite, c^ne de Reilhac. — 1773 (terr. de la châtellenie de la Broussette).

MARTINET (LE), m^in et usine à cuivre, c^ne de Roannes-Saint-Mary. — *Lou Martinet*, 1682 (arch. dép. s. C).

MARTINET (LE), ham., c^ne de Saint-Bonnet-de-Salers.

MARTINET (LE), ham. et usine à cuivre, c^ne de Saint-Julien-de-Toursac.

MARTINET (LE), ham. et f^me, autref. usine à forger le cuivre, c^ne de Saint-Simon. — *Le Martinet del Reyt*, 1692 (terr. de Saint-Geraud). — *Lou Martinet*, 1718 (arch. dép. s. C, l. 12).

MARTINET (LE), usine à cuivre détruite, c^ne de Sansac-de-Marmiesse. — *El Martinot*, 1773 (terr. de la châtell. de la Broussette).

MARTINET-BAS (LE), f^me et usine à cuivre, c^ne de Saint-Mamet-la-Salvetat. — *Ung molin appellé lou Moly-Bas*, 1574 (livre des achaps d'Ant. de Naucaze).

MARTINGE (LA), écart, c^ne de Ladinhac.

MARTINIE (LA), dom. ruiné, c^ne d'Aurillac. — *Affarium de la Martinha*, 1520 (arch. mun. d'Aurillac, s. GG, p. 20). — *Affar appellé de la Martenhe*, 1692 (terr. de Saint-Geraud).

MARTINIE (LA), dom. ruiné, c^ne de Marmanhac.

MARTINIE (LA), vill., c^ne de Maurs. — *La Martinio*, 1626; — *La Martinie*, 1750 (état civ.).

MARTINIE (LA), dom. ruiné, c^ne de Siran. — *Lou mas de la Martinhia*, 1350 (terr. de l'Ostal de la Tremolieyra). — *Affarium de las Martinias*, 1357 (arch. mun. d'Aurillac, s. HH, c. 21). — *Mansus de la Martinia*, 1444 (papiers de la famille de Montal).

MARTINIE (LA), dom. ruiné, c^ne de Thiézac. — *Affar appellé de la Martinie*, 1674 (terr. de Thiézac).

MARTINIE (LA), vill., c^ne de Vitrac. — *La Martinis*, 1668 (nommée au p^ce de Monaco).

MARTINIE (LA), ham. et f^me avec manoir, c^ne d'Ytrac.

— *La Martinha*, 1592 (pièces du cab. E. Amé). — *La Martinie*, 1739 (anc. cad.).

MARTINOU (LE), dom. ruiné, c^ne de Riom-ès-Montagnes. — *Factum de los Martinos*, 1441 (terr. de Saignes).

MARTINOU, f^me, c^ne de Saint-Urcize. — *Martinoux* (État-major).

MARTIZAT, mont. à vacherie, c^ce de Marcenat. — *V^rie Montisson* (Cassini).

MARTORY (LE), écart, c^ne de Junhac.

MARTORY (LE), ham., c^ne de Leynhac. — *La Maleta*, 1301 (pièces de l'abbé Delmas). — *Lou Martori*, 1510 (arch. mun. d'Aurillac, s. HH, c. 21). — *Marton*, 1539 (min. Destaing, n^re). — *Martris*, 1644 (état civ. de Saint-Étienne-de-Maurs). — *Martory*, 1694 (terr. de Marcolès). — *Montory* (Cassini).

MARTRE (LA), mont., c^ne de Giou-de-Mamou.

MARTRE (LA CROIX DE LA), croix et mont. à vacherie, c^ne de Lieutadès. — *Le puech de la Martre; las Marties; las Martres; la Martie*, 1508; — *Lamartre*, 1662; — *Le champ des Cloux, anciennement appellé le puech de la Marthe*, 1686; — *Le puech de la Martre sive des Cloux*, 1730 (terr. de la Garde-Roussillon).

MARTRES (LES), vill., c^ne de Drignac. — *Las Martres*, 1743 (arch. dép. s. C). — *Las Martas*, 1778 (inv. des arch. d'Humières).

MARTRES (LES), vill., c^ne de Ruines. — *Les Martres*, 1624 (terr. de Ligonnès).

MARTRES (LE PUY DES), mont., c^ne de Saint-Illide.

MARTRES (LE SUC DES), mont. à vacherie, c^ne du Vigean.

MARTULER (LE), vill. détruit, c^ne de Laurie. — 1856 (Dict. stat. du Cantal).

MARTY, dom. ruiné, c^ne d'Aurillac. — *Mas sive affar appellé de Martys et de la Croux*, 1692 (terr. de Saint-Geraud).

MARTY (LE PUECH DE), mont. à vacherie, c^ne de Celles. — *Lou peuch de Marty*, 1581; — *Lou peuch de Marti*, 1644 (terr. de Celles).

MARTY, m^in détruit, c^ne de Cezens. — *Molendinum de Marti*, 1495 (arch. dép. s. G).

MARTY, f^me, c^ne de Laveissenet.

MARTY, m^in, c^ne de Mauriac. — *Le moulin de Marty*, 1743 (arch. dép. s. C).

MARTY, dom. ruiné, c^ne de Pailhérols. — *Villaige appellé de Marti*, 1669 (nommée au p^ce de Monaco).

MARTY, dom. ruiné, c^ne de Saint-Santin-Cantalès. — *Mansus de Marti*, 1464 (terr. de Saint-Christophe).

MARTYS (LES), dom. ruiné, c^ne de Champagnac. — *Mas des Martys*, 1423 (arch. généal. de Sartiges).

38.

Manuéjouls, vill., c^{ne} de Polminhac. — *Marueghol*, 1485 (reconn. à J. de Montamat). — *Maruegol*, 1609 (homm. au roi par les prêtres de Polminhac). — *Maruégou*, 1610 (aveu de J. de Pestels au roi). — *Mariégol*, 1634 (état civ. de Vic-sur-Cère). — *Maruegoul*, 1665 (*id.* de Polminhac). — *Mariéjou*, 1667 (*id.* de Pierrefort). — *Maruégaus; Maruégaut*, 1668; — *Marueyol*, 1670 (nommée au p^{ce} de Monaco). — *Marougol; Maruegoulz*, 1670; — *Maruéjoul*, 1672 (état civ. de Polminhac). — *Maruejoulz; Maruégioul; Maruéjol; Maruégeoul*, 1692 (terr. de Saint-Geraud). — *Marüesou*, 1694 (état civ. de Saint-Clément). — *Marvejouls*, 1857 (Dict. stat. du Cantal).

Manuéjouls (Entre-col de), dom. ruiné, c^{ne} de Polminhac. — *Mas d'Entrecols de Marojol; d'Entrecols de Maruéghoul*, 1692 (terr. de Saint-Geraud).

Marvaud, vill., c^{ne} de Condat-en-Feniers. — *Marvau; Marvauld*, 1550 (terr. du quartier de Marvaud). — *Marevaut*, 1696 (état civ.). — *Marvaud*, 1755 (liève de Marvaud).

Mary (La), écart, c^{ne} d'Allanche.

Mary, m^{in}, c^{ne} de Chaudesaigues.

Mary, m^{in} détruit, c^{ne} d'Oradour.

Manzes, vill. et chât., c^{ne} de Saint-Cernin. — *Marza*, 1230 (arch. dép. s. E). — *La Mar*, 1522 (min. Vigery, n^{re}). — *Marger*, 1626 (*id.* Sarrauste, n^{re}). — *Marze*, 1636 (liève de Poul). — *Marse*, 1649 (état civ. de Reilhac). — *Marzé*, 1658; — *Narzé*, 1662 (insin. du bailliage de Salers). — *Marzes*, 1662 (état civ. de Saint-Cernin). — *Marzi*, 1677 (*id.* de Saint-Chamant). — *Marzs*, 1700; — *Marzés*, 1703 (*id.* de Saint-Cernin). — *Margès; Magez; moulin de Marjé*, 1744 (anc. cad.). — *Marges*, 1784 (Chabrol, t. IV).

Marzes était, avant 1789, régi par le droit cout.; son château était le siège d'une justice seign., ressort. à la sénéch. d'Auvergne, en appel du bailliage de Salers.

Marzet, mont. à vacherie, c^{ne} de Marchastel.

Marzun, vill., c^{ne} de Leyvaux. — *Marefun*, 1624 (état civ.). — *Marezun* (Cassini).

Mas (Le), dom. ruiné, c^{ne} d'Arnac. — *Affar appellé del Mas*, 1470 (arch. mun. d'Aurillac, s. HH, c. 21).

Mas (Le), dom. ruiné, c^{ne} d'Arpajon. — *Affarium Dolmas*, 1269 (arch. mun. d'Aurillac, s. FF, p. 15).

Mas (Le), vill., c^{ne} d'Auzers. — *Lou Mas*, 1479; — *Lou Mas-del-Rif*, 1541 (nommée au seign. de Charlus).

Mas (Le), vill., c^{ne} de Beaulieu.

Mas (Le), dom. ruiné, c^{ne} de Cassaniouze. — *Affar del Mas*, 1760 (terr. de Saint-Projet).

Mas (Le), dom. ruiné, c^{ne} de Chalvignac. — *Mansus del Mas*, 1296 (homm. à l'évêque de Clermont).

Mas (Le), vill., c^{ne} de Champs. — *Lemas*, 1655; — *Amas*, 1670 (état civ.). — *Le Mas* (Cassini).

Mas (Le), ham., c^{ne} de Charmensac. — *Le Mas-le-Bru* (État-major).

Mas (Le), dom. ruiné, c^{ne} de Dienne. — *Le Mas*, 1618 (terr. de Dienne).

Mas (Le), vill., c^{ne} d'Espinasse. — *Le Mats* (Cassini).

Mas (Le), dom. ruiné, c^{ne} de Jussac. — *Le domaine du Mas*, 1739 (arch. dép. s. C, l. 14).

Mas (Le), ham., c^{ne} de Ladinhac.

Mas (Le), écart, c^{ne} de Laroquevieille.

Mas (Le), vill., c^{ne} de Lavastrie. — *Lo Mas de Chasteauneuf*, 1494 (terr. de Mallet). — *Lo Mas*, 1596 (min. Andrieu, n^{re}).

Mas (Le), vill. et m^{in}, c^{ne} de Mandailles. — *Mansus Jordane*, 1529 (reconn. au curé de la Trinité d'Aurillac). — *Lou Mas-en-Jourdane*, 1637 (état civ. de Thiézac). — *Lo Mas d'en Jourdanne*, 1669 (*id.* de Murat). — *Lo Mas de Jordanno*, 1692 (terr. du monast. de Saint-Geraud). — *Le Mas*, 1760 (arch. dép. s. C, l. 9).

Mas (Le), vill. et mont. à vacherie, c^{ne} de Marchastel.

Mas (Le Champ du), mont. à vacherie, c^{ne} de Marchastel.

Mas (Le), vill., c^{ne} de Mauriac. — *Le Mas*, 1644 (état civ.) — *Dumar*, 1695 (*id.* d'Ally). — *Dumas*, 1782 (arch. dép. s. C).

Mas (Le), dom. ruiné, c^{ne} de Mourjou. — *Affar del Mas*, 1760 (terr. de Saint-Projet).

Mas (Le Puech del), mont. à vacherie, c^{ne} de Murat. — *Puech-del-Mas*, 1446 (terr. de Farges). — *La Malaudie, sive Puech-del-Mas*, 1518 (terr. des Cluzels). — *La Malatière; le Puy-del-Mas*, 1680 (*id.* de la ville de Murat).

Mas (Le), dom. ruiné, c^{ne} de Neuvéglise. — *Lou Mas de Miremont*, 1597 (insin. du baill. de Saint-Flour). — *Le Mas* (Cassini).

Mas (Le), dom. ruiné, c^{ne} de Polminhac. — *Villaige dal Mas sive de Puech-Servel, sciz à Fraissé-del-Miech; lo Puech-Servel*, 1692 (terr. de Saint-Geraud).

Mas (Le), vill., avec manoir, c^{ne} de Raulhac.

Mas (Le), ham., c^{ne} de Roannes-Saint-Mary. — *Affarium Dolmas*, 1269 (arch. mun. d'Aurillac, s. FF, p. 15). — *Mas-Moille*, 1670 (nommée au p^{ce} de Monaco).

Mas (Le), f^{me} avec manoir, m^{in} et mont. à vacherie, c^{ne} de Saint-Clément. — *Lou Mas*, 1612 (état civ. de Thiézac).

DÉPARTEMENT DU CANTAL.

Mas (Le), vill., c^{ne} de Saint-Constant. — *Almas*, 1746 (état civ. de Saint-Étienne-de-Maurs).

Mas (Le), dom. ruiné, c^{ne} de Saint-Gerons. — *Villaige del Mas*, 1639 (min. Sarrauste, n^{re}).

Mas (Le), dom. ruiné, c^{ne} de Saint-Simon. — *Mas appellé dal Mas*, 1692 (terr. de Saint-Geraud).

Mas (Le), vill., c^{ne} de Sansac-de-Marmiesse. — *Mansus del Mas*, 1544 (pièces de l'abbé Delmas). — *Le Mas del Meynial*, 1692 (terr. de Saint-Geraud). — *Lousmas*, 1697 (arch. dép. s. C, l. 2).

Mas (Le), vill., c^{ne} de Sénezergues. — *Villaige del Mas*, 1664 (nommée au p^{ce} de Monaco).

Mas (Le), écart, c^{ne} de Soulages. — *Les Mezons*, 1610 (terr. d'Avenaux). — *Le Mas* (Cassini).

Mas (Le), dom. ruiné, c^{ne} de Teissières-de-Cornet. — *Mansus dal Mas*, 1323 (arch. mun. d'Aurillac, s. HH, c. 21).

Mas (Le), dom. ruiné, c^{ne} de Tournemire. — *Affar appellat de la bordarie del mas de Parie.t*, XVIe s^o (arch. mun. d'Aurillac, s. GG, p. 21). — *Villaige du Mas*, 1635 (état civ. de Reilhac).

Mas (Le), vill., c^{ne} de Veyrières. — *Lou Mas*, 1479 (nommée au seign. de Charlus).

Mas (Le), dom. ruiné, c^{ne} de Vézac. — *Villaige Delmas*, 1669 (état civ. de Polminhac).

Mas (Le), vill., c^{ne} de Vitrac. — *Affar appellé de Capmays, lès lo villaige des Saletas*, 1558 (min. Destaing, n^{re}).

Mas-Bertrand (Le), vill., c^{ne} de Narnhac. — *Le Mas-Bertrand*, 1695 (terr. de Celles). — *Le Mas-Bestmud* (Cassini).

Mas-Calcat (Le), dom. ruiné, c^{ne} de Narnhac. — *La Sanhe del Mas-Calquat; le Mas-Caucat; le Mas-Calat*, 1508; — *Le Mas-Calcat; le Mas-Calhat; le Mas-Calcal; le Malcalcat; le Mal-Cascat*, 1662; — *Le Malcaseat; le Malcascat*, 1687 (terr. de Loubeysargues).

Mas-Cap-Mas (Le), dom. ruiné, c^{ne} de Montsalvy. — *Domaine de Mascammaur*, 1636; — *Le Mas Campmaur*, 1650 (état civ.).

Mas-Caucheil (Le), dom. ruiné, c^{ne} de Saint-Simon. — *Villaige del Mas-Caucheil*, 1692 (terr. de Saint-Geraud).

Mas-Cehor (Le), dom. ruiné, c^{ne} de Saint-Simon. — *Villaige del Mas-Cehor*, 1692 (terr. de Saint-Geraud).

Mas-Cocu (Le), écart, c^{ne} de Raulhac. — *Le Mas* (État-major). — *Le Mascou*, 1857 (Dict. stat. du Cantal).

Mas-Combadou (Le), loc. détruite, c^{ne} de Pers.

Mas-Damon, vill., c^{ne} de Saint-Bonnet-de-Salers. — *Mas de Mons*, 1443 (arch. dép. s. E). — *Lou Masdamon*, 1743 (état civ.). — *Madamont* (État-major).

Mas-d'Auze (Le), dom. ruiné, c^{ne} de Cassaniouze. — *Le Mas d'Auzon*, 1760 (terr. de Saint-Projet).

Mas-de-Bourbon (Le), écart, c^{ne} de Méallet.

Mas-de-la-Camp (Le), dom. ruiné, c^{ne} de Freix-Anglards. — *Affar appellé del Mas-Lacamp*, 1627 (terr. de N.-D. d'Aurillac).

Mas-de-la-Roque (Le), écart, c^{ne} de Saint-Constant. — *Domaine appellé de la Caminade ou de la Rocque*, 1669 (nommée au p^{ce} de Monaco).

Mas-del-Bac (Le), dom. ruiné, c^{ne} de Saint-Martin-Valmeroux. — *Villaige del Mas-del-Bac*, 1665 (terr. de N.-D. d'Aurillac).

Mas-del-Bos (Le), écart, c^{ne} d'Arpajon. — *Lou Mas-del-Boz*, 1465 (obit. de N.-D. d'Aurillac). — *Le Mas-del-Bos*, 1621 (état civ.). — *Le Mas-delbos*, 1679 (arch. dép. s. C, l. 5). — *Le Madelbos*, 1740 (anc. cad.).

Mas-del-Bos (Le), ruiss., affl. du ruisseau de Montal, c^{ne} d'Arpajon; cours de 475 m.

Mas-del-Bos (Le), dom. ruiné, c^{ne} de Pers. — *Lo Mas-del-Bos*, 1309; — *Mansus appellatus lo Mas-del-Bos-Ribayros*, 1325 (arch. mun. d'Aurillac, s. HH, c. 21).

Mas-del-Bos (Le), vill., c^{ne} de Roumégoux. — *Le Mas-del-Bos*, 1668 (nommée au p^{ce} de Monaco). — *Lou Mas-del-Boes*, 1669 (min. Sarrauste, n^{re}). — *Madelbas* (Cassini). — *Madalbos*, 1857 (Dict. stat. du Cantal).

Mas-del-Co (Le), vill., c^{ne} de Parlan. — *Le Mas-del-Co*, 1748 (anc. cad.).

Mas-del-Four (Le), faubourg de Ladinhac. — *Mansus del Forn*, 1464 (vente par Guill. de Treyssac). — *Lou Mas-del-Four*, 1724 (lièvre de l'abbaye de Montsalvy). — *Le Madelfour*, 1750 (anc. cad.). — *Le Mas-de-Four*, 1752 (arch. dép. s. C).

Mas-del-Four (Le), dom. ruiné, c^{ne} de Saint-Simon. — *Le Mas dal Four*, 1692 (terr. de Saint-Geraud).

Mas-del-Miech (Le), dom. ruiné, c^{ne} d'Yolet. — *Villaige del Mas-del-Miech*, 1692 (terr. de Saint-Geraud).

Mas-del-Moles (Le), dom. ruiné, c^{ne} de Vitrac. — *Villaige del Mas-del-Moles*, 1558 (min. Destaing).

Mas-de-l'Ort (Le), vill., c^{ne} de Saint-Santin-de-Maurs. — *Lort*, 1616; — *Lou Mas Delort*, 1635 (état civ.). — *Le Madelort*, 1749 (anc. cad.).

Mas-del-Puech (Le), écart, c^{ne} de Pers. — *Lo Mas del Puech*, 1624 (état civ. de Saint-Mamet).

Mas-del-Reyt (Le), vill., c^{ne} de la Besserette. — *Lou Madelrey*, 1628; — *Lou Mas-del-Rey*, 1633 (état civ. de Montsalvy). — *Lou Mas-del-Ray*, 1764 (état civ. de Sansac-Veynazès). — *Le Mas Delrait* (Cassini).

Mas-del-Teil (Le), dom. ruiné, c^{ne} de Vitrac. — *Villaige del Mas-del-Teil*, 1558 (min. Destaing).

Mas-de-Michel (Le), écart et mⁱⁿ, c^{ne} de la Trinitat. — *Le Michel* (Cassini).

Mas-de-Pètre (Le), écart, c^{ne} des Deux-Verges. — *Mas-de-Petrat* (Cassini). — *Mas-de-Pètre* (État-major).

Mas-de-Pètre, ruiss., affl. du Remontalou, c^{ne} des Deux-Verges; cours de 2,500 m.

Mas-de-Renac (Le), dom. ruiné, c^{ne} de Saint-Martin-Valmeroux. — *Villaige appelé del Mas de Renac*, 1665 (terr. de N.-D. d'Aurillac).

Mas-de-Reyrolles (Le), écart, c^{ne} de Saint-Georges. — *Mansus del Mas*, 1532 (arch. dép. s. G).

Mas-de-Sédaiges (Le), vill. et mⁱⁿ, c^{ne} de Marmanhac. — *Mansus de Cedueghol*, 1469 (terr. de Saint-Christophe). — *Mansus de Sedages*, 1494 (test. de Sédaiges). — *Sédaiges*, 1670 (état civ.). — *Le Mas-de-Sedage*, 1728; — *Le Mas-de-Sedages*, 1743 (arch. dép. s. C, l. 21). — *Madesedage* (Cassini).

Mas-Durand (Le), vill., c^{ne} de Barriac. — *Lou Mas-Duran*, 1635 (état civ. de Loupiac). — *Lou Madurand*, 1667 (id. de Pleaux). — *Le Maduran*, 1746; — *Le Mas Durand*, 1784 (arch. dép. s. C, l. 38).

Maselas, dom. ruiné, c^{ne} du Vigean. — *Villaige de Maselas*, 1639 (rentes dues au monast. de Mauriac).

Mases (Les), vill., c^{ne} de Lieutadès. — *Le Maset; les Mases*, 1508; — *Les Mazes*, 1662 (terr. de la Garde-Roussillon). — *Les Mozes* (Cassini).

Mas-Frinal (Le), dom. ruiné, c^{ne} de Prunet. — *Le Mafrinal*, 1654 (arch. mun. d'Aurillac, s. CC, p. 8).

Mas-Granier (Le), vill., c^{ne} de Sansac-Veinazès. — *Lou Masgraignié*, 1548; — *Lou Masgraignier*, 1552 (min. Guy de Vayssieyra, n^{re}). — *Mas-Grinier*, 1669 (nommée au p^{ce} de Monaco). — *Lou Mas Grainé; lou Mas Granye*, 1670 (terr. de Calvinet). — *Lou Magranié*, 1693; — *Lou Magronié*, 1696 (état civ.). — *La Masgranié*, 1739 (arch. dép. s. C). — *Lou Mas-Granie*, 1754 (état civ.). — *Le Mas Granier*, 1760 (terr. du monast. de Saint-Projet). — *Le Malgranié*, 1764 (état civ.). — *Le Matgrenier*, 1786 (lièvre de Calvinet). — *Mas-Grenier* (Cassini).

Mas-Grau (La Béale du), taillis, c^{ne} de Sansac-de-Marmiesse. — *Lo Massegrau* (états de sections).

Mas-Haut (Le), dom. ruiné, c^{ne} de Rouffiac. — *Mas-Souber*, 1449 (enq. sur les droits des seign. de Montal).

Mas-Herm (Le), dom. ruiné, c^{ne} de Cassaniouze. — *Domaine du Mas-Herm*, 1760 (terr. de Saint-Projet).

Mas-Latat (Le), dom. ruiné, c^{ne} de Marcenat. — *Domaine du Mas-Latat*, 1744 (arch. dép. s. C).

Mas-Leisseilh (Le), dom. ruiné, c^{ne} d'Ally. — *Le mas de Masleisseilh*, 1778 (inv. des arch. de la mais. d'Humières).

Mas-Marty (Le), vill., c^{ne} de Crandelles. — *Lou Mas*, 1634 (état civ. de Reilhac). — *Lou Masmarte*, 1674 (id. de Laroquebrou). — *Lou Mas-Martins*, 1676 (id. d'Ayrens). — *Lou Mas-Marty*, 1681; — *Lou Mas-Martin*, 1684 (id. de Crandelles). — *Lou Masmarty*, 1695; — *Lou Mamasty*, 1702 (id. de la Capelle-Viescamp). — *Le Ma-Martin* (État-major).

Mas-Marty (Le), dom. ruiné, c^{ne} de Saint-Simon. — *Villaige de Mas-Marty*, 1692 (terr. de Saint-Geraud).

Mas-Marty (Le), dom. ruiné, c^{ne} d'Ytrac. — *Bois et tènement de Mas-Marty*, 1695; — *Masverty*, 1736 (terr. de la command. de Carlat).

Mas-Merle (Le), dom. ruiné, c^{ne} de Cassaniouze. — *Affar de Grun, alias de Mas-Merle*, 1760 (terr. de Saint-Projet).

Mas-Négrier (Le), vill., c^{ne} de Siran. — *Le Mas-Negrier*, 1350 (terr. de l'ostal de la Trémolieyra). — *Mas Alpuech*, 1449 (enq. sur les droits des seign. de Montal). — *Mansus dal Puech, alias dal Mas-Negrie*, 1486 (accord entre Amaury de Montal). — *Maurgrié*, 1638 (état civ. de Cros-de-Montvert). — *Lou Masnegrié*, 1659 (état civ.). — *Manigrié*, 1669 (min. Sarrauste, n^{re}).

Mas-Raynal (La), dom. ruiné, c^{ne} de Saint-Simon. — *Mas-del-Reynet*, 1338 (arch. mun. de Naucelles). — *Le Mas-Raynal; le Mas-Reynel*, 1692 (terr. de Saint-Geraud). — *Mas du Réné*, 1754 (arch. mun. de Naucelles).

Mas-Rossignol (Le), dom. ruiné, c^{ne} de Saint-Simon. — *Mas appellé Mas-Roussignol*, 1692 (terr. de Saint-Geraud).

Mas-Roudat (Le), dom. ruiné, c^{ne} de Sansac-Veinazès. — *Lou Masroudat*, 1760 (terr. de Saint-Projet).

Mas-Rouziers (Le), dom. ruiné, c^{ne} de Saint-Martin-Valmeroux. — *Villaige del Mas-Rouziers*, 1665 (terr. de N.-D. d'Aurillac).

Mas-Royer (Le), dom. ruiné, c^{ne} de Saint-Simon. — *Villaige del Mas-Royer*, 1692 (terr. de Saint-Geraud).

Mas-Rut (Le), dom. ruiné, c^{ne} de Vieillevie. — *Affar appelé del Maserut*, 1760 (terr. de Saint-Projet).

Massadour (Le), écart, c⁽ⁿᵉ⁾ de Bonnac. — *Lou Massadour*, 1526 (terr. d'Aurouze). — *Lou Baladoux*, 1635 (nommée par G⁽ˡˡᵉ⁾ de Foix). — *Le Massadou*, 1771 (terr. du prieuré de Bonnac).

Mas-Sagal, dom. ruiné, c⁽ⁿᵉ⁾ de Leynhac. — *Affarium de Massagal*, 1301 (pièces de l'abbé Delmas).

Massalès, f⁽ᵐᵉ⁾, c⁽ⁿᵉ⁾ de Saint-Flour. — *Massalet* (Cassini).

Massalès-Bas et Haut, m⁽ⁱⁿˢ⁾, c⁽ⁿᵉ⁾ de Saint-Flour. — *Molendinum de Massalet*, 1459 (arch. mun. de Saint-Flour).

Massebeau, f⁽ᵐᵉ⁾ avec manoir, c⁽ⁿᵉ⁾ de Murat. — *Massabou*, 1315; — *Massabuena*, 1389 (arch. dép. s. E). — *Massabef*, 1491 (terr. de Farges). — *Massabeuf*, xv⁽ᵉ⁾ s⁽ᵉ⁾ (*id.* de Bredon). — *Massebeuf*, 1518 (*id.* de la coll. de N.-D. de Murat). — *Massabeu*, 1536 (*id.* de la v⁽ᵗᵉ⁾ de Murat). — *Massabeufz*; *Massebeufz*, 1575 (*id.* de Bredon). — *Massebeau*, 1591 (*id.* de Bressanges). — *Massebebet*; *Mussabeut*, 1605 (*id.* de Cheylanne). — *Massabeau*, 1608 (min. Danty, n⁽ʳᵉ⁾). — *Massebrau*, 1664 (terr. de Bredon). — *Massebeu*; *Masse-Bort*, xvii⁽ᵉ⁾ s⁽ᵉ⁾ (*id.* du roi). — *Malbosc*, xvii⁽ᵉ⁾ s⁽ᵉ⁾ (*id.* d'Anteroche).

Massède, m⁽ⁱⁿ⁾ détruit, c⁽ⁿᵉ⁾ de Sériers. — *Molin de Masside*, 1618 (terr. de Sériers).

Mas-Ségur, écart et mont. à burons, c⁽ⁿᵉ⁾ de Landeyrat. — *Vacherie Lesmas* (Cassini). — *Malsegur*, 1784 (Chabrol, t. IV). — *Le Mas-Ségus* (états de sections).

Masseport, mont. à burons, c⁽ⁿᵉ⁾ de Saint-Bonnet-de-Salers. — *Montaignhie de Masseport*, 1778 (inv. des arch. de la mais. d'Humières).

Masses (Le Puy des), mont. à vacherie, c⁽ⁿᵉ⁾ de Paulhenc.

Masset, vill., c⁽ⁿᵉ⁾ de Clavières. — *Masset*, xvii⁽ᵉ⁾ s⁽ᵉ⁾ (terr. de Chaliers). — *Massiac* (Cassini).

Massiac, chef-lieu de c⁽ᵒⁿ⁾, arrond. de Saint-Flour. — *In aice Mussiacensi*, 849 (Baluze, t. II, p. 2, d'après le cart. de Brioude, n° 95). — *Maciacensis vicaria*, 896; — *vicaria de Maciago*, 933 (cartul. de Brioude). — *Macsiac*, 1250 à 1263; — *Marssiac*, 1262 (spicil. Brivat.). — *Massiacum*, 1329 (enq. sur la justice de Vieillespesse). — *Massiat*, 1401 (spicil. Brivat.). — *Maciacum*, xiv⁽ᵉ⁾ s⁽ᵉ⁾ (trans. entre les seigneurs de Rochefort et d'Apchon). — *Massat*, 1628 (paraphr. sur les cout. d'Auvergne). — *Maissiac*, 1662 (terr. de Vieillespesse). — *Massiac-du-Montel*, 1784 (Chabrol, t. IV).

Massiac a été le chef-lieu d'une viguerie carolingienne et dépendait, avant 1789, de la Basse-Auvergne, du dioc. de Saint-Flour, de l'élect. et de la subdél. de Brioude. Régi par le droit écrit, il était le siège d'une justice seign., ressort. au bailliage de Montpensier, en appel de la prév. de Brioude. L'église auj. ruinée de Saint-Victor de Massiac dépend. de l'abbaye de Blesle. La cure de Saint-André de Massiac était, avant la Révolution, à la présentation du prieur de Rochefort; son église a été érigée en cure par la loi du 18 germinal an x (2 avril 1802).

Massigoux, ham., c⁽ⁿᵉ⁾ d'Aurillac. — *Massigos*, 1501 (arch. dép. s. E). — *Massiguos*; *Massagua*, 1531 (min. Vigery, n⁽ʳᵉ⁾). — *Massigoux*, 1648 (état civ.).

Mas-Soubeyrol (Le), ham., c⁽ⁿᵉ⁾ de Pers. — *Lo Mas Sobeyra*, 1404 (reconn. au seign. de Montal). — *Lou Mas Soubeyro*, 1671 (arch. mun. d'Aurillac, s. GG, c. 6). — *Mas-sous-Beyrol* (État-major). — *Massouveyrols*, 1857 (Dict. stat. du Cantal).

Mas-Soubro (Le), vill., c⁽ⁿᵉ⁾ de Mandailles.

Mas-sous-Caynols (Le), écart, c⁽ⁿᵉ⁾ de Pers.

Massugène (La), vill., c⁽ⁿᵉ⁾ de Saint-Bonnet-de-Marcenat. — *Masougère* (Cassini).

Mas-Ternat (Le), dom. ruiné, c⁽ⁿᵉ⁾ de la Monsélie. — *Masternat* (états de sections).

Mas-Trebuis, vill., c⁽ⁿᵉ⁾ de Roannes-Saint-Mary. — *Mastreboy*, 1553 (min. Destaing, n⁽ʳᵉ⁾ à Marcolès). — *Lou Mas-Trebois*, 1668 (nommée au p⁽ʳᵉ⁾ de Monaco). — *Lou Mastreboux*, 1682; — *Lou Mastrebouis*, 1761 (arch. dép. s. C). — *Le Marbre-Bers ?* 1784 (Chabrol, t. IV, p. 701). — *Mastrebouix* (Cassini). — *Mastrebuys*, 1857 (Dict. stat. du Cantal).

Mas-Trenac (Le), vill., c⁽ⁿᵉ⁾ d'Antignac. — *Mestrenac*, 1561; — *Mestrenat*, 1637; — *Mestrenact*, 1638 (terr. de Murat-la-Rabe). — *Mastrenac* (Cassini). — *Masternat* (État-major). — *Mastrenal*, 1852 (Dict. stat. du Cantal).

Masuc (Le), mont. à vacherie, c⁽ⁿᵉ⁾ de Carlat.

Masurlet, f⁽ᵐᵉ⁾ détruite, c⁽ⁿᵉˢ⁾ de Mauriac et du Vigean. — *Mansus del Masurlet*, 1475 (terr. de Mauriac).

Mas-Vieil (Le), mont. à vacherie, c⁽ⁿᵉ⁾ de Crandelles.

Mas-Vieil (Le), ham., c⁽ⁿᵉ⁾ de Leynhac. — *Le Mas Vieil* (Cassini).

Mas-Vieil (Le), mont. à vacherie, c⁽ⁿᵉ⁾ de Soulages.

Matagnole (La), écart, c⁽ⁿᵉ⁾ de Sansac-Veinazès. — *Montagnol* (État-major).

Mathieu (Le Jas de), mont. à vacherie, c⁽ⁿᵉ⁾ de Saint-Urcize.

Matinal, buron sur le plateau du Violent, c⁽ⁿᵉ⁾ de Saint-Paul-de-Salers.

Matonnières, vill. détruit, écart et mont. à vacherie, c⁽ⁿᵉ⁾ d'Allanche. — *Le Peuch de Matounhères*, xvi⁽ᵉ⁾ s⁽ᵉ⁾ (confins de la terre du Feydit). — *Roche Matonière* (Cassini). — *Roche Matonnière* (État-major).

Matte (La), m^in, c^ne de Molompize.

Matte (La), écart et mont. à vacherie, c^ne de Saint-Urcize. — *Borie de la Mathe* (Cassini).

Matte (La), ruiss., afll. du Riounau, c^ne de Saint-Urcize; cours de 1,530 m.

Maubert, écart et forêt domaniale, c^nes de Condat-en-Feniers et de Montboudif.

Maubert, écart, c^ne de Saint-Saury.

Maubert, vill. et mont. à vacherie, c^ne de Vieillevie. — *Maubert*, 1667; — *Malberet*, 1674 (état civ. de Cassaniouze). — *Malbert; le Peuch de Malbert, appellé des Cabriols*, 1760 (terr. de Saint-Projet).

Maucher, vill. et m^in, c^ne de Chavagnac. — *Maucheyra; Maucheyr*, 1285 (arch. dép. s. E). — *Mauchier*, 1491 (terr. de Farges). — *Mouchier*, 1498 (reconn. au roi par les consuls d'Albepierre). — *Molin commun Moucher*, 1535 (terr. de la v^té de Murat). — *Mochier*, 1542 (id. de la coll. de N.-D. de Murat). — *Maucheyres*, 1571 (id. de Bressanges). — *Mourchier*, 1598 (reconn. au roi par les consuls d'Albepierre). — *Maucher*, 1675 (terr. de Farges). — *Mouycher*, 1688 (état civ. de Chastel-sur-Murat). — *Maucheix*, 1855 (Dict. stat. du Cantal).

Maucher, vill., c^ne de Marcenat. — *Maucher*, 1744; — *Mauchay*, 1751; — *Mouchay; Moucheix; Mont-Chay; Mouchié*, 1776 (arch. dép. s. C). — *Moucher* (Cassini).

Mauchier, vill., c^ne de Chalinargues. — *Mauchier*, 1484 (terr. de Farges). — *Mouchier; Mouchies*, 1518 (id. des Cluzels). — *Maucheyres*, 1597 (id. de Bressanges). — *Maucher*, 1637 (lièvé de Murat). — *Mauchié*, 1710 (terr. du prieuré de Coltines).

Mauchol, dom. ruiné, c^ne de Polminhac. — *Villaige de Mauchsols*, 1583 (terr. de Polminhac).

Mauden (La Plaine de), mont. à vacherie, c^ne de Brezons.

Maudour, ham., c^ne de Saint-Mamet-la-Salvetat. — *Lou Mandouilh*, 1623 (état civ.). — *Lou Maudoul*, 1697; — *Lou Maudour*, 1728; — *Lou Masdoul*, 1743 (arch. dép. s. C, l. 4). — *Maudou* (Cassini). — *Maudouls* (états de sections).

Maugue (La), écart, c^ne de Beaulieu.

Mauguel, dom. ruiné, c^ne de Saint-Constant. — *Tenement del Mauguel*, 1746 (anc. cad.).

Mauguié, vill., c^ne de Saint-Cernin. — *La Mourgue*, 1659; — *La Morgue*, 1662; — *La Mourguio*, 1700; — *La Marguio*, 1701 (état civ.). — *La Mourgie*, 1730; — *La Mourguie*, 1753 (arch. dép. s. C, l. 32). — *La Mourguie-Haute; le Mauguié-Bas*, 1787 (id. l. 50).

Maujal (Le), écart, c^ne de Junhac. — *Maunhac*, 1549

(min. Boygues, n^re). — *Maunhal*, 1564 (id. Boissonnade, n^re).

Maunas (Le), ham., c^ne de Condat-en-Feniers. — *Les Maunas* (Cassini).

Maupas, mont. à vacherie et taillis, c^ne de Chavagnac. — *Boix del Mal-Pas*, 1535 (terr. de la v^té de Murat).

Maupas (Lou Bos de), dom. ruiné, c^ne de Giou-de-Mamou. — *La buge de Malpas*, 1740 (anc. cad.).

Mauranne, m^in, c^ne de Montchamp. — *Molin de Gouel*, 1508; — *Molin de Gonelou*, 1740; — *Molin de Mauranne en mazure*, 1762 (terr. de Montchamp).

Maurel (Le), ham., c^ne de Saint-Gerons. — *Maurelh*, 1265 (reconn. au seign. de Montal). — *Mourel; Mourelh*, 1449 (enq. sur les droits du seign. de Montal). — *Maureil*, 1600 (reconn. au seign. de Montal). — *Maurel*, 1668 (min. Frégeac, n^re à Laroquebrou). — *Mauret* (État-major).

Maurel (Le), dom. ruiné, c^ne de Thiézac. — *L'affar del Mauret*, 1674 (terr. de Thiézac).

Maurelle (La), écart, c^ne de Maurs.

Maurelle (La), écart, c^ne de Quézac.

Maurelle (La), bois défriché, c^ne de Saint-Flour. — *Nemus de Maurel*, 1528 (arch. dép. s. H).

Maurentès (Le), f^me, c^ne de Chaudesaigues. — *Affar de Maurantes*, 1508; — *Vilaige de Mourantes*, 1662 (terr. de la Garde-Roussillon). — *Le Morentes*, 1784 (Chabrol, t. IV). — *Le Maurente* (Cassini). — *Le Mourantès*, 1855 (Dict. stat. du Cantal).

Maurentès (Le), ruiss. affluent du Levandès, c^ne de Chaudesaigues; cours de 1,500 m.

Mauret, dom. ruiné, c^ne de Thiézac. — *Affar del Mauret*, 1674 (terr. de Thiézac).

Mauri, dom. ruiné, c^ne d'Anglards-de-Salers.— *Mansus de Mauri*, 1443 (arch. dép. s. E).

Mauriac, chef-lieu d'arrond. — MAVRIACO VIC. (Bibl. nat., cab. des médailles). — *Ipse ædificavit cellam in Aquitania, in loco qui dicitur Mauriacus mutans nomen ejus et vocans Noviacum*, 818 (Dom Bouquet, t. VI, p. 237). — *In vicaria Mariacense, in pago Alvernico, in primis ipso vico Mauriciaco*, x^e s^e (test. dit de *Théodechilde*). — *Cœnobium Mauriacense*, 1105 (Gall. christ., t. II, col. 265-266). — *Castrum de Mauriacum*, 1240 (homm. à l'évêque de Clermont). — *Abbas Mauricensis*, 1252 (mon. pontif. Arv.). — *Mauriac*, 1293 (spicil. Brivat.). — *Parrochia Mauriaci*, 1310 (lièvé du prieuré du Vigean). — *Moriac villa*, 1474 (terr. de Mauriac).

Mauriac, viguerie carolingienne, était, avant 1789, de la Haute-Auvergne, chef-lieu d'un archiprêtré du dioc. de Clermont, il était le siège d'une élect. et d'une subdél. et une des trois prévôtés créées par ordonn. de Philippe le Long, en 1319. La paroisse était régie par le droit écrit, l'appel verbal excepté, dépend. de la justice seign. du doyen de Mauriac, et ressort. au bailliage d'Aurillac, en appel de la prév. de Mauriac. — Son église a été érigée en cure par la loi du 18 germinal an x (8 avril 1802).

Mauriagle (La), dom. ruiné, c^{ne} de Menet. — *Mansus de Mauriagha; Maunagha*, 1441 (terr. de Saignes).

Maurian, vill., mⁱⁿ et étang, c^{ne} de Parlan. — *Le village de Maurian*, 1645; — *Mauriam*, 1662 (état civ.).

Maurie (La), ham. et mⁱⁿ, c^{ne} de Saint-Cirgues-de-Malbert. — *La Mourie; moulin de la Maure* (État-major).

Maurine (La), dom. ruiné, c^{ne} de Chastel-Marlhac. — *Affarium vocatum la Maurina*, 1441 (terr. de Saignes).

Maurines, c^{on} de Chaudesaigues. — *Ecclesia de Maurinis*, xive s^e (Pouillé de Saint-Flour). — *Maurine*, 1640 (arch. dép. s. H). — *Maurines*, 1784 (Chabrol, t. IV).

Maurines était, avant 1789, de la Haute-Auvergne, du dioc., de l'élect. et de la subdél. de Saint-Flour. Régi, partie par le droit écrit, dépend. de la justice de Mallet, et ressort. au bailliage de Vic, en appel de la cour royale de Murat; partie par le droit cout., dépend. des justices de la domerie d'Aubrac et de Saint-Juéry, et ressort. à la sénéch. d'Auvergne, en appel de la prév. de Saint-Flour. — Son église, dédiée à saint Mary, était un prieuré dépendant de l'abbaye d'Aubrac et à la nomination du seigneur du lieu. Elle a été érigée en succursale par décret du 28 août 1808.

Maurinial (Le), dom. ruiné, c^{ne} de Teissières-les-Bouliés. — *Villaige de Maurinhal*, 1668 (nommée au p^{re} de Monaco).

Maurinie (La), f^{me} avec manoir, c^{ne} de la Besserette. — *Village de Maurinia*, 1545 (min. Destaing, n^{re}). — *La Maurinya*, 1548 (id. Boygues, n^{re}). — *La Maurinhia*, 1550 (id. Guy de Vayssieyra, n^{re}). — *La Maurinhie*, 1560; — *La Maurinye*, 1564 (id. Boyssonnade, n^{re}). — *La Marounie*, 1682 (état civ. de Montsalvy). — *La Maurinie* (Cassini).

Maurinie-Soubranne (La), vill., c^{ne} du Claux. — *La Morinie-Soubrane*, 1784 (Chabrol, t. IV). — *La Mourinie-Haute* (Cassini).

Maurinie-Soutranne (La), vill., c^{ne} du Claux. — *Affarium de la Maninia*, 1352 (homm. à l'évêque de Clermont). — *La Maurinha*, 1513; — *La Mauriniha*, 1514 (terr. de Cheylade). — *La Mourine*, 1646 (lièv. conf. de Valrus). — *La Maurines*, 1671 (insin. du baill. de Saint-Flour). — *La Morignie*, xviie s^e (table du terr. de Cheylade). — *La Maurine; la Morinie-Soutrane*, 1784 (Chabrol, t. IV). — *La Mourinie-Basse* (Cassini).

Mauriol (Le), f^{me} et mont. à burons, c^{ne} de Saint-Bonnet-de-Salers. — *Maurio*, 1743 (état civ.). — *Le Moriot* (Cassini). — *Emmouriols*, 1852 (Dict. stat. du Cantal).

Mauris, dom. ruiné, c^{ne} d'Arches. — *Boria del Mauris*, 1473 (terr. de Mauriac).

Maurlhieyre (La), dom. ruiné, situation inconnue. — *Locus vocatus da la Maurlhieyra*, 1408 (arch. mun. d'Aurillac, s. GG, p. 21).

Maurou (Le), ruiss., affl. du ruisseau de la Rasthène, c^{nes} de Carlat et Labrousse; cours de 3,400 m.

Ce ruisseau porte aussi les noms de *Dal* et de *Pas*. — *Rivus de Moro*, 1531 (min. Vigery, n^{re} à Aurillac). — *Mauro*, 1535 (terr. de Caylus). — *Mauron*, 1668; — *Maurou*, 1669; — *Morou*, 1670 (nommée au p^{ce} de Monaco).

Maurs, c^{on} de l'arrond. d'Aurillac. — *Sanctus Petrus Mauricis*, 941 (chartes de Cluny, n° 532). — *Monasterium Maurzicense*, 1080; — *Maurzense monasterium; Maurzis*, 1096; — *Abbatia Maurziencis*, 1198; — *Cella Mauroxiensis*, 1224 (mon. pont. Arv.). — *Abbas Maurzencis*, 1230 (arch. dép. s. E). — *Villa Maurzii; Maurtz*, 1255. — *Villa Maurtzii*, 1281 (Gall. christ., t. II, col. 448). — *Maux*, 1293; — *Morcius*, 1299 (spicil. Brivat.). — *Maurtium*, 1319 (Gall. christ., t. II, col. 448). — *Mauricium*, 1333 (arch. dép. s. H). — *Maurs*, 1694 (terr. de Marcolès). — *Meaurs*, 1746 (état civ. de Saint-Étienne-de-Maurs).

Maurs était, avant 1789, de la Haute-Auvergne, du dioc. de Saint-Flour, de l'élect. et de la subdél. d'Aurillac. Régi par le droit écrit, il était le siège d'une justice seign. appart. en partie à l'évêque de Clermont, et d'une prévôté ressort. au bailliage d'Aurillac.

L'abbaye de Maurs, de l'ordre de Saint-Benoit, fut unie, au xviie s^e, à la congrégation de Saint-Maur. La chapellenie de Saint-Georges de Maurs était à la nomination de l'abbé (Pouillé de Saint-Flour de 1762). Son église a été érigée en cure par la loi du 18 germinal an x (8 avril 1802).

Maurs, ruiss., affl. du Goul, c^{nes} de Teissières-les-Bouliés, Labrousse, et Roussy; cours de 12,100 m. — *Rivus des Sols*, 1531 (min. Vigery, n^{re} à Aurillac). — *La rebuyra de Maur*, 1549 (id. Guy de

Vayssieyra, n^re à Montsalvy). — *Le rif d'Abilhos*, 1606 (terr. de N.-D. d'Aurillac). — *Rivière d'Aubiné*, 1668; — *Ruisseau des Boules*, 1669 (nommée au p^ce de Monaco). — *La Vanne* (Cassini). — *Maurs* (État-major).

MAURY, dom. ruiné, c^ne de Cheylade. — *Mas et ténement des Maurys*, 1514; — *Mas de Maury*, 1539 (terr. de Cheylade). — *Mauri*, 1539 (arch. dép. s. E).

MAURY, vill. et m^in, c^ne de Saint-Cirgues-de-Jordanne. — *La Maure*, 1573 (terr. de la chapell. des Blats). — *Maury*, 1717 (arch. dép. s. C, l. 1). — *Mauri* (Cassini).

MAURY, mont. à burons, c^ne de Saint-Projet. — *Montaigne d'Heurlamouri*, 1684 (min. Gros, n^re à Saint-Martin-Valmeroux).

MAUSSAC, vill., c^ne d'Arpajon. — *Mansus de Maursac*, 1232 (arch. mun. d'Aurillac, s. BB, c. 2). — *Mausacou*, 1269 (id. s. FF, p. 15). — *Maussac*, 1435 (donat. à l'hôp. d'Aurillac). — *Maussacum*, 1503 (reconn. des hab. de Maussac à l'hôp. d'Aurillac). — *Maussat*, 1621; — *Mausac*; *Mau-Sac*, 1625 (état civ.). — *Moussac*, 1630 (id. d'Aurillac). — *Monsac*, 1735 (terr. de la command. de Carlat).

MAUVAL, ham. et écart, c^ne de Saint-Constant. — *Maugal*, 1670 (état civ.).
L'écart de Mauval porte le nom de *Mauval-Bas*.

MAUVE (LA), ruiss., aff. du ruisseau de Pontal, c^ne de Glénat, et forme à sa réunion avec le Bironde, le ruisseau de Pontal; cours de 2,420 m.

MAUVIELLE, haute futaie et lieu détruit, c^ne de Laveissière. — *Affarium de Malmeia*, 1309 (arch. dép. s. E). — *Affar de Mal-Mégha*; *Mal-Mégia*; *Vala-Veilhe*; *Vialle-Veilhe*, xve s^e (terr. de Chambeuil). — *Affar de Malmega*, 1500 (id. de Combrelles). — *Malmèghe*; *Malmèghes*, 1551 (id. de Dienne). — *Malmesgha*, 1668 (nommée au prince de Monaco).

MAUVIS, dom. ruiné, c^ne de la Trinitat. — *Villaige de Mauvis*, 1730 (terr. de la Garde-Roussillon).

MAUX (LE PUY DES), mont. à vacherie et font., c^ne de Lastic.

MAVES, dom. ruiné, c^ne de Tournemire. — *Villaige de Maves*, 1659 (état civ. de Saint-Cernin).

MAVET (LE), mont. à vacherie et bois défriché, c^ne de Condat-en-Féniers. — *Boix appellé lou Maleix*, 1654 (terr. de Feniers).

MAY (LES), dom. ruiné, c^ne de Saint-Mamet-la-Salvetat. — *Ténement de le Mesq*, 1739 (anc. cad.).

MAYCONE, chât. détruit, c^ne de Montsalvy.

MAYMAR, dom. ruiné, c^ne de Teissières-les-Bouliès. — *Affar appelé de Maymar*, 1670 (nommée au p^re de Monaco).

MAYNADIE (LA), dom. ruiné, c^ne du Claux. — *Affarium de la Maynadia*, 1330 (homm. à l'évêque de Clermont).

MAYNARD, minoterie, c^ne du Trioulou. — *Moulin de Maynac*, 1745 (anc. cad.).

MAYNIAL (LE), dom. ruiné, c^ne de Mandailles. — *Le Mas de Maynial*, 1692 (terr. de Saint-Geraud).

MAYNIAL (LE), f^me, c^ne de Saint-Paul-de-Salers. — *Domaine du Meynial*, 1743 (arch. dép. s. C, l. 44). — *Au Maynat* (Cassini). — *Mayniat* (État-major). — *Mainial*, 1856 (Dict. stat. du Cantal).

MAYOU (LA), mont. à vacherie, c^ne de Marchastel.

MAZAIRAC, vill., c^ne de Roannes-Saint-Mary. — *Mansus de Meseyras*, 1531 (min. Vigery, n^re à Aurillac). — *Mazeyrac*, 1654 (arch. mun. d'Aurillac, s. CC, p. 8). — *Mizeyrac*, 1682; — *Meseirac*, 1708 (arch. dép. s. C). — *Meseyrac* (Cassini). — *Mezeyrac* (État-major).

MAZARGUIL, vill., c^ne de Saint-Mamet-la-Salvetat.

MAZAURIEL, vill., c^ne de Champs. — *Masauriel*, 1613 (état civ.). — *Le Mas-Auriel*, 1614; — *Masouriel*, 1652; — *Mazouriel*, 1653; — *Mazourié*, 1656; — *Lou Mausoriel*, 1670; — *Le Mazauriel*, 1672 état civ. — *Mazoriel* (Cassini).

MAZAURIELOU, écart, c^ne de Champs. — *Lou Masaurielou*, 1617; — *Lou Masaurielon*, 1619 (état civ.).

MAZEDIER (LE SUC DEL), mont. et bois auj. défriché, c^ne de Peyrusse. — *Bois appellé del suq del Mazedié*, 1725 (pap. du cab. Berthuy).

MAZEL (LE), écart, c^ne de Roussy. — *Grange du Mazet* (État-major).

MAZEL (LE), dom. ruiné, c^ne de Saint-Martin-sous-Vigouroux. — *Villaige de Mazels*, 1640 (arch. dép. s. H).

MAZEL (LE), dom. ruiné, c^ne de Valuéjols. — *Vilaige del Masel*, xve s^e (terr. de Bredon).

MAZELAIRE (LA), ruiss. aff. de l'Alagnon, c^nes de Charmensac et Molompize; cours de 4,500 m. — *Rif de Masellye*, 1526 (terr. d'Aurouse). — *Ruisseau de Mazelhes*; *de Mazelles*; *de Muzelles*, 1559 (id. de Molompize). — *Majelaire*, 1837 (état des rivières du Cantal).

MAZELAIRE, vill., c^ne de Molompize. — *Mazelles*; *Mazelieyres*; *Mazelyres*, 1557 (lièv. du prieuré de Molompize). — *Moze-Laire*, 1718 (état civ. de Saint-Mary-le-Plein).

MAZENROUX (LE), écart et bois, c^ne de Sauvat. — *Lou Maz-en-Roux*, 1680 (état civ. de Saignes). — *Loumas et Roux*, 1784 (Chabrol, t. IV). — *Mazanroux* (État-major).

Mazenroux, ruiss. afll. du Moujenoux, c^{ne} de Sauvat; cours de 600 m.

Mazerat, vill. avec manoir, c^{ne} de Roffiac. — *Masayrat*, 1320 (homm. au seign. de Montal). — *Mazerac*, 1428 (liber vitulus). — *Maserac*, 1510. — *Maseracum*, 1511 (terr. de Maurs).

Mazergues, f^{me}, c^{ne} de Sénezergues.

Mazerolles, vill., m^{in} et château, c^{ne} de Salins. — *Mazayrolas*, 1310 (lièvc du prieuré du Vigean). — *Masayrolium*, 1341 (arch. dép. s. G). — *Mazeyrolles*, 1633 (état civ. du Vigean). — *Mazeirolles*, 1667 (id. de Salers). — *Mazerolles*, 1686 (id. de Chaussenac). — *Mazerolles*, 1689 (id. de Drugeac).

Deux maisons de ce village dépendaient de la c^{ne} du Vigean, et les autres de la c^{ne} de Drugeac; par ordonnance royale du 9 novembre 1834, ce village entier a été réuni à la c^{ne} de Salins.

Mazerolles, tour détruite, c^{ne} de Tournemire.

Cette tour faisait partie des fortifications du château féodal le Fortanier.

Mazes (Le Puy des), mont. et bois défriché, c^{ne} de Lieutadès. — *Bartas sive del Mazet*, 1662 (terr. de la Garde-Roussillon).

Mazes (Les), bois défriché, c^{ne} de Neuvéglise. — *Nemus voc. de Maza; du Mas*, 1510; — *Lo Loyx Damas*, 1511 (terr. de Maurs).

Mazès (Les), ham. et m^{in}, c^{ne} de Saint-Marc. — *Desmazes*, 1786 (archives départementales s. C, l. 48).

Mazet (Le), ham., c^{ne} de la Capelle-del-Fraisse. — *Le Mazet*, 1747 (état civ. de la Capelle-en-Vézie). — *Le Maget*, 1765 (id. de Junhac). — *Dumazet*, 1772 (arch. dép. s. C, l. 49).

Mazet (Le), vill., c^{ne} de Leynhac. — *Mansus del Mazet*, 1500 (terr. de Maurs).

Mazet (Le), font., c^{ne} de Lieutadès.

Mazet (Le), vill., c^{ne} de Mourjou.

Mazet (Le), écart, c^{ne} de Riom-ès-Montagnes.

Mazet (Le), vill., c^{ne} de Saint-Constant. — *Villaige del Mazet*, 1697 (état civ.).

Mazer (Le), vill., c^{ne} de Siran. — *Mansus del Mazet*, 1486 (accord entre Amaury de Montal). — *Lou Mazet*, 1661; — *Lou Maget*, 1668 (min. Sarrauste, n^{re} à Laroquebrou).

Mazet (Le), ham., c^{ne} de Vieillevie. — *Mansus del Mazet*, 1539 (min. Destaing, n^{re}). — *Lou Maget*, 1675. — *Lou Masert*, 1677 (état civ.).

Mazet (Le), dom. ruiné, c^{ne} d'Ytrac. — *Villaige de Mazet*, 1668 (nommée au p^{re} de Monaco).

Mazets (Les), ham., c^{ne} de Riom-ès-Montagnes. — *Affarium dels Mazets, in quo sunt domus, grangia*, 1512 (terr. d'Apchon). — *Les Mazels*, 1585 (id. de Graule). — *Le Mazet* (État-major).

Mazeynac, vill., c^{ne} de Roannes-Saint-Mary.

Mazeyrac, f^{me} et mont. à vacherie, c^{ne} de Saint-Simon. — *Mazeyrac*, 1692 (terr. de Saint-Geraud). — *Mazeirac*, 1739; — *Mazairac*, 1756 (arch. dép. s. C, l. 12).

Mazeynes (Les), écart et m^{in} détruit, c^{ne} d'Apchon. — *Pars cujusdam cazalis molendini de Mazeyras, juxta rivum de la plancheta; mansus de las Maseyras*, 1517 (terr. d'Apchon). — *Les Masières*, 1719 (table de ce terrier). — *Les Mazaires*, 1777 (lièvc d'Apchon). — *Les Mazets* (Cassini).

Mazeynes (Les), ruiss., afll. de la Rhue, c^{ne} d'Apchon; cours de 500 m. — *Rivus de la Plancheta*, 1517 (terr. d'Apchon).

Mazic, écart et mont., c^{ne} de Parlan. — *Le domaine appelé de Mazic*, 1589 (livre des achaps d'Ant. de Naucaze).

Mazic, f^{me}, et mont. à vacherie, c^{ne} de Saint-Simon. — *Mazic*, 1692; — *Magic*, 1747 (arch. dép. s. C, l. 12). — *Magic*, 1708 (état civ.).

Mazières, vill. et bois, c^{ne} de Boisset. — *Masières*, 1648 (état civ. de Parlan). — *Magières*, 1668 (nommée au p^{re} de Monaco). — *Mazière; las Mazieires*, 1746; — *Mazieux; Mayères*, 1747 (anc. cad.). — *Mazières* (Cassini).

Mazières, vill., c^{ne} de Chalinargues. — *Mazeyras*, 1358; — *Masières*, 1366 (arch. dép. s. G). — *Mazeyra*, 1386 (terr. d'Antéroche). — *Maseyros; Maseyras; Maseyrat; Amaseyras*, 1491 (id. de Farges). — *Maseiras*, 1518 (id. des Cluzels). — *Mazeyres*, 1535 (id. de la v^{té} de Murat). — *Mazeires*, 1598 (reconn. par les cons. d'Albepierre). — *Maseires*, 1668 (insin. de la cour royale de Murat). — *Mazières*, 1683 (terr. des Bros). — *Mazoire*, 1784 (Chabrol, t. IV).

Mazieux, vill., c^{ne} de Luscelle.

Maziniargues, vill., c^{ne} de Marchastel. — *Mansus de Mazinhargues*, 1519 (terr. d'Apchon). — *Masignargues*, 1578 (id. de Soubrevèze). — *Maziniargues*, 1601 (lièvc de Soubrevèze). — *Mazinyargues*, 1626. — *Maginiargues*, 1744 (id. de Pouzols).

Maziol (Le), ruiss., afll. de la Cère, c^{ne} de Siran; cours de 3,200 m.

Mazirat, bois défriché, c^{ne} de Roffiac. — *Nemus de Mazeyrac*, 1510; — *Mazeyral; Mazeyrial*, 1511 (terr. de Maurs).

Mazou (Le), vill., c^{ne} de Saint-Étienne-de-Riom. — *Village de Mazou*, 1783 (aveu par G. de la Croix). — *Mazons* (Cassini).

Mazou (Le), écart détruit, c^ne de Saint-Mary-le-Plain.

Mazuc (Le), buron, c^ne de Brezons.

Mazuc (Le), écart, c^ne de la Capelle-del-Fraisse.

Mazuc (Le), mont. à burons, c^ne de Malbo.

Mazuc (Le), écart, c^ne de Marcolès. — *Le Majuc* (État-major).

Mazuc (Le), écart, c^ne de Saint-Étienne-Cantalès.

Mazuc-Tuilat (Le), mont. à vacherie, c^ne de Badailhac.

Mazuts (Le Puech des), mont. à burons, c^ne de Saint-Urcize.

Méalaret, dom. ruiné, c^ne de Saint-Santin-Cantalès. — *Affarium da Mealaret*, 1345 (arch. dép. s. E). — *Villaige de Miallaret*, 1636 (lièvе de Poul).

Méalladet, ham. et mont., c^ne de Mourjou. — *Méandet*, 1532 (ass. de Calvinet). — *Mialadet*, 1698 (état civ. de Saint-Constant). — *Méaladet*, 1856 (Dict. stat. du Cantal).

La montagne porte le nom d'*Estrade de Méalladet*.

Méallet, c^ne de Mauriac. — *Melet ecclesia*, xiie s^e (copie de la charte dite *de Clovis*). — *Mealetum*, 1535 (Pouillé de Clermont, don gratuit). — *Méalé*, 1632 (état civ. de Mauriac). — *Miallet*, 1633 (id. du Vigean). — *Méalet*, 1645 (id. de Mauriac). — *Mealletz*, 1668 (insin. du bailliage de Salers). — *Meialliet*, 1684 (anc. min. Chalvignac, n^re).

Méallet était, avant 1789, de la Haute-Auvergne, du dioc. de Clermont, de l'élect. et de la subdél. de Mauriac. Il était régi : partie par le droit cout., dépend. de la justice seign. de Montbrun, et ressort. à la sénéch. d'Auvergne, en appel du bailliage de Salers; partie par le droit écrit, dépend. de la justice seign. de Courdes, et ressort. au bailliage de Vic, en appel de la prév. de Mauriac. — Son église, dédiée à saint Georges, était une cure à la nomination de l'archiprêtré de Mauriac. Elle a été érigée en succursale, par décret du 28 août 1808.

Méallet, ruiss., affl. de la rivière de Mars, c^ne de Méallet; cours de 5,370 m.

Méallet, chât. féodal ruiné, c^ne de Fournoulès. — *Meletum*, 1462 (pièces de l'abbé Delmas).

Le château de Méallet était, avant 1789, le siège d'une justice seign. régie par le droit écrit, et ressort. au bailliage d'Aurillac, en appel de la prév. de Maurs.

Méallet, écart, c^ne de Loupiac.

Méallet (La Ville de), lieu détruit, c^ne de Mourjou. — *Chasteau de Méalet*, 1557 (pièces de l'abbé Delmas). — *Village de Mialet*, 1749 (anc. cad. de Saint-Constant).

Méallet, f^me et m^in détruit, c^ne de Riom-ès-Montagnes. — *Molendinum de Mealet; mansus de Mealot*, 1512 (terr. d'Apchon). — *Mialet*, 1719 (table de ce terr.).

Méathalie (La), écart, c^ne de Vebret.

Méchones (Les), mont. à vacherie, c^ne de Lieutadès. — *Le Peuch de Meghanet*, 1508; — *Le Peuchx de Méghannet; de Meghannès*, 1682; — *Méjanet*, 1686; *Méjanel*, 1730 (terr. de la Garde-Roussillon).

Méconie (La), ham., c^ne de Saint-Amandin. — *Dominus de Mencone*, 1329 (enq. sur la justice de Vieillespesse).

Mège, m^in détruit, c^ne d'Ussel. — *Moulhien appellé de Medge, à une meule*, 1654 (terr. du Sailhans).

Mèges (Les), ruiss., affl. de la Sionne, c^nes de Molèdes et de Vèze; cours de 1,800 m.

Méginol (Le), dom. ruiné, c^ne de Sénezergues. — *Villaige de lou Méginol*, 1670 (état civ. de Montsalvy).

Meijelacam, mont. à burons et dom. ruiné, c^ne de Saint-Clément. — *Affar de Metgraunequand*, 1668 (nommée au p^ce de Monaco). — *Vacherie de la Camp* (État-major).

Meilaut (La), dom. ruiné, c^ne de Thiézac. — *Affar de la Melhaut*, 1674 (terr. de Thiézac).

Meilhoris, chât. détruit, c^ne de Saint-Christophe. — *Castrum vocatum de la Melhuria*, 1464 (terr. de Saint-Christophe).

Ce château faisait partie du château inférieur de Saint-Christophe.

Meillards (La Roche des), mont. à vacherie, c^ne de Marchal.

Meiniel (Le), écart, c^ne de Nieudan.

Meiniel-Vieil (Le), dom. ruiné, c^ne de Glénat. — *Mansus de lo Mainel-Vielh*, 1357 (reconn. au seign. de Montal).

Meissac, vill., c^ne de Drignac. — *Meyssac*, 1616 (état civ. de Brageac). — *Maysac*, 1695 (id. d'Ally).

Meizou-Grand (Las Costes de), mont. à vacherie, c^ne des Ternes.

Mejanassère, vill., m^in et chât. féodal détruit, c^ne de Brezons. — *Mansus de Mangacer*, 1329 (enq. sur la justice de Vieillespesse). — *Castrum de Meganasera; Prioratus de Meganasera, ordinis B. M. de Corona*, 1370 (arch. dép. s. H). — *Maghanessa*, 1403 (liber vitulus). — *Méganasserre*, 1601 (état civ. de Vic). — *Méjanaserrou*, 1619 (de Pierrefort). — *Méganosserre*, 1623 (ass. gén. ten. à Cézens). — *Méganeserre*, 1636 (id. à Brezons). — *Méganassere*, 1701; — *Megenasserre*, 1710; — *Mesganasserres*, 1720; — *Mégane Serres*, 1721

DÉPARTEMENT DU CANTAL. 309

(état. civ.). — *Mégenaserre*, 1724; — *Chapelle Sainte Madeleine de Méjannesserre*, 1726 (arch. dép. s. H). — *Méjane Sarre*, 1728 (liber vitulus). — *Méjanassère* (Cassini).

Il a existé à Méjanassère un prieuré uni au monastère de Saint-Flour en 1292; il dépend. du prieuré de Vauclair et du Bouchet. La chapelle était dédiée à sainte Madeleine. (Dict. hist. et stat. du Cantal).

Méjanasserre, ham., c^ne de Saint-Christophe. — *Méganascère*, 1632 (état civ. de Saint-Santin-Cantalès). — *Méganaserre*, 1667 (id. de Saint-Christophe). — *Mézanasserre*, 1768; — *Mézanassère*, 1770 (arch. dép. s. C, l. 40). — *Méjeanserre*, 1855 (Dict. stat. du Cantal).

Méjane (Le Bois de), mont. à vacherie et bois auj. défriché, c^ne de Pradiers.

Méjanès, dom. ruiné, c^ne de Cassaniouze. — *Affar del Méjanès*, 1760 (terr. de Saint-Projet).

Méjanet, écart, c^ne de Saint-Cirgues-de-Jordanne. — *Méganez*, 1679; — *Métjanès*, 1700; — *Méjanès*, 1717 (arch. dép. s. C, l. 1). — *Méjannet*, 1855 (Dict. stat. du Cantal).

Méjanet-Vieux, écart, c^ne de Saint-Cirgues-de-Jordanne.

Méjansac, écart, c^ne de Saint-Martin-sous-Vigouroux. — *Métarie de Mayonsac; de Mayensac*, 1668 (nommée au p^ce de Monaco). — *Méjanzac* (Cassini).

Méjanserre, mont. à burons, c^ne de Saint-Bonnet-de-Salers. — *V^ie de Méjauserre* (État-major).

Melhesca, dom. ruiné, c^ne de Saint-Gerons. — *Affarrium de Melhesca*, 1337 (pap. de la famille de Montal).

Méliarès, dom. ruiné, c^ne de Cassaniouze. — *Affar del Melharès*, 1760 (terr. de Saint-Projet).

Méliarial, bois défriché, c^ne de Neuvéglise. — *Boix appellé de Methairialæ*, 1493 (terr. de Mallet).

Mélie (La), dom. ruiné, c^ne de Jussac. — *Mansus de la Melha*, 1464 (terr. de Saint-Christophe).

Mélie (La), étang desséché, c^ne de Marcolès. — *L'estang de la Mélie qui s'appeloit de la Gane*, 1694 (terr. de Marcolès).

Mélie (La), vill., c^ne de Parlan. — *La Millie*, 1574; — *La Millia*, 1576 (livre des achaps d'Ant. de Naucaze). — *La Milhio*, 1634; — *La Milhe*, 1636 (état civ. de Saint-Mamet). — *La Milhie*, 1645; — *La Millie*, 1648; — *Las Meilhos*, 1661; — *La Meilhe*, 1662; — *La Meillie*, 1663; — *La Miellye*, 1664; — *La Meille*, 1665 (id. de Parlan). — *Lamilhie*, 1668 (nommée au p^ce de Monaco). — *La Milie; Lamilie; Lamelie; la Mélie; Lamillie*, 1748 (anc. cad.).

Melzac, vill. et mont. à vacherie, c^ne de Ladinhac. — *Mansus de Meslac*, 1206 (homm. à l'évêque de Clermont). — *Melsac*, 1515; — *Melzac*, 1517 (pap. de l'abbé Delmas). — *Malzac*, 1550 (min. Guy de Vayssieyra, n^re).

Mendri, dom. ruiné, c^ne de Valuéjols. — *Affarium de Mendric; Mendric; Mansus de Mendri de Champmeyrac; Mendry*, 1511 (terr. de Maurs).

Ménéciraille (La), dom. ruiné, c^ne de Marchastel. — *Pagesia de la Meneciralho*, xive s^e (arch dép. s. E).

Menet, c^on de Riom-ès-Montagnes, et lac. — *Menetum*, 1520 (terr. d'Apchon). — *Le lac de Menet*, 1783 (aveu au roi par G. de la Croix). — *Menet-Haut*, 1784 (Chabrol, t. IV).

Menet était, avant 1789, de la Haute-Auvergne, du dioc. de Clermont, de l'élect. et de la subdélég. de Mauriac. Il était siège d'une justice seign. régie par le droit cout., et ressort. à la sénéch. d'Auvergne, en appel du bailliage de Salers.

Le prieuré, dédié à saint Pierre, dépend. de celui de Bort auquel il avait été uni, et la cure était à la nomin. des prieurs de Saint-Remy et de Saint-Germain-de-Bort. Son église a été érigée en succursale par décret du 28 août 1808.

Menet, m^in détruit, c^ne de Riom-ès-Montagnes. — 1506 (terr. de Riom).

Menette (Le Puet de la), mont., c^ne de Narnhac.

Ménial (Le), dom. ruiné, c^ne de la Capelle-Viescamp. — *Affar de le Menial*, 1669 (nommée au p^ce de Monaco).

Menoire, vill., c^ne de Menet. — *Menoyre*, 1561 (terr. de Murat-la-Rabe). — *Menoire*, 1687 (état civ. de Trizac). — *Meynoire*, 1783 (aveu par G. de la Croix).

Menoire, écart, c^ne de Saint-Santin-Cantalès. — *Mansus de Menoyri; de Menoyre*, 1442 (reconn. au seign. de Montal). — *Menoire*, 1744 (anc. cad.).

Menoire, ruiss., affl. de la Soulane-Grande, c^ne de Saint-Santin-Cantalès; cours de 6,400 m.

Ce ruisseau porte aussi les noms de *Saint-Santin-Cantalès* et de *Sivernières*. — *Aqua de Menoyre*, 1416; — *Ripparia de Menoyri*, 1442 (pap. de la famille de Montal).

Menou (Le Puech de), mont. à vacherie, c^ne de Gioude-Mamou. — *Buge del puech de Merlou*, 1740 (anc. cad.).

Menou (Le), ruiss., affl. de la Soulane-Petite, c^ne de Saint-Illide; cours de 4,500 m. On le nomme aussi *Saint-Illide*.

Menterolles, vill. et bois, c^ne d'Anglards-de-Salers. — *Mentairola*, xiie s^e (charte dite *de Clovis*). — *Menteyrolles*, 1634 (état civ. du Vigean). — *Menteirolle, 1652; — Menteyrole, 1653; — Menteirolles, 1654; — Menterolles, 1656 (id. d'Anglards).

MENTIÈRE, vill., cne de Charmensac. — Mentières, 1700 (état civ. de Joursac). — Menteire, 1784 (Chabrol, t. IV). — Menteyre (Cassini). — Maintaire (État-major).

MENTIÈRES, c{on} nord de Saint-Flour. — Mentere; Mentiere, 1292 (arch. dép. s. H). — Menterie, 1326; — Menteyrie, 1385 (id. s. G). — Ecclesia de Mentheyris, xive s{e} (Guill. Trascol). — Mentheyria, 1441; — Menteria, 1447 (arch. dép. s. E). — Menteyra, 1508 (terr. de Montchamp). — Menteyre, 1559 (lièv du prieuré de Molompize). — Mentoires, 1570 (arch. mun. de Saint-Flour). — Mentieras, 1586 (arch. dép. s. G). — Mantières, 1628 (paraphr. sur les cout. d'Auvergne). — Mantière, 1728 (état civ. de Saint-Mary-le-Plain). — Mentières, 1745 (arch. dép. s. C).

Mentières était, avant 1789, de la Haute-Auvergne, du diocèse, de l'élect. et de la subdélég. de Saint-Flour. Siège d'une justice seign., il était régi par le droit cout., et ressort. à la sénéch. d'Auvergne, en appel du bailliage de Saint-Flour. — Son église, dédiée à sainte Madeleine, était un prieuré dépendant du monastère de Saint-Flour, et uni en 1326 à l'office de chantre. (Dict. hist. et stat. du Cantal). Elle a été érigée en succursale par décret du 28 août 1808.

MENTIÈRES, ruiss., affl. du ruisseau du Bouchet, cne de Mentières; cours de 1100 m.

MENTIÈRES, ham. et m{in}, cne de la Capelle-del-Fraisse. — Mansus de Mentieiras, 1339 (test. de J. de Podio). — Mentieyras, 1458 (terr. de Collinhal). — Mentières, 1629 (état civ. d'Aurillac). — Mantières, 1745 (id. de la Capelle-en-Vézie).

MENTIÈRES, bois, cne de Vézac. — Quoddam nemus vocatum de Mentieyras de Cabrials, 1521 (min. Vigery, n{re} à Aurillac).

MENUISIER (LE), écart, cne de Polminhac.

MENUT (LE MOULIN DU), fonderie de cuivre et martinet, cne d'Aurillac.

MÉRAL (LE BOIS DE), dom. ruiné et bois, cne de Leucamp. — Affar de Mérals, sive de Bos-Candral, 1692 (terr. de Saint-Geraud).

MÉRAUX, vill., cne d'Arpajon. — Mansus de Merals, 1465 (obit. de N.-D. d'Aurillac). — Méralz, 1595 (reconn. à la mois. de Clavières). — Méralz, 1621 (état civ. d'Aurillac). — Méraulx, 1621; — Méraux, 1626 (id. d'Arpajon). — Mérals, 1705 (id. de Saint-Simon).

MERCADIEL (LE), vill., cne de Jussac. — Mansus del Mercadial, 1466; — Mercadiels, 1567 (terr. de Saint-Christophe). — Lou Mercadiol, 1639 (état civ. de Naucelles). — Lou Mercadiel, 1718; — Lou Mercadier, 1739 (arch. dép. s. C, l. 14). — Mercadié (Cassini).

MERCADIER, mont. à burons, cne de Vic-sur-Cère.

MERCIER, m{in}, cne de Sériers. — Mollin appellé de Mercier; Mircier, 1618 (terr. de Sériers).

MERCOEUR, dom. ruiné, cne de Colandres. — L'Affar de Mercuri, 1719 (table du terr. d'Apchon de 1512).

MERCOEUR, anc. quartier de la paroisse de Condat-en-Feniers. — Quartier de Mercœur, 1776 (arch. dép. s. C).

MERCOEUR (LE ROC DE), rocher et dom. ruiné, c{nes} de Giou-de-Mamou et d'Yolet. — Affarium de Vercoyra, 1269 (arch. mun. d'Aurillac, s. FF, p. 15). — Le roc de Marqueille (Cassini).

MERCOEUR, dom. ruiné, cne de Mauriac. — Mansus de Mercuer, 1473; — Mercueur; Mercueil, 1474; — Mercole d'Artigas, 1475; — Mercuil, 1483 (terr. de Mauriac). — Dandeuer, 1505 (comptes au doyen de Mauriac). — Mercœur, 1631 (état civ. du Vigean). — Merceuil, 1640 (id. de Mauriac).

MERCURIAL (LA), écart, cne de Montmurat.

MERCURIOL (LE PUECH DE), mont. à vacherie, cne de Montmurat.

MERDENIG (LE), ruiss., affl. du ruisseau de Rioumau, cne de Saint-Urcize; cours de 500 m.

MERDESQUE, dom. ruiné, cne de Vic-sur-Cère. — Affar appellé de Merdesque, 1671 (nommée au p{ce} de Monaco).

MÉRIC, vill. et anc. quartier du vill. de Colture, cne de Saint-Vincent. — Méric, 1668 (état civ. d'Anglards-de-Salers). — Moric (État-major).

MÉRIC, ravine, affl. de la rivière de Mars, cne de Saint-Vincent; cours de 550 m.

MÉRIES, scierie, cne de Védrines-Saint-Loup.

MÉRIEUX, dom. ruiné, cne d'Arpajon. — Affar de Mérieux; Mierieux, 1695 (terr. de la command. de Carlat).

MÉRIGOT, ham., cne d'Arpajon.

MÉRIGOT, f{me} et étang, cne de Champs. — Mérigot, 1613; — Mirigot, 1615; — Mériguot, 1660 (état civ.).

MERLANÇON (LE), écart, cne de Menet.

MERLE (LE ROC DE), mont. à vacherie et bois, cne du Falgoux. — Podium Meruli, xiie s{e} (copie de la charte dite de Clovis). — Le Roc du Merle (État-major).

MERLE (LE), ruiss., affl. de la Cère, cne de Montvert; cours de 1,900 m.

Merle, ruiss., affl. de l'Alagnon, c^{ne} de Neussargues; cours de 2,300 m.

Merle (Le), vill. et mont., c^{ne} d'Omps. — *Merle*, 1587 (livre des achaps d'Ant. de Naucaze).

Merle (Le), écart, mⁱⁿ et chât. féodal détruit, c^{ne} de Saint-Constant. — *Merula*, 1356 (arch. dép. s. E). — *Merle*, 1545 (min. Destaing, n^{re}). — *Le rochier de Merle-Casteh*, 1584 (terr. de Polminhac). — *Tènement de la Combe del Merlé*, 1749 (anc. cad.).

Le Merle était, avant 1789, régi par le droit écrit, et siège d'une justice seign., ressort. au bailliage d'Aurillac, en appel de sa prév. part.

La chapellenie, sous le titre de Merle-de-Maurs, était à la nomin. du seigneur de Merle (Pouillé de Saint-Flour de 1762).

Merle (Le), vill. et mont. à vacherie, c^{ne} de Soulages. — *Le Merle*, 1747 (arch. dép. s. C, l. 48). — *Le Morle*, 1784 (Chabrol, t. IV).

Merlée (La), écart, c^{ne} de Tournemire.

Merlet (Le), ruiss., affl. du ruisseau d'Arnac, c^{ne} d'Arnac; cours de 2,000 m.

Merlet, ham. et bois, c^{ne} de Boisset. — *Merlet*, 1649 (état civ. de Cayrols). — *Mearlet*, 1668 (nommée au p^{ce} de Monaco). — *Bois del Merlé*, 1746. — *Mergné*, 1753 (anc. cad.).

Merliac, vill., c^{ne} de Drugeac. — *Mansus de Marlhac*, 1475 (terr. de Mauriac). — *Merliac*, 1671 (état civ. de Pleaux). — *Merlhiac*, 1684 (min. Gros, n^{re}). — *Marriliat*, 1695 (état civ. d'Ally). — *Merliat*, 1784 (Chabrol, t. IV). — *Merlhac* (État-major).

Merliage (La), dom. ruiné, c^{ne} de Saint-Cernin. — *Domaine de la Merliage*, 1671 (état civ. de Saint-Chamant).

Merlie (La), vill., c^{ne} de Saint-Cernin. — *La Merline*, 1628 (paraphr. sur les cout. d'Auvergne). — *La Merlie*, 1659 (ins. du baill. de Salers). — *La Mélie*, 1667 (état civ. de Saint-Martin-de-Valois). — *La Merlye*, 1671 (id. de Marmanhac). — *Lamerlie*, 1683; — *Lomerlie*, 1726; — *La Merly*, 1782 (arch. dép. s. C, l. 19). — *La Merlin*, 1784 (Chabrol, t. IV).

Merlie (La), ruiss., affl. de la Doire, c^{ne} de Saint-Cernin; cours de 6,500 m.

Merlie (À), écart, c^{ne} de Saint-Simon.

Merliquié (La), dom. ruiné, c^{ne} de Saint-Cernin. — *Villaige de la Merliquié*, 1683 (état civ. de Saint-Projet).

Merlou, écart, c^{ne} de Saint-Cernin.

Mérulde (La), mais. isolée détruite, c^{ne} de Vézac. — *Casale vocatum de la Merulda*, 1521 (min. Vigery).

Mésairac, dom. ruiné, c^{ne} de Siran. — *Mansus de Mesayrac*, 1458 (arch. mun. d'Aurillac, s. HH, c. 21).

Mésaladit, mont. à vacherie, c^{ne} d'Allanche.

Mespoulhès, écart et mⁱⁿ, c^{ne} de Laroquebrou. — *Mansus dal Mespolier*, 1337 (pap. de la famille de Montal). — *Mespoulhié*, 1600; — *Mespolye*, 1616 (pap. de la famille de Montal). — *Mespoulher*, 1669 (nommée au p^{ce} de Monaco). — *Lou Mespoulier*, 1725 (état civ. de Saint-Paul-des-Landes). — *Mespoulié*, 1857 (Dict. stat. du Cantal).

Messac, vill., c^{ne} de Crandelles. — *Messacum*, 1459 (reconn. à l'hôp. d'Aurillac). — *Messac*, 1681 (état civ.). — *Meyssac*, 1855 (Dict. stat. du Cantal).

Messac, ruiss., affl. de la rivière d'Authre, c^{nes} de Crandelles, Saint-Paul-des-Landes et d'Ytrac; cours de 5,200 m.

Se nomme aussi *Bessanès*, *Leybros* et *la Planque*.

Messac, ham. et chât., c^{ne} de Laroquebrou. — *Messacum*, 1403 (pap. de la famille de Montal). — *Mossac-lès-la-Roquebrou*, 1627 (min. Sarrauste, n^{re}). — *Messac*, 1683 (état civ.).

Messac, f^{me} avec manoir, c^{ne} de Reilhac. — *Missac-lez-Reilhac*, 1628; — *Chasteau de Messac*, 1629 (état civ.). — *Meissac*, 1857 (Dict. stat. du Cantal).

Messes (Les), bois, c^{ne} de Chanel. — *Nemus vocatum las Meges; lo Bos-Mezes; Meses*, 1451 (terr. de Chavagnac).

Messilhac, chât., ham. et mⁱⁿ, c^{ne} de Raulhac. — *Massilhac*, 1535 (terr. de Caylus). — *Miessilhac*, 1606 (id. de N.-D. d'Aurillac). — *Messilhac*, 1627 (pièces du cab. Lacassagne). — *Messilhac*, 1643; — *Messelhac*, 1644 (min. Froquières, n^{re}). — *Chasteau de Missilhat; Missilhac*, 1668 (nommée au p^{ce} de Monaco). — *Missiliac*, 1693 (état civ.).

Messilhac était, avant 1789, le siège d'une justice seign. régie par le droit écrit, et ressort. au bailliage de Vic, en appel de sa prév. part.

Mestres (Las), dom. ruiné, c^{ne} de Rouziers. — *Tènement de las Mestres*, 1668 (nommée au p^{ce} de Monaco).

Mestries (Les), ham., c^{ne} de Glénat. — *Affarium da la malaudia da Glenat*, 1322 (reconn. au seign. de Montal). — *Mansus de Las Maestrias*, 1343 (arch. mun. d'Aurillac, s. HH, c. 21). — *Las Mestrias*, 1616; — *Les Mestries*, 1632 (état civ.). — *La malaudie de Glenat*, XVIIIe s^e (pap. de la famille de Montal). — *La Mestrios* (Cassini).

Mestrigis, ham., c^{ne} de Laroquebrou. — *Mestrigi* (Cassini). — *Mestregi* (État-major).

Métairie (La), écart, c^{ne} de Rageade.

METGE, vill. et bois, c^{ne} d'Oradour. — *Meches*, 1619 (état civ. de Pierrefort). — *Metges*, 1654 (arch. dép. s. G). — *Mons-Metges* (Cassini). — *Melges* (État-major).

MEULE (LA), ruiss., affl. de l'Alagnon, c^{ne} de Laveissière; cours de 1,900 m.
Ce ruisseau forme la cascade du même nom. — *L'aygua du la Mont*, 1490; — *Ruisseau del molenon del Chauffour; lo Chaufour de la Chalm*, xve s^e (terr. de Chambeuil). — *L'eau de Montye; Ruisseau du Foulet*, 1500 (id. de Combrelles).

MEULE (LE SUC DE LA), mont. à vacherie et bois, c^{ne} de Valette.

MEULE (LA), ruiss., affl. de la Sionne, c^{ne} de Vèze; cours de 3,700 m.

MEULET, écart et m^{in} détruit, c^{ne} de Saint-Gerons. — *Affaria dals Moles*, 1314 (arch. dép. s. E). — *Molas ou la Beccaria*, 1458 (pap. de la famille de Montal).

MEULET-HAUT, dom. ruiné, c^{ne} de Saint-Gerons. — *Mansus situs a Molas Sobeyranas*, 1322 (arch. mun. d'Aurillac, s. HH, c. 21).

MEUNIOLE, écart, c^{ne} de Saint-Gerons.

MEYDIEU (LE), ruiss., affl. de l'Auze, c^{nes} de Drugeac et de Salins; cours de 5,000 m.

MEYDIEU, vill. et m^{in}, c^{ne} de Salins. — *Maydieu*, 1632 (état civ. du Vigean). — *Lou Meidieu*, 1734 (id. de Drugeac). — *Le Midieu* (Cassini).

MEYGHADE (LA), mont. à vacherie et bois, c^{ne} de Lorcières. — *Lo Peuch-Megha*, 1508; — *Le Peuch-Megho*, 1630; — *Le Peux-Megho*, 1662 (terr. de Montchamp).

MEYMAC, vill., c^{ne} de Polminhac. — *Maymacum*, 1402 (reconn. à l'hôp. d'Aurillac). — *Maymac*, 1485 (reconn. à J. de Montamat). — *Meymac*, 1610 (aveu de J. de Pestels). — *Meimac*, 1665 (état civ.). — *Meymat*, 1668 (nommée au p^{re} de Monaco). — *Mimimac*, 1747 (inv. des titres de l'hôp. d'Aurillac).

MEYMAC, ruiss., affl. de la Cère, c^{ne} de Polminhac; cours de 1,500 m.

MEYMARGUES, vill. et mont. à vacherie, c^{ne} de la Chapelle-d'Alagnon. — *Locus de Baymaigues*, 1425 (liber vitulus). — *Maymarques*, 1518 (terr. des Cluzels). — *Meymargues*, 1535 (id. de la v^{té} de Mural). — *Celeymargues*, 1581 (id. de Celles). — *Meymarguès*, 1584; — *Mesmargues*, 1615 (arch. dép. s. E). — *Meimargues*, 1615 (lièv. de Celles). — *Meymargues*, 1683 (terr. des Bros). — *Masmargues* (État-major).

MEYMATAT, ham., c^{ne} de Laveissière.

MEYNAGUET, écart, c^{ne} de Leynhac.

MEYNIAL (LE), ham. avec manoir, c^{ne} d'Anglards-de-Salers. — *Mansus del Meynial*, 1477 (arch. généal. de Sartiges). — *Le Meinial*, 1762 (terr. de Montchamp).

MEYNIAL (LE), dom. ruiné, c^{ne} de Barriac. — *Affarium del Maynial*, 1464 (terr. de Saint-Christophe).

MEYNIAL (LE), vill. et château en ruines, c^{ne} de Chaliers. — *Lou Maynial*, 1508 (terr. de Montchamp). — *Le Meynial*, 1624 (id. de Ligonnès). — *Le Menial*, 1745 (arch. dép. s. G, l. 43).

MEYNIAL (LE), dom. ruiné, c^{ne} de Chastel-Marlhac. — *Affarium del Maynial*, 1441 (terr. de Saignes).

MEYNIAL (LE), écart, c^{ne} de Colandres.

MEYNIAL (LE), f^{me} et m^{in}, c^{ne} du Falgoux. — *Le Mainial*, 1729 (état civ.). — *Domaine du Meynial*, 1743 (arch. dép. s. C, l. 44). — *Le Meyrial* (État-major).

MEYNIAL (LE), ham., c^{ne} du Fau. — *Lou Meynial*, 1630 (état civ. de Saint-Projet). — *Le Meinial*, 1684 (id. de Saint-Vincent).

MEYNIAL, font. à Auriac, c^{ne} de Faverolles. — *Font d'Auriac appel'ée del Meynial*, 1494 (terr. de Mallet).

MEYNIAL (LE), vill., c^{ne} de Laveissière. — *Mansus de Mainils*, 1279; — *Lo Maynhal*, 1403 (arch. dép. s. E). — *Lo Maynial*, 1490; — *Lo Mas del Meynial*; *Lou Maynial*, xve s^e (terr. de Chambeuil). — *Lou Meyniol*, 1500 (id. de Combrelles). — *Lou Meyniel*, 1636 (arch. dép.s. E). — *Lou Meyniau*, 1667 (état civ. de Murat).

MEYNIAL (LA PEYRE DEL), anc. borne, c^{ne} de Lavaissière. — *La Peyre del Maynel*, 1490 (terr. de Chambeuil).

MEYNIAL (LE), vill., c^{ne} de Lugarde.

MEYNIAL (LE), dom. ruiné, c^{ne} de Menet. — *Affarium del Maynial*, 1441 (terr. de Saignes).

MEYNIAL (LE), ham., c^{ne} de Paulhac. — *Mandement et chastellenie du Meynial*, 1628 (paraphr. sur les cout. d'Auvergne).

MEYNIAL (LE), ham., c^{ne} de Paulhenc.

MEYNIAL (LE), f^{me} avec manoir, c^{ne} de Pierrefort. — *Lou Mayniel*, 1609; — *Lou Meynel*, 1658 (état civ.). — *Le Meynial* (Cassini).

MEYNIAL (LE), vill., c^{ne} de Polminhac.

MEYNIAL (LE), vill., c^{ne} de Sainte-Eulalie. — *Lou Meyniol*, 1672 (état civ. du Vigean). — *Lou Mainial*, 1678 (id. de Saint-Chamant).

MEYNIAL (LE), écart, c^{ne} de Saint-Paul-de-Salers.

MEYNIAL (LE), ham., c^{ne} du Vaulmier. — *Lo Meynial*, 1589 (lièv. du prieuré de Saint-Vincent). — *Le Meinal*, 1683 (état civ. de Saint-Vincent).

MEYNIALOU (LE), vill., c^ne de Laveissière. — *Mas del Maynialo; lo Maynalo*, 1490; — *Le Meyniello*, xve s^e (terr. de Chambeuil). — *Lou Meyniassou*, 1603 (liève de Combrelles). — *Le Meyniallou*, 1608 (min. Danty, n^re). — *Lo Meyniagou*, 1682 (état civ. de Murat). — *Mignalou* (État-major).

MEYNIAL-VIEIL (LE), dom. ruiné, c^ne de Menet. — *Mansus de Maynial-Vielh*, 1441 (terr. de Saignes).

MEYNIEL (LE), dom. ruiné, c^ne de Chastel-sur-Murat. — *Quoddam casal vocatum del Maynil, confrontantem cum manso de la Costa*, 1403 (arch. dép. s. E). — *Lo Meyniel*, 1536 (terr. de la v^té de Murat).

MEYNIEL (LE), vill., c^ne de Crandelles. — *Mansus del Maynial*, 1432 (arch. mun. d'Aurillac, s. GG, c^m 17). — *Lou Meyniel*, 1683 (état civ.). — *Le Meiniel* (Cassini). — *Le Meyniel*, 1855 (Dict. stat. du Cantal).

MEYNIEL (LE), vill., c^ne de Jou-sous-Montjou. — *Villaige del Mainiel*, 1642 (pièces du cab. Lacassagne). — *Lou Meyniel*, 1674 (état civ.). — *Meiniel* (Cassini). — *Meynil* (État-major).

MEYNIEL, m^in, c^ne de Mandailles.

MEYNIEL (LE), vill., c^ne de Marcolès. — *Lo Beucilh*, 1559 (min. Destaing, n^re). — *Le Mayniel*, 1668 (nommée au p^cè de Monaco). — *Le Mayniel*, 1677 (état civ. de Saint-Mamet).

MEYNIEL (LE), écart, c^ne de Nieudan. — *Le Meniel*, 1782; — *Le Meyniel*, 1787 (archives départementales, s. C, l. 51).

MEYNIEL (LE), ham. et m^in, c^ne de Saint-Mamet-la-Salvetat. — *Manie*, 1623; — *Le Maxniol*, 1635; — *Le Mayniol*, 1636 (état civ.). — *Lou Meiniac*, 1697 (arch. dép. s. C, l. 4). — *Moulin del Meiniol*, 1739 (anc. cad.). — *Lou Meyniel*, 1743 (arch. dép. s. C, l. 4). — *Moulin del Meyniol*, 1744 (anc. cad.). — *Meniel* (Cassini).

MEYNIEL (LE), dom. ruiné, c^ne de Vézac. — *Mansus del Manhol*, 1232 (arch. mun. d'Aurillac, s. BB, c. 2, l. 7). — *Mansus del Mayniel*, 1531 (min. Vigery, n^re).

MEYNIEL (LE), dom. ruiné, c^ne d'Ytrac. — *Mansus del Maynial*, 1342 (arch. mun. d'Aurillac, s. GG, p. 19).

MEYNIOL (LE), ham., c^ne de Montsalvy. — *Mansus del Maynial*, 1435 (terr. de Coffinhal). — *Lou Meyniol*, 1668; — *Le Meyniel*, 1669 (nommée au p^cè de Monaco). — *Le Meiniel*, 1749 (anc. cad. de Junhac). — *Le Mouniol*, 1759 (id. de Montsalvy). — *Lou Mayniol*, 1764 (état civ. de Junhac).

MEYRIAL (LE), vill., c^ne de Saint-Martial. — *Lou Meyriel*, xvie s^e (arch. dép. s. G). — *Lou Meyrial*, 1645 (id. s. H). — *Lo Mayal*, 1784 (Chabrol,

t. IV). — *Le Mirial* (Cassini). — *Le Mirials*, 1856 (Dict. stat. du Cantal).

Le village du Meyrial a été démembré de la c^ne de Sarrus.

MEYRIEL (LE), mont. à vacherie, c^ne de Faverolles. — *Le Peuch-Maynialez*, 1508 (terr. de Montchamp).

MEYRINHAC, vill. et châtaign., c^ne de Sénezergues. — *Mansi de Mayrinhac*, 1324 (arch. dép. s. E). — *Meyriniac*, 1764; — *Meiriniac*, 1765 (état civ. de Junhac). — *Maurinhac*, 1767 (tabl. des min. Guy de Vayssieyra, n^re).

MEYRINIAC (LE GRAND ET LE PETIT), écarts et m^in, c^ne de Saint-Flour. — *Mansus de Mayrenhac*, 1345 (arch. mun.). — *Mayrinhacum*, 1443 (liber vitulus). — *Meyriniac*, 1677 (insin. de la cour royale de Murat). — *Mérignac* (Cassini).

MEYROU (LE), ham., c^ne de Saint-Victor. — *Meirou* (Cassini).

MEYROU (LE), ruiss., affl. de la Soulane-Grande, coule aux finages des c^nes de Teissières-de-Cornet, Crandelles, Ayrens, Saint-Victor et Saint-Santin-Cantalès; cours de 13,900 m.

Ce ruisseau se nomme aussi *Colin, Lavaur* et *Teissières-de-Cornet*. — *Aqua de Meyro*, 1327; — *Aqua de Mayro*, 1443; — *Rivus de Compin*, 1447 (pap. de la famille de Montal).

MEYSSAC, ham. avec manoir, c^ne de Crandelles.

MEYSSAC, vill., c^ne de Marmanhac. — *Villaige de Meyssac*, 1552 (terr. de Nozières). — *Meysac*, 1669 (état civ.).

MÉZAIRE (LA), dom. ruiné, c^ne de Montchamp. — *Terroir de Mézeiras; de Mézaird*, 1508; — *Buge et gineste appellés de Méjeires; de Mézeires*, 1663 (terr. de Montchamp).

MÈZE (LA), rochers, c^ne du Falgoux.

MÉZEL (LE), ruiss., affl. de la rivière du Jurol, c^ne de Cussac; cours de 1,500 m. — *La Font-Mizelle; la Founezelle*, 1654 (terr. du Sailhans).

MÉZERGUES, écart et bois, c^ne de Cros-de-Montvert. — *Mésolgues*, 1632; — *Mesières*, 1641 (état civ.). — *Mésergues*, 1643 (min. Sarrauste, n^re). — *Mésilgraes*, 1647 (état civ.). — *Mesdregues*, 1686 (id. d'Arnac). — *Mezergue* (Cassini).

MÉZERGUES, vill., c^ne de Marmanhac. — *Mézergues*, 1552 (terr. de Nozières). — *Mersgues*, 1669 (état civ.). — *Méjerguez*, 1744 (arch. dép. s. C, l. 21).

MÉZERMONT, ham., c^ne de Saint-Mamet-la-Salvetat. — *Affar de Miermont*, 1449 (arch. dép. s. H). — *Mézermon*, 1697 (id. s. C. l. 4). — *Méjermon*, 1589 (livre des achaps d'Ant. de Naucaze). — *Misermon*, 1743 (arch. dép. s. C, l. 4). — *Migermont* (anc. cad.).

Mèze-Sole (La), ruiss., prend sa source au-dessous de Neyrebrousse, c^ne de Cézens, et forme, à sa jonction avec la Sagnole, sur le territ. de la même c^ne, le ruisseau de la Gazonne; cours de 1,000 m.

Mézonnes (Les), mont. à vacherie, c^ne de Saint-Vincent.

Miaille, vill. détruit, c^ne d'Ally. — *Villaige de Miaille*, 1654 (état civ.). — *Miaille-rif*, 1778 (inv. des arch. d'Humières).

Miaille, écart, c^ne de Saint-Étienne-de-Maurs. — *Mialhe*, 1655; — *Mialies*, 1746; — *Miallies*, 1748 (état civ.). — *Mialhe*, 1694 (terr. de Marcolès).

Miallet, vill., c^ne de Loupiac. — *Affarium de Mealet; Meallet*, 1464 (terr. de Saint-Christophe). — *Méallet*, 1632 (état civ.). — *Mialet*, 1664 (id. de Pleaux). — *Miallet*, 1739 (état civ.).

Miallet (Le), ham., c^ne de Marchastel.

Miallet, écart, c^ne de Riom-ès-Montagnes.

Mialots (Les), vill., c^ne de Colandres. — *Las Mialos*, 1731; — *Lasmiales*, 1747 (état civ.). — *Las Mialots*, 1777 (lièvre d'Apchon). — *Les Miales* (Cassini). — *Les Mialous* (État-major).

Micalet (Le), ruiss., affl. de l'Incon, c^nes de Loupiac et de Saint-Christophe; cours de 4,890 m. — On le nomme aussi *Serres*.

Michal, f^me, c^ne de Lanobre.

Michel (Le), ruiss., affl. de la Véronne, c^nes du Falgoux et de Colandres; cours de 2,100 m.

Michelle (La), ham., c^ne de Glenat.

Michelle (La), dom. ruiné, c^ne de Riom-ès-Montagnes. — *Affarium vocatum de la Michiala*, 1441 (terr. de Saignes).

Miches, vill., c^ne de Saint-Martin-Cantalès. — *Miché*, 1536 (min. Lascombes, n^re). — *Miche*, 1664 (état civ. d'Ally).

Michie (La), écart, c^ne du Falgoux. — *La Mègye*, 1589 (lièvre du prieuré de Saint-Vincent). — *La Méchie*, 1730 (état civ.). — *La Michie* (Cassini).

Mi-Côte (A), écart, c^ne de Laroquebrou.

Mi-Côte (A), écart, c^ne de Sainte-Eulalie.

Mi-Côte (A), écart, c^ne de Saint-Julien-de-Toursac.

Miécaze, vill., c^ne de Saint-Étienne-Cantalès. — *Affarium de Mich-Casa*, 1362 (arch. mun. d'Aurillac, s. HH, c. 21). — *Miescuye*, 1632; — *Miescaje*, 1642; — *Miescajo*, 1646 (min. Sarrauste, n^re). — *Miécase*, 1673 (état civ. de Laroquebrou). — *Miéchaze*, 1689; — *Miexcase*, 1704 (id. de la Capelle-Viescamp). — *Micaze*, 1758 (arch. dép. s. G, l. 51). — *Miécaze* (Cassini).

Miech, m^in détruit, c^ne de Saint-Mamet-la-Salvetat. — *Molin appellé del Miech*, 1574 (livre des achaps d'Ant. de Naucaze).

Miech-Long (Le), dom. ruiné, c^ne de Polminhac. — *Le Miech-longo*, 1692 (terr. de Saint-Geraud).

Miermont, chât. avec chapelle, ruinés, c^ne d'Espinasse. — *Castrum de Maymont*, 1279 (homm. à l'évêque de Clermont). — *Chapelle de Miermont* (Cassini). — *Miramont* (plan cadastral). — *Miremont* (Nobil. d'Auvergne).

Miermont, vill. et mont., c^ne de Pers. — *Mansus de Miermont*, 1411 (pap. de la famille de Montal). — *Miramond*, 1669 (nommée au p^ce de Monaco). — *Miermon* (Cassini).

Miermont, ruiss., affl. de la Moulègre, c^nes de Pers et de Saint-Mamet-la-Salvetat; cours de 2,000 m.

Miens, seigneurie et forêt domaniale, c^ne de Brageac. — *La seigneurie de Mijers*, 1778 (inv. des arch. de la maison d'Humières).

Miess, écart et m^in détruit, c^ne d'Apchon. — *Molendinum vocatum de Meysse*, 1518 (terr. d'Apchon). — *Moulin de Meyssi; affar de Myesse*, 1719 (table de ce terrier).

Mieu (La Fon del), font. et mont. à vacherie, c^ne d'Arnac.

Mieulet, vill. et bois, c^ne de Pers. — *Mansus del Miolet*, 1323 (pap. de la famille de Montal). — *Lou Meulet*, 1692 (état civ. de la Capelle-Viescamp). — *Lou Meullet*, 1703; — *Lou Meuleut*, 1716 (id. d'Espinadel).

Mieyssines (Las), dom. ruiné, prév. de Saint-Flour. — 1688 (pièces du cab. Bonnefons).

Migier, bois défriché, c^ne de Pailhérols. — *Le boys Migié*, 1669 (nommée au p^ce de Monaco).

Mignot, m^in abandonné, c^ne d'Ally.

Milange (Le Bois de), mont. à vacherie, c^ne de la Monselie.

Milhac, vill. et m^in en ruines, c^ne de Chastel-Marlhac. — *Miliciaco; Mitiaco?* x^e s^e (test. de Théodéchilde). — *Mansus et molendinum da Milhac; Milhat*, 1441 (terr. de Saignes). — *Miliac*, 1673 (état civ. de Menet). — *Millac*, 1686 (id. de Trizac). — *Milliac*, 1744 (arch. dép. s. C, l. 45).

Milhade (La), écart, c^ne de Chastel-Marlhac. — *La Miliade* (État-major).

Milhanges, f^me, c^ne de Chastel-Marlhac. — *Milanges*, 1607 (terr. de Trizac). — *Melhanges*, 1666 (anc. min. Chalvignac, n^re à Trizac). — *Midiangis*, 1688; — *Milhanges*, 1736 (état civ.). — *Millanges*, 1744 (arch. dép. s. C, l. 45). — *Millange* (Cassini). — *Milange* (État-major).

Milhanges (La Montagne de), mont. à vacherie, c^nes de Chastel-Marlhac et de Trizac. — *La Miliange* (états de sections).

Miliade (La), écart, c^ne de Menet.

MILIE, écart, c^{ne} de Marcolès. — *Mansus da la Miha*, 1031 (pièces de l'abbé Delmas). — *La Milie*, 1662 (état civ. de Leucamp). — *La Mélie*, 1694 (terr. de Marcolès).

MILIÈRE (LA), écart, c^{ne} de Méallet. — *La Meilhière*, 1856 (Dict. stat. du Cantal).

MILIÈRE (LA), dom. ruiné, c^{ne} de Saint-Mamet-la-Salvetat. — *Ténement de la Melière*, 1744; — *La Milière*, 1746; — *La Molière*, 1749 (anc. cad.).

MILIEU (LE), m^{in}, c^{ne} d'Anglards-de-Salers.

MILIEU (LE BOIS DU), mont. à vacherie et bois, c^{ne} de Faverolles. — *Le Peuchx del Miech*, 1664 (terr. de Montchamp).

MILIEU-DE-LA-CÔTE (AU), ham., c^{ne} de Saint-Julien-de-Toursac.

MILIS (LA), ruiss., affl. du Bex, c^{ne} de Sarrus; cours de 1,600 m. — *Rieu appellé lou Amelhier*, 1494 (terr. de Mallet).

MILLIÈRE, rochers, c^{ne} du Falgoux.

MIMI (LAS PLAINES DE), mont. à vacherie, c^{ne} de Champs).

MINIARD (LE SUC DEL), mont. à vacherie, c^{ne} de Saint-Marc.

MINIERME, écart et bois, c^{ne} de Saint-Constant.

MINIOL (LE), ruiss., affl. de l'Hergne, c^{ne} de Védrines-Saint-Loup; cours de 4,200 m.

MINIOU (LE), écart, c^{ne} du Falgoux.

MIRABEL, maison de camp., c^{ne} de Saint-Simon.

MIRABEL, seigneurie, c^{ne} de Sarrus. — *Mirabellum*, 1492 (Gall. christ. t. II, col. 448). — *La seigneurie de Mirabel*, 1494 (terr. de Mallet).

Mirabel était, avant 1789, le siège d'une justice seign. régie par le droit écrit, dépend. de celle de Ruines, et ressort. en appel à la sénéch. d'Auvergne.

MIRAMON (LE PUY DE), mont. à vacherie, c^{ne} d'Espinasse.

MIRANDE (LA), vill. détruit, c^{ne} de Chalvignac. — *La Myranda*, 1549 (terr. de Miremont).

MIRANDE (LA), dom. ruiné, c^{ne} de Méallet. — *Villaige de la Mirande*, 1684 (état civ. de Trizac).

MIRANDES (LES), écart, c^{ne} de Sauvat.

MIRECOMBE, dom. ruiné, c^{ne} du Vigean. — *Mansus de Miracumba*, 1473 (terr. de Mauriac).

MIREMONT, ham. et chât. féodal en ruines, c^{ne} de Chalvignac. — *Miramons*, 1105 (Gall. christ., t. II, col. 266). — *Castrum de Myramont*, 1240 (homm. à l'évêque de Clermont). — *Ex arce de Miromons*, 1374 (Gall. christ. t. II, col. 290). — *Castrum Miramon; locus de Miramonensis*, 1503 (terr. de Cussac). — *Myremont*, 1507 (nommée au c^{te} de Charlus).

MIREMONT, seigneurie, c^{ne} de Saint-Simon. — *La seigneurie de Mirmont*, 1756 (arch. dép. s. H).

MINIAL (LE), ham., c^{ne} de la Chapelle-Laurent. — *Villa dels Mériails*, 1275 (spicil. Brival.).

MINIAL (LE), vill., c^{ne} de Saint-Martial.

MINIAL (LE), ruiss., affl. du ruisseau des Éverses, c^{ne} de Saint-Martial; cours de 1,000 m.

MIRIDON, dom. ruiné, c^{ne} de Pers. — *Villaige de Miridomp*, 1643 (min. Sarrauste, n^{re}).

MIROL, pont détruit, c^{ne} de Jabrun. — *Le pont de Mirol*, 1662 (terr. de la Garde-Roussillon).

MIRONNET (LE), écart, c^{ne} de Trizac.

MISSIONNAIRES (LES), couvent détruit, c^{ne} de Salers. — (Cassini.)

MISSOLLES, mont. à burons, c^{ne} de Ségur. — *Misolles* (État-major).

MISSONIER (LE), dom. ruiné, c^{ne} de Saint-Simon. — *Affar del Myssonier*, 1588 (arch. dép. s. H).

MITISOGUIE (LA), dom. ruiné, c^{ne} de Lavigerie. — *Mansus a la Mitisognia*, 1348 (lièv. de Dienne).

MOGUES, vill., c^{ne} de Beaulieu. — *Maugues* (État-major).

MOGUES (LES), ham., c^{ne} de Loupiac.

MOINAC, ham., c^{ne} de Roannes-Saint-Mary. — *Villaige de Moynac*, 1670 (nommée au p^{ce} de Monaco).

MOISINIES (LAS), écart et m^{in}, c^{ne} de Siran. — *Mansus de la Mosynia*, 1437 (reconn. au seign. de Montal). — *La Mosinia*, 1443 (arch. mun. d'Aurillac, s. HH, c. 21). — *Las Mosinhes*, 1617 (état civ.). — *Las Mosinies*, 1633 (id. de Glénat). — *Las Mozinhesse*, 1663 (état civ.). — *Las Mosinhes*, 1652 (min. Sarrauste, n^{re}). — *Las Mousinhes*, 1695 (id. de Glénat). — *Las Mozenies* (Cassini). — *Las Moussinies* (État-major).

MOISIT (LE CLAU DU), mont. à vacherie, c^{ne} de Montboudif.

MOISONNE (LA), dom. ruiné, c^{ne} de Lascelle. — *Affar de la Moysanne*, 1692 (terr. de Saint-Geraud).

MOISSAC, vill., c^{ne} de Labrousse. — *Moysac*, 1269 (arch. mun. d'Aurillac, s. FF, p. 15). — *Mansus de Moyssat*, 1522 (min. Vigery, n^{re}). — *Moyssac*, 1550 (id. Guy de Vayssieyra, n^{re}). — *Moinsac*, 1621 (état civ. d'Arpajon).

MOISSAC, vill. et m^{in}, c^{ne} de Neussargues. — *Vicaria Moisaciensis*, 922 (cart. de Brioude). — *Moyssac*, 1276 (arch. dép. s. G). — *Moyssacum*, 1443 (arch. dép. s. H). — *Moyssat*, 1542 (terr. de la collégiale de N.-D. de Murat). — *Moyssac Lesglize*, 1581 (id. de Celles). — *Moissac Lesglize*, 1667 (insin. du bailliage d'Andelat). — *Moissat*, 1678 (id. de la cour royale de Murat). — *Moissac-bas*, 1784 (Chabrol, t. IV). — *Moissac-du-Cantal*, 1868 (admin. des Postes).

Moissac, anc. viguerie carolingienne, était, avant 1789, de la Haute-Auvergne, du dioc., de l'élect. et de la subdélég. de Saint-Flour. Régi par le droit cout., il dépend. de la justice de Mardogne, et ressort. à la sénéch. d'Auvergne, en appel de la prév. royale de Mardogne.

L'église, dédiée à saint Hilaire, était un prieuré à la nomin. du prieur de la Voûte. — Elle a été érigée en succursale par décret du 28 août 1808.

Par décis. du cons. gén. du 20 août 1872, le chef-lieu de la c^{ne} de Moissac a été transféré à Neussargues, qui, alors, a donné son nom à la commune.

MOISSAC (LA COSTE DE), mont. à vacherie, c^{ne} de Sainte-Anastasie.

MOISSAC-LE-CHASTEL, quartier du vill. de Moissac et chât. féodal ruiné, c^{ne} de Neussargues. — *Moyssac*, 1498 (arch. dép. s. E). — *Moisat-le-Chastel*, 1635 (nommée par G^{lle} de Foix). — *Moissac-haut*, 1784 (Chabrol, t. IV).

MOISSALOU (LE), ruiss., affl. du ruisseau de Maurs, c^{nes} de Labrousse et de Roussy; cours de 1,400 m.

MOISSALOU, vill. et chapelle domestique, c^{ne} de Narnhac. — *Moysselou*, 1639 (état civ. de Vic-sur-Cère). — *Moissolhou; Moissalhoux*, 1668 (nommée au p^{cc} de Monaco). — *Moisselon; Mouysselou*, 1695 (terr. de Celles). — *Moissalou* (Cassini).

MOISSALOU (LE), ruiss., affl. du ruisseau de l'Hirondelle, c^{ne} de Narnhac; cours de 4,500 m.

Ce ruisseau porte aussi le nom de *Faliès*. — *Ruisseau de Mouysselou*, 1695 (terr. de Celles).

MOISSETIE (LA), f^{me}, c^{ne} d'Aurillac. — *Boria sive affarium quod vocatur Solet-dels-Moyssetz*, 1397 (pièces de l'abbé Delmas). — *La Moyssetia*, 1445 (reconn. à l'hôp. de la Trinité). — *Chasteau de la Moissetie; la Moyssetye*, 1525 (arch. mun., s. II, reg. 8). — *La Moyssetio*, 1594 (pièces du cab. Lacassagne). — *La Moissetia*, 1629; — *La Moyssetie*, 1658 (état civ.).

MOISSETIE (LA), c^{ne} de Glénat. — *Mansus da la Moyssetia*, 1406 (reconn. au seign. de Montal). — *La Moyssethie*, 1617 (état civ.). — *La Moissetye*, 1652; — *La Moyssetie*, 1655; — *La Moysatio*, 1659 (min. Sarrauste, n^{re}). — *La Mouysserie*, 1686 (état civ. de Glénat). — *La Moussetye*, 1747 (inv. des titres de l'hôp. d'Aurillac). — *La Moussetie*, 1750 (inv. des biens de l'hôp. de Laroquebrou). — *La Mossetié* (Cassini).

MOISSETIE (LA), dom. ruiné, c^{ne} d'Ytrac. — *Domaine de la Moyssetie, sive de Besse*, 1733 (arch. mun. d'Aurillac, s. II, r. 15).

MOISSINAC, dom. ruiné, c^{ne} de Saint-Mamet-la-Salvetat. — *Ténement de Moisignac*, 1744 (anc. cad.).

MOISSINAC, ham., c^{ne} de Saint-Saury. — *Moisinac*, 1634 (état civ. de Glénat). — *Moyssinac*, 1659 (min. Sarrauste, n^{re} à Laroquebrou). — *Moissinac*, 1674; — *Monsinac*, 1676 (état civ. de Parlan). — *Moissenac*, 1746 (id. d'Espinadel).

MOLADIE (LA), seigneurie, c^{ne} de Polminhac. — *Le sieur de la Moladie*, 1692 (terr. de Saint-Geraud).

MOLAIRIE (LA), ham., c^{ne} de Montmurat. — *La Mouleyrie*, 1682 (arch. dép. s. C, l. 3). — *La Moleyrio*, 1697 (état civ. de Saint-Santin-de-Maurs). — *La Moleyrie*, 1706; — *Amoulerie; La Mouneyrie*, 1728 (arch. dép. s. C, l. 3). — *La Moylerie* (État-major). — *La Mollerie*, 1856 (Dict. stat. du Cantal).

MOLATAS, dom. ruiné, c^{ne} de Chastel-sur-Murat. — *Grange appellée du Sol-de-Molatas*, XVIe s^e (arch. dép. s. E).

MOLAVIE (LA), dom. ruiné, c^{ne} de Saint-Poncy. — *Villaige de la Mollavie*, 1556 (terr. du prieuré de Rochefort).

MOLE (LE SUC DE LA), châtaign. et mont. à vacherie, c^{ne} de Parlan. — *Lou bos del Suc de la Mole*, 1748 (anc. cad.).

MOLÈDE (LA), vill., mⁱⁿ, mont. à burons et passerelle détruite, c^{ne} de Bredon. — *Mansus de Moledas*, 1250; — *La Moleda*, fin du XIIIe s^e (arch. dép. s. H). — *La Moneda*, 1323 (ibid. s. H). — *La Mollède*, 1498 (reconn. aux cons. d'Albepierre). — *Mollèdes; Molèdes*, 1575 (terr. de Bredon). — *La planche de las Mollède*, 1580 (lièvre conf. de Murat). — *La Molèles*, 1607 (min. Danty, n^{re}). — *La Moullède*, 1637 (lièvre de la v^{ié} de Murat). — *La Molède*, 1661 (terr. de Loubeysargues). — *La Moulède*, 1666 (état civ. de Murat). — *Moulin de la Moulède; la planche de Moulède*, 1681 (terr. d'Albepierre). — *Moulèdes*, XVIIIe s^e (arch. dép. s. C). — *Buron de la Moulerde* (Cassini). — *Burons de la Molède* (État-major).

MOLÈDE (LA), f^{me} et bois, c^{ne} de Thiézac. — *Affar de la Moulède*, 1674 (terr. de Thiézac). — *La Molède*, 1746 (anc. cad.).

MOLÈDE (LA), ruiss., affl. de la Cère, c^{ne} de Thiézac; cours de 2,000 m.

MOLÉ-DEL-FRÈRE (LE), mⁱⁿ détruit, c^{ne} de Colandres.

MOLÈDES, c^{on} de Massiac, et forêt. — *Ecclesia Moledas*, XVIe s^e (reg. de Guill. Trascol). — *Molledes*, XVIe s^e (terr. de Bredon). — *Molèdes* (Cassini). — *Molède*, 1784 (Chabrol, t. 4).

Molèdes était, avant 1789, de la Basse-Auvergne, du dioc. de Clermont, de l'élect. de Brioude. Régi par le droit cout., il dépend. de la justice seign. de Chavagnac, et ressort. à la sénéch. d'Auvergne, en appel de la prév. de Brioude. — Son église, dédiée à saint Léger, était une cure à la nomin. de l'abbesse de Blesle. Elle a été érigée en succursale par décret du 28 août 1808.

La forêt de Molèdes est composée de 9 massifs : Alby, Bois-du-Bas, la Coueyre, las Couches, la Favarède, Gourneri, l'Issart, les Rouchounes et le Saut.

Molèdes, vill., c^{ne} de Laveissenet. — *Mas de la Moladas*, xve s^e (terr. de Bredon). — *Moledas*, 1508 (*id.* de Loubeysargues). — *Molèdes*, 1554; — *Molleides, Mollèdes*, 1569 (arch. dép. s. E). — *La Mollède*, 1624 (terr. de la v^{té} de Murat). — *Moullèdes*, 1637 (lièvé de la v^{té} de Murat). — *Moullèdes* (Cassini). — *Molède*, 1784 (Chabrol, t. 4).

Molèdes (Les), ham., c^{ne} de Marchastel. — *Tènement de las Mollandes, de Molèdes*, 1578 (terr. de Soubrevèze).

Molèdes, vill., c^{ne} de la Peyrugue. — *Mansus de la Moleda*, 1528 (terr. de Coffinhal). — *Villaige de Molières*, 1668; — *La Molède*, 1669 (nommée au p^{re} de Monaco). — *Moulèdes*, 1724 (lièvé de l'abb. de Montsalvy).

Molèdes, ruiss., affl. du Goul, c^{ne} de la Peyrugue; cours de 2,300 m.

Molèdes, ham., c^{ne} de Ruines. — *Molèdes*, 1624 (terr. de Ligonnès). — *Moulède*, 1745 (arch. dép. s. C, l. 43).

Molèdes, ruiss., affl. de la rivière d'Ande, c^{ne} d'Ussel; cours de 1,270 m. — *La Raze del Vedel*, 1654 (terr. du Sailhans).

Moleneirie (La), dom. ruiné, c^{ne} de Saint-Santin-Cantalès. — *Lo mas de la Molenayrie*, 1470 (arch. mun. d'Aurillac, s. HH, c. 21).

Molenier (Le), dom. ruiné, c^{ne} de Sansac-de-Marmiesse. — *Mansus de Molenier*, 1522 (min. Vigery, n^{re} à Aurillac).

Molès, vill., c^{ne} d'Arpajon. — *Lou Moulé*, 1626; — *Lou Molé*, 1627 (état civ.). — *Lemolé*, 1705 (arch. dép. s. C, l. 5).

Molès (Las), m^{ins} détruits, c^{ne} de Colandres.

Molès, dom. ruiné et bois défriché, c^{ne} de Freix-Anglards. — *Quoddam nemus vocatum del Mole*, 1522 (min. Vigery, n^{re}). — *Affar appellé de las Molles*, 1579; — *Villaige del Molé*, 1627 (terr. de N.-D. d'Aurillac).

Molès (Las), mont., c^{ne} de Ladinhac. — *Podium de las Molas*, 1464 (vente par Guill. de Treyssac).

Molès, font. et dom. ruiné, c^{ne} de Veyrières. — *Mansus de Moles*, 1512 (arch. général. de Sartiges).

Mole-Soubi (Le), mⁱⁿ détruit, c^{ne} de Paulhenc.

Molette (La), seigneurie, c^{ne} de Lieutadès. — *Justice de la Molette*, 1784 (Chabrol, t. 4).

Cette justice était régie par le droit écrit, et ressort. à la sénéch. d'Auvergne, en appel de la prév. de Saint-Flour.

Moleyrie (La), ham., c^{ne} de Montmurat.

Molier (La), vill., c^{ne} de Riom-ès-Montagnes. — *Affarium de Meilha, las Melhas sive de la Barrier*, 1441 (terr. de Saignes). — *Lou Molin*, 1626 (état civ. de Menet). — *La Moyer*, 1688 (*id.* de Chastel-Marlhac). — *Le Moulier*, 1717 (arch. dép. s. G). — *Les Meleyres*, 1719 (table du terr. d'Apchon). — *La Moliers*, 1857 (Dict. stat. du Cantal).

Molière (La), écart, c^{ne} de Saint-Clément.

Molineries (Las), vill. avec chapelle et mⁱⁿ, c^{ne} de Thiézac. — *Villaige de las Molleneyras*, 1612; — *Les Molleneyries*, 1616; — *Les Moleneyries*, 1617; — *Las Moleneyrias*, 1618; — *Las Mouneries*, 1634; — *Les Mollaneyries*, 1635; — *Les Moleineiries*, 1638 (état civ.). — *La Moleynières*, 1640 (*id.* de Vic-sur-Cère). — *Las Mouleneiries*, 1668; — *Las Mollineyres; las Mollineyries*, 1669; — *Las Mouleneyries*, 1671 (nommée au p^{ce} de Monaco). — *Las Moleneyries; las Molineries*, 1674 (terr. de Thiézac). — *La Molenadie*, 1693 (inv. des titres de l'hôp. d'Aurillac). — *Las Moneneyries; moulin de las Monenayries*, 1746 (anc. cad.) — *Las Moneyries* (État-major). — *La Molinerie*, 1857 (Dict. stat. du Cantal).

Molineries (Las), ruiss., affl. de la Cère, c^{ne} de Thiézac; cours de 6,000 m.

Ce ruisseau est aussi nommé de *Roucole*. — *Ruisseau del Celens*, 1674 (terr. de Thiézac). — *Ruisseau du Teil; de la Recolle*, 1746 (anc. cad.). — *La Rocole*, 1879 (état stat. des cours d'eau du Cantal).

Molinges, vill., c^{ne} de Saint-Martin-sous-Vigouroux. — *Molenges*, 1608 (min. Danty, n^{re}). — *Molinges* (Cassini).

Molinier (Le), ham., c^{ne} d'Ayrens.

Molinier (Le), ham. et mⁱⁿ, c^{ne} de Montsalvy. — *Lou Mollenyer*, 1550; — *Lou Mollanier*, 1552 (min. Guy de Vayssieyra, n^{re}). — *Lo Molenyes*, 1564 (*id.* Boyssonnade, n^{re}). — *La Moulenie*, 1607 (état civ.). — *Lo Moulinié*, 1670 (nommée au p^{ce} de Monaco). — *Lou Molonier*, 1681; — *Lou Moulenier*, 1682 (arch. dép. s. C). — *Lou Molinié*, 1724 (lièvé de Montsalvy). — *Lou Molinier* (Cassini).

Molinier (Le), mont. et étang, c^{ne} de Montsalvy. — *Somet du puech de Malhinier*, 1760 (terr. de Saint-Projet).

Molle (Le Puech de la), mont. à vacherie, et dom.

ruiné, c^ne de Sarrus. — *Affar appellé del Mole*, 1494 (terr. de Mallet).

Molles (Les), f^me, c^ne de Saint-Hippolyte. — *Las Moles* (État-major).

Molompize, c^on de Massiac et chapelle oratoire. — *Ecclesia Molenpizi*, XIVe s^e (Guill. Trascol). — *Ecclesia Molenpeyo, Prior Molendini-Pisini*, XIVe s^e (Pouillé de Saint-Flour). — *Molompizi*, 1401 (spicil. Brival.). — *Parrochia Molendinipisini*, 1430 (liber vitulus). — *Molenpesimum*, 1443 (arch. dép. s. H). — *Sanctus (?) Molompizinus*, 1445 (ordonn. de J. Pouget). — *Molendum Pisinum*, 1465 (pièces de la cure de Massiac). — *Molenpèze*, 1494 (terr. de Mallet). — *Molempize; Malampise*, 1526 (id. d'Aurouse). — *Molompize*, 1558 (id. de Tempel). — *Mollompize*, 1558 (lièvre de Tempel). — *Moulampize; Molenpize; Moulanpize*, 1559 (id. de Molompize). — *Mollonpize; Mollenpize*, 1628 (paraphr. sur les cout. d'Auvergne). — *Molempise*, 1636 (état civ. de Murat). — *Molonpize*, 1666 (id. de Saint-Étienne-sur-Massiac.) — *Molempisy*, 1694 (id. de Joursac). — *Moulon Pise; Moullon-Pize*, 1721 (id. de Saint-Mary-le-Plain). — *Mulompise*, 1784 (Chabrol, t. 4).

Molompize était, avant 1789, de la Basse-Auvergne, du dioc. de Saint-Flour, de l'élect. et de la subdélég. de Brioude. Régi par le droit cout., il dépend. de la justice seign. du prieuré et ressort. à la sénéch. d'Auvergne, en appel de la prév. de Brioude. — Son église, dédiée à sainte Foy, était un prieuré compris dans l'archiprêtré de Blesle; dépend. de l'abbaye de Conques et était à la présent. de l'abbesse de Blesle. Les évêques de Saint-Flour jouissaient des revenus de ce prieuré en 1663.

Par décret du 28 août 1808, l'église de Molompize a été érigée en succursale.

Mombert, écart et m^in détruit, c^ne de Saint-Saury. — *Membert*, 1618 (état civ. de Siran). — *Mambert*, 1657 (pap. de la famille de Montal). — *Mambert*, 1669; — *Molin de Membert*, 1670; — *Membert*, 1673 (état civ.). — *Monvert*, 1771 (arch. dép. s. C).

Monal (Le), écart, c^ne de Thiézac.

Monas, passerelle détruite, c^ne de Bredon.

Monat, ham. et m^in, c^ne de Lanobre. — *Les Monnats* (Cassini). — *Eymonat*, 1790 (min. Marambal, n^re, à Thinières).

Moncelhet, dom. ruiné, c^ne d'Yolet. — *Mansus appellatus de Moncelhet*, 1352 (homm. à l'évêque de Clermont).

Moncendie (La), écart, c^ne de Chastel-Marlhac.

Monchamp (Le Suc de), mont. à vacherie, c^ne de Laveissière. — *Moncham* (états de sections).

Mondaire (La), mont. à burons et bois défriché, c^ne de Vèze. — *Nemus vocatum de la Midaria*, 1471 (terr. du Feydit). — *Le suc de la Mondeyre*, XVIe s^e (confins de la terre de Feydit).

Mon-Désir, écart, c^ne de Jussac.

Mondette (Le Puech de la), mont. à vacherie, c^ne de Valuéjols. — *Le Puech de la Mondeta, de la Mondète*, 1508; — *Le Peuchx de la Mondelle des Ourtalous*, 1634; — *Le Peuchx de la Mondelle, sive des Ourtalous*, 1661; — *Terroir des Ourtalloux, sive de la Mondette*, 1662 (terr. de Loubeysargues).

Mondor, vill., c^ne d'Aurillac. — *Affarium de Nondo*, 1269 (arch. mun. d'Aurillac, s. FF, p. 15). — *Le Mas de Mondon*, 1696 (terr. de Saint-Geraud).

Mondort (Le Roc de), rocher et taillis, c^ne de Chalvignac.

Monède (La), mont. à vacherie et dom. ruiné, c^ne de Badaillac. — *Le Puech de la Mounède*, 1695; — *Ténement appelé Puech de Monède*, 1736 (terr. de Carlat).

Monedières, vill., c^ne de Saint-Santin-Cantalès. — *Monedierre*, 1449 (enq. sur les droits des seign. de Montal). — *Affarium de Monedieyras*, 1482 (pièces du cab. E. Amé). — *Mansus Amonedieyras*, 1487 (arch. mun. d'Aurillac, s. HH, c. 21). — *Monoduyre*, 1628; — *Monedierous*, 1630 (min. Sarrauste, n^re). — *Monadières*, 1634 (état civ.). — *Morudières*, 1644; — *Monedieure*, 1647 (min. Sarrauste, n^re). — *Monedieyras*, 1659 (état civ. de Laroquebrou). — *La Calm de Menedures*, 1667 (nommée au p^ce de Monaco). — *Monedière*, 1668 (min. Sarrauste, n^re). — *Monédières*, 1670 (état civ.). — *Monnedières*, 1716 (état civ. d'Arnac). — *Monidières* (Cassini).

Monedières (Les Camps de), mont. à vacherie, c^ne de Saint-Santin-Cantalès. — *Affarium vocatum las Calmps-de-Monedieyras*, 1443 (arch. mun. d'Aurillac, s. HH, c. 21). — *La Calm de Menedures*, 1669 (nommée au p^ce de Monaco).

Monelaire, vill., c^ne de Leynhac.

Monessat, dom. ruiné, c^ne de Laroquebrou. — *Mansus de Monessat*, 1423 (reconn. au seigneur de Montal).

Monestier (Le), écart, c^ne de Mauriac.

Monestier (Le), écart, c^ne de Montboudif.

Moneval, dom. ruiné, c^ne de Saint-Illide. — *Mansus de Moneval*, 1464 (terr. de Saint-Christophe).

Monetrie (La), vill., c^ne de Leynhac. — *Mansus de la Molenayria*, 1500 (terr. de Maurs). — *La Moleynarie*, 1657; — *La Monnayrie*, 1748; — *La Monayrie*, 1749 (état civ. de Saint-Étienne de Maurs); — *La Molnayrie* (Cassini).

Il existe au village de la Moneyrie une chapelle dédiée à Notre-Dame de Montserrat.

Monfol, écart et chât., c^ne de la Trinitat.

Monfol était, avant 1789, le siège d'une justice seign. moyenne et basse, dépend. de la justice haute de la Roche-Canillac, et ressort. à la sénéch. d'Auvergne, en appel de la prév. de Saint-Flour.

Mongeovin (Le Rase de), ravine, affl. de l'Alagnon, c^ne de Ferrières-Saint-Mary.

Monges (Le Pont des), pont détruit, c^ne de Veyrières.

Mongon (Le), ruiss., affl. de la Truyère, coule aux finages des c^nes de Ruines, Vabres et d'Anglards-de-Saint-Flour; cours de 10,000 m.

Ce ruisseau porte aussi le nom de *Rastal*. — *Rivière de Motgno*, 1494 (terr. de Mallet). — *Ruisseau de Rastal ou du Mongon* (État-major). — *Rastel*, 1857 (Dict. stat. du Cantal).

Mongrouet, mont. à vacherie, c^ne de Sainte-Anastasie.

Monicau, dom. ruiné, c^ne de Raulhac. — *Monicau*, 1664 (terr. de Bredon). — *Mouinou*, 1680 (état civ. de Jou-sous-Montjou). — *Moniou*, 1703 (id. de Saint-Clément).

Monidié (Le), ruiss., affl. de la Ressègue, c^ne de Mourjou; cours de 5,800 m.

Ce ruisseau porte aussi les noms de *Mouminous* et *Sauvage*. — *Ruisseau de Monidier alias de Salvatge; Ruisseau de Monedier*, 1760 (terr. de Saint-Projet).

Monis (La Planche de), passerelle détruite et bois défriché, c^ne de Dienne. — *Le boix de Monis*, 1551; — *La planche de Mounie; de Monnys*, 1600; — *La planche de Monnis; le boix de Monnies*, 1618 (terr. de Dienne).

Moniziol, vill., c^ne de Leucamp. — *Monezials* (min. Guy de Vayssieyra, n^re). — *Mounisier; Mounihey*, 1654; — *Mounisuly*, 1657; — *Mounihers*, 1659 (état civ.). — *Mourseau*, 1668; — *Mounescolz*, 1670 (nommée au p^ce de Monaco); — *Moneziol*, 1673; — *Monezieux*, 1677; — *Monisiols*, 1687; — *Monizials*, 1694; — *Mouziels*, 1696 (état civ.). — *Mouziols, Moniziols*, 1767 (tables des min. de Guy de Vayssieyra). — *Maneziol* (Cassini).

Monjalou (Le), ruiss., affl. de la Truyère, c^ne de Sainte-Marie; cours de 7,200 m.

Ce ruisseau forme la cascade de Falitoux.

Monnar, m^in détruit, c^ne de Valuéjols. — *Molin de Mounat*, 1661; — *Le mouly de Monnat*, 1687 (terr. de Loubeysargues). — *Quartier du Mounas*, 1683 (id. des Bros).

Monniaux (Le Suc de), mont. à vacherie, c^ne d'Ydes.

Mon-Plaisir, écart, c^ne d'Anglards-de-Salers.

Mon-Plaisir, écart, c^ne de Jussac.

Mon-Plaisir, ham., c^ne de Laroquebrou.

Mon-Plaisir, écart, c^ne de Leynhac.

Mon-Plaisir, écart, c^ne de Menet.

Mon-Plaisir, écart, c^ne de Saint-Clément.

Mon-Plaisir, foulon, c^ne de Saint-Constant.

Mon-Plaisir, écart, c^ne de Valette.

Mon-Plaisir, ham., c^ne de Vitrac.

Mons (La Font de) font. et futaie, c^ne d'Alleuze. — *Campum vocatum de las Fons-des-Mons*, 1510 (terr. de Maurs).

Mons, vill. et mont., c^ne de Lieutadès.

Mons, vill., c^ne d'Oradour. — *Elsmons*, 1666 (état civ. de Pierrefort). — *Mons* (Cassini).

Mons, m^in et chât. détruit, c^ne de Roffiac. — *Affarium de Mons*, 1303 (homm. à l'évêque de Clermont). — *Castrum de Montibus*, 1352 (arch. mun. de Saint-Flour). — *Mons-de-Roffiac*, 1581 (id. de Celles). — *Mons-de-Rouffiac*, 1581 (lièvé de Celles). — *Villaige de Mons*, 1594 (min. Andrieu, n^re). — *Mons-de-Rouffiat*, 1615; — *Mons-de-Rofiac*, 1752 (lièvé de Celles).

Mons, vill. et chapelle, auj. ruinée, c^ne de Saint-Georges. — *Villaige de Mons*, 1595 (min. Andrieu, n^re).

Une tradition veut qu'il ait existé à Mons un monastère.

Mons (Le Puech de), mont. à vacherie, c^ne de Valuéjols. — *Le Puech del Mons; Las Fontelhas*, 1508; — *Le Puechx-de-Mons sive las Fontilhas*, 1634; — *Le Puech-de-Mons, sive de las Fouteilles*, 1687 (terr. de Loubeysargues).

Mons, vill., c^ne de Virargues. — *Mansus de Mons*, 1293 (arch. dép. s. H). — *Mons de Virargues*, 1518 (terr. des Cluzels). — *Villaige de Mons*, xvie s^e (id. de Bredon).

Mons-de-Ferrand, vill., c^ne de Chalinargues. — *Mundz-de-Ferrand*, 1535 (terr. de Murat). — *Mondeferrand*, 1585; — *Mons-de-Ferrand*, 1617 (lièvé de Murat); — *Mondz-de-Férand*, 1677 (arch. dép. s. G). — *Mondz*, 1678 (insin. de la cour royale de Murat). — *Mons de Ferrand*, 1702 (lièvé de Mardogne). — *Mons-de-Ferran*, 1756 (terr. de la coll. de N.-D. de Murat). — *Montdeferrand*, 1771 (lièvé de Mardogne). — *Monsdefrand* (Cassini).

Monselie (La), c^on de Saignes. — *La Moncellie; la Montcellie; la Moncellye*, 1560; — *La Monssilhy*, 1637 (terr. de Murat-la-Rabe). — *La Moussilie*, 1667 (anc. min. Chalvignac, n^re). — *La Mousselie*, 1783 (aveu au roi par G. de la Croix). — *La Moucellie*, 1783 (dénomb. du prieuré de Menet).

— *La Monselie* (Cassini). — *La Moncelie* (états de sections). — *La Mouselie* (État-major). — *La Moussessie*, 1857 (Dict. stat. du Cantal).

La Monselie était, avant 1789, de la Haute-Auvergne, du dioc. de Clermont, de l'élect. et de la subdél. de Mauriac. Régie par le droit écrit, elle dépend de la justice seign. de Murat-la-Rabe, et ressort. à la sénéch. d'Auvergne, en appel du bailliage de Salers.

En 1792, la Monselie a formé une commune sous le nom de Muradès; mais, en 1824, elle fut réunie à celle d'Antignac.

L'église de la Monselie a été érigée en succursale par décret du 11 janvier 1860.

Par décret du 6 avril 1870, la Monselie a été érigée de nouveau en commune distincte.

Monsieur, dom. ruiné, c^{ne} de Glénat. — *Affarium de Mossers*, 1357 (arch. mun. d'Aurillac, s. HH, c. 21).

Monsieur, ruiss., affl. de la Chassaniade, c^{ne} de Sarrus; cours de 960 m.

Monsestrier, vill., c^{ne} de Menet. — *Villaige de Monsestrier*, 1598; — *Monsestryer*, 1600; — *Monsestrié*, 1613; — *Monsestricy*, 1614; — *Mosestrier*, 1620 (état civ.). — *Monestrier*, 1662 (insin. du bailliage de Salers). — *Maucistrier*, 1780 (lièvre de Saint-Angeau). — *Monsistrie* (État-major).

Monsoudès, vill., c^{ne} de Champagnac. — *Monsoudein*, 1682 (état civ. de Saignes). — *Monsondes*, 1717 (id. de Chastel-Marlhac). — *Monsoudeix* (Cassini). — *Montfour*, 1784 (Chabrol, t. IV). — *Moussoulès* (État-major). — *Monsoudez*, 1855 (Dict. stat. du Cantal).

Mont (Le), vill., m^{in} banal et mont., c^{ne} d'Auzers. — *Mansus del Mon*, 1479; — *Entremons*, 1541; — *Elmon*, 1581 (nommée au seign. de Charlus). — *Lou Mon*, 1671 (anc. min. Chalvignac, n^{re} à Trizac).

Mont (Le), vill., c^{ne} d'Ayrens. — *Mansus de Chaumont*, 1445 (reconn. à l'hôp. d'Aurillac). — *Almont*, 1675 (état civ.). — *Almond*, 1721 (id. de Saint-Paul-des-Landes).

Mont (Le), vill., c^{ne} de Badailhac. — *Villaige Dalmon*, 1476 (terr. de la command. de Carlat). — *Lou Mon*, 1668 (nommée au p^{ce} de Monaco). — *Loumon*, 1720; — *Laumon*, 1728 (arch. dép. s. C).

Mont (Le Bois du), dom. ruiné, c^{ne} de Boisset. — *Villaige de Layman*, 1668; — *Le villaige de la Mond*, 1669 (nommée au p^{ce} de Monaco). — *Bois Dolmont*, 1746 (anc. cad.).

Mont (Le), écart, c^{ne} de Cassaniouze. — *Mons*, 1655

— *Lou Mon*, 1676 (état civ.). — *Almon*, 1741 (anc. cad.). — *Affar Dalmon*, 1670 (terr. de Saint-Projet).

Mont (Le), vill., c^{ne} de Crandelles. — *Mansus dal Mon*, 1332 (arch. mun. d'Aurillac, s. GG, carton 17). — *Lou Mon*, 1595 (reconn. à la mais. de Clavières). — *La Mont*, 1743 (arch. dép. s. C, l. 7).

Mont (Le), ham. et mont., c^{ne} de Fournoulès. — *Villaige Daumon*, 1619 (état civ. de Saint-Santin-de-Maurs).

Mont (Le Puy del), mont. à vacherie, c^{ne} d'Oradour.

Mont (Le), vill., c^{ne} de Saint-Mamet-la-Salvetat. — *Lou Mon*, 1624; — *Lou Moun*, 1636; — *Le Mons*, 1638 (état civ.). — *Loumon*, 1668 (nommée au p^{ce} de Monaco). — *Laumont*, 1743; — *Lou Mont*, 1744 (arch. dép. s. C, l. 4).

Mont (Le), vill., c^{ne} de Saint-Martin-Cantalès. — *Affaria de Monhs*, 1402 (arch. mun. d'Aurillac, s. HH, c. 21). — *Mansus de Limon-Chantales*, 1464 (terr. de Saint-Christophe). — *Al Montchantalès*, 1504 (id. de la duchesse d'Auvergne). — *Mon-Chantalès; Montchantalz*, 1556; — *Lou Mon*, 1598 (min. Lascombes, n^{re}); — *Elmon*, 1652 (état civ. de Pleaux). — *Montchantalles*, 1666; — *Mons-Chantalles; Mous-Chantallex*, 1667 (id. de Saint-Christophe). — *Almon*, 1677 (id. de Pleaux). — *Les Monts* (Cassini).

Mont (Le), vill., c^{ne} de Saint-Remy-de-Salers. — *Lou Mon*, 1684 (min. Gros, n^{re} à Saint-Martin-Valmeroux). — *Le Mont* (Cassini).

Mont (Le), écart, c^{ne} de Saint-Victor.

Mont (Le), dom. ruiné, c^{ne} du Vigean. — *Mas de Mons; Mas de Monts*, 1473 (terr. de Mauriac).

Montade (La), écart, c^{ne} d'Aurillac. — *Mansus de la Montada*, 1522; — *Mansus sive domaynum de la Montada, alias de Prantinhac*, 1531 (min. Vigery, n^{re}). — *La Montade*, 1631 (état civ. d'Arpajon).

Montade (La), f^{me}, c^{ne} d'Ytrac. — *Le Mont*, 1613 (arch. mun. d'Aurillac, s. II, r. 15). — *La Montade*, 1684 (arch. dép. s. C).

Montagnac, vill., c^{ne} de Maurs. — *Montanhac*, 1596; — *Montanhaic*, 1609 (arch. dép. s. E). — *Montanihac*, 1669 (état civ. de Maurs). — *Montaignac*, 1674 (arch. dép. s. E). — *Montagnac*, 1753 (état civ. de Maurs).

Montagnac, ham., c^{ne} de Mentières. — *Montanhac*, 1550 (arch. dép. s. E). — *Montaniart*, 1730 (terr. de Montchamp). — *Montaneac*, 1744; — *Montainac*, 1747; — *Montagnac*, 1763 (arch. dép. s. C). — *Montaniac* (Cassini).

Montagnac, ruiss., affl. du ruisseau du Bouchet, c^{ne} de Mentières; cours de 975 m. — *Ruisseau de*

Montanhac, 1508; — *Montaignat*, 1666; — *Montaniar*, 1730 (terr. de Montchamp).

MONTAGNAC, vill., c^{ne} de Vézac. — *Mansus de Montagnac*, 1232 (arch. mun. d'Aurillac, s. BB, c. 2). — *Montanhacum*, 1521; — *Montchacum*, 1522 (min. Vigery, n^{re}). — *Montanhiac*, 1610 (aveu de J. de Pestels). — *Montaniac*, 1692 (état civ. de Raulhac). — *Montanhac*, 1728; — *Montagnac*, 1760 (arch. dép. s. C).

MONTAGNAGUET, vill., c^{ne} de Mentières. — *Montaignaguet*, 1550 (arch. dép. s. G). — *Montaniaguet*; *Montanaguet*; *Montagnaguet*, 1763; — *Montanigguet*, 1781 (id. s. C).

MONTAGNAT, vill. et mont. à vacherie, c^{ne} de Saint-Amandin. — *Mansi del Montelh*, 1329 (enq. sur la justice de Vieillespesse). — *Montaniar* (Cassini).

MONTAGNE (LA), mont. à vacherie, c^{ne} de Brezons.

MONTAGNE (LA), écart, c^{ne} de la Capelle-del-Fraisse.

MONTAGNE (LA), écart et mont. à vacherie, c^{ne} de Carlat.

MONTAGNE (LE PRAT DE LA), mont. à vacherie, c^{ne} de Chanterelle.

MONTAGNE (LA), vill. et mont. à burons, c^{ne} de Condat-en-Feniers.

MONTAGNE (LA), écart, c^{ne} de Freix-Anglards. — *Boria vocata de Podio*, 1355 (arch. dép. s. H).

MONTAGNE (LA), vill., c^{ne} de Loupiac.

MONTAGNE (LA), mont. et dom. ruiné, c^{ne} de Marcolès. — *Affarium de la Montanha*, 1437 (terr. du prieuré de Marcolès).

MONTAGNE (LA), mont. à vacherie, c^{ne} de Molèdes.

MONTAGNE (LA), ham. et mont. à burons, c^{ne} de Montboudif.

MONTAGNE (LA), f^{me} et mont. à vacherie, c^{ne} de Montvert.

MONTAGNE (LA), écart, c^{ne} de Saint-Cirgues-de-Jordanne.

MONTAGNE (L'ORT DE LA), buron, c^{ne} de Saint-Simon.

MONTAGNE (LA), écart, c^{ne} de Saint-Victor.

MONTAGNE (LA), écart, c^{ne} d'Ytrac.

MONTAGNE-BASSE (LA), ham., c^{ne} de Montboudif.

MONTAGNE-BASSE (LA), mont. à burons, c^{ne} de Saint-Amandin.

MONTAGNE-BRUNE (LA), mont. à vacherie, c^{ne} de Coltines.

MONTAGNE-CHAVANON (LA), ham., c^{ne} d'Allanche.

MONTAGNE-DE-LA-MAUVE (LA), écart, c^{ne} d'Allanche.

MONTAGNE-DU-LAC (LA), mont. à vacherie, c^{ne} de Vèze.

MONTAGNE-DU-SERIEYS (LA), c^{ne} de la Capelle-del-Fraisse.

MONTAGNE-HAUTE (LA), ham., c^{ne} de Montboudif.

MONTAGNES (LES), lieu détruit, c^{ne} de Riom-ès-Montagnes. — (Cassini.)

MONTAGNE-VIEILLE (LA), mont. à burons, c^{ne} de Fontanges.

MONTAGNON, dom. ruiné, c^{ne} de Siran. — *Mansus de Montagnon*, 1323 (arch. mun. d'Aurillac, s. HH, c. 21).

MONTAGNONNE (LA PLAINE DE LA), mont. à vacherie, c^{ne} de Riom-ès-Montagnes. — *Montaniouno* (états de sections).

MONTAGNOUNE (LA), mont. à vacherie, c^{ne} d'Anglards-de-Salers.

MONTAGNOUNE (LA), écart, c^{ne} d'Apchon. — *Domaine de la Montagnogne*, 1751 (état civ.). — *La Montagnone* (Cassini). — *La Mountagnoune* (État-major).

MONTAGNOUNE (LA), mont. à vacherie, c^{nes} de Bredon et de Laveissière. — *La Montaignhone; La Montaiguhone*, 1580 (lièvre conf. de Murat). — *La Montaignonne*, 1597 (insin. du baill. de Saint-Flour). — *La Montagnionna*, 1598 (reconn. des habit. d'Albepierre). — *La Monthanhoune; La Monthaniouna*, 1598 (id. des cons. d'Albepierre). — *La Montaignounne*, XVIIe s^e (terr. de la rente d'Autcroche).

MONTAGNOUNE (LA), mont. à vacherie, c^{ne} de Dienne. — *La Montaignoune*, 1600 (terr. de Dienne).

MONTAGNOUNE (LA), écart et mont. à vacherie, c^{ne} de Landeyrat.

MONTAGNOUNE (LA), ruiss., affl. du ruisseau des Ondes, c^{nes} de Landeyrat et d'Allanche; cours de 2,000 m. — *Rivus de Chabreyras*, 1485 (homm. à l'évêque de Clermont).

MONTAGNOUNE (LA), ham. et mont. à burons, c^{ne} de Montboudif. — *La Montagnoune, où se trouvoient trois grosses pierres entre deux faisant limite de justice de l'abbaye de Feniers et du compté d'Aubighoux*, 1650 (terr. de Feniers). — *La Montagnioune*, 1686; — *La Montaniouna*, 1696 (état civ. de Condat). — *La Montagnone* (État-major).

MONTAGNOUNE (LA), mont. à burons, c^{ne} de Saint-Hippolyte. — *Montana de la Montagnona*, 1512 (terr. d'Apchon). — *La Montagnoune*, 1777 (lièvre d'Apchon). — *La Montagnone* (Cassini).

MONTAGNOUNE (LA), mont. à burons, c^{ne} de Saint-Vincent. — *La Montagnone* (Cassini).

MONTAGNOUNE (LA), écart et mont. à vacherie, c^{ne} de Salers.

MONTAGNOUNE (LA), écart et mont. à burons, c^{ne} de Trizac. — *V^{rie} de la Montagnone* (Cassini).

MONTAGUT, vill., c^{ne} de Siran. — *Mansus de Montagut*, 1269 (reconn. au seign. de Montal). — *Mont-Agut*, 1449 (enq. sur les droits des seign. de Montal). — *Montague*, 1617 (état civ.).

MONTAIGU (LA CROIX DE), vill., c^{ne} de Saint-Flour. — *La Croix* (Cassini).

MONTAIGU, ham., c^ne de Villedieu. — *Montagud*, 1602 (arch. dép. s. H). — *Montegut*, 1672 (insin. du bailliage de Saint-Flour). — *Montaigut*, 1855 (Dict. stat. du Cantal).

Il a existé anciennement un prieuré à Montaigu; il fut donné au xie s^e au monastère de Saint-Flour, par Robert de Saint-Flour.

MONTAIGU, dom. ruiné et bois auj. défriché, c^ne d'Ytrac. — *Bois et tènement de Montagut*, 1695 (terr. de la command. de Carlat).

MONTAL, vill., c^ne d'Arpajon. — *Mons Altus*, 1370 (fond. de la chapell. des Blats). — *Mountal*, 1623 (état civ.). — *Le chasteau de Montal*, 1670 (nommée au p^ce de Monaco).

MONTAL, ruiss., affl. du ruisseau de Couffins, c^ne d'Arpajon; cours de 5,220 m.

Ce ruisseau porte aussi le nom de *Bermezat*.

MONTAL, chât. féodal en ruines, c^ne de Laroquebrou. — *Mons Altus*, 1275 (test. de Bertrand de Montal). — *La terre et houstel de Montault, c'est à sçavoir de Montalt*, 1449 (enq. sur les droits des seign. de Montal). — *Monthault*, 1470 (archives municipales d'Aurillac, s. HH, c. 21). — *Chasteau de la Roque*, 1616 (pap. de la fam. de Montal). — *Chasteau de Montal*, 1669 (nommée au p^ce de Monaco).

Montal était, avant 1789, le siège d'une justice seign. régie par le droit écrit et ressort. au bailliage d'Aurillac, en appel de sa prév. part.

MONTAL (LA TOUR DE), c^ne de Tournemire, tour détruite. Cette tour faisait partie des fortifications du château féodal Le Fortanier.

MONTALAT, ham., c^ne de Saint-Illide. — *Montalah*, 1347 (arch. dép. s. G.) — *Mansus de Monthalath; Montalatz*, 1464 (terr. de Saint-Christophe). — *Montatas*, 1787 (arch. dép. s. G, l. 50).

MONTALEYROL, ham., c^ne de Moussages. — *Monteleyrol*, 1713; — *Montaleyro*, 1717 (état civ.). — *Montaleyrol* (Cassini). — *Montalegrot* (État-major). — *Montanégrol; Montaleirol*, 1856 (Dict. stat. du Cantal).

MONT-À-MADI, ham., c^ne de Montboudif. — *La Montamade* (État-major).

MONTAMAT, vill. et chât. féodal détruit, c^ne de Cros-de-Ronesque. — *Mons Amatus*, 1278 (homm. à l'évêque de Clermont). — *Montimatus*, 1469 (arch. mun. d'Aurillac, s. GG, c. 6). — *Montamatus*, 1522 (min. Vigery, n^re). — *Monthamac*, 1583 (terr. de Polminhac). — *Cros de Marmainhat*, 1628 (paraphr. sur les cout. d'Auvergne). — *Montamat*, 1669 (nommée au p^ce de Monaco).

Montamat était, avant 1789, régi par le droit écrit, et siège d'une justice seign., ressort. au bailliage de Vic, en appel de la prév. d'Aurillac.

MONTAMÈS, dom. ruiné, c^ne de Ségur. — *Villaige de Montamez*, 1618 (terr. de Dienne).

MONTANIOUNE (LA), mont. à burons, c^ne de Colandres.

MONTANOUX (LE), écart, c^ne de Chaussenac.

MONTARNAL, ham. et m^in, c^ne de la Capelle-del-Fraisse. — *Montarnal*, 1540 (min. Destaing, n^ro). — *Monternal*, 1549 (id. Boygues, n^re).

MONTASSOU, vill., c^ne d'Ydes. — *Villaige de Montassou*, 1680; — *Montason*, 1684 (état civ.). — *Montausson*, 1693 (id. de Saignes). — *Montansson*, 1744; — *Montassau*, 1781 (arch. dép. s. C, l. 45).

MONTAT (LE), vill., c^ne de Carlat. — *Lou Montat*, 1668 (nommée au p^ce de Monaco). — *Lou Montat*, 1695; — *Almon*, 1736 (terr. de la command. de Carlat).

MONTAT (LE), dom. ruiné, c^ne du Fau. — *Affar del Montat*, 1717 (terr. de Beauclair).

MONTAT (LE), écart et mont., c^ne de Fournoulès.

MONTAUREL, vill., c^ne de Lascelle. — *Montaurel*, 1596 (terr. de Fracor).

MONTAURIEL, écart, mont. à vacherie et taillis, c^ne de Lanobre. — *Montaurier* (Cassini). — *Montoreil*, 1856 (Dict. stat. du Cantal).

MONTAUTEIL, vill. et étang auj. désséché, c^ne de Riom-ès-Montagnes. — *Mansus de Montauten*, 1512 (terr. d'Apchon). — *Montautin*, 1717 (table de ce terrier). — *Montautel* (Cassini).

MONTAVÈZE, lieu détruit, c^ne de Molèdes. — (Cassini.)

MONT-BARDON, dom. ruiné, c^ne de la Chapelle-d'Alagnon. — *Affarium vocatum de Monbardo*, 1446 (terr. de Farges). — *Peuch appellé Mont-Bardo*, 1535 (id. de la v^té de Murat). — *Costeau de Montbardon*, 1680; — *Cartier del Peuch de Monbardon*, 1683 (id. des Bros).

MONT-BERTRAND (LE), mont., châtaign. et dom. ruiné, c^ne de Cayrols. — *L'Affar de Monberlrand*, 1587 (livre des achaps d'Ant. de Naucaze).

MONT-BOISSET, écart, c^ne de Cayrols. — *Villaige de Mountboisses*, 1646 (état civ.). — *Monboiset*, 1649 (id. de Parlan). — *Montboisies*, 1652; — *Moubboisses*, 1653 (état civ.). — *Monboysses*, 1668 (nommée au p^ce de Monaco).

MONT-BOISSIER (LE PUECH DE), dom. ruiné, c^ne d'Aurillac. — *Affar de Pus-Monboissier; domaine sive affar apellé de Boissier*, 1692 (terr. de Saint-Geraud).

MONTBOUDIF, c^na de Marcenat et m^in. — *Monbodif*, 1310 (hist. de l'abb. de Feniers). — *Montbodif*, xvie s^e (lièves du q^r de Marvaud). — *Monbodifz*, xvie s^e (lièvc du q^r de Condat). — *Monboudictz; Monboudifs; Monbodifs; molin de Monbondiouf,* 1654 (terr. de Feniers). — *Mauboudif,* 1665 (état civ. de Champs). — *Momboudif,* 1672 (*id.* de Condat). — *Monboudian; molin de Monboudif,* xviie s^e (terr. de Feniers). — *Bomboudif; Bomboudif,* 1777 (état civ. de Condat). — *Boridif,* 1788 (arch. dép. s. C). — *Bouboudef* (Cassini). — *Montboudit* (État-major).

Montboudif était, avant 1789, de la Basse-Auvergne, du dioc. et de l'élect. de Clermont. Régi par le droit écrit, il dépend. de la justice de l'abbaye de Feniers, et ressort. à la sénéch. d'Auvergne, en appel de la prév. de la Roche-Sanadoire.

Par ordonnance royale du 7 août 1847, l'église a été érigée en succursale et la section de Montboudif, distraite de la c^{ne} de Condat-en-Feniers, a été érigée en commune distincte, en exécution du décret du 14 juin 1865.

Montboudif, bois, étang, mont. à vacherie et dom. ruiné, c^{ne} de Montboudif. — *Grangia de Monte-Vodin,* 1309 (hist. de l'abb. de Feniers). — *Montaigne de Bouboudif; de Monboudictz,* 1654; — *Monboudif,* xviie s^e (terr. de Feniers). — *Montbaudif,* 1788 (arch. dép. s. C).

Mont-Boudif-Vieux, dom. ruiné, c^{ne} de Mont-Boudif. — *Grangia Montis Vodin veteris,* 1309 (hist. de l'abb. de Feniers).

Mont-Boursou, écart et bois, c^{ne} de Ladinhac. — *Villaige de Montbrossos,* 1552 (min. Boygues, n^{re}). — *Boix de Montbroussous,* 1668 (nommée au p^{cc} de Monaco).

Montbrun, chât. fort, chapelle, mont. et m^{in} détruit, c^{ne} de Lavastrie. — *Castrum de Montbrun,* 1358 (spicil. Brivat.). — *Monsbrunus,* 1364 (arch. mun. de Saint-Flour). — *Monbru,* xive s^e (Pouillé de Saint-Flour). — *Montbru,* 1493; — *Monbrun; lo moli de Monbru,* 1494 (terr. de Mallet). — *Montron,* 1662 (*id.* de Vieillespesse). — *Le Puy Maubrun* (État-major).

Montbrun était, avant 1789, le siège d'une justice seign. régie par le droit écrit, et ressort. à la sénéch. d'Auvergne, en appel de la prév. de Saint-Flour.

Mont-Brun, ham. avec manoir, m^{in} et carderie, c^{ne} de Méallet. — *Mons Brunus,* 1343 (arch. mun. d'Aurillac, s. HH, c. 21). — *Moulin de Monbrun,* 1666 (état civ. de Saint-Martin-Valmeroux). — *Mombrun* (Cassini).

Mont-Brun était, avant 1789, le siège d'une justice seign. régie par le droit cout., s'étendant sur les paroisses d'Anglards, Auzers, Méallet, Moussages et Ydes, et ressort. à la sénéch. d'Auvergne, en appel du bailliage de Salers.

Mont-Busson (Le Suc de), mont. à vacherie, c^{te} de Lanobre.

Mont-Calvy, ham., c^{ne} de Badailhac. — *Montcalvi,* 1583 (terr. de Polminhac). — *Moncalvy,* 1720 (arch. dép. s. C).

Mont-Cany, vill., c^{ne} de Siran. — *Mansus de Montcani,* 1328; — *Montcalvi,* 1357 (pap. de la famille de Montal). — *Mon Canni,* 1449 (enq. sur les droits des seign. de Montal). — *Mont-Canj,* 1486 (accord avec Amaury de Montal). — *Moncani,* 1617 (état civ.). — *Montcany,* 1644 (min. Sarrauste. n^{re} à Laroquebrou). — *Monscanis,* 1659 (état civ.). — *Moncanis,* 1685 (*id.* de Laroquebrou). — *Moncarmel,* 1741 (arch. dép. s. G). — *Montcaux,* 1857 (Dict. stat. du Cantal).

Mont-Celles, chât. féodal détruit, c^{ne} de Montgreleix. — *Mons Cellesius,* 1313; — *Monscellerius; Castrum Montis-Cellesii,* 1328; — *Mons Cellezius,* 1331 (arch. dép. s. E). — *Maoncellas; Maoncelas,* 1354 (*id.* s. G). — *Castrum de Mons Selesius,* 1358 (*id.* s. E). — *Montceaulx,* 1622 (état civ. de Champs). — *Moncelez,* 1784 (Chabroi, t. IV).

Le château de Mont-Celles était, avant 1789, le siège d'une justice seign. régie par le droit écrit, et ressort. à la sénéch. d'Auvergne, en appel de la prév. de Brioude.

Il existait autrefois au-dessous de ce château une église, sous le voc. de saint Cirgues, titrée de prieuré et dépend. des Carmes déchaussés de Clermont.

Mont-Celles, vill., c^{ne} de Sainte-Eulalie. — *Monselle,* 1624 (état civ. de Trizac). — *Monseun,* 1641; — *Mont-Selles,* 1656; — *Monteselles,* 1672 (*id.* de Loupiac). — *Monsèles,* 1671 (*id.* de Pleaux). — *Moncèles,* 1683 (*id.* de Chaussenac). — *Monterlles,* 1684 (min. Gros, n^{re} à Saint-Martin-Valmeroux). — *Montercles,* 1690 (état. civ. de Saint-Martin-Valmeroux). — *Monselles,* 1692 (*id.* de Loupiac). *Moncelles,* 1694 (*id.* de Saint-Martin-Valmeroux).

Montcernie (La), vill., c^{ne} de Champs. — *Villaige de la Motserguie,* 1614; — *La Motsernie,* 1616; — *La Montsernie,* 1652; — *La Monsornie; La Monsornye,* 1653; — *La Moncarnie,* 1656; — *La Montsarnie,* 1657 (état civ.). — *La Monsarnie* (Cassini). — *La Monsernie* (État-major).

Montchamp, c^{on} nord de Saint-Flour. — *Preceptor Montchalmi,* 1293 (spicil. Brivat.). — *Parrochia Monchalm; Monschalmus; Monscalmus,* 1348 (reconn. au command. de Montchamp). — *Montchamp,* 1358 (spicil. Brivat.). — *Mauriscalmus,* 1363 (re-

41.

conn. au command. de Montchamp). — *Domus Montischalmi*, xiv° s° (Pouillé de Saint-Flour). — *Moncham*, 1570 (arch. mun. de Saint-Flour). — *Monchalu*, 1628 (paraphr. sur les cout. d'Auvergne). — *Montchal*, 1629; — *Monchal*, 1633 (terr. de Montchamp). — *Montchau*, 1644 (terr. de Loubeysargues). — *Montcham*, 1654 (*id.* du Sailhans). — *Monchamp*, 1662; — *Monchampt*, 1666 (terr. de Monchamp). — *Monchant*, 1745 (arch. dép. s. C, l. 43). — *Mont-Champ*; *Montechamps*, 1762 (terr. de Montchamp).

Montchamp était, avant 1789, de la Haute-Auvergne, du diocèse, de l'élect. et de la subdélég. de Saint-Flour. Régi par le droit cout., il était le siège de la justice de la command. de Montchamp, et ressort. à la sénéch. d'Auvergne, en appel de la prév. de Saint-Flour.

La command. de Montchamp, de l'ordre de Saint-Jean de Jérusalem qui avait succédé à une command. de l'ordre du Temple, dépend. du grand prieuré d'Auvergne.

Par décret du 28 août 1808, l'église de Montchamp a été érigée en succursale.

Montchamp (Le Puy de), mont. à vacherie, c^{ne} de Chaudesaigues.

Mont-Chan, mont. à vacherie, c^{ne} de Saint-Poncy.

Mont-Chanson, vill., source thermale et chât. féodal détruit, c^{ne} de Faverolles. — *Monchanso*, 1351 (spicil. Brivat.). — *Monchausso*, xiv° s° (Pouillé de Saint-Flour). — *Petrus de Montechansone*; *de Monte Chansone*, 1419 (arch. dép. s. G). — *Mourchausson*; *Monchausson*, 1494 (terr. de Mallet). — *Monchanson*, 1679 (insin. de la cour royale de Murat). — *Montchausson*, 1784 (Chabrol, t. IV). — *Mont-Chanson* (État-major).

Mont-Chanson était, avant 1789, le siège d'une justice seign. régie par le droit écrit, et ressort. à la sénéch. d'Auvergne, en appel du bailliage de Ruines.

Par ordonn. royale du 20 février 1846, l'église de Mont-Chanson a été érigée en succursale.

Mont-Chanson-Bas, vill., c^{ne} de Faverolles.

Mont-Chavel (Le), ruiss., affl. de l'Alagnonet, c^{ne} de la Chapelle-Laurent; cours de 2,000 m.

Mont-Chavet (Le), ruiss., affl. du Céroux, c^{ne} de la Chapelle-Laurent; cours de 2,750 m.

Mont-Clar, vill., mont. à vacherie et chât. en ruines, c^{ne} d'Anglards-de-Salers. — *Castrum de Monte-Clar*, 1240 (homm. à l'évêque de Clermont). — *Castrum de Monte-Claro*, 1263 (arch. général. de Sarliges). — *Monclar*, 1507 (nommée au seign. de Charlus). — *Monclas*, 1654; — *Montelac*,

1669 (état civ.). — *Montclard*, 1789 (Chabrol, t. IV).

Mont-Clar était, avant 1789, le siège d'une justice seign. régie par le droit cout., et ressort. à la sénéch. d'Auvergne, en appel du bailliage de Salers.

Mont-Clergue, vill. et mont. à vacherie, c^{ne} de Maurines. — *Mansus de Monclergue*, 1366 (arch. dép. s. G). — *Monlergue*; *Monclergue*, 1494 (terr. de Mallet). — *Mont-Clorgues*, 1614 (arch. dép. s. H). — *Montclergue*, 1669 (insin. de la cour royale de Murat). — *Monteleregue* (Cassini). — *Montlergues*, 1784 (Chabrol, t. IV). — *Montclerge*, 1856 (Dict. stat. du Cantal).

Mont-Colon, futaie, taillis et dom. ruiné, c^{ne} de Saint-Santin-Cantalès. — *Moncolon*, 1443; — *Affarium Moncoloni*, 1444 (arch. mun. d'Aurillac, s. IIII, c. 21). — *Mont-Colomb* (états de sections).

Mont-Couyou (Le Puech de), mont. à vacherie, c^{ne} de Fournoulès.

Mont-de-Bellier (Le), vill. et lac, c^{ne} de Saint-Étienne-de-Riom. — *Le Mont-de-Belié*, 1673 (état civ. de Menet). — *Le Mondebilier*, 1744 (arch. dép. s. E). — *Le Mont-de-Billier*, 1753 (*id.* s. C, l. 46). — *Le Mont-de-Billières*, 1855 (Dict. stat. du Cantal).

On voit près de ce village des ruines qu'on croit être celles d'un ancien monastère.

Monte (La), vill., c^{ne} de Saint-Poncy. — *Mont-Saint-Peire*, 1783 (terr. d'Alleret).

Montegou (Les Buges del), mont. à vacherie, c^{ne} de Saint-Bonnet-de-Salers.

Monteil (Le), vill., c^{ne} d'Ally. — *Mansus de la Montelh*, 1464 (terr. de Saint-Christophe). — *Lou Monte*, 1686 (état civ. de Chaussenac). — *Le Montel*, 1693 (*id.* d'Ally). — *Le Monteil*, 1769 (arch. dép. s. C).

Monteil (Le), dom. ruiné, c^{ne} d'Auzers. — *Affarium de Monteilho*, 1479 (nommée au seign. de Charlus).

Monteil (Le), mont. à vacherie, c^{ne} de Bredon. — *Lou puech de Montailh*, xv° s°; — *Le peuch dal Montelh*, 1575 (terr. de Bredon). — *Le peuch del Monteilh*, 1508 (*id.* de Loubeysargues). — *Le peuch du Montel*, 1664 (*id.* de Bredon). — *La Coste du Monteil*, 1687 (*id.* de Loubeysargues).

Monteil (Le), mont. à vacherie, c^{ne} de la Capelle-Barrez. — *Montaignhe del Montel*, 1669 (nommée au p^{re} de Monaco).

Monteil (Le), l^{ne}, c^{ne} de Cassaniouze.

Monteil (Le), vill., c^{ne} de Chalvignac. — *Mansus de Montelhs*, 1284 (homm. à l'évêque de Clermont).

— *Lo Montelh*, 1505 (comptes au doyen de Mauriac). — *Monteilhs*, 1549 (terr. de Miremont). — *Le Monteil*, 1782 (arch. dép. s. C, l. 41).

Monteil (Le), dom. ruiné, c^{ne} de la Chapelle-d'Alagnon. — *Affarium del Monteyl*, 1490 (terr. de Chambeuil).

Monteil, vill., c^{ne} de Chastel-Marlhac. — *Mansus de Montelli*, 1441 (terr. de Saignes). — *La Monteilhe*, 1655 (insin. du bailliage de Salers). — *Montal*, 1681 (état civ. de Saignes). — *Montel*, 1688 (id. de Chastel-Marlhac). — *Monteil*, 1744 (arch. dép. s. C, l. 45). — *Le Montelle* (Cassini). — *Le Montheil* (État-major).

Monteil (Le), f^{me}, c^{ne} de Chaudesaigues. — *Le Montel* (Cassini). — *Le Monthel* (État-major). — *Le Monteil*, 1855 (Dict. stat. du Cantal).

Monteil (Le), vill. détruit, c^{ne} de Cheylade. — *Villaige du Monteilh*, 1504 (homm. à l'évêque de Clermont). — *Le Monteil*, 1514 (terr. de Cheylade).

Monteil (Le), dom. ruiné, c^{ne} de Condat-en-Feniers. — *Mansus de Montelhs*, 1320 (hist. de l'abb. de Feniers).

Monteil (Le), vill., c^{ne} de Cros-de-Montvert. — *Lou Monteilh*, 1675 (état civ. de Pleaux). — *Lou Montel*, 1701 (id. d'Arnac). — *Le Monteil* (Cassini).

Monteil (Le), mⁱⁿ ruiné, c^{ne} de Cros-de-Montvert.

Monteil (La Coste del), dom. ruiné, c^{ne} de Cros-de-Montvert. — *Villaige de la Coste-del-Monteil*, 1641 (état civ.).

Monteil (Le), dom. ruiné, c^{ne} de Dienne. — *El Monteil*, 1551; — *Lou Monteilh; lou Montel*, 1618 (terr. de Dienne).

Monteil (Le), f^{me}, c^{ne} de Giou-de-Mamou.

Monteil, vill., c^{ne} de Lanobre. — *Le Monteil* (Cassini). — *Montet*, 1790 (min. Marambal, n^{re} à Thinières).

Monteil (Le), dom. ruiné, c^{ne} de Laveissière. — *Lo mas del Monteylh; lo Monteyl*, 1490 (terr. de Chambeuil). — *Lou puech del Monteilh*, 1500 (*id.* de Combrelles).

Monteil (Le), vill., c^{ne} de Lieutadès. — *Affar, vilaige et pagésie de Boyro que fust de Raighasse et del Montelh*, 1508; — *Le Montel*, 1662; — *Le Monteil*, 1686 (terr. de la Garde-Roussillon).

Monteil (Le), dom. ruiné, c^{ne} de Marcenat. — *Villaige del Monteil*, 1658 (lièvc du q^r de Marvaud.

Monteil (La Font del), font., c^{ne} de Massiac. — *Fons del Monteylh*, 1329 (enq. sur la justice de Vieillespesse).

Monteil (Le), vill. détruit, c^{ne} de Maurines. — *Le Monteilh*, 1784 (Chabrol, t. IV).

Monteil (Le), vill. et mⁱⁿ, c^{ne} de Pierrefort. — *Le Monteh; lou Monthelz*, 1596 (insin. du bailliage de Saint-Flour). — *Monteilz*, 1608; — *Montelz*, 1614; — *Montheilz*, 1636 (état civ.). — *Monteils* (Cassini). — *Le moulin del Montel* (états de sections).

Monteil (Le), dom. ruiné, c^{ne} de Rezentières. — *Ténement du Montel*, 1635 (nommée par G^{le} de Foix).

Monteil (Le), f^{me} avec manoir, c^{ne} de Saint-Cernin. — *Mansus dal Montalh*, 1369 (arch. mun. d'Aurillac, s. GG, p. 19). — *Domaine de Monteil*, 1759 (arch. dép. s. C, l. 19).

Monteil, vill., c^{ne} de Saint-Just. — *Montel*, 1763 (arch. dép. s. C, l. 48). — *Le Monteil* (Cassini).

Monteil (Le), vill., c^{ne} de Saint-Poncy. — *Castrum de Monteyl*, 1250 (spicil. Brivat.). — *Le Monteilh*, 1610 (terr. d'Avenaux). — *Le Montheilh*, 1613 (id. de Nubieux). — *Le Monteil*, 1785 (arch. dép. s. C, l. 47).

Monteil (Le), dom. ruiné, c^{ne} de Saint-Projet. — *Domaine du Monteil*, 1782 (arch. dép. s. C, l. 50).

Monteil (Le), ham., c^{ne} de Saint-Remy-de-Salers, auj. détruit. — *Le Montel* (Cassini).

Le Monteil faisait partie de la commanderie de Carlat. Un château paraît y avoir existé et l'emplacement qu'il occupait est désigné au plan cadastral sous le nom de *la terra-del-commandaïre*.

Monteil (Le), vill. et chât. fort détruit, c^{ne} de Saint-Saturnin.

Monteil (Le), vill. et mont., c^{ne} de Sauvat. — *Montet*, 1664 (insin. du bailliage de Salers). — *Monteil*, 1671 (état civ. de Menet). — *Lou Montes*, 1680 (id. de Saignes). — *Montelle* (Cassini). — *Montel*, 1784 (Chabrol, t. IV).

Monteil (Le), vill. et mⁱⁿ, c^{ne} de Ségur. — *Mansus del Montelh de Ségur*, 1329 (enq. sur la justice de Vieillespesse). — *Montheylh*, 1350; — *Lo Monteilh*, 1428; — *Molendinum del Monteilh*, 1468 (arch. dép. s. E). — *Villaige de Montes*, 1513; — *Le Montel*, 1514 (terr. de Cheylade). — *Monteilhs*, 1559 (min. Lanusse, n^{re}). — *Montilh*, 1596 (insin. du bailliage de Saint-Flour). — *Lemonteilh*, 1600 (terr. de Dienne). — *Lou Monteil*, 1673 (nommée au p^{ce} de Monaco).

Monteil (Le), ruiss., affl. de la Santoire, c^{ne} de Ségur; cours de 1,000 m.

Monteil (Le), mont. à burons et dom. ruiné, c^{ne} de Trizac. — *Villa Montels*, XIIe s^e (copie de la charte dite *de Clovis*). — *Villa de Montelhs*, 1292 (homm. à l'évêque de Clermont). — *Montaigne des Monteils*, 1607 (terr. de Trizac).

Monteil (Le), vill. détruit, c^{ne} d'Ussel. — *Villaige du Monteilh*, 1693 (état civ. de Jonrsac).

Monteil (Le), écart et chapelle détruite, c^{ne} de Vabres.

— Le Montel, 1745; — Le Monteil, 1782 (arch. dép. s. C, l. 43).

Monteil-Bas et Haut (Le), écart et vill., c^{ne} de Soulages.

Monteillou (Le), ham., c^{ne} de Saint-Just. — *Villaige de Monteliou*, 1763 (arch. dép. s. C, l. 48). — *Le Montillon* (Cassini).

Monteils (Les), écart, c^{ne} de Valette. — (Décret du 22 mai 1857.)

Monteir, vill. détruit, c^{ne} de Colandres.

Monteix, ruiss., affl. de la Tourette, c^{ne} de Neuvéglise; cours de 860 m.

Montel (Le), vill., c^{ne} de Soulages. — *Lou Monteil*, 1610 (terr. d'Avenaux). — *Le Montel*, 1777 (arch. dép. s. E).

Le Montel était, avant 1789, le siège d'une justice seign. moyenne et basse, régie par le droit cout., dépend. de la justice de Lastic, et ressort. à la sénéch. d'Auvergne, en appel de la prév. de Saint-Flour.

Montel (Le), écart, c^{ne} de Thiézac.

Monteli, dom. ruiné, c^{ne} de Neuvéglise. — *Villaige de Monteli*, 1656 (état civ. de Pierrefort).

Montel-le-Roucoux (Le), chât. féodal détruit, c^{ne} de Massiac. — *Castrum del Monteylh*, xvie s^e (accord entre les barons d'Apchon et de Pierrefort).

Ce château était, avant 1789, le siège d'une justice seign. régie par le droit cout., et ressort. au baill. de Montpensier, en appel de la prév. de Brioude.

Montelly, dom. ruiné, c^{ne} de Polminhac. — *Affar de la Montelhes*, 1583 (terr. de Polminhac). — *Affar de Monteily*, 1695 (id. de la comm. de Carlat).

Montelmas (Le), ham., c^{ne} de Saint-Urcize.

Montesclides, ham., c^{ne} de Saint-Amandin. — *Montasalide* (Cassini). — *Monteselide* (État-major).

Montet (Le), vill. détruit, c^{ne} de Chalvignac. — *Mansus de Montet*, 1475; — *Lou Montel*, 1680 (terr. de Mauriac).

Montex, vill., c^{ne} de Neuvéglise. — *Montex*, 1706 (état civ. de Montsalvy). — *Montleix* (Cassini). — *Monteux*, 1784 (Chabrol, t. IV). — *Monteix*, 1856 (Dict. stat. du Cantal).

Monteydon, écart, c^{ne} de Vézac. — *Affar de Monteydon*, 1670 (nommée au p^{ce} de Monaco). — *Montidon* (État-major).

Monteyli, ham., c^{ne} de Naucelles. — *Montuigli*, 1498 (arch. dép. s. E). — *Monteyli*, 1531 (min. Vigery, n^{re}). — *Monteilly*, 1546 (arch. dép. s. E). — *Montayly*, 1612; — *Montly*, 1613; — *Montelly*, 1617; — *Monteylli*, 1642 (état civ.). — *Montili*, 1636 (liève de Poul). — *Monteylly*, 1692 (terr. de Saint-Geraud).

Mont-Fay (Le), mont. à vacherie, c^{ne} de Saint-Hippolyte.

Mont-Fermier, ham., c^{ne} de Saint-Urcize. — *Montfarmyer*, 1494 (terr. de Mallet). — *Montfermel*, 1508; — *Mont-Fermier*, 1662; — *Mont-Farmer*, 1686 (id. de la Garde-Roussillon). — *Monfermier* (Cassini).

Mont-Fermier, ruiss., affl. de l'Hère, c^{ne} de Saint-Urcize; cours de 880 m.

Mont-Fol, écart, autref. vill., c^{ne} de Maurines. — *Montfa*, 1338 (spicil. Brivat.). — *Monffa*; *Monfou*, 1494 (terr. de Mallet). — *Monfo*, xvie s^e; — *Montfo*, 1640; — *Monfé*, 1645 (arch. dép. s. C). — *Montfol* (Cassini). — *Montfal*, 1856 (Dict. stat. du Cantal).

Mont-Fol, écart et bois, c^{ne} de la Trinitat.

Mont-Font, dom. ruiné, c^{ne} de Faverolles. — *Villaige de Monfon*, 1494 (terr. de Mallet).

Montfort, f^{me} avec manoir, mⁱⁿ et chapelle domestique, c^{ne} d'Arches. — *Preceptor de Montfort*, 1293 (spicil. Brivat.). — *Reparium de Monteforti*, 1346 (arch. généal. de Sartiges).

Montfort a renfermé une commanderie de l'ordre du Temple.

Montfort (Le Moulin de), mⁱⁿ détruit, c^{ne} de Chalvignac.

Mont-Font, dom. détruit, c^{ne} du Vigean.

Mont-Fouilloux, vill. avec manoir et source min., c^{ne} d'Ydes. — *Montesugo?* x^e s^e (copie du test. dit de Théodéchilde). — *Mansus de Montfolhos*; *Montfolhous*, 1441 (terr. de Saignes). — *Monfoulioux*, 1665; — *Monfoulhioux*, 1685 (état civ.). — *Monfolioux*, 1671 (id. de Menet). — *Mon-Fouliax*, 1673 (id. de Saignes). — *Montfouliouze*, 1744; — *Montfouillioux*, 1781 (arch. dép. s. C, l. 45). — *Monsouliou* (Cassini). — *Montfouilhoux* (État-major).

Mont-Gelat (Le), ruiss., affl. de l'Auze, coule aux finages des c^{nes} de Saint-Bonnet-de-Salers, Anglards-de-Salers et Salins; cours de 11,000 m.

Mont-Ginoux, vill., c^{ne} de Vitrac. — *Montginoux* (État-major). — *Mouginoux*, 1857 (Dict. stat. du Cantal).

Mont-Gon, vill., c^{ne} de Ruines.

Mont-Gon, ruiss., affl. de la Truyère, coule aux finages des c^{nes} de Clavières, Ruines, Saint-Georges et Anglards-de-Saint-Flour; cours de 4,000 m.

Mont-Gon, bois et mont. à vacherie, c^{ne} de Saint-Georges.

Mont-Gourbeix (Le), ham. et mont. à vacherie, c^{ne} de Saint-Étienne-de-Riom. — *Affar appellé de Mongrosbois*, 1504 (terr. de la duchesse d'Auvergne). — *Le Mont-Gourbaise*, 1855 (Dict. stat. du Cantal).

Mont-Greleix, c^{on} de Marcenat. — *Mongreles*, 1329 enq. sur la justice de Vieillespesse). — *Montgrales*, 1401 (spicil. Brivat.). — *Montgrelez*, 1535 (Pouillé de Clermont — Don gratuit). — *Montgraleix; Montgrelleix*, 1668 (état civ. de Marcenat). — *Mongrelex* (Cassini).

Mont-Greleix était, avant 1789, de la Basse-Auvergne, du dioc. et de l'élect. de Clermont, de la subdélég. de Bort. Régi par le droit écrit, il dépend. de la justice seign. de Montcelles, et ressort. à la sénéch. d'Auvergne, en appel de la prév. de Brioude. — Son église, dédiée à saint Laurent, était un prieuré dépend. de l'abb. de Chantoin de Clermont, et à la nomin. de l'archip. d'Ardes; elle a été érigée en succursale par décret du 28 août 1808.

Mont-Grieu, mont. et bois défriché, c.⁴⁰ d'Ytrac. — *Bois de Monggrieu; le puech de Mongrieu*, 1695; — *Bois de las costes de Mongrieü*, 1736 (terr. de la command. de Carlat).

Mont-Gros, vill. et mont. à vacherie, c.⁴⁰ de Lieutadès. — *Monsgrossus*, 1384 (arch. mun. de Saint-Flour). — *Montgros*, 1508 (terr. de la Garde-Roussillon).

Mont-Gnoux, vill., c.⁴⁰ de Bassignac. — *Mansus de Montgron*, 1485 (nommée au seign. de Charlus). — *Mongron*, 1645 (état civ. de Mauriac). — *Mongnou*, 1663 (id. de Saint-Cernin). — *Mongrou* (Cassini). — *Mongrous* (État-major).

Mont-Haut (Le), dom. ruiné, c.⁴⁰ d'Ally. — *Mansus de Mon-Sobra*, 1464 (terr. de Saint-Christophe).

Monthélie (La), ham., c.⁴⁰ de Vebret. — *Monselhier*, 1664 (insin. du bailliage de Salers). — *La Meathalie*, 1857 (Dict. stat. du Cantal).

Montiaies, dom. ruiné, c.⁴⁰ de Boisset. — *Affar appellé de Montyayes*, 1668 (nommée au p.⁰⁰ de Monaco).

Monticule Sainte-Anne (Le), ruiss., affl. de la rivière de Grolles, c.⁴⁰ de Marchastel; cours de 1,000 m.

Montière (La), ham. détruit, c.⁴⁰ de Jabrun. — *Le Peuchx de La Mothière*, 1662; — *La Montieyre*, 1686; — *Las-Montières*, 1730 (terr. de la Garde-Roussillon). — *La Montaigne*, 1784 (Chabrol, t. IV).

Montignac, f.⁴⁰, c.⁴⁰ de Chaudesaigues. — *Montignat*, 1784 (Chabrol, t. IV).

Montignac (Le), ruiss., prend sa source dans la c.⁴⁰ d'Espinasse, et forme, à sa jonction avec l'Hert et le Perret, le ruisseau de Nazat, sur le territ. de la c.⁴⁰ de Chaudesaigues, après un cours de 2,000 m.

Montignol, dom. ruiné, c.⁴⁰ de Vebret. — *Villaige de Montignol*, 1665 (état civ. de Mauriac).

Montillas, taillis et dom. ruiné, c.⁴⁰ de Roumégoux.

— *Mansus de Montilhars*, 1322 (homm. au seign. de Montal).

Montillou (Le), m.⁴⁰, c.⁴⁰ de Saint-Urcize. — *Moulin de Montilliou* (État-major).

Montimar, ham., c.⁴⁰ de Teissières-les-Bouliès. — *Mansus de Montimard*, 1521 (min. Vigery, n.⁴⁰). — *Montymard*, 1610 (aveu de J. de Pestels). — *Montemat*, 1668; — *Montamat*, 1669; — *Montimar*, 1724 (lièvre de l'abb. de Montsalvy). — *Montimat; Montimal*, 1782 (arch. dép. s. C, l. 49).

Montins, f.⁴⁰, c.⁴⁰ de Saint-Saury. — *Montin* (État-major). — *Montinis*, 1857 (Dict. stat. du Cantal).

Montirat, vill. et tour de guet en ruines, c.⁴⁰ de Méallet. — *Montirat*, 1655 (état civ. de Mauriac). — *Monttirat* (Cassini). — *Le Toural* (?), 1784 (Chabrol, t. IV).

Montirin-Bas et Haut, écarts, c.⁴⁰ de Champs. — *Montirent bas et haut*, 1855 (Dict. stat. du Cantal).

Montissou, mont. à vacherie, c.⁴⁰ de Saint-Bonnet-de-Marcenat. — V.⁴⁰ *Montisson* (Cassini). — *Vach. de Montissou* (État-major).

Montivialle-Basse, dom. ruiné, c.⁴⁰ de Saint-Gerons. — *Villaige de Montivialle-Basse*, 1669 (nommée au p.⁰⁰ de Monaco).

Mont-Jaresse, ham., c.⁴⁰ de Champs. — *Mouzeresses; Monjaresses*, 1660; — *Mongaresses*, 1662 (état civ.). — *Monjoresse* (Cassini). — *Moujaresse* (État-major).

Mont-Joie (Le), mont. à vacherie, c.⁴⁰ de Vieillespesse. — *Cousta de Mougiol*, 1526; — *Cousta nuncupata de Montgiol*, 1527; — *La Coste de Monghiel*, 1662 (terr. de Vieillespesse).

Mont-Joly, maison de camp. autref. chât., c.⁴⁰ de Saint-Martin-Valmeroux. — *Mont-Jolly*, 1642 (min. Gros, n.⁴⁰). — *Monjales*, 1695; — *Monjoli*, 1696; — *Monioly*, 1699; — *Montjeuly*, 1702 (état civ.).

Mont-Jou, ham. et chât. féodal détruit, c.⁴⁰ de Jou-sous-Montjou. — *Mons Jovis*, 1281 (Gall. christ. t. 2, col. 448). — *Castrum de Montjuson*, 1381; — *Mansus de Montjuou*, xiv.⁰ s.⁰ (archives mun. d'Aurillac, s. HH, c. 21). — *Monjou*, 1613 (état civ. de Thiézac). — *Moniou*, 1668; — *Montjou*, 1669 (nommée au p.⁰⁰ de Monaco). — *Munjou* (État-major).

Mont-Jou, ruiss., affl. du Goul, c.⁴⁰⁰ de Jou-sous-Montjou et de Raulhac; cours de 900 m.

Mont-Jou, maison inconnue, c.⁴⁰ de Vic-sur-Cère. — *La maison de Montjou*, 1669 (nommée au p.⁰⁰ de Monaco).

Mont-Jourlet, mont. à burons, c.⁴⁰ de Fontanges.

Mont-Jouvin (Le), mont. à vacherie et taillis, c.⁴⁰ de Talizat.

Mont-Jussieu, chât. féodal détruit, c^{ne} de Faverolles. Ce château était également appelé *Saint-Laurent*. — *Hospicium Montis Judei ; Beatus Laurentius de Monte*, 1437 (arch. dép. s. G). — *Sainct-Laurens*, 1645 (*id*. s. H). La chapelle de Saint-Laurent avait titre de prieuré et était à la nomin. de l'évêque de Saint-Flour.

Mont-Logis, vill., bois, chât. fort et m^{in} en ruines, c^{ne} de Ladinhac. — *Castrum de Monte Laudine*, 1206 (homm. à l'évêque de Clermont). — *Molhausi; Moulhausi*, 1464 (vente par Guill. de Treyssac). — *Monlausi*, 1515; — *Castalania de Monte Lausino*, 1516 (pièces de l'abbé Delmas). — *Montlausi*, 1548 (min. Guy de Vayssieyra, n^{re}). — *Montlausin*, 1549 (*id*. Boygues, n^{re}). — *Monlausy*, 1663 (état civ. de Leucamp). — *Montlauzy*, 1669; — *Mont-Lauzi*, 1670 (nommée au p^{cé} de Monaco). — *Monteausi*, 1679 (état civ. de Leucamp). — *Montlosy*, 1724 (lièvo de Montsalvy). — *Monlogy*, 1747 (arch. dép. s. C). — *Mont-Jolui; Mont-Logis; Montlogis*, 1750; — *Monlozis*, 1757 (anc. cad.). — *Monlozy; Montlozy*, 1767 (table des min. Guy de Vayssieyra, n^{re}). — *Monlogis*, 1782 (arch. dép. s. C). — *Montosi* (Cassini).

Mont-Logis était, avant 1789, le siège d'une justice seign. régie par le droit écrit, et ressort. au bailliage d'Aurillac, en appel de la prév. de Maurs.

Mont-Logis, mont. à burons, c^{ne} de Pailhérols.

Mont-Logis, ham. avec manoir, c^{ne} de Polminhac. — *Montlausy; Montlaugy*, 1695; — *Monlogies*, 1735 (terr. de la command. de Carlat). — *Monlogis* (Cassini).

Mont-Logis, ruiss., affl. de la Cère, c^{ne} de Polminhac; cours de 500 m.

Mont-Long, ham., c^{ne} de Villedieu. — *Mansus de Montlong*, 1491 (liber vitulus). — *Mont-Long*, 1670 (arch. mun. de Saint-Flour).

Mont-Loubier, mont. à vacherie, c^{ne} de Talizat.

Mont-Loubou, c^{ne} de Roannes-Saint-Mary. — *Villaige de Monlou-bou*, 1669 (nommée au p^{cé} de Monaco). — *Montlaubou*, 1682 (arch. dép. s. C). — *Montlou-bou*, 1702 (état civ. de Saint-Paul-des-Landes). — *Montloubou*, 1708; — *Monloubou*, 1761 (arch. dép. s. C).

Mont-Loury, mont. à vacherie, c^{ne} de Talizat.

Mont-Lucy, écart, c^{ne} de Raulhac.

Mont-Malier, vill., c^{ne} de la Monselie. — *Montmallier*, 1561 (terr. de Murat-la-Rabe). — *Moumalier*, 1687 (état civ. de Trizac). — *Montmalier*, 1783 (aveu par G. de la Croix).

Mont-Mart, dom. ruiné, c^{ne} de Sauvat. — *L'affar de Montmart*, 1420 (arch. général. de Sartiges).

Mont-Marty (Le), ruiss., affl. du Gourgoussou, c^{nes} de Saint-Constant et de Saint-Étienne-de-Maurs; cours de 2,000 m.

Mont-Marty, vill., c^{ne} de Saint-Étienne-de-Maurs. — *Montmarty*, 1601; — *Momarty*, 1641; — *Monmarty; Montmartin; Mont-Marti; Monmartin*, 1746 (état civ.).

Mont-Marty, ruiss., affl. du Célé, c^{ne} de Saint-Étienne-de-Maurs; cours de 6,800 m.

Montmège, dom. ruiné, c^{ne} de Saint-Mamet-la-Salvetat. — *Affar de Montmégea*, 1669 (nommée au p^{cé} de Monaco).

Mont-Mège, écart, c^{ne} d'Ytrac. Cet écart porte aussi le nom de *Gaffelage*. — *Montmèghe*, 1554 (terr. de Guill. de Cucilhes). — *Montmégha*, xvie s^{e} (pièces de l'abbé Delmas). — *Montmège*, 1613 (arch. mun. d'Aurillac, s. II, r. 15). — *Monmège*, 1628 (état civ. d'Arpajon). — *Montméga*, 1658 (*id*. d'Aurillac). — *Montmégi*, alias *la Bunhie*, 1668; — *Affar de la Brunhe, sive de Montmégier*, 1669 (nommée au p^{cé} de Monaco). — *Mounège*, 1684 (arch. dép. s. C.). — *Montmégo*, 1691 (état civ. de Laroquebrou). — *Mont-Mège*, 1713 (arch. dép. s. C).

Mont-Mégous, dom. ruiné, c^{ne} de Saint-Clément. — *Villaige de Montmégous*, 1668; — *Montmégoux*, 1669; — *Domaine avec molin appellé de Montmajoux*, 1671 (nommée au p^{cé} de Monaco).

Mont-Méjean, mont. et chât. féodal détruit, c^{ne} de Chavagnac. — *Rocher de Mont-Mégha; Mont-Mège*, 1535 (terr. de la v^{té} de Murat). — *Roche de Mont-Méetghy; Monmeetghy; Mon-Meetghy; Mont-Méghou*, 1580 (lièvo de la v^{té} de Murat). — *La roche de Montienhac; de Montmeghou*, 1598 (reconn. par les cons. d'Albepierre). — *Chasteau de Monmayoux*, 1671 (nommée au p^{cé} de Monaco). — *Rocher de Montméjean; de Montmège*, 1680 (terr. des Bros).

Mont-Méjol, écart et mont. à vacherie, c^{ne} de Champagnac.

Mont-Meynol, vill., c^{ne} de Soulages. — *Mommérol*, 1671 (état civ. de Massiac). — *Montmeyrol*, 1747; — *Montmurol*, 1778 (arch. dép. s. C, l. 48). — *Montmeyrolles*, 1784 (Chabrol, t. IV).

Mont-Miole, ham., c^{ne} de Saint-Gerons. — *Affarium de Mommula*, 1374; — *Mansus de Montemilano*, 1401 (arch. dép. s. E). — *Monmiala*, 1449 (enq. sur les droits des seign. de Montal). — *Mont-Miolle*, 1758 (arch. dép. s. C, l. 51). — *Monmiolle* (Cassini).

Mont-Morand, mont. à vacherie et chât. féodal détruit, c^{ne} de Sainte-Anastasie. — *Chasteaumorant*,

1678 (insin. du bailliage de Saint-Flour). — *Mommourand*, 1702 (liève de Mardogne). — *Montmoran* (Cassini). — *Mont-Mouron* (états de sections).

Mont-Mourier, mont. à vacherie et bois défriché, c^ne de Chastel-sur-Murat. — *Boix appellé de Montmorier; Mont-Morier; Mont-Morieu*, 1535 (terr. de la v^té de Murat). — *Mon-Mourye*, 1580 (liève conf. de Murat). — *Monmourier*, 1680 (terr. des Bros). — *Monmourié*, xvie s^e (*id.* du prieuré du chât. de Murat).

Mont-Mule, écart, c^ne de Roannes-Saint-Mary. — *Monmilla*, 1233 (Gall. christ. t. 2, col. 444). — *Mansum de Montemula*, 1522 (min. Vigery, n^re à Aurillac). — *Montmulle*, 1682; — *Montmule*, 1708 (arch. dép. s. C). — *Monmulo* (Cassini).

Mont-Murat, c^m de Maurs, chât. féodal détruit. — *Castrum de Montemurato*, 1275 (homm. à l'évêque de Clermont). — *Capellanus Montis Murati*, xvie s^e (Pouillé de Saint-Flour). — *Montmurart*, 1616 (état civ. de Saint-Santin-de-Maurs).

Mont-Murat était, avant 1789, de la Haute-Auvergne, du diocèse de Saint-Flour, de l'élect. et de la subdélég. d'Aurillac. Il était le siège d'une justice seign. régie par le droit écrit, et ressort. au bailliage d'Aurillac, en appel de la prév. de Maurs.

L'ancienne chapelle du château sert aujourd'hui d'église paroissiale; c'était un prieuré sous le voc. de N.-D. de l'Assomption. Elle a été érigée en succursale par décret du 28 août 1808.

Mont-ol-Sol (Le), mont. à vacherie, c^ne de Velzic.

Montonade (La), mont. à vacherie, c^ne de Pailhérols. — *La Moltonada*, xve s^e (arch. mun. d'Aurillac, s. HH, c. 21). — *Montaigne de la Montanade*, 1612 (pièces du cab. Lacassagne). — *La Monthonade*, 1668 (nommée au p^te de Monaco).

Montoursy, vill. et bois, c^ne de Junhac. — *Nemus de Montorsi*, 1324 (arch. dép. s. E). — *Bois de Montourssy*, 1759 (anc. cad.).

Montoussou, vill. et mont. à vacherie, c^ne d'Ydes. — *Montoussou*, 1660; — *Montossou*, 1680; — *Montoussou*, 1683 (état civ.). — *Montassou* (Cassini).

Mont-Pic, mont. à vacherie, c^ne de Lieutadès. — *Terroir appellé de Mont-Pic*, 1508; — *Terroir de Monpic*, 1686 (terr. de la Garde-Roussillon).

Mont-Pigot, vill., c^ne de Vebret. — *Mont-Pigot*, 1664 (insin. du bailliage de Salers). — *Monpigot* (Cassini).

Mont-Pontier (Le), mont. à vacherie, c^ne de Landeyrat.

Montréal, vill. et chât. détruit, c^ne de Brezons. — *Montréal*, 1623 (ass. gén. ten. à Brezons). — *Monrial; Montrial*, 1721 (état civ.).

Montréal, ruiss., affl. de la rivière de Brezons, c^ne de Brezons; cours de 3,400 m. — *Montral*, 1837 (état des riv. du Cantal).

Mont-Redon, écart et ancien prieuré, c^ne de Cayrols. — *Prior de Monterotondoh; Monterotondo*, 1514 (pièces de l'abbé Delmas).

Mont-Redon, mont. à vacherie et bois, c^ne de Chaliers.

Mont-Redon, vill., c^ne de Lastic. — *Villaige de Mont-Redon; Montredon*, 1508 (terr. de Montchamp). — *Monredon* (État-major).

Mont-Redon (Le), mont. à vacherie, c^ne de Saint-Étienne-de-Riom.

Mont-Redon, dom. ruiné, c^ne de Saint-Santin-de-Maurs. — *Tènement de Monredon*, 1753; — *Mont-Redon; Montredon*, 1755 (anc. cad.).

Mont-Redon, mont., c^ne de Vézac. — *Mons de Monterotondo*, 1514 (pièces de l'abbé Delmas).

Mont-Redon est une des quatre montagnes au pied desquelles ce bourg est situé.

Montreisse, mont. à vacherie, c^ne d'Aurillac. — *Pratum de Montreyssa*, 1517 (pièces de l'abbé Delmas).

Montreysse, ham. avec manoir, c^ne de Saint-Mamet-la-Salvetat. — *Monrayssa*, 1462 (pièces de l'abbé Delmas). — *Montreisse*, 1608 (état civ. d'Aurillac). — *Chasteau de Montroysse*, 1666 (*id.* de Saint-Mamet).

Montreysse, ruiss., affl. de la Cère, coule aux finages des c^nes de Saint-Mamet-la-Salvetat, d'Omps et de Pers; cours de 4,000 m. — *Montraisse*, 1739 (anc. cad. de Saint-Mamet). — *Monreisse*, 1837 (état des riv. du Cantal).

Mont-Roucou, ham., c^ne d'Aurillac. — *Mansus de Montraulsso*, 1542 (arch. mun. s. CC, p. 7). — *Montiocou; Monriocou*, 1623; — *Monroucou*, 1650; — *Monrougou*, 1659; — *Monrouquou*, 1673; — *Montrocquous*, 1674; — *Monroquou*, 1684 (état civ.). — *Montroucou*, 1710 (arch. mun. d'Aurillac, s. CC, p. 3). — *Montrouquou*, 1738 (*id.* p. 14).

Mont-Rouge, écart, c^ne de Pierrefort.

Montrouquie (La), dom. ruiné, c^ne de Reilhac. — *Villaige de la Monrouquie*, 1628 (état civ. d'Arpajon).

Montruc, bois et chât. fort détruit, c^ne de Bonnac. — *Le boix de Montru*, 1690 (terr. de Bégoules).

Montruc, vill., c^ne de Champagnac. — *In villa Montrues*, xiie s^e (copie de la charte dite *de Clovis*). — *Mas de Montruc*, 1439 (arch. généal. de Sartiges). — *Montour*, 1663 (insin. du bailliage de Salers). — *Montrac*, 1770; — *Matergue*, 1788 (arch. dép. s. C, l. 45).

Montruc (Le Suc de), mont. à vacherie, c^ne de Massiac.

Monts (Les), vill. et mont. à vacherie, c^{ne} de Lieutadès. — *Mansus de Montibus*, 1327 (arch. mun. de Saint-Flour). — *Les Mons*, 1508; — *Les Monts*, 1662 (terr. de la Garde-Roussillon).

Monts (Les), ruiss., afll. de l'Hyrisson, c^{ne} de Lieutadès; cours de 4,000 m.

Monts (Les), vill., c^{ne} de Saint-Santin-Cantalès.

Mont-Saint-Jean (Le), mont. à vacherie, c^{ne} de Sainte-Anastasie.

Mont-Saint-Julien (La Fon du), font. et mont. à vacherie, c^{ne} de Lugarde.

Montsalvy, arrond. d'Aurillac. — *Ecclesia Montis Salvii*, 1080 (mon. pontif. Arv.). — *Prepositus Montis Salvi*, 1256 (Gall. christ. t. II, inst. c. 90). — *Villa Montis Salvis*, 1278 (homm. à l'évêque de Clermont). — *Montesalvium*, 1339 (reconn. à J. de Podio). — *Monscalvius*, 1410 (liber vitulus). — *Montessalvius*, 1445 (reconn. aux cons. d'Aurillac). — *Domus del mole Montissalvi*; *Monsalvis*, 1529 (pièces de l'abbé Delmas). — *Monsalevy*, 1534; — *Monsalvi*, 1536; — *Mont-Salvi*, 1541 (terr. de Coffinhal). — *Parrochia Montisalvii*, 1605 (état civ.). — *Monsalvy*, 1610 (aveu de J. de Pestels). — *Montsalvi*, 1688 (pièces du cab. Bonnefons). — *Montsalvy* (anc. cad.).

Montsalvy était, avant 1789, de la Haute-Auvergne, du dioc. de Saint-Flour, de l'élect. et de la subdélég. d'Aurillac. Régi par le droit écrit, il était le siège de la justice du seign. prévôt du chapitre, et ressort. au bailliage d'Aurillac, en appel de la prév. de Maurs.

Il a existé dans cette ville, autref. fortifiée, un monast. de chanoines réguliers de l'ordre de Saint-Augustin, fondé vers 1066 environ. Cette abbaye fut sécularisée en 1764, et l'église érigée en collégiale. Ce monast. relevait de l'abbaye de Saint-Geraud d'Aurillac. Son église a été érigée en cure par la loi du 18 germinal an x (8 avril 1802).

Montsalvy, ruiss., afll. de la Cère, c^{ne} de Saint-Gerons.

Mont-Sanis (Le), mont. à vacherie et taillis, c^{ne} de Saint-Poncy.

Montsay, dom. ruiné, c^{ne} du Vigean. — *Montesagin*; *Montejagium*, x^e s^e (copie du test. dit *de Théodéchilde*). — *Mansus de Monsay*, 1310 (lièvre du prieuré du Vigean). — *Monsahy*, 1505 (arch. mun. de Mauriac).

Mont-Serot, écart, c^{ne} de Cassaniouze. — *Villaige de Montsero*, 1673 (état civ.). — *Moncero*, 1741; — *Monsereau*, 1745 (anc. cad.). — *Domaine de Monserau*, 1760 (arch. dép. s. C, l. 49). — *Monserou* (Cassini).

Mont-Sernat, ham. et chapelle détruite, c^{ne} de Leynhac. — *Monserat* (Cassini). — *Montserat* (État-major). — *Montserrat*, 1856 (Dict. stat. du Cantal). — *Montsarrat*; *Montsarlat* (Nob. d'Auvergne).

Montsert-Bas et Haut, m^{ins}, c^{ne} de Lanobre. — *Le Moysert* (Cassini). — *Moulin de Mousser* (État-major). — *Montser-Bas*; *Montser-Haut*, 1856 (Dict. stat. du Cantal).

Mont-Servey (La Roche de), mont. à vacherie, c^{ne} de Chanet.

Mont-Servier, f^{me}, bois et chât. détruit, c^{ne} de Joursac. — *Chasteau de Mon-Servier*, 1635 (nommée par G^{lle} de Foix). — *Chateau de Montservier* (Cassini).

La chapellenie de Sainte-Madeleine de Mont-Servier était à la nomination du chapitre de Brioude.

Montsétéroux, vill., mont. à vacherie et futaie, c^{ne} de Ferrières-Saint-Mary. — *Montsaturou*, 1610 (terr. d'Avenaux). — *Montsaturoux*, 1613 (id. de Nubieux). — *Monseilleroous*, 1635 (nommée par G^{lle} de Foix). — *Monsaturoux*, 1702; — *Monsuturoux*, 1771 (lièv. de Mardogne). — *Monseturou*, 1784 (arch. dép. s. C, l. 47). — *Montsuturou* (Cassini).

Mont-Solore (Le), dom. ruiné, c^{ne} d'Ydes. — *Villaige de Monsollore*, 1680 (état civ.).

Mont-Suc, écart, c^{ne} de Pradiers. — *Mansus de Monsuc*, 1358; — *Montsuc*, 1391 (spicil. Brivat.). — *Monsac* (État-major).

Mont-Suc, ruiss., afll. de la rivière d'Allanche, c^{ne} de Pradiers; cours de 7,000 m.

Mont-Suc, vill., chât. en ruines et bois, c^{ne} de Soulages. — *Seigneur de Mont-Suc*, 1730 (terr. de Montchamp).

Mont-Suc était, avant 1789, le siège d'une justice seign. régie par le droit cout., et ressort. à la sénéch. d'Auvergne, en appel du bailliage de Saint-Flour.

Mont-Ténonnier (Le), mont. inconnue, c^{ne} de Chanet. — *Le suc de Montayrou*, 1451 (terr. de Chavagnac). — *Montairon*; *Mont-Tayron*, 1471 (id. du Feydit). — *La font del puech de Monteronier*, xvie s^e (confins de la terre du Feydit).

Monture-Suc, mont. à vacherie, c^{ne} de Saint-Bonnet-de-Marcenat.

Mont-Usclat, ham., c^{ne} de Sainte-Marie. — *Montusclat*, 1664 (état civ. de Pierrefort). — *Momusclat*, 1677 (insin. du bailliage de Saint-Flour). — *Montesclop*, 1856 (Dict. stat. du Cantal).

Mont-Usset, mont. à vacherie et dom. ruiné, c^{ne} de Giou-de-Mamou. — *Affars de Montbussel*, 1595 (pièces de l'abbé Delmas). — *Le puy et bois de Montussel*; *Montussel*, 1692 (terr. de Saint-Geraud). — *Ténement de Mont-Ussel*, 1740 (anc. cad.).

Mont-Val, ham., c^{ne} de Pradiers. — *Monvar* (Cassini).

Mont-Vallat, chât., c^{ne} de Chaudesaigues. — *Dominus de Monbalat*, 1418 (arch. mun. d'Aurillac, s. FF, c. 18). — *Montbalat*, 1508 (terr. de la Garde-Roussillon). — *Montvalat*, 1662 (ibid.). — *Le sieur de Montvallat*, 1668 (nommée au p^{cé} de Monaco).

Mont-Vallat était, avant 1789, le siège d'une justice seign. régie par le droit écrit, et ressort. à la sénéch. d'Auvergne, en appel de la prév. de Chaudesaigues.

Mont-Vent, écart, c^{ne} de Badailhac.

Mont-Vent, écart, c^{ne} de Marcolès. — *Mallevernhes*, 1786 (lièvc de la baronnie de Calvinet).

Mont-Vent, c^{on} de Laroquebrou, et chât. fort auj. détruit. — *Monverti*, 1275 (test. de Bertrand de Montal). — *Locus de Montviridi*. 1297 (id. de Geraud de Montal). — *Monsviridis*, xive s^e (Pouillé de Saint-Flour). — *Montbert*, 1624 (état civ. d'Aurillac). — *Montverd*, 1695; — *Monverdt*, 1719 (id. de Mont-Vert).

Mont-Vert était, avant 1789, de la Haute-Auvergne, du dioc. de Saint-Flour, de l'élect. et de la subdél. d'Aurillac. Régi par le droit écrit, il était le siège d'une justice seign. ressort. au bailliage d'Aurillac, en appel de sa prév. part. — Son église, dédiée à saint Geraud, était un prieuré dépendant de l'abbaye de Saint-Geraud d'Aurillac et à la nomination du chapitre. Elle a été érigée en succursale par décret du 28 août 1808.

Mont-Vent, dom. ruiné, c^{ne} de Siran. — *Affarium de Monsvernhs*, 1357 (arch. mun. d'Aurillac, s. HH, c. 21).

Mont-Vèze (Le), mont. à vacherie, c^{ne} de Molèdes.

Monty (Le), mⁱⁿ, c^{ne} de Cros-de-Ronesque.

Monty (Le Suc de), mont. à vacherie, c^{ne} de Trémouille-Marchal.

Monvos, ham., c^{ne} de Saint-Cernin.

Monzil (Le), dom. ruiné, c^{ne} de Ruines. — *Lo Monzil*, 1338 (spicil. Brivat.).

Morange, vill., mⁱⁿ, carderie, scierie et bois, c^{ne} de Lanobre. — *Maurantghes*, xviie s^e (arch. dép. s. E). — *Moulin de Morange*, 1790 (min. Marambal, n^{re}). — *Moranges* (Cassini).

Morange, ruiss., affl. de la Dordogne, c^{ne} de Lanobre; cours de 3,500 m.

Moranges, vill. détruit, c^{ne} de Chanet.

More (Le), ham., c^{ne} de Saint-Urcize.

Morel (La), vill. et mⁱⁿ détruit, c^{ne} de Colandres. — *La Mourel*, 1671 (état civ. de Menet). — *La Morel* (État-major).

Morétuie (La), vill., c^{ne} du Falgoux.

Morétuie (La), vill., c^{ne} du Vaulmier. — *La Moretye*, 1589 (lièvc du prieuré de Saint-Vincent). — *La Moritie*, 1659 (insin. du bailliage de Salers). — *La Morelio*, 1673 (état civ. de Menet). — *La Mouritie*, 1680; — *La Morétie*, 1681 (id. de Saint-Vincent). — *La Mourettie*, 1703 (id. de Saint-Martin-Valmeroux). — *La Morthie* (Cassini).

Morétuie (La), ruiss., affl. de la rivière de Mars, c^{ne} du Vaulmier; cours de 1,250 m.

Morétie (La), dom. ruiné, c^{ne} d'Aurillac. — *Affarium de la Moretia*, 1471 (arch. dép. s. E). — *La Moretye*, 1625 (état civ.). — *Domaine de la Mouretie*, 1669 (nommée au p^{cé} de Monaco). — *La Mourethie*, 1679 (arch. mun. d'Aurillac, s. CC, p. 3).

Morétie (La), vill. et mⁱⁿ, c^{ne} de Marcolès. — *Mansus de la Moretia*, 1407 (pièces de l'abbé Delmas). — *La Mourettie*, 1670 (terr. de Calvinet). — *La Morétie*, 1784 (Chabrol, t. IV).

Morétie (La), mⁱⁿ, c^{ne} de Saint-Antoine.

Morétie (La), écart, c^{ne} de Teissières-les-Bouliès.

Morèze (La), dom. ruiné, c^{ne} de Carlat. — *Affar de Morèze*, 1695; — *Les eyraux de Morèse*, 1736 (terr. de la command. de Carlat).

Morgues (Les), dom. ruiné, c^{ne} de Jussac. — *Le ténement des Morgues*, 1773 (terr. de la Broussette).

Morinot, mⁱⁿ détruit, c^{ne} de Molompize.

Morle (Le), dom. ruiné, c^{ne} d'Arpajon. — *Affarium vocatum de Morla*, 1269 (arch. mun. d'Aurillac, s. FF, p. 15).

Morle (Le), vill. et chapelle de secours, c^{ne} de Ruines. — *Lou Maorlhes*, 1294 (arch. dép. s. G). — *Lo Morle*, xive s^e (Pouillé de Saint-Flour). — *Le Morle*, 1624 (terr. de Ligonnès).

Le Morle était, avant 1789, de la Haute-Auvergne, du dioc., de l'élect. et de la subdél. de Saint-Flour. Régi par le droit cout., il était le siège d'une seign. ressort. à la sénéch. d'Auvergne, en appel du bailliage de Ruines. — Son église, dédiée à saint Antoine, était un prieuré dépendant de l'abbaye de la Chaise-Dieu, et à la nomination de l'abbé.

La c^{ne} du Morle, créé en 1792, a été réunie à celle de Ruines, par ordonnance royale du 14 mai 1837.

Morle (Le), ruiss., affl. du Razonnet, c^{ne} de Ruines; cours de 4,000 m.

Ce ruisseau porte aussi les noms d'*Espiral* et de *Goudebert*. — *Razas de Sague-Redonde*, 1662 (terr. de la command. de Montchamp).

Mornac, f^{me} avec mⁱⁿ et chât. détruit, c^{ne} d'Espinasse — *Mornac*, 1855 (Dict. stat. du Cantal).

42.

MORNADET, vill. et mⁱⁿ, c^{ne} de Sainte-Marie. — *Mornatet* (Cassini).

MOROU, f^{me}, c^{ne} d'Aurillac.

MORSANGE, vill., c^{ne} de Maurines. — *Mourasanges*, 1640; — *Maurassanges*, 1645 (arch. dép. s. H). — *Maurasanges*, 1671 (insin. de la cour royale de Murat). — *Moresenge* (Cassini). — *Morassanges*, *Mouressanges*, 1784 (Chabrol, t. IV).

MORT (LA ROCHE DE LA), dom. ruiné et mont. à vacherie, c^{ne} de la Chapelle-d'Alagnon. — *La roche des Mortz; Ribetes sive More*, 1535; — *Affar appellé de More; la borie de Mort*, 1536 (terr. de la v^{té} de Murat). — *Le ténement du Moure; le rocher des Morts*, 1683 (id. des Bros).

MORT (LA), écart, c^{ne} de Marcolès.

MORTAGNE (LA), vill. détruit, c^{ne} d'Anglards-de-Salers.

MORTAMAR, mⁱⁿ détruit, c^{ne} de Vézac. — *Mole de Mortamar situm in pertinensibus de Tremoleto*, 1522 (min. Vigery, n^{re} à Aurillac).

MORTAVIE (LA), dom. ruiné, c^{ne} de Bonnac. — *Affar appellé de la Mortavie*, 1558 (terr. de Tempel).

MORTE (LA), mont. à vacherie, c^{ne} de Condat-en-Feniers.

MORTE (LA), mont. à vacherie, c^{ne} de Landeyrat.

MORTE (LA), ruiss., affl. de l'Alagnon, c^{ne} de Laveissière.

MORTE (LA), écart, bois et marais, c^{ne} de Montboudif. — *Bois appellé el Fayot del Moure; la Moure*, XVIIe s^e (terr. de Feniers).

MORTE (LA), ruiss., affl. de la Santoire, c^{ne} de Montboudif; cours de 3,500 m. — *Morta*, 1310 (Hist. de l'abbaye de Feniers).

MORTE (LE PUECH DE LA), mont. à burons et pierre branlante, c^{ne} de Saint-Urcize. — *Le Peuch-Moret*, 1508; — *Le pouch de la Mouret*, 1662; — *Le peuch de la Motte*, 1730 (terr. de la Garde-Roussillon).

MORTE (LA), ruiss., affl. du Lacassou, c^{ne} de Saint-Urcize; cours de 800 m.

MORTE (LA), écart, c^{ne} de Trémouille-Marchal.

MORTE-FONT (LA), font. et taillis, c^{ne} de Laurie.

MORTE-HAUTE (LA), écart, c^{ne} de Montboudif.

MORTE-SAGNE, f^{me}, c^{ne} de Coren. — *Mortassaignes*, 1684; — *Mortassaignies; Mortesaignyes*, 1586 (arch. dép. s. G). — *Mortesaignhe; Morte-Saigne*, 1696 (min. Andrieu, n^{re}). — *Montesaigne; Martesagne*, 1745; — *Martasaigne; Martesaigne*, 1780 (arch. dép. s. C, l. 43). — *Marthesagne* (Cassini).

MORTE-SAGNE, vill. détruit, c^{ne} de Girgols. — *Mansus de Morta Sanha*, 1522 (min. Vigery, n^{re}).

MORTE-SAGNE-BASSE ET HAUTE, dom. ruinés, c^{ne} de Girgols. — *Affarium de Morta-Sanha basse; de Morta-Sanha inferiori*, 1521; — *Affarium de Morta-Sanha-superiori; de Morta-Sanha-alti*, 1522 (min. Vigery, n^{re}).

MORTIER (LE), vill., c^{ne} de Saint-Bonnet-de-Marcenat.

MORTY (LA), écart, c^{ne} de Moussages.

MORZELLE (LA), ruiss., affl. du Jurol, coule aux finages des c^{nes} de Sériers, Lavastrie et d'Alleuze; cours de 7,700 m.

MORZIÈRE, vill., c^{ne} de Cros-de-Ronesque. — *Morzières*, 1668 (nommée au p^{ce} de Monaco). — *Morlières*, 1693; — *Morgières*, 1696 (état civ. de Raulhac).

Par décision du conseil général du 23 août 1876, le village de Morzière a été détaché de la c^{ne} de Badailhac, et annexé à celle de Cros-de-Ronesque.

MORZIÈRES, écart et mⁱⁿ détruit, c^{ne} d'Arpajon. — *Morzieyras-lez-Arpaione*, 1465 (obit. de N.-D. d'Aurillac). — *Mansus de Morsyras; molendinum de Morsieyras*, 1531 (min. Vigery, n^{re}). — *Mourziers*, 1623; — *Le moulin de Mourzières*, 1627 (état civ.). — *Morzières*, 1740 (anc. cad.). — *Morgières*, 1744 (arch. dép. s. C, l. 5).

MORZIÈNES, vill., c^{ne} de Cros-de-Ronesque. — *Morzières*, 1644 (min. Froquières, n^{re}). — *Morgières*, 1668 (nommée au p^{ce} de Monaco). — *Morzière* (Cassini).

MOSCUESSE, dom. ruiné, c^{ne} de Montboudif. — *Mansus de la Mochesna*, 1278 (Hist. de l'abbaye de Feniers).

MOSCOU, écart, c^{ne} de Laroquebrou. — *Affarium de Moncocul*, 1354 (arch. dép. s. E).

MOSQ (LE), dom. ruiné, c^{ne} de Saint-Mamet-la-Salvetat. — *Ténement du Mosq*, 1743 (anc. cad.).

MOTHE (LA), ham. avec manoir, chapelle et châtaign., c^{ne} de Calvinet. — *La Mothe*, 1784 (Chabrol, t. IV). — *Lamothe*, 1852 (Dict. stat. du Cantal).

La Mothe était, avant 1789, le siège d'une justice seign. régie par le droit écrit, et ressort. à la sénéch. d'Auvergne, en appel de la prév. de Calvinet.

MOTHE (LA), vill. détruit, c^{ne} de Chavagnac.

MOTHE (LA), mⁱⁿ, c^{ne} de Cros-de-Ronesque.

MOTHE (LA), écart et chât. féodal détruit, c^{ne} de Saint-Urcize. — *Hugo de Rupe, dominus de Motha*, 1333 (Gall. christ., t. II, inst. col. 94). — *Guillelmus de la Rocha sive de la Mota*, 1360 (arch. dép. s. E). — *Vice comitatum Motæ in Arvernia*, 1366 (Baluze, t. II, p. 345). — *Viscontté de la Mothe*, 1675 (arch. dép. s. E).

La Mothe était, avant 1789, le siège d'une justice seign. régie par le droit écrit, et ressort. à la sénéch. d'Auvergne, en appel du bailliage de Saint-Urcize.

Motte (La), dom. ruiné, c^ne de Cheylade. — *Villaige et affar de la Mote*, 1520 (min. Teyssendier, n^re à Cheylade).

Motte (La), dom. ruiné, c^ne de Jussac. — *Affarium de la Mota*, 1464 (terr. de Saint-Christophe).

Motte (La), chât. détruit, c^ne de Mourjou. — *Chasteau de la Mothe*, 1676 (état civ. de Cassaniouze). — *Seigneur de la Motte*, 1760 (terr. de Saint-Projet).

Mouaille (La), bois et dom. ruiné, c^ne d'Arpajon. — *El mas da la Muha da la Bastida*, 1223 (lièvc de Carbonnat).

Mouche (La), mont. à vacherie, c^ne de Brezons. — *Montaigne de la Moutche*, 1646; — *La Mousche*, 1665 (min. Danty, n^re).

Moucher, mont. à vacherie, c^ne de Roffiac.

Moudet, vill., c^ne de Vèze. — *Mondet*, 1857 (Dict. stat. du Cantal).

Mouganier (Le), écart, c^ne de Saint-Martin-sous-Vigouroux.

Mougéac, vill., c^ne de Marcolès. — *Monsac*, 1618 (état civ. de Glénat). — *Mouzac* (Cassini). — *Monzac* (État-major).

Mougudes (Les), taillis, c^ne de Giou-de-Mamou. — *Las Amagudas*, 1597 (pièces du cab. E. Amé). — *Las Homogudes; las Mougude*, 1740; — *Las Amagudes*, 1742 (anc. cad.).

Mouguduo (La), ruiss., affl. du Bouscatel, c^ne de Saint-Cirgues-de-Jordanne.

Mouguenou (Le), ruiss., affl. de la Truyère, c^ne d'Alleuze.

Mouguenou, m^in en ruines, c^ne de Chastel-Marlhac.

Mouguevay (Le), ruiss., affl. de la Sionne, c^ne de Molèdes; cours de 1,600 m.

Mouguier, m^in, c^ne de Mandailles.

Ce moulin porte aussi le nom de *Thiouchon*.

Mouguio (La Ribeyre de), dom. ruiné, c^ne de Montchamp. — *Maison appellée des Mourgues*, 1730 (terr. de Montchamp).

Mouinas, m^in, c^ne de Trizac.

Mouix, vill. et bois, c^ne de Cros-de-Montvert. — *Moingz*, 1635; — *Mouch*, 1659 (état civ.).

Mouix, ruiss., affl. de la Maronne, coule aux finages des c^nes de Saint-Santin-Cantalès, Cros-de-Montvert et de Rouffiac; cours de 10,710 m.

Ce ruisseau porte aussi le nom de *le Cayrou*.

Moujénoux (Le), ruiss., affl. du ruisseau de Mardarel, c^nes de Chastel-Marlhac et de Sauvat; cours de 5,800 m. — *Ruisseau de Mouguenou* (État-major).

Moulards (Les), écart, et vacherie, c^ne de Barriac.

Moulé (Le), dom. ruiné, c^ne de Carlat. — *Affar appelle del Moulé*, 1695 (terr. de la command. de Carlat).

Moulé (Le), dom. ruiné, c^ne de Naucelles. — *Mansus dal Mole*, 1342 (arch. mun. d'Aurillac, s. GG, c. 19).

Moulé (Le), mont. à vacherie, c^ne de Saint-Poncy.

Cette montagne est composée de 2 quartiers : le Moulé et la Fontoune. — *La coste des Mollins*, 1613 (terr. de Nubieux).

Moulède (La), vill. détruit, c^ne d'Ally.

Moulède (La), mont. à vacherie, c^ne de Chanet.

Moulède (La), ruiss., affl. de la rivière d'Ande, c^nes de Laveissenet et d'Ussel; cours de 3,000 m. — *La Ribeyre de Moulèdes*, 1662 (terr. de Loubeysargues).

Moulède (La), écart, c^ne de Lugarde.

Moulède (La), mont. à vacherie, c^ne de Marchastel.

Moulède (La), écart, c^ne de Thiézac. — *Bamonède* (Cassini).

Moulèdes (Les), écart, c^ne de Lugarde. — *Les Molèdes*, 1744 (lièvc de Soubrevèze).

Moulègne (La), ruiss., affl. de la rivière de la Rance, coule aux finages des c^nes de Cayrols, Saint-Mamet-la-Salvetat, Rouziers, Saint-Julien-de-Toursac et Boisset; cours de 16,500 m.

Ce ruisseau porte aussi les noms de *Molègre* et de *Plautte*. — *Le ruisseau de Maltaral*, 1574; — *De Mataral*, 1576; — *De Malarat*, 1586 (livre des achaps d'Ant. de Naucaze). — *Ruisseau de Moulergues*, 1739 (anc. cad. de Saint-Mamet).

Mouleine (La), lieu détruit, c^ne de Valuéjols. — *Quartier de la Mouleyre*, 1683 (terr. des Bros).

Mouleines (Les), dom. ruiné, c^ne de Peyrusse. — *Mansus de Moleyras*, 1471 (terr. du Feydit).

Moulène (La), ham., c^ne de Laroquebrou. — *Mansi da Mola*, 1297; — *Podium de Molas*, 1301 (pap. de la famille de Montal). — *Affarium de la Molena*, 1374 (arch. dép. s. E). — *Hugo de Moleniis*, 1443 (arch. mun. d'Aurillac, s. HH, c. 21). — *La Molène-Haulte*, 1625 (min. Sarrauste, n^re à Laroquebrou). — *La Moulène-Haut*, 1669 (nommée au p^ce de Monaco). — *La Moulène-Haute*, 1673 (état civ.).

Moulène-Basse (La), écart, c^ne de Laroquebrou. — *Molas soteyranas*, 1324 (arch. dép. s. G). — *La Moleine-Basse*, 1616 (pap. de la famille de Montal). — *La Molène-Basse*, 1643 (min. Sarrauste, n^re).

Moulène-de-Peyre (La), ham., c^ne de Laroquebrou.

Moulenier (Le), bois et m^in détruit, c^ne de Trizac. — *Bois del Molenier*, 1607 (terr. de Trizac). — *Moulenoux* (Cassini).

MOULENIQ (LA BUGE DE), mont. à vacherie, c^ne de Lascelle.

MOULENOT (LE), m^in, c^ne de Junhac.

MOULENOTTE (LA), m^in détruit, c^ne de Glénat.

MOULENOU (LE), m^in, c^ne de Parlan.

MOULERGUE (LA), dom. ruiné, c^ne de Paulhenc. — *Affar appellé de Moulergue*, 1671 (nommée au p^cé de Monaco).

MOULERGUES, vill., c^ne de Champagnac. — *Molergues*, 1655 (insin. du bailliage de Salers). — *Moulergues*, 1770 (arch. dép. s. C, l. 45). — *Molliergue*, 1784 (Chabrol, t. IV).

MOULERGUES, ruiss., affl. de la Dordogne, c^ne de Champagnac; cours de 700 m.

MOULERGUES, ruiss., affl. de l'Incon, c^ne de Pleaux; cours de 3,120 m. — *Rivière d'Eygé*, 1666 (état civ.).

MOULERGUES, vill., c^ne de Rouffiac. — *Mansus de Moumolargas*, 1275 (test. de Bertrand de Montal). — *Momolesgnas*, 1346 (arch. dép. s. G). — *Molergues*, 1689 (état civ. de Laroquebrou). — *Moulergues*, 1782 (arch. dép. s. C, l. 51).

MOULÈS, ham. et m^in, c^ne de Roumégoux. — *Mansus dels Molés*, 1357 (arch. mun. d'Aurillac, s. HH, c. 21). — *Lou Molé*, 1655; — *Molès*, 1657 (état civ. de Parlan). — *Moules*, 1661 (id. de Roumégoux). — *Montès*, 1857 (Dictionnaire statistique du Cantal).

MOULÈS, ruiss., affl. du ruisseau de Pontal, coule aux finages des c^nes de Roumégoux, la Ségalassière et de Glénat; cours de 6,500 m.
Ce ruisseau porte aussi les noms de *Refrus*, *l'Étang*, *Moulesse* et la *Ségalassière*.

MOULÈS (LE), écart, c^ne de Thiézac.

MOULET (LE), dom. ruiné, c^ne d'Aurillac. — *Mansus del Mole*, 1465 (obit. de N.-D. d'Aurillac). — *Le Moulet*, 1674 (état civ.).

MOULET (LE), vill. détruit, c^ne de Thiézac. — *Villaige de lou Mollé*, 1671 (nommée au p^cé de Monaco). — *Moulé*; *Moulet*, 1674 (terr. de Thiézac). — *Moullet* (Cassini).

MOULETTE (LA), vill., mont. à vacherie et bois, c^ne de Jabrun. — *La Molete*, 1508; — *La Moulette*, 1686 (terr. de la Garde-Roussillon). — *La Molette*, 1784 (Chabrol, t. IV).
La Moulette était, avant 1789, le siège d'une justice basse dépend. de la justice seign. de Montchamp, et ressort. à la sénéch. d'Auvergne, en appel de la prév. de Saint-Flour.

MOULEYRE (LA), écart, c^ne de Chastel-Marlhac. — *La Mouleire* (État-major).

MOULEYRE (LA), ruiss., affl. de l'Arcueil, c^nes de Ferrières-Saint-Mary et de Saint-Mary-le-Plain; cours de 1,800 m.

MOULEYRE (LA), vill., c^ne de Lanobre. — *La Mouleyre*, 1788; — *Demaine du Mouly*, 1789 (min. Marambal, n^re à Thinières). — *La Moulairie* (Cassini). — *Les Mouleyres* (État-major).

MOULEYRES (LES), ham., c^ne de Cheylade. — *Les Moleyras*, 1513 (terr. de Cheylade). — *Les Moleyras*, 1524 (min. Teyssendier, n^re à Cheylade). — *Trémolière*, 1592 (vente de la terre de Cheylade). — *Les Mouleyres*, 1646 (lièye conf. de Valrus). — *Las Moleire*, xviie s^e (table du terr. de Cheylade). — *Les Moulaires* (Cassini).

MOULEYRES (LES), écart avec manoir, c^ne de Saint-Hippolyte. — *Mansus de las Moleyras*, 1518 (terr. d'Apchon). — *Les Moleyres*, 1719 (table de ce terr.). — *Las Moulaires*, 1777 (lièye d'Apchon). — *Las Molières*, 1784 (arch. dép. s. C, l. 46). — Lasmoulaire (Cassini).

MOULEYRES (LE SUC DE LAS), mont. à vacherie, c^ne de Saint-Poncy. — *Le suc de las Moulaires*, 1783 (terr. d'Alleret).

MOULEYRES-SOUTRO (LES), f^me avec manoir, c^ne de Cheylade.

MOULHET (LE PUECH DE), mont. à vacherie, c^ne de Chaudesaigues. — *Le peuch del Molhiers*, 1508; — *Le peuchx de Mouliard*, 1662; — *Le peuch de Moulhard*, 1686; — *Le peuch de Mouillard*, 1730 (terr. de la Garde-Roussillon).

MOULI (LE), m^in détruit, c^ne d'Auzers. — *Le Moulit*, 1785 (arch. dép. s. C, l. 41).

MOULI (LE PRAT DEL), lieu détruit, c^ne de Cros-de-Ronesque. — (États de sections.)

MOULIES (LES), mont. à burons et dom. ruiné, c^ne de Valette. — *Ténement de la Molier*; *Mollier*, 1783 (aveu au roi par G^l de la Croix). — *Le Moullier*, 1783 (dénomb. du prieuré de Menet).

MOULIGNEU (LE), m^in, c^ne d'Oradour. — *Mouligneu* (État-major).

MOULIN (LE), ruiss., affl. de l'Auze, c^ne de la Besserette; cours de 1,500 m.

MOULIN (LE), m^in détruit, c^ne de Bonnac.

MOULIN (LE CHAMP DU), taillis et dom. ruiné, c^ne de Bredon. — *Affar de la Chalin-del-Mole*, xve s^e (terr. de Chambeuil). — *La Chalin*, 1608 (min. Danty, n^re).

MOULIN (LE), dom. ruiné, c^ne de Cassaniouze. — *Villaige de Mousdres*, 1660; — *Lou Mouly*, 1675 (état civ.). — *Lou Mony*, 1741 (anc. cad.).

MOULIN (LE), écart, c^ne de Champs.

MOULIN (LE), mont., c^ne de Chanet. — *Le suc de Molignat*, xvie s^e (confins de la terre du Feydit).

Moulin (Le Petit), min détruit, cne de Chavagnac.
Moulin (Le), min et scierie, cne du Claux.
Moulin (Le), min, cne de Dienne. — *Al Mole*, 1348 (lièvc de Dienne). — *Lou Molin*, 1551 (terr. de Dienne).
Moulin (Le), min, cne du Fau.
Moulin (Le), dom. ruiné, cne de Ladinhac. — *Villaige de Moulles*, 1670 (nommée au pcc de Monaco).
Moulin (Le), min, cne de Lascelle. — *Molin del Molé*, 1692 (terr. de Saint-Geraud).
Moulin (Le), lieu-dit, cne de Lavastrie. — *Champ al Mole*, 1494 (terr. de Mallet).
Moulin (Le), min ruiné, cne de Loupiac.
Moulin (Le Bois du), taillis, cne de Murat. — *Le bois du Molin*, 1536 (terr. de la vte de Murat). — *Quartier du Molé*, 1680 (*id.* des Bros).
Moulin (Le), dom. ruiné, cne de Riom-ès-Montagnes. — *Villaige de lou Molin*, 1626 (état civ. de Menet).
Moulin (Le), dom. ruiné, cne de Saint-Santin-de-Maurs. — *Ténement del Mouli*, 1749 (anc. cad.).
Moulin (Le), mins détruits, cne de Saint-Simon. — *Deux molins l'un à bled, l'autre à draps, appellés del Mole*, 1692 (terr. de Saint-Geraud). — *Villaige del Mole*, 1699 (arch. dép. s. E).
Moulin (Le), écart, cne de Ségur.
Moulin (Le), écart, cne de Trémouille-Marchal.
Moulin (Le), min, cne de Veyrières.
Moulin (Le), grange isolée, autref. moulin, cne du Vigean.
Moulin-à-Vent (Le), min à vent, cne de Coren.
Moulin-à-Vent (Le), ham., cne de Mauriac.
Moulin-à-Vent (Le), min en ruines, cne de Montmurat.
Moulin-à-Vent (Le), min à vent détruit, cne de Rageade.
Moulin-à-Vent (Le), lieu-dit, cne de Saint-Cernin.
Moulin-à-Vent (Le), min à vent, cne de Saint-Poncy.
Moulin-Bannier (Le), min détruit, cne de Massiac. — *Molendinum de banes, supra molendinum hospitii*, xive se (trans. avec le seign. d'Apchon).
Moulin-Bardon (Le), min, cne d'Ussel. — *Lou molin de Bardou*, 1654 (terr. du Sailhans).
Moulin-Barry (Le), min, cne de Narnhac.
Moulin-Bas (Le), écart, cne de Champs.
Moulin-Bas (Le), min, cne de Jou-sous-Montjou. — *Molin des Calmeilz*, 1669 (nommée au pce de Monaco).
Moulin-Bas (Le), min détruit, cne de Laveissière. — *Molin appellé le molin soubtra-entgayreuens, scis à Chambeul*, xve se (terr. de Chambeuil).
Moulin-Bas (Le), min détruit, cne de Molompize. — *Molin soutra; Molin soutre*, 1559 (lièvc du prieuré de Molompize).
Moulin-Bas (Le), min, cne de Parlan.
Moulin-Bas (La), min, cne de Neuvéglise.
Moulin-Bas-du-Battut (Le), min, cne de Saint-Cirgues-de-Malbert. — *Moulin du Batut* (État-major).
Moulin-Bas-du-Champ (Le), min détruit, cne de Cheylade. — *Molin soustra du Comp*, 1513 (terr. de Cheylade).
Moulin-Blanc (Le), ham. et min, cne de Tiviers.
Moulin-Bouzon (Le), min détruit, cne de Condat-en-Feniers. — *Molin de Bouzons à bled et à drap*, 1550 (terr. du quartier de Marvaud). — *Le molin de Bouzong*, 1650 (*id.* de Feniers). — *Le Molin*, 1658 (lièvc du quartier de Marvaud). — *Le Molin*, 1678; — *Le Moulin-Bouzon*, 1755 (état civ.).
Moulin-Brulé (Le), min détruit, cne de Murat. — *Territorium de Mole-Axiem*, 1445; — *Lo Mole-Ars*, 1446 (terr. de Farges).
Moulin-Capoulet (Le), ham. et min, cne de Sériers.
Moulin-Cheymol (Le), min, cne de Trizac.
Moulin-Combier (Le), min détruit, cne de Saint-Saturnin. — *Le molin Combier de chanvre*, 1585 (terr. de Graule).
Moulin-Commun (Le), min, cne de Bredon. — *Molin du Commung assis sur la rivière d'Avena*, 1508 (terr. de Loubeysargues). — *Molin appellé del commung, en Avenel*, 1580 (lièvc conf. de Murat). — *Lou Mouelhou*, 1661 (terr. de Loubeysargues). — *Moulin de Mouledou*, 1681 (*id.* d'Albepierre). — *Le Moulenou*, 1687 (*id.* de Loubeysargues).
Moulin-d'Astorg (Le), min, cne de Pleaux.
Moulin-Daussac (Le), min détruit, cne de Condat-en-Feniers. — 1650 (terr. de Feniers).
Moulin-de-Barreyre (Le), huilerie et foulon, cne de Bonnac. — *Moulin del Graveyron, à blé à 2 meules et à chanvre*, 1771 (terr. du prieuré de Bonnac).
Moulin-de-Bical (Le), ham. et min, cne de la Trinital.
Moulin-de-Bonnet (Le), min, cne de Pleaux.
Moulin-de-Caumont (Le), min, cne de Prunet.
Moulin-de-Cavy (Le), anc. min détruit et gouffre dans la rivière de la Tarantaine, cne de Marchal.
Moulin-de-Champs (Le), min, cne de Champs.
Moulin-de-Clavel (Le), min, cne de Pleaux.
Moulin-de-Clavières (Le), scierie, cne de Clavières.
Moulin-de-Fagéonel (Le), min, cne de Prunet. — *Le moulin de Fageannel*, 1857 (Dict. stat. du Cantal).
Moulin-de-Gilbertel (Le), écart, cne de Saint-Christophe.
Moulin-de-Jean-de-Guillen (Le), min, cne de Sériers.
Moulin-Déjou (Le), min, cne de Marmanhac.

Moulin-de-la-Besseire-de-l'Air (Le), m^{in}, c^{ne} de Loubaresse.

Moulin-de-la-Côte (Le), m^{in}, c^{ne} de Roannes-Saint-Mary.

Moulin-de-la-Peyrau (Le), carderie, c^{ne} d'Allanche. — *Moulin de la Peyrol* (Cassini).

Moulin-del-Bos (Le), ruiss., affl. de la Rance, c^{nes} de Saint-Mamet-la-Salvetat et de Vitrac; cours de 2,300 m.

Moulin-del-Micu (Le), m^{in} détruit, c^{ne} de Parlan. — *Le Molin-del-Mictz*, 1645 (terr. de Nozières).

Moulin-Delsol (Le), m^{in}, c^{ne} de Marmanhac.

Moulin-de-Martin (Le), ruiss., affl. du ruisseau d'Escladines, c^{nes} de Barriac et de Chaussenac; cours de 4,010 m.

Moulin-de-Moneyrou (Le), carderie et teinturerie, c^{ne} d'Allanche.

Moulin-de-Pers (Le), écart, c^{ne} de Pers.

Moulin-de-Petit (Le), m^{in}, c^{ne} d'Anterrieux.

Moulin-de-Peyrusse (Le), m^{in}, c^{ne} de Peyrusse.

Moulin-de-Riom (Le), m^{in}, c^{ne} de Riom-ès-Montagnes.

Moulin-de-Roannes (Le), m^{in} et martinet, c^{ne} de Roannes-Saint-Mary.

Moulin-de-Roche (Le), m^{in}, c^{ne} de Saint-Saturnin.

Moulin-de-Simon (Le), m^{in} détruit, c^{ne} de Chaliers. — (Cassini).

Moulin-de-Teste (Le), mont. à vacherie et m^{in} détruit, c^{ne} de Saint-Amandin.

Moulin-de-Tête (Le), m^{in}, c^{ne} de Riom-ès-Montagnes.

Moulin-de-Vert (Le), ham., c^{ne} de Saint-Martin-Cantalès.

Moulin-de-Vidal (Le), écart, c^{ne} de Champs. Cet écart porte aussi le nom de *Pré-Grand*.

Moulin-de-Ville (Le), m^{in}, c^{ne} de Saint-Simon. — *Molin de la Carrière*, 1692 (terr. de Saint-Geraud).

Moulin-du-Ban (Le), quartier et m^{in} de la ville de Chaudesaigues.

Moulin-du-Bois (Le), ham. et m^{in}, c^{ne} de Vebret.

Moulin-du-Château (Le), m^{in} détruit, c^{ne} de Brezons. — *Le molin du Chasteau*, 1658 (min. Danty, n^{re}).

Moulin-du-Château (Le), m^{in}, c^{ne} de Charmensac.

Moulin-du-Dreil (Le), m^{in}, c^{ne} de Marcenat. — *Moulin lou Drey*, 1650; — *Moulin de Landrey*, 1676; — *Moulin d'Andreil*, 1717 (état civ.).

Moulin-du-Mineur (Le), m^{in} détruit, c^{ne} de Champs. — *Le moulin del Minairé*, 1621 (état civ.).

Moulin-du-Taux (Le), scierie, c^{ne} de Clavières.

Mouline (La), écart et m^{in} détruit, c^{ne} de Saint-Constant. — *Moulin de la Mouline*, 1693 (état civ.). — *Moulin de la Moulène*, 1747 (anc. cad.). — *Moulet* (états de sections).

Moulinet (Le), m^{in} détruit, c^{ne} de Lieutadès. — *Molin dal Mollinet*, 1508; — *Molin dal Molinet*, 1662; — *Molin del Moulinet*, 1686 (terr. de la Garde Roussillon).

Moulineux (Les), écart, c^{ne} de Neuvéglise.

Moulin-Galtat (Le Roc du), rochers et m^{in} détruit, c^{ne} de Saint-Constant. — *Le Mouly-Gualtat*, 1747 (anc. cad.).

Moulinges, vill., c^{ne} de Paulhenc. — *Moulenges*, 1617; — *Molingoza*, 1644 (état civ. de Pierrefort). — *Molenges*, 1668 (nommée au p^{ce} de Monaco). — *Molinges* (Cassini). — *Moulinges*, 1857 (Dict. stat. du Cantal).

Moulin-Grand (Le), m^{in} en ruines, c^{ne} de Faverolles.

Moulin-Grand (Le), ham. et m^{in}, c^{ne} de Massiac.

Moulin-Grand (Le), m^{in} détruit, c^{ne} de Roffiac. — *Le molin soubro grand*, 1654 (terr. du Sailhans).

Moulin-Guabdès (Le), huilerie, c^{ne} d'Auzers.

Moulin-Haut (Le), m^{in} détruit et châtaign., c^{ne} de la Besserette.

Moulin-Haut (Le), écart, c^{ne} de Champs.

Moulin-Haut (Le), m^{in}, c^{ne} de Jou-sous-Monjou.

Moulin-Haut (Le), m^{in} détruit, c^{ne} de Molompize. — *Lo molin Sobre*, 1559 (liève du prieuré de Molompize).

Moulin-Haut (Le), m^{in}, c^{ne} de Parlan.

Moulin-Haut (Le), ham. et m^{in}, c^{ne} de Saint-Martin-sous-Vigouroux.

Moulin-Haut (Le), écart, c^{ne} de la Ségalassière.

Moulin-Haut (Le), m^{in}, c^{ne} de Vieillespesse.

Moulin-Haut-du-Battut (Le), écart, c^{ne} de Saint-Cirgues-de-Malbert.

Moulinière (La), dom. ruiné, c^{ne} de Carlat. — *Affar appellé de la Molinieyra-de-la-Combe*, 1668 (nommée au p^{ce} de Monaco).

Moulin-Molinier (Le), m^{in}, c^{ne} de Sériers.

Moulin-Mort (Le), m^{in} détruit, c^{ne} de Thiézac. — 1668 (nommée au p^{ce} de Monaco).

Moulin-Moutarde (Le), m^{in}, c^{ne} d'Alleuze.

Moulin-Neuf (Le), m^{in} détruit, c^{ne} de Maurs. — *Molendinum Novum*, 1416 (arch. dép. s. H).

Moulin-Neuf (Le), m^{in}, c^{ne} de Saint-Constant. — *Moulin-Niou*, 1693 (état civ.). — *Moulin-Neuf*, 1749 (anc. cad.).

Moulin-Notre-Dame (Le), ham. et m^{in}, c^{ne} de Massiac. — *Molendinum Hospitii*, xive s^e (trans. avec le seign. d'Apchon).

Moulinotte (La), m^{in} détruit, c^{ne} de Parlan.

Moulinou (Le), m^{in} détruit, c^{ne} de Giou-de-Mamou.

Moulinou (Le), m^{in}, c^{ne} de Saint-Flour.

MOULINOU (LE), m^{in} détruit, c^{ne} de Saint-Mary-le-Plain.

MOULINOU (LE), ruiss., affl. de l'Arcueil, c^{nes} de Saint-Mary-le-Plain et de Bonnac.

MOULINOUX (LE), m^{in} détruit, c^{ne} de Vieillespesse.

MOULIN-PETIT (LE), m^{in}, c^{ne} de Massiac.

MOULIN-PETIT (LE), m^{in} détruit, c^{ne} de Roffiac. — *Molin soubro appellé le Molin-Pitiot*, 1655 (terr. du Sailhans).

MOULIN-PETIT (LE), m^{in}, c^{ne} de Saint-Flour. — *Molendinum de las Rochas*, 1459 (arch. mun.). — *Molin del Petit, autrement de las Roches*, 1534 (arch. dép. s. H).

MOULIN-PITRON (LE), m^{in}, c^{ne} de Sériers.

MOULIN-ROUDIER (LE), m^{in}, c^{ne} de Vic-sur-Cère. — *Lou Molle-Roudier*, 1598; — *Lou Mole-Rodier*, 1603; — *Lou Moler Rordier*, 1604; — *Lou Molerodier*, 1632; — *Lou Mouloroudehe*, 1636 (état. civ.). — *Lou Mole-Roudié*, 1668; — *Lou Molle-Rodye*, 1671 (nommée au p^{ce} de Monaco). — *Le Moulin-Roudier*, 1769 (anc. cad.). — *Le Moulin-Rodier* (états de sections).

MOULIN-ROUET (LE), m^{in} détruit, c^{ne} de Trizac. — *Lou Molin-Rout*, 1654 (terr. du Sailhans).

MOULIN-ROUET (LE), m^{in} détruit, c^{ne} de Valuéjols. — *Lou Mollin-Rout*, 1662 (terr. de Loubeysargues).

MOULINS (LES), vill. et m^{ins}, c^{ne} de Condat-en-Feniers.

MOULINS (LES DEUX), m^{ins} en ruines, c^{ne} de Loupiac.

MOULINS (LES), écart, c^{ne} de Riom-ès-Montagnes.

MOULINS D'AUCHEY (LES), m^{ins} et carderie, c^{ne} d'Allanche.

MOULIN-SOUBRO ET SOUTRO (LES), m^{ins}, c^{ne} de Trizac.

MOULIN-VERT (LE), m^{in} détruit, c^{ne} de Marchastel. — *Lou Mollin-Vert*, 1578 (terr. de Soubrevèze).

MOULIN-VIEIL, m^{in} détruit et taillis, c^{ne} de Boisset. — *Bois du Mouléviel*, 1745 (anc. cad.).

MOULIN-VIEUX (LE), m^{in} détruit, c^{ne} de Valette. — *Lo Champ sur le Molin-Vielh*, 1506 (terr. de Riom).

MOULIT (LE), f^{me}, c^{ne} de Trizac. — *Lou Mollit*, 1681; — *Lou Molit*, 1687 (état civ.). — *Lo Moulit*, 1744 (arch. dép. s. C). — *Le Mouly* (états de sections).

MOULY (LOU), m^{in} détruit, c^{ne} de Giou-de-Mamou.

MOUMINOUS, ham., c^{ne} de Mourjou. — *Mounisseuf*, 1665 (état civ. de Leucamp). — *Mouminous* (Cassini).

MOUMOTTE (LA), dom. ruiné, c^{ne} de Parlan. — *Le ténement de la Moumotte*, 1668 (nommée au p^{ce} de Monaco).

MOUMOULIE (LA), mont. à vacherie et bois défriché, c^{ne} de Lavigerie. — *Boix de Malemolye*, 1551 (terr. de Dienne).

MOUNAS, m^{in} détruit, c^{ne} de Tiviers. — *Molin de Mounas*, 1663 (terr. de Montchamp).

MOUPELIÈRE (LA), scierie, c^{ne} de Védrines-Saint-Loup.

MOUQUIRE (LA), dom. ruiné, c^{ne} de Roannes-Saint-Mary. — *Le villaige de Moquire*, 1668 (nommée au p^{ce} de Monaco).

MOURACHE (LA), ham., c^{ne} de Serrus. — *La Mourache* (Cassini).

MOURANDEL, ham., c^{ne} de Parlan. — *Bormandel*, 1572; — *Bonaldelh, villaige*, 1589 (livre des achaps d'Ant. de Naucaze). — *Bornandel*, 1645; — *Bonalidel*, 1647 (état civ.). — *Mounandel; Mourandel*, 1748 (anc. cad.).

MOURANDES (LES), ham., c^{ne} de Dienne. — *Lasariia*, 1348 (lièvre de Dienne). — *La Malaudye; la Malaudie*, 1551; — *La Malaudia*, 1600 (terrier de Dienne). — *Les Martures*, 1607 (min. Danty, n^{re}). — *La Malandya*, 1618 (terr. de Dienne).

MOURANNE (LE BOIS DE), futaie, c^{ne} de Saint-Poncy. Cette futaie est composée de 3 massifs: le bois de Mouranne, le Boutayrou et la Griffoulière.

MOURAYRE (LA), vill., c^{ne} de Lastic. — *La Moureyre* (Cassini).

MOURCAIROL (LE), mont. à vacherie, c^{ne} d'Allanche.

MOURCAYROLS, ruiss., affl. de la rivière de Roannes, c^{nes} de Prunet et de Roannes-Saint-Mary; cours de 7,500 m.

Ce ruisseau porte aussi les noms de *Contournal* et *Toules*.

MOURCAYROLS, vill. et taillis, c^{ne} de Roannes-Saint-Mary. — *Mansus de Marcayrols*, 1522 (min. Vigery, n^{re} à Aurillac). — *Morcayrol*, 1638 (état civ. de Saint-Mamet). — *Morqueyrolz*, 1669 (nommée au p^{ce} de Monaco). — *Mourqueyrolz*, 1682; — *Marqueyrols*, 1708; — *Morqueyrols*, 1761 (arch. dép. s. C).

MOURE (LA), écart et m^{in}, c^{ne} de Saint-Just.

MOUREILLE (LA), dom. ruiné, c^{ne} de Vic-sur-Cère. — *Affar de la Moureilha*, 1671 (nommée au p^{ce} de Monaco).

MOURELIE (LA), écart, c^{ne} de Tanavelle. — *Latga-Marly* (Cassini). — *Latgua-Mourelie*, 1857 (Dict. stat. du Cantal).

MOUREMAIN (LE PUY DE), mont. à vacherie, c^{ne} de Champs.

MOURESSES (LA CROIX DES), croix détruite, c^{ne} d'Ussel. — *La croix dels Moresses*, 1654 (terr. du Sailhans).

MOURET, vill., m^{ins} et chât. détruit, c^{ne} de Chalinargues. — *Morennum*, 849 (Baluze, t. II, p. 2). — *Moret*, 1100 (Gall. christ, t. II, col. 471). — *Morent*, 1258 (id. inst. col. 141). — *Mansus de More*, 1441 (arch. dép. s. E). — *Méret*, XVIe s^{e} (terr. du prieuré de Bredon). — *Mouré*, 1608 (min.

Danty, n^re). — *Mouret*, 1710 (terr. du prieuré de Coltines).

Mouret était, avant 1789, régi par le droit écrit, dépend. de la justice du doyen de Brioude, et ressort. au bailliage de Saint-Flour, en appel de sa prév. part. — Son église, dédiée à sainte Madeleine, a été érigée en chapelle vicariale, par ordonnance royale du 14 janvier 1827 et en succursale par une autre ordonnance du 25 juin 1842.

Mouret, ruiss., affl. de la rivière d'Allanche, coule aux finages des c^nes de Dienne, Chalinargues et Sainte-Anastasie; cours de 9,400 m.

Mourette (La), ruiss., affl. de l'Arcueil, c^ne de Saint-Mary-le-Plain; cours de 900 m. — *Rif des Amores*, 1556 (terr. du prieuré de Rochefort).

Moureyre (La), f^me et mont. à vacherie, c^ne de Vieillespesse. — *Mansus de la Moreyra*, 1526; — *Moureyre*, 1662 (terr. de Vieillespesse). — *La Moreyra*, 1610 (*id.* d'Avenaux).

Mourèze, f^me, mont. à burons et chât. féodal détruit, c^ne de Saint-Clément. — *Affarium de Boresca*, xve s^e (arch. mun. d'Aurillac, s. HH, c. 21). — *Mansus de Moresa*, 1531 (min. Vigery, n^re). — *Chasteau et place de Mourèze*, 1627; — *Morèze*, 1642; — *Le bois de Seniq*, 1657 (pièces du cab. Lacassagne). — *Chasteau de Moureyres*, 1668 (nommée au p^ce de Monaco). — *Bois appellé de Sinic ou de Morèze*, 1694 (pièces du cab. Lacassagne). — *Metairie de Marèze*, 1695 (état civ.). — *Mourcizes* (Cassini).

Mourèze était, avant 1789, régi par le droit écrit, et siège d'une justice seign. ressort. au bailliage de Vic, en appel de sa prév. part.

Mourgeon, dom. ruiné, c^ne de Vieillespesse.—*Villaige de Morejou*, 1562 (arch. dép. s. G).

Mourgue (La), dom. ruiné, c^ne de Cheylade. — *Affar de la Morgue*, 1514 (terr. de Cheylade).

Mourgue (La), écart, c^ne de Vabres. — *La Barraque du Granjou*, 1857 (Dict. stat. du Cantal).

Mourgue, dom. ruiné, c^ne de Vic-sur-Cère. — *Villaige de la Mourge*, 1669 (nommée au p^ce de Monaco).

Mourguie (La Fon de la), font., c^ne de Dienne. — *El theron de la Morguye*, 1551 (terr. de Dienne).

Mourguye (La), mont. à burons et dom. ruinés, c^ne de Saint-Projet. — *La Mourguie*, 1663 (insin. du bailliage de Salers). — *Mourguie-Haut et Bas*, 1787 (arch. dép. s. C, l. 50). — *Mourguy* (État-major).

Mourières (La), écart, c^ne de Thiézac. — *Les Morieyres*, 1746 (anc. cad.).

Mourinie (La), dom. ruiné, c^ne d'Anglards-de-Salers.

— *Affarium de la Morinha*, 1475; — *La Morinhe*, 1680 (terr. de Mauriac).

Mouriniol (Le), vill. détruit, c^ne de Jaleyrac.—*Mansus de lo Mornihol*, 1290 (vente au doyen de Mauriac). — *Mouriniol*, 1473; — *Moriniol*, 1475 (terr. de Mauriac). — *Lo Morinhol*, 1549 (*id.* de Miremont). — *Lou Mourighol*, 1635 (état civ. du Vigean).

Mourinou (Le), ruiss., affl. de l'Alagnon, c^ne de Laveissière. — *Ruysseau de la Theula; Teula*, xve s^e (terr. de Chambeuil).

Mourio (La), vill., c^ne de Saint-Cernin.

Mouriol (Le), écart, c^ne de Salers. — *Affar de Mauria*, 1508 (arch. mun. de Salers). — *Le Moriot-Bas* (Cassini). — *Maurio-Bas*, 1857 (Dict. stat. du Cantal).

Mouriol-Haut (Le), écart, c^ne de Saint-Bonnet-de-Salers. — *Moriot-Haut* (Cassini). — *Mouriol-Haut* (État-major).

Mourjou, c^on de Maurs. — *Maorgho*, xive s^e (Pouillé de Saint-Flour). — *Morghou*, 1553 (min. Destaing, n^re à Marcolès). — *Mouriou*, 1557 (pièces de l'abbé Delmas). — *Morgou*, 1618; — *Mour-Jou*, 1619 (état civ. de Saint-Santin-de-Maurs). — *Mourjiou*, 1658 (*id.* de Cassaniouze). — *Morjou*; *Morjon*, 1670 (terr. de Calvinet). — *Mourgiou*, 1740 (anc. cad. Cassaniouze). — *Mourzou*, 1767 (table des min. Guy de Vayssieyra, n^re à Montsalvy). — *Mourghou*, 1784 (Chabrol, t. IV). — *Mougoux*, 1786 (lièvé de Calvinet).

Mourjou était, avant 1789, de la Haute-Auvergne, du dioc. de Saint-Flour, de l'élect. et de la subdél. d'Aurillac. Régi par le droit écrit, il ressort. au bailliage d'Aurillac, en appel de la prév. de Maurs. La partie de Mourjou qui ressort. à la sénéch. d'Auvergne, en appel de la prév. de Calvinet, comprend l'église, le cimetière, les maisons et jardins de la cure et six maisons. — Son église, dédiée à saint Médard, était un prieuré relevant du prévôt de Montsalvy; elle a été érigée en succursale, par décret du 28 août 1808.

Mourjou (Le), ruiss., affl. du Célé, c^nes de Cassaniouze et de Mourjou; cours de 1,600 m.

Ce ruisseau porte aussi le nom de *Combe-Crose*.

Mourjou (Le Mas de), vill., c^ne de Mourjou.—*Villaige supérieur de Morjou*, 1670 (terr. de Calvinet). — *Le Mas de Mourjou* (Cassini). — *Le Mas supérieur*, 1784 (Chabrol, t. IV).

Mournac, écart, m^in et chât. détruit, c^ne d'Espinasse. — *Mornat* (Cassini). — *Mournac* (État-major).

Mouron (Le Mouguet de), étang, c^ne de Sauvat.

Mousinou (Le), ruiss., affl. du ruisseau de la Chevade, c^ne de Talizat; cours de 1,100 m.

Mousque (La), mont. à burons, c^{ne} de Dienne. — *La montaigne de la Mousque*, 1511; — *La Mosque*, 1618 (terr. de Dienne).

Mousque (La), écart et mont. à vacherie, c^{ne} de la Trinitat.

Moussages, c^{on} de Mauriac, et m^{in}. — *Ecclesia Mosagis*, XIIe s^e (charte dite *de Clovis*). — *Mossaghas*, 1333 (homm. à l'évêque de Clermont). — *Ecclesia de Mossagis*; *Mossagii*, 1441 (terr. de Saignes). — *Mossagiae*, 1520 (id. d'Apchon). — *Moussayges*, 1632 (état civ. de Brageac). — *Mouzages*, 1634 (id. du Vigean). — *Mossaiges*, 1646 (anc. min. Chalvignac, n^{re} à Trizac). — *Mossages*, 1652 (état civ. d'Anglards-de-Salers). — *Mossaigues*, 1652 (insin. du bailliage de Salers). — *Moussaiges*, 1671 (état civ. de Trizac). — *Mussages*, 1673 (c^{ne} de Tourniac). — *Moussaige*, 1673 (id. de Murat).

Moussages était, avant 1789, de la Haute-Auvergne, du dioc. de Clermont, de l'élect. et de la subdél. de Mauriac; cette paroisse était régie partie par les droits cout. et écrit, elle dépend. de la justice seign. de Claviers, et ressort., partie au bailliage d'Aurillac, en appel de la prév. de Mauriac, partie à la sénéch. de Clermont, en appel du bailliage de Salers. Il a existé dans cette paroisse une commun. de prêtres. — Son église a été érigée en succursale par décret du 28 août 1808.

Moussages, ruiss., affl. de la rivière de Marliou, c^{ne} de Moussages; cours de 5,120 m.

Ce ruisseau porte aussi le nom de Vareilles. — *Ruisseau de Maillot*, 1856 (Dict. stat. du Cantal).

Moussalou, écart, c^{ne} de Champs.

Moussaroque, m^{in} détruit, c^{ne} de Junhac.

Moussarou, ham., c^{ne} de Saint-Étienne-de-Maurs. — *Mosserou*, 1613; — *Moufarou*, 1615; — *Mousarou*, 1616; — *Mosarou*, 1618 (état civ.). — *Moussarou*, 1749 (anc. cad.).

Mousse (La Font de la), source et vacherie, c^{ne} de Crandelles.

Moussei, mont. à vacherie, c^{ne} de Pradiers.

Mousset, m^{in} détruit., c^{ne} de Lascelle. — *Molin de Mosset*, 1535 (arch. dép. s. H).

Mousset, buron et dom. ruiné, c^{ne} de Laveissière. — *Mansus de Moussel*, 1403 (arch. dép. s. E). — *Lo mas de Mossel*, 1490 (terr. de Chambeuil). — *Grange de Mausset* (Cassini).

Mousset, vill., c^{ne} de Velzic. — *Mosset*, 1594 (arch. dép. s. H). — *Mosse*, 1594 (terr. de Fracor). — *Mousser*, 1612 (état civ. de Thiézac). — *Moussar*, 1622 (id. d'Aurillac). — *Mousset*, 1628 (id. de Reilbac). — *Mousses*, 1662 (id. de Saint-Cernin). — *Mousset*, 1700 (id. de Saint-Simon).

Mousset (Le Bois de), taillis et dom. ruiné, c^{ne} de Velzic. — *Affarium manzi de Braconeto*, 1494 (pièces de l'abbé Delmas). — *Mansus de Braconet*, 1456 (reconn. à l'abbesse de Saint-Jean-du-Buis). — *Affar appellé de Braconet, alias de Mosset*, 1592 (terr. de N.-D. d'Aurillac).

Mousseyrie (La), vill., c^{ne} de Sénezergues. — *La Mousseyrie*; *la Moussieyrie*, 1670 (terr. de Calvinet). — *La Mousserie*, 1741 (anc. cad.). — *Mousserou* (Cassini).

Moussié, écart, c^{ne} de Marcolès. — *Mossier*, 1301 (pièces de l'abbé Delmas). — *Mossec*, 1540; — *Mossié*, 1554; — *Myssé*, 1559 (min. Destaing, n^{re}). — *Moussyé*, 1668 (nommée au p^{ce} de Monaco).

Moussière (La), taillis et dom. détruit, c^{ne} du Falgoux. — *Villaige de la Mousseyre*, 1628; — *La Monthère*, 1729; — *La Massière*, 1730 (état civ.). — *La Moussière*, 1737 (id. de Fontanges).

Moussou-Bas et Haut, mont. à burons, c^{ne} de Marcenat.

Moussours, dom. ruiné, c^{ne} de Salers. — *Affar de Mossors*, 1508 (arch. mun. de Salers). — *Moussours*, 1857 (Dict. stat. du Cantal).

Moussoux (Les), dom. ruiné, c^{ne} de Thiézac. — *Affar appellé de Moussous*, 1674 (terr. de Thiézac).

Moussy, vill., c^{ne} de Jabrun. — *Affar, villaige et pagesie de Mossi*, 1508; — *Moussy*, 1662 (terr. de la Garde-Roussillon).

Moustelle (La), mont. à vacherie, c^{ne} de Saint-Saturnin. — *Succum vocatum de la Mostela*, 1366 (arch. dép. s. H). — *Succum vocatum de la Mostella*, 1366 (la mais. de Graule).

Moutonne (Le Suc de la), mont. à vacherie, c^{ne} de Saint-Poncy. — *Le Suc de la Moutonne*, 1783 (terr. d'Alleret).

Mouvière (La), dom. ruiné, c^{ne} de Saint-Mamet-la-Salvetat. — *Tènement de la Mouvière*, 1739 (anc. cad.).

Moynac, m^{in}, c^{ne} de Prunet.

Mozeyrou (Le), vill. détruit, c^{ne} de Chazelles.

Mozi, dom. ruiné, c^{ne} du Trioulou. — *Villaige de Mozi*, 1750 (état civ.).

Mozier (Le Bois de), taillis et dom. ruiné, c^{ne} de Saint-Simon. — *Mas del Puech de Mazer de Crozet*, 1692 (terr. de Saint-Geraud).

Mule (Le Saut de la), rocher et vacherie, c^{ne} d'Anglards-de-Salers.

Mur (Le), f^{me}, c^{ne} de Laroquevieille. — *Lemur*, 1740 (arch. dép. s. C, l. 10).

Muradès (Le), petite contrée, arrond. de Mauriac.

Cette contrée était comp. des vill. dépendants de la seign. de Murat-la-Rabe, qui, au commencement

43.

du xviii° s°, appartenait à une dame de Bourbon-Malause (branche bâtarde de la mais. de Bourbon). — *Le Muradet*, 1688 (pièces du cab. de Bonnefons).

Le Muradès était, avant 1789, régi par le droit cout., dépend. de la justice seign. de Murat-la-Rabe, et ressort. à la sénéch. d'Auvergne, en appel du bailliage de Salers.

Le Muradès a formé en 1792, une c^{ne} qui, par ordonn. royale du 19 juillet 1836, a été réunie à celle d'Antignac.

MURASSOU, vill., c^{ne} de Lascelle. — *Murassou*, 1635 (état civ. de Vic). — *Sousmurat*, 1695 (id. de Saint-Clément). — *Murossou*, 1712; — *Marrassou*, 1720 (arch. dép. s. C, l. 8).

MURASSOU, ruiss., affl. de la rivière de la Jordanne, c^{ne} de Lascelle; cours de 1,000 m.

MURAT, chef-lieu d'arrond^t. — *Muratum ad Alanionem*, 1095 (Gall. christ. t. II, inst. col. 263). — *Castrum de Murat-lo-vescomtal*, 1279 (arch. dép. s. E). — *Locus de Muraco*, 1373; — *Super Muranum*, 1403 (arch. dép. s. E). — *En la ville de Murasso*, xv° s° (terr. de Bredon). — *La ville de Murrat*, 1559 (min. Lanusse, n^{re}). — *Urbs Muratus*, 1628 (inscrip. sur la cloche municipale). — *Ville de Murac*, 1646 (état civ. de Salers).

Murat était, avant 1789, de la Haute-Auvergne, du dioc. et de l'élect. de Saint-Flour. Il était le siège d'une délégation s'étendant seulement sur la paroisse, et d'une justice royale régie par le droit écrit, les actes judiciaires exceptés. La prév. royale de Murat comprenait seulement les paroisses de Murat, la Chapelle-d'Alagnon, Chastel-sur-Murat, Virargues en partie, le vill. d'Albepierre et le chât. des Bros.

Le bailliage d'Andelat, transféré à Murat en 1490, devint bailliage royal en 1531, lors de la réunion de la v^{té} à la couronne. Murat fut alors le siège d'un bailliage royal, ou cour royale, ressort. en appel au bailliage de Vic.

Les justices qui y ressort. étaient les mêmes que celles qui étaient attribuées au bailliage d'Andelat.

L'église, dédiée à saint Martin, fut donnée, à la fin du xi° siècle, à l'abbaye de Moissac (Tarn-et-Garonne) et réunie au prieuré de Bredon. Elle sert actuellement de halle au blé.

En 1574, il existait dans le faubourg une chapelle, auj. détruite, sous le voc. de sainte Madeleine.

Ce ne fut qu'en 1732 que cette ville fut érigée en paroisse; jusqu'alors elle n'était qu'une annexe de Bredon.

La vicomté de Murat, avant son démembrement en 1643, était comp. de 10 mandements: Albepierre, Anglards, Barrès, les Bros, Châteauneuf, Mallet, Murat, Turlande, Védrines-Saint-Loup et Vigouroux.

L'église de Murat a été érigée en cure par la loi du 18 germinal an x (8 avril 1802).

MURAT, forêt domaniale, c^{ne} de Bredon.

Cette forêt est composée de 5 massifs: la Bosse, Chamallières, Chambeyrolles, Rochejalières et la Testonne. — *Le Boix du Roy*, 1598 (reconn. des hab. d'Albepierre).

MURAT (LA FORÊT DE), bois, c^{nes} de Laveissière et de Murat.

Ce bois est composé de 2 massifs: Enroux et Sainte-Catherine.

MURAT, mont. à vacherie, c^{ne} de Menet.

MURAT (LA FONT DE), source minérale ferrugineuse, c^{ne} de Murat. — *La fon Acatade*, 1536 (terr. de la v^{té} de Murat). — *Fontayne appellée de la Eschaloheyre*, 1608 (min. Danty). — *La fon de la Chalieyre; de la Chalcheyre; de la Chalecheyre*, 1680 (terr. de la ville de Murat).

MURAT, forêt, c^{ne} de Saint-Christophe.

MURAT-DE-BARREZ, chât. détruit, c^{ne} de la Capelle-Barrez. — *Condominea de Murato-Barresii*, 1485 (reconn. à J. de Montamat). — *Murat-de-Barrès*, 1855 (Dict. stat. du Cantal).

MURATEL, vill. et chât. détruit, c^{ne} de la Chapelle-d'Alagnon. — *La Roche de Muratet*, 1535; — *Affar appellé de Muratel*, 1536 (terr. de la v^{té} de Murat). — *Affar delsdictz Muratès*, xvi° s° (arch. dép. s. G).

MURATEL, vill. et forêt, c^{ne} de Paulhac. — *Mansi de Muratel*, 1352 (homm. à l'évêque de Clermont). — *Vilaige de Muratel*, 1594 (terr. de Bressanges).

MURATET, vill., c^{ne} de Saint-Étienne-de-Riom. — *Muratet*, 1753 (arch. dép. s. C, l. 46). — *Muratel* (Cassini).

MURATET (LOU BOS DEL), dom. ruiné, c^{ne} de Saint-Étienne-de-Riom. — *Tenementum de Fontellada de Muratet*, 1309 (hist. de l'abbaye de Feniers).

MURATET, ham., c^{ne} de Vitrac. — *Muratet*, 1301 (pièces de l'abbé Delmas). — *Murateil*, 1608 (état civ. d'Aurillac).

Muratet, avant 1789, était régi par le droit écrit, dépend. de la justice seign. de Vitrac, et ressort. au bailliage d'Aurillac, en appel de la prév. de Maurs.

MURAT-LAGASSE (LE PUY DE), mont., c^{ne} de la Besserette. — Un château existait autref. sur ce rocher.

MURAT-LAGASSE, chât. auj. en ruines, c^{ne} de Ladinhac.

— *Castrum de Murato*, 1278 (homm. à l'évêque de Clermont). — *Fortalicia de Murato-Laguassa*, 1382 (arch. mun. d'Aurillac, s. EE, p. 14). — *Capellanus de Murato-Laguassa*, xiv° s° (Pouillé de Saint-Flour). — *Castrum de Murato-Lagassa*, 1464 (vente par Guill. de Treyssac). — *Mansus de Murat*, 1500 (terr. de Maurs). — *Murat-Lagasse*, 1549 (min. Boygues, n°). — *Le chasteau et tours de Murat-Laguasse*, 1668 (nommée au p°° de Monaco).

MURAT-LA-GASSE, vill., mⁱⁿ et chât. en ruines, c^{ne} de Polminhac. — *Mansus de Murato*, 1485 (reconn. à J. de Montamat). — *Molin de Murat*, 1583 (terr. de Polminhac). — *La Gasse*, 1623 (état civ. d'Arpajon). — *Murat-la-Gasse*, 1643 (min. Dumas, n^{re} à Polminhac). — *Moulin de Murat-Lagasse*, 1695 (terr. de la command. de Carlat).

MURAT-LA-GUIOLE, chât., c^{ne} de Saint-Étienne-de-Maurs. — *Murat*, 1500 (terr. de Maurs). — *Muratum*, 1510 (arch. mun. d'Aurillac, s. HH, c. 21). — *Murat-de-Yrles*, 1557 (pièces de l'abbé Delmas). — *Erde*, 1670 (nommée au p°° de Monaco). — *Murat-le-Quaire*, 1847 (arm. d'Auvergne).

MURAT-LA-RABE, f^{me} et château en ruines, c^{ne} de Menet. — *Muratum-la-Raba*, 1401 (reconn. au seign. de Murat). — *Murat-la-Rabe*, 1506 (terr. de Riom). — *Murat-la-Rabbe*, 1783 (aveu au roi par G^l de la Croix).

Murat-la-Rabe était, avant 1789, le siège d'une justice seign. régie par le droit cout., et ressort. à la sénéch. d'Auvergne, en appel du bailliage de Salers.

MURAT-LA-RABE, chât., c^{ne} de Saint-Étienne-de-Maurs. — *Muratum-la-Raba*, 1556 (arch. dép. s. H). — *Murat-Larabbe*, 1668 (nommée au p°° de Monaco).

— *Murat*, 1746 (état civ.). — *Murat-la-Roue*, 1762 (Pouillé de Saint-Flour).

Le château de Murat-la-Rabe était autref. relié à celui de Murat-la-Guiole, au moyen d'une galerie. La chapellenie de Murat-la-Rabe était à la nomination du seign. du lieu.

MUR-DU-DIABLE (LE), rochers, c^{ne} de Junhac.

MURET, écart, mⁱⁿ et chât. fort ruiné, c^{ne} de Thiézac. — *Muratum*, 1485; — *Castrum et mansus de Muretum*, 1486 (reconn. à J. de Montamat). — *Muret*, 1671 (nommée au p°° de Monaco).

Muret a été autref. le siège d'une justice seign. régie par le droit écrit, et ressort. au bailliage de Vic, en appel de sa prév. part.

MUR-FAURES, dom. ruiné, c^{ne} de Colandres. — *Mansus de Mur-Faures*, 1513 (terr. d'Apchon).

MURGAT (LE), vill., c^{ne} de Cassaniouze. — *Lou Murgat*, 1564 (min. Boyssonnade, n°). — *Lou Mergat*, 1740 (anc. cad.). — *Le Mutgat*, 1760 (terr. de Saint-Projet). — *Le Margat*, 1785 (arch. dép. s. C, l. 49).

MUSSINIE (LA), vill., c^{ne} de Condat-en-Feniers. — *La Moussinie; la Messounie; la Mousseigne; la Mussine*, 1650 (terr. du q^r de Marvaud). — *La Mussunye; la Messonye; la Bussinye*, xvi° s° (lièvre conf. de Feniers). — *La Mussanie*, 1658 (id. de Marvaud). — *Lamussonie*, 1672; — *La Mussaine; la Mussinnes*, 1673; — *La Mussunie*, 1675; — *La Mussunio; la Messunie*, 1696 (état civ.). — *La Messonie* (Cassini).

MUT (LA), dom. ruiné, c^{ne} de Chaussenac. — *Village de la Mut*, 1778 (inv. des arch. de la mais. d'Humières).

MUT (LE), vill., c^{ne} de Védrines-Saint-Loup. — *Le Mut*, 1751 (arch. dép. s. C, l. 48).

MYETTE (LA), écart, c^{ne} de Pleaux.

N

NADAL, ham. et mⁱⁿ, c^{ne} de Prunet.

NADOUX, ham., c^{ne} de Boisset.

NAGUDE (LA), écart, c^{ne} de Velzic.

NAILLAC, dom. ruiné, c^{ne} de la Capelle-en-Vézie. — *Mansus de Nailhac*, 1339 (reconn. à Guill. de Podio).

NALIAC, écart, c^{ne} de Saint-Marc. — *Mansus ad Noyhaliac; ad Noyhac; Noyhalacum*, 1329 (enq. sur la justice de Vieillespesse). — *Noualiac*, 1598 (min. Andrieu, n° à Saint-Flour). — *Naulhac*, 1786; — *Nauliac*, 1787 (arch. dép. s. C, l. 48).

— *Nalhac* (Cassini). — *Noliac*, 1886 (états de recens.).

NAN, lieu détruit, c^{ne} de Joursac. — (Cassini.)

NANTUC, f^{me}, c^{ne} de Saint-Constant. — *Nastouh*, 1606 (état civ. de Montsalvy). — *Nantuc*, xvii° s° (reconn. au prieur de Saint-Constant). — *Nantut*, 1749 (anc. cad.).

NANTUC, ruiss., et aff. du ruisseau du Bancarel, c^{nes} de Saint-Santin-de-Maurs et de Saint-Constant; cours de 2,750 m.

NARNNAC, c^{ne} de Pierrefort. — *Verniacum; Vernhac*,

XIVᵉ sᵉ (reg. de Guill. Trascol). — *Narnhacum*, 1433 (arch. dép. s. G). — *Narnhac-près-de-Vigoro*, 1508 (terr. de Loubeysargues). — *Narnac*, 1559 (inv. des titres de N.-D. de Murat). — *Narnhac*, 1581 (liève de Celles). — *Marnhac*, 1628 (paraphr. sur les cout. d'Auvergne). — *Larnhac*, 1638 (état civ. de Thiézac). — *Narnahac*, 1655 (*id.* de Pierrefort). — *Largnhac; Larniat; Largnat; Larnhat; Larguhat; Nargnhat*, 1662 (terr. de Loubeysargues). — *Larnhiac*, xvIIIᵉ sᵉ (arch. dép. s. G). — *Narghat; Larguac*, 1687; — xvIIIᵉ sᵉ (terr. de Loubeysargues).

Narnhac était, avant 1789, de la Haute-Auvergne, du dioc., de l'élect. et de la subdél. de St-Flour. Régi par le droit écrit, il dépend. de la justice du mandem. de Vigouroux et ressort. au bailliage de Vic, en appel de la cour royale de Murat. — Son église, dédiée à saint Pierre-ès-Liens, fut unie en 1350 au chapitre de N.-D. de Murat. Elle a été érigée en succursale par décret du 28 août 1808.

NASALIAC, vill., cⁿᵉ de Champagnac.

NASBINALS, vill. détruit, cⁿᵉ de Saint-Urcize. — *Villaige de Nabinals*, 1494 (terr. de Mallet).

NASBINALS, dom. ruiné, cⁿᵉ de Sansac-de-Marmiesse. — *Mansus de Nabinals*, 1330 (reconn. de Bertrand d'Albussac à l'hôp. d'Aurillac).

NASTIO (LE PUECH DE), mont. à vacherie, cⁿᵉ de Saint-Urcize.

NASTRAC, vill. avec manoir, cⁿᵉ de Marchastel. — *Mansus de Nastrac*, 1366 (arch. dép. s. H). — *Vallis de Norsaco*, 1412 (*id.* s. E). — *Nastrac*, 1585 (terr. de Graule). — *Nastraq; Nastrar*, 1600 (liève de Pouzols).

Nastrac était, avant 1789, régi par le droit cout., et siège d'une justice seign. ressort. à la sénéch. d'Auvergne, en appel du bailliage d'Aubijoux.

NASTRALS (LES), ham., cⁿᵉ de Riom-ès-Montagnes. *Le Naxar*, 1671 (état civ. de Menet). — *Nastrac*, 1719 (table du terr. d'Apchon).

NATION (LA), mⁱⁿ, cⁿᵉ de Chaudesaigues.

NAU (LA), mⁱⁿ, cⁿᵉ d'Arches. — *La Nau*, 1680; — *La Neuf*, 1694 (état civ.). — *Lanau*, 1743 (arch. dép. s. C, l. 41).

NAU (LA), mⁱⁿ, cⁿᵉ de Chaudesaigues. — *Molin de la Neuf, appellé de Ventuegol, sur la Truyère; La Nau en Yrlandès*, 1494 (terr. de Mallet). — *Lanau* (Cassini).

NAU (LA), vill. et chapelle de secours, cⁿᵉ de Neuvéglise. — *La Nau*, 1415 (liber vitulus). — *Lavau*, 1784 (Chabrol, t. IV).

NAU (LA), écart, cⁿᵉ de Pers.

NAU (LA), ham., cⁿᵉ de Sansac-de-Marmiesse.

NAUCASE, ham. et chât. féodal détruit, cⁿᵉ de Saint-Julien-de-Toursac. — *Noucasa*, 1327 (arch. mun. d'Aurillac, s. HH, c. 21). — *Naucaza*, 1513 (arch. dép. s. H). — *Nauguay*, 1607 (min. Sarranste, nʳᵉ à Laroquebrou). — *Nautcaze; Noultcaze*, 1668 (nommée au pʳᵉ de Monaco). — *Naucaze* (Cassini).

Naucaze était, avant 1789, le siège d'une justice seign. régie par le droit écrit, et ressort. au bailliage d'Aurillac, en appel de la prév. de Maurs.

La chapellenie dite de *Naucase*, de Saint-Julien-de-Toursac, était à la nomination du seigneur de Naucase. (Pouillé de Saint-Flour de 1762.)

NAUCELLES, cᵒⁿ sud d'Aurillac, avec tour de guet. — *Naucella*, 1289 (annot. sur l'hist. d'Aurillac). — *Noacella*, 1339; — *Nocelle*, 1498 (arch. dép. s. E). — *Naucaza*, 1402 (arch. mun. d'Aurillac, s. HH, c. 21). — *Nancelle*, 1442; — *Nocelle*, 1451; — *Noevcelle*, 1485 (*id.* de Naucelles). — *Naucelle*, 1512 (état civ.); — *Naucela; Nova-Cella*, 1521; — *Novecella*, 1522 (min. Vigery, nʳᵉ à Aurillac). — *Noucelle*, 1564; — *Naucel*, 1571 (reconn. aux curé et prêtres de Naucelles). — *Naulcelle*, 1613; — *Noucelles*, 1614 (état civ.). — *Nauselle*, 1620; *Nauselles*, 1625 (*id.* d'Arpajon). — *Novecelle*, 1628 (paraphr. sur les cout. d'Auvergne). — *Naucèles*, 1639 (état civ. de Montsalvy). — *Noselles*, 1659 (*id.* de Saint-Cernin). — *Noscellei*, 1705 (*id.* de Saint-Simon). — *Novecelles*, 1756 (arch. de Naucelles). — *Novacelle*, 1784 (Chabrol, t. IV).

Naucelles était, avant 1789, de la Haute-Auvergne, du dioc. de Saint-Flour, de l'élect. et de la subdélég. d'Aurillac. Régi par le droit écrit, il ressort. au bailliage d'Aurillac, en appel de sa prév. part. Jusqu'en 1748, Naucelles a dépendu de la justice du chapitre de Saint-Géraud, et, depuis lors, de la justice royale. — Son église a été érigée en succursale par décret du 28 août 1808.

NAUCELLES, dom. ruiné, cⁿᵉ de Naucelles. — *Affarium de Naucaza*, 1402 (arch. mun. d'Aurillac, s. HH, c. 21). — *Quendam mansum seu affarium vocatum de Nancella, alias del Bacq, scitum in loco Nocelle*, 1451 (*id.* de Naucelles).

NAUDIÉ, dom. ruiné, cⁿᵉ de Saint-Mamet-la-Salvetat. — *Ténement du Puech de Naudié*, 1744 (anc. cad.).

NAUFONS-BAS ET HAUT, mont. à burons, cⁿᵉ de Marcenat.

NAUMONTEIL (LE), ruiss., prend sa source près du vill. de la Vergne, cⁿᵉ de Labrousse, et forme, à sa jonction avec le ruisseau de Julhac, le ruisseau du Rimajou, après un cours de 1,260 m.

NAUTE (LA), vill., cⁿᵉ de Saint-Poncy. — *La Nautte*,

1762 (terr. de Montchamp). — *La Naute* (État-major).

NAUTE (LA), dom. ruiné, c^ne de Vebret. — *Mansus de la Nauta*, 1449 (arch. mun. de la ville de Saint-Flour).

NAUVIALES, vill., c^ne de Narnhac. — *Nauvialle*, 1646 (min. Froquières, n^re à Raulhac). — *Novialle*, 1654 (état civ. de Pierrefort). — *Nonvaille*, 1668 (nommée au p^cé de Monaco). — *Nauvailles* (Cassini).

NAVARIE (LA), dom. ruiné, c^ne de Saint-Julien-de-Jordanne. — *La Navarria; la Navarrie*, 1573 (terr. de la chapellenie des Blats.)

NAVASTE, vill., c^ne de Saint-Bonnet-de-Salers. — *Mas de Navaste*, 1443; — *Navesse*, 1508 (arch. dép. s. E). — *Nubaste*, 1734 (état civ. de Tourniac). — *Nabaste*, 1742 (id. de Saint-Bonnet). — *Navastre* (Cassini).

NAVIEN (LE), séchoir à châtaign., c^ne de Teissières-les-Bouliès.

NAYRAT (LA), dom. ruiné, c^ne de Vabres. — *Domaine de la Nayrat*, 1788 (arch. dép. s. C, l. 48).

NAZARETH, écart, c^ne de Saint-Santin-Cantalès.

NAZAT (LE), vill., c^ne de Chaudesaigues. — *Nazot* (Cassini). — *Nazat*, 1784 (Chabrol, t. IV).

NAZAT (LE), ruiss., c^ne de Chaudesaigues, est formé par la réunion des ruisseaux de l'Hert, du Montignac et de Perret, et se jette dans la Truyère, sur le territ. de la même commune, après un cours de 3,000 m.

NÉBANIESSY, dom. ruiné, c^ne de Polminhac. — *Village de Nébaniessy*, 1699 (état civ. de Saint-Clément).

NÉBOULIÈRES, vill., c^ne de Drignac. — *Néboliers*, 1657; — *Naboullières*, 1693; — *Naboulières*, 1697 (état civ. d'Ally). — *Néboyère*, 1742 (id. de Saint-Bonnet-de-Salers). — *Néboulié*, 1778 (inv. des arch. de la mais. d'Humières).

NÉBOUZAC, vill., c^ne de Pleaux. — *Nébouzac*, 1646 (état civ.). — *Nabousa*, 1686 (id. de Chaussenac). — *Nibousac*, 1743; — *Nébussac*, 1782 (arch. dép. s. C, l. 40).

NECTZ (LE PRAT DEL), mont. à vacherie, c^ne de Chastel-sur-Murat.

NÈGRE, ruiss., affl. de la Maronne, c^nes de Saint-Santin-Cantalès et de Cros-de-Montvert; cours de 7,150 m.

Ce ruisseau porte aussi le nom de *Saint-Rouffi*.

NÈGRE-MONT, ham., c^ne de Laroquebrou. — *Negremon*, 1324 (arch. mun. d'Aurillac, s. HH, c. 41). — *Negro-Puteo*, 1329 (enq. sur la justice de Vieillespesse). — *Dominus de Nigromonte*, 1379 (arch. dép. s. E). — *Negremons*, 1403 (arch. mun. d'Aurillac, s. HH, c. 21).

NÈGRE-RIEU (LE), ruiss., affl. de la Cère, c^ne de Laroquebrou; cours de 2,200 m. — *Rivus vocatus lo Rieux Nègre*, 1362 (arch. dép. s. E). — *Rivus Niger*, 1443 (arch. mun. d'Aurillac, s. HH, c. 21). — *Négreri*, 1837 (état des riv. du Cantal).

NÈGRE-SERRE, dom. ruiné, c^ne de Montsalvy. — *Village de Nigreserre*, 1671 (nommée au p^cé de Monaco). — *Nigraserre*, 1747 (tables des min. Guy de Vayssieyra, n^re).

NÈGRE-VIEILLE, gouffre, c^ne de Maurs, dans le ruiss. de l'Estrade. — *Le gouffre de Negrevieille*, 1756 (état civ.).

NEIRESCHE, lieu détruit, c^ne de Paulhac. — *A Neyreschas*, 1508; — *Commung appellé de Neiresches*, 1630; — *Terroir des Resches, sive de Neyresches*, 1661 (terr. de Montchamp). — *Neyresches*, 1511 (id. de Maurs).

NEISSE (LA FON DE), font., c^ne de Murat. — *La font de Vesches*, 1518 (terr. des Cluzels). — *La fon de Moseses; la fon Domesches*, 1559 (min. Lanusse, n^re à Murat). — *La Fondavesches*, 1580 (lièvé conf. de Murat). — *Fondavesche*, 1680 (terr. des Bros).

NÈPLES, ham. et châtaign., c^ne du Trioulou. — *Nèples*, 1624 (état civ. de Saint-Santin-de-Maurs).

NEPPES, ham. avec manoir en ruines, c^ne de Saint-Gerons. — *La Borrie du Nippon*, 1669 (min. Sarrauste, n^re à Laroquebrou). — *Nèpes* (Cassini).

NÉRONNE, écart, c^ne du Falgoux. — *En Nirome* (états de sections).

NEUF-CHAMPS (LE), écart et taillis, c^ne de Saint-Vincent. — *Neschamp* (états de sections).

NEUF-CROIX (LE ROCHER DES), rocher et vacherie, c^ne de Clavières.

NEUFMIALE, dom. ruiné, c^ne de Colandres. — *Mansus de Neufmiale*, 1515 (terr. d'Apchon).

NEUFONT, seigneurie, c^ne de Cezens.

Neufont était, avant 1789, le siège d'une justice seign. régie par le droit écrit, et ressort. à la sénéch. d'Auvergne, en appel de la prév. de Saint-Flour. 1784 (Chabrol, t. IV).

NEUFONT, mont. à vacherie, c^ne de Chavagnac.

Cette mont. porte aussi le nom de *le Rieu des Cayres*. — *Naufon; Naufons*, 1525 (terr. de la v^té de Murat). — *Neuf-fons*, 1680 (id. des Bros).

NEUFONT, ruiss., affl. de la rivière d'Alanche, c^nes de Chalinargues et d'Allanche; cours de 3,000 m.

Ce ruisseau porte aussi le nom de *Naufont*.

NEUSSARGUES, c^ne de Murat. — *Mansus de Nussargues*, 1467 (arch. dép. s. E). — *Nuzargues*, 1635 (nommée par G^lle de Foix). — *Neussargues*, 1810 (plan cadastral).

Neussargues était, avant 1789, régi par le droit

cout., dépend. de la justice de Mardogne, et ressort. à la sénéch. d'Auvergne, en appel de la prév. de Mardogne. — Son église a été érigée en succursale par décret du 20 août 1856.

Par décision du conseil général du dép. du Cantal, du 20 août 1872, le chef-lieu de la c^{ne} de Moissac a été transféré à Neussargues, qui a donné son nom à la commune.

L'orthographe de ce nom est vicieuse, il faudrait écrire *Nussargues.*

NEUSSARGUES (LA GARE DE), vill., c^{ne} de Neussargues; nouvellement construit autour de la gare de ce nom, ligne d'Arvant à Capdenac, Cie de Paris-Orléans.

NEUVAT, dom. ruiné, c^{ne} de Tanavelle. — *Villaige de Neuvat*, 1618 (terr. de Sériers).

NEUVÉGLISE, c^{on} sud de Saint-Flour. — *Vicaria de Nova Ecclesia*, 928 (cart. de Brioude). — *Parrochia Nove Ecclesie Sancti-Floris*, 1492 (liber vitulus). — *Novesglize; Novesglizes*, 1494 (terr. de Mallet). — *Nouvegleisa; Nouveglize*, 1508 (id. de Montchamp). — *Dicta Nova Gleysa*, 1510 (id. de Maurs). — *Neuf Véglize*, 1598 (min. Andrieu, n^{re} à Saint Flour). — *Neufvesglize*, 1630 (terr. de Montchamp). — *Neufveglize*, 1636 (id. des Ternes). — *Nove-gleise-ès-Planèse*, 1659 (état civ. de Cassaniouze). — *Novogleyse*, 1668 (id. de Montsalvy). — *Neufesglize*, 1677 (insin. de la cour royale de Murat). — *Neufve Eglize*, 1684 (état civ. de Murat). — *Neuvesglize*, 1688 (pièces du cab. de Bonnefons). — *Novégleise*, 1706 (état civ. de Montsalvy). — *Neufveglise*, 1730; — *Neureglise*, 1762 (terr. de Montchamp). — *Neufeglise*, 1784 (Chabrol, t. IV). — *Neufve-Eglise* (Cassini).

Neuvéglise, viguerie carolingienne puis comptoirie, portait autrefois le nom de Valcilhes (Dict. stat. du Cantal). Cette paroisse était, avant 1789, de la Haute-Auvergne, du dioc., de l'élect. et de la subdélég. de Saint-Flour. Régie par le droit écrit, elle dépend. des justices seign. de la cathédr. de Saint-Flour, de Fressanges, Montvallat, Rochegonde, Sieujac et Tagenac, et ressort. soit au bailliage de Saint-Flour, soit à la sénéch. d'Auvergne, en appel de la prév. de Saint-Flour. — Son église, dédiée à Saint-Baudel, était une cure dépend. de la mense épiscopale de Saint-Flour, et le curé était à la présentation du chapitre. Elle a été érigée en succursale par ordonn. royale du 5 janvier 1820.

NEUVÉGLISE, ruiss., affl. du ruisseau de la Tourette, c^{ne} de Neuvéglise; cours de 600 m. — *Chanail* (Cassini).

NEUVIALLE, écart, c^{ne} d'Anterrieux.

NEUVIALLE, lieu détruit, c^{ne} de Chalvignac. — *Nova-Villa*, x^{e} s^{e} (copie du test. dit *de Théodéchilde*). — *Villa Novavilla*, x^{e} s^{e} (charte dite *de Clovis*). — *Nauviala*, 1505; — *Nauvialle*, 1515 (comptes au doyen de Mauriac).

NEUVIALLE, vill., m^{in}, et chât. fort ruiné, c^{ne} de Saint-Étienne-de-Riom. — *Mendamentum de Neuf-Viala*, 1447 (arch. dép. s. E). — *Neufviale*, 1561 (terr. de Murat-la-Rabe). — *Nauviale*, 1585 (id. de Saint-Martin-Cantalès). — *Neufzvialle*, 1638 (id. de Murat-la-Rabe). — *Neufvialle*, 1753; — *Nufvialle*, 1768 (arch. dép. s. C, l. 46). — *Neuvialle* (Cassini). — *Neuviale* (État-major).

Neuvialle était jadis un mandement du duché d'Auvergne.

NEUVILLE, dom. ruiné, c^{ne} de Chaudesaigues. — *Affarium de Nova-villa*, 1322 (arch. dép. s. C).

NEUVILLE, dom. ruiné, c^{ne} de Saint-Projet. — *Nouvila*, 1284 (arch. nat. J. 271).

NEVENS, mont. à burons, c^{ne} de Saint-Hippolyte.

NEYGRÉ (LOU), mont. à burons, c^{ne} du Falgoux. — *V^{rie} Nègre* (État-major).

NEYRAT (LA), vill., c^{ne} de Vernols. — *La Neyrac*, 1517 (terr. du Feydit). — *La Neirac*, 1518; — *La Veyrat; Raveyrat*, 1595 (id. de Dienne). — *La Nayrat* (Cassini). — *La Neyrat*, 1857 (Dict. stat. du Cantal).

NEYRAT (LA), ruiss., affl. de la rivière d'Allanche, c^{ne} de Vernols; cours de 3,230 m.

NEYREBROUSSE, vill., m^{in} et chât. détruit, c^{ne} de Cezens. — *Mansi de Neyrabrossa*, 1495; — *Neirabrossa*, xve s^{e}; — *Neyrrabrosse*, 1527; — *Neyrabrosse*, 1563; — *Neyrebrosse*, 1567; — *Neyrabrossa*, 1577 (arch. dép. s. G). — *Neyrebrousse; Nyrebrousse*, 1608; — *Neyrabrousse*, 1616; — *Nitrobrousse*, 1628; — *Neyrobourse*, 1670 (min. Danty, n^{re}). — *Neirebrousse*, 1633 (ass. génér. ten. à Cezens). — *Nierebrousse*, 1670 (nommée au p^{ce} de Monaco). — *Neyrobrousse*, xviie s^{e}; — *Nere-Brousse*, 1726 (arch. dép. s. G). — *Neyre-Brousse*, 1730 (terr. de la command. de Montchamp).

Neyrebrousse était, avant 1789, le siège d'une justice seign. régie par le droit écrit, et ressort. à la sénéch. d'Auvergne, en appel de la prév. de Saint-Flour.

NEYRECOMBE, vill., c^{ne} du Vigean. — *Mansus da Neyra Comba*, 1310 (lièvre du prieuré du Vigean). — *Neyracomba*, 1473 (terr. de Mauriac). — *Neyraucamba*, 1505 (arch. mun. de Mauriac). — *Neyracombe*, 1550 (terr. de Miremont). — *Neyrecombe*, 1632; — *Neylacombe*, 1648; — *Neyrocombe*, 1652 (état civ.). — *Naire-Coumbe*, 1647; — *Neircombe; Nirecombe*, 1680 (id. de Tourniac).

NEYRECOMBE-BAS ET HAUT, dom. depuis longt. détruits, c^{ne} du Vigean. — *Mansus da Neyra-comba-sotrana; Mansus da Neyra-comba-sobrina*, 1310 (liève du prieuré du Vigean).

NEYRESTANG, f^{me} et chât. ruiné, c^{ne} du Falgoux. — *Nigrum Stagnum*, 1307 (arch. généal. de Sartiges). — *Neyrestan*, 1739 (état civ.). — *Neyrestant*, 1750 (arch. dép. s. C, l. 44). — *Meyrestanc* (Cassini). — *Meyrestane* (État-major). — *Nerestang*, 1855 (Dict. stat. du Cantal).

NEYRESTANG, chât. fort détruit, c^{ne} de Jussac. — *Nigrum Stangum*, 1316 (pap. de la fam. de Montal). — *Nigrum Stagnum*, 1466 (terr. de Saint-Christophe). — *Nierescanh*, 1485 (reconn. à J. de Montamat). — *Castrum de Myrum Estangum; de Myrum-Estangum*, 1504 (arch. dép. s. G). — *Nigrum Stangum*, 1531 (min. Vigery, n^{re} à Aurillac). — *Nierestang*, 1773 (terr. de la Broussette). — *Nierestan*, 1784 (Chabrol, t. IV).

Neyrestang était, avant 1789, le siège d'une justice seign. régie par le droit écrit, et ressort. au bailliage d'Aurillac, en appel de sa prév. part.

NEYREVÈZE, mont. à burons, c^{ne} de Colandres. — *Montanum de Neyroveze*, 1513 (terr. d'Apchon). — *Neyrevèze*, 1719 (table de ce terrier). — *Neirevèze*, 1777 (liève d'Apchon). — *Vacherie Nervèze* (Cassini).

NEYREVÈZE-SOUBRO ET SOUTRO, mont. à burons, c^{ne} de Colandres.

NIAC, vill., c^{ne} d'Ayrens. — *Anact*, 1669; — *Aniact*, 1679 (état civ.).

NIARGAGUES, dom. ruiné, c^{ne} de Polminhac. — *Village de Niargagues*, 1691 (état civ. de Saint-Clément).

NIARGOUX (LES), c^{ne} de Riom-ès-Montagnes. — *Miergoux* (État-major). — *Les Néargoux*, 1857 (Dict. stat. du Cantal).

NICOLAS, mⁱⁿ, c^{ne} de la Chapelle-Laurent.

NICOLAVIE (LA), dom. ruiné, c^{ne} de Saint-Poncy. — *La Nycollavie; la Nycollavic; la Nicollavie*, 1556 (terr. du prieuré de Rochefort).

NICOLET, mⁱⁿ, c^{ne} de Champs.

NID-AU-DUC (LE), pas, c^{ne} de Jou-sous-Montjou.

NIÉREVÈZE, vill., mⁱⁿ et bois, c^{ne} de Thiézac. — *Nigrevèze*, 1608; — *Nieyrevèze*, 1612; — *Neyreveze*, 1614 (état civ.). — *Nierevèze*, 1667 (id. de Polminhac). — *Niéravèze*, 1668 (nommée au p^{ce} de Monaco). — *Neyré-vèze; Nògrevèze*, 1674 (terr. de Thiézac). — *Nyeirevèze*, 1746 (anc. cad.). — *Niervèze*, 1867 (Dict. stat. du Cantal).

NIÉREVÈZE, ruiss., affl. de la Cère, c^{nes} de Thiézac et de Saint-Clément; cours de 3,000 m.

On le nomme aussi *Anterrieux* et *les Prats*. — Ruisseau d'Antérieu, 1746 (anc. cad. de Thiézac).

NIERMONT (LE SUC DE), mont. à vacherie, c^{ne} du Claux.

NIERMONT, écart et mont. à burons, c^{ne} de Paulhac. — *Montanum de Neyramont; Nyeramont*, 1491 (terr. de Farges). — *Nyermont*, 1511 (id. de Maurs). — *Niermond*, 1591 (id. de Bressanges). — *Buron de Miremont* (Cassini).

NIERPOUX, mont. à burons et marais, c^{ne} de Saint-Saturnin. — *Montana de Neirpos; Nigrum Puteum*, 1241 (spicil. Brivat.). — *Nieupoh*, 1413; — *Merpos*, 1474 (arch. dép. s. E). — *Montaigne de Nierpos*, 1514 (terr. de Cheylade). — *Nierpoux*, 1680 (id. des Bros).

NIERPOUX-SOUTRO, mont. à burons, c^{ne} de Saint-Saturnin. — *Merpos*, 1474 (arch. dép. s. E). — *Montaigne de Nierpos-soutro*, 1514 (terr. de Cheylade).

NIEUDAN, c^{on} de Laroquebrou. — *Ecclesia de Naodon; de Niodon; de Nadom*, 1297 (test. de Geraud de Montal). — *La Glieysa d'Annoudom*, 1322 (reconn. au seign. de Montal). — *Dompnium*, 1325 (arch. dép. s. E). — *Novodopnum; Novodompnum*, 1357; — *Novum Dompnum*, 1443; — *La Glieysa d'Annoudon*, 1458 (reconn. au seign. de Montal). — *Neudon; Nyeudom*, 1486 (accord avec les habitants de Laroquebrou). — *Niempdomp*, 1626 (min. Sarrauste, n^{re} à Laroquebrou). — *Nyedon; Nyedom*, 1628 (paraphr. sur les cout. d'Auvergne). — *Nieudomp*, 1636 (état civ. de Saint-Santin-Cantalès). — *Nieudamp*, 1649 (id. de Nieudan). — *Niudan*, 1655; — *Nyndion*, 1672 (id. d'Ayrens). — *Nyndan*, 1706; — *Niaudan*, 1709 (id. Saint-Paul-des-Landes). — *Niodan*, 1724 (id. d'Espinadel). — *Neydon*, 1756 (arch. mun. de Naucelles). — *Nyeudan; Nieudan; Nieudans*, 1784 (Chabrol, t. IV).

Nieudan était, avant 1789, de la Haute-Auvergne, du dioc. de Saint-Flour, de l'élect. et de la subdélég. d'Aurillac. Régi par le droit écrit, il était le siège de la justice du prieuré et ressort. au bailliage d'Aurillac, en appel de sa prév. part. — Son église était, dès 1245, un prieuré sous le titre de Saint-Julien, dépend. de l'archid. d'Aurillac, et à la nomination de l'évêque de Clermont. Elle a été érigée en succursale par décret du 28 août 1808.

NIEUDAN, ham. et mⁱⁿ, c^{ne} de Junhac. — *Nieudon*, 1550 (min. Boygues, n^{re} à Montsalvy). — *Niaudan*, 1749 (anc. cad.). — *Nieudan*, 1764; — *Nyodon*, 1765 (état civ.). — *Niodan*, 1784 (Chabrol, t. IV).

NIEUDAN (LE), ruiss., affl. du Lot, coule aux finages des c^{nes} de Montsalvy, de Junhac et de Vieillevie; cours de 13,560 m.

Dans la c^ne de Montsalvy, ce ruisseau porte le nom de *Molinier*.

NIÈVE (LE SUC DE LA), mont. à vacherie et taillis, c^ne de Saint-Amandin.

NIGOU, écart, c^ne de Marcolès.

NIGOU, ham., c^ne de Saint-Antoine. — *Migo*, 1554 (min. Destaing, n^re à Marcolès). — *Nugou*, 1670 (terr. de Calvinet). — *Mignot*, 1784 (Chabrol, t. IV). — *Nigoux* (Cassini).

NIOCEL, f^me avec manoir en ruines et mont. à burons, c^ne de Marmanhac. — *Mansus de Nyeu-Aussel*, 1522 (min. Vigery, n^re à Aurillac). — *Niaussel*, 1671; — *Niosel*, 1672 (état civ.). — *Niossel*, 1685 (arch. dép. s. C, l. 21); — *Niaucel*, 1692 (terr. du monastère de Saint-Geraud). — *Niocel*, 1743 (arch. dép. s. C, l. 21).

NIOCEL, écart, c^ne de Saint-Jacques-des-Blats. — *Ninauzel*, 1621 (état civ. de Thiézac). — *Nicasel*, 1668; — *Nioucel*, 1671 (nommée au p^cc de Monaco). — *Niaucel*, 1674 (terr. de Thiézac). — *Ninoussel*, 1693 (état civ. de Saint-Clément).

NIOLAT, vill., c^ne de Clavières. — *Noualhac*, xvie s^e (arch. dép. s. H). — *Niolat*, xviie s^e (terr. de Chaliers). — *Niola* (Cassini). — *Nioulat*, 1784 (Chabrol, t. IV). — *Niaulat*, 1855 (Dict. stat. du Cantal).

NIOUCEL, mont. à vacherie et dom. ruiné, c^ne de Laveissière. — *La montana del Nyensel; Lo mas de Nicussel*, 1490; — *La montaigne de Nioucel; la metterye de Nioucul*, xve s^e (terr. de Chambeuil). — *Nyoucel*, 1580 (lièvé de la v^té de Murat).

NIPERNECATIBUS, vill. détruit, arrond. de Murat. — *Locus de Nipernecatibus*, 1329 (enq. sur la justice de Vieillespesse).

NIQUEFOLS, ham., c^ne de Saint-Mamet-la-Salvetat. — *Ténement Diquosal*, 1739 (anc. cad.). — *Domaine de Nicolas*, 1743; — *Ténement Diquefol; villaige de Niquefort*, 1745 (arch. dép. s. C, l. 4).

NIQUEFON, ruiss., affl. du Bouzal, c^ne de Saint-Mamet-la-Salvetat; cours de 1,100 m.

Ce ruisseau porte aussi le nom de *Vialle-du-Moulinier (La)*.

NIVES, écart, c^ne d'Ayrens.

NIVIÉ, écart, c^ne de Cassaniouze. — *Affar del Nivié*, 1760 (terr. de Saint-Projet).

NIVOLY, vill., m^in, c^ne de Saint-Étienne-de-Maurs. — *Le molin Neboly*, 1602; — *Le molin Divali*, 1618; — *Le moli Iboly; le molin de Noboly*, 1635; — *Ivoli*, 1649; — *Le molin Dinoly*, 1657 (état civ.). — *Nivoli* (états de sections).

NIVOLY (LE), ruiss., affl. de la Rance, coule aux finages des c^nes de Saint-Julien-de-Toursac, de Quézac et de Saint-Étienne-de-Maurs; cours de 8,000 m.

On le nomme aussi *le Rinal*. — *Nivoly*, 1837 (état des riv. du Cantal). — *Névolis*, 1879 (état stat. des cours d'eau du Cantal).

NOALHAC, f^me avec manoir et chapelle domestique, c^ne d'Aurillac. — *Nalhacum*, 1333 (vente à l'hôp. de la Trinité). — *Noalhat*, 1531 (min. Vigery, n^re à Aurillac). — *Noailhac*, 1622 (état civ.). — *Noallac*, 1681 (arch. mun. d'Aurillac, s. CC, p. 3). — *Nauilhac*, 1710 (arch. mun. d'Aurillac, s. CC, p. 3).

NOALHAC, dom. ruiné, c^ne de Chanet. — *Tenementum V^um de Noalhiat*, 1451 (terr. de Chavagnac). — *Le Mas de Noulhac*, xvie s^e (confins de la terre du Feydit).

NOALHAC, f^me, c^ne de Saint-Hippolyte. — *Noalhacum* 1520 (terr. d'Apchon). — *Noaillac*, 1719 (table de ce terrier). — *Noalhac*, 1777 (lièvé d'Apchon). — *Nouailliac*, 1784 (arch. dép. s. C, l. 46). — *Nouelhac* (État-major). — *Noualhac*, 1855 (Dict. stat. du Cantal).

NOALIAC, dom. avec manoir ruiné et m^in, c^ne de Bredon. — *Noalhacum*, xve s^e (arch. dép. s. H). — *Moli de Bernard Rocha, assis à Noulhac*, xve s^e (terr. de Bredon). — *Noalhac; Nolhac; Nohalhac*, 1508 (id. de Loubeysargues). — *Nailhac*, 1608 (min. Danty, n^re à Murat). — *Noallas; Noallac*, 1644 (id. de Loubeysargues). — *Noualhac*, 1687 (id. de Loubeysargues).

NOCLAZIÈRE (LE ROC DE), rocher et vacherie, c^ne de Saint-Simon.

NODIÈRES, écart, c^ne de Giou-de-Mamou.

NOËL, mont. à vacherie, c^ne de Dienne.

NOËL, rocher, c^ne de Jou-sous-Montjou.

Il existait autref. sur ce rocher une chapelle et un fort dont on voit encore les ruines.

NOËL, ham. et bois, c^ne de la Ségalassière.

NOGARÈDE (LA), écart, c^ne de Leynhac.

NOIRE (LA), ruiss., affl. du Géroux, c^nes d'Ally (Haute-Loire) et de la Chapelle-Laurent (Cantal); cours dans le Cantal de 8,000 m.

NOIOJOL, dom. détruit, c^ne du Vigean. — *Noiomol, in parrochia de Vigano*, 1273 (arch. mun. de Mauriac). — *Mansus da Noiomb; da Noioniol; da Nioniol*, 1310 (lièvé du prieuré du Vigean).

NOQUIÈRE D'OYEZ (LA), dom. ruiné, c^ne de Saint-Simon. — *Le mas del Noquière d'Oyez*, 1692 (terr. du monast. de Saint-Geraud).

NONNES (LES), m^in, c^ne de Chalinargues.

NOTIEU (LA), dom. ruiné, c^ne de Boisset. — *Ténement de Nourieu; de Non-rieu*, 1746 (anc. cad.).

NOTRE-DAME, vill. avec chapelle de pèlerinage, c^{ne} de Saint-Christophe. — *Capella Beate Marie*, 1464 (terr. de Saint-Christophe). — *Nostre-Dame du Chasteau*, 1635 (état civ. de Loupiac). — *Chasteau-bas de Notre-Dame*, 1682 (*id.* de Pleaux). — *Notre-Dame*, 1770 (arch. dép. s. C, l. 40).

La chapelle de Notre-Dame, dédiée à sainte Marie, dépendait du château inférieur.

NOTRE-DAME D'ALBINHAC, chapelle détruite, c^{ne} de Saint-Paul-des-Landes.

Cette chapelle dépend. du prieuré d'Escalmels. — *Mansus Hospitalis de Albinhaco, camerarie prioris de Carmel*, XIVe s^e (Pouillé de Saint-Flour).

NOTRE-DAME-DE-BEAULIEU, chapelle détruite, c^{ne} de Chaudesaigues.

Le prieur était à la nomination du marquis de Bosredon, sénéchal d'Auvergne en sa qualité de baron de Montbrun. — *Ecclesia de Bello Loco*, XIVe s^e (reg. de Guill. Trascol). — *Prior Belli Loci, monasterii de Carmel*, XIVe s^e (Pouillé de Saint-Flour).

NOTRE-DAME-DE-BON-SECOURS, oratoire et chapelle, c^{ne} de Chastel-sur-Murat.

NOTRE-DAME-DE-BON-SECOURS, chapelle détruite, c^{ne} de Ladinhac. — *Notre-Dame de Bon-Secours de Lodiniac*, 1762 (Pouillé de Saint-Flour).

Cette chapelle était à la nomination du prieur du Pont.

NOTRE-DAME-DE-BON-SECOURS, chapelle au village de Roquenatou, c^{ne} de Marmanhac.

NOTRE-DAME-DE-BON-SECOURS, chapelle isolée, c^{ne} de Molompize.

NOTRE-DAME-DE-CHASTEL, chapelle détruite, c^{ne} de Ferrières-Saint-Mary.

Il avait été fondé dans cette chapelle une chapellenie, nommée de *Chastelon*, qui avait été unie à la cure de Saint-Mary-le-Cros.

NOTRE-DAME-DE-CONSOLATION, chapelle isolée, c^{ne} de Thiézac.

La chapellenie de Notre-Dame-de-Consolation était unie à la commun. de prêtres de Thiézac. (Pouillé de Saint-Flour de 1762.)

NOTRE-DAME-DE-LA-GUÉRISON, chapelle dans le bois de las Tissonnières, c^{ne} de Pleaux.

NOTRE-DAME-DE-LA-PAIX, église détruite du couvent de Saint-Gal, c^{ne} de Murat. — *Nostra dama de Pas*, 1446 (terr. de Farges). — *Ecclesia Beate Marie de Pace*, 1456 (arch. dép. s. G).

NOTRE-DAME-DE-LA-SALETTE, chapelle isolée, c^{ne} de Nieudan. — *Podium vocatum Puech Esste*, 1357 (pap. de la fam. de Montal). — *La chappelle del Puith-Ragault*, 1668 (min. Sarrauste, n^{re} à Laroquebrou). — *Notre-Dame du Puy-Rachat*, 1856 (Dict. stat. du Cantal).

La chapelle, autref. sous le voc. de N.-D. du Puy-Rachat, fut vendue le 23 prairial an IV de la République, puis cédée en 1811 à la fabrique de l'église de Nieudan.

NOTRE-DAME-DE-LORETTE, chapelle près de la Jourdanie, c^{ne} de Salers.

NOTRE-DAME-DES-GRÂCES, lieu-dit et chapelle ruinée, c^{ne} d'Espinasse.

NOTRE-DAME-DES-GRÂCES, chapelle, c^{ne} de Roumégoux.

NOTRE-DAME-DES-SEPT-DOULEURS, oratoire au vill. de Rouffiac, c^{ne} de Saint-Simon.

NOTRE-DAME-DU-CALVAIRE, chapelle, c^{ne} de Vic-sur-Cère.

NOTRE-DAME-DU-DOM, ermitage en ruines, c^{ne} de Sénezergues.

NOTRE-DAME-DU-PONT-DE-BREDON, font. et chapelle détruite. — *La Fon de Nostra-Dona*, 1575 (terr. de Bredon). — *La Fon de Nostra-Donna*, 1580; — *La Fon de Nostre-Done*, 1664 (*id.* de la v^{té} de Murat).

NOTRE-DAME-DU-PONT-DE-LEYNHAC, chapelle détruite, c^{ne} de Leynhac. — *Notre-Dame-du-Pont-de-Leyniac*, 1762 (Pouillé de Saint-Flour).

Cette chapelle était à la nomination du prieur du Pont.

NOUDA, mⁱⁿ détruit, c^{ne} de Trizac. — *Molin appellé de las Noudalz sur la rivière de Marlhou*, 1651 (min. Chalvignac, n^{re}).

NOUGARÈDE (LA), dom. ruiné, c^{ne} de Boisset. — *Affar de Noguairol*, 1668 (nommée au p^{ce} de Monaco).

NOUGARÈDE (LA), f^{me}, c^{ne} de Leynhac.

NOUIX, vill., c^{ne} de Cros-de-Montvert.

NOUIX, vill. et mⁱⁿ, c^{ne} de Saint-Saturnin. — *Noetz; Noethz*, 1543 (arch. dép. s. G). — *Le bailliage de Noheetz, lo molin de Noheets*, 1585 (terr. de Graule). — *Noex*, 1595; — *Noech*, 1618 (id. de Dienne). — *Noyx*, 1673 (nommée au p^{ce} de Monaco). — *Noix*, 1676 (insin. du bailliage de Saint-Flour). — *Nuits*, 1857 (Dict. stat. du Cantal).

Nouix était le siège d'un bailliage ecclésiastique dépend. de l'abbaye d'Obazine (Corrèze).

NOUMÉA, vill., c^{ne} d'Aurillac.

Ce village a été construit depuis peu d'années; il fait suite à la rue de Versailles.

NOUVIALE, dom. ruiné, c^{ne} de Saint-Gerons. — *Mansus de Nouviala*, 1379 (arch. dép. s. E). — *Navialle*, 1600 (pap. de la fam. de Montal).

NOUVIALES, vill., c^{ne} de Marmanhac. — *Mansus de Nauviela*, 1521; — *Nauviala*, 1522 (min. Vigery, n^{re} à Aurillac). — *Naviaile*, 1551; — *Nau-*

44.

Nauvialla, 1552; — *Nauvialle*, 1557 (terr. de Nozières). — *Nauvielle*, 1669; — *Nauvielles*, 1607 (état civ.). — *Nauviale*, 1685; — *Nauviales*, 1740; — *Neuvialles*, 1743; — *Neuviale*, 1744 (arch. dép. s. C, l. 21). — *Novialles* (Cassini). — *Neuvialle* (états de sections).

NOUVIALLE (LA NARSE DE), marais, c^{ne} de Tanavelle.

NOUVIALLE, vill., mⁱⁿ et narse, c^{ne} de Valuéjols. — *Villa que dicitur Nova Villa*, 924 (cart. de Brioude). — *Mansus de Novivella*, 1441; — *Nouviela*, 1473 (arch. dép. s. E). — *Nouviala; Villa-Nefa; la Niarsa de Nouvialia*, xve s^e (terr. de Bredon). — *Nouviala*, 1508 (*id.* de Loubeysargues). — *Nauviala*, 1511 (*id.* de Maurs). — *Molin de Nouviela*, 1518 (*id.* des Cluzels). — *Nou-Vield*, 1532; — *Nouvialla*, 1563 (arch. dép. s. E). — *Nauvyalle*, 1575 (terr. de Bredon). — *Neuf-Vialle*, 1576 (arch. dép. s. E). — *Nauvyalle*, xvie s^e (*id.* s. G). — *Neufvialle*, 1654 (terr. du Sailhans). — *Nauvialle*, 1665 (*id.* de Bredon). — *Nouvialle*, 1665 (insin. du bailliage d'Andelat). — *Nouviales*, 1737 (lièvre de la rente du Fer). — *Novialle; Noviale*, 1784 (Chabrol, t. IV).

NOUVIALLE, ruiss., affl. de la rivière d'Ande, prend sa source près de Brageac, c^{nes} de Valuéjols et de Roffiac; cours de 7,600 m. — *L'Aiga de Bragiac*, xve s^e (terr. de Bredon). — *Aqua vocata de Neufviela*, 1526 (*id.* de Vieillespesse). — *Ruisseau de Bragheac; Braghat; del Mots; rif de la Mote*, 1575; — *Rivière de Nauvialle*, xvie s^e; — *Nauviale*, 1664 (terr. de Bredon).

Ce ruisseau porte aussi le nom de *la Roche*.

NOUVIALLES, écart, c^{ne} d'Anterrieux. — *Mansus de Nobabiala*, 1416; — *Novavilla*, 1507 (arch. dép. s. H). — *Nauvialle*, xvie s^e (*id.* s. G). — *Nauvialle*, 1645 (*id.* s. H). — *Nauviales*, 1784 (Chabrol, t. IV).

NOUVIALOU, vill., c^{ne} de Valuéjols. — *Nouvialou* (État-major).

NOUX, vill., c^{ne} d'Alleuze. — *Noubx*, 1352 (homm. à l'évêque de Clermont). — *Noz; Nouz*, 1494 (terr. de Mallet). — *Noux*, 1622; — *Nous*, 1680 (insin. de la cour royale de Murat). — *Nuix*, 1780 (lièvre de la Roche). — *Nouix*, 1784 (Chabrol, t. IV).

NOUX, vill., c^{ne} d'Anglards-de-Salers. — *Nouh*, 1646; — *Noutz*, 1648 (état civ. de Mauriac). — *Noutix*, 1648; — *Nouctz*, 1650; — *Noutx*, 1652; — *Nouts*, 1654; — *Noucz*, 1656; — *Noulx*, 1658; — *Noctz*, 1659; — *Noux*, 1664; — *Nouhe*, 1666; — *Nous*, 1672 (état civ. d'Anglards). — *Nuix*, 1735 (*id.* de Sourniac).

NOYER (LE), écart avec manoir, c^{ne} de Leynhac. — *Le Noyer* (Cassini).

NOYER (LE), dom. ruiné, c^{ne} de Loupiac. — *Villaige del Noyer*, 1687 (état civ.).

NOYER (LE), ham., c^{ne} de Maurs. — *Le Noyer*, 1760 (état civ.).

NOYER (LE), ham., c^{ne} de Sénezergues. — *Lou Noyer; Lou Noguier*, 1668 (nommée au p^{ce} de Monaco). — *Lou Noyer*, 1741 (anc. cad. de Cassaniouze).

NOYÈRE (LA), écart, c^{ne} de Maurs.

NOZEROLLE (LA), dom. ruiné, c^{ne} de la Monselie. — *Ténement de Nouzeyrolle*, 1638 (terr. de Murat-la-Rabe).

NOZEROLLES, f^{me}, c^{ne} de la Chapelle-d'Alagnon. — *Nozeyrolles*, 1474 (arch. dép. s. G). — *Nozeirolles*, 1542; — *Nuzeirollies; Nouz-cirollies; Nouzeyrolles*, 1548 (arch. dép. s. G). — *Nizerolles*, 1585 (lièvre de la v^{té} de Murat). — *Nouzeirolles*, 1669 (insin. de la v^{té} de Murat). — *Nouzeirolle*, 1683 (terr. des Bros). — *Nozeiroles*, 1693 (état civ. de Chastel-sur-Murat). — *Nouzeyrolle*, 1756 (terr. de la coll. de N.-D. de Murat).

NOZENOLLES, vill. et chapelle détruite, c^{ne} de Pierrefort. — *Nozayrolas*, xive s^e (Pouillé de Saint-Flour). — *Nozeiroles*, 1614; — *Nozeirols*, 1620 (état civ.). — *Nozeroles*, 1667 (terr. de Polminhac). — *Nouzeyrolles*, 1673 (insin. du bailliage de Saint-Flour). — *Nozezerolles* (Cassini). — *Nozeyrolle*, 1857 (Dict. stat. du Cantal).

NOZEROLLES, vill., c^{ne} de Saint-Mary-le-Plain. — *Nozayrolas*, 1329 (enq. sur la justice de Vieillespesse). — *Nozeyrolles*, 1526 (terr. de Vieillespesse). — *Nozeirolles*, 1675; — *Nozerolle*, 1720; — *Nauzerolle*, 1722; — *Nouzerolle*, 1726 (état civ.).

NOZEROLLES, f^{me} et chapelle détruite, c^{ne} de Saint-Simon. — *Mansus de Nozeyrolas*, 1521 (min. Vigery, n^{re} à Aurillac). — *Nouzeirolles*, 1632 (état civ. d'Aurillac). — *Nozeyrolles*, 1649 (*id.* de Naucelles). — *Nozeirolles*, 1692; — *Nozeroles*, 1701; — *Nozeiroles*, 1718; — *Nouzeyrolles*, 1729; — *Nozeyrolles*, 1747 (arch. dép. s. C, l. 12). — *Nouzerolles*, 1756 (*id.* s. H). — *Nozeirols* (Cassini).

La chapellenie de Nozerolles était à la nomination des consuls d'Aurillac (Pouillé de Saint-Flour de 1762).

NOZEYRAT, dom. ruiné, c^{ne} de Coren. — *Mansus de Nouzeyrat*, 1441 (arch. dép. s. E).

NOZIÈRE, vill. et mont. à burons, c^{ne} de Dienne. — *Nozeyratum*, 1441; — *Nosseyres*, 1474; — *Nozoires*, 1491; — *Nozeyras*, 1494 (arch. dép. s. E).

— *Nouzeyres; Nozières; Montaigne de Nouzières,* 1551; — *Montaigne de Nozeyres,* 1608 (min. Danty, n°). — *Montaigne de Nouzeires,* 1618 (terr. de Dienne).

Nozière, ruiss., affl. du ruisseau de Peyrebesse, c⁰ᵉ de Saint-Just; cours, dans le Cantal, de 3,000 m. — *Bacou,* 1855 (Dict. stat. du Cantal).

Nozières, ham., chât. et chapelle domestique, cⁿᵉ de Jussac. — *La forteresse de Nozières,* 1381 (arch. mun. d'Aurillac, s. EE, p. 14). — *Nozieras,* 1464 (terr. de Saint-Christophe).

Nozières était, avant 1789, le siège d'une justice seign. régie par le droit écrit, et ressort. au bailliage d'Aurillac, en appel de sa prév. part.

Nozières, ham. détruit, cⁿᵉ de Marcolès.

Nozières, dom. ruiné, cⁿᵉ de Mourjou. — *Nozieyras,* 1564 (min. Boyssonnade, nᵣᵉ à Montsalvy). — *Nozières,* 1670 (terr. de Calvinet).

Nozières, vill. et mⁱⁿ, cⁿᵉ de Paulhac. — *Mas de Nosieyras,* 1402 (homm. à l'évêque de Clermont). — *Nozeyriœ,* 1435 (liber vitulus). — *Nozeriœ,* 1489 (arch. dép. s. E). — *Nozeras; Nozerias,* xvᵉ s⁰ (terr. de Bredon). — *Nozeires,* 1542 (terr. de Bessanges). — *Nozeyres; Nozeyras,* 1575 (*id.* de Bredon). — *Nouzeyres,* 1580 (lièvre de la vᵗᵉ de Murat). — *Nouzièvas; Nossials; Nouzeiras; Molin de Nouzières,* 1594 (terr. de Bressanges). — *Nozières,* 1612 (lièvre du Chambon). — *Nouzeires* 1730 (terr. de la command. de Montchamp).

Nozières, vill., cⁿᵉ de Pleaux. — *Nosières,* 1646; — *Nozières,* 1647 (état civ. de Pleaux). — *Noziers,* 1647 (min. Sarrauste, nʳᵉ). — *Nouzieres,* 1654; — *Nozcieyres,* 1664; — *Nozieyres,* 1672; — *Nossières,* 1686 (état civ.). — *Nosière,* 1682; — *Nozères,* 1704 (*id.* de Chaussenac). — *Nosière,* 1743 (arch. dép. s. C, l. 40). — *Nozière,* 1857 (Dict. stat. du Cantal).

Nozières (Les), dom. ruiné, cⁿᵉ de Riom-ès-Montagnes. — *Las Nozeires,* 1512 (terr. d'Apchon). — *Les Nossière,* 1719 (table de ce terrier).

Nozières, mⁱⁿ, cⁿᵉ de Saint-Martin-Valmeroux.

Nozières-Bas, vill. et chât. fort ruiné, cⁿᵉ de Saint-Martin-Valmeroux. — *Nozières,* 1693 (état civ.). — *Noziers* (État-major). — *Château de Nozières-soutro,* 1856 (Dict. stat. du Cantal).

Nozières-Haut, ham. et chât. fort ruiné, cⁿᵉ de Saint-Martin-Valmeroux. — *Castrum de Nozeriis,* 1299 (spicil. Brivat.). — *Nozières,* 1627 (terr. de N.-D. d'Aurillac). — *Nozeières,* 1656 (min. Gros, nʳᵉ à Saint-Martin-Valmeroux). — *Nouzière,* 1743 (état civ. de Saint-Bonnet-de-Salers). — *Noziers* (État-major). — *Nozières-soubro,* 1856 (Dict. stat. du Cantal).

Nubieux, vill., chât. féodal détruit et mⁱⁿ en ruines, cⁿᵉ de Rezentières. — *Nubris,* 1610 (terr. d'Avenaux). — *Nubiers,* 1613 (*id.* de Nubieux). — *Nubières,* 1628 (paraphr. sur les cout. d'Auvergne). — *Nubieux; Nubieuc,* 1670 (état civ. de Bonnac). — *Nubieu* (Cassini). — *Nuvieu* (État-major).

Nubieux était, avant 1789, régi par le droit cout., et siège d'une justice seign. ressort. à la sénéch. d'Auvergne, en appel de la prév. de Brioude.

Nuits, vill., mⁱⁿ et futaie, cⁿᵉ de Chalinargues. — *Nuis,* 1509 (Gall. christ., t. 2, col. 195). — *Nuits,* 1610 (terr. d'Avenaux). — *Nuiet,* 1669; — *Nuietz,* 1679 (insin. de la cour royale de Murat). — *Nux,* 1683 (terr. de la châtell. des Bros). — *Nus,* 1698 (état civ. de Joursac). — *Nuics,* 1702; — *Nuix,* 1771 (lièvre de Mardogne).

Nuroul, dom. ruiné, cⁿᵉ de Maurines. — *Vilaige de Nuroul,* 1494 (terr. de Mallet).

Nuzerolles, vill., cⁿᵉ d'Anglards-de-Salers. — *Nuzerolles,* 1508 (arch. dép. s. E). — *Nouzerole,* 1639 (état civ. de Salers). — *Nazurolle,* 1650 (*id.* d'Anglards). — *Nussuroges,* 1652; — *Nusurolle,* 1653; — *Nuzurolles,* 1654 (*id.* du Vigean). — *Nozerolles,* 1655; — *Nuzeyrolles,* 1659 (insin. du bailliage de Salers). — *Nuzeilles,* 1660; — *Nazurolles,* 1662; — *Nuseirolles,* 1665; — *Nuzirolles,* 1670 (état civ. d'Anglards). — *Nouzeirolles,* 1743 (*id.* de Saint-Bonnet-de-Salers).

Nuzerolles, dom. ruiné, cⁿᵉ de Landeyrat. — *Mansus de Nozayrolis; Mansus de Nogeyrolas,* 1395 (arch. dép. s. E).

O

Obéjac, ruiss., affl. de l'Alagnon, cⁿᵒˢ de Joursac et de Peyrusse; cours de 2,000 m.

Odoursac, écart, cⁿᵉ de Rouziers.

OEillet, écart avec manoir, cⁿᵉ d'Ussel. — *Dominus de Eulet,* 1230 (arch. dép. s. E). — *Islet,* 1398 (arch. dép. s. H). — *Ulliet,* 1654; — *Heulhiet; Hulet; Uihiet; Hullet,* 1655 (terr. du Sailhans). — *Hulhet; Ulhet,* 1667 (insin. du bailliage d'Andelat). — *Huiliel* (Cassini). — *Suscet,* 1784 (Chabrol, t. IV).

OEILLET, ruiss., affl. de la rivière d'Ande, c^ne de Valuéjols; cours de 2,475 m. — *Rivière d'Heulhiet; d'Ulliet*, 1654 (terr. du Sailhans).

OEILLET (LOU BOS D'), lieu-dit et font., c^ne de Valuéjols. — *Le terron de Uliet*, 1508; — *Terroir d'Olliet; d'Heuilliet; d'Uliet*, 1661; — *d'Uilliet*, 1662; — *d'Uilhet; d'Euilhiet; d'Eulhiet; d'Huillet; d'Hullyët*, 1687 (terr. de Loubeysargues).

OFFINALHAR, dom. ruiné, c^ne de Saint-Étienne-de-Maurs. — *Villaige del Offinalhar*, 1609 (état civ.).

OGNON (LA PIERRE DE L'), rocher, c^ne de Moussages.

OGRE (L'), riv., affl. de la Bertrande, coule aux finages des c^nes de Saint-Projet, Girgols, Tournemire, Saint-Cirgues-de-Malbert et Saint-Illide; cours de 23,200 m.

OLDEBEAUX (LES), vill. et m^in, c^ne de Murat. — *Mansus dels Oldebals*, 1491 (terr. de Farges). — *Les Oldebals*, 1518 (id. des Cluzels). — *Les Holdebalz, les Holdebatz*, 1536 (id. de la v^té de Murat). — *Les Olbebaz*, 1542 (id. coll. N.-D. de Murat). — *Des Holdebatz*, 1542 (arch. dép. s. G). — *Les Holdebaz*, 1559 (min. Lanusse, n^re à Murat). — *Les Hosdebalz*, 1585 (lièvc de la v^té de Murat). — *Les Albebals; als Oldebalx; los Aldebauls*, XVIe s^e (arch. dép. s. G). — *Les Holdebails*, 1619 (min. Danty, n^re à Murat). — *Les Holdebaulx*, 1637 (lièvre de la v^té de Murat). — *Molin des Holdebaux*, 1646; — *Les Holdebach*, 1652 (état civ.). — *Les Audebalz; los Audebalzes*, 1664 (terr. du prieuré de Bredon). — *Les Oldebaux*, 1678 (insin. de la cour royale de Murat). — *Les Holsdebals*, 1683 (lièvc de Fargues). — *Les Audebas*, 1699 (état civ. de la Chapelle-d'Alagnon). — *Les Audebeaux*, 1704 (arch. dép. s. E). — *Les Holles-Debots; Le Sol-de-Beaux*, XVIIe s^e (terr. du roi). — *Ezeldebeau* (État-major).

OLGÉAC, vill. et m^in, c^ne d'Auzers. — *Mansus d'Oulghat*, 1409 (arch. généal. de Sarliges). — *Olghac*, 1520 (terr. d'Apchon). — *Orgac*, 1668 (id. de Menet). — *Olghat*, 1683 (anc. min. Chalvignac, n^re à Trizac). — *Doulghat*, 1784 (Chabrol, t. IV). — *Olgeac*, 1785 (arch. dép. s. C, l. 41). — *Olgeat*, 1852 (Dict. stat. du Cantal).

OLGÉAC, ruiss., affl. du Mardarel, c^nes de Trizac et d'Auzers; cours de 1,700 m.

OLGÉAS, m^in détruit, c^ne de Ruines. — *M^in d'Olgeus* (État-major).

OLGÉAS, ruiss., affl. du ruisseau de la Roche, c^ne de Ruines; cours de 500 m.

OLIÈRES (LES), ham., c^ne de Faverolles. — *Olerias*, 1338 (spicil. Brivat.). — *Las Holeyras; las Oleyras; Oleyras*, 1494 (terr. de Mallet). — *Las Ouleyres*, 1671 (insin. du bailliage de Saint-Flour). — *Laurolles*, 1784 (Chabrol, t. IV). — *Lesollières* (Cassini). — *Olières* (État-major). — *Les Ollières*, 1855 (Dict. stat. du Cantal).

OLINIÈRES (LES), dom. ruiné, c^ne de Jussac. — *Affarium de la Olineyra*, 1457 (arch. dép. s. H). — *Affar de Olliniera; des Ollinières*, 1642 (inv. des titres de la cure de Jussac).

OLLE (L'), bois défriché, c^ne de Saint-Santin-Cantalès. — *Nemus de la Ola*, 1415 (arch. mun. d'Aurillac, s. HH, c. 21). — *Lou boix Lolle*, 1597 (min. Lascombes, n^re).

OLLOUPAS, mont. à vacherie, c^ne de Bredon.

OLM (L'), dom. ruiné, c^ne de Crandelles. — *De Holmis castrum*, 1289 (annot. sur l'hist. d'Aurillac). — *Mansus vocatus da Lolm*, 1432 (arch. mun. d'Aurillac, s. GG, c^ou 17). — *Mansus dal Olm*, 1445 (reconn. à l'hôp. d'Aurillac). — *Da Lou*, 1747 (inv. des titres de l'hôp. d'Aurillac).

OLM (L'), dom. ruiné, c^ne d'Escorailles. — *Domaine da Lolm*, 1778 (inv. des arch. de la mais. d'Humières).

OLM (L'), vill. détruit, c^ne d'Ytrac. — *Villaige de Lolm*, 1530 (terr. des cons. d'Aurillac).

OLMET (LE PUECH D'), mont., c^ne de la Capelle-del-Fraisse.

OLMET, vill., c^ne de Vic-sur-Cère. — *Olmet*, 1598 (état civ.). — *Aumet*, 1610 (id. de Thiézac). — *Doumet*, 1627; — *Daumet*, 1630 (id. d'Arpajon). — *Almas*, 1665; — *Almait*, 1672; — *Almet*, 1673; — *Aulmet*, 1677 (id. de Polminhac). — *Olmes*, 1668 (nommée au p^ce de Monaco). — *Loln*, 1701 (état civ. de Saint-Clément).

OLNES (LES), dom. et chât. féodal détruits, c^ne de Jussac. — *Mansus del Olms*, 1469; — *Affar de Lolm*, 1566; — *Lholz*, 1567 (terr. de Saint-Christophe). — *Hons*, 1628 (paraphr. sur les cout. d'Auvergne). — *Affar de Lon; de Lom*, 1669 (nommée au p^ce de Monaco).

OLS (LES), vill. et m^in, c^ne de Parlan. — *Les Olz*, 1587 (livre des achaps d'Ant. de Naucaze). — *Le villaige del Zolz*, 1645; — *Lolz*, 1647; — *Olze*, 1648 (état civ.). — *Les Holz*, 1668 (nommée au p^ce de Monaco). — *Le moulin d'Alzolz; Alzols; les Ols*, 1748 (anc. cad.).

OLTO, m^in, c^ne de Roussy.

OMBRES (LE BOIS DES), bois défriché, c^nes de Dienne et de Laveissière. — *Lo bos del Aborc; las Houbras*, 1490; — *Las Obras*, XVe s^e (terr. de Chambeuil). — *Bois de las Houmbres*, 1551; — *Las Hombres; las Ombres*, 1618 (terr. de Dienne). — *Los Obros*, 1668 (nommée au p^ce de Monaco).

OMBRES (LE ROC DES), rocher et mont. à vacherie, c^{ne} du Falgoux. — *Lou Puech d'Ombre*, 1717 (terr. de Beauclair).

OMPS, c^{on} de Saint-Mamet-la-Salvetat, et chât. détruit. — *Ecclesia Sancti Johannis de Ompis*, 1275 (test. de Bertrand de Montal). — *Eums*, 1341 (pap. de la fam. de Montal. — *Ontinum*, xiv° s° (Pouillé de Saint-Flour). — *Eompz; Eonps*, 1616; — *Ons*, 1665 (état civ. de Glénat). — *Ompz*, 1624 (*id*. de Saint-Mamet). — *Omps* (Cassini).

Omps était, avant 1789, de la Haute-Auvergne, du dioc. de Saint-Flour, de l'élect. et de la subdélég. d'Aurillac. Régi par le droit écrit, il ressort. au bailliage d'Aurillac, en appel de la prév. de Maurs. Jusqu'en 1748, Omps a dépendu de la justice du chapitre de Saint-Geraud, et depuis, de la justice royale. — Son église, dédiée à saint Julien, était une cure à la nomination du chapitre de Saint-Geraud; elle a été érigée en succursale par ordonn. royale du 5 janvier 1820.

OMPS, ruiss., affl. du ruisseau de Brégoux, c^{nes} de Saint-Mamet-la-Salvetat et d'Omps; cours de 2,500 m.

ONCERLES (LES), dom. ruiné, c^{ne} de Lascelle. — *Affar dels Oncerles*, 1485 (reconn. à J. de Montamat).

ONDARIAU (LAS), dom. ruiné, c^{ne} de Moussages. — *Villaige de las Ondariau*, 1633 (état civ. du Vigean).

ONDES (LES), ruiss., affl. du ruisseau de Prades, c^{ne} de Landeyrat; cours de 5,300 m.

ONDES (LES), mⁱⁿ détruit, c^{ne} de Lieutadès. — *Molin de las Ondas*, 1508; — *Las Ondes*, 1662; — *Moulin des Oundes*, 1686 (terr. de la Garde-Roussillon).

ONGUIÈRES (LAS), mont. à vacherie, c^{ne} de Chastel-Marlhac.

ONSAC, vill., c^{ne} de Polminhac. — *Onzacum*, 1489 (reconn. à J. de Montamat). — *Lou Sat*, 1583; — *Onzat; Ouzac*, 1584 (terr. de Polminhac). — *Ussat*, 1604 (état civ. de Vic). — *Haussat; Aussac; Alssac*, 1610 (aveu de J. de Pestels). — *Oussat*, 1665; — *Oussac*, 1668 (état civ.). — *Aussat*, 1668; — *Onsac*, 1671 (nommée au p^{ce} de Monaco). — *Ouzat; Houssac*, 1695 (terr. de la command. de Carlat).

ONSAC, vill., c^{ne} de Reilhac. — *Onsac*, 1531 (min. Vigery, n^{re} à Aurillac). — *Onsat* (Cassini). — *Ouzac*, 1857 (Dict. stat. du Cantal).

ONTULS (LE PÉAGE DES), anc. péage, c^{ne} de Valuéjols. — *Le péage des Ontuls*, 1646 (min. Danty, n^{re}).

ONZE, lieu détruit, c^{ne} de Molompize.

OPRADIS (LA FONT D'), font., c^{ne} de Sériers. — *La font de Paradis*, 1618 (terr. de Sériers).

ORADOUR, c^{on} de Pierrefort et moulin. — *Oratorium*, 1131 (Baluze, t. II, p. 57). — *Orador*, xiv° s° (Pouillé de Saint-Flour). — *Oratorium Sancte Marie*, 1445 (ordonn. de J. Pouget). — *Oradour*, 1595 (min. Andrieu, n^{re}). — *Auradour*, 1596 (insin. du bailliage de Saint-Flour). — *Ouradour*, 1616; — *Esglise d'Auradour*, 1618 (état civ. de Pierrefort). — *Ouradou*, 1681 (*id*. de Jou-sous-Montjou).

Oradour était, avant 1789, de la Haute-Auvergne, du dioc., de l'élect. et de la subdélég. de Saint-Flour. Régi par le droit écrit, il dépend. de la justice seign. de Pierrefort, et ressort. au bailliage de Saint-Flour, en appel de sa prév. part. — Son église, actuellement dédiée à saint Étienne et à saint Loup, avait été donnée en 1131 au monast. de Sauxillanges; elle faisait partie de la mense épiscopale, avec vicairie perpétuelle à la collation de l'évêque. Elle a été érigée en succursale par décret du 28 août 1808.

ORADOUR (L'), f^{me}, c^{ne} de la Besserette. — *Turadou*, 1548 (min. Guy de Vayssieyra, n^{re} à Montsalvy).

ORAME, mont. inconnue, c^{ne} de Laveissière. — *Montaignhe d'Orame*, xv° s° (terr. de Chambeuil).

ORATOIRE (LA CROIX DE L'), croix, c^{ne} de Méallet.

ORATOIRE-DU-PONT (L'), chapelle isolée, c^{ne} de Cussac.

ORATOIRE-DU-TILLEUL (L'), oratoire détruit, c^{ne} de Saint-Christophe. — *Quamdam terram vocatam de l'Orador podii de Pradinas, in qua est oratorium confrontantem cum oratorio antiquo a capite vocato oratorium del Telhol*, 1464 (terr. de Saint-Christophe).

ORCET, mont. à burons et dom. ruiné, c^{ne} d'Anglards-de-Salers. — *Urticidum?* x° s° (copie du test. dit de Théodechilde). — *Affar d'Orsset*, 1443 (arch. dép. s. E).

ORCEYRETTES, vill., c^{ne} d'Anglards-de-Saint-Flour. — *Orsseiretas; Orssairette; Orssairetes; Orssairetes*, 1494 (terr. de Mallet). — *Orceyrettes*, 1623; — *Ourseyrettes*, 1683 (insin. de la cour royale de Murat). — *Orcerettes*, 1740 (état civ. de Saint-Flour). — *Orssierètes*, 1745 (arch. dép. s. C, l. 43.) — *Orceyrette* (Cassini).

ORCEYROLLES, vill., c^{ne} d'Anglards-de-Saint-Flour. — *Orsseirolas; Erseyrolas; Orsseiroles; Orsseirolles*, 1494 (terr. de Mallet). — *Orsseirollas*, 1508; — *Orseyrolles; Orseirolles*, 1629; — *Orceyrolles*, 1663 (terr. de Montchamp). — *Orceyrolle*, 1668 (insin. de la cour royale de Murat). — *Erasseyrolles*, 1730 (terr. de Montchamp). — *Orcerolle*, 1784 (Chabrol, t. IV).

Orceyrolles était, avant 1789, régi par le droit

coul., et siège d'une justice seign. ressort. à la sénéch. d'Auvergne, en appel de la prév. de Saint-Flour.

ORCEYROLLES, vill., c^ne de Chazelles. — *Orcerole* (Cassini).

ORCIÈRES, vill., c^ne de Neuvéglise. — *Orseiroa*, 1508 (terr. de Montchamp). — *Orceyras*, 1510 (id. de Maurs).— *Orsières*, 1597; — *Orssierron*, 1671 (insin. du bailliage de Saint-Flour). — *Ourseyre*, 1705 (état civ. de Murat). — *Dorcières*, 1730 (terr. de Montchamp). — *Lorcieres*, 1739 (état civ. de Saint-Flour).

ORCIÈRES, ruiss., affl. de la Tourette, c^ne de Neuvéglise; cours de 550 m.

ORFAGUET, m^in et huilerie, c^ne de Saint-Vincent.

ORFEUILLE, f^me, c^ne de Cros-de-Montvert. — *Arfueilhe*, 1632; — *Arfueille*, 1644 (état civ.). — *Domaine d'Orfeuil*, 1782 (arch. dép. s. C, l. 51). — *Orfeuille* (Cassini).

ORGON, f^me, autref. prieuré, c^ne de Laroquebrou. — *Affarium da Orgon*, 1344 (arch. dép. s. G). — *Orgnos*, 1626 (min. Sarrauste, n^re à Laroquebrou). — *Prieuré de N.-D. d'Orgon*, 1671 (nommée au p^ce de Monaco). — *Ourgon*, 1713 (état civ. d'Espinadels).

ORGON (L'), ruiss., affl. de la Cère, coule aux finages des c^nes de Montvert, Saint-Santin-Cantalès, Nieudan et Laroquebrou; cours de 7,000 m.

ORSET (LE BAS D'), mont. à burons et bois défriché, c^ne du Fau. — *Bois del Bac d'Oursset*, 1717 (terr. de Beauclair).

ORSET (LE PUY D'), mont. à vacherie et taillis, c^ne du Fau. — *Bois del Ourset; bois d'Oursset*, 1717 (terr. de Beauclair).

ORSIGNES, dom. ruiné, c^ne de Vic-sur-Cère. — *Affar d'Orsignes*, 1671 (nommée au p^ce de Monaco).

ONSIMOLES, châtaign. défrichée, c^ne de Marcolès. — *Cassanhol Aursimolas*, 1437 (pièces de l'abbé Delmas).

ORT (L'), taillis et mont. à vacherie, c^ne de Dienne. — *Montanum dictum del Ort*, 1492 (arch. dép. s. E). — *Montagnhe des Hortelz*, 1668 (nommée au p^ce de Monaco).

ORTAL (L'), m^in, c^ne de Roannes-Saint-Mary.

ORTAL (L'), dom. ruiné, c^ne de Saint-Mamet-la-Salvetat. — *Lourtal*, 1623; — *Lortal*, 1634; — *Lorsal*, 1637 (état civ.). — *L'Ortal*, 1668 (nommée au p^ce de Monaco).

ORT-DU-VERT (L'), châtaign. défrichée, c^ne de Ladinhac. — *Chastanial appelée Lort-du-Bert*, 1668 (nommée au p^ce de Monaco).

ORTIGAIRIE (L'), dom. ruiné, c^ne de Saint-Cirgues-de-Malbert. — *Affarium de l'Ortigairia*, 1350 (arch. mun. d'Aurillac, s. HH, c. 21).

ORTIGES, écart, c^ne de Salins. — *Affar d'Ortiges*, 1639 (rentes dues au monast. de Mauriac). — *Artige* (Cassini). — *Ortige*, 1857 (Dict. stat. du Cantal). — *Hortiges*, 1886 (états de recens.).

ORTIGIERS, vill., c^ne de Sourniac. — *Ortigier*, 1310 (liève du prieuré du Vigean). — *Ortigies*, 1635 (état civ. du Vigean). — *Ortigié*, 1645 (id. de Mauriac). — *Ortriges*, 1734 (id. de Sourniac). — *Ortigiers*, 1735 (terr. de la commanderie de Carlat). — *Orstrigiers* (Cassini). — *Ortrigiers*, 1857 (Dict. stat. du Cantal).

Ortigiers était un membre de la command. de Carlat et avait appartenu à l'ordre des Templiers, puis à celui de Saint-Jean-de-Jérusalem.

ORTS (LA FON DES), font., c^ne de Saint-Constant. — *Fontaine appellée des Orts*, xviie s^e (reconn. au prieur de Saint-Constant).

ORTS (LE RIAL DES), mont. à vacherie, c^ne de Saint-Poncy.

ORVAL, affl. de la Rhue, c^ne de Saint-Étienne-de-Riom; cours de 3,000 m.

Ce ruisseau porte aussi le nom de *la Chaboulière*.

OSSÉOLS, dom. ruiné, c^ne de Tanavelle. — *Villaige d'Osséolz*, 1618 (terr. de Sériers).

OSTAL-DE-LA-RIOM (TRAS L'), fief, c^ne de Cheylade. — 1514 (terr. de Cheylade).

OSTENAC, vill., m^in, bois et chapelle dom., c^ne de Chaussenac. — *Ostenacum*, 1502; — *Estrenacum*, 1505 (terr. de Cussac). — *Oustenac*, 1647; — *Austenac*, 1650 (état civ. de Pleaux). — *Ossenac*, 1674; — *Ostrenac*, 1683 (id. de Chaussenac). — *Obstenac*, 1769; — *Ostenac*, 1780 (arch. dép. s. C.)

OSTENAC, ruiss., prend. sa source dans le bois de ce nom, c^ne de Chaussenac, et forme à sa jonction avec celui de Cussac, sur le territ. de la c^ne de Tourniac, le ruisseau d'Escorailles, après un cours de 3,500 m.

OUAILLES (LA ROCHE D'), rocher et vacherie, c^ne de Saint-Poncy.

OUDEZY (L'), ruiss., affl. de la Cère, c^ne de Thiézac; — *Ruisseau d'Aubizy*, 1746 (anc. cad.).

OUBRET (L'ARBRE DE), tilleul séculaire détruit, c^ne de Saint-Martin-sous-Vigouroux (Cassini).

OUCHE, source minérale, c^ne de Saint-Victor.

OUCHES, vill., c^ne de Massiac. — *Villa que dicitur Olchias*, 933 (cart. de Brioude). — *Olches*, 1558 (terr. du prieuré de Rochefort). — *Ousche*, 1667; — *Oulches*, 1668 (état civ. de Saint-Victor-sur-Massiac. — *Dauché*, 1671 (id. de Bonnac). —

Aulche, 1671 (*id.* de Massiac). — *Dausche*, 1672 (*id.* de Bonnac). — *Lourt*, 1695 (*id.* de Saint-Étienne-sur-Massiac). — *Douche*, 1740 (*id.* de Saint-Victor-sur-Massiac).

Ce village faisait autref. partie de la c^{ne} de Saint-Victor-de-Massiac.

Ougon, écart, c^{ne} de Colandres.

Ouilles (Le Bois des), mont. à vacherie, c^{ne} de Saint-Étienne-de-Riom.

Ouiroux (L'), ruiss., affl. de l'Alagnon, coule aux finages des c^{nes} de Rezentières, Talizat, Valjouse et Ferrières-Saint-Mary; cours de 7,500 m.

Oupelheyre (L'), mont. à burons et dom. ruiné, c^{ne} de Colandres. — *Mansus de la Volpilhera*, 1441 (terr. de Saignes). — *Montaigne de Volpilheyre*, 1506 (*id.* de Riom). — *Montana vocata Peolioza*, 1518 (*id.* d'Apchon). — *Montagne de Peulhiouze*, 1719 (table de ce terrier). — *Vacherie de Vollepillière* (Cassini).

Ouradou (L'), dom. ruiné, c^{ne} de Cassaniouze. — *Ténement de l'Houradou*, 1780 (terr. de Saint-Projet).

Ouradou (L'), écart, c^{ne} de Ladinhac.

Ouradou (Le Suc de L'), mont. à vacherie, c^{ne} de Trémouille-Marchal.

Ouradour (L'), dom. ruiné, c^{ne} de Saint-Christophe. — *Mansus del Orador*, 1464 (terr. de Saint-Christophe).

Ourdios (Les), vill., c^{ne} de Lieutadès.

Ourlingue (L'), ruiss., affl. du Bos, c^{ne} de Bournoncles et de Faverolles; cours de 1,300 m.

Ce ruisseau porte aussi le nom d'*Arling*.

Ours (La Roque de l'), mont. à vacherie, c^{ne} d'Antignac.

Ours (Les), châtaign. et dom. ruiné, c^{ne} de Saint-Mamet-la-Salvetat. — *Affarium de la Orsa*, 1403 (arch. mun. d'Aurillac, s. HH, c. 21).

Oursac, dom. ruiné, c^{ne} de Polminhac. — *Villaige d'Oursac*, 1584 (terr. de Polminhac).

Ourseyre (Le Puech d'), mont. à vacherie et futaie, c^{ne} d'Anglards-de-Saint-Flour.

Oursière (Le Bois d'), mont. à burons, c^{ne} de Lascelle.

Oursol (L'), écart, c^{ne} de Vic-sur-Cère.

Ourtalou (L'), écart, c^{ne} de la Besserette.

Ourtals (Les), écart, c^{ne} de Saint-Urcize.

Ourtigou (L'), taillis, c^{ne} de Lieutadès. — *Le chemin allant vers Ortigho*, 1508 (terr. de la Garde-Roussillon).

Ourtios (L'), bois, c^{ne} de Tiviers. — *Boys appellé als Ortrels; Ortals; Ortials; Ortiels*, 1508; — *Las Ortilhes*, 1663; — *Ortalz*, 1666; — *Ortilts; Ortiols*, 1730; — *Ortals sive de Garnal; Artilles; Ortiles*, 1762 (terr. de Montchamp).

Ourzeaux, vill. et chât., c^{ne} de Saint-Cernin. — *Orzals*, 1598 (min. Lascombes, n^{re} à Saint-Illide). — *Orsals*, 1628 (paraphr. sur les cout. d'Auvergne). — *Orchaux*, 1644; — *Orzaux*, 1662; — *Ouzaux*, 1663 (état civ.). — *Oursaux*, 1669 (*id.* de Saint-Martin-de-Valois). — *Orgeaux*, 1670 (*id.* de Marmanhac). — *Orleaus*, 1672 (*id.* de Saint-Chamant). — *Orzeau*, 1672; — *Orzeaux*, 1700; — *Orzeaus*, 1701; — *Aurseaus*, 1702 (état civ.). — *Ourjaux*, 1730; — *Ourzeaux*, 1753 (arch. dép. s. C, l. 32). — *Ourzaux; Ourgeaux*, 1744 (anc. cad.). — *Ourzeau* (Cassini). — *Ourseau*, 1784 (Chabrol, t. IV). — *Dourzeau*, 1787 (arch. dép. s. C, l. 32).

Ourzeaux, en 1559, était un membre de la command. de Saint-Jean-de-Donnes, indivis avec celle du Temple d'Ayen.

Oustages (Les), ham., m^{ins} et futaie, c^{ne} de Marchal. — *Austage*, 1856 (Dict. stat. du Cantal).

Ce village porte aussi le nom de *Genestou*.

Oustal (L'), écart, c^{ne} de Lascelle.

Oustalelie (L'), dom. ruiné, c^{ne} d'Ydes. — *L'Oustalelie de Coste; l'Houstalelie*, 1685 (état civ.).

Oustalet (L'), écart, c^{ne} du Vigean.

Oustalié (L'), dom. ruiné, c^{ne} de Saint-Mamet-la-Salvetat. — *Ténement de la Cam de Loustalié*, 1739 (anc. cad.).

Oustal-Niol (L'), f^{me}, c^{ne} de Cassaniouze. — *Loustalnian* (Cassini).

Oustalou (L'), écart, c^{ne} de Fournoulès.

Oustalou (L'), écart, c^{ne} de Junhac.

Oustalou (L'), écart, c^{ne} de Marcolès.

Oustalou (L'), écart et bois, c^{ne} de Maurs. — *L'Houstalou*, 1748 (anc. cad.). — *L'Oustalou* (Cassini).

Oustalou (L'), écart, c^{ne} de Parlan.

Cet écart porte aussi le nom de *la Rangotte*.

Oustalou (L'), f^{me}, c^{ne} de Saint-Santin-de-Maurs.

Oustal-Rouge (La Maison de L'), écart, c^{ne} de Saint-Cirgues-de-Jordanne.

Oustau (L'), dom. ruiné, c^{ne} de Reilhac. — *Affaria de L'Oustau*, 1465 (arch. mun. d'Aurillac, s. GG, p. 20).

Outre (L'), ruiss., affl. de la Santoire, c^{nes} de Lavigerie et de Dienne; cours de 3,000 m. — *Rif de Gastaldye; Ruisseau de Peyre-Gari*, 1600; — *Ruisseau de Peiregari*, 1618 (terr. de Dienne). — *Ruisseau Den-Rouch*, 1608 (min. Danty, n^{re} à Murat).

Outre, vill., c^{ne} du Vaulmier. — *Outre* (Cassini).

Ouzaïs (L'), ruiss., affl. de l'Arcueil, c^{ne} de Bonnac; cours de 800 m.

Ce ruisseau porte aussi le nom de *Salis*. — *Ruis-*

seau de las Rendioes, 1771 (terr. du prieuré de Bonnac).

Ouzou (L'), ruiss., affl. de la rivière d'Authre, coule aux finages des c^{nes} d'Ytrac, de Crandelles et de Saint-Paul-des-Landes; cours de 5,000 m.

Ovon (Le Puech d'), mont. à vacherie, c^{ne} de Lieutadès.

Oyez, vill., c^{ne} d'Anterrieux. — *Mansus de Hoyetz*, 1416; — *Oiectz; Hoiectz*, 1508 (arch. dép. s. H). — *Ouyex*, xvie s^e (*id.* s. G). — *Ouyetz*, 1645; — *Oyetz*, 1648 (*id.* s. H). — *Hoiels; Oiex*, 1784 (Chabrol, t. IV).

Oyez, ruiss., affl. de la Jordanne, c^{nes} de Lascelle et de Velzic; cours de 2,500 m.

Ce ruisseau porte aussi le nom de *les Vergnes*. — *Ruisseau de Oyectz*, 1594 (terr. de Fracer). — *Ruisseau de Oyetz*, 1692 (*id.* de Saint-Geraud).

Oyez, vill., c^{ne} de Saint-Simon. — *Mansus d'Oyeitz*, 1481 (arch. dép. s. E). — *Ojetz*, 1692 (*id.* s. C, l. 12). — *Doyès*, 1692 (terr. du monast. de Saint-Geraud). — *Oyez*, 1701; — *Auguies*, 1718; — *Oyès*, 1729; — *Oyet*, 1747; — *Oyets*, 1759 (arch. dép. s. C, l. 12).

Oyez (Las Costes d'), dom. ruiné, c^{ne} de Saint-Simon. — *Villaige de las Costes-d'Oyez*, 1692 (terr. de Saint-Geraud).

Oyez (Le Puech d'), ham., c^{ne} de Sénezergues. — *Le Puech-d'Olier*, 1857 (Dict. stat. du Cantal).

Oze (Le Bois d'), bois, c^{ne} de Sénezergues. — *Le bois d'Auson*, 1668 (nommée au p^{ce} de Monaco).

Ozolles, font. et taillis, c^{ne} de Jabrun.

Ozon, bois défriché, c^{ne} de Vieillespesse. — *Boys appellé lo bos d'Ozo*, 1526; — *Le bos d'Ouzon; d'Ougon*, 1527; — *Le bos d'Ouzo*, 1662 (terr. de Vieillespesse).

P

Pabe, mⁱⁿ détruit, c^{ne} de Mauriac. — *Quoddam molendinum vocatum de Paba*, 1475; — *Molin de Pabe*, 1680 (terr. de Mauriac).

Pacalon, lieu détruit, c^{ne} de Saint-Mamet-la-Salvetat. — (Cassini.)

Paché (Le), mont. à vacherie, c^{ne} de Montboudif.

Pacher (Le), écart, c^{ne} de Saint-Chamant.

Pachevie (La), ham. avec manoir, mⁱⁿ et huilerie, c^{ne} de Rouffiac. — *La Pachavia*, 1489 (reconn. au seign. de Montal). — *La Pachevie*, 1761 (arch. dép. s. C, l. 51).

Padèles (Les), mⁱⁿ détruit, c^{ne} de Saint-Just.

Pagatz, seigneurie, c^{ne} de Ladinhac. — 1546 (min. Destaing, n^{re}).

Pagès (Le), ham., c^{ne} de Maurines.

Pagésie (La), dom. ruiné, c^{ne} de Saint-Bonnet-de-Salers. — *Mas de la Pégésie*, 1443 (arch. dép. s. E).

Pagésie (La), écart, c^{ne} du Trioulou. — *Villaige de la Pagésie*, 1617 (état civ. de Saint-Santin-de-Maurs). — *La Pagézie*, 1748 (*id.* du Trioulou).

Pagésie (La), dom. ruiné, c^{ne} d'Ytrac. — *Mansus vocatus de la Pagesia*, 1296 (arch. mun. d'Aurillac, s. GG, c. 16).

Pagouille (Le Suc de), mont. à vacherie, c^{ne} de la Monselie. — *Le Suc de Palloulhe; de Pealoulhe*, 1560; — *Le Suc de Panolhe*, 1638 (terr. de Murat-la-Rabe).

Paie (La), ham., c^{ne} de Pailhérols. — *La Paix*, 1856 (Dict. stat. du Cantal).

Paigin (Le), ruiss., affl. de la rivière d'Authre; c^{ne} de Laroquevieille; cours de 1,400 m.

Ce ruisseau porte aussi le nom de *le Passadou*.

Pailhérols, c^{on} de Vic-sur-Cère. — *Palieyrolz*, 1616 (état civ. de Thiézac). — *Palhérolz*, 1646 (min. Raulhac, n^{re} à Raulhac). — *Paleyroles*, 1664 (terr. de Bredon). — *Paureliols*, 1665; — *Paliérols*, 1666 (état civ. de Pierrefort). — *Pailherolz*, 1668; — *Palheyrolz*, 1669; — *Paylheyrolz*, 1671 (nommée au p^{ce} de Monaco). — *Paliéroles*, 1679 (état civ. de Polminhac). — *Palhérols*, 1692 (*id.* de Raulhac). — *Palheyrol*, 1707 (*id.* de Montsalvy). — *Mandement de Palicirols*, 1736 (terr. de la command. de Carlat). — *Palerels; Paillerols*, 1784 (Chabrol, t. IV).

Pailhérols était, avant 1789, de la Haute-Auvergne, du dioc. de Saint-Flour, de l'élect. et de la subdél. d'Aurillac. Régi par le droit écrit, il dépend. de la justice seign. de Cropières, et ressort. en appel soit au bailliage d'Aurillac, soit à celui de Vic, suivant le cas. — Son église, dédiée à Notre-Dame de l'Assomption, était une annexe de la paroisse de Raulhac. Elle a été érigée en succursale par décret du 28 août 1808.

Pailhens, ham., c^{ne} de Saint-Bonnet-de-Salers.

Pailhens, ruiss., affl. de l'Auze, c^{nes} de Saint-Bonnet-de-Salers et de Drugeac; cours de 12,070 m.

Ce ruisseau porte aussi le nom de *Rives*. — *Palhes*, 1837 (état des rivières du Cantal).

DÉPARTEMENT DU CANTAL. 355

Pailhès, vill. et mont. à burons, c^{ne} de Pailhérols. — *Pailhier*, 1642; — *Palhes*, 1643 (min. Froquières). — *Palies*, 1661; — *Paliers près Paureliols*, 1665 (état civ. de Pierrefort). — *Pailhes*, 1668; — *Palhies*, 1669 (nommée au p^{ce} de Monaco). — *Paillès* (Cassini). — *V^{rie} de Palhes* (État-major).

Paillac, dom. ruiné, c^{ne} d'Arpajon. — *Affarium dal Pailhac*, 1269 (arch. mun. d'Aurillac, s. FF, p. 15).

Paillac, dom. ruiné, c^{ne} de la Chapelle-d'Alagnon. — *La grange de Pailhac*, 1625 (insin. de la cour royale de Murat). — *La Grange*, 1683 (terr. des Bros).

Paillau, mⁱⁿ, c^{ne} de Leucamp. — *Pailliot*, 1856 (Dict. stat. du Cantal).

Paillée (La), vill., c^{ne} de Montgreleix.

Paillère (La), ham., c^{ne} de la Chapelle-d'Alagnon.

Paillès (Le Puech du), mont. à vacherie et taillis, c^{ne} d'Ayrens.

Paillès, vill., c^{ne} de Saint-Bonnet-de-Salers. — *Villa Paliers*, xii° s° (copie de la charte dite *de Clovis*). — *Mansus de Felieytz*, 1366; — *Paliens*, 1508 (arch. dép. s. E). — *Palier*, 1653 (état civ. de Saint-Christophe). — *Palietz*, 1671 (id. de Marmanhac). — *Palhès*, 1685; — *Palhiès*, 1689; — *Palliès*, 1692; — *Pailliès*, 1742; — *Paliès*, 1743 (id. de Saint-Bonnet). — *Pailliez* (Cassini). — *Pailhers*, 1852 (Dict. stat. du Cantal).

Paillier, ham., c^{ne} de Saint-Saturnin. — *Pailhers*, 1857 (Dict. stat. du Cantal).

Paillol, écart, c^{ne} de Leucamp.

Paillole (La), ham., c^{ne} de Saint-Julien-de-Toursac. — *Peilhoux*, 1636 (état civ. de Saint-Étienne-de-Maurs). — *La Paliole* (Cassini). — *Poliole*, 1855 (Dict. stat. du Cantal).

Paire (La), ruiss., afll. du Ceroux, c^{nes} de Celoux et de la Chapelle-Laurent; cours de 2,000 m.

Pajou (Le), f^{me}, c^{ne} de Cros-de-Ronesque. — *Lou Pazou*; *lou Fajous*; *lou Pajou*, 1668 (nommée au p^{ce} de Monaco). — *Lou Pagou*, 1671 (état civ. de Raulhac). — *Alpaion*, 1674; — *Lou Paion*, 1682 (id. de Jou-sous-Montjou). — *Loupajou*, 1720; — *Le Pajoul*, 1728 (arch. dép. s. G).

Par décision du conseil général du 23 août 1876, le Pajou a été distrait de la c^{ne} de Badailhac et annexé à celle de Cros-de-Ronesque.

Paladines, dom. ruiné, c^{ne} de Chaliers. — *Domaine de Paladines*, 1784 (arch. dép., s. G, l. 48).

Paladre (La), écart, c^{ne} de Leucamp. — *Villaige de la Paladre*, 1655 (état civ.). — *La Palladre*, 1856 (Dict. stat. du Cantal).

Palagéat, ham., c^{ne} de Saint-Georges. — *Mansus de Paleghal*, 1409 (arch. dép. s. G). — *Palegal*, 1597 (min. Andrieu, n^{re} à Saint-Flour). — *Palle-Jal*, 1730; — *Palagéat*, 1762 (terr. de Montchamp).

Palai (La Coste de), taillis et dom. ruiné, c^{ne} de Loubaresse. — *Villaige du Palais*, 1624 (terr. de Ligonnet).

Palandrou, ham. et mⁱⁿ, c^{ne} de Ladinhac.

La cataracte de Palandrou, près de ce moulin, est formée par le ruisseau de Cances.

Palarède (La), dom. ruiné, c^{ne} de Cassaniouze. — *L'Affar de Palarède*, 1760 (terr. de Saint-Projet).

Palat, mont. à vacherie, c^{ne} de Badailhac. — *Montaigne del Palat*; *Palar*, 1695; — *Montagne de Palac*, 1736 (terr. de Carlat).

Palat, vill., c^{ne} de Laroquebrou. — *Mansus dal Palah*, 1322 (reconn. au seign. de Montal). — *Palach*, 1626 (min. Sarrauste, n^{re}). — *Palais*, 1668 (min. Frégéac, n^{re}). — *Palac*, 1669 (nommée au p^{ce} de Monaco). — *Pallas*, 1758; — *Palat*, 1781 (arch. dép. s. C, l. 51). — *Palax* (Cassini).

Par décision du conseil général du 9 septembre 1881, le village de Palat a été distrait de la c^{ne} de Saint-Gerons et rattaché à celle de Laroquebrou.

Palat (Le), vill. et mⁱⁿ, c^{ne} de Roannes-Saint-Mary. — *Affarium dal Paillac*, 1269 (arch. mun. d'Aurillac, s. FF, p. 15). — *Mansus del Palat*, 1522 (min. Vigery, n^{re} à Aurillac). — *Palac*, 1546 (min. Destaing, n^{re} à Marcolès). — *Lou Palach*, 1682 (arch. dép. s. C). — *Patal* (Cassini).

Palat (Le), ruiss., afll. de la rivière de Roannes, c^{ne} de Roannes-Saint-Mary; cours de 5,000 m.

Palat, mⁱⁿ détruit, c^{ne} de Saint-Gerons. — *Molendinum da Palach*, 1265 (nommée au seign. de Montal). — *Le molin de Palatz*, 1449 (enq. sur les droits des seign. de Montal).

Palat-Vieil (Le), ham., c^{ne} de Roannes-Saint-Mary. — *Mansus del Palat-Vielh*, 1454 (pièces de l'abbé Delmas). — *Palat-Viel*, 1857 (Dict. stat. du Cantal).

Pale (La), f^{me} et mⁱⁿ, c^{ne} de Chaudesaigues.

Pâle (Le Puech de la), mont. à vacherie et bois défriché, c^{ne} de Molompize. — *Bois au terroir de la Pale*, 1526 (terr. d'Aurouze).

Palefer, ruiss., afll. du ruisseau de la Sainte-Font, c^{ne} de Montsalvy; cours de 1,200 m.

Palemont, ham. avec manoir et chapelle domestique, c^{ne} de Fontanges. — *Polmons-près-Salers*, 1644 (état civ. de Mauriac). — *Apalemon*, 1692 (id. de Saint-Bonnet-de-Salers). — *Palemont* (État-major). — *Palmont*, 1855 (Dict. stat. du Cantal).

45.

Pâles (Le Bois des), bois et scierie, c^{ne} de Védrines-Saint-Loup.

Pâlevergne, ruiss., affl. de la Tarentaine, prend sa source dans la c^{ne} de Saint-Genès-Champespe, département du Puy-de-Dôme, et arrose les c^{nes} de Marchal et de Champs; cours, dans le Cantal, de 13,590 m.

Paleyre (La), dom. et bois détruits, c^{on} de Murat. — *Villa et nemus de la Payleyra*, 1282 (Baluze, t. II, p. 526).

Palhès, mont. à vacherie, c^{ne} de Pailhérols.

Palhès-Bas, ham., c^{ne} de Roannes-Saint-Mary. — *Villaige de Pasies-Basses, jadis de la Borie; Paillès-Basses*, 1668; — *Pailhez-Basses*, 1669 (nommée au p^{ce} de Monaco). — *Palhès*, 1682; — *Paillès-Basses*, 1708; — *Palhès-Basses*, 1761 (arch. dép. s. C). — *Paillès-Bas* (Cassini).

Palhès-Haut, vill., c^{ne} de Roannes-Saint-Mary. — *Mansus de la Boria*, 1522 (min. Vigery, n^{re} à Aurillac). — *Villaige de Paslies-Haultes, jadis de la Borie; Pailhès-Haultes*, 1668; — *Pailhez-Haultes*, 1669 (nommée au p^{ce} de Monaco). — *Palhès-Haulte*, 1761 (arch. dép. s. C). — *Paillès-Haut* (Cassini).

Palhargue (La), bois défriché, c^{ne} de Laroquebrou. — *Nemus vocatum del bos de la Palhiargua*, 1473 (pap. de la famille de Montal).

Palias, ruiss., affl. de la rivière de Brezons, c^{ne} de Paulhenc; cours de 800 m.

Palier (Le), dom. ruiné, c^{ne} de Saint-Mamet-la-Salvetat. — *Villaige de Pallier*, 1636; — *Palier*, 1640; — *Delspalier*, 1644 (état civ.).

Palières (Las), écart, c^{ne} du Falgoux. — *Le Peyrolet*, 1855 (Dict. stat. du Cantal).

Paliès, dom. ruiné et bois auj. défriché, c^{ne} de Polminhac. — *Affar et bois de Paliès*, 1583 (terr. de Polminhac). — *Villaige de Falhez*, 1692 (id. de Saint-Geraud). — *Bois de Pailhès; Denpalhès*, 1736 (id. de la command. de Carlat).

Palis, f^{me}, c^{ne} de Maurs. — *Palhe*, 1752; — *Paille*, 1753; — *La cabane de Palès*, 1759 (état civ.). — *Pailles* (Cassini).

Palisse (La), dom. ruiné, c^{ne} de Bassignac. — *Affar de la Palisse*, 1416 (arch. généal. de Sartiges).

Palisse, vill., c^{ne} de Saint-Mamet-la-Salvetat. — *Villaige de Palisse*, 1624; — *Palisse*, 1675 (état civ.).

Pallat, mont. à vacherie, c^{ne} de Paulhac. — *Montaigne de Pallat-del-Chier*, 1594 (terr. de Bressanges). — *Montaigne de Pallet*, 1646 (min. Danty, n^{re}).

Pallats (Le Puech des), mont. et taillis, c^{ne} de Saint-Mamet-la-Salvetat.

Palle (La), mont. à vacherie, c^{ne} d'Allanche. — *Lapalle* (états de sections).

Palles (Les), ham., c^{ne} de Chanterelle.

Palliers, vill. et mⁱⁿ, c^{ne} de Montgreleix. — *La Palliey* (Cassini). — *La Palie; moulin de Pallié* (État-major).

Palmiquiers, mont. à vacherie, c^{ne} de Carlat.

Palpipon, étang desséché, c^{ne} de Laroquebrou. — *Stagnum Palpipon*, 1405 (pap. de la famille de Montal).

Palus (Le Roc de), mont., c^{ne} de Maurs.

Panaquie (La), dom. ruiné, c^{ne} de Sansac-Veinazès. — *Domaine de la Panaquie*, 1760 (terr. de Saint-Projet).

Ce domaine dépendait du village de Vieisse.

Panateirine (La), dom. ruiné, c^{ne} de Laroquebrou. — *Villaige de la Panateyrine*, 1667 (min. Sarrauste, n^{re}).

Panchouly, mⁱⁿ, c^{ne} de Menet. — *Molin bandier de Pont-Chauly*, 1561; — *Molin de Panchouly*, 1562; — *Pont-Chouli*, 1637 (terr. de Murat-la-Rabe). — *Pancholi*, 1660; — *Pancholy*, 1671 (état civ.). — *Moulin de Pantchouly, bannier à 2 meules à farine, 1 moulin à drap, 2 à chanvre*, 1783 (aveu par G. de la Croix). — *Pansouli* (État-major).

Panélie (La), écart, c^{ne} du Claux.

Panisseau, ham., c^{ne} de Teissières-les-Bouliès.

Panissou (Le Puy), mont. et bois, c^{ne} de Montsalvy. — *Le Puy-Peynaysne*, 1536 (terr. de Coffinhal). — *Bois de Ponissou; Banissou*, 1759 (anc. cad.).

Panonie (La), dom. ruiné, c^{ne} de Jussac. — *Affarium de la Panonia*, 1464 (terr. de Saint-Christophe).

Panouille (La), ruiss., affl. de la Dordogne, prend sa source dans la c^{ne} de Beaulieu qu'il sépare de la c^{ne} de la Bessette (Puy-de-Dôme); cours de 3,800 m.

Panouse (La), seigneurie, c^{ne} de Saint-Illide (?). — *La Panosa*, 1420 (arch. dép. s. E). — *La Planouze*, 1598 (min. Lascombes, n^{re}).

Panouva (Le), écart et mont. à burons, c^{ne} de Saint-Urcize. — *Devèze appellée de Pos-Lebal*, 1508; — *Devèze de Pont-Nouval*, 1686; — *Le Pons-Nouval; la devèze de Pons-Nouval*, 1730 (terr. de la Garde-Roussillon). — *Borie de Ponnouval* (Cassini). — *Panouval* (État-major).

Panouva (Le), ruiss., affl. de l'Hère, c^{ne} de Saint-Urcize; cours de 850 m. — *Ruisseau de Panoura*, 1837 (état des rivières du Cantal).

Pantrou, dom. ruiné, c^{ne} d'Ytrac. — *Village de Pantrou*, 1739 (anc. cad.).

Papier (Le Moulin de), fabrique de papier détruite, c^{ne} de Reilhac. — *Le molin de papier*, 1670 (état civ. de Marmanhac).

Papux (Le), vill., c^ne de la Ségalassière. — *Le Papux* (Cassini). — *Le Papus*, 1857 (Dict. stat. du Cantal).

Parade (La), vill., c^ne de Saint-Cirgues-de-Jordanne. — *La Parade*, 1635 (état civ. de Vic). — *Parrade*, 1855 (Dict. stat. du Cantal).

Paradoux (Le Suc des), ham., mont. et bois, c^ne de Boisset. — *Bois del puech des Paradous*, 1746 (anc. cad.).

Parameny, scierie mécanique, c^ne du Falgoux.

Paransol-Bas et Haut, vill. et ham., c^ne de Bassignac.

Parats (Les), bois et dom. ruiné, c^ne d'Ytrac. — *Mansus de Parras; mansus de Lasparras*, 1297 (test. de Geraud de Montal). — *La Parra*, 1550 (terr. de l'Hôpital).

Parayre (Le), m^in, c^ne de Junhac. — *Moulin del Parayré*, 1700 (terr. de Saint-Projet). — *Moulin du Parayrey*, 1765 (état civ.).

Parcidémie (La), dom. ruiné, c^ne de Saint-Victor. — *Mansus vocatus de la Parcidenha*, 1322 (arch. mun. d'Aurillac, s. HH, c. 21).

Parcs (Les), écart, c^ne de Marcenat.

Parenette (La), écart détruit, c^ne de Lieutadès. — *La Parranette*, 1686; — *La Parenette, maison couverte de paille*, 1730 (terr. de la Garde-Roussillon).

Paret (Las), f^me et mont. à burons, c^ne de Montboudif.

Parétie (La), dom. ruiné, c^ne de Roufliac. — *Affar de la Parethia*, 1600 (pap. de la famille de Montal).

Parieu, vill. et m^in, c^ne de Drugeac. — *Villa Parione*, xiie s^e (copie de la charte dite *de Clovis*). — *Mansus de Parieu*, 1473 (terr. de Mauriac). — *Parrieu*, 1665 (état civ. de Mauriac). — *Paireu*, 1734 (id. de Drugeac).

Parieu, m^in détruit, c^ne du Vigean. — *Molendinum de Pariou*, 1473 (terr. de Mauriac).

Parieu-Bas, vill., c^ne de Saint-Illide. — *Mansus de Pario inferiori*, 1443 (pap. de la famille de Montal). — *Pari le plus bas ou inférieur*, 1449 (enq. sur les droits des seign. de Montal). — *Parrieu-Souteyre*, 1586 (min. Lascombe, n^re à Saint-Illide). — *Parrieu-Bas*, 1703 (état civ. de Saint-Cernin). — *Parrieu*, 1787 (arch. dép. s. C, l. 50). — *Parieu-Bas* (Cassini).

Parieu-Haut, ham., c^ne de Saint-Illide. — *Parieu-Soubra*, 1586; — *Parieu-Soubeyre*, 1598 (min. Lascombes, n^re à Saint-Illide). — *Parieu-Hault*, 1631 (id. Sarrauste, n^re à Laroquebrou). — *Furies-Hault*, 1632 (état civ. de Saint-Santin-Cantalès). — *Parrieu-Haut*, 1787 (arch. dép. s. C, l. 50). — *Parieu-Haut* (Cassini).

Parieyrol, châtaign. et dom. ruiné, c^ne de Saint-Mamet-la-Salvetat. — *Ténement de lou Parrieyrol*, 1745 (anc. cad.).

Paris (Le Château de), bois de pins, c^ne d'Anglards-de-Saint-Flour.

Parissou (Le), dom. ruiné, c^ne de Saint-Constant. — *Villaige de Parrissou*, 1617; — *Parrichou*, 1618 (état civ. de Saint-Santin-de-Maurs). — *Parricou*, 1697 (id. de Saint-Constant).

Paritounes (Les), mont. à burons, c^ne de Landeyrat. — V^rie *les Pary* (Cassini).

Un village a existé sur cette montagne; on en voit encore les ruines.

Parits (Sous les), mont. à vacherie, c^ne de Marchastel. — *Montaigne de Pieri; Pueri*, 1578 (terr. de Soubrevèze).

Parlan, c^on de Saint-Mamet-la-Salvetat et chât. du xviie s^e. — *Parlan*, xive s^e (Pouillé de Saint-Flour). — *La forteresse de Parlant*, 1381 (arch. mun. d'Aurillac, s. EE, p. 14). — *Parlem*, 1628 (paraphr. sur les cout. d'Auvergne). — *Parlam*, 1668 (nommée au p^ce de Monaco). — *Parlen*, 1784 (Chabrol, t. IV).

Parlan était, avant 1789, de la Haute-Auvergne, du dioc. de Saint-Flour, de l'élect. et de la subdél. d'Aurillac. Régi par le droit écrit, il dépend. de la justice seign. de la Garde-de-Saignes, et ressort. au bailliage d'Aurillac, en appel de la prév. de Maurs. — Son église, dédiée à saint Georges, était un prieuré. Le curé était à la présentation du prieur et de l'archiprêtre d'Aurillac. Le prieur était à la nomination de l'évêque. Elle a été érigée en succursale par décret du 28 août 1808.

Paroisse (La Petite), anc. paroisse de Salsignac, c^ne d'Antignac.

Cette paroisse, aujourd'hui réunie à celle d'Antignac, était ainsi nommée parce qu'elle ne se composait que des trois villages suivants : Salsignac, le Beix et Mastrenac.

Paron-du-Bec, mont. à vacherie, c^ne de Condat.

Paros (Les), écart, c^ne de Marcenat.

Parot (La), ham. et m^in, c^ne de Sainte-Anastasie. — *La Parrot*, 1771 (liève de Mardogne).

Parots (Les), écart, c^ne de Marcenat.

Parpaleix, ham., c^ne de Chanterelle. — *Parpaleit*, 1672 (état civ. de Condat). — *Parpaleix*, 1776 (arch. dép. s. C). — *Parpalet* (Cassini). — *Perpales* (État-major).

Parra, ham., c^ne de Marchastel. — *La grange de Parrat*, 1744 (liève de Soubrevèze). — *La Maison-Parra*, 1856 (Dict. stat. du Cantal).

Parra (La), dom. ruiné, c^ne de Marcolès. — *Affar de la Parra*, 1668 (nommée au p^ce de Monaco).

Parra (La), dom. ruiné, c^ne de Paulhenc. — *Villaige de la Parra*, 1668 (nommée au p^ce de Monaco).

Parra (La), dom. ruiné, c^ne de Saint-Constant. — *Ténement de la Parra*, 1748 (anc. cad.).

Parra (La), dom. ruiné, c^ne de Sansac-Veinazès. — *Affar de la Parra*, 1668 (nommée au p^ce de Monaco).

Parra (La), m^in détruit, c^ne de Vic-sur-Cère. — *Molin de la Parra*, 1668 (nommée au p^ce de Monaco).

Parran, m^in, c^ne de Vèze.

Parras (Las), dom. ruiné, c^ne de Badailhac. — *Affar de las Parras*, 1669 (nommée au p^ce de Monaco).

Parras (Las), dom. ruiné, c^ne de Jussac. — *La granche de las Parras*, 1583 (arch. dép. s. E.).

Parras (Las), bois défriché, c^ne de Laveissière. — *Boix de las Parras*, 1500 (terr. de Combrelles).

Parrasse, écart, c^ne de Saint-Constant. — *Villaige de Parrasse*, 1622; — *Parraishe*, 1647; — *Parrashe*, 1660; — *Parrase*, 1693 (état civ. de Saint-Constant).

Parrauze (La), dom. ruiné, c^ne de Polminhac. — *Affar de la Parrauze*, 1584 (terr. de Polminhac).

Parro (La), écart, c^ne de Mauriac.

Parro (La), écart, c^ne de Narnhac. — *La Parro* (Cassini).

Parro (Le Puet La), mont. à vacherie, c^ne de Narnhac. — *Montaigne de las Parios*, 1695 (terr. de Celles).

Parro (La), dom. ruiné, c^ne de Parlan. — *Le ténement de la Parra*, 1668 (nommée au p^ce de Monaco). — *Le bois de la Parriau; de la Parro*, 1748 (anc. cad.).

Parro, ham., c^ne de Roannes-Saint-Mary. — *Parra*, 1625 (état civ. d'Arpajon). — *Parra-de-Renié*, 1668 (nommée au p^ce de Monaco). — *Lavarra*, 1692 (terr. de Saint-Geraud). — *Le Peiron*, 1694 (état civ. de Leucamp).

Parro (Les), mont. à vacherie, c^ne de Saint-Simon.

Parro-de-Bos (La), mont. à vacherie, c^nes de Condat-en-Feniers et de Marcenat.

Parro-de-Furet (La), bois défriché, c^ne de Condat-en-Feniers. — *Boix de la Parro-de-Furet*, xviie s^e (terr. de Feniers).

Parro-de-Mitte (La), écart, c^ne de Montboudif. — *La Parro de Mitte*, xviie s^e (terr. de Feniers). — *La Parodemitte* (Cassini). — *La Poiro-de-Mitto* (états de sections).

Parro-Nègre (La), mont. à vacherie, c^ne de Montboudif. — *La Parro-Neygro*, 1654 (terr. de Feniers). — *La Parronègre*, 1658; — *La Parrenègre; la Préonègre*, 1725; — *La Parra-Nègre*, 1740 (lièves de Condat et d'Artense). — *La Parenègre* (Cassini).

Parros (Las), mont. à burons et bois défriché, c^ne de Montboudif. — *Bois appellé la Parro*, 1554 (terr. de Feniers).

Parros (Las), vill., c^ne de la Peyrugue. — *Las Parras*, 1564 (min. Boyssonnade, n^re). — *Lasparros* (Cassini).

Parrot (La Coste de), mont. à vacherie, c^ne de Sainte-Anastasie.

Parrot-Noire (La), écart, c^ne de Champs.

Parrots (Las), écart, c^ne de Condat-en-Feniers. — *La Parra-de-Chaude*, xviie s^e (terr. de Feniers).

Parrotte (La), écart, c^ne de Champs. — *La Porrotte* (État-major). — *La Parrote*, 1855 (Dict. stat. du Cantal).

Parroux (Les), mont. à vacherie, c^ne de Paulhac.

Parro-Vermeille (La), dom. ruiné, c^ne de Condat-en-Feniers. — *Ténement de la Parro-Vermeille*, 1650 (terr. de Feniers).

Part (La), m^in, foulon et teinturerie, c^ne de Fontanges.

Partieusade (La), écart, c^ne de la Trémouille-Marchal.

Partus (Le), vill., c^ne de Saint-Étienne-de-Riom. — *Lopertuz; le Pertuz*, 1504 (terr. de la duchesse d'Auvergne). — *Le Partut*, 1753; — *Le Partus*, 1708 (arch. dép. s. G, l. 46).

Parvel (Le), m^in, c^ne de Massiac.

Pas (Le), m^in, c^ne de Badailhac.

Pas (Del), ruiss., affl. de la Cère, c^ne de Saint-Jacques-des-Blats; cours de 2,000 m. — *Le Pas*, 1879 (état stat. des cours d'eau du Cantal).

Paschier (Le), mont. à vacherie, c^ne de Paulhac. — *Le Paschier appellé la Sanhe*, 1508 (terr. de Montchamp).

Paschou, m^in détruit, c^ne de Coltines. — *Lo mole de Paschou*, 1581 (terr. de la command. de Celles).

Paschou (Le), f^me et m^in, c^ne de Neussargues. — *Le Paschou*, 1700 (état civ. de Joursat).

Pas-de-l'Herm (Le), écart, c^ne de Chalvignac. — *Lo Peuch de Lherm*, 1549 (terr. de Miremont).

Pas-de-Roche (Le), écart, c^ne de Thiézac.

Pas-du-Péage (Le), écart, c^ne de Vitrac.

Pas-Nègre (Le), ham., c^ne de Saint-Paul-des-Landes.

Pas-Nègre (Le), ruiss., affl. de la rivière d'Authre, c^ne de Saint-Paul-des-Landes; cours de 1,200 m.

Ce ruisseau porte aussi le nom de *la Haute-Serre*.

Pas-Rouge (Le), pas dans la mont. de la Pauzette, c^ne du Falgoux.

Passadou (Le), mont. à vacherie, c^ne de Celles. — *La buge del Passadou, antienement del Lacassou*, 1700 (terr. de Celles).

Passadou (Le), écart, c^{ne} de la Chapelle-d'Alagnon.
Passadou (Le), vill., c^{ne} de Laroquevieille. — *Lou Bac-de-Calsac*, 1552 (terr. de Nozières). — *Lou Passadou*, 1740 (arch. dép. s. C, l. 10).
Passadou (Le), ruiss., affl. de l'Alagnon, c^{ne} de Laveissière.
Passadou (Le), ruiss., affl. du ruisseau de Vaisse-Redonde, c^{nes} de Riom-ès-Montagnes et de Saint-Étienne-de-Riom; cours de 3,160 m.
Passadou (Le), bois défriché, c^{ne} de Tiviers. — *Bois de Passadour*, 1669; — *Bois appellé al Passadour autrement Prat-Noël; Pré-Noël*, 1730; — *Bois de Prat-Noël, sive le Passadour-de-Lac*, 1762 (terr. de Montchamp).
Passamat (La), m^{in} détruit, c^{ne} de Peyrusse. — *Molendinum de la Passamat*, 1451 (arch. dép. s. H).
Passefons, vill., c^{ne} de Crandelles.
Passet (Le), ruiss., affl. du ruisseau de Marbex, c^{nes} de Saint-Mamet-la-Salvetat et d'Omps; cours de 800 m.
Passe-Vîte, écart, c^{ne} de Cassaniouze.
Passe-Vîte, écart, c^{ne} de Maurs.
Passe-Vîte, écart, c^{ne} de Nieudan.
Passou (Le), écart et bois, c^{ne} de Tournemire. — *Passous*, 1857 (Dict. stat. du Cantal).
Passoune (La), m^{in}, c^{ne} de Freix-Anglards.
Pastigro, dom. ruiné, c^{ne} de Sourniac. — *Affarium de Pastigro*, 1315 (arch. généal. de Sartiges).
Pastural, font. et mont. à vacherie, c^{ne} d'Ayrens.
Pastural (Lou), mont. à vacherie, c^{ne} de Vieillespesse.
Pasturalou (Le), dom. ruiné, c^{ne} de Saint-Just. — *Affar appellé lo Pasturalo*, 1494 (terr. de Mallet).
Pasturau (Le), dom. ruiné, c^{ne} d'Arpajon. — *Ténement del Pastural*, 1739 (anc. cad.).
Pasturau (Le), mont. à vacherie, c^{nes} de Cheylade et de Saint-Saturnin.
Pas-Vinzelin (Le), m^{in}, c^{ne} de Marcolès. — *Pons de Pavadende*, 1437 (terr. du prieuré de Marcolès).
Patey, ham. et martinet à forger le cuivre, c^{ne} d'Aurillac, auj. réuni à la pop. agglomérée.
Patcros, vill., c^{ne} d'Andelat. — *Pratcros*, 1508 (terr. de Montchamp). — *Locus de Patcros*, 1531 (arch. dép. s. G). — *Pratcrou*, 1622 (insin. de la cour royale de Murat). — *Pagros* (Cassini).
Patcros, ruiss., affl. du ruisseau du Colzac, c^{ne} d'Andelat; cours de 2,000 m. — *Rif de Pratcros*, 1508 (terr. de Montchamp).
Pâtural (Le), mont. à vacherie, c^{ne} de Malbo.
Pâtural (Le), m^{in}, c^{ne} de Roannes-Saint-Mary.
Pâturot (Le), ham., c^{ne} de Roannes-Saint-Mary.
Pau (Le), dom. ruiné, c^{ne} de Saint-Mamet-la-Salvetat. — *Ténement del Pau*, 1744 (anc. cad.).

Pauche (Le Puech de la), mont. à vacherie, c^{ne} de Saint-Georges.
Pauchie (La), dom. ruiné, c^{ne} de Riom-ès-Montagnes. — *Mansus de la Pauchia*, 1512 (terr. d'Apchon).
Paucot (Le), écart, c^{ne} de Saint-Étienne-de-Maurs.
Pauliac, c^{on} sud de Saint-Flour, chât. et marais ou narse. — *Pauliacum*, 1198 (mon. pont. Arv.). — *Paulhacum*, 1338 (spicil. Brivat.). — *Paulliacum*, 1360 (arch. mun. de Saint-Flour). — *Ecclesia de Paulhac*, xive s^e (Guill. Trascol). — *Paulhiat*, 1416 (arch. dép. s. H). — *Paulhax*, 1435 (liber vitulus). — *Paullacum*, 1473 (liber vitulus). — *Paulat*, 1491 (arch. dép. s. E). — *Pauliac*, xve s^e. (terr. de Bredon). — *Paschier appellé la Sanhe de la Narsa*, 1508 (id. de Montchamp). — *Poulhac*, 1542 (lièvo du Fer). — *Apouhac*, 1542; — *Paulhat*, 1594 (terr. de Bressanges). — *Pouilhat*, 1628 (paraphr. sur les cout. d'Auvergne). — *Paulhac-en-Planèze*, 1646; — *Pouliac*, 1649 (état civ. de Pierrefort). — *Pauliac-en-Planèze*, 1650 (id. de Reilhac). — *Paulliac*, 1670 (terr. de Brezons). — *Poulax*, 1749 (état civ. de Saint-Étienne-de-Maurs).

Paulhac était, avant 1789, de la Haute-Auvergne, du dioc., de l'élect. et de la subdélég. de Saint-Flour. Il était le siège d'une justice seign. régie par le droit cout., et ressort. à la sénéch. d'Auvergne, en appel de la prév. de Saint-Flour. — Son église, dédiée à saint Julien d'Antioche, était un prieuré; l'évêque en percevait la dîme et les revenus, et le curé était à la portion congrue. Elle a été érigée en succursale par décret du 28 août 1808.

Paulhac, vill., c^{ne} de Chaudesaigues. — *Paulhat*, 1784 (Chabrol, t. IV). — *Pauliac* (Cassini).
Paulhenc, c^{on} de Pierrefort, mont. à vacherie et taillis. — *Pauholeinc*, 1357; — *Paulencum*, 1366 (arch. dép. s. H). — *Paulhencum*, 1371 (id. s. G). — *Paulhencs*, 1381 (spicil. Brivat.). — *Paulhenc*, xive s^e (Guill. Trascol). — *Paulinum*, 1445 (ordonn. de J. Pouget). — *Paulhent*, 1628 (paraphr. sur les cout. d'Auvergne). — *Paulhinc*, 1654; — *Paulinc*, 1660 (état civ. de Pierrefort). — *Paulhienc*, 1668 (nommée au p^{on} de Monaco). — *Paulet*, 1688 (pièces du cab. de Bonnefons). — *Paulin*, 1784 (Chabrol, t. IV).

Paulhenc était, avant 1789, de la Haute-Auvergne, du dioc., de l'élect. et de la subdélég. de Saint-Flour. Régi par le droit écrit, il dépend. de la justice du mandem. de Turlande et ressort. au bailliage de Vic, en appel de la cour royale de Murat. — Son église, dédiée à saint Saturnin, était un prieuré à la nomination de l'abbé de la Chaise-Dieu.

Elle a été érigée en succursale par décret du 28 août 1808.

PAULIAGOL, vill., c^{ne} de Cezens. — *Mansus de Paulhagol*, 1499 (liber vitulus). — *Paulagnol*, 1610; — *Paulhiogol*, 1616 (état civ. de Pierrefort). — *Pauliagot*, 1633 (ass. gén. ten. à Cezens). — *Paullagol*, 1672 (insin. du bailliage de Saint-Flour). — *Pauliaynet*, 1730 (terr. de Montchamp). — *Pauliagol*, 1784 (Chabrol, t. IV). — *Paulhagot* (Cassini). — *Poulhiagol* (État-major).

PAULIARD, dom. ruiné, c^{ne} de Saint-Flour. — *Village de Paulhiard*, 1618 (terr. de Sériers).

PAULIE (LA), ham., c^{ne} de Glénat. — *La Paulia*, 1344 (arch. mun. d'Aurillac, s. HH, c. 21). — *La Paulhe*, 1665 (état civ.); — *La Paulie*, 1718 (id. d'Espinadel). — *Paulio* (Cassini).

PAUNÈS, mont. à vacherie, c^{ne} d'Allanche.

PAUSADOU, mont. à vacherie, c^{ne} de Bredon. — *Pasquaige appellé lou Pouzadou*, 1618 (min. Danty, n^{re}). — *Rocher appellé del Pouzadou*, 1681 (terr. d'Albepierre).

PAUSE (LA), f^{me} et scierie, c^{ne} de Clavières. — *La Pauze* (Cassini).

PAUSE (LA), taillis et dom. ruiné, c^{ne} de Lavigerie. — *Domaine de las Pauzes*, 1618; — *Boix de las Pouzes*, 1667 (terr. de Dienne).

PAUSE (LE PUY DE LA), ham. et mont. à vacherie, c^{ne} de Leucamp. — *La Pauze* (états de sections).

PAUSE (LA), f^{me}, c^{ne} de Mandailles.

PAUSE (LA), châtaign. et dom. ruiné, c^{nes} de Mourjou et de la Peyrugue. — *Affar de la Pausa*, 1557 (pièces de l'abbé Delmas).

PAUSE (LA), dom. ruiné, c^{ne} de Saignes. — *Mansus de la Pausa*, 1441 (terr. de Saignes).

PAUSE (LA), dom. ruiné, c^{ne} de Saint-Cernin. — *Mansus da la Pausa*, 1316 (arch. mun. d'Aurillac, s. HH, c. 21).

PAUSE (LA), dom. ruiné, c^{ne} de Sourniac. — *La Pauza*, 1473; — *La Pauze*, 1680 (terr. de Mauriac).

PAUSE (LA), écart, c^{ne} de Thiézac. — *Domaine de la Pauze*, 1668 (nommée au p^{er} de Monaco). — *Le Pauset* (État-major).

PAUSE (LA), dom. ruiné, c^{ne} d'Ytrac. — *Affars de la Pausa*, 1573 (terr. de la chapell. des Blats). — *Domaine de la Pauze*, 1702 (état civ. de Saint-Paul-des-Landes).

PAUSERIE (LA), écart détruit, c^{ne} de Molèdes.

PAUTOURNE (LA ROCHE DE), mont. à vacherie, c^{ne} de Lanobre.

PAUVRES (LE DOMAINE DES), f^{me}, c^{ne} de Marcenat.

PAUZADOUEROS, mont. à vacherie, c^{ne} de Moussages.

PAUZE (LA), dom. ruiné, c^{ne} de Mauriac. — *Mansus de la Pauza*, 1381 (lièvre de Mauriac).

PAUZES (LAS), dom. ruiné, c^{ne} de Lavastrie. — *Affar de los Pozes*, 1493 (terr. de Mallet).

PAUZETIE (LA), ham., c^{ne} de Marchal. — *La Posethie* (Cassini). — *La Pausetie* (État-major).

PAUZETTE (LA), mont. à burons, c^{ne} du Falgoux.

PAVE (LA), écart et taillis, c^{ne} de Trémouille-Marchal.

PAVILLON (LE), écart, c^{ne} de Bonnac.

PAYRES (LAS), ruiss., affl. du ruisseau Nègre, c^{ne} de Cros-de-Montvert; cours de 2,500 m.

Ce ruisseau porte aussi le nom de *le Puech-Long*. — *Las Paires*, 1879 (état stat. des cours d'eau du Cantal).

PAYROL (LE), m^{in}, c^{ne} de Saint-Amandin.

PAYRUSSE, mont. à vacherie, c^{ne} de Badailhac.

PAYSEYRE, bois et mont. à vacherie, c^{ne} de Marchal.

PAYS-HAUT (LE), f^{me}, c^{ne} de Giou-de-Mamou.

PAYTAVY, taillis et dom. ruiné, c^{ne} de Saint-Simon. — *Nemus des Camps del Paytavis*, 1522 (min. Vigery). — *Affar de Peytavy*, 1692 (terr. de Saint-Geraud).

PÉAGE (LE), vill. et bois, c^{ne} de Lanobre.

Ce village porte aussi le nom de *le Village des Plaines*.

PÉAGE (LA CHAPELLE DU), dom. ruiné, c^{ne} de Montchamp. — *Terroir de la Chapelle del Péatge*, 1508. — *Ténement de la Chapelle del Péage*, 1633; — *Terroir des Chapels; la Chapelle del Piage*, 1730 (terr. de Montchamp).

PÉAGE-BAS (LE), péage, c^{ne} de Jabrun, supprimé depuis 1789. — *Péage souteyrol situé aux molins du Temple*, 1508; — *Le Péatge soteira du moulin du Temple*, 1686 (terr. de la Garde-Roussillon).

PÉAGE-HAUT (LE), péage, c^{ne} de Jabrun, supprimé depuis 1789. — *Péatge de Sobeyra*, 1508; — *Le Péage Soubeyre*, 1662 (terr. de la Garde-Roussillon).

PÉAGE MARDARIS (LE), lieu détruit, c^{ne} de Montchamp.

PÉALACAT, dom. ruiné, c^{ne} de Cassaniouze. — *Affar de la Pénlacat; Pealacet*, 1760 (terr. de Saint-Projet).

PECH (LE), mont. à vacherie et bois défriché, c^{ne} de Saint-Amandin. — *Bois appellé del Peuhc*, 1650 (terr. de Feniers).

PÉCHAIN (LE), dom. ruiné, c^{ne} de Saint-Constant. — *Vilaige du Péchain*, 1671 (état civ.).

PECHAUD, m^{in}, c^{ne} de Saint-Jacques-des-Blats.

PÉCHAYRE, vill., c^{ne} de Saint-Constant. — *Lou Péchaire*, 1677; — *Péchasse*, 1690 (état civ.). — *Péjaire*, 1747 (anc. cad.).

PÉCHELFAU, vill., c^{ne} de Lugarde. — *Le Puy-gel-Fault;*

le *Peugelfau*, 1575 (terr. de Soubrevèze). — *Lou Peugelfault*, 1601; — *Lou Peuchefault*, 1618; — *Peuchelfau*, 1622 (lièvc de Soubrevèze). — *Pochelffaut; le Pechelffant*, 1626; — *Le Percheffaux*, 1744 (*id.* de Pouzols).

PECHEYNÈS (LE), mont. à vacherie, c^{ne} de Valuéjols. — *Quartier du Picheyris; du Pic-Heyris*, 1683 (terr. des Bros).

PÉCHONIOL (LE), ruiss., affl. de l'Allier, c^{nes} de Soulages, Rageade et Chazelles; cours, dans le Cantal, de 3,000 mètres.

PÉCHOUZOU, vill., c^{ne} de Marchastel. — *Peugouzou*, 1600 (lièvc de Pouzols). — *Pegouze*, 1618; — *Peuchouzon*, 1678; — *Peuxauzou*, 1744 (*id.* de Soubrevèze). — *Puetch-Alfau ou Pechouzou*, 1856 (Dict. stat. du Cantal).

PÈDE (LA), taillis et dom. ruiné, c^{ne} de Sarrus. — *Boys de la Pède*, 1493; — *Affar de las Petgas*, 1494 (terr. de Mallet).

PÉGÉARESSE, bois défriché, c^{ne} de Jabrun. — *Boix de Pégharisse*, 1662; — *Bois de Péjaresse*, 1686; — *Bois del Pégéaresse; de Pegharesse*, 1730 (terr. de la Garde-Roussillon).

PÉGOIRE (LA), dom. ruiné, c^{ne} de Lavastrie. — *Affar appellé à la Pégoyre*, 1493; — *La Pegoyra; la Pegoeyra*, 1494 (terr. de Mallet).

PÉGOURIÈRE (LA), dom. ruiné, c^{ne} de Marcolès. — *Affarium vocatum de la Pegorieyra*, 1520; — *Affarium vocatum dels pradels de la Pegorieyra*, 1524 (pièces de l'abbé Delmas).

PEIL (LE), vill., futaie et taillis, c^{ne} d'Anglards-de-Salers. — *Lou Pel*, 1651; — *Aper*, 1654; — *Louper*, 1665 (état civ.). — *Lou Peyl*, 1670; — *Lou Peil*, 1672 (*id.* du Vigean).

PEIL (LE), vill. et ham., c^{ne} de Saint-Pierre-du-Peil. Ce village est le chef-lieu de la commune.

PEINIRIO (LOU), ravine, affl. de la Jordanne, c^{ne} de Saint-Cirgues-de-Jordanne.

PEÏNÉ, buron sur la mont. de Tuygno, c^{ne} de Saint-Cirgues-de-Jordanne.

PEINE-GROSSE (LA), mont. à vacherie, c^{ne} de Jaleyrac.

PEIREIROL, dom. ruiné, c^{ne} de Polminhac. — *Affar de Peyreyrol*, 1692 (terr. de Saint-Geraud).

PEIRENEIRE, vill., c^{ne} de Molompize. — *A Peyras Neyras*, 1465 (pièces de la cure de Massiac). — *Peyrencyres; Peyreneyre*, 1559 (lièvc du prieuré de Molompize). — *Peyrenègre*, 1672 (état civ. de Bonnac). — *Peyreneire*, 1690 (terr. de Bégoules). — *Peireneire*, 1697 (état civ. de Joursac). — *Payrenayre*, 1707 (*id.* de Saint-Étienne-sur-Massiac). — *Parre Neire*, 1724 (*id.* de Saint-Victor-sur-Massiac). — *Peyrenère*, 1784 (Chabrol, t. IV).

PEIRE-PLANTADE (LA), menhir, c^{ne} de Vieillespesse. — *A la Peyra-Plantada, juxta aquam de la Gazella*, 1526; — *La Pierre-Plantada qu'est près du villaige de la Pradal*, 1527; — *La Pierre Plantade del cros Saly val*, 1662 (terr. de Vieillespesse).

PEIRIÉRAL (LE), dom. ruiné, c^{ne} de Rouziers. — *Affar del Pericyral*, 1670 (nommée au p^{ce} de Monaco).

PEIRIÈRE (LA), mont. à vacherie, c^{ne} de Thiézac. — *La Payrière* (états de sections).

PEIRIÈRES (LAS), dom. ruiné, c^{ne} de Rouziers. — *Affar de las Peyrieyres*, 1670 (nommée au p^{ce} de Monaco).

PEIRIÈRES (LAS), taillis et dom. ruiné, c^{ne} d'Ytrac. — *Affar appellé de las Perreyres*, 1669 (nommée au p^{ce} de Monaco). — *Bois de la Peyrière*, 1739 (anc. cad.).

PEIRITS (LES), dom. ruiné, c^{ne} d'Apchon. — *Affar des Peyrits*, 1719 (table du terr. d'Apchon de 1512).

PEIRODRE, vill. détruit, c^{ne} de Vézac. — *Mansus de Peyrodre*, 1522 (min. Vigery, n^{re}).

PEIROLET, vill. et bois, c^{ne} de Lugarde. — *Lou Peyroulet; Poyrollès*, 1550 (terr. du quartier de Marvaud). — *Peyrollet; Peirollet; Peyroullet*, 1578 (*id.* de Soubrevèze). — *Espeyrolet*, 1618; — *Peyroulle*, 1622 (lièvc de Soubrevèze). — *Peyroules*, 1650 (terr. de Feniers).

PEIROUGE (LA FONT DE), font., c^{ne} de la Monselie. Cette fontaine se trouve dans les environs du Chier-Gros. — *Fontaine appellée de las Peyrouzes*, 1561 (terr. de Murat-la-Rabe).

PEIRUGUES (LAS), dom. ruiné, c^{ne} de Pers. — *Affar las Peirugnes*, 1600 (pap. de la famille de Montal).

PEISSIÈRE (LA), m^{in}, ville de Laroquebrou.

PEISSIÈRES (LAS), écart, c^{ne} de Badailhac.

PELA-VESIS, dom. ruiné, c^{ne} de Saint-Cirgues-de-Malbert. — *Affarium dels Pela Vesis*, 1350 (arch. mun. d'Aurillac, s. HH, c. 21).

PÉLEGNI (LE CROS DE), mont. à vacherie et bois, c^{ne} de Saint-Amandin. — *Montaigne de Piery; de Puery*, 1650 (terr. de Feniers).

PÉLEGRY, dom. ruiné, c^{ne} de Colandres. — *Affar appellé Pélegry*, 1719 (table du terr. d'Apchon, de 1512).

PÉLEGRY (LE), ruiss., affl. du Longayroux, c^{nes} de Ladinhac et de Prunet; cours de 3,000 m.
Ce ruisseau porte aussi le nom de *la Belgerie*.

PELISSIÈRE (LA), mont. à vacherie, c^{ne} de Védrines-Saint-Loup.

PÉNAVAYRE, vill., c^{ne} de Saint-Urcize. — *Pénavaire*, 1686; — *Pennavayre*, 1730 (terr. de la Garde-Roussillon). — *Pénavère*, 1857 (Dict. statist. du Cantal).

PENDANTS (LES), ham., c^ne de Vézac.

PENDARIE (LA), dom. ruiné, c^ne de Cassaniouze. — *Affar de la Pendarie; fief de las Pendaries*, 1760 (terr. de Saint-Projet).

PENDARIE (LA), dom. ruiné et bois défriché, c^ne de Polminhac. — *Bois de la Pendarie*, 1583 (terr. de Polminhac). — *Affar de la Pendarie dal Teil de Marojol*; 1692 (*id.* de Saint-Geraud).

PENDARIE (LA), vill., c^ne de Roumégoux. — *La Painderies*, 1632 (état civ. de Glénat). — *La Pendarie*, 1668 (nommée au p^ce de Monaco).

PENDARIE (LA), écart, c^ne de Saint-Julien-de-Toursac. — *La Pendarie* (Cassini). — *La Quendarie*, 1855 (Dict. stat. du Cantal).

PENDARIE (LA), dom. ruiné, c^ne de Saint-Mamet-la-Salvetat. — *Affar de la Pendarie*, 1668 (nommée au p^ce de Monaco).

PENDENT-DU-HAUT (LE), dom. ruiné, c^ne de Siran. — *Affarium de Pendens de Sobre*, 1328 (arch. mun. d'Aurillac, s. HH, c. 21).

PENDERIE (LA), ham., c^ne de Leucamp. — *La Pendorie*, 1661 (état civ.). — *La Pendarie*, 1856 (Dict. stat. du Cantal).

PENDU (LE ROC DU), rocher, c^ne de Bredon. — *La roche del Pendou*, 1598 (reconn. des cons. d'Albepierre). — *La roche del Pendu*, 1681 (terr. d'Albepierre).

PENDULE (LA PIERRE DE LA), menhir, c^ne d'Arches. — *Campum de Peyre-Fichasde*, 1473 (terr. de Mauriac). — *La Peyra de la Pendula*, 1852; — *La pierre de la Pendue*, 1857 (Dict. stat. du Cantal).

PENDUS (LE CIMETIÈRE DES), cimetière, c^ne de Saint-Flour.

PÉNIDE (LA), futaie et dom. ruiné, c^ne de Roffiac. — *Bugia vocata de la Pinatela*, 1510; — *Campus vocatus de la Penisde*, 1511 (terr. de Maurs).

PÉNIÈRES, vill., m^in, étang et chât. en ruines, c^ne de Cros-de-Montvert. — *Peignam*, 1650 (état civ.). — *Pénières*, 1673 (*id.* de Nieudan). — *Peignières*, 1697 (*id.* de la Capelle-Viescamp).

Pénières était, avant 1789, régi par le droit écrit, siège de la justice seign. du lieu, et ressort. au bailliage de Vic, en appel de sa prév. part.

PÉNIEYROL (LE), dom. ruiné, c^ne de Saint-Mamet-la-Salvetat. — *Ténement de lou Pénieyrol*, 1745 (anc. cad.).

PENO (LOS), mont. à vacherie, c^ne de Lavigerie.

PEPANIC, vill., c^ne d'Anglards-de-Salers. — *Peuctz-Pain*, 1589 (lièv du prieuré du Vigean). — *Pouch-Panix*, 1632 (état civ. du Vigean). — *Pipanic*, 1640; — *Peuctpanic*, 1648; — *Papanic*, 1655; — *Peuxpanic*, 1664 (*id.* d'Anglards). — *Peux-Pany*, 1668 (état civ. de Salers). — *Peux-Painc*, 1675 (anc. min. Chalvignac). — *Pepeni*, 1690 (état civ. de Trizac). — *Puech-Pany*, 1852 (Dict. stat. du Cantal).

PÉPINIÈRE (LA), écart, c^ne d'Arpajon.

PÉPINIÈRE (LA), pépinière, c^ne de Quézac.

PÉRATEL, dom. ruiné, c^ne de Nieudan. — *Affarium del Peratel*, 1443 (pap. de la famille de Montal).

PERCÉE DU LIORAN (LA), ham., c^ne de Saint-Jacques-des-Blats.

PERCHÈS (LE CHAMP DES), mont. à vacherie, c^ne de Coltines.

PENDU (LE), ruiss., affl. de la Dordogne, c^ne de Madic; cours de 850 m.

PÉRÉGRAND (LE), m^in et bois, c^ne de Vic-sur-Cère.

PÉREIROL (LE), lieu et croix détruits, c^ne de Chaudesaigues. — *Les terres de Pereirol*, 1508; — *Perryrol*, 1662; — *La croix de pierre de Pereyrol*, 1730 (terr. de la Garde-Roussillon).

PÉREL (LE), écart, c^ne de Saint-Santin-Cantalès.

PÈRES (LE MOULIN DES), m^in ruiné, c^ne du Vigean.

PÉRET, ham., c^ne de Chaudesaigues. — *Péret*, 1784 (Chabrol, t. IV). — *Perret*, 1855 (Dict. stat. du Cantal).

PÉRET, vill. et m^ins, c^ne de Valuéjols. — *Peretum*, 1411 (arch. dép. s. E). — *Priet*, 1445 (liber vitulus). — *Peret; Peyret*, 1511 (terr. de Maurs). — *Despret*, 1646 (min. Danty). — *Perret*, 1670 (terr. de Brezons).

PEREYRET (LE), dom. ruiné, c^ne de Cassaniouze. — *Affar del Pereyrel; del Parayré; bois del Pereyret*, 1760 (terr. de Saint-Projet).

PERGIADIS, dom. ruiné, c^ne de Saint-Étienne-de-Riom. — *Affar de Perghiaditz*, 1504 (terr. de la duchesse d'Auvergne).

PÉRICOT, dom. ruiné, c^ne de Jaleyrac. — *Affarium de Perico*, 1473 (terr. de Mauriac).

PÉRIDIÈRES, ham. et taillis, c^ne de Tourniac. — *Péridières*, 1631 (état civ. de Brageac). — *Pirridières*, 1657; — *Pridières*, 1673 (*id.* de Tourniac). — *Penedieyres*, 1678; — *Penedières*, 1688 (*id.* de Pleaux). — *Perdrière*, 1782; — *Perdrières*, 1784 (arch. dép. s. C, l. 38).

PÉRIDIÈRES, ruiss., affl. du ruisseau d'Algère, c^ne de Tourniac; cours de 1,800 m.

PÉRIÉ-CANOT, ham, c^ne de Parlan. — *Villaige de Précanôt*, 1647; — *Periéconot*, 1649; — *Priécanot*, 1653 (état civ.). — *Le ténement de Perié-Canot; Payricanot*, 1748 (anc. cad.).

PÉRIER (LE), dom. ruiné, c^ne de Cassaniouze. — *Affar du Périer*, 1760 (terr. de Saint-Projet).

PÉRIER (LE), f^me, c^ne de Pierrefort. — *Lo Perier*, 1338

(spicil. Brivat.). — *Le Périer* (Cassini). — *Le Perrier*, 1857 (Dict. stat. du Cantal).

Périer (Le), vill. et m^{in}, c^{ne} de Saint-Cirgues-de-Jordanne. — *Mansus dal Perier*, 1522 (min. Vigery, n^{re} à Aurillac). — *Lo Pério*, 1628 (état civ. de Thiézac). — *Villaige Dalperier*, 1633 (pièces de Lacassagne). — *Lou Périé*, 1668 (état civ. de Polminhac). — *Leperier*, 1679 (arch. dép. s. C, l. 1). — *Le Perrier* (État-major).

Périer (Le), ruiss., affl. de la Jordanne, c^{ne} de Saint-Cirgues-de-Jordanne; cours de 2,000 m. — *Ruisseau del Perrier*, 1692 (terr. de Saint-Geraud).

Périer (Le), écart, c^{ne} de Saint-Urcize.

Périer (Le), dom. ruiné, c^{ne} d'Yolet. — *Mas, villaige ou affar del Periés; Periers*, 1692 (terr. de Saint-Geraud).

Périères (Les), ham., c^{ne} de Saint-Étienne-de-Maurs.

Périères (Le Suc des), mont., c^{ne} du Vigean.

Périers (La Buge des), châtaign. et dom. ruiné, c^{ne} de Jaleyrac. — *Ténement del Perier*, 1680 (terr. de Mauriac).

Périés, écart et bois, c^{ne} de Leucamp. — *Lou Poiré*, 1675; — *Lou Périé*, 1689 (état civ.).

Pérignac, vill., c^{ne} de Chastel-Marlhac. — *Peyriniac*, 1607 (terr. de Trizac). — *Pérignac*, 1783 (arch. dép. s. C, l. 45). — *Périniac* (Cassini).

Périssac, vill. et chât. fort détruits, c^{ne} de Nieudan. — *Payrissac*, 1297 (test. de Geraud de Montal). — *Payrissacum*, 1347 (arch. dép. s. E). — *Payrisacum*, 1423 (id. s. H). — *Peyrissacum*, 1423 (pap. de la famille de Montal). — *Peyrissac*, 1650 (état civ.).

Périssagol, ham. et bois, c^{ne} de Saint-Victor. — *Affarium vocatum de Payrisagol*, 1341 (arch. dép. s. E). — *Payrissagol*, 1347 (id. s. G). — *Peyrissagol*, 1635 (état civ. de Saint-Santin-Cantalès). — *Peyrisagol*, 1640; — *Peirisogol*, 1669 (id. d'Ayrens). — *Peressagol*, 1758; — *Périssagol*, 1782; — *Périsagol*, 1787 (arch. dép. s. C, l. 51). — *Peryssagol* (État-major).

Perle (La), mont. à vacherie, c^{ne} de Girgols. — V^{rie} *de Perle* (État-major).

Perle (La), chât. détruit, c^{ne} de Saint-Illide. — *Chasteau du Perle*, 1598 (min. Lascombes, n^{re} à Saint-Illide). — *Domaine de Laperle*, 1787 (arch. dép. s. C, l. 50).

Perlhoza, dom. ruiné, c^{ne} de Valette. — *Affarium vocatum de Perlhoza; Peolhoza; Peoloza*, 1441 (terr. de Saignes).

Perneyras (Las), dom. ruiné, c^{ne} de Valuéjols. — *Las Perneyras*, 1664 (terr. de Bredon). — *Las Peyreyras*, XVIIe s^e (id. de Brezons).

Pérol, vill., c^{ne} de Champs. — *Pérol*, 1613; — *Peyrolz, Peyrotz*, 1615; — *Pérols*, 1652; — *Pirol*, 1657 (état civ.).

Pérols, ham., c^{ne} de Saint-Martial. — *Pézolz*, XVIe s^e (arch. dép. s. G). — *Pérolz*, 1645 (id. s. H). — *Peyrolles*, 1784 (Chabrol, t. IV). — *Pérols* (État-major).

Pénols, tour en ruines, c^{ne} de Trizac.

Pénor, bois et dom. ruiné, c^{ne} de Faverolles. — *Affar de las Parra*, 1494 (terr. de Mallet). — *Les Parrots*, 1695 (id. de Celles).

Perpezat, écart, c^{ne} de Cezens. — *Perpezat*, 1633 (ass. gén. ten. à Cezens). — *Perpejat* (Cassini).

Perpuech, dom. ruiné, c^{ne} de Saint-Mamet-la-Salvetat. — *Affar de Perpuech*, 1668 (nommée au p^{co} de Monaco).

Perpuet (La Bouige de), mont. à vacherie, c^{ne} de Narnhac.

Cette montagne est composée de 3 quartiers: la Bouige-de-Perpuet, la Porte et le Champ de Cassefict.

Perre, m^{in} détruit, c^{ne} de Drugeac. — *Molin de Perre*, 1677 (état civ. de Laroquebrou).

Perret (Le), ruiss., prend sa source dans la c^{ne} de Chaudesaigues, et forme, à sa jonction avec l'Hert et le Montignac, le ruisseau de Nazat, sur le territ. de la même c^{ne}, après un cours de 500 m.

Perret, bois et mont. à vacherie, c^{ne} de Saint-Simon.

Perrette (La), mont. à vacherie et source, c^{ne} de Jabrun. — *La font de la Perrette*, 1662 (terr. de la Garde-Roussillon).

Perric (Le), écart, c^{ne} de Pailhérols.

Perrier (Le), m^{in}, c^{ne} de Saint-Georges.

Perrière (La), bois et dom. ruiné, c^{ne} de Giou-de-Mamou. — *La buge des Périers*, 1743 (anc. cad.).

Perrière (La), dom. ruiné, c^{ne} de Marcolès. — *Affarium de la Peyrieyra*, 1437 (terr. du prieuré de Marcolès).

Perrière (La), carrière, c^{ne} de Murat. — *La Peireira du Chasteau*, 1508 (terr. de Loubeysargues). — *La Peireyre*, 1542 (id. de la coll. de N.-D. de Murat). — *Quartier de la Peyreyre*, 1661 (id. de Loubeysargues). — *La Roche-Traucade*, 1680 (id. de la ville de Murat).

Perrière (La), bois et dom. ruiné, c^{ne} de Saint-Mamet-la-Salvetat. — *Ténement de la Peyrière*, 1739 (anc. cad.).

Perrines (Les), dom. ruiné, c^{ne} de Saint-Mamet-la-Salvetat. — *Ténement de las Perrinhes*, 1739 (anc. cad.).

Perroti, dom. ruiné, c^{ne} de Marmanhac. — *Villaige de Perroti*, 1552 (terr. de Nozières).

Perruchès, vill., c^ne de Saint-Julien-de-Jordanne. — *Peruchie*, 1522 (min. Vigery, n^re à Aurillac). — *Paruschier*, 1666 (insin. du bailliage d'Andelat). — *Péruché*, 1676 (lièvc de la mais. des Blats). — *Perrucher*, 1679 (arch. dép. s. C, l. 1).

Pers, c^on de Saint-Mamet-la-Salvetat, m^in et chât. féodal détruit. — *Perce*, 1299 (arch. mun. d'Aurillac, s. HH, c. 21). — *Pers*, 1322; — *Depeis*, 1364 (pap. de la famille de Montal). — *Parrochia de Peis*, 1410; — *Percz*, xve s^e (arch. mun. d'Aurillac, s. HH, c. 21). — *Pairz*, 1606 (terr. de N.-D. d'Aurillac). — *Perz*, 1624 (état civ. de Saint-Mamet). — *Perc*, 1628 (min. Sarrauste, n^re à Laroquebrou). — *Persium; Sanctus-Martinus de Pertium*, 1664 (arch. mun. d'Aurillac, s. GG, c. 6).

Pers était, avant 1789, de la Haute-Auvergne, du dioc. de Saint-Flour, de l'élect. et de la subdél. d'Aurillac. Régi par le droit écrit, il dépend. de la justice seign. de Montal, et ressort. au bailliage d'Aurillac, en appel de la prév. de Maurs. — Son église, dédiée à saint Martin, était une cure réunie, vers 1234, à l'archidiacre d'Aurillac, et à la nomination de l'évêque de Clermont; plus tard, lors de l'établissement d'un collège de jésuites à Aurillac, le bénéfice de la cure lui fut accordé. Elle a été érigée en succursale par décret du 28 août 1808.

Pers, ruiss., affl. de la Cère, coule aux finages des c^nes de Pers, Roumégoux, Saint-Mamet-la-Salvetat et d'Omps; cours de 6,000 m.

Persalani, mont. inconnue, arrond. de Murat. — *Mons Persalani*, 1447 (arch. dép. s. E).

Persencibus, vill. détruit, arrond. de Murat. — *Dictus locus de Persencibus*, 1329 (enq. sur la justice de Vieillespesse).

Persiers, dom. ruiné, c^ne de Saint-Santin-Cantalès. — *Mansus de Persiers*, 1442 (arch. mun. d'Aurillac, s. HH, c. 21).

Persouire, écart. et mont. à vacherie, c^ne de Saint-Projet. — *La Persouiro*, 1673 (état civ. de Saint-Martin-de-Valois). — *Lapressoyre*, 1678; — *La Pressoure*, 1680; — *La Pressoire*, 1681 (id. de Saint-Projet). — *La Pressoyre*, 1717 (terr. de Beauclair).

Pertus (Le Puy du), mont. à burons, c^nes de Mandailles et de Saint-Jacques-des-Blats.

Pertus (Le Col du), col entre les mont. de Chames et du Pertus, c^ne de Mandailles.

Pertusol, mont. à vacherie et bois défriché, c^ne du Fau. — *Bois de Pertuzol*, 1717 (terr. de Beauclair).

Pénuéjoul, vill. et m^in détruit, c^ne de Marmanhac. — *Perveghol*, 1469 (terr. de Saint-Christophe). —

Purveghoul, 1494 (test. de Sedaiges). — *Peruéghol; molin de Perueghol à Peyre-Fraisse*, 1552; — *Peruéjou*, 1554; — *Pervéiou*, 1557 (terr. de Nozières). — *Perméghol*, 1598 (min. Lascombes, n^re). — *Pervégol*, 1664 (état civ. de Jussac). — *Puruéghou*, 1669; — *Perugolz; Peruéghoul*, 1671 (id. de Marmanhac). — *Perieuse*, 1677 (id. de Saint-Chamant). — *Puruéjoul*, 1685; — *Pervéioul*, 1728; — *Peruéjoul*, 1739; — *Pruéghoul*, 1740; — *Pervéjoul*, 1741; — *Pervuéjoul*, 1742; — *Pruéjoul*, 1743 (arch. départementales, s. C, l. 21).

Pénuffe, f^me et m^in, c^ne de Cros-de-Montvert. — *Perrufe*, 1639 (état civ. de Saint-Santin-Cantalès). — *Perrufés* (Cassini).

Penvens, écart, c^ne de Saint-Saturnin.

Péry (La), écart, c^ne de Trémouille-Marchal.

Peschaud (La), vill. avec manoir et futaie, c^ne de Chalinargues. — *Mansus de la Peschau*, 1491 (terr. de la seign. de Farges). — *Lapeschau*, 1518 (terr. de la seign. des Cluzels). — *La Peischau*, 1704 (arch. dép. s. E). — *La Peichaud* (État-major). — *La Péchaud*, 1856 (Dict. stat. du Cantal).

La Peschaud était, avant 1789, le siège d'une justice seign. régie par le droit écrit, s'étendant sur les paroisses de Chalinargues, Chavagnac et Virargues, et ressort. au bailliage de Vic, en appel de la cour royale de Murat.

Pescué (Le), m^in détruit, c^ne de Peyrusse.

Peschien (Le), écart, c^ne de Chavagnac. — *Piscatum de Donda*, 1491 (terr. de la v^té de Farges). — *Le Peschier de Dondes*, 1536 (id. de la v^té de Murat). — *Le Peschier de Dondas*, 1542 (terr. de la coll. de N.-D. de Murat).

Peschien (Le), dom. ruiné, c^ne de Girgols. — *Lou Pesquié*, 1697 (arch. dép. s. C, l. 15).

Peschien (Le), m^in et étang, c^ne de Mentières. — *Le Peschier*, 1594 (min. Andrieu, n^re). — *Le Peschés* (Cassini).

Pescoujoul, écart, c^ne de Cezens. — *Péguolïouls*, 1614 (état civ. de Pierrefort). — *Peucheryol*, 1633 (ass. gén. ten. à Cezens). — *Peuch-Coujol*, 1636 (id. à Brezons). — *Puchcouyoul; Peuch-Couyoul*, 1649 (min. Danty, n^re à Murat). — *Pécouyol*, 1650; — *Pecouyoul*, 1651 (état civ. de Pierrefort). — *Peuch-Coujoul; Peuch-Coyol*, 1652 (min. Danty, n^re). — *Peuchcoujol*, 1669; — *Puech-Couyoul*, 1671 (nommée au p^ce de Monaco). — *Pecouniou*, 1673 (état civ. de Pierrefort). — *Peucoyoul*, xviie s^e (arch. dép. s. E). — *Peuxlogol* (Cassini). — *Pexcoyol* (État-major). — *Pescojol*, 1855 (Dict. statist. du Cantal).

Péséarie (La), dom. ruiné, c^{ne} de Saint-Simon. — *Affar de las Péséaries*, 1692 (terr. de Saint-Geraud).

Pessau (La), taillis, c^{ne} de Paulhenc. — *Bois appellé del Pissou*, 1671 (nommée au p^{ce} de Monaco).

Pesse (La Bosse de la), mont. à vacherie et futaie, c^{ne} de Saignes. — *Podium de Pieyso; Podium de Pueyso*, 1441 (terr. de Saignes).

Pesses (Las), f^{me}, c^{ne} de Ladinhac.

Pesse-Tiolade (La), ham., c^{ne} de Sauvat.

Pessieux (Le Peuch des), mont. à vacherie, c^{ne} de la Capelle-Barrez.

Pessins, dom. ruiné, c^{ne} de Tanavelle. — *Le villaige de Piscens*, 1668 (état civ. de Saint-Flour).

Pessoles, vill., mont. et bois défriché, c^{ne} de Junhac. — *Pessolas*, 1549 (min. Boygues, n^{ro}). — *Pessoles*, 1549 (id. Guy de Vayssieyra). — *Puessolles*, 1668 (nommée au p^{ce} de Monaco). — *Pessoies; bois appellé de Pessoles, alias de Gomare*, 1760 (terr. de Saint-Projet). — *Pessole* (État-major).

Pessoles (Les), écart, c^{ne} de Lavigerie.

Pessoles-Bas et Haut, ham. et écart, c^{ne} du Vigean.

Pestels, dom. ruiné, c^{ne} de Pleaux. — *Villaige de Pesteilh*, 1671 (état civ.).

Pestels, chât., c^{ne} de Polminhac. — *Pestellum*, 1353 (Baluze, t. II, p. 609). — *Pestelh*, 1580; — *Chasteau de Pesteilh*, 1583 (terr. de Polminhac). — *Pestelhs-lès-Polminhat*, 1593 (arch. dép. s. E). — *Pestelz; de Pesteilz*, 1671 (nommée au p^{ce} de Monaco). — *Pestel*, 1784 (Chabrol, t. IV).

Pestels était, avant 1789, le siège d'une justice seign. régie par le droit écrit, et ressort. au bailliage d'Aurillac, en appel de sa prév. part.

Les seigneurs de Pestels avaient le droit de viguerie dans le bourg de Polminhac, 1668 (nommée au p^{ce} de Monaco).

Pestre (Le), ham. et bois, c^{ne} de Tourniac. — *Lou Pestré*, 1599 (état civ. de Brageac). — *Lou Pestre*, 1800 (id. de Tourniac). — *Lou Prestre*, 1743 (arch. dép. s. C, l. 38). — *Le Pistre*, 1857 (Dict. stat. du Cantal).

C'est au Pestre que fut fondé, en 1140, le couvent de Valette.

Petassat (Le), écart et mont. à vacherie, c^{ne} de Siran.

Petges, vill. et bois, c^{ne} de Saint-Georges. — *Petgas; Perghes*, 1494 (terr. de Mallet). — *Pelges*, 1598 (min. Andrieu, n^{re} à Saint-Flour). — *Petges; Petghes*, 1677 (insin. de la cour royale de Murat). — *Peges* (Cassini). — *Petge*, 1855 (Dict. stat. du Cantal).

Petiatou (Le), m^{in}, c^{ne} d'Alleuze.

Petit (Le Moulin de), m^{in}, c^{ne} du Vigean.

Petit-Bernard (Le), f^{me} et bois défriché, c^{ne} de Saint-Constant. — *Petitbernat*, 1624; — *Petit-Bernat*, 1630 (état civ. de Saint-Santin-de-Maurs). — *Petitbernad*, 1640. — *Petit-Bernad*, 1670 (id. de Saint-Constant).

Petit-Bon (Le), dom. ruiné, c^{ne} de Loupiac. — *Le Petit-Bon*, 1646 (état civ.).

Petit-Jolon (Le), vill., c^{ne} de Condat-en-Feniers. — *Le Petit-Gioullon*, 1658 (lièvre du q^{r} de Marvaud). — *Le Petit-Gerlon*, 1672 (état civ.) — *Le Petit-Jollon*, 1725 (lièvre du q^{r} de Marvaud). — *Le Petit-Joulon* (Cassini).

Peubrelie (La), vill., c^{ne} du Falgoux. — *La Pebrelye*, 1728; — *La Pebrelio*, 1730; — *La Pebrelie*, 1733; — *La Prevelie*, 1739 (état civ.). — *La Bibrelie* (Cassini). — *La Peyrelie* (État-major).

Peuch (Le), vill., c^{ne} d'Ally. — *Affar de Podium*, 1464 (terr. de Saint-Christophe). — *Lou Peux*, 1654 (état civ.). — *Lou Puech*, 1658 (id. de Pleaux). — *Lou Peuch*, 1660 (id. de Mauriac). — *Le Püechx*, 1769; — *Le Pueche*, 1770; — *Le Puche*, 1777 (arch. dép. s. C).

Peuch (Le Puy du), mont. à vacherie et dom. ruiné, c^{ne} de Boisset. — *Affar appellé de Puech-Grand*, 1668 (nommée au p^{ce} de Monaco).

Peuch (Le), vill. et m^{in} détruit, c^{ne} de Cheylade. — *Peulx*, 1520 (min. Teyssandier, n^{re} à Cheylade). — *Le mollin del Peux*, 1597 (insin. du bailliage de Saint-Flour). — *Alpeuch*, xviie s^e (arch. dép. s. E). — *Le Peuch* (Cassini).

Peuch (Le), dom. ruiné, c^{ne} de Cussac. — *Villaige del Peuch*, 1537 (terr. de Villedieu).

Peuch (Le), vill., c^{ne} de Dienne. — *Mansus del Puch*, 1279; — *Mansus del Puech*, 1441 (arch. dép. s. E). — *Lo Puch*, 1489 (lièvre de Dienne). — *Lou Peuch*, 1551 (terr. de Dienne). — *Le Peux*, 1670; — *Le Peulx*, 1674 (état civ. de Murat). — *Le Peuhe*, 1676 (id. de Chastel-sur-Murat). — *Le Peuche* (Cassini).

Peuch (Le), f^{me}, c^{ne} de Saint-Martial. — *Alpeuch*, 1624 (état civ. de Pierrefort). — *Lou Peuchx*, 1640 (arch. dép. s. H). — *Le Puech* (Cassini).

Peuch (Ol), grange isolée et bois, c^{ne} de Saint-Simon. — *Mansus-dal-Puech*, 1531 (min. Vigery, n^{ro}). — *Le Mas-del-Puech*, 1692 (terr. de Saint-Geraud).

Peuch (Le), écart, c^{ne} de Salins. — *Le Puech* (État-major).

Peuch (Le), vill., c^{ne} de Sarrus. — *Lou Puech; Lou Puech-a-Marghac*, 1494 (terr. de Mallet). — *Alpouch*, 1624 (état civ. de Pierrefort). — *Lou Pieux*, 1669; — *Le Peuch*, 1677 (insin. de la cour royale de Murat). — *Le Puex; le Peux*, 1784 (Chabrol, t. IV).

Peuch (Le), ruiss., prend sa source dans la c^{ne} de Sarrus, et forme, à sa jonction avec le ruisseau du Fraisse, le ruisseau de la Barbasse, après un cours de 1,170 m.

Puech (Le), écart, c^{ne} de Trémouille-Marchal.

Puech-Bérail, chât. détruit, c^{ne} de Paulhenc. — *Le Pucth-Béralh*, 1636; — *Le Puet-Véral*, 1642 (pièces de Lacassagne). — *Chasteau de Puechbéral*, 1668 (nommée au p^{es} de Monaco). — *Peux-Bérail*, 1857 (Dict. stat. du Cantal).

Le château de Turlande ayant été ruiné pendant les guerres civiles, c'est à Peuch-Bérail que se tenaient les assises judiciaires de ce mandement de la vicomté de Murat.

Peuch-Blanc (Le), écart, c^{ne} de Saint-Martial.

Peuch de l'Aze (Le), mont., c^{ne} de Cros-de-Montvert.

Peuchouzou, ham. et bois, c^{ne} de Dienne. — *Locus du Penthanso*, 1438; — *Mansus de Puechauso; de Puech Auzo*, 1441 (arch. dép. s. E). — *Puch-Auzo*, 1489 (lièvc de Dienne). — *Peuchgouzou; Peuchjoujou; Peuchoujou*, 1600; — *Peuchouzou*, 1618 (terr. de Dienne). — *Peuch-Fransou*, 1627 (état civ. de Thiézac). — *Peuchauzou*, 1667 (lièvc de Dienne). — *Peuch Janzou*, 1778 (état civ. de Dienne).

Peuch-Guyes (Le), dom. ruiné, c^{ne} de la Besserette. — *Villaige de Peuchguyes*, 1548 (min. Boygues, n^{re}).

Peuchs (Les), écart, c^{ne} de Sainte-Eulalie.

Cet écart porte aussi, par dérision, le nom de *le Château-du-Bel-Air*.

Peuech (Le), vill. détruit, c^{ne} de Saint-Mary-le-Plain.

Peugère (La), bois défriché, c^{ne} de Laveissière. — *Bois de la Peyra Gieulado*, 1490; — *Le bois de la Peugeyra; de la Peugeyre*, xve s^e (terr. de Chambeuil).

Peuth (Le), mont. à vacherie et dom. ruiné, c^{ne} de la Chapelle-d'Alagnon. — *Affarium vocatum de Monbardo*, 1446 (terr. de Farges). — *Peuch appellé Mont-Bardo*, 1535 (terr. de la v^{té} de Murat). — *Costeau de Montbardon*, 1680; — *Cartier del Peuch de Monbardon*, 1683 (id. des Bros).

Peux (Le), mont. à vacherie, c^{ne} de Celoux.

Cette montagne est composée de 2 quartiers: le Peux et Chaumeil. — *Le boix de Poulx-Andrat*, 1610 (terr. d'Avenaux).

Pévendrier, ham. et mont. à burons, c^{ne} de Colandres. — *Mansus de Peuchvendrier*, 1513; — *Montana de Podiovendris*, 1518 (terr. d'Apchon). — *Peuchvendris; Peuch-Vendriès*, 1585 (id. de Graule). — *Peuvendriès*, 1719 (table du terr. d'Apchon). — *Pevendries*, 1731; — *Percendries*, 1739; — *Pexendries*, 1740 (état civ.). — *Pevendriers*, 1741 (id. d'Apchon). — *Prévendrier* (Cassini). — *Puyvendrier* (État-major).

Peyrade (La), écart, c^{ne} de Boisset.

Peyrade (La), mont. à vacherie, c^{ne} de Saint-Constant. — *Rochers de la Peyrade*, 1747 (anc. cad.).

Peyrade (La), écart et séchoir à châtaign., c^{ne} de Saint-Étienne-de-Maurs.

Peyrade (La), bois et dom. ruiné, c^{ne} de Saint-Mamet-la-Salvetat. — *Ténement de la Payrade*, 1739; — *La Peyrade*, 1745 (anc. cad.).

Peyrade-Basse (La), écart, c^{ne} de Boisset.

Peyrador (Le), dom. ruiné, c^{ne} de Vézac. — *Mansus de Peyrodor*, 1521; — *Mansus de Peyrodre*, 1522 (min. Vigery).

Peyraille (La), écart, c^{ne} de Saignes. — *Villaige de la Peyraube*, 1680; — *La Peyreaube*, 1690; — *La Peyres-Aube*, 1695 (état civ.). — *La Peyrable* (Cassini).

Peyral (Le), m^{in}, bourg de Fontanges.

Peyralade (La), mont. à vacherie, c^{ne} de Bredon. — *Lo prat de Peyre-lada; En Peyre-lada*, xve s^e; — *Peiralada*, 1527. — *Champ de Peyre-lade*, 1575 (terr. de Bredon). — *Buge de Lapeyrelade*, 1609 (min. Danty). — *Peyrelade; Peirelade*, 1664 (terr. de Bredon).

Peyralard, chapelle détruite, c^{ne} de Saint-Gerons.

Peyralbe (La), écart, c^{ne} de Quézac. — *Mansus de la Peyralba*, 1501 (arch. mun. d'Aurillac, s. HH, c. 21). — *La Peiralbe*, 1740. — *La Puyralbe*, 1757; — *La Payralbe*, 1760 (état civ.). — *La Payrable* (Cassini). — *La Peyrable*, 1857 (Dict. stat. du Cantal).

Peyralbes, ham., c^{ne} de Chalvignac. — *La Peyralbe*, 1549 (terr. de Miremont). — *Peyralbo*, 1639 (rentes dues au monast. de Mauriac).

Peyral-de-Martory (Le), tumulus, c^{ne} de Leynhac. — *Champ appellé del Peyral*, 1696 (terr. de la command. de Carlat).

Peyrampont, dom. ruiné, c^{ne} de Salins. — *Mansus de Peirampont*, 1473. — *Mansus del Peira au point*, 1494; — *Peirapont*, 1680 (terr. de Mauriac). — *Affar de la Claverie ou de Peyrempon*, 1857 (Dict. stat. du Cantal).

Peyrardou, mont. à burons, c^{ne} de Trizac. — *Montagne de Peyrardoux*, 1782 (arch. dép. s. C). — *Espéraldoux* (Cassini).

Peyrat (Le), pât. et dom. ruiné, c^{ne} de Chastel-sur-

Murat. — *Mansus de la Peyra*, 1433 (arch. dép. s. E).

PEYRATEL (LE), ruiss., affl. du ruisseau du Meyrou, c^{nes} de Nieudan et de Saint-Victor; cours de 3,000 m. — *Rivus del Peratel*, 1443 (pap. de la fam. de Montal).

PEYRAU (LE PAS DEL), pas entre les montagnes du Puy-Mary et de la Tourte, c^{ne} du Falgoux.

PEYRE (LA), mⁱⁿ, c^{ne} d'Allanche.

PEYRE (LA), buron, c^{ne} de la Capelle-Barrez.

PEYRE (LE PUECH DE LA), mont. à vacherie, c^{nes} de la Capelle-del-Fraisse et de la Capelle-en-Vézie.

PEYRE (LA), mⁱⁿ détruit, c^{ne} de Chalinargues. — *Molin de la Peyre*, 1535 (terr. de la v^{té} de Murat).

PEYRE (LA), vill., c^{ne} du Claux. — *La Peyre*, 1504 (homm. à l'évêque de Clermont). — *La Peyra*, 1513 (terr. de Cheylade). — *La Pierre*, xviie s^e (table de ce terrier). — *La Peire* (Cassini).

PEYRE (LA), dom. ruiné, c^{ne} de Jaleyrac. — *Affarium de la Peira*, 1473 (terr. de Mauriac).

PEYRE (LA), vill. avec manoir, c^{ne} de Jou-sous-Montjou. — *Mansus de Peyra*, 1487 (reconn. à J. de Montamat). — *La Peyre-Montal*, 1632 (état civ. de Vic-sur-Cère.). — *La Peyre*, 1646 (min. Froquières). — *Payre* (Cassini).

PEYRE (LA), vill., c^{ne} de Junhac. — *Las Peiras*, 1431; — *Las Parras*, 1455; — *La Peyra*, 1536; — *Las Paras*, 1541 (terr. de Coltinhal). — *La Perre*, 1634 (état civ. de Montsalvy). — *Lapeyre*, 1683 (id. de Vieillevie). — *La Peyre*, 1744 (arch. dép. s. C, l. 49). — *Las Parres*, 1767 (table des min. de Guy de Vayssieyra).

PEYRE (LA), écart, c^{ne} de Laroquebrou.

PEYRE (LA), vill. et chât. féodal détruit, c^{ne} de Paulhac. — *Petra*, (?) 1096 (Gall. christ. t. II, c. 421). — *La Peira*, 1508 (terr. de Montchamp). — *La Peyra*, 1511 (id. de Maurs). — *Lapeyra; de la Peire*, 1542 (id. de Bressanges). — *La Peyre*, 1630 (id. de Montchamp). — *Lapeire*, 1670 (insin. du bailliage de Saint-Flour). — *Lapayre*, 1730 (lièv. du Fer).

PEYRE (LA), mⁱⁿ détruit, c^{ne} de Pleaux.

PEYRE (LA), vill., c^{ne} de Raulhac. — *La Peyre*, 1608 (état civ. de Thiézac). — *La Peire*, 1664 (terr. de Bredon). — *Au-dessus du village de Payre se trouvoient les fourches à trois pilhiers de la justice de Cropières sur les estrades de Mur-de-Barrez et Cantal à Aurillac*, 1668 (nommée au p^{ce} de Monaco). — *Peirac*, 1695 (terr. de la command. de Carlat). — *La Paire*, 1707 (état civ. de Saint-Clément).

PEYRE (LA), ham., c^{ne} de Saint-Julien-de-Jordanne.

— *Affar de la Peyra*, 1361 (arch. de l'hôp. d'Aurillac). — *La Peyra-de-Jourdane*, 1573 (terr. de la Chapelle-des-Blats). — *La Peyre de Jordanne*, 1595 (id. de Fracor). — *La Peyre*, 1611 (id. de N.-D. d'Aurillac). — *Lapayre*, 1711; — *Lapeyre*, 1730 (arch. dép. s. E).

La Peyre, avant 1789, était le siège d'une justice régie par le droit écrit, et ressort. au bailliage d'Aurillac, en appel de sa prév. part.

PEYRE (LA CROIX DE LA), croix, c^{ne} de Siran. — *La crotz de la Peyra*, 1489 (arch. mun. d'Aurillac, s. HH, c. 21).

PEYRE (LA), dom. ruiné, c^{ne} de Sourniac. — *Affarium de la Peyra*, 1473; — *La Peyre; la Peyra Saint-Michel*, 1680 (terr. de Mauriac).

PEYRE (LA), mⁱⁿ, c^{ne} des Ternes.

PEYRE (LA), dom. ruiné, c^{ne} de Valuéjols. — *Villaige de la Peira*, 1508 (terr. de Loubeysargues). — *Lapeyre*, 1730 (id. de la command. de Montchamp).

PEYRE (LA), dom. ruiné, c^{ne} d'Yolet. — *Mas, villaige ou affar de la Peyre; de Lapeyre*, 1692 (terr. de Saint-Geraud).

PEYRE-AIGUË (LA), mont. à vacherie, c^{ne} de Valuéjols. — *Rupes de la Peguda*, 1511 (terr. de Maurs).

PEYRE-ALBE (LA), ham., c^{ne} de Quézac.

PEYRE-ALBE (LA), écart, c^{ne} de Saignes.

PEYRE-ARCHE (LA), mont. à vacherie, c^{ne} de Bredon. — *Territorium vocatum de Peyra Archa*, 1450 (arch. dép. s. H). — *La Peyra-Arche*, 1575 (terr. de Bredon).

PEYRE-ARCHE, mont. à burons, c^{nes} de Lavigerie et de Mandailles. — *Montaigne de Peyrearche*, 1551; — *Peyrarghe*, 1618 (terr. de Dienne). — *Peyre-Hausse; Peyre-Haursse*, 1668 (nommée au p^{ce} de Monaco). — *Peyres-Larges*, 1692 (terr. du monast. de Saint-Geraud). — *Peyrache* (État-major).

PEYRE-ARCHE (LA), mont. à vacherie, c^{ne} de Saint-Urcize. — *La Peyre de Larche*, 1686; — *La Peyre de Tarche*, 1730 (terr. de la Garde-Roussillon). Une des bornes du territoire de Chaumenchal portait également ce nom.

PEYRE-ARNAL (LA), lieu-dit, c^{ne} de Bredon. — *Champ de Peyre-Arnal; de Peira-Arnal*, 1508; — *La Peyre-Arnal, sive de las Freyssenettes*, 1661; — *La Peyre-Arnal, sive de las Fraissinettes*, 1687 (terr. de Loubeysargues).

PEYRE-BARLÈS (LA), anc. pâturage, c^{ne} de Celles. — *La Peyre-Bunal*, 1535; — *La Peyre-Binal*, 1536; — *La Peyrebinal*, 1680; — *La Peyre-Boal*, 1683 (id. des Bros). — *La Peyre-Barlent; la Peyre-Barlat; la Peyre-Barlen*, 1697; — *La Peyre-Barlène*, 1700 (id. de Celles).

PEYRE-BÉGUDE (LA), mont. à vacherie, c^ne de Montboudif. — *La Peyre-Bégude*, xviie s^e (terr. de Feniers).

PEYRE-BELLE (LA), dom. ruiné, c^ne de Vitrac. — *Affarium vocatum de Peyrovela*, 1462 (pièces de l'abbé Delmas).

PEYREBESSE, ruiss., prend sa source aux Azidiols, c^ne d'Albaret-le-Comtal (Aveyron), baigne les c^nes de Saint-Just, Saint-Marc et Faverolles, sur un cours de 5,500 m. et se jette dans le Bex, à la limite des départements de l'Aveyron et du Cantal.

PEYRE-BESSE, vill., c^ne de Cheylade. — *Mansus de Peyrebessa*, 1519 (terr. d'Apchon). — *Peyrebassas; Peyrebesses*, 1585 (id. de Graule). — *Peyrebesse*, 1652 (min. Danty, n^re). — *Peirebesse*, 1777 (lièvre d'Apchon). — *Pierre-Besse* (Cassini).

Peyre-Besse était, avant 1789, le siège d'une justice seign. régie par le droit cout., et ressort à la sénéch. d'Auvergne, en appel du bailliage d'Aubijoux.

PEYRE-BESSE, m^in détruit, c^ne de Fontanges. — *Moulin appellé de Peyrebex et del Rieu de la Coste*, 1717 (terr. de Beauclair).

PEYRE-BESSE, écart, c^ne de Saint-Pierre-du-Peil. — *Peyrebesse*, 1646 (état civ. de Murat). — *Peyrechesse* (État-major).

PEYRE-BESSE (LA), lieu détruit, c^ne de Vieillespesse. — *Petra Bessa*, 1526 (terr. de Vieillespesse).

PEYRE-BEYRE (LA), écart et bois défriché, c^ne de Vic-sur-Cère. — *Mansus de Peyra-Vayra*, 1485 (reconn. à J. de Montamat). — *Peyravayra*, 1583; — *Peyre-Royra; Peyra-Vayra*, 1584 (terr. de Polminhac). — *Peyremayre; Peyrebayre*, 1769 (anc. cad.).

PEYRE-BIME (LA), dom. ruiné, c^ne de Colandres. — *Affar de la Peyrebyme*, 1719 (table du terr. d'Apchon de 1512).

PEYRE-BLANCHE (LA), dom. ruiné, c^ne de Condat-en-Feniers. — *Mansus de Peyra Blanca*, 1345 (arch. dép. s. G).

PEYRE-BOUL, écart, c^ne de Marcenat. — *Peyrebouc*, 1668 (état civ.). — *La Peyrebout* (Cassini).

PEYRE-BOURRE (LA), mont. à vacherie, c^ne de Vieillespesse.

PEYRE-BRUNE (LA), vill., c^ne de Cassaniouze. — *La Peyra-Brune*, 1674; — *La Peyre-Brune*, 1676 (état civ.). — *La Payre-Bruno*, 1741 (anc. cad.). — *Peyrebrune*, 1760 (arch. dép. s. C, l. 49).

PEYRE-BRUNE, écart, c^ne de Loupiac. — *Mansus de Peyrabruna; Peyra Bruna*, 1464 (terr. de Saint-Christophe). — *Peyrebrune*, 1627; — *Payrebrune; Peyrebrune d'Anglards*, 1660 (état civ.).

PEYRE-BRUNE (LA), écart, c^ne de Prunet.

PEYRE-BRUNHE (LA), vill., c^ne de Siran. — *Peyre-Brune* (État-major).

PEYRE-CHAVALADONNE (LA), écart détruit et pierre branlante détruite, c^ne de Bredon. — *La Peirachabaladoyra*, 1508; — *La Peyre-Chavaladoune*, 1644; — *Las peyres chavaladounes; la Peyre-Chavalghadoire; la Peyre-Chavalchadoyre*, 1662; — *La Peyre-Chabalyadoure*, 1687 (terr. de Loubeysargues).

PEYRE-CHAZADE (LA), écart, c^ne de Joursac.

PEYRE-CRESPE (LA), dom. ruiné, c^ne de Saint-Étienne-de-Carlat. — *Affar appellé de Peyrenesses; de Peyre-Crespe*, 1692 (terr. de Saint-Geraud).

PEYRE-DEL-CROS (LA), vill., c^ne du Fau. — *La Peyre Delcros*, 1664 (insin. du bailliage de Salers). — *Lapayre del Cros*, 1682 (état civ. de Saint-Projet). — *La Peyre del Cros; le village de la Peyre-del-Cros dit des Coustillous; la Peyra del Crocce*, 1717 (terr. de Beauclair). — *La Peyre de la Cros* (État-major).

PEYRE-FICADE (LA), écart, c^ne de Carlat. — *La Peyraficada*, 1522 (min. Vigery, n^re). — *La Peyre-Ficade*, 1668 (nommée au p^ce de Monaco). — *La Peireficade*, 1695 (terr. de Carlat). — *La Payrefigade* (Cassini).

PEYRE-FICADE (LA), lieu détruit, c^ne de Chanet. — *In territorio de Payra Fichada*, 1451 (terr. de Chavagnac). — *La Peyrefichadde*, xvie s^e (confins de la terre du Feydit).

PEYRE-FICHADE (LA), dom. ruiné, c^ne de Ladinhac. — *Villaige de la Peyra-Ficada*, 1549 (min. Boygues, n^re).

PEYRE-FOLLE (LA), mont. à burons, c^ne de Colandres.

Cette montagne est divisée en 2 quartiers: la Peyre-Folle-soubro et la Peyre-Folle-soutro. — *Peyrefole*, 1515 (terr. d'Apchon). — *Peire-Folle*, 1777 (lièvre d'Apchon). — *Vacherie de Pierre-Folle* (Cassini).

PEYRE-FOLLE (LA), ruiss., affl. du ruisseau de Confolens, c^nes du Falgoux et de Colandres; cours de 1,700 m.

PEYRE-FOLLE-SOUBRO (LA), mont. à burons et taillis, c^ne de Colandres.

Cette montagne porte aussi le nom d'*Ardie*.

PEYRE-FRAISSE (LA), lieu-dit, c^ne de Marmagnac.

Le moulin de Péruéjoul était autref. établi en ce lieu. — 1552 (terr. de Nozières).

PEYRE-GARRAIRE (LA), mont. à vacherie, c^ne de Dienne. — *La Peyre-Ghaleyre*, 1600; — *Peire-Jalleire; la Peire-Jarrighe; la Peyreghaleyre; la Peireghaleire*, 1618 (terr. de Dienne).

PEYRE-GARY (LA), mont. à burons, c^nes de Dienne,

Laveissière et Lavigerie. — *Montanum de Peyra-Guary; Pierre-Garry*, 1489 (lièved e Dienne). — *Peyraguery*, 1492 (arch. dép. s. E). — *Peyre-Guary*, XVe s[e] (terr. de Chambeuil). — *Peyregari*, 1518; — *Apeyregari*, 1600 (id. de Dienne). — *Peyreguery-de-Dianne*, 1608; — *Peyreguary*, 1618 (min. Danty). — *Peiregari; de Pieyregary*, 1618 (terr. de Dienne). — *Peyre-Gary; Peyre-Garz; Peyregarz; Depeyregary*, 1668 (nommée au p[ce] de Monaco). — *Vacherie de Peyreguery* (État-major).

PEYRE-GÉADE (LA), écart, c[ne] de Menet.

PEYRE-GROSSE (LA), mont. à vacherie, c[ne] de Bredon. — *Pastural de Peiragrossa; de Peyragrosse; de Peyragrossa*, 1508; — *La Peyre-Grosse*, 1661 (terr. de Loubeysargues). — *La Peyre Grosse ou Peire Crespe*, 1664 (id. de Bredon).

PEYRE-GROSSE (LA), mont. à vacherie et dom. ruiné, c[ne] de Saint-Amandin. — *Affaria de la Peyragrossa*, 1309 (Hist. de l'abb. de Feniers).

PEYRE-GROSSE (LA), mont. à vacherie, c[ne] de Valuéjols. — *Peyragrossa*, 1508; — *Terroir de Peyre-Grosse appellé de Galleuze*, 1661 (terr. de Loubeysargues).

PEYREL (LE), écart, c[ne] de Marmanhac.

PEYRE-LADE, mont. à burons, c[ne] de Fontanges. — *Peirelade* (État-major).

PEYRE-LADE, chât., f[me] et burons, c[ne] de Saint-Saturnin. — *Peirelade* (Cassini). — *Peyralade* (État-major).

PEYRE-LADE, vill. et lac déssèché, c[ne] de Sériers. — *Peyralada*, 1494 (terr. de Mallet). — *Peiralade; Peyrelade; Peirelade*, 1618 (id. de Sériers). — *Peyralade*, 1671 (insin. du bailliage de Saint-Flour). — *Peyrallade*, XVIIe s[e] (arch. dép. s. E).

PEYRELADE, lieu détruit, c[ne] de Virargues. — *Peyralada*, 1491 (terr. de Farges). — *Pierrelade*, 1518 (id. de la coll. de N.-D. de Murat). — *Peyralade*, 1535 (id. de la v[té] de Murat). — *Peyrelade*, 1680; — *Peyrelade*, 1683 (id. des Bros).

PEYRE-LÈGUE, vill. et bois, c[ne] de Saint-Amandin. — *Peyrelalegus*, 1755 (lièvre du q[r] de Marvaud). — *Perelegue* (Cassini). — *Pierrelaigue* (État-major). — *Peyreloigne*, 1857 (Dict. stat. du Cantal).

PEYRE-LEVADE (LA), mont. à vacherie, c[ne] d'Ally.

PEYRE-LEVADE (LA), ham. et tuilerie, c[ne] de Nieudan. Cette tuilerie, construite depuis 35 ans environ, a pris son nom d'un menhir existant en cet endroit et détruit pour en utiliser les matériaux.

PEYRE-LEVADE (LA), dom. ruiné, c[ne] de Saint-Étienne-de-Carlat. — *Villaige de la Peyre-Levade*, 1692 (terr. de Saint-Geraud).

PEYRE-LEVADE (LA), mont. à burons et dom. ruiné, c[ne] de Saint-Projet. — *Domaine de la Peyre*, 1669 (état civ. de Saint-Martin-Valmeroux). — *Lapeyre*, 1671 (id. de Saint-Chamant). — *La Peire* (Cassini). — *La Peyre-Levade* (État-major).

PEYRE-LONGUE (LA), mont. à burons, c[ne] du Vaulmier. — V[rie] *de Pelanche* (Cassini). — V[rie] *de Peyrelongue* (État-major).

PEYRE-LONGUE (LA), ruiss., affl de la rivière de Marlion, c[ne] du Vaulmier; cours de 2,000 m.

PEYRE-LONGUE (LA), rocher, c[ne] de Saint-Simon. — *La Peyre-Longue de Roffac*, 1692 (terr. de Saint-Geraud).

PEYRE-MALAN, dom. ruiné, c[ne] de Saint-Étienne-de-Carlat. — *Villaige de la Peyremalan*, 1692 (terr. de Saint-Geraud).

PEYRE-MASSON, vill., c[ne] de Cheylade. — *Mansus de Peyramasson*, 1330 (homm. à l'évêque de Clermont). — *Peyramasso*, 1539 (terr. de Cheylade). — *Perramasson*, 1592 (vente de la terre de Cheylade). — *Peyremasson*, 1595; — *Peiremasson*, 1618 (terr. de Dienne). — *Peyramasso*, 1646 (lièvre conf. de Valrus). — *Pierre-Masson* (Cassini).

PEYRE-NÈGRE (LA), écart, c[ne] de Polminhac.

PEYRE-NÈGRE (LA), mont. à vacherie, c[ne] de Reilhac.

PEYRE-NÈGRE (LA), bois défriché, c[ne] de Saint-Simon. — *Bois appellé de Peyrenayre*, 1692 (terr. de Saint-Géraud).

PEYRE-NEYRE (LA), vill., c[ne] de Molompize.

PEYRENLA (LA), mont. à vacherie, c[ne] de Lugarde.

PEYRE-PLANTADE (LA), mont. à vacherie, c[ne] de Clavières.

PEYRE-PLATE (LA), mont à vacherie, c[ne] de Cayrols.

PEYRE-POINTUE (LA), mont. à vacherie, c[ne] d'Anterrieux.

PEYRE-PRESTEILS (LA), dom. ruiné, c[ne] de Badailhac. — *Affar de la Peyre-Preisteilz*, 1668 (nommée au p[ce] de Monaco).

PEYRE-RAVAUDE (LA), lieu-dit et dom. ruiné, c[ne] d'Arpajon. — *Tènement de Pairale-Ravaude*, 1739 (anc. cad.).

PEYRES (LE SUC DE LAS), mont. à vacherie, c[ne] de Joursac.

PEYRES (LAS), écart, c[ne] de Ladinhac. — *Las Peyres*, 1668 (nommée au p[ce] de Monaco). — *Laspeire*, 1750 (anc. cad.).

PEYRE (LES), mont. à vacherie, c[ne] de Montgreleix.

PEYRE-SAINT-DOLUS (LA), vill., c[ne] de Saint-Projet. — *La Peyre d'Issendolus* (états de sections).

PEYRES-BLANQUES (LES), dom. ruiné, c[ne] de Boisset. — *Affar appellé de la Cam de Peyres-Blanques*,

1668 (nommée au p^ce de Monaco). — *La Cam de las Peires-Blonques*, 1746; — *La Peire-Blanque*, 1747; — *Lapeire-Blanque; la Peyre-Blanque*, 1748 (anc. cad.).

Peyre-Signol (La), mont. à vacherie, c^ne de Giou-de-Mamou. — *La Peyre Chinyau*, 1741 (anc. cad.).

Peyre-Siblonne (La), lieu détruit, c^ne de Valuéjols. — *La Peyra-Silhoua*, 1308 (arch. dép. s. H). — *La Peyra-Filhouna*, 1508; — *La Peyre-Filhoune*, 1663; — *La Peyre-Filhon; la Peyre-Filhonne*, 1687 (terr. de Loubeysargues). — *Lou Pesado-de-Roumious* (patois. Traduction : La percée du Pèlerin).

Peynet (La Tour du), chât. détruit, c^ne de Malbo. — *La Tour*, 1675 (état civ. de Jou-sous-Montjou). — *La Tour du Peyret*, 1784 (Chabrol, t. IV).

Peyre-Vayre (La), dom. ruiné, c^ne de Velzic. — *Bugha appellée de Peyre-Vayre*, 1594 (terr. de Fracor).

Peyre-Veire (La), taillis, c^ne de Saint-Simon. — *Peyre-Bayre*, 1692; — *Peyre-Vayre*, 1696 (terr. de Saint-Geraud). — *La Peyre Veine* (états des sections).

Peyre-Vivière (La), dom. ruiné, c^ne de la Besserette. — *Villagie de Pervivieyres*, 1748 (table des min. de Guy de Vayssiera).

Peyrezange, mont. à vacherie, c^ne de Saint-Remy-de-Salers.

Peyri (Le), f^me, c^ne de Saint-Paul-des-Landes. — *Mansus de Las Peyragas*, 1403 (échange avec J. de Montal). — *Mansus de Peyris*, 1504 (arch. dép. s. G). — *Pairy*, 1550 (terr. d'Escalmels). — *Pairii*, 1571 (arch. dép. s. H). — *Peyry*, 1703; — *Peiry*, 1713 (état civ.). — *Piery* (État-major). — *Peyre*, 1856 (Dict. stat. du Cantal).

Peyri, ruiss., affl. de la rivière d'Auze, c^nes de Saint-Paul-des-Landes et de la Capelle-Viescamp; cours de 4,600 m.

Peyridière (La), dom. ruiné, c^ne de Chaussenac. — *Affarium vocatum de Peyricydia* 1502 (terr. de Cussac). — *Peyredeyras*, 1778 (inv. arch. de la maison d'Humières).

Peyrières, dom. ruiné, c^ne d'Arpajon. — *Ténement de Peyrières*, 1741 (anc. cad.).

Peyrières (Les), mont. à vacherie, c^ne de Labrousse.

Peyrières, bois défriché, c^ne de Montboudif. — *Nemus de las Peyreyras*, 1320 (Hist. de l'abbaye de Feniers).

Peyrières (Las), f^e, c^ne de Saint-Constant. — *Mas de Peyreret; Mas d'affar del Peyroret*, XVIIe s^e (reconn. au prieur de Saint-Constant). — *Affar del Peyreret; de Peyreyret; de Pereyre*, 1696 (terr. de la command. de Carlat).

Peyrières (Les), dom. ruiné, c^ne de Saint-Étienne-de-Maurs. — *Mansus de las Peyrieyras*, 1429 (arch. dép. s. H).

Peyrissac, dom. ruiné, c^ne de Saint-Martin-Cantalès. — *Domaine de Peyrissat*, 1778 (inv. des arch. de la maison d'Humières).

Peynolle, m^in, c^ne de Carlat.

Peyrolles (Le Moulin de), martinet à forger le cuivre, c^ne d'Aurillac. — *La Peyrade-inferius*, 1465 (obit. de N.-D. d'Aurillac). — *Payrolas*, 1517 (pièces de l'abbé Delmas). — *Peyroles*, 1673 (état civ.).

Peyrolles-Hautes (Les), vill. détruit, c^ne d'Aurillac. — *Affaria de Payrolas*, 1517; — *Le villaige de Peyrolas*, 1554 (pièces de l'abbé Delmas). — *Payrolles*, 1598 (arch. dép. s. E). — *Payrolles*, 1627 (état civ. de Reilhac). — *Peyrolles-Haultes*, 1658 (*id.* d'Aurillac). — *Peyrolles*, 1692 (terr. de Saint-Geraud).

Peyro-Mano, bois et dom. ruiné, c^ne de Vic-sur-Cère. — *Affar de Peyre-Malle*, 1584 (terr. de Polminhac).

Peyronie (La), dom. ruiné, c^ne du Vigean. — *A la Peyronia*, 1310 (lièvre du prieuré du Vigean).

Peynot (Le), ham., c^ne d'Allanche.

Peyrot (Le), ham., c^ne de la Capelle-del-Fraisse.

Peynot (Le), ruiss., affl. de la Soulane-Grande, coule aux finages des c^nes de Saint-Cernin, Freix-Anglards et Saint-Illide; cours de 6,000 m.

Peyrou (Le), dom. ruiné, c^ne d'Arches. — *Mansus del Peirou*, 1473 (terr. de Mauriac). — *Le Peyrou*, 1639 (rentes dues au doyen de Mauriac).

Peyrou (Le), vill., c^ne de la Capelle-del-Fraisse. — *Esparrou*, 1632; — *Le Peirou*, 1634 (état civ. de Montsalvy). — *Lou Peyrou*, 1668 (nommée au p^ce de Monaco). — *Le Payrout* (Cassini). — *Lou Péroux*, 1784 (Chabrol, t. IV).

Peynou (Le), vill., c^ne de la Capelle-en-Vézie. — *Le Poyrot*, 1550 (min. Boygues, n^re). — *Peyrot*, 1564 (min. Boyssonnade, n^re). — *Lou Peirou*, 1670 (nommée au p^ce de Monaco). — *Le Peyrout*, 1715; — *Le Payrout*, 1723 (état civ.). — *Le Peyrou* (Cassini). — *Le Perrot* (État-major).

Peynou (Le), dom. ruiné, c^ne de Cassaniouze. — *Le Peyrou*, 1760 (terr. de Saint-Projet).

Peynou (Le), vill., c^ne de Chalvignac. — *Le Peyron*, 1650 (état civ. de Mauriac). — *Le Peigroux* (Cassini).

Peynou (Le), vill., c^ne de Champs. — *Le Peyroutz*, 1613; — *Le Peyrouts*, 1614; — *Le Peyrouch*, 1656; — *Le Peyroux*, 1672 (état civ.). — *Payroux* (Cassini). — *Le Pérou*, 1855 (Dict. stat. du Cantal).

PEYROU (LE), dom. ruiné, c^{ne} de Jaleyrac. — *Mas del Peyroux*, 1263 (arch. généal. de Sartiges).

PEYROU (LE), ham., c^{ne} de Leucamp. — *Lou Peirou*, 1670 (nommée au p^{ce} de Monaco).

PEYROU (LE), vill., c^{ne} de Marcolès. — *Lo Peyro*, 1301 (pièces de l'abbé Delmas). — *Lou Peyrou*, 1668 (nommée au p^{ce} de Monaco). — *Pouperoux*, 1784 (Chabrol, t. IV).

PEYROU (LE), bois et dom. ruiné, c^{ne} de Mauriac. — *Mansus del Peirou*, 1473; — *Lou Peyrau, Alpeirou*, 1475; — *Lou Peyrou*, 1483 (terr. de Mauriac).

PEYROU (LE), vill., c^{ne} d'Omps. — *Lou Peyrou*, 1693 (état civ. de la Capelle-Viescamp). — *Roupeiroux* (Cassini).

PEYROU (LE), dom. ruiné, c^{ne} de Pers. — *Affarium del Peyro*, 1423 (arch. mun. d'Aurillac, s. HH, c. 21).

PEYROU (LE), dom. ruiné, c^{ne} de Saint-Mamet-la-Salvetat. — *Affar dal Peyro*, 1449 (arch. dép. s. H). — *Affar de la Pière*, 1575 (livre des achaps d'Ant. de Naucaze). — *Lou Peyrou*, 1623; — *Lou Peirou*, 1627 (état civ.). — *Le Peyro*, 1668 (nommée au p^{ce} de Monaco).

PEYROU (LE), f^{me}, c^{ne} de Sauvat. — *Le Pérou* (Cassini). — *Peyron* (État-major). — *Le Peyroux*, 1857 (Dict. stat. du Cantal).

PEYROU (LE), f^{me}, c^{ne} de Sourniac. — *Mansus dal Peyro*, 1262 (arch. généal. de Sartiges). — *Lou Peirou*, 1733 (état civ.). — *Le Peyron* (Cassini). — *Le Peyroux*, 1857 (Dictionnaire statistique du Cantal).

PEYROU (LE PEUCH-), mont. et dom. ruiné, c^{ne} de Teissières-lès-Boulies. — *Affar de Puech-de-Peyro*, 1535 (arch. mun. d'Aurillac, s. GG, c. 6).

PEYROU (LE), mont. à vacherie, c^{ne} de Trizac.

PEYROU-BAS (LE), m^{in}, c^{ne} d'Omps.

PEYROULES, mont. inconnue, arrond. de Murat. — *Montaigne de Peyroules*, 1650 (terr. de Feniers).

PEYROUSE (LA), ham., c^{ne} de Cassaniouze.

PEYROUSE (LA), chât. détruit, c^{ne} de Thiézac.

Ce château se trouvait au village de la Fon. *La tour de la Peyrouse*, 1674 (terr. de Thiézac).

PEYRUGUE (LA), c^{on} de Montsalvy.

La Peyrugue était, avant 1789, régie par le droit écrit, dépend. de la justice seign. de la Besserette, et ressort. au bailliage d'Aurillac, en appel de la prév. de Maurs.

L'église de la Peyrugue a été érigée en succursale par décret du 15 mai 1849.

Par décret du Président de la République du 3 avril 1876, la section de la Peyrugue a été distraite du territ. de la c^{ne} de la Besserette et érigée en commune distincte.

PEYRUGUE (LA), ruiss., affl. de la rivière d'Auze, c^{ne} de la Peyrugue; cours de 2,300 m.

Ce ruisseau porte aussi le nom de *Moulède*.

PEYRUGUES (LES), bois défriché, c^{ne} d'Ytrac. — *Bois de las Peyrugas; bois appellé de la Garoste, sive de las Peyrugues*, 1573 (terr. de la chapellenie des Blats).

PEYRUSSE, c^{on} d'Allanche, et bois. — *Perucha*, 1131 (chartes de Cluny, n° 4023). — *Peirucha*, 1131 (Gall. christ. t. II, inst. col. 81). — *Perussa*, 1329 (enq. sur la justice de Vieillespesse). — *Peyrussa; Petrussa*, 1443 (arch. dép. s. H). — *Petrussia*, 1445 (ordonn. de J. Pouget). — *Petrucia*, 1451 (arch. dép. s. E). — *Petrussia*, 1471 (terr. de la baronnie du Feydit). — *Peyrusse-Lesglize*, 1561 (lièvede Feniers). — *Peyrusse; Peirosse*, 1628 (paraphr. sur les cout. d'Auvergne). — *Peirusse*, 1696 (état civ. de Murat). — *Payrusse*, 1707 (id. de Saint-Étienne-sur-Massiac).

Peyrusse était, avant 1789, de la Basse-Auvergne, du dioc. de Clermont, de l'élect. et de la subdélég. de Brioude. Régi par le droit cout., il dépend. de la justice seign. de Peyrusse, et ressort. à la sénéch. d'Auvergne, en appel de la prév. de Brioude. — Son église, dédiée à saint Barthélemy, avait été donnée, en 1131, au monast. de la Voûte. Le prieur de ce monast. était curé de droit, les prêtres vicaires étaient à sa nomination. — Elle a été érigée en succursale par décret du 28 août 1808.

PEYRUSSE-BASSE (LA), vill., c^{ne} d'Arpajon. — *Mansus de la Peyrussa-Inferiore*, 1462 (reconn. à l'hôp. d'Aurillac). — *Mansus de la Perussa-Inferiori*, 1465; — *La Peyrusse-Soteirana*, 1561 (obit. de N.-D. d'Aurillac). — *La Peirusse-Bas*, 1632 (état civ.). — *La Peirusse-Bas*, 1696; — *Lapeirusse-Basse*, 1736 (terr. de la command. de Carlat). — *Lapeyrusse-Basse*, 1740 (anc. cad.).

PEYRUSSE-HAUT, quartier du bourg de Peyrusse et chât. féodal détruit.

Ce quartier porte aussi le nom de *Peyrusse-le-Château*. — *Castrum Peyrussa*, 1250; — *Castrum Perussa*, 1272 (spicil. Brivat.). — *Peyrusse-le-Chastel*, 1561 (lièvre de Feniers). — *Peirusse-le-Chastel*, 1699 (état civ. de Joursac). — *Château-de-Peyrusse* (Cassini).

Le château de Peyrusse était, avant 1789, le siège d'une justice seign. régie par le droit cout. s'étend. sur les paroisses de Charmensac, Joursac, Sainte-Anastasie, Saint-Mary-le-Cros et Valjouse, et ressort. à la sénéch. d'Auvergne, en appel de la prév. de Brioude.

PEYRUSSE-HAUTE (LA), vill. et chât. féodal détruit, c^{ne} d'Arpajon. — *La Peirussa*, 1269 (arch. mun. d'Aurillac, s. FF, p. 15). — *Petrussia*, 1464 (vente par Guill. de Treyssac). — *Mansus de la Perussa superiori*, 1465; — *La Peyrussa sobeyrana*, 1561 (obit. de N.-D. d'Aurillac). — *La Peyrusse-Haulte*, 1595 (reconn. à la mais. de Clavières). — *La Peiruse-Haulte*, 1632 (état civ.). — *La Parrusse*, 1634 (id. de Reilhac). — *La Peirusse-Haut*, 1696 (terr. de la commanḍ. de Carlat). — *Lapeirusse*, 1740 (anc. cad.).

PEYSE, ruiss., affl. de la rivière de Roannes, c^{ne} de Roannes-Saint-Mary; cours de 2,100 m.

Ce ruisseau porte aussi les noms de *Faugasse* et d'*Ermitage*.

PEYSSENS, vill., c^{ne} de Sénezergues. — *Poyssenc*; *Pessenc*, 1669 (nommée au p^{ce} de Monaco). — *Peyssens*, 1670 (terr. de Calvinet). — *Paissins*, 1724 (lièvo de Montsalvy). — *Pessens*, 1777 (arch. départementales, s. C, l. 49). — *Paisscins* (Cassini). — *Paysscins*, 1857 (Dictionnaire statistique du Cantal).

PEYSSIÈRE (LA), écart, c^{ne} de Sénezergues. — *Parayre*, 1564 (min. Boyssonnade, n^{re} à Montsalvy). — *Paraire* (État-major). — *Peyssère*, 1857 (Dict. stat. du Cantal).

PEYSSIEU (LE), écart, c^{ne} de Cassaniouze.

PEYTIEU, mⁱⁿ, c^{ne} de Champagnac.

PEZAINE, mⁱⁿ, c^{ne} de Chanterelle.

PÈZE (LA), vill. et mont. à vacherie, c^{ne} de la Chapelle-Laurent.

PÉZEIRAC, dom. ruiné, c^{ne} d'Arpajon. — *Ténement de Pézeirac*, 1745 (anc. cad.).

PEZIÈRE (LA), écart, c^{ne} de Fournoulès.

PÉZINAC, dom. ruiné, c^{ne} d'Arpajon. — *Ténement de Pezinac*, 1739 (anc. cad.).

PHALIPANE, dom. ruiné, c^{ne} de la Chapelle-Laurent. — *Villaige de Phalipane*, 1591 (terr. de Bressanges).

PIAGUEPORT, mont. à vacherie et dom. ruiné, c^{ne} de Celles. — *Bughe de Poale-Porc, alias de la Gardelle*, 1581 (terr. de Celles).

PIALE-PORC, ham. et châtaign., c^{ne} de Maurs. — *Puelaport*, 1748; — *Peleporq*, 1749 (anc. cad.).

PIALLEVEDEL, ruiss., affl. de la rivière d'Auze, c^{nes} de Mauriac et de Chalvignac; cours de 3,680 m.

Ce ruisseau porte aussi le nom de *Pralendal*.

PIALOTTES (LES), vill., mⁱⁿ et source min^{le}, c^{ne} de Saint-Jacques-des-Blats. — *Les Piallotes*, 1617 (état civ. de Thiézac). — *Las Pialottes*, 1668 (nommée au p^{ce} de Monaco). — *Las Pialote* (Cassini). — *Pialotes* (État-major).

PIALOUZES (LAS), écart, c^{ne} de Giou-de-Mamou. — *Las Pialouzes*, 1686 (arch. dép. s. C). — *Laspialouzes*, 1740 (anc. cad.).

PIARROUX (LES), mont. à burons, c^{ne} d'Anglards-de-Salers.

PIAULET (LE), ruiss., affl. de la Rance, c^{nes} de Marcolès et de Leynhac; cours de 3,800 m. — *Rivus vocatus de Polh*, 1301 (pièces de l'abbé Delmas). — *Piouly* (patois).

PIBOUS (LES), dom. ruiné, c^{ne} de Crandelles. — *Les Pibous*, 1669 (nommée au p^{ce} de Monaco). — *La Cam-des-Pibous*, 1693 (inv. des titres de l'hôp. d'Aurillac).

PIC (LE), écart, c^{ne} d'Anglards-de-Saint-Flour. — *Lou Pi*, 1624 (terr. de Ligonnet). — *Les Pis ou le Pinoux; le Pis, sive de la Pio*, 1663 (id. de Montchamp). — *Lou Pic*, 1681 (insin. de la cour royale de Murat).

PIC (LE BOIS DU), mont. à vacherie et bois défriché, c^{ne} de Chavagnac. — *Boys del Pic*, 1535 (terr. de la v^{té} de Murat). — *Boix del Picq*, 1580 (lièvo conf. de la v^{té} de Murat). — *Bois du Pic ou du Bouscarel*, 1680 (terr. des Bros).

PIC (LE), riv., affl. de la Truyère, coule aux finages des c^{nes} de Paulhac, Cezens, Cussac, Oradour et Neuvéglise; cours de 29,700 m.

PIC (LA FON DEL), bois de pin et font., c^{ne} de Saint-Georges.

PIC (LA CROIX DEL), mont. à vacherie, c^{ne} de Saint-Hippolyte.

PICADOU (LE), écart, c^{ne} de Leynhac.

PICARDIE (LA), vill., c^{ne} de la Chapelle-Laurent.

PICARONIE (LA), dom. ruiné, c^{ne} de Saint-Étienne-de-Maurs. — *Villaige de la Picaronia*, 1605; — *La Picaronnies*, 1630 (état civ.).

PICARROU, dom. ruiné, c^{ne} de Glénat. — *Village de Picarrou*, XVIIIe s^e (pap. de la famille de Montal).

PICARROU (LE), ham., c^{ne} du Trioulou. — *Le Picarou*, 1857 (Dict. stat. du Cantal).

PICATIÈRE (LA), écart, c^{ne} de Roussy. — *La Picalière*, 1857 (Dict. stat. du Cantal).

PICATIÈRE (LA), ruiss., affl. de la rivière du Goul, c^{ne} de Roussy; cours de 800 m.

PICAUDIE (LA), ham., c^{ne} du Falgoux. — *Lo fach da la Pigonia*, 1332 (lièvo du prieuré de Saint-Vincent).

PICAUDIE-BASSE (LA), dom. ruiné, c^{ne} du Falgoux. — *Lo fach da la Pigonia-la-Sotrana*, 1332 (lièvo du prieuré de Saint-Vincent).

PICAUDIE-HAUTE (LA), dom. ruiné, c^{ne} du Falgoux. —

DÉPARTEMENT DU CANTAL. 373

Lo fuch da la Pigonia-la-Sobrana, 1332 (lièvc du prieuré de Saint-Vincent).

Piccariou (Le), dom. ruiné, cne de la Ségalassière. — *Le villaige de Piccariou*, 1628 (min. Sarrauste, n{re}).

Pichelle (Le Suc de la), mont. à vacherie, cne de Massiac.

Picheyre (La), écart, cne de Ségur.

Pichonne (La), écart, cne de Saint-Urcize. — *La Pexione* (Cassini).

Pichouneyre (La), mont. à burons, c{nes} de Dienne et de Lavigerie. — *Montaigne de la Pucheyre*, 1609 (min. Danty, n{re}).

Pichourailles, ham. et bois, cne de Junhac. — *Pichouralies*, 1655 (état civ. de Cassaniouze). — *Pichouraillie*, 1670 (nommée au p{ce} de Monaco). — *Pizourailles*, 1691 (état civ. de Vieillevie). — *Pichouraille*, 1749 (anc. cad.). — *Piscouraille*, 1763; — *Pichourailles*, 1765 (état civ. de Junhac). — *Pixouraille*, 1766 (*id.* de Montsalvy). — *Péchoralhe*, 1767 (table des min. Guy de Vayssieyra, n{re}).

Picot, séchoir à châtaignes, cne de Saint-Constant.

Picoye (La Croix de), croix sculptée au village d'Arfeuilles, cne de la Monselie.

Pidières, vill., cne de Loubaresse. — *Pidières* (Cassini). — *Pidière* (État-major).

Pied-Gros (Le Suc du), mont. à vacherie, cne de Ségur. — *Le Suc Gros*, 1551 (terr. de Dienne).

Piéladis, buron sur la montagne du Glisiou, cne de Mandailles. — *Paludis* (État-major).

Piéroux (Le), dom. ruiné, cne de Maurs. — *Lou Pierrouchx*, 1669; — *Lou Pierroux*; *lou Piarroux*, 1750; — *Lou Puerroux*, 1761 (état civ.).

Pierre (Le Champ de), bois et dom. ruiné, cne de Mauriac. — *Mansus vocatus la Peira*, 1381 (lièvc de Mauriac). — *Mansus vocatus de Saint Peire* 1473 (terr. de Mauriac). — *La Perra*, 1505; — *La Peyre*, 1515 (comptes au doyen de Mauriac).

Pierre (Le Pas de la), pas, cne de Saint-Mamet-la-Salvetat. — *Lou pas de las Peyres*, 1740 (anc. cad.).

Pierre (La), ham., cne de Saint-Paul-de-Salers. — *Mansus da Peyra-en-Pohu; mansus de Peyra-en-Pohiy*, 1310 (lièvc du prieuré du Vigean). — *La Peyre*, xve s{e} (terr. de Chambeuil).

Pierre-Besse (Le Commun de), mont. à vacherie, cne de Cheylade.

Pierre-Brune (La), châteign. et dom. ruiné, cne de Cayrols. — *L'Affar de Peyre-Brune*, 1587 (livre des achaps d'Ant. de Naucaze). — *Le bois de la Brune*, 1748 (anc. cad. de Parlan).

Pierre-Brune (La), dom. ruiné, cne de Crandelles. —

Pierre-Brune, 1490 (arch. dép. s. E). — *Mansus de Peyrabruna*, 1522 (min. Vigery, n{re}).

Pierre-Fiche, vill. et chapelle de secours, cne d'Oradour. — *Locus de Peyra*, 1446 (arch. mun. de Saint-Flour). — *Pierefiche*, 1613 — *Peyrafiche*, 1644 (état civ. de Pierrefort). — *Pierre-Fiche*, 1645 (arch. dép. s. G). — *Peirefiche*, 1655 (état civ. de Pierrefort). — *Pierrofiche*, 1678 (insin. du bailliage de Saint-Flour). — *Pierrefiche* (Cassini).

Pierrefiche, ruiss., affl. du ruisseau de Malbec, cne d'Oradour; cours de 2,500 m.

Pierre-Fiche, ham., cne de Saint-Étienne-de-Maurs. — *Peyrafiche*, 1636; — *Pierefixe*, 1642; — *Pierrefiche*, 1746; — *Peyrefiche*, 1747 (état civ.).

Pierre-Fitte, vill., cne de Bonnac. — *Pierre-Fiche*, 1558 (terr. de Tempels). — *Pierrefiche*, 1558 (lièvc de Celles). — *Peyreficte*, 1646 (*id.* des Ternes). — *Pierre-Fête*; *Pierre-Fite*, 1651; — *Pierefite*, 1657 (état civ.). — *Pierrefitte*, 1704 (*id.* de Saint-Victor-sur-Massiac). — *Pierre-Fitte*, 1771 (terr. du prieuré de Bonnac).

Pierre-Fitte, écart, cne de Lugarde.

Pierre-Fitte, vill. et m{in} détruit, cne de Talizat. — *Peirefita*; *Pierre-Fita*, 1508 (terr. de Montchamp). — *Peyrefite*, 1581 (*id.* de Celles). — *Piereficte*, 1615 (arch. dép. s. G). — *Pierrefite*; *Pierrefitte*, 1652 (terr. du prieuré de Coltines). — *Pierre-Fitte*, 1654 (*id.* du Sailhans). — *Peire-Fiche-en-Plainèse*, 1655 (état civ. de Cassaniouze). — *Peyrefite*, 1655 (lièvc conf. de Barret).

Pierrefitte, mont. à burons, cne de Trizac. — *Montagne de Pierre-Fite*, 1744 (arch. dép. s. C).

Pierre-Fitte-la-Vieille, vill. détruit, cne de Talizat. — *Pierrefite-la-Veilhe*, 1654 (terr. du Sailhans).

Pierrefont, vill. détruit, cne de Valuéjols. — *Vilaige de Peyrafont*, xve s{e} (terr. de Bredon).

Pierrefort, c{en} de l'arrond. de Saint-Flour, m{ins} et chât. féodal auj. détruit. — *Petra Fortis*, 1400 (liber vitulus). — *Petrefortis*, 1445 (ordonn. de J. Pouget). — *Peyrefort*, xve s{e} (terr. patois de Bredon). — *Petre Fortis*, xvie s{e} (arch. dép. s. G). — *Pièrefort*, 1607 (terr. de Loudières). — *Pière-Fort*, 1623 (état civ. d'Aurillac). — *Pierre-Fort*, 1668 (nommée au p{ce} de Monaco). — *Pierrofort*, 1673 (insin. du bailliage de Saint-Flour). — *Peyrafort*, 1681 (état civ. de Montsalvy).

Pierrefort était, avant 1789, de la Haute-Auvergne, du dioc., de l'élect. et de la subdél. de Saint-Flour. Il était le siège d'une justice seign. régie par le droit écrit, et ressort. au bailliage de Saint-Flour, en appel de sa prév. part. — Son église, dédiée à saint Pierre, était un prieuré uni à la mense épiscopale, et renfermait une vicairie perpétuelle à la collation de l'évêque. Dans cette église se trouvait la chapellenie de Saint-Pierre, qui était à la nomination du seigneur du lieu.

Il y avait encore, hors de la ville, une chapelle dédiée à saint Jean-Baptiste qui est aujourd'hui l'église paroissiale. — Elle a été érigée en cure par la loi du 18 germinal an x (8 avril 1802).

PIERRE-GROSSE (LA), mont. à vacherie, c^{ne} de Celles. — *Le champ de Peyragrossa; de Peyrogrosse*, 1585 (terr. de Celles). — *Terroir de la Croux, autrement de la Peyregrosse*, 1661 (*id.* de Montchamp). — *La Peyre-Grosse*, 1697 (*id.* de Celles).

PIERRE-GROSSE (LA), vill., c^{ne} de Valette. — *Mansus de la Peyra Grossa; Payra Grossa*, 1441 (terr. de Saignes). — *La Peyre-Grosse*, 1506 (*id.* de Riom). — *La Paire-Grosse*, 1604; — *La Peyregrosse*, 1606; — *La Payro-Grosse*, 1625; — *La Peyragrosse*, 1626 (état civ. de Menet). — *La Pierregrosse*, 1717 (arch. dép. s. G).

PIERRE-JALLEIRE (LA), bois défriché, c^{ne} de Celles. — *Champ appellé de Peyre-Jalleyra; Peyre-Jaleyra; Peyra-Jalleyre; Peyre-Jalleyras*, 1581; — *Champ de Peyre-Jalleyre*, 1644; — *La Peyre-Jaleyre*, 1697; — *Bois de la Poire-Jaleire; de la Peyre-Jaleire*, (terr. de Celles).

PIERRE-LEVADE (LA), menhir, c^{ne} de Loupiac.

Ce menhir limite les c^{nes} d'Ally, Loupiac et Sainte-Eulalie.

PIERRE-LONGUE (LA), rocher isolé et bois, c^{ne} de Saint-Simon. — *Bois apellé de Peyrelongue*, 1692; — *Rocher et taillis de Peyre-Longue*, 1696 (terr. de Saint-Geraud). — *Rocher de Longuepierre*, 1756 (arch. dép. s. H).

PIERRE-PLANTADE (LA), mont. à vacherie, c^{ne} de Malbo.

PIERRE-PLATE (LA), dalle, c^{ne} de Saint-Gerons.

Cette dalle, sur laquelle existe une légende, provient de la chapelle de Peyralard, aujourd'hui détruite.

PIERRE-ROGNÉE (LA), anc. borne, c^{nes} de Bredon et de Laveissière.

Cette borne limitait le domaine royal et la seigneurie de Combrelles. — *La Peyre-Rochoza*, 1535 (terr. de la v^{té} de Murat). — *La Peyre-Rungouza*, 1580 (lièvo conf. de Murat). — *La Peyre-Rymouze*, 1598 (reconn. des cons. d'Albepierre). — *Grosse pierre appellée Ronhouze, marquée d'une croix sur le sommet*, 1680 (terr. des Bros).

PIERRES (LE SUC DES), mont. à vacherie, c^{ne} de Leyvaux.

PIERRES-BLANCHES (LE SUC DES), mont. à vacherie, c^{ne} de Chalvignac.

PIERRE-TAILLADE (LA), ruiss., affl. de l'Alagnon, c^{ne} de Laveissière; cours de 5,000 m.

Ce ruisseau porte aussi le nom de *Vassivière.* — *Ruysseau de Vassiveyre*, xve s^e (terr. de Chambeuil). — *Ruisseau de Vascibière*, 1837 (état des rivières du Cantal).

PIERRE-VIDAL (LA COSTE DE), écart, mont. à vacherie et m^{in} détruit, c^{ne} de Vieillespesse. — *Molin de la Costa de Peyre-Vidal*, 1662 (terr. de Vieillespesse).

PIERROU (LE), mont. à burons et dom. ruiné, c^{ne} du Vaulmier. — *Lo mas da la Peyra*, 1332 (lièvo du prieuré de Saint-Vincent).

PIERROUTY, écart, c^{ne} de Roannes-Saint-Mary.

PIGAL, m^{in} détruit, c^{ne} de Saint-Santin-de-Maurs. — *Le molin de Pigal*, 1629 (état civ.).

PIGANIOL, écart, c^{ne} de Jussac.

PIGANIOLET, ham., c^{ne} de Saint-Santin-de-Maurs. — *Piganiolet*, 1603; — *Pigamiollet*, 1613; — *Piganollet*, 1614 (état civ.); — *Piganioulet*, 1749 (anc. cad.).

PIGEONNIE (LA), écart, c^{ne} de Maurs. — *La Pizounie*, 1748; — *La Pigéonnie*, 1753 (anc. cad.).

PIGÉONNIER (LE), écart détruit, c^{ne} de Bonnac.

PIGÈRE (LAS), écart, c^{ne} de Trémouille-Marchal.

PIGEROL (LE), ruiss., affl. de la Rieulière, c^{ne} de Jaleyrac; cours de 1,160 m.

Ce ruisseau porte aussi le nom de *Pradel.* — *Rivus del Peyrides*, 1473 (terr. de Mauriac).

PIGEYRE (LA), dom. ruiné, c^{ne} de Saint-Vincent. — *Lo mas de la Pigeyra*, 1332 (lièvo du prieuré de Saint-Vincent).

PIGNOL (LA), vill. et lac, c^{ne} de Marchal.

PIGNOU, vill. et m^{in}, c^{ne} de Bredon. — *Pinho*, 1457 (arch. dép. s. H). — *Pinhiou*, 1575 (*id.* de Bredon). — *Pignou*, 1584 (arch. dép. s. H). — *Pinhout*, 1607 (min. Danty, n^{re}). — *Pinhou*, 1664 (terr. de Bredon). — *Pigniou*, 1669 (insin. du bailliage d'Andelat). — *Pignon*, 1681 (*id.* de la cour royale de Murat). — *Pugnion*, 1695; — *Pégniou*, 1697 (état civ. de la Chapelle-d'Alagnon).

PIGNOU (LE MOULIN DU PONT-DE-), m^{in} détruit, c^{ne} de Bredon. — *Molin assis al champ del Pont-de-Pinho; Moli-del-Pont; la métat del moli del Pont-de-Pinhio*, xve s^e (terr. de Bredon). — *Molin du Pont-de-Pinhou; Molin-du-Pont*, 1508 (*id.* de Loubeysargues). — *Molin à bled appellé del Pon-de-Pinho*, 1575; — *Molin-del-Pons*, 1600 (*id.* de Bredon).

PIGNOURE (LA), dom. ruiné, c^{ne} de Lavastrie. — *Affar appellé à la Pignora*, 1493; — *Affar appellez à la Pignorra*, 1494 (terr. de Mallet).

PIJADIS (LE), mont. à vacherie, c^{ne} de Celles.

Pijou-Bas et Haut, mont. à vacherie, c^ne du Falgoux.
Pijoulat, ham., m^in et huilerie, c^ne de Saint-Projet. — *Pigioulat*, 1680 (état civ.). — *Pigeolat*, 1697 (*id.* de Saint-Martin-Valmeroux). — *Pigiollat* (Cassini).
Pilies (Les), m^in détruit, c^ne de Polminhac. — *Le mollin de las Pilies*, 1583 (terr. de Polminhac).
Pille (La), lieu détruit, c^ne de Virargues. — *La Pelhes; la Pilha*, 1535; — *La Pelha; la Pilhe*, 1536 (terr. de la v^té de Murat); — *La Peilhie*, 1575; — *La Pilie*, 1664 (*id.* de Bredon). — *Quartier de la Peille; la Pille; la Pelle*, 1680 (*id.* des Bros).
Pille (La), ruiss., affl. de l'Alagnon, c^nes de Chastel-sur-Murat et de Virargues; cours de 8,000 m.
Ce ruisseau porte aussi le nom de *Farges*. — *Aqua del Rufet*, 1381 (arch. dép. s. G). — *Aqua del Laxoilh*, 1478 (terr. d'Anteroche). — *Rivus vocatus de Brughalenas; riperia del Lapoilh*, 1491 (*id.* de Farges). — *L'Aygua de la Pilher; de Pelha*, xve s^e (*id.* de Bredon). — *Le rif de Lapelha; de Lapelhe*, 1518 (*id.* des Cluzels). — *Rivière de la Pilha; ruisseau de Faurges*, 1535 (*id.* de la v^té de Murat). — *Rifs de la Peilhi; la Peilhie; la Peilhe; la Pelhie*, 1575 (terr. de la Bredon). — *Rif del Lapxoul; ruisseau del Gusset*, 1591 (*id.* de Bressanges). — *Rif de la Pillie, alias de Dondes; ruisseau de la Pilie, alias de Marciliac*, 1664 (*id.* de Bredon). — *Ruisseau du Lapxon*, 1675 (*id.* de Farges). — *Ruisseau de la Pille; Pilhe; Pelle*, 1683 (*id.* des Bros). — *Ruisseau de la Peille; de Lapilhe; de la Pouse*, 1686 (*id.* de Farges). — *Rif de Brugealènes*, xviie s^e (*id.* de Bressanges).
Pillenq, ruiss., c^ne de Quézac, affl. du ruisseau de Nivoly; cours de 760 m.
Pilot, m^in, c^ne de Saint-Marc.
Pimpadouire (Le), mont. à burons, c^ne de Saint-Cirgues-de-Jordanne.
Pimpérige, ham., c^ne de Peyrusse. — *Pinperize* (Cassini). — *Penperige*, 1784 (Chabrol, t. IV). — *Pamperiche* (État-major).
Pinatelle (La), forêt, c^ne d'Allanche.
Pinatelle (La), bois et mont. à vacherie, c^ne de Chavagnac. — *Montaigne de la Pinhatelle; bois de Lapignatella*, 1680 (terr. des Bros).
Pinatelle (La), bois, c^ne de Vernols. — *Bois de la Piniatelle* (État-major).
Pindicat (Le), ruiss., affl. du Goul, c^ne de Raulhac; cours de 1,450 m. — *Ruisseau de Comborieu*, 1668 (nommée au p^ce de Monaco).
Piniargues, vill. et chât. fort détruit, c^ne de Talizat. — *Piniargues; Pigniergues*, 1655 (lièvre conf. de Barret). — *Pigniargues* (Cassini).

Piniatelo (Le), bois et dom. ruiné, c^ne de Faverolles. — *Buge de las Piniatelle; Piniatelles*, 1695 (terr. de Celles).
Piniengue, vill., c^ne de Villedieu. — *Puchegnas*, 1594 (min. Andrieu, n^re). — *Puccheyaets*, 1596 (insin. du bailliage de Saint-Flour). — *Pigniergues*, 1618 (terr. de Sériers). — *Pinhergues*, 1636; — *Piniehergues*, 1645 (*id.* des Ternes); — *Pichiergues*, 1672; — *Pignergues*, 1692 (état civ. de Saint-Flour); — *Paniergues*, 1784 (Chabrol, t. IV).
Par ordonnance royale du 11 février 1824, le village de Piniergue a été distrait de la c^ne d'Alleuze et réuni à celle de Villedieu.
Pinqueirie (La), f^me, c^ne de Cassaniouze. — *Mansus de la Pinquayria*, 1432 (terr. de Cassaniouze). — *La Viaquinria*, 1549 (min. Boygues, n^re). — *La Pinquairie*, 1668; — *La Pinquierie*, 1669 (état civ.). — *La Pinqueyrie; la Pinquieyrie*, 1670 (terr. de Calvinet). — *La Pinquire*, 1740; — *La Penquerio*, 1741; — *La Penquerie*, 1745 (anc. cad.).
Pinquerie (La), écart, c^ne de Montmurat. — *Lapinqueyrie*, 1682; — *La Pinquerie*, 1706; — *La Pinquaire*, 1728 (arch. dép. s. G, l. 3). — *La Pinguerie* (État-major).
Pintou, f^me et m^in, c^ne de Glénat. — *Molin de Pintou*, 1616 (état civ.). — *Moulin de Pinsou* (Cassini).
Pionnier (Le), mont. à burons et taillis, c^ne du Fau. — *Montagne del Puéch-Nier*, 1717 (terr. de Beauclair).
Pipi, m^in détruit, c^ne de Teissières-de-Cornet. — *Molin de Lolières*, 1772 (terr. du prieuré de Teissières-de-Cornet).
Pique-Meule, écart, c^ne d'Allanche. — *Picamogue* (états de sections). — *Picamogne* (État-major).
Pique-Porc, grange en ruines, autref. dom., c^ne de Saint-Christophe. — *Mansus de Pescello*, 1464 (terr. de Saint-Christophe).
Pirade (La), dom. ruiné, c^ne des Ternes. — *Villaige de la Pirade*, 1636 (terr. des Ternes).
Pirols-Albaniars (Le), dom. ruiné, c^ne de Sansac-de-Marmiesse. — *Mansus vocatus lo Pirolz Abanhars*, 1295 (arch. dép. s. E).
Pironnet (Le), ham. et chât. féodal ruiné, c^ne de Charmensac. — *Chasteau de la Pironel*, 1733 (pap. du cab. de Berthuy). — *La Pironet* (Cassini).
Pironnet, m^in, c^ne de Lieutadès.
Pirou (Le), vill. avec chapelle en ruines, c^ne de Saint-Georges. — *Lo Peiro*, 1494 (terr. de Mallet). — *Lou Piro*, 1538 (arch. dép. s. G). — *Le Piron*, 1629; — *Le Pirou*, 1731 (terr. de Montchamp). — *Le Peyrou*, 1855 (Dict. stat. du Cantal).
Piscuier (Le), ham., c^ne de Saint-Chamant.

Pissa-del-Coin (Le), cascade, c^ne de Fontanges.
Pissal-Neige, cascade formée par le ruisseau de Bort, c^ne de Mandailles.
Pissarelle, écart, autref. vill., c^ue de Faverolles. — *Pissarolle*, 1526 (terr. de Vieillespesse). — *Pissarelles* (Cassini). — *Pisserelles*, 1784 (Chabrol, t. IV).
Pissavi, dom. ruiné, c^ne de Roussy. — *Bughe appellée de Peyssavy; Peissavit*, 1670 (pièces de Lacassagne). — *Pissevi*, 1750 (anc. cad.).
Pisse-Chèvre, ruiss., affl. de la Cronce, c^ne de Soulages; cours de 2,300 m.
Pissegal, ruiss., affl. de l'Alagnon, c^ne de Bredon; cours de 2,500 m. — *Rif de Picegiau; Pice-Ghiau; Pisseghiau*, 1580 (terr. de la v^té de Murat). — *Pisse-Gieu; Pisse-Giau*, 1598 (reconn. des hab. d'Albepierre). — *Pisso-Gieu*, 1598 (reconn. des cons. d'Albepierre). — *Pisse-Jal*, 1681 (terr. d'Albepierre).
Pisse-Loup, écart, c^ne de Sénezergues. — *Pisseloup*, 1741 (anc. cad. de Cassanionze). — *Pissoloup* (Cassini). — *Pissaloup*, 1857 (Dict. stat. du Cantal).
Pissieyrou (Le), m^in, c^ne d'Escorailles.
Pissin (Le), ruiss., affl. de la Truyère, c^ne de Paulhenc; cours de 1,000 m.
Pissoulles, dom. ruiné, c^ne de la Capelle-del-Fraisse. — *Vilaige de Pissoulhes*, 1668 (nommée au p^ce de Monaco).
Pitanier (Le), dom. ruiné, c^ne de Thiézac. — *Chazal et curtil appellé de Pitanier*, 1671 (nommée au p^ce de Monaco).
Pitié (La Fon de), font. et mont. à vacherie, c^ne de Molompize.
Piton-de-Rode (Le), rocher, c^ne de Bonnac.
Le château de Prugne était construit sur ce rocher.
Pitrou, m^in, c^ne de Sériers.
Pitrou, m^in, c^ne des Ternes.
Place (La), ham., c^ne de Calvinet. — *Les deux domaines de la Place*, 1670 (terr. de la baronnie de Calvinet). — *Las Places*, 1759 (arch. dép. s. C, l. 49).
Place (La), écart, c^ne de Fournoulès.
Place (Las), f^me, c^ne de Saint-Cirgues-de-Jordanne.
Place (La), m^in, c^ne de la Ségalassière.
Place (La), dom. ruiné, c^ne de Sénezergues. — *Affar de la Place*, 1668 (nommée au p^ce de Monaco).
Place-del-Bos (La), bois défriché et dom. ruiné, c^ne de Boisset. — *Affar appellé de la Place-del-Bos*, 1668 (nommée au p^ce de Monaco).
Places (Las), écart, c^ne de Junhac.
Cet écart porte aussi le nom de *le Pouget*.
Places (Les), mont. à vacherie, c^ne de Loupiac.

Places (Las), écart, c^ne de Rouziers.
Places (Les), écart, c^ne de Saint-Christophe.
Places (Les), bois et dom. ruiné, c^ne de Saint-Constant. — *Ténement de las Plasses*, 1747 (anc. cad.).
Places (Les), seigneurie, arrond. de Saint-Flour. — *La seigneurie de las Places*, 1580 (arch. dép. s. G).
Places (Las), écart, c^ne de Saint-Mamet-la-Salvetat.
Places (Las), écart, c^ne de Saint-Martin-de-Maurs.
Places (Las), écart, c^ne de Sénezergues.
Places (Las), ham., c^ne de Vézac.
Placette (La), f^me avec manoir et m^ins détruits, c^ne de Cayrols. — *Le domaine appelé à présent de la Plasseta, jadis de Raust et de Méric*, 1586; — *Le domaine de la Plassette, jadis de Méric, contenant trois molins*, 1588; — *Le molin de la Plasète*, 1590 (livre des achaps d'Ant. de Naucaze). — *Le molin de la Placette*, 1646; — *Le villaige de Laplacette*, 1648 (état civ.).
Le moulin de la Placette a été détruit lors de la construction du chemin de fer en 1867.
Plagne (La), mont. à burons, c^ne d'Anglards-de-Salers.
Plagnes, mont. à vacherie, c^ne de Polminhac. — *Montaigne de Plagnhes*, 1668; — *Plagnlhes*, 1670; — *Planes*, 1671 (nommée au p^ce de Monaco). — *Planhes*, 1673 (terr. de la Cavade).
Plagnes (Las), ham., c^ne de Reilhac.
Plagnes (Les), dom. ruiné, c^ne de Saint-Gernin. — *Affar de las Planhes*, xvie s^e (arch. mun. d'Aurillac, s. GG, p. 21).
Plagnes, écart, et chât. en ruines, c^ne de Sainte-Eulalie. — *Mansus de Platges; Planhes*, 1464 (terr. de Saint-Christophe). — *Plaignes*, 1598 (min. Lascombes, n^re à Saint-Illide. — *Plagnes*, 1768 (arch. dép. s. C, l. 40).
Plagnes (Las), dom. ruiné, c^ne de Vézac. — *Affarium de Planhas*, 1269 (arch. mun. d'Aurillac, s. FF, p. 15).
Plagnes (Las), vill. et m^in, c^ne de Vitrac. — *Villaige de los Planhes*, 1540; — *Plaignes*, 1558; — *Plainhes*, 1560 (min. Destaing). — *La Plaigne* (Cassini).
Plagnes-de-Girgols (Les), dom. ruiné, c^ne de Girgols. — *Affaria de Planhes-de-Girgols*, 1522 (min. Vigery, n^re).
Plaigne (La), mont. à burons, c^ne de Saint-Projet.
Plaigne (La), futaie, c^ne de Vieillespesse. — *Territorium de la Planya*, 1526; — *La Plania*, 1527 (terr. de Vieillespesse).
Plain-de-la-Roche (Le), écart, c^ne de Brezons. — *Le pont de la Roche* (Cassini).

DÉPARTEMENT DU CANTAL.

Plaine (La), écart, c^{ne} de Cassaniouze.

Plaine (La), écart, c^{ne} de Chanterelle.

Plaine (La), mont. à vacherie et bois défriché, c^{nes} de Condat-en-Feniers et de Montboudif. — *Bois de las Planes-Haultes*, 1654 (terr. de Feniers).

Plaine (La), écart, c^{ne} de Marmanhac.

Plaine (La), écart, c^{ne} de Teissières-les-Bouliès.

Plaine-de-Moussou-Bas (La), mont. à burons, c^{ne} de Marcenat.

Plaine-de-Redon (La), écart, c^{ne} de Quézac. — *La Plaine* (État-major).

Plaine-Haute (La), ham., c^{ne} de Chanterelle.

Plaines (Les), vill., c^{ne} de Jaleyrac.

Plaines (Le Village des), vill., c^{ne} de Lanobre.

Plaines (Las), dom. ruiné, c^{ne} de Marcolès. — *Affar de las Plaines*, 1668 (nommée au p^{ce} de Monaco).

Plaines (Les), mont. à burons, c^{ne} de Valuéjols. — *La Planha*, 1508; — *La Plaigne, autrement la Vie-des-Mortz*, 1662; — *Terroir appellé la Vie-des-Morts, et anciennement Emprades*, 1663 (terr. de Loubeysargues). — *La Plagne; la Plaigne*, 1683 (id. des Bros). — *La Plainho*, 1687 (id. de Loubeysargues).

Plaisance, ham., c^{ne} de Calvinet. — *Plaizanse* (Cassini).

Plaisance, séchoir à châtaign., c^{ne} de Calvinet.

Plame (La), mont. à burons, c^{ne} de Marcenat.

Plamonteil, vill., c^{ne} de Joursac. — *Villa quæ dicitur Monteplanum*, 960 (Baluze, t. II, p. 25). — *Le Montel*, 1613 (terr. de Nubieux). — *Plamonteille*, 1635 (nommée par G^{lle} de Foix). — *Plamontel*, 1694 (état civ.). — *Plomonteil*, 1702 (lièvre de Mardogne). — *Platmonteil* (Cassini).

Planau (Le), écart, c^{ne} de Saint-Urcize. — *Affar appellé de las Planas*, 1508 (terr. de la Garde-Roussillon).

Planavaissa, dom. ruiné, c^{ne} de Faverolles. — *Planavaissa; Plénavaisseire*, 1494 (terr. de Mallet).

Planchats (Les), dom. ruiné, c^{ne} de Champagnac. — *Mansus des Planchats*, 1423 (arch. général. de Sartiges).

Planche (La), seign., c^{ne} de Ruines. — *La seigneurie de la Planche*, 1784 (Chabrol, t. IV).

La Planche était, avant 1789, le siège d'une justice seign. régie par le droit écrit, et ressort. à la sénéch. d'Auvergne, en appel du bailliage de Ruines.

Planche (La), ham. et m^{in}, c^{ne} de Saignes. — *Molendinum de la Plancha*, 1441 (terr. de Saignes).

Planche (La), m^{in} détruit, c^{ne} de Saint-Amandin. — (Cassini).

Planche (La), ham., c^{ne} de Saint-Bonnet-de-Salers.

Planche (La), dom. ruiné, c^{ne} de Sourniac. — *Mansus de la Plancha*, 1263 (arch. général. de Sartiges).

Planche-de-Besse (La), écart, c^{ne} de Boisset.

Planche-du-Souq (La), ham., c^{ne} de Boisset.

Planche-Romaine (La), passerelle remplacée par un pont en 1845, c^{ne} du Vigean.

Planches (Les), vill., c^{ne} de Mauriac. — *Village des Planches*, 1505 (comptes au doyen de Mauriac).

Planches (Les), ruiss., affl. du ruisseau de Labiou, c^{nes} de Mauriac et du Vigean; cours de 1,960 m. — *Rivus de Romanes*, 1475 (terr. de Mauriac).

Planches (Les), écart, c^{ne} du Vigean.

Planchette (La), étang et passerelle détruite, c^{ne} de Riom-ès-Montagnes. — *Passagium de la Plancheta*, 1441 (terr. de Saignes).

Planchette (La), écart, c^{ne} de Trémouille-Marchal.

Planchettes (Les), écart, c^{ne} de Riom-ès-Montagnes. — *Grange de la Planchète*, 1506 (terr. de Riom). — *La Planchette*, 1783 (aveu par G. de la Croix).

Planchy, chapelle isolée, c^{ne} de Pierrefort. — *La chapelle de Planchy* (Cassini).

Planchou (Le), écart, c^{ne} de Saint-Étienne-de-Maurs.

Plane (La), m^{in} détruit, c^{ne} de Fontanges. — *La Plane alias Redom de la Grutte*, 1717 (terr. de Beauclair).

Plane (La), écart, c^{ne} de Mourjou. — *La Plone*, 1856 (Dict. stat. du Cantal).

Plane (La), écart, c^{ne} de Teissières-les-Bouliès.

Plane-des-Buges (La), dom. ruiné, c^{ne} de Saint-Urcize. — *Affar de la Plane-de-Buges*, 1686 (terr. de la Garde-Roussillon).

Planedieu, écart, c^{ne} d'Arpajon. — *Tènement de Planedieu*, 1740 (anc. cad.).

Planes (Les), dom. ruiné, c^{ne} d'Apchon. — *Village des Planes*, 1719 (table du terr. d'Apchon).

Planes (Les), écart, c^{ne} de Laveissenet.

Planes (Las), ham., c^{ne} de Saint-Constant.

Planeval, vill., c^{ne} de Moussages. — *Planaval*, 1713; — *Planeval*, 1716 (état civ.).

Planèze (La), dom. ruiné, c^{ne} de la Chapelle-Laurent. — *Mas de la Planezas*, 1350 (terr. de l'Ostal de la Trémolieyra). — *La Planèze*, 1670 (nommée au p^{ce} de Monaco).

Planèze (La), contrée comprenant une partie de l'arrond. de Saint-Flour, située entre les riv. d'Alagnon et de la Truyère. Elle a environ 16 kilomètres de large sur 20 kilomètres de long et se divise en Basse et Haute-Planèze. — *Planetia*, vers 996 (Gall. christ. t. II, col. 420). — *Territorium Aplaneza*, x^e s^e (Baluze, t. II). — *Planeza*, xve s^e (terr. de Bredon). — *La Planya*, 1526 (id. de Vieillespesse).

— *Planez*, 1697 (état civ. de Raulhac). — *La Planaize*, 1757 (id. de Maurs).

PLANÈZE (LA), ham., c^{ne} de Sansac-de-Marmiesse.

PLANIIES (LAS), ham., c^{ne} de Ladinhac.

PLANIOL (LE), buron, c^{ne} de Saint-Urcize. — *Planiols* (Cassini).

PLANO (LE CLAUX DE), mont. à burons, c^{ne} du Claux.

PLANO (LA), écart, c^{ne} de Teissières-les-Bouliès.

PLANO-BAS (LE CLAUX DE), mont. à burons, c^{ne} de Colandres.

PLANOL (LE), bois, c^{ne} de Celles.

PLANOLLES (LES), bois défriché, c^{ne} de Chastel-sur-Murat. — *Boix de las Plannolles*, 1580 (terr. de la v^{té} de Murat). — *Boix de las Planolles, à présent desfriché*, 1680 (id. des Bros). — *Boix de Planolles*, 1680 (lièvc conf. de Murat).

PLANOUNE (LA), vill., c^{ne} de Condat-en-Feniers.

PLANQUE (LA), dom. ruiné, c^{ne} de Boisset. — *Ténement appellé de la Malaudie et de la Planque*, 1668 (nommée au p^{cé} de Monaco).

PLANQUE (LA), bois et dom. ruiné, c^{ne} de Parlan. — *L'affar de las Plancques*, 1574 (livre des achaps d'Ant. de Naucaze). — *Le bois de la Planque*, 1748 (anc. cad.).

PLANQUE (LA), ruiss., affl. de la Cère, c^{ne} de Sansac-de-Marmiesse; cours de 1,000 m.
Ce ruisseau porte aussi le nom de *la Planthe*.

PLANQUE-FOURIADE (LA), dom. ruiné, c^{ne} de Ladinhac. — *Ténement de Planque-Fouriade, ou le Puech Pignassou*, 1668 (nommée au p^{cé} de Monaco).

PLANQUE-FOURCADE (LA), dom. ruiné, c^{ne} de Prunet. — *Ténement de la Planque-Fourcade*, 1668 (nommée au p^{cé} de Monaco).

PLANQUES (LAS), ham., m^{in} et chât. détruit, c^{ne} de la Besserette. — *Chasteau de la Placa*, 1549 (min. Boygues, n^{re} à Montsalvy). — *Molin de la Planeque*, 1670 (terr. de Calvinet). — *La Planque*, 1670 (nommée au p^{cé} de Monaco). — *Las Planques*, 1670 (état civ. de Montsalvy). — *Les Plaques*, 1738 (id. de la Capelle-en-Vézie).

PLANQUETTE (LA), ruiss., affl. du ruisseau du Bousqual, c^{ne} de Sénezergues; cours de 1,000 m.

PLANQUETTES (LAS), ham., c^{ne} de Cayrols.

PLANQUETTES (LES), écart et châtaign., c^{ne} de Saint-Mamet-la-Salvetat. — *Locus vocatus a la Planqueta*, 1331 (arch. mun. d'Aurillac, s. GG, c. 16). — *Las Planques*, 1574 (livre des achaps d'Ant. de Naucaze). — *Chastanial de las Planquettes*, 1696 (terr. de la command. de Carlat). — *Bos de las Planque*, 1739 (anc. cad.).

PLANQUE-VIEILLE (LA), écart, c^{ne} de Pers.

PLANTADE (LA), écart, c^{ne} de la Capelle-del-Fraisse.

PLANTADE (LA), vill., c^{ne} de Ladinhac.

PLANTADE (LA), écart, c^{ne} de Quézac.

PLANTADE (LA), écart, c^{ne} de Saint-Constant.

PLANTADE (LA), ham., c^{ne} de Thiviers. — *La Plantade*, 1508; — *Las Plantades*, 1663 (terr. de Montchamp). — *Laplantade*, 1745 (arch. dép. s. C, l. 43).

PLANTANE (LA), bois défriché, c^{ne} de Celles. — *Boix appellé de la Plantana de Longhe-Sanhe*, 1581 (terr. de Celles).

PLASE (LA), dom. ruiné, c^{ne} de Marcolès. — *Affar de la Plaze-de-Combe-de-la-Gua*, 1668 (nommée au p^{cé} de Monaco).

PLASE (LA), dom. ruiné, c^{ne} de Marcolès. — *Affar de la Plaze de la Combe-del-Box*, 1668 (nommée au p^{cé} de Monaco).

PLATE (LA), mont. à burons, c^{ne} de Marcenat.

PLATES (LES), ham., c^{ne} de Condat-en-Feniers. — *Les Plattes haute et basse* (Cassini).

PLATES (LES), dom. ruiné, c^{ne} de Jaleyrac. — *Mansus de los Plates*, 1475; — *Lou Plat*, 1680 (terr. de Mauriac).

PLATES (LAS), f^{me} détruite, c^{ne} de Mauriac. — *Affar de las Platas*, 1290 (reconn. au doyen de Mauriac). — *Les Plates*, 1505 (comptes au doyen de Mauriac).

PLAT-FAYS, dom. ruiné, c^{ne} de Jaleyrac. — *Mansus de Plat Fays*, 1473 (terr. de Mauriac). — *Las Platas en Forest*, 1505 (comptes au doyen de Mauriac).

PLATHE (LA), écart, c^{ne} de Riom-ès-Montagnes. — *La Platte*, 1857 (Dict. stat. du Cantal).

PLATTE (LA), écart, c^{ne} de Marchal.

PLATTE (LA), vill., c^{ne} de Riom-ès-Montagnes.

PLAUTES (LES), taillis et dom. ruiné, c^{ne} de Saint-Mamet-la-Salvetat. — *Affar de la Plauta*, 1574; — *Affar de la Paute*, 1576 (livre des achaps d'Ant. de Naucaze). — *Ténement de las Plates*, 1740 (anc. cad.).

PLAUX, ham., c^{ne} de Lorcières. — *Pléaux, fin du XVIIe s^e* (terr. de Chaliers). — *Plaux*, 1775 (arch. dép. s. C, l. 48).

PLAVARENNE, écart, c^{ne} de Peyrusse. — *Planavarena Chabasseyres*, 1471 (terr. du Feydit).

PLAZE (LA), dom. ruiné, c^{ne} de Laroquebrou. — *Mansus da la Plasa*, 1320; — *Mansus da la Plaza*, 1337 (pap. de la fam. de Montal).

PLAZES (LAS), f^{me}, c^{ne} d'Omps. — *La Plaze*, 1668 (nommée au p^{cé} de Monaco).

PLEAU (LE), mont. à vacherie, c^{ne} d'Escorailles.

PLEAUX, c^{on} de Mauriac. — *Plous*, 1273 (vente au doyen de Mauriac). — *Plieus*, 1275 (test. de Bertrand de Montal). — *Villafrancha de Pleus*, 1294

DÉPARTEMENT DU CANTAL. 379

(spicil. Brivat.). — *Pluous*, 1316 (arch. mun. d'Aurillac, s. HH, c. 21). — *Castrum Plodii*, 1464 (terr. de Saint-Christophe). — *Plieux*, 1470 (arch. mun. d'Aurillac, s. HH, c. 21). — *Plious*, 1471 (reconn. au seign. de Montal). — *Plodium*, 1502 (terr. de Cussac). — *Pleoux*, 1535 (Pouillé de Clermont, don gratuit). — *Pleus*, 1612; — *Pleux*, 1622 (état civ. de Brageac). — *Pléaux*, 1636 (id. de Salers). — *Plaus*, 1673 (id. du Vigean). — *Plaux*, 1683 (id. d'Aurillac). — *Ploaus*, 1693 (id. de Saint-Martin-Valmeroux). — *Pliaux*, 1695 (id. d'Ally).

Pleaux était, avant 1789, de la Haute-Auvergne, du dioc. de Clermont, de l'élect. et de la subdél. de Mauriac. Siège d'une justice seign. régie par le droit écrit, qui ressort. au bailliage d'Aurillac, en appel de la prév. de Mauriac. — Son église, dédiée au saint Sauveur, était un prieuré important dépendant de l'abbaye de Charroux. Le prieur était seigneur de Pleaux en partie. Elle a été érigée en cure par la loi du 18 germinal an x (8 avril 1802).

PLEAUX, mont. à vacherie, c^{ne} de Brezons. — *V^{rie} des Pleaux* (État-major).

PLEAUX, f^{me}, m^{in} et mont. à burons, c^{ne} de la Capelle-Barrez. — *Pleaux*, 1669; — *Pleus, domaine avec moullin; montagnhe de Plaux*, 1670 (nommée au p^{ce} de Monaco).

PLEAUX (LE CAP DE), mont. à burons, c^{ne} de la Capelle-Barrez.

Cette montagne est composée de deux quartiers : le Cap-de-Pleaux et la Caze.

PLEAUX, riv., affl. du Ciniq, c^{nes} de Pailherols, de Malbo, la Capelle-Barrez (Cantal), le Mur-de-Barrez et Brommat (Aveyron). Cours dans le Cantal : 7,600 m. — *Ruisseau de Pleus*, 1670 (nommée au p^{ce} de Monaco). — *Ruisseau de Pleau*, 1837 (état des rivières du Cantal).

PLEAUX-SOUBEYRE, ham. et chât. fort détruit, c^{ne} de Pleaux. — *Plodium-Sobra*, 1464 (terr. de Saint-Christophe). — *Pleaux-Souvères*, 1664; — *Pleaux-Sourniers*, 1680; — *Pleusoubères*, 1688 (état civ.). — *Pleaux-Soubeyre*, 1743; — *Pleausouveyre*, 1782 (arch. dép. s. C, l. 40).

PLEINSES, vill., c^{ne} de Teissières-les-Bouliès. — *Plaignes*, 1610 (aveu de J. de Pestels). — *Villaige de Planches*, 1670 (nommée au p^{ce} de Monaco). — *Pleuses*, 1676 (état civ. de Leucamp). — *Plancha*, 1724 (lièvc de l'abbaye de Montsalvy). — *Pleinsses*, 1750; — *Plainse*, 1752; — *Plancez*, 1757 (anc. cad.). — *Plinsse*, 1782 (arch. dép. s. C, l. 49). — *Pleusses* (Cassini).

PLEIN-VENT (LE), écart, c^{ne} de Saint-Mamet-la-Salvetat.

PLEIN-VENT (LE), écart, c^{ne} de Vitrac.

PLEISSIÈRES (LES), écart, c^{ne} de Pailhérols.

PLÉSAUDE (LE SUC DE LA), mont. à vacherie et bois, c^{ne} de Saint-Poncy. — *Le suc de la Plézaude; Plésaude; bois de la Pléjaude*, 1783 (terr. de la baronnie d'Alleret).

PLESCAMPS, vill., c^{ne} de Cassaniouze. — *Plesquans*, 1659; — *Plescamps*, 1669; — *Plescants*, 1674 (état civ.). — *Deplescamps*, 1740 (anc. cad.).

PLIEUX, ham., c^{ne} de Lascelle. — *Villaige de Pleux*, 1595 (terr. de Fracor). — *Blieu*, 1622 (état civ. d'Arpajon). — *Plieux*, 1640 (pièces du cab. Lacassagne). — *Plieus*, 1712; — *Pleyxux*, 1720 (arch. dép. s. C).

PLO (LE), mont. à burons, c^{ne} de la Trinitat.

PLÔNE (LA), mont. à vacherie, c^{ne} de Lavigerie.

PLONE (LAS), mont. à vacherie, c^{ne} de Saint-Cirgues-de-Jordanne. — *Lasplono* (états de sections).

PLONÈS-CHAUMIEU, mont. à vacherie, c^{ne} de Marcenat.

PLONNES (LES), mont. à vacherie, c^{ne} de Saint-Urcize.

PLONOS (LOS), mont. à vacherie, c^{ne} de Pradiers.

PLOS (LES), f^{me} et bois, c^{ne} de Chaudesaigues. — *Les Plas*, 1508; — *Les Plotz*, 1662; — *Les Plos*, 1686; — *Les Plots*, 1730 (terr. de la Garde-Roussillon). — *Lesplos*, 1784 (Chabrol, t. IV).

PLUMANS, vill. détruit, c^{ne} de Saint-Martin-Valmeroux. — *Plomax*, 1674 (état civ. de Saint-Chamant). — *Ploumax*, 1680 (min. Gros, n^{re} à Saint-Martin-Valmeroux).

PLUME (LA), écart, c^{ne} de Riom-ès-Montagnes.

PLUMET, écart et m^{in}, c^{ne} de Chaliers.

POCHE (LE PUY DE LA), mont. à vacherie, c^{ne} de Thiézac.

Cette montagne porte aussi le nom de *Puy de l'Elancèze*.

POCHE (LE MOULIN DE), m^{in} détruit, c^{ne} de Valuéjols. — *Molin appellé de Poche sur le ruisseau de Maniargues*, 1662 (terr. de Loubeysargues). — *Molin de Passe, à chanvre, de nouveau fait*, 1664 (terr. de Bredon).

POCHE-BASSE (LA), mont. à vacherie, c^{ne} de Thiézac.

POCHÉTIE (LA), dom. ruiné, c^{ne} d'Arches. — *Boria vocata la Pouchetia*, 1475; — *La Pochetie*, 1680 (terr. de Mauriac).

PODES, m^{in}, c^{ne} de Roannes-Saint-Mary.

POGIOLLE (LA), dom. ruiné, c^{ne} de la Chapelle-d'Alagnon. — *Villaige de la Pogholle*, 1591 (terr. de Bressanges).

POIGNA., écart, c^{ne} de Cheylade. — *Le Pomiat* (État-major). — *Chez-Poigniat*, 1855 (Dict. stat. du Cantal).

POINSEL, dom. ruiné, c^{ne} de Jaleyrac. — *Mansus dal*

48.

Poinset, 1298 (reconn. au doyen de Mauriac). — *Mansus del Ponsel*, 1473; — *Villaige de Poinsel*, 1680 (terr. de Mauriac).

Pointou (Le), ruiss., affl. du Doujou, c^{nes} de Mongreleix et de Marcenat; cours de 2,730 m.

Poiré (Le Suc de), mont. inconnue, c^{ne} de Saint-Victor. — *Sucium vocatum du Poyra*, 1443 (pap. de la fam. de Montal).

Poisal (Le), dom. ruiné, c^{ne} de Rouziers. — *Villaige del Poisal*, 1669 (nommée au p^{ce} de Monaco).

Polignac, vill. et bois, c^{ne} de Lavastrie. — *Villaige de Polinhac*, 1494 (terr. de Mallet). — *Poliniac*, 1680 (arch. dép. s. C). — *Polagnac*, 1784 (Chabrol, t. IV).

Polimé, dom. ruiné, c^{ne} de Murat. — *Territorium de Polome*, 1446 (terr. de Farges). — *Mansus Depolome*, 1450 (id. d'Anteroches). — *Polymé*, 1552 (id. de Farges). — *Champ appelé de Poulimé*, xvie s^e (id. du prieuré du chât. de Murat).

Polminhac, c^{on} de Vic-sur-Cère. — *Polminhacum*, 1402 (reconn. à l'hôp. de la Trinité d'Aurillac). — *Castrum de Polminhaco*, 1485 (reconn. à J. de Montamat). — *Paoulmignhac*; *Polmignhac*, 1560 (recon. aux prêtres de la Trinité d'Aurillac). *Polminhat*, 1593 (arch. dép. s. E). — *Polminhac*, 1621 (état civ. d'Arpajon). — *Polmignac*, 1624 (id. de Pierrefort). — *Poulminiac*, 1627 (id. de Thiézac). — *Pominhac*, 1627; — *Pomminiac*, 1630; — *Poulminhac*, 1631 (id. d'Aurillac). — *Poulminhak*, 1636 (id. de Naucelles). — *Polminiach*, 1637 (id. de Montsalvy). — *Polmignat*, 1640 (arch. mun. d'Aurillac, s. CC, p. 1). — *Plombignat*, 1784 (Chabrol, t. IV).

Les barons de Pestels avaient le droit de viguerie dans le lieu de Polminhac.

Polminhac était, avant 1789, de la Haute-Auvergne, du dioc. de Saint-Flour, de l'élect. et de la subdél. d'Aurillac. Régi par le droit écrit, il était le siège d'une justice seign., ressort. au bailliage de Vic, en appel de sa prév. part. — Son église, dédiée à saint Victor, était un prieuré annexé à l'archid. de Billom; il y avait aussi dans ce bourg un chapitre qui fut uni au même archid. et dont le doyen était à la présentation de l'archip. d'Aurillac. Elle a été érigée en succursale par décret du 28 août 1808.

Polminhac, ruiss., affl. de la Cère, c^{ne} de Polminhac; cours de 3,500 m.

Ce ruisseau porte aussi les noms de *Costes* et de *Pestels*.

Polon, dom. ruiné, c^{ne} de Chalinargues. — *Polomb*, 1535 (terr. de la v^{té} de Murat). — *Affar de Polomp*; *Pelomp*; *Polloim*; *Polumb*, 1580 (lièvc de la v^{té} de Murat). — *Affar de Pollomb*, 1598 (reconn. au roi par les cons. d'Albepierre). — *Tènement du Polon*, 1680 (terr. de la châtell. des Bros).

Polpédie (La), dom. ruiné, c^{ne} de Saint-Santin-Cantalès. — *Mansus da Polpediez*; *mansus de Poulpadietz*, 1415 (arch. mun. d'Aurillac, s. HII, c. 21). — *Mansus de la Polpeditz*, 1442 (pap. de la fam. de Montal). — *La Polpédie*, 1449 (enq. sur les droits des seign. de Montal). — *Villaige de Polpérix*, 1669 (nommée au p^{ce} de Monaco).

Polverelles, vill., chapelle domestique et mont. à vacherie, c^{ne} de Malbo. — *Pouverelles*, 1725 (état civ. de la Capelle-en-Vézie). — *Polverelles* (Etat-major).

Polverière (La), dom. ruiné, c^{ne} de Sarrus. — *Affar appellé de Polveveyra*, 1494 (terr. de Mallet).

Polverière, m^{ins} détruits, c^{ne} de Tiviers. — *Molin, bois et tènement de Polverière*, 1662; — *Molin haut et bas de Polverie*, 1666; — *Molin de Polverie ou de Mauranne*, 1669; — *Moulins de Polverier dont un en ruine*, 1730; — *Moulin de Poulverier-Bas, moulin de Poulverier-Haut en mazure*, 1762 (terr. de Montchamp).

Polverières, vill., c^{ne} de la Besserette. — *Polvieyrieyres*, 1536 (terr. de Coffinhal). — *Polveveyres*, 1548; — *Polviereyres*, 1549; — *Polvieyres*, 1551 (min. Boygues, n^{re}). — *Polveirieyras*, 1564 (id. de Boysonnade, n^{re}). — *Paulverières*, 1628 (état civ. d'Arpajon). — *Polvereieyres*, 1628; — *Pouverières*, 1629; — *Poulberière*, 1634; — *Poberieyres*, 1675 (id. de Montsalvy). — *Poulverières* (Cassini).

Polverières, vill., c^{ne} de Sénezergues. — *Polvieyras*, 1546 (min. Destaing, n^{re} à Marcolès). — *Poulverières*, 1668 (état civ. de Cassaniouze). — *Poulverieyre*, 1701 (id. de Montsalvy). — *Polverières*, 1777 (arch. dép. s. C, l. 49). — *La Pourillie*, 1786 (lièvc de Calvinet). — *Polvrières* (Cassini). — *Polveirière*, 1857 (Dict. stat. du Cantal).

Polveyreyre (La), mont., c^{ne} de Narnhac.

Pomayrols, dom. ruiné, c^{ne} de Saint-Santin-Cantalès. — *Affariæ de Pomayrols*, 1582 (pièces de E. Amé).

Pomarède (La), ham., c^{ne} de Paulhenc. — *La Pomarède*, 1857 (Dict. stat. du Cantal).

Pomarède (La), dom. ruiné, c^{ne} de Saint-Constant. — *Tènement de la Pomarède*, 1750 (anc. cad.).

Pomeirol, dom. ruiné, c^{ne} de Saint-Hippolyte. — *Affar de Pomeyrols*, 1719 (table du terr. d'Apchon).

Pomeirols, dom. ruiné, c^{ne} de Saint-Martin-sous-Vigouroux. — *Pomeyrolz*, 1668; — *Pomeyrols*, 1671 (nommée au p^{ce} de Monaco).

DÉPARTEMENT DU CANTAL. 381

Pomel (Le), dom. ruiné, c^{ne} de Jaleyrac. — *Ténement del Poumel; lo Poumet*, 1680 (terr. de Mauriac).

Pomelle (La), ruiss., affl. de la Sionne, c^{nes} de Laurie et d'Auriac; cours de 1,500 m.

Poménolie (La), dom. ruiné, c^{ne} de Saint-Santin-Cantalès. — *Vilaige de la Pomérolie*, 1449 (enq. sur les droits des seign. de Montal).

Pomerose, dom. ruiné, c^{ne} de Marcolès. — *Affarium de Pomayrosa*, 1437 (terr. du prieuré de Marcolès).

Pomeyrat, mont. à vacherie, c^{ne} de Landeyrat.

Pomeyrol, dom. ruiné, c^{ne} de Jabrun. — *Affar et vilaige de Pomeirols*, 1508; — *Poumeyroles*, 1662; — *Poumeyrols*, 1686; — *Pomeyrols*, 1730 (terr. de la Garde-Roussillon).

Pomeyrol, vill. détruit, c^{ne} de Lieutadès. — *Affard et vilaige de Pomeirol; Pomeirols*, 1508; — *Poumeyrolz*, 1662; — *Ténement de Poumeyroles; de Poumeyrols*, 1686 (terr. de la Garde-Roussillon).

Pomier (Le), dom. ruiné, c^{ne} d'Arches. — *Mansus dal Pomier*, 1314 (arch. généal. de Sartiges).

Pomier (Le), mont. à vacherie, c^{ne} de Saint-Urcize. — *La borie de Pomier* (Cassini).

Pomiers, vill., c^{ne} d'Ally. — *Villa Pomeirs*, xiie s^e (copie de la charte dite *de Clovis*). — *Lou Poumié*, 1646 (état civ. de Tourniac). — *Pomiez*, 1648 (id. du Vigean). — *Lou Pomié*, 1652 (id. de Saint-Christophe). — *Pomiés*, 1659; — *Pomyès*, 1666; — *Poumyers*, 1680 (id. de Pleaux). — *Poumier*, 1684 (id. de Chaussenac). — *Le Pomier*, 1692 (id. d'Ally). — *Poumiers*, 1693 (ibid.). — *Pomiers* (Cassini).

Pomiers, lieu détruit, c^{ne} de Pleaux. — (Cassini.)

Pommier (Le), dom. ruiné, c^{ne} d'Aurillac. — *Affar appellé dels Pomeyres; de las Polhas, sive del Pomeyres*, 1692 (terr. de Saint-Geraud).

Pommier (Le), bois défriché et dom. ruiné, c^{ne} de Jaleyrac. — *Affarium del Pomier*, 1473; — *Nemus del Pomier*, 1475 (terr. de Mauriac).

Pommier (Le), ruiss., affl. de la Jordane, c^{ne} de Lascelle; cours de 1,100 m.

Ce ruisseau forme dans son cours la cascade du Pommier. — *Ruisseau de Sanhes, sive de Rigadix*, 1634 (pièces du cab. Lacassagne).

Pommier (Le), vill., c^{ne} de Mauriac. — *Mansus del Pomer*, 1276 (vente au doyen de Mauriac). — *Lou Pomier*, 1310 (lièvo du prieuré du Vigean). — *Lou Pomyer*, 1515 (comptes au doyen de Mauriac). — *Poumet*, 1680 (terr. de Mauriac).

Pommier (Le), mⁱⁿ détruit, c^{ne} de Maurs. — *Molendinum vocatum de Pomies prope Maurcium*, 1473 (arch. dép. s. H).

Pommiers, vill., c^{ne} de Barriac. — *Mansus del Pomiers; de Pomieis*, 1464 (terr. de Saint-Christophe).

Pompidou (Le), vill. et mⁱⁿ, c^{ne} de Glénat. — *Pompidor*, 1324 (arch. mun. d'Aurillac, s. HH, 21). — *Lau Ponpidor*, 1444 (reconn. au seign. de Montal). — *Lou Ponpidou*, 1600 (pap. de la fam. de Montal).

Pompignac, ham. à manoir et chapelle domestique, c^{ne} de Loubaresse. — *Ponpinhacum*, 1354 (arch. dép. s. G). — *Seigneur de Pompinhac*, 1467 (id. s. E). — *Pombignat*, 1628 (paraphr. sur les cout. d'Auvergne). — *Pompignat*, 1744 (Chabrol, t. IV). — *Domaine de Pompignac*, 1745 (arch. dép. s. C, l. 43).

Pompignac était, avant 1789, le siège d'une justice seign. régie par le droit cout., et ressort. à la sénéch. d'Auvergne, en appel du bailliage de Ruines.

Pompils, ham., c^{ne} de la Ségalassière.

Pompot (Le), dom. ruiné, c^{ne} de Saint-Mamet-la-Salvetat. — *Villaige du Pompot*, 1574 (livre des achaps d'Ant. de Naucaze).

Pompou, mⁱⁿ, c^{ne} de Tourniac.

Pompou (Le), ruiss., affl. du ruisseau de Rilhac, c^{ne} de Tourniac; cours de 1,460 m.

Ponce (La), écart, c^{ne} de Condat-en-Feniers.

Poncet (Les Rochas de), rocher et grottes, c^{ne} de Mauriac.

Ponchet (Le), dom. ruiné, c^{ne} de Champs. — *Villaige du Ponchet*, 1615 (état civ.).

Ponétie (La), f^{me}, c^{ne} d'Aurillac. — *Mansus de la Ponesthia; la Ponethia*, 1465 (obit. de N.-D. d'Aurillac). — *La Pounitie*, 1630 (état civ. d'Arpajon). — *Laponetie*, 1634 (id. d'Aurillac). — *La Ponethie*, 1679 (arch. mun. d'Aurillac, s. CC, p. 3). — *La Ponestie*, 1693 (inv. des titres de l'hôp. d'Aurillac).

Ponétie-Basse (La), dom. ruiné, c^{ne} d'Aurillac. — *La Ponétie-Basse*, 1738 (arch. mun. s. CC, p. 4).

Ponfet (Le), dom. ruiné, c^{ne} de Raulhac. — *Villaige de lou Ponfet*, 1612 (état civ. de Thiézac).

Pongiliou (La Montagnoune de), mont. à vacherie, c^{ne} de Saint-Amandin. — *La Montagnoune de Poungiliou* (états de sections).

Poniarède (La), dom. ruiné, c^{ne} de Saint-Martin-Cantalès. — *Mansus de la Poniareda*, 1464 (terr. de Saint-Christophe).

Ponissou (Le), dom. ruiné, c^{ne} d'Ally. — *Lou Pounissous*, 1654 (état civ. de Pleaux).

Pons, vill., c^{ne} d'Anglards-de-Salers. — *Sainct-Pon*, 1635 (état civ. du Vigean). — *Lou Pon*, 1652. — *Lou Ponc*, 1662 (état civ.). — *Pons*, 1672; — *Apont*, 1706 (id. de Pleaux).

Pons, mⁱⁿ, c^{ne} de Bredon. — *Molin appellé de Poncz*,

1580 (lièvc conf. de la v^{té} de Murat). — *Molin del Pons*, 1598 (reconn. des habit. d'Albepierre). — *Molin de Pouce*, 1598 (reconn. des cons. d'Albepierre). — *Molin de Pons, autrement de Basset*, 1681 (terr. d'Albepierre).

Pons (Le), ruiss., afil. de l'Alagnon, c^{ne} de Bredon; cours de 8,780 m. — *Violh-Guyot appellé de Poucz; ruisseau de Pons*, 1580 (lièvc conf. de la v^{té} de Murat). — *Le petit viol de Pouce; rif del Riau; rif de Poinc; rieu de Nouzeires*, 1598 (reconn. des habitants d'Albepierre).

Pons (Lous), mont. à vacherie, c^{ne} de Cheylade.

Pons, vill. et bois, c^{ne} de Riom-ès-Montagnes. — *Villaige Dapons*, 1689 (état civ. de Chastel-Marlhac). — *Pon*, 1744 (arch. dép. s. E). — *Pons*, 1784 (aveu par G. de la Croix).

Pons (Le), ham., c^{ne} de Vitrac. — *Pont* (État-major).

Ponsonnières (Les), bois défriché, c^{ne} de Chastel-sur-Murat. — *Nemus de la Ponsoneyras*, 1491 (terr. de Farges). — *Boix de las Ponsoneyres*, 1535; — *Boix de las Pensoneyras*, 1536 (id. de la v^{té} de Murat).

Pont (Le), ham., c^{ne} de Calvinet.

Ce hameau porte aussi le nom de *les Prés*.

Pont (Le), ham. et m^{in}, c^{ne} de la Capelle-Viescamp.

Pont (Le), mont. à vacherie et dom. ruiné, c^{ne} de Celles. — *Bughe appellée del Pon*, 1581 (terr. de Celles).

Pont (Le), m^{in} détruit, c^{ne} de Dienne. — *Molendinum del Pont*, 1485 (arch. dép. s. E). — *Molin del Poin*, 1551; — *Molin del Pons*, 1600; — *Molin del Pon à bled et à drap*, 1618 (terr. de Dienne).

Pont (Le), ham., c^{ne} de Leynhac. — *Lou Pont*, 1500 (terr. de Maurs). — *Al Pons*, 1546 (min. Destaing, n^{re}). — *Prieuré de Nostre-Dame-du-Pont-en-Auvergne*, 1668 (nommée au p^{cé} de Monaco). — *Le Pont* (Cassini).

Le Pont était, avant 1789, un prieuré sous le voc. de Notre-Dame-du-Pont; les dîmes de la paroisse de Leynhac lui appartenaient.

Les abbés du monastère de la Couronne d'Angoulème prenaient le titre de prieurs de Notre-Dame-du-Pont.

Pont (Le), vill., c^{ne} de Marmanhac.

Pont (Le), m^{in}, c^{ne} de Mauriac.

Pont (Le), écart, c^{ne} de Naucelles. — *Mansus de lou Pont*, 1442 (arch. mun. de Naucelles). — *Apud Pontem*, 1522 (min. Vigery, n^{re}).

Pont (Le), m^{in} détruit, c^{ne} de Riom-ès-Montagnes.

Le Pont était aussi un ancien quartier de la ville au xviie siècle. — *Molin del Pon*, 1506 (terr. de Riom).

Pont (Près-du-), écart, c^{ne} de Saint-Hippolyte.

Pont (Le), dom. ruiné, c^{ne} de Saint-Mamet-la-Salvetat. — *Le villaige del Pont*, 1668; — *Lou Ponc*, 1668 (nommée au p^{cé} de Monaco).

Pont (Le), ham., c^{ne} de Saint-Paul-de-Salers. — *Lou Pon*, 1638 (état civ. de Salers). — *Le Prout*, 1750 (arch. dép. s. C, l. 44). — *Le Pont* (Cassini).

Pont (Le), dom. ruiné, c^{ne} de Saint-Simon. — *Mas dal Pon*, 1692 (terr. de Saint-Geraud).

Pont (Le), écart, c^{ne} de Sansac-de-Marmiesse.

Pont (Le Bois del), écart, c^{ne} de Sansac-Veinazès. — *Bois appellé del Pon*, 1760 (terr. du monast. de Saint-Projet). — *Bos-del-Pont* (État-major).

Pont (Le), vill., c^{ne} de Siran.

Pont (Le), ham., c^{ne} des Ternes.

Pont (Le Puy du), mont. à vacherie, c^{ne} de la Trinitat.

Pont (Le), vill., c^{ne} de Vieillevie. — *Lou Pon*, 1549 (min. Boygues, n^{re}). — *Lou Pons*, 1674; — *Lou Pont*, 1676 (état civ.).

Pontal (Le), ruiss., afil. de la Cère, c^{nes} de Glénat, de Saint-Gerons et de Pers; cours de 11,000 m.

Ce ruisseau porte aussi les noms de *Glenat* et de *Gué d'Estreps*. — *Rivus del Pontal*, 1343 (arch. dép. s. G).

Pontal (Le), ham., c^{ne} de Saint-Gerons. — *Pontac* (État-major).

Pont-Bernard (Le), ruiss., afil. de l'Auze, c^{nes} de Saint-Paul-des-Landes et de Saint-Étienne-Cantalès; cours de 2,600 m.

Ce ruisseau porte aussi le nom de *Lorgue*.

Pont-Besse (Le), dom. ruiné, c^{ne} de Laveissière. — *Mas de Pons Besso*, 1490 (terr. de Chambeuil). — *Lou Pon, villaige et affar*, 1668 (nommée au p^{cé} de Monaco).

Pont-Blanchal (Le), m^{ins}, huilerie, carderie et filature, c^{ne} de Pleaux.

Pont d'Aissès (Le), écart, c^{ne} de Vic-sur-Cère.

Pont d'Arpajon (Le), vill., c^{ne} d'Arpajon.

Pont d'Artiges (Le), dom. ruiné, c^{ne} de Tourniac. — *Lou Pont d'Artigol*, 1654 (état civ. du Vigean).

Pont d'Atier (Le), ham. et m^{in}, c^{ne} de Colandres. — *Mansus del Pon d'Aties*, 1516 (terr. d'Apchon). — *Le Pont Datier*, 1673 (état civ. de Murat). — *Le Pont d'Atiès*, 1719 (table du terr. d'Apchon). — *Le Pont d'Altier*, 1777 (lièvc d'Apchon). — *Le Pont Daptier* (Cassini).

Pont-d'Authre (Le), vill., c^{ne} de Jussac. — *Mansus dal Pon*, 1369 (arch. mun. d'Aurillac, s. GG, p. 19). — *Dal Pon-d'Aultra*, 1504 (arch. dép. s. G). — *Villaige del Pon-Daultra*, 1622 (invent. des titres de la cure de Jussac).

PONT-D'AUZE (LE), écart, c^{ne} d'Ally.

PONT-DE-BESSANÈS (LE), écart et m^{in} abandonné, c^{ne} d'Ytrac. — *Affar del Pon*, 1668 (nommée au p^{eo} de Monaco). — *Moulin de Bessanez*, 1690 (état civ. de la Capelle-Viescamp). — *Moulin de Bessanet; moulin del Pon*, 1739 (anc. cad.).

PONT-DE-BESSOU (LE), ham., c^{ne} de Reilhac.

PONT-DE-BROUSSE (LE), ham. et teinturerie, c^{ne} de Saint-Constant.

PONT-DE-CÈRE (LE), écart, c^{ne} d'Arpajon. — *Mansus del Pon de Cera*, 1522 (min. Vigery).

Le Pont-de-Cère était, avant 1789, régi par le droit écrit, dépend. de la justice seign. de Conros et ressort. au bailliage de Vic, en appel de la prév. d'Aurillac.

PONT-DE-CÈRE (LE), vill. détruit, c^{ne} de Polminhac. — *Villaige du Pont-de-Cère*, 1583 (terr. de Polminhac).

PONT-DE-CHALÈS (LE), ham., c^{ne} de Saint-Georges.

PONT-DE-COUFFINS (LE), écart, c^{ne} de Vézac.

PONT-DE-CROS (LE), pont ruiné, c^{ne} de Murat. — *Pons del Cros apud Muratum*, 1289 (arch. dép. s. H).

PONT-DE-LA-GAZELLE (LE), écart, c^{ne} de Ségur.

PONT-DE-L'ANDE (LE), bois défriché, c^{ne} de Roffiac. — *Nemus vocatum lo Pont de Lenda*, 1526 (terr. de Vieillespesse).

PONT-DE-LA-PRADE (LE), quartier du bourg de Condat, au XVIIe s^e. — *La Prade de Condat*, 1310 (Hist. de l'abbaye de Feniers).

PONT-DE-LA-ROCHE (LE), écart, c^{ne} de Cheylade. — *La Roche*, 1513 (terr. de Cheylade).

PONT-DE-LA-ROADE (LE), pont détruit et gouffre dans la rivière de la Rhue, c^{ne} de Marchastel.

PONT-DE-L'ASE (LE), écart, c^{ne} de Chavagnac.

PONT-DE-LAS-SERRE (LE), ham., c^{ne} de Lanobre.

PONT-DE-LA-VERNIETTE (LE), écart, c^{ne} de Brezons.

PONT-DE-LA-VIADEYRE (LE), écart, c^{ne} de Saint-Georges.

PONT-DE-LÉRY (LE), vill. et m^{in}, c^{ne} de Vieillespesse. — *Lo Pont-del-Lery*, 1526; — *Lo Pont-del-Liry*, 1527; — *Lou Pont-del-Livy*, 1571 (terr. de Vieillespesse). — *Le Pont-del-Levy*, XVIe s^e (lièye de Vieillespesse). — *Lou Pont-de-Livry*, 1606 (arch. dép. s. E). — *Le Pont-de-Levy*, 1662 (terr. de Vieillespesse). — *Lou Pont Doler*, 1670 (arch. dép. s. E). — *Le Pon-de-Leric*, 1725; — *Le Pont-de-Levic*, 1729 (état civ. de Saint-Mary-le-Plain). — *Le Pont-de-Lerin*, 1784 (Chabrol, t. IV). — *Le Pont-de-l'Héry*, 1857 (Dict. stat. du Cantal).

Il existait autrefois dans ce village une chapelle dédiée à sainte Anne; elle était desservie par un chapelain.

PONT-DE-L'ESCURE (LE), ham., c^{ne} de Saint-Flour. — *La Plancha*, 1369 (arch. mun. de Saint-Flour). — *La Planche*, 1527 (terr. de Vieillespesse).

PONT-DE-MAILLARGUES (LE), pont détruit et gouffre, c^{ne} de Saint-Saturnin.

PONT-DE-MAMOU (LE), vill. et m^{in} détruit, c^{ne} d'Arpajon.

PONT-DE-POSTE (LE), ham., c^{ne} de Lanobre.

PONT-DE-POSTE (LE), ruiss., prend sa source dans la c^{ne} de Cros (Puy-de-Dôme) et se jette dans la Tialle, à Antraigues, sur le territ. de la c^{ne} de Lanobre; cours, dans cette commune, de 5,410 m.

Ce ruisseau porte aussi les noms de *le Gravier* et de *la Pradelle*.

PONT-DE-ROANNES (LE), ham. et m^{in}, c^{ne} de Roannes-Saint-Mary.

PONT-DE-SALVANIAC (LE), ham., c^{ne} de Pleaux.

PONT-DES-ANJALVIS (LE), pont détruit, c^{ne} de Menet. — *Pons des Anjalvis; Anjalvys*, 1441 (terr. de Saignes).

PONT-DES-LANDES (LE), écart, c^{ne} de Roffiac.

PONT-DES-ONDES (LE), écart, c^{ne} de Landeyrat.

PONT-DE-TRÉBOUL (LE), ham. et chapelle domestique, c^{ne} de Lieutadès.

Ce hameau porte aussi le nom de *le Ferrand*.

PONT-DE-TRÉBOUL (LE), pont sur la Truyère, c^{nes} de Lieutadès et de Sainte-Marie.

PONT-DE-TRÉBOUL (LE), vill., c^{ne} de Sainte-Marie. — *Al Pon de Truboilh; lo Pont de Tréboilh*, XVe s^e (terr. de Bredon). — *Le Pont-de-Tréboul*, 1607; — *Lou Pon-de-Tré-Boul*, 1614 (état civ. de Pierrefort). — *Le Pont-de-Trébouh*, 1644 (terr. de Loubeysargues). — *Lou Pon-de-Trébou*, 1658 (état civ. de Pierrefort). — *Le Pont-de-Trébout*, 1670 (ins. du baill. de Saint-Flour). — *Le Pont Derreboüil* (Cassini). — *Trévoux*, 1856 (Dict. stat. du Cantal).

PONT-DE-VEYRIÈRES (LE), ham., c^{ne} de Naucelles.

PONT-DE-VIC (LE), m^{in}, c^{ne} d'Ydes. — *Le Pouch*, 1685 (état civ.). — *Le Moulin de Viq*, 1744; — *Le moulin du Pont-de-Vic*, 1781 (arch. dép. s. C, l. 45).

PONT-D'ORGON (LE), vill., c^{ne} de Laroquebrou.

PONT-D'ORGON (LE), vill., c^{ne} de Nieudan. — *Le Pont d'Ourgon* (recens. de 1886).

PONT-DU-BARRE (LE), écart, c^{ne} de Trémouille-Marchal.

PONT-DU-BEX (LE), ham., c^{ne} de Roannes-Saint-Mary.

PONT-DU-BOURNIOU (LE), m^{in} détruit, c^{ne} de Ladinhac. — *Molendinum positum in loco dicto al Pon-de-Bornhones*, 1464 (vente par Guill. de Treyssac).

PONT-DU-DREIL (LE), ham., c^{ne} de Marcenat.

Pont-du-Fabre (Le), vill., c^ne de Saint-Constant. — *Le Pont-del-Fabrin; del Fabre*, xviie s^e (reconn. au prieur de Saint-Constant).

Pont-du-Laurent (Le), écart, c^ne de Sansac-de-Marmiesse.

Pont-du-Rauffet (Le), ham., c^ne de Saint-Martin-Cantalès.

Pont-du-Rouffet (Le), vill., c^ne de Saint-Illide.

Pont-du-Sartre (Le), écart, c^ne de Rouziers.

Pont-du-Vernet (Le), vill., c^ne de Joursac. — *Le Pondal-Varnet*, 1581 (terr. de Celles). — *Lou Pontdel-Vernès*, 1619 (état civ. de Thiézac). — *Le Pont-du-Vernet*, 1690 (id. de Murat). — *Le Pont*, 1693 (id. de Joursac).

Ponteirol, écart, c^ne de Saint-Martin-Cantalès.

Ponteissous (Les), dom. ruiné, c^ne de Reilhac.

Pontel (Le), ruiss., affl. de la Cère, coule aux finages des c^nes de Glénat, la Ségalassière, Pers et Saint-Gerons; cours de 8,250 m.

Pontès (Le), mont. à vacherie, c^ne de Bredon. — *La roche del peuch del Posteil; le peuch del Postel*, 1527 (terr. de Bredon).

Pontet (La Roche de), mont à vacherie, c^ne de Bonnac. — *La Roche-Pontude*, 1700 (terr. de Celles).

Pontet (Le), écart, c^ne de Roussy.

Pontet (Le), vill., et m^in, c^ne d'Ytrac. — *Pontetum; lo Pontet*, 1522 (min. Vigery, n^re). — *Lou Pontel*, 1613 (état civ. de Naucelles). — *Pons*, 1713 (état civ. de Saint-Paul-des-Landes). — *Loupontet*, 1739 (anc. cad.).

Pontète (Le Puech de la), mont., c^ne de Mourjou.

Pontfère, dom. ruiné, c^ne de Laveissière. — *Affar de la Ponfeyra*, xve s^e (terr. de Chambeuil).

Pont-Ferrand (Le), écart et m^in, c^ne de Paulhac. — *Villaige de Pont-Ferrend; Pont-Ferend*, 1537 (terr. de Villedieu). — *Pon-Feren; Pont-Ferem*, 1542; — *Pont-Feron*, 1594 (id. de Bressanges). — *Ponferes*, 1607 (id. de Loudiers). — *Pont-Ferrain*, 1886 (états de recens.).

Pont-Long (Le), écart, c^ne de Saint-Flour.

Pont-Majou (Le), écart et m^in, c^ne de Saint-Cernin.

Pont-Neuf (Le), f^me et m^in, c^ne d'Ytrac. — *Pouniou*, 1620 (arch. mun. d'Aurillac, s. II, r. 15). — *Pounou*, 1648 (min. Sarrauste, n^re). — *Pont-Neuf; Pontniou*, 1668 (nommée au p^ce de Monaco). — *Pontnio*, 1679; — *Pon-Niou*, 1713; — *Pontnieus*, 1739 (arch. dép. s. C). — *Les Poniaux; moulin de Pont-Niou*, 1739 (anc. cad.).

Pontou (Le), écart, c^ne de Murat.

Pontounou (Le), dom. ruiné, c^ne de Pierrefort. — *Le villaige de Pontounou*, 1617 (état civ.).

Pont-Premier (Le), écart et taillis, c^ne de Fontanges.

Ponts-Bas et Haut (Les), écarts, c^ne de Saint-Paul-de-Salers.

Pontus (Le), écart, c^ne de Laroquebrou. — *Ponties* (Cassini).

Pont-Vieux (Le), mont. à vacherie, c^ne de Lavastrie.

Porcharie (La), vill. détruit, c^ne de Chalvignac. — *La Pourchairie*, 1549 (terr. de Miremont).

Porcherie (La), dom. ruiné, c^ne de Riom-ès-Montagnes. — *Bugia vocata de Forcharie*, 1512 (terr. d'Apchon). — *La Porcharie*, 1717 (table de ce terrier).

Pornien, bois défriché et dom. ruiné, c^ne de Cheylade. — *Affar del Pormier*, 1646 (lièv conf. de Valrus).

Port (Le), vill., c^ne de Vieillevie.

Portail (Le), écart, c^ne de Rouziers. — *Le Portal*, 1668 (nommée au p^ce de Monaco).

Portalier (Le), ham., c^ne de Sansac-de-Marmiesse. — *Mansus de Portallier*, 1544 (pièces de l'abbé Delmas). — *Portalié*, 1636 (état civ. de Saint-Mamet). — *Pourtalié*, 1668 (nommée au p^ce de Monaco). — *Lou Pourtalier*, 1681; — *La Pourtallié*, 1697; — *Lou Pourtalié*, 1734 (arch: dép. s. C, l. 2).

Portarelle (La), mais. forte détruite, c^ne de Vic-sur-Cère.

Portavie (La), dom. ruiné, c^ne du Falgoux. — *Lo fach da la Portovia*, 1332 (lièvé du prieuré de Saint-Vincent).

Porte (La), dom. ruiné, c^ne d'Arches. — *Affarium de la Porta*, 1473; — *Affarium de la Porta Inclusa*, 1475; — *Ténement de la Porte*, 1680 (terr. de Mauriac).

Porte (La), dom. ruiné, c^ne de Marmanhac. — *Affarium de la Porta*, 1378 (arch. dép. s. G). — *Affar de la Porte*, 1676 (lièvé de la mais. des Blats).

Porte (Le Puy de la), ham. et mont. à vacherie, c^ne de Marmanhac.

Porte (La), mont. à vacherie, c^ne de Pradiers.

Portes (Les), dom. ruiné, c^ne d'Aurillac. — *Le villaige des Portes*, 1681 (arch. mun. s. CC, p. 3). — *Le villaige des Pots*, 1733 (id. s. II, r. 15).

Portes (Las), mont. à burons, c^ne de Landeyrat.

Portes (Las), vill., c^ne de Saint-Étienne-de-Carlat. — *Mansus de las Portas*, 1489 (reconn. à J. de Montamat). — *Las Portes*, 1610 (aveu de Jean de Pestels). — *Mas de Laporte; mas de la Porte*, 1692 (terr. de Saint-Géraud). — *Lasportes* (Cassini).

Porte-Uzade (La), écart, c^ne de Trémouille-Marchal.

Pontus (Le Commun de), mont. à vacherie, c^ne de Fontanges.

Pos (Le Puech de las), mont. à vacherie, c^{ne} de Saint-Saury.

Posarot, dom. ruiné, c^{ne} de Chaliers. — *La bughe de Bosarot*, 1508 (terr. de Montchamp).

Posse (La), taillis, c^{ne} de Boisset. — *Bois appellé lou bos grand de la Pauze*, 1668 (nommée au p^{ce} de Monaco).

Potaresse (La Croix de la), croix, c^{ne} de Montchamp. — *La croix de la Potaressa*, 1508 (terr. de Montchamp).

Poteau (Le), écart, c^{ne} de Roumégoux.

Pou (La Roche du), mont. à vacherie et taillis, c^{ne} de Chaliers. — *Terroir appellé lo bos dels Poses*, 1508; — *Bois des Pouzes*, 1630; — *Bois del Poux*, 1662 (terr. de Montchamp).

Poubernac (La Camp de). dom. ruiné, c^{ne} de Saint-Gerons). — *Villaige de la Camp de Poubernac*, 1669 (nommée au p^{ce} de Monaco).

Pouché (Le), dom. ruiné, c^{ne} du Claux. — *Le Pouché* (Cassini). — *La Pouche* (État-major).

Pouchines, écart, c^{ne} de Montsalvy. — *Pouchine*, 1637; — *Empuchines*, 1666; — *Enpouxines*, 1681 (état civ.). — *Poulhines*, 1681; — *Empouxinos*, 1701 (arch. dép. s. C). — *Poussines*, 1759; — *Pouchines*, 1763 (anc. cad.). — *Pouxines* (Cassini).

Pouchou, écart, c^{ne} de Tournemire. — *Pochou*, 1658 (insin. du bailliage de Salers). — *Pouchou*, 1663 (état civ. de Saint-Cernin). — *Pouchos*, 1857 (Dict. stat. du Cantal).

Poudadis (Le Puech de), mont. à vacherie, c^{ne} de Saint-Simon.

Pougéade (Le Bourg de), vill. détruit, c^{ne} de Drignac. — *La Poghade*, 1778 (invent. des arch. d'Humières).

Pougéol, grange isolée, c^{ne} de Saint-Christophe. — *Villaige de Poughol*, 1667 (état civ.).

Pouget (Le), vill., mⁱⁿ et huilerie, c^{ne} d'Ally. — *Mansus del Poget*, 1464 (terr. de Saint-Christophe). — *Lou Pouyet*, 1654; — *Lou Pogit*, 1656 (état civ.). — *Lou Pougit*, 1668 (id. de Pleaux). — *Le Pouget*, 1769 (arch. dép. s. C).

Pouget (Le), ruiss., affl. du ruisseau d'Incon, c^{ne} d'Ally; cours de 1,000 m.

Pouget (Le), vill., c^{ne} d'Anglards de Saint-Flour. — *Lou Pouget*, 1624 (terr. de Ligonnès). — *Le Poupet*, 1784 (Chabrol, t. IV).

Pouget, mont. à vacherie et bois défriché, c^{ne} de Chavagnac. — *Boix appellé de Poghet; boys des Pougeetz*, 1535 (terr. de la v^{té} de Murat). — *Roche del Pouget*, 1598 (reconn. des cons. d'Albepierre au roi). — *Bois des Pougetz; bois du Pouhet, à pré-*

sent desfriché, 1670 (terrier de la châtellenie des Bros).

Pouget (Le), dom. ruiné, c^{ne} de Dienne. — *Al Poget*, 1348 (lièvc de Dienne).

Pouget (Le), écart, c^{ne} de Junhac.

Pouget (Le), vill. et marais, c^{ne} de Ladinhac. — *Affarium del Poget*, 1464 (vente par Guill. de Treyssac). — *Lou Pojet*, 1542 (min. Destaing, n^{re}). — *Lou Pozet*, 1550 (id. Guy de Vayssieyra). — *Lou Pougit*, 1610 (aveu de J. de Pestels). — *Lou Pouget*, 1668 (nommée au p^{ce} de Monaco). — *Lou Pouzet*, 1750 (anc. cad.).

Pouget (Les Camps du), mont. à vacherie, c^{ne} de Ladinhac.

Pouget (Le), ham., c^{ne} de Lorcières. — *Le Pouget*, 1745 (arch. dép. s. C, l. 43).

Pouget (Le), écart et chât. féodal détruit, c^{ne} de Menet. — *Mansus del Poget*, 1401 (reconn. au seign. de Murat-la-Rabe). — *Chasteau du Poget*, 1561 (terr. de Murat-la-Rabe). — *Domaine du Pouget*, 1783 (aveu par G. de la Croix).

Pouget (Le), f^{me} et mont. à burons, c^{ne} de Montboudif. — *Mansus de Pogets*, 1310 (Hist. de l'abb. de Feniers). — *Montaigne de Pouget*, 1654 (terr. de Feniers).

Pouget (Le), vill., c^{ne} de Mourjou. — *Lou Pozet*, 1557 (pièces de l'abbé Delmas). — *Le Pouget* (Cassini).

Pouget (Le), écart, c^{ne} de Mourjou. — *Lou Poget inférieur*, 1557 (pièces de l'abbé Delmas). — *Affar du Pouget*, 1784 (Chabrol, t. IV).

Pouget (Le), vill., c^{ne} de Pailhérols. — *Lou Pouget*, 1642 (min. Froquières, n^{re}). — *Le Poujet* (Cassini).

Pouget (Le), écart, c^{ne} de Parlan.

Pouget (Le), vill., c^{ne} de Polminhac. — *Mansus del Poujet*, 1485; — *Mansus del Poyet*, 1489 (reconn. à J. de Montamat). — *Lou Poget*, 1583 (terr. de Polminhac). — *Lou Pougit; Poughit*, 1610 (aveu de J. de Pestels). — *Lou Pouget*, 1671 (nommée au p^{ce} de Monaco).

Pouget (Le), mⁱⁿ détruit, c^{ne} de Rezentières. — *Molin del Pouget*, 1613 (terr. de Nubieux).

Pouget (Le), dom. ruiné, c^{ne} de Rouffiac. — *Affarium del Poget; dal Pozet*, 1350 (arch. mun. d'Aurillac, s. HH, c. 21).

Pouget (Le), vill. et mⁱⁿ, c^{ne} de Saint-Cirgues-de-Jordanne. — *Le Pouzet*, 1665 (état civ. de Jussac). — *Lou Pouget*, 1679 (arch. dép. s. C, l. 1). — *Poujet* (État-major).

Pouget (Le), dom. ruiné, c^{ne} de Saint-Mamet-la-Salvetat. — *Affar del Pozet*, 1668 (nommée au p^{ce} de Monaco).

Pouget (Le), dom. ruiné, c^{ne} de Saint-Projet. — *Ol Poget*, 1384 (Arch. nat. J, 271).

Pouget (Le), ham., c^{ne} de Sarrus. — *La Pouge*, 1625 (insin. de la cour royale de Murat). — *Le Pouguet* (Cassini).

Pouget (Le), dom. ruiné, c^{ne} de Teissières-les-Bouliès. — *Mansus del Poget*, 1469 (arch. mun. d'Aurillac, s. GG, c. 6).

Pouget (Le), écart, c^{ne} de Thiézac. — *Lou Pouguet*, 1597 (reconn. au curé de l'hôp. de la Trinité-d'Aurillac). — *Lou Pouzet*, 1627 (état civ.). — *Lou Pouget*, 1746 (anc. cad.). — *Le Paujet* (Cassini).

Pouget (Le), ruiss., affl. de la Jordanne, c^{nes} de Thiézac et de Saint-Cirgues-de-Jordanne; cours de 3,000 m.

Ce ruisseau se nomme aussi *Saint-Cirgues*.

Pouget (Le), dom. ruiné, c^{ne} d'Ytrac. — *Ténement del Pouget*, 1739 (anc. cad.).

Pougnols (Les), bois défriché, c^{ne} de Dienne. — *Bois appellé des Pougholz*, 1618 (terr. de Dienne).

Pougy-Ferneau (Le), mont. à vacherie, c^{ne} de Valuéjols.

Poujade (La), dom. ruiné et vacherie, c^{ne} de Celles. — *Pastural des Poghes*, 1581; — *La Buge de Pouglade*, 1697 (terr. de Celles).

Poujade (La), mont. à vacherie, c^{ne} de Lieutadès. — *Le conderc de la Poghade*, 1508; — *Rochers de las Poughades*, 1662; — *La Pouzade; la Pougeade*, 1686; — *Lou Cosse, sive la Poughade*, 1730 (terr. de la Garde-Roussillon).

Poujal (Le), ham. et chât. en ruines, c^{ne} de Charmensac. — *Lo Pouzat*, 1784 (Chabrol, t. IV).

Poujaux (Le Suc des), mont. à vacherie, c^{ne} de Saint-Poncy. — *Le suc des Poujaux; Poujause ou de Vaziaux*, 1783 (terr. d'Alleret).

Poujet (Le), f^{me} et mont. à vacherie, c^{ne} de Calvinet. — *Domaine du Poujet*, 1759 (arch. dép. s. C, l. 49). — *Lo Pouzet* (Cassini).

Poujet (Le Bois de), bois et dom. ruiné, c^{ne} de Cayrols. — *Le villaige del Pouget*, 1649 (état civ. de Parlan).

Poujolade (La), vill., c^{ne} d'Ussel. — *Le barry de la Poughoullade*, 1595 (terr. d'Ussel). — *La Poujonlade; Appoujoullade; la Pojollade; Lapoujoulade*, 1654 (id. du Sailhans).

Poujolie (La), dom. ruiné, c^{ne} de Cheylade. — *Mas et ténement de la Posolia*, 1514; — *Affar de la Pezolia; la Pozolye; Lapozolie; Laposolie*, 1539 (terr. de Cheylade). — *Lapezolie; la Pezollie*, 1539 (arch. dép. s. E).

Poujolie (La), f^{me} détruite, c^{ne} de Saint-Victor. — *Mansus vocatus la Pegolia*, 1332 (arch. mun. d'Aurillac, s. HH, c. 21). — *La Pojolye*, 1693; — *La Pouzolio*, 1747 (inv. des titres de l'hôp. d'Aurillac).

Poujolie-del-Bos (La), dom. ruiné, c^{ne} de Saint-Victor. — *La Pojolye-del-Bos*, 1693 (inv. des titres de l'hôp. d'Aurillac).

Poujols, vill., c^{ne} de Saint-Santin-de-Maurs. — *Pouiols*, 1613; — *Pouzelz*, 1616; — *Pouzoulz*, 1618; — *Pouzols*, 1619; — *Poujolz*, 1624; — *Lespouzolz*, 1629 (état civ.). — *Pousols*, 1749 (anc. cad.).

Poul, chât. féodal détruit, c^{ne} d'Arnac. — *Pullum*, 1442 (pap. de la fam. de Montal). — *Poul*, 1449 (enq. sur les droits des seign. de Montal). — *Pulhum*, 1465 (vente au seign. de Montal). — *Pol*, 1470; — *Paul; Paoul*, 1472 (arch. mun. d'Aurillac, s. HH, c. 21). — *Depoul*, 1636 (lièvé de Poul). — *Pou*, 1672 (état civ. d'Arnac).

Poulange, dom. ruiné, c^{ne} de Paulhac. — *Villaige de Poulange*, 1762 (terr. de Montchamp).

Poulat, mⁱⁿ détruit, c^{ne} de Jabrun. — *Le moulinous del Poullat*, 1662; — *Le moulinou de Poulat*, 1686; — *Le Moulinou*, 1730 (terr. de la Garde-Roussillon).

Poulhès, ruiss., affl. du Goul, c^{nes} de Badailhac et de Raulhac; cours de 1,150 m. — *Ruisseau de la Panze*, 1696; — *Ruisseau de la Pause; Pouse*, 1736 (terr. de la command. de Carlat).

Poulhès, vill. et bois, c^{ne} de Raulhac. — *Les Pallies*, 1600 (état civ. de Vic). — *Pallier*, 1610 (id. de Thiézac). — *Paliex*, 1636 (id. de Vic). — *Palyes*, 1640 (min. Dumas, n^{re}). — *Pouche*, 1668; — *Pailhes*, 1669; — *Poulha*, 1670 (nommée au p^{ce} de Monaco). — *Poulhes*, 1692; — *Palhes*, 1693; — *Poulhie*, 1694; — *Poulies*, 1696; — *Palhès*, 1701 (état. civ.). — *Pouilles* (Cassini).

Poumeyrol (Le), mont. à vacherie, c^{ne} de Montboudif.

Pountou (Le), f^{me}, c^{ne} de Murat.

Poupet (Le), dom. ruiné, c^{ne} de Cayrols. — *L'affar del Poupet*, 1575 (livre des achaps d'Ant. de Naucaze).

Pourcatoune (La), écart, c^{ne} de Saint-Christophe, construit depuis 46 ans environ.

Pourceau (La Croix du), croix, c^{ne} d'Aurillac.

La Croix du Pourceau, auj. disparue, était une des quatre croix qui limitaient le franc-alleu du monastère de Saint-Geraud. — *Crux Porcelli*, 1277 (arch. mun. s. FF, p. 15).

Pourcesou (Le), lieu détruit, c^{ne} de Leynhac. — (Cassini).

Pourchenet, vill., c^{ne} de Vebret. — *Villa Porcaret*, XIIe s^e (copie de la charte dite *de Clovis*).

Pourcissou (Le), écart, c^{ne} de Saint-Étienne-de-Maurs. — *Pourchissou*, 1745; — *Lou Parchischore; lou Parcischore*, 1748 (état civ.).

Pourrets (Les), ham., c^{ue} de Neuvéglise.

Pourtio (La), dom. ruiné, c^{ne} d'Arpajon. — *Villaige de la Pourtio*, 1621 (état civ.).

Pourtou (Le), vill., c^{ne} de Boisset.

Pourtou (Le), ham., c^{ne} de Condat-en-Feniers. — *Partou* (Cassini).

Pourtou-de-Brayat (Le), écart, c^{ne} de Boisset.

Pourtoune-du-Cantal (La), col, c^{ne} de Saint-Jacques-des-Blats.

Pouse (La), dom. ruiné, c^{ue} d'Apchon. — *Affarium de la Pouso*, 1518 (terr. d'Apchon). — *La Pousou*, 1719 (table de ce terr.).

Pouses (Les), vill., c^{ne} de Loubaresse. — *Las Poses*, 1508 (terr. de Montchamp). — *Les Pouses*, 1856 (Dict. stat. du Cantal).

Pouses (Les), futaie et m^{in} détruit, c^{ne} de Vieillespesse. — *Nemus des Pouzos*, 1526; — *Boys des Pouzes*, 1527; — *Boys dels Pouses*, 1662 (terr. de Vieillespesse). — *Boix de las Pozes*, xvie s^e (lièvre de Vieillespesse).

Pouvereyre (La), vill. et mont. à vacherie, c^{ne} de Chastel-Marlhac. — *Lapouverlyre*, 1688; — *Pouverayre*, 1736 (état civ.). — *Lapourreire*, 1744; — *Lapauvreyre*, 1783 (arch. dép. s. C, l. 45). — *La Pouvrière; la grange de la Pourrière* (Cassini).

Pouvilles (Las), mont. à vacherie, c^{ne} de Condat-en-Feniers.

Pouvoye, bois défriché, c^{ne} de Condat-en-Feniers. — *Bois appellé de Pouvoye*, xvie s^e (lièvre conf. de Feniers).

Poux (Le), ham., c^{ne} du Claux.

Poux (Le), ham. avec manoir et croix, c^{ne} de Marcolès.

Poux (Le), vill., c^{ne} de Saint-Illide. — *Mansus del Potz*, 1466; — *Lou Poutz*, 1566 (terr. de Saint-Christophe). — *Les Poux* (Cassini). — *Le Poulx*, 1855 (Dict. stat. du Cantal).

Poux (Le), vill., c^{ne} de Saint-Poncy. — *Lo Poux*, 1646 (lièvre des Ternes). — *Pons*, 1694 (état civ. de Saint-Étienne-sur-Massiac). — *Pou* (Cassini).

Poux, vill. et bois, c^{ne} de Sauvat. — *Poux*, 1664 (insin. du bailliage de Salers). — *Pont*, 1784 (Chabrol, t. IV).

Poux (La), dom. ruiné, c^{ne} de Trémouille-Marchal. — *Laspoux* (Cassini).

Pouyolle (La), dom. ruiné, c^{ne} de Saint-Urcize. — *Vilaige de Poiola*, 1508; — *Poulla*, 1662 (terr. de la Garde-Roussillon).

Pouzac, chât. en ruines, c^{ne} d'Auriac.

Pouzade (La), écart, c^{ne} de Sénezergues.

Pouzadou (Le), vill., c^{ne} de la Monselie. — *Pauzador*, 1561; — *Pouzadour*, 1637 (terr. de Murat-la-Rabe). — *Le Pouzadou*, 1783 (aveu par G. de la Croix). — *Poujadou* (états de sections).

Pouzaine (La), taillis, c^{ne} de Tiviers. — *Boix des Espouzeyres*, 1508; — *Bois de Gamot, anciennement des Espouzes ou Pouzeyres*, 1666; — *Bois de Gamot ou del Saut-de-la-Chabre*, 1669; — *Bos de Garnot, sive du sang de la Chabre et du bois de Tentrac*, 1762 (terr. de Montchamp).

Pouzatel (Le), écart, c^{ne} de Villedieu.

Par ordonnance royale du 11 février 1824, le Pouzatel a été distrait de la c^{ne} d'Alleuze, et réuni à celle de Villedieu.

Pouzels (Les), mont. à vacherie, c^{ne} de Faverolles. — *Le pastural des Pouzels, sive del pastural-maigre, les Pouzelès*, 1695 (terr. de Celles).

Pouzes (Les), mont. à vacherie et dom. ruiné, c^{ne} de Montchamp. — *Brugas et bughe appellés des Pouzes*, 1633 (terr. de Montchamp).

Pouzeyres (Les), mont. à vacherie et dom. ruiné, c^{ne} d'Alleuze. — *Bugia vocata de Poysseyres*, 1510 (terr. de Maurs). — *La fou de las Pouzeyres*, 1632 (id. de Montchamp).

Pouzol, vill., c^{ne} de Bonnac. — *Mansus de Posolz*, 1439 (pièces de la cure de Massiac). — *Le Pouzols*, 1653 (état civ.). — *Pousols*, 1656 (id. de Saint-Victor-sur-Massiac). — *Pouzol*, 1666 (état civ.). — *Pousol*, 1699 (id. de Saint-Étienne-sur-Massiac). — *Poujols*, 1771 (terr. du prieuré de Bonnac). — *Pouget* (Cassini). — *Poujol* (État-major).

Pouzol, vill., c^{ne} de Faverolles. — *Pozolz; Pouzolz*, 1494 (terr. de Mallet). — *Pouzols*, 1679 (insin. de la cour royale de Murat). — *Pouzolles* (Cassini). — *Pouzol*, 1784 (Chabrol, t. IV).

Pouzol, dom. ruiné, c^{ne} de Saint-Mamet-la-Salvetat. — *Villaige del Pozol*, 1668 (nommée au p^{ce} de Monaco).

Pouzols, dom. ruiné, c^{ne} d'Aurillac. — *Mansus de Pozolz*, 1522 (min. Vigery, n^{re}).

Pouzols, dom. ruiné, c^{ne} de Giou-de-Mamou. — *Affar appellé de Posols*, 1692 (terr. de Saint-Geraud).

Pouzols, vill., m^{in} et chât. détruit, c^{ne} de Marchastel. — *Posols*, 1600 (lièvre de Soubrevèze).

Pouzols était, avant 1789, régi par le droit cout., et siège d'une justice seign. ressort. à la sénéch. d'Auvergne, en appel du baill. d'Aubijoux.

Pouzols, ruiss., affl. de la Rhue, c^{ne} de Marchastel; cours de 1,000 m.

Pouzols, dom. ruiné, c^{ne} de Prunet. — *Affar de Pouzolz*, 1670 (nommée au p^{cé} de Monaco).
Pouzols, vill., c^{ne} de Roannes-Saint-Mary. — *Johannes de Posolis*, 1469 (terr. de Saint-Christophe). — *Mansus de Posolz*, 1539 (min. Destaing, n^{re} à Marcolès). — *Pozols*, 1598 (arch. dép. s. E). — *Pozolz*, 1621 (état civ. d'Arpajon). — *Pozolt*, 1626 — *Posol*, 1627; — *Pouzolz*, 1629 (id. de Reilhac). — *Pouzolz-de-Rouanne*, 1669; — *Pousolz*, 1670 (nommée au p^{cé} de Monaco). — *Pouzols*, 1682 (arch. dép. s. E). — *Posols*, 1692 (terr. de Saint-Geraud). — *Pougeols*, 1761 (arch. dép. s. C). — *Poustols* (Cassini).
Pouzols, ham., c^{ne} de Vitrac. — *Le Poujol* (Cassini).
Pradaget, vill., c^{ne} de la Monselie. — *Pradageyre*, 1560; — *Pradageyt*, 1637 (terr. de Murat-la-Rabe). — *Prajadet*, 1717 (état civ. de Chastel-Marlhac). — *Pradaget*, 1783 (aveu au roi par G. de la Croix). — *Pradajet* (Cassini).
Pradal (Le), ruiss., affl. du ruisseau de la Barre, c^{nes} de Bredon et de Laveissière; cours de 6,000 m.
Pradal (Le), dom. ruiné, c^{ne} de Chalinargues. — *Villaige de Pradalas*, 1518 (terr. des Cluzels).
Pradal (La), écart et marais, c^{ne} de Champs.
Pradal (Le), dom. ruiné, c^{ne} de Faverolles. — *Le Pradal*, 1695 (terr. de Celles).
Pradal (Le), dom. ruiné, c^{ne} de Lavastrie. — *Le villaige de Pradal*, 1682 (insin. de la cour royale de Murat).
Pradal (Le), dom. ruiné, c^{ne} de Murat. — *La granche de la Pradal*, 1536 (terr. de la v^{ié} de Murat). — *Cartier de Lapradal*, 1680 (id. de la ville de Murat).
Pradal (Le), dom. ruiné, c^{ne} de Paulhac. — *Villaige de Pradalas*, 1518 (terr. des Cluzels). — *La Pradal*, 1575; — *Le Pradal de Jarry; la Pradal des Jarris*, 1664 (id. de Bredon).
Pradal (Le), mⁱⁿ, c^{ne} de Reilhac.
Pradal (Le), mⁱⁿ, c^{ne} de Roussy. — *Moulin de Pradel* (État-major).
Pradal (Le), étang auj. en culture, c^{ne} de Rouziers. — *L'Estang de Pradalz*, 1670 (nommée au p^{cé} de Monaco).
Pradal (Le), écart, c^{ne} de Saint-Étienne-de-Carlat.
Pradal (Le), ham., c^{ne} de Sarrus. — *Villaige de la Pradal*, 1494 (terr. de Mallet). — *Pradelat*, 1784 (Chabrol, t. IV).
Le Pradal, suivant le terr. de Mallet, aurait été une paroisse en 1494.
Pradal (Le), écart, c^{ne} de Valette.
Pradal (Le), vill., c^{ne} de Vieillespesse. — *Villaige del Pradal*, 1526 (terr. de Vieillespesse). — *Le Prada*, 1784 (Chabrol, t. IV).

Pradalet (Le), dom. ruiné, c^{ne} de Vabres. — *Mansus de Pradalet*, 1358; — *Locus de Pradalectz*, 1517 (arch. dép. s. G).
Pradalou (Le), dom. ruiné, c^{ne} de Vabres.
Pradals (Les), dom. ruiné, c^{ne} de Vézac. — *Affar de los Pradals*, 1692 (terr. de Saint-Geraud).
Pradastier, écart, autref. vill., c^{ne} de Maurines. — *Pradastyes*, xvie s^e (arch. dép. s. G). — *Pradasties; Piédastrie; Padastries*, 1784 (Chabrol, t. IV). — *Pradastié* (Cassini).
Pradau (La Fon de), font. et mont. à vacherie, c^{ne} de Champs.
Pradau (Sur le), mont. à vacherie, c^{ne} de Pradiers.
Prade (La), écart, c^{ne} d'Anterrieux.
Prade (La), dom. ruiné et mⁱⁿ détruit, c^{ne} d'Arpajon. — *Domaynum de la Prada*, 1522 (min. Vigery, n^{re}). — *Le molin de Laprade*, 1670 (nommée au p^{cé} de Monaco). — *Prades*, 1695 (terr. de la command. de Carlat). — *La Prade*, 1740 (anc. cad.). — *Domaine de Laprade*, 1744 (arch. dép. s. C, l. 5).
Prade (La), ham., c^{ne} de Beaulieu.
Prade (La), mⁱⁿ et teinturerie, c^{ne} de Boisset.
Prade (La), lieu détruit, c^{ne} de Bournoncles. — (Cassini.)
Prade (La), ham., c^{ne} de Cayrols.
Prade (La), ruiss., affl. de l'Ande, c^{nes} de Celles et d'Ussel; cours de 4,500 m.
Prade (La), écart, c^{ne} de Champs.
Prade (La), ham., c^{ne} de Condat-en-Feniers.
Prade (La), vill., c^{ne} de Faverolles. — *Laprade*, 1784 (Chabrol, t. IV). — *La Prade* (Cassini).
Prade (La), vill., c^{ne} de Jussac.
Prade (La), écart, c^{ne} de Marchal.
Prade (La), f^{me} et mont. à burons, c^{ne} de Marmanhac.
Prade (Les Brujas de la), mont. à vacherie, c^{ne} de Montchamp.
Prade (La), écart, c^{ne} de Moussages.
Prade (La), ruiss., affl. de la Truyère, c^{ne} d'Oradour; cours de 4,000 m.
Prade (La), mⁱⁿ et étang, c^{ne} de Parlan.
Prade (La), écart, c^{ne} de Riom-ès-Montagnes.
Prade (La), mⁱⁿ, c^{ne} de Ruines.
Prade (La), mⁱⁿ, c^{ne} de Saint-Christophe. — *Moulin de Pradal* (Cassini).
Prade (La), vill., c^{ne} de Saint-Cirgues-de-Jordanne. — *La Prade*, 1610 (aveu de J. de Pestels). — *Pratz*, 1631 (état civ. de Vic). — *La Parade*, 1679 (arch. dép. s. C, l. 1).
Prade (La), vill. et tuilerie, c^{ne} de Saint-Étienne-de-Maurs. — *La Prade*, 1746 (état civ.).

Prade (La), font. et vill. détruit, c^{ne} de Saint-Martial-Valmeroux. — *Prades*, 1694 (état civ.).

Prade (La), vill. et croix, c^{ne} de Saint-Pierre-du-Peil. — *La croix de la Prade* (Cassini).

Prade (La), ruiss., affl. de la Dordogne, c^{ne} de Saint-Pierre-du-Peil; cours de 1,080 m.

Prade (La), m^{in}, c^{ne} de Salins.

Prade (La), ham., c^{ne} de Vic-sur-Cère. — *Mansus de la Prada*, 1486 (reconn. à J. de Montamat). — *Laprade*, 1636 (état civ.). — *La Prade*, 1668 (nommée au p^{ce} de Monaco).

Prade (La), ham., c^{ne} de Vieillevie.

Prade-Basse et Haute (La), f^{me} et écart, c^{ne} de Ruines. — *La Prade-Haulte*, 1596 (min. Andrieu, n^{re}). — *La Prade-Basse*, 1624 (terr. de Ligonnet). — *Domaine de la Prade*, 1745 (archives départementales, s. C, l. 43).

Prade-Brunet (La), écart, c^{ne} d'Apchon. — *Les Prats-Brunets*, 1719 (table du terr. d'Apchon). — *Les Prabrunets*, 1777 (lièvc d'Apchon).

Prade-del-Rieu (La), dom. ruiné, c^{ne} de Marcolès. — *Affar nommé de la Prada del Rieu*, 1549 (min. Destaing, n^{re}).

Pradel, vill., c^{ne} d'Anterrieux. — *Pradel*, 1672 (insin. du baill. de Saint-Flour). — *Pradelle*, 1784 (Chabrol, t. IV). — *Pradels* (État-major).

Pradel, écart, c^{ne} de Brageac. — *Lou Pradel Lacutayres*, 1642; — *Lou Pradel-les-Brayheac*, 1658 (état civ.). — *Le Pradel*, 1780 (arch. dép. s. C, l. 38).

Pradel (La), écart, c^{ne} de Carlat. — *Maison appellée de la Pradel, aux appartenances de Puechbasset*, 1668 (nommée au p^{ce} de Monaco).

Pradel (Le), dom. ruiné, c^{ne} de Freix-Anglards. — *Affarium vocatum des Pradels*, 1522 (min. Vigery, n^{re}).

Pradel (Le), vill., c^{ne} de Jaleyrac. — *Lou Pradiel*, 1672 (état civ. du Vigean). — *Pradèles*, 1688 (pièces du cab. de Bonnefons).

Pradel (Le), ruiss., affl. de l'Alagnon, c^{ne} de Joursac; cours de 2,800 m.

Pradel (Le), mont. à vacherie, c^{ne} de Landeyrat.

Pradel (Le), écart, c^{ne} de Leynhac. — *Le Pradel*, 1640 (état civ. de Saint-Constant). — *La Pradelle* (Cassini).

Pradel (Le), vill., c^{ne} de Menet.

Pradel (Le), écart, c^{ne} de Pleaux.

Pradel (Le), m^{in}, c^{ne} de Roussy.

Pradel (Le), écart, c^{ne} de Saint-Étienne-Cantalès. — *Le Pradel*, 1653 (min. Sarrauste, n^{re}). — *Les Pradels*, 1782 (arch. dép. s. C, l. 51).

Pradel (Le), ham. et m^{in} détruit, c^{ne} de Saint-Étienne-de-Maurs. — *Le moulin du Pradel*, 1746; — *Lou Prodel*, 1749 (état civ.).

Pradèle (La), dom. ruiné, c^{ne} de Cassaniouze. — *Affar de la Pradèle*, 1760 (terr. de Saint-Projet).

Pradelie (La), écart, c^{ne} de Saint-Paul-des-Landes. — *La Pradalie*, 1682; — *La Pradallie*, 1707; — *La Pradelie*, 1760 (arch. dép. s. C).

Pradeline (La), dom. ruiné, c^{ne} de Lieutadès. — *Affar des mèzes appellé de Pradalenc*, 1508; — *Tènement de Pradalène*, 1686; — *Tènement de las Pradalienne*, 1730 (terr. de la Garde-Roussillon).

Pradelle (La), écart, c^{ne} de la Besserette.

Pradelle (La), écart, c^{ne} de Chaudesaigues.

Pradelle (La), f^{me}, c^{ne} du Claux. — *La Padèle* (État-major).

Pradelle (La), f^{me}, mont. à vacherie, taillis et m^{in} détruit, c^{ne} de Dienne. — *Molendinum del Pradel*, 1407 (arch. dép. s. E). — *Mansus de las Pradas*, 1489 (lièvc de Dienne). — *Lou Pradelet*, 1518 (terr. de Dienne). — *La Pradelle*, 1673 (nommée au p^{ce} de Monaco).

Pradelle (La), vill., m^{in}, scierie et carderie, c^{ne} de Lanobre. — *Pradai* (Cassini).

Pradelle (La), ham., c^{ne} de Montmurat.

Pradelle (La), ruiss., affl. du ruisseau de la Broussette, c^{ne} de Parlan; cours de 875 m.

Pradelle (La), f^{me}, c^{ne} de Quézac. — *La Pradelle*, 1739 (état civ.).

Pradelle (A la), ham. et bois défriché, c^{ne} de Saint-Simon. — *Affar dels Pradelz*, 1573 (arch. mun. d'Aurillac, s. GG, p. 20). — *Bois talis apellé de la Pradelle; affar del Pradal*, 1692 (terr. de Saint-Geraud).

Pradelle (La), écart et m^{in}, c^{ne} de Sénezergues. — *La Padelle*, 1674 (état civ. de Cassaniouze). — *Pradèle* (Cassini). — *La Pradal* (État-major).

Pradelle (La), écart, c^{ne} de Thiézac.

Pradelles (Les), vill., c^{ne} d'Anglards-de-Salers. — *Villa Pradela*, XIIe s^e (copie de la charte dite *de Clovis*). — *Lous Pradelz*, 1633 (état civ. du Vigean). — *Pradelle*, 1652 (id. d'Anglards). — *Les Pradeils*, 1653 (id. du Vigean). — *Pradels*, 1743 (arch. dép. s. C).

Pradelles (Les), mont. à vacherie, c^{ne} de Driugac.

Pradelles (Les), bois défriché, c^{ne} de Virargues. — *Las Pradalas*, XVe s^e (terr. de Bredon). — *Boys de la Peyradelle*, 1535 (id. de la v^{té} de Murat). — *Boys de la Pradelles*, 1575 (id. de Bredon).

Pradeloune (La), écart, c^{ne} de Cheylade.

Pradels (Le Bos des), châtaign., c^{ne} de Boisset. — *Bois des Pradelz*, 1668 (nommée au p^{ce} de Monaco). — *Bois des Pradels*, 1746 (anc. cad.).

PRADELS (LES), châtaign. et dom. ruiné, c^{ne} de Carlat. — *Affar del Pradel*, 1695 (terr. de la command. de Carlat).

PRADELS (LES), dom. ruiné, c^{ne} de Mauriac. — *Villaige des Pradels*, 1680 (terr. de Mauriac).

PRADELS (LES), écart, c^{ne} de Mourjou.

PRADELS (LES), châtaign. et dom. ruiné, c^{ne} de Sansac-Veinazès. — *Affar appellé des Pradeilz*, 1668 (nommée au p^{ce} de Monaco).

PRADELS (LES), lieu détruit, c^{ne} de Valuéjols. — *Le Pradel de Lamarghou*, 1662 (terr. de Loubeysargues). — *Los Pradelz; les Pradez*, 1683 (*id.* de la châtell. des Bros).

PRADELS (LES), dom. ruiné, c^{ne} de Vézac. — *Affar des Pradels*, 1581 (terr. de Polminhac).

PRADERIE (LA), vill., c^{ne} de Brezons. — *La Pradaria*, 1623 (ass. gén. ten. à Cezens). — *La Pradario*, 1648 (état civ. de Pierrefort). — *La Pradarie*, 1710 (*id.* de Brezons). — *La Praderie* (Cassini).

PRADERS (LES), taillis, c^{ne} de Roffiac. — *Nemus delz Pradels*, 1510 (terr. de Maurs).

PRADES (LES), foulon, ville d'Aurillac.

PRADES (LES), dom. ruiné, c^{ne} d'Auzers. — *Le domaine des Prades*, 1785 (arch. dép. s. C, l. 41).

PRADES, f^{me}, c^{ne} de Bassignac. — *Pradel*, 1785 (arch. dép. s. C, l. 45). — *Eimprades* (État-major).

PRADES, dom. ruiné, c^{ne} de Chaussenac. — *Villaige de Pradas*, 1778 (inv. des arch. de la mais. d'Humières).

PRADES, vill., chât. et mⁱⁿ, c^{ne} de Landeyrat. — *Mansus de Pradas*, 1329 (enq. sur la justice de Vieillespesse). — *Pradt* (État-major).

Prades était, avant 1789, régi par le droit cout., et siège d'une justice seign. ressort. à la sénéch. d'Auvergne, en appel du bailliage d'Aubijoux.

PRADES, ruiss., affl. de la rivière d'Allanche, c^{nes} de Landeyrat et d'Allanche; cours de 8,200 m.

Ce ruisseau porte aussi le nom de *ruisseau de Landeyrat*.

PRADES (LES), écart, c^{ne} de Leucamp.

PRADES, chât., c^{ne} de Loupiac, auj. détruit. — *Le chasteau des Prades*, 1662 (état civ.).

PRADES (LES), mⁱⁿ, c^{ne} de Riom-ès-Montagnes. — *Moulin de Pradal*, 1717 (arch. dép. s. G). — *La Prade*, 1857 (Dict. stat. du Cantal).

PRADES (LES), dom. ruiné, c^{ne} de Saint-Cernin. — *Mansus dal Prat*, 1297 (arch. mun. d'Aurillac, s. HH, c. 21). — *Affar appellat las Pradas*, xvie s^e (*id.* s. GG, p. 21).

PRADES, vill. et chât. féodal détruit, c^{ne} de Saint-Christophe. — *Mansus de Pradal*, 1464 (terr. de Saint-Christophe). — *Prades*, 1668 (état civ.). — *Prade*, 1671 (*id.* de Pleaux).

PRADES, dom. ruiné, c^{ne} de Salers. — *La Prade*, 1591 (grand-livre de l'Hôtel-Dieu de Salers). — *Las Prades*, 1655 (insin. du bailliage de Salers).

PRADES, mⁱⁿ, c^{ne} de Thiézac. — *Molin de Laprade*, 1668 (nommée au p^{ce} de Monaco).

PRADES (LAS), f^{me}, c^{ne} de Trizac. — *Lasprades* (Cassini). — *Lasprade* (états de sections).

PRADES (LES), lieu détruit, c^{ne} de Virargues. — *Las Pradas*, 1535 (terr. de la v^{té} de Murat). — *Las Prades*, 1683 (*id.* des Bros).

PRADES-DE-LA-CHASSO (LAS), dom. ruiné, c^{ne} d'Apchon. — *Las Prades de la Chasso*, 1738 (état civ.).

PRADES-SOUBRONNES (LES), lieu détruit, c^{ne} de Virargues. — *Las Prades-Soubrones*, 1683 (terr. des Bros).

PRADET (LE), source min., c^{ne} d'Aurillac. — *La Prada*, 1277 (arch. mun. s. EE, p. 14). — *Le Pradet*, 1528 (terr. des cons. d'Aurillac). — *Communali del Pradet*, 1528 (reconn. à l'hôp. d'Aurillac).

Cette source est aussi connue sous le nom de *Pré-d'Alliès*.

PRADET (LE), ham., c^{ne} de Champs.

PRADET, vill. et mont. à burons, c^{ne} de Saint-Projet. — *Pradelz*, 1660 (état civ. de Saint-Cernin). — *Pradèles*, 1671 (*id.* de Saint-Martin-de-Valois). — *Pradels*, 1680 (*id.* de Saint-Projet).

PRADEVIN, vill., c^{ne} de Jou-sous-Montjou. — *Pradalen*, 1626 (état civ. d'Arpajon). — *Pradavenc*, 1668; — *Pradaven*, 1669; — *Pandeven*, 1670 (nommée au p^{ce} de Monaco). — *Praduvem*, 1675 (état civ.). — *Pradevins* (Cassini).

PRADEYROLS, vill., c^{ne} de Boisset. — *Pradayrolz*, 1659 (état civ. de Cayrols). — *Pradeyrolz*, 1668 (nommée au p^{ce} de Monaco). — *Pradeyrols*, 1746 (anc. cad.). — *Pradayrols*, 1852 (Dict. stat. du Cantal).

PRADIER (LE), écart détruit, c^{ne} de Marcolès.

PRADIER (LA), ham., c^{ne} de Saint-Bonnet-de-Marcenat. — *Lapradier* (État-major).

PRADIER (LE), ruiss., affl. du ruisseau d'Artiges, c^{ne} de Saint-Bonnet-de-Marcenat; cours de 1,580 m.

PRADIERS, c^{on} d'Allanche, et mont. à burons. — *Pradiers; Pradez*, 1508 (terr. de Maillargues). — *Pradies*, 1515 (*id.* du Feydit). — *Pradels*, 1581 (lièvre de Celles). — *Pradel*, 1692 (état civ. de Moissac). — *Praders*, xviie s^e (arch. dép. s. E). — *Pradié*, 1704 (lièvre de Celles). — *Prodier* (Cassini). — *Pradier* (État-major).

Pradiers était, avant 1789, de la Basse-Auvergne, du dioc. de Clermont, de l'élect. et de la subdél. de Saint-Flour. Régi par le droit cout., il dépend. de la justice seign. d'Allanche et ressort. à la sénéch. d'Auvergne, en appel de la prév. de Saint-

Flour. — Son église, dédiée à la décollation de saint Jean-Baptiste, était une annexe de la paroisse d'Allanche. Par ordonn. royale du 25 juin 1826, elle a été érigée en succursale.

Pradines, écart, c^{ne} de Cezens. — *Petrus de Pradinis*, 1439 (arch. mun. de Saint-Flour). — *Pradines*, 1633 (ass. gén. ten. à Cezens).

Pradines (Les), m^{in}, c^{ne} de Chalvignac.

Pradines, vill., c^{ne} de Champagnac.

Pradines, ham. et chât., c^{ne} de Cheylade.

Pradines, mont. à burons et dom. ruiné, c^{ne} de Lavigerie. — *Affarium de Pradinas*, 1489 (lièvc de Dienne). — *Boix et granche au lieu de Pradynes*, 1551; — *Pradines*, 1618 (terr. de Dienne).

Pradines, ruiss., prend sa source au Puy-Mary, c^{ne} de Lavigerie, et forme, à son confluent avec le ruisseau du Col-de-Cabre, la rivière de la Santoire; cours de 6,500 m. — *Ryvière de Pradynes; rif de las Estyvadonnes; rif des Pradellons; rif des Pradallons*, 1551; — *Rivière de Pradines*, 1595; — *Rif de las Stinadonnes*, 1600 (terr. de Dienne). — *Ruisseau de l'Impradine*, 1837 (état des rivières du Cantal).

Pradines (Le Puech de), mont. à vacherie, c^{ne} de Loupiac.

Pradines, vill. et chât. ruiné, c^{ne} de Marmanhac. — *Pradines*, 1435 (donation à l'hôp. de la Trinité d'Aurillac). — *Pradines*, 1652 (état civ. de Naucelles).

Pradines (Las), écart, c^{ne} de Prunet.

Pradines, vill., c^{ne} de Saint-Chamant. — *Pradines*, 1663 (état civ. de Saint-Cernin). — *Pérédines*, 1671; — *Pradineix*, 1672 (id. de Saint-Chamant). — *Pradine* (Cassini).

Pradines, mont., c^{ne} de Saint-Christophe. — *Podium de Pradinas*, 1464 (terr. de Saint-Christophe).

Pradines (Les), bois et dom. ruiné, c^{ne} de Saint-Mamet-la-Salvetat. — *Las Pradinas*, 1739 (anc. cad.).

Pradines, mont. à vacherie et bois défriché, c^{ne} de Saint-Martin-Cantalès. — *Nemus de Pradinas*, 1464 (terr. de Saint-Christophe).

Pradines, vill., c^{ne} de Saint-Pierre-du-Peil. — *Pradines*, 1560 (vente au seign. de Charlus).

Pradines-Soubro et Soutro, écart et f^{me}, c^{ne} de Cheylade. — *Affarium de Pradinas*, 1352 (homm. à l'évêque de Clermont). — *Pradines*, 1539 (terr. de Cheylade). — *Pradine-Soubre; Pradines-Soutre*, 1784 (Chabrol, t. IV).

Prado (Le Moulin de), m^{in} détruit, c^{ne} de Salins.

Pradous (Les), ruiss., affl. de l'Alagnon, coule aux finages des c^{nes} de Talizat, Ferrières-Saint-Mary et Joursac; cours de 2,000 m.

Pragibert, ham. et m^{in}, c^{ne} de Saint-Just. — *Pragiber*, 1763 (arch. dép. s. C, l. 48). — *Pratgibert* (Cassini). — *Prat-Gibert* (État-major).

Prairie (La), écart, c^{ne} du Trioulou.

Prallat, dom. ruiné, c^{ne} d'Escorailles. — *Domaine de Prallat*, 1718 (inv. des arch. de la mais. d'Humières).

Prallat, vill. et m^{in} détruit, c^{ne} de Menet. — *Prallat*, 1506 (terr. de Riom). — *Pralahac*, 1595; — *Prelac*, 1597; — *Pralac*, 1600; — *Pralac*, 1603; — *Pralahe*, 1618 (état civ.). — *Prelat*, 1638 (terr. de Murat-la-Rabe). — *Prillat*, 1689 (état civ. de Chastel-Marlhac). — *Pralat*, 1783 (dénomb. du prieuré de Menet).

Prallat, écart, c^{ne} de Prunet.

Prallat, tour de guet, c^{ne} de Saint-Chamant. — *Pratlatum*, 1329 (arch. mun. d'Aurillac, s. HH, c. 21). — *Pratlat*, 1597 (min. Lascombes, n^{re}). — *Prallat*, 1607 (état civ. de Chaussenac). — *Pranlat* (Cassini).

Prallat, ham. et m^{ins}, c^{ne} de Saint-Projet. — *Prallat*, 1662 (insin. du bailliage de Salers). — *Praslat*, 1680 (état civ.). — *Pralat* (Cassini).

Prallat, f^{me}, chât. détruit et m^{in}, c^{ne} de Saint-Victor. — *Pratlat*, 1505 (pap. de la fam. de Montal). — *Pralac*, 1676 (état civ. d'Ayrens). — *Pralat* (Cassini). — *Pranhac* (État-major).

Pramajou, mont. à burons, c^{ne} de Dienne. — *Montaigne appellée de Prat-Majour*, 1618 (terr. de Dienne). — *Vacherie de Pramaraux* (Cassini).

Prancuaire, écart et taillis, c^{ne} de Champs. — *Prancheire* (états de sections).

Praneyres (Las), fief, c^{ne} de Cheylade. — 1514 (terr. de Cheylade).

Pranjeyrieu, mont. à vacherie, c^{ne} de Narnhac.

Pranlac, ham., c^{ne} de Saint-Victor.

Pranoul, ruiss., affl. de l'Alagnon, c^{ne} de Joursac; cours de 1,050 m.

Pransolet, dom. ruiné, c^{ne} de Clavières. — *Domaine de Pransolet*, 1745 (arch. dép. s. C, l. 43).

Prantignac, m^{in} détruit, c^{ne} de Sénezergues. — *Moulin à deux meules de Prantinhac*, 1745 (arch. dép. s. C, l. 49).

Prantinhac, vill., c^{ne} de Roannes-Saint-Mary. — *Prantinihacum*, 1522 (min. Vigery, n^{re} à Aurillac). — *Prantinihac*, 1621 (état civ. d'Arpajon). — *Pratinhac*, 1668 (nommée au p^{ce} de Monaco). — *Prantignac*, 1692 (terr. de Saint-Geraud).

Prantinhac (Le Puy de), mont. à vacherie et dom. ruiné, c^{ne} de Roannes-Saint-Mary. — *Affaria del Puech de Prantinhac*, 1522 (min. Vigery, n^{re} à Aurillac).

PRANTIRA, dom. ruiné, c^{ne} de Jabrun. — *Vilaige de la Prantira*, 1508 (terr. de la Garde-Roussillon).

PRAT (LE), vill., c^{ne} de Cassaniouze.

L'église du Prat a été érigée en succursale par décret du 15 août 1862.

PRAT (LE), dom. ruiné, c^{ne} de Freix-Anglards. — *Lo mas dal Prat*, 1327 (arch. mun. d'Aurillac, s. HH, c. 21).

PRAT (LE), dom. ruiné, c^{ne} de Jaleyrac. — *Villa dal Prat; mansus da Lolm, alias del Prato*, 1310 (liève du prieuré du Vigean). — *Lou Prat*, 1680 (terr. de Mauriac). — *Delprat*, 1730 (état civ. de Sourniac).

PRAT (LE), vill. avec manoir, c^{ne} de Labrousse. — *Mansus de Pratz*, 1522 (min. Vigery, n^{re}). — *Chasteau de Praetz*, 1668 (nommée au p^{ce} de Monaco).

PRAT (LE), ham., c^{ne} de Maurs. — *Villaige Delprat*, 1623 (état civ.).

PRAT (LE), dom. ruiné, c^{ne} de Nieudan. — *Mansus dal Prat*, 1322 (pap. de la fam. de Montal).

PRAT (LE), dom. ruiné, c^{ne} de Paulhenc. — *Espras*, 1607 (terr. de Loudières).

PRAT (LE), vill., c^{ne} de Rouziers. — *Lou Prat*, 1623 (état civ. de Saint-Mamet). — *Lou Prat-Méral*, 1668 (nommée au p^{ce} de Monaco).

PRAT (LE), mont. à burons et dom. ruiné, c^{ne} de Saint-Clément. — *Villaige de la Practz*, 1671 (nommée au p^{ce} de Monaco).

PRAT (LE), ham., c^{ne} de Saint-Santin-de-Maurs.

PRAT (LE), vill., c^{ne} de Sourniac. — *Affarium del Prat*, 1473 (terr. de Mauriac). — *Le Prat* (Cassini). — *Le Prat-Bilgeac*, 1857 (Dict. stat. du Cantal).

PRAT (LE BOIS DEL), bois et dom. ruiné, c^{ne} du Vigean. — *Affarium del Pratum*, 1473 (terr. de Mauriac).

PRATAZEUX, dom. ruiné, c^{ne} de Lavastrie. — *Villaige de Pratazeux*, 1618 (terr. de Sériers).

PRAT-BALDY (LE), mont. à burons, c^{ne} de Dienne. — *Montaigne de Pratbaldy; Peuchbaldy*, 1551; — *Montaigne de Pras-Baldi*, 1600; — *Montaigne de Prat-Baldi*, 1618 (terr. de Dienne).

PRAT-BARBAN (LE), quartier du bourg de Condat au XVIIe s^e.

PRAT-BELLET (LE), lieu détruit, c^{ne} de la Chapelle-d'Alagnon. — *Cartier del Prat-Bellet*, 1683 (terr. des Bros).

PRAT-BERNARD (LE), écart détruit, c^{ne} de Boisset.

PRAT-CHICHIOU (LE), mont. à vacherie, c^{ne} de Coren. — *La sagne de Chincho*, 1508 (terr. de Montchamp).

PRAT-CLAUX, mont. à burons, c^{ne} de Malbo. — *Praclaux* (états de sections).

PRAT-COUPÉ (LE), mⁱⁿ détruit, c^{ne} de Massiac.

PRAT-D'AUSA (LE), dom. ruiné, c^{ne} de Brageac. — *Le Prat d'Ausa*, 1140 (Dict. stat. du Cantal).

PRAT-D'AVAL (LE), dom. ruiné, c^{ne} de Saint-Étienne-de-Carlat. — *Affar appellé les Prat-Daval*, 1692 (terr. de Saint-Geraud).

PRAT-DE-BOUC (LE), bois défriché, c^{ne} de Murat. — *Bois appellé de Borochie, appellé de Pradabos*, 1600 (terr. de Bredon).

PRAT-DE-BOUC, buron, mont. à burons et anc. péage, c^{ne} de Paulhac, près le Plomb du Cantal. — *Villaige de Pradabos; Pradabo*, XVe s^e (terr. de Bredon). — *Pradabouc*, 1511 (id. de Maurs). — *Pradabo*, 1575 (id. de Bredon). — *Prédabouc*, 1580 (liève conf. de Murat). — *La Maizon du Cantal*, 1598 (reconn. au roi par les habitants d'Albepierre). — *Maizon appellée de Pradebouc*, 1598 (reconn. au roi par les cons. d'Albepierre). — *Le Péaige des Ontul du lieu de Pradebonc*, 1646; — *Péaige de Pradabouc*, 1652; — *Péaiges de Pradabourg*, 1659 (min. Danty, n^{re}). — *Prat-de-Bouq*, 1661 (terr. de Loubeysargues). — *Montaigne de Pradeboucq*, 1670 (id. de Brezons). — *Montaigne du Bourc*, XVIIe s^e (arch. dép. s. E). — *Le Pras-de-Bouq; buron du Bouc* (Cassini). — *Pras-de-Bouc* (État-major).

PRAT-DE-FON (LE), font., c^{ne} de Saint-Martin-Cantalès. — *La fon de la Prat-de-Fonds*, 1586 (min. Lascombes, n^{re}).

PRAT-DE-LA-PEYRE (LE), écart, c^{ne} d'Antignac.

PRAT-DE-LA-PEYRE (LE), écart, c^{ne} de Menet.

PRAT-DE-LEVERS (LE), taillis et dom. ruiné, c^{ne} de Laveissière. — *Afar et tènement appellés Levers-de-Queilhe, sive du champ de Chambeul*, XVe s^e (terr. de Chambeuil).

PRAT-DOLO (LE), mont. à burons, c^{ne} de Saint-Projet. — *V^{ie} de Pradoux* (État-major).

PRAT-DOURAT (LE), mont. à burons, c^{ne} de Colandres.

PRAT-FAISSOU (LE), écart, c^{ne} du Vigean.

PRAT-FAYET (LE), châtaign. et dom. ruiné, c^{ne} d'Arches. — *Mansus de Plat-Fays superior*, 1473 (terr. du monast. de Mauriac).

PRAT-GARDÉ (LA ROCHE DE), rocher, c^{ne} de Bredon. — *La roche del Prat-Guardez*, 1580 (liève conf. de Murat).

PRAT-GROS (LE), ruiss., affl. de l'Alagnon, c^{ne} de Joursac; cours de 6,000 m.

PRAT-HÉNON, vill., c^{ne} de Paulhac. — *Prat-Theron*, 1511 (terr. de Maurs). — *Prat-Théron*, 1542; — *Prattheron; Pratheron; Pratheyros*, 1594 (id. de Bressanges). — *Prateros*, 1607 (id. de Loudiers). — *Prateron* (Cassini).

DÉPARTEMENT DU CANTAL.   393

Prat-Lac, dom. ruiné, c^{ne} d'Aurillac. — *Le villaige de Pratlat*, 1621 (état civ.).

Prat-Lac, dom. ruiné, c^{ne} de Menet. — *Mansus de Pratlac; de Prat-Lac*, 1441 (terr. de Saignes).

Prat-Lac, mont. à vacherie, c^{ne} de Saint-Julien-de-Jordanne. — *Puech appellé lo Prat-Lat*, 1573 (terr. de la chapell. des Blats).

Prat-Long (Le), vill., c^{ne} de Chaliers.

Prat-Malaute (Le), bois défriché, c^{ne} de Jabrun. — *Le boix de Prat-Malaute*, 1686 (terr. de la Garde-Roussillon).

Prat-Marty (Le), mont. à vacherie, près du Plomb du Cantal, c^{ne} de Bredon. — *Les prés de Prat-Marty*, 1598 (reconn. au roi par les cons. d'Albepierre).

Pratmau (En), mont. à burons et dom. ruiné, c^{nes} du Falgoux et de Saint-Paul-de-Salers. — *Villaige de Pratmas*, 1680 (terr. des Bros). — V^{les} *Pramaux* (Cassini).

Prat-Mels, vill. et mont. à vacherie, c^{ne} de Siran. — *Prat Meilh*, 1350 (terr. de l'Ostal de la Trémolieyra). — *Mansi de Pratmelh*, 1423 (arch. mun. d'Aurillac, s. HH, c. 21). — *Prat Melh*, 1486 (accord avec Amaury de Montal). — *Prapmès*, 1617 (état civ.). — *Prat-Meil*, 1669 (min. Sarrauste, n^{re}). — *Pratmeil* (Cassini). — *Prat-Mez*, 1857 (Dict. stat. du Cantal).

Prat-Mels-Bas, dom. ruiné, c^{ne} de Siran. — *Lo mas de Prat Meilh Menor*, 1350 (terr. de l'Ostal de la Trémolieyra).

Prat-Migier (Le), mont. à vacherie, c^{ne} de Valuéjols. — *Quartier du Prat-Migier*, 1683 (terr. de la châtell. des Bros).

Prat-Montinie (Le), bois défriché, c^{ne} de Roussy. — *Nemus vocatum Pratum Montynio*, 1535 (terr. de Caylus).

Prat-Niau (Le), écart, c^{ne} de Lascelle. — *Mansus de Prat Niuou*, 1522 (min. Vigery, n^{re}). — *Affar de Pratniou*, 1692 (terr. de Saint-Geraud). — *Prat-Niou*, 1695; — *Pratnieu*, 1720 (archives départ. s. C).

Prat-Niolat (Le), écart et mont. à vacherie, c^{ne} de Clavières.

Pratoupy, vill., étang auj. cultivé et chapelle en ruines, c^{ne} de la Monselie. — *Prathoppy*, 1560; — *Prathopy*, 1561; — *Pratouppy*, 1638 (terr. de Murat-la-Rabe). — *Pratoupy*, 1671 (état civ. de Menet).

Prat-Poumier (Le), mont. à vacherie, c^{ne} du Claux.

Prats-Loués (Les), dom. ruiné, c^{ne} de Jussac. — *Affarium dels Pratz Louez*, 1464 (terr. de Saint-Christophe).

Prats-Nalt, ruiss., affl. du Remontalou, c^{ne} des Deux-Verges; cours de 1,300 m.

Prat-Souber (Le), mont. à vacherie, c^{ne} de Saint-Saturnin.

Prat-Soubro (Le), mont. à vacherie, c^{ne} de Chastel-sur-Murat.

Prats-Pougets (Les), mont. à vacherie, c^{ne} de Riom-ès-Montagnes.

Prats-Sous (Les), dom. ruiné, c^{ne} de Boisset. — *Affar appellé Practz-Soubz, sive de Moulègre*, 1668 (nommée au p^{ce} de Monaco).

Prat-Vieil (Le), ham. et mⁱⁿ détruit, c^{ne} de Chaudesaigues.

Prat-Vieil (Le), mont. à vacherie, c^{ne} de Saint-Bonnet-de-Salers.

Prat-Vieille, dom. ruiné, c^{ne} de Ferrières-Saint-Mary.

Praveire (La), lieu détruit, c^{ne} de Brezons. — *Les Praveires*, 1623 (ass. gén. ten. à Cezens). — *Puscheyre* (Cassini).

Pravel (Le), ham., c^{ne} de Massiac.

Prax, vill., c^{ne} de Jou-sous-Montjou. — *Practz*, 1642 (pièces de Lacassagne). — *Pratz*, 1646 (min. Froquières, n^{re}). — *Prat*, 1675; — *Prats*, 1690 (état civ.). — *Prax* (Cassini).

Prax, vill., c^{ne} de Laroquevieille. — *Pratz*, 1666 (état civ. de Saint-Martin-de-Valois). — *Les Prats*, 1671; — *Patz*, 1673 (id. de Marmanhac). — *Prates*, 1696 (arch. dép. s. C, l. 10). — *Prax* (Cassini).

Prax (Le), ruiss., affl. de la rivière d'Authre, c^{ne} de Laroquevieille; cours de 1,100 m.

Pré (Au), écart, c^{ne} de Montboudif.

Préau (Le), dom. ruiné, c^{ne} de Molompize. — *Ténement de Préaud*, 1690 (terr. de Bégoules).

Pré-Bas (Le), écart, c^{ne} de Saint-Étienne-de-Carlat.

Pré-Bureau (Le), mont. à vacherie, c^{ne} d'Allanche.

Pré-Chanot (Le), écart, c^{ne} de Saint-Saturnin.

Pré-d'Ambarge (Le), écart détruit, c^{ne} de Mauriac. — *Lou Prat*, 1625 (état civ.).

Pré-de-Béal (Le), f^{me}, c^{ne} de Saint-Amandin.

Pré-de-Cros (Le), ham., c^{ne} de Champs.

Pré-de-l'Aigue (Le), écart, c^{ne} de Lugarde.

Pré-de-la-Michelle (Le), lieu détruit, c^{ne} de Champs.

Pré-de-la-Vergne (Le), écart, c^{ne} du Claux.

Pré-de-l'Eau (Le), écart, c^{ne} du Claux.

Pré-de-l'Église (Le), fief, c^{ne} de Malbo. — *Le Pré de L'Esglise*, 1668 (nommée au p^{ce} de Monaco).

Pré-de-l'Église (Le), écart, c^{ne} de Saignes. — *Pratum Ecclesie*, 1441 (terr. de Saignes).

Pré-de-Tive (Le), écart, c^{ne} de Trémouille-Marchal.

Pré-d'Outre (Le), écart, c^{ne} du Vaulmier.

Pné-Fouguet (Le), mont. à burons, c^{ne} de Brezons.
Pné-Grand (Le), mⁱⁿ, c^{ne} de Champs. — *Pré grand Gardis* (État-major).
Pné-Grand (Le), mⁱⁿ, c^{ne} de Roannes-Saint-Mary.
Preignat, dom. ruiné, c^{ne} de Nieudan. — *Mansus de Preignat; Preignac*, 1449 (enq. sur les droits des seign. de Montal).
Pné-Long (Le), écart, c^{ne} de Bredon.
Pné-Long (Le), écart, c^{ne} du Claux.
Pné-Monteil (Le), dom. ruiné, c^{ne} de Giou-de-Mamou. — *Le villaige de Prémonteil*, 1686 (arch. dép. s. C).
Pren (Le Moulin de), mⁱⁿ détruit, c^{ne} de Riom-ès-Montagnes. — *Le molin del Pren*, 1506 (terr. de Riom).
Prends-te-Garde, écart, c^{ne} de Calvinet.
Prends-te-Garde, écart, c^{ne} de Lieutadès. — *Prend-te-Garde* (états de sections).
Prends-te-Garde, ham., c^{ne} de Marmanhac. — *Prentegarde* (états de sections).
Prends-te-Garde, écart, c^{ne} de Roffiac. — *Prend-toi-Garde; Prentegarde* (états de sections). — *Printgarde* (État-major). — *Prend-te-Garde*, 1857 (Dict. stat. du Cantal).
Prends-te-Garde, tuilerie, c^{ne} de Saint-Paul-des-Landes. — *Printegarde* (État-major). — *Prent-y-Garde*, 1856 (Dict. stat. du Cantal).
Prends-te-Garde, écart, c^{ne} de Saint-Santin-de-Maurs.
Prends-y-Garde, ham., c^{ne} de Condat-en-Feniers.
Prends-y-Garde, écart, c^{ne} de la Monselie. — *Prendigarde; Prend-y-Garde* (états de sections). — *Prends-y-Garde* (État-major).
Prends-y-Garde, écart, c^{ne} de Saint-Santin-de-Maurs.
Pré-Neuf (Le), ham. et mⁱⁿ, c^{ne} de Champs.
Prés (Moulin des), mⁱⁿ détruit, c^{ne} de Badailhac. — *Molin des Pratz*, 1627 (pièces du cab. Lacassagne). — *La masure du moulin des Prats*, 1736 (terr. de Carlat).
Prés (Les), ham., c^{ne} de Calvinet.
Prés (Le Moulin des), mⁱⁿ détruit, c^{ne} de Paulhac. — *Le Molin-des-Prés*, 1594 (terr. de Bressanges).
Prés-d'Oze (Les), séchoir à châtaign., c^{ne} de Saint-Étienne-de-Maurs.
Pressoires, vill. et mⁱⁿ, c^{ne} de Junhac. — *Mansi de Pressoyras*, 1324 (arch. dép. s. E). — *Pressoyres*, 1548 (min. Guy de Vayssieyra). — *Pressoiras*, 1564 (min. Boyssonnade). — *Pressoirous*, 1621; — *Presoirous*, 1625 (état civ. d'Arpajon). — *Pressoures*, 1668 (id. de Cassaniouze). — *Pressoiries*, 1668; — *Pressoires*, 1670 (nommée au p^{ce} de Monaco). — *Persoures*, 1674; — *Persoyre*, 1677

(état civ. de Vieillevie). — *Persouyres*, 1705 (id. de Sansac-Veinazès). — *Persoires*, 1745 (id. de la Capelle-en-Vézie). — *Pressoyré; Proissoure*, 1749 (anc. cad.). — *Pressouyres*, 1750 (état civ. de Junhac). — *Presoires* (Cassini).
Prêtres (La Gnotte des), grotte dans le bois d'Embrassac, c^{ne} de Jaleyrac.
Pré-Vernet (Le), ham., c^{ne} de Saint-Amandin.
Pré-Vert (Le), f^{me} et burons, c^{ne} de Saint-Saturnin.
Prex, vill., c^{ne} de Girgols. — *Preictz*, 1600 (reconn. des hab. d'Auriol, à l'hôp. de la Trinité). — *Preyer*, 1662 (insin. du baill. de Salers). — *Preetz*, 1663 (état civ. de Jussac). — *Pretz*, 1672; — *Prets*, 1673 (id. de Saint-Martin-de-Valois). — *Prex*, 1717 (arch. dép. s. C, l. 15). — *Le Preix*, 1855 (Dict. stat. du Cantal).
Prières (Las), écart et mⁱⁿ détruit, c^{ne} de Ladinhac. — *Las Peirières*, 1750 (anc. cad.). — *Les Prières* (État-major).
Prieuré (Le Moulin du), mⁱⁿ détruit, c^{ne} de Bonnac.
Prieuré (Le), dom. ruiné, c^{ne} d'Ytrac. — *Affar del Priorat*, 1736 (terr. de la command. de Carlat).
Prieuret (Le), vill., c^{ne} de Montmurat. — *Le Prioureck*, 1613 (état civ. de Saint-Santin-de-Maurs). — *Le Prieuret*, 1698 (id. de Saint-Constant). — *Prioulit*, 1706; — *Prieurit; Piriurit*, 1728 (arch. dép. s. C, l. 3). — *Prieulet* (État-major).
Prieuret (Le), ruiss., affl. du Lot, coule aux finages des c^{nes} de Montredon, Montmurat (Cantal) et de Leivignac (Aveyron); cours, dans le Cantal, de 1,800 m.
Prieurs (Les), dom. ruiné, c^{ne} de Mentières. — *Affarium vocatum dels Priours, continentem l'ostal dels Priours*, 1448 (arch. dép. s. G).
Prieur-Vendré, bois défriché, c^{ne} de Saint-Simon. — *Bois apellé del Priur-Mendré*, 1692 (terr. de Saint-Gerand).
Primal, écart, c^{ne} de Saint-Julien-de-Toursac.
Prince (Le Moulin du), mⁱⁿ, c^{ne} de Jou-sous-Montjou.
Princé (Ol), écart, c^{ne} de Saint-Constant.
Priou (Le), mⁱⁿ détruit, c^{ne} de Ladinhac.
Priouzol (Le), bois défriché, c^{ne} de Junhac. — *Bois appellé de Priouzac; de Priouzol*, 1759 (anc. cad. de Montsalvy).
Prissous (Les), écart, c^{ne} de Lieutadès.
Prodalanche, vill., c^{ne} de Paulhac. — *Mansus de Prodalanihas*, 1345; — *Prodalanghas*, 1447 (arch. dép. s. E). — *Proudalanghes*, 1542 (lièvre du Fer). — *Proudallanghes; Proudalanges; Prodolanges*, 1542; — *Prodalanges*, 1594 (terr. de Bressanges). — *Prodollanges*, 1612 (lièvre du Chambon). — *Proudoulenges*, xviie s^e (arch. dép.

s. E). — *Prodelonges* (Cassini). — *Prodalenche* (État-major).

Prodelles, vill., c^{ne} de Champagnac. — *Prodella*, 1535 (Pouillé de Clermont. Don gratuit). — *Proudelles*, 1688 (pièces du cab. Bonnefons).

Prodelles était, avant 1789, de la Basse-Auvergne, du dioc. de Clermont, de l'élect. et de la subdél. de Mauriac. Régi par le droit cout., il dépend. de la justice du prieuré de Champagnac, et ressort. au bailliage d'Aurillac, en appel de la prév. de Mauriac. — Son église, dédiée à saint Pierre, était un prieuré dépend. du monast. de Mauriac et à la nomination du doyen; elle est aujourd'hui détruite.

La paroisse de Prodelles, commune depuis 1790, a été réunie à celle de Champagnac par ordonn. royale du 24 décembre 1823.

Progiès, ham., c^{ne} d'Arnac. — *Affarium de Prossiert*, 1458 (arch. mun. d'Aurillac, s. HH, p. 21). — *Proieys*, 1531 (min. Vigery, n^{re}). — *Froziez*, 1632 (état civ. de Saint-Santin-Cantalès). — *Prozies*, 1636 (lièvre de Poul). — *Prougies*, 1742; — *Projets*, 1744 (anc. cad. de Saint-Santin-Cantalès).

Progiès-la-Gam, écart, c^{ne} de Saint-Santin-Cantalès.

Proles, dom. ruiné, c^{ne} de Saint-Cernin. — *Locus de Proletz*, 1522 (min. Vigery, n^{re}).

Prolliers, seigneurie, c^{ne} de Marchastel. — *La seigneurie de Prolliers*, 1578 (terr. de Soubrevèze).

Prouca, vill., c^{ne} de Chalvignac.

Proufol, écart, c^{ne} de Rouméigoux. — *Mansus da Parfol; da Porfol*, 1322 (reconn. au seign. de Montal). — *Profol*, 1649 (état civ. de Glénat). — *Proufol*, 1662 (état civ.). — *Parfolh*, xviiie s^e (reconn. aux seign. de Montal).

Prouhétie (La), dom. ruiné, c^{ne} de Glénat. — *Affarium de la Prohetia*, 1345 (reconn. au seign. de Montal).

Proust, ham., c^{ne} de Leynhac.

Prouzac, vill. détruit, c^{ne} de Roannes-Saint-Mary. — *Villaige de Prousac*, 1668 (nommée au p^{ce} de Monaco).

Provabelle (La), buron, c^{ne} de Paulhac.

Pruche (Le Château de la), chât. détruit, c^{ne} de Bonnac.

Prugne (La), vill., c^{ne} de Massiac. — *La croix de Prugne*, 1613 (dîmes dues au chapitre de Saint-André-de-Massiac). — *Prugnes*, 1722 (état civ. de Saint-Étienne-sur-Massiac).

Prune (La), f^{me}, c^{ne} de Marchastel.

Pruneire (La), ham., c^{ne} de Menet.

Pruneirol, dom. ruiné, c^{ne} de Saint-Santin-Cantalès.

— *Affar de Pruneyrol*, 1449 (enq. sur les droits des seign. de Montal).

Prunet, c^{on} sud d'Aurillac. — *Prunet*, 1269 (arch. mun. d'Aurillac. s. FF, p. 15). — *Prunethum*, 1465 (obit. de Notre-Dame d'Aurillac). — *Pruneium*, 1489 (reconn. à J. de Montamat). — *Prunect*, 1564 (min. Boyssonnade, n^{re}). — *Prunet*, 1694 (terr. de Marcolès).

Prunet était, avant 1789, de la Haute-Auvergne, du dioc. de Saint-Flour, de l'élect. et de la subdél. d'Aurillac. Régi par le droit écrit, il ressort. au bailliage d'Aurillac, en appel de la prév. de Maurs. Jusqu'en 1789, Prunet a dépendu de la justice du chapitre de Saint-Geraud, et depuis de la justice royale. — Son église, dédiée à saint Remy, était un prieuré dépendant du monast. de Saint-Geraud. Le chapitre était seign. de cette paroisse. Elle a été érigée en succursale par décret du 28 août 1808.

Prunet, f^{me}, c^{ne} de Saint-Cirgues-de-Jordanne. — *Prunet*, 1679 (arch. dép. s. C, l. 1).

Prunet, ruiss., affl. de la Jordanne, c^{ne} de Saint-Cirgues-de-Jordanne.

Prunet, vill., c^{ne} de Vebret. — *Prunet*, 1659 (insin. du baill. de Salers). — *Pounet*, 1680 (état civ. de Trizac).

Pruneyras, massif de la forêt de Chaudesaigues, c^{ne} de ce nom. — *Lou bos de Pruneyras*, 1494 (terr. de Mallet).

Prunières, ruiss., affl. du Remontalou, c^{ne} de Chaudesaigues; cours de 1,450 m.

Prunières-Bas, vill., c^{ne} de Chaudesaigues. — *Mansus de Pruneras*, 1249 (arch. dép. s. G). — *Pruneires*, 1333 (Gall. christ. t. II, col. 423). — *Pruneyras*, 1527; — *Pruneyres*, 1548 (arch. dép. s. G). — *Prunières-Bas* Cassini.

Prunières-Haut, ham., c^{ne} de Chaudesaigues. — *Pruneyras-Altas*, 1526 (terr. de Vieillespesse). — *Prunières-Haut* (Cassini). — *Prunière*, 1855 (Dict. stat. du Cantal).

Pruns, dom. ruiné, c^{ne} de la Capelle-en-Vézie. — *Le villaige de Pruns*, 1161 (terr. de Notre-Dame d'Aurillac).

Pruns, vill., et chât. féodal détruit, c^{ne} de Saint-Santin-Cantalès. — *Mansi da Prunhs*, 1320; — *Aprunhs*, 1324; — *Presses*, 1489 (homm. au seign. de Montal). — *Prune*, 1633 (état civ.). — *Prunes*, 1651 (min. Sarrauste, n^{re} à Laroquebrou). — *Pruns*, 1744 (arch. dép. s. C, l. 51).

Puanelle (La), mont. à vacherie, c^{ne} de Thiézac.

Pudson, dom. ruiné, c^{ne} de Saint-Hippolyte. — *Affar appelé de Pudson*, 1719 (table du terr. d'Apchon).

50.

Puech (Le), dom. ruiné, c^{ne} d'Aurillac. — *Affarium vocatum dal Puech*, 1478 (arch. dép. s. E).

Puech (Le), ham. et châtaign., c^{ne} de Boisset. — *Lou Peuh*, 1611 (état civ. de Saint-Étienne-de-Maurs). — *Affar del Puech; bois chastanial appellé lou Bos grand del Puech*, 1668 (nommée au p^{ce} de Monaco). — *Bois del Puex*, 1746 (anc. cad.). — *Lou Puehx*, 1748 (anc. cad. de Saint-Étienne-de-Maurs).

Puech (Le), dom. ruiné, c^{ne} de Bredon. — *Le chazal del Peuh; del Peuch; del Puech*, 1687 (terr. de Loubeysargues).

Puech (Le), écart et mⁱⁿ, c^{ne} de la Capelle-del-Fraisse. — *Mansus del Puech; mansus de Podio*, 1339 (reconn. à J. de Podio).

Puech (Le), ham. et f^{me}, c^{ne} de Cassaniouze.

Puech (Le), vill., c^{ne} de Cayrols. — *Lou Puech*, 1650 (état civ.).

Puech (Le), vill., c^{ne} de Crandelles. — *Mansus dal Puch*, 1322; — *Podium vocatum de Carandela*, 1354 (arch. mun. d'Aurillac, s. HH, c. 21). — *Mansus del Puech del Carendole*, 1521 (min. Vigery, n^{re} à Aurillac). — *Lou Pueche*, 1624 (état civ. de Saint-Paul-des-Landes). — *Lou Puech de Crandelles*, 1636 (id. de Naucelles). — *Lou Puech*, 1682; — *Lou Puch; lou Puch*, 1694 (id. de Crandelles).

Puech (Le), vill., c^{ne} des Deux-Verges. — *Alpeuch*, 1624 (état civ. de Pierrefort). — *Le Puech* (Cassini).

Puech (Le), mⁱⁿ, c^{ne} de Drignac. — *Moulin de Pierre Delpuech*, 1778 (inv. des arch. de la mais. d'Humières).

Puech (Le), dom. ruiné, c^{ne} de Drugeac. — *Domaine del Peuhe*, 1734; — *Domaine del Peuh*, 1738 (état civ.).

Puech (Le), vill., c^{ne} du Fau. — *Lou Puech*, 1717 (terr. de Beauclair). — *Le Peux*, 1737 (état civ. de Fontanges).

Puech (Le), ham., c^{ne} de Fournoulès. — *Peuchol*, 1784 (Chabrol, t. IV).

Puech (Le), f^{me}, c^{ne} de Girgols. — *Affaria del Puech*, 1522 (min. Vigery, n^{re} à Aurillac).

Puech (Le), écart, c^{ne} de Glénat. — *Mansus appellatus Dals Poihs*, 1352; — *Mansus Dals Poih*, 1357 (arch. mun. d'Aurillac, s. HH, c. 21).

Puech (Le), écart, c^{ne} de Junhac.

Puech (Le), écart, c^{ne} de Lascelle.

Puech (Le), écart et mⁱⁿ, c^{ne} de Leucamp. — *Villaige del Peuch*, 1668; — *Del Puech*, 1670 (nommée au p^{ce} de Monaco).

Puech (Le), dom. ruiné, c^{ne} de Marcolès. — *Mansus vocatus de Podio*, 1301 (pièces de l'abbé Delmas). — *Mas dal Puch*, 1335 (arch. mun. d'Aurillac, s. HH, c. 21). — *Mansus del Puech*, 1530 (pièces de l'abbé Delmas).

Puech (Le), vill. et mⁱⁿ, c^{ne} de Maurs. — *Lou Puche*, 1751; — *Lou Puehs*, 1752; — *Lou Puex*, 1756 (état civ.).

Puech (Le), taillis et dom. ruiné, c^{ne} de Menet. — *Affar del Peuch*, 1561 (terr. de Murat-la-Rabe).

Puech (Le), écart, c^{ne} de Mourjou. — *Le Pueuch-Bas*, 1786 (liève de Calvinet).

Puech (Le), écart et buron, c^{ne} de Narnhac.

Puech (Le), dom. ruiné, c^{ne} de Naucelles. — *Affarium da Plieus*, 1342 (arch. mun. d'Aurillac, s. GG, p. 19). — *Lou Puèche*, 1635; — *Lou Puech*, 1636 (état civ.).

Puech (Le), écart et taillis, c^{ne} de Parlan. — *Lou Puech*, 1589 (livre des achaps d'Ant. de Naucaze).

Puech (Le), ruiss., affl. de la rivière de Veyre, c^{ne} de Parlan; cours de 1,250 m.

Puech (Le), mⁱⁿ, c^{ne} de Paulhac.

Puech (Le), dom. ruiné, c^{ne} de Polminhac. — *Affar de Puech-Gros*, 1583 (terr. de Polminhac). — *Le Peuch*, 1668 (nommée au p^{ce} de Monaco).

Puech (Le), mⁱⁿ, c^{ne} de Quézac.

Puech (Le), ham., c^{ne} de Raulhac.

Puech (Le), vill. détruit, c^{ne} de Roannes-Saint-Mary. — *Le villaige del Puech*, 1692 (terr. de Saint-Geraud).

Puech (Le), vill., c^{ne} de Rouffiac. — *Lo Puech de Polverieiras*, 1350; — *Mansi dels Puechs*, 1489 (reconn. au seign. de Montal). — *Lou Puex*, 1652 (min. Sarrauste, n^{re} à Laroquebrou). — *Le Puech*, 1761; — *Delpuech*, 1782 (arch. dép. s. C, l. 51).

Puech (Le), écart, c^{ne} de Roumégoux. — *Le Pueht*, 1663 (état civ.). — *Lou Puech*, 1668 (nommée au p^{ce} de Monaco). — *Lou Puech*, 1669 (état civ.).

Puech (Le), vill., c^{ne} de Rouziers. — *Lou Pueth*, 1583 — *Lou Pueh*, 1590 (livre des achaps d'Ant. de Naucaze). — *Lou Puech*, 1668 (nommée au p^{ce} de Monaco).

Puech (Le), vill., c^{ne} de Saint-Cernin. — *Mansus dal Pueyh*, 1297 (arch. mun. d'Aurillac, s. HH, c. 21). — *Lou Puech*, 1403 (pap. de la fam. de Montal). — *Lou Puez*, 1659; — *Lou Pueh*, 1663 (état civ.). — *Lou Puex*, 1701 (état civ.). — *Lou Peuch*, 1744 (anc. cad.).

Puech (La Font del), châtaign., font. et dom. ruiné, c^{ne} de Saint-Christophe. — *Mansus del Puech; mansus del Puech, sive de la Pomarada*, 1464 (terr. de Saint-Christophe).

Puech (Le), ham., c^{ne} de Saint-Étienne-Cantalès. —

Le *Puech*, 1626; — *Lou Puex*, 1653 (min. Sarrauste, n^{re}).

Puech (Le), dom. ruiné, c^{ne} de Saint-Étienne-de-Carlat. — *Mas dal Puech*, 1692 (terr. de Saint-Geraud).

Puech (Le), écart, c^{ne} de Saint-Julien-de-Toursac. — *Le Puex* (Cassini).

Puech (Lo Bos del), bois et dom. ruiné, c^{ne} de Saint-Mamet-la-Salvetat. — *Ténement del Phuex*, 1739 (anc. cad.).

Puech (Le), écart, c^{ne} de Saint-Martin-Cantalès. — *Affarium dal Puech*, 1399 (arch. dép. s. E). — *Lo Puech*, 1449 (enq. sur les droits des seign. de Montal). — *Peus de Cantal*, 1465; — *Mansi dels Puechs*, 1489 (pap. de la fam. de Montal). — *Lou Puech*, 1586 (min. Lascombes, n^{re} à Saint-Illide). — *Le Plon du Chantal*, 1636 (lièvre de Poul). — *Lou Puehc*, 1660 (état civ. de Saint-Cernin). — *Le Peu* (Cassini).

Puech (Le Long-), écart, c^{ne} de Saint-Santin-de-Maurs. — *Lompuech*, 1613; — *Lompueh*, 1614; — *Long-Peuch*, 1620 (état civ.).

Puech (Le), écart, c^{ne} de Sansac-de-Marmiesse. — *Lou Puech*, 1561 (obit. de N.-D. d'Aurillac).

Puech (Le), vill., c^{ne} de Sansac-Veinazès. — *Lou Peuch*, 1739 (arch. dép. s. C). — *Villaige Delpuech*, 1760 (terr. du monast. de Saint-Projet). — *Le Pueuch*, 1706 (lièvre de Calvinet).

Puech (Le Bos del), bois et dom. ruiné, c^{ne} de Sarrus. — *Lo Pueich*, 1338 (spicil. Brivat.). — *Affar appellé lo bos del Puech*, 1494 (terr. de Mallet).

Puech (Le), dom. ruiné, c^{ne} de Teissières-de-Cornet. — *Affar des Puechz; Pueches; Puehs*, 1673 (lièvre du chapitre de Saint-Geraud).

Puech (Le), dom. ruiné, c^{ne} de Valuéjols. — *Le chezal del Peuchx*, 1662 (terr. de Loubeysargues).

Puech (Le), écart, c^{ne} de Velzic.

Puech (Le), vill., c^{ne} de Vieillevie.

Puech (Le), vill., c^{ne} de Vitrac. — *Le Pueh de la Guarde*, 1559 (min. Destaing, n^{re}).

Puech (Le), dom. ruiné, c^{ne} d'Ytrac. — *Ténement del Puech*, 1668 (nommée au p^{ce} de Monaco).

Puech-Agut, vill., c^{ne} de Saint-Julien-de-Toursac. — *Bordaria de Puechagut*, 1449 (arch. dép. s. H). — *Puechagut*, 1659 (état civ. de Saint-Étienne-de-Maurs). — *Puech-Agut*, 1668 (nommée au p^{ce} de Monaco). — *Pic-Sagut*, 1747 (état civ. de Saint-Étienne-de-Maurs). — *Puex-Agut* (Cassini).

Puech-Aigu (Le), mont. à burons, c^{ne} d'Arpajon. — *Le Puech Agut*, 1739 (anc. cad.). — *Le Puechxogut* (états de sections).

Puech-Aigu (Le), dom. ruiné, c^{ne} de Boisset. — *Villaige de Puelhaguet; Pueltragues*, 1668 (nommée au p^{ce} de Monaco). — *Puechague*, 1746 (anc. cad.).

Puech-Aigu (Le), dom. ruiné, c^{ne} de Rouziers. — *Affar appellé de Puechsagut*, 1670 (nommée au p^{ce} de Monaco).

Puech-Aigu (Le), mont. à vacherie, c^{ne} de Saint-Hippolyte. — *Le Puech-Hogut* (états de sections).

Puechal, vill. et écart, c^{ne} de Saint-Mamet-la-Salvetat. — *Affar de Pieuchal*, 1668 (nommée au p^{ce} de Monaco). — *Ténement de Phuexals*, 1743; — *Puéchial*, 1744 (anc. cad.).

L'écart porte le nom de *Puéchal-Bas*.

Puechaldoux, ham., c^{ne} de Mourjou. — *Puechaldes*, 1523 (ass. de Calvinet). — *Puechaldou*, 1553 (procès-verbal Veny). — *Puechaldou*, 1635 (état civ. de Saint-Santin-de-Maurs). — *Puch Aldous*, 1667; — *Puechaldoux*, 1670 (id. de Cassaniouze). — *Puechaldous* (Cassini).

Puech-Andrieu (Le), mont. à vacherie et dom. ruiné, c^{ne} de Leynhac. — *Affarium vocatum le Puech Andrieu; lo Fach Andrieu*, 1500 (terr. de Maurs).

Puechardy (Le), dom. ruiné, c^{ne} de Laroquebrou. — *Le villaige de Puechardy*, 1623 (état civ.).

Puech-Arnal (Le), mont. à vacherie, c^{ne} de Madic. — *Le Puech-Charnal* (états de sections).

Puech-Aussou (Le), dom. ruiné, c^{ne} de Junhac. — *Affar del Puech-Ausou*, 1668 (nommée au p^{ce} de Monaco).

Puechavy, vill., c^{ne} d'Omps. — *Puchavi* (Cassini). — *Puechavi* (État-major). — *Puech-Avy*, 1856 (Dict. stat. du Cantal).

Puech-Bas (Le), écart, c^{ne} de Drignac.

Puech-Bas (Le Long-), écart détruit, c^{ne} de Saint-Santin-de-Maurs. — *Lompuch-Bas*, 1626 (état civ.).

Puech-Battut (Le), écart, c^{ne} de Boisset.

Puech-Bentayré (Le), mont. à vacherie, c^{ne} de Parlan.

Puech-Bernis (Le), mont. à vacherie, c^{ne} de Thiézac. — *Le Peuch-Bernis* (État-major).

Puech-Blanc (Le), ham., c^{ne} de Lieutadès.

Puech-Blanc (La Fon de), font., mont. et taillis, c^{ne} de Parlan.

Puech-Blanc (L'Étang du), étang auj. cultivé, c^{ne} de Vic-sur-Cère. — 1583 (terr. de Polminhac).

Puech-Bolis (Le), dom. ruiné, c^{ne} de Roannes-Saint-Mary. — *Mansus de lou Puech Bolis*, 1522 (min. Vigery, n^{re}).

Puech-Bony (Le), mont., c^{ne} de Saint-Mamet-la-Salvetat. — *Lou Puech-Boyiez*, 1739; — *Lou Phuex*, 1743 (anc. cad.).

Puech-Bouissou (Le), mont. à vacherie, c^{ne} de Mauriac. — *Podium dal Boissel*, 1475 (terr. de Mauriac).

Puech-Bouquet (Le), dom. ruiné, c^{ne} de Saint-Clément. — *Affar appellé de Puech-Bouquet*, 1671 (nommée au p^{ce} de Monaco).

Puech-Bouscat (Le), dom. ruiné, c^{ne} de Saint-Martin-Cantalès. — *Affarium dal Puch-Boscat*, 1345 (arch. dép. s. E).

Puech-Bouton (Le), écart et châtaign., c^{ne} de Sénezergues. — *Puex-Bouton* (Cassini).

Puech-Brousse (Le), mont. à vacherie et bois, c^{ne} de Loubaresse.

Puech-Broussou (Le), mont. à vacherie et dom. ruiné, c^{ne} de Velzic. — *Mansus de Puech-Broussos*, 1485 (reconn. à J. de Montamat).

Puech-Broussous (Le), vill., c^{ne} de la Capelle-Viescamp. — *Affarium del Puech-Brossos*, 1269 (arch. mun. d'Aurillac, s. FF, p. 15). — *Podium Brossos*, 1357 (pap. de la fam. de Montal). — *Depuech-Brossos*, 1449 (arch. dép. s. H). — *Pierre-Broussous*, 1675 (état civ. de Laroquebrou). — *Puechbroussous*, 1687 (id. de la Capelle-Viescamp). — *Puec-Broussous* (Cassini).

Puech-Brûlat (Le), mont., c^{ne} de Boisset.

Puech-Cabrié (Le), écart, c^{ne} de Mourjou. — *Puech Cabrier* (État-major). — *Puech-Cabrien*, 1856 (Dict. stat. du Cantal).

Puech-Capel (Le), dom. ruiné, c^{ne} de Calvinet. — *Affar de Puech Capel*, 1557 (pièces de l'abbé Delmas).

Puech-Capou (Le), mont. à vacherie, c^{ne} d'Ayrens.

Puech-Carbonnier (Le), écart, c^{ne} de Sansac-Veinazès. — *Lou Puch*, 1549 (min. Guy de Vayssieyra, n^{re} à Montsalvy). — *Lou Puech*, 1764 (état civ.). — *Carbonier* (Cassini).

Puech-Castanier (Le), mont. et bois, c^{ne} de Saint-Mamet-la-Salvetat. — *Boix del Phuex-Castanier*, 1744 (anc. cad.).

Puech-Castanier (Le), mont. à vacherie et taillis, c^{ne} de Sansac-Veinazès. — *Bois del Puech-Castanet*, 1760 (terr. de Saint-Projet).

Puech-Chabrier (Le), écart et mont. à vacherie, c^{ne} de Loubaresse.

Puech-Chaud (Le), mont. à vacherie, c^{ne} de la Capelle-en-Vézie.

Puech-Chaud (Le), dom. ruiné, c^{ne} d'Ytrac. — *Mansus de Puech Chault*, 1531 (min. Vigery, n^{re}).

Puech-Chaumat (Le), mont. à vacherie et dom. ruiné, c^{ne} de Saint-Santin-Cantalès. — *Affarium de Caumon*, 1423; — *Mansus de Caumont*, 1491 (pap. de la fam. de Montal). — *Caumas*, 1669 (nommée au p^{ce} de Monaco). — *Le Puech-Chaumeils*, 1857 (Dict. stat. du Cantal).

Puech-Chignol (Le), mont. à vacherie et bois, c^{ne} de Montchamp.

Puech-Clergue (Le), écart, c^{ne} de Saint-Mamet-la-Salvetat. — *Puechclergue*, 1623; — *Puechelergue*, 1634; — *Puechelege*, 1636 (état civ.). — *Puech-Clergué*, 1673; — *Puexclergue*, 1743 (id. d'Aurillac). — *Pueclerie* (Cassini).

Puech-Cramat (Le), mont. à vacherie, c^{ne} de Pers.

Puech-Cramont (Le), mont. à vacherie et bois, c^{ne} de Saint-Gerons.

Puech-d'Alex (Le), mont. à vacherie, c^{ne} de Saint-Victor. — *Podium Daletz*, 1443 (reconn. au seign. de Montal).

Puech-de-la-Garde (Le), mont. à vacherie, c^{ne} de la Capelle-en-Vézie. — *Lou puech de la Guarde; de la Garde*, 1590 (pièces de l'abbé Delmas).

Puech-del-Castel (Le), chât. détruit, c^{ne} de Saint-Martin-Valmeroux. — *Podium*, 1350 (arch. dép. s. E).

Puech-del-Lac (Le), dom. ruiné, c^{ne} de Saint-Chamant. — *Affar appellé del Puech-Dallac*, 1628 (terr. de N.-D. d'Aurillac).

Puech-del-Mas (Le), dom. ruiné, c^{ne} de Chaudesaigues. — *Le Puech-del-Mas*, 1508 (terr. de la Garde-Roussillon). — *Le Puech* (Cassini).

Puech-de-Monteyly (Le), mont. et bois, c^{ne} de Naucelles. — *Bois del Puech de Monteylly*, 1692 (terr. de Saint-Geraud).

Puech-des-Teils (Le), dom. ruiné, c^{ne} de Cros-de-Ronesque. — *Affar appelé del Puech-des-Teilz*, 1645 (min. Froquières, n^{re}).

Puech-d'Olier (Le), écart, c^{ne} de Sénezergues.

Puech-Domergue (Le), mont. et bois défriché, c^{ne} de Saint-Mamet-la-Salvetat. — *Bois Doumergue*, 1745 (anc. cad.).

Puech-Doumesque (Le), dom. ruiné, c^{ne} de Rouziers. — *Affar appellé del Puech-Doumesque*, 1670 (nommée au p^{ce} de Monaco).

Puech-du-Blat (Le), écart, c^{ne} de Montsalvy.

Puech-du-Mas-d'Amont (Le), écart détruit, c^{ne} de Junhac.

Puech-du-Quié (Le), écart, c^{ne} de Parlan.

Puèches (Las), ruiss., affl. du Chalivet, c^{ne} de Sarrus; cours de 1,500 m.

Puech-Ferrand (Le), mont. à vacherie, c^{ne} de Laurie. — *Le Puet-Ferrand* (états de sections).

Puech-Fon (Le), font. et mont. à vacherie, c^{ne} de Saint-Jacques-des-Blats. — *Montaigne de Puech-Fon*, 1634 (pap. du cab. Lacassagne).

Puech-Franc (Le), ham., c^{ne} de Cassaniouze. — *Lou*

Puech-Franc, 1668 (nommée au p^{ce} de Monaco). — *Lou Puch-Franc*, 1741 (anc. cad.).

Puech-Franc (Le), écart, c^{ne} de Junhac. — *Lou Push-Franc*, 1552 (min. Guy de Vayssieyra, n^{re}). — *Lou Puechfranc*, 1669; — *Lou Puech-Frant*, 1695 (état civ. de Montsalvy).

Puech-Franc (Le), écart, c^{ne} de Montsalvy.

Puech-Gal (Le), dom. ruiné, c^{ne} de Glénat. — *Lou Puhegal*, 1707 (état civ. d'Espinadel).

Puech-Gary (Le), seign., c^{ne} d'Ytrac. — 1668 (nommée au p^{re} de Monaco).

Puech-Geneis (Le), dom. ruiné, c^{ne} de Chastel-Marlhac. — *Mansus de Puech-Geneys*, 1441 (terr. de Saignes).

Puech-Ginet (Le), ham., c^{ne} de Leynhac. — *Puech-Ginet* (État-major).

Puechgirbal (Le), dom. ruiné, c^{ne} de Boisset. — *Villaige de Puech-Guirbal*, 1554 (min. Destaing, n^{re}). — *Domaine de Puy-Guirbal*, 1668 (nommée au p^{ce} de Monaco). — *Le Puy-de-la-Balle* (états de sections).

Puech-Girbal (Le), mont. à vacherie, c^{ne} de Saint-Simon.

Puech-Girbal (Le), dom. ruiné, c^{ne} de Vézac. — *Mansus de Puech Girbal*, 1522; — *Affarium dictum Puech Guirbel*, 1531 (min. Vigery, n^{re} à Aurillac).

Puech-Girou (Le), dom. ruiné, c^{ne} de Maurs. — *Ténement de Puech-Girau*, 1748; — *Puechgirou*, 1753; — *Puech-Girou*, 1757 (anc. cad.).

Puech-Grenier (Le), écart, c^{ne} de Saint-Antoine.

Puech-Gros (Le), taillis et dom. ruiné, c^{ne} de Roannes-Saint-Mary. — *L'affar du Puech-Gros*, 1692 (terr. de Saint-Geraud).

Puech-Gros (Le), mont. à vacherie et dom. ruiné, c^{ne} de Velzic. — *La Bughe de Puech-Gros*, 1594 (terr. de Fracor).

Puech-Guibal (Le), dom. ruiné, c^{ne} de Leynhac. — *Affarium vocatum del Puech Guyral*, 1500 (terr. de Maurs).

Puech-Haut (Le), écart, c^{ne} de Drignac.

Puech-Haut (Le), mont. à vacherie et dom. ruiné, c^{ne} de Saint-Mamet-la-Salvetat. — *Ténement del Puech-Halt*, 1740; — *Le Puech-Haut*, 1743 (anc. cad.).

Puech-Haut (Le), dom. ruiné, c^{ne} de Saint-Projet. — *Lou Puech-Soubré, affar*, 1717 (terr. de Beauclair).

Puech-Haut (Le), mont. à vacherie, c^{ne} de Roffiac. — *Lou Puetz-Sobre; lou Puetz-Soubra*, 1510; — *Sobra-Puech*, 1511 (terr. de Maurs).

Puech-Jalut (Le), mont. à vacherie, c^{ne} de Drugeac.

Puech-Jean (Le), f^{me}, c^{ne} de Mourjou. — *Puechjan*, 1523 (ass. de Calvinet). — *Peuchjan*, 1557 (procès-verbal Veny).

Puech-Jean (Le), f^{me}, c^{ne} de Saint-Constant. — *Villaige del Pech*, 1640; — *Lou Puechdon*, 1693 (état civ.).

Puech-Jon (Le), mont. à vacherie et dom. ruiné, c^{ne} de Marmanhac. — *Affar de la Carral, alias Dejo*, 1552; — *Affar de Jo*, 1554 (terr. de Nozières).

Puech-Jouvenesque (Le), ham., c^{ne} de Cros-de-Montvert.

Puech-la-Besse (Le), ham., c^{ne} de Cros-de-Montvert.

Puech-la-Borde (Le), dom. ruiné, c^{ne} de Rouziers. — *Ténement de Puech-la-Borde*, 1668 (nommée au p^{ce} de Monaco).

Puech-Lac (Le), dom. ruiné, c^{ne} de Glénat. — *Affar de Puehlac*, 1600 (pap. de la fam. de Montal).

Puech-Lac (Le), mont. à vacherie, c^{ne} de Lascelle.

Puech-Lac (Le), dom. ruiné, c^{ne} de Pers. — *Affarium de Poih Lat*, 1246 (arch. mun. d'Aurillac, s. HH, c. 21). — *Mansus de Puehlat*, 1411 (pap. de la fam. de Montal). — *Affar, jadis villaige appellé de Puech-Lac*, 1670 (nommée au p^{ce} de Monaco).

Puech-Lac (Le), mont. à vacherie, c^{nes} de Saint-Étienne-Cantalès et de Saint-Martin-Cantalès.

Puech-Laquet (Le), dom. ruiné, c^{ne} de Freix-Anglards. — *Affar de Puech-Lagues*, 1627 (terr. de N.-D. d'Aurillac).

Puech-Laquet (Le), écart, c^{ne} de Saint-Étienne-de-Maurs.

Puech-la-Roque (Le), ham., c^{ne} de Saint-Mamet-la-Salvetat. — *Podium*, 1301 (pièces de l'abbé Delmas). — *Ténement appellé de Rocque*, 1668 (nommée au p^{ce} de Monaco).

Puech-la-Souque (Le), ham., c^{ne} de la Besserette.

Puech-la-Vergne (Le), dom. ruiné, c^{ne} d'Arpajon. — *Ténement du Puech-Lavernhe*, 1739 (anc. cad.).

Puech-la-Vergne (Le), écart, c^{ne} de Montsalvy.

Puech-la-Vigne (Le), écart, c^{ne} de Cassaniouze.

Puech-le-Bas (Le), écart, c^{ne} de Maurs. — *Lou Puchs-Laboria*, 1752 (état civ.).

Puech-Long (Le), ham., c^{ne} de la Besserette.

Puech-Long (Le), dom. ruiné, c^{ne} de Glénat. — *Affarium del Puelhom; de Puelhlonc*, 1322 (homm. au seign. de Montal). — *Affarium del Poih Lone*, 1357 (arch. mun. d'Aurillac, s. HH, c. 21).

Puech-Long (Le), ham., c^{ne} d'Ytrac. — *Mansus de Podio*, 1344 (arch. dép. s. G). — *Alpuche*, 1679 (arch. mun. d'Aurillac, s. GG, c. 15). — *Lou Puch*, 1741; — *Le Puech*, 1759 (arch. dép. s. C).

Puech-Loubier (Le), mont. à vacherie, c^{ne} de Lorcières. — *Le Peuch-Lobial; le Peuch-Olier*, 1508; — *Le Peuch-Loubier*, 1630; — *Le Peuchx-Lobier*, 1662 (terr. de Montchamp).

Puech-Maille (Le), écart, c^{ne} de Ladinhac. — *Mansus de Podio*, 1469 (arch. mun. d'Aurillac, s. GG, c. 6). — *Lo Puech* (Cassini).

Puech-Mal (Le), dom. ruiné, c^{ne} de Menet. — *Buge de Puech-Malle*, 1783 (aveu au roi par G. de la Croix).

Puech-Malhol (Le), mont., c^{ne} de Boisset.

Puech-Maniès (Le), vill., c^{ne} de Rouziers. — *Puethmany*, 1627 (pièces du cab. Lacassagne). — *Puechmaigne*, 1668; — *Puech-Manie; le Suc-Mégie*, 1670 (nommée au p^{ce} de Monaco). — *Puech-Manié*, 1748 (anc. cad. de Parlan). — *Puymagnus*, 1763 (état civ. de Quézac).

Puech-Martin (Le), mont. à vacherie, c^{ne} de Saint-Remy-de-Chaudesaigues.

Puech-Marty (Le), dom. ruiné, c^{ne} de Saint-Cernin. — *Affarium de Podio Marti*, 1464 (terr. de Saint-Christophe).

Puech-Marzes (Le), vill., c^{ne} de Saint-Cernin. — *Lou Puech-Marzé*, 1636 (liève de Poul). — *Lou Puex-Marses*, 1662 (état civ.). — *Piémarze*, 1666 (id. de Saint-Martin-de-Valois). — *Lou Puech-Marse*, 1744 (anc. cad.).

Puech-Maury (Le), mont. et dom. ruiné, c^{ne} de Maurs. — *Mansus de Podio-Mauri*, 1347 (arch. départ. s. H).

Puech-Mège (Le), mont. à vacherie, c^{ne} de Neuvéglise. — *Lo Peuch-Megha*, 1508; — *Le Peuchx-Mègho; Peuchx-Mège*, 1662; — *Commun appellé Peuch-Mighot*, 1730; — *Le Peuch-Migot*, 1762 (terr. de Montchamp).

Puech-Mège (Le), mⁱⁿ autref. vill., c^{ne} de Saint-Illide. — *Puech-Mejhe*, 1586; — *Puechmeghe*, 1597 (min. Lascombes, n^{re} à Saint-Illide). — *Peumejio*, 1656 (état civ. de Brageac). — *Peuchmèghe*, 1659 (insin. du bailliage de Salers). — *Puechmège*, 1667 (état civ. de Saint-Martin-de-Valois). — *Puechmeige*, 1787 (arch. dép. s. C, l. 50).

Puech-Mège (Le), écart et mont., c^{ne} de Vieillevic. — *Villaige de Puechmeja*, 1564 (min. Boyssonnade, n^{re}). — *Puechmegea*, 1678; — *Puechmejo*, 1686; — *Puechmeza*, 1691; — *Puehmeza*, 1700 (état civ.). — *Puechmeja*, 1741 (id. de Cassaniouze). — *Puech-Mejas* (État-major).

Puech-Méjo (Le), ham. et mont., c^{ne} de Parlan. — *Le Puech-Megha*, 1589 (livre des achaps d'Ant. de Naucaze). — *Lou Puechmeso*, 1654; — *Lou Pusthmegia*, 1659; — *Lou Puechmège*, 1663 (état civ.). — *Le Puech-Mégo* (états de sections).

Puech-Méjol (Le), mont. à vacherie, c^{ne} d'Oradour.

Puech-Méjol (Le), dom. ruiné et mont., c^{ne} de Parlan. — *Lou bos de la Combe de Puech-Mizols*, 1748 (anc. cad.). — *Le Puech-Mézol* (états de sections).

Puech-Mérol (Le), ham., c^{ne} de Tourniac.

Puech-Meyrou (Le), mont. à vacherie et taillis, c^{ne} de Saint-Victor. — *Le Puect-Meirou* (états de sections).

Puech-Mirou (Le), ham. et châtaign., c^{ne} de Leynhac. — *Poch-Mera*, 1357 (arch. mun. d'Aurillac, s. HH, c. 21). — *Puech-Miro*, 1500 (terr. de Maurs). — *Puech-Mirou* (Cassini).

Puech-Miseri (Le), vill. détruit, c^{ne} de Maurs. — *Le Puche-Mesri*, 1752 (état civ.).

Puech-Mizery (Le), vill., mⁱⁿ et gouffre dans la Cère, c^{ne} de Saint-Gerons. — *Affarium de Podio Miseri*, 1347; — *Puechmesery; mansus de Podio*, 1379 (arch. dép. s. G). — *Puechneziei*, 1634 (état civ. de Laroquebrou). — *Puechmegeri*, 1648; — *Lou Puect*, 1652; — *Lou Puex-Mesery*, 1653 (min. Sarrauste, n^{re}). — *Le Puechmegery*, 1667 (état civ. de Glénat). — *Le Puechmisery*, 1669 (nommée au p^{ce} de Monaco). — *Puémezen* (Cassini).

Puech-Montel (Le), mont. et bois, c^{ne} de Roannes-Saint-Mary.

Puech-Montel-Bas et Haut (Le), mont. et dom. ruiné, c^{ne} d'Aurillac. — *Affarium vocatum da Puehmonta*, 1397; — *Podium de Puech Monte*, 1517 (pièces de l'abbé Delmas). — *Le puech Monto-Nal* (états de sections).

Puech-Montserot (Le), écart, c^{ne} de Cassaniouze.

Puech-Mourier (Le), vill. et chât. en ruines, c^{ne} de Raulhac. — *Castrum de Podiomereni*, 1378 (fond. de la chapell. des Blats). — *Puchamauri*, 1432 (arch. dép. s. E). — *Puegmorier*, 1643 (min. Froquières). — *Puechmourier*, 1668; — *Peuch-Morier*, 1669 (nommée au p^{ce} de Monaco). — *Puimorier; tour de Puech-Morier et masures du chasteau*, 1696 (terr. de la command. de Carlat). — *Puechmouryé; Puch-mourier; Picmouriès*, 1696 (état civ.).

Puech-Mourinié (Le), châtaign. et mont. à vacherie, c^{ne} de Boisset. — *Bois del Puech-Moulinié*, 1746; — *Le Puech-Mounyé*, 1748 (anc. cad.).

Puech-Moussou (Le), mont., c^{ne} de Cezens. — *Podium vocatum Mossoux*, 1511 (terr. de Maurs).

Puech-Moussous, vill., mⁱⁿ, châtaign. et taillis, c^{ne} de Roumégoux. — *Puelhmossos; Puelhmossos*, 1322; — *Puech-Mossos*, 1337 (reconn. au seign. de Montal). — *Poih-Mosses*, 1357; — *Puch Mossos*, 1360; — *Puchsmoussoux*, 1600 (arch. mun. d'Aurillac, s. HH, c. 21). — *Peuchmoussous*, 1659; — *Peuh-Monssous*, 1660 (état civ.). — *Peuchmoussous*, 1660; — *Puechsmoussoux*, 1666 (id. de Glénat). — *Puech-Moussoues*, 1669 (état civ.). — *Puech-Moussous*, 1750 (anc. cad. de Glénat).

Puech-Naucaze (Le), mont. à vacherie, c^{ne} de Parlan.

Puech-Noir (Le), mont. à vacherie, c^{ne} d'Alleuze. — *Terra vocata del Peutz Nigre*, 1510 (terr. de Maurs).

Puech-Noir (Le), mont., c^{ne} de Saint-Mamet-la-Salvetat.

Puech-Orlis (Le), mont. à vacherie, c^{ne} de Jou-sous-Montjou.

Puech-Pany (Le), vill., c^{ne} d'Anglards-de-Salers.

Puech-Pergous (Le), mont. à vacherie, c^{ne} de Lavastrie.

Puech-Pessou (Le), écart, c^{ne} de Nieudan.

Puech-Peyroux (Le), dom. ruiné, c^{ne} de Maurs. — *Lou Puex Peyroux*, 1761 (état civ.). — *Puech-Peyroux* (Cassini).

Puech-Picarrou (Le), mont. à vacherie et dom. ruiné, c^{ne} de Roumégoux. — *Affarium de Picarso; de Picarto*, 1322 (reconn. au seign. de Montal).

Puech-Pont (Le), mont. à vacherie, c^{ne} de Marmanhac.

Puech-Prome (Le), dom. ruiné, c^{ne} de Saint-Santin-de-Maurs. — *Villaige de Puechprome*, 1613 (état civ.).

Puech-Ras (Le), vill., c^{ne} de Mourjou. — *Mansus da Puech Ras; Puech Raz*, 1522 (min. Vigery, n^{re} à Aurillac). — *Puischzhay; Puychras*, 1553 (procès-verbal Veny). — *Puechrat*, 1623 (ass. de Calvinet). — *Puechrace*, 1670 (terr. de Calvinet). — *Puechras*, 1678 (état civ. de Cassaniouze).

Puech-Redon (Le), dom. ruiné, c^{ne} d'Anglards-de-Salers. — *Mansus de Poh Redon*, 1269 (homm. à l'évêque de Clermont).

Puech-Redon (Le), ham. et m^{in} détruit, c^{ne} de la Capelle-en-Vézie. — *Lou Peuh; lou Puy*, 1536 (terr. de Coffinhal). — *Lou Puech*, 1670; — *Lou Puech-Redom*, 1671 (nommée au p^{re} de Monaco). — *Lou Peuchredon*, 1716; — *Le moulin du Puech*, 1753 (état civ.). — *Lou Puech-Redon*, 1766 (id. de Sansac-Veynazès).

Puech-Redon, bois et dom. ruiné, c^{ne} de Leynhac. — *Affar del Pueth-Redon*, 1587 (livre des achaps d'Ant. de Naucaze).

Puech-Redon (Le), dom. ruiné, c^{ne} d'Ytrac. — *Affar de Puech-Redon*, 1530 (terr. des cons. d'Aurillac).

Puech-Retord (Le), dom. ruiné, c^{ne} d'Ytrac. — *Affarium de Puech-Retord*, 1445 (arch. mun. d'Aurillac, s. HH, c. 21).

Puech-Roignoux (Le), mont. et dom. ruiné, c^{ne} de Maurines. — *Podium Rinhosum*, 1338 (spicil. Brivat.). — *Villaige de Puech-Roigniox*, 1494 (terr. de Mallet).

Puech-Roque (Le), dom. ruiné, c^{ne} de Glénat. — *Mansus dictus Peuh Roqua*, 1357 (arch. mun. d'Aurillac, s. HH, c. 21).

Puech-Rouchou (Le), mont. à vacherie et dom. ruiné, c^{nes} de Laveissenet et de Valuéjols. — *Tènement del Puech-de-Rocho*, 1508; — *Bourghe de Peuchx-de-Rouchou*, 1634; — *Tènement del Peuch-Rogh*, 1661 (terr. de Loubeysargues).

Puech-Roudier (Le), dom. ruiné, c^{ne} d'Aurillac. — *Affar del Puech-Roudier; Puy-Rodier*, 1692 (terr. de Saint-Geraud).

Puech-Roux (Le), vill., c^{ne} de Maurs. — *Le Puch-Roulx*, 1626; — *Lou Puéroix*, 1663; — *Lou Pauroix*, 1664; — *Lou Puérox*, 1667; — *Lou Puehrouphe; lou Puehrugh*, 1670; — *Lou Puéroux*, 1757 (état civ.). — *Le Puechroux*, 1757 (anc. cad.).

Puechs (Les Trois), bois défriché, c^{ne} de Saint-Simon. — *Bois apellé des Tres Puech*, 1692 (terr. du monast. de Saint-Geraud).

Puechs (Des), taillis et dom. ruiné, c^{ne} d'Ytrac. — *Affar appellé de Pleux ou de la Besse*, 1733 (arch. mun. d'Aurillac, s. H, r. 15).

Puech-Saint-Geraud (Le), mont., châtaign. et taillis, c^{ne} de Saint-Mamet-la-Salvetat. — *Bos del Puech-Sanguiral*, 1739; — *Puech-Saint-Guiral*, 1743; — *Puech-Saint-Geraud*, 1744 (anc. cad.).

Puech-Saint-Jean (Le), dom. ruiné, c^{ne} de Carlat. — *Affar del Puech-Sainct-Jean*, 1695; — *Affar de Puex-Saint-Jean*, 1736; — *Lou Puech-Saint-Jean, grand tènement où étaient autrefois édifices*, 1756 (terr. de la command. de Carlat).

Puech-Saint-Luc, écart, c^{ne} de Mauriac.

Puech-Soleil (Le), mont. à vacherie, c^{ne} de Lorcières. — *Le Peuch-Soles*, 1508; — *Terroir de Peuchx-Solleil*, 1630; — *Le Peuchx-Soleil*, 1662; — *Le Puech-Soleil*, 1762 (terr. de Montchamp).

Puech-Soubrier (Le), dom. ruiné, c^{ne} de Saint-Constant. — *Affar de Pech-Sebrier; Pech-Sebié*, XVIIe s^e (reconn. au prieur de Saint-Constant).

Puech-Trèmes (Le), mont., taillis et dom. ruiné, c^{ne} de Saint-Mamet-la-Salvetat. — *Tènement del Puech-Crémon; Puech-Trémon*, 1739; — *Le Puech-Trinye*, 1740; — *Le Puech-Trenie*, 1743; — *Le Puex-Trème*, 1747 (anc. cad.).

Puech-Usclat (Le), mont. et bois défriché, c^{ne} de Saint-Simon. — *Bois appellé de Puech-Usclat*, 1577 (pièces de l'abbé Delmas). — *Bois apellé le Peuch-Usclat*, 1692 (terr. de Saint-Geraud).

Puech-Vendrier (Le), ham., c^{ne} de Colandres.

Puech-Ventoux (Le), dom. ruiné, c^{ne} de Saint-Chamant. — *Affar appelé de Puechventoux*, 1628 (terr. de Notre-Dame d'Aurillac).

Puech-Verdier (Le), écart, c^{ne} de Saint-Constant.

Puech-Verjéa (Le), mont. à vacherie, c^{ne} de Mauriac. — *Le Peuch-Bourges*, 1473; — *Le Puechs-Bourges*, 1475 (terr. de Mauriac).

Puech-Vieil (Le), dom. ruiné, c^{ne} de Glénat. — *Mansus dels Puchs-Vielhs; mansus dels Puchs-Vielhs*, 1322 (homm. au seign. de Montal). — *Mansus dals Puech-Vieilhs*, XVIIIe s^e (pap. de la famille de Montal).

Puech-Vignier (Le), dom. ruiné, c^{ne} de Marcolès. — *Affarium vocatum del Puech-Vinher, lo Puech-Vinhier*, 1454 (pièces de l'abbé Delmas).

Puessens (Les), dom. ruiné, c^{ne} de Giou-de-Mamou. — *Buge des Peissieux*, 1741 (anc. cad.).

Puet-de-la-Garde (Le), écart, c^{ne} de Teissières-les-Bouliès. — *Lou Puech*, 1644 (min. Sarrauste).

Puet-del-Rat (Le), mont., taillis et dom. ruiné, c^{ne} de Roumégoux. — *Affarium de Poihratz*, 1246 (arch. mun. d'Aurillac, s. HH, c. 21).

Pueth (Le), mont. à vacherie, c^{ne} de Virargues. — *Le cartier du Peuch*, 1683 (terr. des Bros).

Puet-Savoie (Le), mont., bois, châtaign. et dom. ruiné, c^{ne} de Roumégoux. — *Affarium da la Peussovia*, 1298 (arch. mun. d'Aurillac, s. HH, c. 21).

Puézac, vill., c^{ne} de Teissières-de-Cornet. — *Mansus de Puasac*, 1466 (terr. de Saint-Christophe). — *Puezacum; Puesacum*, 1522 (min. Vigery, n^{re} à Aurillac). — *Peizac*, 1620 (état civ. de Reilhac). — *Puéjac*, 1622 (inv. des titres de la cure de Jussac). — *Puyac*, 1665 (état civ.). — *Puézac*, 1691 (id. de Crandelles).

Le village de Puézac a été distrait de la succursale de Reilhac, et réuni à la succursale de Teissières-de-Cornet, par ordonn. royale du 30 mars 1827.

Puissagnol (Le), ruiss., afll. de l'Hergne, coule aux finages des c^{nes} de Montchamp, Védrines-Saint-Loup et Soulages; cours de 6,000 m. — *Rif appellé de Pont-Péril*, 1508; — *Rif de Pont-Périe; rif de Pont-Purit*, 1633; — *Rif appellé Pomperit*, 1663 (terr. de Montchamp).

Puniéjoul, vill., c^{ne} de Marcolès. — *Mansus de Penneghol*, 1522 (min. Vigery, n^{re}). — *Villaige de Puniéjou*, 1624 (état civ. de Saint-Mamet). — *Puniéjoul* (État-major).

Pussac, ham., c^{ne} de Chaudesaigues. — *Pussac*, 1784 (Chabrol, t. IV).

Pussac, ruiss., afll. du Remontalou, c^{ne} de Chaudesaigues; cours de 2,000 m.

Putos (Les), futaie, c^{ne} de la Chapelle-d'Alagnon. — *Bois appellé de la Coste-de-Poutut*, 1535; — *Bois des Charnières de la Costat-Paulut*, 1536 (terr. de la v^{té} de Murat). — *Les Putois* (états de sections).

Puy (Le), mont. à vacherie, c^{ne} de Madic.

Puy-Balagou (Le), monticule, c^{ne} de Saint-Remy-de-Chaudesaigues.

Puy-Basset (Le), vill. et futaie, c^{ne} de Carlat. — *Puchabarrum*, 1402 (arch. dép. s. E). — *Podium Bassatum*, 1486; — *Mansus de Podium Bassetum*, 1489 (reconn. à J. de Montamat). — *Puybasset*, 1498 (arch. dép. s. E). — *Puch-Basset*, 1521 (min. Vigery, n^{re}). — *Puith-Basset*, 1610 (aveu au roi par J. de Pestels). — *Piépasser*, 1625 (état civ. d'Arpajon). — *Puech-Basset*, 1634 (id. de Naucelles). — *Picuch-Basset; le Puech-Basset-Bas; le Puech-Basset-Haut*, 1668; — *Puechbasset*, 1671 (nommée au p^{ce} de Monaco). — *Puy-Basset*, 1695 (terr. de la command. de Carlat). — *Puisbasset* (Cassini).

Puy-Basset (Le), vill. et mont. à vacherie, c^{ne} de Fontanges. — *Puectveicet*, 1662 (état civ. de Saint-Cernin). — *Puebasset*, 1663 (insin. du bailliage de Salers). — *Lou Puybasset*, 1673 (état civ. de Saint-Chamant). — *Piébasset; Puibasset*, 1736 (id. de Fontanges). — *Puy-Basset*, 1743 (arch. dép. s. C, l. 44).

Puy-Basset, ruiss., afll. de l'Aspre, c^{ne} de Fontanges; cours de 700 m.

Puy-Bertot (Le), écart et mont., c^{ne} de Roannes-Saint-Mary. — *Mansus de Bertoux*, 1531 (min. Vigery, n^{re}).

Puy-Blanc (Le), mont. à vacherie, c^{ne} de Saint-Illide. — *Podium Blanc*, 1664; — *Le Puy, appellé Peuch-Blanc de la Parra*, 1666 (terr. de Saint-Christophe).

Puy-Blanc (Le), mont. à vacherie et dom. ruiné, c^{ne} de Saint-Mamet-la-Salvetat. — *Ténement del Phuex-Blanc*, 1739; — *Le Puech-Blanq*, 1742 (anc. cad.).

Puy-Bonhomme (Le), ham., c^{ne} de Glénat. — *Affarium del Bon-Home*, 1319; — *Mansus dal Bonhome*, 1350 (arch. mun. d'Aurillac, s. HH, c. 21).

Puy-Bonhomme (Le), mont. à vacherie, c^{ne} de Roumégoux.

Puy-Bonhomme (Le), écart et mont. à vacherie, c^{ne} de Saint-Saury.

Puy-Brounionet (Le), écart et mont. à vacherie, c^{ne} de Junhac.

Puy-Brunet (Le), mont. à vacherie, c^{ne} de Peyrusse. — *Montanea dicta le Peuchz-Brunets dels Teyssediis; Peuchz-Brunades*, 1741 (terr. du Feydit).

Puy-Brunet (Le), mont. à vacherie, c^{ne} de Saint-Jacques-des-Blats.

Puy-Cantarel (Le), mont. à vacherie, c^{ne} de Saint-Cernin.

Puy-Chavaroche (Le), mont. à vacherie, c^{ne} du Fau. — *Buron de Chavaroche* (État-major).
Puy-Chavaroche (Le), mont. à vacherie, c^{ne} de Mandailles. — *Puy Chaveroche* (Cassini). — *Puy-Chavaroche ou l'Homme de Pierre* (État-major).
Puy-Comptour (Le), mont., vill. détruit et étang desséché, c^{ne} de Menet. — *Lou Peuch-les-Menet*, 1561 (terr. de Murat-la-Rabe). — *Lou Peutz*, 1605; — *Lou Peux*, 1658 (état civ.).
Puy-Courny (Le), mont. et dom. ruiné, c^{ne} d'Aurillac. — *Affarium de Cornille*, XIIIe s^e (arch. mun. d'Aurillac, s. GG, p. 19). — *Es affar de Cornyl*, 1528 (terr. des cons. d'Aurillac). — *Montagne de Cornil*, 1693 (arch. de l'hôp. d'Aurillac). — *Le Puech-Cournil*, 1739 (anc. cad.).
Puy-de-Conne (Le), écart, c^{ne} de Nieudan. — *Podium vocatum de Conne*, 1341 (arch. dép. s. E). — *Podium vocatum Caymont*, 1357 (reconn. aux. seign. de Montal). — *Puy de Conne*, 1510 (pap. de la fam. de Montal).
Puy-de-la-Garde (Le), écart et mont., c^{ne} de Teissières-les-Bouliès.
Puy-de-l'Arbre (Le), écart, mont. et camp romain circulaire, c^{ne} de Montsalvy. — *Lou Puech de Larbre*, 1759 (anc. cad.).
Puy-de-Malrieu (Le), vill., c^{ne} de Saint-Martin-Cantalès. — *Mansus de Podio Iris*, 1403 (arch. mun. d'Aurillac, s. HH, c. 21). — *Podium de Malo Rivo*, 1464 (terr. de Saint-Christophe). — *Malrieu*, 1634 (état civ. de Salers). — *Puech-de-Malrieu*, 1667 (id. de Saint-Christophe). — *Lou Puex-de-Maurie*, 1671 (id. de Saint-Chamant). — *Lou Peuch-de-Malrieu*, 1703 (id. de Saint-Martin-Valmeroux). — *Le Puy-Malrieu*, 1746; — *Le Puy-de-Malrieu*, 1784 (arch. dép. s. C, l. 40). — *Puy-de-Mariou* (Cassini).
Puy-des-Vignes (Le), ham., c^{ne} de Chalvignac. — *Mansus del Poh*, 1284; — *Mansus de Podio*, 1296 (homm. à l'évêque de Clermont).
Puy-de-Vézol (Le), mont. à vacherie, c^{ne} de Saint-Amandin. — *Les roches de Vézolles*, 1650 (terr. de Feniers).
Puy-de-Villedieu, mont. à vacherie, c^{ne} de Villedieu. Un village paraît avoir existé sur ce Puy.
Puy-Dondon (Le), mont., c^{nes} d'Ally et de Drignac. — *Le Puydondon; lou Puech-Dondon*, 1778 (inv. des arch. de la mais. d'Humières).
Puy-Doulha (Le), mont. à vacherie et caverne, c^{ne} de Reilhac.
Puyécuouny, écart, c^{ne} de Reilhac.
Puy-Fagéole (Le), écart, c^{ne} de Barriac.
Puy-Fagéoles (Le), mont. à vacherie et dom. ruiné, c^{ne} de Chaussenac. — *Villa Fajola*, XIIe s^e (copie de la charte dite *de Clovis*). — *Villaige de Faloyols*, 1778 (inv. des arch. de la mais. d'Humières).
Puy-Failly (Le), mont. à vacherie, c^{ne} de Laveissenet. — *Territorium de Poch-Falluc*, 1236 (arch. dép. s. H). — *Le Peuch-Falit*, 1575 (terr. de Bredon).
Puy-Ferrand (Le), mont., c^{ne} de Maurs.
Puy-Figéagols (Le), mont. à vacherie, c^{ne} de Junhac. — *Le Puy Fijagol* (états de sections).
Puy-Francon (Le), ham., bois et chât. détruit, c^{ne} de Massiac. — *La seigneurie de Puyfrancon*, 1556 (terr. du prieuré de Rochefort). — *Puisfrancon* (Cassini). — *Le Pui Francon*, 1790 (arch. dép. s. E).

Le château de Puy-Francon était, avant 1789, le siège d'une des cinq justices renfermées dans la ville de Massiac; elle était régie par le droit cout., et ressort. à la sénéch. d'Auvergne, en appel de la prév. de Brioude.

Puy-Froid (Le), mont. et bois défriché, c^{ne} de Marcolès. — *Nemus vocatum del Puech-Freyt*, 1520 (pièces de l'abbé Delmas).
Puy-Gary (Le), mont., châtaign. et taillis, c^{ne} de Boisset. — *Bois chastanial appellé del Peuch-Gary*, 1668 (nommée au p^{ce} de Monaco). — *Bois de Puechguery; bois de Puechgary*, 1746 (anc. cad.).
Puy-Gazou (Le), mont. à vacherie, c^{ne} de Védrines-Saint-Loup.
Puy-Grand (Le), mont. à vacherie, c^{ne} de Champs.
Puy-Gros (Le), mont. à vacherie, c^{nes} de Thiézac et de Saint-Jacques-des-Blats.
Puy-Jeannette (Le), mont. à vacherie, c^{ne} de la Trinitat.
Puy-la-Besse (Le), ham., c^{ne} de Saint-Santin-Cantalès.
Puy-la-Cabane (Le), écart, c^{ne} de Prunet.
Puy-la-Croix (Le), mont., c^{ne} de Montsalvy.
Puy-la-Fon (Le), écart et mont. à vacherie, c^{ne} de Roannes-Saint-Mary. — *Affaria de la Fon*, 1522 (min. Vigery, n^{re} à Aurillac).
Puy-la-Vergne, écart, c^{ne} de Montsalvy.
Puy-Maigne (Le), ruiss., affl. du ruisseau de Mazelaire, c^{ne} de Molompize; cours de 2,800 m. — *Ruisseau appellé de Sarzeyroux; de Sernezes*, 1559 (terr. du prieuré de Molompize).
Puy-Majou (Le), mont., c^{ne} de Calvinet.

Le château féodal de Calvinet était construit sur cette montagne qui domine le bourg.

Puy-Marty (Le), mont. à burons et dom. ruiné, c^{ne} de Vic-sur-Cère. — *Affar de Puech-Marty*, 1671 (nommée au p^{ce} de Monaco).
Puy-Mary (Le), mont. à burons, c^{nes} de Cheylade,

le Falgoux, Lavigerie et Mandailles. — *Mons Marinus*, xii⁰ s⁰ (copie de la charte dite *de Clovis*). — *Puy-Marie* (Cassini).

Puy-Maudit (Le), mont., c^ne de Saint-Cernin.

Puy-Menouère (Le), mont. et taillis, c^ne de Menet. — *Lou Peuch de Menoyre*, 1561 ; — *El Peuch de Menoire*, 1638 (terr. de Murat-la-Rabe). — *Carrière appellée de Privade de la Fon-Vieille et du Puy-de-Ménoire*, 1783 (aveu au roi par G. de la Croix).

Puy-Ménol (Le), ham., c^ne de Tourniac.

Puy-Misien (Le), mont. à vacherie, c^ne de la Trinitat. — *Puech Misié* (État-major).

Puy-Montet (Le), mont. à vacherie, c^ne de Chalvignac.

Puy-Morel (Le), écart détruit, c^ne de Champs. — *Le Puy-Mourel*, 1666 (état civ.).

Puy-Nubert (Le), dom. ruiné, c^ne de Leucamp. — *Affar appellé del Puy-Nubert*, 1670 (nommée au p^ce de Monaco).

Puy-Pernic (Le), ruiss., affl. de la Jordanne, c^ce de Lascelle; cours de 750 m.

Puy-Peyrade (Le), mont. à vacherie, c^ne de la Trinitat.

Puy-Raz (Le), dom. ruiné, c^ne de Saint-Cernin. — *Mansus vocatus de Podio Ras*, 1324 (arch. mun. d'Aurillac, s. HH, c. 21).

Puy-Redon (Le), mont. à vacherie, c^ne de Lieutadès.

Puy-Rond (Le), mont. à burons, c^nes de Saint-Vincent et de Trizac. — *Puech-Rond* (État-major).

Puy-Saint-Mary (Le), mont. avec chapelle et dom. ruiné, c^ne de Mauriac. — *Affarium de Podio Sancti Marii*, 1288 (hommn. au doyen de Mauriac). — *Podium Beati Marci*, 1473 (terr. de Mauriac). La chapelle de Saint-Mary consacrée au xi⁰ siècle par Étienne, évêque de Clermont, est dédiée à la sainte Vierge et à saint Mary.

Puy-Saint-Mary (Le), mont., vill. et chapelle détruits, c^ne de Roannes-Saint-Mary. — *Affarium Sancti Mori*, 1269 (arch. mun. d'Aurillac, s. FF, p. 15).

Puy-Sinalhac (Le), écart et mont. à vacherie, c^ne de Mauriac. — *Le Puy-Chinalhac* (états de sections).

Puy-Soutro (Le), vill. et chapelle votive, c^ne d'Ally. — *Mansus del Puech-Sotra*, 1464 (terr. de Saint-Christophe). — *Lou Peux-Soutro*, 1654 ; — *Lou Peux-Soutra*, 1655 (état civ.). — *Lou Peucheux-Sotre*, 1655 (id. de Saint-Christophe). — *Lou Peux-Soustro*, 1656 (id. de Loupiac). — *Lou Peuh-Soutre*, 1656 (id. du Vigean). — *Lou Peuch-Soutra*, 1656 (état civ.). — *Lou Peuhc-Soutro*, 1658 (id. du Vigean). — *Lou Peux-Soutre*, 1670 (état civ.). — *Le Puy-Soutra*, 1674 (id. de Pleaux). — *Le Puit-Soutrot*, 1682 ; — *Le Puit-Soutrau* ; *le Puisoutro*, 1684 (id. de Chaussenac). — *Lou Peuxsoutre*, 1687 (id. de Barriac). — *Le Pvissoustro*, 1687 (id. de Pleaux). — *Lou Puxsoutro*, 1690 (id. de Barriac). — *Lou Peuxsoutro*, 1693 ; — *Lou Pueuchsoutro*, 1694 ; — *Lou Puissoutra*, 1695 ; — *Lou Peuxsoutrot*, 1697 ; — *Lou Peusoutre*, 1698 (état civ.). — *Le Piessoutro* ; *le Pissetron*, 1769 ; — *Le Piessoutre*, 1770 (arch. dép. s. C). — *Le Puech-Soutro* ; *le Puech-Soustres* ; *villaige del Tor alias del Poux-Soutro* ; *villaige del Thorn*, 1778 (inv. des arch. de la mais. d'Humières).

Puy-Vachou (Le), mont. à vacherie, c^ne de Vieille-spesse.

Puy-Verny (Le), f^me, c^ne de Saint-Cirgues-de-Jordanne. — *Lo Serret del Puech-Verny*, 1522 (min. Vigery, n^ro). — *Le Puech-Vernez*, 1632 (état civ. de Vic). — *Lou Puech*, 1652 (id. de Reilhac). — *Puechverny*, 1692 (terr. de Saint-Geraud). — *Puech-Verni*, 1700 ; — *Puechverny*, 1717 (arch. dép. s. C, l. 1). — *Peuch-Verny* (État-major).

Puy-Violent (Le), mont. à vacherie, c^nes du Fau et de Saint-Paul-de-Salers.

Pyronée (La), m^in, c^ne d'Allanche. — *Moulin de Pironé* (Cassini).

Pyronée (La), m^in et source therm., c^ne de Chanet. — *La fon de Talo*, 1451 (terr. de Chavagnac).

Pyronée (La), dom. ruiné, c^ne de Chaudesaigues. — *Affar de Peironnet*, 1503 ; — *Peironet*, 1662 ; — *Pironnet*, 1686 ; — *Peyronnet*, 1730 (terr. de la Garde-Roussillon).

Q

Quairols, dom. ruiné, c^ne de Saint-Cirgues-de-Malbert. — *Bordaria de Quairols*, 1350 (arch. mun. d'Aurillac, s. HH, c. 21).

Quarante-Peyres (Les), vill., c^ne de Rouffiac. — *Quarentepeyres*, 1639 (état civ. de Cros-de-Montvert). — *Quantité-Peyras*, 1658 (min. Sarrauste, n^re). — *Quarantepaires*, 1782 (arch. dép. s. C, l. 51). — *Quarantepaire* (Cassini).

Le village tire son nom d'alignements celtiques qui existaient probablement encore du temps du notaire Sarrauste.

QUARTERONS (LA SAGNE DES), mont. à vacherie, c^{ne} de Landeyrat.

QUARTIER (LE), vill., c^{ne} de Trémouille-Marchal. — *La Catreu*, 1704 (arch. dép. s. E). — *La Quatreulle; la Catreulle*, 1784 (Chabrol, t. IV).

QUARTIÈRES (LES), dom. ruiné, c^{ne} de Saint-Martin-sous-Vigouroux. — *Affar de las Quartières*, 1671 (nommée au p^{cc} de Monaco).

QUATRE-CHEMINS (LES), ham., c^{ne} de Saint-Martin-Valmeroux.

Ce village porte aussi le nom de *la Croix du Baron*.

QUATRE-CHEMINS (LES), vill., c^{ne} d'Ytrac.

Une maison de ce village dépend. de la c^{ne} de Naucelles.

QUATRE-CHEMINS-DU-VENT (LES), écart, c^{ne} de Saint-Paul-des-Landes. — *Affarium da la Vernha*, 1314 (archives départementales, s. E). — *Lou Vert*, 1702 (état civ.).

QUATRE-ROUTES (LES), écart, c^{ne} de Saint-Martin-Valmeroux.

QUATRE-RUES (LES), ham., c^{ne} de Champagnac.

QUATREUIL (LA), mont. à vacherie, c^{ne} de Ségur. — *La Catreuil* (Cassini).

QUAYRELLE (LE), écart, c^{ne} de Leynhac. — *La Quayrilie* (Cassini).

QUAYRIE (LA), vill., c^{ne} de Marchastel. — *Mansus del Cayre*, 1519 (terr. d'Apchon). — *La Queyre*, 1784 (Chabrol, t. IV).

QUEILLE (LA), ham., c^{ne} de Brezons.

QUEIRIE (LA), dom. ruiné, c^{ne} de Dienne. — *La Gueirie*, 1600; — *La Queyria; la Queiria*, 1618 (terr. de Dienne). — *La Garrie*, 1667 (lièvre de Dienne).

QUÉRIE (LA), vill., c^{no} de Raulhac. — *La Cayria*, 1643 (min. Froquières, n^{re} à Raulhac). — *La Cayrie*, 1669 (nommée au p^{co} de Monaco). — *La Cairie*, 1693 (état civ.). — *La Queyrie*, 1695; — *La Queirie; la Quayrie*, 1696; — *Laqueyrie*, 1736 (terr. de la command. de Carlat).

QUÉRIE (LA), vill., c^{ne} de Saint-Amandin. — *La Queyrie*, 1550 (terr. de Marvaud). — *La Quierie*, 1550 (lièvre du quartier de Marvaud). — *La Queyrio*, 1650 (terr. de Feniers). — *Laqueyrie*, 1668; — *La Queirie*, 1755 (lièvre du quartier de Marvaud). — *Laquerie* (Cassini). — *La Quaierie*, 1886 (états de recens.).

QUÉRIE (LA), ham., c^{ne} de Saint-Martin-Valmeroux.

QUEUILLE (LA), dom. ruiné, c^{ne} de la Capelle-Viescamp. — *Villaige de la Quouhe*, 1652 (min. Sarrauste, n^{re}).

QUEUILLE (LA), dom. ruiné, c^{ne} de Chalinargues. — *Domayne de la Queullie*, 1756 (terr. de la coll. de N.-D. de Murat).

QUEUILLE (LA), mont. à vacherie et font., c^{ne} de la Chapelle-d'Alagnon. — *La fon de Queulhe*, 1581 (terr. de Celles). — *Cartier de Laqueulhe*, 1683 (id. des Bros).

QUEUILLE (LA), vill. et chât. féodal détruit, c^{ne} de Dienne.

QUEUILLE (LA), mont. à burons, bois, dom. ruiné et source minérale, c^{nes} de Dienne et de Laveissière. — *Al fayt apelat de Couillia*, 1490; — *La Quellia*, xve s^e (terr. de Chambeuil). — *Montaigne de la Queulhe*, 1551; — *Bois commung Delaqueulhe*, 1600 (id. de Dienne). — *Montaigne de la Queullhe*, 1606 (min. Danty, n^{re} à Murat). — *Bois de Laqueulhe*, 1618 (terr. de Dienne). — *Affar de la Queilhe*, 1668 (nommée au p^{ce} de Monaco).

QUEUILLE (BOIS DE LA), bois et dom. ruiné, c^{ne} de Riom-ès-Montagnes. — *Affarium vocatum de la Cueilha*, 1441 (terr. de Saignes).

QUEUILLES (LES), écart, c^{ne} de Mauriac.

QUEUILLE-SOUBRONNE (LA), vill., c^{ne} de Dienne. — *Mansus de las Culas*, 1279; — *La Culhos*, 1360; — *La Cuelha*, 1441 (arch. dép. s. E). — *La Queulhe*, 1551 (terr. de Dienne). — *Laqueulhe*, 1559 (min. Lanusse, n^{re} à Murat). — *La Queulhie*, 1595; — *La Queilhe*, 1600 (terr. de Dienne). — *La Queuille*, 1671 (état civ. de Murat). — *Laquielhe; Laqueye*, 1673 (nommée au p^{ce} de Monaco). — *La Quelhe*, 1680 (état civ. de Chastel-sur-Murat).

QUEUILLE-SOUTRONNE (LA), vill., c^{ne} de Dienne.

QUEYRIE (LA), bois défriché, c^{ne} de Virargues. — *Boys appellé del Colomb*, 1518 (terr. des Cluzels). — *Boix de Columb*, 1552; — *Bois de Coulomb à présent de la Queyrie*, 1683; — *Bois de Colombe, à présent de Laqueyrio; las Queyrios*, 1686 (id. de Farges).

QUEYNOU (LE), ham., c^{ne} de Vitrac. — *Cayrou* (État-major).

QUEYTIVADE (LA), f^{me}, c^{ne} de Sénezergues. — *La Caytrivade sive Benezit*, 1668 (nommée au p^{ce} de Monaco). — *La Caytivade*, 1786 (lièvre de Calvinet). — *La Queitivade*, 1857 (Dict. stat. du Cantal).

QUÉZAC, c^{on} de Maurs, et chât. détruit. — *Quezacum*, xive s^e (Pouillé de Saint-Flour). — *Quesacum*, 1461 (arch. dép. s. H). — *Quiessac*, 1628 (paraphr. sur les cout. d'Auvergne). — *Cayssac*, 1746 (état civ. de Saint-Étienne-de Maurs). — *Quézac*

(Cassini). — *Queyzac; Queyzat*, 1784 (Chabrol, t. I et IV).

Quézac était, avant 1789, de la Haute-Auvergne, du dioc. de Saint-Flour, de l'élect. et de la subdél. d'Aurillac. Siège d'une justice seign. régie par le droit écrit, il ressort. au bailliage d'Aurillac, en appel de la prév. de Maurs. — Son église, sous le voc. de saint Pierre ès liens, était une cure dépend. de l'archiprêtré d'Aurillac, et à la nomination de l'évêque. Elle a été érigée en succursale par décret du 28 août 1808.

Quèze (La), seigneurie, c^{ne} de Raulhac. — *Le sieur de la Quèze*, 1668 (nommée au p^{cé} de Monaco).

Quié (Le Puech de), mont. et bois, c^{ne} de Boisset. — *Bois del Puech Diguie*, 1746; — *Le Puech de Guyé; le Puech du Guier*, 1748 (anc. cad.).

Quié (Le), f^{me}, c^{ne} de Parlan. — *Le Quié; lou Quier; Louquier*, 1748 (anc. cad.).

Quié (Le), ruiss., affl. de la rivière de Veyre, c^{ne} de Parlan; cours de 2,400 m.

Ce ruisseau porte aussi le nom de *la Bastide*.

Quien (Le), dom. ruiné, c^{ne} de Badaillac. — *Mas appellé Bos dals Quiez; Lesquiez*, 1692 (terr. du monast. de Saint-Geraud).

Quien (Lo), écart, c^{ne} de Leynhac. — *Villaige dal Quye*, 1668 (nommée au p^{cé} de Monaco). — *Le Quié* (Cassini).

Quien (Le), dom. ruiné, c^{ne} de Rouziers. — *Ténement del Quieyt*, 1668 (nommée au p^{cé} de Monaco).

Quien (Le), vill., c^{ne} de Teissières-de-Cornet. — *Lo Quier*, 1351 (pap. de la fam. de Montal). — *Lou Quyer*, 1531 (min. Vigery, n^{re} à Aurillac). — *Elquié*, 1635 (état civ. de Laroquebrou). — *Lou Quié*, 1665 (id. d'Ayrens). — *Elhié*, 1701 (état civ. de Saint-Paul-des-Landes). — *Louquier*, 1728 (arch. dép. s. C, l. 20).

Quille (Le), dom. ruiné, c^{ne} de la Capelle-Viescamp. — *Affar de la Quilhe*, 1669 (nommée au p^{cé} de Monaco).

Quille (La), vill. et mⁱⁿ, c^{ne} de Siran. — *Mansus de Que*, 1428 (arch. mun. d'Aurillac, s. HH, c. 21). — *Leyanille*, 1617 (état civ.). — *Elyquilhe*, 1634 (min. Sarrauste, n^{re}). — *Raquils*, 1659; — *La Quilhe*, 1663; — *Lou Yquilie*, 1664 (état civ.). — *La Quille* (Cassini).

Quillou (Le Puy de la), mont. et bois, c^{ne} d'Ally.

Quitivier (Le), ruiss., affl. de la rivière d'Authre, c^{nes} d'Aurillac et d'Ytrac; cours de 3,250 m.

Ce ruisseau porte aussi les noms d'*Antuéjoul* et de *la Borie*.

Quodaze (Le Moulin de), écart, bois et étang auj. cultivé, c^{ne} de Saint-Mamet-la-Salvetat. — *Bois de Codazé*, 1739; — *Ténement de Couadaze*, 1740; — *Le Puech et l'estang de Codaze*, 1744 (anc. cad.).

Quoiche (La), ham., c^{ne} de Fournoulès. — *La Quasse*, 1855 (Dict. stat. du Cantal).

Quoille (La), mont. à vacherie, c^{ne} de Champagnac.

Quos (Las), mont. à vacherie, c^{ne} de Saint-Remy-de-Salers.

Quotidiane (La), vill., c^{ne} de Mourjou.

R

Rabaude (La), écart, c^{ne} de Sénezergues. — *Rabaud* (État-major).

Rabertenc, bois défriché, c^{ne} de Laroquebrou. — *Nemus Rabertenc*, 1301 (pap. de la famille de Montal).

Rabeyrolles, ham., c^{ne} de Massiac. — *Robeyrolles*, 1613 (dîmes dues au chap. de Saint-André de Massiac). — *Vaberolle*, 1784 (Chabrol, t. IV).

Rabiac, écart, c^{ne} de Chaussenac.

Raboisson, vill., c^{ne} de Lanobre. — *Raboissou* (Cassini). — *Reboissou* (État-major). — *Chez-Raboisson*, 1856 (Dict. stat. du Cantal).

Raboisson, mⁱⁿ, c^{ne} de Montgreleix.

Raboisson, mⁱⁿ et foulon, c^{ne} du Vaulmier.

Rabouissou, dom. ruiné, c^{ne} de Montchamp. — *Le Rieuboissu*, 1508; — *Raboissou*, 1666; — *Metterie de Chirac appellée de Raboisson*, 1667; — *Ténement de Reboissou*, 1730 (terr. de Montchamp).

Raboulet, écart, c^{ne} de Saint-Urcize.

Radadou, dom. ruiné, c^{ne} de Bredon. — *La grauche de Radadou*, 1598 (reconn. des hab. d'Albepierre).

Radaix, f^{me}, c^{ne} de Saint-Paul-des-Landes. — *Mansus da Radays*, 1399 (arch. dép. s. G). — *Bauresse*, 1660 (état civ. d'Aurillac). — *Radais*, 1682 (arch. dép. s. C). — *Vadays*, 1702 (état civ. de Saint-Paul-des-Landes). — *Radaix*, 1707 (arch. dép. s. C). — *Rodaix*, 1709 (état civ. de Saint-Paul-des-Landes). — *Rodais*, 1760 (arch. dép. s. C). — *Radays* (Cassini). — *Radaï* (recens. de 1886).

Radal, ham., c^{ne} de Saint-Paul-des-Landes.

Raffy (La Maison de), écart, c^{ne} de Mourjou.

RAGÉAC, vill. et m^in, c^ne de Saint-Marc. — *Rageac,* 1625 (état civ. de Saint-Flour). — *Raghac,* 1679 (insin. de la cour royale de Murat). — *Ragheat,* 1786 (arch. dép. s. C, l. 48).

RAGÉADE, c^on de Ruines. — *Vicaria de Rogades,* x^e s^e (cartul. de Brioude). — *Ratgada,* xive s^e (Pouillé de Saint-Flour). — *Raghada,* 1401 (spicil. Brivat.). — *Ratghada,* 1418 (liber vitulus). — *Raighadat,* 1508 (terr. de Montchamp). — *Raiade,* 1672 (état civ. de Bonnac). — *Reghéade,* 1727 (id. de Saint-Mary-le-Plain). — *Regeade, Reghade,* 1784 (Chabrol, t. IV).

Ragéade, chef-lieu d'une viguerie carolingienne était, avant 1789, de la Haute-Auvergne, du dioc. de l'élect. et de la subdél. de Saint-Flour. Régi par le droit cout., il dépend. de la justice seign. de Lastic, et ressort. à la sénéch. d'Auvergne, en appel de la prév. de Brioude. — Son église, dédiée à saint Pierre ès liens, était un prieuré de filles dépend. de l'abbaye des Chazes, et à la nomination de l'abbesse. Elle a été érigée en succursale par décret du 28 août 1808.

RAGEAUX, ham. avec manoir et bois, c^ne de Saint-Cernin. — *Raghauld,* 1597 (min. Lascombe). — *Reghault,* 1636 (lièvre de Poul). — *Régeaud,* 1659 (état civ.). — *Rageau; Ragheau; Rageaut,* 1744 (anc. cad.). — *Regheaud; Ragheaud,* 1855 (Dict. stat. du Cantal).

RAGE-FRAISE, ham., c^ne de Saint-Just. — *Rage-Fraize,* 1787 (arch. dép. s. C, l. 48). — *Ragosses* (Cassini). — *Razefraise* (État-major).

RAGET, dom. ruiné, c^ne de Trémouille-Marchal. — *Grange appellée de la Plane de Raget,* 1732 (terr. du fief de la Sépouse).

RAGHÉAT, ham. détruit, c^ne de Saint-Poncy.

RAGUETTE, vill. détruit, c^ne de Valuéjols. — 1784 (Chabrol, t. IV).

RAICHIE (LA), dom. ruiné, c^ne de Glénat. — *Tenementum voc. de la Raychia,* 1360 (arch. mun. d'Aurillac, s. HH, c. 21).

RAINE (LE SUC DE LA), mont. à vacherie, c^ne de Saint-Bonnet-de-Marcenat.

RAISSONNIÈRE (LA), écart, c^ne de Thiézac.

RAMBARTES, mont. à vacherie, c^ne de Thiézac. — *Montagnhe de Rambarteix,* 1668 (nommée au p^ee de Monaco).

RAMIER (LE), ham., c^ne de Leynhac. — *Le Rancier,* 1856 (Dict. stat. du Cantal).

RAMOND, écart et m^in, c^ne de Boisset. — *Le Bois-Ramon; le Bos-Ramond; le Baramon,* 1746; — *Le Barramon,* 1747 (anc. cad.). — *Le Bois-de-Ramoun* (états de sections).

RAMOND (LE), dom. ruiné, c^ne de Saint-Mamet-la-Salvetat. — *Ténement du Ramond,* 1739 (anc. cad.).

RAMOULLET, vill. détruit, c^ne d'Antignac. — *Villaige de Ramoullet,* 1658 (insin. du baill. de Salers).

RAMOUNET, f^me, c^ne de Saint-Urcize. — *Romanet* (Cassini). — *Ramounet* (État-major). — *Raboulet,* 1857 (Dict. stat. du Cantal).

RAMPANEYRE (LA), écart, c^ne de Saignes. — *Rompinière* (Cassini). — *La Rampaneyre, autrefois Boissières,* 1857 (Dict. stat. du Cantal).

RANCE (LA), riv., affl. du Célé, coule aux finages des c^nes de la Capelle-del-Fraisse, Marcolès, Vitrac, Boisset et Saint-Étienne-de-Maurs; cours de 33,000 mètres. — *Aqua Alrancia,* 1301 (pièces de l'abbé Delmas); — *Aquæ vocatæ Alransa,* 1331 (pièces de l'abbé Delmas). — *Rivus Dalransa; aqua dal Ransa,* 1339 (reconn. à Guill. de Podio). — *Aqua Alrencie,* 1416 (arch. dép. s. H). — *Aqua Alranae,* 1433; — *Riparia Maurcii,* 1443 (arch. mun. d'Aurillac, s. HH, c. 21). — *Aqua Dalrance; aqua de Puech-Miro,* 1500 (terr. de Maurs). — *Revière Dalraisse,* 1559 (min. Destaing, n^re à Marcolès). — *Ruisseau de Lort,* 1668 (nommée au p^ee de Monaco).

RANCILHAC (LE MOULIN DE), écart détruit, c^ne de Valjouze.

RANCILLAC, vill. avec manoir et m^in, c^ne de Chalinargues. — *Rancilhac,* 1528 (terr. de la coll. de N.-D. de Murat). — *Ranolhac,* 1634 (état civ. de Vic-sur-Cère). — *Rancilhiac,* 1664 (terr. du prieuré de Bredon). — *Rancilihac,* 1677 (arch. dép. s. G). — *Ransichat; Ronsichat,* 1678 (insin. du baill. de Saint-Flour). — *Ranchillac,* 1687 (état civ. de Murat). — *Renciliac,* 1692 (id. de la Chapelle-d'Alagnon).

RANDEYRE (LA), écart, c^ne du Claux.

RANDHAOU, mont. à burons, c^ne de Ségur.

RANGOUSE, f^me et mont. à vacherie, c^ne de Girgols. — *Rangouze,* 1651 (état civ. de Reilhac). — *Rangouse,* 1679 (arch. dép. s. C, l. 15).

RAPINOUX, écart, c^ne de Saint-Julien-de-Toursac.

RASAS-DEL-MAYNIAL (LE), ravine, c^ne de Lorcières.

RASAS-DU-BAS (LE), ruiss., affl. de l'Alagnon, c^ne de Molompize; cours de 2,100 m. — *La riallieyre de Fras,* 1526 (terr. d'Aurousse). — *Razat du roc de Chamynes,* 1559 (id. de Molompize). — *Razas de Says; ruisseau de Razas,* 1690 (id. de Bégoules).

RASCLET, écart, c^ne de Saint-Urcize. — *Raschet,* 1857 (Dict. stat. du Cantal).

RASCOUPET, vill., c^ne de Landeyrat. — *Mansus de Ras-*

cepes; Rascopes, 1329 (enq. sur la justice de Vieillespesse). — *Rascompet*, 1677 (insin. du bailliage de Saint-Flour). — *Raserupet*, 1702 (état civ. de Murat). — *Rascoupet* (Cassini).

RASES (LE RASA DES), ravine, affl. de l'Alagnon, c^{ne} de Ferrières-Saint-Mary.

RASPAINS, mont. à vacherie, c^{ne} de Montboudif. — *Podium de Raspains*, 1320 (Hist. de l'abbaye de Feniers).

RASPUL, mⁱⁿ, c^{ne} de Lorcières.

RASQUÉJOUL, ham., c^{ne} de Leynhac. — *Rascuegoul*, 1694 (terr. de Marcolès). — *Rasevegoul*, 1696 (id. de la command. de Carlat). — *Rascuesoul* (Cassini). — *Rastuéjouls*, 1856 (Dict. stat. du Cantal).

RASSEL (LE), mⁱⁿ détruit, c^{ne} d'Aurillac. — *Le musnier al Rassel*, 1681 (arch. mun. s. CC, p. 4).

RASTAL (LE), écart, c^{ne} de Ruines.

RASTHÈNE (LA), ruiss., affl. du ruisseau d'Embenne, coule aux finages des c^{nes} de Badailhac, Saint-Étienne-de-Capels, Labrousse et Carlat; cours de 8,300 m. — Ce ruisseau porte aussi les noms de *Carlat*, *Cambon* et *Cros-de-Ronesque*. — *Rivière de Rastenne*, 1668 (nommée au p^{ce} de Monaco). — *Ruisseau de Rastènes; Rastène*, 1695 (terr. de Carlat). — *Le Cambon* (Cassini).

RASTIGNAC-BAS ET HAUT, dom. ruinés, c^{ne} de Boisset. — *Affars appellés de Rastinhac-Bas et Hault*, 1668 (nommée au p^{ce} de Monaco).

RASTOUL, dom. ruiné, c^{ne} de Murat. — *Mansus de Restoilh*, 1463 (arch. dép. s. H).

RASTOUL (LE), ham., c^{ne} de Saint-Bonnet-de-Marcenat. — *Rastous* (Cassini).

RASTOUL (LE), vill., c^{ne} de Saint-Hyppolyte. — *Mansus de Rastoilh*, 1517 (terr. d'Apchon). — *Lou Restoilh*, 1585 (id. de Graule). — *Le Rastoul*, 1673 (état civ. de Menet). — *Rascuol*, 1719 (table du terr. d'Apchon). — *Rastous* (Cassini).

RAT (LE), ruiss., affl. de la Maronne, est formé par les ruisseaux de Malrieu et de la Roucheyre, c^{nes} de Saint-Paul-de-Salers et de Fontanges; cours de 7,710 m.

RATIER, mⁱⁿ, c^{ne} de Montmurat.

RATIER, ruiss., affl. du Célé, coule aux finages des c^{nes} de Montmurat, Saint-Santin-de-Maurs et du Trioulou; cours de 5,500 m.

RATIER, mⁱⁿ, c^{ne} de Saint-Santin-de-Maurs. — *Moulin de Ratié*, 1749 (anc. cad.).

RATIER-HAUT, ham., c^{ne} de Montmurat. — *Ratié*, 1617 (état civ. de Saint-Santin-de-Maurs). — *Ratier*, 1747 (inv. des titres de l'hôp. d'Aurillac).

RATONNIÈRE (LA), mont. à burons, c^{ne} de Dienne. — *Montanea dicta de Ratoneyratz*, 1413 (arch. dép. s. E). — *Montana vocata de la Rotonieyra*, 1425 (id. s. H). — *Montanea de Ratoneyras*, 1474 (id. s. E). — *La montaigne de Ratonnière*, 1667 (lièvè de Dienne). — *Montaignhe de Ratounières*, 1673 (nommée au p^{ce} de Monaco).

RATTE (LA), mⁱⁿ détruit, c^{ne} de Rofliac. — *Molin de la Ratto; molin de la Rato*, 1654 (terr. du Sailhans).

RAUFFET (LE), ham., c^{ne} d'Arnac. — *Raufet*, 1632; — *Rauffet*, 1633; — *Rauffect*, 1635 (état civ. de Saint-Santin-Cantalès). — *Raufit*, 1709 (id. d'Arnac). — *Raufeyt*, 1744 (anc. cad. de Saint-Santin-Cantalès).

RAUFFET (LE), mont. à burons, c^{ne} du Fau. — *Montaigne de Rauset; Raufès*, 1680 (état civ. de Saint-Projet). — *Montagne de Rauffel*, 1717 (terr. de Beauclair). — *Rouffet* (états de sections).

RAUFFET (LE), vill., c^{ne} de Fontanges. — *Rieufet*, 1657 (état civ. de Loupiac). — *Rauset; Raufès; Raufez*, 1680 (id. de Saint-Bonnet-de-Salers). — *Le Rauffet*, 1717 (terr. de Beauclair). — *Raufet*, 1737 (état civ.).

RAUFFET (LE), écart, c^{ne} de Saint-Projet.

RAULET, mⁱⁿ détruit, c^{ne} de Ladinhac. — *Molin du Raulet*, 1696 (état civ. de Leucamp).

RAULHAC, c^{ne} de Vic-sur-Cère, et chât. détruit. — *Raulhacum*, XIVe s^e (arch. mun. d'Aurillac, s. HH, c. 21). — *Raulhacum*, 1476 (terr. de la command. de Carlat). — *Raulihac*, 1537; — *Raulhiac*, 1538 (id. de Villedieu). — *Roulhac*, 1651; — *Rouliac*, 1661 (état civ. de Pierrefort); — *Raulliac*, 1664 (terr. de Bredon). — *Rolhac*, 1665 (état civ. de Pierrefort). — *Rauliat*, 1690 (état civ. de Moissac). — *Rauliac*, 1692; — *Raulha*, 1694 (id. de Raulhac). — *Rauillac* (Cassini). — *Raulhat*, 1784 (Chabrol, t. IV).

Rauilhac était, avant 1789, de la Haute-Auvergne, du dioc. de Saint-Flour, de l'élect. et de la subdélég. d'Aurillac. Régi par le droit écrit, il dépend. de la justice seign. de Cropières et ressort. au bailliage d'Aurillac ou de Vic, suivant le cas. — Son église, dédiée à saint Pierre ès liens, était un prieuré à la collation de l'évêque. Elle a été érigée en succursale par décret du 28 août 1808.

RAULN, dom. ruiné, c^{ne} de Saint-Santin-de-Maurs. — *Villaige du Rauln*, 1619 (état civ.).

RAULY, dom ruiné, c^{ne} de Teissières-les-Bouliès. — *Mansus de Roly*, 1522 (min. Vigery).

RAUSÉAILLE, dom. ruiné, c^{ne} de Cheylade. — *La granche de Rauzeailhes*, 1521 (min. Teyssendier, n^{re}).

RAUSIÈRE (LA), vill. détruit, cne de Védrines-Saint-Loup. — *La Rauzeira*, 1508; — *La Rouzière*, 1662 (terr. de Montchamp). — *La Rausière*, 1670 (insin. du bailliage de Saint-Flour). — *La Rougière*, 1751 (arch. dép. s. C, l. 48).

RAUSOUQUES, dom. ruiné, cne de Saint-Étienne-de-Carlat. — *Le villaige de Rausouques*, 1692 (terr. de Saint-Geraud).

RAUSSERGUE (LA), dom. ruiné, cne de Saint-Julien-de-Toursac. — *Village de la Raussergue*, 1754 (état civ. de Maurs).

RAUST (LE), dom. ruiné, cne de Saint-Mamet-la-Salvetat. — *Affar del Raust*, 1574 (livre des achaps d'Ant. de Naucaze).

RAUX (LE), vill., cne de Jussac.

RAUZIÈRE (LA), vill., cne de Saint-Saury. — *Mansus da la Rausieyra*, 1357 (arch. mun. d'Aurillac, s. HH, c. 21). — *Reysieras*, 1412 (terr. de l'ostal de la Trémolieyra). — *Ranziera*, 1632 (min. Sarrauste, nre à Laroquebrou). — *La Rausière*, 1633; — *La Rauzieyre*, 1670; — *La Rozieyre*, 1693 (état civ. de Glénat). — *La Rousière*, 1714 (id. d'Espinadel). — *La Rauzière* (Cassini). — *La Rosière* (états de sections).

RAVANZOU (LE), ruiss., affl. de la rivière d'Allanche, cne de ce nom; cours de 4,000 m. — Ce ruisseau porte aussi le nom de *le Chavanon*.

RAVAZE, ham., cne de Trizac.

RAVIN-NOIR (LE), ravine, affl. de l'Auze, cne de Cassaniouze; cours de 3,000 m.

RAYBLAS, écart, cne de la Capelle-del-Fraisse.

RAYGADE, vill., cne de Siran. — *Mansus de Raygada*, 1357 (arch. mun. d'Aurillac, s. HH, c. 21). — *Mansus de Reygada*, 1486 (accord avec Amaury de Montal). — *Reigade*, 1616; — *Lou Puech de Reigade*, 1618; — *Raigade*, 1659; — *Ragade*, 1662 (état civ.). — *Reiguade*, 1692 (terr. du monast. de Saint-Geraud). — *Reygade*, 1652 (min. Sarrauste, nre à Laroquebrou).

RAYGASSE (LA), vill., cne de Roussy. — *Mansus de la Reigassa*, 1535 (terr. de Caylus). — *La Rayguasse*, 1668; — *La Vergasse*, 1669; — *La Resgasse*, 1670 (nommée au pce de Monaco). — *La Raygasse*, 1692 (état civ. de Leucamp). — *Las Raiguasses*, 1750; — *La Reiguasse; la Rey-Guasse*, 1753; — *La Riégasse; la Reigasse*, 1757 (anc. cad.). — *La Riguasse* (Cassini).

RAYMOND, dom. ruiné, cne de Laveissière. — *Lo mas de Raymo*, xve se (terr. de Chambeuil).

RAYMOND, vill., cne de Mandailles. — *Raymon*, 1612; — *Ramond*, 1621 (état civ. de Thiézac). — *Raimond*, 1681 (arch. dép. s. C, l. 9). — *Reymond*, 1692 (terr. du monast. de Saint-Geraud). — *Reimon*, 1724; — *Raymond*, 1760 (arch. dép. s. C, l. 9). — *Raimont* (Cassini).

RAYMOND, buron, cne de Paulhac.

RAYMOND, écart, cne d'Ytrac.

RAYNAL, ham., cne d'Arnac. — *Mansus de Raynal*, 1482 (pièces du cab. d'E. Aîné). — *Reinal; Reynald; Reynald*, 1742 (anc. cad. de Saint-Santin-Cantalès). — *Renald* (Cassini).

RAYNAL (LE PUECH DE), mont. à vacherie, cne de Labrousse.

RAYNAL, min, cne de Lorcières.

RAYNAL (LE), vill., cne de Saint-Christophe.

RAYSSE (LA), écart, cne de Marmanhac. — *La Baisse*, 1671 (état civ.). — *La Raysse* (états de sections).

RAYSSONIE (LA), lieu détruit, cne de Marmanhac. — *Mansus de la Rayssonya*, 1494 (terr. de Sédaiges).

RAZADES (LE PUY DE), mont. à vacherie, cne de Saint-Saury.

RAZALIER (LE), écart, cne de Saint-Urcize.

RAZAS (LOU), dom. ruiné, cne de Lieutadès. — *Ténement del Razet*, 1508; — *Ténement des Rasas*, 1662; — *Ténement des Razas*, 1686 (terr. de la Garde-Roussillon).

RAZES (LES), ruiss., affl. de la Maronne, coule aux finages des cnes de Salers, Saint-Bonnet-de-Salers et Saint-Martin-Valmeroux; cours de 1,200 m.

RAZONNET (LE), ruiss., affl. du ruisseau de la Roche, cne de Ruines; cours de 4,000 m. — *Le Razax de la Sanholle; ruisseau de la Saignholle*, 1630; — *Ruisseau de la Sagnolle*, 1662 (terr. de Montchamp).

RÉAL (LE), dom. ruiné, cne de Chaliers. — *Boys del Real*, 1508; — *La bughe des Réalz*, 1630 (terr. de Montchamp).

RÉAL (LE), dom. ruiné, cne de Cheylade. — *Le Rial*, 1513 (terr. d'Apchon). — *Le Réal*, 1784 (Chabrol, t. IV).

RÉAL (LE), ham., cne de Védrines-Saint-Loup.

RÉAL (LE), écart, cne d'Ydes. — *Lo Réal*, 1683 (état civ.). — *Le Rial*, 1857 (Dict. stat. du Cantal).

RÉAL (LE), dom. ruiné, cne d'Ytrac. — *Le domaine du Réal*, 1733 (arch. mun. d'Aurillac, s. II, r. 15).

RÉALES (LES), mont. à vacherie, cne de Celles. — *Las Rialhes*, 1661; — *Las Rialthes, à présent du Puech de Danton*, 1700 (terr. de Montchamp).

RÉALES (LES), dom. ruiné, cne de Saint-Mamet-la-Salvetat. — *Ténement des Réalles*, 1744 (anc. cad.).

RÉALES (LES), dom. ruiné, cne de Saint-Vincent. — *Lo mas a las Realas*, 1332 (liève du prieuré de Saint-Vincent).

RÉALS (LES), ham., cne de Méallet.

Reau (Le), mont. à vacherie, c^{ne} du Claux.

Rebeyret (Le), écart, c^{ne} d'Ytrac. — *Le Rieu*, 1669 (nommée au p^{cé} de Monaco).

Reblats (Les), écart, c^{ne} de Boisset. — *Les Reblats; Reblat*, 1746; — *Le Reblas*, 1748 (anc. cad.). — *Les Resblats*, 1852 (Dict. stat. du Cantal).

Rebosses (Le Suc des), mont. à vacherie, c^{ne} de Riom-ès-Montagnes.

Rebnoussel (Le Puy de), mont. à vacherie, c^{ne} de Coren. — *Terroir de Reborsel*, 1508; — *Terroir de Raboursel*, 1662 (terr. de Montchamp).

Rebnousselle (La), dom. ruiné, c^{ne} de Marchastel. — *Villaige de Rebrousselle*, 1610 (lièvc de Pouzols).

Rebutequiol, vacherie, c^{ne} de Valuéjols. — *Ribetecuols; Ribetecuiol; Ribetecuiols*, 1508; — *Terroir del Serre*, anciennement de *Rebutequiolz*, 1634; — *Terroir de Rubutequiöhs*, 1662; — *Rabutequiols; Rubutequiol; Rebutequiols*, 1687 (terr. de Loubeysargues).

Rechalle, dom. ruiné, c^{ne} du Vigean. — *Affarium de la Rechalle*, 1474 (terr. de Mauriac).

Réchaubettes, vill., c^{ne} de Pradiers. — *Roche Albete*, 1515 (terr. du Feydit). — *Rochaalbete*, xviie s^e (arch. dép. s. E). — *Rachaubestes* (Cassini). — Roche-aux-Bêtes (État-major).

Réchaubettes (Les), ruiss., affl. du ruisseau de Lavaret, c^{ne} de Pradiers; cours de 1,500 m. — *Rochobettes; Rechobet*, 1837 (état des rivières du Cantal).

Reclus (La Chapelle du), recluserie détruite, c^{ne} de Laroquebrou. — *Reclusiatgium*, 1435 (arch. dép. s. G).

Reclus (Le), ruiss., affl. de la Cère, c^{ne} de Laroquebrou; cours de 1,200 m. — *Qui descendit de Réclusaigio*, 1500 (arch. mun. d'Aurillac, s. HH, c. 21).

Reclus (La Chapelle du), chapelle, c^{ne} de Montsalvy. — *La chapelle del Reclus*, 1759 (anc. cad.). Cette chapelle était dédiée à sainte Madeleine.

Reclus (Le), anc. jardin, bourg de Thiézac. — *Jardin appelé del Reclus sive de Jacarie*, 1674 (terr. de Thiézac).

Recluse (La), recluserie, ville de Saint-Flour. — *In Domo Consulum vocata la Reclusa, sita supra pontem Sancti Floris*, 1370; — *La Reclusa en la mayso de Sobre lo pont*, 1400 (arch. mun. de Saint-Flour).

Recluserie-Basse (La), recluserie détruite, c^{ne} d'Aurillac. — *Platea la Prada*, 1277 (arch. mun. s. EE, p. 14). — *Le Reclusaige de la Prade*, 1517 (id. s. II, r. 8, f° 47). — *Communalis del Pradet*, 1528 (reconn. à l'hôp. d'Aurillac).

Recluserie-Haute (La), recluserie détruite, c^{ne} d'Aurillac. — *Versus Reclusiam veterem*, 1344 (arch. mun. s. GG, p. 21). — *Reclusaige d'Aurenque*, 1517 (id. s. II, r. 8, f° 47). — *Reclusaige souverain*, 1525 (id. f° 102).

Recogne (La), ruiss., affl. du Célé, coule aux finages des c^{nes} de Marcolès, Leynhac, Calvinet, Mourjou et Saint-Constant; cours de 19,000 m.

Recouder, f^{me} et mont. à vacherie, c^{ne} de Chastel-sur-Murat. — *Boix de Recoderc*, 1535 (terr. de la v^{té} de Murat).

Recoudes, écart, c^{ne} de Saint-Pierre-du-Peil.

Recoule (Le Puech de), dom. ruiné et mont. à vacherie, c^{ne} de Saint-Santin-Cantalès. — *Affar de Recoulle*, 1600 (pap. de la famille de Montal).

Recoules, ham., c^{ne} d'Anterrieux. — *Recoilles*, 1784 (Chabrol, t. IV).

Recoules, dom. ruiné, c^{ne} de Chaussenac. — *Affarium de Recolis*, 1502 (terr. de Cussac).

Recoules, vill., c^{ne} de Condat-en-Feniers. — *Roucoulles; Raucoulles*, 1654 (terr. de Feniers).

Recoules, vill., c^{ne} de Joursac. — *Retoulles*, 1635 (nommée par G^{lle} de Foix). — *Recougnes*, 1678 (état civ. de Chastel-sur-Murat). — *Recoules*, 1693 (id. de Joursac).

L'église de Recoules a été érigée en succursale par ordonn. royale du 15 février 1843.

Recoules, vill. et mⁱⁿ, c^{ne} d'Oradour. — *Recoulles*, 1645 (arch. dép. s. G). — *Recoule* (Cassini).

Recoules, ruiss., affl. du ruisseau de Pierrefiche, c^{ne} d'Oradour; cours de 2,800 m. — *Ruiss. de Recoulles*, 1645 (arch. dép. s. G).

Recoulès, écart, c^{ne} de Reilhac.

Recoules, ham. et chât. détruit, c^{ne} de Thiézac. — *Roucolles*, 1857 (Dict. stat. du Cantal).

Recoules, dom. ruiné, c^{ne} de Tournioc. — *Affarium de Requolis*, 1503 (terr. de Cussac).

Recoules-Basse, écart, c^{ne} de Glénat. — *Recoles*, 1449 (enq. sur les droits des seign. de Montal). — *Recoules*, 1616 (état civ.). — *Recoulles*, 1626 (min. Sarrauste). — *Roucoules* (Cassini).

Recoules-Haute, ham., c^{ne} de Glénat. — *Mansus de Recolas*, 1357 (arch. mun. d'Aurillac, s. HH, c. 21). — *Recoles*, 1449 (enq. sur les droits des seign. de Montal). — *Recoules-Hautes*, 1750 (anc. cad.).

Recous, dom. ruiné, c^{ne} de la Capelle-Barrez. — *Affar de Rescours*, 1669 (nommée au p^{cé} de Monaco).

Recoux, vill. et chât. féodal en ruines, c^{ne} de Saint-Just. — *Roculas curtis; Rocolensis [curtis]*, 926 (Baluze, t. II, p. 19). — *Reycouze*, 1673 (état civil de Bonnac). — *Recoure*, 1679 (insin. de la cour royale de Murat). — *Rogou* (Cassini). — Re-

couls, 1784 (Chabrol, t. IV). — *Recoux*, 1787 (arch. dép. s. C, l. 48).

Recoux était, avant 1789, le siège d'une justice seign. régie par le droit écrit, et ressort au bailliage de Saint-Flour, en appel de sa prév. part.

Recusset, vill. et m^in, c^ne de Saint-Paul-de-Salers. — *Recussa*, 1637 (état civ. de Salers). — *Recussat*, 1666 (*id.* d'Anglards-de-Salers). — *Recusset*, 1736; — *Ricusel*, 1739 (*id.* de Loupiac).

Redon (Le Puy), mont. à vacherie, c^ne de Crandelles. — *Podium vocatum Redon*, 1432 (arch. mun. d'Aurillac, s. GG, c^on 17).

Redon (Le), écart, c^ne de Ladinhac.

Redon (Le), écart, c^ne de Pailhérols. — *Redon*, 1645 (arch. dép. s. II).

Redonde (La), m^in détruit, c^ne d'Alleuze. — *Molin de la Redonde*, 1494 (terr. de Mallet). — *Molendinum de la Redonda*, 1510 (*id.* de Maurs).

Redonde (La), ruiss., affl. de la rivière du Jurol, c^ne d'Alleuze; cours de 1,050 m. — *Rieu de la Bossa*, 1494 (terr. de Mallet).

Redonde (La), dom. ruiné, c^ne de Badailhac. — *Affar de la Redonde*, 1669 (nommée au p^ce de Monaco).

Redonde (La), vill. détruit, c^ne de Saint-Mary-le-Plain. — (Plan cad. s^on C, n° 16.)

Redondel, vill., c^ne de Siran.

Redondelle (La), ham., c^ne de Cayrols.

Redondes (Les), dom. ruiné, c^ne de Vic-sur-Cère. — *Affar de Rilhondra; Relondas; Rilhondes*, 1583 (terr. de Polminhac). — *Villaige de Redondes*, 1671 (nommée au p^er de Monaco).

Redondet, vill. détruit, c^ne de Saint-Mary-le-Plain.

Redon-Monteil (Le), dom. ruiné, c^ne de Laveissière. — *Affar de Redon-Monteil; Redon-Monteilh, dans lequel territoire sont levées certaines fourches patibulaires pour ledict seigneur de Combrelles*, 1500 (terr. de Combrelles).

Redoulière (La), écart, c^ne de Leucamp. — *La Redouyeger*, 1655; — *La Redonieyre*, 1658; — *La Redonieger*, 1663; — *La Redolieyra*, 1665 (état civ.). — *Laredouliere*, 1670 (nommée au p^ce de Monaco). — *La Redouleire*, 1675; — *La Redoulière*, 1676; — *La Redoulieyre*, 1678; — *La Redouillère*, 1689 (état civ.).

Refrogolets, dom. ruiné, c^ne de Riom-ès-Montagnes. — *Bugia de Refrogolets*, 1512 (terr. d'Apchon).

Refrus (Le), ham., c^ne de Roumégoux. — *Mansus del Esrus*, 1319; — *Mansus dals Essrus*, 1350 (arch. mun. d'Aurillac, s. HII, c. 21). — *Reffus*, 1600 (pap. de la famille de Montal). — *Reffrus*, 1659; — *Reffrues*, 1667; — *Refrue*, 1674; — *Refrues*, 1676 (état civ.). — *Le Refus*, 1765 (arch. dép. s. G). — *Le Refaux*, 1857 (Dict. stat. du Cantal).

Regagnac, ham., c^ne de Boisset. — *Reganhac*, 1668 (nommée au p^ce de Monaco).

Régaldie (La), dom. ruiné, c^ne de Maurs. — *La Régaldie*, 1665; — *La Rigaydie*, 1755 (état civ.).

Reganiade (La), ham., c^ne de Fournoulès. — *La Reganade* (État-major).

Régaud, f^me avec manoir, c^ne de Sénezergues. — *Rigaud*, 1668 (nommée au p^ce de Monaco). — *Regaud* (Cassini).

Régéasse (La), dom. ruiné, c^ne de Lanobre. — *Domaine de la Régéasse*, 1789 (min. Marambal, n^re).

Régéat, vill., c^ne de Saint-Bonnet-de-Marcenat. — *Villaige de Re-Jac*, 1578 (terr. de Soubrevèze). — *Rejat*, 1676 (état civ. de Condat). — *Régheat* (État-major).

Régéat, écart, c^ne d'Ydes.

Regetet, ham. et m^in, c^ne de Marchastel. — *Mansus de Raghatet*, 1519 (terr. d'Apchon). — *Reghatet*, 1543 (arch. dép. s. G). — *Ragat*, 1618 (liève de Soubrevèze). — *Reychat*, 1626 (liève de Pouzols). — *Ragieter*, 1690 (état civ. de Saint-Bonnet-de-Salers). — *Rayatet*, 1744 (liève de Soubrevèze). — *Rajallet*, 1856 (Dict. stat. du Cantal).

Regharet, vill., c^ne de Marmanhac.

Regimbal, m^in, c^ne de Paulhac.

Réginie (La), dom. ruiné, c^ne de Marcolès. — *Affar de la Reginhe*, 1668 (nommée au p^ce de Monaco).

Réginie (La), vill., c^ne de Reilhac. — *Mansus de la Reginhe de Relhaco*, 1378 (fond. de la chapell. des Blats). — *La Regenha*, 1521; — *La Regenha*, 1522; — *La Regenhe*, 1525; — *La Reginha*, 1531 (min. Vigery, n^re). — *Laréginha*, 1564; — *La Reginhie*, 1588 (reconn. aux curé et prêtres de Naucelles). — *La Rezynie; la Réginho*, 1613; — *La Réghene*, 1614; — *La Reginia; la Regnia*, 1616 (état civ. de Naucelles). — *La Riguiha*, 1632; — *La Riginihe*, 1634 (*id.* de Reilhac). — *La Resinhes*, 1675 (*id.* d'Aurillac). — *Laréginie*, 1676 (liève de la chapell. des Blats). — *La Riginie*, 1756 (arch. mun. de Naucelles). — *La Résinie* (Cassini).

Réginie (La), ruiss., affl. du ruisseau de Veyrières, c^nes de Reilhac et de Naucelles; cours de 3,000 m. — *Rivus de Lombert*, 1465 (arch. mun. d'Aurillac, s. GG, p. 20). — *Rivus de la Regenha*, 1521 (min. Vigery, n^re).

Réginie (La), dom. ruiné, c^ne de Rouffiac. — *Affarium de la Reginia*, 1332 (reconn. au seign. de Montal).

Réginie (La), ham., c^ne de Saint-Santin-de-Maurs.

52.

— *La Reginhe*, 1603; — *La Réginie*, 1615 (état civ.).

RÉGINIE (LA), f^{me}, c^{ne} de Saint-Simon. — *La Réginie*, 1705 (état civ.). — *La Réginhac*, 1756 (arch. mun. de Naucelles). — Cette f^{me} porte aussi le nom de *la Vialette*.

RÉGIS, mⁱⁿ, c^{ne} de Paulhenc.

REGIS (LE PUECH DE), mont. à vacherie, c^{ne} de Saint-Urcize.

REGNAC, écart, c^{ne} de Saint-Urcize. — *Rignac*, 1857 (Dict. stat. du Cantal).

REGORD, dom. ruiné, c^{ne} de Jabrun. — *Affar de Regort*, 1508 (terr. de la Garde-Roussillon).

REGOU (LE), écart, c^{ne} de Boisset.

REICHE (LA), mont. à burons, c^{ne} d'Anglards-de-Salers.

REIGNAC, mais. forte détruite, c^{ne} de Calvinet.

REIGNAC, dom. ruiné, c^{ne} de Saint-Constant. — *Tènement de Reinhac*, 1747 (anc. cad.).

REILHAC, c^{on} sud d'Aurillac. — *Rillacum*, 999 (mon. pontif. arv.). — *Ruilhacum*, 1402 (reconn. à l'hôp. d'Aurillac). — *Relhacum*, 1466 (terr. de Saint-Christophe). — *Reilhact*, 1522 (min. Vigery, n^{re}). — *Rillac*, 1525 (arch. mun. d'Aurillac, s. II, r. 8, f° 84). — *Relhac*, 1566 (terr. de Saint-Christophe). — *Relhiac*, 1624 (état civ.). — *Reilhac*, 1624 (*id.* d'Aurillac). — *Relhac*, 1626; — *Reilhac*, 1628 (*id.* d'Arpajon). — *Rilhac*, 1628 (paraphr. sur les cout. d'Auvergne). — *Reliac*, 1656 (état civ. de Salers). — *Reilhac*, 1679 (arch. dép. s. C, l. 13).

Reilhac était, avant 1789, de la Haute-Auvergne, du dioc. de Saint-Flour, de l'élect. et de la subdélég. d'Aurillac. Il était le siège d'une justice seign. régie par le droit écrit, et ressort. au bailliage d'Aurillac, en appel de sa prév. part. Jusqu'en 1748, Reilhac a dépendu, en partie, de la justice du chapitre de Saint-Geraud, et, depuis lors, de la justice royale. — Son église, sous le vocable de saint Laurent, était un prieuré dépendant de l'archidiacre d'Aurillac, et dont le titulaire percevait les revenus depuis 1233. Elle a été érigée en succursale par ordonnance royale du 5 janvier 1820.

REILHAC, écart et chât. ruiné, c^{ne} de Rouziers. — *Ruelhia*, 1454 (terr. de Sédages, arch. mun. d'Aurillac). — *Rolhac*, 1645 (état civ. de Parlan). — *Reilhac*, 1670 (nommée au p^{cé} de Monaco). — *Rilhac* (Cassini).

REILHAGUET, vill., c^{ne} de Reilhac. — *Mansus de Ralhaguet*, 1402 (reconn. à l'hôp. d'Aurillac). — *Relhaguie*, 1517 (pièces de l'abbé Delmas). — *Relaguet*, 1583 (terr. de N.-D. d'Aurillac). — *Reilliaguet*, 1622 (état civ. d'Aurillac). — *Relhagué*, 1623; — *Reillaguet*, 1626; — *Reilhaguetz*, 1629; — *Reilliaguet*, 1632; — *Reliaget*, 1635 (*id.* de Reilhac). — *Reilhaguet*, 1679 (arch. dép. s. C, l. 13). — *Reliaguet*, 1684 (état. civ. de Crandelles). — *Riliaguet*, 1690 (*id.* de Laroquebrou). — *Reiliaguet*, 1727; — *Reilhagues*, 1744 (arch. dép. s. C, l. 13). — *Relhaguet*, 1773 (terr. de la chatell. de la Broussette).

REILLES (LAS), mont. à vacherie, c^{ne} de Pradiers.

REITRE (LE MOULIN DU), mⁱⁿ, c^{ne} de Saint-Mamet-la-Salvetat. — *Moulin de Restre* (État-major).

REJAL (LE), écart, c^{ne} d'Ydes. — *Le Réal*, 1744 (arch. dép. s. C). — *Rejeat* (État-major).

RELAC, vill., c^{ne} de Sériers. — *Mansus de Reghat*, 1323 (arch. mun. de Saint-Flour). — *Rilhac*, 1510 (terr. de Maurs). — *Relhac*, xvie s^e (arch. dép. s. G). — *Relat*, 1618 (terr. de Sériers). — *Rilhiac*, 1624; — *Rellac*, 1625; — *Raghac*, 1679 (insin. de la cour royale de Murat). — *Relac*, 1723 (arch. dép. s. G). — *Reslac* (Cassini).

Ce vill. a été distrait de la c^{ne} d'Alleuze et réuni à celle de Sériers par ordonn. royale du 18 février 1824.

RELANDIE (LA), dom. ruiné, c^{ne} de Maurs. — *Village de la Relandie*, 1773 (anc. cad.).

RELIARENQUE (LA), dom. ruiné, c^{ne} de Saint-Simon. — *Affar de la Relharinque; la Relharinques*, 1692 (terr. de Saint-Geraud). — *La Reyliarenque* (états de sections).

REMBESTEL, mont. à vacherie, c^{ne} de Laveissière. — *Montaigne de Rembartes*, xve s^e (terr. de Chambeuil).

REMISE (LA), ham., c^{ne} de Laveissière.

REMISE-HAUTE (LA), écart, c^{ne} de Siran.

REMISES (LES), vill., c^{ne} de Siran.

REMOISSOUS (LES), dom. ruiné, c^{ne} de Dienne. — *Les Remoyssous; les Remoissous*, 1618 (terr. de Dienne).

REMONTALOU (LE), ruiss., affl. de la Truyère, coule aux finages des c^{nes} des Deux-Verges, Chaudesaigues et Anterrieux; cours de 13,500 m. — *Le Rion de Remontolo*, 1494 (terr. de Mallet).

REMONTEIL, ham., c^{ne} d'Anglards-de-Salers.

REMONTEL (LE), ruiss., affl. de la rivière d'Alagnon, c^{ne} de Joursac; cours de 8,000 m. — *Ruisseau de Rioumontel*, 1837 (état des rivières du Cantal).

REMOULOUS (LE), ruiss., affl. de la Couyne, c^{ne} de Leynhac; cours de 980 m.

RENAC, vill., c^{ne} d'Ayrens. — *Mansus de Renac*, 1443 (reconn. au seign. de Montal). — *Renacum*, 1453 (arch. mun. d'Aurillac, s. HH, c. 21). — *Renhac*, 1662 (état civ. de Glénat). — *Renact*, 1669 (*id.* d'Ayrens).

RENAC, écart, c^{ne} de Saint-Cernin. — *Renac*, 1663 (état civ.).

RENAC, vill., c^{ne} de Saint-Gerons. — *Mansus de Renac*, 1354 (arch. dép. s. E). — *Reynac*, 1486 (accord entre Amauri de Montal).

RENAC-BAS, anc. écart du village de Renac réuni à la population agglomérée, c^{ne} de Saint-Gerons. — *Lou mas soutero de Renac*, 1354 (arch. dép. s. E). — *Mansus de Reync-soteyra*, 1486 (accord entre Amauri de Montal).

RENAC-HAUT, anc. écart du village de Renac réuni à la population agglomérée, c^{ne} de Saint-Gerons. — *Lou mas soubairio de Renac*, 1354 (arch. départ. s. E).

RENALDIE (LA), vill., c^{ne} de Clavières. — *La Renaldie*, xviie s^e (terr. de Chaliers). — *Renaldis*, 1784 (Chabrol, t. IV). — *La Reynaldie* (Cassini). — *La Reynalderie*, 1855 (Dict. stat. du Cantal).

RENALDIE (LA), vill., c^{ne} de Maurs. — *Mansus de la Raynaldia*, 1500 (terr. de Maurs). — *La Reynaldie*, 1620; — *La Renaldie*, 1672 (état civ. de Saint-Étienne-de-Maurs). — *La Renardie*, 1739; — *La Reynaldia*, 1741 (id. de Quézac). — *La Renaldyo*, 1742 (anc. cad.). — *La Renaldies*, 1750 (état civ. de Saint-Étienne-de-Maurs). — *La Renaldye*, 1752 (anc. cad.).

RENARD (LE SUC DU), mont. à vacherie, c^{ne} de Condaten-Feniers.

RENAUDIE (LA), f^{me}, c^{ne} du Falgoux. — *Lo fach da la Raolcia Sobrana*, 1332 (lièvre du prieuré de Saint-Vincent). — *La Renaladie*, 1635 (état civ. du Vigean).

RENAUDIE (LA), vill. et mⁱⁿ, c^{ne} de Marcenat. — *La Reynordie*, 1668 (état civ.). — *La Renaudie*, 1744; — *La Renaudi*, 1776 (arch. dép. s. C). — *La Renordie* (Cassini).

RENAUDIE (LA), dom. ruiné, c^{ne} de Marcolès. — *Affarium de las Reynaldias*, 1437 (terr. du prieuré de Marcolès).

RENAUDIE-BASSE (LA), dom. ruiné, c^{ne} du Falgoux. — *Lo fach da la Raolcia la Sotrana*, 1332 (lièvre du prieuré de Saint-Vincent).

RENEL (LE PUY DE), mont. à vacherie, c^{nes} de Gourdièges et d'Oradour. — *Puy Reynel* (État-major).

RENGUE (LA), dom. ruiné, c^{ne} de Saint-Constant. — *Tènement de la Rengue*, xviie s^e (reconn. au prieur de Saint-Constant). — *Le bois de la Rengue*, 1748 (anc. cad.).

RENIAC, dom. ruiné, c^{ne} de Jaleyrac. — *Domaine de Reinac*, 1680 (terr. de Mauriac). — *Reniac*, 1734 (état civ. de Sourniac).

RENHAC, vill., c^{ne} de Jussac. — *Renhac*, 1622 (inv. des titres de la cure de Jussac). — *Reniac*, 1655 (état civ. d'Aurillac).

RENHARÈS, ham., c^{ne} de Marmanhac. — *Reinarès*, 1647 (état civ. de Naucelles). — *Runharet; Ruharet*, 1669; — *Renharès*, 1670 (id. de Marmanhac). — *Reniare*, 1685; — *Renières*, 1728; — *Renharet*, 1744 (arch. dép. s. C, l. 21). — *Romareix*, 1784 (Chabrol, t. IV). — *Regnaret* (états de sections).

RENIGAT, dom. ruiné, c^{ne} d'Ytrac. — *Villaige de Renigat*, 1628 (état civ. de Reilhac).

RENOUZIERS, f^{me}, c^{ne} de Dienne. — *Lou Renouzié*, 1607 (min. Danty). — *Renozière* (Cassini).

RENOUZIERS, ruiss., affl. de la rivière de la Santoire, c^{ne} de Dienne; cours de 2,500 m. — *Rif de Rieunozier; Rieu-Nozier*, 1551; — *Rif de Bec ou de Rieu-Nozier; Rif de lou Ralhet*, 1600; — *Rif de la Mousque; ruisseau des Cuzels; ruisseau de Chamut; Chomut*, 1618 (terr. de Dienne).

RENTIÈRES, vill., c^{ne} de Badailhac. — *Rantières*, 1530; — *Rentyères*, 1553 (arch. dép. s. E). — *Rentier* (Cassini). — Le village de Rentières était une paroisse en 1530 (arch. dép. s. E).

RÉOLS (LE), ruiss., affl. de la rivière de la Truyère, coule aux finages des c^{nes} de la Trinitat, Licutadès et Cantoin (Aveyron); cours dans le Cantal : 500 m. environ. — *Le Réols* (Cassini).

RÉPARATION (LA), écart, c^{ne} de Trémouille-Marchal.

REPASTIL (LE), écart, c^{ne} du Méallet.

REPASTIL-SOUBRO (LE), mont. à vacherie, c^{ne} de Jaleyrac.

REPON, vill. et mont. à vacherie, c^{ne} de Saint-Urcize. — *Ropoul; Ropouls; Ropoulh*, 1494 (terr. de Mallet). — *Repon*, 1686 (id. de la Garde-Roussillon).

REPONTOU (LE), ruiss., affl. de la Truyère, c^{ne} de Lorcières; cours de 8,000 m.

REPOUGNET, dom. ruiné, c^{ne} de Roumégoux. — *Mansus dal Riu*, 1357 (arch. mun. d'Aurillac, s. HH, c. 21). — *Affar de Rieu-Pouget*, 1668 (nommée au p^{ce} de Monaco).

REQUIRAN, f^{me} avec manoir, c^{ne} de Laroquevieille. — *Requirand*, 1552 (terr. de Nozières). — *Requiran; Requirande*, 1669 (nommée au p^{ce} de Monaco). — *Reguiran*, 1733 (arch. mun. d'Aurillac, s. II, reg. 15).

REQUISTAT, vill. et chât., c^{ne} de Jabrun. — *Requistail*, 1628 (paraphr. sur les cout. d'Auvergne). — *Recuistal*, 1662; — *Recristal*, 1686 (terr. de la Garde-Roussillon). — *Requistal*, 1784 (Chabrol, t. IV).

Requistat était, avant 1789, de la Haute-Au-

vergne, du dioc., de l'élect. et de la subdélég. de Saint-Flour; il était le siège d'une justice seign. régie par le droit écrit, et ressort. à la sénéch. d'Auvergne, en appel du bailliage de Saint-Flour. — Son église, dédiée à saint Laurent, était une chapell. dépendant de l'abb. de Pébrac et à la nomination de l'abbé. Elle a été érigée en succursale par ordonn. royale du 25 juin 1826.
La c^{ne} de Requistat a été réunie à celle de Jabrun par un décret de 1807.

RÉSALIER, écart, c^{ne} de Saint-Urcize.

RESBLAYS, vill., c^{ne} de Boisset.

RÉSERVE (LA), écart, c^{ne} de Champs. — *La Réserve*, 1617 (état civ.).

RESPALL, forêt défrichée, c^{ne} de Saint-Saturnin. — *Nemus del Respall*, 1186 (la mais. de Graule).

RESPEYRES (LES), mont. à vacherie, c^{ne} de la Capelle-Barrez.

RESSE (LA), mⁱⁿ détruit, c^{ne} de Laveissière. — *Al mole de la Ressa*, 1490; — *Molin vieulx de la Resse*, XVe s^o (terr. de Chambeuil). — *Molin de la Seye, appellé de la Resse, à présent en ruyne*, 1609 (min. Danty).

RESSE, mⁱⁿ détruit, c^{ne} de Montchamp. — *Molin de Ressa; molin de Resse*, 1508; — *Molin de Chausse*, 1730 (terr. de Montchamp).

RESSÈGUE (LA), mⁱⁿ détruit, c^{ne} de Cayrols. — *Le molin de la Resegua; de la Ressegua*, 1577 (livre des achaps d'Ant. de Naucaze).

RESSÈGUE (LA), ruiss., affl. du Célé, coule aux finages des c^{nes} de Marcolès, Leynhac, Calvinet, Mourjou et Saint-Étienne-de-Maurs; cours de 24,000 m. — Dans la c^{ne} de Calvinet, ce ruisseau porte le nom de *Pas-Vinzelin*. — *Ruisseau de Filliou; des Sillelious*, 1746; — *Ruisseau des Siliers*, 1748; — *Ruisseau des Issilious*, 1749 (anc. cad. de Saint-Constant). — *Rivière de Resué*, 1760 (terr. de Saint-Projet).

RESSÈGUE (LA), ham. et mⁱⁿ en ruine, c^{ne} de Parlan. — *Village et moulin de la Rességue*, 1748 (anc. cad.).

RESSÈGUE (LA), ruiss., affl. du ruisseau d'Escalmels, coule aux finages des c^{nes} de Roumégoux, Saint-Saury, Glénat et Siran; cours de 11,500 m. — Ce ruisseau porte aussi le nom de *le Cros*. — *Ruisseau de la Ressegua; de la Réségua*, 1577 (livre des achaps d'Ant. de Naucaze). — *Ruisseau de Coursanhes*, 1771 (arch. dép. s. G).

RESSÈGUE (LA), mⁱⁿ, c^{ne} de Saint-Saury. — *Moulin de la Rességue*, 1765 (arch. dép. s. G).

RESSÈGUE (LA), vill. et mⁱⁿ, c^{ne} de Siran. — *Reysieyras*, 1350 (terr. de l'Ostal de la Trémolieyra). — *La Rességue*, 1765 (arch. dép. s. G).

RESSONNIÈRE (LA), f^{me}, c^{ne} de Thiézac. — *La Rausonière*, 1638 (état civ.). — *La Raissonneyre; la Raisonneyre; las Rayssonnieyres*, 1668 (nommée au p^{ce} de Monaco). — *La Reyssonnière; la Reyssonnieyre; la Reysonnière*, 1746 (anc. cad.). — *La Ressonière*, 1857 (Dict. stat. du Cantal).

RESSORTS (LE RASA DES), ravine, affl. de l'Alagnon, c^{ne} de Ferrières-Saint-Mary.

RESTE-GUÈNE, dom. ruiné, c^{ne} de Cayrols. — *L'Affar de Ratagua*, 1577 (livre des achaps d'Ant. de Naucaze).

RESTIVALGUES, vill., c^{ne} de Fontanges. — *Restigualcès*, 1668 (état civ. de Saint-Martin-de-Valois). — *Restigaudes*, 1676 (id. de Saint-Chamand). — *Restivalgues*, 1680; — *Rostvialgues*, 1683 (id. de Saint-Projet). — *Rastigalbès*, 1697; — *Restigaluès*, 1701; — *Rashgalbes*, 1702; — *Reshgaldes*, 1706 (id. de Saint-Martin-Valmeroux). — *Restigalves*, 1736; — *Rassegalves*, 1737 (id. de Fontanges).

RESTIVALGUES, ruiss., affl. de l'Aspre, c^{ne} de Fontanges; cours de 680 m.

RESTIVALGUES-BAS, dom. ruiné, c^{ne} de Fontanges. — *Restigalves mineur*, 1736 (état civ.).

RESTOLH, dom. ruiné, c^{ne} du Vigean. — *Mansus Restohl*, 1320 (lièves du prieuré du Vigean).

RETENUÉJOUL, dom. ruiné, c^{ne} de Saint-Poncy. — *Tènement de Retenuézol*, 1743 (terr. d'Alleret).

RETOURTILLADE (LA), ham., c^{ne} de Saint-Martin-Valmeroux. — *La Retortillade*, 1701 (état civ.). — *La Retourtiliade*, 1743 (arch. dép. s. C, l. 44). — *La Retourteliad* (Cassini).

REVEILLADIE (LA), vill., c^{ne} de Saint-Julien-de-Jordanne. — *La Revelhadia; la Revelladia; la Revelhadie*, 1573 (terr. de la chapell. des Blats). — *La Reveliarie*, 1676 (lièves des Blats). — *La Reveladie*, 1679 (arch. dép. s. C, l. 1°).

REVEL (LE), dom. ruiné, c^{ne} de Coltines. — *Le village de Revel*, 1670 (insin. du bailliage d'Andelat).

REVEL (LE), ruiss., affl. du Jurol, coule aux finages des c^{nes} de Lavastrie, Sériers et Alleuze; cours de 5,200 m. — *Rieu appelé de Chamaleyre; Rieu de Chaursynes; Chaurcynes; Chaussines*, 1494 (terr. de Mallet).

REVEL, écart, c^{ne} de Mandailles. — *Mansus de Revel*, 1352 (reconn. à l'hôp. de la Trinité d'Aurillac). — *Revel, aliàs Delolm*, 1692 (terr. du monast. de Saint-Geraud). — *Rivet*, 1760 (arch. dép. s. C, l. 9).

REVEL (LE), mont. à burons, c^{ne} de Saint-Hippolyte. — *La Reverre?* (Cassini).

Revel, écart, cne de Saint-Martin-Valmeroux. — *Revel*, 1693 (état civ.).

Revel (La), écart et chât. détruit, cne de Ségur. — *Larrevel* (Cassini).

Revel (La Borie-), dom. ruiné, cne de Siran. — *Boria Rayvel*, 1443 (arch. mun. d'Aurillac, s. HH, c. 21).

Revelsi, écart, cne de Boisset. — *Domaine de Revel*, 1668 (nommée au pce de Monaco). — *Revelet*, 1852 (Dict. stat. du Cantal).

Reven (La), mn en ruines, cne de Jaleyrac.

Revens (Le), bois défriché, cne de Virargues. — *Nemus vocatum del Revers*, 1491 (terr. de Farges). — *Lo bos Debevers*, xve se (*id.* de Bredon).

Reversin, écart, cne de Montboudif.

Revigières, écart, cne de Soulages. — *Les Rerigières*, 1857 (Dict. stat. du Cantal).

Reville, ruiss., afll. de la rivière d'Allanche, cne de Vernols; cours de 1,000 m. — *Ruisseau de Riveille*, 1837 (état des ruiss. du Cantal).

Revirades (Las), dom. ruiné, cne de Polminhac. — *Affar de las Revirades, alias de Sanso*, 1692 (terr. de Saint-Geraud). — *Affar de las Reverades; Lasrevirades*, 1695 (*id.* de la command. de Carlat).

Rey (Le), dom. ruiné, cne de Riom-ès-Montagnes. — *Grangia voc. del Ray*, 1512 (terr. d'Apchon).

Reygade, ruiss., afll. de la Cère, cne de Siran; cours de 4,700 m. — Ce ruisseau porte aussi le nom de *la Vergne*.

Reynal (Le), ham., cne de Pleaux. — *Reynal*, 1636 (lièvre de Poul).

Reynie (La), vill., cne de Champs. — *La Reinie*, 1855 (Dict. stat. du Cantal).

Reynou, ham., cne de Maurs. — *Reynou*, 1660 (état civ. de Saint-Étienne-de-Maurs). — *Regnou*, 1752 (*id.* de Maurs). — *Le Riou* (Cassini).

Reyrolles, vill., cne de Saint-Georges. — *Mansus de Rayrolas*, 1322; — *Reyroles*, 1513; — *Reyrolles*, 1569 (arch. dép. s. E). — *Rairolle* (Cassini).

Reyssolie (La), dom. ruiné, cne de Polminhac. — *Mas de la Reyssolye; Reyssolies*, 1692 (terr. de Saint-Geraud).

Reyssonie (La), vill. détruit, cne de Polminhac. — *Villaige de la Reyssonia*, 1692 (terr. de Saint-Geraud).

Reyssous, ham., cne de Laroquebrou. — *Reysson*, 1635; — *Rayssou*, 1654 (état civ.). — *Reyssou*, 1705 (*id.* de Saint-Paul-des-Landes). — *Reissou* (Cassini).

Reyt (La Croix du), croix auj. disparue, cne d'Aurillac. — La croix du Reyt était une des quatre croix qui bornaient le franc-alleu du monast. de Saint-Geraud. — *Usque a la crux de Raet*, 1269 (arch. mun. s. FF, p. 15).

Reyt (Le), min, cne d'Aurillac. — *Lou martinet del Reyt*, 1629 (état civ.).

Reyt (Le), fme détruite, cne de Bredon. — *Mansus del Rec*, 1408 (arch. dép. s. E).

Reyt (Le), dom. ruiné, cne de Crandelles. — *Le Rays*, 1716 (arch. dép. s. C, l. 7).

Reyt (Le), ham., cne de Leynhac. — *Lou Rayt*, 1694 (terr. de Marcolès). — *Le Reyt* (Cassini).

Reyt (Le), fme, cne de Mauriac. — *Villaige del Rey*, 1505 (comptes au doyen de Mauriac). — *Domaine du Reyt*, 1782 (arch. dép. s. C).

Reyt (Le), dom. ruiné, cne de Mauriac. — *Villaige del Rex*, 1505 (pap. de la famille de Montal).

Reyt (Le), min détruit, cne de Tourniac. — *Molendinum del Rey*, 1503 (terr. de Cussac).

Reyt (Le), vill. et min, cne de Vitrac. — *Lou Reyt*, 1668 (nommée au pce de Monaco). — *Le Reit* (Cassini).

Reyt (Le), fme avec manoir, cne d'Ytrac.

Reyt-Bas (Le), dom. ruiné, cne de Leynhac. — *Lou Rayt-Souteyre*, 1694 (terr. de Marcolès). — *Lou Rayt-Soutayre*, 1696 (*id.* de la command. de Carlat).

Reyt-de-Viens (Le), fme, cne d'Ytrac. — Cette ferme est ainsi nommée depuis la réunion des deux fermes de Reyt et de Veyrines.

Reyt-Haut (Le), dom. ruiné, cne de Leynhac. — *Lou Rayt-Soubeyre*, 1694 (terr. de Marcolès). — *Lou Rayt-Soubayre*, 1696 (*id.* de la command. de Carlat).

Rèze, min détruit, cne d'Aurillac. — *Molin de Rèze*, 1681 (arch. mun. s. CC, p. 3).

Rezentières, con nord de Saint-Flour. — *Rezenticyres*, 1526 (terr. de Vieillespesse). — *Resenteyres*, 1536; — *Rezentyères*, 1559; — *Rezenteyres*, 1571 (terr. de Vieillespesse). — *Rezentières*, 1610 (*id.* de Nubieux). — *Ressentières*, 1635 (nommée par Glle de Foix). — *Rezantières*, 1654 (terr. de Sailhans). — *Resentière*, 1728 (état civ. de Saint-Mary-le-Plain). — *Regentières* (État-major).

Rezentières était, avant 1789, régi par le droit écrit, dépend. de la justice seign. de Fournols, et ressort. à la sénéch. d'Auvergne, en appel de la prév. de Brioude.

Le chef-lieu de la cne de Fournols a été transféré à Rezentières, qui a donné son nom à la commune en exécution d'un décret du 19 mai 1866.

Rezonnet, min, cne de Saint-Flour. — *Molin de Razonnet*, 1534 (arch. dép. s. H).

Rezonzou, vill., cne de Peyrusse. — *Mansus de Re-*

sonsou, 1451 (arch. dép. s. H). — *Resouzou*, 1561 (lièvre de Feniers). — *Rezonzou*, xviii° s° (*id.* de Mardogne). — *Parouzou?* 1725 (pièces du cab. de Berthuy). — *Resonson*, 1784 (Chabrol, t. IV).

RHÉAL (LE), ham., c^ne de Laveissière.

RHONE (LA), écart, c^ne de Cezens. — *La Roda*, 1571 (terr. de Vieillespesse). — *La Rodde*, 1658 (min. Danty, n^re à Murat). — *La Rodo*, xvii° s° (arch. dép. s. E). — *Larodde*, 1855 (Dict. stat. du Cantal).

RHODIER (LE), ham., c^ne de Nieudan. — *Lou Rodier*, 1627 (min. Sarrauste). — *Lou Roudié*, 1646; — *Lou Rodié*, 1650 (état civ.).

RHUE (LA), riv., affl. de la Dordogne, coule aux finages des c^nes du Claux, Cheylade, Saint-Hippolyte et Apchon, sépare les arrond. de Mauriac et de Murat, jusqu'à Coindes, au confluent de la Santoire, arrose ensuite les c^es de Trémouille-Marchal, Saint-Étienne-de-Riom, Antignac, Champs et Bort (Corrèze); cours de 88,500 m. — *Flumen Ruda*, xii° s° (charte dite *de Clovis*). — *Ripperia de Valrutz*, 1296 (la maison de Graule). — *Rivière de Rhua; Rua*, 1514 (terr. de Cheylade). — *Eau grosse appellée de Rue*, 1520 (min. Teyssendier, n^re).

RIADE-HAUTE (LA), dom. ruiné, c^ne de Glénat. — *Mansus de la Riada-exalta*, 1357 (arch. mun. d'Aurillac, s. HH, c. 21).

RIAGAIRE (LA), écart, c^ne de Bassignac.

RIAGAIRE (LA), ham., c^ne de Saint-Bonnet-de-Marcenat.

RIAILLES (LES), écart, c^ne de Marcenat.

RIAILLES (LES), f^me, c^ne de Saint-Simon.

RIAL (LE), écart, c^ne de Laveissière.

RIAL (LE), écart, c^ne de Saint-Julien-de-Toursac.

RIALLE (LA), dom. ruiné, c^ne d'Arpajon. — *Affar appellé de la Rialhe*, 1692 (terr. de Saint-Geraud).

RIALLES (LES), m^in, c^ne de Marcenat.

RIALLES (LES), dom. ruiné, c^ne de Thiézac. — *Affar des Rialles*, 1671 (nommée au p^ce de Monaco).

RIALS (LA COSTE DES), mont. à vacherie, c^ne de Colandres.

RIALS (LES), écart, c^ne de Méallet.

RIAU (LE), écart, c^ne de Lascelle.

RIAUDONNE (LA), mont. à vacherie, c^ne de Celles.

RIAUX (LES), écart, c^ne de Marcenat.

RIBAIN (LE MOULIN DE), m^in à vent, c^ne de Saint-Poncy.

RIBANÇOU (LE), ruiss., affl. du Célé, c^ne de Saint-Constant; cours de 2,460 m. — *Ruisseau de Rivassou; Rivanson*, xvii° s° (reconn. au prieur de Saint-Constant). — *Ruisseau de Mespouler*, 1746 (anc. cad. de Saint-Constant).

RIBE (LA), vill., c^ne d'Auzers. — *Villa Riba*, xii° s° (charte dite *de Clovis*). — *Laribe*, 1784 (Chabrol, t. IV).

RIBE (LA), f^me avec manoir, c^ne de Polminhac. — *La Riba*, 1583 (terr. de Polminhac). — *La Ribe*, 1668 (nommée au p^ce de Monaco). — *Laribe*, 1750 (anc. cad.). — *Larive*, 1769 (*id.* de Vic).

RIBEIRAGE (LE), m^in détruit, c^ne de Saint-Mary-le-Plain. — *Molin del Rybeyrage, alias de Pontel; de Ponteilh*, 1610 (terr. d'Avenaux).

RIBEIRETTE (LA), mont. à burons, c^ne de Riom-ès-Montagnes.

RIBEROLLE (LA), mont. à vacherie, c^ne de Vieillespesse. — *Lo terme de la Ribeyrol'e*, 1526 (terr. de Vieillespesse).

RIBES, ruiss., affl. de la rivière d'Auze, c^ne d'Anglards-de-Salers; cours de 2,600 m.

RIBES, vill., c^ne de Celles. — *Ribas*, 1161 (spicil. Brivat.). — *Ribes*, 1644 (terr. de la command. de Celles).

RIBES, vill., c^ne de Chastel-Marlhac. — *Villa Ribe*, xii° s° (charte dite *de Clovis*). — *Mansus de Ribas*, 1441 (terr. de Saignes). — *Rivier*, 1655 (insin. du bailliage de Salers). — *Ribes*, 1688 (état civ.). — *Ribbes*, 1744 (arch. dép. s. C, l. 45).

RIBES, vill., c^ne de Peyrusse. — *Mansus de las Ripas*, 1329 (enq. sur la justice de Vieillespesse). — *Ribes*, 1635 (nommée par G^lle de Foix). — *Ribe* (Cassini).

RIBES (LES), ham., c^ne de Riom-ès-Montagnes. — *Ribes*, 1506 (terr. de Riom). — *Ribbes*, 1658 (insin. du bailliage de Salers). — *Las Ribe*, 1783 (aveu par G. de la Croix). — *Ribehaut* (Cassini).

RIBES, vill., c^ne de Saint-Poncy. — *Ribas*, 1400 (arch. mun. de la ville de Saint-Flour). — *Ribes*, 1558 (terr. du prieuré de Rochefort). — *Rybes*, 1610 (*id.* d'Avenaux). — *Rives*, 1784 (Chabrol, t. IV). — *Ribe* (Cassini).

RIBES (LE BOIS DE), mont. à burons, c^ne du Vaulmier. — *Las Rivas* (État-major).

RIBES-SOUBRONNES ET SOUTRONNES (LES), écarts, c^ne de Riom-ès-Montagnes.

RIBET (LE), ruiss., affl. de la Truyère, c^ne de Lavastrie; cours de 5,300 m. — *Rieuf appellé de la Ribeyre; Rieu-del-Salt; Rieu de Saconeyras*, 1494 (terr. de Mallet).

RIBETTES, vill., c^ne de Celles. — *Mansus de Ribetas*, 1491 (terr. de Farges). — *Ribètes près le Lamynier*, 1535 (*id.* de la v^te de Murat). — *Ribettes*, 1668 (insin. du bailliage d'Andelat). — *Ribette*, 1752 (lièvre de Celles).

RIBEYRE (LA), ham., c^ne d'Apchon. — *La Ribeire*,

1777 (lièvre d'Apchon). — *La Rivière*, 1784 (arch. dép. s. C, l. 46).

Ribeyre (La), lieu détruit, c^{ne} d'Arpajon. — *La Ribeira*, 1230 (arch. dép. s. E).

Ribeyre (La), ham., c^{ne} d'Auzers.

Ribeyre (La), écart, c^{ne} de Champs.

Ribeyre (La), vill., c^{ne} de Chanterelle. — *Ribeyre*, 1672 (état civ. de Condal). — *La ribeire de Marré* (Cassini). — *Les Ribeyres* (État-major).

Ribeyre (La), écart, c^{ne} de Colandres.

Ribeyre (La), m^{in}, c^{ne} de Jaleyrac.

Ribeyre (La), ham. et m^{in}, c^{ne} de Marcenat. — *Rebeyras*, 1446 (terr. de Farges). — *La Ribeyre*, 1744 (arch. dép. s. C).

Ribeyre (La), ham., c^{ne} de Méallet. — *La Ribayre* (Cassini). — *La Rybeyre*, 1856 (Dict. statist. du Cantal).

Ribeyre (La), m^{in} abandonné, c^{ne} de Méallet. — *Moulin de la Rybeyre*, 1856 (Dict. stat. du Cantal).

Ribeyre (La), dom. ruiné, c^{ne} de Menet. — *Mansus de la Ribeyra*, 1441; — *Rivus*, 1443 (terr. de Saignes).

Ribeyre (La), dom. ruiné, c^{ne} de Monthoudif. — *Affaria de la Ribeirra*, 1309 (Hist. de l'abbaye de Feniers).

Ribeyre (La), écart, c^{ne} d'Oradour. — *La Ribeyre*, 1613 (état civ. de Pierrefort). — *La Ribeire* (État-major).

Ribeyre (La), mont. à vacherie, c^{ne} de Pradiers.

Ribeyre (La), f^{me}, c^{ne} de Saint-Bonnet-de-Marcenat.

Ribeyre (La), écart, c^{ne} de Saint-Saturnin.

Ribeyre (La), écart, c^{ne} de Sauvat.

Ribeyre (La), m^{in}, c^{ne} de la Ségalassière.

Ribeyre (La), écart, c^{ne} de Trémouille-Marchal. — *La Rybeyre*, 1855 (Dict. stat. du Cantal).

Ribeyre (La), vill., c^{ne} de Valette. — *Mansus de la Ribeyra*, 1441 (terr. de Saignes). — *La Ribeyre*, 1506 (id. de Riom).

Ribeyre-Basse et Haute (La), écarts et m^{ins}, c^{ne} d'Auzers. — *Rivière Subronne* (État-major).

Ribeyre-Boquet (La), mont. à vacherie, c^{ne} de Vieillespesse. — *La couste de la Ribeyra-Boquet*, 1526; — *La Ribeyra-Bocquet*, 1662 (terr. de Vieillespesse).

Ribeyrès (Le), ham., c^{ne} de la Capelle-Viescamp. — *Le Reveyrès*, 1669 (nommée au p^{ce} de Monaco). — *Rivairis* (Cassini).

Ribeyres (Les), f^{me}, c^{ne} de Colandres.

Ribeyrès (Les), vill., c^{ne} de Pers. — *Affarium de la Ribeyra*, 1309 (arch. mun. d'Aurillac, s. HH,

c. 21). — *Ribayretz*, 1587 (livre des achaps d'Ant. de Naucaze). — *Ribeyrès*, 1654 (arch. mun. d'Aurillac, s. CC, p. 8). — *Le Rebeyres*, 1670 (id., s. GG, c. 6). — *Rebeyrès*, 1690 (état civ. de la Capelle-Viescamp). — *Rivairis* (Cassini).

Ribeyre-Soubronne (La), ham. détruit, c^{ne} de Colandres.

Ribeyre-Soubronne et Soutronne (La), dom. ruinés, c^{ne} de Chaussenac. — *Mansus de la Ribeyra-Sotrana*, 1464 (terr. de Saint-Christophe). — *Le Rieu-Soubre*, 1778 (inv. des arch. de la mais. d'Humières).

Ribeyrette (La), écart, c^{ne} de Riom-ès-Montagnes. — *Mansus de la Ribayreta*, 1441 (terr. de Saignes). — *La Ribeyre* (Cassini).

Ribeyrette (La), mont. à vacherie, c^{ne} de Valette. — *Montaigne de la Ribeirette*, 1717 (arch. dép. s. G).

Ribeyre-Vieille (La), vill., c^{ne} de Villedieu. — *Mansus de Ribeyra-Vielha*, 1398 (homm. à l'évêque de Clermont). — *Ribeira-Velha*; *Ribeirabelha*, 1508 (terr. de Montchamp). — *Ribeyra-Vielhia*, 1511 (arch. dép. s. G). — *Ribeyra-Velhia*; *Ribeyra-Velhie*; *Ribeyre-Velha*, 1537; — *Ribeyre-Velhie*, 1540 (terr. de Villedieu). — *Ribeyre-Viellye*, 1540 (arch. mun. de Saint-Flour). — *Ribeyre-Veilhe*, 1618 (terr. de Sériers). — *Rybeire-Violh*, 1623 (insin. de la cour royale de Murat). — *Ribeyrevcilhe*, 1645 (lièvre des Ternes). — *La Ribeyreveille*, 1662 (terr. de Montchamp). — *Riveire-vieillie*, 1672 (insin. du bailliage de Saint-Flour). — *La Rivière-Vieille*, 1673 (arch. dép. s. G). — *Ribeyrevielles*, fin du xviie s^e (table de la lièvre des Ternes). — *Ribeire-Vieille*, 1787 (arch. dép. s. G). — *Ribeyre-Vielle* (Cassini). — *Ribeyrevieille* (État-major).

Ribeyrolles, vill. et m^{in}, c^{ne} de Saint-Hippolyte. — *Mansus et molendinum de Rabeyrolles*, 1515 (terr. d'Apchon). — *Rabeyroles*, 1719 (table de ce terr.). — *Rabeirolles*, 1777 (lièvre d'Apchon).

Ribeyrols, écart, c^{ne} de Pers. — *Affarium de Ribayrols*, 1402 (arch. mun. d'Aurillac, s. HH, c. 21). — *Ribeyrol*, 1857 (Dict. stat. du Cantal).

Ribeyroune (La), vill., c^{ne} de Chanterelle. — *La Ribeire de Barbare* (Cassini).

Ribeyroune (La), dom. ruiné, c^{ne} de Marcenat. — *Domaine de la Ribeyroune*, 1744 (arch. dép. s. C).

Ribier (De), scierie et m^{in}, c^{ne} de Champagnac.

Ribos (La), grange isolée, c^{ne} du Falgoux. — *Los Rivus* (État-major).

Riboulin, écart, c^{ne} de Cayrols.

Ribouzou, f^{me}, c^{ne} de Fontanges. — *Domaine de*

Ribouzou, 1737 (état civ.). — *Ribousou* (État-major).

RICHALDRAT, ravine, affl. de la rivière d'Allanche, c^{nes} de Chalinargues et de Neussargues. — Cette ravine porte aussi les noms de *Réchardrate* et de *Rechardreau*.

RICHARD (LA), vill., c^{ne} de Charmensac.

RICHARDÈS, vill., et m^{in} détruit, c^{ne} de Lieutadès. — *Affard de Rechardez*; *Molin de Rechardes*, 1508; — *Richardez*, 1662; — *Richardès*, 1686; — *Le moulin de Richardès réduit en chazal*, 1730 (terr. de la Garde-Roussillon).

RICHE, dom. ruiné, c^{ne} de Vitrac. — *Apud Riche*, 1521 (min. Vigery, n^{re}).

RICHEBOVIE, dom. ruiné, c^{ne} de Jaleyrac. — *Mansus de Richebovie*, 1310 (lièvre du prieuré du Vigean). — *Mansus de Richovie*, 1473; — *Villaige de Richevio*, 1680 (terr. de Mauriac).

RICHERIE (LA), dom. ruiné, c^{ne} de Massiac. — *Villaige de la Richerie*, 1628 (paraphr. sur les cout. d'Auvergne).

RICIVENDEZ, ham., c^{ne} de Cassaniouze.

RICOU, mont. à burons, c^{ne} du Falgoux. — *V^{rie} Rigoux* (Cassini).

RICOU-LA-MOUCHE, mont. à vacherie, c^{ne} du Claux. — *Ricou-la-Miouche* (états de sections).

RICOU-LA-PEYRE, mont. à burons, c^{ne} du Claux. — *Puy appellé de Suc-Peyre*, 1539 (terr. de Cheylade). — *V^{rie} de Rigoux* (Cassini).

RIDOU, vill., c^{ne} de Saint-Étienne-de-Riom. — *Midou*, 1753; — *Ridou*, 1768 (arch. dép. s. C, l. 46). — *Ridoux* (Cassini).

RIEU (LE), dom. ruiné, c^{ne} de Badailhac. — *Ténement de la Ribieyre*, 1692 (terr. de Saint-Geraud). — *Ténement del Rieu ou del Bos*, 1695; — *Ténement Delriou-del-Bos*, 1736 (id. de Carlat).

RIEU (LE), f^{me} avec manoir, c^{ne} de Bassignac. — *Le Rieu*, 1662; — *Chasteau du Riou*, 1664 (insin. du baill. de Salers). — *Lou Ruei*, 1669 (état civ. de Trizac). — *Rieux*, 1785 (arch. dép. s. C, l. 45).

RIEU (LE), dom. ruiné, c^{ne} de Bonnac. — *Le villaige del Riou*, 1660; — *Le Rieuf*, 1665; — *Le Rieu*, 1667 (état civ.).

RIEU (LE), vill., c^{ne} de la Capelle-Viescamp. — *Le Rieu*, 1633 (min. Sarrauste). — *Le Rieux* (Cassini).

RIEU (LE), écart, c^{ne} de Cassaniouze. — *Affar del Rieu; la Rivière*, 1760 (terr. de Saint-Projet).

RIEU (LE), mont. à vacherie, c^{ne} de Cheylade.

RIEU (LE), dom. ruiné, c^{ne} de Giou-de-Mamou. — *Mas del Rieu de Mamou-Souteyro*, 1692 (terr. du monast. de Saint-Geraud).

RIEU (LE), vill. et m^{in}, c^{ne} de Girgols. — *Lou Rieu*, 1600 (trans. des hab. d'Auriol, avec l'hôp. de la Trinité d'Aurillac). — *Lourieu*, 1679 (arch. dép. s. C, l. 15). — *Le Rieux* (Cassini). — *Le Riou*, 1855 (Dict. stat. du Cantal).
Par décret du 25 juillet 1858, l'église du Rieu a été distraite du territ. de l'église de Girgols, et érigée en succursale.

RIEU (LE), écart, c^{ne} de Junhac.

RIEU (LE), vill., c^{ne} de Pers.

RIEU (LE), dom. ruiné, c^{ne} de Pleaux. — *Mansus del Riu*, 1274 (vente au doyen de Mauriac).

RIEU (LE), écart, c^{ne} de Saint-Étienne-de-Maurs. — *Lou Rieux*, 1604; — *Lou Riou*, 1740; — *Le Ruissel*, 1746; — *Le Rioux*, 1761 (état civ.).

RIEU (LE), vill., c^{ne} de Saint-Santin-Cantalès. — *Le Rieu*, 1636 (état civ.). — *Lou Riu*, 1636 (lièvre de Poul). — *Lou Reil*, 1657 (état civ. de Pleaux).

RIEU (LE), écart, c^{ne} de Sénezergues. — *Delrieu*, 1670 (terr. de Calvinet). — *Le Rieu*, 1786 (lièvre de Calvinet).

RIEU (LE), ham., c^{ne} de Teissières-les-Bouliès. — *Mansus del Rieu*, 1485 (reconn. à J. de Montamat). — *Lou Rieu*, 1610 (aveu de J. de Pestels). — *Lou Riou*, 1670 (nommée au p^{re} de Monaco). — *Le Rieux*, 1782 (arch. dép. s. C, l. 49).

RIEU (LE), écart, c^{ne} du Trioulou. — *Le Riou*, 1857 (Dict. stat. du Cantal).

RIEU (LE), vill., c^{ne} de Vézac. — *Rivus*, 1521 (min. Vigery, n^{re} à Aurillac). — *Le Rieu-en-Calhac*, 1580; — *Le Rieu-en-Folhola*, 1583 (terr. de Polminhac). — *Le Rieu*, 1676 (état civ. de Leucamp). — *Le Ricis; Lericus*, 1692 (terr. de Saint-Geraud). — *Lourieu*, 1692; — *Lerieu*, 1760 (arch. dép. s. C).

RIEU-BELIER (LE), bois, c^{ne} de Marcolès. — *Nemus del Rieu Belie*, 1520 (pièces de l'abbé Delmas).

RIEU-BENGOU (LE), ruiss., affl. du ruisseau des Angles, c^{ne} de Pers; cours de 730 m.

RIEU-CARGUES (LE), ham., c^{ne} de Cassaniouze. — *Le Rieu-Cargé*, 1660; — *Le Rieucargue*, 1674 (état civ.). — *La Rieu-Cargue*, 1740; — *Le Rieuquergue*, 1741 (anc. cad.).

RIEU-CHARRIDIER (LE), dom. ruiné, c^{ne} de Cheylade. — *Villaige del Rieu-Charridire*, 1597 (insin. du bailliage de Saint-Flour).

RIEU-CROS (LE), dom. ruiné, c^{ne} de Marcolès. — *Affar del Rieu-Cros*, 1668 (nommée au p^{ce} de Monaco).

RIEU-DE-BRAYAT (LE), écart, c^{ne} de Boisset.

RIEU-DE-LA-VIGNE (LE), mont. à vacherie, c^{ne} de Pailhérols. — *Lou Rieu de la Vinhe*, 1668 (nommée au p^{ce} de Monaco).

Rieu-Freix-le-Grand (Le) et le Petit, dom. ruinés, c^ne de Lieutadès. — *Roufrezes; Refrezes; Rieufrezes; Roufezes; Fraissenos*, 1508; — *Rieufrèses*, 1662; — *Rion-Frises; Rioufrezès-le-Grand, qu'on appelloit antiennement le villaige de Fraissenoux*, 1686; — *Riouifreses-le-Grand; Riouifreses-le-Petit*, 1730 (terr. de la Garde-Roussillon).

Rieu-Grand (Le), ruiss., affl. de la rivière d'Authre, c^ne de Lascelle; cours de 3,000 m.

Rieu-Gros (Le), bois défriché, c^ne de Roffiac. — *Nemus del Rieu-Gros*, 1510 (terr. de Maurs).

Rieulière (La), ruiss., affl. de la rivière de Mars, c^ne de Jaleyrac, est formé par les ruisseaux de Butaine, du Burdou, d'Estillols et de Pigerol; cours de 1,640 m. — *Rivus de Riouleira*, 1473 (terr. de Mauriac). — *Ruisseau de Ranheyres*, 1549 (id. de Miremont).

Rieumau, vill. détruit, c^ne de Saint-Urcize. — *Villaige de Rieufmoret; Rifmoret*, 1508; — *Riou-Mauret; Rioumauret*, 1686; — *Rioumouret; Rioumourel*, 1730 (terr. de la Garde-Roussillon).

Rieu-Maury (Le), dom. ruiné, c^ne de Marcolès. — *Affarium vocatum de Rieu Maurjac*, 1301 (pièces de l'abbé Delmas). — *Affaria de Rieumauri; fons da Runauri*, 1437 (terr. de Marcolès). — *Affarium dictum de Rupnauri*, 1457; — *Affarium de Runauri*, 1478 (pièces de l'abbé Delmas).

Rieu-Maury-Haut (Le), dom. ruiné, c^ne de Marcolès. — *Affaria de Rupnauri lo Sobeyra*, 1454; — *Rumauri Losobeyro*, 1498 (pièces de l'abbé Delmas).

Rieu-Mégha (Le), m^in détruit, c^ne de Vic-sur-Cère. — *Le molin du Rieu-Mégha*, 1583 (terr. de Polminhac).

Rieunage, dom. ruiné, c^ne de Giou-de-Mamou. — *Affard appellé de Rieunage*, 1671 (nommée au p^ce de Monaco).

Rieu-Nègre (Les Farrounious de), mont. à vacherie, c^ne du Falgoux.

Rieu-Ouest (Le), écart, c^ne de Saint-Étienne-de-Maurs. — *Lou Rieu-Haut*, 1760 (état civ. de Maurs).

Rieu-Peyrou (Le), bois défriché, c^ne de Roffiac. — *Nemus vocatum de Rieu Peyros*, 1510 (terr. de Maurs).

Rieu-près-Brayat (Le), écart, c^ne de Boisset.

Rieu-près-Serières (Le), écart, c^ne de Boisset.

Rieu-Sec (Le), ruiss., affl. du Lot, c^ne de Cassaniouze; cours de 5,000 m. — Ce ruisseau porte aussi le nom de Fourcous.

Rieu-Sec (Le), ruiss., affl. du ruisseau de Couffins, c^nes de Vézac et d'Arpajon; cours de 2,300 m. —

Le Rieu-Seq; le Ruisseau-Secq, 1695; — *Le Rieu sec*, 1736 (terr. de la command. de Carlat).

Rieusel (Le), dom. ruiné, c^ne de Boisset. — *Affar appellé de Reussel*, 1668 (nommée au p^ce de Monaco).

Rieu-Tord (Le), écart, c^ne de Brezons. — *Rieutor* (État-major). — *Le Rieutort*, 1852 (Dict. stat. du Cantal).

Rieutord (Le), vill. détruit, c^ne de Saint-Urcize. — *Vilaige de Rioutord*, 1686; — *Rioutard*, 1730 (terr. de la Garde-Roussillon).

Rieu-Tort (Le), ruiss., affl. de la Maronne, c^nes de Rilhac-Xaintrie et Saint-Julien-aux-Bois (Corrèze), Pleaux (Cantal); cours dans le Cantal : 6,200 m. — *Rioux-Tort* (État-major).

Rieu-Vernet (Le), dom. ruiné, c^ne de Riom-ès-Montagnes. — *Mansi de Rivo del Vernet*, 1309 (Hist. de l'abb. de Feniers).

Rieux (Le Bos des), mont. à vacherie, c^ne de la Monselie.

Rif (Le), anc. quartier de la ville de Riom-ès-Montagnes. — *Rivus*, 1441 (terr. de Saignes). — *Le quartier du Rif*, 1506 (id. de Riom).

Rigaille (Le Suc de), mont. à vacherie, c^ne de Champs.

Rigal, écart détruit, c^ne de Champs. — *Villaige de Rigail*, 1615; — *Chès-Riguail*, 1661 (état civ.). — *Le Rigal* (Cassini).

Rigal, m^in, c^ne du Falgoux.

Rigal (La), dom. ruiné, c^ne de Junhac. — *Affar de la Rigal*, 1669 (nommée au p^ce de Monaco).

Rigal (Le Pré de), mont. à burons, c^ne de Saint-Paul-de-Salers.

Rigal, ham., c^ne de Saint-Santin-de-Maurs. — *Rigal*, 1618 (état civ.).

Rigaldie (La), vill., c^ne de Cassaniouze. — *Las Rigaldias*, 1675 (état civ.). — *Las Regaldies*, 1675 (id. de Vieillevie). — *Las Rigaldies*, 1740 (anc. cad.).

Rigaldie (La), vill., c^ne de Leynhac. — *Mansus de la Rigaldia*, 1301 (pièces de l'abbé Delmas). — *La Regaldia*, 1545 (min. Destaing, n^re à Marcolès). — *La Rocqualdye*, 1668 (nommée au p^ce de Monaco). — *La Regaldie*, 1677 (état civ. de Saint-Constant). — *La Rigaldie* (Cassini).

Rigaldie (La), vill., c^ne de Saint-Antoine.

Rigaldie (La), vill., c^ne de Saint-Martin-Cantalès. — *Mansus de la Rigaldia*, 1464 (terr. de Saint-Christophle). — *La Sigardie* (Cassini). — *La Regaldie* (État-major).

Rigaldie (La), ham., c^ne de la Ségalassière. — *La Rigaldie*, 1650 (min. Sarrauste, n^re à Laroquebrou).

Rigaldies (Les), dom. ruiné, c^{ne} de Labrousse. — *Affar de las Rigaldieis*, 1606 (terr. de N.-D. d'Aurillac).

Rigardie (La), ham., c^{ne} de Tourniac. — *Duo casalia vocata de la Rigardia*, 1503 (terr. de Cussac).

Rigiat (Le Risa de), ravine, affl. de l'Alagnon, c^{ne} de Ferrières-Saint-Mary.

Rigiselat, mont. à vacherie, c^{ne} de Pradiers.

Rignac (Le), ruiss., affl. de la Sumène, c^{nes} de Colandres et de Valette; cours de 3,500 m.

Rignac, vill. et chât. détruit, c^{ne} de Riom-ès-Montagnes. — *Rinhac*, 1308 (Gall. christ., t. II, inst. c. 92). — *Rinhiacum*, 1353 (Baluze, hist. de la maison d'Auvergne, t. II, p. 607). — *Rinhacum*, 1441 (terr. de Saignes). — *Rinhac-ès-Montaignes*, 1506 (*id.* de Riom). — *Rignac*, 1672 (état civ. de Merret). — *Rigniac*, 1673 (insin. du baill. de Salers). — *Reignac*, 1717 (arch. dép. s. G). — *Regnac*, 1780 (lièvre de Saint-Angeau). — *Reignat*, 1784 (Chabrol, t. IV, p. 811).

Rignac était, avant 1789, le siège d'une justice seigneuriale régie par le droit coutumier, et ressortissait partie à la sénéchaussée de Clermont, et à la sénéchaussée d'Auvergne en appel du bailliage de Salers, partie au bailliage d'Aurillac, en appel de la prév. de Mauriac.

Rignac, ham., c^{ne} de Sourniac. — *Rigniacus*, x^e s^e (test. de Théodéchilde). — *Rinhac*, 1345 (vente au doyen de Mauriac). — *Renhac*, 1549 (terr. de Miremont). — *Riniac*, 1632 (état civ. de Mauriac). — *Rhinihac*, 1682; — *Rhignac*, 1689; — *Rhiniac*, 1717 (état civil d'Arches). — *Regniac* (Cassini).

Rigou (Le), écart, c^{ne} de Marcolès.

Rigou, m^{in} détruit, c^{ne} de Polminhac. — *Le moulin de Rigou*, 1728 (arch. dép. s. C, l. 21).

Rigout, f^{me}, c^{ne} de Sansac-de-Marmiesse.

Rigoux, m^{in}, c^{ne} de Laroquevieille.

Rijand (Le Suc de), mont. à vacherie, c^{ne} d'Anglards-de-Salers.

Rilhac, ruiss., affl. de la Dordogne, c^{nes} de Rilhac-Xaintrie (Corrèze) et Tourniac (Cantal); cours de 7,000 m. dans le Cantal.

Rilhac, dom. ruiné, c^{ne} de Saint-Étienne-de-Riom; — *Le villaige de Rilhac*, 1658 (insin. du baill. de Salers).

Rillac, marquisat? c^{ne} de Sainte-Eulalie. — *Le marquizat de Rilhac*, 1659 (min. Gros, n^{re}).

Rimajou (Le), ruiss., affl. du ruisseau de Maurs, formé par les ruisseaux de Julhac et de Naumonteil, c^{ne} de Labrousse; cours de 2,000 m.

Rimal, écart, c^{ne} de Saint-Julien-de-Toursac.

Rinaldie (La), dom. ruiné, c^{ne} de Boisset. — *Villaige de Rinaldie*, 1757 (état civ. de Maurs).

Riols, vill. et m^{in}, c^{ne} d'Auriac. — *Riols* (Cassini). — *Riol* (État-major).

Riom (Le Moulin de), m^{in} détruit, c^{ne} de Riom-ès-Montagnes. — *Molendinum de Chavassueilli; Chavassuelh; Chavassuelli*, 1441 (terr. de Saignes). — *Molin de Chavassoulh*, 1506 (*id.* de Riom).

Riom-ès-Montagnes, arrond. de Mauriac, et chât. féodal détruit. — *Ecclesiæ duæ Riom*, xiie s^e (charte dite de Clovis). — *Riomus in Montanis*, 1267 (Gall. christ., t. II, inst., col. 91). — *Riomum*, 1320 (Baluze, t. II, p. 586). — *Riomium*, 1441 (terr. de Saignes). — *Riom*, 1638 (*id.* de Murat-la-Rabe). — *Riom-ès-Montaignes*, 1671 (état civ. de Menet). — *Riom-les-Montagnes* (Cassini).

Riom-ès-Montagnes était, avant 1789, de la Haute-Auvergne, du dioc. de Clermont, de l'élect. et de la subdélég. de Mauriac. Régi par le droit coût., il dépend de la justice seign. de Rignac, et ressort à la sénéch. d'Auvergne, en appel du baill. de Salers. — Son église, dédiée à saint Georges, était un prieuré, à la nomination de l'abbesse de la Vaissin. Elle a été érigée en cure par la loi du 18 germinal an x (8 avril 1802).

Rion (La), fief, c^{ne} de Cheylade. — 1514 (terr. de Cheylade).

Riou (Le), dom. ruiné, c^{ne} d'Arpajon. — *El afar dal Rieu*, 1223 (lièvre de Carbonnat). — *Podium de Rebieyra*, 1522 (min. Vigery). — *Le Ribeyre*, 1606 (terr. de N.-D. d'Aurillac). — *Lou Rieu*, 1623 (état civ.). — *Bois Delriou*, 1739 (anc. cad.).

Riou (Le), écart, c^{ne} de Boisset.

Riou (Le), dom. ruiné, c^{ne} de la Capelle-del-Fraisse. — *Le village del Riou*, 1724 (lièvre de Montsalvy).

Riou (Le), vill. détruit, c^{ne} de Maurines. — *Le villaige del Riou*, 1614 (arch. dép. s. H).

Riou (Ol), dom. ruiné, c^{ne} de Saint-Simon. — *Mas dal Rieu*, 1692; — *Le Rieu d'Ausole*, 1696 (terr. de Saint-Geraud). — *Mas du Rieux*, 1754 (arch. mun. de Naucelles).

Riou (Le Bois del), dom. ruiné, c^{ne} de Vic-sur-Cère. — *La Costa-del-Rieu*, 1583 (terr. de Polminhac). — *Le Rieu-Dorlhac*, 1599 (état civ.). — *Affar de Rieu*, 1671 (nommée au p^{re} de Monaco).

Rioubain (Le), ruiss., affl. de l'Arcomie, c^{ne} de Saint-Marc; cours de 2,500 m. — *Rioubin*, 1837 (état des rivières du Cantal).

Riou-Blonquet (Le), mont. à vacherie, c^{ne} de Pradiers.

Rioucal (Le), ruiss., c^{nes} de Crandelles, Saint-Paul-des-Landes et Ytrac, se perd dans les prairies. —

Rivus de Puech Chault, 1531 (min. Vigery, n^re à Aurillac). — *Ruisseau de Rioucon; le Ruisseau-Chaut*, 1739 (anc. cad. d'Ytrac).

Rioubay (Le), ruiss., affl. de la Sumène, coule aux finages des c^nes de Chastel-Marlhac, Sauvat et Ydes; cours de 3,800 m. — Ce ruisseau porte aussi les noms d'*Arragon* et de *Lagoût*.

Riou-Cros (Le), ruiss., affl. de la Véronne, c^ne de Colandres; cours de 2,880 m.

Riou-Cros (Le), dom. ruiné, c^ne de Riom-ès-Montagnes. — *Mansus de Rion Cros*, 1441 (terr. de Saignes).

Riou-Cros (Le), ruiss., affl. du Célé, c^nes de Saint-Santin-de-Maurs et Saint-Constant; cours de 9,460 m. — *Ruisseau de Rieucrox; de Rieu-Cros*, xviie s^e (reconn. au prieur de Saint-Constant). — *Le Rieu-Cro*, 1749 (anc. cad. de Saint-Constant).

Riou-du-Bois (Le), ruiss., affl. de la Sionne, c^ne de Chanet; cours de 4,000 m. — *Rivus vocatus Albos*, 1451 (terr. de Chavagnac). — *Riber de Laygue*, 1515 (*id.* du Feydit).

Riou-Gros (Le), ruiss., affl. de la Véronne, c^nes de Saint-Hippolyte et de Colandres; cours de 2,050 m.

Rioulas (Les), dom. ruiné, c^ne d'Anglards-de-Saint-Flour. — *Affar appellé Rioulat*, 1494 (terr. de Mallet).

Rioumau (Le), ruiss., affl. du Bex, c^ne de Saint-Urcize; cours de 14,800 m. — *Le Rieufmoret; le Rif-Moret; l'eau appellée Rieumaud; Rumauld; Rieu-mauld*, 1508; — *Rivière de Rioumauld*, 1662; — *Rivière de Rioumau*, 1686; — *Rivière de Rioumau; Riouimauld*, 1730 (terr. de la Garde-Roussillon).

Riou-Nègre (Le), ruiss., affl. du ruisseau des Garrigues, c^ne d'Ayrens; cours de 2,800 m.

Riou-Nigné (Le), ruiss., affl. de l'Arcueil, c^ne de Saint-Mary-le-Plain; cours de 1,500 m.

Riou-Salat (Le), ham. et scierie à vapeur, c^ne de Chaudesaigues. — *Rivus Salacus*, 1404; — *Reusalat*, 1483 (arch. dép. s. G). — *Rieusalat*, 1508 (terr. de la Garde-Roussillon). — *Lou Riou-Salat*, 1526 (*id.* de Vieillespesse). — *Rieusallat; Rioussaillat; Rioussallac; Rioussallat*, 1662 (*id.* de la Garde-Roussillon). — *Lou Rieu-Salé*, 1670 (état civ. de Pierrefort). — *Riouzallat*, 1686 (terr. de la Garde-Roussillon). — *Rioussallat*, 1784 (Chabrol, t. IV). — *Rue-Jalat* (Cassini). — *Rieu-Sallat*, 1855 (Dict. stat. du Cantal).

Riou Salat (Le), ruiss., affl. du Remontalou, c^ne de Chaudesaigues; cours de 2,500 m. — *Rivus Salacus*, 1404; — *Rivus de Reusalat*, 1483 (arch. dép. s. G). — *Le Riou-Jalat*, 1837 (état des rivières du Cantal).

Riou-Vent (Le), ruiss., affl. du Bex, c^nes d'Albaret-le-Comtal (Lozère) et Faverolles (Cantal); cours dans le Cantal de 5,500 m.

Riou-Vernet (Le), ruiss., affl. de la Truyère, c^ne de Loubaresse; cours de 1,760 m. — Ce ruisseau porte aussi le nom de *le Terran*. — *Le Théron*, 1855 (Dict. stat. du Cantal).

Ripes (Les), dom. ruiné, c^ne de Salers. — *Affar de las Rispas*, 1508 (arch. mun. de Salers).

Rissergues, vill., c^ne de Sainte-Marie. — *Reysergues*, 1644; — *Reissergues*, 1646; — *Rosseyzous*, 1653 (état civ. de Pierrefort). — *Raissergues*, 1697 (insin. du baill. de Saint-Flour). — *Risergues* (Cassini).

Rissergues, ravine, affl. de la Truyère, c^ne de Sainte-Marie; cours de 1,500 m.

Rissiou, dom. ruiné, c^ne de Saint-Mamet-la-Salvetat. — *Tènement de Rissiou*, 1745 (anc. cad.).

Rissol, dom. ruiné, c^ne de Rouziers. — *Affar de Rissol*, 1670 (nommée au p^ce de Monaco).

Rissoles, écart, c^ne de Saint-Constant.

Rivage (Le), m^in, c^ne de Chalinargues.

Rivages (Les), écart, c^ne de Sauvat.

Rivalles (Les), dom. ruiné, c^ne de Cros-de-Montvert. — *Affar de las Rivalles*, 1600 (pop. de la fam. de Montal).

Rive (La), mont. à burons, c^ne de Vic-sur-Cère. — *Montagnhe de la Ribe*, 1668 (nommée au p^ce de Monaco). — *La Rive* (Cassini). — *Montagne de la Rive* (états de sections).

Rivet (La), écart, c^ne d'Apchon. — *La Rivet*, 1777 (lièvé d'Apchon). — *La Revette* (Cassini).

River, vill., c^ne de Roffiac. — *Mansus de Rivet*, 1510; — *Mansus de Rivere*, 1511 (terr. de Maurs). — *Rivel* (Cassini).

Rivet (Le), ham., c^ne du Trioulou.

Rivière (La), ham., c^ne d'Ayrens. — *Mansus de la Rebieyra*, 1445 (reconn. à l'hop. d'Aurillac).

Rivière (La), mont. à vacherie, c^ne de Bredon. — *Montaigne del Riau*, 1598 (reconn. des consuls d'Albepierre). — *Rial; Riol*, 1681 (terr. d'Albepierre).

Rivière (La), écart, c^ne de Cros-de-Ronesque.

Par décision du Conseil général du 23 août 1876, la Rivière a été détachée de la commune de Badailhac et annexée à celle de Cros-de-Ronesque.

Rivière (La), mont. à vacherie, c^ne de Cussac.

Rivière (La), vill., c^ne de Fournoulès.

Rivière (La), écart, c^ne de Junhac. — *Larivière*, 1743 (état civ.).

Rivière (La), ham. en ruines, c^ne de Mauriac. —

Mansus de las Ribeiras, 1473; — *La Ribières*, 1680 (terr. de Mauriac).

Rivière (La), mont. à vacherie, c^{ne} de Saint-Cernin. — *Montaigne de la Riviéyre*, 1669 (nommée au p^{cé} de Monaco).

Rivière (La), vill. et m^{in}, c^{ne} de Saint-Chamant. — *La Ribieyre*, 1658 (insin. du baill. de Salers). — *Rivières*, 1667 (état civ. de Saint-Martin-de-Valois). — *Le Rif; la Rivière*, 1671 (*id.* de Saint-Chamant). — *Ribeyro*, 1681 (*id.* de Saint-Projet). — *Ribière*, 1784 (Chabrol, t. IV).

Rivière (La), ham., c^{ne} de Saint-Martin-Cantalès. — *Mansus de la Ribieyra*, 1464 (terr. de Saint-Christophe). — *La Ribieyre*, 1586 (min. Lascombes, n^{re} à Saint-Illide). — *La Rivière*, 1650 (état civ. de Saint-Christophe). — *La Rivieyre*, 1675 (*id.* de Pleaux). — *La Reveyre*, 1684 (min. Gros, n^{re} à Saint-Martin-Valmeroux).

Rivière (La), écart, c^{ne} de Saint-Saury.

Rivière (La), vill., c^{ne} de Thiézac. — *La Rebieyre*, 1618 (état civ.). — *Le Rieu; la Ribieyre*, 1668 (nommée au p^{cé} de Monaco). — *La Rivière*, 1746 (anc. cad.).

Rivière (La), vill. et m^{in} détruit, c^{ne} de Thiézac. *Le domaine de Ribieyre*, 1668; — *La Rebieyre*, 1671 (nommée au p^{cé} de Monaco). — *Moulin d'Enrivière*, 1746 (anc. cad.).

Rivière (La), dom. ruiné, c^{ne} de Tournemire. — *Villaige de la Rivière*, 1680 (arch. dép. s. C, l. 6).

Rivière de Jaleyrac (La), nom collectif, c^{ne} de Jaleyrac, par lequel on désignait au XVIIe s^e les lieux suivants : Angeyroles, Aygues-Vives-Sobranes, Boysseyres, le Brugdor, Champlez, la Chassaigne, Lofanc, las Huguenias, Jaleyrac-la-Gleyze, Jaleyrac-lo-Vieilh, la Rosseyra, la Saltaria, la Sauleyra et les Teilholz. (1549, terr. de Miremont).

Rivière-de-la-Rance (La), dom. ruiné, c^{ne} de Marcolès. — *Affar appelée de la Rivière-Dalrence*, 1668 (nommée au p^{cé} de Monaco).

Rixain (Le), m^{in} abandonné, c^{ne} de Méallet.

Roan, dom. ruiné, c^{ne} de Sansac-de-Marmiesse. — *Mas de Roan*, 1665 (état civ. de Saint-Mamet).

Roannes, riv., affl. de la Cère, c^{nes} de Prunet, Roannes-Saint-Mary et Saint-Mamet-la-Salvetat; cours de 24,600 m. — Cette rivière porte aussi les noms de Garric et de Cantuel. — *Aqua de Rohanet*, 1522; — *Aqua de Roane*, 1531 (min. Vigery, n^{re}, à Aurillac). — *Ruisseau Roanes*, 1692 (terr. de Saint-Geraud).

Roannes-Saint-Mary, c^{on} de Saint-Mamet-la-Salvetat. — *Roacina*, 918 (Gall. christ., t. II, col. 439). — *Roani*, 1380 (accord avec l'hôpital de la Trinité d'Aurillac). — *Rochana*, XIVe s^e (Pouillé de Saint-Flour). — *Rohana*, 1454 (pièces de l'abbé Delmas). — *Roane*, 1521; — *Roana*, 1522 (min. Vigery, n^{re}). — *Rohanne*, 1598 (arch. dép. s. E). — *Rone*, 1621; — *Ronne*, 1623; — *Rouns*, 1625; — *Rounne*, 1628 (état civ. d'Arpajon). — *Rohane*, 1668; — *Rouanne*, 1669; — *Rounnes*, 1670 (nommée au p^{cé} de Monaco). — *Rouanes*, 1683 (état civ. d'Aurillac). — *Ronne*, 1762 (Pouillé de Saint-Flour).

Roannes était, avant 1789, de la Haute-Auvergne, du dioc. de Saint-Flour, de l'élect. et de la subdélég. d'Aurillac. Il était le siège d'une justice seign. régie par le droit écrit, et ressort. au bailliage d'Aurillac en appel de la prév. de Maurs. — Son église, dédiée à saint Michel, a été érigée en succursale par décret du 28 août 1808.

En vertu de la loi du 19 juillet 1844, la c^{ne} de Saint-Mary a été supprimée et réunie à celle de Roannes, qui a pris alors le nom de *Roannes-Saint-Mary*.

Robbe (Las), dom. ruiné, c^{ne} de Saint-Santin-Cantalès. — *Las Robbe*, 1449 (Enq. sur les droits des seign. de Montal).

Robbtenquas, dom. ruiné, c^{ne} de Saint-Santin-Cantalès. — *Affarium vocatum de las Robbtenquas*, 1444 (arch. mun. d'Aurillac, s. HH, c. 21).

Robert, dom. ruiné, c^{ne} de Chaussenac. — *Affarium vocatum da Robbert*, 1502 (terr. de Cussac).

Robert, m^{in}, c^{ne} de Mourjou.

Robert, f^{me}, c^{ne} de Saint-Constant. — *Robert*, 1693 (état civ.). — *La métairie de Robbert*, 1748 (anc. cad.).

Robertie (La), ham., c^{ne} de Chastel-Marlhac. — *La Robertye*, 1689 (état civ.). — *La Roubertie*, 1744; — *La Robertie*, 1783 (arch. dép. s. C, l. 45).

Robertie (La), écart. et m^{in}, c^{ne} de Mourjou. — *Las Robertias*, 1523 (ass. de Calvinet). — *La Robertia ou le Raberau*, 1553 (procès-verbal Veny).

Robinet (Le), ruiss., affl. du Célé, coule à la limite des départ. du Cantal et du Lot; cours de 1,000 m.

Robis (Les), dom. ruiné, c^{ne} de Chaudesaigues. — *In domibus de Robins*, 1292; — *Mansus de Robis*, 1502 (arch. dép. s. G).

Robis, ham., c^{ne} de Lavastrie. — *Mansus de Robis*, 1494 (terr. de Mallet). — *Mansus de Roby*, 1520 (*id.* de Maurs).

Roby-Meylnac, dom. ruiné, c^{ne} d'Andelat. — *Villaige de Roby-Meylnac*, 1583 (arch. dép. s. G).

Roc (Le), écart, c^{ne} de Brezons.

Roc (Le), f^{me}, c^{ne} de Chastel-sur-Murat. — *L'afar del Rouc*, 1490 (terr. de Chambeuil). — *Le Rocq*,

xvi° s° (terr. du prieuré du chât. de Murat). — *Affar Delroc*, 1668 (nommée au p^ce de Monaco). — *Le Rouch*, 1680 (terr. de la ville de Murat). — *Le Roch*, 1717 (arch. dép. s. E). — *Le Roc*, 1756 (terr. de la coll. de Notre-Dame de Murat).
Roc (Le), écart, c^ne de Freix-Anglards.
Roc (Le), m^in et teinturerie, c^ne de Jaleyrac.
Roc (Le), vill., c^ne de Joursac. — *Le Rocq*, 1694 (état civ.). — *Le Rocq de Mardoigne*, 1702; — *Le Roch*, 1771 (lièvc de Mardogne). — *Le Rohoc*, (Cassini).
Roc (Le), écart, c^ne de Junhac.
Roc (Le), écart, c^ne de Leucamp.
Roc (Le), ham., c^ne de Maurs. — *Affarium de Roqua*, 1500 (terr. de Maurs).
Roc (Le), écart, c^ne de Saint-Saury.
Roc (Le Puech-du-), dom. ruiné et mont. à vacherie, c^ne de Saint-Saury. — *Mansus dictus Peuh-roqua*, 1357 (arch. mun. d'Aurillac, s. HH, c. 21).
Roc (Le), ruiss., affl. de la rivière de Marliou, coule aux finages des c^nes de Saint-Vincent, Trizac et Moussages; cours de 6,780 m.
Roc (Le), écart, c^ne de la Ségalassière.
Roc (Le), écart, c^ne de Trizac.
Roc-Castanet (Le), écart, c^ne d'Aurillac. — *La Roca da Castanet*, xiii° s° (arch. mun. s. GG, p. 20).
Roc-del-Puech (Le), écart, c^ne de Saint-Antoine.
Roch· (Le), écart, c^ne de Freix-Anglards. — *Affar del Rocqual*, 1627 (terr. de Notre-Dame d'Aurillac). — *La Roche*, 1744 (anc. cad. de Saint-Cernin).
Roch (Le), écart, c^ne de Junhac. — *Lou Roq*, 1749 (état civ.). — *Lou Roc*, 1749 (anc. cad.).
Rochain (Le), ham., chât. ruiné et m^in, c^ne d'Andelat. — *Le molin Rochent*, 1508 (terr. de Montchamp). — *Locus del Rochenc*, 1531; — *Le Rochen*, 1583 (arch. dép. s. G). — *La Roche*, 1599 (min. Andrieu, n^re à Saint-Flour). — *Le Rochain*, 1741 (arch. dép. s. H).
Le château du Rochain était, avant 1789, le siège d'une justice seign. régie par le droit cout., et ressort. à la sénéch. d'Auvergne en appel de la prév. de Saint-Flour.
Roche, vill., c^ne d'Allanche.
Roche, ruiss., affl. de la rivière d'Allanche, c^ne de ce nom; cours de 2,000 m.
Roche (La), dom. ruiné, c^ne d'Anglards-de-Salers. — *Affar de la Roche*, 1477 (arch. généal. de Sartiges).
Roche, écart, c^ne de Bragéac.
Roche (La), vill., camp retranché et chât. féodal détruit, c^ne de Champs. — *Rupis*, 1279; — *La Rocha*, 1360 (arch. dép. s. E). — *La Roche*, 1688 (état civ. de Chastel-Marlhac). — *La Roche-Marchal*, 1784 (Chabrol, t. IV).

La Roche était, avant 1789, régie par le droit cout. et siège d'une justice seign. ressort. à la sénéch. de Clermont en appel du bailliage de Thinières.
Roche (La), vill. et chât. détruit, c^ne de Chastel-Marlac. — *Chasteau de Laroche*, 1687 (état civ.).
Roche (La), dom. et m^in ruinés, c^ne de Cheylade. — *Roche appelée de Meylogruane*, 1514 (terr. de Cheylade). — *Le molin de la Roche*, 1521 (min. Teyssendier, n^re à Cheylade). — *Roche de Meylegaur*, 1539 (terr. de Cheylade). — *Roche Moulegrane*, 1539 (arch. dép. s. E). — *Affar de Laroche*, 1646 (lièvc conf. de Valrus).
Roche (La), vill. détruit, c^ne du Claux. — *Villaige de Roche*, 1504 (homm. à l'évèque de Clermont).
Roche (La), ruiss., affl. de la Truyère, coule aux finages des c^nes de Clavières, Ruines et Chaliers; cours de 12,500 m. — Ce ruisseau porte également les noms de *Machaux* et de *Ruines*. — *Rivière Dagudo*; *Dajudo*; *Dajudor*, 1508; — *Rivière da Judour*, 1630; — *Ruisseau Dadjudour*, 1662; — *Rivière Dajudou*; *de Judou*; *Desjudou*, 1730 (terr. de la command. de Montchamp).
Roche (La), m^in détruit, c^ne de Cussac. — *Molin de Roche sur l'Epie*, 1542; — *Molin al Riche*, 1594 (terr. de Bressanges).
Roche (Le Riou de la), mont. à vacherie, c^ne du Falgoux).
Roche (La), f^me et m^in, c^ne de Faverolles. — *Molin de la Roche*, 1671 (insin. du baill. de Saint-Flour). — *Laroche*, 1739 (état civ. de Saint-Flour).
Roche (La), mont. à vacherie, c^ne de Girgols. — *Montaigne de la Roche*, 1600 (arch. de l'hôp. de la Trinité d'Aurillac).
Roche (La), ruiss., affl. de l'Alagnon, c^ne de Joursac; cours de 2,500 m.
Roche (La), f^me et chât. ruiné, c^ne de Loupiac. — *Reparium de la Rocha*, 1464 (terr. de Saint-Christophe). — *La Roche*, 1632 (état civ.). — *Laroche*, 1658 (min. du baill. de Salers).
Roche (La), vill., c^ne de Molompize. — *La Roche*, 1558 (lièvc du prieuré de Molompize). — *La Rache, paroisse de Molonpize*, 1741; — *Laroche*, 1742 (état civ. de Saint-Victor-sur-Massiac).
Roche (La), dom. ruiné et mont. à vacherie, c^ne de Montboudif. — *Roches-Hautles*, xvi° s° (lièvc conf. de Feniers). — *Roue appellé de Rochos-Laucher*, 1650; — *Montaigne Danteroche*, 1654; — *Métairie d'Antaroche*, 1681 (terr. de Feniers).
Roche (La), dom. ruiné, c^ne de Naucelles. — *Affa-*

rium de la Roca, vocatum le Camp long, 1498 (arch. dép. s. E).

Roche (La), écart et m^{in}, c^{ne} d'Oradour. — *La Roque* (Cassini).

Roche (La), chât. en ruines, c^{ne} de Pleaux.

Roche, écart détruit, c^{ne} de Riom-ès-Montagnes. — *La Rocha*, 1780 (lièvre de Saint-Angeau).

Roche (La), m^{in}, c^{ne} de Ruines.

Roche (La), m^{in}, c^{ne} de Saint-Bonnet-de-Salers.

Roche (La), f^{me}, c^{ne} de Saint-Cernin. — *La Roche*, 1700 (état civ.).

Roche (La), ham., c^{ne} de Saint-Marc. — *La Roche près Bourg-l'Oncle*, 1628 (paraphr. sur les cout. d'Auvergne). — *La Roche*, 1786 (arch. dép. s. G, l. 48).

Roche (La), dom. ruiné, c^{ne} de Saint-Martin-Valmeroux. — *Affarium de la Rocha*, 1284 (arch. nat. J. 271).

Roche (La), vill. détruit, c^{ne} de Saint-Poncy.

Roche (La), vill., c^{ne} de Saint-Projet. — *A Rocha*, 1284 (arch. nat. J. 271). — *Laroche*, 1717 (terr. de Beauclair). — *La Roche* (Cassini).

Roche (La), vill. et m^{in}, c^{ne} de Saint-Remy-de-Chaudesaigues.

Roche (La), vill., c^{ne} de Saint-Saturnin. — *Ruppis*, 1329 (enq. sur la just. de Vieillespesse). — *Mansus de Rochia*, 1474 (arch. dép. s. E). — *La Roche*, 1543 (id. s. G).

Roche (La), écart, c^{ne} de Saint-Vincent.

Roche (La), vill., ham. et m^{in}, c^{ne} de Trémouille-Marchal.

Roche (La), écart, c^{ne} de Valette. — *Mansus de Roxcha*, 1441 (terr. de Saignes). — *La Roche*, 1506 (id. de Riom).

Roche (La), ham., c^{ne} du Vigean. — *La Rocha*, 1310 (lièvre du prieuré du Vigean). — *La Roche*, 1549 (terr. de Miremont).

Roche-Agude (La), dom. ruiné, c^{ne} de Chalvignac. — *Villaige de la Roche-Agude*, 1549 (terr. de Miremont).

Roche-Barbat (La), mont. à vacherie, c^{ne} de Pradiers.

Roche-Bas, écart, c^{ne} d'Allanche.

Roche-Basse (La), seigneurie, arrond. d'Aurillac? — *Ruppis Humilis*, 1307 (reconn. au seign. de Montal).

Roche-Basse (La), dom. ruiné, c^{ne} de Cezens. — *Villaige de la Roche-Basse*, 1673 (état civ. d'Aurillac).

Rochebec, f^{me}, c^{ne} de Condat-en-Feniers. — *Roche-Pec* (Cassini).

Roche-Blanche (La), mont. à vacherie, c^{ne} de Vieillespesse. — *La couste de Rocha-Alba*, 1526 (terr. de Vieillespesse).

Roche-Brugière (La), m^{in} détruit, c^{ne} de Mentières.

Roche-Brune, filature, c^{ne} de Cussac.

Roche-Brune, ham. et chât., c^{ne} d'Oradour. — *Castrum de Rochabruna*, 1293 (spicil. Brivat.). — *Rochebruno*, 1475 (arch. dép. s. E).

Roche-Brune (Le Pont de), écart et m^{in} en ruines, c^{ne} d'Oradour.

Roche-Canillac (La), vill. et chât. féodal détruit, c^{ne} de Saint-Remy-de-Chaudesaigues. — *Canillacum*, 1096 (Gall. christ., t. II, col. 421). — *Rupes Canilham; Ruppes Canillaci*, 1507 (arch. dép. s. H). — *La Roche Conilhac* (Cassini).

La Roche-Canillac était, avant 1789, le siège d'une justice seign. régie par le droit écrit et ressort. à la sénéch. d'Auvergne en appel de la prév. de Saint-Flour.

Roche-Chaumont (La), mont. à vacherie, c^{ne} de Montboudif.

Roche-Chauve (Le Puy de), mont. à vacherie, c^{ne} de Mandailles.

Roche-Corbière (La), mont. à vacherie, c^{ne} de Vernols. — *La Roche-Corbeyra*, 1515 (terr. du Feydit).

Roche-Courbeyre (La), mont. à vacherie, c^{ne} de Joursac. — *La Rocha Cobeyre*, 1558 (terr. du prieuré de Rochefort).

Roche-Cusé (La), mont. à vacherie, c^{ne} de Saint-Mary-le-Plain.

Roche d'Auliac (La), ham., c^{ne} des Ternes. — *La Rochedolhat*, 1537 (terr. de Villedieu). — *La Roche Daulhac*, 1636 (id. des Ternes). — *La Roche-daulhac*, 1645 (lièvre des Ternes). — *La Roche-dauliac*, 1678 (insin. du baill. de Saint-Flour). — *La Roche Doulhac*, xviie s^e (lièvre des Ternes). — *Roche d'Aulliac* (Cassini).

Roche-de-Barres (La), écart, c^{ne} de Saint-Paul-de-Salers.

Roche-de-Chambres (La), vill., c^{ne} du Vigean. — *Mansus da la Rocha de Chambre*, 1310 (lièvre du prieuré du Vigean). — *La Roche-de-Chambres*, 1634 (état civ.).

Roche-de-la-Beau (La), dom. ruiné, c^{ne} du Vigean. — *Mansus da la Rocha sobre Labeo*, 1310 (lièvre du prieuré du Vigean). — *Villaige de la Roche-de-la-Beau*, 1610 (état civ.).

Roche-de-la-Noure (La), dom., c^{ne} de Lanobre.

Roche-Escout (La), écart, c^{ne} de Saint-Bonnet-de-Salers. — *Domaine de Roche*, 1743 (état civ.). — *Roche-Bas* (Cassini).

Rochefont, m^{in} détruit, c^{ne} de Laroquebrou. — *Molendinum de Rocafort*, 1343 (arch. dép. s. E).

ROCHEFORT, ham., m^in et chât. ruiné, c^ne de Saint-Poncy. — *Rupesfortis*, 1250; — *Rochafortz*, 1288 (spicil. Brivat.). — *Rochafort*, 1370; — *Ruppesfortis*, 1375 (arch. dép. s. E). — *Rochaffortis*, xive s^e (Guill. Trascol). — *Rochefort*, 1526 (terr. d'Aurouze). — *Rochaffort*, 1556 (id. du prieuré de Rochefort). — *Rochesfort*, 1558 (lièvre de Tempels). — *Rochefara; Rochesfaires*, 1610 (terr. d'Avenaux). — *Rochefort-près-Massiac*, 1784 (Chabrol, t. IV).

Rochefort, membre du monast. de la Voûte, était un prieuré de l'ordre de Saint-Benoît, sous le titre du Saint-Nom-de-Marie; le titulaire avait le titre d'archiprêtre et était à la nomination du prieur de la Voûte.

ROCHEFORT, vill. détruit, c^ne de Saint-Saturnin.

ROCHE-GARDE, m^in détruit, c^ne de Bournoncles. — *Moulin de Rochegude* (État-major).

ROCHE-GÉOLI (LA), mont. à vacherie, c^ne de Montboudif.

ROCHE-GILBERT (LA), dom. ruiné, c^ne de Neuvéglise. — *Ténement et beughe de Coste-Plane, appellée de Roche-Gibert*, 1508; — *Roche des Gibertz*, 1662; — *Roche-Gibert sive de Fessade*, 1762 (terr. de Montchamp).

ROCHE-GONDE, vill. et chât. féodal ruiné, c^ne de Neuvéglise. — *Locus de Rochegunde*, 1511; — *Mensura Rupisgonde*, 1521 (arch. dép. s. G). — *Rochegonde*, 1535 (id. s. E). — *Rochagonde*, 1616 (état civ. de Pierrefort). — *Roche-Gonde*, 1628 (paraphr. sur les cout. d'Auvergne). — *Rochegondes*, 1692 (état civ. de Murat).

Roche-Gonde était, avant 1789, le siège d'une justice seign. haute, moyenne et basse, régie par le droit cout., et ressort. à la sénéch. d'Auvergne, en appel de la prév. de Saint-Flour.

ROCHE-GRANDE (LA), écart, c^ne d'Allanche.

ROCHE-GRANDE (LA), écart, c^ne de Montboudif.

ROCHE-GROSSE (LA), mont. à vacherie, c^ne de Clavières.

ROCHE-GUDE (LA), mont. à burons, c^ne de Bredon. — *Montana de Rochaaguda*, 1491 (terr. de Farges). — *Montaigne de Rochegonde*, 1580 (lièvre de la v^té de Murat). — *Montaigne du Roy appellée de Rochegude*, 1597 (insin. du bailliage de Saint-Flour). — *Montaigne de Roche-Gude*, 1598 (reconn. au roi par les hab. d'Albepierre).

ROCHE-GUDE, f^me, c^ne de Saint-Bonnet-de-Marcenat.

ROCHE-GUY (LA), écart, c^ne de Saint-Bonnet-de-Salers.

ROCHE-HUBERT (LA), lieu détruit, c^ne d'Antignac.

ROCHE-JEAN (LA), vill. et mont. à burons, c^ne de Paulhac. — *Montaigne de la Roche-Johan; la Rocha-Johan*, xve s^e (terr. de Bredon). — *Buron de Roche-Jean* (Cassini).

ROCHE-LAMBERT (LA), rocher, c^ne de Laveissière.

On voyait encore il y a quelques années, sur ce rocher, les ruines d'une des tours du château de Chambeuil.

ROCHE-LARDEIRE (LA), vill., c^ne de Saint-Flour. — *Platea seu tenancia dicta de Rupe-Lardeira, vulgariter memorata Meszes*, 1255 (arch. mun.). — *La Rocha-Lardeyra*, 1534 (arch. dép. s. H). — *La Roche-Lardière* (État-major).

ROCHE-LIGNEROLLE (LA), chât. féodal détruit, c^ne de Saint-Poncy.

ROCHE-LISSIÈRE (LA), dom. ruiné, c^ne de Saint-Étienne-de-Riom. — *Affar appellé de la Lisie*, 1504 (terr. de la duchesse d'Auvergne). — *La Lizeyre*, 1783 (aveu par G. de la Croix).

ROCHE-LONGUE (LA), mont. à vacherie, c^ne de la Monselie. — *Boix appellé en Rocho*, 1561 (terr. de Murat-la-Rabe).

ROCHE-MAILHES, f^me, c^ne de Saint-Bonnet-de-Salers. — *Villaige de Roche*, 1690 (état civ.). — *Roche-Haut* (Cassini).

ROCHE-MARIE (LA), mont. à vacherie, c^ne de Charmensac.

ROCHEMAU, écart et m^in, c^ne de Pierrefort. — *Rochamau*, 1657 (état civ.). — *Rochemau*, 1668 (nommée au p^ce de Monaco). — *Rochemon*, 1857 (Dict. stat. du Cantal).

ROCHE-MAURE, ham. avec manoir, c^ne de Lanobre. — *Rocha-Moeyra*, 1376 (Baluze, t. II, p. 434). — *Rupemoyra*, 1434 (arch. dép. s. E). — *Rocque-Maure*, 1542 (terr. de Bressanges). — *Roche Maur* (Cassini).

ROCHE-MAURE, chât. détruit, c^ne de Paulhenc. — *Rochemau*, 1668 (nommée au p^ce de Monaco). — *Rochemaur*, 1671; — *Roschemore*, 1678 (insin. du baill. de Saint-Flour). — *Rochemore*, 1686 (état civ. de Saint-Flour).

ROCHE-MISONE (LA), mont. à vacherie, c^ne du Falgoux.

ROCHE-MONT, ham., c^ne de Marcenat. — *Domaine de Rochemont*, 1744; — *Rochemous*, 1751 (arch. dép. s. C). — *Richemont* (Cassini).

ROCHE-MONT, écart, c^ne de Pierrefort. — *Rochemon*, 1857 (Dict. stat. du Cantal).

ROCHE-MONT, vill., c^ne de Vebret.

ROCHE-MONTEIX, ham., m^in et chât. détruit, c^ne du Falgoux. — *Domaine de Rochemonteil*, 1743 (arch. dép. s. C, l. 44). — *Rochementel*, 1750 (état civ.). — *Rochemontel* (Cassini).

Roche-Monteix, vill., c^ne de Saint-Hippolyte. — *Villa Rupemontis*, xiie s° (charte dite *de Cloris*). — *Affar de Rochemontes*, 1277 (homm. à l'évêque de Clermont). — *Mansus de Rochemontes*, 1516 (terr. d'Apchon). — *Roche-Montès*, 1559 (id. Lanusse, n^re à Murat). — *La Roque*, 1637 (état civ. de Montsalvy). — *Rochemonteix*, 1776 (arch. dép. s. C, l. 46).

Roche-Murat (La), chât. fort. ruiné, c^ne de Molompize. — *La Rochemalet*, 1559 (lièvc du prieuré de Molompize). — *Rochemurat*, 1690 (terr. de Bégoules). — *Rochemure* (nobil. d'Auvergne).

Roche-Mure, rocher, c^ne de Saint-Étienne-de-Riom. — Suivant la tradition, un monastère aurait été construit sur ce rocher.

Roche-Naire (La), écart, c^ne de Champs. — *Rochenairé* (Cassini). — *Rocheneire* (État-major). — *La Roche-Nègre*, 1855 (Dictionnaire statistique du Cantal).

Roche-Nesche (La), mont. à vacherie, c^ne de Saint-Poncy.

Rochenie (La), f^me, c^ne de Saint-Paul-de-Salers. — *Rouisses*, 1664 (insin. du bailliage de Salers). — *Raymourise*, 1742 (état civ. de Sant-Bonnet-de-Salers). — *La Roussignie* (Cassini). — *La Rouchinie*, 1856 (Dict. stat. du Cantal).

Rochenie (La), écart, c^ne du Vaulmier. — *Lo fach da la Rochenia*, 1332 (lièvc du prieuré de Saint-Vincent). — *La Rochenie* (Cassini). — *La Rochinie*, 1857 (Dict. stat. du Cantal).

Rochenie (La), ruiss., aff. de la rivière de Mars, c^ne du Vaulmier; cours de 1,230 m.

Roche-Peyrigout (La), mont. à vacherie, c^ne de Ferrières-Saint-Mary.

Roque-Pointue (La), dom. ruiné, c^ne de Riom-ès-Montagnes. — *Mansus de Rocha Pointuda*, 1512 (terr. d'Apchon).

Roche-Pradou (La), mont. à vacherie, c^ne de Saint-Amandin.

Rocher (Derrière le), écart, c^ne de Carlat.

Rocher (Le), m^in, c^ne de la Chapelle-Laurent.

Rocher (Le), écart, c^ne de Saignes.

Rocher (Le), font., c^ne de Saint-Just, près de Lamoure.

Rocher (Le), f^me, c^ne de Saint-Martin-Cantalès. — *Roche*, 1690 (état civ. de Loupiac). — *Rochat* (Cassini).

Rochère (La), écart et mont. à vacherie, c^ne de Thiézac. — *La Roussière*, 1668; — *La Roucheyre*; *Roucheyres*, 1674 (nommée au p^cé de Monaco). — *La montagne de Rochère*, 1769 (anc. cad. de Vic).

Roche-Redonde (La), écart, c^ne de Champs. — *La Rocher* (État-major).

Roche-Redonde (La), mont. à vacherie, c^ne de Colandres. — *Campus de Rocha-Redonda*, 1441 (terr. de Saignes).

Roche-Rousse (La), vill. et mont. à burons, c^ne de Marcenat. — *Rochesrousse*, 1668 (état civ.). — *Rocherousse*, 1744; — *Roche-Rousse*, 1776 (arch. dép. s. G).

La Roche-Rousse était, avant 1789, le siège d'une justice seign. régie par le droit cout., et ressort. à la sénéch. d'Auvergne en appel du bailliage d'Aubijoux.

Roche-Rousse, ruiss., affl. du ruisseau des Clauzelles, c^ne de Marcenat; cours de 1,150 m.

Rocher-Pioulou (Le), mont. à vacherie, c^ne de Saint-Bonnet-de-Marcenat.

Rochery, m^in détruit, c^ne de Marmanhac.

Rochery, ham., c^ne de Saint-Constant. — *Rouvery*; *Rougery*, 1748 (anc. cad.).

Roches (Les), mont. à vacherie, c^ne de Laveissenet.

Roches (Las), seigneurie, c^ne de Marchastel. — *Seignerie de las Roches*, 1578 (terr. de Soubrevèze).

Roches (Les), vill., c^ne de Valette. — *Mansus de Rocha*, 1441 (terr. de Saignes). — *Rocha*, 1674 (état civ. de Trizac).

Roches (Les), scierie, c^ne de Védrines-Saint-Loup.

Roches (Les), dom. ruiné, c^ne de Vic-sur-Cère. — *Affar appellé des Rocques*, 1584 (terr. de Polminhac). — *La Rocque*, 1599 (état civ.). — *Las Roches*, 1668 (nommée au p^cé de Monaco).

Roche-Salesse (La), ham. avec manoir, c^ne de Saint-Hippolyte. — *Rochesallesses*, 1585 (terr. de Graule). — *Rochesalesses*, 1719 (table du ter. d'Apchon de 1512). — *Rossolex*, 1746 (arch. dép. s. C, l. 46). — *Rochesalesse*, 1777 (lièvc d'Apchon). — *Rochesaleix*, 1784 (arch. dép. s. C, l. 46). — *Roche Salesse* (Cassini).

Roche-Servières (La), écart et chât. féodal détruit, c^ne de Brezons.

Roches-Hautes, vill., c^ne de Riom-ès-Montagnes. — *Rochasautes*, 1658 (insin. du baill. de Salers). — *Roches autes*, 1671 (état civ. de Menet). — *Roches-Autes*, 1780 (lièvc de Saint-Angeau). — *Roche-Haute*, 1784 (Chabrol, t. IV).

Roche-Soutro (La), chât. féodal détruit, c^ne de Saint-Bonnet-de-Salers.

Roche-Taillade (La), mont. à vacherie, c^nes du Falgoux et du Fau.

Roche-Toupie (La), écart, c^ne de Champs.

Rochette (La), vill., c^ne d'Auriac.

Rochette (La), vill. détruit, c^ne de Bonnac. — Les

ruines de ce village sont appelées *Chais* dans la localité.

ROCHETTE (LA), vill., c^{ne} de Champs. — *Larochette*, 1655; — *La Rochette*, 1661 (état civ.).

ROCHETTE (LA), lieu détruit, c^{ne} de la Chapelle-Laurent. — *Terra de Rocheta*, 1275 (spicil. Brivat.).

ROCHETTE (LA), m^{in} détruit, c^{ne} de Chaudesaigues.

ROCHETTE (LA), vill., c^{ne} de Lanobre.

ROCHETTE (LA), vill., c^{ne} de Lavastrie. — *La Rocheta*, 1493; — *La Rochete*, 1494 (terr. de Mallet). — *La Rochête-soubz-Montbru*, 1508 (id. de Montchamp). — *La Rouchette*, 1623; — *La Rochette*, 1672 (insin. de la cour royale de Murat).

ROCHETTE (LA), vill., c^{ne} de Pierrefort. — *La Roucesette*, 1619 (état civ.). — *Villaige de la Rouchette*, 1668 (nommée au p^{ce} de Monaco). — *La Rochette* (Cassini).

ROCHETTE (LA), écart, c^{ne} de Saignes.

ROCHETTE (LA), f^{me}, c^{ne} de Saint-Just.

ROCHETTE (LA REINE DE LA), mont. à vacherie, c^{ne} de Saint-Vincent.

ROCHETTE (LA), dom. ruiné, c^{ne} de Thiézac. — *Villaige de la Rochette*, 1638 (état civ.).

ROCHETTE (LA), m^{in}, c^{ne} de Vieillespesse.

ROCHE-USSE (LA), mont. à vacherie, c^{ne} de Madic.

ROCHE-VAIRE (LA), vill., c^{ne} de Marcenat. — *Rocheveyro*, 1744 (arch. dép. s. C).

ROCHE-VIEILLE (LA), vill. et chât. détruit, c^{ne} de Ségur. — *Mansus de Ruppe-Veteri; locus de Rochavelha*, 1329 (enq. sur la justice de Vieillespesse). — *Casale de Roche Velha*, 1468 (homm. à l'évêque de Clermont). — *Locus de la Rocha vieilha*, 1485; — *La Rouche-Veilhe*, xviie s^{e} (arch. dép. s. E). — *Roche-Ségur*, 1784 (Chabrol, t. IV).

ROCHE-ZOUX, dom. ruiné, c^{ne} de Marcenat. — *Domaine de Rochezoux*, 1776 (arch. dép. s. G).

ROCLAYA, dom. ruiné, c^{ne} de Saint-Cernin. — *Mansus de Roclaya*, 1312 (reconn. au seign. de Montal).

ROC-MARIE, écart, c^{ne} de Riom-ès-Montagnes. — *Roche*, 1780 (lièvé de Saint-Angeau).

ROC-POINTU (LE), écart, c^{ne} de Saint-Antoine.

RODAIRE, dom. ruiné, c^{ne} de Riom-ès-Montagnes. — *Affarium de Rodayre*, 1512 (terr. d'Apchon). — *Rodaire*, 1719 (table de ce terr.).

RODAL (LA PEYRE DE), mont. à vacherie, c^{ne} de Valette.

RODE (LA), écart, c^{ne} de Brezons. — *La Rodde*, 1617 (arch. dép. s. E). — *La Rode* (État-major).

RODE (LA), vill., avec manoir et m^{in}, c^{ne} de la Capelle-del-Fraisse. — *Mansus de la Rodi; de la Roda*, 1339 (reconn. à Guill. de Podio). — *La Rode-Boulouzac*, 1668 (nommée au p^{ce} de Monaco). —

La Rode, 1724 (lièvé de Montsalvy). — *Moulin de la Rodde*, 1772 (arch. dép. s. C, l. 49).

RODE (LA), ruiss., affl. de la Rance, c^{ne} de la Capelle-del-Fraisse; cours de 950 m.

RODE (LA), écart, c^{ne} de Cezens.

RODE (LA), mont. à vacherie, c^{ne} du Claux.

RODE (LA), dom. ruiné, c^{ne} de Ladinhac. — *Affar appellé de la Rode, quy stoit anciennement un villaige, et à présent un bois*, 1668 (nommée au p^{ce} de Monaco).

RODE (LA), ham. et m^{in}, c^{ne} de Marchastel.

RODE (LA), mont. à burons, c^{ne} de Montboudif. — *Montaigne de la Rodde*, 1654 (terr. de Feniers).

RODE (LA), vill., c^{ne} d'Oradour. — *La Rode*, 1646 (arch. dép. s. G).

RODE (LA), vill. et m^{in} détruit, c^{ne} de Riom-ès-Montagnes. — *Molendinum de la Roda; Mansus de la Rode*, 1512 (terr. d'Apchon). — *La Rodde*, 1777 (lièvé d'Apchon).

RODE (LA), mont. à vacherie, c^{ne} de Saint-Chamant.

RODE (LA), écart, c^{ne} de Saint-Saturnin.

RODE (LE PUECH DE LA), dom. ruiné, c^{ne} de Saint-Simon. — *Le Mas de la Rode*, 1692 (terr. de Saint-Geraud).

RODE (LE PUY DE LA), mont. à vacherie, c^{ne} de Ségur.

RODE (LA), vill. détruit, c^{ne} de Tanavelle. — *La Rode*, 1618 (terr. de Sériers). — *La Rhode* (Cassini).

RODE (LA), mont. à burons, c^{ne} de Vernols. — *La Rouder* (État-major).

RODE DE LIINARS (LA), dom. ruiné, c^{ne} de Jaleyrac. — *Mansus de Rodos-de-Linars*, 1473; — *La Roda de Linars*, 1475; — *La Rode-de-Lynar*, 1680 (terr. de Mauriac).

RODES, vill. et m^{in}, c^{ne} de Siran. — *Rodes*, 1616 (état civ.). — *La Rode*, 1618 (id. de Glénat). — *Rodac*, 1638 (min. Sarrauste, n^{re} à Laroquebrou).

RODET (LE SUC DE), mont. à vacherie, c^{ne} de Laurie.

RODETTE (LA), dom. ruiné, c^{ne} de Valuéjols. — *Mansus de la Rodeta*, 1295 (arch. dép. s. H).

RODIER (LE), ham., c^{ne} de Nieudan.

RODIÈRE (LA), dom. ruiné, c^{ne} de Saint-Simon. — *Mas de la Rodière*, 1692 (terr. de Saint-Geraud).

RODIER-LA-PRADE, écart, c^{ne} de Laslic.

RODOMONT-BAS ET HAUT, hameaux et m^{in}, c^{ne} de Saint-Christophe. — *Mansus de Redomon*, 1442 (arch. mun. d'Aurillac, s. HH, c. 21). — *Le molin de Rodomon*, 1617; — *Roudoumon*, 1625 (état civ.). — *Rodamon*, 1655; — *Rodemont*, 1660 (id. de Pleaux). — *Rodemon*, 1666 (état civ.). — *Rodomon-Haut et Rodomon-Bas*, 1768 (arch. dép. s. C, l. 40).

RODON-BAS ET HAUT, écarts, c^{ne} d'Omps.

ROFFIAC, c^on nord de Saint-Flour, et châteaux détruits. — *Ruffiacum*, 943 (Gall. christ., t. II, inst. c. 73). — *Rufiacum*, 1216 (arch. dép. s. H). — *Rofiacum*, 1256 (Gall. christ., t. II, c. 473). — *Roffiacum*, 1354 (arch. mun. de Saint-Flour). — *Roffiaco*, 1364 (spicil. Brival.). — *Rouffiac*, 1581 (lièvre de la command. de Celles). — *Roffiac*, 1673 (arch. dép. s. E). — *Rouffiat*, 1784 (Chabrol, t. II). — *Roffiat* (Cassini).

Roffiac était, avant 1789, de la Haute-Auvergne, du dioc., de l'élect. et de la subdélég. de Saint-Flour. Il était le siège d'une justice seign. régie par les droits cout. et écrit et ressort. soit au baill. de Saint-Flour, soit à la sénéch. d'Auvergne en appel de la prév. de Saint-Flour. — Son église, ancienne chapelle d'un des châteaux, dédiée à saint Gal, était un prieuré qui fut uni, en 1348, au chapitre de l'église neuve de Notre-Dame de Saint-Flour. Elle a été érigée en succursale par décret du 28 août 1808.

ROFFIAC, baronnie, c^ne de Vitrac. — *Baron de Roffiac*, 1668 (nommée au p^ce de Monaco).

ROGER, dom. ruiné, c^ne d'Aurillac. — *Domaine de Roger-lès-Saint-Estienne*, 1692 (terr. du monast. de Saint-Geraud).

ROGER (LE PUECH DE), mont. à vacherie, c^ne de Montmural.

ROGIER (LE), ruiss., affl. de la Doire, c^ne de Saint-Cernin; cours de 2,000 m.

ROGUINS (LES), dom. ruiné, c^ne de Saint-Mamet-la-Salvetat. — *Affar appellé la Comba des Roguains*, 1593 (arch. mun. d'Aurillac, s. HH, c. 21).

ROIRIE (LA), vill., c^ne de Saint-Projet. — *Roeyra*, 1284 (arch. nat. J. 271). — *La Roirie*, 1674; — *La Roirri*, 1677; — *La Rueire*, 1679 (état civ. de Saint-Chamant). — *La Royrie*, 1680 (id. de Saint-Projet).

ROLAND, m^in détruit, c^ne d'Oradour.

ROLLAND (LE), f^me, c^ne de Saint-Remy-de-Chaudesaigues.

ROLLANDIN, dom. ruiné et chât. fort détruit, c^ne de Naucelles. — *Reparium quod habebat in manso vocato de Rolandin*, 1485; — *Domaine de Rollandin*, 1756 (arch. mun. de Naucelles).

ROLLENANS, dom. ruiné, c^ne de Valuéjols. — *Villaige de Rollenans*, xviie s^e (arch. dép. s. E).

ROMAGNAC, vill. et m^in, c^ne de Saint-Just. — *Romanihac* (Cassini).

ROMAN, séchoir à châtaignes, c^ne de Saint-Étienne-de-Maurs.

ROMANANGE-SOUBRO ET SOUTRO, hameaux, c^ne de Méallet. — *Romanenges*, 1648 (état civ. du Vigean). —

Roumananges, 1667 (anc. min. Chalvignac, n^re à Trizac). — *Romananges*, 1673 (état civ. de Trizac). — *Haut-Romanange*; *Bas-Romanange* (Cassini). — *Romananges-Haut*; *Romananges-Bas*, 1856 (Dict. hist. du Cantal).

ROMANI, écart, c^ne de Thiézac.

ROMANI, ruiss., affl. de la Cère, c^ne de Thiézac. — *Ruisseau del Romany*, 1746 (anc. cad.).

ROMANIARGUES, vill., c^ne d'Allanche. — *Mansus de Romanhargues*, 1399 (enq. sur la justice de Vieillespesse). — *Romaignardes*, 1508 (terr. de Maillargues). — *Roumanhargues*, 1559 (inv. des titres de N.-D. de Murat). — *Romaniargues*, 1561 (lièvre de Feniers). — *Roumagnargues*, 1637 (état civ. de Thiézac). — *Romaniargues*, 1784 (Chabrol, t. IV). — *Romagnargue* (Cassini).

Romaniargues était, avant 1789, régi par le droit cout., et siège d'une justice seign. moyenne et basse relevant de la justice d'Allanche, et ressort. à la sénéch. d'Auvergne, en appel de la prév. de Saint-Flour.

ROMBASSES (LES), ham., c^ne de Marchal.

ROMBIÈRES, ham., c^ne de Giou-de-Mamou. — *Rombuère*; *Ribuère*, 1610 (aven de J. de Pestels). — *La Roubière*, 1670 (nommée au p^ce de Monaco). — *Rombieyre*, 1686; — *La Rombière*, 1721; — *Larombière*, 1756 (arch. dép. s. C).

ROMBIÈRES, mont. à vacherie, c^nes de Mandailles et de la Vigerie. — *Montaigne de Rombyeyre*, 1551; — *Combieyre*; *Kombieyre*, 1618 (terr. de Dienne). — *Rombieyre*, 1692 (id. de Saint-Geraud). — Vte *Rombière* (État-major).

ROMEIX, ruiss., affl. de la Sumène, c^nes de Riom-ès-Montagnes et de Saint-Étienne-de-Riom; cours de 5,000 m. — *Rieu de la Corba*, 1504 (terr. de la duchesse d'Auvergne).

ROMEIX, vill., c^ne de Saint-Étienne-de-Riom. — *Mansi de Romines*, 1309 (Hist. de l'abb. de Feniers). — *Romès*, 1504 (terr. de la duchesse d'Auvergne). — *Romeufz*, xviie s^e (arch. dép. s. E). — *Rommès*, 1717 (id. s. G). — *Roumeix*, 1753 (id. s. C, l. 46). — *Roumiès*, 1780 (lièvre de la baronnie de Saint-Angeau). — *Romaix* (Cassini). — *Romès* (État-major). — *Romez*, 1855 (Dict. stat. du Cantal).

ROMIGUIÈRE (LA), dom. ruiné, c^ne de Saint-Constant. — *Ténement de la Roumiguière*, 1747 (anc. cad.).

RON (LE), m^in, c^ne de Leucamp.

RONAZE (LA), ruiss., affl. de la Sumène, coule aux finages des c^nes de Trizac, Auzers, Sauval et Bassignac; cours de 18,000 m.

RONCHIE (LA), dom. ruiné, c^ne de Laveissière. — *Laboria de la Ronchia*, 1490 (terr. de Chambeuil).

Rond (Le Suc de), mont. à burons, c^{nes} de Colandres, du Falgoux et du Vaulmier.
Ronesque, ruiss., affl. du Cambon, c^{nes} de Carlat et de Cros-de-Ronesque; cours de 8,300 m.
Ronesque-le-Mas, écart, c^{ne} de Cros-de-Ronesque. — *Le Mas* (Cassini).
Ronesque-le-Roc, écart, c^{ne} de Cros-de-Ronesque.
Roney, écart, c^{ne} d'Arpajon.
Rongier (Le), mⁱⁿ, c^{ne} de Pleaux.
Rongière (La), écart, c^{ne} de la Capelle-en-Vézie. — *La Rongière*, 1738 (état civ.). — *La Ronzière* (Cassini).
Rongière (La), vill., c^{ne} de Soulages. — *La Rougière*, 1857 (Dict. stat. du Cantal).
Roniziol, vill., c^{ne} de Leucamp.
Ronnade (La), dom. ruiné, c^{ne} de Lugarde. — *Villaige de la Ronnade*, 1585 (terr. de Graule).
Ronzaine (La), f^{me}, c^{ne} de Lugarde. — *Rauzenne; Rausenne*, 1578 (terr. de Soubrevèze). — *Rouzenne*, 1601; — *Rouzenc; Rouzène*, 1622; — *Ronzaine*, 1744 (lièvre de Soubrevèze).
Ronzaine (La), ruiss., affl. du ruisseau de Grolles, c^{nes} de Lugarde et Marchastel; cours de 4,800 m. — Ce ruisseau porte également le nom de *le Chassany*. — *Ruisseau de Chassany; Chavary*, 1837 (état des rivières du Cantal).
Ronzaine, buron, c^{ne} de Saint-Amandin.
Ronzaire (La), ruiss., affl. de la rivière de Grolles, c^{ne} de Marchastel; cours de 4,200 m.
Roqualhou (Le), dom. ruiné, c^{ne} de Prunet. — *Affar de Roqualhou*, 1692 (terr. de Saint-Geraud).
Roqualioux (Les), dom. ruiné, c^{ne} de Vic-sur-Cère. — *Affar des Rocqualhous; Rocqualhes*, 1584 (terr. de Polminhac).
Roque (La), f^{me}, c^{ne} de Boisset. — *Larocque; la Rocque*, 1668 (nommée au p^{ce} de Monaco). — *La Roque*, 1747 (anc. cad.).
Roque (La), mⁱⁿ et ham. détruits, c^{ne} de Cassaniouze. — *Mansus de Rupe*, 1414 (terr. de Cassaniouze). — *Moulin à deux meules de Larocque; domaine de la Rocque*, 1760 (arch. dép. s. C, l. 49).
Roque (La), dom. ruiné, c^{ne} de Jussac. — *Roque-Affar, métairie*, 1552 (terr. de Nozières). — *Grange à vachal appellée de la Rocque*, 1583 (arch. dép. s. E).
Roque (La), vill. détruit, c^{ne} de Laurie. — 1784 (Chabrol, t. IV).
Roque (La), ham., c^{ne} de Marcolès. — *Mansus de la Roqua*, 1301; — *Rocas*, 1515; — *Roquas*, 1529 (pièces de l'abbé Delmas). — *La Rocque*, 1786 (lièvre de la baronnie de Calvinet). — *La Roque* (État-major).

Roque (Les Moulins de la), m^{ins}, c^{ne} de Marcolès. — On désignait, sous ce nom collectif, les m^{ins} de Bideau et de la Rivière.
Roque (La), dom. ruiné, c^{ne} de Marmanhac. — *Boriaige de la Roque*, 1552 (terr. de Nozières). — *Villaige de la Roquhe*, 1654 (arch. mun. d'Aurillac, s. CC, p. 8).
Roque (La), écart, c^{ne} de Montsalvy.
Roque (La), mⁱⁿ, c^{ne} de Murat.
Roque (La), ham., c^{ne} de la Peyrugue. — *La Roqua-Flangolieyra*, 1549 (min. Boygues). — *Lairoques* (Cassini).
Roque (La), vill., c^{ne} de Saint-Clément. — *Laroque*, 1667 (état civ. de Polminhac). — *Chasteau, tours et maisons fortes de la Roque*, 1668 (nommée au p^{ce} de Monaco). — *La Rocque*, 1695; — *La Rouque*, 1707 (état civ.).

La Roque était, avant 1789, le siège d'une justice seign. régie par le droit écrit, et ressort. au baill. de Vic, en appel de sa prév. part.

Roque (La Borie de la), dom. ruiné, c^{ne} de Saint-Santin-Cantalès. — *Affarium de la Roqua, sive de la Sigilada*, 1442 (reconn. au seign. de Montal). — *La Borie de la Rocque, autrement de la Sigilade*, 1449 (enq. sur les droits des seign. de Montal). — *Bordarie ou affar appellée de la Roquayrie*, 1470 (arch. mun. d'Aurillac, s. HH, c. 21). — *Affar del Rocqual*, 1636 (lièvre de Poul).
Roque (La), mⁱⁿ détruit, c^{ne} de Saint-Simon. — *Le Chazal de molin appellé de las Roques; de Lasuroques*, 1692 (terr. de Saint-Geraud).
Roque (La), dom. ruiné, c^{ne} de Sansac-de-Marmiesse. — *Mansus de Roqua*, 1295 (arch. dép. s. E).
Roque (La), ruiss., affl. de la rivière d'Auze, c^{ne} de Sénezergues; cours de 4,300 m. — Ce ruisseau porte aussi les noms de *Largues* et de *la Pradelle*.
Roque (La), écart, c^{ne} de Teissières-les-Bouliès.
Roqueval, dom. ruiné, c^{ne} de Saint-Simon. — *Affar de Roqueval*, 1692 (terr. de Saint-Geraud).
Roquebesse, dom. ruiné, c^{ne} de Polminhac. — *Rocquas-Essas; Rocquasbessas*, 1583; — *Affar de Rogeyrescas*, 1584 (terr. de Polminhac). — *Affar appellé Dessous-las-Roques*, 1692 (id. de Saint-Geraud).
Roque-Bouillac (La), dom. ruiné, c^{ne} d'Aurillac. — *Boria de la Roqua*, 1472 (arch. dép. s. E). — *La Rocque-Boulhac*, 1625; — *La Rocque-Bouillac*, 1654 (état civ.). — *La Rocque-Douilliac*, 1705 (id. de Saint-Simon).
Roque-Brune (La), écart, c^{ne} de Fournoulès.
Roque-Celier, vill., c^{ne} d'Yolet. — *Rocacelier*, 1223 (lièvre de Carbonnat). — *Rocacelier*, 1489 (reconn.

à J. de Montamat). — *Mansus de Roquacelici*, 1508 (arch. dép. s. E). — *Roqua-Celher*, 1531 (min. Vigery). — *Roquacellier*, 1583 (terr. de Polminhac). — *Roque Celhier*, 1609 (reconn. au roi par les prêtres de Polminhac). — *Roquecelles*, 1610 (aveu de J. de Pestels). — *Roque-Celier; Roque Cellier*, 1626 (arch. dép. s. E). — *Roqueceilhier*, 1639 (min. Dumas). — *Roquesal*, 1666 (état civ. de Maurs). — *Roqueselié*, 1666 (*id.* de Polminhac). — *Rocqueceilhes; Roquecelher*, 1668; — *Rocque-Sillier; Roque-Silhe*, 1670; — *Rocqueceiller*, 1671 (nommée au p^{ce} de Monaco). — *Roque-Celhe*, 1672 (état civ. de Jussac). — *Roquesciller*, 1676 (*id.* de Polminhac). — *Roqueselier; Roquesilié*, 1725 (arch. dép. s. C, l. 11). — *Roquecelié* (Cassini).

Roque-Chauffreix, ham., c^{ne} de la Peyruguc. — *Roquachauffre*, 1536 (terr. de Coffinhal). — *Roquechauffre*, 1564 (min. Boysonnade). — *Roque-Chauffer*, 1668; — *Roque-Joffre*, 1670; — *Roqueroffe*, 1671 (nommée au p^{ce} de Monaco). — *Roquechaufret*, 1724 (lièvre de l'abb. de Montsalvy). — *Roquoxaufret*, 1742 (état civ. de Sansac-Veynazès). — *Recojofrès* (Cassini).

Roque del Mas (La), dom. ruiné, c^{ne} de Monrjou. — *Villaige de la Roque-Delmas*, 1523 (assises de Calvinet).

Roque d'Oyez (La), dom. ruiné, c^{ne} de Saint-Simon. — *Capmas appellé de la Roque-Doyetz*, 1692 (terr. du monast. de Saint-Geraud).

Roquefeuille, écart, c^{ne} de Leucamp. — *Roquefeuille*, 1747; — *Roquefuelle*, 1748 (anc. cad. de Boisset). — *Roquefeuil* (états de sections).

Roquefont, bois défriché, c^{ne} de Laroquebrou. — *Nemus de Roquefort*, 1343 (arch. dép. s. E).

Roque-Haute (La), écart, c^{ne} de Saint-Clément. — *La Rocque*, 1642 (pièces du cab. Lacassagne).

Roquelaure, dom. ruiné, c^{ne} de Sarrus. — *Affar de Rocalaure*, 1493; — *Roqualaure*, 1494 (terr. de Mallet).

Roquemar, dom. ruiné, c^{ne} de Saint-Étienne-de-Carlat. — *Affar de Roquamar*, 1584 (terr. de Polminhac). — *Affar de Roquemar*, 1668 (nommée au p^{ce} de Monaco).

Roque-Marty (La), dom. ruiné, c^{ne} de Badailhac. *Affar de la Rocque-Marty*, 1669 (nommée au p^{ce} de Monaco).

Roque-Maurel, vill., mⁱⁿ et chât. détruit, c^{ne} de Cassaniouze. — *Rocamaurel*, 1352 (spicil. Brival.). — *Roquamaurel*, 1381 (arch. mun. d'Aurillac, s. EE, p. 14). — *Ruppesmaurellus*, 1424 (arch. dép. s. E). — *Roques-Maurel*, 1651; — *Roquesmauriel*, 1659 (état civ.). — *Roquomourel*, 1670 (terr. de Calvinet). — *Roquemauriel*, 1694 (*id.* de Marcolès). — *Roquomorel*, 1740; — *Moulin de Roquorel*, 1741; — *Roque Maurel*, 1749 (anc. cad.). — *Roquemaurel*, 1760 (arch. dép. s. C, l. 49). — *Roque-Mauret*, 1764 (état civ. de Sansac-Veinazès). — *Moulin de Roquemorel*, 1785 (arch. dép. s. C, l. 49).

Roque-Maurel était, avant 1789, régi par le droit écrit et siège d'une justice seign. moyenne et basse relevant de la justice haute de Cassaniouze, et ressort. à la sénéch. d'Auvergne, en appel de la prév. de Calvinet.

Roque-Moure, écart, c^{ne} de Saint-Clément.

Roque-Natou, vill., c^{ne} de Marmanhac. — *Roca*, 1129 (Gall., t. II, c. 144). — *Locus de Ruppe-Athonis*, 1372; — *Locus Ruppisathonis*, 1388 (arch. mun. d'Aurillac, s. EE, p. 14). — *Locus Ruppis Achonis*, 1435 (donat. à l'hôp. d'Aurillac). — *Rupes-Athonis*, 1468 (arch. dép. s. E). — *Rocquenatou*, 1670 (état civ.). — *Roquenatou*, 1685; — *Roquenatou*, 1740 (arch. dép. s. C, l. 21).

Le château de Roque-Natou est aujourd'hui en partie ruiné. Dès 1129, un prieuré existait dans ce château; et en 1295, un hôpital pour les pauvres avait été doté par Arie, femme de Rigaud de Marmanhac.

Roque-Natou était, avant 1789, régi par le droit écrit, et siège d'une justice seign. ressort. à la sénéch. d'Auvergne, en appel du baill. de Salers.

Roque-Plane (La), seigneurie, c^{on} de Pierrefort. — *Roque-Plane*, 1668 (nommée au p^{ce} de Monaco).

Roquerie (La), dom. ruiné, c^{ne} de Junhac. — *Mansi de la Roquaria*, 1324 (arch. dép. s. E).

Roquerie (La), dom. ruiné, c^{ne} de Saint-Julien-de-Toursac. — *Villaige de la Roquerie*, 1624 (état civ. de Saint-Santin-de-Maurs).

Roques (Las), écart, c^{ne} de la Capelle-del-Fraisse. — *Mansus de la Roca*, 1339 (reconn. à J. de Podio). — *Las Roques*, 1729 (état civ. de la Capelle-en-Vézie).

Roques, vill., c^{ne} de Giou-de-Mamou. — *El Mas de Roca*, 1223 (lièvre de Carbonnat). — *Rocque*, 1522 (min. Vigery). — *Roques*, 1595 (terr. de la command. de Carlat). — *La Roque*, 1692 (*id.* de Saint-Geraud). — *Rocques*, 1742 (anc. cad.).

Roques, écart avec manoir, c^{ne} de Saint-Étienne-de-Maurs. — *Laroque*, 1655 (arch. mun. d'Aurillac, s. HH, c. 21). — *Rocques*, 1668 (nommée au p^{ce} de Monaco).

Roques, vill. détruit, c^{ne} de Saint-Gerons. — *Mansus de la Roqua*, 1295 (arch. dép. s. E). — *Mansi* de Rocha, 1297 (test. de Geraud de Montal). — Affaria de Roca, 1314 (arch. dép. s. E). — Roqua, 1347; — Affarium de Roquafort, 1368 (id. s. G). — Rocques, 1669 (nommée au p^ce de Monaco). — Roque du Moles, xviie s^e (arch. dép. s. E).

Roques, vill., c^ne de Saint-Julien-de-Toursac. — Roques, 1771 (état civ. de Maurs). — Larroque (Cassini). — Roquel, 1855 (Dict. stat. du Cantal).

Roques (Las), écart, c^ne de Saint-Santin-de-Maurs.

Roquesimou, ruiss., affl. du Goul, c^ne de Paulhac; cours de 1,200 m.

Roquesous, dom. ruiné, c^ne de Leynhac. — Villaige de Roquesous, 1747 (état civ. de Saint-Étienne-de-Maurs).

Roque-Sude (La), dom. ruiné, c^ne de la Capelle-Viescamp. — Affar de Roque-Sude, 1669 (nommée au p^ce de Monaco).

Roquetanière, vill. et m^in, c^ne de Maurs. — Mansus de Roquatanieyra, xve s^e (arch. mun. d'Aurillac, s. HH, c. 21). — Mansus de Roqua Tanieyra, 1500 (terr. de Maurs). — Roquetanière, 1608; — Roquatanyère, 1610; — Roquattaniert; Roquotoniert, 1611; — Roquatonyra, 1613; — Roquatonieyra, 1632 (état civ. de Saint-Étienne-de-Maurs). — Roquatanière, 1672 (id. de Maurs). — Roquetaniare, 1741 (id. de Quézac). — Moulin de Roquetaniaire, 1748 (anc. cad.). — Le moulin de Roquetanière, 1749 (état civ.). — Roquetanère (Cassini).

Roquette (La), f^me, c^ne d'Arpajon. — Affarium de la Roqua, 1269 (arch. mun. d'Aurillac, s. FF, p. 15). — La Rouquète, 1695; — Affar de la Roquète, 1696; — Affar de Laroquette; Rouquette, 1736 (terr. de la command. de Carlat).

Roquette (La), dom. ruiné, c^ne de Marcolès. — Capmansus vocatus de la Roqueta, 1301 (pièces de l'abbé Delmas).

Roquette (La); m^in, c^ne de Mourjou.

Roque-Vernous (La), écart, c^ne de Saint-Constant. — Mas de Roque-Bernon; Roquebernon, xviie s^e (recon. au prieur de Saint-Constant). — Roquebernou, 1693; — Roquebernoux, 1698 (état civ.). — Roque-Vernoux; Roquevernou; Roque-Bernoux, 1749 (anc. cad.).

Roquevieille (La), vill., c^ne de Saint-Clément. — La Rocque-Vielhe, 1602 (état civ. de Vic-sur-Cère). — La Rocque-Vielle, 1619 (id. de Thiézac). — La Rocque-Vidilhe, 1632 (id. de Vic-sur-Cère). — La Rocquebielle, 1644 (min. Froquières). — La Roquevieilhe; la Rocque-Vielhe, 1668. — La Rocquevielhe, 1669 (nommée au p^ce de Monaco). — La Rocque-Viellie, 1671; — Laroquevicle, 1672 (état civ. de Polminhac). — La Roquevieille, 1693 (id. de Saint-Clément). — La Roquevielhe, 1694 (id. de Jou-sous-Montjou). — La Roquevielle, 1703 (id. de Saint-Clément).

La Roquevieille était, avant 1789, régie par le droit écrit, et siège d'une justice seign. ressort. au baill. de Vic, en appel de sa prév. part.

Roquevieille (La), m^in, c^ne de Saint-Constant.

Roquille (La), écart, c^ne de Prunet.

Roscheyre, vill., c^ne de Brezons. — Reuscheyra, 1596; — Ruscheyro, 1597 (insin. du baill. de Saint-Flour). — Ruscheyres, 1623 (ass. gén. tenues à Cezens). — Las Ruscheires, 1627 (état civ. de Thiézac). — Ruscheire, 1710; — Ruchers, 1721; — Ruchères, 1714 (id. de Brezons). — Rochière, (Dict. stat. du Cantal).

Rose (La), lieu détruit, c^ne de la Chapelle-Laurent. — La Rose, 1784 (Chabrol, t. IV).

Rose (Le Puy de la), mont. à vacherie, c^ne de Thiézac.

Rosier (Le), vill., c^ne de Montmurat. — Rougies, 1682; — Rouzières, 1706 (arch. dép. s. A, l. 3). — Rogier (État-major). — Roziers, 1856 (Dict. stat. du Cantal).

Rosier (Le Puech de), écart, c^ne de Montmurat. — Le Puech de Roziers, 1856 (Dictionn. statist. du Cantal).

Rosier, vill., c^ne de Saint-Chamant. — Lou Rougier, 1655; — Rogier, 1662 (insin. du baill. de Salers.) — Roger, 1674 (état civ.).

Rosier (Le), écart, c^ne de Saint-Étienne-Cantalès.

Rosiens, ham., c^ne de Polminhac. — Mas de la Roja, 1692 (terr. de Saint-Geraud).

Rosiens, vill., c^ne de Saint-Cernin. — Mansus du Rozier, 1374 (vente à l'hôp. de la Trinité d'Aurillac). — Roziers, 1599 (min. Lascombes). — Rousié, 1662 (état civ.). — Rogié, 1669 (id. de Saint-Martin-de-Valois). — Roziez, Rogez, 1693 (inv. des titres de l'hôp. d'Aurillac). — Le Rogier, 1700; — Rousiers, 1703 (état civ.). — Rouchés; Rougier, 1730 (arch. dép. s. C, l. 32). — Roger, 1744 (anc. cad.). — Rougiers, 1747 (inv. des titres de l'hôp. d'Aurillac).

Rosiens (Les), dom. ruiné, c^ne de Saint-Étienne-de-Carlat. — Affar de Rozier, 1692 (terr. de Saint-Geraud).

Rosiers (Les), écart, c^ne de Saint-Flour.

Rosine (La), m^in détruit, c^ne de Leucamp. — Molendinuum la Rosina, 1535 (terr. de Caylus).

Rosserie (La), dom. ruiné, c^ne de Champagnac. — 1411 (arch. général. de Sartiges).

Rossignol, m^in, c^ne de Mourjou.

Rossignol, dom. ruiné, c^ne de Tournemire. — *Domaine de Roussinols*, 1680. — *Roussinhou*, 1701 (arch. dép. s. C, l. 6).

Rossinec, dom. ruiné, c^ne de la Capelle-en-Vézie. — *Mansus de Rossinec*, 1339 (reconn. à Guillaume de Podio).

Rouaga, écart, c^ne de Trizac.

Rouaire, vill. et m^in détruits, c^ne de Pers. — *Affarium de la Rogayria*, 1309 (arch. mun. d'Aurillac, s. HH, c. 21). — *Affarium de la Royeria*, 1340; — *Affarium de la Rueira*, 1354 (arch. dép. s. E). — *Molendinum de Royeyria*, 1364 (pap. de la fam. de Montal). — *La Rougieyre*, 1668 (nommée au prince de Monaco).

Rouanet, dom. ruiné, c^ne d'Arpajon. — *Ténement de Roany*, 1740 (anc. cad.).

Rouanet (Le), ham. et m^in, c^ne de Prunet.

Rouaze (La), ruiss., afll. du ruisseau de Civière, c^nes de Trizac et d'Auzers; cours de 2,500 m. — *Ruisseau de Rouze*, 1607 (terr. de Trizac).

Roubaldie (La), dom. ruiné, c^ne de Saint-Christophe. — *Mansus de la Robbaldie*, 1449 (enq. sur les droits des seign. de Montal).

Roubazel, ruiss., afll. du ruisseau de Malbec, c^ne d'Oradour; cours de 2,500 m. — *Ruisseau de Riennavilles*, 1645 (arch. dép. s. G).

Roubelet, vill., c^ne de Sainte-Marie. — *Robollet*, 1644; — *Roubellet*, 1650; — *Roulellet*, 1660; — *Roubelet*, 1663 (état civ. de Pierrefort). — *Rouvelet*, 1777 (arch. dép. s. E).

Roucal, écart, c^ne de Saint-Constant. — *Rocal*, 1678; — *Roucal*, 1699 (état civ.). — *Roucol*, 1749 (id. de Saint-Étienne-de-Maurs).

Roucal, mont. à burons, c^ne de Saint-Projet.

Roucan (Le), ham., c^ne de Leynhac.

Roucan (Le), écart, c^ne de Sénezergues. — *Leboucan*, 1668 (nommée au p^ce de Monaco). — *Roncan*, 1857 (Dict. stat. du Cantal).

Roucarelles (Les), écart, c^ne de Quézac.

Rouchaires (Les), écart, c^ne de Sauvat. — *La Roussière* (Cassini).

Rouchar, mont. à vacherie, c^ne de Laveissière. — *Lo Puy des Rouchars*, 1500 (terr. de Combrelles).

Rouchasses (Les), écart, c^ne de Marchal. — *Rouchasse* (Cassini).

Rouchelière (La Coste de la), mont. à vacherie, c^ne de Paulhac. — *Nemus de la Rochaleyra*, 1345; — *Nemus de Rocha Layro*, 1511 (terr. de Maurs).

Rouchès, écart, c^ne de Pierrefort. — *Ronches*, 1613; — *Rouchès*, 1618 (état civ.). — *Ruchès* (Cassini).

Rouchettes (Les), mont. à vacherie, c^ne d'Allanche.

Roucheyre (La), ham., c^ne de Saint-Paul-de-Salers.

— *La Rousuh*, 1581 (grand-livre de l'Hôtel-Dieu de Salers). — *La Rochelle*, 1666 (état civ. de Saint-Martin-de-Valois). — *La Ruschaire* (Cassini). — *La Rocheyre* (État-major).

Roucheyre (La), ruiss., afll. du ruisseau du Rat, c^ne de Saint-Paul-de-Salers, forme, à sa réunion avec celui de Malrieu, le ruisseau du Rat; cours de 4,900 m.

Roucheyre (La), écart, c^ne de Saint-Poncy.

Roucheyre (La), dom. ruiné et mont. à burons, c^ne du Vaulmier. — *Lo mas de la Ruschieyra*, 1332; — *Lou Mas-Ruschie; lou mas Tuschye*, 1589 (liève du prieuré de Saint-Vincent). — V^re *Rouchère* (Cassini).

Roucheyre (La), ravine, afll. de la rivière de Mars, c^ne du Vaulmier; cours de 1,500 m.

Roucheyres (Les), écart, c^ne de Sauvat.

Rouchez, m^in, c^ne de Paulhac.

Rouchouze (La), dom. ruiné, c^ne de Collines. — *La buge Rochouza*, 1581 (terr. de Celles).

Rouchy, vill., c^ne d'Allanche. — *Rouchier*, 1710 (terr. du prieuré de Coltines).

Roucole (La), vill., m^in et chât. détruits, c^ne de Thiézac. — *Villa Rocolas*, 923 (annot. sur l'hist. d'Aurillac). — *La Roguelle*, 1610; — *La Roquelle*, 1612; — *La Rocolle*, 1615; — *La Roquolle*, 1621 (état civ.). — *La Rocuelle, la Roucolle*, 1668; — *La Roccolla*, 1671 (nommé au p^ce de Monaco). — *La Rocolle*, 1674 (terr. de Thiézac). — *La Roucole*, 1701 (état civ. de Saint-Clément). — *Recolle* (Cassini).

Roucoule (La), vill., c^ne de Menet. — *La Racola; Racole; Recolla*, 1504 (terr. de la duchesse d'Auvergne). — *La Raucolle*, 1560 (id. de Murat-la-Rabe). — *La Raucoule*, 1671 (état civ.). — *La Roucoulle*, 1783 (aveu par G. de la Croix). — *La Roucoule* (État-major).

Roucoule (La), ruiss., afll. du Goul, c^ne de Paulhac; cours de 850 m. — *Ruisseau de Canteperdix; Cante-Perdix*, 1668 (nommée au p^ce de Monaco).

Roucoules, vill., c^ne de Condat-en-Feniers. — *Mansi de Roucoule*, 1278; — *Mansi de Rocols*, 1310 (hist. de l'abb. de Feniers). — *Mansus de Roacol*, 1329 (enq. sur la justice de Vieillespesse). — *Reccoullet; Reucoulles; Raucoulles; Raucolles*, 1654 (terr. de Feniers). — *Roucoulles*, 1658 (liève des q^rs de Condat et d'Artense). — *Raucoules*, 1777 (état civ.). — *Roucoules* (Cassini).

Roucoules, dom. ruiné, c^ne de Saint-Gerons. — *Mansi de Rocolas*, 1297 (terr. de Geraud de Montal).

Roudadou, f^me, c^ne de Riom-ès-Montagnes. — *Mansus del Rodadour*, 1513 (terr. d'Apchon). — *Rouda-*

dou, 1777 (lièv. d'Apchon). — *Roudadour*, 1857 (Dict. stat. du Cantal).

Roudadou (Le), f^me, c^ne de Saint-Simon. — *Roudadou*, 1692; — *Broudadou*, 1747 (arch. dép. s. C, l. 12).

Roudadour (Le Suc-), dom. ruiné, c^ne de Valette. — *Affarium del Rodadour*, 1441 (terr. de Saignes). — *Le Roudadou*, 1783 (nommée par G. de la Croix).

Roudailhac, vill., c^ne de Menet. — *Rodaizac; Rodailhac*, 1506 (terr. de Riom). — *Rodaliahac*, 1599; — *Rodalihac*, 1601; — *Rodalliact*, 1602; — *Roudalhiac alias Marguridou*, 1606; — *Rodallyac*, 1629 (état civ.). — *Roudaliat*, 1638 (terr. de Murat-la-Rabe). — *Roudalhac*, 1671 (état civ.). — *Roudaillac*, 1783 (dénomb. du prieuré de Menet). — *Rodalhac* (Cassini).

Roudettes, vill., c^ne de Siran. — *Roudète*, 1449 (enq. sur les droits des seign. de Montal). — *Rodette*, 1617; — *Rodete*, 1633 (état civ.). — *Rodesse*, 1674 (id. de Laroquebrou). — *Roudettes*, 1665 (arch. dép. s. G). — *Roudet* (Cassini).

Roudier (Le), chapelle détruite, c^ne de Leyahac.

Roudier (Le), ham., c^ne de Nieudan.

Roudier (Le), vill., c^ne de Siran. — *Mansus del Rodier*, 1489 (arch. mun. d'Aurillac, s. HH, c. 21). — *Le Rodié*, 1659; — *Le Roudié*, 1661 (état civ.).

Roudilières (Les), ham., c^ne de Leucamp.

Roudios (Les), dom. ruiné, c^ne de Saint-Mamet-la-Salvetat. — *Tènement de los Rondyos*, 1744 (anc. cad.).

Roueix, vill. détruit, c^ne de Charmensac. — *Roueix*, 1784 (Chabrol, t. IV).

Rouet (Le), m^in, c^ne de Ladinhac.

Roueyre (La), vill., c^ne de Cezens. — *Rueyra*, 1443 (arch. dép. s. G.). — *La Rueyre*, 1591 (lièv. de la baronnie du Feydit). — *La Roueyre*, 1633 (ass. gén. tenues à Cezens). — *La Roueire*, 1636 (id. à Brezons). — *La Rubire* (Cassini).

Roueyre, écart, c^ne de Méallet. — *Roueyres*, 1649; — *Rouayres*, 1653 (état civ. du Vigean). — *Rouyre* (État-major).

Roueyre, vill., c^ne de Saint-Amandin. — *Lou Rairt; Lou Roirt*, 1600 (lièv. de Pouzols). — *La Royre*, 1618; — *Le Roire*, 1678; — *Rouère*, 1744 (id. de Soubrevèze). — *Rouire* (Cassini).

Roueyre, vill. et m^in, c^ne de Saint-Flour. — *Mansus de Rueyra Lavelha*, 1443 (arch. dép. s. G.). — *Molendinum de Rueyra la Valelha, sive superiori*, 1459; — *Mansus de Rueyra Velha*, 1535 (arch. mun. de Saint-Flour). — *Roueyreveille*, 1615 (arch. dép. s. G). — *Rucheires*, 1677 (insin. du baill. de Saint-Flour). — *Rouère-Veille*, 1685; — *Roueyre*, 1739; — *Royère-Vielle*, 1740 (état civ.). — *Rouize*, 1762 (Pouillé de Saint-Flour). — *Rouaire-Haut* (Cassini).

Il existe à Roueyre une chapelle dédiée à Notre-Dame de Roueyre et à saint Laurent; elle était à la nomination de l'évêque avant 1789.

Roueyre, m^in, c^ne de Saint-Flour. — *Molendinum de Rueyra del Bayle sive la Bassa*, 1459 (arch. mun. de Saint-Flour). — *Molendinum de Baille; Mansus de Rueyra de Baille*, 1497 (liber vitulus). — *Molin appellat de la Ribeyra et Combabasse*, 1526; — *Molin de la Ribeyra et Combabasse*, 1527 (terr. de Vieillespesse). — *Molin de la rivière de Laude*, 1597 (insin. du baill. de Saint-Flour). — *Roueyre de Bayle*, 1623; — *Roueyre del Bazil*, 1689; — *Roueyre-Basse*, 1740 (état civ.). — *Rouaire-Bas*, (Cassini).

Roueyres, dom. ruiné, c^ne de Marmanhac. — *Mansus de Rueyras*, 1494 (terr. de Sedaiges).

Roueyroles, dom. ruiné, c^ne de Cezens. — *Mansus de Rueyrolas*, 1494 (arch. dép. s. G).

Rouffeyt, écart, c^ne de Teissières-les-Bouliès. — *Ranffeyt*, 1610 (aveu de J. de Pestels). — *Rouffiet*, 1669; — *Rouffet*, 1670 (nommée au p^re de Monaco). — *Raufoy*, 1680 (état civ. de Leucamp). — *Roffay*, 1750 (anc. cad.). — *Rouffeil*, 1782 (arch. dép. s. C, l. 49). — *Rouffayt* (Cassini).

Rouffiac, c^ne de Laroquebrou. — *Roffiacum*, 1346 (arch. dép. s. G). — *Rofiacum*, 1350 (reconn. au seign. de Montal). — *Rouffiac*, 1650 (état civ. de Nieudan). — *Roffiac*, 1656 (min. Sarrauste, n^re à Laroquebrou). — *Rofiac*, 1663 (état civ. de Nieudan). — *Rofiact*, 1665 (id. d'Ayrens). — *Roffiacq*, 1666 (id. de Saint-Santin-Cantalès). — *Roufiact*, 1669 (id. d'Ayrens). — *Roffiact*, 1682 (id. d'Arnac). — *Roffiat; Rouffiat*, 1784 (Chabrol, t. IV). — *Roufiac* (Cassini).

Rouffiac était, avant 1789, de la Haute-Auvergne, du dioc. de Saint-Flour, de l'élect. et de la subdélég. d'Aurillac. Régi par le droit écrit, il dépend. de la justice seign. de Carbonières, et ressort. au baill. d'Aurillac, en appel de sa prév. part. — Son église, dédiée à saint Martin, était un prieuré qui fut uni en 1281 à l'archid. d'Aurillac, et le curé était à la nomination de l'évêque. Elle a été érigée en succursale par décret du 28 août 1808.

Rouffiac, dom. ruiné, c^ne de Saint-Cirgues-de-Malbert. — *Villaige de Rouffiac*, 1650 (état civ. d'Aurillac).

Rouffiac, vill. et m^in, c^ne de Saint-Simon. — *Mansus de Roffiac*, 1528 (reconn. au curé de la Trinité d'Aurillac). — *Roufihac*, 1691 (arch. dép. s. C,

l. 12). — *Rofiac*, 1692 (terr. de Saint-Geraud). — *Roffiat*, 1701 (arch. dép. s. G, l. 12). — *Ruffiat* (états de sections).

Rouffiac d'Oyez, dom. ruiné, c^{ne} de Saint-Simon. — *Le mas Roffiac-d'Oyetz*, 1692 (terr. de Saint-Geraud).

Rouffianges-Bas et Haut, écarts, c^{ne} de Champagnac. — *Rofiange* (Cassini). — *Rouffiange*, 1855 (Dict. stat. du Cantal).

Rouffier (Le), ham., c^{ne} du Falgoux.

Roufières (Les), mont. à vacherie, c^{ne} du Claux.

Roufilange, vill., c^{ne} de Saint-Cirgues-de-Malbert. — *Rofilanges*, 1650 (état civ. de Saint-Christophe). — *Roufighou*, 1655 (id. de Mauriac). — *Rofilampas*, 1655 (insin. du baill. de Salers). — *Rouffilanges*, 1679 (arch. dép. s. C, l. 16). — *Rofilanges*, 1695 (état civ. de Saint-Martin-Valmeroux). — *Roufilange* (Cassini). — *Rouffilange*, 1855 (Dict. stat. du Cantal).

Roufoux, dom. ruiné, c^{ne} de Saignes. — *Affarium voc. de Rofoux*, 1441 (terr. de Saignes).

Rougenque, dom. ruiné, c^{ne} de Saint-Mamet-la-Salvetat. — *Affar de Rougenque*, 1668 (nommée au p^{ce} de Monaco).

Rougéol (Le), ruiss., affl. de la rivière d'Auze, c^{ne} de Salins; cours de 7,800.

Rouget (Le), écart et m^{in}, c^{ne} de Maurs. — *Rouziès; Moulin du Rouzet*, 1748 (anc. cad.).

Rouget (Le), vill., c^{ne} de Pers. — *Mansus da Rozet*, 1402; — *Rosetum*, 1423 (arch. mun. d'Aurillac, s. HH, c. 21). — *Affar de Rozito*, 1449 (arch. dép. s. H). — *Roset*, 1635 (état civ. de Maurs). — *Roziers*, 1668 (min. Sarrauste). — *Rouzet; Rouzeyretz*, 1669 (nommée au p^{ce} de Monaco). — *Rousset* (État-major).

Rouget (Le), vill., c^{ne} de Saint-Mamet-la-Salvetat.

Rougette (Le Suc de la), mont. à vacherie, c^{ne} de Chastel-Marlhac.

Rougnol, bois défriché, c^{ne} de Chanet. — *Nemus delz Roughol*, 1451 (terr. de Chavagnac). — *Le Suc del Roughas; Roghat*, xvie s^e (confins de la terre du Feydit).

Rougie (La), vill., c^{ne} de Saint-Étienne-de-Maurs. — *La Rogia*, 1601; — *La Rogie*, 1632; — *La Rougie*, 1646 (état civ.).

Rougier (Le), dom. ruiné, c^{ne} de Cassaniouze. — *Le village de Rougier*, 1741 (anc. cad.).

Rougier, vill., c^{ne} de Loupiac. — *Mansus del Rosier*, 1464 (terr. de Saint-Christophe). — *Le Rogier*, 1635; — *Lou Roger*, 1690 (état civ.). — *Le Rozier* (Cassini).

Rougière (La), mont. à vacherie, c^{ne} de Chanterelle.

Rougière (La), dom. ruiné, c^{ne} de Saint-Mamet-la-Salvetat. — *Affar appellé del Rouzieyres*, 1668; — *Ténement appellé del Rouzière et de la Croix de Lestancou*, 1669 (nommée au p^{ce} de Monaco).

Rougière (La), vill., c^{ne} de Soulages.

Rouhergue, dom. ruiné, c^{ne} de Leynhac. — *Mansus de Rohergue*, 1407 (pièces de l'abbé Delmas).

Rouire (Le), dom. ruiné et futaie, c^{ne} d'Anglards-de-Salers. — *Mansus de Royre*, 1269 (homm. à l'évèque de Clermont).

Roulayre (La), vill. et m^{in}, c^{ne} de Joursac. — *La Rollière*, 1635 (nommée par G^{lle} de Foix). — *La Rolleyre*, 1692; — *Rollyact*, 1693; — *Roulare*, 1694; — *La Rolleire*, 1696 (état civ.). — *La Rouleyre*, 1702; — *La Roulleyra*, 1771 (lièv. de Mardogne). — *La Rouleire* (Cassini).

Roulayre (La), ruiss., affl. de l'Alagnon, c^{ne} de Joursac; cours de 6,000 m.

Roulayre (La), dom. ruiné, c^{ne} de Menet. — *Mansus de la Roleyra*, 1401 (reconn. au seign. de Murat-la-Rabe).

Roulier (Le), ruiss., affl. de l'Alagnon, c^{ne} de Joursac; cours de 850 m.

Rouliers (Les), mont. à vacherie, c^{ne} de Saint-Saturnin.

Rouliers-Soubro et Soutro (Les), mont. à burons, c^{ne} de Saint-Saturnin.

Rouliouse (La), écart, c^{ne} de Saint-Martin-sous-Vigouroux. — *La Rouliouge* (État-major).

Rouly, vill. détruit, c^{ne} de Saint-Santin-de-Maurs. — *Villaige de Rouly-en-Auvergne*, 1694 (terr. de Marcolès).

Roumayriel, ham., c^{ne} de Carlat.

Roumegade (La), écart, c^{ne} de la Capelle-en-Vézie.

Roumegier (Le), mont. à vacherie, c^{ne} de Carlat.

Roumégol, écart, c^{ne} de la Capelle-en-Vézie.

Roumégoux, c^{ne} de Saint-Mamet-la-Salvetat, et chât. en ruines. — *Roumegos*, 1142 (mon. pontif. arv.). — *Romeguos*, 1246; — *Romagos*, 1299; — *Reparium da Romegos, vocatum da la Ycardia et da Lestival*, 1324 (arch. mun. d'Aurillac, s. HH, c. 21). — *Romfagoums*, 1614 (état civ. de Pierrefort). — *Roumégos*, 1617 (id. de Glénat). — *Roumagoux*, 1623 (id. d'Aurillac). — *Romégons*, 1632 (id. de Glénat). — *Romégoux*, 1641 (min. Sarrauste, n^{re}). — *Roumégaux*, 1650 (état civ. de Parlan). — *Roumégos; Roumégoux*, 1668 (nommée au p^{ce} de Monaco). — *Romégoms*, 1669 (état civ. de Nieudan).

Roumégoux était, avant 1789, de la Haute-Auvergne, du dioc. de Saint-Flour, de l'élect. et de la subdél. d'Aurillac. Il était le siège d'une justice seign. régie par le droit écrit, et ressort. au bailliage d'Aurillac en appel de la prév. de Maurs. — Son église, dédiée à saint Paul, était un prieuré à la nomination du prieur de Cayrols, et le chapitre était à la présentation de l'archid. d'Aurillac. Elle a été érigée en succursale par décret du 28 août 1808.

Roumet (La), écart, c^{ne} de Saint-Martin-Cantalès. — *Affarium mansi de la Rometz; Romets,* 1350 (arch. mun. d'Aurillac, s. HH, c. 21). — *Mansus de Larometz,* 1464 (terr. de Saint-Christophe). — *Roumeix* (État-major). — *Roumetz,* 1856 (Dict. stat. du Cantal).

Roumigière (La), dom. ruiné, c^{ne} de Chaussenac. — *Affarium de la Romigieyra,* 1502 (terr. de Cussac). — *Romaginyra,* 1778 (inv. des archives d'Humières).

Roumigoux, vill., c^{ne} de Moussages. — *Roumigoux,* 1716; — *Roumigoux,* 1719 (état civ.).

Roumigure, m^{in} détruit, c^{ne} d'Aurillac. — *Molin de Romiguye,* 1631 (état civ.).

Roumiguière (La), ham., c^{ne} de Maurs.

Roumiguière (La), ham., c^{ne} de Prunet. — *Las Roumeguyeras,* 1465 (obit. de N.-D. d'Aurillac). — *Romeguyras,* 1522 (min. Vigery). — *Las Roumeguières,* 1654 (arch. mun. d'Aurillac, s. CC, p. 8). — *Las Roumiguieyres,* 1670 (nommée au p^{ce} de Monaco). — *Lasroumeguières,* 1679; — *Laroumeguière,* 1709 (arch. dép. s. C, l. 18). — *Las Roumiguières,* 1740 (anc. cad. d'Arpajon). — *Las Roumi-Guières,* 1761 (arch. dép. s. C, l. 18). — *La Roumeguière* (Cassini). — *Las Roumiguines,* 1857 (Dict. stat. du Cantal).

Rounède (La), mont. à vacherie, c^{ne} de Laroquevieille.

Roupert, écart, c^{ne} d'Arnac. — *Robber,* 1647 (min. Sarrauste). — *Roupert,* 1742 (anc. cad. de Saint-Santin-Cantalès).

Roupert, écart, c^{ne} de Laroquebrou.

Roupeyroux (Le), ruiss., affl. de la Maronne, c^{nes} de Saint-Chamant et de Saint-Martin-Valmeroux; cours de 3,200 m.

Roupeyroux, vill., c^{ne} de Saint-Remy-de-Salers. — *Roupeyroux,* 1660 (insin. du baill. de Salers). — *Topegroux* (Cassini).

Roupon, vill., c^{ne} de Malbo. — *Rouppon,* 1620 (min. Danty, n^{re} à Murat). — *Roupon,* 1656 (état civ. de Pierrefort). — *Ropon,* 1668 (nommée au p^{ce} de Monaco). — *Roupons* (État-major).

Rouquainiol (Le), dom. ruiné, c^{ne} de Saint-Mamet-la-Salvetat. — *Ténement de Rugayrols,* 1740; — *Ténement de Rouquayrols,* 1743 (anc. cad.).

Rouquan, dom. ruiné, c^{ne} de Saint-Mamet-la-Salvetat. — *Ténement del Rouquax,* 1742 (anc. cad.).

Rouques, vill., c^{ne} de Vézac.

Rouquette (La), ham., c^{ne} de Calvinet. — *La Roqueta las Maytz,* 1414 (terr. de Cassaniouze). — *La Roqueto las Maitz,* 1462 (pièces de l'abbé Delmas). — *La Roquette-las-Mays,* 1660 (état civ. de Cassaniouze). — *Larouquette-los-Mais,* 1692 (id. de Saint-Constant). — *La Rouquette-lay-Mays,* 1760 (terr. de Saint-Projet). — *La Roquete-Mays* (Cassini).

Rouquette (La), vill., c^{ne} de Cassaniouze. — *La Roqueta,* 1414 (terr. de Cassaniouze). — *La Roqueste,* 1659; — *La Roquette,* 1670 (état civ.). — *La Rouquette,* 1741 (anc. cad.).

Rouquette (La), dom. ruiné, c^{ne} de Leynhac. — *Affarium de la Roqueta,* 1301 (pièces de l'abbé Delmas).

Rouquette (La), écart, c^{ne} de Polminhac.

Rouquette (La), ham., c^{ne} de Saint-Étienne-de-Maurs. — *La Roquetta,* 1596; — *La Rouquette,* 1746 (état civ.).

Rouquette (La), écart et m^{in}, c^{ne} de Vézac. — *Molendinum de Roqueta,* 1521; — *Rocqueta,* 1522 (min. Vigery, n^{re}). — *Moullin de la Rouquette,* 1668 (nommée au p^{ce} de Monaco). — *La Roquette,* 1728; — *La Rouquette,* 1760 (arch. dép. s. C).

Rouquette-Basse (La), vill., c^{ne} de Cassaniouze. — *La Roqueta de Roquamaurel,* 1415 (terr. de Cassaniouze). — *La Roquette-soubs-Roquesmauriel,* 1559 (état civ.). — *Laroques-soubz-Roquomourel,* 1670 (terr. de Calvinet). — *La Raouquette-soubs-Roque-Maurel,* 1674 (état civ.). — *La Rouquette-sous-Roquemauriel,* 1694 (terr. de Marcolès). — *La Rouquette-sous-Rocquemaurel,* 1760 (id. de Saint-Projet). — *Larouquette-sous-Roquemaur'l,* 1785 (arch. dép. s. C, l. 49).

Rouquette-des-Étangs (La), écart, c^{ne} de Cassaniouze. — *La Roquette-delz-Estangts,* 1653 (état civ.). — *La Rouquette-des-Estangs,* 1741 (anc. cad.). — *Larouquette Narsal, alias des Estangs,* 1760 (terr. de Saint-Projet). — *La Roquette d'Estangs,* 1760 (arch. dép. s. C, l. 49).

Rouquette-le-Bois (La), f^{me} détruite, c^{ne} de Cassaniouze. — *Domaine de la Rouquette-le-Bois,* 1760 (terr. de Saint-Projet).

Rousse (La), m^{in} détruit, c^{ne} de Jou-sous-Montjou. — *Moullin de la Rousse,* 1669 (nommée au p^{ce} de Monaco).

Rousse, seigneurie inconnue, c^{ne} de Loubaresse. — *La justice de Rousse,* 1784 (Chabrol, t. IV).

Cette justice était régie par le droit cout., et

ressort. à la sénéch. d'Auvergne, en appel du bailliage de Ruines.

Rousse (La Buge de la), mont. à vacherie, c^ne de Sainte-Eulalie.

Rousseire (La), dom. ruiné et mont. à burons, c^ne de Saint-Saturnin. — *Tenementum de la Rauzeyra*, 1309 (Hist. de l'abbaye de Feniers). — *Montaigne appellée lo Cartier de la Rosseira*, 1514 (terr. de Cheylade). — *La Rossière*, 1585 (*id.* de Graule).

Roussel, buron sur la mont. d'Exclaux, c^ne de Saint-Clément.

Roussel, m^in, c^ne de Saint-Pierre-du-Peil.

Rousselie (La), dom. ruiné, c^ne de Pers. — *Berdaria vocata la Rosselia*, 1295 (arch. dép. s. E).

Rousset (Le), écart, c^ne de Boisset.

Rousseyre (La), mont. à burons, c^ne de Colandres. — *Montana de la Rosseyra*, 1513 (terr. d'Apchon). — *Montagne de Rossanes*, 1719 (table de ce terr.). — *La Roussaire*, 1777 (lièvre d'Apchon). — *Vacherie Ronchère* (Cassini).

Rousseyros, dom. ruiné, c^ne de Saignes. — *Affarium in territorio de Roysseyros*, 1441 (terr. de Saignes).

Roussière (La), dom. ruiné, c^ne de Jaleyrac. — *Mansus de la Rousseira*, 1473 (terr. de Mauriac). — *La Rosseyra*, 1549 (*id.* de Miremont). — *La Rousseire*, 1680 (*id.* de Mauriac).

Roussière (La), dom. ruiné, c^ne de Pers. — *Lou Roussieyres*, 1696 (état civ. de la Capelle-Viescamp).

Roussière (La), f^me avec manoir, c^ne de Rezentières. — *La Rosseyre*, 1594 (min. Andrieu, n^re à Saint-Flour). — *La Rossière*, 1610 (terr. d'Avenaux). — *La Roussière*, 1635 (nommée par Gabrielle de Foix).

Roussière (La), f^me, m^in et château ruiné, mont. à burons, c^ne de Saint-Clément. — *Castrum de Roxel*, 1377 (arch. mun. d'Aurillac, s. FF, p. 15). — *Roussilhe*, 1638 (pièces du cab. Lacassagne). — *Rousseyre; montagnhe de la Rouchère; Roucheiro*, 1668; — *Montaigne de la Roussieyre*, 1671 (nommée au p^co de Monaco). — *La Roussière*, 1671 (état civ. de Polminhac). — *Montaigne de la Rossyère*, 1675 (arch. dép. s. H). — *Roussilhes*, 1695 (terr. de la command. de Carlat). — *Rousilhe*, 1701 (état civ. de Raulhac).

La Roussière était, avant 1789, le siège d'une justice seign. régie par le droit écrit et ressort. au bail. de Vic, en appel de sa prév. part.

Roussière (La), ruiss., affl. du Malrieu, c^ne de Saint-Paul-de-Salers; cours de 1,500 m.

Roussière (La), vill., c^ne de Saint-Poncy. — *La Rousseyra*, 1583 (arch. dép. s. G). — *La Rousseyra*, 1610 (terr. d'Avenaux). — *La Roussière*, 1702 (lièvre de Mardogne). — *La Roussaire*, 1725 (état civ. de Saint-Mary-le-Plain). — *Rousseire* (Cassini).

Roussiène (La), lieu détruit, c^ne de Saint-Projet. — *La Rosseyra*, 1284 (arch. nat. J 271).

Roussière-Haut (La), lieu détruit, c^ne de Rezentières. — 1855 (Dict. stat. du Cantal).

Roussille (La), dom. ruiné, c^ne d'Anglards-de-Saint-Flour. — *Affar appellé de la Marsencha*, 1494 (terr. de Mallet). — *La Rossilha*, 1508; — *Roussilho*, 1629; — *Roussille sive de Marcenche*, 1663; — *Roussilhe sive de la Maranche*, 1730; — *La Roussille sive de la Maranche*, 1762 (*id.* de Montchamp).

Roussille (La), écart, c^ne d'Antignac. — *La Roussilhe* (État-major).

Roussille (La), mont. à vacherie, c^ne de Bredon. — *Lo roche de la Roussilhe; la Rouchille*, 1598 (reconn. par les cons. d'Albepierre).

Roussille (La), vill. détruit, c^ne de Cezens. — *Mansus de la Rossilha*, 1495 (arch. dép. s. G). — *La Rosselhe*, 1511 (terr. de Maurs). — *La Roussilhe*, 1563 (arch. dép. s. G). — *La Roussilhe*, 1633 (ass. gén. tenue à Cezens).

Roussille (La), vill. détruit, c^ne de Champagnac. — *Affar de la Roussille*, 1421 (arch. général. de Sartiges).

Roussille (La), vill. détruit, c^ne de Chavagnac. — *La Rocilhe*, 1535 (terr. de la v^té de Murat). — *La Rochilz*, 1580 (lièvre de la v^té de Murat). — *La Roussille*, 1756 (terr. de la coll. de N.-D. de Murat).

Roussille (La), mont. à vacherie, c^ne du Claux.

Roussille (Le Bois de la), dom. ruiné, c^ne de Gioude-Mamou. — *La buge de la Roussilhe*, 1740 (anc. cad.).

Roussille (La), vill. détruit, c^ne de Glénat. — *Mansus de Rossel*, 1322 (reconn. au seign. de Montal). — *Affar de la Rossel d'Espinadel*, 1600 (pap. de la fam. de Montal). — *La Roussilhe*, 1645 (état civ. d'Espinadel).

Roussille (La), dom. ruiné, c^ne de Jaleyrac. — *Mansus de la Rosselha*, 1473 (terr. de Mauriac). — *La Rosselia*, 1505 (comptes au doyen de Mauriac). — *La Rousselhie*, 1680 (terr. de Mauriac).

Roussille (La), écart, c^ne de Landeyrat. — *La Roux* (Cassini).

Roussille (La), écart, c^ne de Mauriac. — *La Rossellia*, 1505; — *La Rossilhe*, 1515 (comptes au doyen de Mauriac). — *La Roussille*, 1663; — *La Roussilhie*, 1667; — *La Roussilhe*, 1668 (état civ.). — *La Rossille*, 1778 (inv. des arch. de la mais. d'Humières).

Roussille (La), buron, c^{ne} de Paulhac.
Roussille (La), dom. ruiné, c^{ne} de Saint-Santin-de-Maurs. — *Villaige de la Rousilhe*, 1616 (état civ.).
Roussille (La), dom. ruiné, c^{ne} d'Ussel. — *Villaige de la Rouchilhe*, 1654 (terr. du Sailhans).
Roussilles (Les), mont. à vacherie, c^{ne} de Landeyrat. — *Buix appellé la Rochille*, 1650 (terr. de l'abb. de Feniers).
Roussillon, écart, c^{ne} de Leucamp. — *Roussillon* (Cassini). — *Roussillon*, 1856 (Dict. statist. du Cantal).
Roussillon, mont. à vacherie, c^{ne} de Lieutadès. — *Le peuch de Roussilhon*, 1662 (terr. de la Garde-Roussillon).
Roussillon, écart, c^{ne} de Riom-ès-Montagnes. — *Mansus de Rossilho*, 1512 (terr. d'Apchon). — *Roussilhon*, 1719 (table de ce terr.). — *Roussillon; Roussilon*, 1777 (lièvé d'Apchon). — *Roussillou* (Cassini).
Roussillon, f^{me}, c^{ne} de Ruines. — *Roussillon*, 1777 (arch. dép. s. E). — *Roussiliou*, fin du XVIIIe s^e (terr. de Chaliers).
Roussillon (Le), ruiss., affl. du ruisseau de la Roche, c^{ne} de Ruines; cours de 5,000 m.
Roussillon, dom. ruiné, c^{ne} de Saint-Saturnin. — *Pagesia de Rosillon*, 1174 (la maison de Graule).
Roussimou (La Buge de), mont. à vacherie, c^{ne} de Laroquevieille.
Roussinches (Las), vill., c^{ne} de Brezons. — *Las Rossenches*, 1620 (état civ. de Thiézac). — *Las Roussenches*, 1623 (ass. gén. tenue à Cezens). — *Las Roussinches*, 1681 (état civ. de Jou-sous-Montjou). — *La Roussenchez*, 1701; — *Laroussenche*, 1710; — *Las Rouchences; las Rouchainches*, 1720; — *Lasrouchenses*, 1724 (id. de Brezons). — *Las Rouheinches* (Cassini).
Roussinque (La), ham., c^{ne} de Saint-Julien-de-Toursac. — *La Roussenques*, 1647; — *La Rouissengue*, 1649 (état civ. de Parlan). — *La Roussengue*, 1761 (id. de Quézac). — *La Roussenque* (Cassini). — *Roussaignes*, 1855 (Dict. stat. du Cantal).
Rousson, seigneurie, c^{ne} de Sériers.
Roussonnelle (La), mont. à burons, c^{ne} de Trizac. — *Broussonnette* (Cassini).
Roussou, dom. ruiné, c^{ne} de Saint-Christophe. — *Affarium de la Raussa*, 1464 (terr. de Saint-Christophe). — *Le Roussou* (Cassini).
Roussou, dom. ruiné, c^{ne} de Siran. — *Mansus de Rosso*, 1357 (arch. mun. d'Aurillac, s. HH, c. 21).
Roussy, f^{me}, c^{ne} de Cayrols. — *Rossi*, 1590 (livre des achaps d'Ant. de Naucaze). — *Roussy*, 1647 (état civ.). — *Rousy*, 1648 (id. de Parlan).

Roussy, ham., c^{ne} de Freix-Anglards. — *Bordaria du Rossi*, 1322; — *Mansus da Rosi*, 1410 (arch. mun. d'Aurillac, s. HH, c. 21). — *Roussi*, 1659; — *Roussy*, 1700 (état civ. de Saint-Cernin).
Roussy, c^{en} de Montsalvy. — *Rossi*, XIVe s^e (Pouillé de Saint-Flour). — *Rossinum*, 1427 (arch. dép. s. H). — *Rossinum*, 1535 (terr. de Caylus). — *Roussy*, 1610 (aveu de J. de Pestels). — *Rouzy*, 1631 (état civ. d'Arpajon). — *Roussi*, 1784 (Chabrol, t. IV).

Roussy était, avant 1789, de la Haute-Auvergne, du dioc. de Saint-Flour, de l'élect. et de la subdél. d'Aurillac. Régi par le droit écrit, il dépend. de la justice seign. de Caylus, et ressort. au baill. de Vic, en appel de la prév. de Maurs. — Son église, dédiée à saint Julien, était un prieuré à la nomination de l'évêque. Il y avait également un chapitre à Roussy; elle a été érigée en succursale par décret du 28 août 1808.

Roussy, dom. ruiné, c^{ne} de Saint-Mamet-la-Salvetat. — *Ténement de Roussi; Roussy*, 1744 (anc. cad.).
Roussy, vill., c^{ne} de Saint-Projet. — *Roussi*, 1680 (état civ.). — *Rouchi* (Cassini).
Roussy, ruiss., affl. de la Dore, c^{nes} de Saint-Projet et de Saint-Cernin; cours de 9,400 m. — Ce ruisseau porte aussi le nom de *la Merlie*.
Route-d'Allanche (La), ham., c^{ne} de Murat.
Routes (Les Quatre-), écart, c^{ne} de Saint-Cernin.
Rouvelet, vill., c^{ne} de Sainte-Marie.
Rouvet (Le), dom. ruiné, c^{ne} de Lavastrie. — *Villaige de Rovet*, 1668 (insin. du baill. d'Andelat).
Rouvine (La), écart, c^{ne} de Calvinet.
Roux (Le), vill., c^{ne} de Cassaniouze. — *Le Rous*, 1660; — *Le Roux*, 1676 (état civ.).
Roux (Le), vill., c^{ne} de Chaliers. — *Le Rogz*, 1508; — *Le Rouqx*, 1630; — *Le Roux*, 1660 (terr. de Montchamp). — *Le Rou*, fin du XVIIe s^e (id. de Chaliers). — *Leroux*, 1745 (arch. dép. s. C, l. 43).
Roux (Le), mⁱⁿ et tannerie, c^{ne} de Fontanges.
Roux (Le), dom. ruiné, c^{ne} de Lavastrie. — 1784 (Chabrol, t. IV).
Roux (Le), ham. et mⁱⁿ, c^{ne} de Paulhenc.
Roux (Le), dom. ruiné, c^{ne} de Saint-Hippolyte. — *Mansus de la Ros*, 1518 (terr. d'Apchon). — *La Rous*, 1719 (table de ce terr.).
Roux (La), ham., c^{ne} de Saint-Saturnin. — *La Roue* (Cassini).
Rouzard, écart, c^{ne} de Ladinhac. — *Mansus vocatus de Roziers*, 1464 (vente par Guill. de Treyssac). — *Rouzard*, 1747; — *Rousard*, 1756 (arch. dép. s. C).
Rouzet, ham., c^{ne} de Pers.

Rouziers, c^ne de Maurs. — *Rogerium*, xive s^e (Pouillé de Saint-Flour). — *Rougier*, 1573; — *Rogès*, 1576 (livre des achaps d'Ant. de Naucaze). — *Rougier*, 1622 (état civ. d'Aurillac). — *Rogiers*, 1628 (paraph. sur les cout. d'Auvergne). — *Rogié*, 1641 (état civ. de Saint-Mamet). — *Rogier*, 1645; — *Rougct*, 1650; — *Rougeit*, 1654; — *Rozier*, 1662 (id. de Parlan). — *Rougié*, 1668 (id. de Maurs). — *Rougières*, 1668; — *Rougiers*, 1669 (nommée au p^ce de Monaco).

Rouziers était, avant 1789, de la Haute-Auvergne, du dioc. de Saint-Flour, de l'élect. et de la subdélég. d'Aurillac. Il était le siège d'une just. seign. régie par le droit écrit, et ressort. au baill. d'Aurillac, en appel de la prév. de Maurs. — Son église, dédiée à saint Martin, était un prieuré et la cure était à la nomination de l'évêque. Elle a été érigée en succursale par décret du 28 août 1808.

Rouziers, ham., c^ne de Vézac. — *Mansus de Rosier*, 1485 (reconn. à J. de Montamat). — *Roziers*, 1522 (min. Vigery, n^re à Aurillac). — *Roziera*, 1580; — *Rozières*, 1581; — *Lou Rozier*, 1583 (terr. de Polminhac). — *Rougiès*, 1610 (aven de J. de Postels). — *Rouges*, 1668; — *Rougiers*, 1669; — *Rougière*, 1671 (nommée au p^re de Monaco). — *Roziès*, 1692 (terr. de Saint-Géraud). — *Rougier*, 1728 (arch. dép. s. C).

Royat, dom. ruiné, c^ne de Saint-Martin-Cantalès. — *Villaige de Royat*, 1504 (terr. de la duchesse d'Auvergne).

Royre (La), vill., c^ne de Saint-Mamet-la-Salvetat. — *Le Royre*, 1623; — *Royré*, 1637 (état civ.). — *Le Royrat*, 1692 (terr. de Saint-Géraud).

Roysse (Le Mont du), mont. à burons, c^ne de Velzic.

Rozanet (Notre-Dame de), chapelle détruite, c^ne de Villedieu.

Rozat, dom. ruiné, c^ne de Cheylade. — *Affarium de Rozat*, 1519 (terr. d'Apchon). — *Affar de Rosat*, 1719 (table de ce terr.).

Rozens, dom. ruiné, c^ne de Saint-Flour. — *Mansus de Rozens*, 1345 (arch. mun. de Saint-Flour).

Rozier (Le), seigneurie, c^ne de Marchastel. — *Roziers*, 1411 (arch. dép. s. E).

Ruaires, ham. et chapelle, c^ne de Saint-Jacques-des-Blats. — *Rueyres*, 1638 (état civ. de Thiézac). — *Ruyères* (État-major).

Ruaires, ravine, affl. du ruisseau de Tourcy, c^ne de Saint-Jacques-des-Blats; cours de 1,000 m. — *Rueyre*, 1879 (état stat. des cours d'eau du Cantal).

Ruchaire (La), mont. à vacherie, c^ne de Saint-Paul-de-Salers. — *Vacherie Ruschair* (Cassini).

Ruche (La), f^me et mont. à burons, c^ne de Montboudif. — *La Ronshie*, 1654 (terr. de Feniers). — *La Russie*, 1684; — *La Ruche*, 1691 (état civ. de Condat).

Rudez, vill., c^ne de Mandailles. — *Rude*, 1612; — *Rudé*, 1760 (état civ. de Thiézac). — *Rudez*, 1856 (Dict. stat. du Cantal).

Rudez, ruiss., affl. de la Jordanne, c^ne de Mandailles; cours de 2,600 m. — *Rudé*, 1879 (état stat. des cours d'eau du Cantal).

Rue (La), riv., affl. de la Santoire, prend sa source dans le départ. du Puy-de-Dôme, coule dans le Cantal, aux finages des c^nes de Chanterelle et de Condat; cours de 12,500 m. — Dans le départ. du Puy-de-Dôme, ce ruisseau porte le nom de *la Clamouse*. *Aqua de Syra*; *Sira*, 1278; — *Aqua de Rua*, 1310 (hist. de l'abb. de Feniers). — *Ruisseau d'Église-Neuve* (État-major). — *La Rue-de-Condat*, 1857 (Dict. stat. du Cantal).

Rue de la Cambonie (La), anc. chemin, c^ne de Polminhac. — *La rue de la Cambonie*, 1671 (nommée au p^ce de Monaco).

Rueyre, m^in, c^ne de Gourdièges.

Rueyre, vill. et m^in, c^ne d'Oradour. — *La Rueyra*, 1476 (liber vitulus). — *La Rueyre*, 1591 (lièva du Feydit). — *Royre*, 1596 (insin. du baill. de Saint-Flour). — *Lou Rouyre*, 1618 (état civ. de Pierrefort). — *Roire*, 1645 (arch. dép. s. G). — *Rouïre*, 1739 (état civ. de Saint-Flour). — *La Ruere*; *la Rueire de Bins de Qui*, 1784 (Chabrol, t. IV). — *Ruyère*, 1856 (Dict. stat. du Cantal).

Il existe dans ce village une église, dédiée à N.-D. de Rueyre, qui avait été donnée en 1053 au monast. de Saint-Flour. Elle a été érigée en succursale par ordonnance royale du 31 décembre 1837.

Rueyre, ruiss., affl. de la Cépie, c^ne d'Oradour; cours de 1,200 m.

Rueyre (La), mont. à vacherie, c^ne de Pers.

Rueyres, vill., c^ne de Cassaniouze. — *Rueyras*, 1432 (terr. de Cassaniouze). — *Villaige de Ruères*, 1659; — *Rueires*, 1660; — *Rueyres*, 1666; — *Rueyrues*, 1668 (état civ.). — *Rueyre*, 1740 (anc. cad.).

Rueyres, dom. ruiné, c^ne de Loupiac. — *Villaige de Rueyres*, 1736 (état civ.).

Rueyres-Haut, ham., c^ne de Cassaniouze. — *Ronsières*, 1760; — *Ruère*; *Ruères*, 1785 (arch. dép. s. C, l. 49).

Rufac (Le Bois du), dom. ruiné, c^ne de Condat-en-Feniers. — *Mansus del Rufier*, 1278 (hist. de l'abb. de Feniers).

Rufet (Le), mont. à vacherie, c^ne de Chastel-sur-Murat. — *Ruppes vocata de Rauffeto*, 1491 (terr. de Farges). — *Affar del Ruffect*, 1535 (id. de la v^{té} de Murat). — *Montaigne del Ruffet*, 1580 (lièvc des cons. de Murat). — *Montaigne del Rufet*, 1600 (terr. de Dienne). — *Grange de Roufet* (État-major).

Ruffec, écart, c^{ne} de Marcenat.

Ruichau (Au), écart, c^{ne} d'Anglards-de-Salers.

Ruines, chef-lieu de c^{on} de l'arrond. de Saint-Flour et chât. féodal en ruines. — *Castellania de Ruinis*, 1322 (arch. dép. s. E). — *Novum castrum de Ruynis*, 1391 (arch. dép. s. G). — *Collegium ville Ruynarum*, 1397 (*id.* s. E). — *Ruynes*, 1596 (min. Andrieu, n^{re} à Saint-Flour). — *Ruines* (Cassini).

Ruines, ancien mandement du duché de Mercœur, était, avant 1789, de la Haute-Auvergne, du dioc., de l'élect. et de la subdélég. de Saint-Flour. Régi par le droit cout., il était le siège d'une justice et d'un baill. seign. ressort. en appel à la sénéch. d'Auvergne. — Son ancienne église, dédiée à N.-D. de l'Assomption, et auj. en ruines, était un prieuré de l'ordre de Saint-Benoît qui fut uni à l'abbaye de Cluny, et à la nomination de l'abbé. Elle renfermait un chapitre coll. qui nommait ses membres. Elle a été érigée en cure par la loi du 18 germinal an x (8 avril 1802).

Ruines, ruiss., affl. de la Truyère, coule aux finages des c^{nes} de Clavières, Ruines et Chaliers; cours de 6,000 m.

Ruines, ham. et m^{in}, c^{ne} de Ruines.

Ruines, écart, c^{ne} de Saint-Santin-de-Maurs.

Ruines, m^{in} détruit, c^{ne} de Védrines-Saint-Loup.

Ruinet, vill., c^{ne} de la Chapelle-Laurent. — *Royret*, 1646 (terr. des Ternes). — *Rouiret* (État-major).

Ruisseau (Le), écart, c^{ne} d'Anglards-de-Salers.

Ruisseau (Le), écart, c^{ne} du Falgoux.

Ruisseau (Les Éyages du), mont. à burons, c^{ne} de Salers.

Ruisseau-Blanc (Le), ruiss., c^{ne} de Saint-Constant, se perd dans les prairies; cours de 640 m. — *Le Ruisseau-Blanc*, 1749 (anc. cad.).

Ruisseau-Froid (Le), ruiss., affl. de la Cère, c^{ne} de Saint-Mamet-la-Salvetat; cours de 2,800 m. — *Ruisseau de Plaurgues*, 1589 (livre des achap. d'Ant. de Naucaze). — *Rieu-Frès*, 1739; — *Ruisseau frex*, 1743; — *Rieufrex*, 1744 (anc. cad.).

Ruisseau-Sec (Le), ruiss., affl. de la Dordogne, c^{ne} de Beaulieu; cours de 840 m.

Runal, dom. ruiné, c^{ne} de Pers. — *Mansus du los Runal*, 1403 (pap. de la fam. de Montal).

Runhac, vill., c^{ne} de Vézac. — *Rinhacum*, 1485 (reconn. à J. de Montamat). — *Runhac*, 1580; — *Ruenhac*, 1583 (terr. de Polminhac). — *Regniac*; *Ruynhiac*, 1610 (aveu de J. de Pestels). — *Runhac ou Felholes*, 1613 (arch. mun. d'Aurillac, s. II, r. 15). — *Runiac*, 1668; — *Runihac*, 1669 (nommée au p^{cé} de Monaco). — *Rhuniac* (Cassini).

Ruols, ruiss., affl. du Goul, c^{ne} de la Besserette; cours de 3,300 m.

Ruols, ham., c^{ne} de Montsalvy. — *Ruolz*, 1607; — *Ruol*, 1610; — *Riol*, 1648 (état civ.). — *Delruol*, 1670 (nommée au p^{eé} de Monaco). — *Étang de Riol*, 1759; — *Ruols*, 1763 (anc. cad.).

Ruperperia, vill. détruit, c^{ne} de Riom-ès-Montagnes. — *Mansi de Ruperperia*, 1309 (hist. de l'abb. de Feniers).

Ruplo, lieu détruit, c^{ne} de Cezens. — (Cassini.)

Ruschevre (La), vill., c^{ne} de Brezons.

Russaguet, dom. ruiné, c^{ne} de Nieudan. — *Mansus de Russaguet*, 1357 (reconn. au seign. de Montal).

Russier, m^{in} détruit, c^{ne} de la Monsélie. — *Molen appelé de Ruschier; Russier*, 1506 (terr. de Riom).

Ruzolles, vill., c^{ne} de Saint-Bonnet-de-Salers. — *Ruisola*, 1284 (arch. nat. J 271). — *Ruzolles*, 1654; — *Gruzolles*, 1661 (état civ. de Loupiac). — *Rusolle*, 1669 (*id.* d'Anglards). — *Rusolles*, 1670 (*id.* de Salers). — *Russolles*, 1687 (*id.* de Loupiac). — *Reizolles*, 1701 (*id.* de Saint-Martin-Valmeroux). — *Ruzeolle*, 1742 (*id.* de Saint-Bonnet). — *Ruzoles*, 1852 (Dict. stat. du Cantal).

S

Sabarat, mont. à burons, c^{ne} de Trézac. — *Montagne de Sabarot*, 1744 (arch. dép. s. G).

Sabatey, ham., c^{ne} de Massiac. — *Sabbatier*, 1784 (Chabrol, t. IV). — *Sabatey* (Cassini). — *Sabattier* (État-major).

Sabatherie (La), écart, c^{ne} de Bassignac. — *La Sabatterie*, 1852 (Dict. stat. du Cantal).

Sabatier, m^{in}, c^{ne} de Lascelle.

Sabatier, buron sur la mont. de la Faïce, c^{ne} de Saint-Cirgues-de-Jordanne.

Sabatier, écart, c^{ne} de Saint-Constant. — *Sabatier*, 1747 (anc. cad.).

Sabie (La), ham., c^{ne} du Vaulmier.

Sablière (La), ham., c^{ne} d'Aurillac.

Saby, mont. à vacherie, c^ne de Laroquevieille.
Sacède, écart, c^ne d'Arnac. — *Mansus de Serascereda*, 1316 (arch. mun. d'Aurillac, s. HH, c. 21). — *Mansus de Cesseda*; *Saceda*, 1442 (reconn. au seign. de Montal). — *Sacède*, 1680 (état civ.). — *Secède*, 1742 (anc. cad. de Saint-Santin-Cantalès). — *Sucède* (Cassini).
Sachontou, dom. ruiné, c^ne de Laveissière. — *Granche appellée de Sachontou*; *Carhontou*, 1626 (arch. dép. s. E).
Sacrestanie (La), dom. ruiné, c^ne de Sourniac. — *Boria de la Sacrestania*, 1473 (terr. de Mauriac).
Sacs (Les), ruiss., aff. de la rivière de la Dordogne, c^ne de Madic; cours de 1,620 m. — *Les Sacs*, 1856 (Dict. stat. du Cantal).
Sadours, ham. avec manoir, c^ne de Mourjou. — *Sadorins*, 1523 (ass. de Calvinet). — *Sadoux*, 1747 (anc. cad. de Saint-Constant). — *Sadours*, 1760 (terr. de Saint-Projet).
Sadours (La Borie de), f^me, c^ne de Mourjou.
Sagadis (Le), mont. à vacherie, c^ne de Paulhac.
Sagergues (Le Puech de), mont. à vacherie, c^nes de Giou-de-Mamou et de Saint-Simon.
Sagergues, ham. et m^in détruit, c^ne de Saint-Simon. — *Mansus de Chasergues*; — *Molin de Sagergues*, 1495 (arch. dép. s. H). — *Sagerguas*, 1637 (min. Dumas). — *Sajergues*, 1692 (terr. de Saint-Geraud). — *Sagergues*, 1729; — *Sazergues*, 1756 (arch. dép. s. G, l. 12).
Sagnabous, vill. avec manoir, c^ne de Saint-Santin-Cantalès. — *Sanhabo*, 1323 (homm. au seign. de Montal). — *Sanhabous*, 1632; — *Saniabos*, 1643 (état civ.). — *Sanieboux*, 1647 (id. de Nieudan). — *Sanebot*; *Sanhébou*, 1649 (min. Sarrauste, n^re à Laroquebrou). — *Saniebou*, 1654 (état civ. de Glénat). — *Sanheboux*, 1743 (anc. cad.). — *Sanebous* (État-major).
Sagnade (La), écart, c^ne du Fau.
Sagnalade (La), mont. à vacherie, c^ne de Brezons.
Sagnas (Les), mont. à vacherie, c^ne d'Alleuze. — *Las Sanhas*, 1510; — *Pasturalis de las Sanhas Grandas*, 1511 (terr. de Maurs).
Sagne (Las), vill., c^ne de Charmensac. — *La Sagnie*, 1766 (terr. de Serre). — *La Sagne* (Cassini). — *La Saigne* (État-major).
Sagne (La), mont. à vacherie, c^ne de Chastel-sur-Murat. — *Pratum de las Sanhas*, 1410 (arch. dép. s. G). — *Les Sanhes*, 1580 (lièvé de la v^té de Murat). — *Montana de Sanha*, 1597 (arch. dép. s. E). — *La Saigne*, 1600 (terr. de Bredon).
Sagne (La), mont. à vacherie, c^ne de Chavagnac. — *Boix de la Sanhe*, 1580 (lièvé de la v^té de Murat).

Sagne, écart, c^ne de Massiac, et chapelle détruite. — *Ecclesia de Sanhas*, xive s^e (Pouillé de Saint-Flour). — *Métairie de Saigne*, 1695 (état civ. de Saint-Étienne-sur-Massiac). — *Sagnes*, 1784 (Chabrol, t. IV).
Sagne (La), mont. à vacherie, c^ne de Molèdes.
Sagne (La), vill., c^ne de Molompize. — *Las Saignias*; *Las Saignies*, 1559 (lièvé du prieuré de Molompize). — *La Sagne* (Cassini). — *La Saigne* (État-major).
Sagne (La), ruiss., aff. du ruisseau de Mazelaire, c^ne de Molompize; cours de 980 m. — *Russeau de las Saignies*, 1559 (lièvé du prieuré de Molompize).
Sagne (La), f^me et mont. à vacherie, c^ne de Moussages. — *Grange-la-Saigne* (Cassini). — *La Saigne* (État-major).
Sagne (La), écart et m^in détruit, c^ne de Polminhac. — *Molendinum da la Sainha*, 1522 (min. Vigery, n^re à Aurillac). — *Las Sanhas*, 1583 (terr. de Polminhac).
Sagne (La), dom. ruiné, c^ne de Reilhac. — *Affarium de la Sanha*, 1522 (min. Vigery, n^re à Aurillac).
Sagne (Las), écart, m^in et mont. à burons, c^ne de Saint-Cirgues-de-Jordanne. — *La Sanhe* (État-major).
Sagne (La), écart, c^ne de Saint-Simon. — *Las Sanhas*, 1692 (terr. de Saint-Geraud).
Sagne-Bécage (La), mont. à vacherie, c^ne de Ségur.
Sagne-Blanque (La), mont. à vacherie, c^ne de Chastel-sur-Murat. — *Sania Boet*, 1285 (arch. dép. s. E). — *Sanha Borrel*, 1386 (id. s. G). — *Sanha Blaux*, dich Maynicl, 1485; — *Sania Blanco*, 1895 (id. s. E). — *Saigne-Blanquou*, 1600 (terr. de Dienne). — *La Sagnie-Blanche*, xvie s^e (id. du prieuré du chât. de Murat).
Sagne-Brune (La), vill. détruit, c^ne de Tiviers. — *Villaige de Sanhebruna*, *Sanhebrune*, 1508; — *Villaige de Saignebrune*, 1730 (terr. de Montchamp).
Sagne-de-Jolan (La), mont. à vacherie, c^ne de Ségur. — *Saignes*, 1629 (terr. du prieuré de Ségur).
Sagne-de-l'Ours (La), mont. à vacherie, c^ne de Saint-Remy-de-Chaudesaigues.
Sagne-Gobert (La), écart, c^ne de Thiézac. — *Salgnes-Gobert* (État-major).
Sagne-Lade (La), écart, c^ne d'Allanche.
Sagne-Lebade (La), ruiss., aff. du ruisseau de la Roche, c^ne de Clavières; cours de 2,750 m. — *Sagne-Lavade* (État-major).
Sagne-Longue (La), mont. à vacherie, c^ne de Chastel-sur-Murat. — *Montania de Sania Longua*, 1495

DÉPARTEMENT DU CANTAL.

(arch. dép. s. E). — *Montaigne de Saigne-Longue*, 1600 (terr. de Dienne).

SAGNE-MIANS, mont. à vacherie, c^ne de Saint-Paul-de-Salers. — *Montaigne de Sanemians*, 1599 (grand-livre de l'Hôtel-Dieu de Salers).

SAGNE-MILLE (LA), dom. ruiné, c^ne de Vic-sur-Cère. — *Affar de la Sanhe-Milhe*, 1671 (nommée au p^cé de Monaco).

SAGNE-MONTET, vill., c^ne de Trizac. — *Saigne-Montet*, 1607 (terr. de Trizac). — *Sagnemontet*, 1658 (insin. du baill. de Salers). — *Sagne-Montet*, 1686 (état civ.). — *Snigne-Monteil*, 1782 (arch. dép. s. G). — *Saignemonteil* (états de sections). — *Sagne-Monteil*, 1857 (Dict. stat. du Cantal).

SAGNE-MORTE (LA), mont. à vacherie, c^nes de Marcenat et de Montgreleix.

SAGNE-MORTE (LA), mont. à vacherie, c^ne de Vernols. — *La Sanio-Morto* (états de sections).

SAGNE-MOURY (LA), lieu détruit, c^ne de Cezens. — *Villaige de la Saigne-Mourry*, XVIIe s^e (arch. dép. s. E).

SAGNE-MOUSSOUS (LA), mont. à vacherie, c^ne de Chastel-sur-Murat. — *Sanha Masso*, 1410 (arch. dép. s. G). — *Sanhe-Mossouza*, 1535; — *Sanhe-Niossouza*, 1536 (terr. de la v^té de Murat). — *Saine-Moussouse*, 1580 (lièvre conf. de Murat). — *Sanhio-Roussouge*, 1598 (reconn. des cons. d'Albepierre).

SAGNE-REDONDE (LA), mont. à vacherie, c^ne de Vernols. — *La Sogno-Redoundo* (états de sections).

SAGNES, vill., c^ne d'Ayrens. — *Sainhies*, 1676 (état civ.). — *Lou Sanail*, 1681 (id. de Jou-sous-Montjou. — *Sanhes*, 1683 (état civ.).

SAGNES (LES), vill., c^ne de Charmensac. — *La Sagne*, 1784 (Chabrol, t. IV).

SAGNES (LAS), dom. ruiné, c^ne de Junhac. — *Affar de las Sanhes*, 1760 (terr. de Saint-Projet).

SAGNES (LES), ham., c^ne de Saint-Victor. — *Les Sanhes*, 1651; — *Sanhier*, 1655 (état civ. de Reilhac). — *Sainhies*, 1669; — *Sanihies*, 1671 (id. d'Ayrens).

SAGNETTE (LA), écart, c^ne de Chanel. — *Mansus de Sanhetas*, 1451 (terr. de Chavagnac). — *Mansus de Saignetas; Sanhietas; Sanahetas*, 1471 (id. du Feydit). — *La Saignihetas*, 1521 (lièvre du Feydit). — *Sagnietas*, 1561 (id. de Feniers). — *Saniette* (Cassini). — *Sanile* (État-major).

SAGNETTE (LA), dom. ruiné, c^ne de Condat-en-Feniers. — *Mansus de Sanhetas*, 1320 (hist. de l'abb. de Feniers).

SAGNETTE (LA), vill., c^ne de Paulhac. — *Mansus de la Sanhera de Comba*, 1352 (homm. à l'évêque de Clermont). — *La Saignète*, 1596 (insin. du baill.

de Saint-Flour). — *Las Saignettes*, 1618 (terr. de Sériers). — *La Saignette*, 1670 (id. de Brezons). — *La Sanite*, 1700 (état civ. de Saint-Simon).

SAGNOLE (LA), vill., c^ne de Beaulieu. — *La Saniolle* (Cassini). — *La Saniole* (État-major).

SAGNOLE (LA), ruiss., c^ne de Cezens, forme, à sa jonction avec la Mèze-Sole, le ruisseau de la Gazonne; cours de 1,600 m.

SAGNOLLE (LA), dom. ruiné, c^ne de Valuéjols. — *Villaige de la Saignolle*, 1618 (min. Danty, n^re).

SAGNOUNES (LE SUC DES), mont. à vacherie, c^ne de Saint-Amandin.

SAGOUNIÈS, écart, c^ne de Saint-Vincent.

SAGUE (LE PRÉ DE), mont. à vacherie, c^ne de Peyrusse.

SAGUES (LES), ham. et m^in détruit, c^ne de Saint-Hippolyte. — *Saguise* (Cassini). — *Les Sagnes*, 1855 (Dict. stat. du Cantal).

SAGUISSOUZE (LA), ruiss., affl. de la Cère, c^ne de Saint-Jacques-des-Blats; cours de 1,200 m. — Ce ruisseau porte aussi le nom de *Verrière*.

SAIGNALADE, mont. à vacherie, c^ne d'Allanche.

SAIGNE (LA), dom. ruiné, c^ne de Bonnac. — *Le Villaige de la Saigne*, 1624 (état civ.).

SAIGNE (LA), mont. à vacherie, c^ne de Condat-en-Feniers.

SAIGNE (LA), dom. ruiné, c^ne du Falgoux. — *Lo fach da la Sanhia*, 1332 (lièvre du prieuré de Saint-Vincent).

SAIGNE (LA), ham., c^ne du Fau. — *La Sanie*, 1664 (insin. du baill. de Salers). — *La Sanhe*, 1717 (terr. de Beauclair). — *Lasaigne*, 1737 (état civ. de Fontanges).

SAIGNE (LA), dom. ruiné et mont. à vacherie, c^ne de Lavastrie. — *Affar de lo Sanhas*, 1493 (terr. de Mallet).

SAIGNE (LA), dom. ruiné, c^ne de Pailhérols. — *Affartz de la Sagnhe*, 1669 (nommée au p^cé de Monaco). — *Affar de las Sanhes*, 1695; — *Las Saignes*, 1736 (terr. de la command. de Carlat).

SAIGNE (LA), ruiss., affl. de l'Échau, c^ne de Pleaux; cours de 650 m.

SAIGNE (LA), dom. ruiné, c^ne de Saint-Clément. — *Affar de Sanhe*, 1671 (nommée au p^cé de Monaco).

SAIGNE (LA), dom. ruiné et mont. à vacherie, c^ne de Saint-Urcize. — *Affar de la Saignhe*, 1686 (terr. de la Garde-Roussillon).

SAIGNE (LA), ham., c^ne de Talizat.

SAIGNE-BARRON (LA), dom. ruiné, c^ne de Valuéjols. — *Mansus de Sanha Barro*, 1418 (arch. dép. s. E).

— *Affar appellé de d'Aigue-Baron*, 1671 (nommée au p^{ce} de Monaco). — *Saigne-Barrons*, xviie s^e (arch. dép. s. E).

Saigne-Barthe (La), écart, c^{ne} de Saint-Saturnin. — *La Sanhe*, 1585 (terr. de Graule).

Saigne-Buge (La), mont. à vacherie, c^{ne} de Sainte-Eulalie.

Saigne-Chaulenche (La), dom. ruiné, c^{ne} de Marchastel. — *Pagesia de Saine Chaulencha*, xive s^e (arch. dép. s. E).

Saigne d'Ironde (La), dom. ruiné, c^{ne} de Lavastrie. — *Villaige de Saigne d'Yronde*, 1618 (terr. de Sériers).

Saigne-Loubert (La), écart, c^{ne} de Thiézac.

Saigne-Maure (La), mont. à vacherie, c^{nes} de Menet et de la Monsélie.

Saigne-Merle (La), dom. ruiné, c^{ne} de Ferrières-Saint-Mary. — *Le villaige de Saigne-Merle*, 1771 (lièvre de Mardogne).

Saigne-Redonde (La), dom. ruiné, c^{ne} de Lavastrie. — *Le villaige de Saigne-Redonde*, 1618 (terr. de Sériers).

Saigne-Redonde (La), f^{me}, c^{ne} de Saint-Bonnet-de-Marcenat.

Saigne-Rousse (La), bois défriché, c^{ne} de Cezens. — *Nemus appellatum de Sanha Rousse et del Bazial; Lo pradel de Sania Rossa; Nemus de Sanha Roussa*, 1511 (terr. de Maurs).

Saignes, chef-lieu de c^{on} de l'arrond. de Mauriac et château féodal ruiné. — *Ecclesia de Sanis*, 1270 (Baluze, t. II, inst., col. 515). — *Salgne*, 1329 (enq. sur la just. de Vieillespesse). — *Saignas*, 1371 (arch. mun. d'Aurillac, s. EE, p. 14). — *Villa Saniarum*, 1374 (arch. généal. de Sartiges). — *Castrum Sanhiarum*, 1375 (Baluze, t. II, p. 617). — *Sanhas*, 1439 (arch. mun. de Saint-Flour). — *Saignes*, 1441 (terr. de Saignes). — *Sègne*, 1585 (id. de Graule). — *Seignes*, 1629 (id. du prieuré de Ségur). — *Saignies*, 1654; — *Saulses*, 1688 (pièces du cab. Bonnefons). — *Saigne*, 1784 (Chabrol, t. IV).

Saignes, chef-lieu d'une ancienne comptoirie carolingienne, était, avant 1789, de la Haute-Auvergne, du dioc. de Clermont, de l'élect. et de la subdélég. de Mauriac. Il était le siège d'une justice seign. régie par le droit cout., et ressort. à la sénéch. d'Auvergne en appel du bailliage de Salers. — Son église a été érigée en cure par la loi du 18 germinal an x (8 avril 1802).

Saignes (Les), dom. ruiné, c^{ne} de Cassaniouze. — *Ténement appelé de las Sanhes*, 1760 (terr. de Saint-Projet).

Saignes (Les), dom. ruiné et mont. à burons, c^{ne} de Laveissière. — *Affar de Sana-Guarry*, xve s^e (terr. de Chambreuil).

Saignes (Les), dom. ruiné, c^{ne} de Saint-Flour. — *Las Sanhes*, 1537 (terr. de Villedieu).

Saignes (Les), ruiss., affl. de la Soulane-Grande, communes de Saint-Illide et de Saint-Victor; cours de 4,500 m. — Ce ruisseau porte aussi le nom de *Pranlac*.

Saignes-Soutronnes (Les), mont. à burons, c^{ne} de Lugarde.

Saignettes (Les), dom. ruiné, c^{ne} de Lavastrie. — *Villaige de las Saignettes*, 1618 (terr. de Sériers).

Saigne-Veyrou (La), ruiss., affl. du ruisseau du Labiou, c^{ne} du Vigean; cours de 930 m.

Sail (Le), dom. ruiné, c^{ne} de Neuvéglise. — *Affar appellez Absailh*, 1494 (terr. de Mallet).

Sailhans (Le), vill., mⁱⁿ et chât., c^{ne} d'Andelat. — *Salians*, 1256; — *Saillans*, 1303 (Gall. christ., t. II, col. 478). — *Salhens*, 1303 (hommage à l'évêque de Clermont). — *Salhans*, 1331 (Gall. christ., t. II, insl., col. 93). — *Sailhens*, 1358; — *Salhanz; Salhenz*, 1391 (spicil. Brivat.). — *Sailhiens*, 1510 (terr. de Maurs). — *Salhiencum*, 1531; — *Salians; Saillians*, 1583 (arch. dép. s. G). — *Sailhens*, 1599 (min. Andrieu, n^{re}). — *Salhiens; Saigthians; Sailhians; Saillans; Sailhans*, 1654 (terrier du Sailhans). — *Salhians*, 1673 (arch. dép. s. G). — *Sailhan*, xviie s^e (arch. mun. d'Aurillac, s. EE, p. 14). — *Salians*, 1730 (terr. de Montchamp).

Le Sailhans était, avant 1789, régi par le droit cout., et siège d'une justice seign., ressort. à la sénéch. d'Auvergne en appel de la prév. de Saint-Flour.

Sailhans (Le), ruiss., affl. de la rivière d'Ande, c^{nes} de Talizat et d'Andelat; cours de 8,500 m. — *Riparia del Salienc*, 1531 (arch. dép. s. G). — *Rivière du Sailhans; Ruysseau de Fontès*, 1654 (terr. du Sailhans). — *Salhans* (Cassini). — *Saillans* (État-major).

Sailhans (Las Costes de), mont. à vacherie, c^{ne} de Tiviers. — *Las Costes del Salhens*, 1508; — *La Coste de Sailhens sive la Pélarande*, 1669; — *La Coste de Salians sive Pélarande*, 1730; — *Las Costes de Saillans*, 1762 (terr. de Montchamp).

Saillant (Le), dom. ruiné et mont. à vacherie, c^{ne} de Dienne. — *Affarium de Salto*, 1334 (arch. dép. s. E).

Saillant (Le), dom. ruiné, c^{ne} de Mandailles. — *Affar del Salhen*, 1692 (terr. de Saint-Geraud).

Saillant (Le), vill., c^{ne} de Marcenat. — *Le Saillant*;

Sailliant; Saliant, 1744; — *Les Saillans*, 1751; — *Le Salians*, 1776 (arch. dép. s. G).

SAILLANT (LE), ruiss., affl. de la Santoire, c^{ne} de Marcenat; cours de 4,230 m.

SAILLANT (LE), mont. à vacherie, c^{ne} de Rezentières.

SAILLANT (LE), vill. détruit, c^{ne} de Roffiac.

SAILLANT (LE), f^{me}, c^{ne} de Saint-Remy-de-Chaudesaigues. — *Mas Salhens*, 1652 (arch. dép. s. H). — *Saillans* (Cassini). — *Sailhans*, 1857 (Dict. stat. du Cantal).

SAINT (LE), mont. à vacherie, c^{ne} de Celles.

SAINT (LE), buron, c^{ne} de Saint-Urcize.

SAINT-ABON, prieuré (?), prév. de Saint-Flour. — 1688 (pièces du cab. Bonnefons).

SAINT-AMANDIN, c^{on} de Marcenat. — *Sancte Amandine*, 1320 (Hist. de l'abb. de Feniers). — *Sancte Mandine*, 1329 (enq. sur la just. de Vieillespesse). — *Saincte-Maltine*, 1512 (arch. général. de Sartiges). — *Saincte-Mandine; Saincte-Matine*, 1550 (terr. de Marvaud). — *Sainct-Amandin; Sainct-Madine*, 1585 (id. de Graule). — *Sainte-Amandine; Sainte-Mandine; Saint-Amant*, 1784 (Chabrol, t. IV).

Saint-Amandin était, avant 1789, de la Basse-Auvergne, du dioc. et de l'élec. de Clermont. Régi par le droit coût., il dépend. de la justice seign. de Lugarde et ressort. à la sénéch. d'Auvergne, en appel du bailliage d'Aubijoux. — Son église, autrefois dédiée à saint Étienne et aujourd'hui à saint Eutrope, était une cure relevant de l'évêque de Clermont et à la nomin. du seign. de Lugarde. Elle a été érigée en succursale par décret du 28 août 1808.

SAINT-AMANDIN, ruiss., affl. de la Rhue, c^{ne} de Saint-Amandin; cours de 7,200 m. — *Aqua de Bonzo*, 1278 (Hist. de l'abb. de Feniers).

SAINTE-ANASTASIE, c^{on} d'Allanche, et chât. en partie ruiné. — *Ecclesia Sancte Eustasie*, 1216 (arch. dép. s. H). — *Sancte Ostaize*, XIVe s^e. (reg. de Guill. Trascol). — *Sancta Anastasia*, XIVe s^e (Pouillé de Saint-Flour). — *Sainct-Eustaise; Sainct-Eustasse*, 1401 (spicil. Brivat.). — *Sancte Heustazie*, 1432 (terr. d'Anteroche). — *Saucta Eustachia*, 1442 (arch. dép. s. H). — *Saincte-Heustazie*, 1457 (terr. d'Auxillac). — *Sancte Anastasie*, 1461; — *Sancte Anastazie*, 1499 (arch. dép. s. H). — *Saincte-Hostazie; Saincte-Houstazie*, 1575; — *Saincte-Goutazie*, XVIe s^e (terr. de Bredon). — *Saincte-Anesthosie*, 1612 (état civ. de Pierrefort). — *Saincte-Astazie; Sainct-Anastahex*, 1635 (nommée par G^{lle} de Foix). — *Sainct-Anastaige*, 1666; — *Saincte-Anastagie*, 1677 (insin. de la cour royale de Murat). — *Sainct-Eustache*, 1682; — *Saincte-Anasthasie*, 1684; — *Sainct-Anastaze*, 1690 (état civ. de Murat). — *Sainct-Hostage*, 1702 (lièvre de Mardogne). — *Sainct-Antazie*, 1740 (lièvre de Bredon). — *Saincte-Ostazie*, 1756 (terr. de la coll. de N.-D. de Murat). — *Sainte-Anastazie*, 1780 (lièvre de Mardogne).

Sainte-Anastasie était, avant 1789, de la Haute-Auvergne, du dioc., de l'élect. et de la subdélég. de Saint-Flour. Régi par le droit coût., il dépend. de la justice seign. d'Allanche, et ressort. à la sénéch. d'Auvergne, en appel de la prév. de Saint-Flour. — Son église, dédiée à sainte Anastasie, fut unie en 1132 à l'abbaye de Moissac (Tarn), et le prieur de Bredon jouissait des revenus. Elle a été érigée en succursale par décret du 28 août 1808.

SAINT-ANDRÉ, chapelle détruite, c^{ne} de Cassaniouze.

SAINT-ANGEAU, chât. et écart, c^{ne} de Riom-ès-Montagnes.

Saint-Angeau était, avant 1789, le siège d'une justice seign. régie par le droit coût., et ressort. à la sénéch. d'Auvergne, en appel du baill. de Salers.

SAINTE-ANNE (LE ROCHER DE), rocher, commune de Marchastel.

Un oratoire est construit sur ce rocher.

SAINTE-ANNE, chapelle, c^{ne} de Moussages, près du chât. de Valans.

Cette chapelle est aujourd'hui transformée en remise.

SAINTE-ANNE, chapelle détruite, c^{ne} de Vebret.

Cette chapelle se trouvait au village de Verchalles-Soutro.

SAINTE-ANNE, chapelle en ruines au village de Pont-de-Léry, c^{ne} de Vieillespesse. — *Capella Pontis Lerini; Ecclesia Pontis de Lyri*, XIVe s^e (Pouillé de Saint-Flour).

SAINT-ANTOINE, c^{on} de Maurs. — *Sanctus-Anthonius de Caritate prope Marcolesium*, XVe s^e (pièces de l'abbé Delmas). — *Sainct-Authonia*, 1549 (min. Boygues, n^{re}.). — *Sainct-Anthoine-lès-Marcollès*, 1577 (pièces de l'abbé Delmas).

Saint-Antoine était, avant 1789, de la Haute-Auvergne, du dioc. de Saint-Flour, de l'élect. et de la subdélég. d'Aurillac. Régi par le droit écrit, il dépendait de la justice de l'évêque de Clermont établie à Maurs, et ressort. au baill. d'Aurillac, en appel de la prév. de Maurs.

Saint-Antoine était une commanderie de l'ordre de Malte, sous le titre de Saint-Antoine-de-la-Charité, et le prieur était à la nomination des barons de Calvinet. En 1703, la préceptoirie fut unie au monastère de Montsalvy.

Par ordonn. royale du 28 septembre 1828, Saint-Antoine a été distrait du territ. de la succursale de Leynhac, et érigé en annexe vicariale. La section de Saint-Antoine a été distraite du territ. de la c^{ne} de Leynhac et érigée en c^{ne} distincte, par ordonn. royale du 9 avril 1839. Par une autre ordonn. du 20 février 1856, cette église a été élevée au titre de succursale.

SAINT-ANTOINE, chapellenie, c^{ne} d'Anglards-de-Salers. — *Capella Sancti Antonii*, 1535 (Pouillé de Clermont, don gratuit).

La rectorie de Saint-Antoine était desservie dans l'église Saint-Thyrse d'Anglards, et était à la nomination de l'archiprêtre de Mauriac.

SAINT-ANTOINE, chapelle détruite, c^{ne} d'Anterrieux.

Cette chapelle, dédiée à saint Antoine l'ermite, dépendait du château de Belvezeix; c'était un prieuré dont le titulaire était à la nomination de l'évêque de Saint-Flour.

SAINT-ANTOINE, chapelle détruite, c^{ne} de Lavastrie. — *Le prieuré de Sainct-Antoine*, 1494 (terr. de Mallet).

SAINT-ANTOINE (LA CHAPELLE DE), chapelle détruite, c^{ne} de Marcolès.

SAINT-ANTOINE, chapelle, c^{ne} des Ternes.

SAINT-ANTOINE DE LA FEUILLADE, chapelle en ruines, c^{ne} de Vernols. — *Sanctus Anthonius*, 1522 (min. Vigery). — *Sainct-Heloix*, 1551 (terr. de Dienne). — *Sainct-Yvoine*, 1609 (min. Danty, n^{re}). — *Sainct-Joulha*, 1673 (nommée au p^{cu} de Monaco).

Cette chapelle a été le siège de la commanderie de Saint-Antoine-de-la-Feuillade aux Mrs de Saint-Antoine-de-Montferrand-lès-Clermont. (Dict. hist. et stat. du Cantal).

Elle dépendait de la commanderie qui appartenait aux chanoines réguliers de l'ordre de Saint-Antoine, établis en 1199, à Montferrand (Puy-de-Dôme).

SAINTE-AUBÈTE, mont. à vacherie, c^{ne} de Sainte-Anastasie.

SAINT-AVIT, chapelle détruite, c^{ne} de Sansac-de-Marmiesse.

Cette chapelle dépendait du château de Marmiesse, et le chapelain était à la nomination du seigneur et, à son défaut, de la dame de Marmiesse.

SAINTE-BARBE, chapelle détruite, c^{ne} de Bassignac.

Cette chapelle dépendait du château de Charlus; elle fut consacrée au XIe siècle par Étienne, évêque de Clermont, lorsqu'il vint à Mauriac bénir la chapelle de Saint-Mary.

SAINTE-BARBE, chapelle en ruines, c^{ne} de Neuvéglise.

— *Capella de Valhelhas*, XIVe s^r (Pouillé de Saint-Flour).

Cette chapelle dépendait du château de Rochegonde, la chapellenie était à la nomination du seigneur.

SAINT-BAUSIRE (LA CROIX DE), buron et croix, c^{ne} de Trizac. — *La croix Sainct-Bauzire*, 1607 (terr. de Trizac).

SAINT-BLAISE, chapelle détruite, c^{ne} d'Apchon. — *Capella Beati Blasii*, 1519 (terr. d'Apchon).

SAINT-BLAISE, chapelle, c^{ne} de Lieutadès.

SAINT-BLAISE, dom. ruiné, c^{ne} de Saint-Flour. — *Villaige de Sainct-Blaize*, 1688 (état civ. de Loupiac).

SAINT-BLAISE, chapelle détruite, c^{ne} de Tanavelle.

SAINT-BONNET-DE-MARCENAT, c^{on} de Marcenat et chât. féodal détruit. — *Sanctus Bonitus*, 1278 (Hist. de l'abb. de Feniers). — *Sainct-Bonnet-ès-Montaigne*, 1401 (spicil. Brivat.). — *Ecclesia Sancti Boneti*, 1443; — *Sainct-Bonet*, 1530 (arch. dép. s. H). — *Sainct-Bonnet-de-Clermont*, 1695 (état civ. de Chastel-sur-Murat).

Saint-Bonnet-de-Marcenat était, avant 1789, de la Haute-Auvergne, du dioc. et de l'élect. de Clermont, de la subdélég. de Bort. Régi par le droit cout., il dépendait de la justice ord. d'Aubijoux et ressort. à la sénéch. d'Auvergne, en appel du baill. d'Aubijoux. — Son église, dédiée à saint Bonnet, avait été donnée en 1131 au monast. de Sauxillanges. Elle dépendait du prieuré d'Allanche, et le curé était à la nomination du prieur. Elle a été érigée en succursale par décret du 28 août 1808.

SAINT-BONNET-DE-SALERS, c^{on} de Salers. — *Sanctus-Bonitus*, XIIe s^c (copie de la charte dite *de Clovis*). — *Sainct-Bonnet-de-Bossac; Sainct-Bonnet près de Salern*, 1443 (arch. dép. s. E). — *Sainct-Bonnet*, 1508 (arch. dép. s. E). — *Sainct-Bonet*, 1680 (terr. de Mauriac). — *La Montagne* (1re République).

Saint-Bonnet était, avant 1789, de la Haute-Auvergne, du dioc. de Clermont, de l'élect. et de la subdélég. de Mauriac. Régi par le droit cout., il dépend. de la justice seign. de Leybros, et ressort. à la sénéch. d'Auvergne, en appel du baill. de Salers. — Son église, dédiée à saint Bonnet, était un prieuré uni à l'archip. de Rochefort; le curé était à la nomination de l'évêque de Clermont. Elle a été érigée en succursale par décret du 28 août 1808.

SAINT-CALUPAN (LA GROTTE DE), grotte à trois étages, c^{ne} de Laveissière.

Cette grotte fut évidemment un ermitage, et la

tradition veut qu'il ait été habité par saint Calupan, l'un des premiers apôtres de l'Auvergne. (Dict. stat. du Cantal.)

SAINTE-CATHERINE, mont. à vacherie, c^{ne} de Laveissière.

SAINT-CERNIN, c^{on} de l'arrond. d'Aurillac. — *Sanctus Sarucenius*, 1312 (reconn. au seign. de Montal). — *Sanctus Sadournus*, 1355 (arch. dép. s. H). — *Sanctus Severinus*, 1357 (arch. mun. d'Aurillac, s. HH, c. 21). — *Sanctus Saturninus*, 1374 (vente à l'hôp. de la Trinité d'Aurillac). — *Sainct-Sernon*, 1456 (arch. dép. s. E). — *Sanctus Saturnynus*, 1522 (min. Vigery, n^{re}). — *Sainct Sarni*, 1552 (terr. de Nozières). — *Sainct-Sarny*, 1564 (reconn. aux curé et prêtres de Naucelles). — *Sant-Sarny*, XVIe s^e (arch. mun. d'Aurillac, s. GG, p. 21). — *Sainct-Sarnon*, 1610 (état civ. de Thiézac). — *Sainct-Sarnin*, 1614 (id. de Naucelles). — *Sainct-Sernin*, 1626 (min. Sarrauste). — *Sainct-Serny*, 1631 (état civ. d'Aurillac). — *Sainct-Serin*, 1676 (id. d'Ayrens). — *Sainct-Cernain*, 1715 (id. de Saint-Paul-des-Landes). — *Sainct-Sairnin*, 1744 (anc. cad.). — *Saint-Sorny*, 1756 (arch. mun. de Naucelles).

Saint-Cernin était, avant 1789, de la Haute-Auvergne, du dioc. de Saint-Flour, de l'élect. et de la subdélég. d'Aurillac. Régi par le droit écrit, il dépend. de la justice seign. de Nozières et ressort. au baill. d'Aurillac en appel de sa prév. part. — Son église, dédiée à saint Cernin, était un prieuré qui, en 1313, fut uni au chap. cathédral de Clermont. Elle a été érigée en cure par la loi du 18 germinal an x (28 avril 1802).

SAINT-CHAMANT, c^{on} de Salers et chât. — *Sanctus Amancius*, 1288 (homm. à l'évêque de Clermont). — *Sainct-Amans*, 1655 (insin. du baill. de Salers). — *Sainct-Chamans*, 1662 (état civ. de Pleaux). — *Sainct-Aman*, 1667 (id. de Saint-Martin-de-Valois). — *Sainct-Amant en Auvergne*, 1687 (état civ. de Pleaux). — *Saint-Chamand*, 1706 (id. de Saint-Martin-de-Valmeroux). — *Saint-Chamand* (Cassini).

Saint-Chamand était, avant 1789, de la Haute-Auvergne, du dioc. de Clermont, de l'élect. et de la subdélég. de Mauriac. Régi par le droit cout. il était le siège d'une justice seign. ressort. à la sénéch. d'Auvergne, en appel du baill. de Salers. — Son église, dédiée à saint Amand, premier évêque de Rodez, était une cure qui fut unie, après 1483, au chapitre de Saint-Chamant, et sous la juridiction épiscopale. Elle a été érigée en succursale par décret du 28 août 1808.

SAINT-CHAVY, dom. ruiné, c^{ne} de Saint-Étienne-de-Carlat. — *Le ténement de Saint-Chavy*, 1736 (terr. de la command. de Carlat).

SAINT-CHRISTOPHE, c^{on} de Pleaux, oratoire et chât. féodal ruiné. — *Parrochia Sti Christofori*, 1350 (reconn. au seign. de Montal). — *Sainct-Cristophe*, 1583 (terr. de Polminhac). — *Sainct-Christophe*, 1619 (état civ.). — *Sainct-Christofle*, 1655 (id. d'Aurillac). — *Sainct-Christoffle*, 1671 (id. d'Arnac). — *Sainct-Cristofle*, 1677 (id. de Laroquebrou). — *Sainct-Cristhophe*, 1778 (inv. des arch. de la mais. d'Humières).

Saint-Christophe était, avant 1789, de la Haute-Auvergne, du dioc. de Clermont, de l'élect. et de la subdélég. de Mauriac. Régi par le droit cout., une partie de cette paroisse qui avait appartenu à Catherine de Médicis, ressort. à la sénéch. de Clermont, l'autre partie dépendant de la justice du prieur et des prêtres de Saint-Christophe, ressort. à la sénéch. d'Auvergne, en appel du baill. de Salers. — Son église, dédiée à saint Christophe, était un prieuré; elle avait été donnée en 1206 au monast. de Sauxillanges; plus tard elle dépendit de l'abb. de Saint-Geraud d'Aurillac; le curé était à la nomination de l'évêque de Clermont. Elle a été érigée en succursale par décret du 28 août 1808.

SAINT-CIRGUES, mⁱⁿ et teinturerie, c^{ne} de Saint-Cirgues-de-Malbert.

SAINT-CIRGUES, chapelle détruite, c^{ne} de Saint-Georges.

SAINT-CIRGUES-DE-JORDANNE, c^{on} nord d'Aurillac. — *Parrochia Sancti Circi de Jordana*, 1370 (arch. mun. d'Aurillac, s. AA, c. 1, l. 4). — *Sanctus Ciricus de Jordana*, 1378 (Fond. de la chapellenie des Blats). — *Sanctus Cyrcus Jordane*, 1522 (min. Vigery, n^{re}). — *Sainct-Cirgues-en-Jordane*, 1561 (obit. de N.-D. d'Aurillac). — *Sainct-Syrgue-en-Gordanne*, 1583 (état civ. de Naucelles). — *Sainct-Cirgues-ès-Jordanne*, 1624 (id. d'Aurillac). — *Sainct-Sergue-en-Jourdane*, 1625 (id. d'Arpajon). — *Sainct-Cirge-ès-Jordanne*, 1628 (id. d'Aurillac). — *Sainct-Cyrgue-en-Jordaine*, 1628 (id. de Thiézac). — *Sainct-Sirgues-et-Jordonne*, 1631 (id. de Reilhac). — *Sainct-Cirgues-la-Jordane*, 1650 (id. de Salers). — *Sainct-Sergie*, 1652 (id. de Reilhac). — *Saint-Cirgue*, 1654 (min. Sarrauste, n^{re}). — *Sainct-Sirgue-de-Jordonne*, 1665 (état civ. de Polminhac). — *Sainct-Sergail-en-Jourdane*, 1671 (id. de Marmanhac). — *Sainct-Cyrice-en-Jordane*, 1674 (id. d'Aurillac). — *Saint-Cirgué*, 1679 (arch. dép. s. G, l. 1). — *Saint-Cirgue-de-Jourdanne* (Cassini).

Saint-Cirgues-de-Jordanne était, avant 1789, de la Haute-Auvergne, du dioc. de Saint-Flour, de l'élect. et de la subdélég. d'Aurillac. Régi par le droit écrit, il était le siège d'une justice seign. ressort. au baill. d'Aurillac, en appel de sa prév. — Son église, dédiée à saint Cyr et à sainte Julitte, était un prieuré-cure à la nomination de l'évêque. — Elle a été érigée en succursale par décret du 28 août 1808.

Saint-Cirgues-de-Malbert, c^on de Saint-Cernin. — *Parrochia Sancti Curci de Malverc*, 1350 (arch. mun. d'Aurillac, s. HH, c. 21). — *Sanctus Ciricus de Malverco; Sanctus Ciricus de Meleto*, xive s° (Pouillé de Saint-Flour). — *Sanctus Ciricus de Malverto*, 1464 (terr. de Saint-Christophe). — — *Sainct-Cirgue-de-Maulnere*, xvie s° (arch. mun. d'Aurillac, s. GG, p. 21). — *Sainct-Cirgue-de-Malverc*, 1650 (état civ. de Saint-Christophe). — *Mal-Vert*, 1670 (*id*. d'Ayrens). — *Sainct-Cirgué*, 1679; — *Sainct-Cirgue*, 1728 (arch. dép. s. G, l. 16). — *Sainct-Chirgue*, 1685 (état civ. de Laroquebrou). — *Sainct-Siry-de-Malverc*, 1690 (*id*. de Loupiac). — *Sainct-Cirque-de-Malverc* (Cassini).

Saint-Cirgues-de-Malbert était, avant 1789, de la Haute-Auvergne, du dioc. de Saint-Flour, de l'élect. et de la subdélég. d'Aurillac. Il était le siège d'une justice seign. régie par le droit cout., et ressort. à la sénéch. d'Auvergne, en appel du baill. de Salers. — Son église, dédié à saint Cirice, était un prieuré dont les revenus furent réunis à la manse épiscopale, et les évêques de Saint-Flour prirent le titre de prieurs de Saint-Cirgues. Elle a été érigée en succursale par décret du 28 août 1808.

Saint-Cirgues-de-Mont-Celles, église détruite, c^ne de Montgreleix. — *Ecclesia Sancti Circi de subtus castrum Montis Cellesii*, 1328 (arch. dép. s. E).

Cette église, construite sous le chât. de Mont-Celles, dépend. des Carmes déchaussés de Clermont et avait le titre de prieuré. Le curé était à la nomination desdits Carmes. Cette paroisse, suivant Chabrol, avait été transférée à Vichel au xviie s°.

Sainte-Claire, m^in détruit, c^ne de Cassaniouze. — 1740 (anc. cad.).

Saint-Clément, seigneurie, c^ne de Menet.

Saint-Clément, c^on de Vic-sur-Cère. — *Sanctus Clemens*, xive s° (Pouillé de Saint-Flour). — *Sainct Clémans*, 1668 (nommée au p^ce de Monaco). — *Sainct-Clémens*, 1696; — *Sainct-Cléman*, 1736 (terr. de la command. de Carlat). — *Sant-Clémentiou-soubz-Monjou*, 1756 (arch. mun. de Naucelles).

Saint-Clément était, avant 1789, de la Haute-Auvergne, du dioc. de Saint-Flour, de l'élect. et de la subdélég. d'Aurillac. Il était le siège d'une justice seign. régie par le droit écrit, et ressort. au baill. de Vic, en appel de sa prév. part. — Son église, dédiée à saint Clément, était un prieuré qui fut uni au chapitre de Notre-Dame-de-Murat en 1598. Elle a été érigée en succursale par décret du 28 août 1808.

Saint-Clément, ruiss., affl. du ruisseau de la Goulèze, c^ne de Saint-Clément; cours de 1,700 m.

Saint-Constant, c^on de Maurs et chât. en partie ruiné. — *Sanctus Constantius*, xive s° (Pouillé de Saint-Flour). — *Sanctus Costanen*, 1431 (arch. dép. s. E). — *Sanctius Constancins*, 1529 (pièces de l'abbé Delmas). — *Sainct-Constant*, 1694 (terr. de Marcolès). — *Saint-Constant* (Cassini).

Saint-Constant était, avant 1789, de la Haute-Auvergne, du dioc. de Saint-Flour, de l'élect. et de la subdélég. d'Aurillac. Il était le siège d'une justice seign. régie par le droit écrit, et ressort. au baill. d'Aurillac, en appel de la prév. de Maurs. — Son église, dédiée à saint Constant, était un prieuré à la nomination de l'évêque. Elle a été érigée en succursale par décret du 28 août 1808.

Saint-Curial, chapelle ruinée, c^ne de Vic-sur-Cère. — *Sanctus Cirriac*, xive s° (Pouillé de Saint-Flour). — *Sainct-Curiac; Sainct-Curial*, 1668 (nommée au p^ce de Monaco). — *Sainct-Curiat*, 1756 (arch. dép. s. H). — *Saint-Cairjal* (Cassini).

Saint-Curial porte aussi le nom de *l'Ermitage*.

Saint-Cyr, chapelle en ruines au vill. du Pirou, c^ne de Saint-Georges.

Saint-Dolus, vill., c^ne de Saint-Projet. — *La Pezou-Saint-Dolus*, 1662 (insin. au baill. de Salers). — *Lapeyre-Lindolry*, 1674 (état civ. de Saint-Chamant). — *Lapeyre-Sandolus*, 1680 (*id*. de Saint-Projet). — *La Payre-Saint-Dolus* (Cassini). — *La Peyre-Saint-Dolus*, 1857 (Dict. stat. du Cantal).

Sainte-Élisabeth, chapelle détruite, c^ne de Laroquebrou.

Cette chapelle était construite sur une des piles du pont de Laroquebrou; elle a été démolie, lors de l'élargissement de ce pont.

Saint-Éloi, chapelle détruite, c^ne d'Anglards-de-Salers.

Saint-Étienne, vill., c^ne d'Aurillac, aujourd'hui réuni à la popul. agglomérée. — *Sainct-Estienne*, 1631 (état civ.). — *Sainct-Estienne-lez-Aurillac*, 1747 (inv. des titres de l'hôp. d'Aurillac).

Saint-Étienne, ruiss., affl. du ruisseau d'Embenne,

c^nes de Badailhac et de Saint-Étienne-de-Carlat; cours de 4,500 m. — *Rivus Sancti Sthephani*, 1489 (reconn. à J. de Montamat).

Saint-Étienne, dom. ruiné, c^ne de Chastel-sur-Murat. — *Ténement de Sainct-Estienne*, 1535 (terr. de la v^té de Murat).

Saint-Étienne, ham., c^ne de Massiac.

Saint-Étienne, chapelle détruite, c^ne de Murat. — *Sainct-Estienne*, 1535 (terr. de la v^té de Murat). — *Sainct-Estienne-sur-Murat*, 1610 (aveu de Jean de Pestels).

Ce prieuré fut supprimé par lettres patentes du roi, données à Compiègne, au mois de juin 1753, enreg. au Parlement.

Saint-Étienne, m^in, c^ne de Saint-Étienne-de-Riom.

Saint-Étienne, dom. ruiné, c^ne de Vic-sur-Cère. — *Affar de Sainct-Estèphe*, 1669 (nommée au p^cu de Monaco).

Saint-Étienne-Cantalès, c^on de Laroquebrou. — *Ecclesia Sancti Stephani de Cantalès*, 1289 (annot. sur l'hist. d'Aurillac). — *Sanctus Stephanus de Cantalesio*, xive s^e (Pouillé de Saint-Flour). — *Sanctus Stephanus Cantalensis*, 1411 (arch. dép. s. E). — *Sainct-Estienne-Cantallès*, 1626 (min. Sarrauste). — *Sainct-Estienne-de-Cantelas*, 1651 (état civ. d'Espinadel). — *Sainct-Estienne-Cantalez*, 1615 (id. de Cros-de-Montvert). — *Sainct-Estienne-dal-Cantala*, 1669 (nommée au p^ce de Monaco). — *Sainct-Estienne-Cantaleix*, 1784 (Chabrol, t. IV).

Saint-Étienne-Cantalès était, avant 1789, de la Haute-Auvergne, du dioc. de Saint-Flour, de l'élect. et de la subdélég. d'Aurillac. Régi par le droit écrit, il était le siège d'une justice seign. ressort. au baill. d'Aurillac, en appel de sa prév. part. — Son église, dédiée à saint Étienne, était un prieuré uni à celui de la Ségalassière et à la nomination du prieur. Elle a été érigée en chapelle vicariale par ordonn. royale du 10 avril 1822, et, en succursale par une autre ordonn. du 15 février 1843.

Saint-Étienne-de-Carlat, c^on de Vic-sur-Cère. — *Sanctus Stephanus de Capellis*, 1189 (reconn. à Jean de Montamat). — *Sanctus Stephanus dels Chapels*, 1496 (arch. dép. s. H). — *Sanctus Estephanus de Capels*, 1522 (min. Vigery). — *Sanctus Stephanus de Capelz*, 1584 (arch. dép. s. G). — *Sainct-Estienne-des-Cappelz*, 1610 (aveu de Jean de Pestels). — *Sainct-Ethenne-de-Capelz*, 1630 (état civ. d'Aurillac). — *Sainct-Estienne-de-Capels*, 1654 (arch. mun. d'Aurillac, s. GG, p. 8). — *Sainct-Estienne-de-Capoilz*, 1668 (nommée au p^ce de Monaco). — *Sainct-Estienne-de-Cappel*, 1674 (état civ. d'Aurillac). — *Sainct-Estienne-de-Carlat; Sainct-Estyenne-de-Carlat*, 1692 (terr. de Saint-Geraud). — *Sainct-Estienne-de-Capelz*, 1695 (id. de Carlat). — *Sainct-Étienne-de-Capels* (Cassini).

Saint-Étienne-de-Carlat ou de Capels était, avant 1789, de la Haute-Auvergne, du dioc. de Saint-Flour, de l'élect. et de la subdélég. d'Aurillac. Régi par le droit écrit, il était le siège d'une justice seign. ressort. au baill. de Vic, en appel de sa prév. part. — Son église, dédiée à saint Étienne, était un prieuré qui fut donné à l'église de Bredon, en 1213, par Raymond, comte de Toulouse. Elle a été érigée en succursale par ordonn. royale du 20 juin 1821.

Saint-Étienne-de-Maurs, c^on de Maurs et chât. détruit. — *Sanctus Stephanus*, 1253 (Gall. christ., t. II, inst., col. 90). — *Sanctus Stephanus de Maurcis; Sanctus Stephanus de Maurs*, xive s^e (Pouillé de Saint-Flour). — *Sanctus Stephanus prope Maurcium*, 1429 (arch. dép. s. H). — *Sainct-Estienne-les-Maurs*, 1608 (état civ.). — *Sainct-Estienne*, 1669 (nommée au p^ce de Monaco). — *Sainct-Ethiène*, 1750 (état civ. de Maurs). — *Saint-Étiène-les-Maurs*, 1760 (id. de Quézac).

Saint-Étienne-de-Maurs était, avant 1789, de la Haute-Auvergne, du dioc. de Saint-Flour, de l'élect. et de la subdélég. d'Aurillac. Régi par le droit écrit, il dépend. de la justice seign. de Maurs, et ressort. au baill. d'Aurillac, en appel de la prév. de Maurs. — Son église, dédiée à saint Étienne, était un prieuré qui fut uni, en 1255, au monast. de Maurs, et dont le cellerier était prieur. Elle a été une annexe de celle de Maurs, jusqu'en 1822, époque à laquelle elle fut érigée en succursale par ordonn. royale du 5 juin.

Saint-Étienne-de-Riom, c^on de Riom-ès-Montagnes et chât. féodal détruit. — *Sanctus Stephanus dels Chalmeilhs*, 1447 (arch. dép. s. E). — *Sainct-Estienne-des-Chalmelz*, 1504 (terr. de la duchesse d'Auvergne). — *Sanctus Stephanus de Charmeil*, 1535 (Pouillé de Saint-Flour, don gratuit). — *Sainct-Estienne-des-Chalmeilhs*, 1553 (arch. dép. s. H). — *Sainct-Estienne-des-Chalmeilz*, 1561 (terr. de Murat-la-Rabe). — *Sainct-Estienne-les-Choumeilz*, 1658 (insin. du baill. de Salers). — *Saint-Étienne-de-Chomel*, 1784 (Chabrol, t. IV). — *Saint-Étienne-de-Chomeil* (Cassini). — *Saint-Étienne-d'Urlande* (Dict. stat. du Cantal). — *Rochers républicains* (1re République).

Saint-Étienne-de-Chaumeil était un mand. du duché d'Auvergne.

Saint-Étienne-de-Chaumeil était, avant 1789,

de la Haute-Auvergne, du dioc. de Clermont, de l'élect. et de la subdélég. de Mauriac. Régi par le droit cout., il dépend. des justices de Saint-Étienne et de Château-Neuf, et ressort. : partie à la sénéch. d'Auvergne en appel du baill. de Salers, partie au bailliage d'Aurillac en appel de la prév. de Mauriac. — Son église, dédiée à saint Étienne et à saint Clair, était une cure à la nomination du doyen de Mauriac. Elle a été érigée en succursale par décret du 28 août 1808.

SAINT-ÉTIENNE-SUR-MASSIAC, vill., c^ne de Massiac. — *Sainct-Estienne-sur-Massiac*, 1662 (état. civ. de Saint-Victor-sur-Massiac). — *Sainct-Estienne-de-Saignes*, 1695 (*id.* de Saint-Étienne-sur-Massiac). — *Saint-Étienne-sur-Massiac*, 1784 (Chabrol, t. IV).

Saint-Étienne-sur-Massiac était, avant 1789, de la Basse-Auvergne, du dioc. de Clermont, de l'élect. et de la subdélég. de Brioude. Régi par le droit cout., il ressortissait à la sénéchaussée d'Auvergne, en appel de la prévôté de Brioude. — La commune de Saint-Étienne a été réunie à celles de Massiac et de Bonnac, en exécution de la loi du 3 juillet 1837.

SAINTE-EULALIE, c^m de Pleaux. — *Ecclesia Sanctæ Eulædiæ*, XIIe s^e (charte dite *de Clovis*). — *Sancta Eulalia*, 1464 (terr. de Saint-Christophe). — *Sancta Eulalia Danlarie*, 1535 (Pouillé de Clermont, don gratuit). — *Saincte-Aularie*, 1597 (min. Lascombes, n^ro à Saint-Illide). — *Saincte-Autharie*, 1610 (aveu de Jean de Pestels). — *Sainct-Halary*, 1624 (état civ. de Thiézac). — *Sainct-Haliers*, 1646 (*id.* d'Aurillac). — *Saincte-Halyre*, 1654 (*id.* de Salers). — *Saincte-Aulalie*, 1654 (*id.* de Saint-Christophe). — *Saincte-Heullalye*, 1658 (insin. au baill. de Salers). — *Saincte-Ullalie*, 1659 (état civ. de Saint-Cernin). — *Saincte-Geulalye*, 1660 (*id.* d'Ally). — *Saincte-Houlalye*, 1665 (*id.* de Saint-Cernin). — *Saincte-Eulalye*, 1665 (*id.* de Pleaux). — *Saincte-Eulaye*, 1667 (état civ. de Saint-Christophe). — *Sainct-Hilaire*, 1670; — *Sainct-Hilère*, 1672 (*id.* du Vigean). — *Saincte-Olazeile*, 1683 (*id.* de Chaussenac). — *Saincte-Heulalye; Saincte-Heulalie*, 1684 (min. Gros, n^o). — *Saincte-Eustache*, 1688 (pièces du cab. Bonnefons). — *Saincte-Eulalie*, 1690 (état. civ. de Loupiac). — *Saincte-Eullalie*, 1695 (*id.* d'Ally). — *Saincte-Eulalie*, 1702 (état civ. de Loupiac). — *Saincte-Eulalie*, 1768 (arch. dép. s. G, l. 40). — *Saincte-Aulleire; Sainte-Aullair; Saincte-Olaize*, 1778 (inv. des arch. de la mais. d'Humières). — *Basse-Marone* (1re République).

Sainte-Eulalie était, avant 1789, de la Haute-Auvergne, du dioc. de Clermont, de l'élect. et de la subdélég. de Mauriac. Régi par le droit cout., elle dépend. de la justice seign. de Saint-Christophe, et ressort. à la sénéch. d'Auvergne, en appel du baill. de Salers. — Son église, dédiée à sainte Eulalie, était une cure à la nomination du doyen de Mauriac. Elle a été érigée en succursale par décret du 28 août 1808.

SAINT-EUTROPE, chapelle détruite, c^ne de Marcolès.

Cette chapelle se trouvait près de Marcolès; le hameau de la Capelle a été construit sur son emplacement.

SAINT-FERRÉOL, chapelle détruite, c^ne du Vaulmier.

SAINT-FLOUR, chef-lieu d'arrond^t. — *Indiciacus*, 996 (Gall. christ., t. II, p. 420). — *Villa Sanctus Florus*, 1004 (charte de fond. du prieuré de Saint-Flour). — *Civitas Sancti Floris*, 1431 (liber vitulus). — *Sanctus Florius*, 1441 (arch. dép. s. E). — *Sanctus Florus*, 1491 (terr. de Farges). — *Sainct-Flour*, 1494 (*id.* de Mallet). — *Sainct-Florez*, 1508 (*id.* de Loubeysargues). — *Sainct-Flor*, 1575; — *Sainct-Flora*, 1594 (*id* de Bredon). — *Fort-Libre*, 1793 (arrêté de Châteauneuf du 12 pluviôse an II). — *Fort-Cantal* (1re République). — *La Ville noire*, 1855 (Dict. stat. du Cantal).

Saint-Flour, ancien chef-lieu d'une viguerie carolingienne était, avant 1789, de la Haute-Auvergne, du dioc., depuis 1317, de l'élect. et de la subdélég. de Saint-Flour. Régi par le droit écrit, il était le siège d'une justice seign. appart. à l'évêque et ressort. à la sénéch. d'Auvergne, en appel de la prév. de Saint-Flour.

Cette prévôté était une des trois prévôtés qui divisaient la Haute-Auvergne au XIIIe siècle.

Le baill. de Saint-Flour, établi en 1523, relev. pour les cas présidiaux de celui d'Aurillac dont il avait été démembré. Le baill. d'Aurillac avait été autorisé, à la même époque, à tenir ses assises à Saint-Flour.

Le prieuré de Saint-Flour, de l'ordre de Cluny, fondé en 1004, puis sécularisé en 1476, avait été érigé en évêché en 1317.

SAINT-FLOUR, vill. détruit, c^no de Joursac.

Les ruines de ce village se voient entre les villages de la Brugère et d'Elgines.

SAINTE-FOI (LA), mont. à vacherie, c^ne de Rezentières.

SAINTE-FONT (LA), écart et chapelle en ruines, c^ne de Montsalvy. — La chapelle de Sainte-Font, construite au XIIIe s^e, et aujourd'hui en ruines, renfermait une source qui sourdissait précisément sous l'autel. — *La Saincte-Fon*, 1672 (état civ.). —

La Saincte-Fons, 1759 (anc. cad.). — *La Sainte-Font* (Cassini). — *La Font-Sainte* (État-major).

Sainte-Font (La), ruiss., affl. du ruisseau de Bramefont, c^{nes} de Montsalvy et de Saint-Hippolyte (Aveyron); cours de 1,500 m.

Saint-Fréval, chapelle détruite, c^{ne} d'Andelat. — *Capella Beati Fredaldi, infra castrum de Salhens*, xive s^e (Pouillé de Saint-Flour).

Saint-Gal, écart, couvent et mⁱⁿ détruits, c^{ne} de Murat. — *Infirmaria des Poy Beren; Poyberen*, 1268; — *Malaudia seu Leprosaria de Puech Veren, sive de Murato*, 1326 (arch. dép. s. G). — *Maladrerie de Sainct-Jal*, 1409 (*id.* s. E). — *Sanctus Gallus, sive Nostra Dama de Pas*, 1446 (terr. de Farges). — *Ecclesia Beate Marie de Pace*, 1456 (arch. dép. s. G). — *Conventus Sancti Galli prope Muratum*, xve s^e (*id.* s. E). — *Sainct-Jeailh-de-Peyveyre*, xve s^e (terr. de Chambeuil). — *Sainct-Jailh*, 1518 (*id.* des Cluzels). — *Sainct-Ghailh*, 1542 (*id.* de la coll. de Notre-Dame de Murat). — *Sainct-Jailh, sive la Malatière; la Malautie*, 1552 (*id.* de Farges). — *Le Prieur de Peux-Vère, de Sainct-Gealh*, 1559 (inv. des titres de la coll. de N.-D. de Murat). — *Sainct-Jalh*, 1575 (terr. de Bredon). — *Sainct-Jeailh*, 1598 (reconn. des cons. d'Albepierre). — *Sainct-Jailz*, 1620; — *Saincjail*, 1658 (min. Danty). — *Sanjalat, prieuré dépendant de l'infirmerie des Herbiers*, 1661 (état civ.). — *Sainct-Géal-de-Murat*, 1664 (arch. dép. s. H). — *Sainct-Jéal*, 1668 (nommée au p^{ce} de Monaco). — *Sainct-Jaal*, 1675; — *Sainct-Jal*, 1686 (terr. de Farges). — *Le Peuch-Brec*, xviie s^e (arch. dép. s. E).

Le couvent de Saint-Gal, dédié à Notre-Dame-de-la-Paix, n'était au xie s^e qu'un ermitage. En 1256, une maladrerie y fut établie et remplaça celle qui se trouvait à Murat. Vers le xiiie s^e, une chapelle y fut construite et fut donnée aux Templiers de la mais. d'Herbet de Montferrand. Après la suppr. de cet ordre, le couvent échut aux chev. de Saint-Jean de Jérusalem; à partir de 1790, il servait d'hôpital, et, dans la nuit du 24 janvier 1855, un incendie le détruisit complètement.

Saint-Gal, mont. à vacherie, c^{ne} de Murat. — *Poy-Beren; Poyberen*, 1268; — *Puech-Veren*, 1326 (arch. dép. s. G). — *Peux-Vère*, 1559 (inv. des titres de la coll. de N.-D. de Murat). — *Le Peuch de la Brège*, 1680 (terr. de la ville de Murat). — *Peuch-Brec*, xviie s^e (terr. de Chambeuil).

Saint-Gal, vill., c^{ne} de Vabres. — *Ecclesia Sancti Galli; Sanctus Guallus*, xive s^e (Pouillé de Saint-Flour). — *Sainct-Jailh*, 1524 (arch. s. dép. G). —

Sainct-Jail, 1628 (paraphr. sur les cout. d'Auvergne). — *Sainct-Jal*, 1743; — *Saint-Gal*, 1745 (arch. dép. s. G, l. 43). — *Sainct-Jeal*, 1763; — *Saint-Géal*, 1775 (*id.*, l. 48).

Saint-Gal était, avant 1789, de la Haute-Auvergne, du dioc., de l'élect. et de la subdélég. de Saint-Flour. Régi par le droit cout., il dépend. : partie de la justice seign. du duché de Mercœur, partie de celle de la Trémolière, et ressort. à la sénéch. d'Auvergne, en appel de la prév. de Saint-Flour. — Son église, dédiée à saint Gal, était une chapellenie à la nomination des seigneurs de la Trémolière.

La c^{ne} de Saint-Gal a été réunie à celles de Vabres et de Ruines, en exécution de la loi du 24 juillet 1839.

Saint-Georges, c^{on} nord de Saint-Flour. — *Parrochia Sancti Georgii*, 1419; — *Sanctus Georgius*, 1429 (liber vitulus). — *Sainct Georgi*, 1688 (pièces du cab. Bonnefons).

Saint-Georges était, avant 1789, de la Haute-Auvergne, du dioc., de l'élect. et de la subdélég. de Saint-Flour. Il était régi : partie par le droit écrit, partie par le droit cout., et ressort. à la sénéch. d'Auvergne, en appel de la prév. de Saint-Flour. Il y avait quatre justices différentes dans cette paroisse : celles de Saint-Georges, de Broussadel, du prieuré de Saint-Michel et de Varillettes. — Son église, dédiée à saint Étienne et à saint Georges, était un prieuré à la présentation du prieur de Saint-Michel. Elle a été érigée en succursale par décret du 28 août 1808.

Saint-Georges (La Croix de), mont. à vacherie, c^{ne} de Méallet.

Saint-Georges, vill., c^{ne} de Saint-Projet. — *Sanctus Georgius*, 1535 (Pouillé de Clermont, don gratuit). — *Villaige de Sainct-Georges*, 1680 (état civ.).

L'église, dédiée à saint Georges, était une annexe de Saint-Projet et à la nomination de l'évêque de Clermont.

Saint-Georges, ruiss., affl. du ruisseau de Ménoire, c^{ne} de Saint-Santin-Cantalès; cours de 2,000 m.

Saint-Georges (La Fon de), mont. à vacherie, c^{ne} d'Ydes.

Saint-Géraud, écart, c^{ne} de Marcolès.

Saint-Géraud (La Chapelle), dom. ruiné, c^{ne} de Saint-Santin-Cantalès. — *Cappella Sancti Geraldi*, 1483 (arch. mun. d'Aurillac, s. GG, c. 18). — *Mas-Sainct-Gérault*, 1636 (lièvc de Poul). — *Chapelle Saint-Jacques et Saint-Philippe* (Cassini). — *Chapelle ruinée* (État-major).

Saint-Gerons, c^{na} de Laroquebrou, et chât. fort détruit. — *Sanctus Gerontius*, 1265; — *Sanctus Geroncius*, 1354 (arch. dép. s. G). — *Sanctus Jeromnius*, 1486 (accord entre Amauri de Montal). — *Sainct-Gérontz*, 1623 (état civ. de Laroquebrou). — *Sainct-Gerons*, 1626 (min. Sarrauste). — *Sainct-Géron*, 1648 (état civ. de Nieudan). — *Sainct-Giron; Sainct-Girons*, 1667 (id. de Glénat). — *Sainct-Géroms*, 1668 (min. Sarrauste). — *Sainct-Géronds*, 1677 (état civ. de Laroquebrou). — *Saint-Géront*, 1725 (id. de Saint-Paul-des-Landes). — *Saint-Girans; Saint-Géroux*, 1784 (Chabrol, t. IV). — *Sainct-Géron*, 1784 (arch. dép. s. G).

Saint-Gerons était, avant 1789, de la Haute-Auvergne, du dioc. de Saint-Flour, de l'élect. et de la subdélég. d'Aurillac. Régi par le droit écrit, il dépend. de la justice seign. de Montal, et ressort. au baill. d'Aurillac, en appel de la prév. de Maurs. — Son église a été érigée en succursale, par ordonn. royale du 5 janvier 1820.

SAINT-GUILLAUME, dom. et m^in ruinés, c^ne de Laveissière. — *Lo mas des Santz-Guellin*, XVe s^e (terr. de Chambeuil). — *Affar et molin de Serguilhaume; affar et molin de Serguilhoumes*, 1500 (id. de Combrelles). — *Molin de Sagne-Grenier*, 1609 (min. Danty). — *Villaige et affar de Ferguilhaume*, 1668 (nommée au p^ce de Monaco).

SAINT-HÉRAN, écart et mont. à vacherie, c^ne d'Allanche.

SAINT-HÉRAN, m^in, c^ne de Paulhac.

SAINTHÉRAN, buron, c^ne de Saint-Clément.

SAINT-HIPPOLYTE, c^on de Riom-ès-Montagnes, et m^in. — *Sanctus Hippolithus*, 1267 (Gall. christ., t. II, inst. col. 91). — *Sanctus Ypolitus*, 1333 (homm. à l'évêque de Clermont). — *Sanctus Ypollitus*, 1425 (arch. dép. s. H.). — *Sainct-Yppolite*, 1513 (terr. de Cheylade). — *Sanctus Hipolitus*, 1517 (id. d'Apchon). — *Sainct-Yppólitte*, 1518 (id. de Dienne). — *Sainct-Sippoly*, 1559 (min. Lanusse, n^re). — *Sainct-Ypolite*, 1637 (état civ. de Montsalvy). — *Sainct-Hyppolite*, 1665 (id. de Murat). — *Sainct-Hypolite*, 1678 (insin. de la cour royale de Murat). — *Sainct-Cipoly*, 1770 (arch. dép. s. C, l. 46). — *Sainct-Hipolitte*, 1778 (insin. de la cour royale de Murat).

Saint-Hippolyte était, avant 1789, de la Haute-Auvergne, du dioc. de Clermont, de l'élect. et de la subdélég. de Mauriac. Régi par le droit cout., il dépend. de la justice seign. d'Apchon, et ressort. au bailliage d'Aurillac, en appel de la prév. de Mauriac. — Son église, dédiée à saint Hippolyte, était un prieuré qui avait été donné à l'abbaye de Cluny, puis uni au monast. de Saint-Flour, il était à la nomination de l'archip. de Mauriac. Elle a été érigée en succursale par ordonn. royale du 5 janvier 1820.

Les habitants de Saint-Hippolyte ont reçu le surnom de *Gastous*, du mot patois *Gate* signifiant pois non écossés.

Les communes de Sélins et de Saint-Hippolyte ont été réunies en une seule commune, dont le chef-lieu a été fixé à Saint-Hippolyte, en vertu d'une ordonn. royale du 26 juin 1836.

SAINT-ILLIDE, c^on de Saint-Cernin. — *Sanctus Illidius*. 1265 (reconn. au seign. de Montal). — *Sainct-Alire*, 1449 (enq. sur les droits des seign. de Montal). — *Sanctus Illivus*, 1486 (accord entre Amauri de Montal). — *Sanctus Ilidius*, 1561 (bulle de sécularisation de l'abb. d'Aurillac). — *Sainct-Illidde*, 1597; — *Sainct-Hilaire*, 1598 (min. Lascombes, n^re). — *Sainct-Alyre; Sainct-Olère*, 1628 (paraphr. sur les cout. d'Auvergne). — *Sainct-Ilélide*, 1628 (état civ. de Reilhac). — *Sainct-Illyde; Sainct-Illilide*, 1659 (id. de Saint-Cernin). — *Sainct-Yllaire*. 1659 (insin. du bailliage de Salers). — *Sainct-Hyllide*, 1662 (état civ. de Bragéac). — *Sainct-Illidy*, 1671 (id. d'Ayrens). — *Sainct-Ilyde*, 1672 (id. d'Espinadel). — *Sainct-Allyre*, 1693 (id. d'Ally). — *Saint-Llyre près Girgols; Sainct-Allire*, 1784 (Chabrol, t. IV).

Saint-Illide était, avant 1789, de la Haute-Auvergne, du dioc. de Saint-Flour, de l'élect. et de la subdélég. d'Aurillac. Il était le siège d'une justice seign. régie par le droit écrit, et ressort. au bailliage d'Aurillac, en appel de sa prév. part. — Son église, dédiée à saint Illide, était un prieuré dépendant de l'abbaye de Saint-Geraud et à la présentation de l'abbé. Le curé était à la nomination du prieur. Elle a été érigée en succursale par décret du 28 août 1808.

SAINT-JACQUES, ham., c^ne de Saint-Flour.

SAINT-JACQUES-DES-BLATS, c^on de Vic-sur-Cère. — *Sanctus Jacobus de Bladis*, 1420 (arch. dép. s. E). — *Sainct-Jacques-des-Blatz*, 1638 (état civ. de Thiézac). — *Des Blats*, 1674 (terr. de Thiézac). — *Sainct-Jaques-des-Blax*, 1681 (état civ. d'Aurillac). — *Sainct-Jacques-des-Blas*, 1693 (id. de Saint-Clément).

Saint-Jacques-des-Blats était, avant 1789, de la Haute-Auvergne, du dioc. de Saint-Flour, de l'élect. et de la subdélég. d'Aurillac. Régi par le droit cout., il dépendait de la justice moyenne et basse de Thiézac, et ressort. au bailliage de Vic, en appel de sa prév. part. — Son église, dédiée à saint

Jacques, était une annexe de Thiézac. Elle a été érigée en succursale par décret du 28 août 1808.

Saint-Jacques et Saint-Philippe, église ruinée, c[ne] de Saint-Santin-Cantalès.

Saint-Jean, chapelle détruite, c[ne] d'Ayrens.

Saint-Jean, dom. ruiné, c[ne] d'Escorailles. — *Domaine de l'Arbre-de-Saint-Jean*, 1778 (inv. des arch. de la mais. d'Humières).

Saint-Jean, ham. et chapelle détruite, c[ne] de Mauriac. — *Sainct-Jehan*, 1665 (état civ.).

Saint-Jean, ruiss., affl. de la rivière d'Auze, c[ne] de Mauriac; cours de 3,840 m. — Ce ruisseau porte aussi le nom d'*Escoualier*.

Saint-Jean, écart, c[ne] de Saint-Constant.

Saint-Jean, chapelle détruite, c[ne] de Saint-Poncy.

Saint-Jean, chapelle, c[ne] de Saint-Urcize.

Saint-Joseph, chapelle détruite, c[ne] d'Ayrens.

Saint-Juéry, vill. et chât. auj. détruits, c[ne] d'Anterrieux. — *Mansus Sancti Juery*, 1507; *Dominus castri superioris Sancti Jeurii*, 1509; *Sainct-Jenry*, 1648 (arch. dép. s. H). — *Sainct-Jueri*, 1688 (pièces du cab. Bonnefons). — *Saint-Guéry* (Cassini).

Saint-Juéry était, avant 1789, le siège d'une justice seign. régie par le droit écrit, et ressort. à la sénéchaussée d'Auvergne, en appel de la prév. de Saint-Flour.

Saint-Julien (La Croix de), croix auj. disparue, c[ne] d'Aurillac.

La croix de Saint-Julien était une des quatre croix qui bornaient le franc-alleu du monast. de Saint-Géraud. — *Crux Sancti Juliani*, 1277 (arch. mun. s. FF, p. 15).

Saint-Julien, ruiss., affl. de la Jordanne, c[nes] de Saint-Julien-de-Jordanne, Thiézac et Mandailles; cours de 1,800 m.

Saint-Julien, m[in], c[ne] de Saint-Julien-de-Toursac.

Saint-Julien (La Fon de), font., c[ne] d'Ussel. — En temps de sécheresse, pour obtenir de la pluie, on va processionnellement à cette fontaine.

Saint-Julien-de-Jordanne, c[on] nord d'Aurillac. — *Sanctus Julianus*, 1522 (min. Vigery, n[re]). — *Sainct-Julhe; Sainct-Julhio; Sainct-Julhien*, 1573 (terr. de la chapell. des Blats). — *Sainct-Joilhia-en-Jordanne*, 1622 (état civ. de Trizac). — *Sainct-Julie*, 1634 (id. de Thiézac). — *Sainct-Julain*, 1665 (id. de Polminhac). — *Sainct-Joulhe*, 1676 (lièvre de la mais. des Blats). — *Sainct-Jolhe*, 1692 (terr. de Saint-Géraud). — *Sainct-Vilir*, 1692 (état civ. de Chastel-sur-Murat). — *Saint-Julien* (Cassini).

Saint-Julien-de-Jordanne était, avant 1789, de la Haute-Auvergne, du dioc. de Saint-Flour, de l'élect. et de la subdélég. d'Aurillac. Régi par le droit écrit, il dépendait de la justice seign. de la Peyre, et ressort. au bailliage d'Aurillac en appel de sa prév. part. — Son église, dédiée à saint Julien, était une annexe de Saint-Cirgues-de-Jordanne. Elle a été érigée en chapelle vicariale par ordonnance royale du 29 décembre 1831, et en succursale par une autre ordonnance du 31 mai 1840.

En exécution de la loi du 5 juillet 1844, la section de Saint-Julien a été distraite de la c[ne] de Saint-Cirgues-de-Jordanne et érigée en commune distincte.

Saint-Julien-de-Toursac, c[on] de Maurs. — *Ecclesia de Caorssaco*, XIVe s[e] (Pouillé de Saint-Flour). — *Sainct-Julhien-de-Taurssac*, 1565; — *Sainct-Julhus-de-Taurssat*, 1568 (livre des achaps d'Ant. de Naucaze). — *Sainct-Julhien-du-Toursac-en-Auvernhe*, 1607 (min. Sarrauste, n[re]). — *Sainct-Julien-de-Toursiat*, 1628 (paraphr. sur les cout. d'Auvergne). — *Sainct-Julhien-de-Toursac*, 1646 (état civ. de Parlan). — *Sainct-Julhen-de-Toursac*, 1648 (id. de Polminhac). — *Sainct-Julhien-de-Toursac*, 1649 (id. de Parlan). — *Sainct-Juilhem*, 1668 (nommée au p[ce] de Monaco). — *Sainct-Juilhen-de-Toursac*, 1668; — *Sainct-Jullien-de-Toursac*, 1672 (état civ. de Maurs). — *Sainct-Juillien*, 1757 (id. de Quézac). — *Saint-Jullien-de-Torsiat; de Tourssat*, 1784 (Chabrol, t. IV).

Saint-Julien-de-Toursac était, avant 1789, de la Haute-Auvergne, du dioc. de Saint-Flour, de l'élect. et de la subdélég. d'Aurillac. Régi par le droit écrit, il dépend. de la justice seign. de Toursac, et ressort. au bailliage d'Aurillac, en appel de la prév. de Maurs. — Son église, dédiée à saint Julien, était un prieuré dépendant de l'archid. d'Aurillac. Elle a été érigée en succursale par ordonnance royale du 5 janvier 1820.

Saint-Just, c[on] de Ruines, et m[in]. — *Sanctus Justus*, 1277 (Gall. christ. t. II, inst. col. 144). — *Sanctus Justus de Rocos*, 1365 (spicil. Brivat.). — *Saint-Just de Recous*, 1689 (état civ. de Saint-Flour). — *Saint-Just de Recoux* (Cassini).

Saint-Just était, avant 1789, de la Haute-Auvergne, du dioc., de l'élect. et de la subdélég. de Saint-Flour. Régi partie par le droit cout., dépend. de la justice seign. de Montchanson et ressort. à la sénéch. d'Auvergne, en appel de la prév. de Saint-Flour; partie par le droit écrit, dépend. de la justice seign. de Recoux, et ressort. au bailliage de Saint-Flour, en appel de sa prév. part. — Son église, dédiée à saint Just, était un prieuré-cure, dépend. de l'abbaye de Pébrac. Elle a été érigée en succursale par décret du 28 août 1808.

SAINT-LAURENT, dom. ruiné, mont. et chapelle, c^ne de Saint-Mamet-la-Salvetat. — *Chapelle Sainct-Laurans*, 1635 (état civ.). — *Le puech de Sainct-Laurens*, 1668 (nommée au p^ce de Monaco). — *Le puech Saint-Lauran*, 1742; — *Le puech Saint-Laurent*, 1743 (anc. cad.).

SAINT-LAURENT, chapelle détruite, c^ne de Saint-Martin-sous-Vigouroux.

SAINT-LOUIS, écart, c^ne de Saint-Constant.

SAINT-LOUP, vill., c^ne de la Chapelle-d'Alagnon. — *Sainct-Loup*, 1585 (terr. de la v^té de Murat).

SAINT-LUC, écart et chapelle détruits, c^ne de Mauriac.

SAINTE-MADELEINE, chapelle détruite, c^ne de Ladinhac. — Cette chapelle dépendait du château de Montlogis.

SAINTE-MADELEINE, chapelle détruite, c^ne de Nieudan. — Cette chapelle dépendait du château de Branuges et avait été fondée en 1679.

SAINT-MAMET-LA-SALVETAT, c^on de l'arrond. d'Aurillac. — *Sanctus Mametus*, 1268 (homm. à l'évêque de Clermont). — *Paroisse de Santmamet*, 1593 (arch. mun. d'Aurillac, s. HH, c. 21). — *Sainct-Mammet*, 1656 (état civ. de Maurs). — *Saint-Mamet* (Cassini).

Saint-Mamet était, avant 1789, de la Haute-Auvergne, du dioc. de Saint-Flour, de l'élect. et de la subdélég. d'Aurillac. Régi par le droit écrit, il dépend. de la haute justice de l'évêque de Clermont et de la moyenne et basse du lieu et ressort. au bailliage d'Aurillac, en appel de la prév. de Maurs.

Il y avait jadis à Saint-Mamet, une communauté de prêtres, constituée plus tard en chapitre sous le titre de Sainte-Martine, et unie, en 1299, au chapitre de la cathédrale de Clermont. Elle fut érigée en prieuré en 1318. — La cure de Saint-Mamet était à la présent. du chapitre de Clermont et à la collation de l'évêque.

L'église de Saint-Mamet a été érigée en cure par la loi du 18 germinal an x (8 avril 1802). La c^ne de Salvetat ayant été supprimée en vertu de la loi du 3 août 1844, a été réunie à celle de Saint-Mamet, et cette dernière a pris le surnom de *la Salvetat*.

SAINT-MARC, c^ne de Ruines. — *Sanctus Marcius*, xive s^e (Guill. Trascol). — *Sanctus Marchus*, xive s^e (Pouillé de Saint-Flour). — *Saint-Marc-le-Recoux* (Cassini).

Saint-Marc était, avant 1789, de la Haute-Auvergne, du dioc., de l'élect. et de la subdélég. de Saint-Flour. Régi partie par le droit cout., partie par le droit écrit, il dépend. de la justice seign. de Montchanson et ressort. à la sénéch. d'Auvergne en appel de la prév. de Saint-Flour. — Son église, dédiée à saint Mary, était un prieuré dépendant de l'abbaye de Pébrac. Elle a été érigée en succursale, par ordonnance royale du 5 janvier 1820.

SAINTE-MARIE, c^on de Pierrefort. — *Ecclesia Sancti Mari*, xive s^e (Guill. Trascol). — *Sainct-Mary*, 1607; — *Saincte-Marye*, 1613 (état civ. de Pierrefort).

Sainte-Marie était, avant 1789, de la Haute-Auvergne, du dioc., de l'élect. et de la subdélég. de Saint-Flour. Régie par le droit écrit, elle dépend. de la justice seign. de Pierrefort, et ressort. à la sénéch. d'Auvergne en appel de la prév. de Saint-Flour. — Son église, dédiée à sainte Agathe, était réunie à la mense épiscopale; l'évêque était curé primitif de la paroisse. Elle a été érigée en succursale par décret du 28 août 1808.

SAINTE-MARINE, dom. ruiné, c^ne d'Arpajon. — *Affarium Sancti Moti*(?), 1269 (arch. mun. d'Aurillac, s. FF, p. 15). — *Le villaige de Saincte-Marrine*, 1625 (état civ.).

SAINT-MARTIAL, c^on de Chaudesaigues, et chât. détruit. — *Sanctus Marcialis*, xive s^e (Guill. Trascol). — *Sanctus Martialis*, xive s^e (Pouillé de Saint-Flour). — *Sainct Martial*, 1645 (arch. dép. s. H). — *Sainct-Marsal*, 1688 (pièces du cabinet Bonnefons).

Saint-Martial était, avant 1789, de la Haute-Auvergne, du dioc., de l'élect. et de la subdélég. de Saint-Flour. Il était le siège d'une justice seign. régie par le droit écrit, et ressort. à la sénéch. d'Auvergne, en appel de la prév. de Saint-Flour. — Son église, dédiée à saint Martial, était un prieuré à la nomination de l'évêque de Saint-Flour; le titulaire remplissait les fonctions de curé. Par ordonnance royale du 14 novembre 1821, l'église de Saint-Martial a été érigée en chapelle vicariale, puis en succursale par une autre ordonnance royale du 18 avril 1838.

SAINT-MARTIAL, église détruite, c^ne de Valuéjols.

SAINT-MARTIN (LA FON-), font., c^ne de Labrousse.

SAINT-MARTIN, dom. ruiné, c^ne de Montboudif. — *Affar de Saint-Martin*, 1719 (table du terr. d'Apchon).

SAINT-MARTIN (LA FON-), font., c^ne de Saint-Étienne-de-Maurs.

Cette fontaine se trouve près du hameau de la Maison-Neuve.

Saint-Martin (La Côte de), dom. ruiné, c^{ne} de Saint-Martin-Cantalès. — *La borderie Saint-Martin*, 1778 (inv. des arch. de la mais. d'Humières).

Saint-Martin, carderie, c^{ne} de Saint-Martin-Valmeroux.

Saint-Martin (La Fon-), font., c^{ne} de Sénezergues.

Saint-Martin, font., c^{ne} de Thiézac. — *La fontaine de Saint-Martin*, 1674 (terr. de Thiézac).

Saint-Martin, ruiss., affl. de la Sionne, c^{ne} de Vèze; cours de 4,500 m.

Saint-Martin-Cantalès, c^{on} de Pleaux. — *Sanctus Martinus de Chantales*, 1464 (terr. de Saint-Christophe). — *Sainct-Martin-de-Monchantalès*, 1504 (id. de la duchesse d'Auvergne). — *Sanctus Martinus Montis Chantalesii; Sanctus Martinus de Montchantelys; de Montchantelis*, 1535 (Pouillé de Clermont, don gratuit). — *Sainct-Martin-Chantallez*, 1586 (min. Lascombes, n^{re}). — *Sainct-Martin-Chantallès*, 1626 (min. Sarrauste, n^{re}). — *Sainct-Martin-Chantalès*, 1647 (état civ. de Pleaux). — *Sainct-Martinot*, 1650 (id. d'Aurillac). — *Sainct-Martin-Chantelez*, 1652 (id. de Loupiac). — *Sainct-Martin-Chantellès*, 1652 (insin. du baill. de Salers). — *Sainct-Martin-Chantaletz*, 1660 (état civ. de Saint-Cernin). — *Sainct-Martin-Chantely*, 1664 (id. d'Ally). — *Sainct-Martin-Monchantallès*, 1666; — *Sainct-Martin-Mons-Chantallès*, 1667; — *Sainct-Martin-Mons-Chantallex*, 1670 (id. de Saint-Christophe). — *Sainct-Martin-Cantelès*, 1672 (id. de Loupiac). — *Sainct-Martinet*, 1694 (id. de Chaussenac). — *Sainct-Martain-Chantelais*, 1703 (id. de Saint-Martin-Valmeroux). — *Saint-Martin-Cantalex*, 1746; — *Sainct-Martin-Cantalet*, 1770 (arch. dép. s. C, l. 40). — *Saint-Martin-Cantaleix* (Cassini). — *Gilbert Cantaleix* (1re République).

Saint-Martin-Cantalès était, avant 1789, de la Haute-Auvergne, du dioc. de Clermont, de l'élect. et de la subdélég. de Mauriac. Il était le siège d'une justice seign. régie par le droit cout., et ressort. à la sénéch. de Clermont, en appel du bailliage de Salers. — Son église, dédiée à saint Martin, et jadis à saint Julien des Ponts, était un prieuré annexé à celui de Saint-Julien-du-Pont, près Florac (Lozère). Elle a été érigée en succursale par décret du 28 août 1808.

Saint-Martin-de-Valois, vill., c^{ne} de Saint-Cernin. — *Mansus Sancti Martini*, 1269 (arch. mun. d'Aurillac, s. FF, p. 15). — *Sanctus Martinus de Valoyre*, xive s^e (Pouillé de Saint-Flour). — *Sanctus Martinus de subeus Tornamira*, 1403 (échange entre J. de Montal). — *Sanctus Martinus de Valoix*, 1522 (min. Vigery). — *Sainct-Martin-soubs-Tornamire*, 1552 (terr. de Nozières). — *Sainct-Martin du Valviel*, 1627 (état civ. d'Aurillac). — *Sainct-Martin-soubs-Tournemire*, 1628 (paraphr. sur les cout. d'Auvergne). — *Sainct-Martin-de-Valies*, 1644 (état civ.). — *Sainct-Martin-de-Valois*, 1649 (id. d'Aurillac). — *Sainct-Martin-de-Valoix*, 1668 (id. de Saint-Martin-de-Valois). — *Sainct-Martin de Vallois*, 1686 (id. de Saignes).

Saint-Martin-de-Valois était, avant 1789, de la Haute-Auvergne, du dioc. de Saint-Flour, de l'élect. et de la subdélég. d'Aurillac. Régi par le droit écrit, il dépend. de la justice seign. de Nozières et ressort. au baill. d'Aurillac, en appel de sa prév. part. — Son église, auj. ruinée, dédiée à saint Martin, fut donnée, avec les revenus, au chapitre de N.-D. d'Aurillac, en 1434, par Martin de Charpagne.

La c^{ne} de Saint-Martin-de-Valois a été réunie à celle de Saint-Cernin par ordonnance royale du 6 janvier 1826.

Saint-Martin-sous-Vigouroux, c^{on} de Pierrefort. — *Sanctus Martinus*, 1131 (mon. pontif. arv.). — *Sanctus Martinus de subto Vigoro*, 1368 (arch. dép. s. E). — *Sanctus Martinus subtus Vigorourz*, 1606 (id. s. C). — *Sainct-Martin-soubz-Vigouroux*, 1671 (insin. de la cour royale de Murat). — *Saint-Martin*, 1784 (Chabrol, t. IV).

Saint-Martin-sous-Vigouroux était, avant 1789, de la Haute-Auvergne, du dioc., de l'élect. et de la subdélég. de Saint-Flour. Régi par le droit écrit, il dépend. de la justice royale de Vigouroux, et ressort. au baill. de Vic, en appel de la cour royale de Murat. — Son église, dédiée à saint Martin, était une cure dépend. en partie du monast. de Sauxillanges et à la nomination du chapitre cathédral. Elle a été érigée en succursale par décret du 28 août 1808.

Saint-Martin-Valmeroux, c^{on} de Salers, et chât. fort auj. détruit. — *Ecclesia Sancti Martini*, xiie s^e (charte dite *de Clovis*). — *Sanctus Martinus de Valle Marant*, 1293 (spicil. Brivat.). — *Sanctus Martinus de Valmaron*, 1447 (arch. dép. s. E). — *Sainct-Martin-de-Valmarons*, 1504 (terr. de la duchesse d'Auvergne). — *Sanctus Martinus Valismarone*, 1535 (Pouillé de Clermont, don gratuit). — *Sainct-Martin-de-Vaulx-Marans*, 1552 (min. Guy de Vayssieyra, n^{re}). — *Sainct-Martin-de-Valmeroux*, 1583 (terr. de Polminhac). — *Sainct-Martin-de-Valmirans*, 1586 (min. Lascombes, n^{re}). — *Sainct-Martin-Valmorons*, 1632 (état civ. d'Aurillac). — *Sanctus Martinus de Val-Maroux*, 1649 (Gall. christ., t. II, inst. c. 300). — *Sainct-Martin-Valmayroux*, 1659 (état civ. de

Tourniac). — *Sainct-Martin-Marmaron*, 1674 (état civ. d'Ally). — *Sainct-Martin-de-Varmaran*, 1681 (id. d'Aurillac). — *Sainct-Martin-Valmerons*, 1688 (pièces du cab. Bonnefons). — *Sainct-Martin-près-Sainct-Cerny*, 1693 (état civ. d'Ally).

Le baill. de Crèvecœur, créé en 1288, a siégé pendant quelque temps à Saint-Martin-Valmeroux, il fut ensuite transféré à Salers par arrêt du Conseil de 1524.

Saint-Martin-Valmeroux était, avant 1789, de la Haute-Auvergne, du dioc. de Clermont, de l'élect. et de la subdélég. de Mauriac. Il était le siège d'une justice seign. régie par le droit cout., et ressort à la sénéch. d'Auvergne, en appel du baill. de Salers. — Son église, dédiée à saint Martin, était un prieuré qui fut uni au collège de Mauriac, et à la nomin. de l'évêque. Elle a été érigée en succursale par décret du 28 août 1808.

SAINT-MARY, chapelle détruite, c^{ne} d'Apchon. — *Capella d'Apchon*, 1535 (Pouillé de Clermont, don gratuit).

SAINT-MARY, dom. ruiné, c^{ne} de Chastel-sur-Murat. — *Affar de Sainct-Mary*, 1490 (terr. de Chambeuil).

SAINT-MARY, m^{in}, c^{ne} de Ferrières-Saint-Mary.

SAINT-MARY, écart, jadis vill., c^{ne} de Roannes-Saint-Mary. — *Ecclesia Sancti Mari*, xive s^e (Pouillé de Saint-Flour). — *Le mas de Sainct-Mary*, 1692 (terr. de Saint-Geraud).

Saint-Mary était, avant 1789, de la Haute-Auvergne, du dioc. de Saint-Flour, de l'élect. et de la subdélég. d'Aurillac. Régi par le droit écrit, il dépend. de la justice seign. de Roannes et ressort. au baill. d'Aurillac, en appel de la prév. de Maurs. — Son église, dédiée à saint Mary, était une cure à la nomin. du chapitre de Saint-Geraud; elle avait été érigée en chapelle vicariale par ordonnance royale du 16 mai 1821 et en succursale par une autre ordonnance royale du 7 août 1847.

En exécution de la loi du 19 juillet 1844, la c^{ne} de Saint-Mary a été réunie à celle de Roannes qui a pris alors le nom de *Roannes-Saint-Mary*.

SAINT-MARY (LE), ruiss., affl. de la rivière de Roannes, c^{ne} de Roannes-Saint-Mary; cours de 1,850 m.

SAINT-MARY-LE-CROS, vill., c^{ne} de Ferrières-Saint-Mary. — *Ecclesia Sancti Mari de Crozo*, xive s^e (Guill. Trascol). — *Sainct-Mari-le-Crox*, 1401 (spicil. Brivat.). — *Sanctus Marius supra Massiacum*, 1440 (arch. dép. s. H). — *Sainct-Mary-Cros*, 1613 (terr. de Nubieux). — *Sainct-Mary-la-Crosse*, 1635 (nommée par G^{lle} de Foix). — *Sant-Mari*, 1646 (lièvre des Ternes). — *Sainct-Mary-lou-Cros*, 1671 (état civ. de Murat). — *Sainct-Mary-Croc*, 1671; — *Sainct-Mary-de-Cros*, 1675 (état civ. de Bonnac). — *Sainct-Mary-le-Creux*, 1699 (id. de Moissac). — *Sainct-Mary-le-Croq*, 1701 (id. de Saint-Flour). — *Sainct-Mari-le-Croq*, 1715 (id. de Saint-Victor-sur-Massiac). — *Saint-Mary-le-Gros* (État-major).

Saint-Mary-le-Cros était, avant 1789, de la Basse-Auvergne, du dioc. de Clermont, de l'élect. et de la subdélég. de Saint-Flour. Régi par le droit cout., il dépend. en partie de la justice seign. de Peyrusse, et ressort. à la sénéch. d'Auvergne, en appel de la prév. de Brioude. — Son église, dédiée à saint Mary, était un prieuré qui fut uni en 1541 à celui de Talizat dont il dépend. primitivement. Elle a été érigée en succursale par décret du 28 août 1808.

Par décision du Conseil général du 25 août 1888, le chef-lieu de la c^{ne} de Saint-Mary-le-Cros a été transféré au village de Ferrières, et cette c^{ne} a pris le nom de *Ferrières-Saint-Mary*.

SAINT-MARY-LE-PLAIN, c^{ne} de Massiac. — *Sanctus Mari dez Plas*, xive s^e (Guill. Trascol). — *Sanctus Mari de Bosseriis*, xive s^e (Pouillé de Saint-Flour). — *Sanctus Marius*, 1361; — *Sainct-Mari-des-Plains*, 1401 (spicil. Brivat.). — *Sanctus Mari supra Massiacum*, 1430 (arch. dép. s. H). — *Sanctus Mary de Planis*, 1526; — *Sainct-Mary-lo-Pla*, 1571 (terr. de Vieillespesse). — *Sainct-Mary-lou-Plain*; — *Sainct-Mary-Corcorol*, 1610 (id. d'Avenaux). — *Sainct-Mary-Plain*, 1613 (id. de Nubieux). — *Saint-Mary-le-Pla*, 1638 (état civ. de Murat). — *Saint-Maris-Plein*, 1724 (id. de Saint-Mary).

Suivant Audigier, le nom primitif de Saint-Mary-le-Plain serait *Marojol* (?).

Saint-Mary-le-Plain était, avant 1789, de la Basse-Auvergne, du dioc. de Clermont, de l'élect. et de la subdélég. de Brioude. Régi par le droit cout., il était le siège d'une justice seign. ressort. à la sénéch. d'Auvergne, en appel de la prév. de Brioude. — Son église, dédiée à saint Mary, était un prieuré qui a dépendu de l'abb. de Moissac jusqu'en 1219 et, à partir de cette époque, du prieuré de Bredon. Le prieur était à la nomination du trésorier de la cathédrale de Saint-Flour. Elle a été érigée en succursale par décret du 28 août 1808.

SAINT-MAURICE, seigneurie, c^{ne} de Cheylade. — *La seigneurie de Saint-Maurice*, 1784 (Chabrol, t. IV).

Saint-Maurice était, avant 1789, le siège d'une justice seign. régie par le droit cout., et ressort. à la sénéch. d'Auvergne, en appel de la prév. de Saint-Flour.

SAINT-MAURICE, vill. et m^{in}, c^{ne} de Valuéjols. —

Sanctus Mauricius, 1445 (ordonn. de J. Poujet). — *Parroisse de Sant-Maurisi; lou moli de Sant-Maurisi; Sant-Maurise*, xv° s° (terr. de Bredon). — *Sainct-Maurice*, 1508 (*id.* de Loubeysargues). — *Sainct-Mourice*, 1542; — *Sainct-Meiurice*, 1594 (*id.* de Bressanges). — *Sainct-Morice*, 1628 (paraphr. sur les cout. d'Auvergne). — *Sainct-Maurisse*, 1672 (insin. du baill. d'Andelat).

Saint-Maurice était, avant 1789, de la Haute-Auvergne, du dioc., de l'élect. et de la subdélég. de Saint-Flour. Il était le siège d'une justice seign. régie par le droit cout., et ressort. à la sénéch. d'Auvergne, en appel de la prév. de Saint-Flour. — Son église, dédiée à saint Maurice, était un prieuré dépend. de celui de Bredon.

Saint-Maurice a été une municipalité lors de l'organisation du département en 1790.

Saint-Médard, font. actuellement perdue, c^{ne} de Mourjou. — Cette fontaine sourdissait dans le Pré-de-Flory, et était en grande vénération.

Saint-Michel, chapelle détruite, c^{ne} de Fontanges.

Saint-Michel, vill., m^{ie} et chât. fort détruit, c^{ne} de Saint-Georges. — *Sanctus Micahel*, 1294 (arch. dép. s. G). — *Prior Sancti Michaelis*, 1322 (*id.* s. E). — *Sainct-Michel*, 1563 (*id.* s. G).

Saint-Michel était, avant 1789, régi par le droit cout. et siège d'une justice seign. ressort. à la sénéch. d'Auvergne, en appel de la prév. de Saint-Flour.

Le prieuré de Saint-Michel, auquel celui de Saint-Urcize avait été uni, était à la nomination du chapitre cathédral de Saint-Flour.

Saint-Paul-de-Salers, c^{on} de Salers et chât. féodal ruiné. — *Sainct-Pol*, 1666 (état civ. d'Anglards-de-Salers). — *Sainct-Peaul*, 1670 (*id.* du Vigean).

Saint-Paul-de-Salers était, avant 1789, de la Haute-Auvergne, du dioc. de Clermont, de l'élect. et de la subdélég. de Mauriac. Régi par le droit cout., il dépend. de la justice seign. de Salers, et ressort. à la sénéch. d'Auvergne, en appel du baill. de Salers. — Son église, dédiée à saint Paul, était une cure dépend. de l'archipr. de Mauriac. Elle a été érigée en succursale par ordonnance royale du 5 janvier 1820.

Saint-Paul-des-Landes, c^{on} sud d'Aurillac. — *Sanctus Paulus de Landis*, 1402 (reconn. au seign. de Montal). — *Sainct-Poul-des-Landez*, 1449 (enq. sur les droits des seign. de Montal). — *Parrochia Sancti Pauly de Landis*, 1522 (min. Vigery, n^{re}). — *Sainct-Poul-des-Landes*, 1600 (pap. de la fam. de Montal). — *Sainct-Paol-de-las-Landès*, 1623 (état civ. de Saint-Mamet). — *Sainct-Pol-des-Landes*, 1627 (min. Sarrauste, n^{re}). — *Sainct-Poul*, 1634 (état civ. de Reilhac). — *Sainct-Pol-des-Lendes*, 1669; — *Sainct-Pol-des-Landas*, 1674 (*id.* d'Ayrens). — *Sainct-Pol*, 1682 (arch. dép. s. C).

Saint-Paul-des-Landes était, avant 1789, de la Haute-Auvergne, du dioc. de Saint-Flour, de l'élect. et de la subdélég. d'Aurillac. Il était le siège d'une justice seign. régie par le droit écrit, et ressort. au baill. d'Aurillac, en appel de sa prév. part. — Son église, dédiée à saint Paul, était un prieuré dépend. de l'archip. d'Aurillac; il y avait aussi dans cette paroisse un chapitre à la nomination de l'évêque. Elle a été érigée en succursale par décret du 28 août 1808.

Saint-Peyre (Le Puech-), mont. à vacherie, c^{ne} de Narnhac.

Saint-Pierre, chapelle, c^{ne} de Boisset.

Saint-Pierre-du-Peil, c^{on} de Saignes.

L'église de Saint-Pierre-du-Peil a été érigée en succursale par décret du 4 juin 1853.

Par décision du Conseil général du départ. du Cantal du 1er novembre 1871, la section de Saint-Pierre a été distraite du terr. de la c^{ne} de Champagnac et érigée en c^{ne} distincte, sous le titre de Saint-Pierre-du-Peil.

Saint-Pol, chât., c^{ne} de Saint-Martin-Valmeroux. — *Sainct-Pol-de-Grailhes*, 1665 (terr. de N.-D. d'Aurillac). — *Domaine de Saint-Pol*, 1702 (état civ.).

Saint-Poncy, c^{on} de Massiac. — *Sanctus Poncius*, 1293 (spicil. Brivat.). — *Sanctus Pontius*, xiv° s° (Guill. Trascol). — *Sainct-Ponssey*, 1401 (spicil. Brivat.). — *Sainct-Poussy*, 1610 (*id.* d'Avenaux). — *Sainct-Poncy*, 1613 (*id.* de Nubieux). — *Sant-Poncii*, 1646 (lièvre des Ternes). — *Saint-Ponci*, 1703 (état civ. de Saint-Étienne-sur-Massiac). — *Saint-Ponsi*, 1720 (*id.* de Saint-Victor-sur-Massiac). — *Saint-Pons; Saint-Pontin*, 1857 (Dict. stat. du Cantal).

Saint-Poncy était, avant 1789, de la Basse-Auvergne, du dioc. de Clermont, de l'élect. et de la subdélég. de Brioude. Il était le siège d'une justice seign. régie par le droit cout., et ressort. à la sénéch. d'Auvergne, en appel de la prév. de Brioude.

Cette paroisse renfermait encore les justices des prieurés de Rochefort et de Saint-Poncy ainsi que celles de Lastic, de Luc et de Nubieux, qui toutes ressort. à la sénéch. d'Auvergne, en appel de la prév. de Brioude.

Son église, sous le voc. de saint Pontien, pape et martyr, fut donnée en 1070 à l'abb. de Pébrac, et était à la nomination du prieur de Rochefort. Elle a été érigée en succursale par décret du 28 août 1808.

SAINT-PROJET, c^on de Salers. — *Sanctus Præjectus*, 1535 (Pouillé de Clermont, don gratuit). — *Sainct-Préghetz*, 1600 (trans. des hab. d'Auriol avec l'hôp. d'Aurillac). — *Sainct-Préghet*, 1600 (reconn. des hab. d'Auriol à l'hôp. d'Aurillac). — *Sainct-Presgyet*, 1615 (état civ. de Naucelles). — *Sainct-Proiect*, 1635; — *Sainct-Préject*, 1642 (*id.* de Salers). — *Sainct-Prégect*, 1657 (*id.* de Pleaux). — *Sainct-Proiectz*, 1660 (*id.* de Saint-Cernin). — *Sainct-Prégiet*, 1666 (*id.* de Jussac). — *Sainct-Purget*, 1668; — *Sainct-Pruget*, 1669 (*id.* de Saint-Martin-de-Valois). — *Sainct-Proghet*, 1670 (*id.* de Marmanhac). — *Sainct-Preiect*, 1680 (*id.* de Saint-Projet). — *Sainct-Proiet*, 1688 (pièces du cab. Bonnefont). — *Sainct-Préjet*, 1693 (inv. des titres de l'hôp. d'Aurillac). — *Saint-Projét*, 1717 (terr. de Beauclair). — *Bertrande* (1re République).

Saint-Projet était, avant 1789, de la Haute-Auvergne, du dioc. de Clermont, de l'élect. et de la subdélég. d'Aurillac. Il était le siège d'une justice seign. régie par le droit cout., et ressort. à la sénéch. d'Auvergne, en appel du baill. de Salers. — Son église, dédiée à saint Projet, était un prieuré à la nomination de l'évêque de Clermont. Elle a été érigée en succursale par décret du 28 août 1808.

SAINT-PROJET, vill. et m^in, c^ne de Cassaniouze. — *Sainct-Progès*, 1653; — *Sainct-Proget*, 1659 (état civ. de Cassaniouze). — *Sainct-Project*, 1701 (*id.* de Montsalvy). — *Saint-Projet*, 1740 (anc. cad. de Cassaniouze).

Saint-Projet était, avant 1789, le siège d'une justice seign. régie par le droit écrit, et ressort. à la sénéch. d'Auvergne, en appel de la prév. de Calvinet. — Son église a été érigée en annexe vicariale par ordonnance royale du 25 mars 1840, puis en succursale par une autre ordonnance du 31 mars 1844.

SAINT-PROJET, vill., c^ue de Chalvignac.

SAINTE-RADÉGONDE (LA FON DE), font., c^ue de Bassignac.

SAINT-RAME (LE PUY DE), mont. à vacherie, c^ne de Cros-de-Montvert.

SAINT-RAME, écart et chapelle ruinée, c^ne de Saint-Santin-Cantalès. — *Mansus de Sant Rama*, 1489 (reconn. au seign. de Montal). — *Sainct-Rame*, 1637; — *Seurame*, 1643 (état civ.). — *Cleurame*, 1644 (min. Sarrauste, n^re). — *Sainctrame*, 1669 (nommée au p^ce de Monaco).

SAINTE-REINE, chapelle détruite, c^ne de Murat.
SAINTE-REINE, chapelle, c^ne de Virargues.
SAINT-REMY, ruiss., affl. de la Maronne, coule aux finages des c^nes de Fontanges, Saint-Remy-de-Salers et Saint-Martin-Valmeroux; cours de 4,108 m.

SAINT-REMY, ruiss., affl. du Bex, c^ne de Saint-Remy-de-Chaudesaigues; cours de 900 m.

SAINT-REMY-DE-CHAUDESAIGUES, c^on de Chaudesaigues. — *Sanctus Remigius*, xive s° (Pouillé de Saint-Flour). — *Saincte-Remize*, 1628 (paraphr. sur les cout. d'Auvergne). — *Sainct-Remise*, 1688 (pièces du cab. Bonnefons). — *Sainte-Remise*, 1784 (Chabrol, t. IV).

Saint-Remy-de-Chaudesaigues était, avant 1789, de la Haute-Auvergne, du dioc., de l'élect. et de la subdélég. de Saint-Flour. Régi par le droit écrit, il dépend. des justices seign. de Saint-Urcize et de la Roche-Canillac, et ressort. à la sénéch. d'Auvergne, en appel de la prév. de Saint-Flour. — Son église, dédiée à saint Remy, était un prieuré qui fut uni au monast. de Saint-Flour en 1219, et était à la nomination de l'évêque de Clermont. Elle a été érigée en succursale par décret du 28 août 1808.

SAINT-REMY-DE-SALERS, c^on de Salers. — *Sanctus Remigius*, 1535 (Pouillé de Clermont, don gratuit). — *Sainct-Rémy*, 1640 (pièces du cab. Lacassagne). — *Sainct-Rémi*, 1688 (*id.* Bonnefons). — *Sainte-Remise*, 1784 (Chabrol, t. IV).

Saint-Remy était, avant 1789, de la Haute-Auvergne, du dioc. de Clermont, de l'élect. et de la subdélég. de Mauriac. Il était le siège d'une justice seign. régie par le droit cout., et ressort. à la sénéch. d'Auvergne, en appel du baill. de Salers. — Son église, dédiée à saint Remy, était un prieuré à la nomination du doyen de Saint-Geraud d'Aurillac. Elle a été érigée en succursale par ordonnance royale du 25 juin 1826.

SAINT-ROCH, chapelle détruite, c^ne de Saint-Amandin.
SAINT-ROCH, chapelle en ruines, c^ne de Saint-Illide. Cette chapelle se trouve au village de Vergnes.
SAINT-ROMAN, rocher, c^ne de Molèdes, sur lequel, suivant la tradition locale, il aurait existé autrefois un monastère.

SAINT-ROUFFY, vill. et chapelle détruite, c^ne d'Arnac. — *Sanctus Rofinus*, 1402 (arch. mun. d'Aurillac, s. HH, c. 21). — *Mansus Sanct Roffi*, 1482 (pièces du cab. d'E. Amé). — *Sainct-Rossy*, 1634 (état civ. de Saint-Santin-Cantalès). — *Sainct-Rouffi*, 1637 (min. Sarrauste, n^re). — *Santrossi*, 1670 (état civ. de Saint Santin-Cantalès). — *Sainct-*

Roffy, 1672 (état civ.). — *Saint-Rouffy*, 1744 (anc. cad. de Saint-Santin-Cantalès). — *Saint-Roussi* (Cassini).

SAINT-SANTIN-CANTALÈS, c^{on} de Laroquebrou, et chât. féodal auj. détruit. — *Sanctus Sanctinus*, 1322; — *Sanctus Sentinus*, 1327; — *Sanctus Santinus da Cantalas*, 1340 (homm. au seign. de Montal). — *Sanctus Santinus de Cantales*, 1345 (arch. dép. s. G). — *Sanctus Senctinus*, 1403 (arch. mun. d'Aurillac, s. HH, c. 21). — *Sanctus Santinus de Cantal*, 1423 (pap. de la famille de Montal). — *Sanctus Sanctinus Canthalesis*, 1442 (homm. au seign. de Montal). — *Sanctus Santinus Cantalezii*, 1442 (pap. de la famille de Montal). — *Sanctus Santinus de Conthaleis*, 1452 (arch. mun. d'Aurillac, s. HH, c. 21). — *Sant Sancti*, 1471 (homm. au seign. de Montal). — *Sanctus Santinus de Cantelesio*, 1483 (arch. mun. d'Aurillac, s. GG, c. 18). — *Sainc Santi*, 1486 (accord avec Amaury de Montal). — *Sanctus Sanctinus de Cantales*, 1489 (reconn. aux seign. de Montal). — *Paroisse Sainct Anthin*, 1505 (pap. de la famille de Montal). — *Sainct-Sainctin*, 1626 (min. Sarrauste, n^{re}). — *Sainct-Santin-Cantalez*, 1638 (état civ. de Laroquebrou). — *Sainct-Sainctin-de-Cantalles*, 1645 (min. Sarrauste, n^{re}). — *Sainctantin*, 1650 (état civ. de Pleaux). — *Sainct-Quentin*, 1654 (*id.* de Glénat). — *Sainct-Saintin-Chantalles*, 1655 (*id.* de Saint-Christophe). — *Sainct-Antin*, 1673 (*id.* de Tourniac). — *Sainct-Santy*, 1674 (*id.* d'Ayrens). — *Sainct-Sentin-Cantales*, 1685 (*id.* de Laroquebrou). — *Sainct-Sentin-Cantallès*, 1750 (inv. des biens, hôp. de Laroquebrou). — *Sainct-Santin-Cantal; Saint-Cantal*, 1776 (arch. dép. s. C, l. 40). — *Sainct-Saintin-Cantalez*, 1784 (Chabrol, t. IV).

Saint-Santin-Cantalès était, avant 1789, de la Haute-Auvergne, du dioc. de Saint-Flour, de l'élect. et de la subdélég. d'Aurillac. Cette paroisse était régie par le droit écrit, elle dépend. de la justice du m^{isat} de Lignerac, et ressort. au baill. d'Aurillac, en appel de sa prév. part. — Son église, dédiée à saint Santin, était un prieuré dépend. du chapitre de Saint-Gerand d'Aurillac et le curé était à la nomination du prieur. Elle a été érigée en succursale par décret du 28 août 1808.

SAINT-SANTIN-DE-MAURS, c^{on} de Maurs et chât. en ruines. — *Sanctus Sentinus*, 1253 (Gall. christ., t. II, inst., p. 90). — *Sanctus Sanctinus*, xive s^e (Pouillé de Saint-Flour). — *Parrochia Nostre-Domine*, xve s^e (arch. mun. de Saint-Santin). — *Sainc-Sainctin*, 1613 (état civ.). — *Sainct-Saintin*, 1694 (terr. de Marcolès). — *Saincte-Marie-de-Cantal*.

Sainct-Santé, xviie s^e (reconn. au prieur de Saint-Constant). — *Saint-Sentin*, 1755 (état civ. de Maurs). — *Sainsantin*, 1786 (lièvre de Calvinet).

Saint-Santin était, avant 1789, de la Haute-Auvergne, du dioc. de Saint-Flour, de l'élect. et de la subdélég. d'Aurillac. Régi par le droit écrit, il était le siège d'une justice seign. ressort. au baill. d'Aurillac, en appel de la prév. de Maurs. — Son église, dédiée à saint Santin, était un prieuré uni, en 1255, à l'abbaye de Maurs et à la présentation de l'abbé. Elle a été érigée en succursale par décret du 28 août 1808.

SAINT-SATURNIN, c^{on} d'Allanche. — *Sanctus Saturninus*, 1185 (spicil. Brival.). — *Molendinum Sancti Saturnini*, 1280 (Baluze, t. II, p. 505). — *Sanctus Saturninus in monte*, xive s^e (Guil. Trascol, xive s^e). — *Sanctus Saturninus juxta Tornamira*, xive s^e (Pouillé de Saint-Flour). — *Sanctus Saturninus in montanibus*, 1413 (arch. dép. s. E). — *Sanctus Severnus*, 1458 (pap. de la fam. de Montal). — *Sainct-Sorny*, 1514 (terr. de Cheylade). — *Sainct-Saturniny*, 1543 (arch. mun. d'Aurillac, s. GG, p. 8). — *Sainct-Saturnin-ès-Montaignes*, 1595 (terr. de Dienne). — *Sainct-Sadurin*, 1629 (*id.* du prieuré de Ségur). — *Sainct-Satourny-ès-Montaignes*, 1673 (nommé au p^{te} de Monaco). — *Sainct-Sadourin*, 1688 (pièces du cab. Bonnefons).

Saint-Saturnin était, avant 1789, de la Haute-Auvergne, du dioc. et de l'élect. de Clermont, de la subdélég. de Saint-Flour. Régi par le droit cout., il était le siège d'une justice seign. ressort. à la sénéch. d'Auvergne, en appel du baill. d'Aubijoux. — Son église, dédiée à saint Saturnin, était un prieuré à la nomination du prieur de la Voûte. Elle a été érigée en succursale par décret du 28 août 1808.

SAINT-SAURY, c^{on} de Saint-Mamet-la-Salvetat. — *Sanctus Severinus*, 1357 (arch. mun. d'Aurillac, s. HH, c. 21). — *Sanctus Severus*, xive s^e (Pouillé de Saint-Flour). — *Sainct-Saury*, 1590 (livre des achaps d'Ant. de Naucaze). — *Sainct-Saurin*, 1633 (état civ. de Glénat). — *Sainct-Chaury*, 1646 (*id.* de Parlan). — *Sainct-Severain*, 1657 (pap. de la fam. de Montal). — *Sainct-Sauri*, 1688 (pièces du cab. de Bonnefons). — *Sainct-Scuérin*, 1693 (état civ. de Glénat). — *Saint-Scaury*, 1787 (arch. dép. s. G).

Saint-Saury était, avant 1789, de la Haute-Auvergne, du dioc. de Saint-Flour, de l'élect. et de la subdélég. d'Aurillac. Régi par le droit écrit, il dépend. de la justice du prieuré d'Escalmels, et ressort. au baill. d'Aurillac, en appel de la prév.

de Maurs. — Son église, dédiée à saint Séverin, était une cure à la nomination du prieur d'Escalmels. Elle a été érigée en succursale par décret du 8 août 1808.

SAINT-SAUVEUR, chapelle isolée, c^{ne} de Molompize. — *Sainct-Saivayrie; Sainct-Sauvayrie; Sainct-Sauvayre*, 1559 (lièv. du prieuré de Molompize). — *Chapelle de Saint-Sauveur* (Cassini).

SAINT-SÉPULCRE (CHAPELLE DU), chapelle détruite, c^{ne} de Marcolès. — *Chapelle Sainct-Sépulcre*, 1544 (min. Destaing).

SAINT-SIMON, c^{on} nord d'Aurillac. — *Saint Segmon*, 1230 (arch. dép. s. E). — *Sanctus Sigismundus*, 1289 (annot. sur l'hist. d'Aurillac). — *Sanctus Sigis Mundus*, 1338 (arch. mun. de Naucelles). — *Sainct-Symon*, 1528 (reconn. au curé de la Trinité d'Aurillac). — *Sainct-Semon*, 1546 (arch. dép. s. E). — *Sainct-Symond*, 1577 (pièces de l'abbé Delmas). — *Sainct-Simmong*, 1621 (état civ. d'Arpajon). — *Sainct-Simond*, 1623 (id. d'Aurillac). — *Sainct-Simoun*, 1625 (id. d'Arpajon). — *Sainct-Symon*, 1637 (min. Dumas, n^{re}). — *Sainct-Sisismon*, 1665 (état civ. de Jussac). — *Sainct-Simongs*, 1666; — *Sainct-Sigismon-en-Jordane*, 1667 (id. de Polminhac). — *Sainct-Siméon*, 1672 (id. de Glénat). — *Sainct-Sigismond*, 1700; *Saint-Simont*, 1703; — *Sainct-Sigismon*, 1704 (id. de Saint Simon). — *Saint-Simon, autrefois Saint-Ségimond*, 1784 (Chabrol, t. IV).

Saint-Simon était, avant 1789, de la Haute-Auvergne, du dioc. de Saint-Flour, de l'élect. et de la subdélég. d'Aurillac. Régi par le droit écrit, il ressort. au baill. de Vic, en appel de la prév. d'Aurillac; jusqu'en 1748, Saint-Simon a dépendu de la justice du chapitre de Saint-Geraud, et, depuis lors, de la justice royale. — Son église, dédiée à saint Sigismond, était un prieuré à la nomination du chapitre de Saint-Geraud. Elle a été érigée en succursale par décret du 28 août 1808.

La c^{ne} de Donnes, supprimée en 1812, a été réunie à celle de Saint-Simon.

SAINT-SIMON, vill. détruit, c^{ne} de Saint-Martin-Cantalès. — *Le village de Sainct-Symon*, 1585 (terr. de Saint-Martin-Cantalès).

SAINT-SOL, vill., c^{ne} de Chaliers. — *Cemsolz*, 1508; *Cem-Solz*, 1630; — *Sensoulz*, 1662 (terr. de Montchamp). — *Sainct-Sol*, fin du XVIIe s^e (id. de Chaliers). — *Sensors*, 1745 (arch. dép. s. G, l. 43). — *Censol* (Cassini).

SAINT-SULPICE, f^{me} et chapelle détruite, c^{ne} de Maurs. — *Village de Saint-Sulpice*, 1754 (état civ.).

SAINTE-TEIGNE (LA FON DE), font., c^{ne} de Vernols.

Cette source se trouve près de l'église et ses eaux ont la propriété, dit-on, de guérir la maladie de ce nom.

SAINT-THOMAS, chapelle et maladrerie détruites, c^{ne} de Saint-Georges. — *Chapelle Saint-Thomas* (Cassini).

Une command. de l'ordre du Temple a jadis existé en ce lieu; elle relevait directement, en 1279, du Saint Siège.

SAINT-THOMAS, ham. et mⁱⁿ détruit, c^{ne} de Saint-Georges. — *Molendinum de Sancto Thomas*, 1428; — *De Sancto Thoma*, 1486 (liber vitulus). — *Molin de Thomas*, 1689 (terr. de Saint-Flour).

SAINT-THOMAS-DE-SALVALIS, vill., c^{ne} de Mauriac. — *Sanctus Thoma*, 1473; — *Capella Beati Thome*, 1474 (terr. de Mauriac). — *Sainct-Thomas*, 1505 (comptes au doyen de Mauriac). — *Sainct-Tomas*, 1655 (état civ.).

La Chapelle, du XIVe s^e, dédiée à saint Thomas-de-Salvalis, a été transformée en maison d'habitation.

SAINTE-TRINITÉ, chapelle détruite, c^{ne} de Paulhenc.

Cette chapelle faisait partie du château de Turlande; elle était dédiée à la sainte Vierge et à la sainte Trinité.

SAINT-URCIZE, c^{on} de Chaudes-aigues et chât. féodal détruit. — *Sanctus Ursizius*, XIe s^e (Gall. christ., t. II, inst., c. 129). — *Sanctus Urcisius*, 1297 (pop. de la fam. de Montal). — *Sainct-Orcize*, 1494 (terr. de Mallet). — *Sainct-Urcize*, 1662 (id. de la Garde-Roussillon). — *Sainct-Urcisse*, 1668 (pièces du cab. de Bonnefons). — *Sainct-Urcizes*, 1730 (terr. de la Garde-Roussillon).

Saint-Urcize était, avant 1789, de la Haute-Auvergne, du dioc., de l'élect. et de la subdélég. de Saint-Flour. Il était le siège d'une justice seign. régie par le droit écrit et d'un baill. ressort. directement en appel à la sénéch. d'Auvergne. — Son église, dédiée à saint Michel et à saint Pierre, était un prieuré qui, suivant la tradition, aurait appartenu à un couvent d'Ursulines. En 1762, Saint-Urcize était une cure à la nomination de l'abbaye de la Chaise-Dieu. Elle a été érigée en succursale par décret du 28 août 1808.

SAINT-VICTOR, ham., c^{ne} de Chastel-Marlhac.

SAINT-VICTOR, c^{on} de Laroquebrou, mⁱⁿ et chât. fort détruit. — *Sanctus Victor*, 1419 (reconn. à l'hôp. de la Trinité d'Aurillac). — *Sainct-Victeur*, 1449 (enq. sur les droits des seign. de Montal). — *Sainct-Victour*, 1551 (terr. de l'Hôpital). — *Sainct-Vitour*, 1586 (min. Lascombes, n^{re}).

Saint-Victor était, avant 1789, de la Haute-

Auvergne, du dioc. de Saint-Flour, de l'élect. et de la subdélég. d'Aurillac. Régi par le droit écrit, il était le siège d'une justice seign. ressort. au baill. d'Aurillac, en appel de sa prév. part. — Son église, dédiée à saint Victor, était une annexe de celle d'Ayrens, et à la nomination de l'archidiacre d'Aurillac. Elle a été érigée en chapelle vicariale par ordonn. royale du 27 juillet 1821, et en succursale par une autre ordonn. du 30 janvier 1839.

Saint-Victor-sur-Massiac, vill., c^{ne} de Massiac. — *Sanctus Victor*, 1185; — *Saint-Vitteur*, 1401 (spicil. Brivat.). — *Sainct-Victour*, 1628 (paraphr. sur les cout. d'Auvergne). — *Sainct-Victort*, 1666; — *Sainct-Victourt*, 1667 (état civ. de Saint-Victor). — *Saint-Victor-près-Massiac*, 1784 (Chabrol, t. IV).

Saint-Victor-sur-Massiac était, avant 1789, de la Basse-Auvergne, du dioc. de Clermont, de l'élect. et de la subdélég. de Brioude. Régi par le droit cout., il dépend. de la justice de l'abbesse de Blesle, et ressort. à la sénéch. d'Auvergne, en appel de la prév. de Brioude. — Son église, dédiée à saint Victor, était une cure à la nomination de l'abbesse de Blesle. Elle a été érigée en succursale par ordonn. royale du 24 mars 1855.

La commune de Saint-Victor a été divisée et réunie aux communes de Massiac et de Molompize, en exécution de la loi du 3 juillet 1837.

Sainte-Vierge (La), chapelle détruite, c^{ne} de la Chapelle-Laurent.

Saint-Vincent, c^{on} de Salers et chât. — *Sanctus Vincentius*, 1267 (Gall. christ., t. II, inst., col. 91). — *Sanctus Vincencius*, 1333 (homm. à l'évêque de Clermont). — *Sainct-Vincent*, 1589 (lièvre du prieuré de Saint-Vincent). — *Sainct-Vincens*, 1617 (état civ. de Thiézac). — *Sainct-Vintcans*, 1669 (id. d'Anglards de Salers). — *Mar* (1re République).

Saint-Vincent était, avant 1789, de la Haute-Auvergne, du dioc. de Clermont, de l'élect. et de la subdélég. de Mauriac. Régi par le droit cout., il dépend. de la justice seign. du Vaulmier, et ressort. à la sénéch. d'Auvergne, en appel du baill. de Salers. — Son église, dédiée à saint Vincent, était un prieuré dépend. du monastère de Mauriac, et le prieur était à la nomination du doyen. Elle a été érigée en succursale par décret du 28 août 1808.

Saint-Vincent, ruiss., affl. de la rivière de Mars, c^{ne} de Saint-Vincent; cours de 3,500 m.

Sal (Le), écart et mⁱⁿ, c^{ne} d'Arpajon. — *Mansus de Saletz; las Ciletz*, 1232 (arch. mun. d'Aurillac, s. BB, c. 2). — *Séas ou Péas; le Sal*, 1585 (terr. de N.-D. d'Aurillac).

Sal (Le), vill., c^{ne} de Saint-Poncy. — *Le Sailh*, 1526; — *Le Soulhz; le Solz*, 1531 (terr. de Vieillespesse). — *Lou Soul, le Soulz*, 1610 (id. d'Avenaux). — *Essel*, 1695 (état civ. de Saint-Étienne-de-Massiac). — *Sailhans*, 1784 (Chabrol, t. IV). — *Le Sar* (Cassini).

Salabert, dom. ruiné, c^{ne} de la Ségalassière. — *Villaige de Salabert*, 1692 (état civ. de la Capelle-Viescamp).

Salabert, ham., c^{ne} d'Ytrac.

Salabertie (La), seigneurie, c^{ne} de Saint-Santin-de-Maurs. — *La Salabertie*, 1740 (reconn. au seign. de Montmurat).

Saladou (Le), vill., c^{ne} de Saint-Just. — *Salladoux*, 1763; — *Le Saradoux; le Paladour*, 1787 (arch. dép. s. G, l. 48). — *Le Saladoux* (Cassini). — *Le Saladou*, 1855 (Dict. stat. du Cantal).

Salarètre, vill. détruit, c^{ne} de Saint-Étienne-de-Carlat. — *Villaige de Salarètre*, 1692 (terr. de Saint-Geraud).

Salassière (La), dom. ruiné, c^{ne} de Roumégoux. — *Affar de la Salassieyra*, 1540 (arch. mun. d'Aurillac, s. HH, c. 21).

Salau, vill. détruit, c^{ne} de Valuéjols. — *Locus de Seleau*, 1317; — *Selanc, sive de Crupselolh*, 1369; — *Selant*, 1419; — *Celant*, 1502 (arch. dép. s. E). — *Crussolet; Celant; de Cruxsolet*, 1508 (terr. de Loubeysargues). — *Le Senot*, XVIe s^e (id. de Bredon). — *Crussulet; Terroir de Crussolet sive des Chazaux*, 1644; — *Crux-Sollet et anciennement Cellaud et, à présent des Amargiers; la Gardelle d'Euilliet, autrement la Vigne, appellée anciennement de Cellaut et à présent de Croussoullet, sive des Amargries*, 1662; *Cellaud, enciennement Cillaud, à présent Craxoulles, sive des Amargiers, sive de Lamargiou; les Amargiers, enciennement de Crussolles; les Amargiers, anciennement Crussollect; Solant*, 1687 (terr. de Loubeysargues). — *Seleau; Celau; Selan sive de Croussolet; affar de Crouzolle*, XVIIe s^e (arch. dép. s. E).

Salavigane, ham. et mⁱⁿ, c^{ne} de Saint-Mamet-la-Salvetat. — *Salvigane*, 1622; — *Sale Vigane*, 1623 (état civ.). — *Sallebigane; Salabigane*, 1626 (terr. de N.-D. d'Aurillac). — *Salevigane*, 1697; — *Salebigane*, 1728 (arch. dép. s. G, l. 14). — *Salagiguane* (Cassini).

Sal-Bas (Le), vill., c^{ne} de Saint-Poncy. — *Sailz-Soutra; Sailh-Soutra*, 1610 (terr. d'Avenaux). — *Sar-Bos; Sor-Bas*, 1724 (état civ. de Saint-Mary-le-Plein). — *Sols-Bas*, 1784 (Chabrol, t. IV). — *Sal-Bas; Sal-Soutro; Salsoutre*, 1785 (arch. dép. s. G, l. 47). — *Sar-Bas* (Cassini).

58.

Sal-du-Roi (Le), mont. à vacherie et taillis, c^{ne} de Montboudif.

Sale (Las), mⁱⁿ, c^{ne} d'Arnac.

Sale (La), vill. détruit, c^{ne} de Saint-Cirgues-de-Malbert. — *Le villaige de Sala*, XVIe s^e (arch. mun. d'Aurillac, s. GG, p. 21).

Salebert, mⁱⁿ ruiné, c^{ne} de Brageac. — *Le molin de Salebert*, 1672 (état civ. du Vigean).

Salecroux, f^{me}, c^{ne} de Fournoulès. — *Salexouze*, 1670 (terr. de Calvinet). — *Salecroux*, 1672 (état civ. de Cassaniouze). — *Salacroux* (État-major).

Salecrus, dom. ruiné, c^{ne} de Cayrols. — *L'Affar de Salte-Croux*, 1587 (livre des achaps d'Ant. de Naucaze).

Salecrus, f^{me} et chât. détruit, c^{ne} de Coren. — *Solacrux*, 1508; — *Salacrus*, 1631; — *Solecru*, 1662; — *Salle-Crus*, 1730 (terr. de Montchamp). — *Salecrus*, 1780 (arch. dép. s. G).

Salecrus, ham., c^{ne} de Maurines. — *Sallecrup*, XVIe s^e; — *Salcru*, 1640 (arch. dép. s. H). — *Salecru* (Cassini). — *Salecrous* (État-major). — *Salecroux* 1856 (Dict. stat. du Cantal).

Salecrus, vill., c^{ne} de Saint-Georges. — *Salocreu*, 1624 (terr. de Ligonnès). — *Salcrux*, 1886 (états de recens.).

Salegias, lieu détruit, c^{ne} de Montchamp. — *Villa que dicitur Salegias*, 825 (cart. de Brioude).

Saleix, vill., c^{ne} d'Antignac. — *Salles*, 1673 (état civ. de Saignes). — *Faleix* (Cassini).

Salemagne, vill., c^{ne} de Jussac. — *Salamanha*, 1466 (terr. de Saint-Christophe). — *Salamaigne*, 1636 (lièvre de Poul). — *Salamanhe*, 1642 (inv. des titres de la cure de Jussac). — *Salevanhe*, 1652 (état civ. de Reilhac). — *Salemanhe*, 1659 (insin. du baill. de Salers). — *Salamagne*, 1665; — *Salamanghe; Salamangne*, 1667 (état civ.). — *Salamanhes*, 1672 (id. de Naucelles). — *Salamhes*, 1703 (id. de Saint-Paul-des-Landes). — *Salemanhes*, 1773 (terr. de la Broussette).

Salemagne, ham., c^{ne} de Sansac-de-Marmiesse.

Salers, chef-lieu de c^{on} de l'arrond. de Mauriac et chât. féodal détruit. — *Salernum*, 1100 (Gall. christ., t. II, col. 267). — *Salerium*, 1142; — *Salerie*, 1198 (mon. pontif. arv.). — *Salerna*, 1268; — S·GV·DE·SALERN, 1284 (sceau de G. de Salers, arch. nat., J. 271). — *Salernes; Strata Salernesa*, 1350 (arch. mun. d'Aurillac, s. HH, c. 21). — *Salerne*, 1371 (id., s. EE, p. 14). — *Celhernum*, 1420 (arch. dép. s. E). — *Sallerne*, 1600 (reconn. des hab. d'Auriol à l'hôp. de la Trinité d'Aurillac). — *Salhers*, 1645 (état civ.). — *Saler*, 1682 (id. de Chaussenac). — *Sallers*, 1688 (pièces du cab. Bonnefons). — *Salers*, 1781 (arch. dép. s. G, l. 44).

Salers était, avant 1789, de la Haute-Auvergne, du diocèse de Clermont, de l'élection et de la subdélégation de Mauriac. Il était le siège d'un bailliage établi d'abord à Saint-Martin-Valmeroux par les ducs d'Auvergne et devenu royal par le retour de l'Auvergne à la couronne en 1531, puis transféré à Salers, par arrêt du conseil de 1564; il ressort. à la sénéch. d'Auvergne. — Son église, jadis dédiée à saint Mathieu, et plus tard à Notre-Dame de Salers, était une cure à la nomination du doyen de Mauriac. Elle a été érigée en cure par la loi du 18 germinal an X (8 avril 1802).

Sales, vill., c^{ne} d'Alleuze. — *Le Salez*, 1494 (terr. de Mallet). — *Sallert*, 1622; — *El Sales*, 1668; — *Saliez; Salier*, 1671; — *Salet*, 1672; — *El Sals*, 1673 (insinuations de la cour royale de Murat).

Salès (Le), dom. ruiné, c^{ne} de Giou-de-Mamou. — *Affar de Salez; ténement del Puech-de-Salez*, 1695; — *Le Salès*, 1735 (terr. de la command. de Carlat).

Salès (Le), écart, c^{ne} de la Peyrugue. — *La Salessa*, 1476 (terr. de la command. de Carlat). — *La Salesse*, 1669; — *Lassallesse*, 1671 (nommée au p^{ce} de Monaco).

Salès, vill., c^{ne} de Roufffiac. — *Sallès*, 1628 (état civ. de Cros-de-Montvert). — *Salletz*, 1659 (min. Sarrauste, n^{re}). — *Saleize*, 1782 (arch. dép. s. G, l. 51). — *Sales* (Cassini).

Sales, vill. et mⁱⁿ, c^{ne} de Saint-Martin-Valmeroux. — *Salas*, 1284 (arch. nat., J. 271). — *Salles*, 1655 (état civ. de Loupiac). — *Sales*, 1684 (min. Gros, n^{re}). — *Lessalles*, 1693 (état civ.). — *Clals* (Cassini).

Sales (Les), vill. et mⁱⁿ, c^{ne} de Saint-Santin-de-Maurs. — *Lasalle*, 1603; — *La Sales*, 1604; — *Las Salles*, 1613; — *Las Sals*, 1615; — *Lassales*, 1631 (état civ.). — *Molin appellé de Lessal*, 1671 (id. de Saint-Constant). — *Lessat*, 1748 (anc. cad. de Saint-Constant). — *Laissalles* 1749 (anc. cad.).

Sales, dom. ruiné, c^{ne} de Sourniac. — *Mansus Sales*, 1310 (lièvre du prieuré du Vigean).

Salès, vill. et chât., c^{ne} de Vézac. — *Saletes*, 1269 (arch. mun. d'Aurillac, s. FF, p. 15). — *Saletz*, 1343 (arch. de l'hôp. d'Aurillac). — *Selhela*, 1521; — *Salas*, 1522; — *Salely*, 1525 (min. Vigery, n^{re}). — *Salletz*, 1610 (aveu de Jean de Pestels).

— *Sallext*, 1624; — *Salles*, 1627 (état civ. d'Arpajon). — *Salectz*, 1668; — *Salest*, 1671 (nommée au p^ce de Monaco). — *Salex*, 1673 (état civ.). — *Seletz*, 1680; — *Salez*, 1728; — *Salès*, 1760 (arch. dép. s. C).

SALÈS, dom. ruiné, c^ne du Vigean. — *Mansus Sales*, 1310 (lièvre du prieuré du Vigean).

SALESSE (LA), dom. ruiné, c^ne de Cheylade. — *Mas de Salessas*, 1539 (terr. de Cheylade).

SALESSE (LA), dom. ruiné, c^ne de Laroquebrou. — *Mansus da la Salessa*, 1401 (arch. dép. s. G).

SALESSE (LA), écart, c^ne de Marcenat.

SALESSE (LA), vill., c^ne de Paulhac. — *Villa cujus vocabulum est Salicia* (?), 1009 (cart. de Brioude). — *Las Sallessas*, 1341 (homm. à l'évêque de Clermont). — *La Salessa*, 1508 (terr. de Montchamp). — *La Salesshe*, 1511 (id. de Maurs). — *Lasalesse*, 1542 (lièvre du Fer). — *Las Saliesses; Lasaliesse*, 1542 (terr. de Bressanges). — *La Salesse*, 1591 (lièvre du Feydit). — *Lasalese*, 1594 (terr. de Bressanges). — *La Sallesse*, 1630 (id. de Montchamp). — *La Salle*, 1784 (Chabrol, t. IV).

SALESSE (LA), dom. ruiné, c^ne de Polminhac. — *La mectairie de la Salessa*, 1593 (arch. dép. s. E).

SALESSE, ham., c^ne de Saint-Christophe. — *Salessas*, 1464 (terr. de Saint-Christophe). — *Salesses*, 1610 (état civ. de Brageac). — *Sallesselz*, 1619; — *Salesse*, 1666 (id. de Saint-Christophe). — *Sallessas*, 1768; — *Salses*, 1770 (arch. dép. s. C, l. 40).

SALESSE (LA), écart, c^ne de Saint-Simon. — *Sallessas*, 1548 (arch. dép. s. H). — *Salsac*, 1621 (état civ. d'Arpajon). — *Salassès*, 1677 (id. de Polminhac). — *Sallesses*, 1692; — *Salesses*, 1718 (arch. dép. s. C, l. 12).

SALESSE (LA), écart, c^ne de Thiézac. — *La Sallesse*, (états de sections).

SALESSE (LA), ham. et scierie, c^ne de Védrines-Saint-Loup.

SALESSES (LES), dom. ruiné, c^ne de Junhac. — *Affar de Las Salesses*, 1669 (nommée au p^ce de Monaco).

SALESSES (LES), vill., c^ne de Montgreleix. — *La Salesse*, 1559 (inv. des titres de la coll. de N.-D. de Murat). — *Les Salaise* (Cassini). — *Les Salesses* (État-major).

SALET (LE), écart, c^ne de Saint-Julien-de-Jordanne. — *Affar del Saletz sive del Deves; del Salectz; de Salets*, 1573 (terr. de la chapell. des Blats).

SALET (LE), dom. ruiné, c^ne de Saint-Martin-Cantalès. — *Affar appellée du Solier*, 1504 (terr. de la duchesse d'Auvergne).

SALETTES, vill., c^ne de Vitrac. — *Lessela*, 1301 (pièces de l'abbé Delmas). — *Salete*, 1521 (min. Vigery). — *Saletas*, 1558 (id. Destaing). — *Las Salettes*, 1634 (état civ. de Saint-Mamet). — *Las Sallettes*, 1668 (nommée au p^ce de Monaco). — *Larsabettes*, 1741 (état civ. de la Capelle-en-Vézie).

SALEZIE (LA), dom. ruiné, c^ne de Montmurat. — *Village de la Salezie*, 1728 (arch. dép. s. C, l. 3).

SAL-GRANIER (LE), dom. ruiné, c^ne de Labrousse. — *Villaige de lou Sal-Granier*, 1583 (terr. de N.-D. d'Aurillac).

SAL-HAUT (LE), vill., c^ne de Saint-Poncy. — *Sailh-Soubra*, 1558 (terr. du prieuré de Rochefort). — *Sailz-Soubra*, 1610 (id. d'Avenaux). — *Sails-Soubro*, 1613 (id. de Nubieux). — *Sal-Soubro*, 1703 (état civ. de Saint-Étienne-sur-Massiac). — *Sar-Haut* (Cassini). — *Sols-Haut*, 1784 (Chabrol, t. IV). — *Salsoubre*, 1785 (arch. dép. s. C, l. 47).

SALIÈGE (LA), f^me, c^ne de Saignes. — *Saliesse*, 1750 (état civ. de Sourniac). — *La Salage* (Cassini).

SALIÈGE (LA), vill., c^ne du Vaulmier. — *Las Sallieghe*, 1589 (lièvre du prieuré de Saint-Vincent). — *Salièges*, 1653 (anc. min. Chalvignac, n^re à Trizac). — *La Saliège*, 1655 (insin. du baill. de Salers). — *La Salige*, 1683 (état civ. de Saint-Vincent).

SALIÈGE (LA), dom. ruiné, c^ne de Vic-sur-Cère. — *Affar appellé de Salicigha; la Salliège*, 1584 (terr. de Polminhac).

SALIÈGES, vill., c^ne de Montmurat. — *Salieyges*, 1682; — *Salièges*, 1706; — *Soliéges*, 1728 (arch. dép. s. C, l. 3). — *Salliéges*, 1856 (Dict. stat. du Cantal).

SALIEN, dom. ruiné, c^ne de Marcenat. (Cassini.)

SALIGHOLLAS, lieu détruit, c^ne de Vic-sur-Cère. — *Affar appellé de Salighollas*, 1584 (terr. de Polminhac).

SALIGOUX, vill., c^ne de Tourniac. — *Salegols*, 1298 (reconn. au doyen de Mauriac). — *Saligos*, 1464 (terr. de Saint-Christophe). — *Saligoux*, 1602 (état civ.). — *Saligous*, 1686 (id. de Pleaux).

SALILHES, vill., m^in et mont. à vacherie, c^ne de Thiézac. — *Salhilhes*, 1608; — *Salliles*, 1609; — *Salhies*, 1610; — *Sallilies*, 1618 (état civ.). — *Solilhes*, 1668 (id. de Polminhac). — *Salilhes*, 1668; — *Salilhos*, 1671; — *Solilic*, 1673 (nommée au p^ce de Monaco). — *Solilles*, 1701 (état de Saint-Clément). — *Salilhe*, 1746 (anc. cad.).

La chapelle de Salilhes, dédiée à saint Antoine, a été érigée en succursale, par décret du 5 décembre 1848.

SALILHES, ruiss., affl. de la Cère, cne de Thiézac; cours de 3,750 m. — *Ruisseau de Salilhes*, 1674 (terr. de Thiézac). — *Ruisseau d'Aysse*, 1746 (anc. cad.).

SALINS, cen de Mauriac. — *In aice Salensi*, 846 (cart. de Brioude). — *Villa Saliens*, xiie s° (charte dite de Clovis). — *Sailhens*, 1628 (paraphr. sur les cout. d'Auvergne). — *Saillens*, 1652 (état civ. d'Anglards-de-Salers). — *Saillans*, 1784 (Chabrol, t. IV). — *Salins* (Cassini).

Salins, chef-lieu d'une viguerie carolingienne, était, avant 1789, de la Haute-Auvergne, du dioc. de Clermont, de l'élect. et de la subdélég. de Mauriac. Régi partie par le droit cout., il dépendait des justices de Branzac et de Fontanges et ressort. à la sénéch. d'Auvergne, en appel du baill. de Salers; partie par le droit écrit, il dépend. de la justice du prieuré de Drugeac, et ressort. au baill. d'Aurillac, en appel de la prév. de Mauriac. — Son église, dédiée à saint Pantaléon, dépend. de l'abbaye de la Chaise-Dieu. L'abbé nommait à la cure. Elle a été érigée en succursale par ordonn. royale du 5 janvier 1820.

SALINS (LE), écart, cne du Falgoux. — *Salies-Soubues*, 1738 (état civ.). — *Salins* (Cassini). — *Le Sailhans*, 1855 (Dict. stat. du Cantal).

SALINS (LE), écart, cne du Vaulmier.

SALLE (LA), chât. en ruines au village de Maillargues, cne d'Allanche.

SALLE (LA), dom. ruiné, cne d'Arnac. — *Villaige de la Sale*, 1640 (état civ. de Saint-Santin-Cantalès).

SALLE (LA), fief, cne de Barriac, au village de Vimenet.

SALLE (LA), ham. avec manoir, cne de Junhac.

SALLE (LA), min ruiné, cne de Leynhac. — *Molin de la Salla*, 1555 (min. Destaing, nre).

SALLE (LAS), mont. à burons, cne de Pailhérols. — *Buron de la Salle* (Cassini). — *Vacherie de Lassalle* (états de sections).

SALLE (LA), vill. et chât. ruiné, cne de la Peyrugue. — *Salas*, 1485 (reconn. à Jean de Montamat). — *La Sale*, 1610 (aveu de Jean de Pestels). — *La Salle* (Cassini).

La Salle était, avant 1789, le siège d'une justice seign. régie par le droit écrit, et ressort. à la sénéch. d'Auvergne, en appel de la prév. de Calvinet.

SALLE (LA), dom. ruiné, cne de Saint-Cernin. — *Mansus de las Salas*, 1312 (reconn. au seign. de Montal). — *Mansus de las Salars*, 1464 (terr. de Saint-Christophe). — *Lasale*, 1668 (état civ. de Saint-Martin-de-Valois). — *La Salle*, 1744 (anc. cad.).

SALLE (LA), dom. ruiné, cne de Saint-Chamant. — *Villaige de la Salle*, 1665 (insin. du baill. de Salers).

SALLE (LA), dom. ruiné, cne de Saint-Santin-Cantalès. — *Affar de la Salle*, 1636 (lièvre de Poul).

SALLE (LA), chât., cne de Saint-Simon. — *A Oyez, le château de las Sale*, 1756 (arch. dép. s. H).

SALLE (LA), fme et chât. ruiné, cne de Thiézac. — *Mansus de la Sala*, 1489 (reconn. à Jean de Montamat). — *La Salle*, 1583 (terr. de Polminhac). — *La Salla*, 1597 (état civ. de Vic-sur-Cère). — *Sales*, 1610 (aveu de Jean de Pestels). — *Lasalle; le Sol*, 1668 (nommée au pce de Monaco).

SALLE (LA) min, cne de Vic-sur-Cère. — *Le molin de la Salle*, 1630 (état civ.) — *Lassalle*, 1769 (anc. cad.).

SALLES (LAS), dom. ruiné, cne d'Arches. — *Mansus vocatus la Sallas*, 1475; — *Domaine de las Salle*, 1680 (terr. de Mauriac).

SALLES (LES), dom. ruiné, cne de Cassaniouze. — *Domaine de les Salles*, 1785 (arch. dép. s. C, l. 49).

SALLES, dom. ruiné, cne de Peyrusse. — *Mansus del Sales*, 1451 (arch. dép. s. E).

SALLES (LES), vill., cne de Saint-Martin-Valmeroux.

SALLES (LAS), vill., cne de Saint-Santin-de-Maurs.

SALLES (LAS), écart, cne de Vézac.

SALLE-VIEILLE (LA), mais. détruite, cne de Saint-Christophe. — *Casalia vocata de la Sala Vielha*, 1464 (terr. de Saint-Christophe).

SALLIE (CÔTE DE LA), mont. à vacherie, cne de Saint-Mary-le-Plain. — *La coste de la Sallya*, 1610 (terr. d'Avenaux).

SALMATO, seigneurie inconnue, arrond. d'Aurillac. — *Dominus de Salmato*, 1307 (arch. mun. d'Aurillac, s. HH, c. 21).

SALMAURE, dom. ruiné, cne de Saint-Simon. — *Le villaige de Salmauro*, 1692 (terr. de Saint-Geraud).

SALMEGIAC, dom. ruiné, cne de Paulhenc. — *Affar de Salmeghac*, 1671 (nommée au pce de Monaco).

SALMETRU, dom. ruiné, cne de Chanet. — *Le mas de Salmetru*, xvie s° (confins de la terre du Feydit).

SALSAC, dom. ruiné, cne de Riom-ès-Montagnes. — *Villaige de Salsac*, 1506 (terr. de Riom).

SALSIGNAC, vill., cne d'Antignac. — *Villa Celsiniacus*, xiie s° (charte dite de Clovis). — *Salsiniacum*, 1535 (Pouillé de Clermont, don gratuit). — *Salsinhac; de Salcinhac*, 1561 (terr. de Murat-la-Rabe). — *Sanciniac*, 1627 (anc. min. Chalvignac, nre). — *Salsiniac*, 1663 (insin. du baill. de Salers). — *Sausiniac*, 1680 (état civ. de Saignes). — *Salvignac*, 1853 (Dict. stat. du Cantal).

Salsignac était, avant 1789, de la Haute-Auvergne, du dioc. de Clermont, de l'élect. et de la subdélég. de Mauriac. Régi par le droit cout., il dépend de la justice seign. de la Ganne, et ressort. à la sénéch. d'Auvergne, en appel du baill. de Salers. — Son église, dédiée à saint Ferréol et à saint Jacques, était un prieuré dépend. de l'archip. de Mauriac, et à la nomination du prieur de Bort.

Salsignac était une municipalité créée en 1792; elle a été supprimée et réunie à celle d'Antignac par ordonnance royale du 19 juillet 1826.

Salt (Le), forêt défrichée, c^{ne} de Chanet. — *Nemus del Salt*, 1471 (terr. du Feydit). — *Le Sal*, XVIe s^e (confins de la terre du Feydit).

Salterie (La), vill., c^{ne} de Jaleyrac. — *La Saltaria*, 1549 (terr. de Miremont). — *La Saltarie*, 1660 (état civ. de Mauriac).

Salus, vill. et mⁱⁿ, c^{ne} de Ruines. — *Salus*, 1508 (terr. de la command. de Montchamp).

Salvage, mⁱⁿ, c^{ne} de Mourjou.

Salvage (Le), écart, c^{ne} des Ternes.

Salvagnac, dom. ruiné, c^{ne} de Glénat. — *Affaria mansorum de Salvanhaco*, 1444 (reconn. au seign. de Montal). — *Sauvaignac*, 1444 (enq. sur les droits des seign. de Montal).

Salvan, dom. ruiné, c^{ne} d'Arpajon. — *El mas da la Salvanhia*, 1223 (lièvre de Carbonnat). — *Salvan*, 1668 (nommée au p^{cé} de Monaco).

Salvanhac, vill., mⁱⁿ et mont. à vacherie, c^{ne} de Siran. — *Salvanhac*, 1269 (reconn. au seign. de Montal). — *Salvanhat*, 1346 (arch. dép. s. G). — *Salvanhacum*, 1444 (pap. de la fam. de Montal). — *Salvanihac*, 1449 (enq. sur les droits des seign. de Montal). — *Salvagnac* (Cassini).

Salvanhac, ruiss., affl. de la Cère, c^{nes} de Siran et Saint-Gerons; cours de 3,000 m. — Ce ruisseau porte aussi le nom de *Roquefort*. — *Rivus da Rocafort*, 1301; — *Rivus da la Trencada*, 1397 (pap. de la fam. de Montal).

Salvanhac, vill., c^{ne} de Vic-sur-Cère. — *Salvanhac*, 1485 (reconn. à J. de Montamat). — *Salvahac; Salvainac*, 1600 (état civ.). — *Salvaignac*, 1665 (min. Danty). — *Salvaniac*, 1672 (état civ. de Polminhac). — *Salvagnhac*, 1696 (*id.* de Leucamp). — *Salvagnac* (états de sections).

Salvaniac, vill. et mⁱⁿ, c^{ne} de Pleaux. — *Sauvanhac; Salvanhac*, 1646; — *Salvanhac*, 1648; — *Sauviac*, 1656 (état civ.). — *Sauvaniac*, 1662 (*id.* de Tourniac). — *Salvagnac*, 1705 (*id.* de Chaussenac).

Salvanie (La), dom. ruiné, c^{ne} de Champs. — *Villaige de la Sauvagnie*, 1616; — *La Sauvanie*, 1617; — *La Salvanye*, 1654 (état civ.).

Salvaques, f^{me} et mont. à vacherie, c^{ne} de Polminhac. — *Mansus de Salvatguas*, 1485; — *Salvatges*, 1488 (reconn. à J. de Montamat). — *Salvaghes*, 1560 (reconn. aux prêtres de la Trinité d'Aurillac). — *Salvatgues*, 1583 (terr. de Polminhac). — *Salvacgues*, 1610 (aveu de J. de Pestels). — *Saubagues*, 1631 (état civ. d'Arpajon). — *Sauvaques*, 1669; — *Sauvaigues*, 1670; — *Salvacques; Salvatguez; montaigne de Salvaques*, 1671 (nommée au p^{cé} de Monaco). — *Saluques*, 1672 (état civ.). — *Salvaiques*, 1692 (terr. de Saint-Geraud).

Salvaroque, dom. ruiné, c^{ne} de Thiézac. — *Domaine de Sauveroque*, 1746 (anc. cad.).

Salvaroque, f^{me}, c^{ne} de Vic-sur-Cère. — *Salvaroques; Salvaroqua*, 1583; — *Salverocque*, 1584 (terr. de Polminhac). — *Salveroque*, 1610 (aveu de J. de Pestels). — *Salvaroque*, 1633 (état civ.). — *Salvarocque*, 1671 (nommée au p^{cé} de Monaco). — *Salvacroque*, 1769 (anc. cad.).

Salvat, mⁱⁿ, c^{ne} de Saint-Bonnet-de-Salers.

Salvegious, dom. ruiné, c^{ne} de Montmurat. — *La grange de Salvegious*, 1706 (arch. dép. s. C, l. 3).

Salvetat (La), vill., c^{ne} de Saint-Mamet-la-Salvetat. — *Domus de Salvitate*, XIVe s^e (Pouillé de Saint-Flour). — *La Salvetat*, 1546 (min. Destaing, n^{rs}). — *La Sauvetas*, 1616 (état civ. de Glénat). — *La Salbetas*, 1624 (*id.* de Saint-Mamet). — *La Sauvettat*, 1628 (paraphr. sur les cout. d'Auvergne). — *La Salvetas*, 1629 (état civ. d'Aurillac). — *La Salvettat*, 1668 (nommée au p^{cé} de Monaco). — *La Sauvetat*, 1784 (Chabrol, t. IV).

La Salvetat était un membre de la commanderie de Carlat.

La Salvetat était, avant 1789, de la Haute-Auvergne, du dioc. de Saint-Flour, de l'élect. et de la subdélég. d'Aurillac. Régie par le droit écrit, elle était le siège de la justice de la command. de la Salvetat, et ressort. au baill. d'Aurillac, en appel de la prév. de Maurs. — Son église, dédiée à saint Jean-Baptiste, était un prieuré, et le curé était à la nomination du commandeur. Elle a été érigée en chapelle vicariale par ordonnance royale du 4 avril 1821, puis en succursale par une autre ordonnance du 29 avril 1845.

Précédemment, en vertu de la loi du 3 août 1844, la c^{ne} de la Salvetat avait été supprimée et réunie à celle de Saint-Mamet, qui a pris alors le nom de Saint-Mamet-la-Salvetat.

Salviac, dom. ruiné, c^{ne} d'Aurillac. — *Le villaige de Salviac*, 1692 (terr. de Saint-Geraud).

Salvinie (La), ham., c^{ne} de Vebret. — *La Salvinie*, 1673 (état civ. de Saignes).

Salzenc, dom. ruiné, c^{ne} de Saint-Paul-des-Landes. — *Affarium de Sahlgem*, 1314 (arch. dép. s. E). — *Affar de Selsenc*, 1669 (nommée au p^{cé} de Monaco).

Salzet (Le), écart, c^{ne} de Pierrefort. — *Salzes*, 1650 (état civ.). — *Salzet* (Cassini). — *Salget* (État-major).

Salzines, ham., c^{ne} de Mauriac. — *Salzinas*, 1473; — *Salzincs*, 1475 (terr. de Mauriac). — *Saletz*, 1549 (*id.* de Miremont). — *Sauzines*, 1639 (rentes dues au monast. de Mauriac). — *Saulsines*, 1651 (état civ.). — *Sausines*, 1652 (*id.* du Vigean). — *Falsines*, 1743 (arch. dép. s. C). — *Sargines* (états de sections).

Sambieux (Le Rasa des), ravine, affl. de l'Alagnon, c^{ne} de Ferrières-Saint-Mary.

Sameau, écart, c^{ne} de Cassaniouze.

Samientel, ruiss., affl. de l'Alagnonet, c^{ne} de la Chapelle-Laurent; cours de 940 m.

Sandogier, dom. ruiné, c^{ne} de Vitrac. — *Affarium vocatum de Sanguier*, 1301; — *Capmansus vocatus del Sandogier*, xve s^e (pièces de l'abbé Delmas).

Sandolus, dom. ruiné, c^{ne} de Saint-Étienne-de-Maurs. — *Le villaige de Sandolux*, 1608 (état civ.).

Sandoulières, ham., c^{ne} de Sarrus. — *Las Dollines*, 1610 (terr. d'Avenaux). — *Sainct-Doulides*, 1668 (insin. de la cour royale de Murat). — *Landouleyre*, 1784 (Chabrol, t. IV). — *Sandoulière* (Cassini).

Sandrin (Le), écart, c^{ne} de Condat-en-Feniers. — *La Coste-Sandrin*, 1720 (lièvé de Feniers). — *Lacoste-Sandron*, 1725 (*id.* de Condat et Artense).

Sanègre, ham., c^{ne} d'Oradour. — *Sanegot*, 1597 (insin. du baill. de Saint-Flour). — *Sanègre*, 1619 (état civ. de Pierrefort).

Sanglars, dom. ruiné, c^{ne} d'Antignac. — *Tenementum de Sanhghac*, 1309 (Hist. de l'abb. de Feniers).

Sanherme, écart, c^{ne} de Jou-sous-Montjou.

Sanhivie (La), anc. mont. à vacherie, c^{ne} de Valuéjols. — *Le pré de Sanhivia*, 1594 (terr. de Bressanges).

Saniérade (La), dom. ruiné, c^{ne} de Saint-Hippolyte. — *Affar de la Sanhénrade*, 1719 (table du terr. d'Apchon).

Sanière, vill., c^{ne} de Saint-Marc. — *Sanier*, 1786 (arch. dép. s. C, l. 48).

Saniette (La), buron détruit, c^{ne} de Brezons. — *Buron de Senniette* (Cassini).

Sanihes, dom. ruiné, c^{ne} de Ferrières-Saint-Mary. — *Mansus de Sanihes*, 1329 (enq. sur la justice de Vieillespesse).

Saniole-des-Agrats (La), dom. ruiné, c^{ne} d'Anglards-de-Saint-Flour. — *La Sanhola des Agratz*, 1508; — *Les Agras*, 1730 (terr. de Montchamp).

Saniolle (La), ham., c^{ne} de Beaulieu.

Saniolle-Vieille (La), dom. ruiné, c^{ne} de Chastel-sur-Murat. — *La grange de Sanholle, sive de la Pessoune*, 1580 (lièvé conf. de Murat). — *Granche appellée de Sanhioles-Veilhes*, 1591 (terr. de Bressanges).

Sanio-Vieille (La), mont. à vacherie, c^{ne} de Pradiers.

Sanivène (La), mont. à vacherie, c^{ne} de la Chapelle-Laurent.

Sansac, chât. féodal détruit, c^{ne} de Sansac-de-Marmiesse. — *Castrum de Sansac*, 1295 (arch. dép. s. E). — *Sansacum*, 1330 (reconn. de Bertrand d'Albussac, à l'hôp. d'Aurillac). — *Censacum*, xive s^e (Pouillé de Saint-Flour). — *Sainct-Sac*, 1522 (min. Vigery, n^{re}). — *Senssac*, 1669 (nommée au p^{cé} de Monaco). — *Sensac*, 1689 (état civ. de la Capelle-Viescamp). — *Sanssac*, 1725 (*id.* de Saint-Paul-des-Landes).

Sansac était, avant 1789, le siège d'une justice seign. régie par le droit écrit, et ressort. au baill. d'Aurillac, en appel de sa prév. part.

La chapelle du château, dédiée à saint Avit des Croix, était un prieuré à la nomination du seign. ou, à son défaut, de la dame de Sansac.

Sansac-de-Marmiesse, c^{on} sud d'Aurillac. — *Sanciacum*, 923 (annot. sur l'hist. d'Aurillac). — *Sansac*, 1295 (arch. dép. s. E). — *Sansacum*, 1330 (reconn. de Bertrand d'Albussac à l'hôp. d'Aurillac). — *Censacum de Marmieyssas*, xive s^e (Pouillé de Saint-Flour). — *Sainct-Sac-de-Marmyeisse*, 1522 (min. Vigery, n^{re} à Aurillac). — *Sansacum subtus Marmieyssa*, 1544 (pièces de l'abbé Delmas). — *Sainct-Sac-de-Marmieisse*, 1561 (obit. de N.-D. d'Aurillac). — *Sainct-Sac*, 1623 (état civ. d'Arpajon). — *Sainct-Sac-lez-Marmiesse*, 1646 (*id.* de Reilhac). — *Censacum-de-Marmiesse*, 1666 (*id.* de Polminhac). — *Sansac-soubz-Marmieysse*, 1668; — *Senssac-soubz-Marmieysse*, 1669 (nommée au p^{cé} de Monaco). — *Sainct-Sac-soubz-Marmiesse*, 1674 (état civ. d'Aurillac). — *Sainct-Sac-Marmieysse*, 1692 (terr. de Saint-Geraud). — *Senssac-de-Marmiesse*, 1720; — *Sanssac*, 1725 (état civ. de Saint-Paul-des-Landes). — *Sensac-de-Marmiesse*, 1784 (Chabrol, t. IV).

Sansac-de-Marmiesse était, avant 1789, de la Haute-Auvergne, du dioc. de Saint-Flour, de l'élect. et de la subdélég. d'Aurillac. Régi par le droit écrit, il dépend. de la justice seign. de Sansac, et ressort. au baill. d'Aurillac, en appel de sa prév.

part. — Son église, dédiée au Saint-Sauveur, était un prieuré qui, plus tard, devint une cure à la nomination de l'évêque; cette église a possédé un chapitre dépend. de l'évêché de Saint-Flour. Elle a été érigée en succursale par décret du 28 août 1808.

SANSAC-VEINAZÈS, c^{on} de Montsalvy. — *Sansacum de Baynaz*, XIVe s^e (Pouillé de Saint-Flour). — *Sansac-Baynasès*, 1545 (min. Destaing, n^{re} à Marcolès). — *Sainct-Sac-Veynazès*, 1548; — *Sainct-Sac-Raynadez*, 1552 (*id.* Guy-de-Vayssieyra, n^{re}). — *Sainct-Sac-du-Baynasès*, 1559 (*id.* Boygues, n^{re} à Montsalvy). — *Sansac-de-Beneczeys*, 1628 (paraphr. sur les cout. d'Auvergne). — *Sainct-Sal*, 1657 (reg. état civ. de Montsalvy). — *Snignac-del-Veynazès*, 1668; — *Sainct-Jal-Beynasès*, 1669 (nommée au p^{ce} de Monaco). — *Sançac*, 1671; — *Senchat*, 1679; — *Sansac-Veynasesz*, 1682 (état civ. de Montsalvy). — *Sa-Sac-Veynazez*, 1688 (pièces du cab. Bonnefons). — *Sansac-de-Beynasez*, 1702 (état civ. de Montsalvy). — *Sansac-Baynazès*, 1720 (*id.* de la Capelle-en-Vézie). — *Sansac-Veynazès*, 1742 (*id.* de Sansac-Veinazès). — *Sansac-Venassès*; *Sansac-de-Benazès*; *Sansac-Renazeix*, 1784 (Chabrol, t. IV).

Sansac-Veinazès était, avant 1789, de la Haute-Auvergne, du dioc. de Saint-Flour, de l'élect. et de la subdélég. d'Aurillac. Régi par le droit écrit, il était le siège d'une justice seign. ressort. partie à la sénéch. d'Auvergne, en appel de la prév. de Calvinet, partie au baill. de Vic, en appel de la prév. de Maurs.

Sansac-Veinazès était, jadis une annexe de la Besserette; son église, dédiée à saint Michel, était un prieuré dépend. du monast. de Montsalvy, et le chapelain était à la collation de l'évêque. Elle a été érigée en chapelle vicariale par ordonnance royale du 13 janvier 1828, puis en succursale par une autre ordonnance du 29 juin 1841.

SANSAGUET, dom. ruiné; c^{ne} de Sansac-Veinazès. — *Mansi de Sansaguet*, 1324 (arch. dép. s. E).

SANSARD, écart, c^{ne} de Chaudesaigues. — *Sana*, 1526 (terr. de Vieillespesse). — *Senjart* (Cassini). — *Sensar*, 1855 (Dict. stat. du Cantal).

SANSONNET, écart, c^{ne} de Saint-Martin-sous-Vigouroux. — *Sansonnet* (Cassini).

SANS-SOUCI, carderie abandonnée, c^{ne} de Cassaniouze.

SANTOIRE (LA), riv., affl. de la Rhue, est formée par les ruisseaux du Col-de-Cabre et de Vassivière; elle coule aux finages des c^{nes} de Lavigerie, Dienne, Ségur, Saint-Saturnin, Saint-Bonnet-de-Marcenat, Lugarde, Saint-Amandin, Condat et Trémouille-Cantal.

Marchal; cours de 44,800 m. — *Aqua Centoyre*, 1278; — *Aqua de Sanctoyre*, 1320 (Hist. de l'abb. de Feniers). — *Rivière de Sainct-Toire*, 1513 (terr. des Cluzels). — *Ryvière de Sainct-Hoyre*, 1551; — *Rivière de Santoyre*, 1585 (*id.* de Graule). — *Rivière d'Hoyre*, 1600; — *Rivière de Saincte-Oyre*; *Sainethoire*, 1618 (*id.* de Dienne). — *Saint-Hoire*, 1618 (min. Danty, n^{re}). — *Rivière de Sainct-Thoiré*; *de Sainct-Thoire*, 1673 (nommée au p^{ce} de Monaco).

SANTON, écart, c^{ne} d'Arpajon. — *Santo*, 1621; — *Saintou*, 1622; — *Santou*, 1624; — *Saincton*, 1625 (état civ.). — *Santou*, 1692 (terr. de Saint-Geraud). — *Sainton*, 1744 (arch. dép. s. C, l. 5). — *Ensanton* (états de sections).

SAPCHAT, vill., c^{ne} de Saint-Amandin. — *Sachat*, 1550 (terr. du q^r de Marvaud). — *Suchap*, 1585 (*id.* de Graule).

SAPETTE (LA), ham., c^{ne} de Saint-Amandin.

SAQUAIS (LE), ham., c^{ne} de Saint-Hippolyte.

SARANS, forêt défrichée, c^{ne} de Chanet. — *Nemus de Sarans*, 1471 (terr. du Feydit).

SARDES, m^{in}, c^{ne} de Rageade.

SARGIER (LE), vill., c^{ne} du Claux, et chât. détruit. — *Le Cheyrier*, 1506 (terr. de Riom). — *Le Sargier*, 1514 (*id.* de Cheylade). — *Lou Sargié*, 1658 (insin. du baill. de Salers). — *Cheurcelière*, 1666 (*id.* de la cour royale de Murat). — *Lou Sargie*, 1668 (*id.* du baill. d'Andelat). — *Le Surgier*; *le Saugier*, 1784 (Chabrol, t. IV).

Le Sargier était, avant 1789, le siège d'une justice seign. régie par le droit cout., dite *la Quartière de Falcimagne*, et ressort. à la sénéch. d'Auvergne, en appel de la prév. de Saint-Flour.

SARGUES, vill., c^{ne} de Saint-Poncy. — *Sargues*, 1558 (terr. du prieuré de Rochefort). — *Sargnes*, 1720 (état civ. de Saint-Victor-sur-Massiac). — *Largues*, 1726 (*id.* de Saint-Mary-le-Plain). — *Sargue* (Cassini).

SARLAT, écart, c^{ne} de Saint-Vincent.

SARLAT, ravine, affl. de la rivière de Mars, c^{ne} de Saint-Vincent; cours de 740 m.

SARN-ITER, forêt défrichée, c^{ne} de Cheylade. — *Nemus de Sarn Iter*, 1174 (la maison de Graule).

SAROSQUE, dom. ruiné, c^{ne} de Saint-Constant. — *Le villaige de Sarosque*, XVIIe s^e (nommée au prieur de Saint-Constant).

SARRABAL, dom. ruiné, c^{ne} de Cassaniouze. — *Affar de Sorrobal*; *Sorrobac*, 1760 (terr. de Saint-Projet).

SARRADE (LA), écart, c^{ne} de Montmurat.

SARRALIÉ, écart, c^{ne} de Lascelle.

Sarrans, vill. et m^in détruit, c^ne de Champs. — *Serran; Serrand*, 1614; — *Sarrand*, 1616; — *Sarran*, 1656 (état civ.). — *Saron*, 1673 (*id.* de Menet).

Sarrasin (Le), ruiss., affl. de la Véronne, c^ne de Riom-ès-Montagnes; cours de 6,000 m. — *Rivus Sarrazi*, 1441 (terr. de Saignes). — *Ruseau appellé Sarrasin; Rif de Sarrazin; Rif-Sarrasi*, 1506 (*id.* de Riom).

Sarrazin (Le), ruiss., affl. du Tac, c^ne de Champs; cours de 3,200 m.

Sarrazine (La), mont. à vacherie, c^ne de Tiviers. — *Rochas de Sarraznhas*, 1508; — *Bois et roche de Sarrazine*, 1669; — *Bois pastural et rocher appelé de Sarrezine*, 1730; — *Rocher appellé de Sarazine*, 1762 (terr. de Montchamp).

Sarrette, vill. et m^in, c^ne d'Anglards-de-Salers. — *Sareta*, 1473; — *Sarreta*, 1475 (terr. de Maurisac). — *Mas de Sarrette de Vougaresse*, 1477 (arch. généal. de Sartiges). — *La Sarrete*, 1657 (état civ.). — *Sarrette*, 1680 (terr. de Mauriac). — *La Sarrethe*, 1743 (état civ. de Saint-Bonnet-de-Salers).

Sarrette (La), écart, c^ne de Cassaniouze. — *La Sarrette*, 1741 (anc. cad.). — *La Charète* (Cassini).

Sarrette-Haute (La), écart, c^ne de Cassaniouze. — *La Sarrette-Vieille*, 1760 (terr. de Saint-Projet).

Sarrotte (La), m^in, c^ne de Saint-Bonnet-de-Salers.

Sarrou (Le), ham., c^ne de Cassaniouze.

Sarrou (Le), dom. ruiné, c^ne de Saint-Cirgues-de-Jordanne. — *Affar appellé del Sarrou-de-las-Boles*, 1692 (terr. de Saint-Geraud).

Sarrou (Le), écart détruit, c^ne de Saint-Julien-de-Jordanne.

Sarrou-Bas (Le), écart, c^ne de Cassaniouze.

Sarrulugie (La), dom. ruiné, c^ne de Lascelle. — *Bughia de Sarrulugha*, 1594 (terr. de Fracor).

Sarrus, c^on de Chaudesaigues, et chât. féodal détruit. — *Cerrus*, 1338 (spicil. Brivat.). — *Saurruc*, xive s^e (Guill. Trascol). — *Sarrus*, xive s^e (Pouillé de Saint-Flour). — *Sarus*, 1669 (insin. de la cour royale de Murat). — *Sarunière*, 1688 (pièces du cab. Bonnefons).

Sarrus était, avant 1789, de la Haute-Auvergne, du dioc., de l'élect. et de la subdélég. de Saint-Flour. Cette paroisse était régie, partie par le droit écrit, dépend. de la justice de Mallet, et ressort. au baill. de Vic, en appel de la cour royale de Murat; partie par le droit cout., et ressort. à la sénéch. d'Auvergne, en appel de la prév. de Saint-Flour. — Son église, dédiée à saint Martin, était un prieuré avec chapitre, dépend. de la cathédrale de Saint-Flour, et à la nomination dudit chapitre cathédral.

Le lieu de Sarrus n'est plus habité et l'église tombe en ruines.

Sarrus, vill., c^ne de Freix-Anglards. — *Mansus superior de Serrutz*, 1297 (arch. mun. d'Aurillac, s. HH, c. 21). — *Sarrutz*, 1521 (min. Vigery). — *Sarruct*, 1623 (état civ. d'Ayrens). — *Saructz*, 1646 (*id.* de Reilhac). — *Sarrus*, 1662 (état civ. de Saint-Cernin). — *Sarrust*, 1665 (*id.* d'Ayrens). — *Sarrucz*, 1668 (*id.* de Jussac). — *Sarruexst*, 1670; — *Sarreust*, 1671; — *Sarruxst*, 1672; — *Sarruest*, 1676 (*id.* d'Ayrens). — *Sarruts*, 1700; — *Saruts*, 1701 (*id.* de Saint-Cernin). — *Sarriez*, 1715; — *Sarruz*, 1716 (*id.* de Saint-Paul-des-Landes). — *Sarrut*, 1730 (arch. dép. s. C, l. 32).

Sarrus, dom., m^in et mont. à vacherie, c^ne de Malbo. — *Sarruetz*, 1668; — *Sarrus*, 1669 (nommée au p^ce de Monaco). — *Sarus* (État-major).

Sarrus, ruiss., affl. du ruisseau de l'Hirondelle, c^nes de Malbo et de Saint-Martin-sous-Vigouroux; cours de 1,600 m.

Sarrus, ruiss., affl. du Meyrou, coule aux finages des c^nes de Saint-Cernin, Freix-Anglards, Ayrens et Saint-Victor; cours de 7,700 m.

Sarrus, f^me ruinée, c^ne de Saint-Martin-sous-Vigouroux.

Sarrusse, chât. détruit, c^ne de Brezons. — *Chasteau de Sarructz*, 1668 (nommée au p^ce de Monaco).

Sarrusse, vill., c^ne de Sainte-Anastasie. — *Sarreuse*, xvie s^e (terr. de Bredon). — *Sarrus*, 1635 (nommée par G^lle de Foix). — *Sarriest*, 1688 (pièces du cab. de Bonnefons). — *Sarrusses*, 1699 (état civ. de Joursac). — *Sarruses*, 1702; — *Sarrusse*, 1771 (lièvre de Mardogne).

Sarrusse, ruiss., affl. de la rivière d'Allanche, c^ne de Sainte-Anastasie; cours de 1,800 m. — *Ruisseau de Serrusse*, 1837 (état. des rivières du Cantal).

Sarrut, ham., c^ne de Salins. — *Sarrutz*, 1494 (terr. de Mauriac). — *Lou Saruch*, 1673 (état civ. du Vigean). — *Sarette* (Cassini).

Sarrutou (Le), dom. ruiné, c^ne de Mauriac. — *Sarrut*, 1505; — *Sarrutz*, 1680 (comples au doyen de Mauriac).

Sartel, ham., c^ne de Brageac. — *Isaltelz; Ysaltelz*, 1475 (terr. de Mauriac). — *Yssartels*, 1591; — *Yssartelz*, 1603 (état civ. de Brageac). — *Sarsels*, 1657; — *Sartels*, 1686; — *Chartels*, 1689 (*id.* de Pleaux). — *Ayssartels*, 1780 (arch. dép. s. C, l. 38). — *Yssartel*, 1852 (Dict. stat. du Cantal).

SARTIGES, dom. ruiné, c^{ne} d'Anglards-de-Salers. — *Mansus Issartigas*, 1317 (arch. généal. de Sartiges).
SARTIGES, f^{me} avec manoir, c^{ne} de Sourniac. — *Sartigas*, 1262; — *Issartigas*, 1263; — *Sartigiae*, 1303; — *Yssartigas*, 1307; — *Sartighas; Sartighes*, 1311 (arch. généal. de Sartiges). — *Sartiges*, 1515 (comptes au doyen de Mauriac). — *Sartige*, 1735 (état civ.).
Sartiges était, avant 1789, le siège d'une justice seign. régie par le droit écrit, et ressort. au bailliage d'Aurillac, en appel de la prév. de Mauriac.
SARTIGES (LA BROA DE), dom. ruiné, c^{ne} de Sourniac. — *Mansus de la Broha*, 1293; — *La Broha de Sournhac*, 1413 (arch. généal. de Sartiges). — *La Boyrie*, 1549 (terr. de Miremont).
SARTRE (LE), vill. et mⁱⁿ, c^{ne} de Cheylade. — *Sargne*, 1513 (terr. de Cheylade). — *Le Sartre*, 1592 (vente de la terre de Cheylade). — *Les Astres* (Cassini). — *Sastres* (État-major).
SARTRE (LE), mont. à burons, c^{ne} du Fau. — *Montagne de Sarte*, 1717 (terr. de Beauclair).
SARTRE (LE), ruiss., affl. de la rivière de l'Aspre, cnd du Fau; cours de 1,500 m. — *Ruisseau del Pas-del-Sarte*, 1717 (terr. de Beauclair).
SARTRE (LE), ham., c^{ne} du Rouziers. — *Villaige del Sartre*, 1590 (livre des achaps d'Ant. de Naucaze).
SARTROU (LE), ham., c^{ne} de Fournoulès.
SAUGUE (LA), dom. ruiné, c^{ne} de Saint-Mamet-la-Salvetat. — *Tènement de la Saugue*, 1739 (anc. cad.).
SAULES (LES), écart, c^{ne} de Siran. — *Affarium de las Salas*, 1357; — *Mansus de Solhet*, 1460 (arch. mun. d'Aurillac, s. HH, c. 21).
SAULOU (LE), mⁱⁿ, c^{ne} de Menet. — *Le moulin Jaulou*, 1780 (lièvc de Saint-Angeau).
SAULOU et SAULOU-HAUT (LE), hameaux, c^{ne} de Vieillevie.
SAUMIAC, vill., c^{ne} de Laroquevieille. — *Saumiat*, 1671; — *Saumiac*, 1673 (état civ. de Marmanhac). — *Saulmiac*, 1696 (arch. dép. s. C, l. 10). — *Soumiac* (État-major).
SAUMON (LE), écart, c^{ne} de Mourjou. — *Affar de Saumantz*, 1668 (nommée au p^{re} de Monaco).
SAUNAC, écart, c^{ne} de Saint-Hippolyte. — *Sonsac*, 1673 (état civ. de Menet). — *Insonnac*, 1855 (Dict. stat. du Cantal).
SAURASSOU, dom. ruiné, c^{ne} de Bonnac. — *Villaige de Saurassou*, 1610 (terr. d'Avenaux).
SAURONNET, vill., c^{ne} d'Antignac.
SAURY, écart, c^{ne} de Lugarde.

SAUSSAC, ham. et mⁱⁿ, c^{no} de Riom-ès-Montagnes. — *Salsac; Sonhac*, 1506 (terr. de Riom). — *Sanchat* (Cassini). — *Le moulin de Saussac*, 1783 (aveu par G. de la Croix). — *Le moulin de Saulsac*, 1857 (Dict. stat. du Cantal).
SAUSSOUBEYROU, mont. à vacherie, c^{ne} de Saint-Urcize.
SAUT (LE), dom. ruiné, c^{ne} du Fau. — *Villaige de la Sault*, 1680 (état civ. de Saint-Projet).
SAUTE-MOUCHE, ruiss., affl. de l'Alagnonet, c^{ne} de Saint-Poncy; cours de 4,300 m. — *Ruisseau de Saulte; Ribeyre de Saulta-Mousche*, 1558 (terr. de Tempels). — *Ribeyre de Saute-Mousche*, 1700 (id. de Celles).
SAUTE-VÉDEL, écart, c^{ne} de Condat-en-Feniers.
SAUTOU (LE), écart, c^{ne} de Saint-Santin-Cantalès.
SAUVAGE (LE), vill. et mont. à vacherie, c^{ne} de Dienne. — *Chavatjas*, 1279; — *Chalvaias*, 1291; — *Chalvaghas*, 1437; — *Calvaghas*, 1451 (arch. dép. s. E). — *Chouvages*, 1551; — *Chauvages*, 1595; — *Chauvaiges; la roche des Chouvages appellée lou Chier*, 1618 (terr. de Dienne). — *Chauvagues*, 1673 (nommée au p^{re} de Monaco). — *Chauvatges*, 1678 (insin. de la cour royale de Murat). — *Chauvage*, 1704 (arch. dép. s. E). — *Chavages*, 1778 (cens. de Dienne). — *Chalnage* ou *Chalvage*, 1784 (Chabrol, t. IV).
SAUVAGE (LE), dom. ruiné, c^{no} de Mauriac. — *Mansus de Salvatz*, 1473 (terr. de Mauriac).
SAUVAGE (LE), vill., c^{ne} de Mourjou. — *Lou Salvage*, 1673 (état civ. de Cassaniouze). — *Lou Fauvage*, 1690 (id. de Saint-Constant). — *Le Sauvage* (Cassini).
SAUVAGE (LE), vill., mⁱⁿ et mont. à vacherie, c^{ne} de Paulhac. — *Chalvaihas*, 1345; — *Chalvaghes*, 1502 (arch. dép. s. E). — *Chauvaghes*, 1542; — *Chauvalges; Chauvatges; Schauvalges; Chauvatges; Chauve-Atges*, 1594 (terr. de Bressanges). — *Chalvatges*, 1607 (id. de Loudiers). — *Chauvaige*, 1666 (insin. de la cour royale de Murat). — *Chauvatge*, 1667 (état civ. de Murat). — *Chauvages*, XVIIe s^e (arch. dép. s. E). — *Sauvages* (Cassini).
SAUVAGNAT, mont. à vacherie, c^{ne} de Saint-Amandin. — (Cassini.)
SAUVAT, c^{on} de Saignes. — *Villa Salvat*, XIIe s^e (charte dite de Clovis). — *Salvatum*, 1479 (nommée au seign. de Charlus). — *Sozat*, 1628 (paraphr. sur les cout. d'Auvergne). — *Salgvat*, 1659 (insin. du bailliage de Salers). — *Salevat*, 1688 (pièces du cab. de Bonnefons). — *Sauvac*, 1784 (Chabrol, t. IV).
Sauvat était, avant 1789, de la Haute-Auvergne, du dioc. de Clermont, de l'élect. et la subdélég.

de Mauriac. Régi par le droit écrit, il dépend des justices seign. de Lavaur, Chaumont et Auzers, et ressort. à la sénéch. d'Auvergne, en appel du bailliage de Salers. — Son église, dédiée à saint Martin, dépend. de l'archip. de Mauriac et était une cure à la nomination de l'évêque. Elle a été érigée en succursale par décret du 28 août 1808.

SAUVAT (LE), dom. ruiné, c^{ne} de Cheylade. — *Lou mas de Sauvat*, XVIIe s^e (arch. dép. s. E).

SAUVAT, m^{in}, c^{ne} de Lascelle.

SAUVET, ham., c^{ne} de Cassaniouze.

SAUVETAT (LA), vill., c^{ne} de Lieutadès. — *La Sauvedat*, 1657 (état civ. de Pierrefort). — *La Sauvetat* (Cassini).

La Sauvetat était un membre de la commanderie de la Garde-Roussillon, mandement de la commanderie de Montchamp.

SAUVETERRE, seigneurie, c^{ne} de Thiézac. — *Seigneur de Sauveterre; Sauve-Terre*, 1674 (terr. de Thiézac).

SAUVEUR (MOULIN DU), m^{in} détruit, c^{ne} de Vézac. — *Molendinum vocatum del Savayre, in pertinensibus de Montchaco*, 1522 (min. Vigery, n^{re} à Aurillac).

SAUVILIOUSE (LA), mont. à burons, c^{ne} de Montboudif.

SAVALAURE, vill., c^{ne} d'Arnac. — *Servalaura*, 1316; — *Solvalaura*; *Selvalaura*, 1442 (arch. mun. d'Aurillac, s. HH, c. 21). — *Salvalaura*, 1471 (reconn. aux seign. de Montal). — *Savelaure*, 1472 (arch. mun. d'Aurillac, s. HH, c. 21). — *Sabalaure*, 1665 (état civ. de Saint-Christophe). — *Savalaure*, 1669 (nommée au p^{ce} de Monaco). — *Salve-Laure*, 1676 (état civ.). — *Sauvelaure*, 1689 (*id.* de Loupiac).

SAVERNIOLLES, vill., c^{ne} de Champagnac. — *Mas de Savernholes*, 1410 (arch. généal. de Sartiges). — *Salvanioley* (Cassini). — *Saverniole* (État-major). — *Savergnolles*, 1852 (Dict. stat. du Cantal).

SAVEZ (LES), dom. ruiné, c^{ne} de Montboudif. — *Ténement de Salex*, 1650 (terr. de Feniers).

SAVIGNAC, m^{in} et huilerie, c^{ne} de Pleaux. — Ce moulin porte aussi le nom de *Moulin de Pagis*.

SAVIGNAC, vill. et m^{in}, c^{ne} de Talizat. — *Savinhacum*, 1537 (arch. dép. s. G). — *Sovinhat*, 1558 (terr. de Tempel). — *Savigniac; molin de Savignat*, 1654 (*id.* du Sailhans). — *Sevignac*, 1655 (lièv. conf. de Barret). — *Savinhac*, 1664 (état civ. de Murat). — *Savigniat*, 1666 (insin. du bailliage d'Andelat). — *Savignhac*, 1698 (état civ. de Moissac). — *Savignac*, 1704; — *Sevighac*, 1752 (lièv de Celles). — *Saignat*, 1784 (Chabrol, t. IV). — *Salvignac* (Cassini).

SAVIGNAC, dom. ruiné, c^{ne} de Vézac. — *Villaige de Savinhat*, 1580 (terr. de Polminhac).

SAVIGNATS (LES), vill., c^{ne} de Chanterelle. — *Savigniat*, 1672; — *Les Savignas*, 1681; — *Les Savignialz*, 1682; — *Les Savigniatz*, 1692; — *Saviniag*, 1776 (état civ. de Condat). — *Savigot*, 1776 (arch. dép. s. C). — *Les Savignats* (Cassini).

SAVISSAGE, vill., c^{ne} de Brezons. — *Savissage*, 1623 (ass. gén. ten. à Cezens). — *Savisage*, 1632 (état civ. de Vic-sur-Cère). — *Sanissages*, 1702 (*id.* de Saint-Clément). — *Lanissage*, 1703; — *Sevissage*, 1721 (*id.* de Brezons). — *Sanisage* (Cassini). — *Savissagos*, 1852 (Dict. stat. du Cantal).

SAVOIE, m^{in}, c^{ne} de Glénat. — *Molin de Lanoye, alias de Moure*, 1642; — *Molin de Saboye*, 1652; — *Molin de Savoye*, 1693 (état civ.). — *Moulin de Savoye* (Cassini).

SAY (LE), ruiss., afft. de la rivière d'Authre, c^{nes} de Lascelle et de Laroquevieille; cours de 1,750 m. — *Aigua-Vers*, 1522 (min. Vigery).

SAYER (LE), ham., c^{ne} de Nieudan. — *Le Soyé*, 1651 (état civ.).

SAYRAC, dom. ruiné, c^{ne} de Chalvignac. — *Affarium de Sayrac*, 1475 (terr. de Mauriac).

SCAMERIÆ, bois défriché, arrond. de Murat. — *Nemus de Scameriis*, 1399 (arch. dép. s. E).

SCIERIE (LA), écart, c^{ne} de Champagnac.

SCIERIE (LA), écart, c^{ne} de Laveissière.

SCIERIE (LA), usine, c^{ne} de Maurs.

SCILE (LA), dom. ruiné, c^{ne} de Chalinargues. — *Villaige de Scila*, 1518 (terr. des Cluzels).

SCOUFOÏNES, ham., c^{ne} de Sainte-Eulalie.

SÉBEUGE, vill., c^{ne} d'Andelat. — *Mansus de Se Beughol*, 1504 (liber vitulus). — *Sebeujol*, 1508 (terr. de Montchamp). — *Sebegol*, 1531; — *Sebeugoul*, *Sebeughol*, 1583 (arch. dép. s. G). — *Sebeugol*, 1596 (insin. du bailliage de Saint-Flour). — *Sebeughols*, 1654 (terr. du Sailhans). — *Sebeughe*, 1664 (*id.* de Montchamp). — *Sebrughol*, 1671 (insin. du bailliage de Saint-Flour). — *Sebeugeol*, 1673 (arch. dép. s. G). — *Sebeuge* (Cassini).

SECCAFÈCUE, ham., c^{ne} de Montsalvy.

SECHEYROUX, seigneurie, c^{ne} de Coltines. — *Sechayro*, 1399 (arch. dép. s. E). — *Lou Secheyroux*, 1654 (terr. de Sailhans).

SÉCHEYNOUX (LE), ham., c^{ne} de Neussargues. — *Le Secheyrou*, 1693 (état civ. de Moissac). — *Chesseyroux* (État-major).

SÉCHOIR-DE-MAZUT (LE), écart, c^{ne} de Junhac.

SECOURIEUX, vill. et mont. à vacherie, c^{ne} de Celles. — *Secourrius; Secorrieu; Scorrieu; lou lac de Secorieu*, 1581 (terr. de Celles). — *Secourioux*, 1581 (lièv de Celles). — *Secourryoux; Secourrioux*, 1606 (min. Danty). — *Secourjoux; Secourjeux*, 1652 (terr. du prieuré de Coltines). — *Escourrioux; Desecurrioux; Seccurioux*, 1664 (terr. de Celles). — *Secourieux*, 1665 (insin. du bailliage d'Andelat). — *Secourriou*, 1695 (état civ. de Moissac). — *Secourieu*, xviie s[e] (terr. de Bressolles). — *Secourieux*, 1784 (Chabrol, t. IV).

SECRÈTE (LA), dom. ruiné, c[ne] de Saint-Constant. — *Mas-affar de la Secrette*, xviie s[e] (reconn. au prieur de Saint-Constant).

SEDAIGES, chât., c[ne] de Marmanhac. — *Sedaia*, 1230 (arch. dép. s. E). — *Sedagha*, 1378 (fond. de la chapell. des Blats). — *Sedagia*, 1378 (arch. dép. s. G). — *Sedaga; Cedagha*, 1469 (terr. de Saint-Christophe). — *Sedina*, 1494 (test. de Sedaiges). — *Sedayes*, 1658 (état civ. d'Aurillac). — *Sedages*, 1669 (id. de Marmanhac). — *Sedaiges*, 1685 (arch. dép. s. C, l. 21). — *Sedage* (Cassini).

Le château de Sedaiges était, avant 1789, le siège d'une justice seign. régie par le droit écrit, et ressort. à la sénéch. d'Auvergne, en appel du bailliage de Salers.

SEDEYRAC, ham. et f[me] avec manoir, c[ne] de Naucelles. — *Sedairac*, 1230 (arch. dép. s. E). — *Cedalyac*, 1342 (arch. mun. d'Aurillac, GG, p. 19). — *Sedeirac*, xve s[e] (pièces de l'abbé Delmas). — *Sedeyrac*, 1522 (min. Vigery). — *Seveyrac*, 1554 (reconn. aux curé et prêtres de Naucelles). — *Sederac* (Cassini).

SÉDIEUX (LE PUY DES), mont. à vacherie, c[ne] de Saint-Jacques-des-Blats.

SÉDOUR (LE), ham., m[in] et mont. à vacherie, c[ne] de Riom-ès-Montagnes. — *Lo Tredor; el Cedor*, 1441 (terr. de Saignes). — *Lou Sedour*, 1512 (id. d'Apchon). — *Sedou* (État-major).

SEGAIROL, dom. ruiné, c[ne] de Lavastrie. — *Le village de Segairol*, 1494 (terr. de Mallet).

SÉGALAR (LE), dom. ruiné, c[ne] de Badailhac. — *Bois del Segalar*, 1695; — *Affar del Ségalar-de-la-Manhe*, 1736 (terr. de Carlat).

SÉGALASSIÈRE (LA), c[on] de Saint-Mamet-la-Salvetat, et moulin. — *La Segualaserra*, 1275 (test. de Bertrand de Montal). — *Segalassiera*, 1289 (annot. sur l'hist. d'Aurillac). — *La Segualassieyra*, 1324 (arch. mun. d'Aurillac, s. HH, c. 21). — *La Segualeissyra*, xive s[e] (Pouillé de Saint-Flour). — *Segalassieyra*, 1561 (bulle de sécul. de l'abbaye d'Aurillac). — *La Ségualasière*, 1600 (pap. de la fam. de Montal). — *La Ségualasieyre*, 1616; — *La Ségalasière*, 1617 (état civ. de Glenat). — *La Séguallassière*, 1628 (min. de Sarrauste n[o]). — *Lasségalacière*, 1628 (paraphr. sur les cout. d'Auvergne). — *La Signalassière*, 1678 (état civ. d'Espinadel). — *Lasegalassière*, 1688 (pièces du cab. de Bonnefons). — *Lasigalassière*, 1688 (état civ. de la Capelle-Viescamp). — *La Segallassière*, 1692 (ibid.).

La Ségalassière était, avant 1789, de la Haute-Auvergne, du diocèse de Saint-Flour, de l'élect. et de la subdélég. d'Aurillac. Régie par le droit écrit, elle dépendait de la justice de la commanderie de Carlat, et ressort. au bailliage d'Aurillac, en appel de la prév. de Maurs. — Son église, dédiée à Notre-Dame de l'Assomption, était un prieuré dépendant de l'abbaye de Saint-Geraud-d'Aurillac. Elle a été érigée en succursale par décret du Président de la République du 24 avril 1849.

SÉGALASSIÈRE (LA), dom. ruiné, c[ne] de Saint-Étienne-Cantalès. — *Affarium de la Segualasieyrie*, 1411; — *Affaria dala Segalacieyra*, 1414 (arch. dép. s. E).

SÉGAR, dom. ruiné, c[ne] de Thiézac. — *Le village de la Ségar*, 1631 (état civ. d'Aurillac).

SEGNET, chât. fort. détruit et mont. à burons, c[ne] d'Anglards-de-Salers.

SÉGUR, c[om] d'Allanche, m[lh], mont. à burons et chât. détruit. — *Segur*, 1329 (Enq. sur la justice de Vieillespesse). — *Segurs*, 1381 (spicil. Brivat.). — *Securum*, 1428; — *Segurum*, 1441 (arch. dép. s. E). — *Parrochia Securis*, 1445 (ordonn. de J. Pouget). — *Segure*, 1660 (état civ. de Murat).

Ségur était, avant 1789, de la Haute-Auvergne, du dioc. de Clermont, de l'élect. et de la subdéleg. de Saint-Flour. Régi par le droit cout., il dépend de la just. seign. d'Allanche et ressort. à la sénéch. d'Auvergne, en appel de la prév. de Saint-Flour. Ségur était également le siège d'une just. seign. app. au prieur du lieu; même ressort. et cout. — Son église, dédiée à saint Martial, était un prieuré uni au xie s[e] à l'abbaye de la Chaise-Dieu. Elle a été érigée en succursale par décret du 28 août 1808.

SÉNÉDENC, dom. ruiné, c[ne] de Rouffiac. — *Village de Séhédenc*, 1636 (état civ. de Cros-de-Montvert).

SEIGNEROLLE, écart, c[ne] de Rouffiac. — *Saneyrolla*, 1645; — *Seneyroles*, 1648 (état civ. d'Espinadel). — *Senieyrolles*, 1650 (id. de Nieudan). — *Sugnerolle; Seveyrolles*, 1761; — *Seignerolles*, 1782 (arch. dép. s. C, l. 52). — *Sinierolles* (État-major). — *Seigneroles*, 1857 (Dict. stat. du Cantal).

SEILHOL, vill., c[ne] de Riom-ès-Montagnes. — *Lassilhol*, 1780 (lièvre de Saint-Angeau).

SEILHOLS, ruiss., affl. de l'Aspre, c[ne] de Fontanges; cours de 1,400 m.

Seilhols-Bas, écart et m^{in}, c^{ne} de Fontanges. — *Seilholz*, 1680 (état civ. de Saint-Projet). — *Seliolz-Bas*, 1717 (terr. de Beauclair). — *Seliols-Bas*, 1736; — *Selliols-Bas*, 1737 (état civ.). — *Seilhols-Bas* (État-major). — *Seilhol-Bas*, 1855 (Dict. stat. du Cantal).

Seilhols-Haut, ham., c^{ne} de Fontanges. — *Esseliol*, 1631 (état civ. de Loupiac). — *Seilholz-Hault*, 1680 (*id.* de Saint-Projet). — *Estiliol*, 1682; — *Essiliol*, 1683 (*id.* de Saint-Vincent). — *Seliolz-Haut*, 1717 (terr. de Beauclair). — *Seilhol-Haut*, 1855 (Dict. stat. du Cantal).

Seiq (Le), m^{in}, c^{ne} de Boisset.

Selange, mont. à vacherie, c^{ne} de Saint-Paul-de-Salers. — *Montaigne appellée de Selange*, 1591 (Grand livre de l'Hôtel-Dieu de Salers).

Sèles, dom. ruiné, c^{ne} d'Arpajon. — *Affarium de Cela*, 1269 (arch. mun. d'Aurillac, s. FF, p. 15). — *Las Cellas*, 1585; — *Sales*, 1606 (terr. de N.-D. d'Aurillac). — *La Salle*, 1668 (nommée au p^{ce} de Monaco). — *Salès; Sèles*, 1741; — *Lou Selle*, 1745 (anc. cad.).

Sélins, vill. avec manoir et mont. à vacherie, c^{ne} de Saint-Hippolyte. — *Villa Salhens*, 1277 (homm. à l'évêque de Clermont). — *Le Celhens*, 1514 (terr. de Cheylade). — *Mansus de Selhens; Montana et molendinum de Salhens*, 1516 (*id.* d'Apchon). — *Le Sailhens*, 1585 (*id.* de Graule). — *Le Selhians*, 1596 (insin. du baill. de Saint-Flour). — *Salhans*, 1629 (terr. de Ségur). — *Salins*, 1671 (état civ. de Menet). — *Sélins*, 1777 (lièvo d'Apchon). — *Vacherie de Salins* (Cassini). — *Sailhans*, 1784 (Chabrol, t. IV).

Sélins était, avant 1789, de la Haute-Auvergne, du dioc. de Clermont, de l'élect. et de la subdélég. de Saint-Flour. Régi par le droit cout., il dépend. de la just. seign. d'Apchon, et ressort. au baill. d'Aurillac, en appel de la prév. de Mauriac. — La c^{ne} de Sélins a été réunie à celle de Saint-Hippolyte par ordonn. royale du 26 juin 1836.

Sélins, ruiss., affl. de la Rhue, c^{nes} de Saint-Hippolyte et de Cheylade; cours de 1,500 m.

Sellier (Le), vill., c^{ne} d'Antignac. — *Le Cellier* (Cassini).

Selmii, lieu inconnu, arrond. de Murat. — *Locus de Selmii*, 1329 (enq. sur la just. de Vieillespesse).

Selusié (Le), dom. ruiné, c^{ne} de Mandailles. — *Affar del Selusié*, 1692 (terr. de Saint-Geraud).

Selve (La), f^{me}, c^{ne} de Leynhac. — *Affarium da la Selva*, 1301 (pièces de l'abbé Delmas). — *La Sielve*, 1696 (terr. de la command. de Carlat). — *La Cianbe* (Cassini).

Selve (La), vill., c^{ne} de Saint-Antoine.

Selves, vill., c^{ne} d'Arnac. — *Mansus de Silva*, 1402 (arch. mun. d'Aurillac, s. HH, c. 21). — *Selves*, 1633; — *Selvez*, 1635 (état. civ. de Saint-Santin-Cantalès). — *Selvac*, 1650 (min. Sarrauste).

Selves, vill. et chât. ruiné, c^{ne} d'Ayrens. — *Selva*, 1522 (min. Vigery). — *Selves*, 1676 (état. civ.).

Selves, ruiss., affl. de la Soulane, c^{nes} de Jussac et d'Ayrens; cours de 3,250 m.

Selves, vill., c^{ne} de Pers. — *Mansus de Silva*, 1360 (arch. mun. d'Aurillac, s. HH, c. 21). — *Selves*, 1669 (nommée au p^{ce} de Monaco).

Selves, vill., c^{ne} de Saint-Santin-Cantalès. — *Villaige de Selves*, 1636 (lièvo de Pruns). — *Seuves; Cingles*, 1650; — *Ceubes*, 1697 (état civ. de Pleaux). — *Seubes*, 1651 (*id.* de Saint-Christophe).

Selvève, mont. à vacherie, c^{ne} de Chalinargues.

Sematz, dom. ruiné, c^{ne} de Naucelles. — *Mansus de Sematz*, 1522 (min. Vigery, n^{re}).

Sembal, dom. ruiné, c^{ne} d'Arches. — *Boria vocata de Sembalz*, 1473; — *Affar de Sambatz*, 1680 (terr. de Mauriac).

Semilhac, vill., c^{ne} d'Yolet. — *Affarium de Seneyillhac; des Cenilhac*, 1269 (arch. mun. d'Aurillac, s. FF, p. 15). — *Semelacum*, 1466 (reconn. par Ant. de Leyrits, à l'hôp. d'Aurillac). — *Semelhac*, 1488 (*id.* à J. de Montamat). — *Semolhac*, 1560 (*id.* aux prêtres de l'hôp. de la Trinité d'Aurillac). — *Silhalhiac; Seignialhac*, 1610 (aveu de J. de Pestels). — *Semelhac; Sepillihac*, 1626; — *Saniliac*, 1627 (état civ. d'Arpajon). — *Seneilhac*, 1671 (nommée au p^{ce} de Monaco). — *Semeliat*, 1681 (arch. dép. s. C, l. 11). — *Semilhac*, 1692 (terr. de Saint-Geraud). — *Simil-hac*, 1725 (arch. dép. s. C).

Senac, dom. ruiné, c^{ne} de Saint-Gerons. — *Villaige de Senac*, 1699 (état civ. de la Capelle-Viescamp).

Sénergues, f^{me} avec manoir et m^{in}, c^{ne} de Saint-Étienne-de-Maurs. — *Senhergues*, 1545 (min. Destaing, n^{re} à Marcolès). — *Seneigues*, 1556 (arch. dép. s. H). — *Molin de Sénergues*, 1669; *Sénergues*, 1746 (état civ.).

Senestre, ruiss., affl. du Goul, c^{ne} de Roussy; cours de 2,000 m. — *Ruisseau du Bos*, 1671 (nommée au p^{ce} de Monaco).

Sénezergues, c^{en} de Montsalvy et chât. — *Sanzergues*, 1549 (min. Guy de Vayssieyra, n^{re}). — *Senzergues*, 1552 (*id.* Boygues, n^{re}). — *Sanezargues*, 1628 (Paraphr. sur les cout. d'Auvergne). — *Cenzergues*, 1664 (min. Boyssonnade, n^{re}). — *Senessègues*, 1667 (état civ. de Cassaniouze). — *Sénezergues*, 1668 (nommée au p^{ce} de Monaco). — *Sénezhegues*,

1671; — *Sènezerguez*, 1695 (état civ. de Montsalvy). — *Senehergues*, 1786 (lièvve de la baronnie de Calvinet).

Sénezergues était, avant 1789, de la Haute-Auvergne, du dioc. de Saint-Flour, de l'élect. et de la subdélég. d'Aurillac. Régi par le droit écrit, il était le siège d'une just. seign., qui ressort. à la sénéch. d'Auvergne, en appel de la prév. de Calvinet. — Son église, dédiée à saint Martin, était un prieuré à la nomination de l'archid. d'Aurillac. Elle a été érigée en succursale par décret du 28 août 1808.

Sénezergues, dom. ruiné, c^{ne} de Chanterelle. — *Domaine de Sénezergues*, 1776 (archives départementales s. G).

Sénezergues, dom. ruiné, c^{ne} de Prunet. — *Affar de Sénezergues*, 1670 (nommée au p^{te} de Monaco).

Sengles (Le Bois des), dom. ruiné, c^{ne} de Jabrun. — *Affar et métharie des Singles*, 1508; — *Sengles; Les Sangles*, 1662; — *Metterie des Senglès*, 1686 (terr. de la Garde-Roussillon).

Séniargoux (Les), écart, c^{ne} de Saint-Saturnin. — *Seneugoux; les Gargoux*, 1784 (Chabrol, t. IV). — *Seniergoux*, 1857 (Dict. stat. du Cantal). — *Signargnoux*, 1886 (états de recens.).

Senilhes, vill. et chât. ruiné, c^{ne} d'Arpajon. — *Affarium de Senilhas*, 1269 (arch. mun. d'Aurillac, s. FF, p. 15). — *Senilhes*, 1465 (obit. de N.-D. d'Aurillac). — *Cenilles*, 1621 (état civ.). — *Sinilhes*, 1696 (terr. de Carlat). — *Sinilles*, 1704 (arch. dép. s. C, l. 5).

L'église de Senilhes a été érigée en succursale, par décret du 12 juin 1870.

Senilhes, dom. ruiné, c^{ne} de Cassaniouze. — *Le domaine de Senilles*, 1743 (anc. cad.).

Senivalo, vill., c^{ne} de Jabrun. — *Sanhavala; Sanhe-Vala; Sanhevala; Senhevallo*, 1508; — *Sagnivallo; Saignivallo*, 1662; — *Seignevals; Seignevalle; Seignevallo*, 1686; — *Seignevallo*, 1730 (terr. de la Garde-Roussillon). — *Senival; Sénivole*, 1784 (Chabrol, t. IV). — *Sanivalo* (Cassini).

Sennebières, vill. ruiné, c^{ne} d'Ally. — *Villa Sennabieras*, xiie s^e (charte dite *de Clovis*). — *Senebeyres; Senebieyre*, 1778 (inv. des arch. de la mais. d'Humières).

Sèpes (Le Bos des), dom. ruiné, c^{ne} de Mauriac. — *Mansus de la Sepa*, 1475 (terr. de Mauriac).

Sepière (La), mont. à burons, c^{ne} de Saint-Projet.

Sépouse (La), ham. et chât. ruiné, c^{ne} de Trémouille-Marchal. — *La Sépouze*, 1732 (terr. du fief de la Sépouse).

Seppe (La), ham., c^{ne} d'Antignac.

Seppe (La), mont. à burons, c^{ne} de Marcenat. — *La Sepe* (Cassini).

Septen (Le), dom. ruiné, c^{ne} de Thiézac. — *Affar del Septen*, 1674 (terr. de Thiézac).

Sept-Fontaines (Les), mont. à burons, c^{ne} de Saint-Paul-de-Salers.

Sept-Fonts (Les), dom. ruiné, c^{ne} de Carlat. — *Locus qui vocatur ad Septem Fontes*, 919 (cart. de Brioude).

Sept-Fonts (Les), mont. à burons, c^{ne} de Pailhérols. — *Vacherie de Septfonts* (État-major).

Sept-Fonts, ham., c^{ne} de Saint-Martin-Cantalès. — *Sept-fons*, 1770 (arch. dép. s. G, l. 40). — *Septfonts* (Cassini).

Sept-Herbages (Les), mont. à vacherie, c^{ne} de Badailhac.

Sept-Vals, dom. ruiné, c^{ne} de Saint-Martin-Cantalès. — *Villaige de Septvals*, 1635 (état civ. de Laroquebrou).

Ser (Le), dom. ruiné, c^{ne} de Marcolès. — *Mansus vocatus del Ser*, 1301 (pièces de l'abbé Delmas).

Ser (Le), vill., c^{ne} de Siran. — *Alcer*, 1350 (terr. de l'Ostal de la Tremolieyra). — *Mansus dal Cer-de-Meseyrat*, 1443 (arch. mun. d'Aurillac, s. HH, c. 21). — *Le Ser-de-Meseyrac*, 1449 (Enq. sur les droits des seign. de Montal). — *Lou Ser*, 1627 (min. Sarrauste, n^{re}). — *Le Fer* (Cassini). — *Le Sern*, 1857 (Dict. stat. du Cantal).

Sérénoux, f^{me}, c^{ne} de Saint-Étienne-de-Maurs. — *Villaige de Sérénou*, 1719 (état civ.).

Sergaliou, écart et mⁱⁿ, c^{ne} de Parlan. — *Sergaliau; Fergaliou; le moulin de Largaliau; Jargalyau; Salgaliau*, 1748 (anc. cad.).

Sergaliou, ruiss., afft. du ruisseau de Veyre, prend sa source dans la c^{ne} de Parlan; cours de 2,000 m. — *Sargaliol*, 1879 (État stat. des cours d'eau du Cantal).

Ser-Haut (Le), dom. ruiné, c^{ne} de Siran. — *Mansus del Fern Soboira*, 1269 (reconn. au seign. de Montal).

Serières, vill., c^{ne} de Boisset. — *Serières*, 1623 (état civ. de Saint-Mamet). — *Le Serieys*, 1668 (nommée au p^{te} de Monaco). — *Le Sirieds* (Cassini).

Sériers, c^{on} sud de Saint-Flour et chât. féodal détruit. — *Cereis*, 1323 (arch. mun. de Saint-Flour). — *Serers*, 1352 (spicil. Brivat.). — *Serrers*, xive s^e (Guill. Trascol). — *Seriers*, xive s^e (Pouillé de Saint-Flour). — *Siries*, 1579 (arch. dép. s. G). — *Series; Serieys; Cirières*, 1618 (terr. de Seriers). — *Serriers*, 1646 (lièvve des Ternes). — *Ceries*, 1668; — *Serières*, 1689 (pièces du cab. de Bonnefons).

Sériers était, avant 1789, de la Haute-Auvergne, du dioc., de l'élect. et de la subdélég. de Saint-Flour. Régi par le droit écrit, il était le siège d'une just. seign. ressort. au bailliage de Saint-Flour, en app. de sa prév. part. — Son église, dédiée à saint Jacques, était un prieuré compris dans l'archip. de Langeac, et à la nomination de l'abbaye de la Voûte. Elle a été érigée en succursale par ordon. royale du 5 janvier 1820.

Seriès (Le), ham., cne de la Capelle del Fraisse. — *Lou Siriès*, 1647 (état civ. de Montsalvy). — *Le Sericys*, 1668 (nommée au p{cé} de Monaco). — *Siryès* (Cassini).

Seriès (Le), vill. et m{in}, cne de Vitrac. — *Affarium vocatum de Serieys*, 1301 (pièces de l'abbé Delmas). — *Le Sericys*, 1550 (min. Destaing, n{re}). — *Cirieilx*, 1623; — *Le Cirieix*, 1624 (état civ. de Saint-Mamet). — *Lousserieys*, 1668 (nommée au p{ce} de Monaco). — *Le Sirieds* (Cassini). — *Le Serieds* (État-major).

Serieys (Le), ruiss., affl. de la rivière du Jurol, cne d'Alleuze; cours de 730 m.

Serieys, vill., cne d'Ayrens. — *Lou Serieys*, 1626 (min. Sarrauste). — *Sirieys*, 1666 (état civ. de Pleaux). — *Serieries*, 1670; — *Sericus*, 1674; — *Sericues*, 1676; — *Sericuest*, 1678 (id. d'Ayrens).

Serieys (Le Puech del), ham., cne de Leynhac. — *Le Siriès* (Cassini). — *Le Puech-del-Seriers*, 1856 (Dict. stat. du Cantal).

Serieys (Le), ham., cne de Nieudan. — *Mansi de Sirieys*, 1297 (test. de Gerand de Montal). — *Mansus de Serieys*, 1486 (accord avec les hab. de Laroquebrou). — *Lou Seigriès*, 1655 (état civ.). — *Lou Serieyer*, 1656 (min. Sarrauste, n{re}). — *Lou Serieyr*, 1672; — *Lou Seriez*, 1725; — *Lou Seryes*, 1787 (état civ.).

Serieys (Le), vill., cne de Saint-Jacques-des-Blats. — *Le Seriès* (Cassini).

Serieys (Le), vill., cne de Sénezergues. — *Servys*, 1549 (min. Roygues, n{re}). — *Le Sirgue; lou Serieys*, 1668 (nommée au p{ce} de Monaco).

Sermans (La), mais. isolée détruite, cne d'Aurillac. — 1622 (état civ. d'Arpajon).

Sernunes, seigneurie, cne d'Omps. — *Le seigneur de Sernures*, 1558 (min. Destaing, n{re}).

Sernusse, dom. ruiné, cne de Saint-Santin-de-Maurs. — *Ténement de Sernusse*, 1573 (anc. cad.).

Serpolie (La), dom. ruiné, cne d'Aurillac. — *Affar appellé de la Serpolia*, 1692 (terr. de Saint-Geraud).

Serre (Le), vill. détruit, cne d'Alleuze. — *Al Serre*, 1510 (terr. de Maurs).

Serre, vill., cne d'Anglards-de-Salers. — *Mansus Serra*, 1475 (terr. de Mauriac). — *Serre*, 1743 (arch. dép. s. C).

Serre, vill., cne d'Auriac. — *Serre*, 1784 (Chabrol, t. IV).

Serre, dom. ruiné, cne de Bonnac. — *Locus de Sarra*, 1439 (pièces de la cure de Massiac).

Serre (La), ruiss., affl. de l'Arcomie, cne de Bournoncles; cours de 1,500 m.

Serre (La), dom. ruiné, cne de Carlat. — *Domaine de la Serre*, 1695 (terr. de Carlat).

Serre (Le Puech de), mont. à vacherie, cne de Celles. — *Le Peuch del Serre*, 1581 (terr. de Celles).

Serre (Le), dom. ruiné, cne de Chaliers. — *Village de Serre*, 1745 (arch. dép. s. C, I. 43).

Serre, ham., cne de Champs.

Serre (La), vill., cne de Chastel-Marlhac. — *La Serre*, 1652 (anc. min. Chalvignac).

Serre (La), mont. à vacherie, cne de Girgols. — *V{rie} de la Serre* (État-major).

Serre (Las), vill., et m{in} détruit, cne de Lanobre. — *Larsseyre; la Serre; Laserre*, 1790 (min. Marambal, n{re} à Thinières).

Serre, vill., cne de Lavastrie. — *Villaige de Serre*, 1494 (terr. de Mallet). — *Serres*, 1676 (insin. de la cour royale de Murat).

Serre était, vers 1494, une paroisse dépend. du duché de Mercœur et comprise dans le mandement de Ruines.

Serre, ruiss., affl. de la Truyère, cne de Lavastrie; cours de 1,520 m.

Serre, dom. ruiné, cne de Leucamp. — *Vilaige de Serre*, 1670 (nommée au p{ce} de Monaco).

Serre, vill., cne de Marcenat.

Serre (La), vill. détruit, cne de Maurs. — *Mansus da Serra*, 1490 (arch. mun. d'Aurillac, s. HH, c. 21).

Serre (Le), dom. ruiné, cne de la Monselie. — *Affar de las Serres*, 1561 (terr. de Murat-la-Rabe).

Serre (La), dom. ruiné, cne de Montboudif. — *Mansus de Serra*, 1278 (Hist. de l'abbaye de Feniers).

Serre (La), écart, cne de Narnhac. — *La Serre*, 1695 (terr. de Celles).

Serre (Las), ruiss., affl. du ruisseau de Cors, cne de Saint-Cernin; cours de 2,000 m.

Serre, ham., cne de Saint-Christophe.

Serre (Le), ham., cne de Saint-Cirgues-de-Jordanne.

Serre (La), ham., cne de Saint-Étienne-Cantalès. — *La Serre*, 1782; — *Laserre*, 1787 (arch. dép. s. C, l. 51).

Serre (La), vill., cne de Saint-Illide. — *La Serre*, 1598 (min. Lascombes, n{re}).

Serre (La), écart, c^{ne} de Saint-Marc.
Serre (La), dom. ruiné, c^{ne} de Salers. — *Villaige de la Serre*, 1663 (insin. du baill. de Salers).
Serre (La), vill., c^{ne} de Vebret. — *Mansus da Serra*, 1441 (terr. de Saignes).
Serre-Basse (La), anc. q^r du vill. de la Serre, c^{ne} de Chastel-Marlhac, auj. réuni à la popul. agglomérée. — *La Serre-Soutrone*, 1688; — *La Serre-Soutronne*, 1717; — *La Serre-Soutrane*, 1736 (état civ.).
Serre-Basse (La), écart, c^{ne} de Glénat.
Serre-Basse (La), dom. ruiné, c^{ne} d'Oradour. — *Villaige de la Serre-Basse*, 1595 (insin. du baill. de Saint-Flour).
Serre-del-Teil (La), mont. et alignements druidiques, c^{ne} de Thiézac.
Serre-Haute (La), anc. q^r du vill. de la Serre, c^{ne} de Chastel-Marlhac, auj. réuni à la popul. agglomérée. — *La Serre-Soubrone*, 1688; — *La Serre-Soubronne*, 1719 (état civ.).
Serre-Haute (La), vill., c^{ne} de Glénat. — *Mansus de la Serra*, 1269; — *Mansus de Syra*, 1444 (reconn. au seign. de Montal). — *La Cerre*, 1616; — *La Serre*, 1632 (état civ.). — *L'hospital de la Serre?* 1750 (anc. cad.).
Serres, vill., c^{ne} d'Auriac. — *Serre*, 1591 (lièvc de la baronnie du Feydit). — *Serres*, 1664 (état civ. de Murat).
Serres, vill., c^{ne} de Champs. — *Serre; Serre*, 1614; — *La Sère*, 1666 (état civ.).
Serres, vill., c^{ne} de Labrousse. — *Mansus de Serra*, 1465 (obit. de N.-D. d'Aurillac). — *Domaine et bouriaige de Serre*, 1669 (nommée au p^{ee} de Monaco). — *Serres* (Cassini). — *Inserres* (états de sections).
Serres, ruiss., affl. de la Santoire, c^{nes} de Marcenat et de Saint-Bonnet-de-Marcenat; cours de 4,000 m.
Serres, vill., c^{ne} de Mauriac. — *Sarra*, x^e s^e (test. de Théodechilde). — *Mansus de Serra*, 1475 (terr. de Mauriac). — *Serre*, 1646 (état civ.).
Serres, vill. et chât. ruiné, c^{ne} d'Oradour. — *Serra*, 1401 (liber vitulus).
Serres, vill., c^{ne} de Saint-Christophe. — *Sere*, 1629; — *Sierre*, 1667 (état civ.). — *Serre*, 1768 (arch. dép. s. C, l. 40).
Serres, vill., c^{ne} de Saint-Cirgues-de-Jordanne. — *Chapserre*, 1679 (arch. dép. s. C, l. 1.). — *La Serre*, 1687 (état civ. de Murat). — *Chap-Serre*, 1717 (arch dép. s. C, l. 1).
Serres, ruiss., affl. de la Jordanne, prend sa source à la Grondo-Coumbo, c^{ne} de Saint-Cirgues-de-Jordanne; cours de 2,500 m.

Serres, vill. et m^{in}, c^{ne} de Saint-Cirgues-de-Malbert. — *Mansus de Serra*, 1464 (terr. de Saint-Christophe). — *Sare*, 1655 (insin. du baill. de Salers). — *Serre*, 1679; — *Serres*, 1728 (arch. dép. s. C, l. 16).
Serres, vill., c^{ne} de Vebret. — *Mansus de Serra*, 1441 (terr. de Saignes). — *Serre*, 1672 (état civ. de Saignes).
Serres, f^{me}, c^{ne} d'Ytrac. — *Serre*, 1669 (nommée au p^{ee} de Monaco). — *Serres*, 1739 (arch. dép. s. C). — *Serre Parre*, 1695 (terr. de Carlat).
Serre-Soubro, dom. ruiné, c^{ne} de Mauriac. — *Mansus de Serra Superior*, 1473 (terr. de Mauriac).
Serre-Virgie (Lou), dom. ruiné, c^{ne} de Ladinhac. — *Affar appellé Lou Serre-Virgie*, 1668 (nommée au p^{ee} de Monaco).
Serri (Le Suc du), mont. à vacherie, c^{ne} de Lugarde.
Serry, ruiss., affl. de la Dordogne, c^{ne} de Champagnac; cours de 800 m.
Serry (Le), dom. ruiné, c^{ne} de Jaleyrac. — *Affarium del Sereis*, 1473; — *Tènement del Series*, 1680 (terr. de Mauriac).
Sens (Le), écart, c^{ne} de Leynhac.
Sens (Le), écart et mont. à vacherie, c^{ne} de Saint-Saury. — *Serre* (Cassini). — *Le Sert* (État-major).
Sert (Le), ham., c^{ne} de Leynhac. — *Le Ser* (Cassini). — *Le Sor*, 1856 (Dictionnaire statist. du Cantal).
Servairette, vill., c^{ne} de Brezons. — *Mansus de Servayreta*, 1432 (liber vitulus). — *Serveyrete*, 1610 (état civ. de Thiézac). — *Serveirettes*, 1623 (ass. gén. ten. à Cezens). — *Serveirette*, 1702; — *Serveiretes*, 1704 (état civ.). — *Sonniette* (Cassini). — *Servairette* (État-major). — *Serveyrette*, 1852 (Dict. stat. du Cantal).
Servairie (La), ham., c^{ne} de Sénezergues.
Serval (Le Bois de), dom. ruiné, c^{ne} de Saint-Constant. — *Mas de Ferval*, xviie s^e (reconn. au prieur de Saint-Constant).
Servanet, dom. ruiné, c^{ne} de Sénezergues. — *Villaige de Servanet*, 1670 (terr. de Calvinet).
Servans, vill., c^{ne} de Cassaniouze. — *Servans*, 1659 (état civ.). — *Servan*, 1741 (anc. cad.). — *Servant*, 1785 (arch. dép. s. C, l. 49).
Servans-Bas, ham. détruit, c^{ne} de Cassaniouze. — *Villaige inférieur de Servans, jadis appellé de Servanhou*, 1760 (terr. de Saint-Projet).
Servans-Haut, dom. ruiné, c^{ne} de Cassaniouze. — *Village de Servans supérieur jadis appellé lou Mas-Aldoys; ès appartenances du Mas-Aldoy; affar appellé autrefois d'Aldon*, 1760 (terr. de Saint-Projet). — *Alon* (Cassini).

SERVE (LA), dom. ruiné, c^{ne} de Carlat. — *Domaine de la Serve*, 1736 (terr. de Carlat).

SERVEINS, dom. ruiné, c^{ne} de Saint-Santin-Cantalès. — *Affarium de Serveins*, 1345 (arch. dép. s. E).

SERVEJOUL, vill. détruit, c^{ne} de Marmanhac. — *Servejol*, 1552; — *Serveghol*, 1556 (terr. de Nozières). — *Servejoul*, 1685 (arch. dép. s. C. l. 21).

SERVES, ruiss., affl. de la Soulane-Grande, c^{ne} de Saint-Illide; cours de 1,200 m.

SERVET, m^{in}, c^{ne} de Saint-Christophe.

SERVETY, dom. ruiné, c^{ne} de Saint-Simon. — *Le Villaige de Servety*, 1685 (état civ. de Laroquebrou).

SERVIALLE, ruiss., affl. de la Truyère, c^{ne} d'Alleuze; cours de 2,000 m. — *Rieu de la Vayssyne; Rieu de la Vassyne*, 1494 (terr. de Mallet).

SERVIER (LE), dom. ruiné, c^{ne} de Nieudan. — *Villaige du Servié*, 1661; — *Le Servyer*, 1668 (état civ. de Saint-Paul-des-Landes).

SERVIÈRES, écart, c^{ne} de Brezons.

SERVIÈRES, vill., c^{ne} de Joursac. — *Serveires*, 1693; *Serrières*, 1697 (état civ.).

SERVIÈRES, dom. ruiné, c^{ne} d'Ytrac. — *Mansus de Servieyras*, 1339 (arch. dép. s. E).

SESTRIÈS, vill., c^{ne} de Freix-Anglards. — *Sestrières*, 1702; — *Sestriès*, 1704 (état civ. de Saint-Cernin). — *Sestriers*, 1730 (arch. dép. s. C, l. 32). — *Cistrières*, 1784 (Chabrol, t. IV).

SEURE, dom. ruiné, c^{ne} de Sarrus. — *Le villaige de Seure*, 1494 (terr. de Mallet).

SEVAYRAGUE (LA), dom. ruiné, c^{ne} de Lieutadès. — *Terres appelées Seveyrago*, 1508; — *La Seveyrague*, 1730 (terr. de la Garde-Roussillon).

SÈVE-HAUT, m^{in} détruit, c^{ne} d'Aurillac. — *Le mole de Sève-Maior*, 1681 (arch. mun. CC, p. 3).

SÉVENNE, chât. détruit, c^{ne} de Riom-ès-Montagnes. — *Castrum de Sevena*, 1308 (Gall. christ., t. II, instrum., col. 92).

SÉVÉRAC, vill. et chât. détruit, c^{ne} de Neussargues. — *Seveyrac*, 1347 (reconn. à Jehanne de Balzac); *Syveyrac*, 1511 (arch. dép. s. G). — *Sevaret; Civeirac*, 1533 (terr. de Touls). — *Seiveyrac*, 1558 (id. de Tempel). — *Seveyzac; Severac*, 1581 (id. de Celles). — *Seveyrat*, 1652 (id. de Coltines).

SÉVÉRAC, vill., c^{ne} de Polminhac. — *Mansus de Ceveyrac*, 1485 (reconn. à J. de Montamat). — *Seveyrac*, 1695 (id. de la command. de Carlat).

SÉVÉRAGUET, vill. détruit, c^{ne} de Neussargues. — *Sévaret*, 1533 (terr. du prieuré de Touls). — *Sévéyraguet; Cévéraguet*, 1581. — *Sévéraguet*, 1644 (id. de Celles). — *Seveyraguet*, 1693 (état civ. de Moissac).

SEVESTRE, m^{in} et huilerie, c^{ne} de Pleaux.

SEXTRERIAS, lieu détruit, c^{ne} de Ruines. — *Sextrerias villa*, 927 (Baluze, t. II, p. 20).

SEYT (LE), écart, c^{ne} de Boisset. — *Bois del Seiq; del Svic*, 1746 (anc. cad.).

SEYVIOLLE, ruiss., affl. de la Dordogne, c^{nes} de Champagnac et de Veyrières; cours de 2,150 m.

SEYVIOLLE, vill., c^{ne} de Veyrières. — *Seiviolles* (Cassini). — *Seviolle* (État-major).

SIALÈS, écart, c^{ne} de Saint-Santin-Cantalès. — *Affar de Taliès*, 1636 (lièves de Poul). — *Selins*, 1674 (état civ. d'Arnac).

SIAUVE (LA), vill. détruit, c^{ne} de Lanobre. — *Lascieau* (Cassini).

SIAUVE-BASSE ET HAUTE (LA), vill. et hameau, c^{ne} de Lanobre. — *Lascieau-Haute; Lascieau-Basse* (Cassini). — *La Ceauve-Haute; la Ceauve-Basse*, 1789 (min. Marambal, n^{re} à Thinières). — *Chiauve-Haute* (État-major).

SIBÉRIE (LA), écart, c^{ne} de Nieudan. — *Affarium de la Cebayrica*, 1322 (pap. de la fam. de Montal). — *La Sebayria*, 1406 (reconn. au seign. de Montal). — *La Cebayria*, 1458 (pap. de la fam. de Montal). — *La Cebayrie*, 1557 (arch. mun. d'Aurillac, s. H, c. 21). — *La Sevairie*, 1600 (pap. de la fam. de Montal). — *La Corbeyrie*, 1660 (min. Sarrauste). — *La Cebeirie*, 1662; — *La Cebeyrie*, 1664; — *Le Cebeirio*, 1666 (état civ.). — *La Cebairie*, 1725 (id. de Saint-Paul-des-Landes). — *La Siberie*, 1770; — *La Seberie*, 1782 (arch. dép. s. C, l. 51). — *La Ceberie* (Cassini).

SIBUT, écart, c^{ne} de Maurs.

SIELS, vill., c^{ne} d'Ayrens. — *Cieus*, 1623 (état civ.). — *Sieul*, 1650 (id. de Reilhac). — *Cieux*, 1664; — *Cieulst*, 1668; — *Cieuxlz*, 1669; — *Cieuxst*, 1670; — *Ciels*, 1692 (état civ.). — *Seils*, 1701 (id. de Saint-Paul-des-Landes).

SIEUJAC, vill., c^{ne} de Neuvéglise, et chât. féodal ruiné. — *Mansus de Fenghac*, 1492 (liber vitulus). — *Sanghac; Sanhac; Senghac; Sehugac; Senhac*, 1494 (terr. de Mallet). — *Sioughac*, 1630 (id. de Montchamp). — *Sioughac*, 1632 (état civ. de Saint-Flour). — *Siougeac*, 1730 (terr. de Montchamp). — *Sieuziac*, 1739 (état civ.). — *Sieujac*, 1745 (arch. dép. s. C, l. 43). — *Sioujac* (Cassini). — *Siogeac; Sieuzat*, 1784 (Chabrol, t. IV).

Sieujac était, avant 1789, le siège d'une justice moyenne et basse régie par le droit cout., dépend. de la haute justice de Rochegonde et ressort. au bailliage de Saint-Flour, en appel de sa prév. part.

SIEUJAC, ruiss., affl. de la Truyère, c^{ne} de Neuvéglise; cours de 3,700 m. — *Rieu appellé de Senhac; del Sailh; del Salt; de las Saconeyras; de la Ribeyre*, 1494 (terr. de Mallet). — *Rivosolat*, 1510; — *rivus Dessonlat; Desoulac*, 1511 (id. de Maurs). — *Rivière de Soulac; Souhac*, 1630; — *Rif de Souhat; de Souhat; de Soulhat*, 1662 (terr. de Montchamp).

SIGIADAS, dom. ruin., c^{ne} de Riom-ès-Montagnes. — *Mansi Sigiadas*, 1309 (Hist. de l'abb. de Feniers).

SIGILADE (LA), dom. ruiné, c^{ne} de Saint-Santin-Cantalès. — *Affarium de la Sigilade, sive de la Roqua*, 1442 (reconn. au seign. de Montal). — *La borie de la Sigilade, autrement de la Rocque*, 1449 (enq. sur les droits des seign. de Montal).

SIGNALADE, ruiss., affl. de la rivière de Brezons, c^{ne} de Brezons; cours de 3,800 m.

SIGNALADE (LA), mont. à vacherie, c^{ne} de Cezens. — *Montaigne de Saniallade; Sanialade*, 1649; — *Montaigne de Sagniallade*, 1652; — *Saignelade*, 1658 (min. Danty, n^{re}). — *V^{rie} de Sagnalade* (État-major).

SIGNALADE, vill., c^{ne} de Ferrières-Saint-Mary. — *Sinhelade*, 1551 (terr. de Villedieu). — *La Selade*, 1598 (min. Andrieu, n^{re}). — *Sanialade*, 1610 (terr. d'Avenaux). — *Sanhalade*, 1673 (état civ. de Bonnac). — *Segnellade*, XVIIe s^o (arch. dép. s. E). — *Saigneclade*, 1702 (lièvre de Mardogne). — *Saynelade*, 1734 (arch. dép. s. E). — *Saigne-Lade*, 1771 (lièvre de Mardogne).

SIGNALAUSE, vill., c^{ne} de Ruines. — *Saigne-Lauze; Saniclauze; Saignelauze*, 1624 (terr. de Ligonnet). — *Seignalause* (Cassini). — *Signalause* (État-major). — *Segnalause*, 1857 (Dict. stat. du Cantal).

SIGNER (LE), m^{in} détruit, c^{ne} de Badailhac. — *Molin del Signer autrefois appellé de la Peyra*, 1696 (terr. de Carlat).

SIGNOLE (LA), écart, c^{ne} de Chaliers.

SILHOL, vill., c^{ne} de la Chapelle-d'Alagnon. — *Mansus de Culhols*, 1484 (terr. de Farges). — *Seliols*, XVe s^o (id. de Bredon). — *Celhols*, 1518 (id. des Cluzels). — *Celhoz; Celhox; Celhos*, 1535 (id. de la v^{te} de Murat). — *Seilholz*, 1542 (arch. dép. s. G). — *Sailhoz*, 1542 (terr. de la coll. de N.-D. de Murat). — *Seilhols; Escilholz; Cilholz*, 1591 (id. de Bressanges). — *Celholz*, 1607 (min. Danty). — *Scillio*, 1655 (état civ. de Saint-Étienne-de-Maurs). — *Ceilliolz*, 1675 (terr. de Farges). — *Silioz*, 1682 (insin. de la cour royale de Murat). — *Celiols*, 1683 (terr. de Farges). — *Celholz; Celliolz; Ceillolz*, 1683 (terr. des Bros).

— *Silhoz*, 1683 (état civ. de Murat). — *Silliols*, 1692; — *Chilhols*, 1694 (id. de la Chapelle-d'Alagnon). — *Silios*, 1704 (arch. dép. s. E).

SILHOL, ham., c^{ne} de Riom-ès-Montagnes. — *Las Seliol*, 1717 (arch. dép. s. G). — *La Seliol*, 1744 (id. s. E). — *Las Siliol*, 1780 (lièvre de Saint-Angeau). — *La Seillol*, 1783 (aveu par G. de la Croix). — *Le Saillion* (Cassini). — *La Siliol* (État-major).

SILHOL (LE), écart, c^{ne} de Roussy. — *Le Siliol*, 1857 (Dict. stat. du Cantal).

SILHOLET, vill., c^{ne} de la Chapelle-d'Alagnon. — *Celholetz; Celholex; Celholectz; Selholectz; Celholiectz*, 1535 (terr. de la v^{te} de Murat). — *Ceilholetz; Salholetz*, 1542 (id. de la coll. de N.-D. de Murat). — *Selholetz*, 1550 (min. de Lanusse). — *Seilholez*, 1552 (terr. de Farges). — *Celholez*, 1585; — *Ceilholletz*, 1624 (lièvre de la v^{te} de Murat). — *Silioulet; Celiolet*, 1670; — *Celhiolotz*, 1673 (insin. de la cour royale de Murat). — *Chiliolet*, 1696 (état civ.). — *Ceilliolet; Siliolet*, 1704 (arch. dép. s. E). — *Ceilhiolletz*, 1717 (lièvre de la v^{te} de Murat). — *Sillolet*, 1773 (insin. de la cour royale de Murat).

SILHOLET, vill. ruiné, c^{ne} de Méallet. — *Sillollet*, 1784 (Chabrol, t. IV).

SILIARDE (LA), écart, c^{ne} de Védrines-Saint-Loup.

SILLE-MONTE (LA), ham., c^{ne} de Ladinhac.

SILVES, dom. ruiné, c^{ne} de Saint-Martin-Cantalès. — *Affarium de las Sols*, 1464 (terr. de Saint-Christophe). — *Affar de las Colhs*, 1504 (id. de la duchesse d'Auvergne). — *Silves*, 1651 (état civ. de Saint-Christophe).

SILVETERRE, écart, c^{ne} de la Capelle-en-Vézie.

SIMACORBE, dom. ruiné, c^{ne} de Paulhenc. — *Mansus de Simacorba*, 1371 (arch. dép. s. G).

SIMONS (LE CLOS DE), mont. à burons, c^{ne} de Saint-Vincent.

SINCAUX (LES), mont. à vacherie, c^{ne} de Saint-Paul-de-Salers.

SINGLE (LE), mont. à vacherie, c^{ne} de Chavagnac.

SINIQ (LE), forêt domaniale et mont. à vacherie, c^{ne} de Malbo. — *Montaigne de Sinic*, 1627 (pièces de Lacassagne). — *Sinicq*, 1652 (min. Danty, n^{re}). — *Montagnhe de Senic; Bois appellé de Labbé*, 1668 (nommée au p^{co} de Monaco). — *Bois appellé de Sinic ou de Morèze*, 1694 (pièces de Lacassagne).

SINRAU, écart, c^{ne} de Saint-Urcize. — *La Peyre de Senvau*, 1686; — *La Peyre de Senrau*, 1730 (terr. de la Garde-Roussillon). — *Saint-Rau*, 1857 (Dict. stat. du Cantal).

Siogéac, ham., c^ne de Riom-ès-Montagnes. — *Sieu-ghac*, 1717 (arch. dép. s. E). — *Sieughat*, 1783 (aveu par G. de la Croix). — *Soyhac* (État-major). — *Siogheac*, 1857 (Dict. stat. du Cantal).

Sion et Sion-Bas, ham., c^ne du Vigean. — *Mansus da Syon*, 1310 (lièvre du prieuré du Vigean). — *Affarium de Sion*, 1413 (terr. de Mauriac).

Sionne (La), riv., affl. de l'Alagnon, coule aux finages des c^nes de Pradiers, Vèze, Molèdes, Chanet, Auriac et Massiac; cours de 30,000 m. — *Flumen Siona*, xiie s^e (charte dite *de Clovis*).

Sioprat, ham., c^ne de Lanobre. — *Sioprat*, 1789 (min. de Marambal, n^ro à Thinières). — *Chiaupra* (État-major). — *Siauvrat*, 1856 (Dict. stat. du Cantal).

Siorne (La), ruiss., affl. de la rivière d'Auze, c^nes de Saint-Bonnet-de-Salers et de Drugeac; cours de 9,490 m.

Ce ruisseau porte aussi le nom de *Fayet*. — *Flumen Siore*, xiie s^e (charte dite *de Clovis*). — *Sione*, 1837 (état des riv. du Cantal).

Siouladour (Le), dom. ruiné, c^ne de Valuéjols. — *Mansus del Siulador*, 1239 (arch. dép. s. E). — *Sieulador*, 1508; — *Le Siouladour*; *Siouladour*; *Siouladours*, 1661; — *Le Fiouladour*, 1663; — *Le Siouladou*; *Siouladour*; *Siouladours*, 1687 (terr. de Loubeysargues).

Sipeyres (Les), ham., c^ne de Colandres. — *Cipeyre* (État-major). — *Las Six-Peyres* (Dict. statist. du Cantal).

Siragnial, dom. ruiné, c^ne de Saint-Mamet-la-Salvetat. — *Mansus vocatus del Syragnial*, 1301 (pièces de l'abbé Delmas).

Siran, c^on de Laroquebrou. — *Siran*, 1297 (test. de Geraud de Montal). — *Syram*, 1299 (arch. mun. d'Aurillac s. HH, c. 21). — *Siranh*, 1449 (enq. sur les droits des seign. de Montal). — *Sirandum*, 1458; — *Sirandium*, 1489 (arch. mun. d'Aurillac, s. HH, c. 21). — *Sirand*, 1616 (état civ.). — *Cirant*, 1628 (paraphr. sur les cout. d'Auvergne). — *Syran*, 1628 (état civ. de Cros-de-Montvert). — *Sciran*, 1652; — *Ciran*, 1658 (id. de Glénat). — *Saint-Cirant* ou *Sirant*, 1784 (Chabrol, t. IV).

Siran était, avant 1789, de la Haute-Auvergne, du dioc. de Saint-Flour, de l'élect. et de la subdélég. d'Aurillac. Régi par le droit écrit, il dépend. de la just. du prieuré d'Escalmels, et ressort. au baill. d'Aurillac, en appel de la prév. de Maurs. — Son église, dédiée à saint Martin, était un prieuré à la nomination du prieur d'Escalmels. Elle a été érigée en succursale par décret du 28 août 1808.

Sirantes (Les), mont. à vacherie, c^de de Saint-Paul-de-Salers.

Sirié (Le Bois del), dom. ruiné, c^ne de Saint-Mamet-la-Salvetat. — *Tènement del Serieys-Nègrau*, 1744 (anc. cad.).

Sirié (Le), écart, c^no de Saint-Saturnin.

Siscamps, vill., c^ne de Quézac. — *Siscan*, 1740; — *Siscams*, 1743; — *Siscans*, 1760 (état civ.). — *Siscamp* (État-major).

Sistrié (Le Suc de), mont. à vacherie, c^ne de Saint-Vincent.

Sistrières, écart, c^ne d'Aurillac.

Sistrières, vill., c^ne de Chanterelle. — *Cistraires*, 1673; — *Cistraire*; *Cistrieyres*, 1675; — *Cystreyres*, 1680 (état civ. de Condat). — *Cistrières*. 1776 (arch. dép. s. C). — *Sistraire* (Cassini). — *Fistrières* (État-major).

Sistrières, vill., c^ne de Pailhérols. — *Sestrières*, 1627 (pièces du cab. de Lacassagne). — *Sestryeires*, 1636; — *Sestrieyres*, 1640 (état civ. de Vic). — *Sistrières*, 1668 (nommée au prince de Monaco).

Sition, m^in détruit, c^ne de Chaudesaigues. — *Rioulou-Chition*, 1619 (état civ. de Pierrefort). — *Moulin de Sitions*, 1662; — *Sition*, 1730 (terr. de la command. de Montchamp).

Sivadier, écart, c^ne de Cassaniouze.

Sivernat, dom. ruiné, c^ne de Laroquevieille. — *Villaige de Sivernat*, 1662 (insin. du baill. de Salers).

Solecroux, écart, c^ne d'Anglards-de-Salers. — *Solecroux*, 1651; — *Solecroups*, 1653; — *Solocroupz*, 1655; — *Solocroupx*, 1661; — *Sollecroux*, 1666; — *Soulocraph*, 1669; — *Soulocrapls*, 1670 (état civ.). — *Sauve-Croux*, 1699; — *Saule-Croux*, 1700 (id. de Saint-Martin-Valmeroux). — *Salecroix*, 1740; — *Salacroux*, 1742 (id. de Saint-Bonnet-de-Salers).

L'orthographe de ce mot est vicieuse, il faudrait écrire : *Solecroux*.

Sonnier, buron sur la mont. d'Exclaux, c^ne de Saint-Clément.

Sogne (La), m^in, c^ne de Paulhac. — *Molin de Sonhe*, 1615 (arch. dép. s. E).

Sogne-Longue (La), mont. à vacherie, c^ne de Neuvéglise.

Sol (Le), vill., c^ne du Claux.

Sol (Le), ham. et m^in, c^ne de Leynhac. — *Le Sol*, 1668 (nommée au p^re de Monaco).

Sol (Le), écart, c^ne de Parlan.

Sol (Le), écart, c^ne de Saint-Cirgues-de-Jordanne.

Solaneille (La), mont. à vacherie, c^ne de Chastel-Marlhac.

Sol-Barrière (Le), dom. ruiné, c^{ne} d'Aurillac. — *Villaige del Sol-Barrieyre*, 1692 (terr. de Saint-Geraud).

Sole (Le Puy-de-la), mont. à vacherie, c^{ne} de Saint-Saury.

Soleil (Le), écart, c^{ne} d'Aurillac.

Solhers, dom. ruiné, c^{ne} de Laurie. — *Mansus de Solhers*, 1375 (arch. dép. s. E).

Solignac, f^{me} avec manoir, c^{ne} de Boisset. — *Mansi de Solanhac*, 1324 (arch. dép. s. E). — *Soulouniac*, 1636 (état civ. de Saint-Mamet). — *Soulounhac*, 1670 (nommée au p^{ce} de Monaco). — *Solinhac*, 1746 (anc. cad.). — *Soliniac* (Cassini).

Solignat, vill., c^{ne} de Molompize. — *Solvinhac; Sollinhac; Solinhac*, 1558 (terr. de Tempel). — *Solvanhiat*, 1559 (lièvre du prieuré de Molompize). — *Saunaiges*, 1666; — *Saunnaignat*, 1667 (état civ. de Saint-Étienne-sur-Massiac). — *Soliniac*, 1695 (terr. de Celles). — *Souvagniat*, 1704; — *Soulagniac*, 1705; — *Chalaniac*, 1714; — *Soulania*, 1715; — *Soulaniat*, 1744 (état civ. de Saint-Étienne-sur-Massiac). — *Sauvagnat*, 1784 (Chabrol, J. IV). — *Chalagnac* (Cassini).

Solillage, ham., c^{ne} de Laroquevieille. — *Solages*, 1642 (état civ. de Naucelles). — *Solelinge*, 1682 (id. de Saint-Project). — *Solillages* (Cassini). — *Sollillages*, 1857 (Dict. stat. du Cantal).

Solinhac, ham., c^{ne} de la Besserette. — *Villaige de Solveyninat*, 1549 (min. Boygues). — *Solenhac*, 1632; — *Soulinhac*, 1634 (état civ. de Montsalvy). — *Soliniac; Solvinhac; Soligniac*, 1670 (terr. de Calvinet). — *Souligniac*, 1745 (état civ. de la Capelle-en-Vézie). — *Solinhac*, 1754 (id. de Sansac-Veynazès). — *Solinhac*, 1766 (id. de la Capelle-en-Vézie). — *Solignac*, 1786 (lièvre de l'abb. de Montsalvy).

Solle (La), ham., c^{ne} de Cassaniouze. — *La Sole*, 1630; — *La Solle*, 1634 (état civ.). — *La Folle*, 1786 (lièvre de Calvinet).

Sols (Les), dom. ruiné, c^{ne} de Dienne. — *Affar des Sols*, 1554 (arch. dép. s. E).

Sols (Les), dom. ruiné, c^{ne} de Labrousse. — *Affarium vocatum del Sols*, 1531 (min. Vigery, n^{re}).

Sone (Le Puy de), mont. à vacherie, c^{ne} de Lieutadès.

Songier (Le), dom. ruiné, c^{ne} de Saint-Mamet-la-Salvetat. — *Villaige del Songier*, 1668 (nommée au p^{ce} de Monaco).

Sonio (La), mont. à burons, c^{ne} de Colandres.

Sordaillac, dom. ruiné, dont la situation est inconnue. — *Villaige de Sordalhac*, xviie s^e (arch. dép. s. E).

Sormière (La), dom. ruiné, c^{ne} de Saint-Clément. — *Affarium de la Sormieyra*, 1269 (arch. mun. d'Aurillac, s. FF, p. 15).

Sons, vill., c^{ne} de Boisset. — *Jors*, 1668; — *Sorb:*, 1669 (nommée au p^{ce} de Monaco). — *Sorbe*, 1740 (reg. état civ. de Quézac). — *La Coste de Sors*, 1746; — *Sor; Soir; Saurs; Sorbs*, 1748; — *Le Sours*, 1753 (anc. cad.).

Sortadis, mont. à vacherie, c^{ne} de Champs.

Souacle, écart, c^{ne} de Roussy. — *Souiacle* (État-major).

Souayrac, écart, c^{ne} de Raulhac.

Soubeyrou (La), ham., c^{ne} de Colandres. — *La Soubeyrou*, 1608 (min. Danty, n^{re}). — *La Soubeiro*, 1672 (état civ. de Menet). — *La Sobeyro*, 1719 (table du terr. d'Apchon). — *La Soubairou*, 1777 (lièvre d'Apchon). — *Soubeirou* (État-major).

Soubizergues, vill., c^{ne} de Saint-Georges. — *Mansus de Sobaysargues; Sobayzergues*, 1327 (arch. dép. s. E). — *Sobayzaigues*, 1419; — *Sobayzegues*, 1512 (liber vitulus). — *Soubeissergues*, 1599 (min. Ardrieu, n^{re}). — *Soulizergues* (Cassini). — *Soubisergues* (État-major).

Soubre-Bos, dom. ruiné, c^{ne} de Carlat. — *Mansus de Sobre-Bos*, 1521; — *Mansus de Sobrebos*, 1522 (min. Vigery, n^{re}).

Soubre-Bos, mont. à vacherie, c^{ne} de Celles.

Soubrevèze, vill., m^{in} et chât. ruiné, c^{ne} de Marchastel. — *Mansus de Sobrevesa*, 1329 (enq. sur la just. de Vieillespesse). — *Sobraveza*, xive s^e (arch. dép. s. E). — *Soubrevaize; Soubrevèze; Soubbrevaize*, 1578 (terr. de Soubrevèze).

Soubrevèze était, avant 1789, régi par le droit cout., et siège d'une justice seign. ressort. à la sénéch. d'Auvergne en appel du bailliage d'Aubijoux.

Soubrevèze, dom. ruiné, c^{ne} de Menet. — *Affarium de Sobreveza*, 1441 (terr. de Saignes).

Soubrier, m^{in}, c^{ne} de Polminhac. — *Molin de Soubrier*, 1695; — *Moulin de Boichy*, 1735 (terr. de la command. de Carlat).

Souccaliou (Le), écart, c^{ne} de la Capelle-del-Fraisse. — *Esqualioux*, 1724; — *Souqualioux*, 1733; — *Songialiou*, 1744 (état civil de la Capelle-en-Vézie).

Soucharalde (La), ham., c^{ne} de Saint-Urcize. — *Soucharalde* (Cassini). — *Soucharaldes* (État-major). — *Soucharade*, 1857 (Dict. stat. du Cantal).

Souchars (La Coste del Cap del), mont. à vacherie, c^{ne} du Falgoux.

Souche (La), ham. et mont. à vacherie, c^{ne} de Vèze.

Soucheire (La), forêt défrichée, c^{ne} de Chanet. —

Nemus situm in Socheyra; in Socheyria, 1451 (terr. de Chavagnac).

SOUCHEIRE (LA), lieu détruit, c^{ne} de Laveissenet.

SOUCHEIRE (LA), mont. à vacherie, c^{ne} de Paulhac. — *Montanum de la Socheyra*, 1491 (terr. de Farges). — *Ascheiras; le Secheiras; la Secheira; Soucheyres*, 1508 (id. de Montchamp). — *Sepcheyres*, 1511 (id. de Maurs). — *Montaigne de la Socheira*, 1518 (id. des Cluzels). — *Montaigne et bois de la Soucheyra*, 1591 (id. de Bressanges). — *Soucheyre*, 1649 (min. Danty).

SOUCHEIRES (LES), dom. ruiné, c^{ne} de Chastel-sur-Murat. — *Tènement de las Socheyres*, 1542 (terr. de la coll. de N.-D. de Murat).

SOUCHES (LES), vill. et m^{in}, c^{ne} de Pierrefort. — *La Souche*, 1608 (état civ.).

SOUCHE-SERRES, écart, c^{ne} de Marcenat.

SOUCHEYRE (LA), mont. à vacherie, c^{ne} de Saint-Saturnin. — *Mons de Sochegary; Soche-Gari; Souche-Gary*, 1278 (Hist. de l'abbaye de Feniers). — *Montana vulgariter appellata de la Secheuri*, 1345; — *Montana vocata de la Sucheyra*, 1447; — *La Soucheyre*, 1551 (arch. dép. s. E).

SOUCHOUNE (LA), mont. à vacherie, c^{ne} de Pradiers.

SOUCHOUS (LES), écart, c^{ne} de Marcenat.

SOUCO-SÉCO (LE), dom. ruiné, c^{ne} de Saint-Mamet-la-Salvetat. — *Tènement de la Souque-Sègue*, 1745 (anc. cad.).

SOUDE (LA), ruiss., afll. du Vezou, c^{nes} de Gourdièges et de Pierrefort; cours de 1,500 m.

Ce ruisseau porte aussi le nom d'*Assac*.

SOUDEILLES (LES), écart, c^{ne} d'Apchon. — *La Soudeilhe*, 1719 (table du terr. d'Apchon). — *Las Soudeilles*, 1777 (liève d'Apchon).

SOUFFERAUX (LES), lieu détruit, c^{ne} de Saint-Saturnin. — 1784 (Chabrol, t. IV).

SOUGENIE (LA), écart, c^{ne} de Saint-Amandin.

SOUGUILLOUSE (LA), dom. ruiné, c^{ne} de Colandres. — *Mansus Soulelhiouza*, 1513 (terr. d'Apchon). — *La Solelhouse*, 1719 (table de ce terrier).

SOUGUILLOUSE (LA), ruiss., afll. de la Véronne, c^{ne} de Colandres; cours de 2,880 m.

SOUGUILLOUSE (LA), écart, c^{ne} de Saint-Saturnin. — *Les Souguelhouses*, 1857 (Dictionnaire statist. du Cantal).

SOUL (LE), écart, c^{ne} de Chaliers. — *Le Soulz*, 1630 (terr. de Montchamp). — *Salus*, fin du XVIIe s^e (id. de Chaliers). — *Le Souil* (Cassini). — *Le Souc* (État-major).

SOUL (LE), ham., c^{ne} d'Espinasse. — *Le Souls* (Cassini). — *Le Soul* (État-major). — *Le Soulo*, 1855 (Dict. stat. du Cantal).

SOUL (LE), vill., c^{ne} de Vieillespesse. — *Mansus de Solhs*, 1329 (enq. sur la just. de Vieillespesse). — *Mansus de Soilh*, 1441 (arch. dép. s. E). — *Los Soilhs*, 1526; — *Lous Soulhes*, 1527; — *Le Solz; les Soilhs; les Soulz*, 1571 (terr. de Vieillespesse). — *Le Salze; lo Sailhsus; Villaige des Sotz*, 1581 (terr. de Celles). — *Le Soulz*, 1610 (terr. d'Avenaux). — *Lous Souls*, 1613 (id. de Nubieux). — *Les Soulhz; les Soulhs; lou Soulh*, 1622 (id. de Vieillespesse). — *Le Soul*, 1675; — *Le Sour*, 1722 (état civ. de Saint-Mary-le-Plain). — *Le Sur* (Cassini).

SOULACLE, ham., c^{ne} de Roussy.

SOULAGE, vill., c^{ne} de Drugeac. — *Villa Solaigue; Solatgue*, XIIe s^e (charte dite de Clovis). — *Soulayges*, 1632 (état civ. du Vigean). — *Soulages*, 1654 (id. de Loupiac). — *Soulaiges*, 1678 (id. de Pleaux). — *Soulagis*, 1689; — *Soularges*, 1728; — *Soallages*, 1732; — *Soullaiges*, 1734; — *Soullages*, 1738 (état civ.). — *Solages*, 1778 (inv. des arch. de la mais. d'Humières).

SOULAGE, vill., c^{ne} de Saint-Clément.

SOULAGES, c^{on} de Ruines et chât. détruit. — *Solatges*, XIVe s^e (Pouillé de Saint-Flour). — *Sollatges*, 1401 (spicil. Brival.). — *Soulatges*, 1610 (terr. d'Avenaux). — *Soulaiges*, 1625 (arch. dép. s. E). — *Soulaige*, 1671 (état civ. de Massiac). — *Sollages*, 1730 (terr. de Montchamp). — *Solages*, 1784 (Chabrol, t. IV). — *Soulages* (Cassini).

Soulages était, avant 1789, de la Haute-Auvergne, du dioc., de l'élect. et de la subdélég. de Saint-Flour. Régi par le droit cout., il dépend. de la just. seign. de Lastic et Montsuc, et ressort. à la sénéch. d'Auvergne, en appel de la prév. de Saint-Flour. — Son église, dédiée à saint Michel, était une annexe de Védrines-Saint-Loup, et le sacristain du monast. de la Voûte nommait à la cure. Elle a été érigée en succursale par ordonn. royale du 31 mars 1837.

SOULAGES, dom. ruiné, c^{ne} d'Ayrens. — *Affarium seu mansus vocatum de Solagues*, 1378 (fond. de la chapell. des Blats).

SOULAGES, ham., c^{ne} de Cheylade. — *Soulage* (État-major).

SOULAGES, ham., c^{ne} de Girgols. — *Affaria de Solatgues; de Solatgros*, 1522 (min. Vigery, n^{re}). — *Solaiges*, 1669; — *Solatges*, 1673 (état civ. de Marmanhac). — *Soulages*, 1679; — *Solages*, 1717 (arch. dép. s. C, l. 15).

SOULAGES, ruiss., afll. du ruisseau de Velzic, c^{nes} de Lascelle et de Velzic; cours de 1,000 m.

SOULAGES, dom. ruiné, c^{ne} de Saint-Amandin. —

Grangia de Solatges, 1278 (Hist. de l'abb. de Feniers). — *Soulaiges*, 1658 (lièvre du qʳ de Marvaud).

SOULAGES (LE PUY DE), dom. ruiné, c^ne de Saint-Mamet-la-Salvetat. — *Tènement del Puex-de-Soulaques*, 1745 (anc. cad.).

SOULAGES, vill., c^ne de Saint-Martin-Cantalès. — *Sallatge*, 1597 (min. Lascombes, n^re). — *Soullaiges*, 1687; — *Soullages*, 1689 (état civ. de Loupiac). — *Soullage* (État-major).

SOULAGES, vill., c^ne de Saint-Saturnin. — *Mansus de Solaeges*, 1329 (enq. sur la just. de Vieillespesse).

SOULAGES, ham., c^ne de Velzic. — *Salvatges*, 1604 (état civ. de Vic). — *Soulagues*, 1671; — *Soulages*, 1672; — *Lou Solage*, 1674; — *Solatges*, 1676 (id. de Polminhac). — *Soulagez*, 1695 (arch. dép. s. C, l. 8). — *Soulage* (Cassini).

SOULAGIT, ruiss., affl. du ruiss. du Cros, c^ne de Rageade; cours de 1,150 m.

SOULAIRE (LA), écart, c^ne de Joursac.

SOULALIOUSES (LES), écart, c^ne de Saint-Saturnin. — *Affar des Essouleilhouzes*, 1539 (terr. de Cheylade).

SOULANE-GRANDE (LA), riv., affl. de la Bertrande, coule aux finages des c^nes de Saint-Cernin, Saint-Illide, Saint-Santin-Cantalès et Arnac; cours de 27,600 m.

Cette rivière porte aussi les noms d'*Etze*, d'*Aize* et d'*Ouzeaux*. — *Aqua de la Solana*, 1327 (pap. de la fam. de Montal). — *Aqua Detze*, 1442 (arch. mun. d'Aurillac, s. HH, c. 21). — *Aqua Delze; rivus Deque*, 1443 (pap. de la fam. de Montal). — *Lou rieu Dalzo*, 1445 (arch. de l'hôp. d'Aurillac). — *Rivière de Sollane*, 1597; — *Rivière Dethe*, 1599 (min. Lascombe, n^re). — *Rivière de Solane*, 1693 (inv. des titres de l'hôp. d'Aurillac). — *Ruisseau de Solanes*, 1744 (anc. cad. de Saint-Cernin).

SOULANE-PETITE (LA), ruiss., affl. de la Soulane-Grande, c^ne de Saint-Cernin; cours de 13,200 m.

Ce ruisseau porte aussi le nom de *Veillan*.

SOULAQUES, écart, c^ne de Parlan. — *Soulagues; Solacques*, 1645; — *Soulaques*, 1661; — *Soulacques*, 1663; — *Solatges*, 1664 (état. civ.). — *Soulaqués*, 1748 (anc. cad.).

SOULAQUES, ruiss., affl. du ruisseau du Gas, c^ne de Parlan; cours de 960 m.

SOULAT, m^in détruit et bois, c^ne de Neuvéglise. — *Molin de Solat*, 1508 (terr. de Montchamp). — *Nemus des Soulat*, 1510; — *Nemus do Soulac*, 1511 (terr. de Maurs). — *Souhat; Soulhat*, 1662; — *Chazal de moulin des Souhait*, 1730 (id. de Montchamp).

SOULÈGRE (LA), ruiss., affl. de l'Alagnon, c^ne de Joursac; cours de 1,250 m.

SOULELLADOUR (LE), vill., c^ne de Menet. — *Mansus del Solheladour*, 1441 (terr. de Saignes). — *Le Solhelhadour; Solleilladour; Sollelladour; le Solhelhador; Sollellador*, 1504 (id. de la duchesse d'Auvergne). — *Lessoleilhadour*, 1561 (id. de Murat-la-Rabe). — *Lou Solyadour*, 1602; — *Lou Souliador*, 1605; — *Lou Sollyadour*, 1606; — *Lou Solliardour*, 1608; — *Lou Soulladour*, 1609; — *Lou Solizadour*, 1612; — *Lou Solliadour*, 1618; — *Lou Soulellyadou*, 1624; — *Lou Soullelliadour*, 1626; — *Lou Souliladou*, 1627 (état civ.). — *Lou Soullelliadour*, 1635 (id. de Salers). — *Le Souleliadour*, 1638 (terr. de Murat-la-Rabe). — *Lou Soulelliadou*, 1661 (état civ.). — *Le Soleilhadou*, 1783 (dénomb. du prieuré de Menet). — *Solciadou* (État-major).

SOULERIE (LA), écart, c^ne d'Aurillac. — *La Souteri* (états de sections).

SOULEYRE (LA), vill., c^ne de Méallet. — *La Sauleyro*, 1632 (état civ. de Mauriac). — *La Sauleyre*, 1633 (id. du Vigean). — *La Sautière*, 1664 (insin. du baill. de Salers).

SOULEYROU (LE), ruiss., affl. de la Ressègue, c^ne de Marcolès; cours de 6,600 m.

Ce ruisseau porte aussi les noms de *Coufols* et de *Longuevergne*. — *Rivus de Solayro*, 1510 (arch. mun. d'Aurillac, s. HH, c. 21). — *Ruisseau de Solairo*, 1557 (pièces de l'abbé Delmas).

SOULHIÉ (LE), m^in ruiné, c^ne de Vieillespesse. — *Molendinum vocatum lo mole del Solier*, 1526; — *Lou mole del Selier*, 1527; — *Le moulin de Solhier*, 1571; — *Le molin del Sollier*, 1662 (terr. de Vieillespesse).

SOULIAC (LE), ruiss., affl. du Céroux, c^nes de Celoux et de la Chapelle-Laurent; cours de 4,000 m.

SOULIAC, vill., c^ne de la Chapelle-Laurent. — *Soulia* (Cassini).

SOULIARD, ham., c^ne de Pierrefort. — *Souliaire* (Cassini). — *Soulière* (État-major).

SOULIÉ (LE), écart, c^ne de Sansac-Veinazès. — *Lou Soulhiè*, 1668 (nommée au p^ce de Monaco). — *Le Soulié*, 1758 (état civ.).

SOULIE (LE), écart, c^ne de Vieillevie. — *Le Solié*, 1674; — *Lou Soulié*, 1677; — *Lou Sollié*, 1680; — *Lous Souliers*, 1686 (état civ.).

SOULIER (LE), dom. ruiné, c^ne de Montboudif. — *Mansus de Soleir*, 1309 (Hist. de l'abb. de Feniers).

SOULIER (LE), dom. ruiné, c^ne de Saint-Cernin. — *Affar del Solier*, xvie s^e (arch. mun. d'Aurillac, s. GG, p. 21).

Soulier (Le), écart, cne de Saint-Christophe.

Soulier (Le), dom. ruiné, cne de Saint-Étienne-de-Maurs. — *Le villaige del Solhié*, 1603 (état civ.).

Soulier (Le), dom. ruiné, cne de Saint-Martin-Cantalès. — *Affar du Solier*, 1504 (terr. de la duchesse d'Auvergne).

Soulier (Le), dom. ruiné, cne de Tourniac. — *Affarium del Solier*, 1503 (terr. de Cussac).

Soulières (Les), dom. ruiné, cne de Saint-Simon. — *Solieyres; las Solieyre*, 1692; — *Affar de Soluyra*, 1696 (terr. de Saint-Geraud).

Souliès (Le), ham., cne de la Ségalassière. — *Selvés* (Cassini). — *Le Soulier*, 1857 (Dict. statist. du Cantal).

Soulou (Le), ravine, affl. du Lot, cnes de Cassaniouze et de Vieillevie; cours de 1,900 m.

Soulou (Le), vill., cne de Menet. — *La Soulio*, 1599; — *Lesolio*, 1625 (état civ.).

Soulou (Le), ruiss., affl. du Lot, cnes de Montsalvy et de Cassaniouze; cours de 3,800 m.

Soulou (Le), ruiss., affl. de la Rhue, coule aux finages des cnes de Riom-ès-Montagnes, Saint-Étienne-de-Riom, Antignac et Vebret; cours de 15,180 m.

Ce ruisseau porte aussi les noms de *Combier* et de *Vaisseredonde*.

Soumailles, vill., cne de Sainte-Eulalie. — *Soumalhes*, 1654 (état civ. d'Ally). — *Sounnailhes*, 1655 (insin. du bailliage de Salers). — *Soumailles*, 1656 (état civ. de Loupiac). — *Soumalhes; Somallies*, 1684 (min. Gros, nre). — *Somailles*, 1768; — *Sommnaille*, 1769 (arch. dép. s. C, l. 40). — *Soumeilles* (Cassini). — *Soumnailles*, 1855 (Dict. du Cantal).

Souroux (Les), mont. à vacherie, cne de Landeyrat.

Souq (Le), vill., cne de Boisset. — *Le Souq*, 1623 (état civ. de Saint-Mamet). — *Le Souc*, 1647; — *Delsouc*, 1668 (nommée au pce de Monaco). — *Le Souex*, 1746; — *Loussouq*, 1748 (id. de Cayrols). — *Delsuc* (Cassini).

Souq (Le), dom. ruiné, cne d'Ytrac. — *Mansus de las Soubz*, 1514 (arch. dép. s. E). — *Las Sotz*, 1554 (test. de G. de Cueilhe). — *Le Salles*, 1613 (état civ. de Naucelles). — *Las Jouctz*, 1684; — *Leyson*, 1713; — *Leisouq*, 1739 (arch. dép. s. C).

Souque (La), dom. ruiné, cne d'Arpajon. — *Tènement de la Soucque*, 1745 (anc. cad.).

Souque (La), ham., cne de Leucamp. — *La Sougue*, 1653 (état civ.). — *La Shouque*, 1670 (nommée au pce de Monaco). — *La Souque*, 1679 (état civ.).

Souque (La), mont. à burons, cne de Saint-Urcize.

Souqueirou (Le), écart, cne de Pleaux. — *Le Souqueyrou*, 1886 (états de recens.).

Souques (Les), dom. ruiné et mont. à vacherie, cne de Lieutadès. — *Pasturaiges de la Soche*, 1508; — *La Souque*, 1662; — *La Soucque*, 1686 (terr. de la Garde-Roussillon).

Souquière (La), écart, cne de Parlan. — *Villaige de la Suegnieyre*, 1643; — *La Soucquieyre*, 1646; — *La Socquieir*, 1648; — *La Chuguieyre*, 1656; — *La Souquieyre*, 1661 (état civ.). — *La Souquières; Lasouquière*, 1748 (anc. cad.).

Souquières (Les), dom. ruiné, cne de Cassaniouze. — *Domaine des Souquières del Cotolo*, 1676 (état civ.).

Souquières, min, cne de Marcolès.

Souquières, ruiss., affl. de la Rance, cne de Marcolès; cours de 2,400 m.

Sour (Le), min ruiné, cne de Dienne. — *Molin de Sour assis à Drels*, 1551 (terr. de Dienne).

Sour (Le), ruiss., affl. du ruisseau de Laigne, cne de Vieillespesse; cours de 1,750 m. — *Aqua vocata de Malavaysa*, 1526; — *Riai des Pouzetz*, 1527; — *Le raza du Salhans*, 1662 (terr. de Vieillespesse).

Sourcues, vill. détruit, cne de Chalvignac. — *Caurchia? XIIe se* (charte dite *de Clovis*).

Sourdes (Les), mont. à burons, cne de Saint-Saturnin. — *Los fraus sive los mezes vulgariter vocatas del Suc de Senda*, 1366 (arch. dép. s. H).

Sournac, vill., cne de Quézac. — *Sournac*, 1740 (état civ.).

Sournac, vill., cne de Teissières-de-Cornet. — *Soarnacum*, 1466 (terr. de Saint-Christophe). — *Saurnac*, 1522 (min. Vigery, nre). — *Sornac*, 1635 (état civ. de Naucelles). — *Sournac, à présent nommé Püecam*, 1673 (lièvé du chap. de Saint-Geraud). — *Journac*, 1673 (état civ.). — *Soarnac*, 1674 (id. de Marmanhac). — *Sornact*, 1676 (id. d'Ayrens).

Sourniac, cne de Mauriac, chât. et min. — *Surigniacus*, Xe se (test. de Théodechilde). — *Surnhacum*, 1263 (arch. généal. de Sartiges). — *Surnhac*, 1298 (vente au doyen de Mauriac). — *Sornhac*, 1411 (arch. généal. de Sartiges). — *Surgnat*, 1535 (Pouillé de Clermont; don gratuit). — *Surnhat*, 1628 (paraphr. sur les cout. d'Auvergne). — *Sourgnac*, 1655 (état civ. de Mauriac). — *Sournhac*, 1680; — *Sournihac*, 1682 (id. d'Archet). — *Le moulin de Sourniac*, 1743 (état civ.).

Sourniac était, avant 1789, de la Haute-Auvergne, du dioc. de Clermont, de l'élect. et de la subdélég. de Mauriac. Régi par le droit écrit, il dépend. de la just. seign. de Sartiges, et ressort. au baill. d'Aurillac, en appel de la prév. de Mauriac. — Son église, dédiée à saint Amand, était une cure à la nomination de l'archip. de Mauriac. La paroisse de Sourniac a été supprimée par décret du 30 septembre 1807 et réunie à celle de Jaleyrac. Érigée en chapelle annexe, par un autre décret du 15 mai 1813, elle fut ensuite érigée en succursale par ordonn. royale du 25 août 1819.

Sourniac, écart, c^{ne} de Trizac.

Sourotte (La), vill., c^{ne} de Cheylade. — *La Sourette*, 1855 (Dict. stat. du Cantal).

Soursac, vill., c^{ne} de Méallet. — *Villa Sorzacus*, xiie s^e (charte dite *de Clovis*). — *Soursac*, 1447 (état civ. de Tourniac). — *Sourzac*, 1679; — *Sourssac*, 1684 (id. de Trizac). — *Soissac*, 1784 (Chabrol, t. IV). — *Jouzac* (Cassini).

Sourtou, dom. ruiné, c^{ne} de Sénezergues. — *Le villaige de Sourtou*, 1777 (arch. dép. s. C, l. 49).

Sous-la-Chapelle, écart, c^{ne} de Moussages.

Sous-le-Bois, mont. à vacherie, c^{ne} de Dienne. — *La vacherie de Dessoubz-le-Bos*, 1618 (terr. de Dienne).

Sous-le-Bois, dom. ruiné et mont. à vacherie, c^{ne} de Giou-de-Mamou. — *Tènement appellé del Bos-soubrelou-Bos*, 1695 (terr. de la command. de Carlat). — *Bos-soubs-le-Bois*, 1740 (anc. cad.).

Sous-le-Bois, dom. ruin., c^{ne} de Jussac. — *Affarium seu mansus dal Sobre*, 1365 (arch. mun. d'Aurillac, s. GG, p. 19). — *Sous-le-Boix; boix appellé de Souly-lou-Bos*, 1622 (inv. des titres de la cure de Jussac).

Sous-le-Roc, écart détruit, c^{ne} de Champs.

Sous-les-Bros, dom. ruiné, c^{ne} de Polminhac. — *Siras-las-Brohas*, 1583; — *Soras-las-Brohas*, 1584 (terr. de Polminhac).

Sous-Selves, dom. ruiné, c^{ne} de Cayrols. — *Villaige de Soubselver*, 1648; — *Soubseleves*, 1651; — *Soubselves*, 1652 (état civ.).

Soust (Le), vill., c^{ne} d'Arches. — *Mansus de Soutz*, 1310 (lièvre du prieuré du Vigean). — *Mansus da Sotz*, 1314 (arch. général. de Sartiges). — *Soubz*, 1515 (comptes au doyen de Mauriac). — *Souchs*, 1653 (état civ. du Vigean). — *Souchz*, 1680 (terr. de Mauriac). — *Souctz*, 1691; — *Soulz*, 1698 (état civ.).

Souteirol, écart, c^{ne} de Saint-Victor.

Soutou (Le), écart, c^{ne} de Saint-Santin-Cantalès.

Soutoul (Le), ham., c^{ne} de Cassaniouze. — *Le Soutoul*, 1667 (état civ.). — *Le Soutoul, jadis appellé de la Menabouïe; le Soutoul, jadis de la Fon*, 1760 (terr. de Saint-Projet).

Souviliouse (La), écart, c^{ne} de Montboudif. — *Mansi Cantal.*

de San Soulhouse, 1278; — *San Solelhoza; Solelhosa; San de Solelhosa*, 1310 (Hist. de l'abb. de Feniers). — *La Soulhillouse; la Souliouze*, 1654 (terr. de Feniers). — *La Chouteliouze*, 1686 (état civ. de Condat). — *La Souhelliousse*, xviie s^{le} (terr. de Feniers). — *La Coussouliouze*, 1777 (état civ. de Condat). — *Souillouse* (Cassini). — *Souvelause*, 1855 (Dict. stat. du Cantal).

Souvinal, dom. ruiné, c^{ne} de Cassaniouze. — *Affar appellé de Souviral; Souvira; Souvyrac; Souvairac; Souveyral; Souceyrac*, 1760 (terr. de Saint-Projet).

Souzet, mont. à vacherie, c^{ne} de Saint-Mary-le-Plain.

Souzeyres, mont. à burons, c^{ne} de Malbo.

Soye (La), écart, c^{ne} de Raulhac. — *La Soye*, 1669 (nommée au p^{ce} de Monaco). — *Lesoies* (Cassini). — *Soies* (État-major).

Spiac, dom. ruiné, c^{ne} de Sansac-de-Marmiesse. — *Spiacus*, 1330 (reconn. de Bertrand d'Albunac à l'hôp. d'Aurillac).

Srissalm, dom. ruiné, c^{ne} de Quézac. — *Mansus Srissalm*, 1501 (arch. mun. d'Aurillac, s. HH, c. 21).

Stalapos, f^{me} avec manoir et mⁱⁿ, c^{ne} de Bredon. — *Talapos*, 1446 (terr. de Farges). — *Molendinum de Stalapas*, 1470 (arch. dép. s. H). — *Estalapos*, 1536 (id. de la v^{té} de Murat). — *Estalapoz; Estalapotz; Estallapos; Stallapos; molin Destalapos*, 1575; — *Estallapoz*, xvie s^e (id. de Bredon). — *Le Stallapoz*, 1637 (lièvre de la v^{té} de Murat). — *Estalapot; le molin d'Estalapos; Stalupo*, 1664 (terr. de Bredon). — *Estallopos*, 1670 (insin. du baill. d'Andelat). — *Stalapou*, 1686 (terr. de Farges). — *Stalapot*, 1704 (arch. dép. s. E).

Stène, dom. ruiné, c^{ne} de Jaleyrac. — *Mansus Stene; mansus Ostene; mas Osteine*, 1473; — *Tènement Destene*, 1680 (terr. de Mauriac). — *Villaige de Seille*, 1697 (état civ. d'Ally).

Sternes, écart, c^{ne} de Pers. — *Mansus al Sterns*, 1411 (pap. de la fam. de Montal). — *Les Terns*, 1449 (enq. sur les droits des seign. de Montal).

Stilz, bois défriché, c^{ne} de Loupiac. — *Nemus Stilz*, 1464 (terr. de Saint-Christophe).

Strieu (Le), mont. à vacherie, c^{ne} de Marcenat.

Suc (Le), ham., c^{ne} d'Auzers.

Suc (Le), dom. ruiné, c^{ne} de Carlat. — *Affar appellé le Suc-del-Gourg*, 1668 (nommée au p^{ce} de Monaco).

Suc (Lou), mont. à vacherie, c^{ne} de Chavagnac. — *Lou Sucquo*, 1535 (terr. de la v^{té} de Murat). — *Le Souc; le Succou*, 1680 (id. des Bros).

Suc (Le), dom. ruiné et mont. à vacherie, c^{ne} de Girgols. — *Affaria del Sot*, 1522 (min. Vigery, n^{re}). — *Vacherie de Suc* (État-major).

Suc (Le), dom. ruiné, c^ne de Jussac. — *Mansus del Suc*, 1432 (arch. dép. s. E).

Suc (Le), écart, c^ne de Mourjou. — *Le Sol*, 1553 (procès-verbal Veny).

Suc (Le), ham., c^ne de Saint-Julien-de-Toursac.

Suc (Le), écart, c^ne de Saint-Paul-des-Landes.

Suc (Le), dom. ruiné, c^ne de Saint-Projet. — *Villaige del Suc; Lou Suc-Pialat*, 1717 (terr. de Beauclair).

Suc-Archier (Le), mont. à vacherie, c^ne de Saint-Saturnin. — *Le Suc-Archier, alias de la Pieyre-Grosse*, 1629 (terr. du prieuré de Ségur).

Suc-Bas (Le), f^me, c^ne de Saint-Julien-de-Toursac. — *Le Suc* (Cassini).

Succau (Le), mont. à vacherie, c^ne de Trémouille-Marchal.

Succaud, vill., c^ne de Lieutadès. — *Sucaud, sive Cassanhes; Sucauld; Sarcauld*, 1508; — *Succaud sive Cassagnes*, 1662; — *Succauld sive Cassaignes*, 1686 (terr. de la Garde-Roussillon).

Succounou (Le), mont. à burons, c^ne de Thiézac. — *Montaignhe de Succonnou*, 1668 (nommée au p^ce de Monaco). — *Succounous; Sucounous*, 1674 (terr. de Thiézac).

Suc-de-Bourniou (Le), écart, c^ne de Champs. — *Le Suc-de-Bourniou*, 1855 (Dict. stat. du Cantal).

Suc-de-Jarjan (Le), mont. à vacherie, c^ne de Bonnac. — *La côte de Jargan; de Jarghan*, 1771 (terr. du prieuré de Bonnac).

Suc-de-la-Bessière (Le), mont., à vacherie, c^ne de Bonnac.
Cette montagne porte aussi le nom de *Sucaillou*.

Suc-de-Lago (Le), écart, c^ne d'Ydes.

Suc-de-l'Église (Le), mont. à vacherie, c^ne de Chanet. — *Lo suc de l'Eglisa*, 1451 (terr. de Chavagnac).

Suc-de-l'Église (Le), mont., c^ne de Riom-ès-Montagnes. — *Le Temple* (Cassini).

Suc-de-Montrut (Le), dom. ruiné et mont., c^ne de Bonnac. — *Tènement de Monrud; Montruc; Monruc*, 1700 (terr. de Celles).

Suc-du-Miral (Le), mont. à vacherie, c^ne de Bonnac. — *Le Suc-de-Mira ou de Palazy; le Suc-de-Mirab*, 1771 (terr. du prieuré de Bonnac).

Suc-du-Village (Le), mont., c^ne de Saint-Amandin.
Le village de Vézol-l'Antique était construit au pied de cette montagne.

Suc-Gros (Le), mont. à vacherie et bois défriché, c^nes du Claux et de Lavigerie. — *Bois del Suc-Gros*, 1551 (terr. de Dienne).

Suc-Haut (Le), ham., c^ne de Saint-Julien-de-Toursac. — *Villaige del Suc*, 1565 (lièvre des achaps d'Ant. de Naucaze).

Sucines, dom. ruiné, c^ne de Brezons. — *Scucynes*, 1596 (insin. du baill. de Saint-Flour).

Suc-Long (Le Bois du), mont. à vacherie, c^ne de la Monselie. — *Boix appellé del Suc-do-Traversa*, 1561 (terr. de Murat-la-Rabe).

Suc-Méjo (Le), mont., c^ne de Saint-Mamet-la-Salvetat. — *Bos de Susmèges*, 1743; — *Susmeghe; Suc-Mego*, 1744 (anc. cad.).

Suc-Peyrou (Le), mont. à vacherie, c^ne de Chastel-sur-Murat. — *Le Peux de Supeyroux*, xvie s^e (terr. du prieuré du chât. de Murat).

Suc-Peyrou (Le), mont. à burons, c^ne de Cheylade. — *Puy appellé de Supeyros*, 1514 (terr. de Cheylade). — *Montaigne del Suppeyrou; del Supeyrou; del Suc-Peyrou; del Supeirou*, 1585 (id. de Granle).

Suc-Redon (Le), mont. à vacherie, c^ne de Saint-Bonnet-de-Marcenat.

Sudrie (La), vill., c^ne de Brageac. — *Lassudrie*, 1615 (état civ.). — *La Sudrie*, 1675 (id. de Chaussenac).

Sudrie (La), dom. ruiné, c^ne de Chaussenac. — *Domaine de la Sudrie*, 1778 (inv. des arch. de la mais. d'Humières).

Sudrie (La), dom. ruiné, c^ne de Crandelles. — *Affaria de Sudria*, 1517 (pièces de l'abbé Delmas).

Suers (Del), lieu détruit, c^ne de Junhac. — *Del Suers*, 1784 (Chabrol, t. IV).

Sugelle (La), dom. ruiné, c^ne de Leucamp. — *Le villaige de la Sugelle*, 1668 (nommée au p^ce de Monaco).

Sumenat (Le), torrent, aff^t de la Sumène, coule aux finages des c^nes de Chastel-Marlhac, Saignes et Vebret; cours de 5,500 m.

Sumenat, vill., c^ne de Vebret. — *Mansus de Sumena; de Sumenat*, 1441 (terr. du c^té de Saignes). — *Semenat*, 1685 (état civ. d'Ydes). — *Lumenat* (Cassini).

Sumène (La), riv., aff^t de la Dordogne, coule aux finages des c^nes de Colandres, Riom-ès-Montagnes, Saint-Étienne-de-Riom, Menet, Antignac, Vebret, Ydes, Saignes, Méallet, Bassignac, Jaleyrac, Veyrières et Arches; cours de 47,990 m. — *Flumen Simina*, xiie s^e (charte dite *de Clovis*). — *Rivière de Sumena*, 1585 (terr. de Saint-Martin-Cantalès). — *Rivière de Sumenne; Semeno*, 1638 (id. de Murat-la-Rabe). — *Ruisseau de la fontaine de Sumène*, 1783 (aveu par G. de la Croix). — *La Sumaine*, 1837 (état des riv. du Cantal).

Sumène (La), dom. ruiné, c^ne de Rouziers. — *Villaige de Sumaine*, 1668 (nommée au p^ce de Monaco).

Suquet (Le), dom. ruiné, c^ne d'Arpajon. — *Lou Souquet de las Pesses-Longues*, 1668 (nommée au

p^{ce} de Monaco). — *Affar del Suquet*, 1736 (terr. de la command. de Carlat).
Suquet (Le), mont. à vacherie, c^{ne} de Badailhac.
Suquet (Le), mont. à burons, c^{ne} de Brezons. — *V^{ie} des Suquets* (État-major).
Surcoubrun, mont. à vacherie, c^{ne} de Saint-Paul-de-Salers. — *Montaigne de Secoubrun*, 1778 (inv. des arch. de la mais. d'Humières). — *B^{ons} de Sucoubru* (État-major).
Surgère, écart, c^{ne} de Salins. — *Surgères* (Cassini). — *Petit-Surgères*, 1857 (Dict. stat. du Cantal).
Surgères, ham., c^{ne} du Vigean. — *Villa Surgieras*, xiie s^e (charte dite *de Clovis*). — *Surgeyres*, 1634; — *Surgeires*, 1669 (état civ.). — *Sergolle*, 1671 (id. d'Anglards).
Surghol, dom. ruiné, c^{ne} de Pleaux. — *Lo mas Surghol*, 1464 (terr. de Saint-Christophe).
Surgy, vill., c^{ne} d'Alleuze. — *Mansus seu tenentia de Surzy*, 1252; — *Mansus de Furzy*, 1256 (arch. dép. s. H). — *Surzi*, 1323 (arch. mun. de Saint-Flour). — *Surgy*, 1508 (terr. de Montchamp). — *Surza; Surzier*, 1510. — *Sursi*, 1511 (id. de Maurs). — *Surghy; Sourghy*, 1662 (terr. de Montchamp). — *Sierget*, 1740 (état civ. de Saint-Flour).
Sylvestre, dom. ruiné, c^{ne} de Boisset. — *Bois de Salvestre; Sauvestre*, 1746 (anc. cad.). — *Le village de Silvestre*, 1752 (état civ. de Maurs).
Sylvestre, ham., c^{ne} de la Capelle-en-Vézie.
Sylvestre, ham., c^{ne} de Maurs. — *Silvestres*, 1663 (état civ.). — *Silvestre*, 1773 (anc. cad.).
Sylvestre, vill., c^{ne} de Roumégoux. — *Saynt-Silvestre*, xive s^e (Pouillé de Saint-Flour). — *Salvestre*, 1590 (livre des achaps d'Ant. de Naucaze). — *Selvestre*, 1646; — *Solvestré*, 1661 (état civ. de Parlan). — *Sauvestre*, 1659; — *Silvestré*, 1660; — *Silvestre*, 1671 (id. de Roumégoux).
Sylvestre, ruiss., affl. du ruisseau d'Anès, c^{nes} de Roumégoux et de Parlan; cours de 5,750 m.
Symyès, seigneurie, c^{ne} de Saint-Mary-le-Plain. — *La seigneurie de Symyès*, 1610 (terr. d'Avenaux).
Syndic (Le), m^{in}, c^{ne} de Saint-Victor.
Sypieyres (Les), mont. à burons, c^{ne} de Pailhérols. — *Montagnhe de la Cipière*, 1668 (nommée au p^{ce} de Monaco). — *Sypière, vacherie* (État-major).

T

Tabanelle (La), écart, c^{ne} de Champs.
Tabar, seigneurie, c^{ne} de Paulhac. — *La seigneurie de Tabar*, 1542 (rente du Fer).
Tabastie (La), vill., c^{ne} de Chanterelle. — *La Tabastie*, 1675; — *Aute-Bastie*, 1696 (état civ. de Condat).
Tabeige, écart, c^{ne} d'Arpajon. — *Tabaize* (plan cadastral).
Tabeige, vill. détruit, c^{ne} de Cussac. — *Tavoighe*, 1537 (terr. de Villedieu). — *Favoye*, 1784 (Chabrol, t. IV).
Tabeige, vill., c^{ne} de Giou-de-Mamou. — *Mansus de Tavaigha*, 1531 (min. Vigery, n^{re}). — *Tabeyge*, 1652 (état civ. d'Aurillac). — *Taveige*, 1654 (arch. mun. d'Aurillac, s. CC, p. 8). — *Tabegio*, 1667; — *Tabejo*, 1668 (état civ. de Polminhac). — *Tabez-Gha*, 1670 (nommée au p^{ce} de Monaco). — *Taveighe; Taveyghe; Taveyge; Tueghe*, 1692 (terr. de Saint-Geraud). — *Tavaighe; Tavayghe*, 1695; — *Taveges*, 1735 (id. de la command. de Carlat). — *Tabeige*, 1740; — *Tabeyge*, 1742 (anc. cad.).
Tabesse, vill., c^{ne} de Saint-Constant. — *Altebesse; Autabesse Hautebesse*, xviie s^e (reconn. au prieur de Saint-Constant). — *Tabiste*, 1670; — *Altabisse*, 1693 (état civ.). — *Altebasse*, 1696 (terr. de la command. de Carlat). — *Altebesse*, 1747 (état civ. de Saint-Étienne-de-Maurs). — *Altabeize*, 1757; — *Altabèsse*, 1759; — *Alteberze*, 1762 (id. de Maurs).
Tabuste (La), futaie, c^{ne} d'Alleuze. — *Campus de la Tabusca*, 1510 (terr. de Maurs).
Tac (Le), ruiss., affl. de la Tarentaine, c^{nes} de Marchal et de Champs; cours de 1,400 m. — Ce ruisseau porte aussi le nom d'*Igonne*. — *Le Tact* (État-major).
Tâche (La), mont. à vacherie, c^{ne} de Vic-sur-Cère. — *Montagne de Taches*, 1769 (anc. cad.).
Taches (Las), vill., c^{ne} de Saint-Jacques-des-Blats. — *L'Attache* (État-major).
Taches (Las), vill. détruit, c^{ne} de Trizac.
Taconeicas, dom. ruiné, c^{ne} de Saint-Saturnin. — *Affarium de Taconeicas*, 1279 (arch. dép. s. E).
Tagenac, vill. et m^{in}, c^{ne} de Neuvéglise. — *Tagnac*, 1658 (état civ. de Pierrefort). — *Taginac*, 1671 (insin. du bailliage d'Andelat). — *Tagenac*, 1784 (Chabrol, t. IV).

Tagenac était, avant 1789, le siège d'une justice

moyenne et basse régie par le droit cout., dépend. de la haute justice de Rochegonde, et ressort. à la sénéch. d'Auvergne, en appel de la prév. de Saint-Flour. — Son église, dédiée à saint Abdon, a dépendu du chapitre cathédral de Saint-Flour. Elle a été érigée en succursale par décret du 28 août 1808.

TAGENAC, ruiss., affl. de la Tourette, c^ne de Neuvéglise; cours de 2,600 m.

TAHOUL (LE), vill., c^ne du Falgoux. — *Lou Tahout; lou Taouht*, 1658 (insin. du bailliage de Salers). — *Le Taoulx*, 1729; — *Le Troulx*, 1730; — *Le Taoul; le Taoux*, 1738 (état civ.).

TAILLADE (LA), mont. à vacherie et taillis, c^ne d'Auzers. — *Pré appellé le Tailhadis*, 1606 (min. Danty, n^re à Murat).

TAILLADE (LA), vill., c^ne de Neuvéglise. — *La Falhade; la Talhade*, 1508 (terr. de Montchamp). — *Atailhade*, 1510 (id. de Maurs). — *La Tailhade*, 1630 (id. de Montchamp). — *La Taliade*, 1680 (insin. de la cour royale de Murat). — *La Tailliade*, 1762 (terr. de Montchamp).

TAILLADE (LA), écart, c^ne de Velzic.

TAILLADÈS (LE), ruiss., affl. du Levandès, coule aux finages des c^nes de la Trinitat, Saint-Urcize, Jabrun et Lieutadès; cours de 9,300 m.

Dans la commune de Saint-Urcize, ce ruisseau porte les noms de *Tailladès-du-Bos-de-l'Yronde* et de *l'Hirondet*, et, dans les autres communes, ceux de *Yrande* et *Yronde*. — *Aqua Treondoli*, 1437 (arch. dép. s. G). — *Rieu de Yronde; ruisseau d'Yrondel*, 1837 (état des rivières du Cantal).

TAILLADIS (LE), bois défriché, c^ne de Chavagnac. — *Boix appellé de Talhadis*, 1535 (terr. de la v^té de Murat). — *Boys del Tailhadis*, 1580 (lièvre de la v^té de Murat). — *Boys del Tailhadix*, 1680; — *Costeau du Talhadix*, 1683 (terr. de la châtellenie des Bros).

TAILLADURES (LAS), mont. à vacherie, c^ne de Saint-Paul-de-Salers.

TAILLEBEAU, vill. détruit, c^ne de Massiac. — *Le villaige de Talleibau*, 1558 (lièvre conf. de Tempels).

TAILLEFER, ham. et m^in, c^ne de la Capelle-Barrez.

TAILLEFER, dom. ruiné, c^ne de la Monselie. — *Affarium de Talhafer*, 1441 (terr. de Saignes).

TAILLEFER, dom. ruiné, c^ne de Saignes. — *Affarium de Talhafer*, 1441 (terr. de Saignes).

TAILLIS (LE), ruiss., affl. du ruisseau des Coffres, c^ne de la Chapelle-Laurent; cours de 420 m.

TAIMAS, lieu détruit, c^ne du Falgoux. — *Lo fach de las Taimas*, 1332 (lièvre du prieuré de Saint-Vincent).

TALADE (LAS), dom. ruiné, c^ne de Vic-sur-Cère. — *Villaige de Las Talade*, 1671 (nommée au p^ce de Monaco).

TALARAU, écart, c^ne de Marcolès.

TALIADIS, lieu détruit, c^ne de Saint-Étienne-de-Carlat. — (Cassini.)

TALIZAT, c^on nord de Saint-Flour. — *Vicaria Talaisago*, 963 (cart. de Brioude). — *Talayssacus*, 1289 (annot. sur l'hist. d'Aurillac). — *Talaizacus*, 1303 (homm. à l'év. de Clermont). — *Taillesac*, 1358 (spicil. Brivat.). — *Talaysacus*, 1394 (arch. dép. s. G). — *Thalaizac*, xive s^e (Guill. Trascol). — *Talaysiacus*, 1402 (liber vitulus). — *Talizacus*, 1445 (ordonn. de J. Pouget). — *Taleysac*, 1528 (terr. de Vieillespesse). — *Talleysas; Talleizat*, 1533 (id. de Touls). — *Talysat*, 1535 (id. de la v^té de Murat). — *Taleyzac*, 1581 (id. de Celles). — *Taleisac*, 1594 (min. Andrieu, n^re). — *Talizac*, 1610 (terr. d'Avenaux). — *Talleyzat; Talleyzac*, 1613 (id. de Nubieux). — *Taleyzat*, 1628 (paraphr. sur les cout. d'Auvergne). — *Talysac*, 1636 (terr. des Ternes). — *Thalisac*, 1654 (état civ. de Murat). — *Talyzat*, 1654 (terr. du Sailhans). — *Talissac; Thalezat; Thalissac*, 1655 (lièvre conf. de Barret). — *Tallaizat; Talezac*, 1673; — *Talesant*, 1675 (id. de Bonnac). — *Taleizac*, 1675 (id. de Saint-Mary-le-Plain). — *Thaillisac*, 1686 (id. de Murat). — *Talezat*, 1697 (id. de Joursac). — *Tallizat*, xviiie s^e (arch. dép. s. G). — *Tohalvoisat*, 1702 (lièvre de Mardogne). — *Telizat*, 1721; — *Telizac*, 1722; — *Tilizac*, 1724 (état civ. de Saint-Mary-le-Plain). — *Taleyzat-Haut; Taleysat*, 1784 (Chabrol, t. IV).

Talizat, chef-lieu d'une viguerie carolingienne, était, avant 1789, de la Haute-Auvergne, du dioc., de l'élect. et de la subdélég. de Saint-Flour. Régi par le droit cout., il dépendait de la justice seign. de Coren, et ressort. à la sénéch. d'Auvergne, en appel de la prév. de Saint-Flour. — Son église, dédiée à saint Lambert, était un prieuré qui avait été donné à saint Julien de Brioude, par Étienne de Mercœur, évêque de Clermont et seigneur de Talizat. Elle a été érigée en succursale par décret du 28 août 1808.

TALIZAT (LA GARE DE), écart, c^ne de Talizat.

TAL-MÉRON, dom. ruiné, c^ne de Vézac. — *Affar de Tal-Méron*, 1580 (terr. de Polminhac).

TALO, dom. ruiné, c^ne de Velzic. — *Affaria mansi de Tale*, 1394 (pièces de l'abbé Delmas). — *Mansus de Talo*, 1456 (reconn. à l'abbesse de Saint-Jean-du-Buis). — *Affar appelé de Talo, sive de Brossier*, 1592 (terr. de N.-D. d'Aurillac).

TALO, m^{in}, c^{ne} de Vieillespesse.
TALOVIE, ruiss., afll. du ruiss. de Lacamp-de-Sansac, prend sa source dans la c^{ne} de Sansac-de-Marmiesse; cours de 900 m.
TALVENHERBE, écart, c^{ne} de Chastel-Marlhac.
TALVES, écart, c^{ne} de Champs. — *Tenial* (Cassini).
TANAVELLE, c^{on} sud de Saint-Flour, chât. féodal détruit. — *Thanavielle*, xive s^e (Guill. Trascol). — *Tanavilla*, xive s^e (Pouillé de Saint-Flour). — *Tanavella*, xive s^e (arch. mun. d'Aurillac, s. HH, c. 21). — *Tanavilhe*, 1493 (arch. dép. s. E). — *Tanavelle*, 1494 (liber vitulus). — *Tavella*, 1510; — *Tanavela*, 1511 (terr. de Maurs). — *Tanavelle ou Teroulette, alhias Ventadour; Tanavella del Téroulète*, 1618 (*id.* de Sériers). — *Tanavèle*, 1688 (pièces du cab. de Bonnefons). — *Tannevelle*, xviie s^e (liève des Ternes).

Tanavelle était, avant 1789, de la Haute-Auvergne, du dioc., de l'élect. et de la subdélég. de Saint-Flour. Il était le siège d'une justice seign. régie par le droit cout., et ressort.: partie au bailliage de Saint-Flour, partie à la sénéch. d'Auvergne, en appel du bailliage de Saint-Flour. — Son église, dédiée à sainte Foi, fut donnée en 1059 au monastère de Conques; elle était alors sous le voc. du saint Sauveur. Elle a été érigée en succursale par décret du 28 août 1808.

Lors de la division de la France en départements en 1790, Tanavelle était un chef-lieu de canton.
TANGADURE (LA), mont. à burons, c^{ne} de Brezons.
TANUÈS, vill., c^{ne} d'Ayrens. — *Tanueys*, 1522; — *Tanneys*, 1531 (min. Vigery, n^{re}). — *Taniexx*, 1669; — *Tannieuxt*, 1670; — *Taniexst*, 1675; — *Tanieuses*, 1676; — *Tannieuxst*, 1678; — *Tanuès*, 1683 (état civ.). — *Tannueys*, 1690 (*id.* de Crandelat). — *Tannuez*, 1721 (*id.* de Saint-Paul-des-Landes). — *Tassueys*, 1772 (terr. du prieuré de Teissières-de-Cornet). — *Lanueys* (Cassini).
TAPHANEL (LA), vill., c^{ne} de Riom-ès-Montagnes. — *La Taffanel*, 1512 (terr. d'Apchon). — *La Tafaus; la Tafanel*, 1638 (*id.* de Murat-la-Rabe). — *Le Taphanet* (Cassini).
TAPHANEL (LE), écart, c^{ne} de Siran. — *Le Thaphanel*, 1852 (Dict. stat. du Cantal).
TAPIE (LA), ham., c^{ne} de Maurs. — *Mansus de la Tapia*, 1470 (arch. mun. d'Aurillac, s. HH, c. 21). — *La Tapie*, 1669; — *La Topie*, 1750 (état civ.). — *Latapie*, 1752 (anc. cad.).
TAPIE (LA), ruiss., afll. de la Rance, c^{ne} de Maurs; cours de 1,000 m.
TAPIE (LA), dom. ruiné, c^{ne} de Saint-Constant. — *Mas de la Tapia*, xviie s^e (reconn. au prieur de Saint-Constant).
TARAREAU (LE), m^{in}, c^{ne} de Marcolès. — *Le Tatarau* (État-major).
TARAU (LE), vill. ruiné, c^{ne} de Dienne. — *Mansus del Torum*, 1451 (arch. dép. s. E). — *Villaige de Tharau*, 1551; — *Villaige de Tarau*, 1595 (terr. de Dienne).
TARBAJOU, dom. ruiné, c^{ne} de Badailhac. — *Affar de Tarbajou*, 1695 (terr. de la command. de Carlat).
TARBLANC, écart, c^{ne} de Teissières-les-Bouliès.
TARENTAINE (LA), riv., afll. de la rivière de la Rhue, coule aux finages des c^{nes} de Saint-Genès-Champespe (Puy-de-Dôme), Marchal, Lanobre et Champs; cours, dans le Cantal, de 17,750 m. — *Rivière de Trantaine; rivière du bois des Eyx*, 1788; — *Rivière de Trenteine*, 1789 (min. Marambal, n^{re}). — *La Tarantaine*, 1837 (état des rivières du Cantal).
TARRAC (LE), ruiss., afll. de la Sionne, c^{ne} de Vernols; cours de 2,500 m.
TARRAS (LE), mont. à vacherie, c^{ne} de Chanterelle.
TARRIEU, vill., c^{ne} d'Ally. — *Villa Terrini?* xiie s^e (charte dite *de Clovis*). — *Mansus de Terieu*, 1464; *Tarrieu*, 1567 (terr. de Saint-Christophe). — *Terriaux; Terrieux*, 1692 (état civ.). — *Terrieu*, 1770; — *Tarieu*, 1777 (arch. dép. s. C).
TARRIEU, dom. ruiné, c^{ne} de Tourniac. — *Affarium de Tardieu*, 1503 (terr. de Cussac). — *Tarrieu*, 1778 (inv. des arch. de la mais. d'Humières).
TARRIEUX, vill. et chât. détruit, c^{ne} de Lavastrie. — *Therrieux*, 1493; — *Tharrieux; Tarrieux*, 1494 (terr. de Mallet). — *Tariouse*, 1602 (arch. dép. s. G). — *Tarrieux*, 1680 (insin. de la cour royale de Murat). — *Chorieux*, 1784 (Chabrol).
TARRIOL (LE PUY DE), mont. à vacherie, c^{ne} de Brezons.
TARTRAINE, m^{in}, c^{ne} de Saint-Pierre-du-Peil.
TARTRIÈRE-BASSE ET HAUTE (LA), f^{me} et écart, c^{ne} de Saint-Clément. — *La Tartrière*, 1535 (arch. dép. s. G). — *La Tartrière-Basse*, 1693 (état civ.). — *La Tartière* (Cassini). — *Les Tertrières* (État-major).
TAUBEROUS-BAS ET HAUT (LE), domaines ruinés, c^{ne} de Sénezergues. — *Affar del Talbeyrou inférieur et supérieur*, 1668 (nommée au p^{ce} de Monaco).
TAUGUES (LES), vacherie, c^{ne} de Cheylade.
TAULES (LE SUC DES), mont. à vacherie, c^{ne} du Claux.
TAULES (LES), ham., c^{ne} de Condat-en-Feniers. — *Le pon d'Estaules; lo pont do Taulles*, 1654; — *Le pont de Taules*, xviie s^e (terr. de Feniers).
TAULES (LAS), ham., c^{ne} de Trizac. — *Lastaules*, 1782

(arch. dép. s. C). — *Las Talves* (états de sections). — *Lastalves* (État-major).

TAUMAZES (LES), écart, c^ne de Champs.

TAURAND (LE), m^in, c^ne de Montvert.

TAUSSAC, vill., c^ne de Saint-Hippolyte. — *Taussacum*, 1517 (terr. d'Apchon). — *Toussac*, 1746 (arch. dép. s. C, l. 46). — *Taussac*, 1777 (lièvre d'Apchon).

TAUTAL-BAS ET HAUT, ham., c^ne de Menet. — *Mansus de Cantalx; Cantal lo Soutra; Cantal lo Soubra*, 1441 (terr. de Saignes). — *Tautail-Soubre, Tautail-Soutre*, 1506 (id. de Riom). — *Tautah-Soutra*, 1594; — *Tautail-Soutra*, 1601; — *Tautaih-Sobro, Tautaih-Sotro*, 1604; — *Tautailh-Soutra*, 1606; — *Tautail-Soubra*, 1607 (état civ.). — *Tautal-Soutre, Tautal-Soubro*, 1682 (terr. de Trizac). — *Tautal-Soutro*, 1780 (lièvre de Saint-Angeau). — *Total-Bas; Total-Haut* (État-major).

TAUVE (LA), mont. à vacherie, c^ne de Condat-en-Feniers.

TAUVES (LAS), f^me, c^ne de Dienne.

TAVELAT, écart et m^in, c^ne de Saint-Étienne-de-Riom. — *Tavellac*, 1504 (terr. de la duchesse d'Auvergne). — *Tanellac*, 1585 (id. de Saint-Martin-Cantalès). — *Tavellatte* (Cassini). — *Tavelas* (État-major).

TAVERNIER, m^in détruit, c^ne de Peyrusse. — *Le moulin de Tavernier*, XVIIIe s^e (lièvre de Mardogne).

TAVERNOLLE, dom. ruiné, c^ne de Giou-de-Mamou. — *Affar de Tavernolle*, 1670 (nommée au p^ce de Monaco).

TAVOUNES (LES), mont. à burons, c^ne de Colandres.

TAXIER (LE), écart, c^ne de Cassaniouze.

TAYRAC (LE), écart, c^ne de Montmurat.

TAYRAC (LE), vill., c^ne de Saint-Santin-de-Maurs. — *Le Layrac*, 1603; — *Villaige del Tayrac*, 1613; — *Altayrac*, 1615; — *Villaige del Tairac*, 1635 (état civ.). — *Theyrac*, 1857 (Dict. stat. du Cantal).

TAYS (LES), mont. à vacherie, c^ne de Valuéjols. — *Terroir de la Comba des Tiels*, 1508 (terr. de Montchamp).

TAZINAT, écart, c^ne de Montsalvy.

TEIL (LE), dom. ruiné, c^ne d'Anglards-de-Salers. — *Domaine del Teil*, 1743 (arch. dép. s. C).

TEIL (LE), dom. ruiné, c^ne d'Arpajon. — *El mas dal Teilh; El mas dal Teilh*, 1223 (lièvre de Carbonnat).

TEIL (LE), écart et m^in, c^ne de Cayrols. — *Le molin del Teil*, 1655; — *Le molin des Teil*, 1663 (état civ.).

TEIL (LE), vill., c^ne de Drugeac. — *Villa Teils*, XIIe s^e (charte dite *de Clovis*). — *Mansus del Telhol; Oratorium del Teilhol*, 1464 (terr. de Saint-Christophe). — *Le Teilh*, 1668 (état civ. de Mauriac). — *Le Teil*, 1674 (id. d'Ally). — *Lou Telz*, 1684 (min. Gros, n^re). — *Atteils*, 1690 (état civ.). — *Atils*, 1703 (id. de Saint-Martin-Valmeroux). — *Le Teilz*, 1734 (état civ.).

TEIL (LE), dom. ruiné, c^ne de Jabrun. — *Affar et métharie del Teil*, 1508; — *Ténement du Teyl*, 1686; — *Ténement du Teilh*, 1730 (terr. de la Garde-Roussillon).

TEIL (LE), vill., c^ne de Joursac. — *Mansus del Telh*, 1400 (arch. mun. de Saint-Flour). — *Le Teil*, 1693; — *Letel*, 1771 (état civ.).

TEIL (LE), mont. à vacherie, c^ne de la Monselie.

TEIL (LE), f^me, c^ne de Polminhac. — *Le Teih*, 1583; — *Le Teilh*, 1584 (terr. de Polminhac). — *Le Teil*, 1750 (anc. cad.).

TEIL (LE), dom. ruiné, c^ne de Rouffiac. — *Mansus dal Telh*, 1327 (arch. mun. d'Aurillac, s. HH, c. 21).

TEIL (LE), écart et chât. ruiné, c^ne de Roussy. — *Mansus del Telh*, 1536 (terr. de Coffinhal). — *Lou Teilh*, 1610 (aveu de J. de Pestels). — *Le Teilz*, 1669; — *Lou Teil*, 1671 (nommée au p^ce de Monaco). — *Le Tel* (Cassini).

TEIL (LE), chât. ruiné, c^ne de Ruines. — *Tieuleire; Thioulleire*, 1624 (terr. de Ligonnet).

TEIL (LE), écart, c^ne de Saint-Antoine.

TEIL (LE), vill. détruit, c^ne de Saint-Bonnet-de-Salers. — *Le Thels*, 1784 (Chabrol, t. IV).

TEIL (LE), écart, c^ne de Sainte-Eulalie.

TEIL (LE), ham. et chât. ruiné, c^ne de Siran. — *Mas de Teulieyra*, 1443 (arch. mun. d'Aurillac, s. HH, c. 21).

TEIL (LE), ravine, affl. de la Cère, c^ne de Siran; cours de 500 m.

TEIL (LE), dom. ruiné, c^ne de Teissières-de-Cornet. — *Mansus dal Telh*, 1323 (arch. mun. d'Aurillac, s. HH, c. 21).

TEIL (LE), dom. ruiné, c^ne de Tourniac. — *Affarium de la Teulada*, 1403 (reconn. au doyen de Mauriac). — *Boria de la Troulada*, 1473; — *La Teule*, 1680 (terr. de Mauriac). — *Lou mas del Teil*, 1778 (inv. des arch. de la maison d'Humières).

TEIL (LE), vill. détruit, c^ne de Vieillevie. — *Village del Teil*, 1760 (terr. de Saint-Projet).

TEIL (LE), dom. ruiné, c^ne d'Ytrac. — *Ténement del Teil*, 1695 (terr. de la command. de Carlat).

TEIL-DAMANJO (LE), dom. ruiné, c^ne d'Arpajon. — *El mas dal Teilh Damanjo*, 1223 (lièvre de Carbonnat).

TEINTURIER (LE), minoterie, c^{ne} de Saint-Martin-Valmeroux.

TEINTURIER (LE), ham. et m^{in}, c^{ne} de Vitrac.

TEISSEDOU (LE), dom. ruiné, c^{ne} de Polminhac. — *Tènement de Teyssedou*, 1669 (nommée au p^{ce} de Monaco).

TEISSÈDRE, m^{in}, c^{ne} de Ferrières-Saint-Mary.

TEISSEIRE (LA), dom. ruiné, c^{ne} de Bonnac. — *Buge de las Teysseiras; bartas appellé las Teisseyres*, 1700 (terr. de Celles).

TEISSET (LE), dom. ruiné et mont. à vacherie, c^{ne} de Dienne. — *Mansus de las Tielhs*, 1315 (arch. dép. s. E). — *Montaigne appellée de Teysses*, 1600; — *Montaigne de Teisset*, 1618 (terr. de Dienne). — *Montaigne du villatge de Queulhe, appellée de Theyssect*, 1620 (min. Danty).

TEISSIÈRES, ruiss., affl. du ruisseau de Colin, c^{ne} de Teissières-de-Cornet; cours de 1,000 m.

TEISSIÈRES-DE-CORNET, c^{on} sud d'Aurillac, et chât. féodal détruit. — *Taxeriæ*, 1289 (annot. sur l'hist. d'Aurillac). — *Taissieras*, 1308 (arch. dép. s. G). — *Taxeriæ de Corneto*, 1351 (pap. de la fam. de Montal). — *Texeriæ de Corneto*, xive s^e (Pouillé de Saint-Flour). — *Tissieyra*, 1465 (obit. de N.-D. d'Aurillac). — *Taxerys de Corneto*, 1521; — *Tessieyriæ*, 1522; — *Teyssieyras*, 1531 (min. Vigery, n^{ro}). — *Teyssières-de-Cornetz*, 1595 (reconn. à la mais. de Clavières). — *Teissières-de-Cornet*, 1627 (état civ. d'Aurillac). — *Teyssières*, 1635 (id. de Laroquebrou). — *Teysières-de-Cornet*, 1670 (id. de Marmanhac). — *Teissieres-de-Corneet*, 1673 (lièvre du chapitre de Saint-Gerand). — *Taissières-et-de-Cournet*, 1676 (état civ. d'Ayrens). — *Teixières-de-Cornet*, 1688 (pièces du cab. de Bonnefons). — *Teyssières-de-Cornet*, 1694 (terr. du prieuré de Teissières-de-Cornet). — *Taissières*, 1701; — *Tissières-de-Cournet*, 1706 (état civ. de Saint-Paul-des-Landes).

Teissières-de-Cornet était, avant 1789, de la Haute-Auvergne, du dioc. de Saint-Flour, de l'élect. et de la subdélég. d'Aurillac. Il était le siège d'une justice seign. régie par le droit écrit, et ressort. au bailliage d'Aurillac, en appel de sa prév. part. — Son église, dédiée à saint Men, jadis à saint Étienne et à Notre-Dame, en 1545, était un prieuré qui, en 1246, dépend. de l'archid. d'Aurillac et qui lui avait été donnée par Guy-de-la-Tour, évêque de Clermont. Le prieur était à la collation de l'évêque. Cette église a été érigée en chapelle vicariale par ordonn. royale du 4 avril 1821, puis en succursale par une autre ordonn. du 25 juin 1826.

TEISSIÈRES-LES-BOULIÈS, c^{on} de Montsalvy et source minérale. — *Lesbolies*, xive s^e (Pouillé de Saint-Flour). — *Texiriæ de Levolier*, 1469 (arch. mun. d'Aurillac, s. GG, c. 6). — *Taxeriæ del Heloleri*, 1485 (reconn. à J. de Montamat). — *Taxeriæ de Leboliers*, 1521; — *Taxeriæ de Lebolier*, 1522 (min. Vigery). — *Teyssières-del-Sebolyer*, 1550 (id. Boygues). — *Teissières-Lesboulhier*, 1610 (aveu de J. de Pestels). — *Teisières-do-Boulier*, 1623 (état civ. d'Arpajon). — *Teissières-de-Leboulhier*, 1643 (min. Froquières). — *Tessiers-de-Leboulis*, 1655; — *Teissières-de-l'Ébouliet*, 1665 (état civ. de Leucamp). — *Teissières-de-Leyboulier*, 1668; — *Teyssières-de-Lesbouilhe*, 1669; — *Teyssières-Delesboulhe*, 1670 (nommée au p^{ce} de Monaco). — *Teyssières-de-Lesboulié*, 1678 (état civ. d'Aurillac). — *Tyssières-de-Leboulier*, 1678; — *Tissières-de-Lesboulier*; *Teyssières-de-Leboulier*, 1685 (id. de Leucamp). — *Teixieres-de-Leboulie*, 1688 (pièces du cab. de Bonnefons). — *Teissières-Deleboyer*, 1692 (terr. de Saint-Geraud). — *Teissières-del-Esbolier*, 1695 (id. de la command. de Carlat). — *Taissières-les-Boliers*, 1724 (lièvre de Montsalvy). — *Teissier-ès-des-Boliès*, 1740 (anc. cad. d'Arpajon). — *Teyssières-les-Bolies*, 1743 (état civ. de la Capelle-en-Vézic). — *Teissières-les-Bolies*, 1750 (anc. cad.). — *Teissières-Lesbolies*, 1772; — *Teyssières-les-Boliès*, 1782 (arch. dép. s. C, l. 49). — *Teissières-les-Bolier*; *Teissières Delebolier*, 1784 (Chabrol, t. IV). — *Teixières-les-Bouilles* (Cassini). — *Teissières-lès-Bouliès* (État-major).

Teissières-les-Bouliès était, avant 1789, de la Haute-Auvergne, du dioc. de Saint-Flour, de l'élect. et de la subdélég. d'Aurillac. Il était le siège d'une justice seign. régie par le droit écrit, et ressort. au bailliage de Vic, en appel de la prév. de Maurs. — Son église, dédiée à la Nativité de Notre-Dame, avait titre de prieuré. Elle a été érigée en succursale par décret du 28 août 1808.

TEISSONNIÈRES (LAS), dom. ruiné, c^{ne} de la Capelle-en-Vézie. — *Affar de las Teyssonieyres*, 1590 (pièces de l'abbé Delmas).

TEL (LA BUGE DU), dom. ruiné, c^{ne} de Mauriac. — *Mansus del Tel*, 1473; — *Boria Deltel*, 1483 (terr. de Mauriac).

TÉLANG (LE), ruiss., affl. du Chabrillac, coule aux finages des c^{nes} de Coren, Mentières et Tiviers; cours de 6,000 m. — *L'Étang* (État-major).

TELDES, vill. et chât. féodal détruit, c^{ne} de Saint-Pierre-du-Peil. — *Castrum de Telhde*, 1240 (homm. à l'évêque de Clermont). — *Teldes* (Cassini).

TÈLES (LA SAIGNE DES), mont. à vacherie, c^{ne} de Celles.

— *Pastural de Laysaigne*, 1581; — *Bois appellé Redon, alias del Thoil*, 1644; — *Bois Redon autrement del Toil; des Touels*, 1697; — *Bois de Touhel; de Touel*, 1700 (terr. de Celles).

Tels (Les), dom. ruiné, c^{ne} de Lugarde. — *Ténement de las Selz*, 1578 (terr. de Soubrevèze).

Tempaniergues, vill., c^{ne} d'Antignac. — *Tempaniègue* (Cassini). — *Tempaniergues* (État-major).

Tempel, vill. et chât. ruiné, c^{ne} de Bonnac. — *Tempel; Tempelz*, 1558 (terr. de Tempel). — *Tempels; le membre de Templex; Tempez*, 1581 (terr. de la command. de Celles). — *Tenpel*, 1640 (état civ.). — *Tempel* (Cassini).

Tempel était un membre de la command. de Celles.

Tempérige, vill. détruit, c^{ne} de Peyrusse. — *Villaige de Tenpérige; Tempérige*, 1561 (lièvre de Feniers).

Temple (Le), mais. ruinée, c^{ne} de Drugeac. — *La maison du Temple*, 1784 (Chabrol, t. IV).

Temple (Le Moulin du), ham. et mⁱⁿ détruit, c^{ne} de Jabrun. — *Molin appellé del Templi*, 1508; — *Le moulin del Temple*, 1686 (terr. de la Garde-Roussillon).

Le Moulin du Temple avait appartenu autrefois à l'ordre du Temple, puis avait été réuni à la command. de Saint-Jean-de-Jérusalem de Montchamp.

Temps (Le Mauvais), ruiss., affl. de la rivière de Mars, c^{ne} d'Anglards-de-Salers; cours de 2,320 m.

Ténardie (La), écart, c^{ne} de Quézac. — *La Ténardie*, 1746 (état civ.).

Tendon (Le), écart, c^{ne} de Thiézac.

Tenez, dom. ruiné, c^{ne} du Falgoux. — *Lo fach del mas Tenez*, 1332 (lièvre du prieuré de Saint-Vincent).

Tenissière (La), mont. à burons, c^{ne} du Fau.

Ténollamay, dom. ruiné, c^{ne} de Saint-Mamet-la-Salvetat. — *Le villaige de Ténollamay*, 1739 (anc. cad.).

Tensouses (Las), ham., c^{ne} de Vieillevie. — *Villaige de Tensozea*, 1564 (min. Boyssonnade). — *Las Tensouzes*, 1669 (nommée au p^{ce} de Monaco). — *Lasteinsouses*, 1678; — *Lastensouses*, 1680; — *Lastensouzes*, 1688 (état civ.). — *Las Teinxouze*, 1765 (id. de Junhac).

Termengros, vill., c^{ne} de Mentières. — *Termengros*, 1508; — *Termeingros*, 1730 (terr. de Montchamp).

Termes (Les), écart, c^{ne} de Laroquevieille. — *Termes* (État-major). — *Esternes*, 1857 (Dict. stat. du Cantal). — *Les Thermes*, 1886 (états de recens.).

Ternat, ham., c^{ne} de Trizac. — *Villa Tarnat*, xiie sⁿ (charte dite de Clovis). — *Ternat*, 1782 (arch. dép. s. C).

Ternes (Les), c^{on} sud de Saint-Flour, chât. — *Terni*, 1492 (liber vitulus). — *Las Ternos; Esternes*, 1618 (terr. de Sériers). — *Les Ternes*, 1645 (lièvre des Ternes). — *Les Ternez-en-Planez*, 1694 (état civ. de Raulhac).

Les Ternes étaient, avant 1789, de la Haute-Auvergne, du dioc., de l'élect. et de la subdélég. de Saint-Flour. Régi par le droit écrit, ce lieu dépendait de la justice seign. des Ternes et ressort. au bailliage de Saint-Flour en appel de sa prév. part. — Son église, dédiée à saint Martin, était un prieuré réuni à la mense du chapitre et à la collation de l'évêque. Elle a été érigée en succursale par décret du 28 août 1808.

Ternes (Les), dom. ruiné, c^{ne} de Laroquebrou. — *Villaige des Ternes*, 1634 (état civ. de Saint-Santin-Cantalès).

Ternes (Les Moulins des), nom collectif, c^{ne} des Ternes, sous lequel on désignait autrefois les moulins du Croizet, de Gizars, de Pitrou, de Tiviers et de la Tourette. — *Moullins Desternez*, 1636 (terr. des Ternes). — *Moulins des Ternes*, 1645 (lièvre des Ternes).

Ternes-Pessades (Les), f^{me}, c^{ne} de Saint-Flour. — *Mansus de Ternapessada*, 1345 (arch. mun. de Saint-Flour). — *Ternepessards*, 1675 (état civ.). — *Ternepassade* (Cassini). — *Ternepessade* (états de sections).

Téron (Le), dom. ruiné, c^{ne} d'Yolet. — *Affar del Théron*, 1670 (nommée au p^{ce} de Monaco).

Térons (Les), écart, c^{ne} du Fau. — *Les Térons* (État-major). — *Les Terrans*, 1855 (Dict. stat. du Cantal).

Térons (Les), mont. à vacherie, c^{ne} de Vézac.

Térondels (La Croix des), écart, c^{ne} de la Besserette. — *Affar dels Thérondels*, 1669 (nommée au p^{ce} de Monaco).

Térondels (Les), dom. ruiné, c^{ne} de Sansac-Veinazès. — *Affar des Thérondelz*, 1760 (terr. de Saint-Projet).

Terrade (La), dom. ruiné, c^{ne} de Glénat. — *Mansus de la Tarrade*, 1404 (arch. mun. d'Aurillac, s. HH, c. 21).

Terrade (La), dom. ruiné, c^{ne} de la Peyrugue. — *Villaige de la Tiérade*, 1631 (état civ. de Montsalvy).

Terrade (La), vill., c^{ne} de Saint-Victor. — *Mansus de la Terrada*, 1327 (pap. de la fam. de Montal). — *La Terradde*, 1586 (min. Lascombes). — *La Terrade*, 1683 (état civ. de Saint-Projet). — *La Rerade* (Cassini).

Terradou (Le), ham., c^{ne} de La Peyrugue. — *Lou

Terradou, 1670; — *Lou Taradou*, 1671 (nommée au p^{ce} de Monaco). — *Le Terrodou* (Cassini).

Terran (Le), vill., c^{ne} de Loubaresse. — *Le Terroux*, 1745 (arch. dép., s. C, l. 43).

Terrasquiers (Les), mont. à vacherie, c^{ne} de Saint-Vincent.

Terre-Faite (La), vill., c^{ne} de Tiviers. — *La Terre-Frayte; la Terre-Fraite*, 1508; — *Terrefayte*, 1663; — *Terre-Faitte*, 1730; — *Terre-Fayte*, 1762 (terr. de Montchamp). — *Terrefaite* (Cassini).

Terre-Freite, vill. détruit, c^{ne} de Virargues. — *Mansus de Terra Fraita*, 1293; — *Mansus de Terrafrayta*, 1388 (arch. dép. s. H). — *Terre-Frayete; Terre-Fraicte*, 1535 (terr. de la v^{té} de Murat). — *Boix de Terrefraycte*, 1559 (min. Lanusse). — *Terrefrayte*, 1575; — *Terre-Frayte*, xvie s^e (terr. de Bredon). — *Bois de Terrefraite*, 1683 (id. des Bros).

Terre-Levade (La), dom. ruiné, c^{ne} de Mauriac. — *Boria de Terra Levada*, 1473 (terr. de Mauriac).

Terre-Rouge, m^{in}, c^{ne} de Laroquebrou.

Terre-Rouge, vill., c^{ne} de Siran.

Terre-Rouge, ruiss., affl. du ruisseau d'Escalmels, c^{ne} de Siran; cours de 2,800 m.

Terre-Saint-Peyre (La), dom. ruiné, c^{ne} de Drugeac. — *Affarium de la Terra Saint Peyra*, 1475 (terr. de Mauriac).

Terres-Rouges (Les), écart, c^{ne} de Cassaniouze.

Terrier (Le), dom. ruiné, c^{ne} de Saint-Constant. — *Mansus del Tarriera*, xve s^e (arch. mun. de Saint-Santin-de-Maurs). — *Lou Tarrier*, 1626 (état civ. de Saint-Santin-de-Maurs). — *Lou Tarrieu*, 1642; — *Lou Tarriès*, 1692 (état civ.). — *Ténement del Terrier*, 1747; — *Le Tarier*, 1749 (anc. cad.).

Terrisse (La), dom. ruiné, c^{ne} d'Arpajon. — *Villaige de la Terrisse*, 1679 (arch. dép. s. C, l. 4).

Terrisse (La), vill. détruit, c^{ne} de Ferrières-Saint-Mary.

Terrisse (La), vill., c^{ne} de Sainte-Marie. — *La Terrisse*, 1613 (état civ. de Pierrefort). — *Terriss*, 1671; — *La Terriss*, 1672 (insin. du baill. de Saint-Flour).

Terrisse (La), vill. et mont. à burons, c^{ne} de Vèze. — *La Tarrisse*, 1561 (lièvre de Feniers). — *La Terrisse* (Cassini).

Terrondelle, taillis, c^{ne} de Chanet. — *Nemus de Tirondelz*, 1471 (terr. du Feydit).

Terrou (Le), vill. et chât., c^{ne} de Marchastel.

Terrou (Le), écart, c^{ne} du Trioulou.

Terrous (Les), bois, c^{ne} de Vébret. — *Nemus de Tarant*, 1441 (terr. de Saignes).

Terroux (Les), vill., c^{ne} de Marchastel. — *Tarou*, 1600 (lièvre de Pouzols). — *Tarroux*, 1744 (id. de Soubrevèze). — *Terron* (État-major). — *Teyroux*, 1856 (Dict. stat. du Cantal).

Tescou, m^{in}, c^{ne} de Mauriac.

Tessanhagrueyra, dom. ruiné, c^{ne} de Champs. — *Mansus Tessanhagrueyra*, 1341 (arch. dép. s. G).

Teste (Le Moulin de), m^{in}, c^{ne} de Riom-ès-Montagnes.

Teste (Le Moulin de), m^{in}, c^{ne} de Saint-Amandin.

Teste-de-Fède (La), mont. à vacherie, c^{ne} de Bonnac.

Teste-Neyre (La), mont. à vacherie, c^{ne} de Prodiers. — *Boix appellé de Teste-Neyro; de Testaneyre*, 1654; — *Teste-Neyre*, xviie s^e (terr. de Feniers).

Teulade (La), vill., c^{ne} de Marcolès.

Teulade (La), dom. ruiné, c^{ne} de Reilhac. — *Affarium de Teulada*, 1465 (arch. mun. d'Aurillac, s. GG, p. 20). — *Affar de la Tiaulade*, 1573 (terr. de la chapell. des Blats). — *Affar de los Teulières*, 1773 (id. de la châtell. de la Broussette).

Teulière (La), ham. et briqueterie, c^{ne} de Maurs.

Teulière (La), f^{me}, c^{ne} de Mourjou. — *La Theulière*, 1523 (ass. de Calvinet). — *La Thieulerias*, 1553 (procès-verbal Veny).

Teulières (Las), dom. ruiné, c^{ne} de Boisset. — *Affar de las Tioulières*, 1668 (nommée au p^{ce} de Monaco). — *Bois de las Teulières*, 1746 (anc. cad.).

Teulières (Les), dom. ruiné, c^{ne} de Saint-Mamet-la-Salvetat. — *Ténement del Toulayré*, 1739; — *Ténement de las Teulières*, 1743 (anc. cad.).

Teyrac (Le), ham., c^{ne} de Maurs. — *Le Thérac* (Cassini).

Teyssanderie (La), maison détruite, c^{ne} d'Arnac. — *Maison appellé de la Teyssanderie, près du chasteau de Pol*, 1670 (nommée au p^{ce} de Monaco).

Thalnivière, mont. à vacherie, c^{ne} de Saint-Bonnet-de-Salers.

Thébaïde (La), écart, c^{ne} d'Arches.

Thèse, ham., c^{ne} de Saint-Amandin. — *Tegis* (Cassini). — *Tège* (État-major).

Theil (Le), dom. ruiné, c^{ne} de Cassaniouze. — *Affar jadis village del Teilh*, 1760 (terr. de Saint-Projet).

Theil (Le), mont. à vacherie, c^{ne} de Drugeac.

Theil (Le), vill., c^{ne} de Saint-Cernin. — *Lo Telh*, 1369 (arch. mun. d'Aurillac, s. GG, p. 19). — *Lou Teilh*, 1636 (lièvre de Poul). — *Lou Teilhz*, 1662; — *Lou Teil*, 1666 (état civ.). — *Villaige Dalteil*, 1670 (id. de Marmanhac). — *Alteil*, 1701; — *Lou Theil*, 1704 (état civ.). — *Louteil*, 1730 (arch. dép. s. C, l. 32). — *Le Tail*, 1784 (Chabrol, t. IV).

Theil (Le), ham., c^{ne} de Sainte-Eulalie. — *Mansus*

del Telh, 1464 (terr. de Saint-Christophe). — *Lou Theil*, 1684 (min. Gros, n^re). — *Le Teil*, 1768 (arch. dép. s. C, l. 40).

THEIL (LE), m^in, c^ne de Saint-Mamet-la-Salvetat. — *Le molin du Teil*, 1648 (état civ. de Cayrols).

THEIL (LE), ruiss., affl. de la Cère, c^ne de Saint-Mamet-la-Salvetat; cours de 1,255 m. — *Ruisseau appellé la Garinia*, 1577 (livre des achaps d'Ant. de Naucaze).

THEIL (LE), vill. et bois, c^ne de Saint-Martin-Valmeroux. — *Monteil*, 1627 (terr. de N.-D. d'Aurillac). — *Lou Teil*, 1658 (insin. du baill. de Salers). — *Lou Tel*, 1682 (état civ. de Chaussenac). — *Les Teils* (État-major).

THEIL (LE), ham. et m^in ruiné, c^ne de Thiézac. — *Lou Telh*, 1617; — *Lou Toul*, 1624; — *Lou Tcilh*, 1635 (état civ.). — *Villaige Delteil*, 1668 (nommée au p^ce de Monaco). — *Villaige et molin del Tel*; *Molin del Teil*, 1674 (terr. de Thiézac). — *Le Theille* (Cassini).

THÉRON (LE), dom. ruiné, c^ne de Chalvignac. — *Mansus dal Teron*, 1296 (homm. à l'évêque de Clermont).

THÉRON (LE), vill., c^ne de Paulhenc.

THÉRON (LE), écart, c^ne de Saint-Santin-de-Maurs. — *Le Téron*, 1614 (état civ.).

THÉRON (LE), écart, c^ne de Saint-Urcize. — *Le Téron* (Cassini).

THÉROU (LE), vill., c^ne de Paulhenc. — *Lou Théron*, 1612 (état civ. de Pierrefort). — *Lou Tiron-del-Satvage*, 1664 (terr. de Bredon).

THIÉDAT, dom. ruiné, c^ne de Saint-Illide. — 1784 (Chabrol, t. IV).

THIÉZAC, c^on de Vic-sur-Cère. — *Tiazacum*, 1373 (vente à l'hôp. de la Trinité d'Aurillac). — *Thiesacum*, 1561 (bulle de sécularisation de l'abb. de Saint-Géraud d'Aurillac). — *Thiézac; Tiazac*, 1597 (reconn. au curé de l'hôp. de la Trinité d'Aurillac). — *Trézac*, 1628 (paraphr. sur les cout. d'Auvergne). — *Tiézac*, 1631 (état civ. de Pierrefort). — *Tyzac*, 1647 (id. d'Aurillac). — *Thiésat*, 1674 (terr. de Thiézac).

Thiézac était, avant 1789, de la Haute-Auvergne, du dioc. de Saint-Flour, de l'élect. et de la subdélég. d'Aurillac. Régi par le droit écrit, il était le siège d'une justice seign. moyenne et basse appartenant au prieur en partie, le roi s'étant réservé la haute justice en 1640, et ressort. au bailliage de Vic, en appel de sa prév. part. — Son église, dédiée à saint Martin, était un prieuré qui avait appartenu au chapitre de la cathédrale de Clermont. Il dépendait, en 1315, de l'abbaye d'Aurillac et le prieur présentait à la cure. Elle a été érigée en succursale par décret du 28 août 1808.

THIÉZAC, ruiss., affl. de la Cère, c^ne de Thiézac; cours de 2,400 m.

THINDOIRE (LA), f^me, c^ne de Chaudesaigues. — *Latindoire* (Cassini). — *La Tendoire*, 1855 (Dict. stat. du Cantal).

THINIÈRES, ham. et chât. féodal en ruines, c^ne de Beaulieu. — *Tineyra*, 1205 (Chabrol, t. I). — *Tineria*, 1375 (Baluze, t. II, p. 616). — *Tyneyra*, 1408 (arch. dép. s. E). — *Thinières*, 1643 (min. Froquières, n^re). — *Le Lictinières à présent Tinières*, 1784 (Chabrol, t. IV). — *Thiniet* (Cassini). — *Thynières* (État-major).

Thinières était, avant 1789, le siège d'une justice seign. régie par le droit cout., et ressort. à la sénéch., de Clermont, en appel du bailliage de Thinières.

THOMAS, m^in, c^ne des Ternes.

THOMAS (LE MOULIN DE), scierie, c^ne de Védrines-Saint-Loup.

THONNADE (LA), dom. ruiné, c^ne de Velzic. — *Bughe appellée de la Thonnade*, 1514 (terr. de Fracor).

THOUROU, vill., c^ne de Saint-Cernin. — *Lou Thoro*, XVIe s^e (arch. mun. d'Aurillac, s. GG, p. 21). — *Le Tourou*, 1674 (état civ. d'Aurillac). — *Tauron*, 1700 (id. de Vieillevie). — *Lou Thouron*, 1701 (id. de Saint-Cernin). — *Thourou*, 1730; — *Thorou*, 1753; — *Touron*, 1783 (arch. dép. s. C, l. 32). — *Tours*, 1784 (Chabrol, t. IV).

THRÉMON, écart, c^ne de Laroquevieille. — *Teubré* (Cassini). — *Théron* (État-major).

TIAL (LE), écart, c^ne de Ladinhac.

TIALLE (LA), ruiss., affl. de la Dordogne, coule aux finages des c^nes de Chastreix, Bagnols, Cros (Puy-de-Dôme) et Lanobre; cours, sur cette commune, de 4,200 m. — *Rivière grosse appellée des Teuilles*, 1583 (terr. d'Égliseneuve d'Entraigues). — *Rivière de Théale*, 1790 (min. Marambal, n^re à Thinières). — *Téale*, 1856 (Dict. stat. du Cantal).

TIAULADE (LA), mont. à vacherie, c^ne de Cheylade. — *Tiaulac* (État-major).

TIAULIÈRE (LA), vill., c^ne de Trémouille-Marchal. — *La Tioliére* (Cassini).

TIDERNAT, vill., c^ne de Laroquevieille. — *Mansus de Tidarnac*, 1531 (min. Vigery, n^re à Aurillac). — *Tidernac*, 1552 (terr. de Nozières). — *Tidarnat*, 1650 (état civ. de Salers). — *Tidernat*, 1696 (arch. dép. s. C, l. 10). — *Lidernac* (Cassini).

TILIDE (LA), écart et mont. à vacherie, c^ne de Brageac.

TILIOL (LE), dom. ruiné, c^ne de Saint-Mamet-la-Salvetat. — *Villaige de lou Teil*, 1668 (nommée au p^(re) de Monaco). — *Ténement dels Teilhols*, 1739; — *Lou Teilhot*, 1743 (anc. cad.).

Tillet (Le), ham., c^(ne) d'Espinasse. — *Le Tillet* (Cassini).

Tillet (Le), ham., c^(ne) de Jabrun. — *Le Telhet; Teilhet*, 1508; — *Le Teyllyet; le Teilleit*, 1686; — *Le Teillet*, 1730 (terr. de la Garde-Roussillon). — *Les Tillets*, 1784 (Chabrol, t. IV).

Tillet (Le), écart, c^(ne) de Saint-Santin-de-Maurs. — *Lou Tilyt*, 1749 (anc. cad.). — *Le Thillet* (État-major).

Tilleul (Le), mais. d'école, c^(ne) de Sourniac.

Tillit (Le), vill., c^(ne) de Tournemire. — *Affaria de Telhet*, 1522 (min. Vigery, n^(re)). — *Thellut*, 1658 (insin. du baill. de Salers). — *Telis*, 1670; — *Tilit*, 1671; — *Thilit*, 1672; — *Telit*, 1673 (état civ. de Marmanhac). — *Tillet*, 1680; — *Thilhet*, 1701; — *Thiliet*, 1759 (arch. dép. s. C). — *Teylit*, 1771 (id. l. 50).

Timonière (La), mont. à vacherie, c^(ne) de Clavières.

Tindoire (La), écart, c^(ne) de Chaudesaigues.

Tindoire (La), mont. à burons, c^(ne) de Saint-Urcize. — *Champ appellé de la Tindoyre*, 1597 (min. Danty, n^(re)).

Tindoire (La), mont. à vacherie, c^(ne) de Valuéjols.

Tindou (Le), écart, c^(ne) de Thiézac.

Tiolade (La), vill., c^(ne) de Veyrières. — *Tioulade*, 1686 (état civ. d'Ydes). — *La Tiolade*, 1708 (*id.* d'Arches). — *La Traulade* (État-major). — *La Tiollade*, 1857 (Dict. stat. du Cantal).

Tiolade (La), ruiss., affl. de la rivière de la Sumène, c^(ne) de Veyrières; cours de 800 m.

Tiolière (La), vill., c^(ne) de Brageac. — *La Théolieyre*, 1634 (état civ.). — *La Taulière*, 1645; — *La Téolière*, 1663 (*id.* de Mauriac). — *La Téliore*, 1685; — *La Théolière*, 1695 (*id.* de Chaussenac). — *La Thiolière*, 1696 (*id.* d'Arches). — *La Teulière*, 1699 (état civ.). — *La Toilière*, 1705 (*id.* de Chaussenac). — *Latioulières*, 1744; — *La Thiouleyre*, 1768; — *La Thiouyleyre*, 1770 (arch. dép. s. C, l. 38). — *La Tiolière* (Cassini).

Tiolière (La), écart, c^(ne) de Salins.

Tiougaire (La), mont. à vacherie, c^(ne) de Coltines.

Tioulas (Le), écart, c^(ne) de Jabrun. — *Taurans*, 1784 (Chabrol, t. IV). — *Les Tioules*, 1855 (Dict. stat. du Cantal).

Tioulé (Le Suc del), mont. à vacherie, c^(ne) de Bredon. — *Montaignhe de la Teula*, xv^(e) s^(e) (terr. de Chambeuil). — *Le bois de la Thioule*, 1668 (nommée au p^(ce) de Monaco).

Tioule (Le Pnat de la), mont. à vacherie, c^(ne) de Chastel-sur-Murat. — *Boix de la Thiouleyre; Tiouleyre*, 1535 (terr. de la v^(té) de Murat). — *Las Thiolles*, 1580 (lièvé conf. de la v^(té) de Murat). — *La Thiouleyra*, 1591 (terr. de Bressanges). — *Las Tiouleyres*, 1680 (*id.* de Murat).

Tioule (La), mont. à vacherie, c^(ne) de Colandres. — *Montanum de la Teulieyra*, 1429 (arch. mun. de Mauriac). — *La Tyeuleyra*, 1539 (arch. dép. s. E). — *La Tiouleyra*, 1539 (terr. de Cheylade).

Tioulé (La), dom. ruiné, c^(ne) de Ferrières-Saint-Mary. — *La Tieule*, 1526 (terr. de Viellespesse). — *Thyolyère*, 1559 (lièvé du prieuré de Molompize). — *La Tioulle*, 1610 (terr. d'Avenaux).

Tioule (La), dom. ruiné, c^(ne) de Giou-de-Mamou. — *Buge de la Teule*, 1743; — *Buge de la Teulle*, 1759 (anc. cad.).

Tioule (Le Suc de la), mont. à vacherie, c^(ne) de Saint-Mary-le-Plain. — *Le suc de la Tyioulle*, 1557 (terr. du prieuré de Rochefort).

Tioule (Las), vill., c^(ne) de Trémouille-Marchal. — *Las Tioulles*, 1732 (terr. du fief de la Sépouse). — *La Tioulonne* (Cassini). — *Lastioulles* (État-major).

Tioule (La), mont. à vacherie, c^(ne) de Vieillespesse. — *Nemus de la Tieula*, 1526; — *Boys de la Tiouler; la Tieule; la Tioula; la Tieula*, 1527 (terr. de Vieillespesse). — *La Tieuleyra*, xvi^(e) s^(e) (lièvé de Vieillespesse). — *La Tyeule*, 1662 (terr. de Vieillespesse).

Tioule-Soubranne et Soutranne (La), montagnes à vacherie, c^(ne) de Colandres. — *Montana de la Tiouleyra Sobrana, Thiouleyra Sotrana*, terr. d'Apchon. — *La Tioule-Soubrane; Tioule-Sontrane*, 1719 (table de ce terr.). — *Vacherie Bastioulle* (Cassini).

Tiouleyres (Las), dom. ruiné et mont. à vacherie, c^(ne) de Celles. — *Bughe de la Thyolleyra*, 1581 (terr. de la command. de Celles).

Tiquel (Le), écart, c^(ne) de Fontanges.

Tirmeillou, mont. à vacherie, c^(ne) d'Auzers.

Tissandières, ruiss., affl. du ruisseau Nègre, c^(ne) de Cros-de-Montvert; cours de 1,800 m.

Tissendier, vill., c^(ne) de Saint-Mamet-la-Salvetat. — *Teyssendié*, 1623; — *Teissendié*, 1624; — *Teysaidié*, 1635; — *Tessandier*, 1662 (état civ.). — *Affar del Teyssandié*, 1668 (nommée au p^(ce) de Monaco). — *Tissandier*, 1697; — *Tisseindio*, 1743; — *Teissendier*, 1748 (arch. dép. s. C, l. 4).

Tissonnière, vill. et chât., c^(ne) de Chalinargues. — *Tessoneiras*, 1518 (terr. de la seign. des Cluzels). — *Teyssouneyres*, 1580 (lièvé de la v^(té) de Murat). — *Teissouneyres*, 1585 (terr. de Murat). — *Teysoneyras*, 1591 (*id.* de Bressanges). — *Teysou-*

nière, 1667 (état civ. de Chastel-sur-Murat). — *Teyssonières*, 1681 (arch. dép. s. E).

Tissonnières-Soubro et Soutno, écarts et chât. ruiné, c^ne de Cheylade. — *Teyssoneyres*; *Teissonnères*, 1514 (terr. de Cheylade). — *Teyssonieyres*, 1521 (min. Teyssendier, n^re à Cheylade). — *Tissonnières*; *Tissonnière*, 1539 (arch. dép. s. E). — *Tyssonnières*, 1592 (vente de la terre de Cheylade). — *Teyssonnière*, xviie s^e (table du terr. de Cheylade). — *Bas-Tissonnières*; *Tissonnières-Haut* (Cassini).

Tivaux (Les), mont. à vacherie, c^ne du Claux.

Tiviens, c^on nord de Saint-Flour. — *Thyveyr*, xive s^e (Guill. Trascol). — *Tyverium*, xive s^e (Pouillé de Saint-Flour). — *Tiverium*, 1402 (liber vitulus). — *Tivier*, 1594 (min. Andrieu, n^re). — *Tyviers*; *Tivière*, 1628 (paraphr. sur les cout. d'Auvergne). — *Thiviers*, 1663 (terr. de Montchamp). — *Tiviers* (Cassini).

Tiviers était, avant 1789, de la Haute-Auvergne, du dioc., de l'élect., et de la subdélég. de Saint-Flour. Régi par le droit cout., il dépendait des justices seign. de Coren, Mentières et Montchamp, et ressort. à la sénéch. d'Auvergne en appel de la prév. de Saint-Flour. — Son église, dédiée à saint Laurent, a remplacé une ancienne église, sous le voc. du saint Sauveur, qui avait été donnée, en 1010, au monast. de Saint-Flour, par Pierre et Pons de Turlande.

Par ordonn. royale du 22 avril 1827, l'église de Tiviers a été distraite du territ. de la succursale de Mentières et érigée en chapelle vicariale, puis en succursale par une autre ordonnance du 29 juin 1841.

Tiviens, m^in, c^ne des Ternes. — *Mollin de Tiviers*, 1636; — *Tivier*, 1645; — *Tyviès*, 1646 (terr. des Ternes). — *Tibiers*, 1655 (état civ. de Pierrefort). — *Tiviès*, xviie s^e (terr. des Ternes). — *M^in de Tivies* (Cassini).

Tivoli, écart, c^ne d'Aurillac. — *Maison Mondot* (nom du premier propriétaire).

Tizy, lieu détruit, c^ne de Chalvignac. — *Le villaige de Tizy*, 1639 (rentes dues au doyen de Mauriac).

Tognes (Las), écart, c^ne de la Besserette.

Toiézes (Las), dom. ruiné, c^ne de Siran. — *Villaige de Las Toiézes*, 1616 (état civ.).

Toilh, dom. ruiné, c^ne de Dienne. — *Granche appellée le Chasteau de Toilh*, 1618 (terr. de Dienne).

Tombebis, f^me, c^ne de Clavières. — *Tombaris*, 1745 (arch. dép. s. C, l. 43). — *Tombevis* (Cassini). — *Tombavi*, 1855 (Dict. stat. du Cantal).

Tombebis (Le Petit), dom., c^ne de Clavières, auj. réuni à la ferme de ce nom. — *Le petit Lombaris*, 1745 (arch. dép. s. C, l. 43).

Tonnat, vill., c^ne de Sourniac. — *Toliniaco*, x^e s^e (test. de Théodechilde). — *Tonnacum*, 1473; — *Tonnac*, 1680 (terr. de Mauriac). — *Tonat*, 1730 (état civ.).

Toson (Las), dom. ruiné, c^ne de Saint-Étienne-de-Carlat. — *Villaige de Las Toson*, 1670 (état civ. de Polminhac).

Tord (Le), dom. ruiné, c^ne de Thiézac. — *Ténement del Torg*, 1668 (nommée au p^ce de Monaco). — *Affar del Tort; del Tor*, 1674 (terr. de Thiézac).

Tonou (Le), ham., c^ne d'Ytrac.

Tornette (La), m^in, c^ne de Loubaresse.

Tortesille, mont. à vacherie, c^nes d'Arpajon et de Vézac. — *Boys et montaignhe de Tortesilhe*, 1670 (nommée au p^ce de Monaco).

Torts (Les), mont. à vacherie, c^ne de Giou-de-Mamou. — *Buge des Tords*, 1741 (anc. cad.).

Touche (La), ham., c^ne de Chanterelle.

Touet (Le), écart, c^ne de Saint-Constant. — *Bois del Thuet*, xviie s^e (reconn. au prieur de Saint-Constant).

Tougouse, vill., c^ne de Saint-Bonnet-de-Salers. — *Tholosa*, 1272 (Gall. christ., t. II, instrum. col. 90). — *Tholouze*, 1636 (état civ. de Reilhac). — *Thulouse*, 1643 (id. de Salers). — *Tholouse*, 1659; — *Thoulouse*, 1669 (id. d'Anglards-de-Salers). — *Thoulouze*, 1693 (id. de Saint-Martin-Valmeroux). — *Toulouze*, 1728 (id. de Saint-Chamant). — *Toulauze*; *Télouse*, 1742 (id. de Saint-Bonnet). — *Touze* (Cassini). — *Tougouse* (État-major).

Toularic, vill., c^ne de Jabrun. — *Tonari*; *Tonaric*, 1508; — *Tounaril*; *Tounarie*, 1662; — *Tounarie*, 1686; — *Tounaric*, 1730 (terr. de la Garde-Roussillon). — *Toulare*, 1784 (Chabrol, t. IV). — *Toularic* (Cassini).

Toulat, vill., c^ne d'Auzers. — *Villa Tollat*, xiie s^e (charte dite *de Clovis*). — *Mansus de Tolat*, 1503 (terr. de Cussac). — *Tholat*, 1541 (nommée au seign. de Charlus). — *Taulatz*, 1674 (anc. min. Chalvignac, n^re à Trizac). — *Toulat*, 1784 (Chabrol, t. IV). — *Ternat* (Cassini). — *Toulat*, 1785 (arch. dép. s. C, l. 41).

Toulat, ruiss., affl. du ruisseau de Mardarel, c^ne d'Auzers; cours de 1,300 m.

Toules, vill., c^ne d'Arpajon. — *Toula*, 1465 (obit. de N.-D. d'Aurillac). — *Toulles*, 1626; — *Toule*, 1627 (état civ.). — *Toulle*, 1670 (nommée au p^ce de Monaco).

Touliac (Le), dom. ruiné, c^ne de Saint-Christophe.

— *Mansus de la Talha*, 1464 (terr. de Saint-Christophe).

Toulousette (La), écart, c^{ne} d'Aurillac. — *Toulouzet* (états de sections).

Touls, vill. et chât. détruit, c^{ne} de Coltines. — *Taols*, xive s^e (Pouillé de Saint-Flour). — *Taoulx*, 1450 (archives départementales s. H). — *Tholz*, 1508 (terr. de Montchamp). — *Toulx*, 1511 (*id.* de Maurs). — *Touls; Thoulz; Thouh*, 1533 (*id.* du prieuré de Touls). — *Toulz*, 1581 (*id.* de Celles). — *Toux*, 1652 (*id.* du prieuré de Coltines). — *Thoulx*, 1669 (spicil. Brivat.). — *Toul*, 1784 (Chabrol, t. IV).

Touls était, avant 1789, le siège d'une justice seign. régie par le droit écrit, et ressort. à la sénéch. d'Auvergne, en appel de la prév. de Saint-Flour. — Son église, dédiée à saint Blaise, était un prieuré de femmes dépend. jadis de l'abb. de Comps et réuni ensuite à la mense du chapitre de Saint-Flour. Le prieur était à la nomination de l'abbesse de la Vaudieu.

Touly, ham., c^{ne} de Jussac. — *Thouly alias Commyac*, 1670; — *Le villaige de Touly, alias Comyac*, 1673 (terr. de la Cavade).

Touniou (Le Puech de), mont. à vacherie, c^{ne} de la Capelle-Barrez.

Tounou, ham., c^{ne} de Mourjou. — *Tournos*, 1668 (nommée au p^{ce} de Monaco). — *Boriage appellé de la Borie, alias de Tounou*, 1760 (terr. de Saint-Projet).

Tour (Le Moulin du), m^{in} détruit, c^{ne} d'Aurillac. — *Molendinum del Torn*, 1412 (arch. mun., s. GG, c. 17).

Tour (La), écart et tour ruinée, c^{ne} de Chaudesaigues. — *La Tour* (Cassini).

Tour (Le), dom. ruiné, c^{ne} de Cheylade. — *Le mas du Tour*, xviie s^e (arch. dép., s. E).

Tour (Le), dom. ruiné, c^{ne} de Laroquebrou. — *Affarium del Torn*, 1442 (arch. mun. d'Aurillac, s. HH, c. 21).

Tour (Le), m^{in}, c^{ne} de Lavastrie. — *Molendinum de Torre*, 1493 (terr. de Mallet). — *Molin del Dous*, 1618 (*id.* de Sériers).

Tour (La), vill. et chât. ruiné, c^{ne} de Maurs. — *Turris*, 1500 (terr. de Maurs). — *Latour*, 1672 (état civ.). — *Citadelle de La Tour* (Cassini).

Tour (Le Château de la), taillis, c^{ne} de Riom-ès-Montagnes. — *Nemus vocatum de las Tours*, 1512 (terr. d'Apchon).

Tour (La), dom. ruiné, c^{ne} de Roumégoux. — *Mansus de Altors*, 1343 (arch. mun. d'Aurillac, s. HH, c. 21).

Tour (La), dom. ruiné, c^{ne} de Saignes. — *Affarium Altor*, 1441 (terr. de Saignes).

Tour (La), écart, c^{ne} de Saint-Flour. — *La Tor*, xve s^e (arch. mun. de Saint-Flour).

Tour (La), dom. ruiné, c^{ne} de Saint-Martin-Cantalès. — *Villaige del Tour*, 1669 (nommée au p^{ce} de Monaco).

Tour (Le), dom. ruiné, c^{ne} de Saint-Santin-Cantalès. — *Affarium del Torn*, 1442 (arch. mun. d'Aurillac, s. HH, c. 21).

Tour (Le), dom., c^{ne} de Saint-Simon. — *Mas Daltour*, 1692 (terr. du monast. de Saint-Geraud).

Tour (La), vill. et tour en ruines, c^{ne} de Thiézac. — *La grange de la Tour*, 1674 (terr. de Thiézac).

Tour (Le), vill., c^{ne} du Trioulou. — *Lou Tour*, 1744 (état civ.). — *Loutour*, 1747 (*id.* de Saint-Étienne-de-Maurs). — *Deltour*, 1753 (état civ.).

Tour (La), vill. et m^{in}, c^{ne} de Vèze. — *La Tour* (Cassini). — *Latour* (État-major).

Touran (Le), dom. ruiné, c^{ne} de Saignes. — *Affarium de Toran*, 1441 (terr. de Saignes).

Touraux (Le Suc des), mont. à vacherie, c^{ne} de Montboudif.

Tourcy, ruiss., afll. de la Cère, c^{nes} de Saint-Jacques-des-Blats et de Thiézac; cours de 3,500 m. — Ce ruisseau porte aussi le nom de *Fanjuquet*. — *Ruisseau de Tourchy; del Fournion; d'Armandies; de la Souquade*, 1746 (anc. cad. de Thiézac). — *Fonjuquet*, 1879 (état stat. des cours d'eau du Cantal).

Tourcy, ham., c^{ne} de Thiézac. — *Tourci* (Cassini).

Tourcy, dom. ruiné, c^{ne} de Vézac. — *Affarium vocatum del Torcy*, 1531 (min. Vigery, n^{re}).

Tour-de-Serre (La), chât. détruit, c^{ne} de Thiézac.

Tourel (Le), vill. détruit, c^{ne} de Sarrus. — *Le Taurel*, 1784 (Chabrol, t. IV).

Tourelle (La), écart, c^{ne} de Sénezergues.

Tourer (Le), écart, c^{ne} de Polminhac.

Tourette (La), m^{in}, c^{ne} de Bournoncles.

Tourette (La), ruiss., afll. de la Cépie, c^{ne} de Neuvéglise; cours de 9,900 m. — *Rif de la Talhade*, 1508; — *Rif de la Tailhade*, 1630 (terr. de Montchamp).

Tourette (La), buron, c^{ne} de Paulhac.

Tourette (La), m^{in}, c^{ne} de Saint-Marc.

Tourette (La), m^{in}, c^{ne} des Ternes.

Tourettes (Les), écart, c^{ne} de Laveissenet.

Tourille (La), vill. et mont. à vacherie, c^{ne} de Celles. — *Pasturalis de la Torilha*, 1388 (arch. dép. s. G). — *La Torilhe; la Torrilhe*, 1533 (terr. de Touls). — *La Toureilhe*, 1535; — *Les Torrilhes*, 1580 (*id.* de la v^{id} de Murat). — *La Thorrilhe*, 1581 (*id.* de Celles). — *La Torrilha*, xvie s^e (arch. dép. s. G).

— *La Tourrilhe*, 1617 (lièvc de la v^té de Murat).
— *La Tourilhe*, 1682 (état civ. de Moissac). — *Las Tourrilles; Tourilles*, 1683 (terr. des Bros). — *La Tourille*, 1752 (état civ. de Celles). — *La Thorille*, xviie s^e (*id.* de Bressolles).

Tourille (La), f^me, c^ne de la Chapelle-d'Alagnon. — *Granches de Torilhe; la Torrilhe*, 1535 (terr. de la v^té de Murat).

Tournadre, dom. ruiné, c^ne de Saint-Santin-Cantalès. — *Affarium dels Tornadres*, 1442; — *Affar del Tournadies*, xvie s^e (arch. mun. d'Aurillac, s. HH, c. 21).

Tournals (Les), dom. ruiné, c^ne de Saint-Constant. — *Als Tournals*, xviie s^e (reconn. au prieur de Saint-Constant).

Tournebise, écart, c^ne de Beaulieu.

Tournels (Les), ham., c^ne d'Alleuze.

Tournemire, c^on de Saint-Cernin et château. — *Tornamuri*, 1296 (arch. dép. s. E). — *Tornemyra; Tournemyre*, 1527 (*id.* s. G). — *Tornamire*, 1552 (terr. de Nozières). — *Tornamyre*, 1600 (trans. des habit. d'Auriols avec l'hôp. de la Trinité d'Aurillac). — *Tornemyre*, 1600 (reconn. desdits habit. audit hôpital). — *Tornemire*, 1628 (paraphr. sur les cout. d'Auvergne). — *Tournamires*, 1659 (état civ. d'Anglards-de-Salers). — *Tour Nemires*, 1659 (*id.* de Saint-Cernin). — *Tournamire*, 1672 (*id.* de Marmanhac).

Tournemire était, avant 1789, de la Haute-Auvergne, du dioc. de Saint-Flour, de l'élect. et de la subdélég. d'Aurillac. Régi par le droit cout., il était le siège d'une justice seign. ressortissant à la sénéchaussée d'Auvergne en appel du bailliage de Salers. — Son église, dédiée à saint Jean-Baptiste, était une cure à la nomination de l'évêque. Elle a été érigée en succursale par décret du 28 août 1808.

Tournemire, m^in détruit, c^ne de Raulhac. — *Molin de Tornamire*, 1644 (min. Froquières). — *Moullen de Tournamire*, 1669 (nommée au p^ce de Monaco).

Tournemire, ruiss., affl. de la Doire, c^ne de Tournemire; cours de 1,500 m.

Tournes, chât. en ruines, c^ne de Riom-ès-Montagnes. — *Tornum*, 1452; — *Tornonum*, 1461 (arch. dép. s. E).

Tourniac, c^on de Pleaux. — *Ternesugo*, x^e s^e (test. de Théodechilde). — *Ecclesia Turniacus*, xiie s^e (charte dite *de Clovis*). — *Turnhac*, 1298; — *Turnhacum*, 1403 (reconn. au doyen de Mauriac). — *Turgnat*, 1535 (Pouillé de Clermont, don gratuit). — *Torniac*, 1599 (état civ. de Brageac). — *Turnhat*, 1628 (paraphr. sur les cout. d'Auvergne). —

Tournhac, 1657 (état civ. de Pleaux). — *Tournac*, 1666 (*id.* de Loupiac). — *Turnhazes*, 1778 (inv. des arch. de la mais. d'Humières).

Tourniac était, avant 1789, de la Haute-Auvergne, du dioc. de Clermont, de l'élect. et de la subdélég. de Mauriac. Régi par le droit écrit, il dépend. de la just. seign. de Chaussenac et ressort. au baill. d'Aurillac, en appel de la prév. de Mauriac. — Son église, dédiée à saint Victor, était une cure à la nomination de l'archipr. de Mauriac. Elle a été érigée en succursale par décret du 28 août 1808.

Tournière (La), dom. ruiné, c^ne de Ladignac. — *Villaige de la Tournière*, 1669 (nommée au p^ce de Monaco).

Tourniounes (Les), lieu détruit, c^ne du Claux. — *Lou Mas de Tourniones*, xviie s^e (arch. dép. s. E).

Tournou (Le), ruiss., affl. de la Truyère, c^ne de Paulhenc; cours de 2,600 m. — *Lournon* (État-major).

Tourous (Le), ruiss., affl. de la Santoire, c^nes de Saint-Genès-Champespe (Puy-de-Dôme), et de Trémouille-Marchal; cours, dans le Cantal, de 6,700 m. — *Le Tourons* (État-major).

Tourral (Le), ham., c^ne de Faverolles. — *Affar del Torral*, 1494 (terr. de Mallet). — *Le Toural*, 1784 (Chabrol, t. IV).

Tourrau (Le), m^in, c^ne du Vigean.

Tourrel-Bas et Haut (Les), écarts, c^ne de Roannes-Saint-Mary. — *Toureil-Bas et Haut* (État-major).

Tourrel d'Almeyrac (Le), écart, c^ne de Carlat. — *Al Tour*, 1695 (terr. de la command. de Carlat).

Tourriol (Le), dom. ruiné, c^ne de Cayrols. — *Lou Terruil; lou Torrial*, 1577; — *Lou Terrial*, 1584; — *Lou Torraal*, 1587; — *Lou Torriol*, 1590 (livre des achaps d'Ant. de Naucaze).

Tours (Les), dom. ruiné, c^ne d'Aurillac. — *Affaria de las Tors*, 1517 (pièces de l'abbé Delmas).

Tours (Las), ham., c^ne de Ladinhac. — *Mansus dels Torniels*, 1206 (homm. à l'évêque de Clermont). — *Mansus de Turribus*, 1500 (terr. de Maurs). — *Les Tournière*, 1668; — *Les Tournels*, 1670 (nommée au p^ce de Monaco). — *Les Tours*, 1698 (état civ. de Montsalvy). — *Les Tours-de-Murat* (Cassini).

Toursac, écart et chât. ruiné, c^ne de Boissel. — *Tourssac*, 1668; — *Toursac*, 1669 (nommée au p^ce de Monaco). — *Terssac*, 1772 (terr. du prieuré de Teissières-de-Cornet).

Toursac, ruiss., affl. de l'Anès, coule aux finages des c^nes de Cayrols, Rouziers, Boisset, Saint-Julien-de-Toursac et Saint-Étienne-de-Maurs; cours de

7,700 m. — Ce ruisseau porte aussi les noms de *Rouziers* et de *Vival*.

Toursac, vill., c^ne de Polminhac. — *Torsac*, 1485; — *Tolsac*, 1487 (reconn. à J. de Montamat). — *Touriac*, 1583; — *Toursac; Tour-Sat; Torsac*, 1584 (terr. de Polminhac). — *Tourssac*, 1610 (aveu de J. de Pestels). — *Torssac*, 1644 (min. Dumas, n^re à Polminhac).

Toursac, écart et bois défriché, c^ne de Rouziers. — *Le bois grand de Tourssac*, 1668 (nommée au p^cé de Monaco).

Toursac, chât. féodal, avec chapelle, détruits, c^ne de Saint-Julien-de-Toursac. — *Taorssacum*, xive s^e (Pouillé de Saint-Flour). — *Taurssac*, 1565; — *Taurssat*, 1568 (livre des achaps d'Ant. de Naucaze). — *Toursiac*, 1628 (paraphr. sur les cout. d'Auv.). — *Tourssat*, 1646 (état civ. de Parlan). — *Torsiat*, 1784 (Chabrol, t. IV).

Le château de Toursac était, avant 1789, le siège d'une justice seign. régie par le droit écrit, et ressort. au bailliage d'Aurillac, en appel de la prév. de Maurs.

Toursat, dom. ruiné, c^ne d'Ytrac. — *Mansus de Torsat*, 1561 (obit. de N.-D. d'Aurillac).

Tourseillier (Le), écart, c^ne de Saint-Urcize. — *Le Tourseiller*, 1857 (Dict. stat. du Cantal).

Tourselier, m^in, c^ne de Ruines. — *M^in de Trousselier*, (État-major).

Toursou, vill., c^ne de Laveissenet. — *Chorso*, 1508 (terr. de Loubeysargues). — *Toursou*, 1554 (arch. dép. s. E). — *Torssou*, 1594 (lièvc de la v^té de Cheylanne). — *Courson*, 1614 (arch. mun. d'Aurillac, s. GG, p. 10). — *Tourssou*, 1644 (terr. de Loubeysargues). — *Courssou*, 1680 (insin. de la cour royale de Murat). — *Tourson* (État-major).

Toursou (Le), ruiss., affl. de la rivière d'Ande, c^ne de Laveissenet; cours de 1,000 m.

Toursy, m^in, c^nes de Saint-Jacques-des-Blats.

Toursy, m^in, c^ne de Thiézac.

Tourte (Le Suc de la), mont. à vacherie, c^ne du Claux.

Tourtoulou, m^in détruit, c^ne de Chastel-Marlhac. — *Le molin de Tourtoulou*, 1607 (terr. de Trizac).

Tourtoulou, ham. et chât. en ruines, c^ne de Reilhac. — *Tortolo*, 1394 (pièces de l'abbé Delmas). — *Mansus de Tortelo*, 1531 (min. Vigery). — *Tourtoullou; Tortoulou*, 1624; — *Toretoulon*, 1626 (état civ. d'Arpajon). — *Tourtollon*, 1635 (état civ.). — *Tourtoulou*, 1720 (id. de Saint-Paul-des-Landes).

Touserie (La), m^in, c^ne de Jabrun. — *M^in de la Touzerie* (État-major).

Toussaint, dom. ruiné, c^ne de Pleaux. — *Domaine de Toussaint*, 1782 (arch. dép. s. G, l. 40).

Touté (La), ham., c^ne de Chanterelle.

Touveroune (La), écart, c^ne de Saint-Étienne-de-Riom.

Touzat (Le), ruiss., affl. du ruisseau de Rudez, c^ne de Mandailles; cours de 1,400 m.

Touze (La), lieu détruit, c^ne de Laveissière. — (Cassini.)

Touzit, m^in abandonné, c^ne de Rageade.

Toyné (Le), ham., c^ne de la Capelle-en-Vézie. — *Lou Toire*, 1670 (nommée au p^cé de Monaco). — *Lou Touyré*, 1725; — *Lou Toyré*, 1736; — *Lou Tourré*, 1743 (état civ.). — *Royre* (Cassini).

Trades (Les), mont. à vacherie, c^ne de Saint-Vincent.

Tradou (Le), écart, c^ne de Calvinet.

Traiglaise, ham., c^ne de Soulages. — *Treyglèze*, 1857; — *Traiglaise*, 1861 (Dictionn. statist. du Cantal).

Traiglaise, écart, c^ne de Soulages. — *Tragleizas*, 1553 (Procès-verbal Veny). — *Trassaigne*, 1747 (arch. dép. s. C, l. 48). — *Tréglaise*, 1777 (id. s. E).

Traiglaise, ham., c^ne de Védrines-Saint-Loup. — *Tregley*, 1775 (arch. dép. s. C, l. 47). — *Traiglaise* (Cassini).

Trailus, vill., c^ne de Ruines. — *Treslux*, 1624 (terr. de Ligonnet). — *Treilus*, fin du xviie s^e (id. de Chaliers). — *Traylut*, 1745 (arch. dép. s. C, l. 43). — *Treylus*, 1745 (id. l. 47). — *Traiglus*, 1777 (id. s. E).

Trait (Le), écart, c^ne de Freix-Anglards.

Tralabre, écart, c^ne de Saint-Cirgues-de-Jordanne.

Traloubat, écart, c^ne de Saint-Jacques-des-Blats.

Tramages (Las), dom. ruiné, c^ne de Lascelle. — *Las Tramages*, 1672 (état civ. de Polminhac).

Tramis, écart, c^ne de Freix-Anglards.

Tramisières (Las), dom. ruiné, c^ne de Saint-Mamet-la-Salvetat. — *Tènement de las Tramesières*, 1744 (anc. cad.).

Tramizat, dom. ruiné, c^ne de Saint-Poncy. — *Tramisat sur las Neyrolles*, 1613 (terr. de Nubieux).

Tranchenoux, mont. à vacherie, c^ne de Saint-Bonnet-de-Salers. — *Tranchenoux* (Cassini).

Trancis, vill. et m^in, c^ne d'Ydes. — *Trans*, 1660 (état civ.). — *Trances*, 1663 (insin. du baill. de Salers). — *Francy*, 1671; — *Transes*, 1680; — *Transès*, 1684 (état civ.). — *Trance* (Cassini).

Trans-la-Combe, écart, c^ne de Calvinet. — *Tras-las-Coumbes*, 1740 (anc. cad. de Cassaniouze). — *Tralascombe* (Cassini).

Trapassous, mont. à vacherie, c^{ne} de Chavagnac.
Trapès (Le), ruiss., affl. du ruisseau de Nivoly, c^{ne} de Quézac; cours de 1,500 m.
Trappe (La), mont. à vacherie, c^{ne} de Saint-Urcize. — *La borie de la Trape* (Cassini).
Trappe (La), écart, c^{ne} de Sénezergues. — *La Trape*, 1857 (Dict. stat. du Cantal).
Trappes, vill., c^{ne} de Chastel-Marlhac.
Tras-Celles, dom. ruiné, c^{ne} de Thiézac. — *Affar de Trascelles*, 1674 (terr. de Thiézac).
Tras-le-Bas, mont. à vacherie, c^{ne} de Laroquevieille.
Tras-Meyzons (Les), dom. ruiné, c^{ne} de Fontanges. — *Le domaine de Tras-Meyzons*, 1717 (terr. de Beauclair).
Tratenc, dom. ruiné, c^{ne} d'Aurillac. — *Villaige del Tratenc*, 1678 (état civ.).
Traumont, dom. ruiné, c^{ne} de Polminhac. — *Affar et bois de Traumon*, 1583 (terr. de Polminhac). — *Affar de Traumon*, 1735 (id. de la command. de Carlat).
Travades, écart, c^{ne} d'Aurillac. — *Trabades*, 1624; — *Trabade*, 1626 (état civ. d'Arpajon). — *Travade*, 1675 (id. d'Aurillac).
Travadie (La), dom. ruiné, c^{ne} de Glénat. — *Affarium de la Travadia*, 1344 (arch. mun. d'Aurillac, s. HH, c. 21).
Travadisse (La), dom. ruiné, c^{ne} de Saint-Poncy. — *Tènement et boix de Travadissac; Travadisses*, 1610 (terr. d'Avenaux). — *Travadisse; Trevadisses*, 1783 (id. d'Alleret).
Travergues, vill. et mⁱⁿ détruit, c^{ne} de Celles. — *Travelges*, 1559 (min. Lanusse). — *Molin de Travelgias; Travelghas*, 1581 (terr. de Celles). — *Travelgas*, 1606 (min. Danty). — *Traverges*, 1678 (insin. de la cour royale de Murat). — *Trois-Verges*, 1696 (état civ. de Condat).
Travers (Le), écart, c^{ne} de Calvinet.
Travers (Le), dom. ruiné, c^{ne} de Cayrols. — *L'Affar del Travers*, 1576 (livre des achaps d'Ant. de Naucaze).
Travers (Les), mont. à vacherie, c^{ne} du Falgoux.
Travers (Le), écart, c^{ne} de Fournoulès.
Travers (Les), mont. à vacherie, c^{ne} de Labrousse.
Travers (Le), dom. ruiné, c^{ne} de Menet. — *La grange du Travers*, 1783 (aveu par G. de la Croix).
Travers (Le), ham., c^{ne} de Mourjou.
Travers (Le), écart, c^{ne} de Parlan.
Travers (Le), dom. ruiné, c^{ne} de Saint-Mamet-la-Salvetat. — *Tènement d'Astravers*, 1743 (anc. cad.).

Traverse, mⁱⁿ détruit, c^{ne} de Chastel-sur-Murat. — *Le molin de Traverse*, 1591 (terr. de Bressanges).
Traverse (La), vill., c^{ne} de Marcenat.
Traversie (La), dom. ruiné, c^{ne} de Saint-Constant. — *La Traversie*, 1606 (état civ. de Montsalvy).
Traversin, dom. ruiné, c^{ne} de Cheylade. — *Travessanh*, 1513; — *Le Travessaing*, 1514 (terr. de Cheylade). — *Le Traversin*, xviie s^e (table de ce terrier).
Travès (Le), vill., c^{ce} de la Monselie. — *Villaige del Traves*, 1561; — *Le Travers*, 1638 (terr. de Murat-la-Rabe). — *Le Traver* (Cassini).
Traviel, mont. à burons, c^{ne} de Cheylade. — *V^{ic} de Traveille* (Cassini).
Trébiac, vill. et bois, c^{ne} de Mauriac. — *Tarpiacus; Turpiacus*, x^e s^e (test. de Théodechilde). — *Mansus de Tarbiac*, 1381 (lièvre du monast. de Mauriac). — *De Trebiaco*, 1473; — *De Terbiaco*, 1474; — *Triniac*, 1515 (comptes au doyen de Mauriac). — *Torbiac*, 1643; — *Trobiac*, 1645 (état civ.). — *Tribiac*, 1654 (id. d'Ally). — *Tribiach*, 1671 (id. d'Arches). — *Terbiac*, 1680 (terr. de Mauriac). — *Trebeac*, 1788 (arch. dép. s. C).
Tréboul, dom. ruiné, c^{ne} de Saint-Mamet-la-Salvetat. — *Villaige de Tréboul*, 1636 (état civ.).
Trecq (Le), dom. ruiné, c^{ne} de Giou-de-Mamou. — *Ténement del Trecq*, 1741 (anc. cad.).
Trédens (Le), dom. ruiné et mont., c^{ne} de Chalvignac. — *Montetredente*, x^e s^e (test. de Théodechilde).
Trédens, vill. ruiné, c^{ne} de Saint-Gerons. — *Mansus de Treden*, 1444 (arch. mun. d'Aurillac, s. HH, c. 21).
Treize-Vents (Les), ham., c^{ne} de Saint-Martin-Cantalès.
Trélis, écart, c^{ne} de Cezens.
Trem (Le), mont. à vacherie, c^{ne} de Laroquevieille.
Trémats, vill., c^{ne} de Boissel. — *Le Triniat*, 1852 (Dict. stat. du Cantal).
Trémengous, dom. ruiné, c^{ne} de Dienne. — *La boria de Trémengous*, 1618 (terr. de Dienne).
Trémisou (Le), ruiss., affl. de la Rue, c^{ne} de Condat-en-Feniers; cours de 4,400 m. — *Ruisseau de Trémisieux*, 1837 (état des riv. du Cantal).
Trémizeau, vill., c^{ne} de Condat-en-Feniers. — *Trémizaulx*, 1550 (terr. du quartier de Marvaud). — *Trémizaulx*, 1668 (état civ. de Marcenat). — *Trémisaux*, 1673; — *Trémizaud*, 1675; — *Trémizaux*, 1678; — *Trémizault*, 1682 (état civ.). — *Trémizoux*, 1776 (arch. dép. s. G). — *Trémisaus*, 1777 (état civ.).
Trémolet, ham. avec manoir, c^{ne} de Vézac.
Trémolière (La), mont. à vacherie, c^{ne} d'Alleuze. —

DÉPARTEMENT DU CANTAL. 497

Pasturalis de la Tremoleyra, 1510; — *La Tremoleyria*, 1511 (terr. de Maurs).

Trémolière (La), presbytère, c^{ne} d'Anglards-de-Salers.

Trémolière (La), dom. ruiné, c^{ne} de Giou-de-Mamou. — *Tènement de la Trémolière*, 1741 (anc. cad.).

Trémolière (La), vill., c^{ne} de Jussac. — *Mansus da la Tremolieyra*, 1369 (arch. mun. d'Aurillac, s. CC, p. 19). — *La Tremolhieyra*, 1464 (terr. de Saint-Christophe). — *La Trémoliera; la Trémolieyra alias Roussilho*, 1552 (*id.* de Nozières). — *Trémoles; la Trémollie; la Trémolles*, 1567 (*id.* de Saint-Christophe). — *La Trémolière; la Trémolhère*, 1622 (inv. des titres de la cure de Jussac). — *La Trémolhière*, 1668 (état civ.). — *La Tremoillière*, 1669 (*id.* de Saint-Cernin). — *La Trémoulière*, 1718; — *Latrémoulière*, 1739 (arch. dép. s. C).

Trémolière (La), dom. ruiné, c^{ne} de Pers. — *Affarium mansi da la Tremolieyra*, 1411 (pap. de la fam. de Montal).

Trémolière (La), vill., c^{ne} de Saint-Santin-de-Maurs. — *La Trémollyère*, 1612; — *La Trémoleyra*, 1613; — *La Trémolieyra*, 1615; — *La Trémolieyra*, 1628 (état civ.). — *La Trémolière*, 1740 (reconn. au seign. de Montmurat). — *La Trémoulière*, 1753 (anc. cad.).

Trémolière (La), ham., c^{ne} de la Ségalassière. — *La Trémouillère* (Cassini). — *La Trémoulière*, 1857 (Dict. stat. du Cantal).

Trémolière (La), vill. et chât. féodal ruiné, c^{ne} de Vabres. — *La Tremoleyra*, 1503 (arch. dép. s. E). — *Trémoulières*, 1745; — *La Trémolières*, 1782; — *La Trémouillère*, 1788 (*id.* s. C, l. 43). — *Trémouillères*, 1857 (Dict. stat. du Cantal).

La Trémolière était, avant 1789, régie par le droit cout., et siège d'une just. seign. ressort. à la sénéch. d'Auvergne, en appel de la prév. de Saint-Flour.

Trémolières (Les), dom. ruiné, c^{ne} de Paulhac. — *Tènement de las Trémolieyras*, 1542; — *Las Trémolheyres*, 1594 (terr. de Bressanges).

Trémoneyres (Les), dom. ruiné et mont. à burons, c^{ne} de Pailhérols. — *La Trémoulhière*, 1668; — *La Trémollière*, 1671 (nommée au p^{ce} de Monaco). — *Latrémolière*, 1695 (terr. de la command. de Carlat). — *Buron de Trémouiller* (Cassini).

Trémont, vill., c^{ne} de Saint-Cirgues-de-Malbert. — *Mansus de Treymon*, 1464 (terr. de Saint-Christophe). — *Treynion*, 1677 (*id.* de Saint-Chamant). — *Traymon*, 1679 (arch. dép. s. C, l. 16). — *Treymont*, 1687 (état civ. de Pleaux). — *Traimont* (Cassini). — *Trémont* (État-major).

Trémouille, vill. et chât. détruit, c^{ne} de Cros-de-Montvert. — *Mansus de Tremolhas*, 1402 (arch. mun. d'Aurillac, s. HH, c. 21). — *Mas de Trémoilhez*, 1449 (enq. sur les droits des seign. de Montal). — *Trémolhes*, 1633; — *Trémolles*, 1634 (état civ.). — *Trémoilhes*, 1636 (lièvre de Poul). — *Trémolhac*, 1637; — *Trémoulhes*, 1653 (min. Sarrauste, n^{re}). — *Trémouhes*, 1656 (état civ. de Pleaux). — *Trémouilles*, 1744 (anc. cad. de Saint-Santin-Cantalès). — *Trémoulies*, 1750 (inv. des biens de l'hôp. de Laroquebrou).

Trémouille, ruiss., affl. du ruisseau Nègre, c^{ne} de Cros-de-Montvert; cours de 2,000 m.

Trémouille, ruiss., affl. de la Maronne, coule aux finages des c^{nes} de Saint-Santin-Cantalès, Arnac et Cros-de-Montvert; cours de 7,500 m.

Trémouille-Marchal, c^{on} de Champs, et chât. détruit. — *Trémollecte*, 1401 (spicil. Brivat.). — *Tremolheta*, 1409 (arch. généal. de Sartiges). — *Tremolie*, 1535 (Pouillé de Clermont, don gratuit). — *Trémouilhes Marcha en Auvergne*, 1672 (état civ. de Pleaux). — *Trémouilhe Marchal*, 1681 (*id.* de Champs). — *Trimouille*, 1684 (*id.* de Saignes). — *Trémoille*, 1685 (*id.* de Champs). — *Trémouil*, 1784 (arch. dép. s. E). — *Trémouille-Marchal* (Cassini).

Trémouille-Marchal était, avant 1789, de la Basse-Auvergne, du dioc. et de l'élect. de Clermont, de la subdélég. de Bort. Régi par le droit cout., il dépend. de la just. seign. de la v^{té} de la Roche, et ressort. à la sénéch. d'Auvergne, en appel du baill. de Thinières. — Son église, dédiée à saint Martin, était une cure à la nomination du chapitre de Vic-le-Comte. Elle a été érigée en succursale par décret du 28 août 1808.

Trémouilles, vill., c^{ne} de Ladinhac. — *Tremolhas*, 1464 (vente par Guill. de Treyssac). — *Trémolhias*, 1590 (pièces de l'abbé Delmas). — *Trémolhies*, 1610 (aveu de J. de Pestels). — *Trémouilhes, Trémoulles*, 1668; — *Trémolières*, 1669; — *Trémoulhe*, 1671 (nommée au p^{ce} de Monaco). — *Trémoulhes*, 1679; — *Trémouille*, 1690 (état civ. de Leucamp). — *Trémouilles*, 1742 (*id.* de la Capelle-en-Vézie). — *Trémoules; Trémoulies*, 1747; — *Trémoullies*, 1752 (arch. dép. s. C).

Trémouilles, ruiss., affl. du ruisseau de Cances, c^{ne} de Ladinhac; cours de 1,600 m.

Trémouillière (La), mont. à vacherie et bois auj. défriché, c^{ne} de Faverolles. — *Nemus dictum lo bos de la Tremoleyra*, 1507 (arch. dép. s. H).

Trémoul (Le), écart, c^{ne} de Saint-Julien-de-Toursac. — *Le Trémouil*, 1739 (état civ. de Quézac). — *Le Trémoul* (Cassini).

Trémoul (Le), ham., c⁻ⁿᵉ de Saint-Saury. — *Trémolhac*, 1642 (min. Sarrauste, n^re). — *Trémoul*, 1857 (Dict. stat. du Cantal).

Trémoulès, vill., c^ne de Vézac. — *Tremoletum*, 1466 (arch. de l'hôpit. d'Aurillac). — *Tremolet*, 1486 (reconn. à J. de Montamat). — *Trémoletz*, 1522 (min. Vigery, n^re). — *Trémollet*, 1610 (aveu de J. de Pestels). — *Trémolles*, 1669 (nommée au p^cé de Monaco). — *Trémoulet*, 1680 (arch. dép. s. C).

Trémoulet, vill., c^ne de Molompize. — *Trémolet*, 1526 (terr. d'Aurouse). — *Moulet*, 1667; — *Trémoulay*, 1738 (état civ. de Saint-Victor-sur-Massiac). — *Trémoulet*, 1784 (Chabrol, t. IV).

Trémoulet (Le), ruiss., affl. de l'Alagnon, c^ne de Molompize; cours de 2,500 m.

Ce ruisseau porte aussi le nom d'*Aurouse*.

Trémolles, ham. avec manoir, c^ne de Thiézac. — *Trémolles*; *Trémollet*, 1668; — *Domaine de Trémolet*, 1671 (nommée au p^cé de Monaco).

Trémoulière (La), mont. à vacherie, c^ne de Pailhérols. — *La Trémouyère* (états de sections).

Trémoulières (Les), f^me, c^ne de Riom-ès-Montagnes. — *La Trémollière*, 1857 (Dict. stat. du Cantal).

Trémoulines, vill., c^ne de Prunet. — *Tremolinas*, 1489 (reconn. à J. de Montamat). — *Trémolenas*, 1542 (min. Destaing). — *Trémolhines*, 1549 (id. Boygues). — *Trémolhes*, 1564 (id. Boyssonnade). — *Trémolynes*, 1610 (aveu de J. de Pestels). — *Trémoulines*, 1668; — *Trémolines*, 1669; — *Trémollines*, 1670 (nommée au p^cé de Monaco).

Trémoux (Le), écart, c^ne de Laroquevieille.

Trémoux (Les), écart, c^ne de Saint-Julien-de-Toursac.

Trénac, ruiss., affl. du Vezou, c^nes de Cezens et de Pierrefort; cours de 3,800 m.

Trenac, vill., c^ne de Pierrefort. — *Trenac*, 1607; *Treniac*, 1610 (état civ.). — *Trenat*, 1857 (Dict. stat. du Cantal).

Trenet, dom. ruiné, c^ne de Clavières. — *Village de Trenet*, 1731 (terr. de Montchamp).

Trenty, m^in, c^ne de Roussy.

Treps (Les), dom. ruiné, c^ne de Laroquebrou. — *Affarium dals Treps*, 1301 (pap. de la fam. de Montal).

Trepsat, vill., c^ne de Giou-de-Mamou. — *Tessac*, 1610 (aveu de J. de Pestels). — *Tersac*, 1670 (nommée au p^cé de Monaco). — *Tressac*, 1686; — *Terssac*, 1756 (arch. dép. s. C).

Treps-de-la-Jardiac (Les), dom. ruiné, c^ne de Teissières-de-Cornet. — *Affar appellé des Trepes-de-la-Jardiac*; *Affar des Tresses-de-la-Jardiac*, autrefois de la Coste-de-Meyrou, 1772 (terr. du prieuré de Teissières-de-Cornet).

Trescols, écart, c^ne de la Besserette.

Trescols, écart, c^ne de Pierrefort.

Très-Fauts (Les), mont. à vacherie, c^ne de Leyvaux.

Très-Fonts-Bas et Hauts (Les), écarts, c^ne de Sansac-Veinazès. — *Troisefonds-Bas*; *Troisefonds-Haut*, 1857 (Dict. stat. du Cantal).

Très-Peyres (Les), écart, c^ne de Saignes. — *Tripierre* (Cassini).

Treyssac, m^in et dom. ruiné, c^ne de Menet. — *Mansus de Creyssac*; *molendinum de Creyssaco*, 1441 (terr. de Saignes). — *Le molin de Treyssac*, 1506 (id. de Riom).

Triadinat, ham., c^ne de Mourjou.

Triande (La), écart, c^ne de Loupiac.

Triannac (Le), ruiss., affl. du Goul, c^ne de Raulhac; cours de 1,200 m.

Triat (Le), écart, c^ne du Trioulou.

Triboulan, mont. à vacherie, c^ne de Thiézac. — *Montaigne du Triboulan*, 1640 (pièces du cab. Lacassagne). — *Triboulant*, 1668 (nommée au p^cé de Monaco). — *Tribulan*, 1692 (terr. de Saint-Geraud).

Trichivis, dom. ruiné, c^ne de Peyrusse. — *Mansus de Trichivis*, 1471 (terr. du Feydit).

Tricogne (La), ham., c^ne de Beaulieu. — *La Trecogne* (État-major).

Trielle, ham., c^ne de Thiézac. — *Trulle*, 1668; — *Trielle*, 1670 (nommée au p^cé de Monaco). — *Triéle*, 1674 (terr. de Thiézac). — *Trielles*, 1746 (anc. cad.). — *Triesse*, 1857 (Dict. stat. du Cantal).

Trieu (Le), mont. à vacherie, c^ne d'Allanche.

Trieu (Le), dom. ruiné, c^ne de Saint-Projet. — *Le village de Trieu*, 1717 (terr. de Beauclair).

Trieux (Le Suc des), mont. à vacherie, c^ne de Saint-Saturnin.

Trignols, écart, c^ne de Champs. — *Trénolle*, 1615; — *Triniolle*, 1660 (état civ.). — *Trignoles*, 1855 (Dict. stat. du Cantal).

Trille (Le Puech de la), mont. à vacherie, c^ne du Vigean.

Trimié (Le), ravine, affl. de la Jordanne, c^nes de Lascelle et de Saint-Cirgues-de-Jordanne; cours de 3,000 m.

Trimolège, écart, c^ne de Dienne. — *Trémoulge* (Cassini).

Trin (Le), dom. ruiné, c^ne de Labrousse. — *Affar del Tring*, 1606 (terr. de N.-D. d'Aurillac).

Trin, ham., c^ne de Saint-Étienne-de-Carlat. — *Village*

de Trin, 1610 (aveu de J. de Pestels). — *Trins*, 1669 (état civ. de Polminhac).

Triniac, vill., c^ne de Pleaux. — *Estrenacum*, 1502 (terr. de Cussac). — *Tréniac*, 1646; — *Triniac*, 1686 (état civ.). — *Trignac*, 1743 (arch. dép. s. C, l. 40).

Trinitat (La), écart détruit, c^ne de Champs.

Trinitat (La), c^on de Chaudesaigues. — *Ecclesia de Trinitate*, xive s^e (Pouillé de Saint-Flour). — *Trinitat*, 1688 (pièces du cab. de Bonnefons). — *La Trinité*, 1784 (Chabrol, t. IV).

La Trinitat était, avant 1789, de la Haute-Auvergne, du dioc., de l'élect. et de la subdélég. de Saint-Flour. Régie par le droit écrit, elle dépendait de la justice seign. de la Roche-Canillac, et ressort. à la sénéch. d'Auvergne, en appel de la prév. de Saint-Flour. — Son église, dédiée à la sainte Trinité, était un prieuré avec chapitre, de l'ordre de Saint-Augustin de Montsalvy. Elle a été érigée en succursale par décret du 28 août 1808.

Trins, vill., c^ne de Quézac. — *Domaine de Trins*, 1668 (nommée au p^ce de Monaco).

Trins (Le Puech de), ham., c^ne de Quézac. — *Affar appellé lou Puech-de-Trin*, 1668 (nommée au p^ce de Monaco). — *Teil del Puex* (Cassini).

Trions (Les), mont. à vacherie, c^ne de Cheylade.

Triou (Le), ham., c^ne de Chastel-Marlhac. — *Le Trie* (Cassini). — *Le Trieu* (État-major).

Triou (Le), f^me, c^ne de Cheylade. — *Affar appellé del Trieu*, 1514; — *Le Trieuf*, 1539 (terr. de Cheylade). — *Le Trious* (Cassini).

Triou (Le), ruiss., affl. de la Rhue, c^ne de Cheylade; cours de 2,500 m.

Trioulou (Le), c^on de Maurs. — *Treolo*, xive s^e (Pouillé de Saint-Flour). — *Locus de Triolone*, 1462 (pièces de l'abbé Delmas). — *Treule*, xviie s^e (reconn. au prieur de Saint-Constant). — *Trieulou*, 1626 (état civ. de Maurs). — *Treulou*, 1629 (id. de Saint-Santin-de-Maurs). — *Tréglou; le Triolu; le Triolou*, 1744. — *Le Tréoulou*, 1745; — *Le Trioullou*, 1747 (état civ.). — *Le Triaulou*, 1747 (id. de Saint-Étienne-de-Maurs).

Le Trioulou était, avant 1789, de la Haute-Auvergne, du dioc. de Saint-Flour, de l'élect. et de la subdélég. d'Aurillac. Régi par le droit écrit, il était le siège de la justice seign. du prieuré, et ressort. au bailliage d'Aurillac, en appel de la prév. de Maurs. — Son église, dédiée à saint Blaise et à sainte Marie, était un prieuré et a été une annexe de Saint-Constant. — Par ordonnance royale du 26 juin 1821, elle a été érigée en chapelle vicariale, puis en succursale par une autre ordonnance du 24 mars 1840.

Trious (Lous), mont. à vacherie, c^ne de Laveissenet.

Trizac, c^on de Riom-ès-Montagnes. — *Trizac*, xiie s^e (charte dite *de Clovis*). — *Treissac*, 1224 (mon. pontif. arv.). — *Trizacum*, 1269 (homm. à l'évêque de Clermont). — *Trizacs*, 1381 (spicil. Brivat.). — *Trisatum*, 1441 (terr. de Saignes). — *Trisacum*, 1520 (id. d'Apchon). — *Treuzac; Treuzeac*, 1651 (anc. min. Chalvignac, n^re). — *Le bourg de Tizac*, 1682 (état civ. de Salers). — *Trézac*, 1684; — *Triezac*, 1687 (anc. min. Chalvignac, n^re). — *Treizac*, 1690 (état civ. de Salers). — *Truyzac*, 1744 (arch. dép. s. C).

Trizac était, avant 1789, de la Haute-Auvergne, du dioc. de Clermont, de l'élect. et de la subdélég. de Mauriac. Régi par le droit cout., il était le siège d'une justice seign. ressort. à la sénéch. d'Auvergne, en appel du bailliage de Salers. — Son église, autrefois dédiée à saint Bauzire, et actuellement sous le voc. de l'Assomption, était une cure à la nomination du prieur de Vebret. Elle a été érigée en succursale par décret du 28 août 1808.

Trizague (La), m^in, c^ne d'Ally.

Trizague (La), m^in, c^ne d'Escorailles. — *Molin d'Escoraillez*, 1695 (état civ. d'Ally). — *Moulin de la Trisagria*, 1778 (inv. des arch. de la mais. d'Humières).

Trois-Cols (Les), taillis et mont. à vacherie, c^ne de Lavigerie. — *Boix del Trescoilh*, 1551; — *Trescoil*, 1600; — *Montaigne appellée des Trescol*, 1618 (terr. de Dienne). — *Trescolz*, 1668 (nommée au p^ce de Monaco).

Trois-Croix (Les), ham., c^ne de Pers.

Trois-Croix (Les), écart, c^ne de Saint-Antoine.

Trois-Granges (Les), écart, c^ne d'Apchon.

Trois-Pierres (Les), ruiss., affl. de l'Alagnon, c^ne de Laveissière. — *Rif de las Parras; ruysseau de la Peyra*, xve s^e (terr. de Chambeuil).

Trois-Pierres (Les), mont. à vacherie, c^ne de Marchastel. — *Les Trespeyres*, 1650 (terr. de l'abb. de Feniers).

Trompe (La), m^in, c^ne de Cezens.

Trompette (La), ham., c^ne de Labrousse.

Tronc (Le), dom. ruiné et mont. à burons, c^ne de Colandres. — *Montana de Trons*, 1513; — *Mansus de Tons*, 1520 (terr. d'Apchon). — *Montaigne des Troncz*, 1607 (id. de Trizac). — *Le Tronq* (Cassini).

Tronc (Le), dom. ruiné, c^ne de Glénat. — *Villaige del Tronc*, 1669 (nommée au p^ce de Monaco).

Tronc (Le), vill., c^ne de Saint-Mamet-la-Salvetat. — *Mansus des Troux*, 1531 (min. Vigery, n^re). —

Lou Tronq, 1623; — *Villaige del Tronc*, 1635; — *Lou Trounc*, 1637 (état civ.). — *Loutrouq*, 1728; — *Lou Trouq*, 1743 (arch. dép. s. C, l. 4).

Tronc (Le), écart, c^{ne} de Saint-Urcize.

Tronc (Le Suc del), dom. ruiné et mont. à vacherie, c^{ne} du Vigean. — *Podium del Tronc*, 1473 (terr. de Mauriac).

Tronc-Bas (Le), mont. à burons, c^{ne} de Trizac. — *Montagne de Trons-Soutro*, 1782 (arch. dép. s. C). — *Le Tronq-Bas* (Cassini).

Tronche (La), dom. ruiné, c^{ne} de Peyrusse. — *Mansus de Tronches*, 1471 (terr. du Feydit).

Troncheyre (La), mont. à vacherie, c^{ne} de Landeyrat.

Tronchon, m^{in}, c^{ne} de Menet.

Tronchy, vill., c^{ne} de Saint-Martin-Valmeroux. — *Mas du Tronchis*, 1443; — *La Tronche*, 1508 (arch. dép. s. E). — *Tronches*, 1698; — *Tourlies*, 1703 (état civ.). — *Tronchy*, 1743 (id. de Saint-Bonnet-de-Salers). — *Bronches*, 1784 (Chabrol, t. IV). — *Troncheis* (Cassini). — *Tronchies* (État-major).

Tronque (La), vill. et tour de guet détruite, c^{ne} d'Ayrens. — *Le fort de la Tronque*, 1676 (état civ.).

Tronquières, vill. et mais. de campagne, c^{ne} d'Aurillac. — *Tronquières*, 1710 (arch. mun. d'Aurillac, s. CC, p. 3).

Trotapel, vill., c^{ne} de Mourjou. — *Trotepel*, 1670 (terr. de Calvinet). — *Tratopel*, 1786 (lièvre de Calvinet). — *Trotapel* (Cassini).

Trou-Bas et Haut (Les), écarts, c^{ne} de Saint-Martin-sous-Vigouroux.

Troucade (La), mont. à burons, c^{ne} de Lascelle.

Trou-du-Loup (Le), ham., c^{ne} de Mauriac.

Troupel, mont. à burons, c^{ne} de Paillérols.

Troupel, dom. ruiné, c^{ne} de Polminhac. — *Le mas Troupel*, 1692 (terr. de Saint-Geraud).

Trouquesie (La), dom. ruiné, c^{ne} d'Arches. — *Boria de la Troquesia*, 1473; — *La Turquesia*, 1474; — *La Trouquezia*, 1680 (terr. de Mauriac).

Trousselier, m^{in}, c^{ne} de Chaliers. — *Molin de Troseilher*, 1508; — *Trosselher*, 1630; — *Troussellier*, 1662; — *Trousseliou*, 1730 (terr. de Montchamp). — *Trousselier* (État-major).

Trousseyrie (La), vill., c^{ne} de Pers. — *La Tourseyrie*, 1666 (état civ. de Glénat). — *La Toursayrie*, 1671 (arch. mun. d'Aurillac, s. GG, c. 6). — *La Troussairie* (Cassini).

Trovepessade, dom. ruiné, c^{ne} de Neuvéglise. — *Le villaige de Trovepessade*, 1618 (terr. de Seriers).

Truchailloux, ham., c^{ne} de Védrines-Saint-Loup. — *Truchaillou*, 1857 (Dict. stat. du Cantal).

Truffou (Le), écart, c^{ne} de Leynhac.

Truièyres (Les), dom. ruiné, c^{ne} de Pers. — *Village des Truièyres*, 1708 (état civ. de Saint-Paul-des-Landes).

Truyère (La), riv., affl. du Lot, coule aux finages des c^{nes} de Villedieu (Lozère), Chaliers, Anglards-de-Saint-Flour, Alleuze, Faverolles, Méallet, Lavastrie, Sarrus, Saint-Martial, Oradour, Espinasse, Sainte-Marie, Montsalvy (Cantal) et Entraigues (Lot). Son cours, dans le Cantal, est de 49,000 m. — *Triobris*, v^{e} s^{e} (Sidoine Apollinaire). — *Rivière de Trueyrer; Truieyre; Trueyre*, 1494 (terr. de Mallet). — *Aqua Trueyrie; aqua del Toyre*, 1510 (id. de Maurs). — *Rivière de Troire; Troyre*, 1624 (id. de Ligonnès). — *Rivière de Tineyre; Tineyres*, 1630 (id. de Montchamp). — *Truieyre*, 1671 (nommée au p^{te} de Monaco). — *Treuyre; Treuyry; Truière*, 1730 (terr. de Montchamp). — *Truayre*, 1837 (état des rivières du Cantal).

Tuades (Les), écart, c^{ne} de Saint-Saturnin.

Tubéroune (La), écart, c^{ne} de Saint-Étienne-de-Riom.

Tuile (La), mont. à vacherie, c^{ne} de Chaudesaigues. — *La Teule d'Apchier*, 1508; — *Le peuchx de la Tioulle*, 1662; — *La Tioule d'Apcher*, 1686; — *La Tuile d'Apcher*, 1730 (terr. de la Garde-Roussillon).

Tuile (La), ruiss., affl. du ruisseau de Chavagnac, c^{ne} de ce nom; cours de 800 m.

Tuile (Le Puy de la), mont. à vacherie, c^{nes} des Deux-Verges, de Jabrun et de la Trinitat. — *Le Peuchx de la Tioulle*, 1662 (terr. de la Garde-Roussillon). — *Le Puy de la Tuile* (État-major).

Tuile (La), vill. détruit, c^{ne} de la Monselie. — *La Tieula*, 1560; — *La Tieulle; la Tiauleyre*, 1637; — *La Thiolle; las Tioulles*, 1638 (terr. de Murat-la-Rabe). — *La Thioulle*, 1783 (aveu au roi par G. de la Croix).

Tuile (La), écart, mont. à vacherie, c^{ne} de Ruines.

Tuile (La), repaire détruit, c^{ne} de Saint-Étienne-de-Maurs. — *Le repaire de la Tuille*, 1668 (état civ.).

Tuile (La), ruiss., affl. de la Dordogne, coule aux finages des c^{nes} de Trémouille-Marchal, Lanobre et Beaulieu; cours de 1,900 m.

Tuile (La), ruiss., affl. de la Sionne, c^{ne} de Vernols; cours de 2,500 m.

Tuilerie (La), écart, c^{ne} de Madic. — *La Tuillerie* (Cassini).

Tuilerie (La), écart, c^{ne} de Riom-ès-Montagnes.

Tuiles (Les), ham., c^{ne} de Massiac. — *Les Tuiles*, 1669 (état civ.). — *Les Tuilles*, 1717 (id. de Saint-Étienne-sur-Massiac). — *Tuittes; la Tioule*, 1784 (Chabrol, t. IV).

DÉPARTEMENT DU CANTAL.

Tuilière (La), écart, c^{ne} d'Auzers. — *La Tuillière*, 1852 (Dict. stat. du Cantal).

Tuilière (La), dom. ruiné, c^{ne} de Carlat. — *La Tioulière*, 1668 (nommée au p^{cé} de Monaco).

Tuilière (La), dom. ruiné, c^{ne} de Cassaniouze. — *Domaine de la Teulière*, 1740 (anc. cad.).

Tuilière (La), écart, c^{ne} de Charmensac. — *La Tiouleire*, 1784 (Chabrol, t. IV). — *La Thuillère* (Cassini).

Tuilière (La), briqueterie, c^{ne} de Coren. — *Las Teuleiras*, 1508; — *La Thiouleyre*, 1730; — *Las Tiouleyres*, 1762 (terr. de Montchamp).

Tuilière (La), ham. et mⁱⁿ, c^{ne} de Dienne. — *Mansus de Teuleras*, 1279; — *La Teulieura*, 1315; — *La Teuleyra*, 1451 (arch. dép. s. E). — *La Thyouleyre*, 1595; — *La Thioleyre*, 1600; — *La Thioleyre; la Thiolleire; la Thiouleire*, 1618 (terr. de Dienne). — *La Thiouleyro*, 1619 (min. Danty, n^{re}). — *La Tiouliére*, 1667 (liève de Dienne). — *La Tulière*, 1673 (nommée au p^{ré} de Monaco). — *Las Thioulières*, 1778 (cens de Dienne). — *La Tiouleyre*, 1784 (Chabrol, t. IV).

Tuilière (La), ruiss., afll. de la Santoire, c^{ne} de Dienne; cours de 1,950 m. — *Lou rieu Mascarou; Mascheyrou; rif de Lasbomes*, 1600; — *Lou riou Mascheirou; rif de Ponou; Ponnou; lou rion de la Poch; Porh; Rion-Marti*, 1618 (terr. de Dienne).

Tuilière (La), dom. ruiné, c^{ne} de Lascelle. — *La bugia de las Teulhières*, 1594 (terr. de Fracor).

Tuilière (La), dom. ruiné, c^{ne} de Menet. — *Mansus de la Teuleyra*, 1441 (terr. de Saignes).

Tuilière (La), dom. ruiné, c^{ne} de Rouziers. — *Villaige de la Tioullières*, 1668 (nommée au p^{cé} de Monaco).

Tuilière (La), chapelle ruinée et mont. à vacherie, c^{nes} de Saint-Clément et de Thiézac. — *Montaigne de la Teulhière*, 1668 (nommée au p^{cé} de Monaco). — *Montaigno de la Teuillière*, 1694 (pièces du cab. Lacassagne). — *La Tiolière* (Cassini).

Tuilière (La), écart, c^{ne} de Salins. — *La Tieulière* (État-major).

Tuilière (La), écart, c^{ne} de Thiézac. — *Mansus de la Teulieyra*, 1487 (reconn. à J. de Montamat). — *La Teulière*, 1573 (ter. de la chapell. des Blats). — *La Tieuleyra; la Tieuliera*, 1584 (terr. de Polminhac). — *La Tieulière*, 1610 (aveu de J. de Pestels). — *La Tioullière; la Theulhière*, 1668; — *La Theulière*, 1670; — *La Teulhère*, 1671 (nommée au p^{cé} de Monaco). — *La Tuilière; la Thuylière*, 1674 (terr. de Thiézac). — *La Tu-*

lière, 1694; — *La Tulliére*, 1703 (état civ. de Saint-Clément). — *La Tiolière* (Cassini). — *La Tuillière*, 1857 (Dict. stat. du Cantal).

Tuilière (La), vill., c^{ne} de Trémouille-Marchal. — *La Tuillière*, 1857 (Dict. stat. du Cantal).

Tuilières (Les), dom. ruiné, c^{ne} de Velzic. — *Buge de las Teulhières*, 1594 (terr. de Fracor).

Tuilières (Las), écart, c^{ne} de Saint-Constant. — *La Teysselhia*, 1622 (état civ.). — *Las Theulières*, 1634 (id. de Saint-Étienne-de-Maurs). — *Las Teulières*, 1637; — *Las Taulières*, 1692 (état civ.). — *Lastulières*, 1749 (anc. cad.).

Tulou, mⁱⁿ ruiné, c^{ne} de Labrousse.

Turan (Le), f^{me}, c^{ne} de Saint-Chamant. — *Le Terrond* (Cassini). — *Les Thurands*, 1855 (Dict. stat. du Cantal).

Turand (Le), mont. à vacherie, c^{nes} de Cheylade et de Saint-Saturnin. — *Las Terondes de la Fageta*, 1366 (arch. dép. s. H). — *Las Terondes de la Fagita*, 1366 (la mais. de Graule). — *Le Thérond*, 1514 (terr. de Cheylade).

Turand (Le), écart, c^{ne} de Saint-Saturnin.

Turblanc, ham., c^{ne} de Teissières-les-Bouliès.

Turgot, ruiss., afll. du ruisseau de Peyri, c^{nes} de Saint-Paul-des-Landes et de la Capelle-Viescamp; cours de 2,800 m.

Turlande, vill. et chât. féodal détruit, c^{ne} de Paulhenc. — *Jurlanda*, [996] (Gall. christ., t. II, inst. col. 129). — *Turlanda*, 1256 (id. col. 478). — *Tuilanda*, 1410 (arch. dép. s. G). — *Tourlanes*, 1653 (état civ. de Pierrefort). — *Tourlande*, 1730 (terr. de Montchamp). — *Thurlande; forêt de Turlande appellée le Bois du Roi*, 1778 (arch. dép. s. E).

Turlande était un mandement de la vicomté de Murat avant son démembrement vers 1643; il comprenait les paroisses de Paulhenc, Sainte-Marie et Védrines-Saint-Loup.

Turlande était, avant 1789, le siège d'une justice royale régie par le droit écrit, et ressort. au bailliage de Vic, en appel de la cour royale de Murat.

Par décret du 6 novembre 1856, l'église de Turlande a été distraite du territ. de la succursale de Paulhenc et érigée en succursale distincte.

Turlande, dom. ruiné, c^{ne} de Montchamp. — *Boys de Turlande*, 1508; — *Ténement de Turlande sive del Ventadour*, 1730 (terr. de Montchamp).

Tuyer (Le), ham., c^{ne} d'Arnac.

Tuygo (La), mont. à vacherie, c^{ne} de Saint-Cirgues-de-Jordanne.

502   DÉPARTEMENT DU CANTAL.

U

Uchafol, vill. détruit, c⁽ⁿᵉ⁾ de Cezens. — *Mansus d'Uchefol*, 1511 (terr. de Maurs).

Uchafol, bois défriché, c⁽ⁿᵉ⁾ de Tanavelle. — *Nemus Huchafont*, 1510 (terr. de Maurs).

Ugéols, vill., c⁽ⁿᵉ⁾ de Saint-Illide. — *Affarium d'Ugolz*, 1346 (arch. dép. s. G). — *Huzolz*, 1464; — *Ugholz*, 1566 (terr. de Saint-Christophe). — *Ugiolz*, 1578; — *Ugiols*, 1581; — *Ugholes*, 1586 (min. Lascombes, nʳᵉ). — *Ughol*, 1624 (état civ. d'Aurillac). — *Ugéol* (Cassini).

Ugéols, ruiss., afll. du Bex, c⁽ⁿᵉˢ⁾ de Saint-Illide et de Saint-Cernin; cours de 1,400 m.

Umberertans, dom. ruiné, c⁽ⁿᵉ⁾ de Saint-Santin-Cantalès. — *Lo mas Umberertans*, 1324 (reconn. aux seign. de Montal).

Urlande, vill., c⁽ⁿᵉ⁾ d'Antignac.

Urlande (La Roche d'), mont. à vacherie, c⁽ⁿᵉ⁾ de Saint-Étienne-de-Riom.

Ursac, chât. fort détruit, position inconnue. — *Fortalicia de Ursac*, 1382 (arch. mun. d'Aurillac, s. EE, p. 14).

Usclade (L'), écart, c⁽ⁿᵉ⁾ de Freix-Anglards.

Usclade (La Fon de l'), mont. à vacherie, c⁽ⁿᵉ⁾ de Saint-Antoine.

Usclades (Les), dom. ruiné, c⁽ⁿᵉ⁾ de Saint-Bonnet-de-Salers. — *Mansus vulgariter appellatus de les Uscladas*, 1366; — *Mas des Usclades*, 1443; — *Sosclades*, 1508 (arch. dép. s. E). — *Lusclade*, 1609 (min. Danty, nʳᵉ).

Uscladis (L'), dom. ruiné et mont. à vacherie, c⁽ⁿᵉ⁾ de Bredon. — *La roche de Luscladie*, 1598 (reconn. au roi par les cons. d'Albepierre). — *Buge appellée de l'Euscladys*, 1698 (id. par les habit. d'Albepierre).

Usine-de-la-Forêt-de-Mary (L'), scierie, c⁽ⁿᵉ⁾ du Falgoux.

Usme, lieu inconnu, arrond. de Saint-Flour. — *Dictus locus de Usma*, 1329 (enq. sur la justice de Vieillespesse).

Ussel, c⁽ⁿ⁾ sud de Saint-Flour. — *Ucel*, 1293 (spicil. Brival.). — *Ucellum*, xivᵉ s⁽ᵉ⁾ (Pouillé de Saint-Flour). — *Ussellum*, 1413 (liber vitulus). — *Ussel*, 1595 (terr. d'Ussel). — *Villaige d'Ussol*, 1688 (pièces du cab. de Bonnefons). — *La communauté d'Usset*, 1762 (terr. de la command. de Montchamp).

Ussel était, avant 1789, de la Haute-Auvergne, du dioc., de l'élect. et de la subdélég. de Saint-Flour. Régi par le droit cout., il dépend. de la justice seign. du Sailhans, et ressort. au bailliage de Saint-Flour, en appel de sa prév. part. — Son église, dédiée à saint Julien, était un prieuré qui fut uni à celui de Molompize en 1618. Elle a été érigée en succursale par décret du 28 août 1808.

Uzolet, vill., c⁽ⁿᵉ⁾ de Saint-Mamet-la-Salvetat. — *Unizal*, 1584 (livre des achaps d'Ant. de Naucaze). — *Le Jouet; Joullet; Joulet*, 1623; — *Oujolet*, 1663; — *Vioulet*, 1665 (état civ.). — *Le Jolet*, 1668 (nommée au p⁽ᶜᵉ⁾ de Monaco). — *Uyolet*, 1697; — *Ujollet*, 1728; — *Ugeollet*, 1743 (arch. dép. s. C, l. 4).

Uzols, vill., c⁽ⁿᵉ⁾ de Saint-Mamet-la-Salvetat. — *Mansus d'Uiol*, 1301; — *Ugol*, 1462 (pièces de l'abbé Delmas). — *Daysol; Daisol; Dayjol; Dayjgiol*, 1623 (état civ.). — *Dugheolz*, 1626 (terr. de N.-D. d'Aurillac). — *Dygol*, 1634; — *Deygol; Dugol*, 1635; — *Deygolz; Digoles*, 1636; — *Dugols*, 1640 (état civ.). — *Duiol*, 1659 (id. de Roumégoux). — *Dujol*, 1662; — *Du Jol*, 1663; — *Dhujols*, 1665; — *Duéjol*, 1666 (état civ.). — *Du Gol*, 1668 (nommée au p⁽ᶜᵉ⁾ de Monaco). — *Uyol*, 1697 (archives départementales, s. C, l. IV).

Uzols (D'), dom. ruiné, c⁽ⁿᵉ⁾ de Saint-Mamet-la-Salvetat. — *Ugéol*, 1739; — *Ténement d'Ujeols*, 1740; — *Le Champ de Jugols*, 1742; — *Bos del Heugiols*, 1744 (anc. cad.).

Uzols, vill. et m⁽ⁱⁿ⁾, c⁽ⁿᵉ⁾ de Saint-Santin-Cantalès. — *Affarium d'Ugols*, 1346 (arch. dép. s. G). — *Ugolz*, 1416; — *Uiols*, 1442 (pap. de la fam. de Montal). — *Utgols*, 1449 (enq. sur les droits des seign. de Montal). — *Lou Golz*, 1637 (état civ.). — *Ussol*, 1649 (min. Sarrauste, nʳᵉ). — *Dugolz*, 1671 (état civ. d'Arnac). — *Ugéols*, 1744 (anc. cad.).

Uzols-Bas, dom. ruiné, c⁽ⁿᵉ⁾ de Saint-Santin-Cantalès. — *Mansus d'Ugolz Soteyra*, 1323 (pap. de la famille de Montal). — *Affarium d'Ugols lo Soteyra*, 1346 (arch. dép. s. G). — *Mansus d'Uiols inferiori; d'Uiols Soteyra*, 1442 (pap. de la famille de Montal). — *D'Uols-Soteyra*, 1449 (enq. sur les

droits des seign. de Montal). — *Villaige Dugols Souteyra*, 1669 (nommée au p^{cé} de Monaco).
Uzols-Haut, dom. ruiné, c^{ne} de Saint-Santin-Cantalès. — *Lo mas d'Ugols Sobeyra*, 1346 (arch.

dép. s. G). — *Mansus d'Uiols Superiore*, 1442 (pap. de la famille de Montal). — *Villaige Degol-Soubeyra*, 1669 (nommée au p^{ce} de Monaco). — *Ugeols-Soubère* (Cassini).

V

Vabre, vill., c^{ne} d'Arnac. — *Mansus de Vabre*, 1316 (arch. mun. d'Aurillac, s. HH, c. 21).

Vabre, vill., c^{ne} de la Capelle-Viescamp. — *Vabré*, 1687 (état civ.). — *Vabrez*, 1715 (*id.* de Saint-Paul-des-Landes). — *Vabre* (Cassini).

Vabre (La), vill., c^{ne} de Parlan. — *La Bauze, la Vabre*, 1645; — *La Babre*, 1647 (état civ.). — *La Vabré*, 1748 (anc. cad.).

Vabres, cⁿ de Saint-Flour, et chât. féodal détruit. — *Vabres*, 1406 (liber vitulus). — *Vabræ*, 1493 (arch. dép. s. E). — *Vabre*, 1730 (*id.* de Montchamp). — *Vabres-Saint-Gal* (État-major).

Vabres était, avant 1789, de la Haute-Auvergne, du dioc., de l'élect., et de la subdélég. de de Saint-Flour. Régi partie par le droit écrit, partie par le droit cout., il ressort. à la sénéch. d'Auvergne, en appel de la prév. de Saint-Flour. — Son église, dédiée à saint Pierre, était un chapitre dépend. du prieuré de Saint-Michel. Elle a été érigée en succursale par décret du 28 août 1808.

Vabres, vill., c^{ne} de Saint-Christophe. — *Mansus de Vabra*, 1464 (terr. de Saint-Christophe). — *Babre*, 1629; — *Vabre*, 1666 (état civ.). — *Babré*, 1673 (*id.* de Pleaux). — *Vabret*, 1768 (arch. dép. s. C, l. 40).

Vabret, écart avec manoir, c^{ne} de Saint-Étienne-Cantalès. — *Bordaria de Vabre*, 1414 (arch. dép. s. E). — *Babret*, 1667 (état civ. de Jussac).

Vacan (La Plaine de la), mont. à vacherie, c^{ne} de Saint-Vincent.

Vachand, vill., c^{ne} de Ladinhac. — *Baxon* (Cassini). — *Bachan* (État-major).

Vachandou, vill., c^{ne} de Ladinhac.

Vachard, mⁱⁿ, c^{ne} de Ladinhac.

Vachasse (La), mont. à vacherie, c^{ne} d'Allanche. — *La font Bacheyra; la font Vacheyra*, 1515 (terr. de Feydit).

Vaché, ruiss., affl. de la Jordanne, c^{ne} de Saint-Cirgues-de-Jordanne; cours de 2,800 m.

Vacher (Le Lac), mont. à vacherie, c^{ne} de Celles. — *Ad Lac del Bachier*, 1508; — *El Lac-Vachier*,

1661 (terr. de Montchamp). — *Le Lac-de-Vacher*, 1683 (*id.* des Bros).

Vaches (Les), ruiss., affl. du Ceroux, c^{ne} de la Chapelle-Laurent; cours de 1,250 m.

Vaches (Le Pâtural des), mont. à vacherie, c^{ne} de Rezentières.

Vachie (La), dom. ruiné, c^{ne} d'Ydes. — *La Vachie*, 1661; — *Nachia*, 1683 (état civ.).

Vachieu (La), écart, c^{ne} de Roannes-Saint-Mary.

Vachou, dom. ruiné, c^{ne} de Laveissière. — *La buffe de Vachou*, 1609 (min. Danty, n^{re}).

Vachy, ruiss., affl. du ruisseau de Rudez, c^{ne} de Mandailles; cours de 1,500 m.

Vadia (Les Granges de), dom. ruiné, c^{ne} de Bonnac. — *Les granches de Vadya*, 1613 (dîmes dues au chap. de Saint-André de Massiac).

Vailh, dom. ruiné, c^{ne} de Champs. — *Villaige de Vailh*, 1616 (état civ.).

Vaissade (La), mⁱⁿ, c^{ne} de Lieutadès.

Vaissade (La), mont. à vacherie, c^{ne} de Saint-Étienne-de-Riom.

Vaissade (La), écart, c^{ne} de Veyrières.

Vaissaire (La), mont. à burons, c^{ne} de Marchastel.

Vaissayre (La), vill. et mⁱⁿ, c^{ne} de Marchal. — *La Veysseyre*, 1670 (état civ. de Champs). — *La Veyssère* (Cassini).

Vaisse (La), dom. ruiné, c^{ne} d'Andelat. — *Bois de la Vaysse*, 1654 (terr. de Sailhans). — *Lou chazalz de la Vaisse*, 1650 (lièv conf. de Barret).

Vaisse (La), dom. ruiné, c^{ne} d'Ayrens. — *Affarium de la Vayssa*, 1532 (min. Vigery, n^{re}).

Vaisse (La), écart, c^{ne} de Junhac. — *La Vaissa*, 1550 (min. Boygues, n^{re}). — *La Baisse*, 1749 (anc. cad.). — *La Vaisse*, 1763 (état civ.).

Vaisse (La), dom. ruiné, c^{ne} de Polminhac. — *Villaige de la Vaisse*, 1593 (arch. dép. s. E).

Vaisse (La), vill. détruit, c^{ne} de Rouziers. — *La Bouise*, 1648 (état civ. de Parlan). — *La Baysse*, 1668 (nommée au p^{ce} de Monaco).

Vaisse (La), dom. ruiné, c^{ne} de Sarrus. — *Affar de la Vaissa*, 1494 (terr. de Mallet).

Vaisse (La Fon de la), dom. ruiné, c^{ne} de Sarrus.

— *Affar de la Fon-de-Vaissa*, 1494 (terr. de Mallet).

VAISSE (LA), m^in, c^ne de Vic-sur-Cère. — *Moulin de Lavaisse*, 1739 (anc. cad.).

VAISSE (LA), ham., c^ne de Vitrac. — *Affarium de la Vayssa*, 1301; — *La Vaissa*, XVe s^e (pièces de l'abbé Delmas). — *Affar appellé de la Baysse*, 1668 (nommée au p^cé de Monaco).

VAISSES (LES), dom. ruiné, c^ne de Barriac. — *Mansus de Vayssias*, 1464 (terr. de Saint-Christophe).

VAISSIÈRE (LA), vill., c^ne de Barriac. — *Vaisseiras*, 1274 (vente au doyen de Mauriac). — *Vassieyras*, 1502 (terr. de Cussac). — *Vaissieyres*, 1567 (id. de Mauriac). — *Vessieyres*, 1646 (état civ. de Tourniac). — *Vaissières*, 1651; — *Vayssières*, 1666 (id. de Pleaux). — *Vayssière*, 1682; — *Veyssière*, 1702 (id. de Chaussenac). — *La Veissière*, 1746 (arch. dép. s. C, l. 38). — *Vaysheyras*, 1778 (inv. des arch. de la mais. d'Humières).

Par la loi du 3 juillet 1846, ce village a été distrait de la c^ne de Pleaux et réuni à celle de Barriac.

VAISSIÈRE (LA), vill., c^ne de la Besserette. — *La Vassieyra*, 1427; — *La Baysseyra*, 1540 (terr. de Collinhal). — *Las Vayssières*, 1668 (nommée au p^ré de Monaco). — *La Vaissière*, 1724 (lièvre de l'abbaye de Montsalvy). — *La Bissière*, 1739 (état civ. de la Capelle-en-Vézie).

VAISSIÈRE (LA), dom. ruiné, c^ne de Boisset. — *Tènement appellé de la Veyssière de las Costes*, 1668 (nommée au p^cé de Monaco). — *Bois du Puech-Laveissière; Lavaissière*, 1746; — *Lavissière*, 1748 (anc. cad.).

VAISSIÈRE (LA), dom. ruiné, c^ne de Cheylade. — *Mansus de la Vaisseira*, 1174 (la maison de Graule).

VAISSIÈRE (LA), chât. détruit, c^ne d'Escorailles. — *La Vaissière; la Veyssière appellé de Miers; Lavaissière*, 1778 (inv. des arch. de la mais. d'Humières).

VAISSIÈRE (LA), vill., c^ne de Joursac.

VAISSIÈRE (LA), ham. et bois défriché, c^ne de Marcolès. — *Nemus vocatum de la Vaysseyra; de la Vassieyra*, 1520 (pièces de l'abbé Delmas). — *La Veissière* (Cassini).

VAISSIÈRE (LA), f^me, c^ne de Maurs. — *La Bessière* (Cassini).

VAISSIÈRE (LA), ham., c^ne de Montmurat. — *Laveissière*, 1706 (arch. dép. s. C, l. 3).

VAISSIÈRE (LA), dom. ruiné, c^ne de Polminhac. — *Mas de la Vayssière; de la Vaissière*, 1692 (terr. de Saint-Geraud).

VAISSIÈRE (LA), écart, c^ne de Quézac. — *La Veissière*, 1746; — *La Bessière*, 1749 (état civ.). — *La Vayssière*, 1857 (Dict. stat. du Cantal).

VAISSIÈRE (LA), bois défriché, c^ne de Roffiac. — *Nemus de la Vassieyra*, 1510; — *Nemus vocatum de la Bayssieyra*, 1511 (terr. de Maurs).

VAISSIÈRE (LA), ruiss., affl. du ruisseau de Montgelat, c^nes de Saint-Bonnet-de-Salers et d'Anglards-de-Salers; cours de 8,000 m.

VAISSIÈRE (LA), ham., c^ne de Saint-Georges. — *La Besseyra; la Besseyre; Bessieres*, 1494 (terr. de Mallet).

VAISSIÈRE (LA), mont. à vacherie, c^ne de Saint-Urcize.

VAISSIÈRE (LA), écart, c^ne de Thiézac. — Cet écart porte aussi le nom de *le Pas de la Roche*.

VAISSIÈRE (LA), vill., c^ne de Védrines-Saint-Loup.

VAISSIÈRE-BASSE (LA), vill., c^ne de Lieutadès. — *La Bessière* (Cassini). — *Les Vayssières-Basses* (État-major).

VAISSIÈRE-BASSE (LA), dom. ruiné, c^ne de Vézac. — *Affar appellé de la Vayssier-Basse*, 1581 (terr. de Polminhac).

VAISSIÈRE-HAUTE (LA), vill., c^ne de Lieutadès. — *La Vayssière* (Cassini). — *Les Vayssières-Hautes* (État-major).

VAISSIÈRE-HAUTE (LA), dom. ruiné, c^ne de Vézac. — *Affar appellé de la Vayssier-Haulte*, 1581 (terr. de Polminhac).

VAL, vill. avec manoir et m^in, c^ne de Lanobre. — *Vallis sive Vedeyras*, 1322 (arch. dép. s. G). — *Val*, 1452 (id., s. E). — *Vailh* (Cassini).

Val était, avant 1789, régi par le droit cout. et siège d'une justice ressort. à la sénéch. de Clermont, en appel du bailliage de Thinières.

VAL, vill. et m^in, c^ne de Marchastel. — *Val; Enbal; lou molin Vel*, 1578 (terr. de Soubrevèze). — *Vails*, 1622; — *Vailh*, 1626; — *Vail*, 1678; — *Ental*, 1744 (lièvre de Soubrevèze).

VAL, vill. ruiné, c^ne de Trizac. — *Villa Val*, 1292 (homm. à l'évêque de Clermont).

VALADIER, dom. ruiné, c^ne de Bonnac. — *Domayne de Valadier*, 1613 (dîmes dues au chap. de Saint-André de Massiac).

VALADOU (LE), ham., c^ne de Roumégoux. — *Le Balado*, 1540 (arch. mun. d'Aurillac, s. HH, c. 21). — *Le Valadou*, 1648 (état civ. de Cayrols). — *Le Valladou*, 1653 (min. Sarrauste, n^re). — *Le Valadour*, 1669 (nommée au p^cé de Monaco). — *Valadon* (Cassini).

VALADOUR (LE), chât. féodal détruit, c^ne de Chaliers. — *Ventador*, 1517 (arch. mun. d'Aurillac, s. II, reg. 8).

VALADOUR (LE), f^{me}, c^{ne} de Chanet. — *Le Baladour*, 1568 (arch. dép. s. H). — *Balladour* (Cassini). — *Valadou* (État-major). — *Valladour*, 1855 (Dict. stat. du Cantal).

VAL-AGNON (LA RIVIÈRE DU), c^{ne} de Lavoissière, nom collectif désignant les villages sur lesquels le prieuré de Bredon prélevait la dîme. — *Les habitants de la Rivière du Valaignon*, 1500 (terr. de Combrelles). — *Le Vallaignon*, 1518 (id. de Dienne). — *Le Valeugnon; la Ribeyre-du-Valeugnon*, 1559 (inv. des titres de la coll. de N.-D. de Murat). — *La Rivière de Vallanchon*, 1575; — *La Rivière du Valanion*, 1664 (terr. de Bredon).

La Rivière du Val-Agnon comprenait, en 1618, les villages suivants : la Bastide, la Bourgade, Chambouil, la Chassagne, Fraisse, Fraisse-Bas, Fraisse-Haut, Malpertus, le Meynial, le Meynialou et Lavoissière.

VALANS, vill. et chât., c^{ne} de Moussages. — *Valins*, 1329 (enq. sur la just. de Vieillespesse). — *Vallons*, 1352 (Gall. christ., t. II, inst. c. 96). — *Valon*, 1528 (arch. dép. s. H). — *Valans*, 1632 (état civ. de Brageac). — *Valance*, 1658 (anc. min. Chalvignac, n° à Trizac). — *Vallans*, 1675 (état civ. de Trizac). — *Valan*, 1713; — *Valant*, 1720 (id. de Moussages). — *Velans*, 1784 (Chabrol, t. IV).

Valans était, avant 1789, le siège d'une justice seign. régie par le droit cout., et ressort. à la sénéch. de Clermont, en appel du bailliage de Salers.

VALANS, ruiss., affl. de la rivière de Marliou, c^{ne} de Moussages; cours de 1,370 m. — Ce ruisseau porte aussi le nom de *Morty*.

VALARYON, mont. à burons, c^{ne} de Saint-Saturnin.

VALASSARD, ham., c^{ne} de Champs. — *Valassard*, 1616; — *Valassard*, 1652; — *Vialassart; Vallassard*, 1653; — *Valesard*, 1660; — *Valasar*, 1668 (état civ.). — *Valasal* (Cassini).

VALAT (LE), dom. ruiné, c^{ne} de Saint-Santin-Cantalès. — *Bordaria del Valat*, 1470 (arch. mun. d'Aurillac, s. HH, c. 21). — *Lo mas da Valet*, 1471 (pap. de la fam. de Montal).

VALAT (LE), écart, c^{ne} de Sénezergues. — *Lou Valat*, 1670 (terr. de Calvinet). — *Le Vallat*, 1857 (Dict. stat. du Cantal).

VALDÈS (LE), écart, c^{ne} de Lieutadès.

VAL-DÉSERT (LE), vill. et château, c^{ne} de Jussac. — *Baldezert*, 1583 (arch. dép. s. E). — *Valdesert*, 1629 (état civ. de Reilhac). — *Valdeysert*, 1642 (inv. des titres de la cure de Jussac). — *Valdezer*, 1646 (état civ. de Reilhac). — *Vals-Désert*, 1674 (état civ. d'Aurillac).

VALDÉSERT (LE), ruiss., affl. de la Soulane-Grande, c^{ne} de Jussac; cours de 3,200 m.

VALDÉZERT, ham. avec manoir, c^{ne} de la Ségalassière. — *Laudezert* (Cassini).

VALDUCES, f^{me} avec manoir, c^{ne} de Raulhac. — *Baldusez*, 1668; — *Balduces*, 1669 (nommée au p^{té} de Monaco). — *Balluset*, 1695 (terr. de la command. de Carlat). — *Valluces*, 1695 (état civ.). — *Chasteau de Balduces* (Cassini). — *Valduces* (État-major).

VALEILHES, chapelle et chât. féodaux détruits, c^{ne} de Neuvéglise. — *Valelhes*, 1315 (Gall. christ., t. II, inst. c. 93). — *Valhelhas*, XIVe s^e (reg. de Guill. Trascol). — *Mansus da Valelhas*, 1494 (terr. de Mallet).

VALENCAS, dom. ruiné, c^{ne} de Ladinhac. — *Affarium vocatum de las Valencas*, 1464 (vente par Guill. de Treyssac).

VALENCE, dom. ruiné et mont. à vacherie, c^{ne} de Montboudif. — *Grangia de Valensa*, 1278 (Hist. de l'abbaye de Feniers).

VALENCE, vill. et chât., c^{ne} de Peyrusse. — *Balanssa*, 1451 (terr. de Chavagnac). — *Mendamentum de Valensa*, 1451; — *Vallause; Valause*, 1526; — *Valance*, 1532 (arch. dép. s. E). — *Valence*, 1568 (id. s. H). — *Balance*, 1628 (paraphr. sur les cout. d'Auvergne). — *Vallesmes*, 1635 (nommée par G. de Foix). — *Valenc*, 1692 (état civ. de Joursac). — *Vallance*, 1702 (lièvc de Mardogne). — *Valance* (Cassini).

VALENTINES, chapelle, c^{ne} du Ségur, et chât. féodal détruit. — *Valantinæ*, 1286 (spicil. Brivat.). — *Valantinas*, 1329 (enq. sur la just. de Vieillespesse). — *Valencinas*, XIVe s^e (Guill. Trascol). — *Balentiniæ*, 1419; — *Vallentines*, XVIIe s^e (arch. dép. s. E). — *Valantine* (Cassini).

La chapelle de Valentines, dédiée à Notre-Dame de l'Assomption et à la Nativité de la Vierge, dépend. de l'abbaye de la Chaise-Dieu.

VALÉRIE (LA), dom. ruiné, c^{ne} d'Arches. — *Affarium de las Valeiras*, 1475; — *Domaine de la Valeria*, 1680 (terr. de Mauriac).

VALÈS, dom. ruiné, c^{ne} de Saint-Cernin. — *Affarium de Bales*, 1410 (arch. mun. d'Aurillac, s. HH, c. 21). — *Granche appellée de Vales*, 1630 (lièvc de Poul).

VALÉTIE (LA), écart, c^{ne} de Montmurat. — *La Valette*, 1619; — *La Valetia*, 1631 (état civ. de Saint-Santin-de-Maurs). — *Lavaletie*, 1682; — *La Valétié; Lavalette*, 1706 (arch. dép., s. C, l. 3). — *La Valettie*, 1856 (Dict. stat. du Cantal).

VALETTE, c^{ne} de Riom-ès-Montagnes, et mⁱⁿ. — *Valleta*,

1441 (terr. de Saignes). — *Valette*, 1506 (*id.* de Riom). — *Valeta*, 1520 (*id.* d'Apchon). — *Vallette*, 1717 (arch. dép. s. G).

Valette était, avant 1789, régi par le droit écrit, dépend. de la justice seign. de la Clidelle, et ressort. au bailliage d'Aurillac, en appel de la prév. de Mauriac.

L'église de Valette a été érigée en succursale par décret du 22 mai 1857.

Par décision du conseil général du département du Cantal, du 1er novembre 1871, la section de Valette a été distraite du territ. de la c^{ne} de Menet et érigée en commune distincte.

VALETTE (LA), ham., c^{ne} d'Antignac.

VALETTE (LA), mont. à burons, c^{ne} de la Capelle-Barrez.

VALETTE, mⁱⁿ ruiné, c^{ne} de Chaliers. — *Molin de la Valette*, 1624 (terr. de Ligonnès).

VALETTE (LA), écart, c^{ne} de la Chapelle-Laurent.

VALETTE (LA), écart, c^{ne} de Chaudesaigues. — *La Valette*, 1784 (Chabrol, t. IV).

VALETTE (LA), ruiss., affl. de la Cronce, c^{nes} de Chazelles et de Cronce (Haute-Loire); cours dans le Cantal, 1,000 m.

VALETTE (LA), f^{me} avec manoir, c^{ne} de Faverolles. — *Mansus de la Valeta*, 1437 (arch. dép. s. G). — *Vallettes*, 1668 (insin. de la cour royale de Murat).

VALETTE (LA), vill., c^{ne} de Ladinhac. — *La Valeta*, 1464 (vente par Guill. de Treyssac). — *La Valetta*, 1515 (pièces de l'abbé Delmas). — *La Valette*, 1668 (nommée au p^{ce} de Monaco).

VALETTE (LA), ham. et mⁱⁿ, c^{ne} de Ladinhac.

VALETTE (LA), écart, c^{ne} de Lavastrie. — *La Valeta*, 1352 (homm. à l'évêque de Clermont). — *La Vallette*, 1680 (arch. dép. s. G).

VALETTE (LA), ham., c^{ne} de Massiac. — *La Vablotte*, 1693; — *La Valette*, 1695 (état civ. de Saint-Étienne-sur-Massiac).

VALETTE (LA), ruiss., affl. de la Sionne, c^{nes} de Molèdes et d'Auriac; cours de 6,300 m. — Ce ruisseau porte également le nom de *la Vergne*.

VALETTE (LA), écart et buron, c^{ne} de Narnhac.

VALETTE (LA), dom. ruiné, c^{ne} de Polminhac. — *Grange de Valette, alias de Brunet*, 1668; — *Valette, alias de Bancou*, 1670 (nommée au p^{ce} de Monaco).

VALETTE, écart, c^{ne} de Roussy. — *Ténement de Valette*, 1736 (terr. de la command. de Carlat). — *Affar de Vallette*, 1750 (anc. cad.).

VALETTE (LA), vill. et mⁱⁿ, c^{ne} de Saint-Georges. — *Vaulhetes*, 1595 (min. Andrieu, n^{re}). — *La Valette*, 1689 (état civ. de Saint-Flour).

VALETTE (LA), dom. ruiné, c^{ne} de Saint-Mamet-la-Salvetat. — *Domaine de la Valette*, 1743 (arch. dép. s. C, l. 4).

VALETTE, ham., c^{ne} de Vitrac. — *Valeta*, 1521 (min. Vigery, n^{re} à Aurillac).

VALETTES (LAS), f^{me}, c^{ne} de la Chapelle-d'Alagnon. — *Campus de Valletiis; Nemus de Balletis; Valleriis*, 1410 (arch. dép. s. G). — *Las Valletas*, 1535; — *Las Valetes*, 1536 (terr. de la v^{té} de Murat). — *Las Valettes*, 1584 (arch. dép., s. E). — *Las Vallettes*, 1605 (terr. de la v^{té} de Cheylanne).

VALEUGE, dom. ruiné, c^{ne} d'Arnac. — *Villagium de Valleughes*, 1472 (arch. mun. d'Aurillac, s. HH, c. 21).

VALEYRAN (LE), dom. ruiné, c^{ne} de Chastel-sur-Murat. — *Affarium d'Alairant*, 1289 (arch. dép. s. H). — *Factum de Valeyra*, 1386 (*id.* s. G). — *Valeyrani; le Valeyram*, 1535 (terr. de la v^{té} de Murat). — *Le Valleyrand*, 1580 (lière conf. de Murat). — *Le ténement de Valeyran; du Valciran*, 1680 (terr. des Bros). — *L'afar Daleyran; Dalleyrand*, xvie s^e (*id.* du prieuré du chât. de Murat).

VALEYROU (LE), mont. à vacherie, c^{ne} de Saint-Julien-de-Jordanne. — *Montaigne de Valeroux; Valeyrou; Vavayrou*, 1573 (terr. de la chapell. des Blats).

VALIERGUES, écart, c^{ne} de Mentières. — *Balhergues*, 1385; — *Vailliergues*, 1427; — *Valhergues*, 1480 (arch. dép. s. G). — *Valiergues*, 1731 (terr. de la command. de Montchamp). — *Vailliergues*, 1745 (arch. dép. s. C).

VALIETTES, vill., c^{ne} d'Anterrieux. — *La Valeta*, 1486 (liber vitulus). — *Valhettes*, xvie s^e; — *Valhetes*, 1604; — *Valhets*, 1640; — *Valhette*, 1648 (arch. dép. s. H). — *Vallites*, 1784 (Chabrol, t. IV).

VALJOUZE, c^{on} de Massiac. — *Val-Joyoso*, xive s^e (reg. de Guill. Trascol). — *Vallis Jocosa*, xive siècle (Pouillé de Saint-Flour). — *Valghoze*, 1559 (lière du prieuré de Molompize). — *Valgouges; Vargouze; Valgouze*, 1635 (nommée au roi par G. de Foix). — *Valoughes; Valeuges*, 1652 (terr. du prieuré de Coltines). — *Valghouze*, 1666 (état civ. de Saint-Victor-sur-Massiac). — *Vergeouze*, 1668 (*id.* de Bonnac). — *Verghouse*, 1683 (*id.* de Murat). — *Valgeouse*, 1734 (arch. dép. s. E). — *Valjouze*, 1752; — *Valiouze*, 1764 (*id.* s. C, l. 47). — *Valjouze*, 1771; — *Valzouzes*, 1780 (lière de Mardogne).

Valjouze était, avant 1789, de la Basse-Auvergne, du dioc. de Clermont, de l'élect. et de la subdélég. de Saint-Flour. Régi par le droit cout., il dépend. de la justice de Mardogne et ressort. à la sénéch. d'Auvergne, en appel de la prév.

DÉPARTEMENT DU CANTAL.

royale de Mardogne. — Son église, dédiée à saint Antoine, était une cure à la nomination du seign. de Mardogne. Elle a été érigée en succursale par ordonn. royale du 21 février 1845.

VALLANGIEN, dom. ruiné, c^{ne} de Saint-Mamet-la-Salvetat. — *Affar de Vallangier*, 1574; — *de Ballangier*, 1576; — *de Bos-Langer*, 1589 (livre des achaps d'Ant. de Naucaze).

VALLAT, vill., c^{ne} de Lanobre.

Vallat était, avant 1789, un membre de la commanderie de Saint-Jean de Jérusalem de Pont-Vieux (Puy-de-Dôme).

VALLAT (LE), écart, c^{ne} de Sénezergues.

VALLEYRANE (LA), mais. forte détruite, c^{ne} de Vic-sur-Cère.

VALLIS-JUNIOR, seigneurie, c^{on} de Vic-sur-Cère. — *Vallis-Junior*, 1487 (reconn. à J. de Montamat).

VALLON (LE), ham., c^{ne} de Maurs. — *Vallon*, 1485 (reconn. à J. de Montamat). — *Le Valon* (Cassini).

VALMAISON, chât. détruit, c^{ne} de Moussages. — *Valamaison*, 1671 (anc. min. Chalvignac, n^{re} à Trizac). — *Valemeson*, 1714 (état civ.).

VALON, dom. ruiné, c^{ne} de Laveissière. — *Valeu; Valou; Valon*, xve s^e (terr. de Chambeuil).

VALRIAC, dom. ruiné, c^{ne} d'Aurillac. — *Villaige de Valriac*, 1531 (terr. du cons. d'Aurillac).

VALRIAT, dom. ruiné, c^{ne} de Giou-de-Mamou. — *Affar appelé de Valriat, alias Lacam de Sudrie*, 1670 (nommée au p^{ce} de Monaco). — *La Grange de Valviac*, 1695 (terr. de la command. de Carlat). — *Tènement de la Cam*, 1741 (anc. cad.).

VALRIAT, dom. ruiné, c^{ne} de Saint-Étienne-de-Carlat. — *Le villaige de Valriac*, 1692 (terr. de Saint-Geraud).

VALRUS, seigneurie et mont. à vacherie, c^{ne} de Cheylade. — *Valrutz; Ruppis de Valratz*, 1296 (arch. dép. s. E). — *Valrus*, 1330 (homm. à l'évêque de Clermont). — *La seigneurie de Vaurus*, 1618 (terr. de Dienne).

Valrus était, avant 1789, le siège d'une justice seign. régie par le droit cout., et ressort. à la sénéch. d'Auvergne, en appel de la prév. de Saint-Flour.

VALS, vill. ruiné, c^{ne} de Saint-Mamet-la-Salvetat. — *Villaige du Vals*, 1638 (état civ.).

VALS, ham. avec manoir, c^{ne} de Saint-Santin-Cantalès. — *Valh*, 1598 (min. Lascombes, n^{re} à Saint-Illide). — *Val*, 1627 (id. Sarrauste, n^{re} à Laroquebrou). — *Valz*, 1636 (état civ.). — *Valn*, 1676 (id. d'Arnac). — *Vals*, 1742 (anc. cad.).

VALS, chât., c^{ne} de Saint-Victor.

VALS, ruiss., affl. de la Soulane-Grande, c^{ne} de Saint-Victor; cours de 1,200 m.

VALUÉJOLS, c^{on} sud de Saint-Flour, et chât. féodal détruit. — *Avologile*, 928; — *Avaloiolum vicaria*, 929; —*Avaiole*, 1009 (cart. de Brioude). — *Avolojelesi; Avolojolensis vicaria*, 1011 (cart. de Brioude et Chabrol, t. I). — *Valojol*, 1239 (arch. dép. s. E). — *Valoiols*, 1293; — *Value'ol*, 1296; — *Valoiol*, 1308; — *Valegium*, 1334 (arch. dép. s. H). — *Valogium*, 1352; — *Valuegholh*, 1411; — *Balogium*, 1419 (id. s. E). — *Valeugi*, 1445 (ordonn. de J. Poujet). — *Valuegium*, 1478 (arch. dép. s. E). — *Valuagiol; Valuegiol; Valeviol; Valueghol; Vallegol; Avalogiol; Baluegiol*, xve s^e (terr. de Bredon). — *Valeughoul*, 1502 (arch. dép. s. E). — *Valutgo*, 1508 (terr. de Loubeysargues). — *Valhuegol; Baluegholh; Valhuegols; Balhuegholh*, 1511 (id. de Maurs). — *Valeujol*, 1518 (id. de Cluzels). — *Valieughol*, 1542 (id. de Bressanges). — *Vallaige*, 1575 (terr. de Bredon). — *Vallaigol*, 1596 (insin. du baill. de Saint-Flour). — *Vallieughol*, 1607; — *Valleighol*, 1618 (min. Danty, n^{re}). — *Valeughol*, 1662 (arch. dép. s. G). — *Vallaighol; Valleughol; Valhueghol; Valluviol; Valleujol; Vallujol; Valloviol*, 1644 (terr. de Loubeysargues). — *Valleugeou; Vallujon; Vallengiou; Valeujou*, 1645 (id. de Nozières). — *Valeughou*, 1652 (id. de Collines). — *Valleugel*, 1652 (min. Danty, n^{re}). — *Valegol; Valeugol; Avalleughol*, 1654 (terr. de Sailhans). — *Valeu-Jol*, 1661 (id. de Montchamp). — *Valleughe, Valleuge*, 1661 (id. de Loubeysargues). — *Valeuzol*, 1665; — *Vallejol*, 1666 (insin. du baill. d'Andelat). — *Valleugol*, 1669 (id. de la cour royale de Murat). — *Vallaijol*, 1669 (état civ. de Murat). — *Valleugeol*, 1671 (nommée au p^{ce} de Monaco). — *Valaigol, Valengols*, 1673 (état civ. de Chastel-sur-Murat). — *Vallegiol*, 1676 (insin. de la cour royale de Murat). — *Valeugéol*, 1680 (terr. des Bros). — *Valleugeole*, 1686 (état civ. de Murat). — *Valleugolz*, 1686 (id. de Chastel-sur-Murat). — *Valleuyol*, 1687 (terr. de Loubeysargues). — *Valuéghoul*, 1688 (pièces du cab. de Bonnefons). — *Valeyol*, 1689 (état civ. de Saint-Flour). — *Valegol*, 1691 (id. de la Chapelle-d'Alagnon). — *Valouges*, 1691; — *Valugol*, 1692 (id. de Murat). — *Valouges*, 1692 (id. de Chastel-sur-Murat). — *Valuejou*, 1693 (id. de Saint-Constant). — *Vallégéol*, 1702 (id. de Murat). — *Valejol*, 1704 (arch. dép. s. E). — *Valluziol*, 1737 (lièvre du Fer). — *Valeuze*, 1740 (lièvre de Bredon). — *Valeughe-l'Église; Valeughe-le-Haut*, 1784 (Chabrol, t. IV). — *Valeujeol*, xviiie s^e (arch. dép. s. G).

64.

Valuéjols, chef-lieu d'une viguerie carolingienne, était, avant 1789, de la Haute-Auvergne, du dioc., de l'élect. et de la subdélég. de Saint-Flour. Régi : partie par le droit écrit, il ressort. au bailliage de Vic, en appel de la cour royale de Murat; partie par le droit cout., il ressort. à la sénéch. d'Auvergne, en appel de la prév. de Saint-Flour. — Son église, dédiée à saint Saturnin, dépend. en 1131 de l'abbaye de Moissac et relev. du prieuré de Bredon. Elle a été érigée en succursale par décret du 28 août 1808.

Valuéjols, ruiss., affl. de la rivière de l'Ande, c^{nes} de Valuéjols et Roffiac; cours de 8,200 m. — *Rif del Thérond de Salvatge*, 1575; — *Rif del Théron de Sauvaige*, 1664 (terr. du prieuré de Bredon). — *Rif de la Montaigne*, 1664 (terr. de Loubeysargues). — *Rif del Théron*, 1687 (terr. de Bredon).

Val-Vaion (Le), dom. ruiné, c^{ne} de Siran. — *Villaige du Val-Vaion*, 1653 (min. Sarrauste, n^{re}).

Vandous (Les), dom. ruiné, c^{ne} d'Arpajon. — *Ténement des Vandous*, 1739 (anc. cad.).

Vantalon (Le), mⁱⁿ, c^{ne} de Marchal.

Vantounou (Les), écart, c^{ne} de Champs. — *Ventaoux* (État-major).

Vaquier (Le), dom. ruiné, c^{ne} d'Aurillac. — *Affar appellé del Vaquier*, 1692 (terr. de Saint-Geraud).

Varade (La), vill. détruit, c^{ne} de Menet.

Varagne, vill. et mⁱⁿ, c^{ne} de Chastel-Marlhac. — *Varaigne*, 1664 (insin. du baill. de Salers). — *Varagnes*, 1681 (état civ. de Trizac). — *Varagne*, 1688; — *Varaignes*, 1717 (id. de Chastel-Marlhac).

Varaine (La), ruiss., affl. de l'Alagnon, c^{nes} de Talizat et de Joursac; cours de 2,000 m.

Varayre (La), mⁱⁿ, c^{ne} d'Allanche.

Varayt, mont. à vacherie, c^{ne} de Peyrusse. — *Les mezes del Varayt*, 1471 (terr. du Feydit).

Varégiou, dom. ruiné, c^{ne} de Neuvéglise. — *Villaige de Vareghou*, 1618 (terr. de Sériers).

Varégiou, vill. détruit, c^{ne} de Tanavelle. — *Villaige de Vareghou*, 1618 (terr. de Sériers).

Vareilles, vill., c^{ne} de Moussages. — *Vareilles*, 1714; — *Naveilles*, 1716 (état civ.). — *Vareille*, 1856 (Dict. stat. du Cantal).

Vareillettes, vill. et chât., c^{ne} de Saint-Georges. — *Bereilhettes*, 1550 (arch. dép. s. G). — *Varelhottes; Varliettes; Varelettes; Varlhettes*, 1610 (terr. d'Avenaux). — *Vareliette*, 1676 (état civ. de Saint-Mary-le-Plain). — *Varilliettes*, 1678 (insin. du baill. de Saint-Flour).

Vareillettes était, avant 1789, le siège d'une justice seign. régie par le droit cout., et ressort. à la sénéch. d'Auvergne, en appel de la prév. de Saint-Flour.

Varenne (La), écart, c^{ne} de Joursac.

Varenne (La), dom. ruiné, c^{ne} de Reilhac. — *Affarium de las Barenas*, 1378 (fond. de la chapell. des Blats). — *Las Varenas*, 1465 (arch. mun. d'Aurillac, s. GG, p. 20).

Varenne (La), vill., c^{ne} de Saint-Christophe. — *La Varenne*, 1612; — *La Varene*, 1618; — *Lavreim*, 1626 (état civ.). — *Laverene*, 1650 (id. de Loupiac). — *Lavareine*, 1768; — *Lasvarennes*, 1769; — *Varennes*, 1770 (arch. dép. s. C, l. 40). — *La Varenne-Jeandoune*, 1855 (Dict. stat. du Cantal).

Varenne (La), vill. et mⁱⁿ, c^{ne} de Saint-Cirgues-de-Malbert. — *La Barène*, 1662 (état civ. de Salers). — *La Varenne*, 1679; — *Laverenne*, 1703; — *Lavarène*, 1728 (arch. dép. s. C, l. 16).

Varenne (La), f^{me}, c^{ne} de Saint-Martin-sous-Vigouroux. — *La Varaine*, 1856 (Dict. stat. du Cantal).

Varenne (La), dom. ruiné, c^{ne} d'Ytrac. — *Affarium dictum de las Barenas*, 1378 (fond. de la chapell. des Blats).

Varennes, dom. ruiné, c^{ne} de Polminhac. — *Le villaige de Varènes*, 1670 (état civ.).

Varénou (Le), ruiss., affl. du Tac, c^{ne} de Champs; cours de 1,280 m.

Varet-Bas et Haut, hameaux et mⁱⁿ, c^{ne} de Naucelles. — *Mansus da Varet*, 1522 (min. Vigery, n^{re}). — *Le molly de Baret; molin de Varet*, 1564 (reconn. aux curé et prêtres de Naucelles). — *Molin de Varet-Bas*, 1616 (état civ.). — *Le molin de Bars*, 1636 (id. de Reilhac). — *Varet-Haut*, 1679 (arch. dép. s. C, l. 17). — *Veret*, 1756 (arch. mun. de Naucelles).

Varleix, vill., c^{ne} d'Auzers. — *Villa Verlets*, XIIe s^e (charte dite *de Clovis*). — *Verletz*, 1479; — *Varletz*, 1541 (nommée au c^{te} de Charlus). — *Varlaitz*, 1655; — *Varlectz*, 1674; — *Varleitz*, 1686 (anc. min. Chalvignac, n^{re}). — *Varleix*, 1785 (arch. dép. s. C, l. 41). — *Le Varlet*, 1784 (Chabrol, t. IV).

Varniculière (La), dom. ruiné, c^{ne} de Cassaniouze. — *Affar appellé de la Varnierlière*, 1760 (terr. de Saint-Projet).

Vannaï, écart, c^{ne} de Champs.

Varre, dom. ruiné, c^{ne} de Celles. — *La Verne*, 1644 (terr. de Celles). — *Vaurges*, 1670 (insin. du baill. d'Andelat). — *Varre*, 1756 (terr. de la coll. de N.-D. de Murat).

Varveyre, mont. à vacherie, c^{ne} de Saint-Hippolyte.

— *Montanea de Varveyres*, 1518 (terr. d'Apchon).
— *Montaigne de Verbeyres*; *Varbeyres*, 1585 (id. de Graule). — *Varvaire*, 1777 (lièvc d'Apchon). — *La Reverre* (Cassini).

Varveyre-Bas et Haut, ham. et m^{in} détruit, c^{ne} d'Apchon. — *Mansus et molendinum de Varveyras*, 1518 (terr. d'Apchon). — *Varvières*, 1719 (table de ce terrier). — *Valueires*, 1739 (état civ.).

Vassal-Bas et Haut, m^{ins}, c^{ne} de Saint-Mamet-la-Salvetat. — *La mole del Basal*, 1697; — *Moulin del Bessel*, 1743 (arch. dép. s. C, l. 4). — *Moulin del Vossal; moulin de Luossal-Haut*, 1744 (anc. cad.).

Vassinq (La), m^{in}, c^{ne} de Marchal.

Vassivière, mont. à burons, c^{nes} de Laveissière et de Lavigerie. — *Vassivière*, 1492 (arch. dép. s. E). — *Vassiveyre*, xve s^e (terr. de Chambeuil). — *Vassivieyre*, 1618 (min. Danty, n^{re} à Murat). — *Bassuieyrie; de Bassiveyre; de Bassivieyre; de Bassivieres*, 1668; — *Bassivière*, 1673 (nommée au p^{cc} de Monaco). — *Buron d'Imbassidiero* (État-major).

Vassivière, ruiss., afll. du ruisseau du col de Cabre, c^{ne} de Lavigerie; cours de 1,300 m. — *Rif de la Roche*, 1551; — *Ruisseau de Vassiveyre*, 1618 (terr. de Dienne).

Vastre (La), f^{me}, c^{ne} de Lauric. — *La Vastrie*, 1784 (Chabrol, t. IV). — *La Vastre* (Cassini). — *Les Lavastres* (État-major). — *Lavastrie*, 1856 (Dict. stat. du Cantal).

Vastrie (La), écart, c^{ne} de Lastic. — *La Vastre* (Cassini).

Vau (La), écart, c^{ne} de Saint-Saturnin.

Vaubert, dom. ruiné et mont. à vacherie, c^{ne} de Salers. — *Affar de Baubert*, 1508 (arch. mun. de Salers). — *Veaubert*, 1720; — *Vaubert*, 1722 (arch. dép. s. C, l. 29).

Vauclair, vill., m^{in} et chât. ruiné, c^{ne} de Molompize. — *Belleclarum*, 1343 (arch. dép. s. E). — *Prioratus Vallisclare ordinis Beate Marie de Corona*, 1370 (id. s. H). — *Valclare*, 1559 (lièvc du prieuré de Molompize). — *Beauclare*, 1610 (terr. d'Avenaux). — *Valclaire*, 1635 (nommée par G^{lle} de Foix). — *Volclère*, 1704 (état civ. de Saint-Victor-sur-Massiac). — *Voldaire* (Cassini). — *Veauclair* 1856 (Dict. stat. du Cantal).

Vauclair était, avant 1789, un prieuré de l'ordre de la Couronne, dédié à Notre-Dame de la Nativité, et à la collation du chapitre cathédral de Saint-Flour.

Vaugonie (La), lieu détruit, c^{ne} de Pailhérols. — (Cassini).

Vauleilles, dom. ruiné, c^{ne} de Ferrières-Saint-Mary. — *Villaige de Vaulheles*, 1596 (min. Andrieu, n^{re}).

Vaulmier (Le), c^{ne} de Salers, m^{in} et chât. féodal détruit. — *Vaulmieres*, 1267 (Gall. christ., t. II, inst. col. 91). — *Valmeyrs*, 1282; — *Valmeriæ*, 1312; — *Valmies*, 1418 (d'après le Dictionn. stat. du Cantal). — *Los Valmyers*, 1589 (lièvc du prieuré de Saint-Vincent). — *Le Baumir*, 1628 (état civ. de Cros-de-Montvert). — *Le Vaulmieis*, 1651; — *Le Valmiers*, 1653; — *Lou Vaumieux*, 1672 (anc. min. Chalvignac, n^{re}). — *Lou Baulmiers*, 1653 (état civ. de Salers). — *Le Valamier*, 1659 (insin. du baill. de Salers). — *Le Vaulmieux*, 1669; — *Lou Vaumiers*, 1679 (état civ. de Trizac). — *Le Vaulmiès*, 1680; — *Le Valmiès*, 1683 (id. de Saint-Vincent). — *Le Vaumier*, 1750 (arch. dép. s. C, l. 44). — *Le Vauxmiers*, 1784 (Chabrol, t. IV). — *Les Vaulemiers* (Cassini).

Le Vaulmier était, avant 1789, de la Haute-Auvergne, du diocèse de Clermont, de l'élect. et de la subdélég. de Mauriac. Régi par le droit cout., il était le siège d'une justice et d'un bailliage seigneuriaux ressort. à la sénéch. d'Auvergne, en appel du bailliage de Salers.

La chapelle du château, dédiée à Notre-Dame de l'Assomption et à saint Ferréol, consacrée en 1729, était desservie par un chapelain à la nomination du seigneur.

L'église, sous le voc. de saint Vincent, était une cure à la nomination du doyen de Mauriac.

Par ordonnance roy. du 3 janvier 1839, la section du Vaulmier a été distraite de la c^{ne} de Saint-Vincent, et érigée en commune distincte.

Par une autre ordonn. du 23 juin 1842, l'église du Vaulmier a été érigée en succursale.

Vaulmier (Le), ruiss., afll. de la rivière de Mars, c^{ne} du Vaulmier; cours de 1,360 m.

Vauloliades (Les), dom. ruiné, c^{ne} de Boisset. — *Affar appelé de las Vaulolhades*, 1668 (nommée au p^{ce} de Monaco).

Vaure (La), dom. ruiné, c^{ne} de Riom-ès-Montagnes. — *Mansus de Vaurs*, 1512 (terr. d'Apchon).

Vaureille (La), vill., c^{ne} de Vebret. — *La Vaureille* 1624 (terr. de Ligonnès). — *Lavareille*, 1745; — *La Vaureilhe*, 1781 (arch. dép. s. C, l. 43). — *La Vareille*, 1788 (id. l. 48). — *La Voreille*, 1886 (états de recens.).

Vaureilles et Vaureilles-Bas, vill., c^{ne} de Naucelles. — *Vaurelias*, 1465 (arch. mun. d'Aurillac, s. GG, p. 20). — *Vaurelhas; Baurelhas*, 1521; — *Baurieyras*, 1524 (min. Vigery, n^{re}). — *Vaurelhes*, 1564 (reconn. aux curé et prêtres de Naucelles). — *Las*

Vaurelhies; — *Affar del Bos de Vaureilhes*, 1573; — *Baurelies; de Baurelhes*, 1670 (terr. de la chapellenie des Blats). — *Vaurelhe*, 1613; — *Bourelies*, 1616; — *Baurelle*, 1634; — *La Vaureh*, 1640 (état civ.). — *Baureilhes*, 1668 (id. de Jussac). — *Vareilhe*, 1676 (id. d'Aurillac). — *Beaureilles*, 1676 (liève de la chapell. des Blats). — *Vareilles*, 1737 (arch. dép. s. G, l. 17). — *Vaureilles, autrement appellé lou Mas-Fuzol; Mas de soutera de Vaureilles*, 1756 (arch. mun. de Naucelles). — *Vaureilles* (Cassini).

VAUREIX (LA), vill., c^{ne} de Champs. — *La Vaures*, 1614; — *La Vaurets*, 1622; — *Lavoures*, 1658 (état civ.). — *Lavaureix* (Cassini).

VAURETTE (LA), f^{me}, c^{ne} d'Ayrens. — *La Vaurete*, 1550 (terr. de l'Hôpital). — *La Vaurette*, 1583 (arch. dép. s. G). — *La Bourette*, 1630 (état civ. d'Aurillac). — *La Baurette*, 1692; — *Lavarès*, 1713 (id. d'Ayrens). — *Lavoret* (Cassini).

VAURÈZE (LA), ruiss., affl. du ruisseau de Valette, c^{nes} de Molèdes et d'Auriac; cours de 3,000 m. — Ce ruisseau porte aussi le nom de *Ruisseau de Sagne-Vieille*.

VAURS, ham. et manoir, c^{ne} d'Arpajon. — *Vaurs*, 1232 (arch. mun. d'Aurillac, s. BB, c. 2). — *Baurs*, 1628 (état civ.). — *Vaurx*, 1671 (état civ. d'Aurillac).

VAURS (LAS), dom. ruiné, c^{ne} d'Aurillac. — *Boriaige appellé de las Vaurs-D'Orillac*, XVe s^e (pièces de l'abbé Delmas).

VAURS, vill., c^{ne} de la Besserette, 1540 (terr. de Coffinhal). — *Vaurez*, 1613 (état civ. de Montsalvy).

VAURS (LAS), dom. ruiné, c^{ne} de Naucelles. — *Mansus de las Vaurs*, 1478 (arch. dép. s. E).

VAURS, vill., c^{ne} de Saint-Mamet-la-Salvetat. — *Vaurs*, 1546 (min. Destaing, n^{re}). — *Baurs*, 1646; — *Baures*, 1658 (état civ. de Cayrols).

VAURS, ruiss., affl. de la Rance, c^{nes} de Saint-Mamet-la-Salvetat et de Vitrac; cours de 8,300 m. — Ce ruisseau porte aussi les noms de *Bouygue*, *Peyronnet*, *Reitre* et *Seriès*.

VAURS, vill. et mⁱⁿ ruiné, c^{ne} de Thiézac. — *Baurs*, 1618 (état civ.). — *Vaurs*, 1668 (nommée au p^{ce} de Monaco).

VAURS, ruiss., affl. de la Cère, c^{ne} de Thiézac; cours de 2,000 m. — Ce ruisseau porte aussi le nom de *le Bos*. — *Ruisseau de Bosse*, 1671 (nommée au p^{ce} de Monaco). — *Ruisseau de Vaurs*, 1746 (anc. cad.).

VAURSES (LES), dom. ruiné, c^{ne} de Siran. — *Mansus de Borses*, 1394 (arch. mun. d'Aurillac, s. HH, c. 21).

VAURY (LE), dom. ruiné, c^{ne} de Saint-Hippolyte.

VAUTRE (LA), lieu détruit, c^{ne} de Saint-Amandin. — (Cassini.)

VAUX, vill., c^{ne} de Coltines. — *Vaulx*, 1644 (terr. de la command. de Celles). — *Vaux*, 1652 (id. du prieuré de Coltines). — *Vauls* (État-major). — *Veaux*, 1856 (Dict. stat. du Cantal).

VAUX, ruiss., affl. du ruisseau du Sailhans, c^{ne} de Coltines; cours de 1,900 m.

VAUX, vill. détruit, c^{ne} de Mentières.

VAUX (LA), ham., c^{ne} de Saint-Saturnin.

VAUZE (LA), ruiss., affl. du Lot, coule aux finages des c^{nes} de la Besserette, Junhac, Sénezergues et Cassaniouze; cours de 16,900 m. — Ce ruisseau porte aussi le nom de *Maurs*.

VAUZELLE (LA), écart, c^{ne} de Saint-Étienne-de-Riom.

VAUZELLE-ESPINASSE (LA), dom. ruiné, c^{ne} de Champs. — *Le villaige de la Vauzelle-Espinasse*, 1660 (état civ.).

VAUZELLES, vill., c^{ne} de Champs. — *Vauzelle*, 1622; — *Vauzèle*, 1624 (état civ.). — *Vozeille* (Cassini).

VAUZELLE-SAUSSET (LA), dom. ruiné, c^{ne} de Champs. — *Le villaige de la Vauzelle-Sausset*, 1660 (état civ.).

VAUZERGUES, écart et mont. à vacherie, c^{ne} de Lugarde. — *Valsergiæ*, 1443 (arch. mun. d'Aurillac, s. HH, c. 21).

VAYAL (LE), ham., c^{ne} de Menet. — *Lou Voalz*, 1625; — *Lou Valch*, 1628; — *Lou Valiat*, 1629 (état civ.). — *Lou Vaye*, 1675 (id. de Trizac). — *Le Vayal* (État-major).

VAYSSE (LA), dom. ruiné, c^{ne} de Freix-Anglards. — *Boyga Vesis*, 1316 (arch. mun. d'Aurillac, s. HH, c. 21). — *Campus mansus vocatus de la Vayssa*, 1378 (fond. de la chapell. des Blats).

VAYSSE (LA), quart. du vill. de Roques, c^{ne} de Gioude-Mamou. — *La moitié de la Roque s'appelloit de la Vaysse*, 1692 (terr. du monast. de Saint-Geraud).

VAYSSE (LA), vill., c^{ne} de Glénat. — *La Vaisa*, 1269 (reconn. au seign. de Montal). — *La Vaycha*, 1322; — *La Vayssa*, 1460 (homm. aux seign. de Montal). — *La Baysa*, 1616; — *La Baysse; la Baisse*, 1617; — *La Vaise*, 1632 (état civ.). — *La Vaysse*, 1628 (min. Sarrauste, n^{re}). — *Labaisse*, 1669 (nommée au p^{ce} de Monaco). — *La Vaisse* (Cassini).

VAYSSE (LA), dom. ruiné, c^{ne} de Jabrun. — *Affar de la Vaysse*, 1662; — *Le ténement de la Vaisse*, 1686; — *Ténement de la Veysse*, 1730 (terr. de la Garde-Roussillon).

Vaysse (La), vill., c^ne de Labrousse. — *La Vayssa*, 1521 (min. Vigery, n^re). — *Las Baisses*, 1671 (nommée au p^té de Monaco).

Vaysse (La), dom. ruiné, c^ne de Laveissière. — *Mansus de la Vayssia*, 1403 (arch. dép. s. E). — *Lo mas de la Vayssa*, 1490 (terr. de Chambeuil).

Vaysse (La), ham., c^ne de Leynhac.

Vaysse (La), ham., c^ne de Saint-Saturnin.

Vaysse (La), écart, c^ne de Sénezergues.

Vaysse (La), m^in détruit, c^ne de Virargues. — *Al mole de Baysse*, 1446 (terr. de Farges).

Vaysse-Basse (La), dom. ruiné, c^ne de Glénat. — *Mansus de la Vaisa soteisa*, 1269 (reconn. au seign. de Montal). — *Mansus da la Vayssa Soteyrana*, 1357 (archives mun. d'Aurillac, s. HH, c. 21).

Vaysse-Redonde, vill. et m^in, c^ne de Saint-Étienne-de-Riom. — *Vaysseredonde*, 1717 (arch. dép. s. G). — *Vaysse-Redonde*, 1753 (id. s. C, l. 46). — *Vaysserredonde*, 1780 (lièvre de la baronnie de Saint-Angeau). — *Veisseredonde* (Cassini). — *Vaisseredonde* (État-major). — *Vaisse-Redonde*, 1855 (Dict. stat. du Cantal).

Vaysses (Les), dom. ruiné, c^ne d'Aurillac. — *La granche de las Vaysses*, 1517 (arch. mun. s. H, r. 8, f° 50).

Vaysses (Las), dom. ruiné, c^ne de Chalvignac. — *Mansus de las Vayssas*, 1284 (homm. à l'évêque de Clermont).

Vaysses (Les), vill., c^ne de Mauriac. — *Las Vayssas*, 1345 (reconn. au doyen de Mauriac). — *La Vaissa*, 1505 (comptes au doyen de Mauriac). — *La Vayssin*, 1655 (état civ.). — *Lasvaisses*, 1743; — *La Vaisse*, 1784 (id. de Saint-Bonnet-de-Salers).

Vaysses (Les), ham., c^ne de Saint-Saturnin. — *Les Vaisses*, 1857 (Dict. stat. du Cantal).

Vaysses (Las), chât. détruit, c^ne de Sourniac. — *Reparium de las Vaissas*, 1475; — *Lasvaisses*, 1680 (terr. de Mauriac).

Vayssière (La), vill., c^ne de Pleaux. — *Vaissière* (Cassini). — *Vaissières*, 1856 (Dict. statist. du Cantal).

Vazeille, dom. ruiné, c^ne de Dienne. — *Granche et estables de las Vazelles*, 1618 (terr. de Dienne). — *La Vazelle*, 1620 (min. Danty, n^re).

Vazeille, vill., c^ne de Peyrusse. — *Mansi de Vazelhas*, 1232 (homm. à l'évêque de Clermont). — *Vazeilhas*, 1451 (arch. dép. s. H). — *Vazelhes*, 1561 (lièvre de Feniers). — *Vazeilles*, 1704 (état civ. de Saint-Victor-sur-Massiac). — *Vazeille* (Cassini).

Vazeille (La), ruiss., prend sa source à la Baraque, c^ne de Peyrusse, et prend ensuite le nom de *Rivière*

de Condat, à 8,000 m. de sa source. — *Rif appelé de Vazelhes*, 1568 (arch. dép. s. H).

Vazeils, dom. ruiné, c^ne de Lascelle. — *Affar de Vazels*, 1594 (terr. de Fracor).

Vazel, m^in, c^ne de Paulhac.

Vazenat, écart, c^ne de Massiac. — *Vazerac* (Cassini).

Veaux (Le), vill. et mont. à vacherie, c^ne de Charmensac. — *Vaurs*, 1561 (lièvre de Feniers). — *Vaux*, 1784 (Chabrol, t. IV). — *Veaux* (Cassini).

Vebret, c^on de Saignes. — *Vicaria Vebritensis*, 922 (cartul. de Brioude). — *Bebietum; Vebietum; Bobretum; Vebretum*, 1441 (terr. de Saignes).

Vebret, chef-lieu d'une viguerie carolingienne, était, avant 1789, de la Haute-Auvergne, du dioc. de Clermont, de l'élect. et de la subdélég. de Mauriac. Régi par le droit cout., il dépend. de la justice de la Daille et ressort. à la sénéch. d'Auvergne, en appel du bailliage de Salers. — Son église, jadis dédiée à saint Victor, et auj. sous les voc. de saint Maurice et de saint Louis, était un prieuré dépend. de celui de Bort et uni à celui de Vignonnet, l'un et l'autre relev. de l'abb. de la Chaise-Dieu, et étaient à la nomination de l'abbé. Elle a été érigée en succursale par décret du 28 août 1808.

Vecques (Les), dom. ruiné, c^ne de Pers. — *Villaige de las Vecques*, 1669 (nommée au p^té de Monaco).

Veddes-Soubro et Soutro, villages et chât. détruit, c^ne d'Auzers. — *Boria vocata da Vede*, 1479 (nommée au seign. de Charlus). — *Vaide*, 1675; — *Vadde*, 1676 (anc. min. Chalvignac, n^re à Trizac). — *Veide* (Cassini).

Védèche, vill., c^ne de Saint-Remy-de-Salers. — *Bedeche*, 1651; — *La Bedeches*, 1652 (état civ. de Saint-Christophe). — *Videsches*, 1655 (insin. du baill. de Salers). — *Vedeches*, 1672 (état civ. de Saint-Martin-de-Valois). — *Bedesches*, 1684 (min. Gros, n^re). — *Vedesches*, 1694 (état civ. de Saint-Martin-Valmeroux. — *Veideche* (Cassini). — *Vedesche*, 1857 (Dict. stat. du Cantal).

Védelat, buron, c^ne d'Aurillac.

Védelat, buron, c^ne de Naucelles.

Védelat, buron, c^ne de Pierrefort.

Vedelle (La), mont. à vacherie, c^ne de Marchastel.

Védernat, vill., m^in et oratoire, c^ne de Roffiac. — *Vedrenacum*, 1436; — *Bedrenat*, 1508 (liber vitulus). — *Bedrenac*, 1510 (terr. de Maurs). — *Vedrenac*, 1537 (id. de Villedieu). — *Veduenat*, 1598 (min. Andrieu, n^re). — *Vedrenat*, 1564 (terr. du Sailhans). — *Vedernat*, 1673 (arch. dép. s. E).

La chapelle de Védernat, dédiée à sainte Radegonde était une chapellenie à la nomination du chapitre collég. de Saint-Flour.

Védernat, ruiss., affl. de la rivière d'Ande, c^{nes} de Rolliac et d'Andelat; cours de 3,900 m.

Védrine (La), dom. ruiné, c^{ne} de Chastel-Marlhac. — *La Bedrina*, 1441 (terr. de Saignes).

Védrine (La), ham., c^{ne} de Coren. — *La Vedrina*, 1508 (terr. de Montchamp). — *Lavidrine*, 1585 (arch. dép. s. G). — *Lavedrine*, 1652 (terr. du prieuré de Coltines). — *La Védrine*, 1666; — *Védrines*, 1730; — *Lavedrines*, 1762 (terr. de Montchamp).

Védrines, vill., c^{ne} d'Alleuze. — *Vederna; Vedrinum*, 1223 (homm. à l'évêque de Clermont). — *Vidrinas*, 1470 (arch. dép. s. G). — *Vedrines; Vidrines*, 1494 (terr. de Mallet).

Védrines, vill., c^{ne} de Bonnac. — *Vidrines; Vidrynes*, 1558 (terr. de Tempel). — *Védrines*, 1610 (id. d'Avenaux).

Védrines, vill. détruit, c^{ne} de Chaliers. — *Vilaige de Vedrinas; Bédrinas*, 1508; — *Védrine*, 1664 (terr. de Montchamp).

Védrines, vill., c^{ne} de Chaudesaigues. — *Vedrinas*, 1508; — *Vidrines*, 1662 (terr. de la Garde-Roussillon). — *Védrine*, 1784 (Chabrol, t. IV). — *Védrines* (Cassini).

Védrines, ham., c^{ne} de Condat-en-Feniers. — *Mansi de Vedrines*, 1278; — *Vedrinas*, 1310 (Hist. de l'abb. de Feniers). — *Vidines; Vidrines*, XVIIe s^e (terr. de Feniers).

Védrines, écart, c^{ne} de Saint-Martin-Valmeroux. — *Villa Vedrinas*, XIIe s^e (charte dite *de Clovis*). — *Vedrines*, 1695 (état civ.).

Védrines-le-Vieux, vill. détruit, c^{ne} de Bonnac. — *Vidrines-lou-Vielx*, 1558 (terr. de Tempel).

Védrines-Saint-Loup, c^{ne} de Ruines. — *Vedrinœ*, 1224 (mon. pontif. arv.). — *Vedrinas*, XIVe s^e (Pouillé de Saint-Flour). — *Sainct-Loup de Vedrines*, 1670 (insin. du baill. de Saint-Flour). — *Verdryne*, 1730 (terr. de Montchamp). — *Vedrine-Saint-Loup*, 1751 (arch. dép. s. G, l. 48). — *Védrine*, 1777 (*id.* s. E).

Védrines-Saint-Loup était, avant 1789, de la Haute-Auvergne, du dioc., de l'élect. et de la subdélég. de Saint-Flour. Régi par le droit cout., il dépend. en partie de la justice seign. de Lastic et Montsuc, et ressort. à la sénéch. d'Auvergne en appel de la prév. de Saint-Flour; partie de la justice seign. de Clavières, et ressort. également à la sénéch. d'Auvergne, en appel du bailliage de Ruines. — Son église, dédiée à saint Loup, était un prieuré à la nomination du prieur de la Voûte. Elle a été érigée en succursale par décret du 28 août 1808.

Védrinette, vill., c^{ne} de Védrines-Saint-Loup. — *Védrinette*, 1777 (arch. dép. s. E). — *Védrinettes*, 1857 (Dict. stat. du Cantal).

Végie (La), lieu détruit, c^{ne} de Leynhac. — (Cassini.)

Véiades (Les), écart, c^{ne} de Beaulieu. — *Les Virades* (État-major).

Veillan, dom. ruiné, c^{ne} de Marcolès. — *Affarium vocatum de Buelhan*, 1301 (pièces de l'abbé Delmas).

Veillan, vill., c^{ne} de Saint-Illide. — *Velhan*, 1586; *Veilhan*, 1597 (min. Lascombes, n^{re}). — *Veillan*, 1646 (état civ. de Pleaux).

Veillaresse, ham., c^{ne} de Fontanges. — *Vielaresse*, 1236 (état civ.). — *Viellerest* (État-major). — *Vieillaresse*, 1855 (Dict. stat. du Cantal).

Veillat, vill., c^{ne} de Lanobre. — *Villats*, 1670; — *Villas*, 1671 (état civ. de Saignes). — *Veille*, 1789; — *Veillat*, 1790 (min. Marambal, n^{re}). — *Veillas* (État-major). — *Veilhas*, 1856 (Dict. stat. du Cantal).

Veillères, vill., c^{ne} de Drugeac. — *Bilière*, 1653 (état civ. d'Ally). — *Bilières*, 1690 (id. de Drugeac). — *Billières*, 1695 (id. de Saint-Martin-de-Valmeroux). — *Villières*, 1696; — *Veilhères*, 1734 (id. de Drugeac). — *Vilière*, 1742 (id. de Saint-Bonnet-de-Salers). — *Vriallière*, 1745 (id. de Chaussenac). — *Billères*, 1784 (Chabrol, t. IV). — *Veillières* (Cassini).

Veinazès, dom. ruiné, c^{ne} de Sansac-Veinazès. — *Affar jadis village de Beynazès*, 1668 (nommée au p^{ce} de Monaco).

Veinazès (Le), contrée située dans le c^{on} de Montsalvy, et compr. les c^{nes} de la Besserette, Junhac et Sansac-Veinazès. — *In Bayhadozio*, 1324 (arch. dép. s. E). — *Le Baynasés*, 1545; — *Le Veyenazès*, 1548 (min. Destaing, n^{re}). — *Benezeys*, 1628 (paraphr. sur les cout. d'Auvergne). — *Le Beynazès*, 1669 (nommée au p^{ce} de Monaco). — *Le Veynasesz*, 1682 (état civ. de Montsalvy). — *Veynazès*, 1688 (pièces du cab. de Bonnefons). — *Beynasez*, 1702 (état civ. de Montsalvy). — *Baynazès*, 1720 (id. de la Capelle-en-Vézie). — *Benazès; Beneseix; Renazeix; Venassès*, 1784 (Chabrol, t. IV).

Veire, dom. ruiné, c^{ne} de Raulhac. — *Villaige de Veire*, 1595 (terr. de la command. de Carlat).

Veis, m^{in} détruit, c^{ne} de Pleaux. — *Lo mole de Beis*, 1464 (terr. de Saint-Christophe).

Veissade (La), écart, cne de Veyrières. — *La Vaissade* (État-major).

Veisserette (La), écart et mont. à burons, cne de Montboudif. — *Montaigne de las Vergnes, autrement la Vaisserète*, xviie se (terr. de Feniers). — *Veisseirit* (états de sections).

Veisset, vill., cne de Condat-en-Feniers. — *Le Vaisset*, 1654; — *Veisset*, xviie se (terr. de l'abb. de Feniers). — *Veysset*, 1658 (lièvre du quart. de Marvaud). — *Teisset*, 1682 (état civ.).

Veisseyre (La), vill. et min, cne de Marcenat. — *La Vaysyere; la Veysieyre*, 1668 (état civ.). — *La Veysseyre*, 1744; — *La Veissière*, 1776 (arch. dép. s. G). — *Visseyre* (Cassini).

Veisseyres (Les), mont. à vacherie, cne de Chastel-sur-Murat. — *Lou suc de la Besseira*, 1518 (terr. de la coll. de N.-D. de Murat). — *La Besseyre*, 1580 (lièvre conf. de la vté de Murat). — *La Beysseyre*, xvie se (terr. du prieuré du chât. de Murat).

Veissier (Le), dom. ruiné, cne d'Apchon. — *Affar del Veyssier*, 1719 (table du terr. d'Apchon).

Veissière (La), dom. ruiné et mont. à burons, cne d'Anglards-de-Salers. — *Mansus de Veisciras*, 1269 (homm. à l'évêque de Clermont). — *Montaigne de Teyssières*, 1656 (état civ. de Bragenc).

Veissière (La), écart, cne de la Capelle-Viescamp.

Veissière (La), vill., cne de Cassaniouze. — *La Vessieire*, 1653; — *La Vissière*, 1656; — *La Bissière*, 1660; — *La Vessière*, 1666; — *La Bessière*, 1667 (état civ.). — *La Veissière*, 1740; — *Lavissière*, 1741 (anc. cad.). — *Laveissière*, 1785 (arch. dép. s. G, l. 49).

Veissière (La), ham., cne de Glénat.

Veissière (La), ruiss., affl. de la Jordanne, cnes de Lascelle et de Saint-Cirgues-de-Jordanne; cours de 1,000 m.

Veissière (La), ham., cne de Leucamp. — *Vayssieyra*, 1549 (min. Guy de Vayssieyra, nre). — *Genolhac ou Labeyssière*, 1661; — *La Veyssieyre*, 1678; — *La Veyssière*, 1687; — *la Vessière*, 1692 (état civ.). — *La Vaissière*, 1670 (nommée au pce de Monaco).

Veissière (La), écart, cne de Leynhac. — *La Bessieyra*, 1550 (min. Guy de Vayssieyra, nre). — *La Beissière*, 1747 (état civ. de Maurs).

Veissière (La), vill., cne de Marchal. — *La Veyssière*, 1856 (Dict. stat. du Cantal).

Veissière (La), ham., cne de Nieudan. — *La Bessière*, 1787 (arch. dép. s. C, l. 51).

Veissière (La), ham., cne de Raulhac. — *La Vayssière*, 1644 (min. Froquières, nre). — *La Vaissière*, 1668 (nommée au pce de Monaco). — *La Veyssière*, 1690 (état civ. de Jou-sous-Montjou). — *Lavisseyre*, 1696 (id. de Raulhac). — *La Veissière* (Cassini).

Veissière (La), ham. et fme, cne de Reilhac. — *La Vayssieyra*, 1464 (terr. de Saint-Christophe). — *La Vaissieyra*, 1521 (min. Vigery, nre). — *La Vaissieyre*, 1619; — *La Vaisseire*, 1626; — *La Baissière*, 1627 (état civ.). — *Lavayssière*, 1647 (id. d'Aurillac). — *La Veyssière*, 1665 (id. de Jussac). — *Laveissière*, 1727 (arch. dép. s. G, l. 13). — *La Veissière*, 1773 (terr. de la châtell. de la Brousselle). — *La Vaissière*, 1857 (Dict. stat. du Cantal).

Veissière (La), ham., cne de Roannes-Saint-Mary. — *Las Vessières* (Cassini). — *Laveissière*, 1857 (Dict. stat. du Cantal).

Veissière (La), dom. ruiné, cne de Roumégoux. — *Affarium del Vayssairos*, 1357 (arch. mun. d'Aurillac, s. HH, c. 21).

Veissière (La), vill., cne de Saint-Cirgues-de-Malbert. — *Laveyssière; la Veissière*, 1655 (insin. du baill. de Salers). — *Labessière*, 1679 (arch. dép. s. G, l. 16). — *La Veyssière*, 1682 (état civ. de Saint-Projet). — *Lasbessière*, 1703 (arch. dép. s. C, l. 16).

Veissière (La), écart, cne de Saint-Constant. — *La Veyssière*, 1749 (état civ. de Saint-Constant).

Veissière (La), vill., cne de Saint-Illide. — *La Bessieyra*, 1464 (terr. de Saint-Christophe). — *La Bessière*, 1597 (min. Lascombes, nre). — *La Vaissuet*, 1633 (état civ. de Reilhac). — *La Baissière*, 1671 (id. d'Ayrens). — *La Vishère*, 1709 (id. d'Espinadel).

Veissière (La), vill., cne de Saint-Julien-de-Jordanne. — *Las Bessières; affar de la Bessière; la Bayssière; la Bessicyra; la Veissière*, 1573 (terr. de la chapell. des Blats). — *Labessière*, 1622 (insin. de la cour royale de Murat). — *Lavaissière*, 1624 (état civ. d'Aurillac). — *La Vaysseyre*, 1636 (id. de Vic.). — *Laveissière*, 1679 (arch. dép. s. C, l. 1). — *La Vayssieyre; las Vayssieyres; la Vezeyrie; la Vayssière*, 1692 (terr. de Saint-Geraud). — *Lovissière*, 1700 (arch. dép. s. C, l. 1). — *La Vessière* (Cassini).

Veissière (La), ruiss., affl. de la Jordanne, cne de Saint-Julien-de-Jordanne; cours de 1,500 m. — *Ruisseau de la Vigheyria; de las Vayssieyres*, 1692 (terr. de Saint-Geraud).

Veissière (La), vill., cne de Saint-Mamet-la-Salvetat. — *La Bessicyre; la Bessière*, 1623 (état civ. de Saint-Mamet). — *La Baissière*, 1658 (id. de Parlan). — *La Beysière*, 1663 (id. de Saint-Mamet). — *La-*

leissière; Laveissière, 1697 (arch. dép. s. G, l. 4). — *La Vayssière,* 1739 (anc. cad.).

VEISSIÈRE (LA), vill., c^{ne} de Saint-Poncy. — *La Vaysseyra,* 1526 (terr. de Vieillespesse). — *La Besseyre,* 1558 (*id.* du prieuré de Rochefort). — *La Vaisseyra,* 1571 (terr. de Vieillespesse). — *La Veysseyre,* 1610 (*id.* d'Avenaux). — *La Beseyre,* 1646 (lièvc des Ternes). — *La Vaisseyre,* XVIIe s^e (terr. du chap. de N.-D. de Saint-Flour). — *La Veissaire,* 1724 (état civ. de Saint-Victor-sur-Massiac). — *La Veyceyre* (Cassini). — *La Veisseyre* (État-major). — *La Vayssière,* 1857 (Dict. stat. du Cantal).

VEISSIÈRE (LA), ham., c^{ne} de la Ségalassière.

VEISSIÈRE (LA), dom. ruiné, c^{ne} de Tournemire. — *Affarium de La Veyssiera,* 1378 (fond. de la chapell. des Blats).

VEISSIÈRE (LA), dom. ruiné, c^{ne} de Tourniac. — *La Veissière,* 1778 (inv. des arch. de la mais. d'Humières).

VEISSIÈRE (LA), écart, c^{ne} du Trioulou. — *La Vissière,* 1745; — *Lavessière,* 1746; — *La Vessière,* 1747 (état civ.).

VEISSIÈRE (LA), vill., c^{ne} de Trizac. — *La Besseyre,* 1607 (terr. de Trizac). — *La Vaissière,* 1650; — *La Vaiseire,* 1661; — *La Veyseire,* 1668; — *La Vaysseyre,* 1673 (état civ.). — *La Veissière,* 1744; — *Lavaissière,* 1750; — *La Veyssière,* 1782 (arch. dép. s. G).

VEISSIÈRE-BASSE (LA), écart, c^{ne} de Lascelle. — *La Vessieyre-Basse,* 1612 (état civ. de Thiézac).

VEISSIÈRE-BASSE (LA), ham., c^{ne} de Saint-Mamet-la-Salvetat.

VEISSIÈRE-BASSE (LA), m^{in}, c^{ne} de Saint-Mamet-la-Salvetat. — *Moulin de Labeissière,* 1739 (anc. cad.).

VEISSIÈRE-HAUTE (LA), écart, c^{ne} de Lascelle. — *Las Vesceyras,* 1634; — *La Vessieyre,* 1642 (état civ. de Thiézac).

VEISSIÈRE-HAUTE (LA), f^{me}, c^{ne} de Saint-Mamet-la-Salvetat. — *La Bessieyre; las Bissieyres; la Bessière,* 1574 (livre des achaps d'Ant. de Naucaze).

VEISSIÈRES (LAS), dom. ruiné, c^{ne} de Carlat. — *Villaige de las Vaissières,* 1668 (nommée au p^{ce} de Monaco).

VEISSIÈRES (LAS), vill., c^{ne} de Labrousse. — *Las Bessieyras,* 1522 (min. Vigery, n^{re}). — *Las Bessieyres,* 1668; — *Las Vessières,* 1669; — *Las Veissières,* 1671 (nommée au p^{ce} de Monaco).

VEISSIÈRES (LES), ruiss., affl. du ruisseau de Maurou, c^{ne} de Labrousse; cours de 700 m. — *Ruisseau Doubenc,* 1668 (nommée au p^{ce} de Monaco).

VEISSIÈRES (LAS), écart, c^{ne} de Saint-Julien-de-Jordanne.

VEISSIÈRES (LAS), écart, c^{ne} de Saint-Mamet-la-Salvetat.

VÉJALLET, vill., c^{ne} de Marchastel. — *Vayalet,* 1744 (lièvc de Soubrevèze). — *Vézolet,* 1784 (Chabrol, t. IV).

VELLUT (LE), m^{in}, c^{ne} de Saint-Bonnet-de-Salers.

VÉLONNIÈRE, vill. et m^{in}, c^{ne} de Peyrusse. — *Veloneyras; Beloneyras,* 1451 (terr. de Chavagnac). — *Veloneyr,* 1451 (arch. dép. s. H). — *Velloneyres,* 1471 (terr. du Feydit). — *Veroneyres,* 1521 (lièvc du Feydit). — *Vezonneyres,* 1561 (lièvc de Feniers). — *Veyronneyres,* 1568 (arch. dép. s. H). — *Vellonneyres,* XVIe s^e (confins de la terre du Feydit). — *Avelloneyres,* 1667 (lièvc de Dienne). — *Relouneyre,* 1680 (état civ. de Chastel-sur-Murat). — *Velouneyre* (Cassini). — *Velounaire,* 1857 (Dict. stat. du Cantal).

VELZIC, c^{on} nord d'Aurillac. — *Mansus da Velzic,* 1394 (pièces de l'abbé Delmas). — *Velsic,* 1449 (pap. de la fam. de Montal). — *Velga,* 1609 (état civ. de Thiézac). — *Vessic,* 1623 (*id.* d'Arpajon). — *Vixic,* 1678 (*id.* de Polminhac). — *Belzic,* 1712 (arch. dép. s. G, l. 8).

Velzic était, avant 1789, régi par le droit écrit et ressort. au bailliage d'Aurillac, en appel de sa prév. part. Jusqu'en 1748, ce lieu a dépendu de la justice du chapitre de Saint-Geraud, et depuis, de la justice royale. — Son église, dédiée à la Nativité de la Vierge, a été construite vers 1624 par les seigneurs de Fontanges.

Par décret du Président de la République du 18 octobre 1848, l'église de Velzic a été distraite du territoire de la succursale de Lascelle et érigée en succursale.

La section de Velzic a été érigée en commune distincte par la loi du 29 juillet 1874.

VELZIC, ruiss., affl. du Lot, c^{nes} de Cassaniouze et de Grand-Vabré (Aveyron); cours dans le Cantal de 2,000 m.

VELZIC, ruiss., affl. de la Jordanne, c^{ne} de Velzic; cours de 3,600 m. — Ce ruisseau porte aussi le nom de *Lacombe.*

VEMBEIL, dom. ruiné, c^{ne} d'Ydes. — *Le villaige de Vembeil,* 1660 (état civ.).

VENAL (LE), écart, c^{ne} de Montmurat. — *Lavinhal-Feydel,* 1682; — *La Vinal,* 1728 (arch. dép. s. G, l. 3).

VENDAGE, seigneurie inconnue, c^{ne} de Védrines-Saint-Loup. — *La justice de Vendage,* 1784 (Chabrol, t. IV).

Cette justice était régie par le droit cout. et ressort. à la sénéch. d'Auvergne, en appel du bailliage de Saint-Urcize.

VENDE (LE CLAU DE), mont. à vacherie, c^{ne} de Trizac. — *Vacherie Vaude* (Cassini).

VENDES, vill. et chapelle de secours, c^{ne} de Bassignac. — *Venda ; Vendo*, 1473 (terr. de Mauriac). — *Vende*, 1550 (*id.* de Miremont). — *Vendes* (Cassini).

Au xe siècle, un prieuré fut fondé à Vendes par Artaud de Charlus, et donné au monastère de Mauriac; au xive siècle il fut uni au prieuré de Bassignac.

VENDES, dom. ruiné, c^{ne} de Sourniac. — *La Vandes de Sourniac*, 1686 (état civ. d'Arches).

VENDESCUES, dom. ruiné, c^{ne} de Rezentières. — *Mansus de Vandeschas*, 1441 (terr. de Chavagnac).

VENDÈZE, vill., c^{ne} de Saint-Flour. — *Locus de Vedeza*, 1426 (liber vitulus).

VENDÈZES et VENDÈZES-HAUTES, vill., c^{ne} de Rezentières. — *Vendèze*, 1610 (terr. d'Avenaux). — *Vendèse*, (Cassini).

VENDOGNE, vill. et mont. à vacherie, c^{ne} de Laroquevieille. — *Vendogre*, 1531 (min. Vigery, n^{re}). — *Bendogre*, 1669 (état civ. de Marmanhac). — *Vendogres*, 1733 (arch. mun. d'Aurillac, s. II, r. 15). — *Vendorgne* (Cassini).

VÉNÈCHES, vill. détruit, c^{ne} de Saint-Mamet-la-Salvetat. — *Villaige de Vénèches*, 1668 (nommée au p^{cé} de Monaco).

VÉNERIE (LA), dom. ruiné, c^{ne} de Saint-Mamet-la-Salvetat. — *Affar de la Veneyrie*, 1668 (nommée au p^{cé} de Monaco).

VENTACOU, vill., c^{ne} de Ségur. — *Ventacolz; Ventacoulx*, 1543 (arch. dép. s. G). — *Ventacol*, 1629 (terr. du prieuré de Ségur). — *Venterols*, 1784 (Chabrol, t. IV). — *Vintacon*, 1857 (Dict. stat. du Cantal).

VENTAILLAC, ruiss., affl. de la Rhue, c^{nes} de Cheylade et d'Apchon; cours de 8,800 m. — *Rivus de Ventalhaco*, 1366 (arch. dép. s. H). — *Rivus de Ventaillaco*, 1366 (la mais. de Graule).

VENTAILLAC, mont. à burons, c^{nes} de Cheylade et de Lagarde. — *Hospicium de Ventalhac, Ventaillacum*, 1366 (la mais. de Graule). — *Montaigne de Ventalhac*, 1514; — *Ventailhac*, 1639 (terr. de Cheylade). — *Ventalhiac*, 1539; — *Nantaillac*, 1779 (arch. dép. s. E).

Une partie des bâtiments de l'obédience de Graule était située sur cette montagne.

VENTAILLAC, dom. ruiné, c^{ne} de Jaleyrac. — *Affarium de Ventalhac*, 1473 (terr. de Mauriac).

VENTAJOU, ham., c^{ne} de Saint-Urcize. — *Ventagho; Ventaghol*, 1508; — *Ventayoul*, 1686; — *Ventajou*, 1730 (terr. de la Garde-Roussillon). — *Ventajoux*, 1857 (Dict. stat. du Cantal).

VENTALHAC, dom. ruiné, c^{ne} de Sourniac. — *Mansus de Ventalhac*, 1323 (arch. généal. de Sartiges). — *Ventalhacum*, 1429 (arch. mun. de Mauriac). — *Mansus de Ventalhiac*, 1505 (comptes au doyen de Mauriac).

Ventalhac était, avant 1789, le siège d'une justice haute, moyenne et basse, et ressort. au bailliage d'Aurillac en appel de la prév. de Mauriac.

VENTALON, vill. et mⁱⁿ, c^{ne} d'Auzers. — *Ventolo*, 1296 (arch. dép. s. E). — *Ventholon*, 1474 (nommée au seign. de Charlus). — *Vantolo*, 1520 (terr. d'Apchon). — *Ventoulou*, 1607; — *Ventellon*, 1611 (terr. de Trizac). — *Vantalour*, 1671 (état civ. de Menet). — *Ventalou*, 1785 (arch. dép. s. G, l. 41). — *Ventelon* (État-major).

VENTALOU (LE), écart, c^{ne} de Leynhac.

VENTALOU (LE), ham., c^{ne} de Rouziers. — *Ventello*, 1590 (livre des achaps d'Ant. de Naucaze). — *Ventallou*, 1668; — *Ventoulou; Bentoulou*, 1670 (nommée au p^{cé} de Monaco).

VENTALOU, écart, c^{ne} de Saint-Étienne-de-Maurs.

VENTANE (LA), dom. ruiné, c^{ne} d'Arches. — *Affarium de la Bentana*, 1475; — *Domaine de la Ventana*, 1680 (terr. de Mauriac).

VENTAREL (LE), écart, c^{ne} d'Aurillac.

VENTAX, vill., c^{ne} d'Arnac. — *Ventach*, 1670; — *Ventalh*, 1671; — *Ventach-les-Arnat*, 1701 (état civ.).

VENTAX, dom. ruiné, c^{ne} de Loupiac. — *Ventax*, 1632 (état civ.).

VENTE (LA), f^{me}, c^{ne} de Carlat.

VENTE (LA), vill., c^{ne} de Labrousse.

VENTE (LA), écart, c^{ne} de Ladinhac.

VENTE (LA), vill., c^{ne} de Leynhac. — *La Vente*, 1753 (état civ. de Maurs).

VENTE (LA), écart, c^{ne} de Prunet.

VENTE (LA), vill., c^{ne} de Quézac. — *La Vente*, 1758 (état civ.).

VENTECU (LE), écart, c^{ne} de Raulhac.

VENTE-HAUTE (LA), écart, c^{ne} de Leynhac.

VENTELOU (LE), vill., c^{ne} de Marcenat. — *La Ventolou*, 1668 (état civ.). — *La Ventelou*, 1744; — *La Vantaleou; la Ventalon*, 1776 (arch. dép. s. G). — *Laventolon* (Cassini).

VENTEUGE, ham., c^{ne} de Chastel-Marlhac.

VENTOLON, dom. ruiné, c^{ne} de Crandelles. — *Capmansus vocatus de Ventolo*, 1354 (arch. mun. d'Aurillac, s. HH, c. 21).

VENTOS, mont. à vacherie, c^ne de Chastel-sur-Murat. — *Montaigne de Bentoz*, 1518 (terr. de la coll. de N.-D. de Murat).

VENTOUX (LE), vill., c^ne de Ferrières-Saint-Mary. — *Ventos*, 1537 (terr. de Villedieu). — *Les Ventoux*, 1635 (nommée par G. de Foix). — *Ventous*, 1672 (état civ. de Bonnac). — *Le Ventoux*, 1702 (lièvre de Mardogne). — *Venton*, 1721 (état civ.).

VENTUÉJOL, écart, c^ne de Chastel-Marlhac. — *Ventuéjol* (Etat-major).

VENTUÉJOL, vill., c^ne de Chaudesaigues. — *Ventuégol*, 1494 (terr. de Mallet). — *Bentueghol*, 1510 (terr. de Maurs). — *Ventuéghol*, 1536 (*id.* de Vieillespesse). — *Ventuéjol*, 1654 (*id.* de Sailhans). — *Venteuyol*, 1673 (insin. de la cour royale de Murat). — *Venteughe*, 1784 (Chabrol, t. IV).

VENTUÉJOL, dom. ruiné, c^ne de Valuéjols. — *Lou mas de Ventuegriol; de Bantmegiol*, XVe s^e (terr. de Bredon). — *Ventuéjol*, 1554 (arch. dép. s. E). — *Venteviol*, 1664 (terr. de Bredon).

VENU (LE), usine en ruines, c^ne de Molèdes.

VENZAC, f^me et m^in, c^ne de Cros-de-Ronesque.

VENZAC, écart, c^ne de Saint-Urcize.

Venzac était, avant 1789, régi par le droit écrit et ressort. à la sénéch. d'Auvergne, en appel du bailliage de Saint-Urcize.

Venzac relevait en fief du duché de Mercœur.

VENZOU (LE), écart, c^ne de Cros-de-Ronesque.

VER (LE), dom. ruiné, c^ne de Labrousse. — *Le Veru*, 1583 (terr. de N.-D. d'Aurillac).

VER (LE), vill., c^ne de Quézac. — *Le Ver* (Cassini). — *Le Vert*, 1857 (Dict. stat. du Cantal).

VERCHALLE (LA), dom. ruiné, c^ne de Champagnac. — *Mas de Verchalla*, 1409 (arch. général. de Sartiges).

VERCHALLES-SOUBRO et SOUTRO, villages, c^ne de Vebret. — *Verchalle-grand; Verchalle-petit* (Cassini). — *Verchales-Soutro* (État-major). — *Verchalle-Soubro et Soutro*, 1857 (Dict. stat. du Cantal).

VERCHAPY, dom. ruiné, c^ne de Chastel-Marlhac. — *Affarium vocatum de Berchapy*, 1441 (terr. de Saignes).

VERCUEYRE, vill. détruit, c^ne d'Arpajon. — *Brucuère*, 1631; — *Brecueyre*, 1649 (état civ. d'Aurillac).

VERCUEYRE, vill. et chât. ruiné, c^ne de Laroquevieille. — *Vercoyra*, 1269 (arch. mun. d'Aurillac, s. FF, p. 15). — *La Vercueyra*, 1522; — *Vercuieyras*, 1531 (min. Vigery, n^re). — *Vercueyra; Vercueyras*, 1552 (terr. de Nozières). — *Berqueyres*, 1612 (état civ. de Thiézac). — *Berquières*, 1632 (*id.* de Reilhac). — *Burquière*, 1633 (*id.* de Vic). — *Vercueyre*, 1669 (*id.* de Marmanhac). — *Bercueyre*, 1740 (arch. dép. s. G, l. 10). — *Vercueyres* (Cassini).

VERDE (LA), dom. ruiné, c^ne de Bassignac. — *Locus de la Verda*, 1473 (terr. de Mauriac).

VERDELON, f^me, c^ne du Falgoux.

VERDIER (LE), dom. ruiné, c^ne d'Aurillac. — *Le villaige de Verdier*, 1681 (arch. mun. s. GG, p. 3).

VERDIER (LA), écart, c^ne de Beaulieu.

VERDIER (LE), vill., c^ne de Boisset.

VERDIER (LE), ruiss., affl. du Célé, c^ne de Fournoulès; cours de 1,000 m.

VERDIER (LE), ham., c^ne de Glénat. — *Lou Verdier*, 1616 (état civ.). — *Verdié* (Cassini).

VERDIER (LE), écart, c^ne de Junhac.

VERDIER (LE), écart, c^ne de Lieutadès. — *Vilaige del Vardier*, 1508; — *Le Verdier*, 1662 (terr. de la Garde-Roussillon).

VERDIER (LE), vill., c^ne de Massiac. — *Le Verdier*, 1558 (terr. de Tempel). — *Le Vardier*, 1558 (lièvre de Celles).

VERDIER (LE), vill., c^ne de Maurs. — *Lou Verdié*, 1665; — *Lou Verdier*, 1667 (état civ.).

VERDIER (LE), vill., c^ne de Mourjou.

VERDIER (LE), dom. ruiné, c^ne de Naucelles. — *Le bouriège appellé del Verdier, alias Veirières*, XVIIe s^e (arch. mun. d'Aurillac, s. GG, p. 20).

VERDIER (LE), vill., c^ne de Pleaux. — *Factum vocatum dal Verdier*, 1503 (terr. de Cussac). — *Lou Verdier*, 1647 (état civ.).

VERDIER (LE), vill., c^ne de Quézac. — *Le Verdier* (Cassini).

VERDIER (LE), ruiss., affl. de l'Arcambe, c^ne de Quézac; cours de 900 m.

VERDIER (LE), ham., c^ne de Riom-ès-Montagnes.

VERDIER (LE), dom. ruiné, c^ne de Roumégoux. — *L'affar del Verdier*, 1360 (arch. mun. d'Aurillac, s. HH, c. 21).

VERDIER (LE MOULIN DU), vill. et m^in, c^ne de Saint-Étienne-de-Maurs. — *Lou molin del Verdye*, 1607 (état civ.). — *Lou moulin del Verdier*, 1668 (nommée au p^ce de Monaco).

VERDIER (LE), vill., c^ne de Saint-Illide. — *Lou Verdiez*, 1597 (min. Lascombes, n^re).

VERDIER (LE), f^me, c^ne de Saint-Mamet-la-Salvetat. — *Le Bardier*, 1636; — *Le Bordier*, 1641; — *Le Verdier*, 1668 (nommée au p^ce de Monaco). — *Le Bordié*, 1681 (état civ.).

VERDIER (LE), vill. détruit, c^ne de Saint-Mary-le-Plain.

VERDIER (LE), écart, c^ne de Saint-Santin-de-Maurs.

VERDIER (LE), écart et mont. à burons, c^ne de Saint-Urcize.

VERDIER-BAS (LE), f^me, c^ne de Maurs.
VERDIER-BAS ET HAUT (LE), hameaux, c^ne de Fournoulès.
VERDIÈRES (LES), dom. ruiné, c^ne de Tourniac. — *Domaine des Verdières*, 1743 (arch. dép. s. G, l. 38).
VERDIER-HAUT (LE), écart, c^ne de Maurs.
VERDURE (LA), mont. à vacherie, c^ne de Lascelle.
VERDURE (LA), écart, c^ne de Trémouille-Marchal.
VÉRESME, vill. et mont. à burons, c^ne de Cheylade. — *Vereme*, 1513; — *Bereme*, 1514 (terr. de Cheylade). — *Veresme*, 1646 (lièvre conf. de Valrus). — *Verime*, XVIIe s^e (table du terr. de Cheylade). — *Varenne*, 1784 (Chabrol, t. IV). — *Vérinne* (Cassini).
VÉRESME, ruiss., affl. de la Rhue, c^ne de Cheylade; cours de 2,900 m.
VERGER (LE), m^in détruit, c^ne d'Ydes.
VERGINES (LES), dom. ruiné, c^ne de Rouziers. — *L'affar des Vergines*, 1670 (nommée au p^ce de Monaco).
VERGNADEL, mont. à vacherie, c^ne de Murat. — *La coste de Vernhadel*, 1536 (terr. de la v^té de Murat). — *Vernhiadel*, XVIIe s^e (id. du Roi). — *Le cartier de Verniadel*, 1680 (id. de la ville de Murat).
VERGNAU-DE-L'ASE (LE), écart, c^ne de Trémouille-Marchal.
VERGNE (LA), ham., c^ne d'Anglards-de-Salers. — *La Vergne*, 1652; — *Lavergnhie*, 1670 (état civ.).
VERGNE (LA), ruiss., affl. de la Rhue, c^ne d'Apchon; cours de 300 m.
VERGNE (LA), vill., c^ne d'Arpajon. — *Affarium dal Vernh*, 1269 (arch. mun. d'Aurillac, s. FF, p. 15). — *La Vernha*, 1465 (obit. de N.-D. d'Aurillac). — *Lo Vernhe*, 1522 (min. Vigery, n^re). — *La Vernhie*, 1621; — *La Vernie*, 1624; — *Lavernie*, 1625; — *La Bernie*, 1627 (état civ.). — *Lavergne*, 1659 (id. de Jussac). — *Lavergne*, 1666 (arch. dép. s. H). — *La Vernhe*, 1695 (terr. de la command. de Carlat).
VERGNE (LA), dom. ruiné, c^ne d'Auzers. — *Lavernhe*, 1681 (anc. min. Chalvignac, n^re à Trizac).
VERGNE (LA), ham., c^ne de Boisset. — *La Vernhe*, 1624 (état civ. de Saint-Mamet). — *Lavernhe*; *Lavergne*, 1746 (anc. cad.).
VERGNE (LA), f^me, c^ne de Brageac. — *La Vernie*, 1606; — *Villaige de la Vergnie*, 1633 (état civ.). — *La Vergne*, 1744; — *Lavergne*, 1780 (arch. dép. s. G, l. 38).
VERGNE (LA), ruiss., affl. de l'Auze, c^ne de Brageac; cours de 1,200 m.
VERGNE (LA), dom. ruiné, c^ne de Brezons. — *Villaige de Lavernhe*, 1596 (insin. du baill. de Saint-Flour).
VERGNE (LA), écart, c^ne de Cassaniouze. — *Ténement appellé de Vernhe-nègre, alias de Travers*, 1670 (terr. de Saint-Projet). — *La Vergne* (Cassini).
VERGNE (LA), vill. et m^in, c^ne de Chalvignac. — *La Vernhia*, 1505; — *La Vernhie*, 1515 (comptes au doyen de Mauriac). — *La Vergne*, 1650 (état civ. de Maurine). — *Lavergne, moulin à trois meules*, 1782 (arch. dép. s. G, l. 41).
VERGNE (LA), écart, c^ne de Champs.
VERGNE (LA), vill. et mont. à vacherie, c^ne de Chanterelle. — *Lavergne; la montagne de Vergnes*, 1776 (arch. dép. s. G). — *La Vergne* (Cassini).
VERGNE (LA), f^me, c^ne de Chaudesaigues. — *Loubergne* (Cassini).
VERGNE (LA), écart, c^ne de Cheylade. — *La Vergne*, 1513; — *Lavernhe*, 1537 (terr. de Cheylade). — *Lavergne*, 1592 (vente de la terre de Cheylade). — *La Vernhie*, 1595 (terr. de Dienne).
VERGNE (LA), ham., c^ne de Colandres.
VERGNE (LA), dom. et m^in ruinés, c^ne de Crandelles. — *Mansus de la Vergna*, 1459 (reconn. à l'hôp. d'Aurillac, arch. de l'hôp.).
VERGNE (LA), ham., c^ne de Fontanges. — *Lavernhe*, 1664 (état civ. de Jussac). — *Lavergne*, 1736 (id. de Fontanges). — *La Vergne* (État-major).
VERGNE (LA), ham., c^ne de Freix-Anglards.
VERGNE (LA), écart, c^ne de Junhac.
VERGNE (LA), vill., c^ne de Labrousse. — *La Vernha*, 1583; — *La Vernhe*, 1606 (terr. de N.-D. d'Aurillac).
VERGNE (LA), dom. ruiné, c^ne de Ladinhac. — *Villaige de la Vernhe*, 1549 (min. Boygues, n^re à Montsalvy).
VERGNE (LA), ham., c^ne de Lanobre. — *Lavergne*, 1668 (état civ. de Champs).
VERGNE (LA), ham., c^ne de Leynhac. — *Bois chataignal de la Vernhe*, 1696 (terr. de la command. de Carlat).
VERGNE (LA SOGNE DE LA), mont. à vacherie, c^ne de Marcenat.
VERGNE (LA), ham., c^ne de Marchastel.
VERGNE (LA), mont. à vacherie, c^ne de Marmanhac. — *V^ie des Vergnes* (État-major).
VERGNE (LA), ruiss., affl. du Bex, c^ne de Maurines; cours de 1,200 m. — *Rieuf de Teysonneyras*, 1494 (terr. de Mallet).
VERGNE (LA), vill., c^ne de Méallet. — *La Vernye*, 1635 (état civ. du Vigean). — *Lavergne*, 1687 (anc. min. Chalvignac, n^re à Trizac). — *La Vergne* (Cassini).

VERGNE (LA), ham., c^{ne} de Montsalvy. — *Lavernhe*, 1759 (anc. cad.).
VERGNE (LA), écart, c^{ne} de Mourjou. — *Le domaine des Vergnes*, 1670 (terr. de Calvinet).
VERGNE (LA), ham. et mⁱⁿ détruit, c^{ne} de Neuvéglise. — *La Vernha*, 1508 (terr. de Montchamp). — *La Vernie*, 1656 (état civ. de Pierrefort). — *Le molin de Lavergne*, 1662 (terr. de Montchamp). — *La Vergne*, 1665 (état civ. de Pierrefort).
VERGNE (LA), écart, c^{ne} de la Peyrugue.
VERGNE (LA), vill., c^{ne} d'Oradour. — *La Vergnie*, 1645 (arch. dép. s. G). — *La Vergne* (Cassini).
VERGNE (LA), vill., c^{ne} de Raulhac. — *Lavernhe*, 1644 (min. Froquières, n^{re}). — *La Vergnhe*, 1668 (nommée au p^{ce} de Monaco). — *La Vernhe*, 1675 (état civ. de Jou-sous-Montjou). — *La Vernie*, 1692; — *La Vergne*, 1695 (id. de Raulhac).
VERGNE (LA), dom. ruiné, c^{ne} de Riom-ès-Montagnes. — *Mansus de la Vernhe*, 1512 (terr. d'Apchon). — *La Vergne*, 1703 (anc. min. Chalvignac, n^{re} à Trizac).
VERGNE (LA), vill., c^{ne} de Saint-Antoine.
VERGNE (LA), ham. et mont à vacherie, c^{ne} de Saint-Cernin. — *Montaigne de la Vernghe*, 1669 (nommée au prince de Monaco).
VERGNE (LA), mⁱⁿ, c^{ne} de Saint-Chamant.
VERGNE (LA), vill., c^{ne} de Saint-Christophe. — *Mansus de la Vernha*, 1464 (terr. de Saint-Christophe). — *La Vernie*, 1617; — *La Varne*, 1618; — *La Vernière*, 1628; — *Lovergne*, 1666; — *La Vergne*, 1670 (état civ.). — *La Vergnhe*, 1674 (id. de Pleaux).
VERGNE (LA), dom. ruiné, c^{ne} de Saint-Paul-de-Salers. — *Domaine de Lavergne*, 1743 (arch. dép. s. G, l. 44).
VERGNE (LA), dom. ruiné, c^{ne} de Saint-Projet. — *La Vernha*, 1284 (arch. nat., J, 271). — *La Vergne* (Cassini).
VERGNE (LA), ham., c^{ne} de Saint-Santin-Cantalès. — *Affarium de Vernhas*, 1345 (arch. dép. s. G). — *Vernhes*, 1633; — *Verne*, 1640 (état civ.). — *Vergnhes*, 1669 (nommée au p^{ce} de Monaco). — *Vergnes*, 1673 (état civ. de Tourniac).
VERGNE (LA), vill., mⁱⁿ et chât. détruit, c^{ne} de Saint-Saturnin.
La Vergne était, avant 1789, le siège d'une justice seign. régie par le droit cout. et ressort. à la sénéch. d'Auvergne en appel du bailliage d'Aubijoux.
VERGNE (LA), vill. avec manoir, c^{ne} de Saint-Simon. — *Mansus de la Vernha*, 1530 (terr. du cons. d'Aurillac).

VERGNE (LA), ham. et f^{me}, c^{ne} de Saint-Victor. — *Mansus de la Vernha*, 1443 (reconn. au seign. de Montal). — *La Vernhe*, 1634 (état civ. de Saint-Santin-Cantalès). — *Lavernhe*, 1654 (arch. mun. d'Aurillac, s. GG, p. 8). — *La Vergnhe*, 1669 (nommée au p^{ce} de Monaco). — *La Vergne* (Cassini).
VERGNE (LA), mⁱⁿ détruit, c^{ne} de Salins. — *Moulin de Lavergne*, 1734 (état civ. de Drugeac).
VERGNE (LA), dom. ruiné, c^{ne} de Sarrus. — 1784 (Chabrol, t. IV).
VERGNE (LA), vill., c^{ne} de Sauvat. — *La Vergne* (Cassini). — *La Vergnhe*, 1857 (Dictionn. statist. du Cantal).
VERGNE (LA), vill. et mⁱⁿ, c^{ne} de Siran. — *La Verna*, 1350 (terr. de l'Ostal de la Tremolieyra). — *La Vernha*, 1402 (arch. mun. d'Aurillac, s. HH, c. 21). — *La Vernhe*, 1616 (état civ.). — *Lavernhe*, 1658 (min. Sarrauste, n^{re}).
VERGNE (LA), ham. et mont. à vacherie, c^{ne} de Tournemire. — *La Vernha*, 1600 (trans. des hab. d'Auriol avec l'hôp. de la Trinité d'Aurillac). — *La Vernhe*, 1600 (reconn. des hab. d'Auriol audit hôp.). — *La Vernhie*, 1636 (lièvre de Poul.). — *Lavernhe*, 1680 (arch. dép. s. G, l. 6). — *La Vergne*, 1693 (inv. des titres de l'hôp. d'Aurillac). — *Las Vergnes* (Cassini).
VERGNE (LA), ruiss., affl. de la Doire, c^{ne} de Tournemire; cours de 900 m.
VERGNE (LA), ham., c^{ne} de Trémouille-Marchal.
VERGNE (LA), mⁱⁿ détruit, c^{ne} de Valuéjols. — *Mouly de la Vernha*, 1508; — *Lo molin de Vernhe*, 1644 (terr. de Loubeysargues).
VERGNE (LA), écart, c^{ne} de Vitrac.
VERGNE (LA), dom. et mⁱⁿ détruits, c^{ne} d'Yolet. — *Molendinum de la Vernha*, 1466 (reconn. d'Ant. de Leyritz, à l'hôp. d'Aurillac). — *Lavergne*, 1692 (terr. de Saint-Geraud).
VERGNE (LA), ham., c^{ne} d'Ytrac. — *Affarium vocatum da la Vernha*, 1402 (reconn. au seign. de Montal). — *La Vernyha*, 1522 (min. Vigery, n^{re}). — *Lavernhe*, 1684; — *Lavergnhe*, 1741; — *Lavergne*, 1750 (arch. dép. s. C).
VERGNE-BASSE (LA), écart, c^{ne} de Maurs.
VERGNE-BLANCHE (LA), mont. à vacherie, c^{ne} de Madic.
VERGNE-BLANQUE (LA), ham., c^{ne} de Velzic. — *Mansus de la Vernha Blanqua*, 1485 (reconn. à J. de Montamat). — *La Vernhablancque; la Vernhe-Blancque; la Vernha-Blancque*, 1594 (terr. de Fracor). — *La Vernhe-Blanque*, 1640 (pièces du cab. de Lacassagne). — *Lavergnie-Blanque*, 1720 (arch. dép. s. C, l. 8). — *La Vergne-Blanque* (Cassini).

DÉPARTEMENT DU CANTAL.

VERGNE-CHABAUD (LA), f⁻ᵐᵉ, cⁿᵉ d'Anglards-de-Salers. — *La Verne-Chabau*, 1649 (état civ. du Vigean). — *La Verquechabau*, 1656; — *La Vergnachabau*, 1672; — *La Vernie-Chabau*, 1673 (*id.* d'Anglards). — *La Varenechabau*, 1742; — *La Vergnechavau*, 1743 (*id.* de Saint-Bonnet-de-Salers).

VERGNE-DE-COUZANS (LA), écart, cⁿᵉ de Vebret. — *La Vergne de Coussans* (Cassini).

VERGNE-HAUTE (LA), ham., cⁿᵉ de Maurs. — *La Verniha; la Berniha*, 1623. — *La Vernihia*, 1626 (état civ.). — *La Vernihe*, 1663 (*id.* de Saint-Étienne-de-Maurs). — *Lavernhie*, 1667; — *La Vernie*, 1668 (état civ.). — *La Vergne*, 1746 (*id.* de Saint-Étienne-de-Maurs). — *Lavergne*, 1750; — *Lavernghe*, 1755 (état civ.).

VERGNE-LONGUE (LA), mont. à vacherie, cⁿᵉ de Riom-ès-Montagnes.

VERGNE-MONTUDE (LA), mont. à vacherie, cⁿᵉ de Saint-Urcize.

VERGNE-NÈGRE (LA), ham., cⁿᵉ de Prunet. — *La Vernha*, 1465 (obit. de N.-D. d'Aurillac). — *Vernianagra*, 1509 (pièces de l'abbé Delmas). — *La Vernhe-nègre*, 1654 (arch. mun. d'Aurillac, s. GG, p. 8). — *La Vernhienègre*, 1679 (arch. dép. s. G, l. 18). — *La Vergnenègre*, 1692 (terr. de Saint-Geraud). — *La Vernheneigre*, 1709 (arch. dép. s. C, l. 18).

VERGNE-NÈGRE (LA), écart, cⁿᵉ de Velzic. — *Mansus de la Verniha-negra, sive de Betrar*, 1456 (reconn. à l'abbesse de Saint-Jean-du-Buis). — *La Vernhenègre*, 1594 (terr. de Fracor). — *La Vernhe-nègure*, 1640 (pièces du cab. de Lacassagne). — *Lavernhe-nègre*, 1695; — *Lavergnie-nègre*, 1720 (arch. dép. s. C, l. 8).

VERGNE-NOIRE (LA), mont. à vacherie, cⁿᵉ de Madic.

VERGNE-PETIOTE (LA), ham., cⁿᵉ de Vebret. — *La Vergne-petite*, 1679 (état civ. de Trizac). — *La Vergne-pitiote* (État-major).

VERGNÈRE (LA), vill., cⁿᵉ de Velzic. — *La Vernha*, 1394 (pièces de l'abbé Delmas). — *La Vernhieyra*, 1485 (reconn. à J. de Montamat). — *La Vernieyra*, 1522 (min. Vigery, nʳᵉ). — *La Vernie*, 1623; — *La Bernière*, 1626; — *La Vernyeyre*, 1640 (état civ. d'Arpajon). — *La Vernière*, 1640 (pièces du cab. de Lacassagne). — *La Vernieyre*, 1673 (terr. de la Cavade). — *La Vernhe*, 1691 (état civ. de Laroquebrou).

VERGNES (LES), dom. ruiné, cⁿᵉ d'Antignac. — *Tènement de las Vernhes*, 1560 (terr. de Murat-la-Rabe).

VERGNES (LAS), dom. ruiné, cⁿᵉ d'Arches. — *Affarium de las Vernhas*, 1475; — *Domaine de la Vernhe*, 1680 (terr. de Mauriac).

VERGNES (LES), dom. ruiné, cⁿᵉ d'Arpajon. — *Tènement de las Vernhes*, 1475 (anc. cad.).

VERGNES (LAS), écart, cⁿᵉ de Calvinet.

VERGNES (LES), écart, cⁿᵉ des Deux-Verges.

VERGNES (LES), dom. ruiné, cⁿᵉ de Ferrières-Saint-Mary. — *Villaige des Vernhes*, 1527 (terr. de Villedieu).

VERGNES (LAS), ham., cⁿᵉ de Marmanhac. — *Las Vergnhes*, 1667 (terr. du prieuré de Teissières-de-Cornet). — *Las Vernhes*, 1685 (arch. dép. s. G, l. 21). — *Las Vergnes*, 1771 (terr. du fief de Las Gouttes). — *Les Vergnes* (Cassini).

VERGNES (LAS), vill. détruit et mont. à vacherie, cⁿᵉ de Montboudif. — *Mansi de la Vergne*, 1278; — *Mansi de Vernhas*, 1310 (Hist. de l'abb. de Feniers). — *Montaigne de las Vergnias; de la Vergnie*, 1654 (terr. de Feniers). — *Las Vergnies*, 1658; — *Las Vergnes*, 1740 (lièv du quart. d'Artense).

VERGNES (LES), dom. ruiné, cⁿᵉ de Polminhac. — *Affar de las Vernas; las Vernhes*, 1583 (terr. de Polminhac). — *Chasvergnes*, 1735 (*id.* de la command. de Carlat).

VERGNES (LES), dom. ruiné, cⁿᵉ de Roufliac. — *Tenementum de las Vernhas*, 1350 (reconn. au seign. de Montal).

VERGNES (LES), dom. ruiné, cⁿᵉ de Saignes. — *Affarium vocatum de las Vernhas*, 1441 (terr. de Saignes).

VERGNES (LAS), ham. et mⁱⁿ, cⁿᵉ de Saint-Cernin. — *Lavergne*, 1753 (arch. dép. s. C, l. 32).

VERGNES (LAS), vill., cⁿᵉ de Saint-Chamant. — *La Vernhe*, 1655 (insin. du baill. de Salers). — *La Vergnhe*, 1671; — *Lobeyrne*, 1674 (état civ.). — *Lavergne*, 1699 (*id.* de Saint-Martin-Valmeroux). — *Lavernhe*, 1703 (*id.* de Saint-Cernin). — *La Vergne*, 1784 (Chabrol, t. IV).

VERGNES (LES), dom. ruiné, cⁿᵉ de Saint-Gerons. — *Affarium de las Vernhas*, 1345 (arch. départ. s. E).

VERGNES, vill., cⁿᵉ de Saint-Illide. — *Affarium de Vernhas*, 1342 (arch. mun. d'Aurillac, s. GG, p. 19). — *Vernhes*, 1585 (min. Lascombes, nʳᵉ). — *Vernies*, 1681 (état civ. de Saint-Projet). — *Vergne* (Cassini).

VERGNES (LES), vill., cⁿᵉ de Saint-Santin-Cantalès.

VERGNES (LES), vill., cⁿᵉ de Saint-Saturnin. — *La Vergne*, 1857 (Dict. stat. du Cantal).

VERGNES (LAS), écart, cⁿᵉ de Saint-Saury.

VERGNES (LES), vill., mⁱⁿ et chât. détruit, cⁿᵉ de Saint-Simon. — *Mansus de la Vernha*, 1529 (reconn. au curé de l'hôp. de la Trinité d'Aurillac). — *Las*

Vernhe, 1671; — Las Vernhes, 1672 (état civ. de Marmanhac). — Las Vergnes, 1692 (terr. du monast. de Saint-Geraud). — Las Vergnhes, 1756 (arch. dép. s. H).

VERGNES (LAS), dom. ruiné, c^{ne} de Saint-Victor. — Affarium de Vernhas, 1453 (arch. mun. d'Aurillac, s. FF, c. 21). — Vernhes (Cassini).

VERGNES (LES), dom. ruiné, c^{ne} de Salers. — Affar de las Vernhas, 1508 (arch. mun. de Salers).

VERGNES (LES), dom. ruiné, c^{ne} de Sansac-de-Marmiesse. — Mansus de Vernhas, 1295 (arch. dép. s. E).

VERGNETTE (LA), dom. ruiné, c^{ne} de Boisset. — Villaige de la Vergnette, 1668 (nommée au p^{ce} de Monaco).

VERGNETTE (LA), écart, c^{ne} de Saint-Martin-sous-Vigouroux. — La Vergnette (État-major).

VERGNE (LA), écart, c^{ne} de Saint-Saturnin.

VERGNHE (LA), ham., c^{ne} de Sauvat.

VERGNIÈRE (LA), dom. ruiné et mont. à vacherie, c^{ne} d'Alleuze. — Terra de Vernhuzia; Vernhiesia; Pasturalis vocatus de Bernhiesa, 1510 (terr. de Maurs).

VERGNOLES, f^{me} et m^{in}, c^{ne} de Junhac. — Mansi de Vernholas, 1324 (arch. dép. s. E). — Vernhiolles, 1550 (min. Guy de Vayssieyra, n^{re} à Montsalvy). — Verniholes; Moullin de Vergnholles, 1668; — Verniholles, 1669 (nommée au p^{ce} de Monaco). — Vernholes, 1764 (état civ.). — Vergnolhes; Vernholles 1767 (table des min. de Guy de Vayssieyra). — Vernioles (Cassini).

VERGNOLS, f^{me} avec manoir, c^{ne} d'Aurillac. — Mansus de Vernhols, 1327 (pap. de la fam. de Montal). — Vernholz, xve s^e (pièces de l'abbé Delmas). Verniol, 1681 (id. s. CC, p. 3). — Verniols, 1733 (id. s. II, reg. 15).

VERLHAC, dom. ruiné, c^{ne} d'Arches. — Affarium de Verlhac, sive de la Verliago, 1475; — Domaine de Verlhac, sive de Lavertiago, 1680 (terr. de Mauriac).

VERLHAC, ruiss., affl. de la rivière d'Auze, c^{ne} de Mauriac; cours de 3,280 m. — Rivus de las Ribeiras, 1473 (terr. du monast. de Mauriac).

VERLHAC, ruiss., affl. de la rivière d'Auze, c^{ne} du Vigean; cours de 2,120 m. — Rivus de Verliaco; rivus de Romanes; rivus de Verliac, sive de Surgadis, 1473 (terr. de Mauriac).

VERLHAC-LE-JEUNE, vill., c^{ne} de Mauriac. — Verlhacum, 1473; — Verlhac, 1474; — Verliacum; Verlac, 1475 (terr. de Mauriac). — Verlhac, 1635 (vente au doyen de Mauriac). — Verliac, 1743; — Verlliac, 1782 (arch. dép. s. C).

VERLHAC-LE-VIEUX, vill., c^{ne} de Mauriac. — Viriliacus, x^e s^e (test. de Théodechilde). — Verlhacum, 1293 (vente au doyen de Mauriac). — Verlac-lou-vieil; affarium del Viel, 1473; — Mansus del Vielh, 1483 (terr. de Mauriac). — Verlhiac, 1505; — Borlhac, 1515 (comptes au doyen de Mauriac).— Belhac-le-vieux, 1629 (état civ.). — Verllihac-lou-viol, 1632; — Verlihac-lou-viel, 1634 (id. du Vigean). — Verliac-le-vieux, 1646 (état civ.). — Verlliac, 1744; — Verlliac-le-vieux, 1782 (arch. dép. s. C).

VERMÉGOU, dom. ruiné, c^{ne} de Neuvéglise. — Villaige de Bermegou, 1659 (état civ. de Cassaniouze).

VERMÉJO, écart et m^{in} en ruines, c^{ne} de Prunet. — Mansus de Bremegher, 1522 (min. Vigery, n^{re}). — Vermoghe, 1595 (reconn. à la mais. de Clavières). — Bermège, 1629 (état civ. d'Arpajon). — Vermegio, 1709; — Vermeghe, 1727 (arch. dép. s. C, l. 18). — Bermezot (État-major). — Vernejeol, 1857 (Dict. stat. du Cantal).

VERMENOUSE, f^{me} et mont. à burons, c^{ne} de Marmanhac. — Mansus de Vermenoza, 1522 (min. Vigery, n^{re}). — Bermeghoux, 1659 (état civ. d'Aurillac). — Vermenouze, 1685; — Verménouse, 1740 (arch. dép. s. C, l. 21). — Montagne de Bermenouze (états de sections).

VERMERIE (LA), f^{me}, c^{ne} de la Besserette. — La Bermelie, 1647 (état civ. de Montsalvy). — La Bermayrie, 1669; — La Vermarie, 1670 (nommée au p^{ce} de Monaco). — La Vermerie, 1702 (état civ. de Montsalvy).

VERMONT, ham., c^{ne} de Saint-Pierre-du-Peil.

VERMONT, écart, c^{ne} de Saint-Santin-de-Maurs.

VERMYNIER, dom. ruiné, c^{ne} de Tourniac. — Mansus del Vermynier, 1502 (terr. de Cussac).

VERN (LE), vill., c^{ne} de Glénat. — Vergnas, 1449 (enq. sur les droits des seign. de Montal). — Lou Veyrs, 1626 (min. Sarrauste, n^{re}). — Lou Verg, 1632; — Lou Vern, 1651; — Le Bern, 1660; — Lou Verhn, 1666; — Lou Vor, 1667 (état civ.). — Lou Veou; Vernhes, 1668 (min. Sarrauste, n^{re}). — Lou Ver, 1750 (anc. cad.).

VERNADE (LA), dom. ruiné, c^{ne} de Rouziers. — Affar de la Vernade, 1592 (livre des achaps d'Ant. de Naucaze).

VERNASSAL, f^{me}, c^{ne} de Calvinet. — Lou Vernasol, 1660 (état civ. de Cassaniouze). — Lou Vernassal, 1743 (anc. cad. de Cassaniouze). — Le Vernassol (Cassini).

VERNASSAL, écart, c^{ne} de Laroquevieille. — Vernussol (État-major).

DÉPARTEMENT DU CANTAL.   521

Verneils, vill. détruit, c^{ne} de Mentières.

Vernet (Le), vill., c^{ne} de Cheylade. — *Mansus de Vernet*, 1411 (arch. dép. s. E). — *Le Barnet*, 1521 (min. Teyssendier, n^{re}). — *Lou Varnet*, 1595 (terr. de Dienne).

Vernet (Le), vill. et mont. à vacherie, c^{ne} de Condat-en-Feniers. — *Le Vernet*, 1550 (terr. du quart. de Marvaud). — *Les Vernys*, xviie s^e (id. de Feniers).

Vernet (Le), vill., c^{ne} de Drugeac. — *La Vernet*, 1689 (état civ. de Loupiac).

Vernet (Le), f^{me}, c^{ne} de Fontanges.

Vernet (Le), ruiss., affl. de l'Aspre, c^{ne} de Fontanges; cours de 750 m.

Vernet (Le), mⁱⁿ, c^{ne} de Joursac. — *Le moulin du Vernet*, 1635 (nommée par G. de Foix).

Vernet (Le), dom. ruiné, c^{ne} de Polminhac. — *Villaige du Vernet*, 1660 (nommée au p^{ce} de Monaco).

Vernet (Le), lieu détruit, c^{ne} de Rezentières. — *Vernaulx*, 1610 (terr. d'Avenaux).

Vernet (Le), vill., c^{ne} de Saint-Georges. — *Varnes*, 1597 (min. Andrieu, n^{re}).

Vernet (Le), vill., c^{ne} de Vic-sur-Cère. — *Vernetum*, 1486 (reconn. à J. de Montamat). — *Le Vernet*, 1671 (nommée au p^{ce} de Monaco).

Vernette (La), f^{me}, c^{ne} de Rouziers. — *La Vergnette*, 1668; — *La Vernette*, 1669; — *La Verniette*, 1670 (nommée au p^{ce} de Monaco). — *Berneille*, 1857 (Dict. stat. du Cantal).

Vernette-Vieille (La), dom. ruiné, c^{ne} de Rouziers. — *La Verniette-Vieilhe*, 1670 (nommée au p^{ce} de Monaco).

Verneujols, vill., c^{ne} de Neuvéglise. — *Verneujols*, 1741 (état civ. de Saint-Flour). — *Verneuzol* (Cassini).

Verneyrolle, vill., c^{ne} de la Chapelle-Laurent. — *Varneirolle*, 1675; — *Vernerolle*, 1721 (état civ. de Saint-Mary-le-Plain). — *Vernerolles* (Cassini).

Vernhe (La), mont. à vacherie, c^{ne} de Jaleyrac. — *Podium vocatum lou Suc de la Vergnha*, 1463 (terr. de Mauriac).

Vernhe (La), vill. et mⁱⁿ, c^{ne} de Saint-Cernin. — *La Vernhe*, 1597 (min. Lascombes, n^{re}). — *La Vergne*, 1628 (paraphrases sur les coutumes d'Auvergne). — *La Vernhie*, 1636 (lièvre de Poul). — *Lasvergne*, 1700; — *Lasvernhes*, 1706 (état civ.). — *Lavernhes*, 1744 (ancien cadastre de Saint-Cernin).

Vernhes (Las), f^{me}, c^{ne} de Calvinet. — *Vergne* (Cassini).

Verniadel (La Coste de), mont. à vacherie, c^{ne} de la Chapelle-d'Alagnon.

Vernière (La), mont. à vacherie, c^{ne} d'Andelat. — *La costa de Varnheira; Varnieira*, 1508; — *La coste del Coutel, autrement de la Varneyre*, 1664 (terr. de Montchamp).

Vernière (La), dom. ruiné, c^{ne} de la Besserette. — *Villaige de la Barnieyra*, 1659; — *La Bernière*, 1671 (état civ. de Montsalvy).

Vernière (La), dom. ruiné, c^{ne} de Brezons. — *Villaige de las Verneyres*, 1722 (état civ.).

Vernière (La), dom. ruiné, c^{ne} de Fontanges. — *La Vernière*, 1660 (nommée au p^{ce} de Monaco).

Vernière (La), écart, c^{ne} de Junhac.

Vernière (La), dom. ruiné, c^{ne} de Lascelle. — *La bugha de las Vernieyres*, 1595 (terr. de Fracor).

Vernière (La), dom. ruiné, c^{ne} de Mourjou. — *Villaige de la Vernière*, 1670 (terr. de Calvinet).

Vernière (La), dom. ruiné, c^{ne} de Polminhac. — *Mectairie de la Vernhère*, 1669 (état civ.).

Vernière (La), dom. ruiné, c^{ne} de Rouziers. — *Villaige de la Vernière*, 1670 (nommée au p^{ce} de Monaco).

Vernière (La), dom. ruiné, c^{ne} de Saint-Julien-de-Jordanne. — *Le villaige de la Varnieyre*, 1573 (terr. de la Chapellenie-des-Blats).

Vernière (La), seigneurie, c^{ne} de Saint-Vincent. — *Locus de Varneyriis*, 1333 (homm. à l'évêque de Clermont). — *Lavergnie*, 1682 (état civ.).

Vernière (La), vill., c^{ne} de Velzic.

Vernière (La), dom. ruiné, c^{ne} d'Ytrac. — *Village de Lavernière*, 1739 (anc. cad.).

Vernières (Les), dom. ruiné, c^{ne} de Champs. — *Villaige des Vernineyres*, 1619 (état civ.).

Vernières (Les), dom. ruiné, c^{ne} de Lascelle. — *La bughia de las Vernieyres*, 1594 (terr. de Fracor).

Vernières, vill. et chât., c^{ne} de Talizat. — *Verine* 1308 (Gall. christ., t. II, inst. c. 93). — *Verneyrum*, 1329 (enq. sur la just. de Vieillespesse). — *Varineyres*, 1526 (terr. de Vieillespesse). — *Varneyras*, 1539 (arch. dép. s. C). — *Varneyres*, 1558 (terr. de Tempels). — *Verniers*, 1620 (paraph. sur les cout. d'Auvergne). — *Vernières*, 1652 (terr. du prieuré de Coltines). — *Verneire*, 1671 (insin. du baill. de Saint-Flour).

Verniénous (Les), dom. ruiné, c^{ne} de Colandres. — *Boria de Verneyres*, 1513; — *Affarium de Varneyres*, 1520 (terr. d'Apchon).

Verniette (La), vill., c^{ne} de Brezons. — *La Vernhete*, 1537 (arch. dép. s. E). — *La Varnhette*, 1623 (ass. gén. tenues à Cezens). — *La Vernitte*, 1659 (état civ. de Pierrefort). — *La Verniette*, 1669 (nommée au p^{cé} de Monaco). — *Les Verneirettes*, 1702; — *La Verniète*, 1721 (état civ.). — *La Verguette* (Cassini).

VERNIETTE (LA), écart, c^{ne} de Rouziers.

VERNIETTE (LA), dom. ruiné, c^{ne} de Saint-Constant. — *Tènement de la Verniète*, 1747 (anc. cad.).

VERNINES, écart, c^{ne} de Champs. — *Vernines*, 1618 (état civ.).

VERNINES, ham. et mⁱⁿ, c^{ne} de Teissières-les-Bouliès. — *Verninum*, 1437 (pièces de l'abbé Delmas). — *Vernynes*, 1610 (aveu de J. de Pestels). — *Verninez*, 1668; — *Vernines*, 1669 (nommée au p^{cé} de Monaco).

VERNIOL, ruiss., affl. de la rivière de Noutial (Aveyron), c^{ne} de la Trinitat; cours de 8,000 m.

VERNIOLE (LA), dom. ruiné, c^{ne} de Colandres. — *Affar de la Vergnole*, 1719 (tabl. du terr. d'Apchon).

VERNIOLES, écart, c^{ne} de Junhac.

VERNIOLES, dom. ruiné, c^{ne} de Polminhac. — *Affarium vocatum lo Paissieu de las Verniolas*, 1531 (min. Vigery, n^{re}). — *La mectairie del Vernhiol*, 1593 (arch. dép. s. E). — *Villaige de las Vernioles*, 1692 (terr. de Saint-Géraud).

VERNIOLES (LES), dom. ruiné, c^{ne} d'Ytrac. — *Villaige de Verniolz*, 1669 (nommée au p^{cé} de Monaco).

VERNIOLLES, vill., c^{ne} d'Anterrieux. — *Mansus de las Vernihiolas*, 1410 (arch. dép. s. H). — *Las Verlholles*, XVIe s^e (id. s. G). — *Las Verniolles*, 1645; — *Las Vernholes*, 1648 (id. s. H). — *Les Vergniolles*, 1686 (terr. de la Garde-Roussillon). — *Les Verniotes*, 1784 (Chabrol, t. IV).

VERNIOLLES (LAS), dom. ruiné, c^{ne} de Badailhac. — *Affar de las Verniolles*, 1736 (terr. de la command. de Carlat).

VERNIOLLES, vill., c^{ne} de Marmanhac. — *Affarium da Vernholas*, 1378 (arch. dép. s. G). — *Vernihiolas*; *Vernihollas*, 1552; — *Vernhollas*, 1553; *Verniholles*, 1557 (terr. de Nozières). — *Vernhollac*, 1669; — *Verniolles*, 1670; — *Vernioles*, 1671 (état civ.). — *Vergnolles*, 1784 (Chabrol, t. IV). — *Verniolle* (états de sections).

VERNIOLS, vill., c^{ne} de la Capelle-Viescamp. — *Vernhols*, 1667; — *Vernholz*, 1669 (min. Sarrauste, n^{re}); — *Verniolz*, 1669 (nommée au p^{cé} de Monaco). — *Vernihiols*, 1679 (arch. mun. d'Aurillac, s. GG, c. 15). — *Vergnolz*, 1686; — *Vergnholz*, 1693; — *Vergnhols*, 1695 (état civ.). — *Vergnols* (Cassini). — *Verniol* (État-major).

VERNIOLS, vill., c^{ne} de Roannes-Saint-Mary. — *Vernholz*, 1654 (arch. mun. d'Aurillac, s. CC, p. 8).

— *Verniols*, 1708 (arch. dép. s. C). — *Veirgnols* (Cassini). — *Vergnols* (État-major).

VERNIONNES (LES), écart, c^{ne} de Champagnac.

VERNIOUSE (LA), mont. à vacherie, c^{ne} de Paulhac.

VERNOLIE (LA), dom. ruiné, c^{ne} de Leynhac. — *Factum de la Vernholia*; *Vernhola*, 1500 (terr. de Maurs).

VERNOLLE, dom. ruiné, c^{ne} de Saint-Illide. — *Bernolles*, 1784 (Chabrol, t. IV).

VERNOLS, c^{on} d'Allanche, et chât. féodal détruit. — *Vernops*, 1329 (enq. sur la justice de Vieillespesse). — *Verno*; *Vernomps*, XIVe s^e (reg. de Guill. Trascol). — *Vernop*, XIVe s^e (Pouillé de Saint-Flour). — *Bernops*, 1430 (liber vitulus). — *Vernos*, 1443 (arch. dép. s. H). — *Vernols*, 1445 (ordonn. de J. Poujet). — *Vernompe*, 1595 (terr. de Dienne). — *Vernots*, 1667 (état civ. de Marcenat). — *Vernol*, 1704 (id. de Saint-Victor-sur-Massiac). — *Vernolz*, 1707 (terr. de Farges). — *Vernox*, 1784 (Chabrol, t. IV). — *Vernols* (Cassini).

Vernols était, avant 1789, de la Basse-Auvergne, du dioc. de Clermont, de l'élect. et de la subdél. de Saint-Flour. Régi par le droit cout., il était le siège d'une just. seign. ressort. à la sénéch. d'Auvergne, en appel de la prév. de Saint-Flour. — Son église, dédiée à saint Jean-Baptiste, était une cure à la nomination de l'évêque de Saint-Flour. Elle a été érigée en succursale par décret du 28 août 1808.

VERNOLS, ruiss., affl. de la rivière d'Allanche, c^{ne} de ce nom; cours de 3,500 m.

VERNOLS, dom. ruiné, c^{ne} de Boisset. — *Mas de Vernhols*, 1449 (enq. sur les droits des seign. de Montal).

VERNONÈS, dom. ruiné, c^{ne} du Falgoux. — *Lo mas el Bernones*, 1332 (lièvre du prieuré de Saint-Vincent).

VERNON, écart, c^{ne} de Chalvignac.

VERNOYE, vill., c^{ne} de Sansac-de-Marmiesse. — *Vernoyt*, 1561 (obit. de N.-D. d'Aurillac). — *Bernaye*, 1668 (nommée au p^{cé} de Monaco). — *Vernoye*, 1681; — *Bernoye*, 1691; — *Vernoyes*, 1761 (arch. dép. s. C, l. 2).

VERNUEGHOL, dom. ruiné, c^{ne} de Saint-Simon. — *Villaige de Vernueghol*, 1624 (état civ. de Reilhac).

VERNUÉJOL, dom. ruiné, c^{ne} de la Capelle-Viescamp. — *Mansus de Vernucyols*, 1522 (min. Vigery, n^{re}).

VERNUÉJOUL, vill., c^{ne} de Freix-Anglards. — *Vernuegol*, 1464 (terr. de Saint-Christophe). — *Vernueghol*, 1522 (min. Vigery, n^{re}). — *Vernueziol*, 1597 (id. Lascombes, n^{re}). — *Verneughole*, 1637 (état. civ. de Reilhac). — *Vernoulhes*, 1637 (id. de Saint-Santin-Cantalès). — *Vernugol*, 1646 (id.

de Reilhac). — *Vernogoul*, 1663 (état civ. de Saint-Cernin). — *Vernuéghol*, 1664; — *Vernuéghouls*, 1665 (id. de Jussac). — *Vernuéziol*, 1673 (id. de Saint-Martin-de-Valois). — *Vernuégo*, 1684 (id. d'Ayrens). — *Vernuéghou*, 1691 (id. de Crandelles). — *Vernuégéols*, 1692 (id. de Saint-Cernin). — *Vernuégiou*, 1693 (id. de Crandelles). — *Vernuégou*, 1700 (id. de Saint-Simon). — *Vernuégouls*, 1700; — *Vornuéghoul*, 1702; — *Vernégéolz*, 1703; — *Bernuégéol*, 1704 (id. de Saint-Cernin). — *Vernuéjou*, 1730; — *Vernuéjouls*, 1787 (arch. dép. s. C, l. 32). — *Verméjoul*, 1773 (terr. de la Broussette). — *Vermésiol* (Cassini).

VERNUSSES, vill., c^{ne} de Cassaniouze. — *Vernusses*, 1672 (état civ.). — *Vernusse*, 1740 (anc. cad.). — *Bernusses*, 1760 (terr. de Saint-Projet).

VÉRONNE (LA), rivière, affl. de la rivière de la Rhue, coule aux finages des c^{nes} du Claux, Cheylade, Saint-Hippolyte, Colandres et Riom-ès-Montagnes; cours de 21,190 m. — *Flumen Averone*, xiie s^e (charte dite *de Clovis*). — *Aqua Rionii*, 1441 (terr. de Saignes). — *Aqua grossa de Vicone; aqua de Verone; aqua grossa de Riomo*, 1512 (id. d'Apchon).

VERQUILHALAYT, dom. ruiné, c^{ne} d'Anglards-de-Salers. — *Villaige de Verquilhalayt*, 1655 (état civ.).

VERRERIE (LA), verrerie détruite, c^{ne} de Védrines-Saint-Loup. — *La Verrerie* (Cassini). — *La Viraire* (nom donné dans la localité).

VERRIÈRE (LA), dom. ruiné, c^{ne} de Rouziers. — *Villaige de la Verrière*, 1646 (état civ. de Parlan).

VERRIÈRE (LA), ham., c^{ne} de Saint-Jacques-des-Blats. — *La Veyrieyre*, 1636 (état civ. de Vic). — *Veyrière* (État-major).

VERRIÈRES, écart, c^{ne} de Tourniac.

VERS (LE), ham., c^{ne} de Lavastrie.

VERS (LE), vill., c^{ne} de Saint-Cirgues-de-Jordanne.

VERSAILLES, écart, c^{ne} de Cassaniouze.

VERSAILLES, écart, c^{ne} de Laroquebrou.

VERSAPUECH, écart, c^{ne} de Sansac-Veinazès. — *Versapuet*, 1548 (min. Boygues, n^{re}). — *Versapuhe*, 1552 (id. Guy de Vayssieyra, n^{re}). — *Versapuech*, 1668; — *Verssapuech*, 1669 (nommée au p^{ce} de Monaco). — *Versaposa*, 1767 (table des min. de Vayssieyra). — *Verlepuex* (Cassini).

VERT (LE), vill. et mⁱⁿ détruit, c^{ne} d'Arpajon. — *Mansus del Ver; del Bernh*, 1465 (obit. de N.-D. d'Aurillac). — *Vere*, 1522 (min. Vigery, n^{re}). — *Lou Bere*, 1561 (obit. de N.-D. d'Aurillac). — *Le Bere*, 1624; — *Le molin del Bert*, 1626; — *Le Ber*, 1632 (état civ.). — *Lou Vern*, 1676 (id. d'Aurillac). — *Le Vers; le Ver; le Vert; Envert*, 1704 (arch. dép. s. C, l. 5). — *Le Vere; Embere; Envere*, 1740 (anc. cad.). — *Envers* (états de sections).

VERT (LE), vill. réuni à la pop. agglomérée et m^{ins}, ville d'Aurillac. — *Molendina dals Revels superiori et inferiori*, 1253 (arch. mun. d'Aurillac, s. FF, p. 15). — *Molendinum Hugonis Vernhi*, 1347 (id. s. EE, p. 14). — *Molins anciennement appellés del Verny, et à présent de Pochobela*, 1509 (id. s. DD, c. 4). — *Le Vernho*, 1652 (état civ.). — *Levers*, 1669 (arch. mun. d'Aurillac, s. BB, c. 2). — *Lou Vern*, 1673; — *Le Vers*, 1675 (état civ.). — *Moulin del Vern; Moulin del Vert*, 1676 (liève de la mais. des Blats).

VERT (LE), dom. ruiné, c^{ne} de Chaliers. — *Auvert*, xviie s^e (terr. de Chaliers).

VERT (LE), lieu détruit, c^{ne} de Ferrières-Saint-Mary. — *Le Ver* (Cassini).

VERT (LE), f^{me}, c^{ne} de Fontanges.

VERT (LE), vill., c^{ne} de Junhac. — *Lou Vernh*, 1564 (min. Boyssonade, n^{re}). — *Lou Verh*, 1625 (état civ. de Montsalvy). — *Lou Vern*, 1670 (nommée au p^{ce} de Monaco). — *Lou Vert*, 1724 (liève de Montsalvy). — *Lou Bert*, 1749 (anc. cad. de Parlan). — *Le Verd*, 1767 (état civ.).

VERT (LE), écart, c^{ne} de Ladinhac. — *Le Ver*, 1745 (anc. cad.). — *Auvert* (Cassini).

VERT (LE), vill., c^{ne} de Maurs. — *Mansus del Vernh*, 1500 (terr. de Maurs). — *Lou Ver*, 1616; — *Lou Vern*, 1634; — *Lou Vier*, 1749; — *Les Graves du Ver*, 1752 (état civ. de Saint-Étienne-de-Maurs). — *Le Vert*, 1757 (id. de Maurs). — *Le Verq*, 1774 (anc. cad.).

VERT (LE), écart, c^{ne} d'Omps. — *Le Vert* (État-major). — *Le Ver*, 1856 (Dict. stat. du Cantal).

VERT (LE), ham., c^{ne} de Quézac.

VERT (LE), ham., c^{ne} de Saint-Martin-Cantalès.

VERT (LE), ham., c^{ne} de Saint-Projet.

VERT (LE), f^{me} et mⁱⁿ, c^{ne} d'Ytrac. — *Moulin de lou Vert*, 1739; — *Moulin del Verd*, 1740 (anc. cad.).

VERTEILS, vill. détruit, c^{ne} de Valuéjols. — *La Vartayre*, 1508; — *Chazal de Bertels; Berteils*, 1644; — *Verteilz; Verteils; Vertelz*, 1661; — *Beteilz*, 1662; — *Chazals de Bertheils; Varteils*, 1687 (terr. de Loubeysargues).

VERTE-SERRE, f^{me}, mⁱⁿ et chât. détruit, c^{ne} de la Chapelle-Laurent. — *La Vertesière*, 1784 (Chabrol, t. IV). — *Verteserre* (Cassini).

Verteserre était, avant 1789, le siège d'une justice seign. haute, moyenne et basse, régie par le droit cout., et ressort. à la sénéch. d'Auvergne, en appel de la prév. de Brioude.

VERULHA, dom. ruiné, cne de Dienne. — *Mansus de Verulha*, 1441 (arch. dép. s. E).

VESENA, dom. ruiné, cne de Dienne. — *Mansus de Vesena*, 1279 (arch. dép. s. E).

VESSEYRE (LA), vill., cne de Védrines-Saint-Loup. — *Laveissière*, 1751 (arch. dép. s. G, l. 48). — *La Veyseire*, 1777 (id. s. E). — *La Dousière*, 1784 (Chabrol, t. IV). — *La Vessaire* (Cassini). — *La Vaissière*, 1857 (Dict. stat. du Cantal).

VESSIÈRE (LA), dom. ruiné, cne de Brageac. — *Vayssières*, 1603; — *Les Veyssières*, 1630 (état civ.).

VESSINOU, écart, cne de Champs.

VESSOUYÈRES, mont. à vacherie, cne de Lascelle.

VESTIS (LES), écart, cne de Jabrun. — *Les Vesty*, 1730 (terr. de la Garde-Roussillon). — *Les Velcs; les Vestifs; le Velis; les Vestils*, 1784 (Chabrol, t. IV). — *Le Bestris* (État-major). — *Les Verlis*, 1855 (Dict. stat. du Cantal).

VEUVE (LA), min, cne de Siran.

VEYNESCHES, dom. ruiné, cne de Chalvignac. — *Mansus de Vayneschas*, 1284 (homm. à l'évêque de Clermont). — *Mansus de Veyneschas*, 1473 (terr. de Mauriac). — *Veyvesches; Baynesches; Vaynesches*, 1549 (id. de Miremont).

VEYRAC, ham. avec manoir et min détruit, cne d'Aurillac. — *Veracum*, 1297 (test. de Geraud de Montal). — *Veyriacum*, 1347 (reconn. à Jehanne de Balzac). — *Veyracum*, 1470 (vente à Bartholomy de Veyraguet). — *Veirac*, 1623 (état civ.). — *Beyrac; Beirac*, 1625 (id. d'Arpajon). — *Vayrac*, 1692 (terr. de Saint-Geraud). — *Veyrac*, 1695 (id. de Carlat).

VEYRAGUET, fme, cne d'Aurillac. — *Mansus de Veyraguet*, 1470 (vente à Barth. de Veyraguet). — *Vayraguet*, 1528 (terr. du cons. d'Aurillac). — *Veyraguetas*, 1561 (bulle de sécul. de l'abb. d'Aurillac). — *Bainaguet*, 1623; — *Beynaguet*, 1627; — *Vaynaguet*, 1649 (état civ.). — *Beraguet*, 1654 (id. de Reilhac).

VEYRE (LA), riv., affl. de la Rance, coule aux finages des cnes de Parlan, Saint-Julien-de-Toursac, Quézac et Maurs; cours de 25,100 m. — *Rivus de Rocros*, 443 (arch. mun. d'Aurillac, s. HH, c. 21). — *Rivus de Gravayrit*, 1500 (terr. de Maurs).

VEYRE (LA), dom. ruiné, cne de Saint-Poncy. — *Villaige de Laveyre*, 1726 (état civ. de Saint-Mary-le-Plain).

VEYRE, écart et mont. à vacherie, cne de Saint-Santin-de-Maurs. — *Veyre*, 1613 (état civ.).

VEYRET, min, cne de Saint-Chamant.

VEYRIE (LA), min, cne d'Arches. — *Molin de la Verrière*, 1693 (état civ.).

VEYRIE (LA), dom. ruiné, cne de Boisset. — *La Veyria*, 1437 (pièces de l'abbé Delmas).

VEYRIE (LA), dom. ruiné, cne de Marcolès. — *Affarium de la Veyria*, 1335 (arch. mun. d'Aurillac, s. HH, c. 21).

VEYRIÈRE (LA), fme, cne de Brageac. — *La Verierre*, 1656 (état civ.). — *La Verrière*, 1666 (id. de Tourniac). — *La Verière*, 1684 (id. de Chaussenac). — *La Veyrière*, 1780 (archives départ. s. C, l. 38).

VEYRIÈRE (LA), dom. ruiné, cne de Saint-Martin-Valmeroux. — *Villaige de Veirières*, 1671 (état civ. de Saint-Chamant).

VEYRIÈRES, con de Saignes. — *Vallis de Veyriera*, 1142; — *Valleveneria*, 1198 (mon. pontif. Arvern.). — *Villa Verieras*, XIIe se (charte dite *de Clovis*). — *Vereyras*, 1224 (mon. pontif. Arvern. ms.). — *Veyreyras*, 1479; — *Prieuré de Veyrières*, 1560 (nommée aux seign. de Charlus). — *Veyreyrres*, 1634 (état civ. du Vigean). — *Veyreyres*, 1664 (id. de Mauriac). — *Varières*, 1670 (id. du Vigean). — *Velvieires*, 1674 (id. d'Ally). — *Veyreyre*, 1686 (id. d'Ydes). — *Veyrière*, 1708 (id. d'Arches).

Veyrières était, avant 1789, de la Haute-Auvergne, du dioc. de Clermont, de l'élect. et de la subdélég. de Mauriac. Régi par le droit écrit, il dépend. de la justice seign. de Charlus, et ressort. au bailliage d'Aurillac, en appel de la prév. de Mauriac. — Son église, dédiée d'abord à saint Marcellin, puis à la Sainte-Croix, était une cure à la nomination de l'abbesse de Bonnesagne. Elle a été érigée en succursale par décret du 28 août 1808.

VEYRIÈRES, vill., cne de Naucelles. — *Mansus de Beyrieyras; de Veyrieyras, de Beirieyrias; de Vervieyrias*, 1531 (min. Vigery, nre). — *Veyrières*, 1564 (reconn. aux curé et prêtres de Naucelles). — *Beyrydères*, 1615; — *Veyrieyres*, 1616; — *Veirières*, 1617; — *Veyrierres*, 1634 (état civ.). — *Vrevrières*, 1636 (id. d'Aurillac).

VEYRIÈRES, ruiss., affl. de la rivière d'Authre, coule aux finages des cnes de Saint-Simon, Aurillac, Naucelles et Ytrac; cours de 9,500 m. — Ce ruisseau porte aussi le nom de *Monteyli*; après avoir reçu les eaux du ruisseau de la Réginie, il prend le nom de *Ruisseau du Sec*. Dans la cne de Saint-Simon, il porte les noms de *Labeau* et de *Nozerolles*. — *Rivus de Veirieyras*, 1531 (min. Vigery, nre). — *Ruisseau de Maizials*, XVIe se (pap. de la fam. de la Laubie). — *Ruisseau de Morgues*, 1773 (terr. de la Brousselte).

DÉPARTEMENT DU CANTAL.   525

Veyrières, mont. à burons, c^ne de Saint-Vincent. — *Teirières* (État-major). — *In Beirières* (patois).

Veyrières, ham. avec manoir, c^ne de Sansac-de-Marmiesse. — *Veyrières*, 1561 (obit. de N.-D. d'Aurillac). — *Veyrieyres; Vairières*, 1668 (nommée au p^cé de Monaco). — *Veyrieirs*, 1691 (arch. dép. s. C, l. 2). — *Vernevere* (État-major).

Veyrine (La), écart et chât. détruit, c^ne de Saint-Simon. — *Laveyrine*, 1692; — *Laveirine*, 1718; — *Laveyrine*, 1729; — *Lareyrines*, 1747 (arch. dép. s. C, l. 12). — *La Vérine* (Cassini).

Veyrines, vill., c^ne d'Omps. — *Veyrines*, 1668 (nommée au p^cé de Monaco). — *Vérines* (Cassini).

Veyrines, ruiss., affl. du ruisseau de Lavaret, c^ne de Pradiers; cours de 8,000 m.

Veyrines, f^me, c^ne d'Ytrac. — *Mansus de Veyrinas*, 1296 (arch. mun. d'Aurillac, s. GG, c. 16). — *La Beyrine; la Veyrine; la Veyrinie*, 1528 (terr. du cons. d'Aurillac). — *La Veyrina*, 1531 (min. Vigery, n^re). — *Veyrines*, 1684; — *Vayrines*, 1739 (arch. dép. s. C).

Veyrines-Haut, écart, c^ne d'Omps.

Veys (La), dom. ruiné, c^ne de Raulhac. — *Villaige de la Veys*, 1695 (terr. de la command. de Carlat).

Veysseinoux (Le), écart, c^ne de Fontanges.

Veysset (Le), vill., c^ne de Condat-en-Feniers. — *La Vaisse*, 1654 (terr. de l'abb. de Feniers). — *Le Veisset* (Cassini). — *Le Vaysset* (État-major).

Veysset, vill., chât. et m^in, c^ne de Moussages. — *Villa Vaysset*, xiie s^e (charte dite *de Clovis*). — *Veysset*, 1714 (état civ.).

Veysset (Le), ruiss., affl. de la rivière de Mars, coule aux finages des c^nes de Moussages, Méallet et Anglards-de-Salers; cours de 9,560 m.

Veyssière (La), vill., c^ne de Glénat. — *La Vayssieyra*, 1460 (reconn. au seign. de Montal). — *La Vessière*, 1632; — *La Baissière*, 1667; — *La Vaissière*, 1669; — *La Voyshière*, 1680 (état civ.). — *Lasvissière*, 1750 (anc. cad.). — *La Veyssière* (Cassini).

Veyssière (La), vill., c^ne de Joursac. — *La Veisseyre*, 1568 (arch. dép. s. H). — *La Vessière*, 1635 (nommée par G. de Foix). — *La Veysseyre*, 1693 (état civ. de Moissac). — *La Vissière*, 1693; — *La Vassière; la Vaissière*, 1697; — *La Vaissieres*; 1698; — *La Viessiere*, 1699 (état civ.). — *La Veisseire*, 1699 (id. de Moissac). — *Vissère* (Cassini).

Veyssière (La), écart, c^ne de Menet. — *La Vaisseyre*, 1638 (terr. de Murat-la-Rabe). — *La Veissière*, 1783 (aveu au roi par G. de la Croix). — *La Bessière* (Cassini).

Veyssière (La), vill., détruit, c^ne de Saint-Martin-Valmeroux. — *Villaige de la Vaysseyra*, 1504 (terr. de la duchesse d'Auvergne). — *Veziers* (Cassini).

Veyssière (La), ruiss., affl. de la rivière d'Auze, c^ne de Salins.

Veyssière (La), écart, c^ne de la Ségalassière. — *La Bessieyre*, 1617 (état civ. de Glénat). — *La Bessière* (Cassini). — *La Veyssière* (État-major). — *La Vayssière*, 1857 (Dictionnaire statistique du Cantal).

Veyssière (La), dom. ruiné, c^ne du Vigean. — *Mansus da la Vaysieyra*, 1310 (lièvre du prieuré du Vigean). — *Mansus de la Vayssieyra*, 1381 (id. de Mauriac). — *Mas de la Veissiera*, 1473; — *La Veyssiera*, 1475 (terr. de Mauriac). — *La Vaisseyra; la Baisseyra*, 1505 (arch. mun. de Mauriac). — *Laveissière; Laveyssière*, 1680 (terr. de Mauriac).

Veyssières (Las), écart, c^ne de Junhac.

Veyssières (Les), mont. à vacherie, c^ne de Saint-Amandin. — *Montaigne de la Besseyre; de la Vaisseyre*, 1650 (terr. de l'abb. de Feniers).

Vézac, c^ne sud d'Aurillac et chât. fort détruit. — *Vesacum*, 1443 (arch. de l'hôp. d'Aurillac). — *Vezacum*, 1485 (reconn. à J. de Montamat). — *Bezacum*, 1517 (pièces de l'abbé Delmas). — *Veszat*, 1622; — *Bessac*, 1624 (état civ. d'Arpajon). — *Vézat*, 1628 (paraph. sur les coutl. d'Auvergne). — *Bézac*, 1632 (état civ. d'Arpajon). — *Vézac*, 1695 (terr. de la command. de Carlat).

Vézac était, avant 1789, de la Haute-Auvergne, du dioc. de Saint-Flour, de l'élect. et de la subdélég. d'Aurillac. Régi par le droit écrit, il dépend. de la justice seign. de Sales, et ressort. au bailliage d'Aurillac, en appel de sa prév. part. — Son église, dédiée à saint Sulpice et à saint Roch, était un prieuré dépend. de l'archidiacre d'Aurillac et à sa nomination. Elle a été érigée en succursale, par décret du 28 août 1808.

Vézac, vill. et m^in, c^ne d'Arches. — *Villa Veciacus*, xiie s^e (charte dite *de Clovis*). — *Bézac*, 1505 (comptes au doyen de Mauriac). — *Vézac*, 1549 (terr. de Miremont). — *Vésach*, 1670 (état civ. du Vigean).

Vézac, dom. ruiné, c^ne de Jaleyrac. — *Vezacum*, 1473; — *Vésac*, 1680 (terr. de Mauriac).

Vézac-Haut, dom. ruiné, c^ne de Jaleyrac. — *Mansus de Vezat-Soubro*, 1315 (arch. généal. de Sartiges). — *Mansus de Vezac Superius*, 1473; — *Vézac-Soubre*, 1680 (terr. de Mauriac).

Vézac-le-Baron, dom. ruiné, c^ne de Vézac. — *Affar*

appelé *Vézac-lou-barou*, 1630 (terr. de N.-D. d'Aurillac).

Vèze, c^{on} d'Allanche. — *Vesa*, 1329 (enq. sur la just. de Vieillespesse). — *Aveza*, xive s^e (Guill. Trascol). — *Veza*, 1451 (terr. de Chavagnac). — *Veze des Fortunes*, 1535 (Pouillé de Clermont, don gratuit). — *Veze-Fortunier* (Cassini).

Vèze était, avant 1789, de la Basse-Auvergne, du dioc., de l'élection, de la subdél. de Saint-Flour. Il était le siège d'une justice seign. régie par le droit écrit, et ressort. à la sénéch. d'Auvergne, en appel de la prév. de Saint-Flour. Son église, dédiée à saint Caprais (saint Pancrace), était un prieuré à la nomination du prieur de la Voûte. Elle a été érigée en succursale par décret du 28 août 1808.

Vèze, vill., c^{ne} d'Ally. — *Villa Aveza*, xiie s^e (charte dite *de Clovis*). — *Vesc*, 1650 (état civ. de Saint-Christophe). — *Bèze*, 1667 (id. de Loupiac). — *Vèze*, 1769 (arch. dép. s. C).

Vèze (La), écart, c^{ne} de Joursac.

Vèze, mont. à burons, c^{ne} de Pailhérols. — *Montaignhe de la Vèze*, 1669; — *Montagne de la Bèze*, 1670 (nommée au p^{ce} de Monaco). — *Buron du Cas-de-la-Vèze* (Cassini).

Vèze (La), ruiss., affl. de la rivière de Brommat, c^{nes} de Pailhérols et de Malbo; cours de 5,450 m.

Vézeils, vill. et m^{in} détruit, c^{ne} de Roussy. — *Vescelum*, 1427 (arch. dép. s. H). — *Vezel*, 1522 (min. Vigery, n^{re}). — *Vezeil*, 1535 (terr. de Caylus). — *Bezels*, 1634 (état civ. de Cassaniouze). — *Vezelh*, 1644 (min. Froquières, n^{re}). — *Veshes*, 1659 (état civ. de Leucamp). — *Vezels*, 1668; — *Vezelz*, 1670 (nommée au p^{ce} de Monaco). — *Visels*, 1687 (état civ. de Leucamp).

Vèzes, lieu détruit, c^{ne} de Valjouze. — (Cassini.)

Vézinnes, dom. ruiné, c^{ne} de Saint-Martin-Cantalès. — *Mansus de Vezinon*; *de Vezinos*; *de Vezinas*, 1464 (terr. de Saint-Christophe).

Vezis, dom. ruiné, c^{ne} de Reilhac. — *Mansus de Vezis*, 1464 (terr. de Saint-Christophe).

Vézol, vill., c^{ne} de Saint-Amandin. — *Vézole*; *Vezolles*, 1650 (terr. de Feniers). — *Vézolle* (Cassini).

Vézolet, vill., c^{ne} de Saint-Amandin. — *Vézollet*, 1550 (terr. du quart. de Marvaud). — *Vézoulez*, 1650 (terr. de Feniers). — *Vézoullet*, 1658; — *Vézoulet*, 1755 (lièvre du quart. de Marvaud).

Vézol-l'Antique, vill. détruit, c^{ne} de Saint-Amandin.

Vézols, dom. ruiné, c^{ne} de Cheylade. — *Affar de la Vézols*, 1521; — *Affar de la Vézolle*, 1524 (min. Teyssendier, n^{re}). — *Affar de la Vézolo*, 1539 (terr. de Cheylade).

Vezou (Le), ruiss., affl. de la Truyère, coule aux finages des c^{nes} de Cezens, Gourdièges, Pierrefort, Paulhenc et Sainte-Marie; cours de 11,100 m. — *Ruisseau appelé de Malcapict*, 1596 (insin. du baill. de Saint-Flour).

Vezou, chât. détruit, c^{ne} de Saint-Martin-Valmeroux. — *Chasteau de Vastrou*, 1684 (min. Gros, n^{re} à Saint-Martin-Valmeroux).

Viadouse (La), dom. ruiné, c^{ne} du Claux. — *Affar de Viadouze*, xviie s^e (arch. dép. s. E).

Viaga (Le), dom. ruiné, c^{ne} de Vitrac. — *Affarium vocatum de Biayat*; *Viayat*, 1301 (pièces de l'abbé Delmas).

Viaguin (Le), ruiss., affl. de la Cère, c^{ne} de Saint-Jacques-des-Blats; cours de 2,200 m.

Vial (Le), ruis., affl. de l'Auze, c^{ne} de la Besserette; cours de 1,500 m.

Viala (Le), vill., c^{ne} de Maurs. — *Bialar*, 1433; — *Vialar*, 1456; — *La Viala*, 1470 (arch. mun. d'Aurillac, s. HH, c. 21). — *Vialla*, 1626; — *La Bialla*, 1628; — *La Vinalla*, 1667; — *Le Vialas*, 1757 (état civ.). — *Le Vialar*, 1770 (anc. cad.).

Vialar (Le), dom. ruiné, c^{ne} de Cassaniouze. — *Affar del Vialar*; *del Vialard*, 1760 (terr. de Saint-Projet).

Vialar (Le Puech de), dom. ruiné, c^{ne} de Giou-de-Mamou. — *Tènement et bois appelés del Puech de Vialar, autrefois appelés de Puech-Joug*, 1595 (terr. de la command. de Carlat). — *Tènement de Vialles*, 1686 (arch. dép. s. C).

Vialar (Le), dom. ruiné, c^{ne} de Saint-Bonnet-de-Salers. — *Affarium del Vialar*, 1475 (terr. de Mauriac).

Vialar (Le), dom. ruiné, c^{ne} de Saint-Martin-Valmeroux. — *Villaige del Vialar*, 1684 (min. Gros, n^{re}).

Vialar, dom. ruiné, c^{ne} d'Ydes. — *Mansus del Viala*, 1441 (terr. de Saignes).

Vialard (Le), vill., c^{ne} d'Andelat. — *Lou Vialario*; *lou Vialar*, 1583 (arch. dép. s. G). — *Le Viallard*, 1599 (min. Andrieu, n^{re}). — *Le Vielard*, 1654 (terr. du Sailhans).

Vialard (Le), lieu détruit, c^{ne} de Bournoncles. — (Cassini.)

Vialard (Le), écart, c^{ne} de Chastel-Marlhac. — *Vialars*, 1607 (terr. de Trizac). — *Le Viallar*; *le Viallars*, 1671; — *Le Viallais*, 1675 (état civ. de Trizac).

Vialard (Le), écart, c^{ne} de Chaudesaigues. — *Le Vialard*, 1784 (Chabrol, t. IV).

Vialard (Le), ham., c^{ne} d'Espinasse. — *Le Vialard* (Cassini). — *Le Viallard*, 1855 (Dict. stat. du Cantal).

VIALARD (Le), vill., c^{ne} de Faverolles. — *Le Vialar*, 1494 (terr. de Mallet). — *Le Vialard*, 1784 (Chabrol, t. IV).

VIALARD (Le), ruiss., affl. de la Bedaine, c^{ne} de Roufiiac; cours de 2,200 m.

VIALARD (Le), ham. et mⁱⁿ, c^{ne} de Sarrus. — *Lou Viallar*, 1494 (terr. de Mallet). — *Lou Vialard*, 1665 (insin. du baill. d'Andelat). — *Le Viallard*, 1857 (Dict. stat. du Cantal).

VIALARD (Le), ruiss., affl. du Chalivet, c^{ne} de Sarrus; cours de 1,200 m. — *Rieu del Vialen; del Vignal*, 1494 (terr. de Mallet).

VIALARD (Le), vill., c^{ne} de Trémouille-Marchal. — *Les Viallards*, 1732 (terr. du fief de la Sépouse). — *Viallard* (Cassini). — *Le Vialard* (État-major). — *Le Vialards*, 1857 (Dict. stat. du Cantal).

VIALARD (Le), vill., c^{ne} de Vabres, et chât. fort détruit. — *Le Vialar*, 1508 (terr. de Montchamp). — *Le Viallard*, 1745; — *Levialard*, 1782 (arch. dép. s. C, l. 43).

VIALARD (Le), dom. avec manoir détruit, c^{ne} de Vic-sur-Cère. — *Le domaine du Vialar*, 1669 (nommée au p^{ce} de Monaco). — *Affars du Vialard* (états de sections).

VIALARD (Le), mⁱⁿ, c^{ne} de Vic-sur-Cère. — *Moulin Vialat* (états de sections). — *Moulin du Vieillard* (État-major).

VIALARD (Le), vill., c^{ne} de Vieillespesse. — *Lo Vialar*, 1526; — *Lo Viallard*, 1571 (terr. de Vieillespesse).

VIALARNIOUX, vill. et mⁱⁿ, c^{ne} de Siran. — *Lo mas du Vialharno*, 1350 (terr. de l'Ostal de la Trémolieyra). — *Larnioux*, 1616; — *Vialarnioux*, 1618 (état civ.). — *Vialarnhous*, 1643; — *Vialarnious*, 1652 (min. Sarrouste, n^{re}). — *Vialliarnhous*, 1654 (état civ. de Laroquebrou). — *Vialarnous*, 1765 (arch. dép. s. G). — *Moulin de Viarnous* (Cassini). — *Moulin de Viale-Arnoux* (État-major). — *Vialarnoux*, 1857 (Dict. stat. du Cantal).

VIALAROUX, écart, c^{ne} de Saint-Martial. — *Lou Vialaroux*, XVIe s^e (arch. dép. s. G). — *Louvialarou*, 1640 (id. s. H). — *Viallaroux*, 1856 (Dict. stat. du Cantal).

VIALE (La), dom. ruiné, c^{ne} de Leynhac. — *Affar nommé de la Viala*, 1545 (min. Destaing, n^{re}). — *La Viale* (Cassini).

VIALE, vill., c^{ne} de Marchastel. — *Mansus de Viale*, 1519 (terr. d'Apchon). — *Vialle*, 1618 (lièvre de Soubrevèze).

VIALE (La), écart, c^{ne} de Mourjou. — *Las Vialles*, 1856 (Dict. stat. du Cantal).

VIALE (La), ruiss., affl. de l'Incon, c^{ne} de Pleaux.

VIALE (La), dom. ruiné, c^{ne} de Saint-Mamet-la-Salvetat. — *Affar de la Vial; Lavial; Lavialle*, 1668 (nommée au p^{ce} de Monaco). — *Tènement de la Viale*, 1739 (anc. cad.).

VIALE (La), ham., c^{ne} de la Ségalassière. — *La Viole*, 1667 (état civ. de Glénat). — *La Vial* (Cassini). — *La Violo* (État-major).

VIALE-DE-LAGANE (La), ruiss., affl. du ruisseau de Tissandières, c^{ne} de Cros-de-Montvert; cours de 1,000 m.

VIALÈNE (La), écart, c^{ne} de Cassaniouze. — *La Vilène*, 1658; — *La Viellène*, 1672; — *La Viellaine*, 1674; — *Vialènes*, 1740 (état civ.). — *La Violène* (Cassini).

VIALES (Les), écart, c^{ne} de Saint-Antoine. — *Vialles*, 1852 (Dict. stat. du Cantal).

VIALET (Le), écart, c^{ne} de Marcolès. — *Affar de Vialar-lès-Marcolès*, 1545 (min. Destaing, n^{re}). — *Viallet*, 1668 (nommée au p^{ce} de Monaco). — *Bénlet*, 1784 (Chabrol, t. IV).

VIALET (Le), écart, c^{ne} de Saint-Antoine. — *Viallet*, 1852 (Dict. stat. du Cantal).

VIALETTE (La), lieu détruit, c^{ne} de Marcolès. — (Cassini.)

VIALETTE (La), ham., c^{ne} de Peyrusse.

VIALETTE (La), ruiss., affl. du ruisseau de Bouzeire, c^{ne} de Peyrusse; cours de 2,175 m. — *Rivus vocatus de Dieloux*, 1471 (terr. du Feydit).

VIALETTE (La), écart, c^{ne} de Prunet. — *La Valette* (Cassini). — *La Violette*, 1857 (Dict. stat. du Cantal).

VIALETTE (La), f^{me}, c^{ne} de Saint-Simon. — *Mansus de Vialete*, 1378 (fond. de la chapell. des Blats). — *Vialeta; Vialleta sive de Méralz*, 1573 (arch. mun. d'Aurillac, s. GG, p. 20). — *Vialette*, 1676 (lièvre de la mais. des Blats). — *Méraulx*, 1692 (terr. du monast. de Saint-Geraud). — Cette f^{me} porte aussi le nom de *la Réginie*.

VIALETTE (La), ham., c^{ne} de Vitrac. — *Affaria de Vialeta*, 1462 (arch. dép. s. E). — *La Vialette*, 1668 (nommée au p^{ce} de Monaco).

VIALING (Le), écart, c^{ne} d'Aurillac. — *Le Vialain*, 1634 (état civ.). — *Lou Vialenc*, 1650; — *Lou Vialeinc*, 1693 (id. de Naucelles). — *Le Vialing* (états de sections).

VIALLAQUES, écart, c^{ne} de Saint-Mamet-la-Salvetat. — *Vialagues*, 1555 (min. Destaing, n^{re}). — *Viallacques*, 1592 (livre des achaps d'Ant. de Naucaze). — *Viallagues*, 1624; — *Vialacques*, 1635 (état civ.). — *Vialaques*, 1697 (arch. dép. s. G, l. 4).

VIALLAR (Le), vill. détruit, c^{ne} de Junhac. — 1784 (Chabrol, t. IV).

VIALLARD (LE), ruiss., affl. de la Véronne, c^ne de Colandres; cours de 1,000 m.

VIALLARD, f^me, c^ne de Joursac. — *Le Vilard* (Cassini).

VIALLARD (LE), vill. et mont. à vacherie, c^ne de Sainte-Eulalie. — *Mansus de Vialar*, 1464 (terr. de Saint-Christophe). — *Viallac*, 1666 (état civ. de Loupiac). — *Vialard*, 1672 (id. de Saint-Chamant). — *Viallal*, 1694 (min. Gros, n^re). — *Vialars*, 1700 (état civ. de Saint-Martin-Valmeroux). — *Viallard*, 1743 (arch. dép. s. G, l. 40).

VIALLARD (LE), ruiss., affl. de la Maronne, c^ne de Sainte-Eulalie; cours de 1,500 m.

VIALLE (LA), vill., c^ne du Claux. — *Lou Vial*, 1646 (lièv. conf. de Valrus). — *La Vialle*, 1744 (Chabrol, t. IV). — *Laviole* (Cassini).

VIALLE (LA), ruiss., affl. de la Santoire, c^nes de Dienne et de Ségur; cours de 2,400 m. — *Rivus dictus Labeurador*, 1474 (arch. dép. s. E); — *Le rieu de Vielles; le rieu de Vialle*, 1559 (min. Lanusse, n^re).

VIALLE (LA), ham., c^ne d'Omps. — *La Viale* (État-major). — *La Vialle*, 1856 (Dict. stat. du Cantal).

VIALLE (LA), ruiss., affl. du ruisseau des Angles, c^ne d'Omps; cours de 950 m.

VIALLE (LA), dom. ruiné et mont. à vacherie, c^ne de Saint-Christophe. — *Affarium de la Viala*, 1464 (terr. de Saint-Christophe). — *Bordarie del Vialat*, 1470 (arch. mun. d'Aurillac, s. HII, c. 21).

VIALLE (LA), écart, c^ne de Saint-Étienne-de-Maurs. — *La Viale*, 1746; — *La Vialle*, 1749 (état civ.).

VIALLE (LE CROS DE LA), dom. ruiné, c^ne de Saint-Martin-Cantalès. — *Affar de la Viale*, 1504 (terr. de la duchesse d'Auvergne).

VIALLE (LA), dom. ruiné, c^ne de Saint-Simon. — *Mas appelé de Vials*, 1692 (terr. de Saint-Geraud).

VIALLE, vill. et chât. ruiné, c^ne de Ségur. — *La Viala*, 1425 (la mais. de Graule). — *Mas de Viale*, 1513 (terr. de Cheylade). — *Vieille*, 1559 (min. Lanusse, n^re à Murat). — *Vialles*, 1666 (état civ. de Murat). — *Vialla*, 1784 (Chabrol, t. IV). — *Vialle* (Cassini).

VIALLE (LE RUISSEAU DE), mont. à burons, c^ne de Ségur.

VIALLE (LA), vill., c^ne du Vigean. — *Mansus de la Viala*, 1310 (lièv. du prieuré du Vigean). — *La Viale*, 1474 (terr. de Mauriac). — *La Vialh*, 1652; — *La Vialle*, 1670 (état civ.).

— *La Vealle*, 1701 (état civ. de Saint-Martin-Valmeroux).

VIALLE-CUALLET, vill., c^ne de Massiac. — *Vialleschalles; Viallachalles*, 1666 (état civ. de Saint-Victor-sur-Massiac). — *Viallechaletz*, 1668 (id. de Massiac). — *Viallechalles*, 1707; — *Vialle-Chalès*, 1722 (id. de Saint-Victor-sur-Massiac). — *Viale-Chales*, 1722; — *Vialle*, 1742 (id. de Saint-Victor-sur-Massiac). — *Vialeschales* (Cassini).

VIALLE-DANTINE (LA), petit ruiss., prend sa source dans la c^ne de Cros-de-Montvert, et se jette dans l'étang de Pénières, sur le territ. de la même c^ne.

VIALLE-DU-FABRE (LA), ruiss., affl. du Célé, c^ne de Fournoulès; cours de 1,000 m.

VIALLE-DU-PUY-DU-PEUCH (LA), dom. ruiné, c^ne de Boissel. — *Affar appelé de la Vialle du Peuchegrand*, 1668 (nommée au p^ce de Monaco).

VIALLE-LONGUE (LA), ham., c^ne de Roannes-Saint-Mary. — *Vialles-longues*, 1857 (Dict. stat. du Cantal).

VIALLES, ham., c^ne de Saignes. — *La Vialle*, 1681 (état civ.).

VIALLES (LES), écart, c^ne de Saint-Antoine.

VIALLET (LE), écart, c^ne de Saint-Antoine.

VIALLE-VIEILLE (LA), vill., c^ne de Massiac. — *La Vialle-veilhe*, 1615 (arch. dép. s. G). — *Viallevellye*, 1669 (état civ. de Massiac). — *La Viallevieille*, 1670 (id. de Bonnac). — *La Viallevieille*, 1711 (id. de Saint-Victor-sur-Massiac). — *Vialleveille* (Cassini).

VIALLE-VIEILLE (LA), dom. ruiné, c^ne de Rouziers. — *Villaige de Vial-vielh*, 1670 (nommée au p^ce de Monaco).

VIALLE-VIEILLE (LA), dom. ruiné, c^ne du Vigean. — *Villaige de la Viallevieille*, 1633 (état civ.).

VIALO (LE), écart détruit, c^ne d'Arpajon. — *Villaige del Vialo*, 1695 (terr. de la command. de Carlat).

VIALONS (LES), écart et chât. détruit, c^ne de Montvert. — *Vialoux* (État-major). — *Vialous*, 1856 (Dict. stat. du Cantal).

VIALOTE (LA), ruiss., affl. de la Soulane-Grande, c^ne de Saint-Illide; cours de 1,400 m.

VIALOTTE (LA), dom. ruiné, c^ne de Saint-Mamet-la-Salvetat. — *Tènement de la Viallotte; Vialotte; Vialote*, 1739 (anc. cad.).

VIALOTTE (LA), vill., c^ne de Tourniac. — *La Vialotte* (État-major).

VIALOTTES (LES), écart, c^ne de Laroquebrou.

VIARD (LE BOIS DE), dom. ruiné, c^ne d'Arpajon. — *Affartz de Biard; Bois-de-Biard alias de Gamarez; Gamardz*, 1668 (nommé au p^ce de Monaco). — *Bois-de-Viars, alias du Ban-Carel*, 1736 (terr. de la command. de Carlat). — *Ténement de Byau*, 1739 (anc. cad.).

VIAROUGE, écart, c^{ne} de Ladinhac. — *Biaouyres, autrement Autressoyres*, 1552 (min. Boygues, n^{re}). — *Viarouze*, 1720 (état civ. de la Capelle-en-Vézie). — *Viarouge*, 1750 (anc. cad.). — *Byerouges* (Cassini).

VIARSE (LA), écart, c^{ne} d'Arpajon. — *La Viarze*, 1621 (état civ.). — *La Viarsse*, 1656 (id. d'Aurillac). — *La Viarse*, 1671 (id. de Marmanhac). *Affar de Viarre*, 1695 (terr. de la command. de Carlat). — *Laviarsse*, 1740 (anc. cad.).

VIAS (LAS), dom. ruiné, c^{ne} de Marcolès. — *Affarium de las Vias*, 1478 (pièces de l'abbé Delmas).

VIAS (LES), dom. ruiné, c^{ne} de Naucelles. — *Villaige de Vias*, 1636; — *Vies*, 1640 (état civ.).

VIAUNE (LA), dom. ruiné et mont. à burons, c^{ne} de Saint-Vincent. — *Locus de Villa*, 1333 (homm. à l'évêque de Clermont). — *V^{rie} de Vioune* (Cassini). — *La Bioneo* (patois).

VIAURAUX, vill. et martinet à forger le cuivre, c^{ne} de Saint-Mamet-la-Salvetat. — *Los Vieaubraulx*, 1621; — *Los Bieuralz*, 1622; — *Bieural; Vieuralz*, 1623; — *Vieuraux*, 1634; — *Vinraulx*, 1635; — *Biraulx; Buiraulx*, 1636; — *Bruraulx; Broraulx*, 1637; — *Buraulx; Vuraulx*, 1639 (état civ.). — *Vinux-aus*, 1650 (id. d'Aurillac). — *Vieurals; Vioraux*, 1663; — *Vyeurals*, 1664 (état civ.). — *Vieuraus*, 1668; — *Abieuralz; Abiouraux*, 1669 (nommée au p^{ce} de Monaco). — *Viouzan*, 1697 (arch. dép. s. G, l. 4). — *Vigoureaux*, 1698 (état civ. de Crandelles). — *Vieuran*, 1728; — *Biauroux*, 1743 (arch. dép. s. G, l. 4).

VIBREZAC, vill., c^{ne} de Villedieu. — *Vibresac*, 1352 (homm. à l'évêque de Clermont). — *Vibresac*, 1508 (terr. de Montchamp). — *Bibrasac, Bribasac*, 1510 (terr. de Maurs). — *Bibresac*, 1562 (arch. dép. s. G). — *Viboiezac*, 1596 (min. Andrieu). — *Bribazac*, 1608 (arch. dép. s. G). — *Vibrezac*, 1661 (terr. de Montchamp). — *Viboizat*, 1672; — *Vibuezat*, 1677 (insin. de la cour royale de Murat). — *Vebrezac*, 1681 (état civ. de Saint-Flour). — *Privazac; Brivazac*, 1762 (terr. de Montchamp). — *Bibrezac*, 1784 (Chabrol, t. IV).

Par ordonn. roy. du 11 février 1824, Vibrezac a été distrait de la c^{ne} d'Allenze et réuni à celle de Villedieu.

VIC, m^{in} détruit, c^{ne} d'Aurillac. — *Moullin de Vic*, 1793 (recens. de la population).

VIC (LE LAC DE), mont. à vacherie, c^{ne} de Celles. — *Bughe appelée del Lac-de-Vi*, 1581 (terr. de Celles).

— *Le Lacquassou-de-Vic*, 1607 (min. Danty). — *Lou Lac-del-Ty*, 1697; — *Le Lac-de-Vy*, 1700 (terr. de Celles).

VIC, lieu détruit, c^{ne} de la Chapelle-Laurent. — *Vic*, 1784 (Chabrol, t. IV).

VIC, m^{in} détruit, c^{ne} d'Escorailles. — *Molendinum de Vico*, 1464; — *Molin de Viz*, 1566 (terr. de Saint-Christophe).

VIC, ham., c^{ne} d'Ydes.

VICAIRE (LE), écart, c^{ne} de Saint-Julien-de-Toursac.

VICAIRIE (LA), dom. ruiné, c^{ne} de Cassaniouze. — *Villaige de la Vicarie*, 1676 (état civ.). — *La Vicairie*, 1741 (anc. cad.).

VICAIRIE (LA), dom. ruiné, c^{ne} de Saint-Flour. — *Boria dicta Vicaria*, 1433 (arch. mun. de Saint-Flour).

VICARY, dom. ruiné, c^{ne} de la Capelle-en-Vézie. — *Villaige de Vicary*, 1590 (pièces de l'abbé Delmas). — *Bouriaige de Vivary*, 1611; — *Vicari*, 1628 (terr. de N.-D. d'Aurillac).

VICARY (LE SÉCHOIR DE), séchoir détruit, c^{ne} de Maurs. — *Bois del Viécary*, 1753 (anc. cad.).

VICIALMONT, écart, c^{ne} de Leynhac. — *Virialmont* (Cassini). — *Vicialmont*, 1856 (Dict. stat. du Cantal).

VICLOECOBRE, lieu détruit, c^{ne} de Vitrac. — *Villaige de Vicloecobre*, 1550; — *Villaige de Merecobre*, 1559 (min. Destaing).

VICROZE, ham. et m^{in}, c^{ne} de la Chapelle-Laurent. — *Vicrose*, 1646 (lièv des Ternes). — *Vic-Rose*, 1784 (Chabrol, t. IV). — *Vicroze* (Cassini).

VIC-SUR-CÈRE, c^{ne} et c^{on} de l'arrond. d'Aurillac. — *Vic*, 1265 (archives nationales, P. 472, cote 6070). — *Vicus*, 1307 (pap. de la fam. de Montal). — *Ballivia Vicensis*, 1644 (inscript. dans l'église de Vic-sur-Cère). — *Vicq*, 1684 (min. Gros, n^{re}).

Vic était, avant 1789, de la Haute-Auvergne, du dioc. de Saint-Flour, de l'élect. et de la subdélég. d'Aurillac.

Vic était jadis le siège de la justice du Carladès, régie par le droit écrit; il avait le titre de bailliage royal et de cour d'appeaux, et ressort. immédiatement au Parlement. Dans le cas de l'édit, Vic ressort. au présidial d'Aurillac. Il y a existé une prévôté supp. en 1749 et réunie au bailliage. La prév. royale de Boisset y ressort. — Son église, dédiée à saint Pierre, était un prieuré dépend., en 1080, de l'abb. d'Aurillac; il fut ensuite uni au monast. de Saint-Flour, puis, en dernier lieu, à l'évêché de cette ville. Elle a été érigée en cure, par la loi du 18 germinal an X (8 avril 1802).

VIDAGUET, mont. à vacherie, c^{ne} de Saint-Paul-de-Salers.

VIDAILLE (LA), dom. ruiné, c^{ne} de Saint-Gerons. — *Villaige de la Vidailhe*, 1669 (nommée au p^{cc} de Monaco).

VIDAL (LA), vill. et m^{in}, c^{ne} d'Apchon. — *La Vidala*, 1518 (terr. d'Apchon). — *Lavidal*, 1585 (id. de Graule). — *La Vidal*, 1683 (état civ. de Trizac).

VIDAL, ham., c^{ne} de Chaussenac. — *Hameau de Vidat*, 1769 (arch. dép. s. G).

VIDAL (LA), vill., c^{ne} de Trémouille-Marchal. — *La Vidal*, 1732 (terr. du fief de la Sépouse). — *Lavidal* (Cassini).

VIDALENCHE (LA), vill. et m^{in}, c^{ne} de Brezons. — *Vidalenchas*, xve s^e; — *La Vidalenche*, 1617 (arch. dép. s. E). — *La Vidallenche*, 1623 (ass. gén. ten. à Cezens). — *La Vidaynche*, 1671 (état civ. de Pierrefort). — *La Vidallene*; *Lavidalenches*; *Lavidalainche*, 1720; — *La Vidailainche*; *Vidaline*, 1721 (id. de Brezons).

VIDALIE (LA), écart, c^{ne} d'Arpajon. — *Vidalhacum*, 1465 (obit. de N.-D. d'Aurillac). — *La Bidalie*, 1628 (état civ.). — *La Vidalie*, 1659 (arch. dép. s. H). — *La Vidalhie*, 1679 (id. s. C, l. 5). — *La Vidalia*, 1692 (terr. du monast. de Saint-Geraud). — *Lavidalhe*, 1704 (arch. dép. s. C, l. 5). — *L'affar de la Vidalio*, 1736 (terr. de la command. de Carlat).

VIDALIE (LA), dom. ruiné, c^{ne} de Laroquebrou. — *Boria sive mansus de La Vidalia*, 1333 (arch. mun. d'Aurillac, s. HH, c. 21).

VIDALIE (LA), dom. ruiné, c^{ne} de Saint-Simon. — *Affar de la Vidalhe sive del Mole*, 1692 (terr. de Saint-Geraud).

VIDALIE (LA), écart, c^{ne} de Sansac-de-Marmiesse. — *La Vidallia*; *la Vidalia*, 1561 (obit. de N.-D. d'Aurillac). — *Lavidalhe*, 1668 (nommée au p^{ce} de Monaco). — *La Vidalie*, 1681 (arch. dép. s. C, l. 2).

VIDALIE (LA), dom. ruiné, c^{ne} de Siran. — *Lo mas de la Vidalia*, 1350 (terr. de l'Ostal de là Trémolieyra).

VIDALIE (LA), écart, c^{ne} de Vieillevic. — *La Vidalhe*, 1674; — *La Vidaille*, 1675; — *La Vidallie*, 1677; — *La Vidalie*, 1684 (état civ.).

VIDALINCHE (LA), vill., c^{ne} de Thiézac. — *La Vidalhanche*, 1615 (état civ.). — *Vidalenches*, 1668 (nommée au p^{ce} de Monaco). — *La Vidoinques*, 1672; — *La Vidalenche*, 1674 (état civ. de Polminhac). — *La Vidalinche*, 1746 (anc. cad.).

VIDALINCHE, ruiss., affl. du ruiss. de Tourcy, c^{ne} de Thiézac; cours de 1,300 m. — *Ruisseau de Vidalinges*, 1862 (état des ruiss. du Cantal).

VIDATIER (LA), dom. ruiné, c^{ne} d'Arpajon. — *Tènement de la Vidatier*, 1740 (anc. cad.).

VIDÈCHES, vill., c^{ne} de Brezons. — *Vedeschat*, 1620 (état civ. de Pierrefort). — *Videsches*, 1623 (ass. gén. ten. à Cezens). — *La Vidèche*, 1720; — *Vidèches*, 1724 (état civ.).

VIDET, vill. et m^{in}, c^{ne} de Ferrières-Saint-Mary. — *Vidal*, 1610 (terr. d'Avenaux). — *Videt*, 1672 (état civ. de Bonnac). — *Bidet*, 1771 (lièvre de Mardogne). — *Videl* (Cassini).

VIDET, ruiss., affl. de l'Arcueil, c^{ne} de Saint-Mary-le-Plain; cours de 1,200 m.

VIE (LE MOULIN-QUI-LA-), m^{in} détruit, c^{ne} de Valette. — *Le Molin-qui-la-Vye*, 1506 (terr. de Riom).

VIEILCRU, vill., c^{ne} de Marcolès. — *Mansus de Vuelhcru*, 1522 (pièces de l'abbé Delmas). — *Villeru* (Cassini).

VIEILLANSARGUES, vill., c^{ne} de Peyrusse. — *Vielhaitargues*, 1635 (nommée par G^{lle} de Foix). — *Valianssargues*, 1771 (lièvre de Mardogne). — *Villauzargues*, 1784 (Chabrol, t. IV). — *Vieillauzargues*, 1857 (Dict. stat. du Cantal).

VIEILLE (LA), vill., c^{ne} de la Capelle-Viescamp. — *Mansus vocatus de Lande Via, alias Rausenc*, 1403 (échange avec J. de Montal). — *Laviata*, 1485 (reconn. à J. de Montamat). — *La Vialla*, 1654 (min. Sarrauste, n^{re}). — *La Vielle*, 1687; — *Lavialle*, 1696 (état civ.).

L'orthographe de ce mot est vicieuse; il faudrait écrire : *Vialle* (La).

VIEILLE (LA), écart, c^{ne} d'Ytrac.

VIEILLE-AUZOLE (LA), vill. détruit, c^{ne} de Laveissenet.

VIEILLE-CARRIÈRE (LA), dom. ruiné, c^{ne} de Montmurat. — *Le villaige de Vieille-Carrière*, 1682 (arch. dép. s. G, l. 3).

VIEILLEFONT, vill., c^{ne} d'Auzers. — *Mansus de Vielhafon*, 1479; — *Vielhefon*, 1541 (nommée au seign. de Charlus). — *Vellefoing*, 1660 (insin. du baill. de Salers). — *Velleifon*, 1680 (état civ. de Trizac). — *Vellefon*, 1685; — *Veliefon*, 1689 (anc. min. Chalvignac, n^{re} à Trizac). — *Vieillefon*, 1785 (arch. dép. s. C, l. 41).

La chapelle de Vieillefont, dédiée à la Nativité de la Vierge, et construite à la suite d'une épidémie, dépend. de la cure d'Auzers.

VIEILLES (LE SUC DES), dom. ruiné, c^{ne} de la Capelle-en-Vézie. — *Affar nommé de las Vielhas*, 1590 (pièces de l'abbé Delmas). — *Affar de las Vielhes*, 1611 (terr. de N.-D. d'Aurillac).

VIEILLESPESSE, c^{on} nord de Saint-Flour et m^{in}. —

DÉPARTEMENT DU CANTAL.

Velglepesse, 1294 (spicil. Brivat.). — *Veterispissac*, 1329 (enq. sur la just. de Vieillespesse). — *Velhaespassa*, xive s[e] (Guillaume Trascol). — *Veterisspissæ*, xive s[e] (Pouillé de Saint-Flour). — *Velle-Espesse*, 1401 (spicil. Brivat.). — *Vellaspessa*, 1441 (arch. dép. s. E). — *Velhaspessa*, 1508 (terr. de Montchamp). — *Veterispissa*, 1526; — *Vielhaespesse*, 1527 (id. de Vieillespesse). — *Veilhe Spesse*, 1562 (arch. dép. s. G). — *Vielhe-Espesse*, 1571 (terr. de Vieillespesse). — *Vielhiespesse*, 1606 (arch. dép. s. G). — *Vielhespesses*, 1613 (terr. de Nubieux). — *Vieille Spesse*, 1628 (paraphr. sur les cout. d'Auvergne). — *Vielhespesse*, 1662 (terr. de Vieillespesse). — *Viellespesse*, 1672 (état civ. de Saint-Mary-le-Plain). — *Vielhespelle*, 1680 (id. de Saint-Flour). — *Velhespesse*, xviie s[e] (terr. du chap. de N.-D. de Saint-Flour). — *Vueillepesse*, 1718; — *Velliepesse*, 1720; — *Viellipèce; Veille Spèce*, 1722; — *Vellispesse*, 1728 (état civ. de Saint-Mary-le-Plain). — *Viellepesse; Vieillespesses*, 1728 (pièces du cab. de Berthuy). — *Vieilles Pesse*, 1730 (terr. de Montchamp). — *Vieillespesse; moulin de Viellespesse* (Cassini). — *Vieille Espèce*, 1784 (Chabrol, t. IV).

Vieillespesse étoit, avant 1789, de la Haute-Auvergne, du dioc. de Saint-Flour, de l'élect. et de la subdélég. de Brioude. Il était le siège d'une justice seign. moyenne et basse régie par le droit cout., dépend. de la justice haute de Massiac, et ressort. au bailliage de Montpensier, en appel de la prév. de Brioude. — Son église, dédiée à saint Sulpice, était une cure à la nomination du chapitre de Notre-Dame de Saint-Flour. Elle a été érigée en succursale par décret du 28 août 1808.

VIEILLESPESSE, vill. et m[in] détruit, c[ne] de Saint-Projet. — *Byelleissesse*, 1616 (état civ. de Naucelles). — *Viellespeize*, 1659; — *Veilhespèze*, 1665 (insin. du baill. de Salers). — *Vieillespèze*, 1668 (état civ. de Saint-Martin-de-Valois). — *Veillespèze* (Cassini).

VIEILLEVIE, c[ne] de Montsalvy. — *De Veteri Via*, xive s[e] (Pouillé de Saint-Flour). — *Vieilhe-vie; Veilhe-vie*, 1527 (arch. dép. s. G). — *Biellevye*, 1528 (terr. du cons. d'Aurillac). — *Veterisvia*, 1537; — *Vielhavia*, 1539 (min. Destaing, n[re]). — *Vielhiavya*, 1548 (min. Guy de Vayssieyra, n[re]). — *Vielhavie*, 1549 (min. Boygues, n[re]). — *Vielhiavia*, 1550 (min. Guy de Vayssiera, n[re]). — *Vieillevie*, 1628 (paraphr. sur les cout. d'Auvergne). — *Viellevia*, 1665; — *Viellevie*, 1667 (état civ. de Cassaniouze). — *Viel-vieu*, 1668 (nommée au p[ce] de Monaco). — *Villievie*, 1669; — *Vielliévie*, 1670 (état civ. de Cassaniouze). — *Vieilhevie*, 1671 (nommée au p[ce] de Monaco). — *Vielhievie*, 1674 (état civ.). — *Vielliaira*, 1676 (état civ. de Cassaniouze). — *Vielhevie*, 1682; — *Villevie*, 1691 (état civ.). — *Vielivie; Vilivie*, 1724 (liève de l'abbaye de Montsalvy). — *Vielvie*, 1741 (anc. cad. de Cassaniouze). — *Vielevie*, 1763; — *Viallevie*, 1765 (état civ. de Junhac). — *Viellivie*, 1787 (arch. dép. s. C, l. 49).

Vieillevie était, avant 1789, de la Haute-Auvergne, du dioc. de Saint-Flour, de l'élect. et de la subdélég. d'Aurillac. Régi par le droit écrit, il était le siège d'une justice seign. ressort. à la sénéch. d'Auvergne en appel de la prév. de Calvinet. — Son église, dédiée à saint Laurent, était, dès le xiiie s., un prieuré très important; en 1787, il y avait un chapitre dans l'église de Notre-Dame de Vieillevie. Elle a été érigée en succursale par décret du 28 août 1808.

VIEIL-QUÉZAC, vill., c[ne] de Quézac. — *Vielh-Quesac*, 1501 (arch. mun. d'Aurillac, s. HH, c. 21). — *Vielquésac*, 1640 (état civ. de Saint-Étienne-de-Maurs). — *Vieilquezac*, 1741; — *Vielquézac*, 1743 (état civ.). — *Viel-Quezac*, 1756 (id. de Maurs). — *Vielauezac* (Cassini). — *Vieil-Quézac*, 1857 (Dict. stat. du Cantal).

VIEISSE, vill. et m[in] en ruines, c[ne] de Sansac-Veinazès. — *Vieysses*, 1668 (nommée au p[ce] de Monaco). — *Bieysses*, 1760 (terr. du monast. de Saint-Projet). — *Viaisse; moulin de Vioysse; Biaisse*, 1767 (état civ.). — *Beysses*, 1784 (Chabrol, t. IV). — *Bieysse* (Cassini). — *Moulin de Biause*, 1857 (Dict. stat. du Cantal).

VIELH (LE), vill., m[in] et huilerie, c[ne] de Pleaux. — *Lou Viel*, 1646; — *Lou Vielh; lou Vielhl*, 1654 (état civ.). — *Louviel*, 1743 (arch. dép. s. C, l. 40).

VIELLES (LES), vill., c[ne] d'Ytrac. — *Mansus de Viala*, 1482 (arch. mun. d'Aurillac, s. HH, l. 15). — *Lou Vialar*, 1637 (min. Dumas, n[re] à Polminhac). — *Vialle*, 1654 (arch. mun. d'Aurillac). — *Violles*, 1669 (nommée au p[ce] de Monaco). — *Vielle*, 1684 (arch. dép. s. C). — *Las Vialles*, 1695 (terr. de la command. de Carlat). — *Vielles*, 1741 (arch. dép. s. C).

L'orthographe de ce mot est vicieuse; il faudrait écrire : *Vialles* (Les).

VIEL-MONT (LE), vill. détruit, c[ne] de Cayrols. — *Le village de Bielmont*, 1635 (état civ. de Saint-Mamet). — *Vielmon*, 1645; — *Bielmon*, 1655 (id. de Cayrols).

VIELMUR, vill. et bois, c[ne] de Saint-Paul-de-Salers.

— *Ville-Mur*, xv° s° (terr. de Chambeuil). — *Villemur*, 1545 (arch. dép. s. E). — *Viellmuria*, 1549 (min. Boygues, n°). — *Viel-Mur*, 1653 (état civ. de Salers). — *Biermus*, 1699 (id. de Saint-Martin-Valmeroux). — *Viermur*, 1734 (id. de Drugeac). — *Elvielmur*, 1742; — *Vielmar*, 1743 (id. de Saint-Bonnet-de-Salers). — *Levielmur*, (Cassini).

L'orthographe de ce nom est vicieuse; il faudrait écrire : *Ville-Mur*.

VIENS, vill., c^{ne} de Lascelle. — *Viers*, 1594 (terr. de Fracor).

VIERS (LA FON DE), mont. à vacherie, c^{ne} de Lascelle. — *Le Puech de Viers*, 1692 (terr. du monast. de Saint-Géraud).

VIERS-BAS ET VIERS-HAUT, hameaux, c^{ne} de Naucelles. — *Mansus de Viers*, 1342 (arch. mun. d'Aurillac, s. GG, p. 19). — *Biers*, 1638 (état civ. de Saint-Mamet).

VIESCAMP, chât. et mⁱⁿ, c^{ne} de la Capelle-Viescamp. — *Vescamps*, 1230 (arch. dép. s. E). — *Viescans*, 1269 (arch. mun. d'Aurillac, s. FF, p. 15). — *Castrum de Beteribuscampis*, 1449 (arch. dép. s. H). — *Vieux-Champs*, 1449 (enq. sur les droits des seign. de Montal). — *Viescamps*, 1669 (nommée au p^{cé} de Monaco). — *Veisicemps*, 1677 (état civ. d'Espinadel). — *Le molin de Viescams*, 1699 (état civ.).

Le chât. de Viescamp était, avant 1789, le siège d'une justice seign. régie par le droit écrit, et ressort. au bailliage d'Aurillac, en appel de sa prév. part. — On devrait écrire : *Viescamps*.

VIESCAMP, dom. ruiné, c^{ne} de Crandelles. — *Affar de Viescamps*, 1669 (nommée au p^{cé} de Monaco).

VIESCAMP, écart, c^{ne} de Pers.

VIESCAMP, dom. ruiné, c^{ne} de Saint-Mamet-la-Salvetat. — *Tènement de Viescans*, 1740; — *Le puech de Viescamp*, 1743 (anc. cad.).

VIGAIRIE (LA), vill., c^{ne} de Boisset. — *La Vigayrie*, 1649 (état civ. de Saint-Étienne-de-Maurs). — *La Vigueyrie*, 1668 (nommée au p^{cé} de Monaco). — *La Viguerie*, 1746 (anc. cad.). — *La Vigueirie* (Cassini). — *Lo Viguairie*, 1852 (Dict. stat. du Cantal).

VIGAIRIE (LA), dom. ruiné, c^{ne} de Saint-Cirgues-de-Malbert. — *Affarium de le Vagairia*, 1550 (arch. mun. d'Aurillac, s. HH, c. 21).

VIGAIRIE, dom. ruiné, c^{ne} de Mauriac. — *Boria de Viguarou*, 1473 (terr. de Mauriac).

VIGAULERT, dom. ruiné, c^{ne} de Rouziers. — *Villaige de Vigaulert*, 1576 (livre des achaps d'Ant. de Naucaze).

VIGAYRIE (LA), vill., c^{ne} de Maurs. — *La Vigayrie*, 1665; — *La Bigayrie*, 1666 (état civ.). — *La Viguairie*, 1741 (id. de Quézac). — *La Vigueyrie*, 1748 (anc. cad.). — *La Viguayrie*, 1750; — *La Valgairies*, 1757 (état civ.). — *La Viayrie*, 1766 (état civ. de Quézac). — *La Vigueirie* (Cassini).

VIGE (LA), vill. ruiné, c^{ne} d'Aurillac. — *Villaige de la Vighe*, 1627 (terr. de N.-D. d'Aurillac).

VIGE (LA), dom. ruiné, c^{ne} de Jussac. — *Affar que souloit nommé de Gaston et à présent se nomme de la Bighe*, 1552 (terr. de Nozières).

VIGE (LA), dom. ruiné, c^{ne} de Mauriac. — *Affarium del Vigo*, 1473; — *Affarium de Vigier*, 1474; — *Affarium del Vighe*, 1475 (terr. de Mauriac).

VIGE (LA), dom. ruiné, c^{ne} de Roufliac. — *Affaria dal Viga*, 1350 (reconn. au seign. de Montal).

VIGE (LA), ham., c^{ne} de Saint-Cernin. — *Mansus de la Bigha; Bighia*, xvi° s° (arch. mun. d'Aurillac, s. GG, p. 21). — *La Bighe*, 1628 (paraphr. sur les cout. d'Auvergne). — *Lavighe*, 1634 (terr. de N.-D. d'Aurillac). — *Lavige*, 1730 (arch. dép. s. C, l. 29). — *La Vige*, 1747 (inv. des titres de l'hôp. d'Aurillac). — *Labighe*, 1748 (anc. cad.).

VIGEAN (LE), c^{on} de Mauriac, et mⁱⁿ. — *Bion*, x° s° (test. de Théodechilde). — *Viganum*, 1310 (lièvre du prieuré du Vigean). — *Vige-la-Gleize; le Vigen*, 1549 (id. de Miremont). — *Le Vigayns*, 1603; — *Le Vigeyn*, 1605 (état civ. de Brageac). — *Vinant*, 1628 (paraphr. sur les cout. d'Auvergne). — *Le Vigem*, 1646 (anc. min. Chalvignac, n°). — *Le Vighuan*, 1659 (insin. du baill. de Salers). — *Le Vighen*, 1661; — *Le Vigent*, 1665; — *Le Vigan*, 1668; — *Le Vighan*, 1672 (état civ. d'Anglards-de-Salers). — *Le Vijan*, 1675 (id. de Chaussenac). — *Vigen-le-grand*, 1680 (terr. de Mauriac). — *Le Viguant*, 1686 (état civ. de Chaussenac). — *Levigean*, 1688 (pièces du cab. de Bonnefons). — *Le Vighean*, 1701 (état civ. de Saint-Martin-Valmeroux). — *Le Vigheant*, 1749 (id. de Sourniac). — *Le Vigam*, 1784 (Chabrol, t. IV).

Le Vigean était, avant 1789, de la Haute-Auvergne, du dioc. de Clermont, de l'élect. et de la subdélég. de Mauriac. Régi par le droit écrit, il dépend. de la justice du monast. de Mauriac, et ressort. au bailliage d'Aurillac, en appel de la prév. de Mauriac. — Son église, dédiée à saint Laurent, était un prieuré de l'ordre de Saint-Benoît, dépend. du monast. de Mauriac; les prieurs devaient résider à l'abbaye. Ce prieuré fut uni, en 1752, au collège de Mauriac. L'église a été érigée en succursale par décret du 28 août 1808.

VIGEAN (LE), dom. ruiné, c^{ne} de Mauriac. — *Affarium del Vigano*, 1473 (terr. de Mauriac).

VIGEAN-SOUBRO (LE), vill., c^{ne} du Vigean. — *Al Viga-Sobra*, 1310 (lièvc du prieuré du Vigean). — *Viganus superior*, 1473 (terr. de Mauriac). — *Le Vige-sobre*, 1505; — *Lo Vigem-sobre*, 1515 (arch. mun. de Mauriac). — *Le Vigen-sobra*, 1549 (terr. de Miremont). — *Villaige Soubrou du Vigean*, 1750 (état civ. de Sourniac).

VIGEAN-SOUTRO (LE), vill. réuni au chef-lieu, c^{ne} du Vigean. — *Lo Viga-sotra*, 1310 (lièvc du prieuré du Vigean). — *Le Vigen-sotra*, 1505 (arch. mun. de Mauriac). — *Le Vigen-soutre*, 1680 (terr. de Mauriac).

VIGERAL (LE), dom. ruiné, c^{ne} de Sarrus. — *Affar de Vegayral*, 1494 (terr. de Mallet).

VIGERIE (LA), dom. ruiné, c^{ne} d'Arpajon. — *El mas da la Vegairia*, 1223 (lièvc de Carbonnat).

VIGERIE (LA), dom. ruiné, c^{ne} de Glénat. — *Mansus de la Vegayria*, 1357 (arch. mun. d'Aurillac, s. HH, c. 21).

VIGERIE (LA), dom. ruiné, c^{ne} de Jaleyrac. — *Affarium vocatum del Sud de La Viguia*, 1473; — *La Viguerie*, 1680 (terr. de Mauriac).

VIGERIE (LA), dom. ruiné, c^{ne} de Laveissière. — *Affarium de la Vigeyra Charrada*, 1490 (terr. de Chambeuil). — *Affar appelé de Vigeyres, la Veygieyre*, 1668 (nommée au p^{ce} de Monaco).

VIGERIE (LA), dom. ruiné, c^{ne} de Saint-Cirgues-de-Jordanne. — *Affar de Vigayrie*, 1692 (terr. de Saint-Geraud).

VIGIER (LE), mⁱⁿ et huilerie, c^{ne} de Pleaux.

VIGIER (LE), ham., c^{ne} de Saint-Étienne-de-Maurs. — *Lou Vegié*, 1746 (anc. cad.).

VIGIER (LE), dom. ruiné, c^{ne} de Tourniac. — *Boria del Vigier*, 1473 (terr. de Mauriac).

VIGIER (LE), dom. ruiné, c^{ne} de Vézac. — *Affarium de Vigias*, 1269 (arch. mun. d'Aurillac, s. FF, p. 15).

VIGIER (LE), vill., c^{ne} du Vigean. — *Lou Vigo*, 1473 (terr. de Mauriac). — *Affar du Vigier* (états de sections A).

VIGIER (LA FORÊT DE), dom. ruiné, c^{ne} d'Ytrac. — *Affar appelé la Combe-du-Viguier, sive de Cassaiguol*, 1733 (arch. mun. d'Aurillac, s. II, r. 15).

VIGIÈRE (LA), ham. et mⁱⁿ, c^{ne} de Saint-Flour. — *Molendinum da la Vigcieyria*, 1323 (arch. mun. de Saint-Flour). — *La Visieyra*, 1465 (pap. de la cure de Massiac). — *Moulin de Bigière* (états de sections). — *Moulin de la Visière* (État-major).

VIGNAL (LE), mⁱⁿ, c^{ne} d'Auzers.

VIGNAL (LE), dom. ruiné, c^{ne} de Mourjou. — *Villaige de Vinas*, 1523 (ass. de Calvinet). — *Villaige ancien et venu en ruyne, nommé de las Vinhals*, 1557 (pièces de l'abbé Delmas). — *Affar appellé de las Vignhals*, 1668 (nommée au p^{ce} de Monaco). — *Las Binals*, 1695 (état civ. de Montsalvy).

VIGNAL (LE), écart, c^{ne} de Saint-Étienne-de-Carlat.

VIGNAL (LE), écart, c^{ne} de Saint-Mamet-la-Salvetat. — *Al Vinhal*, 1571 (reconn. aux curé et prêtres de Naucelles). — *Le Binial*, 1636; — *Lou Viniol*, 1639 (état civ.). — *Vinial*, 1656 (id. de Cayrols). — *Vieylol*, 1662 (état civ.). — *Lavinhal*, 1728 (arch. dép. s. C, l. 4). — *Louvinial* (Cassini).

VIGNAL-SOUBRO ET SOUTRO (LE), domaines ruinés, c^{ne} de Bassignac.

VIGNAU (LE), mⁱⁿ détruit, c^{ne} de Saint-Mamet-la-Salvetal.

VIGNE (LA), ham. avec chât., c^{ne} d'Ally. — *La Vignhe*, 1566 (terr. de Saint-Christophe). — *Lavinhe*, 1778 (inv. des arch. de la mais. d'Humières).

VIGNE (LA), écart, c^{ne} de Barriac.

VIGNE (LA), écart, c^{ne} de Cassaniouze.

VIGNE (LA), dom. ruiné, c^{ne} de Champs. — *Villaige de Lavigne*, 1670 (état civ.).

VIGNE (LA), dom. ruiné, c^{ne} de Giou-de-Mamou. — *Villaige de la Vignhe*, 1670 (nommée au p^{ce} de Monaco). — *La Vinhe*, 1686 (arch. dép. s. G).

VIGNE (LE PUECH DE LA), écart, c^{ne} de Leynhac.

VIGNE (LA), ham., c^{ne} de Maurs. — *La Vignie*, 1749 (anc. cad.).

VIGNE (LA), écart, c^{ne} de Montsalvy.

VIGNE (LA), ham., c^{ne} de Mourjou.

VIGNE (LA), vill., c^{ne} de Naucelles. — *La Vinha; la Vigniha*, 1564 (reconn. aux curé et prêtres de Naucelles). — *Alvinha*, 1571 (reconn. aux curé et prêtres de Naucelles). — *La Vinhe*, 1635 (état civ.). — *La Vigno*, 1684 (état civ. d'Aurillac). — *La Vigne*, 1712 (arch. dép. s. C, l. 17). — *Le mas de Vinhie*, 1756 (arch. mun. de Naucelles).

VIGNE (LA), écart, c^{ne} de Quézac.

VIGNE (LA), écart, c^{ne} de Saignes. — *La Bigne*, 1670 (état civ.). — *Domaine de la Vigne*, 1781 (arch. dép. s. C).

VIGNE (LE BOS DE LA), dom. ruiné, c^{ne} de Saint-Constant. — *Ténement de la Vignhe*, 1747; — *La Vinhe*, 1748 (anc. cad.).

VIGNE (LA), ham., c^{ne} de Saint-Illide.

VIGNE (LA), ham., c^{ne} de Sénezergues. — *Lavigne; la Vinhe*, 1668 (nommée au p^{ce} de Monaco). — *Las Vinhes*, 1670 (terr. de Calvinet).

VIGNE (LA), dom. ruiné, c^{ne} de Teissières-les-Bouliès.

— *Affar des Vignhes*, 1668 (nommée au p^{cé} de Monaco). — *La Vigne*, 1750 (anc. cad.).

VIGNE (LA), écart, c^{ne} de Vitrac.

VIGNE-DE-CAPMAS (LA), écart, c^{ne} de Sénezergues.

VIGNE-DE-CARBONNAT (LA), dom. ruiné, c^{ne} d'Arpajon. — *El mas da la Vinha da Carbonat*, 1223 (liève de Carbonnat).

VIGNE-DE-LEYGUES (LA), écart, c^{ne} de Sénezergues.

VIGNE-DU-MAS (LA), écart, c^{ne} de Sénezergues.

VIGNES (LES), vill., c^{ne} de Rouffiac. — *La Vigne*, 1646 (min. Sarrauste, n^{re}). — *Vigne* (Cassini).

VIGNO (LE), vill., c^{ne} de Rouffiac. — *Lou Vigno*, 1651 (min. Sarrauste, n^{re}). — *Lou Vigot*, 1665; — *La Vigoet*, 1669 (état civ. d'Ayrens). — *Le Vigo*, 1761 (arch. dép. s. C, l. 51).

VIGNON, vill., mⁱⁿ et chât. fort détruit, c^{ne} d'Antignac. — *Castrum Avenno*, xII^e s^c (charte dite *de Clovis*). — *Vinha*, 1560; — *Vignon*, 1637; — *Vignont*, 1638 (terr. de Murat-la-Rabe). — *Vignion*, 1655 (insin. du baill. de Salers).

VIGNONNET, vill., c^{ne} d'Antignac. — *Mansus Avinhonet*, 1381 (spicil. Brival.). — *Vinhonect*, 1504 (terr. de la duchesse d'Auvergne). — *Vinhonet*, 1561; — *Vignionet*, 1630 (id. de Murat-la-Rabe). — *Avignonnet*, 1658; — *Viguionet*, 1663 (insin. du baill. de Salers). — *Vignionat*, 1667 (anc. min. Chalvignac, n^{re}). — *Vignonnet*, 1673 (état civ. de Menet). — *Vinonet*, 1688 (id. de Trizac). — *Avignonet*, 1688 (pièces du cab. de Bonnefons). — *Viniounet*, 1690 (état civ. de Saignes). — *Vignonet*, 1784 (Chabrol, t. I).

Vignonnet était, avant 1789, de la Haute-Auvergne, du dioc. de Clermont, de l'élect. et de la subdélég. de Mauriac. Régi par le droit cout., il dépend. de la justice seign. de Murat-la-Rabe, et ressort. à la sénéch. d'Auvergne, en appel du bailliage de Salers. — Son église était jadis un prieuré sous le voc. de saint Robert; il dépend. de l'abbaye de la Chaise-Dieu.

Vignonnet a été une municipalité en 1792; elle a été supprimée et réunie à celle d'Antignac, par ordonn. royale du 19 juillet 1826.

VIGOUROUX, mⁱⁿ, c^{ne} d'Allanche.

VIGOUROUX, forêt qui s'étend sur les c^{nes} de Brezons, Malbo et Saint-Martin-sous-Vigouroux.

VIGOUROUX, lieu détruit, c^{ne} de Lavastrie. — *Vignoroux*, 1494 (terr. de Mallet).

VIGOUROUX, vill. et chât. détruit, c^{ne} de Saint-Martin-sous-Vigouroux. — *Castrum de Vigoro*, 1368 (arch. dép. s. E). — *Vigoros*, xIV^e s^c (G. Trascol). — *Vigorone*, 1468 (pap. de la fam. de Montal). — *Vigouroux de soubz Martin*, 1597 (insin. du baill. de Saint-Flour). — *Vigoroux*, 1600 (état civ. de Vic). — *Vigourourz*, 1606 (arch. dép. s. E). — *Vigourous*, 1623 (ass. gén. tenue à Cezens). — *Vigouroux*, 1668 (nommée au p^{cé} de Monaco).

Vigouroux a été un mandement de la v^{té} de Murat comprenant les paroisses de la Capelle-Barrès, Malbo, Narnhac et Saint-Martin-sous-Vigouroux.

Vigouroux était, avant 1789, le siège d'une justice royale régie par le droit écrit, et ressort. au bailliage de Vic, en appel de la cour royale de Murat. — Son église a été érigée en succursale par ordonn. royale du 5 janvier 1820.

VIGUEIRIE (LA), vill., c^{ne} de Quézac. — *La Vigueirie* (Cassini).

VIGUERIE (LA), vill., c^{ne} de Boisset. — *La Vigueyrie*; la *Vigayrie*, 1746; — *La Beguairie*, 1747; — *La Vigère*, 1748 (anc. cad.).

VIGUERIE-DE-CAVANAC (LA), dom. ruiné, c^{ne} de Vitrac. — *Affarium de las Vigayrias de Cavanac*, 1301 (pièces de l'abbé Delmas).

VIGUERIE-DE-VITRAC (LA), dom. ruiné, c^{ne} de Vitrac. — *Affarium de las Vigayrias de Vitraco*, 1301 (pièces de l'abbé Delmas).

VILARS, dom. ruiné, c^{ne} de Cezens. — *Le villaige de Vilar*, 1739 (état civ. de Saint-Flour).

VILANS, vill. détruit, c^{ne} de Riom-ès-Montagnes. — *Mansi de Vilars*, 1309 (Hist. de l'abb. de Feniers).

VILLA (LA), écart, c^{ne} de Roumégoux.

VILLA (LA), écart, c^{ne} de Saint-Gerons. — *La Veilhie*, 1600 (pap. de la fam. de Montal).

VILLAGE-DES-BOIS (LE), vill. détruit, c^{ne} de Brezons. — *Villaige du Loix*, 1596 (insin. du baill. de Saint-Flour). — *Lou Boix*, 1623 (ass. gén. tenues à Cezens). — *Le villaige des Bois*, 1703 (état civ.).

VILLAGEOU (LE), vill., mont. à vacherie, c^{ne} de Cheylade. — *Villajou* (État-major). — *Le Villageoux*, 1855 (Dict. stat. du Cantal).

VILLARD, mⁱⁿ, c^{ne} de Montvert.

VILLAS, vill., c^{ne} de Peyrusse.

VILLAS, vill., mⁱⁿ et chât. ruiné, c^{ne} de Ségur. — *Mansus Vila*, 1329 (enq. sur la just. de Vieillespesse). — *Villas*, 1518 (terr. de Dienne). — *Villa*, 1784 (Chabrol, t. IV).

VILLE-ANGLAISE (LA), ruines, c^{ne} de Cassaniouze.

VILLÈDE, dom. ruiné, c^{ne} de Saint-Flour. — *Mansus de loco Villeda*, 1433 (arch. mun. de Saint-Flour).

VILLEDIEU, c^{on} sud de Saint-Flour, et chât. fort détruit. — *Villa-Dei*, 1371 (arch. dép., s. G). — *Bialadieu*; *Vialadieu*, 1400 (arch. mun. de la ville de Saint-Flour). — *Villadiou*, 1526 (terr. de Vieillespesse). — *Villadieu*, 1537 (terr. de Villedieu). — *Viledieu*, 1599 (min. Andrieu, n^re). — *Viladieu*, 1602 (arch. dép. s. H). — *Villedieu*, 1623 (insin. de la cour royale de Murat). — *Vol-Dieu*, 1628 (paraphr. sur les cout. d'Auvergne). — *Villedieu*, 1645 (lièvre des Ternes). — *Vielvieu*, 1668 (nommée au p^ce de Monaco).

Villedieu était, avant 1789, de la Haute-Auvergne, du dioc., de l'élect. et de la subdélég. de Saint-Flour. Régi par le droit écrit, il était le siège d'une justice seign. ressort. au bailliage de Saint-Flour, en appel de sa prév. part. — Son église, dédiée à la Nativité de la Vierge, était un prieuré avec chapitre, et le curé était à la nomin. de l'évêque. Elle a été érigée en succursale par décret du 28 août 1808.

Villedieu, ruiss., affl. du ruisseau de Fraissinet, c^nes de Villedieu et de Saint-Flour; cours de 7,400 m. — *Ripperia de Mayrinhaco, prope Sanctum-Florum*, 1443 (liber vitulus). — *La rivière de Teissoneires*, 1508; — *La rivière de Teyssonneyres; de Tissonneyres*, 1602 (terr. de Montchamp).

Villedieu, dom. ruiné, c^nes de Saint-Constant et du Trioulou. — *Ténement de Viledieu*, 1748 (anc. cad. de Saint-Constant).

Villedieu, grange isolée, c^ne du Trioulou. — *Villedieu*, 1696 (terr. de la command. de Carlat). — *Valle-Dieu; Ville-Dieu; Valdieu*, 1784 (Chabrol, t. IV). — *Villedieu communauté* (Cassini). — *Villodieu* (états de sections).

Villedieu était un membre de la command. de Carlat, il y existait un chapitre; en 1687, la chapelle était annexée à la paroisse de Saint-Constant.

Villeneuve, ham., c^ne d'Auriac. — *Ville-Neufve*, 1558 (terr. de Tempel).

Villeneuve, écart, c^ne de Lieutadès.

Villeneuve, vill. détruit, c^ne de Saint-Poncy. — *Ville-Neufve*, 1558 (terr. de Tempel).

Villeneuve, ham., c^ne de Tiviers. — *Vilanova; Villenove*, 1508; — *Villeneufve*, 1663; — *Villeneuve*, 1730 (terr. de Montchamp).

Villeneuve, mont. à burons, c^ne de Vèze.

Ville-Vieille (La), lieu détruit, c^ne de Dienne. — *La Villeveilhe*, 1551 (terr. de Dienne).

Ville-Vieille (La), vill., c^ne de Saint-Urcize. — *La Ville-Vielhe*, 1686 (terr. de la Garde-Roussillon). — *La Ville-Vieille* (Cassini).

Villiargues, dom. ruiné, c^ne de Virargues. — *La viala de Vilhargues*, xve s^e; — *Le commung de Viliargues; Biliargues*, 1664 (terr. de Bredon).

Vilmort, dom. ruiné, c^ne de Vic-sur-Cère. — *Affar de Berrymon; Bierrymont; Belrymont*, 1584 (terr. de Polminhac). — *Affar de Vieilhemorte*, 1671 (nommée au p^ce de Monaco).

Vimbiau (Le), dom. ruiné, c^ne de Marchastel. — *Le Vinbiaux*, 1618 (lièvre de Soubrevèze).

Vimenet, ham., c^ne de Barriac. — *Mansus de Vimenet*, 1464 (terr. de Saint-Christophe). — *Vimenès*, 1663 (état civ. de Tourniac). — *Vimenot* (Cassini).

Vinal (La), ruiss., affl. de la Cère, c^ne de Sansac-de-Marmiesse; cours de 600 m.

Vinal-Basse et Haute (La), hameaux, c^ne de Sansac-de-Marmiesse. — *La Vinal-Basse; Vinal-Haut*, 1668 (nommée au p^ce de Monaco). — *La Vinal*, 1697 (arch. dép. s. C, l. 2). — *Lavinau*, 1725 (état civ. de Saint-Paul des-Landes). — *Lavinaux*, 1761 (arch. dép. s. C, l. 2). — *La Vinal-Haute* (Cassini).

Vinchat, dom. ruiné, c^ne de Loupiac. — *Domaine de Vinchat*, 1778 (inv. des arch. de la mais. d'Humières).

Vindimini, mont. inconnue, c^ne d'Ytrac. — *Apud montem Vindimini*, 1344 (arch. dép. s. G).

Vinerans, dom. ruiné, c^ne de Sansac-de-Marmiesse. — *Affar appellé de Vinerans*, 1668 (nommée au p^ce de Monaco).

Vinial (Le), vill., c^ne de Cassaniouze. — *Le Vignial*, 1659; — *Le Vinial*, 1676 (état civ.). — *Lou Vinhal*, 1687 (id. de Vieillevie). — *Lou Vinhau*, 1740 (anc. cad.). — *Lou Vinhial*, 1747 (table des min. Guy de Vayssieyra, n^re). — *Levinhal*, 1760; — *Le Vignal*, 1784; — *Le Vignals*, 1785 (arch. dép. s. C, l. 49).

Vinial (Le), ruiss., affl. du ruisseau de Moulègre, c^ne de Saint-Mamet-la-Salvetat; cours de 700 m.

Vinsac, vill., c^ne de Menet. — *Venissac, anciennement appellé Le Clère*, 1561 (terr. de Murat-la-Rabe). — *Voisac*, 1596; — *Vinissac*, 1601; — *Vinsahac*, 1605; — *Vynsahac*, 1606 (état civ.). — *Vinssac*, 1637 (terr. de Murat-la-Rabe). — *Vinsac*, 1783 (aveu au roi par G. de la Croix). — *Vensac* (État-major).

Viogac (Le), dom. ruiné, c^ne d'Aurillac. — *Le domaine du Viogac*, 1679 (arch. mun. s. CC, p. 3).

Viogue (La), dom. ruiné, c^ne de Cheylade. — *Affar de la Viogue*, 1646 (lièvre conf. de Valrus).

Viogue (La), écart et mont. à vacherie, c^ne du Fau. — *La Biogue*, 1886 (états de recens.).

Viole (La), écart, c^ne de la Ségalassière.

Viole, m^in, c^ne d'Ydes. — *Moulin de Violle*, 1683 (état civ.). — *M^in des Violes* (État-major).

Violent (Le), mont. à burons, c^ne du Fau. — *Montagne del Vialan*, 1717 (terr. de Beauclair). — *Le Vialent* (plan cadastral).

Violent (Le), plateau à vacherie, cne de Saint-Paul-de-Salers.
Violentel, mont. à burons, cne de Saint-Paul-de-Salers.
Violette (La), écart, cne de Prunet.
Violettes (Les), mont. à burons, cne de Saint-Saturnin. — *Montaneum de Rieu de Biala*, 1413 (arch. dép. s. E).
Violle, min, cne de Saint-Pierre-du-Peil.
Violle, min en ruines, cne du Vigean.
Violon (Au), ham., cne de Saint-Paul-des-Landes.
Viols (Les), dom. ruiné, cne de Saint-Santin-Cantalès. — *Les Biors*, 1449 (enq. sur les droits des seign. de Montal). — *Viols* (Cassini).
Vioulou (Le), ruiss., affl. de la Sumène, coule aux finages des cnes de Trizac, Menet, Antignac, Chastel-Marlhac et Vebret; cours de 9,610 m. — *Ruisseau du Violon* (État-major).
Viouraux, vill., cne d'Anglards-de-Salers. — *Les Vioralz*, 1475 (terr. de Mauriac). — *Mas de Vioural*, 1477 (arch. généal. de Sartiges). — *Les Viouraults*, 1652; — *Les Vioraulx*, 1654; — *Les Viauraulx*, 1655; — *Les Viauraux*, 1656; — *Les Viaurautz*, 1657; — *Les Viauraults*, 1658; — *La Vialle dit Viauraux*, 1659; — *Les Viouroutz*, 1660; — *Les Viauraults*, 1662; — *Les Viaurautz*, 1663; — *Les Viautroux*, 1670 (état civ.). — *Vioureaux*, 1734 (id. de Drugeac).
Viourou (Le), ruiss., affl. de la Sumène, coule aux finages des cnes de Valette, Menet, Chastel-Marlhac et Vebret; cours de 11,800 m.
Viouse (La), dom. ruiné, cne de Siran. — *Villaige de la Viouse*, 1652 (min. Sarrauste, nre).
Virade (La), écart, cne de Naucelles.
Virade (La), écart, cne d'Omps.
Virade (La), écart, cne de Rouziers.
Virade (La), dom. ruiné, cne de Teissières-les-Bouliès. — *Affar appelé de La Virade*, 1668 (nommée au pce de Monaco).
Virade (La), écart, cne de Vitrac.
Virade-Basse (La), écart, cne de Rouziers.
Viramont, dom. ruiné, cne de Saint-Julien-de-Jordanne. — *Le Puech et affar de Viomon; del Viramon; de Riomon*, 1573 (terr. de la chapellenie des Blats).
Virargues, con de Murat et forêt. — *Veyrargues*, 1289 (terr. d'Antéroche). — *Veyrargiæ*, xive s° (Guill. Trascol). — *Locus de Beyrargues*, 1414; — *Birargues*, 1441 (arch. dép. s. E). — *Veyraigues*, 1446 (id. de Farges). — *Veyrargas*, 1476 (terr. de la command. de Carlat). — *Virargas*, 1484 (id. de Farges). — *Virargues*, 1575 (id.

de Bredon). — *Virergues*, 1628 (paraphr. sur les cout. d'Auvergne). — *Vayrargues*, 1691 (état civ. de la Chapelle-d'Alagnon).

Virargues était, avant 1789, de la Haute-Auvergne, du dioc., de l'élect. et de la subdélég. de Saint-Flour. Régi par le droit écrit, les actes judiciaires exceptés, il dépend. de la justice basse du prieuré de Bredon, et ressort. au bailliage de Vic, en appel de la prév. de Murat. — Son église, dédiée à saint Jean-Baptiste et à saint Léger, était un prieuré qui fut donné en 1066 à l'abb. de Moissac (Tarn) et unie au prieuré de Bredon. Elle a été érigée en succursale par ordon. royale du 5 janvier 1820.

Virgne (La), dom. ruiné, cne d'Aurillac. — *Affarium vocatum de Virnha*, 1478 (arch. départ. s. E).
Virgue (La), dom. ruiné, cne de Saint-Christophe. — *Domaine de la Virgue*, 1768 (arch. dép. s. C, l. 40).
Vironnet (Le), ruiss., affl. du ruisseau de Goulèze, cne de Saint-Clément; cours de 1,000 m.
Visade (La), dom. ruiné, cne de la Monselie. — *La Vizade*, 1561 (terr. de Murat-la-Rabe). — *La Visade* (nouv. cad. s. C).
Vissio (Le), dom. ruiné, cne de Saint-Constant. — *Village del Vissio*, 1739 (anc. cad. d'Ytrac).
Viste, ham. et mont. à vacherie, cne de Saint-Chamand. — *Viste*, 1671 (état civ.). — *Dizen; Dizes*, 1680 (id. de Saint-Projet). — *Bisto*, 1706 (id. de Saint-Martin-Valmeroux). — *Vixte*, 1784 (Chabrol, t. IV).
Vitarelle (La), lieu détruit, cne de Maurs. — (Cassini.)
Vitarelle (La), écart, cne d'Omps.
Vitarelle (La), écart, cne de Quézac. — *La Vitarelle*, 1740 (état civ.).
Vitarelle (La), ham., cne de Saint-Saury. — Cet écart porte aussi le nom de *la Maison-neuve*.
Vitrac, con de Saint-Mamet-la-Salvetat. — *Vitracum*, 1301 (pièces de l'abbé Delmas). — *Sanctus-Martialis de Vitraco*, xve se (arch. dép. s. G). — *Vittrac*, 1549 (min. Guy de Vayssieyra, nre). — *Bitrac*, 1623 (état civ. de Saint-Mamet).

Vitrac était, avant 1789, de la Haute-Auvergne, du dioc. de Saint-Flour, de l'élect. et de la subdélég. d'Aurillac. Il était le siège d'une justice seign. régie par le droit écrit et ressort. au bailliage d'Aurillac, en appel de la prév. de Maurs. — Son église, dédiée à saint Martial, était un prieuré à la nomin. de l'évêque. Elle a été érigée en succursale par décret du 28 août 1808.

DÉPARTEMENT DU CANTAL.

Vivaix (Le), ruiss., affl. de l'Alagnon, c^{ne} de Joursac; cours de 2,100 m.

Vixalort, vill., c^{ne} de Rouziers. — *Vigellort*, 1589; — *Vighalore*, 1590; — *Vighallort*, 1592 (état civ.). — *Vigelort*, 1669; — *Vigeallort*; *Vigrallort*, 1670 (nommée au p^{cé} de Monaco). — *Vizalort* (Cassini). — *Vigealort*, 1857 (Dict. stat. du Cantal).

Vixe, vill., c^{ne} de Badailhac. — *Vixix*, 1634 (état civ. de Glénat). — *Vixic*, 1635 (*id.* de Vic-sur-Cère). — *Vicxe*, 1646 (min. Froquières, n^{re}). — *Vixe*, 1668; — *La Visle*, 1669 (nommée au p^{cé} de Monaco). — *Vixes*, 1674 (état civ. de Jou-sous-Montjou). — *Vixé*, 1692 (*id.* de Raulhac). — *Veys*; *Veire*, 1695 (terr. de la command. de Carlat).

Vixière (La), écart, c^{ne} de Saint-Jacques-des-Blats. — *La Vaissière*, 1607; — *La Vaissieyre*, 1612 (état civ. de Thiézac). — *La Veyssière*; *la Veissière*, 1674 (terr. de Thiézac). — *La Veissieyre*, 1746 (anc. cad. de Thiézac).

Vixouzes, dom. ruiné, c^{ne} de Lieutadès. — *Tènement et pagésie de Vizonze, sive de Roussenesques*, 1662; — *Vixzouzes*, 1686; — *Vixouze sive Rosencsque*, 1730 (terr. de la Garde-Roussillon).

Vixouzes, vill., mⁱⁿ et chât., c^{ne} de Polminhac. — *Villa Vuldiciosa*, 923 (annot. sur l'hist. d'Aurillac). — *Vicsozas*, 1402 (reconn. à l'hôp. d'Aurillac). — *Vixosses*, 1485; — *Bicxosas*. 1489 (reconn. à J. de Montamat). — *Vicsosas*, XVe s^e (arch. mun. d'Aurillac, s. HH, c. 21). — *Vixoses*; *Vixozas*, 1583 (terr. de Polminhac). — *Vichouze*, 1605 (*id.* de Cheylanne). — *Vissouzes*, 1610 (aveu de J. de Pestels au roi). — *Vixousses*, 1665 (état civ.). — *Vixouse*; *Vixcouses*; *molin de Vixouses*, 1668; — *Vissouze*, 1669; — *Vixcouzes*, 1671 (nommée au p^{cé} de Monaco). — *Vizouzes*, 1673 (état civ. d'Aurillac).

Vixouzes était, avant 1789, régi par le droit écrit. Il dépend. de la justice seign. de Pestels, et ressort. au bailliage d'Aurillac, en appel de sa prév. part.

Vizet, vill., c^{ne} du Falgoux. — *Nizet*, 1738; — *Viozet*, 1738 (état civ.). — *Vizet* (Cassini). — *Vizat*, 1855 (Dict. stat. du Cantal).

Vocasol, dom. ruiné, c^{ne} de Vitrac. — *Affarium voc. de Vocasol*, 1301 (pièces de l'abbé Delmas).

Vodde, dom. ruiné, c^{ne} de Saint-Flour. — *Mansus Vodde*, 1345 (arch. mun. de Saint-Flour).

Vody (La), écart, c^{ne} de Trémouille-Marchal.

Voie d'Argentat à Allanche. — Dans la c^{ne} de Colandres, cette voie porte le nom de *Route de la Reine Blanche*. — Lieux-dits où cette voie passait : *l'Estrade; le Chemin ferrat; le Chemin farrat* (états de sections).

Voie de Dienne à Trémouille-Marchal. — *Via qua itur de Challada versus Dyanum*, 1296 (arch. dép. s. E). — *La Charreyre publique*, 1506 (terr. de Riom). — *La Chalsade*, 1512; — *Iter tendens de Apchonio apud Riomum*, 1513 (*id.* d'Apchon). — *Chavecharreyre*, 1719 (table de ce terr.). — Lieux-dits où passait cette voie : *La Bolène-Soubrono*, c^{ne} de Saint-Amandin; *Le Chemin-Ferré*, c^{ne} de Trémouille-Marchal.

Voie de Massiac à Saint-Flour. — *L'Estrade de Massiac*, 1508 (terr. de Montchamp). — *Iter publicum vocatum des Mortz, in territorio de Batalhos*, 1526 (*id.* de Vieillespesse). — *Charral appellée de Clary-Prornent*, 1557 (*id.* du prieuré de Rochefort). — *La Vya-de-Rolhouse*, 1559 (lièvre conf. du prieuré de Molompize). — *Le Chemin des Lactz*; *Chemin ferrat de Massiac à Saint-Flour*, 1610 (terr. d'Avenaux). — *La Vio des Fraisses*; *Rue appellée la Charreyre-longue*, 1652 (*id.* du prieuré de Coltines). — *Le Chamy-farrat*, 1700 (*id.* de Celles). — Lieux-dits où cette voie passait : *l'Estrade*, c^{ne} de Coren; *Chemin de Combe-fer et la Grande-estrade*, c^{ne} de Saint-Mary-le-Plain; *L'Estrade du Massadour et de Pierres-plantées*, c^{ne} de Bonnac; *L'Estrade*, c^{ne} de Massiac.

Voie de Molompize à Allanche. — *Chemin de Monlanpize à Lanche*, 1559 (lièvre conf. du prieuré de Molompize). — *Lou Chamy farrat*, 1700 (terr. de Celles). — Lieux-dits où passait cette voie : *Le Chemin farrat*, c^{ne} de Charmensac; *Le Chemin ferrat*, c^{ne} de Peyrusse.

Voie de Mur-de-Barrez (Aveyron) à Aurillac par Raulhac. — *Iter quo itur de Carlato apud Aurelhacum*, 1485 (reconn. à J. de Montamat). — *Rue appellée Canceire-cavalière, tendant de Cropières à Aurillac*, 1736 (terr. de la command. de Carlat).

Un péage existait à Poulhès et sur le pont d'Arpajon; au Volcamp, camp circulaire dont les vestiges sont encore apparents.

Voie de Mur-de-Barrez (Aveyron) au Plomb du Cantal, par Raulhac. — *Chemin de las Uttas à la ville de Mur-de-Barrès*, 1584 (terr. de Polminhac). — *Les Estrades de Mur-de-Barrez à Cantal*, 1668 (nommée au p^{cé} de Monaco).

Il existait un péage à Pailhérols.

Voie de Puy-Basset à Figeac. — *Iter publicum quo itur de Podio Basseto apud Sanctum Anthonium*, 1489 (reconn. à J. de Montamat). — *La Rue Figeaguèze*,

1714 (pièces du cab. de Lacassagne). — Dans la c⁰ᵉ de Mourjou, ce chemin porte le nom de *Carlagues*.

Voie de Saint-Flour à Aurillac. — *Le chemin romieu allant de Chantal à Sainct-Maurise*, 1508 (terr. de Loubeysargues). — *Charal Orba; iter euns de Jarry a Pradabouc; cum carrali vielho*, 1510; — *Iter quo itur de Sainct Maurice apud Aurelhacum*, 1511 (*id.* de Maurs).

Voie de Saint-Flour à Chaudesaigues. — *Chamy-ferrat tirant de Sainct-Flour à Chauldesaigues; le Cheminferral; la Vye-des-Azes; Vie réal appellée des Azes; Chemin réal; Chamin del Estrade*, 1494 (terr. de Mallet). — *Estrade appelée Correzos; la Via-del-Sert*, 1508 (*id.* de Montchamp). — *Carreyria publica que est supra lo sol; iter euns à Chaldasaygues*, 1510 (*id.* de Maurs). — *Chemin de Sainct-Flour à Chaudezaigues*, 1618 (*id.* de Sériers). — *Chemin de Chaplonge*, 1632 (*id.* de Montchamp). — *Chemin de Chaudesaigues à la Guielle*, 1662 (*id.* de la Garde-Roussillon). — *Chemin romain de Miallé*, 1730; — *Le Chemin romain; le Chemin ferrat; le Viol romain; la Vio peyre*, 1762 (*id.* de Montchamp). — Lieux-dits où cette voie passait : *l'Estrade; le Chemin farrat*, cⁿᵉ de Neuvéglise; *La Calsade*, cⁿᵉ de Lavastrie.

Voie de Salers à Pleaux. — *Iter quo itur de castro Salerni usque castrum Sancti Christophori; Estrata Salernesa*, 1464 (terr. de Saint-Christophe). — *Iter euns de Mauriaco apud Salernum*, 1473 (*id.* de Mauriac). — *Lestrade Salerneze*, 1504 (*id.* de la duchesse d'Auvergne).

Voie de Talizat à Saint-Flour. — *Chemin de Peirafita à Salhens*, 1508 (terr. de Montchamp). — *Chemin ferrat de Coltines à Sainct-Flour*, 1654 (*id.* du Sailhans). — *Le Chemin ferrat* (états de sections, cⁿᵉ d'Andelat).

Voie Romaine d'Arches au Mas-de-Jordanne. — *Strata Salernesa; iter Salernes*, 1350 (arch. mun. d'Aurillac, s. HH, c. 21). — *Estrata salernesa*, 1464; — *Iter euns de Salerno apud Archas*, 1475 (terr. de Saint-Christophe). — *L'Estrade Salernèze; Salierneza; Salerneza*, 1504 (*id.* de la duchesse d'Auvergne). — *Iter euns apud Salern ad Longum*, 1522 (min. Vigery, nʳᵉ). — *Chemin allant de la Bessie à Salers; Chemin allant du village del Mas à Salers et au lieu de Fontanges*, 1573 (terr. de la Chapelle-des-Blats).

Voie Romaine de Belbex à Argentat. — *Iter quo itur de Rocabron versus Figeacum*, 1301 (pap. de la fam. de Montal). — *Iter quo itur de Monteviridi infra Aurelhacum*, 1411 (arch. dép. s. E).

— *Iter publicum quo itur a villa Aureliaci versus Ruppembrou*, 1466 (inv. hôp. de la Trinité d'Aurillac). — *Chemin royal d'Aurillac à Pleaux*, 1653 (min. Sarrauste, nʳᵉ).

Voie Romaine de Cistrières à Massiac. — *La charral vielhe de Saigneredonde*, 1558 (terr. du prieuré de Rochefort). — *Le Chami ferrat, alias de Granouillouses*, 1743 (*id.* d'Alleret).

Lieux-dits où cette voie passait : *La Charreire vieille*, cⁿᵉ de Celoux. — *Le Chemin ferré*, cⁿᵉ de Saint-Poncy. — *Le Chemin ferrat; le Chemin farrat*, Massiac.

Voie Romaine de Dienne à la Roche-Canillac. — *Via vocata la Via de las Vyas; Comi vocato de Mala peschada; Carreria de la Viachava*, 1491; — *Cum itinere vielh, subtus lo roc dicti loci de Castro quo itur do Murato versus Dianam*, 1492 (terr. de Farges). — *Chamy appelé de las Charreyras*, 1494 (*id.* de Mallet). — *Lestrada*, 1495 (arch. dép. s. G). — *Le Chamy romeou allant de Murat al Pont-de-Truboilh; Chamy allant de Murat en Planeza; Charreyra publica de Maury; la Via dels Mortz; la Via romena; lo Chamy-romeu; la Charreyra orba; lou Chamy ferradou; la Via-Muratesa; le Chamy-Murates; Chamy ferradou de Murat al Pont de Treboilh; Chemy appelé de Charreyra-veilha*, xvᵉ sᵉ (terr. de Bredon). — *Le chemin qui va de Murat vers la rivière de Jordanne*, 1500 (*id.* de Combrelles). — *Le chemin romieu allant de Murat à Pont-de-Trébout; la Vie del Rey*, 1508 (*id.* de Loubeysargues). — *La Via-Muratesia*, 1518 (*id.* des Cluzels). — *Le Chamy-ferrat*, 1540 (*id.* de Villedieu). — *Lo Via-Peyrose*, 1542 (*id.* de la coll. de N.-D. de Murat). — *Chemin appellé la Vya; la Vye*, 1551; — *Chemin de Colh-de-Cabre*, 1595 (*id.* de Dienne). — *Le Chemin vieux*, xvıᵉ sᵉ (*id.* du prieuré du chât. de Murat). — *Chemin de las Vyas*, 1600; — *Chemin public appellé de Lestrade tirant de Brugeirou à Murat*, 1618 (terr. de Dienne). — *La Rue des Mortz*, 1644 (terr. de Loubeysargues). — *La Via-sèche*, 1670 (*id.* de Brezons). — *Chemin de Murat au Pont-de-Tréboul*, 1683 (*id.* des Bros). — *Chemin appellé la Via*, fin du xvııᵉ sᵉ (*id.* de Bressoles).

Lieux-dits où cette voie passait : *l'Estrade*, cⁿᵉ de Cezens; *Chemin ferrat*, cⁿᵉ de Valuéjols; *Chemin farrat*, cⁿᵉ de Pierrefort.

Péage de la Ganne, cⁿᵉ de Valuéjols au croisement de la voie romaine de Vieillevie à la Naute; péage des Estrets, cⁿᵉ de Lieutadès, sur la voie romaine de Dienne à la Roche-Canillac; péage du mⁿ du Temple, cⁿᵉ de Jabrun, au croisement de cette même voie avec celle de Toulouse à Clermont.

Voie Romaine de Figeac à Massiac par le col de Cabre. — *Lo cami de la Estrada*, 1486 (reconn. à J. de Montamat). — *Iter quo itur de Mandalhas a Col-de-Bica*, 1522 (min. Vigery, n^{re}). — *Iter quo itur de Auriliaco apud mansum Jordane*, 1529 (reconn. au curé de la Trinité d'Aurillac). — *La Via-chava; la Via-velhe*, 1535 (terr. de la v^{té} de Murat). — *La Vye-Molhade; la Villeveilhe*, 1551; — *La Valle-veilhe; la Vialle-veilhe*, 1618 (id. de Dienne). — *Chemin allant de la Peyra de Jordanne à Murat*, 1573 (id. de la chapell. des Blats). — *La Via chave*, 1598 (reconn. au Roi par les cons. d'Albepierre). — *Chemin public de Col-de-Cabre à Dienne*, 1620 (min. Danty, n^{re}). — *Chemin appellé la Carieyre-vieille*, 1674 (terr. de Thiézac). — *La Via de la Ralhe*, 1681 (arch. dép. s. E). — *Champs du Chemy-ferrat*, 1686 (terr. de Farges). — *Chemin allant d'Aurillac au Col-de-Cabre; chemin royal d'Aurillac au Mas*, 1692 (id. de Saint-Geraud). — *L'estrade par laquelle on va de Col-de-Cabre à Aurillac*, 1693 (inv. des titres de l'hôp. d'Aurillac).

Voie Romaine de Limoges à Clermont. — *Carreyria Iussaguesa*, 1329 (arch. dép. s. E). — *In carreyria de la Jussagueza*, 1350 (arch. mun. d'Aurillac, s. BB, c. 2). — *Iter euns de Moria villa apud Viganum; iter euns Darches apud Sanctum Martinum*, 1473 (terr. de Mauriac). — *Rue de la Jussagueye*, 1525 (arch. mun. d'Aurillac, s. II, r. 8, f° 62). — *Lou Camy-ferrat*, 1622 (inv. des titres de la cure de Jussac).

Voie Romaine de Rodez à Saint-Paulien.

Voie Romaine de Ruines à Aubijoux par Allanche. — *Iter magnum que itur de Alanchia versus Albugios*, 1386 (terr. d'Antéroche). — *Iter quo itur versus Anglars*, 1461 (id. de Chavagnac). — *Iter de Ruynas et de Alancha*, 1480 (arch. dép. s. G). — *La Via-plancha*, 1494 (terr. de Mallet). — *Chemin de la Vie-Estreyte*, 1508 (id. de Maillargues). — *Chemin de Ruynas à Alanche; Rue publique appellée la Via-peira; las Viaspeyres, sive de la Gazelle*, 1508 (id. de Montchamp). — *La Vie-Estreyete*, 1509 (id. de noble F^{ois} Charbonnel). — *La Via-doblieyre*, 1515 (id. du Feydit). — *La Viès-chave*, 1533 (id. du prieuré de Touls). — *La Via-velhe*, 1535 (id. de la v^{té} de Murat). — *Champ de Chantamialle ou champ-romain; le Chemin ferrat*, 1663 (id. de Montchamp). — Dans la c^{ne} de Tiviers, ce chemin porte le nom de *Voie-romaine* et de *Chemin-ferrat*. A Coren, celui d'*Estrade*.

Lieux-dits où passe cette voie : *La Via-barbarezo*, c^{ne} de Mentières; *Le Chemin ferrat*, c^{ne} de Marcenat.

Voie Romaine de Toulouse à Clermont par Rodez, Anterrieux et Brioude. — *Chemin réal tirant vers Leschalle; Chamin romyeu; Chemin appellé le Ventador*, 1494 (terr. de Mallet). — *Le Viol romieu; la Via peira; Chemin de las Chalsadas; l'Estrade; Chemin de Sistrievas à Brioude*, 1508; — *Chemin de Chapt-longe*, 1632; — *La Rue des Mors; Chemin de las Vias-peyres*, 1633; — *La Vio-haute*, 1730 (id. de Montchamp).

Dans la c^{ne} de Jabrun, cette voie porte en patois le nom de *Lou cami de la reyno Margurito*. Lieux-dits où cette voie passait : *La Vio-roudorensse*, c^{ne} de Vabres; — *La Planche romaine*, c^{ne} de Védrines-Saint-Loup; — *La Charreire vieille*, c^{ne} de Celoux.

Voie Romaine de Vieillevie à la Naute. — *Iter quo itur de Ladinhaco versus Muratum*, 1467 (vente par Guill. de Treyssac). — *Strata qua itur de Puech-Basset versus Celticam*, 1485 (reconn. à J. de Montamat). — *Iter euns de Montsalvy apud Carlatum*, 1501 (terr. de Maurs). — *Le commung du Chemin-ferrat*, 1508 (id. de Loubeysargues). — *Iter vocatum des Mortz, in territorio de la Plania; chemin public allant à la Nau*, 1426 (id. de Vieillespesse). — *Las Vies-chave; Rue chave-Durieu; le Chamy-ferrat; chemin appellé al Rassar*, 1533 (id. de Touls). — *Chemin de Pont-Romeu; la Charreyre*, 1581 (id. de Celles). — *Le Chemin farrat*, 1654 (id. du Sailhans). — *La Rue des Mortz*, 1664 (id. de Bredon). — *La grande estrade que monte au Cantal; Chemin royal de Carlat à Montsalvy; Chemin royal par lequel on va du villaige des Uttes à la montaigne du Cantal*, 1668 (nommée au p^{cé} de Monaco). — *La Vie-bigèse*, 1692 (terr. de Saint-Geraud). — Dans la c^{ne} de Thiézac, cette voie porte le nom de *Chemin vieux* et de *Bouée*; dans celle de Saint-Clément, on voyait, en 1673, *la Croux Destrech* (terr. de la Cavade).

Volbignes, lieu détruit, c^{ne} de Saint-Santin-Cantalès. — *Villaige de Volbignes*, 1666 (état civ. de Saint-Santin-Cantalès).

Volcamp (Le), dom. ruiné, c^{ne} d'Arpajon. — *Affarium vocatum de Voycan*, 1269 (arch. mun. d'Aurillac, s. FF, p. 15).

Volcamp (Le), vill., c^{ne} de Badailhac. — *Le Boucam*, 1644 (min. Froquières, n^{re}). — *Le Vocamp*, 1670 (nommée au p^{cé} de Monaco). — *Le Bocam*, 1692 (terr. de Saint-Geraud). — *Le Boucamp*, 1692; — *Le Boucan*, 1693; — *Le Roucan*,

1696; — *Le Bouquan*, 1736 (état civ. de Raulhac).

Voleyrac, vill., c^{ne} d'Anglards-de-Salers. — *Volyrac*, 1648; — *Voleirac*, 1652; — *Boulezac*, 1654 (état civ.). — *Bouleirach*, 1671 (id. du Vigean). — *Touylayracz*, 1694 (id. d'Ally).

Volgut, dom. ruiné, c^{ne} de Saint-Flour. — *Mansus de Volgut*, 1470 (arch. dép. s. G).

Volpilhac, ham. avec manoir, c^{ne} de Roannes-Saint-Mary. — *Volpillac*, 1269 (arch. mun. d'Aurillac, s. FF, p. 15). — *Volpilhac*, 1559 (min. Destaing, n^{re}). — *Volpiliac*, 1682 (arch. dép. s. C).

Volpilière (La), dom. ruiné, c^{ne} de Cheylade. — *Affar de la Volpiheyre*, 1520 (min. Teyssendier, n^{re}).

Volpilière (La), écart et buron, c^{ne} de Narnhac.

Volpilière (La), dom. ruiné et mont. à vacherie, c^{ne} de Riom-ès-Montagnes. — *Grangia de la Volpilhera*, 1309 (Hist. de l'abbaye de Feniers). — *Montaigne de la Volpilheyre; Volpillyeyre; Volpeilleyre*, 1506 (terr. de Riom).

Volpilière (La), écart et chât., c^{ne} de Saint-Martin-sous-Vigouroux. — *Al Volpiheyra*, 1368 (arch. dép. s. E). — *La Volpilheyra*, 1400 (arch. mun. de Saint-Flour). — *La Volpilhieyra*, 1525 (arch. dép. s. G). — *La Voulpelieyre*, 1646 (état civ. d'Aurillac). — *La Volpilhère*, 1668; — *La Volpilière*, 1669 (nommée au p^{té} de Monaco). — *La Volpeleire*, 1680 (terr. de la châtell. des Bros). — *La Volpeillière*, 1756 (id. de la coll. de N.-D. de Murat).

Volpilière (La), écart et m^{in} détruits, c^{ne} de Védrines-Saint-Loup.

Volpillière (La), dom. ruiné, c^{ne} de Lorcières. — *Boys de la Volpilhoneira; Volpilheira*, 1508; — *Bughe ou bois appellé la Saigne de Sédals ou del Volpilheyre*, 1630; — *Bois appellé de Cédalz ou de la Volpilière*, 1662; — *Champ au terroir de la Volpillière, sive de Cédal; Sédal qu'autrefois étoit bois*, 1730 (terr. de Montchamp).

Volte (Las), écart, c^{ne} de Junhac.

Volte (La), ham., c^{ne} du Trioulou. — *Village de la Volte*, 1745; — *Lavolte*, 1747 (état civ.).

Voltoire, dom. ruiné, c^{ne} de Mandailles. — *Affar de Veltoyre; Boltoyre*, 1692 (terr. de Saint-Geraud).

Voltoire, dom. ruiné, c^{ne} de Rouffiac. — *Mansus de Voltoiras*, 1327 (arch. mun. d'Aurillac, s. HH, c. 21).

Voltoire, dom. ruiné, c^{ne} de Saint-Santin-Cantalès. — *Mansus de Voltoyrac*, 1345 (arch. dép. s. E).

Volumard (La), f^{me}, c^{ne} de Riom-ès-Montagnes. — *La Volumad*, 1857 (Dict. stat. du Cantal).

Volzac, vill., c^{ne} de Saint-Flour. — *Mansus de Vozaps*, 1345 (arch. mun. de Saint-Flour). — *Bozaps*, 1407 (liber vitulus). — *Boysat*, 1470 (arch. dép. s. G). — *Vozax*, 1528 (id. s. H). — *Vozatz*, 1537 (terr. de Villedieu). — *Bosap*, 1596 (insin. du baill. de Saint-Flour). — *Vosas*, 1615; — *Vozat*, 1675; — *Bousac*, 1739 (état civ.). — *Velzac* (Cassini).

Vosvre (Le), dom. ruiné, c^{ne} de Chaudesaigues. — *Affarium dictum lo Vosvre*, 1404 (arch. départ. s. G).

Vousseyre (La), vill., m^{in} et huilerie, c^{ne} de Saint-Étienne-de-Riom. — *Affar de la Vayssera*, 1504 (terr. de la duchesse d'Auvergne), 1753; — *Vausceire*, 1768 (arch. dép. s. C, l. 46). — *Bossers*, 1784 (Chabrol, t. IV). — *Vaussaire* (État-major). — *Voussayre*, 1855 (Dict. stat. du Cantal).

Voussière (La), dom. ruiné, c^{ne} de Saint-Julien-de-Toursac. — *Le villaige de la Voussieyre*, 1654 (état civ. de Parlan).

Voûte (La), vill., c^{ne} de Lastic. — *La Volte*, 1508 (terr. de Montchamp). — *La Voûte* (Cassini).

Voûte (La), f^{me} avec manoir et m^{in}, c^{ne} de Marmanhac. — *La Volte*, 1670; — *Chasteau de la Voulte*, 1671 (état civ.). — *La Beaulto*, 1672 (id. de Saint-Martin-de-Valois). — *La Volte-de-Toutoulou*, 1728 (arch. dép. s. C, l. 21). — *La Vaute* (états de sections).

La Voûte était, avant 1789, le siège d'une justice seign. ressort. à la sénéch. d'Auvergne, en appel du bailliage de Salers.

Voûte (La), dom. ruiné, c^{ne} de Montchamp. — *La Volte*, 1762 (terr. de Montchamp).

Voûte (La), vill., c^{ne} de Saint-Antoine.

Voûte (La), écart ruiné, c^{ne} de Thiézac. — *Villaige de la Voûte*, 1636 (état civ. de Vic-sur-Cère).

Voûte (La), ham., c^{ne} de Trémouille-Marchal. — *La Vautre* (Cassini).

Voygues, vill., c^{ne} de Laurie. — *Voggues* (Cassini).

Voynèze (La), riv., affl. de l'Alagnon, c^{ne} de Leyvaux. — Cours dans le Cantal : 1,500 m.

Vrauzans, vill. et m^{in} détruit, c^{ne} de Trizac. — *Brauzenc; le molin de Vrauzène; de Brauzène*, 1607; — *Vrauzenc*, 1610 (terr. de Trizac). — *Brauzanc*, 1668; — *Vraizanc*, 1682 (état civ.). — *Vrauzan*, 1682 (arch. dép. s. C). — *Vrauzans* (État-major).

Vriès, mont. à burons, c^{ne} de Pailhérols. — *Montaigne de Viers*, 1675 (état civ. de Jou-sous-Montjou).

Vuézac, dom. ruiné, c^{ne} de Laveissenet. — *Le villaige de Vuézac*, 1581 (terr. de Celles).

X

XAYON (LE), dom. ruiné et mont. à vacherie, c^{ne} d'Andelat. — *Buge del pic del Jayan*, 1655 (liève conf. de Barrès).

Y

Ycas, dom. ruiné, c^{ne} de Marcolès. — *Affaria mansi de Ycas*, 1515 (pièces de l'abbé Delmas).

YDES, c^{on} de Saignes. — *Ecclesiæ duæ Hisde*, xii° s° (charte dite *de Clovis*). — *Josde*, 1270 (Baluze, Hist. d'Auv., t. II, col. 515). — *Isda*, 1293 (spicil. Brivat.). — *Ide*, 1535 (Pouillé de Clermont, don gratuit). — *Isde*, 1671; — *Isdes*, 1681 (état civ. de Saignes). — *Yde*, 1682 (id. de Trizac). — *Eyde*, 1689 (id. de la Capelle-Viescamp). — *Ides*, 1744; — *Ydes*, 1781 (arch. dép. s. C, l. 45).

Ydes était, avant 1789, de la Haute-Auvergne, du dioc. de Clermont, de l'élect. et de la subdélég. de Mauriac. Régi par le droit cout., il était le siège de la justice de la command. qui ressort. à la sénéch. d'Auvergne, en appel du bailliage de Salers.

Ydes a été d'abord une commanderie de l'ordre du Temple, puis de Saint-Jean de Jérusalem; c'était un membre de la commanderie de Pont-Vieux.

L'église d'Ydes, dédiée à saint Georges, était la chapelle de la commanderie. Elle a été érigée en succursale par décret du 28 août 1808.

YDEL, ruiss., affl. de la Sumène, c^{ne} d'Ydes; cours de 1,770 m.

YELEYRE, mont. inconnue, arrond. de Murat. — *Montaigne et boix de Yeleyre*, 1559 (min. Lanusse, n^{re}).

YGUES (LAS), écart, c^{ne} de Roussy. — *Lazigues*, 1886 (états de recens.).

YLET, lieu détruit, c^{ne} de Chaudesaigues. — 1784 (Chabrol, t. IV).

YMBERTENC, dom. ruiné, c^{ne} de Champs. — *Mansus Ymbertenc*, 1341 (arch. dép. s. G).

YOLET, c^{on} nord d'Aurillac. — *Yaulecum*, 1340 (inv. de l'hôp. de Saint-Jean-du-Buis-d'Aurillac). — *Bualetum*, 1352 (homm. à l'évêque de Clermont). — *Yoletum*, 1378 (fond. de la chapell. des Blats). — *Yeuletum*, 1488 (reconn. à J. de Montamat). — *Yeulecum*, 1522; — *Bieuletum*; *Yeletum*, 1531 (min. Vigery, n^{re}). — *Vyolet*, 1581 (terr. de Polminhac). — *Vioullet*; *Bioullet*; 1610 (aveu de J. de Pestels). — *Viaulet*, 1622; — *Jollet*, 1625; — *Iolloit*, 1626; — *Iollon*, 1627; — *Ioulet*, 1628 (état civ. d'Arpajon). — *Violet*, 1628 (paraphr. sur les cout. d'Auvergne). — *Jeulet*; *Joillet*, 1631 (état civ. d'Arpajon). — *Yolac*, 1665 (id. de Polminhac). — *Yollet*, 1668 (nommée au p^{cé} de Monaco). — *Hyolet*, 1676 (état civ. d'Aurillac).

Yolet était, avant 1789, de la Haute-Auvergne, du dioc. de Saint-Flour, de l'élect. et de la subdélég. d'Aurillac. Il était le siège d'une justice seign. régie par le droit écrit, et ressort. au bailliage d'Aurillac, en appel de sa prév. part. — Son église, dédiée à saint Pierre, était une cure à la nomination de la communauté d'Aurillac. Elle a été érigée en succursale par ordonnance royale du 5 janvier 1820.

YRISSES (LES), dom. ruiné, c^{ne} de Trizac. — *La grange des Yrisses*, 1607 (terr. de Trizac).

YRONDIS (LES), dom. ruiné, c^{ne} de Chalvignac. — *Affar des Yrondys*; *Yrandis*; *Yrondis*, 1549 (terr. de Miremont).

YSSANDS (LES), mont. à vacherie, c^{ne} de Neussargues.

YTRAC, c^{on} sud d'Aurillac et chât. — *Ytracum*, 1328; — *Itrac*, 1339 (arch. dép. s. E). — *Ytract*, 1449 (enq. sur les droits des seign. de Montal). — *Eytrac*; *Ictrac*, 1625 (état civ. d'Arpajon). — *Eytract*, 1636; — *Ithac*, 1654 (id. d'Espinadel). — *Hytrac*, 1689 (id. de Crandelles). — *Ytrac*, 1701 (id. de Saint-Paul-des-Landes). — *Hitrac*, 1702 (id. de la Capelle-Viescamp).

Ytrac était, avant 1789, de la Haute-Auvergne, du dioc. de Saint-Flour, de l'élect. et de la subdélég. d'Aurillac. Régi par le droit écrit, il était le siège d'une justice seign. ressort. au bailliage d'Aurillac, en appel de sa prév. part. — Son église, dédiée à saint Julien, dépendait anciennement de l'abbaye de Maurs; elle fut élevée au xv° s° au rang de prieuré, et affectée au sacristain de cette abbaye. Elle a été érigée en succursale par décret du 28 août 1808.

YVERGNES (LES), mont. à vacherie, c^{ne} de Montchamp.

YVERNAL, lieu détruit, c^{ne} de Malbo. — (Cassini.)

Z

Zaga, mont. à vacherie, c^ne de Saint-Remy-de-Salers.

Zagoil, vill., c^ne de Saint-Julien-de-Toursac. — *Zagoït*, 1886 (états de recens.).

Zague-Sentier (Le), écart, c^ne d'Ally.

Zarvisis, ravine, affl. du ruisseau d'Ayguesparces, c^nes de Chavagnac et de Chalinargues; cours de 2,600 m.

Zégar, dom. ruiné, c^ne de Marchastel. — *Villaige de Zégar*, 1600 (lièvre de Pouzols).

Zembal, écart, c^ne de Saint-Constant.

Zeyac, dom. ruiné, c^ne de Laroquebrou. — *Mansus de Zeyac*, 1471 (pap. de la fam. de Montal).

Zilou, mont. à vacherie, c^ne de Laurie.

Zoï, dom. ruiné, c^ne de Saint-Mary-le-Plain. — *Le chazal de Zoï* (plan cad. s^on G, n° 1).

Zongles, vill. et mont. à vacherie, c^ne de Laroquevieille. — *Longles*, 1269 (arch. mun. d'Aurillac, s. FF, p. 15). — *Aloiozet*, 1371 (reconn. de Bertrand d'Houades à l'hôp. d'Aurillac). — *Songles*, 1639 (pièces du cab. de Lacassagne).— *Les Ongles*, 1696 (arch. dép. s. C, l. 10). — *Alzongle* (État-major). — *Alzongles ou Lezongles*, 1861 (Dict. stat. du Cantal).

Zouet, vill. et m^in, c^ne de Charmensac. — *Zoiet*, 1561 (lièvre du monast. de Feniers). — *Jouay*, 1720 (état civ. de Saint-Victor-sur-Massiho). — *Jouest*, 1725 (pap. du cab. de Berthuy). — *Roueix*, 1784 (Chabrol, t. IV). — *Jouy* (Gassini).

TABLE DES FORMES ANCIENNES.

A

Abbeye de Broc (L'). *L'Abbaye du Broc.*
Abcetz. *Le Bex.*
Abilhos. *Le Maurs.*
Ablodia. *Alleuze.*
Abmau. *Albo.*
Abore (Le bos del). *Le Bois des Ombres.*
Abornan. *Bournon.*
Absailh. *Le Sail.*
Abulnacus. *Bonnac.*
Acatade (La fon). *La Font-de-Murat.*
Acchier. *La Cher.*
Achanalp. *La Chevade.*
Acher. *Apcher, Le Cher.*
Achiegues. *Aizergues.*
Achier. *Apcher, Le Cher, Le Chey.*
Achom, Achon, Achonas. *Apchon.*
Achyer. *Apcher.*
Acorbels. *Les Arobels.*
Acutus Mons. *Guymontel.*
Acutus Mons, Acutus Montelh. *Aigumontel.*
Adarrieu. *La Comtie.*
Adia. *L'Ande.*
Adjudore (Villa). *Le Gidour.*
Adret, Adreyctz, Adreys, Adreyt, Adroytz. *La Dret.*
Aeren. *Ayrens.*
Affa, Affo, Afo. *Le Fô.*
Afroulhes. *Arfeuille.*
Agaires. *Algaires.*
Agapere. *Albepierre.*
Agarus. *La Garine.*
Agas Parsses. *Aigues-Parses.*
Aglars. *Anglards-de-Salers.*
Agnatz. *Les Agnats.*

Agne. *L'Agnon.*
Agourpontut. *Le Jurol.*
Agoux. *Algoux.*
Agriffolio, Agriffuelha, Agrifolio. *Griffouille.*
Agrifolz. *La Griffou.*
Aguas. *L'Aigue.*
Agudel, Agudet, Agudez. *Gudet.*
Aguepeyre. *Albepierre.*
Agumonteil, Aguth Montelh. *Aigumontel.*
Agutus Mons. *Guymontel.*
Aguyen. *Gioux.*
Aguzou. *Gajou.*
Aiga de Bragiac (L'). *Le Nouvialle.*
Aigassas rivus. *Le Coualiou.*
Aiges de la Roche (Les). *Les Aygues.*
Aiges Parsses. *Aigues-Parses.*
Aignon (A l'). *L'Agnon.*
Aigouye. *L'Aigouge.*
Aiguas Parses. *Aigues-Parses.*
Aigue del Cros. *Les Cros.*
Aiguedoulx. *Aigue-Doux.*
Aigueparse. *Aigues-Parses.*
Aigues. *Leige.*
Aiguesparces. *Aygues-Parces.*
Aigues Parses, Aigues Parssas, Aigues Parsses. *Aigues-Parses.*
Aigues Parsses. *Aygues-Parces.*
Aiguesperses. *Aigues-Parses.*
Aiguespersses. *Aygues-Parces*, R.
Aiguespersses. *Aigues-Parses.*
Aiguespersses. *Aygues-Parces*, R.
Aiguirans. *Les Éguirands.*
Aigumonteil. *Aygumontel.*
Aiguolas. *Augoules.*
Ailaghou. *L'Alagnon.*
Ailhagounet, Ailigounet, Aillaiguonot, Ailhiagounet. *L'Alagnonet.*
Aimalles. *Aymalle.*

Aimars. *Aymas.*
Aimons. *Esmons.*
Ainaco. *Ainac.*
Ainchalafrache. *Charafrage.*
Ainès. *L'Aynès.*
Airain, Airans, Airens. *Ayrens.*
Aires. *Ayres.*
Aiyou. *L'Aujou.*
Ajassié, Ajassier, Ajassiers. *Les Ajussiers.*
Ajoux. *Joux.*
Ala. *Lalo-Bas et Haut.*
Alagnhon, Alagnio, Alahan, Alaignihon, Alaignhon, Alaignion, Alaignon. *L'Alagnon.*
Alairant. *Le Valeyran.*
Alaizier. *Alloziers.*
Alalio. *L'Alagnon.*
Alancha, Alanchia, Alanchya. *Allanche.*
Alanhion. *L'Alagnon.*
Alanho. *La Chapelle-d'Alagnon.*
Alanho, Alanhon, Alanio, Alanion. Alanionem, Alanyon. *L'Alagnon.*
Alapierre. *Albepierre.*
Alasel. *Alleuze.*
Alassal. *Aubesagne.*
Alayrac. *Layrac.*
Albagnac. *Le Haut-Bagnac.*
Albaignac, Albainac. *Le Haut-Bagnac.*
Albanhac, Albaniac. *Albagnac.*
Albanie. *Albanies.*
Albapayra, Albapeire, Albaperre, Alba Petra, Albapeyra, Albapière, Albapières, Albapierre. *Albepierre.*
Albarasco. *Brascou.*
Albardz. *Albars.*
Albardz, Albars. *Aubars.*
Albarès, Albarezas. *Albarèzes.*

TABLE DES FORMES ANCIENNES.

Albarocha, Albaroche. *Alberoche.*
Albarocque, Albaroque. *Auberoque.*
Albaron ou d'Ayes. *Ayes.*
Albars. *Aubars, Albars.*
Albas. *Aubin.*
Albaspeyras. *Aubespeyres.*
Albaspeyre, Albaspeyres. *Albospeyre.*
Albe. *Albo.*
Albegard, Albegards, Albeghas. *Albughas.*
Albeghart, Albeghas, Albergarias, cast. *Aubégeat.*
Albespayre, Albespeire. *Albospeyre.*
Albespeyras, Albespeyre, Albes-Peyres. *Aubespeyres.*
Albes-Peyres. *Albospeyre.*
Albetz. *Albex.*
Albiérolas. *Augerolles.*
Albin. *Aubin.*
Albinelh. *Albinel.*
Albinhaco. *Le Puech d'Albinhac.*
Albinhas, cast. *Aubégeat.*
Albinhes, Albiniac. *Albinet.*
Albolo, Albolus, Alboni. *Albo.*
Albospayres, Albospeyres. *Aubespeyres.*
Albotz. *Albos.*
Albore inferior, Albore superior. *Albourg.*
Alborni. *Alborn.*
Albort. *Albourg.*
Albosas. *Albo.*
Albraquet, Albraguet (Lo peuch d'). *L'Aubraguet.*
Albret. *Aubin*(?).
Albuchac. *Albussac.*
Albugeyre. *Aubugie.*
Albughars, Albughes, cast. *Aubégeat.*
Albughor, Albughos, Albughous, Albughoux, Albugias, Albugios. *Aubijoux.*
Albuniacum. *Bonniae.*
Albussacum. *Albussac.*
Albussas, Albusse, Albusso, Altusso (Le rif d'). *Aubusson.*
Alcer. *Le Ser.*
Aldayrie. *L'Altayrie.*
Aldebals, Aldebaus. *Les Oldebeaux.*
Aldebertia. *L'Eldebert.*
Aldefrida. *Le Ferval.*
Aldegairia, Aldegayria. *La Diguerie.*
Aldeyres. *Les Aldières.*
Aldias. *Les Aldies.*
Aldicyres. *Les Aldieres.*
Aldix, Aldy. *Aldit.*
Alegria. *L'Alegrie.*
Alencha. *Allanche.*
Aletz. *Alex, Alets.*

Aleughe, Aleuize. *Alleuze.*
Aleuizet. *Alleuzet.*
Aleuse. *Alleuze.*
Aleuzet, Aleuzets. *Alleuzet.*
Aleuyza, Aleuza, Aleuzes. *Alleuze.*
Alexst. *Alex.*
Alfarii. *Alfaric.*
Algairolas. *Augerolles.*
Algayria. *L'Algayrie.*
Algeira, Algeiras. *Les Algères de Feniers.*
Algeirolas. *Augerolles.*
Algères, en Rounnigoux. *Algères.*
Algeuria. *L'Algueirie.*
Algeyre. *Le Bois d'Algères.*
Alghac. *Arsac.*
Algrueyra. *L'Algrureyre.*
Alguayres, Alguayrès, Alguayrez. *Louayres.*
Algueyria, Alguier. *L'Alguérie.*
Alhaignon, Alhanion, Alhaugnon. *L'Alagnon.*
Ali. *Ally.*
Aliadyares, Alciadières, Aliadières. *Liadières.*
Alicquier, Aliquier. *Alquier.*
Alier. *Alliès.*
Aliers. *Jalié.*
Alix, Aliy. *Ally.*
Aljadour. *Lo Gidour.*
Alla. *Lalo Bas et Haut.*
Altairac. *Altayrac.*
Allagnion, Allagnon. *L'Alagnon.*
Allagniou, Allagnonot. *L'Alagnonet.*
Allaignon, Allanhon. *L'Alagnon.*
Allauze. *Alleuze.*
Alleetz, Alletz. *Alex.*
Alleuzel. *Alleuze.*
Alleygnon. *L'Alagnon.*
Alleyse. *Alleuze.*
Allier. *Alliès.*
Alliers. *Jalié.*
Alliquier. *Alquier.*
Alloctz. *Les Halots.*
Allodia. *Alleuze.*
Alloize. *Alleuze.*
Allos, Allots, Allotz. *Les Halots.*
Alloux. *Aloux.*
Alluise. *Alleuze.*
Alluiz. *Alliès.*
Alluminiers. *Les Luminiers.*
Alluzet. *Alleuzet.*
Allyer. *Alliès.*
Almait, Almas. *Almet.*
Almas. *Le Mas.*
Almet. *Olmet.*
Almon. *Arman-l'Ancien.*
Almond, Almont. *Le Mont.*

Alo. *Lalo.*
Aloc. *Les Halots.*
Aloiozet. *Zongles.*
Aloisa, Aloisel, Aloiza. *Alleuze.*
Alos. *Les Aleux.*
Aloux. *Algoux.*
Alouze. *Alleuze.*
Alouziers. *Aloziers.*
Aloysa, Aloyse. *Alleuze.*
Aloyset. *Alleuzet.*
Aloziers. *Aloziers.*
Alpaion. *Arpajon, Le Pajou.*
Alpeuch. *Le Peuch, Le Puech.*
Alpeirou. *Le Peyrou.*
Alpuche. *Lo Puech-Long.*
Alquié. *Alquier.*
Alquieira, Alquieyra. *L'Algueirie.*
Alranæ, Alrancia, Alrancie, Alrencie. *La Rance.*
Altabessa. *Autebesse.*
Altabesse. *Altebesse.*
Alta Riba, Alta Rispa. *Hauterive.*
Altaries, Altarines. *Altérines.*
Altarocha. *Auteroche.*
Altaserra, Altasserra. *Hautes-Serres.*
Altayria. *L'Alteyrie.*
Altebesa. *Altebesse.*
Altebesso. *Autebesse.*
Altebesse. *Lo Suc de Haute-Besse.*
Alteil. *Auteil.*
Alterias, Alterinas, Alterrines. *Alterines.*
Alteserre. *Hautes-Serres.*
Altevaux. *Hautevaurs.*
Alteyria. *L'Alteyrie.*
Altié. *Alquier.*
Altor, Altors. *La Tour.*
Altra (rivus). *L'Authre.*
Altrières. *Autrières.*
Aluc. *Luc.*
Alueise. *Alleuze.*
Aluers, Alueys. *Lueys.*
Alueyse. *Alleuse.*
Alugeyras, Alugeyres. *Le Vert.*
Alveise. *Alleuse.*
Alvergne, Alvernia, Alvernie. *L'Auvergne.*
Alveyse. *Alleuze.*
Alvihot. *La Vigne.*
Aly, Alys. *Ally.*
Alzalsac, Alzassac. *Assac.*
Alzols, Alzolz. *Les Ols.*
Amagudas, Amagudes. *Les Mogudes.*
Amaseyras. *Mazières.*
Ambal. *Embelle.*
Ambenc, Ambène. *L'Embenne.*
Amberroque. *Auberoque.*
Ambessas. *Embesse.*

TABLE DES FORMES ANCIENNES.

Ambeyiodia. *L'Amblardie.*
Ambialz, Ambilias, Ambilis, Ambils. *Ambials.*
Amblaidia, Amblairdia, Amblyadia, Amblyardya. *L'Amblardie.*
Ambralz. *Ambials.*
Amelhier (Le rieu). *La Milis.*
Amogudas. *Les Amogudes.*
Amonedieyras. *Monedières.*
Amores (Le rif des). *La Mourette.*
Amoures (Le rial des). *L'Amourouze.*
Amoulerie. *La Molairie.*
Amvieulz. *Les Anvieux.*
Anact. *Niac.*
Anardia. *L'Arnaudie.*
Anbene. *L'Embenne.*
Anchanet. *Enchanet.*
Ancilhac, Ancilhacum. *Auxillac.*
Ancilhas. *Ancillac.*
Andalac, Andalacum, Andalat, Andalatum. *Andelat.*
Andals. *La Croix-des-Anders.*
Andas. *Les Andes.*
Andelac-les-Saint-Flour, Andelas, Andellac, Andellat. *Andelat.*
Andels. *La Croix-des-Anders.*
Andrael. *Andreit.*
Andreas, Andrès. *André.*
Andreil. *Le Moulin-du-Dreil.*
Audreil, Andrey. *Le Dreil.*
Andreyt. *Andreit.*
Andrière (L'). *Les Andrieux,* m^{in}.
Angadet. *Gadet.*
Angeirogues. *Angerolles.*
Angeirollas (rivus). *La Butaine.*
Angeirolle, Angeirolles. *Angerolles.*
Angelatz. *Angelas.*
Angeliers. *L'Angelière.*
Angeni. *Anjoni.*
Angerolles. *La Butaine.*
Angeyrolle, Angeyrolles. *Angerolles.*
Anglar, Anglard. *Anglards.*
Anglards. *Anglards-de-Saint-Flour.*
Anglars al Pomier, A. lou Pomier, A. lou Pommier, A. lou Poumier. *Anglards-le-Pommier.*
Anglardz. *Anglards.*
Anglare, Anglarense castrum, de Anglaribus, de Anglars. *Anglards-de-Saint-Flour.*
Anglars. *Anglars, Anglards-de-Salers.*
Anglars-le-Pomier, A. lou Paumier, A. lou Poumyé. *Anglards-le-Pommier.*
Anglars-lou-Fraix, A. Frasse, A. Frech, A. Freix, A. Frex. *Freix-Anglards.*
Anglart. *Anglards.*
Anglartz. *Anglards-de-Saint-Flour.*

Anglartz. *Anglards.*
Anglas. *Anglards-de-Salers.*
Angles. *Anglez.*
Anglès, Anglez. *Les Angles.*
Anglez. *L'Anglais.*
Angouste Deifon. *L'Angouste.*
Anguinot, Anguins. *Enguinot.*
Aniact. *Niac.*
Anjalhac. *Anjaliac.*
Anjalegues. *Anjaliergues.*
Anjioni. *Anjoni.*
Anjohac, Anjohat. *Jaulhac.*
Anjohanim cast. *Anjoni.*
Anjulhac. *Anjaliac.*
Annoudom, Annoudon. *Nieudan.*
Ansa (flumen). *L'Auze.*
Ansilhacum. *Auxillac.*
Antarieu, Antarieux. *Anterrieux.*
Antaroch, Antarochas, Antaroche. *Antérocho.*
Antaroche. *La Roche.*
Antarochias. *Antéroche.*
Antarrieux. *Enterrieux.*
Antarroches. *Antéroche.*
Anterieu. *Nièrevèze.*
Anterieux, Anterrieus, Anterrieux. *Anterrieux.*
Anterroches, Antharochas. *Antéroche.*
Anthinac, Anthinat, Anthiniac. *Antignac.*
Anthueghou. *Antuéjoul.*
Antifailhes, Antifalhas, Antifalho, Antifalhes, Antiffailhes, Antiffailles, Antiffalhas, Antiffalhes, Antiffalhias. *Antifailles.*
Antinhac, Antiniac. *Antignac.*
Antiphalies, Antiphalles. *Antifailles.*
Antournel. *Antournet.*
Antraiges. *Antrayguos.*
Antrayguos. *Antraigues.*
Antrerieu, Antrerieus, Antrerieux. *Anterrieux.*
Aôrilhac. *Aurillac,* dom.
Aorilliac, Aorlhac. *Aurillac.*
Aorlhac. *Aurillac,* dom.
Aourlhac. *Aurillac.*
Apalemon. *Palemont.*
Apch. *Apché.*
Apchonum. *Apchon.*
Apcher. *Le Cher.*
Apcher, Apcherium. *Apché.*
Apchié. *Alquier, Le Cher.*
Apchier. *Apcher, Le Cher.*
Apchonia, Apchonium, Apchont, Apchonum, Apchou. *Apchon.*
Apciès. *Apcher.*
Aper. *Le Peil.*
Apeyregari. *La Peyre-Gary.*

Apjone. *Apchon.*
Aplancza. *La Planèze.*
Apont. *Pons.*
Apoulhac. *Paulhac.*
Appoujoullade. *La Poujolade.*
Apruns. *Pruns.*
Aqua Viva. *Aigues-Vives.*
Aquæ Calidæ. *Chaudesaigues.*
Aran. *Aron.*
Arbore. *Le Bois des Ombres.*
Arbore. *Le Bourret.*
Arboret. *Le Bourlès, Le Bouret.*
Arboreto. *Le Bourret.*
Abrardia. *Las Brairies.*
Arbrespic. *L'Aubrespic.*
Arcamba, Arcambat (rivus). *L'Arcambe.*
Arcas, Archa, Archas, Arche. *Arches.*
Archèses, Archètes. *Le Suc de l'Archette.*
Archoyr. *Apché.*
Archiarinium. *Arches.*
Arcimbail. *Arcimbal.*
Arcoeur. *L'Arcueil.*
Arcomio, Arcomye. *L'Arcomie.*
Arcours, Arcqueulh, Arcueg, Arcueig, Arcueul. *L'Arcueil.*
Arden. *Ardennes.*
Ardena. *Le Bois-d'Ardènes.*
Ardenne. *Ardennes.*
Arcas. *Ayres.*
Arfeilles, Arfeuilles, Arfeulhe, Arfeulhes, Arfeulhère, Arfolio. *Arfouille.*
Arfueilhe, Arfueille. *Orfueille.*
Arfuelha, Arfuolha. *Arfeuille.*
Arghac, Arghat. *Le Puy-d'Arnal.*
Argueil, Argueul, Argueux. *L'Arcueil.*
Arie, Aries. *Aris.*
Arifuolha. *Griffouille.*
Arlenc. *L'Arling.*
Arlhitte. *Ardit.*
Arlle (Lo). *Arla.*
Armandia, Armandias, Armandiels, Armandies, Armandou. *L'Armandie.*
Arnacum, Arnad. *Arnac.*
Arnada, Arnadia, Arnalda. *L'Arnaudie.*
Arnat (Le Puech d'). *Le Puy-d'Arnal.*
Arnat, Arnatum, Arnhac. *Arnac.*
Arnis, Arnist, Arnytz. *Darnis.*
Arobels. *Les Arobels.*
Aronc. *Drom.*
Ἀρουέρνιδα. *L'Auvergne.*
Arpageon, Arpaghon, Arpaghoniou, Arpaghou, Arpaghoux, Arpagiou,

TABLE DES FORMES ANCIENNES.

Arpagon, Arpahion, Arpaio, Arpaion, Arpaioun, Arpaioye, Arpajonensis vicaria, Arpajou, Arpasion, Arpason, Arpauze, Arpayon, Arpazon, Arpazou. *Arpajon.*
Arpheulle. *Arfeuille.*
Arpière. *Asprières.*
Arppaig. *Arpajon.*
Arqueil, Arquelx, Arqueuil, Arqueul, Arqueulle, Arqueulx, Arqueur, Arqueuth, Arqueutz, Arqueux. *L'Arcueil.*
Arquomye. *L'Arcomie.*
Arsolier. *Arsoulier.*
Arsses. *Arses.*
Artencba. *L'Artense.*
Artigas. *Artiges.*
Artige. *Ortiges.*
Artighas, Artigi, Artigiæ, Artigias, Artigos. *Artiges.*
Artilles. *L'Ourtios.*
Artinhac. *Artiges.*
Arverna regio, Arvernensis pagus, Arvernia, Arvernica patria, Arvernicum, Arvernis, Arvernum territorium, Arvernus terminus. *L'Auvergne.*
Arzalie. *Arjalié.*
Arzalié, Arzalier. *Arzaillies.*
Arzialous, Arzialoux. *Arjaloux.*
Arzilier. *L'Arlésie.*
Arzulliers. *Arzaillés.*
Asac, Asassac. *Assac.*
Ascanis. *Escanis.*
Ascheiras. *La Soucheire.*
Asconis. *Escanis.*
Aspeils, Aspeilz, Aspel. *Espeils.*
Aspels. *Espeils*, m¹ⁿ.
Asperiers. *Espériés-Bas et Haut.*
Astic, Astis. *Lastic.*
Astorgia, Astorguya. *L'Astourgie.*
Astourgie. *L'Astourgie.*
Astriers. *Ajussiers.*
Asurgos. *Le Furgoux.*
Atailhade. *La Taillade.*
Atils, Attils. *Le Teil.*
Aubagnac. *Le Haut-Bagnac.*
Aubagueetz, Aubagues, Aubaguetz, Aubaguex, Aubaguez. *Aubaguet.*
Aubain. *Aubin.*
Aubaignac, Aubainac, Aubainhac, Aubainnac, Aubaniac, Aubanignac. *Le Haut-Bagnac.*
Aubarocque, Aubaroque. *Auberoque.*
Aubaspeyras. *Aubespeyres.*
Aubegat, Aubégeac, Aubeghéac, Aubejoux, Aubijoux, Aubene, Aubène. *L'Embenne.*

Aubepeire, Aubepeyre, Aubes-Peyres. *Albepierre.*
Auberocque, Auberoque. *Auberoque.*
Auberoche. *Auberoche.*
Auberroque, Auberroques. *Auberoque.*
Aubespeires. *Albospeyre.*
Aubespeyre. *Aubespeyres.*
Aubespeyres. *Albospeyre.*
Aubevidaire. *Aubevidayre.*
Aubex. *Albas.*
Aubigeyre. *Aubugie.*
Aubighous, Aubijouc. *Aubijoux.*
Aubiné. *Maurs*, R.
Aubioux. *Aubijoux.*
Aubizy. *L'Oubezy.*
Auboignac, Auboinac, Auboinat, Auboinnac. *Le Haut-Bagnac.*
Aubol. *Albos.*
Aubon. *Albo.*
Auboret. *Arboret.*
Auboroque. *Auberoque.*
Aubré, Aubret. *L'Aubret.*
Aubujoux. *Aubijoux.*
Auchey. *Aucher.*
Auchiliac, Aucilhac, Aucilhacum. *Auxillac.*
Audayres. *Aldières.*
Audebalz, Audebalzes, Audebas, Audebeaux. *Les Oldebeaux.*
Audières. *Aldières.*
Audreil. *Le Dreil.*
Audrel. *Les Adraux.*
Aufaric. *Alfaric.*
Augades. *Houades.*
Augelas. *Augoules.*
Angous. *Algoux.*
Auguades. *Houades.*
Auguies. *Oyez.*
Auguolas, Auguolles. *Augoules.*
Aulbegbars. *Aubégéat.*
Aulche. *Ouches.*
Aultebesse. *Le Suc de Haute-Besse.*
Aulous, Auloux. *Algoux.*
Aulteroche. *Haute-Roche.*
Aultrières. *Autrières.*
Aulvergne. *L'Auvergne.*
Aumet. *Olmet.*
Auradour. *Oradour.*
Aureilhiac, Aurelac, Aurelhac, Aurelhacus, Aurelhiac, Aurelhiacus, Aureliac, Aureliacus, Aureliacum, Aurelihac, Aurelliacum, Aurellyacum. *Aurillac.*
Aurens (L). *Le Laurent.*
Aureschesse. *Laurichesse.*
Aurfolia. *Arfeuille.*
Auriac. *Aurillac.*
Auriacum. *Auriac.*

Aurias. *Auriol.*
Aurie. *Laurie.*
Aurifreilhia. *Griffeuille.*
Aurihac, Aurilac, Aurileac, Aurilhac, Aurilheac, Aurilhiac, Auriliac, Auriliacum, Auriliahc, Aurilihac, Aurillacus, Aurillat, Aurilliac, Aurilliacum. *Aurillac.*
Auriola. *D'Auriol.*
Aurlhiac. *Aurillac.*
Aurolles. *Ayrolles.*
Aurosa, Aurouse, Auroza, Auroze. *Aurouze.*
Aurseaux. *Ourzeaux.*
Aursimolas. *Orsimoles.*
Auryac. *Aurillac.*
Ausa (flumen). *L'Auze.*
Ausdrières. *Autrières.*
Auseral. *L'Auzeral.*
Auserres, Ausers. *Auzers.*
Ausilhat, Ausiliac. *Auxillac.*
Ausola. *Auzolle.*
Ausola-le-Mech. *Auzolles-le-Miech.*
Ausola-Sobra. *Auzolles-Haut.*
Ausola-Sotra. *Auzolles-Bas.*
Ausole. *Auzolle.*
Ausolière (L'). *L'Auzeleyre.*
Auson. *Le Bois-d'Oze.*
Aussa. *Aisse, l'Anthre.*
Aussaire. *Auselle.*
Ausset. *Auzels.*
Aussilhac. *Aussilhat.*
Ausson. *Auzon.*
Austegne. *Ostenac.*
Aute-Bastie. *La Tabastie.*
Autebaures. *Hautevaurs.*
Autebesse. *Le Suc de Haute-Besse.*
Auteroche. *Haute-Roche.*
Auteserre. *Haute-Serre.*
Auteval. *Alleval.*
Autevaur, Autevaurs. *Hautevaurs.*
Authèrines. *Altérines.*
Authe-Roche. *Haute-Roche.*
Autheval. *Alleval.*
Authevaurs, Authe-Verne. *Hautevaurs.*
Autorines. *Altérines.*
Autoserre. *Hautes-Serres.*
Autra (rivus). *L'Authre.*
Autredos-Reus, Autres dos rieus. *Entre-deux-Rieux.*
Autremons, Autremontis, Autremonts. *Entremont.*
Autrerio. *Autrières.*
Autre-Vaurs. *Hautevaurs.*
Auvernhe. *L'Auvergne.*
Aux. *L'Auze.*
Auxilac, Auxilhac, Auxilhiac, Auxilliac, Auxilliat. *Auxillac.*

TABLE DES FORMES ANCIENNES.

Auxolles. *Auzolles.*
Auzardic (L'). *Lanzardié.*
Auzé. *L'Auze.*
Auzeclaire. *L'Auzeleyre.*
Auzel (rivus). *L'Auze, Le Danzan.*
Auzelaire, Auzeleira, Auzeleire, Auzeleyres, Auzelier. *L'Auzeleyre.*
Auzeleret, Auzellaret, Auzelleret. *Auzelaret.*
Auzent. *Le Dauzan.*
Auzer. *Auzers.*
Auzeralathe. *Auzelaret.*
Auzeraldeyras. *Les Aldières.*
uzerals, Auzereil, Auzerel. *L'Auzeral.*
Auzerellet, Auzeret. *Auzelaret.*
Auzerolles. *Angérolles.*
Auzes. *Le Danzan.*
Auzo. *L'Auze.*
Auzol (rivus). *L'Auze.*
Auzola. *Auzolle, Auzolles-Haut, Le Beneton.*
Auzola-lou-Sobra. *Auzolles-Haut.*
Auzola Superior. *Auzolles-Haut.*
Auzole. *Auzolles.*
Auzolla-Sobra. *Auzolles-Haut.*
Auzolla-Sotra. *Auzolles-Bas.*
Auzolle-le-Mech. *Auzolles-le-Miech.*
Auzolle-Sobra, A. Soubeyra, A. Soubra. *Auzolles-Haut.*
Auzolle-Sotra. *Auzolles-Bas.*
Auzolles-le-Mech, A. le Miech, A. lo Meth. *Auzolles-le-Miech.*
Auzolles-Soubra, A. Soubro. *Auzolles-Haut.*
Auzolles-Soubtra, A. Soutro, A. Sutro. *Auzolles-Bas.*
Auzon (Le rif d'). *Le Couffins.*
Avaiole, Avaloiolo. *Valuéjols.*
Aveise. *Alleuze.*
Avelloneyres. *Vélonnière.*
Avena (aqua). *Le Benet.*
Avenals, Avenalx, Avenau, Avenaulx. *Avenaux.*
Avene. *Le Benet.*
Avenedo. *Avenède.*
Avenel, Avenet, Avenne, Avennet. *Le Benet.*
Avenno. *Vignon.*
Avernica. *L'Auvergne.*
Averone (flumen). *La Véronne.*
Avetz, Avex. *Lo Dex.*
Aveza, Aveze. *Vèze.*
Avignonet, Avignonnet. *Vignonnet.*
Avihat. *La Vigne.*
Avilhac. *Avillac.*
Avinhonet. *Vignonnet.*
Avis. *Aris.*

Avologile, Avolojolosi, Avolojolensis vicaria. *Valuéjols.*
Ayes. *Le Bos-de-l'Aigue.*
Ayga Salada. *La Font-Salade.*
Aygas (rivus). *Aygues-Parees.*
Aygas (rivus). *Le Freyssinet.*
Aygasparsses. *Aygues-Parees.*
Aygas Vivas. *Aygues-Vives.*
Ayggebonne. *Aygue-Bonne.*
Aygharia. *L'Ayghario.*
Ayglina. *L'Aigline.*
Aygnès. *Aynès.*
Aygonies. *Les Aigonies.*
Aygualdia Aussa. *L'Aigualdie-Haute.*
Aygualdie. *L'Aigualdie.*
Ayguayrolas. *Le Lougayroux.*
Aygue. *L'Aigue.*
Ayguebone, Ayguebonne, Ayguebonnes. *Aygue-Bonne.*
Ayguedoux. *Aygue-Doux.*
Ayguesparces. *Aygues-Parees.*
Aygues-Parses. *Aygues-Parees.*
Aygues-Parses. *Aygues-Parees.*
Aygues-Parssas, Aygues-Parsses. *Aygues-Parses.*
Aygues-Parsses. *Auzolles, Aygues-Parees.*
Aygues-Vives-Sobranes. *Aygues-Vives.*
Aygues-Vives-Sotranes. *Aygues-Vives-Basses.*
Ayguicyras. *L'Aigueyrie.*
Ayguaparsses, Ayguspasses. *Aygues-Parees.*
Aymalhe. *Aymalle.*
Aymarias. *Leymarie.*
Aymerie. *Leymarie.*
Aymons, Aymont. *Aymons.*
Aymoynia. *L'Aimonie.*
Ayoulx. *Ajoux.*
Ayram. *Ayrens.*
Ayras. *Ayres.*
Ayrein, Ayrems, Ayren, Ayrenh, Ayrens, Ayrentis, Ayrentum. *Ayrens.*
Ayrin. *Ayrens.*
Ayrolas. *Ayrolles.*
Ayroles-Vieille, Ayrollevieille. *Ayrolles-Vieille.*
Ayrols. *Ayrolles.*
Ays. *Aix.*
Aysaguetas. *L'Eau, bois.*
Aysergues. *Aizergues.*
Ayssala. *Ayssalle.*
Aysse. *Aisse.*
Azaliers. *Arzailliés.*
Azussiers. *Ajussiers.*

B

Babie. *La Bélie.*
Babourles. *Babourlès.*
Babre. *Vabre.*
Babret. *Vabret.*
Bac. *Laubac.*
Bacala. *Baccala.*
Baccalaria, Baccalarie, Baccalharia. *La Baccalerie.*
Bacharuses. *Bacheruse.*
Bachassoune. *La Bartassonne.*
Bacheyra (La font). *La Vachasse.*
Bachier (Le lac). *Le lac Vacher.*
Bacinihac. *Bassinhac.*
Bacq. *Le Bac.*
Badailhac, Badailhan, Badailhat, Badaillac, Badalhas, Badalhiac, Badaliac, Badailla, Badailliac. *Badalhac.*
Badals. *Les Baduls.*
Badauille. *Badouille.*
Bade de la Croza. *La Bade-de-la-Croze (?).*
Badelh. *Baduel.*
Badin. *Las Baldies.*
Baduniac. *Badalhac.*
Bagelot, Bagille, Bagillet. *Bagilet.*
Bagues (Les). *Les Barades.*
Baguet (Lo). *Aubaguet.*
Bagy. *Bagil.*
Bahars. *Bagniard.*
Baignac. *Bagnac.*
Baildanges. *Boudange.*
Bailba. *La Beylie.*
Bailhe, Bailhé, Bailhie. *La Bélie.*
Bailie. *La Beylie.*
Baillia. *La Bélie.*
Baillier. *La Beylie.*
Baillio. *La Belie.*
Bainact. *Bagnac.*
Bainaguet, Beynaguet. *Veyraguet.*
Bainnac. *Bagnac.*
Baissa. *La Besse.*
Baissac. *Boussac.*
Baissado. *Le Roc de la Bassade.*
Baissayre. *Les Bessières.*
Baisse. *La Raisse, La Vaisse, Les Vaysses.*
Baissergues. *Aizergues.*
Baisseyra. *La Veyssière.*
Baissière. *La Veissière, La Veyssière.*
Baizargues (Lo). *Loubeysargues.*
Bajort. *Bayord.*
Balado. *Le Valadou.*
Balador. *Baladou.*
Baladour. *Le Valadour.*

TABLE DES FORMES ANCIENNES.

Baladoux. *Le Baladour.*
Baladour. *Le Balladour.*
Balance, Balanssa. *Valence.*
Balaria. *La Baleirie.*
Balasse ou Balax. *Le Baladour.*
Balbaria. *La Balbarie.*
Baldanges. *Boudange.*
Badelha. *La Baldeille.*
Baldezert. *Le Val-Désert.*
Baldias. *Las Baldies.*
Baldinha. *Blandignac.*
Baldenn. *Boudanges.*
Balduces, Baldusez. *Valduces.*
Balentiniæ. *Valentines.*
Balès. *Valès.*
Balestryc. *La Balestrie.*
Balhergues. *Valiergues.*
Balhez. *Baillès.*
Balhueghol. *Valuéjols.*
Balladise. *Bailladis.*
Balladour. *Le Baladour.*
Ballangier. *Vallangier.*
Balletis. *Las Valettes.*
Balluset. *Valduces.*
Balmissa. *La Balmisse.*
Balogio, Balogium. *Valuéjols.*
Balsanias. *Les Balsanias.*
Baltayria. *La Balteyrie.*
Baluegiol, Balueghol. *Valuéjols.*
Balusset. *Belbezet.*
Balzac. *Boulzac.*
Bame. *Le Bamut.*
Bancherel. *Bancharel.*
Banxs. *Le Roc des Bans.*
Bancilhes, Bancilles, Banelhe. *Banilles.*
Banes. *Le Moulin Bannier.*
Banet. *Le Bannut.*
Banet. *Canet.*
Bangarassias. *Beaujarret.*
Banhac. *Bagnac, Bagniard.*
Banhars. *Banhars.*
Banhars, Banharz. *Bagniard.*
Baniac. *Bagnac.*
Baniard, Bauiards, Baniardz. *Bagniard.*
Banicaudio, Banicaudio, Banicauldie. *La Manicaudie.*
Banihas, Banilhes. *Banilles.*
Banissou. *Le Puy-Panissou.*
Banniard. *Bagniard.*
Bannou. *Banou.*
Bano. *La Bano.*
Bans (Les). *Esbans.*
Baptistat. *Belestat.*
Bar. *Le Bac.*
Barabaste. *La Barbaste.*
Barabel. *Baradel.*

Baragadda. *La Baragade.*
Baramon. *Ramond.*
Barasco, Barascos, Barascou. *Brascou.*
Barate. *Barathe-Haut.*
Baraterie. *La Baccalerie.*
Baraterie, Baratte. *Barathe-Bas.*
Barau. *Bourrieu.*
Barbadeyria, Barbadoyre. *La Barbadoire.*
Barbaranghas. *Barbarange.*
Barbari, Barbaric. *Barbary.*
Barbaro. *Le Barbarrou.*
Barbarorum (Villa), Barbarrys, Barbarzy. *Barbary.*
Barbasse. *La Barbaste.*
Barbelat de Cavanhac. *Barbelat.*
Barberanges. *Barbarange.*
Barbes. *Basbes.*
Barbetas, Barbotes. *Barboutes,* R.
Barbry. *Barbary.*
Barc. *Le Puech de Bar.*
Barcenges. *Bressanges.*
Barchères, Barcherres, Barcheruses. *Bacheruse.*
Bardeaus. *Les Bardeaux.*
Bardeto. *Bardet.*
Bardhuguet. *Barduguet.*
Bardi. *Bardy.*
Bardier. *Le Verdier.*
Bardies, Bardit. *La Bardie.*
Bardye. *La Bardie.*
Barc (La). *Les Bobes.*
Barechy. *Barochis.*
Bareilhettes. *Vareillettes.*
Bareira. *La Barrière.*
Bareirie. *La Barreyrie.*
Barenas, Bareno. *La Varenne.*
Baressac. *Benassac.*
Baret. *Barret, Varet.*
Bareziales, Barezias. *La Barésie.*
Barga. *La Barge.*
Bargas. *Bargues.*
Barge (aqua). *Laigne.*
Bargha, Barghe. *La Barge.*
Bargho. *La Barghe.*
Barguas. *Bargues.*
Bargues. *La Chapelle de Bargues.*
Baria. *Le Barry.*
Baria. *La Barre.*
Bariac. *Barriac.*
Barieyra. *La Barrière.*
Barieyres. *Beurières.*
Bariolas. *Bartioles.*
Barja. *La Barge.*
Barloul. *La Barroul.*
Barnac. *Le Suc de Bernet.*
Barnaudia. *La Barnaudie.*
Barnet (Le). *Le Vernet.*

Barnac, Barnus, Barnuz. *Le Barnut.*
Barochys. *Barochis.*
Barone. *La Baronne.*
Baronesas. *La Baronèse.*
Barons. *Arong.*
Barrac. *Le Barra.*
Barragada. *La Baragade.*
Barrairia. *La Barrairie.*
Barramon. *Ramond.*
Barraque. *La Baraque de Baptiston.*
Barraquette. *La Baraque.*
Barras. *Le Barrat.*
Barrasquie. *La Barasquie.*
Barratte. *Barathe-Bas.*
Barrayria. *Le Barra.*
Barrairye. *La Barreyrie.*
Barre. *Barry.*
Barreyrie. *La Barreyrie.*
Barrel. *Barret.*
Barrerie. *La Bareyrie.*
Barres. *Barret.*
Barres. *La Capelle-Barrez.*
Barres ou Barras. *Barrès-Haut.*
Barretum, Barretz. *Barret.*
Barretz, Barroz. *Barrès.*
Barrey. *Barret.*
Barreyre, Barreyrie. *La Barreyrie.*
Barri. *Barry.*
Barriach, Barriacum. *Barriac.*
Barrias. *La Barrière.*
Barrias. *La Borie.*
Barriat. *Barriac.*
Barricirres, Barrière, Barrieres, Barrieyra, Barrieyre. *La Barrière.*
Barrious-en-Auvergne. *Barrine.*
Barrisie. *La Barésie.*
Barrochis. *Barochis.*
Barrueyre. *La Barrière.*
Barry. *Le Barra.*
Bars. *Varet.*
Barsagol. *Bersagol.*
Barsanges, Barsangiæ. *Bressanges.*
Barsiegol. *Bersagol.*
Bartas. *Les Bartes.*
Bartasiere. *La Bartassière.*
Bartasses. *La Bartasse.*
Bartassesos. *Les Bartasses.*
Bartasson. *Las Bartasson.*
Bartassona. *La Bartassonne.*
Barteyras. *La Barteire.*
Barteyras (La font des). *Le Commun-de-la-Barteire.*
Barteyrou. *Le Cartayrou.*
Bartha. *La Barte.*
Bartha. *La Barthe-del-Chapel.*
Barthalana. *La Barthalane.*
Barthas. *Le Bartassou.*
Barthas. *Les Bartes.*

TABLE DES FORMES ANCIENNES.

Barthas dels Sailhens. *Les Bartes.*
Barthasse, Barthasses. *La Bartasse.*
Barthe. *La Barthe-del-Chapel, La Ganie.*
Bartholes. *Las Bartioles.*
Barthollet. *Bartholet.*
Bartioles, Bartioles, Bartiolles. *Las Bartioles.*
Bartole. *La Barthole.*
Barze. *La Barge.*
Basal. *Vassal-Bas et Haut.*
Basaygue. *Basaygues.*
Basboulin, Basbourlès. *Basbourlès.*
Baselyas. *Baselges.*
Basinhac. *Bassinhac.*
Basladie (La). *La Baladie.*
Basse. *La Besse, La Boisse.*
Bassignac. *Bosignau.*
Bassignaet. *Bassignac, Bassinhac.*
Bassignat, Bassignhac. *Bassignac.*
Bassigniact, Bassinhac, Bassinhacum. *Bassinhac.*
Bassinhac, Bassinhas, Bassinhiac. *Bassignac.*
Bassiniac. *Bassinhac.*
Bassiniacum, Bassiniacus. *Bassignac.*
Bassinhac. *Bassinhac.*
Bassiveyre, Bassivière, Bassivieyre. *Vassivière.*
Bassolicyras. *Les Bassolères.*
Bassuieyric. *Vassivière.*
Bastida cast. *La Bastide.*
Bastida. *La Bastide.*
Bastidas. *Les Bastides, La Bastide, Bastidès.*
Bastidie. *La Bastide.*
Bastide-las-Oulle. *La Bastide.*
Bastido, cast. *La Bastide.*
Bastria. *Lavastrie.*
Bastyda. *La Bastide.*
Bat. *Le Bac.*
Bataillos, Batalhos. *Le Turon-de-Bataillou.*
Batalie. *Détailles.*
Bathalhioux. *Le Turon-de-Bataillou*
Batifol, Batifoy. *Ratifoil.*
Baton de Sobeyra. *Boutet.*
Batud, Batut, Batuts. *Le Battu.*
Bau. *Labro.*
Baubert. *Vaubert.*
Bauchatel. *Le Bouscatel.*
Bouelz. *Les Baux.*
Baud. *Labro.*
Baudanges. *Boudanges.*
Baudie. *La Borderie.*
Baufets, Baufetz, Bauffectz. *Les Baufets.*
Baugaret, Baugarret, Baugeauret,

Baugeret, Baugeretz, Baugharet, Baujaret. *Beaujarret.*
Baulmiers. *Le Vaulmier.*
Baulté. *La Beauté.*
Baulx. *Les Baux.*
Baumas. *Le Beaumas.*
Baumir. *Le Vaulmier.*
Bauneffous. *Bonnefons.*
Baureilhes, Baurelhas, Baurelhes, Baurelies, Baurelle. *Vaureilles.*
Baurette. *La Vaurette.*
Baures. *Vaurs.*
Bauriac. *Barriac.*
Baurières. *Beurières.*
Baurieyras. *Vaureilles.*
Baurses. *Vaurs.*
Bausel. *L'Auzel,* mont.
Bausel (rivus). *Latga.*
Bausets, Bausetz. *Les Baufets.*
Bautmegiol. *Ventuéjol.*
Bauzac. *Balzac.*
Bauze. *Vabre.*
Bavre. *La Baure.*
Bayga. *La Bouygue.*
Bayhadezio. *Le Voinazès.*
Baylhe, Bayllie, Bayli. *La Bélie.*
Baylia, Bayllia, Bayllya, Baylya. *La Baylie.*
Baymaigues. *Meymargues.*
Baynac. *Beynac.*
Baynaguet. *Beynaguet.*
Baynazès. *Le Voinazès.*
Baynesches. *Veynesches.*
Bayo. *Le Bois-de-la-Baille.*
Bayort. *Bayord.*
Baissa. *Les Vaysses.*
Bayselgues. *Aizergues.*
Bayssanez. *Bessanès.*
Baysso. *La Vaysse,* m^{in}, *La Vaisse, Les Vaysses.*
Bayssonet. *Laveissonet.*
Bayssenetz. *Bessanès.*
Baysses. *Les Vaysses.*
Bayssoyra, Bayssieyra. *La Vaissière.*
Bayssiero. *La Veissière.*
Bayzargues (Lo). *Loubeysargues.*
Baz. *La Besse.*
Bazarte (Stagnum) [?].
Bazil. *Bagil.*
Bazoues (?). *Bezaudun.*
Beollo. *La Béale.*
Beata Christina. *Sainte-Christine.*
Beata Maria. *Sainte-Marie.*
Beate Marie (Capella). *Notre-Dame.*
Beati Blasii (Capella). *Saint-Blaise.*
Beati Fredaldi. *Saint-Fréval.*
Beati Johannis del Marchadial. *La Chapelle de Saint-Jean-Baptiste.*

Beatus Thomas. *Saint-Thomas-de-Salvalis.*
Beau, Beaulté (La). *La Beau.*
Beauchatoil. *Beaucastel.*
Beauclare. *Vauclair.*
Beauf. *Blaud.*
Beaugearet, Beaujaret. *Beaujarret.*
Beaujarret d'Armende. *Beaujarret d'Armande.*
Beaulet. *Beaulieu-Haut.*
Beauliou. *Beaulieu.*
Beaulz (La). *La Beauté.*
Beaumont. *Belmont.*
Beau-Monteil, Beaumonteilh. *Beau-Montel.*
Beauregart. *Beauregard.*
Beauval. *Bouval.*
Beauzarct. *Beaujarret.*
Bebesat. *Loubejac.*
Bebietum. *Vebret.*
Bec. *Le Cheyrel, Renouziers.*
Bécarie. *La Beccarie.*
Beccaria. *La Beccarie,* chât.
Beccire. *La Bessière.*
Becescha (?).
Beccyrolas. *Besseyrolles.*
Bech. *Le Bex.*
Bech. *Beth.*
Becque. *Le Bec.*
Becquet (Lo rieu). *Le Béquet.*
Becz. *Beth, Le Bex.*
Bedaillac. *Badailhac.*
Bedèches. *Belbes, Vedèche.*
Bedent. *La Bednine.*
Bedesches. *Védèche.*
Bedissye. *La Bédissie.*
Bedoulhas. *Bedoussac.*
Bedrenac, Bodrenat. *Védernat.*
Bedrina. *La Védrine.*
Bedrinas. *Védrines.*
Begac, Begheac, Beghac (Lou). *Loubejac.*
Begola. *Bégoules.*
Begole. *Bégoules-Haut.*
Begonia. *La Begonie.*
Bégoulles. *Bégoules.*
Beguairie. *La Viguerie.*
Begu, Begut. *Bégus.*
Beidrane. *La Bédrune.*
Beilhac. *Belliac.*
Beilhie. *La Bélie.*
Beilhie. *La Baylie.*
Beilhières, Beilleires, Beilleres. *Bellières.*

550 TABLE DES FORMES ANCIENNES.

Beilliac. *Belliac.*
Boillier. *Bellier.*
Beilie. *La Baylie, La Bélie, La Beylie, La Bélie, La Baylie.*
Beinac. *Beynac.*
Beinagues. *Beinaguet.*
Beirac. *Veyrac.*
Beirieyras. *Veyrières.*
Beis. *Veis,* m^in.
Beisaire. *Les Bessières.*
Beisounies. *Les Bessonies.*
Beisseira. *Le Bois-de-la-Besseyre.*
Beisserdie. *La Bessardie.*
Boissière. *La Veissière.*
Beladin. *La Beladie.*
Belaubre. *Bélaubré.*
Belberet. *Belbezet.*
Belbeset. *Belvezet.*
Belclar. *Beauclair.*
Bel-bé, Belbe, Belbac, Belbex. *Belbès.*
Beldene. *Les Baldies.*
Belevezer. *Belvezeix.*
Belguirel. *Belguiral.*
Belgus. *Bégus.*
Belguyral. *Belguiral.*
Belhac. *Belliac.*
Belhascazas. *La Case-Vieille.*
Belhe. *La Beylie.*
Belhères, Belhières. *Bellières.*
Belhestar, Belhestat. *Belestat.*
Belieres, Belieyres. *Bellières.*
Belinays. *Bélinay.*
Belleclaro. *Vauclair.*
Bellesthat, Belle Strade. *Belestat.*
Bellèle. *La Belette.*
Belli Clari. *Beauclair.*
Bellie. *La Beylie.*
Bellières. *Billières.*
Bellieu. *Beaulieu.*
Bellieyre, Bellieyres. *Billières.*
Bellinays. *Belinay.*
Bellouic. *La Bellonie.*
Bello Vide, Bellovidere. *Belbex.*
Bellus Clarus. *Beauclair.*
Bellus Locus. *Beaulieu, Notre-Dame-de-Beaulieu.*
Bellus Mons. *Belmont.*
Bel-Mauro. *Belmaure.*
Belmon. *Belmont.*
Bel Montcilh. *Bel-Montel.*
Beloneyras. *Vélonnière.*
Belonic, Belonie, Belonne, Belounic, Belounye. *La Bellonie.*
Belrèzes. *Bellières.*
Belrymont. *Vilmort.*
Beluge. *Belveze.*
Belvo. *Belbex.*

Belveyr. *Belbès.*
Belvezaix. *Belvezet.*
Belvèze, Belvezé. *Belbezet.*
Belvezeix. *Belbès.*
Belvezeu. *Belvèze.*
Belvezer, Belvezes. *Belvezet.*
Belvezeys. *Belbès.*
Belvezeys. *Belvezet.*
Belx. *Le Bec.*
Belye. *La Baylie, La Bélie.*
Belzie. *Velzic.*
Bemonteils, Bemontel, Bemontels. *Bemonteil.*
Benaguet. *Benages.*
Benazac. *Bénassac.*
Benazès. *Le Veinazès.*
Bendogre. *Vendogre.*
Benechat. *Bezenchat.*
Benechia. *La Bénéchie.*
Beneilh. *Beneselie.*
Beneseix, Benezeys. *Le Veinazès.*
Benet, Benex. *Benech.*
Benficada. *La Benficade.*
Bennac. *Bagnac.*
Bennafont. *Bonnefons.*
Bennaiz, Benuat. *Bennac.*
Benonne. *La Bononie.*
Benossac. *Benassac.*
Bensigade, Bensiguada. *La Benficade.*
Bentane. *La Ventane.*
Bentoulon. *Le Ventalou.*
Bentoz. *Ventos.*
Bentucghol. *Ventuéjol.*
Beou (rivus). *Le Labiou.*
Bequarie. *La Beccarie.*
Bequèzo. *La Berquèze.*
Beraguet. *Veyraguet.*
Ber. *Le Vert.*
Berbejoux. *Berbezou.*
Berbezet. *Belvezet.*
Berbotes. *Barboutes.*
Berc. *Le Berc, Le Vert.*
Bercenges. *Bressanges.*
Berchapy. *Verchapy.*
Bercueyre. *Vercueyre.*
Berdye. *Bardy.*
Berc. *Le Vert.*
Bereme. *Veresne.*
Bergantières. *Bercantières.*
Bergoumie, Bergounie, Bergoux. *Bergonie.*
Berguas. *Bargues.*
Beriac, Beriacq, Beriacum. *Barriac.*
Beriá. *Le Berié.*
Béringes, Beringier. *Béringer.*
Berloncle. *Bournoncles.*
Bermègo. *Vermejo, Vermégou.*

Bermeghoux. *Vermenouss.*
Bermelic. *La Vermerie.*
Bermon. *Bermont.*
Berna. *Les Bourés.*
Bernac. *Le Suc-de-Bernet.*
Bernal. *Le Suc-de-Bernat.*
Bernardia. *La Bernardie.*
Bernardye (La). *Le Dreils.*
Bern. *Le Vern.*
Bernayrie. *La Vermerie.*
Bernaye. *Vernoye.*
Bernh. *Le Vert.*
Bernhia. *La Vergne-Haute.*
Bernhiesa. *La Vergnière.*
Bernie. *La Vernie, La Vergne.*
Bernière. *La Vernière.*
Bernoncles. *Bournoncles.*
Bernones. *Les Bardeaux.*
Bernones. *Verdelon, Vernones.*
Bernops. *Vernols.*
Bernoye. *Vernoye.*
Bernuégéol. *Vernuéjoul.*
Bérole. *La Barrière.*
Berquantière. *Bercantières.*
Berqueyres, Berquières. *Vercueyre.*
Berra. *Le Barra.*
Berriac, Berriacum. *Barriac.*
Berriat. *Barriac (Pailhérols).*
Berrymon. *Vilmort.*
Bersagot, Bersaguol, Bersegol. *Bersagol.*
Bert. *Le Vert.*
Bert, Bertg. *Le Berc.*
Berteils, Bertels. *Verteils.*
Berthana, Berthane. *La Bertrande.*
Berthane. *Bertano,* m^in.
Bertheils. *Verteils.*
Berthol. *Berthot.*
Bertoumio. *Barthomio.*
Bertoux. *Le Puy-Bertot.*
Bertrandia. *La Bertrandie.*
Bertrandies (Las). *La Bertrandie.*
Bes. *Le Bex, Le Bos.*
Besciules. *Besseyrolles.*
Besède. *La Bessède.*
Besenchat. *Bezenchat.*
Beseyre. *La Voissière.*
Beseyreta. *La Besserette.*
Besin (Lou). *Loubéjac.*
Beson. *Bezons.*
Besq. *Le Bois-de-la-Besse.*
Besrel. *Bazaygues.*
Bessa. *La Besse, Embesse, Le Puech-de-la-Besse.*
Bessac. *Vezac.*
Bessadas. *La Roc-de-la-Bassade.*
Bessaire. *La Boissière, La Bossière.*
Bessaire de Lair. *La Bessaire-de-l'Air.*

TABLE DES FORMES ANCIENNES.

Bessaireta, Bessairète. *La Besserette.*
Bessairolles, Bessayroles, Bessayrolles. *Besseyrolles.*
Bessaliuda. *Le Bois-de-la-Bessougade.*
Bessanet, Bessanez. *Le Pont-de-Bessanès.*
Bessares. *Bessarès.*
Bessarète, *La Besserette.*
Bessariès. *Bessanès.*
Bessayras. *La Besserette.*
Bessayre, Bessayré. *La Bessaire*, m^in.
Bessayre. *Les Bessières.*
Bessayreta, Bessayrette. *La Besserette.*
Besse, *Le Bex.*
Besse Haute. *La Besse-Haute.*
Besseile. *La Bessèdre.*
Besseira. *Le Bois-de-la-Bosseyre.*
Besseira. *La Bousseyre, Les Veisseyres.*
Besseira dels Fabres. *La Besseire-des-Fabres.*
Besseire. *La Bessaire, La Besseire.*
Besseire. *La Bousseyre.*
Besseire de Sainct Mary. *La Besseire-de-Saint-Mary.*
Besseires. *La Vaissière.*
Bessel. *Besou, Vassal-Bas et Haut.*
Bessels. *Bessel.*
Bessère. *La Besseire.*
Besserot. *La Besserette.*
Besses. *Besse.*
Besseta de Sancto Geroncio. *La Bessette.*
Besseyra. *Le Bois-de-la-Bosseyre.*
Besseyra. *La Bousseyre, La Vaissière.*
Besseyra-dels-Fabres. *La Besseire-des-Fabres.*
Besseyra. *La Bessière-Espesse.*
Besseyre. *Les Veyssières, mont.; La Beissière, La Vaissière, Les Veisseyres, La Boouseyre, La Bessaire, La Veissière, Laveissière, Le Bois-de-la-Bosseyre, La Bessaire, La Besseire, La Bessière.*
Besseyre de Ler. *La Besseire-de-l'Air.*
Besseyre des Fabres. *La Besseire-des-Fabres.*
Besseyres. *Les Bessières.*
Besseyreta, Besseyrete, Besseyrette. *La Besserette.*
Besseyrette. *La Besseirette.*
Besseyrettes. *La Besserette.*
Bessi (riparia). *Le Bex.*
Bessie. *La Besse.*
Bessieira. *Les Baissières, La Veissière.*

Bessière. *La Besseire, La Veissière, La Bessière.*
Bessière des Fabres. *La Besseire-des-Fabres.*
Bessieyra. *La Bessière, La Veissière.*
Bessieyras. *Las Veissières.*
Bessieyras, Bessieyres. *Las Bessières, La Veissière.*
Bessol. *Bessols.*
Bessolada. *Le Bois-de-la-Bessougade.*
Bessolh. *Bessou.*
Bessolie. *La Bessouille.*
Bessolz. *Bessols.*
Bessonge, Bessonhas. *La Bussinie.*
Bessonhas, Bessonias. *La Bessonie.*
Bessouade. *Le Bois-de-la-Bessougade.*
Bessouguière. *La Bessouguière.*
Bessouilhe. *La Bessouille.*
Bessouines. *Les Bessouies.*
Bessoul. *Bessou.*
Bessoulhe, Bessoulhie. Bessoulie. *La Bessouille.*
Bessous. *Bessou*, m^in.
Bessoyra. *Laveissière.*
Bessy. *La Bussy.*
Besteille. *Béteilles.*
Bet. *Beth, Le Bex.*
Betailhes, Bétaille. *Botailles.*
Betaillolle, Betalhola. *La Bétaliole.*
Betalhola (rivus). *La Bétaliole.*
Betalles, Betathalies. *Bétailles.*
Betch. *Beth.*
Boteilh, Betcilhes. *Béteilles.*
Beteille. *Béteil.*
Betoilz. *Verteils.*
Betelha. *Bétailles.*
Betesca. *Belleviste.*
Betesca inferior. *Belleviste-Bas.*
Betghus, Betgu, Betgus. *Bégus.*
Beth. *Le Bex, Le Beth.*
Bethala. *Bétailles.*
Bethalhola. *La Bétaliole.*
Bethalit. *Bétailles.*
Bethane. *La Butaine.*
Bethazet. *Bétasel.*
Bethel. *Béteilles.*
Bethesi. *Betesi.*
Betilhes, Betillies. *Béteilles.*
Betrar. *La Vergne-Nègre.*
Betsanès. *Bessanès.*
Bettelhe. *Botoilles.*
Bettiniergues. *Bittiniergues.*
Bets. *Beth, Le Bex.*
Bétulhes. *Beteilles.*
Betx, Betz. *Le Bex, Ei-Bex.*
Bournoncles. *Bournoncles.*
Beurriers. *Beurières.*
Beuveyras. *Beurières.*

Beverie. *La Borenie.*
Bex. *Beth, La Besse, Le Bex, Delbeix.*
Bex, Bexas. *Le Bois-de-la-Besque.*
Bex-del-Peuts. *Le Beix.*
Bexé. *Le Bex.*
Beyga. *La Boigne.*
Beylhie, Beylie. *La Bélie.*
Beylio. *La Beylie.*
Beyna. *Beynac.*
Beynagos, Beynagues. *Beynaguet.*
Beynant, Beynat. *Beynac.*
Beynazès. *Veinazès, Le Veinazès.*
Beynuguet. *Beinaguet.*
Beyrac. *Veyrac.*
Beyrargues. *Virargues.*
Beyria. *La Borie-de-Canet, La Borie.*
Beyrieyras. *Veyrières.*
Beysière. *La Veissière.*
Beyrine. *Veyrines.*
Beyssayre. *La Bessaire.*
Beyssergues. *Loubeysargues.*
Beysseyre. *Les Veisseyres.*
Beyssire. *La Bessaire.*
Beytie. *La Bélie.*
Bez. *Beth.*
Bezac, Bezacum. *Vezac.*
Bezal. *Le Besal*, m^in.
Bezan. *Bezons.*
Beze. *La Vèze, mont.*
Bezels. *Vezels.*
Bezenchate. *Bezenchat.*
Bezon, Bezou. *Bezons.*
Biaisse. *Viesse.*
Bialadieu. *Villedieu.*
Bialar. *Le Vialu.*
Bialavelha. *La Malle-Vieille.*
Bialieu. *Boudieu.*
Bials. *La Biaude.*
Biaouyres. *Viarouge.*
Biaradou, Biarradoune. *La Barronde.*
Biard. *Le Bois-de-Bancarel.*
Biayat. *Le Viaga.*
Biauroux. *Viauraux.*
Bibrasac, Bibresac. *Vibrezac.*
Bicxosas. *Vixouzes.*
Bidalic. *La Vidalie.*
Bidet. *Videt.*
Bidoyue. *Le Boital.*
Billevye. *Vieillevie.*
Bielmon, Bielmont. *Vieil-Mont.*
Biermus. *Villemur.*
Biers. *Viers-Bas et Haut.*
Bierrimont. *Vilmort.*
Bieurul, Bieuralz. *Viauraux.*
Bieu, Bieude. *La Biaude.*
Bieuletum. *Volet.*

TABLE DES FORMES ANCIENNES.

Bicyse. *Le Bicysse.*
Bicysse. *La Bicsse.*
Bigayrie. *La Vigayrie.*
Bigalenne. *Le Moulin-de-Celles.*
Bigha, Bighe, Bighia. *La Vigc.*
Biguac. *Beynac.*
Bigue. *La Vigue.*
Bilgac, Bilghac, Bilghacum. *Bilgéac.*
Bilhat. *Belliac.*
Bilhères, Bilicires. *Billières.*
Bilhières, Bilicires. *Billières.*
Biliargues. *Villiargues.*
Bilière, Bilières. *Voillères.*
Bilières. *Bellières.*
Bileyre. *Billières.*
Billier. *Bellier.*
Billière, Billieyre, Billières. *Billières.*
Billiez. *Billès.*
Bilyeres, Bilyeyres. *Billières.*
Binals. *Le Vignal.*
Binial. *Le Vignal.*
Bintia (La). *La Gentie.*
Bion. *Le Vigeau.*
Biors. *Les Viols.*
Bioullet. *Yolet.*
Biourières. *Beurières.*
Biozac. *Biosac.*
Bira. *La Birade.*
Birargues. *Virargues.*
Biraulx. *Viauraux.*
Birgues. *La Bouygue.*
Bissade. *La Bessade.*
Bissalmoz. *Bersagol.*
Bisse. *La Besse.*
Bissière. *La Veissière.*
Bissieyres. *Les Bessières, La Veissière.*
Biste. *La Viste.*
Bitarelles. *La Bitarelle-de-Progiès.*
Bitrac. *Vitrac.*
Blad. *Le Blat.*
Bladanet. *Blanadet.*
Bladaur. *La Bouldoire.*
Bladenat. *Blanadet.*
Blaichia. *La Blaichie.*
Blanco. *Blangou.*
Blancquie. *La Blanquie.*
Blandinhac. *Blandignac.*
Blanect. *Blanet.*
Blangie. *La Blanquie.*
Blanquia. *La Blanquie.*
Blanquo. *Blancou.*
Blas. *Le Blat.*
Blata. *La Blate.*
Blatenerère. *Blatveissière.*
Blates. *La Blatte.*
Blateyra, Blateyria. *La Blatère.*
Blats-Bas. *Les Blats-Soutro.*

Blatz. *Le Blat.*
Blatz, Blatz Soutras. *Les Blats-Soutro.*
Blatos. *Les Blattes, La Blatte.*
Blattet. *Les Blattes.*
Blattos. *La Blatte.*
Blau. *Le Bleau, Bleaux, Blaud.*
Blaux. *Le Blau.*
Blavadet. *Blanadet.*
Blavadia, Blavadye. *La Blavadie.*
Blazilia. *Bagilet.*
Bleylac, Bleylan. *Bleylant.*
Blicu. *Plieux.*
Bluadia. *La Blavadie.*
Bluttet. *Les Blattes.*
Boal. *La Boual.*
Boassou. *Le Bouyssous.*
Bobalz. *Boubals, Bouval.*
Bobanesches, Bohonesches. *Bourboneche.*
Bobretum. *Vebret.*
Bocam. *Volcamp.*
Bocharel. *Le Boucharel.*
Bociacus. *Boussac.*
Bocquiès. *Bcuquiès.*
Boctz. *Le Beix.*
Bodaya. *La Boudio.*
Bodia, Bodias. *La Boudie, La Boudio.*
Bodier, Bodieu. *Boudieu.*
Bodre. *Le Boudre.*
Boorie. *La Borie.*
Boes. *Le Bos.*
Boeysseyras. *Boissières.*
Boffe. *La Bouffe.*
Bohat. *Bolzac.*
Boiga. *La Bouygue.*
Boigas. *Las Bouygues.*
Boighas. *La Bouygue.*
Boighas, Boighes. *Les Boigues.*
Boighes. *La Bouygue.*
Boighou. *Las Bouygues.*
Boigiou. *Bonjou.*
Boigotte. *La Bouygotte.*
Boigua, Boigue. *La Bouygue.*
Boigue Megheyre. *La Bouygue-Mégière.*
Boigues. *La Bouygue, Les Bouygues.*
Boinac, Boinnac. *Bagnac.*
Boiria, Boirias, Boirnière. *La Bournière.*
Boirye. *La Borie.*
Bois. *Le Bouix.*
Bois-Bert. *Le Bois-Vert.*
Bois de Garrig. *Le Bois-de-Garry.*
Bois de Queilla. *Le Bois-de-Queuille.*
Bois de la Buge-Sarrade. *Le Bois-Sarra.*
Bois Grand. *Le Bos.*

Bois Mayau, B. Mazal. *Le Bos-Magré, Le Bois-Majau.*
Bois Mazau, B. Mazeaux, B. Mèghe. *Le Bos-Magré.*
Bois-Ramon. *Ramond.*
Boissadelz, Boissadet. *Boissadel.*
Boissado. *Le Roc-de-la-Bassade.*
Boissadyne. *La Boussorine.*
Boisse. *Bouysson, Boissy.*
Boisseiras. *Boissières.*
Boissenillas, Boissenilles. *Boissonnelles.*
Boisset. *Le Bétel.*
Boisseyras, Boissieras, Boissières. *Boissières.*
Boissinos. *Boissines.*
Boissonèles. *Boissonnelles.*
Boissoneyre. *La Boissonnière.*
Boissonhic, Boissonis. *La Boissonie.*
Boissonnayre. *La Boissonnière.*
Boissonnerich. *Bassonnerich.*
Boissonneyre, Boissounaire. *La Boissonnière.*
Boissounhe, Boissounie. *La Boissonie.*
Boissune. *Boissonnelles.*
Boix. *Le Bois, Le Bos, Le Bouix.*
Boix du Roy. *La Forêt-de-Murat.*
Bol. *La Boual.*
Bolan. *Boulan.*
Boldaries, Boldayres, Boldoyres. *La Bouldoire.*
Bolicyre. *La Bouzayre.*
Bolmuzac. *Boluzat.*
Bolom, Bolon. *Boulan.*
Boloncsa (rivus). *Le Lac.*
Bolonhac. *Bouzenjat.*
Bolsac. *Boulzac.*
Bolsaguet. *Boulzaguet.*
Boltoyre. *Voltoire.*
Bolza. *Bolzac.*
Bolzeyres (rivus). *La Bouzayre.*
Bomas. *Le Beaumas.*
Bombaux. *Les Bondes.*
Bombodif. *Montboudif.*
Bombos. *Les Bondes.*
Bomboudif. *Montboudif.*
Bonal. *Bonnal.*
Bonaldelh, Bonalidel. *Mourandel.*
Bonaneuyt, Bona Nocte. *Bonnenuit.*
Bona Nozeyras. *Bonnenozière.*
Bonanuyt. *Bonnenuit.*
Bonaprada. *La Bonne-Prade.*
Bonasfons. *Bonnefons.*
Bonat. *Bonnac.*
Bonatel. *Bournarel.*
Bonauls, Bonaves. *Bonnaves.*
Bonavide. *Bonevide.*
Bonbois. *Bombos.*

TABLE DES FORMES ANCIENNES.

Bonefont. *Bonnefons.*
Bonelhia. *La Bonelhie.*
Bonerme. *Bonarme.*
Bonestrade. *Bonnestrade.*
Bonet. *La Bonnet.*
Bonettie, Boneythie, Boneytie, Boneytio. *La Bonnetie.*
Bon Homo, Bonhommo. *Le Puy-Bonhomme.*
Bonicaldie. *La Manicaudie.*
Bonij. *Bonis.*
Bonis Domibus (De). *Bonnemayoux.*
Bonitie. *La Bonnetie.*
Bonnacum. *Bonnac.*
Bonnaffons. *Bonnefons.*
Bonnaneuf, Bonnanculd. *Bonnenuit.*
Bonnarel. *Bournarel.*
Bonnarme. *Bonarme.*
Bonnat. *Bonnac.*
Bonnefont. *Bonnefons.*
Bonnefousie. *Bonnefoucie.*
Bonnemajou, Bonnemajous, Bonnemayou, Bonnemayous. *Bonnemayoux.*
Bonneneud, Bonneneuf, Bonneneul, Bonneneult, Bonnenuiet, Bonne Nuyet, Bonneud, Bonneut, Bonneute. *Bonnenuit.*
Bonnenosière. *Bonnenozière.*
Bonnesfons. *Bonnefons.*
Bonnesmaisons, Bonnesmajoulz, Bonnesmazous. *Bonnemayoux.*
Bonnestrades. *Bonnestrade.*
Bonnet Dalpou. *Bonnet-del-Pont.*
Bonneytie. *La Bonnetie.*
Bonnin (La). *La Bonlat.*
Bounicaudio. *La Manicaudie.*
Bonouyère. *La Bournière.*
Bonrnhios. *Bournioux.*
Bonus-Fons, Bonosfonts. *Bonnefons.*
Bouruant. *Bournon.*
Bony. *Bonis.*
Bouzo (aqua). *Saint-Amandin.*
Bopaltia. *La Bopaltie.*
Bora. *Les Boures.*
Borboleiguas. *Borbolergues.*
Borboleira. *La Boubouleire.*
Borbolergas, Borbolergias, Borbolerguas, Borbolhiergues, Borbolierguas. *Borbolergues.*
Borbolos, Borboloux. *Bourbauloux.*
Borcantière. *Bercantières.*
Bord. *Le Born.*
Bordana. *La Bourdane.*
Bordaria, Bordarie. *La Borderie.*
Bordaria. *La Bourdarie.*
Bordaria de Ciran. *La Borderie.*

Bordarias (Las). *Le Puech-de-la-Borderie.*
Bordarie. *La Borie.*
Bordas. *Le Bois-de-la-Barda, La Bordo, Les Bordes.*
Bordayria. *La Borderie.*
Borderie. *La Bourderie.*
Bordes. Embordes, *Le Bois-de-la-Barda.*
Bordeille, Bordeilles. *Bourdelle*, m^in.
Bordié, Bordier. *Le Verdier.*
Bordy. *La Bardie.*
Bore. *La Boure.*
Boredou. *Les Bordes, Bosredon.*
Borelles. *Le Bourlès.*
Boresca. *Mourèze.*
Boresia. *Broise.*
Boret. *Le Bouret, Le Bourret.*
Borèzes. *Broize.*
Borgadas. *Le Bourg-de-Ladouze.*
Borgade. *La Bourgade.*
Borghade. *La Bourgeade.*
Borguc. *La Bourgade.*
Boria. *La Borie, La Borie-de-Canet, La Borie-Haute, Les Bories, Palhès-Haut.*
Boria de la Glicyga d'Annoudon. *La Borie de l'Église de Nieudan.*
Boria de Mereuil. *La Borie.*
Boria des Puechs, B. des Puchs, B. des Pueths. *La Borie-des-Puechs.*
Boria Garnerii. *La Borie-de-Garnier.*
Boriana. *Bourianes.*
Boria prope Montissalvium. *La Borie-des-Puechs.*
Borias. *La Borie-Haute.*
Boriate. *La Bouriate.*
Boridif. *Montboudif.*
Boric. *La Borio, Le Bos.*
Borieblanque. *La Borie.*
Borie de Canel. *La Borie-de-Canet.*
Borie de la Geraude, Giraude. *La Borie-de-la-Géraude.*
Borie des Bohas, Bohats, Bouhates, Bouliats, Bouliatz. *La Borie-des-Bouhats.*
Borie des Puchs, Puech, Puechx, Puechz, Puhes, Puhs. *La Borie-des-Puechs.*
Borie du Cheilard. *Le Domaine-du-Bois.*
Borieles. *Le Bourlès, Le Bourlez.*
Bories. *La Borie.*
Bories d'Entaroches, d'Enterroches. *Les Bories-d'Entroche.*
Bories de Malbert. *La Borie-de-Maubert.*
Borio. *La Borio.*
Borjade. *La Bourgeade.*

Borje. *La Borie.*
Borlhac. *Verlhac-le-Vieux.*
Borlhoncle, Borlhoncles, Borloncles. *Bournoncles.*
Borma. *La Borme.*
Bormandel. *Mourandel.*
Bormeyrie. *La Bournière.*
Born. Ambort, *Le Born.*
Bornan, Bornand. *Bournon.*
Bornandel. *Mourandel.*
Bornans (aqua). *La Chevade ou Le Bornantel.*
Bornant. *Bournon.*
Bornant, Bornantello (aqua). *La Chevade ou Le Bornantel.*
Bornantellus. *Bornantel.*
Bornarel. *Bournarel.*
Bornasel. *Bournazel.*
Bornateih. *Bornantel.*
Bornateih (riparia). *La Chevade.*
Bornatel. *Bournantel.*
Bornazel, Bornazel prope Tantal. *Bournazel.*
Bornemajou. *Bonnemayoux.*
Bornentel. *La Chevade.*
Bornes. *Le Cheyret.*
Bornhe, Bornhios, Bornhu. *Bournioux.*
Bornhonele, Bornhoncles. *Bournoncles.*
Bornhoux. *Le Bournhio.*
Bornhoux. *Le Bourniou.*
Borniar, Bornière. *La Bournière.*
Borniho, Bornio. *Bournioux.*
Bor Nionet. *Bournionnet.*
Borniouls. *Bournioux.*
Borno. *Bournioux.*
Bornoncles. *Bournoncles.*
Born Soboyra. *Le Born-Haut.*
Born Soteyra. *Le Born-Bas.*
Borre. *La Borie.*
Borreles. *Le Bourlès.*
Borret. *Barret.*
Borria. *La Borie.*
Borriana, Borriane, Borrianos. *Bourianes.*
Borrias, Borrie. *La Borie.*
Borrisie. *La Barésie.*
Borsatoyra. *La Bessataire.*
Borsenac. *Bourcenac.*
Borses. *Les Vaurses.*
Bor Souteyro. *Le Born-Bas.*
Borsses. *Loubaresses.*
Bort. *Le Born, Le Bort.*
Bornet. *Le Bouret.*
Bory. *La Borie.*
Borya. *La Borye.*
Borye. *La Borderie, La Borio.*

TABLE DES FORMES ANCIENNES.

Boryo. *La Borie.*
Borze. *La Borie, La Borje.*
Bos. *Le Bois, Le Bouix, Codobos-Soubro, Le Moulin-du-Bois.*
Bosacum. *Boussac.*
Bosaquol. *Boussagol.*
Bozap. *Volzac.*
Bosarot. *Posarot.*
Bos Banny. *Le Bos-Bannit.*
Bos Bas. *Le Bois-Bas.*
Bos-Bebel. *Le Bos-Revel.*
Bosbert. *Le Bos-Vert.*
Boshouzes. *Le Bois-Bas.*
Boscal. *Le Houscal.*
Boscene Vielh. *Le Bos-Revel-Vieil.*
Boscha. *La Boche.*
Boscharat (Lo). *Le Boucharat.*
Boscharel. *Le Boucharel.*
Boscheircles, Boscheruses. *Bacheruse.*
Boschet, Boschetum. *Le Bouchet.*
Bosco. *Le Bos.*
Boscrevel (Lo). *Le Bos-Revel.*
Boscus Ville. *Le Bos*
Bos de Bioyses. *Le Bos-de-Bieysse.*
Bos de la Fou. *Le Bois.*
Bos del Boyssadel. *Boissadel.*
Bos grand. *Le Bos, Le Bois-Grand.*
Bosgue. *La Bouygue.*
Boshe Conque. *Roche-Conque.*
Bos Levatz. *Le Bois-Levat.*
Bosmège, Bosmeghe. *Bosmejo.*
Bos Mégié. *Le Bo's-Mégier.*
Bosméric, Bos Méja. *Bosméjo.*
Bos Mèzes. *Les Messes*, bois.
Bospeyres. *Aubespeyres.*
Bosqua, Bosqual, Bosquas. *Le Bousquet.*
Bosquene, Bosquent. *Bousquens.*
Bosquerey. *Bouquiès.*
Bosques. *Les Bousques.*
Bosquet del Lebolie. *Le Bos.*
Bosquetz. *Le Bousquet, Les Bousquets.*
Bosquos. *Le Bousquet.*
Bos-Ramond. *Ramond.*
Bos Redon. *Le Bos-Redon.*
Bos Revel. *Le Bos-Revel.*
Bos Revel Vieilh. *Le Bos-Revel-Vieilh.*
Bosrie. *La Borie.*
Bossa. *La Redonde.*
Bossac, Bossacum. *Boussac.*
Bossadyne. *La Boussorine.*
Bossanelles. *Les Boissonnelles.*
Bossanet. *Boussanet.*
Bossarocque. *Boussaroque.*
Bossolorgues. *Bousselorgues.*
Bossanelles. *Les Boissonnelles.*
Bosse (La). *La Vaurs.*
Bossegual. *Bossegal.*

Bosseira. *La Boueseyre.*
Bosset. *Les Bouchers.*
Bosseyra. *La Bousseyre.*
Bosseyre. *La Bessière.*
Bosthat. *Le Bouchat.*
Bos Veilh, Bosviel. *Le Bos-Vieil, Le Bois-Vieilh.*
Boteyre, Botheyra. *La Bouteyre*, mont.
Botghols. *Bouxols.*
Botiffaire, Botiflare. *Boutifare.*
Botheyra. *La Bouteyre*, mont.
Botole. *Le Boutain.*
Botz. *Le Bos.*
Bonal. *La Boal.*
Bouat. *La Boual.*
Bouathe. *La Bouriate.*
Boubals, Boubalz. *Bouval.*
Bouboudif. *Montboudif.*
Bouhoulye. *La Bouboulie.*
Bouc. *Le Bru.*
Bouca, Boucam, Boucamp, Boucan. *Volcamp.*
Boucer, Boucet (rivus). *Le Bétel.*
Bouchatel. *Le Boucharel.*
Boucheydies. *Les Bousaldies.*
Boucheyral. *Le Boucharat.*
Boucquiès. *Bouquiès.*
Boudanges. *Boudange.*
Boudeleas (rivus). *La Butaine.*
Boudergue. *Boudergues.*
Boudergues. *Goudergues.*
Boudesches. *Boudèches.*
Boudia. *La Boudie.*
Boudiau, Boudies. *La Boudie.*
Boudier. *Boudon.*
Boudière. *Boudion.*
Boudieu. *La Boudie.*
Boudiou. *Boudieu, La Boudio.*
Boudui. *Boudieu.*
Boudoue. *Le Burdou.*
Boudy. *La Boudie.*
Boudye. *Boudieu.*
Bouessole. *Boissolle.*
Boestou. *Le Bouyssou.*
Bonfitz. *Les Baufets.*
Bouffefieue. *Bouffefial.*
Bougasso. *Le Bois-Bouquit.*
Bougeyre. *La Brugère, La Brugeyre.*
Bougeyrète. *La Brugerette.*
Bougharet. *Beaujarret.*
Bougielz. *La Vergne-des-Boues.*
Bougue. *La Bouygue.*
Bougue-al-Bos. *La Bouygue-al-Bos.*
Bougues. *Les Bouygues.*
Bouhola, Bouhole. *Bouyole.*
Bouierie. *La Borie.*
Bouierie. *La Borderie.*

Bouigua. *La Bouigue.*
Bouigue, Bouigues. *La Bouygue.*
Bouigues. *Les Bouygues.*
Bouilho. *Bournioux.*
Bouise. *La Vuisse.*
Bouisolle. *Bouyolle.*
Bouisse. *Le Bouix.*
Bouissines. *Boissines.*
Bouissou. *Le Bouyssou, Les Bouyssous.*
Bouix. *Le Buis.*
Bonje-de-Bernoy. *La Borie-Basse.*
Bouldoyré. *La Bouldoire.*
Bouldoyre. *La Gazeuze.*
Boulant. *Boulau.*
Bouleyrach. *Voleyrac.*
Boules. *Maurs.*
Boulat. *Boulat.*
Boulezac. *Voleyrac.*
Boulhac. *Boulzac.*
Boullan. *Boulau.*
Boulles. *Boulat.*
Boullez. *Le Bourlès.*
Boulonsac. *Boluzat.*
Boulsac. *Boulzac.*
Boulsou. *Le Bouyssou.*
Bounal. *Bonnal.*
Bounamayous. *Bonnemayoux.*
Boune fons. *Bonnefons.*
Bounelie, Bounestye, Bounetia, Bounetye, Bounitie. *La Bonnétie.*
Bouquan. *Volcamp.*
Bouque. *La Bouygue.*
Bouquelz. *La Vergne-des-Boucs.*
Bouraines. *Bourianes.*
Bourbonnèche. *Bourbonêche.*
Bourbouje, Bourbouju, Bourbouze, Bourbuge, Bourboulergues. *Borbolergues.*
Bourbuye. *Bourbouze.*
Boure. *Les Boures*, mont.
Bourchel. *Le Bouchet.*
Bourdario. *La Bourdarie.*
Bourdenche. *Boudenche.*
Bourderie. *La Borderie.*
Bourdyer. *Le Bourdier.*
Bourelies. *Vaureilles.*
Bouret. *Le Bourret.*
Bourelle. *La Vaurette.*
Bourg. *Les Bourres.*
Bourgada. *La Bourgade.*
Bourgalène. *Brujaleines.*
Bourge. *Le Bourguet.*
Bourgeade. *La Bourgade.*
Bourghad, Bourghade, Bourghéade. *La Bourgade.*
Bourghadou. *Bourgadou.*
Bourgiada. *La Bourgeade.*

TABLE DES FORMES ANCIENNES.

Bourgmercier. *Bourg-Mercier.*
Bourgnhieyre, Bourgnieyre. *La Bournière.*
Bourgnon, Bourgnox. *Bournioux.*
Bourguade. *La Bourgade.*
Bouriano. *Bourianes.*
Bouriatte. *La Bouriate.*
Bourierges, Bouriergue, Bouriergues. *Bourriergues.*
Bouriette. *La Boriette.*
Bourieu. *Bourrieu.*
Bouriezes. *Broize.*
Bouriotte. *Bourriotte.*
Bourjade. *La Bourgeade.*
Bourlèz, Bourlèze, Bourlic. *Le Bourlès.*
Bourlièttes. *Bourliette.*
Bournans, Bournant, Bournantel. *La Chevade.*
Bournasel. *Bournazel.*
Bournatel. *Bournantel.*
Bournazet. *Bournazel.*
Bournhieyre, Bournieire, Bournieyre. *La Bournière.*
Bournhious. *Bournhoux.*
Bournhounet, Bournionet, Bournionnez. *Le Bournionnet.*
Bourniou, Bourniounet. *Le Bournionnet.*
Bournioux. *Le Bournioux.*
Bournounele. *Bournoncle.*
Bournoux. *Brounioux.*
Bournyounet. *Le Bournionnet.*
Bourrelez. *Le Bourlès.*
Bourret. *Le Bouret.*
Bourriano, Bourrianne. *Bourianes.*
Bourrièges. *Bourriergues.*
Bourrièrres. *Beurières.*
Bourrieres. *Le Bourrieu.*
Bourrilhes. *Le Bourlès.*
Boursolle, Boursolles. *Broussolles.*
Bousac. *Boussac, Volzac.*
Bousagoul. *Boussagol.*
Bousat. *Les Boysses.*
Boucharat. *Le Boucharat.*
Boucharel. *Le Boucharel.*
Bouschat. *Le Boucharat, Le Bouchat.*
Bouschet. *Le Bouchet.*
Bouschibat. *Le Boucharat.*
Bousde-Fiot. *Bouffefiol.*
Bousenac. *Bourcenac.*
Bouseyre. *La Bousseyre.*
Boushagol. *Boussagol.*
Bousquatel Soubayra. *Le Bouscatel-Haut.*
Bousquatel Soutayra. *Le Bouscatel-Bas.*
Bousquel. *Le Bouscal.*

Bousques, Bousquetas. *Le Bousquet.*
Boussat. *Boussac.*
Boussaguol. *Boussagol.*
Boussonelles. *Les Boissonelles.*
Bousserocque, Bousseroque. *Boussaroque.*
Bousselergues, Bousselorgues. *Bousselorgues.*
Bousso. *La Boussorine.*
Boussole. *Boissolle.*
Boussollorgues, Boussonorgues. *Bousselorgues.*
Boussoroco. *Boussaroque.*
Boussou. *Le Boysson.*
Boussoulorgues. *Bousselorgues.*
Boussounayre, Boussouneyre, Boussounière. *La Boissonnière.*
Boutal. *Bouval.*
Boutanga. *La Boutange.*
Boutansoubeiza. *Bontet.*
Boutat. *La Boutat.*
Boutèches. *Boudèches, La Boudenche.*
Boutelongue. *Goutte-Longue.*
Boutenet. *Boutonnet.*
Bouteyra. *La Bouteyre.*
Boutolongue. *Boutelongue.*
Bontonbas. *Le Boutetou.*
Boutonet. *Boutonnet.*
Boutounet. *Boutonnet.*
Boutte-Longue. *Boutelongue.*
Bouttet. *Boutet.*
Boutzols. *Le Puech-de-Bressol.*
Bouvariac. *Bourcenac.*
Beuxolles, Bouxolz. *Bouxols.*
Bouygue-del-Bos. *La Bouygue-al-Bos.*
Bouyoles. *Bouyolles.*
Bouyoles Bashes. *Le Bouyoulou.*
Bouyolle. *Bouyolles.*
Bouyria, Bouyrie. *La Borie.*
Boussaries, Bouyssères, Bouyssières. *Boissières.*
Bouzac. *Boulzac.*
Bouzais, Bouzaix. *Bouzaïs.*
Bouzat. *Bolzac.*
Bouzay. *Le Bouzal.*
Bouzenthez. *Bouzentès.*
Bouzols. *Bouxols.*
Bovo. *La Bouré.*
Boxaldios. *Les Brousaldies.*
Boy. *La Boygue.*
Boy de Broha, B.-de-Brohe. *Le Bois-d'Abro.*
Boyerol. *Bayord.*
Boyga. *La Boigue, La Bonigue, La Bouygue, Les Bouygues, La Buge.*
Boyga Exalta. *La Boigue-Haute.*
Boyga Redonda. *La Buge-Redonde.*
Boygas. *Les Bouygues.*

Boyga Vesis. *La Vaysse.*
Boyghas. *Les Boignes, La Bouygue.*
Boygua. *La Bonigue, La Bouygue, Las Bouygues.*
Boygua al Bos. *La Bouygue-al-Bos.*
Boygua al Bos Grand. *La Bouygue-al-Bos-Grand.*
Boygua Ione. *La Bouygue-Jeune.*
Boygua Veilha, Boygua Veteris. *La Bouygue-Vieille.*
Boygue. *La Bouygue.*
Boygue Albos. *La Bouygue-al-Bos.*
Boygues. *Bouygues.*
Boyhac. *Le Bouysson.*
Boyria. *Le Borie de Canet.*
Boyrie. *La Borie.*
Boys. *Le Bois, Le Bouix.*
Boysadel, Boysadolz. *Boissadel.*
Boysat. *Volzac.*
Boyscet. *Boisset.*
Boyscharla. *Boistibarbe.*
Boyserias. *Boissières.*
Boysonia. *La Boissonnie.*
Boyssa (Podium). *Le Puech-de-Besse.*
Boyssac. *Le Bouysson.*
Boyssadel. *Boissadel.*
Boyssadine. *La Boussorine.*
Boyssas. *Les Boisses, Le Bouyssou.*
Boyssa Sobrana. *La Besse-Haute.*
Boyssa Sotrana. *La Besse-Basse.*
Boysse. *La Boisse.*
Boyssetum. *Boisset.*
Boysseyres, Boyssières. *Boissières.*
Boyssines. *Boissines.*
Boysso (Lou). *Le Bouissou, Le Bouyssou.*
Bouyssonada. *La Boissonnade.*
Boyssonelles. *Boissonelles.*
Boyssoneyre. *La Boissonnière.*
Boyssonia. *La Boissonie.*
Boyssonneyro. *La Boissonnière.*
Boyssos. *Las Boysses.*
Bouyssou. *Le Bouyssou.*
Boyssouneyra. *La Boissonnière.*
Boyssyra. *Laveissière.*
Boystibarba. *Boistibarbe.*
Boytal, Boytat. *Le Boital.*
Boytardie. *Boutardy.*
Boz. *Le Bos.*
Bozal. *La Boual.*
Bozantès. *Bouzentès.*
Bozaps. *Volzac.*
Bozente, Bozentes. *Bouzentès.*
Bozon. *Bezons.*
Bracause, Bracausse. *Braucause.*
Brachalhas. *Les Bréchailles.*
Braco. *Bracon.*
Braconac. *Braconat.*

TABLE DES FORMES ANCIENNES.

Braconet, Braconeto. *Le Bois-de-Mousset.*
Braconeto. *Braconat.*
Braconet Soteyra. *Braconnet-Bas.*
Braconnac. *Braconat.*
Bracqueville. *Braqueville.*
Brael. *Le Bruel.*
Bragac, Bragach, Bragat. *Brayat.*
Brageacense cœnobium, Bragehac, Braghac, Braghacum. *Brageac.*
Braghat, Bragheac. *La Nouvialle.*
Brahac, Braiac, Brajac, Brajhac. *Brageac.*
Braidies (Las). *Las Brairies.*
Bral. *La Boal.*
Bralhes. *Les Brailles.*
Bramaric, Brammaric. *Bramarie.*
Bramuges. *Branuges.*
Branches, Brangies. *Les Branges.*
Branuga, Braunga. *Branuges.*
Brannuga, Brannugua, Branugue, Brannuques. *Branuges.*
Bransac. *Branzac.*
Brauyes. *Las Brasquies.*
Braou. *Bron.*
Brapconna. *Braconat.*
Braquebille. *Braqueville.*
Brasanges. *Bressanges.*
Brasquie. *Las Brasquies.*
Brassac. *Brouzac, Embrassac.*
Brassa de Truyère. *La Barbasse.*
Brassangas. *Bressanges.*
Brassilhioux. *Brassiliou.*
Brassolas. *Bressoles.*
Brau. *Labro.*
Braudou. *Baudou.*
Brauges. *Les Branges.*
Braula. *La Braule.*
Braulinge, Braulingres. *Braulinges.*
Braunages. *Branuges.*
Braunieyre. *La Bournière.*
Braunugue, Braunugues, Braunugut, Braunuque. *Branuges.*
Brauzene, Brauzène. *Vrauzans.*
Brayac. *Brageac.*
Breaucausse. *Braucause.*
Brecueyre. *Vercueyre.*
Bréchalies, Brechalle. *Les Brechailles.*
Bréchous. *Brezons.*
Breco-lou-Mas. *Breco.*
Bredam, Bredan, Bredom, Bredomium, Bredonium, Bredonnium, Bredonzium. *Bredon.*
Bregayroux, Bregeroux, Bregeyroux. *Brugeiroux.*
Breilh. *Le Breuil.*
Breissas, Breisses. *Breisse.*
Brel. *Le Breuil.*

Brenac. *Brammat.*
Brenegher. *Vernéjo.*
Bremon, Bremont. *Moulin-de-la-Gabade.*
Brennot. *Le Brionnet.*
Brensac, Brenzac. *Branzac.*
Breo. *Les Bros.*
Bresange, Bresanges. *Bressanges.*
Bresens, Bresoms, Breson, Bresonis, Bresons. *Brezons.*
Bressa. *Breisse.*
Bressan. *Brezons.*
Bressanges. *Bressanges, Bessanès.*
Bressanghes. *Bressanges.*
Bresse. *La Brousse.*
Bressenges. *Bressanges.*
Bressette. *La Broussette.*
Bressons. *Brezons.*
Bressonye. *La Bressonie.*
Bresson. *Le Puech-de-Bressol.*
Brety. *Berty.*
Breu. *Le Breuil.*
Breucaisse, Breucause. *Braucause.*
Breucia. *Labrousse.*
Breugeire. *La Brugère.*
Breugeyroux. *Brugeiroux.*
Breughalenes. *Brujalènes.*
Breuil. *Le Bruel.*
Breuilh, Breul, Breulh, Breur. *Le Breuil.*
Breuquasse. *Braucause.*
Breureon, Breunon. *Brunon.*
Breveze. *Belvezet.*
Brevieyres. *Bourières.*
Breyat. *Brayat.*
Breyssade, Breyssas, Breyssas dal Perier, Breysses. *Breisse.*
Brezens, Brezoms, Brezon, Brezonnium. *Brezons.*
Brezous. *Bruéjoul.*
Brianso, Briansoune, Brianson. *Briançon.*
Bribasac. *Vibrezac.*
Briennot. *Le Brionnet.*
Brieuf, Brieus. *Le Brieu.*
Brioulaye. *Brioulac.*
Brises (Las). *Le Puech-de-la-Brise.*
Brisons, Brizons. *Brezons.*
Brittus. *Bégus.*
Brivaca. *Brizac.*
Brivazac. *Vibrezac.*
Brizac. *Brouzac.*
Brizes. *Le Puech-de-la-Brise.*
Bro. *Labro.*
Broa. *Labro, La Broha, Le Broc, Las Bros, Leybros.*
Broas. *Artiges, La Broha, Las Bros, Labro, Leybros.*

Broa Vielhe, Brobielle, Brovielle. *Labro-Vieille.*
Broc. *Le Broc, La Brougue, Las Bros, Labro.*
Brocatelh. *Brocatel.*
Brocete. *La Broussette.*
Brochas. *Les Brouches.*
Brociolis. *Broussolles.*
Broco. *L'Abbaye-du-Broc.*
Brocq. *Le Broc.*
Brodanges. *Boudange.*
Broël. *Le Breuil.*
Broha (La). *Labro, Le Brot.*
Broha, Broha de Sournhac. *La Broade-Sartiges.*
Broha. *Les Bros.*
Brohair. *Leybros.*
Brohas. *Les Bros, Leybros.*
Brohe. *Embrousse, Labro.*
Brohees, Brohes, Brohies. *Les Bros.*
Broho. *Le Bruel.*
Broighaireta. *La Brugerette.*
Brolange. *Bourlanges.*
Brolanges. *Braulinges.*
Brolangue. *Brolange.*
Brolhet. *Le Breuil.*
Brolinges. *Braulinges.*
Brolium. *Le Bruel.*
Broma. *Brommet.*
Bromet. *Brommet.*
Bronantelh. *Bornantel.*
Bronho. *Bournioux.*
Bronhou. *La Chapelle-du-Bournioux.*
Broniazol. *Bournazel.*
Bronière. *La Bournière.*
Bronugue. *Branuges.*
Bronzac. *Brouzac.*
Broq. *Le Broc.*
Broqueville. *Braqueville.*
Broraulx. *Viauraulx.*
Bros. *Les Bros, Leybros.*
Brosac, Brosat, Brosatum. *Brouzac.*
Brosenac. *Bourcenac.*
Brosete. *La Broussette.*
Brossa. *La Brousse, Broussal.*
Brossa (La). *Labrousse, La Brousse-Haute, Les Broussettes.*
Brossadel, Brossadels, Brossadelz. *Broussadel.*
Brossadet. *Brouzadet.*
Brossadol, Brossadolh. *Broussadel.*
Brossalayria. *La Brossalarie.*
Brossas. *Brousses, Le Broussous.*
Brosse. *La Brousse, La Broussetie, Embrousse, Labrousse.*
Brossenact. *Bourcenac.*
Brosses. *Brousse, Broussoux, La Brousse, Embrousse.*

TABLE DES FORMES ANCIENNES.

Brosseta (La). *La Broussette.*
Brossete, Brossetie. *La Broussetie.*
Brossette. *La Broussette.*
Brossetz. *La Boussetie.*
Brosseyra. *La Brossière.*
Brossier. *Broussal.*
Brosuinges. *Braulinges.*
Brossitie. *La Broussetie.*
Brosso. *Brousse, Embrousse.*
Brossola. *Broussouze.*
Brossoles. *Broussolles.*
Brossos, Brossous. *Broussous.*
Brossozes. *Les Broussiers.*
Brot. *Labro, La Biot.*
Brou. *Labro, Leybros.*
Broua. *Labro.*
Brouas. *Leybros.*
Broue. *Labro.*
Brouels. *La Boal.*
Broues. *Leybros.*
Brouha. *Labro.*
Brouhas. *Leybros.*
Brouhionnet. *Brounionnet.*
Broulanges, Broulangy. *Bourlanges.*
Broumat. *Brammat.*
Broumesterie, Brometerie. *La Bromesterie.*
Brounhièyze. *La Bournière.*
Brounhio. *La Brunie.*
Brounionet, Brouniounet. *Bournionet.*
Brouse. *Labrousse, Broussol, La Brousse.*
Brouses. *Broise.*
Brousoles. *Broussolles.*
Brousouse, Brousouze. *Broussouze.*
Broussa. *Labrousse.*
Broussac. *Brouzac.*
Broussadels. *Broussadel.*
Brousses. *La Brousse, Brousses.*
Broussète, Broussettes. *La Broussette.*
Brousso. *Embrousse.*
Broussoles. *Brousse, Bressoles.*
Broussolle. *Broussolles.*
Broussouse, Broussouses. *Broussouze.*
Broussoux. *Broussous.*
Brouszact. *Brouzac.*
Brouszadet, Brouzadat. *Brouzadet.*
Brouzat. *Brouzac.*
Broz. *Les Bros.*
Brozacum. *Brouzac.*
Brozadet. *Brouzadet.*
Brozat, Brozatz. *Brouzac.*
Bru. *Labro, Le Bru.*
Brual. *Bounal.*
Bruate. *La Bouriate.*
Bruas. *Les Bros.*
Bruchallias. *Les Bréchailles.*
Bruchas. *La Brugère-Grosse.*

Brucia. *Labrousse.*
Brucucre. *Vercueyre.*
Bru-Dezier. *Le Bruget.*
Brudou. *Le Burdou.*
Bruégéol, Bruégol, Bruégou, Bruegoul. *Bruéjoul.*
Brueilh. *Le Bruel.*
Bruel, Bruelh. *Le Breuil.*
Bruelh. *Le Bruel.*
Bruels. *La Fon-Bruel.*
Buerchia. *La Buerchie.*
Brueyoul. *Bruejoul.*
Brugal. *Bruejoul.*
Brugalenas, Brugalenes, Brugalhenes, Brugallènes. *Brujalènes.*
Brugano. *Les Burlaires.*
Brugayres. *Brugeiroux.*
Brugdor. *Le Burdou.*
Brugéalène, Brugéalènes. *Brujalènes.*
Brugéalenes. *La Pille.*
Brugeiras. *La Brugère.*
Brugeireta-Soteyrane. *Les Brugeyrettes-Basses.*
Brugeirous. *Brugeiroux.*
Brugelas, Brugelenas, Brugelènes. *Brujalenes.*
Brugère. *La Brugère.*
Brugères-Bas, Hault. *Frugère-Bas, Haut.*
Brugerete Soteyrane. *Les Brugeyrettes-Basses.*
Brugerettes. *La Brugerette.*
Brugerou. *Brugeiroux.*
Brugerre. *La Brugeire.*
Brugeyre. *La Brugeire, La Brugère.*
Brugeyrète. *La Brugerette.*
Brugeyrettes Souteyranes. *Les Brugeyrettes-Basses.*
Brugeyria. *La Brugeyre.*
Brugeyros. *Brugeiroux, La Fon-de-Brugeiroux.*
Brugeyrous, Brugeyroux. *Brugeiroux.*
Brughac. *Brageac.*
Brugbala, Brughalaines, Brughale, Brughalenas. *Brujalènes.*
Brughalenas (Rivus). *La Pille.*
Brughalences, Brughalène, Brughalènes, Brughallènes, Brughalonnes. *Brujalènes.*
Brughat. *Le Brugat.*
Brugheyre. *La Brugeire.*
Brugheyre, Brugheyres. *Les Brugeires.*
Brugheyros, Brugheyroux. *Brugeiroux.*
Brugialonas. *Brujalenes.*
Brugière. *La Brugeire, La Brugère, La Brugeyre.*

Brugeriète. *La Brugerette.*
Brugirroux. *Brugeiroux.*
Brugnie. *La Brunie.*
Brugoyrous. *Brugeiroux.*
Brugueireta Soberaine, Bruguerete Sobeirane, Bruquète-Soberane, Brugueyrette Souboyrane. *Les Brugeyrettes-Hautes.*
Brugueyrette. *La Brugerette.*
Brugueyrettes Souboyrane. *Les Brugeyrettes-Hautes.*
Bruhne, Brunba, Brunhe, Brunhie, Brunhio. *La Brunie.*
Brunelz. *Les Brunets.*
Brunia. *La Brunie, La Brunie-Haute.*
Brunias. *La Brunie-Haute.*
Brunière. *La Bournière.*
Brunio. *La Brunie.*
Brunt. *Le Bruel.*
Bruraulx. *Viauraux.*
Brusquel. *Le Brusquet.*
Brussia. *Labrousse.*
Brussolas. *Bressoles.*
Brussolz. *Le Brussol.*
Brutus. *Bégus.*
Bruyat. *Brayat.*
Bruzat. *Brouzac.*
Bruzet. *Le Bruget.*
Bruyfol. *La Brifol.*
Bualetium. *Yolet.*
Bueil. *Le Buel.*
Bulhan. *Veilhan.*
Buexum. *Le Buis.*
Bufay, Bufey. *Buffier.*
Buffar. *Bussac.*
Buffeiretas. *Buffierettes.*
Buffey. *Buffier.*
Buffeyrettes. *Buffierettes.*
Buffières. *Bouffier.*
Buffieretas, Buffieyrettes. *Buffiérettes.*
Bufier. *Buffier.*
Buge del Bou. *La Buge-del-Bos.*
Buge Redonda. *La Buge, La Buge-Redonde.*
Bugha. *La Bugie.*
Bugha, Bugia. *La Buge.*
Bughona, Bughoux. *La Bugeonne.*
Bugie. *Les Buges.*
Bugolbes. *Boissolle.*
Buiraulx. *Viauraux.*
Buissonies. *Les Bessonies.*
Bulagia. *La Bouleyre.*
Buldeyra, Buldoyrac, Buldoyre. *La Gazeuze.*
Bulits, Bulictz, Bulitz, Bullerts, Bullit. *Ei-Bulits.*
Buraulx. *Viauraux.*
Burbussou, Burbuzo. *Berbezou.*

Burc. *Le Bru.*
Burdou. *Le Buldour.*
Burg. *Le Bru.*
Burgie. *La Brunie.*
Burnesiel. *Burnesiol.*
Burnhe. *La Brunie.*
Burnière. *La Bournière.*
Burnunculum. *Burnoncles.*
Burquière. *Vercueyra.*
Buscalhac. *Bouscaillac.*
Buscatel. *Le Bouscatel.*
Buschania. *La Buchanie.*
Buserelz, Busies. *Le Buzers.*
Bussanhe, Bussignie, Bussinhe. *La Bussinie.*
Busso. *Le Buis.*
Bussonia, Bussunhye. *La Bussinie.*
Bussinye. *La Bussinie.*
Buxo, Buxocetum, Buxum. *Le Buis.*
Buygha. *La Buge.*
Buyo. *Le Buys.*
Buyseiras. *Boissières.*
Buyum. *Le Buis.*
Buzauges. *Busanges.*
Byau. *Le Bois-de-Bancarel.*
Byelleissesse. *Vieillespesse.*

C

Cabade. *La Chevade.*
Cabanae. *Cavanhac.*
Cabanac, Cabanal. *Cavanac.*
Cabanhac, Cabanihac. *Cavanhac.*
Cabanihac. *Cambian.*
Cabanière, Cabanières, Cabanieyre. *La Cavanière.*
Cabanou. *La Cabane de Labro, Combalou.*
Cabanuesususse, Cabanus, Cabanussas, Cabanusses. *Cabanusso.*
Cabarnacum, Cabarnas. *Cabarnac.*
Cabaroc. *Cavaroque.*
Cabasnat. *Cabanat.*
Cabernac. *Cabarnac.*
Cabial. *Le Cibial.*
Cabio. *Calves.*
Cabitie. *La Calvetie.*
Cabot. *Le Bos-de-Cabot.*
Caboulie, Caboussie. *La Caboutie.*
Cabra. *La Cabre.*
Cabre. *Les Goutilles.*
Cabrellade. *Cabrillade.*
Cabrelieyres. *La Cabrelière.*
Cabrespinas, Cabrespines. *Cabrespine.*
Cabrials. *Cabrieu.*
Cabrière. *Cabrières.*
Cabrilhade. *Cabrillade.*

Cabrilieyre. *La Cabrelière.*
Cabrol. *Cabrols.*
Cabrolle. *Cabrol.*
Cabrolles, Cabrolz. *Cabrols.*
Cabrols. *Cabrieu.*
Cacha Fava. *Cache-Fève.*
Cache-Burre. *Cachebourre.*
Cadarel. *Le Camp-de-Sausac.*
Cad'Argent. *Cap-d'Argent.*
Cadebos. *Codebessou.*
Cagergues. *Cazarel.*
Cagialat. *Cazalat.*
Cah. *Cas.*
Cahon. *L'Aigade-de-Cayan, Cauyon.*
Caigeac, Caighac. *Caizac.*
Cailac, Cailar, Cailat. *Le Caylat.*
Cailhol. *Cailhou.*
Calhion, Calhon, Calhone, Calhot, Calion. *L'Aigade-de-Cayan.*
Cailluce, Cailus. *Caylus.*
Cailutz. *Caulus.*
Caire. *La Caire.*
Caire, Cairé, Caires. *La Cayre.*
Cairie. *La Quérie.*
Cairols, Cairolz. *Cayrols.*
Caisiacum. *Cheyssac.*
Caissaic. *Caizac.*
Caiveroque. *Cavaroque.*
Caivié. *Calves.*
Cajalac, Cajalat. *Cazalat.*
Cajalat. *Cazolat.*
Cajarel. *Cazarel.*
Cal (Le). *Caus.*
Calacium. *Cailhac.*
Calamena. *Calamène.*
Calamet. *La Calmette, Calvinet.*
Calamon. *Caumont.*
Calandre. *Colandres.*
Calariensis vicaria. *Chaliers.*
Calbe. *Calves.*
Calbetie. *La Calvétie.*
Calcaveyre. *Le Moulin-de-Dornières.*
Caldairou. *Caldeyrou.*
Caldas Mayghos, Caldas maygos, Caldemaison, Caldemaisons, Caldæ domus. *Caldemaisons.*
Caledosaguæ, Calentes Baiæ. *Chaudesaigues.*
Calforn. *Le Calfour.*
Calfour. *Le Chaufour.*
Calfrouel (Rivus). *Grignac.*
Calhac, Calhiac. *Cailhac.*
Calhion. *Cauyon.*
Caliat. *Cailhac.*
Calidæ Aquæ. *Chaudesaigues.*
Calm. *La Cam, La Can, La Champ.*
Calm (La). *Brouzac.*
Calmailh. *Calmet.*

Calmegeane, Calmegeanes, Calmeghane. *Calmejane.*
Calmeil. *Calmel, Calmet.*
Calineilz. *Escalmelz.*
Calmel. *Escalmels.*
Calmel, Calmelh. *Calmet.*
Calmelhs (Los). *Los Chaumeils, Escalmels.*
Calmels. *Escalmels.*
Calmelz. *La Calmette.*
Calmene, Calmens. *Calmet.*
Calmeta, Calmète. *La Calmette.*
Calmeyra. *La Calmère.*
Calm Meiana. *Calmejane.*
Calmo de Sartiges. *La Chevalerie-d'Artiges.*
Calmon. *Le Cap-Long.*
Calmontia. *La Calmontie.*
Calmps de Monedières. *Les Camps-de-Monedières.*
Calon. *Calau.*
Cals, Cels, Cols.
Calsac, Calsacum. *Caussac.*
Calsacy. *Calsaci.*
Calsap, Calssac. *Caussac.*
Caltrina, Caltruna, Caltrunas, Caltrunes. *Cautrune.*
Caltusières. *Catugières.*
Caluge, Caluze. *Caluche.*
Calutz. *Caylus.*
Calvaghas. *Le Sauvage.*
Calvagnac, Calvaignac. *Cavanhac.*
Calvaroca, Calvaroqua. *Cavaroque.*
Calvé, Calvet. *Calves.*
Calvinetum. *Calvinet.*
Calvinhac. *Calvanhac.*
Calvynet. *Calvinet.*
Calzacy. *Calsaci.*
Cam. *La Camp, La Can.*
Camagiran. *Clamagirand.*
Cambaldye. *La Combaldie.*
Cambartz. *Combart.*
Cambarelle del Bos. *La Combarelle.*
Cambos. *Cunes.*
Cambiacum, Cambian, Cambien, Cambii, Cambion, Cambiou. *Cambian.*
Cambo. *Le Cambou, Le Bois-d'Encombo, Le Chambon.*
Cambo Nègre. *Le Cambou-Nègre.*
Camborieu, Camboriou. *Cambourieu.*
Cambos. *Le Bois-d'Encoumbo, Le Chambon.*
Cambounes. *Les Cambous.*
Cambouras. *Candoulas.*
Cambouri, Cambourieus, Cambourio, Cambouriu. *Cambourieu.*
Cambros. *Las Cambres.*

TABLE DES FORMES ANCIENNES.

Cambuou. *Cambian.*
Camdoireax. *Candoulas.*
Camellade. *La Camelade.*
Caminade. *La Camenade.*
Cammas. *Campan.*
Cammay. *Le Capmay.*
Cam Méghane, Cammigeane. *Calmejane.*
Camp (Lo). *La Camp.*
Camp. *Le Camp*, *La Champ.*
Campaignhas. *Les Campagnes.*
Campanhounc. *La Comparonie.*
Campaniacus. *Champagnac.*
Campbu. *Le Bois-de-Cambou.*
Campcours. *Le Champ-Court.*
Camp Crop. *Le Champ-Cros.*
Camdoura. *Candoulas.*
Camphorien. *Cambourieu.*
Campi. *Champs.*
Campine. *Campériès.*
Campis. *La Capelle-Viescamp.*
Campissat. *Le Compissat.*
Camp Long. *Le Champ-Long.*
Campmay. *Le Capmaï*, *Le Cammay.*
Camp Méjane. *Calmejane.*
Camps. *La Camp*, *Cans.*
Camp de Paytavis (Nemus). *Paytavy,* bois.
Camps lès Marcollès. *Les Camps-lès-Marcolès.*
Campuech. *Le Long-Puech.*
Campus del Quayrol. *Le Puech-de-la-Cayre.*
Camsac. *Caussac.*
Cam-Valou. *Camp Ballou*, bois.
Camzac. *Canjac.*
Can. *La Cam, Le Camp, Cans.*
Canabals, Canabayrials. *Les Canabaux.*
Canals. *Las Canaux.*
Canau. *Gonaud.*
Canaux. *Las Canaux.*
Cancasty. *Concasty.*
Cance. *Cances.*
Cancès, Cancez, Canches. *Cances.*
Candauraux. *Candoulas.*
Candebols. *Candoval.*
Candoircax, Candolats. *Candoulas.*
Candorats, Candoratz. *Le Moulin-d'Anan.*
Candouras. *Candoulas.*
Cangbatz. *Les Cangéats.*
Canhac. *Le Puy-Cornard.*
Canihac. *Canhac.*
Caniac. *Caizac, Canhac.*
Caniches. *Canines.*
Canillacum. *La Roche-Canillac.*
Caninas. *Canines.*

Canis, Canix. *Escanis.*
Cannies. *Canines.*
Canpan. *Campan.*
Canrol. *Le Carrol.*
Cans, Causas. *Cances.*
Canselade. *Cancelade.*
Cansies. *Cances.*
Cantagret. *Cantagret.*
Cantal. *Tautal.*
Cantal. *Le Plomb-du-Cantal, Le Puech-de-Chantal.*
Cantalas, Cantalesium, Cantalet, Cantalez, Cantalezium, Cantallès. *Le Cantalès.*
Cantalosa. *Chanteloube.*
Cantalouba. *Canteloup.*
Cantalx. *Tautal.*
Cantarès. *Chanterelle.*
Cantelès. *Le Cantalès.*
Cantelou. *Canteloup.*
Canteloure. *Cantelloube.*
Canthalesis. *Le Cantalès.*
Canthuern. *Cantuel.*
Cantornct. *Cantournet.*
Cantuoil, Cantuer, Cantuère, Cantuerium, Cantuern, Cantuoès. *Cantuel.*
Canynas, Canines. *Canines.*
Caorssaco. *Saint-Julien-de-Toursac.*
Capanulhich, Capauliex. *Capouyès.*
Capceoroux. *Capsenroux.*
Cap Dargent, Capt Dargent. *Cap-d'Argent.*
Cap del Bos. *Le Cap-del-Bos.*
Cap Delmas. *Le Cap-del-Mas.*
Capdeyrat, Cap de Prat. *Cap-del-Prat.*
Capela. *La Chapelle, Le Champ-des-Chapelles.*
Capella Agnonis, C. Alamonis, C. Alanhonis, C. d'Allagnon. *La Chapelle-d'Alagnon.*
Capella Beate Marie. *Notre-Dame.*
Capella dan Vezia. *La Capelle-en-Vézie.*
Capella de Berres. *La Capelle-Barrez.*
Capella de Lanho. *La Chapelle-d'Alagnon.*
Capella de Laurenco, C. del Laurenc, C. del Laurens. *La Chapelle-Laurent.*
Capella del Fraycer, del Fraysse. *La Capelle-del-Fraisse.*
Capella en Vezia. *La Capelle-en-Vézie.*
Capella Laurenti. *La Chapelle-Laurent.*
Capella Sancti Geraldi. *La Chapelle-Saint-Geraud.*
Capella Vesiani. *La Capelle-en-Vézie.*

Capella de Veteribus Campis. *La Capelle-Viescamp.*
Capella Visiani. *La Capelle-en-Vézie.*
Capelle-Barrost, Capelle Barreys. *La Capelle-Barrez.*
Capelle de la Calm. *La Chapelle-de-la-Cam.*
Capelle del Fraisse, Fraissé, Frayshe, Fraysi, Fraysse, Frayssey, Frayssy. *La Capelle-del-Fraisse.*
Capelle Denvezie, Ennuejo, en Bezie, Envegha, en Vegho, en Vezie, Envezie, en Vieghe, en Visi, en Visie, en Vizie, Mèghe, Mégio, Ombegie, Vesian. *La Capelle-en-Vézie.*
Capello Viescamp, Viescamps, Vieuxcamp. *La Capelle-Viescamp.*
Capellos (Las). *Les Chapelles.*
Cap Lon. *Le Cap-Long.*
Capmas (Lo). *Campan, Le Cap-de-la-Camp, Le Cap-Mas, Le Cap-Mau.*
Capmau. *Le Cap-Mau.*
Capmax, Capmay. *Le Capmaï.*
Capmays. *Le Mas.*
Capmays, Capmou. *Le Cap-Mau.*
Capolich, Caponhes, Capouillé, Capoulié, Capouyé. *Capouyès.*
Cappoilz. *Capels.*
Cappelot. *Le Capelo.*
Cappols, Cappolz. *Capels.*
Capradetz. *Capradet.*
Capsendrous. *Capsenroux.*
Capvornas (Villa). *Chavergne.*
Caquaires. *Les Coyères.*
Caracereda. *Cascarède.*
Caraigeac, Caraijat. *Caraizac.*
Carais. *Carays.*
Caraldje. *La Caraldie.*
Caralbez. *Curalbès.*
Caramantraud. *Carmantran.*
Caramonta. *Carmonte.*
Carandela, Carandele, Carandelle, Carandolles, Carantello. *Crandelles.*
Caroux. *Carrau.*
Caravihac. *Carviales.*
Crabachières, Corbassieres. *Escarrachères.*
Carbanat. *Cabarnac.*
Carbonacum, Carbonat, Carbonatum. *Carbonnat.*
Carboneria. *Carbonières.*
Carboneyra. *La Charbonnière.*
Carbonhac. *Carbonnat.*
Carbonière, Carbonières. *La Charbonnière.*
Carbonicyra. *Les Angles.*
Carbonieyras, Carbonicyrum, Carbonières.*

Carbonieyre. *La Carbonière.*
Carbonnac, Carbonnacum. *Carbonnat.*
Carbonnère. *La Charbonnière.*
Carbonnet. *Charbonnet.*
Carbonnière, Corbonnières. *La Charbonnière.*
Carbonyeyre. *Les Angles.*
Carbonnières. *Carbonières.*
Carbounié, Carbounières. *Les Charbonnières.*
Carboriæ. *Carbonières.*
Carcaillaguet. *Cardaliaguet.*
Cardagalhet, Cardagaliet, Cardagallet, Cardaguallicet. *Cardaliaguet.*
Cardailhes. *Cardailhac.*
Cardaillaguet. *Cardaliaguet.*
Cardalac, Cardalhac, Cardalhat. *Cardalat.*
Cardalbaguet, Cardalhiaguet, Cardallac, Cardalliaguet, Cardayrialhiet, Cardlhaguet. *Cardaliaguet.*
Cardelat. *Le Carladès.*
Cardonia. *La Cardonie.*
Cardyane. *Cardianne.*
Carefous. *Le Bois du Carrefour.*
Careghac. *Caregeac.*
Careighac, Careighat. *Caraizac.*
Carendellia. *Crandelles.*
Carossac, Careygeac, Careygbac, Careygiac, Caviegheac. *Caraizac.*
Carieyra. *La Carrière.*
Carigos. *Carègues.*
Carise. *Cheyrouse.*
Carlac. *Carlat.*
Carlacensis aicis. *Le Carladès.*
Carlacum. *Carlat.*
Carlada. *La Carladie.*
Carladat, Carladensis, Carladesium, Carladez, Carladois, Carlatensis aicis. *Le Carladès.*
Carlatières. *La Carlatière.*
Carlatum. *Carlat.*
Carllat. *Carlat.*
Carlucium (Castrum). *Charlus.*
Cormelhs, Carmeli. *Escalmels.*
Carmina. *Charmes.*
Carmonta. *Carmonte.*
Carnadex. *Carnadès.*
Carnegac, Carnogat, Carnegehac, Carneghac. *Carnejac.*
Carneghac. *Caraizac.*
Carneghacum, Carnegiac. *Carnejac.*
Carnesiat, Carneugeac, Carnezac, Carnogac. *Carnejac.*
Carois. *Carays.*
Carol. *Le Carrol.*
Garral. *Le Puech-Jon.*
Carandelle. *Crandelles.*

Carraux. *Les Cayrons.*
Carrefoul. *Le Carrofol.*
Carreir. *Le Moulin-de-Carrière.*
Carreygeac. *Caraizac.*
Carreyra, Carreyria, Carrie, Carriera, Carrieyra. *La Carrière.*
Carrit. *Canroux.*
Carroffol, Carroffolh. *Le Carofol.*
Carrofoul. *Le Carrofol.*
Carrofous. *Le Bois-de-Carrefour.*
Carsacum, Carsat, Carssat. *Carsac.*
Carsiès. *Cassiès.*
Cartalada. *La Cartelede.*
Cartalade. *La Cartelade.*
Cartalado. *La Cartelade.*
Carteiron. *Le Carteyron.*
Carteiroux. *Le Carteyrou.*
Cartelado, Cartellad, Cartellard. *La Cartelade.*
Cartes. *Crouttes.*
Carteyrou. *Le Cartayrou.*
Cartilatum. *Carlat.*
Cartladense ministerium. *Le Carladès.*
Cartonia. *La Cartonie.*
Carvial, Carviale, Carvialez, Carvialle, Carvielle. *Carviales.*
Casa. *La Case.*
Casa Fracta. *Charafrage.*
Casalac. *Cazalat.*
Casalia. *La Chevade.*
Cazals (Les). *Escazals, Escazeaux.*
Casalz. *Escazals, Les Chazeaux.*
Casaret. *Cazaret.*
Casas. *Les Cases, Las Cazes.*
Casaulz. *Le Cazeau.*
Cascalat. *Cazalat.*
Casdargen, Cas d'Argen. *Cap-d'Argent.*
Case. *La Case-Vieille, La Caze.*
Caselles. *Cazelles.*
Cases. *La Case, La Case-Vieille, La Caze.*
Casialat, Casilac. *Cazolat.*
Caslat. *Le Caylat.*
Caslucium (Castrum). *Charlus.*
Cassagnhes. *La Cassagne.*
Cassagnos. *Cassagnous.*
Cassagnouse, Cassaghnouze. *Cassaniouze.*
Cassah. *Le Cassan.*
Cassahol (Al). *Le Cassagnol.*
Cassaign. *Le Cassan.*
Cassaigne. *La Cassagne.*
Cassaigniouzes, Cassaignouse. *Cassaniouze.*
Cassamb. *Le Cassan.*
Cassan. *La Cassagne.*

Cassanch, Cassang, Cassanh. *Le Cassan.*
Cassanha, Cassanhe. *La Cassagne.*
Cassanhioze. *Cassaniouze.*
Cassanhol. *Le Cassagnol, Cassaniol.*
Cassanhos. *Cassagnous.*
Cassanhosa, Cassanhoza, Cassanhouze, Cassanieuse, Cassanihose, Cassaniosa, Cassaniosse, Cassaniouses, Cassanjol, Cassanuse. *Cassaniouze.*
Cassans. *Le Cassan.*
Casse. *La Caze, Las Douloux,* mont.
Cassenhoze, Casseniouze. *Cassaniouze.*
Cassenroux. *Capsenroux.*
Cassère-le-Hault. *Cassiès-Haut.*
Casses. *Las Douloux,* mont.
Casseyrac. *Cascoyrac.*
Cassiech. *Cassié Bas et Haut, Cassiès.*
Cassiect, Cassich. *Cassié Bas et Haut.*
Cassieh, Cassiex. *Cassiès.*
Cassiex. *Cassié Bas et Haut.*
Cassiez. *Cassiès.*
Cassimeuse. *Cassaniouze.*
Cassinha. *La Cassinie.*
Castagnal. *Le Castanial.*
Castaignes. *La Castagne.*
Castaine. *Le Castanié.*
Castaltinet. *Casteltinet.*
Castan. *Le Cassan.*
Castanhal. *Le Castanial.*
Castanhale. *Le Châtaignal.*
Castanher. *Le Castanier-Bas.*
Castanhes del Camp. *La Castagne.*
Castanhier. *Le Castanier-Bas.*
Castanhior superior. *Le Castanier-Haut.*
Castanhouze. *Castaniouze.*
Castanial. *Le Castanié.*
Castanieyre. *Le Castanier.*
Castaniouze. *Cassaniouze.*
Castantinet. *Casteltinet.*
Castel. *Chastel-sur-Murat.*
Castel d'Auze, C. d'Auzeil, C. d'Auzo, C. d'Auzol, C. d'Auzon. *Le Castel-d'Oze.*
Castellum. *Chastel-sur-Murat.*
Castel-Quinet, Castel-Tinet. *Casteltinet.*
Castel Marlat. *Chastel-Marlhac.*
Castillinet. *Casteltinet.*
Castreniacus (Villa). *Chasternac.*
Castreriæ. *Champs.*
Castrum inferius Sancti Christophori. *Le Château-inférieur.*
Castrum Marlhaci, C. Marlhatum. *Chastel-Marlhac.*

TABLE DES FORMES ANCIENNES.

Castrum Novum. *Châteauneuf.*
Castrum prope Muratum, C. super Muronneum. *Chastel-sur-Murat.*
Castrum Vetulum. *Château-Vieux.*
Casua Vella. *La Case-Vieille.*
Casze. *La Caze.*
Cathugieyres, Cabtuzières. *Catugières.*
Catole. *Catalo.*
Catonières, Catonnières. *Catonière.*
Catuccriæ, Catugicyres, Catugulières, Catuguyres, Catujuer, Catuzières. *Catugières.*
Caucenacus. *Chaussenac.*
Caufoit, Caufayt, Caufeire, Caufeyt, Caufreyt. *Cauffeyt.*
Caulach, Caulech. *Caulus.*
Caulces, Caulse. *Le Caussé.*
Caulich. *Le Coutil.*
Caulmète. *La Calmette.*
Cauluts. *Caulus.*
Caumeilz. *Calmels.*
Caultrune, Caultrunes. *Cautrune.*
Caumaux. *Le Cap-Mau.*
Caumeiler. *Escalmels.*
Caumeils. *Calmels.*
Caumel, Caumels, Caumelz, Caumet. *Calmet.*
Caumon. *Caumont.*
Caumon, Caumont. *Le Puech-Chaumat.*
Caurbounat. *Carbonnat.*
Caurchin. *Sourches.*
Causac, Causact. *Caussac.*
Caussan. *Le Cussan.*
Causse, Caussé. *Le Chausse.*
Caussenacum. *Chaussenac.*
Cautrunes. *Cautrune.*
Cauvanhacum. *Cavanac.*
Cauzé. *Le Chausse.*
Cavade. *La Chevade.*
Cavagnac (Villa). *Chavagnac, Cavaignac.*
Cavaillat. *Cavaillac.*
Cavaineyres. *Les Cavanières.*
Cavalarie. *La Chevalerie.*
Cavalat. *Cavaillac.*
Cavalaytia. *La Cavalétie.*
Cavalhac. *Cavaillac.*
Cavanhac, Cavanhacum. *Cavaignac.*
Cavanhacum. *Cavanac.*
Cavaniac. *Cavaignac, Cavanhac.*
Cavanieyras (Les). *La Cavanière, Les Cavanières.*
Cavanusse. *Cabanusse.*
Cavarocque. *Cavaroque.*
Cavaygnac. *Cavaignac.*
Cavernac. *Cabarnac.*
Caverocque. *Cavaroque, Cavaroque.*
Cantal.

Caverrono. *La Caveroune.*
Cavieire. *Les Cayères.*
Caxrolz. *Cayrols.*
Cayalhac, Cayellat. *Cazalat.*
Cayans. *Le Cayan.*
Caycires, Cayère. *Les Cuyères.*
Cayla. *Le Caylar.*
Caylais. *Caylus.*
Caylannes. *Caylanes.*
Caylar. *Le Caillat, Le Caylat.*
Caylar de Druthic. *Le Caylar.*
Caylardz. *Le Cheylat.*
Cayleus. *Caylus.*
Coyllar. *Le Caylat.*
Caylus, Caylutz. *Caylus.*
Cayon, Cayons. *Cauyon.*
Cayralz. *Cayrols.*
Cayras. *La Cuire.*
Cayré. *Le Cayre.*
Cayre. *La Quayrie.*
Cayres. *Le Cayre.*
Cayria, Cayrie. *La Quérie.*
Cayrolz, Cayroz. *Cayrols.*
Caysac. *Caizac.*
Caysiale, Caysials. *Caissiol.*
Caissac. *Quézac.*
Cayssacum. *Caizac, Caussac.*
Cayssials, Cayssiols. *Caissiol.*
Caytivade. *La Queytivade.*
Caytivel. *Les Caytiviès.*
Caytrivade. *La Queytivade.*
Caza. *La Case, Las Cazes, Les Cases, La Case-Vieille.*
Cazalac. *Cazolat.*
Cazoles. *Escazeaux.*
Cazalhat. *Cazalat.*
Cazalles. *Las Cazelles.*
Cazals, Cazalz. *Escazals, Escazeaux, Les Chazeaux.*
Cazais, Cazalz. *Les Chazelles.*
Cazaretum. *Cazaret.*
Cazas. *La Caze.*
Cazaulx. *Les Chazeaux.*
Cazaus. *Le Cazeau.*
Cazaux-des-Orts. *Les Chazeaux.*
Caze. *La Case, La Case-Vieille, La Caze.*
Cazeda. *Cazalat.*
Cazolat. *Cazalat.*
Cazèles. *Les Chazelles.*
Cazelia. *La Caselie.*
Cazellat. *Cazalat.*
Cazialac. *Cazalat.*
Caziallac, Cazillac. *Cazolat.*
Cazols. *Les Cazelles.*
Cazornhes. *Las Douloux.*
Cazotas, Cazotes. *Les Cazottes.*

Cazournhes. *Las Douloux.*
Cazziac. *Caizac.*
Cebariat. *La Cebairie.*
Cebayria, Cebayrica. *La Sibérie.*
Cebelia. *La Cébélie.*
Cebial. *Le Cibial.*
Cebials. *Les Cibieux.*
Cebier. *Le Cibial.*
Cedagha. *Sedaiges.*
Cedalyac. *Sedeyrac.*
Cedalz. *La Volpillère.*
Cedor. *Le Sédour.*
Ceiboez. *Ceibos.*
Ceilhoz. *Le Cuzou.*
Cela. *Sèles.*
Celant. *Salau.*
Celas. *Celles.*
Celas (Las). *Lascelle.*
Célau. *Celles.*
Celé. *Le Bois-du-Célé, Le Célès, Le Célé.*
Celens (Le). *Las Molineries.*
Celes-en-Jourdanne. *Lascelles.*
Celeymargues. *Meymargues.*
Celhernum. *Salers.*
Cella, Cellæ. *Celles.*
Cellæ. *Lascelle.*
Cellæ Jordanæ, Cellas. *Lascelles.*
Cellaud, Cellaut. *Salau.*
Celle. *Celles.*
Collé. *Le Célé, Le Célès.*
Celle en Jordanne, en Jourdanne, ès-Jordanne, ès-Jourdanne. *Lascelles.*
Cellouza, Cellouze. *La Celouze.*
Cellouze, Celos. *Celoux.*
Celouze. *La Celouze.*
Celsiniaco (Villa). *Salsignac.*
Celtica, Celtici montes. *Le Plomb-du-Cantal.*
Celz, Celzst. *Cels.*
Cenilhac. *Semilhac.*
Cennac. *L'Escampet.*
Censacum de Marmieyssas. *Sansac-le-Marmiesse.*
Centoyre (Aqua). *La Santoire.*
Cepa. *La Cèpe, La Sèpe.*
Ceppe. *La Cèpe.*
Cera. *Cère, La Cère.*
Cer de Moseyrat. *Le Ser.*
Cerecedo. *Cascarède.*
Cereirs. *Cereix.*
Cereis. *Seriers.*
Cerra (Aqua). *La Cère.*
Cerrus. *Sarrus.*
Cers. *Cors.*
Cesens. *Cozens.*
Cesseda. *Sucède.*

71

TABLE DES FORMES ANCIENNES.

Cessenac. *Lessonat.*
Cestrière, Cestrières. *Cistrières.*
Ceuillia. *La Queille.*
Cevoyrac. *Sévérac.*
Cezen, Cezentis, Geziacum. *Cézens.*
Cezerac, Cezerat de Vernolz. *Cezerat.*
Chabade. *La Chevade.*
Chabadeyras, Chabadeyre. *Chabadières.*
Chabado. *La Chevade.*
Chabanas. *Chabanes, Chabannes.*
Chabanayrils, Chabanayrials. *Champvirial.*
Chabane. *Chabanes.*
Chabanel. *Cabanel, Chabanole.*
Chabanetas. *Les Chabanettes.*
Chabanetum. *Cabanes.*
Chabaneyre. *Chanaveyre.*
Chabanias. *Chabannes.*
Chabanne. *La Cabane.*
Chabaune, Chabaunes. *Chabanes.*
Chabannet. *Cabanes.*
Chabanos. *Chabanau.*
Chabans. *Chabannes.*
Chabanolas. *Le Puech de Chabanolle.*
Chabanolle. *Chabanolles.*
Chabanolles. *Le Puech de Chabanolle.*
Chabasseires, Chabasseyre, Chabasseyres. *Chabassaire.*
Chabbrespic, Chabbrospi. *Chabrespic.*
Chabbrosiæ, Chabbrosies. *Brauzeils.*
Chaberiat. *Chambeirac.*
Chaberlas. *Chabrillac.*
Chabestras. *Charestras.*
Chabeuna. *Chaboussou.*
Chablanc. *Le Cher-Blanc.*
Chabourie. *Chabaury Bas et Haut.*
Chabourliou. *Chabourlioux.*
Chabra (Villa). *Chabrin.*
Chabra Espina. *Cabrespine.*
Chabragueilha, Chabraguelha, Chabraguerlha. *Chabreguerlie.*
Chabranua. *Chaboussou.*
Chabraux. *Les Cébiaux.*
Chabraveilha. *Chabrevieille.*
Chabreguerlhe, Chabre Guexhe, Chabreguiolle, Chabreugeol. *Chabreguerlie.*
Chabrelhac, Chabrelhat. *Chabrillac.*
Chabreilhade, Chabrellade. *Cabrillade.*
Chabreu. *Chabrin.*
Chabroul. *Chambeuil.*
Chabrey. *Labré.*
Chabreyras (Rivus). *La Montagnoune.*
Chabrial, Chabrialx, Chabrialz. *Chabriol.*
Chabriales. *Le Chabrial, Le Chabrillac.*
Chabriès. *Chabrier.*

Chabrilhac, Chabrilhat. *Le Chabrillac.*
Chabrilhand, Chabriliac, Chabrilliac. *Chabrillac.*
Chabrol. *Chabrin.*
Chabrot. *Chabrol.*
Chabroulhou. *Chabourlioux.*
Chabruna. *Chaboussou.*
Chabuco, Chabulz, Chabux, Chabuz. *Chabus.*
Chacoudere. *Chaucoudere.*
Chadaffaulx. *Les Chadefaux.*
Chadalac. *Chadelat.*
Chadecolz. *Chadecol.*
Chadefaulx. *Chadefaux.*
Chadezaygues. *Chaudesaigues.*
Chagniat. *Chaliac.*
Chagosa, Chagoza. *Chagouze.*
Chagrane, Chagraule. *Les Maisons-Soubronnes.*
Chaguosa, Chaguosum. *Chagouze.*
Chaida (La). *Cheylade.*
Chailada. *Cheylade.*
Chailar, Chailard. *Le Cheyla.*
Chaillet. *Le Cheylet.*
Chailla. *Le Cheylat.*
Chaillade. *Cheylade.*
Chaillet. *Le Cheylet.*
Chairosa. *Les Cheyrouses.*
Chairoze. *Cheyrouse.*
Chaise. *La Chaze.*
Chaisiols. *Cheyssiol.*
Chaissal. *Le Chaissial.*
Chaissial, Chaissials, Chaissiale, Chaissiols. *Cheyssiol.*
Chaizeaulx, Chaizeaux. *Les Chazeaux.*
Chaizelles. *Chazelles.*
Chal (La). *La Chaux.*
Chaladat. *Chadelat.*
Chalade. *Cheylade.*
Chaladeires. *Chabadières.*
Chalaignac. *Chalvignac.*
Chalayrargues de Vernops. *Chalayrargues.*
Chalazoux. *Chazeloux.*
Chalcadieux, Chalcadins, Chalchadieux, Chalchadius, Chalchadiu. *Chalcadieu.*
Chalcheyre (La). *La Font de Murat.*
Chalcoudere, Chalcoudère. *Chaucoudert.*
Chaldeyra. *La Chaldeyre.*
Chaldesaigues. *Chaudesaigues.*
Chalecheyre (La Font de la). *La Font-de-Murat.*
Chaleix, Chaleiz. *Challet.*
Chaleles, Chalelle. *Chaleilles.*
Chalerium, Chalers. *Chaliers.*
Chales. *Challet.*

Chaleyles, Chaleyres. *Chaleilles.*
Chaleyres, Chaleyrium, Chaleyrum. *Chaliers.*
Chalez-Haut. *Challet.*
Chalhac. *Chaliac.*
Chalhinargues. *Chalinargues.*
Chalier, Chaliès, Chaliès en Alvergne. *Chaliers.*
Chalieyre (La Fon de la). *La Font-de-Murat.*
Chalin. *La Chalm, La Fon-des-Champs.*
Chalinargiæ, Chalinarguum, Chalinargus, Charlinergiæ, Chalinyhargues. *Chalinargues.*
Chalin de Coltines. *La Fon-des-Champs.*
Chalin del Coustel. *Le Champ-du-Coteau.*
Chalin del Molo. *Le Champ-du-Moulin.*
Chalin de Paille, Palhies, Paliot, Pallie. *Le Champ-de-Paille.*
Chalin Francisca. *L'Hôpital-Chaufranche.*
Chalis, Challet, La Chalm, La Champ.
Chaliveuch. *Le Chalivet.*
Challada, Challade. *Cheylade.*
Challane. *Cheylanne.*
Challera (La). *La Challère.*
Challergues. *Chalinargues.*
Challes. *Challet.*
Challez. *Chalès.*
Challier, Challiers. *Chaliers.*
Challin. *La Champ, La Fon-des-Champs.*
Challinargues. *Chalinargues.*
Chalm. *La Cham, La Camp, La Champ, Le Champ.*
Chalm (Las). *Le Champ-Bouchy.*
Chalm. *La Chan, La Chaux.*
Chalm Albinesa, Chalm Albinèse. *La Chat-Albinèse.*
Chalmanou. *Choumanou.*
Chalm d'Aulzon. *La Chalm-d'Auzon.*
Cham del Chior. *Le Champ-del-Chior.*
Chalmeils. *Escalmels.*
Chalmel, Chalmèle. *Chaumeils.*
Chalmèle. *La Chaumette.*
Chalmelhs. *Chaumeil.*
Chalmelhs (Los). *Chaumeils.*
Chalmels. *Chaumeil.*
Chalmenchal, Chalmonsal. *Chaumenchal.*
Chalmeta. *La Chaumette.*
Chalmete. *La Calmette.*
Chalmetta, Chalmette. *La Chaumette.*
Chalmeyllia (Los). *Chaumeils.*
Chalmozelas. *Les Chaumaselles.*
Chalm Francesa (La). *L'Hôpital-Chaufranche.*

TABLE DES FORMES ANCIENNES. 563

Chalm Longha. *La Chau-Longue.*
Chalmon. *Chaumon-de-Besse.*
Chalnargues. *Chalinargues.*
Chalnarye. *La Chalnarie.*
Chalnazillas. *Les Chaumaselles.*
Cholnihargues. *Chalinargues.*
Chalsadisse. *Le Bois-de-la-Chaussade.*
Chalusse. *Chatusse.*
Chalutz Francesa. *L'Hôpital-Chanfranche.*
Chalvaghas, Chalvaghes, Chalvaias, Chalvaibas, Chalvanas. *Le Sauvage.*
Chalveilh. *Le Chalivet.*
Chalvel. *Chaurel, Le Chalivet.*
Chalveneschum, Chalvinhac, Chalviniac, Chalviniacum, Chalvinihac. *Chalvignac.*
Chalyveuch, Chalyveuf. *Le Chalivet.*
Cham. *La Cham, Le Champ, La Fondes-Champs.*
Cham Albinesa, Cham Albinèse. *La Chat-Albinèse.*
Chamalères. *La Forêt de Chamalières.*
Chamaleyras, Chamaleyro. *Chamalière.*
Chamaleyre. *Le Revel.*
Chamaleyres, Chamalhères, Chamalieras, Chamallières. *Chamalière.*
Chamallière, Chomallyères. *Chamalières.*
Chamasilles. *Chaumezelles.*
Chomaurou. *Le Pic de Chamarou.*
Chamayracum. *Chamayrac.*
Chamazillos. *Chaumaselles.*
Chambarnon, Chambarou. *Chambernon.*
Chambayrac. *Chambeirac.*
Chambe de Gos. *Cap-d'Argent.*
Chamber. *Chambeuil.*
Chambeul. *La Barre.*
Chambeul, Chamboulh, Chambeuille, Chambeur. *Chambeuil.*
Chambeyrac, Chambeyral, Chambeyras, Chambeyrat. *Chambeirac.*
Chambeyrat. *L'Escure.*
Chamblac, Chamblin. *Chamblat.*
Chambo (Lo). *Le Chambon.*
Chamboir. *Chambeuil.*
Chamborium. *Chambeuil.*
Chamboulan. *Chambellandrieu,* mont.
Chambounes. *Chaumoune.*
Chambous. *Chambeuil.*
Chamboyral, Chamboyrol. *La Basse.*
Chamboyrol. *Chambeyrolles.*
Chamboyroul. *La Basse.*
Chambras, Chambre. *Chambres.*
Chambre (Riparia). *L'Auze.*

Chambreur, Chambiuer. *Chambeuil.*
Cham de la Molède. *Le Champ-de-Molèdes.*
Chameils (Los). *Chaumeils.*
Chameirac. *Chamayrac.*
Chameto, Chamette. *La Chaumette.*
Chamezeilles, Chamezelles. *Chaumezelles.*
Champaudes. *La Chaumoune.*
Chaminargues. *Chalinargues.*
Chammayrac. *Chamayrac.*
Chammuzelles. *Chaumozelles.*
Chamon. *Le Chambon.*
Champ. *La Cham, La Champ, Le Champ, La Fon-des-Champs.*
Champagnat, Champagniac, Champaignat, Champaignhac, Champanhac, Champanhacum, Champanhat, Champanhazes, Ghompanihac, Champaniac. *Champagnac.*
Champany. *Champassis.*
Champ-Arnal. *Champarnat.*
Champ-Augeire. *Le Champ-d'Augère.*
Champ-Beyrac, Champbeyracum. *Chambeirac.*
Champ de Guiot, Champdeiots, Champdejot. *Champdiot.*
Champ del Costal. *Le Champ-du-Coteau.*
Champderot. *Chandiot.*
Champeilh, Champeilles, Champeils, Champeilz. *Champeil.*
Champeix. *Le Champel.*
Champelbs. *Champels.*
Champels. *Le Champel.*
Champernat. *Champarnat.*
Champetz. *Champeil.*
Champ Peyros. *Le Champ-Peyrou.*
Champiols. *Champiol.*
Champlat. *Chamblat.*
Champmayrac. *Chambeirac.*
Champ Meghaur. *Le Champ,* mont.
Champmeyrac. *Chambeirac.*
Champ-Profier, Prosier, Prousier. *Champrojet.*
Champ-Custrat. *Champs.*
Champt. *La Champ.*
Champts. *Champs.*
Chamut. *Le Renonziers.*
Chamy-Ferrat. *Le Chemin-Ferrat.*
Chanabairilz, Chanabarrials, Chanabayrials, Chanabayrialz, Chanabeirials, Chanabeyrials. *Champririal.*
Chanail. *Neuréglise.*
Chanaiha. *La Chanal.*
Chanbeur, Chanbour. *Chambenil.*
Chancel. *Chausel.*

Chancodere, Chancoudere. *Chancoudert.*
Chandeleyras, Chandeleyres. *Les Chaudagaires.*
Chandeza (Rivus). *La Chandèze.*
Chaneil. *Le Chaumeil.*
Chanerium, Chaniert. *Chanet.*
Chanihargues, Chanilhargæ. *Chalinargues.*
Channet. *Chanet.*
Chant. *La Champ.*
Chanta. *Cantagrel.*
Chantail, Chantal. *Le Plomb-du-Cantal.*
Chantalauba. *Chantetoube.*
Chantal de Perricot. *Chantal-Péricot.*
Chantalès, Chantaletz, Chantallès, Chantallex, Chantallez. *Le Cantalès.*
Chantaloba, Chantaloube. *Chantetoube.*
Chanta Rava. *Chante-Rave.*
Chantarelas, Chantarelha, Chantarelle, Chantarelies. *Chanterelle.*
Chantegrel. *Chante-Grel.*
Chanteile, Chanteils, Chanteilz, Chantel. *Chanteil.*
Chantelais, Chantelez, Chantellès. *Le Cantalès.*
Chantels. *Chanteil.*
Chantely. *Le Cantalès.*
Chantelz. *Chanteil.*
Chantena. *La Chantène.*
Chantepie. *Chantepie.*
Chante-Pinson. *Champrium.*
Chanterelles. *Chanterelle.*
Chantenghol. *Chante-Géal.*
Chantolz. *Chanteil.*
Chany. *Le Puy-de-Chany.*
Chanyet. *Chanet.*
Chaorcha, Chaorcha Sobrana. *Chaource Bas et Haut.*
Chapbbat, Chapblad. *Chablat.*
Chapella d'Alagnhon. *La Chapelle-d'Alagnon.*
Chapella la Vexia. *La Capelle-en-Vézie.*
Capelle Alagnon. *La Chapelle-d'Alagnon.*
Chapelle Barrès. *La Cappelle-Barrez.*
Chapelle Biesquan. *La Capelle-Viescamp.*
Chapelle d'Alaighon, d'Alaignon, d'Alanhon, d'Allagnon, d'Allahon, d'Allaignion, d'Allanho, d'Allanihou, d'Allanion. *La Chapelle-d'Alagnon.*
Chapelle de la Calm. *La Chapelle-de-la Cam.*

71.

TABLE DES FORMES ANCIENNES.

Chapelle del Péage, Péatge, Piage. *La Chapelle-du-Péage.*
Chapelle de Murat. *La Chapelle-d'Alagnon.*
Chapelle du Lagnon, du Laignon, Lanhion, du Lanhou. *La Chapelle-d'Alagnon.*
Chapelle du Laurens, du Lauren. *La Chapelle-Laurent.*
Chapelle du Valanion, du Valeugnon. *La Chapelle-d'Alagnon.*
Chapelle Enezie, Envezie, en Vezie, Chapelle Mégio. *La Capelle-en-Vézie.*
Chapelle Viescamp, Vieuxcamps. *La Capelle-Viescamp.*
Chapelz. *Chapel,* chât.
Chapgraula, Chap Graule. *Les Maisons-Subrounes.*
Chaplant. *Chablanc.*
Chaplat. *Chablat.*
Chapon, Chapou. *Le Lac Chapon.*
Chapoulayres, Chapoulhèges, Chapoulièges. *Chapoulïège.*
Chapournat. *Champarnat.*
Chappelz. *Chapel.*
Chapplatz. *Chablat.*
Chappo. *Le Lac Chapon.*
Chapscires, Chapseou. *Chapserre.*
Chapseyres, Chapsières, Chapsseyres, Chapssières, Chasseires, Chassiore, Chassières. *Chapsière.*
Chapvergues, Chapverguez, Chap-Vernhe. *Chavergne.*
Charabassia. *La Charabassie.*
Charafracha, Charafrache, Charafrasche, Charefrache, Charefrage, Charefraige. *Charafrage.*
Charayre. *Charaire.*
Charboncyræ, Charbonie. *Carbonières.*
Charbriac. *Le Chabrillac.*
Charbriae, Charbriat, Charbyac. *Charbiac.*
Chardonesche, Chardonesses, Chardournesses. *La Chardonèche.*
Chardonneyra. *La Chardonnière.*
Chareires, Chareyres. *Charaire.*
Charesza. *La Cheyrelle.*
Chareyre. *La Charreyre.*
Chari de Cary. *Le Chay-de-Carry.*
Charière. *Charier.*
Charies. *La Cheyre.*
Charieyra. *La Charreyre.*
Charingier. *Chervigieux.*
Charlan. *Charlant.*
Charlucium, cast., Charlutz. *Charlus.*
Charme. *Charmes.*

Charmensacum, Charmensatum, Charmenssac, Charmenssat. *Charmensac.*
Charmes. *Les Charnides.*
Charmeselas. *Chaumaselles.*
Chameyra. *La Charnière.*
Charminhat. *Charmensac.*
Charnegreil. *Chante-Grel.*
Charniargue. *Chalinargues.*
Charnihargues, Charninhargues. *Chalinhargues.*
Charnigier. *Chervigieux.*
Charny Redonda. *Chât-Redonde.*
Charot. *Le Couvet.*
Charouille. *La Chourlie.*
Charral. *Carreau.*
Charral Meliaude, Charral Molades. *La Charamouliade.*
Charralz. *Carreau.*
Charrayria. *La Charreyre.*
Charreau, Charreaus. *Carreau.*
Charreira, Charreire. *La Charreyre.*
Charreilhe. *La Chourlie.*
Charreyra, Charreyre. *La Charreyre.*
Charreyres, Charreyrre. *La Charaire.*
Charreyria, Charrieyra, Charrieyre. *La Charreyre.*
Charrocq. *Le Couvet.*
Charrolhou. *Chabourlioux.*
Charrot. *Le Couvet.*
Charvigier, Charvizie. *Chervigieux.*
Chasa. *La Chaze.*
Chasalas, Chasales. *Chazelles.*
Chasalos. *Les Chazagous, Les Chazeaux.*
Chasals, Chasaulx. *Les Chazaux.*
Chasaux. *Le Chézal.*
Chase. *La Chaze.*
Chaselæ, Chasellas, Chaselle, Chaselles. *Chazelles.*
Chaseloux. *Les Chezagoux.*
Chasergues. *Sagergues.*
Chaslada. *Cheylade.*
Chaslana. *Cheylanne.*
Chaslar (Lo). *Le Cheyla,* mont.
Chaslar. *Le Cheylat.*
Chaslar, Chaslat. *Le Chaylar.*
Chaslhada. *Le Cheyladet.*
Chaslin. *La Champ.*
Chaslus. *Charlus.*
Chasluts, Chasluz. *Chartus.*
Chasmesclas. *Los Chaumaselles.*
Chason (Lo). *Le Chasson.*
Chassages. *La Chassagne.*
Chassagnètes, Chassagnettes. *La Chassagnette.*
Chassagnhe, Chassagnie, Chassaha, Chassaigne. *La Chassagne.*
Chassaignes. *Chazelles.*

Chassaigniettes, Chassainètes. *La Chassagnette.*
Chassaing. *Le Chassan.*
Chassamh. *La Chassagne.*
Chassang. *Le Chassan.*
Chassanh. *La Chassagne, Le Chassan.*
Chassanha. *La Chassagne, Chassagne.*
Chassanhamouret. *La Chassagnemouret.*
Chassanhas. *La Chassagne.*
Chassanh de Chambre. *Chambre.*
Chassanhe. *Le Chassan.*
Chassanhetas. *La Chassagnette.*
Chassanhia, Chassanhie. *La Chassagne.*
Chassanholles. *La Chassagnette.*
Chassauhoza. *Cassaniouze.*
Chassania. *La Chassagne.*
Chassaniettas, Chassanise, Chassanites, Chassanittes. *La Chassagnette.*
Chassanye. *La Chassagne.*
Chassanyetas, Chassanyètes. *La Chassagnette.*
Chassayn, Chassein. *Le Chassan.*
Chassellas. *Chazelles.*
Chassenac. *Chasternac.*
Chasshinettes. *La Chassagnette.*
Chassoneyra. *La Chassonnière.*
Chastailhanez, Chastalanay. *Chastellaney.*
Chastails. *Chastail.*
Chastal. *Le Châtelet.*
Chastalhac. *Chastaillac.*
Chastanac. *Chastanat.*
Chastanadia. *La Chastelnadie.*
Chastang. *La Chasteau, Le Chastang.*
Chastania. *Chassagne.*
Chasteau Bas Notre Dame. *Le Chateau-Bas.*
Chasteaumorant. *Mont-Morand.*
Chasteauneuf. *Châteauneuf.*
Chasteau Neuf sur Murat. *Châteauneuf.*
Chastel. *Chastel-sur-Murat.*
Chastelanay, Chaste-la-Nay, Chastelanier. *Chastellanay.*
Chastel del Cleigiau. *Le Clergial.*
Chastellancey, Chastellaneir, Chastellaney, Chastellanez. *Chastellanay.*
Chastelles. *Le Chastelet.*
Chastel Marillac, C. Marlac, C. Marlat, C. Marlhat, C. Marliac, C. Marlhac, C. Marsiac. *Chastel-Marlhac.*
Chastelneu, Chasteaulnou. *Château-Neuf.*
Chastel, près Murat le Viscomtal ;

TABLE DES FORMES ANCIENNES.

Chasteil-sur-Murat, Chastelz soubz Murat. *Chastel-sur-Murat.*
Chastonat, Chasternac. *Chastanat.*
Chastny. *Chassany.*
Chastoloux. *Chasteloux*, châ.
Chastouneuf. *Châteauneuf.*
Chastrach. *Chastres.*
Chastraddes, Chastrodes. *Chastrade.*
Chastranat. *Chastanat.*
Chastras. *Chastres.*
Chastrenac. *Chastanat, Chasternac.*
Chastrodes. *Chastrade.*
Chasvergues. *Les Vergnes.*
Chatalanex. *Chastellaney.*
Chateul. *Chacoul.*
Chatoneyra, Chatoneyre, Chatonieyra, Chatounaire. *La Chatonière.*
Chatour, Chatoures, Chatoux. *Chatours.*
Chatugeyres, Chatugières. *Catugières.*
Chatussa. *Chatusse.*
Chatusse. *La Croix-de-Chatus.*
Chattour. *Chatours.*
Chattusse. *Chatusse.*
Chatuza. *La Croix-de-Chatus.*
Chau. *La Chaud, Le Chaud.*
Chauche. *Chaule.*
Chaucoudercq. *Chaucoudere.*
Chaudasayges, Chaudesagues, Chaudesaiges, Chaudes-Aigue, Chaudesaygues, Chaudezagues, Chaudezaygues. *Chaudesaigues.*
Chaude-Aurelhie, Chaudeaurilhie, Chaudeaurrelhie, Chaude-Saurelhie. *Chaude-Oreille.*
Chaugier. *Le Chauzier.*
Chauffour. *Le Chaufour.*
Chaufour. *Le Cheyrel.*
Chaula. *Chaule, Le Cheyla.*
Chauldesaignes. *Chaudesaigues.*
Chaule. *Cheule.*
Chaulhaguet. *Chauliaguet.*
Chaulmette. *Le Chaumeil, La Chaumette.*
Chaulmon. *Chaumon-de-Branviel.*
Chaulo. *Chaule.*
Chaulo, Chaulou. *La Choulou.*
Chaulx. *La Chau.*
Chaum. *Le Chaumeil.*
Chaumagiran. *Clamagiran.*
Chaumano. *Choumanou.*
Chaumano Sobra. *Choumanou-Haut.*
Chaumano Sotra. *Choumanou-Bas.*
Chaumazelles. *La Chalètre.*
Chaumazelles, Chaumazilles. *Chaumazelles.*
Chaumeil. *Le Chaumet, Lanchaumeil.*
Chaumeiles. *Chaumeils.*

Chaumeilh. *Le Chaumeil.*
Chaumeilh, Chaumeilhes, Chaumeilhs, Chaumeilz. *Chaumeils.*
Chaumeilz, Chaumel. *Le Chaumel.*
Chaumel. *Le Chaumet.*
Chaumelbz. *Chaumeils.*
Chaumels. *Lanchaumeil.*
Chaumelz. *Le Chaumel.*
Chaumerles. *Chaumeils.*
Chaumète, Chaumetta. *La Chaumette.*
Chaumezelles. *Chaumezelles.*
Chaumil. *Le Chaumeil.*
Chaumona. *Chaumoune.*
Chaumon de Bessa, Besse. *Chaumont-de-Besse.*
Chaumon de Branviel. *Chaumont-de-Branviel.*
Chaumont. *Chaumont-de-Besse, Le Mont.*
Chaureynes. *Le Revel.*
Chaurgier. *Le Chauzier.*
Chaursynes, Chaussines. *Le Revel.*
Chausenac. *Chaussenac.*
Chausse. *Le Moulin-de-Rosse.*
Chaussé. *Le Chausse.*
Chaussenacus, Chaussenat. *Chaussenac.*
Chauvinilhac. *Chalvignac.*
Chaux. *La Champ, La Chaud.*
Chavada. *La Chavade.*
Chavada, Chavade, Chavades. *La Chevade.*
Chavades. *Les Chevades.*
Chavabacum. *Chavagnac.*
Chavalairia d'Artigas, Chavalaria, Chavalarie, Chavalayria. *La Chevalerie-d'Artiges.*
Chavanel. *Chabanole.*
Chavanhac, Chavanhacum. *Chavagnac.*
Chavaniac. *Le Bois-de-Chavagnac.*
Chavaniacum. *Chavagnac.*
Chavano. *Chavanon.*
Chavanoles. *Chabanoles.*
Chavardia. *La Chavardie.*
Chavaroche. *Le Marliou.*
Chavatjas. *Le Sauvage.*
Chavasseulh. *Le Moulin-de-Riom.*
Chavecharreyo. *Chave-Charreyre.*
Chavcole. *Chevialle.*
Chavergnes, Chavergnhe, Chavergnie. *Chaverine. Chavergne.*
Chavers. *Clavières.*
Chaveyrel, Chaveyret. *Chaveirel.*
Chavialle. *Charial.*
Chaviers. *Clavières.*
Chavieyret. *Chaveirel.*

Chavrespino. *Chabrespine.*
Chay. *Le Cher.*
Chayla. *Le Cheyla.*
Chaylada. *Cheylade, Le Cheyladet.*
Chaylanes, Chaylanne, Chayllana. *Cheylanne.*
Chaylar. *Le Cheylat.*
Chaylar, Chaylat. *Le Chaylar.*
Chaylat. *Le Cheylat, Le Cheyla.*
Chaylet. *Le Chaylet.*
Chayllade, Chayllades. *Cheylade.*
Chayllana. *Cheylanne.*
Chayllar. *Le Chaylar.*
Chaynuscle. *Chenuscle.*
Chayrac. *Chaissac.*
Chayral, Chayralle, Chayralin, Chayrals. *La Chevade.*
Chayraltar. *Chiraltat.*
Chayralx. *La Chevade.*
Chayralz. *La Cheyrelle.*
Chayrol. *Le Cheyrol.*
Chayrolz. *Chirols.*
Chayrouzas. *Les Cheyrouses.*
Chayrozas. *Les Cheirouses.*
Chayroze. *Cheyrouse.*
Chayssiols, Chayssiolz. *Cheyssiol.*
Chaza. *La Chaze, L'Estillols.*
Chazainho. *Chazelles.*
Chazal. *Le Chazal, Le Chezal, Les Chazeaux.*
Chazal-Alanche. *Le Chézal.*
Chazalas. *Chazelles.*
Chazalis. *Les Chazaux.*
Chazalloux. *Chazeloux.*
Chazalos. *Le Chazal.*
Chazalous, Chazaloux. *Chazeloux.*
Chazals. *Le Chazal, Les Chazeaux, La Chevade, Le Chézal.*
Chazas, Les Chazes.
Chazas (Rivus). *L'Estillols.*
Chazauls. *Les Chazeaux.*
Chazaux. *Les Chazaux, Les Chazeaux.*
Chazelos, Chazellas, Chazellas-sur-Croassa. *Chazellas.*
Chazelloux, Chazelous. *Chazeloux.*
Chazes. *Les Chazes-Basses et Hautes.*
Chazotas, Chazetes. *Les Chazettes.*
Chazos (Rivus). *L'Estillols.*
Ché. *Le Cher.*
Chebiaulx. *Les Cébiaux.*
Chebrelhac. *Chabrillac.*
Cheilad. *Le Chaylar.*
Cheilade. *Cheylade.*
Cheiladet. *Le Cheyladet.*
Cheilano, Cheilanne. *Cheylanne.*
Cheilar. *Le Cheyla.*
Cheilard. *Le Chaylar.*
Cheillade. *Cheylade.*

Cheillar. *Le Chaylar.*
Cheillet. *Le Chaylet.*
Cheinebeur. *Chambeuil.*
Cheir de Caro. *Le Chay-de-Carry.*
Cheir de Vergne. *Le Chay-de-Vergne.*
Cheiver, Cheirier. *Le Cheyrier.*
Cheirlier. *La Cheyrelle.*
Cheirol. *Le Cheirol.*
Cheirols. *Le Chiral.*
Cheirouses. *Les Cheyrouses.*
Cheiroux, Cheirouze. *Cheyrouse.*
Cheirouzes. *Les Cheyrouzes.*
Cheirs. *Le Chey-de-Vergne.*
Cheiryer. *Le Cheyrier.*
Cheis. *Le Chey-de-Vergne.*
Cheissol. *Cheyssiol.*
Cheix. *Le Cher.*
Cheix-Cary. *Le Chay-de-Carry.*
Cheizac. *Cheissac.*
Chelados. *Cheylade.*
Chellana. *Cheylanne.*
Chellat. *Le Chaylat.*
Chelviniac. *Chalvignac.*
Chemalice. *Chez-Malice.*
Chennaliers. *Chamalière.*
Chens (La). *Lachéns.*
Cheny. *Chany.*
Cher. *Le Chay, Le Cheix, Le Chey.*
Cherals. *Cheirals.*
Cherange, Cheranges. *Cheyrange.*
Cherbriat. *Charbiac.*
Cher de Carre. *Le Chay-de-Carry.*
Chermete. *La Chermette.*
Cherols. *Chiral.*
Cherouse. *Cheyrouse.*
Cherouses. *Les Cheyrouses.*
Chers. *La Chapelle-du-Cantal.*
Cher Soubro. *Le Cher-Soubro.*
Cher Soutra, Soutro, Chers Soustro. *Le Cher-Soutro.*
Chervol. *Les Chayrols.*
Chesaulx, Chesaulz. *Les Chazeaux.*
Chesial. *Cheyssiol.*
Cheslade. *Cheylade.*
Chesmenet. *Chez-Menet.*
Ches Riguail. *Chez-Rigail.*
Chestrenat. *Chasternac.*
Cheugier. *Le Chauzier.*
Cheulze. *Cheule.*
Chevalario. *La Chevalerie.*
Chevaps. *La Chevade.*
Chevreur. *Le Chalivet.*
Chey de Carre, Carry, Quare. *Le Chay-de-Carry.*
Chey de Vergne. *Le Chey-de-Vergne.*
Cheylad. *Le Cheyla.*
Cheylaide. *Cheylade.*

Cheylana, Chey-Lane, Cheylanna, Chey-Lanne, Cheyllana. *Cheylanne.*
Chey-Lar. *Le Cher-Laigue.*
Cheylar. *Le Cheylat.*
Cheylard. *Le Cheyla, Le Cheylat.*
Cheylard-en-Auvergne. *Le Chaylar.*
Cheylat. *Le Cheyla, Le Cheylat.*
Cheylata. *Cheylade.*
Cheyllard. *Le Chaylat.*
Cheyranges. *Cheyrange.*
Cheyres. *La Cheyre.*
Cheyrol. *La Chevade.*
Cheyrols, Cheyrolz. *Le Chiral.*
Cheyrolz (Podium). *Les Chayrols.*
Cheyrosas, Cheyrossa, Cheyrossas, Cheyrosse. *Les Cheyrouses.*
Cheyrouge. *Cheyrange.*
Cheyrousas, Cheyrouse. *Les Cheyrouses.*
Cheyrouse. *Cheyrouse.*
Cheyrouses. *La Chairouze.*
Cheyroutes. *Les Cheyrouses.*
Cheyrouze. *Cheyrange.*
Cheyrouzes. *Le Bois-de-Cheyrouzes.*
Cheyroz. *Les Chayrols.*
Cheyrozas. *Cheyrouse.*
Cheyssac, Cheyssat. *Cheyssac.*
Cheyssiols, Cheyssol. *Cheyssiol.*
Chez. *Le Cher-Blanc.*
Cheza. *La Chaze.*
Chezals. *Le Chazal, Les Chazeaux.*
Chez de Caire. *Le Chay-de-Carry.*
Chezo, Chezes. *Les Chaises.*
Chez-Soubre. *Le Cher-Soubro.*
Chiallat. *Giraltat.*
Chiandijot. *Champdiot.*
Chiatoux. *Chatours.*
Chiaze, Chiazes. *Les Chazes.*
Chié. *Le Chay, Le Choix, Le Cher.*
Chier. *Alquier, Le Chay, Le Cher, Le Choix, Le Cher-Soubro.*
Chierblanc. *Cher-Blanc.*
Ghier de Carre. *Le Chay-de-Carry.*
Chier de Chabanus. *Le Chay.*
Chier Leo. *Le Chier.*
Chier Locarre. *Le Chay-de-Carry.*
Chier Reynailh. *Chez-Reynal.*
Chier Soubro. *Le Cher-Soubro.*
Chièse. *Les Chaises.*
Chieule, Chieules. *Cheule.*
Chieza. *La Chèze.*
Chiezas. *Les Chaises.*
Chièze. *La Chèze, Les Chaises.*
Chilaco. *Chiliac.*
Chiral, Chirols. *Chirols.*
Chiralz. *Le Chiral.*
Chirat. *Chirac.*

Chirouze. *Cheyrouse, Le Bois de Cheyrouze, Chirols.*
Chizal. *Le Chiral.*
Chizoulet, Chizoulles. *Chizolet.*
Choze. *La Chaze.*
Chomail, Chomeilz, Chomels. *Le Chaumeil.*
Chomelz. *Chaumeils.*
Chomut. *Renouziers.*
Choreillie, Chorelle, Chorellie, Chorille. *La Chourlie.*
Chossenat. *Chaussenac.*
Chou (Lo). *Malbet.*
Chouilou, Choulo. *La Choulou.*
Choumails. *Chaumeils.*
Choumazelles. *Chaumazelles.*
Choumeil. *Le Chaumeil.*
Choumeilhs. *Les Chaumeils.*
Choumeilhs, Choumeilz. *Chaumeils.*
Choumels. *Les Chaumeils.*
Choumelz. *Le Chaumeil, Chaumeils.*
Choumes. *Le Chaumeil.*
Choumezelles. *Chaumezelles.*
Choumilz. *Chaumeils.*
Chourchy, Chourey, Chourey, Choursi, Chourssy. *Choursy.*
Chovelie. *La Chourlie.*
Chyralta, Chyraulta. *Giralta.*
Cibiel. *Le Cibial.*
Ciel, Cier. *Le Cher.*
Cinaubry. *Cinq-Arbres.*
Cinols. *Linols.*
Cinq Albres, Cinqarbre, Cinqualbres, Cin-quarbres. *Cinq-Arbres.*
Cisternas, Cisterne, Cisternez. *Cisternes.*
Cistreiras, Cistrères, Cistreyras. *Cistrières.*
Clacques. *L'Esclache.*
Cladines. *Escladines.*
Claiziels. *Le Clergial.*
Clomeziran, Clamogirand. *Clamagiran.*
Clamone, Clamont. *Clamoux.*
Clapiès. *Le Clapier.*
Clariz. *Claris.*
Clarnius. *Chat-Redondo.*
Clas. *Cas, Las Clas.*
Clatera, Clatussa. *Chatusse.*
Clau, Clauf. *Lo Claux.*
Claugié, Claugiel, Claugier, Claugieu. *Le Clausier.*
Clau Magiran, Clau Magirand, Claumegiran. *Clamagiran.*
Claus. *Le Clau, Als Claux.*
Clausa. *Las Clause, L'Esclause.*
Clausades. *Les Clauzades.*
Claus del Lavadou. *Le Cliau.*

TABLE DES FORMES ANCIENNES.
567

Clausel. *Le Clauzel.*
Clausol. *Le Clauzet, Clauzels, Esclauzels.*
Clauselz. *Le Clauzet, Esclauzels.*
Clauzet. *Les Clauzets.*
Clausiès. *Le Claux.*
Claustres. *Les Clastres.*
Claux. *Le Bois-du-Clos, Exclaux, Le Clau.*
Claux de Gaston. *Gaston.*
Claux del Caylar. *Le Cayla.*
Claux-Magiran. *Clamagiran.*
Clauzas. *Les Clauses.*
Clauzel. *Esclauzels.*
Clauzcloux. *Le Clauzclou.*
Clauzelz. *Les Clauzels, Le Clauzet, Les Clauzels.*
Clauzelz de Basset. *Les Clausels-de-Basset.*
Clauzez. *Esclauzels.*
Clavayras, Claveiras, Claveires. *Clavières.*
Claveriæ, Claverias, Claveris, Clavers, Clavetia, Claveyr, Claveyras, Claveyres, Claveyrie, Claveyrre, Claviès, Clavieyræ, Clavieyras, Clavycires. *Clavières.*
Cleda. *Lo Bois-de-la-Clède.*
Cledas. *La Corderie.*
Clède. *La Clidelle, La Clède, La Carderie, Le Bois-de-la-Clède.*
Clèdos. *La Carderie.*
Clère (Le). *Vinsac.*
Clergiau. *Le Clergial.*
Clervillie. *La Chourlie.*
Cliadelle. *La Clidelle.*
Clop. *Le Claux-du-Plano.*
Clos. *Esclauzels.*
Clot. *Les Clausets.*
Clot infra. *Le Claux du Plano-soutro.*
Clouch. *Les Cloux.*
Clocqs. *Lo Clout.*
Cloud. *Les Clausels.*
Clous. *Le Clout.*
Clousques. *Les Clouques.*
Clout. *Les Clausels.*
Clout, Cloux. *Escrous.*
Cloux. *Esclaux.*
Clouzelz-de-Basset. *Les Clausels-de-Basset.*
Cluas. *Le Claux.*
Clusa, Cluza. *La Cluse.*
Clusas. *Les Cluzels.*
Clusa. *La Cluze.*
Cluze. *La Cluse.*
Cluzellum. *Les Cluzels.*
Clydelle. *La Clidelle.*
Coas (Los). *Les Coyos.*

Cobz. *Les Cols.*
Cochoines. *Les Cochonies.*
Codamine. *La Condamine.*
Codaze, Codazé. *Le Moulin-de-Quodaze.*
Codebessous. *Codebessou.*
Coderc. *Le Couderc, Lo Coudert.*
Coderc de la Roda. *Le Couderc-de-la-Rode.*
Coderci. *Escouderc.*
Codercq. *Le Couderc.*
Coderez. *Escouderc.*
Codonié. *Le Coudonnier.*
Codors. *Lo Condour.*
Coeilhès. *Les Coueilles.*
Coffanhal. *Coffinhal.*
Coffeux. *Couffeux, m^{in}.*
Coffiguet, Coffiguict. *Couffiguet.*
Coffin. *Cofolin.*
Coffinal. *Coffinhal.*
Coffinh. *Couffins.*
Coffinhac, Coffinhial. *Coffinhal.*
Coffinz. *Couffins.*
Coffuth. *Cassiès.*
Cofin. *Couffins.*
Cofinhal. *Coffinhal.*
Coforc. *Le Couffour.*
Cogeire. *Les Cayères.*
Cogne. *Conné.*
Cogossacum. *Cougoussac.*
Coguentrie. *La Coquenie.*
Coguyassou. *La Ganie.*
Cohefryc. *Les Couarriers.*
Cohen. *Le Coin.*
Coheyres, Coheyrias, Coheyries, Coheyriès. *Les Courriers.*
Coicn. *Le Coin.*
Coilh. *Le Col de Cabre, Cols.*
Coing, Coinh. *Lo Coin.*
Coin Soubro et Soutro. *Le Coin-Sonbro et Soutro.*
Col. *Cols.*
Colandre. *Colandres.*
Colaudres Soutra. *Colandres-Soutro.*
Colanges, Colangias. *Les Collanges.*
Colborieu, Colboriu, Colbornia. *Combourieu.*
Cole (La). *Cas.*
Colcigna. *Cologne.*
Colen. *Colin.*
Colena, cast. *Cologne.*
Colenheta, Colenheto, Colenhette, Coleniete. *Colinette.*
Coley. *Colin.*
Coleyrics. *Les Couarriers.*
Colferral (Rivus). *Grignac.*
Colhola (La). *La Coulioule.*
Colien. *Colin.*

Coligueta. *Colinette.*
Collandre. *La Colange.*
Collandre, Collandres. *Colandres.*
Collandres Soutro. *Colandres-Soutro.*
Collangia. *Collanges.*
Collat. *La Choulou.*
Collies. *Escoualier.*
Collin. *Colin.*
Collinette, Collinheta. *Colinette.*
Collix. *Lo Coutil.*
Colluche, Colluge. *Caluche.*
Colognes. *Cologne.*
Cologneta. *Colinette.*
Coloigna, Coloigne. *Cologne.*
Coloigneta. *Colinette.*
Colom. *Le Colon.*
Colomb. *La Queyrie.*
Colombiers, Colombiès, Colombieyre. *Le Colombier.*
Colombis, Colombrié. *Le Colombier.*
Colomines. *Colombines.*
Colonber, Colonbier. *Le Colombier.*
Colonhète. *Colinette.*
Colongas. *Collanges.*
Colonges. *La Colange.*
Colonghas, Colongin, Colongias, Colonjas, Colontghas. *Collanges.*
Coloumbière, Coloumbiès. *Le Colombier.*
Cols. *La Narse de Lascols, Cols.*
Colscyni. *Calsaci.*
Cols Soteyranas. *Lascols-Bas.*
Coltares. *Colture.*
Coltegeol, Coltegeyr, Colteja, Coltege. *Cotheuge.*
Coltige. *Lo Coutil.*
Coltina. *Colture.*
Coltinæ, Coltinas. *Coltines.*
Coltures. *Colture.*
Coltynes. *Coltines.*
Coltynes. *Courtines.*
Coluber. *Le Pont-du-Colombier.*
Coluches, Coluge. *Caluche.*
Columb. *La Queyrie.*
Columbier. *Le Colombier.*
Colynette. *Colinette.*
Colz. *Cols.*
Comalbas. *Curalbès.*
Comb. *Les Combes, Les Coms.*
Comba. *La Combe, Les Combes.*
Comba, rivus. *La Combe.*
Combabesse. *Combebesse.*
Comba Bralha. *Combraille.*
Combadeires. *La Combadière.*
Comba del Boisso. *La Combe-del-Boussou.*
Combadières. *La Combadière.*
Combaize. *Le Combal.*

Combaletie. *La Combaldie.*
Combalnc. *Combalut.*
Combard. *Combart.*
Combarelles. *La Combarelle.*
Combariou. *Combourieu.*
Comba Robbert, Combarobert, Combarcubert. *La Combe-Roubert.*
Combas. *Le Bois-de-la-Combe, Les Combes.*
Comba Serre. *Courbeserre.*
Combavalley. *La Combe-Vallée.*
Combayci, Combayri. *Les Combairies.*
Combe. *La Combe, Les Combes, Le Drils.*
Combebasse. *Les Combes-Basses.*
Combechave. *Combe-Chabres.*
Combe de la Faure, de la Saure. *Les Combes, mont.*
Combe des Puech, Puexs. *La Combe-des-Puechs.*
Combe d'Yssartz. *La Combe-d'Issart.*
Combeir. *Chambouil.*
Combeir Basses. *Les Combes-Basses.*
Combeles. *Les Combelles.*
Combelibeuf. *Combalibeuf.*
Combo-lès-Lieux. *La Combe-des-Lieux.*
Combelle. *La Combelle.*
Combelles. *La Combelle, Les Combelles, Le Combal-Bas.*
Combellic. *La Combelle.*
Combelu. *Combalut.*
Combe Mégère, Mégière, Migeyre. *La Combe-Moujé.*
Combenayre, Combenegré. *La Combe-Neyre, La Combe-Nègre.*
Combenieyre. *La Combe-Neyre.*
Comberaben. *Combe-Roubert.*
Comberiou. *Combourieu.*
Combe-Robert, Comberobrer. *Combe-Roubert.*
Comberto. *Combert.*
Combes. *La Combe.*
Combeserre. *Courbeserre.*
Combetas. *La Combette.*
Combetorle. *La Combe-Torte.*
Combettes. *La Combette.*
Combe Varnouze. *La Combe-Bernouze.*
Combe-Vialèze. *La Combe-Vialèse.*
Combeysi. *Les Combairies.*
Combis. *Le Colombier.*
Comblat, Comblatt-le-Chasteau, Comblatum. *Comblat-le-Château.*
Comblat le Pon. *Comblat-le-Pont.*
Comblat-le-Soleliatge, le Soleliatge, Lessoleliagy, le Solleliatge, le Souquelliatge, le Soulelyagy, le Souquelliatge. *Comblat-Soleil!age.*
Comblat l'Ombragé, Ombraghe, Lombraige, l'Ombraitge, l'Ombratge, Omtbrage, l'Ombraige, Lonbratgi. *Comblat-l'Ombrage.*
Comblatz l'Ombrogestz. *Comblat-l'Ombrage.*
Combo. *La Combe.*
Comborieu. *Combourieu.*
Combort. *Combret.*
Combos. *Les Combles.*
Comboury. *Combourieu.*
Combralha. *Combraille.*
Combrect. *Combret.*
Combrelas, Combrelhes, Combrellæ, Combrellas, Combrelliæ, Combrellium. *Combrelles.*
Combres. *Combret.*
Combros, Combrour, Combroux. *Combrous.*
Combru Villa. *Encombrun.*
Combrut. *Combret.*
Combs. *La Combe.*
Condat. *Condat-en-Feniers.*
Commobrulz. *Cumines.*
Comol, Comollet, Comoulet. *La Comolot.*
Communal. *Cuminial.*
Comoyssous. *Les Comoissous.*
Comp. *Les Coms, Les Combes.*
Compains. *Compens.*
Companhonia, Companie, Comparenche, Compargne, Comparine, Comparointe, Comparonié, Comparonye, Comparounhe. *La Comparonie.*
Compdatum. *Condat-en-Feniers.*
Compen, Compens. *Compain.*
Comperia. *La Compeirie.*
Compin rivus. *Le Meyrou.*
Compins. *Le Bois-de-Compen.*
Comte. *Le Conten.*
Comtia. *La Comtie.*
Conba. *La Combe.*
Conbaldio. *La Combaldie.*
Conbe. *La Combe.*
Conberas. *Combelles.*
Conbetes. *La Combette.*
Conborieu. *Combourieu.*
Combrelæ. *Combrelles.*
Concasti. *Concasty.*
Conche, Conchers. *Conches.*
Conda, Condac-es-Feniers, Condacum. *Condat-en-Feniers.*
Condamina. *La Condamine.*
Condaminas, Condamyna, Condamyne. *Condamines.*
Con'dat, Condatensis parrochia, Condatum. *Condat-en-Feniers.*
Condoues, Condours. *Le Condour.*

Conffoullenc. *Confolent.*
Confiniou. *Confinhou.*
Confolan, Confoulen, Confouleng, Confoulenq, Confoulens, Confuili, Confuilii. *Confolent.*
Congeyre, Congeyrie, Congye. *Les Couurriers.*
Conlitia, Conlitie. *La Comtie.*
Conhuegol. *Cornudjol.*
Coniassou. *La Ganie.*
Connavide. *Bonevide.*
Conne aqua. *La Cone.*
Conortias. *Les Conorties.*
Conortum, Conroch, Conrocium, Conroctz, Conrots, Conrotz, Conroz. *Conros.*
Conpanhonia. *La Comparonie.*
Conrits. *Coren.*
Conroux. *Counrt.*
Conrrut, Conruc, Conruch, Conruts, Conrutum. *Conrut.*
Constancia. *La Constancie.*
Constre. *Contre.*
Conte. *Contre.*
Conteil, Conten. *Le Conten.*
Contenssos, Contenssou, Contenssoux. *Contensous.*
Conthaleis. *Le Cantalès.*
Contie. *La Comtie.*
Contin. *Le Conten.*
Contio, Contitie. *La Comtie.*
Contraria, Contrarie. *Le Contrario.*
Contrast. *Le Contrat.*
Contye. *La Comtie.*
Cophinial. *Coffinhal.*
Copiat. *Copiac.*
Coqualuche. *Dornières*, m^{in}.
Cor. *Cors.*
Corabateyre. *La Courbatière.*
Corailles. *Escorailles.*
Corain. *Coren.*
Corbaresse. *L'Aubrespic.*
Corbaria. *Corbières.*
Corbaserra, Corbaserre, Corbasserre, Corbasseyre, Corbassira, Corbasyra. *Courbeserre.*
Corbater, Corbateira, Corbateyra, Corbateyre, Cor-Bateyre, Corbatyre. *La Courbatière.*
Corbayrettes. *Courbeyrette.*
Corbe. *La Gorbe.*
Corbebaisse. *Courbebaisse.*
Corbeira, Corberia, Corberiæ. *Corbières.*
Corbeulx. *Le Bois-de-Corbeil.*
Corbeyras. *Courbières.*
Corbier, Corbiers. *Corbière.*
Corbieyra. *Corbières.*

TABLE DES FORMES ANCIENNES.   569

Corbinas. *Courbines.*
Corborn (aqua). *Le Chaurieu.*
Corchat in territorio del Puy. *Le Puy-Cornard.*
Corcoral, Corcorol, Corcorols, Corcorolz. *Courcoule.*
Corde Villa, Cordès. *Courdes.*
Cordenat. *Condeval.*
Cordessas, Cordesses. *Cordesse.*
Cordoas. *La Courdou.*
Cordosia. *Cordesse.*
Cordou, Cordoy. *La Courdou.*
Core. *Cors.*
Core, Coreim, Corem, Coreah, Corent, Corentj, Corentum, Corentz, Coren.
Corgolieyre. *La Courgoulère.*
Cormon. *Courmon.*
Corn. *Cors.*
Cornac. *Le Puy-Cornard.*
Cornacum, Cornec, Cornetum, Cornetz. *Cornet.*
Cornegiol. *Cornuéjol.*
Corneilhan. *Cornelian.*
Corneilhe. *La Cornélie.*
Cornil, Cournil. *Le Puy-Courny.*
Cornilh. *Cornil.*
Cornille. *Le Puy-Courny.*
Cornizières, Cornoizières, Cornozul. *Cornozières.*
Cornuéghol. *Cornuéjol.*
Cornugières. *Cornozières.*
Corregada. *La Courrejade.*
Corregoac. *Caraizac.*
Corriout. *Le Courrieu.*
Corsaigne, Corsanhe. *Escaussouge.*
Cortara. *Corteyrac.*
Cortials (Als). *Le Courtial, Les Courtials.*
Cortilhas. *Courtilles.*
Cortilhes. *La Courtille.*
Cortinæ, Cortinas, Cortines. *Les Courtines.*
Corty. *Courty.*
Cortynes. *Courtines.*
Cortz. *Le Cros, Le Cors.*
Corum, Cory, Corz. *Cors.*
Cosargues. *Coussergues.*
Cosches. *Cocharie.*
Coschial. *Couchal.*
Coscilhas. *Les Coscilhas.*
Cosergues. *Coussergues.*
Coseyrie. *Les Couarriers.*
Cosiragues. *Coussergues.*
Cossanh. *Le Cassan.*
Cossargues. *Coussargues.*
Cosseguas. *Cosseignes.*
Cosson. *Le Cassan.*

Cantal.

Costa. *La Coste, Las Costes.*
Costa Calda. *La Coste-Calde.*
Costa Chabude, Chabus, Chabide, Chobude. *La Côte-Chabude.*
Costa de Peyre Vidal. *La Coste-de-Pierre-Vidal.*
Costah. *La Côte.*
Costalaze. *La Costelaze.*
Costalles. *Le Cousteau.*
Costa Rosso, Costar Rosso. *La Coste-Rousse.*
Costas. *La Coste, Les Costes, Les Coustas.*
Costas da Cassiech, Cassieh, Cassiel. *Les Costes-de-Cassié.*
Costas sive de Cayon rouge. *Les Costes.*
Costat del Pradel. *La Coste.*
Costat-Pautut. *Les Putos.*
Coste-Amourouse. *La Goutte.*
Coste Chaude. *La Chaleire.*
Coste d'Est. *La Coste d'Estève.*
Coste del Costel. *La Côte-du-Coteau.*
Costa del Monteil. *La Coste-du-Monteil.*
Coste del Serre. *Les Côtes-de-Serre.*
Coste de Pontut. *Les Putos.*
Coste Gelline. *Galines.*
Coste Guits. *La Coste-Guite.*
Coste Jaline, Jallines. *Galines.*
Coste-Lade. *La Coste-Lade.*
Coste-Mousser. *Le Bois-de-la-Côte.*
Coste Rousse. *La Coste-Rouge.*
Costes (Las). *La Font.*
Coste Sobrenne. *La Coste-Haute.*
Coste Souteguone. *La Coste.*
Cotines podium. *Les Courtines.*
Cottenses. *Les Cotensons.*
Couadaze. *Le Moulin de Quodaze.*
Couboulic. *La Caboutic.*
Couchor. *Conches.*
Couclz, Couctz, Couez. *Les Clous.*
Couderes. *Le Condere, Escoudere.*
Couderes, Couders. *Le Couderc.*
Couders. *Escoudere.*
Coudert. *Le Couderc, Escoudere.*
Coudoux. *Le Condour.*
Coue, Coüe. *La Gaye.*
Coueyrie, Coueyrie. *Les Couarriers.*
Coufin. *Couffins.*
Couffolez, Couffoulan, Couffoulen. *Confolent.*
Couffours. *L'Hiver, ravine.*
Couffroughe. *Couffrouge.*
Coufin-Nègre. *Le Confi-Nègre.*
Coufore. *Le Couffour.*
Coufours. *L'Hiver, ravine.*
Coufrouxe. *Couffrouge.*
Cougoussac. *Colcossac.*

Couheirie, Coubeyrie. *Les Couarriers.*
Coulandres. *Colandres.*
Coulandre Souterre. *Colandres-Sontro.*
Coulauges. *La Colange, Collanges.*
Coulein, Coulen. *Colin.*
Couleyriez. *Les Couarriers.*
Coulhou de Cabrials. *Le Cavalion.*
Coulinètes. *Colinette.*
Coullonges. *Collanges.*
Couloignette. *Colinette.*
Coulomb. *La Queyrie.*
Coulonhe. *Cologne.*
Coult. *Le Goul.*
Coultines, Coultynes. *Coltines.*
Coumbe. *La Combe.*
Coumbebesse. *Combebesse.*
Coumbaldie. *La Combaldie.*
Coumbes. *Les Combes.*
Coumbes Basses. *Les Combes-Basses.*
Coundamine. *La Condamine.*
Coune. *La Cone.*
Coupiat. *Copiac.*
Courbaresse. *L'Aubespic.*
Courbaserre. *Courbeserre.*
Courbateiro, Courbateyre. *La Courbatière.*
Courbe (La). *La Gorbe.*
Courbels, Courbeulx. *Le Bois-de-Corbeil.*
Courbes. *La Gorbe.*
Courbeyras, Courbière. *Courbières.*
Courchettes. *Colinette.*
Courcoulle. *Courcoules.*
Courcoussac. *Colcossac.*
Courdesses. *Cordesse.*
Courd'huy, Couredhuy. *La Courdon.*
Courdounie. *La Cordonie.*
Courdhuy. *La Courdon.*
Couren. *Coren.*
Courgairsac. *Colcossac.*
Cour-Mellerie. *Cours.*
Cournet. *Cornet.*
Courniegiol. *Cornuéjol.*
Cournilho, Cournilhie, Cournillie. *La Cornélie.*
Cournuegiol. *Cornuéjol.*
Courrioux. *Courrieu.*
Courcaby. *Coursavy.*
Coursanhes. *La Rességue.*
Coursavi. *Coursavy.*
Coursio. *Les Courses.*
Courssaby, Courssavy, Coursavys. *Coursavy.*
Courtogon. *Courtenge.*
Courthilos. *La Courtille.*
Courtilhas. *Courtilles.*
Courtilhe, Courtilhes. *Les Courtilles, mont.*

72
IMPRIMERIE NATIONALE.

TABLE DES FORMES ANCIENNES.

Courtilhies. *La Courtille.*
Courtinas. *Las Courtines.*
Court-Serre. *Coussergues.*
Courtynes. *Las Courtines.*
Cousargues. *Coussergues.*
Consches, Couschou. *Conches-Bas et Haut.*
Cousergues, Coussergos, Coussignes. *Coussergues.*
Cousta. *La Coste, Le Bois de la Coste.*
Cousta de Monghiel, Montgiol, Mougiol. *Le Mont-Joie.*
Coustalo. *Coustal.*
Coustas. *La Coste.*
Couslès. *La Cousteix.*
Coustouly. *La Grange-de-Coustouli.*
Cousty. *La Courtie.*
Cousygues. *Coussergues.*
Coutail. *Chez-Reynal.*
Coutines. *Coltines.*
Contures. *Colture.*
Couvian. *Cambian.*
Couzergues, Couzerguès. *Coussergues.*
Couzet. *Le Croizet.*
Coyaliou. *Le Cauyon.*
Coyan. *L'Aygade-du-Cayan.*
Coyère. *Les Cayères.*
Coyles. *Les Couets.*
Coynnies. *Les Coynies.*
Coytes. *Les Couets.*
Craisac. *Creyssac.*
Craissensac. *Cressonsac.*
Crandele, Crandolla, Crandolle, Crantolle. *Crandelles.*
Crasac. *Creyssac.*
Crausinus Superior. *Crousi-Soubro.*
Crausi Sobra. *Crousi-Soubro.*
Crausi Sotra. *Crousi-Soubro.*
Craust. *Le Con de la Croux.*
Crausy Bas, Crausy Sotra, Soutro, Soutro. *Crousi-Soutro.*
Crausy Soubre. Soubro. *Crausi-Soubro.*
Crauzi. *Crousi-Soutro.*
Crayspiac. *Crespiat.*
Crebacor, Crebacorium, Crebecuer. *Crève-Cœur.*
Croissac. *Croyssac.*
Creissensac. *Cressensac.*
Crendele, Crendelles. *Crandelles.*
Crernac. *Crenac.*
Cresensac. *Cressensac.*
Crespiac, Crespiacum, Crespihac. *Crespiat.*
Crespouncs, Cresponnez, Crespounce. *Cresponès.*
Cressac. *Creyssac.*
Cressonssac. *Cressensac.*
Crestard. *Grelard.*

Crestas. *Les Crestes.*
Crestels Barta. *Crestels*, chât.
Cretas. *Crêtes.*
Crevecuer, Crevequer. *Crève-Cœur.*
Creysahac. *Creyssac.*
Creyssac, Creyssaco. *Treyssac*, m[in].
Creyssacum. *Creyssac.*
Creyssonssac. *Cressensac.*
Crievecuer. *Crève-Cœur.*
Cripiliac. *Gropiliac.*
Crispiac. *Crespiat.*
Croa. *Le Cros.*
Crobiliou. *Cornuéjol.*
Crois. *La Croix.*
Croisat. *Le Crouzat.*
Croix de la Peyre, Pierre. *La Croix.*
Croix de la Potaressa. *Croix-de-la-Potaresse.*
Croix del Gorgi. *La Croix-des-Anders.*
Croix del Moresses. *La Croix-des-Mouresses.*
Croix Malhet, Malhis. *L'Arbre-de-Croux-Mali.*
Cromeriæ. *Cromières.*
Cronogieyra. *Cornozières.*
Croppiliac. *Gropiliac.*
Cros. *La Croix, Cors, Cros, Le Cros-de-Boulan, Cros-de-Montamat, Cros-de-Montcert.*
Cros del Rieu. *Le Cros-du-Rieu*, m[in].
Cros de Poignières, Crossoubz-Montvert. *Cros-de-Montvert.*
Cros du Coing, Coint, Con, Cong. *Le Cros-du-Coin.*
Cros, Crosa. *Les Croges.*
Crosa Gota, Crosaguota. *La Crose-Goutte.*
Crosapeyra. *Cropières, Escompeyre.*
Crosa Peyra Sobrana, Sotrana. *Escompeyre-Soubro et Escompeyre-Soutro.*
Croscatier. *Le Crosatier.*
Crose. *Les Croges.*
Crosorgues. *Coussergues.*
Croses, Croset. *Le Croizet.*
Crosetum. *Le Crouzet.*
Crosetz. *Le Croizet.*
Crosset. *Le Croizet.*
Crossoubeira, Cros Soubeyro. *Le Cros-Haut.*
Crosum Montisviridi. *Cros-de-Montvert.*
Crosutz. *Crozat.*
Crosy-Soutre. *Crousi-Soutro.*
Crot. *La Croix.*
Crotas, Crotes, Croutto, Crouttes. *Crottes.*
Croiz. *La Croix, La Croux.*

Crotz de Bessous. *La Croix-des-Ols.*
Crotz de Morèze. *La Croix.*
Crou. *Le Cros.*
Croumalier. *La Comolet.*
Crouselias. *Croselias.*
Croutz. *La Croux.*
Croux. *La Croix, La Croux, La Croix,* R.; *La Croix-de-l'Arbre.*
Croux de Peyres. *La Croix-de-Pierre.*
Crouz. *La Croux.*
Crouzac. *Le Crouzat.*
Crouzade. *La Croisade.*
Crouzal. *Le Crouzat.*
Crouzes, Crouzet, Crouzex. *La Croix.*
Crox. *La Croix.*
Croysahac. *Creyssac.*
Croz. *La Croix.*
Crozа. *La Crose, Les Croses.*
Crozade. *Les Croisades, La Crouzade.*
Croza Gota. *La Crose-Goutte.*
Crozas. *Les Crozes.*
Crozat. *Les Crouzat, Les Crozes.*
Croze. *Les Crozes.*
Croze-Goutte. *La Crose-Goutte.*
Crozel. *Le Croizet.*
Croze-Peyre. *La Crose-Peyre.*
Croze-soub-Font-Freyde. *Les Croges.*
Crozes. *Les Crozes, Le Croizet.*
Crozes (Les). *Le Batarel.*
Crozet, Crozets, Crozetz. *Le Croizet.*
Crozi subtus Montamat. *Cros-de-Montamat.*
Crozum. *Le Croizet.*
Cruxsolet. *L'Escure.*
Cuberta. *La Couverte.*
Cubilhoux, Cubilloux. *Escubilloux.*
Cuciac, Cuciacum. *Cussac.*
Cueilha. *Le Bois-de-la-Queuille.*
Cueilha, Cueilhas, Cuelha. *Las Cueilles.*
Cuelha. *Cuelhes, La Queuille-Soubronne.*
Cuelhac. *Cuelhac.*
Cuelhes, Cuelle. *Cuelhes.*
Cueylar. *Cueilhes.*
Cuffureum, Cuffurio, Cufurcos, Cufurcum. *Le Couffour.*
Cugassas. *Cugasse.*
Culas. *La Queuille-Soubronne.*
Culhols. *Silhol.*
Culhos. *La Queuille-Soubronne.*
Culol. *Cuzols-Haut.*
Cultinæ, Cultynes. *Coltines.*
Cumascle. *Cunascle.*
Cumba. *La Combe.*
Cumbas. *La Combe, Les Combes.*
Cumbrelæ. *Combrelles.*
Cumbrel. *Combret.*

TABLE DES FORMES ANCIENNES.

Cumeget, Cumenges, Cumenguet, Cumenjet, Cumenyet. *Cumenget.*
Cuminaultz, Cuminaulx, Cumineaulx. *Cumines.*
Cunaguet. *Beynaguet.*
Cur. *Cors.*
Curaboursa, Curabourse. *Curebourse.*
Curada. *La Curade.*
Curaire. *Curières.*
Curallez. *Curalbez.*
Curbourse. *Curebourse.*
Cureyras, Cureyres, Curieras, Curieyres, Currières. *Curières.*
Curtinæ. *Courtines.*
Cusacum. *Cussac.*
Cusas (Rivus). *Billières.*
Cussa. *Cussac.*
Cussac. *Custrat.*
Cussach. *Cussac.*
Cussacus (Rivus). *Cussac*, R.
Cussacum, Cussait, Cussat, Custiat. *Cussac.*
Cusset (Le). *La Pille.*
Cuszac. *Cussac.*
Cuze. *Le Cuzé.*
Cuzels (Le). *Renouziers.*
Cuzenc (Podium). *L'Aygade-du-Cayan.*
Cuzialat. *Cazalat.*
Cuzol. *Le Cuzé, La Cuze, Le Cuzol.*
Cuzoloux. *Le Cuzaloux.*
Cuzou (Rivus). *Aubespeyres, Le Cuzou, Le Cuzol-Bas.*
Cuzu. *Le Cuzé.*

D

Dac-Bas. *Le Dat,* m^{in}.
Dagudo. *La Roche.*
Daissez. *Daisses.*
Dajuda, Dajudor, Dajudou, Dajudour. *La Roche.*
Daleyran. *Le Valeyran.*
Dalfaet. *Le Fayet.*
Dalleyrand. *Le Valeyran.*
Dalmagie, Dalmaizies. *Las Dalmagies.*
Dalraisse, Dalranse, Dalransa, rivus. *La Rance*, riv.
Dalueys. *Lueys.*
Dama. *La Dame.*
Damaison. *Dix-Maisons.*
Damas (nemus). *Les Mazes.*
Dandeuer. *Mercœur.*
Daniso, Danisolz, Danissa, Danissu. *Couffins.*
Dantredurif. *Entre-deux-Rieux.*
Danyso, Danysou, Danysse, Danyssou. *Couffins.*

Dardena. *Dardène.*
Dardenne. *L'Ardenne*, forêt.
Darnitz, Darnix. *Darnis.*
Daron. *Arou.*
Darsac. *Arsac.*
Darsas. *Arses.*
Darsas, Darsse. *La Darse.*
Das. *Au Dat.*
Dascolz. *La Dascols.*
Dat-Bas. *Le Dat,* m^{in}.
Dat Sobeyra, Soubeyra, Soubeyro. *Le Dat Soubeyrol.*
Dat Soubrebas, Dat Soubstoyra. *Le Dat.*
Dat Soulieira. *Le Dat-Soubeyrol.*
Datum. *Au Dat.*
Datum inferius. *Le Dat.*
Daubesse. *Besse.*
Daufine, Dauphini. *La Dauphine.*
Dayme, Daymes. *La Dime.*
Daysses. *Daisses.*
Debalhergues. *Valiergues.*
Debaudenche. *La Dolbadinche.*
Debout. *L'Eldebert.*
Debevers. *La Revers.*
Deboulade, Desboulade. *La Déboulade.*
Decaytivel. *Les Caytiviès.*
Decros-Dyanc. *Cardiane.*
Deffonte. *La Fon.*
Degueyrie. *La Diguerie.*
Deisses, Deissés. *Daisses.*
Dejo. *Le Puech-Jon.*
Delbadencho. *La Dolbadinche.*
Delbosquet. *Le Bousquet.*
Delchier. *Le Cher.*
Deldou. *Daudé.*
Delcetz. *Les Delets.*
Delhac. *Dilhac.*
Delpuech. *Le Puech.*
Deltel. *La Buge-du-Tel.*
Delspalier. *Le Palier.*
Delvert. *Le Devert.*
Delze. *La Soulane-Grande.*
Denberc. *Ambort.*
Den-Bordes. *Embordes.*
Denpalhès. *Palhes.*
Den-Rouch. *L'Outre.*
Denseyria, Dentarie, Denteria, Denteyria, Denteyrie, Denteyrio, Deutyria. *La Denterie.*
Deones (villa). *Las Doux.*
Départ de Cheffiane. *Le Départ-de-Chez-Fiane.*
Depeis. *Pers.*
Depeyregary. *La Peyre-Gary.*
Deplescamps. *Plescamps.*
Depoleme. *Polimé.*
Depuech-Brossos. *Le Puech-Broassous.*

Deque. *La Soulane-Grande.*
Dernix. *Darnis.*
Desabal. *Laval.*
Descarga. *La Décharge.*
Descarga, Descargua. *La Descharge.*
Descolz. *La Dascols.*
Desjudou. *La Roche.*
Dessiliau. *Estillols.*
Detze. *La Soulane-Grande.*
Deukt. *Dèzes.*
Deux-Maisons. *Dix-Maisons.*
Devaudenche. *La Dolbadinche.*
Deves. *Le Devès, La Devèze.*
Deveza. *La Devèze.*
Deveza de Brugeyros, Brugeyroux. *La Devèze-Brugeyroux.*
Deveza de Clermont. *La Devez.*
Devezas. *Les Devèzes.*
Deymas. *Daymas.*
Deyme. *La Dime,* m^{in}.
Deyne. *La Deyme.*
Deyniard. *Daymas.*
Deyrodianne. *Cardianne.*
Dezas, Dezes. *La Côte-de-Dèze.*
Dhoiré. *La Doire.*
Diana, Diane, Dianne. *Dienne.*
Dicz. *Dices.*
Dicloux (rious). *La Vialette.*
Diena, Diene. *Dienne.*
Digerbes. *Gerbes.*
Dighou, Dighoy, Digou. *Dijon.*
Dillac. *Dilhac.*
Dimaison, Dimeson. *Dix-Maisons.*
Dinhac (La). *Ladignac.*
Diquefol, Diquosal. *Niquefols.*
Dizen, Dizes. *La Viste.*
Dognon. *Le Doignon.*
Dolmagies, Dolmagios. *Las Dolmagies.*
Dolmas. *Le Mas.*
Dolous, Dolloutz. *Las Douloux.*
Domailh. *Domal.*
Domanie. *Domingé.*
Domdas. *L'Étang-de-Domdes.*
Domeizies. *Las Dalmagies.*
Domenge, Domengi. *Domingé.*
Domet. *Domal.*
Domic. *Doumis.*
Domigie. *Domingé.*
Domis, Domiscum (villa). *Doumis.*
Dompuhon. *Le Doignon.*
Dompnium. *Nieudan.*
Domral. *Domal.*
Domubus (Castrum de). *Les Maisons.*
Domus Nova. *La Maison-Neuve.*
Dona. *Donnes.*
Donadieu, Donadyeu. *Donnadieu.*
Donaneuc, Donaneut. *Donnenuit.*
Donda. *L'Étang-de-Dondes.*

TABLE DES FORMES ANCIENNES.

Donda. *Dondes.*
Dondas. *L'Étang-de-Dondes.*
Dondes. *La Pille.*
Doneneuc. *Donnemuit.*
Donhas. *Donnes.*
Donho. *Le Doignon.*
Donna. *Donnes.*
Donne (La). *Landonnès.*
Donneneut. *Donnemuit.*
Dordoigne, Dordona, Dordonha, Dordonhe, Dordonia, Dordonium, Dordonque, Dornomia, Dornonia, Doronia. *La Dordogne.*
Doscal, Doscas, Dosons. *Dousques.*
Dosverges. *Les Deux-Verges.*
Dotz. *Au Dat.*
Doubalboinche. *La Dolbadinche.*
Doubenc. *Les Veissières.*
Doücart. *Le Douart.*
Douch (Les), Douctz, Doucl. *Las Doux.*
Donhart. *Le Douart.*
Douigas. *Douigas.*
Doulbadenche. *La Dolbadinche.*
Doulons, Doulouts, Doulouz. *Las Douloux.*
Doulvadenche. *La Dolbadinche.*
Doamagies. *Les Dalmagies.*
Doumail, Doumal. *Domal.*
Doumergie, Doumerguie, Doumerquie. *La Domerguie.*
Doumie, Doumitz, Doumy. *Doumis.*
Doune, Dounes. *Donnes.*
Dounion. *Le Doignon.*
Douogues. *Dousques.*
Dourdogne, Dourdonniere, Dourdounia. *La Dordogne.*
Dousjouquot. *Dousques.*
Doux. *Douze.*
Doux-Verges. *Les Deux-Verges.*
Douza. *Douze.*
Doyre. *La Doire.*
Doze. *Douze.*
Draghac. *Brageac.*
Draughes, Draughues. *Les Branges.*
Drayt. *La Dret.*
Drech. *La Dreit.*
Dreetz. *La Dret.*
Dreil. *Drils.*
Dreilh, Dreilhe, Dreille, Dreillie. *Le Drillier.*
Dreillicet, Dreillier. *Le Dreillet.*
Dreis, Dreilz. *Drils.*
Drel. *Le Dreil.*
Dreles, Drelh. *Drils.*
Drelher. *La Frigivialle, Le Drillier.*
Drelhet. *Le Dreilhet.*
Drelhet, Drelhier. *Le Drillier.*

Drelhs. *Drils.*
Drelié, Drelier. *Le Drillier.*
Dreliet, Drellier. *Le Dreillet.*
Drels. *Drils.*
Dressacum. *Dressac.*
Dret. *Le Dreil.*
Dreulhe. *Drulhes.*
Dreyt. *La Dret.*
Drielhe. *Drulhes.*
Drignhat, Drigniac, Drigniach. *Drignac.*
Drilhier, Drilier. *Le Drillier.*
Drilz, *Drils.*
Drinhac, Drinhacus, Drinhiac, Driniac. *Drignac.*
Dron, Drost. *Drom.*
Drougeac. *Drugeac.*
Dronillo. *Drulhes.*
Droulhan, Droulle. *Le Drouillan, Drulhes.*
Drouyse. *Las Doux.*
Drox. *Drom.*
Druchac. *Drugéac.*
Drucilho. *Drulhe.*
Drugac, Drugach, Drugalum, Drugat, Drughac, Drughacum, Drughéac, Drugiac, Drulhac. *Drugeac.*
Druilhes. *Drulhes.*
Druille. *Drulhe.*
Drulha, Drulhe, Drulhia. *Drulhes.*
Drulhio, Drullei. *Drulhe.*
Drulles. *Drulhes.*
Drullie. *Drulhe.*
Drunghes. *Les Branges.*
Drutgiacus, Druzac. *Drugéac.*
Ducsgas. *Douigues.*
Duæ Virgæ, Duæ Virgiæ. *Les Deux-Verges.*
Duguié. *D'Huyé.*
Dumar, Dumas. *Le Mas.*
Dunciac (Villa). *Junsac.*
Durancia. *La Durancie.*
Duranius, Durnonia. *La Dordogne.*
Durantie. *La Durantie.*
Durgeac. *Drugeac.*
Durfort. *Diffort.*
Duscladines. *La Croix-d'Escladines.*
Dyana, Dyène. *Dienne.*
Dyo. *Dyon*, m¹ⁿ.

E

Ebardia, Ebrarias. *Les Brairies.*
Ebrart. *Esbans.*
Ebraydia. *Les Brairies.*
Ebrio. *Le Brien.*

Ecclesia Beato Mario de Pace. *Notre-Dame-de-la-Paix.*
Egolieyras. *Le Bois-d'Eygolie.*
Egounies. *Les Aigonies.*
Eguirans. *Les Eguirands.*
Eibre. *Aybre.*
Eiffaudes. *Eyfaudes.*
Eiguebonne, Eigue-Bonne. *Aygue-Bonne.*
Elaveris. *Claviers.*
Elbars. *Albars.*
Elbec, Elbet. *Le Beix.*
Elbo. *Albo.*
Elbouissou. *Le Bouyssou.*
Eleuze. *Alleuze.*
Elhié. *Le Quier.*
Elmon, Elmont. *Le Mont.*
Elphes. *Ayes.*
Elsmons. *Mons.*
Elvielmur. *Vielmur.*
Elyquilhe. *La Quille.*
Emarias. *Laymarie.*
Embazaygues. *Bazaygues.*
Embelle. *Le Beil.*
Embenac. *Bembenac.*
Embertie. *L'Imbertie.*
Embessanes. *Bessands.*
Emblardie. *L'Amblardie.*
Embonac. *Bembenac.*
Embor, Embord. *Ambord.*
Embounaves. *Bonnaves.*
Embroc. *Le Broc.*
Embrosses. *Brousses.*
Emeral. *D'Himméral.*
Empouxines, Empouxinos, Empuchines. *Pouchines.*
Enbal. *Val.*
Enbenac. *Bembenac.*
Enberc. *Le Vert.*
Enbesse. *Brousses.*
Enborn. *Ambort.*
Enbroc. *Le Broc.*
Encam. *Incon.*
Encampau. *Campau.*
Encas. *Cas.*
Encayère. *Les Cayères.*
Enchabrouliou. *Chabourlieux.*
Enchalafré, Enchalafrage. *Charafrage.*
Euchane, Enchanes, Enchanot. *Enchanet.*
Enchivola. *L'Inchivala.*
Enclaus. *Enchanet.*
Encombes. *Les Combes.*
Encomps. *Incon.*
Encon. *L'Incon.*
Encrestelz. *Crestelz*, chât.
Endonne. *Donnes.*
Enfau. *Le Fau.*

TABLE DES FORMES ANCIENNES. 573

Enfours. *Enfour.*
Enghlar. *Anglards-de-Salers.*
Englars. *Freix-Anglards.*
Engleisou, Engleizou, Engleysou. *Le Gléziou.*
Engoules. *Angoules.*
Engraisses. *Gresses.*
Enjolam, Enjolan, Enjollan, Enjollans. *Le Jolan.*
Enjulien. *Lo Puech-d'Enjulié.*
Enreugol. *Enrouire.*
Enrivière. *La Rivière.*
Ensaler, Ensallez. *Ensalers.*
Ental. *Val.*
Entarochas, Entaroche. *Antéroche.*
Enterieux, Enterieulx, Enterieux. *Anterrieux.*
Enterines. *Altérines.*
Enteroche, Enteroches. *Antéroche.*
Enterrieux, Enter Rios. *Anterrieux.*
Enterroches. *Antéroche.*
Entragues, Entraiges, Entraigues. *Antraigues.*
Entrayges. *Antraygues.*
Entrecols de Marojol, Maruoghol. *Entre-col de Maruejouls.*
Entre-deu-Rieux, Entre-deux-Rieu, Rieux, Entre-deux-Rifs, Rifz, Entredouxrieux. *Entre-deux-Rieux.*
Entregues. *Antraigues.*
Entremon, Entremons, Entremonts, Entremontz, Entremoux. *Entremont.*
Entrerieux. *Anterrieux.*
Entrerocas, Entrerocquas. *Enteroches.*
Entreuxelles. *Embrozel.*
Enval. *Anval.*
Envales. *Enval.*
Envals. *Ayvals.*
Eompz, Eomps. *Omps.*
Epic. *La Cépie.*
Epivet. *Epinet.*
Eppic, Eppie, Epye. *La Cépie.*
Erbe-de-Labre. *L'Herbe.*
Erbeinagest. *Beynaguet.*
Erde. *Murat-la-Guiole.*
Eren. *Ayrens.*
Ereps. *L'Estreps.*
Erisso (rivus). *La Coue.*
Eritié. *L'Héritier.*
Ermos (ad illos). *L'Herm.*
Ernhac, Ernhat. *Arnac.*
Erseyrolæ, Ersseyrolles. *Orceyrolles.*
Esbaux. *Esbans.*
Esbregeal. *Le Brégeal.*
Escajas, Escaluct. *Escazals.*
Escalliès. *Escoualier.*
Escalmeils, Escalmelhs, Escalmelz, Escalmes. *Escalmels.*

Escanix. *Escanis.*
Escarbacheires, Escarbachères, Escarbaches, Escarbachières, Escarbachiès, Escarbassière, Escarvachières, Escorbossières. *Escarvachères.*
Escarrayrie. *L'Escurerie.*
Escarrioux. *Jarrioux.*
Escayrias (Las). *Escazals.*
Escazalz. *Escazeaur.*
Escazèles. *Cazelles.*
Eschaloheyre (La fon de la). *La Font-de-Murat.*
Eschamz. *Les Eschamps.*
Eschorailhes, Eschorailles. *Escorailles.*
Eschoumeilhs. *Chaumeils.*
Escladinez. *Escladines.*
Esclaques. *L'Esclache.*
Esclaux. *Exclaux.*
Esclauze. *Le Claux.*
Esclauze. *L'Esclauze.*
Esclauzels. *Le Clauzel.*
Escleyrargues. *Esclairargues.*
Esclouch, Escloux. *Exclaux.*
Escluas. *L'Esclause.*
Escluze. *Le Claux.*
Escoba. *L'Escobe.*
Escobayro. *Escoubeyroux.*
Escobiac, Escobihac, Escobilho, Escolbiac. *Escoubiac.*
Escodieyres. *Escudiers.*
Escoli, Escololhies, Escololies, Escoloyes, Escolyes, Escoualier.
Escombeyrou. *Escoubeyroux.*
Escopa. *L'Ecope.*
Escorailhe, Escorailhes, Escoraillez, Escoraillez, Escorailliers, Escoralha, Escoralhe. *Escorailles.*
Escoralles. *Escorolles.*
Escorallia, Escorallies, Escorillas, *Escorailles.*
Escorola, Escorole, Escorolet. *Escorolles.*
Escorrailhes. *Escorailles.*
Escorrailla. *Escorailles*, f^{ma}.
Escorraille, Escorralhia, Escorralye. *Escorailles.*
Escoubeirous, Escoubeyrons. *Escoubeyroux.*
Escouderez, Escoudères. *Escoudere.*
Escoudieyres. *Escudiers.*
Escoul, Escoulez, Escouls, Escoulse. *Escouts.*
Escoup. *Le Malbet.*
Escouraille, Escourailies, Escourrailhes. *Escorailles.*
Escourolle, Escourolles. *Escorolles.*
Escourolles. *Escorolle.*
Escoutz. *Escouts.*

Escroset. *Le Croizet.*
Escrouzailles. *Escorailles.*
Escuayre (aqua). *Les Eusclades.*
Escubilhoux, Escubillos. *Escubillon.*
Escudilié. *Escudilier.*
Escura. *Lescure.*
Escuras Velhas. *L'Escure.*
Escurayrie, Escurayries, Escureyrie. *L'Escurerie.*
Escure. *Les Escures.*
Escures (Las). *L'Escure.*
Escuro. *Les Escures.*
Escurous. *Escuroux.*
Esglise de Casso. *L'Église-de-Cassou.*
Esquirans. *Les Eguirands.*
Esmas. *Aymas.*
Esmonds. *Esmons.*
Esmons. *Aymons.*
Espahou. *Espéan.*
Esparpailbatz. *Les Eparpaillats.*
Espau, Espaux. *Espéan.*
Espels, Espelz. *Espeils.*
Espesales, Espesoles. *Espezolles.*
Espouchalm. *Espinchal.*
Espeyco, Espeysse. *L'Espièche.*
Espeyral, Espeyras. *Espeyrac.*
Espeyrolet. *Peirolet.*
Espezollas. *Espezolles.*
Espiesse. *L'Espièche.*
Espinach, Espinactz, Espinaez. *Espinat.*
Espinadeilh, Espinadelh. *Espinadel.*
Espinais. *L'Espinas.*
Espinaizouge. *Espinassouse.*
Espinau. *Espinat.*
Espinaus, Espinas, Espinasa. *L'Espinasse.*
Espinasol. *Espinassol.*
Espinasouze. *Espinassouse.*
Espinassa. *L'Espinasse.*
Espinassa Soutrana alias Sobtraua. *L'Espinasse-Soutro.*
Espinasse. *La Gardette.*
Espinassel, Espinassels. *Espinassol.*
Espinassète. *L'Espinasse-Soutro.*
Espinassola. *Espinassolles.*
Espinassole. *Espinassols. Espinassol.*
Espinassouso. *Espinasso.*
Espinassozes. *Espinassouse.*
Espinats. *Espinat, Espinet.*
Espinatz. *Espinat.*
Espinatz, Espinau, Espinax, Espinaz. *L'Espinat.*
Espinchalin, Espinchalm. *Espinchal.*
Espinel. *Espinet.*
Espinosole. *Espinassolles.*
Espinouse. *L'Espinasse, L'Espinouze.*
Espons. *Esponts.*

TABLE DES FORMES ANCIENNES.

Espouzes, Espouzeyres. *La Ponzayre.*
Espozolles. *Espózolles.*
Espradelz. *Espradels.*
Esprats. *Esprat.*
Espynasse. *L'Espinasse.*
Esquiers. *Esquiès.*
Esru, Essrus. *Refrus.*
Essalelhes. *Estagueilles.*
Essaliers. *Jalié.*
Essegadietz. *Ességadis.*
Essès. *Daisses.*
Essogadietz. *Ességadis.*
Estadieus. *Estadieu.*
Estagaille, Estaguelle. *Estagueilles.*
Estain. *Estaing.*
Estaing. *L'Estang.*
Estaleiles, Estaleille, Estaleilles. *Estagueilles.*
Estamp. *L'Étang.*
Estampa. *L'Estampe.*
Estancho, Estanchou. *Le Lacassou-de-Druth.*
Estancou. *L'Estancade.*
Estang. *L'Étang.*
Estang de Fonnostre. *Le Marais-Grand.*
Estanguo. *L'Estancade.*
Estanhet, Estaniet. *L'Estang.*
Estayons. *Escazals.*
Este. *Leth.*
Estebarte. *Estubertès.*
Esteinals. *Les Estournals.*
Estens. *Estaing.*
Esterrieu. *Antorrieux.*
Estiliol. *Estillols.*
Estiou. *Estieu.*
Estivales. *L'Estivade.*
Estivial. *L'Estival.*
Estopade. *L'Estoupade.*
Estour. *Estours.*
Estournel, Estournet. *L'Estournel.*
Estourniuux, Estournol. *Les Estourniols.*
Estradia. *L'Estradie.*
Estrapadas. *L'Estoupade.*
Estremine, Estremial, Estremihac. *Triniac.*
Estronacum. *Ostenac, Triniac.*
Estresses. *L'Estresse.*
Estressial. *Astruels.*
Estrops. *L'Estreps.*
Estruels. *Astruels.*
Estubartes. *Estubertès.*
Estubas. *Le Puy-d'Estable.*
Esturgie. *L'Asturgie.*
Estuvecha. *L'Estuvèche.*
Estyvadounes (rif). *La Pradines.*
Esvalz. *Ayvals.*
Esverses souheyranes, souteyranes, Hautes, Basses. *Les Everses-Hautes et Basses.*
Etas, Ettas. *Les Huttes.*
Eucladines. *Escladines.*
Euie, Euies (aqua). *La Doire.*
Euilhiet. *Lou Bos-d'Oeillet.*
Eums. *Omps.*
Eulet. *Oeillet.*
Euilhiet. *Lou Bos-d'Oeillet.*
Euscalmels. *Escalmels.*
Eversas sobeiranas, Eversas soteiranas, Eversas souveraines, Everses-Basses. *Everses-Hautes et Basses.*
Eversse. *Les Everses.*
Evesgue, Evesque nemus. *Le Bois-de-l'Évêque.*
Evot. *Le Bot.*
Exbros. *Aybre.*
Excrosex. *Le Croizet.*
Exeguaditz. *Ességadis.*
Expezelle, Expezolles. *Espozolles.*
Expinassouze. *Espinassouse.*
Expinaitz. *Espinet.*
Expinalz, Expinau. *L'Espinat.*
Expinax. *L'Espinas.*
Extornels. *L'Estournel.*
Extreses. *L'Estresse.*
Eybra, Eybre. *L'Aybre.*
Eyde. *Ydes.*
Eyge. *Moulergues.*
Eyguirans. *Les Eguirands.*
Eymons. *Aymons.*
Eynès. *Aynès.*
Eyrem, Eyren, Eyrens. *Ayreus.*
Eyretier, Eyritié, Eyritier, Eyrittier. *L'Héritier.*
Eyrole. *Ayrolles.*
Eyrolles-Vielles. *Ayrolles-Vieille.*
Eysaguetas. *L'Eau.*
Eysergues, Eysoyrgues. *Aizergues.*
Eyssartialz. *L'Issertios.*
Eyssartz-Soteyra. *L'Issart-Bas.*
Eysse. *Aisse.*
Eysses. *Daisses.*
Eytrac, Eytract. *Ytrac.*
Eytradie. *L'Estrade.*
Ezoysergues. *Aizergues.*

F

Fabars, Fabarzt. *Favars.*
Fabré. *Le Fabre.*
Fabre. *Le Fripès.*
Fabregas, Fabreghas, Fabreguas. *Fabrègues.*
Fabrenche. *Les Fabrenches.*
Fabria. *La Fabric.*
Fabriciæ. *Fabrègues.*
Fabrya. *La Fabric.*
Fabveyrolles. *Faverolles.*
Fach Andrieu. *Le Puech-Andrieu.*
Facolle. *Fagéoles.*
Faec. *Le Fayet, Le Bois-du-Fayet.*
Faeda. *Le Fagéol.*
Faet (nemus). *La Fage, Le Fayet, Le Feyt.*
Faetz. *Le Fayet.*
Fagancl. *Le Fagéonel, Le Fagionel.*
Fagania, Faganio. *La Fagéonie.*
Fage. *Le Colzac, La Fage, Fages Le Fayet.*
Fagéanel. *Le Fagéonel.*
Fageirol. *Le Béquet.*
Fagende. *La Fazende.*
Fagéole. *La Fajole.*
Fagéoles. *Fagéolles.*
Fageolles. *La Fagéolle.*
Fagerol. *Le Bequet.*
Fages. *La Fage.*
Fageta. *La Fagette-Grande.*
Fagetas. *La Fagette.*
Fagete, Fagetta. *La Fagette-Grande.*
Fageyra (rivus). *Foyssines.*
Fageyrol. *Le Béquet.*
Fagha. *La Fage, Le Colzac, Fages.*
Fagha Corneyra. *La Fage-Cornière.*
Faghana. *La Fagéonie.*
Fagbanel. *Le Fagéonel.*
Faghania. *La Fagéonie.*
Faghe, Faghes. *La Fage.*
Faghes. *Fages.*
Fagheta. *La Fagette.*
Faghielle. *La Fajole.*
Faghola. *La Fagcolle.*
Faghole. *Fagéoles, Fagcolles.*
Fagholhe. *La Fagéolle.*
Fagholla. *Foulioles.*
Fagholla, Fagholle. *La Fagéolle.*
Fagholle. *La Fajole.*
Fagholles. *La Fagéolle.*
Faghona. *La Fagionne.*
Faghou. *La Fage.*
Fagida (villa). *Frigivialle.*
Fagide. *Fagéoles.*
Fagie. *La Fage.*
Fagiolle. *La Fajole.*
Fagiolles. *Fagéolles.*
Fagionie. *La Fagéonie.*
Fagita. *La Fagette-Grande.*
Fagoles, Fagolle. *Fagéoles.*
Fagolle. *La Fagcolle.*
Fagronie. *La Fagéonie.*
Fahet, Faich. *Le Fayet.*
Faido. *La Faïde, Feydit.*
Faige. *Faurges.*

TABLE DES FORMES ANCIENNES.

Faigeolle. *La Fagéolle.*
Faighe. *La Fage.*
Faighola, Faighole, Faigholle. *La Fagéolle.*
Failhela. *Fenlioles.*
Faiola. *Fagéoles, La Fageolle, La Fajole.*
Faiola Villa. *Fagéolles.*
Faïoles, Faiolle. *Fagéoles.*
Faiprax. *Feyprat.*
Faisines. *Feyssines.*
Faisq. *Le Fesq.*
Faissergues. *Feyssergues.*
Fajanel. *Le Fageonel.*
Fajola Villa. *Le Puy-Fagéoles.*
Fajolle. *Fagéoles, La Fagéolle, La Fajole.*
Falais. *Falleix.*
Falcimaigne, Falcymagne. *Falcimagne.*
Falcil, Falcis, Falcix, Falos. *Falleix.*
Falestous, Faletous, Faleytous. *Faillitoux.*
Falcytoux. *Fabioux.*
Falgayria. *L'Algayrie, Falguières.*
Falgeyras. *Falgeires.*
Falgeyres. *Falgère, Fargeiras.*
Falgeyrou, Falgeyroux. *Falgeirou.*
Falgieras, Falgières. *Falgère.*
Falgieres. *Falgères.*
Falgos. *Le Falgoux.*
Falgoulet. *Falgouzet.*
Falgous. *Le Falgoux.*
Falgousel. *Falgouzet.*
Falgueiros. *Falgeirou.*
Falgueras, Falgueratz, Falgueyrac, Falgueyras, Falgueyratz, Falguieyras, Falguyères. *Falguières.*
Falhès, Falhez. *Faliès.*
Falhez. *Paliès.*
Falhiex. *Falhès.*
Falicta. *Faliès.*
Falicch. *Falhès.*
Falicetz. *Faliès.*
Falicez. *Falhès.*
Falielh, Falicietz, Falictz. *Faliès.*
Faliex. *Falliès, Faliès.*
Falieys. *Falhès, Faliès.*
Falicyty, Falicytz, Falicz. *Faliès.*
Falitous. *Faillitoux.*
Fallade. *La Faulade.*
Falletous. *Faillitoux.*
Falliès, Fallieytz. *Faliès.*
Falliex. *Falhès.*
Faloyols. *Le Puy-Fagéoles.*
Falquieyres. *Fulguières.*
Falrstz. *Falhès.*
Falvenches. *Les Fabrenches.*
Falytous. *Faillitous.*

Falzines. *Felgines.*
Fambalès. *La Font-Balès.*
Fambelin. *Fon-Bulin.*
Fanguguet. *Fanjouquet.*
Fannostre, Fanostres. *Fenostre.*
Faous. *Le Fô.*
Faranef. *La Fazende.*
Farandes. *Le Puy-de-Farrande.*
Fardamond. *Fordamont.*
Farga. *Fargues.*
Fargæ. *Farges.*
Fargas. *Les Faurges.*
Fargauze Basse. *La Fargausse-Basse.*
Farge. *La Forge.*
Farges. *Les Faurges, La Forge.*
Fargeyres. *Falgère, Fargeires, Fragère-Haut.*
Fargez. *Fages.*
Fargua. *La Fargue, Fargues.*
Fargue. *Fargues.*
Faria. *Les Faurges.*
Farieres, Farieyre. *Ferrières.*
Farinesa, Farinosa, Farinoste. *Farinose.*
Farreire, Farroires. *Farraire.*
Farreirolles. *Feneyrol.*
Farrieres, Farrieyres. *Ferrières-Saint-Mary.*
Farrogrolles. *Fareyrolle.*
Farses. *Le Fraisse.*
Fas. *Cas.*
Fasonda. *La Fasende.*
Fatgo. *La Fage.*
Fau. *La Gardette, Le Bois-du-Fau.*
Faubulin, Faubullin. *Fon-Bulin.*
Faucimaina. *Falcimagne.*
Fauffolhos, Faufolhios, Faufohos, Faufolhoux, Faufolioux, Faufoulhioux, Faufoulhoux, Faufoulious, Faufoullioux. *Faufoulioux.*
Faugeyras. *Frugère-Bas.*
Faughes. *Faurges.*
Faugous, Faugoux. *Le Falgoux.*
Fauguilyres. *Falguières.*
Fauioguet, Faujouques. *Fanjouquet.*
Faulatum. *Faulat.*
Faulfolhos. *Faufoulioux.*
Faulgeiras. *Falgeirou.*
Faugouse. *Le Falgouzet.*
Faurg. *Farges.*
Faurga. *La Farge.*
Faurgæ. *Farges.*
Faurgas. *Fargues, Farges.*
Faurge. *La Forge.*
Faurges. *La Fage, Farges, Les Faurges, La Forge, La Pille.*
Faurgetas. *Fargette.*
Faurghas. *Farges, Les Faurges.*

Faurghe. *La Forge, La Farge.*
Faurghes. *Farges, Les Faurges.*
Faurghi, Faurgiæ, Faurgias, Faurgie, Faurgium, Faurjas. *Farges.*
Faurlhies. *Les Frangues.*
Faurous, Fauroux. *Le Fouroux.*
Faurs. *Le Puech-des-Faux.*
Faus. *Le Fau, Le Champ-du-Fau.*
Fausanglus. *Faussanges.*
Faushimanhe. *Falcimagne.*
Faussogos. *Faufoulioux.*
Faut. *Le Fanc.*
Faut. *Le Fau.*
Fauxanges. *Faussanges.*
Fauxfouloux. *Faufoulioux.*
Faux-Haut. *Le Fau-Haut.*
Fauyière. *Falquières.*
Favar, Favara, Favares. *Favars.*
Favayrol, Favayrolas, Favayroles, Favayroliæ. *Faverolles.*
Favayrolz. *Favairol.*
Faveirolas, Faveirolles. *Faverolles.*
Favens. *Faven.*
Faveyrolle, Faveyrolles. *Faverolles.*
Favoyrolz. *Feneyrol.*
Fayçan. *Le Faisan.*
Fayde. *La Faide-Haute.*
Faydel, Faydels. *Feydel.*
Faydey, Faydi. *Le Feydit.*
Faydia. *La Faydie.*
Faydin. *Le Feydit.*
Faydiniers. *La Feidinie.*
Faydinum, Faydit, Faido. *Feydit.*
Faydolz. *Faydol.*
Faydonia. *La Feidinie.*
Faydy, Faydyt. *Le Feydit.*
Fayel. *La Faghe.*
Fayète. *La Fayette-Grande.*
Fayholle. *La Fagéolle.*
Faycla, Fayholes. *Fagéoles.*
Fayole. *Fagéolles.*
Fayoles, Fayolles. *Fagéoles.*
Fayolles. *Fagéolles.*
Fayrières. *Farrayre.*
Fayrolles. *Fagéolles.*
Fayrollettes. *Feyrolette.*
Faysse. *Le Fraisse.*
Fayssergues. *Feyssergues.*
Fayssinas. *Feyssines.*
Fayt. *Le Fayet, Le Feyt.*
Fayzan. *Le Faisan.*
Fazal. *Fajal.*
Fazanel. *Le Fageonel.*
Fazenda. *La Fazende.*
Fazolha. *La Fagéolle.*
Fazolle. *Fagéoles.*
Febzines. *Felgines.*
Feict. *Le Feyt.*

TABLE DES FORMES ANCIENNES.

Feïde (La). *La Faïde-Haute.*
Feidinias. *La Feidinie.*
Feindicq. *Le Feydit.*
Feires. *Las Faire.*
Feiroulète. *Feyrolette.*
Feisines, Feissines. *Feyssines.*
Feissinnes. *Feyssines-de-la-Roche.*
Fel. *Le Fesq.*
Felgadou. *Felgeadou.*
Felgère, Felgeyre, Felgoyres. *Falgère.*
Felghador, Felghadou. *Felgeadou.*
Felghadou. *Flezadoux.*
Felgières. *Falgère.*
Felguozet. *Le Falgouzet.*
Felicytz. *Paillès.*
Felzinnes. *Felgines.*
Femade. *La Fumade.*
Fenayrols, Feneirols. *Feneyrol.*
Feneriæ, Fenerium, Feners. *Feniers.*
Feneyrol, Feneyrolz. *Feneyrol.*
Feneyrs. *Feniers.*
Fenghac. *Sienjac.*
Fenièrolz. *Feneyrol.*
Foombelous. *Les Fombelous.*
Ferandic, Feraudic. *Fernaudic.*
Fergaz. *Farges.*
Ferluch, Ferlut. *Ferluc.*
Fergière. *La Frégière.*
Fern. *Le Fer.*
Fernouse. *Fon-Rose.*
Fern-Soboira. *Le Ser-Haut.*
Ferolette. *Feyrolette.*
Ferrador. *Le Ferradou.*
Ferraignes. *Ferragnes.*
Ferrairolas. *Farreyrolles.*
Ferranhes. *Ferragnes.*
Ferrariensis conventus. *Feniers.*
Ferreirolæ. *Farreyrolles.*
Ferreriæ, Ferreyras, Ferreyriæ. *Ferrières-Saint-Mary.*
Ferriariensis conventus. *Feniers.*
Ferrière, Ferrieyres. *Ferrières-Saint-Mary.*
Ferrieyres. *Ferrières.*
Fervail. *Fréval.*
Fervail, Fervailh, Fervalh. *Ferval.*
Fese, Fescq. *Le Fesq.*
Fesseyrols. *Feneyrol.*
Fessineses. *Feyssines.*
Fevailh, Fevuil. *Le Feval.*
Fevayrols. *Feneyrol.*
Fevayrols. *Feverolles.*
Feulhade. *La Faye, La Feuillade-Haute et La Feuillade.*
Feulhiade. *La Faye.*
Feuliade. *La Feuillade.*
Feverols, Feverolz. *Féverolles.*
Feveyrols. *Feneyrol.*

Fevria. *La Fabrie.*
Feydine, Feydynie. *La Feidinie.*
Feydol. *Feydel.*
Feydol, Feydou. *Faydol.*
Feyreires. *Farrayre.*
Feyres. *Las Faire.*
Feyrials. *Fridon.*
Feyrif. *Férif.*
Feyrolète, Feyrollettes. *Feyrolette.*
Feysergues. *Feyssergues.*
Feyssinure. *Feyssines.*
Fezenda. *La Fazende.*
Fezines. *Felgines.*
Fialadie. *La Filadie.*
Fialeix, Fialets, Fialeyt. *Falleix,* mont.
Figeaguie, Figchyes, Figerguies, Fighaguyes. *Les Fissayes.*
Figraguière. *La Figragine.*
Figuays. *Les Fissayes.*
Filhines. *Felgines.*
Filhiou, Filhou. *Filiou.*
Filiola, Filiolia. *La Filiolie.*
Filion. *Filhou.*
Filliou. *La Ressègue.*
Filzinas. *Felgines.*
Finiers, Finnac. *Finiac.*
Fiolyes, Fisagies, Fizaguier, Fizaguies. *Les Fissayes.*
Fladounière. *La Flandonnière.*
Flaga, Flagéole, Flaghe, Flaghol. *Flageol.*
Flais. *Le Fleys.*
Flanargues. *Flammargues.*
Flandouniere. *La Flandonnière.*
Flays, Flech. *Le Fleys.*
Fleirac. *Floirac.*
Fleis. *Le Fleys.*
Fleix. *Fleis.*
Floural. *Fleurac.*
Fleys, Flictz. *Le Freyt.*
Florencia. *La Florencie.*
Floropolis. *Saint-Flour.*
Floncar. *Floucard.*
Flourac. *Floirac.*
Fluris, Flury. *Floury.*
Floyrac. *Floirac.*
Floyrac, Floyracum. *Fleurac.*
Focadietz. *Fougadis.*
Fœurlhes. *Las Fraugues.*
Fogarier, Fogariers. *Fougadis.*
Fogholla. *Foulioles.*
Folesi. *Folezi, Foulezy.*
Folgoutz. *Le Falgoux.*
Folhãda, Folhade. *La Feuillade-Basse.*
Folhade. *La Faye.*
Folharade. *La Fouliarade.*
Folhat. *Foulan.*

Folheira, Folhère. *La Foulière.*
Folhet. *Le Fouliet.*
Folheyre. *La Fouliayre.*
Folhiola, Folhola, Folholes, Folholla, Folholles, Folhosa. *Foulioles.*
Folhosa, Folhouse. *La Foulouse.*
Foliade. *La Feuillade-Basse.*
Foliez. *Falhès.*
Folioles, Foliolle, Follioles. *Foulioles.*
Folisy, Folizy, Follisy. *Foulezy.*
Foloing, Folong. *Foulan.*
Folquoys-des-Cazaus. *Les Folquois-des-Cazeaux.*
Folyzy, Follyzy. *Foulezy.*
Fom. *La Fon.*
Fombelle, Fombelès, Fombelle. *La Fon-Belle.*
Fom-Bonne. *La Font-Bonne.*
Fom Roser. *La Fon-Rose.*
Fon. *La Font-Salade.*
Fon. *Le Puech-de-la-Fon, Le Puy-de-la-Fon.*
Fona. *La Fone.*
Fonbelin. *La Fon-Bulin.*
Fonbelle, Fonbelles. *La Fon-Belle.*
Fonblana. *La Fon-Blave.*
Fonbolhon. *Fon-Bulin.*
Fonbona. *La Font-Bonne, La Fon-Bade.*
Fonbonne, Fonbonnes, Fonbono, Fonbonou, Fonbonous. *La Font-Bonne.*
Fonbulhen. *La Fon-Bulin.*
Fonbulien. *La Font-Bulin.*
Fonbulin, Fon-Bullien. *La Fon-Bulin.*
Foncanc, Foncans. *La Fon-Cane.*
Foncusso, Foncussy. *La Font-Cusse.*
Fond. *Fons.*
Fondala. *La Fondale.*
Fon dal Poih. *La Fon-du-Puech.*
Fondauvat. *La Fon-Daubat.*
Fondavesche, Fondavesches. *La Fon-de-Neisse.*
Fon de l'Aigue. *Le Fon-de-l'Aygue.*
Fon-del-Bout. *La Font-Bulié.*
Fond d'Evezque. *La Fon-de-Vesque.*
Fon de las Agues. *Le Fon-de-l'Aygue.*
Fon de la Tieulle. *Le Fon-de-la-Tuile.*
Fon de Moseses. *La Fon-de-Neisse.*
Fon de Lescau, Lescaut. *Le Fon-de-Lescot.*
Fon de Sainct-Martin. *La Fon-de-Saint-Martin.*
Fon de Salets. *La Fon-de-Salès.*
Fon de Talo. *La Pyronée.*
Fon des Egues. *La Fon-de-l'Aygue.*
Fondevialle. *Fondevialles.*
Fondioulles. *La Fon-Jade.*
Fon-doir-Azes. *Le Fon-de-l'Aze.*

TABLE DES FORMES ANCIENNES. 577

Fon Domesches. *Le Fon-de-Neisse.*
Fonds. *Fons.*
Fondyal. *Fondial.*
Fon-Fregha. *La Fon-Froide.*
Fon-Freige. *La Fon-Fraîche.*
Fonjoques. *Fanjouquet.*
Fonjouade. *Font-Juade-Haut.*
Fonlado. *La Fanlade.*
Fon-Nostre. *Fanostre*, *Fonnostre.*
Fon Roga, Fon Rogha. *La Font-Rouge.*
Fonnioude. *La Font-Juade-Haut.*
Fonnoele, Fonnoile, Fon Nouele, Fonnouelle, Fonuhelle. *La Fon-Nuzelle.*
Fonpeyrouju. *La Font-Peyrouse.*
Fon-Réal. *La Fon-Riau.*
Fonroge, Fonroghe. *Font-Rouge.*
Fon-Richard. *La Font-Richard.*
Fon Rouga. *La Fon-Rouge.*
Fourouge. *La Font-Rouge.*
Fonrouja. *La Fon-Rouge.*
Fonrouje. *La Font-Rouge.*
Fon-Roser, Fonrosier. *Fon-Rose.*
Fonroze, Fonrozer. *Fon-Rose.*
Fonrouja. *Fon-Rouge.*
Fon Rucherd. *La Fon-Richard.*
Fonsaincte. *La Fon-Sainte.*
Fon Salada. *La Font-Salade.*
Fonsauge, Fonsanghes. *Fousauges.*
Fons Brueilh, Fons Bruel. *La Fon-Bruel.*
Fons Crosus. *La Font-Croze.*
Fons de la Costa. *La Fon-de-la-Côte.*
Fons des Mons. *La Font-d.-Mons.*
Fons de Vialle. *Fondevialles.*
Fons Salade. *La Font-Salade.*
Fons Seba. *La Font-Sève.*
Fon Soutoul. *La Fon.*
Fon sublus Bornho. *La Fon.*
Fons Veilhas. *La Font-Vieille.*
Font (La). *Le Gour.*
Fontalibe. *Fontolive.*
Fontalhier. *Fontalias.*
Fontaliles. *Fontolive.*
Fontanea. *Fontanes.*
Fontaneilhas. *Fontenilles.*
Fontaneilhes. *Fontaneilles, Fontenilles.*
Fontaneire. *Fontanaire.*
Fontanelhas, Fontanelhes, Fontanelles. *Fontenille.*
Fontanères. *Fontanairs.*
Fontanet. *Fontouneyre.*
Fontanhles, Fontanilhas, Fontanilhes, Fontanilles. *Fontenille.*
Fontbona. *La Font-Bonne.*
Fontbones, Fontbonnou. *La Font-Bonne.*
Fontaneyre. *Fontanaire.*

Cantal.

Fontangas. *Fontanges.*
Fontanges. *Fontanges.*
Fontangies. *Fontanges.*
Fontanilles. *Les Fontanelles.*
Fontblanc, Fontblava. *La Fon-Blave.*
Fontbulhant. *Fon Bulin.*
Font Bulhem. *Le Font-Bulin.*
Font-Bulhen, Font-Bulhin. *La Fon-Bulin.*
Font-Bulien, Font Bulinii. *La Font-Bulin.*
Font Conhas. *La Fon-Conie.*
Font de la Comba-de-Soubries. *La Fon.*
Font de la Tieula. *Le Font-de-la-Tuile.*
Font del Fiallant. *Le Fialan.*
Font de Paradis. *La Font-d'Opradis.*
Font de Vesches. *La Fon-de-Neisse.*
Font d'Evezque. *La Fon-de-Vesque.*
Fonteilhas, Fontelhas. *Les Fonteilles.*
Fontelhas. *Le Puech-de-Mons.*
Fonteilhes. *Les Fonteilles.*
Fonteilles. *Le Puech-de-Mons.*
Fontelhes. *La Fonteille.*
Fontellada de Muratet. *Lou Bos-del-Muratet.*
Fontencillez, Fontenilhes, Fontenille. *Fontenilles.*
Fons Petosa. *La Fon-Pétouse.*
Fontia. *La Fontie.*
Fontilhas. *Le Puech-de-Mons.*
Fontilhas, Fontilhes. *La Fontille.*
Font-Mizelle. *Le Mézel.*
Fontnostre. *Fanostre, Fonnostre.*
Fontolibe, Fontoliles. *Fontolive.*
Fontonilhes. *Fontenilles.*
Fontoulline. *Fontolive.*
Font-Paradis. *La Font-Pardis.*
Font-Pétoze. *La Font-Pétouse.*
Fontraurline. *La Font-Berline.*
Fontrouge, Font Rouge lès Orilhac. *Fon-Rouge.*
Font Saincte. *Le Font-Sainte.*
Font Sainte. *La Fon-Sainte.*
Fontz Veilhas. *La Font-Vieille.*
Font Yval. *La Font-Ibal.*
Fonverrines. *La Font-Berline.*
Fonvial. *La Fon-Riau.*
Fanyoquet. *Fanjouquet.*
Forcès. *Fourcès.*
Forcharic. *La Porcherie.*
Forchas. *Les Fourches.*
Forcou. *Fourcoux.*
Fordamon, Fordemont. *Fordamont.*
Forest. *La Forêt.*
Forestania. *La Forestanie.*
Forestaria, Foresteirio, Forestejrie. *La Foresterie.*

Forestia. *La Forestie.*
Forestic, Foresticyra. *La Foresterie.*
Foret. *La Forêt, La Furet.*
Forg. *Fourgues.*
Forgas de Bouriana, Forges. *Les Fuurges.*
Forgium. *Farges.*
Formigos (villa). *Firmigoux.*
Forn. *Le Four.*
Fornals. *Le Fournal.*
Forniol. *Le Fourniol.*
Fornoli, Fornols, Fornolz. *Fournols.*
Fors. *La Force.*
Forses. *Les Forces, Fourcès.*
Forsse. *La Force.*
Forssès. *Fourcès.*
Fort. *Diffort.*
Fortanicyra. *La Fortanière.*
Fortet. *La Fortetie.*
Fortuners, Fortunet, Fortuney, Fortuneyis, Fortuniès, Fortuniez. *Fortuniers.*
Fory. *Flory.*
Fosse. *Le Fô.*
Fougeyras. *Fougères.*
Fougoux. *Foulgoux.*
Fouielie. *La Fovelie.*
Fouilhoux, Fouilloix, Foulhioux, Foulhoux, Fouiloux. *Fauilloux.*
Fouilliade. *La Feuillade-Basse.*
Foulegi, Foulezi, Foulizi, Foulizy, Foullizy. *Foulezy.*
Fouleyra. *Fouillères.*
Fouleyre. *La Fouillère, Fouilleroux.*
Fouleyres. *Fouillères.*
Foulgyères. *Fulgère.*
Foullade. *La Feuillade-Basse, La Fouillade.*
Foullet. *Le Foulet.*
Foulhiade. *La Feuillade-Basse, La Fouillade.*
Foulhio. *La Foulio.*
Foulholes, Foulholles. *Foulioles.*
Foulhouse. *La Chalètre.*
Fouliade. *Foulioles.*
Foulie, Foulio. *La Foulio.*
Fouliole, Fouliolles, Foulliade. *Foulioles.*
Foulon. *Foulan.*
Foumezelle. *Le Mézel.*
Fountanèles, Fountanelles. *Les Fontanelles.*
Four. *Enfour.*
Four. *Le Fine.*
Fourgeres. *Frugères-Haut.*
Fouraux. *Le Fouroux.*
Fourcail, Fourcat. *Fourcal.*
Foureis, Fourses, Fourssès. *Fourcès.*

73
IMPRIMERIE NATIONALE.

TABLE DES FORMES ANCIENNES.

Fourcou, Fourcous. *Fourcoux.*
Fourdonde. *La Font-Redonde.*
Fouresteyriado, Fourestyeyra. *La Foresterie.*
Fourestieyra inferior. *La Foresterie-Basse.*
Fourestio, Fourestie. *La Forestic.*
Fourgos. *Le Bos-de-Fourgues.*
Fourgoux. *Le Falgoux.*
Fourguoust, Fourguouts, Fourguoux, Fourq, Fourquonse. *Fourcoux.*
Fourn. *Le Four.*
Fourqué. *Fourquès.*
Fourries, Fourriolz. *Le Fouriol.*
Fourn. *Le Four.*
Fournals. *Fournal.*
Fournol, Fournolz, Fournouls. *Fournols.*
Fournaux. *Le Fournal.*
Fourniau. *Le Fourniol.*
Fournoles. *Le Fournoules.*
Four Rouge. *Le Font-Rouge.*
Fousanges, Foussanges. *Fousanges.*
Fouscous, Fousgouts, Fouzcoux. *Fourcoux.*
Fovelie, Foverlie. *La Fauvelie.*
Frabainches, Frabuenches. *Les Fabrenches.*
Fraccorn, Fraccory, Fraccoryc. *Fracor.*
Frachine Rouge. *Les Fraichines.*
Fracguyer. *Fraquier.*
Fracquiez. *Fraquiers.*
Frafania. *La Frafanie.*
Fragidum Anglars. *Freix-Anglards.*
Fraginoux. *Falginoux.*
Fraice. *Le Fraisse-Haut.*
Fraicenoux. *Fraissinoux.*
Fraise, Fraisene. *Fraissi.*
Fraise Haut. *Fraissi-Haut.*
Fraisenges, Fraissainges, Fraissonges, Fraissengbes. *Fressanges.*
Fraissanet. *Freyssinet.*
Fraisse, Fraissé. *Fraissi.*
Fraisse. *Fraissines, Fraissy.*
Fraisse-Bas, Fraissé-Bas. *Fraissi-Bas.*
Fraisse Hault, Fraissé Haut, Fraisse Soubeyro. *Fraissi-Haut.*
Fraisse-lo-Soutra. *Fraisse-Bas.*
Fraisse del Miech, Mietz. *Fraissi-del-Miech.*
Fraissenet. *Fraissinet.*
Fraissennet. *Freyssinet.*
Fraissenos. *Rieu-Freix-le-Grand.*
Fraissenos. *Fraissenoux.*
Fraisser. *Fraissi, Fraissy.*
Fraisser-Sobtra. *Fraisse-Bas.*
Fraisse-Sobra, Soubra, Soubro. *Fraisse-Haut.*

Fraisse Soteyra, Fraisse-Souteyre. *Fraissi-Bas.*
Fraissy, Fraist. *Fraissi.*
Fraissi. *Fraissy.*
Fraissi del Mich, Miech, Mietz. *Fraissi-del-Miex.*
Fraissi, Fraissi Haut. *Fraissi-Haut.*
Fraissinetum. *Fraissinet.*
Fraissing. *Fraissines.*
Fraissinou, Fraissinous. *Fraissinoux.*
Fraix-Anglais. *Freix-Anglards.*
Fraixe, Fraixer. *Le Fraisse.*
Fraixenet, Fraixennet. *Freyssinet.*
Fraixe-Sobre, Fraixe-Soubra. *Fraisse-Haut.*
Fraixe-Soubtra, Soutra. *Fraisse-Bas.*
Fraleix. *Fialex.*
Fralguioux. *Falginoux.*
Francatz. *Les Francats.*
Francia. *La Francie.*
Francie, Froncize. *La Francie.*
Franconesche, Francounesche, Francouvische. *La Franconuèche.*
Fraoust. *Le Fô.*
Fraquie, Fraquieir, Fraquier, Fraquiès. *Fraquiers.*
Frarges. *Farges.*
Frasines. *Frayssinhes.*
Frasquich. *Fraquiers.*
Fratguyer. *Fraquier.*
Fretquié, Fratquyé. *Fraquiers.*
Frau del Puech Besso. *Le Frau.*
Fraudes. *Les Fraux.*
Fraurches, Fraurchues. *Les Fraugues.*
Fraurgos. *Fourcoux.*
Fraus. *Les Fraux-Hauts.*
Fraus d'Anglars. *Freix-Anglards.*
Fraust (Lo). *Le Fraust-Bas.*
Fraxinettum. *Fraissinet.*
Fraxinias. *La Capelle-del-Fraisse.*
Fraxinæ. *Fraissi.*
Fraxinæ altæ. *Fraissi-Haut.*
Fraxinus. *La Capelle-del-Fraisse.*
Fraxinus inferior. *Fraissi-Bas.*
Fraycenet, Fraycenetum. *Fraissinet.*
Fraycenos. *Fraissinoux.*
Fraycer. *Le Fraisse.*
Fraycinet. *Fraissinet.*
Frayre. *Le Fraire.*
Frays Anglars. *Freix-Anglards.*
Fraysenet. *Fraissinet.*
Fraysenos. *Fraissinoux.*
Fraysinas. *Fraissines, Frayssinhes.*
Frayssanet. *Freyssinet.*
Frayssanges, Frayssanges-Marchal. *Fressanges.*
Frayssas. *Le Fraisse*, m^{in}.
Fraysse. *Le Fraisse.*

Fraysse (Lo). *Le Frayssi.*
Fraysse. *Lou Fraisse, Le Fraissi.*
Fraysse-Bas, Fraysse-Souteyro. *Fraissi-Bas.*
Fraysse del Meiz. *Fraissi-del-Miex.*
Fraysse Haut. *Fraissi-Haut.*
Fraysseneé. *Fraissinet.*
Frayssenet. *Fraissy, Fraissinet.*
Frayssenette. *La Fraissinette.*
Frayssenetum. *Fraissinet.*
Frayssencyras. *Freyssinet.*
Frayssenoux. *Fraissinoux.*
Frayssenus subterior. *Le Fraisse-Bas.*
Frayssenus Superior. *Le Fraisse-Haut.*
Fraysser. *Cache-Fève, Le Freyt, La Fraisse, Fraissi.*
Fraysser la Sobra. *Fraisse-Haut, Fraysse-Haut.*
Frayssers. *Fraissi.*
Fraysser Sobeyra, Fraysse Sobeyro, Soubeyrou, Soubra. *Fraissi-Haut.*
Frayssez. *Fraissy.*
Frayssi Delmiex. *Fraissi-del-Miex.*
Frayssines. *Feyssines.*
Frayssinetum. *Fraissinet.*
Frayssinetz. *Frayssinhes.*
Frayssiveria. *Freissivière.*
Frayssy. *Fraissi, Fraissy.*
Frayssy-Bas. *Fraisse-Bas.*
Frayssy-Haut. *Fraisse-Haut.*
Freau de Madame. *Le Frau.*
Frechanglards, Frech-Anglars, Frechs-Anglars, Freetz-Anglars. *Freix-Anglards.*
Frédavialle, Fredevialle. *Freydevialle.*
Fredeyre. *Fridières.*
Frégevialle. *Frigivialle, Fregevialle-Haut.*
Frege-Viole. *Freydevialle.*
Freghaviala, Freghavialle. *Fregevialle-Haut.*
Freghevialle. *Freydevialle.*
Fregières, Fregieyra, Fregieyre, Fregioyres, Frégueyre. *La Frégière.*
Freia Villa. *Ferluc.*
Freia Villa. *Freydavialle.*
Freiandie. *La Fernaudie.*
Freiches. *Fripès.*
Freidaffon, Freidafont, Freidefon. *Fridefont.*
Freidefon. *Freidefont.*
Freido-Vialle, Freige-Vialle. *Freydevialle.*
Freilinges. *Fressanges.*
Freisanglard. *Freix-Anglards.*
Freissanet, Freissanetum. *Freyssinet.*
Freiseinoux, Freisenoux. *Fraissinoux.*
Freissenet. *Freyssinet.*

TABLE DES FORMES ANCIENNES.

Freisenges, Freissenges, Freissenghes. *Fressanges.*
Freisenet, Freissinos. *Feyssines.*
Freitz Anglars. *Freix-Anglards.*
Frelhuc, Freluc, Frelut. *Ferluc.*
Frenaudie. *La Fernaudie.*
Freniac. *Frenhac.*
Frès Anglars. *Freix-Anglards.*
Frescaudie. *La Fernaudie, La Frescaldie.*
Frescollanges, Frescralanges, Frescrallanges. *Frescolanges.*
Fresquaudie. *La Frescaldie.*
Fressaneda. *La Fraissinette.*
Fresse. *Fraissi, Fraissy.*
Fressinou. *Fraissinoux.*
Fretanglars. *Freix-Anglards.*
Freusière. *Frugères.*
Freuygues. *Les Fraugues.*
Freuzière. *Frugères.*
Frévailh. *Fréval.*
Froval. *Ferval.*
Frex-Anglard, Frexanglardz, Frexanglars. *Freix-Anglards.*
Frexonnet. *Fraissinet.*
Freydabiella. *Fréval.*
Freydaffont. *Fridefont.*
Freydafo. *Freidefont.*
Freydavialle. *Freydevialle.*
Freydavila. *Freydeville, Freydevialle.*
Freydefon, Freydefont. *Freidefont.*
Freydevialle. *Freydeville.*
Freydeyra. *La Frideire, Fridières.*
Freydou. *Fridou.*
Freyeviale. *Frégevialle-Haut.*
Freyrif. *Férif.*
Freyssaneda. *La Fraissinette.*
Freyssanet, Freyssannet. *Freyssinet.*
Freyssanges. *Fressanges.*
Freysartz. *Les Freissarts.*
Freyse. *Le Fraisse.*
Freysenet. *Fraissinet.*
Freysenges, Freysenghes. *Fressanges.*
Freyssenet. *Freyssinet.*
Freyssenette. *La Froissinette.*
Freyssenges. *Fressenges.*
Freyssenode, Freyssenotte. *La Fraissinette.*
Freyssenoux, Freyssinnoux, Freyssinoux. *Fraissinoux.*
Freyt Bes. *Fripés, L'Ande, Le Fripés.*
Freyviale. *Freydevialle.*
Fribes. *Fripés.*
Fricenet. *Freissinet.*
Fridefon, Frideffount. *Fridefont.*
Frideira. *Fridières.*
Frideyra. *Le Couchers, Fridières.*
Frigiavialle. *Frigivialle.*

Frigidavilla. *Freydevialle.*
Frigidus Fons. *Fridefont.*
Frigidus Rivus. *Férif.*
Frigières. *La Frégière.*
Frigivialle. *Frégevialle - Haut, Frigivialle.*
Frinaudie. *La Fernaudie.*
Frissenet. *Fraissinet.*
Frixibialey. *Freydevialle.*
Friyères. *La Frégière.*
Frocquières. *Froquières.*
Frogos. *Fourcoux.*
Froideffont, Froidefont. *Fridefont.*
Fromatgae, Fromatgier. *Le Fromagier.*
Fromental. *Fromentel.*
Fronquière. *Froquières.*
Frontnia. *Frénouias.*
Froubes. *Fripés.*
Frougeires-Bas, Frougeyres-Bas. *Frugère-Bas.*
Frougeires-Hault, Frougorro. *Frugère-Haut.*
Frouges. *Le Frouge.*
Froziez. *Progiès.*
Frubbes, Frubes, Frubis, Frucbes. *Fripés.*
Frugère, Frugerez. *Frugère-Bas.*
Frugheyres, Frugieres, Fruguères. *Frugère-Haut.*
Frulbez, Frupbes, Frutbes, Frutbex. *Fripés.*
Fruluc. *Ferluc.*
Frusière, Frutgières. *Frugières.*
Fruva. *Fripés.*
Fruzière. *Frugères.*
Fuelh Volh. *Fréval.*
Fulgières, Fulgyere. *Falgère.*
Furgoux. *Le Falgoux, Le Furgoux.*
Furmigoux. *Firmigoux.*
Furzy. *Surgy.*

G

Ga. *Le Gas, L'Atga.*
Gabanel. *Gavanel.*
Gachaire. *Les Gachoires.*
Gachannula. *Gachemille.*
Gachio. *La Gachie.*
Gachoire, Gachoyre. *Les Gachoires.*
Gac Major, Gac Majour. *Le Gas.*
Gac Menou. *Le Gas-Minour.*
Gaffelaze. *Gaffelage.*
Gaghac, Gognacum. *Gagnac.*
Gagnoles, Gagnolles. *La Ganiolle.*
Gahana, Gahanna (rivus). *La Gane.*
Gaigna, Gaine, Gaignia, Gaignya. *La Ganie.*

Gaignac, Gaignhac, Gainhacum. *Gagnac.*
Gaignas. *Gaignes.*
Galats. *Ei-Bulits, Galès.*
Galaudias, Galoudies. *La Gouteyrie.*
Galoza. *Galuse.*
Galbertia. *Boussac.*
Galdinas. *Gaudines.*
Galeyracum. *Jaleyrac.*
Galines. *Gelive.*
Galinpinson. *Galle-Pinson.*
Galistrasieyre. *La Galistrasière.*
Galits. *Ei-Bulits.*
Gallatz. *Les Galats.*
Gallabertie. *La Gilbertie.*
Galloughe, Galleuze, Galluse. *Galuse.*
Galteyrie. *La Gouteyrie.*
Galteyrie, Galteyries. *La Galtayrie.*
Galtier. *Gautier.*
Galuza, Galuze, Galusia, Galuzia. *Galuse.*
Galynures. *Les Galinières.*
Gamou. *Gagnoux.*
Gana. *La Gane.*
Gana de la Broa. *La Gane-de-la-Bro.*
Gandilho, Gandillion. *La Gandilhon.*
Gane. *La Ganne.*
Gane, Ganes. *Le Moulin-du-Chazal.*
Gonhac. *Gagnac.*
Ganhiolles, Ganholes, Ganhollos, Ganhols. *La Ganiolle.*
Gania. *La Ganie.*
Ganiam. *Gagnoux.*
Ganiel. *Le Fagéonet.*
Ganioles. *La Ganiolle.*
Ganio, Ganiou, Ganjou. *Gagnoux.*
Ganissou. *Garissoux.*
Ganne. *La Gane.*
Ganne Haulte. *La Gane-Haute.*
Ganozes. *Le Moulin-de-Ganoze.*
Gantelles. *Les Gouteilles.*
Ganzolles. *La Ganiolle.*
Ganto. *Gantou.*
Garabe. *Garabie.*
Garamantraud. *Carmantran.*
Garapinso. *Galle-Pinson.*
Garastel. *Le Garestel.*
Garda. *La Garde, La Garde-Roussillon.*
Gardain. *Le Gardein.*
Garde. *La Garde.*
Gardela, Gardelas, Gardèles. *Les Gardelles.*
Garden, Gardene, Gardent. *Le Gardein.*
Garde Roussilhon, Roussilhon, Roussilion. *La Garde-Roussillon.*
Gardes. *Le Bois-de-Gardet.*

73.

Gardetas, Gardète, Gardettas. *La Gardette.*
Gardilhe, Gardille. *La Gardelle.*
Gardin. *Le Gardein.*
Garena, Garène. *La Garenna.*
Gargassou. *Le Gourgasson.*
Gargeures. *Les Garrigues.*
Gargharo (aqua). *L'Ingouire.*
Gariga. *La Garrigue.*
Gariga, Garigas. *Las Garrigues.*
Garigas, Garige, Garigue. *La Garrigue.*
Garige. *La Jarrige.*
Garigot. *Le Garriguet.*
Garigie. *La Jarrige.*
Garigua, Gariguas, Garigue. *Les Garrigues.*
Gariguevielhe. *La Garrigue-Vieille.*
Garissous. *Garissoux.*
Garneyre. *La Granairie.*
Garneyria, Garneyrie, Garnieyres. *La Garneiric.*
Garosson. *Le Garoustou.*
Garosta. *La Garrouste.*
Garoussou, Garoustou. *Le Garroustou.*
Garrabe. *Garaby.*
Garragues. *Les Garrigues.*
Garreigue. *La Garrigue.*
Garrenne. *La Garenne.*
Garroy. *Agrelle.*
Garri. *Jarry.*
Garric Piala, Piaulat. *Lou Garric-Pialat.*
Garrie. *La Gachie.*
Garrig. *La Jarrige.*
Garriga, Garrigas. *La Garrigue.*
Garrigavielha. *La Garrigue-Vieille.*
Garrige. *La Garrigue.*
Garrigua. *La Garrigue.*
Garrigua, Garriguas. *Les Garrigues.*
Garrigue. *La Jarrige, La Garrigue.*
Garrigue. *Les Garrigues.*
Garrigue Vielhe, Vieilhie, Vieielle, Vicillie. *La Garrigue-Vieille.*
Garrissous. *Garrissoux.*
Garro. *Le Garrou.*
Garrosses, Garroste, Garrousse, Garroustel, Garroustes. *La Garrouste.*
Garroustelle. *Les Garroustelles.*
Garruega. *La Garrigue.*
Gasalz. *Gazal.*
Gasariæ. *Gazard.*
Gasboufz. *Gabœuf.*
Gasela. *La Gazelle.*
Gaspar, Gaspart, Gaspard.
Gastaldie. *L'Outre.*
Gastinhas. *La Gastinie.*
Gasto, Gastonne. *Gaston.*

Gat (Le). *La Geathe.*
Gaubertia. *Boussac.*
Gaubertia. *La Gaubertie.*
Gaudemoutens. *La Fon-Belle.*
Gaugeta. *La Gaugète.*
Gay-Gay. *Le Puy-de-Gay.*
Gaydaria. *La Gaiderie.*
Gayet. *Le Bois-de-Gayt.*
Gaymond, Gaymons. *Gaymont.*
Gays. *Le Bois de Gayt.*
Gazala. *Gazard.*
Gazale, Gazals. *Gazal.*
Gazana (rivus). *L'Alary ou Gazane.*
Gazane. *La Gazonne.*
Gazariæ, Gazarnes. *Gazard.*
Gazars. *Gazal, Gazard.*
Gazela, Gazelhe, Gazella. *La Gazelle.*
Gazella (aqua). *Laigue.*
Gazelle. *Chazolles, Les Grozottes.*
Gel (aqua). *Le Cayrelet, Le Goul.*
Gelarincus. *Jalcyrac.*
Gelines. Gelnies. *Gelive.*
Genaillac, Genalhac, Genalhiat, Genelhiac, Genelhiat, Geneliat, Genelliat. *Ginalhac.*
Genestet. *La Geneste.*
Geneys. *L'Ecope.*
Geniolhac, Genoillac, Genolhac. *Ginalhac.*
Gensanet. *Jeansenet.*
Gensonia, Gensonnye. *La Ginsonie.*
Gentia, Gontya. *La Gentie.*
Géoland, Geolans, Geolhans, Geolland. *La Jolan.*
Géolon de Coustou. *Jolon-de-Coustou.*
Géolon-le-Grand. *Le Grand-Jolon.*
Géolon Soubra. *Jolon-Haut.*
Géraldes. *Giraldès.*
Géraud-Fond. *Géraud-Fon.*
Gerbe, Gerbiez. *Gerbes.*
Gerdhac. *Gerdiac.*
Gereuge. *Jureuge.*
Germ. *L'Air.*
Germaix. *Germès-Sud.*
Germania. *La Germanie.*
Germès de Boisset. *Germès-la-Roche.*
Germets, Germez. *Germès-Sud.*
Gernaultz. *Gernaud.*
Gerniez. *Germès-la-Roche.*
Gerogol. *Giraoul.*
Geroldos. *Girardès.*
Géronsa. *La Géronse.*
Gero-Youl. *Giraoul.*
Gerrige. *La Jarrige.*
Gertia. *La Gentie.*
Geusanet. *Jeansenet.*
Ghac (La). *La Geathe.*
Ghac. *La Coste-de-Lagour.*

Ghalena. *La Jalène, La Jalenne.*
Ghalineyras. *Les Galinières.*
Ghalinié. *Le Galinier.*
Ghat. *La Geathe, La Coste-de-Lagour.*
Giarrige. *La Jarrige.*
Ghieu. *Gieu, Giou.*
Ghiou. *Giou.*
Ghorgaco (aqua). *L'Ingouire.*
Giammaniargues. *Jamaniargues.*
Giarosses. *Le Jarroussot.*
Giaux. *Giou-de-Mamou.*
Gibal. *Le Moulin-de-Chirac.*
Gibertaria. *La Gibertarie.*
Gibertz. *Le Moulin-de-Chirac.*
Gieau. *Giou.*
Giergoux. *Girgols.*
Giou. *Le Puy-de-Giou, Giou-de-Mamou, Gioux.*
Gieusanet. *Jeansenet.*
Gignia. *La Ganie.*
Gilbertios, Gilibertia, Gilibertias, Gilibertie, Giliberties, Gillibertie. *La Gilbertie.*
Gilième. *La Guillième.*
Gimas. *Gimax.*
Gimasanes, Gimazane. *Gimmazannes.*
Gimels, Gimelz. *Gimel.*
Ginailhac, Ginalhacum, Ginaillac, Ginaliac. *Ginalhac.*
Ginasserra. *La Ginassière.*
Ginastos (Lo). *La Ginestoux.*
Gincls. *Gimel.*
Gines (El). *Elgines.*
Ginessouze. *La Ginestouze.*
Ginest. *La Gineste.*
Ginesta, Gineste. *La Geneste.*
Ginestieyre. *La Ginestière.*
Ginesto, Ginestos, Ginestous. *Le Ginestou.*
Ginestoze. *La Ginestouze.*
Ginestros. *Le Ginestou.*
Ginolhac, Ginolhiac, Ginouliac. *Ginalhac.*
Gintye. *La Gentie.*
Ginzounie. *La Ginsonie.*
Giolles. *La Giolle.*
Giollon. *Jolon.*
Giollon de Coustou. *Jolon-de-Coustou.*
Giollo Soberra. *Le Jolon-Haut.*
Giolon. *Jolon.*
Giolon-Soubra, Giolo-Soberra. *Le Jolon-Haut.*
Giou. *Gioux, Giou-de-Mamou.*
Gioulles. *La Giolle.*
Gioullon, Gioulon. *Le Jolon.*
Gioulon-Soubra. *Le Jolon-Haut.*
Giou-sous-Mongoiu. *Jou-sous-Montjou.*
Giralde. *Giraldès.*

TABLE DES FORMES ANCIENNES.

Giraldele, Giraldes, Giraldèse, Giraldole. *La Côte-de-Girodelle.*
Girange. *Jureuge.*
Girardes, Girarosse, Cirauldes, Girauldez. *Giraldès.*
Girasac. *Girazac.*
Girazol. *Giraoul.*
Girbal. *Gerbal.*
Girbaldie. *La Guirbaldie.*
Girbes. *Gerbes.*
Girffol. *La Griffou.*
Girgól, Girgoles. *Girgols.*
Girgols. *Giraoul.*
Girgolz. *Girgols.*
Girgoul. *Giraoul.*
Girgoux. *Girgols.*
Girmanel. *Germanès.*
Germanel Soubzines. *Germanès-Haut.*
Girmanhol. *Girmanel.*
Girmanis. *Germanès.*
Girme. *La Girbe.*
Girodolla. *La Côte-de-Girodelle.*
Girogou, Girogoul. *Giraoul.*
Girel Dolla. *La Côte-de-Girodelle.*
Gironda. *La Gironde.*
Girons. *Le Bois-de-Goirou.*
Giros. *Giroux.*
Girou. *Le Bois-de-Goirou.*
Gisardias. *Les Guizardies.*
Gisbertas. *Les Gibertes.*
Gistardias. *Les Guizardies.*
Givasseyre. *La Ginassière.*
Gizard. *Gizars.*
Gizarde, Gizardes. *Giraldès.*
Gladin, Gladinas. *Gladines.*
Glaigial. *Le Gleisial.*
Glanat. *Glenat.*
Glandinas, Glandines. *Gladines.*
Glaurgo (?). *Glenat.*
Glayot. *Le Glayal.*
Glebaz. *La Glène.*
Glecial, Gleint. *Le Glayal.*
Gleighia. *L'Église.*
Gleire. *La Glaize.*
Gleisa. *Le Suc-de-l'Église.*
Gleisa de Casso, Gleise de Cassou. *L'Église-de-Cassou.*
Gleisal, Gleisial. *Le Glézial.*
Gleise. *La Chapelle-du-Cantal.*
Gleiza. *Le Suc-de-l'Église.*
Glena. *La Glène.*
Glenac, Glenacum. *Glénat.*
Glenadelh, Glenadelh, Glenadiel. *Glénadel.*
Glenati, Glenatum. *Glénat.*
Gleyre. *La Glaize.*
Gleysa. *Le Bois-de-l'Église.*
Gleysia, Gleysial. *Le Glézial.*

Gleyssa, Gleyra. *Le Bois-de-l'Église.*
Gleyzial. *Le Gleisial.*
Gnoulhiac. *Ginalhac.*
Godachia. *Godachie.*
Godailh. *Goudal.*
Godailha. *La Goudalie.*
Godal. *Goudal.*
Godalhs, Godalsia, Godelhia. *La Goudalie.*
Godamges. *Goudanges.*
Gode, Goddes. *Godde.*
Godognas. *Goudergues.*
Gohalas. *Bouyolles.*
Goinhe. *La Junie.*
Goirou. *Le Bois-de-Goirou.*
Golet de Grades (Lo). *Le Gros.*
Gollones. *Gounoulès.*
Golteyrie. *La Galtayrie.*
Golusclat. *Galusclat.*
Gomaro. *Pessoles.*
Gonel. *Gounel.*
Gonel, Gonelou. *Mauranne*, m^{in}.
Gonnel. *Gounel.*
Gonnou. *Les Chaumeils.*
Gonor. *Gounou*, m^{in}.
Gorba. *La Gorbe.*
Gordegia, Gordoïa. *Gourdièges.*
Gordette. *La Gardette.*
Gordeuga, Gordiège, Gordieges, Gorduje, Gourdiges. *Gourdièges.*
Gorgasao, Gorgassou. *Le Gourgassou.*
Gorgavia. *La Gorgavie.*
Gorgosse. *Le Gourgassou.*
Gorjes. *Les Gorces.*
Gorre. *Le Gour.*
Gorrigues. *Las Garrigues.*
Gorro. *Le Gour.*
Gorsa. *La Gorce.*
Gorsa, Gorsacos. *Les Gorsaes.*
Gorse. *Gorces.*
Gorse. *La Gorce.*
Gorsolas. *Groussoles.*
Gorasc. *La Gorce.*
Gort. *Le Gour.*
Goserguos. *Coussergues.*
Gota. *Les Gouttes.*
Gotalade. *La Gouttelade*, bois.
Gotalonga. *La Goutte-Longue.*
Gota Negra. *La Goutte-Nègre.*
Gotavouf. *Goutevert.*
Goteilhe. *La Gouteille.*
Gotelas. *Les Goutelles*, *La Goutte, Goutard.*
Gothelhas. *Les Goutelles.*
Gottafrau. *Goutte-Fraux.*
Gottanègre. *Goutenègre.*
Gou. *Le Goul.*

Gouceller de Tavearia. *La Côte-de-Gouceller.*
Goudailh. *Goudal.*
Goudailhe, Goudallie. *La Goudalie.*
Goudamges. *Goudanges.*
Goueiro. *La Goueyre.*
Gougeac. *Gaugéac.*
Gougounes. *Gounoulès.*
Gouirot. *Le Bois-de-Goirou.*
Goulaize. *La Goulèze.*
Goule-Fraust. *Goutte-Fraux.*
Goulmaries. *Goulmarie.*
Goulonnes. *Goulounès.*
Goul-sous-Cromière, Goult. *Le Goul.*
Goulte. *Le Goul.*
Gouneau. *Gonneuf.*
Gounelle. *Gounel.*
Gounou. *Gonneuf.*
Gounoutz. *Gounoulès.*
Gourbesches. *Gourbèche.*
Gourc, Gourg. *Le Gour.*
Gourfaldos. *Les Grouffaldos.*
Gourgoussou, Gourgoussous. *Le Gourgassou.*
Gourlougourdou sive de Cayre. *Le Cayre.*
Gournieyre. *Gromière.*
Gournnyère. *La Gournière.*
Gourpontu, Gourpontut. *Le Jurol.*
Gourron. *Le Bos-del-Gory.*
Cours. *Le Gour.*
Goursat. *Joursac.*
Gourt. *Le Gour.*
Gourtes. *Les Gouttes.*
Gouslègues. *Coudergues.*
Goussotz. *Les Goussets.*
Gousou, Goussou. *Gouzou.*
Goust. *Le Goustié.*
Goutailz. *Goutard.*
Goutalh-Redon. *La Goutaille.*
Goutals, Goutalz, Goutas. *Goutard.*
Goutefrau, Goutefraut, Goutefraux. *Goutte-Fraux.*
Gouteilhe. *La Gouteille.*
Gouteilhes, Gouteilles. *Les Goutilles.*
Goutelles. *Le Goutal.*
Goutes. *Les Gouttes.*
Goute Vernhol. *La Fon-de-Goutte-Verniol.*
Gouthas. *Les Gouttes.*
Goutilhes. *Les Goutilles.*
Gouttefrau, Goutte-Fraust, Gouttefreau. *Goutte-Fraux.*
Goutte-Guilhard. *La Goutte-Gaillard.*
Gouttenègre, Goutte-Neige. *Goutenègre.*
Gouttenes-Violles. *La Fon-de-Goutte-Verniol.*
Gouttes. *La Goutte.*

TABLE DES FORMES ANCIENNES.

Goutte Verniols, Goutteveyrauls. *La Fon-de-Goutte-Verniol.*
Goyran (rivus). *Le Goul.*
Gouyron, Gouyrous. *Le Bois-de-Goirou.*
Gouzel. *Les Gouzels.*
Gozel. *Gouzel.*
Gozou. *Gouzou.*
Grabourses, Gragouze. *Les Gravouses.*
Grailhe. *La Graille.*
Grailles, Gralha. *La Graille.*
Graillou. *Le Grailloux.*
Graissensac. *Cressensac.*
Gralha. *La Graille.*
Gramae, Grame, Grammon, Grammond, Grammons, Gramo, Gramon, Gramond. *Grammont.*
Gran-Bos. *Le Grand-Bos.*
Grancamp. *Grandcamp.*
Granchant. *Grand-Champ.*
Granche. *La Grange.*
Granches. *Les Granges.*
Granches-de-Chansel. *Les Granges-de-Chansel.*
Granchier. *Le Grancheix.*
Grancia. *Les Granges.*
Grand-Bos. *Le Bois-Grand.*
Grand-Calm, Grandcam. *Grandcamp.*
Grand-Chalm, Grandchanc. *Grand-Champ.*
Grand-Géolon, Gerlon, Gioulon. *Le Grand-Jolon.*
Grandis Mons, Grandmont, Grandmon, Grandmont. *Grammont.*
Grand Jolon, Jollon. *Le Grand-Jolon.*
Graneiries. *La Granairie.*
Granes. *Les Gorsses.*
Granet. *Le Granit.*
Graneyria, Graneyrie. *La Granairie.*
Grangeac. *Gaugéac.*
Grange de Duran, Dureu, Duron. *La Grange-de-Duron.*
Grange lès Sainct-Anthoine. *La Grange-Saint-Antoine.*
Granges (Aux). *Le Granjou.*
Grange-Sobrana. *La Grange-Haute.*
Granghas (Las). *Les Granges.*
Grangia. *La Grange.*
Grangia Nova. *La Grange-Neuve.*
Grangias (villa). *Les Granges.*
Grangou. *Le Granjou.*
Granier, Graniers, Granies. *Les Greniers.*
Granolbieyras, Granolbieyres, Granolhuères, Granolicyras, Granolicyres. *La Granouillère.*
Granosche, Granoschia, Granourchie. *La Grenoustie.*
Granoulheyre. *La Grenouillère.*

Granoulière. *La Granouillère.*
Granoullière. *La Grenouillère.*
Granoulicyre. *La Granouillère.*
Granoux. *Granous-Bas* et *Haut.*
Granouschie, Granouschio. *La Grenoustie.*
Grant-Vail, Grantval. *Grand-Val.*
Grantval. *Grandval.*
Granusche, Granuschie. *La Grenoustie.*
Granval. *Grand-Val.*
Granzons. *Granson.*
Granzou. *Le Granjou.*
Grasmont. *Le Suc-de-Gros-Mont.*
Grata Palha. *Gratte-Paille.*
Gratecap, Gratecapt. *Gratacap.*
Gratepailhe, Grate-Paille, Grate-Palie. *Gratte-Paille.*
Graula. *Graule, La Maison-de-Graule, Les Maisons.*
Graula Sobrana. *Les Maisons-Soubranes.*
Graula Sotrana. *Les Maisons-Soutronnes.*
Graule. *La Maison-de-Graule, La Graule.*
Graulota. *Le Chavary.*
Graulle. *La Graule.*
Groumon. *Grammont, Grosmont.*
Graumont. *Le Suc-de-Gros-Mont.*
Grausle. *La Graule.*
Gravayrit (rivus). *La Veyre.*
Graveira. *La Gracière.*
Graverim. *Les Gravières.*
Graverya. *La Gravière.*
Graveyra (rivus). *La Gravaire, La Gravière, Le Gravier-Bas.*
Graveyras. *La Gravière.*
Graveyre. *Le Gravier-Bas.*
Gravia. *La Grave.*
Gravieyra. *La Gravière.*
Gravouze. *Las Gravouses.*
Gre. *Le Greil.*
Greffo, Greffol. *La Griffoul.*
Greffol, Greffou. *La Griffou.*
Greffoul. *La Griffoul.*
Greffouliouse. *La Griffouse.*
Greffuelha, Grefolha, Grefollia. *Griffeuille.*
Grefollia. *Griffeuilles.*
Grefoul. *La Griffoul.*
Grèges. *Grèzes.*
Gregori, Gregory. *Grégorie.*
Greignac. *Grignac.*
Greillère, Greillière. *La Grillière.*
Grel. *Le Greil.*
Greladitz. *Greladis.*
Grelat. *Grelard.*
Grelex. *Agrelle.*

Grelheyra (rivus). *Escorailles.*
Grelheyra, Grelhière, Grelière, Grelicyra. *La Grillière.*
Grelicyras. *La Greleyre.*
Grelicyre. *La Grillière.*
Grelles. *Agrelle.*
Grellière. *La Grillière.*
Gronhac, Greniac, Greniat. *Grignac.*
Grenoulières. *La Grenouillère.*
Grenoux. *Granoux.*
Gresancsas. *Gresses.*
Gresle. *Grelles.*
Greslicyra. *La Grillière.*
Gresolz. *Grizols.*
Gressac. *Gresses.*
Gressarrie. *La Grasserie.*
Gresset. *Gresses.*
Greula. *Le M^{on} de Graule.*
Greyl. *Le Greil.*
Greyssat. *Greissac.*
Griegory. *Grégorie.*
Grifeuille, Griffeuilhe, Griffeule. *Griffeuille.*
Griffol. *Le Griffou.*
Griffoles. *Griffoulet.*
Griffou. *Le Griffoul.*
Griffouil, Griffoul. *La Griffoul.*
Griffouliouse, Griffouliouze. *La Griffouse.*
Griffoux. *La Griffoul.*
Griffucilhe. *Griffeuilles.*
Griffueille, Griffuelhe. *Griffeuille.*
Griffuelhe. *Griffeuilles.*
Grifoil, Grifou, Grifoul. *La Griffoul.*
Grifouliouse. *La Griffouse.*
Grinat, Grinhac, Grinhacum, Griniac, Grinihac. *Grignac.*
Grilhieyre, Grilière, Grillere. *La Grillière.*
Grins. *Gour.*
Grisolz. *Grizols.*
Grissol (La). *La Griffou.*
Grizolz. *Grizols.*
Groas. *Les Couos.*
Grobèche, Grobesche. *Gourbèche.*
Grofaldes, Groffaldes, Groffaldet. *Grouffaldes.*
Grogouschie. *La Grenoustie.*
Grolant. *Le Jolan.*
Gromières. *Gromière.*
Grommel. *Groumel.*
Gromon. *Le Suc-de-Gros-Mont.*
Gropilhac. *Gropiliac.*
Gros (Le). *L'Arcueil.*
Groslier. *La Grillière.*
Grossolas, Groussolo, Groussolles. *Groussoles.*
Grossolles. *Groussoles.*

TABLE DES FORMES ANCIENNES. 583

Groubesese, Groubesche. *Gourbèche.*
Grouffaldes, Grouffaudes. *Grouffauldes.*
Groulles. *La Giolle.*
Groumeyre. *Gromière.*
Groumiel. *Groumel.*
Groumière. *Gromière.*
Groumon. *Le Suc-de-Gros-Mont.*
Groumon. *Grosmont.*
Groussole, Groussolle, Groussolles, Groussoules. *Groussoles.*
Grovouze. *Las Gravouses.*
Gruen. *Le Greil.*
Grues. *Gour.*
Grues. *Grèzes.*
Grueyras, Grueyres. *Gurières.*
Gruffol. *La Griffol, La Griffou.*
Gruffuellic. *Griffeuilles.*
Gruinldenc. *La Guiralde.*
Grun. *Le Mas-de-Merle.*
Grunes. *Le Granit.*
Grunhac. *Grignac.*
Gruosoles. *Groussoles.*
Grussairie. *La Grasserie.*
Gryffoilh, Gryfol. *La Griffoul.*
Gua. *Le Gas.*
Gua Boulhaga (Lou). *Le Gabouliaga.*
Guachamula, Guachannula, Guachanula. *Gachemille.*
Gua de Barras. *Le Barra.*
Gua de Chambeyrac. *L'Escure.*
Gualasa, Gualluzo, Gualuze. *Galuze.*
Gualitz. *Guerly.*
Guallenades. *Les Gallinades.*
Gualteria. *La Gallayrie.*
Guan. *Le Gas.*
Guana. *Les Ganioux.*
Guana de Lopiaco. *La Ganie-de-Loupiac.*
Guandelho, Guandilhon. *La Gandilhon.*
Guane. *La Gane, La Gane, La Gane-Basse.*
Guanes. *Le Moulin-du-Chazal.*
Guanie. *Le Ganie.*
Guanonas. *Gagnoux.*
Gua Noze, Guanoze. *Le Moulin-de-Ganoze.*
Guanye. *La Ganie.*
Guarandelle. *Grandelles.*
Guarde. *La Garde, La Garde-Roussillon.*
Guardette. *La Gardette.*
Guardia. *La Garde-Roussillon.*
Guaribal. *Le Garibal.*
Guariguas. *Las Garrigues.*
Guarigues. *La Garrigue.*
Guarigue Vielle. *La Garrigue-Vieille.*

Guarouste. *La Garrouste.*
Guarrabe. *Garaby.*
Guarraldia. *La Caraldie.*
Guarraldia Exalta. *La Caraldie-Haute.*
Guarrigas. *Las Garrigues.*
Guarrige. *La Garrigue.*
Guarriguas, Guarrigues. *Les Garrigues.*
Guarrigue, Guarrigues. *La Garrigue.*
Guarrouste. *La Garrouste.*
Guasana (rivus). *L'Alary ou Gazane.*
Guasela (aqua). *La Gazelle.*
Guaspar, Guaspars. *Gaspard.*
Guaymond, Guaymons. *Gaymont.*
Guazal. *Gazal.*
Guazana (rivus). *L'Alary ou Gazane.*
Guazariæ. *Gazard.*
Guazela, Guazelle. *La Gazelle.*
Guazela, Guazelle. *Laigne, La Gazelle, Les Grezettes.*
Guazonne. *La Gazonne.*
Gueispar. *Gaspard.*
Guergory. *Grégorie.*
Guérigue. *La Garrigue.*
Guerlies. *Guerly.*
Guesthie, Guethie. *La Gentie.*
Gueza. *La Gueuse.*
Guffoul. *La Griffoul.*
Gughou, Gugou. *Joignou.*
Guibert. *Gilbert.*
Guieste. *La Gineste.*
Guignie, Guigne. *La Guinie.*
Guilaumenque. *La Guillaumenque.*
Guilhalmar, Guilhamar. *Le Guillauma.*
Guilhanima. *La Guillaumine.*
Guilhaumenque. *La Guillaumenque.*
Guilhaumina. *La Guillaumine.*
Guilhect, Guillet, m⁺ᵉ.
Guilhem, Guilhieu. *Le Puy-de-Julien.*
Guiliaumette. *La Guillaumette.*
Guilième. *La Guillième.*
Guilimenq. *Le Bois-de-Guillaumet.*
Guillauminque. *La Guillaumenque.*
Guillene. *La Guillième.*
Guillien. *Le Puy-de-Julien.*
Guilliesme. *La Guillième.*
Guimontel, Guimonteils, Guimontheil. *Guymontel.*
Guinhe, Guinia. *La Guinie.*
Guinou. *Guino.*
Guion. *Le Bois-de-Goirou.*
Guiraldia. *La Guiraldie.*
Guirandelle. *L'Hirondelle.*
Guirbáldia. *Guirbal.*
Guirbaldio. *La Guirbaldie.*
Guisardias. *Les Guizardies.*
Guiselmon. *Guizalmon.*
Guittardie. *La Guitardie.*

Guithie. *La Gentie.*
Gumontels. *Guymontel.*
Guol. *Le Goul.*
Guuraldene. *La Guiralde.*
Guodergues. *Goudergues.*
Guorssas, alias La Fagita. *Les Gorsses, mont.*
Guota Lada. *La Gouttelade.*
Guote. *Goutard.*
Guotta Frau. *Goutte-Fraux.*
Guoutelongue. *La Goutte-Longue.*
Gusou. *Gajou.*
Gut. *Agut.*
Guyé. *D'Huyé.*
Guylho. *Guillou.*
Guyllomette. *La Guillaumette.*
Guymayres. *Goulmarie.*
Guy Monteylh. *Aigumontel.*
Guynhe. *La Guinie.*
Guymonteils. *Guymontel.*
Guyraldenc. *La Guiralde.*
Guysardias. *Les Guyzardies.*
Guysardins. *Le Puech-des-Guizardies.*
Guytardia. *La Guitardie.*
Guze. *La Gueuze.*
Guzou. *Gajou.*
Gyeu. *Giou.*
Gynestie. *La Gineste.*
Gyzardes. *Giraldes.*

H

Haluersa, Haluevsa, Halverse. *Alleuze.*
Haly. *Ally.*
Handas. *Les Andes.*
Hardit. *Ardit.*
Haron. *Aron.*
Haulteroche. *Haute-Roche.*
Haurilbac. *Aurillac.*
Haussat. *Onsac.*
Hautabesse. *Haute-Besse.*
Haute-Serre. *Hautes-Serres.*
Helodie, Helovia. *Alleuze.*
Héméral. *L'Himméral.*
Hepyc. *La Cépie.*
Héritier. *L'Héritier.*
Herm. *L'Air.*
Herm Dials. *L'Himméral.*
Hermos. *L'Herm.*
Heurlamouri. *Maury, mont.*
Heutes. *Les Huttes.*
Heybrard. *Les Aubars.*
Heyretier, Heyzetier. *L'Héritier.*
Heuillict. *Le Bos-d'OEillet.*
Heulhict. *OEillet.*
Hicpyc. *La Cépie.*
Hiori. *Giou-de-Mamou.*

Hisde. *Ydes.*
Hitrac. *Ytrac.*
Hobax. *Aubax.*
Hobit. *Lobi.*
Hobraydit. *Les Brairies.*
Holdebach, Holdeboils, Holdebals, Holdebalz, Holdebatz, Holdebaulx, Holdebaux, Holdebaz, Holles-Debols, Holsdebals. *Les Holdebeaux.*
Holeyria. *L'Auzeleyre.*
Holmis cast. *L'Olm.*
Holz. *Les Ols.*
Homogudes. *Les Mogudes.*
Hons. *Les Olnes.*
Hôpital Chamfrancesche. *L'Hôpital-Chaufranche.*
Horador. *L'Ouradou.*
Horilac. *Aurillac.*
Hors. *Les Chazeaux.*
Hors. *Les Horts.*
Hortelz. *L'Ort.*
Hortz-Gallardz. *Les Hortes.*
Hospias, Hospicium, Hospital. *L'Hôpital.*
Hospital de Peyrefiche, Pierrefitte. *L'Hôpital-de-Pierrefiche.*
Hospital des Landes. *L'Hôpital-des-Landes.*
Hospital Uchafol. *L'Hôpital.*
Hotes, Hottes. *Les Hostes*, mⁱⁿ.
Houadez. *Houades.*
Houbras, Houmbres. *Le Bois-des-Ombres.*
Houradou. *L'Ouradou.*
Houssat. *Onsac.*
Houstalelie. *L'Oustalelie.*
Houstalou. *L'Oustalou.*
Hoyetz. *Oyez.*
Hucafon. *Huquefont.*
Hueguas, Huegues. *Les Hugues.*
Huchafont. *Uchafol.*
Hueque-Fon. *Huquefont.*
Hueques. *Les Hugues.*
Huguenias. *Les Aigonies.*
Hugol. *Uzols.*
Hugonia. *Leygonies.*
Hugonias. *Les Aigonies.*
Hugot. *Le Lac-d'Hugot.*
Huguas. *Les Hugues.*
Huiliel, Hulet, Hullet, Hullet. *OEillet.*
Huillet, Hullyet. *Lou Bos-d'OEillet.*
Huquefons. *Huquefont.*
Huquez. *Les Hugues.*
Huzolz. *Uzols.*
Hymonteil. *Guymontel.*
Hytrac. *Ytrac.*

I

Iaulihac. *Jaulhac.*
Iboly. *Nivoly.*
Ide. *Ydes.*
Igonias, Igounies. *Les Aigonies.*
Imars. *Le Puech-d'Imard.*
Immertie (L'). *L'Imbertie.*
Indiciacus. *Saint-Flour.*
Ingoirnias. *Les Aigonies.*
Inpeteyrac. *Impeteyrac*, mⁱⁿ.
Inscernes. *Cisternes.*
Interrivia, Interrivos. *Anterrieux.*
Interrupes, Interrupia. *Anteroche.*
Irisso, Irissous. *Le Levandès.*
Isard. *Les Issards.*
Isda. *Ydes.*
Islet. *OEillet.*
Issard, Issars. *Les Issards.*
Issartialz. *L'Issertios.*
Issartigas. *Sartiges.*
Issartiols, Issartiolz. *L'Issertios.*
Issartz. *L'Issart-Bas*, *Les Issarts.*
Issartz, Issatz. *L'Issart.*
Issertiou. *L'Issartiau.*
Issilious. *La Ressègue.*
Ivoli. *Nivoly.*

J

Jabru. *Jabrun.*
Jactz-Soustra. *Jacques-Bas.*
Jailliat. *Jailhac.*
Jalactz. *Angelas.*
Jalais. *Jalès.*
Jalagnac, Jalaniacus (villa). *Jalaniac.*
Jalayrac, Jalayracus, Jaleiracus. *Jaleyrac.*
Jalena, Jalène. *La Jalenne.*
Jalerat, Jalerrac, Jalerriac. *Jaleyrac.*
Jaleyrac. *La Butaine.*
Jaleyrac-la-Gleyze, Jaleyrac-le-Lieu. *Jaleyrac.*
Jaleyrac-lou-Vielh, Veil, Vielh, Vieux. *Jaleyrac-le-Vieux.*
Jalez. *Jalès.*
Jalhac. *Julhac.*
Jalhac, Jaliac, Jalihac. *Jailhac.*
Jallac. *Jailhac.*
Jallajoux. *Jalezoux.*
Jallat. *Jalhac.*
Jollène. *La Jalène.*
Jallerac. *Jaleyrac.*
Jallès. *Jalès.*
Jalleyrac, Jalleyrat. *Jaleyrac.*
Jallez. *Jalès.*
Jalliac. *Jailhac.*
Jamaniarguez, Jamaniargue. *Jamaniargues.*
Jamble. *La Jambe.*
Jame, Jamme. *Jammes.*
Jammio. *Anjoni.*
Jangrueyres. *Jonquières.*
Jansac, Janzac. *Le Chanzac.*
Jaou-soubz-Mon-Juou. *Jou-sous-Montjou.*
Jariga, Jarige. *La Jarrige.*
Jarlc. *Jurles.*
Jarosso. *Le Jarrousset.*
Jarri, Jarrie (villa), Jarries. *Jarry.*
Jarriga des Boulles, Jarrigha, Jarrighe, Jarrigua, Jarrija. *La Jarrige.*
Jarrigha. *La Garrigue.*
Jarriq. *Jarric, Jarry-Bas et Haut.*
Jarris. *Jarrioux.*
Jarrosse, Jarrosses, Jarosso, Jarrousses, Jarroussez, Jarrouxes. *Le Jarrousset.*
Jarrye. *Jarry.*
Jarsac. *Le Chanzac.*
Jaucoux. *Joncoux.*
Jaülhac. *Jaulhac.*
Jaulhac-lou-Bas, Jaulhat, Jaulhiat-le-Bas. *Jaulhac-le-Bas.*
Jaulhiat-lou-Hault. *Jaulhac-le-Haut.*
Jauliac. *Jaulhac.*
Jauliagues. *Jauliargues.*
Jaurial. *Jauriac.*
Jaussanet, Jaussenat, Jaussenot. *Jeausenet.*
Jausseran. *Jausserand.*
Jausseranda. *Jausserande.*
Javena. *La Javenie.*
Jehanye. *La Juno.*
Jeieu. *Giou-de-Mamou.*
Jeisanet. *Jeansenet.*
Jelayrat. *Jaleyrac.*
Jensanet. *Jeansenet.*
Jessac. *Jussac.*
Jeu. *Giou*, *Giou-de-Mamou.*
Jeunie. *La Junie.*
Jeussanet. *Jeansenet.*
Jeyrouzes. *Les Cheyrouses.*
Jinalhac. *Ginalhac.*
Jo. *Le Puech-Jou.*
Joaine. *La Johanne.*
Joane. *Jouane.*
Joanès. *Jouannes.*
Joanhie, Joania, Joanias, Joanie. *La Joannie.*
Joc. *Joux.*
Jodergos, Jodergues (La Cam de). *Jodergues.*

TABLE DES FORMES ANCIENNES.

Johanalia. *Joanny.*
Johanet. *Le Jouanet.*
Johania, Johanias. *La Joannie.*
Johaniau. *Joignou.*
Johanlat. *Joualhac.*
Johannes. *La Johanne.*
Johanou. *Joignou.*
Johanya, Johanye. *La Johannie.*
Johatin. *La Johatie.*
Johenniau. *Joignou.*
Johenty. *Jointy.*
Joiana. *Anjoni.*
Joignian. *Joignou.*
Joinsac. *Junsac.*
Jolusclat. *Galusclat.*
Jonchanet. *Enchanet.*
Joncouse. *Joncoux.*
Jonequieras, Joncquières, Joncquieyres. *Jonquière.*
Jonei. *La Junie.*
Jonias. *Joanny.*
Jonie. *La Junie.*
Joniet. *Joanny.*
Jonquiers, Jonquieyras, Jonquieyre, Jonquieyres. *Jonquière.*
Jorcassum. *Joursac.*
Jordaine, Jordanie. *La Jourdanie.*
Jordana, Jordane, Jordanix. *La Jordanne.*
Jordargues. *Jodergues.*
Jordeianes. *La Jordanne.*
Jorgoiola. *Jargoille.*
Jornac. *Journiac.*
Jorricuje. *La Joyeuse.*
Jorsacum. *Joursac.*
Josde. *Ydes.*
Jou, Jou-de-Mamot, Mamou. *Giou-de-Mamou.*
Jouanis. *Jouanny.*
Jou, Jou de Subeus Monjou. *Jou-sous-Monjou.*
Joueuse. *La Joyeuse.*
Jougue. *Fanjouquet.*
Jouhine. *La Johanne.*
Joumaniargues. *Jamaniargues.*
Jou-Montozou. *Jou-sous-Monjou.*
Jounet. *Le Jouanet.*
Jounhol. *Joignou.*
Jounie. *La Junie.*
Jounio. *La Johannie.*
Jouques. *Dousques.*
Jourdaine, Jourdana, Jourdane, Jourdanne. *La Jordanne.*
Jourles, Jourlès. *Jurles.*
Joursaac, Joursat, Jourssac. *Joursac.*
Jou Soubs Monjou, Montiou, Mont-Jou, Jou-sur-Montzyou. *Jou-sous-Monjou.* Cantal.

Jouyeuse, Jouyeuze, Jouyeyra, Jouyouse. *La Joyeuse.*
Jouz. *Jou-sous-Monjou.*
Jove. *Giou.*
Jovis. *Giou-de-Mamou.*
Joyeuze. *La Joyeuse.*
Jualhac. *Jaulhac.*
Judou, Judour. *La Roche.*
Judour. *Le Gidour.*
Jugelles, Jugielle. *Jugelle.*
Juihac. *Junhac.*
Jujou. *Joignou.*
Julhac. *Anjaliac.*
Julhac, Julhen. *Julien.*
Junhe. *La Junie.*
Junhie, Juniac, Juniach, Junihac. *Junhac.*
Junio. *La Junie.*
Junssac, Junssach. *Jussac (?).*
Junyhac. *Junhac.*
Jucnvm. *Giou-de-Mamou.*
Juou. *Giou, Giou-de-Mamou.*
Juou de Subtus Montjou. *Jou-sous-Montjou.*
Juou-sur-Murat. *Giou.*
Juou, Juous. *Giou-de-Mamou.*
Jurissac. *Junsac.*
Jurquez. *Les Hurquets.*
Jursac, Jursacum. *Joursac.*
Jusac. *Jussac.*
Juselles. *Jugelle.*
Jussahac, Jussact, Jussacum, Jussiacum. *Jussac.*
Jutore (Ad). *Le Gidour.*

K

Kaïre. *La Pierre de Kaïre.*
Kebier. *Le Kébier.*
Keyzelié. *Le Cayrillier.*
Kombieyre. *Rombières.*

L

La (La). *Lalo.*
Labal. *Laval.*
Labaour. *Lavaurs.*
Labasterie. *Lacastrio.*
Labastide. *La Bastide.*
Labau, Labaux. *Lavaurs.*
Labbro. *Labro.*
Labeau. *Le Labiou.*
Labeau. *La Beau.*
Labellonie, Labelonie. *La Bellonie.*
Labessarette. *La Besserette.*
Labesse. *La Besse.*

Labeu, Labeuf (aqua). *Le Labiou.*
Labeurador (rivus). *La Vialle.*
Labeuradou. *La Biouradou*, mont.
Labial. *Le Cibial.*
Labiescrete. *La Besserette.*
Labieu (aqua). *Le Labiou.*
Labieuradou. *Labeuradour.*
Lablatis. *La Blatis.*
Labohal, Laboiral. *La Boual.*
Labonnet. *La Bonnet.*
Labontat. *La Bontat.*
Labora. *Labro.*
Laborador. *Labeuradour.*
Laborie. *La Bourrière*, mont.
Laborit. *La Borie.*
Laborma. *La Borme.*
Labos. *Labro.*
Laboysse. *La Boisse.*
Labra. *Labro.*
Labraconie. *La Broconie.*
Labres. *Labro.*
Labro. *La Brocha.*
Labroa. *Labro, La Broha.*
Labroavielhe. *Labro-Vieille.*
Labroc. *Labro.*
Labroc-sur-Velloneyre. *Labro-sur-Velonnière.*
Labroh. *La Brougue.*
Labroha. *La Broha.*
Labrohas. *La Bro.*
Labrohe. *Labro.*
Labrouc. *Labro.*
Labrouradom. *Labiouradou.*
Labrousse. *La Brousse.*
Labroussetie, Labroussetye. *La Brousselie.*
Labroussette. *La Broussette.*
Labrunhe. *La Brunie.*
Labuau. *La Beau.*
Lac (Al). *Le Puy-del-Lac.*
Laca. *Le Lac.*
Lacalm. *La Cam.*
Lacalmette. *La Calmette.*
Lacalm Naute. *La Calm-Haute.*
Lacalsade. *La Calsade.*
Lacam. *La Can.*
Lacam des Jors. *Le Camp-des-Jors.*
Lacamp. *La Cam.*
Lacassaignhe, Lacassanhe. *La Cassagne.*
Lacayrie. *La Cayrie.*
Lacaza. *Les Cazes.*
Lac Borbal, Lac Bourbal. *Le Lac-Bourbau.*
Lac de Montgralcix. *Le Lac.*
Lac del Fencyrial, Lac de Sestes. *Le Lac-de-Feste.*
Lacga. *Latga-Soubro.*

TABLE DES FORMES ANCIENNES.

Lachaut Albinèze. *La Chat-Albinèse.*
Lac Guiher. *Le Lac Gibert.*
Lachen, Lachenes, Lacheux. *Lachens.*
Lachou. *Le Lapsous.*
Lacombe. *La Combe.*
Lacomp. *Lencamp.*
Lacontie, Lacontye. *La Comtie.*
Lacq. *Le Lac.*
Lacrotz. *La Croix.*
Lacs. *Le Lac.*
Lacsolh. *Le Lapsous.*
Lactiqe. *Lastic.*
Lactz. *Les Lacs.*
Lactz, Lacx. *Aylas.*
Ladignhac. *Ladignac.*
Ladinhac, Ladinhiac. *Ladignac-Vieille.*
Ladinhacum, Ladinhat, Ladinhiac, Ladiniac, Ladiniat, Ladinihac. *Ladignac.*
Ladrech, Ladreetz, Ladreit, Ladrets, Ladrex. *Ladret.*
Ladreich. *La Dreit.*
Ladreyt. *Ladrey.*
Ladries. *Ladret.*
Laffolhada. *La Feuillade-Haute.*
Laffon. *La Fon-Basse.*
Laforce. *La Force.*
Lagaget. *Le Couffin.*
Lagaignia. *La Ganie.*
Lagane. *La Gane.*
Lagania. *La Ganie.*
Laganne. *La Ganne.*
Lagarde. *Lugarde.*
Lagat. *La Géathe.*
Lagau. *Les Lagues.*
Lagentie. *La Gentie.*
Laghaac, Laghat. *La Coste-de-Lagour.*
Laghat. *Lagat.*
Laginie, Laginias. *La Ganie.*
Lagone. *L'Agat.*
Lagorce. *La Gorce.*
Lagoutte. *La Goutte.*
Lagrailhe. *La Graille.*
Lagrezie. *La Grézie.*
Laguaygue del Cros. *La Buge.*
Laguigne, Laguighe, Laguignic. Laguinhe, Laguinie, Laguinio. *La Guinie.*
Laigaldin. *Laigaldie.*
Laigne. *Le Cher-Laigue.*
Laigue. *L'Aigue.*
Laigue. *Leygues.*
Lainhacum. *Leynhac.*
Lair, Lairm. *L'Herm.*
Lairoux. *Lazerou.*
Laitz. *Aylas.*
Laivounie. *Leygonies.*
Laize. *Leige.*

Lajage. *Le Couffin.*
Lala. *Les Alos.*
Lala. *Lalo.*
Lalardie. *La Lardie.*
Lalaubie. *La Laubie.*
Lalbar. *Laubac.*
Lalge. *Les Lades.*
Lallo. *Lalo.*
Lalmur. *Launur.*
Lalugatie. *La Lugatie.*
Lamargire. *La Margé.*
Lamarque. *La Marque.*
Lambert. *Laubac.*
Lamdebal. *Landebal.*
Lamilhie, Lamilie, Lamillie. *La Mélie.*
Laminier. *Le Luminier.*
Lampret. *Lempret.*
Lamussonie. *La Mussinie.*
Lamynier. *Le Luminier.*
Lanau. *La Nau.*
Lances (nemus). *Lonés.*
Lanche. *Allanche.*
Landa. *La Lande.*
Landa (rivus). *L'Ande.*
Landas. *La Lande, Les Landes.*
Laudayrac, Landayrat. *Landeyrat.*
Lande. *L'Ande*, riv.
Landeiracus, Landeirat, Landerat, Landeriacum. *Landeyrat.*
Landel. *Le Landel.*
Landes. *Les Landes, L'Ande*, riv.
Landeto. *Le Landet.*
Lande Via. *La Vieille.*
Landeyrac, Landeyracum. *Landeyrat.*
Landic. *La Lande.*
Landonnes, Landoune, Landouné, Landounes. *Landonnés.*
Landounière (Las). *La Flandonnière.*
Landreil. *Le Dreil.*
Landrodye. *Landrodie.*
Langlada. *L'Anglade.*
Langoirou. *Le Longayroux.*
Langoirous, Langouirou, Langoyro. *Longouiroux.*
Langoyrou. *Longayroux.*
Langoyrou. *Langoirou, Le Longayroux.*
Langueres, Langueyre, Langueyro. *Langouiroux.*
Languery. *Laury.*
Langucrye. *Louayrès.*
Lanho. *L'Alagnon.*
Lanié, Lanio. *Lagnès.*
Lantat. *Lentat.*
Lanteugol. *Lantuéjoul.*
Lantilhac. *Lintillac.*
Lantueghol, Lantuegioul, Lantuégoul. *Lantuéjoul.*

Lantuejoul. *Antuéjoul.*
Lantueyoul. *Lantuéjoul.*
Lapaire. *La Peyre.*
Lapeire. *La Peyre.*
Lapeirusse-Basse. *La Peyrusse-Basse.*
Lapelha, Lapelhe. *La Pille.*
Lapelhs. *Le Lapsous.*
Laperle. *La Perle.*
Lapeyre. *La Peyre.*
Lapeyrelade. *La Peyrelade.*
Lapeyrusse-Basse. *La Peyrusse-Basse.*
Lapezolie. *La Poujolie.*
Lapignatelle. *La Pinatelle.*
Lapilhe. *La Pille.*
Lapinqueyrie. *La Pinqueyrie.*
Laplacette. *La Placette.*
Lapoilh. *Le Lapsous. La Pille.*
Lapoilhs, Lapsol, Lapsou, Lapsoul, Lapoilhs, Lapsoulx, Lapxoilh, Lapxol, Lapxolh. *Le Lapsous.*
Lapxou. *La Pille.*
Lapxoul, Lapxoulh. *Le Lapsous.*
Laponetie. *La Ponétie.*
Laposolie, Lapozolie. *La Poujolie.*
Lapoujoulade. *La Poujolade.*
Lapressoyre. *Persouire.*
Laq. *La Raze-del-Lac.*
Laqueyres. *La Cayre.*
Larbonet. *Larbonnet.*
Larcoii, Larcoux. *Lascout.*
Lardin. *La Lardie.*
Lardies. *Las Lardies.*
Laredoulière. *La Redoulière.*
Larenier, Lariner. *Larinier.*
Largnac, Largnat, Largnhac, Largnhat, Larnhat, Larnhiac, Larniat. *Narnhac.*
Largniac, Larignac, Larniac, Larniat. *Largnac.*
Larocabrou, Larocque-Bro. *Laroquebrou.*
Larometz. *Le Roumet.*
Lasariia. *Les Mourandes.*
Lasazelles. *Las Cazelles.*
Lasbros. *La Broha, Los Bros, Brousses, Loybros.*
Lasbros de Luc. *Labro-de-Luc.*
Lasbrouas, Lasbroux. *Loybros.*
Lascasas. *Las Cazes.*
Lascelles. *Lascelle.*
Lascoh, Lascolz, Lascotz. *Laccols.*
Lascombas. *Les Combes.*
Lascou. *Lascout.*
Lasdes. *Les Lades.*
Laslat. *Les Lattes.*
Lasdouts. *Las Doux.*
Lasmiales. *Les Mialots.*
Laspeire. *Las Peyres.*

TABLE DES FORMES ANCIENNES.

Lasrevirades. *Las Revirades.*
Lassou. *Le Lapsous.*
Lasteiries, Lasteyries, Lasteyrios. *Lasteyrie.*
Lasticq, Lasticum, Lastiq. *Lastic.*
Lastiguet. *Lastiguet.*
Lastreil. *Lextreit.*
Lasuques. *Les Hugues.*
Latas. *Les Lattes.*
Latga-Marly. *La Mourelie.*
Latgla. *Lagat.*
Latgua Sobra. *Latga-Soubro.*
Latgua Soutro. *Latga-Soutro.*
Latterie. *La Layterie.*
Lattez. *Les Lattes.*
Lauba, Laubar. *Laubac.*
Laubaresse. *Loubaresse.*
Laubegeac, Laubeghea, Laubeghéac, Laubejac. *Loubejac.*
Laubenic. *La Bovenie.*
Laubesargues, Laubessargues, Laubeysargues. *Loubeysargues.*
Laubies, Laubye. *La Laubie.*
Laubré. *Bélaubré.*
Laubus. *Laubac.*
Laucam, Laucamp, Laucamp-Lardence. *Loucamp.*
Lauchy. *Lieuchy.*
Laudie, Laudière. *La Loudière.*
Laudières. *Loudières.*
Laudives. *Las Landies.*
Laudoumes. *Landonnès.*
Laurassergues. *Lauressergues.*
Laugaires. *Lauayès.*
Laugang. *Loucamp.*
Lault. *Le Lot.*
Laumon, Laumont. *Le Mont.*
Laurbovia. *La Margovie.*
Lauredou. *Louradou.*
Lauresesse. *Laurichesse.*
Laurey. *Laury.*
Lauria. *Laurie.*
Lauriacum. *Lauriac.*
Lauriceche. *Laurichesse.*
Laurinhie. *Laurinie.*
Laurte. *Les Hortes.*
Laurum, Laurye. *Laurie.*
Lauruol. *Lauriol.*
Lausardio. *Lauzardie.*
Lausier. *Le Laussier.*
Lautmur. *Laumur.*
Lauvergnhe. *Longe-Vergne.*
Lauvertie. *Laubertie.*
Lauvie. *La Laubie.*
Lauzardier, Lauzardies. *Lauzardie.*
Lauzerail. *Lauzeral.*
Lauzet. *Lauzel.*
Lauzier. *Le Laussier.*

Lauzière. *La Louyère.*
Lavado, Lavador, Lavadour. *Le Baladour.*
Lavadour. *Le Levadou.*
Lavadoyre. *Le Lavadou.*
Lavail. *Laval.*
Lavande. *Le Levandès.*
Lavarnède. *Livernenc.*
Lavaurd. *Le Bois-de-Lavaur.*
Lavaur Sobeyrane. *Le Mⁱⁿ-de-Lavaur.*
Laveisseire. *La Besseire.*
Lavende. *Le Levandès.*
Lavetz. *Laveix.*
Lavigeyria. *Lavigerie.*
Laxen. *Lachens.*
Laxoil. *Le Lapsous.*
Laxoilh. *La Pille.*
Laxolh. *Le Lapsous.*
Laybros. *Leybros.*
Layman. *Le Mont.*
Laymaria. *Laymarie.*
Laymetz, Laynetz. *Lenès.*
Laynhac, Laynhacum. *Leynhac.*
Laynbaguet. *Leynaguet.*
Layniac, Laynihacum. *Leynhac.*
Layraldia. *Léraldie.*
Layre. *Laire, L'Hère.*
Layris, Layrit, Layritz. *Layrix.*
Layvons. *Leyvaux.*
Lazens, Lazeron. *Lazeroux.*
Leau Camp, Lecamp, Leocamp. *Leucamp.*
Lebejac. *Loubejac.*
Lebraliolz. *Lébraliol.*
Lebregal, Lebrejal, Lebrezac sous Vigouroux. *Le Brégéal.*
Lebuel. *Le Buel.*
Lecenac. *Lessenat.*
Lecher. *Le Cher.*
Lecherblan. *Le Cher-Blanc.*
Lecmet. *Le Lemmet.*
Lecmo, Lecnum. *Le Limon.*
Lecola, Lecolanat, Lécole. *Lécolle.*
Ledinhacum. *Ladignac.*
Lefau. *Le Fau.*
Lefvaux. *Leyvaux.*
Legau. *Legal.*
Lege. *Leige.*
Leibros. *Leybros.*
Leignargas. *Liniargues.*
Leigne. *Leygues.*
Leignhac, Leinhac, Leinihac. *Leynhac.*
Leigounie. *Leigonie, Leygonies.*
Leigs. *Leige.*
Loilivades. *Les Levades.*
Leinirolles. *Lignerolles.*
Leiro. *La Croix-de-Lairou, Le Puech-de-Lorut.*

Leirona. *Layrenoux.*
Leize. *Leige.*
Lemet. *L'Hermet.*
Lemno, Lemno Sobra et Sotra. *Le Limon, Le Limon-Bas et Haut.*
Lemozenia, Lemozinia. *La Lemosinie.*
Lempde. *L'Ande.*
Lemur. *Le Mur.*
Lenchiala, Lenchivala. *L'Inchivala.*
Lenda, Lende. *L'Ande.*
Lendyrat. *Landeyrat.*
Lenetz. *Lenès.*
Lenguery. *Laury.*
Lenteyrie. *La Layterie.*
Lentilhac. *Lentillac.*
Lentuegiel. *Lantuéjoul.*
Léongenge, Leonzenge. *Lonzange.*
Leoradium. *Léraldie.*
Leotadès. *Lientadès.*
Leoues. *Leybros.*
Lepcous. *Leucamp.*
Leprosaria, *Leprosia. Aux Malades.*
Ler. *L'Her, L'Herm.*
Lera. *L'Hère.*
Léraldye. *Léraldie.*
Lercière. *Lorcières.*
Lerm. *L'Air, L'Herm.*
Lermades. *Les Ermades.*
Lermandis. *L'Armandie.*
Lerm de Borloncles. *L'Air-de-Bournoncles.*
Lerm de Faveirolles. *L'Air.*
Lern, Lert. *L'Air.*
Leroldie. *Léraldie.*
Lerver. *Le Beix.*
Lesbolies. *Teissières-les-Boulies.*
Lesbrechailles. *Les Bréchailles.*
Lesbros. *Leybros.*
Lesbuel. *Le Buel.*
Lescivieyre. *Lescivière.*
Lesclude. *Lusclude.*
Lesclaut. *Le Claux.*
Lesclauza. *Las Clause.*
Lescura. *Lescure, Lescure-Basse.*
Losgiraldes. *Giraldès.*
Lesnirolles. *Lignerolles.*
Lespinach, Lespinacs, Lespinacts. *L'Espinasse.*
Lespinas. *L'Espinas.*
Lespinassa. *Espinasse.*
Lespinasse. *L'Espinasse.*
Lespinatz. *Lespinat.*
Lespras, Lespraz. *Asprat.*
Lespresle, Lapxol. *Le Lapsous.*
Lessac. *Lessal.*
Lessanau. *Lessenat.*
Lessela. *Salettes.*
Lessenac. *Lessenat.*

TABLE DES FORMES ANCIENNES.

Lestadieu. *Estadieu.*
Lestanco, Lestancou. *L'Estancade.*
Lestang. *L'Anjou.*
Lesteiries, Lesteyrie, Lesteyries. *Lasteyrie.*
Lestival. *L'Estival.*
Lestrada. *L'Estrade, La Borie de l'Estrade.*
Lestral, Lestreil, Lestreit, Lestrel, Lestreu, Lestrez. *L'Extreit.*
Lesvande. *Levandès.*
Lesvaulx. *Leyvaux.*
Létairie. *La Layterie.*
Letat. *Lentat.*
Loucampus, Leucan, Longum Camyum. *Leucamp.*
Leuchol. *Leuchet.*
Leuchet (villa). *Lieuchy.*
Leugarde. *Lugarde.*
Leuradou. *Louradou.*
Leuver. *Levers.*
Leuvers. *Levert.*
Leva Arboras. *Les Arbres.*
Levades (Las). *Le Brusquet.*
Lovat. *Le Bot.*
Levaunde. *Lévandès.*
Levernene. *Livernene.*
Levers. *Levert.*
Levers de Queilbe. *Le Prat-de-Levers.*
Levetz. *Levets.*
Levière. *Levert.*
Levisiballa, Leviziballa, Levizivalla. *L'Inchivala.*
Levol, Levot. *Le Bot.*
Lexvaux. *Leyvaux.*
Ley. *L'Herm.*
Leyanille. *La Quille.*
Ley-Brous. *Leybros.*
Leydinhac. *Ladignac.*
Leyge. *Leige.*
Leygnhac, Leyniac, Leynihac. *Leynhac.*
Leygonia. *Leygonies.*
Leygua. *Leygues.*
Leymosinies. *La Lemosinie.*
Leynhaguet. *Le Leynaguet.*
Leyniac, Legnihacum. *Leynhac.*
Leyvau, Leyvaulx. *Leyvaux.*
Leypinasse. *L'Epinasse.*
Leyrac. *Layrac.*
Leyraldie, Leyraldies, Leyraldis. *Léraldie.*
Leyre. *L'Hère.*
Leyrich, Leyritz, Leyrix, Leyrots. *Leyrits.*
Leyrou. *La Croix-de-Lairou.*
Leyteyrie. *La Layterie.*
Leyvairia, alias del Fraisse. *Fraissi.*

Lezeure. *Lescure.*
Lhandayrat. *Landeyrat.*
Lhautades, Lhautadez. *Lieutadès.*
Lhauverac. *Loubejac.*
Lhauzargues. *Liozargues.*
Lher. *L'Herm.*
Lherbé. *L'Herbe.*
Lherm. *L'Air, L'Herm.*
Lherm de Chaleyres. *L'Air.*
Lherme. *L'Hergue.*
Lhermet. *L'Hermet.*
Lhermic. *Les Hermies.*
Lhermitage. *L'Ermitage.*
Lheutades. *Lieutadès.*
Lhimanhas. *Limagne.*
Lhinacum, Lhinhac. *Lhiniac.*
Lholz. *Les Olnes.*
Lhom. *Loum.*
Lhoradou. *Louradou.*
Lhoriart. *Lauriart.*
Lhot. *Le Lot, riv.*
Lhuc, Lhuum. *Luc.*
Lhuzargues. *Liozargues.*
Liadouse. *Liadouze.*
Liamon. *Liaumon.*
Liaubette. *Liaubet.*
Liaucan. *Liocamp.*
Liauchy. *Lieuchy.*
Liaumier, Liaumiero, Liaumies, Liaumiez, Liaunies. *Liaumiers.*
Liaumoux. *Liaumon.*
Liauran. *La Forêt du Lioran.*
Liberte. *Les Gibertes.*
Liclavade. *Linclavade.*
Lidar. *Lidard.*
Lidinhacum. *Ladignac.*
Lientat. *Lentat.*
Lieubet. *Liaubert.*
Lieucamp. *Liocamp.*
Lieuchi. *Lieuchy.*
Lieude. *Biaude.*
Lieumiers. *Liaumiers.*
Lieuran. *La Forêt du Lioran.*
Lieurrac. *Lieuriac.*
Lieusargios, Lieusargues, Lieusargues. *Liozargues.*
Lieusurgues. *Lissargues.*
Lieusarguos. *Liozargues.*
Lieusé. *Lissargues.*
Lieutadé, Lieutadex. *Lieutadès.*
Lieuzègues, Lieuzengues. *Liozargues.*
Lignes. *Les Lignes.*
Lignolz. *Linols.*
Ligones, Ligons, Ligounès. *Ligonnès.*
Limaignhes. *Limagne.*
Limainnas. *Limagne-Haute.*
Limanges, Limanghes, Limanhas. *Limagne.*

Limanhas Altas. *Limagne-Haute.*
Limanhas Bassas, Soteyranas. *Limagne-Basse.*
Limanhe, Limanies. *Limagne.*
Limanhe-Blanque. *La Limagne-Blanque.*
Limno. *Le Limon.*
Limon Chantalès. *Le Mont.*
Limonet. *Limonès.*
Limonnies. *Limonès.*
Limon Soutra. *Le Limon-Bas.*
Limougy. *Limonzi.*
Linars. *Lhinars.*
Linas, Linha, Linhars. *Les Lignes.*
Linchivalar, Linchivala. *L'Inchivala.*
Lindrevic. *Landrodie.*
Lines, Linhes. *Les Lignes.*
Liniols. *Linols.*
Lintilhac. *Lintillac.*
Lintrieigiou. *Lantuéjoul.*
Liocon, Lioucon. *Liocamp.*
Lionard. *Léonard.*
Lioubarnou. *Chambernon.*
Liouniay. *Les Lignes.*
Liouzarges. *Lissergues, Liozargues.*
Liraldies. *Léraldie.*
Lischaffol. *Lischafel.*
Lissarguez. *Lissargues.*
Lissart. *L'Issart.*
Lissinière. *La Lirenière.*
Listbactelh. *Lischafel.*
Liver. *L'Hivert.*
Livernère. *Liveyrnier.*
Lixonio. *Le Limon.*
Loardie. *La Lardie.*
Lobadia. *Leuprade.*
Lobaisargues, Lobaizargues. *Loubeysargues.*
Lobarces, Lobarsses. *Loubarcet.*
Lobaresse. *Loubaresse.*
Lobayzargues. *Loubeysargues.*
Lobégat, Lobégeac, Logogiac, Lobejac. *Loubejac.*
Lobeisargues, Lobeyzargues. *Loubeysargues.*
Lobeyra. *La Loubeyre.*
Loboysargues, Lobeyssergues. *Loubeysargues.*
Lobezat. *Loubejac.*
Lobiere. *La Loubeyre.*
Lobio, Loby. *Lobi.*
Lobraydie. *Las Brairies.*
Locabrao. *Laroquebrou.*
Localmette. *La Calmette.*
Lobinoux. *Loubinoux.*
Lodaireas, Loderiæ, Loderias. *Loudières.*
Lodeyrette. *Loudeyrettes.*

TABLE DES FORMES ANCIENNES.

Lodiac, Lodiat, Lodier. *Loudiers.*
Lodière, Lodieyra. *La Loudière.*
Lodieyra Sobeyrana. *La Loudière-Haute.*
Lodiniac. *Ladignac.*
Lodyer. *Loudiers.*
Lodyra. *La Loudière.*
Logueyrieu, Logueyrou. *Louayrès.*
Lolhère, Lolhière. *Lolière.*
Lolier. *Loulier.*
Lolin. *Lholm.*
Lolin Superius. *Lholm-Haut.*
Lolle. *L'Olle.*
Lollier. *Loulier.*
Lolm. *Lholm, L'Olm, Loun, Les Olnes.*
Lom. *Les Olnes.*
Lomandias, Lomandies. *La Lomandie.*
Lomber. *Lombert.*
Lombert. *La Réginie.*
Lommur. *Laumur.*
Lompuch-Bas. *Le Long Puech-Bas.*
Lompuech, Lompuch. *Le Long-Puech.*
Lon. *Lom, Les Olnes.*
Lonc Nyut. *Gonneuf.*
Longacalm. *Longue-Cam.*
Longaigne. *La Longane.*
Longanha. *La Longaine.*
Longanie. *La Longane.*
Longaressas. *Legciressa.*
Longavelia. *Longavialle.*
Longa Vernha. *Longue-Vergne.*
Longayro. *Longayroux.*
Long Bert. *Lombert.*
Longclasse. *Longe-Lasse.*
Longesaignhes, Longesanhie, Longesaino, Longessagne, Longessaigno, Longessaignes. *Longe-Sagne, Longe-Saigne.*
Longeuvergne, Longevergnie. *Longe-vergne.*
Longevergnhe. *Longue-Vergne.*
Longeviolle. *Longevergne.*
Longeyro. *Langouiroux.*
Longhaire. *La Longière.*
Longha Lassa. *Longe-Lasse.*
Longha Viala. *Longevialle.*
Longhe-Sanhe. *Longesaigne.*
Longirou. *Longayroux.*
Longles. *Zongles.*
Longoayrou. *Longayrou.*
Longoiro, Longoirou. *Longouse.*
Longo Muro. *Laumur.*
Longoscombes. *Longues-Combes.*
Longourou, Longouyrou, Loogoyro, Longoyrou. *Longayroux.*
Long Puch, Puchx, Pueh. *Longpuech.*
Longua Mena. *Longue-Mène.*
Longuas. *Les Longues.*

Longua Vernha. *Longue-Vergne.*
Longuernh. *Lombert.*
Longuecalm. *La Longue-Cam, La Longue-Camp.*
Longue-Combe. *Longues-Cam-Bas.*
Longuessaigne. *Longesaigne.*
Longuerres, Longuet. *Louayrès.*
Longue Vergnhe, Longuevernhe. *Longue-Vergne.*
Longueyres. *Louayrès.*
Longueyro, Longueyrou. *Le Longayroux.*
Longuirou. *Le Longayroux.*
Longum. *Longouse.*
Longuoyro. *Le Longayroux.*
Longus Campus. *Leucamp.*
Long Vernh. *Lombert.*
Lons. *Douze.*
Lopertuz. *Le Partus.*
Lopiac, Lopiacum. *Loupiac.*
Lopiaguet. *Loupiaguet.*
Loqueires, Loquierez. *Le Cayre.*
Loradou. *Louradou.*
Lorbarses. *Lonbarcet.*
Lorceire, Loursaire. *Lorceyre.*
Lorceyre, Lorcière. *Lorcières.*
Lorcières. *Orcières.*
Loriac. *Lauriac.*
Lorniac. *Larynac.*
Lorsal. *L'Ortal.*
Lorseira, Lorsières. *Lorcières.*
Lort. *La Rance.*
Lort du Bert. *L'Ort-du-Vert.*
Lortigues. *Artigues.*
Lospitail. *L'Hôpital.*
Lou. *L'Olm.*
Louande. *Levandès.*
Loubairesse. *Loubaresse.*
Loubarsses. *Loubarcet.*
Loubayres. *La Loubière.*
Loube au Mas. *Le Beaumas.*
Loubegat, Loubegéac, Loubégharès, Loubégheat, Loubegiac, Loubeiac. *Loubéjac.*
Loubeijarques. *Loubeysargues.*
Louboire, Loubeyre, Loubière. *La Loubaire.*
Loubeisargues, Loubeizac, Loubeizargues, Loubessargues, Loubeyzargues, Loubezargues. *Loubeysargues.*
Loubhyer. *La Loubeyre.*
Loubière, Loubieyre. *Lonière.*
Loubigiat. *Loubéjac.*
Loubinou. *Loubinoux.*
Loubisargues. *Loubeysargues.*
Loudaire. *Loudières.*
Loudeyre. *La Loudière.*
Loudiès, Loudier, Loudyer. *Loudiers.*

Lougarde. *Lugarde.*
Louibère. *Lolière.*
Loumon. *Le Mont.*
Loumpuech. *Longpuech.*
Loungourou. *Longayroux.*
Loungverng, Lounvernh. *Lombert.*
Louper. *Le Peil.*
Louppiac. *Loupiac.*
Lourceyre. *Loursaire.*
Louriac. *Lauriac.*
Lourt. *Ouches.*
Lousargue. *Luzargues.*
Loustalié. *L'Oustalié.*
Louts. *Escouts.*
Louveghac. *Loubéjac.*
Louvie. *Loudiers.*
Louviel. *Liaubet.*
Louxoire. *Louchaire.*
Louy. *Lobi.*
Louzardies. *Lauzardie.*
Louzeux. *Lonzel.*
Loveysergues. *Loubeysargues.*
Loyse. *Alleuze.*
Luc. *Le Lac.*
Lucamp. *Leucamp.*
Lucaque. *Luc.*
Lucgarda, Lucgardum. *Lugarde.*
Luchalu de Lerbe. *Lacham-de-Lerbe.*
Luchars. *Luchards.*
Luchas. *Lachal.*
Lucq, Lucqs, Lucqz, Luctz, Lucus, Lucz. *Luc.*
Ludgarde *Lugarde.*
Ludier. *Ladiès.*
Lugarda. *Lugarde.*
Luger. *Luzers.*
Lughat. *Latga-Soubro.*
Luguarde. *Lugarde.*
Luizargues. *Lissargues.*
Luloux. *Fouilloux.*
Luminiere. *Le Luminier.*
Lumprat, Lupineus, Luppiac. *Loupiac.*
Lungheanges. *Leuzange.*
Lupsalt, Lupsault. *Lussault.*
Luques (Las). *Les Hugues.*
Lurlaugas. *Turlande.*
Lussal. *Luchal.*
Lussalt, Lussauld, Lussault. *Lussaud.*
Lussault. *Luchal.*
Lussenac, Lusseuacum. *Lucenac.*
Lussenat. *Lessenat.*
Lussunac. *Lucenac.*
Lutgarde. *Lugarde.*
Lutherie. *La Layterie.*
Lutsault. *Lussaud.*
Lutz, Lux. *Luc.*
Luzer, Luzern, Luzert. *Luzers.*
Lyadeires, Lyadeyre. *Liadières.*

TABLE DES FORMES ANCIENNES.

Lyaubet. *Liaubet.*
Lyaumon. *Liaumon.*
Lydart. *Lidard.*
Lymanhas Sobeyranas. *Limagne.*
Lymanhes. *Les Chaumeils.*
Lymerie. *Laumeyre.*
Lymon. *Le Limon.*
Lymonès, Lymonnès, Lymounin. *Limonès.*
Lynars. *Lhinars.*
Lyoutades. *Lioutadès.*
Lyssac. *Lissac.*
Lyversen, Lyvessin. *Livorsin.*
Lyzaret. *Les Issarts.*

M

Maciacensis vicaria, Maciacus, Macsiac. *Massiac.*
Madelfour. *Le Mas-del-Four.*
Madelort. *Le Mas-de-l'Ort.*
Madelrey. *Le Mas-del-Ray, Rey, Reyt.*
Madicq, Madiet, Madicum. *Madic.*
Madière, Madreyres. *Madrières.*
Madinac. *Madunhac.*
Maduran. *Le Mas-Durand.*
Maestrias. *Les Mestries.*
Mafrinal. *Le Mas-Frinal.*
Mageinhe. *Manhes-Bas et Haut.*
Maget. *Le Mazet.*
Magez. *Marzes.*
Maghanessa. *Méjanassère.*
Maghne, Maginhe. *Manhes-Bas et Haut.*
Magie, Magie. *Mazie.*
Magières. *Mazières.*
Maginhol. *Maginiol.*
Maginiargues. *Maziniargues.*
Magnat, Megniacum. *Magnac.*
Magnibe-Baver. *Manhes-Bas.*
Magranié, Magronier. *Le Mas-Granier.*
Magut. *Le Mazet.*
Mahonyal. *Le Maisonial.*
Maidicus. *Madic.*
Maignac, Maignhac, Mainac, Manhac, Manhat. *Magnac.*
Maigne. *Manhes-Bas et Haut.*
Mailhar. *Les Mailleaux.*
Mailhargues. *Maillargues.*
Mailhet. *Le Maillet-Malhet.*
Mailhoux. *Les Mailleaux.*
Maillet. *Malhet.*
Mainac. *Maniac.*
Mainel-Vielh. *Le Meiniel-Vieil.*
Mainial. *Le Meynial.*
Mainiel. *Le Meyniel.*

Mainils. *Le Meynial.*
Maire. *Mars.*
Maisonade. *La Maisonnade.*
Maiso Nova. *La Maison-Neuve.*
Maisons. *Dix-Maisons.*
Maisos. *Les Maisons.*
Maistrau. *Manclaux.*
Maissiac. *Massiac.*
Majadas. *Majades.*
Majalhac. *Majaliac.*
Majeac. *Le Majou.*
Majouse. *La Majouste.*
Malabaisse. *Malavaisse.*
Mala Comba. *Male-Combe.*
Maladia. *La Malaucio.*
Maladie. *La Malaudie.*
Maladrerie. *Aux-Malades.*
Malandia. *La Malaudie.*
Malandya. *Les Mourandes.*
Malapeyra. *Malpeire.*
Mala Prada, Malaprade. *Male-Prade.*
Malarat. *La Moulègre.*
Malas Fessas, Malas Fossas. *Male-fosse.*
Malasmaysens, Malasmujos. *Malomaison.*
Malassonia. *La Malroussie.*
Malatès, Malatèse, Malatèze. *La Malathèze.*
Malatière. *Le Puech-del-Mas.*
Malaudia. *La Maladrerie, La Malaudie, Les Malaudes, Les Mourandes.*
Malaudia da Glenat. *Les Mestries.*
Malaudie. *La Malaucio, Les Mourandes, Le Puech-del-Mas.*
Malaudye. *Les Mourandes.*
Malavaysa. *Le Sour.*
Malaveilha. *La Malle-Vieille.*
Malavergne, Malavernhe. *Malevergne.*
Malbar. *Malbert.*
Malbe, Malbec. *Malbet.*
Malbes. *Malbet.*
Malbois, Malbos. *Malbo.*
Malbosc. *Massebeau.*
Mal Carcat. *Le Mas-Calcat.*
Mal Chastel. *Marchastel.*
Malchal. *Le Malpas.*
Malecanal. *Mal-Canal.*
Maleix. *Le Mavet.*
Malemolye. *La Moumoulie.*
Malepeyre. *Béteilles.*
Malepic, Malepie. *Malepis.*
Maleprade. *Malprade.*
Maleta. *Le Martory.*
Malessaignes. *Malessagne.*
Maletia. *Maliéry.*
Maletias, Malethye. *La Malétie.*

Malevielhe, Malevieille. *La Malle-Vieille.*
Malfarac. *Malfaras.*
Malfaus. *Male-Fosse.*
Malgorn. *Malgorce.*
Malgranie. *Le Mas-Granier.*
Malgras. *Malgrat.*
Malhac. *Maliac.*
Malhargues. *Malzargues.*
Malhargues, Maliargue, Maliargues. *Maillargues.*
Malhaux. *Les Mailleaux.*
Malivernade, Malivernadie. *La Malhivernadie.*
Malla Vaysse. *Malavaisse.*
Mallaveilhe, Malavieille, Malle Veilhe, Mallevieille. *La Malle-Vieille.*
Malleprade. *Male-Prade.*
Mallet. *Chirac.*
Malloutie. *La Malaucio.*
Mallevernhes. *Mont-Vert.*
Malliargues. *Maillargues.*
Malmega. *La Malmouche, Mauvieille.*
Malmega. *Mulméga.*
Malmeghe, Mal Méghia. *Mauvielle.*
Malmeia, Malmergha. *Mauvieille.*
Malocanal. *Mal-Canal.*
Malocium. *Malhols.*
Maloguorse. *Malgorce.*
Malot. *Mallet.*
Malhouthio. *La Malaucio.*
Malpartus, Malpartut. *Malpertus.*
Malpas. *Maupas.*
Malpelia. *La Malpelie.*
Malpertuis. *Malpertus.*
Malri. *Le Malrieu.*
Malrieu. *Le Puy-de-Malrieu.*
Malriou, Mal Riu. *La Garnie.*
Malrossia, Malrougio, Malroulix, Malrouzie. *La Malroussie.*
Malsargues. *L'Échaudat, Malzargues.*
Maltaral. *La Moulègre.*
Maltraves. *Maltravers.*
Malum Becum. *Malbec.*
Malvaisse. *Malavaisse.*
Malvere, Malverq, Malvert, Malvertum. *Malbert.*
Malvesinha, Malvesinia, Malvesinie, Malvezinhe, Malvezinia, Malvesinie, Malvezinye, Malvezynia, Malvizinie. *La Malvisinie.*
Malvornadie. *La Malhivernadie.*
Malzaigues, Malzarghes, Malzargues. *Malzargues.*
Malzargues. *L'Échaudat.*
Mamasty. *Le Mas-Marty.*
Mamo. *Mamou.*
Mamont. *Giou-de-Mamou.*

TABLE DES FORMES ANCIENNES.

Mamo Soteyra, Soteyro. *Mamou-Bas.*
Mamou Sobeyro. *Mamou-Haut.*
Manalb. *Manhal.*
Mandada. *La Mandade.*
Mandailh, Mandailhe, Mandales, Mandalas, Mandalhes, Mandalhies, Mandalias, Mandelhes. *Mandailles.*
Mandenhat. *Andrenat.*
Mandilhac, Mandiliac, Mandiniac. *Mandillac.*
Mandouilh. *Mandour.*
Manes. *Manhes-Bas et Haut.*
Maneste. *Manesse.*
Manetio. *La Marethie.*
Mangacer. *Méjanassère.*
Manghaguet. *Malgagnet.*
Manhes. *Manhès.*
Manhac. *Magnac, Maniac.*
Manhania. *La Manianie.*
Manhargues, Manharguos. *Maniargues.*
Manha Soubra, Manhe-Bas, Manhe-Haute, Manhe-Sobro, Manhe Soubre, Manhe Soutra. *Manhes-Bas et Haut.*
Manhiac. *Maniac.*
Manhie-Bas, Maniabas. *Manhes-Bas.*
Manhol. *Le Meyniel.*
Manial. *Magnac, Manhal.*
Maniargues. *L'Ande.*
Maniairgues, Manihargas. *Maniargues.*
Manie. *Le Meyniel.*
Manii. *Manhal.*
Maniuhe-Haut. *Manhes-Haut.*
Maninia. *La Maurinie-Soutronne.*
Mansergas, Manserguas, Mansergues-lo-Sobeyra, Manserguez. *Mansergues et Mansergues-Haut.*
Manso Arlat. *La Maison-Brûlée.*
Mansoubz, Mansous. *Le Manchous.*
Mansus. *Les Maisons.*
Mansus Blanc de Graula. *La Maison-Blanche.*
Mansus dal Poih. *Le Puy-de-la-Borie.*
Mansus-dal-Puech. *Ol-Peuch.*
Mansus de Cedueghol. *Le Mas-de-Sédaiges.*
Mansus del Forn. *Le Mas-del-Four.*
Mansus del Mas. *Le Mas-de-Reyrolles.*
Mansus de Moniliaco. *L'Abbaye-du-Broc.*
Mansus de Sedages. *Le Mas-de-Sédaiges.*
Mansus hospitalis de Albinhaco. *L'Hôpital.*
Mansus hospitalis d'Ucafol. *Huquefont.*

Mansus Jordane. *Le Mas.*
Mansus Major. *La Maison-Haute.*
Mansus Medius. *La Maison-du-Milieu.*
Mansus Petitus. *La Maison-Basse.*
Mansus Sancti Petri d'Ortigas. *La Chevalerie-d'Artiges.*
Mantière, Mantières. *Mentières.*
Maocombe. *Male-Combe.*
Maoncelas, Maoncellas. *Mont-Celles.*
Maorgho. *Mourjou.*
Maorlhes. *Le Morlhe.*
Mar. *Mars, Marzes.*
Maraine. *Les Marènes.*
Maranche. *Marenche.*
Marbes. *Marbex.*
Marbeu. *Marbœuf.*
Marbovia, Marbovye. *La Margovie.*
Marbruye. *Marbœuf, La Margovie.*
Marcadet. *Marladot.*
Marcastrum. *Marchastel.*
Marcayrol. *Mourcayrols.*
Marce. *La Narse-de-Lascols.*
Marcenac, Marcenacum, Marcenas, Marceneat, Marcennat. *Marcenat.*
Marcenche. *Marenche.*
Marchadial. *Le Marchedial.*
Marchalm, Marchalin, Marchalus. *Marchal.*
Marchand. *Le Manchous, Marchamp.*
Marchane. *Marchamp.*
Marchens. *Marchamp.*
Marchez, Marchidial. *Le Marchedial.*
Marcholezium. *Marcolès.*
Marcicnet. *Marcenat.*
Marcilhac. *Marcillac.*
Marcilhacus. *Le Bois de Marcillac.*
Marcilhiac. *Marcillac.*
Marciliac. *La Pille.*
Marco. *Marcou.*
Marcoal. *Marcouals.*
Marcolesium, Marcolez, Marcolles, Marcollez, Marcolohum, Marcoulès, Marcoulez, Marcoullès. *Marcolès.*
Marcombas. *Marcombe.*
Marcoul. *Marcou.*
Marcoumbe. *Marcombe.*
Marcouyes. *Marcoix.*
Marcual. *Marcouals.*
Marcumba, Marcumbas. *Marcombe.*
Mardanel. *Le Mardarel.*
Mardoigne, Mardoine, Mardonha, Mardonhe, Mardonhes, Mardonia, Mardonie, Mardonium, Mardouza. *Mardogne.*
Mare. *Mars.*
Marechio. *La Marethie.*
Marccolesium. *Marcolès.*
Marefun. *Marzun.*

Maregha. *La Marenge.*
Mareje. *Margéat.*
Marena. *Les Marènes.*
Marencles. *Maroncles.*
Marescas. Maresquas. *Les Maresques.*
Marcugol. *Maruéjouls.*
Marevaut. *Marvaud.*
Marèze. *Mourèze.*
Marflo. *Marsô.*
Marfont. *Marfons.*
Margarida. *La Margeride.*
Margat. *Le Murgat.*
Margayria. *La Margerie.*
Margehat. *Margéat.*
Marger. *La Margé, Marzes.*
Margès. *Marzes.*
Margerida, Margharida. *La Margeride.*
Marghac. *Margéat.*
Margharide. *La Margeride.*
Margharit. *Le Bois de la Margot.*
Margie. *La Margerie.*
Margie, Margier. *La Margé, Le Marger.*
Margoubie, Margounies, Margouvie, Margouvye. *La Margovie.*
Margue. *Aymas.*
Marguio. *Mauguié.*
Marhiat. *Margnac.*
Marheille. *La Martinelle.*
Mari. *Las Maries.*
Mariacensis vicaria. *Mauriac.*
Mari Castrum. *Marchastel.*
Mariégol, Mariejou. *Maruéjouls.*
Marienac. *Marcenat.*
Maries. *Murios.*
Marinet. *Le Confolens.*
Marinie. *La Maninie.*
Mariolz. *Marios.*
Marrilliat. *Merliac.*
Marjé. *Marzes.*
Marlac. *Marlat.*
Marlades. *Marladet.*
Marlat, Marlatum. *Marlet.*
Marlesches. *Marlèche.*
Marlhac. *Marlat, Merliac.*
Marlhacum. *Marlat.*
Marlhat. *Chastel-Marlhac, Marlat.*
Marlhe, Marlhio, Marlho, Marlio, Marlo. *Marliou, Le Marlion.*
Marmagnac, Marmagnhac, Marmaignhat, Marmanhacum, Marmanhacum, Marmaniac, Marmanias, Marmaniat. *Marmanhac.*
Marmers. *Marmiers.*
Marmesse, Marmicisse, Marmier. *Marmiesse.*
Marmier, Marmiez. *Marmiers.*

Marmieys, Marmieyssa. *Marmiesse.*
Marmontel. *Marmonteil.*
Marmussole. *Marmussolles.*
Marmyesse, Marmyers. *Marmiesse.*
Marnhac. *Narnhac.*
Marniac. *Margnac.*
Marona, Marone, Maronius. *La Maronne.*
Maronic. *Les Maronies.*
Maronnies, Maronyes. *Les Maronies.*
Marounie. *La Maronie, La Maurinie.*
Marounies. *Les Maronies.*
Marqueix. *Marcoix.*
Marquoal. *Marcouals.*
Marquzat. *Marquizat.*
Marrassou. *Murassou.*
Marretie, Marretio. *La Marethie.*
Marrissou. *Marisou.*
Marronclas, Marroncles. *Maroncles.*
Mars. *Aymas.*
Marsa. *Marsó.*
Marse. *Marzes, Marsó.*
Marsegut. *Marségur.*
Marsencha. *Marenche.*
Marsilhac, Marsiliac, Marsilliac. *Marcillac.*
Marssallou. *Marsalou.*
Marssiac. *Massiac.*
Martas. *Les Martres.*
Martasaigne. *Morte-Sagne.*
Martenhe. *La Martinie.*
Martesaigne. *Morte-Sagne.*
Marthe. *La Croix-de-la-Martre.*
Marti. *Marty.*
Martie, Marties. *La Croix-de-la-Martre.*
Martilie. *La Martille.*
Martinha, Martinhia, Martinia, Martinias, Martinio. *La Martinie.*
Martinos. *Le Martinou.*
Martinot. *Le Martinet.*
Martori, Martou, Martris. *Le Martory.*
Martres. *La Croix-de-la-Martre.*
Martures. *Les Mourandes.*
Martys. *Marty.*
Maruegaus, Maruéghol, Maruegioul, Maruégol, Maruégou, Maruegoul, Maruejol, Maruejoul, Marüesou, Maruéyol. *Maruéjouls.*
Marvan, Marvauld. *Marvaud.*
Marza, Marzé, Marzi, Marzs. *Marzes.*
Mas. *Aymas.*
Mas. *Les Maisons, Mas-de-Beyrolles.*
Mars, Mazes. *Le Puy-des-Mazes.*
Mas Alpuech. *Le Mas-Négrier.*
Masayrat. *Mazerat.*
Masauriel. *Mazauriel.*

Masaurielon, Masaurielou. *Mazaurielou.*
Masayrolium. *Mazerolles.*
Mas Boffi, Mas Bossi. *Bouffi.*
Mas Calat, Calhat, Calquat, Cascat, Caucat. *Le Mas-Calcat.*
Mas Cammaur, Mas Campmaur. *Le Mas-Cap-Mas.*
Maschol. *Machol.*
Mas de Châteauneuf. *Le Mas.*
Mas de Jordano, Jourdane, Jourdanne. *Le Mas.*
Mas del Bos Ribayros, Mas del Boz. *Le Mas-del-Bos.*
Mas del Mech. *Auzolles-le-Miech.*
Mas del Meynial. *Le Mas.*
Mas del Ray, Rey. *Le Mas-del-Reyt.*
Mas del Reynet. *Le Mas-Raynal.*
Mas del Rif. *Le Mas.*
Mas de Miremont. *Le Mas.*
Mas de Mons. *Le Mas-Damon.*
Mas-Demor. *Demor.*
Mas de Parieu. *Le Mas.*
Mas-de-Sedage, Sedages. *Mas-de-Sédaiges.*
Mas-de-Ségur. *Aymas.*
Masdoul. *Maudour.*
Maseiras, Maseires. *Mazières.*
Masel. *Le Mazel.*
Masellie. *La Mazelaire.*
Maserac, Maseracum. *Mazerat.*
Maserut. *Le Mas-Rut.*
Maset. *Les Mases.*
Maseyrus. *Les Mazeyres.*
Mas Graignié, Graignier, Grainé, Granie, Granié, Granye, Grinier. *Le Mas-Granier.*
Masières. *Les Mazeyres.*
Masignargues. *Maziniargues.*
Mas Moille. *Le Mas.*
Mas Négrié. *Le Mas-Négrier.*
Mas Noël, Masnouel. *Le Manouel.*
Mason (Au). *Le Maçon.*
Masouriel. *Le Mazauriel.*
Massabeau, Massabef, Massabou, Massabeuf, Massaboufz, Massabou, Massabuena. *Mussebeau.*
Massadou. *Le Massadour.*
Massagal. *Le Mas-Sagal.*
Massagua. *Massigoux.*
Massalet. *Massalès.*
Massalo, Massalou. *Marsalou.*
Massat. *Massiac.*
Massebeuf, Massebeufz, Massebeut, Masse-Bort, Massebreau. *Massebeau.*
Massiacum. *Massiac.*
Masside. *Massède.*

Massière. *La Moussière.*
Massigos, Massiguos. *Massigoux.*
Massilhac. *Messilhac.*
Mas Sobeyra (Lo). *Le Mas-Soubeyrol.*
Massons. *Le Bois des Maçons.*
Mas Sotra (Lo). *Auzolles-Bas.*
Mas Souber. *Le Mas-Haut.*
Mas Soubeyro. *Le Mas-Soubeyrol.*
Mastrebois, Mastreboux, Mastreboy. *Le Mas-Trebuis.*
Mas Usmont. *Le Suc-de-Gros-Mont.*
Masverty. *Le Mas-Marty.*
Mataral. *La Moulègre.*
Matergue. *Montruc.*
Matgrenier. *Le Mas-Grenier.*
Mathargues, Matharac, Matbargues. *Maillargues.*
Mathe. *La Matte.*
Matounhères. *Matonnières.*
Maubert. *Malbet, Mombert.*
Maubo. *Malbos.*
Mauboudif. *Montboudif.*
Mauchay. *Maucher.*
Maucher. *Mouchier.*
Maucheyr, Maucheyra, Maucheyres. *Maucher.*
Maucheyres. *Mauchier.*
Maucistrier. *Monsistrier.*
Mauchsols. *Mauchol.*
Maudoul. *Maudour.*
Maugal. *Mauval.*
Mauguie-Bas. *Mauguié.*
Mauguies. *Couffins.*
Mauhbert, Maulvere. *Malbert.*
Maumontat. *Malbet.*
Maunagha. *La Mauriagie.*
Maunhac, Maunhal. *Le Maujal.*
Maur. *Maurs.*
Maurantes. *Le Maurentès.*
Maurantghes. *Morange.*
Maurasanges, Maurassanges. *Morsange.*
Maurcii riparia. *La Rance.*
Maurcium. *Maurs.*
Maure. *Maury.*
Maureil. *Le Maurel.*
Maurel. *La Maurelle.*
Maurelh, Mauret. *Le Maurel.*
Maurgrié. *Le Mas-Négrier.*
Mauri. *Maury.*
Mauric. *Le Mouriol.*
Mauriacensis vicaria, Mauriacus. *Mauriac.*
Mauriogha. *La Mauriagie.*
Mauriam. *Maurian.*
Mauricensis, Mauriciacus. *De Mauriac.*
Mauricis. *Maurs.*
Maurie. *Le Malrieu.*

TABLE DES FORMES ANCIENNES. 593

Maurifontes. *Marfons.*
Maurina. *La Maurine.*
Maurine. *Maurines.*
Maurinhac. *Meyrinhac.*
Maurinhal. *Le Maurinial.*
Maurinha, Maurininha. *La Maurinie-Soutronne.*
Maurinhia, Maurinia, Maurinya. *La Maurinie.*
Maurinis. *Maurines.*
Mauriscalmum. *Montchamp.*
Maurlhieyra. *La Maurlhieire.*
Mauro. *Couffins, Le Maurou.*
Mauroxiensis cella. *Maurs.*
Maurtium, Maurtz, Maurtzii, Maurzicense, Maurzii, Maurzis. *Maurs.*
Maurye. *Le Malrieu.*
Maurys. *Maury.*
Mausac, Mausacou. *Maussac.*
Mausoriel. *Mazauriel.*
Maussacum, Maussat. *Maussac.*
Moussiliguen. *Mansergues.*
Moux. *Maurs.*
Mauzergues. *Mansergues.*
Maxniol. *Le Meyniel.*
Mayonsac. *Méjansac.*
Mayères. *Mazières.*
Mayghonada. *La Maisonade.*
Maygre. *Le Maigre.*
Maylhargues. *Maillargues.*
Maymac, Maymacum. *Magnac, Meymac.*
Maymargues. *Meymargues.*
Maymont. *Miermont.*
Maynac. *Maynard.*
Maynadia. *La Maynadie.*
Maynalo. *Le Meynialou.*
Maynhal. *Le Meynial, Le Maynial, Le Meyniel.*
Maynialo. *Le Meynialou.*
Maynial Vielh. *Le Meynial-Vieil.*
Mayniel. *Le Meyniel, Le Meyniol.*
Maynil. *Le Meyniel.*
Mayniol. *Le Meyniol.*
Mayonetas, Mayonete. *La Maisonnette.*
Moyonsac. *Méjansac.*
Mayrenbac, Mayrinhac. *Meyrinhac.*
Mayrinhaco. *Villedieu.*
Mayrinhacum. *Le Meyriniac.*
Mayso. *Le Meyrou.*
Maysac. *Meissac.*
Mayso de la Malaudia. *Aux-Malades.*
Maysonade, Maysonnade. *La Maisonade.*
Maysonetas. *La Maisonnette.*
Maysonial. *Le Maisonial.*
Maysonobe. *Maisonobe.*

Cantal.

Maysounade. *La Maisonade.*
Moyzos. *Les Maisons.*
Maza. *Les Mazes.*
Mazairac. *Mazeyrac.*
Mazaires. *Les Mazeyres.*
Mazayrolas, Mazeirolles. *Mazerolles.*
Mazel. *Les Majets.*
Mazelhes, Mazelieyres. *La Mazelaire.*
Mazelles. *Mazelaire, Mazelyres.*
Mazels. *Le Mazel, Les Mazets.*
Maz-en-Roux. *Le Mazenroux.*
Mazerac. *Mazerat.*
Mazerelles. *Mazerolles.*
Muzert. *Le Mazet.*
Mazes. *Les Majets, Manhès.*
Mazet, Mazets. *Les Majets, Les Mazes, Le Puy-des-Mazes.*
Mazeyra. *Mazières, Mazeyres.*
Mazeyrac. *Boussac.*
Mazeyrac. *Mazairac, Mazirat.*
Mazeyral. *Mazirat.*
Mozoyras. *Les Mazières, Mazeyres.*
Mazeyrat, Mazeyros. *Mazières.*
Mazeyrial. *Mazirat.*
Mazeyrolles. *Mazerolles.*
Mazinhargues. *Maziniargues.*
Mazourié, Mazouriel. *Mazauriel.*
Mazuc de Barguyerie d'Ussanel. *La Maison-de-la-Barguière.*
Mazut. *Le Mazet.*
Mealadet. *Méalladet.*
Mealet, Mealetum. *Mallet, Méallet, Miallet.*
Mealletz. *Méallet, Miallet.*
Méandet. *Mealladet.*
Mearlot. *Merlet.*
Meaurs. *Maurs.*
Meches. *Metge.*
Medge. *Mège.*
Meganasecre, Meganasera, Méganaserre, Meganosserre, Mégenaserre, Megane-Serres. *Méjanassère.*
Meganez. *Mejanet.*
Meges. *Les Messes.*
Meghannès. *Les Méchonnes.*
Megye. *La Michie.*
Méialliet. *Méallet.*
Meilha. *La Mélie.*
Moilho, Meilhos, Meille, Meillio, Melha. *La Mélie.*
Meimac. *Meymac.*
Meimargues. *Meymargues.*
Meinal. *Le Meynial.*
Meiniac. *Le Meyniol.*
Moinial. *Le Meyrial.*
Meiniol. *Le Meyniol.*
Meirinioc. *Meyrinhac.*
Mejanaserrou, Mejane-Sarre, Méjeauserre, Mejenassère, Meljannesserre. *Méjanassère.*
Mejanel, Mejanet. *Les Méchonnes.*
Mejeires. *La Mézaire.*
Melet, Meletum. *Méallet, Mallet.*
Melgaguet, Melghaguet. *Malgaguet.*
Melha. *La Mélie.*
Melhanges. *Milhanges.*
Melharès. *Méliarès.*
Melhas. *La Molier.*
Mélie. *La Milie, La Merlie.*
Meliere. *La Milière.*
Melhuria. *Meilhoris.*
Mellet. *Mallet.*
Melzac. *Melsac.*
Membert. *Mombert.*
Menaiges. *Benages.*
Menassac. *Benassac.*
Monbert. *Mombert.*
Mendric, Mendry. *Mendri.*
Meneciralho. *La Menecirailhe.*
Menedures. *Les Camps-de-Monedières.*
Menetum. *Menet.*
Menial. *Le Meynial.*
Menoyre, Menoyri. *Menoire, La Menoire.*
Montairola, Monteirolles, Monteyrolo, Monteyrolles. *Menterolles.*
Monteires, Mentere, Menterie, Menteyra, Menteyre, Monteyrio, Mentheria, Montheyris, Mentieiras, Mentieras. *Mentières.*
Mentieyras de Cabrials. *Le Bois de Mentières.*
Mentieyres. *Mentières.*
Mérals. *Méraux, Le Bois de Méral.*
Meralx, Meratz, Meraulx. *Méraux.*
Meraulx. *La Vialette.*
Mercadial, Mercadier, Mercadiol. *Le Mercadiel.*
Mercant. *Marchamp.*
Mercenacum. *Marcenat.*
Mercouil. *Mercœur.*
Merchadial. *Le Marchédial.*
Merchamps, Merchans. *Marchamp.*
Merchastel. *Marchastel.*
Mercolium. *Marcolès.*
Mercueil, Mercuer, Mercueur, Mercuil, Mercuri. *Mercœur.*
Merdaurel. *Le Mardarel.*
Merdoigno, Merdonba, Merdonhe, Merdonia, Merdorium. *Mardogne.*
Merecobre. *Vieloccobre.*
Meret. *Mouret.*
Mergat. *Le Murgat.*
Meriails. *Le Mirial.*
Mérieux. *Couffins.*

75

IMPRIMERIE NATIONALE.

Mériguot. *Mérigot.*
Merjerguez. *Mezergues.*
Merlé. *Le Merlet.*
Merlhiac. *Merliac.*
Meroliacense castrum. *Chastel-Mar-lhac.*
Merjormon. *Mézermont.*
Merline, Merly, Merlye. *La Merlie.*
Merpos. *Mierpoux.*
Mersegues. *Mézergues.*
Meruele d'Artigas. *Mercœur.*
Merula. *Le Merle.*
Merulda. *La Merulde.*
Mesayrac. *Mesairac.*
Mesdregues. *Mézergues.*
Meseirac. *Mezairac.*
Meselgues, Mesergues. *Mezergues.*
Meserie. *Le Domaine-du-Bois.*
Meses. *Les Messes.*
Meseyras. *Mazairac.*
Mesganasserres. *Méjanassère.*
Mesilgues. *Mezergues.*
Merlac. *Melzac.*
Meslet. *Mallet.*
Mesmargues. *Meymargues.*
Mespolier, Mespolye. *Mespoulhès.*
Mespouler. *Le Ribançou.*
Mespoulher, Mespoulhié. *Mespoulhès.*
Mespouler. *Le Ribançon.*
Messacum. *Messac.*
Messeilhac, Messelhac. *Messilhac.*
Messounie, Mossunie. *La Mussinie.*
Mestrenac, Mestrenact, Mestrenat. *Le Mas-Trenac.*
Mestrins, Mestrios. *Les Mestries.*
Metgeanequaud. *Meijelacam.*
Metges. *Metge.*
Méthairialx. *Méliarial.*
Metjanès. *Méjanès.*
Meulent, Moullet. *Mieulot.*
Meymargues. *Meymargues.*
Meymat. *Meymac.*
Moyniagou, Meyniallou, Meyniassou. Meyniello. *Le Meynialou.*
Meynial. *Le Maynial.*
Meyniau, Meyniol. *Le Meynial.*
Meyniol. *Le Meyniel.*
Meynoire. *Menoire.*
Meyriel. *Le Meyrial.*
Meyriniac. *Meyrinhac.*
Meyro. *Le Meyrou.*
Meysonial. *Le Maisonial.*
Meysonnade. *La Maisonade.*
Meysouniel. *Le Maisonial.*
Meyssac. *Meissac.*
Meyssé. *Miess.*
Meyssi. *Miess.*
Mezaird. *La Mezaire.*

Mezanasserre, Mezanassère. *Méjanassère.*
Mezeiras. *La Mezaire.*
Mezermou. *Mezermont.*
Mezons. *Les Maisons.*
Mialadet. *Méalladet.*
Mialet, Miallet. *Méallet.*
Miaille, Miaille-rif, Mialhe. Mialies. *Mialle.*
Mialles. *Les Mialots.*
Mialleum. *Mallet.*
Mich Casa. *Miécaze.*
Miché. *Miches.*
Michiala. *La Michelle.*
Midaria. *La Mondaire.*
Midon. *Ridou.*
Miecase, Miechaze. *Miécaze.*
Miech Longo. *Le Miech-Long.*
Miellye, Milhe, Milhio. *La Mélie.*
Miericu. *Couffins, Mérieux.*
Miermont. *Mezermont.*
Miescajo, Miescajo, Miescaye, Miexcase. *Miécaze.*
Miesseilhac. *Messilhac.*
Migermont. *Mezermont.*
Migou. *Demigou, Nigou.*
Miha. *La Milie.*
Mijers. *Miers.*
Milanges. *Milhanges.*
Milata. *Mallet.*
Milhat, Miliac, Millac. *Milhac.*
Millanges. *Milhanges.*
Millia. *La Mélie.*
Milliac. *Milhac.*
Millie. *La Mélie.*
Mimimae. *Meymac.*
Miolet. *Mieulet.*
Mirabellum. *Mirabel.*
Miracumbo. *Mirecombe.*
Miramon. *Miremont.*
Miramond. *Miermont.*
Miramonensis locus, Miramous. *Miremont.*
Mircier. *Mercier.*
Miridomp. *Miridon.*
Mirigot. *Mérigot.*
Miromons. *Miremont.*
Misermon. *Mezermont.*
Misons. *Les Maisons-Soubronnes.*
Missac-los-Reilhac. *Messac.*
Missilhac, Missilhat, Missiliac. *Messilhac.*
Mitiaco, Miticiaco. *Milhac.*
Mitisoguia. *La Mitisoguie.*
Mizeyrac. *Mazairac.*
Mochesna. *La Moschesne.*
Mochier. *Moucher.*
Mogudas. *Les Amogudes.*

Moingz. *Mouir.*
Moinsat, Moissat. *Moissac.*
Moissac-haut. *Moissac-le-Chastel.*
Moissalhoux, Moisselou, Moisselhou. *Moissalou.*
Moissetia, Moissetye. *La Moissetie.*
Mo'a. *La Mouleine.*
Moladas. *Molèdes.*
Molampise. *Molompize.*
Molas. *Meulet, Les Moles, La Moulène.*
Molas Sobeyranas. *Meulet-Haut.*
Molas Soteyranas. *La Moulène-Basse.*
Mole. *Molès, Le Moulé, Esmoulets, L'Ande, Molès, Le Moulin, Moulès, Le Moulet, Le Moulin-de-Celles, Le Puech-de-la-Molie.*
Mole Ars, Mole Axiem. *Le Moulin-Brûlé.*
Moleda, Moledas. *La Molède, Molèdes.*
Moledes. *Les Moulèdes.*
Moleidos. *La Barre.*
Moleine-Basse. *La Moulène-Basse.*
Moleineiries. *Les Molineries.*
Moleire. *Les Mouleyres.*
Molèles. *La Molède.*
Molempise, Molempisy, Molempizi. *Molompize.*
Molena. *La Moulène.*
Molenadie. *Les Molineries.*
Molenaria. *Esmouletz.*
Molenerie. *La Molencirie.*
Molendinum Chazas. *Les Chazes.*
Molendinum dal Revel inferiori. *Le Vert-Bas.*
Molendinum de Baille. *Moulin-de-Roueyre.*
Molendinum de Banes. *Le Moulin-Bannier.*
Molendinum de Castro. *Le Moulin-du-Chastel.*
Molendinum de Chier Reynailh. *Chez-Reynal.*
Molendinum Chavassuelli, Chavassuelh, Chavasuelli. *Le Moulin-de-Riom.*
Molendinum de la Boria. *Le Moulin-de-la-Borie.*
Molendinum de las Rochas. *Le Moulin-Petit.*
Molendinum de Passamat. *Passamat.*
Molendinum de la Vigoieyria. *La Vigière.*
Molendinum de Lestrada. *L'Estrade.*
Molendinum de Malapeyra. *Malpeyre.*
Molendinum de Massalet. *Massalès-Bas.*
Molendinum de Moysse. *Miess.*

TABLE DES FORMES ANCIENNES.

Molendinum del Savayre. *Moulin-du-Sauveur.*
Molendinum de Talvo. *Moulin-de-la-Gardelle.*
Molendinum de Vico. *Moulin-de-Vic.*
Molendinum Hospicii. *Le Moulin-Notre-Dame.*
Molendinum Hugonis Vernhi. *Le Vert.*
Molendinum lo Vescontal. *Lo Moulin-de-la-Borie.*
Molendinum Novum. *L'Hôpital, Le Moulin-Neuf.*
Molendinum Sancti Stephani. *Le Moulin-du-Chazal.*
Molendinum Pisinum. *Molompize.*
Molene Haute, Basse. *La Mouleine-Basse, Haute.*
Moleneyrias. *Les Molineries.*
Molenges. *Molinges, Moulinges.*
Molenier. *Le Molinier, Le Moulenier.*
Moleniis. *La Moulène.*
Molenpesinum, Molenpeyo, Molenpèze, Molenpize, Molempizi. *Molompize.*
Molenyces. *Le Molinier.*
Moles. *Le Goul, Meulet, Molès, Moulès.*
Moleta. *Marlet.*
Moleta. *La Moulette.*
Moleynarie. *La Moneyrie.*
Moleynières. *Las Molineries.*
Moleyras. *Les Mouleyres.*
Moleyres. *La Molier.*
Moleyrie, Moleyrio. *La Molairie.*
Molhausi. *Mont-Logis.*
Molho. *Esmoulets.*
Moli del Pont. *Moulin-du-Pont-de-Pignou.*
Molière. *La Milière.*
Molières. *Molèdes, Les Mouleyres.*
Molin. *Le Moulin-de-Celles, La Molier.*
Molin banal. *Moulin-de-la-Capelle.*
Molin de darrier l'Ostal. *Derrière-la-Maison.*
Molin del Crose, Crosis, Croze, Crozes. *Le Moulin-de-Crose.*
Molin del Mole del Cros. *Le Cros-del-Rieu.*
Molin del Moles. *Moulin-des-Ajussiers.*
Molin de Sainct-Thoire. *La Bessaire.*
Molin des Molines. *Moulin-des-Ajussiers.*
Molinicyras. *Esmoulets.*
Mollandes. *Molèdes.*
Mollaneyries, Molleneyras, Molleneyries, Mollineyres, Mollineyries. *Las Molineries.*
Mollanier, Mollenier. *Le Molinier.*
Mollavie. *La Molavie.*

Mollèdes. *La Barre, Molèdes.*
Mollcides. *Molèdes.*
Molleidos. *La Barre.*
Mollempisc. *Molompize.*
Mollineyres, Mollineyries. *Las Molineries.*
Mollompize, Mollonpize, Molompize.
Moltonada. *La Montonade.*
Moly-Bas. *Le Martinet-Bas.*
Momarty. *Mont-Marty.*
Mombois, Mombos. *Bombos.*
Mommourand. *Mont-Morand.*
Mommula. *Mont-Miole.*
Momolesguas. *Moulergues.*
Momusclat. *Mont-Usclat.*
Mon. *Le Mont.*
Monadières. *Monedières.*
Monayrie. *La Moneyrie.*
Moubalat. *Mont-Vallat.*
Monbardo. *Mont-Bardon, Le Pouth.*
Monbert. *Mombert.*
Monbertrand. *Le Mont-Bertrand.*
Monbodif, Monbodifs, Monbodifz. *Montboudif.*
Monboiset, Monboysses. *Mont-Boisset.*
Monboudiau, Monboudietz, Monboudiouf. *Montboudif.*
Monbru. *Montbrun.*
Moncalvy. *Mont-Calvy.*
Moncani, Moncanis, Mon-Canui. *Mont-Cany.*
Moncarnio. *La Montcernio.*
Moncèles, Moncelles. *Mont-Celles.*
Moncellio, Moncellyo. *La Monselie.*
Moncero. *Mont-Serot.*
Monchal, Monchalm, Monchaln, Moncham, Monchampt. *Montchamp.*
Monchanso. *Mont-Chanson.*
Monchatalès, Monchantallès. *Le Cantalès, Le Mont.*
Monchausso. *Mont-Chanson.*
Monclar, Monclas. *Mont-Clar.*
Monclergue. *Mont-Clergue.*
Moncocul. *Moscou.*
Moncolon, Moncoloni. *Mont-Colon.*
Mondebilier. *Le Mont-de-Bellier.*
Mondeferrand. *Mons-de-Ferrand.*
Mondeyre. *La Mondaire.*
Mondz de Ferand. *Mons-de-Ferrand.*
Monebal. *Maraval.*
Moneda. *La Molède.*
Monedier. *Le Monidié.*
Monedieres, Monediérous, Monedieure, Monedieyras, Monedieyres, Monedures, Monedyre. *Monedières.*
Monelhou. *Le Moulin-Commun.*
Monenayries, Moneneyries. *Las Molineries.*

Monestrier. *Monsistrier.*
Monetic. *La Marethie.*
Moneval. *Maraval.*
Monozials, Monezieux, Moneziol. *Montziol.*
Monfé, Monfo. *Mont-Fol.*
Monfolioux. *Mont-Fouilloux.*
Monfou. *Mont-Fol.*
Monfoulhioux, Monfouliax, Monfoulioux. *Mont-Fouilloux.*
Monfon. *Mont-Font.*
Mougaresses. *Mont-Jaresse.*
Mongausi. *L'Arbre-de-Croux-Mali.*
Mongho. *Jou-sous-Montjou.*
Mongnou. *Mont-Groux.*
Mongrelès. *Mont-Greleix.*
Monggrieu, Mongricii. *Mont-Grieu.*
Mongrosbois. *Le Mont-Gourbéix.*
Mongrou. *Mont-Groux.*
Mouhs. *Le Mont.*
Monioly. *Mont-Joly.*
Moniou. *Monicau, Mont-Jou.*
Monis. *La Planche-de-Monis.*
Monis, Monit. *Drils.*
Monisiols, Monizials, Moniziols. *Moniziol.*
Monjalès, Monjoly. *Mont-Joly.*
Monjaresses. *Mont-Jaresse.*
Monjiou. *Montjon.*
Monlausi, Monlausy, Monlhausi, Moulogies, Monlogy, Monlozis, Monlozy. *Mont-Logis.*
Monlergue. *Mont-Clergue.*
Monmilla. *Mont-Mule.*
Monnys. *La Planche-de-Monis.*
Monpic. *Mont-Pic.*
Monrayssa. *Montreisse.*
Monredon. *Mont-Redon.*
Monriocou, Monroucou, Monrougou. *Mont-Roucou.*
Monriol. *Montréal.*
Monrouquie. *La Montrouquie.*
Monrouquou. *Mont-Roucou.*
Mons. *Aymons, Esmons, Le Mont, Les Monts.*
Monsac. *Mougéac.*
Monsahy. *Montsay.*
Mousaloy. *Montsaloy.*
Mons Altus. *Montal.*
Monsalvis. *Montsaloy.*
Mons Amatus. *Montamat.*
Monsaturou, Monsaturoux. *Monseteroux.*
Monsay. *Montsay.*
Mons Brunus. *Mont-Brun.*
Monscalvius. *Montsaloy.*
Monscanis. *Mont-Cany.*
Mons Chalmus. *Montchamp.*

75.

TABLE DES FORMES ANCIENNES.

Monscellerius, Mons Cellesius, Mons Cellezius. *Mont-Celles.*
Mons Chantalles, Chantallex. *Le Cantalès, Le Mont.*
Mons de Ferran. *Mons-de-Ferrand.*
Mons de Monterotondo. *Mont-Redon.*
Mons de Rofliac, Rofiac, Roufliac, Rouffiat. *Mons.*
Mons de Virargues. *Mons.*
Monseilhe. *La Monselie.*
Monselhier. *La Monthelie.*
Monseillerous. *Monseteroux.*
Monserat. *Mont-Serrat.*
Monserau, Monseru. *Mont-Serot.*
Monsestrié, Monsestrier, Monsestriey, Monsestrieyr. *Monsistrier.*
Mon-Servier. *Mont-Serrier.*
Monseturou. *Montseteroux.*
Monseum. *Mont-Celles.*
Mons Grossus. *Mont-Gros.*
Mons Jovis. *Mont-Jou.*
Mons Judeus. *Mont-Jussieu.*
Monslac. *Maussac.*
Mons Marinus. *Le Puy-Mary.*
Mons Muratum. *Montmurat.*
Mon Sobra. *Le Mont-Haut.*
Monsollore. *Le Mont-Solore.*
Monsornie, Monsornye. *La Montcornie.*
Monsoudein. *Monsoudès.*
Mons Salvius, Salvus. *Montsalvy.*
Moussilie. *La Monselie.*
Mons Selerius. *Mont-Celles.*
Monsuc. *Mont-Suc.*
Monsuturoux. *Monseteroux.*
Monsvernho, Mons viridis. *Montvert.*
Mons Vodin Vetus. *Montboudif-Vieux.*
Mont. *La Meule, La Montade.*
Montada. *La Montade.*
Montada de la Malaudia. *Les Malauds.*
Montagnionne, Montagnioune. *La Montagnoune.*
Montagnona, Montagnone. *La Montagnoune.*
Montagud. *Montaigu, Montagut.*
Montaignac. *Montagnac, Le Montagnac.*
Montaignaguet. *Montagnaguet.*
Montaignoune, Montaignhone, Montaignoune. *La Montagnoune.*
Montairon. *Le Mont-Téronnier.*
Montal. *Le Montat, Le Monteil.*
Montaleyro. *Montaleyrol.*
Montalh. *Le Monteil.*
Montalt. *Montal.*
Montamat. *Montimar.*
Montamatum sive Cros. *Cros-de-Montamat.*

Montamatus. *Montamat.*
Montanez. *Montamès.*
Montanade. *La Montonade.*
Montaneac. *Montagnac.*
Montanaguet. *Montagnaguet.*
Montanha. *La Montagne.*
Montanhac. *Le Montagnac.*
Montanhac, Montanhacum, Montanhaic, Montaniac. *Montagnac.*
Montaniaguet. *Montagnaguet.*
Montanihac. *Montagnac.*
Montaniar. *Le Montagnac.*
Montaniart. *Montagnac.*
Montanioune. *La Montagnoune.*
Montault. *Montal.*
Montatas. *Montalat.*
Montassel. *Mont-Usset.*
Montaussou. *Montassou.*
Montantin. *Montanteil.*
Montayly. *Monteyli.*
Montayrou. *Le Mont-Téronnier.*
Montbalat. *Mont-Vallat.*
Mont Bardo, Montbardon. *Le Peuth.*
Montbert. *Mont-Vert.*
Montbodif. *Montboudif.*
Montbrossos, Montbroussous. *Mont-Boursou.*
Montbru. *Mont-Brun.*
Montbussel. *Mont-Usset.*
Montcalvi. *Mont-Calvy.*
Montcani, Mont-Canj. *Mont-Cany.*
Montceaulx. *Mont-Celles.*
Montcellie. *La Monselie.*
Montchal. *La Chaud, Montchamp.*
Montchalmi, Montcham. *Montchamp.*
Montchantalès, Montchantalz. *Le Mont.*
Montchay. *Mancher.*
Montclergues. *Mont-Clergue.*
Montclac. *Mont-Clar.*
Mont de Belier, Billier. *Le Mont-de-Bellier.*
Monte. *Mont-Jussieu, Le Monteil.*
Monteausi. *Mont-Logis.*
Montecalmum, Montechalmum. *Montchamp.*
Montechansone. *Montchausson.*
Monte Clar, Monte-Claro. *Mont-Clar.*
Monteforti. *Montfort.*
Monte Gauze. *L'Arbre-de-Croux-Mali.*
Monteh. *Le Monteil.*
Montehacum. *Montagnac.*
Monteil. *Le Monteil.*
Monteilh, Monteilhe, Monteilho. *Le Monteil.*
Monteilly, Montcily. *Montelly.*
Montejagium. *Montsay.*
Montel. *Le Monteil.*

Montelaudine, Monte Lausino. *Mont-Logis.*
Montelh. *Montagnat, Le Monteil.*
Montelh de Ségur. *Le Monteil.*
Montelhes. *Montelly.*
Montelhs. *Le Monteil.*
Montelli. *Le Monteil.*
Montelly. *Le Monteyli.*
Montels. *Le Monteil.*
Montemat. *Montimar.*
Montemilano. *Mont-Miolc.*
Montemula. *Mont-Mule.*
Monte Murato. *Mont-Murat.*
Monteplanum. *Platmonteil.*
Montercles, Monterlles. *Mont-Celles.*
Monteronier. *Le Mont-Téronnier.*
Monterotondo, Monterotondoh. *Mont-Redon.*
Montes. *Le Monteil.*
Montesagin. *Montsay.*
Montesaigne. *Morte-Sagne.*
Montesalvium. *Montsalvy.*
Montes Celtici. *Le Plomb-du-Cantal.*
Monteselles. *Mont-Celles.*
Montessalvius. *Montsalvy.*
Montesugo. *Mont-Fouilloux.*
Montet. *Le Monteil.*
Montetredente. *Le Trédens.*
Monte Vodin. *Montboudif.*
Monteilh. *Le Monteil, Le Montel-le-Roucoux.*
Monteylli, Monteylly. *Monteyli.*
Montfa. *Mont-Fol.*
Montfarmer, Montfarnyer, Montfermol. *Mont-Fermier.*
Montfo. *Mont-Fol.*
Montfolhos, Montfolhous, Montfouilioux, Montfouliouze. *Mont-Fouilloux.*
Montgausi, Montgausy. *L'Arbre-de-Croux-Mali.*
Montgraleix, Montgralez. *Mont-Greleix.*
Montgron. *Mont-Groux.*
Monthalath. *Montalat.*
Monthamac. *Montamat.*
Monthanboune, Monthanioune. *La Montagnoune.*
Monthault. *Montal.*
Monteilz, Monthelz, Montheylh. *Le Monteil.*
Monthonade. *La Montonade.*
Montibus. *Mons, Les Monts.*
Moutières, Montieyre. *La Montière.*
Montilh. *Le Monteil.*
Montillars. *Montillas.*
Montili. *Monteyli.*
Montimac, Montimard, Montimat. *Montimar.*

TABLE DES FORMES ANCIENNES.

Montimatus. *Montamat.*
Montiocou. *Mont-Roucou.*
Montisson. *Martizat.*
Montjeuly, Mont Jolly. *Mont-Joly.*
Mont-Jolui. *Mont-Logis.*
Montjouu, Montjusou. *Mont-Jou.*
Montloubou. *Mont-Loubou.*
Montlaugy, Montlausi, Montlausin, Montlauzy, Moutlosy, Montlozy. *Mont-Logis.*
Montly. *Monteyli.*
Montmallier. *Mont-Malier.*
Montmartin. *Mont-Marty.*
Montmegeon. *Mont-Mège.*
Montorsi, Montourssy. *Montoursy.*
Montossou. *Montoussou.*
Montour, Montrac. *Montruc.*
Montraisse. *Montreysse.*
Moutraulsso. *Mont-Roucou.*
Montrial. *Montréal.*
Montroquous. *Mont-Roucou.*
Montron. *Mont-Brun.*
Montrouquou. *Mont-Roucou.*
Montrues. *Montruc.*
Monts. *Le Mont.*
Mont-Saint-Peire. *La Monte.*
Montsarnic. *La Montcernie.*
Mont-Selles. *Mont-Celles.*
Mont-Tayron. *Le Mont-Téronnier.*
Montuigli. *Monteyli.*
Montussel. *Mont-Usset.*
Moutvalat. *Mont-Vallat.*
Montverd, Montverdt. *Mombert, Mont-Vert.*
Montyayes. *Montiaies.*
Montye. *La Meule.*
Montymard. *Montimar.*
Montz. *Aymous.*
Mony. *Le Moulin.*
Monys. *Drils.*
Monziels. *Moniziol.*
Morassanges. *Morsange.*
Morcayrol. *Mourcayrols.*
Morc. *Mouret.*
Morejon. *Mourgeon.*
Morelio. *La Morethie.*
Morennum, Morent, Moret. *Mouret.*
Morèse. *La Morèze.*
Moresenge. *Morsange.*
Moretia. *La Moretie.*
Moretie, Moretye. *La Morethie.*
Moreyra. *La Moureyre.*
Morèze. *Mourèze.*
Morgières. *Morzière, Morzières.*
Morgue. *Mauguié.*
Morguye. *La Fon-de-la-Mourguie.*
Morgon. *Mourjou.*
Moriac. *Mauriac.*

Moricyres. *La Mourière.*
Morignie. *La Maurinie-Soutronne.*
Morinha. *La Maronie, La Mourinie.*
Morinhol. *Le Mouriniol.*
Morinie-Soubrane et Soutrane. *La Maurinie-Soubronne et Soutronne.*
Moriot-Bas. *Le Mouriol.*
Moriot-Haut. *Le Mouriol-Haut.*
Moritie. *La Morethie.*
Morjon, Morjou. *Mourjou.*
Morla. *Le Morle.*
Morlières. *Morzière.*
Mornihol, Morniol. *Le Mouriniol.*
Moro, Morou. *Le Mauron.*
Morounie. *La Maronie.*
Morqueyrolz. *Mourcayrols.*
Morralhe. *La Combe.*
Morsicyras, Morsyras. *Morzières.*
Morta. *La Morte.*
Morta Sanha Alti. *Morte-Sagne-Haute.*
Morta Sanha basse, Morta Sanha inferior. *Morte-Sagne-Basse.*
Morta Sanha superior. *Morte-Sagne-Haute.*
Mortassaignes, Mortassaignies, Mortesaignhe, Mortesaignyes. *Morte-Sagne.*
Morudieres. *Monedieres.*
Morzieyras-les-Arpaione. *Morzières.*
Mosarou. *Moussarou.*
Mosestrier. *Monsistrier.*
Mosinhes, Mosinia, Mosinies, Mousinhes. *Las Moisinies.*
Mosque. *La Mousque.*
Mossac-lès-la-Roquebrou. *Messac.*
Mossages, Mossaghas, Mossagi, Mossagis, Mossaiges, Mossaignes. *Moussages.*
Mosse. *Mousset.*
Mossec. *Moussié.*
Mosseires. *Les Chaumeils.*
Mossel. *Mousset.*
Mosserou. *Moussarou.*
Mossers. *Monsieur.*
Mosset. *Mousset.*
Mosseyres. *Les Chaumeils.*
Mossi. *Moussy.*
Mossié. *Moussié.*
Mossonie. *La Mussinie.*
Mossors. *Moussours.*
Mostela, Mostolla. *La Moustelle.*
Mosynia. *Les Moisinies.*
Mota. *La Mothe, La Motte.*
Motgus. *Le Mongon.*
Motha. *La Mothe.*
Mothière. *La Montière.*
Mots. *Nouvialle.*
Motsergnie, Motsernie. *La Montcernie.*

Mouboisses. *Mont-Boisset.*
Moucelie. *La Monselie.*
Mouch. *Mouix.*
Mouchay, Mouchier, Mouchies. *Mauchier.*
Mouffa. *Mont-Fol.*
Mougude. *Les Mougudes.*
Mouinou. *Monicau.*
Moulé. *Esmouletz.*
Moulaires. *Les Mouleyres.*
Mouleneiries, Mouleneyries. *Les Molineries.*
Moulenié. *Le Molinier.*
Mouleyrie. *La Molairie.*
Moulier. *La Molier.*
Mountal. *Montal.*
Moulin de Chier Raynal. *Chez-Reynal.*
Moulin de Lolières. *Le Moulin-de-Pipi.*
Moulinier. *Le Molinier.*
Moullède. *La Moulède.*
Moullèdes. *Molèdes.*
Moullin de Roumegoux. *Le Moulin-du-Château.*
Moulon Pise, Moullon Pize. *Molompize.*
Moumalier. *Mont-Mallier.*
Moumolargas. *Moulergues.*
Moun. *Le Mont.*
Mounandel. *Mourandel.*
Mounedières. *Monedières.*
Mounescolz. *Moniziol.*
Mouneyric. *La Molairie.*
Mounie. *La Planche-de-Monis.*
Mounihers, Mounihey. *Moniziol.*
Mouniol. *Le Meyniol.*
Mounisier, Mounisuly. *Moniziol.*
Mourantes. *Le Maurentès.*
Mourasenges. *Morsange.*
Mourchausson. *Mont-Chanson.*
Moure. *La Morte, Moret.*
Mourcilha. *La Moureille.*
Mourel. *La Morel, Le Maurel.*
Mourelh. *Le Maurel.*
Mouressanges. *Morsange.*
Mourettie. *La Moretie, La Morethie.*
Moureyres. *Morèze.*
Mourgie, Mourgue. *Mauguié.*
Mourguie, Mauguié, Mourguye.
Mourguio. *Mauguié.*
Mourine. *La Maurinie-Soutronne.*
Mouritie. *La Morethie.*
Mourseau. *Moniziol.*
Mourzieres, Mourziers. *Morzières.*
Mousche. *La Mouche.*
Mousinac. *Moissinac.*
Mousornic, Mousorny. *La Montcernie.*
Mousque. *Renonziers.*

TABLE DES FORMES ANCIENNES.

Moussac. *Maussac.*
Moussar. *Mousset.*
Mousseigne. *La Mussinie.*
Moussel. *Mousser.*
Moussetie, Moussetye. *La Moissetie.*
Mousselie. *La Monselie.*
Mousseyre. *La Moussière.*
Moussez. *Mousset.*
Moussinie. *La Mussinie.*
Moutche. *La Mouche.*
Mouysselou. *Moissalou, Le Moissalou.*
Mouysserie. *La Moissetie.*
Mouzeresses. *Mont-Javesse.*
Moyer. *La Molier.*
Moysac. *Moissac.*
Moysatie. *La Moissetie.*
Moysert. *Monsert-Bas et Haut.*
Moyssac. *Moissat, Moissac-le-Chastel.*
Moyssacum, Moyssat. *Moissac.*
Moysselou. *Moissalou.*
Moyssethie, Moyssetia, Moyssetie, Moyssetio, Moyssette, Moyssetye. *La Moissetie.*
Moyssinac. *Moissinac.*
Moze-Laire. *Mazelaire.*
Mozinhesse. *Les Moisinies.*
Muha de la Bastida. *La Mouaille.*
Mundz de Ferrand. *Mons-de-Ferrand.*
Murac, Muracum. *Murat.*
Muradet. *Le Muradès.*
Muranche. *Marsenche.*
Muranum, Murasso. *Murat.*
Murat. *Murat-la-Gasse, Murat-la-Guiole.*
Murat de Yrles. *Murat-la-Guiole.*
Murateil. *Muratel.*
Muratès. *Muratel.*
Murat-la-Gasse, Guasse. *Murat-la-Gasse.*
Murat-la-Rabe, Rabbe, la Roue. *Murat-la-Rabe.*
Murat lo Vescomtal. *Murat.*
Muratol. *Murat-la-Gasse.*
Muratum. *Murat, Murat-la-Guiole, Muret.*
Muratum Barresii. *Murat-de-Barrès.*
Muratum Lagassa, la Guassa. *Murat-la-Gasse.*
Muratum la Raba. *Murat-la-Rabe.*
Muratus. *Murat.*
Muretum. *Muret.*
Mussages. *Moussages.*
Mussanie. *La Mussinie.*
Mussiacensis aicis. *Massiac.*
Mussine, Mussines, Mussunie, Mussunio. *La Mussinie.*
Mutgat. *Le Murgat.*
Muzelles. *La Mazelaire.*

Myesse. *Miess.*
Myramont. *Miremont.*
Myranda. *La Mirande.*
Myrum Estangnum. *Neyrestang.*
Myromont. *Miremont.*
Myssonier. *Le Missonier.*
Myssé. *Moussié.*

N

Nabaste. *Navaste.*
Nabinals. *Nasbinals.*
Narboulières, Naboullières. *Néboulières.*
Nabousa. *Nebouzac.*
Nachia. *La Vachie.*
Nadon. *Nieudan.*
Naillac. *Naillac, Noaliac.*
Naire Coumbe. *Neyrecombe.*
Nalhacum. *Noalhac.*
Nancella. *Nancelles.*
Nantut. *Nantuc.*
Naodon. *Nieudan.*
Narghat, Nargnhac, Narnac, Narnabac, Narnhacum. *Narnhac.*
Nastouh. *Nantuc.*
Nastrac. *Les Nastrals.*
Nastraq, Nastrar. *Nastrac.*
Naucaza. *Naucaze, Naucelles.*
Naucel, Naucela, Naucella, Naulcelle. *Nancelles.*
Naufon, Naufons. *Neufont.*
Nauilbac. *Noalhac.*
Naulhac, Nauliac. *Naliac.*
Nauta. *La Naute, Laigue.*
Nauteaze. *Naucase.*
Nauviala. *Nouvialle, Nouvialle, Nouviales.*
Nauvialla. *Nouviales.*
Nauvialle. *Neuvialle, Nouviales, Nauviales, Nourialle.*
Nauviela. *Nouviales.*
Nauvyalle. *Nouvialle.*
Nauzerolle. *Nozerolles.*
Navarria, Navarrie. *La Navarie.*
Navcilles. *Varcilles.*
Navesse. *Navaste.*
Naviaile. *Nouviales.*
Navialle. *Nouviale.*
Naxar. *Les Nastrals.*
Nazurolle. *Nuzerolles.*
Neboliers, Neboulié, Neboyère. *Néboulières.*
Neboly. *Nivoly.*
Nebussac. *Nébouzac.*
Negremon, Negremons, Negro Puteo. *Nègre-Mont.*

Negrerieu. *Couffins.*
Negrevèze. *Nierevèze.*
Neirabrossa, Neirebrousse. *Neyrebrousse.*
Negreyrie. *La Garneyrie.*
Neircombe. *Neyrecombe.*
Neirevèze. *Neyrevèze.*
Neirpos. *Nierpoux.*
Nere Brousse. *Neyrebrousse.*
Nerniacus. *Largnac.*
Neudon. *Nieudan.*
Neuf. *La Nau.*
Neufesglise. *Neuréglise.*
Neuf-fons. *Neufont.*
Neufve-Eglise, Neufesglize. *Neuvéglise.*
Neuf Viala, Neufviale, Neufvialle, Neuvialle, Nouvialle.*
Neufviela. *Le Nouvialle.*
Neufzvialle. *Neuvialle.*
Neuvesglize. *Neuvéglise.*
Neuviale, Neuvialles. *Nouviales.*
Neydon. *Nieudan.*
Neylacombe. *Neyrecombe.*
Neyrabrossa, Neyrabrousse. *Neyrebrousse.*
Neyra Comba Sobrina, Sotrana. *Neyrecombe-Bas et Haut.*
Neyramont. *Nier-mont.*
Neyraucomba. *Neyrecombe.*
Neyrebrossa, Neyrebrosse. *Neyrebrousse.*
Neyreschas. *Neiresche.*
Neyrestan. *Neyrestang.*
Neyrobourse. *Neyrebrousse.*
Neyrocombe. *Neyrecombe.*
Neyroveze. *Neyrevèze.*
Neyrrabrosse. *Neyrebrousse.*
Niaucel, Niausel, Niaussel. *Niocel.*
Niaudon. *Nieudan.*
Nibousac. *Nébouzat.*
Nicasel. *Niocel.*
Nicollavie. *La Nicolavie.*
Nieravèze. *Niérevèze.*
Niérebrousse. *Neyrebrousse.*
Nierescanh. *Neyrestang.*
Niermond. *Niermont.*
Nierpos. *Nierpoux, Nierpoux-Soutro.*
Nieudamp, Nieudomp, Nieudon, Nieupdomp. *Nieudan.*
Nieupoh. *Nierpoux.*
Nieussel. *Niousel.*
Nieyrevèze. *Niérevèze.*
Nigermons. *Nègre-Mont.*
Niger Puteus. *Nierpoux.*
Nigraserre, Nigreserre. *Nègre-Serre.*
Nigrevèze. *Niérevèze.*
Nigrum Stagnum, Nigrum Stangum, Nigrum Sungum. *Neyrestang.*

TABLE DES FORMES ANCIENNES. 599

Niodon. *Nieudan.*
Ninausel, Ninoussel. *Niocel.*
Nioniol. *Nomojol.*
Niossel. *Niocel*, *Nioucel.*
Nioucul. *Nioucel.*
Nioulat. *Niolat.*
Nippoir. *Neppes.*
Nisou, Nizou. *Couffins.*
Niudan. *Nieudan.*
Nizeriolles. *Nuzerolles.*
Noacella. *Naucelles.*
Noailhiac, Noailhac, Noalhacum. *Noalhac*, *Noaliac.*
Noalhat, Noalhiat, Noallac, Noallas. *Noalhac*, *Noaliac.*
Nobabiala. *Nouvialles.*
Noboly. *Nivoly.*
Nocelle, Nœcelle. *Naucelles.*
Noctz. *Noux.*
Noech, Noelhz, Noetz. *Nouix.*
Noeveelle. *Naucelles.*
Noex. *Nouix.*
Nogeirolas. *Nuzerolles.*
Noguairol. *La Nougarède.*
Noguier. *Le Noyer.*
Nohallac, Nohalhac. *Noaliac.*
Nohects, Nohetz. *Nouix.*
Noiomb, Noiomol, Noioniol. *Nomojol.*
Noix. *Nouix.*
Nolhac. *Noaliac.*
Nomendies. *La Lomandie.*
Non-Rien. *La Notieu.*
Normandias. *La Lormandie.*
Norsaco (Vallis de). *Nastrac.*
Noscellei, Noselles. *Naucelles.*
Nosière, Nosierre, Nosieyras, Nosseyres, Nossials, Nossieires, Nossière. *Nozières.*
Nostra Dama de Pas. *Notre-Dame-la-Paix.*
Nostra Domina. *Saint-Santin-de-Maurs.*
Nostra Dona, Donna. *Notre-Dame-du-Pont-de-Bredon.*
Nostre Dame de Bon secours de Lodiniac. *Notre-Dame-de-Bon-Secours.*
Nostre Dame de Pitié. *La Capelotte.*
Nostre Dame du Chasteau. *Notre-Dame*, c^{ne} *de Saint-Christophe.*
Nostre Dame du Pont-en-Auvergne. *Le Pont.*
Nostre Done. *Nostre-Dame-du-Pont-de-Bredon.*
Nounilliac. *Noalhac.*
Noualhac. *Niolat, Noaliac.*
Noualiac. *Naliac.*
Noubs, Noubx. *Noux.*
Noucasa. *Naucase.*

Noucelles. *Naucelles.*
Nouetz, Noucz, Nouh, Nouhe, Nouix. *Noux.*
Noulhac. *Noalhac, Noaliac.*
Noulteaze. *Naucase.*
Noulx. *Noux.*
Nourieu. *La Notieu.*
Nous, Noutix, Nouts, Noutx, Noutz. *Noux.*
Nouvaille. *Nauviales.*
Nouvegleisa. *Neuvéglise.*
Nouviala. *Nouviale*, *Nouvialle.*
Nouviales, Nouvialia, Nouvialla. *Nouvialle.*
Nouviela. *Nouvialle.*
Nouvila. *Neuville.*
Nouz. *Noux.*
Nouz Cirollies. *Nozerolles.*
Nouzeirolle, Nouzeirolles. *Nozerolles*, *Nuzerolles.*
Nouzeiras, Nouzeires. *Nozières.*
Nouzeyrat. *Nozeyrat.*
Nouzeyrolle, Nouzeyrolles. *Nozerolle*, *Nozerolles.*
Nouzieras, Nouzières. *Nozières.*
Nova Cella. *Naucelles.*
Nova Ecclesia, Nova Ecclesia Sancti Floris, Nova Gleysa. *Neuvéglise.*
Nova Villa. *Neuville, Neuvialle, Nouvialle, Nouvialles.*
Novecella, Novecelle, Novecelles. *Naucelles.*
Nove-Gleise-ès-Planèse, Novesglize. *Neuvéglise.*
Novialle. *Nauviales.*
Novivella. *Nouvialle.*
Novodompnum, Novodopnum, Novum Dompnum. *Nieudan.*
Novogleyse. *Neuvéglise.*
Noyhac, Noyhalacum, Noyhaliac. *Naliac.*
Noyx, Noz. *Nouix.*
Nozayrolæ. *Nuzerolles.*
Nozcieyres, Nozeires, Nozeras, Nozères. *Nozières.*
Nozeirolles, Nozeirolles, Nozeirols. *Nozerolles.*
Nozeriæ, Nozerias. *Nozières.*
Nozeriis (cast. de). *Nozières-Haut.*
Nozeroles, Nozerolle. *Nozerolles.*
Nozerolles. *Nuzerolles.*
Nozeyras, Nozeyratum, Nozeyres, Nozeyriæ. *Nozières.*
Nozeyrolas, Nozeyroles, Nozeyrolles. *Nozerolles.*
Nozieras, Noziers, Nozieyras. *Nozières.*
Nozoires. *Nozière.*

Nubasto. *Naraste.*
Nubières, Nubiers, Nubieue, Nubris. *Nubieux.*
Nufvialle. *Neuvialle.*
Nugou. *Nigou.*
Nuics, Nuiet, Nuictz, Nuis. *Nuits.*
Nuits, Nuix. *Noux.*
Nus. *Nuits.*
Nuseirolles. *Nuzerolles.*
Nussargues. *Neussargues.*
Nussuroges, Nusurolle. *Nuzerolles.*
Nux. *Luc, Nuits.*
Nuzargues. *Neussargues.*
Nuzeilles. *Nuzerolles.*
Nuzeirollies. *Nozerolles.*
Nuzeyrolles, Nuzirolles, Nuzurolles. *Nuzerolles.*
Nycollavic, Nycollavie. *La Nicolavie.*
Nycirevèze. *Niérevèze.*
Nyeramont, Nyermont. *Niermont.*
Nyeu Aussel. *Niocel.*
Nyeudom. *Nieudan.*
Nyeusel. *Nioucel.*
Nyndan, Nyndion, Nyodon. *Nieudan.*
Nyoucel. *Nioucel.*
Nyrebrousse. *Neyrebousse.*
Nyrolles (Las). *Lignerolles.*

O

Oadas. *Houades.*
Obaguetz. *Aubaguet.*
Obax. *Aubax.*
Obres, Obros. *Le Bois des Ombres.*
Obstenac. *Ostenac.*
Ognoux. *Le Dognon.*
Oicctz, Oiex, Ojetz. *Oyez.*
Ola. *L'Olle.*
Oldebals, Oldebalx, Oldebaz. *Les Oldebeaux.*
Olches, Olchias. *Ouches.*
Ole. *Le Lot.*
Oléac. *Auliac.*
Olerias, Oleyras, Oleyrias. *Les Olières, L'Auzeleyre.*
Olgous. *Olgéas.*
Olghac, Olghat. *Olgéac.*
Olhac, Olhat. *Aulhac, Auliac, Lauba*
Oliadet. *Auliadet.*
Olineyra. *Les Olinières.*
Ollinc. *Auliac.*
Olliet. *Lou-Bos-d'OEillet.*
Olliniera. *Les Olinières.*
Olmes. *Olmet.*
Olmeyrac. *Almeyrac.*
Olms. *Les Olmes.*
Olt, Olte. *Le Lot.*

TABLE DES FORMES ANCIENNES.

Olz, Olze. *Les Ols.*
Ombres. *Le Bois des Ombres.*
Ompis, Ompz. *Omps.*
On (L'). *L'Hom.*
Oncterrochas. *Antéroche.*
Ondas. *Les Ondes.*
Ongascombe (L'). *Longues-Combes.*
Ongles. *Zongles.*
Ongoulet. *Angoules.*
Ons. *Omps.*
Outinum. *Omps.*
Ontuls. *Le Péage des Ontuls.*
Onzac, Onzacum, Onzat. *Onsac.*
Opital. *L'Hôpital.*
Oppie. *La Cépie.*
Orador. *Oradow', L'Ouradour.*
Oradou. *Le Lavadou.*
Oradour. *Louradou.*
Oratorium Sancte Marie. *Oradour.*
Oratorium del Telhol. *L'Oratoire-du-Tilleul.*
Orcamba. *L'Arcambe.*
Orcerettes. *Orceyrettes.*
Orceyras. *Orcières.*
Orceyrolle. *Orceyrolles.*
Ordenes. *Ardennes.*
Orfouil. *Orfeuille.*
Orguos. *Orgon.*
Orieyras. *Les Aurières.*
Orilhac, Orilhat, Orillac. *Aurillac.*
Orlhac. *Aulhac, Aurillac.*
Orlhaguet. *Auliadet.*
Orlhiac, Orllac, Orlliac. *Aurillac.*
Orodour. *Awradour.*
Orsa. *Los Ours.*
Orseira. *Lorcières.*
Orseiroa. *Orcières.*
Orseirolles, Orseyrolles. *Orceyrolles.*
Orseria (Vallis). *Lorcières.*
Orsières. *Orcières.*
Orsairetes, Orsairette, Orsseiretæ, Orsseiretes. *Orceyrettes.*
Orsseirolas, Orsseiroles, Orsseirollas, Orseirolles. *Orceyrolles.*
Orsset. *Orcet.*
Orsicrètes. *Orceyrettes.*
Orssierron. *Orcières.*
Ortals, Ortalz. *L'Ourtios.*
Orthigho. *L'Ourtigou.*
Ortials, Ortiels. *L'Ourtios.*
Ortigairia. *L'Ortigairie.*
Ortigié, Ortigier, Ortigies. *Ortigiers.*
Ortiles, Ortilhes, Ortilles, Ortiols, Ortrels. *L'Ourtios.*
Ortviges. *Ortigiers.*
Orzals, Orzaux,- Orzeaux, Orzoau. *Ourzeaux.*
Ospitail, Ospital. *L'Hôpital.*

Ossenac. *Ostenac.*
Osseols. *Auzolles.*
Osseolz. *Osséols.*
Ostal. *Les Maisons.*
Osteine. *Stène.*
Ostenacum. *Ostenac.*
Ostène. *Stène.*
Ostrenac. *Ostenac.*
Ouades. *Houades.*
Ouhaguetz. *Aubaguet.*
Oudery. *La Baraque-d'Oudaire.*
Ougades. *Houades.*
Ougolles, Ougoulles, Oujouges. *Jugoules.*
Ougon. *Ozon.*
Oulches. *Ouches.*
Ouleyres. *Les Olières.*
Oulghat. *Olgéac.*
Oundes. *Les Ondes.*
Ouradou, Ouradour. *Oradour.*
Ourgeaux. *Ourzeaux.*
Ourgon. *Orgon.*
Ourilhac. *Aurilhac.*
Ourjaux, Oursaux. *Ourzeaux.*
Ourset. *Orset.*
Ourseyre. *Orcières.*
Ourseyrettes. *Orceyrettes.*
Oursset. *Orset.*
Ousche. *Ouches.*
Oussac, Oussat. *Onsac.*
Oustenac. *Ostenac.*
Ouyetz, Ouyex. *Oyez.*
Ouzaleret, Ouzarelet, Ouzeleret. *Anzelaret.*
Ouzat. *Onzac.*
Ouzaux. *Ourzeaux.*
Ouzo. *Ozon.*
Ouzole, Ouzole-Soubro. *Anzolles, Anzolles-Haut.*
Ouzon. *Ozon.*
Oxbespeyres. *Aubespeyres.*
Oyectz, Oyetz. *L'Oyez.*
Oyeitz, Oyes, Oyet, Oyets, Oyetz. *Oyez.*
Ozo. *Ozon.*

P

Paba. *Pabe.*
Pachavia. *La Pachevie.*
Pachoulou. *La Choulou.*
Padastries. *Pradastier.*
Pagesia, Pagezie. *La Pagésie.*
Pago, Pagou. *Arpajon, Le Pajou.*
Paieze (La). *Le Bonneton.*
Pailhac. *Paillac.*
Pailherolz. *Pailherols.*

Pailhes. *Paliès, Poullies, Pailhès.*
Pailhier, Palhies, Paliers. *Pailhès.*
Paillies. *Paillès.*
Pails. *Espeils.*
Painderies. *La Pendarie.*
Paio, Paion, Paiou. *Arpajon, Le Pajou.*
Paireu. *Parieu.*
Pairz. *Pers.*
Paix. *La Paie.*
Palac, Palach. *Palat.*
Palais. *La Coste-de-Palai, Palat.*
Palah, Palar. *Le Palat, Empalat.*
Palat Violh. *Le Palat-Vieil.*
Palatz. *Palat.*
Palegal, Paleghal. *Palagéat.*
Paleyra. *La Paleyre.*
Paleyroles, Palherols, Palherolz. *Pailhérols.*
Palhes. *Pailhes, Paillès, Poulhès.*
Palhiargua. *La Paliargue.*
Paliéirols, Palieroles, Paliérols. *Pailhérols.*
Palier, Paliers, Paliès, Palietz. *Le Palier, Paliès, Paillès.*
Palieyrolz. *Pailhérols.*
Palieys. *Faliès.*
Pallas. *Le Palat.*
Pallat. *Empalat.*
Pallier, Palliès. *Paillés, Poulhès.*
Palloulhe. *Le Suc-de-Pagouille.*
Palyes. *Poulhès.*
Panateyrine. *Panateirine.*
Pandeven. *Pradevin.*
Panolhe. *Le Suc-de-Pagouille.*
Panonia. *La Panonie.*
Panosa. *La Panouse.*
Paoul. *Poul.*
Parade. *La Prade.*
Paras. *La Peyre.*
Parayrey. *Le Pereyret, La Peyssière, La Parayre.*
Parchischore. *Le Pourcissou.*
Parcidenha. *La Parcidcinie.*
Parcischore. *Le Pourcissou.*
Parethia. *La Paretie.*
Parfol, Parfolh. *Proufol.*
Parieu Hault. *Parieu-Hayt.*
Pari inferieur, Pario inferior. *Parieu-Bas.*
Parione (Villa). *Parieu.*
Parios (Las). *Le Puet-la-Parro.*
Pariou. *Parieu.*
Parlam, Parlem, Parlen. *Parlan.*
Parpaleil, Parpalet. *Parpaleix.*
Parouzou. *Rezouzou.*
Parra. *Les Parats, Pérot.*
Parras. *Les Parats, Les Parros, La Peyre.*

TABLE DES FORMES ANCIENNES.

Parrat. *La Parra.*
Parre Neire. *Peironeire.*
Parres. *La Peyre.*
Parrichou, Parricou. *Le Parissou.*
Parrieu, Parrieu Souboyro, Parrieu Souteyro. *Parien, Parien-Bas et Haut.*
Parrieyrol. *Parieyrol.*
Parrissou. *Le Parissou.*
Parrot. *La Parot.*
Paruschier. *Perruchès.*
Parrusse. *La Peyrusse-Haute.*
Passe. *Le Moulin-de-la-Poche.*
Pastural. *Le Pasturau.*
Pasturalo. *Le Pasturalou.*
Pateros. *Patgros.*
Patz. *Prax.*
Pauchia. *La Panchie.*
Pauholeine. *Paulhenc.*
Paul. *Poul.*
Paulacum, Paulat. *Paulhac.*
Paulaguol. *Pauliagol.*
Pauloncum, Paulet. *Paulhenc.*
Paulerières. *Polverières.*
Paulhat. *Paulhac.*
Paulhagol. *Pauliagol.*
Paulhax. *Paulhac.*
Paulhe. *La Paulie.*
Paulhencs, Pauloncum, Paulhent. *Paulhenc.*
Paulhiat. *Paulhac.*
Paulhiene. *Paulenc.*
Paulia. *La Paulie.*
Pauliac, Pauliacum. *Paulhac.*
Pauliagot, Pauliaguet. *Pauliagol.*
Pauline, Paulinum. *Paulhenc.*
Paulio. *La Paulie.*
Paullacum. *Paulhac.*
Paullagol. *Pauliagol.*
Paulliac, Paulliacum. *Paulhac.*
Paureliols. *Pailhérols.*
Pauroix. *Le Puech-Roux.*
Pausa. *La Pause, La Pauze.*
Pause. *Poulhès.*
Pauza. *La Pause, La Posse, Poulhès.*
Pauzo. *La Passe, Poulhès.*
Pauzes. *La Panse.*
Pavendendo. *Le Pas-Vinzelin.*
Payloyra. *La Paloyre.*
Payrade. *La Peyrade.*
Payra Fichada. *La Peyre-Fichade.*
Payra Grossa, Grosse. *La Pierre-Grosse.*
Payralbe, Payrable. *La Peyralbe.*
Payre. *La Peyre.*
Payronayre. *Peironeire.*
Payricanot. *Perié-Canot.*
Payrisacum. *Périssac.*

Payrisagol. *Périssagol.*
Payrissac, Payrissacum. *Périssac.*
Payriasagol. *Périssagol.*
Payro Grosse. *La Peyre-Grosse.*
Payrolas. *Le Moulin-de-Peyrolles, Peyrolles-Hautes.*
Payrolles. *Les Peyrolles-Hautes.*
Payrout. *Le Peyron.*
Payrusse. *Peyrusse.*
Pazou. *Le Pajou.*
Pealoulhe. *Le Sac-de-Pagnouille.*
Pebrelie, Pebrelio, Pebrelyo. *La Penbrelie.*
Pechaire, Pechasse. *Pechayre.*
Pechelffant. *Le Péchelfau.*
Pech Girval. *Gerbal.*
Pech Sebié, Sebrier. *Le Puech-Soubrier.*
Pégarisse. *Pégearesse.*
Pégésie. *La Pagésie.*
Pegharesse. *Pegearesse.*
Pogniou. *Pignou.*
Pegoeyra. *La Pégoire.*
Pegolia. *La Poujolie.*
Pogorieyra. *La Pégourière.*
Pegouze. *Pechouzou.*
Pegoyra, Pégoyre. *La Pégoire.*
Peguda. *La Peyre-Aigue.*
Peguoliouls. *Pesconjoul.*
Poignam, Peignières. *Pénières.*
Peira. *Le Champ-de-Pierre, La Peyre.*
Poira Arnal. *La Peyre-Arnal.*
Peira au Point. *Peyrampont.*
Peirac. *La Peire.*
Peyrachabaladoyre. *La Peyre-Chevaladonne.*
Peiragrossa. *La Peyre-Grosse.*
Peiralade. *La Peyralade.*
Peiralbe. *Peyralbe.*
Peiranpont, Peirapont. *Peyrampont.*
Peiras, Peire. *La Peyre.*
Peirebesse. *Peyre-Besse.*
Peiré. *Periès.*
Peyre Crespe. *La Peyre-Grosse.*
Peireficade. *La Peyre-Ficade.*
Peire Folle. *La Peyre-Folle.*
Peirogari. *L'Ouvre.*
Peireghaleire. *La Peyre-Garraire.*
Peireira. *La Perrière.*
Peire Jalleire, Jarrighe. *La Peyre-Garraire.*
Peirelade. *La Peyralade, Peyrelade.*
Peiremasson. *Peyre-Masson.*
Peireyro. *La Perrière.*
Peirisogol. *Périssagol.*
Peiro. *Le Piron.*
Peirollet. *Peirolet.*
Peironet, Peironnet. *La Pyronée.*

Peirou. *Le Peyron.*
Peirucha. *Peyrusse.*
Peirugnes. *Las Peirugnes.*
Peiruse Bas et Haute. *La Peyrusse-Basse et Haute.*
Peirussa. *La Peyrusse-Haute.*
Peirusse Haut, Peirusse le Chastel. *Peyrusse-Haut et Peyrusse-Haute.*
Peis. *Pers.*
Peischau. *La Peschaud.*
Peissavit. *Pissavi.*
Peissieux. *Los Puessens.*
Peizac. *Puezac.*
Pejaire. *Pechayre.*
Pejaresse. *Pegearesse.*
Pel. *Le Peil.*
Peleporq. *Piale-Porc.*
Pelha, Pellio. *La Pille.*
Pelhs. *Espeils.*
Pello. *La Pille.*
Pelomp. *Polon.*
Pels, Pelz. *Espeils.*
Penavaire. *Penavayre.*
Pendaria. *La Pendarie.*
Pendens de Sobre. *Le Pendant-du-Haut.*
Pendorie. *La Penderie.*
Pendou, Pendu. *Le Roc-du-Pendu.*
Penedières, Penedieyres. *Péridières.*
Penisde. *La Pénide.*
Pennavayre. *Penavayre.*
Penquerie, Penquerie. *La Pinquerie.*
Ponsonoyras. *Les Ponsonnières.*
Pennoghol. *Puniéjoul.*
Peolhoza. *Perlhoza.*
Peolioza. *L'Oupelhayre.*
Peoloza. *Perlhoza.*
Peratel. *Le Peyratel.*
Perc, Perce. *Pers.*
Percendries. *Pévendrier.*
Percheffaux. *Le Péchelfau.*
Perez. *Pers.*
Perdrière, Perdrières. *Péridières.*
Peredines. *Pradines.*
Peressogol. *Périssagol.*
Peretum. *Péret.*
Pereyrol. *Le Pereyrot.*
Pereyrol. *Pereirol.*
Perghes. *Pelges.*
Perghiadis, Pergiaditz. *Pergiadis.*
Perico. *Pericot.*
Perié. *Le Perier, Periès.*
Periconot. *Perié-Canot.*
Perior. *La Buge-des-Périers.*
Periers. *Le Perrier, La Perrière.*
Periès. *Le Périer.*
Perieuse. *Peruéjoul.*
Perieyral. *Le Peiriéral.*

Cantal.

Perio. *Le Perier.*
Perisagol. *Perissagol.*
Perneyras. *Le Clapier.*
Perol, Perolz. *Perol, Pérols.*
Perpejat. *Perpezat.*
Perre. *La Peyre.*
Perre Arnal. *La Peyre-Arnal.*
Perrot. *Peret.*
Perreyres. *Les Peirières.*
Perrier. *Le Périer.*
Perrosse. *Peyrusse.*
Perrucher. *Perruchès.*
Perryrol. *Pereirol.*
Perueghol. *Péruéjoul.*
Persium. *Pers.*
Persoires. *Pressoires.*
Persouiro. *Persouire.*
Persoures, Persouyres, Persoyre. *Pressoires.*
Pertium. *Pers.*
Pertuz. *Le Partus.*
Pertuzol. *Pertusol.*
Perucha. *Peyrusse.*
Peruché, Peruchio. *Perruchès.*
Perueghol, Peruéghou, Peruéghoul, Peruejou, Péruéjoul.
Perussa. *Peyrusse, Peyrusse-Haut.*
Perussa Inferior. *La Peyrusse-Basse.*
Perussa Superior. *La Peyrusse-Haute.*
Perveghol, Perveghoul, Pervegol, Perveiou, Pervejoul, Pervuejoul. *Péruéjoul.*
Perz. *Pers.*
Pescellum. *Pique-Porc.*
Peschau. *La Paschaud.*
Peschès. *Le Peschier.*
Peschier. *Las Foulouse.*
Peschier de Dondas. *Le Peschier.*
Péséaries (Las). *La Péséarie.*
Pesquier. *Le Peschier, L'Aujou.*
Possene, Pessens. *Peyssens.*
Possoies, Pessolas. *Pessoles.*
Pesteill, Pestoilz, Pestelh, Pestellum. *Pestels.*
Pastré. *Le Pestre.*
Petgas. *La Péde.*
Petghes. *Petges.*
Petit-Bernad, Bernat. *Le Petit-Bernard.*
Petit-Bouyoles. *Le Bouyoulou.*
Petite Besse. *La Besse-Petite.*
Petit Gerlon, Gieullon, Jollon, Joulon. *Le Petit-Jolon.*
Petra. *La Peyre.*
Petra Bessa. *La Peyre-Besse.*
Petrafixa. *L'Hôpital de Pierrefiche.*
Petra Fortis, Petre Fortis. *Pierrefort.*

Petrucia, Petrussa, Petrussia. *Peyrusse.*
Petrussia. *La Peyrusse-Haute.*
Pouch. *Le Puech.*
Peuchauzou. *Peuchouzou.*
Peuchbaldy. *Le Prat-Baldy.*
Peuch-Blanc. *Le Puy-Blanc.*
Peuch Bourges. *Le Puech-Verjén.*
Peuch del Molhiers, Mouillard, Moulhard, Mouliard. *Le Puech-de-Moulhet.*
Peuch delz Clergues. *Le Puech-del-Clergue.*
Peuch de Meghanet, Meghannet. *Les Méchonnes.*
Peuch de Menoire. *Le Puy-Menouère.*
Peuch de Monteilh, Montel, Montelh. *Le Monteil.*
Peuch Destable. *Le Puy-d'Estable.*
Peuchefaut. *Le Péchelfau.*
Peuch Fatit. *Le Puy-Failly.*
Peuch Fransou. *Peuchouzou.*
Peuch Gary. *Le Puy-Garry.*
Peuchgouzou, Peuchjoujou. *Peuchouzou.*
Peuch Jurquet. *Le Peuch-d'Arquet.*
Peuch lo Bours, Peuch-Lours. *Les Boures.*
Peuch les Menet. *Le Puy-Comptour.*
Peuch Marco. *Le Puy-de-Marcou.*
Peuch Maynialez. *Le Meyriel.*
Peuch Megha, Megho. *La Meyghade.*
Peuch Morier. *Le Puech-Mourier.*
Peuchmoussoux. *Puech-Moussoux.*
Peuchoujou. *Peuchouzou.*
Peuchredon. *Le Puech-Redon.*
Peuch Soleil, Solleil, Soles. *Le Puech-Soleil.*
Peuch Usclat. *Le Puech-Usclat.*
Peuchvendrier, Peuch Vendris. *Pévendrier.*
Peuchx. *Le Peuch.*
Peuchx de Foichtz. *Le Puech-de-Foyt.*
Peuchx de Rouchou. *Le Puech-Rouchou.*
Peuchx-le-Bour. *Les Boures.*
Peuchz Brunades, Peuchz Brunets dels Teyssediis. *Le Puy-Brunet.*
Pougelfau. *Le Péchelfau.*
Peugeyra. *La Peugère.*
Peuh, Peuhe. *Le Puech, Le Puech-Redon.*
Peuhe. *Le Pech, Le Peuch.*
Peuh Moussons. *Le Puech-Moussoux.*
Peuh Roqua. *Le Puech-Roque, Le Puech-du-Roc.*
Peulhiouze. *L'Oupelheyre.*
Peulx. *Le Pouch.*

Peulx Andral. *Le Poux.*
Peumejio. *Le Puech-Mège.*
Peus de Cantal. *Le Puech, Chantal-la-Vialle.*
Peus-del-Puech. *Aspiench.*
Peusoutre. *Le Puy-Soutro.*
Peussovia. *Le Puet-Savoie.*
Peuthanso. *Peuchouzou.*
Peutz. *Le Puy-Comptour.*
Peutz Nigre. *Le Puy-Noir.*
Peuvendriès. *Pévendrier.*
Peux. *Le Peuch.*
Peuxauzou. *Péchouzou.*
Peux Megho. *La Meyghade.*
Peux Soustro, Soutra, Soutre, Soutro, Soutrot. *Le Puy-Soutro.*
Pevendriers, Pevendries, Pexendries. *Pévendrier.*
Pexione. *La Pichonne.*
Peyl. *Le Peil.*
Peyra, Peyra-Saint-Michel. *La Peyre.*
Peyra. *Le Peyrat, La Peyre, Pierrefiche, Le Pierrou.*
Peyra Archa, Peyra Arche. *La Peyre-Arche.*
Peyra Blanca. *La Peyre-Blanche.*
Peyra Bruna. *La Peyro-Bruno, La Pierre-Brune.*
Peyra de la Pendula. *La Pierre-de-la-Pendule.*
Peyrade Inferius. *Le Moulin-de-Peyrolles.*
Peyradelle. *Les Pradelles.*
Peyra en Pohiy, en Pohu. *La Pierre.*
Peyra Ficada. *La Peyre-Ficade, La Peyre-Fichade.*
Peyra Filhiona. *La Peyro-Sillonne.*
Peyragas. *Le Peyri.*
Peyra Gieulado. *La Peugère.*
Peyra Grosa, Peyra Grosse. *La Peyregrosse, La Pierre-Grosse.*
Peyra Guary, Peyraguery. *La Peyre-Gary.*
Peyra Jalleyre. *La Pierre-Jalleire.*
Peyral. *Le Peyral-de-Martory.*
Peyralada. *La Peyralade, La Peyrelade.*
Peyralba, Peyralbo. *La Peyralbe.*
Peyrallade. *Peyrelade.*
Peyramasso, Peyramasson. *Peyre-Masson.*
Peyra Plantada. *La Peire-Plantade.*
Peyrardoux. *Peyrardou.*
Peyrarghe. *Peyre-Arche.*
Peyra Royra. *La Peyre-Beyre.*
Peyra Silhona. *La Peyre-Sillonne.*
Peyras Neyras. *Peireneire.*
Peyrau. *Le Peyrou.*

TABLE DES FORMES ANCIENNES.

Peyraube. *La Peyraille.*
Peyra Vayra. *La Peyre-Beyre.*
Peyre. *Le Peyrou, La Peyre-Levade.*
Peyreaube. *La Peyraille.*
Peyre Barlat, Barlen, Barlene, Barlent. *La Peyre-Barlès.*
Peyre Bassas. *Peyre-Besse.*
Peyre-Bayre. *La Peyre-Beyre.*
Peyrebessa, Peyrebex. *Peyre-Besse.*
Peyre Binal, Boal. *La Peyre-Barlès.*
Peyrebouc. *Le Peyre-Boul.*
Peyre Brune. *La Pierre-Brune.*
Peyre-Bunal. *La Peyre-Barlès.*
Peyrebyme. *La Peyre-Bime.*
Peyre de Larche, de Tarche. *La Peyre-Arche.*
Peyre Ficade, Fichadde, Fischade. *La Pierre-de-la-Pendule.*
Peyre Gari. *L'Outre.*
Peyreghaleyre. *La Peyre-Garraire.*
Peyre Haursse, Hausse. *Peyre-Arche.*
Peyre Lada, Lade. *La Peyralade.*
Peyrenayre. *La Peyre-Beyre, La Peyre-Nègre.*
Peyrenègre, Peyreneyre. *Peireneire.*
Peyres-Aube. *La Peyraille.*
Peyres-Chavaladounes. *La Peyre-Chavaladoune.*
Peyres-Larges. *Peyre-Arche.*
Peyret. *Pérot.*
Peyro Vayro. *La Peire-Veire.*
Peyreyas. *Le Clapier.*
Peyreyas. *Las Perneyras, Peyrières.*
Peyreyre. *La Perrière.*
Peyreyrol. *Lo Peireirol.*
Peyrides. *Le Pigerol.*
Peyrière. *Las Peirières, La Perrière.*
Peyricydia. *La Peyridière.*
Peyrieyra. *La Perrière.*
Peyrieyras. *Les Peyrières.*
Peyrieyres. *Les Peirières.*
Peyriniac. *Pérignac.*
Peyris. *Lo Peyri.*
Peyrisagol. *Périssagol.*
Peyrissac, Peyrissacum. *Périssac.*
Peyrissagol. *Périssagol.*
Peyro. *Le Peyrou.*
Peyrodor. *Le Peyrador.*
Peyrodre. *Peirodre, Le Peyrador.*
Peyrolas. *Les Peyrolles-Hautes.*
Peyroles. *Le Moulin-de-Peyrolles.*
Peyrollet. *Peirolet.*
Peyrolz. *Pérol.*
Peyronia. *La Peyronie.*
Peyronnet. *La Pyronée.*
Peyrot. *Le Peyrou.*
Peyrotz. *Pérol.*
Peyrouch. *Le Peyrou.*

Peyroules, Peyroulet, Peyroullet. *Peirolet.*
Peyrout, Peyroutz, Peyroux. *Le Peyrou.*
Peyrouzes (Las). *La Font-de-Peirouge.*
Peyrovela. *La Peyre-Belle.*
Peyrugas. *Les Peyrugues.*
Peyruse, Peyrussa. *Peyrusse, Peyrusse-Haut.*
Peyrussa Inferior. *La Peyrusse-Basse.*
Peyrussa Soberyana. *La Peyrusse-Haute.*
Peyrusse ie Chastel. *Peyrusse-Haut.*
Peyrusse Soteirana. *La Peyrusse-Basse.*
Peyssavy. *Pissavi.*
Phaleix, Phalleix, Phealleix. *Falleix.*
Phaliels. *Faliès.*
Phialadie. *La Filadie.*
Philiolia. *La Filiolie.*
Pluex. *Le Puech.*
Phuexals. *Puéchal.*
Phuex blanc. *Le Puy-Blanc.*
Phuex Castanier. *Le Puech-Castanier.*
Phuex del Camp. *Le Puech-du-Camp.*
Phuex de l'Estang. *L'Étang.*
Phyliolia. *La Filiolie.*
Pi. *Le Pic.*
Pialotes. *Les Pialottes.*
Picq. *Le Pic.*
Picaronia. *La Picaronie.*
Picarso, Picarto. *Le Puech-Picarrou.*
Pic de Chavanoles. *Le Puech-de-Chabanolle.*
Pice Ghiau, Picegiau. *Le Pissegal.*
Picheyris, Pic Heyris. *Le Pechayrès.*
Picmouriès. *Le Puech-Mourier.*
Picbasset. *Le Puy-Basset.*
Piedestrie. *Pradastier.*
Picire plantade. *La Peire-Plantade.*
Piépasser. *Le Puy-Basset.*
Pière. *Le Peyrou.*
Pieri. *Sous-les-Parits, Le Cros-de-Pélégri.*
Pierre. *La Peyre.*
Pierre Garry. *La Peyre-Gary.*
Pierrelade. *Peyrelade.*
Pierre plantada. *La Peire-Plantade.*
Piessoutre, Piessoutro. *Le Puy-Soutro.*
Piouchal. *Puechal.*
Piouch Basset. *Le Puy-Basset.*
Pioux. *Le Puech.*
Picyregary. *La Peyre-Gary.*
Picyso. *La Bosse-de-la-Pesse.*
Piganiollet, Piganioulet, Piganollet. *Piganiolet.*
Pigeyra. *La Pigeyre.*
Pignergues, Pigniergues. *Piniergue.*

Pigniergues. *Piniargues.*
Pigniou. *Pignou.*
Pignora, Pignorra. *La Pignoure.*
Pigonia. *La Picaudie.*
Pigonia la Sobrana. *La Picaudie-Haute.*
Pigonia la Sotrana. *La Picaudie-Basse.*
Pilha, Pilhe, Pilher, Pilie, Pillie. *La Pille.*
Pinadeilh. *Espinadel.*
Pinassol. *Espinassol.*
Pinatcla. *La Pénide.*
Pinatz. *Espinat.*
Pineto. *Espinet.*
Pinhatelle. *La Pinatello.*
Pinhergues, Pinichergues. *Piniergue.*
Pinho, Pinhiou, Pinhou. *Pignou.*
Piniargues. *Piniargue.*
Piniatelle. *La Pinatelo.*
Pinoux. *Le Pic.*
Pinquaire, Pinquairie, Pinquayria, Pinqueyrie, Pinquierie, Pinquieyrie, Pinquire. *La Pinqueirie.*
Piviuril. *Le Prieuret.*
Piro. *Le Pirou.*
Pirol. *Pérol.*
Pirol Albanhars. *Le Pirols-Albaniars.*
Pironel. *Le Pironnet.*
Pironnet. *La Pyronée.*
Pirridières. *Péridières.*
Pis. *Le Pic.*
Piscens. *Pessins.*
Pissarolle. *Pissarelle.*
Pisse-Giau, Pisse-Gieu, Pisse Jal, Pisso Gieu. *Pissegal.*
Pissetrou. *Le Puy-Soutro.*
Piessovi. *Pissavi.*
Pissou. *Le Pessau.*
Pissoulhes. *Pissoules.*
Pizounie. *La Pigéounie.*
Placa. *Las Planques.*
Plagne, Plaigne, Plainhe. *Les Plaines.*
Plagnhes, Plagnhies, Plaignes, Planhes. *Plagnes.*
Plagnhes de Girgols. *Les Plagnes-de-Girgols.*
Plaignes. *Plagnes, Pleinses.*
Plainse. *Pleinses.*
Plamonteille, Plamontel. *Plamonteil.*
Plana de Faiola. *La Plenne-de-Fagéille.*
Planaize. *La Planèze.*
Planas. *Lo Planun.*
Planaval. *Planeval.*
Planavarena Chabassoyres. *Plavarenne.*
Plancez. *Pleinses.*
Plancha. *Le Pont-de-l'Escure, La Planche.*

Planche. *Pleinses.*
Plancheta. *Le Frayssinet, Les Mazeyres.*
Plancheta, Planchelo. *La Planchette.*
Planchy. *Les Planquettes.*
Plancque, Plancques. *La Planque, Les Planques.*
Planes. *Plagnes.*
Planes Haultes. *La Plaine.*
Planetia. *La Planèze.*
Planez, Planeza, Planezas. *La Planèze.*
Planha. *Les Plaines.*
Planhas. *Les Plagnes.*
Planhes de Girgols. *Les Plagnes-de-Girgols.*
Plania. *La Plaigne.*
Planque Fouriade. *La Planque-Fourcade.*
Planqueta. *Les Planquettes.*
Plantana de Longho Sanhe. *La Plantane.*
Planya. *La Plaigne, La Planèze.*
Plaques. *Les Planques.*
Plas. *Les Plos.*
Plasu. *La Plaze.*
Plasète, Plasseta, Plassette. *La Placette.*
Plat. *Les Plates.*
Platabayssia. *Blatveissière.*
Platas. *Las Plates.*
Platas en Forest. *Plat-Fays.*
Plates. *Les Plautes.*
Plat Fays superior. *Le Plat-Fayet.*
Platges. *Plagnes.*
Platte. *La Blatte.*
Plaus. *Pleaux.*
Plauta. *Las Plautes.*
Plaux. *Pleaux.*
Plavarema Chabasseyras. *Chabassaire.*
Plaza. *La Plaze, Les Plazes.*
Plaze de la Combe de la Gua, Plaze de la Combe del Bex. *La Plase.*
Pleau. *Le Pleaux.*
Pleau souveyre. *Pleaux-Soubeyre.*
Pleaux. *Plaux.*
Pleaux Soubeyre, Pleaux Sourniers, Pleaux Souvères. *Pleaux-Soubeyre.*
Pleinsses. *Pleinses.*
Plenavaissère. *Planavaissa.*
Pléous, Pleoux. *Pleaux.*
Plescants, Plesquants. *Plescamps.*
Pleus. *Pleaux, Plieux, Le Pleaux.*
Pleuses. *Pleinses.*
Pleusoubères. *Pleaux-Soubeyre.*
Pleux. *Pleaux, Plieux, Le Puech, Des Puechs.*
Pleyxux. *Plieux.*
Pliaux. *Pleaux.*

Plicus. *Pleaux, Plieux, Le Puech.*
Plieux. *Pleaux.*
Plinse. *Pleinses.*
Plious, Ploaus, Plodium. *Pleaux.*
Plodium Sobra. *Pleaux-Soubeyre.*
Plomax. *Plumars.*
Plomonteil. *Plamonteil.*
Plon du Chantal. *Le Puech.*
Plots, Plotz. *Les Plos.*
Ploumax. *Plumars.*
Plous, Pluous. *Pleaux.*
Poale Porc. *Piqueport.*
Poberieyres. *Polverières.*
Pochelffaut. *Le Péchelfau.*
Poch Falluc. *Le Puy-Failly.*
Poch Mera. *Le Puech-Mirou.*
Pochou. *Pouchou.*
Podium. *La Montagne, Le Puech, Le Puech-del-Castel, Le Puech-Long, Le Puech-de-Leynhac, Le Puech-de-la-Roque, Le Puech-Maille, Le Puech-Mizery, Le Puy-des-Vignes.*
Podium Bassatum, Bassetum. *Le Puy-Basset.*
Podium Beati Marci. *Le Puy-Saint-Mary.*
Podium Blanc. *Le Puy-Blanc.*
Podium Brossos. *Le Puech-Broussous.*
Podium dal Boissel. *Le Puech-Bouissou.*
Podium Daletz. *Le Puech-d'Alex.*
Podium de Carendola. *Le Puech.*
Podium de Conne. *Le Puy-de-Conne.*
Podium de Cornac. *Le Puy-Cornard.*
Podium de la Bessa. *Le Puech-de-Besse.*
Podium de Malo Rivo. *Le Puy-de-Malrieu.*
Podium Gaubert. *Gaubert.*
Podium Gros. *Le Suc-Gros.*
Podium Iris. *Le Puy-de-Malrieu.*
Podium Marti. *Le Puech-Marty.*
Podiummereni. *Le Puech-Mourier.*
Podium Meruli. *Le Roc-de-Merle.*
Podium Miseri. *Le Puech-Mizery.*
Podium Mossoux. *Le Puech-Moussoux.*
Podium Puech Este. *Notre-Dame-de-la-Salette.*
Podium Ras. *Le Puy-Raz.*
Podium Rinhosum. *Le Puech-Roignoux.*
Podium Sancti Marii. *Le Puy-Saint-Mary.*
Podiumvendris. *Pévendrier.*
Podium vocatum Caymont. *Le Puy-de-Conne.*
Poget, Pogets. *Le Pouget.*

Poghade (La). *Le Bourg de Pougéade, Poujade.*
Poghes. *La Poujade.*
Poghet, Pogit. *Le Pouget.*
Poh. *Le Puy-des-Vignes.*
Poh Redon. *Le Puech-Redon.*
Poih. *Le Puech.*
Poih Asiran. *Le Puy-de-la-Borie.*
Poih Lat. *Le Puech-Lac.*
Poih Lonc. *Le Puech-Long.*
Poih Mosses. *Le Puech-Mussoux.*
Poihratz. *Le Puet-del-Rat.*
Poihs. *Le Puech.*
Poin. *Le Pont.*
Poinset. *Poinsel.*
Poiola. *La Pouyolle.*
Poirolles. *Peirolet.*
Poital. *Le Boital.*
Pojet. *Le Pouget.*
Poldoyres. *La Bouldoire.*
Poleme. *Polimé.*
Polh. *Le Piaulet.*
Polinhac, Poliniac. *Poliniac.*
Polloim, Pollomb, Polomb, Polomp, Polumb. *Polon.*
Polmignat, Polmignhac, Polminhacum, Polminhat, Polminiach, Polminihac. *Polminhac.*
Polmons-près-Salers. *Palemont.*
Polpedicz, Polpeditz, Polperix. *Polpedic.*
Polverie, Polverier, Polvoveyra. *Polverière.*
Polverieyres, Polvereyres, Polvieyres, Polvieyras, Polvieyrieyres, Polvirieyras. *Polverières.*
Polymé. *Polimé.*
Pomarada. *La Font-del-Puech.*
Pomayrosa. *Pomerose.*
Pombignat. *Pompignac.*
Pomeirol. *Pomeyrol.*
Pomeirs. *Pomiers.*
Pomer, Pomeyres. *Le Pommier.*
Pomeyrolz. *Pomeyrol, Pomeyrols.*
Pomieis, Pomier, Pomies, Pomiez, Pomiers, Pommiers, *Le Pomier, Le Pommier.*
Pomperit. *Le Puissagol.*
Pompidor. *Le Pompidou.*
Pompinhac. *Pompignac.*
Pomyer, Pomyès. *Pomier, Le Pommier.*
Pon. *Le Pont-d'Authre, de Bonassies, Pons, Le Pont, Le Pont-Besse.*
Ponc. *Pons, Le Pont.*
Pon dal Varnet. *Le Pont-du-Vernet.*
Pon d'Arties. *Le Pont-d'Atier.*
Pon d'Aultra, Pon Daultre. *Le Pont-d'Authre.*

TABLE DES FORMES ANCIENNES. 605

Pon de Bornhones. *Le Pont-du-Bourniou.*
Pon de Cera. *Le Pont-de-Cère.*
Pon de Leric. *Le Pont-de-Léry.*
Ponesthia, Ponethia, Ponethie. *La Ponétie.*
Pon-Ferem, Pon-Feren, Pon-Fères, Pont-Ferend. *Le Pont-Ferrand.*
Ponfeyra. *Le Pontfère.*
Poniareda. *La Poniarède.*
Poniaux, Pon Niou. *Le Pont-Neuf.*
Ponissou. *Le Puy-Panissou.*
Ponpidor, Ponpidou. *Le Pompidou.*
Ponpinbacum. *Pompignac.*
Pons. *Esponts, Le Pont, Le Pontet, Le Poux.*
Pons Besso. *Le Pont-Besse.*
Pons del Cros apud Muratum. *Le Pont-du-Cros.*
Pons des Anjalvis, Ajalvys. *Le Pont-des-Anjalvis.*
Ponsel. *Poinsel.*
Pons Nouval, Pons Nouvat. *Panouva.*
Ponsoneyras. *Les Ponsonnières.*
Pons Sancti Juliani. *Espons.*
Pont. *Le Pont-du-Vernet.*
Pont d'Altier, Datier, d'Aties. *Le Pont-d'Atier.*
Pont d'Artigol. *Le Pont-d'Artiges.*
Pont de Collombier, Colonber, Coluber, Columbier. *Le Pont-du-Colombier.*
Pont del Astignet. *Lastignet.*
Pont de Lenda. *Le Pont-de-l'Ande.*
Pont de Lerin, Levie, Levy, Liry, Livry. *Le Pont-de-Léry.*
Pont del Fabre, Fabrin. *Le Pont-du-Fabre.*
Pont del Vernès. *Le Pont-du-Vernet.*
Pont de Pinhio, Pinho, Pinhou. *Le Moulin-du-Pont-de-Pignou.*
Pont de Tréboilh, Trebou, Trébouh, Trébout, Truboilh. *Le Pont-de-Tréboul.*
Pont de Viq. *Le Pont-de-Vic.*
Pont Doler. *Le Pont-de-Léry.*
Ponte (Capella de). *La Chapelle-du-Pont.*
Ponteil. *Le Brioude, Le Ribeirage.*
Ponteilh. *Le Brionde.*
Pontel. *Le Pontet, Le Ribeirage.*
Pontetum. *Le Pontet.*
Pontnieus, Pontnio, Pontniou. *Le Pont-Neuf.*
Pont Nouval. *Le Panouva.*
Pont Perió, Péril, Purit. *Le Puissaguol.*
Porcaret. *Pourcheret.*
Porcelli crux. *La Croix-du-Pourceau.*

Porcharie. *La Porcherie.*
Porfol. *Proufol.*
Port. *La Garrigue-du-Port.*
Porta, Porta inclusa. *La Porte.*
Portallier. *Le Portalier.*
Portas. *Les Portes.*
Portovia. *La Portavie.*
Poses. *Les Pouses.*
Pos Lebal. *Le Panouva.*
Posolis. *Pouzols.*
Posolz. *Pouzol.*
Posteil, Postel. *Le Pontès.*
Potz. *Le Pou.*
Pou. *Poul.*
Pouce. *Pons.*
Pouch. *Le Pont-de-Vic.*
Pouche. *Poulhès.*
Pouchetia. *La Pouchétie.*
Pouchine. *Pouchines.*
Poucz. *Pons.*
Pouge, Pougectz, Pougetz, Poughet, Poughit, Pougit, Poubet. *Le Pouget.*
Pougeade, Poughade. *Poujade.*
Pouget. *Pouget.*
Poughol. *Poughéol.*
Pougholz. *Poughols.*
Pouilhat. *Paulhac.*
Poujausè, Poujaux. *Le Suc-des-Poujaux.*
Poulax, Poulhac, Pouliac. *Paulhac.*
Poulberiere. *Polverières.*
Poulhe, Poulhie, Pouliès. *Poulhès.*
Poulhines. *Pouchines.*
Poulimé. *Polimé.*
Poulla. *La Pouyolle.*
Poullat. *Poulat.*
Poulmignhac, Poulminhac, Poulminihac. *Polminhac.*
Poulpadictz. *La Polpédie.*
Ponlverier-Bas et Haut. *Polverière.*
Poulverières, Poulverieyre. *Polverières.*
Poumel, Poumet. *Le Pomel.*
Poumeyroles. *Pomayrol.*
Poumié, Poumier, Poumyès. *Pomiers.*
Ponnet. *Prunet, Le Pommier.*
Pounitie. *La Ponétie.*
Pounou. *Le Pont-Neuf.*
Pourchairie. *La Porchairie.*
Pourchissou. *Le Pourcissou.*
Pouse. *La Pille, Poulhès.*
Pouso, Pousou. *La Pouse.*
Poussines. *Pouchines.*
Pouta. *La Bontat.*
Poutz. *Les Poux.*
Pouverieres. *Pouverières.*
Pouvriere. *La Pouverayre.*
Poux. *La Roche-du-Poux.*

Poux Soutro. *Le Puy-Soutro.*
Pouzade. *Poujade.*
Pouzadou. *Le Pauzadou.*
Pouzelès. *Les Pouzels.*
Pouzos. *La Roche-du-Poux.*
Pouzet. *Le Pouget.*
Pouzeyres. *La Ponzaire, Les Pouzeyres.*
Pouzos. *Les Pouses.*
Poyberen. *Saint-Gal.*
Poyet. *Le Pouget.*
Poyra. *Le Suc-de-Poiré.*
Poyrot. *Le Peyrou.*
Poysseyres. *Les Pouzeyres.*
Pozarot. *Le Fraissinet.*
Pozes. *Les Pouzes, Las Pauses.*
Pozet. *Le Pouget.*
Pozolz. *Pouzols.*
Prabrunets. *La Prade-Brunet.*
Practz. *Le Prat, Prax.*
Practz-Soubs. *Les Prats-Sous.*
Prada. *Aux-Malades, La Prade, Le Pradet.*
Pradabo, Pradaboc, Pradabos, Pradabouc, Pradaboug. *Le Prat-de-Bouc.*
Prada del Rieu. *La Prade-del-Rieu.*
Pradageyre, Pradageyt. *Pradaget.*
Pradal. *Laigne, Prades, Empradel, La Pradelle, Le Pradal.*
Pradalas. *Le Pradal.*
Pradalectz. *Pradalet.*
Pradalen. *Pradevin.*
Pradalene, Pradalène. *La Pradeline.*
Pradalio. *La Pradelie.*
Pradalienne. *La Pradeline.*
Pradallie. *La Pradelie.*
Pradallons. *Pradines.*
Pradalmon, Pradamont. *Le Prat-d'Amon.*
Pradalz. *Le Pradal.*
Pradas. *La Pradelle, Prades, Les Prades.*
Pradasties, Pradastyes. *Pradastier.*
Pradaven, Pradavenc. *Pradevin.*
Pradayrolz. *Pradeyrols.*
Prade. *Les Prades.*
Pradebouc, Pradeboucq. *Le Prat-de-Bouc.*
Prade de Condat. *Le Pont-de-la-Prade.*
Pradeils. *Les Pradelles.*
Pradeilz. *Empradel.*
Pradel. *La Pradelle, Pradiers.*
Pradela. *Les Pradelles.*
Pradèles. *Pradet.*
Pradelet. *La Pradelle.*
Pradelie. *La Pradelie.*
Pradelle. *La Pradelle, Les Pradelles.*

TABLE DES FORMES ANCIENNES.

Pradellons. *Pradine.*
Pradels. *Le Pradel, Les Pradelles, Le Pradet, Pradiers, Les Praders, Le Bos-des-Pradels.*
Pradelz. *A-la-Pradelle, La Pradelle, Les Pradels, Les Pradelles, Pradet.*
Praders. *Pradiers.*
Prades. *Le Moulin-Dornières, La Prade.*
Prades Soubrones. *Les Prades-Soubronnes.*
Pradeyrolz. *Pradeyrols.*
Pradez. *Les Pradels, Pradiers.*
Pradič. *Pradiers.*
Pradiel. *Le Pradel.*
Pradies. *Pradiers.*
Pradinas, Pradineix, Pradinæ. *Pradines, Pradines-Soubro et Soutro, Le Bois-de-Pradines.*
Praduven. *Pradevin.*
Pradynes. *Pradines, La Pradine.*
Pragiber. *Pragibert.*
Prajadot. *Pradagot.*
Pralac, Pralabac, Pralat, Prallac. *Prallat.*
Praletz. *Fialeix.*
Prantignac, Prantinihac, Prantinihacum. *Prantinhac.*
Prapmès. *Prat-Mels.*
Pras Baldi. *Le Prat-Baldy.*
Pral. *Les Prades, Prax.*
Prat-Baldi. *Le Prat-Baldy.*
Prateros, Praterou. *Pateros.*
Prat-Daval. *Le Prat-d'Aval.*
Prat-de-Boug. *Le Prat-de-Bouc.*
Prat-de-Fonds. *Le Prat-de-Fon.*
Prat del Jail. *Le Prat-del-Jal.*
Prates. *Prax.*
Prat-Guardez. *La Roche-de-Prat-Gardé.*
Pratheyros. *Prat-Héron.*
Pratinhac. *Prantinhac.*
Pratlac, Pratlat, Pratlatum. *Prat-Lac, Prallat.*
Prat-Majour. *Pramajou.*
Prat-Meilh, Prat Meilh Menor, Pratmelh. *Prat-Mels et Prat-Mels-Bas.*
Pratnieu, Pratniou, Prat Nuou. *Le Prat-Niau.*
Pratouppi. *Pratoupy.*
Prats. *Prax, Le Moulin-des-Prés.*
Prats-Brunets. *La Prade-Brunet.*
Prat Théron. *Prat-Héron.*
Prathopy, Prathoppy. *Pratoupy.*
Pratum. *Le Prat.*
Pratum Ecclesie. *Le Pré-de-l'Église.*
Pretum Leprosie. *Aux-Malades.*
Pratum Montynio. *Le Prat-Montinie.*

Pratz. *La Prade, Le Prat, Prax, Le Moulin-des-Prés.*
Pratz Louez. *Les Prats-Loués.*
Praveires. *La Praveire.*
Préaud. *Le Préau.*
Précanot. *Perié-Canot.*
Prectz. *Prex.*
Prédabouc. *Le Prat-de-Bouc.*
Preietz. *Prex.*
Preiguac. *Preignat.*
Prelac, Prelat. *Prallat.*
Prémonteil. *Le Pré-Monteil.*
Presses. *Pruns.*
Pressoiras. *Pressoirous.*
Pressoire. *Persouire.*
Pressoures, Pressouyres, Pressoyras. *Pressoires.*
Pressoyre. *Persouire.*
Prostre. *Le Pestre.*
Prets, Pretz. *Prex.*
Prevelie. *La Peubrelie.*
Preyer. *Prex.*
Pridieres. *Péridières.*
Priécanot. *Périé-Canot.*
Priet. *Perret.*
Prieurit, Prioulit, Prioureck. *Le Prionret.*
Prillat. *Prallat.*
Priorat. *Le Prieuré.*
Priours. *Les Prieurs.*
Priouzac. *Le Prionzol.*
Priur Mendré. *Le Prieur-Vendré.*
Privazac. *Vibrezac.*
Prodalanghas, Prodalanihas. *Prodalanche.*
Prodella. *Prodelles.*
Prodolanges, Prodollanges. *Prodalanche.*
Profol. *Proufol.*
Prohetia. *La Prouhétie.*
Proieys. *Progiès.*
Proissoure. *Pressoires.*
Projets. *Progiès.*
Proletz. *Prolès.*
Prossiert, Proziès. *Progiès.*
Prondalanges, Proudalanghes, Proudallanghes, Proudoulenges. *Prodalanche.*
Proudelles. *Prodelles.*
Prousac. *Prouzac.*
Pruéghoul, Pruéjoul. *Péruéjoul.*
Prugeire. *La Brugère.*
Prugnes. *La Prugne.*
Prune. *Pruns.*
Pruneires, Pruneras. *Prunières-Bas.*
Prunes. *Pruns.*
Prunethum, Prunetum. *Prunet.*

Pruneyras. *Prunières et Prunières-Bas et Haut, Le Bois-de-Prunières.*
Pruneyras Altas. *Prunières-Haut.*
Pruneyrol. *Pruneirol.*
Prunis. *Pruns.*
Puasac. *Puézac.*
Puc Asiran. *Le Puy-de-la-Borie.*
Pucch Mossos. *Puech-Moussons.*
Puch. *Le Peuch, Le Puech, Le Puech Carbonnier.*
Puchabarrum. *Le Puy-Basset.*
Puchamouri, cast. *Le Puech-Mourier.*
Puch Auzo. *Peuchouzou.*
Puch Basset. *Le Puy-Basset.*
Puchcouyoul. *Pescoujoul.*
Puche. *Le Puech.*
Pucheguas. *Piniergue.*
Puche Mesri. *Le Puech-Miseri.*
Pucheyre. *La Pichouneyre.*
Puch Mossos. *Le Puech-Moussons.*
Puch Mourier. *Le Puech-Mourier.*
Puch Roulx. *Le Puech-Roux.*
Puchsmoussoux. *Le Puech-Moussons.*
Puchs Vielhs. *Le Puech-Vieil.*
Puelhmossos. *Puech-Moussous.*
Pueth. *Le Puch.*
Puchasset. *Le Puy-Basset.*
Puech. *Le Peuch, Le Mas-Négrier, Le Puech-de-Leynhac, Le Puech-Long, La Fon-del-Puech, Le Puy-Comptour, Le Puech-Carbonnier, Le Puech-Redon, Le Puet-de-la-Garde, Le Pueth, Le Puy-Verny.*
Puechague, Puechagut. *Puech-Agut.*
Puech-Basset. *Le Puy-Basset.*
Puechaldes, Puechaldoc, Puechaldou. *Puéchaldoux.*
Puechauso, Puechauzo. *Peuchouzou.*
Puech Auzolle. *Le Roc-d'Auzolles.*
Puechberal. *Puech-Bérail.*
Puech Besso. *Le Puech-de-Besse.*
Puech Blanq. *Le Puy-Blanc.*
Puech Boyiez. *Le Puech-Bory.*
Puech Brossos. *Le Puech-Broussons.*
Puech Broussos. *Broussons.*
Puech Castanet. *Le Puech-Castanier.*
Puech Chault. *Le Puech-Chaud.*
Puech Cheyrous. *Cheyrouse.*
Puech Cournil. *Le Puy-Courny.*
Puech Couyoul. *Pescoujoul.*
Puech Crémon. *Le Puech-Trèmes.*
Puech de Fouet, de Fouez. *Le Puech-de-Foyt.*
Puech de Guyé. *Le Puech-de-Quié.*
Puech de la Mondeta, Mondète, Mondelle. *Le Puech-de-la-Mondette.*
Puech de Larbre. *Le Puy-de-l'Arbre.*
Puech de Lauralle. *Le Puech-de-Laurea.*

Puech del Carendele. *Le Puech.*
Puech del Chastel del Clergiau. *Le Puech-de-Clergues.*
Puech del Malhiner. *Le Molinier.*
Puech de Mausergues, de Massygos. *Mansergnes-Haut.*
Puech de Mazer de Crozet. *Le Bois-de-Mozier.*
Puech de Merlou. *Le Puech-de-Menou.*
Puech de Mons. *Mons.*
Puech de Montailh. *Le Monteil.*
Puech d'Enjulien, de Juilhen. *Le Puech-d'Enjulié.*
Puech de Peyro. *Le Puech-Peyrou.*
Puech de Polvericiras. *Le Puech.*
Puech de Prantinbac. *Le Puy-de-Prantinbac.*
Puech de Rocho. *Le Puech-Rouchou.*
Puech Diguié. *Le Puech-de-Quié.*
Puech d'Ombre. *Le Roc-des-Ombres.*
Puech Dondon. *Le Puy-Dondon.*
Puech du Boys, *Boyx. Le Puy-du-Buis.*
Puech du Guier. *Le Puech-de-Quier.*
Pueche. *Le Pench*, *Le Puech.*
Pueches. *Le Puech.*
Puechoyacts. *Piniergues.*
Puech Froyt. *Le Puy-Froid.*
Puechgary. *Le Puy-Garry.*
Puech Geneys. *Le Puech-Geneis.*
Puech Gerbal. *Le Puech-Girbal.*
Puech Grand. *Le Puy-du-Pench.*
Puech Gros. *Le Puech.*
Puechguery. *Le Puy-Garry.*
Puech Guyral. *Le Puech-Guiral.*
Puech Guirbal, Guirbel. *Le Puech-Girbal.*
Puechial. *Puechal.*
Puech Lagues. *Le Puech-Laquet.*
Puech-Lavernhe. *Le Puech-de-la-Vergne.*
Puechmaigne, Puech Manie, Puech Manié. *Le Puech-Maniès.*
Puech Malle. *Le Puech-Mal.*
Puech Marse, Puech Marzé. *Le Puech-Marzes.*
Puechmège, Puechmegea. *Le Puech-Mège.*
Puechmegery, Puechmeziei. *Le Puech-Mizery.*
Puechmèghe, Puechmeige, Puechmeja, Puech-Mejho, Puechmejo. *Le Puech-Mège.*
Puechmesery. *Le Puech-Mizery.*
Puechmeso. *Le Puech-Méjo.*
Puechmeza. *Le Puech-Mège.*
Puech Miro. *Le Puech-Miron*, *La Rance.*

Puech-Mizols. *Le Puech-Méjol.*
Puech Monte. *Le Puech-Montel-Bas et Haut.*
Puech Morier, Mouryé. *Le Puech-Mourier.*
Puech Moulinier, Mounyé. *Le Puech-Mourinié.*
Puech Moussous, Moussoues. *Puech-Moussoux.*
Puech Nier. *Le Pionnier.*
Puech Pignassou. *La Planque-Fourcade.*
Puechrace, Puechras, Puechrat. Puech Ratz. *Le Puech-Ras.*
Puech Redom. *Le Puech-Redon.*
Puech Roigniox. *Le Puech-Roignoux.*
Puechs. *Le Puech.*
Puechs Bourges. *Le Puech-Verjéa.*
Puech Saint Guiral, Sanguiral. *Le Puech-Saint-Geraud.*
Puech Sorvel, Sorvol. *Le Mas.*
Puechsmoussoux. *Puech-Moussoux.*
Puech Soustres, Soustrot, Puech Sotra. *Le Puy-Soutro.*
Puech Trémon, Trenie, Trinyo. *Le Puech-Trèmes.*
Puechventoux. *Le Puech-Ventoux.*
Puech Verem. *Saint-Gal.*
Puech Vernez, Verni, Verny. *Le Puy-Verny.*
Puech Vinher, Vinhier. *Le Puech-Vignier.*
Püechx. *Le Peuch.*
Puechz. *Le Puech.*
Puect. *Le Puy-Misery.*
Puectveicet. *Le Puy-Basset.*
Puecvorny. *Le Puy-Verny.*
Puegmorier. *Le Puech-Mourier.*
Pueh. *Le Pench*, *Le Puech*, *Le Puech-Long.*
Pueh Aldous. *Puechaldoux.*
Pueh Boscat. *Le Puech-Bouscat.*
Puehe. *Le Puech.*
Puehlat. *Le Puech-Lac.*
Puehméja, Puehméza. *Le Puech-Mège.*
Puehmonta. *Le Puech-Montel-Bas et Haut.*
Puehroughe, Puehrugh. *Le Puech-Roux.*
Puehs. *Le Puech.*
Puehs Vielhs, Puch Vieilhs. *Le Puech-Vieil.*
Pueht. *Le Puech.*
Pueich. *Le Bos-del-Puech*, *Le Puech.*
Puéjac. *Puézac.*
Puelaport. *Piale-Porc.*
Puelhaguet. *Le Puech-Aigu.*
Puelhom, Puelhonc. *Le Puech-Long.*

Puelhmossos. *Le Puech-Moussoux.*
Pueltragues. *Le Puech-Aigu.*
Pneroix, Pueroux, Puerox. *Le Puech-Roux.*
Puéri. *Sous-les-Parits.*
Puéry. *Le Cros-de-Pélégry.*
Puesacum. *Puézac.*
Puessolles. *Pessoles.*
Pueth Béralh. *Puech-Bérail.*
Puethmany. *Le Puech-Maniès.*
Puethmegria. *Le Puech-Méjo.*
Pueth Redon. *Le Puech-Redon.*
Puet-Voral. *Puech-Bérail.*
Puetz. *Le Puech-de-Breuge.*
Puetz-del-Clergue. *Le Puech-del-Clergue.*
Pueuch. *Le Puech.*
Puouch Bas. *Le Puech.*
Pueuchsoutro. *Le Puy-Soutro.*
Puex. Aspieuch, *Le Pench*, *Le Puech.*
Puex de Maurie. *Le Puy-de-Malrieu.*
Puex Morses. *Le Puech-Marzes.*
Puex Mesery. *Le Puech-Mizery.*
Puex Peyroux. *Le Puech-Peyroux.*
Puex Saint-Jean. *Le Puech-Saint-Jean.*
Puex Trème. *Le Puech-Trèmes.*
Pueyh. *Le Puech.*
Pueyso. *La Bosse-de-la-Pesse.*
Puez. *Le Puech.*
Puezacum. *Puézac.*
Pugniou. *Pignon.*
Puhegal. *Le Puech-Gal.*
Puibasset. *Le Puy-Basset.*
Pui Francon. *Le Puy-Francon.*
Puimorier. *Le Puech-Mourier.*
Puischzbay. *Le Puech-Ras.*
Puisfrancon. *Le Puy-Francon.*
Puisoutro, Puissoustro, Puissoutra. *Le Puy-Soutro.*
Puith Basset. *Le Puy-Basset.*
Puith Ragault. *Notre-Dame-de-la-Salette.*
Puit Soutrau, Puy Soutrot. *Le Puy-Soutro.*
Pulhum, Pullum. *Poul.*
Punié-Jou. *Puniéjoul.*
Puruejoul. *Pernéjoul.*
Pusb-Franc. *Le Puech-Franc.*
Pusls Laborie. *Le Puech-Bas.*
Pus Monboissier. *Le Puech-de-Montboissier.*
Pax Soutre. *Le Puy-Soutro.*
Puy. *Le Puech-Redon.*
Puyac. *Puézac.*
Puychras. *Le Puech-Ras.*
Puy de Calsac. *Caussac.*
Puy de Supeyros. *Le Gros-Mont.*
Puy-Gel-Fault. *Le Péchelfau.*

TABLE DES FORMES ANCIENNES.

Puy Guirbal. *Le Puech-Girbal.*
Puymagnus. *Le Puech-Maniès.*
Puy Mourel. *Le Puy-Morel.*
Puy Peynaysne. *Le Puy-Panisson.*
Puyralbe. *La Peyralbe.*
Puy Rodier. *Le Puech-Roudier.*
Puy Soutra. *Le Puy-Soutro.*

Q

Quailux. *Caylus.*
Quaire. *Le Caire.*
Quairilic. *La Quayrelle.*
Quaisiac. *Caizac.*
Qualidæ Aquæ. *Chaudesaigues.*
Quantité Peyras. *Les Quarante-Peyres.*
Quartellade. *La Cartelade.*
Quasos. *La Caze.*
Quaylus. *Caylus.*
Quayre. *Le Caire.*
Quayrel. *Le Cayrel.*
Quayrilic. *La Quayrelle.*
Quayrols, Quayrolz. *Cayrols.*
Quayrou. *Le Cayrou.*
Que. *La Quille.*
Quefon, Quefons, Quefont. *Huquefont.*
Queigeac, Queigheac. *Caizac.*
Queilhe. *La Queuille, La Queuille-Soubronne.*
Queillanes. *Caylanes.*
Queiria, Queirie. *La Quérie.*
Queirols. *Cayrols.*
Queirou. *Le Cayrou.*
Queirouzes. *Les Cayrouzes.*
Queis, Quier. *Alquier, Esquiers.*
Quellia, Queulbe, Queullie. *La Queuille.*
Quers. *Esquiers.*
Quersac. *Carsac.*
Quesacum. *Quézac.*
Queuhe. *La Queuille.*
Queygéac, Queygbéac, Queygiac, Queyhac. *Caizac.*
Queylanes, Queylanne. *Caylanes.*
Queylar. *Le Caylat.*
Queylus. *Caylus.*
Queyrellé. *Le Cayrillier.*
Queyria, Queyrio. *La Quérie.*
Queyrios. *La Queyrie.*
Queyrol, Queyrols. *Cayrols.*
Queyronieyre. *La Caironière.*
Queyrou. *Le Cayron.*
Quoyrouses. *Les Cayrouzes.*
Queyrouzes. *Les Cairouses.*
Queyzacum. *Caizac.*
Quezacum. *Quézac.*

Quèze. *La Quèze.*
Quié. *Le Quier.*
Quier. *Alquier, Esquiers, Le Quié.*
Quieric. *La Quérie.*
Quiersac. *Carsac.*
Quiessac. *Quézac.*
Quieyt, Quiez. *Le Quier.*
Quilhe. *Le Quille, La Quille.*
Quoselles. *Las Cazelles.*
Quye, Quyer. *Le Quier.*

R

Rabeirolles. *Ribeyrolles.*
Raberau. *La Robertie.*
Rabeyroles, Rabeyrolles. *Ribeyrolles.*
Raboisson, Raboissou. *Rabouissou.*
Raboursel. *Le Puy-de-Rebroussel.*
Rabutequiols. *Rebutequiol.*
Racola, Racole. *La Roucoule.*
Racze de las Saniolles. *Les Couterées.*
Radais, Radays. *Radaix.*
Raet. *La Croix-du-Reyt.*
Ragade. *Raygade.*
Ragat. *Regotet.*
Rageau, Rageaut. *Rageaux.*
Rage-Fraize. *Rage-Fraise.*
Raghac. *Ragéac, Relac.*
Raghada. *Ragéade.*
Raghatet. *Regetet.*
Raghauld. *Rageaux.*
Ragheat. *Ragéac.*
Ragietor. *Regetet.*
Raigade. *Raygade.*
Raiade. *Ragéade.*
Raighadat. *Rageade.*
Raimond. *Raymond.*
Raisouneyre. *La Ressonnière.*
Raissergues. *Rissergues.*
Raissouneyre. *La Ressonnière.*
Ralhacum. *Reilhac.*
Ralhaguet. *Reilhaguet.*
Ralhet. *Renousiers.*
Ralias. *Ayres.*
Rama. *Liozargues.*
Rambarteix. *Rambartes.*
Ramond. *Raymond.*
Ranchillac, Rancilhac. *Rancillac.*
Rancilhiac. *Ancillac, Rancillac.*
Rangouze. *Rangouse.*
Ranheyres. *La Rieulière.*
Ranolhac. *Rancillac.*
Ransa. *La Rance.*
Ransichat. *Rancillac.*
Rantières. *Rentières.*
Raolcia la Sotrana. *La Renandie-Basse.*
Raolcia Sobrana. *La Renandie.*

Raolhacum. *Raulhac.*
Raquils. *La Quille.*
Rasas. *Lou Razas.*
Rascepes, Rascompet, Rascopes. *Rascompet.*
Rascuegoul, Rascuesoul. *Rascuéjoul.*
Rascuol. *Le Rastoul.*
Rase del Dyme. *Les Couterées.*
Rascrupet. *Rascoupet.*
Raseregoul. *Rascuéjoul.*
Rassegalves. *Restigalves.*
Rastène, Rastènes, Rastenne. *La Rasthène.*
Rastigalbes. *Restivalgues.*
Rastinhac Bas et Hault. *Rastignac-Bas et Haut.*
Rastoilb. *Le Rastoul.*
Ratagua. *Reste-Guène.*
Ratgada, Ratghada. *Ragéade.*
Ratié. *Ratier et Ratier-Haut.*
Rato. *La Ratte.*
Ratoneyras, Ratoneyratz, Ratounière. *La Ratonnière.*
Ratto. *La Ratte.*
Raucoux. *Joncoux.*
Raufès, Raufeyt, Raufez, Rouffect, Rauffel, Raufit. *Le Rauffet.*
Raulha, Raulhacum, Raulhiac, Rauliac, Raulihac, Raulliac. *Raulhac.*
Ranset. *Le Rauffet.*
Ranseyra. *Le Chérel.*
Rausière, Rausieyra. *La Ranzière.*
Rausonière. *La Ressonnière.*
Raussa. *Roussoy.*
Raussergue. *Raussergues.*
Rauzeailhes. *Rauseaille.*
Rauzeyra. *La Rousseire, La Rausière.*
Ranziera. *La Ranzière.*
Raveirac. *Cézerat.*
Raveyrat. *La Neyrat.*
Ray. *Le Reyt.*
Rayatot. *Regetet.*
Raychia. *La Raichie.*
Raygada. *Raygade.*
Rayguasse, Rayguasses. *La Rayguasse.*
Raymo, Raymon. *Raymond.*
Raynaldia. *La Renaldie.*
Rayrolas. *Reyrolles.*
Rays. *Le Reyt.*
Rayssonnieyres. *La Ressonnière.*
Rayssonyas. *La Rayssonie.*
Rayt. *Le Reyt.*
Rayt Soubayre, Soutayre, Soubeyre, Souteyre. *Le Reyt-Bas et Haut.*
Rayvel boria. *La Borie-Revel.*
Razas, Razat du Roc de Chamynes. *Le Razas-du-Bas.*
Raze. *La Graive.*

TABLE DES FORMES ANCIENNES.

Razo del Vedel. *Molèdes.*
Razet. *Les Razas.*
Razonnet. *L'Ande, Le Moulin-de-Rezonnet.*
Réal. *Rejal.*
Realas. *Les Réales.*
Réalz. *Le Réal.*
Rebeire de Casteur. *Les Granges.*
Rebeyrès. *Le Ribeyrès.*
Rebieyra Podium. *Le Rion, La Rivière.*
Reblas, Reblat. *Les Reblats.*
Reboissou. *Rabonisson.*
Reborsel. *Le Puy-de-Rebroussel.*
Rebutequiols. *Rebutequiol.*
Rec. *Le Reyt.*
Receans. *Le Mardarel.*
Rechardes, Rechardez. *Richardès.*
Rechobet. *Les Rechaubettes.*
Reclus. *La Chapelle-du-Reclus.*
Reclusa. *La Recluse.*
Reclusaige d'Aurenque, Reclusaige Souverain. *La Recluserie-Haute.*
Reclusaige de la Prade, Le Pradet. *La Recluserie-Basse.*
Reclusatrio. *Le Reclus.*
Reclusia vetus. *La Recluserie-Haute.*
Reclusiatgium. *La Chapelle-du-Reclus.*
Recoderc. *Recouder.*
Recolas. *Recoules-Hautes.*
Recoles, Recolis. *Recoules-Basse et Haute.*
Recolla. *La Roucoule.*
Recole. *Las Molineries.*
Recougnes. *Recoules.*
Recoulle. *Le Puech-de-Recoule.*
Recoulles. *Les Recoules, Recoules.*
Recoure. *Recoux.*
Recristal, Recuistal. *Requistat.*
Reculas. *Recoux.*
Redolieyra. *La Redoulière.*
Redomon. *Redomont-Bas et Haut.*
Redon, podium. *Le Puy-Redon.*
Redonda. *La Redonde*, m^in.
Redonieyro. *La Redoulière.*
Redon-Monteilh, Montel. *Le Redon-Monteil.*
Redouillère, Redoulèire, Redoulieyre, Redouyeyer. *La Redoulière.*
Refrues, Reffrus, Reffus. *Le Refrus.*
Reufreze, Reufrezes. *Rieu-Freix-le-Grand.*
Regaldia. *La Rigaldie.*
Reganhac. *Regagnac.*
Regeaud. *Rageaux.*
Regenha, Regenho, Regeniha. *La Réginie.*
Reghat. *Relac.*

Reghatet. *Regetet.*
Reghault. *Rageaux.*
Regheade. *Rageade.*
Regheno, Reginha, Reginhac, Reginho de Relhaco, Reginhio. *La Réginie.*
Reginia. *La Réginie*, *La Réginie*, R.
Regnac. *Rignac.*
Regnia. *La Réginie.*
Regnou. *Reynou.*
Regort. *Regord.*
Regue. *La Renque.*
Reguiran. *Requiran.*
Reigade. *Raygade.*
Reigassa. *La Raygasse.*
Reignac. *Rignac.*
Reiguade. *Raygade.*
Reiguasse. *La Raygasse.*
Railhact. *Reilhac, La Naïsse.*
Reilhagues, Reilinguet, Reilliaguet. *Reilhaguet.*
Reimon. *Raymond.*
Reinac. *Renhac.*
Reinal. *Raynal.*
Reinarès. *Renharès.*
Reissergues. *Rissergues.*
Reit. *Le Reyt.*
Re-Jac, Rejat. *Régéat.*
Relaguet. *Reilhaguet.*
Relat. *Relac.*
Relhac. *Reilac, Relac.*
Relhac-le-Vieux. *Verlhac-le-Vieux.*
Relhacum. *Reilhac.*
Relharinque. *La Reliarenque.*
Relinget, Relinguet. *Reilhaguet.*
Relihac, Relliac. *Reilhac.*
Rellinguet. *Reilhaguet.*
Rellihac. *Reilhac.*
Relondas. *Les Redondes.*
Relouneyre. *Velonnière.*
Rembartes. *Rembestal.*
Remontolo. *Le Remontalou.*
Remoyssous. *Les Remoissous.*
Renact, Renacum. *Renac.*
Renac Soubairio. *Renac-Haut.*
Renac Soutero. *Renac-Bas.*
Renaladic. *La Renaudie.*
Renaldis, Renaldo, Renaldyo. *La Renaldie.*
Renardic. *La Renaldie.*
Renaudi. *La Renaudie.*
Renazeix. *Le Veinazès.*
Renciliac. *Rancillac.*
Rendives. *L'Ouzais.*
Renhac. *Renac, Rignac.*
Reniac. *Renhac.*
Renières. *Renharès.*

Rentyères. *Rentières.*
Requirand, Requirande. *Requiran.*
Requistail. *Requistat.*
Requolæ. *Recoules.*
Resches. *Neiresche.*
Rescours. *Recours.*
Resegua. *La Ressègue.*
Resenteyres, Resentière. *Rezentières.*
Resgasse. *La Raygasse.*
Reshgaldes. *Restigalgues.*
Resinhes. *La Réginie.*
Resonsou, Resonzou. *Rezonzon.*
Ressa. *La Resse*, m^in.
Ressegua. *La Ressègue.*
Ressentières. *Rezentières.*
Restigaluès, Restigalves. *Restigalgues.*
Restigalves mineur. *Restigalgues-Mineur.*
Restigaudes, Restigualves. *Restigalgues.*
Restohl. *Restolh.*
Restoilh. *Rastoul.*
Resué. *La Ressègue.*
Retenuézol. *Retannéjoul.*
Retortillado, Retourtiliado. *La Retourtillade.*
Retoulles. *Recoules.*
Reufezes, Reufrezes. *Le Rieux-Freix-le-Grand.*
Rousalat. *Le Riou-Salat.*
Roussel. *Le Rieusel.*
Rovel. *Dornières*, m^in.
Rovelladio. *La Reveilladie.*
Revelhac. *Le Boussac.*
Revelhadia, Revelhadio, Reveliarie, Revelladia. *La Reveilladie.*
Reverades. *Les Revirades.*
Reveyre. *La Rivière.*
Reveyrès. *Le Ribeyrès.*
Rey. *Le Reyt.*
Reychat. *Regetet.*
Reycouze. *Recoux.*
Reygada. *Raygade.*
Rey Guasse. *La Raygasse.*
Reymond. *Raymond.*
Reynac. *Renac.*
Reynal, Reynald. *Raynal.*
Reynaldia. *La Renaldie.*
Reynaldias. *Le Renaudie.*
Reynaldic. *La Renaldie.*
Reyne Soteyra. *Renac-Bas.*
Reynordie. *La Renaudie.*
Reysergues. *Rissergues.*
Reysieras. *La Ranzière.*
Reysieyras. *La Ressègue.*
Reysonnière, Reysounière, Reyssounieyre. *La Ressonnière.*
Reyssolies, Reyssolye. *La Reyssolie.*

Cantal.

Reysson. *Reyssons.*
Ressonia. *La Reyssonie.*
Rezantières, Rezenteyres, Rezentieyres. *Rezentières.*
Rezinie. *La Réginie.*
Rhignac, Rhinihac. *Rignac.*
Rhua. *La Rhue.*
Rinda exalta. *La Riade-Haute.*
Rial. *Le Réal, La Rivière.*
Rial Blanquet. *Las Costes.*
Rialhe. *La Rialle.*
Rialhes, Riallhes. *Les Réales.*
Riau. *La Rivière.*
Riba (Villa). *La Ribe.*
Ribas. *Ribes.*
Ribayreta. *La Ribeyrette.*
Ribayretz. *Le Ribeyrés.*
Ribayrols. *Ribeyrols.*
Ribbes, Ribe (Villa). *Ribes.*
Ribeira Bella. *La Ribeyre-Vieille.*
Ribeiras. *La Rivière, Le Verlhac.*
Ribeira Velha. *La Ribeyre-Vieille.*
Ribeire de Barbare. *La Ribeyroune.*
Ribeire Voilhe, Vieille. *La Ribeyre-Vieille.*
Riber de Laygue. *Le Riou-du-Bois.*
Ribetas, Ribètes. *Ribottes.*
Ribetecuiols, Ribetecuol. *Rebutequiol.*
Ribeyra Bocquet. *La Ribeyre-Boquet.*
Ribeyra d'Ausola, Auzola, Auzolle. *Le Beneton.*
Ribeyra Velhia, Velhie, Vielhia. *La Ribeyre-Vieille.*
Ribeyre. *Lorcières, Le Ribet, Le Riou.*
Ribeyre de Pinhon. *Le Beneton.*
Ribeyreveille, Ribeyre Velha, Velhie, Vielles, Viellye. *La Ribeyre-Vieille.*
Ribeyro. *La Rivière.*
Ribière-Cabade. *Mars.*
Ribieres. *Ribieyre.*
Ribieyra. *La Rivière.*
Richardez. *Richardès.*
Riche. *La Roche.*
Richevio. *Richebovie.*
Ricis. *Le Rieu.*
Rieu. *Le Rebeyret, La Rivière, Le Riou.*
Rieu Belie. *Billières, Le Rieu-Belier.*
Rieublanquet. *Les Cortes.*
Rieuboissou. *Rabouissou.*
Rieu Bredoux. *Le Beneton.*
Rieu-Cargé. *Le Rieu-Cargues.*
Rieu Charridire. *Le Rieu-Charridier.*
Rieu Chau. *Le Lavadou.*
Rieucon. *Le Rioucal.*
Rieu Cro, Rieu-Cros, Rieucrox. *Le Riou-Cros.*
Rieu-de-Biala. *Les Violettes.*

Rieu de la Vinhe. *Le Rieu-de-la-Vigne.*
Rieu del Coderc. *Le Rieu-del-Couderc.*
Rieu del Salt. *Le Ribet.*
Rieu de Saconeyras. *Le Ribet.*
Rieuf. *Le Rieu.*
Rieufet. *Le Rauffet.*
Rieufmoret. *Le Rieuman.*
Rieufreses, Rieufrezes. *Rieu Freix-le-Grand.*
Rieugrand. *Le Cheyrel, Drils.*
Rieu Haut. *Le Rieu-Ouest.*
Rieulat. *Les Rioulas.*
Rieumaud, Rieumauld. *Le Rieumau.*
Rieu Mauri, Rieu Maurjac. *Le Rieu-Maury.*
Rieumégha. *L'Iraliot, Le Rieu-Mégha.*
Rieu Nozier. *Renouziers.*
Rieu Peyros. *Le Rieu-Peyrou.*
Rieu Pouget. *Repouchet.*
Rieu Puton. *Drils.*
Rieuquergue. *Le Rieu-Cargues.*
Rieusalat, Rieu Sallat, Rieu Salé. *Le Rion-Salat.*
Rieu Seq. *Le Rieu-Sec.*
Rieu Soubre. *La Ribeyre-Soubronne.*
Rieux. *Le Rieu, Ol-Riou.*
Rieux Nègre. *Le Nègre-Rieu.*
Rif. *La Rivière.*
Rif Grand. *Drils.*
Rif Mauret, Rif Moret. *Le Rieuman.*
Rigadix. *Le Pommier.*
Rigail. *Rigal.*
Rigaldia. *La Rigaldie.*
Rigaldieis. *Les Rigaldies.*
Rigardia. *La Rigardie.*
Rigaud. *Régaud.*
Rigaydie. *La Régaldie.*
Riginihe, Rignha. *La Réginie.*
Rigniac, Rigniacus. *Rignac.*
Rilhac. *Relac, Reilhac, Rilhac, Rillac.*
Rilhiac. *Relac.*
Rilhondes, Rilhondra. *Les Redondes.*
Riliaguet. *Reilhaguet.*
Rillac, Rillacum. *Reilhac.*
Rinhac, Rinhacum. *Rignac, Runhac.*
Rinhiacum. *Rignac.*
Riol. *La Rivière.*
Riom. *Riom-ès-Montagnes.*
Riomon. *Viramont.*
Riomum, Riomus in Montanis, Riou ès Montaignes. *Riom-ès-Montagnes.*
Riomus. *La Véronne.*
Rionii (aqua). *La Véronne.*
Rionium. *Riom-ès-Montagnes.*
Riou. *Le Rieu.*
Riou Bredons, Bredoux. *Le Beneton.*
Riou-Chau. *L'Échau.*

Riou-Chault. *Le Beneton.*
Riouifrèses, Riouifrises. *Le Rieu-Freix-le-Grand.*
Riouimau, Riouimauld, Rioumauld. *Le Rioumau.*
Riouleira. *La Rieulière.*
Rioumontel. *Le Remontel.*
Rioumourel, Rioumouret. *Le Rieumau.*
Riou Salat, Rioussaillat, Rioussalhac, Riouzallat. *Le Rieu-Salat.*
Rioutard, Rioutord. *Le Rioutord.*
Ripas. *Ribes.*
Rispas. *Les Ripes.*
Riu. *Le Rieu, Repouchet.*
Riu-Goutat. *La Ganie.*
Riu Grand. *Drils.*
Rivansou, Rivassou. *Le Ribançon.*
Riveirevieillie. *La Ribeyre-Vieille.*
Rivere. *Rivet.*
Rivet. *Revel.*
Rivière. *La Ribeyre, Le Rieu, Rivières.*
Rivière Dalrenco. *La Rance.*
Rivière Vieille. *La Ribeyre-Vieille.*
Riviyre. *La Rivière.*
Rivo del Vernet. *Le Rieu-Vernet.*
Rivot Amondys. *L'Arcueil.*
Rivus. *Le Rieu, La Ribeyre, Le Rif.*
Rivus Albos. *Le Riou-du-Bois.*
Rivus de Puech Chault. *Le Rioucal.*
Rivus Niger. *Le Nègre-Rieu.*
Rivus Salacus. *Le Rieu-Salat.*
Rize. *La Graive.*
Roaeina. *Roannes-Saint-Mary.*
Roacol. *Roucoules.*
Roana, Roane, Roani. *Roannes-Saint-Mary, Roannes, R.*
Robbaldie. *La Roubaldie.*
Robbert. *Robert.*
Robertia. *Boussac.*
Robertias. *La Robertie.*
Robertye. *Boussac.*
Robeyrolles. *Rabeyrolles.*
Robins, Roby. *Robis.*
Roc. *Le Roch.*
Roca. *Las Roques, La Roche, Le Champ-Long.*
Rocabrao, Rocabrou. *La Roquebrou.*
Rocacelier. *Roque-Celier.*
Roca de Castanet. *Le Roc-Castanet.*
Rocafort. *Rochefort, Le Salvanhac.*
Rocamaurel. *Roque-Maurel.*
Rocas. *La Roque.*
Rocaselier. *Roque-Celier.*
Roch. *Le Roc.*
Rocha. *La Roche, Les Roches.*

TABLE DES FORMES ANCIENNES.

Rochaaguda. *La Roche-Gude.*
Rocha Alba. *La Roche-Blanche.*
Rochaalbete. *Réchaubettes.*
Rochabruna. *Roche-Brune.*
Rocha Cobeyre. *La Roche-Courbeire.*
Rocha de Chambre. *La Roche-de-Chambres.*
Rochafort, Rochafortz. *Rochefort.*
Rocha Lardeyra. *La Roche-Lardeire.*
Rochaleyra, Rocha Layro. *La Coste-de-la-Rouchelière.*
Rocha Moeyra. *Roche-Maure.*
Rochamontes. *Roche-Monteix.*
Rochana. *Roannes-Saint-Mary.*
Rocha Pointuda. *La Roche-Pointue.*
Rocha Redonda. *La Roche-Redonde.*
Rocha Sobre Labeo. *La Roche-de-La-Beau.*
Rochavelha, Rochavielha. *La Roche-Vieille.*
Roche. *Le Rochain, La Roche, Le Pont-de-la-Roche.*
Roche Albete. *Réchaubettes.*
Roche Corbeyra. *La Roche-Corbière.*
Roche Daulhac, Dauliac, Dolhat, Doulhac. *La Roche-d'Auliac.*
Roche de la Chizade, Chizaze, Jezade. *La Coste-Chiagade.*
Roche de la More, Mortz, Mouro. *La Roche-de-la-Mort.*
Roche Gunde. *Roche-Gonde.*
Roche Meylegaur, Meyloguane, Mouiegrane. *La Roche.*
Rochen. *Le Rochain.*
Rochenia. *La Rochenie.*
Rochent. *Le Rochain.*
Roche-Pec. *Rochebec.*
Rocher de Longuepierre. *La Pierre-Longue.*
Roches Haultes. *La Roche.*
Rocheta. *La Rochette.*
Rocha Traucade. *La Perrière.*
Roche Velha. *La Roche-Vieille.*
Rochia. *La Roche.*
Rochier de Merle Casteh. *Le Merle.*
Rochobettes. *Les Réchaubettes.*
Rochos Laucher. *La Roche.*
Rocolas. *La Roucole, Roucoule.*
Rocolensis (curtis). *Recoux.*
Rocolis. *Roucoules.*
Rocq. *Le Roc.*
Rocqualdye. *La Rigaldie.*
Rocquavieilhin. *Laroquevieille.*
Rocque. *Laroquebrou, Roques, Le Puech-la-Roque.*
Rocqplouhi; Rocquebrou, Rocque-Brou. *Laroquebrou.*
Rocqueta. *La Rouquette.*

Rocque Veilhe, Rocquevielhe. *Laroquevieille.*
Rocros. *La Veyre.*
Roda. *La Rode.*
Rodadour. *Roudadou.*
Rodais, Rodaix. *Radais.*
Rodayre. *Rodaire.*
Rodde. *La Rode.*
Rodeta. *La Rodette.*
Rodi. *La Rode.*
Rodié. *Le Rodhier.*
Rodier. *Le Roudier, Le Rhodier.*
Rodos de Linars. *La Rode-de-Linars.*
Roeyra. *La Roirie.*
Roffiac. *Rouffiac.*
Roffiaco, Roffiacum, Roflacum. *Raffiac, Rouffiac.*
Rofoux. *Roufoux.*
Rogades. *Rageade.*
Rogayria. *Rouaire.*
Rogerium. *Rouziers.*
Rogbouil. *Grégorie.*
Rohana, Rohane. *Roannes-Saint-Mary.*
Rohanet. *Roannes.*
Rohanne. *Roannes-Saint-Mary.*
Rohergue. *Rouhergue.*
Rohoc. *Le Roc.*
Rolandin. *Rollandin.*
Roleyra. *La Roulayre.*
Rolhac. *Raulhac.*
Romanes. *Les Planches, Verlhac.*
Romanet. *Ramonnet.*
Romareix. *Renharès.*
Romanhargues. *Romaniargues.*
Romegos, Romeguos. *Roumégoux.*
Romeguyras. *La Roumiguière.*
Romesque, Romesques. *Cros-de-Ronesque.*
Romets, Rometz. *Le Roumet.*
Romines. *Romeix.*
Rompinière. *La Rampaneyre.*
Ronchia. *La Rouchie.*
Rone. *Roannes-Saint-Mary.*
Ronesca. *Cros-de-Ronesque.*
Ronigioyra. *La Roumigière.*
Rousichot. *Rancillac.*
Ropoul, Ropoulh, Ropouls. *Repon.*
Roq. *Le Roch.*
Roqbrou. *Laroquebrou.*
Roqra. *Roques.*
Roqua. *La Borie-de-la-Roque, Le Roc, La Roque, La Roque-Bouillac, La Roquette.*
Roquabroa, Roqua Brous. *Laroquebrou.*
Roqua Celher, Roquacelici. *Roque-Celier.*

Roquamaurel. *Roque-Maurel.*
Roquaria. *La Roquerie.*
Roquatanioyra. *Roquetanière.*
Roquavuilha. *Laroquevieille.*
Roqubrau. *Laroquebrou.*
Roque-Belhac. *Laroquevieille.*
Roquebraou, Roquebrau, Roquebreau, Roquebro, Roquebroal. *Laroquebrou.*
Roqueta. *La Roquette, La Rouquette.*
Roqueta de Roquamaurel. *La Rouquette-Basse.*
Roqueta las Mayts, Roquete las Maitz. *La Rouquette.*
Roque Tenieyre. *Roquetanière.*
Roqueveilha, Roqueveillia, Roquevieilha, Roquevieilhe, Roque Vieilhe, Roquevicle, Roquevielhe, Roque Vielhie, Roquevielle, Roquevielli, Roquevilla. *Laroquevieille.*
Roquez. *Roques.*
Ros. *Le Roux.*
Roselha. *La Rousille.*
Rosetum. *Le Rouget.*
Rosi. *Roussy.*
Rosier. *Rougier, Rouziers.*
Rosillon. *Roussillon.*
Rosina. *La Rosine.*
Rossel, Rossel d'Espinadel. *La Roussille.*
Rosselhe. *La Roussille.*
Rossella. *La Roussille.*
Rossellia. *La Rousselie.*
Rosseyre. *La Rousseyre.*
Rosseyroux. *Rissergues.*
Rossilha. *La Roussille.*
Rossilho. *Roussillon.*
Rossinum. *Roussy.*
Rosso. *Roussou.*
Rosson. *Enrousson.*
Rostrialgues. *Restivalgues.*
Rotonieyra. *La Ratonnière.*
Rouano, Rouanne. *Roannes-Saint-Mary.*
Roubertia. *Boussac.*
Rouc, Rouch. *Le Roc.*
Roucha. *La Roche.*
Roucoule. *Roucoules.*
Roudète. *Roudettes.*
Roudié. *Le Rhodier.*
Roueyra. *La Roueyre.*
Rougière. *La Rouzière.*
Roulhac, Rouliac. *Raulhac.*
Roumeguyeras. *La Roumigière.*
Roumeguiere, Roumiguière. *La Combe Romiguière.*
Roune. *Roannes-Saint-Mary.*
Rounesque. *Cros-de-Ronesque.*

Rounne, Rouns, Rouones. *Roannes-Saint-Mary.*
Rousière. *La Ranzière.*
Rousinum. *Roussy.*
Rousseira, Roussoyra. *La Roussière.*
Rouziere. *La Ransière.*
Roxel. *La Roussière.*
Royeria, Royeyria. *Rouaire.*
Royre, Royre. *Rousseyras.*
Rozariœ. *Rougiers.*
Rozetum. *Le Rouget.*
Rozier. *Rosiers.*
Roziers. *Rouziers.*
Rozieyre. *La Ranzière.*
Rozitum. *Le Rouget.*
Rua. *La Rhue, La Rue.*
Rubutequiols, Rubutequiol. *Rebutequiol.*
Rucque Vielhe. *Laroquevieille.*
Ruda. *La Rhue.*
Ruci. *Le Rieu.*
Rueira. *Rouaire.*
Ruelhia (cast.). *Reilhac.*
Rueyra. *Rueyre.*
Rueyra de Baille, del Bayle. *Roueyre,* m¹ⁿ.
Rueyra la Valelha, Lavelha. *Roueyre.*
Rueyras. *Roueyres, Rueyres.*
Rueyra Velha. *Roueyre.*
Rueyrolus. *Roueyroles.*
Rufet. *La Pille.*
Ruffiacum, Rufiacum. *Roffiac.*
Ruharet. *Renharès.*
Ruinæ. *Ruines.*
Ruisola. *Ruzolles.*
Ruisseau Chault. *Le Rioncal.*
Ruisseau Secq. *Le Rieu-Sec.*
Ruissel. *Le Rieu.*
Rumauld. *Le Riouman.*
Runas. *Runal.*
Runauri, Runaury. *Le Rieu-Maury.*
Runharet. *Renharès.*
Runmauri Losobeyro. *Le Rieu-Maury-Haut.*
Rupe Lardeira. *La Roche-Lardoire.*
Rupemons. *Roche-Monteix.*
Rupemoyra. *Roche-Maure.*
Rupes. *La Roque.*
Rupes Athonis. *Roque-Natou.*
Rupesbraou, Rupesbrou. *Laroquebrou.*
Rupesfortis. *Rochefort.*
Rupes Vetus. *Laroquevieille.*
Rupis. *La Roche.*
Rupis Canilham. *La Roche-Canillac.*
Rupis Goude. *Roche-Goude.*
Rupnauri. *Le Rieu-Maury.*

Rupnauri lo Soboyra. *Le Rieu-Maury-Haut.*
Ruppes Atthonis. *Roque-Natou.*
Ruppes Beilhica. *Laroquevieille.*
Ruppes Canillaci. *La Roche-Canillac.*
Ruppes Humilis. *La Roche-Basse.*
Ruppes Brao, Ruppesbrau, Ruppesbrou. *Laroquebrou.*
Ruppesfortis. *Rochefort.*
Ruppesmaurellus. *Roque-Maurel.*
Ruppes Vetus. *Laroquevieille.*
Ruppis. *La Roche.*
Ruppis Achonis, Ruppisathonis. *Roque-Natou.*
Ruppis Humilis. *La Roche-Basse.*
Russaguet. *Russaguet.*
Ruynæ. *Ruines.*
Rybes. *Ribes.*
Rybeyrage. *Le Ribeirage.*
Rybeyre. *La Ribeyre.*
Rybeyre Violh. *La Ribeire-Vieille.*

S

Sabalaure. *Savalaure.*
Sabarot. *Sabarat.*
Sabbatier. *Sabatey.*
Saboye. *Moulin-de-Savoye.*
Saceda. *Sacède.*
Sachat. *Sapchat.*
Saconeyras. *Sieujac.*
Sacrestania. *La Sacrestanie.*
Sadorins, Sadoux. *Sadours.*
Sagergnus, Sagergnos. *Sagergues.*
Sagine. *La Sagne.*
Sagne de Chincho. *Le Prat-Chichiou.*
Sagne Grenier. *Saint-Guillaume.*
Sagne Lavade. *La Sagne-Lebade.*
Sagne Redonde. *Le Morle.*
Saghne. *La Saigne.*
Sagniallade. *La Signalade.*
Sagnie Blanche. *La Sagne-Blanque.*
Sagnivallo. *Senivalo.*
Sagnolle. *Le Razonnet.*
Sablgem. *Salzene.*
Saignac del Veynazès. *Sansac-Veinazès.*
Saignas. *La Sagne-de-Jolan, Saignes.*
Saigne. *La Sagne.*
Saigne Barrons. *La Saigne-Barron.*
Saigne Blancou, Blanquou. *La Sagne-blanque.*
Saignebrune. *La Sagne-Brune.*
Saigne d'Yronde. *La Saigne-d'Ironde.*
Saigno Redonde. *La Font-Redonde.*
Saigne Chavalar, Chavalard, Chavasat, Chevalar. *Les Mailleaux.*

Saignelade. *Signalade.*
Saignelauze. *Signalause.*
Saigne Monteil. *Sagne-Montet.*
Saigne Mourry. *La Sagne-Moury.*
Saignes. *La Sagne-de-Jolan.*
Saignetas, Saignete, Saignettes. *La Sagnette.*
Saignhe. *La Saigne.*
Saignholle. *Le Razonnet.*
Saignias, Saignies. *La Sagne, Saignes.*
Saignivallo. *Senivalo.*
Saignolle. *La Sagnolle.*
Sail. *Le Chabrial.*
Sailh. *Le Sal, Sieujac.*
Sailhans. *Le Saillant.*
Sailhems. *Le Benet.*
Sailhens. *Salins, Selins, Le Sailhans, Les Costes-du-Sailhans.*
Sailhiens. *Le Sailhans, Les Costes-de-Sailhans.*
Sailhoz. *Silhol.*
Sailhsus. *Le Soul.*
Saillans, Saillens. *Salins.*
Sailliant. *Le Sailhans, Le Saillant.*
Salens, Salhens. *Le Benet.*
Salhilhes. *Salilhes.*
Salians, Saliant, Saliens, Salyans. *Le Benet, le Sailhans.*
Sailh Soubra, Sailh Soutra. *Le Sal-Haut et Bas.*
Sails Soubro, Sailz Soubra, Soutra. *Le Sal-Haut et Bas.*
Sain Santin, Saine Sanctin. *Saint-Santin-de-Maurs.*
Sainc Santi. *Saint-Santin-Cantalès.*
Sainct Alire, Allyre, Alyre. *Saint-Illide.*
Sainct Aman, Amans, Amant-en-Auvergne. *Saint-Chamant.*
Saincte Anastagie, Anastahex, Anastaige, Anastazo, Anastazie, Anesthosie, Antazie, Astazie. *Sainte-Anastasie.*
Sainctantin. *Saint-Santin-Cantalès.*
Saincte Aulalie, Aularie, Aulharie, Aullair, Aulleire. *Sainte-Eulalie.*
Sainct Anthin. *Saint-Santin-Cantalès.*
Sainct Anthoine de Chastel. *Chastel-sur-Murat.*
Sainct Anthoine-lès-Marcollès, Sainct Anthonia. *Saint-Antoine.*
Sainct Bauzire. *Saint-Beausire.*
Sainct Blaize. *Saint-Blaise.*
Sainct Bonet. *Saint-Bonnet-de-Marcenat, Saint-Bonnet-de-Sal.rs.*
Sainct Bonnet de Bossac. *Saint-Bonnet-de-Salers.*

TABLE DES FORMES ANCIENNES.

Sainct Bonnet de Clermont, Sainct Bonnet-ès-Montaigne. *Saint-Bonnet-de-Marcenat.*

Sainct Bonnet près Salern. *Saint-Bonnet-de-Salers.*

Sainct-Cantal. *Saint-Santin-Cantalès.*

Sainct-Cernain. *Saint-Cernin.*

Sainct-Chamans. *Saint-Chamant.*

Sainct-Chaury. *Saint-Saury.*

Sainct Chavy. *Saint-Chavy.*

Sainct Chemand. *Saint-Chamant.*

Sainct Chirgue. *Saint-Cirgues-de-Malbert.*

Sainct Christofle, Chistoffle, Christhophe, Cristoflo, Cristophe. *Saint-Cristophe.*

Sainct Cipoly. *Saint-Hippolyte.*

Sainct Cirgo, Cirgue. *Saint-Cirgues-de-Jordanne.*

Sainct Cirgue de Malvere, Malvert, Mauluère. *Saint-Cirgues-de-Malbert.*

Sainct Cléman, Clémans, Clementiou soubz Monjou. *Saint-Clément.*

Sainct Curiac, Curial. *Saint-Curial.*

Sainct Cyrgue, Cyriee. *Saint-Cirgues-de-Jordanne.*

Sainct Doulides. *Sandonlières.*

Sainct Estèphe. *Saint-Étienne.*

Sainct Estienne-dal-Cantala, Cantalez, Cantallès, Cantelas. *Saint-Étienne-Cantalès.*

Sainct Estienne de Capeilz, Capelz, Cappel, Cappelz, de Carlat. *Saint-Étienne-de-Capels.*

Sainct Estienne de Saignes. *Saint-Étienne-sur-Massiac.*

Sainct Estienne des Chalmeilhs, Chalmelz, Chomel, Choumeilz. *Saint-Étienne-de-Riom.*

Sainct Estienne lez Aurillac. *Saint-Étienne.*

Sainct Estienne sur Murat. *Saint-Étienne.*

Sainct Estienne sur Massiac. *Saint-Étienne-sur-Massiac.*

Sainct Estienne de Capelz. *Saint-Étienne-de-Carlat.*

Sainct Estienne les Maurs, Sainct Ethiène, Sainct Etiene-les-Maurs. *Saint-Étienne-de-Maurs.*

Sainct Ethenne de Capels. *Saint-Étienne-de-Carlat.*

Saincte Eulaye, Eulolie, Eullalie, Eustache. *Sainte-Eulalie.*

Sainct Eustache, Eustaise, Eustasse. *Sainte-Anastasie.*

Sainct Fleur, Flor, Flora, Florez. *Saint-Flour.*

Saincte Fons. *La Sainte-Fon.*

Sainct Gealh. *Sainct-Gal.*

Sainct Georgi. *Saint-Georges.*

Sainct Gerault. *Saint-Geraud.*

Sainct Géroms, Geron, Geronds, Geront, Gerontz. *Saint-Gérons.*

Saincte Geulalye. *Sainte-Eulalie.*

Sainct Ghail. *Saint-Gal.*

Sainct Girans, Giron, Girons. *Saint-Gérons.*

Saincte Goutazie. *Sainte-Anastasie.*

Sainct Guéry. *Saint-Juéry.*

Saincte Halary, Haliers, Halyre. *Sainte-Eulalie.*

Saincte Helide. *Saint-Illide.*

Sainct Heloix. *Saint-Antoine-de-la-Fouillade.*

Saincte Heulalie, Heulalye, Houllalie. *Sainte-Eulalie.*

Sainct Hilide. *Saint-Illide.*

Sainct Hipolitte, Hippolite. *Saint-Hippolyte.*

Sainct Hoire. *La Santoire.*

Saincte Hostage, Hostazie. *Sainte-Anastasie.*

Saincte Houlalie. *Sainte-Eulalie.*

Saincte Houstazie. *Sainte-Anastasie.*

Sainct Hoyre. *La Santoire.*

Sainct Hyde, Hyllide. *Saint-Illide.*

Sainct Jaal. *Saint-Gal.*

Sainct Jacques des Blatz, Blax. *Saint-Jacques-des-Blats.*

Sainct Jal, Jalh, Jailh, Jailz. *Saint-Gal.*

Sainct Jeailh de Seuveyre, Jeal. *Saint-Gal.*

Saint Jean de Donne. *Donnes.*

Sainct Jean du Boix les Aurillac. *Le Buis.*

Sainct Johan. *Saint-Jean.*

Sainct Jouri. *Saint-Juéry.*

Sainct Joilhia en Jordanne, Jolhe. *Saint-Julien-de-Jordanne.*

Sainct Joulha. *Saint-Antoine-de-la-Fouillade.*

Sainct Joulhe. *Saint-Julien-de-Jordanne.*

Sainct Jueri. *Saint-Juéry.*

Sainct Juilbem, Juilhen de Toursac, Juillien. *Saint-Julien-de-Toursac.*

Sainct Julain, Julhe, Julhie, Julhien. *Saint-Julien-de-Jordanne.*

Saint-Julhien de Tourssac, Julhien de Taurssac, Julhien de Toursac en Auvernhe, Julhus de Taurssal, Julien de Toursiat, Jullien de Toursac. *Saint-Julien-de-Toursac.*

Sainct Just de Recous. *Saint-Just.*

Sainct Lauran, Laurans, Laurons. *Saint Laurent.*

Sainct Laurens. *La Chapelle-Laurent, Montjussieu.*

Sainct Madine, Saincte Malline, Mandine, Matine. *Saint-Amandin.*

Sainct-Mammet. *Saint-Mamet-la-Salvetat.*

Sainct Mar le Recoux. *Sainct-Marc.*

Saincte-Marie de Saint-Santé. *Saint-Santin-de-Maurs.*

Saincte Marrine. *Sainte-Marine.*

Sainct Marsal. *Saint-Martial.*

Sainct Martin Cantalet, Cantalex, Canteles, Chantalès, Chantalelz, Chantallès, Chantaller, Chantelais, Chantelez, Chantelles, Chantely. *Saint-Martin-Cantalès.*

Sainct Martin de Montchantalès, Monchantallès, Mons-Chantallès, Mons-Chantallex. *Saint-Martin-Cantalès.*

Sainct-Martin-Marmaron. *Saint-Martin-Valmeroux.*

Sainct Martin de Valmayroux, Valmerons près Sainct Cerny, Valmirans, Valmorous, Varmaran, Vaulx-Marans. *Saint-Martin-Valmeroux.*

Sainct Martinet, Martinot. *Saint-Martin-Cantalès.*

Sainct Martin soubz Tornamire, de Valies, Valloix, du Valviel. *Saint-Martin-de-Valois.*

Sainct Mary. *Saint-Mary, Sainte-Marie.*

Sainct Mary Corcorol. *Saint-Mary-le-Plain.*

Saincte Marye. *Sainte-Marie.*

Sainct-Mary-Cros, le Creu, le Creux, le-Croc, le Croq, le Crosse. *Saint-Mary-le-Cros.*

Sainct Mary-le-Pla, lou Plain. *Saint-Mary-le-Plain.*

Sainct Maurise, Maurisi, Maurisse, Meiurice, Morice, Mourice. *Saint-Maurice.*

Saincte Olaize, Olazeile. *Sainte-Eulalie.*

Sainct Olère. *Saint-Illide.*

Saincton. *Santon.*

Sainct Orcize. *Saint-Urcize.*

Saincte Ostazie. *Sainte-Anastasie.*

Sainct Oyre. *La Santoire.*

Sainct Paol de las Landes. *Saint-Paul-des-Landes.*

Sainct Peaul. *Saint-Paul-de-Salers.*

Sainct Pol. *Saint-Pol-de-Grailles,*

Saint-Paul-de-Salers, Saint-Paul-des-Landes.
Sainct Pol des Landas, Lendes. Saint-Paul-des-Landes.
Sainct Pol de Grailles. Saint-Paul.
Sainct Ponci, Ponsi, Ponssey, Ponssy. Saint-Poncy.
Sainct Poul. Saint-Paul-des-Landes.
Sainct Prégect, Préghet, Préghetz, Préiect, Préject, Préjet, Presgyet, Progot, Proghet, Proiet, Proietz, Project, Pruget, Purget. Saint-Préjet.
Sainct Quentin. Saint-Santin-Cantalès.
Sainctrame. Saint-Rame.
Sainct Remi. Saint-Remy.
Saincte Remize, Sainct Renise. Saint-Remy-de-Chaudesaigues.
Sainct Rossy. Saint-Rouffy.
Sainct Sac de Marmicisse, Marmicysse, Marmyeisse. Sansac-de-Marmieisse.
Sainct Sac du Baynasès, Sainct Sac Raynadez, Sainct Sac Veyenasès. Sansac-Veinazès.
Sainct Sadourin, Sadurin. Saint-Saturnin.
Sainct Sainctin de Cantalès. Saint-Santin-Cantalès.
Sainct Saintin. Saint-Santin-de-Maurs.
Sainct Saintin Chantallès. Saint-Santin-Cantalès.
Sainct-Sairnin. Saint-Cernin.
Sainct Saivayrio, Sauvayre, Sauvayrie. Saint-Sauveur.
Sainct-Sal. Sansac-Veinazès.
Sainct-Santin-Cantal, Cantalez, Sainct-Santy. Saint-Santin-Cantalès.
Sainct-Sarni, Sarnin, Sarnon, Sarny. Saint-Cernin.
Sainct-Satourny ès Montaignes. Saint-Saturnin.
Sainct-Sauri, Seaury, Seuerin. Saint-Saury.
Sainct Semon. Saint-Simon.
Sainct Sentin, Sentin-Cantalès, Cantallès. Saint-Santin-Cantalès.
Sainct-Serguil-en-Jourdanne, Sergue, Sergie. Saint-Cirgues-de-Jordanne.
Sainct-Sorin, Sorny. Saint-Cernin.
Sainct Severain. Saint-Saury.
Sainct Sigismon en Jordane, Sainct Sigismond, Sainct Siméon, Simond, Simmong, Simongs, Simoun. Saint-Simon.
Sainct Sirgue, Sirgues en Jordanne. Saint-Cirgues-de-Jordanne.

Sainct Siry de Malvère. Saint-Cirgues-de-Malbert.
Sainct Sisismon. Saint-Simon.
Sainct Sorny. Saint-Cernin, Saint-Saturnin.
Sainct Symon, Symond. Saint-Simon.
Sainct Toire, Sainct Thoiré. La Santoire.
Sainct Tomas. Saint-Thomas et Saint-Thomas-de-Salvalis.
Sainct Ulalye, Ullalie. Sainte-Eulalie.
Sainct Urcisse, Urcizes. Saint-Urcize.
Sainct Victeur, Victort, Victour, Victourt. Saint-Victor et Saint-Victor-sur-Massiac.
Sainct Vilir. Saint-Julien-de-Jordanne.
Sainct Vincens, Vinteans. Saint-Vincent.
Sainct Vitour, Vitteur. Saint-Victor et Saint-Victor-sur-Massiac.
Sainct Yllaire. Saint-Illide.
Sainct Ypolite, Yppolite. Saint-Hippolyte.
Sainct Yvoine. Saint-Antoine-de-la-Fouillade.
Saine Chaulencha. La Saigne-Chaulenche.
Sainha. La Sagne, m^{in}.
Sainhics. Sagnes, Les Sagnes.
Sainsantin. Saint-Santin-de-Maurs.
Saint Mari des Plains, Saint Maris Plein. Saint-Mary-le-Plain.
Saint-Mary-le-Crox. Saint-Mary-le-Cros.
Sainton, Saintou. Santon.
Saint-Peire. Le Champ-de-Pierre.
Saint-Sac de Marmycisse. Sansac-de-Marmieisse.
Saint Segmon. Saint-Simon.
Sajergues. Sagergues.
Sal. Le Salt.
Sala. La Sale, La Salle.
Salabigane. Salavigane.
Salacroux. Sobecroux.
Salacrus. Sobecrus.
Sala d'Albinhiac. L'Hôpital.
Salamaghe, Salamagna, Salamagnha, Salamaigne, Salamanque, Salambes. Salemagne.
Salars. La Salle, Les Salles.
Salas. Sales, Salès, La Salle, Les Saules.
Salassieyra. La Salassière.
Sala Vielha. La Salle-Vieille.
Salbetas. La Sauvetat.
Salcinhac. Salsignac.
Salebigane. Salavigane.
Salecroix. Sobecroux.

Salectz. Le Salet.
Salegols. Saligoux.
Saleize. Salès.
Salely. Salès.
Saleno. Sale.'s.
Salens. L'Enfer.
Salensis aicis. Salins.
Salet, Saletas, Saletes. Salès.
Salets, Saletz. Le Salet, Salzines.
Saler, Salerie, Salerii, Salern, Salerna, Salerne, Salernes, Salernesa, Salerni, Salernum. Salers.
Sales. Lascelle, Salles, Sèles.
Salessa, Salessas. Le Salès, La Salesse, Sales.
Salesse, Salest. Salès.
Salessade. La Jugassade.
Salesses. De Conquans, m^{in}.
Salesshe. La Salesse.
Saletz. Salès, Le Sal.
Salevanhe. Salemagne.
Salevat. Sauvat.
Salevigane. Salavigane.
Salex. Salès.
Salexouze. Salecroux.
Salgalian. Sergaliol.
Salgne. Saignes.
Salgvat. Sauvat.
Salhans. Le Sailhans, Selins, Le Sou .
Salhanz. Le Sailhans.
Salhen. Le Saillant.
Salhens. Le Sailhans, Sélins.
Salhenz. Le Sailhans.
Salhers. Salers.
Salhioncum. Le Sailhans.
Salians. Le Sailhans.
Salholetz. Silholet.
Salicia. La Salesse.
Salieigha, Salieyges. La Salière.
Salienc. Le Sailhans.
Saliens. Salins.
Saliesses. La Salesse.
Salictz. Faliès.
Saligholhas. Saligholles.
Saligos. Saligoux.
Salilhos. Salilhes.
Salins. Sélins.
Salla, Sallas. Las Salles, La Salle.
Salle. Sèles.
Sallecrup. Salecrus.
Sallerne, Sallers. Salers.
Salles. Lascelle, Sales, Salès, Saleix, Le Souq.
Sallessas, Sallessez. La Salesse.
Sallettes. Salettes.
Salletz, Sallext. Salès.
Salliego, Sallieghe. La Saliège.

TABLE DES FORMES ANCIENNES.

Salliles, Sallilies. *Salilhes.*
Sallya. *La Côte-de-la-Sallie.*
Salmeghac. *Salmegiac.*
Salocreu. *Salocrus.*
Sals. *Sales.*
Salsac. *La Salesse, Saussac.*
Salses. *La Salesse.*
Salsinhac, Salsiniacum. *Salsignac.*
Salsoubre. *Le Sal-Haut.*
Salsoutre, Sal Soutro. *Le Sal-Bas.*
Salt. *Sieujac.*
Saltaria, Saltarie. *La Salterie.*
Salt del Pyrol. *Le Chabrial.*
Salte Croux. *Salocrus.*
Salto. *Le Saillant.*
Saluques. *Salvaques.*
Salus. *Le Soul.*
Salvage. *Le Sauvage.*
Salvaghes. *Salvaques.*
Salvagnhac. *Salvanhac.*
Salvahac, Salvaignac, Salvainac. *Salvanhac.*
Salvalaura. *Savelaure.*
Salvanhac. *Salvaniac.*
Salvanhacum. *Salvanhac, Salvagnac.*
Salvanhat. *Salvanhac.*
Salvanhia. *Salvan.*
Salvaniac, Salvanihac. *Salvanhac.*
Salvanyc. *La Salvanie.*
Salvarocqua, Salvaroqua, Salvaroroques. *Salvaroque.*
Salvat. *Sauvat.*
Salvatge. *Le Monidié.*
Salvatum. *Sauvat.*
Salvatz. *Le Sauvage.*
Salvatges. *Sonlages et Salvaques.*
Salvatguas. *Salvaques.*
Salve-Lauro. *Savalaure.*
Salvestre. *Sylvestre.*
Salvetas, Salvettat. *La Sauvetat.*
Salvigane. *Salavigane.*
Salvitas domus. *La Salvetat.*
Salze. *Le Soul.*
Salzes. *Le Salzet.*
Salzinas. *Salzines.*
Sambatz. *Sembal.*
Sana. *Sansard.*
Sana Guarry. *Les Saignes.*
Sanail. *Sagnes.*
Sançac. *Sansac-Veinazès.*
Sanciacum. *Sansac-de-Marmiesse.*
Sanciniac. *Salsignac.*
Sancta Amandine. *Saint-Amandin.*
Sancta Anastasia. *Sainte-Anastasie.*
Sancta Euladia, Sancta Eulalia Danlarie. *Sainte-Eulalie.*
Sancta Eustachia, Sancta Eustasia. *Sainte-Anastasie.*

Sancta Maria Magdalena. *Sainte-Madeleine.*
Sancte Mandine. *Saint-Amandin.*
Sancte Ostaize. *Sainte-Anastasie.*
Sancti Juliani Crux. *La Croix-de-Saint-Julien.*
Sancti Moti (?). *Sainte-Marine.*
Sanctoyre. *La Santoire.*
Sanct Roffi. *Saint-Rouffy.*
Sanctus Amancius. *Saint-Chamant.*
Sanctus Anthonius. *Saint-Antoine-de-la-Feuillade.*
Sanctus Anthonius de Caritate. *Saint-Antoine.*
Sanctus Antonius. *Saint-Antoine.*
Sanctus Bonetus. *Saint-Bonnet-de-Marcenat.*
Sanctus Bonitus. *Saint-Bonnet de Marcenat, Saint-Bonnet-de-Salers.*
Sanctus Christoforus. *Saint-Christophe.*
Sanctus Circus de subtus castrum Montis Collesii. *Saint-Cirgues-de-Montcelles.*
Sanctus Ciricus de Jordana. *Saint-Cirgues-de-Jordanne.*
Sanctus Ciricus de Malverco, Malverto, Memeto. *Saint-Cirgues-de-Malbert.*
Sanctus Cirriac. *Saint-Curiac.*
Sanctus Clemens. *Saint-Clément.*
Sanctus Constancius, Constantius, Costanem. *Saint-Constant.*
Sanctus Curcus de Malverc. *Saint-Cirgues-de-Malbert.*
Sanctus Cyreus Jordana. *Saint-Cirgues-de-Jordanne.*
Sanctus Estephanus de Capels. *Saint-Étienne-de-Carlat.*
Saint Florius, Florus. *Saint-Flour.*
Sanctus Gallus. *Saint-Gal.*
Sanctus Georgius. *Saint-Georges.*
Sanctus Geraldus. *Saint-Geraud.*
Sanctus Geromnius, Geroncius, Gerontius. *Saint-Gérons.*
Sanctus Guallus. *Saint-Gal.*
Sanctus Hipolitus, Hippolithus. *Saint-Hippolyte.*
Sanctus Ilidius, Illidius, Illivus. *Saint-Illide.*
Sanctus Jacobus de Bladis. *Saint-Jacques-des-Blats.*
Sanctus Jeurius. *Saint-Judry.*
Sanctus Julianus. *Saint-Julien-de-Jordanne.*
Sanctus Julianus. *Saint-Julien.*
Sanctus Julianus de Pols. *Esponts.*
Sanctus Justus de Rocros. *Saint-Just.*
Sanctus Lazarus. *Saint-Lazare.*

Sanctus Mametus. *Saint-Mamet.*
Sanctus Marchus, Marcius. *Saint-Marc.*
Sanctus Marcial de Vitraco. *Vitrac.*
Sanctus Marcialis. *Saint-Martial.*
Sanctus Mari de Bosseriis, des Plas, Sanctus Marius de Planis, supra Massiacum. *Saint-Mary-le-Plain.*
Sanctus Marius de Crozo, Sanctus Marius supra Massiacum. *Saint-Mary-le-Cros.*
Sanctus Marius. *Saint-Mary, Sainte-Marie.*
Sanctus Martialis. *Saint-Martial.*
Sanctus Martinus. *Saint-Martin-sous-Vigouroux, Saint-Martin-Valmeroux, Saint-Martin-de-Valois.*
Sanctus Martinus de Chantalès, de Monchantelis, Monchantelys, Montis Chantalesii. *Saint-Martin-Cantalès.*
Sanctus Martinus de Subous Tornamir, de Valoyre. *Saint-Martin-de-Valoix.*
Sanctus Martinus de Subto Vigoro, Subtus Vigorouz. *Saint-Martin-sous-Vigouroux.*
Sanctus Martinus de Valle Marant, Vallismarone, Valmarous, Valmaroux. *Saint-Martin-Valmeroux.*
Sanctus Mauricius. *Saint-Maurice.*
Sanctus Micahel, Michael. *Saint-Michel.*
Sanctus Molompizinus. *Molompize.*
Sanctus Morius. *Le Puy-Saint-Mary.*
Sanctus Paulus. *La Maison de Saint-Paul.*
Sanctus Paulus de Landis. *Saint-Paul-des-Landes.*
Sanctus Poncius, Pontius. *Saint-Poncy.*
Sanctus Præjectus. *Saint-Projet.*
Sanctus Remigius. *Saint-Remy-de-Chandesaigues, Saint-Remy-de-Salers.*
Sanctus Rofinus. *Saint-Rouffy.*
Sanctus Sanctinus. *Saint-Santin-Cantalès, Saint-Santin-de-Maurs.*
Sanctus Sanctinus de Cantales, Sautinus do Cantal, Cantales, Cantalerio, Cantalezii, Conthaleis. *Saint-Santin-Cantalès.*
Sanctus Saturninus in Montanibus, in Monte, Juxta Tornamira. *Saint-Saturnin.*
Sanctus Sonctinus. *Saint-Santin-Cantalès.*
Sanctus Sentinus. *Saint-Sentin-de-Maurs, Saint-Santin-Cantalès.*

TABLE DES FORMES ANCIENNES.

Sanctus Severinus, Severus. *Saint-Saury.*
Sanctus Sigismundus. *Saint-Simon.*
Sanctus Stephanus. *Saint-Étienne.*
Sanctus Stephanus de Cantales, Cantalensis, de Cantalesio. *Saint-Étienne-Cantalès.*
Sanctus Stephanus de Capellis. *Saint-Étienne-de-Carlat.*
Sanctus Stephanus dels Chalmeilhs. *Saint-Étienne-de-Riom.*
Sanctus Stephanus dels Chapels. *Saint-Étienne-de-Carlat.*
Sanctus Stephanus de Charmeil. *Saint-Étienne-de-Riom.*
Sanctus Stephanus de Maurcis, Maurs, prope Mauricium. *Saint-Étienne-de-Maurs.*
Sanctus Sadournus, Saturcenius, Saturninus, Severinus. *Saint-Cernin.*
Sanctus Severnus. *Saint-Saturnin.*
Sanctus Thoma. *Saint-Thomas et Saint-Thomas-de-Salvalis.*
Sanctus Urcisius, Urcizius. *Saint-Urcize.*
Sanctus Victor. *Saint-Victor et Saint-Victor-sur-Massiac.*
Sanctus Vincencius. *Saint-Vincent.*
Sanctus Ypolytus, Ypollitus. *Saint-Hippolyte.*
San de Solelhosa. *La Souvilieuse.*
Sandolux. *Sandolus.*
Sanebot. *Sagnabous.*
Sanegot. *Saugre.*
Sancmians. *Sagne-Mians.*
Saneyrolla. *Seignerolle.*
Sanezargues. *Sénezergues.*
Sanghac. *Sieujac.*
Sangles. *Le Bois-des-Sengles.*
Sanguier. *Sandogier.*
Sanha. *La Sagne.*
Sanha Barro. *La Saigne-Barron.*
Sanha Blaux. *La Sagne-Blanque.*
Sanhabo. *Sagnabous.*
Sanha Borrel. *La Sagne-Blanque.*
Sanhabous. *Sagnabous.*
Sanhalade. *La Signalade.*
Sanhac. *Sieujac.*
Sanha Roussa, Sanha Rousse. *La Saigne-Rousse.*
Sanhas. *Sagne, La Sagne, Les Sagnas, La Saigne, Saignes.*
Sanhas Grandas. *La Sagne, Las Sagnes.*
Sanhe *La Sagne, La Saigne, La Saigne-Barthe.*
Sanheboux. *Sagnabous.*
Sanhebruna. *La Sagne-Brune.*

Sanhe-Chavallard, Chevalar. *Les Mailleuux.*
Sanhe-Mille. *La Sagne-Mille.*
Sanherade. *La Saniérade.*
Sanhera de Comba. *La Sagnette.*
Sanhes. *Le Pommier, La Sagne, Les Saignes, Sagnes, Les Sagnes.*
Sanhetas. *La Sagnette.*
Sanhe-Vala. *Senivalo.*
Sanhghac. *Sanglars.*
Sanhia. *La Saigne.*
Sanhiæ. *Saignes.*
Sanhietas. *La Sagnette.*
Sanhio-Broussouge. *La Sagne-Moussous.*
Sanhioles Veilhes. *La Saniolle-Vieille.*
Sanhivia. *La Sanhivie.*
Sanhola des Agrats. *La Saniole-des-Agrats.*
Sanholle. *Le Razonnet.*
Sanholle. *La Saniolle-Vieille.*
Sania Blanco, Sania-Boet. *La Sagne-Blanque.*
Saniabos. *Sagnabous.*
Sanialade, Saniallade. *La Signalade.*
Sagna Longua. *La Sagne-Longue.*
Sania-Masso. *La Sagne-Moussous.*
Sania Rossa. *La Saigne-Rousse.*
Saniæ. *Saignes.*
Sanic. *La Saigne.*
Sanichou, Sanichouf. *Sagnabous.*
Saniclauze. *Signalause.*
Sanibas. *La Sagne.*
Saniliac. *Semilhac.*
Sanis. *Saignes.*
Sanissages. *Savissages.*
Sanite. *La Sagnette.*
Sanjulat. *Saint-Gal.*
Sansac. *Sansac-de-Marmiesse.*
Sansac Baynasès. *Sansac-Veinazès.*
Sansacum. *Sansac.*
Sansacum subtus Marmicyssa. *Sansac-de-Marmiesse.*
Sansacum de Baynaz, San Sac Veynazès. *Sansac-Veinazès.*
Sanso. *Las Revirades.*
San Solelhosa, San Solelhoze, San Soulhouse. *La Souvilieuse.*
Sanssac de Beynazès. *Sansac-Veinazès.*
Santmamet. *Saint-Mamet-la-Salvetat.*
Sent Mari. *Saint-Mary-le-Cros.*
Sant Maurise. *Le Chambon.*
Santou. *Santon.*
Santoyre. *La Santoire.*
Sant Poncii. *Saint-Poncy.*
Sant Rama. *Saint-Rame.*
Santrossi. *Saint-Rouffy.*
Sant-Sancti. *Saint-Santin-Cantalès.*

Santz-Guellin. *Saint-Guillaume.*
Sanzergues. *Sénezergues.*
Saradoux. *Le Saladou.*
Sarans. *Sarrans.*
Sar-Bos. *Le Sal-Bas.*
Sarcault. *Succaud.*
Sare. *Sorres.*
Sareta. *Sarrette.*
Sargié, Sargie. *Le Sargier.*
Sargues. *Liozargues.*
Saron. *Sarrans.*
Sarra. *Serre, Serres.*
Sarrand. *Sarrans.*
Sarrasi, Sarrasin, Sarrazi, Sarrazus. *Le Sarrazin.*
Sarrazine, Sarraznhas. *La Sarrazine.*
Sarreta, Sarrete, Sarrethe. *La Sarrette.*
Sarrette. *Le Lavadou.*
Sarrette de Vougaresse. *La Sarrette.*
Sarrette Vieille. *La Sarrette-Haute.*
Sarreuse. *Sarrusso.*
Sarreust. *Sarrus.*
Sarrezine. *La Sarrazine.*
Sarriest. *Sarrusse.*
Sarricz, Sarruct. *Sarrus.*
Sarructz. *Sarrusse.*
Sarruez, Sarruest, Sarruexst, Sarrust, Sarruts, Sarrutz, Sarruxst, Sarruz. *Sarrus.*
Saruch. *Sarrut, Sarrutou.*
Sarunière, Sarus. *Sarrus.*
Sarrulugha. *La Sarrulugie.*
Sarrutz. *Sarrut.*
Sarsels. *Sariel.*
Sarte. *Le Sartre.*
Sartels. *Sartel.*
Sartial. *L'Issartiau.*
Sartigas, Sartighas, Sartighes, Sartigiæ. *Sartiges.*
Sorrctz. *Sarrus.*
Saruses. *Sarrusse.*
Sarzeyrous. *Le Puy-Maigre.*
Sat. *Onsac.*
Soubagues. *Salvagnes.*
Saudonniere. *La Flandonnière.*
Saugier. *Le Sargier.*
Saule-Croux. *Sobecroux.*
Sauleyra. *L'Auzeleyre.*
Sauleyro, Sauleyro. *La Souleyre.*
Saulmiac. *Saumiac.*
Saulses. *Saignes.*
Saulsines. *Salzines.*
Sault. *Le Saut.*
Saulta Mousche, Saulte Mousche. *Saute-Mouche.*
Saumaiges. *Solignac.*
Saumaignat. *Solignat.*

TABLE DES FORMES ANCIENNES.

Saumantz. *Le Saumon.*
Saurias. *Sarrus.*
Saurnac. *Sournac.*
Saurruc. *Sarrus.*
Sausines. *Salzines.*
Sausiniac. *Salsignac.*
Saussanges. *Faussanges.*
Sausson. *Le Chausse.*
Sautière. *La Souleyre.*
Sauvagnie. *La Salvanie.*
Sauvaignac. *Salvagnac.*
Sauvaigues. *Salvaques.*
Sauvaniac, Sauviae. *Salvaniac.*
Sauvanie. *La Salvanie.*
Sauvaques. *Salvaques.*
Sauve Croux. *Sobecroux.*
Sauvedat. *La Sauvetat.*
Sauveroque. *Salvaroque.*
Sauvestre. *Sylvestre.*
Sauvetas. *La Sauvetat.*
Sauzines. *Salzines.*
Savayre. *Le Moulin-du-Sauveur.*
Savernholes. *Saverniolles.*
Savignas. *Les Savignats.*
Savignhac, Savigniac. *Savignac.*
Savignials. *Les Savignats.*
Savigniat. *Savignac.*
Savigniatz, Savigot. *Les Savignats.*
Savinhac, Savinhacum. *Savignac.*
Saviniag. *Les Savignats.*
Savisage. *Savissage.*
Savoye. *Le Moulin-de-Savoie.*
Saynclade. *La Signalade.*
Saynt-Silvestre. *Sylvestre.*
Says. *Le Rasas-du-Bas.*
Sazarat. *Cézerat.*
Sazergues. *Sagergues.*
Scalmels, Scalmelz. *Escalmel, Escalmels.*
Schaulvalges. *Le Sauvage.*
Schorailla. *Escorailles.*
Scihiel. *Le Cibial.*
Scila. *La Scile.*
Scillio. *Silhol.*
Sciran. *Siran.*
Scodieras, Scodières. *Escudiers.*
Scorala, Scoralia, Scoralium, Scorralhia, Scorralia. *Escorailles.*
Scorrieu. *Lecourieux.*
Scoubeyrou. *Escoubeyroux.*
Scoullicz, Scroulliers, Scuei. *Escoualier.*
Scucynes. *Sucines.*
Scuralliæ, Scuriliæ, Scurrallia. *Escorailles.*
Séas. *Le Sal.*
Sebayria. *La Sibérie.*
Sebejol. *Sebenge.*

Cantal.

Sèberie. *La Sibérie.*
Sebengeol, Sebeughe, Sebeughol, Sebeugoul, Seberie, Sebeujol, Sebrughol. *Sebenge.*
Sebial. *Le Cibial.*
Secals. *Cels.*
Secede. *Sacède.*
Seccurioux. *Secourieux.*
Sechayro. *Sécheyroux.*
Secheira, Secheiras, Sechouri. *La Soucheyre.*
Secheyrou. *Secheyroux.*
Scorrieu. *Secourieux.*
Secoubrun. *Surcoubrin.*
Secourioux, Secourjeux, Secourjoux, Secourrieu, Secourryoux. *Secourieux.*
Sceuris. *Ségur.*
Sedaga, Sedages, Sedagha, Sedagia, Sedaia. *Sedaiges.*
Sedairac. *Sedeyrac.*
Sodayes. *Sedaiges.*
Sodeirac. *Sedeyrac.*
Sedina. *Sedaiges.*
Segalacieyra. *La Ségalassière.*
Segalar de la Manhe. *Le Ségalar.*
Ségalasière, Segalassieyra, Segallassière. *La Ségalassière.*
Sègne. *Saignes.*
Segnellade. *La Signalade.*
Segonias. *Les Eygonies.*
Segualaserra, Segualasière, Segualasieyro, Segualasieyrie, Segualasiere, Segualassieyra, Segualeissieyra. *La Ségalassière.*
Seguro, Segurs, Segurum. *Ségur.*
Sehugac. *Siorjac.*
Seic. *Le Seyt.*
Seigne. *Saignes.*
Seignerolles. *Seignerolle.*
Seignes. *Saignes.*
Seignevalle, Seignevallo, Seignevals. *Senivalo.*
Seignialhac. *Senilhac.*
Seigries. *Le Serieys.*
Seiq. *Le Seyt.*
Seil del Pyrol. *Le Chabrial.*
Seillholsz. *Silhol.*
Seilholcz. *Silholet.*
Seilholz. *Seilhols-Haut.*
Seilhou. *Le Célé.*
Seille. *Stène.*
Seillol. *Silhol.*
Seils. *Siels.*
Scirollettes. *Feyrolette.*
Sel. *Cels.*
Selade. *La Signalade.*
Selan. *Salau.*

Selanc. *L'Escure.*
Selanc, Selant. *Salau.*
Selas. *Cels.*
Selé. *Le Bois-du-Celé.*
Seleau. *Salau.*
Sèles. *Celles.*
Seletz, Selhela. *Sales.*
Selhens, Selhians. *Sélins.*
Selholcctz, Selholotz. *Silholet.*
Seliens. *La Ganie.*
Selier. *Le Soulhié.*
Seliez. *Cels.*
Seliol. *Silhol.*
Seliols. *Seilhols-Bas, Silhol.*
Seliolz. *Seilhols-Bas et Haut.*
Selle, Selles. *Lascelle, Celles.*
Selles en Jordanne. *Lascelle.*
Selliols-Bas. *Seilhols-Bas.*
Sellon. *Le Courpou-Sauvage.*
Selva. *La Selve, Selves.*
Selvac. *Selves.*
Selvalaura. *Savalaure.*
Selvestre. *Sylvestre.*
Selvez. *Selves.*
Selz. *Cels.*
Sembalz. *Sembal.*
Semelacum, Semelhac, Semeliat, Semelihac. *Semilhac.*
Semenat. *Sumenat.*
Semène. *La Sumène.*
Semillihac, Semolhac. *Semilhac.*
Senat (Les). *Lessenat.*
Senchivalla. *L'Inchivala.*
Senda (Le Suc de). *Les Sourdes.*
Senebieyro, Sennebieyres. *Sennebières.*
Senehergues. *Sénezergues.*
Seneignes. *Sénergues.*
Seneilhac. *Semilhac.*
Senessegues. *Sénezergues.*
Seneugoux. *Les Séniargoux.*
Seneyroles. *Seignerolle.*
Senezerguez, Senezhegues. *Sénezergues.*
Senghac. *Sienjac.*
Sengles. *Le Bois-des-Sengles.*
Senhac. *Sienjac.*
Senhergues. *Sénergues.*
Senhovallo. *Senivalo.*
Senic. *Le Cinic, Le Siniq.*
Sinieyrolles. *Seignerolle.*
Senilhas, Senilles. *Senilhes.*
Seniq. *Le Cinic, Morèze.*
Sennabieras. *Sennebières.*
Sennac, Sennacc. *L'Escampet.*
Senot. *Salau.*
Senrau. *Sinrau.*
Sensac. *Sansac.*

78

Sensors, Sensoulz. *Saint-Sol.*
Senssac. *Sansac.*
Senssac de Marmiesse. *Sansac-de-Marmiesse.*
Senvau (La Peyre de). *Sinrau.*
Senzerguez. *Sénezergues.*
Sepa. *Le Bos-des-Sèpes.*
Sepcheyres. *La Soucheire.*
Sèpe. *La Seppe.*
Sepouze. *La Sépouse.*
Septem-Fontes. *Les Sept-Fonts.*
Sera. *Cère.*
Serascereda. *Sacède.*
Ser de Mescyrac. *Le Ser.*
Sere. *La Cère.*
Sereis. *Le Serry.*
Serenon. *Serenoux.*
Serers. *Seriers.*
Sergaliau. *Sergaliol.*
Sergolle. *Surgères.*
Serguilhaume, Serguilhoumes. *Saint-Guillaume.*
Sorieries. *Sericys.*
Series. *Serières, Seriers, Sericys, Le Serry.*
Serieus, Serieues, Sericuest, Sericyr. *Serieys.*
Sericys. *Le Serries, Serières, Seriers, Le Serry.*
Sericys Negrau. *Le Bois-del-Sirié.*
Sorioz. *Le Serieys.*
Sernezes. *Le Puy-Maigre.*
Serots. *Escrots.*
Seroys. *Le Serieys.*
Serpolia. *La Serpolie.*
Sorra. *Serre, Serres, Sers, La Serre, La Serre-Haute.*
Serran, Serrand. *Sarrans.*
Serra Superior. *La Serre-Soubro, La Serre-Haute.*
Serre (La). *Cère, La Cère, Serres, Sers.*
Sorrers, Serriers. *Seriers.*
Serre Soubrone, Soubronne. *La Serre-Haute.*
Serro. *Serre.*
Serrutz. *Sarrus.*
Servalaura. *Savalaure.*
Servan. *Servans.*
Servanhou. *Servans-Bas.*
Servans supérieur, Servant. *Servans.*
Servayreta. *Servairette.*
Serveghol. *Servejoul.*
Serveires. *Servières.*
Serveiretes, Servoirette. *Servairette.*
Servejol. *Servejoul.*
Serveyretto. *Servairette.*
Sorvicyras. *Servières.*

Sestrieres. *Sestriès, Sistrières.*
Sestriers. *Sestriès.*
Sestricyres, Sestryeires. *Sistrières.*
Soubes. *Selves.*
Seurame. *Saint-Rame.*
Seuves. *Selves.*
Sevairie. *La Sibérie.*
Sevaret. *Severac.*
Sevcirac. *Severac.*
Seve Maior. *Seve-Haut.*
Sevena. *Sévenne.*
Seveyrac, Seveyrat. *Sévérac, Sedeyrac.*
Seveyrago. *Sevayrague.*
Seveyria, Seveyrie. *Laymarie.*
Seveyrolles. *Seignerolles.*
Sevighac, Sevignac. *Savignac.*
Sevissage. *Savissage.*
Seye. *La Resse.*
Soyrac. *Ceyrac.*
Sezons. *Cezens.*
Sezerac. *Cezerat.*
Sezins. *Cezens.*
Shouque. *La Souque.*
Sibieux. *Les Cibieux.*
Sidrac. *Ceyrac.*
Sich Anglars. *Freix-Anglards.*
Sielvo. *La Selve.*
Siergot. *Surgy.*
Sieugeac, Sieughac. *Sieujac, Siogéac.*
Sioul. *Siels.*
Siouladur. *Siouladour.*
Sieuziac. *Sieujac.*
Sigilada. *La Borie-de-la-Roque.*
Sigilade. *La Sigilade.*
Sileris (aqua). *Le Célé.*
Siliers. *La Ressègue.*
Siliol, Silios, Silioz. *Silhol.*
Siliolet, Siliculot. *Silholet.*
Sillelious. *La Ressègue.*
Silliols. *Silhol.*
Sillolet. *Silholet.*
Silnalhiac. *Semilhac.*
Silva. *Selves.*
Silvestre. *Sylvestre.*
Simina. *La Sumène.*
Singles. *Le Bois-des-Songles.*
Sinhelade. *La Signalade.*
Sinic. *Le Ciniq, Morèze.*
Sinicq. *Le Ciniq.*
Sinilhes, Sinilles. *Senilhes.*
Sinq-Arbres. *Cinq-Arbres.*
Siollet. *Fialeix.*
Siona. *La Sionne.*
Sioro. *La Siorne.*
Sioughac. *Sieujac.*
Siouladou, Sioulladour. *Siouladour.*
Sira (aqua). *La Rue.*

Sirand, Sirandium, Sirandum, Siranh. *Siran.*
Siras las Brohas. *Sous-les-Bros.*
Sirgue, Siricys. *Le Sérieys.*
Siscams, Siscan, Siscans. *Siscamps.*
Sistreyras, Sistrieras. *Cistrières.*
Sitions. *Sition.*
Sitonnières. *Fontonneyre.*
Siulador. *Siouladour.*
Siveyres, Sivières, Sivieyres. *La Civière.*
Siviriacum. *Sévérac.*
Soallages. *Soulage.*
Soarnac, Soarnacum. *Sournac.*
Sobaysargues, Sobayzaigues, Sobayzègues, Sobayzergues. *Soubizergues.*
Sobeyra de Braconac. *Braconat-Haut.*
Sobeyro. *La Soubeyrou.*
Sobraveza. *Soubrevèze.*
Sobro. *Sous-le-Bois.*
Sobro Bos. *Soubrebos.*
Sobrovesa, Sobrovoza. *Soubrevèze.*
Soche. *Les Souques.*
Soche Gari, Sochegary. *La Soucheyre.*
Socheira, Socheyra. *La Soucheire.*
Socheyres. *Les Soucheires.*
Socheyria. *La Soucheire.*
Socquieir. *La Souquière.*
Soilhs. *Le Soul.*
Soir. *Sors.*
Sol. *Le Suc.*
Solacges. *Soulages.*
Solacques. *Soulaques.*
Solacrux. *Salecrus.*
Solage. *Soulages.*
Solages. *Soulage, Soulages.*
Solagues, Solaiges. *Soulages.*
Solairo. *Le Souleyrou.*
Solaitgue (Villa). *Soulage.*
Solana, Solane, Solanes. *La Soulane-Grande.*
Solanhac. *Solignac.*
Solant. *Salau.*
Solat. *Soulat.*
Solatges. *Soulages, Soulaques.*
Solatgros, Solatgue, Solatgues. *Soulages.*
Solayro. *Le Souleyrou.*
Sol-Barrieyre. *Le Sol-Barrière.*
Sol-de-Beaux. *Les Oldebeaux.*
Sol-de-Molatas. *Molatas.*
Solo. *La Solle.*
Solecroups, Solecroux. *Sobecroux.*
Solecru. *Le Colzac.*
Soleilhadou. *Soulelladour.*
Soleir. *Le Soulier.*
Solelhosa. *La Souvilouse.*
Solenhac. *Solinhac.*

TABLE DES FORMES ANCIENNES.

Solesi. *Foulezy.*
Solet dels Moyssetz. *La Moissetie.*
Solheiador, Solheladour. *Le Soulelladour.*
Solhet. *Les Saules.*
Solhier. *Le Soulhier, Le Soulier.*
Solhs. *Le Soul.*
Solier. *Le Soulhié, Le Soulier, Le Salet.*
Soliet. *Le Soulier.*
Solieyre, Solieyres. *Les Soulières.*
Solignac, Soligniac. *Solinhac.*
Soliniac. *Solignac, Solinhat.*
Solinihac. *Solinhac.*
Solilhes, Solilles. *Salilhes.*
Sollages. *Soulages.*
Sollane. *La Soulane-Grande.*
Sollanges. *Collanges.*
Sollatges. *Soulages.*
Solleilador, Sollellador, Solliadour, Solliardour. *Soulelladour.*
Sollié. *Le Soulié.*
Sollier. *Le Soulhié.*
Sollinhac. *Solignac.*
Sollyadour. *Soulelladour.*
Solocroupx, Solocroupz. *Sobecroux.*
Solonh. *Foulan.*
Sols. *Silves.*
Sols (rivus). *Maurs.*
Sols Soteyranas. *Luscols-Bas.*
Soluselat. *Galusclat.*
Soluyra. *Les Soulières.*
Solvalaure. *Savalaure.*
Solvanhiat. *Solignac.*
Solvinhac. *Solignac, Solinhac.*
Solvestré. *Sylvestre.*
Solvininat. *Solinhac.*
Solyadour. *Soulelladour.*
Solz. *Le Sal, Le Soul.*
Somailles, Somallies. *Soumailles.*
Sombrellas. *Combrelles.*
Songles. *Zongles.*
Sonhe. *La Sagne.*
Sonniette. *Saniette.*
Sonsac. *Saussac.*
Sor. *Sors.*
Soras-las-Broas. *Sous-les-Bros.*
Sorbas. *Le Sal-Bas.*
Sorbs, Sorbz. *Sors.*
Sordalhac. *Sordaillac.*
Sormieyra. *La Sormière.*
Sornac, Sornact. *Sournac.*
Sornhac. *Sourniac.*
Sorrobac, Sorrobal. *Sarrabal.*
Sortigue. *Lortigue.*
Sorzacus. *Soursac.*
Sosclades. *Les Usclades.*
Sot. *Le Suc.*

Sotz. *Le Souc, Le Soust, Le Soul, Le Souq.*
Soubairou, Soubeyro. *La Soubeyrou.*
Soubbrevaize. *Soubrevèze.*
Soubeissorgues. *Soubizergues.*
Soubère. *La Loubeyre.*
Soubrevaize. *Soubrevèze.*
Soubselèves, Soubselves, Soubselvez. *Sous-Selves.*
Soubz. *Le Souq, Le Soust.*
Souc. *Le Souq, Le Suc.*
Souche. *Les Souches.*
Souche Gary. *La Soucheyre.*
Soucheyra, Soucheyre. *La Soucheire.*
Souclis, Souclız, Soulz, Souclz. *Le Soust.*
Soucque. *La Souque, Les Souques.*
Soucquieyre, Souquieres, Souquieyre. *La Souquière.*
Soudeilhe. *Les Soudeilles.*
Souex. *Le Souq.*
Sougialiou. *Le Souccaliou.*
Sougue. *La Souque, Les Souques.*
Sougueroux. *Le Bruel.*
Souhac. *Sieujac.*
Souhait. *Soulat.*
Souhat. *Sieujac.*
Souhelliousse, Souhilliouse. *La Souvilliouse.*
Souil. *Le Soul.*
Soulbz, Soulz. *Le Sal.*
Soulacques (Le Puex de). *Soulages, Soulaques.*
Soulagis. *Soulages.*
Soulaige. *Soulage.*
Soulagniac. *Solignac.*
Soulagues. *Soulages.*
Soulaige. *Soulages, Soulage.*
Soulaiges. *Soulage, Soulaiges.*
Soulan. *Foulan.*
Soulania, Soulaniat. *Solignac.*
Soulaques. *Soulages.*
Soularges. *Soulage.*
Soulat. *Sieujac.*
Soulatges. *Soulages.*
Soulayges. *Soulage.*
Soulelhiouza. *La Sougnillouse.*
Soulelliadou, Soulelliadour, Soulollyadou. *Soulelladour.*
Soulhat. *Sieujac.*
Soulhes, Soulhié. *Le Soul.*
Souliers. *Le Soulié.*
Soulignhac. *Solinhac.*
Souliladou. *Soulelladour.*
Soulinhac. *Solinhac.*
Soulio. *Le Soulou.*
Souliouzo. *La Souvilliouse.*
Soulladour. *Soulelladour.*

Soullages. *Soulage, Soulages.*
Soullaiges. *Soulage.*
Soullat. *Sieujac.*
Soulocraph, Soulocrapls. *Sobecroux.*
Soulonniac, Soulounhac. *Solignac.*
Souly-lo-Bos. *Sous-le-Bois.*
Soumailhes, Soumalhes, Soummaille, Sounnailhes. *Soumailles.*
Sounac. *L'Escampet.*
Souqualioux. *Le Souccaliou.*
Souque Sègue. *Le Sunco-Sèco.*
Souquieyre. *La Souquière.*
Souquières del Catolo. *Les Souquières.*
Sour. *Le Soul.*
Sourghy. *Surgy.*
Sourgnac, Sournhac, Sournibac. *Sourniac.*
Sours. *Sors.*
Sourssac, Sourzac. *Soursac.*
Sousceyrac. *Souviral.*
Sousmurat. *Murasson.*
Soufs, Soulz. *Le Soul.*
Soutz. *Le Soust.*
Souvagniat. *Solignat.*
Souvairac, Souveyral, Souvira, Souvirac, Souvyrac. *Souviral.*
Sovinhat. *Savignat.*
Soye. *Le Sayer.*
Sozat. *Sauvat.*
Sparus. *Espursets.*
Spinac (Villa). *L'Espinasse.*
Spinaçolles. *Espinassolles.*
Spinadel, Spinadeylh. *Espinadel.*
Spinassa. *Espinasse.*
Spinassa-la-Sobrana. *L'Espinasse-Soubro.*
Spinassol. *Espinassol.*
Spinassole. *Espinassoles.*
Spinasousso, Spinasouze. *Espinassouse.*
Spineto. *Espinats.*
Spinetum. *Espinet.*
Spinosa la Sobrana. *Espinouze-Haute.*
Spinosa la Sotrana. *Espinouze-Basse, L'Espinasse-Soutro.*
Spinouse. *L'Espinasse.*
Spinoza Sobrano. *Espinouze-Haute.*
Stadieu. *Estadieu.*
Stagnum. *L'Étang.*
Stalapas, Stalapo, Stalapot, Stalapou, Stallapos. *Stalapos.*
Stems. *Stormes.*
Stinadonnos. *Pradines.*
Strels. *Les Estrets.*
Suc. *Le Suc-Haut.*
Suc-Archier. *Le Suc-Archer.*
Suc Barnas. *Le Barnut.*
Succauld. *Succau.*

78.

TABLE DES FORMES ANCIENNES.

Succounous. *Succounou.*
Succou. *Le Suc.*
Suc-de-Bournious. *Le Suc-de-Bournioux.*
Suc de la Bade, Baude, Bode. *La Barre.*
Suc de la Pléjaude, Plésaude. *Le Suc-de-la-Plezaude.*
Suc de las Moulaires. *Le Suc-de-las-Mouleyres.*
Suc de la Vergna. *La Vernhe.*
Suc de la Viguia. *La Vigerie.*
Suc de l'Eglisa. *Le Suc-de-l'Église.*
Suc del Gourg. *Le Suc.*
Suc del Mazedié. *Le Suc-del-Mazedier.*
Suc de Mira, Mirab. *Le Suc-du-Miral.*
Suc de Molignal. *Le Moulin.*
Suc de Senda. *Les Sourdes.*
Suc do Traversa. *Le Bois-du-Suc-Long.*
Suc-Gros. *Le Suc-du-Pied-Gros.*
Suchap. *Sapchat.*
Sucheyra. *La Soucheyre.*
Suc-Mégic. *Le Puech-Maniès.*
Suc-Mégo. *Le Suc-Méjo.*
Suc-Peyre. *Ricou-la-Peyre.*
Suc-Pinlat. *Le Suc.*
Sucquo. *Le Suc.*
Sudria. *La Sudrie.*
Sueguieyre. *La Souquière.*
Suel. *Le Célé.*
Suguerolle. *Seignerolle.*
Sulh. *Le Célé.*
Sulharade. *La Feuillade-Haute.*
Suhler, Sulhiou. *Le Célé.*
Sumaine. *La Sumène.*
Sumena. *La Sumène, Sumenat.*
Sumenne. *La Sumène.*
Supeirou, Supeyros, Supeyrou. *Le Suc-Peyrou.*
Suquet de las Pesses-Longues. *Le Suquet.*
Surgadis (rivus). *Le Verlhac.*
Surgoires, Surgoyres. *Surgères.*
Surghy. *Surgy.*
Surgier. *Le Sargier.*
Surgieras. *Surgères.*
Surigniacus, Surnhac, Surnhacum, Surnhat. *Sourniac.*
Sursier. *Chauvier.*
Sursi, Surza, Surzi, Surzier. *Surgy.*
Susmèges, Susmèghe. *Le Suc-Méjo.*
Syon. *Sion et Sion-Bas.*
Syra. *La Rue, La Serre, La Serre-Haute.*
Syragrial. *Siragrial.*
Syram, Syran. *Siran.*
Sycyrac. *Severac.*
Syveyres. *La Civière.*

T

Tabegio, Tabéjo, Tabeyge, Tabez-Gha. *Tabeige.*
Tabiste. *Tabesse.*
Tabusca. *La Tabuste.*
Taches. *La Tâche.*
Tafanel, Tafaus, Taffanel. *Le Taphanel.*
Tage. *La Fage.*
Taginac, Tagnac. *Tagenac.*
Tahout. *Le Tahoul.*
Tailhade. *La Tourette.*
Tailhadis. *La Taillade, Le Tailladis.*
Tailhadix. *Le Tailladis.*
Taillesac. *Talizat.*
Tailliade. *La Taillade.*
Tairac. *Le Tayrac.*
Taissieras, Taissieres et de Cornet. *Teissières-de-Cornet.*
Taissieres-les-Boliers. *Taissières-les-Bouliès.*
Talaisogus, Talaizacus. *Talizat.*
Talapos. *Stalapos.*
Talaysacus, Talaysiacus, Talayssacus. *Talizat.*
Talbeyron inférieur et supérieur. *Tauberous-Bas et Haut.*
Talc. *Le Brossier, Talo.*
Talcisac, Talcizac, Talesant, Taleysac, Taleysat, Taleyzac, Talezac. *Talizat.*
Talha. *Le Touliac.*
Talhade. *La Taillade, La Tourette.*
Talhadis, Talhadix. *Le Tailladis.*
Talhafer. *Taillefer.*
Taliade. *La Taillade.*
Taliès. *Sialès.*
Talissac, Talizac, Talizacus, Tallaizat. *Talizat.*
Talloibau. *Taillebeau.*
Tallcizat, Talleysas, Talleyzac, Talleyzat, Tallizat. *Talizat.*
Talo. *Le Brossier, Talo.*
Talysac. *Talyzat.*
Tanavela, Tanavele, Tanavella, Tanavilhe. *Tanavelle.*
Tanavilla. *Latga.*
Tanavilla, Tanaville. *Tanavelle.*
Tanellac. *Tavelat.*
Tanieuses, Tanieuxs, Tanieuxst, Tanneys, Tannicust, Tannieuxst, Tannies, Tannuez. *Tanuès.*
Taols. *Touls.*
Taorssacum. *Toursac.*
Taouh, Taoul, Taoulx, Taoux. *Touls.*
Tapia. *La Tapie.*

Taradou. *Terradou.*
Tarant. *Les Terrous.*
Tarbiac. *Trébiac.*
Tardieu. *Tarrieu.*
Tarier. *Le Terrier.*
Tarieu. *Tarrieu.*
Tariouse. *Tarrieux.*
Tarou. *Les Terrous.*
Tarpiacus. *Trébiac.*
Tarrade. *La Terrade.*
Tarraza (Villa). *Talizat.*
Tarrier, Tarriera, Tarries. *Le Terrier.*
Tarrisse. *La Terrisse.*
Tarrieu. *Le Terrier.*
Tarrioux. *Tarrieux.*
Tarroux. *Les Terrous.*
Tassueys. *Tanuès.*
Taulatz. *Toulat.*
Taulière. *La Tiolière.*
Tanlières. *Les Tulières.*
Taulles. *Les Tauves.*
Taulve del Enfrust. *La Talve des Enfrus.*
Tauron. *Thouron.*
Taussacum. *Taussac.*
Tautaih Sobro, Totaih Sotro, Tautail Soubre, Tautail Soutre, Tautailh Soutra, Tautal Soubro, Tautal Soutra, Soutro. *Tautal-Bas et Haut.*
Tavaigha, Tavighe, Tavayghe, Tavèges, Taveige, Taveighe. *Tabeige.*
Tavella. *Tanavello.*
Tavellac. *Tavelat.*
Taveyghe, Tavoighe. *Tabeige.*
Taxeriæ, Taxeris, Texerys de Corneto. *Teissières-de-Cornet.*
Taxeriæ del Hebeleri, Taxeris de Lebolier. *Teissières-les-Bouliès.*
Teih. *Le Teil.*
Teil. *Las Molineries, Le Tiliol.*
Teilh. *Le Teil, Le Theil.*
Teilhet. *Le Tillet.*
Teilhol. *Le Teil.*
Teilhols. *L'Estillols, Estillols, Le Tiliol.*
Teilhols Soubras, Teilhols Soutras. *Estillols-Haut et Bas.*
Teilholz. *Estillols.*
Teilholz Soubres, Soustres. *Estillols-Haut et Bas.*
Teilhot. *Le Tiliol.*
Teilleit, Teillet. *Le Tillet.*
Teilolz. *Estillols.*
Teils, Teilz. *Le Teil.*
Teinxouze. *Las Tensouses.*

TABLE DES FORMES ANCIENNES.

Teisières de Bouolier. *Teissières-les-Bouliès.*
Teissendié. *Tissendier.*
Teisset. *Veisset.*
Teisseyres. *La Teisseire.*
Teissières les Boliers, Lesbouilhe, de Leboulhier, de l'Eboulier, del Esbolier, de Leyboulier. *Teissières-les-Bouliès.*
Teissicrex de Cornet. *Teissières-de-Cornet.*
Teissoneires. *Villedieu.*
Teissonneyres. *Le Freyssinet.*
Teissonnires. *Tissonnières-Soubro et Soutro.*
Teissouneyres. *Tissonnières.*
Teixières de Cornet. *Teissières-de-Cornet.*
Teixieres de Leboulier. *Teissières-les-Bouliès.*
Tel. *La Buge-du-Tel, Le Theil.*
Telh. *Le Teil, Le Theil.*
Telhde. *Teldes.*
Telhet. *Le Tillet.*
Telizac, Telizat. *Talizat.*
Telhol. *Le Teil.*
Teliore. *La Tiolière.*
Telis, Telit. *Le Tillit.*
Tels. *Le Teil.*
Tempelz, Tempez, Templex. *Tempels.*
Templi. *Le Moulin-du-Temple.*
Tenpel. *Tempels.*
Tenpérige. *Tempdrige.*
Tensozca. *Las Tensouses.*
Teolière. *La Tiolière.*
Terbiac, Terbiaco, Terbiacum. *Trébiac.*
Tericu. *Tarricu.*
Termeingros. *Termengros.*
Ternapessada, Ternepessards. *Les Ternes-Pessades.*
Ternesugo. *Tourniac.*
Ternez-en-Planez, Ternis, Ternos. *Les Ternes.*
Teron. *Le Théron.*
Terondes de la Fageta, Fagita. *Le Turand.*
Teronou. *Layrenoux.*
Terrada, Terradde. *La Terrade.*
Terra Fraita, Terrafrayta. *Terre-Freite.*
Terre Fraicte. *La Terre-Freite.*
Terre Fraite. *La Terre-Faite, La Terre-Freite.*
Terre Frayte. *La Terre-Faite, La Terre-Freite.*
Terre Frayete. *La Terre-Freite.*
Terreux. *Le Terran.*

Terrial. *Le Tourriol.*
Terriaux, Terrief. *La Terrisse.*
Terricu, Terrieux. *Tarricu.*
Terrisf. *La Terrisse.*
Terrini (Villa). *Tarrieux.*
Terrond. *Le Turan.*
Terruil. *Le Tourriol.*
Tersac. *Toursac, Trepsat.*
Terssac. *Toursac.*
Tessac. *Trepsat.*
Tessandier. *Tissendier.*
Tessiers de Leboulis. *Teissières-les-Bouliès.*
Tessieyriœ. *Teissières-de-Cornet.*
Tessonciras. *Tissonnières.*
Testaneyre, Teste Neyre. *La Teste-Neyre.*
Teuilles. *La Tialle.*
Teuillière. *La Tuilière.*
Teula. *Le Suc-del-Tioulé, Le Mourinou.*
Teulada. *Le Teil, La Teulade.*
Teularyé. *Les Teulières.*
Teule. *Le Teil, La Tioulle.*
Teule d'Apcher, d'Apchier. *La Tuile.*
Teuleiras, Teuleras, Teuleyra, Theulhère. *La Tuilière.*
Teulbières. *Les Tuilières, La Tuilière.*
Teulière, Teulieres. *La Tuilière, Les Teulieres, Les Tuilières, La Tiolière.*
Teulicura. *La Tuilière.*
Teulieyra. *Le Teil, La Tioule, La Tuilière.*
Texerim de Corneto. *Teissières-de-Cornet.*
Texiris de Levolier. *Teissières-les-Bouliès.*
Teyl. *Le Teil.*
Teylit. *Le Tillit.*
Teyllyet. *Le Tillet.*
Teymeric. *Laumeyre.*
Teyssandié. *Tissendier.*
Teyssedou. *Teissedou.*
Teysseiras. *Teisseire.*
Teyssellia. *Les Tuilières.*
Teyssendié. *Tissendier.*
Teysses. *Le Teisset.*
Teyssières. *La Veissière.*
Teyssières de Cornet, Cornetz. *Teissières-de-Cornet.*
Teyssières del Sebolier, de Lesboulhier. *Teissières-les-Bouliès.*
Teyssieyras. *Teissières-de-Cornet.*
Teyssoncyras. *Tissonnières-Soubro et Soutro, Le Freyssinet, La Vergne.*
Teyssonicyres. *Tissonnières-Soubro et Soutro.*
Teyssounneyres, Toysouneyras. *Le Villedieu.*

Thalaizac, Thaillisa, Thalezat, Thalisac, Thalissac. *Talizat.*
Thanavielle. *Tanarelle.*
Tharan. *Taran.*
Tharrieux. *Tarrieux.*
Théale. *La Tialle.*
Thellat. *Le Tillit.*
Théolière, Théolieyre. *La Tiolière, Le Téron, Le Théron.*
Thérond. *Le Turand.*
Thérondels, Therondelz. *La Croix-des-Térondels.*
Therrieux. *Tarrieux.*
Theula. *Le Mourinou.*
Theulhière. *La Tuilière.*
Theyssect. *Le Teisset.*
Thiazelos. *Chazelles.*
Thicsacum, Thiesat. *Thiézac.*
Thiculerias. *Les Teulières.*
Thilhet, Thiliet, Thilit. *Le Tillit.*
Thioleire, Thiolleire. *La Tuilière.*
Thiolière. *La Tiolière.*
Thiolle. *La Tuile.*
Thiolles. *Le Prat-de-la-Tioule.*
Thiolyère. *La Tioule.*
Thioulé. *Le Suc-del-Tioulé.*
Thionleyra Sobrana, Sotrana. *La Tioule-Soubrane et Soutrane.*
Thiouleyre. *La Tiolière, La Tuilière, Le Prat-de-la-Tioule.*
Thiouleyro, Thioulières. *La Tuilière.*
Thioulle. *La Thuile.*
Thiouyleyre. *La Thiolière, La Tuilière.*
Thiviers. *Tiviers.*
Thoil. *La Saigne-des-Tôles.*
Thola, Tholat. *Toulat.*
Tholosa, Tholouse, Tholouze. *Tougouse.*
Tholz. *Touls.*
Thorille, Thorrille. *La Tourille.*
Thoro, Thorou. *Thourou.*
Thorn. *Le Puy-Soutro.*
Thouh. *Touli.*
Thoulouse, Thoulouze. *Tougouse.*
Thoulx. *Touls.*
Thouly. *Touly.*
Thoulz. *Touls.*
Thuet. *Le Touet.*
Thurlande. *Turlande.*
Thuylière. *La Tuilière.*
Thyolleyra. *Les Tiouloyres.*
Thyouleyre. *La Tuilière.*
Tiaulade. *Les Teulières.*
Tiauleyre. *La Tuile.*
Tiazac, Tiazacum. *Thiézac.*
Tihiers. *Tiviers.*
Tidarnac, Tidarnat, Tidernac. *Tidernat.*

Tidoine. *Le Boital.*
Tielhs. *Le Teisset.*
Tiels. *Les Tays.*
Tierade. *La Terrade.*
Ticula. *La Tioule, La Tuile.*
Tieule. *La Tioule.*
Tieule d'Apcher. *La Tuile.*
Tieuleire. *Le Teil.*
Tieuleyra. *La Tieule, La Tuilière.*
Tieuliera. *La Tuilière.*
Tieulieyra. *Le Teil.*
Tiézac. *Thiézac.*
Tilit. *Le Tillit.*
Tilizac. *Talizat.*
Tillet. *Le Tillit.*
Tilyt. *Le Tillet.*
Tindoyre. *La Tindoire.*
Tineria, Tineyra. *Thinières.*
Tineyre, Tineyres. *La Truyère.*
Tioula. *La Tioule.*
Tioulade. *La Tiolade.*
Tiouler. *La Tioule.*
Tiouleyra Sobrana, Sotrana. *La Tioule-Soubrane, Soutrane.*
Thiouleyra, Tiouleyre. *Le Prat-de-la-Tioule, La Tuilière.*
Tiouleyre. *La Tioule.*
Tioulière. *Les Toulières.*
Tioulle. *La Tuile, Les Tuiles, Le Puy-de-la-Tioulle.*
Tioulles. *La Tuile, La Tioule.*
Tioulliere. *La Tuilière.*
Tirondelz. *Tirondelle.*
Tiron de Salvage. *Le Théron.*
Tissandier, Tisseindio. *Tissendier.*
Tissières de Cournet, Tissieyra. *Teissières-de-Cornet.*
Tissonneyres. *Villedieu.*
Tissonnières. *Tissonnières-Soubro et Soutro.*
Tiverium, Tivier, Tivière. *Tiviers.*
Tizoute. *Chizolet.*
Toffours. *L'Hiver.*
Tohalvoisat. *Talizat.*
Toil. *La Saigne-des-Têtes.*
Toilière. *La Tiolière.*
Toire. *Le Toyré.*
Toliniacus. *Tonnat.*
Tollat (Villa). *Toulat.*
Tolouse. *Tougouse.*
Tolsac. *Toursac.*
Tombaris. *Tombebis.*
Tonari, Tonaric. *Toularic.*
Tonat. *Tonnat.*
Tonelhs. *Les Toncils.*
Tonnac, Tonnacum. *Tonnat.*
Tonnarie. *Toularic.*
Tons. *Le Tronc.*

Topie. *La Tapie.*
Tor. *Le Tord, La Tour, Le Puy-Soutro.*
Toran. *Le Touran.*
Torbiac. *Trébiac.*
Torcy. *Tourcy.*
Tords. *Les Torts.*
Toretoulon. *Tourtoulou.*
Torg. *Le Tord.*
Torilha, Torilhe. *La Tourille.*
Torlic. *La Chourlie.*
Torn. *Le Moulin-du-Tour, La Tour.*
Tornadres. *Tournadre.*
Tornamira, Tornamire, Tornamyre, Tornamari, Tornemire, Tornemyre. *Tournemire.*
Torniac. *Tourniac.*
Tornialz. *Les Estourniols.*
Torniels. *Las Tours.*
Tornonum, Tornum. *Tournes.*
Torraal. *Le Tourriol.*
Torral. *Le Tourral.*
Torre. *La Tour.*
Torrial. *Le Tourriol.*
Torilhou, Torrilhes. *La Tourille.*
Torriol. *Le Tourriol.*
Tors. *Les Tours.*
Torsac. *Toursac.*
Torsat. *Toursat.*
Torssac. *Toursac.*
Tort. *Le Tord.*
Tortelo. *Tourtoulou.*
Tortesilhe. *Tortesille.*
Tortolo. *Tourtoulou.*
Torum. *Le Tarau.*
Toten. *Le Conten.*
Touel, Thouels, Touhel. *La Saigne-des-Tels.*
Toul. *Le Theil.*
Thoula. *Toules.*
Toulauze. *Tougouse.*
Toule, Toulle, Toulles. *Toules.*
Toulx, Toulz. *Touls.*
Tounaric, Tounaric, Tounaril. *Toularic.*
Tour. *Le Tourel-d'Almoyrac, La Tour-du-Peyret.*
Tourchy. *Tourcy.*
Tourde, Tourdes. *Entourde.*
Toureilhe. *La Tourilhe.*
Touriac. *Toursac.*
Tourilles. *La Tourille.*
Tourlande, Tourlanes. *Turlande.*
Tournac, Tournhac. *Tourniac.*
Tournadres. *Tournadre.*
Tournamires. *Tournemire.*
Tournels. *L'Estournel, Las Tours.*
Tournials. *Les Estourniols.*
Tournieire. *La Tournière, Las Tours.*

Tournies. *Estourniés.*
Tourniones. *Les Tournionnes.*
Tournos. *Tounou.*
Tourré. *Le Toyré.*
Tourrilhe, Tourrilles. *La Tourille.*
Tours. *Le Château-de-la-Tour.*
Toursayrie, Tourseyrie. *La Trouseyrie.*
Toursiac, Tourssac. *Toursac.*
Tourssou. *Toursou.*
Tourtollon, Tourtoullou. *Tourtoulon.*
Touyré. *Le Toyré.*
Toyre. *La Truyère.*
Trabades. *Travades.*
Traigleizas. *Traiglaize.*
Tralh. *Astruels.*
Trainnon. *Traumont.*
Tramesières. *Les Tramisières.*
Tramizat sur las Neyrolles. *Tramizat.*
Trances, Trans, Transes, Transès. *Transis.*
Trantaine. *La Tarantaine.*
Tras-las-Counbes. *Trans-la-Combe.*
Trassaigne. *Traiglaise.*
Tratopel. *Trotapel.*
Traumon. *Traumont.*
Travadia. *La Travadie.*
Travadissac, Travadisses. *La Travadisse.*
Travelgas, Travelghas, Travelges, Travelgias. *Traverges.*
Traves, Travers. *Le Travès.*
Travessaing, Travessanh. *Traverssain.*
Traymon. *Trémont.*
Trazacum. *Trizac.*
Trebeac, Trebiacō. *Trébiac.*
Trecq. *Le Trech.*
Treden. *Tredens.*
Tredor. *Le Sédour.*
Tréglaise, Tregley. *Traiglaise.*
Tréglou. *Le Trioulou.*
Treilhols. *Estillols.*
Treilz. *Les Estrets.*
Treissac, Treizac. *Trizac.*
Trelhs, Trels. *Les Estrets.*
Trelou. *Le Trioulou.*
Tremisaux, Tremizau, Tremizaud, Tremizault, Tremizaulx, Tremizaux, Tremizoux. *Trémizeau.*
Tremoilhez. *Trémouille.*
Trémoille. *Trémouille-Marchal.*
Tremoles. *La Trémolière.*
Tremolet. *Trémoulet. Tremoulès.*
Tremoletum, Tremoletz. *Trémoulès.*
Tremoleyra. *La Trémollière, La Trimouillère.*
Tremoleyre, Tremoleyria. *La Trémolière.*
Tremolhac. *Le Trémoul, Trémouille.*

TABLE DES FORMES ANCIENNES.

Tremolbas. *Trémouille, Trémouilles.*
Trémolhere. *La Trémolière.*
Tremolbes. *Trémoulines.*
Tremolheta. *Trémouille-Marchal.*
Tremolheyres. *Les Trémolières.*
Tremolhias, Tremolhière. *La Trémolhière.*
Tremolhines. *Trémoulines.*
Tremolia, Tremolie. *Tremouille-Marchal.*
Trémolière. *Les Mouleyres.*
Trémolières. *Trémouilles.*
Tremolicyras, Tremolicyra. *Les Trémolières.*
Trémolieyre. *La Trémolieyre.*
Tremolinas, Trémolinos. *Trémoulines.*
Tremollectó. *Trémouille-Marchal.*
Tremolles. *Trémolière, Trémoulet, Trémoules, Trémouille.*
Trémollet. *Trémoulet, Trémoulès.*
Trémollio. *La Trémolière.*
Trémolliere. *Les Trémoneyres.*
Trémollines, Tremolynes. *Trémoulines.*
Trémollyère. *La Trémolière.*
Trémoubes. *Trémouille.*
Trémouil. *Trémouille-Marchal.*
Trémouilhe-Marchal, Tremouilhes-Marcha. *Trémouille-Marchal.*
Trémouilhes. *Trémouille.*
Trémoulay. *Trémoulet.*
Trémoules. *Trémouille.*
Trémoulet. *Trémoulès.*
Trémoulhe, Trémoulhes. *Trémouilles, Trémouille.*
Trémoulbière. *Les Trémoneyres.*
Trémoulière. *La Trémolière.*
Trémoulles. *Trémouille, Trémouilles.*
Trencada. *Le Salvanhac.*
Treniac. *Trenac, Triniac.*
Trenolie. *Trignols.*
Trenteine. *La Tarentaine.*
Treolo. *Le Trioulou.*
Treondoli. *Le Tailladès.*
Treoulou. *Le Trioulou.*
Trepes de la Jardiac. *Les Treps-de-la-Jardiac.*
Trescoelh, Trescoilh. *Le Col-de-Cabre.*
Trescoil, Trescoilh. *Les Trois-Cols.*
Trescoilh. *Le Col-de-Cabre.*
Trescol. *Le Col-de-Cabre, Les Trois-Cols.*
Trespeyres. *Les Trois-Pierres.*
Tres-Puech. *Les Trois-Puechs.*
Tressac. *Trepsat.*
Tresses de la Jardiac. *Les Treps-de-la-Jardiac.*
Treule. *Le Trioulou.*

Treuyre, Treuyry. *La Truyère.*
Treuzac, Treuzéac. *Trizac.*
Treygleze. *Traiglaise.*
Treymont, Treynion. *Tremont.*
Trézac. *Thiezac, Trizac.*
Triaulou. *Le Trioulou.*
Tribiac, Tribiach. *Trébiac.*
Tribulant. *Triboulant.*
Trièle. *Trielle.*
Trieuf. *Le Trieu.*
Triculou. *Le Trioulou.*
Triezac. *Trizac.*
Trignac. *Triniac.*
Trignoles. *Trignols.*
Trimoille, Trimouille. *Trémouille-Marchal.*
Tring. *Trin.*
Triniac. *Trébiac.*
Trinitas. *La Trinitat.*
Trins. *Trin.*
Triobris. *La Truyère.*
Triolo, Triolou, Triolu, Tricullou. *Le Trioulou.*
Trious. *Le Trieu.*
Trisacum, Trisatum, Trizacs, Trizacum. *Trizac.*
Trisagria. *La Trisagne.*
Trobiac. *Trébiac.*
Trois-Verges. *Traverges.*
Tronche, Troncheis, Tronchès, Tronchis. *Tronchy.*
Troncz, Tronq, Trons. *Le Tronc.*
Troquesia. *La Trouquesie.*
Troire. *La Truyère.*
Tromeillère. *La Trémolière.*
Troseilher, Trosselher. *Trousselier.*
Trotepel. *Trotapel.*
Troubas, Troubat. *Croubas.*
Troulada. *Le Teil.*
Troulonges. *Bourlanges.*
Trouix. *Le Tahout.*
Trounc, Tronq. *Le Tronc.*
Trouquesia. *La Trouquesie.*
Trousselier. *Tourseillier.*
Troussoliou. *Trousselier.*
Trouvat. *Croubas.*
Troux. *Le Tronc.*
Troyre, Truciro, Trueyre, Trueyrer, Trueyrie, Truière, Truieyre. *La Truyère.*
Trulle. *Trielle.*
Trunches. *La Tranche.*
Truyzac. *Trizac.*
Tuegbe. *Tabeige.*
Tuilanda. *Turlande.*
Tuliere, Tullière. *La Tuilière.*
Turadou. *L'Oradour.*
Turgnac, Turgnac. *Tourniac.*

Turlanda. *Turlande.*
Turnbac, Turnhacum, Turnhat, Turnbases, Turniacus. *Tourniac.*
Turpiacus. *Tribiac.*
Turquesia. *La Trourquesie.*
Torres. *Las Tours.*
Turris. *La Tour.*
Tyazac. *Thiezac.*
Tyeule. *La Tioule.*
Tyeuleyra, Tyioulle. *La Tioule.*
Tyneyra. *Thinières.*
Tyssières de l'Éboulier. *Teissières-les-Boulids.*
Tyssonnieres. *Tissonnières-Soubro et Soutro.*
Tyverium, Tyviès. *Tiviers.*

U

Ubertio. *Laubertie.*
Ucasol. *Huquefont.*
Ucel, Ucellum. *Ussel.*
Uchaffol, Uchafol. *Le Chaffol.*
Uchafols, Uchefol, Uchofol. *Le Chafol.*
Ucofon, Uquefon, Uquefos. *Huquefont.*
Ugeol. *Ugéols.*
Ugeollet. *Uzolet.*
Ugeols. *Uzols.*
Ugeols Soubère. *Uzols-Haut.*
Ughol, Ugholes, Ugholz, Ugiols, Ugiolz. *Ugéols.*
Ugols. *Uzols.*
Ugols Sobeyra. *Uzols-Haut.*
Ugolz. *Ugéols, Uzols.*
Ugolz-lo-Soteyra. *Uzols-Bas.*
Ugon. *Le Lac-d'Hugot.*
Ugonias. *Les Aigonies.*
Ugot. *Le Lac-d'Hugot.*
Uilhet, Uilliet. *Lou Bos d'OEillet.*
Uiol, Uiols. *Uzols.*
Uiols Inferior, Uiols Soteyra. *Uzols-Bas.*
Uiols Superior. *Uzols-Haut.*
Ujollet. *Uzolet.*
Ulbac. *Luc.*
Ulbet, Ulhiet. *OEillet.*
Uliet. *Lou Bos d'OEillet.*
Ulliet. *OEillet.*
Ulmus. *L'Holm.*
Unizal. *Uzolet.*
Uols Soteyra. *Uzols-Bas.*
Urquets. *Les Hurquets.*
Ursac. *Ursac.*
Urticidum (?). *Orcet.*
Uschafol. *Le Chafol.*
Uscladas. *Les Usclades.*
Usclade. *Lusclade.*

TABLE DES FORMES ANCIENNES.

Uscladinas, Usciadines. *Escladines.*
Usma. *Usme.*
Usmont. *Le Suc-de-Grosmont.*
Usques. *Les Hugues.*
Ussel. *L'Inde.*
Ussellum, Usset. *Ussel.*
Ussol. *Ussel, Uzols.*
Utas, Utes. *Les Huttes.*
Utgols. *Uzols.*
Uttes, Uttez. *Les Huttes.*
Uyol. *Uzols.*
Uyolet. *Uzolet.*

V

Vabra, Vabræ, Vabre. *Vabres.*
Vabre. *Vabret.*
Vabroz. *Vabre.*
Vachas. *Les Bachas.*
Vache. *Le Bois-de-la-Boche.*
Vacheyra. *La Vachasse.*
Vachier (El Lac). *Le Lac-Vacher.*
Vadaillac, Vadaillac, Vadalhiac. *Badailhac.*
Vadays. *Radaix.*
Vadde. *Veddes.*
Vadya. *Les Granges-dë-Vadia.*
Vaiceira. *Lavcissière.*
Vaide. *Veddes.*
Vail. *Laval, Val.*
Vailh. *Val.*
Vailhe. *La Beylie.*
Vailh Hounesle. *Feniers.*
Vaillierques. *Valiergues.*
Vails. *Val.*
Vairières. *Veyrières.*
Vaisa. *La Vaysse.*
Vaisardie. *La Bessardie.*
Vaisa Sotcisa. *La Vaysse-Basse.*
Vaise. *La Vaysse.*
Vaiseire. *La Veissière.*
Vaissa. *La Vaisse.*
Vaissanet. *Laveissenet.*
Vaissas. *Les Vaysses.*
Vaisse. *La Vaysse, Le Veysset.*
Vaisseira, Vaisseiras. *La Veissière, La Veyssière.*
Vaissenet, Vaissenetz. *Laveissenet.*
Vaisserette. *La Besserette.*
Vaisses. *Besse.*
Vaisset. *Veisset.*
Vaisseyra. *La Veyssière.*
Vaisseyre. *La Veysseyre, Les Veyssières.*
Vaissiéra. *La Veissière, La Veyssière.*
Vaissière. *Les Baissières, La Veissière, La Vixière.*

Vaissieres. *La Vaissière.*
Vaissicyre, Vaissuet. *La Vixière.*
Vaizard. *Le Bayssat.*
Val. *Ayvals, Grand-Val, Laval, Vals.*
Valade. *La Balade.*
Valadour. *Le Baladour, Le Valadou.*
Valaignon. *L'Alagnon, La Rivière du Val-Agnon.*
Valamaison. *Valmaison.*
Valamier. *Le Vaulmier.*
Valan, Valance. *Valans.*
Valanhio, Valanhon. *L'Alagnon.*
Valanion. *La Rivière du Val-Agnon.*
Valant. *Valans.*
Valantinæ, Valantinas. *Valentines.*
Valasar. *Valassard.*
Valat. *Le Balat.*
Valause. *Valence.*
Vala-Veilhe. *Mauvieille.*
Valbaric. *La Balbarie.*
Valch. *Le Vayal.*
Valclaire, Valclare. *Vauclair.*
Valdeysert, Valdezer. *Le Valdésert.*
Valegium, Valegol. *Valuéjols.*
Valdieu. *Villedieu.*
Valeiran. *Le Valeyran.*
Valeiras. *La Valérie.*
Valelhas, Valelhes. *Valeilhes.*
Valemeson. *Valmaison.*
Valene. *Valense.*
Valencinas. *Valentines.*
Valensa. *Valence.*
Valeroux. *Le Valeyran.*
Valesard. *Valassard.*
Valeta. *Valette, La Valette, Valiettes.*
Valete. *Bancou.*
Valètes. *Las Valettes.*
Valetia. *La Valette.*
Valetta. *La Valette.*
Valette, Vallette. *Bancou.*
Valettes. *La Valette, Les Valettes.*
Valeuges. *Valjouze, Valuéjols.*
Valeugi, Valenghol, Valeughou, Valeughoul. *Valuéjols.*
Valeugnon. *La Rivière du Val-Agnon.*
Valeujéol, Valeujol, Valeuze, Valeuzol, Valeviol. *Valuéjols.*
Valeyra, Valeyrani, Valeyrani. *Le Valeyran.*
Valgairies. *La Vigayrie.*
Valgayrie, Valgayries. *La Balgairie.*
Valgeouse. *Valjouze.*
Valghouza, Valghouze. *Le Deviroux.*
Valghoze, Valgouze. *Valjouze.*
Valh. *Vals.*
Valhelhas. *Banilles, Valeilhes.*
Valhergues. *Valiergues.*
Valhets, Valhettes. *Valiettes.*

Valhuôgol, Valhuégols. *Valuéjols.*
Valiat. *Le Vayal.*
Valieughol. *Valuéjols.*
Valins. *Valans.*
Valiouze, Val Joyoso. *Valjouze.*
Vallade. *La Balade.*
Valladou. *Valadou.*
Vallaige, Vallaighol. *Valuéjols.*
Vallaignon. *La Rivière du Val-Agnon.*
Vallaigol, Vallaijol. *Valuéjols.*
Vallance. *Valence.*
Vallanchon. *La Rivière du Val-Agnon.*
Vallanhou. *L'Alagnon.*
Vallans. *Valence.*
Vallassard. *Valassard.*
Vallause. *Valence.*
Vallaveilhe, Valavelhe, Valluvielhe. *La Malle-Vieille.*
Valle Dieu. *Villedieu.*
Vallégeol, Vallegiol, Vallegol, Valleighol. *Valuéjols.*
Vallentines. *Valentines.*
Valleriæ. *Las Valettes.*
Valles. *Leyvaux.*
Vallesme. *Valence.*
Valleta. *Valette, La Valette.*
Vallettas, Valletiæ, Valettes. *Las Valettes.*
Valleuge, Valleugel, Vallegeole, Valleugeou, Valleughe, Valleughol, Valleugiou, Valleugolz, Valleujol, Valleujou, Valleuyol. *Valuéjols.*
Valleveilhe, Valleveille, Vallevieille, Valle-Veilhie, Valhevelhe, Valle-Vielhe, Valle Vielhie. *La Malle-Vieille.*
Valleveneria, Valle Veyriera. *Veyrières.*
Valleviol, Vallieughol. *Valuéjols.*
Vallis. *Laval.*
Vallisclara. *Vauclair.*
Vallis Honesta, Vallis Honnesta. *Feniers.*
Vallis Jocosa. *Valjouze.*
Vallis Lœta. *La Valette.*
Vallis Lucida. *Vauclair.*
Vallis sive Vedeyras. *Val.*
Vallis Urseria. *Lorcières.*
Vallon. *Le Vallon.*
Vallons. *Valans.*
Valluces. *Valduces.*
Vallueghol, Vallujol, Valluviol, Valluziol. *Valuéjols.*
Valmeriæ, Valmeyrs, Valmiers, Valmies, Valmiès. *Le Vaulmier.*
Valn. *Vals.*
Valogium, Valoiol, Valoiols, Valojol. *Valuéjols.*

TABLE DES FORMES ANCIENNES. 625

Valon. *Valans.*
Valorseyra. *Lorc'ères.*
Valouges. *Valuéjols.*
Valoughes. *Valjouze.*
Valratz. *Valrus.*
Valrus (Riparia). *La Chamalière.*
Valrutz. *Valrus.*
Valrutz (Riparia). *La Rhue.*
Vals. *Ayvals, Leyvaux.*
Valselosa. *Le Puy-de-la-Belouse.*
Vals Desert. *Le Val-Désert.*
Valsergiæ. *Vauzergues.*
Valuagiol, Valuegbol, Valueghols, Valueghoul, Valuegiol, Valuegium, Valuegols, Valuciol. *Valuéjols.*
Valucires. *Varveyre-Bas et Haut.*
Valucjon, Valutgo. *Valuéjols.*
Valviac, Valriac. *Valriat.*
Valz. *Vals.*
Valz (Rivus). *Barboutes.*
Valzouzes. *Valjouze.*
Vandeschas. *Vendesches.*
Vancilhes, Vancilles, Vanelhes, Vanellhes. *Vanilhes.*
Vanilles. *Banilles.*
Vanne. *Banc.*
Vantolo. *Ventalon.*
Varadel. *Baradel.*
Varagadde. *Baragade.*
Varaigne, Varaignes. *Varagne.*
Varancyriæ. *La Vernière.*
Varanzac, Varanzacus. *Branzac.*
Varbeyres. *Varveyre.*
Vardier. *Le Vordier.*
Varegou. *Varegiou.*
Vareilhe. *Vaureilles.*
Varelettes, Varelhettes, Varelictte. *Vareillettes.*
Varenas, Varène. *La Varenne.*
Varene Chabaud. *La Vergne-Chabaud.*
Varenes. *Varennes.*
Varières. *Veyrières.*
Varilliottes. *Vareillettes.*
Varineyres. *Vernières.*
Varlaitz, Varlectz, Varleitz, Varlez. *Varleix.*
Varlhettes, Varliettes. *Vareillettes.*
Varne. *La Vergne.*
Varnes, Varnet. *Le Vernet.*
Varneyras. *Vernières.*
Varneyre. *La Vernière.*
Varneyres. *Les Verniérous, Les Vernières.*
Varnheira. *La Vernière.*
Varnhette. *La Verniette.*
Varniera. *La Vernière.*
Varvaire. *Varveyre.*

Cantal.

Varveyras, Varveyres, Varvières. *Varveyre-Bas et Haut.*
Vascibière. *La Pierre-Taillade.*
Vasseyra. *Laveissière, La Besseyre.*
Vassière. *La Veyssière.*
Vassieyra, Vassieyras. *La Vaissière.*
Vassiveyre. *La Pierre-Taillade.*
Vassyne. *Servialle.*
Vastria, Vastrie, Vastries. *Lavastrie, La Vastre.*
Vastrou. *Vezou.*
Vaudange. *Boudange.*
Vaulheles. *Vauleilles.*
Vaulhètes. *La Valette.*
Vaulmières, Vaulmiers, Vaulmiès, Vaulmieux. *Le Vaulmier.*
Vauloihades. *Les Vauloliades.*
Vaumier, Vaumieux. *Le Vaulmier.*
Vaur. *Lavaur.*
Vauroh. *Vaureilles.*
Vaureilhe. *La Vaureille.*
Vaureilhes. *Vaureilles.*
Vaurelhas, Vaurelhes, Vaurelias. *Vaureilles.*
Vaures. *La Vaurex.*
Vaurete. *La Vaurette.*
Vaurets. *La Vaurex.*
Vaurez. *Vaurs.*
Vaurges. *Varve.*
Vaurs. *Lavaur, La Vaure, Le Veaur, Lavaurs.*
Vaurus. *Valrus.*
Vaurx. *Vaurs.*
Vauscoire, Vauscères. *La Voussoyre.*
Vauxmiers. *Le Vaulmier.*
Vauzèlo, Vauzelle. *Vauzelles.*
Vauzers. *Anzers.*
Vavayron. *Le Valeyron.*
Vaxia. *Le Bex.*
Vayalot. *Véjalet.*
Vaycenet. *Laveissenet.*
Vaycha. *La Boisse.*
Vaychia. *La Vaysse.*
Vaye. *Le Vayal.*
Vaynaguet. *Veyraguet.*
Vayneschas, Vayneschès. *Veynesches.*
Vayrac. *Veyrac.*
Vayrargues. *Virargues.*
Vayrines. *Veyrines.*
Vaysceyre. *La Veissière.*
Vaysenetz. *Laveissenet.*
Vaysheyras. *La Vaissière.*
Vayshière, Vaysieyra. *La Veyssière.*
Vayssa. *La Vaisse, La Vaysse.*
Vayssadas. *Le roc de la Bassado.*
Vayssairos. *La Bessaire, La Veissière.*
Vayssas. *Las Vaysses.*
Vayssa Soteyrana. *La Vaysse-Basse.*

Vayssenet. *Laveissenet.*
Vaysseria. *Laveissière.*
Vaysses. *Daisses.*
Vaysset Villa. *Veysset.*
Vaysseyra. *La Vaissière, La Veyssière, La Vousseire, La Vousseyre, La Besseyre, Le Moulin-de-Courtilles.*
Vayssia. *La Vaysse.*
Vayssias. *Les Vaysses.*
Vayssier Basse, Haute. *La Vaissière-Basse et Haute.*
Vayssière. *La Veissière.*
Vayssières. *Les Bessières, La Vaissière.*
Vayssieyra. *La Veissière, Las Bessières, La Veyssière.*
Vayssieyre. *La Veissière.*
Vayssyne. *Servialle.*
Vaysyère. *La Veisseyre.*
Vazeilhas, Vazelhas. *Vazeille.*
Vazelles. *Le Cheyrel.*
Vaziaux. *Le Suc-des-Poujaux.*
Vealle. *La Vialle.*
Vearcenges. *Bressanges.*
Veaubert. *Vaubert.*
Vebaudenche. *La Dalbadinche.*
Vebietum, Vebretum, Vebritensis vicaria. *Vebret.*
Veciacus (Villa). *Vézac.*
Vede. *Veddes-Soubro et Soutro.*
Vedeches. *Védèche.*
Vederna. *Védrines.*
Vedeschat. *Védèches.*
Vedesches. *Védèche.*
Vedeza. *Vendèze.*
Vedrenac, Vedrenacum, Vedrenat. *Védernat.*
Vedrinas, Védrines. *Védrines-Saint-Loup.*
Védrine. *La Bédrune.*
Védrines. *Védrine.*
Vedrinia. *La Bédrune.*
Vedrinum. *Védrines.*
Veduenal. *Védernat.*
Vefreou. *Berbezou.*
Vegoiria. *Lavigerie, La Vigerie.*
Vegayral. *Le Vigeral.*
Vegeria, Vegeyra. *Lavigerie.*
Vegiè. *Le Vigier.*
Veicenet. *Laveissenet.*
Veil. *Laral.*
Veilhan. *Veillan.*
Veilhe. *La Bélie.*
Veilhères. *Veillères.*
Veilhe-Spesso, Veilhespeze. *Vieillespesse.*
Veilhe-Vic. *Vieillevic.*
Veilhic. *La Villa.*

79
IMPRIMERIE NATIONALE.

TABLE DES FORMES ANCIENNES.

Veille. *Veillat.*
Veille-Spèce. *Vieillespesse.*
Veinagues. *Beinaguet.*
Veinaguet. *Beynaguet.*
Veire. *Vixe.*
Veirgnols. *Verniols.*
Veirières. *La Veyrière, Veyrières.*
Veyrieyras rivus. *Veyrières.*
Veisanet. *Laveissenet.*
Veisciras. *La Veissière.*
Veisicomps. *Viescamp.*
Veissaire. *Laveissière.*
Veissanet. *Laveissenet.*
Veisseiras. *La Besseire, Les Besseyres.*
Vesseire. *La Veyssière.*
Voissenetum. *Laveissenet.*
Veisseyra, Veisseyre. *Laveissière, La Veyssière.*
Veissiera, Veissiere, Veissieyres. *La Veyssière, La Vaissière, La Veisseyre, La Vixière.*
Veisonnet. *Laveissenet.*
Veiysseyra. *La Griffoul.*
Vel. *Val.*
Velga. *Velzic.*
Velglepesse. *Vieillespesse.*
Velhac, Velhacum. *Belliac.*
Velhacspessa. *Vieillespesse.*
Velhan. *Veillan.*
Velhespesse. *Vieillespesse.*
Veliefon. *Vieillefont.*
Vellaspessa, Velle-Espesse. *Vieillespesse.*
Vellefoing, Velleifon. *Vieillefont.*
Volliac. *Belliac.*
Vellieſon. *Vieillefont.*
Velliepesse, Vellispesse. *Vieillespesse.*
Velloneyres, Veloneyras. *Vélonnière.*
Velounye. *La Bellonie.*
Veloza. *Le Puy-de-la-Belouze.*
Velquiret. *Le Belguiral.*
Velsic. *Velzic.*
Volvieires. *Veyrières.*
Venac. *Benac.*
Venaulx. *Avenaux.*
Venda. *Vendes.*
Vendèze. *Le Colzac.*
Vendo. *Vendes.*
Vendogres. *Venlogre.*
Veneshes. *Bencreche.*
Veneyrie. *La Veneyrie.*
Venneige. *Beynages.*
Vensac. *Venzac.*
Venson, rivus. *L'Estrade.*
Ventach. *Ventax.*
Ventacol, Ventacolz, Ventacoulx. *Ventacou.*
Ventador. *Le Valadour.*

Ventadour. *Le Chabrillac.*
Ventailhac. *Ventalhac.*
Ventaillacus rivus. *Ventaillac.*
Ventaillacum. *Ventaillac.*
Ventaleon. *Ventelou.*
Ventalh. *Ventax.*
Ventalhac. *Ventaillac.*
Ventalhacus rivus. *Ventaillac.*
Ventalhacum, Ventalbiac. *Ventalhac.*
Ventalon. *Ventelou.*
Ventalour, Ventello, Ventellon, Ventellou, Ventelou. *Ventalou.*
Venterols. *Ventacou.*
Venteux. *Le Ventoux.*
Ventenyol, Venteviol. *Ventuéjol.*
Ventholon. *Ventalon.*
Ventolo. *Ventalon, Ventalou, Ventolon.*
Ventolou. *Ventelou.*
Ventos, Ventou. *Le Ventoux.*
Ventoulou. *Ventalon, Ventalou.*
Ventous. *Le Ventoux.*
Ventueghol, Ventuegol. *Ventuéjol.*
Venzon aqua. *L'Estrade.*
Veon Beon. *Le Bon-Vent.*
Veou. *Le Vern.*
Ver. *Le Vern, Le Vert.*
Verac, Veracum. *Veyrac.*
Verbesen, Verbezet. *Belvezet.*
Verbeyres. *Varveyre.*
Verchailles. *Les Bréchailles.*
Verchalla. *La Verchalle.*
Vercoyra. *Mercœur, Vercueyre.*
Vercueyra, Vercuiera, Vercuieyras. *Vercueyre.*
Verda. *La Verde.*
Verdiez. *Le Verdier.*
Verdryne. *Védrines-Saint-Loup.*
Verdye. *Le Verdier.*
Vere. *Le Vert.*
Véreme. *Veresme.*
Vereyras. *Veyrières.*
Verg. *Le Vern.*
Vergonie. *La Bergonie.*
Verghe. *La Vergne.*
Vergeouze. *Valjouze.*
Verghe-Négure. *La Vergne-Nègre.*
Verghouse. *Valjouze.*
Vergnachabau. *La Vergne-Chabaud.*
Vergnas. *Le Vern.*
Vergne. *Les Vergnes.*
Vergne-Nègre. *La Vergne-Nègre.*
Vergne Petite. *La Vergne-Petiote.*
Vergnes. *La Vergne.*
Vergnette. *La Vernette.*
Vergnhe. *La Vergne, Les Vergnes.*
Vergnies. *Les Vergnes.*
Vergniolles. *Verniolles.*

Vergnholles. *Vergnoles.*
Vergnhols, Vergnholz. *Verniols.*
Vergnholes. *Vergnoles.*
Vergnolles. *Verniolles.*
Vergnols. *Verniols.*
Vergonie. *La Bergonie.*
Vergorie. *La Bargaire.*
Verhm. *Le Vern.*
Verieras Villa. *Veyrières.*
Veriere, Verierre. *La Voyrière.*
Verrières. *Le Verdier.*
Verime. *Veresme.*
Verinæ. *Vernières.*
Verlac. *Verlhac.*
Verlholles. *Verniolles.*
Verliac, Verliacum. *Verlhac-le-Jeune.*
Verliago. *Verlhac.*
Verlhac, Vorlliac. *Verlhac-le-Jeune.*
Verlliac-lou-Viel, Verlliac-lou-Viol. *Verlhac-le-Vieux.*
Vermarie. *La Vermerie.*
Vermeghe, Vermegie. *Verméjo.*
Vermenoza, Vermenouze. *Vermenouse.*
Vermoghe. *Verméjo.*
Vern. *Le Vert.*
Verna. *Les Quatre-Chemins-du-Vert, La Vergne.*
Vernac. *Benac.*
Vernasol. *Vernassal.*
Vernaulx. *Le Vernet.*
Verne. *Varre, La Vergne-Chabaud.*
Vernegeolz. *Vernéjoul.*
Verneire. *Les Vernières.*
Verneirettes. *La Verniotte.*
Verneirolle, Vernerolle. *Verneyrolle.*
Vernetum. *Le Vernet.*
Verneughole. *Vernuéjoul.*
Verneuzol. *Vernenjols.*
Verneyres. *Les Verniérous.*
Verneyrum. *Vernières.*
Vernh. *La Vergne.*
Vernha. *La Vergne, La Vergne-Nègre, La Vergnère, Les Vergnes.*
Vernhablanceque, Vernha Blanqua, Vernhe Blanceque, V. blanque, Vergnic-blanque. *La Vergne-Blanque.*
Vernhac. *Narnhac.*
Vernhadel. *Vergnadel.*
Vernhas. *La Vergne, Vergnes, Les Vergnes.*
Vernhe. *La Vergne, Les Vergnes.*
Vernhe-Nègre, Vernhencigre. *La Vergne-Nègre.*
Vernhère. *La Vernière.*
Vernhes. *Le Bernis, Les Vergnes, Le Vern.*
Vernhète. *La Verniotte.*
Vernhia. *La Vergne, La Vergne-Haute.*

TABLE DES FORMES ANCIENNES.

Vernhiadel. *Vergnadel.*
Vernhie. *La Vergne, La Vernhe.*
Vernhienègre. *La Vergne-Nègre.*
Vernhiesia. *La Vergnière.*
Vernhieyra. *La Vergnère.*
Vernhiolles. *Vergnoles.*
Vernihol, Vernihalas, Verniholles. *Verniolles.*
Vernhola. *La Vernolie.*
Vernholas. *Vergnoles, Verniolles.*
Vernholes, Vernhollas, Verniolles. *Verniolles.*
Vernholia. *La Vernolie.*
Vernhollac. *Verniolles.*
Vernhols, Vernholz. *Vergnols, Verniols, Vernols.*
Vernhuzia. *La Vergnière.*
Verniacum. *Narnhac.*
Verniadel. *Vergnadel.*
Vernianagra. *La Vergne-Nègre.*
Vernie. *La Vergne, La Vergne-Chabaud, La Vergnère, Verniers, Les Vernières.*
Vernies. *Les Verhnes.*
Verniète. *La Verniette.*
Verniette. *La Vernette.*
Verniette Vieilhe. *La Vernette-Vieille.*
Vernieyra. *La Vergnière.*
Vernilia Negra. *La Vergne-Nègre.*
Vernihe, Vernihia. *La Vergne-Haute.*
Verniliolas, Vernihols. *Verniols.*
Verniholas. *Verniolles.*
Verniholes. *Vergnolles.*
Verniholles. *Verniolles.*
Vernineyres. *Les Vernières.*
Verninez, Verninum. *Vernines.*
Verniol. *Vergnols.*
Verniolas. *Vernioles.*
Verniolz. *Verniolles, Verniols.*
Vernis. *Le Bernis.*
Vernitte. *La Verniette.*
Vernogoul. *Vernuéjoul.*
Vernolz, Vernompe, Vernomps, Verno, Vernop, Vernops, Vernos, Vernots. *Vernols.*
Vernoulhes. *Vernuéjouls.*
Vernox. *Vernols.*
Vernoyes, Vernoyt. *Vernoye.*
Vernuégéols, Vernuéghol, Vernuéghou, Vernuéghouls, Vernuégiou, Vernuégol, Vernuégoul, Vernuéjou. *Vernuéjoul.*
Vernuéyols. *Vernuéjol.*
Vernueziol. *Vernuéjoul.*
Vernugol. *Vernuejol.*
Vernussol. *Vornassal.*
Vornye. *La Vergne.*
Vernyeyre. *La Vergnère.*

Vornyha. *La Vergne.*
Vernynes. *Vernines.*
Vornys. *Le Bernis, Le Vernet.*
Verone aqua. *La Veronne.*
Veroneyres. *Vélonnière.*
Verquantueyra. *Bercantières.*
Verrière. *La Veyrie, La Veyrière.*
Versagol. *Bersagol.*
Vert. *Les Quatre-Chemins-du-Vert.*
Vervieyras. *Veyrières.*
Verynet. *Laveissenet.*
Vesa. *Vèze.*
Vesacum, Vesach. *l'ézac.*
Vesc. *Vèze.*
Vescamps. *Viescamps.*
Vesceyras. *La Veissière-Haute.*
Vescirolles. *Besseyrolles.*
Vescilum. *Vezeils.*
Veseyre. *La Bessaire.*
Veshes. *Vezeils.*
Vessairète, Vesserete, Vesserelte. *La Besserotte.*
Vesseyre. *La Bessaire, Laveissière.*
Vesseyrou, Vesseyrous. *Barcyrou.*
Vessi. *La Besse.*
Vessic. *Velzic.*
Vessieire, Vessiere. *La Voissière, La Veyssière.*
Vessiers. *La Besseire, Les Besseyres.*
Vestria, Vestrie. *Lavastrie.*
Veszat. *Vézac.*
Veteribus Campis (De). *La Capelle-Viescamp.*
Veterispissa, Veterispissac, Veterispisse. *Vieillespesse.*
Veteri Via, Veterisvia. *Vieillevie.*
Veyenazes. *Le Veinazès.*
Veygieyre. *La Vigerie.*
Veynagues, Veynaguet. *Beynaguet.*
Vex. *Le Bex.*
Veynasesz, Veynazes. *Le Veinazès.*
Veyneschas. *Veyneschcs.*
Voyracum. *Veyrac.*
Veyraguetas. *Veyraguet.*
Veyraigues, Veyrargas, Veyrargis, Veyrargues. *Virargues.*
Veyrat. *La Veyrat.*
Veyreyre, Veyreyres. *Veyrières.*
Veyria. *La Borie, La Borie-de-Canet, La Veyre.*
Veyriacum. *Veyrac.*
Veyricirs, Veyrierres, Veyrieyres, Veyrieyrias. *Veyrières.*
Veyrina, Veyrinas, Veyrine, Veyrinio. *Veyrines.*
Veyronneyres. *Vélonnière.*
Veyrs. *Le Vern.*
Voys. *Vixe.*

Veysanet. *Laveissenet.*
Veyseire. *La Veisseyre, La Veissière.*
Veysenet. *Laveissenet.*
Veysieyre. *La Veisseyre.*
Veyssane, Veyssanet. *Laveissenet.*
Veyssayre. *Laveissière.*
Voysse. *La Vaysse.*
Veyssennet. *Laveissenet.*
Voysseria, Veysseyra. *Laveissière.*
Veyssoyre. *La Bessaire, Laveissière, La Vaisayre, La Veisseyre.*
Veyssier. *La Veissier.*
Veyssiera. *La Veissière, La Veyssière.*
Veyssière. *Laveissière, La Vayssière, La Veissière, La Vixière.*
Veyssieyre. *La Veissière.*
Veza. *Vèze.*
Vezac Soubre, Vezac Superius. *Vezac-Haut.*
Vozam, Vezanc. *Le Bois-de-Bezons.*
Vezat. *Vézac.*
Vezat Soubre. *Vezac-Haut.*
Vezeil. *Vezeils.*
Vezeire. *La Bessaire.*
Vezel, Vezelb, Vezels, Vezolz. *Vezeils.*
Vezenchat. *Bezenchat.*
Vezenté. *Bouzentès.*
Vezère. *La Bessaire.*
Vezers. *Auzers.*
Vezinas, Vezinon, Vezinos. *Vézinnes.*
Vezole. *Vézol, Vézols.*
Vezolles (Les Roches de). *Le Puy-de-Vézol, Vézols.*
Vezonneires. *Vélonnière.*
Vezollet, Vezoulet, Vezoulez, Vezoullet. *Vézolet.*
Vi. *Vic.*
Viadouze. *Viadouse.*
Viaisse. *Vieisse.*
Vial. *La Viale, La Vialle.*
Viala. *Vialar, Vialle, Les Vielles.*
Vialacques. *Viallaques.*
Vialadieu. *Villedieu.*
Vialagues. *Viallaques.*
Vialain. *Le Vialenc.*
Vialan. *Le Violent.*
Vialane. *Le Couffins.*
Vialaques. *Viallaques.*
Vialar. *Le Viala, Les Vielles, Le Vialard, Le Viallard, Le Vialet.*
Vialario. *Le Vialard.*
Vialarnhous, Vialarnous. *Vialarnioux.*
Violars. *Le Viallard.*
Vialas. *Le Viala.*
Vialassart. *Valassard.*
Vialat. *La Vialle.*

79.

Vialaveilha, Vialavelha. *La Malle-Vieille.*
Vialavelha. *L'Ande.*
Viale. *La Vialle.*
Vialeine. *Vialine.*
Viale Male. *La Fargues.*
Vialon. *Le Vialard.*
Vialenc. *Vialinq.*
Vialènes. *La Vialène.*
Vialenq. *Le Couffins.*
Vialeta, Vialete. *La Vialette.*
Vialh. *La Vialle.*
Vialharno. *Vialarnioux.*
Vialevielle. *La Vialle-Vieille.*
Vialla. *Lo Viala.*
Viallac. *Le Viallard.*
Viallachalos. *Vialle-Chalet.*
Viallacques, Viallagues. *Viallaques.*
Viallais. *Le Vialard.*
Viallal. *Le Viallard.*
Viallar, Viallard, Viallars. *Le Vialard.*
Viallaveilha. *L'Ande.*
Vialle. *La Vialo, La Vieille, Les Vielles.*
Viallechaletz, Viallechalles, Vialle-Chales. *La Vialle-Challet.*
Vialle du Peuch-Grand. *La Vialle-du-Puy-du-Peuch.*
Vialle-Morte. *La Fargues.*
Vialles. *Les Vieilles.*
Viailet. *Le Vialet.*
Vialleveilhe. *La Malle-Vieille, Mauvieille.*
Viallevie. *Vieillevie.*
Vialle Vieille, Vialle Vielhe. *La Malle-Vieille.*
Vialliarnhous. *Vialarnioux.*
Viallou. *Boudieu.*
Vials. *La Vialle.*
Viaquinria. *La Pinqueirie.*
Viarnous. *Vialarnioux.*
Viarouze. *Viarouge.*
Viaulet. *Yolet.*
Viaurauls, Viauraulx, Viaurauts, Viaurautx, Viaurautz, Viauraux, Viautroux. *Viouraux.*
Viayat. *Lo Viaga.*
Vicyrie. *La Vigayrie.*
Viboiezac, Viboizat, Vibresac, Vibuezat. *Vibrezac.*
Vicaria. *La Vicairie.*
Vicensis ballivia. *Vic-sur-Cère.*
Vichouse. *Vixouses.*
Vicq, Vicus. *Vic-sur-Cère.*
Vicsosas, Vicsozas. *Vixouses.*
Vicxe. *Vixe.*
Vidailainche. *La Vidalenche.*
Vidailhe. *La Vidaille.*
Vidaillo. *La V'dale.*

Vidala. *La Vidal.*
Vidalenchas. *La Vidalenche.*
Vidalhacum. *La Vidalie.*
Vidalhanche. *La Vidalinche.*
Vidalhe. *La Vidalie.*
Vidalhio, Vidalia. *La Vidalie.*
Vidalinc. *La Vidalenche.*
Vidalio. *La Vidalie.*
Vidallenc, Vidallenche. *La Vidalenche.*
Vidallia. *La Vidalie.*
Vidat. *Vidal.*
Vidaynche. *La Vidalenche.*
Viddiciosa. *Vixouses.*
Vidèches. *Védèche.*
Videsches. *Védèche.*
Vidiciosa. *Vixouses.*
Vidoinques. *La Vidalinche.*
Vidrinas, Vidrines. *Védrines.*
Vidrines lou Vielx. *Védrines-le-Vieux.*
Vidrynes. *Védrines.*
Vieaulraux. *Viauraux.*
Vic des Morts, Vic des Mortz. *Les Plaines.*
Viegal. *Le Brégéal.*
Vieilhovie. *Vieillevie.*
Vieillespeze. *Vieillespesse.*
Vielard. *Le Vialard.*
Vielevic. *Vieillevie.*
Vielhafon. *Viellefont.*
Vielhas. *Le Suc-des-Vieilles.*
Vielhavia, Vielhavie, Vielhavya. *Vieillevie.*
Vielhe-Espesse. *Vieillespesse.*
Vieilhemorte. *Vilmort.*
Vielhes. *Le Suc-des-Vieilles.*
Vielhespelle, Vielhespesse, Vielhespesses. *Vieillespesse.*
Vielhevie, Vielhiavia, Vielhievie. *Vieillevie.*
Vielhl. *Le Vieilh.*
Vielhmuria. *Vielmur.*
Vielhquesac, Vielquesac. *Vieil-Quézac.*
Vielhs-Camps. *La Capelle-Viescamp.*
Vielivie. *Vieillevie.*
Viellaine. *La Vialène.*
Vielle. *La Vieille, Les Vieilles.*
Viellène. *La Vialène.*
Viellepesse, Viellespeize, Viellespesse. *Vieillespesse.*
Viellevia, Viellevie, Vielliairia, Viellievie. *Vieillevie.*
Viellipèce. *Vieillespesse.*
Viellivia, Vielvie, Vielvieu. *Vieillevie.*
Viermur. *Vielmur.*
Vies. *Les Vias.*
Viesagol. *Bersagol.*
Viescams, Viescamps, Viescans. *Viescamp.*

Vieudé. *La Biaude.*
Vieurals, Vieuralz, Vieuraus, Vieuraux. *Viauraux.*
Vieux Champs. *Viescamp.*
Vieylol. *Le Vignal.*
Vicysses. *Vieisse.*
Viga. *La Vige.*
Vigairia. *La Vigairie.*
Vigan, Vigano, Viganum. *Le Vigean.*
Viganus superior, Viga Sobra. *Le Vigean-Soubro.*
Viga Sotra. *Le Vigean-Soutro.*
Vigayns, Vige-la-Gleize, Vigem. *Le Vigean.*
Vigayrias de Cavanac. *La Viguerie-de-Cavanac.*
Vigayrias de Vitraco. *La Viguerie-de-Vitrac.*
Vigayrie. *La Vigairie, La Vigerie, La Viguerie.*
Vigeiria. *Lavigerie.*
Vigem Sobre. *Le Vigean-Soubro.*
Vigère. *La Viguerie.*
Vigerie. *Lavigerie.*
Vigen, Vigen le Grand. *Le Vigean.*
Vigen Sobra. *Le Vigean-Soubro.*
Vigen Sotra, Vigen Soutre. *Le Vigean-Soutro.*
Vige Sobre. *Le Vigean-Soubro.*
Vigeyn. *Le Vigean.*
Vigeyra Charrada. *La Vigerie.*
Vigeyres. *La Vigerie.*
Vigeyrie. *Lavigerie.*
Vighan. *Le Vigean.*
Vighe. *La Vige.*
Vighean, Vigheant, Vighen, Vighuan. *Le Vigean.*
Vigias. *Le Vigier.*
Vigier. *La Vige.*
Vignal. *Le Vialard.*
Vignal. *Le Vinial.*
Vignals. *Le Vignal.*
Vignhe. *La Vigne.*
Vigniul. *Le Vinial.*
Vignie, Vignihe. *La Vigne.*
Vignion. *Vignon.*
Vignionat, Vignionet, Viguionnet. *Vignonnet.*
Vigno. *La Vigne.*
Vigo. *La Vige, Le Vigier, Le Vigno.*
Vigoct, Vigot. *Le Vigno.*
Vigoro, Vigorone, Vigoros, Vigoroux. *Vigouroux.*
Vigoureaux. *Viauraux.*
Vigourourz, Vigourous de Soubz Martin. *Vigouroux.*
Viguairio, Viguayrie. *La Vigayrie.*
Viguant. *Le Vigean.*

TABLE DES FORMES ANCIENNES.

Viguerie. *La Vigairie, La Vigerie.*
Vigueyrie. *Lavigerie, La Vigairie, La Vigayrie.*
Viguia. *La Vigerie.*
Viguier. *Le Vigier.*
Vignionet, Viguionnet. *Vignonnet.*
Viguouroux. *Vigouroux.*
Vijan. *Le Vigean.*
Vila. *Villas.*
Viladieu. *Villedieu.*
Vilanova. *Villeneuve.*
Viledieu. *Villedieu.*
Vilgat, Vilgeac. *Bilgéac.*
Vilhargues, Viliargues. *Villiargues.*
Viliero. *Veillères.*
Vilières. *Bellières, Billières.*
Viliers. *Billières.*
Vilieyres. *Bellières, Billières.*
Vilivie. *Vieillevie.*
Villa. *La Viaune, Villas.*
Villa Dei, Villadiou, Villadiou. *Villedieu.*
Villaige du Boix, du Loix. *Le Village-des-Bois.*
Villa Nefa. *Nouvialle.*
Villas, Villats. *Veillet.*
Villa Vieilha. *La Malle-Vieille.*
Villeda. *Villède.*
Villediou. *Villedieu.*
Ville Mur. *Viel-Mur.*
Villène. *La Vialène.*
Ville Neufve, Ville Nove. *Villeneuve.*
Villevie. *Vieillevie.*
Ville Veihie. *La Malle-Vieille.*
Ville Veilho. *La Ville-Vieille, La Malle-Vieille.*
Ville Veilhie, Villevelhe. *La Malle-Vieille.*
Villevelhe. *L'Ande.*
Ville Vieilhe. *La Ville-Vieille, La Malle-Vieille.*
Villevielle. *L'Ande.*
Villevie. *Vieillevie.*
Villières. *Bellières, Veillères.*
Villivie. *Vieillevie.*
Vimbertia. *L'Imbertie.*
Vimenès. *Vimenet.*
Vinal. *La Venal.*
Vinalla. *Le Viala.*
Vinant. *Le Vigean.*
Vinas. *Le Vignal.*
Vinbiaux. *Le Vimbiau.*
Vinha. *La Vigne.*
Vinha da Carbonat. *La Vigne-de-Carbonnat.*
Vinhal. *Le Vignal, Vinial.*
Vinhals. *Le Bois-de-Binial, Le Vignal.*
Vinhau. *Le Vinial.*

Vinhe. *La Vigne.*
Vinhial. *Le Vinial, Le Vignal.*
Vinhie. *La Vigne.*
Vinho. *Vignon.*
Vinhonnet, Vinhonet, Vinionnet, Vinonet. *Vignonnet.*
Viniol. *Le Vignal.*
Vinissac, Vinsahac, Vinssac. *Vinsac.*
Violo. *La Viale.*
Violet. *Yolet.*
Violle. *Viole.*
Violles. *Les Vieilles.*
Viomon. *Viramont.*
Vioralz, Viorals, Vioraulx, Vioraux. *Viauraux.*
Vioullet. *Yolet.*
Vioural, Viourauls, Vioureaux, Viouroulz. *Viauraux.*
Viozot. *Vizet.*
Virargas, Virergues. *Virargues.*
Visade. *Les Roches-de-la-Bisade.*
Visels. *Vézeils.*
Vishère. *La Veissière.*
Vislo. *Vixe.*
Vissière. *La Veissière, La Voyssière.*
Vissieyre. *Les Bessières.*
Vissouze, Vissouzes. *Vixouzes.*
Vitarelle. *La Bitarelle.*
Vivresac. *Vibrezac.*
Vixcouzes. *Vixouzes.*
Vixie. *Velzic, Vixe.*
Vixoses, Vixosses, Vixousses, Vixozes. *Vixouzes.*
Vixte. *La Viste.*
Viz. *Vix.*
Vizalort. *Vixalort.*
Vizouges. *Vixouzes.*
Voalz. *Le Vayal.*
Vocamp. *Le Volcamp.*
Voisanet. *Laveissenet.*
Voisolle, Voisalle. *La Boissolle.*
Volan. *Boulan.*
Volclère. *Vauclair.*
Voleirac. *Voleyrac.*
Volinghat. *Bouzenjat.*
Volpiheyra. *La Volpilière.*
Volpihera. *L'Oupelheyre, La Volpilière.*
Volpilheyra. *La Volpilière.*
Volpilheyre. *L'Oupelheyre.*
Volpilhieyra. *La Volpilière.*
Volpilhoneira. *La Volpilière.*
Volpiliac. *Volpilhac.*
Volte de Tourtoulou. *La Voûte.*
Voltoiras, Voltoyrac, Voltoyre. *Voltoire.*
Voluzat. *Boluzat.*
Volyrac. *Voleyrac.*

Volzac. *Bolzac.*
Vor. *Le Born, Lavaurs, Le Vern.*
Vorgenghas. *Bouzenjat.*
Vorma, Vorme. *La Borme.*
Vosaps (Aqua). *Le Couchers.*
Vosas. *Volzac.*
Vosentès. *Bouzentès.*
Vosgues. *Le Bousquet.*
Vossal. *Vassal-Bas et Haut.*
Voude. *Boudet.*
Voulte. *La Voute.*
Vouret. *Le Bouret.*
Voussieyre. *La Voussière.*
Voux. *Joux.*
Vouyssolle. *La Boissolle.*
Vouzentès. *Bouzentès.*
Voycan. *Le Volcamp.*
Voyrie. *La Borie.*
Voyssot. *Boisset.*
Vozantès. *Bouzentès.*
Vozaps, Vozat, Vozatz, Vozax. *Volzac.*
Vozengeat, Vozenghac, Vozenghat. *Bouzenjat.*
Vozenté. *Bouzentès.*
Vozenzat. *Bouzenjat.*
Vozols. *Bouxols.*
Vraizanc. *Vranzans.*
Vranzac, Vranzat. *Branzac.*
Vrauzan, Vrauzene, Vrauzène. *Vrauzans.*
Vroisse. *Breisse.*
Vrevrières. *Veyrières.*
Vriallière. *Veillères.*
Vroisse. *Breisse.*
Vrouzan. *Brouzac.*
Vuelheru. *Vieileru.*
Vuraulx. *Viauraux.*
Vy. *Vie.*
Vyaux. *Les Biaux.*
Vyeurals. *Viauraux.*
Vynsahac. *Vinsac.*
Vyolet. *Yolet.*

Y

Yaulecum. *Yolet.*
Yeardia. *L'Yeardie.*
Yde. *Ydes.*
Yeletum, Yeulecum, Yeuletum. *Yolet.*
Ygounyes. *Les Aigouies.*
Ymbertene. *Ymbertene.*
Yoletum, Yollet. *Yolet.*
Yoncoux. *Joncoux.*
Yquilie. *La Quille.*
Yrlandès. *Irlandès.*

Yronda, Yronde. *Ironde.*
Yrondys, Yrundis. *Yrondis.*
Ysaltelz. *Sartel.*
Yssards, Yssart. *Les Issards.*
Yssors. *L'Issart.*
Yssartels, Yssartelz. *Sartel.*

Yssartigas. *Sartiges.*
Yssarts, Yssors, Yssartz. *L'Issart.*
Yssartz-Bas. *L'Issart-Bas.*
Yssartz-Haut. *L'Issart.*
Yssigador, Yssiguaditz. *Ességadis.*
Ytract, Ytracum. *Ytrac.*

Z

Zeth, Zetz. *Le Gex.*
Zeyac. *Zeyac.*
Zoiet. *Zouet.*
Zolz. *Les Ols.*

ADDITIONS ET CORRECTIONS.

P. xlvii. *Après* Archives municipales, ajouter : — Archives nationales de Paris (Trésor des Chartes, J 271).

P. lii. *Après* Basmaison-Pougnet, etc., ajouter : — A. Bernard et A. Bruel (Recueil des Chartes de l'Abbaye de Cluny; Paris, 1876-1894, 5 vol. in-4°).

P. 20 *a, dernière ligne.* Le versant sud est à peu près compris entre la rive droite de la Dordogne et la rive gauche du Lot, lire : la rive gauche de la Dordogne et la rive droite du Lot.

P. 26, *b.* Baldutes, lire : Balduces. Cf. Valduces.

P. 133. Cheylade, c^{on} de Murat, ajouter : — villa Castlada, 923.

P. 258, *a.* Jordanne, riv., ajouter : — Jordanensis vicaria (Baluze : Histoire de la maison d'Auvergne, t. Ier, *in fine.* Avertissement de 1695).

P. 416 *b.* Ribe (La), c^{ne} de Polminhac, ajouter : — Mansus de Riba, 1274. (Documents des Archives de Monaco, sur le Carladès; communication de M. G. Saige.)

P. 507 *b.* Ajouter : — Valsès. Nom donné à la vallée de la Cère, sur les communes de Vic et de Thiézac. — Valses dins las broas; Riparia de Valsas, 1266; — In valle vocata Valses, scilicet in parochiis de Tyasaco et de Vico, 1268. (Documents des Archives de Monaco; communication de M. G. Saige.)

Contraste insuffisant ou différent, mauvaise qualité d'impression

Under-contrast or different, ·d printing quality